Handbuch
für Lebensmittelchemiker
Lebensmittel – Bedarfsgegenstände –
Kosmetika – Futtermittel

Wolfgang Frede
(Hrsg.)

Handbuch für Lebensmittelchemiker

Lebensmittel – Bedarfsgegenstände – Kosmetika – Futtermittel

3. Auflage

 Springer

Dr. rer. nat. Wolfgang Frede
Sickerkoppel 8
22395 Hamburg-Sasel
e-mail: wolfgang.frede@web.de

vormals: Referatsleiter im Ministerium für Umwelt und Naturschutz,
Landwirtschaft und Verbraucherschutz des Landes Nordrhein-Westfalen

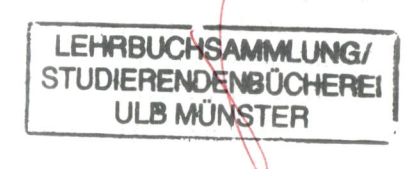

Ursprünglich erschienen unter dem Titel
„Taschenbuch für Lebensmittelchemiker und -technologen (Bände 1 und 3)"

ISBN 978-3-642-01684-4 e-ISBN 978-3-642-01685-1
DOI 10.1007/978-3-642-01685-1
Springer Dordrecht Heidelberg London New York

ISBN 978-3-540-28198-6 2. Auflage Springer Berlin Heidelberg New York

Die Deutsche Nationalbibliothek verzeichnet diese Publikation in der Deutschen Nationalbibliografie; detaillierte bibliografische Daten sind im Internet über http://dnb.d-nb.de abrufbar.

© Springer-Verlag Berlin Heidelberg 1991, 2006, 2010
Dieses Werk ist urheberrechtlich geschützt. Die dadurch begründeten Rechte, insbesondere die der Übersetzung, des Nachdrucks, des Vortrags, der Entnahme von Abbildungen und Tabellen, der Funksendung, der Mikroverfilmung oder der Vervielfältigung auf anderen Wegen und der Speicherung in Datenverarbeitungsanlagen, bleiben, auch bei nur auszugsweiser Verwertung, vorbehalten. Eine Vervielfältigung dieses Werkes oder von Teilen dieses Werkes ist auch im Einzelfall nur in den Grenzen der gesetzlichen Bestimmungen des Urheberrechtsgesetzes der Bundesrepublik Deutschland vom 9. September 1965 in der jeweils geltenden Fassung zulässig. Sie ist grundsätzlich vergütungspflichtig. Zuwiderhandlungen unterliegen den Strafbestimmungen des Urheberrechtsgesetzes.
Die Wiedergabe von Gebrauchsnamen, Handelsnamen, Warenbezeichnungen usw. in diesem Werk berechtigt auch ohne besondere Kennzeichnung nicht zu der Annahme, dass solche Namen im Sinne der Warenzeichen- und Markenschutz-Gesetzgebung als frei zu betrachten wären und daher von jedermann benutzt werden dürften.

Einbandentwurf: WMXDesign GmbH, Heidelberg
Satz und Herstellung: le-tex publishing services GmbH, Leipzig

Gedruckt auf säurefreiem Papier

Springer ist Teil der Fachverlagsgruppe Springer Science+Business Media (www.springer.de)

Vorwort

Gewichtige Gründe führten mit dieser 3. Auflage zur Wandlung des Taschenbuchs für Lebensmittelchemiker zu einem Handbuch für Lebensmittelchemiker.

Der Bogen der Beiträge spannt sich über die europäische, deutsche, österreichische und schweizerische Lebensmittelkontrolle, über die Einblicke in die Vielfalt der stofflichen Zusammensetzung von natürlichen Bestandteilen bis zu den Kontaminanten, weiter über nahezu alle das LFGB betreffenden Warengruppen bis hin zu den wichtigsten Nachbarwissenschaften.

Neben der Aktualisierung der 2. Auflage aufgrund umfangreicher neuer europäischer und nationaler Rechtsvorgaben sind an weiteren Änderungen besonders hervorzuheben:

- Das neue Kapitel „Biotoxine und herstellungsbedingte Kontaminanten",
- das Kapitel „Getreide, Brot und Feine Backwaren" unter einem Dach,
- die Neugestaltung des Kapitels „Lebensmittelinhaltsstoffe",
- die Erörterung von Qualitätsmanagement, Qualitätssicherung, HACCP,
- Qualität von Laboratorien, sowie der Grundsätze der Validierung und der Messunsicherheit schwerpunktmäßig in den Kap. 8 und 9,
- die Diskussion des Themas „Nano" in 7 Kapiteln aus unterschiedlichen Blickwinkeln und
- die Vorstellung von über 20 unterschiedlich aufbereiteten Fallbeispielen aus der lebensmittelchemischen Praxis in 14 Kapiteln.

Thematisch gliedert sich das Handbuch in 6 Bereiche:

- Lebensmittelkontrolle, Verbraucherschutz (Kap. 1–8)
- Akkreditierung, spezielle Untersuchungsverfahren (Kap. 9–11)
- Stoffe in Lebensmitteln (Kap. 12–19)
- Lebensmittelwarengruppen (Kap. 20–37)
- Kosmetische Mittel, Bedarfsgegenstände, Futtermittel (Kap. 38–41)
- Nachbarwissenschaften (Kap. 42–45)

Die Waren-/ Stoffgruppenkapitel wurden wie im bisherigen Taschenbuch nach bewährter einheitlicher Grundstruktur

(1) Waren-/Stoffgruppen,
(2) Beurteilungsgrundlagen,

(3) Warenkunde,
(4) Qualitätssicherung,
(5) Literatur

aufgebaut.

Die Qualitätssicherung (4) umfasst dabei die Bereiche der Kontrolle von Betrieben und Prozessen, der Entnahme und Untersuchung von Proben.

Die Auswahl und Summe der einzelnen Facetten, die von den Autoren beispielhaft beschrieben werden, spiegeln ein Gesamtbild umfassender QS wider. Die allgemeine Darstellung wird bereichert durch die unterschiedliche – amtliche, industrielle oder wissenschaftliche – Sichtweise der jeweiligen Autoren.

Der 5-gliederige Aufbau dieser Kapitel ermöglicht, auch in Verbindung mit zahlreichen Hinweisen auf Internetadressen, einen schnellen Einstieg in das jeweilige Sachgebiet.

Lebensmittelchemiker sind vor allem in der öffentlichen Verwaltung, in Untersuchungseinrichtungen, in wissenschaftlichen Bereichen, als Freiberufler oder in der Industrie tätig. Sie führen Kontrollen in der Lebensmittelkette durch, analysieren komplexe Matrices und können mit ihrem für Naturwissenschaftler bemerkenswert umfangreichen Rechtswissen Befunde unmittelbar in einem rechtlichen Kontext beurteilen. Sie haben die Aufgabe, die Verbraucher vor Irreführungen, gesundheitlichen Risiken und Schäden durch Lebensmittel, Bedarfsgegenstände, kosmetische Mittel und auch durch Futtermittel zu schützen. Diese Aufgaben werden zunehmend interdisziplinär im Team erfüllt. Im gesundheitlichen Verbraucherschutz sind Sachverständige aus unterschiedlichen Disziplinen – wie Chemie, Ernährungswissenschaften, Lebensmittelchemie, Lebensmitteltechnologie, Medizin, Mikrobiologie, Pharmazie, Physik, Rechtswissenschaft und Tiermedizin – und Verwaltungsfachleute tätig.

Das Handbuch für Lebensmittelchemiker soll

- in Sachgebiete einführen und Wege zur Beurteilung und Bewertung von Lebensmitteln, kosmetischen Mitteln, Bedarfsgegenständen und Futtermitteln aufzeigen,
- Lebensmittelkontrolle beschreiben, multidisziplinäre Zusammenarbeit und ein vernetztes Denken fördern,
- Lebensmittelchemiker, Sachverständige unterschiedlicher Disziplinen, Studenten und interessierte Verbraucher ansprechen,
- Lehrbücher der Lebensmittelchemie und lebensmittelrechtliche Textsammlungen aus der Praxis heraus ergänzen,
- über umfangreiche Literaturstellen und zahlreiche Internetadressen zusätzliche Hilfe zur Selbsthilfe sein.

Die Bezeichnung „Lebensmittelchemiker" wird hier in gleicher Weise für Lebensmittelchemikerinnen und Lebensmittelchemiker verwendet. Entsprechendes gilt natürlich auch für andere Fachkollegen und Verbraucher.

57 bewährte Autoren waren gerne bereit, wieder an diesem Handbuch mitzuwirken, 11 neue Autoren sind hinzugekommen. Ihnen allen vielen Dank! Dan-

ken möchte ich auch Kollegen aus verschiedenen Fachdisziplinen, die mit Ihren Anregungen zu dieser Neufassung beigetragen haben. Besonders danke ich Frau S. Brühne (Solingen) und Herrn Dr. P. Horstmann (Hamburg), die mich bei der Durchsicht der Manuskripte unterstützt und mir wertvolle Hinweise gegeben haben. Dem Verlag – insbesondere Frau P. Frank und Herrn Dr. St. Pauly – danke ich für die gute Zusammenarbeit und besonders meiner Frau Eva für die große Geduld und Unterstützung.

Hamburg, im November 2009 *Wolfgang Frede*

Inhaltsverzeichnis

Liste der Fallbeispiele XXXI

1 Die Europäische Union, die Europäische Gemeinschaft und ihre Rechtsordnung, die Europäische Lebensmittelkontrolle
Gudrun Gallhoff, Gerhard G. Rimkus 1
1.1 Gemeinschaftsrecht 3
1.2 Die Institutionen der Europäischen Gemeinschaft 6
1.3 Agenturen der Europäischen Gemeinschaft 9
1.4 Beschlussfassung 11
1.5 Nichtdiskriminierung, freier Warenverkehr und gegenseitige Anerkennung 15
1.6 Gemeinschaftliches Lebensmittelrecht 16
1.7 Prinzipien der europäischen Lebensmittelkontrolle 22
1.8 Lebensmittel- und Veterinäramt 25
1.9 Erweiterung der Gemeinschaft und EG-Lebensmittelrecht ... 28
1.10 EU-Lebensmittelrecht und internationales Recht 28
1.11 Literatur 28

2 Regelungen im Verkehr mit Lebensmitteln und Bedarfsgegenständen in der EU
Boris Riemer 31
2.1 Zielsetzung der EG 31
2.1.1 Rechtsinstrumente 32
2.1.2 Anwendungsvorrang des Gemeinschaftsrechts 32
2.2 Regelungsansätze des Gemeinschaftsrechts 34
2.2.1 Grundsatz der gegenseitigen Anerkennung 34
2.2.2 Vertikale Normen 36
2.2.3 Horizontale Normen 36
2.2.4 Normen zur Marktorganisation 38
2.3 Einfluss des WTO-Rechts 38
2.4 Ausgewählte Rechtsnormen des Gemeinschaftsrechts 39
2.4.1 Basis-VO 39
2.4.2 Hygiene-Paket 41
2.4.3 Food Improvement Agents Package (FIAP) 43
2.4.4 Health-Claims-VO 47

2.4.5	VO (EG) Nr. 1925/2006 (Anreicherungs-VO)	51
2.4.6	Schutz geographischer Ursprungsbezeichnungen	51
2.4.7	Lebensmittelspezialitäten	52
2.4.8	Öko-Lebensmittel	52
2.4.9	Novel-Foods	53
2.4.10	Wein	54
2.4.11	Bedarfsgegenstände	55
2.5	Ausblick	56
2.6	Literatur	57
3	**Regelungen im Verkehr mit Lebensmitteln und Bedarfsgegenständen in Deutschland**	
	Gundula Thomas, Astrid Freund, Friedrich Gründig	59
3.1	Einführung in internationale und nationale Regelungen	60
3.2	Gesetz zur Neuordnung des Lebensmittel- und Futtermittelrechts	64
3.2.1	LFGB Abschnitt 1 – Allgemeine Bestimmungen	67
3.2.2	LFGB Abschnitt 2 – Verkehr mit Lebensmitteln	69
3.2.3	LFGB Abschnitt 3 – Verkehr mit Futtermitteln	73
3.2.4	LFGB Abschnitt 4 – Verkehr mit kosmetischen Mitteln	73
3.2.5	LFGB Abschnitt 5 – Verkehr mit sonstigen Bedarfsgegenständen	74
3.2.6	LFGB Abschnitt 6 – Gemeinsame Vorschriften für alle Erzeugnisse	75
3.2.7	LFGB Abschnitt 7 – Überwachung	76
3.2.8	LFGB Abschnitte 8–11	77
3.3	Verwaltungsvorschriften des Bundes	78
3.3.1	AVV Rahmenüberwachung (AVV Rüb)	79
3.3.2	AVV Schnellwarnung (AVV SWS)	80
3.4	Rechtsverordnungen	83
3.4.1	Überblick	83
3.4.2	Lebensmittel-Kennzeichnungsverordnung	84
3.4.3	Nährwert-Kennzeichnungsverordnung	91
3.4.4	Produktverordnungen	93
3.5	Literatur	94
4	**Organisation des gesundheitlichen Verbraucherschutzes auf Bundesebene**	
	Helmut Tschiersky-Schöneburg, Antje Büttner	95
4.1	Risikomanagement, Risikobewertung und Forschung im Geschäftsbereich des Bundesministeriums für Ernährung, Landwirtschaft und Verbraucherschutz	95
4.1.1	Neuorganisation des gesundheitlichen Verbraucherschutzes auf europäischer und nationaler Ebene	95

4.1.2	Aufgaben und Aufbau des Bundesamtes für Verbraucherschutz und Lebensmittelsicherheit (BVL)	97
4.1.3	Aufgaben und Aufbau des Bundesinstituts für Risikobewertung (BfR)	98
4.1.4	Aufgaben und Aufbau des Max Rubner-Instituts, Bundesforschungsinstitut für Ernährung und Lebensmittel (MRI)	99
4.2	Risiko- und Krisenmanagement	99
4.3	Zulassungsverfahren	101
4.3.1	Lebensmittel und Futtermittel	101
4.3.2	Pflanzenschutz- und Pflanzenstärkungsmittel	103
4.3.3	Zulassung von Tierarzneimitteln	104
4.3.4	Gentechnisch veränderte Organismen	105
4.4	Weiterentwicklung des gesundheitlichen Verbraucherschutzes	106
5	**Grundlagen und Vollzug der amtlichen Lebensmittelkontrolle in Deutschland**	
	Annette Neuhaus	109
5.1	Einführung	109
5.2	Grundlagen	111
5.2.1	Verordnung (EG) Nr. 178/2002	111
5.2.2	Verordnung (EG) Nr. 882/2004	112
5.2.3	Lebensmittel- und Futtermittelgesetzbuch	117
5.2.4	AVV Rahmen-Überwachung	118
5.3	Organisation	121
5.3.1	Zuständigkeiten	121
5.3.2	Personal	124
5.3.3	Qualitätsmanagement	125
5.3.4	Zusammenarbeit der Behörden	126
5.4	Vollzug	128
5.4.1	Betriebsüberwachung	128
5.4.2	Probenentnahme und -untersuchung	134
5.4.3	Durchsetzung des Rechts	138
5.4.4	Berichtswesen	139
5.4.5	Krisenmanagement und Schnellwarnungen	139
5.4.6	Maßnahmen auf Anforderung	140
5.5	Ergebnisse	141
5.6	Ausblick und Schlussbemerkungen	145
5.7	Literatur	146
6	**Grundlagen und Vollzug der amtlichen Lebensmittelkontrolle in Österreich**	
	Franz Vojir	149
6.1	Einführung	150

6.2	Grundlagen	153
6.3	Organisation	155
6.3.1	Das Bundesministerium für Gesundheit	155
6.3.2	Der Landeshauptmann eines Bundeslandes	156
6.3.3	Österreichische Agentur für Gesundheit und Ernährungssicherheit (AGES)	157
6.3.4	Amtliche Untersuchungsanstalten der Bundesländer Kärnten, Vorarlberg und der Stadt Wien	158
6.3.5	Ausbildung des Personals im Bereich der Lebensmittelkontrolle	158
6.3.6	Qualitätsmanagement im Bereich der amtlichen Lebensmittelkontrolle	159
6.3.7	Zusammenarbeit der Lebensmittelkontrollbehörden mit den Zollbehörden	160
6.4	Vollzug	162
6.4.1	Vorgangsweise	162
6.4.2	Probenahme	163
6.4.3	Plan- und Verdachtsproben	164
6.5	Ergebnisse	167
6.5.1	Salmonellenproblematik bei Geflügel	167
6.5.2	Pestizidrückstandsuntersuchungen bei Obst und Gemüse	168
6.5.3	Importkontrollen von pflanzlichen Produkten mit erhöhtem Aflatoxinrisiko	169
6.5.4	Revisionsergebnisse	170
6.6	Ausblick und Schlussbemerkungen	171
6.7	Literatur	172
7	**Grundlagen und Vollzug der amtlichen Lebensmittelkontrolle in der Schweiz** *Philipp Hübner, Christoph Spinner*	175
7.1	Einführung	175
7.2	Grundlagen	176
7.2.1	Integraler Konsumentenschutz	176
7.2.2	Das Lebensmittelgesetz	176
7.2.3	Verordnungsrecht	180
7.3	Organisation	181
7.3.1	Bund	181
7.3.2	Kantone	182
7.3.3	Koordination	183
7.4	Vollzug	183
7.4.1	Inspektionen	184
7.4.2	Laboruntersuchungen	185
7.5	Ergebnisse	186
7.5.1	Inspektionen	186

7.5.2	Laboruntersuchungen	187
7.6	Ausblick und Schlussbemerkungen	190
7.6.1	Dezentraler Vollzug	190
7.6.2	Fachliches	191
7.6.3	Rechtliches	191
7.6.4	Entwicklung	191
7.7	Literatur	192
8	**Qualitätsmanagement in der Lebensmittelindustrie**	
	Volker Thorn	193
8.1	Einleitung	194
8.2	Qualitätsmanagement	196
8.2.1	ISO 9000	196
8.2.2	St. Galler Konzept	197
8.2.3	Aspekte des operativen Qualitätsmanagements	198
8.2.4	Deming-Kreis	200
8.3	Werkzeuge des Qualitätsmanagements	201
8.3.1	HACCP und PRP	201
8.3.2	Spezifikationen und Zertifikate	204
8.3.3	Vorgaben/Anweisungen	204
8.3.4	Prüfungen	205
8.3.5	Weitere rechtliche Vorgaben	206
8.3.6	Normen/Zertifizierungen	207
8.4	Ein Beispiel zum Qualitätsmanagement in der Lebensmittelindustrie	210
8.4.1	Qualitätsmanagement vor der Produktion	210
8.4.2	Qualitätsmanagement während und nach der Produktion	213
8.5	Bedeutung des Qualitätsmanagements	217
8.5.1	Geschichte des Qualitätsmanagements bis 1950	217
8.5.2	Beispiel Japan/W. Edwards Deming	219
8.5.3	Weitere Entwicklung des Qualitätsmanagements	219
8.5.4	Qualität ist kein Selbstzweck	221
8.5.5	Entwicklung im Non-Food-Bereich	221
8.6	Literatur	224
9	**Akkreditierung von amtlichen und nichtamtlichen Prüflaboratorien im Bereich Lebensmittel und Futtermittel**	
	Erhard Kirchhoff	225
9.1	Allgemeine Aspekte des Qualitätsmanagements	225
9.2	Allgemeine Aspekte der Akkreditierung	228
9.3	Anforderungen an die Kompetenz von Prüflaboratorien	229
9.3.1	Anforderungen an das Management	230
9.3.2	Technische Anforderungen	237
9.4	Ablauf einer Akkreditierung	246

9.5	Schlussbetrachtung	249
9.6	Literaturhinweise	250
10	**Einführung in moderne analytische Verfahren mit ausgewählten Beispielen**	
	Richard Stadler, Thomas Gude	253
10.1	Einleitung	253
10.2	Allgemeine Richtlinien zur Erstellung einer analytischen Methode	254
10.2.1	Probennahme	255
10.2.2	Probenaufarbeitung	255
10.2.3	Messung	256
10.2.4	Auswertung	256
10.3	Ausgewählte Prüfverfahren	257
10.3.1	Immunologische Tests	257
10.3.2	PCR-gestützte Verfahren	264
10.3.3	Gaschromatographische Verfahren (Transfett-Bestimmung)	272
10.3.4	Massenspektroskopische Verfahren	274
10.4	Nanopartikel in Lebensmitteln/Lebensmittelverpackungen	286
10.5	Literatur	287
11	**Sensorische Lebensmitteluntersuchung und Prüfmethoden**	
	Mechthild Busch-Stockfisch	291
11.1	Der Mensch als Messinstrument	292
11.1.1	Sinnesphysiologische Grundlagen	292
11.1.2	Aufbau eines Panels	294
11.1.3	Größe und Art des Prüfpanels	296
11.1.4	Panelmotivation	297
11.2	Einrichtung eines Sensoriklabors	298
11.2.1	Prüfraum	299
11.2.2	Prüfplätze	300
11.3	Analytische Testmethoden	301
11.3.1	Erkennungs- und Schwellenprüfungen	301
11.3.2	Produktvergleiche – Diskriminierungsprüfungen	301
11.3.3	Beschreibende Prüfungen	306
11.4	Hedonische Prüfungen	307
11.5	Sensorik spezifischer Produktgruppen	309
11.6	Literatur	309
12	**Lebensmittelinhaltsstoffe**	
	Renate Richter	311
12.1	Einleitung	311
12.2	Rechtliche Regelungen	314
12.3	Stoffgruppen	314
12.3.1	Primäre Inhaltsstoffe	314

12.3.2	Sekundäre Inhaltsstoffe	323
12.3.3	Lebensmittelzusatzstoffe	327
12.3.4	Kontaminanten	328
12.4	Lebensmittelqualität	329
12.5	Literatur	332

13 Lebensmittelzusatzstoffe

Gert-Wolfhard von Rymon Lipinski, Erich Lück 333

13.1	Einleitung	333
13.2	Rechtliche Regelungen	334
13.2.1	Definitionen und Zulassungen	334
13.2.2	Kennzeichnungsvorschriften	338
13.3	Zusatzstoffgruppen	339
13.3.1	Stoffe mit Nähr- und diätetischer Funktion	340
13.3.2	Stoffe mit stabilisierender Wirkung	342
13.3.3	Stoffe mit sensorischer Wirkung	346
13.3.4	Verarbeitungs- und Handhabungshilfen	349
13.4	Literatur	352

14 Pflanzenschutzmittel

Günther Kempe 355

14.1	Wirkstoffgruppen	355
14.2	Beurteilungsgrundlagen	357
14.2.1	Pflanzenschutzgesetz und Anwendungsverordnung	357
14.2.2	Lebensmittelrechtliche Regelungen	357
14.2.3	EG Richtlinien und Verordnungen	358
14.2.4	Probenahmerichtlinien	362
14.3	Warenkunde	363
14.3.1	Formulierungen	363
14.3.2	Abbau	363
14.3.3	Pflanzenschutzmittel	364
14.3.4	Rückstände in Lebensmitteln	365
14.3.5	Muttermilch	369
14.3.6	Monitoring von Rückständen	370
14.4	Qualitätssicherung	372
14.4.1	Probenahme	372
14.4.2	Gesetzliche Anforderungen und Vorschriften	373
14.4.3	Analytische Anforderungen in Stichpunkten	373
14.4.4	Ergebnisunsicherheit (Measurement Uncertainty) MU	375
14.4.5	Analytische Verfahren	376
14.5	Literatur	380

15	**Tierbehandlungsmittel**	
	Ralf Lippold.	383
15.1	Wirkstoffgruppen	383
15.2	Beurteilungsgrundlagen	384
15.2.1	Arzneimittelrechtliche Vorschriften.	384
15.2.2	Futtermittelrechtliche Vorschriften	384
15.2.3	Höchstmengenregelungen	385
15.2.4	Nationaler Rückstandskontrollplan	386
15.2.5	Lebensmittelrechtliche Vorschriften	387
15.3	Warenkunde.	388
15.3.1	Anabolika	388
15.3.2	Beta-Agonisten	389
15.3.3	Thyreostatika	390
15.3.4	Beruhigungsmittel	390
15.3.5	Antibiotika und Chemotherapeutika.	391
15.3.6	Antiparasitika.	392
15.4	Qualitätssicherung	394
15.4.1	Probenahme und Stichprobengröße	394
15.4.2	Analytik	396
15.4.3	Validierung	399
15.4.4	Untersuchungszahlen und Rückstandssituation	401
15.5	Literatur.	402
16	**Umweltrelevante Kontaminanten**	
	Thomas Kühn, Manfred Kutzke, Jens Arne Andresen	405
16.1	Stoffgruppen.	406
16.2	Beurteilungsgrundlagen	408
16.2.1	Leichtflüchtige organische Kontaminanten	408
16.2.2	Polyzyklische aromatische Kohlenwasserstoffe.	409
16.2.3	Polychlorbiphenyle.	411
16.2.4	Polychlorierte Dibenzodioxine und -furane	412
16.2.5	Radionuklide	414
16.2.6	Schwermetalle	417
16.3	Warenkunde.	418
16.3.1	Leichtflüchtige organische Kontaminanten	418
16.3.2	Polyzyklische aromatische Kohlenwasserstoffe.	418
16.3.3	Polychlorbiphenyle.	420
16.3.4	Polychlorierte Dibenzodioxine und -furane	421
16.3.5	Radionuklide	425
16.3.6	Schwermetalle	428
16.4	Qualitätssicherung	431
16.4.1	Leichtflüchtige organische Kontaminanten	432
16.4.2	Polyzyklische aromatische Kohlenwasserstoffe.	432
16.4.3	Polychlorbiphenyle.	433

16.4.4	Polychlorierte Dibenzodioxine und -furane	433
16.4.5	Radionuklide	434
16.4.6	Schwermetalle	436
16.5	Literatur	438

17 Biotoxine und herstellungsbedingte Kontaminanten
Horst St. Klaffke 449

17.1	Stoffgruppen	449
17.2	Beurteilungsgrundlagen	450
17.2.1	Definitionen	450
17.2.2	Europäische Regelungen	451
17.2.3	Nationale Regelungen	452
17.3	Warenkunde	453
17.3.1	Mykotoxine	453
17.3.2	Marine Biotoxine	466
17.3.3	Phytotoxine	474
17.3.4	Herstellungsbedingte Toxine (Prozesskontaminanten)	477
17.4	Qualitätssicherung	481
17.4.1	Betriebskontrollen	481
17.4.2	Analytik von Mykotoxinen	482
17.4.3	Analytik von marinen Biotoxinen	485
17.4.4	Analytik von herstellungsbedingten Toxinen	486
17.5	Literatur	487

18 Lebensmittelbestrahlung
Claus Wiezorek 491

18.1	Lebensmittelwarengruppen	491
18.2	Beurteilungsgrundlagen	491
18.3	Warenkunde	494
18.3.1	Bestrahlungszulassungen	494
18.3.2	Bestrahlungsziele und erforderliche Bestrahlungsdosen	494
18.3.3	Technik und Wirkung der Bestrahlung	498
18.3.4	Nebenwirkungen der Bestrahlung und deren toxikologische Aspekte	500
18.3.5	Bestrahlungspraxis	502
18.4	Qualitätssicherung	504
18.4.1	Maßnahmen in Bestrahlungsbetrieben	504
18.4.2	Nachweisverfahren einer Bestrahlung	505
18.5	Literatur	506

19 Lebensmittelmikrobiologie
Johannes Krämer 509

19.1	Grundlagen	509
19.2	Beeinflussung der mikrobiellen Vermehrung im Lebensmittel	512

19.3	Lebensmittelvergiftungen	513
19.4	Untersuchungsverfahren	515
19.4.1	Nationale und internationale Empfehlungen und Vorschriften	515
19.4.2	Kultureller Nachweis der Mikroorganismen und ihrer Stoffwechselprodukte	516
19.4.3	Mikrobieller Hemmstofftest	518
19.5	Bewertung der Untersuchungsergebnisse	518
19.6	Festlegung von mikrobiologischen Kriterien	519
19.7	Gesetzliche Kriterien und Empfehlungen	522
19.8	Mikrobiologisch-hygienische Aufgaben des Lebensmittelchemikers	524
19.9	Literatur	525
20	**Milch, Milchprodukte, Analoge und Speiseeis**	
	Ursula Coors	527
20.1	Lebensmittelwarengruppen	527
20.2	Beurteilungsgrundlagen	528
20.2.1	Milchrechtliche produktübergreifende Regelungen	528
20.2.2	Produktspezifische Regelungen für Milch und Milcherzeugnisse	529
20.2.3	Milch- und Milcherzeugnis-Analoge und Imitate	531
20.2.4	Speiseeis	531
20.3	Warenkunde	532
20.3.1	Milch	532
20.3.2	Milcherzeugnisse	536
20.3.3	Butter	538
20.3.4	Käse	539
20.3.5	Milch- und Milcherzeugnis-Analoge und Imitate	543
20.3.6	Speiseeis	543
20.4	Qualitätssicherung	544
20.4.1	Betriebsinspektionen	544
20.4.2	Probenahme	545
20.4.3	Untersuchungsverfahren	545
20.5	Literatur	546
21	**Eier und Eiprodukte**	
	Wolf-Rüdiger Stenzel	551
21.1	Lebensmittelwarengruppen	551
21.2	Beurteilungsgrundlagen	551
21.3	Warenkunde	553
21.3.1	Aufbau des Hühnereies	555
21.3.2	Eiprodukte	557
21.4	Qualitätssicherung	557
21.4.1	Morphologische Einflüsse	559

21.4.2	Chemisch-physikalische Einflüsse	559
21.4.3	Mikrobiologisch-hygienische Einflüsse	560
21.4.4	Untersuchungsverfahren	561
21.5	Literatur	561
22	**Fleisch und Erzeugnisse aus Fleisch**	
	Jürgen Glatz	563
22.1	Lebensmittelwarengruppen	563
22.2	Beurteilungsgrundlagen	564
22.2.1	International	564
22.2.2	National	565
22.2.3	Definitionen	567
22.3	Warenkunde	568
22.3.1	Rohfleisch	568
22.3.2	Fleischerzeugnisse	571
22.3.3	Zutaten für die Fleischwarenherstellung	574
22.4	Qualitätssicherung	579
22.4.1	Eigenkontrollmaßnahmen	579
22.4.2	Analytische Verfahren	581
22.4.3	QUID bei Fleischerzeugnissen	584
22.5	Literatur	585
23	**Fische und Fischerzeugnisse**	
	Jörg Oehlenschläger	587
23.1	Lebensmittelwarengruppen	587
23.2	Beurteilungsgrundlagen	588
23.2.1	Nationale Rechtssetzungen und Bekanntmachungen	588
23.2.2	Europäische Rechtssetzung	588
23.2.3	Sonstige Normen und Standards	592
23.3	Warenkunde	592
23.3.1	Einführung	592
23.3.2	Typische Erzeugnisse und Herstellung	593
23.3.3	Zusammensetzung	595
23.3.4	Risiken	598
23.4	Qualitätssicherung	599
23.5	Literatur	603
24	**Fette**	
	Hans-Jochen Fiebig, Bertrand Matthäus	605
24.1	Lebensmittelwarengruppen	606
24.2	Beurteilungsgrundlagen	606
24.2.1	Erukasäure-Verordnung	606
24.2.2	Olivenöl-Verordnung	606
24.2.3	Vermarktungsvorschriften für Olivenöle	607
24.2.4	Normen für Streichfette – MargMFV	608

24.2.5	Lebensmittelhygiene-Verordnung	608
24.2.6	Technische-Hilfsstoff-Verordnung	609
24.2.7	Kontaminanten und Rückstände	609
24.2.8	Vitamin-Verordnung	610
24.2.9	Diät-Verordnung	610
24.2.10	Zusatzstoffe	611
24.2.11	Kennzeichnung und Etikettierung	611
24.2.12	Leitsätze des Deutschen Lebensmittelbuches	612
24.2.13	Codex Alimentarius	613
24.3	Warenkunde	613
24.3.1	Fette in der Ernährung	614
24.3.2	Pflanzliche Fette und Öle	616
24.3.3	Tierische Fette	620
24.3.4	Frittierfette	621
24.3.5	Streichfette	623
24.4	Qualitätssicherung	624
24.4.1	HACCP-Konzept	624
24.4.2	Sensorische Prüfungen	625
24.4.3	Chemisch-physikalische Prüfungen	626
24.4.4	3-Monochlorpropan-1,2-diol-Fettsäureester in Speisefetten und -ölen	627
24.5	Literatur	629
25	**Getreide, Brot und Feine Backwaren**	
	Hans-Uwe von Grabowski, Birgit Rolfe	633
25.1	Lebensmittelwarengruppen	634
25.2	Beurteilungsgrundlagen	634
25.3	Warenkunde	636
25.3.1	Allgemeines (Getreide, Brot und Feine Backwaren)	636
25.3.2	Getreidearten	637
25.3.3	Pflanzen, die wie Getreide verwendet werden	640
25.3.4	Trocknung, Lagerung, Reinigung	641
25.3.5	Getreideverarbeitung und primäre Getreideerzeugnisse	643
25.3.6	Weiter verarbeitete Getreideerzeugnisse	645
25.3.7	Brot	646
25.3.8	Kleingebäck	647
25.3.9	Feine Backwaren	648
25.3.10	Convenienceprodukte (Fertigmehle, tiefgekühlte Teiglinge)	648
25.3.11	Diätetische Backwaren	649
25.3.12	Öko-Backwaren	649
25.3.13	Inhaltsstoffe	649
25.3.14	Kontaminanten und Rückstände	652
25.4	Qualitätssicherung	654
25.4.1	QM-Systeme und Hygiene	654

25.4.2	Entnahme von Proben	656
25.4.3	Analytische Verfahren	657
25.5	Literatur	660
26	**Obst, Gemüse und deren Dauerwaren und Erzeugnisse**	
	Torben Küchler	663
26.1	Lebensmittelwarengruppen	663
26.2	Beurteilungsgrundlagen	663
26.3	Warenkunde	664
26.3.1	Allgemeine Definitionen von Obst und Gemüse	664
26.3.2	Inhaltsstoffe	666
26.3.3	Markt und Verbrauch	673
26.3.4	Dauerwaren	673
26.3.5	Erzeugnisse	676
26.4	Qualitätssicherung	678
26.4.1	Analytische Verfahren	678
26.4.2	Kontrollmaßnahmen	679
26.5	Literatur	679
27	**Bier und Braustoffe**	
	Hasan Taschan, Reiner Uhlig	681
27.1	Lebensmittelwarengruppen	681
27.2	Beurteilungsgrundlagen	681
27.3	Warenkunde	683
27.3.1	Wirtschaftliche Bedeutung	683
27.3.2	Rohstoffe	684
27.3.3	Bierbereitung	688
27.3.4	Biergattungen, Biertypen, Biersorten	689
27.4	Qualitätssicherung	694
27.4.1	Analytische Methoden	694
27.4.2	Rückverfolgbarkeit und Eigenkontrollen	696
27.5	Literatur	697
28	**Wein**	
	Klaus Mahlmeister	701
28.1	Lebensmittelwarengruppe	701
28.2	Beurteilungsgrundlagen	701
28.2.1	Rechtsvorschriften international	702
28.2.2	Rechtsvorschriften national	703
28.2.3	Begriffsbestimmung Wein	703
28.3	Warenkunde	703
28.3.1	Erzeugnisse des Weinrechts	703
28.3.2	Chemische Zusammensetzung	707
28.3.3	Alkoholfreier, alkoholreduzierter Wein	714
28.4	Qualitätssicherung	715

28.4.1	Präventives Qualitätsmanagement im Weinsektor	715
28.4.2	Sensorische Analyse	715
28.4.3	Chemische und physikalische Analysenmethoden	715
28.5	Literatur	717
29	**Spirituosen und spirituosenhaltige Getränke**	
	Claudia Bauer-Christoph	719
29.1	Lebensmittelwarengruppen	719
29.2	Beurteilungsgrundlagen	720
29.3	Warenkunde	725
29.3.1	Übersicht	725
29.3.2	Brände, Destillate	725
29.3.3	Liköre	727
29.3.4	Spirituosenhaltige Mischgetränke	727
29.4	Qualitätssicherung	728
29.4.1	Qualitätssicherung im Herstellerbetrieb	728
29.4.2	Betriebsbegehungen und Probenahme	729
29.4.3	Analytische Verfahren zur Untersuchung von Spirituosen	730
29.5	Literatur	733
30	**Gewürze, Kräuter und Pilze**	
	Arne Mohring, Hans-Helmut Poppendieck	737
30.1	Lebensmittel-Warengruppen	737
30.2	Beurteilungsgrundlagen	737
30.3	Warenkunde	739
30.3.1	Herkunft, Bearbeitung, Angebotsformen	739
30.3.2	Risiken	752
30.4	Qualitätssicherung	753
30.4.1	Betriebskontrollen bei Import und Verarbeitungsbetrieben	755
30.4.2	Untersuchungen	756
30.5	Literatur	758
31	**Süßwaren und Honig**	
	Reinhard Matissek, Hans Günter Burkhardt, Katrin Janßen	759
31.1	Lebensmittelwarengruppen	759
31.2	Beurteilungsgrundlagen	759
31.2.1	Zuckerwaren	760
31.2.2	Schokoladen und Schokoladenerzeugnisse	761
31.2.3	Honig	762
31.3	Warenkunde	763
31.3.1	Zuckerwaren, Übersicht	763
31.3.2	Zusammensetzungen/Besonderheiten	768
31.3.3	Schokoladen und Schokoladenerzeugnisse, Übersicht	771
31.3.4	Zusammensetzungen/Besonderheiten	774
31.3.5	Honig, Übersicht	778

31.3.6	Zusammensetzung/Besonderheiten	779
31.4	Qualitätssicherung	780
31.4.1	Betriebliche Eigenkontrolle	780
31.4.2	Probenahme	782
31.4.3	Analytische Verfahren	782
31.5	Literatur	784
32	**Genussmittel**	
	Ulrich H. Engelhardt, Hans Gerhard Maier	789
32.1	Lebensmittelwarengruppen	789
32.2	Beurteilungsgrundlagen	790
32.2.1	Kaffeeprodukte	790
32.2.2	Teeprodukte	791
32.2.3	Teeähnliche Getränke	792
32.3	Warenkunde	792
32.3.1	Kaffeeprodukte, Angebotsformen und Bezeichnungen	792
32.3.2	Chemische Zusammensetzungen und besondere Bestandteile	794
32.3.3	Teeprodukte, Angebotsformen und Bezeichnungen	796
32.3.4	Chemische Zusammensetzungen und besondere Bestandteile	798
32.3.5	Teeähnliche Getränke	801
32.4	Qualitätssicherung	801
32.4.1	Betriebliche Eigenkontrollen und Probenahme	801
32.4.2	Analytische Verfahren	802
32.4.3	Sensorik	805
32.5	Literatur	806
33	**Aromen**	
	Uwe-Jens Salzer, Gerhard Krammer	809
33.1	Lebensmittelwarengruppe	809
33.2	Beurteilungsgrundlagen	809
33.2.1	Rechtliche Grundlagen und Leitsätze	809
33.2.2	Erläuterungen zu den Begriffsbestimmungen	810
33.3	Warenkunde	811
33.3.1	Herstellung von Aromastoffen und Aromen	811
33.3.2	Aromastoffe in Lebensmitteln/Anwendung	811
33.4	Qualitätssicherung	814
33.4.1	Einleitung	814
33.4.2	Sensorik	815
33.4.3	Probenvorbereitung	815
33.4.4	Chromatographie	815
33.4.5	Detektion und Identifizierung von Aromastoffen	819
33.4.6	Authentizitätsprüfung	819

33.5	Literatur	823
34	**Lebensmittel für eine besondere Ernährung und Nahrungsergänzungsmittel**	
	Friedrich Gründig, Karin Juffa	825
34.1	Lebensmittelwarengruppen	826
34.2	Beurteilungsgrundlagen	826
34.2.1	Gemeinschaftsrecht	826
34.2.2	Diät-Verordnung	828
34.2.3	Nahrungsergänzungsmittel-Verordnung (NemV)	834
34.2.4	Zusatzstoff-Zulassungsverordnung, alte Fassung	835
34.2.5	Sonstige Beurteilungshilfen, Standards und Stellungnahmen	835
34.3	Warenkunde	837
34.3.1	Allgemeines	837
34.3.2	Diätetische Lebensmittel für Diabetiker	838
34.3.3	Lebensmittel für Menschen mit einer Glutenunverträglichkeit	842
34.3.4	Natriumarme Lebensmittel und Diätsalze	844
34.3.5	Lebensmittel für kalorienarme Ernährung zur Gewichtsverringerung (Reduktionskost)	845
34.3.6	Lebensmittel für besondere medizinische Zwecke (bilanzierte Diäten)	847
34.3.7	Lebensmittel für intensive Muskelanstrengungen, vor allem für Sportler	849
34.3.8	Säuglings- und Kleinkindernahrung	853
34.3.9	Sonstige diätetische Lebensmittel	857
34.3.10	Nahrungsergänzungsmittel	857
34.3.11	Jodiertes (fluoridiertes, mit Folsäure angereichertes) Speisesalz	863
34.4	Qualitätssicherung	865
34.5	Literatur	866
35	**Neuartige und gentechnisch veränderte Lebensmittel**	
	Manuela Schulze	869
35.1	Lebensmittelwarengruppen	870
35.2	Beurteilungsgrundlagen	870
35.2.1	Neuartige Lebensmittel und neuartige Lebensmittelzutaten	870
35.2.2	Anwendungsbereiche der Novel Foods Verordnung	871
35.2.3	Kennzeichnung von Novel Foods	872
35.2.4	Gentechnisch veränderte Lebensmittel	873
35.2.5	Zulassungen nach dem Gentechnikrecht vor Inkrafttreten der Novel Foods Verordnung	874
35.2.6	Notifizierungen und Zulassungen vor Inkrafttreten der Verordnung 1829/2003	875

35.2.7	Verordnung 1829/2003	875
35.2.8	Kennzeichnung	875
35.2.9	Schwellenwerte	878
35.2.10	Spezifischer Erkennungsmarker	878
35.3	Warenkunde	878
35.3.1	Produkte – neuartig oder nicht?	878
35.3.2	Lebensmittel oder Lebensmittelzutaten mit oder aus Nanopartikeln	879
35.3.3	Anmeldeverfahren für Novel Foods	880
35.3.4	Genehmigungsverfahren für neuartige Lebensmittel	881
35.3.5	Gentechnisch veränderte Organismen in der Lebensmittelherstellung	883
35.3.6	Beispiel gentechnisch veränderte Papaya	884
35.3.7	Importe von nicht zugelassenem gentechnisch veränderten Bt 10-Mais, LL 601 Reis und Bt 63-Reis	884
35.4	Qualitätssicherung	886
35.4.1	Neuartige Lebensmittel und neuartige Lebensmittelzutaten	886
35.4.2	Paranuss-Gene in der Sojabohne, Qualitätssicherung bei der Produktentwicklung	886
35.4.3	Probenahme/Nachweisverfahren für gentechnisch veränderte Lebensmittel	887
35.4.4	Rückverfolgbarkeit nach Verordnung 1830/2003	888
35.5	Literatur	888
36	**Wasser**	
	Claus Schlett	893
36.1	Lebensmittelwarengruppen	893
36.2	Beurteilungsgrundlagen	893
36.2.1	Wasser	893
36.2.2	Zuständigkeiten	894
36.2.3	Qualitätsanforderungen	895
36.3	Warenkunde	899
36.3.1	Inhaltsstoffe	899
36.3.2	Wasservorkommen und Wasserverbrauch	901
36.3.3	Aufbereitung	902
36.4	Qualitätssicherung	904
36.4.1	Analytik	904
36.4.2	Akkreditierung	904
36.4.3	Besondere Probenahme für Metalle	905
36.4.4	HACCP in der Wasserversorgung	905
36.5	Literatur	906

37	**Abgrenzung Lebensmittel – Arzneimittel**	
	Helmut Streit	909
37.1	Warengruppen	909
37.2	Beurteilungsgrundlagen	909
37.2.1	Einführung	909
37.2.2	Rechtliche Regelungen	911
37.2.3	Amtliche Stellungnahmen	912
37.2.4	Gerichtsentscheidungen	912
37.2.5	Begriffsbestimmungen	918
37.3	Abgrenzung Lebensmittel – Arzneimittel	924
37.3.1	Grundsätze	924
37.3.2	Abgrenzungskriterien	925
37.3.3	Beispiele einer Abgrenzung	927
37.4	Ausblick	931
37.5	Literatur	932
38	**Lebensmittelbedarfsgegenstände**	
	Beate Brauer, Ramona Schuster, Rüdiger Baunemann	935
38.1	Warengruppen	936
38.2	Beurteilungsgrundlagen	936
38.2.1	Chemische Inertheit	936
38.2.2	Hygienische Inertheit	938
38.2.3	Verpflichtungen zur Konformitätsarbeit	939
38.2.4	Weitere Anforderungen	939
38.2.5	Nationale Beurteilungsgrundlagen	939
38.3	Warenkunde	940
38.3.1	Kunststoffe	940
38.3.2	Coatings (Beschichtungen)	953
38.3.3	Kautschuk und Elastomere	958
38.3.4	Papier, Karton und Pappe	965
38.3.5	Klebstoffe	971
38.3.6	Druckfarben	975
38.3.7	Metalle	979
38.3.8	Silikatische Werkstoffe	984
38.3.9	Aktive und intelligente Bedarfsgegenstände	988
38.3.10	Nanomaterialien	992
38.4	Qualitätssicherung	994
38.4.1	Rechtsvorschriften für die hygienische Sicherheit	994
38.4.2	Anforderungen an Deklaration und Dokumentation im Hinblick auf die chemische Sicherheit	995
38.4.3	Untersuchung von Lebensmittelbedarfsgegenständen	996
38.5	Literatur	1001

39	**Sonstige Bedarfsgegenstände**	
	Helmut Block, Ralf Meyer	1005
39.1	Warengruppen	1005
39.2	Beurteilungsgrundlagen	1006
39.2.1	Allgemeine Rechtsvorschriften	1006
39.2.2	Spielwaren und Scherzartikel	1008
39.2.3	Reinigungs- und Pflegemittel, Haushaltschemikalien	1012
39.3	Warenkunde	1017
39.3.1	Gegenstände mit Schleimhautkontakt	1017
39.3.2	Gegenstände zur Körperpflege	1018
39.3.3	Spielwaren und Scherzartikel	1019
39.3.4	Gegenstände mit Körperkontakt	1028
39.3.5	Reinigungs- und Pflegemittel, Haushaltschemikalien	1031
39.4	Qualitätssicherung	1039
39.4.1	Allgemeines, Probenahme	1039
39.4.2	Untersuchungsverfahren zu Spielwaren und Scherzartikel	1039
39.4.3	Untersuchungsverfahren zu Reinigungs- und Pflegemittel, Haushaltschemikalien	1043
39.5	Literatur	1045
40	**Kosmetika**	
	Jürgen Hild	1049
40.1	Warengruppen	1049
40.2	Beurteilungsgrundlagen	1050
40.2.1	Lebensmittel- und Futtermittel-Gesetzbuch (LFGB)	1050
40.2.2	Verordnung über kosmetische Mittel (KosmetikV)	1052
40.2.3	Verordnung über Mittel zum Tätowieren einschließlich bestimmter vergleichbarer Stoffe und Zubereitungen aus Stoffen (Tätowiermittel-Verordnung)	1053
40.2.4	Empfehlungen, Vereinbarungen, Mitteilungen	1054
40.2.5	Naturkosmetik	1054
40.2.6	Kosmetik-Herstellung in der Apotheke	1055
40.2.7	Tierversuche	1055
40.3	Warenkunde	1055
40.3.1	Mittel zur Hautreinigung	1056
40.3.2	Mittel zur Hautpflege	1058
40.3.3	Mittel zur speziellen Hautpflege und mit Hautschutzwirkung, Sonnenschutz	1062
40.3.4	Mittel zur Beeinflussung des Aussehens der Haut, dekorative Kosmetik	1067
40.3.5	Mittel zur Haarreinigung, Haarpflege und Haarbehandlung	1072
40.3.6	Mittel zur Beeinflussung des Körpergeruchs	1078
40.3.7	Mittel zur Reinigung und Pflege von Mund, Zähnen und Zahnersatz	1080

40.4	Qualitätssicherung	1083
40.5	Literatur	1084

41 Futtermittel
Detmar Lehmann, Thomas Beck, Hartmut Horst 1087

41.1	Warengruppen	1087
41.2	Beurteilungsgrundlagen	1088
41.2.1	Gemeinschaftsrecht	1088
41.2.2	Nationale Regelungen	1091
41.3	Warenkunde	1092
41.3.1	Einzelfuttermittel	1093
41.3.2	Mischfuttermittel	1093
41.3.3	Futtermittelzusatzstoffe	1094
41.4	Qualitätssicherung	1095
41.4.1	Eigenkontrolle	1095
41.4.2	Amtliche Futtermittelkontrolle	1096
41.4.3	Nationales Kontrollprogramm	1096
41.4.4	Laboruntersuchung	1098
41.5	Literatur	1099

42 Ernährungswissenschaften
Irmgard Bitsch, Roland Bitsch 1103

42.1	Einleitung	1103
42.2	Nahrungsenergie	1104
42.3	Protein	1106
42.4	Essentielle Fettsäuren	1108
42.5	Ballaststoffe	1111
42.6	Vitamine, Mengen- und Spurenelemente	1112
42.7	Ermittlung des Ernährungszustandes	1114
42.8	Alkohol	1117
42.9	Diätetische Lebensmittel und Lebensmittel zur besonderen Ernährung	1119
42.10	Rationalisierungsschema der DGEM	1121
42.11	Lebensmittelallergien und Unverträglichkeiten	1123
42.12	Polyphenole	1124
42.13	Arzneimittelinteraktionen	1128
42.14	Funktionelle Lebensmittel	1128
42.15	Literatur	1129

43 Lebensmittelphysik
Ludger Figura 1133

43.1	Qualität aus physikalischer Sicht	1133
43.2	Physikalische Größen	1134
43.3	Untersuchungsverfahren	1135
43.4	On-line-Verfahren	1139

43.5	Direkte und indirekte Bestimmungen	1141
43.6	Literatur	1143
44	**Lebensmitteltechnologie**	
	Adrian Perco	1145
44.1	Historische Entwicklung und Definition	1145
44.2	Aufgaben der Lebensmitteltechnologie	1146
44.3	Lebensmitteltechnologische Verfahrensstufen	1148
44.3.1	Grundoperationen	1149
44.3.2	Lebensmittelkonservierung	1150
44.3.3	Grundprozesse	1159
44.4	Ausblick auf die Zukunft	1164
44.4.1	Nanotechnologie	1164
44.5	Literatur	1165
45	**Lebensmitteltoxikologie**	
	Rainer Macholz	1167
45.1	Aufgabengebiet	1167
45.2	Begriffsbestimmungen	1169
45.3	Resorption, Verteilung, Biotransformation, Ausscheidung von Stoffen	1171
45.4	Einflussfaktoren auf die Toxizität	1174
45.5	Toxizitätsprüfung	1175
45.6	Toxikologische Bewertung	1179
45.7	Literatur	1181
46	**Abkürzungsverzeichnis**	
46.1	Allgemeine Abkürzungen	1183
46.2	Abkürzungen rechtlicher Bestimmungen	1189
Sachverzeichnis		1195

Liste der Fallbeispiele

Nummer	Seite	Thema	Handbuch-Unterkapitel
8.1	203	Rohmilch und HACCP	8.3.1
15.1	393	Rückstände von Malachitgrün in Forellen	15.3.6
16.1	424	Dioxine in Fleisch	16.3.4
18.1	493	Bestrahlte getrocknete Pilze	18.2
22.1	570	Rotes frisches Fleisch, Druckbehandlung	22.3.1
26.1	677	Ganzfruchtgetränk, Sortenangabe	26.3.5
26.2	678	Konfitüre Extra mit Konservierungsstoff	26.3.5
28.1	716	Authentizität, Wein	28.4.3
28.2	717	Wein, Glycerinzusatz	28.4.3
29.1	724	Ethylcarbamat in Kirschwasser	29.2
30.1	754	Bärlauchblätter, Verwechselung	30.4
34.1	854	Säuglingsnahrung, Vitamin B_1	34.3.8
34.2	854	Säuglingsnahrung, Melamin	34.3.8
34.3	861	Nahrungsergänzung, Nanosilicium-Kapseln	34.3.10
34.4	861	Mikro-Algen-Tabletten, Cadmium	34.3.10
35.1	886	Der Tryptophan-Fall	35.4.1
38.1	952	Pfannenwender aus Polyamid	38.3.1
38.2	992	Tafeltrauben und SO_2-Pads	38.3.9
39.1	1007	Scherzzigarette	39.2.1
41.1	1090	Dioxin in Milch (1998)	41.2.1
41.2	1090	PCB und Dioxine, Futtermittel (1999)	41.2.1
41.3	1090	Dioxine, Kartoffelschalen (2004)	41.2.1
41.4	1091	Melamin in Tierfutter (2007)	41.2.1

Kapitel 1

Die Europäische Union, die Europäische Gemeinschaft und ihre Rechtsordnung, die Europäische Lebensmittelkontrolle

GUDRUN GALLHOFF[1] · GERHARD G. RIMKUS[2]

[1] Europäische Kommission, Generaldirektion Gesundheit und Verbraucher,
Rue Breydel/Breydelstaat 4, 1049 Brussels, Belgien
gudrun.gallhoff@ec.europa.eu
[2] Landeslabor Schleswig-Holstein, Geschäftsbereich Rückstands- und Kontaminantenanalytik, Max-Eyth-Straße 5, 24537 Neumünster
gerhard.rimkus@lvua-sh.de

1.1	Gemeinschaftsrecht	3
1.2	Die Institutionen der Europäischen Gemeinschaft	6
1.3	Agenturen der Europäischen Gemeinschaft	9
1.4	Beschlussfassung	11
1.5	Nichtdiskriminierung, freier Warenverkehr und gegenseitige Anerkennung	15
1.6	Gemeinschaftliches Lebensmittelrecht	16
1.7	Prinzipien der europäischen Lebensmittelkontrolle	22
1.8	Lebensmittel- und Veterinäramt	25
1.9	Erweiterung der Gemeinschaft und EG-Lebensmittelrecht	28
1.10	EU-Lebensmittelrecht und internationales Recht	28
1.11	Literatur	28

Die Europäische Union (EU) ist ein Zusammenschluss von siebenundzwanzig unabhängigen Staaten, um deren wirtschaftliche, politische und soziale Zusammenarbeit zu verstärken. Seit 1. Mai 2007 hat sie die folgenden Mitglieder: Österreich, Belgien, Bulgarien, Dänemark, Finnland, Frankreich, Deutschland, Griechenland, Irland, Italien, Luxemburg, die Niederlande, Portugal, Spanien, Schweden, das Vereinigte Königreich von Großbritannien und Nordirland, Zypern, die Tschechische Republik, Estland, Ungarn, Lettland, Litauen, Malta, Polen, Rumänien, die Slowakei und Slowenien [1]. (Hinweis: Die Republik Zypern hat juristisch Souveränität über die ganze Insel, da die Türkische Republik Nordzypern international nicht anerkannt wird.)

Der Begriff „Europäische Union (EU)" wurde mit dem Vertrag von Maastricht eingeführt und ist Symbol für neue Formen der Kooperation zwischen den Regierungen der Mitgliedstaaten. Durch ihn erhielt die europäische Zusammenarbeit die Struktur der drei „Säulen": *Europäische Gemeinschaft* (EG), *Zusammen-*

Abb. 1.1. Die drei „Säulen" der Europäischen Union

arbeit im Bereich der gemeinsamen Außen- und Sicherheitspolitik und die *Zusammenarbeit von Polizei und Justiz* [2].

Die „Europäische Wirtschaftsgemeinschaft" (gegründet am 25. März 1957 mit dem Vertrag von Rom) wurde mit dem Vertrag von Maastricht vom 7. Februar 1992 und der Gründung der EU in „Europäische Gemeinschaft" umbenannt. Aus dem EWG-Vertrag ist der EG-Vertrag (EGV) geworden. Diese erste Säule ist am weitesten entwickelt. Im Rahmen der EG können die Gemeinschaftsorgane in den ihnen zur Wahrnehmung übertragenen Politikbereichen Recht setzen, das in den Mitgliedstaaten unmittelbar gilt und Vorrang vor dem nationalen Recht hat.

Im Zentrum der Europäischen Gemeinschaft steht der Binnenmarkt. Er wird in Art. 14 Abs. 2 des EG-Vertrages als *„Raum ohne Binnengrenzen, in dem der freie Verkehr von Waren, Personen, Dienstleistungen und Kapital gemäß den Bestimmungen dieses Vertrages gewährleistet ist"* beschrieben. Binnenmarkt bedeutet, dass an den Binnengrenzen der Mitgliedstaaten einschließlich der drei EFTA-Länder Island, Liechtenstein und Norwegen, die dem Europäischen Wirtschaftsraum (EWR) angehören, Zoll- und damit Einfuhrkontrollen wegfallen. Die EFTA (European Free Trade Association oder Europäische Freihandelszone) umfasst vier Staaten: Island, Liechtenstein, Norwegen und die Schweiz. Die ersten drei haben ein Abkommen (EWR-Abkommen) geschlossen, über das sie am EU-Binnenmarkt teilnehmen [3].

Der ungehinderte Warentransport im Binnenmarkt ist heute, mehr als 15 Jahre nach seiner Einführung am 1. Januar 1993, fast selbstverständlich geworden. Er ist das Herzstück der Europäischen Union und ist besonders für die Lebensmittelwirtschaft wichtig [4].

Die Bündelung der Hoheitsrechte auf EU-Ebene bedeutet, dass die Mitgliedstaaten einen Teil ihrer Entscheidungsbefugnisse an die von ihnen geschaffenen europäischen Organe und Einrichtungen (Institutionen) abgegeben haben. In Bezug auf Lebensmittel ist diese Delegation sehr weitreichend und führt in der Praxis dazu, dass die meisten weitreichenden Entscheidungen auf europäischer Ebene getroffen werden.

1.1
Gemeinschaftsrecht

Das Gemeinschaftsrecht im engeren Sinne setzt sich zusammen aus den Gründungsverträgen (*„primäres Recht"* z. B. Vertrag zur Gründung der Europäischen Gemeinschaft) und den Rechtsakten, die die Organe der Gemeinschaft aufgrund dieser Verträge erlassen (*„abgeleitetes Recht"* z. B. Richtlinien, Verordnungen, Entscheidungen).

Im weiteren Sinne bezeichnet dieser Begriff alle Rechtsnormen, die innerhalb der Rechtsordnung der Europäischen Gemeinschaft Anwendung finden, d. h. die allgemeinen Rechtsgrundsätze, die Rechtsprechung des Europäischen Gerichtshofs (EuGH), die Rechtsakte im Rahmen der Außenbeziehungen der Gemeinschaften sowie die Übereinkommen, die zwischen den Mitgliedstaaten in Anwendung der Verträge geschlossen werden (siehe unten).

EG-Vertrag
- Gesundheits- Verbraucherschutz- und markpolitische Grundsätze
- Rechtsgrundlage für Verordnungen, Entscheidungen, Richtlinien
- Vorschriften gelten unmittelbar, sofern der entsprechende Vertragstext klar und präzise formuliert ist und keiner weiteren Konkretisierung bedarf („unmittelbare Anwendung")

EG-Verordnung (Amtsblatt)
- in allen ihren Teilen verbindlich
- gilt unmittelbar in jedem Mitgliedstaat
- hat Vorrang vor nationalem Recht

EG-Richtlinie (Amtsblatt)
- gilt nicht unmittelbar in Mitgliedstaaten
- Mitgliedstaaten sind verpflichtet, die Richtlinien innerhalb vorgegebener Fristen in eigenes Rechtssystem umzusetzen
- wird sie nicht fristgemäß umgesetzt, gelten Regelungen von Richtlinien unmittelbar, sofern der Text klar und präzise formuliert ist und keiner weiteren Konkretisierung bedarf („unmittelbare Anwendung")

EG-Entscheidung/Beschluss (Amtsblatt)
- in allen Teilen für denjenigen verbindlich, an den sie gerichtet ist, z. B. Mitgliedstaaten, einzelne Firmen

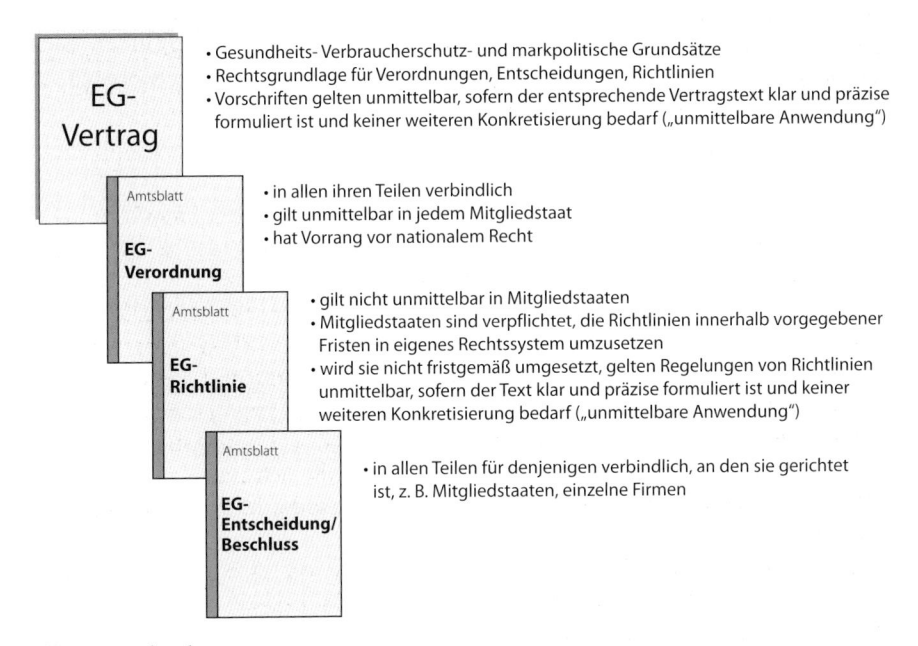

Abb. 1.2. Rechtsakte

EG-Vertrag

Der Vertrag zur Gründung der Europäischen Gemeinschaft (EG-Vertrag) ist die rechtliche Basis für die Zusammenarbeit der Mitgliedstaaten [5]. Sofern der Text des Vertrages klar und präzise formuliert ist und keiner weiteren Erklärung oder Ausführung bedarf, kann er auch unmittelbar angewandt werden. Unmittelbare Anwendung bedeutet, dass eine internationale Regelung nicht erst in ein nationales Gesetz umgewandelt werden muss, um Gültigkeit zu erlangen. Dieser vom EuGH aufgestellte Grundsatz hat Bedeutung für den freien Warenverkehr (siehe unten).

Der EG-Vertrag soll durch den Vertrag von Lissabon [6] geändert und in „Vertrag über die Arbeitsweise der Europäischen Union" umbenannt werden. Der Vertrag von Lissabon wurde am 13. Dezember 2007 von den Vertretern der 27 Mitgliedstaaten unterzeichnet. Bevor er in Kraft treten kann, muss er von allen Mitgliedstaaten gemäß ihren jeweiligen internen Verfahren ratifiziert werden. Dieses Verfahren ist zurzeit (September 2009) noch nicht abgeschlossen. Nach Artikel 6 des Vertrags tritt er am ersten Tag des auf die Hinterlegung der letzten Ratifikationsurkunde folgenden Monats in Kraft.

EG-Verordnungen sind in allen ihren Teilen verbindlich und gelten unmittelbar in jedem Mitgliedstaat. Sie haben Vorrang vor nationalem Recht, wenn mit diesem keine Übereinstimmung besteht.

EG-Richtlinien gelten nicht unmittelbar in jedem Mitgliedstaat. Sie sind vielmehr an die Mitgliedstaaten gerichtet. Diese sind verpflichtet, die Richtlinien nach Maßgabe ihres eigenen Rechtssystems innerhalb von vorgegebenen Fristen (in der Regel 18 Monate) in innerstaatliches Recht umzusetzen. Da diese Umsetzung in den einzelnen Mitgliedstaaten unterschiedlich erfolgen kann, ist es im gemeinschaftlichen Handel bei Problemen der Rechtsauslegung unter Umständen notwendig, auf die betreffende Richtlinie zurückzugreifen, da diese die gemeinschaftliche Rechtsauffassung widerspiegelt und somit im Zweifelsfall maßgeblich ist. Nach Ablauf der Umsetzungsfrist ist eine Richtlinie unmittelbar wirksam, sofern der Text klar und präzise formuliert ist und keiner weiteren Konkretisierung bedarf („unmittelbare Wirkung").

Entscheidungen (Beschlüsse) des Rates oder der Kommission sind in allen Teilen für denjenigen verbindlich, an den sie gerichtet sind. Dies sind in der Regel die Mitgliedstaaten oder einzelne Firmen (z. B. bei Entscheidungen über Zulassungen).

Empfehlungen, Mitteilungen und Stellungnahmen des Rates oder der Kommission geben die Auffassung dieser Institutionen wieder, sind aber nicht rechtsverbindlich.

Horizontale und Vertikale Vorschriften

Insbesondere im Lebensmittelrecht wird auch zwischen „*horizontalen Vorschriften*" und „*vertikalen Vorschriften* "unterschieden. Horizontale Vorschriften gelten für viele verschiedene Erzeugnisse (z. B. für die Kennzeichnung aller Lebensmittel) und vertikale Vorschriften beziehen sich lediglich auf bestimmte Produktgruppen (zum Beispiel für Rindfleisch oder Honig).

Rechtsvorbereitende Strategiepapiere und Konsultationen

Grünbücher und Weißbücher
Die von der Kommission veröffentlichten Grünbücher sollen auf europäischer Ebene eine Debatte über grundlegende politische Ziele in bestimmten Bereichen in Gang setzen. Die durch ein Grünbuch (z. B. *Grünbuch über die allgemeinen Grundsätze der Lebensmittelsicherheit*, 1997) eingeleiteten Konsultationen können die Veröffentlichung eines Weißbuchs zur Folge haben, in dem konkrete Maßnahmen für ein gemeinschaftliches Vorgehen vorgeschlagen werden. Die Weißbücher der Kommission enthalten Vorschläge für ein gemeinschaftliches Vorgehen in einem bestimmten Bereich. Als Beispiele seien genannt: das *Weißbuch zur Vollendung des Binnenmarktes (1985)*, das *Weißbuch zur Lebensmittelsicherheit (2000)* und das *Weißbuch Europäisches Regieren (2001)*.

Diskussionspapiere und Mitteilung der Kommission
In jüngster Zeit werden Strategiediskussionen („*Konsultationen*") eher im Internet geführt und entsprechende Diskussionspapiere („Reflection Papers") auf den Internetseiten der zuständigen Generaldirektionen sowie auf einer speziellen Seite veröffentlicht [7]. An diesen Diskussionen im Internet kann sich grundsätzlich jeder beteiligen. Häufig sind die entsprechenden Dokumente jedoch nur auf English verfügbar.

Beratende Gruppe für die Lebensmittelkette sowie für Tier- und Pflanzengesundheit
Diese Gruppe wurde mit dem Beschluss der Kommission Nr. 2004/613/EG *über die Einsetzung einer Beratenden Gruppe für die Lebensmittelkette sowie für Tier- und Pflanzengesundheit* [8] geschaffen und ersetzte den beratenden Lebensmittelausschuss. Der Gruppe gehören höchstens 45 Vertreter europäischer Verbände des Lebensmittel- und Futtermittelsektors sowie verwandter Sektoren (einschließlich der Verbraucherverbände) an. Sie soll zweimal im Jahr tagen und die Kommission in folgenden Bereichen unterstützen: Lebensmittel- und Futtermittelsicherheit, Kennzeichnung und Aufmachung von Lebens- und Futtermitteln, menschliche Ernährung im Zusammenhang mit dem Lebensmittelrecht, Tiergesundheit und Tierschutz, Pflanzenschutz und Pflanzenschutzmittel einschließlich ihrer Rückstände, sowie mit den Bedingungen für den Verkehr mit Saatgut und Vermehrungsmaterial, einschließlich der biologischen Vielfalt und der damit zusammenhängenden Bereiche des gewerblichen Rechtsschutzes.

1.2
Die Institutionen der Europäischen Gemeinschaft

Das institutionelle System der EU besteht aus fünf Organen mit jeweils spezifischen Aufgaben [9]:

- Rat der Europäischen Union (Ministerrat, „Rat") [10]
- Europäisches Parlament (EP) [11]
- Europäische Kommission [12]
- Europäischer Gerichtshof [13]
- Europäischer Rechnungshof (kontrolliert die nachhaltige und rechtmäßige Verwaltung des EU-Haushalts) [14].

Rat der Europäischen Union (Ministerrat)

Der Rat ist das wichtigste Entscheidungsgremium der EU. Er vertritt die Mitgliedstaaten. An seinen Tagungen nimmt je ein Minister aus den nationalen Regierungen der EU-Staaten teil. Die Zusammensetzung der Ratstagungen hängt von den zu behandelnden Themen ab. Wenn zum Beispiel Landwirtschaftsfragen auf der Tagesordnung stehen, nehmen die Landwirtschaftsminister aus allen EU-Staaten an der Tagung teil, der dann als „Agrarrat" bezeichnet wird. Der Rat bleibt trotzdem nur ein einziges Organ.

Der Rat hat sechs zentrale Aufgaben, er:

- verabschiedet europäische Rechtsvorschriften, meist gemeinsam mit dem EP,
- stimmt die Grundzüge der Wirtschaftspolitik in den Mitgliedstaaten ab,
- schließt internationale Übereinkünfte zwischen der EU und Drittländern oder internationalen Organisationen ab,
- genehmigt den Haushaltsplan der EU (zusammen mit EP),
- entwickelt die Gemeinsame Außen- und Sicherheitspolitik der EU,
- koordiniert die Zusammenarbeit der nationalen Gerichte und Polizeikräfte.

Die meisten dieser Aufgaben betreffen den Bereich der „Gemeinschaft" (erste „Säule"). Die beiden letzten Aufgaben beziehen sich hingegen weitgehend auf Gebiete, in denen die Mitgliedstaaten ihre Befugnisse nicht delegiert haben, sondern einfach zusammenarbeiten (zwischenstaatliche Zusammenarbeit).

Europäisches Parlament

Das Europäische Parlament (EP) wird von den Bürgern Europas direkt für fünf Jahre gewählt. Zusammen mit dem Ministerrat beschließt es Gesetze.

Die monatlichen Plenartagungen, zu denen alle Abgeordneten zusammenkommen, finden in Straßburg (Frankreich) statt, das somit „Sitz" des Parlaments ist. Die parlamentarischen Ausschüsse sowie zusätzliche Plenartagungen werden in Brüssel (Belgien) abgehalten, während die Verwaltung (das „Generalsekretariat") in Luxemburg angesiedelt ist.

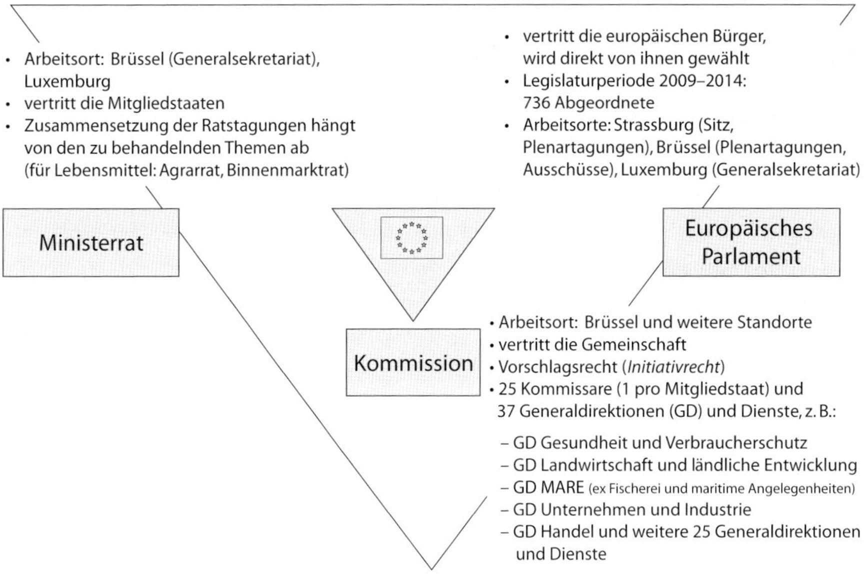

1 EU, EG Rechtsordnung und Lebensmittelkontrolle

Ministerrat
- Arbeitsort: Brüssel (Generalsekretariat), Luxemburg
- vertritt die Mitgliedstaaten
- Zusammensetzung der Ratstagungen hängt von den zu behandelnden Themen ab (für Lebensmittel: Agrarrat, Binnenmarktrat)

Europäisches Parlament
- vertritt die europäischen Bürger, wird direkt von ihnen gewählt
- Legislaturperiode 2009–2014: 736 Abgeordnete
- Arbeitsorte: Strassburg (Sitz, Plenartagungen), Brüssel (Plenartagungen, Ausschüsse), Luxemburg (Generalsekretariat)

Kommission
- Arbeitsort: Brüssel und weitere Standorte
- vertritt die Gemeinschaft
- Vorschlagsrecht (*Initiativrecht*)
- 25 Kommissare (1 pro Mitgliedstaat) und 37 Generaldirektionen (GD) und Dienste, z. B.:
  – GD Gesundheit und Verbraucherschutz
  – GD Landwirtschaft und ländliche Entwicklung
  – GD MARE (ex Fischerei und maritime Angelegenheiten)
  – GD Unternehmen und Industrie
  – GD Handel und weitere 25 Generaldirektionen und Dienste

Abb. 1.3. Das institutionelle Dreieck

Für die Legislaturperiode 2009–2014 wurden 736 Abgeordnete gewählt, davon sind 99 Deutsche und 17 Österreicher.

Europäische Kommission

Der Begriff „Kommission" bezieht sich auf die Mitglieder der Kommission, d. h. das Kollegium von Männern und Frauen, die von den Mitgliedstaaten und dem Parlament zur Leitung des Organs und zur Annahme seiner Beschlüsse eingesetzt werden. Die Kommission, die am 22. November 2004 für 5 Jahre ihr Amt antrat, besteht aus 27 Kommissaren/innen (einem/einer pro Mitgliedsland).

Außerdem steht der Begriff „Kommission" für das Organ und sein Personal (Verwaltungsbeamte, Experten, Übersetzer und Sekretariatskräfte).

Die Kommission hat ihren Sitz in Brüssel (Belgien), sie hat aber auch Büros in Luxemburg und anderen Mitgliedsländern, Vertretungen in allen EU-Staaten und Delegationen in vielen Hauptstädten weltweit.

Die Europäische Kommission hat im Wesentlichen vier Aufgaben, sie:

- macht dem Parlament und dem Rat Vorschläge für neue Rechtsvorschriften,
- setzt die EU-Politik um und verwaltet den Haushalt,
- überwacht (gemeinsam mit dem Gerichtshof) die Einhaltung des europäischen Rechts („Hüterin der Verträge"),

```
                    ┌─────────────────────┐
                    │    Europäische      │
                    │ Arzneimittelagentur │
                    └─────────────────────┘
```

GD Unternehmen und Industrie	Gemeinsame Forschungsstelle	GD Forschung
• Bewertung von Tierarzneimittelrückständen • Lebensmittelindustrie	Wissenschaftliche und technische Unterstützung	• Koordinierung der europäischen Forschungsaktivitäten (Rahmenprogramme)

GD Gesundheit und Verbraucherschutz
- Lebensmittelsicherheit
- allgemeiner Verbraucherschutz
- öffentliche Gesundheit
- Tier- und Pflanzengesundheit
- Tierschutz

Lebensmittel- und Veterinäramt

Europäische Behörde für Lebensmittelsicherheit

GD MARE (ex Fischerei und maritime Angelegenheiten)	GD Landwirtschaft und ländliche Entwicklung	GD Handel
• Fischerei und Aquakultur	• Lebensmittelqualität • Gütesiegel • ökologischer Landbau • Landwirtschaftliche Produktion	• Welthandel mit Lebensmitteln

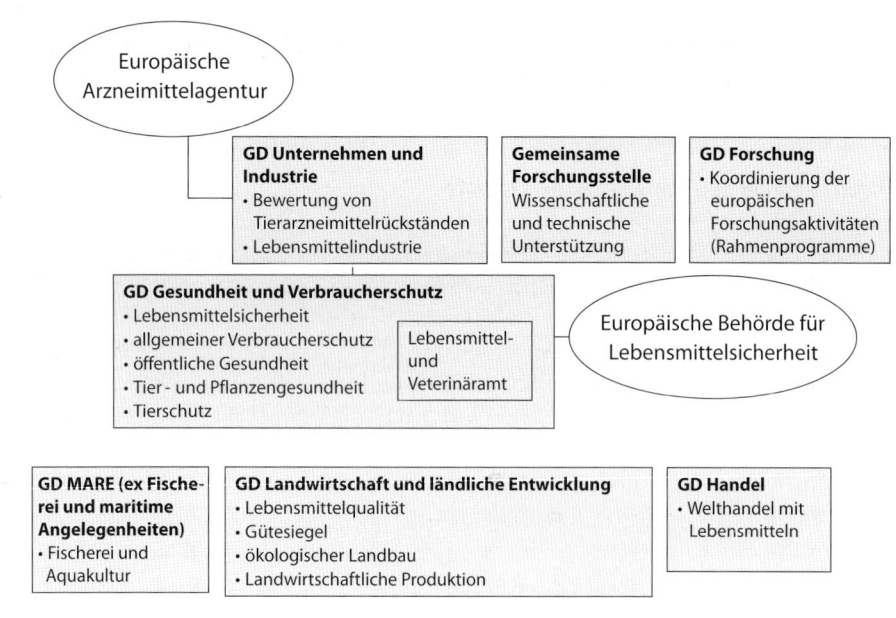

Abb. 1.4. Zuständigkeiten für Lebensmittel innerhalb der Kommission und Agenturen

– vertritt die Europäische Union auf internationaler Ebene, zum Beispiel durch Aushandeln von Übereinkommen zwischen der EU und anderen Ländern (z. B. im Rahmen der Welthandelsorganisation).

Das Organ Kommission ist nach Zuständigkeiten in Generaldirektionen aufgeteilt. Die Generaldirektionen arbeiten abhängig von der Zuständigkeit mit den Agenturen der Gemeinschaft (siehe unten) zusammen.

Europäischer Gerichtshof

Dem Gerichtshof der Europäischen Union (EuGH) gehört ein Richter je Mitgliedstaat an. Der Gerichtshof besteht derzeit aus siebenundzwanzig Richtern und acht Generalanwälten, die von den Mitgliedstaaten im gegenseitigen Einvernehmen für sechs Jahre ernannt werden. Der Gerichtshof wird vom Gericht erster Instanz der Europäischen Union (EuG) unterstützt, das 1989 eingesetzt wurde. Der EuGH hat zwei Hauptfunktionen:

– die Rechtsakte der EU und der Mitgliedstaaten auf ihre Vereinbarkeit mit den Verträgen hin zu überprüfen;
– auf Ersuchen nationaler Gerichte über die Auslegung oder Anwendung von EG-Recht zu entscheiden.

Außerdem sollte noch der **Europäische Wirtschafts- und Sozialausschuss (EWSA)** erwähnt werden, der als beratendes Organ die „organisierte Bürgergesellschaft" (Arbeitgeber, Gewerkschaften, Landwirte, Verbraucher und andere Interessensgruppen) vertritt.

1.3
Agenturen der Europäischen Gemeinschaft

Die „*Agenturen der Europäischen Gemeinschaft*" sind Einrichtungen, die sehr spezifische fachliche, wissenschaftliche oder administrative Aufgaben innerhalb des Gemeinschaft („erste Säule") wahrnehmen. Diese Agenturen sind im EG-Vertrag nicht vorgesehen, sondern wurden durch einen eigenen Rechtsakt geschaffen, in dem ihre Aufgaben festgelegt sind. In der Bezeichnung dieser Einrichtungen kommt nicht immer das Wort „Agentur" vor; sie können stattdessen „Zentrum", „Institut", „Stiftung", „Amt" oder „Behörde" heißen.

Für Lebensmittel sind die *Europäische Behörde für Lebensmittelsicherheit* und *Europäische Arzneimittel-Agentur* relevant:

Europäische Behörde für Lebensmittelsicherheit (EFSA)

Die Rechtsgrundlage für die Einrichtung der Europäischen Behörde für Lebensmittelsicherheit ist die Verordnung (EG) Nr. 178/2002 (Basis-VO). Ihr Sitz ist Parma (Italien). Die EFSA (European Food Safety Authority) [15] erstellt unabhängige wissenschaftliche Gutachten zu allen Fragen, die direkt oder indirekt die Lebensmittelsicherheit betreffen. Die Gutachten können alle Stufen der Lebensmittelproduktion und -versorgung von der Erzeugung landwirtschaftlicher Vorprodukte über die Sicherheit von Futtermitteln bis hin zur Lebensmittelversorgung der Verbraucher abdecken. Die Behörde setzt sich zusammen aus Verwaltungsrat, Geschäftsführender Direktor und Personal, Beirat, wissenschaftlichen Ausschuss und acht spezialisierten wissenschaftliche Gremien:

– Gremium für Lebensmittelzusatzstoffe, Aromastoffe, Verarbeitungshilfsstoffe und Materialien, die mit Lebensmitteln in Berührung kommen (AFC),
– Gremium für Zusatzstoffe, Erzeugnisse oder Stoffe in der Tierernährung (FEEDAP),
– Gremium für Pflanzengesundheit, Pflanzenschutzmittel und ihre Rückstände (PPR),
– Gremium für gentechnisch veränderte Organismen (GMO),
– Gremium für diätetische Produkte, Ernährung und Allergien (NDA),
– Gremium für biologische Gefahren (BIOHAZ),
– Gremium für Kontaminanten in der Lebensmittelkette (CONTAM),
– Gremium für Tiergesundheit und Tierschutz (AHAW).

In den Gremien arbeiten Wissenschaftler aus ganz Europa und in einigen wenigen Fällen aus außereuropäischen Ländern zusammen. Sie wurden durch ein Auswahlverfahren, das einem allgemeinen Aufruf zur Interessenbekundung folgt,

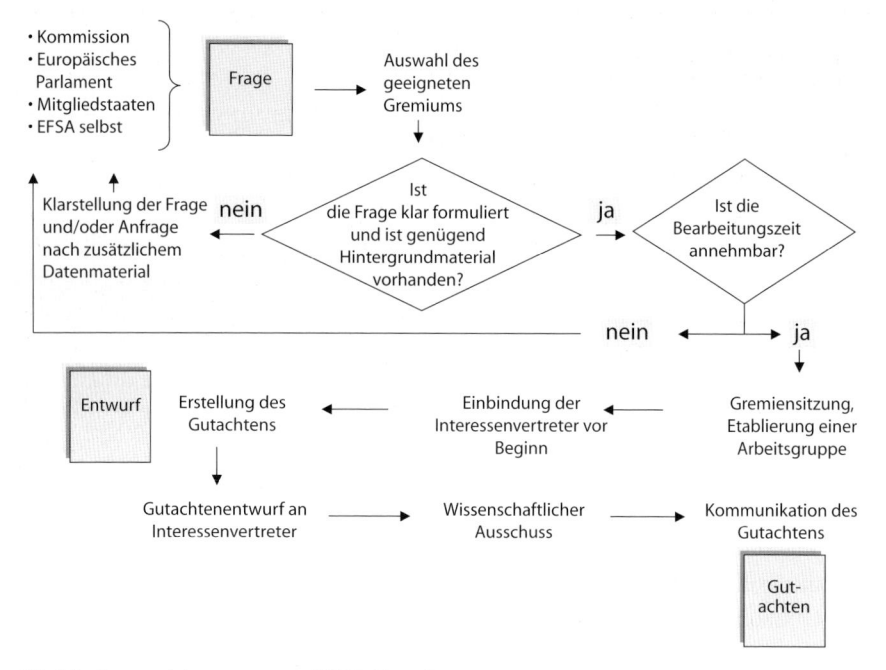

Abb. 1.5. Zustandekommen von EFSA Gutachten

ausgewählt und ernannt. Der Wissenschaftliche Ausschuss koordiniert die Arbeit der Gremien, verabschiedet allgemeine Verfahrensanweisungen und Leitlinien für die Durchführung von Risikobewertungen und befasst sich mit übergreifenden Fragen (z. B. Expositionsbewertung).

Europäische Arzneimittel-Agentur (EMEA)

Die Europäische Arzneimittel-Agentur [16] wurde durch die VO (EWG) Nr. 2309/93 (mittlerweile geändert durch VO (EWG) Nr. 726/2004) eingesetzt. Ihr Sitz ist London (Vereinigtes Königreich von Großbritannien und Nordirland). Die Agentur arbeitet als Netzwerk, das die wissenschaftlichen Ressourcen der EU und der EWR/EFTA-Mitgliedstaaten bündelt, um eine optimale Beurteilung und Überwachung von Arzneimitteln in Europa zu gewährleisten. Die wissenschaftliche Arbeit der Agentur und ihrer Ausschüsse stützt sich auf das Wissen von etwa 3 000 europäischen Sachverständigen.

Die wissenschaftlichen Gutachten der Agentur werden von drei Ausschüssen (Ausschuss für Arzneispezialitäten, Ausschuss für Tierarzneimittel, Ausschuss für Arzneimittel für seltene Leiden) erstellt. Der Ausschuss für Tierarzneimittel bewertet auch die Rückstände von Tierarzneimitteln in Lebensmitteln.

Die Mitglieder der Ausschüsse werden nach Konsultation des Verwaltungsrates für einen verlängerbaren Zeitraum von drei Jahren bestimmt. Jedes Mitgliedsland stellt ein Mitglied und ein stellvertretendes Ausschussmitglied.

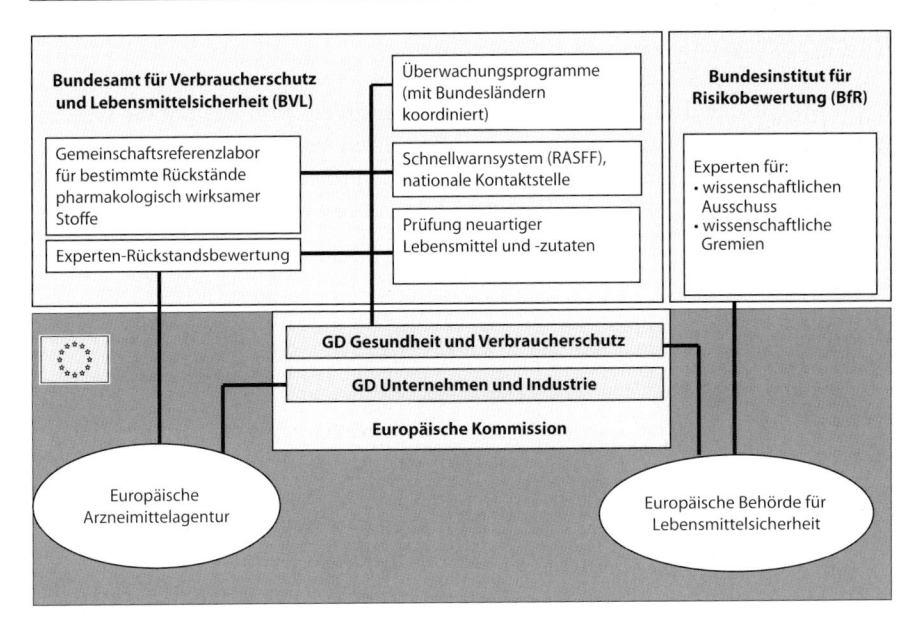

1 EU, EG Rechtsordnung und Lebensmittelkontrolle

Abb. 1.6. Schnittstellen zum nationalen BVL und BfR

Die nationalen Risikobewertungs- und Aufsichtseinrichtungen arbeiten mit der EFSA und der EMEA zusammen und stellen einen Großteil der Experten.

1.4 Beschlussfassung

Verträge werden von den Präsidenten und Premierministern der Mitgliedstaaten abgeschlossen und von ihren Parlamenten ratifiziert.

Die Regeln und Verfahren zum Beschluss europäischer Rechtsvorschriften (Sekundärrecht) sind in den Verträgen festgelegt. Folglich erstellt das „*institutionelle Dreieck*" (Europäische Kommission, Europäisches Parlament, Rat der Europäischen Union, siehe auch Abb. 1.3) die politischen Programme und Rechtsvorschriften (Richtlinien, Verordnungen und Entscheidungen), die in der ganzen Gemeinschaft gelten und aus der sich auch das gemeinschaftliche Lebensmittelrecht zusammensetzt. Grundsätzlich schlägt die Kommission neue gemeinschaftliche Rechtsvorschriften vor („*Initiativrecht*"); angenommen werden sie aber von Parlament und Rat.

Jede europäische Rechtsvorschrift stützt sich auf einen bestimmten Vertragsartikel, die „Rechtsgrundlage". Entscheidungen, die das Lebensmittelrecht betreffen, werden nach dem Mitentscheidungsverfahren getroffen (Artikel 251 EG-Vertrag, Artikel 294 des Vertrages über die Arbeitsweise der Europäische Union) bei dem mit qualifizierter Mehrheit abgetimmt wird (Artikel 205 EG-Vertrag, Artikel 238 des Vertrages über die Arbeitsweise der Europäische Union).

Mitentscheidungsverfahren

Beim Mitentscheidungsverfahren teilen das Parlament und der Rat die Gesetzgebungsgewalt. Die Kommission übermittelt ihren Vorschlag an beide Organe, die ihn in zwei aufeinander folgenden Lesungen erörtern und mit qualifizierter Mehrheit der Mitgliedstaaten (Rat) beziehungsweise Mehrheit der Abgeordneten (Europäisches Parlament) zustimmen.

- Soweit in diesem Vertrag nichts anderes bestimmt ist, beschließt der Rat mit der Mehrheit seiner Mitglieder
- qualifizierte Mehrheit erforderlich ⇒ Stimmen der Mitglieder werden gewichtet
- Beschluss eines Vorschlags der Kommission: **232 Stimmen** und Zustimmung der Mehrheit der Mitgliedstaaten
- Beschluss, wenn gegen die Kommission abgestimmt wird: **232 Stimmen** und Zustimmung 2/3 der Mitgliedstaaten

Stimmen jeweils für:
- 29: Deutschland, Italien, Frankreich, Vereinigtes Königreich
- 27: Spanien, Polen
- 14: Rumänien
- 13: Niederlande
- 12: Belgien, Tschechien, Griechenland, Ungarn, Portugal
- 10: Österreich, Schweden, Bulgarien
- 7: Dänemark, Irland, Litauen, Slowakei, Finnland
- 4: Estland, Zypern, Lettland, Luxemburg, Slowenien
- 3: Malta

Rechtsgrundlage: Art. 205 EG-Vertrag (Artikel 16 des Vertrags über die Europäische Union und Artikel 238 Vertrag über die Arbeitsweise der Europäischen Union hier Stimmenverteilung geändert, andere Regeln ab 2014)

Abb. 1.7. Abstimmung mit qualifizierter Mehrheit (Mitentscheidungsverfahren im Rat und Komitologieverfahren)

Wenn Europäisches Parlament und Rat sich nicht einigen können, wird ein *„Vermittlungsausschuss"* einberufen, der je zur Hälfte aus Vertretern des Rates und des Parlaments besteht. Vertreter der Kommission nehmen ebenfalls an den Ausschusssitzungen teil („Trilog"). Nach Erzielung einer Einigung wird der angenommene Text dem Parlament und dem Rat in dritter Lesung zur endgültigen Verabschiedung vorgelegt. Das Mitentscheidungsverfahren kann auf der Internetseite des Europäischen Parlamentes mitverfolgt werden [17].

Komitologieverfahren – Ständiger Ausschuss für die Lebensmittelkette und Tiergesundheit

Nach dem EG-Vertrag, Artikel 202 ist die Durchführung der Rechtsvorschriften auf Gemeinschaftsebene normalerweise Aufgabe der Kommission. Die Durchführungsbefugnisse der Kommission sowie die Bedingungen für die Ausübung dieser Befugnisse sind in den nach dem Mitentscheidungsverfahren beschlossenen Rechtsakten festgelegt. Häufig ist vorgesehen, dass die Kommission nach dem so genannten Komitologieverfahren von einem Ausschuss unterstützt wird.

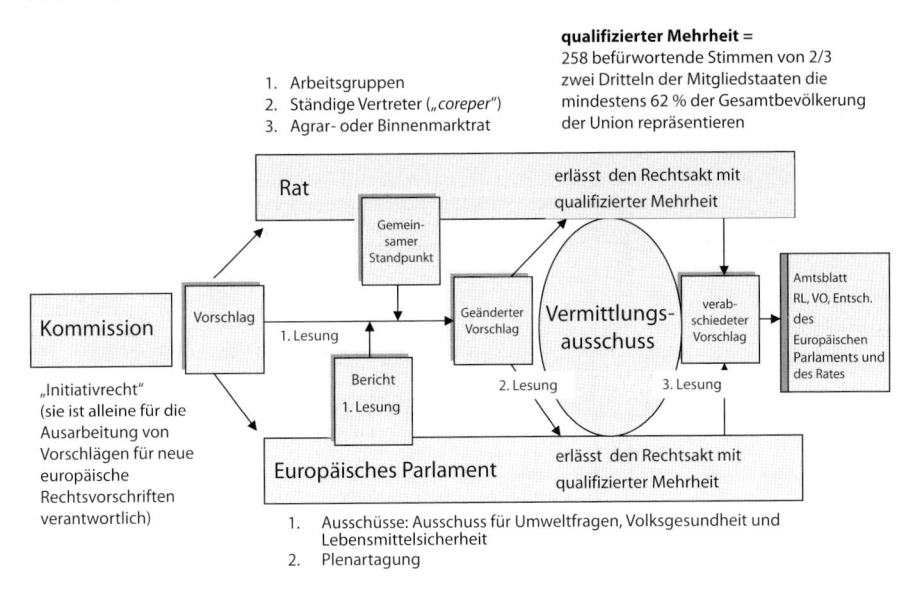

1 EU, EG Rechtsordnung und Lebensmittelkontrolle

Abb. 1.8. Mitentscheidungsverfahren Art. 251 (Artikel 294 des Vertrages über die Arbeitsweise die Europäische Union)

Einer dieser Ausschüsse ist der *Ständige Ausschuss für die Lebensmittelkette und Tiergesundheit* [18]. Er wurde durch Artikel 58 der VO (EG) Nr. 178/2002 („Basisverordnung Lebensmittel") geschaffen und ersetzt die folgenden bis dahin tätigen Ausschüsse: Ständiger Veterinärausschuss, Ständiger Lebensmittelausschuss, Ständiger Futtermittelausschuss und teilweise den Ständigen Ausschuss für Pflanzenschutz. Sein Mandat umfasst die gesamte Lebensmittelkette von der Tiergesundheit und Primärproduktion im Betrieb bis zum fertigen Produkt. Er setzt sich aus Vertretern der Mitgliedstaaten zusammen und tagt unter dem Vorsitz eines Vertreters der Kommission.

Ein Rechtstext in welchem auf das Komitologieverfahren zur Durchführung von Rechtsvorschriften auf Gemeinschaftsebene verwiesen wird, liest sich zum Beispiel wie folgt: *„Die Kommission kann nach dem in Artikel X genannten Verfahren koordinierte Pläne empfehlen"*. Der Artikel X enthält in der Regel den folgenden oder einen ähnlichen Text: *„Wird auf diesen Absatz Bezug genommen, so gelten die Artikel 5 und 7 des Beschlusses 1999/468/EG unter Beachtung von dessen Artikel 8. Die in Artikel 5, Absatz 6 des Beschlusses 1999/468/EG vorgesehene Frist beträgt drei Monate."* Der Beschluss 1999/468/EG enthält die für alle Komitologieverfahren allgemein gültigen Regeln.

Welches Verfahren angewandt wird bestimmt der Basisrechtsakt, in dem die Verfahrensmodalitäten in der Regel aufgeführt sind. Der Ständige Ausschuss für die Lebensmittelkette und Tiergesundheit ist ein *„Regelungsausschuss"*, d. h. die Kommission kann nur Durchführungsmaßnahmen erlassen, wenn der Ausschuss mit der qualifizierten Mehrheit der vertretenen Mitgliedstaaten eine po-

Abb. 1.9. Komitologieverfahren

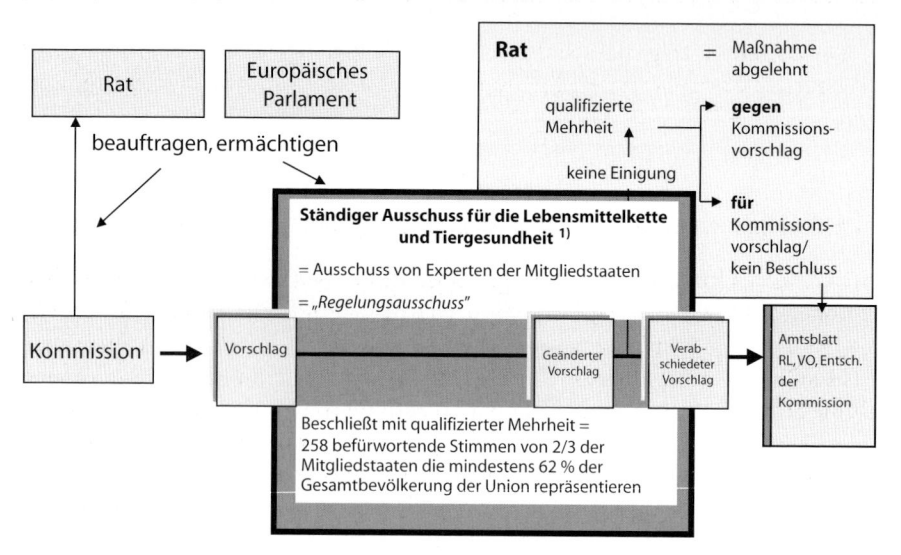

[1] Rechtsgrundlage: Art. 202 EG-Vertrag (wird im Vertrag über die Arbeitsweise die Europäische Union nicht wieder aufgegriffen, sondern durch andere Bestimmungen ersetzt) Beschluss 1999/468/EG, Verordnung (EG) Nr. 178/2002, Artikel 58

sitive Stellungnahme abgegeben hat. Der Ausschuss setzt sich aus Vertretern der Mitgliedstaaten zusammen und tagt unter dem Vorsitz eines Vertreters der Europäischen Kommission. Er wurde in folgende sektorenspezifische Unterausschüsse unterteilt: *Allgemeines Lebensmittelrecht, Biologische Sicherheit der Lebensmittelkette, Toxikologische Sicherheit der Lebensmittelkette, Kontrollen und Einfuhrbedingungen, genetisch modifizierte Lebensmittel und Umweltrisiken, Tierernährung, Tiergesundheit und Tierschutz, Pflanzenschutzmittel.*

Stimmen die beabsichtigten Maßnahmen nicht mit der Stellungnahme des Ausschusses überein oder liegt keine Stellungnahme vor, wird der Vorschlag an den Rat verwiesen, der dann ebenfalls mit qualifizierter Mehrheit hierüber befindet. Fasst der Rat keinen Beschluss, legt die Kommission schließlich die Durchführungsmaßnahme fest, sofern sich der Rat nicht mit qualifizierter Mehrheit dagegen ausspricht. Es ist jedoch die Regel, dass während der Beratungen im Ausschuss ein Konsens gesucht wird, indem die Kommission ihren Vorschlag anpasst und so der Weg über den Rat vermieden wird.

Der Beschluss von 1999 wurde durch Beschluss 2006/512/EG geändert, der das Regelungsverfahren mit Kontrolle einführt. In der Praxis bedeutet dies, dass jeder Vorschlag, der auf einem Basisrechtsakt (wie die Basis-VO) beruht, der im Rahmen des Mitentscheidungsverfahrens angenommen wurde, vom Europäischen Parlament mit qualifizierter Mehrheit abgelehnt werden kann und dass sich die Kontrollfrist auf drei Monate verlängert.

Seit dem 1. Januar 2003 können Dokumente im Komitologie-Register öffentlich eingesehen werden [19].

Durch den Vertrag von Lissabon wird das Komitologieverfahren grundlegend geändert. Die praktischen Bedingungen hierzu müssen aber noch festgelegt werden.

1.5
Nichtdiskriminierung, freier Warenverkehr und gegenseitige Anerkennung

Artikel 12 (Artikel 18 des Vertrages über die Arbeitsweise der Europäischen Union) des EG-Vertrags verbietet „*jede Diskriminierung aus Gründen der Staatsangehörigkeit*". Diskriminierung ist unterschiedliche Behandlung. Auf Initiative des EuGH wurde das Prinzip der Nichtdiskriminierung auf andere Situationen als die Staatsangehörigkeit übertragen, so zum Beispiel auf den freien Warenverkehr. Folglich darf eine aus einem anderen Mitgliedstaat importierte Ware nicht anders behandelt werden als eine inländische Ware.

Der freie Warenverkehr ist eine der Säulen des Binnenmarktes und wird im Wesentlichen durch Artikel 28 bis 30 des EG-Vertrages (Artikel 34 bis 36 des Vertrages über die Arbeitsweise der Europäischen Union) gewährleistet. Diese Artikel untersagen im innergemeinschaftlichen Handel mengenmäßige Beschränkungen sowie alle Maßnahmen gleicher Wirkung. Sie verwenden den Begriff „Waren" nicht. Die diesbezügliche Rechtsprechung versteht hierunter jedoch alle Arten von Waren und Erzeugnissen, mit denen die Mitgliedstaaten untereinander Handel betreiben, solange diese einen wirtschaftlichen Wert haben. Darunter fallen auch Lebensmittel [20].

Artikel 28 lautet: „*Mengenmäßige Einfuhrbeschränkungen sowie alle Maßnahmen gleicher Wirkung sind unbeschadet der nachstehenden Bestimmungen zwischen den Mitgliedstaaten verboten.*" Eine Maßnahme mit gleicher Wirkung wurde vom EUGH als „*Jede Handelsregelung der Mitgliedstaaten, die geeignet ist, den innergemeinschaftlichen Handel unmittelbar oder mittelbar, tatsächlich oder potentiell zu behindern*" beschrieben (EuGH Rechtsache 8/74, Procureur du Roi gegen Dassonville). Inspektionen und Begutachtungen, wie z. B. tierärztliche, Hygiene- und phytosanitäre Kontrollen sind als Maßnahmen gleicher Wirkung anzusehen. Wenn ein Mitgliedstaat z. B. bei der Einfuhr von Äpfeln obligatorische Kontrollen durchführt, um die Verbreitung eines Parasiten zu verhindern, so ist dies eine Maßnahme gleicher Wirkung (EuGH, Rechtsache 4/75, Rewe-Zentralfinanz eGmbH gegen Landwirtschaftskammer). Gleiches gilt für Vorschriften, die verlangen, dass Margarine in Würfelform verpackt wird, um sie von Butter unterscheiden zu können. Letzteres lässt sich nach Auffassung des EuGH mit den Erfordernissen des Verbraucherschutzes nicht rechtfertigen, da die Information der Verbraucher durch weniger beschränkende Maßnahmen, wie etwa die Kennzeichnung des Inhalts auf dem Etikett, gewährleistet werden kann (EuGH, Rechtsache 261/81, Rau gegen De Smedt).

Die Rechtsvorschriften der Mitgliedstaaten können nur dann von den Vorschriften des Artikels 28 abweichen, wenn dies nach Artikel 30 EG-Vertrag gerechtfertigt ist, z. B. zum Schutze der Gesundheit und des Lebens von Menschen,

Tieren oder Pflanzen oder gewerblichen Eigentums. *„Gerechtfertigt"* bedeutet hier, dass die Maßnahme unter Beachtung des Grundsatzes der Verhältnismäßigkeit getroffen wird. Der Grundsatz der Verhältnismäßigkeit ist ein rechtsstaatliches Prinzip, das gebietet, dass Interessen gegeneinander abgewogen werden und so überzogenen Maßnahmen entgegenwirkt. Aber auch dann, wenn sich eine Maßnahme aus einem der im Artikel 30 genannten Gründe rechtfertigen lässt, darf sie weder ein Mittel zur willkürlichen Diskriminierung noch eine verschleierte Beschränkung des Handels zwischen den Mitgliedstaaten darstellen.

Eng verbunden mit dem Prinzip der Nichtdiskriminierung ist das Prinzip der gegenseitigen Anerkennung, nach dem die Rechtsvorschriften eines anderen Mitgliedstaats in ihrer Wirkung den inländischen Rechtsvorschriften gleichzusetzen sind. Dieses Prinzip wurde vom EuGH 1979 im Urteil *„Cassis de Dijon"* festgelegt (EuGH, Rechtsache 120/78, Rewe-Zentral AG gegen Bundesmonopolverwaltung für Branntwein). Die Handelskette REWE wollte den französischen Johannisbeerlikör „Cassis de Dijon" nach Deutschland einführen. Der Verkauf konnte in Deutschland nicht zugelassen werden, da nach deutschem Recht „Likör" mindestens 25 Vol% Alkohol enthalten musste, in Frankreich dagegen reichte ein Alkoholgehalt von 15 bis 20 Vol%.

Demnach sind die Mitgliedstaaten in Ermangelung harmonisierter gemeinschaftlicher Regelungen dazu befugt, im Einklang mit den geltenden Vertragsbestimmungen Vorschriften für die Zusammensetzung, Herstellung, anschließende Verpackung und Aufmachung von Erzeugnissen, wie z. B. Lebensmitteln zu erlassen. Sie sind jedoch gleichzeitig dazu verpflichtet, Lebensmittel, die in anderen Mitgliedstaaten rechtmäßig hergestellt und in den Verkehr gebracht wurden, in ihrem Hoheitsgebiet zuzulassen. Die Einfuhr und Vermarktung von in einem anderen Mitgliedstaat rechtmäßig hergestellten und in den Verkehr gebrachten Lebensmitteln kann beim Fehlen gemeinschaftlicher Regeln nur dann durch derartige Vorschriften beschränkt werden, wenn diese notwendig sind, um zwingenden Erfordernissen gerecht zu werden. Die in der *„Cassis de Dijon"* Rechtsprechung aufgestellten Grundsätze sind inzwischen in unzähligen Fällen bekräftigt und angewandt worden, z. B. in den Rechtssachen Kommission gegen Deutschland (*„Reinheitsgebot für Bier"* – EuGH, Rechtssache 176/84 und 178/84) und Kommission gegen Frankreich (*„Ersatzstoffe für Milchpulver"*, EuGH, Rechtsache 216/84).

1.6
Gemeinschaftliches Lebensmittelrecht

Auf EU-Ebene wurden lebensmittelrechtliche Vorschriften zunächst entwickelt, ohne dass Grundsätze in einem übergeordneten Rechtsinstrument verankert wurden. Folglich waren einzelne Bestandteile des gemeinschaftlichen Lebensmittelrechts nicht immer aufeinander abgestimmt. Unterschiedliche Ansätze entwickelten sich insbesondere bei den Regelungen für Lebensmittel tierischer Herkunft („Veterinärrecht") und den für pflanzliche Lebensmittel geltenden Bestim-

Freier Warenverkehr: Prinzip der Nichtdiskriminierung und gegenseitigen Anerkennung		Artikel 12, 28-30 EG Vertrag und einschlägige Rechtsprechung des EuGH (z. B. *Cassis de Dijon*)
	Verordnung (EG) Nr. 178/2002 „Basisverordnung Lebensmittel"	
Verordnung (EG) Nr. 882/2004 über amtliche Kontrollen zur Überprüfung		
Hygiene: • Verordnung (EG) Nr. 852/2004 Lebensmittelhygiene • Verordnung (EG) Nr. 853/2004 spezifische Hygienevorschriften für Lebensmittel tierischen Ursprungs • Verordnung (EG) Nr. 854/2004 besondere Verfahren für die amtliche Überwachung von Lebensmittel tierischen Ursprungs		**Kennzeichnung** • LM-Kennzeichnungs-RL 2000/13/EG • Nährwertkennzeichnung • Gütezeichen • geschützte Herkunftsbezeichnungen
Spezielle Hygiene Zoonosen Richtlinie	**Chemische Stoffe** • Zusatzstoffe (Lebensmittel) • Rückstände (Tierarzneimittel/ Pflanzenschutzmittel, Futtermittelzusatzstoffe) • Kontaminanten	**Spezielle Lebensmittelgruppen** • „Frühstücks-Richtlinien" = Richtlinien über Zucker, Honig, Marmelade, Fruchtsaft; Schokoladen RL • neuartige Lebensmittel • genetisch veränderte Lebens- und Futtermittel • ökologischer Landbau

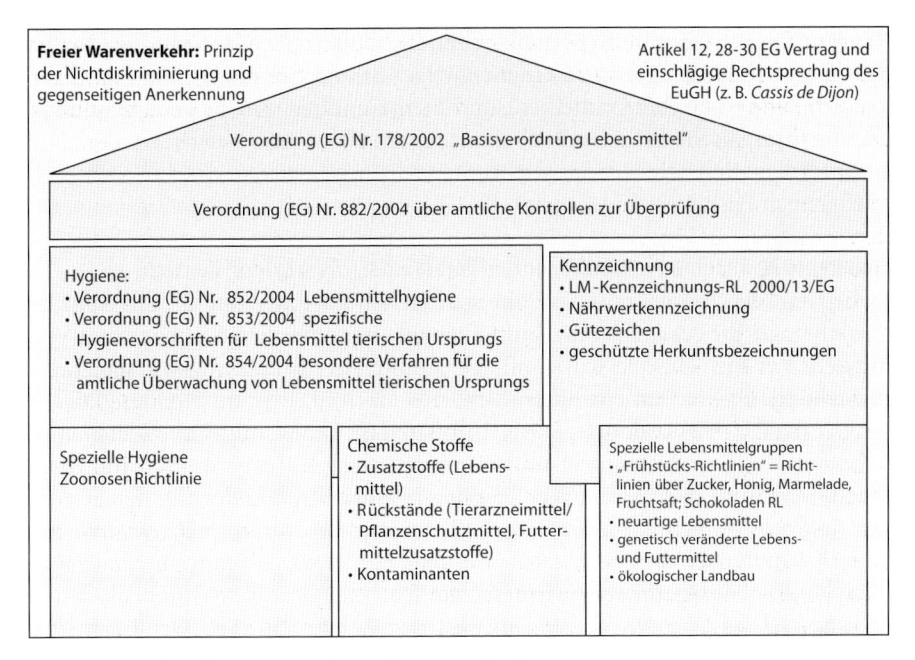

Abb. 1.10. Struktur des Europäischen Lebensmittelrechts

mungen. In dem im Jahr 2000 vorgestellten *Weißbuch über Lebensmittelsicherheit* legte die Kommission u. a. deshalb eine Strategie zur Neufassung der bisherigen Rechtsvorschriften vor. Die hierin vorgestellten mehr als 80 einzelnen Maßnahmen führten zu einer Umgestaltung und Vervollständigung des Europäischen Lebensmittelrechts. Die neuen Vorschriften decken folgende Bereiche ab: Lebens- und Futtermittel, Tiergesundheit und Tierschutz, Hygiene, genetisch modifizierte Organismen, Kontaminanten, Rückstände, neuartige Lebensmittel, Zusatz- und Aromastoffe, Verpackung und Bestrahlung [21].

Verordnung (EG) Nr. 178/2002 „Basisverordnung Lebensmittel" (Basis-VO)

Mit der Verabschiedung der Basis-VO *zur Festlegung der allgemeinen Grundsätze und Anforderungen des Lebensmittelrechts* wurde dem europäischen Lebens- und Futtermittelrecht ein einheitliches Konzept unterlegt. Den Futtermitteln wurde jetzt mehr Aufmerksamkeit geschenkt, da viele der großen Lebensmittelskandale der vorhergehenden Jahre mit Futtermittelverunreinigungen in Zusammenhang standen. Die Basis-VO umfasst auch die Bereiche, die nicht durch spezifische harmonisierte Vorschriften abgedeckt sind, sondern wo das Funktionieren des Binnenmarkts durch gegenseitige Anerkennung gewährleistet wird.

Die Basis-VO legt Definitionen, Grundsätze und Verpflichtungen zu allen Stufen der Lebens-/Futtermittelproduktion und -distribution fest. Sie ist damit eine horizontale Vorschrift. Gleichzeitig wurden die Regelungsausschüsse, die aus für

Fragen der Lebensmittelsicherheit zuständigen Vertretern der Mitgliedstaaten bestehen, zusammengelegt zu einem einzigen neuen Gremium, dem Ständigen Ausschuss für die Lebensmittelkette und Tiergesundheit und die Rechtgrundlage für die Europäische Lebensmittelbehörde geschaffen (siehe oben).

Im Folgenden werden die wichtigsten Grundprinzipien des Lebensmittelrechts nach Basis-VO aufgeführt.

Kohärente Maßnahmen vom Erzeuger zum Verbraucher („*farm to fork*" Konzept)
Lebensmittelsicherheit muss auf einem umfassenden und einheitlichen Konzept beruhen, das die gesamte Lebensmittelherstellungskette, vom Erzeuger zum Verbraucher, ebenso abdeckt wie sämtliche Sektoren der Ernährungswirtschaft, die Beziehungen zwischen einzelnen Mitgliedstaaten, das gesamte geographische Gebiet der EU sowie Importe. Die Definitionen für Lebensmittel und Lebensmittelunternehmen mussten deshalb weit gefasst werden. Lebensmittel sind demnach *„alle Stoffe oder Erzeugnisse, die dazu bestimmt sind oder von denen nach vernünftigem Ermessen erwartet werden kann, dass sie in verarbeitetem, teilweise verarbeitetem oder unverarbeitetem Zustand von Menschen aufgenommen werden"* und Lebensmittelunternehmen *„alle Unternehmen, gleichgültig, ob sie auf Gewinnerzielung ausgerichtet sind oder nicht und ob sie öffentlich oder privat sind, die eine mit der Produktion, der Verarbeitung und dem Vertrieb von Lebensmitteln zusammenhängende Tätigkeit ausführen"* (Artikel 2).

Es mussten außerdem Futtermittel und Futtermittelunternehmen und Vorschriften zu Materialien und Gegenständen, die mit Lebensmitteln in Berührung kommen (Lebensmittel-Bedarfsgegenstände), miteinbezogen werden. Nur so konnte die rechtliche Grundlage geschaffen werden, die es erlaubt, alle Aspekte der Lebensmittelherstellung von der Primärproduktion und der Futtermittelproduktion bis zum Verkauf bzw. zur Abgabe der Lebensmittel an den Verbraucher durchgängig zu regeln.

Risikobewertung und Vorsorgeprinzip
Die Basis-VO (Artikel 6 und 7) verlangt, dass die von den Mitgliedstaaten und der Gemeinschaft erlassenen Maßnahmen für Lebensmittel und Futtermittel auf einer Risikoanalyse beruhen, die sich aus den drei miteinander verbundenen Einzelschritten der Risikoanalyse, nämlich Risikobewertung, Risikomanagement und Risikokommunikation zusammensetzt. Diese Risikobewertung muss auf den verfügbaren wissenschaftlichen Erkenntnissen beruhen und ist in einer unabhängigen, objektiven und transparenten Art und Weise vorzunehmen. Auf europäischer Ebene ist die Risikobewertung im Bereich Lebensmittel die Aufgabe der EFSA oder der EMEA (für Tierarzneimittelrückstände).

Risikomanagement beinhaltet die Abwägung strategischer Alternativen in der Beratung mit den Beteiligten unter Berücksichtigung der Risikobewertung und anderer berücksichtigenswerter Faktoren und gegebenenfalls der Wahl geeigneter Vorbeuge- und Überwachungsmöglichkeiten. Andere berücksichtigungswerte Faktoren können beispielsweise gesellschaftlicher, wirtschaftlicher und ethi-

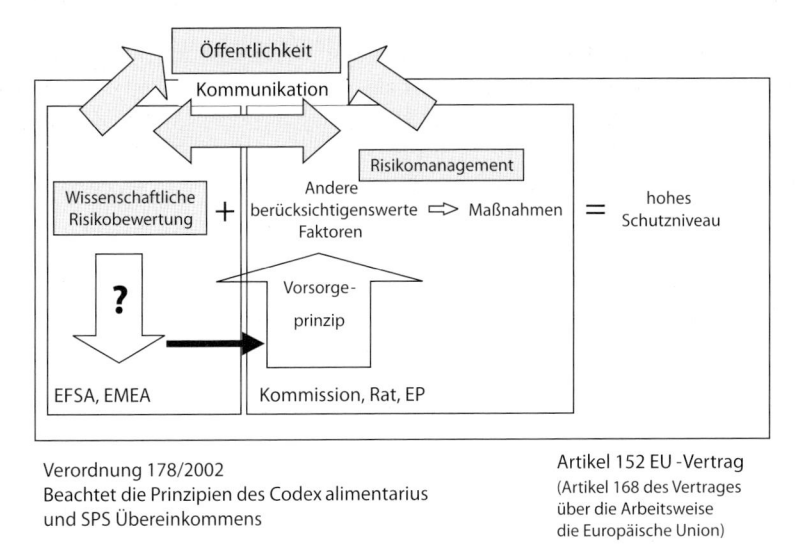

Abb. 1.11. Risikoanalyse

scher Natur sein. Es können aber auch Traditionen, Umwelterwägungen oder die Kontrollierbarkeit von Maßnahmen berücksichtigt werden. Aus diesem Grund kann zum Beispiel ein Höchstwert so festgelegt werden, dass er der analytischen Nachweisgrenze entspricht.

Auf europäischer Ebene ist das Risikomanagement je nach Rechtsgrundlage Aufgabe des Rates und des Europäischen Parlamentes oder der Kommission, die hierbei vom Ständigen Ausschuss für die Lebensmittelkette und Tiergesundheit unterstützt wird (siehe oben).

Das Vorsorgeprinzip besagt, dass Maßnahmen auch dann getroffen werden können, wenn Risikomanagern berechtigte Gründe vorliegen, dass ein nicht annehmbares Risiko für die Gesundheit vorliegt, aber die wissenschaftlichen Grundlagen eine abschließende Bewertung des Risikos nicht zulassen. Solche Maßnahmen müssen vorübergehender Natur und mit allgemeinen Prinzipien der Gleichbehandlung und der Verhältnismäßigkeit vereinbar sein. Das Vorsorgeprinzip ist damit ein Werkzeug des Risikomanagements.

Pflichten der Unternehmer und Rückverfolgbarkeit

Die Basis-VO (Artikel 17–19) unterstreicht, dass die Lebensmittelunternehmer die rechtliche Grundverantwortung für die Gewährleistung der Lebensmittelsicherheit tragen. Die Verordnung enthält unter anderem deshalb auch allgemeine Vorschriften zur Rückverfolgbarkeit von Lebensmitteln und Futtermitteln. Diese Regelungen ersetzten jedoch nicht bereits bestehende oft deutlich detailliertere Bestimmungen für spezielle Bereiche wie Rindfleisch, Fischereierzeugnisse und genetisch veränderte Organismen. Die Vorschriften zur Rückverfolgbarkeit gelten auch für Importe. Soweit keine spezifischen Vorschriften bestehen, müssen Lebensmittelunternehmer zumindest ihren direkten Vorlieferanten und den direkten Abnehmer benennen können.

In Zusammenarbeit mit den Rechtsunterworfenen und den Mitgliedstaaten hat die Kommission Leitlinien [22] erarbeitet, die dazu dienen sollen, allen an der Lebensmittelherstellungskette Beteiligten die Aussagen der Verordnung näher zu bringen, damit sie vorschriftsmäßig und einheitlich angewendet werden können. Sie betreffen die Zuständigkeiten (Artikel 17), die Rückverfolgbarkeit (Artikel 18), die Rücknahme, Rückruf und Meldung von Lebens- und Futtermitteln (Artikel 19 und 20) im Hinblick auf die Sicherheit von Lebens- und Futtermitteln (Artikel 14 und 15) und Einfuhren und Ausfuhren (Artikel 11 und 12). Die Leitlinien sind nicht rechtsverbindlich. In Streitfällen ist der Gerichtshof die letzte Instanz für die Auslegung des Rechts.

Schnellwarnsystem

Das Schnellwarnsystem für Lebens- und Futtermittel (engl. *Rapid Alert System for Food and Feed* (RASFF), Artikel 50–52) sieht die verpflichtende Meldung aller direkten oder indirekten Risiken für die Gesundheit von Mensch oder Tier oder für die Umwelt durch Lebens- oder Futtermitteln vor, die im Binnenmarkt gehandelt werden. Das System besteht aus einem Netz, das die zuständigen nationalen Behörden, die Europäische Lebensmittelbehörde (EFSA) und die Europäische Kommission verbindet. Es erfasst auch Einfuhren aus Drittländern. Die Basis-VO hat den Anwendungsbereich des bereits vorher bestehenden Schnell-

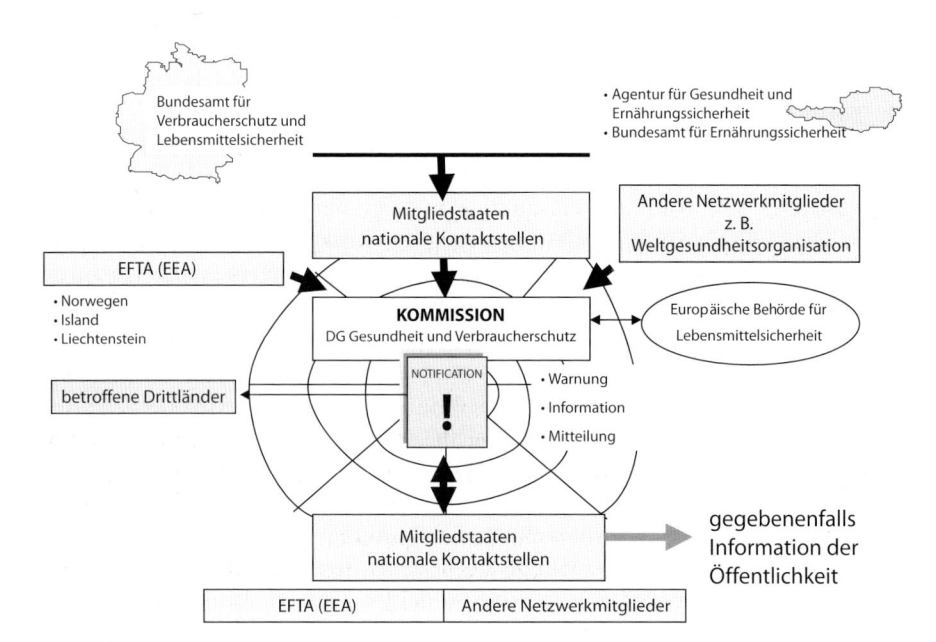

Abb. 1.12. Schnellwarnsystem (RASFF)

warnsystems für Lebensmittel um den Bereich Futtermittel erweitert. Die Europäische Kommission koordiniert und verteilt Informationen an alle Beteiligten. Die Teilnahme an dem Schnellwarnsystem ist grundsätzlich offen für Beitrittsländer, Drittländer und internationale Organisationen, wobei jeweils eine Einzelvereinbarung geschlossen wird.

Die Behörden der Mitgliedstaaten sind für eine angemessene Information der Öffentlichkeit verantwortlich, wenn ein begründeter Verdacht auf eine Gefahr vorliegt. 2007 gingen insgesamt 7354 Meldungen über das Schnellwarnsystem ein (961 Warnungen und 2015 Informationsmeldungen, die 4339 weitere Informationsmeldungen auslösten). Die meisten Meldungen gingen auf amtliche Kontrollen im Binnenmarkt zurück. Fischereierzeugnisse sind die Kategorie mit den meisten Meldungen (21%) [23].

Sofortmaßnahmen in Notfällen und Krisenmanagement
Die Basis-VO (Artikel 53–55) gibt der Europäischen Kommission besondere Befugnisse für Notfallmaßnahmen. Solche Maßnahmen kann sie treffen, wenn ein Lebens- oder Futtermittel aus der EU oder einem Drittland offensichtlich ein ernstes Risiko für die Gesundheit von Mensch oder Tier oder für die Umwelt darstellt und dieses Risiko durch Maßnahmen der Mitgliedstaaten nicht wirksam unter Kontrolle gebracht werden kann. Solche Maßnahmen kann die Kommission auf eigene Initiative oder auf Ersuchen eines Mitgliedstaats treffen. Je nach Schwere der Situation kann etwa die Aussetzung der Vermarktung oder Verwendung des betreffenden Lebens- oder Futtermittels, die Festlegung besonderer Bedingungen für die Verwendung und Vermarktung des Lebens- oder Futtermittels oder sonstige geeignete Maßnahmen verfügt werden.

Hygienevorschriften
Die siebzehn vertikalen tierärztlichen Hygienevorschriften (u. a. die Frischfleischrichtlinie, die Eierzeugnisrichtlinie und die Fischereierzeugnisrichtlinie) und die horizontale Lebensmittelhygienerichtlinie Richtlinie 93/43/EEG wurden in neue Gesetzestexte umgearbeitet und der Inhalt aktualisiert: *allgemeine Lebensmittelhygiene* (VO (EG) Nr. 852/2004), *Hygiene von Lebensmitteln tierischen Ursprungs* (VO (EG) Nr. 853/2004), *amtliche Kontrollen und Vorschriften über die Tiergesundheit bei für den Verzehr bestimmten Erzeugnissen tierischen Ursprungs* (VO (EG) Nr. 854/2004). Die überarbeiteten Hygienevorschriften traten am 1. Januar 2006 in Kraft und gelten grundsätzlich für alle Lebens- und Futtermittel, vom Erzeuger bis zum Verbraucher, enthalten aber auch besondere Vorkehrungen für eine ganze Palette von Produkten, von Fleisch und Gelatine bis hin zu Milchprodukten und Froschschenkeln. Es wurden aber nicht nur bestehende Regelungen umformuliert, sondern auch eine neue Strategie eingeführt („*farm to fork*" Konzept). Alle Lebensmittelbetriebe, mit wenigen Ausnahmen, die den Direkt-ab-Hof-Verkauf betreffen, müssen eingetragen und zugelassen werden. Des Weiteren wurden mit diesem „Hygienepaket" die HACCP-Grundsätze (Hazard Analysis Critical Control Points) in allen Sektoren, mit Ausnahme der Rohstoff-

gewinnung in landwirtschaftlichen Betrieben, eingeführt. Flexible Regelungen erlauben die Rücksichtnahme auf die besonderen Bedingungen in Kleinbetrieben und Unternehmen in abgelegenen Gebieten sowie auf traditionelle Herstellungsmethoden [24].

Kennzeichnung
Die Richtlinie 2000/13/EG *zur Angleichung der Rechtsvorschriften der Mitgliedstaaten über die Etikettierung und Aufmachung von Lebensmitteln sowie die Werbung hierfür* („Etikettierungsrichtlinie") legt die allgemeinen Regeln für die Kennzeichnung von vorverpackten Lebensmitteln fest. Das Grundanliegen der Richtlinie ist es, eine Täuschung der Verbraucher durch ausreichende Kennzeichnung zu verhindern. Nach Artikel 3 müssen auf allen Lebensmitteln bestimmte zwingende Angaben gemacht werden. Diese Art der Angabe wird in den weiteren Artikel spezifiziert.

Mit der Richtlinie 2003/89/EG zur Änderung der Etikettierungsrichtlinie wurde u. a. die 25%-Regelung, nach der die Aufschlüsselung einer zusammengesetzten Zutat unterbleiben durfte, wenn die zusammengesetzte Zutat weniger als 25% Gewichtsanteil am Enderzeugnis ausmachte, abgeschafft sowie eine Aufstellung von allergenen Stoffen und Angabe der Zutaten mit allergenem Potenzial bei alkoholischen Getränken verpflichtend. Eine Liste mit allergieauslösenden Zutaten, deren Kennzeichnung zwingend erforderlich ist, ist im Anhang der Richtlinie enthalten. Diese Liste enthält zum Beispiel glutenhaltiges Getreide, Erdnüsse, Soja und Milch.

Die Kommission hat am 30. Januar 2008 einen Vorschlag für eine neue Verordnung über Kennzeichnungs- und Informationspflichten im Handel mit Lebensmitteln vorgestellt, der die Kennzeichnung von Lebensmitteln klarer und verständlicher machen soll. Hierdurch soll der Schutz der Gesundheit verbessert werden, um durch bessere Aufklärung eine gesündere Ernährung zu fördern und „Volkskrankheiten" wie Fettleibigkeit und Diabetes zurückzudrängen [25].

Spezielle Vorschriften
Das allgemeine Lebensmittelrecht wird außerdem ergänzt durch gezielte Rechtsvorschriften zu zahlreichen Themen aus dem Bereich der Lebensmittelsicherheit (z. B. Rückstände von Pflanzenschutz- und Tierarzneimitteln, Nahrungsergänzungsmittel, Zusatzstoffe, gentechnisch veränderte Organismen (GVO)) und Lebensmittelqualität (z. B. Kennzeichnung, Gütezeichen, vertikale Produktrichtlinien).

1.7
Prinzipien der europäischen Lebensmittelkontrolle

Lebensmittel und Futtermittelkontroll-Verordnung
Nach dem Subsidiaritätsprinzip wird die Gemeinschaft nur tätig, sofern und soweit die Ziele der in Betracht gezogenen Maßnahmen auf Ebene der Mitglied-

staaten nicht ausreichend erreicht werden können (Artikel 5 EG Vertrag und Artikel 5 des Vertrages über die Arbeitsweise der Europäischen Union). Folglich ist die Durchführung der Lebensmittelüberwachung Aufgabe der Mitgliedstaaten.

Die Europäische Kommission hat allerdings im Rahmen ihrer Funktion als Hüterin der Gemeinschaftsgesetzgebung das Funktionieren der Überwachung der Mitgliedstaaten zu kontrollieren.

Mit der VO (EG) Nr. 882/2004 *über amtliche Kontrollen zur Überprüfung der Einhaltung des Lebensmittel- und Futtermittelrechts sowie der Bestimmungen über Tiergesundheit und Tierschutz* sind zuvor vereinzelte Bestimmungen über die Lebensmittel- und Futtermittelüberwachung konzeptionell zusammengefasst worden. Ein weiteres Ziel der Verordnung ist es, die Effizienz der Überwachungsbehörden sowohl der Mitgliedstaaten als auch des Lebensmittel- und Veterinäramts der Kommission zu verbessern. Deshalb müssen die Mitgliedstaaten mehrjährige nationale Kontrollpläne sowie Krisenpläne für Notfälle ausarbeiten und bestimmten Leistungskriterien genügen.

In der Verordnung wird hervorgehoben, dass es die Verantwortung der Mitgliedstaaten ist, sicherzustellen, dass die Unternehmer die EG-Vorschriften ordnungsgemäß anwenden. Es wird beschrieben, welche Rolle der Kommission als „Prüfungsinstanz" für die Leistung der Mitgliedstaaten zukommt. Diese Rolle wird vom Lebensmittel- und Veterinäramt wahrgenommen (siehe unten). Für die zuständigen Behörden der Mitgliedstaaten werden Bewertungskriterien eingeführt, und es wird ein harmonisiertes gemeinschaftliches Konzept für Planung und Ausarbeitung von Überwachungsprogrammen umrissen. Art der Überwachung und die Häufigkeit der Kontrollen muss sich an dem mit dem Lebensmittel oder dem Herstellungsprozess verbundenen Risiko orientieren.

Das Prinzip der amtlich zurückgelassenen Gegen- und Zweitproben ist mit der VO (EG) Nr. 882/2004 nun auch allgemein in europäisches Recht aufgenommen worden (Artikel 11, Absatz 5 bis 6).

Außerdem steckt die Verordnung einen Rahmen für die Unterstützung von Entwicklungsländern bei der Erfüllung der Bedingungen für Einfuhren in die EU. Die Kommission kann unterstützende Maßnahmen zur Förderung der Produktion, des gesetzlichen Rahmens und der Überwachung von Lebens- und Futtermitteln in diesen Ländern finanzieren.

Probenahme und Laboranalyse

Die Grundsätze für Probenahme- und Analyseverfahren sind in Artikel 11 der VO (EG) Nr. 882/2004 grundsätzlich geregelt. Die bei den amtlichen Kontrollen verwendeten Probenahme- und Analyseverfahren müssen den einschlägigen gemeinschaftlichen Rechtsvorschriften genügen oder, falls es diese nicht gibt, sich an anderen für den Zweck geeigneten Protokollen orientieren. Letzteres schließt insbesondere Probenahme- und Analyseverfahren ein, die von nationalen oder internationalen Normungsorganisationen (z. B. DIN, CEN, ISO, IUPAC, Codex alimentarius) beschrieben wurden. Zusätzlich müssen die angewandten Analyseverfahren soweit wie möglich den Kriterien entsprechen, die in Anhang III der VO (EG) Nr. 882/2004 beschrieben werden.

Maßnahmen, die durch die Bestimmungen der VO (EG) Nr. 882/2004 überflüssig geworden oder nicht mit ihr vereinbar sind, wurden aufgehoben. Hierzu gehört unter anderem die Richtlinie 85/591/EWG *zur Einführung gemeinschaftlicher Probenahmeverfahren und Analysemethoden für die Kontrolle von Lebensmitteln.*

Die weiter bestehenden einschlägigen gemeinschaftlichen Rechtsvorschriften zu Probenahme- und Analyseverfahren sind jedoch je nach Rechtsbereich unterschiedlich geregelt, weil in einigen Bereichen althergebrachte Ansätze weiterverfolgt werden, während sich andere Bereiche umorientiert haben.

So haben sich Forderungen nach Probennahme nach einer statistisch repräsentativen Probenahme im Rahmen von Stichprobenuntersuchungen als problematisch erwiesen, weil Warenlieferungen in der Praxis aus häufig vermischten Chargen verschiedener Herkunft bestehen. Statistisch relevante Ergebnisse können unter diesen Umständen nur erhoben werden, wenn ungerechtfertigt umfangreiche Proben untersucht werden.

In Richtlinie 98/53/EG *zur Festlegung von Probenahmeverfahren und Analysemethoden für die amtliche Kontrolle bestimmter Lebensmittel auf Einhaltung der Höchstgehalte für Kontaminanten* wurden deshalb z. B. detaillierte Anweisungen zur Probenahme von amtlichen Proben für den Nachweis von Aflatoxinen festgelegt, die sich an praktischen Erwägungen orientieren.

Des Weiteren verweisen einige Rechtstexte auf Referenzmethoden, während andere bereits mit den der VO (EG) Nr. 882/2004 bevorzugten Leistungskriterien arbeiten. Die Festlegung einer Referenzmethode ist jedoch nur dann sinnvoll, wenn die Methode die Benennung des Ergebnisses bestimmt (wie zum Beispiel beim Hemmstofftest). In anderen Fällen werden in Zukunft eher Leistungskriterien festgelegt werden, da dieser Ansatz flexibler und effizienter ist.

In der Entscheidung 2002/657/EG zur Umsetzung der Richtlinie 96/23/EG des Rates betreffend die Durchführung von Analysemethoden und die Auswertung von Ergebnissen wurde dieser Paradigmenwechsel bereits berücksichtigt. Hier heißt es in Erwägungsgrund 6: *„Aufgrund von Fortschritten in der chemischen Analytik seit der Verabschiedung der Richtlinie 96/23/EG ist an die Stelle des Konzepts der Routinemethoden und Referenzmethoden der Kriterienansatz getreten, bei dem Leistungskriterien und Verfahren für die Validierung von Screening- und Bestätigungsmethoden festgelegt werden".*

Leistungskriterien sind nach Entscheidung 2002/657/EG Anforderungen an Leistungsmerkmale, nach denen beurteilt werden kann, ob die Analysemethode für den Zweck geeignet ist und zuverlässige Ergebnisse liefert. Ein Leistungsmerkmal bezeichnet eine funktionelle Qualität, die einer Analysemethode zugeschrieben werden kann. Dies kann zum Beispiel die Spezifität, Genauigkeit, Richtigkeit, Präzision, Wiederholbarkeit, Wiederfindung, Nachweisvermögen oder Robustheit sein (siehe Anhang der Entscheidung 2002/657/EG, 1.19 und 1.20).

Alle Analysenmethoden zur Analyse von amtlichen Proben auf Stoffe im Anhang I der Richtlinie 96/23/EG müssen gemäß Teil 3 des Anhangs dieser Entscheidung validiert worden sein.

1.8
Lebensmittel- und Veterinäramt

Das Lebensmittel- und Veterinäramt (engl. Food and Veterinary Office, FVO) trägt dazu bei, sicherzustellen, dass die gemeinschaftlichen Rechtsvorschriften über Lebensmittelsicherheit, Tier- und Pflanzengesundheit sowie Tierschutz ordnungsgemäß um- und durchgesetzt werden. Das Amt ist eine Dienststelle der Kommission (Generaldirektion Gesundheit und Verbraucher) mit Sitz in Grange, County Meath, Irland [26].

Das Lebensmittel- und Veterinäramt ist in den Bereichen Lebensmittelsicherheit und -qualität, Pflanzen- und Tiergesundheit sowie Tierschutz tätig. Es führt Kontrollen in den Mitgliedstaaten, in Beitritts- und in Drittländern auf der Grundlage von Artikel 45 und 46 der VO (EG) Nr. 882/2004 durch und es kann dabei von Experten aus den Mitgliedstaaten unterstützt werden. Seine Aufgabe besteht darin, die Wirksamkeit und Konformität von Überwachungssystemen in Mitgliedstaaten und Drittländern mit EG-Vorschriften zu begutachten und zu bewerten (als „Auge und Ohr" der Kommission).

Das Lebensmittel- und Veterinäramt erstellt jedes Jahr ein Inspektionsprogramm. Dabei werden Schwerpunkte für Rechtsbereiche und Länder festlegt. Das Programm wird im Laufe des Jahres überarbeitet und falls erforderlich aktualisiert.

Die Ergebnisse jeder Inspektion werden in einem Bericht zusammen mit Schlussfolgerungen und Empfehlungen veröffentlicht. Darüber hinaus erstellt das Lebensmittel- und Veterinäramt Übersichtsberichte, welche die Ergebnisse einer Reihe von Inspektionen in mehreren Mitgliedstaaten zum gleichen Gegenstand zusammenfassen und einen jährlichen Tätigkeitsbericht.

Inspektionsprogramme und -berichte werden auf der Internetseite der Generaldirektion Gesundheit und Verbraucher veröffentlicht.

Durchführung der Inspektionsbesuche

Aus dem Inspektionsprogramm, welches Anfang des Jahres im Internet publiziert wird, ist abzulesen, welche Inspektionen in welchen Rechtsbereichen (z. B. Lebensmittelhygiene, Tierschutz, Rückstände, Grenzkontrollstellen) in Mitglieds-, Beitritts- und Drittländern für die erste und zweite Jahreshälfte geplant sind. Über ein Viertel der Inspektionen finden in Drittländern statt.

Vor den Inspektionen wird den zuständigen Behörden des Landes ein „Evaluationsplan" (Beurteilungsplan) zugesandt, in dem u. a. die gesetzlichen Grundlagen, die Ziele, der Umfang und die Organisation des Inspektionsbesuches beschrieben werden. Außerdem werden Details für den Inspektionszeitplan bezüglich der Einrichtungen, die kontrolliert werden sollen, übermittelt und um einen konkreten Entwurf gebeten.

Dem Evaluationsplan kann ein ausführlicher Fragebogen beigefügt sein, dessen Antworten die Vorbereitung der Inspektion erleichtern sollen. Es wird erwartet, dass der vorläufige Zeitplan und der ausgefüllte Fragebogen rechtzeitig (ca. 3–4 Wochen) vor der Inspektion dem FVO vorliegen. Details des Inspektionsprogramms und etwaige Rückfragen werden dann meistens kurzfristig per E-mail geklärt.

Die Inspektionsbesuche dauern in der Regel 1 oder 2 Wochen und beginnen mit einer Eröffnungsbesprechung bei der zuständigen zentralen Behörde. In dieser Besprechung werden nochmals Umfang und Zeitplan des Inspektionsbesuches besprochen sowie Fragestellungen und Themenbereiche diskutiert, die die zentrale Behörde betreffen (z. B. nationale Gesetzgebung, Zuständigkeiten, Anweisungen an regionale und lokale Behörden). Während des gesamten Inspektionsbesuches stehen, wenn nötig, Dolmetscher zur Verfügung, so dass in der jeweiligen Muttersprache gesprochen werden kann. Nach der Eröffnungsbesprechung beginnen die Inspektionsbesuche; hierbei wird das Inspektionsteam immer von Vertretern der zuständigen Behörden begleitet.

In der Regel werden neben den zentralen Behörden (Bundesbehörden) auch Provinz-/Regional-/Lokalbehörden (in Deutschland: Bezirksregierungen und Kreise der Bundesländer) besucht. Außerdem werden z. B. landwirtschaftliche Betriebe, Schlachthöfe, Lebensmittelbetriebe und -großhändler, Futtermittelmühlen und -großhändler besichtigt, um die Umsetzung der jeweiligen Rechtsvorschriften zu überprüfen.

Die vorläufigen Ergebnisse des Inspektionsbesuches werden in der Abschlussbesprechung der zentralen zuständigen Behörde mitgeteilt. Es besteht die Möglichkeit, die Ergebnisse der Inspektion zu besprechen und ggf. zu korrigieren.

Nach Beendigung des Inspektionsbesuchs und Prüfung der erhaltenen Dokumente fertigt das Inspektionsteam einen Bericht über den Inspektionsbesuch an, der neben den wichtigsten Ergebnissen der Inspektion auch Schlussfolgerungen und Empfehlungen enthält. Der Berichtsentwurf (normalerweise in englischer Sprache) wird innerhalb von 20 Arbeitstagen den zuständigen Behörden zur Stellungnahme zugesandt. Nach etwa 1–2 Wochen wird die übersetzte Version des Berichtsentwurfs nachgereicht. Die zentrale zuständige Behörde hat dann 25 Arbeitstage, um Kommentare, Änderungswünsche und bereits durchgeführte oder geplante Änderungen dem FVO mitzuteilen. Bei dringenden Berichten (bei unmittelbarer Gefahr für den Verbraucher oder für Tiergesundheit und -schutz) verkürzen sich diese Fristen: in 10 Arbeitstagen muss der Entwurf erstellt sein und die zuständige Behörde hat dann eine Frist von 10 Arbeitstagen für die Stellungnahme.

Die Stellungnahme der nationalen Behörde wird bewertet und in entsprechender Weise in den Inspektionsbericht eingearbeitet, bereits durchgeführte Änderungen werden in einem Nachtrag/Anhang aufgeführt. Der endgültige Bericht (normalerweise in englischer Sprache) wird vollständig auf der FVO-Internetseite publiziert, zusammen mit einem Auszug (Schlussfolgerungen und Empfehlungen) in deutscher und französischer Sprache sowie der vollständigen Stellungnahme der zuständigen Behörde als separate Datei. Der endgültige Bericht wird ebenfalls an die zuständigen Behörden zurückgesandt mit der Bitte, innerhalb von 25 Arbeitstagen einen detaillierten Aktionsplan zu erstellen, der darlegt, wie und wann die gefundenen Mängel behoben werden sollen und man den Empfehlungen des Berichts nachkommen will. Zusammen mit anderen Kommissionsdienststellen bewertet das FVO diesen Aktionsplan und überwacht dessen Umsetzung durch Begutachtung der Verpflichtungen der Behörden der besuchten Länder und, wenn nötig, durch Nachinspektionen („follow-up missions").

Durch die VO (EG) Nr. 882/2004 wurde dem Lebensmittel und Veterinäramt eine neue Aufgabe zugewiesen: die Überwachung der nationalen Kontrollsysteme. Artikel 41 der Verordnung verpflichtet die Mitgliedstaaten, einen allgemeinen Kontrollplan zur Umsetzung des Lebens- und Futtermittelrechts vorzulegen und jährlich zu aktualisieren. Außerdem muss jedes Jahr ein Bericht über die Durchführung dieses Plans vorgelegt werden. Der jährliche Bericht soll auch Informationen darüber enthalten, wie die Empfehlungen des Lebensmittel- und Veterinäramtes der Kommission berücksichtigt wurden und wie neues Gemeinschaftsecht angewandt wird.

Seit 2007 führt das Lebensmittel- und Veterinäramt der Kommission allgemeine Überprüfungen der innerstaatlichen Kontrollsysteme („General Audits") durch. Dies bedeutet ein stärker integriertes Vorgehen bei Inspektionen und eine bessere Nutzung der vorhandenen Ressourcen. Ziel der General Audits ist es zu prüfen, ob die Überwachung in den Mitgliedstaaten deren Kontrollplan und dem Gemeinschaftsrecht entspricht.

General Audits werden im Drei-Jahres-Rhythmus durchgeführt. Sie beginnen mit einer Eröffnungssitzung, bei der die gesetzlichen Grundlagen, die Ziele, der Umfang und die Schwerpunkte der Inspektionen vorgestellt werden. Im Laufe des Jahres werden spezifische Inspektionen zu bestimmten Rechtsgebieten (z. B. Rückstände, Lebensmittelhygiene, Tiergesundheit) durchgeführt. Den Abschluss des General Audits bildet eine Schlussbesprechung, bei der die Ergebnisse der spezifischen Inspektionen bezüglich der Beurteilung der jeweiligen Kontrollsysteme vorgestellt werden. Die Aufbereitung der Ergebnisse sorgt dafür, dass ein umfassenderes Gesamtbild über das staatliche Kontrollsystem entsteht, einschließlich der Identifizierung von Schwachstellen des Systems, das in einem vorläufigen Bericht zusammenfassend dargestellt wird. Schließlich wird ein Abschlussbericht erstellt, zu dem auch ein Aktionsplan gehört.

Inspektionen und allgemeine Audits dienen dazu, Fakten für die Zusammenstellung von Länderprofilen zusammenzutragen. Länderprofile sind eine Zusammenstellung von Schlüsselinformationen zur Überwachung und Durchsetzung des Lebensmittel-, Tiergesundheits-, Tierschutz- und Pflanzenschutzrechts. Sie werden für Mitgliedstaaten und Drittländer erstellt.

1.9
Erweiterung der Gemeinschaft und EG-Lebensmittelrecht

Beitrittskandidaten müssen bis spätestens zum Beitritt zeigen, dass sie den gemeinschaftlichen rechtsvorschriftlichen Besitzstand (*„Acquis communautaire"*) in ihre Gesetzgebung übernommen haben. Dies gilt auch für das Lebensmittelrecht. In der Praxis heißt dies, dass alle einschlägigen Richtlinien in nationales Recht übernommen und Verordnungen und Entscheidungen, falls erforderlich, in die Landessprache übersetzt werden. Außerdem müssen sie zeigen, dass EG-Recht ab dem Datum des Beitritts effektiv angewandt wird. Das Lebensmittel- und Veterinäramt prüft dies auch im Rahmen von besonderen Beurteilungsbesuchen.

1.10
EU-Lebensmittelrecht und internationales Recht

Mit dem Beschluss des Rates 94/800/EG *über den Abschluss der Übereinkünfte im Rahmen der multilateralen Verhandlungen der Uruguay-Runde* (1986–1994) hat die EU das *Übereinkommen über die Anwendung gesundheitspolizeilicher und pflanzenschutzrechtlicher Maßnahmen* (*Agreement on the application of sanitary and phytosanitary measures – SPS Agreement*) der Welthandelsorganisation ratifiziert. Sie hat sich damit verpflichtet, nachteilige Auswirkungen gesundheitspolizeilicher und pflanzenschutzrechtlicher Maßnahmen auf den Handel auf ein Mindestmaß zu beschränken. Folglich muss die EU bei der Gesetzgebung die Normen, Richtlinien und Empfehlungen, die von den zuständigen internationalen Organisationen erlassen werden, zumindest in Betracht ziehen. Im Lebensmittelbereich sind dies vor allem die Normen, Richtlinien und Empfehlungen der Kommission des Codex Alimentarius (s. auch Kap. 2.3 und 3.1).

1.11
Literatur

1. Europäische Union: www.europa.eu.int
2. Europa in 12 Lektionen von Pascal Fontaine:
   www.europa.eu.int/comm/publications/booklets/eu_glance/22/index_de.htm
3. EFTA: http://secretariat.efta.int/
4. Binnenmarkt: http://ec.europa.eu/internal_market/index_de.htm
5. EG-Vertrag: http://eur-lex.europa.eu/de/treaties/index.htm
6. Lissabon Vertrag: http://europa.eu/lisbon_treaty/full_text/index_de.htm
7. Strategiediskussionen: www.europa.eu.int/yourvoice/consultations/index_de.htm
8. Beratender Gruppe: http://ec.europa.eu/food/committees/advisory/index_en.htm
9. Wie funktioniert die Europäische Union? Ein Wegweiser für die Bürger zu den Organen und Einrichtungen der EU:
   www.europa.eu.int/comm/publications/booklets/eu_documentation/06/index_de.htm

10. Rat der EU (Ministerrat):
    http://www.consilium.europa.eu/showPage.aspx?id=1&lang=de
11. Europäisches Parlament: http://www.europarl.europa.eu/news/public/default_de.htm
12. Europäische Kommission: http://ec.europa.eu/index_de.htm
13. EUGH: http://curia.europa.eu/de/index.htm
14. Europäischer Rechnungshof:
    http://eca.europa.eu/portal/page/portal/eca_main_pages/home
15. EFSA: http://www.efsa.europa.eu/EFSA/efsa_locale-1178620753824_home.htm
16. EMEA: http://www.emea.europa.eu/
17. The Legislative Observatory („EP œil" – Auge): www.europarl.eu.int/oeil/
18. Ständiger Ausschuss für die Lebensmittelkette und Tiergesundheit:
    http://ec.europa.eu/food/committees/regulatory/index_en.htm
19. Register zum Ausschussverfahren:
    http://ec.europa.eu/transparency/regcomitology/index_de.htm
20. Freier Warenverkehr: http://ec.europa.eu/enterprise/regulation/goods/index_de.htm
21. Generaldirektion Gesundheit und Verbraucher (DG „SANCO") Lebensmittel:
    http://ec.europa.eu/food/food/index_de.htm
22. Leitlinien: http://ec.europa.eu/food/food/foodlaw/guidance/guidance_rev_7_de.pdf
23. RASFF: http://ec.europa.eu/food/food/rapidalert/index_en.htm
24. Zusammenfassung Hygiene und Sicherheit:
    http://ec.europa.eu/food/food/biosafety/hygienelegislation/dvd/index.html
25. Neue Verordnung über Kennzeichnung (COM(2008)40): http://eur-lex.europa.eu/Result.
    do?T1=V5&T2=2008&T3=40&RechType=RECH_naturel&Submit=Search
26. Lebensmittel- und Veterinäramt: http://ec.europa.eu/food/fvo/index_de.htm, Newsletter
    für Lebensmittelsicherheit, Gesundheit und Verbraucherpolitik der Generaldirektion für
    Gesundheit und Verbraucher:
    http://ec.europa.eu/dgs/health_consumer/consumervoice/cvsp_112007_de.pdf

Kapitel 2

Regelungen im Verkehr mit Lebensmitteln und Bedarfsgegenständen in der EU

BORIS RIEMER

Rechtsanwalt, Oberer Baselblick 10, 79540 Lörrach
riemerb@online.de

2.1	**Zielsetzung der EG**	31
2.1.1	Rechtsinstrumente	32
2.1.2	Anwendungsvorrang des Gemeinschaftsrechts	32
2.2	**Regelungsansätze des Gemeinschaftsrechts**	34
2.2.1	Grundsatz der gegenseitigen Anerkennung	34
2.2.2	Vertikale Normen	36
2.2.3	Horizontale Normen	36
2.2.4	Normen zur Marktorganisation	38
2.3	**Einfluss des WTO-Rechts**	38
2.4	**Ausgewählte Rechtsnormen des Gemeinschaftsrechts**	39
2.4.1	Basis-VO	39
2.4.2	Hygiene-Paket	41
2.4.3	Food Improvement Agents Package (FIAP)	43
2.4.4	Health-Claims-VO	47
2.4.5	VO (EG) Nr. 1925/2006 (Anreicherungs-VO)	51
2.4.6	Schutz geographischer Ursprungsbezeichnungen	51
2.4.7	Lebensmittelspezialitäten	52
2.4.8	Öko-Lebensmittel	52
2.4.9	Novel-Foods	53
2.4.10	Wein	54
2.4.11	Bedarfsgegenstände	55
2.5	**Ausblick**	56
2.6	**Literatur**	57

2.1
Zielsetzung der EG

Die EG hat die Errichtung eines Binnenmarktes zum Ziel. Dieser ist dadurch geprägt, dass keine Hindernisse für den freien Warenverkehr zwischen den Mitgliedstaaten bestehen. Notwendig ist dazu u. a. die Angleichung der innerstaatlichen Rechtsvorschriften. Bezogen auf das Lebensmittelrecht sind die Ziele eines verbesserten Verbraucherschutzes und eines hohen Gesundheitsschutzes zu beachten.

2.1.1
Rechtsinstrumente

Primärrecht

Dazu sieht der EG-Vertrag als Primärrecht der Gemeinschaft in erster Linie die Art. 28, 30 EG-Vertrag vor, die den freien Warenverkehr etablieren und zu den Grundfreiheiten des Gemeinschaftsrechts gehören.

Weitere Rechtssetzungskompetenzen durch Verordnungen, Richtlinien oder Entscheidungen kommen der EG nur im Rahmen der begrenzten Einzelermächtigung zu. Das bedeutet, dass das Primärrecht der EG als supranationale Organisation zur Rechtssetzung eine Kompetenz erteilt. Diese Kompetenz besteht im Kapitel Landwirtschaft, Art. 32 ff. EG-Vertrag. Im Bereich der Schaffung des Binnenmarktes ist dies Art. 95 EG-Vertrag.

Daneben ist durch Art. 153 Abs. 1a EG-Vertrag die Gemeinschaft berechtigt, Maßnahmen zum Ergreifen eines hohen Verbraucherschutzniveaus vorzunehmen.

Sekundäres Gemeinschaftsrecht

Die Kompetenznormen des EG-Vertrags bilden die Grundlage für Rechtssetzungen durch sekundäres Gemeinschaftsrecht. Als Instrumente zählt Art. 249 EG-Vertrag Verordnung, Richtlinie und Entscheidung auf. Die Stellungnahme ist hier von sehr untergeordneter Bedeutung. Auf das Rechtsetzungsverfahren und die Beteiligung verschiedene Ausschüsse wird hier nicht eingegangen, sondern auf Kapitel 1 verwiesen. Bestrebungen zur Harmonisierung des Rechts der Mitgliedstaaten erfolgen durch vertikale und horizontale Maßnahmen. Diese sind dadurch gekennzeichnet, dass vertikale Maßnahmen als Produktrecht Regeln für ein einzelnes Erzeugnis aufstellen. Horizontale Maßnahmen hingegen gelten für eine Vielzahl von Erzeugnissen und Regeln beispielsweise Fragen der Werbung und Kennzeichnung. Eine Zusammenstellung des geltenden EG-Lebensmittelrechts findet sich z. B. in der Übersicht über die geltenden Richtlinien und Verordnungen des Europa Instituts an der Universität Zürich (im Internet unter http://www.unizh.ch/eiz/lebensmittelrecht/lebensmittelrecht.pdf).

2.1.2
Anwendungsvorrang des Gemeinschaftsrechts

Dem Europäischen Recht kommt wegen seiner Supranationalität unmittelbare Wirkung zu. Dies gilt für das Primärrecht und die Verordnungen des Sekundärrechts. Diese haben allgemeine Geltung. Für Richtlinien gilt die unmittelbare Wirkung nur unter bestimmten Voraussetzungen: Richtlinien sind von den Mitgliedstaaten innerhalb einer festgesetzten Frist in nationales Recht umzusetzen. Dazu sind sie hinsichtlich des Zieles verbindlich, die Ausgestaltung im Weiteren bleibt den Mitgliedstaaten überlassen. Eine unmittelbare Wirkung hat die Richtlinie daher nur, wenn der Mitgliedstaat innerhalb der gesetzten Frist seiner Umsetzungspflicht nicht nachgekommen ist, die Richtlinie hinreichend bestimmt ist und den Wirtschaftsteilnehmer begünstigt. Dazu ein Beispiel: Die Richtlinie des Rates über die amtliche Lebensmittelüberwachung Nr. 89/397/EWG bestimmt für Probennahmen u. a., dass die Mitgliedstaaten die erforderlichen Vorkehrungen treffen, damit die Betroffenen gegebenenfalls ein Gegengutachten einholen können. Dies macht nur Sinn, wenn die Behörde auch den Hersteller über die Probennahme im Handel informiert. Das deutsche Recht sah diese Verpflichtung in § 42 LMBG nicht vor. Die Umsetzungspflicht war abgelaufen. Die Möglichkeit der Untersuchung einer Gegenprobe begünstigt den Hersteller, weil es ihm die Möglichkeit gibt, einen Vorwurf zu entkräften. Der EuGH hatte im Fall *Steffensen* (EuGH, Rs. C-276/01, Urteil vom 10.04.2003, Recherche über www.curia.eu möglich) in der deutschen Praxis, den Hersteller nicht über Probennahmen im Handel zu unterrichten, einen Verstoß gegen die Umsetzungspflicht gesehen und das Recht auf Untersuchung der Gegenprobe unmittelbar aus der Richtlinie abgeleitet.

Die unmittelbare Geltung des Gemeinschaftsrechts äußert sich im Anwendungsvorrang des Gemeinschaftsrechts gegenüber dem nationalen Recht. Dem Gemeinschaftsrecht muss Geltung verschafft werden. Das bedeutet, dass nationales Recht, welches dem Gemeinschaftsrecht widerspricht, unangewendet bleiben muss (oder aufgehoben werden muss). Insbesondere darf nationales Recht nicht neu geschaffen werden, das die Prinzipien des Gemeinschaftsrechts verletzen würde. Um bereits im Vorfeld etwaige Verstöße insbesondere gegen den freien Warenverkehr vorzubeugen, besteht eine Notifizierungspflicht der Mitgliedstaaten gegenüber der Kommission, wenn die Mitgliedstaaten auf dem Gebiet der Normen und technischen Vorschriften tätig werden wollen (Richtlinie Nr. 88/182/EWG). Dazu ein Beispiel: Mit dem LFGB wurde u. a. eine Anpassung des deutschen Rechts an die VO (EG) Nr. 178/2002 vorgenommen. § 2 Abs. 3 LFGB sieht die Gleichstellung von Stoffen, die einem Lebensmittel aus anderen als technologischen Gründen zugesetzt werden, mit Zusatzstoffen gleich. U. a. dieser Umstand wurde von der Bundesregierung als problematisch angesehen und am 31.03.2004 der Kommission unter der Nummer 2004/97/D notifiziert. Im Laufe des Verfahrens wird Gelegenheit zur Stellungnahme gegeben. Zur Verfolgung des Verfahrens in diesem Fall vgl. im Internet: http://europa.eu.int/comm/enterprise/tris/pisa/app/search/index.cfm?iYear=2004&iNumber=97&sCountry=D&.

Neben dem so gesetzten geschriebenen Recht erfolgt weiter maßgebender Einfluss des europäischen Rechts auf das Lebensmittelrecht durch die Rechtsprechung des Europäischen Gerichtshofs (EuGH) in Luxemburg. Denn einmal obliegt den Richtern die alleinige Auslegung des Gemeinschaftsrechts und zum anderen befinden ausschließlich die Richter über die Vereinbarkeit von nationalem Recht mit Gemeinschaftsrecht. Dazu muss der EuGH im Falle eines Rechtsstreits vor nationalen Gerichten spätestens von der letzten nationalen Instanz im Wege eines Vorabentscheidungsverfahrens angerufen werden. In einem solchen Verfahren wird geklärt, ob der gerügte Verstoß gegen nationales Recht überhaupt geahndet werden kann, weil schon das nationale Recht gegen Gemeinschaftsrecht verstößt. So ging es im Fall „D'arbo naturrein" (EuGH, Rs. C-465-98 Urteil vom 4.4.2000, Recherche über www.curia.eu.int möglich) um die Frage, ob eine Erdbeerkonfitüre, die u. a. 0,01 mg/kg Blei und 0,008 mg/kg Cadmium enthielt, als „naturrein" bezeichnet werden darf. Der EuGH sah in dem vorgebrachten Verstoß gegen § 17 Abs. 1 Nr. 4 LMBG einen Verstoß gegen die Etikettierungsrichtlinie 79/112/EWG (nun Richtlinie 2000/13/EG), weil es sich bei den vorgefundenen Schwermetallen um ubiquitär vorkommende Schwermetalle in sehr geringer Menge handele, die in der natürlichen Umwelt vorkommen. Wenn schon in der Natur diese Stoffe vorkommen, kann eine naturrein beworbene Konfitüre nicht reiner sein. Folge des EuGH-Urteils war die Abschaffung des § 17 Abs. 1 Nr. 4 LMBG, der sich im LFGB nicht mehr findet.

Damit wird deutlich, dass das ungeschriebene Richterrecht genauso bindend wie das geschriebene Recht ist.

2.2
Regelungsansätze des Gemeinschaftsrechts

Um das Ziel des Binnenmarkts zu erreichen, erschien es am geeignetsten, nationale Produktvorschriften durch eine europäische Norm zu ersetzen. Diese Idee ließ sich jedoch nicht konsequent verfolgen. Die Widerstände in den Mitgliedstaaten waren dazu zu groß. Einen „europäischen Einheitsbrei" wollte man nämlich verhindern.

2.2.1
Grundsatz der gegenseitigen Anerkennung

Eingeleitet durch die Rechtsprechung des EuGH setzte sich daher das Prinzip der gegenseitigen Anerkennung durch, mit dem einerseits dem Erfordernis des freien Warenverkehrs Rechnung getragen werden konnte und andererseits auf die nationale Vielfalt Rücksicht genommen werden konnte. Im „Weißbuch über die Vollendung des Binnenmarkts" erhob die Kommission dieses Prinzip zum Programm. Bereits im Kap. 1.5 wurde auf die Bedeutung des Urteils Cassis de Dijon hingewiesen. In diesem Zusammenhang ist auch das klassische Urteil Reinheitsgebot für Bier (EuGH, Rs. 178/84, Urt. v. 12.3.1987) zu nennen, aber auch die jüngeren Urteile zur einfachen Tagesdosis (EuGH, Rs. C-150/00, Urt. v. 29.4.2004) und dreifachen Tagesdosis (EuGH, Rs. C-387/99, Urt. v. 29.4.2004) sind zu nennen. Bei beiden Urteilen ging es um Lebensmittel, die mit Vitaminen angereichert waren und aus einem Mitgliedstaat nach Österreich (einfache Tagesdosis) bzw. Deutschland (dreifache Tagesdosis) eingeführt werden sollten. Österreich und Deutschland verweigerten die Einfuhr pauschal unter Hinweis auf den zu hohen Anreicherungsgrad. So bestand für Deutschland die Vermutung, dass eine Anreicherung über mehr als die dreifache Tagesdosis das Lebensmittel zum – zulassungspflichtigen – Arzneimittel mache. Der EuGH entschied, dass diese Pauschalierung gemeinschaftsrechtswidrig ist.

Um den Inhalt aller dieser Entscheidungen vereinfacht auf einen Nenner zu bringen, lässt sich diese Rechtsprechung folgender Maßen zusammenfassen: Statt vertikaler Produktvorschriften gilt das Prinzip der gegenseitigen Anerkennung. Es besagt, dass wenn ein Erzeugnis in einem Mitgliedstaat der Europäischen Gemeinschaft entweder nach den in diesem Mitgliedstaat herrschenden Vorschriften rechtmäßig hergestellt wurde oder rechtmäßig eingeführt wurde, in jedem Mitgliedstaat der Gemeinschaft in Verkehr gebracht werden darf. Andere Mitgliedstaaten dürfen dem keine Hindernisse entgegen halten, wenn nicht der jeweilige Mitgliedstaat die gesundheitliche Schädlichkeit nachgewiesen hat. Etwaige Unterschiede der ausländischen Produkte von einheimischen Produkten (Bier nach Reinheitsgebot im Verhältnis zu Bier mit Zusatzstoffen) dürfen nicht zum Einfuhrstopp führen. Die Verkehrsfähigkeit dieser Produkte darf zudem nicht von der Benutzung diskriminierende Verkehrsbezeichnungen behindert werden. Ist also „Bier" die zutreffende Verkehrsbezeichnung in einem Mitgliedstaat, in dem auch Zusatzstoffe bei der Herstellung zugelassen sind, so darf auch im Einfuhrstaat die Verkehrsbezeichnung „Bier" lauten, auch wenn in diesem Mitgliedstaat für in diesem Land unter dieser Verkehrsbezeichnung hergestellten Erzeugnisse die Verwendung von Zusatzstoffen nicht statthaft ist. Freilich wird dadurch ein Hersteller in diesem Mitgliedstaat gegenüber den Wettbewerbern aus den anderen Mitgliedstaaten benachteiligt. Diese sog. Inländerdiskriminierung ist jedoch von dem betreffenden Mitgliedstat abzustellen. Gleichwohl sind Unterschiede in der Zusammensetzung kenntlich zu machen. Dies erfolgt nach Ansicht des EuGH durch das Zutatenverzeichnis in ausreichender Form. Dort findet der nach dem Leitbild des EuGH aufmerksame und interessierte Verbraucher die Informationen, die er zur Findung seiner Kaufentscheidung benötigt. Damit ist dann auch sichergestellt, dass der Verbraucher nicht irregeführt wird.

In Mitgliedstaaten rechtmäßig hergestellte und in Verkehr befindliche Lebensmittel können nach § 54 LFGB (früher § 47a LMBG) für Deutschland als frei verkehrsfähig erklärt werden, auch wenn sie dem deutschen Lebensmittelrecht nicht entsprechen. Dazu ist ein Antrag an das Bundesamt für Verbraucherschutz und Lebensmittelsicherheit (BVL) zu stellen (s. auch Kap. 4.3.1). Die vom Amt erteilten Allgemeinverfügungen können von jedermann beansprucht werden. Die Übersicht über die bislang ergangenen Allgemeinverfügungen findet sich z. B. im Internet unter http://www.bvl.bund.de, dort „Lebensmittel", grenzüberschreitender Handel, Allgemeinverfügung nach § 54 LFGB.

2.2.2
Vertikale Normen

Am einfachsten erscheint es, dass Binnenmarktkonzept durch Rezepturgesetze zu vereinheitlichen. Die Ansätze dazu ließen jedoch einen – unerwünschten – „Einheitsbrei" erwarten. Gleichwohl gab es Ansätze zu vertikalen Produktvorschriften, die jedoch vereinzelt geblieben sind. Jedoch bestehen zahlreiche vertikale Vorschriften für einzelne Produkte, die der Beurteilung dienen. Dabei handelt es sich z. B. auch um Hygienevorschriften. Daneben bestehen Handelsklassenvorschriften, die ebenfalls unter 2.2.4 gesondert behandelt werden:

- VO (EG) Nr. 2232/96 des EP und des Rates vom 28. Oktober 1996 zur Festlegung eines Gemeinschaftsverfahrens für Aromastoffe, die in oder auf Lebensmitteln verwendet werden oder verwendet werden sollen, ABl 1996 L 299/1, s. auch Kapitel 33;
- VO (EG) Nr. 2065/2003 des EP und des Rates vom 10. November 2003 über Raucharomen zur tatsächlichen oder beabsichtigten Verwendung in oder auf Lebensmitteln, ABl 2003 L 309/1 siehe auch Kapitel 33.2.1;
- VO (EG) Nr. 2991/94 des Rates vom 5. Dezember 1994 mit Normen für Streichfette, ABl 1994 L 316/2, siehe auch Kapitel 20 und 24;
- RL 2001/111/EG des Rates vom 20. Dezember 2001 über bestimmte Zuckerarten für die menschliche Ernährung, ABl 2001 L 10/53; umgesetzt in Deutschland durch die Zuckerartenverordnung;
- RL 2001/113/EG des Rates vom 20. Dezember 2001 über Konfitüren, Gelees, Marmeladen und Makronenkrem für die menschliche Ernährung, ABl 2001 L 10/67, umgesetzt in Deutschland durch die Konfitürenverordnung vom 23.10.2003, BGBl. I S. 2151, siehe auch Kap. 3.4.4;
- RL 1999/4/EG des Europäischen Parlaments und des Rates vom 22. Februar 1999 über Kaffee- und Zichorien-Extrakte, ABl 1999 L 66/26, umgesetzt in Deutschland durch die Kaffeeverordnung;
- RL 2000/36/EG des EP und des Rates vom 23. Juni 2000 über Kakao- und Schokoladenerzeugnisse für die menschliche Ernährung, ABl 2000 L 197/19, umgesetzt in Deutschland durch die Kakaoverordnung, siehe auch Kap. 31.2.2.

2.2.3
Horizontale Normen

Vorherrschend sind horizontale Normen, die auf eine Harmonisierung unabhängig vom Produkt hinwirken, indem Handelshemmnisse durch gleiche Anforderungen abgebaut werden. So bestehen z. B. folgende Verordnungen und Richtlinien:

- VO (EG) Nr. 258/97 des EP und des Rates vom 27. Januar 1997 über neuartige Lebensmittel und Lebensmittelzutaten, ABl 1997 L 43/1, siehe auch Kapitel 35;

- VO (EG) Nr. 1829/2003 des EP und des Rates vom 22. September 2003 über genetisch veränderte Lebensmittel und Futtermittel, ABl 2003 L 268/1, siehe auch Kapitel 35;
- VO (EG) Nr. 1830/2003 des EP und des Rates vom 22. September 2003 über die Rückverfolgbarkeit und Kennzeichnung von genetisch veränderte Lebensmittel und Futtermittel, ABl 2003 L 268/24, siehe auch Kapitel 35;
- RL 89/108/EWG des Rates vom 21. Dezember 1988 zur Angleichung der Rechtsvorschriften der Mitgliedstaaten über tiefgefrorene Lebensmittel, ABl 1988 L 40/34, umgesetzt in Deutschland durch die Verordnung über tiefgefrorene Lebensmittel;
- RL 89/398/EWG des Rates vom 3. Mai 1989 zur Angleichung der Rechtsvorschriften der Mitgliedstaaten über Lebensmittel, die für eine besondere Ernährung bestimmt sind, ABl 1989 L 186/27, umgesetzt in Deutschland durch Diät-V, siehe auch Kapitel 34;
- RL 1999/21/EG der Kommission vom 25. März 1999 über diätetische Lebensmittel für besondere medizinische Zwecke, ABl 1999 L 91/29, siehe auch Kapitel 34;
- RL 2001/15/EG der Kommission vom 15. Februar 2001 über Stoffe, die Lebensmittel die für eine besondere Ernährung bestimmt sind, zu besonderen Ernährungszwecken zugefügt werden dürfen, ABl 2001 L 52/19;
- RL 96/8/EG über Lebensmittel für kalorienarme Ernährung zur Gewichtsreduktion vom 26. Februar 1996, ABl 1996 L 55/22, siehe auch Kapitel 34;
- RL 91/321/EWG der Kommission vom 14. Mai 1991 über Säuglingsnahrung und Folgenahrung, ABl 1991 L 175/35, siehe auch Kapitel 34;
- RL 96/5/EG der Kommission vom 16. Februar 1996 über Getreidebeikost und andere Beikost für Säuglinge und Kleinkinder, ABl 1996 L 49/17, siehe auch Kapitel 34;
- RL 2002/46/EG des EP und des Rates vom 10. Juni 2002 zur Angleichung der Rechtsvorschriften der Mitgliedstaaten über Nahrungsergänzungsmittel, ABl 2002 L 183/51, umgesetzt in Deutschland durch die Nahrungsergänzungsmittel-Verordnung, siehe auch Kapitel 34;
- RL 2000/13/EG des EP und des Rates vom 20. März 2000 zur Angleichung der Rechtsvorschriften der Mitgliedstaaten über die Etikettierung und Aufmachung von Lebensmitteln sowie die Werbung hierfür, ABl 2000 L 109/29, umgesetzt in Deutschland durch LMKV, siehe auch Kap. 3.4.2;
- RL 2003/89/EG des EP und des Rates vom 10. November 2003 zur Änderung der Richtlinie 2000/13/EG hinsichtlich der Angabe in Lebensmitteln enthaltenen Zutaten, ABl 2003 L 308/15;
- RL 90/496/EWG des Rates über die Nährwertkennzeichnung, ABl 1990 L 276/40, siehe auch Kap. 3.4.3;
- Zum Zusatzstoffrecht bestehen zahlreiche Richtlinien, die national in die ZZulV und ZVerkV umgesetzt wurden. Das Zusatzstoffrecht wurde durch das FIAP (s. u. 2.4.3) in Verordnungen neu gefasst.

2.2.4
Normen zur Marktorganisation

Zu den vertikalen Normen schließlich zählen auch die Normen zur Marktorganisation. Mit diesen Normen werden Standardisierungen gegeben, um Produkte für den Binnenmarkt auch vergleichbar zu machen. Diese Normen enthalten lebensmittelrechtliche Vorschriften im weiteren Sinne und betreffen beispielsweise Darbietungsformen (Geflügelfleisch) und Handelsklassen. Daneben legen diese Normen auch Verkehrsbezeichnungen fest. So bestehen z. B. die nachstehenden Verordnungen:

- VO (EWG) Nr. 1898/87 des Rates vom 2. Juli 1987 über den Schutz der Bezeichnung der Milch und Milcherzeugnisse bei ihrer Vermarktung, ABl 1987 L 182/36, zuletzt berichtigt durch ABl 1987 L 289/35, s. auch Kap. 20.2.1;
- VO (EWG) Nr. 2597/97 des Rates vom 18. Dezember 1997 zur Festlegung ergänzender Vorschriften für die gemeinsame Marktorganisation für Milch und Milcherzeugnisse hinsichtlich Konsummilch, ABl 1997 L 351/13, siehe auch Kapitel 20.2.1;
- VO (EWG) Nr. 1907/90 des Rates vom 26. Juni 1990 über bestimmte Vermarktungsnormen für Eier, ABl 1990 L 173/5, zuletzt berichtigt durch ABl 1990 L 195/40;
- VO (EG) Nr. 2568/91 der Kommission vom 11. Juli 1991 über die Merkmale von Olivenölen und Olivenresterölen sowie die Verfahren zu ihrer Bestimmung, ABl 1991 L 248/1, zuletzt berichtigt durch ABl 1992 L 347/69, siehe auch Kapitel 24.2.2;
- VO (EG) Nr. 1019/2002 der Kommission vom 13. Juni 2002 mit Vermarktungsvorschriften für Olivenöl, ABl 2002 L 155/27, zuletzt berichtigt durch ABl 2003 L 13/39, siehe auch Kapitel 24.2.3;

2.3
Einfluss des WTO-Rechts

Schließlich sind technische Normen zu beachten. So wie das europäische Recht das nationale Recht der Mitgliedstaaten beeinflusst, muss das Europarecht auch Rücksicht auf übergeordnetes Welthandelsrecht nehmen. So gibt es mit dem TBT-Übereinkommen (Übereinkommen über technische Handelshemmnisse, ABl 1994 Nr. L 336/86) und dem SPS-Übereinkommen (Übereinkommen über die Anwendung von gesundheitspolizeilichen und pflanzenschutzrechtlichen Maßnamen, ABl 1994 Nr. L 336/40) Grundsätze zum freien Welt-Warenverkehr, die Protektionismus aus gesundheitspolizeilichen Gründen oder Verbraucherschutzgründen verhindern wollen. Ebenso sollen technische Anforderungen den Handel nicht erschweren. Das WTO-Recht bezieht sich auf den *Codex Alimentarius* (www.codexalimentarius.net). Der *Codex Alimentarius* befasst sich u. a. mit Fragen zur Kennzeichnung, Hygiene von Lebensmitteln und deren Herstellung. Diese Normen, die unter internationaler Mitwirkung von der *Codex Alimentarius* Kommission erarbeitet wurden, erlangen durch die Bezugnahme des WTO-Rechts eine handelspolitisch verbindliche Bedeutung. Denn das WTO-Recht zielt auf einen freien Warenverkehr. Daher sollen Waren grundsätzlich den inländischen Waren gleichgestellt werden, um Diskriminierungen zu vermeiden. Ausnahmen bestehen freilich, wenn es um die Abwehr von Gesundheitsgefahren geht, wie dies im SPS-Übereinkommen geregelt ist. Um nicht nationale Barrieren aufzubauen, nimmt das SPS-Übereinkommen Bezug auf internationale Standards und insbesondere die von der *Codex Alimentarius Kommission* erarbeiteten Normen, Richtlinien und Empfehlungen. Quasi durch die Hintertür gelangen diese Ausarbeitungen zu (handelspolitischer) Verbindlichkeit (s. auch Kap. 1.10 und 3.1).

Die Bedeutung des *Codex Alimentarius* ist nicht auf das WTO-Recht beschränkt. Auch national kann beispielsweise in wettbewerbsrechtlichen Fragestellungen der Codex Beachtung finden. Nach *Codex Alimentarius ALINORM 97/26 Anhang II* kann ein Produkt beispielsweise als „cholesterinfrei" ausgelobt werden, wenn der Cholesterinanteil 5 mg/100 g beträgt. Diese Regelung soll für Werbeaussagen eine Vereinheitlichung und den freien Warenverkehr erleichtern. Auch wenn ein Verbraucher „frei" mit 0,0 gleichsetzt, so ist hier – ggf. mit kennzeichnungsrechtlich gebotenen Zusätzen – eine abweichende Regelung für die Kennzeichnung gegeben. Für dieses Beispiel ist zu beachten, dass noch nicht abschließend geklärt ist, ob wegen der Health-Claims-VO noch Aussagen wie cholesterinfrei getroffen werden können, bekanntlich sind diese Aussagen im Anhang nicht enthalten.

2.4
Ausgewählte Rechtsnormen des Gemeinschaftsrechts

2.4.1
Basis-VO

Besondere Bedeutung kommt der VO (EG) Nr. 178/2002 (Basis-VO, englisch: *General Food Law*) zu. Nachdem das europäische Lebensmittelrecht sich etwa bis zur Jahrtausendwende auf punktuelle Regelungen beschränkte (Öko-VO, Schutz geographischer Herkunftsangaben, Novel-Food-VO), erfolgte mit dem Weißbuch und der Basis-VO (siehe auch Kap. 1.6) ein genereller Ansatz. In den Fokus geriet die Betrachtung des Lebensmittelrechts als Ganzes. Die Lebensmittelsicherheit wird in der Kette als ein Kontinuum von der landwirtschaftlichen Urproduktion bis zur Abgabe an den Verbraucher verstanden (Erwägungsgrund Nr. 12 Basis-VO), in der alle daran Beteiligten Verantwortung für das Lebensmittel tragen (Art. 17 Basis-VO). Die Basis-VO gliedert sich in die Teile: Anwendungsbereich, Definitionen, allgemeines Lebensmittelrecht, Lebensmittelbehörde, Schnellwarnsystem u.a. sowie Verfahren und Schlussbestimmungen. Für die allgemeinen Grundsätze des Lebensmittelrechts sind die folgenden Abschnitte wichtig: Die Artikel 2 und 3 über die Definitionen, die Artikel 4 bis 10 über allgemeine Grundsätze sowie die Artikel 11 bis 21 über das Lebensmittelrecht im engeren Sinne.

Für das Verhältnis vom früheren LMBG zur Basis-VO gilt, dass die Regelungen der Basis-VO, die sich an den Rechtsunterworfenen wenden, Anwendungsvorrang vor dem nationalen Recht haben. Der deutsche Gesetzgeber vollzog diese Vorgabe. § 1 LFGB knüpft an den Lebensmittelbegriff des Art. 2 Basis-VO an. Im LFGB findet sich weiter die Bestimmung des § 17 Abs. 1 Nr. 4 LMBG nicht mehr, weil der EuGH in der Sache „d'arbo naturrein" die Gegenstandslosigkeit dieser Norm entschieden hat. Hingegen wird in § 43 LFGB, „Probenahme" (früher § 42 LMBG), nicht die Konsequenz aus der Richtlinie 397/87/EWG nachvollzogen, so dass hier weiterer Konfliktstoff erhalten bleibt. Wichtig für Fragen der Auslegung zu den Artikeln 11, 12 und 16 bis 19 sind die *Schlussfolgerungen des Ständigen Ausschusses für die Lebensmittelkette und Tiergesundheit vom 20.12.2004* (Internet: www.europa.eu.int/comm/food/food/foodlaw/guidance/guidance_rev_7_de.pdf).

Im Einzelnen sind nachfolgende Definitionen und Prinzipien der Basis-VO hervorzuheben:

Lebensmittel

Erstmals ist in Art. 2 Basis-VO eine gemeinschaftsrechtliche Definition für Lebensmittel erfolgt. Lebensmittel sind Stoffe, bei denen erwartet werden kann, dass sie vom Menschen durch den Magen-Darm-Trakt aufgenommen werden. Es kommt mithin nicht wie im bisherigen deutschen LMBG erst auf die Zweckbestimmung an, sondern es genügt bereits, dass von dem Stoff erwartet wird, dass er vom Menschen aufgenommen werden kann. Der Lebensmittelbegriff erfährt also eine erste Ausweitung. Noch nicht endgültig geklärt ist die Frage, ob Nährstoffinfusionen (z. B. Glukose) in die Blutbahn weiterhin als Arzneimittel (Präsentationsarzneimittel) eingeordnet werden oder als (diätetisches) Lebensmittel anzusehen sind. Die Abgrenzung zu den Arzneimitteln erfolgt durch die Bezugnahme auf die Arzneimittelrichtlinien. Abgrenzungskriterium ist die pharmakologische Wirkung. Die Rechtsprechung des EuGH verlangt, dass die pharmakologische Wirkung nicht nur unerheblich ist und positiv festgestellt sein muss (EuGH, verb. Rs. C-211/03 u. a., Urt. v. 9.6.2005 und EuGH, Rs. C-140/07, Urt. v. 15.1.2009). Klarheit besteht jedoch für die Abgrenzung zu Nahrungsergänzungsmitteln durch die RL 2002/46/EG v. 10.6.2002.(ABl L 183/51). Nahrungsergänzungsmittel sind demnach Lebensmittel (s. auch Kap. 34.2.1, 34.2.3 und 37.2.5).

Lebensmittelunternehmen

Lebensmittelunternehmen sind nach Art. 3 Nr. 2 Basis-VO alle Betätigungen, die mit Lebensmitteln zu tun haben. Weil es auf die Handhabung mit Lebensmitteln ankommt und nicht auf die Gewinnmaximierung, unterfallen neben gemeinnützigen Betätigungen auch Straßenfeste dem Begriff des Lebensmittelunternehmens.

Lebensmittelunternehmer

Lebensmittelunternehmer sind nach Art. 3 Nr. 3 Basis-VO diejenigen Personen, die in einem Lebensmittelunternehmen für die Einhaltung des Lebensmittelrechts verantwortlich sind. Dies ist in der Regel der Inhaber bzw. bei juristischen Personen das Vertretungsorgan (Geschäftsführung, Vorstand). Diese Verantwortung kann ganz oder teilweise auf Mitarbeiter delegiert werden. Voraussetzung hierfür ist eine hinreichende Stellenbeschreibung, Zuordnung im Organigramm des Betriebs und ggf. auch die Übertragung der strafrechtlichen Verantwortung.

Lebensmittelsicherheit

Die Basis-VO verfolgt zuvorderst das Ziel sicherer Lebensmittel. Artikel 6 und 7 Basis-VO bestimmen daher, dass eine Risikoanalyse zu erfolgen hat und dass das Vorsorgeprinzip zu beachten ist. Artikel 14 Basis-VO bestimmt, dass nur sichere Lebensmittel in den Verkehr gebracht werden dürfen. Für Lebensmittel ist diese Norm abschießend. Das bedeutet, dass das frühere, auf der Produktsicherheitsrichtlinie 92/59/EWG v. 29.6.1992 (ABl L 228/24) beruhende Produktsicherheitsgesetz und dessen ablösendes Gerät- und Produktsicherheitsgesetz betreffend Warnung und Rückruf unangewendet bleiben. Warnung und Rückruf erfolgen nach der Basis-VO auf der Grundlage von Art. 19 Basis-VO.

Rückverfolgbarkeit

Lebensmittel müssen rückverfolgbar sein. Rückverfolgbarkeit bedeutet die Möglichkeit der Nachvollziehung eines Stoffes durch alle Produktions-, Verarbeitungs- und Vertriebsstufen. Dabei ist nach den *Schlussfolgerungen des Ständigen Lebensmittelausschusses für die Lebensmittelkette und Tiergesundheit* (s. Kap. 1.4) keine chargenbezogene Rückverfolgbarkeit innerhalb des Betriebs erforderlich. Das bedeutet, dass keine Verpflichtung besteht, ein Erzeugnis am Ende eines Produktionsprozesses auf die Chargen der eingesetzten Zutaten zurückzuverfolgen, wie dies bei Zertifizierungen beispielsweise nach IFS4 International Food Standard 4 notwendig ist. Allerdings empfiehlt der Ausschuss dringend, solche Vorkehrungen zur Identifizierung vorzunehmen (s. auch Kap. 8.3.5).

2.4.2
Hygiene-Paket

Die in der Basisverordnung festgelegte Lokalisierung der Verantwortung beim Lebensmittelunternehmer hat unmittelbare Auswirkungen auf das Hygienerecht.

Das Hygienerecht ist durch die umfassende Revision im Jahr 2005 nunmehr in EG-Verordnungen geregelt. Mit dem Hygiene-Paket wird der Ansatz der Basisverordnung aufgegriffen, einmal die Verantwortung der Lebensmittelunternehmer zu verstärken, indem beispielsweise auch die Urproduktion hygienerechtlichen Vorschriften unterworfen wird, andererseits werden die alten Hygienevorschriften aufgehoben. Durch die Verabschiedung als Verordnungen hat das Recht unmittelbare Wirkung in den Mitgliedstaaten. Das Hygienepaket und die dazu ergänzend erlassenen Vorschriften lassen sich zur Gewinnung der Übersichtlichkeit in zwei Gruppen einteilen. Einmal in die Gruppe der Verordnungen, die sich an die Unternehmen richten und dann in die Gruppe der Verordnungen, die sich an die Überwachung richten. Innerhalb dieser Gruppen lässt sich unterscheiden, ob es sich um Vorschriften handelt, die für alle Lebensmittel gelten oder ob es sich um Vorschriften handelt, die für Lebensmittel tierischer Herkunft gelten (s. auch Kap. 1.6).

VO (EG) Nr. 852/2004 (LMH-VO-852)

Die LMH-VO-852 bestimmt die allgemeinen Lebensmittelhygienevorschriften für Lebensmittelunternehmer, einschließlich der Urproduktion. Aufgestellt wird das allgemeine Hygienegebot. Die Rechtsunterworfenen werden auf die Einhaltung der im Anhang aufgeführten speziellen Hygieneregeln, getrennt für die Urproduktion und die Weiterverarbeitung, verpflichtet. Weiter wird die Eigenkontrolle zentraler Punkt der Lebensmittelhygiene. Es besteht die Pflicht, nach den Grundsätzen des HACCP-Verfahrens und der Guten Hygienepraxis zu arbeiten. Eine entsprechende schriftliche Dokumentation ist obligatorisch. (Zur Übersicht der bestehenden Leitlinien für eine Gute Hygienepraxis: BLL Jahresbericht 2004/2005, S. 158.) Eingeführte Leitlinien für eine Gute Hygienepraxis können nach Art. 8 Abs. 5 LMH-VO-852 weiter gelten.

Die VO bestimmt weiter, dass sich alle Betriebe registrieren lassen müssen.

VO (EG) Nr. 853/2004 (Hygiene-VO-853)

Die Hygiene-VO-853 ergänzt die LMH-VO-852. Sie gilt für Lebensmittelunternehmen, die mit unverarbeiteten Erzeugnissen tierischen Ursprungs umgehen und für Betriebe, die ausschließlich mit aus der Erstverarbeitung hervorgegangenen Erzeugnissen tierischen Ursprungs umgehen. Diese Betriebe müssen zugelassen werden. Betriebe, die Zutaten tierischer Herkunft nicht herstellen, sondern nur verarbeiten (z. B. Herstellung von TK-Pizza unter Verwendung von Salami), sind ausgenommen. Weiter sind grundsätzlich nicht betroffen Einzelhandelsunternehmen und Einrichtungen zur Gemeinschaftsverpflegung. Die Zulassung der Lebensmittelunternehmen richtet sich nach den Anforderungen des Anhang II der Verordnung und orientiert sich an einer Risikoevaluation der jeweiligen Betriebe. Jeder zugelassene Betrieb enthält eine Identifizierungsnummer, mit der Produkte, die den Betrieb verlassen, zu kennzeichnen sind.

Weitere Anforderungen sind produktspezifisch in den Anhängen zur Verordnung geregelt. Daneben bestehen die Verordnung (EG) Nr. 2073/2005 über mikrobiologische Kriterien (ABl 2005 L 338/1), die Durchführungsverordnung (EG) Nr. 2074/2005 (ABl 2005 L 338/27) und die Verordnung (EG) Nr. 2076/2005 (ABl 2005 L 338/83) mit Übergangsvorschriften.

VO (EG) 882/2004 (Kontroll-VO-882) und VO (EG) Nr. 854/2004 (Hygiene-VO-854)

Die Kontroll-VO-882 bestimmt die Grundsätze der Lebensmittelüberwachung und gilt für Lebensmittel tierischer und nicht tierischer Herkunft gleichermaßen. Hervorzuheben ist Art. 12 für die Probennahme. Hier ist die Pflicht der Lebensmittelüberwachung verankert, wonach sie den Hersteller über die Probennahme zu unterrichten hat.

Die Hygiene-VO-854 enthält ergänzende Vorschriften für tierische Erzeugnisse. Die LMH-VO-854 enthält ergänzende Vorschriften für die Lebensmittelüberwachung von Lebensmitteln tierischer Herkunft.

Ebenso sind hier die Verfahren bei der Einfuhr von Lebensmitteln tierischer Herkunft aus Drittstaaten geregelt.

Betriebskontrollen, Schlachttier- und Fleischuntersuchung werden nicht mehr starr gehandhabt, sondern unterliegen einem flexiblen, risikobasierten Regime. Dadurch findet eine Aufgabenteilung zwischen dem Veterinär und dem betriebsangehörigen amtlichen Fachassistenten statt.

2.4.3
Food Improvement Agents Package (FIAP)

Hinter der Abkürzung FIAP verbirgt sich das Ende 2008 erlassene Normen-Paket zu Lebensmittelzusatzstoffen, Enzymen und Aromen. Das Paket umfasst vier Verordnungen, die sich mit Lebensmittelzusatzstoffen, Lebensmittelenzymen, Lebensmittelaromen und Zulassungsfragen befassen. Damit werden die bislang in Richtlinien gefassten Regelungsbereiche der Lebensmittelzusatzstoffe und Aromen in die Rechtsform der Verordnung geführt und einheitlich unmittelbar anwendbar, ohne dass es einer Umsetzung durch die Mitgliedstaaten bedarf. Erstmalig wird zu Enzymen eine gemeinschaftsweit einheitliche Regelung geschaffen. Ziel des Verordnungspaketes ist eine Rechtsharmonisierung und Stärkung des innergemeinschaftlichen Warenhandels. Es gilt dabei das Komitologieverfahren: Die Gesetzgebung kann im Ausschussverfahren schnell und aktuell an den Fortschritt in Technik und Wissenschaft angepasst werden.

Die Verordnungen über Lebensmittelzusatzstoffe, -enzyme und -aromen haben einen vergleichbaren Aufbau und gliedern sich in folgende Abschnitte:

– Gegenstand, Anwendungsbereich und Begriffsbestimmung,
– Gemeinschaftslisten und zugelassene Stoffe,

- Verbot und Verwendungsbedingungen,
- Kennzeichnung,
- Verfahrens- und Durchführungsbestimmungen,
- Übergangs- und Schlussbestimmungen.

Es gilt das Prinzip, wonach der Einsatz von Lebensmittelzusatzstoffen, -enzymen und -aromen grundsätzlich verboten sind, wenn die jeweiligen Stoffe nicht durch Aufnahme in eine Gemeinschaftsliste erlaubt wurden.

Lebensmittelzusatzstoffe, FIAP-VO-1333
Der Anwendungsbereich der FIAP-VO-1333 erstreckt sich auf Lebensmittelzusatzstoffe. Die Definition des Lebensmittelzusatzstoffs ist unverändert geblieben und betrifft Stoffe mit oder ohne Nährwert, die in der Regel weder selbst als Lebensmittel verzehrt noch als charakteristische Lebensmittelzutat verwendet werden und einem Lebensmittel aus technologischen Gründen zugesetzt werden. Damit bleibt auch die Zuordnung der Zusatzstoffen zu Kategorien des technologischen Zwecks, also zu Farbstoffen, Verdickungsmitteln oder Trennmitteln. Ausgenommen vom Lebensmittelzusatzstoffbegriff sind Verarbeitungshilfsstoffe, Pflanzenschutzmittel, Aromen, Stoffe, die Lebensmitteln zu Ernährungszwecken beigefügt sind und Stoffe, mit denen Wasser für den menschlichen Gebrauch aufbereitet wird, es sei denn, sie werden als Lebensmittelzusatzstoffe verwendet.

Lebensmittelzusatzstoffe bedürfen der Zulassung in einer Liste, die auch den Zweck und die Menge festlegt. Bis zur Verabschiedung der Listen bleiben die bisher zugelassenen Zusatzstoffe einsetzbar. Sie werden nach und nach einer Sicherheitsbewertung unterzogen und in die Listen aufgenommen bzw. verboten. Neue Zusatzstoffe müssen ebenfalls bewertet werden. Aufgenommen werden nur Zusatzstoffe, die in der vorgeschlagenen Dosis für den Verbraucher gesundheitlich unbedenklich sind, deren technologische Notwendigkeit für den Einsatz gegeben ist, die den Verbraucher nicht irreführen und deren Einsatz für den Verbraucher vorteilhaft ist.

Für zusammengesetzte Lebensmitteln gilt das Carry-over-Prinzip fort. Besonderheiten bestehen für unbehandelte Lebensmittel, Säuglings- und Kleinkindnahrung sowie traditionelle Lebensmittel.

Für Lebensmittelzusatzstoffe bestehen Kennzeichnungsvorschriften. Neben der Kennzeichnung nach der LMKV beim Einsatz in Lebensmitteln als Zutaten haben Kennzeichnungen der Zusatzstoffe bei der Weitergabe in Reinform zu erfolgen, und zwar abhängig davon, ob sie an Weiterverarbeiter oder an den Endverbraucher abgegeben werden, Art. 21 ff. Die FIAP-VO-1333 sieht für Azofarbstoffe beim Einsatz in Lebensmitteln einen Warnhinweis über die Beeinflussung der Aktivität und Aufmerksamkeit von Kindern vor. Hersteller und Verwender sind verpflichtet, der Kommission Informationen über Sicherheit und Verwendung der Stoffe zur Verfügung zu stellen, und zwar auch dann, wenn sich Sicherheit und Verwendung im Laufe der Zeit ändern.

Zu beachten sind die unterschiedlichen Übergangsfristen nach Art. 35 FIAP-VO-1333. Im Übergangszeitraum behalten die bestehenden Richtlinien und nationalen Umsetzungsakte Gültigkeit. Allerdings sollten Hersteller und Verarbeiter von Zusatzstoffen daran denken, dass hier eine Neubewertung ansteht. Sie sollen daher regelmäßig die Überprüfung der Zulässigkeit und Kennzeichnung der eingesetzten Zusatzstoffe vornehmen.

Lebensmittelaromen, FIAP-VO-1334

Geltungsbereich der FIAP-VO-1334 sind Aromen, Lebensmittelzutaten mit Aromaeigenschaften, Lebensmittel, die Aromen und/oder Lebensmittelzutaten mit Aromaeigenschaften enthalten und Ausgangsstoffe für Aromen und/oder Ausgangsstoffe für Lebensmittelzutaten mit Aromaeigenschaften.

Ausgeschlossen sind Stoffe mit ausschließlich süßem, saurem oder salzigen Geschmack, rohe Lebensmittel und nicht zusammengesetzte Lebensmittel und Mischungen, sofern sie als solche verzehrt und nicht als Lebensmittelzutaten verwendet werden wie z. B. Tee, Gewürze und Kräuter.

Ein Aroma ist ein Erzeugnis, das als solches nicht zum Verzehr bestimmt ist und Lebensmitteln zugesetzt wird, um ihnen einen besonderen Geschmack oder Geruch zu geben. Ausgangsstoffe für Aromen sind in Art. 3 Abs. 2a) aufgeführt.

Die Verordnung unterscheidet zwischen „natürlichen Aromastoffen" und „Aromastoffen". Letztere umfassen die früheren Gruppen der naturidentischen und künstlichen Aromastoffen.

Für den Einsatz von Aromastoffen gilt, dass diese entweder zu der Gruppe der nicht zulassungspflichtigen Stoffe gehören oder aber zugelassen sind. Vereinfacht erfolgt diese Einteilung danach, ob der Stoff aus einem Lebensmittel gewonnen wurde, dann ist er nicht zulassungspflichtig, Art. 8 oder ob der Stoff aus einem Nicht-Lebensmittel gewonnen wurde, dann ist er zulassungspflichtig, Art. 9.

Der Einsatz von Aromen hängt ab dem Jahr 2010 von einem Eintrag in der Gemeinschaftsliste ab. Auf Grundlage der Verordnung (EG) Nr. 2232/96 sollen die Mitgliedstaaten die Aromastoffe bewerten und dann soll bis Ende 2010 diese – heute noch leere – Gemeinschaftsliste angenommen werden.

Aromen müssen zur Verwendung gesundheitlich sicher sein und dürfen den Verbraucher nicht irreführen. Für Aromen, die der Verordnung nicht entsprechen besteht ein Verbot. Aber auch bestimmte „unerwünschte Stoffe", die in der Natur vorkommen, dürfen nicht oder nur in bestimmten Mengen als Aromasubstanzen eingesetzt werden, Art. 6 im Anhang III. Dies ist von den Mitgliedstaaten zu überwachen.

Kennzeichnungsregeln bestehen für die Abgabe an Weiterverarbeiter und Endverbraucher. Hinsichtlich der Kennzeichnung „natürlicher" Aromen besteht in Art. 16 eine spezielle Regelung. Artikel 29 bestimmt eine Änderung der EG-Kennzeichnungsrichtlinie 2000/13/EG zur Kennzeichnung von Aromen. Dieser Regelungsgehalt wird sich aber in absehbarer Zeit durch die Neufassung der Lebensmittelinformations-VO (vgl. Kap. 3.4.2) überholt haben. Hersteller und Verwender sind verpflichtet, der Kommission Informationen über Sicherheit und Verwendung der Stoffe zur Verfügung zu stellen, und zwar auch dann, wenn sich Sicherheit und Verwendung im Laufe der Zeit ändern.

Sofern nichts anderes bestimmt ist, gilt die Verordnung ab dem 20.1.2011. Abweichende Regelungen bestehen für die Art. 10, 22, 26 und 28 in Abhängigkeit der Anwendung der Gemeinschaftsliste, Art. 30.

Lebensmittelenzyme, FIAP-VO-1332

Anwendungsbereich der FIAP sind Lebensmittelenzyme, die in Lebensmitteln eingesetzt werden. Dies sind Lebensmittelenzyme und Lebensmittelenzymzubereitungen. Letztere sind Zubereitungen aus einem oder mehreren Lebensmittelenzymen, denen Stoffe wie z. B. Lebensmittelzusatzstoffe oder Lebensmittelzutaten zugesetzt sind, um beispielsweise die Lagerung oder Verdünnung der Enzyme zu ermöglichen.

Ausgeschlossen vom Anwendungsbereich sind Enzyme, die zur Herstellung von Lebensmittelzusatzstoffen verwendet werden, sie sind durch die FIAP-VO-1333 erfasst. Ausgeschlossen sind weiter Enzyme, die zur Herstellung von Verarbeitungshilfsstoffen eingesetzt werden. Schließlich sind auch die Enzyme ausgeschlossen, die als Mikroorganismus in der herkömmlichen Erzeugung von Lebensmitteln eingesetzt werden und die im Übrigen Enzyme produzieren können, ohne dass dies ihr einziger Verwendungszeck wäre.

Lebensmittelenzyme dürfen nur eingesetzt werden, wenn sie in einer Gemeinschaftsliste erfasst sind. Dieser Listeneintrag erfolgt nur auf Antrag. Zur Eintragung beantragt werden können bekannte wie neue Enzyme. Dazu ist eine Frist nach Art. 17 Nr. 2 FIAP-VO-1335 vorgesehen. Diese bestimmt, dass innerhalb von 24 Monaten ab Anwendbarkeit der Durchführungsbestimmung, die aufgrund der Zulassungsverordnung FIAP-VO-1331 noch bis zum 31.12.2010 zu erlassen ist, die Listeneinträge zu beantragen sind.

In den Gemeinschaftslisten wird auch der Zweck und die zu verwendende Menge des Enzyms festgelegt. Daran sind die Verwender gebunden. Zur Aufnahme in die Liste muss das Enzym nach Art. 6 gesundheitlich unbedenklich und technologisch notwendig sein und darf den Verbraucher nicht irreführen. Die bekannten Enzyme mit Zusatzstoffzulassung wie Invertase und Lysozym sind nach Art. 18 in jedem Fall in die Liste aufzunehmen.

Ferner bestehen Kennzeichnungsvorschriften für die Abgabe an Weiterverarbeiter und Endverbraucher. Aus den Kennzeichnungsvorschriften sollen zwei Besonderheiten hervorgehoben werden: Einmal besteht eine klare Reihenfolge zur Angabe der Verkehrsbezeichnung. Danach ist die Bezeichnung nach der FIAP-VO-1332 zu wählen, nur wenn eine solche fehlt, ist die Handelsbezeichnung zu wählen (aber nicht bei der Abgabe an Endverbraucher). Fehlt auch diese, muss eine mit der Nomenklatur der Internationalen Vereinigung für Biochemie und Molekularbiologie enthaltene allgemein akzeptierte Bezeichnung gewählt werden. Daneben ist bei der Abgabe an Weiterverarbeiter die „Aktivität" des Enzyms anzugeben. Unklar ist, ob damit die chemische Wirkung des Enzyms oder der Verwendungszweck gemeint ist. Hersteller und Verwender sind verpflichtet, der Kommission Informationen über Sicherheit und Verwendung der Stoffe zur Verfügung zu stellen, und zwar auch dann, wenn sich Sicherheit und Verwendung im Laufe der Zeit ändern.

Die FIAP-VO-1332 gilt ab dem 20.1.2009. Abweichende Regelungen bestehen für die Art. 4 und 5 über die Gemeinschaftsliste der Lebensmittelenzymen und das Verbot nichtkonformer Enzyme bzw. Lebensmittel. Diese Normen gelten erst ab dem Inkrafttreten der Gemeinschaftslisten. Die Art. 10 bis 13 über die Kennzeichnung gelten ab dem 20.1.2010, Art. 24. Künftig wird es für die Händler und Hersteller von Enzymen notwendig sein, zu den vertriebenen Enzymen auch Zulassungsnachweise zu führen.

Zulassungsverfahren – FIAP-VO-1331
Die FIAP-VO-1331 regelt das einheitliche Zulassungs- und Bewertungsverfahren für Lebensmittelzusatzstoffe, Lebensmittelaromen und Lebensmittelenzyme.

Dies betrifft die Aufnahme und Löschung eines Stoffs aus der Liste oder eine Veränderung seiner Bedingung oder Spezifikation der Verwendung. Das Zulassungsverfahren betrifft die Einleitung des Verfahrens entweder durch eine betroffene Person (Hersteller oder Weiterverarbeiter von Zusatzstoffen/Aromen/Enzymen) oder die Kommission. Daran schließt sich eine Risikobewertung des jeweiligen Stoffs durch die EFSA an. Der Verfahrensabschluss erfolgt durch eine Aktualisierung der Gemeinschaftsliste in der Rechtsform der Verordnung.

Durchgeführt wird das Zulassungsverfahren durch eine bis zum 31.12.2010 zu erlassende Durchführungsverordnung.

2.4.4
Health-Claims-VO

Seit dem 1.7.2007 regelt die Health-Claims-VO die Bedingungen für eine gesundheits- und nährwertbezogene Bewerbung von Lebensmitteln. Damit einher ging ein Paradigmenwechsel: Während bislang der Grundsatz der Werbefreiheit galt, wonach alles erlaubt ist, was nicht verboten war, gilt nun, dass alles verboten ist, was nicht erlaubt ist. Allerdings wird es künftig unter besonderen Bedingungen möglich sein, Angaben zur Reduzierung eines Krankheitsrisikos zu machen.

Ausgelöst wird die Anwendung der Health-Claims-VO durch den Lebensmittelunternehmer, der es in der Hand hat, ob er die Verordnungen zur Anwendung bringen will oder nicht. Nur wenn der Lebensmittelunternehmer in der Werbung oder Aufmachung des Erzeugnisses oder dem Markenname Bezüge zu Nährstoffen, zur Gesundheit oder unspezifische Wohlbefindensaussagen – sogenannte „Angaben" i. S. d. Health-Claims-VO – ausloben will, hat er die Health-Claims-VO anzuwenden.

Anwendungsbereich
Es bestehen folgende Anwendungsbereiche:

- nährwertbezogene Aussagen
  Nährwertbezogene Angaben sind Aussagen, mit der mittelbar oder unmittelbar zum Ausdruck gebracht wird, dass ein Lebensmittel besondere positive Eigenschaften besitzt. Diese können aufgrund der Energie (Brennwert) bestehen, indem das Lebensmittel diese liefert oder in verminderten oder erhöhtem Maße liefert und oder Nährstoffe oder andere Substanzen enthält, in verminderter oder erhöhter Menge enthält oder nicht enthält, Art. 2 Abs. 2 Nr. 4 Health-Claims-VO, z. B. „fettarm", „mit vielen Ballaststoffen". Die zugelassenen nährwertbezogenen Angaben sind abschließend in der Anlage zur Health-Claims-VO aufgeführt. Abzugrenzen sind diese Angaben von zutatenbezogenen Angaben, die mengenmäßig zu kennzeichnen sind, wie z. B. der Aussage „mit Getreide". Dies gilt nur solange, wie keine weiteren Hinweise erfolgen. Wird die Aussage zu „mit Getreide – daher ballaststoffhaltig" ergänzt, ist sie als nährwertbezogen anzusehen und führt zur Einhaltung der Health-Claims-VO.
- gesundheitsbezogene Angaben
  Gesundheitsbezogene Angaben sind Angaben, mit denen mittelbar oder unmittelbar zum Ausdruck gebracht wird, dass ein Zusammenhang zwischen einer Lebensmittelkategorie, einem Lebensmittel oder einem seiner Bestandteile einerseits und der Gesundheit andererseits besteht, Art. 2 Abs. 2 Nr. 5 Health-Claims-VO.
- Angaben über die Reduzierung eines Krankheitsrisikos
  Angaben über die Reduzierung eines Krankheitsrisikos sind Angaben, mit denen unmittelbar oder mittelbar zum Ausdruck gebracht wird, dass der Verzehr einer Lebensmittelkategorie, eines Lebensmittels oder eines Lebensmittelbestandteils einen Risikofaktor für die Entwicklung einer Krankheit beim Menschen deutlich senkt, Art. 2 Abs. 2 Nr. 6 Health-Claims-VO.
- Angaben über die Gesundheit und Entwicklung von Kindern
  Was Angaben über die Gesundheit und Entwicklung von Kindern sind, wird in der Verordnung nicht definiert. Vom Regelungsgehalt der Verordnung her wird anzunehmen sein, dass es sich dabei um Aussagen handelt, die in der Werbung entweder die Gesundheit oder die Entwicklung von Kindern betreffen.

Allgemeine Voraussetzung für die Angabe von Claims
Sollen in der Werbung, in der Aufmachung oder Kennzeichnung von Lebensmitteln Angaben gemacht werden, so müssen diese Angaben allgemeine und ggfls. claimspezifische Voraussetzungen einhalten:

- allgemeine Grundsätze
  Für alle Angaben verlangt Art. 3 Health-Claims-VO, dass die Angaben nicht irreführen, keine Zweifel über die Sicherheit und/oder ernährungsphysiologische Eignung anderer Lebensmittel wecken, nicht zum übermäßigen Verzehr

eines Lebensmittels ermutigen oder diesen wohlwollend darstellen, nicht mittelbar oder unmittelbar erklären, dass eine ausgewogene und abwechslungsreiche Ernährung generell nicht die erforderlichen Mengen an Nährstoffen liefern kann. Schließlich darf keine Werbung mit der Angst erfolgen.

- Einhaltung des Nährwertprofils
Die nährwert und/oder gesundheitsbezogen beworbenen Lebensmittel müssen künftig einem noch festzulegendem Nährwertprofil genügen. Nach diesem Nährwertprofil erhält das Lebensmittel einen bestimmten Anteil an der täglichen Nahrungsaufnahme und soll so einen entsprechenden Anteil an den Kategorien Brennwert, gesättigten Fettsäuren, trans-Fettsäuren, Zucker und Salz/Natrium nicht überschreiten. Maßstab ist dabei eine tägliche Energiezufuhr von 2 000 kcal. Dieses Nährwertprofil darf bei gesundheitsbezogenen Angaben in keiner Kategorie überschritten werden. Geht es um nährwertbezogene Angaben, so darf in höchstens einer Kategorie das Nährwertprofil überschritten werden, wenn ein entsprechender Hinweis erfolgt. So können z. B. Süßigkeiten auch dann als „ohne Fett" beworben werden, wenn sie mehr Zucker enthalten, als nach dem Nährwertprofil vorgesehen ist, wenn zugleich mit der Aussage „ohne Fett" die Aussage „viel Zucker" erfolgt. Nährwertprofile sollten bis zum 19.1.2009 verabschiedet sein, dieses Ziel wurde per 5.3.2009 jedoch noch nicht erreicht und wird für Herbst 2009 erwartet.
- wissenschaftlicher Nachweis, Bioverfügbarkeit und Signifikanz
Nach Art. 5 Health-Claims-VO müssen alle Angaben und Wirkaussagen wissenschaftlich nachgewiesen sein. Die ausgelobten Nährstoffe müssen sowohl bioverfügbar sein als auch signifikant in der gewöhnlich vom Verbraucher aufgenommenen Verzehrsmenge des Lebensmittels vorhanden sein.
- Nährwertkennzeichnung
Art. 7 Health-Claims-VO verlangt schließlich die obligatorische Nährwertkennzeichnung nach Maßgabe der NKV, wobei bei gesundheitsbezogenen Claims grundsätzlich die Big 8 anzugeben sind.

Claimspezifische Voraussetzung
Daneben sind die nachfolgenden claimspezifischen Voraussetzungen zu beachten:

- nährwertbezogene Angaben
Für nährwertbezogene Angaben besteht eine enumerative Aufzählung im Anhang der Health-Claims-VO. Diese muss beachtet werden, Art. 8 Health-Claims-VO. Andere als die dort genannten Angaben dürfen nicht getroffen werden. Damit sind Aussagen wie „cholesterinfrei" nicht von der Health-Claims-VO erfasst. Durch die Übergangszeit bis zum 19.1.2010 dürfen diese Aussagen wegen einschlägiger innerstaatlichen Vorschriften verwendet werden. Hingegen sind ausweislich des Erwägungsgrundes 22 Hinweise an Verbrauchergruppen mit bestimmten Gesundheitsstörungen, namentlich Allergene, nicht von der Health-Claims-VO betroffen. Daher dürfen Angaben wie

„laktosefrei" und „glutenfrei" verwendet werden, ohne dass deswegen alleine die Health-Claims-VO zur Anwendung gelangen würde. Anzumerken ist, dass hinsichtlich „glutenfrei" die Verordnung (EG) Nr. 41/2009 gilt, wonach für die Bezeichnung „sehr geringer Glutengehalt" ein Glutengehalt von max. 100 mg/kg und für die Bezeichnung „glutenfrei" ein Glutengehalt von max. 20 mg/kg gilt.

- gesundheitsbezogene Angaben
  Gesundheitsbezogene Angaben dürfen nur verwendet werden, wenn diese Angaben entweder durch einen allgemeinen Listeneintrag abgesichert sind, Art. 10 und Art. 13 Health-Claims-VO oder die Angabe aufgrund einer Einzelzulassung in eine gesonderte Liste eingetragen wurde. Die allgemeine Liste soll bis Ende Januar 2010 verabschiedet werden. Der derzeitige Stand ist unter http://www.efsa.europa.eu/EFSA/efsa_locale-1178620753824_article13.htm abrufbar. Der Eintrag in der gesonderten Liste erfolgt auf Antrag und nach Annahme der entsprechend vom Antragsteller beizufügenden wissenschaftlichen Nachweise.
  Zusätzlich müssen die gesundheitsbezogenen Angaben durch Hinweise auf eine abwechslungsreiche und ausgewogene Ernährung und gesunde Lebensweise, Informationen zu Verzehrmuster, die erforderlich sind, um die behauptete positive Wirkung zu erzielen, ergänzt werden.
  Bis zur Verabschiedung der Listen darf eine gesundheitsbezogene Werbung nach den Maßstäben des nationalen Rechts erfolgen. Für Deutschland bedeutet dies, dass die Regelungen der §§ 11 und 12 LFGB zu beachten sind, also eine wissenschaftlich nachgewiesene gesundheitsbezogene Werbung ohne Irreführung und ohne Angstwerbung zulässig ist.
- wohlbefindensbezogene Angaben
  Verweise auf allgemeine, nichtspezifische Vorteile des Nährstoffs oder Lebensmittels für das Wohlbefinden ohne Aussagen zur Gesundheit sind keine gesundheitsbezogenen Angaben. Verweise auf allgemeine, nichtspezifische Vorteile des Nährstoffs oder Lebensmittels für die Gesundheit im Allgemeinen oder das gesundheitliche Wohlbefinden sind nur zulässig, wenn ihnen eine der Listen nach Art. 13 oder 14 enthaltene spezielle gesundheitsbezogene Angabe beigefügt ist, Art. 10 Abs. 3 Health-Claims-VO. Dies gilt ab dem Zeitpunkt des Inkrafttretens der Listen.
- risikoreduzierende Angaben und kinderentwicklungs-/kindergesundheitsbezogene Angaben
  Angaben zur Reduzierung eines Krankheitsrisikos und Angaben zur Gesundheit oder Entwicklung von Kindern müssen gesondert beantragt und wissenschaftlich nachgewiesen werden, Art. 14 Health-Claims-VO.

Übergangsvorschriften

Übergangsvorschriften bestehen nach Art. 28 Health-Claims-VO für nährwertbezogene Angaben in Form von Bildern, für die Verwendung von Markennamen, die der Verordnung nicht entsprechen und nationale Besonderheiten.

2.4.5
VO (EG) Nr. 1925/2006 (Anreicherungs-VO)

Die Anreicherungs-Verordnung (Verordnung des Europäischen Parlaments und des Rates vom 20. Dezember 2006 über den Zusatz von Vitaminen und Mineralstoffen sowie bestimmten anderen Stoffen zu Lebensmitteln, ABl Nr. L 404/26) regelt die Zusammensetzung von Lebensmitteln durch die Anreicherung mit Vitaminen und Mineralstoffen. Dazu bestehen Bedingungen für die Anreicherung. Diese betreffen den Verweis auf die ausschließlich in den Positivlisten der Anhänge I und II gelisteten Stoffe und Verbindungen. Weiter ist bestimmt, dass bestimmte Lebensmittel, insbesondere nicht verarbeitete Lebensmittel und alkoholische Getränke, nicht angereichert werden dürfen.

Die Verordnung kann auch für andere Stoffe geöffnet werden, allerdings ist diese Öffnung bislang nicht erfolgt.

Derzeit fehlt es auch an den Festlegungen für Höchst- und Mindestmengen, was die praktische Anwendbarkeit der Verordnung einschränkt.

2.4.6
Schutz geographischer Ursprungsbezeichnungen

Die Verordnung (EG) Nr. 510/2006 des Rates v. 20.3.2006 zum Schutz von geographischen Angaben und Ursprungsbezeichnungen für Agrarerzeugnisse und Lebensmittel (ABl 2006 L 93/12) dient dem Schutz bestimmter im Anhang genannter Erzeugnisse. Mit dem Begriff *Ursprungsbezeichnung* ist eine unmittelbare Herkunftsangabe zur Bezeichnung eines Lebensmittels gemeint, wonach das Erzeugnis seine Eigenschaften mindestens überwiegend aus den geographischen Verhältnissen einschließlich der menschlichen Einflüsse herleitet. Nur wenn das Erzeugnis in diesem Gebiet erzeugt, verarbeitet und hergestellt wurde, darf es die entsprechende Bezeichnung tragen.

Eine *geographische Angabe* liegt bereits vor, wenn eine unmittelbare geographische Herkunftsangabe zur Bezeichnung eines Lebensmittels dient, es aus dieser bestimmten geographischen Lage kommt und es die bestimmte Qualität, das Ansehen oder eine andere Eigenschaft sich aus dem Ursprung dieser Gegend ergibt, in dem es erzeugt und/oder verarbeitet und/oder hergestellt wurde. Der Unterschied liegt also darin, ob Erzeugung, Verarbeitung und Herstellung kumulativ in der bestimmten Gegend erfolgt sind (Ursprungsangabe) oder nur wenigstens eine Art der Erzeugung, Verarbeitung oder Herstellung in der Gegend stattgefunden haben (geographische Angabe).

Der gemeinschaftliche Schutz entsteht durch Eintragung in das *Verzeichnis der geschützten Ursprungsbezeichnungen und der geschützten geographischen Angaben*. Antragsberechtigt ist eine Vereinigung eines Zusammenschlusses von Erzeugern und/oder Verarbeitern des gleichen Erzeugnisses. Der Antrag ist in Deutschland beim Deutschen Patent- und Markenamt (www.dpma.de) zu stellen, welches nach Prüfung den Antrag zur Entscheidung weiterleitet. Wird dem Antrag entsprochen, erfolgt die Eintragung in das vorgenannte Verzeichnis. Die den Anforderungen entsprechenden Produkte dürfen mit den Angaben „g. U." (geschützte Ursprungsbezeichnung) und „g. g. A." (geschützte geographische Angabe) versehen werden. Geschützt sind diese Erzeugnisse gegen jede widerrechtliche Nachahmung oder Aneignung. Auch Anspielungen wie „nach Art ..." sind unzulässig.

2.4.7
Lebensmittelspezialitäten

Die VO (EG) Nr. 509/2006 des Rates vom 20.3.2006 über Bescheinigungen besonderer Merkmale von Agrarerzeugnissen und Lebensmitteln (ABl 2006 L 93/1) gibt den Herstellern von Qualitätserzeugnissen die Möglichkeit, auf die Besonderheit ihrer Produkte werblich hinzuweisen. In den Anwendungsbereich gelangen Produkte des Anhangs, u. a. Bier, Schokolade, Süßwaren und Backwaren. Hintergrund der Verordnung ist das Prinzip der gegenseitigen Anerkennung, durch das ausländische Rezepturen anerkannt werden und durch das die Möglichkeit geschaffen wurde, für diese Erzeugnisse die einheimischen eingeführten Verkehrsbezeichnungen zu verwenden. Es wurde die Gefahr gesehen, dass so im Ausland kostengünstiger hergestellte Produkte die qualitativ hochwertigen Produkte in ihrer Wettbewerbssituation verschlechtern.

Auf Antrag wird – im Regelfall – die Verkehrsbezeichnung eines Agrarerzeugnisses oder Lebensmittels geschützt und in das Register der Bescheinigungen besonderer Merkmale eingetragen. Das Erzeugnis muss die hierfür festgelegten Spezifikationen einhalten. Werblich hervorgehoben darf das entsprechende Erzeugnis mit dem Gemeinschaftszeichen „garantiert traditionelle Spezialität" beworben und vermarktet werden. Eintragungsfähig sind nur solche Erzeugnisse, die aus traditionellen Rohstoffen hergestellt sind oder auf traditioneller Zusammensetzung oder Herstellungsweise beruhen (Art. 4). Darin unterscheiden sie sich von den Erzeugnissen, deren Besonderheit in der Herkunft oder dem geographischen Ursprung liegt. Weiterhin muss der Name selbst besondere Merkmale aufweisen oder die besonderen Merkmale des Erzeugnisses zum Ausdruck bringen. Er darf nicht missbräuchlich sein oder teilen oder gar missbräuchlich sein. Antragsberechtigt sind nur Vereinigungen, die sich im jeweiligen Heimatmitgliedstaat an eine Behörde wenden müssen. In Deutschland ist dies die Bundesanstalt für Landwirtschaft und Ernährung. National regelt die Lebensmittelspezialitätenverordnung und das Lebensmittelspezialitätengesetz das nähere Verfahren. Eine missbräuchliche Verwendung ist mit einem Unterlassungs- und Schadensersatzanspruch sanktioniert.

2.4.8
Öko-Lebensmittel

Das Recht über den ökologischen Landbau ist mit der Öko-Basis-VO neu gefasst worden. Sinn und Zweck der Verordnung ist es, den ökologischen Landbau zu fördern und den Verbraucher vor Täuschung zu schützen. Zur Erreichung des letzteren Ziels enthält die Verordnung neben gesonderten Kennzeichnungsvorschriften, die auch ein besonderes Emblem beinhalten, Vorschriften zu einem Kontrollsystem. Ausgelöst wird die Anwendung dieser Verordnung, wenn die Kennzeichnungsbegriffe „bio" oder „öko" bzw. „ökologisch" oder „biologisch" verwendet werden. Produkte mit entsprechender Auslobung setzen voraus, dass das jeweilige Produkt in Übereinstimmung entsprechend der Verordnung hergestellt, verpackt und/oder verarbeitet wurde. Die Anforderungen werden durch ein Kontrollsystem überwacht. Die Überwachung erfolgt durch (private) Kontrollstellen, die staatlich beliehen sind. Alle Unternehmen, die in der Kette landwirtschaftliche Produkte erzeugen, verpacken, etikettieren oder aus Drittländern einführen, müssen lückenlos in das Kontrollsystem eingebunden sein. Auch Broker und Händler sind verpflichtet, sich am Kontrollsystem zu beteiligen. Ausnahmen bestehen nur für den Händler, der unmittelbar an den Endverbraucher abgibt.

2.4.9
Novel-Foods

Novel Foods unterscheiden sich nach dem Verständnis des EG-Rechts in zwei Bereiche: Dies ist einmal der Bereich der gentechnisch veränderten Organismen (GVO) und dann der Bereich der Erzeugnisse, die in der Europäischen Gemeinschaft nicht in nennenswertem Umfang für den menschlichen Verzehr verwendet werden. Zunächst wurden beide Bereiche gemeinsam in der Verordnung (EG) Nr. 258/97 des Europäischen Parlamentes und des Rates vom 27.1.1997 über neuartige Lebensmittel und neuartige Lebensmittelzutaten (ABl 1997 L 43/1) geregelt. Heute findet diese Verordnung nur noch auf letztere Gruppe Anwendung und betrifft in der Regel exotische Pflanzen oder aus Pflanzen isolierte Lebensmittel und Lebensmittelzutaten. Für das Inverkehrbringen ist ein Genehmigungsantrag notwendig. Bemerkenswert ist, dass durch den Zulassungsantrag auch bestimmte Eigenschaften und Wirkungen ausgelobt werden können, die nach allgemeinem Recht unzulässig sind. So wurden Phytosterin, Phytosterinester, Phytostanol und Phytostanolester beim Einsatz in Streichfetten als neuartige Lebensmittelzutaten gesehen. Ihre Verwendung darf nur erfolgen, wenn in der Etikettierung u. a. darauf hingewiesen wird, dass mit dem Erzeugnis der Cholesterinspiegel gesenkt werden kann. Mithin wird eine krankheitsbezogene Auslobung ausdrücklich erlaubt! (Verordnung (EG) Nr. 608/2004 der Kommission vom 31.3.2004 über die Etikettierung von Lebensmitteln und Lebensmittelzutaten mit Phytosterin-, Phytosterinester-, Phytostanol- und/oder Phytostanolesterzusatz (ABl 2004 L 97/44)).

Die Zulassung und Kennzeichnung von GVO wurde aus dem Anwendungsbereich der Verordnung (EG) Nr. 258/97 genommen. Es erfolgte ein Paradigmenwechsel von der Nachweisbarkeit zur Rückverfolgbarkeit. Waren bislang Kennzeichnungspflichten an den Nachweis gebunden, so ist nun die Kennzeichnung von GVO verpflichtend, wenn Zutaten auf GVO zurückzuführen sind. Dies weitet die Kennzeichnungspflicht auf Zutaten aus, die keine DNA enthalten. Geregelt ist dies in den Verordnungen (EG) Nr. 1829/2003 des Europäischen Parlamentes und des Rates vom 22.9.2003 über genetisch veränderte Lebensmittel und Futtermittel (ABl 2003 L 268/1) und (EG) 1830/2003 Europäischen Parlamentes und des Rates vom 22.9.2003 über die Rückverfolgbarkeit und Kennzeichnung von genetisch veränderten Organismen und über die Rückverfolgbarkeit von aus genetisch veränderten Organismen hergestellten Lebensmitteln und Futtermitteln sowie zur Änderung der Richtlinie 2001/18/EG (vgl. auch Kapitel 35).

2.4.10
Wein

Wein wird zwar auch als Lebensmittel genossen, ist aber im rechtlichen Sinne eine eigenständige Materie. Insbesondere gilt das LFGB (wie früher das LMBG) nicht für Wein.

Das europäische Weinrecht ist auf zahlreiche Verordnungen verteilt und versteht sich in erster Linie als Marktorganisationsrecht. Nachdem mit der Verordnung (EG) Nr. 1493/1999 über die gemeinsame Marktorganisation für Wein nicht die gewünschte wettbewerbsfähigere und nachhaltigere Entwicklung des Weinsektors eingetreten ist, wurde mit der Verordnung (EG) Nr. 479/2008 des Rates über die gemeinsame Marktorganisation für Wein vom 29.4.2008 (ABl 2008 L 148/1) ein neuer Rahmen gesetzt. Zentrale Bedeutung haben in der Verordnung die Stützungsprogramme, darunter die Absatzförderung in Drittländern und die Grünlese, letztere, um kurzfristig zur Marktstabilisierung beizutragen. Weiter bestehen Bestimmung zum Produktpotential, welches sich u. a. für ein Bepflanzungsverbot ausspricht und Pflanzungsrechte auf die Mitgliedstaaten aufteilt. Weiter erfolgen Bestimmungen über önologische Verfahren, Beschreibung, Bezeichnung, Aufmachung und Schutz.

Flankiert wird diese Verordnung durch Durchführungsverordnungen. Diese sind noch nicht mit Bezug auf die Verordnung (EG) Nr. 479/2008 ergangen, sondern beziehen sich noch auf die vorangegangene Verordnung (EG) Nr. 1493/1999 und sind daher entsprechend auf die Verordnung (EG) Nr. 479/2008 anzuwenden, bis die aktualisierten Durchführungsverordnungen erlassen worden und anzuwenden sind. So bestehen die Verordnung (EG) 1623/2000 der Kommission vom 25.7.2000 mit Durchführungsbestimmungen zur Verordnung (EG) Nr. 1493/1999 des Rates über die gemeinsame Marktorganisation für Wein bezüglich der Marktmechanismen (ABl 2000 L 194/45), die die finanziellen Beihilfen und die Destillation erläutert, fort.

Die Verordnung (EG) Nr. 1227/2000 der Kommission vom 31.5.2000 mit Durchführungsbestimmungen zur Verordnung (EG) Nr. 1493/1999 über die gemeinsame Marktorganisation für Wein hinsichtlich des Produktpotentials (ABl 2000 L 143/1) behandelt Einzelheiten zur Pflanzung und zu Prämien bei Aufgabe des Weinbaus sowie Fragen der Umstrukturierung und Umstellung (siehe weiter Kapitel 28). National gilt ergänzend das Weingesetz.

2.4.11
Bedarfsgegenstände

EG-Normen bestehen auch für Lebensmittelbedarfsgegenstände. Dazu besteht als Rahmenverordnung die Verordnung (EG) Nr. 1935/2004 des Europäischen Parlamentes und des Rates vom 27.10.2004 über Materialien, die dazu bestimmt sind, mit Lebensmitteln in Berührung zu kommen und zur Aufhebung der Richtlinien 80/590/EWG und 89/109/EWG (ABl 2004 L 338/4) die Bedarfsgegenstände-Richtlinie 89/109/EWG ab. Inhaltlich ist die neue Richtlinie die Rechtsgrundlage für die Beurteilung von Stoffen, die für die Herstellung von Materialien mit unmittelbarer Lebensmittelberührung bestimmt sind. Festgelegt werden die Kriterien für Inertheit, unvermeidbare Migration und die Kennzeichnung für Lebensmittelbedarfsgegenstände. Weiter ist die Rückverfolgbarkeit von Lebensmittelbedarfsgegenständen vorgeschrieben. Bestimmt wird weiter die Pflicht zur Erstellung von Konformitätserklärungen für Lebensmittelbedarfsgegenstände durch den Inverkehrbringer. Aktuell besteht diese Pflicht für Kunststoffe, Keramik und Zellglasfolie, wobei die Anforderungen für Bedarfsgegenstände aus Kunststoff im Gegensatz zu den anderen Bedarfsgegenständen sehr detailliert sind.

Neu werden sogenannte *aktive und intelligente Lebensmittelverpackungen* geregelt (Art. 2, 4, VO (EG) Nr. 1935/2004, VO (EG) Nr. 450/2009 (ABl 2009 L 135/3)), siehe auch Kap. 38.3.9). Dies sind Verpackungen, die mit dem Lebensmittel in Wechselwirkung stehen, indem sie beispielsweise Aromastoffe freisetzen oder Sauerstoff binden. Sie beeinflussen damit das Lebensmittel und können die Haltbarkeit verlängern. Diese Eigenschaften stehen freilich im Widerspruch zu der Forderung, dass die Verpackung das Lebensmittel nicht unvermeidlichen Stoffübergängen aussetzen darf. Die Verwendung dieser Stoffe verlangt eine eigene Kennzeichnung, deren Festlegung noch nicht erfolgt ist.

Für die Sicherheitsbewertung und Zulassung von Materialien bleibt es bei dem Grundsatz, dass Positivlisten für zugelassene Stoffe festgelegt sind. Weitere Stoffe müssen ein Zulassungsverfahren durch Antragstellung bei einer nationalen Behörden, Bewertung durch die EFSA und Zulassung durch die Kommission durchlaufen (Art. 8–11 VO (EG) Nr. 1935/2004).

In kennzeichnungsrechtlicher Hinsicht wird die Kennzeichnung „Für Lebensmittel" bzw. durch das Gabel/Glas-Symbol beibehalten.

Spiegelbildlich zur Rückverfolgbarkeit der Lebensmittel sollen auch Bedarfsgegenstände rückverfolgbar sein. Dies betrifft Unternehmen, die Bedarfsgegenstände mit Lebensmittelkontakt herstellen, verarbeiten und vertreiben. Nach Art. 17 dieser Verordnung sind alle Unternehmer von der Herstellung der Verpackung bis zur Abgabe an den Endverbraucher verpflichtet, die Rückverfolgbarkeit zu gewährleisten. Problematisch ist die Rückverfolgung bei recyclebaren Verpackungen. Eine chargenbezogene Rückverfolgung ist nicht verlangt aber anzuraten. Im Übrigen spricht die Verordnung von einer gebührenden Berücksichtigung der technologischen Machbarkeit. Weitere Rechtsnormen sind:

- VO 450/2009 der Kommission v. 29. Mai 2009 über aktive und intelligente Materialien und Gegenstände, die dazu bestimmt sind, mit Lebensmitteln in Berührung zu kommen, ABl 2009 L 135/3;
- VO 282/2008 der Kommission v. 27. März 2008 über Materialien und Gegenstände aus recyceltem Kunststoff, die dazu bestimmt sind, mit Lebensmitteln in Berührung zu kommen, ABl 2008 L 86/9;
- VO 2023/2006 der Kommission v. 22. Dezember 2006 über die Gute Herstellungspraxis für Materialien und Gegenstände, die dazu bestimmt sind, mit Lebensmitteln in Berührung zu kommen, ABl 2006 L 384/75;
- VO 1895/2005 der Kommission v. 18. November 2005 über die Beschränkung der Verwendung bestimmter Epoxyderivate in Materialien und Gegenständen, die dazu bestimmt sind, mit Lebensmitteln in Berührung zu kommen, ABl 2005 L 302/28;
- RL 2002/72/EG der Kommission v. 6. August 2002 über Materialien und Gegenstände aus Kunststoff, die dazu bestimmt sind, mit Lebensmitteln in Berührung zu kommen, ABl 2002 L 220/18;
- RL 2007/42/EG der Kommission v. 29. Juni 2007 über Materialien und Gegenstände aus Zellglasfolien, die dazu bestimmt sind, mit Lebensmitteln in Berührung zu kommen, ABl 2007 L 172/71;
- RL 84/500/EWG des Rates v. 15. Oktober 1984 über Keramikgegenstände, die dazu bestimmt sind, mit Lebensmitteln in Berührung zu kommen, ABl 1984 L 277/12, geändert durch RL 2005/31/EG.

2.5 Ausblick

Dem Trend, auch horizontale Regelungen statt wie bisher im Wege von Richtlinien zu regeln nun durch Verordnungen zu regeln, folgt die Kommission auch mit der neuen Lebensmittelinformations-VO. In dieser Verordnung werden u. a. die bisherigen Vorschriften zur Lebensmittelkennzeichnung und Nährwertkennzeichnung zusammengefasst. Gegenwärtig ist die angekündigte Vereinfachung des Kennzeichnungsrecht nicht zu beobachten. Sie beschränkt sich derzeit auf die Zusammenfassung des in verschiedenen Richtlinien geregelten Rechts in einem Text. Im Übrigen ist eher eine Verkomplizierung festzustellen: Dazu gehört die Festlegung einer Mindestschriftgröße und die Pflicht zur Herkunftsangabe, falls andernfalls eine Irreführung entstehen würde. Schließlich eröffnet der Verordnungsentwurf nationale Sonderwege im Bereich der Nährwertkennzeichnung. Dadurch besteht die Gefahr, dass die erhoffte gemeinschaftsweite einheitliche Anwendung eingeschränkt wird. Näheres wird in Kapitel 3.4.2 erläutert.

2.6
Literatur

1. BLL (Hrsg.), In Sachen Lebensmittel – Jahresbericht 2007/2008
2. Meyer, Alfred Hagen/Streinz, Rudolf, Basis-VO und LFGB, Kommentar, 2006
3. Rathke Kurt-Dietrich/Weitbrecht, Britta/Kopp, Heinz-Joachim, Ökologischer Landbau, 2002
4. Streinz, Rudolf in: Zipfel/Rathke, Kommentar zum Lebensmittelrecht, Band II, B (Einführung)

Arzneimittelrichtlinien

5. RL 2001/83/EG des EP und des Rates vom 6. November 2002 zur Schaffung eines Gemeinschaftskodex für Humanarzneimittel, ABl 2001 L 311/67, geändert durch RL 2004/27/EG des EP und des Rates vom 31. März 2004, ABl 2004 L 136/34

Kapitel 3

Regelungen im Verkehr mit Lebensmitteln und Bedarfsgegenständen in Deutschland

GUNDULA THOMAS[1] · ASTRID FREUND[2] · FRIEDRICH GRÜNDIG[3]

[1] Sächsisches Staatsministerium für Soziales, Gesundheit und Familie,
Albertstr. 10, 01097 Dresden
gundula.thomas@sms.sachsen.de
[2] Theodor-Storm-Straße 27A, 01219 Dresden
astrid.freund@sms.sachsen.de
[3] Leibniz-Straße 15, 01187 Dresden
friedrich.gruendig@lua.sms.sachsen.de

3.1	Einführung in internationale und nationale Regelungen	60
3.2	Gesetz zur Neuordnung des Lebensmittel- und Futtermittelrechts	64
3.2.1	LFGB Abschnitt 1 – Allgemeine Bestimmungen	67
3.2.2	LFGB Abschnitt 2 – Verkehr mit Lebensmitteln	69
3.2.3	LFGB Abschnitt 3 – Verkehr mit Futtermitteln	73
3.2.4	LFGB Abschnitt 4 – Verkehr mit kosmetischen Mitteln	73
3.2.5	LFGB Abschnitt 5 – Verkehr mit sonstigen Bedarfsgegenständen	74
3.2.6	LFGB Abschnitt 6 – Gemeinsame Vorschriften für alle Erzeugnisse	75
3.2.7	LFGB Abschnitt 7 – Überwachung	76
3.2.8	LFGB Abschnitte 8–11	77
3.3	Verwaltungsvorschriften des Bundes	78
3.3.1	AVV Rahmenüberwachung (AVV Rüb)	79
3.3.2	AVV Schnellwarnung (AVV SWS)	80
3.4	Rechtsverordnungen	83
3.4.1	Überblick	83
3.4.2	Lebensmittel-Kennzeichnungsverordnung	84
3.4.3	Nährwert-Kennzeichnungsverordnung	91
3.4.4	Produktverordnungen	93
3.5	Literatur	94

3.1
Einführung in internationale und nationale Regelungen

Im Zuge der Globalisierung von Produktion und Handel ändert sich auch der Charakter der Vorschriften im Lebensmittelrecht. Zunehmend treten internationale Rechtsbestimmungen, Abkommen, Standards und andere Normen an die Stelle nationaler Regelungen.

Internationale Regelungen

Grundlegende Regularien im weltweiten Handel mit Lebensmitteln stellen die im Rahmen der Welthandelsorganisation (WTO) vereinbarten Abkommen über sanitäre und phytosanitäre Maßnahmen (SPS-Abkommen) und über technische Handelshemmnisse (TBT-Abkommen) dar. Ziel dieser Vereinbarungen ist die gegenseitige Angleichung und Anerkennung von Vorschriften, Maßnahmen, Normen sowie von Prüf- und Zertifizierungsstandards und damit der Abbau ungerechtfertigter Handelshemmnisse. Einfuhrbeschränkungen oder -verbote sind zum Schutz des Lebens und der Gesundheit von Menschen, Tieren und Pflanzen zulässig. Dies muss jedoch plausibel begründet werden und darf nicht zu einer ungerechtfertigten Diskriminierung eines beteiligten Handelspartners führen. Jeder Staat darf dabei sein Schutzniveau selbst festlegen, wobei strengere Normen als die international üblichen nach einer objektiven Risikoanalyse wissenschaftlich zu begründen sind. Eine wichtige Voraussetzung für das Funktionieren dieses Ansatzes ist das Vorhandensein „international üblicher Normen".

Auf dem Gebiet des Lebensmittelrechts spielt dabei der Codex Alimentarius eine herausragende Rolle. Dieser wurde 1962 gemeinsam von der Weltgesundheitsorganisation (WHO) und der Welternährungsorganisation (FAO) mit dem Ziel ins Leben gerufen, internationale Lebensmittelstandards zu erarbeiten und damit den weltweiten Handel mit Nahrungsgütern zu erleichtern. Unter dem Dach der Codex Alimentarius Commission (CAC) arbeiten neben dem Exekutivkomitee sechs regionale Koordinationskomitees (Asien, Afrika, Europa, Lateinamerika und Karibik, Naher Osten, Nordamerika und Südwestpazifik), fünf Ad Hoc Task Force Gruppen und 25 Einzelkomitees, die sich sowohl mit Querschnittsfragen als auch mit einzelnen Produktgruppen beschäftigen (s. auch Kap. 1.10 und 2.3).

Komitees für Querschnittsfragen:

- Grundsatzfragen
- Analysenmethoden und Probenahme
- Import/Export/Zertifizierungssysteme
- Lebensmittelkennzeichnung
- Pestizidrückstände
- Lebensmittelzusatzstoffe
- Kontaminanten

- Rückstände von pharmakologisch wirksamen Stoffen
- Lebensmittelhygiene.

Produktkomitees:

- Fleisch
- Fleisch- und Geflügelfleischerzeugnisse
- Fleisch- und Geflügelfleischhygiene
- Fisch und Fischerzeugnisse
- Milch und Milcherzeugnisse
- Getreide und Hülsenfrüchte
- Suppen und Brühen
- Pflanzliche Proteine
- Fette und Öle
- Speiseeis
- Zucker
- Kakaoerzeugnisse und Schokolade
- Obst und Gemüse
- Obst- und Gemüseerzeugnisse
- Naürliches Mineralwasser
- Ernährung und diätetische Lebensmittel.

Ad hoc Task Force Gruppen:

- Lebensmittel aus Biotechnologie
- Obst- und Gemüsesäfte
- Tierernährung
- antimikrobielle Resistenzen
- Herstellung und Behandlung tiefgefrorener Lebensmittel.

Gemeinschaftsrecht

Auf den Gebieten der Lebensmittel (einschl. Wein), Futtermittel, Kosmetika und Bedarfsgegenstände sind inzwischen nahezu alle Bereiche durch Gemeinschaftsrecht abgedeckt. Zum Gemeinschaftsrecht siehe Kap. 1.6 und 2.2.

Nationale Regelungen

Für eigenständiges Bundesrecht bleibt nur dort Raum, wo der Gesetzgeber der Gemeinschaft Regelungslücken gelassen hat. Dabei gilt der Grundsatz, dass das untergeordnete nationale Recht in keinem Falle dem übergeordneten Gemeinschaftsrecht widersprechen darf. So regelt z. B. das LFGB (siehe 3.2) als deutsches Dachgesetz im Lebensmittel- und Futtermittelrecht nur diejenigen Sachverhalte, die durch die BasisVO oder andere Bestimmungen des Gemeinschaftsrechtes nicht erfasst sind.

Nationale Vorschriften entstehen auch durch die Umsetzung von EG-Richtlinien (Gemeinschaftsrecht). Zusammenfassend sind die wichtigsten dieser Verordnungen in 3.4 dargestellt.

Eine Übersicht über weitere Vorschriften und Normen gibt Tabelle 3.1:

Tabelle 3.1. Nationale Vorschriften und Normen

Verwaltungsvorschriften	Allgemeine Verwaltungsvorschriften siehe 3.3
Leitlinien	z. B. zur Umsetzung der Hygieneanforderungen in den einzelnen Branchen der Lebensmittelwirtschaft
DIN-Vorschriften	Normenvorgaben zu bestimmten Gegenständen, Bauten etc. in Bezug auf lebensmittelrechtliche Vorschriften, z. B. Verkaufskühlmöbel für gekühlte Lebensmittel – Hygieneanforderungen und Prüfung
Leitsätze der Deutschen Lebensmittelbuchkommission	Beschreibung der allgemeinen Verkehrsauffassung für diverse Lebensmittel(gruppen). Sie enthalten Beurteilungsmerkmale, z. B. hinsichtlich Zusammensetzung, Qualität, Zutaten und Verkehrsbezeichnung.
Amtliche Sammlung von Untersuchungsverfahren (ASU)	Zusammenstellung amtlich geprüfter und validierter Untersuchungsverfahren zur Untersuchung von Lebensmitteln, Bedarfsgegenständen und kosmetischen Mitteln. Rechtsgrundlage ist § 64 LFGB

Zusammenarbeit des Bundes und der Länder

Nach dem Grundgesetz der Bundesrepublik Deutschland obliegt die Zuständigkeit für die Durchführung der amtlichen Lebensmittelüberwachung den Bundesländern. Jedes Bundesland hat dementsprechend Ausführungsvorschriften zur Durchführung des LFGB erlassen. Die Strukturen der zuständigen Behörden und die Maßnahmen der Überwachung im Rahmen der durch das Gemeinschafts- und Bundesrecht vorgegebenen Randbedingungen in den Ländern sind durchaus verschieden, die Ziele aber sind gleich. Da Lebensmittelüberwachung nicht an den Grenzen der Bundesländer endet, ist eine intensive Zusammenarbeit und Koordination der Maßnahmen für ein effektives Verwaltungshandeln unabdingbar. Diese Aufgabe obliegt der Bundesregierung, die auch für die Außenvertretung Deutschlands zuständig ist. Ein mögliches Instrument dazu sind Rahmenvorgaben in Form von allgemeinen Verwaltungsvorschriften (siehe 3.3).

Ein wesentliches Bindeglied in der Zusammenarbeit des Bundes mit den Ländern ist das Bundesamt für Verbraucherschutz und Lebensmittelsicherheit (BVL, s. dazu Kap. 4). Hervorgegangen aus einem Teil des Bundesinstitutes für gesundheitlichen Verbraucherschutz und Veterinärmedizin (BgVV), wurden ihm mit dem Errichtungsgesetz vom 06. August 2002 wichtige koordinierende Aufgaben übertragen.

Die Tabelle 3.2 gibt einen Überblick über weitere Koordinierungs- und Fachgremien auf dem Gebiet der Lebensmittelüberwachung.

Tabelle 3.2. Nationale Koordinierungs- und Fachgremien sowie deren Aufgaben

Agrarministerkonferenz (AMK)	Abstimmung der Bundesländer zu rechtlichen und fachlichen Fragen im Agrarressort
Gesundheitsministerkonferenz (GMK)	Abstimmung der Bundesländer zu rechtlichen und fachlichen Fragen im Gesundheitsressort
Verbraucherschutzministerkonferenz (VMK)	Abstimmung der Bundesländer zu rechtlichen und fachlichen Fragen auf dem Gebiet des gesamten Verbraucherschutzes
Länderarbeitsgemeinschaft Verbraucherschutz (LAV)	Eingerichtet mit Beschluss der AMK vom 22. März 2002; Abstimmung zwischen den Bundesländern zu rechtlichen und fachlichen Fragen im Bereich des gesamten Verbraucherschutzes insbesondere, – Tierseuchen/Tierschutz – Lebensmittel, Bedarfsgegenstände, Wein und Kosmetika – Futtermittel – Tierarzneimittel – Fleischhygiene; – Ein-, Aus- und Durchfuhr – Ausbildung und Berufsrecht – technischer und wirtschaftlicher Verbraucherschutz – Information und Kommunikation
LAV Arbeitsgruppe Lebensmittel, Bedarfsgegenstände, Wein und Kosmetika (ALB)	Arbeitsgruppe unterhalb der LAV; Abstimmung zu rechtlichen und fachlichen Fragen im namensgebenden Bereich
LAV Arbeitsgruppe der auf dem Gebiet der Lebensmittelhygiene und der vom Tier stammenden Lebensmittel tätigen Sachverständigen (AFFL)	Arbeitsgruppe unterhalb der LAV; Abstimmung zu rechtlichen und fachlichen Fragen im Bereich Fleischhygiene und tierische Lebensmittel
Ausschuss Überwachung beim BVL	Behandlung gesetzesübergreifender, grundsätzlicher Überwachungsfragen im Bereich des gesundheitlichen Verbraucherschutzes und der Lebensmittelsicherheit mit dem Ziel, allgemeine Verwaltungsvorschriften des Bundes vorzubereiten

Tabelle 3.2. (Fortsetzung)

Ausschuss Verbraucherschutz und Lebensmittelsicherheit beim BVL	Behandlung gesetzesübergreifender, grundsätzlicher und anderer als die Lebensmittelüberwachung betreffende Fragen im Bereich des Verbraucherschutzes und der Lebensmittelsicherheit mit dem Ziel, allgemeine Verwaltungsvorschriften vorzubereiten
Ausschuss Monitoring beim BVL	Vorbereitung und Auswertung von Monitoringprogrammen zur Untersuchung von Lebensmitteln, Bedarfsgegenständen und kosmetischen Mitteln
Arbeitskreis Lebensmittelchemischer Sachverständiger (ALS)	Länderarbeitsgruppe zur Abstimmung lebensmittelchemischer Sachverhalte
Arbeitskreis der auf dem Gebiet der Lebensmittelhygiene und der vom Tier stammenden Lebensmittel tätigen Sachverständigen (ALTS)	Länderarbeitsgruppe zur Abstimmung veterinärhygienischer und tierische Lebensmittel betreffender Sachverhalte
Lebensmittelbuchkommission (LBK)	Berufen vom BMELV; die Kommission beschließt Leitsätze, die im Bundesanzeiger veröffentlicht werden und die allgemeine Verkehrsauffassung von Lebensmitteln beschreiben. Sie ist besetzt mit Vertretern der Wissenschaft, der Lebensmittelüberwachung, der Verbraucherschaft und der Lebensmittelwirtschaft
Ausschüsse DIN	Sachverständige der Bundesländer sowie aus Wirtschaft und Wissenschaft zur Erarbeitung nationaler Standards (DIN-Vorschriften)
Ausschüsse nach § 64 LFGB	Sachverständige der Bundesländer zur Erarbeitung amtlicher Untersuchungsverfahren

3.2
Gesetz zur Neuordnung des Lebensmittel- und Futtermittelrechts

Ab 2005 trat die Verordnung (EG) Nr. 178/2002 des Europäischen Parlamentes und des Rates vom 28. Januar 2002 zur Festlegung der allgemeinen Grundsätze und Anforderungen des Lebensmittelrechts, zur Errichtung der Europäischen Behörde für Lebensmittelsicherheit und zur Festlegung von Verfahren zur Lebensmittelsicherheit – **BasisVO** – endgültig in Kraft. Diese umfasst sowohl Lebensmittel als auch Futtermittel für die der Lebensmittelgewinnung dienenden Tiere und regelt grundlegende Anforderungen an das Lebensmittelrecht in der Gemeinschaft.

Für ein hinreichend einheitliches Konzept der Lebensmittelsicherheit wird der Begriff der Lebensmittelsicherheit in einem umfassenden Sinne verstanden, d. h. er wurde so weit gefasst, dass er ein großes Spektrum an Bestimmungen abdeckt, die sich mittelbar oder unmittelbar auf die Sicherheit von Lebensmitteln und Futtermitteln auswirken. Darunter fallen auch Vorschriften zu Materialien und Gegenständen, die mit Lebensmitteln in Berührung kommen, zu Futtermitteln und zu anderen landwirtschaftlichen Produktionsmitteln auf der Ebene der Primärproduktion.

Hieraus ergab sich zwangsläufig ein gewisser Handlungszwang für die Mitgliedstaaten. In Deutschland mussten das Lebensmittel- und Bedarfsgegenständegesetz (LMBG) sowie das Futtermittelrecht reformiert werden, um mit den direkt geltenden Bestimmungen der „**BasisVO**" in Einklang zu stehen.

Im Ergebnis wurde das LMBG

- in Teilen überflüssig, da inhaltlich gleiche Regelungen in der Basisverordnung Vorrang haben
- in Teilen noch gebraucht, da bei völliger Streichung ein rechtsfreier Raum entstehen würde.

Das Gesetz zur Neuordnung des Lebensmittel-und des Futtermittelrechts vollzieht in Artikel 1 – „**Lebensmittel-, Bedarfsgegenstände und Futtermittelgesetzbuch**" (LFGB) diesen Ansatz nach und schafft den erforderlichen Abgleich zur BasisVO.

Die Bundesregierung verfolgt dabei das Ziel, in einem einzigen Gesetz Regelungen zu bündeln, die bisher in mehreren Gesetzen verteilt waren. Rechtsvereinheitlichung und höhere Transparenz sollen so erreicht werden.

Es knüpft an die vom LMBG gewohnten und bewährten Grundsätze des präventiven Gesundheitsschutzes an und auch der Schutz vor Täuschung ist in ihm verankert.

Das LFGB umfasst alle Produktions-, Verarbeitungs- und Vertriebsstufen von Lebensmitteln wie auch von Futtermitteln, die für der Lebensmittelgewinnung dienenden Tiere hergestellt oder an sie verfüttert werden.

Das Gesetz berücksichtigt das Vorsorgeprinzip, es soll mehr Transparenz schaffen, insbesondere durch die verbesserten Informationspflichten und somit wesentlich zur Verbesserung der Sicherheit der Verbraucherinnen und Verbraucher beitragen.

Die enge Verknüpfung des LFGB mit der europäischen Basisvorschrift zwingt den Anwender, künftig immer nationales und europäisches Recht nebeneinander zu betrachten.

Das Gesetz ist gegliedert in 9 Artikel, wobei der Art. 1 das eigentliche LFGB beinhaltet.

Die Tabelle 3.3 soll dies verdeutlichen:

Tabelle 3.3. Gesetz zur Neuordnung des LM/FM-Rechts

Artikel 1	Lebensmittel-, Bedarfsgegenstände und Futtermittelgesetzbuch
Artikel 2	Gesetz über den Übergang auf das neue Lebensmittel- und Futtermittelrecht
Artikel 3	Änderung des Milch- und Margarinegesetzes
Artikel 4	Änderung des Weingesetzes
Artikel 5	Änderung des Lebensmittel- und Bedarfsgegenständegesetzes
Artikel 6	Neubekanntmachungserlaubnis
Artikel 7	Aufheben von Vorschriften
Artikel 8	Rückkehr zum einheitlichen Verordnungsrang
Artikel 9	Inkrafttreten

Im Folgenden soll zunächst auf die Artikel 2–9 eingegangen werden, die im Wesentlichen Regelungen für den Übergangszeitraum beinhalten.

Regelungsinhalte der Artikel 2–9

Mit dem LFGB werden 11 Gesetze zu einem einzigen zusammengeführt. Im Artikel 7 werden die aufzuhebenden Gesetze aufgeführt; es handelt sich um:

- Das LMBG
- Das Fleischhygienegesetz
- Das Geflügelfleischhygienegesetz
- Das Säuglingsnahrungswerbegesetz
- Das vorläufige Biergesetz
- Das Gesetz über die Zulassung von Mineralwässern
- Das Blei-Zinkgesetz vom 25. Juni 1887
- Das Farbengesetz vom 05. Juli 1887
- Das Phosphorzündwarengesetz vom 10. Mai 1903
- Das Futtermittelgesetz
- Das Verfütterungsverbotsgesetz.

Da mit ersatzloser Streichung dieser jedoch zunächst Lücken entstehen würden, die erst mit dem Gebrauch der dafür im LFGB vorgesehenen Ermächtigungen zu schließen wären, schafft **Artikel 2** entsprechende Übergangsregelungen. **Artikel 2 und 7** sollten daher stets im Zusammenhang betrachtet werden.

Mit den **Artikeln 3 und 4** werden weitere lebensmittelrechtliche Vorschriften, z. B.

- das Milch- und Margarinegesetz und
- das Weingesetz

an die Neufassung des Lebensmittelrechtes angepasst.

In **Artikel 5 – Änderung des Lebensmittel- und Bedarfsgegenständegesetzes** – wird der Bereich der Tabakerzeugnisse in einem eigenständigen Gesetz geregelt. Zu diesem Zweck wurde das LMBG umgewandelt und dabei die auch bisher geltenden Vorschriften für Tabak in einem „Vorläufigen Tabakgesetz" fortgeführt.

Mit **Artikel 9** wird das Inkrafttreten des LFGB auf den Tag nach der Verkündigung des Gesetzes festgelegt.

Bedeutsam für die Praxis ist die inzwischen veröffentlichte „Bekanntmachung der Neufassung des Lebensmittel- und Futtermittelgesetzbuches" vom 26. April 2006.

Artikel 1 – das Lebensmittel-, Bedarfsgegenstände- und Futtermittelgesetzbuch (Lebensmittel- und Futtermittelgesetzbuch – LFGB)

Das LFGB ist gegliedert in 11 Abschnitte:

Tabelle 3.4. Abschnitte LFGB

Abschnitt 1	Allgemeine Bestimmungen
Abschnitt 2	Verkehr mit Lebensmitteln
Abschnitt 3	Verkehr mit Futtermitteln
Abschnitt 4	Verkehr mit kosmetischen Mitteln
Abschnitt 5	Verkehr mit sonstigen Bedarfsgegenständen
Abschnitt 6	Gemeinsame Vorschriften für alle Erzeugnisse
Abschnitt 7	Überwachung
Abschnitt 8	Monitoring
Abschnitt 9	Verbringen in das und aus dem Inland
Abschnitt 10	Straf- und Bußgeldvorschriften
Abschnitt 11	Schlussbestimmungen

3.2.1
LFGB Abschnitt 1 – Allgemeine Bestimmungen

Tabelle 3.5. Inhalt Abschnitt 1

§ 1	Zweck des Gesetzes
§ 2	Begriffsbestimmungen
§ 3	weitere Begriffsbestimmungen
§ 4	Vorschriften zum Geltungsbereich

Das LFGB findet Anwendung auf Lebensmittel, Bedarfsgegenstände, kosmetische Mittel und Futtermittel (Erzeugnisse).

§ 1 enthält die Festlegung des Gesetzeszweckes, dabei wird der Ansatz der Vorbeugung besonders akzentuiert.

Wesentlich ist jedoch, dass mit der Zweckbestimmung das Grundanliegen des gesundheitlichen Verbraucherschutzes

- Vorbeugen gegen eine oder Abwehr einer **Gefahr** für die Gesundheit und
- Täuschungsschutz

aufgegriffen wird.

Die Definition des Begriffs der „Gefahr" ist jedoch nicht im LFGB sondern in der VO (EG) 178/2002 Art. 3 Nr. 14 zu finden.

Sie ist dort definiert als ein biologisches, chemisches oder physikalisches Agens in einem Lebens- oder Futtermittel oder als Zustand eines Lebens- oder Futtermittels, der eine Gesundheitsbeeinträchtigung hervorrufen kann.

In Bezug auf die Futtermittel wird das Ziel verfolgt, Fragen des Tierschutzes und des Naturhaushaltes zu beachten. Darüber hinaus soll durch Futtermittel die Leistungsfähigkeit der Nutztiere erhalten werden; weiter ist zu sichern, dass die von den Nutztieren gewonnenen Lebensmittel den an sie gestellten Anforderungen entsprechen und unbedenklich für die menschliche Gesundheit sind.

In *§ 1 Nr. 3* wird die Unterrichtung der Verbraucherinnen und Verbraucher im Sinne des LMBG aufgegriffen und erweitert um die Unterrichtung der Wirtschaftsbeteiligten und Verwender im Verkehr mit Lebensmitteln, kosmetischen Mitteln, Bedarfsgegenständen und Futtermitteln.

Die *§§ 2 und 3* enthalten die für die Anwendung des Gesetzes erforderlichen **Definitionen**.

Das Gesetz enthält Vorschriften, die für alle „Erzeugnisse" im Sinne des Gesetzes gelten. Zu den *„Erzeugnissen"* gehören nach *§ 2 Abs. 1*: Lebensmittel, einschließlich Lebensmittel-Zusatzstoffe, Futtermittel kosmetische Mittel und Bedarfsgegenstände.

Ist also im weiteren Text von „Erzeugnissen" die Rede, so sind definitionsgemäß alle die genannten Produktgruppen betroffen. Insbesondere für Futtermittel hat dies weit reichende Konsequenzen.

In Hinblick auf Begriffe, welche bereits in der VO (EG) 178/2002 definiert sind, wird auf die einschlägigen Artikel in dieser verwiesen; dies gilt u. a. auch für die Begriffe „*Lebensmittel*" und „*Futtermittel*".

Weiterhin wird auf bereits bekannte Definitionen aus dem LMBG zurückgegriffen (z. B. das „Herstellen oder Behandeln").

Andere Definitionen, welche sich nach der VO (EG) 178/2002 nur auf Lebensmittel beziehen, werden in Bezug auf kosmetische Mittel (s. Kap. 40.2.1) und Bedarfsgegenstände erweitert (z. B. die Definition für „Endverbraucher").

In *§ 2 Abs. 3* erfolgt die Anpassung der Begriffsbestimmung für *Lebensmittel-Zusatzstoffe* an die in Art. 1 Abs. 2 der Zusatzstoffrichtlinie 89/107/EWG enthaltene Definition.

Allerdings gilt die Richtlinie 89/107/EWG nicht für Stoffe, die anderen als technologischen Gründen dienen. Damit stünden alle anderen Stoffe, die Lebensmitteln aus welchen Gründen auch immer zugegeben werden nicht mehr unter dem Verbotsprinzip mit Erlaubnisvorbehalt.

Dies hätte zur Folge, die Schädlichkeit derartiger Stoffe müsste erst erkannt und dann verboten werden – eine Rückkehr zum Missbrauchsprinzip.

Mit Blick auf die Unzahl von Stoffen, wie sekundäre Pflanzeninhaltsstoffe, Hormone, Prähormone welche Lebensmitteln zugesetzt werden – ein hoffnungsloses Unterfangen.

Das LFGB schließt diese Lücke, indem in *§ 2 Abs. 3* eine Gleichstellung aller den Lebensmitteln zugesetzter Stoffe mit den Zusatzstoffen erfolgt und somit das Verbot mit Erlaubnisvorbehalt auch für diese Stoffe weiterhin gilt.

§ 2 Abs. 5 greift in Umsetzung der europäischen Vorgaben die Abgrenzung kosmetischer Mittel von den Arzneimitteln dahingehend auf, dass nur bei Überwiegen des kosmetischen Zwecks von einem kosmetischen Mittel im Verhältnis zum Arzneimittel ausgegangen werden kann.

Auch die Abgrenzung der kosmetischen Mittel von den Biozidprodukten erfolgt in dieser Weise – nur bei überwiegend kosmetischem Zweck, mit sekundärer biozider Wirkung, kann von einem Kosmetikum gesprochen werden (z. B. Sonnenschutzmittel mit Stoffen zur Insektenabwehr).

§ 2 Abs. 6 definiert den Begriff der Bedarfsgegenstände. Dabei wird in Bezug auf die Bedarfsgegenstände mit Lebensmittelkontakt auf die VO (EG) 1935/2004 über Materialien, die dazu bestimmt sind, mit Lebensmitteln in Kontakt zu kommen, verwiesen.

Die Ergänzung nach *§ 2 Abs. 6 Ziff. 9* stellt sicher, dass Gegenstände deren überwiegende Zweckbestimmung medizinischer Natur ist, wie z. B. Gegenstände welche Arzneimittel enthalten und die dazu bestimmt sind, dauernd oder vorübergehend mit dem menschlichen Körper in Kontakt zu kommen, oder Medizinprodukte (Augenhaftschalen, medizinische Geräte), dem Geltungsbereich des LFGB nicht unterliegen.

§ 3 greift u. a. die einschlägigen Futtermitteldefinitionen (z. B. Einzelfuttermittel, Mischfuttermittel, Diätfuttermittel) auf.

3.2.2
LFGB Abschnitt 2 – Verkehr mit Lebensmitteln

Der Abschnitt zum Verkehr mit Lebensmitteln ergänzt zum einen die einschlägigen Regelungen des Artikel 14 in der VO (EG) Nr. 178/2002, zum anderen werden bekannte und bewährte Regelungen aus dem LMBG übernommen.

Die §§ 5–10 beinhalten Regelungen, welche den vorbeugenden Gesundheitsschutz bei Lebensmitteln betreffen.

§ 5 regelt Verbote zum Schutze der Gesundheit bei Lebensmitteln.

Tabelle 3.6. Inhalt Abschnitt 2

§ 5 Verbote zum Schutz der Gesundheit
§ 6 Verbot für Lebensmittelzusatzstoffe
§ 7 Ermächtigungen für Lebensmittelzusatzstoffe
§ 8 Bestrahlungsverbot und Zulassungsermächtigung
§ 9 Pflanzenschutz- oder sonstige Mittel
§ 10 Stoffe mit pharmakologischer Wirkung
§ 11 Vorschriften zum Schutz vor Täuschung
§ 12 Verbot der krankheitsbezogenen Werbung
§ 13 Ermächtigungen zum Schutz der Gesundheit und vor Täuschung
§ 14 weitere Ermächtigungen
§ 15 Deutsches Lebensmittelbuch
§ 16 Deutsche Lebensmittelbuchkommission

Die Notwendigkeit der parallelen Anwendung von BasisVO und LFGB wird nachfolgend verdeutlicht.

Als Beispiel zur Ergänzung des Art. 14 der BasisVO sind die in § 5 geregelten Verbote zum Schutz der Gesundheit zu nennen. Artikel 14 BasisVO verbietet das „*Inverkehrbringen*" nicht sicherer Lebensmittel – *§ 5 Abs. 1* verbietet das „*Herstellen und Behandeln*" nicht sicherer Lebensmittel.

§ 5 Abs. 2 Nr. 1 ist vor dem Hintergrund des Art. 14 der BasisVO im Anwendungsbereich begrenzt auf Stoffe, die *keine Lebensmittel* sind. Das Inverkehrbringen solcher bei Aufnahme durch den Menschen gesundheitsschädlicher „*Stoffe*" wird vom Verbot des Art. 14 BasisVO nicht erfasst.

§ 5 Abs. 2 Nr. 2 dient, wie früher § 8 Nr. 3 LMBG, dem Verbot des Inverkehrbringens von Erzeugnissen, die keine Lebensmittel sind, bei denen aber auf Grund ihrer Aufmachung, ihrer Etikettierung, ihrer Form und Farbe, ihres Aussehens, ihres Volumens oder Größe eine Verwechslung durch die Verbraucherinnen und Verbraucher, insbesondere durch Kinder vorhersehbar ist (z.B. Spielzeug mit hohem Weichmacheranteil, geformt wie Früchte oder Reinigungs-und Pflegemittel in für Lebensmittel typischen Verpackungen).

Auch die in den *§§ 6 und 7* aufgeführten Regelungen für *Zusatzstoffe* dienen dem gesundheitlichen Verbraucherschutz. Dabei wird das Prinzip des Verbotes mit Erlaubnisvorbehalt auch im LFGB weiter fortgeführt, d.h. alle Zusatzstoffe und den Zusatzstoffen gleichgestellte Stoffe dürfen nur dann beim gewerbsmäßigen Herstellen oder Behandeln von Lebensmitteln Verwendung finden, wenn sie zugelassen sind (auf die Definition in § 2 Abs. 3 LFGB wird verwiesen).

§ 7 ermächtigt das zuständige Bundesministerium soweit es unter Berücksichtigung technologischer, ernährungsphysiologischer oder diätetischer Erfordernisse mit der Zweckbestimmung des vorbeugenden gesundheitlichen Verbraucherschutzes vereinbar ist, Lebensmittel-Zusatzstoffe zuzulassen – allgemein oder für bestimmte Lebensmittel, bzw. Verwendungszwecke.

Im Weiteren wird das zuständige Bundesministerium ermächtigt, Höchstmengen festzusetzen oder Mindestmengen für den Gehalt an Lebensmittel-Zusatzstoffen in Lebensmitteln.

Lebensmittel-Zusatzstoffe sind in der Zusatzstoffzulassungsverordnung (ZZulV) unter dem dort aufgeführten Verwendungszweck allgemein oder beschränkt und unter Einhaltung der dort festgelegten Höchstmenge für das gewerbsmäßige Herstellen und Behandeln zugelassen. Die Verwendung von Zusatzstoffen ist entspr. kenntlich zu machen (s. auch LMKV Kap. 3.4.2).

Nach § 8 LFGB ist es verboten, Lebensmittel gewerbsmäßig einer nicht zugelassenen Bestrahlung mit ultravioletten oder ionisierenden Strahlen zu unterziehen und diese in den Verkehr zu bringen. Gleichzeitig wird das zuständige Bundesministerium ermächtigt, für bestimmte Lebensmittel und Zwecke Bestrahlungen zuzulassen.

Insofern wird § 13 LMBG überführt.

§ 9 verbietet es, Lebensmittel gewerbsmäßig in den Verkehr zu bringen, wenn in oder auf ihnen Pflanzenschutzmittel, Düngemittel im Sinne des Düngemittelgesetzes, andere Pflanzen- oder Bodenbehandlungsmittel, Biozid-Produkte im Sinne des Chemikaliengesetzes oder deren Umwandlungs- und Reaktionsprodukte vorhanden sind und die festgesetzten Höchstmengen überschreiten. In Abs. 2 wird das zuständige Bundesministerium ermächtigt, Höchstmengen für Pflanzenschutz- oder sonstige Mittel bzw. deren Umwandlungs- und Reaktionsprodukte festzulegen (s. auch Kap. 14.2.2).

§ 10 enthält Vorschriften über Stoffe mit pharmakologischer Wirkung. Er verbietet das gewerbsmäßige Inverkehrbringen von Tieren gewonnener Lebensmittel, wenn in oder auf ihnen Stoffe mit pharmakologischer Wirkung, die bei bestimmten Tieren nicht angewandt werden dürfen, die festgesetzten Höchstmengen überschreiten oder nicht als Tierarzneimittel zugelassen sind. Erfasst werden hier auch die Fälle nicht zugelassener Futtermittelzusatzstoffe.

Die §§ 11–14 enthalten Vorschriften zum Täuschungsschutz bei Lebensmitteln.

Die Vorschriften zum Täuschungsschutz bei Lebensmitteln enthalten in den §§ *11ff* Regelbeispiele für Irreführungen – dies bezieht sich sowohl auf die stoffliche Beschaffenheit, wie auch auf Aufmachungs-, Kennzeichnungs- und Darreichungsformen. Übernommen worden sind auch der Wortlaut des Art. 2 Abs. 1 Buchstabe a der Richtlinie 2000/13 EG zur Angleichung der Rechtsvorschriften über die Etikettierung und Aufmachung von Lebensmitteln sowie die Werbung hierfür – mit Ausnahme des Begriffs der Identität.

Die Ziffern 1–3 des Abs. 1 § 11 enthalten insofern Regelbeispiele für Irreführungstatbestände. Diese beziehen sich auf Aussagen über Eigenschaften, Aufmachungen, Darstellungen oder Aussagen über Art, Beschaffenheit, Zusammensetzung, Menge, Haltbarkeit, Ursprung, Herkunft oder Art der Herstellung bzw. Gewinnung.

Eine Irreführung liegt auch dann vor, wenn Lebensmitteln besondere Wirkungen beigelegt werden, die wissenschaftlich nicht gesichert sind, oder wenn zu verstehen gegeben wird, dass ein Lebensmittel besondere Eigenschaften hat, obwohl alle vergleichbaren Lebensmittel dieselben Eigenschaften aufweisen.

Mit **§ 11 Abs. 1 Nr. 4** wird weiter verboten, einem Lebensmittel den Anschein eines Arzneimittels zu geben.

§ 11 Abs. 2 Nr. 1 verbietet es andere als dem Verbot des Art. 14 Abs. 1 i. V. m. Abs. 2 Buchst. b der BasisVO unterliegende Lebensmittel, die für den Verzehr durch den Menschen ungeeignet sind, gewerbsmäßig in den Verkehr zu bringen.

Dieses Verbot bezieht sich nicht auf solche Lebensmittel, die aufgrund stofflicher Veränderungen oder Beeinträchtigungen genussuntauglich oder erkennbar ekelerregend sind. Dieser Aspekt wird von Artikel 14 Abs. 1 in Verbindung mit Absatz 2 b der BasisVO erfasst. Gemeint sind hier Fälle, in denen ein Lebensmittel ohne äußerlich erkennbare Veränderung Ekel oder Widerwillen bei einer normal empfindenden Verbraucherin oder Verbraucher hervorrufen würde, wenn sie von bestimmten Herstellungs- oder Behandlungsverfahren Kenntnis hätten.

Auch die absoluten Werbeverbote des **§ 12** – nunmehr „Verbot der krankheitsbezogenen Werbung" – dienen dem Täuschungsschutz und überführen dabei § 18 LMBG.

Demnach ist es beispielsweise verboten, beim Verkehr mit Lebensmitteln oder in der Werbung für Lebensmittel allgemein oder im Einzelfall z. B. Aussagen, die sich auf die Beseitigung, Linderung oder Verhütung von Krankheiten beziehen, zu machen oder Hinweise auf ärztliche Empfehlungen zu geben.

Ausgenommen davon sind in **Abs. 2 des § 12** diätetische Lebensmittel. Hierzu sind jedoch Einschränkungen in der Diätverordnung erfolgt. Bei welchen diätetischen Lebensmitteln welche krankheitsbezogenen Aussagen gemacht werden dürfen ist dort wortgenau festgelegt, z. B. *zur besonderen Ernährung bei Diabetes Mellitus im Rahmen eines Diätplanes* (s. Kap. 34.3.2).

Ferner sind Aussagen verboten, die geeignet sind Angstgefühle hervorzurufen oder Schriften bzw. schriftliche Angaben, die dazu anleiten, Krankheiten mit Lebensmitteln zu behandeln.

Ermächtigungen in den **§§ 13 und 14** dienen dazu, weitere Vorschriften zum Schutz der Gesundheit und zur Täuschung zu erlassen.

Vorgesehen sind beispielsweise Ermächtigungen für das zuständige Bundesministerium zum Erlass von Vorschriften, die das Herstellen, das Behandeln oder Inverkehrbringen von bestimmten Lebensmitteln und lebenden Tieren von einer amtlichen Untersuchung abhängig machen oder vorschreiben, dass bestimmte Lebensmittel nach dem Gewinnen amtlich zu untersuchen sind.

Mit den **§§ 15 und 16** werden das Deutsche Lebensmittelbuch und die Deutsche Lebensmittelbuchkommission rechtlich verankert.

Die im Deutschen Lebensmittelbuch veröffentlichten Leitsätze (z. B. Leitsätze für Feine Backwaren, Leitsätze für Erfrischungsgetränke) stellen eine wichtige Auslegungshilfe zur Feststellung der Verkehrsauffassung dar. In ihnen werden Herstellung, Beschaffenheit oder sonstige Merkmale von Lebensmitteln, die für die Verkehrsfähigkeit von Bedeutung sind, beschrieben.

Sie werden von der Lebensmittelbuchkommission, die sich aus Vertretern der Wissenschaft, der Verbraucher, der Wirtschaft und der Lebensmittelüberwachung zusammensetzt, beschlossen.

Verkehrsauffassung: Die Auffassung der am Verkehr mit Lebensmitteln beteiligten Kreise (Verbraucher, Wissenschaft, Wirtschaft und Lebensmittelüberwachung) über die Beschaffenheit etc. der Lebensmittel.

3.2.3
LFGB Abschnitt 3 – Verkehr mit Futtermitteln

Tabelle 3.7. Abschnitt 3

§ 17 Verbote
§ 18 Verfütterungsverbot und Ermächtigungen
§ 19 Verbote zum Schutz vor Täuschung
§ 20 Verbot der krankheitsbezogenen Werbung
§ 21 Weitere Verbote sowie Beschränkungen
§ 22 Ermächtigungen zum Schutz der Gesundheit
§ 23 weitere Ermächtigungen
§ 24 Gewähr für die handelsübliche Reinheit und Unverdorbenheit
§ 25 Mitwirkung bestimmter Behörden

In Analogie zu den lebensmittelrechtlichen Regelungen ergänzt auch hier § 17 die BasisVO in Artikel 15, welche das Inverkehrbringen nicht sicherer Futtermittel regelt, indem dieses Verbot auf das Herstellen und Behandeln ausgedehnt wird.

§ 19 Abs. 1 verbietet Futtermittel unter irreführender Bezeichnung, Angaben oder Aufmachung in den Verkehr zu bringen oder mit irreführenden Aussagen zu werben.

Dies gilt insbesondere dann, wenn Futtermitteln Wirkungen beigelegt werden, die ihnen nach Erkenntnissen der Wissenschaft nicht zukommen oder die wissenschaftlich nicht hinreichend gesichert sind (eine analoge Regelung zu den Lebensmitteln § 11 Abs. 1 Ziff. 2 LFGB).

3.2.4
LFGB Abschnitt 4 – Verkehr mit kosmetischen Mitteln

Tabelle 3.8. Abschnitt 4

§ 26 Verbote zum Schutz der Gesundheit
§ 27 Vorschriften zum Schutz vor Täuschung
§ 28 Ermächtigungen zum Schutz der Gesundheit
§ 29 Weitere Ermächtigungen

In **§ 26** werden Verbote zum Schutz der Gesundheit bei kosmetischen Mitteln geregelt. Danach ist es verboten, kosmetische Mittel für andere derart herzustellen und zu behandeln, dass sie bei bestimmungsgemäßem oder vorauszusehendem Gebrauch geeignet sind die Gesundheit zu schädigen.

In Analogie dazu gilt dieses Verbot auch für Stoffe oder Zubereitungen aus Stoffen, die als kosmetische Mittel in den Verkehr gebracht werden.

Aus Gründen des Täuschungsschutzes wird in **§ 27** z. B. verboten, kosmetischen Mitteln Wirkungen beizulegen, die ihnen nach den Erkenntnissen der Wissenschaft nicht zukommen oder die wissenschaftlich nicht hinreichend gesichert sind (weiter s. Kap. 40.2.1).

3.2.5
LFGB Abschnitt 5 – Verkehr mit sonstigen Bedarfsgegenständen

Tabelle 3.9. Inhalt Abschnitt 5

§ 30 Verbote zum Schutz der Gesundheit
§ 31 Übergang von Stoffen auf Lebensmittel
§ 32 Ermächtigungen zum Schutz der Gesundheit
§ 33 Vorschriften zum Schutz vor Täuschung

Die **§§ 30 und 31** greifen Verbote zum Schutz der Gesundheit auf, die auch bisher im LMBG §§ 30 und 31 vorhanden waren.

Danach ist es beispielsweise verboten, Bedarfsgegenstände, Gegenstände oder Mittel derart herzustellen oder zu behandeln, dass sie bei bestimmungsgemäßem Gebrauch geeignet sind, die Gesundheit durch ihre stoffliche Zusammensetzung, insbesondere durch toxikologisch wirksame Stoffe oder durch Verunreinigungen zu schädigen.

§ 31 greift das Verbot des Übergangs von Stoffen aus Bedarfsgegenständen auf Lebensmittel auf und ermächtigt das zuständige Bundesministerium dazu einschlägige Regelungen zu treffen.

Der Abs. 3 des § 31 enthält ein Verkehrsverbot für Lebensmittel, die entgegen § 31 Abs. 1, hergestellt oder behandelt worden sind und greift damit eine Regelung auf, die in § 17 Abs. 1 Nr. 1 LMBG verankert war.

Neben den Ermächtigungen zum Schutz der Gesundheit in **§ 32** werden in **§ 33** erstmals auch Regelungen zum Schutz vor Täuschung aufgenommen.

Dies betrifft das Verbot der Irreführung/Täuschung in Bezug auf Bedarfsgegenstände mit Lebensmittelkontakt, vor allem aber auch eine Ermächtigung für den Verordnungsgeber, einschlägige Regelungen für Nichtlebensmittelbedarfsgegenstände zu erlassen.

Dies erscheint angesichts der sich verstärkenden unlauteren Praktiken, die zur Täuschung der Verbraucherinnen und Verbraucher führen, mehr als nötig. So wurde z. B. Spielzeug als „PVC-frei" bezeichnet, obwohl es unter Verwendung von PVC hergestellt wurde, oder nickellässige Ohrstecker werden als „nickelfrei" bezeichnet.

Ergänzend wird an dieser Stelle auf die VO (EG) Nr. 1935/2004 des Europäischen Parlamentes und des Rates vom 27.10.2004 über Materialien und Gegenstände, die dazu bestimmt sind mit Lebensmitteln in Berührung zu kommen und zur Aufhebung der RL 80/590/EWG und 89/109/EWG verwiesen.

Diese enthält Regelungen zur Zulassung, Kennzeichnung, Täuschung und Rückverfolgbarkeit bei mit Lebensmitteln in Berührung kommenden Bedarfsgegenständen (s. auch Kap. 38.2).

3.2.6
LFGB Abschnitt 6 – Gemeinsame Vorschriften für alle Erzeugnisse

Tabelle 3.10. Inhalt Abschnitt 6

§ 34 Ermächtigungen zum Schutz der Gesundheit
§ 35 Ermächtigung zum Schutz vor Täuschung und zur Unterrichtung
§ 36 Ermächtigung für betriebseigene Kontrollen und Maßnahmen
§ 37 Weitere Ermächtigungen

Die §§ *34–37*-Ermächtigungen für bestimmte **Erzeugnisse** zum Schutz der Gesundheit und zum Schutz vor Täuschung greifen im Wesentlichen Regelungen der §§ 9 und 19 des LMBG auf.

So wird das zuständige Bundesministerium z. B. in *§ 34* u. a. ermächtigt, das Herstellen, das Behandeln, das Verwenden oder, vorbehaltlich der Regelungen des § 13, das Inverkehrbringen von bestimmten Erzeugnissen

– zu verbieten und hierfür die erforderlichen Maßnahmen zu treffen,
– zu beschränken,
– von einer Zulassung, einer Registrierung oder Genehmigung abhängig zu machen,
– oder von einer Anzeige abhängig zu machen und das Verfahren für die Anzeige zu regeln.

Weiterhin ist vorgesehen, die Zuständigkeit für die Durchführung eines Zulassungs-, Genehmigungs-, Registrierungs- oder Anzeigeverfahrens dem Bundesamt für Verbraucherschutz und Lebensmittelsicherheit (BVL) zu übertragen.

Die Ermächtigungen zum Schutz vor Täuschung und zur Unterrichtung in *§ 35* eröffnen die Möglichkeit, Vorschriften zur umfassenden Kennzeichnung von Erzeugnissen in Bezug auf Angaben, insbesondere

– bei der Bezeichnung,
– über den Inhalt oder
– den Hersteller

für bestimmte Erzeugnisse zu erlassen.

§ 36 ermächtigt zum Erlass von Vorschriften in Bezug auf die betrieblichen Eigenkontrollen, über die Dauer und Aufbewahrung der betrieblichen Unterlagen und zur Aufbewahrung von Untersuchungsmaterialien sowie deren Aushändigung an die Behörden. Letzteres betrifft Betriebe und die von diesen beauftragten Laboratorien.

3.2.7
LFGB Abschnitt 7 – Überwachung

Tabelle 3.11. Inhalt Abschnitt 7

§ 38 Zuständigkeit, gegenseitige Information
§ 39 Aufgaben und Maßnahmen der zuständigen Behörden
§ 40 Information der Öffentlichkeit
§ 41 Maßnahmen im Erzeugerbetrieb, Viehhandelsunternehmen und Transportunternehmen
§ 42 Durchführung der Überwachung
§ 43 Probenahme
§ 44 Duldungs-, Mitwirkungs- und Übermittlungspflichten
§ 45 Schiedsverfahren
§ 46 Ermächtigungen
§ 47 weitere Ermächtigungen
§ 48 Landesrechtliche Bestimmungen
§ 49 Verwendung bestimmter Daten

Die bislang am Lebensmittel- und Bedarfsgegenständegesetz, im Fleischhygienegesetz, im Geflügelfleischhygienegesetz, im Futtermittelgesetz und im Verfütterungsverbotgesetz enthaltenen Regelungen für die amtliche Überwachung werden im 7. Abschnitt zusammengeführt.

Dabei bleibt das bisher bereits nach § 40 LMBG bekannte und bewährte Prinzip der Länderzuständigkeit für die Überwachung erhalten.

In **§ 39 Abs. 2** werden erstmals bundeseinheitlich Regelungen zum Vollzug des LFGB festgeschrieben, z. B.:

– Anordnung einer Prüfung
– Anordnung von Verkehrsverboten oder Herstellungs- bzw. Behandlungsverfahren
– Anordnung zur vorläufigen Sicherstellung von Erzeugnissen oder
– Anordnung zum vorübergehenden Verbot des Verbringens von Erzeugnissen in das Inland.

§ 39 Abs. 6 sieht vor, dass Widerspruch und Anfechtungsklage gegen Anordnungen, die der Durchsetzung von Verboten nach

– Art. 14 Abs. 1 i. V. m. Abs. 2a der BasisVO

- Art. 15 Abs. 1 i. V. m. Abs. 2 erster Anstrich der BasisVO oder
- § 5, § 17 Abs. 1 Nr. 1, § 26 oder § 30

dienen, keine aufschiebende Wirkung haben.

Begründet wird die gesetzliche Anordnung der sofortigen Vollziehbarkeit nach § 80 Abs. 2 Satz 1 Nr. 3 der Verwaltungsgerichtsordnung mit der hier geschaffenen Möglichkeit, Anordnungen zum Schutz der Gesundheit so am effektivsten und wirkungsvollsten durchsetzen zu können.

§ 40 eröffnet der zuständigen Behörde die Möglichkeit, die Öffentlichkeit unter Nennung der Bezeichnung des Lebensmittels oder Futtermittels, des Unternehmens bzw. des Inverkehrbringers zu informieren, wenn z. B. ein hinreichender Verdacht besteht, dass ein Lebensmittel oder Futtermittel ein Risiko für die Gesundheit von Mensch und Tier mit sich bringen kann; insofern wird Art. 10 der BasisVO umgesetzt.

Diese Informationsmöglichkeit wird auch für kosmetische Mittel und Bedarfsgegenstände geregelt.

§ 43 beschreibt die Grundsätze der amtlichen Probenahme und das Prinzip der Gegenproben in Bezug auf Erzeugnisse mit Ausnahme der Futtermittel.

3.2.8
LFGB Abschnitte 8–11

Abschnitt 8 – Monitoring

In den §§ 50 und 51 wird das Lebensmittelmonitoring geregelt.

Das Monitoring als ein System wiederholter Beobachtungen, Messungen und Bewertungen von Gehalten an gesundheitlich nicht erwünschten Stoffen wie Pflanzenschutzmitteln, Stoffen mit pharmakologischer Wirkung, Schwermetallen, Mykotoxinen und Mikroorganismen wird im LFGB erweitert auf alle diesem Gesetzbuch unterliegenden Erzeugnisse.

Abschnitt 9 – Verbringen in das und aus dem Inland

Mit *§ 54* wird die Möglichkeit eröffnet, bestimmte Erzeugnisse aus anderen Mitgliedstaaten oder anderen Vertragsstaaten des Abkommens über den europäischen Wirtschaftsraum, soweit sie sich in diesem rechtmäßig in Verkehr befinden, in das Inland zu verbringen, auch wenn sie nicht den in der Bundesrepublik geltenden Vorschriften entsprechen.

Dies gilt nicht, wenn diese bestimmten Erzeugnisse (Lebensmittel, Lebensmittelzusatzstoffe, kosmetische Mittel, Bedarfsgegenstände) dem § 5 Abs. 1 Satz 1, der §§ 26 oder 30, Art. 14 Abs. 2 Buchstabe a der BasisVO oder der VO (EG) 1935/2004 nicht entsprechen, oder aber vom BVL über eine **Allgemeinverfügung** die Verkehrsfähigkeit im Bundesanzeiger bekannt gemacht wurde (z. B. Allgemeinverfügung gem. § 54 LFGB (früher § 47 a LMBG) über die Einfuhr und das Inverkehrbringen eines Nahrungsergänzungsmittels mit Zusatz von Aminosäuren vom 28. März 2003).

Abschnitt 10 – Straf-und Bußgeldvorschriften
Durch die Regelungen in den §§ 58–62 sanktioniert der Gesetzgeber auch Zuwiderhandlungen gegen unmittelbar geltende Vorschriften der EU.

Abschnitt 11 – Schlussbestimmungen
Mit *§ 64* (alt § 35 LMBG) wird die Veröffentlichung der Amtlichen Sammlung von Verfahren zur Probenahme und Untersuchung von Lebensmitteln, Lebensmittelzusatzstoffen, kosmetischen Mitteln, Bedarfsgegenständen und mit Lebensmitteln verwechselbaren Stoffen durch das BVL geregelt.

Diese Verfahren werden unter Mitwirkung von Sachkennern aus den Bereichen der Wissenschaft, der Überwachung und der Wirtschaft festgelegt und ständig auf dem neusten Stand gehalten.

Die §§ 67–69 ermöglichen die Erteilung von Ausnahmegenehmigungen, z. B. für Krisen- oder Katastrophenfälle oder aber auch für Fälle unbilliger Härte.

3.3
Verwaltungsvorschriften des Bundes

Bisher gibt es in der Bundesrepublik Deutschland kein gemeinsames Gesamtkonzept, welches die Grundsätze und Verfahren der Überwachungspraxis zwischen den an der amtlichen Lebensmittelüberwachung beteiligten Stellen und Behörden regelt.

Die Festlegungen der RL 89/397/EWG des Rates vom 14. Juni 1989 über die amtliche Lebensmittelüberwachung wurden bisher lediglich auf der Basis einer Entschließung des Bundesrates (Drucksache Nr. 150/92) im Verwaltungshandeln der Bundesländer umgesetzt [1].

Am 29. April 2004 wurde die VO (EG) Nr. 882/2004 (KontrollV) verabschiedet. Mit ihr soll durch amtliche Kontrollen sichergestellt werden, dass die Lebensmittel- und Futtermittelunternehmer der ihnen übertragenen Verantwortung und Verpflichtung nachkommen. Zudem wird sie Kontrollen ermöglichen, mit denen überprüft wird, ob die Regeln zur Tiergesundheit und zum Tierschutz eingehalten werden.

Dabei bleibt die amtliche Lebensmittelüberwachung auch **national** eine wesentliche Voraussetzung für die Durchsetzung einer auf vorsorgenden Schutz der Verbraucherinnen und Verbraucher ausgerichteten Politik.

Aus diesem Grund ist es Ziel des BMVEL, die **Bund-Länder-Kommunikation** zu verbessern (s. auch 3.1). Dies soll mit Rahmenvorgaben über Allgemeine Verwaltungsvorschriften zur Durchführung des nationalen Lebensmittelrechtes erreicht werden.

3.3.1
Allgemeine Verwaltungsvorschrift über Grundsätze zur Durchführung der amtlichen Überwachung lebensmittelrechtlicher und weinrechtlicher Vorschriften (AVV Rüb)

Tabelle 3.12. AVV Rüb – Abschnitte

Abschnitt 1	Allgemeine Bestimmungen
Abschnitt 2	Anforderungen an die amtliche Kontrolle
Abschnitt 3	Grundsätze für die amtliche Kontrolle von Betrieben
Abschnitt 4	Kontrollprogramme, amtliche Probenahme und Probenuntersuchung
Abschnitt 5	Kontrollen durch die Kommission der Europäischen Gemeinschaften (Gemeinschaftskontrollen)
Abschnitt 6	Amtliche Maßnahmen zur Durchsetzung lebensmittelrechtlicher und tabakrechtlicher Vorschriften
Abschnitt 7	sonstiger Informationsaustausch, Verfahren bei Veröffentlichungen und Berichtswesen
Abschnitt 8	Krisenmanagement
Abschnitt 9	Inkrafttreten, Außerkrafttreten

Die AVV Rüb dient dem o. g. Ziel, indem die amtliche Überwachung nach lebensmittelrechtlichen und weinrechtlichen Vorschriften bundeseinheitlich geregelt wird. Hierdurch sollen sowohl eine Stärkung der amtlichen Lebensmittelkontrolle erreicht, als auch den Forderungen nach Verbesserungen im vorbeugenden gesundheitlichen Verbraucherschutz Rechnung getragen werden [2] (s. auch Kap. 5.2.4).

Insbesondere soll eine bundeseinheitliche Grundlage für folgende Bereiche geschaffen werden:

- Allgemeine Anforderungen an die amtliche Kontrolle lebensmittelrechtlicher und weinrechtlicher Vorschriften,
- Grundsätze für Inspektionen und amtliche Probenahmen und -untersuchungen,
- Einen bundeseinheitlichen Kontrollplan,
- Kontrollpläne der Länder,
- Beauftragung nichtamtlicher Prüflaboratorien,

Die AVV Rüb ist somit ein erforderliches Instrument zur Anwendung der KontrollV.

In Abschnitt 2 enthält die AVV Rüb **Anforderungen an die Kontrollbehörden** – es sollen fachlich ausgebildete Personen aus den verschiedenen einschlägigen Fachdisziplinen in ausreichender Zahl zur Verfügung stehen. Die Fachkompetenz muss durch regelmäßige Fortbildung gesichert werden. Nur so kann es gelingen, den Weiterentwicklungen in den jeweiligen Aufgabenbereichen Rechnung zu tragen und im internationalen Vergleich zu bestehen.

Dazu gehören auch leistungsstarke Prüflaboratorien. Mit der Verwaltungsvorschrift werden die **Anforderungen** an diese **benannt** und die Bildung von **Schwerpunktlaboratorien** wird unterstützt, um auch den steigenden Anforderungen im analytischen Bereich gerecht zu werden.

Der 3. Abschnitt, mit welchem die Grundsätze für die amtliche Betriebsprüfung geregelt werden, legt erstmals Kriterien für eine risikoorientierte Bewertung der Betriebe fest. So werden als Bewertungsparameter insbesondere Art und Produktionsumfang des Betriebes genannt, die Effektivität der Eigenkontrollsysteme, Art und Herkunft der Erzeugnisse, Qualifikation des Betriebspersonals sowie Art und Anzahl von Verstößen gegen Rechtsvorschriften. Diese Risikobewertung der Betriebe bildet die Grundlage für die Häufigkeit der durchzuführenden Inspektionen.

Grundsätze der **amtlichen Probenahme, koordinierte Überwachungsprogramme** der Länder sowie bundesweit **koordinierte Überwachungsprogramme** sollen künftig auch ermöglichen, spezifische Fragestellungen effizienter zu bearbeiten (4. Abschnitt).

Die AVV Rüb enthält ferner Bestimmungen zum Vorgehen bei Inspektionen durch die Europäische Kommission sowie zu amtlichen Maßnahmen zur Durchsetzung relevanter Rechtsvorschriften. Im 8. Abschnitt wurden nunmehr Regelungen für das Krisenmanagement aufgenommen. Dies betrifft die Erstellung von Notfallplänen, die Zusammenarbeit der Behörden im Krisenfall und die Durchführung von Simulationsübungen.

Regelungen in Bezug auf die risikoorientierte Probenahme könnten die AVV Rüb künftig ergänzen.

3.3.2
Allgemeine Verwaltungsvorschrift für die Durchführung des Schnellwarnsystems für Lebensmittel und Futtermittel sowie für Meldungen über Futtermittel (AVV Schnellwarnsystem – AVV SWS)

Die VO (EG) 178/2002 – BasisVO fordert in Artikel 50 die europaweite schnelle und exakte Information zu bestimmten Vorkommnissen bei Lebensmitteln und Futtermitteln.

Die Europäische Kommission betreibt dazu ein Netzwerk der nationalen Behörden von EU- und EFTA-Staaten – das europäische Schnellwarnsystem (s. dazu auch Kap. 1.6 und Abb. 1.12).

Mit den darin verankerten Grundsätzen

- Den Schutz des Verbrauchers vor jedem mittelbaren oder unmittelbaren Risiko, welches von Lebensmitteln oder Futtermitteln für die menschliche Gesundheit ausgeht weitestgehend zu gewährleisten und
- Einen raschen Informationsaustausch zwischen Mitgliedstaaten und Europäischer Kommission zu sichern

3 Regelungen im Verkehr mit Lebensmitteln und Bedarfsgegenständen in Deutschland

zielt das System vor allem darauf ab, das Inverkehrbringen von Lebensmitteln oder Futtermitteln, die ein ernsthaftes Gesundheitsrisiko für die Verbraucher darstellen, zu verhindern bzw. deren Rücknahme vom Markt zu veranlassen [3].

Um eine sachgerechte und einheitliche Anwendung des Schnellwarnsystems sicherzustellen, wurde vom BVL gemeinsam mit dem Ausschuss Überwachung eine AVV Schnellwarnsystem – AVV SWS erarbeitet.

Die AVV SWS enthält allgemeine Grundsätze für die einheitliche Anwendung des Schnellwarnsystems und richtet sich sowohl an die für die amtliche Lebensmittelüberwachung als auch an die für die Futtermittelüberwachung, die Weinüberwachung zuständigen Behörden und auch an die für die Fleisch- und Geflügelfleischhygiene zuständigen Behörden.

Teil 1 Gegenstand, Anwendungsbereich und Begriffsbestimmungen
Neben Definitionen zu den Begriffen

- Kontaktstelle
- Sitzland
- Befundland

wird differenziert zwischen unterschiedlichen Meldeformen, wie

- Warnmeldungen (auf Grund eines ernsten unmittelbaren oder mittelbaren Risikos besteht unmittelbarer Handlungsbedarf bzgl. Lebens- oder Futtermitteln)
- Informationsmeldungen (ein ernstes unmittelbares, bzw. mittelbares Risiko besteht; unmittelbarer Handlungsbedarf ist jedoch nicht geboten, da das betroffene Lebens- oder Futtermittel in keinem am Netz beteiligten Staat in Verkehr ist)
- Folgemeldungen (zusätzliche Information zu einer Warn- oder Informationsmeldung)
- Nachrichten (alle Informationen, die mit der Sicherheit von Lebens- bzw. Futtermitteln in Verbindung stehen und bedeutsam sind für die Lebens- und Futtermittelüberwachung).

Teil 2 Verfahren bei Meldungen aus der Bundesrepublik Deutschland an die Kommission
Neben der Festlegung, wer jeweils meldeverantwortlich ist, werden vor allem die Meldekriterien für Lebensmittel und Futtermittel aufgezählt, welche auf Grund eines ernsten unmittelbaren oder mittelbaren Risikos für die menschliche Gesundheit zur Einstellung in das Schnellwarnsystem führen. Von dem Vorliegen eines derartigen Risikos ist auszugehen, wenn z. B. bei Lebensmitteln Stoffe vorhanden sind,

- welche nach europäischem oder nationalem Recht bei der Herstellung und Behandlung von Lebensmitteln verboten sind,

- der Nachweis von Rückständen oder deren Abbau- oder Reaktionsprodukten für die eine akute Referenzdosis (ARfD, s. auch 14.2.3) festgelegt ist und mit dem Verzehr des betroffenen Lebensmittels überschritten wird; bzw. wenn kein ARfD Wert vorhanden ist, aber eine deutliche Überschreitung des ADI-Wertes vorliegt,
- der Nachweis von Stoffen, die fruchtschädigend, erbgutschädigend oder krebsauslösend sind und eine EU-Höchstmenge bzw. eine national festgelegte Höchstmenge überschritten wird,
- der Nachweis von Parasiten, Pilzen, Bakterien oder von ihnen gebildete Toxine, Viren oder Prionen in solcher Art oder Menge, dass eine Eignung zur Schädigung der menschlichen Gesundheit vorliegt,
- die Überschreitung der nach Art. 2 und 3 der VO (EWG) Nr. 737/90, zuletzt geändert durch die VO (EG) Nr. 616/2000, festgesetzten Höchstmenge für die maximale kumulierte Radioaktivität von ^{134}Cs und ^{137}Cs,
- der Nachweis nicht zugelassener genetisch veränderter Lebensmittel i. S. von Art. 3 Abs. 1 der VO (EG) Nr. 1829/2003 über genetisch veränderte Lebensmittel und Futtermittel (ABl EG Nr. L 268 S. 1) mit Ausnahme der in Art. 47 der Vorschrift genannten Lebensmittel,
- der Nachweis nicht zugelassener neuartiger Lebensmittel i. S. v. Art. 1 Abs. 2 der VO (EG) Nr. 258/97 (ABl EG Nr. L 43 S. 1),
- der Nachweis einer unterbrochenen Kühlkette bei kühlpflichtigen Lebensmitteln.

Zu prüfen ist die Frage des mittelbaren oder unmittelbaren Gesundheitsrisikos vor allem dann, wenn z. B.:

- Lebensmittel Stoffe enthalten, die einer Zulassungspflicht unterliegen, jedoch nicht zugelassen sind,
- Lebensmittel ein physikalisches Risiko (Fremdkörper) enthalten oder
- wenn diätetische Lebensmittel die vorgeschriebenen Inhaltsstoffe nicht in der erforderlichen Menge enthalten.

In gleicher Weise wie bei den Lebensmitteln werden auch Kriterien für Meldungen zu Futtermitteln beschrieben.

Für die Erstellung der Meldungen muss ein von der Kommission vorgegebenes Formular (Meldeformular, Formular für Folgemeldungen, Vertriebslistenformular) in der jeweils geltenden Fassung Verwendung finden. Diese enthalten neben Informationen zum Produkt, zur konkreten Gefahr auch Informationen zu den bis dahin ergriffenen Maßnahmen.

In *Teil 3* wird das Verfahren bei Meldungen von der Kommission an die Bundesrepublik Deutschland beschrieben.

Die von der Kommission übermittelten Meldungen werden vom BVL in Risikokategorien eingestuft, welche die nachfolgenden Kriterien berücksichtigen:

- Kategorie 1 gilt für Warnmeldungen, von denen Deutschland betroffen ist,

- Kategorie 2 gilt für alle anderen Meldungen, von denen Deutschland betroffen ist,
- Kategorie 3 gilt für Warnmeldungen, die nicht unter Kategorie 1 fallen,
- Kategorie 4 gilt für Meldungen, die Rückweisungen der zuständigen Behörden der Grenzkontrollstellen betreffen,
- Kategorie 5 gilt für alle sonstigen Meldungen.

Teil 4 enthält adäquate Regelungen zu Futtermitteln.

3.4 Rechtsverordnungen

3.4.1 Überblick

Das LFGB ist das Dachgesetz des Lebensmittel- und Futtermittelrechts. Es enthält neben allgemeinen Grundsätzen, wichtigen Begriffsbestimmungen und grundlegenden Verboten eine Vielzahl von Verordnungsermächtigungen. Diese sind Voraussetzung für den Erlass von Rechtsverordnungen, in denen spezielle Details geregelt werden. Als Verordnungsgeber ist im LFGB das Bundesministerium für Ernährung, Landwirtschaft und Verbraucherschutz (BMELV) bestimmt. Verordnungen werden im Einvernehmen mit den vom jeweiligen Sachgebiet betroffenen Bundesministerien, z. B. dem Bundesministerium für Wirtschaft und Technologie, dem Bundesministerium für Umwelt, Naturschutz und Reaktorsicherheit oder dem Bundesministerium der Finanzen erlassen. Bei der Erarbeitung von Rechtsverordnungen sind in der Regel Sachkenner aus Wissenschaft, Verbraucherschaft und Wirtschaft anzuhören. Zum Erlass von Verordnungen ist im Rahmen des Gesetzgebungsverfahrens grundsätzlich die Zustimmung des Bundesrates erforderlich. Auf diese Weise können die für die Durchführung der lebensmittelrechtlichen Vorschriften zuständigen Bundesländer über die Regelungsinhalte mitbestimmen. Nach Zustimmung des Bundesrates werden die Rechtsverordnungen im Bundesgesetzblatt verkündet. Die amtliche Begründung zu einer Verordnung erklärt die Notwendigkeit und die Ziele, die mit der Verordnung erreicht werden sollen.

Nach dem Geltungsbereich von Verordnungen unterscheidet man zwischen horizontalen und vertikalen Verordnungen. Horizontale Verordnungen regeln allgemeine Tatbestände, die mehrere oder alle Lebensmittel betreffen. Hierzu zählen z. B. die Lebensmittel-Kennzeichnungsverordnung, die Nährwert-Kennzeichnungsverordnung, die Zusatzstoff-Zulassungsverordnung, die Zusatzstoff-Verkehrsverordnung und die Lebensmittelbestrahlungsverordnung. Vertikale Verordnungen dagegen sind Rechtsvorschriften für einen eng umgrenzten Produktbereich, z. B. Kakaoverordnung, Fruchtsaftverordnung, Honigverordnung, Mineral- und Tafelwasser-Verordnung, Verordnung über Nahrungsergänzungsmittel, Butterverordnung, Fleischverordnung, Käseverordnung. In den so genannten Produktverordnungen sind spezielle Vorschriften zur Herstellung, Zusammensetzung und Kennzeichnung der jeweiligen Lebensmittel enthalten.

Mit dem Inkrafttreten des europäischen Binnenmarktes am 1.1.1993 haben die Harmonisierungsbestrebungen im Lebensmittelrecht eine besondere Dynamik erfahren. Ausdruck dessen sind eine Vielzahl von europäischen Verordnungen und Richtlinien.

In der Tabelle 3.13 sind ausgewählte **nationale Rechtsverordnungen** sowie die jeweils umgesetzten **EG-Richtlinien** zusammengestellt.

Grundsätzliche Regelungen zu Tabakerzeugnissen sowie die Werbung hierfür und Ermächtigungen für weitere Festlegungen sind seit der Ablösung des LMBG durch das LFGB in einem gesonderten Gesetz, dem Vorläufigen Tabakgesetz, zu finden. Die darauf beruhende Tabakprodukt-Verordnung enthält die in der RL 2001/37/EG vorgegebenen Höchstmengenfestsetzung für den Gehalt an Teer, Nikotin und Kohlenmonoxid sowie spezifische Vorschriften für die Kennzeichnung, z. B. Warnhinweise. Zusätzlich sind in der Tabakverordnung die nationale Zulassung bestimmter Stoffe für Tabakerzeugnisse und deren Kenntlichmachung geregelt.

Tabelle 3.14 enthält ausgewählte **nationale Rechtsverordnungen und Gesetze**, die der Durchführung der jeweils genannten **EG-Verordnungen** dienen. Diese sind notwendig, um den unmittelbar geltenden materiellen Inhalt der EG-Verordnungen in Deutschland vollziehen zu können.

3.4.2
Lebensmittel-Kennzeichnungsverordnung

Mit der LMKV wurde die RL 79/112/EWG des Rates vom 18.12.1978 (Abl. 1979 Nr. L 33 S. 1) zur Angleichung der Rechtsvorschriften der Mitgliedstaaten über die Etikettierung und Aufmachung von Lebensmitteln sowie die Werbung hierfür in deutsches Recht umgesetzt. Die RL 79/112/EWG ist mehrfach in wesentlichen Punkten geändert worden. Aus Gründen der Übersichtlichkeit und Klarheit wurde sie durch die RL 2000/13/EG des EP und des Rates vom 20. März 2000 (Abl Nr. L 109 S. 29) zur Angleichung der Rechtsvorschriften der Mitgliedstaaten über die Etikettierung und Aufmachung von Lebensmitteln sowie die Werbung hierfür ersetzt.

Die LMKV ist ein zentrales Element des Lebensmittelrechtes; sie enthält die wichtigsten Kennzeichnungsregelungen für alle Lebensmittel in Fertigpackungen, die zur Abgabe an den Verbraucher bestimmt sind. Verbraucher in diesem Sinne sind Endverbraucher, aber auch bestimmte gewerbliche Verbraucher wie Gastwirte und Einrichtungen der Gemeinschaftsverpflegung. Vom Anwendungsbereich ausgenommen sind Lebensmittel in Fertigpackungen, die in der Verkaufsstätte zur alsbaldigen Abgabe an den Verbraucher hergestellt und dort, jedoch nicht zur Selbstbedienung, abgegeben werden (§ 1 Abs. 2 LMKV). Des Weiteren sind solche Lebensmittel vom Anwendungsbereich ausgeschlossen, deren Kennzeichnung in Verordnungen des Rates oder der Kommission der Euro-

Tabelle 3.13. Übersicht zur Umsetzung von EG-Richtlinien

Name der Rechtsverordnung	EG-Richtlinien (RL)	Wesentliche Regelungsinhalte
Lebensmittel-Kennzeichnungsverordnung (LMKV)	RL 2000/13/EG RL 2003/89/EG RL 2002/67/EG RL 2004/77/EG	Grundkennzeichnung von Lebensmitteln in Fertigpackungen, einschließlich Allergenkennzeichnung, quantitative Zutatenkennzeichnung (QUID), Etikettierung von chininhaltigen und koffeinhaltigen Lebensmitteln sowie Kennzeichnung von bestimmten Lebensmitteln mit Glycyrrhizinsäure
Nährwert-Kennzeichnungsverordnung (NKV)	RL 90/496/EWG	Voraussetzungen für die Zulässigkeit bestimmter nährwertbezogener Angaben; Art und Weise der Nährwertkennzeichnung; Verbot der Schlankheitswerbung
Zusatzstoff-Zulassungsverordnung (ZZulV)	RL 89/107/EWG RL 94/35/EWG RL 94/36/EG RL 95/2/EG	Zulassung von Zusatzstoffen zu technologischen Zwecken allgemein oder mit Verwendungsbeschränkungen; Kenntlichmachung von Zusatzstoffen
Zusatzstoff-Verkehrsverordnung (ZVerkV)	RL 95/31/EG RL 95/45/EG RL 96/77/EG	Reinheitsanforderungen an Zusatzstoffe; Kennzeichnung der Zusatzstoffe
Lebensmittelbestrahlungsverordnung (LMBestrV)	RL 1999/2/EG RL 1999/3/EG	Zulassung der Bestrahlung von Lebensmitteln unter bestimmten Bedingungen; Zulassung von Bestrahlungsanlagen; Kenntlichmachung der Bestrahlung
Diätverordnung	RL 89/398/EWG RL 1999/41/EG RL 91/321/EWG RL 96/5/EG RL 96/8/EG RL 1999/21/EG RL 2001/15/EG	Begriffsbestimmung für diätetische Lebensmittel; Anforderungen an die Zusammensetzung und Beschaffenheit bestimmter diätetischer Lebensmittel u. a. Säuglings- und Kleinkindernahrung; Kennzeichnung und Kenntlichmachung
Nahrungsergänzungsmittelverordnung (NemV)	RL 2002/46/EG	Definition für Nahrungsergänzungsmittel; Zulassung bestimmter Vitamine und Mineralstoffe; Kennzeichnung
Rückstands-Höchstmengenverordnung (RHmV)	–	Nationale Höchstmengenfestsetzung für Pflanzenschutz- und Schädlingsbekämpfungsmittel, Düngemittel und sonstige Mittel in und auf Lebensmitteln und Tabakerzeugnissen
Mykotoxin-Höchstmengenverordnung (MHmV)	–	Nationale Höchstmengenfestsetzung für den Mykotoxingehalt bestimmter Lebensmittel
Schadstoff-Höchstmengenverordnung (SHmV)	–	Nationale Höchstmengenfestsetzung für polychlorierte Biphenyle (PCB) und Lösungsmittel in bestimmten Lebensmitteln

Tabelle 3.14. Nationales Recht zur Durchsetzung von EG Verordnungen

Name der Rechtsverordnung	EG-Verordnung	Wesentliche Regelungsinhalte
Neuartige Lebensmittel- und Lebensmittelzutaten-Verordnung (NLV)	VO (EG) Nr. 258/97	Durchführung der VO (EG) Nr. 258/97 über neuartige Lebensmittel und neuartige Lebensmittelzutaten; Zuständigkeiten und Verfahrensfestlegung für die Zulassung neuartiger Lebensmittel und -zutaten außer genetisch veränderten Lebensmitteln und -zutaten; Kennzeichnung sowie Voraussetzungen für die Kennzeichnung „ohne Gentechnik"; Sanktionen
EG-Gentechnik-Durchführungsgesetz (EGGenTDurchfG)	VO (EG) Nr. 1829/2003 1830/2003 1946/2003	Durchführung der genannten drei Verordnungen über gentechnisch veränderte Lebensmittel und Futtermittel; Zuständigkeiten und Aufgaben der zuständigen Stellen in Bezug auf die Zulassung und Überwachung gentechnisch veränderter Lebensmittel und Futtermittel, Sanktionen [4]
Öko-Landbaugesetz (ÖLG) und Öko-Kennzeichen-Gesetz (ÖkoKennzG)	VO (EG) Nr. 834/2007	Durchführung der VO (EG) Nr. 834/2007 über den ökologischen Landbau und die entsprechende Kennzeichnung; Zuständigkeiten, Kontrollsystem und Sanktionen Zulassung eines besonderen nationalen Öko-Kennzeichens (Biosiegel)
Lebensmittelspezialitätengesetz (LspG) und Lebensmittelspezialitätenverordnung (LspV)	VO (EG) Nr. 509/2006	Durchführung der VO (EG) Nr. 509/2006 über die garantiert traditionellen Spezialitäten bei Agrarerzeugnissen und Lebensmitteln (Lebensmittelspezialitäten); Zuständigkeiten, Kontrollsystem, Sanktionen; Verfahrensfestlegung für die Eintragung von Lebensmitteln als Spezialitäten

päischen Union geregelt ist, z. B. Wein (§ 1 Abs. 3 LMKV). Für einige Lebensmittel gelten die Vorschriften der LMKV nur, soweit diese in den Verordnungen für anwendbar erklärt werden (§ 1 Abs. 3). Produktverordnungen enthalten grundsätzlich nur noch spezielle Vorgaben für eine zusätzliche Kennzeichnung, z. B. Warnhinweise oder besondere Angaben zur Zusammensetzung. Für unverpackt abgegebene Lebensmittel gilt die LMKV nicht.

Nach § 3 Abs. 1 LMKV sind grundsätzlich folgende *Kennzeichnungselemente* auf der Fertigpackung oder einem mit ihr verbundenen Etikett anzubringen:

- Verkehrsbezeichnung
- Name oder Firma und Anschrift des Herstellers, Verpackers oder in der EU niedergelassenen Verkäufers
- Zutatenverzeichnis

- Mindesthaltbarkeitsdatum oder bei leicht verderblichen Lebensmitteln das Verbrauchsdatum
- vorhandener Alkoholgehalt bei Getränken mit mehr als 1,2 Volumenprozent Alkoholgehalt
- die Menge bestimmter Zutaten, wenn die Zutat in der Verkehrsbezeichnung oder in der sonstigen Aufmachung benannt oder hervorgehoben ist (sogenannte QUID-Kennzeichnung)
- Hinweis auf Glycyrrhizinsäure oder deren Ammoniumsalze, wenn Lebensmittel diese Stoffe enthalten
- Angaben zu Phytosterin-, Phytosterinester-, Phytostanol- und Phytostanolesterzusatz, sofern dies erfolgte.

Andere Angaben auf Etiketten von Lebensmitteln, wie z. B. die Los-Kennzeichnung oder die Füllmengenkennzeichnung, sind nicht in der LMKV geregelt. Die Los-Kennzeichnung richtet sich nach den Vorgaben der LKV; die Buchstaben- und/oder Ziffernkombination dient der Rückverfolgbarkeit des gekennzeichneten Produktes bis zur Produktion. Füllmengenangaben beruhen auf dem Eichgesetz (§ 7) und der Fertigpackungsverordnung.

Für die *Art und Weise der Kennzeichnung* von Lebensmitteln sind die in § 3 Abs. 3 LMKV enthaltenen Anforderungen maßgebend. Danach sind die Kennzeichnungselemente an gut sichtbarer Stelle, in deutscher Sprache, leicht verständlich, deutlich lesbar und unverwischbar anzubringen. Auch andere leicht verständliche Sprachen sind zulässig, wenn die Information des Verbrauchers nicht beeinträchtigt wird. Sie dürfen nicht durch andere Angaben oder Bildzeichen verdeckt oder getrennt werden. Die Angaben der Verkehrsbezeichnung, des Mindesthaltbarkeits- bzw. Verbrauchsdatums, des gegebenenfalls vorhandenen Alkoholgehaltes und der Mengenkennzeichnung nach dem Eichgesetz sind im gleichen Sichtfeld anzubringen. In bestimmten Ausnahmefällen können einzelne oder mehrere Kennzeichnungselemente entfallen oder genügt es, wenn einzelne Angaben unter bestimmten Bedingungen in Geschäftspapieren enthalten sind (§ 3 Abs. 2, 4, 5, 6).

Die *Verkehrsbezeichnung* eines Lebensmittels ist die in einer Rechtsvorschrift (Produktverordnung) festgelegte Bezeichnung, z. B. „Fruchtsaft" nach der Fruchtsaft-Verordnung oder „Nahrungsergänzungsmittel" nach der NemV. Fehlt eine solche festgelegte Bezeichnung, ist die nach allgemeiner Verkehrsauffassung übliche Bezeichnung oder eine Beschreibung des Lebensmittels, die es dem Verbraucher ermöglicht, die Art des Lebensmittels zu erkennen, die Verkehrsbezeichnung (§ 4 Abs. 1). Als Verkehrsbezeichnung für Produkte aus anderen Mitgliedstaaten oder Vertragsstaaten kann in bestimmten Fällen auch die übliche Verkehrsbezeichnung des Herstellungslandes verwendet werden. Gegebenenfalls sind ergänzende Angaben notwendig, wenn ansonsten der Verbraucher die Art des Lebensmittels nicht ausreichend erkennen kann (§ 4 Abs. 2, 3). Handelsmarken oder Phantasienamen können die Verkehrsbezeichnung nicht ersetzen (§ 4 Abs. 4).

Das *Zutatenverzeichnis* besteht aus einer Aufzählung aller Zutaten mit ihrer Verkehrsbezeichnung. Als Zutat gilt jeder Stoff, einschließlich der Zusatzstoffe, der bei der Herstellung eines Lebensmittels verwendet wird und unverändert oder verändert im Enderzeugnis vorhanden ist. Besteht eine Zutat eines Lebensmittels aus mehreren Zutaten, dann gelten diese als Zutaten des Lebensmittels und müssen angegeben werden (Beispiel: Belegtes Baguettebrot zum Aufbacken: Zutaten: Baguettebrot (Weizenmehl, Wasser, Salz, Hefe, Backmittel), Ananas, Edamer, Schinken, Sahne). Vom Begriff der Zutat gibt es Ausnahmen. So gelten Stoffe (z. B. Zusatzstoffe, Aromen oder Enzyme), die in Zutaten enthalten sind dann nicht als Zutaten, wenn sie im Enderzeugnis keine technologische Wirkung mehr ausüben (§ 5 Abs. 2). Die Zutaten sind in absteigender Reihenfolge ihres Gewichtsanteils zum Zeitpunkt der Herstellung anzugeben; der Aufzählung ist ein Hinweis voranzustellen, der das Wort „Zutaten" enthält. Für die Angabe bestimmter Zutaten (z. B. Obst-, Gemüse-, Pilzmischungen und Gewürzmischungen und zusammengesetzte Zutaten) bestehen Sonderregelungen (§ 6 Abs. 2). Bestimmte Zutaten können in der Zutatenliste anstatt mit ihrer Verkehrsbezeichnung mit einem sogenannten Klassennamen der Anlage 1 angegeben werden (§ 6 Abs. 4 Nr. 1). Als Klassenname darf beispielsweise „Fisch" für Fisch aller Art angegeben werden, wenn Bezeichnung oder Aufmachung sich nicht auf eine Fischart beziehen. Andere Beispiele für Klassennamen sind „Zucker" für Saccharose jeder Art, „Stärke" für physikalisch oder enzymatisch modifizierte Stärke und „pflanzliches Öl" für alle pflanzlichen Öle ausgenommen Olivenöl. Zusatzstoffe und andere Stoffe der Anlage 2 der Zusatzstoff-Verkehrsverordnung, die zu einer der in Anlage 2 aufgeführten Klassen gehören, müssen mit dem Namen dieser Klasse gefolgt von der Verkehrsbezeichnung oder der E-Nummer angegeben werden; beispielsweise: „Farbstoff Riboflavin" oder „Farbstoff E 101" (§ 6 Abs. 4 Nr. 2). Stoffe, die zu keiner der in Anlage 2 aufgeführten Klasse gehören, sind mit ihrer Verkehrsbezeichnung anzugeben. Bei Aromen ist im Zutatenverzeichnis das Wort „Aroma", eine genauere Bezeichnung oder eine Beschreibung erforderlich; Chinin und Koffein sind unmittelbar nach der Bezeichnung „Aroma" anzugeben (§ 6 Abs. 5).

Für *Zutaten, die allergische oder andere Unverträglichkeitsreaktionen auslösen können* (Anlage 3) gilt keine der an verschiedenen Stellen der LMKV vorgesehenen Ausnahmen (§ 3 Abs. 1 Nr. 3, § 5 Abs. 3 und § 6); diese allergenen Zutaten sind in jedem Fall derart im Zutatenverzeichnis anzugeben, dass ihr Vorhandensein vom Verbraucher erkannt werden kann, es sei denn die Verkehrsbezeichnung des Lebensmittels oder der Zutat lässt bereits auf das Vorhandensein schließen.

Das *Mindesthaltbarkeitsdatum* ist das Datum, bis zu dem das Lebensmittel unter angemessenen Aufbewahrungsbedingungen seine spezifischen Eigenschaften behält (§ 7 Abs. 1). Das Mindesthaltbarkeitsdatum ist kein letztes Verkaufs- oder Verzehrsdatum; das Lebensmittel muss jedoch nach Ablauf des Datums vor der Abgabe an Verbraucher sorgfältig auf Verkehrs- bzw. Verzehrsfähigkeit geprüft werden. Die Angabe des Mindesthaltbarkeitsdatums erfolgt mit den Worten:

„mindestens haltbar bis ... " unter Nennung von Tag, Monat und Jahr. Die Angabe von Tag, Monat und Jahr kann auch an anderer Stelle erfolgen, wenn bei den Worten „mindestens haltbar bis ... " auf diese Stelle hingewiesen wird. In Abhängigkeit von der Haltbarkeit der Lebensmittel gibt es in § 7 Abs. 3 Sonderegelungen: beträgt die Haltbarkeit weniger als drei Monate, kann die Jahresangabe entfallen; bei längerer Haltbarkeit als drei Monate der Tag, bei Haltbarkeit von mehr als achtzehn Monaten genügt die Angabe des Jahres, wenn vorangestellt ist „mindestens haltbar bis Ende ... ". Ist die angegebene Haltbarkeit nur bei Einhaltung bestimmter Temperaturen oder sonstiger Bedingungen gewährleistet, so ist ein entsprechender Hinweis anzubringen (§ 7 Abs. 5). Bestimmte Lebensmittel sind von der Angabe des Mindesthaltbarkeitsdatums befreit, so z. B. frisches Obst und Gemüse, Getränke mit einem Alkoholgehalt von 10 oder mehr Volumenprozent (§ 7 Abs. 6).

Bei in mikrobiologischer Hinsicht sehr leicht verderblichen Lebensmitteln ist anstelle des Mindesthaltbarkeitsdatums das *Verbrauchsdatum* anzugeben (§ 7a). Dem Datum sind die Worte „verbrauchen bis ... " voranzustellen, verbunden mit dem Datum selbst oder einem Hinweis, wo das Datum auf dem Etikett zu finden ist. Es sind unverschlüsselt Tag und Monat und ggf. Jahr anzugeben. Lebensmittel, deren Verbrauchsdatum abgelaufen ist, dürfen nicht in den Verkehr gebracht werden. Als leicht verderblich gilt z. B. abgepacktes frisches Fleisch oder verzehrsfertig zerkleinertes Obst und Gemüse.

Bei zusammengesetzten Lebensmitteln ist in bestimmten Fällen die Menge einer bei der Herstellung verwendeten Zutat oder einer verwendeten Klasse oder Gattung von Zutaten anzugeben (§ 8), die sogenannte *quantitative Zutatenkennzeichnung* (QUID = Quantitative Ingredient Declaration). Dieser Fall tritt ein, wenn

– die Bezeichnung der Zutat in der Verkehrsbezeichnung des Lebensmittels angegeben ist oder
– die Verkehrsbezeichnung darauf hindeutet, dass die Zutat enthalten ist oder
– die Zutat auf dem Etikett durch Worte, Bilder o. ä. hervorgehoben ist oder
– die Zutat von wesentlicher Bedeutung für die Charakterisierung des Lebensmittels und seiner Unterscheidung von anderen verwechselbaren Lebensmitteln ist.

Beispiele für QUID sind: „Doppelkeks mit Kakaocremefüllung – 46%" oder „Baguettebrot mit Ananas – 13% und Schinken – 10%" oder „Joghurt mit Fruchtzubereitung – 10%" oder „100 g Salami werden aus 135 g Fleisch hergestellt"; auch Hinweise wie „mit Butter zubereitet" oder „mit Sahne" lösen die Verpflichtung zur Mengenangabe aus. Von dieser verpflichtenden Mengenangabe gibt es eine Reihe von Ausnahmen (§ 8 Abs. 2, 3), z. B. wenn entsprechende Mengenangaben bereits durch andere Verordnungen gefordert sind (z. B. Abtropfgewicht gemäß Fertigpackungsverordnung) oder für das Lebensmittel in Rechtsvorschriften die Menge der Zutat vorgeschrieben ist. Die Mengenkennzeichnung erfolgt in Gewichtshundertteilen bezogen auf den Zeitpunkt der Herstellung in Verbindung mit der Verkehrsbezeichnung oder im Zutatenverzeichnis (§ 8 Abs. 4). Wegen der schwierigen Handhabbarkeit dieser Vorschrift in der Praxis sind „Allgemeine Leitlinien für die Umsetzung des Grundsatzes der mengenmäßigen Angabe der Lebensmittelzutaten (QUID)" veröffentlicht worden (vom 29. Oktober 1999, BAnz. Nr. 221 S. 19183). Bei Getränken, die im verzehrsfertigen Zustand mehr als 150 Milligramm Koffein pro Liter enthalten, ist die Angabe „erhöhter Koffeingehalt" gefolgt von der Angabe des Koffeingehaltes im selben Sichtfeld wie die Verkehrsbezeichnung anzubringen (§ 8 Abs. 5).

Ausgewählte Lebensmittel dürfen gemäß § 9 LMKV mit aus dem Weinrecht stammenden bestimmten *geographischen Bezeichnungen* gekennzeichnet werden, sofern dem Täuschungsschutz dienende Vorgaben des Weinrechts eingehalten sind. Die entsprechenden Erzeugnisse werden nach Mitteilung im Bundesanzeiger bekannt gemacht.

Europäische Lebensmittelinformationsverordnung in der Diskussion

Vereinfachung durch Bündelung ist das Ziel der Europäischen Kommission, die derzeit das europäische Lebensmittel-Kennzeichnungsrecht überarbeitet. Im Januar 2008 legte die Kommission den Vorschlag für eine neue Lebensmittelinformations-VO (LMIV) vor. Nachdem die Beratungen in den Mitgliedstaaten abgeschlossen sind, wird der Entwurf in den Ausschüssen des europäischen Parlaments diskutiert.

Vorgesehen ist die Einführung einer verpflichtenden Nährwertkennzeichnung. Nach heutigem Stand sollen sechs Nährwertangaben künftig auf allen Lebensmitteln vorhanden sein: Energie, Fett, gesättigte Fettsäuren, Kohlenhydrate, Zucker und Salz. Nach dem Verordnungsvorschlag steht es den Mitgliedstaaten frei, zur Darstellung der Nährwertdeklaration das eine oder andere etablierte System zu wählen oder ein eigenes System zu entwickeln. Der Vorschlag sieht auch vor, dass Ursprungsland oder Herkunftsort eines Lebensmittels genannt werden müssen, falls Verbraucher ohne diese Angabe auf eine falsche Herkunft schließen würden. Stammen die Zutaten aus einem anderen Herkunftsland, als das Lebensmittel selbst, dann soll auch die Herkunft der Zutaten angegeben werden. Vorgeschlagen wird auch, dass Zutaten für Lebensmittel, die nach wissenschaftlichen Erkenntnissen allergische oder andere Unverträglichkeitsreaktionen auslösen können, künftig nicht nur bei verpackten Lebensmitteln, sondern auch bei unverpackter Ware angegeben werden. Dem Verordnungsvorschlag ist außerdem zu entnehmen, dass die Schriftgröße auf Lebensmitteletiketten mindestens drei Millimeter betragen soll. Die wesentlichen bekannten Kennzeichnungselemente bleiben dem Vorschlag zufolge erhalten. So finden sich die Regelungen zur Verkehrsbezeichnung, zur Angabe des Produktverantwortlichen, des Mindesthaltbarkeitsdatums, des Zutatenverzeichnisses, der Mengenangabe bei qualitätsbestimmenden Zutaten (QUID) sowie zur Angabe des Alkoholgehaltes und der Nettomenge im Verordnungsvorschlag quasi unverändert wieder. Auch die bestehenden Vorschriften zur Kennzeichnung von Lebensmitteln mit Phytosterinen oder Glycyrrhizinsäure sollen übernommen werden. Ebenso wie bisher gibt es Vorgaben zum Schutz vor Irreführung und Täuschung. Aufgrund der erheblichen Diskussionen und der Vielzahl an Änderungsanträgen zum Verordnungsvorschlag entschied das Europäische Parlament, die Beratungen bis nach den Europawahlen im Herbst 2009 auszusetzen. Unabhängig davon würde die Verordnung wegen der langen Übergangsfristen von drei bis fünf Jahren frühestens 2013/2014 zur Anwendung kommen.

3.4.3
Nährwert-Kennzeichnungsverordnung

Mit der Nährwert-Kennzeichnungsverordnung (NKV) von 1994 (BGBl I S. 3526) wurde die Richtlinie 90/496/EWG des Rates vom 24.09.1990 (ABl Nr. L 276 S. 40) über die Nährwertkennzeichnung von Lebensmitteln in deutsches Recht umgesetzt.

Der NKV liegt ein *fakultatives Kennzeichnungssystem* zugrunde. Danach bestehen verbindliche Kennzeichnungsvorschriften nur, wenn bestimmte nährwertbezogene Angaben gemacht werden. Vom Anwendungsbereich der NKV sind Mineral-, Trink- und Quellwasser ausgenommen. Für Nahrungsergänzungsmittel gilt die NKV auch nicht, bis auf die Vorschriften des § 6, wonach werbende Hinweise auf schlankheitsfördernde oder gewichtsverringernde Eigenschaften eines Lebensmittels verboten sind. Dagegen unterliegen diätetische Lebensmittel sehr wohl den Bestimmungen der NKV, wobei die Vorschriften der Diätverordnung jedoch vorrangig gelten (§ 1).

Nach § 2 NKV ist eine *nährwertbezogene Aussage* jede Darstellung oder Aussage im Verkehr mit Lebensmitteln oder in der Werbung, mit der erklärt oder suggeriert oder mittelbar zum Ausdruck gebracht wird, dass ein Lebensmittel aufgrund seines Energiegehaltes oder Nährstoffgehaltes besondere Nährwerteigenschaften besitzt. Keine nährwertbezogenen Angaben im Sinne der NKV sind durch Rechtsvorschriften vorgeschriebene Angaben über Art und Menge eines Nährstoffes sowie über den Alkoholgehalt. Nährwertbezogene Angaben dürfen sich nur auf den Brennwert, den Gehalt an Eiweiß, Kohlenhydraten, Fett, Ballaststoffen, auf die in Anlage 1 aufgeführten Vitamine und Mineralstoffe sowie auf Natrium, Kochsalz und Cholesterin und auf Stoffe, die zu einer der genannten Nährstoffgruppen gehören oder deren Bestandteil bilden, beziehen (§ 2 Nr. 2, § 3).

Die *Nährwertkennzeichnung* umfasst den Vorgaben des § 4 zufolge entweder die Angabe von Brennwert, Gehalt an Eiweiß, Kohlenhydraten und Fett (sogenannte „big four") oder die Angabe von Brennwert, Gehalt an Eiweiß, Kohlenhydraten, Zucker, Fett, gesättigten Fettsäuren, Ballaststoffen und Natrium (sogenannte „big eight"). In welchen Fällen die „big four" oder die „big eight" anzugeben sind, hängt davon ab, welcher Nährstoff beworben wird (§ 4 Abs. 1 Nr. 1 und 2). Bezieht sich die nährwertbezogene Angabe z. B. auf Zucker, müssen die „big eight" angegeben werden. Fakultativ dürfen auch Angaben zum Gehalt an Stärke, mehrwertigen Alkoholen, einfach ungesättigten Fettsäuren, mehrfach ungesättigten Fettsäuren, Cholesterin und den in Anlage 1 aufgeführten Vitaminen und Mineralstoffen gemacht werden. Bezieht sich die nährwertbezogene Angabe auf einen dieser fakultativen Nährstoffe, so ist zusätzlich dessen Gehalt anzugeben (§ 4 Abs. 3). Werden Angaben zu einfach oder mehrfach ungesättigten Fettsäuren oder zu Cholesterin gemacht, so ist zusätzlich der Gehalt an gesättigten Fettsäuren anzugeben. Für Vitamine und Mineralstoffe gilt, dass nur die in Anlage 1 aufgeführten Stoffe in der Nährwertkennzeichnung angegeben werden dürfen und dies auch nur dann, wenn die Mikronährstoffe in signifikanten Mengen im Lebensmittel enthalten sind. Eine signifikante Menge liegt in der Regel vor, wenn mindestens 15 Prozent der in der Anlage 1 angegebenen empfohlenen Tagesdosis in 100 Gramm oder 100 Milliliter oder in einer Portion des betreffenden Lebensmittels enthalten sind. Bei der Nährwertkennzeichnung der Vitamine und Mineralstoffe ist zusätzlich der Prozentsatz der empfohlenen Tagesdosis anzugeben.

Die *Art und Weise der Kennzeichnung* regelt § 5 der Verordnung. Danach ist grundsätzlich die Tabellenform zu verwenden, die Reihenfolge der Nährstoffangaben ist festgelegt, es sind die jeweils durchschnittlichen Werte bzw. Gehalte anzugeben und die vorgegeben Maßeinheiten für die einzelnen Nährstoffe sind zu beachten. Für bestimmte Nährstoffe (Zucker, mehrwertige Alkohole, Stärke, Fettsäuren, Cholesterin) gibt es zusätzliche Regelungen (§ 5 Abs. 4, 5). Die Berechnung des Brennwertes hat auf der Basis der für die einzelnen relevanten Nährstoffe festgelegten Faktoren zu erfolgen. Die Nährwertkennzeichnung ist an gut sichtbarer Stelle, in deutscher Sprache, leicht lesbar und bei Fertigpackungen unverwischbar anzubringen. Unter der Bedingung, dass die Information des Verbrauchers nicht eingeschränkt wird, können die Angaben auch in einer anderen leicht verständlichen Sprache gemacht werden. Bei Lebensmitteln in Fertigpackungen erfolgt die Kennzeichnung auf dem Etikett. Bei nicht in Fertigpackungen bzw. in Fertigpackungen zur alsbaldigen Abgabe, jedoch nicht zur Selbstbedienung, in einer Verkaufsstätte dem Verbraucher angebotenen Lebensmitteln (lose Abgabe) ist die Nährwertkennzeichnung im Zusammenhang mit der nährwertbezogenen Angabe anzubringen. Bei Abgabe an Gaststätten oder Einrichtungen zur Gemeinschaftsverpflegung können die Angaben auch auf Sammelpackungen oder in Begleitpapieren vorhanden sein. Bei Abgabe in Gaststätten oder Einrichtungen zur Gemeinschaftsverpflegung an den Verbraucher zum Verzehr an Ort und Stelle kann sie in einer dem Verbraucher zugänglichen Aufzeichnung enthalten sein, wenn der Verbraucher darauf aufmerksam gemacht wird.

§ 6 NKV enthält *Verbote für bestimmte nährstoff- und brennwertbezogene Hinweise* sowie Beschränkungen für bestimmte Angaben oder Aufmachungen. Grundsätzlich verboten sind Bezeichnungen, Angaben oder Aufmachungen, die darauf hindeuten, dass ein Lebensmittel schlankmachende, schlankheitsfördernde oder gewichtsverringernde Eigenschaften besitzt. Derartige Aussagen sind nur für Lebensmittel im Sinne von § 14a Diätverordnung, die zur Verwendung als Tagesration bestimmt sind, zugelassen. Weitere Beschränkungen gibt es für Bezeichnungen, Angaben oder Aufmachungen, die auf einen geringen oder verminderten Brennwert, auf einen verminderten Nährstoffgehalt, auf eine Kochsalz- oder Natriumverminderung oder auf einen geringen Kochsalz- oder Natriumgehalt hinweisen (§ 6 Abs. 2). In Bezug auf Angaben zum verminderten Kochsalz- oder Natriumgehalt sind in Anlage 2 abschließend diejenigen Lebensmittel aufgeführt, bei denen entsprechende Angaben zulässig sind sowie Höchstmengen für den Natriumgehalt, die in diesen Fällen nicht überschritten werden dürfen.

3.4.4
Produktverordnungen

Im Allgemeinen enthalten Produktverordnungen Begriffsbestimmungen, Vorschriften hinsichtlich der Zusammensetzung, besondere Zusatzstoffregelungen, Besonderheiten hinsichtlich der Kennzeichnung, Verbote zum Schutz der Gesundheit und Verbote zum Schutz vor Täuschung der Verbraucher. Im Folgenden soll in zusammengefasster Form der wesentliche Inhalt zweier Produktverordnungen vorgestellt werden. Weitere Produktverordnungen, wie z. B. die „Honigverordnung", die „Kakaoverordnung" und die „Mineral- und Tafelwasser-Verordnung" werden in speziellen Kapiteln behandelt.

Mit der *Konfitürenverordnung* vom 23.10.2003 (BGBl. I S. 2151) wird die Richtlinie 2001/113/EG des Rates vom 20.12.2001 über Konfitüren, Gelees, Marmeladen und Maronenkrem für die menschliche Ernährung (ABl. EG 2002 Nr. L 10 S. 67) in deutsches Recht umgesetzt. Die Verordnung enthält Regelungen zu Ausgangserzeugnissen und deren Behandlung, zur Herstellung, zu möglichen Zutaten und zur Kennzeichnung. Geregelt werden die Erzeugnisse Konfitüre und Konfitüre extra, Gelee und Gelee extra, Marmelade, Gelee-Marmelade und Maronenkrem. Die Bezeichnungen der in Anlage 1 genannten Erzeugnisse sind gleichzeitig die Verkehrsbezeichnungen im Sinne der LMKV. Für die Kennzeichnung der Erzeugnisse der Konfitürenverordnung gelten die allgemeinen Vorgaben der LMKV; zusätzlich sind die speziellen Kennzeichnungsvorgaben der Konfitürenverordnung zu beachten, z. B. sind die verwendete Fruchtart, der Fruchtgehalt und der Gesamtzuckergehalt anzugeben (s. auch Kap. 26.3.5).

Mit der *Fruchtsaftverordnung* vom 24.5.2004 (BGBl. I S. 1016) wird die Richtlinie 2001/112/EG vom 20.12.2001 über Fruchtsäfte und bestimmte gleichartige Erzeugnisse für die menschliche Ernährung (ABl. EG 2002 Nr. L 10 S. 58) in deutsches Recht umgesetzt. Die Verordnung führt die bislang im deutschen Recht in gesonderten Verordnungen geregelten Produktgruppen Fruchtsaft und Fruchtnektar zusammen. Die neue Verordnung enthält Vorschriften für die Erzeugnisse Fruchtsaft, Fruchtsaft aus Fruchtsaftkonzentrat, konzentrierter Fruchtsaft bzw. Fruchtsaftkonzentrat, getrockneter Fruchtsaft bzw. Fruchtsaftpulver und Fruchtnektar. Anlage 1 enthält Begriffbestimmungen für die genannten Erzeugnisse. Festgelegt sind auch die Ausgangserzeugnisse und deren Behandlung, die möglichen Zutaten, die Kennzeichnung und damit verbundenen besonderen Anforderungen. Beispielsweise besagt die Bezeichnung „Fruchtsaft" stets, dass das Produkt zu 100 Prozent Fruchtanteil enthält. Unerheblich ist dabei, ob es sich um Direktsaft oder um ein Erzeugnis handelt, das aus Fruchtsaftkonzentrat auf ursprüngliche Saftstärke rückverdünnt wurde. Voraussetzung ist jedoch, dass das rückverdünnte Erzeugnis im Vergleich zu einem durchschnittlichen, aus Früchten derselben Art gewonnenen Direktsaft zumindest gleichartige organoleptische und analytische Eigenschaften aufweist. Weitere Vorgaben betreffen den Zuckerzusatz, wobei zwischen Korrekturzuckerung und Zuckerung zur Erzielung eines süßen Geschmacks unterschieden wird. Die Erzeugnisse der Fruchtsaftverordnung unterliegen den Bestimmungen der LMKV. Zusätzlich sind die speziellen Kennzeichnungsregelungen der Fruchtsaftverordnung zu beachten, z. B. ist bei Fruchtnektar der Mindestfruchtgehalt anzugeben, bei Fruchtsaft ist die Zuckerung zur Erzielung eines süßen Geschmackes kenntlich zu machen und bei Erzeugnissen, die durch Rückverdünnung hergestellt wurden, ist dies zu kennzeichnen.

3.5
Literatur

1. Verbraucherpolitischer Bericht 2004 der Bundesregierung
2. W. Töpner – Vortrag anlässlich des 4. Lebensmittelwissenschaftlichen Kolloquium in Dresden 2004
3. Weyand – Vortrag über das Schnellwarnsystem für Lebensmittel und Futtermittel am 23. Oktober 2003 in Bonn (BVL)
4. VO (EG) Nr. 1829/2003 über genetisch veränderte Lebensmittel und Futtermittel (ABl Nr. L 268 S. 1), VO (EG) Nr. 1830/2003 über die Rückverfolgbarkeit und Kennzeichnung von genetisch veränderten Organismen und über die Rückverfolgbarkeit von aus genetisch veränderten Organismen hergestellten Lebensmitteln und Futtermitteln sowie zur Änderung der RL 2001/18/EG (ABl Nr. L 268 S. 24), VO (EG) Nr. 1946/2003 über grenzüberschreitende Verbringungen genetisch veränderter Organismen (ABl Nr. L 287 S. 1)

Kapitel 4

Organisation des gesundheitlichen Verbraucherschutzes auf Bundesebene

HELMUT TSCHIERSKY-SCHÖNEBURG · ANTJE BÜTTNER

Bundesamt für Verbraucherschutz und Lebensmittelsicherheit (BVL)
Bundesallee 50, Gebäude 247, 38116 Braunschweig,
helmut.tschiersky-schoeneburg@bvl.bund.de
antje.buettner@bvl.bund.de

4.1	Risikomanagement, Risikobewertung und Forschung im Geschäftsbereich des Bundesministeriums für Ernährung, Landwirtschaft und Verbraucherschutz ..	95
4.1.1	Neuorganisation des gesundheitlichen Verbraucherschutzes auf europäischer und nationaler Ebene	95
4.1.2	Aufgaben und Aufbau des Bundesamtes für Verbraucherschutz und Lebensmittelsicherheit (BVL) ...	97
4.1.3	Aufgaben und Aufbau des Bundesinstituts für Risikobewertung (BfR)	98
4.1.4	Aufgaben und Aufbau des Max Rubner-Instituts, Bundesforschungsinstitut für Ernährung und Lebensmittel (MRI)	99
4.2	Risiko- und Krisenmanagement	99
4.3	Zulassungsverfahren	101
4.3.1	Lebensmittel und Futtermittel	101
4.3.2	Pflanzenschutz- und Pflanzenstärkungsmittel	103
4.3.3	Zulassung von Tierarzneimitteln	104
4.3.4	Gentechnisch veränderte Organismen	105
4.4	Weiterentwicklung des gesundheitlichen Verbraucherschutzes	106

4.1 Risikomanagement, Risikobewertung und Forschung im Geschäftsbereich des Bundesministeriums für Ernährung, Landwirtschaft und Verbraucherschutz

4.1.1 Neuorganisation des gesundheitlichen Verbraucherschutzes auf europäischer und nationaler Ebene

Zahlreiche Krisen wie Dioxin belastete Futtermittel, die missbräuchliche Verwendung von Antibiotika in der Schweinemast und nicht zuletzt das Auftreten von BSE in Deutschland erschütterten Ende der neunziger Jahre das Vertrauen der Bürger in die Sicherheit der Lebensmittel. Mit dem Weißbuch zur Lebensmittelsicherheit, das im Januar 2000 herausgegeben wurde, hatte die Europäische Kommission ihre Erfahrungen aus dem BSE-Geschehen in ein neues Konzept für den Verbraucherschutz eingearbeitet. Kernstücke des Konzepts sind die ganzheitliche Betrachtung der Lebensmittelsicherheit von der landwirtschaftlichen Erzeugung bis zum Verzehr und der Anspruch nach Transparenz und Unabhängigkeit der Risikobewertung.

Die Ziele des Weißbuchs hat die EU mit der Verordnung (EG) Nr. 178/2002 (BasisVO) umgesetzt. Mit dieser Verordnung werden allgemeine Grundsätze und Anforderungen des Lebensmittelrechts festgelegt, die Europäische Lebensmittelbehörde (EFSA) errichtet und Verfahren für das europäische Schnellwarnsystem vor gefährlichen Lebensmitteln und Futtermitteln (RASFF) sowie das Krisenmanagement geregelt. Die von dem Lebensmittel- und Veterinäramt der Kommission in den Mitgliedstaaten durchgeführten Inspektionen zur Kontrolle der Umsetzung des Gemeinschaftsrechts haben deutlich gemacht, dass weniger die noch bestehenden Lücken im Gemeinschaftsrecht als die unvollständige und in Einzelfällen falsche Anwendung des Gemeinschaftsrechts dafür verantwortlich sind, dass Verbraucherschutz und Lebensmittelsicherheit noch hinter den Zielen des Weißbuchs zurückbleiben. Folgerichtig konzentriert sich die Kommission auf die Harmonisierung der Überwachung, die mit der Verordnung über die amtliche Futter- und Lebensmittelkontrolle (KontrollVO) ihren vorläufigen Abschluss findet.

Die Entwicklung des BSE-Geschehens in Deutschland zum Ende des Jahres 2000 war der Anlass, eine Schwachstellenanalyse des gesundheitlichen Verbraucherschutzes und die Erarbeitung von Organisationsvorschlägen zur Verbesserung des Verbraucherschutzes und der Lebensmittelsicherheit in Auftrag zu geben. Mit der Durchführung dieses Vorhabens wurde die Präsidentin des Bundesrechnungshofs in ihrer Funktion als Beauftragte für die Wirtschaftlichkeit in der Verwaltung beauftragt. In ihrem am 10. Juli 2001 vorgelegten Abschlussbericht wird der Bundesregierung u. a. empfohlen, nach dem Vorbild der Europäischen Union eine Trennung des Risikomanagements von der Risikobewertung und Risikokommunikation auch in Deutschland vorzunehmen, um die Transparenz der Verfahren zu verbessern. Für das Risikomanagement wird die Einrichtung einer „Koordinierenden Stelle des Bundes" im Geschäftsbereich des damaligen Bundesministeriums für Verbraucherschutz, Ernährung und Landwirtschaft als institutionalisierte Koordinierungs-Plattform für ein gemeinsames Bund-Länder-Risikomanagement vorgeschlagen. Das Bundesministerium hat diesen Vorschlag aufgegriffen und zum 01. Januar 2002 die Bundesanstalt für Verbraucherschutz und Lebensmittelsicherheit gegründet, die ihre operativen Aufgaben im Mai 2002 in Bonn aufgenommen hat. Mit dem Gesetz zur Neuorganisation des gesundheitlichen Verbraucherschutzes und der Lebensmittelsicherheit vom 06. August 2002 wurde die Bundesanstalt zum 01. November 2002 unter Integration weiterer Aufgaben aus dem Bereich des Risikomanagements in das Bundesamt für Verbraucherschutz und Lebensmittelsicherheit (BVL) umgewandelt.

4.1.2
Aufgaben und Aufbau des Bundesamtes für Verbraucherschutz und Lebensmittelsicherheit (BVL)

Die Aufgaben des BVL als selbstständige Bundesoberbehörde im Geschäftsbereich des Bundesministeriums für Ernährung, Landwirtschaft und Verbraucherschutz (BMELV) sind im BVL-Gesetz, einem Teil des Gesetzes zur Neuorganisation des gesundheitlichen Verbraucherschutzes und der Lebensmittelsicherheit, sowie in verschiedenen Fachgesetzen im Bereich des Lebensmittel-, Bedarfsgegenstände-, Futtermittel-, Pflanzenschutz-, Arzneimittel- und Gentechnikrechts sowie des wirtschaftlichen Verbraucherschutzes festgeschrieben.

Im Bereich Lebensmittel, Futtermittel und Bedarfsgegenstände ist das BVL zuständig für:

- den Erlass von Ausnahmegenehmigungen und Allgemeinverfügungen nach dem LFGB,
- die Durchführung der Anzeigeverfahren für Nahrungsergänzungsmittel und diätetische Lebensmittel, die Entgegennahme von Anträgen auf Inverkehrbringen von neuartigen Lebensmitteln sowie von Anträgen zur Zulassung bzw. Listung von gesundheitsbezogenen Angaben,
- das nationale Kontrollprogramm Futtermittelsicherheit und die Koordinierung und Auswertung der EU-weiten Futtermitteluntersuchungs- und Erhebungsprogramme,
- die Vorbereitung allgemeiner Verwaltungsvorschriften in gemeinsamen Ausschüssen mit den für die Überwachung zuständigen Bundesländern,
- das Krisenmanagement und die Koordinierung des Austausches von Informationen zwischen Bund und Ländern im Falle einer Lebensmittelkrise oder um eine solche zu verhindern,
- die Durchführung des Lebensmittel-Monitoring und des Rückstandskontrollplans gemeinsam mit den Bundesländern.

Das BVL ist die nationale Kontaktstelle für

- das europäische Schnellwarnsystem für Lebensmittel und Futtermittel und
- für das Europäische Lebensmittel- und Veterinäramt in Irland.

Im BVL sind das Europäische Referenzlaboratorium und acht nationale Referenzlaboratorien für Rückstände und Kontaminanten angesiedelt.

Darüber hinaus ist das BVL

- die nationale Zulassungsbehörde für Pflanzenschutzmittel,
- die nationale Koordinierungsstelle für die Zusammenarbeit im Rahmen der europäischen Wirkstoffprüfung von Pflanzenschutzmitteln,

- die nationale Zulassungsbehörde von Tierarzneimitteln (mit der Ausnahme von Sera und Impfstoffen) einschließlich Nachzulassungsmonitoring und Monitoring der Antibiotikaresistenz von tierpathogenen Erregern,
- die Genehmigungsbehörde für die nationalen Verfahren für Freisetzungen von gentechnisch veränderten Organismen (GVO),
- die zuständige nationale Behörde für die europäischen Verfahren zum Inverkehrbringen von GVO sowie
- die Kontaktstelle für die europäische Zusammenarbeit im wirtschaftlichen Verbraucherschutz.

Das Risiko- und Krisenmanagement sowie die Zulassungsverfahren werden in den Kap. 4.2 und 4.3 näher erläutert. Weitere Informationen zu Aufgaben und Struktur des BVL sind im Internet unter www.bvl.bund.de zu finden.

Wachsende Anforderungen an die Dokumentation der Verfahren, die Information von Behörden, Antragstellern und Öffentlichkeit sowie die erweiterten Berichtspflichten in der EU erfordern eine ständige Weiterentwicklung des Informations- und Wissensmanagements im BVL. Als Grundpfeiler des Wissensmanagements wird vom BVL deshalb das Fachinformationssystem Verbraucherschutz und Lebensmittelsicherheit (FIS-VL) als internetbasierte Informationsplattform aufgebaut. Mit dem FIS-VL wird den zuständigen Behörden und den beteiligten Kreisen aus Wirtschaft, Wissenschaft und Fachöffentlichkeit eine effiziente internetbasierte Informationsplattform für das Dokumentenmanagement und Fachforen auf dem Gebiet des Verbraucherschutzes und der Lebensmittelsicherheit angeboten. Das FIS-VL wird von Bund und Ländern genutzt, um schnell und effizient Daten und Informationen auszutauschen.

4.1.3
Aufgaben und Aufbau des Bundesinstituts für Risikobewertung (BfR)

Mit der Neuorganisation des gesundheitlichen Verbraucherschutzes wurde auch das Bundesinstitut für Risikobewertung (BfR) am 1. November 2002 als Anstalt des öffentlichen Rechts im Geschäftsbereich des BMELV mit Sitz in Berlin errichtet. Das BfR ist im Bereich der Lebensmittelsicherheit und des gesundheitlichen Verbraucherschutzes zuständig für die Risikobewertung sowie die Risikokommunikation. Indem die Ergebnisse der Risikobewertung von einer fachlich unabhängigen Behörde gewonnen und gegenüber der Öffentlichkeit vertreten werden, soll jede, auch politische Einflussnahme auf die Risikobewertung ausgeschlossen werden. Das BfR erarbeitet auf der Grundlage international anerkannter Bewertungskriterien Gutachten und Stellungnahmen und berät sowohl das BMELV wie auch das BVL wissenschaftlich. Es ist in seinen wissenschaftlichen Bewertungen und seiner Forschung weisungsunabhängig. Die Arbeitsschwerpunkte des BfR sind insbesondere die biologische und stofflich-chemische Sicherheit von Lebensmitteln, die Sicherheit von Stoffen und bestimmten Produkten (Bedarfsgegenstände, Kosmetika, Tabakerzeugnisse, Textilien und Lebensmittelverpackungen). Weitere Informationen über Struktur und Aufgaben des BfR sind im Internet unter www.bfr.bund.de zu finden.

4.1.4
Aufgaben und Aufbau des Max Rubner-Instituts, Bundesforschungsinstitut für Ernährung und Lebensmittel (MRI)

Am 1. Januar 2008 wurde das Max Rubner-Institut, Bundesforschungsinstitut für Ernährung und Lebensmittel (MRI) als Nachfolgeinstitution der Bundesforschungsanstalt für Ernährung und Lebensmittel (BFEL) als Forschungseinrichtung im Geschäftsbereich des BMELV mit Hauptsitz in Karlsruhe errichtet. Mit der Errichtung der BFEL zum 01. Januar 2004 waren zuvor die Bundesanstalt für Milchforschung in Kiel, die Bundesanstalt für Getreide-, Kartoffel- und Fettforschung in Detmold und Münster, die Bundesanstalt für Fleischforschung in Kulmbach, die Bundesforschungsanstalt für Ernährung in Karlsruhe sowie der Institutsteil „Fischqualität" der Bundesforschungsanstalt für Fischerei in Hamburg in einer Bundesforschungsanstalt zusammengelegt worden.

Diese Umstrukturierungen erfolgten ebenfalls im Rahmen der Neuausrichtung der Verbraucher- und Agrarpolitik des BMELV. Das MRI verfügt über insgesamt acht Institute und eine gemeinschaftliche Einrichtung, die Arbeitsgruppe Analytik. Vier der Institute sind produktübergreifende (horizontale) Forschungsinstitute, die in den Bereichen Physiologie und Biochemie der Ernährung, Mikrobiologie und Biotechnologie, Lebensmittel- und Bioverfahrenstechnik und Ernährungsverhalten errichtet worden sind. Die anderen vier Institute sind als produktkettenorientierte (vertikale) Forschungsinstitute in den Bereichen Milch und Fisch, Obst und Gemüse, Fleisch sowie Getreide eingerichtet worden.

Aufgabe des MRI ist die Forschung im Bereich des gesundheitlichen Verbraucherschutzes und der Ernährung, insbesondere die Bestimmung und ernährungsphysiologische Bewertung gesundheitlich relevanter Inhaltsstoffe in Lebensmitteln, die Untersuchung schonender, Ressourcen erhaltender Verfahren in der Be- und Verarbeitung, die Qualitätssicherung von Lebensmitteln pflanzlicher und tierischer Herkunft sowie die Untersuchung des Ernährungsverhaltens. Weitere Informationen über die Aufgaben und den Aufbau des MRI sind im Internet unter www.mri.bund.de zu finden.

4.2
Risiko- und Krisenmanagement

Schwerpunkte der Arbeit des BVL im Bereich der Lebensmittelsicherheit sind das Risiko- und das Krisenmanagement. In diesem Bereich nimmt das BVL die Rolle der Koordinationsstelle zwischen dem Bund, den Ländern und der EU ein. Gemeinsam mit den Bundesländern arbeitet das BVL Überwachungsprogramme im Bereich der Lebens- und Futtermittelsicherheit aus. Die Bundesländer melden im Rahmen dieser Programme ihre Ergebnisse aus der Lebensmittelüberwachung an das BVL, das diese Daten aufbereitet, zusammenfasst und dokumentiert. Die aggregierten Daten werden zum einen an die Bundesregierung bzw. an die EU berichtet und zum anderen für die Öffentlichkeit aufgearbeitet (die sog. „Berichte zur Lebensmittelsicherheit", abrufbar unter www.bvl.bund.de).

Ein Beispiel für ein solches Überwachungsprogramm ist das Lebensmittelmonitoring. Für das Lebensmittelmonitoring werden in einem System wiederholter repräsentativer Messungen und Bewertungen von Gehalten durch die Bundesländer tierische und pflanzliche Lebensmittel, Säuglingsnahrung sowie Lebensmittel aus dem koordinierten Überwachungsprogramm der EU auf Rückstände von Pflanzenschutzmitteln, Schwermetallen und anderen organischen und anorganischen Substanzen untersucht. Darüber hinaus werden zielorientiert aktuelle Projekte bearbeitet. So wurde 2007 zum Beispiel die Belastung von exotischen Früchten mit Pflanzenschutzmittelrückständen untersucht. Diese Daten werden von den Ländern an das BVL gemeldet, dort erfasst und gespeichert sowie statistisch ausgewertet. Um zu vergleichbaren Ergebnissen zu gelangen, erfolgen die Probenahme und Analyse nach normierten Verfahrensschritten. Die zuständigen Behörden der Lebensmittelüberwachung und die amtlichen Laboratorien der Bundesländer nehmen im Rahmen des Lebensmittel-Monitorings jährlich etwa 4 700 Einzelproben. Das Lebensmittel-Monitoring versetzt Bund und Länder in die Lage, eventuelle Risiken zu erkennen und zeitliche Trends in der Belastung der Lebensmittel aufzuzeigen. Es zeigt, welche Mengen dieser Stoffe die Verbraucher durch die Nahrung aufnehmen und bildet eine fundierte Datenbasis, auf deren Grundlage die Bundesregierung sowie die Akteure im Rechtssetzungsprozess Entscheidungen im Bereich der Lebensmittelsicherheit treffen können. Bei der Aufstellung des Monitoringplanes werden die Untersuchungsbereiche ausgenommen, zu denen Ergebnisse aus dem unter Kapitel 15 näher beschriebenen nationalen Rückstandskontrollplan erhältlich sind.

Neben der Koordinierung der Überwachungsprogramme ist das BVL wie bereits erwähnt die Kontaktstelle für das europäische Schnellwarnsystem RASFF (Rapid Alert System for Feed and Food, s. auch Kap. 1.6). In seiner Funktion als Kontaktstelle melden die Überwachungsbehörden der Länder dem BVL, wenn sie eine von bestimmten Lebensmitteln oder Futtermitteln ausgehende mittelbare oder unmittelbare Gefährdung für die menschliche Gesundheit festgestellt haben. Nach einem vorgeschriebenem Verfahren überprüft und ergänzt das Bundesamt diese Meldungen und leitet sie in standardisierter Form im Rahmen des RASFF an die Europäische Kommission weiter. Die Europäische Kommission übersetzt alle aus den EG-Mitgliedstaaten eingehenden Meldungen, stuft sie als Warn- oder Informationsmeldung ein und übermittelt sie an die nationalen Kontaktstellen. Zusätzlich sind diese Daten jederzeit in einer Datenbank abrufbar, auf die aus Datenschutz- und Wettbewerbsgründen nur Behörden Zugriff haben. Das BVL prüft, ob es sich bei dem mitgeteilten Sachverhalt um eine Gefahr für deutsche Verbraucher handeln könnte und leitet die Meldungen weiter an die für die Futtermittel-, die Lebensmittel- sowie die Veterinärüberwachung zuständigen obersten Landesbehörden.

Ein Schwerpunkt des BVL liegt bei der Frühbeobachtung des Aufgabenbereichs und der Entwicklung von Systemen zur Risikofrüherkennung. Ziel ist es, mit Instrumenten des Wissensmanagements Probleme rechtzeitig zu erkennen und durch gezielte Managementmaßnahmen die Entstehung von Krisen zu verhindern. Die bestehenden europäischen Systeme haben die Aufgabe, Risiken zu überwachen und zu bewältigen. In diesen Systemen wird jedoch erst reagiert, wenn bereits Risiken für den Verbraucher aufgetreten sind. Zusätzlich zu diesen Schnellwarnsystemen ist daher ein System notwendig, mit dem neue und unvorhergesehene Risiken in der Lebensmittelsicherheit erkannt werden können, bevor größere Probleme entstehen. Im Rahmen der Krisenprävention verfolgt das BVL u. a. Erkenntnisse aus dem europäischen Schnellwarnsystem für Lebensmittel und Futtermittel (RASFF), dem Lebensmittel-Monitoring, dem Nationalen Rückstandskontrollplan, der Lebensmittel- und Futtermittelüberwachung und dem Veterinärwesen, aus von BfR bzw. EFSA erstellten wissenschaftlichen Bewertungen und anderer wissenschaftlicher Publikationen sowie Erkenntnisse anderer Länder- und Bundesbehörden, der betroffenen Wirtschaftskreise, von Verbraucherorganisationen, Medien und der Öffentlichkeit. Diese Erkenntnisse werden im BVL ausgewertet. Zur Identifizierung neuer Risiken und zur Prognose kollektiven Verhaltens entwickelt das BVL Software zur automatischen Analyse von Dokumenten und der rechnergestützten Auswertung.

4.3
Zulassungsverfahren

4.3.1
Lebensmittel und Futtermittel

Ausnahmegenehmigungen und Allgemeinverfügungen

Gemäß § 68 Abs. 2 Nr. 1, 3 und 5, Abs. 4 LFGB kann das BVL auf Antrag zu den bestimmten Regelungen des LFGB für das Herstellen, Behandeln und Inverkehrbringen bestimmter Erzeugnisse im Sinne des LFGB Ausnahmegenehmigungen erlassen, sofern die Voraussetzungen des § 68 LFGB erfüllt und Ergebnisse zu erwarten sind, die für eine Änderung oder Ergänzung der Vorschriften des Lebensmittelrechts von Bedeutung sein können. Ausnahmegenehmigungen dürfen gemäß § 68 Abs. 3 LFGB nur zugelassen werden, wenn eine Gefährdung der menschlichen oder tierischen Gesundheit nicht zu erwarten ist.

Erzeugnisse im Sinne des LFGB, die sich in einem anderen Mitgliedstaat der Europäischen Gemeinschaft oder einem anderen Vertragsstaat des Abkommens über den Europäischen Wirtschaftsraum (EWR) rechtmäßig im Verkehr befinden und Rechtsvorschriften nicht entsprechen, dürfen nur dann in Deutschland in Verkehr gebracht werden, wenn das BVL eine Allgemeinverfügung nach § 54 Abs. 1, Satz 2 Nr. 2 LFGB im Bundesanzeiger bekannt gemacht hat. Ausgenommen hiervon sind Erzeugnisse, die unter die in § 54 Abs. 1 Satz 2 Nr. 1 LFGB genannten Verbotsvorschriften fallen.

Neuartige Lebensmittel

Neuartige Lebensmittel und Lebensmittelzutaten dürfen in der Europäischen Union nur dann in den Verkehr gebracht werden, wenn eine entsprechende Zulassung erteilt worden ist. Im Rahmen des Zulassungsverfahrens werden sie zum Schutz der Verbraucher einer umfassenden gesundheitlichen Bewertung unterzogen. Das BVL nimmt Anträge auf Genehmigung des Inverkehrbringens entgegen und fertigt als in Deutschland zuständige Lebensmittelprüfstelle einen Erstprüfbericht an, der an die Europäische Kommission und die anderen Mitgliedstaaten übermittelt wird. Das weitere Verfahren findet in enger Zusammenarbeit zwischen Mitgliedstaaten und Kommission auf europäischer Ebene statt.

Gesundheitsbezogene Angaben

Gemäß der Verordnung (EG) Nr. 1924/2006 (HealthClaims-VO) unterliegen gesundheitsbezogene Angaben einem Erlaubnisvorbehalt, d. h. diese Angaben bedürfen der Aufnahme in eine europäische Gemeinschaftsliste bzw. einer Einzelzulassung. Das BVL ist die national zuständige Behörde für die Entgegennahme von Anträgen auf Zulassung und Listung von gesundheitsbezogenen Angaben gemäß der HealthClaims-VO.

Futtermittel

Das BVL prüft und bewertet im Auftrag des BMELV Zulassungsanträge für Zusatzstoffe zur Verwendung in der Tierernährung, welche von den interessierten Unternehmen aus allen Mitgliedstaaten bei der Europäischen Kommission eingereicht wurden. Diese Prüfung erfolgt gemeinsam mit dem Friedrich Loeffler-Institut, Bundesforschungsinstitut für Tiergesundheit (FLI) und dem BfR. Die bei der Europäischen Kommission eingereichten Anträge zur Zulassung von Futtermitteln für besondere Ernährungszwecke (Diätfuttermittel) werden für die Bundesrepublik Deutschland durch das BVL in Abstimmung mit dem FLI und dem BfR geprüft, bevor sie im Gemeinschaftsverfahren zugelassen werden. Das BVL erteilt auf Antrag zeitlich befristete Ausnahmegenehmigungen für Futtermittel, Vormischungen und Zusatzstoffe für Versuchszwecke, soweit Ergebnisse zu erwarten sind, die für eine Änderung futtermittelrechtlicher Vorschriften von Bedeutung sein können (§ 68 Abs. 2 Nr. 5, Abs. 4 LFGB).

Wenn ein Zulassungsantrag für bestimmte Einzelfuttermittel bei der Europäischen Kommission vorgelegt wird, prüft das Bundesamt gemeinsam mit dem

FLI und dem BfR für die Bundesrepublik Deutschland, ob dieses Erzeugnis den erforderlichen Nährwert besitzt und ob es bei sachgerechter Verwendung keinen ungünstigen Einfluss auf die menschliche und tierische Gesundheit sowie auf die Umwelt hat und durch Veränderung der Beschaffenheit der tierischen Erzeugnisse keinen Nachteil für den Verbraucher mit sich bringt.

4.3.2
Pflanzenschutz- und Pflanzenstärkungsmittel

Die Zulassung von Pflanzenschutzmitteln berücksichtigt die Trennung von Risikomanagement und Risikobewertung. Sie ist in eine Vor- und eine Hauptprüfung gegliedert. In der Vorprüfung erfasst das BVL die vom Antragsteller vorgelegten Unterlagen und prüft diese auf Vollständigkeit und Plausibilität. Gleichzeitig prüft es, ob die beantragte Zulassung rechtlich grundsätzlich möglich ist. Der Antragsteller wird über das Ergebnis der Vorprüfung und ggf. über die Nachforderung von Unterlagen, die zur Bearbeitung des Antrags erforderlich sind, informiert. Nach Vorliegen aller Antragsunterlagen werden diese an die Bewertungsbehörden verteilt.

In der sich anschließenden Hauptprüfung untersucht das BVL die physikalischen und chemischen Eigenschaften der Mittel und prüft ihre Identität mit den im Antrag beschriebenen Mitteln. Parallel dazu werden die Pflanzenschutzmittel

- vom Julius Kühn-Institut, Bundesforschungsinstitut für Kulturpflanzen (JKI) auf ihre Wirksamkeit und den Nutzen einschließlich der Einstufung der Mittel nach der Bienenschutzverordnung,
- von dem **BfR** auf die toxikologischen Eigenschaften und ihre Auswirkungen auf die Gesundheit von Mensch und Tier und
- von dem Umweltbundesamt (**UBA**) auf die Auswirkungen auf den Naturhaushalt bewertet.

Die Berichte über die Ergebnisse der Bewertung werden dem BVL einschließlich der Benehmen oder Einvernehmen vorgelegt. Anhand dieser Berichte prüft das BVL, ob eine Entscheidung über die beantragte Zulassung getroffen werden kann. Es unterrichtet den Antragsteller über das Ergebnis der Hauptprüfung und teilt ihm ggf. mit, ob weitere Unterlagen für die Entscheidung über die Zulassung benötigt werden. Ist dies nach Durchlauf der Hauptprüfung nicht erforderlich, prüft das BVL, ob und unter welchen Anwendungsbedingungen eine Zulassung erfolgen kann. Zu dem Ergebnis dieser Prüfung wird der beim BVL eingerichtete Sachverständigenausschuss unter Einbeziehung der vorliegenden Bewertungen angehört. Danach entscheidet das BVL über die Zulassung und erlässt den Bescheid.

Wenn die Zulassung von Pflanzenschutzmitteln beantragt wird, die bereits in einem anderen Mitgliedstaat der EU zugelassen sind, der Einsatz bereits zugelassener Mittel in zusätzlichen Anwendungsbereichen beantragt wird oder ein nicht zugelassenes Pflanzenschutzmittel zu Forschungszwecken oder bei Gefahr im Verzug angewendet werden soll, werden vereinfachte Verfahren durchgeführt.

Im Rahmen des Verfahrens zur Bewertung von Wirkstoffen auf EG-Ebene führen die Europäische Kommission, die Europäische Behörde für Lebensmittelsicherheit (EFSA) und die Mitgliedstaaten ein gemeinsames Überprüfungsprogramm durch. Bei der Bewertung von Wirkstoffen und bei der Zulassung arbeitet das BVL partnerschaftlich mit den Behörden anderer Mitgliedstaaten zusammen. Das Risikomanagement, also die Entscheidung über die Aufnahme eines Wirkstoffes in Anhang I der Richtlinie 91/414/EWG („Positivliste"), obliegt der Europäischen Kommission nach Stellungnahme der Mitgliedstaaten im Ständigen Ausschuss für die Lebensmittelkette und Tiergesundheit. Derzeit wird eine neue EU-Verordnung über das Inverkehrbringen von Pflanzenschutzmitteln sowie eine Richtlinie über einen Aktionsrahmen der Gemeinschaft für den nachhaltigen Einsatz von Pflanzenschutzmitteln beraten und voraussichtlich Mitte 2009 verabschiedet werden. Das Inkrafttreten dieser Normen wird erhebliche Änderungen für die Zulassung von Pflanzenschutzmitteln mit sich bringen.

4.3.3
Zulassung von Tierarzneimitteln

Als nationale zuständige Behörde für die Zulassung von Tierarzneimitteln beurteilt das BVL im Rahmen des Zulassungsverfahrens die vom Antragsteller eingereichten Unterlagen, die die Eigenschaften des neuen Produktes nachweisen: Die Informationen zur pharmazeutischen Qualität umfassen das Herstellungsverfahren und die Beschaffenheit (Identität, Gehalt, Reinheit, Stabilität) des Tierarzneimittels bzw. der Ausgangssubstanzen. Weiterhin müssen in den eingereichten Unterlagen Indikation, empfohlene Dosierung und vorgesehene Zieltierart benannt werden. Die Wirksamkeit und Verträglichkeit sind zu belegen. Anhand der Angaben zur Unbedenklichkeit wird das Risiko der Arzneimitteltherapie für das Tier selbst, den Anwender des Produktes, den Konsumenten von Lebensmitteln tierischer Herkunft und die Umwelt beschrieben.

Wesentliche und umfangreiche Aufgaben bei der Zulassung von Tierarzneimitteln nimmt das BVL für die Europäische Arzneimittelagentur (EMEA) wahr. Das BVL wirkt mit seinen Fachleuten im Wissenschaftlichen Ausschuss für Tierarzneimittel der EMEA und seinen Arbeitsgruppen mit. Die EMEA mit Sitz in London koordiniert die Bewertung und Überwachung von medizinischen Produkten in der Europäischen Union und führt die wissenschaftlichen Ressourcen der 27 EU-Mitgliedstaaten in einem Netz mit 42 nationalen Behörden zusammen.

Strebt ein Unternehmen in der EU die Zulassung eines Arzneimittels für Lebensmittel liefernde Tiere an, so schlägt der Wissenschaftliche Ausschuss für Tierarzneimittel der EMEA auf der Grundlage wissenschaftlicher Studien für jeden in dem Arzneimittel enthaltenen Stoff Rückstandshöchstmengen in den von behandelten Tieren gewonnenen Lebensmitteln vor. Diese Höchstmengen gelten als verbindliche Werte nach Veröffentlichung im Europäischen Amtsblatt durch die EU-Kommission.

Zugenommen hat in den letzten Jahren die Zahl der so genannten dezentralen Zulassungen. In diesem Verfahren wird die Zulassung eines Tierarzneimittels in einem Mitgliedstaat der EU beantragt. Spricht die zuständige nationale Behörde einen positiven Bescheid aus, so müssen die anderen Mitgliedstaaten diese Zulassung innerhalb von 90 Tagen anerkennen, wenn nicht schwerwiegende Gründe dem entgegenstehen.

Das BVL arbeitet intensiv auf internationaler Ebene mit, so zum Beispiel im VICH-Programm (International Cooperation on Harmonisation of Technical Requirements for the Registration of Veterinary Medicinal Products) zur Angleichung der Anforderungen in der Tierarzneimittelzulassung zwischen der EU, Japan und den USA und im Codex-Alimentarius-Komitee der Weltgesundheitsorganisation WHO zu Rückständen aus Tierarzneimitteln in Lebensmitteln.

4.3.4
Gentechnisch veränderte Organismen

Seit dem 1. April 2004 ist das BVL auf dem Gebiet der Gentechnik die zuständige Bundesoberbehörde und nimmt Aufgaben wahr, die das Gentechnikgesetz und Verordnungen der Europäischen Union vorgeben. Das Gentechnikgesetz unterscheidet zwischen zeitlich und räumlich begrenzten Freisetzungen von gentechnisch veränderten Organismen (GVO) und dem Inverkehrbringen von GVO oder Produkten, die GVO enthalten.

Über das Inverkehrbringen von Produkten, die gentechnisch veränderte Organismen enthalten, wird in einem EU-weiten Genehmigungsverfahren entschieden. Dabei wird unterschieden, ob der GVO als Lebens- oder Futtermittel genutzt werden soll (VO (EG) Nr. 1829/2003) oder nicht (RL 2001/18/EG). Bei dem Verfahren nach der VO (EG) Nr. 1829/2003 ist die EFSA federführend bei der Risikobewertung ist. Sie prüft auch die vom Antragsteller vorgesehene Kennzeichnung und stellt sicher, dass alle Angaben vorliegen, die zur Überwachung notwendig sind. Das betrifft beispielsweise Informationen zu Nachweisverfahren und Kontrollmaterial. Das BVL ist als zuständige deutsche Behörde an der Durchführung der Genehmigungsverfahren beteiligt. Im Rahmen des EU-weiten Genehmigungsverfahrens gibt das BVL die deutsche Stellungnahme ab und koordiniert die nationalen und internationalen Pflichten Deutschlands zur Sicherung der Koexistenz, also der Nichtvermischung von GVO und gentechnikfreien Kulturen. Das BVL beteiligt das Bundesamt für Naturschutz (BfN), das BfR, das Robert-Koch-Institut (RKI), das JKI, die Zentrale Kommission für die Biologische Sicherheit (ZKBS) und im Falle von Tieren auch das FLI und das Paul-Ehrlich-Institut (PEI) an den Verfahren. Die auf europäischer Ebene getroffenen Entscheidungen zur Marktzulassung gelten dann für alle Mitgliedstaaten der EU.

Die Überwachung von Produkten, die in Verkehr gebracht worden sind, liegt in der Zuständigkeit der Bundesländer. Das BVL bietet Informationen zu beantragten und genehmigten Produkten in den Mitgliedstaaten der EU an.

Das Genehmigungsverfahren für Freisetzungen von GVO zum wissenschaftlichen Versuchsanbau ist ein nationales Verfahren, in dessen Rahmen das BVL die zuständige Genehmigungsbehörde ist. Die Verfahren zur Genehmigung von Freisetzungen führt das BVL unter Beteiligung des JKI, des BfN, des BfR, des RKI sowie ggf. des FLI.

Bei allen Antragsverfahren holt das BVL das Votum der ZKBS ein, in dem Fachleute aus den Gebieten Bakteriologie, Virologie, Pflanzenzüchtung, Medizin, Ökologie sowie Arbeits- und Umweltschutz vertreten sind.

GVO unterliegen nach ihrer Zulassung in der Europäischen Union einer Umweltbeobachtung. Die Antragsteller haben ihre Beobachtungspläne zur Prüfung vorzulegen und müssen jährlich über ihre Umweltbeobachtungen Bericht erstatten. Das BVL kann auch Verfahren einleiten, die den Einsatz oder Verkauf eines GVO als Produkt oder in einem Produkt in Deutschland vorübergehend einschränken oder verbieten, wenn eine Gefahr für die menschliche Gesundheit oder die Umwelt wahrscheinlich ist.

Für die Rückverfolgbarkeit eines Lebens- oder Futtermittels von der landwirtschaftlichen Produktion bis zur Verarbeitung und Verkauf an den Verbraucher ist eine lückenlose Dokumentation und Kennzeichnung notwendig. Das BVL prüft in Zusammenarbeit mit den übrigen europäischen Behörden die vom Antragsteller vorgeschlagene Kennzeichnung, koordiniert die von den Bundesländern durchzuführenden Überwachungsmaßnahmen und stellt ein Register über zugelassene GVO und ihre Nachweismethoden bereit.

Eine Plattform für den Austausch von Informationen zu gentechnisch veränderten Organismen bietet das so genannte Biosafety Clearing House. Auf der Internetplattform http://www.cbd.int wird ein Gen-Register bereitgestellt, das Informationen über spezifische GVO nach Organismus zum Inhalt hat sowie zur Art der Veränderung und zum Herkunftsland. Ferner ist eine amtliche Methodensammlung zum Nachweis von GVO Teil des Gen-Registers.

4.4
Weiterentwicklung des gesundheitlichen Verbraucherschutzes

Der erweiterte Binnenmarkt der Europäischen Union und die zunehmende Globalisierung der Wirtschaft haben das Angebot landwirtschaftlicher Erzeugnisse und Lebensmittel in Europa spürbar vergrößert. Insbesondere hat aber das Internet die Informations- und Kaufgewohnheiten der Verbraucher gewandelt. In diesem Bereich ist die Globalisierung besonders weit fortgeschritten und stellt eine große Herausforderung an den behördlichen Verbraucherschutz dar. Zwar schafft das Internet die Möglichkeit, weltweit Informationen abzurufen und austauschen zu können, es birgt aber auch eine Fülle von Risiken. Das BVL entwickelt daher mit anderen Behörden Lösungsansätze, wie der Internethandel mit nicht verkehrsfähigen Lebensmitteln wirksam kontrolliert werden kann. Hierzu könnten z. B. die Einführung eines Gütesiegels für lautere Handelspraktiken, die Durchsetzung einer Registrierungspflicht für Lebensmittelunternehmer, die als Anbieter im Internet auftreten und die Einrichtung einer Zentralen Recherchestelle gehören. Die Überwachungsbehörden der Bundesländer sehen sich zudem einer steigenden Anzahl von neuen Nahrungsergänzungsmitteln und diätetischen Lebensmitteln gegenüber, für die zwar eine Anzeigepflicht beim BVL besteht, die aber kein Zulassungsverfahren durchlaufen. Immer häufiger werden Produkte als Nahrungsergänzungsmittel oder diätetische Lebensmittel von ausländischen Anbietern über das Internet im deutschen Markt angeboten, die eindeutig als nicht verkehrsfähig einzustufen sind. Da die Überwachungsbehörden in diesen Fällen schwer Maßnahmen durchsetzen können, kommt hier nur eine Warnung vor diesen Produkten in Betracht. Hier arbeiten Bund und Länder im Lebensmittel- und Arzneimittelbereich eng zusammen. Besonders kritisch sind aber die sog. Borderline-Produkte zu bewerten, das sind Produkte, die sich im Grenzbereich zwischen Arzneimitteln und Lebensmitteln befinden. Die einwandfreie rechtliche Einstufung dieser Produkte stellt hier die Überwachungsbehörden vor große Herausforderungen, da sich dieses sehr komplizierte Rechtsgebiet in einer ständigen Weiterentwicklung befindet und diese Aufgabe bei den Überwachungsbehörden überdurchschnittlich Kapazitäten bindet. Hier könnte die Einrichtung einer Kommission, angelehnt an das Beispiel der Aufbereitungskommission des ehemaligen Bundesgesundheitsamtes, die Überwachungsbehörden unterstützen.

Kapitel 5

Grundlagen und Vollzug der amtlichen Lebensmittelkontrolle in Deutschland

ANNETTE NEUHAUS

Landrat des Kreises Lippe,
Fachgebiet Veterinärangelegenheiten, Lebensmittelüberwachung,
Felix-Fechenbach-Str. 5, 32756 Detmold, a.neuhaus@lippe.de

5.1	Einführung	109
5.2	Grundlagen	111
5.2.1	Verordnung (EG) Nr. 178/2002	111
5.2.2	Verordnung (EG) Nr. 882/2004	112
5.2.3	Lebensmittel- und Futtermittelgesetzbuch	117
5.2.4	AVV Rahmen-Überwachung	118
5.3	Organisation	121
5.3.1	Zuständigkeiten	121
5.3.2	Personal	124
5.3.3	Qualitätsmanagement	125
5.3.4	Zusammenarbeit der Behörden	126
5.4	Vollzug	128
5.4.1	Betriebsüberwachung	128
5.4.2	Probenentnahme und -untersuchung	134
5.4.3	Durchsetzung des Rechts	138
5.4.4	Berichtswesen	139
5.4.5	Krisenmanagement und Schnellwarnungen	139
5.4.6	Maßnahmen auf Anforderung	140
5.5	Ergebnisse	141
5.6	Ausblick und Schlussbemerkungen	145
5.7	Literatur	146

5.1 Einführung

Für Menschen besteht ein täglicher Bedarf an Lebensmitteln, die gesundheitlich unbedenklich, allgemein zum Verzehr geeignet und unverfälscht sein sollen.
  Lebensmittel sind vergängliche Naturprodukte und bergen in sich Gefahren, die mit dem natürlichen Verderbnisvorgang verbunden sind. Zusätzlich bestehen Risiken durch eine unsachgemäße Herstellung, Behandlung oder Verarbei-

tung, zum Beispiel durch ungeeignete Zutaten oder technologische Verfahren, falsche Lagertemperaturen oder Verwendung ungeeigneter Behältnisse. So lange wie Lebensmittel zum Zweck der Gewinnerzielung an andere abgegeben werden, besteht darüber hinaus die Versuchung, Kunden durch Verfälschung oder andere Manipulation zu übervorteilen.

Gesetzliche Regeln gegen die Verfälschung von Lebensmitteln sind daher bereits aus dem Altertum überliefert. Ab dem 12. Jahrhundert finden sich auch in den ersten deutschen Stadtrechten und Landesverordnungen zunehmend Bestimmungen zum Nahrungsmittelverkehr. Die entsprechenden Prüfungen beschränkten sich allerdings noch auf die Kontrolle von Maßen und Gewichten sowie auf organoleptische Untersuchungen der angebotenen Lebensmittel. Mit Beginn der wirtschaftlichen und industriellen Entwicklung im 19. Jahrhundert, insbesondere auch auf den Gebieten der Chemie sowie der Lebensmittelherstellung und -behandlung, nahmen gefährliche Lebensmittelfälschungen bedrohlich zu. Dies führte schließlich zur Einrichtung eines chemischen Laboratoriums am 1876 errichteten kaiserlichen Gesundheitsamt in Berlin (Reichsgesundheitsamt) und zum ersten allgemeinen deutschen Nahrungsmittelgesetz, dem „Gesetz, betreffend den Verkehr mit Nahrungsmitteln, Genussmitteln und Gebrauchsgegenständen" vom 14. Mai 1879 [1,2]. Dieses Datum kennzeichnet den Beginn einer amtlichen Lebensmittelüberwachung in Deutschland. Voraussetzung hierfür war die Entwicklung exakter naturwissenschaftlicher Untersuchungsmethoden seit Anfang des 19. Jahrhunderts [3]. Das Gesetz betraf auch Spielwaren, Tapeten, Farben, Ess-, Trink- und Kochgeschirr sowie Petroleum. Beim Vollzug des Gesetzes machte sich schon bald ein eklatanter Mangel an speziellem, akademisch geschultem Personal bemerkbar. Zahlreiche Beschwerden über die unzureichende Qualifikation der Sachverständigen in der Lebensmitteluntersuchung führten 1894 per Verordnung zur Schaffung des Berufes „staatlich geprüfter Nahrungsmittelchemiker" [2].

Das Lebensmittelgesetz wurde erstmals durch das „Gesetz über den Verkehr mit Lebensmitteln und Bedarfsgegenständen" – LMG – vom 5. Juli 1927 [4] abgelöst und später mehrfach grundlegend reformiert:

- 1958 Abkehr vom Missbrauchsprinzip, d. h. Einführung des Verbots mit Erlaubnisvorbehalt für Fremdstoffe, heute „Zusatzstoffe" [5]
- 1974 Konkretisierung des Irreführungsverbotes und Entkriminalisierung des Lebensmittelrechts [6].

Deutschland ist seit 1. Januar 1957, also seit Beginn Mitglied der Europäischen (Wirtschafts-)Gemeinschaft (EG, früher EWG). Im gemeinsamen Binnenmarkt soll ein freier Warenverkehr ohne Handelshemmnisse unter gegenseitiger Anerkennung einzelstaatlicher Normen herrschen. Nach und nach wurden harmonisierte Vorschriften zum Schutz der Gesundheit, zum Verbraucher- und Umweltschutz sowie Schutz der Lauterkeit des Handelsverkehrs in Kraft gesetzt. Die Richtlinie 89/397/EWG vom 14. Juni 1989 über die amtliche Lebensmittelüberwachung [7] sollte in einer ersten Phase dazu dienen, die allgemeinen Grundsätze für die Durchführung der Überwachung anzugleichen. Darüber hinaus wurden darin erstmals die Grundlagen für koordinierte Überwachungsprogramme gelegt (Artikel 14). Ergänzend dazu wurde die Richtlinie 93/99/EWG vom 29. Oktober 1993 über zusätzliche Maßnahmen im Bereich der amtlichen Lebensmittelüberwachung erlassen [8]. Sie enthält insbesondere Vorgaben bezüglich der Qualifikation des Überwachungspersonals (Artikel 2), der Akkreditierung der Laboratorien (Artikel 3) und der Validierung der angewandten Analyseverfahren (Artikel 4). Zur Qualifikation des Personals wurde gefordert, „dass die zuständigen Behörden qualifizierte und erfahrende Mitarbeiter, insbesondere in Bereichen wie Chemie, Lebensmittelchemie, Veterinärmedizin, Medizin, Lebensmittelmikrobiologie, Lebensmittelhygiene, Lebensmitteltechnologie und -recht, in ausreichender Zahl besitzen oder heranziehen können, damit die Überwachungstätigkeiten nach Artikel 5 der Richtlinie 89/397/EWG angemessen durchgeführt werden können." Die beiden genannten Richtlinien sind inzwischen von der KontrollVO abgelöst worden (siehe 5.2.2).

Weitere wichtige Stationen hin zur Harmonisierung der amtlichen Lebensmittelüberwachung innerhalb der EG bis zum heutigen Stand waren 1997 das Grünbuch der Kommission über das Lebensmittelrecht (KOM(1997)176 end.) und das Weißbuch über Lebensmittelsicherheit (KOM(1999)719 end.) aus dem Jahr 2000.

In Deutschland war das erstmalige Auftreten von BSE (*Bovine spongiforme Enzephalopathie*) bei einem Rind im Jahr 2000 der Auslöser für Umstrukturierungen und organisatorische Änderungen auf Bundesebene, die Verbesserungen für die Lebensmittelsicherheit und den gesundheitlichen Verbraucherschutz bewirken sollen. Im darauf folgenden Jahr 2001 wurde von der Bundesbeauftragten für Wirtschaftlichkeit in der Verwaltung ein Gutachten zur Organisation des gesundheitlichen Verbraucherschutzes, Schwerpunkt Lebensmittel, erstellt [9], das kurzfristig umgesetzt wurde [10, 11].

5.2
Grundlagen

5.2.1
Verordnung (EG) Nr. 178/2002

Im Bereich des Verbraucherschutzes ist die Harmonisierung innerhalb der Europäischen Union bereits weit fortgeschritten. So werden auch die Aufgaben und Ziele der amtlichen Lebensmittelüberwachung inzwischen überwiegend durch unmittelbar in jedem Mitgliedstaat geltende Verordnungen des Europäischen Parlaments und des Rates festgelegt. Europäische Richtlinien, die erst nach Umsetzung in nationale Rechtsnormen anwendbar sind oder nationale Gesetze und Verordnungen treten zunehmend in den Hintergrund.

Eine wesentliche Grundlage des europäischen Lebensmittel- und Futtermittelrechts und damit auch der amtlichen Lebensmittelüberwachung ist die Basis-

Verordnung (EG) Nr. 178/2002 (BasisVO). Sie schafft „die Grundlage für ein hohes Schutzniveau für die Gesundheit des Menschen und die Verbraucherinteressen bei Lebensmitteln unter besonderer Berücksichtigung der Vielfalt des Nahrungsmittelangebots, einschließlich traditioneller Erzeugnisse, wobei ein reibungsloses Funktionieren des Binnenmarktes gewährleistet wird" (Artikel 1).

Deutlicher als nach dem bisherigen nationalen Lebensmittel- und Bedarfsgegenständegesetz (LMBG) wird jetzt neben dem Gesundheitsschutz und dem Schutz vor Täuschung als weiteres Ziel des Lebensmittelrechts der Schutz lauterer Gepflogenheiten im Lebensmittelhandel formuliert, wobei gegebenenfalls außerdem der Schutz der Tiergesundheit, der Tierschutz, der Schutz der Pflanzen und – allgemein – der Umwelt berücksichtigt werden soll (Artikel 5). Hier findet sich der ganzheitliche Ansatz „vom Acker bis zum Teller" für den europäischen Verbraucherschutz bei Lebens- und Futtermitteln wieder. Er stellt nicht nur an Lebensmittel- und Futtermittelunternehmen hohe Anforderungen, sondern insbesondere auch an die amtliche Lebensmittelkontrolle, die von den Mitgliedstaaten systematisch zu betreiben ist. Kontrollen und sonstige Maßnahmen sollen sicherstellen, dass die Anforderungen des Lebensmittelrechts von den Lebensmittel- und Futtermittelunternehmern in allen Produktions-, Verarbeitungs- und Vertriebsstufen eingehalten werden. Die Mitgliedstaaten sind zur Durchsetzung des Lebensmittelrechts in Europa verpflichtet. Dazu haben sie Vorschriften für Maßnahmen und Sanktionen bei Verstößen festzulegen, die wirksam, verhältnismäßig und abschreckend sein sollen (Artikel 17).

Der Begriff „Risiko" gewinnt im Lebensmittelrecht eine besondere Bedeutung:

> „… eine Funktion der Wahrscheinlichkeit einer die Gesundheit beeinträchtigenden Wirkung und der Schwere dieser Wirkung als Folge der Realisierung einer Gefahr" (Artikel 3).

Die Basis-VO zählt die Riskoanalyse ausdrücklich zu den allgemeinen Grundsätzen des Lebensmittelrechts (Artikel 6). Sie stellt entsprechend der Begriffsdefinition in Artikel 3 einen Prozess aus den drei miteinander verbundenen Einzelschritten Risikobewertung, Risikomanagement und Risikokommunikation dar und wird zu einer wichtigen Grundlage des Handelns sowohl für die Unternehmen als auch für die Kontrollbehörden.

5.2.2
Verordnung (EG) Nr. 882/2004

Mit dem Ziel, auf Gemeinschaftsebene ein harmonisiertes Konzept für amtliche Kontrollen auf dem Lebensmittel- und Futtermittelsektor einzuführen und zu gewährleisten, wurde die VO (EG) Nr. 882/2004 (KontrollVO) erlassen.

Mit dieser KontrollVO werden die Mitgliedstaaten sehr konkret in die Pflicht genommen, entsprechende Kontrollsysteme zu installieren und diese systematisch zu überprüfen, Kontroll- und Notfallpläne zu erstellen sowie gegenüber der

Gemeinschaft regelmäßig Bericht zu erstatten. Viele der bis dahin in Deutschland angewendeten nationalen gesetzlichen Vorgaben zur Durchführung der Lebensmittelüberwachung finden sich hier wieder, manches ist aber auch neu. In zunehmendem Maße wird ein systematisches Vorgehen nach langfristig vorher festgelegten Plänen und mit dokumentierten Verfahren verlangt. Die Berichtspflichten innerhalb der Kontrollsysteme gewinnen ebenso an Bedeutung.

Die Ziele dieser Verordnung entsprechen denen der BasisVO. Die Festlegung allgemeiner Regeln für die Durchführung amtlicher Kontrollen soll zur Erreichung dieser Ziele beitragen, wobei zu betonen ist, dass die primäre rechtliche Verantwortung für die Gewährleistung der Futtermittel- und Lebensmittelsicherheit bei den Unternehmern liegt (Artikel 1).

Die Verordnung führt neue Definitionen ein und verlangt ein Umdenken beim Umgang mit vertrauten Begriffen (Artikel 2). Insbesondere betrifft dies die Worte „(Amtliche) Lebensmittelüberwachung" und „Kontrolle":

- „Amtliche Kontrolle": Jede Form der Kontrolle, die von der zuständigen Behörde oder der Gemeinschaft zur Verifizierung der Einhaltung des Futtermittel- und Lebensmittelrechts sowie der Bestimmungen über Tiergesundheit und Tierschutz durchgeführt wird.
- „Überwachung": Die sorgfältige Beobachtung eines oder mehrerer Futtermittel- oder Lebensmittelunternehmen bzw. -unternehmer oder von deren Tätigkeiten.

Eine solche Änderung der Begrifflichkeiten kann sich nicht schlagartig vollziehen, so dass in einer Übergangszeit beides nebeneinander und sowohl gleichsinnig als auch inhaltlich verschieden zur Anwendung kommt.

Die amtlichen Kontrollen sind regelmäßig, auf Risikobasis und mit angemessener Häufigkeit durchzuführen (Artikel 3). Neben den einzuschätzenden Risiken sollen dabei auch das bisherige Verhalten der Unternehmer hinsichtlich der Einhaltung einschlägiger Bestimmungen und die Verlässlichkeit der betriebseigenen Kontrollen berücksichtigt werden. Informationen, die auf einen Verstoß hinweisen und so einen Verdacht begründen könnten, sind ebenso zu beachten. Natürlich sind die Kontrollen ohne Vorankündigung durchzuführen. Es wird allerdings anerkannt, dass es Fälle gibt, in denen eine vorherige Unterrichtung des Unternehmers erforderlich ist, z. B. wenn zur Überprüfung der Eigenkontrollen die Anwesenheit einer bestimmten Person notwendig ist.

Die Kontrollen haben auf jeder Stufe zu erfolgen, also sowohl bei der Primärerzeugung von Lebensmitteln auf landwirtschaftlichen Höfen oder in Gartenbaubetrieben, die z. B. Obst oder Gemüse anbauen, als auch bei verarbeitenden Unternehmen jeglicher Art und Größe sowie auf allen Vertriebsebenen wie Groß- und Einzelhandel oder in Dienstleistungsbetrieben wie der Gastronomie.

Bei der Entnahme und Untersuchung von Proben sind einschlägige gemeinschaftsrechtliche Vorschriften zu beachten (Artikel 11). Falls solche nicht bestehen, folgen die Verfahren international anerkannten Regeln oder Normen, nationalen Bestimmungen oder anderen für diesen Zweck geeigneten Verfahrensvorschriften. Ausdrücklich wird von den zuständigen Behörden eingefordert, dem Unternehmer das Recht auf Einholung eines zusätzlichen Sachverständigengutachtens zu gewährleisten.

Waren, die zur Einfuhr aus Drittländern und solche, die zur Ausfuhr außerhalb der europäischen Gemeinschaft bestimmt sind, müssen mit derselben Sorgfalt überprüft werden wie Lebensmittel innerhalb der Union (Artikel 3). Die veterinärrechtlichen Ein- und Ausfuhrkontrollen von Lebensmitteln tierischer Herkunft sind seit langem geregelt und finden in (tierseuchen-) hygienischer Sicht praktisch lückenlos statt. Allerdings fordert die VO nunmehr die Beachtung *aller* Aspekte des Futtermittel- und Lebensmittelrechts.

Es wurde erkannt, dass bei der Ein- und Ausfuhr von Lebensmitteln und Futtermitteln nichttierischen Ursprungs erhebliche Kontrolldefizite vorhanden waren, die durch diese VO beseitigt oder wenigstens gemildert werden können. Zumindest gilt dies für die Einfuhr von Waren aus Drittländern, für die mehrjährige nationale Kontrollpläne gefordert werden (Artikel 15/16). Die Häufigkeit von Untersuchungen eingeführter Produkte hat sich an dem potentiellen Risiko zu orientieren, daneben auch am bisherigen Verhalten des jeweiligen Importeurs und der Qualität seiner eigenen Kontrollen. Es spielt außerdem eine Rolle, welche Garantien von zuständigen Behörden der Ursprungsdrittländer vorliegen.

Für die verschiedenen Arten von Futter- und Lebensmitteln sollen bestimmte Orte für die Einfuhr festgelegt werden, weil nicht an jedem Ort geeignete Kontrolleinrichtungen, z. B. Laboratorien, zur Verfügung stehen, um kurzfristig die erforderlichen, oftmals sehr speziellen Prüfungen wie z. B. Mykotoxin-Untersuchungen bei Pistazien oder Haselnüssen vornehmen zu können. Handelsstörungen sollen nämlich ausdrücklich vermieden werden. Verschiedene Maßnahmen, die im Zusammenhang mit der Einfuhrkontrolle bei einem festgestellten Verstoß oder einem Verdacht zu treffen sind, werden in der Verordnung sehr detailliert geregelt, z. B. amtliche Verwahrung, Vernichtung, Behandlung oder Rücksendung.

Amtliche Bescheinigungen, die als Begleitdokumente bei der Versendung von Waren bestimmt sind, müssen die Verbindung zwischen der Bescheinigung und der entsprechenden Sendung erkennen lassen und außerdem präzise und zutreffende Angaben enthalten (Artikel 30).

Die VO stellt Anforderungen an die nationalen Gesetzgeber der Mitgliedstaaten wie an die ausführenden Dienststellen (Artikel 4). So müssen die Vollzugsorgane über die notwendigen Befugnisse, wie z. B. Betretungsrechte, verfügen oder die betroffenen Unternehmer zur Duldung der Kontrollen und zur Unterstützung der Kontrollpersonen verpflichtet werden.

Es muss ausreichendes, qualifiziertes und erfahrenes Personal zur Verfügung stehen, das über die notwendigen Einrichtungen und Ausrüstungen verfügt, um wirksame und angemessene Kontrollen durchführen zu können. Das gesamte Kontrollpersonal hat über eine dem jeweiligen Aufgabenbereich angemessene Ausbildung zu verfügen und ist regelmäßig weiterzubilden (Artikel 6). Wichtige

Inhalte der Ausbildung sind in 13 Punkten in Anhang II Kapitel I zur Verordnung aufgeführt. Dazu gehören u. a.
- die verschiedenen Überwachungsmethoden, z. B. Überprüfung, Probenahmen und Inspektionen
- Futtermittel- und Lebensmittelrecht
- die verschiedenen Produktions-, Verarbeitungs- und Vertriebsstufen sowie möglicherweise damit verbundene Risiken für die menschliche Gesundheit und gegebenenfalls für die Gesundheit von Tieren und Pflanzen und für die Umwelt
- Bewertung der Anwendung von HACCP-Verfahren (vgl. 5.4.1)
- gerichtliche Schritte und rechtliche Aspekte amtlicher Kontrollen.

Die Kontrollpersonen dürfen keinem Interessenkonflikt ausgesetzt sein (Artikel 4). Bemerkenswert ist die Forderung des europäischen Gesetzgebers, dass das Personal zu einer multidisziplinären Zusammenarbeit befähigt sein muss (Artikel 6; ebenso Hygiene-VO-854, Anhang I Kapitel IV Nr. 3, berufliche Qualifikation der amtlichen Tierärzte in der Fleischhygiene-Überwachung). Dies setzt zunächst einmal voraus, dass in den zuständigen Vollzugsdienststellen Personal verschiedener Disziplinen tätig ist, also beispielsweise als wissenschaftlich ausgebildete Personen i. d. R. nicht nur Tierärzte sondern auch Lebensmittelchemiker und ggf. weitere qualifizierte Personen, wie einführend in 5.1 dargestellt. Durch regelmäßigen interdisziplinären Austausch wird ein vernetztes Denken gefördert und dazu angeregt, den eigenen fachlichen „Blickwinkel" zu erweitern, um auf diese Weise Probleme möglichst frühzeitig zu erkennen. Im Sinne einer ganzheitlichen Betrachtung der Lebensmittelsicherheit „vom Acker bis zum Teller" ist diese Qualifikationsanforderung nur folgerichtig.

Es müssen Notfallpläne vorhanden sein, sowohl allgemeine und übergreifende operative Pläne für das Krisenmanagement auf der Ebene der Mitgliedstaaten als auch bei jeder zuständigen Behörde (Artikel 13). Damit die betreffenden Stellen diese bei Bedarf auch ausführen können, darf erwartet werden, dass die Pläne praxisorientiert gestaltet und die Ausführung in Simulationsübungen regelmäßig trainiert wird. Die verschiedenen an der Lebensmittelüberwachung beteiligten Stellen, insbesondere auf regionaler und lokaler Ebene, sind – nicht nur für den Notfall – effizient und wirksam zu koordinieren.

Die Unparteilichkeit, Qualität und die Einheitlichkeit der amtlichen Kontrollen ist zu gewährleisten (Artikel 4). Durch interne oder externe Überprüfungen ist sicher zu stellen, dass alle Beteiligten den mit dieser Verordnung gestellten Anforderungen gerecht werden. Daraus ist der Schluss zu ziehen, dass alle Stellen der amtlichen Lebensmittelüberwachung ein Qualitätsmanagementsystem einzuführen haben. Eine Zertifizierung wird allerdings nicht explizit gefordert.

Die Übertragung von begrenzten, spezifischen Kontrollaufgaben auf andere als amtliche – also private – Kontrollstellen ist unter besonderen und strengen Bedingungen möglich, wie dies z. B. bei der Überwachung der Verordnungen über den ökologischen Landbau seit langem geschieht (Artikel 5). Die beauftragten Stellen sind allerdings sorgfältig auszuwählen und zu überwachen; die Verantwortung verbleibt bei den zuständigen Behörden. Spezielle Aufgaben, nämlich Maßnahmen zur Gefahrenabwehr, dürfen nicht übertragen werden. Die meisten Aufgaben in diesem Bereich lassen sich zudem kaum ausreichend genau umreißen und beschreiben, so dass eine Übertragung in größerem Umfang nicht zu erwarten ist.

Die Kontrollbehörden werden ebenso zur Transparenz wie zur Vertraulichkeit verpflichtet (Artikel 7). Informationen über ihre Tätigkeiten und deren Wirksamkeit sind der Öffentlichkeit zugänglich zu machen. Insbesondere gilt dies für die Fälle, wenn durch Lebens- oder Futtermittel ein gesundheitliches Risiko für Mensch oder Tier besteht. Dann sind die Produkte, die Art des Risikos und die getroffenen oder zu treffenden Maßnahmen zur Vorbeugung öffentlich zu benennen. Andererseits sind alle Kontrollpersonen zur Geheimhaltung von Informationen angehalten, wo dies erforderlich oder begründet ist.

Die KontrollVO enthält Vorgaben zur Finanzierung amtlicher Kontrollen (Kapitel VI). Die Mitgliedstaaten sind verantwortlich dafür, dass angemessene finanzielle Mittel für diesen Zweck zur Verfügung stehen. Es wird offen gelassen, ob sie aus einer Besteuerung oder aus Gebühren stammen. Während für bestimmte Tätigkeiten wie Fleischuntersuchungen oder Einfuhrkontrollen von Waren tierischer Herkunft und Tieren Gebühren erhoben werden müssen, ist dies für andere Kontrollen frei gestellt – mit einer Ausnahme: Werden aufgrund der Feststellung von Verstößen zusätzliche Kontrollen oder Durchsetzungsmaßnahmen erforderlich, so sind diese – in der Regel dem für den Verstoß Verantwortlichen – in Rechnung zu stellen.

Kürzere Kommunikationswege und die Intensivierung des Erfahrungsaustausches sind wichtige Voraussetzungen, wenn in einem zusammenwachsenden Europa die amtlichen Kontrollen funktionieren und die Verbraucher Vertrauen in die angebotenen Lebensmittel haben sollen. Dem trägt die KontrollVO Rechnung und schafft eine Basis, die es auf- und auszubauen gilt. Die zuständigen Behörden in den Mitgliedstaaten haben einander Amtshilfe zu leisten (Artikel 34). Je Staat müssen eine oder mehrere Verbindungsstellen vorhanden sein, die die Kommunikation der zuständigen Stellen unterstützen und koordinieren (Artikel 35). Bemerkenswert ist die Tatsache, dass durch die Verbindungsstellen direkte Kontakte, Informationsaustausch oder Zusammenarbeit zwischen Bediensteten bzw. Behörden verschiedener Mitgliedstaaten nicht ausgeschlossen sein sollen. In Zukunft muss es möglich und genauso selbstverständlich sein, dass zuständige Stellen zweier verschiedener EU-Staaten in ähnlicher Weise miteinander kommunizieren wie dies innerhalb Deutschlands geschieht. Eventuell auftretende Sprachprobleme sollten sich überwinden lassen.

Seit Januar 2007 hat jeder Mitgliedstaat regelmäßig und anhand von mehrjährigen nationalen Kontrollplänen sowie darauf basierenden Jahresberichten gegenüber der Kommission darzulegen, dass das Lebensmittelrecht wie vorgesehen durchgesetzt und die differenzierten Anforderungen von den Lebensmittel- und

Futtermittelunternehmern auf allen Stufen eingehalten werden (Titel V). Wenn das Kontrollsystem eines Mitgliedstaates schwerwiegende Mängel aufweist, die ein erhebliches Risiko für die Gesundheit von Mensch und Tier darstellen, dann behält sich die EU-Kommission sogar Durchsetzungsmaßnahmen gegenüber dem betreffenden Land vor. Werden die Mängel im Kontrollsystem trotz Aufforderung nicht behoben, können bei Feststellung von Verstößen gegen Gemeinschaftsvorschriften Verbringungs- und Verkehrsverbote ausgesprochen werden, die weit reichende Folgen für die Wirtschaft des betreffenden Landes nach sich ziehen (Artikel 56).

In der Form von Empfehlungen kann die EU-Kommission zeitlich befristet Einfluss auf einzelne Objekte der amtlichen Kontrolle in den Mitgliedstaaten nehmen. In koordinierten Überwachungsprogrammen bzw. Kontrollplänen werden ggf. besondere Kontrollschwerpunkte sowohl für Betriebsüberwachungen als auch für Probenahmen und -untersuchungen benannt. Konkrete Vorgaben betreffen die Durchführung der Überprüfungen und Analysen wie auch die Erfassung der Ergebnisse, damit sich die Daten aus den Mitgliedstaaten anschließend zusammenfassen lassen.

Die allgemeine KontrollVO wird ergänzt durch die Hygiene-VO-854 mit besonderen Verfahrensvorschriften für die amtliche Überwachung von zum menschlichen Verzehr bestimmten Erzeugnissen tierischen Ursprungs.

5.2.3
Lebensmittel- und Futtermittelgesetzbuch

Die europäischen Regelungen erfordern ein angepasstes nationales Recht: das Lebensmittel- und Futtermittelgesetzbuch (LFGB) (siehe Kap. 3.2). Die meisten der durch die KontrollVO geforderten Befugnisse für die zuständigen Behörden und das Kontrollpersonal (§ 42) sowie Pflichten für die Unternehmer (§ 44) sind seit Langem Bestandteil des Lebensmittelrechts:

– Betretungsrechte für Grundstücke und Geschäftsräume
– Einsichtsrechte in alle Geschäftsunterlagen einschließlich elektronisch gespeicherter Daten und das Recht zur Erstellung von Abschriften, Kopien, Ausdrucken u. ä.
– Das Recht zur Einholung von Auskünften
– Rechte zur Forderung und Entnahme von Proben
– Duldungs- und Mitwirkungspflichten der Inhaber von Unternehmen bei Betriebsüberprüfungen und Probenahmen.

Die Überwachung der Einhaltung der lebensmittelrechtlichen Vorschriften ist durch fachlich ausgebildete Personen durchzuführen (§ 42).

Bei der Entnahme von Proben ist ein Teil der Probe oder ein zweites Stück der gleichen Art als Gegen- bzw. Zweitprobe zu hinterlassen (§ 43). Diese zurück zu lassenden, amtlich verschlossenen/versiegelten Proben müssen das Entnahmedatum sowie das Datum des Tages tragen, an dem die Versiegelungsfrist abläuft. Sie sind dazu bestimmt, innerhalb dieser Frist auf Verlangen des Herstellers von zugelassenen Sachverständigen untersucht zu werden. Bereits mit einem Urteil des EuGH vom 10. April 2003 auf der Grundlage der früheren Richtlinie 89/397/EWG über die amtliche Lebensmittelüberwachung wurde das Recht des Herstellers bestätigt, ein Gegengutachten einzuholen [12]. Dabei wurde zudem den zuständigen Behörden die Pflicht zugesprochen dafür zu sorgen, dass der Hersteller dieses Recht auch wahrnehmen kann, d. h. dass er über die erfolgte Probenahme eines seiner Produkte informiert wird. In der KontrollVO ist das Recht des Unternehmers und die Pflicht der Kontrollbehörde erneut festgeschrieben (siehe oben).

Über die allgemeinen ordnungsrechtlichen Befugnisse hinaus eröffnet das LFGB den Vollzugsbehörden spezialgesetzlich bestimmte Anordnungen und Maßnahmen zum Schutz vor Gefahren für die Gesundheit oder vor Täuschung zu treffen (§ 39), z. B.:

- Anordnung einer Prüfung
- Verbote des Herstellens, Behandelns, Inverkehrbringens
- Sicherstellung
- Veranlassung der unschädlichen Beseitigung
- Anordnung, betroffene Unternehmen zu unterrichten oder die Öffentlichkeit zu informieren.

Unter bestimmten Voraussetzungen sind die zuständigen Behörden ausdrücklich gehalten, zum Zweck der Gefahrenabwehr und des Verbraucherschutzes die Öffentlichkeit über Risiken im Zusammenhang mit Lebensmitteln, kosmetischen Mitteln und Bedarfsgegenständen zu informieren (§ 40, siehe 5.4.5). Dabei dürfen die Produkte und – falls notwendig – auch Firmennamen konkret benannt werden.

Da es sich zumeist um Fälle von überregionaler Bedeutung handelt, erfolgt die Veröffentlichung in der Regel durch die Behörden der mittleren Ebene oder durch die obersten Landesbehörden (siehe 5.3.1). Letztere gehen allmählich dazu über, bestimmte Kontrollergebnisse der Öffentlichkeit generell zugänglich zu machen, z. B. mit dem „Pestizidreport Nordrhein-Westfalen" [13].

5.2.4
AVV Rahmen-Überwachung

Die erstmals im Jahr 2004 erlassene „Allgemeine Verwaltungsvorschrift über Grundsätze zur Durchführung der amtlichen Überwachung der Einhaltung lebensmittelrechtlicher, weinrechtlicher und tabakrechtlicher Vorschriften (AVV Rahmen-Überwachung – AVV RÜb)" ergänzt und konkretisiert die Vorgaben der KontrollVO für den nationalen Bereich der Bundesrepublik Deutschland (siehe auch Kapitel 3.3.1). Sie wurde und wird bei Bedarf erweitert und soll zu einem einheitlichen Vollzug in der Überwachung lebensmittel- und weinrechtlicher sowie tabakrechtlicher Vorschriften und damit auch zur Erfüllung der auf europäischer Ebene mit der KontrollVO formulierten Pflichten beitragen. Für die amtliche Kontrolle von Schlachthöfen und Wildbearbeitungsbetrieben und die Kontrolle der Einhaltung der Vorschriften über die gemeinsame Marktorganisation für Wein trifft die Verwaltungsvorschrift nur in eingeschränktem Umfang zu. Dies gilt darüber hinaus für die amtliche Kontrolle und Probenahme im Rahmen des nationalen Rückstandskontrollplans hinsichtlich bestimmter Stoffe und Rückstände in lebenden Tieren und tierischen Erzeugnissen.

Die zuständigen Behörden haben dafür zu sorgen, dass in ausreichender Zahl fachlich ausgebildete Personen in den jeweiligen Fachbereichen, wie z.b. Lebensmittelchemiker, Tierärzte und Lebensmittelkontrolleure, zur Verfügung stehen, um die amtliche Kontrolle, d. h. insbesondere die notwendigen Betriebsüberprüfungen und die sachgerechte Entnahme, Untersuchung und Beurteilung von Proben, zu gewährleisten (§ 3). Aus der Formulierung „in den jeweiligen Fachbereichen" wird deutlich, dass die Lebensmittelüberwachung nur in interdisziplinärer Zusammenarbeit sach- und fachgerecht zu bewältigen ist, wie dies bereits die europäische KontrollVO erkennen lässt. Außerdem sollen in den Vollzugsbehörden die mit der Überwachung beauftragten Personen von qualifiziertem Verwaltungspersonal unterstützt werden.

Die amtlichen Prüflaboratorien müssen über Kapazitäten verfügen, die Art und Zahl der zu entnehmenden Proben sowie den Untersuchungszielen und -parametern angemessen sind (§ 4). Die Bildung und Zusammenarbeit von amtlichen Schwerpunktlaboratorien bleibt davon unberührt. Die Prüflaboratorien müssen Eignungsprüfungssysteme anwenden und an externen Qualitätssicherungsprogrammen teilnehmen, die vom Bundesamt oder einem nationalen Referenzlabor zu organisieren sind. Für die Bewertung und Akkreditierung der Labors werden zwei Stellen benannt.

Untersuchungsergebnisse und Gutachten sollen den Vollzugsbehörden so zeitnah zur Verfügung gestellt werden, dass die erforderlichen Maßnahmen umgehend und wirksam getroffen werden können. Die Sachverständigen der amtlichen Laboratorien nehmen auf Anforderung der Vor-Ort-Behörden an Betriebsüberprüfungen beratend teil.

Seit 2008 müssen die Kontrollbehörden zur Verbesserung der Transparenz und Nachvollziehbarkeit über Qualitätsmanagement-Systeme verfügen, die sich an aktuellen internationalen Normen orientieren (§ 5). Es sind Standards festzulegen, die mindestens folgende Bereiche betreffen:

1. Durchführung der Betriebsüberprüfungen
2. Sachgerechte Entnahme von Proben, deren Aufbewahrung und Weiterleitung an die Prüflaboratorien
3. Treffen und Durchsetzen notwendiger Anordnungen und Maßnahmen
4. Qualifikation des Kontrollpersonals (Art. 6 der KontrollVO)
5. Organisation
6. Technische Mindestausstattung
7. Bearbeitung von Beschwerden

8. Kommunikations- und Informationsabläufe sowie Ablaufschemata, insbesondere für das Vorgehen bei lebensmittelbedingten Erkrankungen
9. Durchführung von Audits gemäß Artikel 4 Abs. 6 der KontrollVO.

Die von den Bundesländern hierzu erarbeiteten gemeinsamen Qualitätsstandards und länderübergreifenden Verfahrensanweisungen sind anzuwenden.

Die Häufigkeit von Betriebsüberprüfungen ist von einer Risikoeinstufung abhängig (§ 6). Dazu soll ein Beurteilungsschema verwendet werden, das bestimmten Anforderungen genügen muss (Anlage 2). Es sind folgende Kriterien mindestens zu berücksichtigen:

- die Betriebsart
- das Verhalten des Lebensmittelunternehmers
- die Verlässlichkeit der Eigenkontrollen und
- das Hygienemanagement.

Es sollen sich Kontrollhäufigkeiten von höchstens täglich bis mindestens alle drei Jahre ergeben. Die Verwaltungsvorschrift enthält ein Beispielmodell zur risikoorientierten Beurteilung von Betrieben, das auf Lebensmittelunternehmen zugeschnitten ist. Für Betriebe, die kosmetische Mittel, Bedarfsgegenstände oder Tabakerzeugnisse herstellen, behandeln oder in den Verkehr bringen, für Betriebe der Primärproduktion sowie für Weinbaubetriebe legen die zuständigen Behörden gesonderte Kontrollhäufigkeiten fest. Für die systematische Überwachung der Betriebe ist deren (elektronische) Erfassung unerlässlich (§ 7). Das Vier-Augen-Prinzip, interdisziplinäre Kontrollteams oder amtliche Probenahmen sollen – auf Grund besonderer Gegebenheiten oder sofern der Kontrollzweck es gebietet – die Wirksamkeit der Betriebskontrollen erhöhen.

Die Entnahme amtlicher Proben (5 Lebensmittel und 0,5 Tabakerzeugnisse/kosmetische Mittel/Bedarfsgegenstände je 1 000 Einwohner) soll vorrangig bei Herstellern oder Importeuren erfolgen und weniger im Einzelhandel („Flaschenhalsprinzip", §§ 8 und 9). Auf diese Weise können eventuelle Mängel möglichst frühzeitig erkannt werden und die erforderlichen Maßnahmen effektiv greifen. Die Primärproduktion soll risikoorientiert einbezogen werden. Ob die relativ geringe Anzahl an Proben von kosmetischen Mitteln und Bedarfsgegenständen angesichts des heutigen Warenangebots noch einen ausreichenden Verbraucherschutz bietet, darf allerdings bezweifelt werden.

Entnommene Proben sind insbesondere zu prüfen im Hinblick auf:

- Einhaltung mikrobiologischer Anforderungen
- Gehalte an Rückständen und Kontaminanten
- Zusammensetzung
- Kennzeichnung oder Aufmachung
- Vorhandensein gentechnisch veränderter Bestandteile bzw. Zutaten aus gentechnisch veränderten Organismen.

Ein zwischen den Bundesländern abgestimmter und vom Bundesamt erstellter bundesweiter Überwachungsplan (BÜp, § 11) legt jährlich für einen Teil der zu entnehmenden Proben Art und Zahl, analytisch zu erfassende Stoffe sowie eine Reihe weiterer Kriterien fest. Er beinhaltet auch Schwerpunktprogramme zur amtlichen Kontrolle von Betrieben und umfasst außerdem das Lebensmittel-Monitoring sowie die koordinierten Programme der Europäischen Union. Der mehrjährige nationale Kontrollplan nach Artikel 41 bis 43 der KontrollVO wird auch der Kommission bekannt gemacht (MNKP, § 10).

Bei festgestellten Verstößen, insbesondere bei ernsten unmittelbaren oder mittelbaren Gefahren für die menschliche Gesundheit sind unverzüglich die erforderlichen Maßnahmen zu ergreifen (siehe 5.4.5) und besondere Unterrichtungspflichten gegenüber verschiedenen Behörden zu erfüllen (§§ 16 bis 18). Die Verwaltungsvorschrift enthält darüber hinaus für die zuständigen Behörden Rahmen-Vorgaben und Pflichten für den Informationsaustausch, für den Fall von Veröffentlichungen und zu Berichtspflichten (§§ 19 bis 22). Die Behörden des Bundes und der Länder nutzen für ihren Informationsaustausch nach Möglichkeit das durch das BVL zur Verfügung gestellte System FIS-VL. Der Abschnitt Krisenmanagement (§§ 23 bis 25) sieht Notfallpläne der Länder vor und macht Vorgaben zur Zusammenarbeit der Behörden im Krisenfall. Ein solcher Fall liegt vor bei Eintritt einer Situation, in der auf Lebensmittel oder Futtermittel zurückzuführende unmittelbare oder mittelbare Risiken für die menschliche Gesundheit voraussichtlich nicht durch bereits vorhandene Vorkehrungen verhütet, beseitigt oder auf ein akzeptables Maß gesenkt werden können.

5.3
Organisation

Die Zuständigkeit für die Überwachungsmaßnahmen richtet sich nach Landesrecht (§§ 38 LFGB). Die Bundesländer haben daher Aus- und Durchführungsgesetze, Verordnungen und Verwaltungsvorschriften erlassen, die Regelungen über allgemeine und besondere Zuständigkeiten sowie über den Vollzug selbst enthalten.

5.3.1
Zuständigkeiten

Innerhalb der Bundesländer sind die Lebensmittelüberwachungsbehörden zwei- oder dreigliedrig aufgebaut:
- oberste Landesbehörde/Ministerium
- Mittelbehörde/Regierungspräsidium/Landesamt, -direktion
- untere Verwaltungsbehörde/Landkreis/kreisfreie Stadt/Bezirksämter.

In den Stadtstaaten und einigen anderen Bundesländern gibt es keine Mittelbehörde.
Wichtige Aufgaben zur Koordinierung auf Bundesebene bzw. zwischen dem Bund und den Bundesländern nimmt das BVL wahr. Darüber hinaus finden

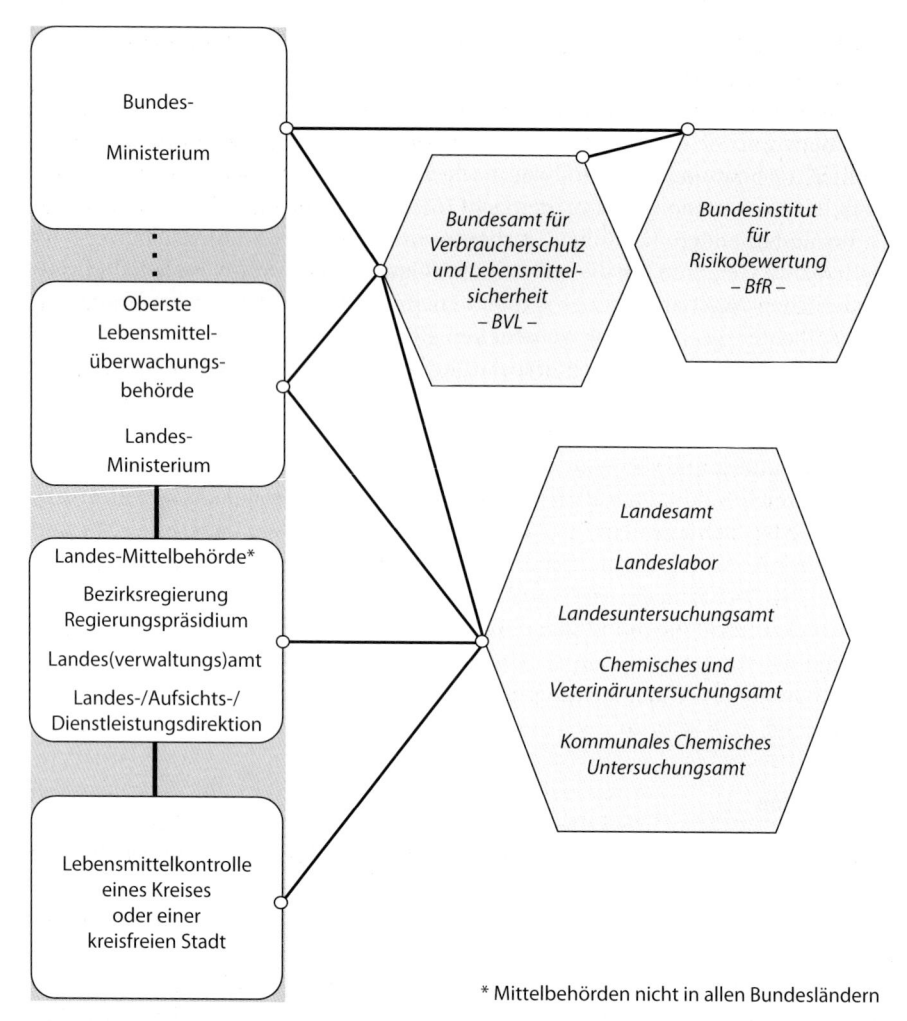

```
┌─────────────────────┐
│   Bundes-           │──────○
│   Ministerium       │       \
│                     │        \      ┌──────────────┐    ┌──────────────┐
│    ·                │         \    │ Bundesamt für │    │ Bundesinstitut│
│    ·                │          \   │Verbraucherschutz│  │     für       │
│  Oberste            │──────○────   │und Lebensmittel-│  │ Risikobewertung│
│  Lebensmittel-      │              │   sicherheit    │  │    – BfR –    │
│  überwachungs-      │              │    – BVL –      │  └──────────────┘
│  behörde            │──────○
│                     │
│  Landes-            │
│  Ministerium        │
└─────────────────────┘
```

```
┌──────────────────────────┐
│ Landes-Mittelbehörde*    │                Landesamt
│ Bezirksregierung         │                Landeslabor
│ Regierungspräsidium      │──────○
│ Landes(verwaltungs)amt   │                Landesuntersuchungsamt
│ Landes-/Aufsichts-/      │                Chemisches und
│ Dienstleistungsdirektion │                Veterinäruntersuchungsamt
└──────────────────────────┘                Kommunales Chemisches
                                            Untersuchungsamt

┌──────────────────────────┐
│ Lebensmittelkontrolle    │
│ eines Kreises            │──────○
│ oder einer               │
│ kreisfreien Stadt        │
└──────────────────────────┘
                                  * Mittelbehörden nicht in allen Bundesländern
```

Schema 5.1. Verknüpfungen der mit der Lebensmittelkontrolle befassten Behörden und Institutionen

grundlegende Abstimmungen in verschiedenen Gremien statt, die sich regelmäßig treffen, zum Beispiel in der Länderarbeitsgemeinschaft Verbraucherschutz (LAV), der LAV-Arbeitsgruppe Lebensmittel, Bedarfsgegenstände, Wein und Kosmetika (ALB) oder dem Arbeitskreis Lebensmittelchemischer Sachverständiger (ALS).

Die mit der Lebensmittelüberwachung befassten Ministerien haben sehr unterschiedlich zugeschnittene Ressorts und tragen in ihren Titeln häufig die Themen Verbraucherschutz, Gesundheit, Umwelt, Ernährung, Landwirtschaft oder Soziales. Sie haben die Lebensmittelüberwachung als so genannte Pflichtaufgabe zur Erfüllung nach Weisung den nachgeordneten Behörden übertragen, wobei der Mittelinstanz eine bündelnde, koordinierende und insbesondere fachaufsichtliche Funktion zukommt.

Die Weisungen des Landesministeriums bestehen einerseits aus allgemeinen Rahmenvorgaben sowie andererseits aus zeitlich begrenzten koordinierten Kontrollplänen bzw. einzelnen Erlassen aus besonderen und aktuellen Anlässen. Darüber hinaus werden die mittleren und unteren Lebensmittelkontrollbehörden sowie insbesondere die Sachverständigen der Untersuchungseinrichtungen an der weiteren Entwicklung von Lebensmittelrecht und -kontrolle beteiligt, z. B. durch Teilnahme an Projekten und Arbeitsgruppen oder durch die Anforderung von Stellungnahmen zu Gesetz- und Verordnungsvorhaben.

Bei den unteren Verwaltungsbehörden sind die Dienststellen der Lebensmittelüberwachung meistens mit denen für Veterinärangelegenheiten kombiniert und werden oft auch mit „Verbraucherschutz" bezeichnet. Die Hygieneüberwachung von Lebensmitteln tierischer Herkunft durch amtliche Tierärzte wird der Lebensmittelüberwachung zugerechnet. Zu den Aufgaben der unteren Veterinärbehörden gehören darüber hinaus die Tierseuchenbekämpfung, der Tierschutz sowie die Tierarzneimittel- und – teilweise – die Futtermittelüberwachung. Hier gibt es zahlreiche Berührungspunkte zur Lebensmittelkontrolle. Die gemeinsame Aufgabenerledigung in einer Organisationseinheit ist daher zweckmäßig und erleichtert den gegenseitigen Informationsaustausch (vgl. 5.3.4).

Die amtlichen Untersuchungseinrichtungen gehören ebenso zu den nachgeordneten Behörden und sind weitgehend in Trägerschaft der Bundesländer. Ihr Aufgabenspektrum umfasst in der Regel sowohl Untersuchungen der Lebensmittelüberwachung als auch amtliche veterinärmedizinische Labordiagnostik („integrierte" Untersuchungsinstitute). Im Hinblick auf die ähnliche Untersuchungsmatrix und den ganzheitlichen Ansatz (vgl. 5.2.1) ist zu fordern, dass die Futtermitteluntersuchung eingegliedert wird, wie dies mancherorts schon realisiert ist. Schema 5.2 zeigt die Organisation eines integrierten Untersuchungsamtes.

In Nordrhein-Westfalen gibt es im Jahr 2009 – historisch bedingt – noch einige kommunale Chemische Lebensmitteluntersuchungsämter. Sie haben Kooperationen gebildet und die Aufgaben untereinander aufgeteilt. Nicht nur hier, auch in anderen Bundesländern finden (laufend) Prozesse der Umstrukturierung und Verwaltungsmodernisierung statt, die insbesondere die Untersuchungsstellen betreffen. Die Schwerpunktbildung und Aufgabenteilung unter den amtlichen Untersuchungseinrichtungen geht inzwischen über die Grenzen der Bundesländer hinaus. Damit können die hochwertigen und technisch besonders aufwändigen Laboreinrichtungen und -geräte genauso wie das Know-how der spezialisierten Analytiker so effizient wie möglich genutzt werden. So haben z. B. die Bundesländer Sachsen, Sachsen-Anhalt und Thüringen eine Verwaltungsvereinbarung getroffen, um auf bestimmten Gebieten eine Zusammenarbeit vorzunehmen (u. a. bei der Untersuchung von Bedarfsgegenständen und kosmetischen Mitteln, bei Untersuchungszielen wie Rückständen von pharmakologisch wirksamen Stoffen oder von Pflanzenschutzmitteln).

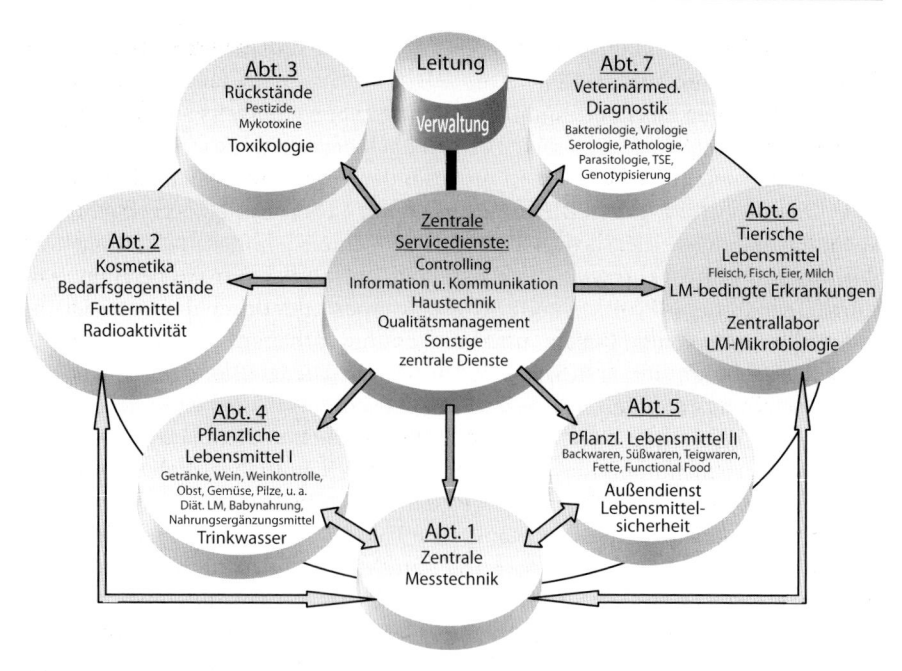

Schema 5.2. Organisationsstruktur Chemisches und Veterinäruntersuchungsamt Stuttgart (2007)

In einigen Bundesländern wurden Landesämter gebildet. Sie sind insbesondere mit den oben geschilderten Untersuchungen, darüber hinaus gegebenenfalls mit koordinierenden, beratenden oder anderen Aufgaben betraut, so das Bayerische Landesamt für Gesundheit und Lebensmittelsicherheit (LGL) oder das Niedersächsische Landesamt für Verbraucherschutz und Lebensmittelsicherheit (LAVES) – oder sie nehmen die Funktion einer Mittelbehörde wahr wie das Landesamt für Natur, Umwelt und Verbraucherschutz Nordrhein-Westfalen (LANUV).

5.3.2
Personal

Nicht wissenschaftlich ausgebildete Personen dürfen mit Überwachungsaufgaben nur beauftragt werden, wenn sie bestimmte fachliche Anforderungen erfüllen. Diese sind in der Lebensmittelkontrolleur-Verordnung festgelegt [14]. Voraussetzung für den Beginn eines 24-monatigen spezifischen Lehrgangs ist das Bestehen einer Fortbildungsprüfung in einem Lebensmittelberuf, z. B. die Meisterprüfung in einem Lebensmittelhandwerk. Wie hoch der Bedarf an Lebensmittelkontrolleuren in einem Kreis oder einer kreisfreien Stadt ist, muss sich an der Art und der Zahl der zu kontrollierenden Betriebe orientieren. Im Allgemeinen ist davon auszugehen, dass im Jahresdurchschnitt pro Kontrolleur nicht mehr als

2–3 Kontrollen pro Arbeitstag anzusetzen sind. In Nordrhein-Westfalen wurde 2008 zur Unterstützung der Lebensmittelkontrolleure zusätzlich der Beruf des amtlichen Kontrollassistenten geschaffen, der eine 6-monatige Ausbildung erfordert [15].

Wissenschaftliche Disziplinen für den Vollzug der sind Lebensmittelchemie und Tiermedizin. In den meisten Fällen ist aber nur eine Disziplin (Tiermedizin) vertreten, so dass im Hinblick auf die VO (EG) Nr. 882/2004 noch erheblicher Nachholbedarf besteht (regelmäßige bzw. ständige multidisziplinäre Zusammenarbeit, Artikel 6, siehe auch Kap. 5.2.2). In der Regel wird eine besondere Qualifikation für den öffentlichen Dienst vorausgesetzt, z. B. die zweite Staatsprüfung bei Lebensmittelchemikern oder – für Veterinärmediziner in den Vollzugsbehörden – ein Referendariat.

Für die spezielle Überwachung von Wein und Spirituosen werden zusätzlich Wein- und Spirituosenkontrolleure hinzugezogen, die in der Regel ein Studium der Weinbau- bzw. Getränketechnologie absolviert haben.

Im Innendienst der amtlichen Lebensmittelüberwachung sind darüber hinaus Verwaltungsbeamte und -fachangestellte tätig, die die weitere Sachbearbeitung erledigen sowie Verwaltungsverfahren zur Gefahrenabwehr und Ordnungswidrigkeitsverfahren zur Ahndung von Verstößen durchführen (Verwaltungsverfahren [16]; Bußgeldverfahren [17]). Eine enge Zusammenarbeit und der ständige Austausch zwischen den fachlich ausgebildeten Personen und erfahrenen Mitarbeitern der Verwaltung sind für eine effektive und effiziente Lebensmittelüberwachung unerlässlich. Auf diese Weise kann gewährleistet werden, dass Maßnahmen sowohl lebensmittel- als auch verwaltungsrechtlich einwandfrei durchgeführt werden.

Im Bereich der Untersuchung und Beurteilung von Lebensmitteln, kosmetischen Mitteln und Bedarfsgegenständen sind Wissenschaftler der Lebensmittelchemie und Veterinärmedizin, aber auch anderer Fachgebiete wie der Physik, Chemie, Biologie oder Medizin tätig. Als fachtechnische Berufe sind Chemieingenieure, chemisch-technische, medizinisch-technische und veterinärmedizinisch-technische Assistenten und Chemie- oder Biologielaboranten vertreten. Weiteres Personal wird für Verwaltungs- und andere technische Dienste benötigt.

Die erfolgreiche Aufgabenerledigung zum Schutz der Verbraucher, sowohl in den Vollzugsbehörden als auch in den Untersuchungsinstituten, steht und fällt mit dem Einsatz von ausreichendem und qualifiziertem Personal. Die (fachliche) Erfahrung spielt dabei eine besondere Rolle und darf – insbesondere im Rahmen der Personalplanung – nicht unterschätzt werden (vgl. 5.2.2 und 5.2.4).

5.3.3
Qualitätsmanagement

Untersuchungsinstitute dürfen im Rahmen der amtlichen Lebensmittelkontrolle nur tätig sein, wenn sie über eine entsprechende Akkreditierung nach ISO/IEC

17025 verfügen. Diese Anforderung geht ursprünglich auf eine europäische Richtlinie aus dem Jahr 1993 zurück [8]. Damit wird sichergestellt, dass die Laboratorien die in Normen festgelegten allgemeinen Qualitätskriterien erfüllen, ergänzt durch Standardarbeitsanweisungen und eine stichprobenartige Überwachung ihrer Einhaltung. So kann ein gemeinschaftsweit vergleichbar hohes Niveau der Laboratorien zur Lebensmittelüberwachung erreicht und die gegenseitige Anerkennung von Untersuchungsergebnissen im freien Binnenmarkt gewährleistet werden (siehe Kap.9.3).

Die Vollzugsbehörden und die übergeordneten Dienststellen folgen gemäß AVV RÜb mit der Einrichtung von Qualitätsmanagementsystemen nach (meistens auf der Basis von ISO 9000 ff., vgl. Kapitel 8.2). Somit wird auch in diesen Bereichen staatlichen Handelns Zuverlässigkeit, Vergleichbarkeit und Transparenz für alle Beteiligten erzielt. Eine formelle Anerkennung der Systeme wird zwar (noch) nicht gefordert, dennoch haben sich einige Kontrollbehörden einer Zertifizierung unterworfen. Bereits installierte Systeme enthalten Aussagen bzw. Regelungen insbesondere zu folgenden Elementen (vgl. 5.2.4):

- Führung (Qualitätspolitik, -ziele)
- Organisation (Struktur, Verantwortlichkeiten)
- Budget (finanzielle Ressourcen)
- Personal (Zahl, Qualifikation, Fortbildung)
- Ausstattung (Arbeits- und Prüfmittel)
- Krisenmanagement (Verantwortlichkeiten, Abläufe)
- Kommunikation (Informationslenkung, Erreichbarkeit)
- Betriebsüberwachungen (Inspektion, Risikobewertung)
- Probenmanagement (Planung, Entnahme, Transport)
- Umgang mit Verbraucherbeschwerden
- Vollzugsmaßnahmen.

5.3.4
Zusammenarbeit der Behörden

Um eine möglichst effektive Lebensmittelüberwachung zu erreichen, ist die enge und vertrauensvolle Zusammenarbeit und ein rascher Informationsaustausch zwischen den verschiedenen beteiligten Stellen unerlässlich. Dabei sind in der Regel bestimmte Dienstwege zu beachten. Abgesehen von Weisungen der übergeordneten Behörden in Form von Erlassen bzw. Verfügungen und – in Gegenrichtung – Berichten der unteren Verwaltungsbehörden an diese Stellen findet eine Zusammenarbeit hauptsächlich zwischen den Überwachungs- und „ihren" Untersuchungsämtern sowie zwischen verschiedenen Vollzugsdienststellen statt.

Die Zusammenarbeit zwischen Überwachungs- und Untersuchungsämtern beinhaltet die Einsendung von Proben mit den entsprechenden Entnahmeprotokollen durch die Überwachungsämter und nach Abschluss der Untersuchungen die Zusendung von Untersuchungsergebnissen und Gutachten durch die Untersuchungsinstitute.

Ein darüber hinausgehender intensiver Informationsaustausch, sowohl bei der Probenplanung als auch anlassbezogen bei individuellen Proben, bietet viele Vorteile: Im Rahmen der Untersuchung können Erkenntnisse aus den Entnahmebetrieben verwertet werden. Umgekehrt führen Erkenntnisse aus Untersuchungen zur gezielten Entnahme bestimmter Proben. Eine frühzeitige (Zwischen-)Mitteilung bei schwerwiegenden Befunden erlaubt die Planung und rasche Durchführung notwendig werdender Vollzugsmaßnahmen. Die sachgerechte und angemessene Umsetzung von Gutachten wird erleichtert und die Kapazitäten des Untersuchungsamtes können möglichst optimal ausgenutzt werden.

Aufgrund des weit verzweigten Warenverkehrs ist im Fall von Probenbeanstandungen häufig nicht nur eine Vollzugsbehörde betroffen. Die reibungslose Zusammenarbeit zwischen örtlich verschiedenen Dienststellen ist daher für die Effektivität der Lebensmittelkontrolle von besonderer Bedeutung. Der Informationsaustausch ist so zu gestalten, dass alle notwendigen Maßnahmen so wirkungsvoll und zeitnah wie möglich getroffen werden können und keine Vollzugslücken auftreten. Für die unteren Verwaltungsbehörden waren diese Kontakte bisher in der Regel auf Deutschland beschränkt. Der gemeinsame EU-Binnenmarkt macht darüber hinaus grenzüberschreitende direkte Kontakte, Informationsaustausch und Zusammenarbeit erforderlich, wie es mit Artikel 35 Absatz 3 der KontrollVO ausdrücklich vorgesehen ist.

Der globalisierte Welthandel, auch mit Gütern wie Lebensmitteln, kosmetischen Mitteln und Bedarfsgegenständen, legt eine verstärkte Zusammenarbeit mit den Zolldienststellen nahe. Bei den in die Gemeinschaft eingeführten Waren wird eine Kontrolle nach dem „Flaschenhalsprinzip" angestrebt, d. h. es ist möglichst vor einer weiteren Verteilung zu prüfen, ob die geltenden lebensmittelrechtlichen Bestimmungen eingehalten werden. Für Lebensmittel tierischen Ursprungs aus Drittländern gibt es innerhalb der EU seit Langem engmaschige, harmonisierte Einfuhrverfahren. EU-Regularien für systematische Einfuhrkontrollen bei anderen Lebensmitteln wurden erst allmählich eingeführt, wobei die Intensität der Kontrollen von einer Risikoabschätzung abhängig gemacht wird. Lebensmittel pflanzlicher Herkunft, die im Rahmen des Schnellwarnsystems (siehe Kapitel 3.3.2) häufiger auffallen bzw. aufgefallen sind, werden einer Vorführpflicht unterworfen, d. h. ein bestimmter Anteil an eingeführten Partien muss vor der zollrechtlichen Abfertigung der für die Lebensmittelkontrolle örtlich zuständigen Behörde vorgeführt und untersucht werden. Darüber hinaus können Analysen und Gesundheitszeugnisse aus den Herkunftsländern gefordert werden [18].

Die enge Zusammenarbeit mit den Gebieten der Fleischhygiene, Tierseuchenbekämpfung und Futtermittelüberwachung gewinnt zunehmend an Bedeutung. Problemfälle bei Lebensmitteln tierischer Herkunft, z. B. Dioxin in Milch oder Rückstände von Schädlingsbekämpfungsmitteln wie Nitrofen in Geflügel, haben häufig ihre Ursache in der Verunreinigung von Futtermittteln. Zwischen den Zoonosen, Infektionserkrankungen bei Nutztieren wie z. B. Salmonellose, und lebensmittelbedingten Erkrankungen beim Menschen gibt es direkte Zusammenhänge.

Neben der beschriebenen Zusammenarbeit sind die Kontakte der Lebensmittelüberwachungsstellen mit den zuständigen Behörden für angrenzende Rechtsgebiete von Bedeutung, beispielsweise das Arzneimittel-, Chemikalien-, Gaststätten-, Geräte- und Produktsicherheits- oder das Eichrecht. Im Zusammenhang mit der Kontrolle von Pflanzenschutzmittelrückständen auf Obst, Gemüse oder Kartoffeln ist die Kommunikation mit dem Pflanzenschutzdienst oder mit Anbauberatern der Landwirtschaftkammern hilfreich.

5.4
Vollzug

5.4.1
Betriebsüberwachung

Außer der Entnahme und Untersuchung von Proben ist die Überwachung von Betrieben für die Kontrollbehörden das wesentliche Instrument um festzustellen, ob die Unternehmer die lebensmittelrechtlichen Vorgaben einhalten. Dazu sind die betreffenden Betriebe von den örtlich zuständigen Dienststellen der Lebensmittelüberwachung systematisch zu erfassen. Sofern für den ordnungsgemäßen Betrieb eine Gewerbeanmeldung erforderlich ist – für landwirtschaftliche Unternehmen trifft dies nicht zu – werden die ersten Informationen in der Regel von den örtlichen Ordnungsbehörden oder Gewerbeämtern geliefert. Darüber hinaus enthält die europäische Lebensmittelhygiene-Verordnung (LMH-VO-852) in Artikel 6 Abs. 2 Meldepflichten für Lebensmittelunternehmer.

Wie häufig ein Betrieb überprüft wird, hängt von einer Risikoeinschätzung ab (vgl. 5.2.4). Die konkrete Inspektionsfrequenz ergibt sich durch Berechnung mit Hilfe eines vorgegebenen Schemas. Für dessen Anwendung wie für die Betriebsüberwachung selbst ist es notwendig, die jeweiligen Betriebe gut zu kennen und gleichzeitig über umfassende und spezifische Fachkenntnisse zu verfügen: Warenkunde und Technologie der verschiedenen Produktgruppen, allgemeines und spezifisches Lebensmittelrecht, Durchführung von Audits, Beurteilung von HACCP-Konzepten, Grundlagen und Auswirkungen von Qualitätsmanagement-Systemen nach DIN ISO 9000:2000 ff.

Betriebsinspektionen lassen sich in drei Schritte einteilen: Planung/Vorbereitung, Durchführung und Bewertung/Nachbearbeitung.

Zur Planung und Vorbereitung gehört es, die Inspektionsfrequenz nach Risikoeinschätzung, die lebensmittelrechtliche (Kontroll-) Historie des Betriebes sowie dessen Betriebszeiten zu berücksichtigen. Je nach Art des Betriebes und der Kontrolle (planmäßige Routinekontrolle, Verfolgung einer Probenbeanstandung, Kontrolle der Eigenkontrollsysteme) ist über die Beteiligung weiterer Sachverständiger oder Dienststellen zu entscheiden. Insbesondere bei der Prüfung von Eigenkontrollsystemen und in speziellen Betrieben wie zum Beispiel einem Kosmetikhersteller ist die Hinzuziehung von zusätzlichen Sachverständigen eines Untersuchungsamtes angebracht. Die große Mehrzahl aller Betriebsinspektionen wird von den Lebensmittelkontrolleuren durchgeführt. Wissenschaftlich ausgebildete Personen aus den Vollzugsbehörden oder aus Untersuchungsämtern (Lebensmittelchemiker, Tierärzte) sind insbesondere bei den Kontrollen in (größeren) Hersteller- oder Importbetrieben beteiligt bzw. führen diese Inspektionen selbst durch. Zur Vorbereitung gehört des Weiteren die Bereitstellung der je nach Art der Kontrolle erforderlichen Ausrüstung wie Schreibmaterial (ggf. Notebook), ausreichende Schutzkleidung, Material zur Entnahme von Proben, Gegenstände für Prüfzwecke vor Ort wie z. B. Thermometer, Testgerät für Fritürefett, Fotoapparat oder ähnliches.

Die Inspektion eines Betriebes beginnt bereits mit der aufmerksamen ersten Sichtung des Umfeldes (nicht Begehung!) vor dem Betreten eines Gebäudes, bei der sich Aspekte für die Kontrolle zeigen können. Beispielsweise ergeben sich mögliche Hinweise auf (fehlende) Schädlingskontrolle (aufgestellte Köderfallen oder ein besonders unaufgeräumtes Umfeld), auf Transportfahrzeuge, die gerade zur Kontrolle anzutreffen sind oder auf eine Werbung, die mit zu bewerten ist. Ansprechpartner für eine Betriebsinspektion sind in der Regel die Inhaber oder deren Vertreter, in größeren Betrieben die Betriebs- oder Produktionsleiter und/oder die Leiter der Qualitätssicherung. In größeren Betrieben können Betriebspläne und Organigramme die Übersicht und damit die Überprüfung erleichtern. Für die Inhaber der Unternehmen bestehen Mitwirkungs- und Duldungspflichten zur Unterstützung der amtlichen Überwachungsmaßnahmen (vgl. 5.2.3). Kontrollpersonen müssen auf Nachfrage ihre Betretungsbefugnis mit einem Dienstausweis belegen können.

Häufig folgt die allgemeine Betriebsbegehung dem Warenfluss, d. h. vom Eingang der Rohstoffe über die Produktionsschritte bis zur Lagerung der Endprodukte. Bestimmte Gründe können eine andere Reihenfolge zweckmäßig erscheinen lassen. So kann in hygienisch sensiblen Betrieben die Inspektion in den reinen Bereichen begonnen und zu den unreineren Bereichen hin fortgesetzt werden.

Bei einer Inspektion bzw. Prüfung sind insbesondere folgende Punkte zu beachten, die für die lebensmittelrechtliche Bewertung relevant sind:

1. Bauliche Beschaffenheit der Betriebsräume, deren Einrichtung und Ausstattung
2. Maschinen, Geräte, Transportmittel und sonstige Ausstattungen
3. Rohstoffe, technologische Hilfsstoffe, Zwischenerzeugnisse und Endprodukte, Verpackungsmaterial
4. Arbeitsmethoden, Abläufe und technologische Verfahren
5. Personalhygiene
6. Personalqualifikation
7. Reinigungs- und Desinfektionsmaßnahmen

8. Schädlingskontrolle und ggf. -bekämpfung
9. HACCP-Konzept
10. Rückverfolgbarkeit
11. betriebseigene Kontrollen.

Die gründliche Prüfung umfasst an vielen Stellen auch eine Dokumentenkontrolle, z. B. die Einsichtnahme in Rohstoffspezifikationen oder in Pläne zur Reinigung und Desinfektion, zur Schädlingskontrolle oder zum HACCP-Konzept (siehe auch Kapitel 8.3.1).

An diesen Kontrollpunkten ist die Einhaltung von Hygieneanforderungen genauso zu bedenken wie die Berücksichtigung aller anderen lebensmittelrechtlichen Aspekte, z. B. hinsichtlich Identität, Eignung und Zulässigkeit von Rohstoffen oder Materialien und Gegenständen, die mit Lebensmitteln in Berührung kommen. Bei verwendeten Zusatzstoffen ist zum Beispiel deren Kennzeichnung zu prüfen, die Aufschluss darüber geben kann, ob die verwendete Substanz die Reinheitsanforderungen an Lebensmittelzusatzstoffe erfüllt. Im Rahmen der Überprüfung sind darüber hinaus – soweit zugänglich und möglich – die Kennzeichnung, Aufmachung und Bewerbung von Produkten zu beachten. Dazu zählt u. a. die Kennzeichnung von allergenen Zutaten oder genetisch veränderten Organismen bzw. damit oder daraus hergestellten Lebensmitteln.

Bei allen amtlichen Kontrollen in Lebensmittelbetrieben spielt die Einhaltung der hygienischen Anforderungen, wie sie in der allgemeinen LMH-VO-852 bzw. zusätzlich in der Hygiene-VO-853 mit spezifischen Hygienevorschriften für Lebensmittel tierischen Ursprungs niedergelegt sind, eine besondere Rolle. Mit Erlass der LMH-VO-852 gilt dies auch für die Primärproduktion wie z. B. in der Landwirtschaft oder Fischerei.

Als Anleitung zur Auslegung der europäischen Hygienevorschriften für Lebensmittel tierischen Ursprungs durch die zuständigen Behörden in Deutschland dient die AVV Lebensmittelhygiene (AVV LmH, siehe Abkürzungsverzeichnis 46.2). Sie befasst sich mit

– der Zulassung und Überprüfung von zugelassenen Betrieben (Abschnitt 2),
– amtlichen Bescheinigungen, Rückstandsüberwachung (Abschnitt 3),
– den Grundsätzen für die Schlachttier- und Fleischuntersuchung sowie das Inverkehrbringen von Fleisch (Abschnitt 4) und
– der Berücksichtigung bestimmter Leitlinien bei der Durchführung der Überwachung (Probenahmehäufigkeit nach VO (EG) Nr. 2073/2005 in kleineren Betrieben; Abschnitt 6).

Abschnitt 5 enthält Festlegungen über Verfahren für die Prüfung von Leitlinien für eine gute Verfahrenspraxis nach Artikel 8 der LMH-VO-852 und ersetzt damit eine entsprechende Verwaltungsvorschrift aus dem Jahr 1998. Dieser Abschnitt ist nicht auf Lebensmittel tierischen Ursprungs beschränkt.

Im Wesentlichen besteht die AVV LmH aus fünf Anlagen:
1. Hinweise zur Auslegung der Anforderungen an zulassungspflichtige Betriebe, unterteilt in 6 Abschnitte mit allgemeinen bzw. mit produktspezifischen Anforderungen,
2. Bestimmungen der Stichprobengröße für Rückstandsuntersuchungen im Tierbestand im Verdachtsfall,
3. Veränderungen an Eingeweiden bei Mastschweinen im Rahmen der Fleischuntersuchung,
4. Methoden zur Untersuchung von Fleisch und
5. Benennung der Koordinierungsstelle der zuständigen Behörden für die Leitlinienbereiche.

Anlage 4 enthält Vorschläge zu anwendbaren Methoden, soweit keine bestimmten (anderen) Methoden festgelegt sind:
– für die bakterioskopische und die bakteriologische Untersuchung,
– für die Messung des pH-Wertes in Schlachtkörpern,
– für die Bestimmung der auspressbaren Gewebeflüssigkeit aus Muskelproben,
– zur Feststellung von Geruchs- und Geschmacksabweichungen bei Fleisch von geschlachteten Tieren und erlegtem Haarwild,
– zur Differenzierung der Gelbfärbung des Fleisches,
– für den Nachweis der Behandlung von frischem Fleisch (Erhitzung, Pökelung, Zusatz einiger natürlicher Farbstoffe),
– für die Untersuchung von ausgelassenem Fett und
– zur Prüfung luftdicht verschlossener Behältnisse.

Die Lebensmittelhygiene verfolgt das Ziel möglichst sicherer und zum Verzehr geeigneter, also gesundheitlich unbedenklicher und unter „appetitlichen" Umständen produzierter Lebensmittel. Das Konzept der europäischen Lebensmittelhygiene-Verordnung geht zurück auf den Codex Alimentarius, „Recommended International Code of Practice, General Principles of Food Hygiene" [19]. Es baut im Wesentlichen auf zwei Bausteinen auf, wobei der erste die Grundlage für den zweiten Schritt darstellt:
1. Erfüllung allgemeiner und ggf. spezifischer Hygienevorschriften (Basis-Hygiene)
2 Einrichtung, Durchführung und Aufrechterhaltung von Verfahren nach HACCP-Grundsätzen (HACCP-Konzept, Hazard Analysis and Critical Control Points).

Damit sollen Lebensmittel vor nachteiligen Beeinflussungen geschützt werden und insbesondere Gefahren chemischer, biologischer oder physikalischer Art für den Verbraucher soweit wie möglich ausgeschaltet bzw. auf ein akzeptables Maß reduziert werden.

Zur Basis-Hygiene, d. h. zur guten Herstellungspraxis in Lebensmittelbetrieben (ausgenommen ist die Primärproduktion, für die besondere Regelungen gelten) gehört unter anderem die Einhaltung von Anforderungen an

- Betriebsstätten
  (Konzeption, Bau, Reinigung und Instandhaltung, Sanitärinstallationen, Belüftung, Beleuchtung)
- Räume
  (Fußbodenbeläge, Wandflächen, Deckenkonstruktionen, Fenster, Türen, Oberflächen von Einrichtungen, Vorrichtungen zum Reinigen von Lebensmitteln sowie zum Reinigen, Desinfizieren und Lagern von Arbeitsgeräten und Ausrüstungen)
- Ausrüstungen (Gegenstände, Armaturen)
  (Beschaffenheit, Installation, Reinigung und Desinfektion, Instandhaltung)
- Persönliche Hygiene
  (Sauberkeit, Arbeitskleidung, übertragbare Krankheiten)
- Umgang mit Lebensmitteln
  (Eingangskontrollen, Lagerung, Schädlingskontrolle, Temperaturbedingungen)
- Schulung von Personal.

Die Erstellung eines HACCP-Konzeptes als zweiten Baustein zur Gewährleistung der Lebensmittelhygiene basiert auf den bekannten 7 HACCP-Grundsätzen:

1. Gefahrenanalyse
2. Bestimmung der kritischen Kontrollpunkte (Lenkungspunkte, Critical Control Points, CCPs)
3. Festlegung von Grenzwerten für CCPs
4. Festlegung und Durchführung von Überwachungsverfahren
5. Festlegung von Korrekturmaßnahmen
6. Festlegung von regelmäßigen Verifizierungsverfahren (zu 1-5)
7. Dokumentation.

Zur Gefahrenanalyse und zur Bestimmung der kritischen Kontrollpunkte hat ein Unternehmen alle Arbeitsabläufe systematisch zu untersuchen. Bei der Entscheidung darüber, ob an einer Stelle ein CCP vorliegt, bietet der Entscheidungsbaum des Codex Alimentarius [19] eine Hilfestellung.

Da die Lebensmittelhygiene-Verordnung für alle Lebensmittelunternehmen gilt, ist sie zwangsläufig sehr allgemein gehalten. Zur Konkretisierung der Anforderungen und damit zur erleichterten Umsetzung in den Betrieben sind/werden branchenbezogene „Leitlinien für eine gute Lebensmittelhygienepraxis" erarbeitet (Artikel 7-9 der LMH-VO-852). Dies erfolgt von Wirtschaftsseite unter Abstimmung mit anderen beteiligten Kreisen wie den zuständigen Behörden. So gibt es zum Beispiel Leitlinien für das Bäcker- und Konditorenhandwerk, für die Fruchtsaft-Industrie, für Selbstbedienungswarenhäuser und viele andere Zweige der Lebensmittelherstellung und des Handels. Die auf nationaler Ebene entwickelten einzelstaatlichen Leitlinien, auch für die Anwendung der HACCP-Grundsätze, werden anschließend bei der Europäischen Kommission notifiziert. Darüber hinaus sollen gemeinschaftliche Leitlinien ausgearbeitet werden.

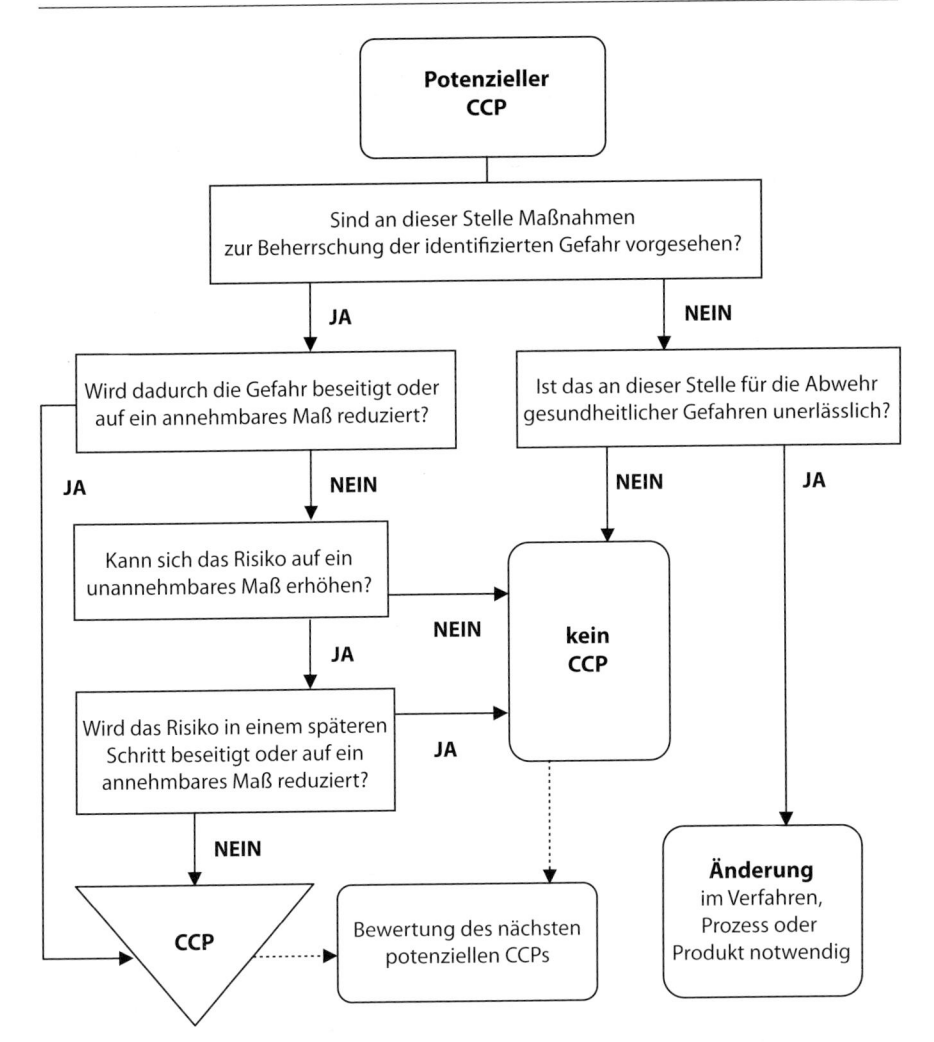

5 Grundlagen und Vollzug der amtlichen Lebensmittelkontrolle in Deutschland

```
                    ┌─────────────────┐
                    │  Potenzieller   │
                    │      CCP        │
                    └────────┬────────┘
                             │
             ┌───────────────▼────────────────┐
             │ Sind an dieser Stelle Maßnahmen│
             │ zur Beherrschung der identifizierten Gefahr vorgesehen? │
             └──────┬──────────────────┬──────┘
                   JA                 NEIN
                    │                  │
     ┌──────────────▼───┐    ┌─────────▼────────────┐
     │ Wird dadurch die │    │ Ist das an dieser    │
     │ Gefahr beseitigt │    │ Stelle für die Abwehr│
     │ oder auf ein     │    │ gesundheitlicher     │
     │ annehmbares Maß  │    │ Gefahren unerlässlich?│
     │ reduziert?       │    └──┬──────────────┬────┘
     └──┬───────────┬───┘     NEIN             JA
       JA          NEIN        │               │
        │           │          │               │
        │    ┌──────▼──────┐   │       ┌───────▼──────┐
        │    │ Kann sich   │   │       │              │
        │    │ das Risiko  │   │       │   kein CCP   │
        │    │ auf ein     │   │       │              │
        │    │ unannehmbares│  │       │              │
        │    │ Maß erhöhen?│   │       └──────┬───────┘
        │    └──┬──────┬───┘   │              │
        │     NEIN    JA       │              │
        │      │      │        │       ┌──────▼───────┐
        │      │ ┌────▼─────┐  │       │  Änderung    │
        │      │ │Wird das  │  │       │  im Verfahren,│
        │      │ │Risiko... │  │       │  Prozess oder │
        │      │ └──┬────┬──┘  │       │  Produkt     │
        │      │  NEIN   JA    │       │  notwendig   │
        │      │   │     │     │       └──────────────┘
        │   ┌──▼───▼─┐   │     │
        │   │  CCP   │   └─────▼──────────┐
        └──◄│        │  │ Bewertung des   │
            └────────┘  │ nächsten        │
                        │ potenziellen    │
                        │ CCPs            │
                        └─────────────────┘
```

Schema 5.3. „Entscheidungsbaum" zur Identifizierung von CCPs nach Codex Alimentarius

Im Rahmen einer einzelnen Kontrolle werden häufig Schwerpunkte gesetzt, da eine umfassende Betriebsprüfung, zumindest bei größeren Betrieben, sehr viel Zeit erfordert. Eine gezielte systematische Prüfung ist anhand einer so genannten „Wurzelprobe", d. h. eines konkreten Endproduktes mit realer Loskennzeichnung, möglich. Dabei werden sämtliche Prozesse vom Wareneingang über die Produktion einschließlich des zugehörigen HACCP-Konzeptes und der durchgeführten Eigenkontrollen zurückverfolgt und bewertet.

Festgestellte Mängel werden im Rahmen der Inspektion direkt angesprochen. Häufig ist eine abschließende Bewertung eines Sachverhaltes erst nach weiterer Abwägung möglich. Dann ist das Ergebnis, zumindest im Fall von Beanstandungen, in einem schriftlichen Mängelbericht darzulegen, der dem Unternehmen zugeht. Es dürfte unterschiedlich gehandhabt werden, wie den Betrieben nach einer Überprüfung das abschließende Ergebnis mitgeteilt wird: Mündlich oder schriftlich, zum Abschluss der Kontrolle direkt vor Ort oder erst im Nachhinein, bei jeder Kontrolle oder nur dann, wenn Beanstandungen auszusprechen waren. Im Zusammenhang mit qualitätsgesicherten Verfahren in den Vollzugsbehörden der amtlichen Lebensmittelkontrolle ist davon auszugehen, dass in jedem Fall eine ausführliche Dokumentation über die geprüften Objekte einschließlich der Bewertung (positiv und negativ) zu erfolgen hat. Der hierfür benötigte personelle Aufwand ist entsprechend einzuplanen.

5.4.2
Probenentnahme und -untersuchung

Die Entnahme und Untersuchung von Proben zum Zweck der Prüfung, ob die Vorschriften des Lebensmittelrechts eingehalten werden, ist integraler Bestandteil der amtlichen Lebensmittelkontrolle. Die Zahl der zu entnehmenden Proben, 5,5 pro 1 000 Einwohner, ist durch die AVV RÜb vorgegeben (vgl. 5.2.4). Der überwiegende Teil der Proben wird für ein Jahr, ein Halbjahr oder für kürzere Zeiträume im Voraus geplant, z. B. nach Art und Zahl, Entnahmeort bzw. Betriebsart oder Untersuchungsziel. In das Kontingent dieser so genannten Planproben fließen die Proben ein, die im Rahmen von überregionalen Überwachungsprogrammen auf europäischer oder nationaler Ebene (bundesweiter Überwachungsplan – BÜp) oder innerhalb eines Bundeslandes vorgesehen sind. Darüber hinaus finden Planungen auf örtlicher Ebene unter den beteiligten Stellen (Überwachungs- und Untersuchungsämter) statt. Je nach Bundesland kommen unterschiedlichen Konzepte zur Risiko orientierten Probenplanung zum Einsatz. Sie gehen im Wesentlichen zurück auf zwei Vorschläge, die entweder das Produktrisiko [20] oder die Art des zu beprobenden Betriebes [21] in den Vordergrund stellen. In jedem Fall müssen die Planprobenkonzepte sowohl den Gesundheits- als auch den Täuschungsschutz erfassen [22].
Die Planungen berücksichtigen:

- Verzehrsgewohnheiten der Verbraucher
- Kapazitäten der entnehmenden Dienststelle
- Kapazitäten des untersuchenden Labors.

Die Probenentnahme soll vorrangig bei Herstellern und Importeuren stattfinden (siehe 5.2.4). Diese Betriebsgattungen sind Schlüsselstellen für die amtliche Kontrolle. Im Fall von Mängeln kann hier am effektivsten Einfluss genommen werden, sowohl auf die Abstellung von Mängeln als auch auf den weiteren Vertrieb. Dies darf allerdings nicht absolut verstanden werden und dazu führen, dass dem untersuchenden Labor jegliche Vergleichsmöglichkeiten mit entsprechenden Produkten anderer Hersteller verloren gehen. Zudem bieten unterschiedliche Schwerpunktsetzungen in den verschiedenen Labors vielfältigere Untersu-

chungen und damit einen umfassenderen Verbraucherschutz als ein einziges Labor dies leisten könnte.
Zu dem zu beprobenden Warenkorb gehören zweifelsohne auch diejenigen Erzeugnisse, die über das Internet angeboten und verkauft werden. Dieser Handelsweg hat in den letzten Jahren erheblich an Bedeutung gewonnen. Insbesondere Grenzprodukte zwischen Lebensmitteln, Kosmetika und Arzneimitteln werden zunehmend über den Internethandel vertrieben und stellen lebensmittelrechtlich eine Problemgruppe dar [23]. Bisher fehlt es jedoch noch an geeigneten Strukturen und Konzepten, um diesen Markt systematisch in die amtliche Kontrolle einzubeziehen. Die Zuweisung dieser Aufgabe an eine zentrale Stelle in Deutschland böte sich an, zumindest so lange keine örtliche Zuständigkeit erkennbar ist.
Neben den geplanten Proben muss ein genügend großes Kontingent für freie Proben vorhanden sein. Diese setzen sich (in Anlehnung an [24]) zusammen aus:

- Verdachtsproben
Es sind Proben, die bei einem erstmaligen Verdacht auf Abweichungen von gesetzlichen Vorschriften entnommen werden.
- Verfolgsproben/Nachproben
Sie dienen der Ergänzung der Erkenntnisse aus vorangegangenen Untersuchungen. Nachproben tragen dieselbe Loskennzeichnung (siehe Kapitel 8.3.5) wie die Bezugsprobe.
- Beschwerdeproben
Diese werden von Verbrauchern aufgrund vermuteter oder festgestellter Mängel der amtlichen Lebensmittelkontrolle übergeben. Beschwerdeproben sind keine amtlich entnommenen Proben.
- Vergleichsproben
Sie werden unter Bezug auf Beschwerdeproben oder Verdachtsproben entnommen, um auf den regulären Angebotszustand rückschließen zu können.
- Informationsproben
Dazu zählen weitere Proben, die aus sonstigen Gründen entnommen werden, z. B. bisher unbekannte Produkte wie auch Proben, die gerade importiert werden oder importiert worden sind.

Die Effektivität und Effizienz der Lebensmittelkontrolle im Bereich der Untersuchung hängt ganz entscheidend von einer qualifiziert durchgeführten Probeentnahme ab. Dazu gehört nicht nur die sachverständige Auswahl der Proben sondern insbesondere auch die entsprechende Entnahme und der Transport bis zum untersuchenden Institut.
Die Entnahmen sind sorgfältig mit Hilfe von Protokollformularen zu dokumentieren, damit im Fall einer Beanstandung das Produkt eindeutig identifiziert und der Weg, den das Produkt von seiner Herstellung bis zur Probenahme genommen hat, genau zurückverfolgt werden kann.

Gegebenenfalls durch sterile Entnahme, durch geeignete Verpackung und ggf. unter Einhaltung bestimmter Temperaturen muss sichergestellt werden, dass bis zur Untersuchung keine Veränderung am Produkt stattfindet.

Für manche Untersuchungszwecke, wie zum Beispiel die Ermittlung von Pflanzenschutzmittelrückständen oder Gehalten an Kontaminanten wie Mykotoxinen, soll die Probe möglichst eine ganze Warenpartie repräsentieren. Dazu wurden und werden Probeentnahmeverfahren entwickelt. Sie sind Bestandteil der Amtlichen Sammlung von Untersuchungsverfahren (ASU) und basieren zumeist auf Verordnungen der Europäischen Union. Je nach Art des Erzeugnisses und Homogenität der Partie unterscheidet sich zum Beispiel der Umfang der Laborprobe (mindestens 0,2 kg frische Kräuter für die Untersuchung auf Pflanzenschutzmittelrückstände; bis zu 30 kg für Mykotoxin-Untersuchungen bei Getreide oder getrockneten Feigen). Die Anzahl der Stellen in einer Partie, an denen einzelne (Teil-) Proben zu entnehmen sind, richtet sich nach dem Umfang der gesamten Partie (für Mykotoxin-Untersuchungen bis zu 100 Einzelproben aus einer großen Partie von z. B. 10 t).

Unter den Begriffen Partie, Charge, Los oder Herstellungsposten wird eine unterscheidbare Menge eines Lebensmittels verstanden, das eine Reihe gemeinsamer Merkmale aufweist: Ursprung, Sorte, Rezeptur, Zutaten, Herstellungsverfahren, Verpackung, Verpacker, Absender und Kennzeichnung, insbesondere bezüglich der Mindesthaltbarkeit oder des Verbrauchsdatums und ggf. einer zusätzlichen Loskennzeichnung (siehe Kapitel 8.3.5). Falls eine Probe aus mehreren Verkaufseinheiten besteht, ist unbedingt darauf zu achten, dass alle Teilproben und auch die Gegen- oder Zweitproben aus derselben Partie stammen.

Alle Informationen, die für die folgenden Untersuchungen bedeutsam sein könnten, sind im Probahmeprotokoll oder in begleitenden Unterlagen festzuhalten und zu übermitteln. Beispielsweise können bei Obst- oder Gemüseproben in Erzeugerbetrieben die zuvor angewendeten Pflanzenschutzmittel ermittelt werden, wenn Rückstandsuntersuchungen geplant sind. Im untersuchenden Institut wird das Untersuchungsspektrum dann mit den zu erwartenden Wirkstoffen abgeglichen.

Nach dem (kontrollierten) Transport und dem Eingang im Untersuchungsamt werden dort zunächst wesentliche Probendaten erfasst, um die Identität und damit die eindeutige Zuordnung von Untersuchungsdaten und Gutachten zu der jeweiligen Probe zu sichern. Welcher Abteilung eine Probe anschließend zur Untersuchung zugeht (vgl. 5.3.1, Schema 5.2), richtet sich nach der Warengruppe der Probe oder nach dem (geplanten) Untersuchungsziel, z. B. Rückstands- oder mikrobiologische Untersuchungen. Alle Probenarten lassen sich einer Warengruppe zuordnen, die einem bundeseinheitlichen sechsstelligen ADV-Warenkode, einem ADV-Kodierkatalog des BVL, zu entnehmen ist [25].

Die Art der nachfolgenden Untersuchungen, z. B. sensorische, chemisch-physikalische, mikrobiologische oder histologische Untersuchungen, und die jeweiligen Verfahren richten sich nach den Vorgaben aus Rechtsnormen, z. B. hinsichtlich der Zusammensetzung oder der Höchstmengen für Zusatzstoffe, Rückstände oder Kontaminanten. Da an einer Probe in der Regel mit vertretbarem Aufwand nicht alle Kriterien überprüft werden können, muss von den verantwortlichen Sachverständigen des Untersuchungsinstitutes eine Auswahl getroffen werden. Dabei spielen neben den gesetzlichen Vorgaben weitere Gesichtspunkte eine Rolle, wie zum Beispiel:

- Untersuchungsziele eines Probenplans
- Vorgaben der Fachaufsichtsbehörden
- Vorgaben der Lebensmittelüberwachungsämter, die die Proben entnommen haben
- Art des Entnahmebetriebs (Hersteller, Importeur, Groß- oder Einzelhandel)
- Bei Beschwerdeproben die Hinweise der Verbraucher
- Schnellwarnmeldungen (siehe 5.4.5 und Kapitel 3.3.2)
- Stand der wissenschaftlichen Erkenntnisse
- Erfahrungen aus Betriebskontrollen
- Hinweise aus Aufmachung, Kennzeichnung, Aussehen und vorausgegangenen Untersuchungen der Probe selbst.

Proben, die im Handel gezogen wurden, werden insbesondere auf unerwünschte nicht akzeptable Veränderungen durch Lagerung und Transport geprüft. Dabei vertraut man im gemeinsamen Binnenmarkt darauf, dass andere Aspekte bereits bei der Überwachung des Herstellers oder – bei Drittlandserzeugnissen – des Importeurs berücksichtigt wurden.

Die Untersuchungsbefunde werden mit den rechtlichen Vorgaben verglichen. Der verantwortliche Sachverständige muss dazu die durchgeführten Untersuchungsmethoden genau kennen, insbesondere deren Sicherheit, Störanfälligkeit, Genauigkeit und Aussagekraft [26]. Führen die Untersuchungen zu dem Ergebnis, dass bei einer Probe (lebensmittel-)rechtliche Vorschriften nicht eingehalten wurden, so wird ein ausführliches Gutachten erstellt. Es ist die Grundlage für das weitere Handeln der Überwachungsbehörde und ein Beweismittel für formelle ordnungsbehördliche oder strafrechtlichen Verfahren. Dazu sind bestimmte Inhalte von besonderer Bedeutung:

- Daten zur eindeutigen Identifizierung der Probe, u. a.
  Tag der Entnahme, entnehmende Behörde und Person,
  Verpackung, Bezeichnung, Loskennzeichnung, Aussehen, Menge der Probe
- Die für die Beurteilung wesentlichen Untersuchungsergebnisse
- Benennung der Untersuchungsmethoden und ggf. deren Leistungsfähigkeit (statistische Angaben wie Nachweis- und Bestimmungsgrenze, Streubreite)
- Sachverständige Beurteilung der Probe unter Einbeziehung der gesetzlichen Anforderungen.

Die Angaben erleichtern einen späteren Vergleich mit den Untersuchungsergebnissen von Gegengutachtern, falls sich dabei Diskrepanzen ergeben sollten.

Häufig wird das Verpackungsmaterial oder zumindest ein Foto oder eine Kopie dem Gutachten beigefügt. Dies vereinfacht den Vollzugsbehörden die Zuordnung und damit das gesamte weitere Verfahren.

Zur sachgerechten Umsetzung der Gutachten in den Vollzugsbehörden sollten diese über wissenschaftlich ausgebildete Personen mehrerer Fachrichtungen verfügen (vor allem der Lebensmittelchemie und der Veterinärmedizin). Dies ist in der Regel nicht in erforderlichem Umfang der Fall. Darüber hinaus können bei einer Verfolgung und Ahndung von Verstößen weitere Dienststellen der allgemeinen Verwaltung ohne sachverständiges Personal befasst sein (Ordnungs- und Justizbehörden). Das Gutachten muss daher auch für diese Adressaten ausreichend ausführlich, vollständig, verständlich und nachvollziehbar sein. Vorschläge für die weitere Verfolgung und Ahndung durch die zuständigen Behörden gehören nicht in das objektive Gutachten eines neutralen Sachverständigen, zumal diesem häufig weder eigene Erkenntnisse aus Betriebsinspektionen noch Informationen über den Kenntnisstand der Vollzugsbehörden vorliegen, z. B. weitere Gutachten zu einem Produkt.

Die AVV RÜb verlangt eine zeitnahe Zustellung der Untersuchungsergebnisse an die zuständigen Behörden. Bei möglichen Risiken für die Gesundheit des Menschen ist besondere Eile geboten, ggf. auch als Sofortmeldung mit einer vorläufigen lebensmittelrechtlichen Bewertung.

5.4.3
Durchsetzung des Rechts

Wenn im Rahmen der amtlichen Lebensmittelkontrolle eine fehlende Übereinstimmung mit lebensmittelrechtlichen Vorschriften festgestellt wird, ist die zuständige Vollzugsbehörde in der Pflicht, für die Abstellung der Mängel zu sorgen (§ 39 LFGB) und die Verstöße einer Ahndung zuzuführen. Die örtliche Zuständigkeit ergibt sich aus dem Ort, an dem der Verstoß stattgefunden oder an dem der Verantwortliche seinen Betriebssitz hat (§ 3 Verwaltungsverfahrensgesetz (VwVfG) des Bundes vom 25. Mai 1976 [27] bzw. entsprechende Ländergesetze). Falls danach zwei Behörden zuständig sind, entscheidet diejenige, die zuerst mit einer Sache befasst war, ob sie die Angelegenheit selbst bearbeitet oder an die für den Betriebssitz zuständige Dienststelle abgibt. In der Praxis wird meistens der zweite Weg gewählt. Die für den Betriebssitz zuständige Stelle hat in der Regel den besseren Überblick darüber, wie gut oder schlecht das betreffende Unternehmen die Vorschriften einhält.

Das Lebensmittelrecht wird zunehmend komplizierter und detaillierter. Insbesondere für kleine Betriebe ist es kaum noch möglich, sich das notwendige lebensmittelrechtliche Wissen anzueignen und auf einem aktuellen Stand zu halten. Da gewinnt die beratende Funktion der amtlichen Lebensmittelkontrolle immer mehr an Bedeutung. Es darf dabei nicht übersehen werden, dass die ausführliche und verbindliche lebensmittelrechtliche Beratung Aufgabe der privaten Sachverständigen ist. So wird sich die Beratung durch die Kontrollpersonen in der Regel auf konkrete Einzelfragen beschränken.

Die ordnungsbehördlichen Maßnahmen sind zu unterscheiden in präventive und repressive Maßnahmen. Sie folgen unterschiedlichen Verfahrensregeln (VwVfG der Länder (siehe oben) und Gesetz über Ordnungswidrigkeiten, OWiG [28]). Die präventiven Maßnahmen dienen der Gefahrenabwehr und sind in die Zukunft gerichtet. Zum Beispiel wird mit einer Ordnungsverfügung das Behandeln und Inverkehrbringen von Lebensmitteln verboten, so lange sich die Betriebsräume in einem hygienisch unhaltbaren Zustand befinden. Die Sicherstellung von Produkten, deren weiteres Inverkehrbringen verhindert werden soll, erfolgt ebenso in Form einer Ordnungsverfügung. Das LFGB bietet hierzu einige spezialgesetzliche Regelungen (vgl. 5.2.3).

Mit repressiven Maßnahmen werden Verstöße, die in der Vergangenheit begangen wurden, als Ordnungswidrigkeit (mit einer kostenpflichtigen Verwarnung oder einem Bußgeld) oder als Straftat (mit Geld- oder Freiheitsstrafe) geahndet. Liegen Anhaltspunkte für eine Straftat vor, so ist die Vollzugsbehörde gehalten, den Verstoß gegenüber der Staatsanwaltschaft zur Anzeige zu bringen. Die Ordnungsbehörden sind bei allen ihren Maßnahmen zur Wahrung der Verhältnismäßigkeit verpflichtet, d. h. die Maßnahmen müssen möglich, geeignet und erforderlich sein.

5.4.4
Berichtswesen

Für eine Reihe von Ergebnissen der amtlichen Lebensmittelkontrolle besteht die Verpflichtung, diese in bestimmter, aufbereiteter Form regelmäßig an die Europäische Kommission zu melden, z. B. allgemeine Daten aus Betriebskontrollen und Probenuntersuchungen (s. 5.5), Ergebnisse aus koordinierten Überwachungsprogrammen, Rückstände von Schädlingsbekämpfungsmitteln in und auf verschiedenen Lebensmitteln und Ergebnisse aus Untersuchungen zum Rückstandskontrollplan (insbesondere Tierarzneimittel betreffend). Darüber hinaus sind Ergebnisse aus Kontrollprogrammen auf Bundes- und Länderebene zu berichten. Die elektronische Datenverarbeitung ermöglicht die Sammlung, Aufbereitung und Auswertung einer Vielzahl von Daten. Dazu ist es notwendig, die in den Untersuchungsämtern und den Vollzugsbehörden ermittelten Daten in einer einheitlichen und verbindlichen Form und Struktur zu erfassen und zu übermitteln. Diesem Ziel dient die Allgemeine Verwaltungsvorschrift über die Übermittlung von Daten aus der amtlichen Lebensmittel- und Veterinärüberwachung sowie dem Lebensmittel-Monitoring, AVV DÜb [29] und die ADV-Kataloge des BVL [25].

5.4.5
Krisenmanagement und Schnellwarnungen

Neben dem vorbeugenden Verbraucherschutz, dem Grundprinzip der regelmäßigen amtlichen Lebensmittelkontrolle, besteht die vordringliche Aufgabe darin, Verbraucher vor konkreten und ernsten gesundheitlichen Gefahren im Zusammenhang mit Lebensmitteln und anderen, im LFGB geregelten Erzeugnissen schnell und wirksam zu bewahren, so bald ein entsprechender Sachverhalt bekannt wird. Dafür gibt es im Laufe der Zeit viele Beispiele: Durch Hefen verunreinigte Erfrischungsgetränke in Glasflaschen, die wegen des durch die Gärung entstandenen Drucks zu platzen drohen, Krankheitserreger wie Listeria monocytogenes in Käse, verbotene krebserzeugende Farbstoffe wie Sudanrot in Gewürzen und Vieles mehr. Das jeweilige Risiko und die Tragweite einzelner Vorfälle sind in der Regel sehr unterschiedlich. Immer kommt es darauf an, in jeder Hinsicht angemessen zu reagieren.

Unabhängig von der Bedeutung des einzelnen Falles sind folgende Maßnahmen zu treffen:

- Der Sachverhalt ist sicher und eindeutig festzustellen
- Gefahr und Risiko sind zu bewerten bzw. einzuschätzen
- Die Ursache für den Sachverhalt und die Vertriebswege der betroffenen Produkte sind zu ermitteln
- Beteiligte sind zu informieren (Dienststellen, Herstellungs- und Vertriebsunternehmen, ggf. Öffentlichkeit)
- Betroffene Produkte sind zu sichern und ein weiterer Vertrieb und Verbrauch sind wirksam zu verhindern (Verbot des Inverkehrbringens, Rückruf und dessen Überprüfung)
- Nach einer rechtlichen Bewertung sind vorwerfbare Rechtsverstöße zu ahnden.

Die genannten Maßnahmen sind Bestandteile des Prozesses, der nach Art. 3 der BasisV als Risikoanalyse bezeichnet wird und aus drei Schritten besteht: Risikobewertung, Risikomanagement und Risikokommunikation (vgl. 5.2.1 und siehe auch Kapitel 1.6).

Der gemeinsame Binnenmarkt in Europa sowie der weltweite Handel mit Lebensmitteln machen für Krisen und andere überregionale Ereignisfälle planmäßige, systematische Verfahren erforderlich. Dem wird innerhalb der EU mit Kapitel IV der Basis-VO und Artikel 13 der KontrollVO Rechnung getragen. Für die notwendigen Maßnahmen auf nationaler Ebene und die wichtigen Fragen der Kompetenzverteilung sind die vorgesehenen Verfahren in Allgemeinen Verwaltungsvorschriften beschrieben (AVV SWS, Kap. 3.3.2).

5.4.6
Maßnahmen auf Anforderung

Zusätzlich zur amtlichen Kontrolle im engeren Sinn können sich auf Nachfrage von Lebensmittelunternehmen, anderen Behörden oder von Verbrauchern weitere Aufgaben ergeben. Dazu gehört zum Beispiel das Ausstellen von amtlichen Bescheinigungen, wenn Lebensmittel international versendet werden sollen und für das Empfängerland bestimmte Begleitdokumente erforderlich sind. Darin werden Zusicherungen zu den versandten Lebensmitteln oder den absendenden Betrieben amtlich bestätigt. Eine weitere Dienstleistung stellt die amtliche Anerkennung und Nutzungsgenehmigung von natürlichen Mineralwässern dar, die mit umfangreichen Prüfungen von Unterlagen, Brunnen und Abfüllbetrieben verbunden ist. Die Zuständigkeit für diese Aufgabe ist je nach Bundesland unterschiedlich verteilt.

Vielerorts ist es üblich, dass die Dienststellen der amtlichen Lebensmittelkontrolle im Rahmen von Baugenehmigungsverfahren oder gaststättenrechtlichen Konzessionsverfahren um Stellungnahme gebeten werden. Eine solche Beteiligung ist vorteilhaft: Sie ermöglicht eine frühzeitige Weichenstellung zur Einhaltung lebensmittelhygienischer, insbesondere baulicher Anforderungen durch die Unternehmen.

Seit Mai 2008 gilt in Deutschland das „Gesetz zur Verbesserung der gesundheitsbezogenen Verbraucherinformation (Verbraucherinformationsgesetz VIG)". Damit wird jedermann das Recht zugesprochen, bei den zuständigen Behörden die dort vorhandenen Informationen zu Lebensmitteln und Futtermitteln sowie allen sonstigen Erzeugnissen, die im LFGB geregelt sind, abzufragen. Dies gilt insbesondere für festgestellte Verstöße sowie die im Zusammenhang damit getroffenen Maßnahmen und Entscheidungen der Behörden. Der Zugang zu den gewünschten Daten erfolgt ausschließlich auf schriftlichen Antrag. Beim Vollzug des VIG sind neben engen Fristen vor allem die verschiedenen Interessen und Rechte der anfragenden Bürger/Verbraucher einerseits und der betroffenen Wirtschaft auf der anderen Seite angemessen zu beachten, die in vielen Fällen gegeneinander abzuwägen sind. Dazu sind nicht nur gründliche Kenntnisse des Verwaltungs- und Fachrechts sondern auch fachlicher Sachverstand erforderlich, da die Informationen verständlich dargestellt werden sollen. Der Ablauf des Verfahrens, nachdem ein Antrag auf Informationszugang gestellt wurde, ist in Schema. 5.4 dargestellt.

5.5
Ergebnisse

Die allgemeinen Ergebnisse aus Probenuntersuchungen und Vor-Ort-Kontrollen aus Deutschland werden jährlich statistisch aufbereitet, der Europäischen Kommission gemeldet und vom BVL, z. B. im Internet, veröffentlicht [25]. Beispielhaft und zusammengefasst sind die Ergebnisse aus dem Jahr 2007 in den Tabellen 5.1 und 5.2 abgebildet.

In Tabelle 5.1 sind nur diejenigen Verstöße aufgeführt, die zu formellen Maßnahmen der zuständigen Behörden geführt haben, also zu einer schriftlichen Ermahnung oder zu anderen Maßnahmen der Gefahrenabwehr (z. B. Anordnung eines Rückrufs, Sicherstellung eines Lebensmittels, vorübergehende Betriebsschließung) bzw. zur Ahndung in Form einer kostenpflichtigen Verwarnung, eines Bußgeldverfahrens oder einer Strafanzeige. Nicht gezählt werden Schreiben überwiegend beratender Natur oder mündliche Belehrungen.

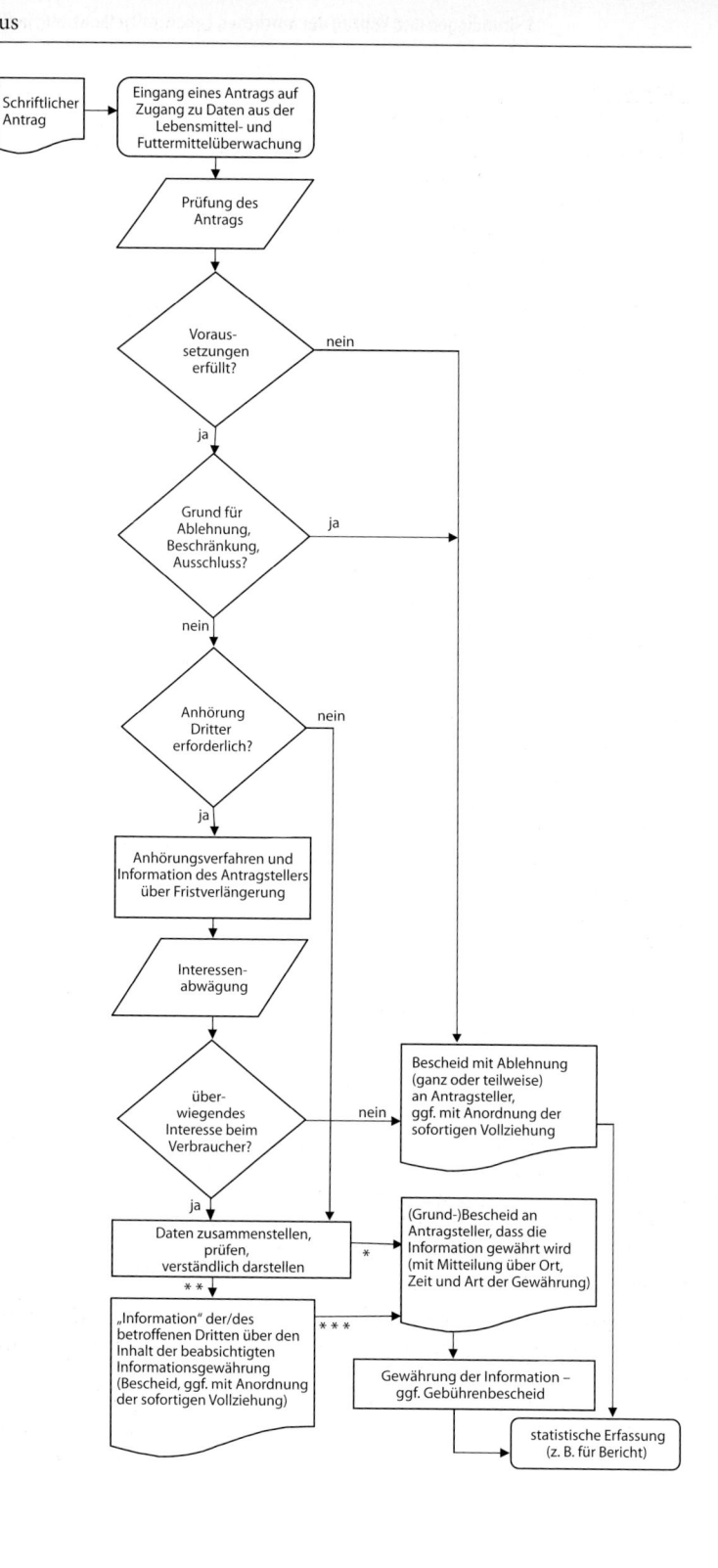

```
┌─────────────┐    ┌──────────────────────┐
│ Schriftlicher│───▶│ Eingang eines Antrags auf│
│ Antrag      │    │ Zugang zu Daten aus der│
└─────────────┘    │ Lebensmittel- und    │
                   │ Futtermittelüberwachung│
                   └──────────┬───────────┘
                              ▼
                        ╱─────────────╲
                       ╱  Prüfung des  ╲
                       ╲    Antrags    ╱
                        ╲─────────────╱
                              │
                              ▼
                        ◇ Voraus- ◇
                        ◇ setzungen ◇── nein ──────────────┐
                        ◇ erfüllt?  ◇                      │
                              │ ja                         │
                              ▼                            │
                        ◇ Grund für ◇                      │
                        ◇ Ablehnung,◇── ja ────────────────┤
                        ◇ Beschränkung,◇                   │
                        ◇ Ausschluss?◇                     │
                              │ nein                       │
                              ▼                            │
                        ◇ Anhörung ◇── nein ──┐            │
                        ◇ Dritter  ◇          │            │
                        ◇ erforderlich?◇      │            │
                              │ ja            │            │
                              ▼               │            │
                   ┌──────────────────────┐   │            │
                   │ Anhörungsverfahren und│  │            │
                   │ Information des Antrag-│ │            │
                   │ stellers über         │  │            │
                   │ Fristverlängerung     │  │            │
                   └──────────┬───────────┘   │            │
                              ▼               │            │
                        ╱─────────────╲       │            │
                       ╱ Interessen-   ╲      │            │
                       ╲  abwägung     ╱      │            │
                        ╲─────────────╱       │            │
                              │               │            │
                              ▼               │            │
                        ◇ über- ◇             │            │
                        ◇ wiegendes ◇─ nein ──┤            │
                        ◇ Interesse beim◇     │            │
                        ◇ Verbraucher? ◇      │            │
                              │ ja            ▼            ▼
                              ▼           ┌────────────────────┐
                   ┌──────────────────┐   │ Bescheid mit Ablehnung│
                   │ Daten zusammen-  │   │ (ganz oder teilweise)│
                   │ stellen, prüfen, │   │ an Antragsteller,    │
                   │ verständlich     │   │ ggf. mit Anordnung der│
                   │ darstellen       │   │ sofortigen Vollziehung│
                   │ **               │   └────────────────────┘
                   └──────────┬───────┘            │
                              ▼                    │
                   ┌──────────────────┐   ┌────────────────────┐
                   │ "Information" der/│  │ (Grund-)Bescheid an │
                   │ des betroffenen   │──▶│ Antragsteller, dass│
                   │ Dritten über den  │*  │ die Information     │
                   │ Inhalt der beab-  │***│ gewährt wird (mit   │
                   │ sichtigten Infor- │   │ Mitteilung über Ort,│
                   │ mationsgewährung  │   │ Zeit und Art der    │
                   │ (Bescheid, ggf.   │   │ Gewährung)          │
                   │ mit Anordnung der │   └──────────┬─────────┘
                   │ sofortigen        │              ▼
                   │ Vollziehung)      │   ┌────────────────────┐
                   └───────────────────┘   │ Gewährung der      │
                                           │ Information –       │
                                           │ ggf. Gebühren-     │
                                           │ bescheid           │
                                           └──────────┬─────────┘
                                                      ▼
                                           ┌────────────────────┐
                                           │ statistische       │
                                           │ Erfassung          │
                                           │ (z. B. für Bericht)│
                                           └────────────────────┘
```

5 Grundlagen und Vollzug der amtlichen Lebensmittelkontrolle in Deutschland 143

Anmerkungen:
einzuhaltende Fristen: 1 bzw. 2 Monate (§ 4 Abs. 2)

Handelt es sich um einen Antrag nach VIG? (§ 1 Abs. 1)
1. Frage nach Verstößen und zugehörigen Maßnahmen
2. Frage nach Gefahren, die von Erzeugnissen ausgehen
3. Frage nach Herkunft, Beschaffenheit, Verwendung u. a.
4. Frage nach Ausgangsstoffen und Verfahren
5. Frage nach behördlichen Kontrollmaßnahmen
Frage nach Kontamination der Lebensmittelkette?
(dann evtl. Verfahren nach Umweltinformationsgesetz – UIG)
Zuständigkeit?

Antrag hinreichend bestimmt? (§ 3 Abs. 1)
Liegen die Daten vor? (§ 3 Abs. 2)
(ggf. andere Stelle benennen oder Abgabe an diese, § 5 Abs. 2)

§ 3 Abs. 3 Ablehnungsgründe:
1. Entscheidungen, Arbeiten und Beschlüsse in Vorbereitung
2. Vertrauliche Informationen
3. Gefährdung des behördlichen Maßnahmenerfolgs oder
§ 3 Abs. 4 missbräuchlich gestellter Antrag oder
§ 3 Abs. 5 Information aus allg. zugänglichen Quellen erhältlich;
§ 2 Nr. 1 entgegenstehende öffentliche Belange: z. B. Vertraulichkeit
Sicherheitsbelange, Frage nach Verstößen vor mehr als 5 Jahren,
lfd. Verfahren (Ausnahme: Frage nach Verstößen/Gefahren) u. a.
§ 2 Nr. 2 entgegenstehende private Belange:
a) personenbezogene Daten
b) geistiges Eigentum, Urheberrechte
c) Betriebs-/Geschäftsgeheimnisse (außer: Verstöße § 1 I.1)
d) meldepflichtige Informationen

Anhörung im Fall schützenswerter Belange Dritter (§ 4 Abs. 1)
insbesondere bei Anfragen zu
1. personenbezogenen Daten,
2. als Betriebs- o. Geschäftsgeheimnisse gekennzeichneten o.
3. vor dem 01.05.2008 erhobenen Daten.

Anhörung des betroffenen Dritten innerhalb eines Monats und
Fristverlängerung des Verfahrens auf 2 Monate (§ 4 Abs. 1 und 3)

Fristen für Bescheide seit Antragstellung (§ 4 Abs. 2):
ohne Anhörung: 1 Monat, mit Anhörung: 2 Monate

Im Fall der vollständigen oder teilweisen Ablehnung ist mitzuteilen,
ob und gegebenenfalls wann der Informationszugang
ganz oder teilweise zu einem späteren Zeitpunkt möglich ist
(§ 4 Abs. 2). Im Fall der Anhörung: Information der/des
betroffenen Dritten über diese Entscheidung (§ 4 Abs. 3 Satz 2).

*   Weg ohne Anhörung betroffener Dritter
**   Weg bei Anhörung betroffener Dritter
*** Gewährung der Information (§5 Abs. 1) erst nach
Bestandskraft des Bescheids an Dritte/n oder 2 Wochen
nach Anordnung der sofortigen Vollziehung (§ 4 Abs. 3)
ggf. Hinweise auf Zweifel an der Richtigkeit (§ 5 Abs. 3)
Gebühren: § 6 sowie nach Landesrecht

Schema 5.4 (S. 142–143). Ablauf eines VIG-Verfahrens nach Antragstellung (Hinweis: Das Schema berücksichtigt nicht die sich aus der Erteilung bzw. Nichterteilung von Informationen ergebenden Widerspruchsverfahren)

Tabelle 5.1. Bundesrepublik Deutschland 2007, Kontrolle vor Ort, Anzahl und Art der festgestellten Verstöße

Zahl der Betriebe	1 187 335
Zahl der kontrollierten Betriebe	562 047
Zahl der Kontrollbesuche	1 005 110
Zahl der Betriebe mit Verstößen	128 911
Art der Verstöße:	
Hygiene (HACCP, Schulung)	42 234
Hygiene allgemein	101 262
Zusammensetzung (nicht mikrobiologisch)	2 848
Kennzeichnung und Aufmachung	35 057
Andere	13 220

Tabelle 5.2. Bundesrepublik Deutschland 2007, Im Labor untersuchte Proben von Lebensmitteln und von Bedarfsgegenständen mit Lebensmittelkontakt, Proben mit Verstößen

Gesamtzahl der Proben	402 463
Zahl der Proben mit Verstößen	59 188
Prozentualer Anteil der Proben mit Verstößen	14,7%
Art der Verstöße:	
Mikrobiologische Verunreinigungen	9 526
Andere Verunreinigungen	5 768
Zusammensetzung	10 294
Kennzeichnung/Aufmachung	30 559
Andere	7 409

Die Zusammenstellungen ermöglichen einen Überblick über Art und Anzahl der erfassten und kontrollierten Betriebe bzw. der untersuchten Proben sowie der Beanstandungsquoten. Die strukturierte Darstellung der Beanstandungsgründe gibt Hinweise auf die Menge und Verteilung der Proben auf die Warengruppen (hier nicht abgebildet) und darauf, welche Mängel gehäuft vorkommen. Sie erlauben in begrenztem Maß Rückschlüsse für zukünftige Planungen.

Diese Daten geben allerdings keinen Aufschluss über die allgemeine Lebensmittelsicherheit und die Qualität des Verbraucherschutzes. Hierfür sind mehrere Gründe verantwortlich: Die Proben werden nicht repräsentativ aus dem gesamten Warenangebot entnommen und untersucht, sondern risikoorientiert und zielgerichtet oder im Rahmen von bestimmten Programmen (z. B. Mykotoxin-Untersuchungen). Ähnliches gilt für die Betriebskontrollen (vgl. 5.2.4, 5.4.1 und 5.4.2). Art, Größe und Struktur der Betriebe weisen erhebliche Unterschiede auf, so dass die Kontrollen untereinander kaum vergleichbar sind. Die Häufigkeit von Kontrollen basiert wie bei der Probenahme und -untersuchung auf einer Risikobeurteilung. Nicht jeder Betrieb ist jährlich zu kontrollieren. Ein hohes Verhältnis von der Zahl der Kontrollbesuche zur Zahl der kontrollierten Betriebe kann nicht als Zeichen mangelnder Einhaltung lebensmittelrechtlicher Vorschriften gewertet werden. Auch Betriebe, die zwar weitestgehend einwandfrei arbeiten, aber für sensible Verbrauchergruppen produzieren, z. B. Säuglings- und Kleinkindernahrung, werden häufiger kontrolliert.

5.6
Ausblick und Schlussbemerkungen

Die Europäische Union hat mit der Basis-VO und der KontrollVO die Grundlagen für eine einheitliche und ganzheitliche Lebensmittelkontrolle geschaffen. Vieles davon entspricht der jahrzehntelangen Überwachungspraxis in Deutschland. Elemente wie Qualitätsmanagement, mehrjährige Kontrollpläne und ein systematisch organisiertes Krisenmanagement auf allen Ebenen erfordern jedoch tiefgreifende Veränderungsprozesse und stellen hohe Anforderungen an alle Beteiligten. Eine qualifizierte Ausbildung des Personals, die Fähigkeit und die Bereitschaft für eine laufende Fort- und Weiterbildung sind deshalb unabdingbare Voraussetzungen für eine funktionierende und effiziente Lebensmittelkontrolle. Die Aufgaben sind so vielfältig, dass sie nur multidisziplinär zu bewältigen sind.

Zur Erfüllung ist eine zunehmende Datenvernetzung zwischen den beteiligten Dienststellen erforderlich. Sie, aber auch QM-Systeme, die Erledigung und Verifizierung von Kontrollplänen sowie die gewünschte Transparenz sind ohne eine ausreichende Dokumentation aller Tätigkeiten nicht möglich. All diese Anforderungen verlangen nach ausreichenden Personalkapazitäten und stehen zudem in einem gewissen Kontrast zur allgemein gewünschten Beschränkung von Bürokratie.

Sowohl die Kontrollfrequenzen als auch die Entnahme und Untersuchung von Proben sollen sich am Risiko des jeweiligen Unternehmens bzw. des Erzeugnisses orientieren. Für eine einheitliche Umsetzung dieser Grundforderung in Deutschland enthält die AVV RÜb weitere abgestimmte Handlungsanleitungen zur Risikobewertung von Unternehmen bzw. Produkten. Sie gilt es weiter zu entwickeln. Ob das vorgesehene Kontingent für Proben von kosmetischen Mitteln und Bedarfsgegenständen kritisch hinterfragt und den heutigen Erfordernissen angepasst werden wird, bleibt abzuwarten.

Die amtliche Lebensmittelkontrolle befindet sich in einem sich stetig verändernden Umfeld und zugleich im Spannungsfeld unterschiedlicher und zum Teil widerstrebender Interessen. Auf der einen Seite hat die breit angelegte, in vielen Jahren gewachsene Verbraucherschutz-Gesetzgebung in der EU und in Deutschland bereits einen sehr hohen Standard erreicht und wird weiter ausdifferenziert. Andererseits führen die EU mit all ihren Mitgliedstaaten und der weltweite Handel zu einem immer breiteren Angebot an Lebensmitteln aller Art, die häufig nach nicht annähernd vergleichbaren Grundsätzen produziert, verarbeitet und vertrieben werden. Gerade im Welthandel spielen Verbraucherschutzaspekte – wenn überhaupt – eine untergeordnete Rolle. Die Kontrolle des zunehmenden und weltweiten Internethandels ist zudem mit den bisherigen Strategien nicht zu bewältigen. Alle an der Kontrolle Beteiligten stehen deshalb vor der nicht gerade leichten Aufgabe, mit den begrenzten personellen und sächlichen Ressourcen die richtigen Schwerpunkte zu setzen. Es wird sich zeigen müssen, ob die seit Beginn dieses Jahrhunderts mit dem europäischen Recht eingeführten Elemente zum Erhalt oder sogar zur Steigerung von Effizienz und insbesondere Effektivität des Verbraucherschutzes beitragen können.

5.7
Literatur

1. RGBl (1879) S 145
2. Reusch HK (1986) Zur Geschichte der Lebensmittelüberwachung im Großherzogtum Baden und seinen Nachfolgeterritorien (1806–1954), Selbstverlag, Karlsruhe
3. Heimann W (1976) Grundzüge der Lebensmittelchemie, 3. Steinkopff, Darmstadt
4. RGBl (1927) S 134
5. BGBl I (1958) S 950
6. BGBl I (1974) S 1946
7. ABl (1989) L 186 S 23
8. ABl (1993) L 290 S 14
9. von Wedel H (2001) Organisation des gesundheitlichen Verbraucherschutzes (Schwerpunkt Lebensmittel) Kohlhammer, Stuttgart Berlin Köln
10. Erlass BMVEL vom 21.01.2002 – 114-0224-C 14/0 – über die Errichtung der Bundesanstalt für Verbraucherschutz und Lebensmittelsicherheit, GMBl 2002, S 255
11. VO zur Übertragung von Befugnissen auf das Bundesamt für Verbraucherschutz und Lebensmittelsicherheit vom 21.02.2003, BGBl I S 244
12. EuGH 62001J0276 vom 10. April 2003
13. www.umwelt.nrw.de
14. BGBl I (2001) S 2236
15. GV.NRW (2008) S 150
16. Streinz R und Hammerl C in Lebensmittelrechts-Handbuch, C. H. Beck, München, Stand Juli 2004, VII D Rdn 288–330
17. Rützler H in Lebensmittelrechts-Handbuch, C. H. Beck, München, Stand Juli 2004, VII A Rdn 1–136
18. VO (EG) Nr. 669/2009 der Kommission vom 24. Juli 2009 zur Durchführung der VO (EG) Nr. 882/2004 des EP und des Rates im Hinblick auf verstärkte amtliche Kontrollen bei der Einfuhr bestimmter Futtermittel und Lebensmittel nicht tierischen Ursprungs und zur Änderung der Entscheidung 2006/504/EG Abl (2009) L 194 S 11
19. FAO/WHO, CAC/RCP 1-1969, Rev. 4-2003
20. Roth M und Renz V: Zur Diskussion gestellt: Kriterien für einen risikoorientierten Probenplan, Risikoabschätzung für Warenobergruppen. Deut Lebensm-Rundsch 101, 377–384 (2005)
21. Facharbeitsgruppe OWL: Konzept zur Risiko orientierten Ermittlung der Probenzahl im Rahmen der Lebensmittelüberwachung in Ostwestfalen-Lippe (OWL). Deut Lebensm-Rundsch 104, 14–22 (2008)

22. Streit H et al.: Rahmenbedingungen für eine risikoorientierte Probenahme. Deut Lebensm-Rundsch 102, 345–350 (2006)
23. Löbell-Behrends S et al.: Kontrolle des Internethandels mit Anti-Aging- und Schlankeitsmitteln, Eine Pilot-Studie. Deut Lebensm-Rundsch 104, 265–270 (2008)
24. Verwaltungsvorschrift zum Vollzug des Lebensmittel- und Bedarfsgegenständerechts, RdErl. des Ministeriums für Umwelt, Raumordnung und Landwirtschaft vom 01.11.1997, MinBl NRW (1998) S 124
25. www.bvl.bund.de
26. Vietzke K in Lebensmittelrechts-Handbuch, C. H. Beck, München, Stand Juli 2004, VI. F Rdn 272
27. BGBl I (1998) S 3050
28. BGBl I (1987) S 602 in zzt. geltender Fassung
29. GMBl (1999) S 78

Kapitel 6

Grundlagen und Vollzug der amtlichen Lebensmittelkontrolle in Österreich

Franz Vojir

Bundesministerium für Gesundheit (BMG), Radetzkystraße 2, 1030 Wien, Österreich
franz.vojir@bmg.gv.at

6.1	Einführung	150
6.2	Grundlagen	153
6.3	Organisation	155
6.3.1	Das Bundesministerium für Gesundheit	155
6.3.2	Der Landeshauptmann eines Bundeslandes	156
6.3.3	Österreichische Agentur für Gesundheit und Ernährungssicherheit (AGES)	157
6.3.4	Amtliche Untersuchungsanstalten der Bundesländer Kärnten, Vorarlberg und der Stadt Wien	158
6.3.5	Ausbildung des Personals im Bereich der Lebensmittelkontrolle	158
6.3.6	Qualitätsmanagement im Bereich der amtlichen Lebensmittelkontrolle	159
6.3.7	Zusammenarbeit der Lebensmittelkontrollbehörden mit den Zollbehörden	160
6.4	Vollzug	162
6.4.1	Vorgangsweise	162
6.4.2	Probenahme	163
6.4.3	Plan- und Verdachtsproben	164
6.5	Ergebnisse	167
6.5.1	Salmonellenproblematik bei Geflügel	167
6.5.2	Pestizidrückstandsuntersuchungen bei Obst und Gemüse	168
6.5.3	Importkontrollen von pflanzlichen Produkten mit erhöhtem Aflatoxinrisiko	169
6.5.4	Revisionsergebnisse	170
6.6	Ausblick und Schlussbemerkungen	171
6.7	Literatur	172

6.1 Einführung

Gesetzgebung

Als Geburtsstunde der amtlichen Lebensmittelkontrolle in Österreich kann die Veröffentlichung des „Gesetzes, betreffend den Verkehr mit Lebensmitteln und einigen Gebrauchsgegenständen" vom 16. Jänner 1896 im Reichsgesetzblatt (RGBl. Nr. 89/1897) [1] angesehen werden. Es wurde in Anlehnung an das Deutsche Nahrungsmittelgesetz 1879 konzipiert.

Die Lebensmittelkontrolle wurde den einzelnen Ländern der Monarchie bzw. den Magistraten der Städte mit eigenem Statut unterstellt. Die Kontrollen erfolgten anfangs primär in den Städten wobei die teilweise schon längere Zeit existierenden Marktämter dazu herangezogen wurden. In Wien beispielsweise war seit dem Jahr 1839 ein den gesamten Bereich des Gesetzes abdeckendes Marktamt eingerichtet. Von den amtlichen Lebensmittelkontrollorganen wurde die Absolvierung bestimmter Unterrichtskurse verlangt.

Zur Untersuchung der entnommenen Proben wurden staatliche „Allgemeine Untersuchungsanstalten" eingerichtet. Von Gemeinden, Bezirken oder Ländern konnten Untersuchungsanstalten errichtet werden. Das Statut dieser Anstalten musste den Anforderungen, wie sie für die staatlichen Anstalten galten, entsprechen. Dann konnte eine solche Untersuchungsanstalt von der Regierung genehmigt werden, wobei die dort tätigen Sachverständigen von der Regierung zu beeiden waren. Private Untersucher, die die Technische Untersuchung von Lebensmitteln und Gebrauchsgegenständen gegen Entgelt durchführen wollten, bedurften hierzu einer besonderen Bewilligung durch das für den Lebensmittelbereich zuständige Ministerium.

Mitte der 20er Jahre des 20. Jahrhunderts begannen die Lebensmittelaufsichtsorgane der Länder sich hinsichtlich Koordination ihrer Tätigkeit und der fachlichen Abstimmung und Fortbildung zu organisieren (Marktkommissärstagungen). Diese Art von Tagungen wurde beibehalten und noch heute werden jährlich mehrere solche Tagungen abgehalten.

Einen historischen Überblick über gesetzliche Regelungen die Lebensmittelkontrolle betreffend vermittelt die Tabelle 6.1. Aufgrund der Ereignisse der 30er und 40er Jahre wurden von 1938–1945 die Rechtsvorschriften des Deutschen Reichs (Deutsches Nahrungsmittelgesetz in der Fassung von 1936) angewandt. Das österreichische Lebensmittelgesetz wurde 1940 außer Kraft gesetzt, 1945 wieder in Kraft gesetzt (StGBl. Nr. 197/1945). 1975 wurde das „Lebensmittelgesetz 1975 (LMG 1975)" (BGBl. Nr. 86/1975), eine völlige Neufassung des Lebensmittelgesetzes, beschlossen [2]. Darin wurden die neuen Anforderungen des Marktes, die Erfahrungen von vielen Jahrzehnten Lebensmittelkontrolle und die Erkenntnisse der Wissenschaft berücksichtigt. Seit dem Beitritt Österreichs zur Europäischen Gemeinschaft, 1995, wurde das LMG 1975, soweit erforderlich, an

Tabelle 6.1. Historischer Überblick über gesetzliche Regelungen die Lebensmittelkontrolle betreffend

Jahr	Gesetz	Regelungsumfang	Beanstandungsgründe	Probenahme
1897	LMG	– Lebensmittel (Nahrungs- und Genussmittel) – Kosmetische Mittel, Spielwaren, Tapeten, Bekleidungsgegenstände – Ess- oder Trinkgeschirre, Geräte zum Kochen – Waagen, Maße, Messwerkzeuge für Lebensmittel – Zimmermalfarben, Petroleum	– gesundheitsschädlich – verdorben – verfälscht – nachgemacht – unreif – falsch bezeichnet – an Nährwert eingebüßt	– Amtliche Probe – Amtliche Rückstellprobe – Gegenprobe auf Verlangen
1950	LMG Novelle	Zusätzlich Codexkommission	– " –	– " –
1975	LMG 1975	– Lebensmittel (Nahrungs- und Genussmittel) – Kosmetische Mittel – Gebrauchsgegenstände (Geschirre, Geräte, Spielwaren u.a.) – Zusatzstoffe – Verzehrprodukte – Codexkommission	– gesundheitsschädlich – verdorben – verfälscht – nachgemacht – unreif – falsch bezeichnet – wertgemindert	– Amtliche Probe – Gegenprobe in jedem Fall
2006	LMSVG	– Lebensmittel – Wasser für den menschlichen Gebrauch – Kosmetische Mittel – Gebrauchsgegenstände (Kontaktmaterialien, Gegenstände in Kontakt mit Mund(schleimhaut) von Kindern, Spielzeug u.a.) – Lebensmittelzusatzstoffe, Verarbeitungshilfsstoffe, Aromen – Nahrungsergänzungsmittel – Schlachttier- und Fleischuntersuchung – Codexkommission	– nicht sicher (gesundheitsschädlich sowie für den menschlichen Verzehr ungeeignet) – verfälscht – wertgemindert – mit zur Irreführung geeigneten Angaben	– Amtliche Probe – 2 Gegenproben (der über die jeweilige Gegenprobe verfügungsberechtigte Unternehmer kann auf die Entnahme der ihn betreffenden Gegenprobe verzichten)

die gemeinschaftlichen Vorschriften des Lebensmittelrechts in mehreren Novellen angepasst.

Mit der Veröffentlichung der neuen Gemeinschaftsvorschriften zur Regelung des Lebensmittel- und Futtermittelrechts sowie der Hygiene bei Lebensmitteln (Verordnungen (EG) Nr. 178/2002, 882/2004, 852/2004, 853/2004 und 854/2004 [3]) wurde ein neues europaweites System speziell im Bereich der Lebensmittelsicherheit geschaffen. Dies erforderte in Österreich ein neues Gesetz im Lebensmittelbereich. Dazu wurden die Bereiche Schlachttier- und Fleischuntersuchung sowie Lebensmittelangelegenheiten, Kosmetika und Gebrauchsgegenstände zum „Lebensmittelsicherheits- und Verbraucherschutzgesetz (LMSVG)" vereinigt (s. 6.2) [4].

Insgesamt ist hervorzuheben:

- Seit 1897 hatten betroffene Lebensmittelunternehmer das Recht auf eine amtliche Gegenprobe, die sie auf ihre Kosten in einem Lebensmitteluntersuchungslabor ihrer Wahl untersuchen lassen können.
- Von anderen amtlichen Stellen konnten Lebensmitteluntersuchungslabors eingerichtet werden, wenn sie die gleichen Kriterien erfüllten wie die staatlichen Untersuchungslabors.
- Seit Beginn der Lebensmittelgesetzgebung ist es privaten Untersuchern möglich, entgeltliche Untersuchungen nach dem Lebensmittelgesetz vorzunehmen und diesbezüglich Gutachten zu erstellen, wenn ihnen vom zuständigen Ministerium eine Bewilligung dazu erteilt wurde.

Amtliche Untersuchungslabors

Mit der Verordnung vom 13. Oktober 1897 RGBl. Nr. 240/1897 wurden eine Reihe von „Allgemeinen Untersuchungsanstalten für Lebensmittel" eingerichtet. Auf dem Staatsgebiet des heutigen Österreichs erfolgte dies in Wien und Graz sowie im Jahr 1908 in Innsbruck. Die Anstalten, die 1931 in „Bundesanstalten für Lebensmitteluntersuchung" umbenannt wurden, hatten Befund und Gutachten von Proben von Lebensmittelaufsichtsorganen aber auch von Proben über Ansuchen von Privatpersonen zu erstellen. Einen zeitlichen Überblick der Entwicklung der Lebensmitteluntersuchungslabors des Bundes gibt Tabelle 6.2.

Im Jahr 1945 wurde in Linz die Durchführung von Untersuchungen amtlicher Proben aus Oberösterreich und Salzburg begonnen. Da Salzburg und Oberösterreich amerikanische Besatzungszone waren und die für Oberösterreich und Salzburg zuständige Bundesanstalt für Lebensmitteluntersuchung in Wien in der russischen Besatzungszone lag, konnte ein kontinuierlicher Transport der Proben nach Wien nicht gesichert werden.

Mit 1. Juni 2002 wurde die „Österreichische Agentur für Gesundheit und Ernährungssicherheit GmbH" (AGES) gegründet und in dieser alle Bundesanstalten für Lebensmitteluntersuchungen, für Veterinärmedizinische Untersuchungen, für humanmedizinische Untersuchungen und für landwirtschaftliche Un-

Tabelle 6.2. Lebensmitteluntersuchungslabors des Bundes. Zeitliche Entwicklung

Jahr	Lebensmitteluntersuchungslabor
1897	Allgemeine Untersuchungsanstalt für Lebensmittel in Wien
1897	Allgemeine Untersuchungsanstalt für Lebensmittel in Graz
1908	Allgemeine Untersuchungsanstalt für Lebensmittel in Innsbruck
1947	Zweigstelle der Bundesanstalt für Lebensmitteluntersuchung Wien in Linz
1962	Bundesanstalt für Lebensmitteluntersuchung in Linz
1973	Zweigstelle der Bundesanstalt für Lebensmitteluntersuchung Linz in Salzburg
1980	Bundesanstalt für Lebensmitteluntersuchung in Salzburg
2002	Österreichische Agentur für Gesundheit und Ernährungssicherheit

tersuchungen in einer neuen Organisation zusammengefasst (vgl. 6.3.3) [4, 5]. Zu weiteren Lebensmitteluntersuchungsanstalten der Länder und der Stadt Wien (s. 6.3.4).

Codex Alimentarius Austriacus (Österreichisches Lebensmittelbuch)

Im Jahr 1911 wurde die erste Fassung des Codex Alimentarius Austriacus (Österreichisches Lebensmittelbuch) fertig gestellt und mittels Ministerialerlass kundgemacht. Hierin sind für alle Warengruppen des Lebensmittelbereichs prinzipielle Qualitäts- und Zusammensetzungsparameter sowie Beurteilungskriterien und Untersuchungsverfahren zusammengestellt. Der Codex wird als objektiviertes Sachverständigengutachten angesehen und dient sowohl den Lebensmittelgutachtern als auch allen anderen Verkehrskreisen als Hilfsmittel und Leitfaden bei ihrer Arbeit. Zwischen 1926 und 1938 wurde die zweite Auflage des Lebensmittelbuches erarbeitet. Mit der Novelle des Lebensmittelgesetzes 1950 wurde die Codexkommission als offizielles Gremium eingerichtet. Seither wurden alle Kapitel des Lebensmittelbuches – zum Teil bereits mehrmals – überarbeitet oder neu erstellt. Die aktuellen Codex-Kapitel sind von der Homepage des Ministeriums (www.bmg.gv.at) herunterzuladen.

6.2
Grundlagen

Als Mitgliedstaat der Europäischen Gemeinschaft hat Österreich alle für den Bereich geltenden Verordnungen anzuwenden und die verschiedenen Richtlinien in nationale Verordnungen umzusetzen. Um dies sicherzustellen, wurde es erforderlich ein neues nationales Gesetz zu erarbeiten. Das „Bundesgesetz über Sicherheitsanforderungen und weitere Anforderungen an Lebensmittel,

Gebrauchsgegenstände und kosmetische Mittel zum Schutz der Verbraucherinnen und Verbraucher (Lebensmittelsicherheits- und Verbraucherschutzgesetz – LMSVG)" [4] trat am 21. Jänner 2006 in Kraft.

Das LMSVG ersetzt das bisherige LMG 1975 und das bisherige Fleischuntersuchungsgesetz und regelt im Sinne der Verordnung (EG) Nr. 178/2002 die Grundsätze und Anforderungen für die Kontrolle und den Verkehr mit Lebensmitteln, Wasser für den menschlichen Gebrauch, Gebrauchsgegenständen und kosmetischen Mitteln. Mit dem Gesetz wird die Lebensmittelkette von der Primärproduktion bis zum Endverbrauchergeschäft oder Restaurant erfasst, wobei die gesamte Veterinärkontrolle von der Primärproduktion bis zum Schlachthof und Zerlegebetrieb mit umfasst ist. Gleichzeitig soll das Instrumentarium zur Verfügung gestellt werden, um auch in Zukunft diesen Bereich betreffende Rechtsakte der Europäischen Gemeinschaft umsetzen oder anwenden zu können. Das Ziel aller Regelungen ist der Schutz der Gesundheit der Konsumenten und der Schutz der Konsumenten vor Täuschung.

Einige wichtige Inhalte des Gesetzes sind Bestimmungen betreffend die Verpflichtung der Unternehmer zu entsprechenden *Eigenkontrollen* und geeigneten Maßnahmen zur *Gewährleistung der Rückverfolgbarkeit*. Für Gebrauchsgegenstände und Kosmetika sind die Vorschriften analog anzuwenden. Die *Pflichten der Lebensmittelunternehmer bei der Zusammenarbeit mit den Kontrollbehörden* wurden klar definiert.

Die *amtliche Kontrolle* wurde unter Berücksichtigung der neuen Hygieneregeln und der Kontrollvorgaben der Gemeinschaftsvorschriften neu geregelt. Dabei bleibt die Lebensmittel- und Veterinärkontrolle weiter als Tätigkeit in Mittelbarer Bundesverwaltung (s. 6.3.2) bestehen.

Hinsichtlich der *Probenahme* wurden die bisherigen Vorgangsweisen modifiziert. Bei der Teilung der entnommenen Probe in amtliche Probe und Gegenprobe wurde die Entscheidung des Europäischen Gerichtshofs in der Rechtssache C-276/01 berücksichtigt (vgl. Tabelle 6.1). Da bei Probenziehung auf der Endverbraucherstufe auch dem Produzenten einer Ware das Recht gesichert werden muss, eine Probe auf eigene Kosten untersuchen zu lassen, werden zwei versiegelte Gegenproben beim Einzelhändler hinterlassen, die von ihm in von der Behörde vorgegebener Weise eine vorgegebene Zeit zu lagern sind. Die notwendige Information des Produzenten, Importeurs oder Verteilers der Ware in Österreich über die Tatsache der Probenahme und den Aufbewahrungsort der Gegenprobe erfolgt durch die Lebensmittelaufsichtsbehörden.

Für Probenziehungen zum alleinigen Zweck der Kontaminantenuntersuchungen wurde die vom Gemeinschaftsrecht eröffnete Möglichkeit der Entnahme der Gegenproben aus dem Homogenisat der amtlichen Probe eingeführt.

6.3
Organisation

Im Rahmen der Lebensmittelkontrolle tätige Institutionen sind das Bundesministerium für Gesundheit, die Landeshauptmänner in Mittelbarer Bundesverwaltung, die AGES, die Lebensmitteluntersuchungsanstalten (LUAs) der Bundesländer Kärnten, Vorarlberg und Wien, die Agrarmarkt Austria (AMA) als Behörde im Bereich der freiwilligen Rindfleischetikettierung und akkreditierte Biokontrollstellen für Produktionsbetriebe von Bio-Produkten.

Die Weisungszusammenhänge und Organisation/Vorgangsweise der amtlichen Lebensmittelkontrolle sind in Abb. 6.1 und 6.2 dargestellt.

6.3.1
Das Bundesministerium für Gesundheit

Die wichtigsten Tätigkeiten im Zusammenhang mit der Lebensmittelkontrolle sind:

- Rechtssetzung (nationales Recht und Umsetzung von europäischen Richtlinien in nationales Recht)
- Koordinierung der von den Ländern durchgeführten Kontrolle der im LMSVG erfassten Waren
- Koordinierung mit der AMA im Bereich der Rindfleischetikettierung
- Koordination der Tätigkeiten der AGES und der LUAs auf dem Gebiet der Lebensmitteluntersuchung.
- Vertretung Österreichs bei der Europäischen Union in den entsprechenden Gremien

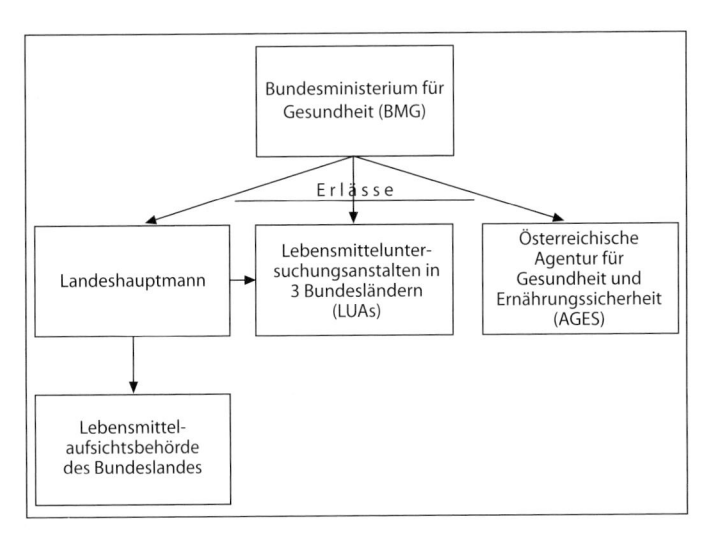

Abb. 6.1. Weisungsbefugnisse in der Lebensmittelkontrolle

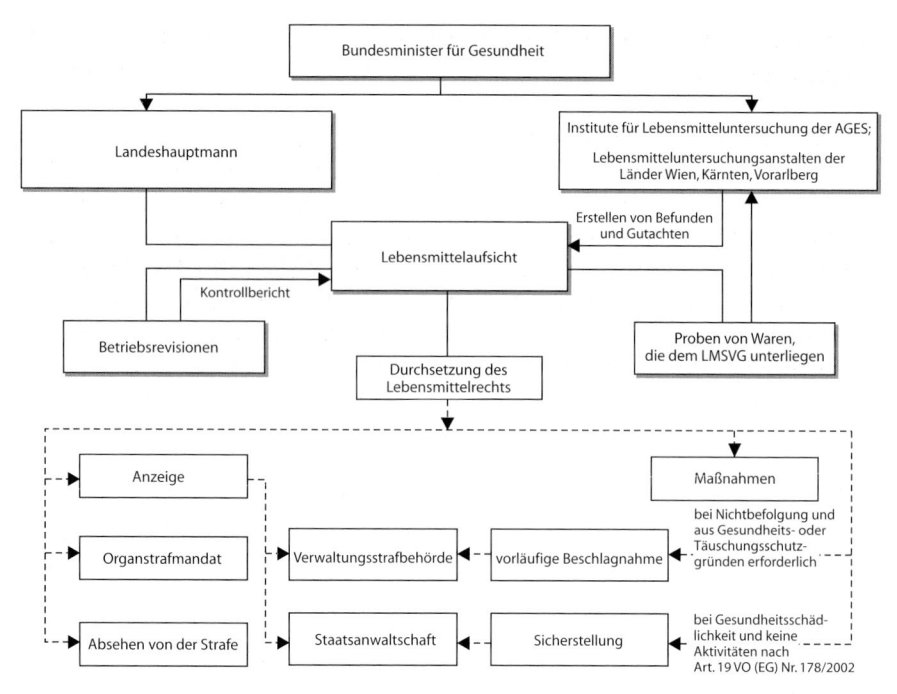

Abb. 6.2. Organisation der Lebensmittelkontrolle in Österreich

- Einbindung in den Informationsaustausch des Schnellwarnsystems (rapid alert system) der Europäischen Gemeinschaft (s. auch Kap. 1.6 mit Abb. 1.12)
- Warnung der Bevölkerung vor Waren, die ein Gesundheitsrisiko darstellen
- Koordinierung für Österreich sowie Erstellung des Mehrjährigen Integrierten Kontrollplanes im eigenen Bereich und des zugehörigen jährlichen Berichts an die Europäische Kommission gemäß Artikel 41 und 44 der VO (EG) Nr. 882/2004
- Teilnahme an internen Audits der Lebensmittelaufsichtsbehörden als unabhängige Prüfer gemäß Art. 4 (6) der VO (EG) Nr. 882/2004
- Koordinierung der Kommission zur Herausgabe des österreichischen Lebensmittelbuchs (Büro der Codexkommission)

6.3.2
Der Landeshauptmann eines Bundeslandes

In Österreich, als föderal organisiertem Bundesstaat, besteht in jedem Bundesland eine aus Wahlen hervorgegangene Landesregierung an deren Spitze der Landeshauptmann steht. Der Landeshauptmann agiert normalerweise in eigener Verantwortung. Es existiert aber ein Verwaltungsinstrument (Mittelbare Bundesverwaltung), das es in bestimmten Bereichen ermöglicht, dass der jeweils fachlich zuständige Minister dem Landeshauptmann fachliche Weisungen erteilen kann, die dieser dann in eigener Verantwortung in seinem Bundesland umsetzen muss.

Die Lebensmittel- und Veterinärkontrolle sind solche Bereiche, deren Durchführung dem Landeshauptmann in Mittelbarer Bundesverwaltung obliegt. Für die Lebensmittelkontrolle bedient sich der Landeshauptmann von ihm bestellter Lebensmittelaufsichtsorgane. Diese führen Revisionen von Betrieben durch und ziehen Proben von Waren, die dem LMSVG unterliegen. Diese Proben werden den örtlich zuständigen Lebensmitteluntersuchungslabors der AGES oder den LUAs der Länder zur Untersuchung und Begutachtung überbracht. Die von den Untersuchungslabors erstellten Befunde und Gutachten werden an die zuständigen Lebensmittelaufsichtsbehörden übermittelt. Von diesen werden im Falle von Beanstandungen die Anzeigen an die betreffende Strafbehörde oder die zuständige Staatsanwaltschaft erstattet. Die Abläufe der Lebensmittelkontrolle in Österreich sind in Abb. 6.2 dargestellt.

Im Rahmen der Kontrolle von Importen tierischer Lebensmittel durch den grenztierärztlichen Dienst (Bundesbehörde) werden von diesem Proben entnommen, die von Veterinärmedizinischen Untersuchungslabors aber auch zum Teil von Lebensmitteluntersuchungslabors untersucht werden. Probenahmen im Rahmen von Importkontrollen nichttierischer Lebensmittel werden von Lebensmittelaufsichtsorganen der Länder durchgeführt. Von den Lebensmittelaufsichtsorganen werden auch Proben im Rahmen von EU-weiten oder nationalen Monitoring- und Kontrollprogrammen entnommen.

6.3.3
Österreichische Agentur für Gesundheit und Ernährungssicherheit (AGES)

Die AGES, die als GmbH, mit dem Bundesministerium für Land- und Forstwirtschaft, Umwelt- und Wasserwirtschaft und dem Bundesministerium für Gesundheit als 100% Eigentümer gegründet wurde, soll das umfassende Fachwissen der bisherigen Bundesanstalten für Lebensmitteluntersuchung, der Bundesanstalten der Landwirtschaft, der Bundesanstalten für veterinärmedizinischen Untersuchungen und der Bundesanstalten für bakteriologisch serologische Untersuchungen zusammenfassen, um möglichst schlagkräftige Strukturen zur amtlichen Untersuchung und Bewertung von Fragen im Lebens- und Futtermittelbereich sowie im Veterinär- und Humanmedizinbereich zu schaffen. Durch die Einbeziehung der ehemaligen Bundesanstalten des Bundesministeriums für Land und Forstwirtschaft, Umwelt und Wasserwirtschaft sind auch die Kompetenzen für Saatgut, Futtermittel und sonstige Betriebsmittel in die Agentur eingebracht worden. Zusätzlich wurden auch noch der Bereich der amtlichen Arzneimittelkontrolle und ein Bereich für Ernährungswissenschaft in das System eingebunden.

Weiters hat die AGES die Aufgabe, Risikobewertungen bezüglich in Österreich auftretenden Problemen im Lebensmittel- oder Futtermittelbereich vorzunehmen, diese Ergebnisse zu kommunizieren und dem jeweils zuständigen Minister Vorschläge für Risikomanagementmaßnahmen vorzulegen. In diesem Zusammenhang ist die Agentur auch in das gemeinschaftsweite Netzwerk für die Zusammenarbeit mit der Europäischen Lebensmittelagentur (EFSA) eingebunden (s. auch Kap. 1.3 und 1.6).

Mit dieser Einrichtung steht Österreich eine Institution mit breiter fachlicher Kompetenz und großer Untersuchungskapazität zur Verfügung, um neben der Untersuchung der im Rahmen der amtlichen Kontrolle gezogenen Proben die zuständigen Behörden auf dem Gebiet der Lebensmittel- und Futtermittelsicherheit bei ihrer Tätigkeit zu beraten und zu unterstützen.

Zur Steigerung der Effizienz der AGES wurden im Jahr 2003 Kompetenzzentren eingerichtet, die die in den früheren Bundesanstalten vorhandenen technischen und personellen Kapazitäten hinsichtlich technischer Spezialuntersuchungen an bestimmten Stellen bündeln und diese Kapazitäten allen Bereichen der AGES als Serviceeinrichtungen zur Verfügung stellen. Solche Kompetenzzentren sind z. B. für Pestiziduntersuchungen, Mykotoxinanalysen, Tierarzneimittelrückstandsanalysen, Elementuntersuchungen sowie biochemische und molekularbiologische Untersuchungen eingerichtet worden.

6.3.4
Amtliche Untersuchungsanstalten der Bundesländer Kärnten, Vorarlberg und der Stadt Wien

Wie schon erwähnt (vgl. 6.1), haben die Länder bereits durch das Lebensmittelgesetz aus dem Jahr 1897 die Möglichkeit gehabt, eigene Untersuchungslabors einzurichten. Kärnten und Vorarlberg haben solche Labors eingerichtet. In Wien wurde die Lebensmitteluntersuchungsanstalt der Stadt Wien im Jahr 1970, aufbauend auf dem bestehenden Schlachthoflabor des Schlachthofs von Wien, als dritte amtliche Lebensmitteluntersuchungsanstalt einer Gebietskörperschaft eingerichtet.

Die örtliche Zuständigkeit der Untersuchungslabors für amtliche Proben ist in Abb. 6.3 wiedergegeben.

6.3.5
Ausbildung des Personals im Bereich der Lebensmittelkontrolle

Die Ausbildung für Lebensmittelaufsichtsorgane ist in der Verordnung BGBl. II Nr. 275/2008 „LMSVG – Aus- und Weiterbildungsverordnung" geregelt. Als Vorbildung für die neun Monate dauernde theoretische und praktische Ausbildung ist eine abgelegte Reife- oder Diplomprüfung an einer einschlägigen höheren technischen oder gewerblichen Lehranstalt oder einer höheren land- und forstwirtschaftlichen Lehranstalt oder ein entsprechendes Studium an einer Universität oder Fachhochschule erforderlich.

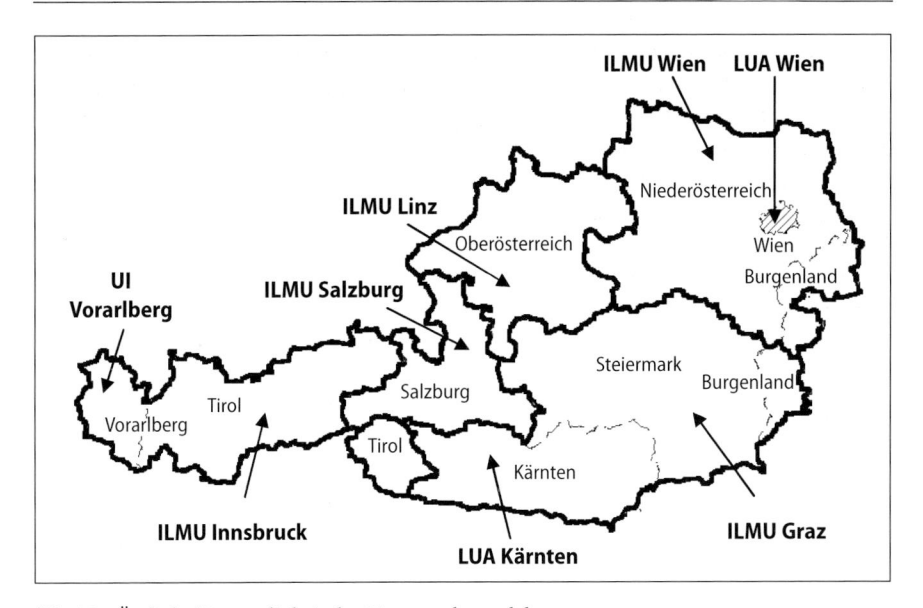

Abb. 6.3. Örtliche Zuständigkeit der Untersuchungslabors
ILMU – Institut für Lebensmitteluntersuchung der AGES
LUA – Lebensmitteluntersuchungsanstalt eines Bundeslandes
UI – Institut für Umwelt und Lebensmittelsicherheit Vorarlberg

In der genannten Verordnung ist die Aus- und Weiterbildung für Personen, die in den Labors, die amtliche Proben untersuchen und begutachten, als Lebensmittelgutachter tätig sind, ebenfalls geregelt. Als akademische Fächer, die absolviert worden sein müssen, um eine ausreichende Basisausbildung nachweisen zu können, sind beispielsweise Chemie (inklusive Lebensmittelchemie), Lebensmitteltechnologie, Medizin und Veterinärmedizin genannt. Weiters benötigen diese Personen je nach Umfang der angestrebten Gutachterberechtigung drei bis fünf Jahre praktische Erfahrung auf dem Gebiet der Lebensmitteluntersuchung und der Lebensmittelbegutachtung. Bei Erfüllung der Voraussetzungen können solche Personen nach Zustimmung durch das Bundesministerium für Gesundheit als Lebensmittelgutachter in den Untersuchungslabors für amtliche Proben tätig sein.

6.3.6
Qualitätsmanagement im Bereich der amtlichen Lebensmittelkontrolle

Lebensmittelaufsicht

Gemäß Artikel 4, Absatz 4 und 6 sowie Artikel 8, Absatz 1 der Verordnung (EG) Nr. 882/2004 wird von den zuständigen Behörden in der Lebensmittelkontrolle die Einrichtung von QM-Systemen verlangt. In Österreich sind diesbezüglich schon seit einigen Jahren Aktivitäten gesetzt worden.

Für den Bereich der Lebensmittelaufsichtsbehörden wurde, angelehnt an die Norm ISO 9001, ein Qualitätsmangementhandbuch mit Vorschriften für die Durchführung von Kontrollen der verschiedenen Betriebsarten sowie für die Probenahme der verschiedenen Produkte erarbeitet und in die Praxis eingeführt. Die Umsetzung und Durchführung in der Praxis wird mittels interner Audits gemäß Artikel 4 Absatz 6 der VO (EG) Nr. 882/2004 überprüft. Dabei auditieren jeweils zwei dafür geschulte Auditoren aus zwei anderen Bundesländern ein drittes Bundesland. Sie werden dabei von einem Vertreter des BMG begleitet, der die Funktion des unabhängigen Prüfers gemäß Artikel 4 Absatz 6 ausübt. Bis Ende 2008 wurden alle Bundesländer je ein Mal auditiert, wobei weitgehend zufriedenstellende Ergebnisse festgestellt wurden.

Untersuchungslabors für amtliche Proben

Alle Untersuchungslabors für amtliche Proben sind seit 1998 nach der EN 45001 und nach der Reakkreditierung 2003 nach der EN ISO/IEC 17025 unter zusätzlicher Berücksichtigung der Anforderungen der Richtlinie 93/99/EWG Artikel 3 von der österreichischen Akkreditierungsstelle, dem Bundesministerium für Wirtschaft, Familie und Jugend, akkreditiert (s. auch Kap. 9.2).

Die Akkreditierung dieser Labors erfolgt entweder nach Einzelprüfungen oder nach Prüfarten (EN 45002, Absatz 2.7. = Prüfreihen der Richtlinie 93/99/EWG bzw. VO(EG) Nr. 882/2004). Eine Akkreditierung nach Prüfarten wird von der österreichischen Akkreditierungsstelle nur unter bestimmten Voraussetzungen ausgesprochen [6]. Dazu muss das Labor nachweisen, dass es eine breite technische Kompetenz für den Bereich einer Prüfart besitzt, was durch das Vorhandensein von mindestens sechs, verschiedene Matrices und Konzentrationsbereiche umfassende, validierten Prüfvorschriften für die betreffende Prüfart nachzuweisen ist. Zusätzlich müssen diese Untersuchungen im Routinebetrieb des Labors auch laufend angewandt werden. Über die Vergabe von Prüfarten wird beim Akkreditierungsaudit der Prüfstelle entschieden. Können diese Voraussetzungen vom Labor nicht erfüllt werden, so erfolgt eine normale Akkreditierung nach Einzelverfahren.

Auf der Basis einer Prüfartenakkreditierung können die Labors wesentlich flexibler und kurzfristiger auf neu auftretende Fragestellungen reagieren und trotzdem der rechtlichen Forderung nachkommen, amtliche Untersuchungen nur im akkreditierten Bereich vorzunehmen. Beispiele von Prüfarten sind in der Tabelle 6.3 angeführt

6.3.7
Zusammenarbeit der Lebensmittelkontrollbehörden mit den Zollbehörden

Die Zusammenarbeit zwischen den Zollbehörden und den Lebensmittelaufsichtsbehörden ist im LMSVG geregelt. Dabei ist zu beachten, dass die Importkontrolle von Lebensmitteln tierischer Herkunft durch die Grenztierärzte, die

Tabelle 6.3. Beispiele für Prüfarten

Prüfart
Sensorische Prüfung von Lebensmitteln
Gravimetrische Verfahren
UV-VIS-Spektroskopie
Elektrochemische Methoden
Gaschromatographie mit Standarddetektoren (FID, ECD, NPD u. ä.)
HPLC-„hyphenated methods" (HPLC-MS u. ä.)
AAS
Molekularbiologische Verfahren – PCR
Mikrobiologische Standarduntersuchungen (Plattenguss, MPN, bakteriologische oder mykologische Kulturversuche, Färbungen u. ä.)

Bundesorgane sind und dem Bundesministerium für Gesundheit und Frauen unterstehen, erfolgt.

Für die Kontrolle von Importen nichttierischer Produkte sind die Lebensmittelaufsichtsbehörden zuständig und müssen dabei mit den Zollbehörden zusammenarbeiten. Diese Zusammenarbeit wurde in den letzten Jahren bei Importkontrollen von Produkten mit höherem Aflatoxinrisiko gemäß den Entscheidungen der Kommission (2006/504/EG, 2007/459/EG, 2007/563/EG, 2007/759/EG und 2008/47/EG [7]) praxisgerecht optimiert und auch in anderen Fällen, wie bei den Kontrollen auf Melamin bei chinesischen Produkten, angewandt.

Dabei informiert die Zollbehörde nach der Dokumentenkontrolle des beabsichtigten Imports einer von den Entscheidungen betroffenen Ware die zuständige Lebensmittelaufsichtsbehörde. Diese entscheidet, ob gemäß den Stichprobenvorgaben der Entscheidungen eine Probe von diesem Import durch ein Lebensmittelaufsichtsorgan zu entnehmen ist oder die Ware zur zollrechtlichen Überführung in den Binnenmarkt freigegeben werden kann.

Nach einer erfolgten Probenziehung wird je nach Ergebnis der Untersuchung die Ware von der Lebensmittelaufsichtsbehörde freigegeben oder im Fall von nicht verkehrsfähiger Ware die Zollbehörde ersucht, nach einer entsprechenden Ungültigmachung der Begleitpapiere gemäß Verordnung (EG) Nr. 339/93/EWG, Artikel 6, Absatz 2 den Import zu verweigern und die Sendung zurückzuweisen.

Die Zollbehörden sind in das Informationsnetz des gemeinschaftlichen Schnellwarnsystems über den RASFF Kontaktpunkt ILMU Salzburg voll eingebunden. Die Zusammenhänge sind in der Abb. 6.4 dargestellt (s. auch Kap. 1.6, Abb. 1.12).

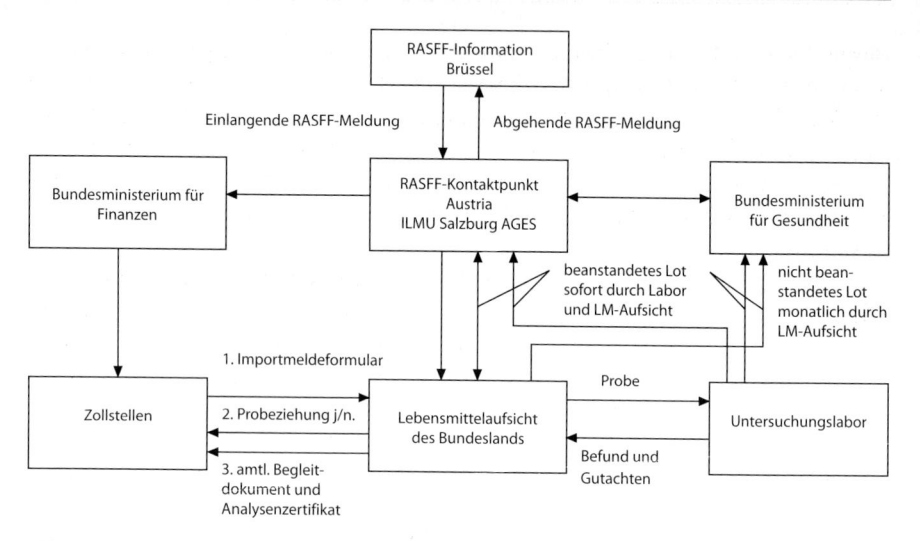

Abb. 6.4. Organisation und Meldewege bei Importkontrollen gemäß den Kommissionsentscheidungen Lebensmittel pflanzlicher Herkunft betreffend

6.4
Vollzug

Die amtliche Kontrolle der Anforderungen des LMSVG obliegt dem Landeshauptmann. Er bedient sich dabei besonders geschulter Organe, den Lebensmittelaufsichtsorganen.

6.4.1
Vorgangsweise

Die Aufsichtsorgane sind befugt, alle für die amtliche Kontrolle maßgeblichen Nachforschungen anzustellen. Die Aufsichtsorgane agieren bei ihrer Tätigkeit im Rahmen eines vom Bundesministerium für Gesundheit vorgegebenen Revisions- und Probenplans, wobei insbesondere im Zusammenhang mit Schwerpunktsaktionen genaue Vorgaben hinsichtlich Probenzahl und Untersuchungsumfang gemacht werden und nicht nur ein bestimmter Rahmen vorgegeben wird. Bezüglich der Revisionsintervalle bewertet die Lebensmittelaufsichtsbehörde die einzelnen Betriebe hinsichtlich ihres Risikos und setzt dementsprechende Intervalle fest.

Die Lebensmittelaufsichtsbehörden haben in allen Bundesländern ein gemeinsames EDV-Programm in Anwendung, das den Behörden, die Möglichkeit bietet, in allen Bundesländern in gleicher Weise vorzugehen. Das System ALIAS (= Amtliches Lebensmittel Informations- und Auswertesystem) ermöglicht es beispielsweise, Probenbegleitschreiben auf der Basis eines gespeicherten Formulars zu erstellen. Die Aufsichtsorgane sind mit Laptops und Druckern ausgerüstet, sodass auch Revisionsberichte direkt vor Ort ausgedruckt werden können. Für Durchführung von Revisionen stehen Checklisten, entsprechend den Verfahrensanweisungen des QM-Handbuchs, im ALIAS-System zur Verfügung. Durch Änderungen der im Hintergrund des EDV-Programms vorhandenen Formulare, Listen und Eingabefunktionen können relativ schnell Änderungen einheitlich auf der Ebene der einzelnen Aufsichtsorgane in den Bundesländern erfolgen.

Wenn Maßnahmen bei der Wahrnehmung von Verstößen gegen lebensmittelrechtliche Vorschriften erforderlich sind, so werden diese mittels Bescheid des Landeshauptmanns angeordnet. Dabei kann in bestimmten Fällen das Aufsichtsorgan vor Erlassung eines Bescheids den Lebensmittelunternehmer schriftlich auffordern, entsprechende Maßnahmen (z. B. geeignete Behandlung, Verwendung zu anderen Zwecken, unschädliche Beseitigung, Rücknahme vom Markt, Information der Abnehmer und Verbraucher, Anpassung der Kennzeichnung, Durchführung betrieblicher, baulicher oder anlagentechnischer Verbesserungen, unverzügliche Berichtspflicht über die Durchführung der angeordneten Maßnahmen) zur Abstellung der Verstöße zu treffen. Befolgt der Lebensmittelunternehmer die Anweisungen, wird kein Bescheid ausgestellt. Bei Gefahr im Verzug kann das Aufsichtsorgan auch ohne förmlichen Bescheid unmittelbar durchzuführende Maßnahmen anordnen, wobei binnen einer Woche ein formeller Bescheid zu erlassen ist.

Beim Vorliegen von gesundheitsschädlichen Waren, sind diese sicherzustellen. Im Fall der vorläufigen Beschlagnahme bzw. einer Sicherstellung durch ein Lebensmittelaufsichtsorgan (vgl. Abb. 6.2) ist von der jeweils zuständigen Behörde (Verwaltungsbehörde oder Staatsanwaltschaft) ein förmlicher Bescheid einzuholen.

Auf der Basis der Befunde und Gutachten der Untersuchungslabors werden bei der jeweils zuständigen Behörde (Staatsanwaltschaft oder Verwaltungsbehörde) die Anzeigen durch die Lebensmittelaufsichtsbehörden erstattet. Bei Einsprüchen gegen Entscheidungen der Erstbehörden entscheidet bei Verwaltungsverfahren der örtlich zuständige Unabhängige Verwaltungssenat (UVS) und bei Gerichtsentscheiden die nächste Instanz.

Wenn aufgrund eines Befunds und Gutachtens eines Untersuchungslabors von amtlichen Proben oder einer Meldung über das Schnellwarnsystem und einer Risikobewertung durch die AGES gesundheitsschädliche Produkte vorliegen und eine größere Bevölkerungsgruppe gefährdet ist und daher Gemeingefährdung vorliegt, ist die Öffentlichkeit durch das Bundesministerium für Gesundheit zu informieren.

6.4.2
Probenahme

Die Probenahme ist ein wichtiges Instrument der amtlichen Lebensmittelkontrolle. Mit ihrer Hilfe wird einerseits die objektivierte Feststellung von von der

Norm abweichenden Eigenschaften von Waren des LMSVG ermöglicht, andererseits können nur mittels Probenahmen Daten erarbeitet werden, die es erlauben, Aussagen über den generellen Zustand der Waren auf dem Markt und über eine gesundheitliche Belastung der Konsumenten durch diese Waren zu machen.

Diese Ziele sind auch die vorrangigen Ziele der europäischen Lebensmittelgesetzgebung. Daneben hat aber jeder Mitgliedstaat der europäischen Gemeinschaft eine Reihe von Verpflichtungen zu Probenahmen im Rahmen von EU-weiten Aktivitäten. Dies sind etwa EU-koordinierte Kontrollprogramme, Monitoringprogramme oder Programme zur Importkontrolle von bestimmten Produkten. Diese Anforderungen sind im Probenplan entsprechend zu berücksichtigen.

Außerdem benötigt die AGES, die als eine ihrer Hauptaufgaben die Beratung des zuständigen Ministers hinsichtlich der Bewertung des von Waren des LMSVG ausgehenden Risikos hat und Vorschläge zur Verminderung oder Vermeidung dieses Risikos erstatten soll, entsprechende Daten zur Erfüllung ihrer Aufgaben. Als Folge der Risikobewertung werden Vorschläge zu Schwerpunktsbildungen im Probenplan gemacht. Diese Schwerpunkte sind regelmäßig neu zu definieren und der Probenplan entsprechend anzupassen.

Die amtliche Lebensmittelkontrolle hat neben der auf globale Aussagen abzielenden Vorgangsweise auch noch ihre ursprüngliche Verpflichtung zu erfüllen, aufgrund von eigenen Wahrnehmungen vor Ort, von Warnungen anderer Behörden oder akuten Geschehnissen unmittelbar Amtshandlungen durchzuführen, in deren Rahmen Probenziehungen erfolgen. Auch die daraus resultierenden Daten, fließen als Information in die generelle Bewertung der österreichischen Situation ein.

Die Aufsichtsorgane sind befugt, Proben von Waren, die dem LMSVG unterliegen, einschließlich ihrer Werbemittel, Etiketten und Verpackungen zu entnehmen. Bei der Probenahme ist die entnommene Probe, soweit dies von der Natur der Probe her möglich ist, in amtliche Probe und zwei Gegenproben zu teilen (vgl. 6.2).

Anlässlich der Probenziehung ist ein Probenbegleitschreiben auszufertigen und jedem Teil der Probe beizulegen. Am Probenbegleitschreiben sind alle für die Begutachtung notwendigen Informationen mitzuteilen. Dies erfolgt normalerweise mit Hilfe des ALIAS-Systems. Es besteht aber nach wie vor die Möglichkeit, vorgedruckte Probenbegleitformulare zu verwenden, die im Durchschreibeverfahren ausgefüllt werden. Für die Zukunft ist ein elektronischer Transfer der vor Ort erhobenen Daten in die Datensysteme der Untersuchungslabors vorgesehen.

6.4.3
Plan- und Verdachtsproben

Seit jeher war eines der Ziele der Lebensmittelkontrolle, Mängel im einzelnen Betrieb aufzudecken und abzustellen. Dazu wurde jeweils auch verdächtige Ware zu Beweiszwecken als Probe entnommen. Parallel dazu wurden Marktproben der verschiedenen Warengruppen entnommen, um die generelle Situation am österreichischen Markt zu erheben.

Damit ergab sich bei der Darstellung der Kontrollergebnisse ein Problem. Über die Jahrzehnte wurden immer die Ergebnisse aller untersuchten Proben in den Berichten zusammengefasst und die Ergebnisse der von den Aufsichtsorganen von verdächtigen Waren entnommenen Proben und von Marktproben insgesamt angegeben. Daher wurden immer die Ergebnisse von praktisch zufällig gezogenen Proben und von Proben, bei denen das Lebensmittelaufsichtsorgan bereits einen bestimmten Verdacht vor Ort hatte, gemeinsam ausgewertet. Dies hatte zur Folge, dass die Öffentlichkeit immer die Frage stellte, ob die Lebensmittel auf dem österreichischen Markt wirklich so schlecht sind, wie aufgrund der relativ hohen Beanstandungsraten zu schließen wäre. Mit diesen Daten war auch das neue Ziel der Lebensmittelkontrolle einer risikoorientierten Probenziehung nicht zu erreichen. Dazu musste versucht werden, klare Informationen über die Verhältnisse am Markt, möglichst ohne zusätzliche Aktivitäten, zu erhalten.

Als Versuch zur Lösung dieses Problems wurde ab 1998 vom Amt der Niederösterreichischen Landesregierung, gemeinsam mit der Bundesanstalt für Lebensmitteluntersuchung und -forschung in Wien ein mehrjähriges Pilotprojekt durchgeführt, das zum Ziel hatte, eine Vorgehensweise bei der routinemäßigen Probenahme zu erproben, um aus den Ergebnissen der gemäß Probenplan entnommenen Proben – ohne zusätzliche aufwändige Monitoringprogramme – ein realistischeres Bild über die Beanstandungsraten der Lebensmittel am Markt zu erhalten und die systematische Abweichung zu einem schlechteren Bild aufgrund der Negativselektion durch die Lebensmittelaufsichtsorgane möglichst zu korrigieren [8].

Ansatzpunkt dazu war eine Unterscheidung der Proben in Planproben und Verdachtsproben. Planproben sind dabei alle Proben, die prinzipiell auf einer zufälligen Probenauswahl beruhen, Verdachtsproben sind solche, die aufgrund eines Verdachts des Lebensmittelaufsichtsorgans oder aufgrund eines sonst wie ausgesprochenen Verdachts gezogen werden (siehe Tabelle 6.4, Probenklassifizierung). Wenn alle entnommenen Proben bei der Probenahme gemäß dieser Klassifikation gekennzeichnet werden, kann bei einer Auswertung der Ergebnisse der Planproben allein letztendlich eine der Realität eher entsprechende Auswertung der Kontrollergebnisse erhalten werden.

Zur praktischen Durchführung wurden die Lebensmittelaufsichtsorgane angewiesen, am Probenbegleitschreiben die entsprechende Kennung „V" oder „P" anzubringen, um nachträglich eine entsprechende Auswertung zu ermöglichen.

Zur Auswertung wurden insgesamt in den Jahren 1998 bis 2001 11453 Proben aus allen Warengruppen herangezogen. Dabei sind bei zufällig vom Markt gezogenen Proben mittlere Beanstandungsraten von 12% festgestellt worden. Zum Unterschied dazu wurde bei den bisherigen gemeinsamen Auswertungen aller gezogenen Proben Beanstandungsraten um 30% erhalten. Beispiele für Beanstandungsraten im Vergleich zwischen Plan- und Verdachtsproben sind in Tabelle 6.5 zusammengefasst.

Tabelle 6.4. Probenklassifizierung

Probentyp	Definition
Verdachtsproben	Proben, die aufgrund eines Verdachts des Lebensmittelaufsichtsorgans entnommen werden (z. B. verfärbtes Fleisch, überlagerte Ware, Lagerung bei zu hoher Temperatur, umgepackte Ware, unhygienischer Betrieb, oftmals beanstandeter Betrieb)
	Beschwerden von Konsumenten bei der Lebensmittelaufsichtsbehörde (Parteienbeschwerden) und zugehörige Informationsproben
	Proben aufgrund von nationalen oder EU-Warnungen
	Informationsproben auf Ersuchen von Untersuchungslabors
	Probenziehung im Rahmen einer Beschlagnahme oder Sicherstellung von Waren
	Probenziehung im Zusammenhang mit Nachkontrollen
Planproben	sonstige Probenahmen entsprechend dem jährlichen Probenplan
	Monitoringproben entsprechend den verschiedenen Monitoringplänen
	Probenziehung aufgrund regionaler, nationaler oder EU-Aktionen
	Proben im Rahmen von Importkontrollen

Tabelle 6.5. Beanstandungsraten von Plan- und Verdachtsproben (%)

Probentyp	Summe aller Beanstandungsgründe	GS[*)]	VD[*)]
Planproben	10,8–13,2	1,2–2,7	2,5–3,9
Verdachtsproben	38,3–49,0	3,0–8,1	12,1–21,2

[*)] Beurteilung: GS – gesundheitsschädlich, VD – verdorben (entspricht „für den menschlichen Verzehr ungeeignet" gemäß LMSVG)

Bei der Erstellung des Probenplans und bei der Durchführung der Probenahmen bei den Kontrollen werden die oben dargestellten Erkenntnisse seit dem Jahr 2004 berücksichtigt. Der Plan wird im Prinzip risikobasiert erstellt, wobei nur für 60% der insgesamt vorgesehenen Proben ein Plan erstellt wird, der Rest der Proben wird als flexibler Bereich für Verdachtsproben angesehen. Von den Planproben werden bei kritischeren Warengruppen bis zu 50% der Proben im Rahmen von vorgeplanten Schwerpunktsaktionen entnommen. Solche Schwerpunktsaktionen werden allerdings nicht nur risikobasiert geplant, sondern können auch Monitoringfragestellungen umfassen. Im öffentlich zugänglichen Probenplan werden die Schwerpunktsaktionen an sich und die Anzahl der in den einzelnen Bundesländern zu entnehmenden Proben angegeben. Sowohl der Zeitraum für die Probenahme als auch der im Rahmen der Aktion zu untersuchende Mindestumfang wird erst in Einzelerlässen zur Durchführung des Probenplans den Lebensmittelaufsichtsbehörden und den Untersuchungslabors für amtliche Proben mitgeteilt.

Sowohl die Lebensmittelaufsichtsbehörden als auch die Untersuchungslabors haben eine jährliche Berichtspflicht zu erfüllen, sodass das Bundesministerium für Gesundheit eine jährliche Zusammenstellung der Untersuchungsergebnisse erarbeiten kann und mit diesen Ergebnissen seiner Berichtspflicht an die Europäische Kommission und der Information der Öffentlichkeit nachkommen kann. Diese Daten werden im Internet vom Bundesministerium für Gesundheit (http://www.bmg.gv.at) veröffentlicht.

6.5
Ergebnisse

Im Folgenden sollen einige ausgewählte Beispiele aus der Tätigkeit der österreichischen Lebensmittelkontrolle dargelegt werden.

6.5.1
Salmonellenproblematik bei Geflügel

In praktisch allen Staaten Europas ist die Kontamination des Geflügels mit Salmonellen seit Jahren ein großes Problem. In Österreich hat man in den letzten Jahren versucht, mittels veterinärmedizinischen Maßnahmen in den Herden (freiwillige Impfungen, Untersuchung und keulen der Elterntierherden bei einer

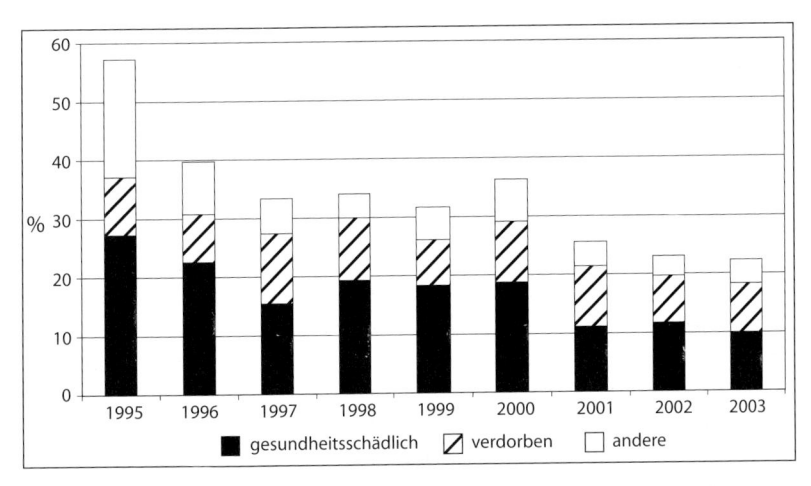

Abb. 6.5. Probenziehung von frischem Geflügel
Probenzahlen 1995 – 2754, 1996 – 2605, 1997 – 2060, 1998 – 1918, 1999 – 1684, 2000 – 1713, 2001 – 1288, 2002 – 1698, 2003 – 1456

Infektion, Reinigungs- und Desinfektionsmaßnahmen im Betrieb, Lebendtieruntersuchungen vor der Schlachtung) und Verschärfung der Maßnahmen bezüglich der Schlachthygiene im Zuge der Umsetzung von gemeinschaftsrechtlichen Bestimmungen eine Verbesserung der Situation zu erreichen. Die zusammengefassten Daten der Jahre von 1995 bis 2003 zeigen ein durchaus positives Bild (Abb. 6.5) [9].

Die Beurteilung von rohem Geflügel als gesundheitsschädlich hängt praktisch immer mit einer Kontamination durch Salmonellen zusammen. Die Daten zeigen deutlich den Erfolg der Bemühungen. Von fast 30% beanstandeter Proben im Jahr 1995 ist der Anteil der gesundheitsschädlichen Proben auf etwa 10% gesunken. Dazu ist zu bemerken, dass es sich hier um die Auswertung aller Daten, ohne Differenzierung in Planproben und Verdachtsproben, handelt, sodass die tatsächliche Situation durchaus noch etwas besser sein könnte. Ein Ergebnis, das im Sinne des Schutzes der Gesundheit der Bevölkerung zu begrüßen ist.

6.5.2
Pestizidrückstandsuntersuchungen bei Obst und Gemüse

Seit dem Jahr 1997 wird in Österreich ein auf statistischer Basis erstelltes Pestizidmonitoringprogramm durchgeführt [10]. Im Laufe der Jahre wurde eine Reihe von Obst- und Gemüsesorten ausländischer und österreichischer Herkunft untersucht. Jährlich wurde ein Bericht über die Ergebnisse des Monitorings veröffentlicht. Aufgrund der Daten haben sich besonders kritische Produkte herauskristallisiert, die in den letzten Jahren gezielt wiederholt überprüft worden

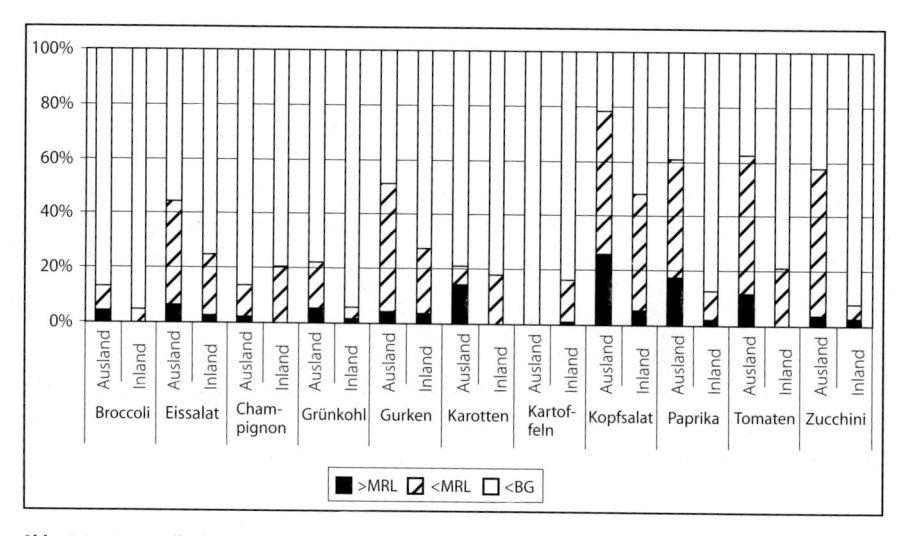

Abb. 6.6. Pestizidbelastung von Gemüse (MRL – Maximum Residue Limit, BG – Bestimmungsgrenze)

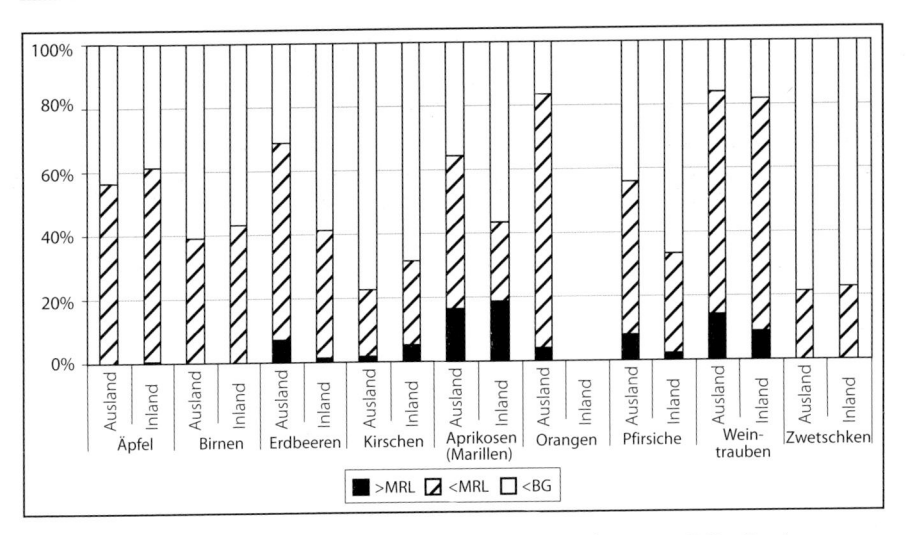

Abb. 6.7. Pestizidbelastung von Obst (MRL – Maximum Residue Limit, BG – Bestimmungsgrenze)

sind. Insbesondere bei Gemüse hat sich deutlich gezeigt, dass inländische Produkte signifikant geringere Pestizidbelastungen als ausländische Produkte aufweisen (Abb. 6.6 und 6.7) [11].

6.5.3
Importkontrollen von pflanzlichen Produkten mit erhöhtem Aflatoxinrisiko

Österreich war in den Jahren 2002 und 2003 ein Mitgliedstaat mit einer Außengrenze über die beträchtliche Importe von türkischen Haselnüssen und Haselnussprodukten in verschiedensten Formen erfolgt sind. Gemäß der Entscheidung der Kommission 2002/80/EG waren alle Importe einer Dokumentenkontrolle zu unterziehen und 10% der Importe stichprobenweise zu beproben. Insgesamt wurden in dieser Zeit 123 Importe beprobt. Die Ergebnisse der Untersuchungen dieser Proben sind in Abb. 6.8 dargestellt. Dabei wurden die Anteile der Proben über dem Grenzwert von 2 µg B_1/kg oder von 4 µg Summe Aflatoxine/kg, die Anteile mit Werten zwischen der analytischen Bestimmungsgrenze und dem Grenzwert und die Anteile, die keine Aflatoxingehalte über der analytischen Bestimmungsgrenze aufweisen, in einem Diagramm dargestellt [12].

Bei der Beurteilung der Ergebnisse ist unbedingt darauf hinzuweisen, dass für die einzelnen Warengruppen zu wenige Einzeldaten vorliegen, um signifikante Aussagen treffen zu können. Die Ergebnisse sind daher nur als Hinweise auf bestimmte Kontaminationsverhältnisse zu betrachten.

Auf der Basis der vorhandenen Daten der Haselnussprodukte ergibt sich zumindest der Hinweis, dass vor allem geschnittene Haselnüsse und Haselnusspaste zu einem beträchtlichen Anteil eine Kontamination mit Aflatoxinen aufweisen

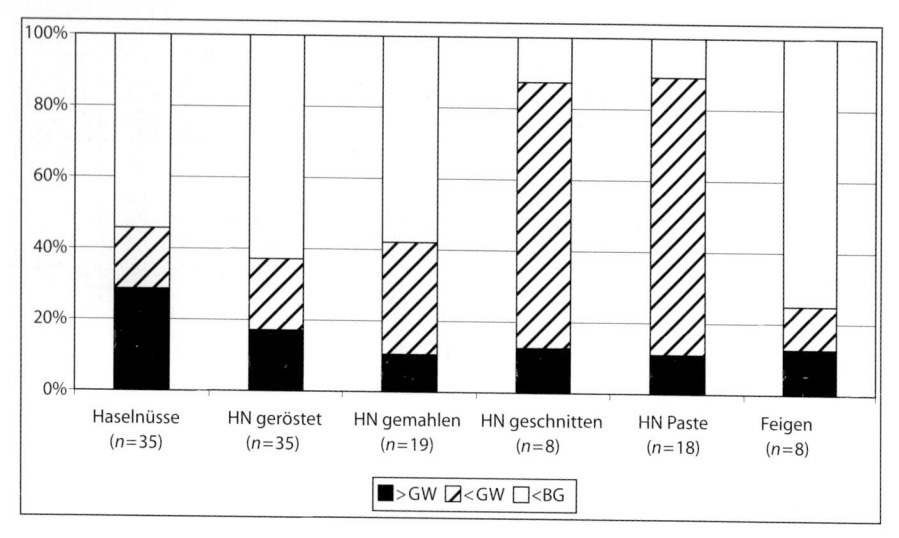

Abb. 6.8. Ergebnisse der Importkontrollen von Waren aus der Türkei auf Aflatoxinkontamination (GW – Grenzwert, BG – Bestimmungsgrenze)

können, die zwar unter dem gesetzlichen Grenzwert liegt, aber nachweisbar ist. Diese Produkte werden als Rohprodukte zur Weiterverarbeitung in großen Chargen zwischen 10 und 25 Tonnen eingeführt. Eine weitere intensive Überprüfung solcher Produkte ist daher unerlässlich.

Die Kontaminationssituation bei getrockneten Feigen dürfte sich im Vergleich zu früheren Jahren verbessert haben.

6.5.4
Revisionsergebnisse

Bei den Betriebsrevisionen ist immer ein wichtiger Gesichtspunkt, wie der hygienische Status des Betriebs zu bewerten ist. In Abb. 6.9 wurden von zwei ausgewählten Betriebsarten die Ergebnisse der Jahre 1996 bis 2002 dargestellt. In der Originalliteratur sind die Ergebnisse einer größeren Anzahl von Betriebsarten zusammengestellt [13].

Aus den Daten, aber auch aus allen anderen Daten der Revisionen der verschiedenen Betriebsarten (s. [13]), ist deutlich zu erkennen, dass der Anteil der Hygienebeanstandungen im Jahr 2000 angestiegen ist, um bis zum Jahr 2002 wieder abzunehmen. Die Ursache dafür liegt in den Ende der 90er Jahre in Kraft getretenen verschiedenen Hygienevorschriften (Milchhygieneverordnung, Eiprodukteverordnung, Fischhygieneverordnung u. a.), die entsprechend dem aktuellen Wissensstand und den modernen technischen Möglichkeiten höhere Ansprüche an die verschiedenen Lebensmittelbereiche stellen. Deshalb stiegen kurzfristig die Beanstandungsraten hinsichtlich der Betriebshygiene an. Die Er-

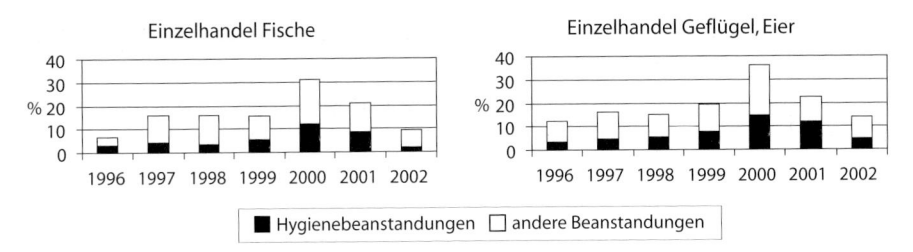

Abb. 6.9. Revisionsergebnisse von Einzelhandelsbetrieben (Hygienebeanstandungen im Vergleich zu sonstigen Beanstandungen)
Anzahl der Revisionen:
Einzelhandel Fische 1996 – 574, 1997 – 609, 1998 – 543, 1999 – 362, 2000 – 401, 2001 – 333, 2002 – 353
Einzelhandel Geflügel, Eier, 1996 – 1007, 1997 – 686, 1998 – 472, 1999 – 446, 2000 – 357, 2001 – 295, 2002 – 312

gebnisse des Jahres 2002 zeigen aber deutlich, dass die Betriebe darauf reagiert haben und den neuen Vorschriften entsprechend arbeiten. Das bedeutet aber auch, dass damit die Konsumenten davon ausgehen können, dass die Produzenten und der Handel mit noch besserer hygienischer Qualität agieren als es unter den alten Vorschriften der Fall war.

6.6
Ausblick und Schlussbemerkungen

Beginnend mit dem Jahr 2002, in dem die ersten Teile der Verordnung (EG) Nr. 178/2002 in Kraft getreten sind, bis zum Jahr 2006, in dem das Hygienepaket und die amtliche Kontrollverordnung in Kraft getreten sind, ist mit einer schwerwiegenden Änderung der Rahmenbedingungen der amtlichen Lebensmittelkontrolle in der Gemeinschaft umzugehen. Wenn die damit angestrebte Harmonisierung der amtlichen Lebensmittelkontrolle in der Gemeinschaft erreicht wird, dann wird dies ein großer Schritt zu einer wesentlich verbesserten Situation im Sinne des Konsumentenschutzes im Gemeinsamen Markt sein.

Für Österreich bedeutete dies die Notwendigkeit, entsprechende rechtliche Anpassungen vorzunehmen. Das Lebensmittelsicherheits- und Verbraucherschutzgesetz und die darauf aufbauenden rechtlichen Regelungen haben diese Anpassungen zum Ziel.

Mit der Einführung von Qualitätsmanagementprinzipien in die Lebensmittelkontrolle wurde ein wichtiger Schritt zur Transparenz und Nachvollziehbarkeit der Tätigkeit der amtlichen Lebensmittelkontrolle gemacht.

Die Planungen und Umsetzungen zu einem Datenverbund zwischen der AGES, den LUAs und den Lebensmittelaufsichtsbehörden der Länder werden zu einer wesentlichen Verbesserung und Beschleunigung des Informationsaustausches auf dem Gebiet der Lebensmittelkontrolle in Österreich führen. Insbesondere in der letzten Ausbaustufe, mit der Einbindung des BMG in das System, wird ein schneller Zugriff zu Informationen für alle beteiligten Stellen im Bereich der Lebensmittelkontrolle möglich sein. Damit sollte erreicht werden können, dass im Falle von auftretenden Problemen im Lebensmittelbereich von Behördenseite möglichst rasch reagiert werden kann.

6.7
Literatur

1. Gesetz vom 16. Jänner 1896 betreffend den Verkehr mit Lebensmitteln und einigen Gebrauchsgegenständen (Lebensmittelgesetz 1896), RGBl. Nr. 89/1897
2. Bundesgesetz vom 23. Jänner 1975 über den Verkehr mit Lebensmitteln, Verzehrprodukten, Zusatzstoffen, kosmetischen Mitteln und Gebrauchsgegenständen (Lebensmittelgesetz 1975), BGBl. Nr.86/1975
3. Verordnung (EG) Nr. 178/2002 des Europäischen Parlaments und des Rates vom 28. Januar 2002 zur Festlegung der allgemeinen Grundsätze und Anforderungen des Lebensmittelrechts, zur Errichtung der Europäischen Behörde für Lebensmittelsicherheit und zur Festlegung von Verfahren zur Lebensmittelsicherheit. *Abl. Nr. L 031 vom 01.02.2002, S. 1–24*
   Berichtigung der Verordnung (EG) Nr. 882/2004 des Europäischen Parlaments und des Rates vom 29. April 2004 über amtliche Kontrollen zur Überprüfung der Einhaltung des Lebensmittel- und Futtermittelrechts sowie der Bestimmungen über Tiergesundheit und Tierschutz (ABl. L 165 vom 30.4.2004). *Abl. Nr. L 191 vom 28.05.2004, S. 1–52*
   Berichtigung der Verordnung (EG) Nr. 852/2004 des Europäischen Parlaments und des Rates vom 29. April 2004 über Lebensmittelhygiene (ABl. L 139 vom 30.4.2004). *Abl. Nr. L 226 vom 25.06.2004, S. 3–21*
   Berichtigung der Verordnung (EG) Nr. 853/2004 des Europäischen Parlaments und des Rates vom 29. April 2004 mit spezifischen Hygienevorschriften für Lebensmittel tierischen Ursprungs (ABl. L 139 vom 30.4.2004). *Abl. Nr. L 226 vom 25.06.2004, S. 22–82*
   Berichtigung der Verordnung (EG) Nr. 854/2004 des Europäischen Parlaments und des Rates vom 29. April 2004 mit besonderen Verfahrensvorschriften für die amtliche Überwachung von zum menschlichen Verzehr bestimmten Erzeugnissen tierischen Ursprungs (ABl. L 139 vom 30.4.2004). *Abl. Nr. L 226 vom 25.06.2004, S. 83–127*
4. Bundesgesetz über Sicherheitsanforderungen und weitere Anforderungen an Lebensmittel, Gebrauchsgegenstände und kosmetische Mittel zum Schutz der Verbraucherinnen und Verbraucher (Lebensmittelsicherheits- und Verbraucherschutzgesetz – LMSVG) BGBl. I Nr. 13/2006 vom 20. Jänner 2006
5. Bundesgesetz, mit dem die Österreichische Agentur für Gesundheit und Ernährungssicherheit GmbH errichtet und das Bundesamt für Ernährungssicherheit eingerichtet werden (Gesundheits- und Ernährungssicherheitsgesetz – GESG) BGBl. I Nr. 63/2002 vom 19. April 2002
6. Bundesministerium für Wirtschaft, Familie und Jugend, Leitfaden L 22 Prüfartenakkreditierung, Leitfaden für die Akkreditierung nach Prüfarten (nur für Prüfstellen), http://www.bmwfj.gv.at/BMWA/Schwerpunkte/Unternehmen/Akkreditierung/Downloads/default.htm
7. 2006/504/EG. Entscheidung der Kommission vom 12. Juli 2006 über Sondervorschriften für aus bestimmten Drittländern eingeführte bestimmte Lebensmittel wegen des Risikos einer Aflatoxin-Kontamination dieser Erzeugnisse. (Bekannt gegeben unter Aktenzeichen K(2006) 3113). Abl. Nr. L 199 vom 21.7.2006, S. 21

2007/459/EG. Entscheidung der Kommission vom 25. Juni 2007 zur Änderung der Entscheidung 2006/504/EG über Sondervorschriften für aus bestimmten Drittländern eingeführte bestimmte Lebensmittel wegen des Risikos einer Aflatoxin-Kontamination dieser Erzeugnisse. (Bekannt gegeben unter Aktenzeichen K(2007) 3020). Abl. Nr. L 174 vom 4.7.2007, S. 8

2007/563/EG. Entscheidung der Kommission vom 1. August 2007 zur Änderung der Entscheidung 2006/504/EG über Sondervorschriften für aus bestimmten Drittländern eingeführte bestimmte Lebensmittel wegen des Risikos einer Aflatoxin-Kontamination dieser Erzeugnisse hinsichtlich Mandeln und daraus gewonnenen Erzeugnissen, deren Ursprung oder Herkunft die Vereinigten Staaten von Amerika sind. (Bekannt gegeben unter Aktenzeichen K(2007) 3613). Abl. Nr. L 215 vom 18.8.2007, S. 18

2007/759/EG. Entscheidung der Kommission vom 19. November 2007 zur Änderung der Entscheidung 2006/504/EG hinsichtlich der Häufigkeit der Kontrollen von Erdnüssen und daraus gewonnenen Erzeugnissen, deren Ursprung oder Herkunft Brasilien ist, wegen des Risikos einer Aflatoxin-Kontamination dieser Erzeugnisse. (Bekannt gegeben unter Aktenzeichen K(2007) 5516). Abl. Nr. L 305 vom 23.11.2007, S. 56

2008/47/EG. Entscheidung der Kommission vom 20. Dezember 2007 zur Genehmigung der Prüfungen, die die Vereinigten Staaten von Amerika vor der Ausfuhr von Erdnüssen und daraus hergestellten Erzeugnissen zur Feststellung des Aflatoxingehalts durchführen. (Bekannt gegeben unter Aktenzeichen K(2007) 6451). Abl. Nr. L 11 vom 15.1.2008, S. 12

8. Neugschwandtner E, Vojir F (2001) Interner Bericht. Pilotprojekt Probenunterscheidung nach Verdachts- und Planproben, September 2001
9. Jährlicher Bericht des Bundesministeriums für Gesundheit über die Ergebnisse des Revisions- und Probenplans
10. Hussain M, Grabner I, Vojir F (1999) Implementierung eines bundesweiten Lebensmittel-Monitoring Systems (Pestizide in Obst und Gemüse), Beiträge Lebensmittelangelegenheiten, Veterinärverwaltung, Strahlenschutz, Toxikologie, Gentechnik, Bundeskanzleramt, Sektion VI, Heft 7/99 (1999)
11. Grossgut R (2004) mit aktuellen Daten ergänzt. Grossgut R, Vojir F (2002) Überprüfung der Qualität pflanzlicher Lebensmittel im Hinblick auf die Pestizidbelastung Tagungsband, Österreichische Lebensmittelchemikertage 2002 in St. Pölten, „Qualität und Frische von Lebensmitteln", S. 209–215
12. Vojir F (2004) Importkontrolle von pflanzlichen Produkten mit erhöhtem Aflatoxinrisiko. Österreichische Erfahrungen in den Jahren 2002 und 2003 Tagungsband, Österreichische Lebensmittelchemikertage 2004 in Bregenz, „Sicherheit und Kontrolle im globalen Markt", S. 11–14
13. Vojir F (2003) Die amtliche Lebensmittelüberwachung in Österreich. Österreichischer Ernährungsbericht 2003 (Hrsg. Elmadfa I, Freisling H, König J et al.) Wien, 2003, S. 110–118

Kapitel 7

Grundlagen und Vollzug der amtlichen Lebensmittelkontrolle in der Schweiz

PHILIPP HÜBNER[1] · CHRISTOPH SPINNER[2]

[1] Kantonales Laboratorium Basel-Stadt, Kannenfeldstrasse 2, Postfach, 4012 Basel, Schweiz
philipp.huebner@bs.ch
[2] Kantonales Laboratorium Thurgau, Spannerstrasse 20, 8510 Frauenfeld, Schweiz
christoph.spinner@tg.ch

7.1	Einführung	175
7.2	Grundlagen	176
7.2.1	Integraler Konsumentenschutz	176
7.2.2	Das Lebensmittelgesetz	176
7.2.3	Verordnungsrecht	180
7.3	Organisation	181
7.3.1	Bund	181
7.3.2	Kantone	182
7.3.3	Koordination	183
7.4	Vollzug	183
7.4.1	Inspektionen	184
7.4.2	Laboruntersuchungen	185
7.5	Ergebnisse	186
7.5.1	Inspektionen	186
7.5.2	Laboruntersuchungen	187
7.6	Ausblick und Schlussbemerkungen	190
7.6.1	Dezentraler Vollzug	190
7.6.2	Fachliches	191
7.6.3	Rechtliches	191
7.6.4	Entwicklung	191
7.7	Literatur	192

7.1
Einführung

In der Schweiz wird die Mehrheit der hoheitlichen Aufgaben von den 26 Kantonen, die zusammen die schweizerische Eidgenossenschaft bilden, autonom vollzogen. So liegt zum Beispiel die Kompetenz in den Bereichen Steuern, Gesundheit, Schulen oder Polizei grundsätzlich bei den Kantonen. Im Gegensatz dazu ist die Lebensmittelgesetzgebung national durch eidgenössische Erlasse harmonisiert. Die Vollzugsaufgaben liegen aber auch in diesem Bereich, abgesehen vom Vollzug an der Grenze und von einer nationalen Vollzugsaufsicht und Weisungsberechtigung, in kantonaler Kompetenz. Die Kantone können anhand kantonaler Erlasse das Bundesrecht präzisieren – insbesondere die organisatorischen Aspekte – und Regelungen im nicht harmonisierten Bereich treffen.

Für den Vollzug der Lebensmittelkontrolle entlang der ganzen Lebensmittelkette sind, zusammen mit den kantonalen Landwirtschafts- und Veterinärämtern, die Kantonalen Laboratorien unter der Leitung eines Kantonschemikers bzw. einer Kantonschemikerin zuständig. Vier Kantone der Innerschweiz und vier Kantone der Ostschweiz haben sich je zu einem Konkordat zusammengeschlossen und zwei interkantonale Ämter für die Lebensmittelkontrolle geschaffen.

7.2
Grundlagen

7.2.1
Integraler Konsumentenschutz

Das Lebensmittelgesetz und die darauf basierenden Verordnungen bilden die hauptsächliche rechtliche Grundlage der schweizerischen Lebensmittelkontrolle. Es bezweckt, Konsumentinnen und Konsumenten vor Gesundheitsgefährdung und Täuschung zu schützen und soll den hygienischen Umgang mit Lebensmitteln sicher stellen. Weitere Ziele eines integralen Konsumentenschutzes wie Produkte- bzw. Produktionsschutz werden durch andere Gesetzgebungen abgedeckt: Landwirtschaftsgesetzgebung (biologische Produktion, Tierhaltung und Tierprodukte, Ein- und Ausfuhr von landwirtschaftlichen Produkten, Schutz von Ursprungsbezeichnungen und geographischen Angaben usw.), Umweltschutz- und Chemikaliengesetzgebung (Druckgaspackungen, chemische Produkte, Bodenschutz usw.), Konsumenteninformationsgesetz, Gesetz gegen den unlauteren Wettbewerb, etc.

Um den internationalen Handel zu gewährleisten, wird eine weitgehende Korrelation mit den Anforderungen des harmonisierten EU-Rechts angestrebt. Im sogenannten „autonomen Nachvollzug" wird deshalb die überwiegende Mehrheit der EU-Bestimmungen in die eidgenössische Rechtsetzung überführt.

7.2.2
Das Lebensmittelgesetz

Hintergrund

Die Hauptziele des eidgenössischen Lebensmittelgesetzes vom 9. Oktober 1992 (LMG) [1] (in Kraft seit 1. Juli 1995) umfassen:

- Konsumentinnen und Konsumenten vor gesundheitsschädigenden oder täuschenden Produkten zu schützen;
- Den hygienischen Umgang mit Lebensmitteln sicherzustellen;
- die Hauptverantwortung der Produktenkonformität den verantwortlichen Betrieben zu überantworten, welche gemäß Art. 23 LMG mittels eines geeigneten Qualitätssicherungssystems eine Selbstkontrolle wahrzunehmen haben;
- den Konsumentinnen und Konsumenten durch eine umfassende Informationspflicht von Hersteller (und Behörden) einen eigenverantwortlichen Kaufentscheid zu ermöglichen und so neben dem Täuschungsschutz auch den individuellen Gesundheitsschutz zu gewährleisten.

Geltungsbereich

Das Lebensmittelgesetz erfasst:

- das Herstellen, Behandeln, Lagern, Transportieren und Abgeben von Lebensmitteln und Gebrauchsgegenständen;
- das Kennzeichnen und Anpreisen von Lebensmitteln und Gebrauchsgegenständen;
- die Ein-, Durch- und Ausfuhr von Lebensmitteln und Gebrauchsgegenständen.

Unter den Begriff Lebensmittel fallen in der Schweiz sowohl Nahrungsmittel (inkl. Trinkwasser) als auch Genussmittel (Alkoholika und Tabakprodukte und andere Raucherwaren).

Das Gesetz erfasst auch die landwirtschaftliche Produktion (Saatgut, Düngemittel und Futtermittel, etc.), soweit sie der Herstellung von Lebensmitteln dient.

Gebrauchsgegenstände im Sinne des Lebensmittelgesetzes sind Gegenstände, die nicht als Heilmittel angepriesen werden und unter eine der folgenden Produktkategorien fallen:

a. Gegenstände, die im Zusammenhang mit der Herstellung, Verwendung oder Verpackung von Lebensmitteln verwendet werden (z. B. Geräte, Geschirr oder Verpackungsmaterial);
b. Körperpflegemittel und Kosmetika sowie Gegenstände, die nach ihrer Bestimmung mit den Schleimhäuten des Mundes in Berührung kommen;
c. Kleidungsstücke, Textilien und andere Gegenstände (z. B. Uhrenarmbänder, Perücken und Schmuck), die nach ihrer Bestimmung mit dem Körper in Berührung kommen;
d. Gegenstände, die für den Gebrauch durch Kinder bestimmt sind (z. B. Spielzeuge, Lernmaterialien, Mal- und Zeichenmaterialien);
e. Kerzen, Streichhölzer, Feuerzeuge und Scherzartikel;
f. Gegenstände und Materialien, die zur Ausstattung und Auskleidung von Wohnräumen bestimmt sind, soweit sie nicht andern Gesetzgebungen unterstellt sind.

Vom Geltungsbereich des Gesetzes ausgeschlossen sind Lebensmittel und Gebrauchsgegenstände, die für den Eigengebrauch bestimmt sind sowie Produkte, die von der Heilmittelgesetzgebung erfasst werden.

Gesundheitsschutz und Täuschungsschutz

Lebensmittel dürfen Zusatzstoffe, Inhaltsstoffe, Fremdstoffe und Mikroorganismen (wie Bakterien, Hefen, Schimmelpilze oder Viren) nur soweit enthalten, als dadurch die Gesundheit nicht gefährdet werden kann. Dazu legen die nationalen Behörden fest:

a. die zulässigen Zusatzstoffe für die einzelnen Lebensmittel sowie ihre Höchstmengen (Toleranzwerte);
b. die Höchstkonzentrationen (Toleranz- und Grenzwerte) für Fremd- und Inhaltsstoffe;
c. die Höchstmengen für Mikroorganismen (Toleranz- und Grenzwerte).

Zudem kann die Verwendung von Zusatzstoffen und Organismen für Lebensmittel ganz verboten werden, wenn deren Verwendung für die Herstellung, Behandlung oder Lagerung technisch nicht notwendig ist oder eine geeignete Nachweismethode für sie fehlt.

Als Grenzwerte gelten Konzentrationen von Stoffen, ab welchen eine Gesundheitsgefährdung nicht ausgeschlossen werden kann. Sofern dies technisch möglich ist, können die Höchstkonzentrationen und Höchstmengen tiefer angesetzt werden, als dies der Schutz der Gesundheit zwingend erfordern würde (Toleranzwerte). Toleranzwerte stützen sich auf die technologische Machbarkeit und die „Gute Herstellungspraxis" ab, bei deren Einhaltung keine erhöhten Gehalte an Rückständen (u. a. an Pflanzenbehandlungsmitteln, Tierarzneimitteln) in den Endprodukten zu erwarten sind (Täuschungsschutz). Diese Unterscheidung legt für Produzenten klare Qualitätsziele fest und ermöglicht einen gezielten vorsorglichen Vollzug. Die Unterteilung der Höchstwerte in Toleranz- und Grenzwerte ist ein sehr zweckmäßiges Schweizer Unikum. Es führt bei der Übernahme von internationalen Höchstwerten allerdings immer wieder zu Schwierigkeiten und Missverständnissen.

Anpreisung, Aufmachung und Verpackung der Lebensmittel dürfen den Konsumenten nicht täuschen. Als täuschend werden namentlich Angaben und Aufmachungen beurteilt, die geeignet sind, beim Konsumenten falsche Vorstellungen über Herstellung, Zusammensetzung, Beschaffenheit, Produktionsart, Haltbarkeit, Herkunft, besondere Wirkungen und Wert des Lebensmittels zu wecken.

Selbstkontrolle

Die in Art. 23 LMG definierte Selbstkontrolle stellt einen Eckpfeiler des Konsumentenschutzes dar, indem die Gefährdungsrisiken an ihrer Quelle soweit möglich minimiert oder eliminiert werden sollen: Wer Lebensmittel, Zusatzstoffe und

Gebrauchsgegenstände herstellt, behandelt, abgibt, einführt oder ausführt, muss im Rahmen seiner Tätigkeit dafür sorgen, dass die Waren den gesetzlichen Anforderungen entsprechen und muss sie entsprechend der „Guten Herstellungspraxis" untersuchen oder untersuchen lassen. Dazu gehört auch die Informationspflicht für Tierhalter oder Abnehmer von Schlachttieren, wenn beim Tier Gesundheitsstörungen aufgetreten sind oder wenn es mit Arzneimitteln behandelt worden ist. Die amtliche Kontrolle entbindet nicht von der Pflicht zur Selbstkontrolle.

Zur Wahrnehmung der Selbstkontrollpflicht sind dem Sicherheitsrisiko und Produktionsumfang angepasste Verfahren zur ständigen Überwachung der spezifischen Gefahren zu entwickeln, die auf den Grundsätzen des HACCP-Konzepts [2] basieren. Lokale Einzelhandelsbetriebe sind von dieser umfassenden Pflicht ausgenommen. Sie haben sich jedoch an der „Guten Herstellungspraxis" zu orientieren.

Zudem umfasst die Selbstkontrolle auch die Pflicht, ein Verfahren zur Sicherstellung der Rückverfolgbarkeit über alle Herstellungs-, Verarbeitungs- und Vertriebsstufen einzurichten.

Beanstandungen, Maßnahmen und Strafbestimmungen

Abweichungen von rechtlichen Vorgaben führen im Vollzug zu Beanstandungen. Beanstandungen können ausgesprochen werden für nicht konforme, fehlerhafte oder ungeeignete

a. Lebensmittel, Zusatzstoffe oder Gebrauchsgegenstände;
b. hygienische Verhältnisse;
c. Räume, Einrichtungen oder Fahrzeuge;
d. Herstellungsverfahren;
e. Tiere, Pflanzen, Mineralstoffe oder landwirtschaftlich genutzte Böden.

Die Kontrollorgane haben zu entscheiden, ob

a. die beanstandeten Waren mit oder ohne Auflagen verwertet werden dürfen,
b. durch die Betroffenen beseitigt werden müssen, oder
c. auf Kosten der Betroffenen eingezogen sowie unschädlich gemacht, unschädlich verwertet oder beseitigt werden.

Ist ein Toleranzwert überschritten und liegt keine Gesundheitsgefährdung vor, so kann die Ware mit oder ohne Auflagen der Kontrollorgane verwertet werden. Falls Auflagen wiederholt missachtet werden, können die Kontrollorgane ebenfalls die Beseitigung oder Einziehung der Waren anordnen. Bei einer Grenzwertübertretung kann per Definition eine Gesundheitsgefährdung der Konsumentinnen und Konsumenten nicht ausgeschlossen werden und die Kontrollorgane haben deshalb die zum Schutz der Gesundheit erforderlichen Maßnahmen anzuordnen. In diesem Fall werden beanstandete Waren beschlagnahmt bzw. ein

Warenrückzug aus dem Markt angeordnet. Auch im Falle eines begründeten Verdachts kann eine Beschlagnahme angeordnet werden. Die Vollzugsbehörden können die Betroffenen zudem verpflichten, die Ursachen der Mängel abzuklären, geeignete Maßnahmen einzuleiten, damit diese Mängel nicht mehr auftreten und darüber Bericht zu erstatten. In der Praxis wird diese Verbesserung der selbstverantwortlichen Qualitätssicherung vielfach als behördliche Maßnahme angeordnet. Die Anordnung von Maßnahmen hat in jedem Fall durch eine Verfügung zu erfolgen.

Falls gesundheitsgefährdende Lebensmittel, Zusatzstoffe oder Gebrauchsgegenstände an eine unbestimmte Zahl von Konsumenten abgegeben worden sind, so ist die Öffentlichkeit zu informieren. Ist die Bevölkerung mehrerer Kantone gefährdet, so obliegen die Information und die Abgabe von Empfehlungen den Bundesbehörden. Grundsätzlich muss jede Widerhandlung gegen Vorschriften des Lebensmittelrechts bei der Strafverfolgungsbehörde angezeigt werden. In besonders leichten Fällen kann die Vollzugsbehörde aber auf eine Strafanzeige verzichten und den Verantwortlichen verwarnen. Somit wird jeder lebensmittelrechtliche Verstoß abschließend beurteilt, entweder durch die Justizbehörden oder durch eine Verwarnung der Vollzugsbehörden.

Die Lebensmittelkontrolle ist gebührenfrei. Die Aufwendungen für festgestellte Verstöße und Übertretungen werden jedoch in Rechnung gestellt. Auch wenn es sich dabei nicht um eine Busse handelt, werden die verrechneten Gebühren von vielen Rechtsunterworfenen fälschlicherweise als Strafgeld verstanden. Für strafbare Tatbestände (Vergehen und Übertretungen) sieht das LMG Gefängnis oder hohe Bussen vor.

Rechtswege

Verfügungen von Maßnahmen im Sinne des Lebensmittelgesetzes können bei der verfügenden Kontrollbehörde innerhalb von 5 Tagen mit Einsprache angefochten werden. Die Einsprache kann sich ausschließlich gegen die angeordneten Maßnahmen und nicht gegen die Befunde richten, da das eidgenössische Lebensmittelgesetz kein Gegengutachten o. ä. kennt. Gegen einen erneut ablehnenden Entscheid kann innerhalb von 10 Tagen bei der nächst höheren kantonalen Instanz nach kantonalem Rechtsweg Beschwerde eingereicht werden. Die letzte nationale Rekursinstanz ist das Bundesgericht.

7.2.3
Verordnungsrecht

Das LMG wird durch zahlreiche Erlasse auf Verordnungsstufe ergänzt. Darunter sind insbesondere die Lebensmittel- und Gebrauchsgegenständeverordnung [3], die Hygieneverordnung [4], die Verordnungen über die Kennzeichnung und Anpreisung von Lebensmitteln [5], über den Vollzug der Lebensmittelgesetzgebung [6], über die in Lebensmitteln zulässigen Zusatzstoffe [7] und über die Fremd- und Inhaltsstoffe in Lebensmitteln [8] zu erwähnen.

Die schweizerische Lebensmittelgesetzgebung basiert – im Gegensatz zum Europäischen Lebensmittelrecht – auf dem Positivprinzip: Zugelassen sind ausschließlich Produkte, die ausdrücklich in der Gesetzgebung als zulässig umschrieben werden. Die horizontalen, für alle Produktegruppen geltenden Rechtstexte werden deshalb ergänzt durch vertikale Verordnungen, welche sich auf einzelne Produktekategorien beziehen und die zulässigen Lebensmittel sowie die geforderten Eigenschaften festlegen.

7.3 Organisation

7.3.1 Bund

Die Konkretisierung der grundsätzlichen lebensmittelrechtlichen Bestimmungen wurde vom Parlament an den Bundesrat abgetreten, welcher die legislativen Kompetenzen für detaillierte Bestimmungen zum Teil wiederum an die zuständigen Departemente (Ministerien) und Bundesämter delegierte.

Im Bereich Konsumentenschutz wurden die legislativen und koordinierenden Aufgaben der Lebensmittelkontrolle entlang der Lebensmittelkette primär an das Departement des Innern (EDI) und das Departement für Volkswirtschaft (EDV) sowie das Bundesamt für Gesundheit (BAG), das Bundesamt für Veterinärwesen (BVet) und das Bundesamt für Landwirtschaft (BWL) delegiert. Diese sind befugt, technische und detaillierte departementale Verordnungen selber zu erlassen.

Neben den legislativen Aufgaben übt der Bund eine subsidiäre Aufsichtsfunktion über den kantonalen Vollzug aus. Er hat die Vollzugsmaßnahmen sowie die Informationstätigkeit zu koordinieren, soweit ein gesamtschweizerisches Interesse besteht. Der Bund vollzieht zudem selber die Lebensmittelkontrolle an der Grenze und hat diese Aufgabe den Zollbehörden zugewiesen. Wegen fehlender fachlicher Vollzugskompetenz arbeiten diese jedoch eng mit den Kantonen zusammen.

Auch die Beteiligung in internationalen Organisationen (WHO, Codex Alimentarius usw.), die Pflege internationaler Kontakte und die entsprechende Harmonisierung der Gesetzgebung ist Aufgabe der Bundesbehörden.

Die Schweiz kennt keine Novel-Food-Bestimmungen. Trotzdem müssen die Bundesbehörden wegen des Positiv-Prinzips jedes nicht in einer Verordnung umschriebene, neue oder mit Hilfe einer neuen Technologie gewonnene Produkt einzeln bewilligen. Dabei spielen internationale Abkommen (WTO) und Staatsverträge eine nicht unbedeutende Rolle.

Der Bund ist zudem verantwortlich für die Bereitstellung von Analysenmethoden und für die Organisation von Ringversuchen. Er stützt sich dazu auf eine

Kommission ab, welche ihn bei der laufenden Aktualisierung des Schweizerischen Lebensmittelbuches [9] berät. Die dazu nötige Forschungs- und Entwicklungsarbeit wird durch Fachexperten aus den Kantonen, der Industrie und der Universitäten in ihren jeweiligen Instituten durchgeführt.

7.3.2
Kantone

Gemäß Vorgaben des LMG müssen die Kantone einen Kantonschemiker, einen Kantonstierarzt und entsprechende Inspektionsdienste für den Vollzug des Gesetzes einsetzen sowie amtliche Laboratorien betreiben. Diese müssen nach EN 17025 und EN 17020 für die Bereiche „Prüfen" (Laboruntersuchung) und „Überwachen" (Inspektion) akkreditiert sein und werden entsprechend durch die Schweizerische Akkreditierungsstelle SAS überwacht. Für Laboruntersuchungen und Inspektionen können akkreditierte private Organisationen beauftragt werden.

Die Abgrenzungen der Aufgaben zwischen den verschiedenen kantonalen Vollzugsbehörden (Kantonale Laboratorien, Veterinär-, Landwirtschafts-, Polizei-, Gesundheits-, Umweltschutzämter) ist Sache der Kantone, welche ihre Organisation rechtlich explizit oder durch Vereinbarungen regeln können [10].

Die Inspektion der Lebensmittelbetriebe wird von diplomierten Lebensmittelinspektorinnen und Lebensmittelinspektoren durchgeführt, die durch Lebensmittelkontrolleurinnen und -kontrolleure unterstützt werden. Für die Kontrolle der Fleischproduktion werden speziell ausgebildete Veterinäre und Veterinärinnen eingesetzt. Das Inspektionswesen in der Schweiz stützt sich auf rund 200 Vollstellen ab. Die Ausbildung und die Anforderungen zur Ausübung dieser Tätigkeiten sind in eidgenössischen Verordnungen geregelt. Um den Kenntnisstand aufrecht zu erhalten und einen schweizweit harmonisierten Vollzug zu gewährleisten, werden regelmäßig Weiterbildungskurse organisiert.

Im Bereich Laboruntersuchung müssen die Kantonalen Laboratorien die Spezifität, Selektivität und Empfindlichkeit bestehender Analysenmethoden optimieren sowie neue laboreigene Methoden zur Lösung von neu auftretenden Problemen entwickeln. Solche Methoden müssen gemäß EN 17025 validiert werden. Weiter nehmen Kantonale Laboratorien auch regelmäßig an Laborvergleichen teil, welche oft auch auf internationaler Ebene durchgeführt werden [11].

Der Trend zur Ausscheidung von Fachgebieten unter den Kantonalen Laboratorien nimmt zu und wird sich mittelfristig als nachhaltige Strategie etablieren. Schwerpunkttätigkeiten werden national oder regional vereinbart. Als Beispiele sei hier auf die Entwicklung der Analysenmethoden für die Bestimmung von Verpackungsmaterialkomponenten, von gentechnisch veränderten Lebensmitteln, Kosmetika, Tierarzneimitteln, Fremdstoffen oder von Enteroviren verwiesen. Methodenentwicklungen sind nur dank diesem großen Engagement der Kantonalen Laboratorien möglich. Neben spezifischer Spezialanalytik wird eine dezentrale Basisanalytik allerdings nach wie vor in allen Kantonalen Laboratorien betrieben werden, insbesondere in den Bereichen der klassischen Lebensmittelmikrobiologie mittels Kultivierung und der Trinkwasseranalytik.

Insgesamt sind rund 300 Personen mit analytischen Aufgaben in der Lebensmittelkontrolle beschäftigt. Es sind vor allem Fachleute aus den Bereichen der Chemie und der Biologie, darunter auch diplomierte Lebensmittelchemikerinnen und -chemiker. Entsprechend den Anforderungen für akkreditierte Laboratorien nimmt das Personal regelmäßig an weiterbildenden Veranstaltungen und Seminaren teil.

7.3.3 Koordination

Eine möglichst weitgehende nationale Harmonisierung des Vollzuges wird durch den Verband der Kantonschemiker der Schweiz (VKCS) angestrebt. Der über hundert jährige Verein der Leiter der kantonalen Lebensmittelkontrollen erarbeitet durch Absprachen gemeinsame Vollzugsinstrumente für Beurteilungen, Betriebsinspektionen oder für analytisch-technische Problemlösungen. Informelle Aussprachen mit Vertretern der Nahrungsmittelindustrie, mit Verbänden und mit Bundesbehörden gehören ebenso zu den Aufgaben des VKCS wie regelmäßige Weiterbildungen für Mitarbeitende der Kontrollbehörden.

Neben dieser nationalen Koordination finden regelmäßig regionale Kontakte bzw. Kontrollaktionen statt. Zudem werden in gewissen Bereichen Vereinbarungen zwischen Nachbarkantonen getroffen.

Auch über die Landesgrenzen hinaus werden regelmäßige Kontakte mit Amtskollegen gepflegt. So treffen sich die Kantonschemiker der Nordwest- und Ostschweiz mit ihren französischen und deutschen Kollegen der grenznahen Regionen jährlich zur Dreiländerkonferenz (DLK). Die Kantonschemiker der Westschweiz treffen sich ebenfalls mit ihren französischen Kollegen. In der Region Basiliensis findet ein Erfahrungsaustausch zwischen den Inspektoren aus den drei Ländern statt. Bei solchen Treffen werden nicht nur strategische Erfahrungen, sondern auch fachtechnische Kenntnisse mit den Nachbarländern ausgetauscht und es können Synergien und gemeinsam Projekte auch im analytischen Bereich erzielt werden.

7.4 Vollzug

Die amtliche Lebensmittelkontrolle überwacht die rechtlich vorgeschriebene Selbstkontrolle der Betriebe einerseits durch Inspektionen vor Ort, andererseits durch analytische Untersuchung von Lebensmitteln und Gebrauchsgegenständen aus Betrieben oder vom Markt. Sowohl die Inspektionen als auch die Laboruntersuchungen sind zeitlich und vom Umfang her beschränkte Stichprobenkontrollen. Die Verantwortung für die Konformität der in Verkehr gebrachten

Produkte obliegt zu jeder Zeit den Betriebsverantwortlichen und nicht den Vollzugsbehörden.

7.4.1
Inspektionen

Für die Ermittlung des von einem Lebensmittelbetrieb ausgehenden Risikos hat der VKCS ein Konzept [12] erarbeitet. Seit 2004 wird die Gesamtgefahr des inspizierten Betriebes bewertet sowie das Ausmaß im Eintretensfall abgeschätzt und daraus ein Gesamtrisiko abgeleitet.

Für die Gefahrenbewertung werden folgende vier Bereiche beurteilt:
1. Die *Selbstkontrolle*, u. a. die betriebliche Gefahrenanalyse, die Lenkungspunkte, die Arbeitsanweisungen, die Dokumentation und vorgesehene Korrekturmaßnahmen;
2. Die *Lebensmittel*, u. a. deren sensorische und hygienische Qualität, die analytischen Ergebnissen, die Verpackung und die Deklarationen;
3. Die *Prozesse und Tätigkeiten*, u. a. die Kühlhaltung, die Produktion, das Aufbewahren, die Trennung rein/unrein, die Reinigung und die Personalhygiene;
4. Die *räumlich-betrieblichen Voraussetzungen*, u. a. die Räumlichkeiten, die Apparate, die Lüftung, die Arbeitsflächen, die Kühleinrichtungen und die Handwaschgelegenheiten.

Jeder der vier Bereiche wird nach der Inspektion bewertet und einer Gefahrenstufe zugeordnet:

Tabelle 7.1.

Gefahrenstufe	Gefahr	Zustand	Lebensmittelsicherheit
4	groß	schlecht	nicht gewährleistet
3	erheblich	mangelhaft	in Frage gestellt
2	klein	genügend	beeinträchtigt
1	keine/ unbedeutend	gut	gewährleistet

Aus der Einstufung der vier Bereiche wird eine Gesamtgefahr errechnet, die Auskunft über den momentanen Stand der Lebensmittelsicherheit des Betriebes gibt. Weiter wird das Ausmaß im Eintretensfall durch die Art der Produkte, die Art der Kundschaft und durch die Bedeutung bzw. Größe des Betriebs in vier Stufen (groß, mittel, klein, unbedeutend) abgeschätzt. Die Ermittlung des Risikos eines Lebensmittelbetriebs (klein, mittel, groß) erfolgt schließlich durch die Verrechnung der Gesamtgefahr mit dem Ausmaß. Dieses Vorgehen dient als Grundlage für die risikobasierte Festlegung der Inspektionsfrequenzen: Betriebe mit kleinem Risiko werden weniger häufig inspiziert als Betriebe mit großem Risiko.

Die Inspektion eines Lebensmittelbetriebes wird anhand der vorhandenen Unterlagen und früherer Inspektionsberichte vorbereitet. Basierend auf den lebensmittelrechtlichen Vorschriften wird das Konzept der eigenverantwortlichen Qualitätssicherung der Firmen und deren Umsetzung vor Ort überprüft. Die Kontrolle der Hygiene, des fachgerechten Umgangs mit Lebensmitteln bzw. Gebrauchsgegenständen sowie der baulichen Voraussetzungen und der Einrichtungen ergänzen die Kontrollen. Die konzeptionellen oder vor Ort bemängelten Fehler werden im Inspektionsbericht schriftlich festgehalten. Die Kontrollorgane verfügen die sich aufdrängenden Maßnahmen meistens vor Ort und sind in gewissen Fällen (unmittelbare und erhebliche Gefährdung der öffentlichen Gesundheit) auch befugt, einen Betrieb oder Teile davon sofort zu schließen. Durch ihre Kontrolltätigkeiten helfen die Inspektoren, die bestehenden betrieblichen Qualitätssicherungssysteme zu optimieren, so dass in vielen Fällen fast von einer Zusammenarbeit zwischen Kontrollorganen und Betrieben gesprochen werden kann, auch wenn es sich eindeutig um lebensmittelpolizeiliche Tätigkeiten handelt.

7.4.2
Laboruntersuchungen

Die durch die Lebensmittelinspektoren oder Lebensmittelkontrolleure in den Betrieben oder auf dem Markt erhobenen Proben werden im Labor mittels klassischer oder modernster Untersuchungsmethoden auf bestimmte Parameter hin überprüft. Im Vordergrund steht oft die Analyse des Hygienezustands der Produkte, welcher für die Gefahrenbewertung eines Betriebes ebenfalls in Betracht gezogen wird. Hierzu werden – wie auch für den Nachweis von pathogenen Mikroorganismen – international normierte mikrobiologische Bestimmungsmethoden angewandt. Weitere Untersuchungen von Rückständen (Tierarzneimittel, Pflanzenbehandlungsmittel) oder der Überprüfung von Produktionsverfahren (Hygienisierung, Bestrahlung, GVO, Zusatzstoffe, Fremdstoffe) vervollständigen die Beurteilung. Auf diese Weise werden sowohl Aspekte des Täuschungsschutzes als auch des Gesundheitsschutzes am Produkt durch Laboruntersuchungen überprüft.

Bei Überschreitung eines Grenzwertes kann eine Gefährdung der Gesundheit nicht ausgeschlossen werden und das Produkt wird mittels amtlicher Verfügung unmittelbar vom Markt zurück genommen. Die Überschreitung eines Toleranzwertes gilt als Indiz, dass die gute Herstellungspraxis (GHP) nicht eingehalten wurde. Die lebensmittelpolizeilichen Kontrollen werden stichprobenmäßig und risikobasiert durchgeführt.

Immer wieder sind die Kantonalen Laboratorien mit der Bewältigung von nationalen und internationalen „Lebensmittelskandalen" konfrontiert: Hormon im Fleisch, Acrylamid in stärkehaltigen Produkten, Radionuklide aus Tschernobyl, unbestimmter Giftstoff in spanischem Olivenöl, Frostschutzmittel oder giftige Konservierungsmittel in Wein, Listerien in Käse, Dioxin in Guarkernmehl, krebserregende Amine in Kochutensilien oder Melamin in Milchpulver. Solche Probleme erfordern sofortiges koordiniertes Handeln, die Erarbeitung von ad hoc Analysenmethoden und die zeitnahe Durchführung von Kontrollaktionen auf dem Markt. Unter dem Druck der Öffentlichkeit und der Medien sowie der Erwartungshaltung der Politik sind schnelle und zuverlässige Lösungen notwendig, was nur dank dem engagierten Einsatz von fachkompetentem Personal und einer umfangreichen Koordination unter den schweizerischen Untersuchungslaboratorien möglich ist.

7.5
Ergebnisse

7.5.1
Inspektionen

Die oben beschriebene Einführung des harmonisierten Vorgehens und Beurteilungssystems bei Betriebsinspektionen ermöglicht eine nationale Bilanz der Lebensmittelsicherheit der Lebensmittelbetriebe zu ziehen. Die im Jahr 2008 inspizierten Lebensmittelbetriebe wurden wie folgt klassiert:

Tabelle 7.2.

Betriebs-kategorien	Anzahl beurteilte Betriebe	Gefahren-stufe 1	davon in Gefahrenstufe in %		
			Gefahren-stufe 2	Gefahren-stufe 3	Gefahren-stufe 4
Industriebetriebe	470	58	37	4,7	0,4
Gewerbebetriebe	6 000	53	37	8,6	1,4
Handelsbetriebe	8 300	60	32	7,3	0,9
Verpflegungsbetriebe	29 000	44,0	42	13	1,5
Trinkwasser	580	48	42	10	0,0
Total	**44 350**	**49**	**39**	**11**	**1,3**

Die im Jahr 2008 zum zweiten Mal bei rund 95% der inspizierten Betriebe durchgeführte Risikoklassierung ergab, dass über 95% der risikobasiert inspizierten Betriebe in den Riskostufen 1 und 2 klassiert wurden und somit eine gute bis genügende Lebensmittelsicherheit aufweisen. In ungefähr 5% der inspizierten Lebensmittelbetriebe ist die Lebensmittelsicherheit mangelhaft. Es ist wichtig darauf hinzuweisen, dass dieses Bild nicht die Situation in der Schweiz widerspiegelt, da risikobasiert kontrolliert wird.

Unter der Federführung des VKCS werden wiederholt nationale Inspektionskampagnen organisiert. Im Jahr 2002 wurde z. B. eine umfangreiche Täu-

Tabelle 7.3.

Betriebs-kategorien	Anzahl beurteilte Betriebe	Risiko-stufe 1	Risiko-stufe 2	Risiko-stufe 3
Industriebetriebe	440	27%	65%	7,7%
Gewerbebetriebe	5 600	47%	49%	4,2%
Handelsbetriebe	7 900	56%	40%	3,9%
Verpflegungsbetriebe	27 000	36%	59%	4,7%
Trinkwasser	530	71%	28%	0,4%
Total	**41 470**	**42%**	**54%**	**4,4%**

schungsschutzkampagne durchgeführt, an welcher sich alle Kantonalen Laboratorien der Schweiz beteiligten. Es wurden gegen 700 Betriebe und rund 3000 Bioprodukte überprüft. Die Umsetzung der Bioverordnung [13] und der Landwirtschaftlichen Deklarationsverordnung [14] wurde im Hinblick auf den Täuschungsschutz überprüft. So mussten mangelhafte Etiketten (8%), Rückstände von verbotenen Behandlungsmitteln (6%) sowie fälschlicherweise als biologisch deklarierte Produkte (2%) beanstandet werden. Auch wenn die Beanstandungsquote nicht sehr hoch war, zeigte die Kampagne, dass Wissen, Kompetenz und Durchsetzungsvermögen insbesondere in den Deklarationsfragen beim Personal der für die Kontrolle der Biobetriebe zuständigen privaten Zertifizierungsstellen gestärkt werden müssen. Durch solche nationalen Kampagnen kann eine große Anzahl von vergleichbaren Proben und Betrieben kontrolliert werden, was eine repräsentative und zuverlässige Aussagekraft der Befunde auf dem Schweizer Markt sicherstellt.

7.5.2
Laboruntersuchungen

Eine Übersicht zu den Tätigkeiten der Kantonalen Laboratorien wurde bis 2003 jährlich vom Bundesamt für Gesundheit (BAG) publiziert [15]. Das BAG hat uns freundlicherweise die noch nicht publizierten Daten von 2003 bis 2007 zur Verfügung gestellt. Aus diesen Zusammenstellungen kann u.a. nach Lebensmittel-Kategorien gegliedert entnommen werden, wie viele Proben untersucht worden sind und welche Art von Beanstandungen ausgesprochen wurde. Die folgende Abbildung gibt einen Überblick über den gesamtschweizerischen Probendurchsatz von 1986–2007 sowie die entsprechenden durchschnittlichen Beanstandungsquoten. Der Probendurchsatz hat sich innerhalb der letzten 20 Jahre reduziert, was insbesondere durch eine starke Abnahme der untersuchten Milch- und Trinkwasserproben verursacht wurde. Viele dieser Untersuchungen werden nun durch die verantwortlichen Betriebe im Rahmen ihrer Selbstkontrolle durchgeführt. Die frei gewordene Kapazität wird in den Kantonalen Laboratorien vermehrt für die Untersuchung neuer Parameter bzw. Stoffe mit einem höheren Analysenaufwand eingesetzt.

Die durchschnittliche Beanstandungsquote zwischen 11 und 15% gibt nicht konforme Produkte wieder, jedoch nicht die allgemeine Sicherheit der Lebensmittel in der Schweiz: die große Mehrheit der Beanstandungen (1987: 83%, 2007: 84%) werden in den Bereichen Täuschungsschutz und mangelnde Hygiene ausgesprochen. Da die Kantonalen Laboratorien risikobasiert und zielorientiert vermehrt heikle Produkte überprüfen, kann diese Beanstandungsquote auf keinen Fall mit den in anderen Ländern durch Monitoring (Warenkorbanalysen, Querschnittkontrollen) ermittelten Werten verglichen werden.

Die Lebensmittelsicherheit wird hauptsächlich durch mikrobiologische Risiken gefährdet. Beanstandungen aufgrund mangelhafter Hygiene machen rund 60% der festgestellten Verstöße aus. Rückstände von Pflanzenbehandlungsmitteln, Tierarzneimitteln oder technisch bedingten Kontaminationen sorgen weiterhin für Schlagzeilen, welche Konsumentinnen und Konsumenten verunsichern. Auch wenn die mittlere Beanstandungsquote auf Grund von Rückständen im Jahr 2007 bei 9% lag, kommen sektoriell deutlich höhere Quoten von Übertretungen vor. So wies aus China importiertes Geflügelfleisch früher in rund zwei Drittel der Proben überhöhte Antibiotikarückstände auf. Im Bereich GVO ermöglicht eine in der Schweiz entwickelte und weltweit erstmalig angewandte

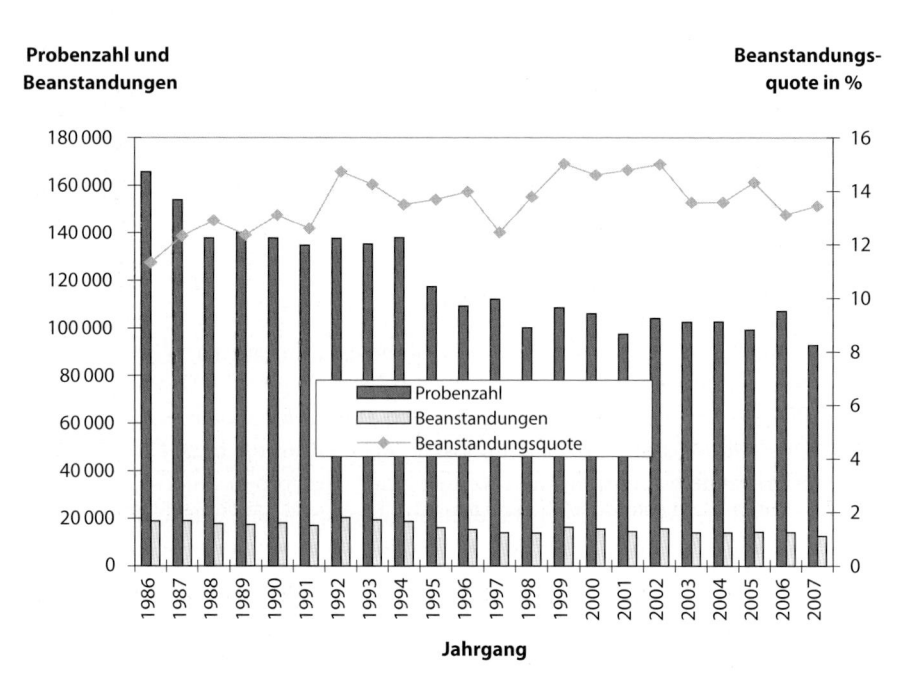

Abb. 7.1. Probenumsatz und Beanstandungen in der Schweiz 1986 bis 2007

7 Grundlagen und Vollzug der amtlichen Lebensmittelkontrolle in der Schweiz

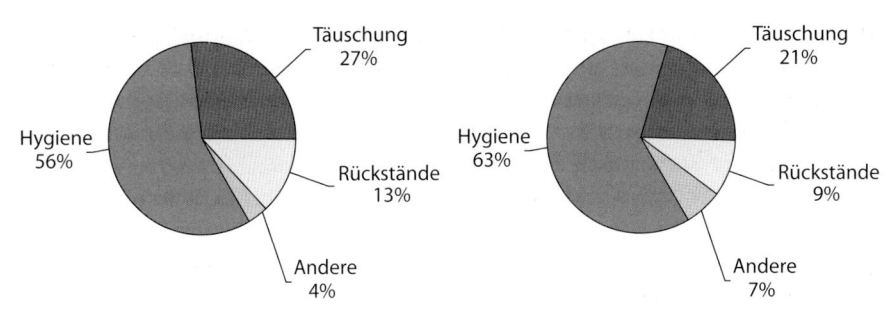

Abb. 7.2. Beanstandungsgründe im Jahr 1987 (*links*) und 2007 (*rechts*)

Analytik, Gehalte von rund 0,1% nicht zugelassener veränderter Organismen zuverlässig zu bestimmen [16]. Die amtlichen Kontrollen der letzten Jahre belegen, dass nach einer anfänglichen Kontaminationszunahme sich nun die Trennung der Versorgungskanäle zwischen gentechnisch veränderten und konventionellen Rohstoffen etabliert hat [17].

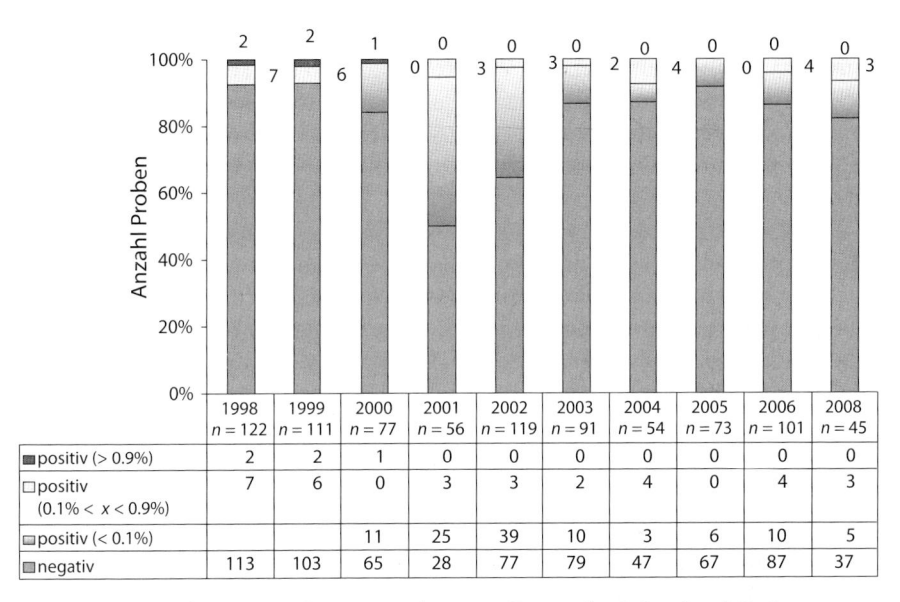

	1998 n=122	1999 n=111	2000 n=77	2001 n=56	2002 n=119	2003 n=91	2004 n=54	2005 n=73	2006 n=101	2008 n=45
■ positiv (> 0.9%)	2	2	1	0	0	0	0	0	0	0
☐ positiv (0.1% < x < 0.9%)	7	6	0	3	3	2	4	0	4	3
▨ positiv (< 0.1%)			11	25	39	10	3	6	10	5
■ negativ	113	103	65	28	77	79	47	67	87	37

Abb. 7.3. Untersuchungsstatistik: GVO-Analysen am Kantonalen Labor Basel-Stadt

Im Bereich der Gebrauchsgegenstände werden oft Probleme aufgedeckt, welche eine Gesundheitsgefährdung mit sich bringen. Krebserregende Amine wurden in Tinte von Schreibminen oder in Kochutensilien festgestellt. Leichtbrennbare Spielzeuge, mit unzulässigen Phthalaten weichgemachte Spielzeuge, kosmetische Mittel mit Cortison oder mit allergenen Konservierungsstoffen mussten verboten werden. In diesem Segment der Konsumgüter wird die Selbstkontrolle vielfach noch mangelhaft wahrgenommen, weshalb auch in diesem Bereich eine aufmerksame Überwachung durch die Kontrollinstanzen unabdingbar ist.

7.6
Ausblick und Schlussbemerkungen

7.6.1
Dezentraler Vollzug

Die kantonalen Lebensmittelkontrollbehörden genießen in der Öffentlichkeit ein hohes Vertrauen. Diese Glaubwürdigkeit der Behörde ist wichtig, wenn die Konsumentenschaft durch alarmierende Schlagzeilen der Medien verunsichert wird und auf unabhängige und kompetente Informationen angewiesen ist. Auch die Betriebsverantwortlichen können auf eine Behörde zählen, welche sich ihrer Anliegen ernst und fachkompetent annimmt und rasch handelt.

Das Schweizer Modell mit dezentralem Vollzug und Nähe zu den Betrieben weist eine sehr hohe Effizienz auf, insbesondere wenn Sofortmassnahmen eingeleitet und überwacht werden müssen. Dabei ist entscheidend, dass Inspektionsdienste, Analytik und Vollzugskompetenz in einer einzigen Institution zusammengefasst sind. Dies garantiert, dass auftauchende Probleme mit der notwendigen Priorität angegangen werden können.

Die Organisationsstrukturen der schweizerischen Lebensmittelkontrolle sind allerdings zurzeit großen Veränderungen unterworfen. Einerseits bedingen die bilateralen Verträge und die angestrebten Freihandelsverträge der Schweiz mit der Europäischen Union eine verstärkte nationale Koordination sowohl unter den eidgenössischen Verwaltungseinheiten als auch unter den nationalen und kantonalen Vollzugsorganen. Andererseits haben die sehr unterschiedlichen kantonalen Vollzugsmodelle – neben dem Vorteil der regionalen Verankerung – auch gewichtige Nachteile. Auf kantonaler und nationaler Ebene werden deshalb strukturelle Veränderungen angestrebt, um eine bessere Koordination oder sogar eine Zentralisierung des Vollzuges zu erreichen.

Dazu hat der schweizerische Bundesrat u. a. eine beratende Task Force (Bundeseinheit für die Lebensmittelkette, BLK) eingesetzt und in verschiedenen Kantonen wurde das Kantonale Laboratorium mit dem Veterinäramt zu einem gemeinsamen Amt zusammen geführt. Es ist davon auszugehen, dass in naher Zukunft weitere Veränderungen der Organisation der Lebensmittelkontrolle sowohl auf nationaler als auch kantonaler angestrebt werden. So steht unter anderem die Zusammenlegung von Bereichen aus drei Bundesämtern zu einem einzigen Bundesamt für Verbraucherschutz, wie es z. B. in Deutschland existiert, zur Diskussion.

7.6.2
Fachliches

Durch die selbstverantwortliche Eigenkontrolle der Betriebe nimmt die buchhalterische Kontrolle der Rückverfolgbarkeit und Labelproduktion im Inspektionswesen an Bedeutung zu. Dadurch kann der Täuschungsschutz (korrekte Deklaration der Herkunft, Produktionsart usw.) und der Gesundheitsschutz (effiziente Warenrücknahme) besser gewährleistet werden. Der nationale Austausch zwischen den kantonalen Inspektionsdiensten wird in letzter Zeit vermehrt durch das Instrument der begleiteten Inspektion umgesetzt. Der internationale Austausch zwischen den Inspektionsdiensten erfolgt unter der Ägide der europäischen Organisation FLEP (food law enforcement practitioners). Die Anstrengung für die Harmonisierung des Vollzugs erfährt dadurch eine neue, EU-weite Dimension und die FLEP wird künftig an Bedeutung gewinnen.

Die Analytik ihrerseits steht vor der Herausforderung, neue Untersuchungsmethoden entsprechend dem Stand der Technik zu entwickeln, um bestehende und neu erkannte Lücken (u. a. Toxinanalytik, Virenanalytik) sowie voraussehbare Probleme (z. B. Identifizierung von unerwarteten Fremdstoffen, Nachweis allergener Inhaltsstoffe) zu lösen. Die dazu wünschenswerte Schaffung von Kompetenzzentren wird durch die Bestimmung von nationalen Referenzlaboratorien in nächster Zukunft initiiert werden.

7.6.3
Rechtliches

Das Schweizer Recht steht in ständigem Diskurs mit dem Europäischen Recht: Als Drittland kann die Schweiz aber kaum auf diese Gesetzgebung Einfluss nehmen, überführt sie aber mehrheitlich in schweizerisches Recht (autonomer Nachvollzug).

Unterdessen wurde erkannt, dass das Lebensmittelgesetz aus dem Jahr 1995 und die sich darauf abstützenden Verordnungen die durch die bilateralen Verträge und die angestrebten Freihandelsverträge mit der Europäischen Union gestellten Anforderungen nicht mehr erfüllen können. Insbesondere von EU-Recht abweichende Grundvoraussetzungen und Definitionen bilden ein unüberwindliches Hindernis bei einer EU-kompatiblen Nachführung der schweizerischen Lebensmittelgesetzgebung. Deshalb ist beabsichtigt, dem eidgenössischen Parlament in den nächsten Jahren ein grundsätzlich überarbeitetes Lebensmittelgesetz zur Beratung vorzulegen.

7.6.4
Entwicklung

Die Schweizer Vollzugsbehörden sind gefordert, mit knappen Ressourcen die alten und die kommenden Probleme durch Schwerpunktbildung sowie strategische und technische Zusammenarbeit weiterhin zu meistern, was in einem föderalistischen System mit großer Flexibilität umsetzbar ist. Künftig werden auch vermehrt Synergien und Harmonisierung mit anderen Ländern anzustreben sein. Die Möglichkeiten dazu sind vorhanden und erste Schritte wurden bereits initiiert.

7.7
Literatur

1. Bundesgesetz vom 9. Oktober 1992 über Lebensmittel und Gebrauchsgegenstände (SR 817.0, Lebensmittelgesetz, LMG): www.admin.ch/ch/d/sr/c817_0.html
2. FAO/WHO Food Standards, Codex Alimentarius: Recommended International Code of Practice: General Principles of Food Hygiene, CAC/RCP 1-1969, Rev. 4-2003: http://www.codexalimentarius.net/download/standards/23/cxp_001e.pdf
3. Lebensmittel- und Gebrauchsgegenständeverordnung vom 23. November 2005 (SR 817.02, LGV): http://www.admin.ch/ch/d/sr/c817_02.html
4. Hygieneverordnung des EDI vom 23. November 2005 (SR 817.024.1, HyV): http://www.admin.ch/ch/d/sr/c817_024_1.html
5. Verordnung des EDI vom 23. November 2005 über die Kennzeichnung und Anpreisung von Lebensmitteln (SR 817.022.21, LKV): http://www.admin.ch/ch/d/sr/c817_022_21.html
6. Verordnung des EDI vom 23. November 2005 über den Vollzug der Lebensmittelgesetzgebung (SR 817.025.21): http://www.admin.ch/ch/d/sr/c817_025_21.html
7. Verordnung des EDI vom 22. Juni 2007 über die in Lebensmitteln zulässigen Zusatzstoffe (SR 817.022.31, Zusatzstoffverordnung, ZuV): http://www.admin.ch/ch/d/sr/c817_022_31.html
8. Verordnung des EDI vom 26. Juni 1995 über Fremd- und Inhaltsstoffe in Lebensmitteln (SR 817.021.23, Fremd- und Inhaltsstoffverordnung, FIV): http://www.admin.ch/ch/d/sr/c817_021_23.html
9. Schweizerisches Lebensmittelbuch SLMB: www.slmb.admin.ch
10. Vollziehungsverordnung zum Bundesgesetz über Lebensmittel und Gebrauchsgegenstände vom 8. Juli 2008 (351.100): http://www.gesetzessammlung.bs.ch/sgmain/default.html
11. PHLS, London; FAPAS, Norwich; bgvv, Berlin; Bundesamt für Strahlenschutz, Berlin; CHEK; JRC, Geel
12. VKCS (2001) Ermittlung der Gesamtgefahr eines Lebensmittelbetriebes aufgrund der Inspektion. In: Mitt. Gebiete Lebensm. Hyg. 92:104
13. Verordnung vom 22. September 1997 über die biologische Landwirtschaft und die Kennzeichnung biologisch produzierter Erzeugnisse und Lebensmittel (SR 910.18, Bio-Verordnung): http://www.admin.ch/ch/d/sr/c910_18.html
14. Verordnung vom 26. November 2003 über die Deklaration für landwirtschaftliche Erzeugnisse aus in der Schweiz verbotener Produktion (SR 916.51, Landwirtschaftliche Deklarationsverordnung, LDV)
15. Lüthy J, Bosset J, Dudler V, Grob K, Klein B, Sieber R, Sievers M, Teuber M (2004) Die Durchführung der Lebensmittelkontrolle in der Schweiz. In: Mitt. Gebiete Lebensm. Hyg. 95:286 (und frühere Bände)
16. Hübner, Ph, Waiblinger, H-U, Pietsch, K and Brodmann, P (2001) Validation of PCR methods for the quantification of genetically modified plants in food. In: J AOAC Int. 84: 1855–1864.
17. http://www.kantonslabor-bs.ch

Kapitel 8

Qualitätsmanagement in der Lebensmittelindustrie

VOLKER THORN

Sulzbacher Straße 41, 90489 Nürnberg
volker_thorn@web.de

8.1	Einleitung	194
8.2	Qualitätsmanagement	196
8.2.1	ISO 9000	196
8.2.2	St. Galler Konzept	197
8.2.3	Aspekte des operativen Qualitätsmanagements	198
8.2.4	Deming-Kreis	200
8.3	Werkzeuge des Qualitätsmanagements	201
8.3.1	HACCP und PRP	201
8.3.2	Spezifikationen und Zertifikate	204
8.3.3	Vorgaben/Anweisungen	204
8.3.4	Prüfungen	205
8.3.5	Weitere rechtliche Vorgaben	206
8.3.6	Normen/Zertifizierungen	207
8.4	Ein Beispiel zum Qualitätsmanagement in der Lebensmittelindustrie	210
8.4.1	Qualitätsmanagement vor der Produktion	210
8.4.2	Qualitätsmanagement während und nach der Produktion	213
8.5	Bedeutung des Qualitätsmanagements	217
8.5.1	Geschichte des Qualitätsmanagements bis 1950	217
8.5.2	Beispiel Japan/W. Edwards Deming	219
8.5.3	Weitere Entwicklung des Qualitätsmanagements	219
8.5.4	Qualität ist kein Selbstzweck	221
8.5.5	Entwicklung im Non-Food-Bereich	221
8.6	Literatur	224

W. Frede (Hrsg.), *Handbuch für Lebensmittelchemiker*
ISBN 978-3-642-01684-4 © Springer 2010

> Qualität heißt: Gewöhnliches
> außergewöhnlich gut tun.
>
> (Quelle: unbekannt)

8.1 Einleitung

Die wesentlichen Kunden der Lebensmittelindustrie sind der Einzel- und Großhandel und die Verbraucher.

Jedes Unternehmen kann mittel- und langfristig nur existieren, wenn seine Kunden zufrieden sind.

Kunden sind zufrieden, wenn ihre Erwartungen, die sie an Produkt, Service und Preis stellen, erfüllt werden. Also die bestimmte erwartete Qualität (Leistung) sichergestellt wird.

Trotz aller Bemühungen und Anstrengungen der Anbieter, Qualitätsprodukte auf den Markt zu bringen, kam es in den letzten Jahren immer wieder zu Lebensmittelskandalen.

Sie sind meist Folge von kriminellem oder höchst fahrlässigem Verhalten.

Es seien nur einige genannt:

1999 Dioxin-Skandal in Belgien
2001 Schweinemast-Skandal (illegale Arzneimittel)
2001 Antibiotika in Shrimps
2002 Nitrofen (verbotene Pflanzenschutzmittel) in Bio-Getreide
2002 Blei in Brotgetreide
2002 Nitrofurane (verbotene Pflanzenschutzmittel) in Hähnchenfleisch
2003 fehlendes Vitamin B_1 in Säuglingsmilch aus Deutschland für Israel
2004 Krebserregende Azofarbstoffe in Chili (Sudanrot), Currygewürz (Buttergelb) und Paprikapulver (Pararot)
2005 „Genmais" (nicht zugelassener GMO-Saat-Mais) aus USA in Europa
2006 mehrfach „Gammelfleisch" und „Ekelfleisch" in Deutschland
2007 Dioxine in Dorschleber und Guarmehl
2008 Melamin (Kunstharz-Rohstoff) in Milchprodukten in China
2009 falsch deklarierte Ersatzprodukte wie z. B. bei Schinken- und Käse-Imitaten

Auch vor diesem Hintergrund sind die Gesetzgeber in der Europäischen Gemeinschaft bestrebt, durch ergänzende oder neue Regelungen hinsichtlich der Lebensmittelsicherheit ein hohes Verbraucherschutzniveau zu gewährleisten. Das führte zu neuen Regelungen bei Lebens- und Futtermitteln, bei der Anwendung von gentechnisch veränderten Organismen, bei Lebensmittelhygiene, für Lebensmittel- und Veterinärkontrollen, Nahrungsergänzungsmitteln, zur Allergenkennzeichnung und zu nährwert- und gesundheitsbezogenen Angaben.

Diese Aspekte zu berücksichtigen spielt – neben der Verbraucherzufriedenheit – eine zunehmend wichtige Rolle in der Qualitätssicherung der Lebensmittel. Es ist einleuchtend, dass die einzelnen Glieder der Wertschöpfungskette nicht für sich allein zu sehen sind, sondern, dass eine Kette nur so fest ist, wie ihr schwächstes Glied (z. B. Futtermittelhersteller | Bauer | Schlachthof | Fleischfabrik | Lebensmittelhandel oder Großverpflegungseinrichtungen | Verbraucher). Die Qualitätsanforderungen müssen somit „vom Acker bis zum Teller" berücksichtigt werden.

Damit kommt den Informationen an den Schnittstellen und der Kommunikation von allen diesen Gliedern mit den Veterinär- und Lebensmittelaufsichtsämtern eine immer wichtigere Funktion zu, um die Qualität der Produkte zu gewährleisten.

Die Lebensmittelindustrie kann durch konsequente Anwendung von Qualitätsmanagement unter strenger Berücksichtigung aller gesetzlichen Vorgaben unerwünschte Vorkommnisse weitestgehend vermeiden und ihren Erfolg sichern. Die Verantwortung zur Einhaltung der gesetzlichen Normen und damit für die Lebensmittelsicherheit liegt nämlich in erster Linie bei den Produzenten.

Was ist Qualität?

Die Norm DIN EN ISO 9000:2005 [1] hält eine etwas sperrige bis schwer verständliche Definition bereit: Qualität ist der „Grad, in dem ein Satz inhärenter Merkmale Anforderungen erfüllt".

Etwas verständlicher war die Definition in der Norm DIN EN ISO 8402: 1995 [2]:

Sie erklärte „Qualität" als „Gesamtheit von Merkmalen einer Einheit bezüglich ihrer Eignung, festgelegte und vorausgesetzte Erfordernisse zu erfüllen".

Joseph M. Juran, eine wichtige Person für die Entwicklung des Qualitätsmanagements, definierte „Qualität" kurz und bündig: „Quality is fitness for use" [3].

Von der Qualität, die also Anforderungen erfüllt, ist die Höhe dieser Anforderungen zu unterscheiden. Die Norm DIN EN ISO 9000:2005 [1] bezeichnet diese als „Anspruchsklasse" und definiert sie folgendermaßen: „Kategorie oder Rang, die oder der den verschiedenen Qualitätsanforderungen an Produkte, Prozesse oder Systeme mit demselben funktionellen Gebrauch zugeordnet ist".

Neben der Konformität mit gesetzlichen Regelungen ist Qualität nach dem Management-Trainer und Unternehmensberater A. Oess durch 12 Merkmale gekennzeichnet [4]:

- Gebrauchstauglichkeit (Eignung für den Verwendungszweck)
- Funktionstüchtigkeit (messbare Leistung)
- Zuverlässigkeit (Ausfallrate)
- Anforderungserfüllung (Spezifikationstreue)
- Haltbarkeit (durchschnittliche Lebensdauer)
- Servicefreundlichkeit (Leichtigkeit einer Reparatur)
- Umweltfreundlichkeit (während des Betriebs und bei der Entsorgung)
- Sicherheit (für den Anwender)
- Güte (z. B.: „Spitzenklasse")

- Ausstattung (äußere Merkmale)
- Design (Aussehen)
- Subjektive Qualität (Konsumentenmeinung, Image).

Hier werden bei „Subjektive Qualität" Qualität und Anspruchsklasse als eine Eigenschaft gesehen. Eine entsprechende Differenzierung in zwei eigenständige Merkmale wäre präziser.

Aufgabe des Qualitätsmanagements

Aufgabe des Qualitätsmanagements eines Lebensmittelherstellers ist es unter anderem, sicherzustellen, dass das Unternehmen seinen Kunden (Handelspartnern, Exporteuren, Vertriebsgesellschaften, Produktionsbetrieben, Großverpflegungseinrichtungen, Verbrauchern und anderen) Produkte liefert, die

a. sicher (für den Verzehr geeignet, nicht gesundheitsschädlich) sind,
b. den gesetzlichen Regeln entsprechen und
c. die Bedürfnisse und Erwartungen der Kunden und Verbraucher erfüllen.

8.2
Qualitätsmanagement

Für das Beschreiben von Qualitätsmanagement gibt es verschiedene Konzepte. Drei davon werden im Folgenden vorgestellt. Sie sind nach abnehmendem Detaillierungsgrad angeordnet.

8.2.1
ISO 9000

Das Qualitätsmanagement umfasst nach der Norm DIN EN ISO 9000:2005 [1] „üblicherweise das Festlegen der Qualitäts**politik** und der Qualitäts**ziele**, die Qualitäts**planung**, die Qualitäts**lenkung**, die Qualitäts**sicherung** und die Qualitäts**verbesserung**":

- Politik (Übergeordnete Absichten)
- Ziele (Was will ich konkret erreichen)
- Planung (Womit will ich es erreichen)
- Lenkung (Wie kann ich die Anforderungen erfüllen)
- Sicherung (Wie kann ich Vertrauen erzeugen, dass die Anforderungen erfüllt werden)
- Verbesserung (Wie kann ich die Anforderungen immer sicherer erfüllen).

Diese Einteilung können wir schon für den steinzeitlichen Jäger vor 200 000 Jahren (als Nahrungsmittellieferanten für seine Sippe) voraussetzen, auch wenn es ihm so nicht bewusst war:

- Politik (Übergeordnete Absichten) → Überleben
- Ziele (Was will ich konkret erreichen) → Essen
- Planung (Womit will ich es erreichen) → Ein Tier töten und grillen
- Lenkung (Wie kann ich die Anforderungen erfüllen) → Mit einer Steinaxt
- Sicherung (Wie kann ich Vertrauen erzeugen) → Erfolgreiche Jagd
- Verbesserung (Wie kann ich die Anforderungen immer sicherer erfüllen) → Immer stabilere Axt.

8.2.2
St. Galler Konzept

Das Qualitätsmanagement kann andererseits entsprechend dem St. Galler Konzept in drei Ebenen eingeteilt werden [5]:

1. Normatives Qualitätsmanagement – langfristig wirksames Instrument
2. Strategisches Qualitätsmanagement – mittelfristig wirksam
3. Operatives Qualitätsmanagement – unmittelbar wirksam.

Normatives Qualitätsmanagement
Die generellen Qualitätsziele werden in der Qualitätspolitik (*normativ*) des Unternehmens beschrieben (z. B.: „Wir produzieren und vertreiben Lebensmittel, deren Qualität die Erwartungen der Verbraucher zu angemessenen Preisen erfüllt und somit unseren wirtschaftlichen Erfolg sichert.").

Aus ihr leiten sich die Aufgaben des strategischen Qualitätsmanagements (mittelfristig wirksame Instrumente) ab.

Strategisches Qualitätsmanagement
Ein Lebensmittelunternehmen stützt sich dabei auf folgende Konzepte:

- Organisationsstruktur mit der Zuordnung von Verantwortlichkeiten
- Qualitätsmanagement nach ISO 9000 ff.
- Managementmethoden wie **TQM** (Total Quality Management), **TPM** (Total Production Maintenance, ein von Toyota entwickeltes System um Fehler und damit ungeplante Kosten zu minimieren), **EFQM** (European Foundation for Quality Management)
- Interne Freigabeverfahren für Rohstoffe, Produktionsverfahren u. ä.
- HACCP (Hazard Analysis Critical Control Point), Erläuterungen siehe 8.3.1.

Aus dem strategischen Qualitätsmanagement leitet sich die operative Qualitätsplanung ab und damit das operative Qualitätsmanagement.

Operatives Qualitätsmanagement
Das operative Qualitätsmanagement beschäftigt sich mit den Maßnahmen, die kurzfristig und unmittelbar wirken. Da es in der Praxis in vielen Situationen im Vordergrund steht, wird es hier ausführlicher erörtert.

8.2.3
Aspekte des operativen Qualitätsmanagements

Das operative Qualitätsmanagement kann in vier Aspekte eingeteilt werden: Qualitätsplanung, Qualitätslenkung, Qualitätssicherung und Qualitätsverbesserung.
Dabei sind besonders wichtig:

- Richtige Markteinschätzung
- Gute Lieferanten
- Vorsprung in der Technologie
- Stabile Prozesse
- Kundengerechte Produkte
- Sichere Produkte
- Gesetzeskonforme Produkte
- Richtig ausgebildete Mitarbeiter
- Kompetenter Ansprechpartner für Kunden
- Pünktliche und vollständige Lieferung
- Korrekte Rechnungsstellung
- Sachlich richtige Werbeaussagen
- Richtige Reaktion bei Reklamationen.

Im Folgenden werden die einzelnen Aspekte des operativen Qualitätsmanagements näher beschrieben.

Qualitätsplanung
Basis der Qualitätsplanung ist die Ermittlung der Bedürfnisse und Erwartungen der Kunden und Verbraucher.

Ziel der Qualitätsplanung – auch schon im Innovationsprozess – ist es, alle Prozesse in der Wertschöpfungskette, von der Herstellung bis zur Anlieferung, sicher einzustellen und auszuführen, so dass der Kunde die Produkte spezifikationsgerecht erhält.

In jedem Teilprozess können vorhersehbare Streuungseinflüsse auftreten und zu Qualitätsdefekten führen. Deshalb werden solche Einflüsse auf die Produktqualität schon im Entwicklungsstadium bewertet und berücksichtigt.

Zur Optimierung der Qualitätsplanung dienen entlang der Wertschöpfungskette u. a.:

- Kenntnisse der gesetzlichen Rahmenbedingungen
- Spezifikationen für Produkte, Rohstoffe, Zwischenprodukte und Verpackungen, eingeschlossen deren Überprüfung und Freigabe
- Arbeitsplatzbezogene Schulung der Mitarbeiter
- Detaillierte Festlegung der Herstellprozesse, der eingesetzten Maschinen und technischen Anlagen
- Kenntnis des Zustands des Produktes bei Erreichen des Kunden bzw. Verbrauchers

- Kenntnis der Verwendungsgewohnheiten des Verbrauchers.

Daraus ergeben sich Anforderungen an:

- das Personal,
- die Materialien,
- die Infrastruktur (Gebäude, Prozessausrüstung, Arbeitsplatzumgebung, unterstützende Dienstleistungen),
- den Herstellungsprozess selbst und
- die Distribution.

Nun wird der Herstellungsprozess in Betriebsversuchen validiert.
An die Qualitätsplanung schließt sich die Phase der Qualitätslenkung an.

Qualitätslenkung
Die Qualitätslenkung besteht in der sicheren Umsetzung der geplanten Maßnahmen. Sie beginnt mit der Realisierung der Infrastruktur und der Beschaffung der Rohwaren.
Es folgt die Herstellung entsprechend den geplanten Prozessen.
Zu der Phase der Qualitätslenkung gehören auch:

- Wareneingangsprüfungen,
- Musternahme bei jeder Herstellcharge (für Prüfungen und als Rückstellmuster) und
- in Einzelfällen, bei kritischen Erzeugnissen, die Prüfungen des Endproduktes, um fehlerhafte Einheiten erkennen, sie nachbessern oder aussondern zu können.

Um auf Dauer bei Kunden, Verbrauchern und auch den eigenen Mitarbeitern Vertrauen in die Qualität der Produkte aufzubauen und aufrechtzuerhalten, ist die Qualitätssicherung unumgänglich.

Qualitätssicherung
Aufgabe der Qualitätssicherung ist es, vorbeugend und während der Prozesse systematische Fehlerquellen aufzudecken und rechtzeitig Korrekturmaßnahmen einzuleiten.
Dazu gehören auch das vorbeugende und das tatsächliche Risikomanagement (z. B. HACCP – Hazard Analysis Critical Control Point und FMEA – Failure Mode and Effects Analysis, Fehlermöglichkeits- und Einflussanalyse, siehe 8.3.1), durchgehende Rückverfolgbarkeit und getestete Notfallpläne.
Zur Fehlervermeidung (vorbeugendes Risikomanagement) zählen:

- schriftlich festgelegte Prüfverfahren,
- Maßnahmen zur Rückverfolgbarkeit,
- Lieferantenbewertung,
- Review der Entwicklungsprozesse (fehlertolerante, robuste Produkte),

- statistische Verfahren,
- Frühwarnsysteme und
- Audits.

Die Qualitätssicherung während der Prozesse umfasst alle relevanten Faktoren, einschließlich der jeweiligen Produktionsbedingungen, der Ergebnisse vorgelagerter Kontrollen, der Lieferantenzertifikate und der Übereinstimmung des Produktes inklusive Verpackung mit den Spezifikationen. Diese Bewertung schließt Muster aus allen Stufen der Distribution und des Handels ein.

Reklamationen von Verbrauchern und Handel, Beanstandungen von Behörden, Kritik von Verbraucherverbänden, Informationen über Vorkommnisse in anderen Unternehmen und Ländern und Ähnliches geben den Verantwortlichen äußerst wichtige Hinweise zur Qualitätslage der Produkte.

Der vierte Aspekt des operativen Qualitätsmanagements ist die Qualitätsverbesserung.

Qualitätsverbesserung

Mit Qualitätsverbesserung ist das Streben nach immer höherer Stabilität der Prozesse gemeint.

Es wird hier keine Veränderung des angestrebten Qualitätsniveaus, also der „Anspruchsklasse" (siehe 8.1 „Was ist Qualität") betrachtet.

Die Norm DIN EN ISO 9000:2005 [1] definiert „Qualitätsverbesserung" folgendermaßen: „Teil des Qualitätsmanagements, der auf die Erhöhung der Fähigkeit zur Erfüllung der Qualitätsanforderungen gerichtet ist".

Es gibt zwei verschiedene Verfahren für Qualitätsverbesserungen:

- In die Vergangenheit gerichtete Verfahren

Die Bewertung des *Ist-Zustandes* im Vergleich zum *Soll-Zustand* dient dazu, bei Abweichungen die Systeme zu verbessern. Die Bewertung kann am Produkt oder am Prozess erfolgen, aber auch in Verbrauchertests, den Kontakten des Verbraucherservices oder bei Konformitäts-Verkostungen.

- In die Zukunft gerichtete Verfahren

sind u. a. Verbesserungsvorschläge, qualitätsbezogene Ziele für Führungskräfte, TQM, Qualitätskampagnen und Qualitätswettbewerbe wie EFQM (European Foundation for Quality Management, siehe 8.5.3 „Weitere Entwicklung des Qualitätsmanagements in USA und Europa").

8.2.4
Deming-Kreis

Bildlich kann das operative Qualitätsmanagement auch mit dem Deming-Kreis (PDCA, Plan, Do, Check, Act) dargestellt werden. Er fasst die Teile Planung, Lenkung, Sicherung und Verbesserung aus der Norm ISO 9000:2005 bzw. aus dem

Abb. 8.1. Deming-Kreis, Quelle: Eigene Darstellung

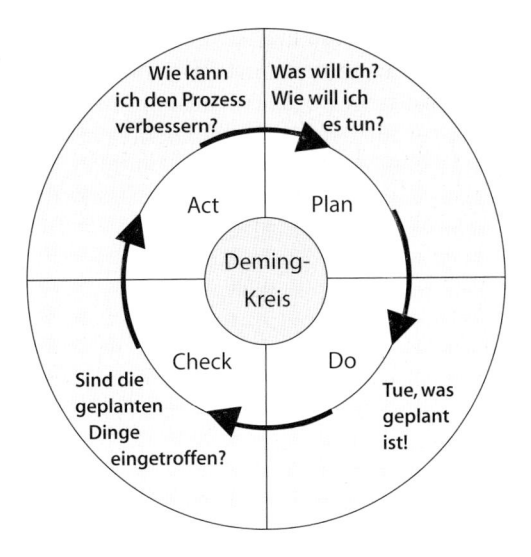

St. Galler Modell zu vier Abschnitten grafisch zusammen und macht deutlich, dass das Durchlaufen des Kreises kontinuierlich fortgesetzt wird.

Diese Aufgaben des Qualitätsmanagements sind Teil der täglichen Arbeit jedes Mitarbeiters und werden somit nicht nur von der Abteilung Qualitätssicherung durchgeführt.

8.3
Werkzeuge des Qualitätsmanagements

Es gibt Werkzeuge, die speziell für das Qualitätsmanagement entwickelt wurden, und andere, wie z. B. Verwiegungen, die der Rezeptureinhaltung sowohl aus qualitativen als auch aus kommerziellen Gründen dienen.

Im Folgenden wird auf einige dieser Werkzeuge näher eingegangen.

Voraussetzungen
Einige dieser Instrumente (HACCP, PRPs, Spezifikationen und Zertifikate) sind wesentliche Voraussetzungen von weiteren Aktivitäten.

8.3.1
HACCP und PRP

Allgemein
HACCP ist eine Abkürzung für „Hazard Analysis Critical Control Point". Die entsprechende deutsche Übersetzung heißt „Risiko-Analyse und Beherrschung kritischer Prozessschritte".

Anmerkung: Das englische Wort „to control" heißt „beherrschen, steuern, lenken". Dem deutschen Wort „kontrollieren" entspricht im Englischen „to inspect".

Das Konzept wurde Anfang der 70er Jahre des vorigen Jahrhunderts von der NASA für die bemannte Raumfahrt entwickelt, um die Sicherheit der Lebensmittel für die Astronauten sicherzustellen.

Das HACCP-System wurde aus der FMEA-Methodik abgeleitet und speziell für Lebensmittel ausgearbeitet.

FMEA wurde Mitte der 60er Jahre des vorigen Jahrhunderts von der NASA für das Apollo-Projekt erarbeitet. Es fand zunächst in der Luft- und Raumfahrt sowie in der Kerntechnik Verwendung und bald darauf in der Automobilindustrie. Bei FMEA werden systematisch mögliche Fehlerquellen, die Wahrscheinlichkeit des Auftretens des Fehlers und die Auswirkung des Fehlers beurteilt. Des Weiteren werden die Entdeckungswahrscheinlichkeit und die notwendigen Maßnahmen nach Auftreten eines Fehlers festgehalten.

HACCP beschäftigt sich nur mit gesundheitsschädlichen Fehlern. Üblich ist noch die so genannte „erweiterte HACCP", die sich zusätzlich den übrigen Risiken für die Qualität des Produktes widmet.

Verordnung über Lebensmittelhygiene
Die Anwendung des HACCP-Konzepts wird in der VO (EG) Nr. 852/2004 über Lebensmittelhygiene (LMH-VO-852) in Artikel 5 „Gefahrenanalyse und kritische Kontrollpunkte" gefordert.

Definitionen von Gefahr und Risiko
Die VO (EG) Nr. 178/2002 zur Festlegung der allgemeinen Grundsätze und Anforderungen des Lebensmittelrechts definiert [Basis-VO, Art. 3] Gefahr und Risiko folgendermaßen:

„Gefahr ist ein biologisches, chemisches oder physikalisches Agens in einem Lebensmittel oder Futtermittel oder ein Zustand eines Lebensmittels oder Futtermittels, der eine Gesundheitsbeeinträchtigung verursachen kann."

„Risiko ist eine Funktion der Wahrscheinlichkeit einer die Gesundheit beeinträchtigenden Wirkung und der Schwere dieser Wirkung als Folge der Realisierung einer Gefahr."

Anfertigung der Studie
Die HACCP-Studie wird von einem Team aus erfahrenen Mitarbeitern (meist Qualitätssicherung, Produktion und Technik) durchgeführt und dokumentiert. Dabei geht man an Hand eines Fließdiagrammes den jeweiligen Prozess durch und stellt bei jedem Schritt die Frage, ob an dieser Stelle eine Gefahr durch das betrachtete Lebensmittel für den Verbraucher entstehen kann. Die Studie geht über den Herstellungsprozess hinaus und zieht auch die zu erwartenden Distributionsbedingungen, Zubereitung des Lebensmittels beim Verbraucher und Risiko-Gruppen wie Kinder, kranke und ältere Menschen in Betracht.

Wird die Frage nach dem Risiko mit „Ja" beantwortet, wird festgelegt, mit welchen Lenkungsmaßnahmen entweder die Gefahr und/oder die Wahrscheinlichkeit ihres Eintretens auf ein akzeptables Maß gesenkt werden können. Man erhält die kritischen Prozessschritte (CCPs – Critical Control Points).

Ist eine wirksame Maßnahme gefunden, werden für die Parameter an diesem Prozessschritt Grenzwerte und ihre Überwachung festgelegt, die zeigen, ob er „unter Kontrolle" ist. Die Effektivität der Maßnahme wird somit überprüft. Zusätzlich werden Schritte für den Fall vorgesehen, dass der Grenzwert verletzt wird.

Findet sich keine wirksame Maßnahme, wird das Lebensmittel so nicht hergestellt.

Bei Änderungen an den Anlagen, an der Rezeptur oder an den Herstellbedingungen wird geprüft, ob dies Auswirkungen auf das HACCP-System hat.

Zusätzlich werden HACCP-Studien jährlich auf ihre Aktualität überprüft.

Werden bei jedem Prozessschritt neben dem Risiko einer Gesundheitsgefahr in gleicher Weise die Risiken für andere Qualitätsparameter beurteilt, erhält man zusätzlich die QCPs (Quality Control Points).

PRP

Von HACCP zu unterscheiden sind die PRPs (Prerequisite Programmes – Vorsorgeprogramme). Zu ihnen gehören Instrumente wie Hygiene und Reinigung. PRPs sind von Einzelprozessen unabhängige Maßnahmen, die die Wahrscheinlichkeit des Auftretens einer Gefahr reduzieren und eine Voraussetzung für die einzelprozessorientierte HACCP bilden.

Ob z. B. die Reinigung einer Eiskrem-Produktionsanlage nach der Herstellung von Nusseis zu HACCP zählt (Nüsse sind Allergene und somit eine Gesundheitsgefahr) oder zu den PRPs gerechnet wird, hängt von der Betrachtung ab. Die generelle Reinigung der Anlage vor jedem Sortenwechsel zählte zu den PRPs, die spezielle Reinigung nach der Produktion von Nusseis würde zu HACCP gezählt.

Eindeutig den PRPs zuzuordnen ist die Schädlingsbekämpfung. Ein professionelles Konzept dient dazu, diese „ungebetenen Gäste" aus den Produktions- und Lagerräumen fernzuhalten.

Am Beispiel Rohmilch kann HACCP verdeutlicht werden.

Fallbeispiel 8.1: Rohmilch und HACCP

Kuhmilch mit Salmonellen ist ein Risiko für die Gesundheit des Verbrauchers. Durch Pasteurisieren kann die Molkerei die Sicherheit des Produktes erhöhen.

Das Pasteurisieren ist ein kritischer Kontrollpunkt (CCP).

Die Beherrschungsmaßnahme ist das Erhitzen der Milch z. B. auf mindestens 73,7 °C für den Zeitraum von minimal 15 Sekunden mit anschließender, schnellstmöglicher Kühlung auf unter 5 °C. Minimal 15 Sekunden entsprechen einer bestimmten, maximalen Durchflussgeschwindigkeit der Milch im Pasteur.

Die Temperatur und die Durchflussgeschwindigkeit der Milch werden gemessen und aufgezeichnet.

Werden die Grenzwerte nicht eingehalten, wird automatisch Alarm ausgelöst. Die entsprechende Charge wird gesperrt, die Aufzeichnungen werden ausgewertet und Maßnahmen zur Fehlerbehebung festgelegt. Gegebenenfalls wird die Lenkungsmaßnahme selbst modifiziert. Die Aufzeichnungen und die Maßnahmen werden archiviert.

Die Wirksamkeit der Beherrschungsmaßnahme wird durch mikrobiologische Analysen verifiziert.

8.3.2
Spezifikationen und Zertifikate

Die Norm DIN EN ISO 9000:2005 [1] definiert **Spezifikation** als ein „Dokument, das Anforderungen festlegt".

Spezifikationen werden im Lebensmittelsektor erstellt für Rohstoffe, Verpackungsmaterialien, Halbfabrikate und Fertigwaren. Sie enthalten die sensorischen, chemischen, physikalischen und mikrobiologischen Anforderungen an den spezifizierten Stoff. Bei messbaren Größen sind die Soll- und Grenzwerte angegeben. Lebensmittelrechtliche Angaben und die Freiheit oder Deklaration von potentiell allergenen Zutaten werden ebenfalls berücksichtigt. In den Spezifikationen sind auch die Abmessungen, Gewichte, Lagerbedingungen und die Mindesthaltbarkeit festgelegt.

In **Zertifikaten** bestätigt der Lieferant bestimmte Eigenschaften des Produktes (z. B. Freiheit von gentechnisch veränderten Organismen). Bestehen Zweifel an der Glaubwürdigkeit, weil man den Aussteller und die Seriosität des Zertifikates nicht kennt, kann man von dem Lieferanten verlangen, dass er das Zertifikat von einem weltweit tätigen Unternehmen ausstellen lässt, das man entweder selbst kennt oder das für den betreffenden Anwendungsbereich in Deutschland durch den Deutschen Akkreditierungsrat (DAR) akkreditiert ist.

8.3.3
Vorgaben/Anweisungen

Unter Vorgaben und Anweisungen versteht man spezifische Bestimmungen zur Prozessdurchführung.

Rezeptur (Stückliste)

In den Rezepturen sind die einzelnen Komponenten mit ihren Mengen und erlaubten Toleranzen aufgeführt.

Herstellvorschrift

In den Herstellvorschriften sind die Behandlung der einzelnen Komponenten, die Reihenfolge ihrer Zugabe, der Ablauf und die Abfolge der einzelnen Prozessschritte bis zum Verpacken in die Primärverpackung festgelegt.

Verpackungsvorschrift

In diesen Anweisungen sind die Art und Weise der Verpackung von Primär- in Sekundärverpackungen bis zur Palettierung und der Stapelung von Paletten geregelt. Die Paletten werden mit Etiketten versehen. Ein Industriestandard dafür ist das EAN 128-Etikett, das unter anderem die Nummer der Versandeinheit (ist meist die Palette), die Artikelnummer und -bezeichnung, das Mindesthaltbarkeitsdatum und die Chargennummer enthält.

Kennzeichnung zur Identifikation

Soweit ansonsten Verwechslungsgefahr bestünde, werden Rohstoffe und Halbfabrikate so gekennzeichnet, dass ihre Identität klar ist.

Lager-/Versandbedingungen

Zu den Lager- und Versandbedingungen gehören neben Vorschriften für die Temperaturführung auch Verbote von gemeinsamer Lagerung oder Transport mit Chemikalien, stark riechenden Produkten u. ä.

Lager und Transportmittel müssen sauber, trocken, gut zu reinigen und frei von Ungeziefer sein.

Ladehilfsmittel (wie Zwischenplatten, Stangen, Gurte) und Paletten müssen trocken, sauber und unversehrt sein.

Flurförderfahrzeuge in Gebäuden dürfen nicht mit Verbrennungsmotoren betrieben sein.

In Fahrzeugen muss ein Temperaturschreiber fest installiert sein. Die ungehinderte Luftzirkulation rund um die Ladung muss sichergestellt werden.

Die Hygieneregeln für Lager- und Fahrpersonal müssen festgelegt sein.

8.3.4 Prüfungen

Prüfungen dienen verschiedenen Zwecken. Die Dokumentation der Prüfergebnisse dient dem Nachweis der Prüfung selbst sowie der Konformität des Produktes mit den Anforderungen.

Freigabeuntersuchung/Monitoring-Prüfungen

Die Analyse chemischer, physikalischer und mikrobiologischer Werte sowie sensorische Prüfungen durch geschulte und nachweislich dafür kompetente Mitarbeiter dienen der Kontrolle, ob das betreffende Produkt der Spezifikation entspricht.

Diese Nachweise können dazu dienen, zu entscheiden, ob ein Rohstoff oder Halbfabrikat verarbeitet oder ein Fertigprodukt ausgeliefert wird (**Freigabeuntersuchung**).

Monitoring-Untersuchungen dienen nicht der Entscheidung über Freigabe oder Sperrung von Produkten. Monitoring ist eine begleitende Produktkontrolle, um einen Überblick über die Qualitätslage zu erhalten. Es sind stichprobenartige Untersuchungen, die folgenden Zwecken dienen:

- Produktkontrollen für statistisches Material zur Beantwortung von Rückfragen von Behörden, Verbrauchern und Kunden;
- Material für Trendanalysen (z. B. für Lieferantenbewertung);
- Absicherung der Prozesskontrollen durch Parallel-Untersuchungen im Labor, teils mit den amtlichen Analysenmethoden.

Wiegeprotokolle

Wiegeprotokolle werden automatisch oder manuell erstellt, damit die Einhaltung der Rezepturen nachvollzogen werden kann.

8.3.5
Weitere rechtliche Vorgaben

Neben den freiwilligen gibt es auch gesetzliche geforderte Angaben zum Produkt. Unter diesen sind die folgenden für das Qualitätsmanagement von besonderer Bedeutung.

Loskennzeichnung

Diese Kennzeichnung ist durch die Los-Kennzeichnungs-Verordnung (LKV) vorgeschrieben.

Das Los ist in dieser Verordnung (§ 1 (2)) folgendermaßen definiert:

„Ein Los ist die Gesamtheit von Verkaufseinheiten eines Lebensmittels, das unter praktisch gleichen Bedingungen erzeugt, hergestellt oder verpackt wurde. Das Los wird vom Erzeuger, Hersteller, Verpacker oder ersten im Inland niedergelassenen Verkäufer des betreffenden Lebensmittels festgelegt."

Interessant ist in diesem Zusammenhang der Unterschied zu dem Begriff „Charge", den die DGQ folgendermaßen formuliert [6]: „Das Los umfasst nicht notwendigerweise die gesamte Menge des Produkts, die unter einheitlichen Bedingungen entstanden ist – diese gesamte Menge wird in manchen Branchen auch Charge oder Partie genannt. Ein Los kann also einen kleineren, nie aber einen größeren Umfang haben als eine Charge."

Da die Loskennzeichnung dazu dient, im Fall einer Reklamation oder Beanstandung den Grund an Hand von Produktionsaufzeichnungen, verwendeten Rohstoffen, Rückhaltemustern u. ä. zu suchen, ist es sinnvoll den Umfang eines Loses auch bei gleich bleibenden Produktionsbedingungen nicht über den Zeitraum, von 24 Stunden hinaus auszudehnen.

Mindesthaltbarkeitsdatum

Die Lebensmittel-Kennzeichnungsverordnung (§ 7 LMKV) fordert eine entsprechende Angabe. Sie definiert das Mindesthaltbarkeitsdatum folgendermaßen:

„Das Mindesthaltbarkeitsdatum eines Lebensmittels ist das Datum, bis zu dem dieses Lebensmittel unter angemessenen Aufbewahrungsbedingungen seine spezifischen Eigenschaften behält."

Zu den Aufbewahrungsbedingungen gehören Verpackungs-, Lager- und Transportbedingungen, Lagertemperatur und gegebenenfalls Schutz vor Licht.

In § 7a LMKV ist für leicht verderbliche Lebensmittel die Angabe des Verbrauchsdatums gefordert.

Rückverfolgbarkeit

Durch ein geeignetes Lagerverwaltungssystem und die elektronische (Barcode-Scanner) Erfassung der Daten auf den Palettenetiketten bei jedem Ein- und Auslagerungsvorgang und beim Kommissionieren, lässt sich die Ware chargengenau vom Ausgang aus der Fabrik bis zum Abliefern an den Kunden verfolgen. Diese Daten werden über das Mindesthaltbarkeitsdatum des jeweiligen Loses hinaus aufbewahrt.

Sollte trotz des Qualitätsmanagements eine Partie zurückgeholt werden müssen, lassen sich die Empfänger durch das Lagerverwaltungssystem schnell und eindeutig identifizieren.

Über die (elektronischen) Aufzeichnungen der Chargenkennzeichnung und des Warenflusses der Halbfabrikate und Rohstoffe in der Fabrik bis zu den von den Rohstofflieferanten verwendeten Loskennzeichnungen kann festgestellt werden, welche Rohstoffe für eine bestimmte Fertigproduktcharge eingesetzt wurden. Durch diese innerbetrieblichen Maßnahmen geht die Informationssicherheit über die durch die VO (EG) Nr. 178/2002 (Basis-VO, Artikel 18) geforderte Rückverfolgbarkeit hinaus.

Die Verordnung fordert nur, dass die Unternehmen dokumentieren müssen, von wem sie eine bestimmte Charge eines Rohstoffes erhalten haben und an welches Unternehmen sie eine bestimmte Charge geliefert haben. Sie fordert keine innerbetriebliche Rückverfolgbarkeit.

8.3.6
Normen/Zertifizierungen

ISO 9000

Von 1980 bis 1987 entwickelte ein Technisches Komitee (TC 176) bei und im Auftrag der „International Organisation for Standardization" (ISO) in Genf die Normenreihe ISO 9000 ff. zu Qualitäts**sicherungs**systemen. Diese internationalen Standards wurden auch als Europäische (EN 29000 bis 29004) und Deutsche Normen (DIN ISO 9000 bis 9004) übernommen.

Im August 1994 erschien die erste Revision der Normenreihe mit dem Oberbegriff Qualitäts**management**systeme.

Im Dezember 2000 wurde die zweite Revision herausgegeben. Sie vereinfachte das Regelwerk, das jetzt nur noch drei Normen enthält (ISO 9000, 9001 und 9004), und betonte Prozess- und Kundenorientierung sowie die Verpflichtung zur ständigen Verbesserung.

Bei der ISO 9000 erfolgte 2005 eine „kleine" Revision mit Aktualisierung einiger Begriffe.

Die ISO 9001 wurde im Dezember 2008 neu herausgegeben, jedoch ohne neue Forderungen aufzunehmen. Es wurde einige Passagen präzisiert.

Für die ISO 9004 wird eine Revision im Jahr 2009 erwartet.

Die Normen sollten die vielfachen länder- und branchenspezifischen Regelwerke zur Qualitätssicherung ablösen und durch einen branchenunabhängigen, internationalen Standard ersetzen.

Ein Unternehmen kann sich die Einhaltung der Norm durch eine unabhängige Organisation bestätigen lassen. Dazu führt diese Organisation ein Audit durch und bestätigt die Einhaltung der Norm durch ein Zertifikat.

Um die internationale Anerkennung eines solchen Zertifikates zu erreichen, lässt sich die Zertifizierungsorganisation entsprechend den Regeln des „International Accreditation Forum" (IAF) akkreditieren. Das IAF ist ein Zusammenschluss von Organisationen, deren Aufgabe die Kompetenzbewertung von Zertifizierungsstellen ist. In Deutschland werden die Bewertung und Akkreditierung der Zertifizierungsstellen, wie DQS, TÜV-Cert etc., meistens vom „Deutschen Akkreditierungsrat" (DAR) durchgeführt.

Die Lebensmittelindustrie erkannte den Nutzen eines normenkonformen Qualitätssicherungssystems relativ spät. Vorreiter waren andere Branchen. Dies zeigt auch die folgende Tabelle über die Verteilung der ISO-9000-Zertifikate in Deutschland im März 1995: Von den 5 115 verarbeitenden Betrieben im Bereich Ernährungsgewerbe und Tabakerzeugnisse waren nur 5,6% zertifiziert (lt. Statistischem Bundesamt).

Wie die Situation heute aussieht, lässt sich nicht sagen, da nach Branchen aufgeschlüsselte Statistiken nicht mehr veröffentlicht werden. Da aber die Gesamtzahl an Zertifikaten bis Dezember 2006 auf 46 458 (ISO Survey 2006 [8]), also seit März 1995 um den Faktor 9 gewachsen ist, kann man auch im Lebensmittelbereich von einer deutlichen Zunahme ausgehen. In der von ISO für März 1995 genannten Zahl (5 875) [9] sind gegenüber der Zahl in der obigen Tabelle (5 875) nicht nur verarbeitende Betriebe, sondern auch Dienstleister enthalten.

Die EG-Richtlinie über Lebensmittelhygiene von 1993 empfahl die Anwendung der Normenreihe EN 29000 ff.

BRC und IFS

Die Norm sollte es Unternehmen ersparen, in mehreren, kundenspezifischen Prüfungen und Audits beurteilt zu werden. Dennoch entstanden in den letzten Jahren im Lebensmitteleinzelhandel kundenspezifische Regelwerke, da die Belange der Lebensmittelsicherheit durch ISO 9000 ff. zu wenig berücksichtigt

Tabelle 8.1.

Branche	Anz. Betriebe*	zertifiziert	%
Chemie, Pharmazie	1 950	544	27,9
Elektro, EDV, Optik	6 473	1 305	20,2
Fahrzeugbau	1 855	315	17,0
Papier	1 299	217	16,7
Sekundärrohstoffe	139	20	14,4
Maschinenbau	7 902	1 076	13,6
Metall, -erzeugnisse	9 369	1 047	11,2
Sonstige Produkte	3 034	301	9,9
Raffinerien, Kokerei	104	6	5,8
Lebensmittel, Tabak	5 115	284	5,6
Textilien	2 876	71	2,5
Druckereien, Verlage	3 110	56	1,8
Leder	430	5	1,2
Glas, Minerale	3 908	31	0,8
Gummi, Kunststoff	3 684	14	0,4
Summe	51 248	5 292	10,3*

* Durchschnitt

sind. Die Norm ISO 9000 ff. überlässt es dem Unternehmen, die Anforderungen an die Qualität selbst festzulegen. Die Standards des Lebensmitteleinzelhandels umfassen Forderungen von ISO 9000, Good Manufacturing Practice und HACCP. Sie gehen – im Gegensatz zu ISO 9000 – auf die spezifischen Faktoren für die Lebensmittelsicherheit ein.

Der „British Retail Consortium Global Standard – Food" (**BRC**) ist ein Standard des britischen Lebensmitteleinzelhandels.

Der „International Food Standard" (**IFS**) ist ein Standard des deutschen, französischen und italienischen Lebensmitteleinzelhandels. Er wurde ursprünglich (2003) entwickelt, um die Qualität und die Sicherheit der Produkte der Marken des Lebensmittelhandels bei den Herstellern sicherzustellen, da bei diesen Eigenmarken der Handel selbst in der Produkthaftung steht. Der IFS hat schnell an Bedeutung gewonnen. Auch Handelsunternehmen selbst lassen sich schon nach ihm auditieren und zertifizieren. Er ist natürlich nicht nur für Handelsmarken, sondern für alle Lebensmittel verwendbar.

Seit 2006 gibt es eine zweites Regelwerk, den „IFS Logistic". Er findet bei Firmen Anwendung, die Lagerung und Transport für den Handel anbieten.

IFS und BRC umfassen die Themen Qualitätsmanagementsystem, HACCP, Infrastruktur, Arbeitsbedingungen, Einrichtungsstandards des Unternehmens, Produktbeherrschung, Beherrschung der Produktionsprozesse und Personalqualifikation, Messungen, Analysen und Verbesserungen.

ISO 22000

Ob IFS und BRC durch die Norm ISO 22000 „Managementsysteme für die Lebensmittelsicherheit – Anforderungen an Organisationen in der Lebensmittelkette", die 2005 herauskam, abgelöst werden, bleibt vorerst dahingestellt

8.4 Ein Beispiel zum Qualitätsmanagement in der Lebensmittelindustrie

An einem Beispiel aus der Realität (Salami) wird das Qualitätsmanagement in der Lebensmittelindustrie skizziert.

8.4.1 Qualitätsmanagement vor der Produktion

Bevor eine erfolgreiche Produktion beginnen kann, ist eine Vielzahl von Aktivitäten im Qualitätsmanagement notwendig.

Forderungen und Erwartungen der Kunden und Verbraucher
Bei einer Verbraucherbefragung durch ein Marktforschungsinstitut im Auftrag eines Lebensmittelunternehmens wurde festgestellt, dass zu dem Portfolio einer bekannten Marke eine Salami mediterraner Art gut passen würde.

Übersetzung der Marktforschungsergebnisse in ein Briefing
Die Marketingabteilung des Unternehmens verschafft sich einen Überblick über das Angebot an mediterranen Salamis im In- und Ausland und formuliert die Zielvorstellungen für das neue Produkt.

Kenntnis der relevanten Vorschriften
Die relevanten Verordnungen, Gesetze und Standards definieren u. a. den Rahmen, in dem sich das geplante Produkt und seine Herstellung befinden müssen.
   Zu diesen Standards gehören z. B. der **Codex alimentarius** der UN, die Regeln des **GMP** (Good Manufacturing Practice, Gute Herstellungspraxis) der FDA (Food and Drug Administration, USA), das **Deutsche Lebensmittelbuch** des BMELV, **Empfehlungen und Richtlinien** der Sachverständigen des BLL, der DGE (Deutsche Gesellschaft für Ernährung) und der WHO (World Health Organization) sowie **Normen** zur Lebensmittelhygiene.
   Die Entwicklungsabteilung ist dafür verantwortlich, dass alle für eine mediterrane Salami zutreffenden Regularien vorab bekannt sind, um teuere Fehlentwicklungen und Zeitverluste zu vermeiden.

Übersetzung des Marketingbriefings in ein „technisches Briefing"
Die Entwicklungsabteilung formuliert die wichtigsten technischen Parameter für das neue Produkt, wie Form, Grad der Austrocknung, Größe der Körnung usw.

Entwicklung

Es folgt die eigentliche Entwicklung mit ersten Handmustern, Auswahl des Prototyps in Abstimmung mit Marketing und ggf. Verbrauchertests.

Die Größenordnung der Herstellkosten wird in einer orientierenden Kalkulation ermittelt.

Zubereitungshinweise und andere küchentechnische Eigenschaften werden analysiert. Es wird entschieden, ob für das neue Produkt ein vorhandenes Verpackungskonzept verwendet wird oder ob ein neuer Verpackungstypus entwickelt wird. Die Verpackung dient dem Schutz des Produktes bei Lagerung und Transport und trägt viele wichtige Informationen. Sie genügt den ökologischen Ansprüchen.

Design HACCP

In einer Design-HACCP-Studie, werden die anlagenunabhängigen CCPs (so genannte „DCCPs", Design Critical Control Points) ermittelt, z. B. pH-Wert-Verlauf bei der Wurst-Reifung und minimale Konzentration an Nitrit-Pökelsalz.

Robustes Design

Der Herstellprozess wird so ausgelegt, dass bekannte, zu erwartende Schwankungen (z. B. Temperatur-, Luftfeuchtigkeits- und Rauchkonzentrationsunterschiede in den Räucherkammern) nicht zu ungleichmäßigen Produkten führen werden.

Haltbarkeitstests und Transportversuche werden durchgeführt.

Entscheidung

Ist die Entwicklung genügend fortgeschritten, um die Chancen des neuen Produktes beurteilen zu können, entscheidet die Geschäftsleitung über die Markteinführung.

Betriebsversuche

Gegen Ende der Entwicklung werden mehrere Versuchsproduktionen auf Fabrik-Anlagen durchgeführt.

Freigabe

Sind bei mehreren (z. B. drei) Betriebsversuchen unter gleichen Bedingungen auch gleiche Produkte entstanden, wird an Hand von Checklisten noch einmal überprüft, ob kein wichtiger Aspekt übersehen wurde.

Diese Aspekte sind:

- Art, Vorbehandlung und Spezifikation der Rohstoffe
- Schriftliche Festlegung und Absicherung aller einzelnen Prozessschritte
- Effektivität der haltbarkeitssichernden Prozessschritte
- Mikrobiologische und technologische Funktionalität der Verpackung
- Spezifikationen von Primär- über Sekundärverpackung bis zur Palettierung

- Spezifikation von Zwischenprodukten
- Spezifikation der Fertigwaren
- Sind Transportversuche durchgeführt worden?
- Sind alle Prüfpläne (Material, Methode (Chemie, Physik, Mikrobiologie, Sensorik), Frequenz, Monitoring- und Freigabe-Untersuchungen) durch die Qualitätssicherung aufgestellt?
- Werden alle unternehmensinternen Standards eingehalten?
- Besteht eine operative (d. h. auf die Fabrikanlage(n) bezogene) HACCP-Studie?
- Sind alle umwelt- und arbeitssicherheitsrelevanten Gegebenheiten berücksichtigt?
- Ist die endgültige Kalkulation erstellt?
- Sind die Stammdaten eingepflegt?
- Sind alle Informationen auf den Verpackungen zutreffend, gesetzeskonform, vollständig und technologisch richtig?
  - Design
  - Aufmachung
  - Abbildungen
  - Verkehrsbezeichnung
  - Produktbeschreibung
  - Werbe-Aussagen
  - gesundheitsbezogene Angaben
  - qualitätsbezogene Auslobung bestimmter Produkteigenschaften, wie z. B. Spitzenqualität
  - Nährwertangaben
  - Zutatenliste
  - ggf. Genusstauglichkeitskennzeichen
  - MHD (Mindesthaltbarkeitsdatum, ggf. mit Kühl-Hinweis)
  - Schriftgröße bei Mengenangaben
  - Richtigkeit der Artikelnummer
  - Übertragung in den EAN- und Bar-Code und dessen Lesbarkeit
  - Grüner Punkt
  - Einhaltung von definierten Druckzonen z. B. farbfreie Felder
  - Abmessungen
  - Steuermarkenposition und -größe
  - Hersteller
  - Richtigkeit von Telefonnummern u. Postanschrift.

Ist die Checkliste zufrieden stellend abgearbeitet, wird das Produkt schriftlich durch die Abteilungen Marketing, Verkauf, Entwicklung, Qualitätssicherung und Produktion zur Produktion freigegeben.

Handelsmuster
Der Verkauf stellt Muster aus dem letzten Betriebsversuch den Einkäufern des Handels vor, um erste Listungen zu erreichen. („Listung" bedeutet, dass der

entsprechende Handelspartner die mediterrane Salami in sein Sortiment aufnimmt.)

Beschaffung
Die neue mediterrane Salami kann produziert werden, wenn die Abteilung Beschaffung vom Lieferanten unterschriebene Spezifikationen für die Rohstoffe vorweisen kann und das Qualitätsmanagementsystem des Lieferanten (ggf. durch Audits) als gut beurteilt worden ist.

Krisenfall-Management
Das vorbeugende System des Krisenfall-Managements, das unter der Federführung der Qualitätssicherung entwickelt wurde, muss wegen des neuen Produktes nicht geändert werden, ebenso nicht wie die Systeme der

Lenkung von Überwachungs- und Messmitteln
durch die Instandhaltungund der

Reklamationsbearbeitung und Beratung
durch das Verbraucherservice-Center.

Mitarbeiter und Anlagen
Werden für die Produktion der mediterranen Salami keine neuen Mitarbeiter und Anlagen benötigt, kann davon ausgegangen werden, dass die bestehenden Verhältnisse bezüglich

- Anlagendesign
- Anlagenbedienung
- Arbeitsplatzumgebung
- Schleusen zwischen Produktion und Freiflächen
- Zugangsberechtigungen
- Hygienekleidung
- Reinigungsvorschriften

geeignet sind, um Qualität zu erzeugen.

Schulung
Die Mitarbeiter werden geschult, um die neuen Rohstoffe richtig verarbeiten zu können, sie sind entsprechend dem Infektionsschutzgesetz belehrt, in Hygiene geschult und über neue CCPs und QCPs informiert.

8.4.2
Qualitätsmanagement während und nach der Produktion

Im Folgenden werden an Hand eines Fließdiagrammes und einer Matrix die Werkzeuge des Qualitätsmanagements an Beispielen erläutert.

Die Nummern in der Matrix entsprechen denen der Prozessschritte im Fließdiagramm. Die Kreuzchen in der Matrix kennzeichnen die Anwendung des jeweiligen QM-Werkzeugs in dem betreffenden Schritt. Einige der „Kreuzchen" werden erläutert.

Schritt 6 ist ein **QCP**.
Eine Verwechslung von Schweine- und Rindfleisch würde zu einem genussfähigen, aber nicht spezifikationsgemäßen Produkt führen. Die Zutatenliste wäre falsch, Konsistenz und Geschmack abweichend.

In Schritt 7 spielt die **Spezifikation** eine Rolle.
Die gelieferten Starterkulturen müssen genau spezifiziert sein, damit der Lieferant die richtige Mischung liefern, das Labor die vorgeschriebene Eingangsuntersuchungen durchführen kann und die Wurst die mikrobiologischen und geschmacklichen Erwartungen erfüllt.

In Schritt 9 spielt die **Rezeptur** eine Rolle.
Die Menge und Konzentration der Starterkulturen in der Lösung müssen die festgelegten Werte haben, damit ihre homogene und wirksame Verteilung in dem Wurstbrät gelingt.

Schritt 9 **Monitoring-Untersuchungen**.
Die Vergangenheit hat gezeigt, dass es bei der Zubereitung der Lösung der Starterkulturen wenig Fehler gibt. Die Ergebnisse der Untersuchung einer Lösung pro Woche erzeugt Vertrauen in die Sorgfalt der entsprechenden Mitarbeiter und in die Entscheidung, nicht öfter zu untersuchen.

In Schritt 12 muss die **Herstellvorschrift** beachtet werden.
Die Gewürze, Salze und übrigen Ingredienzien müssen in den richtigen Behältern zusammengewogen werden, damit sie am Kutter in der richtigen Reihenfolge zugegeben werden können.

Schritt 12 **Kennzeichnung**.
Die Behälter mit den zusammengewogenen Ingredienzien müssen richtig beschriftet sein, damit es bei dem Zubereiten des Wurstbrätes nicht zu Verwechslungen kommt.

Schritt 19 ist ein **CCP**.
Um ein Wachstum unerwünschter Mikroorganismen zu verhindern, ist es wichtig, dass sich die zugesetzten Starterkulturen (z. B. bestimmte Milchsäurebakterien) schnell genug vermehren. Dieser Vorgang wird durch den Verlauf der anfänglichen pH-Wert-Absenkung der Rohwurst verfolgt.
Zeigt die Messung, dass der Verlauf nicht der festgelegten pH-Wert/Zeit-Kurve gefolgt ist, werden folgende Korrekturmaßnahmen eingeleitet:
Die Partie wird gesperrt und verbleibt in ihrer Räucher-/Reifekammer. Die zusätzliche mikrobiologische Untersuchung auf pathogene Keime zeigt, ob die Rohwurst unbedenklich ist oder vernichtet werden muss.

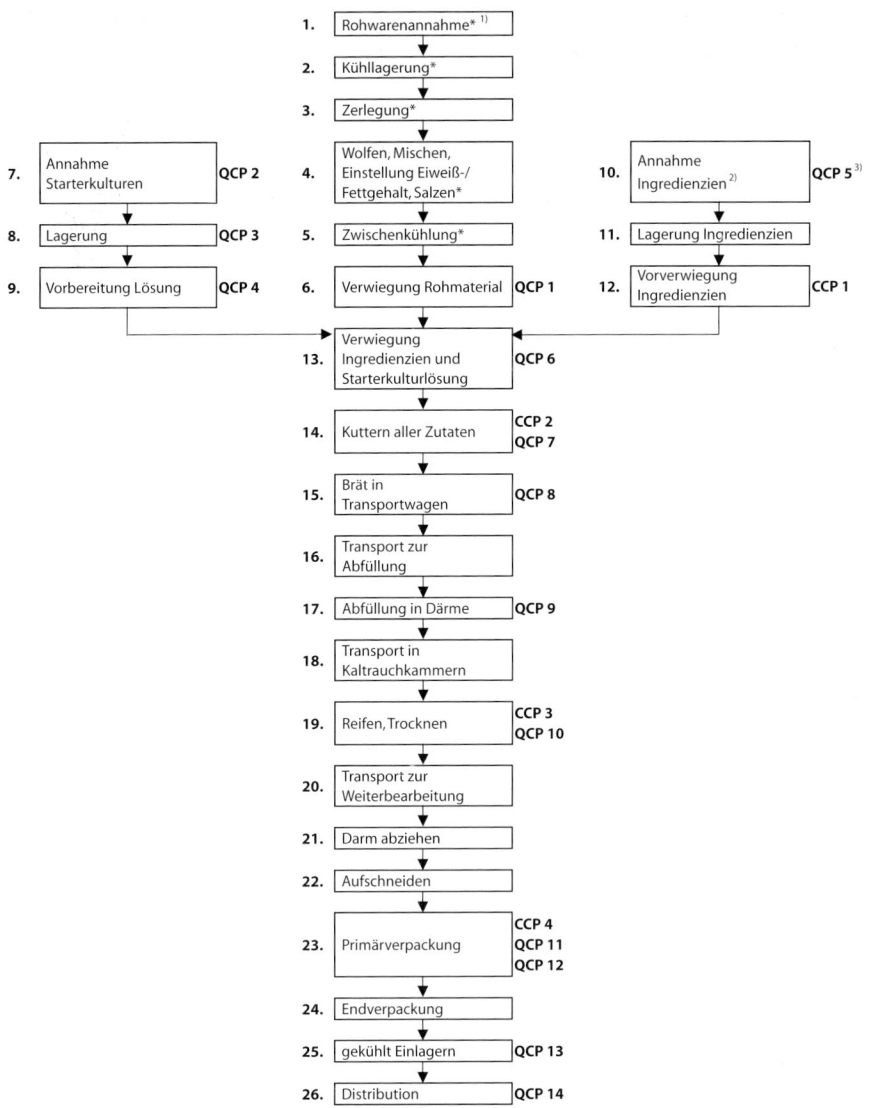

8 Qualitätsmanagement in der Lebensmittelindustrie

Fließdiagramm Salami-Aufschnitt-Herstellung

Nr.	Schritt	QCP/CCP
1.	Rohwarenannahme* [1]	
2.	Kühllagerung*	
3.	Zerlegung*	
4.	Wolfen, Mischen, Einstellung Eiweiß-/Fettgehalt, Salzen*	
5.	Zwischenkühlung*	
6.	Verwiegung Rohmaterial	QCP 1
7.	Annahme Starterkulturen	QCP 2
8.	Lagerung	QCP 3
9.	Vorbereitung Lösung	QCP 4
10.	Annahme Ingredienzien [2]	QCP 5 [3]
11.	Lagerung Ingredienzien	
12.	Vorverwiegung Ingredienzien	CCP 1
13.	Verwiegung Ingredienzien und Starterkulturlösung	QCP 6
14.	Kuttern aller Zutaten	CCP 2 / QCP 7
15.	Brät in Transportwagen	QCP 8
16.	Transport zur Abfüllung	
17.	Abfüllung in Därme	QCP 9
18.	Transport in Kaltrauchkammern	
19.	Reifen, Trocknen	CCP 3 / QCP 10
20.	Transport zur Weiterbearbeitung	
21.	Darm abziehen	
22.	Aufschneiden	
23.	Primärverpackung	CCP 4 / QCP 11 / QCP 12
24.	Endverpackung	
25.	gekühlt Einlagern	QCP 13
26.	Distribution	QCP 14

* Für diese Prozessstufe existiert eine eigene HACCP-Studie.
[1] Rohwaren sind rohes Fleisch (Rinderviertel, Schweinehälften etc.) und Speck.
[2] Ingredienzien sind die übrigen Rohstoffe (Salz, Gewürze etc.).
[3] In der Warenannahme Ingredienzien befindet sich in diesem Beispiel kein CCP, Risiken werden mit PRPs (siehe 8.3.1) minimiert.

Abb. 8.2. Fließdiagramm Salami-Aufschnitt-Herstellung

Tabelle 8.2. Probenklassifizierung

Prozessschritt	CCP	QCP	Spezifikation	Rezeptur (Stückliste)	Herstellvorschrift	Wiegeprotokolle	Kennzeichnung	Freigabeuntersuchung	Monitoring-Prüfungen	Verpackungsvorschrift	Loskennzeichnung	MHD-Kennzeichnung	Lager-/Versandbedingungen	Rückverfolgbarkeit
1 Rohwarenannahme*														
2 Kühllagerung*														
3 Zerlegung*														
4 Wolfen, Mischen, Einstellung Eiweiß-/Fettgehalt, Salzen*														
5 Zwischenkühlung*														
6 Verwiegung Rohmaterial			×	×	×	×								×
7 Annahme Starterkulturen			×	×				×	×		×			×
8 Lagerung			×										×	
9 Vorbereitung Lösung			×	×	×	×	×			×				×
10 Annahme Ingredienzien			×	×				×	×		×			×
11 Lagerung Ingredienzien													×	
12 Vorverwiegung Ingredienzien	×			×	×	×	×							×
13 Verwiegung Ingredienzien und Starterkulturlösung			×	×	×	×								×
14 Kuttern aller Zutaten	×	×						×			×			
15 Brät in Transportwagen	×							×			×			×
16 Transport zur Abfüllung														
17 Abfüllung in Därme	×	×		×	×	×					×			×
18 Transport in Kaltrauchkammern														
19 Reifen, Trocknen	×	×		×	×	×	×	×			×			×
20 Transport zur Weiterbearbeitung														
21 Darm abziehen														
22 Aufschneiden					×									
23 Primärverpackung	×	×	×			×	×	×		×	×	×		×
24 Endverpackung					×	×				×	×	×		×
25 gekühlt Einlagern			×										×	×
26 Distribution			×										×	×

* Auf diese Prozessschritte wird in dieser Zusammenstellung nicht näher eingegangen, da sie nicht für Salami-Herstellung spezifisch sind.

Schritt 19 **Freigabeuntersuchung**.
Die Freigabeuntersuchung zeigt, ob die Wurst die angestrebte, gleichmäßige Austrocknung erfahren hat. Diese ist aus sensorischen Gründen wichtig, aber auch (wegen des a_w-Wertes) aus mikrobiologischen. (Der a_w-Wert ist ein Maß für den Anteil an frei verfügbarem (z. B. für Bakterien) Wasser.)

Schritt 23 **Verpackungsvorschrift**.
Die Einhaltung der Versiegelungsparameter für die Primärverpackung ist wichtig, damit es zu keinen undichten Verpackungen und damit zu einer Oxidation und Vergrauung der Wurst kommt.

Schritt 23 **Wiegeprotokolle**.
Die Protokolle der Fertiggewichtskontrolle liefern den Nachweis, dass die lebensmittelrechtlichen Vorschriften eingehalten worden sind und der Verbraucher der Mengenangabe vertrauen kann.

Schritt 23 **Mindesthaltbarkeitshinweise**.
Diese geben dem Verbraucher die Information über die richtigen Lagerbedingungen, bei denen er zu Recht erwarten kann, dass das Produkt bis zum angegebenen Datum seinen Erwartungen entspricht.

Schritt 23 **Loskennzeichnung**.
Sie ist gesetzlich vorgeschrieben, aber auch für den Hersteller nützlich. Kommt es zu einer Verbraucherreklamation, dient die Loskennzeichnung dazu, eine möglichen Grund in den zugehörigen Produktionsaufzeichnungen, Wiegeprotokollen u. ä. zu suchen.

Schritt 24 **Lager-/Versandbedingungen**.
Sie stellen die notwendigen Informationen dar, damit nicht innerhalb der Distribution die erreichte Produktqualität gefährdet wird.

Schritte 25/26 **Warenflussverfolgung**.
Durch ein geeignetes Lagerverwaltungssystem wird der Warenfluss chargengenau bis zum Abliefern an den Kunden verfolgt. So ist jederzeit bekannt, wer wann wie viel Produkt von welcher Charge erhalten hat.

8.5
Bedeutung des Qualitätsmanagements

Qualitätsmanagement spielt – bewusst oder unbewusst – in vielen Bereichen eine wichtige Rolle, nicht nur für die Herstellung einer mediterranen Salami.

8.5.1
Geschichte des Qualitätsmanagements bis 1950

Auch ohne die Überlieferung von Formalitäten können wir sicher sein, dass die Menschen seit jeher systematisch vorgegangen sind, um ihre Ziele sicher zu erreichen.

Vom alten Ägypten bis ins Mittelalter

Eingangs (Abschnitt 8.2.1) wurde erwähnt, dass schon der steinzeitliche Jäger – wohl unbewusst – Qualitätsmanagement angewendet hat.

Es ist anzunehmen, dass die Ägypter den Pyramidenbau entsprechend dem Deming-Kreis mit Plan – Do – Check – Act optimiert haben. Es sind uns aber keine Dokumente bekannt, aus denen eine diesbezügliche Systematik hervorgeht.

Das gleiche gilt für spätere Epochen, seien es Nahrung, Bauwerke, Bekleidung, Schmuck, Waffen oder andere Gebrauchsgegenstände. Die zunehmende Spezialisierung der Handwerker ging sicher mit der planvollen Optimierung der Herstellprozesse einher.

Im Mittelalter waren die Zünfte bestrebt, durch Regeln für ihre Mitglieder die Kundenzufriedenheit und damit ihren Ruf und ihren geschäftlichen Erfolg sicherzustellen.

Manufakturen und Industrialisierung

Mit der Veränderung von Werkstätten mit Meister, Gesellen und Lehrlingen hin zu Manufakturen (um 1600 n. Chr.) und der beginnenden Industrialisierung (Handarbeit geht über in Fabrikarbeit mit Maschinen, in England um 1770, in Deutschland um 1840) konnte der Inhaber nicht mehr persönlich über die Einhaltung der Qualitätsstandards wachen. Es wurden Inspektoren angestellt, die die Arbeiter überwachten und die Produktqualität prüften.

„Made in Germany"

Am 23. August 1887 wurde in Großbritannien per Gesetz (gültig bis 1971!) die verbindliche Kennzeichnung „Made in Germany" eingeführt. Ziel war es, die britische Wirtschaft vor importierten Waren aus Deutschland zu schützen. Das von England verfolgte Ziel schlug jedoch ins Gegenteil um. Das Logo „Made in Germany" wurde weltweit zu einem Qualitätssiegel.

Statistische Prozesskontrolle, Shewhart- und Deming-Cycle

Mit Beginn der Massenproduktion Ende des 19./Anfang des 20. Jahrhunderts wurden Qualitätsprüfungen durch Inspektoren immer umfangreicher.

Der amerikanische Physiker Walter A. Shewhart (1891 bis 1967) entwickelte bei der Western Electric Company und ab 1925 bei Bell Telephone Laboratories die Prozessregelkarten und die statistische Prozesskontrolle. Sein Standardwerk „Economic Control of Quality of Manufactured Product" erschien 1931 und gilt als vollständige und gründliche Darstellung der Grundprinzipien der Qualitätskontrolle. Er erfand den „Shewhart Cycle" (Plan - Do – Study – Act), der später als „Deming-Cycle" (Plan – Do – Check – Act) durch den amerikanischen Physiker, Statistiker und Pionier des Qualitätsmanagements William Edwards Deming bekannt gemacht wurde.

8.5.2
Beispiel Japan/W. Edwards Deming

Wie wirksam und wichtig Qualitätsmanagement für den Unternehmenserfolg ist, wurde eindrucksvoll in Japan bewiesen.

Ausgangssituation
Nach seiner Niederlage im 2. Weltkrieg verlor Japan seine Exportmärkte in Ostasien. Es wurde zu einem reinen Billiglohnland. 1950 kam W. Edwards Deming nach Japan. Er war durch eine japanische Vereinigung von Wissenschaftlern und Ingenieuren eingeladen worden, um den Wiederaufbau der Industrie zu fördern.

14 Managementregeln
Er entwickelte seine Qualitätslehre weiter, deren Kernstück 14 Managementregeln wurden (14 Points for Management) [7]:
   Die wichtigsten japanischen Wirtschaftsführer ließen sich von seinen Theorien überzeugen und handelten danach. In der Folge wurde Japan in einigen industriellen Bereichen im Lauf der Jahre durch sein konsequentes Qualitätsmanagement zum Weltmarktführer (z. B. in den Branchen Automobile, Optik und Elektronik).

Deming'sche Kettenreaktion
Diese Entwicklung erfolgte gemäß der so genannten Deming'schen Kettenreaktion:
   Originaltext:
   „ … the following chain reaction became engraved in Japan as a way of life. This chain reaction was on the blackboard of every meeting with top management in Japan from July 1950 onward:
Improve quality } → Costs decrease because of less rework, fewer mistakes, fewer delays, snags; better use of machine-time and materials } → Productivity improves } → Capture the market with better quality and lower price } → Stay in business } → Provide jobs and more jobs" [7].
   Einen Beweis für die Richtigkeit seiner Theorien kann man in einer Äußerung von Dr. Wolfgang Bernhard sehen, der 55 Jahre später, als Mitglied des Vorstands der Volkswagen AG, in einem Interview mit dem Nachrichten-Magazin „Der Spiegel" sagte: „Toyota hat zwei Dinge erreicht: die Kosten- und die Qualitätsführerschaft. Sie verdienen sehr viel Geld und können sich Dinge leisten, die wir uns schon lange nicht mehr leisten können." (Heft Nr. 28 vom 11.07.2005, S. 102).

8.5.3
Weitere Entwicklung des Qualitätsmanagements

USA und Europa entdeckten die Wichtigkeit des Qualitätsmanagements erst mit einer Verzögerung von ungefähr 25 Jahren gegenüber Japan.

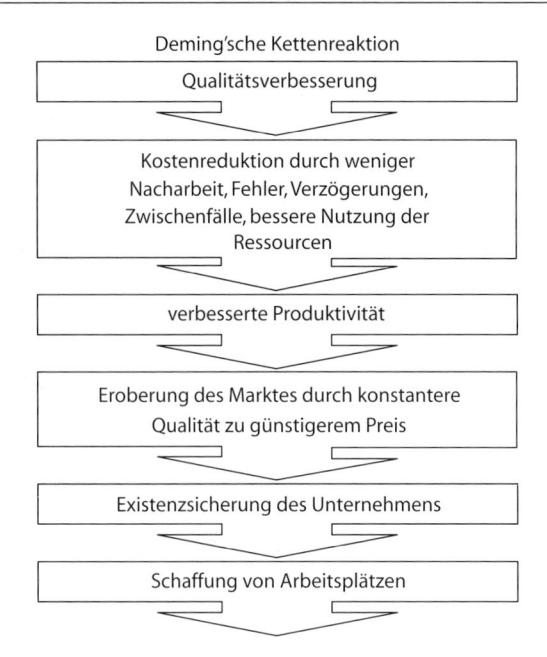

```
                    Deming'sche Kettenreaktion
            ┌─────────────────────────────────────┐
            │       Qualitätsverbesserung         │
            └─────────────────────────────────────┘
                             ▼
            ┌─────────────────────────────────────┐
            │      Kostenreduktion durch weniger  │
            │  Nacharbeit, Fehler, Verzögerungen, │
            │   Zwischenfälle, bessere Nutzung der│
            │              Ressourcen             │
            └─────────────────────────────────────┘
                             ▼
            ┌─────────────────────────────────────┐
            │       verbesserte Produktivität     │
            └─────────────────────────────────────┘
                             ▼
            ┌─────────────────────────────────────┐
            │ Eroberung des Marktes durch konstantere │
            │     Qualität zu günstigerem Preis   │
            └─────────────────────────────────────┘
                             ▼
            ┌─────────────────────────────────────┐
            │  Existenzsicherung des Unternehmens │
            └─────────────────────────────────────┘
                             ▼
            ┌─────────────────────────────────────┐
            │     Schaffung von Arbeitsplätzen    │
            └─────────────────────────────────────┘
```

Abb. 8.3. Deming'sche Kettenreaktion

Deutschland war noch stolz auf sein „Made in Germany", als japanische Automobile deutsche Produkte bei der Kundenzufriedenheit schon überholt hatten.

In Europa gingen in den 60er bis 80er Jahren des 20. Jahrhunderts die Marktanteile der einheimischen Unternehmen in der Photo-, Phono- und TV-Industrie dramatisch zurück. Die japanischen Hersteller waren die Gewinner. Das lag weniger an der Qualität der Geräte in den Bereichen Gebrauchstauglichkeit und Zuverlässigkeit. Die Produkte aus Japan waren wesentlich stärker auf die Bedürfnisse der Kunden hin ausgerichtet, die eher digitale Anzeigen, Bedienung über Tasten und High-Tech wünschten, als Zeigerinstrumente, Drehknöpfe und eine Haltbarkeit von 20 Jahren.

In den USA griff Ford als erstes Unternehmen der „Big Three" in Detroit (General Motors, Ford, Chrysler) die Deming'schen Ideen in den frühen 80er-Jahren des 20. Jahrhunderts auf. Andere Unternehmen folgten. Allerdings gelang es nur in Einzelfällen, den Vorsprung der japanischen Wirtschaft einzuholen.

ISO 9000

Die Normenreihe ISO 9000 ff wurde erstmals 1987 von der ISO in Genf herausgegeben (s. 8.3.6).

Qualitätswissenschaft

In Deutschland wurde 1988 das Fachgebiet Qualitätswissenschaft an der TU Berlin am Institut für Werkzeugmaschinen und Fabrikbetrieb als erstes seiner Art gegründet.

EFQM

1988 wurde die EFQM (European Foundation for Quality Management) von 14 großen Unternehmen gegründet.

Das EFQM-Modell für Business Excellence beruht auf folgender Prämisse: „Kundenzufriedenheit, Mitarbeiterzufriedenheit und gesellschaftliche Verantwortung/Image werden durch eine Führung erzielt, die Politik und Strategie, eine geeignete Mitarbeiterorientierung sowie das Management der Ressourcen und Prozesse vorantreibt, was letztendlich zu exzellenten Geschäftsergebnissen führt" [10].

Durch jährliche Preiswettbewerbe soll die europäische Industrie dazu gebracht werden, systematisch die Qualität der Geschäftsprozesse und der Ergebnisse zu verbessern.

8.5.4
Qualität ist kein Selbstzweck

Zusammenfassend kann man sagen, dass in den letzten 50 Jahren zunehmend die Bedeutung des Qualitätsmanagements für den wirtschaftlichen Erfolg der Unternehmen erkannt worden ist.

Kundenorientierung, Verbesserung der Effektivität und Erhöhung der Effizienz der Geschäftsprozesse in einem Unternehmen sind Gegenstand des Qualitätsmanagements.

Qualität ist kein Selbstzweck, sondern ein wesentlicher Faktor für Profitabilität und Wettbewerbsfähigkeit.

„Qualitätsverbesserungen führen zwangsläufig zu einer Verbesserung der Produktivität."

Dr. William Edwards Deming (1900–1993)

8.5.5
Entwicklung im Non-Food-Bereich

Besonders in der Automobil- und Elektronik-Industrie wurden weitere Konzepte und Werkzeuge für das Qualitätsmanagement entwickelt.

Nachfolgend werden drei aufgeführt, die in der Lebensmittelindustrie bislang nur wenig angewendet werden.

Quality Function Deployment (QFD)
1966 veröffentlichte der Japaner Yoji Akao das erste QFD-Konzept. QFD ist eine Methode, die Kundenwünsche von der Entwicklung bis zur Produktion zu berücksichtigen. Die Anforderungen werden schrittweise in technische Merkmale und Ausführungen übersetzt. Als Hilfsmittel dient das so genannte „House of Quality", eine Kombination aus mehreren Matrizen. Die Funktionalität, die Anspruchsklasse der Komponenten und die Kosten werden an den Kundenwünschen ausgerichtet und nicht an den Vorstellungen der Entwickler und des Managements.

Kurz gesagt: „Der Kunde will nicht den Bohrer, sondern das Loch." Der Bohrer soll die Kundenwünsche vollständig erfüllen und das zu den günstigsten Herstellkosten.

Poka Yoke
Der Japaner Shigeo Shingo entwickelte 1974 dieses Werkzeug innerhalb des „Toyota Production System". Poka heißt auf Japanisch „Fehler", Yoke „Vermeidung". Shingo ging davon aus, dass kein Mensch in der Lage ist, unbeabsichtigte Fehler vollständig zu vermeiden. Bei Poka Yoke wird mit möglichst einfachen und kostengünstigen Mitteln dafür gesorgt, dass Fehlhandlungen zu keinem Fehler führen.

Beispiel: Die Verwechslung von Gas- und Wasseranschlüssen kann zu einem Unfall führen. Die Poka Yoke-Lösung bestünde darin, die Gasanschlüsse mit Linksgewinden und die für Wasser mit Rechtsgewinden auszustatten. Der Mensch kann zwar irrtümlich den Wasserschlauch an den Gasanschluss anschrauben wollen (= Fehlhandlung); es gelingt ihm aber nicht (= Fehler ist unmöglich).

Der Prozess ist „narrensicher".

Poka Yoke ist vorwiegend ein präventives Tool. Mögliche Fehler, die z. B. mit FMEA ermittelt worden sind, werden mit der Poka Yoke-Technik ausgeschlossen.

Six Sigma
1987 wurde bei Motorola durch Mikel Harry das Six Sigma-Konzept eingeführt. Es basiert auf der Berechnung, dass, wenn bei einer Normalverteilung des betrachteten Produktmerkmals 6 Sigma zwischen dem Zielwert und jeweils dem oberen und dem unteren Spezifikationsgrenzwert liegen, auf 1 Milliarde Produkte 2 fehlerhafte kommen. Da sich die Mittelwerte der meisten Prozesse verschieben, geht Six Sigma von einer Verschiebung von ±1,5 sigma aus. Dann ist pro 1 Million Produkte mit 3,4 fehlerhaften zu rechnen.

Die meisten Unternehmen bewegen sich bei den Produktionsprozessen zwischen 3 und 4 sigma. Das bedeutet, dass sie zwischen 6 200 und 66 803 fehlerhafte Produkte je Million erzeugen.

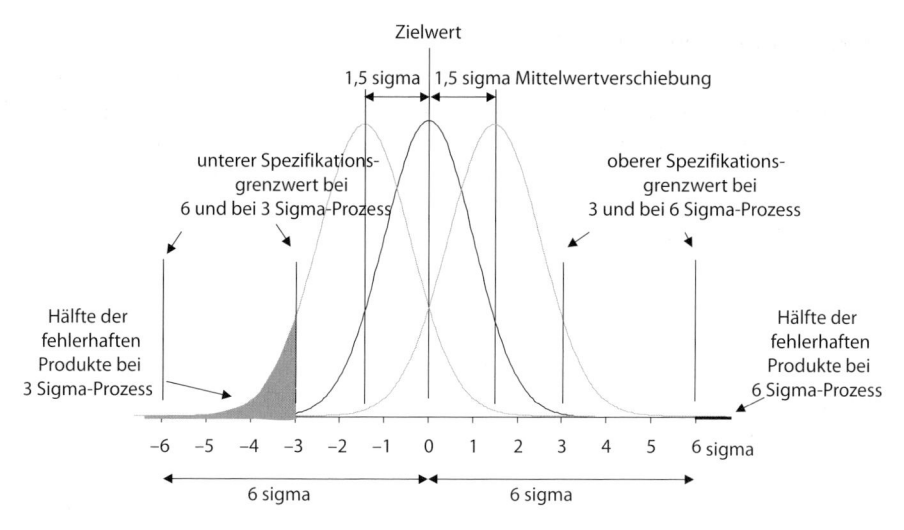

Abb. 8.4. Normalverteilung – Six Sigma-Konzept

Bei dem Six Sigma-Konzept werden für die spezifizierten Kundenanforderungen „interne kritische Qualitätskriterien" erstellt und ihre Erfüllung gemessen (Prozessentwicklung).

Nach Auswertung der Messdaten wird der betrachtete Prozess solange verbessert, bis „Six Sigma" erreicht ist (Verbesserungszyklen). Es handelt sich also um ein mit Statistik unterstütztes Null-Fehler-Programm. Begleitet werden die Verbesserungen von organisatorischen Veränderungen und Schulungen der Mitarbeiter mit Erweiterung ihrer Kompetenzen. Ausgesuchte Mitarbeiter, die in Vollzeit für das Projekt arbeiten, werden als „Master Black Belt" (Ausbilderstatus für die Methoden und Werkzeuge von Six Sigma) und „Black Belt" (Leiter Verbesserungsprojekte) qualifiziert.

Bis ein Unternehmen Six Sigma erreicht vergehen einige Jahre.

Die Kundenanforderungen werden dann vollständig und wirtschaftlich erfüllt.

Bei Six Sigma-Projekten wird erwartet, dass bei einem 3-sigma-Level als Ausgangssituation der Gewinn des Unternehmens um bis zu 20% steigt, da sich durch die Kundenzufriedenheit der Umsatz erhöht und die Kosten, die durch Fehler verursacht werden, drastisch sinken. Ein solches Projekt bedingt normalerweise auch eine Änderung der Firmenkultur und muss daher, auch wegen der notwendigen Anlaufinvestitionen und des Zeitbedarfes, von der Leitung des Unternehmens ernsthaft vorangetrieben werden. Aber der Erfolg ist sicher.

Qualität ist teuer. Mangel an Qualität kostet viel mehr!
Eingangs wurde Joseph M. Juran mit der Definition „Quality is fitness for use." zitiert [3].

Was aber geschehen kann, wenn Produkte nicht den Anforderungen entsprechen, geht aus dem nächsten Absatz hervor:

Fehler verursachen erhebliche Ausgaben. Man rechnet bei Unternehmen, die sich nicht intensiv mit Fehlervermeidung beschäftigen, also nicht den unbedingten Willen zeigen, Qualität produzieren zu wollen, dass die Fehlerkosten ca. 6 (!) % vom Umsatz betragen. Selbst in der Automobilindustrie, die beim Qualitätsmanagement als führend anzusehen ist, schmälern Fehlerkosten den Gewinn. Der Vorstandsvorsitzende eines großen deutschen Automobilkonzerns gab 2002 bekannt, dass bei seinem Unternehmen alleine die Gewährleistungskosten (ohne andere, fehlerbedingte Kosten) die Höhe von 2,2% vom Umsatz hatten.

Dr. Deming hat die Richtigkeit seiner Gedanken mit dem Erfolg der Industrienation Japan gezeigt.

„Wir sollten an den Prozessen selbst, und nicht am Resultat der Prozesse arbeiten."

Dr. William Edwards Deming (1900–1993)

8.6
Literatur

1. DIN EN ISO 9000:2005, Beuth, Berlin Wien Zürich
2. DIN EN 8402:1995, Beuth, Berlin Wien Zürich
3. Juran J (1970) Quality Progress 3:18
4. Oess A (1991) Total Quality Management, 2. Gabler, Wiesbaden
5. Seghezzi HD (1996) Integriertes Qualitätsmanagement, Hanser, München Wien
6. Leonhard KW, Naumann P 2002 Managementsysteme – Begriffe 7.Aufl. Beuth, Berlin Wien Zürich
7. Deming WE (2002) Out of the Crisis, 2nd edn. MIT Press, Cambridge Massachusetts, London
8. The ISO Survey 2006, International Organization for Standardization
9. The ISO Survey 2000, International Organization for Standardization
10. European Foundation for Quality Management E.F.Q.M. (1996) Selbstbewertung, Brüssel

Weiterführende Literatur

Pfeifer T, Schmitt R (2007) Masing Handbuch Qualitätsmanagement, Hanser, München Wien

Deming WE (2002) Out of the Crisis, 2nd edn, MIT Press, Cambridge Massachusetts, London

Kapitel 9

Akkreditierung von amtlichen und nichtamtlichen Prüflaboratorien im Bereich Lebensmittel und Futtermittel

Erhard Kirchhoff

Institut Kirchhoff, Albestraße 4, 12159 Berlin-Friedenau
ek@institut-kirchhoff.de

9.1	Allgemeine Aspekte des Qualitätsmanagements	225
9.2	Allgemeine Aspekte der Akkreditierung	228
9.3	Anforderungen an die Kompetenz von Prüflaboratorien	229
9.3.1	Anforderungen an das Management	230
9.3.2	Technische Anforderungen	237
9.4	Ablauf einer Akkreditierung	246
9.5	Schlussbetrachtung	249
9.6	Literaturhinweise	250

9.1
Allgemeine Aspekte des Qualitätsmanagements

Was ist Qualität?

Mit dem Begriff Qualität werden häufig unterschiedliche Vorstellungen verbunden. Eine umfassende Definition liefert die internationale Norm ISO 9000:

> *Qualität ist der Grad, in dem ein Satz inhärenter Merkmale Anforderungen erfüllt.*
>
> *Anmerkung 1: Die Benennung „Qualität" kann zusammen mit Adjektiven wie schlecht, gut oder ausgezeichnet verwendet werden.*
>
> *Anmerkung 2: „Inhärent" bedeutet im Gegensatz zu „zugeordnet" „einer Einheit innewohnend", insbesondere als ständiges Merkmal.*

Unter „Qualität" wird nicht „Exzellenz" sondern lediglich eine an vorgegebenen Anforderungen orientierte zuverlässig gleichbleibende Qualität verstanden. Das Menü eines Sterne-Kochs hat keine gute Qualität, wenn es nicht das Niveau von Sterneköchen erreicht. Es ist aber sicherlich exzellent gegenüber einem Fast-Food-Burger der die für ihn geltende Anforderung immer gleich zu schmecken perfekt erfüllt und daher von ausgezeichneter Qualität ist.

Natürlich existieren neben der recht theoretischen Definition nach ISO 9000 auch andere Begriffsbestimmungen zur Qualität, die zwar weniger umfassend sind, dafür aber um so treffender in der Aussage:
Quality is fitness for use.
Qualität ist also keine absolute Größe, die einem Produkt oder einer Dienstleistung sozusagen als feste Eigenschaft zugeschrieben werden kann, sondern sie ist vom Gebrauch abhängig.

Für den Anbieter von Produkten und Dienstleistungen ergibt sich hieraus die scheinbar paradoxe Situation, dass er steigende Qualitätsforderungen mit rückläufigen Renditen finanzieren muss.

Dieser Herausforderung sehen sich heute viele Prüflaboratorien ausgesetzt.

Es ist nicht zu erwarten, dass Qualität in Zukunft an Bedeutung verlieren wird. Sie wird vielmehr zunehmend zu einer Selbstverständlichkeit werden. Auch und gerade für Prüflaboratorien muss es daher heißen:
Mit einem Minimum an Kosten ein Maximum an Qualität zu realisieren.

Gründe zur Einführung von Managementsystemen

Wettbewerb

Nicht der Wunsch nach Verbesserung der Qualität, sondern das Streben nach höherer Wettbewerbsfähigkeit ist der häufigste Grund für den Aufbau eines Managementsystems.

Immer mehr Auftraggeber verlangen von ihren Dienstleistern und Unterauftragnehmern den Nachweis eines Managementsystems. Die Integration des Lieferanten in die eigenen Qualitätsbemühungen sowie die Forderungen der eigenen Kunden sind dabei für den Auftraggeber oft ausschlaggebend.

Managementinstrument

Die Führung eines Prüflaboratoriums stellt heute höhere Anforderungen an die Laborleitung als früher.

In dieser Situation bietet ein Managementsystem durch die Strukturierung der Aufbau- und Ablauforganisation dem Management eine Möglichkeit zu wirksamer Steuerung und Kontrolle.

Gerade in größeren Laboreinheiten kann die Leitung die oftmals erheblichen Informationsdefizite bezüglich der Tätigkeiten, Zuständigkeiten und Probleme im eigenen Verantwortungsbereich erkennen. Dieser wichtige Nutzen des Qualitätsmanagements wird oftmals unterschätzt und zunächst nur der formale Mehraufwand gesehen, der mit der Einführung eines Managementsystems notwendigerweise verbunden ist. Oftmals erkennt die Laborleitung erst im Laufe der Zeit die Eignung eines solchen Systems als Führungsinstrument.

Das Grundprinzip des unabhängigen Dritten

In der Einführungsphase eines Managementsystems im Prüflaboratorium wird oftmals beteuert, dass doch alles zum Besten stehe und eigentlich gar kein Bedarf für zusätzliche Qualitätsmanagement-Maßnahmen erkennbar sei.

Der Auftraggeber ist jedoch interessiert an einer neutralen und kompetenten Aussage zum Qualitätsstatus eines Prüflaboratoriums, insbesondere wenn er aus mehreren Anbietern eine Auswahl treffen muss. Diese Aufgabe delegiert er nun an einen *Dritten*, der die Qualitätsbewertung *unabhängig* durchführt. In der Praxis erfolgt diese Delegation im übertragenen Sinne, indem der unabhängige Dritte im Auftrag des Prüflaboratoriums, aber letztlich im Interesse des Auftraggebers tätig wird. Dieses Verfahren hat außerdem den Vorteil, dass alle Auftraggeber, auch potentielle, sich auf einen einzigen Dritten stützen können, so dass sich auch das Prüflaboratorium nur einer einzigen Überprüfung unterziehen muss.

Für die Dienstleistungen eines Prüflaboratoriums ist diese vertrauensbildende Maßnahme besonders wichtig, denn der Auftraggeber erhält in der Regel ein Prüfergebnis, das er glauben muss, ohne es im Einzelfall auf seinen Wahrheitsgehalt und damit auf die Erfüllung seiner Qualitätsforderung überprüfen zu können.

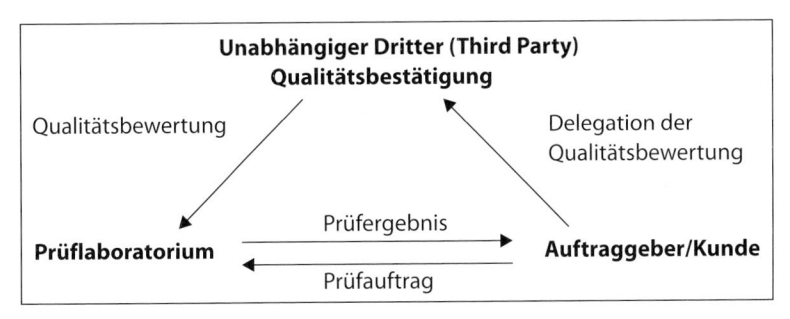

Abb. 9.1.

Akzeptanz und Qualitätsmotivation

Erfahrungsgemäß ist die Akzeptanz eines Managementsystems insbesondere in der Einführungsphase nicht bei allen Mitarbeitern gegeben. Die Einbeziehung und Überzeugung der Mitarbeiter ist die einzige Möglichkeit, ein System zu etablieren, das gelebt wird und sich letzten Endes auch für das Prüflaboratorium selbst lohnt.

Daher ist die Qualitätsmotivation auch ein, wenn nicht sogar der entscheidende Indikator zur Bewertung des Qualitätsniveaus. Eine entscheidende Bedeutung kommt dabei dem Management zu. Schließlich gilt die Grundregel der Motivationspsychologie, dass „ein Mitarbeiter nicht besser motiviert ist als sein Chef" auch für den Bereich der Qualität. Die Labormannschaft merkt sehr schnell, ob die Geschäftsleitung hinter den Qualitätsmanagement-Bemühungen steht oder nicht.

9.2
Allgemeine Aspekte der Akkreditierung

Die Norm ISO/IEC 17000 definiert die Fachbegriffe der ISO/IEC 17000er Normenserie für das Akkreditierungs- und Konformitätsbewertungswesen. „Akkreditierung" ist definiert als Bestätigung durch eine dritte Stelle, die formal darlegt, dass eine Konformitätsbewertungsstelle die Kompetenz besitzt, bestimmte Konformitätsbewertungstätigkeiten durchzuführen. Wobei „Konformitätsbewertungsstelle" der fachliche Oberbegriff ist für Inspektionsstellen, Zertifizierungsstellen und (Prüf-)Laboratorien.

Die Befugnis zur Durchführung von Akkreditierungen hat ausschließlich die Akkreditierungsstelle. Die hohen Anforderungen an ihre Unabhängigkeit und Integrität, sowie an Organisation und Verfahrensabläufe sind in der international anerkannten Norm ISO/IEC 17011 niedergelegt. Die Akkreditierungsstelle ist die oberste Hierarchieebene im Akkreditierungs- und Konformitätsbewertungswesen:

AKKREDITIERUNGSSTELLE
ISO/IEC 17011

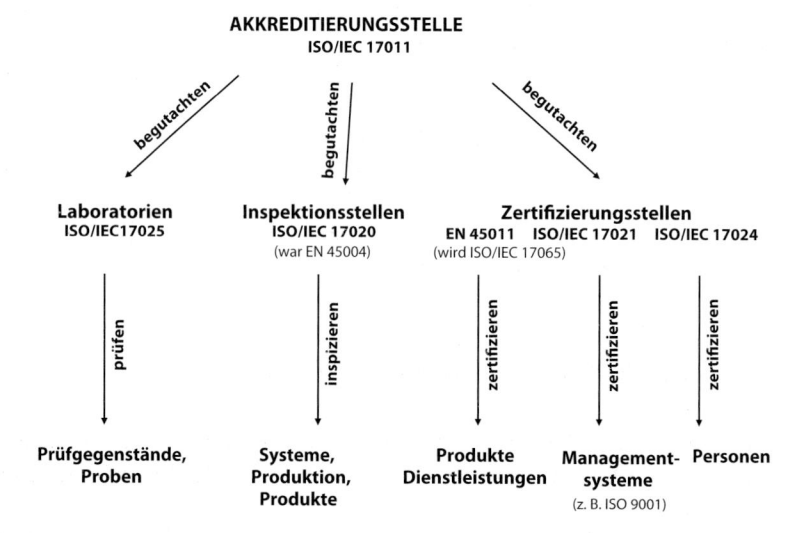

begutachten → Laboratorien ISO/IEC 17025 → prüfen → Prüfgegenstände, Proben

begutachten → Inspektionsstellen ISO/IEC 17020 (war EN 45004) → inspizieren → Systeme, Produktion, Produkte

begutachten → Zertifizierungsstellen EN 45011 (wird ISO/IEC 17065) ISO/IEC 17021 ISO/IEC 17024 → zertifizieren → Produkte Dienstleistungen | Managementsysteme (z. B. ISO 9001) | Personen

Abb. 9.2.

In der EU wurden Akkreditierung und die Anforderungen an Akkreditierungsstellen europarechtlich harmonisiert. Gemäß der Verordnung (EG) Nr. 765/2008 vom 9. Juli 2008 ist Akkreditierung jetzt immer ein hoheitlicher Verwaltungsakt, frei von kommerziellen und einseitigen Einflüssen. Akkreditierung bildet den staatlichen Regulierungsschirm über die privaten und staatlichen Kontrollstellen und Laboratorien. Jeder Mitgliedsstaat der EU muss eine einzige nationale Akkreditierungsstelle benennen. Wettbewerb unter Akkreditierungsstellen, wie es ihn vorher in Deutschland gab, soll damit der Vergangenheit angehören. Allerdings räumt die Verordnung noch eine mehrjährige Übergangsfrist ein.

Eine Akkreditierung nach der internationalen Norm ISO/IEC 17025 ist grundsätzlich für alle Prüflaboratorien möglich. Deren fachliche (technische) Kompetenz wird von unparteilichen Sachverständigen (Begutachtern) für die jeweiligen Prüfgebiete sozusagen am Labortisch überprüft (vergl. 9.4). Akkreditierung ist für die Kunden des Prüflaboratoriums ein wirksamer Kompetenzbeweis.

Wichtig dabei ist die Tatsache, dass eine Akkreditierung nicht pauschal für das gesamte Tätigkeitsspektrum eines Prüflaboratoriums gilt, sondern immer nur für diejenigen Prüftätigkeiten, für deren Durchführung die erforderliche technische/fachliche Kompetenz nachgewiesen werden konnte. In der Akkreditierungsurkunde, dem Ergebnis erfolgreicher Akkreditierung, werden üblicherweise die einzelnen Untersuchungsverfahren bzw. Prüfarten in der Anlage mit aufgeführt. Neben der Akkreditierung nach Untersuchungsverfahren (Einzelmethodenakkreditierung) besteht auch die Möglichkeit der Akkreditierung nach Prüfarten bzw. Untersuchungstechniken (Bereichsakkreditierung oder flexible Akkreditierung). Voraussetzung solch einer Bereichsakkreditierung ist die nachgewiesene fachliche bzw. wissenschaftliche Kompetenz zur Validierung neuer Untersuchungsverfahren („Hausmethoden" innerhalb definierter Prüfbereiche).

Das Prüflaboratorium ist verpflichtet, seine Kunden nicht im Unklaren darüber zu lassen, welche Untersuchungsverfahren in den Geltungsbereich seiner Akkreditierung fallen. Es darf nicht den Eindruck erwecken, es sei für alle Techniken zugelassen, wenn dies nicht zutrifft. Ansonsten kann die Akkreditierungsstelle die Akkreditierung zurückziehen.

9.3
Anforderungen an die Kompetenz von Prüflaboratorien

Die Norm ISO/IEC 17025 legt die allgemeinen Anforderungen an die fachliche Kompetenz für die Durchführung von Prüfungen und/oder Kalibrierungen sowie Probenahmen fest.

Sie ist auf alle Organisationen, die Prüfungen und/oder Kalibrierungen durchführen, anwendbar.

Die Norm ist in „Anforderungen an das Management" und „Technische Anforderungen" gegliedert, sie beinhaltet drei grundsätzliche wichtige Aspekte:

- Transparenz der Organisation
- Nachweis fachlicher Kompetenz
- Selbstsicherung gleichbleibender Qualität.

9.3.1
Anforderungen an das Management

Das Managementsystem muss so aufgebaut, dokumentiert und verwirklicht sein, dass die Kompetenz des Prüflaboratoriums belegt ist und fachlich fundierte Ergebnisse erzielt werden.

Das Managementsystem muss aufrechterhalten und seine Wirksamkeit ständig verbessert werden.

Die oberste Leitung legt die Qualitätspolitik fest und verpflichtet sich zu guter fachlicher Praxis und zur Qualität der durchzuführenden Prüfungen.

Die Ziele des Managementsystems werden jedoch nur durch die Mitwirkung des gesamten Personals erreicht.

Die einzelnen Forderungen der Norm an das Managementsystem sind im Folgenden aufgeführt.

Organisation

Das Prüflaboratorium muss die rechtliche Verantwortung übernehmen. Des Weiteren ist es auch für alle seine Tätigkeiten gegenüber den Anforderungen der Norm, den Bedürfnissen des Kunden, der vorschriftsetzenden Behörden oder Organisationen, die Anerkennung gewähren, verantwortlich.

Die Wahrung der Unparteilichkeit und Integrität des Prüflaboratoriums muss gewährleistet sein. Dies kann gegenüber einem Kunden z. B. durch offene Darlegung und Transparenz in Bezug auf Abhängigkeiten und andere Tätigkeiten nachgewiesen werden. Interessenkonflikte müssen für den Kunden erkennbar sein.

Es darf keinen kommerziellen, finanziellen oder anderen Einflüssen ausgesetzt sein, die das fachliche Urteil beeinträchtigen können. Die Prüfergebnisse sollten nur von der Sachlage und objektiven Bedingungen beeinflusst werden.

Das leitende und technische Personal hat für die Kompetenz des Prüflaboratoriums eine herausragende Bedeutung. Das Personal muss für die durchzuführenden Arbeiten kompetent sein, die Verfahren und Anweisungen beherrschen oder entsprechend beaufsichtigt werden.

- Es muss über die Befugnis und Mittel verfügen, seine Aufgaben einschließlich der qualitätssichernden Aufgaben zu erfüllen. Zu den qualitätssichernden Aufgaben gehören hauptsächlich Umsetzung, Aufrechterhaltung, Überprüfung und Verbesserung des Managementsystems.
- Die Bedeutung und Wichtigkeit seiner Tätigkeit zur Erreichung der Ziele des Managementsystems muss dem Personal bewusst sein. Über die Wirksamkeit des Systems muss im Prüflaboratorium kommuniziert werden.
- Das Personal muss vertraglich gebunden sein, kommerzielle, finanzielle oder sonstige Zwänge dürfen sich nicht negativ auf die Qualität der Arbeit auswirken.
- Es sind Tätigkeitsbeschreibungen, welche die Verantwortung und die Befugnisse spezifizieren, für alle Mitarbeiter zu führen.

Die Strukturen des Prüflaboratoriums nach außen bezüglich eventueller Dachorganisationen und intern hinsichtlich des Aufbaus der Organisation und der Leitung müssen festgelegt werden. Die Beziehungen zwischen dem Qualitätsmanagement, dem Prüflaboratorium und Hilfsdiensten sowie der Mitarbeiter untereinander sind zu dokumentieren.

Das Prüflaboratorium muss eine Technische Leitung haben, welche die Verantwortung für die technischen Arbeitsabläufe incl. der Bereitstellung der notwendigen Mittel für den qualitätsgesicherten Laboratoriumsbetrieb hat.

Es ist einem Qualitätsmanager die Verantwortung und Befugnis zu erteilen, die Einführung und Befolgung des Managementsystems bezogen auf Qualität sicherzustellen. Dieser Qualitätsmanager muss seine Tätigkeit unabhängig von anderen Aufgaben ausführen können und direkten Zugang zur Leitung haben.

Stellvertreter für leitende Mitarbeiter wie z. B. die oben genannten werden gefordert.

Managementsystem

Die Leitung des Prüflaboratoriums muss ein seinem Tätigkeitsbereich angemessenes Managementsystem einführen, umsetzen und aufrechterhalten.

Die grundlegenden Regelungen, Verfahren, Programme und Anleitungen sind schriftlich niederzulegen.

Dem Personal muss die Dokumentation des Systems zur Verfügung stehen. Es muss sie verstehen und umsetzen. Nur so ist eine kontinuierliche Verbesserung des Managementsystems möglich.

In einem Management-Handbuch (MH) sind alle Regelungen und Ziele, die sich auf die Qualität des Managementsystems beziehen, festzulegen. Es muss den Aufbau der Management-Dokumentation aufzeigen sowie die Aufgaben und Verantwortungen der technischen Leitung und des Qualitätsmanagers enthalten.

Des Weiteren ist im MH die Aussage der obersten Leitung zur Qualitätspolitik mit den folgenden Punkten festzulegen:

- Verpflichtung zu guter fachlicher Praxis und zur Qualität
- Aussage zum Leistungsangebot
- Anwendung des Managementsystems, bezogen auf Qualität
- Vertrautheit aller Mitarbeiter, die Prüftätigkeiten durchführen, mit der Qualitätsdokumentation und Umsetzung der Grundsätze und Verfahrensanweisungen
- Verpflichtung zur Erfüllung der Norm und zur ständigen Verbesserung des Managementsystems bezogen auf die Qualität.

Lenkung der Dokumente

Zum Managementsystem gehören Dokumente („Vorgabe"-Dokumente) externen und internen Ursprungs wie z. B. Normen, Vorschriften, Prüfverfahren, Spezifikationen, Handbüchern, Kalibriertabellen. Diese Dokumente können in unterschiedlicher Form – digital, analog, fotografisch oder schriftlich – auf un-

terschiedlichen Medien, auf Papier oder elektronisch – vorliegen. Die Lenkung dieser Dokumente muss eingeführt und aufrechterhalten werden.
Die Dokumente müssen

- eindeutig gekennzeichnet sein
- geprüft und für den Gebrauch genehmigt werden
- dort verfügbar sein, wo sie zur Anwendung kommen
- regelmäßig geprüft und überarbeitet werden
- wenn sie ungültig und überholt sind, archiviert werden.

Eine praktikable Lösung zur Lenkung der Dokumente ist das Führen einer Stammliste. Dort ist, im Idealfall computerunterstützt in Form einer Datenbank, der Überarbeitungsstatus und die Verteilung der Dokumente anzugeben.

Einer der sensibelsten Punkte der Dokumentenlenkung ist in der Praxis der Austausch und die Archivierung von überarbeiteten und nicht mehr gültigen Dokumenten sowie das Vorhandensein nicht autorisierter Kopien. Auch müssen für die zeitnahe Änderung und Überarbeitung von Dokumenten praktikable Lösungen wie z. B. die Genehmigung von handschriftlichen Änderungen gefunden werden.

Prüfung von Anfragen, Angeboten und Verträgen
Es ist ein Verfahren zur Vertragsprüfung einzuführen, dieses beinhaltet:

- Die Anforderungen sind angemessen festzulegen, schriftlich niederzulegen und müssen verstanden werden.
- Es müssen Fähigkeiten und Mittel vorhanden sein, um die gestellten Anforderungen zu erfüllen.
- Geeignete Prüfverfahren sind auszuwählen, sie müssen die Anforderungen des Kunden erfüllen.
- Unterschiede zwischen der Anfrage oder dem Angebot und dem Vertrag sind zu klären.
- Änderungen sind zu dokumentieren und bekannt zugeben, sie können eine wiederholte Vertragsprüfung bedingen.

Alle Prüfungen sind so aufzuzeichnen, dass die optimale Betreuung des Kunden, aber auch die Absicherung des Prüflaboratoriums gegenüber dem Kunden gewährleistet ist.

Da Verträge auch mündlich abgeschlossen werden können, entscheidet das Prüflaboratorium selbst über den Umfang der Aufzeichnungen. Auch Notizen im Labortagebuch oder auf entsprechenden Vordrucken können die oben genannten Forderungen ausreichend erfüllen.

Vergabe von Prüfungen im Unterauftrag
Ein Prüflaboratorium kann begründet Arbeit im Unterauftrag an kompetente Unterauftragnehmer vergeben. Gründe dafür sind unvorhersehbare Umstände

wie z. B. Überlastung oder der Ausfall eines für die Untersuchung notwendigen Gerätes. Es ist jedoch auch eine dauerhafte Unterauftragvergabe durch Vereinbarung möglich.

Es muss ein Verzeichnis aller Unterauftragnehmer und der Nachweise ihrer Kompetenz für die zu beauftragenden Arbeiten, z. B. in Form einer Kopie ihrer Akkreditierungsurkunde oder eines anderen kompetenten Nachweises, geführt werden.

Das Prüflaboratorium muss den Kunden schriftlich über die Unterauftragsvergabe informieren und seine Zustimmung einholen. Es ist gegenüber dem Kunden für die Tätigkeit des Unterauftragnehmers verantwortlich, es sei denn, der Kunde oder eine vorschriftsetzende Behörde hat die Unterauftragsvergabe verlangt.

Die Erfüllung dieser Forderung ist oft schwierig, da die Entscheidung zur Unterauftragvergabe oft kurzfristig während der Bearbeitung eines Projektes getroffen werden muss. Um diese Forderung allgemein zu erfüllen, kann in den Vertrags- und Angebotsunterlagen auf die mögliche Erteilung von Unteraufträgen hingewiesen werden. Damit ist der Kunde vorher schriftlich informiert, was im konkreten Fall die Abstimmung erleichtert und Missverständnissen vorbeugt.

Beschaffung

Das Prüflaboratorium muss für die Beschaffung und Anwendung von Dienstleistungen und Ausrüstungen, welche die Qualität der Prüfungen beeinflussen, Regelungen und Verfahren festlegen.

- Die Bestellung, Entgegennahme und Lagerung von Reagenzien und Verbrauchsmaterialien ist festzulegen.
- Die Qualität von Dienstleistungen, Ausrüstungen, Reagenzien und Verbrauchsmaterialien muss überprüft werden, die Prüfungen müssen dokumentiert werden.
- Beschaffungsunterlagen müssen archiviert werden, Prüfung und Freigabe der Bestellung ist erforderlich.
- Zur Lieferantenbeurteilung muss eine Liste zugelassener Lieferanten aufgestellt werden.

Bei den hier geforderten Regelungen und Verfahren handelt es sich um alltägliche Abläufe, die teilweise neu beschrieben oder dokumentiert werden müssen, um den Anforderungen der Norm zu entsprechen. Zum Beispiel gehört die Reagenzien-Überprüfung bei der Durchführung einer Prüfarbeit zur Routine und die Bewertung eines Lieferanten zur Arbeit desjenigen, der für die Bestellungen und die Annahme der entsprechenden Waren verantwortlich ist.

Dienstleistung für den Kunden

Die Zusammenarbeit des Prüflaboratoriums mit dem Kunden muss verschiedene Anforderungen erfüllen.

- Der Kunde muss wissen, welche Leistungen er von dem Prüflaboratorium erhält.
- Vertrauliche Informationen und Eigentumsrechte der Auftraggeber müssen geschützt werden.
- Der Informationsrückfluss vom Kunden sollte der Verbesserung des Managementsystems dienen und vom Prüflaboratorium aktiv eingefordert werden.

Dies wird beispielsweise erreicht durch:

- Einen angemessenen Zutritt für den Kunden zu relevanten Bereichen des Prüflaboratoriums
- Trennen von Proben, Materialien und anderen Prüfgegenständen verschiedener Kunden, insbesondere auch bei der Anwesenheit von Kunden oder außenstehenden Personen im Prüflaboratorium
- Versand von Prüf- und Kalibriergegenständen, die der Kunde für Verifizierungszwecke benötigt
- Information des Kunden über aufgetretene Verzögerungen oder größere Abweichungen der Prüfergebnisse.

Beschwerden

Es müssen grundsätzliche Regelungen und Verfahren für die Behandlung von Kundenbeschwerden und Beschwerden anderer Stellen vorliegen.

Es müssen Aufzeichnungen über die Beschwerden, z. B. in Form eines Beschwerdebuches, sowie über die durchgeführten Korrekturmaßnahmen geführt werden.

Lenkung bei fehlerhaften Prüfarbeiten

Entsprechen die Prüfarbeiten oder ihre Ergebnisse nicht den eigenen vorgegebenen Verfahren oder den vereinbarten Anforderungen des Kunden, muss das Prüflaboratorium handeln. Für dieses „Handeln" müssen Grundsätze und Verfahren zur Verfügung stehen.

- Es ist festzulegen, wer für die Bearbeitung der fehlerhaften Arbeit verantwortlich und befugt ist, wer die Einstellung und Wiederaufnahme der Arbeit anordnen darf.
- Die fehlerhafte Arbeit muss bewertet werden.
  - Wie sind die Auswirkungen auf die aktuellen oder abgeschlossenen Arbeiten?
- Die zu ergreifenden Maßnahmen sind festzulegen.
  - Welche Maßnahmen zur Korrektur des Fehlers müssen ergriffen werden?
  - Müssen Prüfberichte zurückgehalten oder korrigiert werden?
  - Muss die Arbeit eingestellt werden?
  - Muss der Kunde informiert und die Arbeit zurückgenommen werden?

Verbesserung

„Das Prüflaboratorium muss die Wirksamkeit des Managementsystems durch Einsatz der Qualitätspolitik, Qualitätsziele, Auditergebnisse, Datenanalysen, Korrektur- und Vorbeugemaßnahmen sowie Managementbewertung ständig verbessern."

Die Sicherstellung der Konformität und der ständigen Verbesserung der Wirksamkeit des Managementsystems durch z. B.:

- Bewusstseinsbildung beim Personal
- Korrekturmaßnahmen
- Datenanalysen
- Auditergebnisse
- Interne Kommunikation
- Kundenorientierung, Kommunikation mit dem Kunden
- Vorbeugemaßnahmen
- Schulungen
- Management-Bewertungen

sind wichtige Voraussetzungen für ein funktionierendes System.

Korrekturmaßnahmen

Es müssen Verfahren für die Durchführung von Korrekturmaßnahmen eingeführt sein, um fehlerhafte Arbeiten, Abweichungen von den Regelungen des Managementsystems oder von technischen Abläufen effektiv zu korrigieren. Die Befugnisse für die Anweisung und Bearbeitung von Korrekturmaßnahmen sind festzulegen.

Korrekturmaßnahmen beinhalten:

- Ursachenanalyse
  - Dies ist der wichtigste, manchmal aber der schwierigste Teil der Bearbeitung.
- Auswahl und Umsetzung der Maßnahmen
  - Maßnahmen werden gewählt, die das Problem beseitigen und ein Wiederauftreten verhindern.
- Überwachung der Maßnahmen
  - Die Wirksamkeit der ergriffenen Korrekturmaßnahmen muss sichergestellt werden.

Weisen der aufgetretene Fehler oder die festgestellte Abweichung auf grundsätzliche Probleme in der Anwendung des Managementsystems oder der Norm hin, muss der betroffene Tätigkeitsbereich einem Audit unterzogen werden. Nur so kann das normenkonforme Arbeiten überprüft werden.

Die Durchführung von korrigierenden Maßnahmen gehört zu den unbeliebten Arbeiten im Prüflaboratorium, sie stellt jedoch die beste und effektivste Möglichkeit zur Verbesserung der Prüfarbeiten und des Managementsystems dar.

Vorbeugende Maßnahmen

Mögliche Fehlerquellen im Managementsystem oder technischer Art müssen ermittelt werden, um eine gute Umsetzung des Systems zu erreichen und kontinuierlich zu verbessern. Damit korrigierende Maßnahmen nicht erst durchgeführt werden müssen, werden Pläne für vorbeugende Maßnahmen im Vorfeld entwickelt, umgesetzt und ihre Wirksamkeit überwacht.

Beispiele für vorbeugende Maßnahmen:

- Belehrung neuer Mitarbeiter hinsichtlich des Managementsystems und des Arbeitsschutzes
- Ermittlung des Schulungsbedarfs und Aufstellung eines Schulungsplans
- Schulung der Mitarbeiter extern
- Schulung der Mitarbeiter intern durch eigene erfahrene Kräfte
- Regelmäßige Kommunikation zwischen der obersten Leitung, der technischen Leitung, dem Qualitätsmanagement und dem technischen Prüfpersonal in Form von Arbeitskreisen, Gruppen- und Einzelgesprächen
- Einsatz validierter Methoden, Ermittlung von Validierungsdaten
- Aktuelle Liste der wartungsbedürftigen Geräte
- Aufstellen eines Wartungsplans
- Auflistung der verfügbaren Referenzmaterialien
- Regelmäßiger Einsatz der Referenzproben
- Führung und Auswertung der Kontrollkarten
- Teilnahme an Eignungsprüfungssystemen
- Erstellung eines jährlichen Eignungsprüfungsplans
- Durchführung von internen Audits.

Lenkung von Aufzeichnungen

Die Kennzeichnung, Sammlung, Registrierung, Zugänglichkeit, das Ordnen, die Lagerung, Pflege und Verfügbarkeit von Qualitäts- und technischen Aufzeichnungen müssen geregelt und aufrechterhalten werden.

Zu den Qualitätsaufzeichnungen gehören die Aufzeichnungen über interne Audits, Managementbewertungen, Korrekturmaßnahmen und vorbeugende Maßnahmen.

Technische Aufzeichnungen sind ursprüngliche Beobachtungen, abgeleitete Daten, Aufzeichnungen über Kalibrierungen, über das Personal und Prüfberichte.

Interne Audits

Interne Audits sind durchzuführen, um sicherzustellen, dass das Managementsystem und die Anforderungen der Norm ISO/IEC 17025 vollständig in der Praxis verwirklicht sind.

Durch festgestellte Nichtkonformitäten werden wertvolle Hinweise für die Verbesserung des Managementsystems erhalten.

Organisation von internen Audits:
- Das Verfahren muss festgelegt sein.
- Auditplan
  Es wird ein Auditplan (z. B. zum Jahresbeginn) aufgestellt, in dem alle für einen festgelegten Zeitraum (z. B. das aktuelle Jahr) geplanten internen Audits aufgeführt sind.
- Verantwortlichkeiten
  Der Qualitätsmanager ist für die Planung und Organisation der Audits verantwortlich.
- Qualifikation
  Die Audits sind von geschultem und qualifiziertem Personal durchzuführen, das möglichst von der dem Audit unterzogenen Tätigkeit unabhängig sein sollte.
- Nichtkonformitäten
  Entsprechen die Abläufe und/oder Ergebnisse nicht den Anforderungen, sind Korrekturmaßnahmen zu ergreifen. Die Umsetzung und die Wirksamkeit der Korrekturmaßnahmen sind zu verifizieren und aufzuzeichnen.
- Aufzeichnungen
  Der auditierte Tätigkeitsbereich, die Feststellungen des Audits und die Korrekturmaßnahmen inklusive deren Umsetzung und Überprüfung sind aufzuzeichnen.

Management-Bewertung
Die oberste Leitung des Prüflaboratoriums muss regelmäßig nach einem vorbestimmten Verfahren das Managementsystem und die Prüftätigkeit bewerten. Es ist deren Eignung und Wirksamkeit sicherzustellen. Des Weiteren können so Änderungen und Verbesserungen eingeführt werden. Es wird ein Gesamtbericht (Review) zum Stand des Managements verfasst. Aus der Bewertung resultierende Maßnahmen werden aufgezeichnet und deren Durchführung überwacht.

**9.3.2
Technische Anforderungen**

Allgemeines
Die Richtigkeit und Zuverlässigkeit von Prüfungen wird von vielen Faktoren beeinflusst. Die wesentlichen zur Gesamtmessunsicherheit beitragenden Einflussgrößen müssen vom Prüflaboratorium berücksichtigt werden:

- Qualifikation des Personals
- räumliche Umgebungsbedingungen
- Prüfverfahren und Verfahrensvalidierung
- Einrichtungen
- messtechnische Rückführung

- Probenahme
- Handhabung von Prüfgegenständen.

Die technischen Anforderungen an diese Faktoren sind in der Norm festgelegt. Im Folgenden wird auf die einzelnen Punkte näher eingegangen.

Personal
Das Personal hat für die Kompetenz des Prüflaboratoriums eine große Bedeutung. Es sind die folgenden Anforderungen zu erfüllen:

- Die Leitung des Prüflaboratoriums muss die notwendige Ausbildung, Schulung und Erfahrung des Personals formulieren. Das heißt, für die einzelnen Arbeitsplätze sind Anforderungsprofile und Sollvorgaben zu definieren.
- Das Personal muss vertraglich an das Prüflaboratorium gebunden sein.
- Das Personal muss für die ihm übertragenen Aufgaben qualifiziert und kompetent sein. Es muss in Übereinstimmung mit dem Managementsystem arbeiten. Technisches Hilfspersonal und Mitarbeiter in der Schulungs- oder Ausbildungsphase sind entsprechend zu beaufsichtigen.
- Der Schulungsbedarf ist zu ermitteln, Schulungen müssen durchgeführt und ihre Wirksamkeit überprüft werden. Ein Verfahren dafür ist festzulegen.
- Es müssen aktuelle Tätigkeitsbeschreibungen geführt werden. Darin sind die Verantwortlichkeiten für die qualitätsrelevanten Aufgaben festzulegen.
- Bestimmten Personen müssen Befugnisse erteilt werden für die
  - Durchführung von Probenahmen
  - Durchführung von Prüfungen
  - Ausstellung von Prüfberichten
  - Meinungsäußerungen und Interpretationen.
- Es sind Qualifikationsnachweise für das Personal zu führen. Diese enthalten Aufzeichnungen über die fachliche Kompetenz, Ausbildungs- und Berufsqualifikationen, Schulungen, Fertigkeiten, Erfahrungen und Befugnisse.

Räumlichkeiten und Umgebungsbedingungen
Die Räumlichkeiten und Umgebungsbedingungen müssen eine korrekte Durchführung der Probenahme und der Prüfungen ermöglichen. Die Qualität der Messung darf nicht negativ beeinflusst werden.

Die notwendigen technischen Anforderungen müssen schriftlich niedergelegt sein.

Umgebungsbedingungen, welche die Qualität der Ergebnisse beeinflussen, müssen überwacht, geregelt und aufgezeichnet werden. Bei negativer Beeinflussung oder Verfälschung von Ergebnissen müssen die Prüfungen eingestellt werden.

Besteht zwischen benachbarten Bereichen die Gefahr gegenseitiger Beeinflussung oder von Querkontaminationen, müssen die Bereiche wirksam abgetrennt werden.

Der Zugang zu und die Nutzung der qualitätsrelevanten Bereiche des Prüflaboratoriums ist zu regeln.
Ordnung und Sauberkeit ist im Prüflaboratorium sicherzustellen.

Prüfverfahren und deren Validierung
Das Prüflaboratorium muss für alle die Qualität der Prüfungen beeinflussenden Tätigkeiten aktuelle Methoden und Verfahren besitzen und verwenden.

Die Auswahl der Prüfverfahren hat für die Richtigkeit und Zuverlässigkeit der Ergebnisse große Bedeutung. Das Verfahren muss zweckmäßig sein und die Erfordernisse des Kunden erfüllen. Technisch begründete Abweichungen von Prüfverfahren müssen dokumentiert und vom Kunden genehmigt sein.

Wird das Verfahren vom Kunden gewählt, ist die Anwendung zu prüfen und der Kunde bei negativer Bewertung zu informieren.

Wählt das Prüflaboratorium das anzuwendende Verfahren, wird zwischen genormten und nicht genormten Verfahren unterschieden.

Der Einsatz genormter Verfahren ist vorzuziehen. Folgendes ist zu beachten:

- Das Prüflaboratorium muss bestätigen, dass es die genormten Verfahren richtig anwenden kann.
- Der Kunde ist über das verwendete Verfahren zu informieren.

Steht kein genormtes Verfahren zur Verfügung, das die Erfordernisse erfüllt, müssen genormte Verfahren modifiziert, nicht genormte Verfahren übernommen oder eigene Verfahren entwickelt werden.
Für die Anwendung nicht genormter Methoden müssen diese Voraussetzungen erfüllt sein:

- Die Einführung von eigenen Verfahren muss geplant durch angemessen ausgerüstetes, qualifiziertes sowie geschultes Personal erfolgen.
- Anforderungen und Zweck des Verfahrens müssen festgelegt sein, es muss sich für die vorgesehene Anwendung eignen.
- Das Verfahren muss validiert sein.
- Der Kunde muss für die Anwendung des Verfahrens seine Zustimmung geben.

Validierung von Untersuchungsverfahren
Die Anwendung geeigneter analytischer Prüfmethoden (valider Untersuchungsverfahren) ist Voraussetzung für ein kompetent arbeitendes, akkreditiertes Prüflaboratorium und ein essentieller Bestandteil eines etablierten Qualitätssicherungssystems, mit dem Ziel zuverlässige analytische Daten zu erzeugen. Das Labor steht in der Verantwortung, für den jeweiligen Untersuchungsauftrag geeignete Untersuchungsverfahren anzuwenden. Die Leistung des angewendeten Verfahrens muss für das Untersuchungsziel hinreichend sein („fit for purpose"). Um dies zu entscheiden, werden die Leistungskenndaten des Untersuchungsverfahrens benötigt, d. h. das Verfahren muss validiert sein.

Definition: „Validierung ist die Bestätigung durch Untersuchung und Bereitstellung eines Nachweises, dass die besonderen Anforderungen für einen speziellen Gebrauch erfüllt sind."

Die Validierung der Untersuchungsverfahren wird nicht nur von Seiten der Akkreditierungsinstitution gefordert, die Übermittlung von Leistungsdaten und Validierungsberichten an Kunden im analytischen Dienstleistungssektor, aber auch im amtlichen Arbeitsalltag, ist mittlerweile zu einer Selbstverständlichkeit geworden.

Vom Labor sind zu validieren:

- nicht genormte Verfahren,
- selbst entwickelte Verfahren,
- genormte Verfahren, die außerhalb ihres vorgesehenen Anwendungsbereiches verwendet werden,
- Erweiterungen von genormten Verfahren.

Auch wenn genormte Methoden (z. B. ISO, EN, DIN, SLMB, AOAC) als valide gelten, muss das Labor den Nachweis erbringen, dass diese laborintern beherrscht und sachgerecht angewendet werden. Infolgedessen ist demnach auch bei genormten Prüfverfahren die gezielte Ermittlung ausgewählter Leistungskenndaten eine notwendige Maßnahme, ein geringerer Validierungsaufwand aber fachlich gerechtfertigt und ökonomisch sinnvoll.

Die Validierung von Untersuchungsverfahren erfolgt planmäßig. Der sogenannte Validierungs-Master-Plan (VMP) oder auch Validierungszyklus eines Untersuchungsverfahrens, lässt sich in sechs Phasen unterteilen, die gleichzeitig den üblichen zeitlichen Ablauf darstellen:

1. Methodenentwicklung, Methodenadaption
   Vor Beginn der Validierung muss ein für das jeweilige Prüfmuster geeignetes Verfahren in schriftlicher Form vorliegen. Weitere Voraussetzungen sind ein qualifiziertes Gerät und Personal, welches mit dem zu validierenden Untersuchungsverfahren bestens vertraut ist. Strategisch und ökonomisch sinnvoll ist die Anfertigung eines konkreten Validierungsplans vor Beginn der Messungen. Hier werden auch die Anforderungen formuliert, die nach erfolgter Validierung zu bewerten sind und die entscheidend für die Klärung der Frage nach der Eignung des Untersuchungsverfahrens sind.
2. Basisvalidierung
   In dieser Phase werden die analytischen Leistungsmerkmale des Untersuchungsverfahrens wie Präzision, Richtigkeit und Linearität ermittelt. Die Selektivitätsüberprüfung sowie ausgewählte Experimente zur Methodenrobustheit können bereits im Rahmen der Methodenentwicklung stattfinden.
3. In-Haus-Qualitätskontrolle
   Regelkarten werden in der laborinternen Qualitätskontrolle bevorzugt eingesetzt und sind ein hervorragendes Instrument zur Überprüfung der Anwendbarkeit und der Erfüllung der Qualitätsanforderungen des Verfahrens

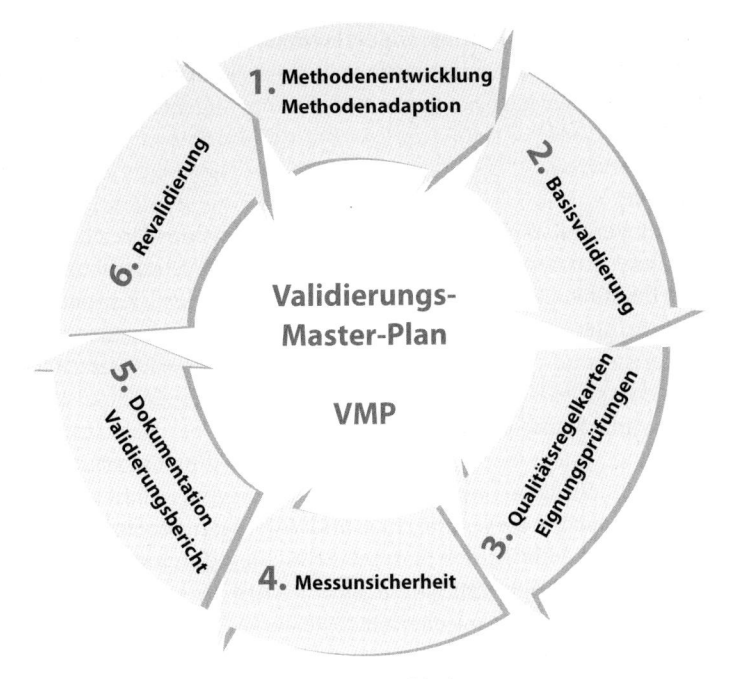

Abb. 9.3. Validierungs-Master-Plan (Validierungszyklus)

im Routinealltag unter den jeweiligen realen Bedingungen (Laborpräzision, Verfahrenstabilität). Die regelmäßige Teilnahme an Eignungsprüfungen ist unverzichtbarer Baustein zur Bestätigung der Kompetenz eines Labors und Pflichtprogramm eines etablierten Management-Systems.

4. Messunsicherheit
   Unverzichtbar für eine wissenschaftlich korrekte Interpretation von Untersuchungsergebnissen ist die Berücksichtigung der Messunsicherheit. Grundlage für die Abschätzung der Messunsicherheit können die Leistungskenndaten aus der Verfahrensvalidierung, die Daten der Routine-Qualitätskontrolle und die Ergebnisse von Eignungsprüfungen sein.
5. Dokumentation, Validierungsbericht
   In allen Phasen des Validierungszyklus werden die generierten Daten zusammengetragen, (statistisch) ausgewertet und mit den relevanten Qualitätsanforderungen an das Verfahren verglichen. Ein kommentierter Bericht wird über die Ergebnisse verfasst. Entscheidend ist die abschließende Bewertung, ob das validierte Untersuchungsverfahren für den beabsichtigten Gebrauch geeignet ist oder nicht.
6. Revalidierung
   Wird ein validiertes Verfahren geändert, ist diese Änderung zu dokumentieren und das Untersuchungsverfahren einer gezielten Revalidierung zu unterziehen. Die Validierung ist kein einmaliger und danach abgeschlossener

Vorgang, sondern ein immer wiederkehrender, fortlaufender Prozess. Der Umfang der Methodenvalidierung sollte aus ökonomischen Gründen den Erfordernissen der beabsichtigten Anwendung angemessen („fir for purpose") sein.

Messunsicherheit

Die Messunsicherheit repräsentiert einen Konzentrationsbereich, in welchem sich der „wahre" Analysenwert mit einer vorgegebenen statistischen Sicherheit (meist 95%) befindet. Die Messunsicherheit ist die wichtigste Kenngröße zur Absicherung und Interpretation eines Analysenergebnisses. Der klassische Ansatz zur Charakterisierung von Prüfverfahren basierte auf einer Unterscheidung von systematischen und zufälligen Fehlern. Die zufälligen Fehler (Präzision) wurden oft nur als Standardabweichung des apparativen Teils berücksichtigt (Messpräzision), während systematische Fehler (Richtigkeit) oft nicht exakt beschreibbar waren und nur unzureichenden Eingang in das Ergebnis fanden. Es wird heute nicht mehr zwischen systematischen und zufälligen Fehlern unterschieden, sondern es wird die Summe der Beiträge betrachtet, durch die die Qualität des Ergebnisses beeinträchtigt wird. Diese Summe wird als Unsicherheit bzw. Messunsicherheit oder Ergebnisunsicherheit bezeichnet.

Die Messunsicherheit wird nicht als Fehler angesehen, da ein Fehler als bekannt und identifizierbar angesehen wird und demzufolge beseitigt, vermieden oder mit Hilfe von Berechnungen korrigiert werden kann. Die Messunsicherheit muss als Unbekannte betrachtet werden (natürliche, unvermeidbare Variabilität).

In den neueren Normen wird zudem ausdrücklich darauf hingewiesen, dass die Schätzung von Unsicherheiten eine gleichberechtigte Methode zur Bestimmung der Unsicherheit neben den statistischen Modellen ist. Es ist besser, alle wesentlichen Unsicherheiten mit akzeptabler Genauigkeit zu erfassen, als lediglich einzelne Unsicherheiten mit extremer Genauigkeit (und andere überhaupt nicht).

Ein für Routinelaboratorien aus ökonomischen Gründen pragmatisches Konzept für die fachgerechte und zweckorientierte Abschätzung der Messunsicherheit ist der sogenannte „top-down-Ansatz" (Nordtest NT Report 537). Bei diesem Verfahren wird die Messunsicherheit aus den vorliegenden laborinternen Qualitätskontrollmessungen (Regelkartentechnik), aus den Ergebnissen von Eignungsprüfungen und dem Extrakt der erfolgten Basisvalidierung abgeschätzt. Es sind keine zusätzlichen Messungen notwendig, da für diesen Ansatz alle qualitätsrelevanten Daten bereits vorhanden sind.

Eine Harmonisierung zur Ableitung der Messunsicherheit mit dem Ziel einer besseren Vergleichbarkeit der Ergebnisse und der Vermeidung einer möglichen Wettbewerbsverzerrung, steht noch aus und muss vorrangiges Ziel entsprechender Arbeitsgruppen und Ausschüsse sein. Eine praxisgerechte Ermittlung der Messunsicherheit, wenn möglich unter Verwendung bereits existierender Daten, sollte hierbei im Fokus stehen.

Ein Prüflaboratorium muss über ein Verfahren zur Ermittlung der Messunsicherheit der von ihm ermittelten Prüfergebnisse verfügen und dieses anwenden, um Fehlinterpretationen von Resultaten und damit einen möglicherweise eintretenden wirtschaftlichen Schaden zu vermeiden.

Lenkung von Daten
Berechnungen und Datenübertragungen müssen geprüft werden.
Werden dafür Computer oder automatisierte Einrichtungen genutzt, ist sicherzustellen, dass

- vom Benutzer entwickelte Software dokumentiert und validiert ist
- Verfahren zum Datenschutz integriert sind
- die Funktionalität der Rechner und automatisierten Einrichtungen gesichert ist.

Einrichtungen
Das Prüflaboratorium muss mit allen für die Probenahme und Prüfung erforderlichen Einrichtungen (Geräten) ausgestattet sein. An die Einrichtungen werden folgende Forderungen gestellt:

- Spezifikationen und erforderliche Genauigkeit für die betreffenden Prüfungen müssen eingehalten werden.
- Prüfung und Kalibrierung wird vor dem Gebrauch durchgeführt.
- Die Bedienung erfolgt durch befugtes Personal.
- Kennzeichnung und Registrierung muss erfolgen.
- Die Funktionstüchtigkeit muss gewährleistet sein,
  z. B. durch die Beschreibung und korrekte Ausführung des Geräteumgangs.
- Das Kalibrierintervall ist festzulegen, der aktuelle Kalibrierstatus anzugeben. Die Aktualisierung von Korrekturfaktoren durch Kalibrierungen ist sicherzustellen.
- Geräte, die auf Grund einer Störung nicht zu benutzen sind, werden bis zur Schadensbehebung als nicht gebrauchsfähig gekennzeichnet.
  Bei Auswirkungen des Fehlers auf frühere Arbeiten muss die „Lenkung von fehlerhaften Prüfarbeiten" (siehe bei 9.3.1) erfolgen.
- Waren Einrichtungen für einen bestimmten Zeitraum außerhalb der Kontrolle des Prüflaboratoriums, z. B. durch Defekt, muss vor der Inbetriebnahme durch geeignete Maßnahmen sichergestellt werden, dass sie einwandfrei funktionieren.

Messtechnische Rückführung
Das Prüflaboratorium muss über ein Programm und ein Verfahren zur Kalibrierung aller Prüfeinrichtungen, welche einen signifikanten Einfluss auf die Genauigkeit und Gültigkeit der Prüfergebnisse haben, verfügen.

Bezugsnormale und Referenzmaterialien
Die rückgeführten Bezugsnormale dürfen im Prüflaboratorium nur für Kalibrierungen gebraucht werden.

Dies sind üblicherweise in Prüflaboratorien für Lebensmitteluntersuchungen die Temperatur und das Gewicht, die auf kalibrierte (früher: geeichte) Thermometer bzw. kalibrierte Gewichtsstücke rückgeführt werden müssen.

Referenzmaterialien sollten auf SI-Einheiten (Internationales Einheitensystem) oder auf zertifizierte Referenzmaterialien rückführbar sein.

Für beide muss ein Verfahren

- zur sicheren Handhabung und Lagerung sowie zum sicheren Transport und Gebrauch vorliegen, um sie vor Verschmutzung und Beschädigung zu schützen,
- und ein Programm für deren Einsatz und Überprüfung festgelegt werden, um das Vertrauen in den Kalibrierstatus aufrechtzuerhalten.

Probenahme
Die Probenahme ist ein festgelegtes Verfahren, bei dem ein Teil einer Substanz, eines Materials oder eines Produktes entnommen wird, um zur Prüfung eine für das ganze repräsentative Probe zu erhalten.

Entnimmt das Prüflaboratorium Proben zur Prüfung, muss es über einen Probenahmeplan und eine Verfahrensanweisung zur Probenahme verfügen, die am Probenahmeort zur Verfügung stehen müssen.

Bei der Durchführung der Probenahme hat das Prüflaboratorium folgende Forderungen zu erfüllen:

- Wesentliche Angaben und Tätigkeiten der Probenahme müssen aufgezeichnet werden
  - Verfahren der Probenahme
  - Identifikation des Probenehmers
  - Umweltbedingungen
  - Beschreibungen des Ortes der Probenahme
  - ggf. statistische Verfahren.
- Wenn der Kunde Abweichungen, Ergänzungen oder Ausschlüsse von dem Probenahmeverfahren vorschreibt, müssen diese in allen Dokumenten ersichtlich und dem Personal bekannt sein.

Handhabung von Prüfgegenständen
Das Prüflaboratorium muss über Verfahren für den Umgang mit Prüfgegenständen (Proben) verfügen, dabei ist zuregeln:

- Transport, Eingang, Handhabung, Schutz, Lagerung, Aufbewahrung und Beseitigung
- Schutz der Interessen des Prüflaboratoriums und des Kunden

- Kennzeichnung
  Verwechslungen der Prüfgegenstände sowie der sie betreffenden Aufzeichnungen und Dokumente sind auszuschließen
- Kontrolle des Prüfgegenstandes nach Eingang, Aufzeichnung von Abweichungen
- Kommunikation mit dem Kunden, wenn Zweifel an der Eignung des Prüfgegenstandes für die Prüfung, an dem Prüfgegenstand selbst oder an der festgelegten Prüfung bestehen – neue Vereinbarungen mit dem Kunden sind aufzuzeichnen
- Vermeidung von Beeinträchtigung, Verlust oder (wenn vom Kunden gefordert) Beschädigung des Prüfgegenstandes
- Berücksichtigung, Überwachung und Aufzeichnung von Handhabungsanweisungen z. B. des Kunden.

Sicherung der Qualität von Prüfergebnissen

Das Prüflaboratorium muss über Verfahren für die Qualitätslenkung verfügen. Nur so kann die Gültigkeit der durchgeführten Prüfungen überwacht und belegt werden.

Die Qualitätslenkungsdaten müssen aufgezeichnet, möglichst statistisch ausgewertet und analysiert werden. Wichtig ist es, Tendenzen zu erkennen.

Liegen die Daten außerhalb vorgegebener Maßnahmekriterien, müssen korrigierende Maßnahmen ergriffen werden.

Zur Qualitätssicherung können unterschiedliche Verfahren Anwendung finden:

- Einsatz von zertifiziertem und sekundärem Referenzmaterial, Dokumentation der Ergebnisse durch Kontrollkartentechnik
- Teilnahme an Laborvergleichsuntersuchungen und Eignungsprüfungen
- Wiederholprüfungen – gleichzeitig oder zeitlich versetzt
- Anwendung unterschiedlicher Prüfverfahren
- Plausibilitätsprüfungen
- Stabilitäts- und Funktionalitätsprüfung der Einrichtungen.

Ergebnisberichte

Prüfberichte müssen alle Informationen, die der Kunde verlangt, die für die Interpretation der Ergebnisse erforderlich und vom verwendeten Verfahren vorgeschrieben sind, enthalten.

Ergebnisse können in vereinfachter Weise berichtet werden, wenn es sich um interne Prüfberichte handelt oder der Kunde dies schriftlich genehmigt.

Sind erforderliche Daten nicht im Bericht enthalten, müssen sie im Prüflaboratorium leicht verfügbar sein.

Die Angaben, die jeder Prüfbericht enthalten muss, sind in der Norm detailliert vorgegeben.

Sind in einem Prüfbericht Meinungen und Interpretationen enthalten, müssen die Grundlagen dafür schriftlich niedergelegt sein. Meinungen und Interpretationen müssen als solche gekennzeichnet werden.

Wenn der Prüfbericht Ergebnisse enthält, die von Unterauftragnehmern erarbeitet wurden, müssen diese Ergebnisse klar gekennzeichnet sein. Die Ergebnisse des Unterauftragnehmers müssen dem Prüflaboratorium in schriftlicher oder elektronischer Form vorliegen.

Elektronische Datenübertragung ist möglich. Das bedeutet, es muss nicht notwendigerweise eine Originalunterschrift vorliegen. In jedem Einzelfall muss dann sichergestellt und kenntlich gemacht sein, dass die Freigabe des elektronisch übermittelten Berichts auch vom Unterschriftsberechtigten selbst erfolgt ist.

Prüfberichte müssen so gestaltet sein, dass alle möglichen Prüfdaten gut dargestellt werden und dass die Gefahr von Missverständnissen oder Missbrauch minimiert wird.

Nach der Herausgabe eines Prüfberichtes werden Berichtigungen oder Zusätze ausschließlich in einem gesonderten Schriftstück vorgenommen (oder durch Datenübertragung), das entsprechend gekennzeichnet ist.

Im Übrigen entsprechen die Änderungsschriftstücke den üblichen Prüfberichten.

Ist es erforderlich, einen vollständig neuen Prüfbericht auszustellen, muss dieser eindeutig bezeichnet sein und den Hinweis enthalten, welches Original er ersetzt.

9.4
Ablauf einer Akkreditierung

Antrag und Unterlageneinreichung

Das Prüflaboratorium muss einen Antrag bei der entsprechenden Akkreditierungsstelle stellen. Es wird seitens der Akkreditierungsstelle geprüft, für welchen Geltungsbereich das Prüflaboratorium die Akkreditierung wünscht. Hierzu sind umfangreiche Antragsunterlagen vom Prüflaboratorium mit einzureichen. Akkreditierungsstellen nehmen Anträge i. d. R. erst nach einer Vorbewertung an.

Zur Bewertung der Konformität sind beispielsweise folgende Antragsunterlagen einzureichen:

- Angaben zum Prüflaboratorium mit Standort/en und räumlichen Verhältnissen
- Darlegung der Personalverhältnisse und Organigramm
- Technisches Kompetenzprofil (tabellarische Aufstellung des „Scope", also des Fachspektrums, das der Geltungsbereich der Akkreditierung abdecken soll)
- Checkliste nach der ISO/IEC 17025, vom Prüflaboratorium ausgefüllt
- Verfahrensanweisungen und Arbeitsanweisungen, ausgewählt
- Allgemeine Regelungen zum Probenmanagement
- Anweisungen zu Prüfberichten incl. einiger Musterbeispiele

- Allgemeine Regelungen zur Prüfmethodenauswahl und zur Validierung
- Allgemeine Regelungen zur Ermittlung der Messunsicherheiten
- Allgemeine Anweisungen zum Umgang mit Messnormalen, Referenzmaterialien (in der Mikrobiologie mit Referenzstämmen)
- Regelungen zum Umgang mit Messgeräten
- Anweisung für interne Audits
- Regelung zur regelmäßigen Bewertung des Managementsystems
- Liste der durchgeführten Eignungsprüfungen mit Bewertung
- Liste der Schulungsmaßnahmen des Personals
- Liste der Unterauftragnehmer
- Verteilung der Untersuchungszahlen zum Technischen Kompetenzprofil (TKP).

Zurzeit ist davon auszugehen, dass eine Erst-Akkreditierung von der Antragsstellung bis zur Überreichung der Akkreditierungsurkunde gut ein Jahr dauern kann.

Vorbewertung, Benennung der Begutachter und Auftrag

Die Vorbewertung dient der Überprüfung, ob der Antrag (Anmeldung) aus fachlicher Sicht angenommen werden kann. Zweck ist hauptsächlich die Vorbereitung der eigentlichen Begutachtung vor Ort (Hauptbegehung). Es gilt zu entscheiden, ob das Prüflaboratorium die Voraussetzung erfüllt, die Akkreditierung erfolgreich abzuschließen.

Zur Vorbewertung gehören drei Schritte:

- Antragsdurchsicht (fachliche Vollständigkeitsprüfung der Antragsunterlagen)
- Vorbegehung (Gespräch und kurze Übersichtsbegehung)
- Auftragsvorschlag (Vorschlag zur Größe des Begutachtungsteams, der abzudeckenden Fachspektren und dem Zeitbedarf für die eigentliche Begutachtung).

Die Durchführung der Vorbewertung erfolgt von der Person, die später die Funktion des leitenden Begutachters übernehmen soll. Sie macht gegenüber der Akkreditierungsstelle einen Vorschlag zur Zusammensetzung des Begutachter-Teams für die Hauptbegehung.

Nach positiver Bewertung kann das Hauptverfahren eingeleitet werden.

Der den Begutachtungsauftrag festlegende schriftliche Auftrag wird allen Beteiligten (Prüflaboratorien und Begutachterteam) bekannt gegeben und bedarf der schriftlichen Zustimmung.

Hauptbegehung

Möglichst frühzeitig wird der voraussichtliche Begehungsplan von der Teamleitung erstellt und der Akkreditierungsstelle, dem Prüflaboratorium und allen Teammitgliedern zugesandt.

Die angekündigte Hauptbegehung erfolgt zu einem fixierten Zeitpunkt. Sie kann in drei Abschnitte unterteilt werden:

- Interview (Anfangsbesprechung)
- Vor-Ort-Begehung
- Abschlussgespräch.

Beim Anfangsgespräch sind alle Begutachter, die Leitung des Prüflaboratoriums bzw. bei größeren Einheiten die Bereichs-/Abteilungs- oder Prüfleiter sowie der Qualitätsmanager anwesend. Nach einer allgemeinen Vorstellungsrunde beschäftigt sich der erste Teil der Begehung mit den formellen Aspekten, vor allem mit Teil 4 der ISO/IEC 17025 „Anforderungen an das Management". Dafür hat jede Akkreditierungsstelle eine entsprechende Checkliste, die diese Anforderungen genau widerspiegelt und abgearbeitet wird. Hier besteht auch die Möglichkeit der Einsicht in Detailunterlagen, z. B. Ergebnisse von Eignungsprüfungen oder Schulungsunterlagen.

Nach Beendigung der formellen Aspekte gehen die Fachbegutachter in die jeweiligen analytischen Bereiche (z. B. Chemie, Mikrobiologie, Diagnostik) und setzen die Begutachtung vor Ort fort. Hier steht der Teil 5 der ISO/IEC 17025 „Technische Anforderungen" im Vordergrund. Je nach Größe des Prüflaboratoriums kann die Begutachtung einige Stunden bzw. Tage in Anspruch nehmen.

Zum Abschluss der Begehung findet ein Abschlussgespräch mit den Teilnehmern des Anfangsgespräches statt, in dem das Begutachtungs-Team die gewonnenen Eindrücke zusammenfasst. Hier muss vom leitenden Begutachter eine „Empfehlung zur Akkreditierung" ausgesprochen oder abgelehnt oder ggf. der Geltungsbereich des Prüflaboratoriums eingeschränkt werden. Im Rahmen des Abschlussgespräches weisen die Begutachter auf eventuell festgestellte Abweichungen (sog. Nicht-Konformitäten) hinsichtlich der Anforderungen der ISO/IEC 17025 hin. In Zusammenarbeit mit den Vertretern des Prüflaboratoriums werden hieraus Korrekturmaßnahmen formuliert und terminiert.

Bis zur Abarbeitung dieser Korrekturmaßnahmen ruht das Akkreditierungsverfahren. Ausnahmen hiervon sind erforderliche Umsetzungen, die zeitnah nicht erfüllbar sind, wie zum Beispiel eine Teilnahme an einer Eignungsprüfung. Diese Korrekturmaßnahmen werden als Auflage definiert und bei der folgenden Überwachungsbegehung geprüft.

Begutachtungsbericht

Nach Abschluss der Hauptbegehung sind die einzelnen Begutachter verpflichtet, zeitnah einen Begutachtungsbericht zu verfassen und diesen dem leitenden Begutachter zukommen zu lassen. Dieser fasst die Berichte zu einem Gesamtbericht zusammen.

Der Gesamtbericht wird jedoch erst abgeschlossen, nachdem das Prüflaboratorium durch Bereitstellung geeigneter Nachweise – im Regelfall Dokumente – die vereinbarten Korrekturmaßnahmen erfüllt hat. Andererseits ist es durchaus denkbar, dass eine Nachbegehung vor Ort durch einen der Begutachter erfolgt. Die Bewertung der durchgeführten Korrekturmaßnahmen obliegt den Fachbegutachtern.

Der Gesamtbericht wird der Akkreditierungsstelle übermittelt und nach formaler Prüfung dem Prüflaboratorium zur Stellungnahme zur Verfügung gestellt.

Votum zur Akkreditierung

Das eigentliche Votum zur Akkreditierung erteilt nach Abschluss des Verfahrens in der Akkreditierungsstelle ein Ausschuss für Akkreditierung. Das ist i. d. R. der Zeitpunkt, ab dem das Prüflaboratorium sich dann für den bestätigten Geltungsbereich als „akkreditiert" bezeichnen darf.

Akkreditierung, Urkunde, Überwachung

Für das akkreditierte Prüflaboratorium wird eine Urkunde mit entsprechender Anlage des Geltungsbereiches erstellt. Das Prüflaboratorium ist dann über einen Zeitraum von fünf Jahren akkreditiert mit allen dazugehörigen Pflichten und Rechten.

Zum Beispiel müssen im Prüfbericht einzelne Verfahren oder Bereiche, für die das Prüflaboratorium nicht akkreditiert ist, kenntlich gemacht werden, wenn der Prüfbericht das Logo der Akkreditierungsstelle bzw. des DAR verwendet. Auch sind der Akkreditierungsstelle regelmäßig Nachweise von durchgeführten qualitätssichernden Maßnahmen vorzulegen. Im Regelfall werden diese in den jährlichen Qualitätsmanagement-Meldungen des Vorjahres dokumentiert und der Akkreditierungsstelle zur Bewertung bzw. zur Dokumentation der Veränderungen und Neuerungen vorgelegt.

Im Zeitraum der Akkreditierung erfolgen mehrere Überwachungsbegehungen, die der leitende Begutachter mitorganisiert. Dieser ist neben der Akkreditierungsstelle Hauptansprechpartner für das Prüflaboratorium, insbesondere hinsichtlich einer möglichen Erweiterung des Geltungsbereiches.

9.5 Schlussbetrachtung

Die Akkreditierung von Prüflaboratorien im Bereich Lebensmittel und Futtermittel ist von großer Bedeutung. Für amtliche Laboratorien besteht gemäß der VO (EG) Nr. 882/2004 eine Akkreditierungspflicht. Für die privaten Laboratorien ist ohne ihre Akkreditierung heutzutage die Akzeptanz am Markt und bei den Behörden nicht mehr gegeben.

Eine Akkreditierung endet jedoch nicht mit der Übergabe der Urkunde, sondern nunmehr beginnt eine kontinuierliche Fortschreibung, Entwicklung und Verbesserung des Erreichten. Dies ist eine der Hauptforderungen der Norm ISO/IEC 17025:2005.

Dabei ist die Akzeptanz und der Wille zur kontinuierlichen Verbesserung auf allen Bereichsebenen wichtig.

Der Nutzen der Akkreditierung und damit der Einführung eines Managementsystems liegt für die Prüflaboratorien in der Verbesserung der Qualität. Dies führt zur Senkung der Fehlerquote und der Häufigkeit der Reklamationen.

Durch das kritische Betrachten der Arbeits- und Verfahrensabläufe ergeben sich oft Optimierungen, die u. a. zur Senkung der Durchlaufzeit führen. Das Ergebnis ist eine Erhöhung der Kundenzufriedenheit.

Darüber hinaus führt die Akkreditierung zu mehr **Vertrauen** in die Prüfergebnisse und einer **weltweiten Anerkennung** von Prüfberichten und Zertifikaten.

9.6
Literaturhinweise

Alle EWG-, EG- bzw. EU-Rechtsregelungen sind frei zugänglich unter http://eur-lex.europa.eu/de/index.htm und dort unter „einfache Suche" zur Suche nach der Nummer des Dokuments oder nach der Fundstelle im Amtsblatt.

Alle nationalen und internationalen technischen Normen unterliegen dem Copyright und können beim Beuth Verlag, Berlin Wien Zürich bezogen werden. http://www.beuth.de

VO (EG) Nr. 882/2004	Verordnung (EG) Nr. 882/2004 des Europäischen Parlaments und des Rates vom 29.04.2004 über amtliche Kontrollen zur Überprüfung der Einhaltung des Lebensmittel- und Futtermittelrechts sowie der Bestimmungen über Tiergesundheit und Tierschutz
VO (EG) Nr. 765/2008	Verordnung (EG) Nr. 765/2008 (des Europäischen Parlaments und des Rates vom 9. Juli 2008 über die Vorschriften für die Akkreditierung und Marktüberwachung im Zusammenhang mit der Vermarktung von Produkten und zur Aufhebung der Verordnung (EWG) Nr. 339/93 des Rates
ISO/IEC 17025	DIN EN ISO/IEC 17025:2005; Allgemeine Anforderungen an die Kompetenz von Prüf- und Kalibrierlaboratorien
ISO/IEC 17011	DIN EN ISO/IEC 17011:2005; Konformitätsbewertung – Allgemeine Anforderungen an Akkreditierungsstellen, die Konformitätsbewertungsstellen akkreditieren

ISO 9000	DIN EN ISO 9000:2005; Qualitätsmanagementsysteme – Grundlagen und Begriffe
ISO/IEC 17000	DIN EN ISO/IEC 17000:2005; Konformitätsbewertung – Begriffe und allgemeine Grundlagen
ISO 9001	DIN EN ISO 9001:2008; Qualitätsmanagementsysteme – Anforderungen

Kapitel 10

Einführung in moderne analytische Verfahren mit ausgewählten Beispielen

RICHARD STADLER[1] · THOMAS GUDE[2]

[1] Quality Management Dept., Nestlé Product Technology Centre Orbe,
1350 Orbe, Schweiz
richard.stadler@rdor.nestle.com
[2] SQTS (Swiss Quality Testing Services), Grünaustrasse 23, 8953 Dietikon, Schweiz
thomas.gude@sqts.ch

10.1	Einleitung	253
10.2	Allgemeine Richtlinien zur Erstellung einer analytischen Methode	254
10.2.1	Probennahme	255
10.2.2	Probenaufarbeitung	255
10.2.3	Messung	256
10.2.4	Auswertung	256
10.3	Ausgewählte Prüfverfahren	257
10.3.1	Immunologische Tests	257
10.3.2	PCR-gestützte Verfahren	264
10.3.3	Gaschromatographische Verfahren (Transfett-Bestimmung)	272
10.3.4	Massenspektroskopische Verfahren	274
10.4	Nanopartikel in Lebensmitteln/Lebensmittelverpackungen	286
10.5	Literatur	287

10.1 Einleitung

Die Lebensmittelanalytik hat während der letzten zehn bis fünfzehn Jahre in den meisten Bereichen fundamentale und fast „exponentielle" Fortschritte erzielt. Es gibt viele unterschiedliche, aber zusammenhängende Gründe für diese rasche Entwicklung. Deutliche Impulse kommen aus dem zunehmenden Aufwand für Qualitätssicherungsmaßnahmen, die aus Kosten- bzw. Wirtschaftlichkeitsgründen möglichst einfach und leicht durchzuführende Tests fordern.

Für die Methodenentwicklung bedeutet dies einen deutlichen Wandel zu Verfahren, die „zuverlässig, einfach, und schnell" sind. Illustriert wird diese Tendenz heute durch die breite Palette an kommerziell erhältlichen Verfahren und Messgeräten; in diesem Zusammenhang sind die Schnelltests bzw. Alternativmethoden von großer Bedeutung. Erstere umfassen die molekularbiologischen Verfahren (z. B. PCR, immunochemische Tests) und gehören heute zum Standardrepertoire des modernen Lebensmittelanalytikers. Alternativmethoden, wie z. B. Ultraschall, NIR, NMR, dienen zur Prozess-/Qualitätskontrolle und erlauben ein sekundenschnelles Eingreifen in den Prozessablauf, falls ein Parameter (z. B. Feuchtigkeit, Viskosität) unverhofft außerhalb einer vorgegebenen Toleranzgrenze gerät.

Ein weiterer Katalysator der Neuentwicklungen, vor allem sichtbar in der Rückstandsanalytik, ist die Zunahme und Erweiterung des globalen Handels mit Lebensmitteln und Rohstoffen pflanzlichen und tierischen Ursprungs. Um die Einhaltung nationaler und internationaler Höchstmengenverordnungen zu gewährleisten, muss eine ausreichende Qualitätskontrolle der exportierenden, sowie auch der importierenden Länder vorhanden sein, unterstützt durch eine fachkompetente und von der Kapazität her genügende Analytik. Seitens der Überwachungslabors und der amtlichen Instanzen fordert man die Entwicklung effizienterer und selektiverer Screening-Methoden und Multimethoden. Letztere werden durch instrumentelle Fortschritte, vor allem in der Massenspektrometrie, und durch neue Kombinationen von Trenn- und Detektionsverfahren, leistungsfähiger in Bezug auf das analytische „Fenster", d. h. der Art und Anzahl der zu erfassenden Substanzen.

Da es sich bei dem hier vorliegenden Kapitel um eine relativ kurze Zusammenfassung handelt, ist es leider nicht möglich, auf alle nennenswerten Fortschritte in der Lebensmittelanalytik einzugehen. Das enorm breite Spektrum der unterschiedlichen analytischen Anwendungen und die Komplexität der individuellen Fragestellungen erlauben nicht, im vorgegebenen Rahmen eine tiefgehende allgemeine Darstellung der Thematik zu geben. Anstelle einer allgemeinen Abhandlung sollen deshalb an Hand von konkreten Beispielen in einzelnen Bereichen schlaglichtartig die prinzipiellen Tendenzen gezeigt werden, die in der Lebensmittelanalytik in den letzten Jahren erkennbar geworden sind beziehungsweise in der nahen Zukunft noch weiter an Interesse zunehmen.

10.2
Allgemeine Richtlinien zur Erstellung einer analytischen Methode

Chemisch-physikalische Prüfverfahren bestehen in der Regel aus folgenden Schritten:

- Probennahme
- Probenaufarbeitung
- Messung
- Auswertung.

In diesem Abschnitt wird nur kurz auf diese Punkte eingegangen, weitere Information kann der Literatur entnommen werden [s. 1, 2].

10.2.1
Probennahme

Da das analytische Endergebnis nur auf einem Teil der Charge *(batch)* beruht, kommt der Probennahme besondere Bedeutung zu. Fehler bei der Probennahme können nicht mehr rückgängig gemacht werden.

Proben sollten derart erhoben und gegebenenfalls aufbewahrt werden, dass der chemische und/oder mikrobiologische Status nicht verfälscht werden kann und das zu entnehmende Aliquot repräsentativ für die Gesamtheit des Untersuchungsgutes ist. Auf die in vielen Fällen bereits vorhandenen amtlichen Verfahren und Richtlinien zur Probennahme (inklusive Probenumfang) für die amtliche Kontrolle bestimmter Stoffe in Lebensmitteln wird in diesem Abschnitt nicht eingegangen, der Leser kann sich an vorhandenen Leitfäden orientieren [3].

10.2.2
Probenaufarbeitung

Der nächste Schritt des analytischen Prozesses ist die Probenaufarbeitung. Der zu betreibende Aufwand dieses Schrittes ist abhängig von der Komplexität der Lebensmittelzusammensetzung sowie vom instrumentellen Detektionsverfahren, das angewendet werden soll. Die mit der Probenaufarbeitung verbundenen Arbeitsgänge sind in der instrumentellen Lebensmittelanalyse meist sehr ähnlich, und werden im Folgenden kurz beschrieben.

Probenvoranreicherung: Der Voranreicherungsschritt soll dazu dienen, den zu untersuchenden Stoff möglichst gezielt in ein geeignetes Extraktionsmedium zu überführen. Die Wahl des Extraktionsmediums, meist Wasser, organische Lösungsmittel oder eine Kombination der beiden, ist abhängig von den physikalisch-chemischen Eigenschaften und der Stabilität des zu untersuchenden Stoffes. Diese Eigenschaften bestimmen auch die Extraktionstemperatur. In manchen Fällen ist eine zusätzliche Vorbehandlung der Matrix notwendig, um die Verbindung frei zu setzen, z. B. durch Säure- oder Enzymhydrolyse. Nach dem Extraktionsschritt wird durch Filtration oder Zentrifugation ein klarer Extrakt erhalten.

Clean-up: In der Spurenanalytik wird in vielen Fällen zusätzlich zum Extraktionsschritt ein so genanntes „Clean-up" durchgeführt. Dieser Schritt dient dazu, die Zielverbindung weiter anzureichern bzw. aufzureinigen und dadurch die Empfindlichkeit des analytischen Verfahrens zu verbessern. Zu den gängigen Clean-up Methoden zählen z. B. die flüssig-flüssig Extraktion, Fest-Phasen Extraktion (*solid-phase extraction*, SPE) und Verfahren basierend auf Immunoaffinität und Molekülgröße (Ultrafiltration, Dialyse, Molekularsiebe, Gel-Permeations-Chromatographie, usw.).

Der nach dem Clean-up erhaltene Extrakt, bestehend aus Lösungsmittel und Zielverbindung(en), muss mit dem Trennverfahren und mit dem damit gekoppelten Detektorsystem kompatibel sein. Deshalb sind eventuell weitere Schritte, wie z. B. eine Derivatisierung erforderlich, um die Flüchtigkeit der Zielverbindung zu erhöhen (vor allem bei GC-gestützten Verfahren) oder um die Detektionsempfindlichkeit zu steigern (z. B. durch Anhängen einer fluoreszierenden Gruppe).

10.2.3
Messung

Der zu ermittelnde Stoff wird durch ein geeignetes Detektorsystem erfasst. Die Auswahl des jeweiligen Detektors hängt ab von den spezifischen Eigenschaften der zu bestimmenden Substanz(en) und den gewünschten Anforderungen an Selektivität und Empfindlichkeit. Außerdem muss darauf geachtet werden, dass die analytische Strategie (Effizienz der Extraktion, Selektivität des Clean-up, Auflösung des Trennverfahrens usw.) auf das vorhandene Detektorsystem abgestimmt wird. Universelle Detektoren wie das Massenspektrometer kommen in der Lebensmittelanalytik immer mehr zum Einsatz und erlauben bei der Rückstandsanalytik selbst im Spurenbereich Aussagen, die zur eindeutigen Identifikation eines Stoffes führen.

10.2.4
Auswertung

Ein wesentlicher und oft kritischer Teil des Analysenverfahrens ist die Auswertung der gemessenen Signale und die Umwandlung in analytische Information. Bei diesen Messungen handelt es sich in der Regel um relative Analysenverfahren, die eine Kalibrierung mit Vergleichssubstanzen voraussetzen.

Ein immer höherer Grad an Automatisierung ist notwendig, um die Auswertung der ständig steigenden Zahl an Messdaten zu bewältigen. Der Einsatz von Rechnern in Labors ist heute eine Selbstverständlichkeit, und Auswertungen werden über vernetzte Systeme innerhalb eines zentralen LIMS-Programmes (= Labor-Informations und Management System) organisiert. Im Idealfall werden die Messdaten von den Geräten direkt ins LIMS übertragen.

Komplizierte Auswertungen und Daten-Interpretationen wie z. B. in der Rückstandsanalytik, stellen in manchen Fällen den kostenträchtigsten Teil des gesamten Untersuchungsverfahrens dar. Trotz der Automatisierung bleibt wegen des Einsatzes hochspezialisierter Massenspektrometer in der Lebensmittelanalytik die Forderung nach erfahrenem und gut ausgebildetem Personal bestehen.

Am Ende des Analysenverfahrens werden die Ergebnisse einschließlich deren Bewertung in einem Prüfbericht (Analysenreport) für den Auftraggeber zusammengestellt. Die zunehmende Bedeutung der Richtigkeit von Analysen – etwa als Grundlage gerichtlicher Entscheidungen – erfordert die Sicherung der Qualität auf hohem Niveau. Weitere Anforderungen wie die Methodenvalidierung und Bestimmung der Messunsicherheit werden in Kap. 9.3.2 beschrieben.

10.3
Ausgewählte Prüfverfahren

10.3.1
Immunologische Tests

Immunologische Verfahren sind in der klinischen Labordiagnostik und der Lebensmittelanalytik fest verankert. Die Grundlage aller immunchemischer Methoden ist die reversible und hochspezifische Antigen-Antikörper-Reaktion, die zur Bildung eines Immunkomplexes führt. Antikörper sind in der heutigen Analytik unentbehrliche Werkzeuge geworden, die in einer Vielzahl von Methoden die Bindungseigenschaften der Antikörper zur qualitativen und quantitativen Analyse von Antigenen nützen. Die Markierung von Antikörpern mit Enzymen ist eine weit verbreitete Methode zur Detektion der Antikörper und der daran gebundenen Antigene. Prinzipiell können sämtliche Verbindungen durch immunchemische Verfahren nachgewiesen werden. Allerdings müssen bei niedermolekularen Verbindungen die Antigene (Analyten) durch Kopplung an ein Trägerprotein in eine höhermolekulare Verbindung überführt werden. Beim Aufbauprinzip der Immunoassays wird zwischen kompetitiven und nichtkompetitiven Methoden unterschieden. Unter den nichtkompetitiven Methoden ist der „Sandwich-ELISA", gemessen an der Anzahl der Publikationen und kommerziell verfügbarer ELISA-Tests, das am häufigsten angewandte Testprinzip in der Lebensmittelanalytik (für eine Übersicht der wichtigsten Immuntest-Formate s. [4]). Wie von der Bezeichnung „Sandwich" abgeleitet, werden die Antigene gleichzeitig zwischen zwei unterschiedliche Antikörper gebunden (s. Abb. 10.1). Daher eignet sich der „Sandwich"-ELISA insbesondere zum Nachweis von größeren Peptiden und Proteinen, die mindestens zwei Epitope aufweisen. Durch diesen zweiseitigen Nachweis der Zielproteine kann zum einen

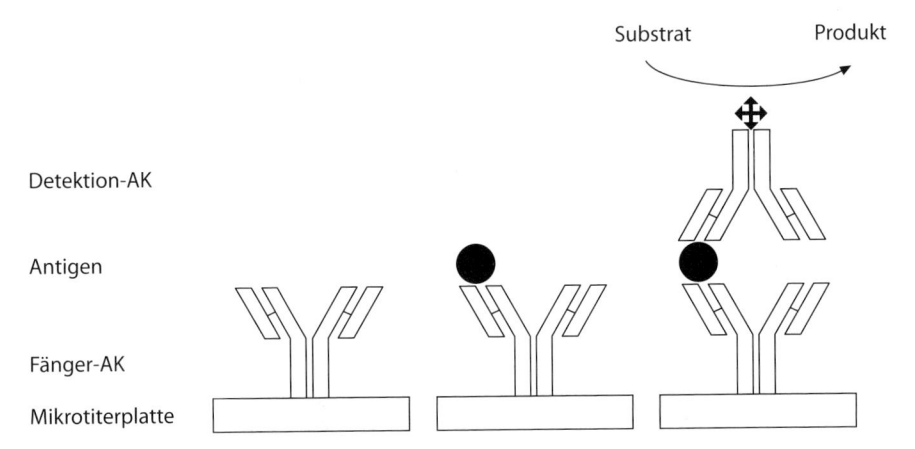

Abb. 10.1. Schematischer Aufbau eines Sandwich Immunoassays

die Spezifität erhöht und zum anderen die Störanfälligkeit gegenüber Matrixbestandteilen verringert werden.

Beim Sandwich-ELISA werden die Antikörper (auch als Fänger-Antikörper bezeichnet, *capture antibody*) auf einer festen Oberfläche, z. B. an der Wand eines Reagenzröhrchens oder auf einer Mikrotiterplatte, immobilisiert. Es erfolgt die Zugabe von Standard oder Probenextrakt, der Antikörper-Antigen-Komplex wird gebildet. Nach abgeschlossener Inkubationszeit werden die nicht gebundenen Anteile entfernt. Ein Enzym-gekoppelter (z. B. Meerrettich Peroxidase) zweiter Antikörper (Detektions-Antikörper, *detection antibody*) wird zugegeben, welcher an die an der Platte oder Röhrchen fixierten Antikörper-Antigen-Komplexe bindet. Nach erneuter Inkubation und anschließender Entfernung überschüssiger Reagenzien erfolgt der Nachweis durch sukzessive Zugabe von einem Substrat und einer Stop-Lösung. Bei dem entstehenden Signal handelt es sich um eine von der Analyt-Konzentration abhängigen Verfärbung oder Luminiszenz. Die Detektion der Analyten erfolgt in den meisten Fällen mit Hilfe einfacher Messgeräte (Absorptionsmessung) oder visuell.

Einige der kommerziell erhältlichen qualitativen Schnelltests zum Nachweis von Substanzen wie z. B. Gluten in Lebensmitteln ähneln dem bekannten Heimschwangerschaftstest. Das Format dieser meist immunchromatographischen Tests – basierend auf einem monoklonalen Antikörper – ist entweder ein Teststreifen oder eine handliche Testeinheit. Letzteres dient gleichzeitig als Lesegerät. Die Auswertung ist einfach, und eine positive Probe wird visuell durch das Erscheinen eines farbigen Streifens nach nur 5 bis 10 Minuten deutlich angezeigt.

Immunologische Schnelltests eignen sich sowohl für Forschungslabors als auch für Routinelabors, die ein Probenvolumen von mehreren hundert Analysen täglich bearbeiten.

Allergene

Zur Erfassung allergener Stoffe in Lebensmitteln zeichnet sich in der Analytik unter den immunchemischen Methoden ein Trend zum Festphasen-Enzymimmunoassay (ELISA), und zur sequenzspezifischen Nukleinsäureamplifikationstechnik in Echtzeit (*real-time PCR*) unter den molekularbiologischen Techniken ab.

Aufgrund der einfachen Handhabung und dem Potential als automatisierbares Hoch-Durchsatzverfahren haben sich ELISA-Verfahren durchgesetzt. Mittlerweile gibt es verschiedene kommerziell verfügbare ELISA für wichtige Allergene in Lebensmitteln [5].

Gluten

Hintergrund Die Zöliakie (Synonym: glutensensitive Enteropathie oder einheimische Sprue) ist eine immunologische Erkrankung des Dünndarms, die bei genetisch prädisponierten Personen durch gliadinhaltige Nahrungsmittel zu histologischen Veränderungen am Dünndarm und zur Malabsorption mit unterschiedlichen Symptomen führt. Eine Heilung ist bislang nicht möglich. Die einzige Form der Behandlung besteht im vollständigen Verzicht auf Gluten in der Nahrung, dessen Nachweis bislang jedoch problematisch ist. Die Prävalenz der Zöliakie wurde bis vor kurzem stark unterschätzt und in den letzten Jahren wurden die Ziffern weiter erhöht (etwa 1:300). Als Gluten bezeichnet man das Eiweissgemisch aus Glutelinen und Prolaminen (Gliadinen), welches in Getreidekörnern vorkommt [6]. Man unterscheidet verschiedene Gruppen von Gliadinen. Die Menge der Gliadine variiert in Abhängigkeit von der Getreidesorte. Gluten findet man naturgemäß in vielen Getreideprodukten (s. dazu auch Kap. 34.3.3).

ELISA Testkits *Quantitative Testverfahren.* Die Ermittlung des Glutengehaltes erfolgt in der Regel indirekt über den Gliadingehalt. Bis vor kurzem benutzten die meisten quantitativen Sandwich-ELISA Testkits den anti-omega-Gliadin Antikörper von Skerritt [7], der den Vorteil hatte, stark erhitztes Gluten gut zu erkennen, da die omega-Gliadine aus erhitzten Lebensmitteln gut extrahierbar sind (keine Schwefel-Schwefel-Brücken). Neuerdings setzen sich Testkits durch, die den spezifischen R5 monoklonalen Antikörper [8] verwenden, und einige erhältliche kommerzielle Kits sind in Tabelle 10.1 aufgelistet. Der eingesetzte Antikörper erkennt die Gliadinfraktion aus Weizen, die Secalin Proteine aus Roggen, die Hordein Gersten Proteine, weist aber praktisch nicht die Haferproteine (Avenine) nach, deren Zöliakietoxizität allerdings umstritten ist. Die Nachweisgrenze der quantitativen Sandwich-ELISA Kits liegt meist im tiefen mg/kg Bereich

Tabelle 10.1. Beispiele kommerziell erhältlicher quantitativer Sandwich-ELISA Testkits

Hersteller	Bezeichnung	Nachweisgrenze laut Hersteller (mg/kg), auf Gluten bezogen	Matrizen
R-Biopharm	RIDASCREEN Gliadin R7001*	3	Lebensmittel
Tepnel BioSystems, Ltd.	BioKits Gluten Assay Kit**	16	Lebensmittel
Hallmark	HAVen Gluten*	< 15	Lebensmittel
Diffchamb AB	Transia Plate Gluten**	10	Verarbeitete Lebensmittel und Rohstoffe

* AOAC Status (s. auch [9])
** Inter-Labor Validierung durch die „Working Group on Prolamin Analysis and Toxicity" durchgeführt

und gilt sowohl für Rohwaren als auch für verarbeitete und gekochte Lebensmittel [9].

Herausforderung Allergene und Gluten-Nachweis Um die Gesetzesvorschriften der EU zu erfüllen, benötigt die Lebensmittelindustrie die analytischen Verfahren zum Nachweis und zur Quantifizierung die in der EU Allergen-Hitliste (2000/13/EG Annex IIIa) genannten Stoffe und daraus abgeleiteten Produkte. Bis jetzt benutzen die meisten Labors entweder nur immunologische Analyseverfahren, wie ELISA, oder eine PCR-Methode. Werden die ELISA- oder PCR-Verfahren allerdings auf eine dafür jeweils ungeeignete Matrix angewendet, kann dies leicht zu falschen Ergebnissen führen. Komplexe Lebensmittel wie Schokolade, Fett, Öle usw. sind eine zusätzliche Herausforderung und machen spezielle Probenvorbereitungen zur Extraktion des Allergens erforderlich. Im Bezug auf Gluten, ist die zuverlässige Kennzeichnung glutenfreier Lebensmittel von großer Bedeutung. Die zuverlässige Kennzeichnung glutenfreier Lebensmittel ist von großer Bedeutung. Dennoch gibt es bislang weder ein standardisiertes Verfahren um Gluten quantitativ aus Lebensmitteln zu extrahieren, noch um die Konzentration der Sequenzen zu ermitteln, welche die toxischen Reaktionen auslösen. Die Herausforderung dieser beiden Aufgaben liegt darin begründet, dass Gluten eine Sammelbezeichnung zweier sehr unterschiedlicher Proteingruppen ist: Gliadine, die in 40–60%igem Alkohol löslich, und Glutenine, die darin unlöslich sind. Hinzu kommt, dass sich bei der Prozessierung beide Proteine miteinander vernetzen, wodurch z. B. die Zähigkeit eines Mehlteiges zustande kommt. Das Verhältnis der beiden Proteingruppen zueinander variiert nicht nur zwischen unterschiedlichen Getreidesorten, sondern hängt auch von anderen Faktoren wie z. B. der Bodenbeschaffenheit ab. Gleiches gilt auch für den Gehalt an toxischen Peptidsequenzen, weshalb der Fehler eines kommerziellen Testkits, der nur den Anteil an omega-Gliadin bestimmt und anschließend den Glutengehalt hochrechnet, nicht akzeptable Werte erreichen kann. Erschwerend kommt hinzu, dass einige primär nichttoxische Sequenzen durch den einsetzenden Verdauungsprozess im Körper ebenfalls toxische Reaktionen hervorrufen können.

Prionen

Hintergrund Bei den transmissiblen Spongiformen Enzephalopathien (TSE) handelt es sich um eine Gruppe neurodegenerativer Erkrankungen mit infektiösem Charakter, die bei Menschen und Tieren vorkommen können. Die TSE schließen die bekannte Rinderkrankheit BSE (*Bovine Spongiforme Encephalopathie*) mit ein, dessen Erreger als Prionen (kurz für *proteinaceous infectious particle*) bezeichnet werden.

Zu den spezifischen infektiösen Risikomaterialien gehören unter anderen die Organe Gehirn und Rückenmark, welche zentralnervöses Gewebe (ZNS) enthalten. Dieses Material muss während der Schlachtung entnommen und vernichtet werden und darf weder in die Nahrungmittelkette noch in Tierfutterverwertung gelangen. Man geht davon aus, dass diese infektiösen Prionen die neue Variante der Creutzfeld-Jakob-Krankheit beim Menschen auslösen kann [10].

Nachweisverfahren für ZNS Material Es ist möglich, das Vorhandensein von ZNS-Material wie Gehirn und Rückenmark in Lebensmitteln nachzuweisen. Allerdings erlauben diese Testmethoden nur, die Einhaltung der BSE-relevanten Sicherheitsregeln bei der Herstellung von Nahrungsmitteln zu überprüfen. Hier werden in der Regel immunochemische Methoden, wie ELISA (z. B. Ridascreen Risk Material ELISA) oder Westernblot (z. B. Brainostics Westernblot) angewendet. Beide Methoden bedienen sich spezifischer Antikörper, die gegen bestimmte Markerproteine gerichtet sind, die nur im Gehirn oder Rückenmark vorkommen [11, 12]. Beim Westernblot (oder Immunoblot) werden die Proteine durch konventionelle Polyacrylamid-Gelelektrophorese aufgetrennt und auf Spezialpapier übertragen (z. B. Nitrozellulose). Dieser „blot" spiegelt das Trennmuster auf dem ursprünglichen Gel wider. Durch einen Inkubationsschritt wird mit einem Enzym-gekoppelten Antikörper und geeignetem Substrat das Zielprotein visuell detektiert. Andere Marker, wie zum Beispiel bestimmte Fettsäuren, die nur im zentralen Nervensystem vorkommen, können durch GC-MS nachgewiesen werden [13].

Nachweisverfahren für Prionen Im Gehirn der infizierten Tiere, lässt sich ein Protein identifizieren, welches in seiner Form nur bei Prionenerkrankungen beobachtet wird. Dieses Protein, das „Scrapie Prionprotein", kurz PrP^{Sc} (bei BSE auch PrP^{BSE} genannt), ist eine abgewandelte Form des im normalen Körper vorkommenden Prionproteins PrP^{C}. Während des Krankheitsverlaufs nimmt die Menge an PrP^{Sc} im Körper in spezifischen Organen zu. Diese Zunahme an PrP^{Sc} korreliert mit der Zunahme von Infektiosität.

Seit 1996 gibt es intensive Bemühungen im analytischen Bereich, um BSE Erkrankungen nicht nur am verendeten Tier, sondern auch im prä-klinischen Stadium nachzuweisen.

Allerdings sind die meisten BSE-bzw. TSE-Schnelltests auf hochspezifische immunologische Verfahren gegen das Prionprotein gerichtet [14] und die Europäische Kommission hat diverse Tests geprüft und fünf für die Überwachung zugelassen (Status, Juni 2003) [15]. Diese Tests können zur Bestimmung von BSE in Rind und TSE in Schaf und Ziege angewendet werden.

Allgemeines Prinzip der BSE-Immunchemischen Tests Das Prinzip der immunchemischen Tests beruht meistens auf einer PrP^{Sc} spezifischen immunologischen Reaktion. Das normale, lösliche Prionprotein PrP^{C} ist durch das Enzym Proteinase K komplett abbaubar, das PrP^{Sc} ist aber resistent wegen seiner veränderten drei-dimensionalen Struktur. Das PrP^{Sc} lagert sich mit vielen seinesgleichen zusammen und bildet sogenannte unlösliche Plaques. Für den Immunchemischen

Nachweis werden Antikörper verwendet, die sowohl das lösliche als auch das unlösliche Protein erkennen.

Die meist-verbreiteten Methoden zum Nachweis von Prionen sind immunologische Tests, die bis zu 100%ige Spezifität aufweisen und entweder als Westernblot oder im ELISA Format angeboten werden. In den Jahren 2004/2005 erhielten eine Vielzahl der BSE- und TSE-Schnelltests für post mortem Untersuchungen von geschlachteten Rindern die EU-weite Anerkennung. Sie wurden mit der Änderungsverordnung (EG) Nr. 253/2006 der Kommission vom 14. Februar 2006 in den Anhang X der VO (EG) Nr. 999/2001 aufgenommen und sind kommerziell erhältlich. Einen Überblick der zzt. von der EG zugelassenen BSE-Schnelltests gibt [15].

Bei den ELISA Verfahren befinden sich die PrP-spezifischen Antikörper auf einer Mikrotiterplatte (als Fangantikörper bezeichnet, siehe 10.1). Mit einem zweiten markierten Antikörper, der sich an das „festgehaltene" Antigen haftet, erfolgt die Messung eines Farbumschlages (BioRad TeSeE-Test, Roboscreen Beta Prion EIA Test Kit, Roche Applied Science PrionScreen, Fujirebio FRELISA BSE post mortem rapid BSE Test, IDEXX Herdchek BSE Antigen Test Kit, EIA) oder die Emission eines Elementes (Enfer Test, CediTect BSE-Test, Prionics-Check LIA-Test, Institut Pourquier Speed it BSE). Die korrekte Entnahme der Stammhirnprobe ist dabei essentiell, denn nur ein kleiner Bereich enthält die notwendige Menge an Prionen, die zum Nachweis nötig sind. Ergebnisse werden meist innerhalb von 7 bis 8 Stunden erhalten; die Tests können sehr gut während des Schlachtprozesses durchgeführt werden.

Ausblick Es gilt heute immer noch der sehr zeitaufwendige Immunohistochemische Nachweis in Gehirnschnitten als „Gold Standard", um BSE bzw. Scrapie zu bestimmen. Jeder positive BSE Fall wird normalerweise immer noch mit dieser zweiten unabhängigen Methode überprüft. Die Vorteile dieser neuen BSE-Immuntests liegen jedoch auf der Hand: ihre Schnelligkeit ist nicht zu überbieten: sie liefern Ergebnisse der Untersuchungen mit gleicher Präzision bereits nach 12 Stunden, und sind relativ einfach in der Handhabung.

Mykotoxine

Deoxynivalenol

Hintergrund Mykotoxine sind giftige Pilzmetaboliten, die in geringen Mengen in einer Vielzahl von Lebensmitteln auftreten können. Die für die Toxinbildung verantwortlichen Schimmelpilze können die Nahrungsmittel bereits auf dem Feld („Feldpilze", wie z. B. *Fusarium*) oder nach der Ernte auf Grund unsachgemäßer Lagerung bzw. beim Transport („Lagerpilze", wie z. B. *Aspergillus, Penicillium*) befallen. Deoxynivalenol zählt zu den wichtigsten auf dem Feld gebildeten Fusariumtoxinen in Getreide, besonders in Weizen und Triticale. Hartweizen (Durum) ist wesentlich mehr gefährdet, Gerste und Roggen dagegen weniger [16].

Durch die Änderung der nationalen Verordnung vom Februar 2004 wurden Grenzwerte für die Fusariumtoxine für Getreideerzeugnisse und diätetische Lebensmittel festgelegt. Seit 2004 gilt für Getreideerzeugnisse aus Weizen ein Deoxynivalenol-Grenzwert von 500 µg/kg [17].

Schnelltests auf Immunchemischer-Basis   Es gibt eine große Auswahl an kommerziellen Schnelltests zum Nachweis von Mykotoxinen in Getreide und Getreideprodukten. Der ELISA-Test gehört zur Standardmethode im Schnellnachweis von Mykotoxinen wie Deoxynivalenol. Auch hier (s. 10.3.1 unter Allergen) unterscheidet man zwischen instrumentellen Immunoassays, die ein quantitatives Ergebnis von bis zu 40 Proben nach etwa 20–60 Minuten liefern, und nichtinstrumentellen (visuellen) Testsystemen, die mit einem analytischen Mindestaufwand eine Ja/Nein Antwort geben.

Unter den verschiedenen instrumentellen ELISA-Tests ist der Mikrotiterplatten Test sehr verbreitet [18]. Einige der kommerziell erhältlichen Testkits wurden erfolgreich einer AOAC Validierung unterzogen und haben den offiziellen AOAC Status erhalten. Bei den nicht-instrumentellen (visuellen) Verfahren sind „Dipsticks", Immunofiltrations Assays oder Kapillarfluss bzw. Lateralfluss Assays zu erwähnen. Der Einsatz der letzteren ist mit einem geringen praktischen Aufwand verbunden; positive Proben werden durch das Fehlen einer Farbreaktion erkannt, d. h. deren Unterdrückung aufgrund der Reaktion vorhandener Toxine mit den anti-Deoxynivalenol Antikörper Bindungsstellen [18].

Generelle Herausforderungen für die Mykotoxin-Bestimmung
Probennahme: In Vergleich zu einigen anderen Mykotoxinen wie z. B. Aflatoxin ist die Verteilung von Deoxynivalenol in Getreide relativ homogen. Generell ist aber bei der Mykotoxin-Analyse die Probennahme der kritischste Schritt des gesamten Analyseverfahrens (s. 10.2.1), bedingt durch die oft inhomogene Verteilung der Toxine in einer Charge. Je kleiner der Probenumfang, desto größer ist die Gefahr, eine nichtrepräsentative Probe zu ziehen. Folglich wäre ein reproduzierbares Untersuchungsergebnis gefährdet. Daher sind für die amtliche Kontrolle der Mykotoxin-Gehalte bestimmter Lebensmittel gemeinschaftliche Probennahme-Verfahren und Analysenmethoden vorgeschrieben. Festgelegt sind sie in Probennahmeregelungen auf EG [19] und nationaler Ebene [20].

Probenaufarbeitung: Viele der vorhandenen Tests stützen sich auf eine wässrige Extraktion der Proben. Ein solches Milieu könnte, je nach chemischer Eigenschaft der Zielsubstanz, dazu führen, dass diese unvollständig in Lösung gebracht wird. Bei Deoxynivalenol ist diese Problematik weniger von Bedeutung, da das Molekül gut wasserlöslich ist.

Testspezifität: Alle der gegen Deoxynivalenol beschriebenen Antikörper zeigen starke Kreuz-Reaktionen mit strukturähnlichen Verbindungen wie 3-acetyl-Deoxynivalenol und/oder 15-acetyl-Deoxynivalenol. Diese Erkenntnisse sind wichtig bei der Interpretation der Daten und bei einem eventuellen Vergleich mit anderen Verfahren wie z. B. HPLC.

Eine weitere wichtige Herausforderung in der Mykotoxinanalytik ist die Fähigkeit der Schnelltests auf immunchemischer Basis, mehrere Mykotoxine gleichzeitig zu erfassen, da unter realen Bedingungen häufig von einer Kontamination des Getreides mit unterschiedlichen Mykotoxinen ausgegangen werden kann, z. B. Aflatoxin B/G und Fumonisin in Mais. (Zur Mykotoxinanalytik s. auch Kap. 17.4.2.)

10.3.2
PCR-gestützte Verfahren

Auf der Polymerase-Kettenreaktion (*Polymerase Chain Reaction, PCR*) basierende DNA-analytische Methoden werden eingesetzt, um lebensmittelrelevante Mikroorganismen nachzuweisen und um die Lebensmittelzusammensetzung auf pflanzliche und tierische Inhaltsstoffe zu überprüfen (Authentizität). Pathogene Keime, Starterkulturen oder Probiotika können mittels PCR sowohl spezifisch in einer – meist angereicherten – Lebensmittelprobe nachgewiesen, als auch weitergehend charakterisiert werden (Typisierung, Sequenzierung). Das Prinzip liegt darin, dass man DNA spezifisch schneidet, um charakteristische DNA Fragmente zu isolieren. Diese werden anschließend amplifiziert, um eine bessere Detektion zu ermöglichen. DNA kann aus Mikroorganismen, Fleisch, Pflanzenmaterial sowohl aus rohem als auch aus Derivaten wie Lezithin und aus komplexen Lebensmitteln (z. B. Pizza, Wurstwaren, Tierfutter) durch Wahl einer geeigneten Extraktionsmethode isoliert werden. Gewisse Lebensmittelinhaltsstoffe (z. B. Phenole) inhibieren den Nachweis. Die PCR erlaubt die Herstellung einer großen Menge spezifischer DNA Sequenzen durch Vervielfältigung (Amplifikation) von DNA Fragmenten *in vitro*.

Die essentielle Voraussetzung für die PCR sind erstens zwei synthetische Oligonukleotide (*Primer*), die komplementär zu den bekannten DNA-Sequenzen der gegenüberliegenden Stränge sind und die die Ziel-DNA einrahmen, zweitens eine thermostabile DNA Polymerase und drittens die vier Desoxynucleosidtriphosphate (dNTPs). Mit nur 30–40 PCR-Zyklen können spezifische Ziel-Sequenzen von sehr wenigen Ausgangs-DNA Molekülen (die auch als template bezeichnet werden) exponentiell amplifiziert werden. Im Allgemeinen müssen die Nukleotidsequenzen des gesuchten Gens oder DNA-Abschnittes bekannt sein, um die spezifischen Primer zu synthetisieren.

Diese millionenfache Anreicherung wird mit einem Thermocycler durchgeführt, welcher die wesentlichen 3 Temperaturschritte (Vermehrungszyklus) 30–40 mal wiederholt (Abb. 10.2):

– Denaturieren (Schmelzen der Matrizen-DNA) bei rund 94 °C
– Anlagern der Primer (*annealing*) in der Regel bei 50–60 °C
– Verlängern der Primer (*elongation*) bei 72 °C.

Zu Beginn des Vermehrungszyklus wird die Matrizen-DNA auf 95–100 °C erhitzt, um die komplexe genomische DNA vollständig zu denaturieren, damit sich

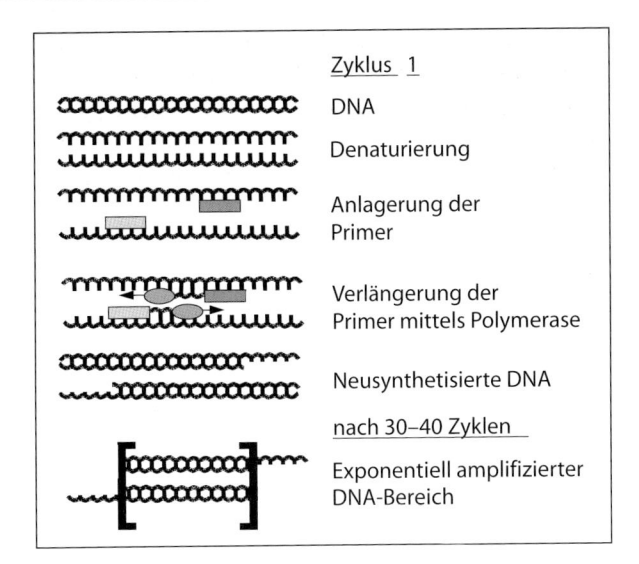

Abb. 10.2. Schematischer Aufbau der Amplifikation von DNA mittels PCR. (Quelle: Schweizerisches Lebensmittelbuch, Kapitel 52B (http://www.slmb. bag.admin.ch/slmb/index. html))

Zyklus 1
DNA
Denaturierung
Anlagerung der Primer
Verlängerung der Primer mittels Polymerase
Neusynthetisierte DNA
nach 30–40 Zyklen
Exponentiell amplifizierter DNA-Bereich

die Primer nach der Abkühlung (37–65 °C) anlagern können. Am Ende des Vermehrungszyklus erfolgt noch ein verlängerter Polymerisationsschritt bei 72 °C für mehrere Minuten, um alle Stränge vollständig zu synthetisieren (abschließende Elongation).

So kann zwischen Arten/Stämmen und Variationen aber auch innerhalb von Individuen oder Stämmen der gleichen Art unterschieden werden. Die Amplifikationsprodukte werden in der Regel mittels Gelelektrophorese bzw. Kapillarelektrophorese analysiert und bieten sich für weitergehende Charakterisierungen an, wie Sequenzierung, Restriktionsenzymanalyse, Nested-PCR oder Hybridisierung mit einer internen DNA Sonde. Methoden zur Quantifizierung von tierischer oder pflanzlicher DNA aus Lebensmitteln basieren auf quantitativer kompetitiver PCR (QC-PCR) oder Real-time PCR (z. B. TaqMan®).

Authentizitätsbestimmung

Verdickungsmittel: Guar Gum, Johannisbrotkernmehl
Guar Gum (E-412) und Johannisbrotkernmehl (Locust bean gum, LBG, E-410) sind wasserlösliche Polysaccharide (Galactomannane) und werden in großem Umfang als Gelier- und Verdickungsmittel eingesetzt. Der Einkaufspreis von LBG liegt deutlich höher als der von Guar Gum, weshalb LBG mit Guar Gum verfälscht sein kann. Guar Gum hat nicht die gleichen funktionellen Eigenschaften wie LBG, wird aber in ähnlichen Produktegruppen eingesetzt.

PCR Methoden zur Bestimmung der botanischen Herkunft der Verdickungsmittel Guar Gum wurden erstmals von Meyer et al. beschrieben [21]. Klassische analytische Methoden zum Nachweis von Guar Gum in LBG basieren auf dem Verhältnis von Mannose zu Galaktose (z. B. GC, NMR). Weitere Techniken, die eingesetzt werden, sind „polarized light microscopy", Elektrophorese, Kapillarelektrophorese, oder Doppelter Diffusion Lektin Assay. Die aufgezählten Techniken haben aber den Nachteil, dass die Nachweisgrenze entweder zu hoch ist oder die Methode nur auf das Rohmaterial anwendbar ist.

Prinzip der Methode Vor der Analyse wird die DNA aus dem Rohmaterial, aus einer Hydrocolloid-Mischung und aus Lebensmitteln mit Hilfe einer modifizierten CTAB (cetyl-trimethyl-ammoniumbromid Puffer) Methode nach ASU isoliert. Das Rohmaterial und die Mischung werden zur Verminderung der Viskosität zusätzlich einer Enzymbehandlung vor dem Inkubationsschritt unterzogen. Im ersten Ansatz werden Fragmente von 459 Basen Paaren (bp) für Guar Gum und 484 bp für LBG innerhalb der intergenetischen Spacer Region zwischen dem *trn* L (UAA) 3' Exon und *trn* F (GAA) Gen im Chloroplasten (Cp) Genom amplifiziert (Abb. 10.3). Die Fragmente werden mit Hilfe von *Rsa*I verdaut und analysiert (Cp-PCR-RFLP). Eine Unterscheidung zwischen Guar Gum und LBG ist aufgrund der charakteristischen Banden für beide Spezies leicht möglich. Guar Gum kann in LBG bis zu einer Konzentration von 5% (w/w) nachgewiesen werden.

Die intergenetische Spacer Region innerhalb des Chloroplasten Genoms von Guar (*Cyamopsis tetragonolobus*) und Locust bean (*Ceratonia siliqua*) wurde sequenziert. Im zweiten Ansatz werden Oligonukleotide, die spezifisch an Guar-DNA binden, basierend auf den Sequenzdaten definiert. Guar Gum gilt als nachgewiesen, wenn ein 244 bp Fragment erhalten wird und die anschliessende Restriktionsanalyse mit *Hinf* I and *Rsa* I dieses Resultat bestätigen kann. Guar Gum kann in LBG bis zu einer Konzentration von 1% (w/w) nachgewiesen werden.

Mittels beider Ansätze kann Guar Gum und LBG sowohl in einer Stabilisator-Mischung für Eiscreme als auch in Milchprodukten, Suppenpulver, Bratensauce und Fruchtgummi nachgewiesen werden. Es ist hingegen nicht mehr möglich diese Verdickungsmittel in Produkten nachzuweisen, die hochdegradierte DNA

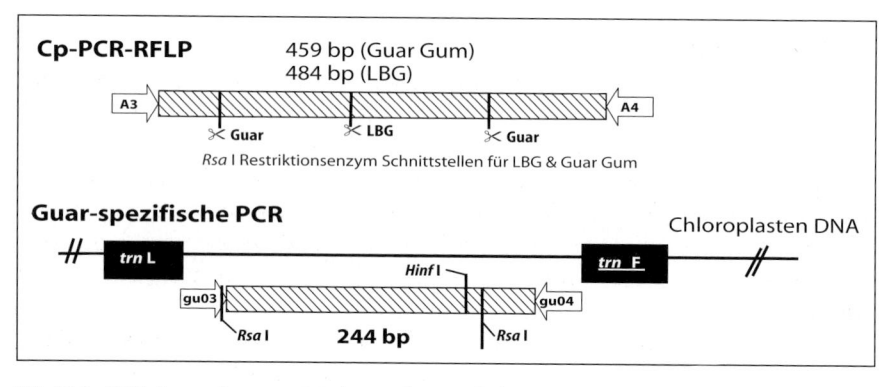

Abb. 10.3. PCR Strategien zum Nachweis der Verdickungsmittel Guar Gum (E-412) und Johannisbrotkernmehl, LBG (E-410) nach [21]

enthalten (Tomatenketchup, sterilisierte Schokoladencreme). Urdiain et al. [22] haben diese Methode entsprechend modifiziert und verwenden Spezies spezifische Primer zur Amplifikation von kürzeren ribosomalen DNA Abschnitten und erreichen so eine bessere Selektivität und Sensitivität.

Ausblick In verarbeiteten Produkten ist der empfindliche Nachweis von Guar Gum in der Gegenwart von LBG eine analytische Herausforderung, die hier mit Hilfe der DNA-Analytik angegangen wurde. Bisher wurde angenommen, DNA könne nicht aus Polysacchariden isoliert werden (Verdickungs- und Absorptions-Effekt während der Extraktion; Inhibition der PCR).

Gentechnisch veränderte Organismen (GVO)

GV Soja, GV Mais

Zum Nachweis von GVOs in pflanzlichen Rohstoffen kommen heute fast ausschließlich PCR-basierende und immunologische Methoden (ELISA, Immunosticks) zur Anwendung [23, 24]. Wenn durch die Einführung einer gentechnischen Veränderung kein neues Protein exprimiert wird (z. B. Polygalacturonase in der FlavrSavr® Tomate) kann die immunologische Technik nicht angewandt werden. Proteine werden in der Lebensmittelverarbeitung denaturiert (z. B. durch Hitzebehandlung) und die Konformationsänderung in der Epitopenstruktur der Proteine macht einen immunologischen Test oft wirkungslos. Immunologische Methoden sind oft auf unverarbeitete Rohstoffe beschränkt. DNA ist viel hitzestabiler als Proteine und wird durch die Verarbeitungsprozesse der Lebensmittel lediglich in kleinere Fragmente zerstückelt. Erst in hoch raffinierten Zutaten, wie Stärke, Maltodextrin, Zucker, Lezithin und Pflanzenöl können kaum noch Spuren von DNA gefunden werden. Deshalb wird überprüft, ob die extrahierte DNA amplifizierbar und damit für die nachfolgende Analytik geeignet ist. Die Entwicklung von PCR-Methoden setzt detaillierte Informationen über die im GVO eingebrachten DNA Sequenzen und Genkonstrukte voraus.

Zu rechtlichen Grundlagen siehe Kap. 35.2.

Prinzip der Methode

Die DNA-Analytik von GVOs kann über drei Stufen erfolgen: 1. Nachweis, 2. Identifikation und 3. Quantifizierung (Abb. 10.4). Screening-Methoden liefern eine positive oder negative Aussage darüber, ob ein Produkt möglicherweise GVOs enthält oder nicht. Dabei wird nach bekannten und häufig verwendeten Markergenen und DNA-Sequenzen gesucht. Bei gentechnisch veränderten Pflanzen sind dies z. B. der CaMV-35S-Promotor aus dem Blumenkohlmosaikvirus oder der Nopaline Synthase Terminator (nos3′) aus dem *Agrobacterium tumefaciens*.

Zur weiteren Identifizierung wurden PCR Systeme entwickelt, die es erlauben, das eigentliche Transgen, z. B. Gen für CryIA(b) Toxin aus *Bacillus thuringiensis* in Bt-Mais, das verwendete Genkonstrukt (Promotor-Transgen-Terminator) in Bt-Kartoffeln (Abb. 10.5) und sogar den spezifischen Event (Einbau des Trans-

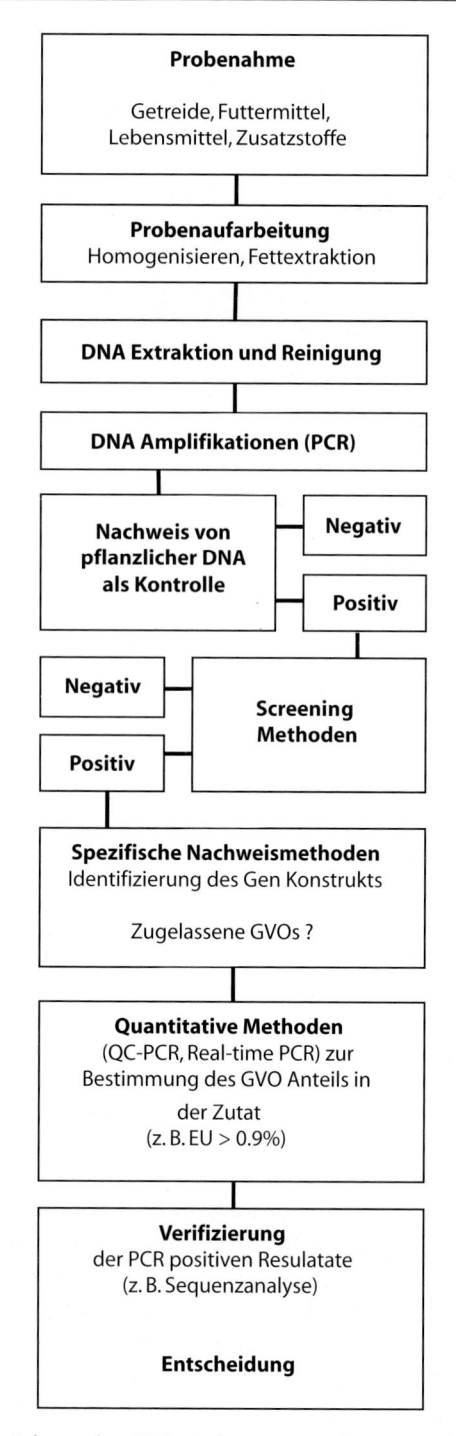

```
┌─────────────────────────────────┐
│          Probenahme             │
│   Getreide, Futtermittel,       │
│   Lebensmittel, Zusatzstoffe    │
└─────────────────────────────────┘
              │
┌─────────────────────────────────┐
│       Probenaufarbeitung        │
│  Homogenisieren, Fettextraktion │
└─────────────────────────────────┘
              │
┌─────────────────────────────────┐
│   DNA Extraktion und Reinigung  │
└─────────────────────────────────┘
              │
┌─────────────────────────────────┐
│    DNA Amplifikationen (PCR)    │
└─────────────────────────────────┘
              │
┌──────────────────┐  ┌──────────┐
│   Nachweis von   │──│ Negativ  │
│  pflanzlicher DNA│  ├──────────┤
│   als Kontrolle  │──│ Positiv  │
└──────────────────┘  └──────────┘
              │
┌──────────┐  ┌──────────────────┐
│ Negativ  │──│                  │
├──────────┤  │    Screening     │
│ Positiv  │──│    Methoden      │
└──────────┘  └──────────────────┘
              │
┌─────────────────────────────────┐
│   Spezifische Nachweismethoden  │
│  Identifizierung des Gen Konstrukts │
│                                 │
│        Zugelassene GVOs ?       │
└─────────────────────────────────┘
              │
┌─────────────────────────────────┐
│      Quantitative Methoden      │
│   (QC-PCR, Real-time PCR) zur   │
│   Bestimmung des GVO Anteils in │
│            der Zutat            │
│       (z. B. EU > 0,9%)         │
└─────────────────────────────────┘
              │
┌─────────────────────────────────┐
│          Verifizierung          │
│   der PCR positiven Resulatate  │
│      (z. B. Sequenzanalyse)     │
│                                 │
│         Entscheidung            │
└─────────────────────────────────┘
```

Abb. 10.4. Allgemeines Schema des GVO Nachweises mittels PCR Analytik

```
┌─────────────────────────────────────────────────────────────┐
│   e-P-35S  ▶   CryIIIA  ─┤  E9-3'  ├┼┤  NOS 3'  ├─  nptII  ◀  P-35S   │
└─────────────────────────────────────────────────────────────┘
```

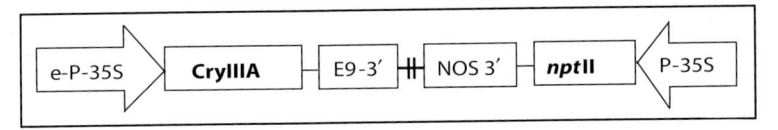

Abb. 10.5. Darstellung eines möglichen Genkonstruktes in den New Leaf® Kartoffeln von Monsanto Co., USA, welche gegen den Colorado Kartoffelkäfer resistent gemacht wurden. (www.agbios.com; s. auch [26])

genkonstruktes ins Pflanzengenom) bei Roundup-Ready Soja zu ermitteln [25]. Es geht darum nachzuweisen, welche gentechnischen Veränderungen vorliegen, ob dieses Konstrukt für die Herstellung von Lebensmitteln zugelassen ist (z. B. in der EU), und um welchen Event es sich bei diesem GVO Produkt handelt (Herstellerfirma, Handelsname).

In einem nächsten Schritt geht es darum, den prozentualen Anteil an transgenem Soja oder Mais in einem Rohmaterial (Maisgriess, Sojaprotein) oder Produkt (Biskuit, Schokolade) zu bestimmen. Real-time PCR Methoden haben sich für diese Fragestellung besonders bewährt. Die Methoden zur Quantifizierung von Roundup-Ready Soja oder Bt-Mais beruhen auf der Amplifikation von einer Transgen spezifischen Sequenz und der Quantifizierung relativ zu einem endogenen Referenzgen (Pflanzenspezifische Gene: Lektin Gen für Soja oder Invertase Gen für Mais), was ein Abschätzen der Gesamtmenge an Ziel-DNA erlaubt. Zur Quantifizierung werden Standardkurven (Verdünnungsreihe) aus zertifiziertem GV-Soja oder GV-Mais Referenzmaterial (sofern vorhanden) erstellt (zu Nachweisverfahren s. auch Kap. 35.4.3).

Pathogene Organismen

Salmonellen

Automatisierte PCR Systeme Automatisierte PCR-gestützte Systeme zum Nachweis von Mikroorganismen in Lebensmitteln werden von einigen Herstellern angeboten. Als Beispiel wird in diesem Abschnitt das automatisierte BAX® System beschrieben ([27]; www.qualicon.com/bax.html). Ein spezifisches, im Zielorganismus vorhandenes DNA Fragment (chromosomal) wird amplifiziert und anschließend mit Hilfe der Fluoreszenzdetektion erfasst. Die hierzu benötigten Reagenzien, d. h. im wesentlichen *Taq* Polymerase, „*Primers*", Nucleotide, Fluoreszenz-Farbstoffe, sind in einer PCR Tablette komprimiert. Das durch die amplifizierte DNA erzeugte Fluoreszenz-Signal kann mittels automatisierter Systeme analysiert werden („*Cycler*"/Detektor) und liefert ein direktes Ergebnis. Die Bestimmung der PCR Produkte kann auch mit konventionellen Mitteln wie Gelelektrophorese und anschließender Photodokumentierung manuell erfolgen. Das manuelle Verfahren ist nach AFNOR (1999) und AOAC (2000) Kriterien bereits validiert, während das automatisierte BAX®-System in mehreren Vergleichsstudien gut abgeschnitten hat [28, 29], und kürzlich auch AFNOR (2003) und AOAC (2003) Zustimmungen erhalten haben.

Probenvorbereitung: Die Durchführung einer Voranreicherung (= *pre-enrichment*) der Lebensmittelproben erfolgt nach einem Standard Protokoll [30]. Anschließend findet eine kurze Anreicherung in „Brain Heart Infusion" (BHI, 3 Stunden, 37 °C) statt. Die angereicherte Probe wird mit Lysereagenzien versetzt und erhitzt (37 °C, 20 min/10 min, 95 °C), wodurch die Zellwände aufgebrochen werden und die DNA des Zielorganismus freigesetzt wird.

Amplifizierung und Bestimmung: Die Amplifizierung der Ziel DNA wird nach Zugabe der PCR-Tabletten in Gang gesetzt (Dauer ca. 3 Stunden). Die amplifizierte DNA generiert ein Fluoreszenz-Signal, welches durch das automatisierte System erfasst und analysiert wird (ca. 1 Stunde).

Leistungskriterien: Die auf PCR-basierenden Verfahren wie das BAX®-System finden auf sämtlichen Lebensmittelmatrizen (Rohstoffe, halbfertige Produkte, fertige Lebensmittel) Anwendung. In einer Vergleichsstudie mit der ISO 6579 Referenzmethode, die ca. 320 kontaminierte sowie nicht-kontaminierte Lebensmittelproben (Fleischprodukte, Milch, Eier, Tierfutter usw.) umfasste, erwies sich das BAX®-System mit 98,8%iger Übereinstimmung beider Verfahren als zuverlässig (AFNOR 2003).

Die Abwesenheit von Salmonellen kann mit dem BAX®-System innerhalb von 30 Stunden definitiv bestimmt werden, d. h. bereits am zweiten Tag nach Analysenbeginn und bietet damit gemessen an der konventionellen Methode eine Zeitersparnis von etwa 42 Stunden (Abb. 10.6). Positive Proben können innerhalb des gleichen Zeitraumes bestimmt werden. Um falsch-positive Ergebnisse auszuschließen, ist die Bestätigung durch eine Referenzmethode zwingend, die auch zur Ermittlung des Serotyps des Stammes dienen soll.

Die Bestimmungsgrenze, definiert als die geringste Anzahl von Mikroorganismen, die innerhalb einer vorgegebenen Variabilität unter den experimentellen Bedingungen des eingesetzten Verfahrens bestimmt werden kann, liegt im Falle des BAX®-Systems laut der AFNOR Evaluierung (2003) und Informationen des Herstellers in der Größenordnung von 6×10^3 bis $1,6 \times 10^4$ cfu (*colony forming units*) pro ml. Um diese Grenze auch praktisch zu erreichen, muss während der Voranreicherungsphase eine gute Wiederfindung und Vermehrung der Zielkeime erfolgen.

Einschränkungen Die Mehrheit der kommerziell vorhandenen alternativen Prüfverfahren zur Bestimmung pathogener Mikroorganismen in Lebensmitteln setzt einen Voranreicherungsschritt voraus. Dies hat beträchtliche Auswirkungen auf den zeitlichen Gesamtaufwand und kann somit als wichtigste Einschränkung angesehen werden. Die Voranreicherung bietet aber auch – vor allem bei Anwendungen im Lebensmittelbereich – einige Vorteile, z. B.:

- potentiell vorhandene Hemmstoffe werden verdünnt
- die Differenzierung zwischen lebensfähigen und nichtlebensfähigen Zellen wird ermöglicht
- eine Erholungsphase für geschädigte oder „Stress" ausgesetzten Keime wird berücksichtigt.

Wenig oder nicht-verarbeitete Lebensmittel, wie z. B. Früchte und Gemüsesäfte enthalten natürliche Inhaltsstoffe, die, falls *kein* Voranreicherungsschritt eingeplant ist, zu möglichen Interferenzen mit dem vorhandenen Detektionssystem führen können. Diese Naturstoffe stören die DNA „Primer" Bindung, was wiederum die Effizienz der Amplifikation beeinträchtigt [31]. In diesem Zusammenhang wurde bereits erwiesen, dass gewisse Lebensmittelkomponenten wie Kollagen, PCR Detektionsverfahren hemmen können [32]. Deswegen ist es notwendig, auch alternative Verfahren zur Anreicherung und Trennung der Zielorganismen in Lebensmitteln (in die Forschung) mit einzubeziehen. Nennenswert sind u. a. die Immunmagnetische Trennung oder die Zentrifugation (für eine Gesamtübersicht s. [33]).

Im Wesentlichen bestimmen kurze DNA-Stücke die Spezifität der DNA-basierten Tests. Sind diese DNA „*Probes*" z. B. spezifisch für ein Toxin Gen, so geben sie nur Aufschluss über das Vorhandensein von Mikroorganismen mit der übereinstimmenden Gensequenz, nicht aber über ihre potentielle Fähigkeit, Lebensmittel-Intoxikationen hervorzurufen. Eine Aussage bzgl. der Exprimierung eines Gens oder der Biosynthese des entsprechenden Toxins ist nicht möglich [34].

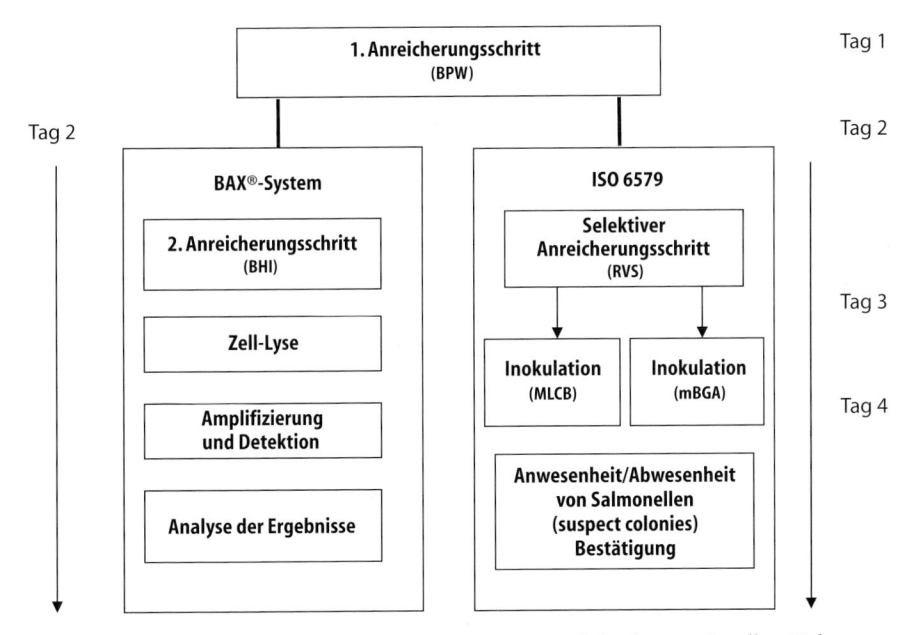

Abb. 10.6. Vergleich des automatisierten BAX-Systems und der konventionellen Kulturmethode (modifiziert nach ISO 6579) zur Bestimmung von *Salmonella* in Lebensmitteln RVS = Rappaport-Vassiliadis Soya Medium; MLCB = Mannitol Lysine Crystal Violet Brilliant Green Agar; mBGA = modified Brilliant Green Agar

10.3.3
Gaschromatographische (GC) Verfahren
Trans-Fettsäuren

Hintergrund *Trans*-Fettsäuren (TFS) sind einfach oder mehrfach ungesättigte Fettsäuren, bei denen mindestens eine der Doppelbindungen eine räumliche *trans*-Stellung aufweist. Je nach ihrer Herkunft unterscheiden sich TFS in ihrer Struktur und Zusammensetzung und damit in ihrer Wirkung auf die Gesundheit. TFS entstehen hauptsächlich im Rahmen der industriellen Härtung von pflanzlichen Ölen und Fischölen, aber auch bei der Hitzebehandlung von Ölen, Fetten und Nahrungsmitteln, welche ungesättigte Fettsäuren enthalten. Generell machen Varianten der Ölsäure den Hauptanteil der „industriellen" TFS aus, wobei die Position der Doppelbindung in C18:1 wie in einer Gaußkurve hauptsächlich über *trans-7* bis *trans-13* verteilt ist. Von Bedeutung bei teilgehärteten pflanzlichen Fetten sind die C18:1 *trans-9* (Elaidinsäure) und die C:18:1 *trans-10* [35].

Eine weitere wesentliche Quelle für TFS in der Nahrung ist die katalytische Biohydrierung von Fetten, welche im Pansen von Wiederkäuern stattfindet. Das Hauptisomer z. B. in Milchfett ist die Vaccensäure (C18:1, *trans-11*) mit einem TFS Anteil von über 60%. Zu den natürlich vorkommenden TFS gehört auch die Gruppe der konjugierten Linolsäuren (CLS), die als TFS im Fleisch und in der Milch von Wiederkäuern enthalten sind. Der Begriff CLS umfasst ein Gemisch aus konjugierten positionellen und geometrischen Isomeren der Linolsäure (C18:2n-6), deren Hauptisomer die C9, *trans-11*-Octadecadiensäure darstellt.

Allgemeines Prinzip der TFS Analytik Sämtliche analytische Verfahren zur Bestimmung der TFS sind als offizielle oder standardisierte Methoden im Rahmen der ISO, AOAC, oder AOCS validiert und beschrieben. Meist handelt es sich um individuelle Methoden für tierische und pflanzliche Öle und Fette, sowie für intermediäre oder fertige Lebensmittelprodukte, die Fett beinhalten. Durch einige der neueren Verfahren kann ein Gesamtspektrum der Fettsäuren inklusive der mehrfachungesättigten (*english: PUFAs*), monogesättigten und gesättigten Fettsäuren erfasst werden (z. B. [36], AOCS Ce 1j-07).

Viele der Methoden zur TFS-Bestimmung sind Lebensmittelmatrizenspezifisch und folgen einem allgemeinem Schema, wie in Abb. 10.7 dargestellt.

Als erster Schritt wird je nach Matrize die Probe zerkleinert. Fette und Öle werden direkt umgeestert und aus Margarine- und Butterproben wird das Fett durch Schmelzen und Zentrifugieren gewonnen. Falls notwendig werden Lebensmittel vorbehandelt, um die Zellstruktur zu zerstören und um dadurch die Fette freizusetzen, beispielsweise durch Refluxieren in einem organischen Lösungsmittel. Bei wasserhaltigen Lebensmitteln wie Fertigmenus, Fleisch, Wurstwaren, Milch, Milchprodukten, Eier und Fisch bietet es sich an, das Probenmaterial zuvor zu lyophilisieren. Anschließend wird durch Anwendung einer konventionellen Extraktionsmethode wie Röse-Gottlieb, Weibull Stoldt oder Soxhlett das Fett extrahiert.

```
          ┌─────────────────────────┐
          │     Fett Extraktion     │
          │                         │
          │ z. B. Röse-Gottlieb,    │
          │ Weibull-Stoldt, Soxhlet │
          └───────────┬─────────────┘
                      ⇩
          ┌─────────────────────────┐
          │    FAME Vorbereitung    │
          │                         │
          │ KOH/MeOH-BF₃/MeOH oder  │
          │ direkte Umesterung      │
          │ (z. B. CH₃ONa/MeOH)     │
          └───────────┬─────────────┘
                      ⇩
          ┌ ─ ─ ─ ─ ─ ─ ─ ─ ─ ─ ─ ─ ┐
                    Ag-Ionen-
          │      Chromatographie    │
          └ ─ ─ ─ ─ ─ ─ ─ ─ ─ ─ ─ ─ ┘
                      ⇩
          ┌─────────────────────────┐
          │         GC-FID          │
          │                         │
          │ Polare Kapillarsäulen   │
          │ mit Cyanopropyl-        │
          │ polysiloxan oder        │
          │ Carbowax Beschichtung   │
          └───────────┬─────────────┘
                      ⇩
          ┌─────────────────────────┐
          │       Auswertung        │
          └─────────────────────────┘
```

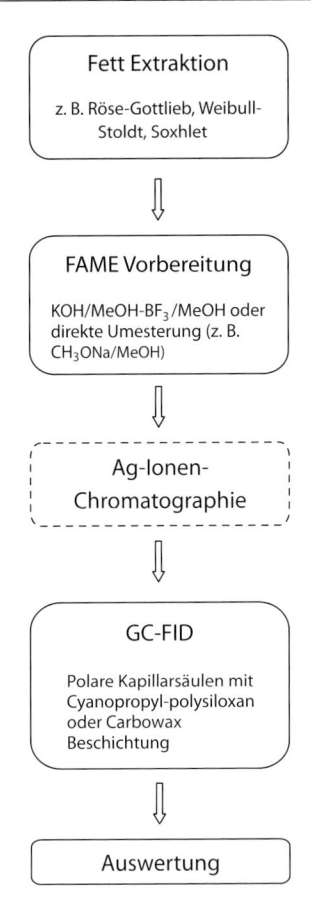

Abb. 10.7. Allgemeines Schema zur Bestimmung von TFS in Lebensmitteln

Die GC ist die mit Abstand am häufigsten eingesetzte Methode zur Untersuchung von TFS. Deshalb müssen die freien oder veresterten Fettsäuren meist derivatisiert werden, insbesondere zu Fettsäuremethylestern (FAMEs). Für die Umesterung zu FAMEs gibt es mehrere Möglichkeiten, zu den gängigsten Methoden zählt die Umesterung mit methanolischer KOH bzw. mit BF_3/MeOH. Oft werden während dieses Schrittes interne Standards zugesetzt, z. B. Methylundecanoat (C11:0) oder Tritridecanoin (C13:0). Die Umesterung kann unter relativ milden Bedingungen stattfinden, insbesondere bei der Anwendung von KOH/Methanol – BF_3/MeOH. Bei der BF_3/MeOH Reaktion wird das Fett zuerst hydrolisiert, anschließend erfolgt die Umesterung, so werden bei diesem Verfahren auch die freien Fettsäuren verestert.

Um die *cis*- and *trans*-Isomere zu trennen, besteht generell die Möglichkeit der Vortrennung mittels Argentationschromatographie, sei es als Dünnschichtchromatographie (DC) oder auch als Ag^+-HPLC. Einige der offiziellen

Methoden beinhalten allerdings keine Vortrennung. Aufgrund der Vielzahl der in hydrierten Ölen vorkommenden Positions- und Stellungsisomere ist aber eine vollständige Abtrennung der C18:1 *trans*-Isomere ohne vorhergehende Ag^+-Chromatographie fast unmöglich; sie stellt deshalb eine hilfreiche Technik bei der Vorbereitung von komplexen Proben oder zur Abtrennung anderer Isomere dar [37].

Bei der GC-Analytik ist eine gute Auflösung der FAMEs von großer Bedeutung, darum fällt die Wahl auf sehr polare Kapillarsäulen. Die polaren stationären Phasen bestehen zumeist aus Polyethylenglycol (z. B. Carbowax) oder Cyanoalkylsiloxanen (z. B. CP-Sil88). Die Auftrennung der CLS oder TFS Isomere erfolgt nur mit sehr langen Säulen (100 m). Ein weiterer wichtiger GC Parameter ist das Säulentemperaturprogramm, dessen Einstellung die Trennung der Isomere deutlich beeinflusst. Zur Detektion dient die bekannte Flammenionisations-Detektion (FID), Veröffentlichungen über Messungen mit Hilfe der GC-MS Analytik nehmen aber auch zu.

Für Routinelabors ist die Analyse der TFS relativ mühsam und zeitaufwendig insbesondere wegen der langen Prozedur. Eine direkte Umesterung der Proben ohne vorherige Fettextraktion wurde kürzlich für Milchprodukte beschrieben, ein solches Verfahren vereinfacht den analytischen Aufwand erheblich [38]. Voraussetzung ist allerdings eine Optimierung des chromatographischen Abschnittes, z. B. durch den Einsatz einer sehr langen Kapillarsäule. Bei der genannten Methode liegt die Nachweisgrenze bei 0,03 g TFS/100 g Gesamtfettsäure, also durchaus vergleichbar mit der Nachweisgrenze erzielbar mit konventionellen AOCS oder AOAC Verfahren.

Herausforderung Je nach Gesetzgebung sind die Anforderungen an die Analytiker und Methoden sehr unterschiedlich. Einige der Verfahren eignen sich nicht für eine zuverlässige Bestimmung des Verhältnisses von TFS natürlichen Ursprungs zu TFS, die durch technischen Eingriff (z. B. Raffination) entstanden sind. Ebenso sind weitere Fortschritte in der TFS-Analytik für Lebensmittel mit einem sehr geringen Fettgehalt wünschenswert, da einige der konventionellen Methoden hier nicht angewendet werden können.

10.3.4
Massenspektroskopische Verfahren

Hochdruckflüssigchromatographie-Tandem-Massenspektrometrie (HPLC-MS/MS)

Herausragende Fortschritte bei der quantitativen Bestimmung von Rückständen in Lebensmitteln bringt die Kombination von schneller Probenvorbereitung, leistungsfähiger HPLC-Trennung und selektiver MS/MS-Detektion. In der MS/MS Konfiguration, auch als Tandem-Massenspektrometrie bekannt, dient das erste Massenspektrometer (s. Abb. 10.8, als Q1 bezeichnet) zur Selektion der Molekülionen des Analyten (*precursor ion*) aus einem komplexen Gemisch. Nach

Fragmentierung in der Kollisionszelle werden die entstehenden Ionen (*product ions*) im zweiten Massenspektrometer nach m/z getrennt. Durch die Selektion von nur 2–4 Produkt-Ionen (*selected reaction monitoring*) kann die Empfindlichkeit der Messung deutlich erhöht werden. Neben sog. Triple-Quad Instrumenten erfreuen sich auch sog. Ion-Traps, insbesondere für Screening Tätigkeiten, großer Beliebtheit. Auch die Fähigkeit dieser Geräte im MS^n-Modus zu arbeiten, ist für strukturaufklärende Messungen von Vorteil. Im Bereich der Strukturaufklärung aber auch in der Suche nach unbekannten Substanzen ziehen in die Lebensmittelananlytik immer mehr auch die sog. TOF (Time of Flight)-Geräte ein. Mit diesen Systemen lassen sich Massen mit einer Genauigkeit von 5 ppm bestimmen, so dass genaue Aussagen zu Summenformeln von unbekannten Substanzen oder Metaboliten möglich sind [39].

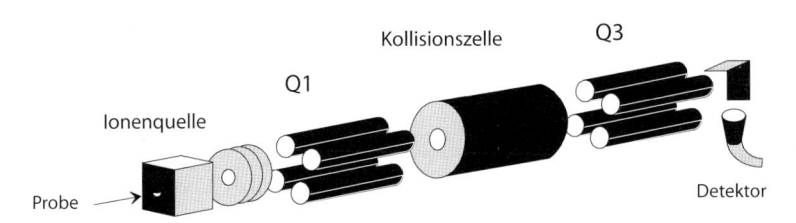

Abb. 10.8. Schematische Darstellung eines MS/MS Gerätes

Diese Technologien vereinfachen bei vielen Prüfverfahren signifikant die aufwendige Probenvorbereitung. In den letzten 10 Jahren haben HPLC-MS Verfahren stetig an Bedeutung beim Routineeinsatz von Rückstandsuntersuchungen gewonnen, ersichtlich an den zahlreichen Veröffentlichungen bezüglich Neuentwicklungen in der Spurenanalytik.

Chloramphenicol

Hintergrund Chloramphenicol ist ein Breitbandantibiotikum mit bakteriostatischer Wirkung. Es wurde 1994 EU-weit für die Anwendung bei Tieren, die der Lebensmittelgewinnung dienen, verboten [40]. Deswegen dürfen keinerlei Rückstände dieses Antibiotikums in Lebensmitteln nachweisbar sein (= Nulltoleranz). Während der EU „Chloramphenicol-Krise" in 2001, wurde deutlich, dass ein Bedarf an Analysemethoden vorhanden war, um das Antibiotikum in Lebensmitteln im Spurenbereich qualitativ und quantitativ nachzuweisen [41]. Besonders Waren aus Südost-Asien (China, Indonesien) waren deutlich belastet. Da Nulltoleranzen laboranalytisch nicht überprüft werden können, wurden von der Europäischen Kommission so genannte Mindestleistungsgrenzen (*Minimum Required Performance Limits*, MRPL) festgelegt [42]. Diese haben eine direkte Auswirkung auf die Mindestanforderung bzgl. der Empfindlichkeit der analytischen Methoden. Es ist wichtig, zwischen dem MRL (Rückstandshöchstwert) und MRPL zu unterscheiden, da letzterer nur einen technischen Mindestwert darstellt, den Überwachungslabors erzielen müssen. Für Chloramphenicol wurde ein MRPL-Wert von 0,3 μg/kg für Lebensmittel, wie z. B. Fleisch, Eier, Milch, Honig, Fisch und andere Meeresprodukte festgelegt.

LC-MS Verfahren Die Bestimmung von Chloramphenicol in Lebensmitteln tierischen Ursprungs erfolgt in diesem Beispiel durch eine LC-MS/MS Bestätigungsmethode [43]. Hierbei wird die homogenisierte Probe mit einem Na-Acetat Puffer extrahiert, über Nacht nach Zugabe von Glucuronidase inkubiert, flüssig-flüssig extrahiert, anschließend an einer SPE-Säule aufgereinigt und durch HPLC gekoppelt mit MS/MS quantifiziert.

MS Optimierung und Auswertung Massenspektren werden mit dem *Selected Reaction Monitoring* (SRM) Verfahren aufgezeichnet (im *negative electrospray*, ESI-Modus). Generell wird einer dieser Massenübergänge, meistens diejenige Spur die am intensivsten und ohne Interferenzen vorliegt, zur Quantifizierung herangezogen (*quantifier*). Die restlichen Spuren sind wichtig zur Bestätigung des Moleküls (*qualifiers*).

Zur Bestimmung von Chloramphenicol dienen vier Massenübergänge (m/z 321 → 152; 321 → 257; 323 → 152; 323 → 257) und weitere für den internen Standard (d_5-Chloramphenicol). Das Chloratom dient als zusätzlicher diagnostischer Nachweis (^{37}Cl:^{35}Cl Verhältnis). Ein typisches MS Chromatogramm einer im Spurenbereich belasteten Garnelenprobe aus Süd-Ost Asien ist in Abb. 10.9 dargestellt.

Identifizierungspunkte. Wenn Massenfragmente nicht im Full-Scan-Verfahren gemessen werden, muss ein System von Identifizierungspunkten (IP) zur Auswertung der Daten verwendet werden. Zur Bestätigung von Stoffen in Gruppe A des Anhangs I der Richtlinie 96/23/EG werden mindestens vier Identifizierungspunkte benötigt [44]. Außerdem muss die chromatographische Retentionszeit der Zielverbindung mit dem internen Standard übereinstimmen, sie sollte innerhalb einer Spannbreite von 2.5% liegen.

Die vorgeschriebene Anzahl der Identifizierungspunkte für den Chloramphenicol-Nachweis mit LC-MS/MS kann durch die Messung von einem Precursor Ion (1 IP) und zwei Tochter Ionenpaaren (2 × 1,5 IP) erreicht werden aber unter der Voraussetzung, dass die Ionenverhältnisse (*quantifier/qualifier*) innerhalb der festgelegten Toleranzen liegen [44]. Weitere Leistungsparameter wie z. B. die Entscheidungsgrenze (CCα) und das Nachweisvermögen (CCβ) werden in [44] ausführlich beschrieben.

Ausblick Wie an diesem Beispiel gezeigt, sind für die quantitative Bestimmung von Spurenkomponenten idealerweise stabil-isotop markierte Standardsubstanzen erforderlich (Isotopenverdünnungsanalyse). Grundsätzlich kann *a priori* nicht davon ausgegangen werden, dass die relativen Intensitäten einzelner Ionen

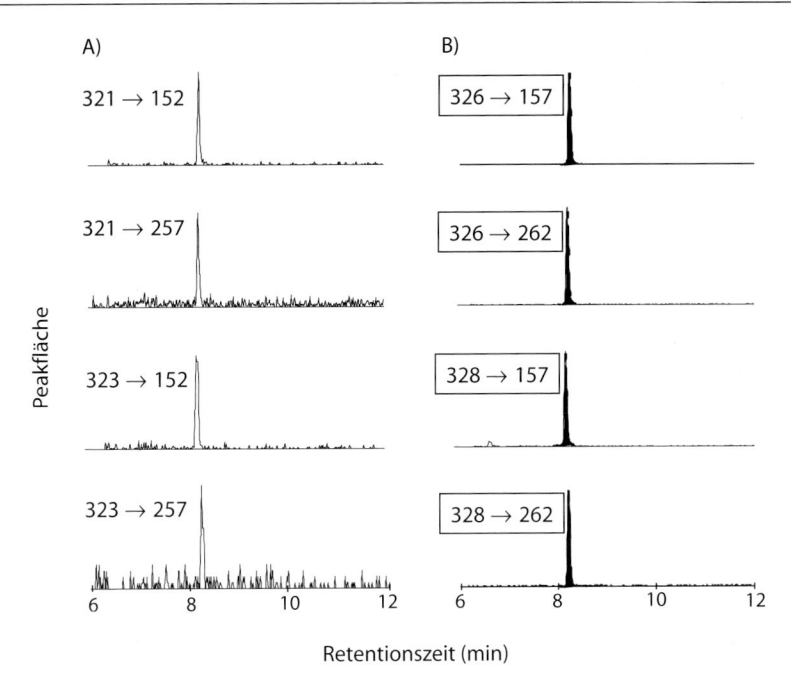

Abb. 10.9. MS/MS Chromatogramm einer mit Chloramphenicol belasteten Garnelenprobe (0,04 µg/kg); Massenübergänge für (A) Chloramphenicol und (B) für den internen Standard

in einem ESI-MS die relativen Konzentrationen der entsprechenden Analyten in der Probenlösung widerspiegeln. Dazu kommt, dass die Ionisierungsrate einer Verbindung ganz entscheidend von der Gegenwart weiterer Elektrolyte, von Matrixkomponenten und koeluierenden Inhaltsstoffen beeinflusst wird. So können sich quantitative Bestimmungen auf der Basis von externen Kalibrierungen speziell mit Blick auf die heterogene Matrize von Lebensmitteln als problematisch erweisen. Häufig stehen keine isotopen-markierten Referenzsubstanzen zur Verfügung, dann kann das aufwändige Standardadditions-Verfahren angewendet werden. Eine weitere Möglichkeit ist, die Ionisierungsleistung des ESI-MS durch Zugabe eines externen Standards zwischen Trennsäule und ESI-Interface zu kontrollieren und in der Messung zu kompensieren [45]. Allerdings sind solche Ansätze heutzutage in der Routineanalytik nicht durchsetzbar.

Die Absenkung der Nachweisgrenze zeigt deutlich die Entwicklungen im instrumentellen analytischen Bereich. Für Chloramphenicol-Rückstände in Lebensmitteln liegt die Nachweisgrenze heute 100-fach tiefer als vor 35 Jahren [46]. Bei den Schnellmethoden ist diese Tendenz noch ausgeprägter. Da die Empfindlichkeit der LC-MS Geräte in den letzten 6 Jahren ungefähr um den Faktor zehn zugenommen hat, kann man davon ausgehen, dass eine instrumentell bedingte „endgültige" Nachweisgrenze noch nicht erreicht worden ist.

Gaschromatographie-Massenspektrometrie (GC-MS)

Acrylamid

Hintergrund Im April 2002 informierte die schwedische Lebensmittelbehörde gemeinsam mit der Universität Lund die Weltöffentlichkeit über stark erhöhte Acrylamidgehalte in verschiedenen Lebensmitteln, die gebraten, gebacken oder frittiert waren [47]. Acrylamid wirkt im Tierversuch bei Dosen im Bereich von 1 mg/kg Körpergewicht und mehr über längere Zeit neurotoxisch und krebserregend. Bisher liegen allerdings keine eindeutigen Daten vor, die ein Krebsrisiko beim Menschen beweisen.

Von der analytischen Seite gibt es mittlerweile einige Verfahren zur Quantifizierung von Acrylamid in Lebensmitteln. Die Mehrheit dieser Methoden stützt sich auf die GC-MS oder die LC-MS Detektion [48]. Im folgenden Beispiel soll eine GC-MS Methode nach Derivatisierung des Acrylamids beschrieben werden.

GC-MS Die wichtigsten Schritte eines analytischen Verfahrens für fettfreie oder fettarme Produkte sind [49, 50]:

- Zugabe eines internen Standards ($^{13}C_3$-Acrylamid oder $^2H_3$-Acrylamid)
- Extraktion einer homogenisierten Probe mit Wasser
- Carrezklärung (Carrez I und II Lösungen)
- Bromierung mit Br_2 oder $KBr + KBrO_3$
- Entfernung von überschüssigem Brom mit Sulfit
- Extraktion von 2,3-Dibromopropionamid (derivatisiertes Acrylamid)
- Clean-up über Florisil
- Umwandlung von 2,3-Dibromopropionamid in das stabilere 2-Bromopropenamid

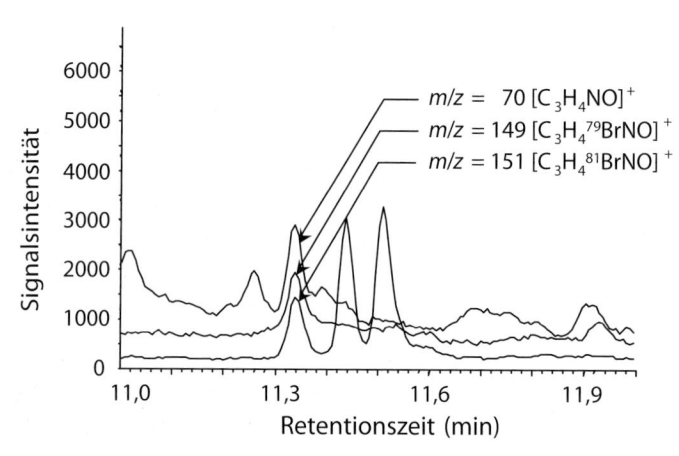

Abb. 10.10. GC-MS (EI) Aufzeichnung von Acrylamid gemessen als bromiertes Derivat (2-bromopropenamid), extrahiert aus einem Reisprodukt (17 µg/kg Acrylamid)

- Filtrierung
- GC-MS (Elekronenstossionisation, positiver Modus).

Die GC-MS Messung erfolgt im *selected ion monitoring* (SIM) Modus mit der Aufnahme der drei Ionen m/z 70, 149, 151, wobei m/z 149 zur Quantifizierung dient. Ein typisches MS Chromatogram einer Zerealien Probe wird in Abb. 10.10 dargestellt.

Die Berechnung des Acrylamidgehaltes erfolgt über den internen Standard. Je nach Clean-up und Matrize, liegt die Bestimmungsgrenze des GC-MS Verfahrens zwischen 5 und 10 ng/g [50]. Diese Empfindlichkeit ist ohne weiteres ausreichend, um Acrylamid auch in Lebensmitteln mit Belastung im tieferen Konzentrationsbereich zu bestimmen (s. auch Kap. 17.4.4).

Ausblick GC-MS Methoden sind meistens empfindlicher als LC-MS oder LC-MS/MS Verfahren. Der Derivatisierungsschritt erfordert zwar einen höheren analytischen Gesamtaufwand, bietet jedoch zugleich eine zusätzliche Aufreinigung des Extraktes. Durch die Bromierung erhält man ein charakteristisches MS Profil im höheren Massenbereich und hat deshalb weniger Interferenzen im MS SIM Chromatogram. Neue Möglichkeiten ergeben sich hier auch durch Einsatz von GCxGC-Methoden oder auch von GC-MS-TOF (= Time of Flight) Systemen [51]).

Bislang gibt es keine Schnellmethoden mit hohem Probendurchsatz, um in Lebensmitteln Acrylamid im Spurenbereich nachzuweisen. Mittels solcher Methoden ließe sich aus technologischen Versuchsreihen ableiten, durch welche Maßnahmen die Acrylamidgehalte in Lebensmitteln gesenkt werden könnten.

Protonentauschreaktions-Massenspektrometrie (PTR-MS)

PTR-MS wurde 1993 von Prof. W. Lindinger und Mitarbeitern an der Universität Innsbruck entwickelt [52]. Es wurde früh erkannt, dass diese Technologie in weiten Bereichen angewendet werden kann, wo eine schnelle Messung und/oder die quantitative Bestimmung von Spurengasen (flüchtige organische Verbindungen = *volatile organic compounds*, VOCs) notwendig ist. Die Analyse von VOCs ist insbesondere in der Lebensmittelbranche von großer Bedeutung. Sie erlaubt es nämlich, Aussagen bezüglich der Qualität und sensorischer Merkmale der Produkte zu treffen und gibt oft Aufschluss über chemische Prozesse, die während der Herstellung und Lagerung von Lebensmitteln stattfinden.

Messprinzip PTR-MS ermöglicht eine Online-Messung der Zusammensetzung von VOCs im niedrigen Konzentrationsbereich (pptv) mit relativ hoher Probenahmegeschwindigkeit im Sekundenbereich. Dazu wird Wasserdampf über den Primärgaseinlass in eine Hohlkathode eingeleitet und dort ionisiert.

Die dabei entstehenden H^+, OH^+, O^+, H_2O^+ und H_3O^+ Ionen werden mit Hilfe einer Extraktionsblende in den kleinen Driftraum geleitet, wo sie mit H_2O

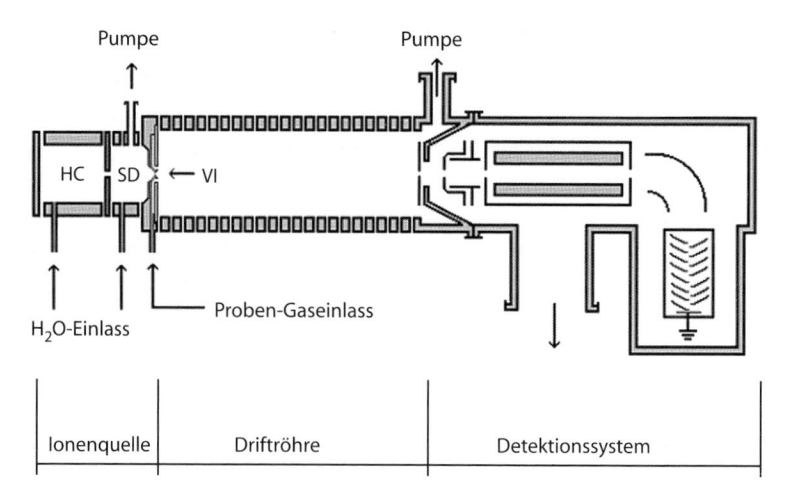

Abb. 10.11. Schematische Darstellung eines PTR-MS

sehr schnell zu H_3O^+ reagieren (zum Teil über Reaktionsketten). Über eine zweite Extraktionsblende werden die H_3O^+ Ionen schließlich vom kleinen Driftraum in den Reaktionsraum extrahiert. Das Messgas (Luft mit verschiedenen Spurenkomponenten) wird über ein Ventil kontinuierlich in den Reaktionsraum eingelassen. Zum größten Teil besteht das Messgas aus Komponenten (79% Stickstoff, 20% Sauerstoff, 1% Argon) mit denen das H_3O^+ Ion aus energetischen Gründen nicht reagieren kann. Hingegen führen Stöße mit den meisten Luftverunreinigungen zum sofortigen Protonen-Transfer:

$$[H_3O]^+ + X_i = [X_iH]^+ + H_2O$$

Die auf diese Weise entstehenden Ionen $[X_iH]^+$ erscheinen aufgrund des zusätzlichen Protons auf der Massenskala um eine Einheit verschoben. Aus dem Reaktionsraum werden die erzeugten Ionen über eine weitere Blende in das Detektionssystem geführt, wo ihre Masse festgestellt und Häufigkeit gemessen wird. Die Anzahl der $[X_iH]^+$ Ionen am Sekundär-Elektronen-Vervielfacher (SEV) ist proportional zur Konzentration der Komponente X_i in der untersuchten Messluft.

Applikationsbeispiel: Kaffeeröstung Ein gutes Beispiel für die Anwendung von PTR-MS ist die direkte Analyse von Kaffeeröstgasen [53]. Der Einsatz von PTR-MS ermöglicht die Aufzeichnung der schnellen Veränderung der flüchtigen Geruchsstoffe (im unmittelbaren Gasraum = *Headspace*, HS) während der Kaffeeröstung unter nahezu „Echtzeit"-Bedingungen (s. Abb. 10.12). Von allen Lebensmitteln stellt der Röstkaffee eines der chemisch komplexesten HS-Profile dar.

In diesem Experiment wurden Arabica Bohnen bei 190 °C geröstet, und die Intensitätsprofile durch Messung der selektiven Ionenmassen über eine definierte Zeitspanne aufgezeichnet. Die individuellen HS-Profile widerspiegeln die ver-

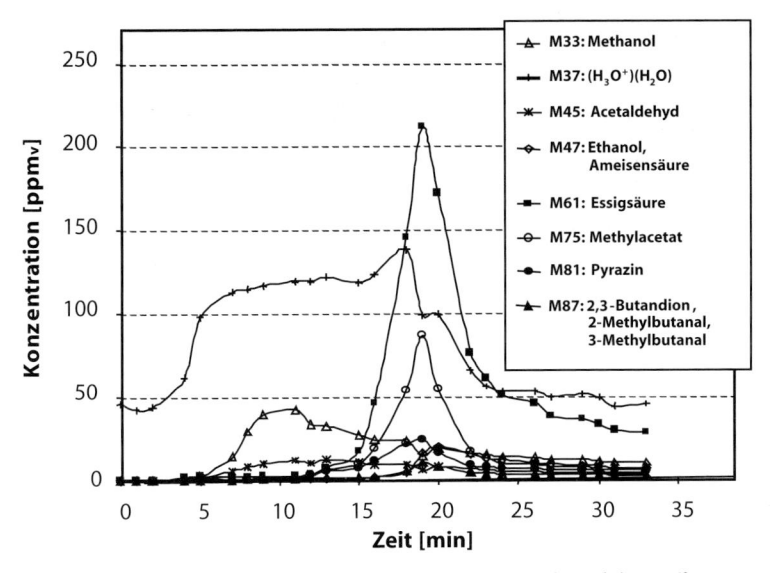

Abb. 10.12. Zeit-Intensitätsprofil von 8 Massen, aufgezeichnet während der Kaffeeröstung [53]

schiedenen Stufen der Kaffeeröstung. Zuerst findet die Trocknung (= Wasserverlust) der Bohnen statt, gekennzeichnet durch die Masse m/z 37, die einen protonierten „cluster" von Wassermolekülen H_2O-H_3O^+ darstellt. Nach diesem als Endotherm bezeichneten Schritt, beginnt im Wesentlichen die exotherme Reaktion (Röstung) mit der schnellen Freisetzung von sämtlichen VOCs. Für die meisten gemessenen Komponenten zeigen sich Änderungen in Intensität und Profil über den gesamten Röstzeitraum.

Einschränkungen Da die PTR-MS Analyse ohne chromatographische (chemische) Auftrennung betrieben wird, können prinzipiell mehrere Verbindungen durch eine Ionenmasse vertreten werden. Dies ist die wichtigste Einschränkung der Methode, wenn man die Natur der zu messenden Verbindungen kennen will. Weiterhin können Stereo- und Positionsisomere nicht unterschieden werden. Wie in Abb. 10.12 gezeigt, verbergen sich unter der Masse 87 drei Verbindungen, welche die gleiche Masse haben: 2,3-Butandione, 3-Methylbutanal und 2-Methylbutanal. In solchen Fällen muss die Zusammensetzung der Komponenten bestimmt werden, wozu die Kopplung mit GC-MS benutzt werden kann [54].

Isotopenverhältnis-Massenspektrometrie (IR-MS)

Authentizitätskontrolle: Wein

Die Hauptbestandteile der Biomasse sind die Elemente C, H, O, N und S, auch vereinfachend als „Bioelemente" bezeichnet. Aus den Verhältnissen ihrer stabilen Isotope $^{13}C/^{12}C$, D/H, $^{18}O/^{16}O$, $^{15}N/^{14}N$, und $^{34}S/^{32}S$ lassen sich wertvolle Informationen über die Herkunft und Erzeugnisart von landwirtschaftlichen Produkten ableiten. So sind Qualitätsaussagen und Angaben zur Herkunftsregion von Fleisch-, Gemüse- und Früchteprodukten mit Hilfe der Stabilisotopmessung überprüfbar, zu Spirituosen s. auch Kap. 29.4.3.

Hintergrund Die Stabilisotopenverhältnisse sind im natürlichen Rohstoff bis zum Enderzeugnis weitgehend identisch. Sie sind typisch für die Pflanzen- bzw. Fruchtart, die Herkunft und das Erntejahr. Getränke wie Wein, Spirituosen und Fruchtsäfte werden seit einigen Jahren von amtlichen Untersuchungseinrichtungen in europäischen Staaten nach international anerkannten und validierten Methoden der ^{18}O- und ^{13}C-Isotopenmassenspektrometrie (IR-MS) untersucht [55,56]. Die Beurteilung erfolgt über Daten authentischer Erzeugnisse, die in Datenbanken wie z. B. der EU-Weindatenbank gespeichert sind [57]. Durch Einsatz der Multielement-Isotopenanalytik und aufgrund geeigneter Korrelationen verschiedenen Stabil-Isotopenverhältnissen kann die Präzision hinsichtlich einer erforderlichen Rückverfolgbarkeit signifikant erhöht werden.

In diesem Abschnitt wird nur auf eines der wichtigen zur Authentizitätsbestimmung herangezogenen Parametern beim Wein eingegangen, nämlich auf das ^{18}O/^{16}O-Verhältnis im Wasser des Weins. Abweichungen des ^{18}O/^{16}O-Verhältnisses geben Auskunft über die Verdünnung von Wein durch Wasser. Da ein deutlicher Anstieg der ^{18}O-Gehalte von Mitteleuropa zum Süden hin beobachtet wird [58], kann die Methode auch zur Überprüfung der Herkunft von Weinen genutzt werden.

Messprinzip Das Prinzip der Sauerstoffisotopen-Verhältnis-Analyse beruht auf dem in einer Probe massenspektrometrisch bestimmten Verhältnis des schweren Sauerstoffisotops ^{18}O zum leichten Sauerstoffisotop ^{16}O. Als Standard wird die weltweit einheitliche Standard-Probe VSMOV (*Vienna Standard Mean Ocean Water* $\delta = 0$) herangezogen. Das Verhältnis wird in Deltawerten ($\delta^{18}O_{VSMOV}$) angegeben. Die mittlere natürliche Häufigkeit des Sauerstoffisotops ^{18}O beträgt 0,2%, diejenige des ^{16}O Isotops 99,672%.

Die Isotopenwerte (Messwerte des Isotopenverhältnisses ^{18}O/^{16}O) werden nicht als Absolutwerte, sondern als Abweichung von internationalen Standards in Form von δ-Werten (Einheit ‰) angegeben. Alle Berechnungen leiten sich aus der folgenden allgemeinen Gleichung ab:

$$\delta^{18}O_{VSMOV} = [(R\ Probe/R\ Standard) - 1] \times 1000\ [‰]$$

wobei R das ^{18}O/^{16}O-Verhältnis ist.

Der Sauerstoffisotopengehalt in Traubenmost und dann im entsprechenden Wein weist keine großen Unterschiede (ca. 0.2 δ) auf [57]. Daraus wird abgeleitet, dass sich der δ^{18}O-Wert während der Vinifizierung kaum verändert.

Headspace-GC-IRMS Zur Bestimmung des Isotopenverhältnisses ^{18}O/^{16}O kann die Gasbench-Methode verwendet werden, welche auf der in der Gesetzgebung der EG verankerten Methode basiert [55]. Diese Methode liegt das Headspace-

Prinzip zugrunde [59]. Für die Messung wird der Wein direkt mit einem Gemisch aus 0,4% CO_2 in Helium überschichtet. Eine bestimmte CO_2-Konzentration ist in der Gasphase erforderlich, um ein auswertbares Signal zu erzeugen. Während mindestens 18 Stunden wird im Thermoblock bei einer konstanten Temperatur von ca. 26 °C eine vollständige Equilibrierung nach folgender Reaktion erzielt:

$$C^{16}O^{16}O + H_2^{18}O \leftrightarrows C^{16}O^{18}O + H_2^{16}O.$$

Bei dieser indirekten Messmethode wird das $^{18}O/^{16}O$ Isotopenverhältnis der Wassermoleküle des Weines auf das Messgas (CO_2) übertragen. Mit Heliumüberdruck, erreicht durch die kontinuierliche Zufuhr von Helium in das Probenröhrchen, wird dieses Messgas über eine Probenschleife auf eine GC-Säule geleitet, was zur Abtrennung von Begleitsubstanzen dient. Dem Gas wird dann das Wasser entzogen, und dieses anschließend in die Ionenquelle des Massenspektrometers gelenkt. Das Isotopenverhältnis des CO_2 m/z 46/44 ($^{12}C^{16}O^{18}O^+$/$^{12}C^{16}C^{16}C^+$) wird mehrmals hintereinander gemessen [56].

Die Methode wird mit den internationalen Standards VSMOV, GISP (*Greenland Ice Sheet Precipitation*, δ = −24,8) und SLAP (*Standard Light Antartic Precipitation* δ = −55,5) kalibriert, die von der IAEA (*International Atomic Energy Agency*) mit bekanntem Wert herausgegeben werden. Die Standards VSMOV und SLAP dienen zur Kalibrierung des Systems und mittels GISP wird das System überprüft. Mit einem geeigneten hausinternen Standard, der in jeder Messreihe mehrmals mitgemessen wird, wird das System kontrolliert. Die Wiederholbarkeit (r) der Methode, beschrieben in VO (EG) Nr. 822/97, beträgt 0,24 ‰.

Ausblick Auf dem Gebiet der Herkunftsbestimmung von Wein sollen mehrere unabhängige Methoden, z. B. konventionelle Analyse charakteristischer Inhaltsstoffe und die Bestimmung weiterer Isotopen kombiniert werden. Andere wichtige Elemente bezüglich der Stabilisotopenanalytik sind der ($^2H/^1H$)-Wert in Ethanol und Wasser, und das $^{13}C/^{12}C$-Verhältnis in Ethanol [56, 60]. Generell dürfte dem Gebiet der Herkunftsbestimmung von Lebensmitteln künftig mehr Raum gegeben werden. Viele Forschungsgruppen arbeiten an verbesserten Methoden sowohl auf molekularbiologischer als auch massenspektrometrischer Basis. Das EU-Projekt „TRACE" gibt hier einen guten Überblick [61].

Hochauflösende Massenspektrometrie (HRMS)

Polychlorierte Dibenzo-*p*-dioxine und -furane (PCDD/Fs), Dioxin-ähnliche PCBs und polybromierte Diphenylether (PBDEs)

Hintergrund Seit den ersten Messungen von Dioxinen in biologischen und Umweltproben gegen Ende der 50er Jahre gab es erhebliche Fortschritte in der Dioxinanalytik, die heute Nachweisgrenzen im tiefen Femtogramm/g Bereich ermöglichen. Ausschlaggebend war die Einführung der hochauflösenden Massenspektrometrie (*High-Resolution Mass Spectrometry*, HRMS) und Isotopen-Verdünnungsanalysen, wobei ein Kongenerengemisch (chemisch-identische ^{13}C-markierte Verbindungen) dem Fettextrakt zugegeben wird. Vom gerätetechnischen Standpunkt her, gelten heute noch die Doppel-fokussierenden Sektorfeld-Massenspektrometer als „*Gold Standard*", und erreichen die notwendige Empfindlichkeit durch hervorragende Massenauflösung und Genauigkeit. Allerdings wurden in den letzten Jahren andere auf MS-basierende Methoden beschrieben, u. a. GC-Ionenfalle (= *Ion Trap*) im MS/MS Modus und GC×GC-TOF-MS (Flugzeitgeräte, = *Time of Flight*). Letztere bieten einen praktisch unbegrenzten Massenbereich und sehr niedrige Nachweisgrenzen, bei vollständiger Aufnahme des Massenspektrums.

In der Europäischen Union sind für amtliche Untersuchungen auf Dioxine und Dioxin-ähnliche-PCB keine Standardmethoden vorgeschrieben. Aus Sicht des Praktikers wäre eine solche Festlegung auch nicht sinnvoll, da die sehr komplexen Methoden erfahrungsgemäß ständig modifiziert und an die unterschiedlichen Matrices angepasst werden müssen. Darüber hinaus hat sich sowohl bei nationalen als auch bei internationalen Laborvergleichsuntersuchungen wiederholt gezeigt, dass mit unterschiedlichen Methoden vergleichbare Ergebnisse erzielt wurden.

Um Aussagen über die Qualität und Vergleichbarkeit der Methoden zu ermöglichen, wurden anstelle von Standardmethoden genaue Anforderungen an die Probenahme und die Analysenmethoden festgelegt: Für die amtliche Kontrolle der Gehalte von Dioxinen und dl-PCB in Lebensmitteln erfolgt dies in der Verordnung (EG) 1883/2006 vom 19.12.2006 und für die Kontrolle von Futtermitteln in der Richtlinie 2002/70/EG vom 26.07.2002. In diesen gesetzlichen Vorschriften werden Anforderungen an die Laboratorien, wie z. B. die Akkreditierung nach ISO/EN 17025 und die obligatorische Teilnahme an Laborvergleichsuntersuchungen formuliert. Ebenso werden detaillierte Forderungen an das analytische Verfahren, wie hohe Messempfindlichkeit, niedrige Nachweisgrenzen, Selektivität, Spezifität und Genauigkeit gestellt. Eine detaillierte Übersicht der gängigen Verfahren zur Dioxinbestimmung in unterschiedlichen Probenmaterialien kann in [62, 64] gefunden werden.

Eine weitere Stoffklasse, die in den letzten Jahren viel Aufmerksamkeit erregt hat, sind die polybromierten Diphenylether (PBDEs). Im Gegensatz zu den Dioxinen haben Untersuchungen Ende der 90er Jahre ergeben, dass Rückstände der PBDEs in Körperflüssigkeiten (z. B. Muttermilch) beim Menschen zunehmen [65]. Diese Erkenntnisse stellten hohe Ansprüche an die Analytik, da auch Methoden zur Spurenanalyse von PBDEs in fetthaltigen Lebensmitteln dringend benötigt wurden [66].

Analytische Verfahren *Probenaufarbeitung*. In diesem Abschnitt wird nur eine generelle Übersicht der wichtigsten Schritte zur Bestimmung von Dioxinen und PBDEs beschrieben. Feste Proben werden bevorzugt über Soxhlet extrahiert,

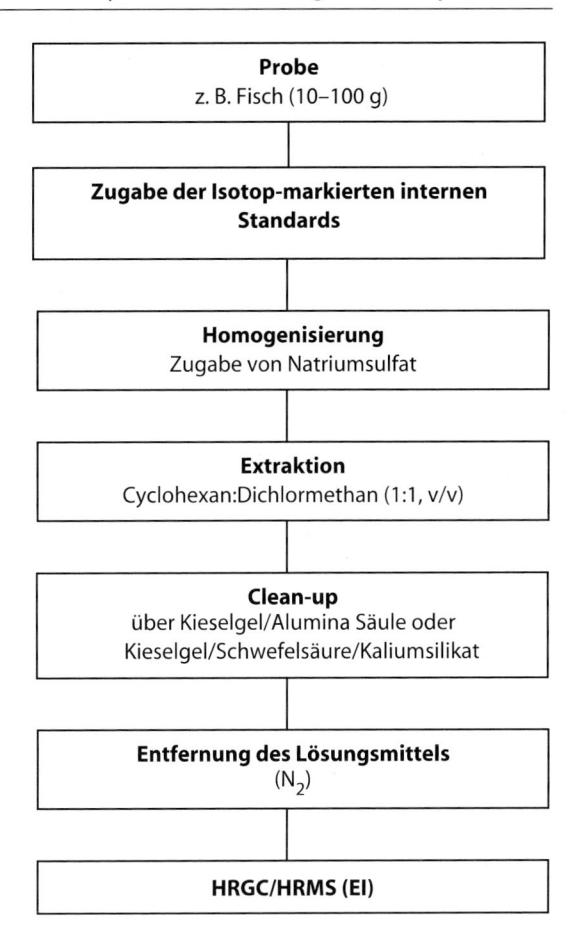

```
                    ┌─────────────────────────────┐
                    │           Probe             │
                    │      z. B. Fisch (10–100 g) │
                    └──────────────┬──────────────┘
                                   │
                    ┌──────────────┴──────────────┐
                    │ Zugabe der Isotop-markierten│
                    │       internen Standards    │
                    └──────────────┬──────────────┘
                                   │
                    ┌──────────────┴──────────────┐
                    │       Homogenisierung       │
                    │    Zugabe von Natriumsulfat │
                    └──────────────┬──────────────┘
                                   │
                    ┌──────────────┴──────────────┐
                    │          Extraktion         │
                    │ Cyclohexan:Dichlormethan    │
                    │          (1:1, v/v)         │
                    └──────────────┬──────────────┘
                                   │
                    ┌──────────────┴──────────────┐
                    │           Clean-up          │
                    │ über Kieselgel/Alumina Säule│
                    │ oder Kieselgel/Schwefelsäure│
                    │       /Kaliumsilikat        │
                    └──────────────┬──────────────┘
                                   │
                    ┌──────────────┴──────────────┐
                    │  Entfernung des Lösungsmittels │
                    │            (N₂)             │
                    └──────────────┬──────────────┘
                                   │
                    ┌──────────────┴──────────────┐
                    │       HRGC/HRMS (EI)        │
                    └─────────────────────────────┘
```

Abb. 10.13. Schema zur PBDE-Untersuchung in Fisch [68]

was allerdings mit einem hohen Verbrauch an Lösungsmitteln und einem erheblichen Zeitaufwand verbunden ist. Zu den alternativen Extraktionsverfahren gehören die superkritische Flüssigextraktion (*supercritical fluid extraction*, SFE), Mikrowellen-begleitete Extraktion (*Microwave assisted extraction*, MAE) und Festphasenextraktion (*solid-phase extraction*, SPE). Zur Bestimmung der Dioxine und Dioxin-ähnlichen PCBs ist die Aufreinigung des Extraktes über Aktivkohle, wie ursprünglich von Smith [67] beschrieben, in den meisten Verfahren fest etabliert. Somit werden die planaren und die nicht-planaren Verbindungen gut voneinander getrennt. Um störende ko-eluierende Bestandteile (so genannte *co-extractives*) zu entfernen, können weitere Aufreinigungsstufen auf basische oder acide Trennsäulen nachgeschaltet werden (Abb. 10.13).

Messung. Zu den gängigen GC-Säulen, die zur Bestimmung der PCDD/Fs dienen, gehören die polaren SP-2330 und CPSil88 Säulen (für Umweltproben zur Bestimmung „aller" Kongenere) oder die nichtpolaren Säulen wie DB-5 und Ultra 2 (für biologische Matrizen und speziell nur 2, 3, 7, 8-substituierte PCDD/Fs).

Eine gute GC-Trennung wird durch den Einsatz von Säulen mit einer Länge von 50–60 m erreicht. Kürzere Säulen (10–25 m) mit einer nicht-polaren Beschichtung sind gut geeignet zur Bestimmung der PBDEs.

Qualitätssicherung. Zur Gewährleistung der Richtigkeit und Zuverlässigkeit der Analysenergebnisse wird bei der Dioxinanalyse ein erheblicher Aufwand betrieben. Dieser ist insbesondere von Bedeutung, da im Ultraspurenbereich zusätzlich Vorsorge getroffen werden muss, um eine mögliche Laborkontamination zu vermeiden, d. h. Übertragung von Verunreinigungen durch Laborutensilien (Glaswaren, Pipetten usw.). Hinzu kommen strenge laborinterne Qualitätskontrollvorschriften bezüglich der gas-chromatographischen Leistung (Trennung und Retentionszeit der Zielsubstanzen), des Managements der Qualitätskontrollproben und der Handhabung der zertifizierten Referenzmaterialien.

Ferner sollte innerhalb des Qualitätssicherungssystems die Teilnahme an Interlabor-Vergleichstudien und *Proficiency-Tests* („P"-Tests) fest etabliert sein. Solche Übungen qualifizieren ein Untersuchungslabor als leistungsfähig zur Bestimmung von Dioxinen in einer vorgegebenen Matrix. Detaillierte Angaben bzgl. Qualitätssicherungskriterien können [68] entnommen werden.

Bedarf Heute werden zunehmend Bioassays wie z. B. der kommerzielle Calux test als Screeningmethode angewendet um in Umwelt und Lebensmittelproben eine Dioxin/POP (= *Persitent Organic Pollutants*) Kontamination zu identifizieren, mit anschließender Konfirmation des Befundes durch HRMS. Obwohl sich diese Strategie als effizient erwiesen hat, könnten aber die Eigenschaften der Bioassays noch besser genutzt werden um „unbekannte" toxische Verbindungen entweder einzeln oder in einem Chemikaliengemisch zu erfassen. Eine gute Möglichkeit bieten die „Omics" Technologien wie z. B. *Transcriptomics* und *Proteomics*. Solche Assays könnten in der Zukunft wichtige Information über die physiologische Wirkungsweise sowie Exposition chemischer „Cocktails" und komplexer Gemische liefern.

10.4
Nanopartikel in Lebensmitteln/Lebensmittelverpackungen

Nanotechnologien und die damit verbundenen synthetischen Nanopartikel nehmen in näherer Zukunft eine immer größere Bedeutung an, insbesondere in Lebensmittelverpackungen und zurzeit noch in sehr geringem Ausmaß in Lebensmitteln.

Die Analyse von Nanopartikeln in Lebensmitteln und/oder Lebensmittelverpackungen stellt allerdings ganz andere Anforderungen an den Analytiker als herkömmliche Methoden. Denn es ist hierbei nicht mehr ausreichend Konzentrationsdaten zu erheben, sondern vielmehr ist es notwendig auch Daten zur Größenverteilung und Eigenschaften der Partikel zu erheben. Diese Vielfalt kann keine einzige Methode erfüllen, sondern kann nur durch eine Mischung von Verfahren erreicht werden [69]. Es können Methoden von der Elektronenmikroskopie über die dynamische Lichtstreuung, der *Field Flow Fractionation* (FFF) bis hin zu klassischen massenspektrometrischen Methoden zum Einsatz kommen. Allerdings ist bisher noch keine Methode an komplexen Lebensmittelmatrixen erfolgreich erprobt worden. Erschwerend kommt nämlich hinzu, dass es zurzeit noch Schwierigkeiten bereitet, natürliche Nanopartikel von synthetischen zu unterscheiden [70].

Eine vielversprechende Technik für die Größentrennung von synthetischen Nanopartikeln in komplexen Matrices, wie künftig Lebensmittel, ist die *Field Flow Fractionation* (FFF) [71]. Diese Technik ist ähnlich zu chromatographischen Techniken, wobei die Trennung aber physikalischen Prinzipien folgt. Hierzu wird ein offener Kanal ohne stationäre Phase genutzt, an den ein elektrisches Feld angelegt wird. Dieses elektrische Feld kontrolliert die Geschwindigkeit, mit der die Partikel transportiert werden, durch Positionierung der Partikel in unterschiedlichen Laminar Flow Vektoren [65]. Die Detektion kann auf vielfältige Weise geschehen, z. B. durch *Multi-Angle Laser Light-Scattering* (MALLS) oder ICP-MS.

Für die Untersuchung von Lebensmittelverpackungen z. B. nanoskaliges Siliziumdioxid in PET-Flaschen stehen eine Reihe von elektronenmikroskopischen Verfahren wie SEM (scanning electron microscopy) oder TEM (transmission electron microscopy) zur Verfügung. Hierdurch können nicht nur die Nanopartikel visualisiert werden, sondern deren Eigenschaften wie Aggregatzustand, Dispersion, Sorption, Größe und Struktur. Allerdings hat man hier noch mit großen Messunsicherheiten zu kämpfen [73] , sowie mit exakten Konzentrationsbestimmungen, die notwendig wären, um Migrationsverhalten zu bestimmen (Hinweise zu Nanomaterialien s. auch 38.3.10).

Fazit

Zurzeit gibt es noch keine schlüssigen analytischen Messverfahren, die Nanopartikel in Lebensmitteln nachweisen können. Hier ist noch großer Forschungs- und Entwicklungsbedarf. Bei den Lebensmittelverpackungen hingegen können Oberflächenanalysentechniken schon zum Einsatz kommen. Aber auch hier sind noch neben vielen analytischen Fragen auch rechtliche Fragen offen, wie zum Beispiel, inwieweit die geltenden Migrationsgrenzwerte für Nanopartikel noch anwendbar sind.

10.5
Literatur

1. Stoeppler M (1994) Probennahme und Aufschluss, Basis der Spurenanalytik. Springer, Berlin Heidelberg New York
2. Otto M (1995) Analytische Chemie, VCH, Weinheim
3. Richtlinie 98/53/EG der Kommission vom 16. Juli 1998, ABl. Nr. L201, S. 93
4. Märtlbauer E (2003) Enzyme immunoassays for identifying animal species in food. In: Food authenticity and traceability, Lees M (Ed) CRC Press, p 54

5. Poms R, Klein C, Anklam E (2004) Food Addit Contam 21:1
6. Mendoza N, McGough N (2005) Nutr Food Sci 35:156
7. Skerritt JH (1985) J Sci Food Agric 36:987
8. Valdes I, Garcia E, Llorente M, Mendez E (2003) Eur J Gastroenterol Hepatol 15:465
9. Sorell L, Lopez JA, Valdés I, Alfonso P, Camafeita E, Acevedo B, Chirdo F, Gavilondo J, Méndez E (1998) FEBS Lett 439:46
10. Will RG, Ironside JW, Zeidler M, Cousens SN, Estibeiro K, Alperovitch A, Poser S, Pocchiari M, Hofman A, Smith PG (1996) Lancet 347:921
11. Lucker EH, Eigenbrodt E, Wenisch S, Leiser R, Bulte M (2000) J Food Prot 63:258
12. Schmidt G, Hossner KL, Yemm RS, Gould DH, O'Callaghan JP (2000) J Food Prot 62:394
13. Lucker E, Biedermann W, Lachhab S, Hensel A (2002) Fleischwirtschaft 82:123
14. Nunnally BK (2002) Trends Anal Chem 21:82
15. VO (EG) Nr. 253/2006 vom 14. Februar 2006, ABl. Nr. L44/9
16. Page SW Toxicol Letters (2003) 153:1
17. V zur Änderung der Mykotoxin-Höchstmengen-V und der Diät-V vom 14. Februar 2004, Bundesgesetzblatt 2004, Nr. 5, S. 151
18. Schneider E, Curtui V, Seidler C, Dietrich R, Usleber E, Märtlbauer E (2004) Toxicol Letters 153:113–121
19. Richtlinie 2002/26/EG der Kommission vom 13. März 2002, ABl. EG Nr. L 75, S. 44
20. V zur Änderung der Mykotoxin-Höchstmengen-V und anderer lebensmittelrechtlicher Verordnungen vom 9. September 2004, Bundesgesetzblatt 2004, Teil 1 Nr. 49, S. 2326, vom 21. September 2004
21. Meyer K, Rosa C, Hischenhuber C, Meyer R (2001) J AOAC 84:89
22. Urdiain M, Doménech-Sánchez A, Alberti S, Benedi VJ, Roselló JA (2004) Food Addit Contam 21:619–625
23. Meyer R (2003) Detection methods for genetically modified crops. In: Genetically Engineered Food. Methods and Detection. Heller KJ (Ed), Wiley-VCH, Weinheim, 188–204
24. Anklam E, Gadani F, Heinze P, Pijenburg H, Van Den Eede G (2002) Eur Food Res Technol 214:3
25. Windels P, Taverniers I, Depicker A, Van Bockstaele E, De Loose M (2001) Eur Food Res Technol 213:107
26. Jaccaud E, Höhne M, Meyer R (2003) J Agric Food Chem 51:550
27. Hoffmann AD, Wiedmann M (2001) J Food Prot 64:1521
28. Maciorowski K, Pillai SD, Ricke S (2000) J Appl Microbiol 89:710
29. Bailey JS (1998) J Food Prot 61:792
30. ISO 6579:2002 Microbiology of food and animal feeding stuffs – horizontal method for the detection of *Salmonella* spp.
31. Lampel KA, Feng P, Hill WE (1992) In: Bhatnagar D, Cleveland TE (Eds) Molecular Approaches to Improving Food Safety. Van Nostrand Reinhold, New York, NY, 151–188
32. Kim S, Labbe RG, Ryu S (2000) Appl Environ Microbiol 66:1213
33. Benoit P, Donahue W (2003) J Food Prot 66:1935
34. Feng P (1997) Mol Biotech 7:267
35. Fliegel A, Steinhart H (2007) Schriftenreihe Lebensmittelchemische Gesellschaft, Behrs Verlag Hamburg S1:14
36. AOCS Official Method Ce 1j-07 (2007) Determination of *cis*-, *trans*-, Saturated, Monounsaturated and Polyunsaturated Fatty Acids in Dairy and Ruminant Fats by Capillary GLC
37. Destaillats F, Golay P-A, Joffre F, de Wispelaere M, Hug B, Giuffrida F, Fauconnot L, Dionisi F (2007) J Chrom A 1145:222
38. Golay P-A, Dionisi F, Hug B, Giuffrida F, Destaillats F (2006) Food Chem 101:1115

39. Hernandez F, Sancho JV, Ibanez M, Grimalt S (2008) Trends in Analytical Chemistry 27(10):862
40. Entscheidung der Kommission vom 7. November 1994, Nr. 270/94/EG, ABl. Nr. L287, S. 7
41. Entscheidung der Kommission vom 19. September 2001, Nr 2001/699/EG, ABl. Nr. L251, S. 11, und Entscheidung der Kommission vom 27. September 2001, Nr. 2001/705/EG, ABl. Nr. L260, S. 35
42. VO Nr 2003/181/EG vom 13. März 2003, ABl. Nr. L071, S. 17
43. Mottier P, Parisod V, Gremaud E, Guy P, Stadler RH (2003) J Chromatogr A 994:75
44. Entscheidung der Kommission vom 12. August 2002, Nr. 2002/657/EG, ABl. Nr. L221, S. 8
45. Riediker S, Stadler RH (2001) Anal Chem 73:1614
46. Hanekamp JC, Frapporti G, Oliemann K (2003) Environmental Liability 11:209
47. Tareke E, Rydberg P, Karlsson S, Eriksson M, Törnqvist M (2002) J Agric Food Chem 50:4998
48. Wenzl T, de la Calle MB, Anklam E (2003) Food Addit Contam 20:885
49. Weisshaar R (2004) Eur J Lipid Sci Technol 106:786
50. Pittet A, Perisset A, Oberssón JM (2004) J Chromatogr A 1035:123
51. Hoh E, Lehotay SJ, Mastovska K, Huwe JK (2008) J Chromatogr A 1201(1):69–77
52. Lindinger W, Hirber J, Paretzke H (1993) Int J Mass Spectr Ion Proc 129:79
53. Yeretzian C, Jordan A, Badoud R, Lindinger W (2002) Eur Food Res Technol 214:92
54. Pollien P, Lindinger C, Yeretzian C, Blank I (2003) Anal Chem 75:5488
55. Verordnung (EG) Nr. 822/97 Abl. Nr. L117 S. 10
56. Verordnung (EG) Nr. 440/2003 Abl. Nr. L66 S. 17
57. Rossmann A, Reniero F, Moussa I, Schmidt H-L, Versini G, Merle MH (1999) Z Lebensm Unters Forsch A 208:400
58. Holbach B, Förstel H, Otteneder H, Hützen H (1994) Z Lebensm Unters Forsch 198:223
59. Pfammatter E, Maury V, Théthaz C (2004) Mitt Lebensm Hyg 95:585
60. Christoph N, Rossmann A, Schlicht S, Voerkelius S (2004) Lebensmittelchemie 58:81
61. TRACE (Tracing Food Commodities in Europe) – http://www.trace.eu.org/
62. Eppe G, Focant JF, De Pauw E (2006) In: Niessen WMA (Ed) The Encyclopedia of Mass Spectrometry, Hyphenated Methods. Elsevier, Amsterdam, The Netherlands, p 531
63. Reiner EJ, Clement RE, Okey AB, Marvin CH (2006) Anal Bioanal Chem 386:791
64. Scippo ML, Eppe G, Saegerman C, Scholl G, De Pauw E, Maghuin-Rogister G, Focant JF (2008) Persistent Organochlorine Pollutants, Dioxins and Polychlorinated Biphenyls. In: Comprehensive Analytical Chemistry, vol 51 Food Contaminants and Residue Analysis, Pico Y (Ed) Elsevier, Amsterdam, p 457
65. Norén K, Meironyté D (1998) Organohalogen Compd 35:1
66. US EPA Method 1614 (2003) Washington, DC
67. Smith LM, Stalling DL, Johnson JL (1984) Anal Chem 56:1930
68. Paepke O, Fürst P, Herrmann T (2004) Talanta 63:1203
69. Tiede K, Boxall ABA, Tear SP, Lewis J, David H, Hassellöv M (2008) Food Addit Contam 25/7:795
70. Burleson DJ, Driessen MD, Penn RL (2004) J Environ Sci Health A 39:2707
71. Hassellöv M, Kammer F von der, Beckett R (2007) Characterization of Aquatic Colloids and Macromolecules by Field-Flow Fractionation. In: Wilkinson KL, Lead JR (Eds) Environmental Colloids and Particles: Behaviour, Structure and Charaterization. Chichester: Wiley, pp 223–276
72. Schmidt B (2008) Presentation at ILSI 4th International Symposium on Food Packaging (http://europe.ilsi.org/events/past/presentationssympo.htm)
73. Mavrocordatos D, Pronk W, Boller M (2004) Water Sci Technol 50:9

Kapitel 11

Sensorische Lebensmitteluntersuchung und Prüfmethoden

MECHTHILD BUSCH-STOCKFISCH

Hochschule für Angewandte Wissenschaften, Fakultät Life Sciences, Dept. Ökotrophologie, Lohbrügger Kirchstr. 65, 21033 Hamburg
mechthild.busch-stockfisch@rzbd.haw-hamburg.de

11.1	Der Mensch als Messinstrument	292
11.1.1	Sinnesphysiologische Grundlagen	292
11.1.2	Aufbau eines Panels	294
11.1.3	Größe und Art des Prüfpanels	296
11.1.4	Panelmotivation	297
11.2	Einrichtung eines Sensoriklabors	298
11.2.1	Prüfraum	299
11.2.2	Prüfplätze	300
11.3	Analytische Testmethoden	301
11.3.1	Erkennungs- und Schwellenprüfungen	301
11.3.2	Produktvergleiche – Diskriminierungsprüfungen	301
11.3.3	Beschreibende Prüfungen	306
11.4	Hedonische Prüfungen	307
11.5	Sensorik spezifischer Produktgruppen	309
11.6	Literatur	309

Die Sensorik hat in den letzten Jahren eine dynamische Entwicklung gemacht. Wurde sie früher in erster Linie als analytische Methode und zur Qualitätsbeurteilung und Qualitätssicherung eingesetzt, um Produkteigenschaften mit den Sinnen (Sehen, Riechen, Schmecken, Fühlen) zu messen, ist ihr Einsatzgebiet heute vielfältiger und variabler.

Sensorik hat heute Bedeutung in Produktentwicklung und -forschung, Qualitätskontrolle und Qualitätssicherung, sowie zunehmend in der Marktforschung und Marktbeobachtung. In diesem Kontext ist Sensorik als Bindeglied zwischen Produkt und Konsument zu sehen. Nur die systematische Erforschung und statistische Auswertung der Ergebnisse menschlicher Wahrnehmung gibt Auskunft über Eignung und Veränderungen von Produkten sowie Akzeptanz beim Verbraucher.

Nur die Verknüpfung beider Datensätze sichert die Akzeptanz eines Produktes am Markt.

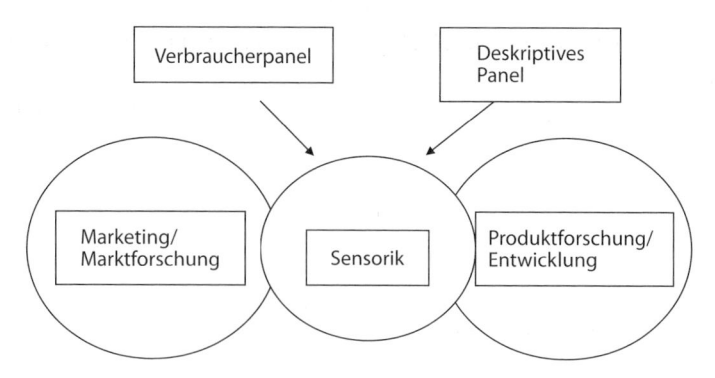

Abb. 11.1. Sensorik Bindeglied zwischen Verbraucher und Produkt (ASAP modif.)

Man unterscheidet **analytische** Methoden, die in erster Linie Produktunterschiede messen oder Produktcharakteristika darstellen. Hier werden Veränderungen über einen bestimmten Zeitraum gemessen oder Veränderungen durch Abwandlung der Zutaten, Einsatz anderer Produktionsparameter oder Vergleiche mit Produkten der Mitbewerber. Diese analytischen Methoden sind keine absoluten Messungen sondern immer Produktvergleiche und abhängig von Gedächtnis und Wahrnehmung. Da beides individuellen Schwankungen unterliegt, können sensorische Untersuchungen nie mit einem Prüfer durchgeführt werden, sondern müssen von mehreren Einzelpersonen (Prüfern) erarbeitet und die Ergebnisse statistisch ausgewertet werden.

Die zweite Gruppe sensorische Prüfmethoden sind **hedonische** Tests, die die Verbraucherakzeptanz und Präferenz untersuchen. Hier arbeitet man mit Verbrauchern, die herausfinden sollen, wie angenehm es ist ein Lebensmittel zu verzehren. Festgestellt werden nur die Reaktionen des Verbrauchers. Die Ergebnisse sind abhängig vom individuellen Charakter der Personen, die das Produkt verzehren. Solche Reaktionen sind vielfach sozial und kulturell beeinflusst.

11.1
Der Mensch als Messinstrument

11.1.1
Sinnesphysiologische Grundlagen

In unserer Umwelt findet man eine Vielzahl von Reizen, die nach Plattig [1995] vom Menschen aufgenommen und in eine Erregung umgewandelt werden. Diese Reizaufnahme erfolgt mit speziell auf den jeweiligen Reiz ausgerichteten Sensoren, die diesen in eine organismuseigene Erregung überführen. Sie enthalten Informationen über die Art des Reizes sowie dessen Intensität. Der Mensch besitzt eine Vielzahl von unterschiedlichen Sensoren. Die Sensoren leiten die Erregung zum entsprechenden Zentrum im Gehirn, das diese auswertet. Der Weg vom Sensor zum Gehirn ist durch Nervenstrukturen verbunden, die Sinneskanäle genannt werden.

Die Aufnahme physikalischer oder chemischer Reize erfolgt durch die Sinnesorgane:

- Auge
- Ohr
- Nase
- Zunge
- Haut- und Mucosazellen (die weitläufig über den Körper verteilt sind).

Die Funktion der Reizaufnahme wird durch die in den Sinnesorganen befindlichen Rezeptoren wahrgenommen, die sich vor anderen Nervenzellen durch eine höhere Reizempfänglichkeit sowie eine größere Reizempfindlichkeit auszeichnen. Die einzelnen Rezeptoren reagieren jeweils auf einen bestimmten Reiz besonders stark.

Der menschliche Organismus verfügt über eine sehr große Anzahl von Rezeptoren, die den Sinnesorganen zugeordnet sind und den Sinneseindruck wahrnehmen:

- optische Rezeptoren
- akustische Rezeptoren
- Chemorezeptoren
- Thermorezeptoren
- Mechanorezeptoren
- Nocirezeptoren (Schmerzrezeptoren).

Eine Gruppe von ähnlichen Sinneseindrücken bezeichnet man auch als Sinnesmodalität. Man unterscheidet heute 5 bis 8 Sinnesmodalitäten. Tabelle 11.1 gibt einen genaueren Überblick über die Modalitäten der Sinnesempfindungen mit den Bereichen:

- Empfindungsmodalität (Sinne)
- Empfindungsqualität
- Reizqualität
- Rezeptortyp.

Die Sinneseindrücke werden durch die Sinnesorgane an das Zentralnervensystem weitergegeben. Die hervorgerufenen Reaktionen äußern sich in entsprechenden Empfindungen bzw. körpereigenen Reizen (s. Tabelle 11.1). Den Sinnesorganen entsprechend verfügt der Mensch [2, 30] über den

- Gesichtssinn
- Gehörsinn
- Geruchssinn
- Geschmackssinn

- Tastsinn, dieser ist weiter zu differenzieren in
  - Berührungssinn
  - Temperatursinn
  - kinästhetischer Sinn
  - Schmerzsinn.

Tabelle 11.1. Einteilung der Sinneseindrücke

Sinnesorgan	Empfindungsmodalität (Sinn)	Sinneseindruck	Empfindungsqualität (Beispiele)
Auge	Gesichtssinn	Sehen (optisch)	hell, farbig, rund, glatt, klar, porig
Nase	Geruchssinn	Riechen (olfaktorisch)	fruchtig, blumig, aromatisch, würzig, kräuterig, balsamig
Zunge	Geschmackssinn	Schmecken (gustatorisch)	süß, salzig, sauer, bitter, umami
Getast	Temperatursinn		warm, kalt
	mechanischer Hautsinn	Tasten, Druck, Berührung, Vibration	glatt, rauh, feucht,
	kinästhetischer Sinn	haptisch	schwer, leicht, zäh, knusprig, fest, zähflüssig
	Schmerzsinn		stechend
Ohr	Gehörsinn	Hören (akustisch)	laut, leise, knackend

Quelle: nach [29, 30]

11.1.2
Aufbau eines Panels

Voraussetzung für analytische, sensorische Prüfungen ist ein ausgebildetes Prüfpanel, das sind nach DIN 10961 Prüfpersonen, die eine Ausbildung absolvieren müssen, um als Mess- und Analyseninstrument nach Qualitätsmanagementanforderungen eingesetzt zu werden und akzeptiert zu sein.

Wichtig ist darüber hinaus, dass nicht nur die gerade benötigte Anzahl an Prüfpersonen geschult wird sondern die 2- bis 3-fache Zahl an Personen ausgebildet sein sollte, um personelle Engpässe wie Urlaub, Krankheit, Geschäftsreisen, Stellenwechsel etc. auszugleichen. Wird nicht nach dieser Regel verfahren, ist die zeitaufwändige Prüferschulung sehr schnell umsonst gewesen, weil man nach kurzer Zeit wieder von vorne anfangen muss oder die Sensorik nie vernünftig in einem Unternehmen implementiert wird.

Die DIN 10961 stellt an Personen, die in einem Prüfpanel arbeiten wollen, hohe Anforderungen, die genau spezifiziert sind:

Anforderungen an Prüfpersonen

Allgemeine Kriterien

Verfügbarkeit — Prüfpersonen müssen für sensorische Prüfungen freigestellt werden.

Produkteinstellung — Wichtig ist eine neutrale Einstellung zu den Produkten; weder eine Bevorzugung noch Abneigung ist für sensorische Verkostungen angebracht, da das die Ergebnisse verzerren könnte.

Physiologische Kriterien

Gesundheitszustand — Ein guter Gesundheitszustand hat eine große Bedeutung. Prüfer mit physiologischen Problemen, chronischen Erkältungen oder Heuschnupfen bzw. anderen Allergien sind nicht oder nur eingeschränkt geeignet. Mit dieser Problematik muss sehr sensibel umgegangen werden, da potentielle Prüfer derartige Einschränkungen dem Arbeitgeber nicht mitteilen müssen, andererseits der Verantwortliche für die sensorischen Prüfungen darüber Bescheid wissen muss.

Sinnesorgane — Durchschnittliche Fähigkeiten der Sinnesorgane der Prüfpersonen sind ausreichend.

Psychologische Kriterien
- Verantwortungsbewusstsein
- Urteilsfähigkeit
- Zuverlässigkeit
- Konzentrationsfähigkeit
- Sensorisches Gedächtnis
- Ausdauer
- Bereitschaft zur Zusammenarbeit.

Neben diesen Auswahlkriterien, die wichtig sind für ein Panel, dass auch über längere Zeit zusammenarbeiten soll, hat die Prüferschulung wichtige Lernziele, als Voraussetzung für eine erfolgreiche Arbeit [7]:

Lernziele einer Prüferschulung

Erlernen und Üben der Prüftechniken
- Aufbau und Funktionsweise der Sinnesorgane
- Aufnahme sensorischer Reize

- Neutralisieren von Sinneseindrücken
- Formulieren von sensorischen Sinneseindrücken
- Übertragung in Prüfformulare und Datenträger
- Handhaben sensorischer Prüfgeräte

Schulen der Sinne
- Aufnehmen (Empfangen)
- Bewusst werden (Erkennen)
- Behalten (Merken)
- Vergleichen (Einordnen)
- Wiedergeben (Beschreiben)
- Beurteilen (Bewerten)

Erlernen und Üben der Prüfverfahren
- Erkennungs- und Schwellenprüfungen
- Diskriminierungsprüfungen
- Ein-/(Rang-)ordnungsprüfungen
- Beschreibende Prüfungen/Profilprüfungen
- Vermitteln von Produktkenntnissen.

11.1.3
Größe und Art des Prüfpanels

Analytisches Panel
Ein Panel kann als In-Home-Panel aus den Mitarbeitern eines Unternehmens rekrutiert werden. Diese Mitarbeiter sollten nicht zu stark in das Produktkonzept involviert sein. Diese Gefahr ist geringer, wenn man Prüfer außerhalb des Unternehmens rekrutiert per Anzeigen, persönliche Kontakte oder aus einem Verbraucherpanel.

Die Größe eines Prüfpanels muss so bemessen sein, dass eine ausreichende Anzahl unabhängiger Prüferurteile vorliegt. Die Anzahl für einen Testlauf hängt im Wesentlichen ab:

- vom Charakter des Produkts
- der Prüfmethode
- den Anforderungen an die Qualifikation der Prüfer
- dem akzeptierten statistischen Risiko.

In der Regel sollte ein Prüfpanel aus mindestens 8–12 Prüfern bestehen. Damit man immer eine ausreichende Zahl Prüfer zur Verfügung (s. o.) hat, sollte die doppelte bis dreifache Zahl geschult werden.

Verbraucherpanel
Da man es hier mit affektiven Tests zu tun hat, müssen diese mit mindestens 60 Verbrauchern durchgeführt werden, damit die Ergebnisse einigermaßen sta-

tistisch abgesichert werden können. Eine Segmentierung dieser Prüfer ist noch nicht möglich. Empfehlenswert sind deutlich mehr Verbraucher im Bereich von 200, mit denen dann auch eine Unterteilung nach Alter, Geschlecht, Region etc. möglich wäre.

Ein Verbraucherpanel muss unvoreingenommen an ein Produkt herangehen und möglichst vorher je nach Fragestellung einen, keinen oder nur begrenzten Kontakt mit dem Produkt gehabt haben oder aber auch eventuell „heavy user" sein.

Analytische und Hedonische Tests können nie von den gleichen Personengruppen und zur gleichen Zeit durchgeführt werden. Ein deskriptives Panel versteht unter einer sensorischen Prüfung etwas anderes als der Verbraucher. Geschulte Prüfer untersuchen ein Lebensmittel mit genauen Methoden und systematisch. Der Verbraucher handelt affektiv nach spontan entstehenden Gefühlen und Gefallen durch Genuss eines Lebensmittels [20].

Erhalten und Überprüfen der Fähigkeiten eines Prüfpanels

Wie jedes Analyseninstrument muss auch ein Panel regelmäßig geeicht werden, um nach einer teuren Panelschulung die Fähigkeiten der Prüfer zu erhalten und zu überprüfen. Es gibt mehrere Möglichkeiten, diese Fähigkeiten zu erhalten und zu überprüfen:

- regelmäßig: halbjährlich, jährlich vollständige oder Teile des Schulungsprogramms durchführen
- vor oder nach jeder sensorischen Prüfung Schulungssubstanzen anbieten und über das Jahr dokumentieren
- in gewissen Abständen fehlerhafte Proben reichen und überprüfen ob diese entdeckt werden
- monatlich oder wöchentlich nach einem Plan Prüfungen der Prüferschulung durchführen
- nach längerer Pause unbedingt ein Schulungsprogramm durchführen (Ferien).

Prüferschulung und Prüfergenauigkeit müssen in einem Qualitätsmanagementsystem dokumentiert sein. Finden die Prüfungen nicht regelmäßig statt, lassen die Fähigkeiten sehr schnell nach. Es reichen bei Profilpanels schon 3 Wochen Urlaub, die Sommerpause oder andere längere Abwesenheit bei Verkostungen. Es sollte möglichst einmal im Verlaufe eines Jahres spätestens innerhalb von 2 Jahren ein vollständiges Schulungs- und Eichungsprogramm durchgeführt worden sein [2].

11.1.4
Panelmotivation

Die Arbeit in einem Panel ist immer mit einem hohen Maß an Zuverlässigkeit, Konzentration und für interne Prüfer mit zusätzlicher Arbeit verbunden. Freude am Verkosten, Genauigkeit, Entscheidungsfreude und Einsicht in die Bedeutung einen Beitrag in der Panelarbeit zu leisten sind Grundvoraussetzungen für gute und abgesicherte Ergebnisse bei sensorischen Verkostungen. Dies sollte nicht als selbstverständlich hingenommen werden. Damit die Freude an dieser Arbeit bleibt, sollten die Prüfer über die Ergebnisse der sensorischen Prüfungen informiert werden. Meistens möchten die Prüfer auch wissen, wo sie mit ihren Fähigkeiten einzuordnen sind.

Neben dieser Information ist aber auch ein Belohnungssystem für regelmäßige Teilnahme (in der Regel 80%), konzentrierte Arbeitsweise etc. empfehlenswert [2].

11.2
Einrichtung eines Sensoriklabors

Sensorische Prüfungen benötigen höchste Konzentration und müssen in einer störungsfreien Umgebung stattfinden, in der keine Einflüsse ausgenommen das zu verkostende Produkt vorkommen. Die Modalitäten bei sensorischen Verkostungen müssen für alle Prüfer gleich sein, damit unterschiedliche Umgebungsbedingungen, die die Prüfungsergebnisse beeinflussen könnten, von vorneherein ausgeschaltet werden. Nur so ist es möglich reproduzierbare Ergebnisse, die statistisch abgesichert werden können, zu erhalten.

Die Mindestanforderung, die die DIN 10962 (1997) stellt, sind Verkostungen an Einzeltischen. Ein Raum muss also nicht ausschließlich für sensorische Prüfungen verwendet werden, sollte aber den Anforderungen entsprechend umgerüstet werden können. Diese Ausstattung ist unabhängig davon, welche sensorische Prüfungen später darin stattfinden, da die unterschiedlichen Prüfungsarten alle gleiche Anforderungen stellen.

Unerlässliche Mindestanforderungen für sensorische Verkostungen sind:

- **Prüfraum**
  Hier sollte einzeln und/oder in Gruppen gearbeitet werden können. Einzeln bedeutet mindestens an einem Einzeltisch, besser jedoch in Prüfkabinen. Zusätzlich muss es möglich sein, in einem Raum Gruppendiskussionen durchzuführen.
- **Vorbereitungsraum**
  Der Vorbereitungsraum dient der Vorbereitung der Prüfproben und sollte in unmittelbarer Nähe des Prüfraums liegen, jedoch von dort nicht einsehbar sein.

Üblicherweise sollten weitere Einrichtungen in erreichbarer Nähe sein:

- **Büro**
  Zur Planung und Auswertung der sensorischen Prüfungen muss ein Büroraum zur Verfügung stehen, der vom Prüfraum getrennt aber in unmittelbarer Nähe liegt, um den Kontakt von Prüfpersonen und Prüfungsleiter zu ermöglichen.

Insbesondere wenn mit externen Panels gearbeitet wird, sollten folgende weitere Einrichtungen in problemlos erreichbarer Nähe zu den Prüfräumen liegen:
- Garderobe
- Aufenthaltsraum
- Toiletten.

11.2.1
Prüfraum

Der Prüfraum muss in der Nähe des Vorbereitungsraumes liegen, jedoch räumlich getrennt sein. Für die Prüfpersonen muss er leicht zugänglich sein, ohne dass diese den Vorbereitungsraum betreten noch in diesen einsehen können.

Farben und Beleuchtung

Die Farbe der Einrichtungsgegenstände muss neutral, matt hellbeige, hellgrau oder steinweiß sein. Weder die Prüfproben noch die Prüfpersonen dürfen durch farbliche Gestaltung der Räume beeinflusst werden.

Die Beleuchtung der Räume und Prüfkabinen sollte einheitlich mit Tageslichtleuchten (Farbtemperatur ca. 6 500 K) erfolgen, um gleich bleibend frei von Schattenbildung, weder grell noch blendend sein. Direkte Sonneneinstrahlung muss vermieden werden.

Um Farbeindrücke und das Erscheinungsbild von Prüfproben zu maskieren sollten verschiedene Beleuchtungsmöglichkeiten vorhanden sein, wie beispielsweise:
- Farbige Lichtquellen und/oder Filter. Rote und grüne Beleuchtungen werden am häufigsten eingesetzt.
- Monochromatische Lichtquellen (z. B. Natriumdampflampen).

Um Farbeindrücke tatsächlich vollständig zu maskieren, ist eine absolute Verdunklung des Prüfraumes notwendig und insbesondere bei roter Beleuchtung ein sehr hoher Rotanteil im Licht. Gleichzeitig muss unter diesen Bedingungen ohne Computer gearbeitet werden, da das Licht der Bildschirme bereits ausreicht, um die Wirkung des farbigen Lichtes unwirksam zu machen.

Zusätzlich ist es empfehlenswert Dimmer einzubauen.

Temperatur und relative Luftfeuchtigkeit

Günstig ist die Installation einer Klimaanlage, sodass Raumtemperatur und relative Luftfeuchtigkeit ständig konstant gehalten werden können und regulierbar sind. Ist das nicht möglich, sollte der Raum so gewählt werden, dass keine direkte Sonneneinstrahlung möglich ist und Temperatur und relative Luftfeuchtigkeit nicht unerträglich ansteigen. Damit sich die Prüfpersonen wohl fühlen, was wichtig für die Ergebnisse der Verkostungen ist, sollten folgende Bedingungen eingehalten werden [7]:

- Temperatur: 20 ± 3 °C
- Relative Luftfeuchte: > 40 – < 70%.

Am angenehmsten wird nach [27] und [31] eine Temperatur von 22 °C und eine Feuchte zwischen 44 und 45% empfunden.

Lärm

Lärmbelästigung im Prüfraum muss vermieden werden. Das gilt sowohl für Straßenlärm als auch für Geräusche innerhalb des Gebäudes. Auch Geräusche von Geräten, die im Prüfraum eingeschaltet sind, wirken während einer sensorischen Prüfung störend.

Gerüche

Materialien und Reinigungsmittel, die im Prüfraum verwendet werden, müssen geruchneutral sein, um sensorische Prüfungen nicht zu beeinträchtigen. Auch sollten die Materialien leicht zu reinigen und pflegeleicht sein. Der Raum selbst muss geruchsneutral und entstandene Gerüche müssen problemlos zu beseitigen sein durch ausreichendes Lüften oder eine entsprechende Abluftanlage. Von Vorteil kann ein leichter Überdruck im Prüfraum sein, der den Geruchsabzug beschleunigt [7].

11.2.2
Prüfplätze

Für sensorische Prüfungen werden Prüfkabinen oder Einzeltische und große Tische für Gruppendiskussionen benötigt.

Prüfkabinen

Die Anzahl der Kabinen hängt von den Räumlichkeiten, und finanziellen Mitteln ab. Es sollten nicht weniger als 5 Kabinen gebaut werden, günstiger sind 8 bis 10 ohne Grenze nach oben. Zu empfehlen sind fest eingebaute Kabinen, jedoch werden inzwischen gut gebaute problemlos zusammenlegbare Kabinen angeboten, die flexibler für Raumwahl und Raumveränderungen sind.

Wenn möglich sollten die Kabinen Durchreichen zum Vorbereitungsraum haben. Das erleichtert das Anreichen der Proben, insbesondere wenn viele Proben nacheinander oder Proben in einer bestimmten Verzehrstemperatur gereicht werden müssen. Das Anbringen eines Lichtsignals für die nächste Probe ist empfehlenswert. Die Proben sollten auf einer Ebene durchzuschieben sein. Die Öffnungen müssen leise schließbar sein und sollten keinen Einblick in den Vorbereitungsraum ermöglichen.

Die Arbeitsflächen in den Kabinen sollten mindestens 90 cm breit und 60 cm tief sein und größer, wenn mit EDV-Ausstattung gearbeitet wird. Der Platz muss ausreichen, um bequem arbeiten zu können und für folgende Arbeitsmittel:

- Tablett mit Prüfproben, Geschirr und Besteck
- Speibecken eventuell mit Wasseranschluss oder Ausspuckbehälter
- Neutralisationsmittel
- Prüfbögen, Schreibgerät
- Bildschirm (Flachbildschirm ist empfehlenswert oder Touchscreen), Maus und Tastatur.

Um bequem zu sitzen sollte die Tischhöhe ca. 75 cm betragen. Die Stühle sollten bequem und leise beweglich, sowie höhenverstellbar sein (rollbar).

Um ein ungestörtes Arbeiten zu sichern sollten die seitlichen Trennwände den Arbeitstisch mindestens 30 cm überragen.

Einzeltische

Sollten den Anforderungen an Prüfkabinen entsprechen. Empfehlenswert sind seitliche flexible Trennwände, die ein ungestörtes Arbeiten ermöglichen und Blickkontakt der Prüfer untereinander verhindern.

Gruppentische

Für Gruppendiskussionen sollte ein großer Tisch zur Verfügung stehen, an dem die Prüfer mit dem Prüfungsleiter diskutieren können und der auch Schulungszwecken dienen kann [7].

11.3
Analytische Testmethoden

11.3.1
Erkennungs- und Schwellenprüfungen

Mit diesen Prüfverfahren wird die Empfindlichkeit der Sinnesorgane ermittelt. Untersucht werden kann die Empfindlichkeit von Sehen, Geruch, Geschmack, Texturempfinden mittels Prüfprobenreihen. Die Schwellenprüfungen umfassen Reiz-, Erkennungs-, Unterschieds- und Sättigungsschwelle [5, 6].

11.3.2
Produktvergleiche – Diskriminierungsprüfungen

Allgemeine Unterschiedsprüfungen

Mit diesen Methoden untersucht man, ob ein Unterschied oder eine Ähnlichkeit von Produkten statistisch signifikant festgestellt werden kann. Die Fragestellun-

Tabelle 11.2. Arten, Ziel, Eigenschaften, Fragestellung und statistische Auswertung allgemeiner Unterschiedsprüfungen

Testmethode	Ziel der Prüfung	Fragestellung	Probenzahl/ Anzahl Produkte	Probenaufstellung	Anzahl Prüfer	Art der Prüfung	Statistische Auswertung
Dreiecksprüfung [10]	Feststellen, welche von 3 Proben anders ist als die beiden gleichen	Prüfen Sie die 3 Proben von rechts nach links. Welche ist die abweichende Probe?	3 Proben, 2 Produkte (A,B) davon 2 gleiche Produkte und eine Probe mit einem geringen Unterschied zur Doppelprobe	Balanciertes experimentelles Design 6 Möglichkeiten: AAB, BBA, ABA, BAB, ABB, BAA. Gleichzeitige Präsentation von 3 Proben eines Sets	Prüfung auf Unterschied 24–30 trainierte Prüfer. Bei größeren Unterschieden mind. 12 Prüfer. Prüfung auf Ähnlichkeit mind. 60	Prüfung auf Unterschied oder Ähnlichkeit. Unabhängige Antworten, keine Wiederholungen	Wahrscheinlichkeit, dass ein signifikanter Unterschied besteht Typ 1 Irrtum = α–Risiko. Wahrscheinlichkeit, dass kein signifikanter Unterschied besteht Typ 2 Irrtum = β–Risiko. pd-Wert: ca 30: Anteil der Population, die Proben unterscheiden kann
Duo-Trio Prüfung [16,25]	Vergleich von 2 Produkten mit einer Referenzprobe, die einer der beiden zu testenden Proben entspricht	Prüfen Sie zuerst die Kontrollprobe. Von den beiden anderen Proben entspricht eine Probe der Referenzprobe. Welche ist die Probe, die der Referenzprobe entspricht?	3 Proben, 2 Produkte (A,B), davon eine Referenzprobe (R), eine Probe, die der Referenzprobe entspricht und eine mit einem geringen Unterschied zur Referenzprobe	Konstante Referenz: $R_A AB\ R_A BA$. Balancierte Referenz: $R_A AB\ R_A BA\ R_B AB\ R_B BA$. Gleichzeitige Präsentation eines Sets	Prüfung auf Unterschied 32–36 trainierte Prüfer. Bei größeren Unterschieden mind. 15 Prüfer. Prüfung auf Ähnlichkeit mind. 72	Prüfung auf Unterschied oder Ähnlichkeit. Unabhängige Antworten, keine Wiederholungen	Wahrscheinlichkeit, dass ein signifikanter Unterschied besteht Typ 1 Irrtum = α–Risiko. Wahrscheinlichkeit, dass kein signifikanter Unterschied besteht Typ 2 Irrtum = β–Risiko. pd-Wert: ca 30: Anteil der Population, die Proben unterscheiden kann.

Tabelle 11.2. (Fortsetzung)

Testmethode	Ziel der Prüfung	Fragestellung	Probenzahl/ Anzahl Produkte	Probenaufstellung	Anzahl Prüfer	Art der Prüfung	Statistische Auswertung
2 aus 5 Prüfung [27]	Eingruppierung von 5 Proben in 2 Gruppen von 3 bzw. 2 Proben	Verkosten Sie die 5 Proben von links nach rechts. Welche sind die beiden abweichenden Proben?	5 Proben, 2 Produkte einer Sorte (A) und 3 Produkte der anderen Sorte (B)	Bei 20 Prüfern balanciertes experimentelles Design, bei weniger Prüfern Auswahl an Kombinationen, sodass von beiden Proben eine gleiche Zahl vorkommt. Gleichzeitige Präsentation des Probensets	10 bis 20 trainierte Prüfer	Prüfung auf Unterschied Unabhängige Antworten, keine Wiederholungen	Wahrscheinlichkeit, dass ein signifikanter Unterschied besteht Typ 1 Irrtum = α-Risiko
„A"-„Nicht A"- Prüfung [18] ISO 8588	Unterscheidung von mehreren „A"- und „nicht A"-Proben in unterschiedlicher Anzahl. Die Probe A muss bekannt gemacht werden oder sein. Varianten möglich	Verkosten Sie zuerst Probe A. Welche der vor Ihnen stehenden Proben entspricht A und welche ist nicht A?	2 bis max. 10 Proben. Die Anzahl ist begrenzt durch die Ermüdung durch die Verkostung	Je nach Anzahl der Proben, balancierte Aufstellung bzw. Darreichung (eine Probe nach der anderen)	10 bis 50 trainierte Prüfer	Prüfung auf Unterschied Unabhängige Antworten, keine Wiederholungen	Vergleich der korrekten mit den inkorrekten Antworten mit dem χ^2-Test
In/Out-Test Unterschied von Kontrolle-Test [19]	Abweichung von einer Kontrolle feststellen, eventuell den Grad der Abweichung feststellen.	Wie oder wie stark unterscheiden sich verschiedenen Proben von einer Kontrollprobe?	20–50 je nach Ermüdungsfaktor	Balanciertes Blockdesign nacheinander oder gleichzeitig	20–50 Prüfer, trainierte oder untrainierte, je nach Fragestellung zur Feststellung des Unterschiedsgrades. Bei einfacher Fragestellung in Qualitätskontrolle	Qualitätskontrolle um Abweichungen und den Grad einer Abweichung festzustellen. Vergleichs- und Intensitätsprüfung. Nur Prüfung auf Unterschied	Varianzanalyse bei mehreren Proben oder t-Test bei Paarvergleichen

gen bei allgemeinem, unspezifischem Unterschied wären:
- Gibt es zwischen zwei oder mehreren Produkten einen Unterschied?

Mit dieser Frage kann je nach Methode der Unterschied wie die Ähnlichkeit untersucht werden.
- Generell erfolgt die Beantwortung der Fragen mit der Forced Choice Technik, d. h. auch wenn der Prüfer keinen Unterschied empfindet, muss er die Antwort raten, da nur dann auch mit einer zufälligen Verteilung der Antworten zu rechnen ist.
- Alle Proben werden mit 3-stelligen Zufallszahlen kodiert.
- Diskriminierungsprüfungen werden generell nur bei kleinen Unterschieden angewendet.

Beispielsweise können Lagerveränderungen untersucht werden, das MHD, Einfluss des Austauschs von Zutaten in einer Rezeptur, Änderungen im Produktionsprozess u. a.

Genormte Diskriminierungsprüfungen über Alles sind
- DIN/ISO 4120 Dreiecksprüfung (Überarbeitung)
- DIN 10971 (2003) Duo-Trio Prüfung
- DIN 10972 (2003) „A"-„nicht A"-Prüfung
- DIN 10973 (Entwurf 2004) In-/Out-Prüfung – Unterschied von Kontrolle-Test [28]
- Sequentialanalyse (Norm-Vorschlag).

Eine nicht genormte Diskriminierungsprüfung über Alles ist
- Zwei-aus Fünf-Prüfung [27].

Unterschiedsprüfungen mit Attributen

Diese Diskriminierungsprüfungen stufen Produkte nach der Wahrnehmung der Intensität einer charakteristischen Eigenschaft ein. Es ist mit diesen Prüfungen jedoch nur die Untersuchung einer einzigen Dimension möglich d. h. der Unterschied im Hinblick auf ein Attribut. Immer dann, wenn nur ein oder wenige Attribute eine Relevanz für ein Produkt haben, sind sie die Methoden der Wahl. Ergänzend zum Unterschied kann noch nach dem Grad des Unterschieds gefragt werden, um neben der ordinalen Reihenfolge eine Information über den Abstand der Proben zueinander zu erhalten.

Auch diese Prüfungen sind nur von ausgebildeten Prüfern durchführbar soweit die Fragestellung analytisch ist. Unterschiedsprüfungen mit Attributen können jedoch auch von Verbrauchern durchgeführt werden mit affektiven, hedonischen Fragestellungen.

Zu den Diskriminierungsprüfungen über ein Attribut zählen:
- DIN 10954 (1997)/ ISO 5495 (1983) Paarweise Vergleichsprüfung
- DIN 10963 (1997)/ ISO 8587 (1988) Rangordnungsprüfung.

11 Sensorische Lebensmitteluntersuchung und Prüfmethoden

Tabelle 11.3. Arten, Ziel, Eigenschaften, Fragestellung und statistische Auswertung attributbezogener Unterschiedsprüfungen

Testmethode	Ziel der Prüfung	Fragestellung	Probenzahl/Anzahl Produkte	Probenaufstellung	Anzahl Prüfer	Art der Prüfung	Statistische Auswertung
Paarweise Vergleichsprüfung [4, 22]	Unterscheidung von zwei Produkten im Hinblick auf ein Attribut: in Intensität oder Beliebtheit	Verkosten Sie die Proben von rechts nach links. Welche ist die intensivere Probe? Forced Choice Technik	2 Proben; 2 Produkte	Zwei Aufstellungsmöglichkeiten, jeweils Probe A und B im Wechsel. Gleichzeitige Präsentation der Proben	Nach DIN 20 geschulte Prüfer, in hedonischen Prüfungen mindestens 30. Bei Prüfung auf Ähnlichkeit je nach statistischer Sicherheit 10–1 000	Prüfung auf Unterschied oder Ähnlichkeit. Einseitiger Test bei bekannten Unterschieden. Zweiseitiger Test bei unbekannten Unterschieden	Binomialverteilung Wahrscheinlichkeit, dass ein signifikanter Unterschied besteht Typ 1 Irrtum = α-Risiko Wahrscheinlichkeit, dass kein signifikanter Unterschied besteht Typ 2 Irrtum = β-Risiko pd-Wert: ca 30: Anteil der Population, die Proben unterscheiden kann.
Rangordnungsprüfung [8] ISO 8587	Unterscheidung von mehr als zwei Produkten im Hinblick auf ein Attribut: in Intensität oder Beliebtheit	Verkosten Sie die Proben von rechts nach links. Ordnen Sie die Proben von schwach nach intensiv oder von wenig beliebt nach sehr beliebt.	> 2 Proben und Produkte	Balanciertes experimentelles Design (Lateinisches Quadrat) Gleichzeitige Präsentation der Proben	Nach DIN mindestens 5 geschulte bzw. 30 ungeschulte Prüfer, nach ISO 12–15 geschulte bzw. 60 ungeschulte Prüfer	Prüfung auf eine Rangordnung unter mehr als 2 Proben mit nicht bekannten Unterschieden oder auf Rangordnung bei bekannten Unterschieden	Generell Friedmann-Test und einfacher Probenvergleich nach Friedmann oder Fischer's LSD Test. Bei vorgegebener Ordnung Page Test

11.3.3
Beschreibende Prüfungen

Zu den beschreibenden Prüfungen zählen die

- Einfach beschreibende Prüfung (DIN 10964) bzw. Identification and selection of Descriptors for establishing a sensory profile by a multidimensional approach (ISO 11035)
- verschiedenen Profilprüfungen
- Konventionelles Profil (DIN 10967-1)
- Konsensprofil DIN (DIN 10967-20)
- Free Choice Profiling (DIN 10967-3)
- Time Intensity Profil (DIN 10970)
- Texturprofil (ISO 11036)
- beschreibende Prüfung mit anschließender Qualitätsbewertung (DIN 10969).

Einfach beschreibende Prüfung

Die einfach beschreibende Prüfung ist die Basis für alle Profilprüfungen und der qualitative Aspekt in der Beurteilung von Lebensmitteln. Beschreibende Prüfungen dienen dazu, die Merkmalseigenschaften eines Lebensmittels im Detail zu beschreiben. In der Regel gliedert man die Beschreibungen nach Merkmalsbereichen bzw. Merkmalen: z. B. Farbe, Form, Geruch, Geschmack, Textur. Prüfer müssen generell lernen, Produkte detailliert zu beschreiben. Zu derartigen Beschreibungen gehören keine hedonischen Begriffe wie: angenehm, harmonisch etc. oder unspezifische Begriffe wie arttypisch. Prüfer müssen lernen, ihre eigene wissenschaftliche Sprache zur Charakterisierung von Produkten zu entwickeln. Bereits aus der Wahl der Worte kann eingeschätzt werden, wie ein Produkt eingestuft wird. Es ist wichtig, dass alle möglichen negativen Begriffe vorkommen und definiert werden, damit es zu keiner Fehlinterpretation durch die Prüfer kommt [9, 27, 32].

Nach Lawless und Heymann [26] sollte bei der Auswahl der Begriffe Folgendes beachtet werden, geordnet von sehr wichtig bis weniger bedeutend:

unterscheidende	sehr wichtig
keine überflüssigen	
Verbindung zur Verbraucher-Akzeptanz/Ablehnung	
Verbindung zu instrumentellen bzw. physikalischen/chemischen Messwerten	
einzigartige	
genau und zuverlässig	
Konsens über Begriffsinhalt	
unzweideutig	
gut mit Referenz vergleichbar	
kommunizierbar (erklärbar)	
Verbindung zur Wirklichkeit	weniger wichtig

Profilprüfungen

Neben dem qualitativen Bereich der Beschreibungen gehört zur Profilprüfung noch die quantitative Beschreibung der Intensitäten.

In dieser zweiten Phase müssen die Prüfer lernen, die gefundenen Begriffe in ihrer Intensität zu definieren. Zwei Produkte können die gleichen qualitativen Begriffe enthalten, unterscheiden sich aber in der Intensität dieser Begriffe und können auf diese Weise unterschiedlich charakterisiert werden. Zur Quantifizierung der Begriffe kann man drei Typen von Skalen (s. Tabelle 11.4) verwenden.

Es sind neben der einfach beschreibenden Prüfung, bei der ausschließlich für ein Produkt Attribute gesucht werden, verschiedene Formen beschreibender Prüfungen bekannt, die aus den beiden o. a. Phasen bestehen [2]:

- Konventionelles Profil (DIN 10967-1): Quantitativ Deskriptive Analyse; Spektrummethode [27]
- Konsensprofil DIN (DIN 10967-20)
- Free Choice Profiling (DIN 10967-3)
- Time Intensity Profil (DIN 10970)
- Texturprofil (ISO 11036)
- Beschreibende Prüfung mit anschließender Qualitätsbewertung DIN 10969

11.4 Hedonische Prüfungen

Die hedonischen oder affektive Prüfungen zählen zu den subjektiven Prüfungen. Die Prüfpersonen sind ungeschulte Konsumenten und haben die Aufgabe ihre persönliche Einstellung und Meinung zu Prüfproben bzw. Attributen abzugeben. Bei diesen Prüfungen steht die Prüfperson mit ihren Vorlieben und Bedürfnissen im Vordergrund. Es werden nicht die Charakteristika des Lebensmittels gemessen sondern die Einstellung des Verbrauchers zu dem Produkt. Die Eigenschaften des Lebensmittels sind Auslöser für die Beurteilung der Prüfpersonen, können aber selbst innerhalb dieses Tests nicht quantifiziert oder charakterisiert werden, da der Verbraucher bzw. ungeschulte Prüfer dazu nicht oder nur begrenzt in der Lage ist. Die Anzahl der Prüfpersonen muss deutlich höher liegen als bei analytischen Prüfungen. In der Literatur findet man Angaben von mindestens 60, und mehr. Je größer die Zahl der Testpersonen ist umso aussagekräftiger ist der Test. Die Auswahl der Prüfpersonen kann je nach Untersuchungsziel nach Alter, Beruf, soziologischen Kriterien, Region, Geschlecht etc. sein. In jeder dieser Gruppen müssen jedoch mindestens 60 Testpersonen befragt werden.

Die Tests können zu Hause oder in speziellen Testlabors unter standardisierten Bedingungen durchgeführt werden. Gleichzeitig sollten nicht mehr als 6 Produkte auf einmal angeboten werden, in einer Stunde sollten nicht mehr als 12 Produkte verkostet werden. Spontane Tests dürfen nicht länger als eine viertel Stunde dauern.

Tabelle 11.4. Skalen zur Intensitätsbeschreibung von Produkten in Profilprüfungen. Quelle: [2]

Skalentyp	Aufbau der Skalen	Aussage
Intervallskale oder Verhältnisskale, metrische Skale	üblicherweise 15–20 cm unstrukturierte Linien: mit markierten Endpunkten: |————————————| schwach stark mit Unterteilungen: |————|————|————| nicht mittel stark wahrnehmbar mit eingerückten Enden: ——|————————|—— schwach stark	Vorteil: genaue Festlegung einer Markierung Nachteil: schwierig Werte zu wiederholen, da Erinnerung an die Markierung schwierig
Kategorieskale Ordinalskale	5–15-stufige diskrete Skale: numerisch: 1 2 3 4 5 6 7 schwach stark mit Anfangs- und Endpunkten: verbal: ☐ ☐ ☐ ☐ ☐ ☐ ☐ ☐ nicht sehr vorhanden intensiv	Vorteil: leichter festzulegende Werte Nachteil: starke Begrenzung der Angabe
Abschätzung von Größenordnungen	Abschätzung von Größenordnungen z. B. in % ohne Skalen mit Zahlenangaben. Ausgangspunkt ist entweder eine Kontrollprobe oder ein selbst festgelegter Wert	Vorteil: jede Prüfperson hat ihre eigene Abschätzung Nachteil: alle Angaben sind nur im Verhältnis zur vorangegangenen Probe zu sehen, keine konkreten Zahlenangaben, Werte aller Prüfpersonen müssen vergleichbar gemacht werden

Hedonische Prüfungen sollten immer durch Profilprüfungen unterstützt werden, da man dadurch die Informationen erhält, die der affektiv handelnde Verbraucher nicht formulieren kann.

Hedonische Prüfungen gibt es als [20]:

– Präferenzprüfungen
  Mit Hilfe von Präferenzprüfungen wird ermittelt, welches Produkt von Konsumenten bevorzugt wird.

- Akzeptanzprüfungen
  Diese Methoden geben Auskunft, wie sehr das Produkt vom Verbraucher bzw. Prüfer akzeptiert wird, d. h. es wird der Grad des Gefallens mittels einer Skale untersucht.
- Just about Right Test
  Mit dieser Methode wird untersucht, wie richtig der Verbraucher eine Merkmalseigenschaft empfindet, z. B. die Süße in einem Produkt: gerade richtig, zu süß oder zu wenig süß.

11.5
Sensorik spezifischer Produktgruppen

Neben den allgemeinen Methoden der Sensorik gibt es für viele Warengruppen sowie Verpackungen spezielle Testbedingungen und Testmethoden. Diese an dieser Stelle ausführlich darzustellen, würde den Rahmen dieses Beitrags sprengen. Spezielle Ausführungen an anderer Stelle [2] gibt es u. a. zu folgenden Produkten und Themen:

- Bier
- Fisch
- Kaffee
- Milch und Milchprodukte
- Mindesthaltbarkeitsdatum
- Olivenöl
- Packstoffe und Packmittel
- Schalen- und Weichtiere
- Wein

11.6
Literatur

1. ASAP Werbebroschüre
2. Busch-Stockfisch M (2003–2005) Grundlagen. In: Praxishandbuch Sensorik in der Produktentwicklung und Qualitätssicherung (Loseblattsammlung). Behrs Verlag Hamburg
3. DIN (Deutsches Institut für Normung, Hrsg.) (1999) DIN 10951-1 Sensorische Prüfung, Teil 1: Begriffe. Beuth Verlag Berlin
4. DIN (Deutsches Institut für Normung, Hrsg.) (1997) DIN 10954 Sensorische Prüfung – Paarweise Vergleichsprüfung. Beuth Verlag Berlin (in Überarbeitung)
5. DIN (Deutsches Institut für Normung, Hrsg.) (1998) DIN 10959 Sensorische Prüfverfahren – Bestimmung der Geschmacksempfindlichkeit. Beuth Verlag Berlin
6. DIN (Deutsches Institut für Normung, Hrsg.) (1996) DIN 10961: Schulung von Prüfpersonen für sensorische Prüfungen. Beuth Verlag Berlin
7. DIN (Deutsches Institut für Normung, Hrsg.) (1997) DIN 10962: Prüfbereiche für sensorische Prüfungen – Anforderungen an Prüfräume. Beuth Verlag Berlin
8. DIN (Deutsches Institut für Normung, Hrsg.) (1997) DIN 10963 Sensorische Prüfverfahren – Rangordnungsprüfung. Beuth Verlag Berlin
9. DIN (Deutsches Institut für Normung, Hrsg.) (1997) DIN 10964 Sensorische Prüfverfahren – Einfach beschreibende Prüfung. Beuth Verlag Berlin
10. DIN (Deutsches Institut für Normung, Hrsg.) (1995) DIN/ISO 4120 Sensorische Prüfverfahren – Dreiecksprüfung (Überarbeitung). Beuth Verlag Berlin

11. DIN (Deutsches Institut für Normung, Hrsg.) (1999) DIN 10967-1 Teil 1 Konventionelles Profil. Beuth Verlag Berlin
12. DIN (Deutsches Institut für Normung, Hrsg.) (2000) DIN 10967-2 Teil 2 Konsensprofil. Beuth Verlag Berlin
13. DIN (Deutsches Institut für Normung, Hrsg.) (2001) DIN 10967-3 Sensorisches Prüfverfahren – Freies Auswahlprofil. Beuth Verlag Berlin
14. DIN (Deutsches Institut für Normung, Hrsg.) (2001) DIN 10969 Sensorisches Prüfverfahren – Beschreibende Prüfung mit anschließender Qualitätsbewertung. Beuth Verlag Berlin
15. DIN (Deutsches Institut für Normung, Hrsg.) (2002) DIN 10970 Sensorisches Prüfverfahren – Zeitintensitätsprüfung. Beuth Verlag Berlin
16. DIN (Deutsches Institut für Normung, Hrsg.) (2001) DIN 10971 Sensorisches Prüfverfahren – Duo-Trio-Prüfung. Beuth Verlag Berlin
17. DIN (Deutsches Institut für Normung, Hrsg.) (2004) DIN/ISO 4120 Sensorisches Prüfverfahren – Dreiecksprüfung. Beuth Verlag Berlin
18. DIN (Deutsches Institut für Normung, Hrsg.) (2003) DIN 10972 Sensorisches Prüfverfahren – „A"-„nicht A"-Prüfung. Beuth Verlag Berlin
19. DIN (Deutsches Institut für Normung, Hrsg.) (2005) DIN 10973 Sensorisches Prüfverfahren – Innerhalb-außerhalb Prüfung. Beuth Verlag Berlin
20. DIN (Deutsches Institut für Normung, Hrsg.) (Projekt) DIN 10975 Sensorisches Prüfverfahren – Verbrauchertests. Beuth Verlag Berlin
21. ISO (International Standard Organization) (1991) ISO 3972 Sensory Analysis – Methodology – Method of investigating sensitivity of taste. Beuth Verlag Berlin
22. ISO (International Standard Organization) (2004) ISO 5495 Sensory Analysis – Methodology – Paired comparison test. Beuth Verlag Berlin
23. ISO (International Standard Organization) (1994) ISO 11035 Sensory Analysis – Identification and selection of descriptors for establishing a sensory profile by a multidimensional approach. Beuth Verlag Berlin
24. ISO (International Standard Organization) (1994) ISO 11036 Sensory Analysis – Methodology – Paired comparison test. Beuth Verlag Berlin
25. ISO (International Standard Organization) (1994) ISO 10399 Sensory Analysis – Methodology – Paired comparison test. Beuth Verlag, Berlin
26. Lawless HT, Heymann H (1998) Sensory Evaluation of Food: Principles and Practices. Chapman & Hall, New York, London, Tokio
27. Meilgaard M, Civille GV, Carr BT (1999) Sensory Evaluation Techniques. 3. ed. CRC Press Boca Raton, Florida
28. Munoz AM, Civille GV, Carr BT (1992) Sensory Evaluation in Quality Control. Van Nostrand Comp, New York
29. Neumann R, Molnar P (1991) Sensorische Lebensmitteluntersuchung. 2. Aufl. Fachbuchverlag Leipzig
30. Plattig KH (1995) Spürnasen und Feinschmecker. Die chemischen Sinne des Menschen. Springer, Heidelberg
31. Poste LM, Mackie DA, Butler G, Larmond E (1991) Laboratory Methods for Sensory Analysis of Food. Research Branch Agriculture Canada Publication 1864/E, Ottawa
32. Rummel C (2003) Deskriptive Prüfungen. In: Busch-Stockfisch M (Hrsg.) Praxishandbuch (2003–2005) Sensorik in der Produktentwicklung und Qualitätssicherung. Behrs Verlag, Hamburg

Kapitel 12

Lebensmittelinhaltsstoffe

RENATE RICHTER

Hochschule Anhalt (FH), FB Angewandte Biowissenschaften und Prozesstechnik,
Lebensmittelanalytik, Bernburger Straße 55, 06366 Köthen, r.richter@bwp.hs-anhalt.de

12.1	Einleitung	311
12.2	Rechtliche Regelungen	314
12.3	Stoffgruppen	314
12.3.1	Primäre Inhaltsstoffe	314
12.3.2	Sekundäre Inhaltsstoffe	323
12.3.3	Lebensmittelzusatzstoffe	327
12.3.4	Kontaminanten	328
12.4	Lebensmittelqualität	329
12.5	Literatur	332

12.1
Einleitung

Im Sinne des Artikels 2 der Basis-VO sind „Lebensmittel" alle Stoffe oder Erzeugnisse, die dazu bestimmt sind oder von denen nach vernünftigem Ermessen erwartet werden kann, dass sie in verarbeitetem, teilweise verarbeitetem oder unverarbeitetem Zustand von Menschen aufgenommen werden.

Es entspricht dem Schutzzweck des Lebensmittelrechts, den lebensmittelrechtlichen Vorschriften alle Stoffe zu unterwerfen, die dazu bestimmt sind, vom Menschen verzehrt bzw. aufgenommen zu werden. Deshalb wurde im Rahmen der bisherigen Begriffsbestimmungen des früheren § 1 LMBG der Begriff „Stoff" im weitesten Umfang verstanden. So waren neben chemischen Verbindungen auch Stoffgemische (fest, flüssig oder gasförmig) erfasst. Ob der Stoff einen physiologischen Nährwert oder technologische Wirkung hat, ob es sich um einen Rohstoff oder um eine Zubereitung handelt, war jeweils ohne Belang [1]. Nach allgemeinem Verständnis dienen Lebensmittel der Ernährung und dem Genuss und sie sollen gesundheitlich unbedenklich sein. Lebensmittel sind überwiegend natürlicher Herkunft, ihre Basis sind Rohstoffe der Biogenese des Pflanzen- und Tierreichs.

Der Nährwert ist durch den Gehalt an Substanzen, die der menschliche Stoffwechsel benötigt, bestimmt. Unabhängig von der Lebensmittelquelle sind die Stoffwechsel relevanten Substanzen als primäre Inhaltsstoffe den Stoffgruppen Kohlenhydrate, Proteine, Lipide (Fette) sowie Mineralstoffe, Vitamine und Wasser zuzuordnen.

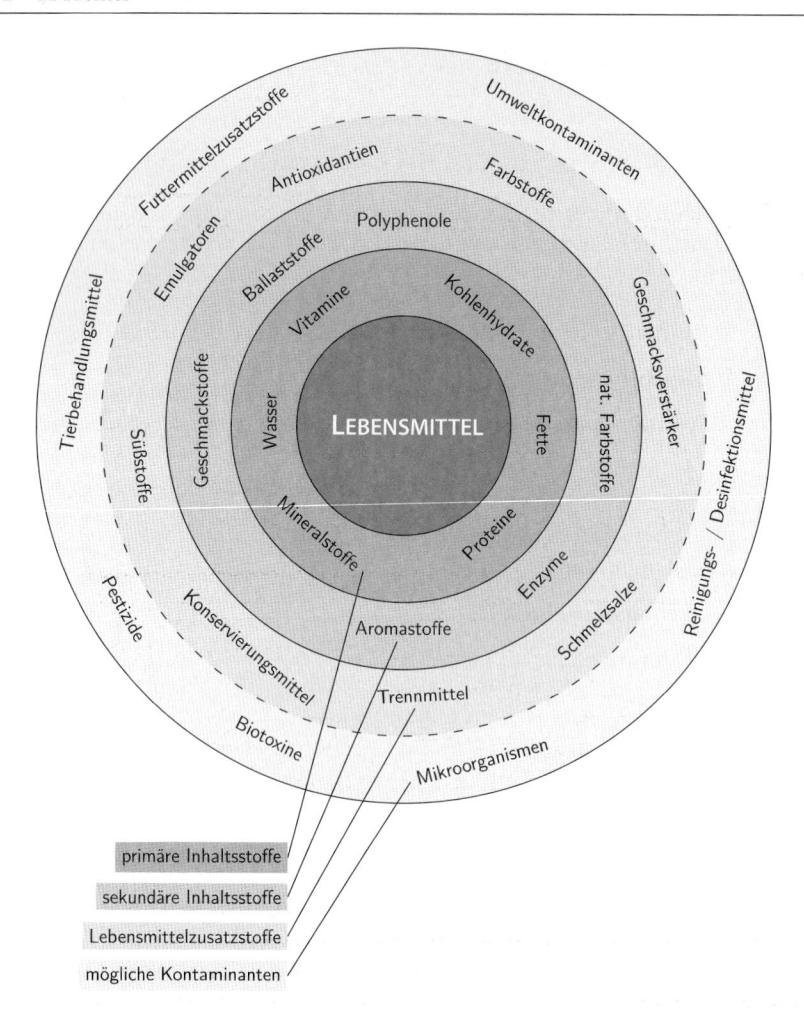

Abb. 12.1. Lebensmittelkreis: Mögliche Inhaltsstoffe in Lebensmitteln

Der Genusswert eines Lebensmittels unterliegt neben psychosozialen und kulturellen Einflüssen, vielfältigen Kriterien. Er wird vor allem durch die sekundären Inhaltsstoffe, wie Aroma- und Geschmacksstoffe, Farbstoffe usw. hervorgerufen. Neben der allgemeinen Forderung, dass Lebensmittel genießbar sein sollen, überwiegt bei bestimmten Gruppen von Lebensmitteln der Genusswert. Genussmittel stellen somit eine bestimmte Kategorie dar, die nicht der täglichen Nahrungsaufnahme bedürfen.

Einen einfachen Überblick über die Vielfalt der möglichen stofflichen Zusammensetzungen von Lebensmitteln zeigt der Lebensmittelkreis (s. Abb. 12.1). Neben den primären und sekundären Inhaltsstoffen spielen noch die Zusatzstoffe und „mögliche Kontaminanten" eine diskutable Rolle.

Innerhalb dieser Stoffgruppen gibt es erneut eine große molekulare Varietät, die sich in der Vielfalt von Geschmack, Konsistenz und Nährwert widerspiegelt.

Lebensmittel kann man auch klassifizieren nach

- Traditionellen Lebensmitteln
- Diätetischen Lebensmitteln
- Funktionellen Lebensmitteln
- Neuartigen Lebensmitteln
- Gentechnisch veränderten Lebensmitteln
- Öko-Lebensmitteln.

Traditionell werden Lebensmittel in pflanzliche Lebensmittel und tierische Lebensmittel unterteilt. Pflanzliche Lebensmittel enthalten i. d. R. höhere Anteile an Kohlenhydraten, Mineralstoffen und Vitaminen. Der Gehalt an Fett und Proteinen ist bei tierischen Lebensmitteln dominant.

Für bestimmte Verbrauchergruppen z. B. Diabetiker, Sportler, Säuglinge und Kleinkinder werden diätetische Lebensmittel in ihrer Zusammensetzung gezielt den besonderen Anforderungen des Stoffwechsels angepasst (s. Kap. 34.3).

Funktionelle Lebensmittel (Functional Food) enthalten zusätzlich bestimmte gesundheitsfördernde Inhaltsstoffe (z. B. ω-3 Fettsäuren, Flavonoide, etc.) mit dem Ziel den ernährungsphysiologischen Wert der Produkte zu erhöhen.

Als „neuartig" und zulassungspflichtig gelten Lebensmittel und Lebensmittelzutaten, welche vor Inkrafttreten der Novel Food Verordnung vom 15. Mai 1997 nicht in nennenswertem Umfang verzehrt wurden, z. B. mit Phytosterolen angereicherte Margarine (s. Kap. 24.3.5).

Lebensmittel werden als gentechnisch verändert bezeichnet, wenn zu ihrer Herstellung gentechnisch veränderte Organismen, wie GVP (Soja, Mais, Raps) oder GMM eingesetzt werden (s. Kap. 35.2).

Abgrenzend zu den letztgenannten Kategorien von Lebensmitteln stellen die Öko-Lebensmittel Produkte dar, die aus Rohstoffen aus der ökologischen Landwirtschaft nach den Regeln der VO (EG) Nr. 834/2007, die seit dem 01.01.2009 gilt, produziert werden.

Unabhängig von den Erzeugungsmethoden und ihrer Klassifizierung sind Lebensmittel alle aus den gleichen Stoffwechsel relevanten Substanzen zusammengesetzt.

Ziel dieser Übersicht ist es,

- die Komplexität der Lebensmittelzusammensetzung,
- die Besonderheiten der Nährstoffe,
- ausgewählte sekundäre Inhaltsstoffe,

vorzustellen, die zudem bei der Isolierung, Verarbeitung, Lagerung und dem Transport vielfältigen Veränderungen unterworfen sind und die Qualität von Lebensmitteln beeinflussen.

Zusatzstoffe bleiben nur kurz erwähnt, sie werden ausführlich im Kap. 13 dargestellt. Die Stoffe, die absichtlich oder unabsichtlich zu einer Gefahr werden können, werden als „mögliche Kontaminanten" bezeichnet.

12.2
Rechtliche Regelungen

Für die Herstellung, den Handel und das Inverkehrbringen von Lebensmitteln sind grundsätzliche, europäische und nationale, lebensmittelrechtliche Bestimmungen zu beachten. Hervorzuheben sind hier vor allem

- die Basis-VO (VO (EG) Nr. 178/2002),
- das Lebensmittel- und Futtermittelgesetzbuch (LFGB),
- die europäische Lebensmittelhygiene-Verordnung (LMH-VO-852),
- das WeinG,
- die Öko-Basis-VO (VO (EG) Nr. 834/2007) und
- das europäische Normenpaket zu Zusatzstoffen, Enzymen und Aromen: FIAP.

Die Vielfalt der stofflichen Zusammensetzung der Lebensmittel, der Umgang mit Lebensmitteln und die Möglichkeiten von Kontaminationen in der ganzen Lebensmittelkette spiegeln sich in weiteren Rechtsvorschriften wider, die in den Kapiteln des Handbuches vorgestellt werden.

12.3
Stoffgruppen

12.3.1
Primäre Inhaltsstoffe

Die in Lebensmitteln enthaltenen primären Inhaltsstoffe dienen dem Aufbau von Körpersubstanz und der Energiegewinnung. Die aufgenommene Nahrung ist primär vom menschlichen Stoffwechsel nicht verwertbar und muss in kleine verwertbare Untereinheiten zerlegt werden. Mit Hilfe von Enzymen werden die im Lebensmittel enthaltenen artspezifischen Strukturen in generell gleiche verwertbare Grundbausteine umgewandelt. Diese Inhaltsstoffe werden in essentielle und nichtessentielle Nährstoffe unterschieden. Essentielle Nährstoffe können vom Organismus selbst nicht aufgebaut werden und müssen deshalb in der Nahrung in gewisser Zusammensetzung vorhanden sein. Das sind bestimmte Aminosäuren, Fettsäuren, Vitamine, Mineralstoffe und Spurenelemente (s. Kap. 42). Von nichtessentiellen Inhaltsstoffen müssen in der Nahrung nur eine bestimmte Menge, nicht aber eine bestimmte Substanz vorhanden sein.

Die energieliefernden Inhaltsstoffe in jedem Lebensmittel sind unabhängig vom Ursprung die Kohlenhydrate, Proteine und Fette. Auf Basis ihres physiologischen Brennwertes berechnet sich der Nährwert eines Lebensmittels nach NKV.

Tabelle 12.1. Physiologische Brennwerte der Grundnährstoffe

Stoffgruppe	Physiolog. Brennwert (NKV) kJ/g
Kohlenhydrate	17,1 (17)
Proteine	16,5 (17)
Fette	37 (37)

Kohlenhydrate

Pflanzen produzieren Kohlenhydrate durch Photosynthese, tierische Organismen dagegen müssen Kohlenhydrate mit der Nahrung aufnehmen. Die tierischen Kohlenhydrate sind Lactose und Glycogen. Lebensmittel aus pflanzlichen Rohstoffen sind somit die hauptsächlichen Kohlenhydratquellen. Wir verzehren Kohlenhydrate u. a. in Form von Zucker, Kartoffeln, Brot, Teigwaren, Karotten, Cola oder Fruchtjoghurt.

Sie unterscheiden sich nach Zahl der Grundbausteine (der Einfachzucker) in Mono-, Disaccharide und Polysaccharide (Tabelle 12.2). In Abhängigkeit von der Verknüpfungsart und der damit verbundenen Spaltbarkeit durch körpereigene Enzyme sind Polysaccharide einerseits Nähr- und Reservestoffe wie z. B. die Stärke und Glycogen, andererseits Ballaststoffe, wie Cellulose, Hemicellulosen, Pektin, Inulin, Lignin und resistente Stärke.

Tabelle 12.2. Einteilung der wichtigsten Kohlenhydrate

Monosaccharide	Disaccharide	Polysaccharide	
		Nährstoffe	Ballaststoffe
Glucose (Traubenzucker)	Saccharose (Rüben-, Rohrzucker)	Stärke	Cellulose
Fructose (Fruchtzucker)	Lactose (Milchzucker)	Glycogen	Hemicellulose
Galactose	Maltose (Malzzucker)		Pektin
Mannose			Inulin

Eigenschaften der Kohlenhydrate

Mono- und Disaccharide sind süß, Polysaccharide geschmacklich neutral. Kohlenhydrate sind als Stoffgruppe Polyhydroxy-carbonylverbindungen. Die im Kohlenstoffgerüst vorhandenen Carbonyl- und Hydroxygruppen sind für die gute Wasserlöslichkeit und ihre Reaktionen während der Lebensmittelverarbeitung verantwortlich (Tabelle 12.3).

Tabelle 12.3. Reaktionen von Mono-, Di- und Oligosacchariden [2]

Reaktion	Bedeutung in Lebensmitteln
1. Reduktion zu Polyalkoholen (Zuckeralkoholen)	Zuckeraustauschstoffe, Feuchthaltemittel und Kristallisationsverzögerer
2. Glykolsylaminbildung (Maillard-Reaktion) mit Aminen und Proteinen	Aromabildung und Bräunungsreaktionen durch Folgereaktionen
3. Karamellisierung	Verfärbungen bei trockenem Erhitzen
4. Hydrolyse von Di- und Oligosacchariden	Veränderung der Süßkraft und der Löslichkeit in Wasser
5. Reversion Bildung von Di- und Oligosacchariden in Gegenwart von Säuren	Entstehung von Isomeren mit neuen Eigenschaften
6. β-Eliminierung von Wasser in Gegenwart von Säuren unter Bildung von Furanderivaten (HMF)	Nachweismöglichkeit von Hitzebehandlung saurer und zuckerhaltiger Lebensmittel
7. Anaerober Abbau	Gärungsprodukte

Einfache Kohlenhydrate (Mono- und Disaccharide)

Zu den einfachen Kohlenhydraten zählen Mono- und Disaccharide. Unter Monosacchariden oder Einfachzuckern versteht man Kohlenhydrate, die nur aus einem Zuckerbaustein bestehen. Die wichtigsten Vertreter sind D-**Glucose** (Traubenzucker) und D-**Fructose** (Fruchtzucker), die vor allem in Obst und Honig vorkommen. Als Bausteine von Di- und Polysacchariden sind sie in zahlreichen weiteren Lebensmitteln enthalten.

Die Glucose, das wichtigste Kohlenhydrat ist Ausgangsstoff für die aerobe Energiegewinnung des menschlichen Organismus durch Atmung und für die Energiegewinnung von Mikroorganismen in den anaeroben Gärprozessen, wie der ethanolischen Gärung oder der Milchsäuregärung zur Veredlung der jeweiligen Lebensmittelrohstoffe. Sie ist Bestandteil aller komplexen Kohlenhydrate, wie Mehrfachzucker und Glycoside. Diese können durch Hydrolyse in Monosaccharide und Aglycone gespalten werden.

Disaccharide bestehen aus zwei Zuckerbausteinen. Der bekannteste Vertreter, die **Saccharose** (Haushaltszucker) ist in Süßigkeiten und mit Zucker gesüßten Lebensmitteln enthalten. Die Saccharose ist das β-D-Fructofuranosyl-D-glucopyranosid und wird ausgehend von seinen Rohstoffquellen Rohrzucker oder Rübenzucker genannt. Durch verdünnte Säuren oder das Enzym Invertase erfolgt eine Spaltung (Inversion) in Glucose und Fructose. Das Spaltungsgemisch (Invertzucker) ist Hauptbestandteil des Honigs.

Die **Lactose** (Milchzucker) aus β-D-Galactose und D-Glucose (in α- oder β-Form) aufgebaut, ist Bestandteil der Kuhmilch und von Muttermilch. Lactose findet sich in Babynahrung, in Süßwaren, Suppen, Soßen, Gewürzmischungen und Fleischwaren sowie als Trägerstoff in pharmazeutischen Zubereitungen. Sie dient als Substrat für die Herstellung von Käse und Sauermilchprodukten. Maltose (Malzzucker), der zwei Bausteine α-D-Glucose enthält, entsteht im keimenden Getreide durch enzymatische Spaltung aus der Stärke und ist das Substrat für das Brauereigewerbe (s. Kap. 27.3). Alle genannten einfachen Kohlenhydrate sind durch einfache Hefen vergärbar.

Komplexe Kohlenhydrate (Polysaccharide)

Polysaccharide sind Kohlenhydrate, die aus einer Vielzahl von Monosacchariden bestehen. Zu ihnen zählen die Stärke und zahlreiche Ballaststoffe. Stärke ist das verwertbare Hauptkohlenhydrat von Getreide, Gräsern, der Kartoffel und vieler anderer Pflanzen, die Stärke als Kohlehydratspeicher verwenden. Stärke ist zu 20–30% aus Amylose (200–300 Glucose-Reste, α-1,4-glykosidisch verknüpft) und zu 70–80% aus Amylopektin zusammengesetzt (alle 25 Glucose-Reste haben zusätzlich eine α-1,6-Verzeigung). Die Amylose-Kette zeigt eine unverzweigte, helixartige Struktur. Die Resorption der Stärke geht umso besser, je kleiner die Stärkekörner sind (Banane gut, Kartoffel schlecht). Gekochte Stärke verliert die kristalline Struktur, die Stärkekörner platzen auf und das Volumen vergrößert sich, es kommt zu einer Quellung und Verkleisterung der Stärke. Denaturierte Stärke wird gut resorbiert. Amylose gibt mit Jod eine intensive Blaufärbung, deren Fehlen als Nachweis des Stärkeabbaus dient.

Proteine

Proteine (Eiweiße) sind die Basis aller lebenden Zellen. Sie sind Biopolymere aus mindestens 100 Aminosäureeinheiten mit Molekulargewichten von 10 000 bis mehrere Millionen.

In der Regel setzen sich die Proteine aus 20 proteinogenen L-,α-Aminosäuren durch eine Peptidbindung zusammen.

Die Vielfalt des strukturellen Aufbaus, die Primärstruktur, die Sekundär-, Tertiär- und Quartärstruktur bedingen die Vielfalt und Eigenschaften von Proteinsystemen. Man teilt Proteine nach Struktur und Verhalten gegenüber Wasser und Salzen in globuläre Proteine, Skleroproteine und zusammengesetzte Proteine ein (Tabelle 12.4).

Proteine kommen in pflanzlichen und tierischen Lebensmitteln und als Enzyme vor. Proteinquellen sind tierische Produkte (Fleisch, Fisch, Eier, Milchprodukte) und die Samen und Knollen von Pflanzen (Nüsse, Hülsenfrüchte, Getreide). Etwa 80% der Weizenproteine gehören zu den Glutelinen (Glutenin) und den Prolaminen (Gliadin), die man zusammen als Gluten oder auch Kleber bezeichnet, da sie im Teig das Kleber-Gerüst für die Teigkonsistenz aufbauen. Über Lebensmittel für Menschen mit einer Glutenunverträglichkeit informiert Kap. 34.3.3.

Tabelle 12.4. Einteilung der Proteine

Globuläre Proteine	Skleroproteine	Zusammengesetzte Proteine
Albumine α-Lactalbumin der Milch Ovalbumin im Eiklar Leukosin in Gerste, Weizen Legumelin in Hülsenfrüchten	Kollagene	Glycoproteine
Globuline β-Lactoglobulin der Milch Lysozym; Ovomucin im Ei Legumin in Hülsenfrüchten Turbin in Kartoffeln	Elastine	Lipoproteine
Gluteline	Keratine	Phosphoproteine (Casein)
Prolamine	Fibroin	Chromoproteine
Protamine		

Eigenschaften der Proteine

Proteine sind wie Aminosäuren amphotere Verbindungen, die an ihrem isoelektrischen Punkt die geringste Löslichkeit aufweisen. Im Allgemeinen sind Proteine nur in stark polaren Lösungsmitteln, z. B. Wasser, Glycerol, Ameisensäure löslich, in weniger polaren Lösungsmitteln, wie Ethanol, bis auf Ausnahmen dagegen nicht. Neutralsalze beeinflussen die Löslichkeit in Abhängigkeit von ihrer Konzentration positiv (Einsalzeffekt) oder negativ (Aussalzeffekt). Proteine stabilisieren Schäume durch Herabsetzen der Oberflächenspannung (Ovomucin im Eiklar).

Durch äußere Einflüsse, wie pH-Wert, Temperatur, Schwermetalle, Salze, Detergentien, Alkohole und durch starke mechanische Behandlung werden Proteine denaturiert. Damit ist eine reversible und irreversible Änderung der nativen Konformation (Tertiärstruktur) eines Proteins verbunden. Die thermische Denaturierung beginnt, ausgenommen das Casein, bei Lebensmittelproteinen bei einer Temperatur von ca. 55 °C.

Folgen der Denaturierung sind: Abnahme der Löslichkeit, Änderung der WBV, Verlust der biologischen Aktivität (Enzymaktivität), Erhöhung der Angreifbarkeit durch Proteasen, Verbesserung der Verdaulichkeit, Erhöhung der Viskosität, Verlust der Kristallbildungseigenschaften und die Ausschaltung toxischer Eigenschaften.

Weitere Reaktionen der Proteine, Peptide und Aminosäuren sind an den funktionellen Gruppen (NH_2-, COOH, SH-, OH-, Phenyl-Gruppe) bzw. an der Peptidbindung möglich und laufen bei der Herstellung und Lagerung von Lebensmitteln ab (Tabelle 12.5).

Tabelle 12.5. Reaktionen der Proteine bei der Lebensmittelverarbeitung

Reaktion	Bedeutung
Maillard-Reaktion	Farbveränderungen, Aromabildung Verlust essentieller Aminosäuren
Strecker-Abbau	Aromabildung (Strecker-Aldehyde), Verlust essentieller Aminosäuren
Redoxreaktion	Vernetzung von Strukturen (z. B. bei der Teigbildung)
Hydrolyse	Proteinhydrolysate, Peptide als Speisewürze
Decarboxylierung	Entstehung biogener Amine im Reifeprozess bzw. als Verderbsindikatoren
Oxidative Veränderungen des Methionins	Fehlaroma durch Methional und Dimethylsulfid
Enzymatischer Abbau von Methionin	Entstehung des Reifegases Ethen

Lipide

Lipide sind eine strukturell unterschiedliche Gruppe von Verbindungen, deren gemeinsame Eigenschaft die Lipophilie ist. Sie kommen in verschiedenster Form als reine Öle oder Fette in tierischen und pflanzlichen Rohstoffen vor und sind als Bestandteil von Lebensmitteln wichtige Energie- und Aromaträger.

Sie werden nach ihrem Aufbau in verschiedene Gruppen eingeteilt (Tabelle 12.6).

Fette und Öle bestehen zu 98% aus Triacylgyceriden (die Fette), den Estern aus Glycerol und Fettsäuren. Die Fettsäuren sind i. d. R. geradzahlig und unverzweigt und unterscheiden sich durch die Länge der C-Kette und den Sättigungsgrad. Mehr als die Hälfte der Fettsäuren in Pflanzen und Tieren sind ein- oder mehrfach ungesättigt. In den meisten Fällen sind diese Doppelbindungen isoliert angeordnet und *cis*-orientiert, woraus die Erniedrigung des Schmelzpunktes resultiert. Tierische Fette unterscheiden sich von pflanzlichen Fetten und Ölen

Tabelle 12.6. Einteilung der Lipide

Einfache Lipide	Zusammengesetzte Lipide
Fettsäuren	Triacylglyceride (Fette)
Fettalkohole	Wachse
Kohlenwasserstoffe	Phospholipide (Lecithin)
Carotinoide, Tocopherole	Glycolipide
Sterole	Sterolester

durch höhere Anteile an gesättigten Fettsäuren (SAFA), an *trans*-Fettsäuren und an Cholesterol. Buttersäure kommt ausschließlich in Milchfett vor.
Pflanzliche Öle enthalten höhere Anteile an mehrfach ungesättigten Fettsäuren (PUFA) und können u. a. am typischen Phytosterolmuster erkannt werden. Ernährungsphysiologisch wertvoll sind die ω-3- und ω-6-Fettsäuren. Zu diesen essentiellen Fettsäuren gehören Linolsäure, α-Linolensäure, γ-Linolensäure, Arachidonsäure, EPA (Eicosapentaensäure) und DHA (Docosahexaensäre). Die anderen in der Tabelle 12.6 angeführten Bestandteile der Fette und Öle sind als Neben- und Spurenbestandteile nur in geringem Maße vorhanden. Über konjugierte Linolsäuren (CLA) informiert Kap. 42.4.

Reaktionen der Lipide
Zur Verbesserung der technologischen Eigenschaften werden Fette und Öle raffiniert, fraktioniert, umgeestert und hydriert. Folgen sind die Entstehung von *trans*-Fettsäuren, Härtungsgeschmack durch 6-*trans*-Nonenal, der Verlust an Vitaminen und deren Wirkung sowie die Veränderung der Sterole.

Die meisten Fette sind leichtverderblich. Fettverderb hat physikalische, chemische und biologische Ursachen. Durch Licht, Wärme, Wasser, Sauerstoff und gewisse Metalle als Reaktanden werden Esterbindungen und Doppelbindungen angegriffen und es kommt zur Bildung von geruchsintensiven unangenehmen Stoffen, die als Ranzidität den Fettverderb charakterisieren (Tabelle 12.7). Biologisch bewirken verschiedene Mikroorganismen den Fettverderb.

Tabelle 12.7. Reaktionen des Fettverderbs

Reaktion	Folgen
Hydrolyse, Lipolyse	Fehlaroma durch freigesetzte Fettsäuren (Seifigkeit)
Autoxidation, enzymat. Oxidation	Fehlaroma durch Carbonylverbindungen mit 6- und 9-C-Atomen
Polymerisation, Oxypolymerisation	Erniedrigung des Rauchpunktes, Erhöhung der Viskosität, dunkle Farbe

Die Lipolyse durch Lipasen ist die enzymatische Hydrolyse der Triacylglyceride unter Freisetzung kurzkettiger Fettsäuren, die häufig unerwünscht ist, bei der Käse- und Rohwurstherstellung jedoch für die Ausbildung des Aromas erforderlich ist.

Wasser
Auf Grund seiner Herkunft ist Wasser wichtiger Bestandteil aller Lebensmittel. Die Menge und die Art des Wassers sind unterschiedlich. Man unterscheidet das

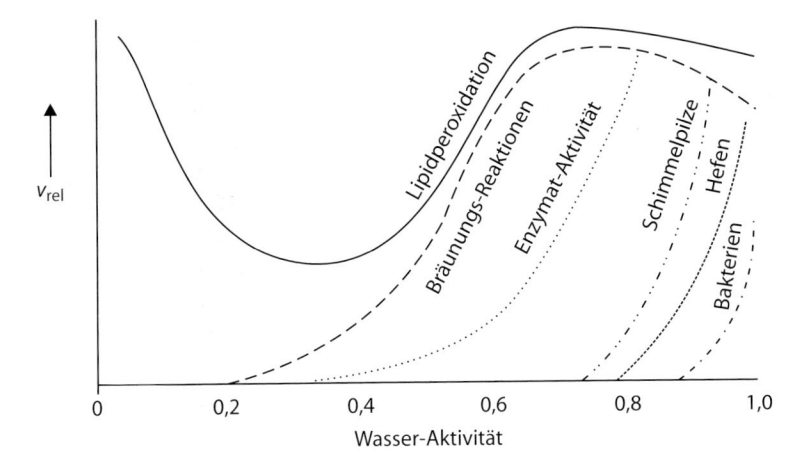

Abb. 12.2. Lagerstabilität von Lebensmitteln in Abhängigkeit von der Wasseraktivität nach Labuza aus [3]

Wasser im Lebensmittel nach seinen Bindungsformen in gebundenes und freies Wasser, welches die Qualität von Produkten wesentlich beeinflusst. Das an Makromoleküle, v. a. Proteine gebundene Wasser bestimmt wesentlich die Konsistenz und Textur. Nur das so genannte freie Wasser ist Reaktionspartner und für die Haltbarkeit von Lebensmitteln verantwortlich. Der Quotient aus dem Partialdruck des Wassers in einem Lebensmittel und dem Partialdruck des reinen Wassers ist als die Wasseraktivität $a_w = p/p_0$ die entscheidende technologische Größe für deren Lagerstabilität. Die Enzymaktivität (Hydrolasen), die Wachstumsgeschwindigkeit von Mikroorganismen und auch die Reaktionsgeschwindigkeit nichtenzymatischer Reaktionen (Bräunungsreaktionen) hängen stark von der Wasseraktivität ab (s. Abb. 12.2). Die Haltbarkeit von Lebensmittel erhöht sich mit Senkung der Wasseraktivität. Das wird erreicht durch Trocknung oder durch Zusatz von Substanzen, die ein hohes Wasserbindungsvermögen haben wie Salze, Zucker, etc. (s. Kap. 44.3.2c).

Mineralstoffe und Spurenelemente

Mineralstoffe sind anorganische Bestandteile pflanzlicher und tierischer Gewebe, die beim Verbrennen als Asche zurück bleiben (analytischer Nachweis). Nach ihrem Anteil an der Körpersubstanz werden sie in Mengen- (> 50 mg/kg KG) und Spurenelemente (< 50 mg/kg KG) unterteilt. Nach ihrer Wirkung unterscheidet man essentielle, nicht essentielle und toxische Elemente. Für viele Spurenelemente existiert eine sehr enge Dosis-Wirkungs-Beziehung hinsichtlich ihrer Toxizität. Diese ist außerdem von der Bindungsform der Mineralstoffe abhängig (z. B. organische und anorganische Quecksilberverbindungen).

Tabelle 12.8. Reaktionen von Mineralstoffen mit Lebensmittelinhaltsstoffen [2]

Reaktion	Folgen
Salz- oder Komplexbildung mit organischen Verbindungen (z. B. Di- und Polyphenolen)	Verfärbungen
Fällungsreaktionen mit Anionen (Oxalat, Tartrat, Proteinen u. a. m.)	Niederschläge, Trübungen
Wirkung als Katalysator vor allem für Oxidationen und u. U. für Polymerisationen	Flavouränderungen, Strukturänderungen

Vor allem zweiwertige Mineralstoffe (Ca^{2+}, Mg^{2+}) können mit Lebensmittelinhaltsstoffen Reaktionen eingehen (Tabelle 12.8). Da diese Ionen die Wasserhärte im Wesentlichen bestimmen, hat für viele Herstellungsverfahren die Qualität des Wassers entscheidenden Einfluss auf den Prozess und auf die Produktqualität. Die gilt im Besonderen für die Getränkeindustrie.

Mineralstoffe werden in der Lebensmittelverarbeitung auch als Zusatzstoffe eingesetzt. Carbonate und Hydrogencarbonate als Backhilfsmittel, Phosphate als Kutterhilfsmittel in der Fleischverarbeitung bzw. als Schmelzsalze, Nitrate sind Konservierungs- und Umrötungsmittel in der Fleischverarbeitung. Natriumchlorid wird neben dem sensorischen Effekt des Salzens, zur Konservierung und zur Verbesserung technologischer Eigenschaften, z. B. der Klebereigenschaften von Gluten, gezielt angewendet.

Darüber hinaus dienen Mineralstoffe als analytisches Kriterium für den Verarbeitungsprozess z. B. Mehltype für den Ausmahlungsgrad, Nachweis einer Alkalibehandlung bzw. als Indikatoren für die Naturreinheit von Fruchtsäften.

Vitamine

Vitamine sind essentielle Inhaltsstoffe. Sie sind chemisch sehr unterschiedliche, niedermolekulare Stoffe, die der menschliche Organismus, im Unterschied zu den anderen Inhaltsstoffen, nur in sehr geringen Mengen benötigt. Mit Ausnahme des Vitamin C beträgt für alle Vitamine die empfohlene tägliche Dosis weniger als 20 mg. Sie sind zur Aufrechterhaltung von Gesundheit und Leistungsfähigkeit des menschlichen Organismus notwendig. Die meisten Vitamine sind Vorstufen wichtiger Cofaktoren (Coenzyme oder prosthetische Gruppen).

Werden sie nicht in ausreichendem Maße zugeführt, sind meist schwerwiegende Mangelerscheinungen (Hypovitaminosen) die Folge. Die Vitamine werden nach ihrer Löslichkeit eingeteilt (Tabelle 12.9) und aus historischen Gründen mit Großbuchstaben bezeichnet.

Durch unsachgemäße Lagerung, Konservierung oder Erhitzen bei der Zubereitung können wesentliche Mengen der oft sauerstoffempfindlichen Vitamine (Ascorbinsäure und Folsäure) verloren gehen. In Einzelfällen kann es auch zu Überdosierungen (Hypervitaminosen), z. B. bei Vitamin A oder Vitamin D kom-

Tabelle 12.9. Einteilung der Vitamine

Wasserlösliche Vitamine	Trivialname	Fettlösliche Vitamine	Trivialname
L-Ascorbinsäure	Vitamin C	Retinol	Vitamin A
Thiamin	Vitamin B_1	Calciferole	Vitamin D
Riboflavin	Vitamin B_2	Tocopherole	Vitamin E
Niacin	Vitamin B_3	Phyllochinon	Vitamin K
Panthothensäure	Vitamin B_5		
Pyridoxol, Pyridoxal, Pyridoxamin	Vitamin B_6		
Cobalamine	Vitamin B_{12}		
Biotin	Vitamin B_7, H		
Folsäure	Vitamin B_9		

men. Regelungen zur Vitaminisierung von Lebensmitteln finden sich z. B. in der DiätV, der NemV und der VO (EG) Nr. 1925/2006 (s. dazu auch Kap. 13.3.1, 34.2.2, 34.2.3, Tabelle 34.7).

12.3.2
Sekundäre Inhaltsstoffe

Ballaststoffe

Ballaststoffe sind Kohlenhydratpolymere mit drei oder mehr Monomereinheiten. Sie besitzen eine oder mehrere positive physiologische Wirkungen, z. B. verkürzen sie die Passage der Nährstoffe durch den Dünndarm. Sie sind pflanzlicher Herkunft und können in der Pflanze eng verbunden sein mit Lignin oder anderen Nichtkohlenhydratbestandteilen, wie z. B. phenolischen Verbindungen, Wachsen, Saponinen, Phytaten, Cutin oder Phytosterolen. Diese werden ebenfalls als Ballaststoffe betrachtet, wenn sie bei der für Ballaststoffe festgelegten Analyse mit erfasst werden [4]. Da ca. 70% der Ballaststoffe in herkömmlichen Lebensmitteln im Dickdarm fermentierbar sind, wird der durchschnittliche Energiewert von Ballaststoffen mit 8 kJ/g (2 kcal/g) festgelegt (s. Kap. 42.5).

Ballaststoffe sind in Vollkornerzeugnissen, Gemüse und Obst enthalten. **Cellulose** ist der β-1,4-glykosidisch aus D-Glucose aufgebaute Ballaststoff. Sie kommt in Artischocken und Grünkohl in höheren Anteilen vor. Cellulose (E 460) ist ein Zusatzstoff und wird als Stabilisator, Füllstoff und Trennmittel eingesetzt.

Die hochmolekularen, unlöslichen **Pektine** sind im essbaren Obst und Gemüse die wichtigste Gerüstsubstanz (Äpfeln, Kartoffeln und Tomaten). Sie bestehen im Wesentlichen aus Ketten von 1,4-α-glykosidisch verbundenen Galacturonsäure-Einheiten. Die Carboxy-Gruppen können in unterschiedlichem Maße mit Methanol verestert sein. Das Enzym Pektin-Methylesterase greift diese Gruppen an und baut so die Makromoleküle zu niedermolekularen löslichen Pektinen ab. Beim so genannten Blanchierprozess (Erhitzen von Gemüse auf 60 °C) wird das Enzym aktiviert. Die so freigesetzten Säuregruppen bilden mit Ca^{2+}- und Mg^{2+}-Ionen Salze und führen zu einer Verknüpfung der Makromoleküle. Dadurch kommt es zu einer Verfestigung der Pektinketten untereinander. Aus diesem Grund sind Tomaten umso fester, je höher deren Gesamtpektin- sowie ihr Ca/Mg-Gehalt und je niedriger der Veresterungsgrad ist.

Weitere heterogene Polysaccharide wie Alginat, Carrageen, Guarmehl, Gummi arabicum, Johannisbrotkernmehl, Traganth und Xanthan finden als Stabilisatoren und Verdickungsmittel entsprechend der ZZulV Verwendung in der Lebensmittelindustrie.

Aroma- und Geschmacksstoffe

Unter Aroma (lat. = Wohlgeruch) versteht man sowohl einen sensorischen Eindruck als auch den oder die Stoffe (Aromastoffe), die diesen Eindruck hervorrufen. Aromastoffe gehören zu den unterschiedlichsten Substanzklassen, sind zum Teil sehr reaktiv und im Allgemeinen nur in geringsten Mengen im Lebensmittel vorhanden.

Die am Zustandekommen eines Aromas („flavour") beteiligten Stoffe lassen sich in nichtflüchtige Geschmacksstoffe (sauer, salzig, süß, bitter, scharf) und flüchtige Geruchs- oder Aromastoffe unterscheiden. Manche Verbindungen wirken sowohl auf den Geruchs- als auch auf den Geschmackssinn.

Wichtige Aroma-Träger sind die etherischen Öle in den Gewürzen, z. B. Anisöl, Bittermandelöl, Fenchelöl, Kümmelöl. Sie sind überwiegend fettlöslich. In der Literatur werden über 7 000 Aromastoffe beschrieben. Das Aroma eines Lebensmittels enthält meist über 100 (bis 1 000) Komponenten, die nicht alle sensorische Bedeutung haben. Als solche kommen vor allem in Betracht: Alkohole, Aldehyde, Ketone, Ester, Lactone Sulfide und Heterocyclen (Furane, Pyrazine, Thiazole, Thiophene).

Oft entwickeln sich die speziellen Aromastoffe erst im Laufe eines Reifeprozesses durch enzymatische Prozesse. Aromastoffe entstehen thermisch beim Braten oder Rösten in Folge der Maillard-Reaktion der Inhaltsstoffe miteinander. Die wichtigsten Vorstufen sind Fettsäuren, Aminosäuren, Zucker und Isoprenoide. Zur kommerziellen Herstellung von Aromen werden überwiegend natürliche und naturidentische Aromastoffe verwendet.

Für das Zustandekommen eines bestimmten Aromas in einem Lebensmittel werden vier Möglichkeiten unterschieden:

1. ein Stoff prägt das Aroma, andere Aromastoffe tragen nur zur Abrundung bei
2. Mischung mehrerer Verbindungen, von denen eine die Hauptkomponente darstellt (z. B. Diacetyl in Butter)
3. Aroma kann nur durch die Mischung vieler Aromastoffe annähernd simuliert werden (z. B. Kaffee)
4. nicht reproduzierbar.

Des Weiteren gibt es eine Reihe von Stoffen, die, ohne ein ausgeprägtes Eigen-Aroma zu besitzen, den Eindruck anderer Aromastoffe verstärken. Ein solcher, so genannter Geschmacksverstärker ist Glutamat (Umami-Geschmack).

Reaktionen der Aromastoffe

Durch Verlust charakteristischer Aromastoffe oder durch Veränderungen in den Konzentrationsverhältnissen einzelner Komponenten sowie durch Verarbeitungsfehler (Fermentationsfehler, thermische Fehlbehandlung, Desinfektion), falsche Lagerung, Verpackungsfehler können Aromafehler (off-flavour) entstehen.

Die geruchliche u. geschmackliche Untersuchung von Stoffen auf ihre Aroma-Qualitäten ist das Arbeitsgebiet der Sensorik (s. Kap. 11).

Enzyme

Enzyme bewirken als Biokatalysatoren eine Beschleunigung von Stoffwechselprozessen schon unter milden Reaktionsbedingungen.

Tabelle 12.10. Reaktionen der Enzyme in der Lebensmittelverarbeitung

Enzymatische Reaktionen	Wirkung
Abbau der Stärke durch Amylasen	Stärkeverarbeitung, Reife bzw. Nachreife von Obst
Abbau von Pektin der Fruchtschale durch Pektinasen	Weichwerden der Früchte Absetzen von Trubstoffen in Fruchtsäften
Oxidation der Polyphenole durch Phenoloxidasen (Katalase)	Farbänderung im Fruchtfleisch (enzymatische Bräunung)
Hydrolyse der Fette durch Lipasen	Ranzigwerden fetthaltiger Produkte durch freie Fettsäuren
Oxidation der Fette durch Lipoxygenasen	Ranzidität durch Aldehyde, Ketone, Fettsäuren
Anaerober Abbau der Mono- und Disaccharide zu Ethanol und Kohlendioxid	Alkoholische Gärung
Enzymatischer Abbau der Lactose zu Milchsäure	Milchsäuregärung zur Herstellung von fermentierten Milchprodukten und Sauerkonserven
Spaltung des κ-Caseins des Milcheiweißes durch Labenzym	Herstellung von Hartkäse
Spaltung von Naringin durch Naringinase	Entbitterung von Grapefruitsäften
Spaltung der Saccharose durch Invertase	Herstellung von Invertzuckercreme

Im Vergleich zu chemischen Katalysatoren zeichnen sie sich durch eine hohe Substrat- und Wirkungsspezifität aus. Besonderheiten der Enzymwirkung resultieren aus ihrer Eiweißnatur. So bewirken höhere Temperaturen, UV-Strahlung, Schwermetalle, organische Lösungsmittel, Wasserentzug eine Denaturierung der Proteinstruktur und damit eine Inhibierung der Enzymaktivität. Unter Ausnutzung dieser Eigenschaften werden Enzyme im Bereich der Lebensmittelherstellung zur Kontrolle thermischer Prozesse eingesetzt. Sie dienen als Biokatalysatoren zur Herstellung fermentierter Lebensmittel (Gärprozesse).

Darüber hinaus sind Enzyme als natürliche Bestandteile in den Lebensmitteln vorhanden. Sie sind an wesentlichen lebensmittelchemischen Prozessen wie der Obstreifung, der Fermentation von Kaffee, Tee und Kakao oder der Fleischreifung beteiligt. Diese Vorgänge führen einerseits zu Veränderung von Aroma, Geschmack, Farbe, Konsistenz und Textur eines Lebensmittels. Andererseits können enzymatische Prozesse zu Qualitätsfehlern und Verderb führen. Die überwiegend im Lebensmittelbereich wirksamen Enzyme (Tabelle 12.10) gehören den Enzymklassen der Hydrolasen und Oxidoreduktasen an.

Polyphenole

Polyphenole ist die Sammelbezeichnung von Substanzen mit meist mehr als zwei Phenol- oder Phenolether-Gruppen, die unterschiedlichen Stoffklassen angehören (s. Tabelle 12.11 und Kap. 26.3.2). Sie entstehen in einer sehr großen Vielfalt von ca. 6 000 Verbindungen im Sekundärstoffwechsel der Pflanzen und sind

Tabelle 12.11. Beispiele für Polyphenole, ihre Stoffklassen und Derivate [6]

Stoffklasse	Polyphenole	Ester/Glycoside
Hydroxybenzoesäuren	Salicylsäure, Gallussäure	Gallotannine
Hydroxyzimtsäuren	Kaffeesäure, Cumarsäure, Ferulasäure, Sinapinsäure	Chlorogensäuren
Flavonoide		
Untergruppen:		
Flavonole	Quercetin, Myricetin, Kaempferol, Isorhamnetin	Rutin, Isoquercitrin, Hyperosid
Flavan-3-ole	Catechin, Epicatechin	Catechin-, Gallocatechin-3-gallate
Flavanone	Hesperitin, Naringenin	Hesperidin, Naringin
Flavone	Luteolin, Apigenin	
Anthocyanidine	Pelargonidin, Cyanidin, Delphinidin, Malvidin	*Anthocyane:* Cyanidin-3-galactosid Cyanidin-3-glucosid, Delphinidin-3-glucosid, Malvin

weit verbreitet [5]. Sie liegen frei, häufig verestert oder glycosidisch gebunden vor und tragen zur Farbe (Anthocyanidine), zum Geschmackseindruck von Obst und Fruchtsäften bei.

Polyphenole unterliegen in unterschiedlichem Ausmaß unter dem Einfluss von Luftsauerstoff in Gegenwart von Polyphenol-Oxidasen der enzymatischen Bräunung zu braun gefärbten, polymeren Verbindungen (Phlobaphene). Ein Prozess der bei der Fermentation von Kaffee, Tee und Kakao erwünscht ist.

Andererseits gelten Polyphenole als Inhaltsstoffe in Fruchtsäften als ein bedeutendes lebensmittelchemisches und technologisches Qualitätsmerkmal, da die Kenntnis über das Vorkommen und den Oxidationszustand dieser Substanzen auf den oxidativen Zustand und die technologische Behandlung schliessen lassen (s. Tabelle 12.12). Ernährungsphysiologisch sind sie wegen ihrer antioxidativen Wirkung von Interesse (s. weiter Kap. 42.12). Polyphenole, v. a. die Flavonoide können u. a. Bestandteil sog. Funktioneller Lebensmittel (Functional Food) sein (s. Kap. 37.2.5 und 42.14).

Tabelle 12.12. Reaktionen der Polyphenole in Lebensmitteln

Reaktion	Bedeutung
Oxidation zu Chinonen und Polykondensation (enzymatische Bräunung)	Braunfärbung pflanzlicher Lebensmittel bei der Verarbeitung durch Zerstörung der Zellwände, Mostoxidation der Fruchtsäfte
Komplexbildung mit zweiwertigen Metallionen: Fe (Cu, Zn)	Dunkle Verfärbung bei Kartoffel, Spargel, Sellerie
Behandlung mit Eisengluconat (E 579)	Schwarzfärbung von Oliven
Salzbildung mit Metallionen	Bildung schwerlöslicher Salze; Trübung in Getränken
Kondensationsreaktionen: Polyphenol-Protein Bindung	Adstringens bei Getränken (Rotwein)
Polyphenol-Polysaccharid Bindung	Braunfärbung, Trübung

12.3.3
Lebensmittelzusatzstoffe

Lebensmittelzusatzstoffe werden den Lebensmitteln absichtlich zugesetzt. Sie sollen die Eigenschaften der Lebensmittel (z. B. die Textur, Geschmack, Haltbarkeit) beeinflussen.

Die Verwendung von Lebensmittelzusatzstoffen ist im Lebensmittel- und Futtermittelgesetzbuch (LFGB) sowie in Verordnungen (z. B. ZVerkV und ZZulV) rechtlich geregelt. Die Beschaffenheit, Verwendung und Kennzeichnung der Zusatzstoffe regelt die ZVerkV, die ZZulV regelt die zulässigen Höchstmengen (weiter siehe Kap. 13.2).

Informationen zum Normen-Paket FIAP und hier besonders zu Lebensmittelzusatzstoffen können der FIAP-VO-1333 entnommen werden (weiter siehe auch Kap. 2.4.3 und Abkürzungsverzeichnis 46.2).

12.3.4
Kontaminanten

Kontaminanten sind Stoffe, die unbeabsichtigt in ein Lebensmittel gelangen oder dort vorhanden sind und zu einer Kontamination führen. Sie stellen eine potentielle Gefahr für die Gesundheit dar. Als Gefahr bezeichnet man nach der Basis-VO ein biologisches, chemisches oder physikalisches Agens (Wirkstoff) in einem Lebensmittel oder Futtermittel oder einen Zustand eines Lebensmittels oder Futtermittels, der eine Gesundheitsbeeinträchtigung verursachen kann. So kann durchaus ein Rückstand bei entsprechend hohen Gehalten zu einem Kontaminant nach LMH-VO-852 werden. Im Unterschied zu den Rückständen, die Reste von Stoffen sind, die während der Produktion von Lebensmitteln bewusst eingesetzt werden, sind Kontaminanten als unerwünschte Stoffe anzusehen. Für Rückstände werden im Rahmen der Rückstands-Höchstmengenverordnung Höchstmengen festgelegt, die ein Gesundheitsrisiko ausschließen. Über grundsätzliche Definitionen des Kontaminantenrechts informiert Kap. 17.2.

Kontaminanten stammen aus der Umwelt, aus der landwirtschaftlichen Produktion, aus den Verarbeitungstechniken von Rohstoffen oder treten aus der Verpackung in das Lebensmittel über. Viele dieser Stoffe gelangen durch ihre Anwendung in der Industrie (z. B. PCB's, Blei) oder als nicht beabsichtigte Nebenprodukte (z. B. Dioxine) in die Umwelt. Sie können je nach ihren Eigenschaf-

Tabelle 12.13. Kontaminationsquellen für Lebensmittel (s. auch Kap. 14–19)

Kontaminationsquelle	Beispiele
Natürl. Kontaminanten: Phytotoxine	cyanogene Glycoside; Alkaloide
Rückstände aus der landwirtschaftlichen Produktion	Pflanzenschutzmittel Tierbehandlungsmittel
Umweltkontaminanten aus Wasser, Boden, Luft	Nitrat aus Düngemitteln bzw. Nitritpökelsalz Schwermetalle (Cadmium, Blei, Quecksilber) PAK's, Dioxine aus der Müllverbrennung
Prozesskontaminanten	Nitrosamine, Furane, Acrylamid, PAK's
Kontaminanten durch Verderb	Mycotoxine, Bakterientoxine, biogene Amine
Rückstände aus der Verpackung	Monomere, Weichmacher, Epoxyderivate
Rückstände technischer Hilfsmittel	Hexan als Extraktionslösungsmittel für Öle
Reinigungs- und Desinfektionsmittel	Alkalien, Säuren, Tenside
Radionuklide	I-131, Cs-137
Gentechnisch veränderte Organismen	aus Sojamehl

ten in oder auf Lebensmitteln vorhanden sein oder auch angereichert werden. Prozesskontaminanten entstehen, wenn Lebensmittel nicht fachgerecht hergestellt oder behandelt werden, z. B. Nitrosamine, PAKs (Polycyclische aromatische Kohlenwasserstoffe), Acrylamid. Ursachen für das Entstehen der Biotoxine (Pilz- und Bakterientoxine) können die nicht sachgerechte Lagerung von Lebensmitteln oder Wachstums- oder Erntebedingungen sein, die die Ausbreitung von Krankheitserregern begünstigen (s. Kap. 19.3). Weitere unerwünschte Stoffe, können auch natürlich in Lebensmittelrohstoffen vorkommen (cyanogene Glycoside, Mineralstoffbinder, goitrogene Substanzen). Einen Überblick gibt Tabelle 12.13.

Einen Überblick über die Belastung von Lebensmitteln mit Rückständen und Kontaminanten in Deutschland bieten das Lebensmittel-Monitoring und der Rückstandskontrollplan des BVL.

12.4
Lebensmittelqualität

Der Begriff ‚Qualität' steht für die Gesamtheit aller qualitätsbestimmenden Eigenschaften eines Produktes, wobei alle qualitätsbestimmenden Eigenschaften letztlich stoffabhängig sind und von der qualitativen und quantitativen Zusammensetzung der zur Produktion verwendeten Rohstoffe und nachfolgend von biochemischen, chemischen und physikalischen Veränderungen bei Verarbeitung, Lagerung und Vermarktung bestimmt werden. Danach beruht die Qualität von Lebensmitteln auf vier Säulen:

a) der Sicherheit in Bezug auf die Gesundheit als Gesamtheit aller ernährungsphysiologisch negativ (toxikologisch) wirksamen Stoffe;
b) dem Nährwert als Gesamtheit aller ernährungsphysiologisch positiv wirksamen Stoffe;
c) dem Genusswert als Gesamtheit aller sinnesphysiologisch wirksamen Stoffe und
d) dem Gebrauchswert als Gesamtheit aller physikalisch-chemisch wirksamen Stoffe [7].

Neben den erstgenannten drei zentralen Qualitätsmerkmalen (s. Tabelle 12.14), die das Lebensmittel selbst betreffen, orientieren sich ergänzende Kriterien der Lebensmittelqualität wie z. B. der psychologische Wert, nach Leitzmann [8] an Indikatoren des Erzeugungs- und Verbrauchsumfeldes, die nicht direkt dem Lebensmittel zuzuordnen sind. Die Beziehung zwischen physikalischen Eigenschaften und Lebensmittelqualität zeigt Tabelle 43.1 auf.

Weiter kann die Qualität eines Lebensmittels ausgelobt werden durch die Kennzeichnung der Lebensmittel und das Anbringen von Gütesiegeln. Zu beachten ist dabei u. a. die HealthClaims-VO über nährwert- und gesundheitsbezogene Angaben (weiter siehe auch Kap. 2.4.4).

Tabelle 12.14. Objektive und subjektive Merkmale der Lebensmittelqualität

Bewertungskriterien	Merkmale
Ernährungsphysiologischer Wert	wertgebende Inhaltsstoffe, Nährstoffe, Zusatzstoffe, mögliche Kontaminanten
Sensorischer Wert	Form, Farbe, Geruch, Geschmack, Konsistenz, Textur
Gebrauchswert	Verwendungsfähigkeit, Haltbarkeit, Verpackung
Ökologischer Wert	Herstellungsverfahren, Umweltverträglichkeit, biologischer Anbau, Energieaufwand, Transport
Psychologischer Wert	Vorstellungen, Vorurteile des Verbrauchers, Nahrungsmittelhilfe, Transferwaren
Sozialer Wert	Preis, Prestige, Tabus

Bei bestimmten Erzeugnissen hängt ihre besondere Beschaffenheit und Qualität sowohl mit dem Ort ihrer Erzeugung als auch den Erzeugungsmethoden zusammen. Das hat die EU erkannt und drei Gütezeichen entwickelt:

- geschützte Ursprungsbezeichnung
- geschützte geografische Angabe
- garantiert traditionelle Spezialität.

Im Frühjahr 2007 waren in der EU fast 750 geografische Angaben, Ursprungsbezeichnungen und garantiert traditionelle Spezialitäten registriert. Außerdem sind auf dem europäischen Markt rund 2 000 geografische Angaben für Weine und Spirituosen mit Ursprung in der EU und in Drittländern geschützt [9].

In Deutschland werden verarbeitete Lebensmittel mit überdurchschnittlichem Genusswert mit den Gütesiegeln der DLG prämiert.

Das EU-Biosiegel kann von ökologisch wirtschaftenden Landwirten und Lebensmittelproduzenten verwendet werden. Es bedeutet, dass das Erzeugnis:

- zu mindestens 95% aus ökologisch erzeugten Inhaltsstoffen besteht,
- den Vorschriften der amtlichen Kontrollregelung entspricht,
- den Namen des Erzeugers, Verarbeiters oder Verkäufers sowie den Namen oder Code der Kontrollstelle trägt.

Die Qualität **ökologisch** erzeugter Lebensmittel (Öko/Bio-Lebensmittel) wird generell höher bewertet als die der konventionell hergestellten Produkte. Dabei sind ideelle Faktoren zu berücksichtigen.

Im Vergleich zu konventioneller Ware sind Öko-Lebensmittel kaum mit Rückständen belastet. Die EG-Öko-Basisverordnung [10] regelt den Anbau und die Vermarktung von Bio-Lebensmitteln europaweit. Demnach dürfen Bezeichnungen wie „ökologisch" und „biologisch" nur verwendet werden, wenn der Hersteller neben weiteren Vorgaben (s. u.) z. B. keine chemisch-synthetischen Pflanzenschutzmittel angewendet hat. Als natürliches Pflanzenschutzmittel sind im ökologischen Landbau zum Beispiel Pyrethrine zulässig, die aus *Chrysanthemum cinerariaefolium* gewonnen werden (weiter s. auch Kap. 2.4.8).

Vorgaben, die im Vordergrund der ökologischen Erzeugung stehen, sind [11]:

a) kein Pflanzenschutz mit chemisch-synthetischen Mitteln
b) Verzicht auf leicht lösliche mineralische Dünger
c) keine Verwendung von chemisch-synthetischen Wachstumsregulatoren oder Hormonen
d) weitgehender Verzicht auf Antibiotika
e) Verbot der Lebensmittelbestrahlung
f) Verzicht auf gentechnisch veränderte Organismen.

Schon seit Jahren sind etwa drei Viertel der Bio-Lebensmittel ohne Rückstände [12]. Gelegentlich wurden Rückstände nachgewiesen, Höchstmengenüberschreitungen treten nur in Einzelfällen auf [13]. In der Regel stammen sie aber nicht aus einer Anwendung, vielmehr kommen eine Abdrift aus konventionell angebauten Kulturen, die Aufnahme aus kontaminierten Böden oder die Verarbeitung (Reinigung, Sortierung und Verpackung) als Kontaminationsquellen infrage. Als Orientierungswert für eine mögliche Anwendung wird ein Rückstandsgehalt von 0,01 mg/kg, der dem strengen Grenzwert für Säuglingsnahrung entspricht, herangezogen (s. Kap. 34.2.2e).

Bei **konventionell** erzeugtem Obst und Gemüse kommt es vergleichsweise häufiger zu Überschreitungen der Höchstmengen. Vor allem Paprika, Tafeltrauben, Johannisbeeren und Rucola sind betroffen. Jedoch wurde in vielen Produkten, die häufig verzehrt werden, selten Höchstmengen-Überschreitungen gemessen. Äpfel, Birnen, Bananen, Kartoffeln, Karotten und Tomaten gehören dazu. Bei Obst und Gemüse aus Deutschland wurden die Höchstmengen seltener überschritten als bei Importware. Grund ist die unterschiedliche Gesetzeslage der Herkunftsländer. Seit dem 01.09.2008 ist eine EG-Verordnung zu Rückstandshöchstmengen gültig, die eine einheitliche Grundlage zur Bewertung von Rückständen schafft. Bei den Lebensmitteln mit den meisten Höchstmengenüberschreitungen ist die Belastung oft vom Herkunftsstaat abhängig. Dabei überschritt Paprika aus den Niederlanden die Höchstmengen nur in 1,5% der Fälle, bei einem Durchschnitt der Länder von 15,9%.

Ein Vergleich von konventionell hergestellten Lebensmitteln und Bioprodukten auf Anteile an gentechnisch verändertem Soja und Mais für den Zeitraum von 2004 bis 2007 zeigt, dass der prozentuale Anteil an positiven Befunden bei Bio-Produkten deutlich unter dem von konventionellen Produkten liegt. Bei Bio-Lebensmittel gab es keine positiven Befunde im Bereich >0,1%, weder für Soja, noch für Mais [12].

Ein Beleg für die hohe Qualität unserer Lebensmittel ist aus dem Ernährungsbericht 2008 ersichtlich.

„Säuglings- und Kleinkindernahrung kann als nahezu rückstandsfrei betrachtet werden. Zwischen 2003 und 2005 wurden in 5–18% der Proben quantifizier-

bare Rückstände gefunden, die aber sehr gering waren. In keiner der Proben wurden Gehalte über den Höchstmengen gemessen.
60–75% der Getreideproben enthielten keine quantifizierbaren Rückstände. Bei nur 1–2% der Proben wurden die Höchstmengen überschritten. Mehr als die Hälfte der Lebensmittel tierischen Ursprungs enthalten quantifizierbare Rückstände, allerdings sind die Mengen meistens sehr gering" [13].

Nach einer Studie des Senats der Bundesforschungsanstalten lassen konventionell erzeugte von alternativ erzeugten Lebensmitteln hinsichtlich der ernährungsphysiologisch wichtigen Inhaltsstoffe keine signifikanten Unterschiede erkennen [14].

Die gesundheitliche Unbedenklichkeit und der Schutz des Verbrauchers vor Täuschung sind bei allen verkehrsfähigen Lebensmitteln, unabhängig von der Erzeugungsart „konventionell" oder „ökologisch" gesichert.

12.5
Literatur

1. Lebensmittelrecht Kommentar Zipfel/Rathke C101 Art. 2 Rdn 19
2. Frede, W. (Hrsg.): Taschenbuch für Lebensmittelchemiker, Kap. 12, 2. Auflage, Springer Verlag 2006
3. Belitz, H-D., Grosch,W., Schieberle, P.: Lehrbuch der Lebensmittelchemie, 6. Auflage, Springer Verlag 2008
4. Richtlinie 2008/100/EG der Kommission vom 28.10.2008
5. Kroll, J., Rohn, S., Rawel, H.: Sekundäre Inhaltsstoffe als funktionelle Bestandteile pflanzlicher Lebensmittel, DLR 2003, Heft 7, S. 259ff
6. Franzke, C.: Allgemeines Lehrbuch der Lebensmittelchemie, 3. Auflage, Behr's Verlag 1996
7. Schieberle, P., Steinhart, H.: Lebensmittelchemie 55, 113 (2001)
8. Leitzmann, C., Sichert-Oevermann, W.: Lebensmittelqualität aus der Sicht des Verbrauchers, Hrsg.: aid Verbraucherdienst, Heft 4, 1990, S. 69 ff
9. http://ec.europa.eu/agriculture/de.htm
10. EG-Öko-Basisverordnung (EG) Nr. 834/07 vom 28. Juni 2007
11. http://www.oekoland.de
12. http://www.lgl.bayern.de
13. Ernährungsbericht 2008 der DGE e.V.
14. Bewertung von Lebensmitteln verschiedener Produktionsverfahren, Hrsg.: Senat der Bundesforschungsanstalten, Braunschweig 2003

# Kapitel 13

Lebensmittelzusatzstoffe

GERT-WOLFHARD VON RYMON LIPINSKI[1] · ERICH LÜCK[2]

[1] Consultant, Schlesienstr. 62, 65824 Schwalbach a. Ts., gwvrl@t-online.de
[2] Consultant, Robert-Stolz-Str. 102, 65812 Bad Soden a. Ts., gier.lueck@t-online.de

13.1	Einleitung	333
13.2	Rechtliche Regelungen	334
13.2.1	Definitionen und Zulassungen	334
13.2.2	Kennzeichnungsvorschriften	338
13.3	Zusatzstoffgruppen	339
13.3.1	Stoffe mit Nähr- und diätetischer Funktion	340
13.3.2	Stoffe mit stabilisierender Wirkung	342
13.3.3	Stoffe mit sensorischer Wirkung	346
13.3.4	Verarbeitungs- und Handhabungshilfen	349
13.4	Literatur	352

13.1 Einleitung

Bis etwa zum 18. Jahrhundert war die Zahl der verwendeten Zusatzstoffe gering. Sie beschränkte sich auf Salz, Räucherrauch, Essig, Gewürze, Zucker, Hefe und schweflige Säure. Eine Wende zeichnete sich mit dem Beginn der Industrialisierung ab. Die Menschen wohnten mehr und mehr in Städten, wo es nicht mehr möglich ist, in größerem Umfang selbst Nahrungsmittel anzubauen oder zu gewinnen. Die fabrikmäßige Herstellung von haltbaren Lebensmitteln machte den verstärkten Gebrauch von Zusatzstoffen notwendig. Einige der im 19. Jahrhundert aufgekommenen Zusatzstoffe haben bis heute ihre Bedeutung behalten, z. B. Backpulver, Benzoesäure und Saccharin. Andere verschwanden bald wieder vom Markt, weil sie den steigenden Ansprüchen an gesundheitliche Unbedenklichkeit und geschmackliche Neutralität nicht Stand halten konnten.

Das 20. Jahrhundert war durch eine weitere Entwicklung und Verfeinerung der Lebensmittelproduktion gekennzeichnet und führte zur Entwicklung von Schmelzsalzen, Emulgatoren, Verdickungs- und Geliermitteln, aber auch Süßstoffen und Zuckeraustauschstoffen. Durch die Möglichkeit, Vitamine großtechnisch herzustellen, eröffnete sich die Möglichkeit, den Nährwert von Lebensmitteln gezielt aufzubessern. In neuester Zeit hat die Aromaforschung große Fortschritte gemacht; dadurch ist es möglich geworden, durch Verwendung von Zusätzen Lebensmittel zu aromatisieren und dadurch in ihrem Geruchs- und Geschmackswert zu verbessern. Lebensmittelzusatzstoffe sind unentbehrliche Helfer für weite Bereiche der Lebensmittelverarbeitung. Manche machen eine rationelle Lebensmittelproduktion überhaupt erst möglich, andere dienen dazu, die vom Verbraucher gewünschte Haltbarkeit der Lebensmittel zu garantieren, andere steigern die Attraktivität von Lebensmitteln und verbessern dadurch unsere Lebensqualität.

Allerdings liegen nach wie vor die Informationen über die Zweckmäßigkeit und Notwendigkeit von Zusatzstoffen im Argen. Ein großer Teil der Bevölkerung lehnt deshalb Lebensmittelzusatzstoffe trotz ihrer Vorteile zunächst einmal ab, akzeptiert sie aber ohne weiteres, wenn ihr das Zusatzstoffe enthaltende Lebensmittel als solches zusagt. Ohnehin sind viele breit akzeptierte Lebensmittel wie z. B. Margarine, Speiseeis, Brennwert verminderte Produkte und viele Fertiggerichte in großem Maßstab ohne Zusatzstoffe nicht oder nur unter großen Schwierigkeiten herstellbar. Selbst bei Lebensmitteln aus ökologischer Erzeugung darf eine Reihe von Lebensmittelzusatzstoffen verwendet werden, weil sie auch bei diesen Produkten technisch notwendig sind.

13.2
Rechtliche Regelungen

13.2.1
Definitionen und Zulassungen

In der EU ist ein „Lebensmittelzusatzstoff" definiert als ein Stoff mit oder ohne Nährwert, der in der Regel weder selbst als Lebensmittel verzehrt noch als charakteristische Lebensmittelzutat verwendet wird und einem Lebensmittel aus technologischen Gründen bei der Herstellung, Verarbeitung, Zubereitung, Behandlung, Verpackung, Beförderung oder Lagerung zugesetzt wird, wodurch er selbst oder seine Nebenprodukte (mittelbar oder unmittelbar) zu einem Bestandteil des Lebensmittels werden oder werden können.

Lebensmittelzusatzstoffe werden nur dann genehmigt,

- wenn eine hinreichende technische Notwendigkeit nachgewiesen werden kann und wenn das angestrebte Ziel nicht mit anderen, wirtschaftlich und technisch brauchbaren Methoden erreicht werden kann;
- wenn sie bei der vorgeschlagenen Dosis für den Verbraucher gesundheitlich unbedenklich sind, soweit die verfügbaren wissenschaftlichen Daten ein Urteil hierüber erlauben;
- wenn der Verbraucher durch ihre Verwendung nicht irregeführt wird.

Tabelle 13.1. Zusatzstoffe betreffende Richtlinien (RL) und Verordnungen (VO) der EU

Bisherige Regelungen	
Allgemeine Regelungen	RL 89/107/EWG*
Zulassung von Süßungsmitteln	RL 94/35/EG*
Zulassung von Farbstoffen	RL 94/36/EG
Zulassung anderer Zusatzstoffe	RL 95/2/EG*
Reinheitskriterien für Süßungsmittel	RL 95/31/EG*
Reinheitskriterien für Farbstoffe	RL 95/45/EG
Reinheitskriterien für andere Zusatzstoffe	RL 96/77/EG*
Kennzeichnung von Süßungsmitteln	RL 96/21/EG
Weiter geltende Regelungen	
Kennzeichnung allgemein	RL 2000/13/EG
Kennzeichnung von Zusatzstoffen aus genetisch veränderten Rohstoffen	VO (EG) Nr. 1829/2003
Kennzeichnung von Zusatzstoffen aus potentiell allergenen Rohstoffen	RL 2003/89/EG
Neue Regelungen	
Zulassungsverfahren	FIAP-VO-1331
Zulassungen von Zusatzstoffen	FIAP-VO-1333
Zulassung von Enzymen	FIAP-VO-1332
Zulassung von Aromen	FIAP-VO-1334

* ergänzt durch Änderungs- und Ergänzungsrichtlinien

Die Verwendung eines Lebensmittelzusatzstoffes kommt nur dann in Betracht, wenn erwiesen ist, dass die vorgeschlagene Verwendung des Zusatzstoffes für den Verbraucher nachweisbare Vorteile bietet; es muss also die „technische Notwendigkeit" nachgewiesen werden. Als technische Notwendigkeit gilt insbesondere

- die Erhaltung des Nährwerts des Lebensmittels;
- die Bereitstellung erforderlicher Zutaten oder Bestandteile für Lebensmittel, die für Gruppen von Verbrauchern bestimmt sind, die besondere Ernährungswünsche haben;
- die Aufrechterhaltung gleich bleibender Qualität oder Stabilität eines Lebensmittels oder Verbesserung seiner sensorischen Eigenschaften;
- die Bereitstellung von Hilfsstoffen bei Produktion, Verarbeitung, Zubereitung, Behandlung, Verpackung, Verkehr oder Lagerung von Lebensmitteln.

Technologische Notwendigkeit bedeutet, dass der Zusatzstoff den gewünschten technischen Effekt tatsächlich im Einzelfall erbringen muss und dass dieser Zweck nicht durch andere, z. B. physikalische Methoden erreicht werden kann; diese Ersatzmaßnahmen müssen allerdings ökonomisch und technisch praktikabel sein.

Wichtigste Zulassungsvoraussetzung ist die gesundheitliche Unbedenklichkeit. Sie bedeutet, dass ein Lebensmittelzusatzstoff nach dem jeweiligen Stand der Erkenntnis keinerlei Anhalt für eine irgendwie geartete Schädlichkeit zeigen darf.

Dazu sind, wenn der Stoff metabolisiert wird, und für die Metaboliten gesundheitliche Wirkungen nicht abgeschätzt werden können, in mehr oder weniger großem Umfang auch Untersuchungen an den Metaboliten erforderlich.

Die EU hat in den letzten 20 Jahren ein umfassendes Regelwerk für Lebensmittelzusatzstoffe geschaffen (Tabelle 13.1). Es ist jetzt durch Verordnungen ersetzt worden, die unmittelbar in jedem Mitgliedstaat gelten. Eine Verordnung regelt das jetzt einheitliche Zulassungsverfahren für Lebensmittelzusatzstoffe, -enzyme und -aromen und definiert die einzelnen Schritte einschließlich zeitlicher Vorgaben (FIAP-VO-1331).

Die Verordnung über Lebensmittelzusatzstoffe (FIAP-VO-1333) regelt die Zulassungen von Zusatzstoffen. Sie enthält fünf Anhänge mit Funktionsklassen, einer Liste der zugelassenen Zusatzstoffe, einer Liste der zugelassenen Trägerstoffen, einer Liste der traditionellen Lebensmittel, in denen Zusatzstoffverbote aufrecht erhalten werden dürfen, und einer Liste von Farbstoffen mit besonderen Kennzeichnungserfordernissen. Die Verordnung über Lebensmittelenzyme (FIAP-VO-1332) macht alle in Lebensmitteln verwendeten Enzyme zulassungspflichtig, unabhängig davon, ob sie im Endlebensmittel enthalten sind. Ausgenommen sind lediglich Enzyme, die zur Herstellung von Zusatzstoffen und Verarbeitungshilfsstoffen verwendet werden. Die zugelassenen Enzyme werden in einer Liste aufgeführt. Enzyme fallen damit nicht mehr unter die Zusatzstoffe.

Die Verordnung über Aromen und bestimmte Lebensmittel mit Aromaeigenschaften zur Verwendung in Lebensmitteln (FIAP-VO-1334) erfasst Aromastoffe, Aromaextrakte und Reaktionsaromen und deren Ausgangsstoffe.

Die Verordnungen sind am 20.01.2009 in Kraft getreten. Die vollständige Überleitung auf das neue Recht wird allerdings erst in einiger Zeit erfolgen. Durchführungsvorschriften für das neue Zulassungsverfahren müssen spätestens im Dezember 2010 vorliegen. Dann wird das Verfahren anwendbar. Die Anhänge der Zusatzstoffverordnung mit detaillierten Regelungen werden spätestens im Januar 2011 veröffentlicht. Bis dahin gelten die Regelungen der bisherigen Richtlinien weiter.

Enzyme, die auf dem Markt sind, dürfen vorerst weiter verwendet werden. Für sie muss spätestens 24 Monate nach Veröffentlichung von Leitlinien für Zulassungsdossiers ein Zulassungsantrag gestellt werden.

Die unterschiedlichen Lebensmittelkategorien der bisherigen Richtlinien werden durch ein Kategorisierungssystem ersetzt, das sich am Codex Alimentarius orientiert.

Vorgesehen ist außerdem, dass alle vor dem Januar 2009 zugelassenen Zusatzstoffe durch die EFSA neu bewertet werden sollen.

Zusatzstoffe dürfen nur verkauft werden, wenn sie strengen, in den Richtlinien über Reinheitskriterien festgelegten Spezifikationen entsprechen. In den bisher geltenden Richtlinien werden die Stoffe charakterisiert, und es werden Prüfungen auf Identität angegeben. In vielen Fällen wird ein Reinstoffgehalt von mindestens 99% verlangt. Zusätzlich werden Gehalte an Schwermetallen und ggf. an Nebenprodukten limitiert. Auch die Richtlinien über Reinheitskriterien gelten weiter, bis über die Aufnahme von Zusatzstoffen in die Gemeinschaftsliste der zugelassenen Stoffe entschieden wird. Dann werden sie durch eine Verordnung über Reinheitskriterien abgelöst.

Gesundheitliche Aspekte von Zulassungsanträgen werden von der Europäischen Lebensmittelsicherheitsbehörde (EFSA; s. auch Kap. 1.3) geprüft, die Notwendigkeit vom Ständigen Ausschuss für die Lebensmittelkette. Die Zulassung erfolgt dann auf Vorschlag der Kommission durch Aufnahme in die Liste der zugelassenen Zusatzstoffe. Tabelle 13.2 listet die wichtigsten vor Einreichung von Zulassungsanträgen durchzuführenden Untersuchungen auf. Die Durchführung dieser Untersuchungen erfordert mehrere Jahre und ist sehr kostenaufwendig (s. auch Kap. 45.5 u. 45.6).

Nicht unter die Definition der Lebensmittelzusatzstoffe fallen Stoffe, die Lebensmitteln zu Ernährungszwecken beigefügt werden wie z. B. Mineralstoffe, Spurenelemente oder Vitamine. Für diese Stoffe gibt es die VO (EG) Nr. 1925/2006 über den Zusatz von Vitaminen und Mineralstoffen sowie bestimmten anderen Stoffen zu Lebensmitteln und Richtlinien für den Zusatz von Vitaminen und Mineralstoffen zu Lebensmitteln für besondere Ernährung (2001/15/EG) und zur Verwendung in Nahrungsergänzungsmitteln (2002/46/EG) (s. dazu Kap. 34). Für von der EU nicht geregelte Gebiete gelten die nationalen Regelungen.

Das LFGB definiert Lebensmittelzusatzstoffe in gleicher Weise wie die FIAP-VO-1333. Es stellt aber Stoffe, die in gleicher Weise wie Lebensmittelzusatzstoffe verwendet, aber Lebensmitteln zu anderen als technologischen Zwecken zugesetzt werden, den Lebensmittelzusatzstoffen gleich. Ausgenommen davon sind Stoffe, die natürlicher Herkunft oder den natürlichen chemisch gleich sind und nach allgemeiner Verkehrsauffassung überwiegend wegen ihres Nähr-, Geruchs- oder Geschmackswertes oder als Genussmittel verwendet werden. Ebenso werden Mineralstoffe und Spurenelemente sowie deren Verbindungen außer Kochsalz, Aminosäuren und deren Derivate und die Vitamine A und D sowie deren Derivate den Zusatzstoffen gleichgestellt. Alle diese Stoffe unterliegen damit in Deutschland einer Zulassungspflicht.

Auch Verarbeitungshilfsstoffe werden von der Zusatzstoffdefinition nicht erfasst. Sie sind Stoffe, die nicht selbst als Lebensmittelzutat verzehrt werden, jedoch bei der Verarbeitung von Rohstoffen, Lebensmitteln oder deren Zutaten aus technologischen Gründen während der Be- oder Verarbeitung verwendet werden und unbeabsichtigte, technisch unvermeidbare Rückstände oder Rückstandsderivate im Enderzeugnis hinterlassen können, unter der Bedingung, dass diese Rückstände gesundheitlich unbedenklich sind und sich technisch nicht auf das Enderzeugnis auswirken.

Da sich die Rechtsetzung auf dem Gebiet der Zusatzstoffe zum größten Teil in die EU verlagert hat, beschränkt sich das deutsche Lebensmittelrecht weitgehend auf die Umsetzung der Regelungen im LFGB, der ZZulV und der ZVerkV. Zusätzlich sind darin Bestimmungen zu Stoffgruppen enthalten, die nicht durch die EU geregelt sind, wie z. B. Kaumassen.

Tabelle 13.2. Für Zulassungsanträge erforderliche Untersuchungen

Toxikologische Prüfungen
Bestimmung der akuten Toxizität
Prüfung auf subchronische Toxizität
Prüfung auf chronische Toxizität (2 Spezies)
Prüfung auf Cancerogenität
Reproduktionstoxikologische Untersuchungen
Prüfung auf allergenes Potential
Untersuchungen zu neurotoxischen Wirkungen*
Untersuchungen zu immuntoxischen Wirkungen*

Physiologische Prüfungen
Untersuchungen zu Kinetik und Metabolismus
Prüfung auf pharmakologische Wirkungen

Untersuchungen zur Anwendung, Handhabung und Herstellung
Wirksamkeitsprüfungen in Lebensmitteln
Sensorische Untersuchungen
Stabilitätsprüfungen
Erarbeitung von Analysenverfahren
Ausarbeitung eines Herstellungsverfahrens
Festlegung von Reinheitskriterien
Untersuchungen zur Arbeitssicherheit

* bei Verdacht auf mögliche Effekte

Auf internationaler Ebene laufen seit vielen Jahren Arbeiten des Codex Alimentarius zur Entwicklung eines Generalstandards für Lebensmittelzusatzstoffe, die langsam, aber stetig vorankommen. Der Generalstandard enthält drei Tabellen, von denen zwei Zusatzstoffe mit beschränkten Anwendungen betreffen, die eine die verwendbaren Zusatzstoffe mit Anwendungsgebieten und Höchstmengen, die andere die einzelnen Lebensmittel mit den dafür verwendbaren Zusatzstoffen.

Die dritte führt die Stoffe auf, die nach guter Herstellungspraxis verwendet werden können.

13.2.2
Kennzeichnungsvorschriften

Die Kennzeichnung der Lebensmittelzusatzstoffe selbst ist in der FIAP-VO-1333 geregelt. Sie müssen die in Gemeinschaftsvorschriften verwendete Bezeichnung, die E-Nummer, die Angabe „zur Verwendung in Lebensmitteln", „für Lebensmittel, begrenzte Verwendung" oder genauere Anwendungshinweise sowie die erforderlichen Lagerungsbedingungen und das Mindesthaltbarkeitsdatum enthalten. Einige Angaben können alternativ auf den Etiketten oder den Lieferpapieren gemacht werden. Bei Abgabe an Verbraucher sind die Gemeinschaftsbezeichnung und die E-Nummer anzugeben, die übrigen erforderlichen Angaben entsprechen denen bei anderen Lebensmitteln. Für Enzyme gelten gemäß FIAP-VO-1332 vergleichbare Anforderungen.

Für Nahrungsergänzungsmittel gelten detaillierte Etikettierungsvorschriften, die in der RL 2002/46/EG niedergelegt sind.

Lebensmittelzusatzstoffe, nicht aber Verarbeitungshilfsstoffe, sind Zutaten im Sinne der RL 2000/13/EG über Etikettierung und Aufmachung von Lebensmitteln. Sie müssen deshalb im Verzeichnis der Zutaten angegeben werden. Keine Zutaten im Sinne der Richtlinie und damit nicht kennzeichnungspflichtig sind Zusatzstoffe und Enzyme, die in einer Zutat enthalten waren, und die im fertigen Lebensmittel keine technologische Wirkung haben, sowie Trägerstoffe und Lösemittel in den technisch erforderlichen Mengen. Für die meisten Zusatzstoffe sind im Verzeichnis der Zutaten der Klassenname, der meistens den Kategorien von Lebensmittelzusatzstoffen entspricht, und die Stoffbezeichnung oder die E-Nummer anzugeben.

Zusatzstoffe, die aus genetisch veränderten Organismen hergestellt worden sind, müssen nach VO (EG) Nr. 1829/2003 wie andere derartige Zutaten einen Hinweis darauf tragen (s. dazu Kap. 35.2.4). Ebenso muss bei Zusatzstoffen wie bei allen Zutaten nach der RL 89/2003/EG grundsätzlich ein Hinweis auf das Ausgangsmaterial angebracht werden, wenn sie aus namentlich aufgeführten, potentiell allergenen Ausgangsstoffen hergestellt worden sind. Ausnahmen bedürfen einer speziellen Zulassung und werden von der Kommission auf der Basis von Gutachten der EFSA festgelegt.

13.3
Zusatzstoffgruppen

Dieser Teil beschreibt Zusatzstoffe im Sinne der EU-Definition, aber auch Stoffe, die nach EU-Recht nicht als Lebensmittelzusatzstoffe gelten, es aber nach deutschem Recht sein können, sowie Verarbeitungshilfsstoffe.

Es gibt verschiedene Möglichkeiten Zusatzstoffe und verwandte Stoffe nach der Funktion einzuteilen, z. B. das System der EU, das in Tabelle 13.3 dargestellt ist.

Einige Stoffe und Stoffgruppen sind ausdrücklich vom Zusatzstoffbegriff ausgenommen, darunter Pektin und Pektin enthaltende Erzeugnisse, Stoffe zur Behandlung von Trinkwasser, Dextrine, Kaubasen zur Herstellung von Kaugummi, Ammoniumchlorid, verschiedene Eiweiße und Aminosäuren.

Es wird gelegentlich in Frage gestellt, ob diese Kategorien ausreichend sind, die Funktionen von Lebensmittelzusatzstoffen zu beschreiben. Andererseits werden diese Bezeichnungen aber auch im Verzeichnis der Zutaten verwendet, so dass weitergehende Unterteilungen für Verbraucher möglicherweise noch schwerer verständlich wären.

Wenn Stoffe mit erfasst werden sollen, die wie Zusatzstoffe verwendet werden, bietet sich eine übergreifende Einteilung in vier funktionale Hauptgruppen an:

- Stoffe mit Nähr- und diätetischen Funktionen
- Stoffe mit stabilisierend wirkenden Funktionen
- Stoffe mit sensorischen Funktionen
- Verarbeitungs- und Handhabungshilfen.

Diese Einteilung liegt der Darstellung in diesem Kapitel zugrunde. Die Stoffgruppen werden diesen Gruppen zugeordnet, unabhängig davon, ob sie Zusatzstoffe im Sinne der Definition der EU sind oder nicht.

Tabelle 13.3. Kategorien von Lebensmittelzusatzstoffen nach RL 89/107/EWG

Süßungsmittel
Farbstoffe
Konservierungsstoffe
Antioxidationsmittel
Trägerstoffe
Säuerungsmittel
Säureregulatoren
Trennmittel
Schaumverhüter
Füllstoffe
Emulgatoren
Schmelzsalze
Festigungsmittel
Geschmacksverstärker
Schaummittel
Geliermittel
Überzugmittel (einschließlich Gleitmittel)
Feuchthaltemittel
Modifizierte Stärken
Packgase
Treibgase
Backtriebmittel
Komplexbildner
Stabilisatoren
Verdickungsmittel
Mehlbehandlungsmittel

13.3.1
Stoffe mit Nähr- und diätetischer Funktion

Zusatzstoffe mit Nähr- und diätetischen Funktionen verwendet man, um den ernährungsphysiologischen Wert von Lebensmitteln zu steigern oder – in selteneren Fällen – zu verringern. Meist setzt man diese Stoffe zu, weil sie bei der Verarbeitung oder der Lagerung der Lebensmittel verloren gehen oder zerstört werden.

Vitamine und Provitamine

Vitamine und Provitamine werden Lebensmitteln wegen ihrer ernährungsphysiologischen Wirkung zugesetzt. Einige Stoffe können aber auch als Antioxidantien (s. dazu 13.3.2) oder Farbstoffe verwendet werden. Als Vitaminzusatz zu Lebensmitteln spielen die Vitamine A, B, C und D die Hauptrolle. Man setzt sie zu, um Verarbeitungsverluste auszugleichen, einen Vorgang, den man als Revitaminierung bezeichnet. Beispiele hierfür sind der Zusatz der fettlöslichen Vitamine A und D zu Margarine oder der Zusatz von Vitamin B zu Getreideerzeugnissen. Beispiele für den Ausgleich naturbedingter Schwankungen, Standardisierung genannt, oder auch eine Anreicherung über den natürlichen Gehalt hinaus sind der Zusatz von Vitamin C zu Getränken und Obsterzeugnissen und der Zusatz von Vitamin D zur Säuglingsmilch. Einigen Lebensmitteln, die von Natur aus keine oder nur wenig Vitamine enthalten, setzt man Vitamine manchmal auch deshalb zu, weil sie ein besonders guter Träger für ein bestimmtes Vitamin sind. Vitamine werden darüber hinaus oft über Nahrungsergänzungsmittel aufgenommen. Hypervitaminosen sind nur bei den Vitaminen A und D bekannt; deshalb sind sie in Deutschland im Gegensatz zu den anderen Vitaminen zusammen mit ihren Derivaten den Zusatzstoffen gleichgestellt. Der Zusatz zu Lebensmitteln des allgemeinen Verzehrs ist in der EU durch eine Verordnung, der Zusatz zu Lebensmitteln für besondere Ernährung und in Nahrungsergänzungsmitteln in Richtlinien, in Deutschland in der DiätV und der NemV geregelt.

Aminosäuren

Die Gründe für den Zusatz von Aminosäuren zu Lebensmitteln sind im Wesentlichen die gleichen wie die Gründe für den Zusatz von Vitaminen. Einige essentielle Aminosäuren können Maillard-Reaktionen mit Kohlenhydraten eingehen, wodurch die Aminosäure nicht mehr physiologisch verfügbar ist. Hiervon ist besonders das Lysin betroffen. Es ist in der Getreidenahrung nur in relativ geringen Mengen vorhanden, so dass es sinnvoll ist, manche Lebensmittel, z. B. Backwaren oder Maiserzeugnisse mit Lysin anzureichern. Bei bilanzierten Diäten werden Mischungen von Aminosäuren verabreicht. Der Zusatz von Aminosäuren zu Lebensmitteln hat bei weitem nicht die Bedeutung wie der Zusatz von Aminosäuren zu Futtermitteln. Der Zusatz zu Lebensmitteln des allgemeinen Verzehrs ist in der EU durch eine Verordnung, der Zusatz zu Lebensmitteln für besondere Ernährung ist durch eine Richtlinie, in Deutschland in der DiätV geregelt (s. Kap. 34.2.2). Bei Lebensmitteln des allgemeinen Verzehrs dürfen in Deutschland Aminosäuren nur als geschmacksbeeinflussende Zusatzstoffe verwendet werden.

Mineralstoffe und Spurenelemente

Die meisten Mineralstoffe und Spurenelemente sind in der Nahrung in ausreichendem Maße vorhanden. Ein Zusatz dieser Stoffe zu Lebensmitteln ist deshalb nur in besonderen Fällen bei bestimmten diätetischen Lebensmitteln erforderlich und sinnvoll. Neuere Erkenntnisse der Ernährungsphysiologie des Magnesiums führen zu einem verstärkten Anreiz, Lebensmittel mit Magnesiumsalzen anzureichern. In Gegenden, in denen wenig Fische gegessen werden und in denen das Trinkwasser arm ist an Iod, hat sich der Zusatz von Iodiden und Iodaten zum Kochsalz bewährt. Auch die in Deutschland nicht übliche Fluoridierung von Trinkwasser sowie der Zusatz von Fluorid zu Speisesalz gehören hierher. Wie Vitamine werden Mineralstoffe oft über Nahrungsergänzungsmittel aufgenommen. Der Zusatz zu Lebensmitteln des allgemeinen Verzehrs ist in der EU durch eine Verordnung, der Zusatz zu Lebensmitteln für besondere Ernährung und in Nahrungsergänzungsmitteln in Richtlinien, in Deutschland in der DiätV und der NemV geregelt.

Füllstoffe

Unter Füllstoffen versteht man Stoffe, die einen Teil des Volumens des Lebensmittels bilden, ohne nennenswert zu dessen Gehalt an verwertbarer Energie beizutragen. Sie werden bei Brennwert verminderten Lebensmitteln einsetzt, vor allem um die übermäßige Zufuhr von Fetten und Kohlenhydraten zu kompensieren. Ein weiterer Zweck der Füllstoffe liegt auch darin, ein gewisses Sättigungsgefühl hervorzurufen. Praktische Bedeutung als Füllstoffe haben neben Wasser und Luft Cellulose und manche Verdickungsmittel sowie Kohlenhydratderivate, die im Verdauungstrakt nur teilweise oder gar nicht resorbiert werden, sowie Polydextrose, ein im Wesentlichen Glucose enthaltendes Polykondensat. Oft werden aber auch Produkte aus Pflanzen mit hohem Gehalt an schwer verdaulichen Polysacchariden als Füllstoffe verwendet, die keine Zusatzstoffe sind.

Im weiteren Sinne können zu den Füllstoffen auch Fettersatzstoffe gezählt werden, von denen in Deutschland nur Polysaccharide und mikronisierte Proteine zum Einsatz kommen, die das Mundgefühl von Fetten vermitteln. Der lipophile Fettersatzstoff Olestra, ein Saccharosefettsäureester, ist in den USA, nicht aber in Europa zugelassen.

13.3.2
Stoffe mit stabilisierender Wirkung

Die zunehmende Verlagerung der Lebensmittelproduktion in den industriellen Bereich, die heutigen Verzehrsgewohnheiten, die erhöhten Anforderungen an den Geschmackswert der Nahrung, der Wunsch, auch Lebensmittel aus fernen Ländern zu konsumieren und manche gesundheitlichen Gründe verlangen Lebensmittel mit erhöhter Haltbarkeit. Man erreicht diese entweder durch physikalische Verfahren oder durch Zusatzstoffe, die aus praktischen, wirtschaftlichen oder anderen Gründen in vielen Fällen auch gemeinsam Anwendung finden. Der Verderb von Lebensmitteln kann mikrobiologischer, chemischer, biochemischer oder physikalischer Natur sein, so dass es eine ganze Anzahl von Stoffgruppen gibt, die in einem Lebensmittel stabilisierende Funktionen ausüben.

Konservierungsstoffe

Konservierungsstoffe haben die Aufgabe, Lebensmittel vor den schädlichen Auswirkungen von Mikroorganismen zu schützen. Sie verhindern den mikrobiologischen Verderb von Lebensmitteln durch Hefen, Schimmelpilze und Bakterien. Gleichzeitig beugen sie der Entstehung von Toxinen vor, Aflatoxinen ebenso wie Bakterientoxinen. Man unterscheidet bei den Konservierungsstoffen vielfach zwischen Konservierungsstoffen im weiteren und Konservierungsstoffen im engeren Sinne. Beispiele für die zuerst genannte Stoffgruppe sind Kochsalz, Zucker und Essig, Beispiele für die zweite Sorbinsäure, Benzoesäure und schweflige Säure. Das wesentliche Unterscheidungsmerkmal liegt in der Anwendungskonzentration. Während die Konservierungsstoffe im weiteren Sinne in Konzentrationen oberhalb von etwa 1% angewendet werden, liegt der Anwendungsbereich der Konservierungsstoffe im engeren Sinne bei 0,5% und darunter. Die Konservierungsstoffe im weiteren Sinne werden Lebensmitteln oft aus anderen Gründen zugesetzt als denen der Konservierung. Sie dienen vielfach auch dazu, die Wirkung der Konservierungsstoffe im engeren Sinne zu unterstützen. So wirken die Konservierungssäuren umso besser, je niedriger der pH-Wert des Konservierungsgutes liegt (s. auch Kap. 44.3.2c).

Antioxidantien

Antioxidantien schützen Lebensmittel vor schädlichen Auswirkungen der Oxidation wie Ranzigwerden und Farbveränderungen und verlängern dadurch die Haltbarkeit von Lebensmitteln. Sie greifen in die Oxidationsprozesse, insbesondere in die dabei ablaufenden Radikalkettenreaktionen ein und unterbinden die Bildung unerwünschter Reaktionsprodukte. Im weiteren Sinne lassen sich zu den Antioxidantien auch Verbindungen rechnen, die schnell mit Sauerstoff reagieren, also den Sauerstoff abfangen, ehe er für andere, unerwünschte Reaktionen mit Lebensmittelinhaltsstoffen zur Verfügung steht. Antioxidantien setzt man Fetten und fetthaltigen Lebensmitteln zu mit dem Ziel, das bekannte Ranzigwerden oder andere Geruchs- oder Geschmacksfehler zu verhindern oder zumindest stark hinauszuzögern. Die Antioxidantien, die in Oxidationsreaktionen eingreifen, wirken i. d. R. nur in einem bestimmten Konzentrationsbereich. In überhöhten Anwendungskonzentrationen können sie eine gegenteilige Wirkung entfalten, d. h. prooxidativ sein. Die wichtigsten im Lebensmittelgebiet benutzten Antioxidantien sind L-Ascorbinsäure, Tocopherole, Gallate, die Phenolderivate *tert*-Butylhydroxyanisol und *di-tert*-Butylhydroxytoluol, schweflige Säure und Sulfite. Bei Verwendung von L-Ascorbinsäure als Antioxidans darf jedoch nicht mit einem Hinweis auf einen Gehalt an Vitamin C geworben werden.

Synergisten und Komplexbildner

Metallionen wirken in Lebensmitteln vielfach prooxidativ. Man setzt deshalb manchen Lebensmitteln zusammen mit Antioxidantien Komplexbildner zu, welche den unerwünschten Einfluß der Metallionen kompensieren. Für Komplexbildner, die mit dieser Zweckbestimmung zusammen mit Antioxidantien verwendet werden, hat sich die Bezeichnung Synergisten eingeführt. Wichtige Synergisten sind Lecithine, Citronensäure, Milchsäure, Weinsäure, Orthophosphorsäure und deren Salze.

Packgase

Packgase oder Schutzgase sind Gase außer Luft, die zusammen mit den Lebensmitteln abgefüllt werden. Sie haben die Funktion, den Sauerstoff von lagernden Lebensmitteln fernzuhalten. Sie schützen dadurch indirekt vor oxidativen Veränderungen. Weiterhin verdrängen sie den für obligat aerobe Organismen lebensnotwendigen Sauerstoff und wirken dadurch indirekt auch antimikrobiell. Schutzgase setzen gasdichte Verpackungen der Lebensmittel voraus und eine aufwendige Verpackungstechnik. Als Schutzgase für Lebensmittel kommen in erster Linie Stickstoff und Kohlendioxid in Frage. Kohlendioxid hat in höheren Konzentrationen auf eine ganze Reihe von Mikroorganismen eine direkte Hemmwirkung, kann also auch als Konservierungsstoff angesehen werden. Schutzgase werden besonders bei vorverpacktem Fleisch und Fleischwaren sowie Backwaren verwendet.

Emulgatoren

Emulgatoren sind grenzflächenaktive Verbindungen, welche es ermöglichen, eine einheitliche Dispersion zweier oder mehrerer nicht miteinander mischbarer Phasen, wie z. B. Wasser und Öl in einem Lebensmittel herzustellen oder aufrecht zu erhalten. Die Emulgatoren bilden an der Grenzfläche zwischen Fett- und Wasserphase eine Schicht aus, in der sich die hydrophilen Gruppen der Moleküle zur Wasserphase und die hydrophoben zur Fettphase hin ausrichten. Durch die Ausbildung dieser Grenzschicht wird die Grenzflächenspannung zwischen beiden Phasen herabgesetzt und dadurch die Bildung von Emulsionen erleichtert. Durch ihre Anordnung in der Grenzfläche verhindern sie die unmittelbare Berührung der Tröpfchen der inneren, dispersen Phase und stabilisieren die Emulsionen dadurch. Emulgatoren werden z. B. in Fettemulsionen wie Margarine oder Salatsoßen, aber auch in Speiseeis und verschiedenen Süßwaren eingesetzt. Bestimmte Emulgatoren können durch Komplexbildung mit Stärke das Altbackenwerden von Backwaren hinauszögern. Auf dem Lebensmittelgebiet haben allein nichtionische und anionische Verbindungen eine Bedeutung. Die wichtigsten im Lebensmittelbereich verwendeten Emulgatoren sind Polyphosphate, Lecithine, Alginsäureester, Glyceride von Speisefettsäuren einschließlich deren

Ester mit Genußsäuren, Saccharoseester, Natrium- und Calciumstearoyllactyl-2-lactat.

Verdickungs- und Geliermittel, modifizierte Stärken

Verdickungsmittel erhöhen die Viskosität von Lebensmitteln, Geliermittel sind in der Lage feste Gele zu bilden. Verdickungs- und Geliermittel sind Hydrokolloide, die in Wasser löslich oder stark quell- und dispergierbar sind. Mit Ausnahme der Gelatine sind die Verdickungs- und Geliermittel Polysaccharide pflanzlichen oder mikrobiellen Ursprungs. Ihre Anwendung dient dem Zweck, die Struktur und die Konsistenz von Lebensmitteln, ihre Viskosität, ihr Fließverhalten oder ihre Elastizität zu erhalten oder zu verbessern. Die Verdickungs- und Geliermittel zeichnen sich durch zahlreiche polare Gruppen aus, insbesondere Hydroxylgruppen. Diese polaren Gruppen sind in der Lage, mit dem Wasser des Lebensmittels in Wechselwirkung zu treten und dadurch die Viskosität zu erhöhen. Bei der Entstehung von Gelen ist die Ausbildung von Netzwerken mit intermolekularen Assoziationen und geordneten Strukturbereichen erforderlich. Bei einigen Geliermitteln ist die Ausbildung solcher Gele an das Vorhandensein bestimmter Kationen gebunden, z. B. Calciumionen. Manche Verdickungsmittel wirken auch dadurch, dass sie Ausflockungen z. B. von Eiweiß oder andere unerwünschte Erscheinungen in kolloiden oder nichtkolloiden Systemen verhindern. Wichtige Verdickungs- und Geliermittel sind Alginate, Gummi arabicum, Agar-Agar, Carrageen, Johannisbrotkernmehl, Guarmehl, Traganth, Pektine, verschiedene Celluloseester, Stärkeester, Stärkeether, Gellan und Gelatine.

Die als eigene Zusatzstoffkategorie aufgeführten modifizierten Stärken dienen in der Regel ebenfalls als Verdickungs- und Geliermittel. Zugelassen sind oxidierte Stärke sowie verschiedene Stärkeester und -ether.

Sonstige Stabilisatoren

Andere im Lebensmittelbereich eingesetzte Zusatzstoffe, welche die physikalische Struktur von Lebensmitteln verbessern oder erhalten, sind:

Festigungsmittel Sie sollen die Konsistenz von Pflanzenprodukten verbessern oder die Bildung von Gelen erleichtern. Dafür werden besonders Calciumsalze eingesetzt.

Feuchthaltemittel Sie werden eingesetzt, um den Feuchtegehalt von Lebensmitteln auf gleicher Höhe zu erhalten und das Austrocknen zu verhindern oder das Auflösen von Pulvern zu erleichtern.

Mittel zur Erhaltung der Rieselfähigkeit Sie gehören in die Klasse der Trennmittel und haben die Aufgabe, ein Verklumpen von feinkristallinen oder pulverförmigen Produkten zu verhindern. Verwendet wird besonders Siliciumdioxid.

Schaumstabilisatoren Sie werden auch als Schaummittel geführt und haben für schaumförmige Back- und Süßwaren Bedeutung.

Trubstabilisatoren Sie verzögern das Absetzen feiner Trubpartikel in Getränken.

Überzugsmittel Sie geben der Oberfläche von Lebensmitteln ein glänzendes Aussehen oder bilden einen Schutzüberzug. Im Gegensatz zu den echten Verpackungsmaterialien sind sie zum Verzehr bestimmt, oder ihr Verzehr ist voraussehbar. Sie haben eine gewisse Bedeutung bei Süßwaren und Obst.

13.3.3
Stoffe mit sensorischer Wirkung

Stoffe mit sensorischen Funktionen beeinflussen den Geruchssinn, den Geschmackssinn und das Auge vor, während und nach dem Genuss eines Lebensmittels positiv. Gut schmeckende, gut riechende und gut aussehende Lebensmittel sind schon immer mit größerem Appetit verzehrt worden als solche mit mäßigen oder gar ungünstigen sensorischen Eigenschaften. Viele natürlicherweise in Lebensmitteln enthaltene Geruchs-, Geschmacks- und Farbstoffe sind flüchtig oder instabil. Sie können bei der Verarbeitung und Lagerung der Lebensmittel verloren gehen. Sie zu erhalten und den Ausgangszustand möglichst originalgetreu wieder herzustellen, ist eine Aufgabe des Zusatzes von Farb-, Geruchs- und Geschmackskomponenten zu Lebensmitteln.

Farbstoffe

Lebensmittelfarbstoffe sind Stoffe, die einem Lebensmittel Farbe geben oder die Farbe in einem Lebensmittel wiederherstellen. Man unterscheidet zwischen färbenden Lebensmitteln, fett- und wasserlöslichen Farbstoffen sowie unlöslichen Pigmenten. Beispiele für färbende Lebensmittel sind Extrakte aus Roten Beten und Fruchtsaftkonzentrate aus Kirschen und Heidelbeeren. Angewendet werden Farbstoffe vorzugsweise bei süßen Nährmitteln, Kunstspeiseeis, Fischerzeugnissen, Obstprodukten, Süßwaren, Konditoreiprodukten und Käserinden. Frischprodukte dürfen nicht gefärbt werden. Farbstoffe dürfen auch nicht dazu verwendet werden, den Konsumenten zu täuschen.

Eine ähnliche Funktion haben die Farbstabilisatoren. Sie haben die Aufgabe, die natürliche Färbung von Lebensmitteln während der Verarbeitung und Lagerung zu stabilisieren und unerwünschte Verfärbungen zu verhindern. Eine besondere Bedeutung hat der Farbstabilisator Nitrit bei Fleischwaren. Nitrit wandelt den roten Fleischfarbstoff Myoglobin in Nitrosomyoglobin um, das lager- und kochstabil ist.

Geschmacksstoffe

Zu den Geschmacksstoffen gehören Zusatzstoffe, die Lebensmitteln einen süßen, sauren, alkalischen oder bitteren Geschmack verleihen sowie im weiteren Sinne die Geschmacksverstärker.

Zum Süßen benutzt man Zucker verschiedenster Art, die nicht zu den Zusatzstoffen zählen. Während Zucker und verwandte Verbindungen nicht zu den Zusatzstoffen zählen, werden Stoffe mit süßem Geschmack aus anderen Stoffklassen als Süßungsmittel bezeichnet.

Da die meisten Zucker für Diabetiker unverträglich sind, wurden **Zuckeraustauschstoffe** entwickelt, die in vergleichbarer Menge wie Zucker verwendet werden und auch ähnliche technische Funktionen haben. Bedeutung haben Sorbit und Xylit, Isomalt und Maltit. Sie sind für Diabetiker verträglich, haben aber noch erheblichen Brennwert. Eine Sonderstellung nimmt Fructose ein, die wegen ihrer Diabetikerverträglichkeit zu den Zuckeraustauschstoffen zu zählen ist, chemisch aber einen Zucker darstellt. Die meisten Zuckeraustauschstoffe wirken im Gegensatz zu den Zuckern kaum oder gar nicht kariogen. Allerdings können bei der Aufnahme größerer Mengen an Zuckeraustauschstoffen laxierende Wirkungen eintreten. Lebensmittel mit Zuckeraustauschstoffen müssen deshalb entsprechende Hinweise tragen, obwohl die Aufnahme größerer Zuckermengen ebenfalls eine laxierende Wirkung hat.

Neben den Zuckern und Zuckeraustauschstoffen gibt es **Süßstoffe**, auch Intensivsüßstoffe genannt. Sie zeichnen sich gegenüber den Zuckern und Zuckeraustauschstoffen dadurch aus, dass sie praktisch kalorienfrei und um ein Vielfaches süßer sind als Zucker und Zuckeraustauschstoffe (s. dazu Kap. 34.3.2, Tabelle 34.1). Sie werden deshalb nur in kleinen Mengen verwendet und sind i. d. R. ausschließlich süße Geschmacksstoffe, haben manchmal aber zusätzlich eine geschmacksverstärkende Wirkung. Die wichtigsten Süßstoffe waren Saccharin und Cyclamat, deren Verwendung aus toxikologischer Sicht nicht unumstritten war. Sie werden mehr und mehr durch Aspartam und Acesulfam ersetzt, die in Mischungen untereinander ein besonders günstiges Geschmacksprofil zeigen. Zusätzlich sind auch Sucralose, Neohesperidin DC und Thaumatin verfügbar.

Sauer schmeckende Verbindungen werden Lebensmitteln aus geschmacklichen Gründen, aber auch als Säureregulatoren zu technologischen Zwecken zugesetzt. Als *Säuerungsmittel*, im Lebensmittelbereich Genusssäuren genannt, sind im Lebensmittelbereich vor allem Zitronensäure, Weinsäure, Essigsäure, Milchsäure und Phosphorsäure von Bedeutung. Die natürlich vorkommenden Genusssäuren sind keine Zusatzstoffe im Sinne des LMBG. Säuren sind bei der Herstellung von alkoholfreien Erfrischungsgetränken, manchen Obsterzeugnissen, Süßwaren, Sauerkonserven und Feinkosterzeugnissen unentbehrlich.

Alkalisch schmeckende Stoffe spielen in der Praxis nur eine geringe Rolle, außer Natronlauge, die man zur Herstellung von Laugenbrezeln benutzt.

Der wichtigste Stoff mit Salzgeschmack im Lebensmittelbereich ist das Kochsalz. Es ist für weite Gebiete der Lebensmitteltechnik unentbehrlich, weil viele

Lebensmittel ohne Kochsalz fade schmecken oder gar ungenießbar wären. Wegen seiner Jahrtausende alten Anwendung wird Kochsalz nicht mehr als Lebensmittelzusatzstoff angesehen. Für Menschen, die aus gesundheitlichen Gründen ihren Kochsalzkonsum einschränken müssen, gibt es **Kochsalzersatz**, das sind Cholin-, Kalium-, Calcium- und Magnesiumsalze verschiedener organischer Säuren.

Unter den **Bitterstoffen**, die Lebensmitteln eine erwünschte bittere Note verleihen, spielt in der Praxis das Chinin zur Herstellung von Tonic-Getränken eine Rolle.

Neben den erwähnten Geschmacksstoffen benutzt man seit alters her weitere, meist dem Pflanzenreich entstammende Zubereitungen, um Speisen zu würzen oder geschmacklich zu verbessern. Dazu gehören Gewürze und andere pflanzliche Rohstoffe, Auszüge und Essenzen daraus. Neuerdings werden Reaktionsaromen gezielt durch Maillard-Reaktion hergestellt.

Geschmacksverstärker sind Verbindungen, die selbst nur einen schwachen oder überhaupt keinen Eigengeschmack haben, bestimmte Geschmacksrichtungen aber besonders hervorheben. Eingesetzt werden Glutaminsäure und deren Salze, andere Aminosäuren, Guanylat und Inosinat zur Verbesserung von Fleisch-, Suppen- und Soßenerzeugnissen sowie Maltol und Ethylmaltol bei anderen Lebensmitteln.

Aromastoffe

Unter dem Begriff Aromastoffe fasst man Substanzen zusammen, die man Lebensmitteln zur Geruchs- und Aromaverbesserung beigibt. Man benutzt dazu sowohl chemisch einheitliche Stoffe als auch Teile von Pflanzen, Stoffwechselprodukte von Mikroorganismen und deren Extrakte. Eine besondere Bedeutung haben ätherische Öle und daraus hergestellte Zubereitungen. Es wird unterschieden zwischen natürlichen, naturidentischen und künstlichen Aromastoffen. Als natürlich gelten solche, die durch rein physikalische Verfahren oder durch die Tätigkeit von Mikroorganismen aus rohen oder verarbeiteten, meist pflanzlichen Materialien erhalten werden. Naturidentische Aromastoffe werden synthetisch hergestellt, sind den natürlichen aber chemisch gleich. Künstliche Aromastoffe sind Substanzen, die in natürlichen, für den menschlichen Verzehr geeigneten Produkten noch nicht nachgewiesen worden sind und synthetisch gewonnen werden. In der EU sind Aromen in der FIAP-VO-1334, die Richtlinie 88/388/EWG ersetzt, und für Raucharomen in VO (EG) Nr. 2065/2003 außerhalb des Zusatzstoffbereichs geregelt. Durch Komissionsentscheidung 113/2002/EG wurde ein aktualisiertes Verzeichnis der Aromastoffe veröffentlicht. Es wird in die FIAP-VO-1334 überführt. In Deutschland sind natürliche und naturidentische Aromastoffe keine Zusatzstoffe. Die FIAP-VO-1334 sieht den Begriff „naturidentisch" nicht vor und stellt genaue Regelungen für den Begriff „natürlich" auf. Wegen weiterer Informationen sei auf Kap. 2.4.3 und 33.2 verwiesen.

Kaumassen

Kaumassen bilden die Grundlage für Kaugummi. Sie müssen bei Körpertemperatur eine gute Plastizität aufweisen, andererseits aber dem Biss einen merklichen Widerstand entgegensetzen. Verwendet werden im Wesentlichen Gummen und Harze natürlicher Herkunft, Polymere, Paraffine und Wachse in Mischungen untereinander. Für Kaumassen gelten nationale Regelungen, in Deutschland die Zusatzstoffzulassungs-Verordnung.

13.3.4
Verarbeitungs- und Handhabungshilfen

Unter dem Begriff Verarbeitungs- und Handhabungshilfen lassen sich Stoffe zusammenfassen, die nur während der Herstellungsphase eines Lebensmittels von Bedeutung sind. Einige von ihnen bleiben zwar im fertigen Lebensmittel vorhanden, fallen also unter die Definition der Zusatzstoffe, haben dort aber keine Funktion mehr. Andere gehen gar nicht erst in das Lebensmittel über, allenfalls in zu vernachlässigenden Spuren. Wieder andere werden durch physikalische Maßnahmen aus den Lebensmitteln entfernt, entsprechen also der Definition der Verarbeitungshilfsstoffe, werden durch chemische Reaktionen im Lebensmittel umgewandelt oder zerfallen von selbst.

Säureregulatoren

Säureregulatoren haben die Aufgabe, den pH-Wert eines Lebensmittels auf einen bestimmten Wert einzustellen oder ihn durch Pufferung in einem bestimmten Bereich zu halten. Eine solche Maßnahme kann für die Quellung oder das Gelbildungsvermögen, die rheologischen Eigenschaften oder die Textur von Lebensmitteln von Bedeutung sein. pH-Regulatoren sind Zusatzstoffe.

Enzyme

Enzyme werden Lebensmitteln zugesetzt, um durch biokatalytische Wirkung gezielt Inhaltsstoffe von Lebensmitteln umzuwandeln und/oder besonders erwünschte Endprodukte zu erhalten. Oft sind durch die Anwendung von Enzymen technische Prozesse möglich, die auf andere Weise nur unter tief greifenden und meist nachteiligen Veränderungen des Lebensmittels erreicht werden können. Von größerer Bedeutung sind Proteine, Kohlenhydrate und Pektine spaltende Enzyme, sowie die Verwendung von Lab. Enzyme werden Lebensmitteln z. T. direkt zugegeben, können aber auch an Träger gebunden zum Einsatz kommen. Sie können dann z. B. in Durchflussreaktoren eingesetzt werden oder durch Filtration oder andere Trennmaßnahmen wieder aus dem Lebensmittel abgetrennt werden. Enzyme, die im fertigen Lebensmittel aktiv sind, fielen unter die Zusatzstoffdefinition, sind heute aber eine eigene Stoffklasse. Viele Enzyme sind allerdings im fertigen Lebensmittel nicht mehr aktiv. Sie wurden deshalb oft den Verarbeitungshilfsstoffen zugeordnet, auch wenn sie in denaturierter Form im Lebensmittel verbleiben. Alle Lebensmittelenzyme, auch diejenigen, die aus Lebensmitteln nach den gewünschten Umsetzungen entfernt werden, sind nach FIAP-VO-1332 zulassungspflichtig.

Kulturen von Mikroorganismen

In enger Beziehung zu der Anwendung von Enzymen gehört die Verwendung von Reinkulturen bestimmter Mikroorganismen bei der Herstellung von Rohwurst, Sauermilcherzeugnissen, Käse, milchsauer vergorenen Gemüsen und Wein. Verwendet werden besonders Kulturen von Milchsäurebildnern, auch als Mischkulturen sowie auf Toxinfreiheit geprüfte Kulturen von Schimmelpilzen. Auch die Verwendung von Backhefe ist eine Anwendung einer Mikroorganismenkultur. Neue Mikroorganismenkulturen können u. U. den Bestimmungen über genetisch veränderte Organismen oder neuartige Lebensmittel unterliegen.

Lösemittel

Lösemittel dienen entweder der Einarbeitung anderer Zusätze in ein Lebensmittel (Trägerlösemittel) oder einer gezielten Extraktion bestimmter Inhaltsstoffe aus einem Lebensmittel (Extraktionslösemittel). Extraktionslösemittel benutzt man u. a. zur Extraktion von Fetten und Ölen oder zur Extraktion von Koffein aus Kaffee. Zulässige Extraktionslösungsmittel sind in der RL 88/344/EWG über Extraktionslösemittel, die bei der Herstellung von Lebensmitteln und Lebensmittelzutaten verwendet werden aufgeführt, die in Deutschland in der THV umgesetzt ist. Neuerdings ist die Verwendung von überkritischem Kohlendioxid als Lösemittel für verschiedene Zwecke üblich geworden.

Treibgase

Treibgase dienen dazu, Lebensmittel aus Verpackungen herauszupressen. Die größte Bedeutung hat Distickstoffoxid für Sprühdosen mit Sahne.

Klärhilfsmittel

Klärhilfsmittel erleichtern die Abscheidung unerwünschter Komponenten aus Getränken mit kolloidalen oder gröberen Trübungen. Diese werden von Klärhilfsmitteln absorbiert und dadurch leichter aus dem Getränk entfernbar. Die größte Bedeutung als Klärhilfsmittel haben unlösliche anorganische Produkte, wie Bentonite, Kieselsol, Aktivkohle sowie Gelatine, Tannin und Casein. Ein

Klärhilfsmittel, das unerwünschte Metallspuren durch eine chemische Reaktion in einen filtrierbaren Niederschlag verwandelt, ist die Verwendung von gelbem Blutlaugensalz zur Entfernung von Eisen und Kupfer aus Wein (Blauschönung genannt).

Filterhilfsmittel

Filterhilfsmittel, wie Kieselgur, Cellulose und Aktivkohle wirken ähnlich wie Klärhilfsmittel. Sie erleichtern das Filtrieren von Flüssigkeiten, die der Konsument glanzhell wünscht, wie Wein und Bier. Asbest, der nicht nur mechanisch, sondern auch adsorptiv wirkt, hat aufgrund gesundheitlicher Bedenken seine früher große Bedeutung vollständig verloren.

Schaumverhüter

Schaumverhüter verhindern bei der Lebensmittelverarbeitung auftretende unerwünschte Schäume. Benutzt werden zu diesem Zweck Silikonverbindungen und bestimmte Emulgatoren. Sie sind i. d. R. Zusatzstoffe.

Trennmittel

Trennmittel haben die Aufgabe, das Ablösen von Lebensmitteln aus Formen zu erleichtern und das Verkleben von Lebensmitteln oder Lebensmittelpartikeln untereinander zu verhindern. Angewendet werden sie hauptsächlich bei Süß- und Backwaren. Zu den Trennmitteln gehören auch Stoffe, welche die Rieselfähigkeit von Kochsalz gewährleisten, wie Kieselsäure und Silikate.

Schmelzsalze

Schmelzsalze inaktivieren das für die Stabilität des Käsegels wichtige Calcium und unterstützen dadurch den Übergang vom Paracasein-Gel zum Sol. Durch ihre Anwendung wird die Herstellung von Schmelzkäse überhaupt erst möglich. Als Schmelzsalze dienen besonders Phosphate und Citrate. Schmelzsalze sind Zusatzstoffe.

Backtriebmittel

Die wichtigsten Backtriebmittel sind Hefe und Sauerteig, die allerdings nicht zu den Lebensmittelzusatzstoffen zählen. In ähnlicher Weise, nämlich durch Freisetzen von Kohlendioxid wirken Backpulver, Mischungen aus Natriumhydrogencarbonat mit festen organischen Säuren oder sauren Salzen. Sie sind Zusatzstoffe.

Teigkonditioniermittel

Teigkonditioniermittel gehören zu den Mehlbehandlungsmitteln. Sie haben die Aufgabe, die Verarbeitung und Backeigenschaften von Teigen zu verbessern, indem sie natürliche Schwankungen der Mehlqualität regulieren. Man verwendet hauptsächlich verschiedene oxidierende oder reduzierend wirkende Verbindungen, wie Ascorbinsäure und Cysteinhydrochlorid. Sie sind Zusatzstoffe.

Bleichmittel

Bleichmittel beseitigen unerwünschte Verfärbungen von Lebensmitteln oder beugen dem Entstehen solcher Verfärbungen vor. Benutzt werden hauptsächlich Wasserstoffperoxid und Chlor. Nur wenige Lebensmittel dürfen gebleicht werden, wie z. B. Heringspräserven, bei denen die Bleichung zur Verbesserung des Aussehens beiträgt.

Trägerstoffe

Trägerstoffe werden dazu verwendet Lebensmittelzusatzstoffe zu verdünnen, zu dispergieren oder physikalisch zu modifizieren, ohne seine technologische Funktion zu verändern. Sie sollen ihre Handhabung, ihren Einsatz oder ihre Verwendung erleichtern, ohne selbst eine technologische Funktion zu haben. Trägerstoffe und Trägerlösemittel sind in einem eigenen Anhang der Richtlinie 95/2/EG gelistet.

13.4 Literatur

1. Burchard W (1985) Polysaccharide. Springer, Berlin Heidelberg New York Tokyo
2. Concon JM (1988) Food Toxicology. Marcel Dekker, New York Basel
3. Classen H-G, Elias PS, Hammes WP (2001) Toxikologisch-hygienische Beurteilung von Lebensmittelinhaltsstoffen und Zusatzstoffen. Behr, Hamburg
4. De Roviro D (2008) Dictionary of Flavours. 2. Aufl. Wiley, Chichester
5. Fülgraff G (1989) Lebensmitteltoxikologie. Ulmer, Stuttgart
6. Harris P (1990) Food Gels. Elsevier Applied Science London New York
7. Hudson BFJ (1990) Food Antioxidants. Elsevier Applied Science London New York
8. Kuhnert P (2004) Zusatzstoffe kompakt. Behr, Hamburg
9. Lück E, Jager M (1995) Chemische Lebensmittelkonservierung. 3. Aufl. Springer, Berlin Heidelberg New York Tokyo
10. Lück E, Kuhnert P (1998) Lexikon Lebensmittelzusatzstoffe. 2. Aufl. Behr, Hamburg
11. Neukom H, Pilnik W (1980) Gelier- und Verdickungsmittel in Lebensmitteln. Forster, Basel
12. Ney KH (1987) Lebensmittelaromen. Behr, Hamburg
13. O'Brien Nabors L (2001) Alternative Sweeteners. 3. Aufl. Marcel Dekker, New York Basel
14. Otterstätter G (1987) Die Färbung von Lebensmitteln, Arzneimitteln, Kosmetika. Behr, Hamburg

15. Schuster G (1985) Emulgatoren für Lebensmittel. Springer, Berlin Heidelberg New York Tokyo
16. Tucker GA, Woods LFJ (1991) Enzymes in Food Processing. Blackie, Glasgow London
17. Rosenplenter K, Nöhle U (2007) Handbuch Süßungsmittel, 2. Aufl. Behr, Hamburg
18. Ziegler E (1982) Die natürlichen und künstlichen Aromen. Hüthig, Heidelberg

Pflanzenschutzmittel

Günther Kempe

Landesuntersuchungsanstalt für das Gesundheits- und Veterinärwesen Sachsen (LUA)
Obmann der AG „Pestizide" der GDCh Fachgruppe Lebensmittelchemie,
Reichenbachstraße 71/73, 01207 Dresden
guenther.kempe@googlemail.com

14.1	**Wirkstoffgruppen**	355
14.2	**Beurteilungsgrundlagen**	357
14.2.1	Pflanzenschutzgesetz und Anwendungsverordnung	357
14.2.2	Lebensmittelrechtliche Regelungen	357
14.2.3	EG Richtlinien und Verordnungen	358
14.2.4	Probenahmerichtlinien	362
14.3	**Warenkunde**	363
14.3.1	Formulierungen	363
14.3.2	Abbau	363
14.3.3	Pflanzenschutzmittel	364
14.3.4	Rückstände in Lebensmitteln	365
14.3.5	Muttermilch	369
14.3.6	Monitoring von Rückständen	370
14.4	**Qualitätssicherung**	372
14.4.1	Probenahme	372
14.4.2	Gesetzliche Anforderungen und Vorschriften	373
14.4.3	Analytische Anforderungen in Stichpunkten	373
14.4.4	Ergebnisunsicherheit (Measurement Uncertainty) MU	375
14.4.5	Analytische Verfahren	376
14.5	**Literatur**	380

14.1 Wirkstoffgruppen

Weltweit existieren ca. 2 500 chemische Verbindungen, die der Kategorie der Pestizide, einschließlich deren Metaboliten und Abbauprodukten, zugerechnet werden können. In Europa sind ungefähr 800 Wirkstoffe für die Untersuchung relevant. Diese können in folgende Wirkstoffgruppen (Tabelle 14.1) eingeteilt werden.

Tabelle 14.1. Pestizid Wirkstoffgruppen und Beispielsubstanzen

Substanzklasse	Beispielsubstanz
Herbizide	
Alkansäuren; Phenoxyalkansäuren	2,4-D, Mecoprop-P
Benzonitrile; Hydroxybenzonitrile	Dichlobenil, Diuron; Bromoxynil
Carbamate; Thiocarbamate	Asulam; Molinate
Chloracetanilide	Acetochlor, Dimethachlor
Cyclohexadione	Clethodim, Sethoxydim
Dinitroaniline	Benfluralin, Oryzalin
Diphenylether	Acifluorfen, Aclonifen
Harnstoffe; Sulfonylharnstoffe	Terbacil; Rimsulfuron
Organophosphorverbindungen	Glyphosate
Phenylcarbamate	Desmedipham, Esprocarb
Pyridine	Clopyralid, Diflufenican
Triazine; Triazinone	Atrazin, Terbuthylazin; Hexazinone
Triazole	Amitrol
Fungizide	
Benzimidazole	Benomyl, Carbendazim, Thiabendazol
Carboxanilide	Carboxin, Mepronil
Chlorbenzole	Imazalil, Prochloraz
Dicarboximide	Iprodion, Vinclozolin, Procymidon
Dithiocarbamate	Mancozeb, Thiram
verschiedene org. Verbindungen	Chlorthalonil, Tolclofos-methyl, Fludioxonil
Morpholine	Tridemorph, Dimethomorph, Fenpropidin
Organometallische Verbindungen	Fentin
Organophosphorverbindungen	Pyrazophos, Iprobenfos
Phenylamide	Metalaxyl, Ofurace, Oxadixyl, Metalaxyl-M
Phosphide	Fosetyl
Phthalimide	Captan, Folpet, Tolylfluanid
Piperazine	Triforine
Pyridine; Pyrimidine	Pyrifenox, Fenarimol, Cyprodinil, Nuarimol
Strobilurine	Azoxystrobin, Kresoxim-methyl
Triazole	Triadimefon, Propiconazole, Myclobutanil
Insektizide	
Carbamate; Oximcarbamate	Carbaryl, Methiocarb; Methomyl
Dinitrophenole	DNOC
Harnstoffe	Diflubenzuron, Lufenuron
Juvenil Hormone	Methoprene
Organochlor Kohlenwasserstoffe	Lindan, DDT
Organophosphorverbindungen	Dichlorvos, Phosphamidon, Propetamphos
Pyrethroide	Bioallethrin, Permethrin, Cypermethrin
Pyrethroide (non-Ester)	Etofenprox, Silafluofen, Piperonylbutoxid
Thiophosphate	Dimethoat, Oxydemeton, Malathion
verschiedene org. Verbindungen	Azadirachtin, Buprofezin, Pyridaben
Akarizide	Abamectin, Azobenzen, Amitraz
Begasungsmittel (Fumigantien)	Methylbromid, PH3
Molluskizide; Nematizide	Metaldehyd, Trifenmorph
Rodentizide	Chlorphacinon, Warfarin, Zinkphosphid
Wachstumsregulatoren	Chlormequat, Daminozid, Ethephon

14.2
Beurteilungsgrundlagen

14.2.1
Pflanzenschutzgesetz und Anwendungsverordnung

Nach dem Pflanzenschutzgesetz benötigt jedes Pflanzenschutzmittel eine Zulassung durch das Bundesamt für Verbraucherschutz und Lebensmittelsicherheit (BVL), der das Bundesinstitut für Risikobewertung (BfR) und das Umweltbundesamt einvernehmlich zustimmen müssen (s. auch Kap. 4.3.2). Nach dem Pflanzenschutzmittelverzeichnis des BVL [1], das laufend im Internet aktualisiert wird, sind etwa 658 Mittel mit 1 103 verschiedenen Namen auf der Basis von 252 Wirkstoffen zugelassen [2].

Eine für den Rückstandsbereich wichtige Neuerung im Pflanzenschutzgesetz war die Indikationszulassung. Was ist eine Indikation?

Es ist das Anwendungsgebiet eines Pflanzenschutzmittels zur Bekämpfung eines bestimmten Schaderregers an einer bestimmten Kultur.

Die Indikationszulassung hat zur Folge, dass Präparate, deren Zulassung vor dem 01. Juli 2001 ausgelaufen ist, mit einem Anwendungsverbot behaftet sind! Zugelassene Pflanzenschutzmittel dürfen nur noch gemäß Zulassung oder Genehmigung eingesetzt werden. Pflanzenschutzmittel müssen für das Anwendungsgebiet zugelassen oder genehmigt sein. Damit ist der Einsatz eines Pflanzenschutzmittels ausschließlich für die jeweils deklarierte Feldkultur zugelassen. Der bisher übliche Einsatz in nicht deklarierten Nischenkulturen ist nicht mehr zulässig.

Das Pflanzenschutzgesetz wird ergänzt durch die Pflanzenschutz-Anwendungsverordnung. Bestimmte Wirkstoffe mit unerwünschten Eigenschaften sind völlig oder in bestimmten Bereichen (z. B. Wasserschutzgebiete) von der Verwendung ausgeschlossen. In der Anlage 1 dieser VO sind 42 Stoffe, wie z. B. Aldrin, DDT und Nitrofen direkt aufgelistet.

14.2.2
Lebensmittelrechtliche Regelungen

Im *LFGB* ist der § 9 „Pflanzenschutz- oder sonstige Mittel" maßgebend für den Schutz des Verbrauchers vor überhöhten Rückständen.

Wenn ein Erntegut oder ein Lebensmittel tierischer Herkunft in den Verkehr kommt, dürfen die vorhandenen Rückstände die zulässigen Rückstands-Höchstmengen nicht übersteigen, die jeweils in der gültigen Fassung der bisherigen nationalen Rückstands-Höchstmengen-Verordnung (RHmV) aufgeführt sind. Mit der Verordnung zur Änderung der Rückstands-Höchstmengenverordnung und zur Änderung der Futtermittelverordnung vom 20.8.2008 wurde der Übergang auf das neue EU Rückstands-Recht vollzogen. Danach werden Höchstmengen wie folgt definiert:

Höchstmengen, die in oder auf Lebensmitteln beim gewerbsmäßigen Inverkehrbringen nicht überschritten sein dürfen, sind ferner die in Art. 18 Abs. 1 Buchstabe a oder Buchstabe b Satz 1, jeweils auch in Verbindung mit Art. 20 Abs. 1, der VO (EG) Nr. 396/2005 des EP und des Rates vom 23. Februar 2005 über Höchstgehalte an Pestizidrückständen in oder auf Lebens- und Futtermitteln pflanzlichen und tierischen Ursprungs und zur Änderung der RL 91/414/ EWG des Rates (ABl. EU Nr. L 70 S. 1), die zuletzt durch die VO (EG) Nr. 299/2008 des EP und des Rates vom 11. März 2008 (ABl. EU Nr. L 97 S. 67) geändert worden ist, festgesetzten Werte.

Mit dieser EU VO wurden 250 bereits existierende EU-MRLs und insgesamt 850 nationale MRLs in einer einheitlichen europäischen Rechtsnorm harmonisiert.

Wenn erforderlich, sind relevante Metaboliten in die Höchstmengen einbezogen.

Besonders strenge Anforderungen gelten auch bei *diätetischen Lebensmitteln* für Säuglinge und Kleinkinder. Dem trägt auch die Novellierung der DiätV im Jahr 2004 Rechnung, die die extrem hohen Anforderungen der EG-Richtlinien [3] umsetzt. Für mehr als 30, in der Mehrheit phosphororganische Wirkstoffe, gelten Grenzwerte zwischen 0,003 und 0,008 mg/kg. Diese Höchstgehalte sind somit nochmals um mindestens 50% reduziert worden gegenüber der bis 2004 geltenden generellen Höchstmenge von 0,01 mg/kg.

14.2.3
EG Richtlinien und Verordnungen

Eine zusammenfassende Übersicht aller gesetzlichen Regelungen der EG auf dem Gebiet der Pflanzenschutzmittel wird durch das automatische System CONSLEG auf der EU-Website bereitgestellt [4].

Auf europäischer Ebene gibt es die „rechtlichen Regelungen der EG zu Pflanzenschutzmitteln und deren Wirkstoffen". Diese Richtlinie des Rates vom 15.07.1991 über das Inverkehrbringen von Pflanzenschutzmitteln (91/414/EWG) ist wichtig, um Handelshemmnisse und Unterschiede in Vorschriften für den europäischen Binnenmarkt zu minimieren. Die Liste der aktuellen Dokumente die RL 91/414 betreffend, wird ständig aktualisiert und ist im Internetangebot des BVL erhältlich [5].

Bis zum Jahr 2005 war im Fall der Rückstände von Pflanzenschutzmitteln das Regelungsinstrument die Richtlinie, die in nationales Recht umgesetzt werden muss.

EG VO über Höchstgehalte an Pestizidrückständen

Am 23.02.2005 hat die EG-Kommission eine Verordnung des Europäischen Parlaments und des Rates über Höchstwerte für Pestizidrückstände in Erzeugnissen pflanzlichen und tierischen Ursprungs (EG-RHM-VO) vorgelegt.

Mit dieser VO sollen die vier geltenden Richtlinien des Rates über *Rückstandshöchstwerte* (Maximum Residue Limits – *MRL*) für Pflanzenschutzmittel ersetzt werden. Mit Inkrafttreten dieser Verordnung werden demnach sämtliche MRL-Werte für Pflanzenschutzmittel harmonisiert. Dies bedeutet, dass MRL-Werte nach einer entsprechenden Übergangsfrist künftig nur auf Gemeinschaftsebene festgesetzt werden können.

Ziel dieses Vorschlages war die Konsolidierung und Vereinfachung der geltenden Rechtsvorschriften im Bereich der Pestizidrückstände. Die Verordnung ist in 10 Kapitel untergliedert, mit 50 Artikeln sowie 8 Anhängen. Neben dem Regelungsgegenstand, Geltungsbereich und Definitionen werden Gemeinschaftsverfahren für Anträge zur Festsetzung oder Änderung von MRL-Werten festgelegt.

Von besonderer Bedeutung ist Art. 18, der die Einhaltung von *Rückstandshöchstgehalten* definiert:

(1) Unter Anhang I fallende Erzeugnisse dürfen ab dem Zeitpunkt ihres Inverkehrbringens als Lebensmittel oder Futtermittel beziehungsweise ihrer Verfütterung an Tiere keine Pestizidrückstände enthalten, die folgende Werte überschreiten:
   a) die in den Anhängen II und III festgelegten Rückstandshöchstgehalte für diese Erzeugnisse;
   b) bei Erzeugnissen, für die in den Anhängen II oder III kein spezifischer Rückstandshöchstgehalt festgelegt ist, sowie für nicht in Anhang IV aufgeführte Wirkstoffe 0,01 mg/kg, es sei denn, dass unter Berücksichtigung der verfügbaren routinemäßigen Analysemethoden unterschiedliche Standardwerte für einen Wirkstoff festgelegt worden sind. Diese Standardwerte sind in Anhang V aufzuführen.

Darüber hinaus sind entsprechende MRL-Werte für Erzeugnisse pflanzlichen und tierischen Ursprungs sowie ihre Wirkstoffe aufgelistet und in den Anhängen II–IV definiert.

Der Inhalt der Anhänge gliedert sich wie folgt:

Anhang I – Liste der geregelten Lebensmittel: Umfasst 315 Lebensmittel in 10 Gruppen von Erzeugnissen, für die Rückstandshöchstgehalte festgelegt sind, sowie andere Erzeugnisse, für die insbesondere wegen der Bedeutung dieser Erzeugnisse für die Ernährung der Verbraucher beziehungsweise für den Handel harmonisierte Rückstandshöchstgehalte gelten sollen. Zu den 190 bereits in RL geregelten Lebensmitteln sind weitere 125 neue Lebensmittel wie z. B. Kakao, Kaffee, Zuckerpflanzen sowie seltene Lebensmittel wie Kassava und Lupinen hinzugekommen [6]. Weiterhin nicht geregelt sind Fische und Futterpflanzen, hier gilt die alte RHmV fort.

Anhang II – bereits existierende EU MRLs: Umfasst 45 000 MRL-Werte für 245 Wirkstoffe in Erzeugnissen pflanzlichen und tierischen Ursprungs, gemäß Art. 18 die aus den Anhängen der Richtlinien 86/362/EWG, 86/363/EWG und 90/642/EWG übernommen worden sind [7, 8].

Anhang III – *Temporäre MRLs*: Dieser Annex ist in Teil A und Teil B gegliedert.

Teil A umfasst 226 Wirkstoffe mit 70 000 vorläufigen MRL-Werten für Wirkstoffe, für die in den RL 86/362/EWG, 86/363/EWG und 90/642/EWG keine Rückstandshöchstgehalte festgelegt wurden.

Teil B enthält 245 Wirkstoffe mit 30 000 vorläufigen MRLs für Erzeugnisse, die nicht in Anhang I der RL 86/362/EWG, 86/363/EWG und 90/642/EWG aufgeführt sind [7, 8].

Anhang IV – Liste von Wirkstoffen von Pflanzenschutzmitteln, die im Rahmen der RL 91/414/EWG bewertet worden sind und für die keine Rückstandshöchstgehalte erforderlich sind.

Anhang V – *noch nicht existent*: Liste von Standardwerten für die nicht der Standardwert von 0,01 mg/kg gilt. Diese Liste wird es in der geplanten Form wohl nie geben, da diese Standardwerte mit (*) bereits mit in die Anhänge II–III integriert worden sind (Definition siehe dort).

Anhang VI – *noch nicht existent*: Spezifische Konzentrations- und Verdünnungsfaktoren, die im Anschluss an eine Bewertung im Rahmen der RL 91/414/EWG festgelegt oder im Anschluss an eine Entscheidung der Kommission im Rahmen der RL 91/414/EWG entwickelt werden sollen.

Anhang VII – *Begasungsmittel*: Wirkstoff-Erzeugnis-Kombinationen nach Art. 18 Absatz 3. Enthält eine Liste der Wirkstoff-Erzeugnis-Kombinationen, für die eine Ausnahmeregelung hinsichtlich der Behandlung mit einem Begasungsmittel nach der Ernte gilt. Hier sind die Wirkstoffe Phosphorwasserstoff, Aluminiumphosphid, Magnesiumphosphid und Sulfurylfluorid genannt, für die die Mitgliedstaaten Ausnahmeregelungen auf ihrem Hoheitsgebiet treffen können (VO (EG) Nr. 260/2008) [9].

Zusammengesetzte oder weiterverarbeitete Lebensmittel

Artikel 20 regelt Rückstandshöchstgehalte für verarbeitete und/oder zusammengesetzte Erzeugnisse.

(1) Sind für verarbeitete und/oder zusammengesetzte Lebens- oder Futtermittel in den Anhängen II oder III keine Rückstandshöchstgehalte festgelegt, so gelten die Rückstandshöchstgehalte, die in Art. 18 Absatz 1 für das unter Anhang I fallende entsprechende Erzeugnis festgelegt sind, wobei durch die Verarbeitung und/oder das Mischen bewirkte Veränderungen der Pestizidrückstandsgehalte zu berücksichtigen sind.

Die EU Gesetzgebung sieht bisher keinen Ausschluss der Berechnung des Standardwertes von 0,01 mg/kg für nicht in den Anlagen II–III genannte Wirkstoffe vor, diese Hochrechnung mit einem Verarbeitungsfaktor war in der RHmV für 0,01 explizit verboten. Das bedeutet, dass der RHG von 0,01 mg/kg für ein frisches Erzeugnis für das gleiche getrocknete Produkt auf einen berechneten Wert von beispielsweise 0,09 mg/kg steigen kann, wenn als Trocknungsfaktor 90% angenommen wird. Es bleibt abzuwarten, ob diese Regelung in der Zukunft Bestand haben wird.

Im Art. 3 werden folgende **Definitionen** eingeführt:

a) *„gute Agrarpraxis"* (GAP) eine auf nationaler Ebene empfohlene, zugelassene oder registrierte unbedenkliche Verwendung von Pflanzenschutzmitteln unter realen Bedingungen auf jeder Stufe der Produktion, der Lagerung, der Beförderung, des Vertriebs und der Verarbeitung von Lebens- und Futtermitteln. Dazu gehört auch die Anwendung der Grundsätze der integrierten Schädlingsbekämpfung in einer bestimmten Klimazone gemäß der RL 91/414/EWG sowie die Verwendung einer möglichst geringen Menge an Pestiziden und die Festsetzung von Rückstandshöchstgehalten/vorläufigen Rückstandshöchstgehalten auf dem niedrigsten Niveau, das es ermöglicht, die gewünschte Wirkung zu erreichen. Das ALARA-Prinzip (ALARA = as low as reasonable achievable) wird hier eingeführt (zu ALARA s. auch Kap. 17.2)

b) *„kritische GAP"* diejenige GAP, die in den Fällen, in denen es mehr als eine GAP für eine Wirkstoff-/Erzeugnis-Kombination gibt, zu den höchst zulässigen Werten für Pestizidrückstände in einer behandelten Kultur führt und die Grundlage für die Festlegung des Rückstandshöchstgehalts darstellt. Diese Definition ist notwendig, um eine EG-weit harmonisierte Höchstmenge festzusetzen. In diesem Fall kommen die Anwendungen der Mitgliedstaaten, die alle den Erfordernissen der guten Agrarpraxis entsprechen, zusammen. Aus diversen Gründen ist diese aber nicht identisch in den 27 Mitgliedstaaten. Es gilt nun aus diesen Angaben, ggf. getrennt für das nördliche und das südliche Europa, jene GAP herauszufiltern, die vermutlich zu den höchsten Rückständen führt, die kritische GAP. Zu dieser GAP wird die Rückstandssituation bewertet und dies bildet dann die Grundlage für die Höchstmenge, ggf. nach Vergleich der Ergebnisse einer Bewertung im nördlichen und südlichen Europa [10].

c) *„Pestizidrückstände"* Rückstände, auch von derzeit oder früher in Pflanzenschutzmitteln im Sinne von Art. 2 Nr. 1 der RL 91/414/EWG verwendeten Wirkstoffen und ihren Stoffwechsel- und/oder Abbau- bzw. Reaktionsprodukten, die in oder auf den unter Anhang I dieser Verordnung fallenden Erzeugnissen vorhanden sind, darunter auch insbesondere die Rückstände, die von der Verwendung im Pflanzenschutz, in der Veterinärmedizin und als Biozidprodukt herrühren können.

d) *„Rückstandshöchstgehalte"* (RHG) die höchste zulässige Menge eines Pestizidrückstands in oder auf Lebens- oder Futtermitteln.

e) *„CXL"* einen von der Codex-Alimentarius-Kommission festgelegten Rückstandshöchstwert.

f) *„Bestimmungsgrenze"* die validierte geringste Rückstandskonzentration, die im Rahmen der routinemäßigen Überwachung nach validierten Methoden quantifiziert und erfasst werden kann.

g) „*Einfuhrtoleranz*" einen für eingeführte Erzeugnisse festgelegten Rückstandshöchstgehalt, wenn
   - die Verwendung dieses Wirkstoffs in einem Pflanzenschutzmittel an einem bestimmten Erzeugnis in der Gemeinschaft nicht zugelassen ist oder
   - ein geltender gemeinschaftlicher Rückstandshöchstwert nicht ausreicht, um den Erfordernissen des internationalen Handels gerecht zu werden.
h) „*Eignungsprüfung*" einen vergleichenden Test, bei dem mehrere Laboratorien Analysen an identischen Proben durchführen und der somit eine Bewertung der Qualität der von den einzelnen Laboratorien durchgeführten Analysen ermöglicht.
i) „*akute Referenzdosis*" (*ARfD*) die geschätzte Menge eines Stoffs in einem Lebensmittel, ausgedrückt mit Bezug auf das Körpergewicht, die nach dem Kenntnisstand zum Zeitpunkt der Bewertung ohne nennenswertes Risiko für die Gesundheit des Verbrauchers über einen kurzen Zeitraum – normalerweise bei einer Mahlzeit oder an einem Tag aufgenommen werden kann.
j) „*vertretbare Tagesdosis*" die geschätzte Menge eines Stoffes in einem Lebensmittel, ausgedrückt mit Bezug auf das Körpergewicht, die nach dem Kenntnisstand zum Zeitpunkt der Bewertung ein Leben lang täglich ohne nennenswertes Risiko für die Gesundheit des Verbrauchers aufgenommen werden kann.

Im Absatz (22) der VO ist die in Deutschland schon lange praktizierte Verfahrensweise zur Festsetzung von RHG an der unteren analytischen Bestimmungsgrenze von 0,01 mg/kg, übernommen worden. Wirkstoffe mit diesem „Nulltoleranz-Wert" von 0,01 mg/kg werden in den Anhängen II–III aufgelistet.

Im Art. 28 (3) ist festgelegt, dass alle Laboratorien, die Proben für die amtliche Kontrolle von Pestizidrückständen analysieren, sich der in Art. 36 Absatz 1 genannten gemeinschaftlichen Eignungsprüfung für Pestizidrückstände, die von der Kommission durchgeführt wird, unterziehen.

Eine *Chronologische Übersicht* über Rechtliche Regelungen und Arbeitsdokumente im Rahmen der RL 91/414/EWG des Rates über das Inverkehrbringen von Pflanzenschutzmitteln sowie die Prüfung und Bewertung von Wirkstoffen ist auf der Homepage des BVL abrufbar. Diese Übersicht wird halbjährlich aktualisiert [11].

14.2.4
Probenahmerichtlinien

Eine ganz wesentliche Voraussetzung für den Erhalt vergleichbarer Analysenergebnisse und die damit im Zusammenhang stehende einheitliche Beurteilung von Lebensmitteln ist eine definierte Probenahme. Mit der RICHTLINIE 2002/63/EG DER KOMMISSION vom 11. Juli 2002 zur Festlegung gemeinschaftlicher Probenahmemethoden zur amtlichen Kontrolle von Pestizidrückständen in und auf Erzeugnissen pflanzlichen und tierischen Ursprungs und zur

Aufhebung der RL 79/700/EWG ist hierfür in allen Mitgliedstaaten eine Grundvoraussetzung bereits zur gesetzlichen Realität geworden [12].

Diese Probenahmeverfahren zur Kontrolle der Einhaltung der Höchstwerte (maximum residue levels – MRL) für Pestizidrückstände sind bereits von der Codex-Alimentarius Kommission ausgearbeitet und vereinbart worden. Besonders hervorzuheben ist die in dieser RL genau vorgeschriebene Art der Probenahme und die besondere Bedeutung, die der Einhaltung der geforderten, repräsentativen Probemenge beigemessen wird. Nur die akribische Beachtung dieser Anforderungen erlaubt eine „gerichtsfeste" Beurteilung von Rückstandshöchstgehalten.

14.3
Warenkunde

Pflanzenschutzmittel (Pestizide) werden sowohl in der Landwirtschaft als auch im übrigen Verkehr mit Lebensmitteln in großem Umfang angewendet, um Kulturpflanzen und Erntegüter vor Schädlingen, Krankheiten oder anderen negativen Einflüssen zu bewahren.

14.3.1
Formulierungen

Bei allen Pflanzenschutzmitteln wird nicht der reine Wirkstoff angewendet, sondern eine Zubereitungsform (Formulierung), die man mit entsprechenden Geräten und Verfahren ausbringt. Zur Anwendung in fester Form dienen Stäubemittel, Streumittel oder Granulate. Spritzmittel sind feste oder flüssige Konzentrate, die zur Anwendung mit Wasser verdünnt und als Lösungen, Emulsionen oder Suspensionen gespritzt, versprüht oder vernebelt werden. Die Formulierungshilfsstoffe (Emulgatoren, Dispergier- oder Netzmittel, Haftstoffe, Stabilisatoren usw.) können die Wirkung erheblich beeinflussen. In Gewächshäusern oder Silos kommen auch das Räuchern oder Begasen in Frage. Waren noch vor 10 Jahren Aufwandmengen von mehreren kg reinem Wirkstoff pro Hektar notwendig, so sind diese heute bei neuen, hochwirksamen Pestiziden auf ein Kilogramm und weniger zurückgegangen. Diese Tendenz reduziert deutlich den Rückstandsgehalt vieler Rohstoffe.

14.3.2
Abbau

Bald nach dem Ausbringen eines Pflanzenschutzmittels geht ein beträchtlicher Anteil des Wirkstoffes von der Oberfläche der behandelten Pflanzen verloren. Daran beteiligt sind Witterungseinflüsse sowie hydrolytische und oxidative Abbaureaktionen. Die Konzentration des Wirkstoffes wird außerdem durch Zuwachs an Pflanzenmasse geringer. Der Anteil, der in das Innere der Pflanze gelangt, wird dort in die Stoffwechselvorgänge einbezogen und durch die pflanzeneigenen Enzyme umgewandelt und abgebaut. Wie rasch diese Reaktionen ablaufen und welche Umwandlungsprodukte (Metaboliten) gebildet werden, hängt maßgeblich von der chemischen Struktur des Wirkstoffes und der Physiologie der Pflanze ab. Ester werden im Allgemeinen relativ rasch durch Hydrolyse gespalten. Besonders stabil waren die früher verwendeten Organochlor-Pestizide, die sich in der Umwelt angereichert haben und deshalb schon lange nicht mehr verwendet werden dürfen. Aber auch manche Herbizide (z. B. Atrazin) werden nur langsam abgebaut und können deshalb in das Grundwasser gelangen.

Manche Metaboliten (z. B. Omethoat als Metabolit von Dimethoat bzw. der Fipronil Metabolit Fipronildesulfinyl) können toxischer sein als der ausgebrachte Wirkstoff und müssen dann sowohl in die zulässigen Höchstmengen als auch in die Rückstandskontrollen einbezogen werden. Gelegentlich kann ein bedenkliches Abbauprodukt erst bei der späteren Verarbeitung eines Erntegutes entstehen, z. B. Ethylenthioharnstoff beim Erhitzen aus Dithiocarbamat-Fungiziden. In den meisten Fällen haben die Metaboliten keine physiologische Wirkung mehr.

14.3.3
Pflanzenschutzmittel

Pflanzenschutzmittel werden in drei große Gruppen eingeteilt. Herbizide, Insektizide und Fungizide. Daneben gibt es weitere Stoffgruppen (siehe Tabelle 14.1 Wirkstoffgruppen), die aber nur einen sehr geringen Marktanteil bei den Pestiziden insgesamt ausmachen.

Insektizide
Nur etwa 5–8% der Wirkstoffe sind Insektizide, die Schäden durch Insektenbefall als Fraß-, Atem- oder Kontaktgift verhindern sollen. Die toxikologisch bedenklichsten Wirkstoffgruppen sind die Organophosphorsäureester (z. B. Parathion) und die Gruppe der N-Methylcarbamate (z. B. Propoxur und Methomyl – beide in Deutschland verboten), die das Nervensystem der Insekten durch Hemmung der Acetylcholinesterase lähmen. Sie sind deshalb auch für den Menschen toxisch und erfordern besondere Vorsichtsmaßnahmen bei der Anwendung. Hohe Bedeutung haben auch die als sehr bedenklich geltenden Pyrethroide (Deltamethrin, Cypermethrin, Esfenvalerat), die nur sehr geringe Aufwandmengen benötigen.

Fungizide
Fungizide machen etwa ein Drittel des Pflanzenschutzmittel-Einsatzes aus, Tendenz steigend. Sie werden vorbeugend ausgebracht, um die Pflanzen vor Pilzkrankheiten (z. B. Mehltau, Rost, Schorf und Fäule) zu schützen. Häufig ver-

wendet werden die praktisch unlöslichen und sehr preiswerten Dithiocarbamate (z. B. Maneb, Mancozeb) sowie zahlreiche „systematisch" wirkende Stoffe. Sie können sich mit dem Saftstrom innerhalb der Pflanze verteilen und wirken deshalb auch dann noch gegen Pilze, wenn diese bereits in das Gewebe der Pflanze eingedrungen sind. Hierzu gehört die große Gruppe der Azole. Ihr wesentlicher Vorzug besteht darin, dass Azole kurativ eingesetzt werden können. Brisanz erlangt der flächendeckende Einsatz dieser Stoffe durch die Tatsache, dass chemisch sehr ähnliche Vertreter aus dieser Stoffgruppe auch als Medikamente intensiv genutzt werden.

Resistenzbildung und Einschränkung der Wirksamkeit – bei pflanzenpathogenen Pilzen gegenüber Fungiziden und bei humanpathogenen Pilzen gegenüber Antimykotika – sind bekannte natürliche Phänomene. Daher ist heute der Einsatz von Pilzbekämpfungsmitteln ohne vorherige Abklärung des Resistenzrisikos nicht mehr denkbar, weder in der Landwirtschaft, noch in der Medizin. Fungizide dienen auch zur Beizung von Saatgut, hier haben toxikologisch relativ unbedenkliche Substanzen die hochtoxischen organischen Quecksilberverbindungen komplett abgelöst.

Herbizide
Der Hauptanwendungsbereich von Herbiziden liegt im Ackerbau. Da der Getreideanbau 59% der Ackerfläche einnimmt, wird der Umfang der Herbizidanwendung vor allem vom Getreidebau bestimmt. Mais und Zuckerrüben werden zur Einsparung eines hohen Pflegeaufwandes zu mehr als 90% mit Herbiziden behandelt. Auch im Raps- und Kartoffelbau werden Herbizide angewendet, wogegen die Anwendung im Grünland nur von geringer Bedeutung ist. Als sogenannte selektiv wirkende Herbizide sollen sie das Wachstum von zweikeimblättrigen Pflanzen in einkeimblättrigen Kulturen eindämmen. Außerdem erleichtern sie den Einsatz von landwirtschaftlichen Maschinen zur Bodenbearbeitung und zur Ernte. Die wichtigsten Wirkstoffe gehören zu den Chlorphenoxycarbonsäuren (z. B. 2,4-D, MCPA), Phenylharnstoffen (z. B. Rimsulfuron, Lufenuron) und 1,3,5-Triazinen (Pymetrozin, Terbuthylazin).

Totalherbizide (wie z. B. Glyphosat) dienen zum Vernichten der gesamten Vegetation auf Wegen, Plätzen oder Bahngleisen.

14.3.4
Rückstände in Lebensmitteln

Das EU-Schnellwarnsystem für Lebens- und Futtermittel (Rapid Alert System for Food and Feed RASFF) verbindet die nationalen Behörden in einem Netz, das dem Informationsaustausch über Maßnahmen gegen potenzielle Gesundheitsrisiken bei Lebens- und Futtermitteln dient. Wird ein Stoff, der z. B. nach Gemeinschaftsrecht in Lebensmitteln verboten ist, im Rahmen der Lebensmittel- oder Futtermittelkontrolle ermittelt, dann erfolgt eine Meldung über RASFF (s. dazu auch Kap. 1.6, 3.3.2, 4.2). Jede Woche wird ein Bericht mit Informationen über alle Warnmeldungen veröffentlicht und ins Netz gestellt. Genannt werden die Art des Produkts und das festgestellte Problem, der Ursprung des Produkts und der meldende Mitgliedsstaat [13].

Pflanzliche Lebensmittel

Bei pflanzlichen Lebensmitteln stammen Rückstände von Pflanzenschutzmitteln in der Regel direkt aus Pflanzenschutzmaßnahmen beim Anbau der Kulturpflanzen oder aus einer Behandlung des Erntegutes im Rahmen des Vorratsschutzes. Rückstände können aber auch auf indirektem Wege entstehen. Beispielsweise kann ein Wirkstoff, der noch aus einer früheren Maßnahme im Boden vorhanden ist, von einer Folgekultur aufgenommen werden. Weitere Sekundäreffekte sind die Abdrift bei der Behandlung eines Nachbarfeldes, Abtropfen von behandelten Obstbäumen in darunter angebauten Kulturen oder beispielsweise durch Bienenflug in eine von der Vorblütespritzung indirekt betroffene Wildkultur (Löwenzahn). Die ungenügende Reinigung eines Silos vor einer Neueinlagerung hat im Jahr 2002 den spektakulären Nitrofen-Skandal ausgelöst [14].

Infolge immer länger werdender Transportwege, erlangt die Nacherntebehandlung insbesondere von Obst, zunehmend an Bedeutung. Der damit verbundene vermehrte Einsatz von Fungiziden wird in einer zunehmenden Anzahl positiver Befunde bei den Nacherntebehandlungsmitteln (z. B. Carbendazim, o-Phenylphenol, Diphenylamin) sichtbar.

Bedingt durch die Anwendung modernerer, hochempfindlicher Analysenverfahren ist die Beanstandungsrate bei Höchstmengenüberschreitungen, vor allem bei Obst und Gemüse, von früher 3% auf teilweise über 10% angestiegen [15].

Als bedenklich ist auch die Tatsache einzustufen, dass Mehrfachüberschreitungen bzw. Mehrfach-Funde von Pestiziden in einer Probe stark zugenommen haben. Als Ursache für diese Tendenz ist der, infolge wachsender Resistenzprobleme, notwendige kombinierte Einsatz von mehreren Pestiziden auf der einen Seite und die bereits erwähnte bessere „Trefferausbeute" bei der Bestimmung von Pestiziden sowie die durch den technischen Fortschritt um den Faktor 10 niedrigere Bestimmungsgrenze moderner Analysensysteme auf der anderen Seite, verantwortlich zu machen.

Obst und Gemüse

In den letzten vier Jahren enthielten 66% der einheimischen Gemüse-Produkte keine bestimmbaren Rückstände, bei ausländischer Ware war dieser Anteil mit 48% erheblich geringer. Insgesamt waren 57% aller untersuchten Gemüseproben ohne bestimmbare Rückstände. Bei Obst war dagegen nur etwas mehr als ein Drittel aller Proben ohne bestimmbare Rückstände. Der höhere Anteil an Höchstmengenüberschreitungen bei Importwaren ist zumindest teilweise darauf zurückzuführen, dass für in Deutschland nicht zugelassene Wirkstoffe oft besonders niedrige Höchstmengen nahe der analytischen Bestimmungsgrenze der Wirkstoffe (0,01 mg/kg) festgelegt sind. Nach den jährlichen Meldungen von Höchstmengen-Überschreitungen aus den Ländern an den Bund war der niedrigste rechtsverbindliche Grenzwert von 0,01 mg/kg bei 25% der gemeldeten Höchstmengenüberschreitungen die Basis. Weitere 15% lagen über der Höchstmenge von 0,02 mg/kg und nur bei etwa einem Drittel der Proben mit überhöhten Rückständen war die Höchstmenge größer als 0,05 mg/kg [16].

Getreide
Verglichen mit Obst sind Partien von Weizen und Roggen aus konventionell oder auch integrierter Erzeugung praktisch frei von Pflanzenschutzmittelrückständen. Im Monitoring-Programm der Bundesrepublik Deutschland wurden bislang keine Proben mit Höchstmengenüberschreitung gefunden. Etwa 2 bzw. 7% der Weizen- bzw. Roggenproben wiesen Werte unterhalb der Höchstmenge auf.

Tierische Lebensmittel

Der Gehalt an schwer abbaubaren (persistenten) und lipophilen Organochlor-Pestiziden im Fettanteil fast aller Lebensmittel tierischer Herkunft hat in den vergangenen 10 Jahren deutlich abgenommen. Heute sind DDT und seine Metaboliten, Dieldrin, Hexachlorbenzol oder Toxaphen praktisch nur noch in den Endgliedern der Nahrungskette, wie z. B. Fisch (insbesondere Raubfische) nachweisbar. Eine zweite, häufige Kontaminationsquelle stellen Futtermittel dar, die Rohstoffe aus Ländern enthalten, in denen diese Verbindungen noch im Pflanzenschutz zugelassen sind. Selbst wenn die Gehalte in diesen Rohstoffen so niedrig sind, dass sie die Höchstmengen für Futtermittel nicht übersteigen, werden die Wirkstoffe und ihre Metaboliten im Körperfett der Nutztiere gespeichert. Davon betroffen sind aber fast ausschließlich Wildtiere und Seefische. Nur wenn die typischen Haustiere wie Rind, Schwein oder Geflügel intensiv mit kontaminiertem Futter gefüttert werden, reichern sich Spuren dieser persistenten Stoffe auch in den herkömmlichen Nutztieren an. In Einzelfällen kann ein tierisches Lebensmittel auch Rückstände eines Wirkstoffes enthalten, der kurz zuvor bei einer Hygienemaßnahme (z. B. Insektenbekämpfung im Stall) oder direkt am Tier, als Ektoparasitikum, angewendet wurde.

Milch
Rückstände lange verbotener Pflanzenschutzmittel, Beizmittel und Silolacke (z. B. DDT, DDE und PCB) können in geringeren Mengen in Milch vorkommen, Rückstände von aktuell im Einsatz befindlichen, nicht persistenten Mitteln, werden von den Tieren metabolisiert und deshalb nicht mehr nachgewiesen.

Eier

Durch Auslaufmaterial (z. B. Holzspäne, Stroh) oder kontaminiertes Futter können Hennen Schadstoffe aufnehmen, die in das Ei gelangen könnten. Damit verbunden ist auch eine zum Futter zusätzliche geringfügig höhere Aufnahme an Dioxin, besonders in Dioxin-belasteten Gebieten (Bodenhaltung). Bisher ist eine davon ausgehende Gesundheitsgefährdung der Verbraucherinnen und Verbraucher nicht belegt.

Fleisch und Fleischerzeugnisse

Untersuchungsergebnisse für Rückstände von Pestiziden und Tierarzneimitteln werden neben dem Monitoring-Programm zusätzlich auch für den Nationalen Rückstandskontrollplan (NRKP, s. auch 15.2.4 und 15.4.4) gesammelt. Die Probenahme für den NRKP erfolgt zielorientiert, d. h. es wird z. B. Hinweisen auf Missbrauch nachgegangen. Die zu erwartende Zahl positiver Proben ist also höher als bei rein statistischen Beprobungsplänen. Die untersuchten Proben stammen aus landwirtschaftlichen Betrieben und aus Schlachthöfen.

Fisch und Fischerzeugnisse

In Seefischen sind regelmäßig geringe Gehalte an Organochlor-Pestiziden nachweisbar, begleitet von polychlorierten Biphenylen (PCB siehe 16.3.3), die ebenso persistent und lipophil sind. Beide Stoffgruppen sind als Verunreinigungen in geringsten Konzentrationen weltweit verbreitet und werden im Verlauf der maritimen Nahrungskette von Fischen in ihrem Fettanteil angereichert.

Karpfen werden in Deutschland zumeist in konventionell-extensiv arbeitenden Betrieben erzeugt. Dagegen wird die konventionelle Forellenzucht auf hohem Intensitätsniveau betrieben. Zum Einsatz von Wachstumsförderern (Antibiotika, Hormone) kommt es nicht, weil diese bei Forellen keine Wirkung haben und außerdem innerhalb der EG verboten sind. Die Besatzdichte ist bei der konventionellen Produktion jedoch hoch, so dass die Fische als Folge davon durch Krankheiten weit stärker gefährdet sind. Als Konsequenz daraus resultiert ein höherer Tierarzneimitteleinsatz. *Pflanzenschutzmittel*, Schwermetalle und Umweltkontaminanten werden über die Nahrung und über das Wasser aufgenommen und sind sowohl in ökologisch als auch in konventionell erzeugten Fischen nachweisbar. Zulässige Höchstmengen werden jedoch selten überschritten. Es ist davon auszugehen, dass die bei Fischen nachgewiesenen Pflanzenschutzmittelgehalte aus der Nutzung dieser Stoffe im konventionellen Pflanzenbau stammen und sich über deren Eintrag in Grundwasser und Oberflächengewässer erklären lassen [17].

Trinkwasser

In Trinkwasser, dem wichtigsten und nicht ersetzbaren Lebensmittel, sind Pflanzenschutzmittel-Rückstände besonders unerwünscht.

Bei intensivem Einsatz von Pflanzenschutzmitteln können auch Anteile der Wirkstoffe von den behandelten Flächen in Oberflächengewässer gespült werden. Sie gehen u. U. in daraus gewonnenes Trinkwasser über, wenn sie nicht bei der üblichen Bodenpassage durch Uferfiltration oder Grundwasseranreicherung zurückgehalten werden. Häufig handelt es sich hierbei um leicht wasserlösliche Herbizide, die im Ackerbau im großen Umfang eingesetzt werden. Vom Umweltbundesamt sind 2001 folgende 20 am häufigsten gefundene Pestizide analysiert worden; die Zahlenangaben beziehen sich auf den Prozentsatz der positiven Proben mit eingehaltenem Grenzwert.

Bentazon (99,5), Diuron (99,4), 2,6-Dichlorbenzamid (97,8), Desisopropylatrazin (99,7), Mecoprop (99,5), Desethylterbuthylazin (99,8), Terbuthylazin (99,9), Isoproturon (99,8), Metalaxyl (99,8), Chloridazon (99,8), Metolachlor (99,9).

Die neun Wirkstoffe Desethylatrazin (99,6), Atrazin (98,2), Bromacil (97,9), Hexazinon (99,3), 1,2-Dichlorpropan (91,1), Simazin (99,7), Ethidimuron (94,7), Propazin (99,8), Lenacil (98,7) wurden 2001 als verbotene Wirkstoffe bzw. Abbauprodukte eingestuft. Infolge des Einsatzes hochmoderner Analysentechnik konnten in den letzten Jahren auch die Metabolite Chloridazon-desphenyl, Chloridazon-desphenyl-methyl sowie die Abbauprodukte der Wirkstoffe Chlorthalonil (R417888), Diemethachlor (CGA354742), Metazachlor (BH479-4) und Tritosulfuron (BH635M1) im Trinkwasser aufgespürt werden.

14.3.5
Muttermilch

Der menschliche Organismus speichert lipophile Organochlor-Verbindungen (OC) im Fettgewebe. Da der Mensch am Ende der Nahrungskette steht, sind die Gehalte jedoch wesentlich höher als bei Nutztieren oder Fischen. Aus diesem Fettdepot gibt die stillende Mutter einen Teil der OC oder PCB mit dem Fettanteil der Muttermilch an den Säugling ab.

Die in der Muttermilch untersuchten Pestizide aus der Gruppe der OrganochlorVerbindungen zeichnen sich durch einen extrem langsamen Abbau aus und haben zu einer hohen Anreicherung in der Umwelt, den Nahrungsketten, bis hin zum menschlichen Organismus geführt. Obwohl die Herstellung und Anwendung der Substanzen in der Bundesrepublik Deutschland schon seit vielen Jahren verboten sind, lassen sie sich immer noch in der Muttermilch nachweisen.

In Muttermilch von Frauen aus Westeuropa ist eine höhere PCB-Konzentration zu finden, als bei Müttern aus der ehemaligen DDR und Osteuropa. Für in der BRD-West geborene Mütter ergibt sich im Vergleich mit Müttern aus der ehemaligen DDR ein ähnliches Bild. PCB fanden in der ehemaligen DDR keinen besonders starken Einsatz, was sich in den geringeren PCB-Konzentrationen der Muttermilch widerspiegelt. Im Gegensatz hierzu finden sich für Frauen aus der ehemaligen DDR und Osteuropa höhere DDT-Konzentrationen in der Muttermilch im Vergleich zu den Müttern aus Westeuropa bzw. der BRD-West. Insbesondere in der ehemaligen DDR wurde DDT noch bis 1989 in der Forstwirtschaft eingesetzt, während es in der BRD-West seit 1972 verboten ist. Für β-HCH finden sich für Mütter aus Osteuropa höhere Konzentrationen in der Muttermilch als für Frauen aus der ehemaligen DDR und Westeuropa. Diese regionalen Unterschiede sind seit einigen Jahren stark im Rückgang begriffen.

Seit 1992 wurde auch eine neue Stoffgruppe in Muttermilch entdeckt. Diese Nitromoschusverbindungen, zu denen z. B. das Moschus-Xylol oder Moschus-Keton gehören, finden Verwendung als Duftstoffe in Kosmetika, Wasch- und Körperpflegemitteln. Nachdem Moschus-Xylol und Moschus-Keton Anfang der 90er Jahre in der Nahrungskette, im Trinkwasser und in der Muttermilch nachzuweisen waren, kam es im Vorfeld gesetzlicher Regelungen zu einem freiwilligen Verzicht, insbesondere von Moschus-Xylol.

Auch Phthalate werden seit einigen Jahren in Muttermilch gefunden. Wegen ihrer vielseitigen Verwendung sind sie nahezu überall anzutreffen. Sie werden in großen Mengen als Weichmacher eingesetzt und sind vor allem in PVC-Produkten zu finden. Sie kommen unter anderem in Infusionssystemen, Regenbekleidung, Lebensmittelverpackungen als auch in Farben und Klebern vor. In Innenräumen gasen sie aus Phthalat-haltigen Produkten (z. B. Folien, Dichtungsmassen) aus und lagern sich im Hausstaub ab. Die Aufnahme erfolgt in erster Linie über die Haut, die Atmung und vor allem über die Nahrung, im Speziellen über fettreiche Nahrungsmittel, welche Phthalate aus Verpackungen anreichern.

In den letzten Jahren sind neben den in der Muttermilch bereits bekannten Fremdstoffen neue hinzugekommen. So sind in einer Studie beispielsweise UV-Filtersubstanzen, die scheinbar über die Haut resorbiert werden, in Größenordnungen nachgewiesen worden, die denen der chlororganischen Verbindungen in Muttermilch entsprechen. Da über deren Wirkung auf den menschlichen Organismus noch nicht genügend Kenntnisse vorliegen, besteht hier weiterer Forschungsbedarf. Das Gleiche gilt für lipophile polybromierte Diphenylether (PBDE), welche hauptsächlich als Flammschutzmittel in Computern, Elektroteilen sowie als Holzanstriche verwendet werden. Im Zeitraum von 1972 bis 1997 stiegen deren Gehalte in Muttermilch an [18, 19].

Trotz all dieser Nachteile werden von der Nationale Stillkommission die Vorteile des Stillens für den Säugling während der ersten vier bis sechs Lebensmonate höher eingeschätzt, als ein mögliches Risiko für die Gesundheit durch derartige Rückstände. Die Ernährung mit Muttermilch stellt für Säuglinge die optimale Versorgung dar. Die Kommission spricht sich uneingeschränkt für das ausschließliche Stillen in den ersten vier bis sechs Lebensmonaten aus [20].

14.3.6
Monitoring von Rückständen

Das Lebensmittel-Monitoring wird seit 1995 bundesweit als Aufgabe im Rahmen des Lebensmittel- und Bedarfsgegenständegesetzes durchgeführt, um einen repräsentativen Überblick über die Kontamination von Lebensmitteln mit Schadstoffen zu erhalten und daraus Schlussfolgerungen für die mögliche Belastung der Verbraucherinnen und Verbraucher zu ziehen. Dazu werden ausgewählte Lebensmittel auf organische Kontaminanten, Rückstände von Pflanzenschutzmitteln, toxische Elemente, Mykotoxine und Nitrat untersucht. Die Probenahme erfolgt nach statistischen Gesichtspunkten aus dem Warenkorb des Handels. Aus den erzielten Ergebnissen wird die mögliche Aufnahmemenge von unerwünschten Stoffen durch die Konsumenten abgeschätzt und gesundheitlich bewertet.

Das Untersuchungsspektrum beinhaltete etwa 200 verschiedene Pflanzenschutzmittel und persistente Organochlorverbindungen, 14 Elemente, 12 Mykotoxine sowie Nitrat und Nitrit. Die damit gewonnene umfangreiche Datenbasis bildet eine geeignete Grundlage zur Abschätzung der Aufnahmemengen dieser Stoffe mit der Nahrung.

Im Untersuchungsjahr 2007 wurden in der Bundesrepublik Deutschland insgesamt 17 770 Proben von Lebensmitteln auf das Vorkommen von Pestizidrückständen geprüft (davon 2 358 Monitoring-Programm Proben und 15 412 amtliche Proben der Lebensmittelüberwachung). Für die Berichterstattung an die Kommission der Europäischen Gemeinschaft werden die Proben in „surveillance sampling" und „follow-up enforcement sampling" geteilt. Als „surveillance"-Proben werden die Plan- und die Monitoring-Proben betrachtet. Als „follow-up enforcement sampling"-Proben gelten die Verdachts-, Beschwerde- und Verfolgsproben. Von den 17 770 Proben gehörten 731 Proben in die Kategorie „follow-up enforcement sampling". Die Lebensmittel des koordinierten Überwachungsprogramms umfassten 4 767 Proben.

Dabei muss berücksichtigt werden, dass außer den 2 358 Monitoring-Proben alle anderen Proben größtenteils risikoorientiert genommen worden sind. Das heißt Lebensmittel, die in der Vergangenheit auffällig geworden sind, wurden somit häufiger und mit höheren Probenzahlen untersucht als solche, bei denen man aus Erfahrung keine erhöhte Rückstandsbelastung erwartete.

Säuglings- und Kleinkindernahrung kann als nahezu rückstandsfrei betrachtet werden. Es wurden zwar in 17% der Proben quantifizierbare Rückstände gefunden, sie waren aber sehr gering. In keiner einzigen Probe wurde eine Höchstmenge überschritten. Die Rückstandssituation bei Getreide ist ebenfalls positiv zu bewerten. 65% der Proben enthielten keine quantifizierbaren Rückstände. Höchstmengenüberschreitungen wurden nur in neun Proben festgestellt.

Bei Lebensmitteln tierischen Ursprungs wurden zwar bei mehr als der Hälfte der Proben quantifizierbare Rückstände gemessen, sie waren jedoch meistens sehr gering. Gefunden wurden vor allem die persistenten und zum Teil ubiquitär nachweisbaren chlororganischen Insektizide wie DDT, HCB und Lindan, die zwar seit langem in Deutschland nicht mehr angewendet werden dürfen, aber immer noch in der Lebensmittelkette vorhanden sind. Die gemessenen Rückstände sind meist auf Altlasten, vor allem in den Böden, zurückzuführen. Gelegentlich werden als Eintragsquelle auch Futtermittel aus Drittstaaten vermutet.

Differenzierter und teilweise ungünstiger ist die Rückstandslage bei Obst und Gemüse zu beurteilen. Neben Lebensmitteln, in denen keine bzw. nur wenige

Höchstmengenüberschreitungen vorkamen, gab es auch solche mit zweistelligen prozentualen Anteilen an Proben mit Gehalten über der jeweiligen Höchstmenge. Erfreulicherweise wurden in vielen Produkten, deren Verbrauch besonders hoch ist, selten Höchstmengenüberschreitungen ermittelt. Darunter sind z. B. Äpfel, Birnen, Bananen, Erdbeeren, Karotten, Kartoffeln und Tomaten. In einigen Obst- und Gemüsearten wurden Höchstmengenüberschreitungen deutlich häufiger beobachtet. Die 10 Lebensmittel mit den häufigsten Höchstmengenüberschreitungen sind Aubergine, Grünkohl, Sternfrucht, Rucola, Physalis, Paprikapulver, Tee, Kakifrucht, Frische Kräuter und Gurke. Die Rückstandssituation für einzelne Lebensmittel ist oft vom Herkunftsstaat abhängig [21].

Die 14 am häufigsten gefundenen Pestizide waren Methiocarb, Bromid-Ion, Captan, Imidacloprid, Oxamyl, Hexachlorcyclohexan (β-HCH), Ethion, Fenitrothion, Fenthion, Methomyl, Thiodicarb und Monocrotophos. Sie waren für 41,9% (439 von 1 047) aller Höchstmengenüberschreitungen verantwortlich. Ebenfalls ist es möglich, dass die gute landwirtschaftliche Praxis bei der Anwendung von Pflanzenschutzmitteln nicht ausreichend angewendet wurde. Werden in einer Probe mehrere Pflanzenschutzmittel mit dem gleichen Wirkungsmechanismus gefunden, so liegt der Verdacht nahe, dass von Produzenten unterschiedliche Substanzen verwendet werden, um Überschreitungen der Höchstmengen für einzelne Pflanzenschutzmittel zu vermeiden. Auch bei den Mehrfachrückständen gab es Unterschiede zwischen den einzelnen Obst- oder Gemüsearten. Die zehn Produkte mit den meisten Mehrfachrückständen waren Paprikapulver, Mandarine, Erdbeere, Johannisbeere, Himbeere, Pfirsich, Birne, Feldsalat, Salat und Rucola. Für die toxikologische Bewertung von Mehrfachrückständen sind noch keine allgemein anerkannten Methoden vorhanden. Derartige Methoden werden aber zurzeit unter Mitwirkung des BfR entwickelt [22].

14.4
Qualitätssicherung

14.4.1
Probenahme

Auch der Transport der Proben ist abhängig von der Art der Probe bzw. des zu untersuchenden Wirkstoffspektrums. Proben, die auf Begasungsmittel (z. B. Bananen oder Nüsse) untersucht werden sollen, sollten in gasdichten Verpackungen und unter definierten Bedingungen (keine extreme Hitzeeinwirkung) transportiert werden. Ähnlich wichtig ist dies bei Tiefkühlprodukten. Auch hier sollte die Kühlkette nicht unterbrochen werden.

Ein brisanter und damit sehr wichtiger Punkt, sowohl beim Import als auch bei der Eingangskontrolle von Rohwaren, ist die Beachtung und ggf. schriftliche Fixierung von Untersuchungsumfang (Anzahl der untersuchten Stoffe), als auch der durch die RHM-Festlegungen bedingten Nachweis- und Bestimmungsgrenzen. Ein weiteres Kriterium ist die Probenvorbereitung, schwierige Analyten, wie

z. B. Dithiocarbamate, dürfen erst unmittelbar vor Beginn der Probenvorbereitung zur Laborprobe aufbereitet werden. Im Fall der Dithiocarbamate ist die Verwendung spezieller Keramikmesser zur Zerkleinerung der Proben unabdingbar. Eine Kühl- und insbesondere eine Gefrierlagerung von Brassica-Arten vor der Analyse von Dithiocarbamaten ist unbedingt zu vermeiden. Hier wurde eine signifikante Erhöhung der CS2 Gehalte durch diese Art der Probenlagerung festgestellt [23].

Hinweise für eine ganz allgemeine Probenvorbereitung von Pestizidproben hat die AG Pestizide veröffentlicht [24]. Für konkrete Probenvorbereitungsvorschriften sind die Monitoring-Handbücher eine gute und detaillierte Informationsquelle [25].

14.4.2
Gesetzliche Anforderungen und Vorschriften

Für Rückstände in tierischen Lebensmitteln insbesondere von Stoffen mit hormonaler bzw. thyreostatischer Wirkung ist die „Entscheidung der Kommission, betreffend die Durchführung von Analysenmethoden und die Auswertung von Ergebnissen" [26] rechtsverbindlich. In der Praxis werden diese Forderungen größtenteils auch bei der Analyse pflanzlicher Lebensmittel angewandt.

Um die Vergleichbarkeit der Rückstands-Analysenergebnisse der europäischen Monitoring-Programme zu verbessern und gleichzeitig die Kosten für „analytical quality control" (AQC) Anforderungen in den Mitgliedstaaten zu harmonisieren, wurde ein Guideance-Dokument [27] erarbeitet, das alle Facetten der Arbeit im Rückstandslabor berücksichtigt. Neben der Probenahme, Lagerung und Probenvorbereitung werden die Anforderungen an die Herstellung von Standardlösungen und deren Aufbewahrung ebenso diskutiert wie Fragen der Laborkontamination, der Kalibration von Bestimmungsmethoden und des Einflusses von Matrixeffekten auf das Analysenergebnis. Hier werden auch konkrete Festlegungen zur Angabe der Messunsicherheit gemacht. Für alle Lebensmittel einschließlich tierischer Proben wird, bei Verwendung einer Multimethode, eine generelle Messunsicherheit von 50% festgelegt. Für Einzelmethoden gelten weiterhin die Regelungen die sich auf die ISO Festlegungen beziehen [28, 29].

14.4.3
Analytische Anforderungen in Stichpunkten

- Die Angabe von Kommastellen sollte sich auf maximal zwei signifikante Stellen beschränken.
- Standardsubstanzen müssen ein Zertifikat mit Identifikationsnummer und Verfalldatum besitzen. Das Eingangsdatum im Labor muss ebenfalls dokumentiert sein. Alle nicht zertifizierten Standards müssen einer Identitäts- und Reinheitsprüfung unterzogen werden, die auch dokumentiert werden muss.

- Unnötige Temperaturwechsel bei der Lagerung müssen vermieden werden. Über die gesamte Lagerdauer von Lösungen ist eine Gehaltskontrolle durchzuführen, die Schwankungen sollten (±5%) nicht überschreiten.
- Als analytische Methoden dürfen nur validierte Methoden mit einer Wiederfindungsrate zwischen 70–110% zur Anwendung gelangen. Für den Ausnahmefall, dass die Wiederfindung < 70% ist und geeignete Alternativmethoden nicht zur Verfügung stehen, ist die Angabe der Wiederfindung im Analysenbericht zwingend erforderlich.
- Laboratorien, die im Ausnahmefall mit Methoden untersuchen deren Recovery-Rate < 70% ist, sollten in diesem Fall die Wiederfindung korrigieren, wenn der Analysenwert unter der Höchstmenge liegt. Die Korrektur muss dann im Analysenbericht unbedingt angegeben und entsprechend bewertet werden.
- Da bei Multimethoden oft nicht alle Wirkstoffe gleichzeitig kalibriert werden können, müssen immer ausgewählte „Referenz-Pestizide" mitgeführt werden. Dieser Referenz-Standard sollte sowohl (analytisch) problematische Wirkstoffe, als auch mindestens ein Pestizid mit stabilem Respons und reproduzierbarer Wiederfindung enthalten.
- RHG-Überschreitungen sollten durch eine doppelte Aufarbeitung der Probe und einer Kalibration mit dem zu beanstandenden Wirkstoff in blindwertfreier Matrix abgesichert werden. Wie weiter vorn bereits erwähnt, ist eine Bestätigungsanalyse mit massenspektrometrischen Verfahren zwingend notwendig.
- Die Angabe einer definierten Bestimmungsgrenze ist an vergleichbare Analysenbedingungen gebunden, deshalb ist es oft sinnvoller den „lowest calibrated level" (LCL) nach einer Mehrpunktkalibrierung anzugeben.
- Kalibrationskurven sollten linear sein, die in diversen Software-Produkten angebotenen unterschiedlichen Kalibriermethoden basieren u. U. auf unterschiedlichen mathematischen Annahmen und sind somit nicht immer vergleichbar.
- Eichgeraden dürfen nicht per Software durch den Nullpunkt „gezwungen" werden.
- Bei Höchstmengenüberschreitungen dürfen sich die Signale von Probe und Standard in Matrix um maximal 10–20% unterscheiden.
- Liegen keine Höchstmengenüberschreitungen vor, sind Konzentrationsunterschiede von bis zu 50% zulässig.
- Wenn möglich sollten isotopenmarkierte Standards zur Kalibrierung verwendet werden.
- Die Methode der Standard-Addition im erwarteten Konzentrationsbereich ist ebenfalls eine sehr sichere Verfahrensweise um Matrixeffekte auszuschließen.
- Bei der notwendigen Verdünnung von Proben mit hohen Rückstandsgehalten sollte das Verdünnen des Matrixstandards im gleichen Verhältnis erfolgen.

- Pestizidmischungen verhalten sich oft anders als Lösungen von Einzelstandards. Im Zweifelsfall muss immer gegen definierte Einzelstandards kalibriert werden.
- Adsorption und Zersetzung im GC-System (z. B. Adsorption von Acephat an Glas oder Zersetzung von Dicofol zu Dichlorbenzophenon) verursachen Probleme deren sich der Analytiker immer bewusst sein sollte.

14.4.4
Ergebnisunsicherheit (Measurement Uncertainty) MU

Die Messunsicherheit ist ein Parameter, der – verbunden mit dem Messergebnis – die Streuung der Werte charakterisiert, die vernunftgemäß auf die Messgröße zurückzuführen sind. Die Messunsicherheit setzt die Grenzen, innerhalb derer ein Ergebnis als genau, d. h. präzise und wahr, angesehen wird. Die Messunsicherheit beinhaltet normalerweise viele Faktoren. Einige dieser Faktoren werden durch die statistische Verteilung der Ergebnisse von Serienmessungen bestimmt und können durch die experimentelle Standardabweichung charakterisiert werden. Einflussfaktoren bezüglich der Genauigkeit und Richtigkeit der Analysenergebnisse sind Genauigkeit, Richtigkeit und Präzision (DIN 553 350). Die Messunsicherheit beinhaltet sowohl das Zufallsstreuen der Messwerte als auch den systematischen Fehler [30] (s. auch Kap. 9.3.2).

Ein Kalibrierlaboratorium oder ein Prüflabor, das interne Kalibrierungen durchführt, muss über ein Verfahren zur Schätzung der Messunsicherheit für alle Kalibrierungen und alle Arten von Kalibrierungen verfügen und diese anwenden. Prüflaboratorien müssen über Verfahren für die Schätzung der Messunsicherheit verfügen und diese anwenden (ISO 17 025). Eine vernünftige Schätzung muss auf der Kenntnis der Durchführung des Verfahrens und auf der Art der Messung basieren und z. B. von vorhergehender Erfahrung und von Validierungsdaten Gebrauch machen. Für Multimethoden gilt wie bereits weiter o. a. eine generelle MU von 50%.

Typische Vergleichsstandardabweichungen bei Einzelmethoden in pflanzlichen Proben müssen für jede Methode separat ermittelt werden, sie liegen in der Regel zwischen 5–20%. Bei einer anzunehmenden Sicherheit von 95% ist ein „coverage factor" von 2 anzunehmen. Daraus resultiert eine erweiterte Ergebnisunsicherheit von ca. 10–40%. Beispiel für pflanzliche Proben (MU = 40%):

1. Höchstmengenüberschreitung wenn: Analysenwert $c \geq c - (0{,}4 \cdot c)$
(z. B. HM = 1 mg/kg; c = 1,66 mg/kg oder HM = 0,01 mg/kg; c = 0,0166)
2. keine Höchstmengenüberschreitung wenn: Analysenwert $c \leq c + (0{,}4 \cdot c)$
(z. B. HM = 1 mg/kg; c = 0,715 mg/kg oder HM = 0,01 mg/kg; c = 0,00715).

Die Standardabweichung aus der Horwitz Gleichung errechnet sich wie folgt:

$$MU = 0{,}02 c^{0{,}8495}$$

c: Konzentration in kg/kg (0,01 mg/kg = 0,00000001 kg/kg)

Auf typische Rückstands-Gehalte bezogen erhält man folgende Messunsicherheit:

0,01 mg/kg → 32,0%
0,1 mg/kg → 22,6%
1,0 mg/kg → 16,0%

Die Auswertung umfangreicher Laborvergleichsuntersuchungen hat ergeben, dass in pflanzlichen Matrices keine Konzentrationsabhängigkeit der Messunsicherheit existiert, während diese für tierische Matrices durchaus nachweisbar ist [31, 32].

Eine Ergebnis-Interpretation sollte in der Form $m = c \pm MU$ erfolgen.

Durch die Einbeziehung (Addition bzw. Subtraktion der Messunsicherheit zum Analysenergebnis) bei der Beurteilung des Rückstandshöchstgehaltes werden statistisch relevante Unterschiede zwischen verschiedenen Laboratorien in einem vertretbarem Maß berücksichtigt und die Bewertung der Resultate wird vergleichbarer. Bedenken, dass durch die Addition der MU eine toxikologische Gefährdung der Verbraucher entstehe, werden gelegentlich geäußert. Hierzu ist anzumerken, dass die Methoden zur Abschätzung des Verbraucherrisikos immer mit einer sehr groben Schätzung beginnen. In sehr vielen Fällen reicht diese sehr grobe Schätzung aus, um eine Gefährdung der Verbraucher auszuschließen. Allerdings stellen auch die Verfeinerungen der Berechnungen, die notwendig werden, wenn die erste sehr grobe Schätzung ein Verbraucherrisiko andeuten, immer noch eine Überschätzung des tatsächlichen Risikos dar. Aus diesem Grunde kann angenommen werden, dass die Beaufschlagung einer Höchstmenge mit der Messunsicherheit in der Regel noch kein Risiko für den Verbraucher darstellt [10].

14.4.5
Analytische Verfahren

Bei Rückstandsanalysen kommt es darauf an, äußerst geringe Mengen der gesuchten Stoffe neben einem enormen Überschuss natürlicher Bestandteile des Untersuchungsmaterials zu identifizieren und quantitativ zu bestimmen.

Neben speziellen Methoden für einzelne Stoffe in einer speziellen Matrix sind heute für die Rückstandsüberwachung universell einsetzbare Multimethoden unabdingbar um eine umfassende Aussage über den Status der untersuchten Probe zu erhalten. Diese Methoden erfassen in einem Analysengang oft mehr als 100 Wirkstoffe und deren Metaboliten. Beispiele hierfür sind die Multimethode ASU L 00.00-34 (siehe Schema L 00.00-34), L 00.00113 und L 00.00115 [33,34,35].

Aussagen zum Status des Gehaltes an Pestiziden sind in starkem Maß abhängig vom gewählten Untersuchungsumfang. Hierbei ist nicht nur die Anzahl der überprüften Wirkstoffe, sondern auch die erreichte bzw. geforderte Bestimmungsgrenze von entscheidender Bedeutung. Die genannten Faktoren bestimmen auch ganz wesentlich den Untersuchungsaufwand und die damit in engem Zusammenhang stehenden Kosten.

Deshalb sind pauschal getroffene Aussagen wie „frei von Pestiziden" entweder nur mit sehr hohem finanziellem Aufwand realisierbar oder schlicht und ergreifend falsch.

Extraktion

Die eigentliche Analyse gliedert sich in zwei Schritte. Die **Probenvorbereitung** dient der Extraktion der interessierenden Wirkstoffe und der **Reinigung** (clean up) von den Inhaltsstoffen. Der primäre Schritt in der Probenvorbereitung ist die Wahl der Extraktionsmethode. In Europa gibt es derzeit zwei Multimethoden, die seit Jahren eingesetzt werden. Sie basieren auf:

1. Ethylacetat (Niederlande/Skandinavien)
2. Aceton (ASU Methode L 00.00-34 – Neufassung der DFG S 19) [33] als Lösungsmittel für die Extraktion.
3. Eine dritte Multimethode, basierend auf einer Acetonitril Extraktion ist gerade dabei sich in verschiedenen Laboratorien zu etablieren: QuEChERS® [34], als Alternative sei noch die BfR-Methode erwähnt, die als Extraktionsmittel Methanol verwendet [35].

Der Schwerpunkt der letztgenannten Schnell-Methoden liegt allerdings auf der Untersuchung von frischem Obst- und Gemüse. Ob eine Anwendung auch für komplex zusammengesetzte (fetthaltige) Fertigwaren auf Milch- und Cerealienbasis möglich ist, bleibt abzuwarten.

Für einfache Matrices, wie Wasser oder spezielle Lebensmittel (Honig), ist die herkömmliche Solid-Phase-Extracktion (SPE) die Methode der Wahl. Auch die Solid Phase Micro Extraction (SPME) kann für spezielle Anwendungen (z. B. Wasser) eine kostengünstige und schnelle Extraktionsmethode sein.

Reinigung (clean up)

Der Reinigungsaufwand ist stark abhängig vom nachfolgenden Detektionsverfahren. Stehen hochempfindliche und spezifische Detektionsverfahren, wie z. B. LC-MS-MS zur Verfügung, kann der zu betreibende Aufwand zur Abtrennung der im großen Überschuss vorliegenden natürlichen Inhaltsstoffe von den in sehr geringer Konzentration vorliegenden Rückständen, minimiert werden.

Ist eine allumfassende Aussage zur generellen Abwesenheit von Wirkstoffen erwünscht, ist der dafür notwendige Reinigungsaufwand deutlich höher. In schwierigen Probenmatrices, wie z. B. Kohl, Zwiebel, Tee oder fettreichen Proben tierischen Ursprungs, ist nur nach Anwendung der universell anwendbaren Gelchromatographie an Bio Beads S-X2 zur Abtrennung der hochmolekularen Hauptkomponenten (Eiweiß, Fett und Kohlenhydrate) und gegebenenfalls weiterer Aufreinigung an einer Minikieselgel-Säule eine empfindliche GC-MS-Analyse sinnvoll. Für besonders schwierige Matrices (z. B. Hopfen) hat die Aufreinigung an Florisil die größte Bedeutung. Neben den herkömmlichen Adsorbentien Aluminiumoxid, Aktivkohle und Kieselgel gewinnen SPE-Sorbentien wie Bondesil-PSA oder Graphitized Carbon Black (GCB) für die dispersive SPE, an Bedeutung.

Detektion

Nach der Trennung an einer Säule oder Kapillare ist die schnelle und sichere Detektion sowohl der Wirkstoffe als auch möglicher Metabolite oder Abbauprodukte der entscheidende Schritt sowohl zur Qualifizierung als auch zur Quantifizierung der Substanzen.

Ein Pestizidlabor sollte in der Lage sein, mindestens 400–500 von den ca. 800 weltweit angewendeten Pestiziden zu überwachen. Hinzu kommen chlororganische Schadstoffe wie z. B. Pentachlorphenol (PCP) in pflanzlichen Proben und PCB in tierischen Produkten. Einschließlich der in diversen Rückstandsdefinitionen enthaltenen Metaboliten bzw. der bei der Gaschromatographie entstehenden Hydrolyseprodukte, ist eine Summe von ungefähr 600 GC-fähigen Stoffen durchaus realistisch [36].

Hier sind sowohl GC-MS Verfahren im Scan-Modus, vorzugsweise mit der „Time of Flight" Technik (ToF), wünschenswert. Diese Methoden gestatten den Vergleich gegen kommerzielle Strukturdatenbanken (NIST etc.) und erlauben damit eine wesentlich umfassendere Aussage über die An- oder Abwesenheit diverser GC-fähiger Rückstände.

Mit der kommerziellen Einführung der LC-MS-MS Technik im Jahr 2000 können nun auch all jene Stoffe nachgewiesen werden, die der infolge ihrer hohen Trennfähigkeit immer noch sehr geschätzten Gaschromatographie bisher nicht zugänglich waren. Diese Gruppe der thermolabilen bzw. nicht unzersetzt verdampfbaren Pestizide umfasst nochmals etwa 150 Stoffe.

Die LC-MS-MS Technik hat seit 2000 große Anteile am Wirkstoffspektrum der Pflanzenschutzmittel „gewonnen", nicht zuletzt wegen ihrer extremen Empfindlichkeit und der Möglichkeit, auch polare Substanzen unzersetzt bzw. ohne weitere aufwendige Derivatisierungsschritte analysieren zu können. Für die Analyse von halogenhaltigen Verbindungen wird neben der GC-MS-MS Kopplung auch in der Zukunft der Einsatz der preiswerten und doch sehr empfindlichen ECD-Detektoren bzw. die GC-MS SIM-Technik unverzichtbar bleiben. Das nachfolgende Schema veranschaulicht als ein Beispiel aus einer Vielzahl von Multimethoden den Analysengang von der Extraktion der Probe über Clean-up bis hin zu den verschiedenen Arten der Detektion der Wirkstoffe (zu LC-MS/MS s. auch 10.3.4).

```
                    ┌─────────────────────────┐
                    │   Einwaage 20–100 g     │
                    │  Wasserzugabe zu 100 g  │
                    └───────────┬─────────────┘
                                ▼
                    ┌─────────────────────────┐
                    │    Extraktion mit       │
                    │    200 ml Aceton        │
                    └───────────┬─────────────┘
                                ▼
                    ┌─────────────────────────┐
                    │ Flüssig/flüssig Verteilung │
                    │    Acetat/Cyclohexan    │
                    └───────────┬─────────────┘
                                ▼
  einengen / umlösen   ┌─────────────────────────┐
  ←─────────────────── │   Gel Permeations       │
                       │ Chromatographie (GPC)   │
                       └───┬───┬───┬───┬───┬─────┘
```

| LC/MS/MS | FPD | NPD | MSD | ITD |

                    ┌─────────────────────────┐
                    │   Mini Kieselgel   │
                    │   Chromatographie   │
                    └─────────────────────────┘

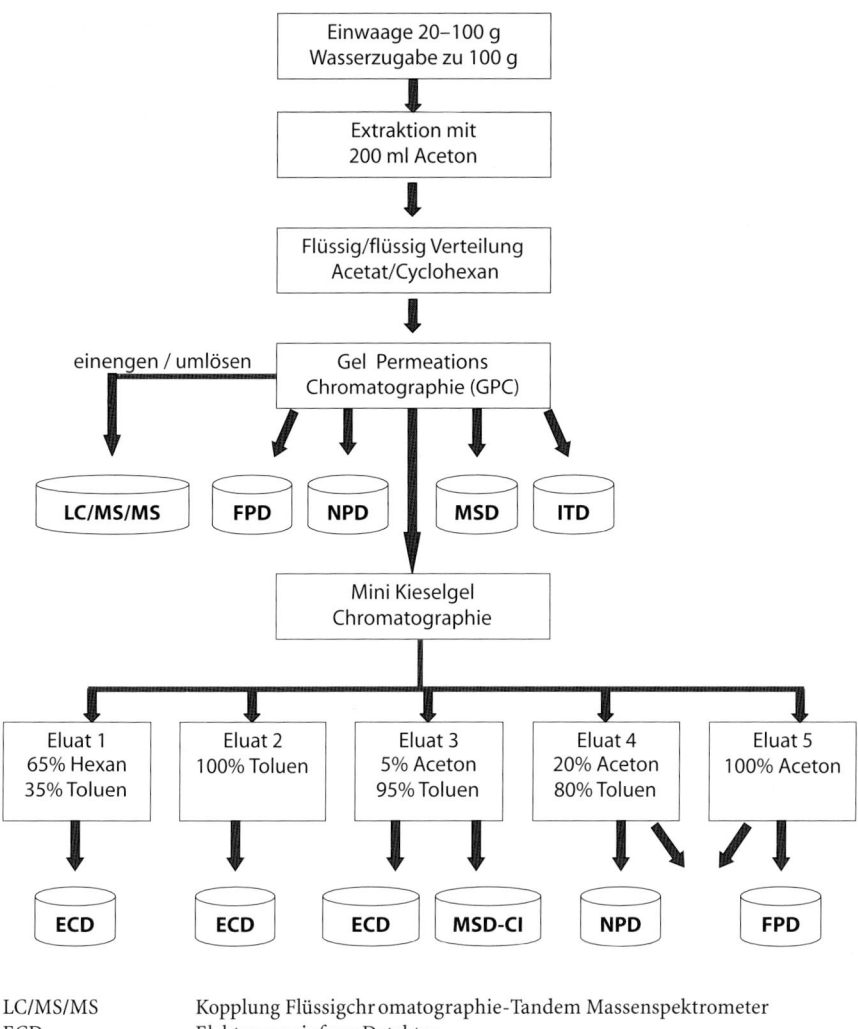

Eluat 1	Eluat 2	Eluat 3	Eluat 4	Eluat 5
65% Hexan	100% Toluen	5% Aceton	20% Aceton	100% Aceton
35% Toluen		95% Toluen	80% Toluen	

| ECD | ECD | ECD | MSD-CI | NPD | FPD |

LC/MS/MS   Kopplung Flüssigchromatographie-Tandem Massenspektrometer
ECD   Elektroneneinfang Detektor
FPD   Flammenphotometrischer Detektor
ITD   Ion-Trap Detektor
MSD   Massenspektometrischer Detektor
MSD-CI   MSD mit chemischer Ionisation
NPD   Stickstoff-Phosphor-Detektor

Schema 14.1. Modulare Multimethode zur Bestimmung von Pflanzenschutzmittelrückständen in Lebensmitteln, Methode L 00.00-34 [ASU]

14.5
Literatur

1. psm_uebersichtsliste.pdf http://www.bvl.bund.de > Pflanzenschutz
2. Absatz an Pflanzenschutzmitteln in der Bundesrepublik Deutschland – Ergebnisse der Meldungen gemäß § 19 Pflanzenschutzgesetz für das Jahr 2007 http://www.bvl.bund.de > Pflanzenschutzmittel > Zul. und Wirkstoffprüfung > Aktuelle Meldungen
3. RL 2003/13/EG und 2003/14/EG vom 10. Februar 2003 (ABl. EU Nr. L 41 S. 33 und S. 37)
4. Konsolidierter TEXT CONSLEG: 1991L0414 — 01/01/2004 http://ec.europa.eu/food/plant/protection/index_de.print.htm
5. EU-Entscheidungen zu Pflanzenschutzmittel-Wirkstoffen sowie weitere rechtliche Regelungen im Rahmen der RL 91/414/EWG über das Inverkehrbringen von Pflanzenschutzmitteln (Stand: März 2009) http://www.bvl.bund.de
6. Anhang I: VO (EG) Nr. 178/2006 http://eur-lex.europa.eu/LexUriServ/LexUriServ.do?uri=OJ:L:2006:029:0003:0025:DE:PDF
7. Anhänge II bis IV: VO (EG) Nr. 149/2008 der Kommission vom 29. Januar 2008 zur Änderung der VO (EG) Nr. 396/2005 des EP und des Rates zur Festlegung der Anhänge II, III und IV mit Rückstandshöchstgehalten für die unter Anhang I der genannten Verordnung fallenden Erzeugnisse (ABl. L 58 S. 1–398 vom 01.3.2008)
8. Anhänge II bis IV: VO (EG) Nr. 839/2008 der Kommission vom 31. Juli 2008 zur Änderung der VO (EG) Nr. 396/2005 des EP und des Rates hinsichtlich der Anhänge II, III und IV über Höchstgehalte an Pestizidrückständen in oder auf bestimmten Erzeugnissen (ABl. L 234 S. 1–216 vom 30.8.2008)
9. Anhang VII: VO (EG) Nr. 260/2008 der Kommission vom 18. März 2008 zur Änderung der VO (EG) Nr. 396/2005 des EP und des Rates durch die Festlegung des Anhangs VII, der eine Liste der Wirkstoff-Erzeugnis-Kombinationen enthält, für die eine Ausnahmeregelung hinsichtlich Behandlungen mit einem Begasungsmittel nach der Ernte gilt (ABl. L 76 S. 31–32 vom 19.3.2008)
10. Hohgardt K (2005) Persönliche Mitteilung; BVL
11. Chronologische Übersicht: http://www.bvl.bund.de/pflanzenschutz/Recht/EU-Chron.pdf
12. ABl. L 187/30 vom 16.7.2002
13. „DRAFT" Proposal on notification criteria for pesticide residue findings to the Rapid Alert System for Food and Feed (RASFF) SANCO/3346/2001 rev 6 Brussels, 04 February 2004 http://europa.eu.int/comm/food/food/rapidalert/index_en.htm
14. Pestemer W (2002) Erster Zwischenbericht über die Ergebnisse der Probenahmen in der ehemaligen Pflanzenschutzmittel-Lagerhalle in Malchin (Mecklenburg-Vorpommern) am 9. Juni 2002; BBA
15. Jahresberichte 2001–2007, Lebensmittelüberwachung und Tierseuchendiagnostik; CVUA Stuttgart
16. Ernährungsbericht 2004, Deutsche Gesellschaft für Ernährung, Bonn, S. 121
17. Tauscher B, u. a. (2003) Bewertung von Lebensmitteln verschiedener Produktionsverfahren – Statusbericht 2003 http://www.bfa-ernaehrung.de/Bfe-Deutsch/Information/oekostatus.htm
18. Voßmann U, Bruns-Weller E, Ende M (1999) Das Muttermilch-Untersuchungsprogramm des Landes Niedersachsen – Auswertung des Jahres 1999. Staatl. Chem. Untersuchungsamt Oldenburg. Hrsg.: Niedersächsisches Ministerium für Ernährung, Landwirtschaft und Forsten, Hannover

19. Vieth B, Heinrich-Hirsch B (2000) Trends der Rückstandsgehalte in Frauenmilch der Bundesrepublik Deutschland – Aufbau der Frauenmilch- und Dioxin-Humandatenbank am BgVV; Bericht des BgVV 10.08.2000
20. Nationale Stillkommission am BgVV (1999): Stillempfehlungen, 3. überarbeitete Auflage
21. Ergebnisse des bundesweiten Lebensmittel-Monitorings der Jahre 1995 bis 2007 http://www.bvl.bund.de > Lebensmittel Monitoring
22. Nationale Berichterstattung Pflanzenschutzmittel-Rückstände 2007 http://www.bvl.bund.de/ >Lebensmittel>Monitoring Berichte > bericht_2007.pdf
23. Perz R, van Lishaut H, Schwack W (2000), Zur Problematik von CS2-Blindwerten in Brassicaceen bei der Rückstandsanalytik von Dithiocarbamaten; Lebensmittelchemie 54, 2000, S. 123–124
24. AG Pestizide (1995), Lebensmittelchemie 49, 40–45
25. Lebensmittelmonitoring-Handbücher: http://www.bvl.bund.de/ > Lebensmittel > Monitoring
26. ENTSCHEIDUNG DER KOMMISSION vom 12. August 2002 zur Umsetzung der Richtlinie 96/23/EG des Rates betreffend die Durchführung von Analysemethoden und die Auswertung von Ergebnissen (ABl. L 221/8 vom 17.8.2002)
27. METHOD VALIDATION AND QUALITY CONTROL PROCEDURES FOR PESTICIDE RESIDUES ANALYSIS IN FOOD AND FEED Document No SANCO/2007/3131 (31/October/2007) http://ec.europa.eu/food/plant/protection/resources/publications_en.htm#residues
28. Anonymous (1995) Guide to the expression of uncertainty in measurement ISBN 92-67-10188-9
29. Eurachem (2000) (EURACHEM/CITAC Guide, Quantifying Uncertainty in Analytical Measurement, 2nd edition, http://www.vtt.fi/ket/eurachem/quam2000-pl.pdf)
30. Hanisch P (1999) Chemische Grenzwerte, Wiley-VCH
31. Gilsbach W (1998) Lebensmittelchemie 52 (3) S. 95–96 Abschätzung der Meßunsicherheit bei der Rückstandsanalytik von Pflanzenschutzmitteln sowie Korrektur in Nr. 4 S. 133
32. Alder L, Korth W, Patey AL, Schee HvdS, Schoeneweiss S (2001) Journal of AOAC International Vol. 84, No. 5 S. 1569–1578 Estimation of Measurement Uncertainty in Pesticide Residue Analysis
33. ASU (2007) L 00.00.34
34. ASU (2007) L 00.00.113
35. ASU (2007) L 00.00.115
36. Kempe G (2004) Nachr. Chem. 52, No. 4 , S. 500, Pestizidanalytik – Die Stecknadel im Heuhaufen finden

Kapitel 15

Tierbehandlungsmittel

RALF LIPPOLD

Chemisches und Veterinäruntersuchungsamt, Bissierstraße 5, 79114 Freiburg
ralf.lippold@cvuafr.bwl.de

15.1	Wirkstoffgruppen	383
15.2	Beurteilungsgrundlagen	384
15.2.1	Arzneimittelrechtliche Vorschriften	384
15.2.2	Futtermittelrechtliche Vorschriften	384
15.2.3	Höchstmengenregelungen	385
15.2.4	Nationaler Rückstandskontrollplan	386
15.2.5	Lebensmittelrechtliche Vorschriften	387
15.3	Warenkunde	388
15.3.1	Anabolika	388
15.3.2	Beta-Agonisten	389
15.3.3	Thyreostatika	390
15.3.4	Beruhigungsmittel	390
15.3.5	Antibiotika und Chemotherapeutika	391
15.3.6	Antiparasitika	392
15.4	Qualitätssicherung	394
15.4.1	Probenahme und Stichprobengröße	394
15.4.2	Analytik	396
15.4.3	Validierung	399
15.4.4	Untersuchungszahlen und Rückstandssituation	401
15.5	Literatur	402

15.1
Wirkstoffgruppen

Tierbehandlungsmittel sind „Stoffe mit pharmakologischer Wirkung". Diese werden in der Tierhaltung zu unterschiedlichen Zwecken eingesetzt. Die wichtigsten Wirkstoffgruppen sind:

- Anabolika (z. B. hormonell wirksame Stoffe)
- β-Agonisten
- Thyreostatika

W. Frede (Hrsg.), *Handbuch für Lebensmittelchemiker*
ISBN 978-3-642-01684-4 © Springer 2010

- Beruhigungsmittel (z. B. Neuroleptika und β-Blocker)
- Antibiotika und Chemotherapeutika
- Antiparasitika (z. B. Anthelmintica, Coccidiostatica, Malachitgrün).

15.2
Beurteilungsgrundlagen

Zu den Tierbehandlungsmitteln zählen sowohl Tierarzneimittel, die nach Arzneimittelrecht zugelassen sind, als auch Futtermittelzusatzstoffe, deren Verwendung im Futtermittelrecht geregelt wird. Beide Verwendungsmöglichkeiten werden EU-weit geregelt. Unterschiede in einzelnen Mitgliedstaaten ergeben sich aber dadurch, dass beispielsweise pharmazeutische Unternehmer nicht in allen Mitgliedstaaten von der Möglichkeit Gebrauch machen, nationale Zulassungen von Tierarzneimitteln zu beantragen.

15.2.1
Arzneimittelrechtliche Vorschriften

Auf EU-Ebene werden Arzneimittel von der Europäischen Agentur für Arzneimittelzulassung (European Agency for the Evaluation of Medicinal Products = EMEA) bearbeitet [1, 2]. In Deutschland ist das Bundesamt für Verbraucherschutz und Lebensmittelsicherheit (BVL) die zuständige nationale Behörde für die Zulassung und Registrierung von Tierarzneimitteln (s. dazu Kap. 4.3.3).

Alle Tierarzneimittel unterliegen wie humanmedizinische Präparate dem Arzneimittelgesetz (AMG). Nach den Definitionen in § 2(1) und (2) AMG fallen Tierbehandlungsmittel eindeutig unter den Arzneimittelbegriff.

Es gelten „Sondervorschriften für Arzneimittel, die bei Tieren angewendet werden". In den §§ 56a(1) und 58(1) AMG wird geregelt, dass Tierarzneimittel bei Tieren, die der Gewinnung von Lebensmitteln dienen, nur angewendet werden dürfen, wenn diese zur Anwendung bei der entsprechenden Tierart auch zugelassen sind. Bei „Therapienotstand" kann ein Tierarzt nach § 56a(2) eine Umwidmung eines anderen Präparates vornehmen. Bei Tieren, die der Gewinnung von Lebensmitteln dienen, darf das umgewidmete Arzneimittel jedoch nur durch den Tierarzt angewendet oder unter seiner Aufsicht verabreicht werden. Umgewidmete Tierarzneimittel dürfen nur Stoffe oder Zubereitungen aus Stoffen enthalten, die in Arzneimitteln enthalten sind, die zur Anwendung bei anderen Tieren, die der Gewinnung von Lebensmitteln dienen, zugelassen sind.

15.2.2
Futtermittelrechtliche Vorschriften

Ausgenommen vom Arzneimittelbegriff sind nach § 2(3) AMG Futtermittel, Zusatzstoffe und Vormischungen im Sinne des § 2(1) Nr. 1 bis 3 des Futtermittelgesetzes (FMG). Die Verwendung von Tierbehandlungsmitteln als Futtermittelzusatzstoffe regeln das FMG und die Futtermittelverordnung (FMV) unter Berücksichtigung der EU-weit geltenden Vorgaben der RL 70/524/EWG [3]. Neben allgemein als Futtermittelzusatzstoffe zugelassenen Tierbehandlungsmitteln existieren auch einige zeitlich befristete (meist auf 10 Jahre), an bestimmte Personen oder Firmen gebundene Zulassungen. Bei der Produktion von Futtermitteln können trotz Reinigung der Produktionsanlagen durch Spülchargen unvermeidbare Verschleppungen von als Futtermittelzusatzstoffen verwendeten Tierbehandlungsmitteln vorkommen. Dies trifft insbesondere bei Coccidiostatica zu [29–33]. Daher wurden 2009 sowohl Höchstgehalte für Coccidiostaca in Futtermitteln als auch in Lebensmitteln festgelegt, die auf eine unvermeidbare Verschleppung bei der Herstellung von Futtermitteln für Nichtzieltierarten zurückführbar sein können [34, 35] (s. auch Kap. 41.2 und 4.3.1).

15.2.3
Höchstmengenregelungen

Die VO (EG) Nr. 470/2009 [36] enthält gemeinschaftliche Regelungen und Verfahren zur Festsetzung für Rückstandshöchstmengen von pharmakologisch wirksamen Stoffen in Lebensmitteln tierischen Ursprungs. Für die Beurteilung der pharmakologisch wirksamen Stoffe werden diese nach Artikel 14 (2) eingestuft in ein Verzeichnis entsprechend den therapeutischen Klassen, denen sie angehören. Im Zuge dieser Einstufung wird für jedes Tierbehandlungsmittel eine der vier folgenden Maßnahmen festgelegt:

a) eine Rückstandshöchstmenge nach Artikel 14 (3),
b) eine vorläufige Rückstandshöchstmenge nach Artikel 14 (4),
c) keine Rückstandshöchstmenge nötig nach Artikel 14 (5), da dies für den Schutz der menschlichen Gesundheit nicht erforderlich ist oder
d) das Verbot der Anwendung eines Stoffes nach Artikel 14 (6).

Zur Einstufung werden primär Gutachten der EMEA (im Verordnungstext „Agentur" genannt) entsprechend den Artikeln 4, 9 oder 11 der VO herangezogen. Zusätzlich können auch in der Codex-Alimentarius-Kommission ohne Einwände der Delegation der Gemeinschaft angenommene Beschlüsse zu Rückstandshöchstmengen direkt übernommen werden, sofern die berücksichtigten wissenschaftlichen Daten der Delegation der Gemeinschaft vor dem Beschluss in der Codex-Alimentarius-Kommission vorlagen.

Nach Artikel 16 dürfen Tieren, die der Lebensmittelgewinnung dienen, nur nach Artikel 14 (2) Buchstaben a, b oder c eingestufte Tierbehandlungsmittel verabreicht werden. Neu geregelt wurde allerdings die Möglichkeit der Extrapolationen von Höchstmengen auf andere vom selben Tier stammenden Lebensmittel oder auf andere Tierarten, indem von der Agentur eine wissenschaftliche Risikobewertung durchgeführt wird. Dadurch soll die Verfügbarkeit zugelassener Tierarzneimittel für die Behandlung von Erkrankungen von der Lebensmittelerzeugung dienenden Tieren sichergestellt werden.

Hinweis Tierbehandlungsmittel, die ausschließlich als Futtermittelzusatzstoffe verwendet werden, müssen nicht zwingend in dem Verzeichnis enthalten sein. Mit Richtlinie des Rates (96/22/EG) [7] wurde die Verwendung bestimmter Stoffe mit hormonaler bzw. thyreostatischer Wirkung und von β-Agonisten in der tierischen Erzeugung verboten.

Die VO (EG) Nr. 470/2009 enthält Vorgehensweisen zur Festlegung von „Referenzwerten für Maßnahmen" (*reference point for action* – RPA) für diejenigen pharmakologisch wirksamen Stoffe, die keiner Einstufung nach Artikel 14 (2) a, b oder c unterliegen. Die RPA können von der Kommission eingeführt werden, wenn dies für die reibungslose Durchführung von Kontrollen von Lebensmitteln tierischen Ursprungs im Einklang mit der VO (EG) 882/2004 notwendig erscheint.

Information Zum Zeitpunkt des Redaktionsschlusses lag das nach Artikel 14 der VO vorgesehene Verzeichnis über die Einstufung der pharmakologisch wirksamen Stoffe in therapeutische Klassen samt zugehörigen Daten zu Rückstandshöchstmengen noch nicht vor. Daher galten noch die entsprechend den Regelungen der Artikel 2 bis 5 der VO (EWG) Nr. 2377/90 [5] erstellten Anhänge (die allerdings nach Artikel 27 VO (EG) Nr. 470/2009 ohne Änderungen der Höchstmengen ins Verzeichnis übernommen werden sollten). Unklar ist zum Redaktionsschluss auch, ob die für die Untersuchung auf verbotene Stoffe festgelegten analytischen Mindestleistungsgrenzen (Minimum Required Performance Limit – MRPL) [6] als RPA übernommen werden.

15.2.4
Nationaler Rückstandskontrollplan

Der Nationale Rückstandskontrollplan (NRKP) ist ein für Deutschland erstellter Plan für die Entnahme und Untersuchung von Proben zur Überprüfung der Rückstandssituation in Erzeuger- und Schlachtbetrieben. Der NRKP gibt jährlich ein bestimmtes Spektrum an Stoffen vor, auf das die entnommenen Proben mindestens zu untersuchen sind (Pflichtstoffe). Neben diesen Pflichtstoffen können bei einer definierten Probenanzahl die Stoffe, auf die die entnommenen Proben zu untersuchen sind, frei gewählt werden. Diese werden nach aktuellen Erfordernissen und Erkenntnissen aus der Tierarzneimittelüberwachung festgelegt.

Die EU hat für den NRKP Forderungen und Rahmenbedingungen für Kontrollen zur Überwachung von lebensmittelliefernden Tieren und deren Produkten zu Beginn der Lebensmittel-Produktionskette in der Richtlinie 96/23/EG des Rates [8] sowie der Entscheidung 97/747/EG der Kommission festgelegt [9]. Im nationalen Recht ist der NRKP im Lebensmittelrecht verankert.

Jeder Mitgliedstaat erstellt jährlich einen Rückstandskontrollplan, welcher der EU-Kommission zur Genehmigung vorgelegt wird. In Deutschland wird der NRKP gemeinsam von den Ländern mit dem Bundesamt für Verbraucherschutz und Lebensmittelsicherheit (BVL) als koordinierende Stelle erstellt. Das BVL legt auf der Grundlage der jährlichen Schlacht- und Produktionszahlen und der Größe der Tierbestände für jedes Bundesland die Anzahl der zu untersuchenden Tiere und tierischen Erzeugnisse, die zu untersuchenden Stoffe und die Probenahme fest. Die weitere Verteilung der Proben obliegt den Bundesländern.

Für die Sammlung und Zusammenfassung der Daten über die Untersuchungsergebnisse der Bundesländer, deren Weitergabe an die Europäische Kommission und die Veröffentlichung der Ergebnisse ist das BVL zuständig. Diese Aufgaben werden innerhalb des BVL durch die **Z**entralstelle zur Koordinierung und Erfassung von **R**ückstandskontrollen in **L**ebensmitteln tierischer Herkunft durchgeführt.

15.2.5
Lebensmittelrechtliche Vorschriften

Das Lebensmittel- und Futtermittelgesetzbuch (LFGB) enthält neben den allgemeinen Normen des § 5 (Verbote zum Schutz der Gesundheit) spezielle Regelungen für die Beurteilung von Rückständen pharmakologisch wirksamer Stoffe in § 10. In § 10 LFGB werden die geltenden EG-Regelungen in das nationale Recht eingebunden.

Nach § 10(1) LFGB dürfen die vom Tier gewonnenen Lebensmittel nur in den Verkehr gebracht werden, wenn in der VO (EWG) Nr. 2377/90 (Neues Recht: s. auch 15.2.3) festgesetzte Höchstmengen nicht überschritten und insbesondere auch keine verbotenen Stoffe darin enthalten sind. Es dürfen auch keine Arzneimittel enthalten sein, die bei dem entsprechenden Tier nicht zur Anwendung oder als Futtermittelzusatzstoff zugelassen sind. Sofern aus der Zulassung von Futtermittelzusatzstoffen oder sonstige nach nationalen Vorschriften festgesetzte Höchstmengen vorliegen, dürfen diese nicht überschritten werden. Nationale Höchstmengen sind nur möglich, falls Regelungen im EG-Recht fehlen (z. B. bei Futtermittelzusatzstoffen).

§ 10(2) LFGB enthält Verbotsregelungen zum Inverkehrbringen von Tieren, deren Fleisch zum menschlichen Verzehr bestimmt ist. Diese Tiere dürfen nicht mit verbotenen Arzneimitteln behandelt worden sein. Weiterhin dürfen keine Rückstände von Stoffen mit pharmakologischer Wirkung oder deren Umwandlungsprodukte vorhanden sein, die nicht als Tierarzneimittel oder als Futtermittelzusatzstoff bei der jeweiligen Tierart zugelassen sind oder falls zugelassene Futtermittelzusatzstoffe in nichtzulässigen Gehalten verfüttert worden sind.

§ 10(3) LFGB regelt, dass vom Tier nur Lebensmittel gewonnen werden und davon gewonnene Lebensmittel nur in den Verkehr gebracht werden dürfen, falls nach einer Zufuhr von Tierbehandlungsmitteln die festgesetzten Wartezeiten eingehalten worden sind.

§ 10(4) LFGB beinhaltet Ermächtigungen für Rechtsverordnungen. Eine dieser Rechtsvorschriften ist die Verordnung über Stoffe mit pharmakologischen Wirkungen [10].

Das LFGB enthält darüber hinaus im Abschnitt 7 (§ 38 bis § 49) Regelungen zur Überwachung der Rechtsvorgaben des LFGBs. Insbesondere auf § 41 LFGB soll hier hingewiesen werden, da in § 41 LFGB ausführlich geregelt wird, welche Maßnahmen die zuständigen Behörden im Fall von nicht rechtskonformen Nachweisen von Tierbehandlungsmitteln im Erzeugerbetrieb treffen müssen.

15.3
Warenkunde

Die Anwendung pharmakologisch wirksamer Stoffe am Tier kann zu Rückständen dieser Stoffe und/oder ihrer Abbauprodukte (Metaboliten) in tierischen Lebensmitteln (z. B. Fisch, Fleisch, Milch, Honig oder Eier) führen. Deshalb sind für alle Tierbehandlungsmittel Wartezeiten vorgeschrieben, bevor von den damit behandelten Tieren wieder Lebensmittel in den Verkehr gebracht werden dürfen. Zwar kann die Einhaltung dieser Wartezeiten geringfügige Rückstandsmengen in den Lebensmitteln nicht immer verhindern, die Art und Menge solcher Rückstände pharmakologisch wirksamer Stoffe ist in diesen Fällen für den Verbraucher jedoch gesundheitlich unbedenklich.

Jeder Landwirt muss die Anwendung von Tierbehandlungsmitteln in ein Bestandsbuch eintragen. Die Veterinär- und Lebensmittelüberwachung überprüft, ob Tierarzneimittel fach- und sachgerecht angewendet, festgesetzte Wartezeiten eingehalten und dadurch die festgesetzten Rückstandshöchstmengen nicht überschritten werden.

Tierbehandlungsmittel, die über das Futtermittel oder das Tränkewasser den Tieren verabreicht werden können (Fütterungsarzneimittel, Futtermittelzusatzstoffe) haben eine große Bedeutung, da hiermit auch größere Bestände einfach therapiert werden können. Kritisch bei dieser Vorgehensweise ist, dass die am stärksten von der Krankheit betroffenen Tiere oft nur wenig Futter oder Tränkewasser aufnehmen und dadurch nicht die für eine Therapie erforderliche Arzneimittelmenge aufnehmen. Aus diesem Grund werden stark erkrankte Tiere wenn möglich isoliert und gezielt behandelt.

Insgesamt gibt es in der EU weit über 600 verschiedene Stoffe, die eine pharmakologische Wirkung haben und die legal oder illegal zur Tierbehandlung eingesetzt werden könnten. Gute Überblicke geben die Internetseiten der EMEA [2] im Bereich Veterinärmedizin und des Instituts für Veterinärpharmakologie und -toxikologie der Universität Zürich [11].

15.3.1
Anabolika

Anabolika fördern beim Masttier die Eiweißsynthese, wodurch der Muskelaufbau gefördert wird. Hierzu können unter anderem Stoffe mit Sexualhormoncharakter, also mit östrogener, androgener oder gestagener Wirkung, eingesetzt werden. Bei natürlichen Hormonen ist nicht nur eine anabole Wirkung sondern auch ein Einfluss auf die Geschlechtsmerkmale vorhanden. Deshalb wurden Stoffe entwickelt, bei denen die anabole Wirkung gegenüber der sexualwirksamen Ausprägung deutlich erhöht ist (z. B. Stilbene, Trenbolon, Nortestosteron, Zeranol). Nachfolgende Tabelle gibt einen Überblick über Anabolika:

Gruppe	Beispielhafte Vertreter
Körpereigen mit Steroidstruktur	17-β-Estradiol, Progesteron, Testosteron
Körperfremd mit Steroidstruktur	Ester körpereigener Hormone (Acetate, Propionate, Palmitate, Benzoate usw.)
	Trenbolon, Boldenon, Nortestosteron, Methyltestosteron, Ethinylestradiol, Melengestrol
Körperfremd ohne Steroidstruktur	Diethylstilbestrol (DES), Hexestrol, Zeranol

Die Anwendung von Präparaten mit hormonaler Wirkung ist bei der Mast lebensmittelliefernder Tiere in der Europäischen Union grundsätzlich verboten. Lediglich in Einzelfällen dürfen bei wenigen therapeutischen Anwendungen Hormone eingesetzt werden. In anderen Ländern, wie zum Beispiel den USA, dürfen die Mäster die natürlichen Hormone Testosteron, 17β-Estradiol und Progesteron sowie synthetische Hormone wie Trenbolon, Zeranol oder Melengestrolacetat einsetzen. Hormonbehandeltes Fleisch darf jedoch nicht in die EU eingeführt werden.

15.3.2
Beta-Agonisten

Zur Gruppe der Beta-Agonisten gehören beispielsweise das aus dem Sportdoping bekannte Clenbuterol und Salbutamol.

Beta-Agonisten erregen die β-Rezeptoren am Herzen (β1) und an der glatten Muskulatur (β2). Beta-Agonisten werden in der Humanmedizin zur Therapie von Atemwegserkrankungen eingesetzt. In höheren Dosen verbessern Beta-Agonisten bei Masttieren das Fleisch-/Fettverhältnis, ohne dass jedoch eine Gewichtszunahme beobachtet wird. Zudem soll bei genauer Einhaltung der Dosierung das Wachstum beschleunigt werden. Deshalb wurden Clenbuterol und Salbutamol missbräuchlich als Leistungsförderer in der Kälbermast eingesetzt.

Die Anwendung von Beta-Agonisten bei Tieren, die der Lebensmittelgewinnung dienen, ist nicht erlaubt. Zur Behandlung von wertvollen Rennpferden ist eine Therapie mit Clenbuterol erlaubt. Die Anwendung von Clenbuterol muss dann dokumentiert werden (z. B. in einem Pferdepass) und es ist nicht erlaubt, von einem mit Clenbuterol behandelten Pferd Lebensmittel zu gewinnen. Ractopamin wird pharmakologisch ebenfalls als Beta-Agonist eingestuft. Problematisch bei Ractopamin ist, dass dessen Verwendung als Futterzusatz in verschiedenen Ländern (Japan, Kanada, Mexiko und USA) zur Wachstumsförderung in der Schweine- und Rindermast zugelassen ist.

15.3.3
Thyreostatika

Zu den Thyreostatika zählen unter anderem Thioharnstoff-Derivate wie Thiouracil, Methylthiouracil oder Propylthiouracil sowie das Mercaptoimidazolanaloge Tapazol.

Thyreostatika hemmen den Einbau von Iod bei der Synthese von Schilddrüsenhormonen (Thyroxin). Dadurch wird die Tätigkeit der Schilddrüse gehemmt und der Grundumsatz, also der Energieumsatz der ruhenden Tiere, wird gesenkt. Ein echter Masteffekt nach Gabe von Thyreostatika findet nur in untergeordnetem Maß statt. Die resultierenden, teilweise beachtlichen Gewichtszunahmen bei Masttieren beruhen in erster Linie auf einer höheren Füllung des Gastro-Intestinal-Traktes und einer erhöhten Wassereinlagerung. Das von mit Thyreostatika behandelten Masttieren stammende Fleisch ist daher von minderer Qualität. Neben der ständigen Überprüfung im Labor ist dies ein wichtiger Grund, warum Thyreostatika als „illegale Masthilfsmittel" kaum eine Rolle spielen.

Der Einsatz von Thyreostatika bei lebensmittelliefernden Tieren ist in der gesamten EU verboten.

15.3.4
Beruhigungsmittel

Neuroleptika wie das Butyrophenon-Derivat Azaperon oder Phenothiazin-Derivate wie Acepromazin oder Chlorpromazin wirken zentral dämpfend auf psychische und motorische Funktionen. Die Wirkung von Tranquilizern aus der Gruppe der Benzodiazepine ist ähnlich. Beta-Blocker, wie z. B. Carazolol, setzen die Herzaktivität herab. All diese Stoffe sind daher zur Beruhigung von Tieren einsetzbar.

Mitte der 1980er Jahre waren Schweine gezüchtet worden, die eine gute Futtermittelausbeute und dadurch einen hohen Mastertrag aufwiesen. Diese Schweine wiesen ein gutes Verhältnis von Magerfleisch zu Speck (Fett) auf und kamen somit dem Verlangen der Verbraucher nach magerem Fleisch entgegen. Negativ war, dass diese Schweine auf unerwartete Ereignisse stark reagierten und insgesamt sehr stressanfällig waren. Tiertransporte von Schweinen ohne Todesfälle waren die Ausnahme. Durch den Einsatz von Beruhigungsmitteln waren Tierverluste insbesondere beim Transport zum Schlachthof vermeidbar. Problematisch war, dass bei einer Gabe von Beruhigungsmitteln unmittelbar vor dem oder beim Transport zum Schlachthof die vorgeschriebenen Wartezeiten nicht eingehalten wurden.

Inzwischen wurden weniger stressanfällige Schweine herangezüchtet, so dass der Einsatz von Beruhigungsmitteln im Mastbetrieb und auf dem Transportweg aktuell von keiner großen Bedeutung ist.

15.3.5
Antibiotika und Chemotherapeutika

Antibiotika und Chemotherapeutika werden in der Tiermedizin zur Behandlung von Krankheiten verwendet, die durch Bakterien, Protozoen, Pilze oder sonstige Parasiten verursacht werden. Unter dem Begriff „Chemotherapeutika" verstand man ursprünglich (in Abgrenzung von den in der Natur vorkommenden Antibiotika) chemische Syntheseprodukte, die gegen bakterielle Infektionen eingesetzt werden. Da generell keine grundlegenden Unterschiede im Einsatz oder in der Wirkung zwischen Antibiotika und Chemotherapeutika bestehen und auch viele Antibiotika bereits synthetisch oder semisynthetisch hergestellt werden können, sind die Begriffe Antibiotikum und Chemotherapeutikum inzwischen synonym in Verwendung.

Eine Einteilung der Antibiotika und Chemotherapeutika ist nach verschiedenen Gesichtspunkten möglich, z. B. nach der chemischen Struktur, nach der Wirkungsweise, auf Grund des Wirkungsspektrum, in Anlehnung an die therapeutische Anwendung oder entsprechend ihrer Pharmakokinetik.

Die in der nachfolgenden Tabelle verwendete Einteilung hat sich im medizinischen Bereich aus pragmatischen Gründen bewährt:

Gruppe	Ggf. Untergruppe / Beispielhafte Vertreter
Beta-Lactamantibiotika	Penicilline: Benzylpenicillin, Cloxacillin, Amoxycillin Cephalosporine: Ceftiofur, Cefquinom Laktamaseinhibitoren: Clavulansäure
Tetracycline	Tetracyclin, Oxytetracyclin, Chlortetracyclin
Sulfonamide	Sulfadimidin, Sulfanilamid, Sulfathiazol
Aminoglycoside	Streptomycin, Neomycin, Gentamycin
Macrolide	Erythromycin, Tylosin
Lincosamide	Lincomycin, Pirlimycin
Gyrasehemmer	Enrofloxacin, Oxolinsäure, Flumequin
Amphenicole	Chloramphenicol (*), Thiamphenicol, Florfenicol
Nitroimidazole (*)	Dimetridazol (*), Ronidazol (*), Metronidazol (*)
Nitrofurane (*)	Furazolidon (*), Furaltadon (*), Nitrofurazon (*)

(*) Anwendung bei Tieren verboten, von denen Lebensmittel gewonnen werden

Einige Antibiotika wurden auch als Futtermittelzusatzstoffe zur Verbesserung der Futtermittelverwertung als Leistungsförderer eingesetzt. Als Leistungsförderer werden Stoffe bezeichnet, die bei sachgerechter Versorgung der Tiere mit Nährstoffen den Futtermittelaufwand verringern. Hierzu gehört unter anderem das Antibiotikum Avilamycin. Seit 2006 ist die Verwendung von Leistungsförderern als Futtermittelzusatzstoffe in der EU nicht mehr erlaubt.

15.3.6
Antiparasitika

Parasiten sind Lebensformen, die sich bei einem Wirtstier bedienen, ohne dass das Wirtstier einen Nutzen davon hat. Der Parasit ernährt sich vom Blut, vom Darminhalt oder anderen Bestandteilen des Wirtstieres und fügt dem Wirtstier teilweise auch mechanische Schäden zu (z. B. Darm- oder Leberverletzungen). Meist führt nicht der Stoffentzug durch den Parasiten zu Krankheiten, sondern die Schwächung durch die Verletzungen begünstigt das Entstehen von Krankheiten.

Es gibt unterschiedliche Arten von Parasiten, die sich grob in die von außen angreifenden Ektoparasiten und in die innen lebenden Endoparasiten unterscheiden lassen. Zu den Ektoparasiten zählen beispielsweise Milben, Flöhe oder Zecken, zu den Endoparasiten Leberegel, Band-, Spul-, und Magenwürmer sowie Toxoplasmen.

Für die Bekämpfung von Parasiten stehen unterschiedliche Mittel und Maßnahmen zur Verfügung. Es handelt sich hierbei um Tierbehandlungsmittel, die besonders schädlich auf die zu bekämpfenden Parasitenarten wirken und dabei dem Wirtstier möglichst wenig schaden.

Anthelmintica

Anthelmintica werden zur Bekämpfung von Würmern eingesetzt. Wurmbefälle kommen in der Praxis häufig vor, weshalb eine Vielzahl von Tierbehandlungsmitteln gegen Wurmbefall existiert.

Gruppe	Beispielhafte Vertreter
Benzimidazole	Albendazol, Febantel, Flubendazol, Oxfendazol, Triclabendazol
Avermectine	Abamectin, Doramectin, Emamectin, Eprinomectin, Ivermectin, Moxidectin
diverse	Closantel, Levamisol, Morantel, Pierazin

Ionophore Coccidiostatica

Coccidien sind Protozoen, die in der Darmwand ihrer Wirte leben und sich dort vermehren. Die Coccidien befallen Zellen der Darmschleimhaut, die zerstört werden, wenn nach erfolgter Vermehrung durch Teilung die Nachfolgegeneration freigesetzt wird. Diese können entweder direkt neue Schleimhautzellen befallen, oder sie gelangen mit dem Kot in die Umgebung. Dadurch werden sie wieder von ihrem Wirt aufgenommen, und der Kreislauf beginnt von neuem. Als Folge der Darmbesiedelung können bei Massenbefall Zerstörungen der Darmschleimhaut mit Entzündungen, Fieber und (blutigem) Durchfall auftreten. Außerdem wird die Nahrungsausnutzung mit der Folge von Minderernährung und Abmagerung herabgesetzt.

Zur Bekämpfung der Coccidien werden Coccidiostatica eingesetzt. Nachdem die Zulassung zahlreicher klassischer Coccidiostatica (Nicarbazin, Clopidol) als Futtermittelzusatzstoffe widerrufen wurde [4], ist die Bedeutung der als Futtermittelzusatzstoffe zugelassenen ionophoren Coccidiostatica gestiegen. Zu den ionophoren Coccidiostatica gehören die Stoffe Lasalocid, Maduramycin, Monensin, Narasin und Salinomycin. Der prinzipielle Wirkungsmechanismus aller ionophoren Coccidiostatica beruht darauf, dass mit Kationen ein Ion-Ionophor-Komplex gebildet wird, der eine lipophile Oberfläche besitzt und in Lipidregionen von Membranen frei beweglich ist. Dabei werden Kationen passiv durch Zellmembranen transportiert, so dass das elektrochemische transmembranöse Kationengefälle im Parasiten zusammenbricht. Durch die Erhöhung des intrazellulären Kationengehaltes resultiert eine Druckerhöhung im Zellinnern, die ihrerseits eine Zerstörung intrazellulärer Strukturen bewirkt.

Malachitgrün

Malachitgrün gehört wie beispielsweise auch Brillantgrün oder Kristallviolett zur Gruppe der Triphenylmethanfarbstoffe.

Malachitgrün besitzt starke antibakterielle, fungizide und antiparasitäre Eigenschaften. Deshalb wurde Malachitgrün gegen Verpilzungen und Ektoparasiten in Aquakulturen von Süßwasserfischen, insbsondere Forellen, eingesetzt. Nach Aufnahme wird Malachitgrün im Fisch überwiegend zu Leuko-Malachitgrün metabolisiert. Aufgrund erheblicher toxikologischer Bedenken wegen möglicher cancerogener, mutagener und teratogener Wirkungen sollen im Lebensmittel Fisch keine Rückstände an Malachitgrün enthalten sein. Zur Behandlung von Tieren, die der Lebensmittelgewinnung dienen, gibt es daher in der Europäischen Union weder zugelassene Malachitgrün-haltige Tierarzneimittel noch ist Malachitgrün als Futtermittelzusatzstoff zugelassen.

Fallbeispiel 15.1: Rückstände von Malachitgrün und Leuko-Malachitgrün in Forellen

Im Zusammenhang mit einer Meldung aus dem Schnellwarnsystem der EU wurden Forellen eines überregional vermarktenden Fischzuchtbetriebes unter Anwendung eines LC-MS/MS-Verfahrens auf Rückstände von Malachitgrün und Leuko-Malachitgrün untersucht. Nachdem sich die ersten Stichprobenkontrollen als positiv erwiesen hatten, wurden systematisch weitere Proben erhoben, um das Ausmaß der Malachitgrünbelastung zu erfassen. Zur Festlegung der repräsentativen Stichproben wurde der Anteil von Fischen ohne Malachitgrünrückstände auf maximal 20% je Teich abgeschätzt. Im Falle festgestellter Rückstände von Malachitgrün oder Leuko-Malachitgrün wurden die Proben nach § 10 Abs. 1 Nr. 4 LFGB als nicht verkehrsfähig beurteilt.

Insgesamt wurde Folgendes untersucht:

- 67 Forellenproben aus allen Beckenanlagen des Betriebes; lediglich 2 Becken mit frisch eingesetzten Jungfischen waren frei von Malachitgrün. Alle Fische aus den betroffenen Teichen (über 200 t) wurden sachgerecht abgefischt, getötet und über eine Tierkörperbeseitigungsanlage entsorgt.
- 36 Fischproben aus dem angrenzenden Bach, von dem die Anlage mit Frischwasser gespeist wurde und in den das (Ab-)Wasser wieder floss. Aufgrund der Untersuchungsergebnisse wurde Anglern empfohlen, in einem bestimmten Bachabschnitt gefangenen Fische nicht zu verzehren.
- 42 Schlamm- und Sedimentproben aus der Anlage und dem angrenzenden Bach. Der Verlauf wurde sukzessiv beprobt, bis im Sediment und in den Bachfischen Malachitgrün bzw. Leukomalachitgrün nicht mehr nachgewiesen werden konnte. Der Schlamm aus der Anlage wurde sachgerecht entsorgt.
- 4 Proben Jungfische einer unterhalb des betroffenen Fischzuchtbetriebes gelegenen Zuchtanlage aus Teichen, die mit dem ablaufenden, mit Malachitgrün kontaminierten Wasser gespeist wurden. Diese Proben wiesen nur geringe Kontaminationen mit Malachitgrün auf. Dennoch wurden die betroffenen Teiche vom zuständigen Veterinäramt gesperrt.
- 12 Proben aus einem anderen Betrieb, der Lebendfische aus dem betroffenen Betrieb zur Aufzucht erworben hatte. Bei 3 Proben aus der relevanten Partie wurden erwartungsgemäß Rückstände von Malachitgrün festgestellt, die übrigen Proben aus anderen Standorten des betroffenen Fischzuchtbetriebes waren unauffällig. Die zugekauften Forellen mit Rückständen von Malachitgrün wurden abgefischt, getötet und entsorgt.

15.4
Qualitätssicherung

In Lebensmitteln aus tierischer Produktion stellen Rückstände pharmakologisch wirksamer Stoffe eine mögliche Gefährdung der Verbrauchergesundheit dar. Zur Überwachung des Einsatzes von Tierbehandlungsmitteln (zum Schutz des Verbrauchers und zur Gewährleistung einer wettbewerbsgerechten Produktion in der Landwirtschaft) werden auf jeder Stufe der Produktion und im Handel Rückstandskontrollen durchgeführt.

15.4.1
Probenahme und Stichprobengröße

Die Probenahme und die Beschaffenheit der Probe hat einen wesentlichen Einfluss auf das Untersuchungsergebnis. Eine Probe sollte daher möglichst gezielt auf das Untersuchungsziel abgestimmt erhoben, muss nach der Probenahme sofort sachgerecht gelagert und nach der Probenahme rasch ins Untersuchungslabor verbracht werden. Nur dadurch kann verhindert werden, dass für das Untersuchungsziel oder durch negative Veränderungen des Untersuchungsgutes ungeeignete Proben im Untersuchungslabor eintreffen.

In Baden-Württemberg sind für Proben nach NRKP beispielsweise folgende Vorgehensweisen festgelegt:

Die Probenahme erfolgt in Abstimmung mit dem zuständigen Untersuchungslabor, um eine rasche Bearbeitung der Probe zu gewährleisten. Zwischen Probenahme und Eintreffen im Labor dürfen nicht mehr als 36 Stunden vergehen. Falls diese Frist absehbar nicht eingehalten werden kann, kann verderbliches Probenmaterial in Ausnahmefällen sofort tiefgefroren und muss dann innerhalb von 96 Stunden ins Untersuchungslabor verbracht werden. Werden in einer Probe nicht mit Gesetzesvorgaben konforme Rückstände festgestellt, so wird eine repräsentative Stichprobe als weitere Maßnahme zur Weiterverfolgung erhoben. Hierbei werden bei einer homogenen Gruppe (z. B. alle Tiere eines Bestandes oder Tiere einer Teilgruppe, die mit vergleichbarer Wahrscheinlichkeit als Merkmalsträger angesehen werden können) Proben repräsentativ entnommen. Die Bestimmung der Stichprobengröße richtet sich nach einer von Kühne & Flock [12] beschriebenen mathematischen Gleichung:

$$p = 1 - [r!(N-n)!] / [(r-n)!N!]$$

n = Stichprobengröße

N = Gruppengröße (Anzahl im Bestand gehaltener Tiere bzw. Tierzahl je Teilgruppe)

r = Anzahl der freien, nicht mit Rückständen belasteten Merkmalsträger im Bestand

p = Wahrscheinlichkeit, mindestens einen Merkmalsträger zu finden.

Vor dem Hintergrund, dass die Mehrheit der relevanten Stoffe in der Regel bestands- oder tiergruppenbezogen eingesetzt werden, wird von einem Anteil von Merkmalsträgern von 20% bis 95% (r = 80% bis 5%) ausgegangen, wobei die Wahrscheinlichkeit, mindestens einen Merkmalsträger zu finden, bei p = 99% liegen soll.

N	Größe der Stichprobe (n) bei p = 99%						
	r = 80%	r = 50%	r = 40%	r = 30%	r = 20%	r = 10%	r = 5%
10	10	5	4	3	3	2	2
25	14	6	5	4	3	2	2
50	17	6	5	4	3	2	2
100	19	7	5	4	3	2	2
500	21	7	5	4	3	2	2
10 000	21	7	6	4	3	2	2

15.4.2
Analytik

Zur Sicherung der Verfügbarkeit von Vergleichssubstanzen werden pharmazeutische Unternehmer nach § 59b AMG dazu verpflichtet, die für die Durchführung von Rückstandsnachweisverfahren erforderlichen Stoffe bereitzustellen (soweit diese nicht handelsüblich sind) und der zuständigen Überwachungsbehörde gegen eine angemessene Entschädigung zu überlassen.

Die physikalisch-chemischen Eigenschaften der einzelnen Tierbehandlungsmittel(gruppen) unterscheiden sich teilweise sehr. Deshalb ist es nicht möglich, mit einem einzigen Untersuchungsverfahren alle zugelassenen oder zu überwachenden Tierbehandlungsmittel zu erfassen. Es müssen für die Untersuchung möglichst leistungsfähige Multimethoden zur Erfassung einer ganzen Stoffgruppe (z. B. Tetracycline [14]) oder mehrerer Wirkstoffgruppen (z. B. [15]) zur Verfügung stehen, da mit Einzelstoffmethoden aus Kapazitätsgründen eine Überwachung der Rückstandssituation unmöglich ist.

Eine gute Übersicht zur Analytik von Rückständen pharmakologisch wirksamer Stoffe gibt Literatur [13]. Obwohl auf Grund des Alters dieser Literaturstelle moderne Entwicklungen im Bereich der Detektion mit massenspezifischen Verfahren (GC-MS^n oder HPLC-MS/MS) fehlen, können dennoch prinzipielle Vorgehensweisen zur Extraktion, Aufreinigung und Anreicherung pharmakologisch wirksamer Stoffe entnommen werden. Einige Untersuchungsverfahren sind in der Amtlichen Sammlung von Untersuchungsverfahren (ASU) enthalten.

Aufgrund der großen Zahl von über 600 verschiedenen zugelassenen oder zu überwachenden Tierbehandlungsmitteln muss bei der Analytik strategisch vorgegangen werden. Sofern nicht gezielt auf einen Wirkstoff oder eine Wirkstoffgruppe untersucht werden soll, ist die Kombination von verschiedenen Untersuchungsverfahren nötig, um eine sowohl den Kosten- als auch den Stoffumfang betreffende, effektive Untersuchung von Proben durchführen zu können.

Die Effizienz eines Laboratoriums kann durch Kombination von Untersuchungsverfahren mit verschiedenen Zielen gesteigert werden:

Schritt	Vorgehen
1	Aussortieren von Proben ohne Rückstände
2	Identifizierung der Wirkstoffgruppe des Rückstandes
3	Identifizierung und ggf. Quantifizierung des Stoffes mit chromatographischen Verfahren
4	Bestätigungsuntersuchung – Absicherung des Befundes mit chromatographischen Verfahren

Für die Schritte 1 und 2 können Screeningverfahren (Hemmstofftests, ELISA, RIA, Rezeptortests) eingesetzt werden, die für das Untersuchungsziel geeignet sind. Für die Schritte 3 und 4 sind chromatographische Verfahren (GC, HPLC) erforderlich.

Screeningverfahren
Für die Übersichtsanalyse werden Verfahren benötigt, die rasch und kostengünstig zu einer sicheren Aussage zur An- oder Abwesenheit von Tierbehandlungsmitteln in Proben führen. Eine ausführliche Übersicht zu kommerziell vertriebenen Screeningverfahren zur Untersuchung auf Tierbehandlungsmittel kann von der Homepage der Arbeitsgruppe „Pharmakologisch wirksame Stoffe" der Lebensmittelchemischen Gesellschaft, Fachgruppe in der Gesellschaft Deutscher Chemiker, heruntergeladen werden [16].

Hemmstofftests
Mit mikrobiologischen Hemmstofftests kann mit einfachen Mitteln überprüft werden, ob Proben Stoffe enthalten, die das Wachstum des verwendeten Testkeims hemmen. Hemmstofftests werden zur Prüfung auf An- oder Abwesenheit von zahlreichen Antibiotika eingesetzt. Das vom verwendeten Testkeim abhängige Nachweisvermögen kann für jeden einzelnen Stoff auch innerhalb einer Wirkstoffgruppe sehr unterschiedlich sein und muss daher stoffspezifisch ermittelt werden.

Der in die ASU aufgenommene 3-Platten-Test verwendet als Testkeim Bacillus subtilis, wobei sich die drei Kulturplatten in ihren pH-Werten (6, 7,2 mit Trimethoprim und 8) unterscheiden. Der 3-Platten-Test wird auch als „Allgemeiner Hemmstofftest" bezeichnet. Im 4-Platten-Test wird zusätzlich eine Kulturplatte mit dem Keim Micrococcus luteus zur besseren Erfassung der Aminoglycosid-Antibiotika eingesetzt [17]. Ebenfalls auf dem Prinzip der Agar-Diffusion beruhen der Delvo- [18], der BR- [19] und der Premi-Test [20], bei denen als Testkeim Bacillus stearothermophilus fungiert. Die im Testsystem enthaltenen Indikatoren reagieren auf die Anwesenheit von Stoffwechselprodukten des Testkeimes mit Farbänderungen. Der BR-Test wird von der Milchindustrie zur Prüfung der Anlieferungsmilch eingesetzt.

Rezeptortests
Unter einem Rezeptor versteht man ein für bestimmte Reize empfindliches Zielmolekül einer Zelle. Zelluläre Rezeptoren sind in aller Regel Proteine, die sich entweder in der Zellmembran oder im Zytoplasma befinden. Durch den Einsatz von Hemmstoffgruppen-spezifischen Rezeptoren (oder Antikörper) im Testsystem (z. B. Penicillin bindende Proteine) ist der Charm-II-Test gruppenspezifisch. Gruppenspezifische Screeningverfahren sind geeignet für die Identifikation der Wirkstoffgruppe nach einem positiven Hemmstofftestbefund [21, 22].

ELISA- und RIA-Verfahren
ELISA- und RIA-Verfahren können wirtschaftlich eingesetzt werden, wenn größere Probenserien auf bestimmte Tierbehandlungsmittel untersucht werden sol-

len. Diese Tests werden oft im Bereich der Analytik von Anabolika und von Beta-Agonisten sowie bei der Untersuchung auf Chloramphenicol angewendet. Beim Einsatz von ELISA- oder RIA-Verfahren müssen Kreuzreaktionen auf Strukturverwandte Stoffe berücksichtigt werden. Falls der im Test verwendete Antikörper ein Tierbehandlungsmittel sehr spezifisch und andere, ähnlich wirkende Stoffe kaum erfasst, müssten in Abhängigkeit vom Untersuchungsziel ggf. mehrere ELISA- oder RIA-Verfahren nacheinander ausgeführt werden. In solchen Fällen kann es durchaus produktiver sein, wenn ein GC- oder HPLC-Verfahren als Screeningverfahren verwendet wird (zur Untersuchung auf Chloramphenicol s. auch Kap. 10.3.4).

Bestätigungsverfahren
Alle positiven Befunde von Screeningverfahren müssen mit chromatographischen Verfahren unter Verwendung geeigneter Detektionssysteme bestätigt werden. Nur damit ist die eindeutige Identifikation und ggf. Quantifizierung von Stoffen möglich.

Gaschromatographische Verfahren
Für die Detektion von Tierbehandlungsmitteln nach Gaschromatographie (GC) werden fast ausschließlich massenspezifische Detektoren (MS, MS^n, MS/MS, HRMS, MS-TOF) eingesetzt. Da die Mehrheit der Tierbehandlungsmittel polare Strukturen aufweist und daher kaum flüchtig ist, wird oft ein Derivatisierungsschritt vor der GC benötigt (Ausnahme: Neuroleptika, Tranquilizer, einige Hormone). Zur Zeit werden GC-Verfahren hauptsächlich zur Bestätigungsuntersuchung von Hormonen eingesetzt. Daneben wenden viele Untersucher GC-Verfahren beispielsweise auch zur Untersuchung auf β-Agonisten, Chloramphenicol, Nitroimidazole, Neuroleptika und Tranquilizer ein.

HPLC Verfahren
Viele Tierbehandlungsmittel besitzen chromophore Gruppen (z. B. Sulfonamide, Tetracycline, Malachitgrün), die den Einsatz von Dioden-Array-Detektoren (DAD) zur Aufnahme von Online UV-VIS-Spektren ermöglichen, oder weisen Eigenfluoreszenzen (z. B. Gyrasehemmer, Beta-Blocker) auf, die mittels Fluoreszenzdetektoren gemessen werden können. Programmierbare Probengeber ermöglichen unter anderem eine automatisierte Vorsäulenderivatisierung (z. B. Avermectine, siehe ASU) und zusätzliche, in das HPLC-System eingebundene Pumpen eine spezifische Nachsäulenderivatisierung und somit spezifische Detektion (z. B. Sulfonamide [23]). Nahezu alle Tierbehandlungsmittel können mit massenspezifischen Detektoren (MS, MS^n, MS/MS, MS-TOF, Orbitrap) erfasst werden. Mit LC-MS-Systemen können ansonsten nur schwer detektierbare Stoffe (Ionophore Coccidiostatica, Macrolide, Lincosamide, Aminoglycoside) sehr selektiv, in niederen Konzentrationen und vor allem ohne Derivatisierung bestimmt werden. GC-MS-Verfahren werden künftig mit wenigen Ausnahmen durch LC-MS-Verfahren ersetzt werden.

15.4.3
Validierung

Die Bemühungen, eine EU-weite Harmonisierung der Anforderungen an Untersuchungsverfahren zu fördern (u. a. Entscheidungen 93/256/EWG, 93/257/EWG), sind durch die Entscheidung 2002/657/EG [6] wesentlich erweitert und an den wissenschaftlich-technischen Fortschritt angepasst worden. Es werden sehr umfangreiche Anforderungen an die Validität von Methoden gestellt, auf die in diesem Kapitel in Auszügen eingegangen wird (allgemein s. auch Kap. 9.3.2). Obwohl die Anforderungen der Entscheidung 2002/657/EG nur für Proben gemäß der Richtlinie 96/23/EG [8] gelten, sollten alle Verfahren zur Untersuchung auf Rückstände von Tierbehandlungsmitteln einheitlich nach diesen Vorgaben validiert werden.

Im Anhang, Teil 1, sind Definitionen für alle in der Entscheidung 2002/657/EG verwendeten Begriffe enthalten.

Die Entscheidungsgrenze CCα (1.11) ist der Wert, bei und über dem mit einer Fehlerwahrscheinlichkeit von α bestimmt werden kann, dass eine Probe positiv ist. Der Alpha-Fehler (1.2) ist die Wahrscheinlichkeit, dass die untersuchte Probe negativ ist, obwohl ein positives Messergebnis erhalten wurde („falsch positives Ergebnis"). Bei Stoffen, die in Gruppe A des Anhangs I der Richtlinie 96/23/EWG aufgelistet sind („verbotene Stoffe"), muss der α-Fehler kleiner oder gleich 1%, bei allen anderen Stoffen kleiner oder gleich 5% sein. Bei Höchstmengen-geregelten Stoffen liegt ab der Konzentration von CCα eine Höchstmengenüberschreitung vor und bei verbotenen Stoffen ist der betreffende Stoff in der Probe vorhanden (Art. 6).

Das Nachweisvermögen CCβ (1.12) ist der kleinste Gehalt eines Stoffs, der mit einer Fehlerwahrscheinlichkeit von β in einer Probe nachgewiesen, identifiziert und/oder quantifiziert werden kann. Der Beta-Fehler (1.4) ist die Wahrscheinlichkeit, dass die untersuchte Probe tatsächlich positiv ist, obwohl eine negative Messung erhalten wurde („falsch negatives Ergebnis"). Der β-Fehler muss kleiner oder gleich 5% sein. Das Nachweisvermögen der verwendeten Methode darf bei Stoffen mit definierter analytischer Mindestleistungsgrenze (MRPL) nicht oberhalb des MRPL-Wertes liegen.

Im Anhang, Teil II, sind allgemeine Regelungen enthalten:

- Die Wiederfindungsrate wird bei der Ergebnisangabe berücksichtigt (2.1.2.1).
- Eine Methode muss unter den Versuchsbedingungen zwischen dem Analyten und den anderen Stoffen unterscheiden können (Spezifität, 2.1.2.2).
- Für Bestätigungsverfahren geeignete Detektionsverfahren werden aufgeführt (2.3, Tabelle 1).
- Grenzen für die Richtigkeit (2.3.2.1) und Reproduzierbarkeit quantitativer Methoden sind vorgegeben (2.3.2.2).
- Anforderungen an das verwendete Chromatographiesystem (2.3.3.1).

- Höchsttoleranzen für relative Ionenintensitäten bei MS Detektion und Punkteschema für die Identifikation von Stoffen mit MS-Detektoren (2.3.3.2).
- Spektren bei Identifikation von Stoffen mit DAD-Detektoren (2.3.5.2).

In Anhang, Teil 3, wird aufgeführt, welche Leistungsmerkmale in Abhängigkeit vom Methodentyp verifiziert werden müssen:

	Typ	Nachweisvermögen (CCβ)	Entscheidungsgrenze (CCα)	Richtigkeit/ Wiederfindung	Präzision	Selektivität/ Spezifität	Anwendbarkeit/ Robustheit/ Stabilität
Qualitative Methoden	S	+	–	–	–	+	+
	B	+	+	–	–	+	+
Quantitative Methoden	S	+	–	–	+	+	+
	B	+	+	+	+	+	+

S = Screeningmethoden; B = Bestätigungsmethoden; + = Bestimmung erforderlich

Im Anhang, Teil 3.1, sind ausführliche Beispiele zur möglichen Ausführung der Validierung und Verweise auf Validierungsverfahren für Analysenmethoden enthalten. Andere Ansätze zum Nachweis, dass die Analysenmethode die Leistungskriterien für Leistungsmerkmale erfüllt, können verwendet werden, sofern sie denselben Informationsgehalt liefern.

Der „laborinterne Validierungsansatz" (3.1.3, Inhouseverfahren) [24,25] weist gegenüber dem „herkömmlichen Verfahren" (3.1.2) auf Grund des faktoriellen Aufbaus der Validierung Vorteile auf. Durch geeignete Auswahl der Proben (z. B. frisch oder alt) und von Faktorstufen (z. B. unterschiedliche Bearbeiter, realistische Abweichungen bei der Anwendung, die in der Praxis vorkommen können) kann der geplante Anwendungsbereich der Methode weitgehend überprüft werden. In den ermittelten Daten zur Entscheidungsgrenze und zum Nachweisvermögen ist bei dieser Vorgehensweise die Messunsicherheit des Verfahrens bereits enthalten. Daher können beim laborinternen Validierungsansatz die Daten zur Berechnung von Entscheidungsgrenze und Nachweisvermögen auch für die Abschätzung der Messunsicherheit verwendet werden. Dagegen muss bei einem „herkömmlichen Verfahren" die Messunsicherheit mit zusätzlichen Versuchen ermittelt werden.

Die Arbeitsgruppe „Pharmakologisch wirksame Stoffe" der Lebensmittelchemischen Gesellschaft, Fachgruppe in der Gesellschaft Deutscher Chemiker hat zur Validierung im Routinelabor einen möglichen Weg vorgeschlagen [26]. Darin werden Elemente des „herkömmlichen Verfahrens" und des „laborinternen Validierungsansatzes" kombiniert.

15.4.4
Untersuchungszahlen und Rückstandssituation

Im NRKP sind Mindestuntersuchungszahlen und Stoffumfang vorgegeben [7, 9]. Untersucht werden jährlich:

- jedes 250ste geschlachtete **Rind**
- jedes 2000ste geschlachtete **Schwein** und **Schaf**
- nach Erfordernis **Pferde**
- von **Geflügel** – eine Probe je 200 Tonnen Jahresproduktion
- von **Aquakulturen** – eine Probe je 100 Tonnen Jahresproduktion
- bei **Kaninchen** und **Honig** – eine Probe je 30 Tonnen Schlachtgewicht bzw. Jahreserzeugung für die ersten 3000 Tonnen und darüber hinaus eine Probe je weitere 300 Tonnen
- von **Wild** und **Zuchtwild** jeweils mindestens 100 Proben
- von **Milch** eine Probe je 15 000 Tonnen
- bei **Eiern** eine Probe je 1000 Tonnen Jahresproduktion.

Auf Basis dieser Vorgaben wurde 2007 in Deutschland folgende Anzahl von Proben untersucht:

	Rind	Schwein	Schaf	Pferd	Geflügel	Aquakultur	Kaninchen	Wild	Milch	Eier	Honig
Anzahl	15 191	24 795	536	90	6250	539	12	213	1970	737	173
Positiv [%]	0,41	0,17	1,31[a]	2,22[a]	0,05	3,24[b]	0	0	0,15	1,36[c]	1,16

Zusätzlich wurden mittels Allgemeinem Hemmstofftest folgende Probenzahlen untersucht:

Anzahl	18 498	225 788	3687	24	23	50	29	3
Positiv [%]	0,39	0,14	0,11	0	0	0,2	0	0

[a] ausschließlich zu hohe Schwermetallgehalte
[b] überwiegend (Leuko-)Malachitgrün
[c] überwiegend Mittel gegen Darmparasiten

Der Anteil positiver Befunde ging über einen Zeitraum von 15 Jahren von rund 2% auf deutlich unter 0,5% zurück und hat sich in den letzten 5 Jahren auf diesem Niveau stabilisiert. Im gleichen Zeitraum hatte sich die Anzahl der untersuchten Stoffe in etwa verdreifacht. Die Ergebnisse des NRKPs werden auf der Homepage des BVLs [27] publiziert.

Ergebnisse aus der Lebensmittelüberwachung sind im Internet auf den Seiten der Untersuchungseinrichtungen publiziert [28].

15.5
Literatur

1. VO (EWG) Nr. 2309/93 des Rates vom 22. Juli 1993 zur Festlegung von Gemeinschaftsverfahren für die Genehmigung und Überwachung von Human- und Tierarzneimitteln und zur Schaffung einer Europäischen Agentur für die Beurteilung von Arzneimitteln (ABl. EG Nr. L 214/1)
2. www.emea.eu.int
3. RL 70/524/EWG des Rates vom 23. November 1970 über Zusatzstoffe in der Tierernährung (ABl. EG Nr. L 270 vom 14.12.1970)
4. VO (EG) Nr. 2001/2205/EG der Kommission vom 14. November 2001 zur Änderung der RL 70/524/EWG des Rates über Zusatzstoffe in der Tierernährung hinsichtlich des Widerrufs der Zulassung bestimmter Zusatzstoffe (ABl. EG Nr. L 297/3 vom 15.11.2001)
5. VO (EWG) Nr. 2377/90 des Rates zur Schaffung eines Gemeinschaftsverfahrens für die Festsetzung von Höchstmengen für Tierarzneimittelrückstände in Nahrungsmitteln tierischen Ursprungs vom 26.06.1990 (ABl. EG Nr. L 224/1 vom 18.08.1990)
6. Entscheidung der Kommission 2002/657/EG zur Umsetzung der RL 96/23/EG des Rates betreffend die Durchführung von Analysemethoden und die Auswertung von Ergebnissen vom 12.08.2002 (ABl. EG Nr. L 221/8 vom 17.08.2002)
7. Richtlinie des Rates (96/22/EG) über das Verbot der Verwendung bestimmter Stoffe mit hormonaler bzw. thyreostatischer Wirkung und von β-Agonisten in der tierischen Erzeugung und zur Aufhebung der RL 81/602/EWG, 88/146/EWG und 88/299/EWG vom 29.04.96 (ABl. EG Nr. L 125 vom 23.05.96, S. 3)
8. Richtlinie des Rates (96/23/EG) über Kontrollmaßnahmen hinsichtlich bestimmter Stoffe und ihrer Rückstände in lebenden Tieren und tierischen Erzeugnissen und zur Aufhebung der RL 85/358/EWG und 86/469/EWG und der Entscheidungen 89/187/EWG und 91/664/EWG vom 29. April 1996 (ABl. EG Nr. L 125/10 vom 23.05.96)
9. Entscheidung der Kommission (97/747/EG) über Umfang und Häufigkeit der in der RL 96/23/EG des Rates vorgesehenen Probenahmen zum Zweck der Untersuchung in bezug auf bestimmte Stoffe und ihre Rückstände in bestimmten tierischen Erzeugnissen vom 27.10.97 (ABl. EG Nr. L 303/12 vom 06.11.97)
10. Verordnung über Stoffe mit pharmakologischer Wirkung in der Fassung der Bekanntmachung der Neufassung vom 07.03.2005 (BGBl. I S. 730)
11. www.vetpharm.unizh.ch
12. W. Kühne, D.K. Flock (1975) Deut Tierärztliche Wochenschrift 82, 429–472
13. „Analytik von Rückständen pharmakologisch wirksamer Stoffe", Band 13 der Schriftenreihe „Lebensmittelchemie und gerichtliche Chemie", Hrsg. Fachgruppe „Lebensmittelchemie und gerichtliche Chemie in der GDCh", Behr's Verlag, 1989
14. Farrington WHH, Tarbin J, Bygrave J, Shearer G (1991) Food Additives and Contaminants 8:55–64
15. Malisch R, Bourgeois B, Lippold, R (1992) Deutsch Lebensm Rundsch 88:205–216
16. http://www.gdch.de/strukturen/fg/lm/ag.htm
17. Ellinghaus U, Petersen B (1989). Tierärztliche Umschau 44:698–706
18. Cullor JS, van Eenennaam A, Dellinger J, Perani L, Smith W, Jensen L (1992). Vet Med 87:477–494
19. Kraack J, Tolle A (1967). Milchwissenschaft 22:669–673
20. www.premitest.com
21. Charm SE, Chi RK (1982). J Assoc Off Anal Chem 65:1186–1192

22. Korsrud GO, Salisbury CDC, Fesser ACE, MacNeil JD (1992) in Analysis of Antibiotic Drug Residues in Food Products of Animal Origin, Ed. VK Agarwal, Plenum Press, New York, 75–79
23. Pacciarelli B, Reber S, Douglas Ch, Dietrich S, Etter R (1991) Mitt Gebiete Lebensm Hyg 82:45–55
24. Jülicher B, Gowik P, Uhlig S (1998) Assessment of detection methods in trace analysis by means of a statistically based in-house validation concept. Analyst 120:173
25. Gowik P, Jülicher B, Uhlig S (1998) Multi-residue method for non-steroidal anti-inflammatory drugs in plasma using high performance liquid chromatography-photodiode-array detection. Method description and comprehensive in-house validation. J Chromatogr 716:221
26. Validierung von Verfahren zur Untersuchung auf pharmakologisch wirksame Stoffe im Routinelabor (2003) Lebensmittelchemie 57:99
27. www.bvl.bund.de im Bereich Tierarzneimittel
28. www.untersuchungsämter-bw.de
29. Kennedy et al. (1996) Food Addit Contam 13:787–794
30. Kennedy et al. (1998) Food Addit Contam 15:535–541
31. Kennedy et al. (1998) Analyst 123:2529–2533
32. Strauch (2002) Kraftfutter 85:151–159
33. Strauch (2002) Kraftfutter 85:239
34. Richtlinie der Kommission (2009/8/EG) zur Änderung von Anhang 1 der RL 2002/32/EG des EP und des Rates hinsichtlich Höchstgehalten an Kokzidiostatika und Histomonostatika, die aufgrund unvermeidbarer Verschleppung in Futtermitteln für Nichtzieltierarten vorhanden sind (ABl. EG Nr. L 40/19 vom 11.02.2009)
35. Verordnung der Kommission (124/2009/EG) zur Festlegung von Höchstgehalten an Kokzidiostatika und Histomonostatika, die aufgrund unvermeidbarer Verschleppung in Futtermitteln für Nichtzieltierarten vorhanden sind (ABl. EG Nr. L 40/7 vom 11.02.2009)
36. Verordnung (EG) Nr. 470/2009 des EP und des Rates vom 6. Mai 2009 über die Schaffung eines Gemeinschaftsverfahrens für die Festsetzung von Höchstmengen für Rückstände pharmakologisch wirksamer Stoffe in Lebensmitteln tierischen Ursprungs, zur Aufhebung der Verordnung (EWG) Nr. 2377/90 des Rates und zur Änderung der Richtlinie 2001/82/EG des EP und des Rates und der Verordnung (EG) Nr. 726/2004 des EP und des Rates (ABl. EG Nr. L 152/11 vom 16.06.2009)

Kapitel 16

Umweltrelevante Kontaminanten

Thomas Kühn · Manfred Kutzke · Jens Arne Andresen

Institut für Hygiene und Umwelt, Marckmannstraße 129a, 20539 Hamburg
thkuehn1@gmx.net
manfred.kutzke@hu.hamburg.de
jensarne.andresen@hu.hamburg.de

16.1	**Stoffgruppen**	406
16.2	**Beurteilungsgrundlagen**	408
16.2.1	Leichtflüchtige organische Kontaminanten	408
16.2.2	Polyzyklische aromatische Kohlenwasserstoffe	409
16.2.3	Polychlorbiphenyle	411
16.2.4	Polychlorierte Dibenzodioxine und -furane	412
16.2.5	Radionuklide	414
16.2.6	Schwermetalle	417
16.3	**Warenkunde**	418
16.3.1	Leichtflüchtige organische Kontaminanten	418
16.3.2	Polyzyklische aromatische Kohlenwasserstoffe	418
16.3.3	Polychlorbiphenyle	420
16.3.4	Polychlorierte Dibenzodioxine und -furane	421
16.3.5	Radionuklide	425
16.3.6	Schwermetalle	428
16.4	**Qualitätssicherung**	431
16.4.1	Leichtflüchtige organische Kontaminanten	432
16.4.2	Polyzyklische aromatische Kohlenwasserstoffe	432
16.4.3	Polychlorbiphenyle	433
16.4.4	Polychlorierte Dibenzodioxine und -furane	433
16.4.5	Radionuklide	434
16.4.6	Schwermetalle	436
16.5	**Literatur**	438

16.1
Stoffgruppen

Leichtflüchtige organische Kontaminanten:

- Kurzkettige halogenierte Kohlenwasserstoffe
  (Technische Löse- und Reinigungsmittel)
- Aromatische und aliphatische Kohlenwasserstoffe
  (Treibstoffzusätze, Lösungsmittel wie Toluol, Benzol, Hexan)
- Ether, Ester, Ketone, niedere Alkohole
  (Extraktionslösemittel)
- Wirkstoffrückstände von Begasungsmitteln
  (1,2 Dibromethan, Ethylenoxid, Methylbromid).

Polyzyklische aromatische Kohlenwasserstoffe (PAK)

Die PAKs umfassen ca. 200 Kohlenwasserstoff-Verbindungen, zusammenhängende (kondensierte) aromatische Sechsringsysteme aus gewöhnlich drei bis sechs Ringeinheiten (Abb. 16.1).

Polychlorbiphenyle PCB

Durch Chlorierung von Biphenyl ist grundsätzlich die Entstehung von maximal 209 PCB-Komponenten (PCB-Kongeneren) möglich (Abb. 16.2).

Polychlorierte Dibenzodioxine und -furane PCDD, PCDF

Die Verbindungsgruppe lässt sich von den folgenden Kohlenwasserstoffgrundgerüsten durch sukzessive Substitution von Wasserstoffatomen durch Chlor ableiten. Es sind insgesamt 75 chlorierte Dibenzodioxine sowie 135 Dibenzofurane möglich (Abb. 16.3).

Radionuklide

- anthropogene Radionuklide: Iod-131, Strontium-90, Plutonium-238
- natürliche Radionuklide: Uran-238 ($\Rightarrow$ Uran-Radium-Reihe), Uran-235 ($\Rightarrow$ Uran-Actinium-Reihe), Thorium-232 ($\Rightarrow$ Thorium-Reihe)
- primordiale Radionuklide: z. B. Kalium-40, Blei-204.

Schwermetalle

- Cadmium (Cd), Blei (Pb) und Quecksilber (Hg)
- Cobalt (Co), Kupfer (Cu), Chrom (Cr), Mangan (Mn) und Zink (Zn)
- Metalloide wie Arsen (As), Bor (B) und Selen (Se).

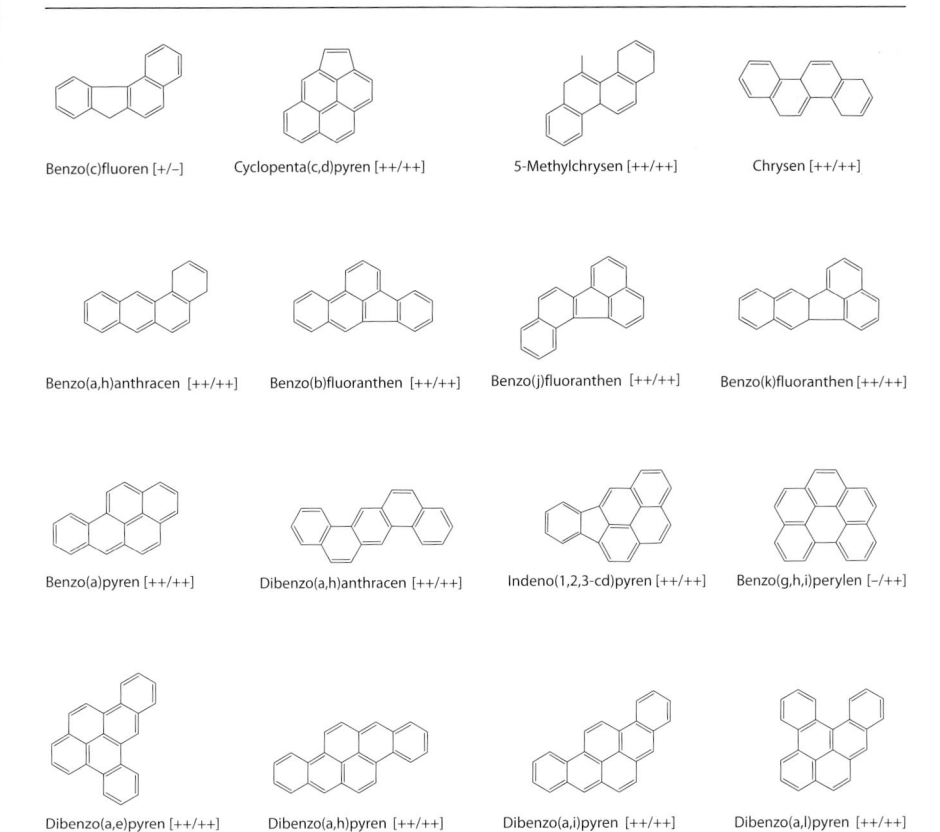

Benzo(c)fluoren [+/–]   Cyclopenta(c,d)pyren [++/++]   5-Methylchrysen [++/++]   Chrysen [++/++]

Benzo(a,h)anthracen [++/++]   Benzo(b)fluoranthen [++/++]   Benzo(j)fluoranthen [++/++]   Benzo(k)fluoranthen [++/++]

Benzo(a)pyren [++/++]   Dibenzo(a,h)anthracen [++/++]   Indeno(1,2,3-cd)pyren [++/++]   Benzo(g,h,i)perylen [–/++]

Dibenzo(a,e)pyren [++/++]   Dibenzo(a,h)pyren [++/++]   Dibenzo(a,i)pyren [++/++]   Dibenzo(a,l)pyren [++/++]

Kanzerogenität/Mutagenität, Genotoxizität [9]
[++] ausreichende Hinweise bzw. Beweise vorhanden
[+]   Hinweise vorhanden, aber Datenlage nicht ausreichend
[–]   keine Hinweise

Abb. 16.1. Strukturformeln leichter und schwerer PAK

$$C_{12}H_{10-n}Cl_n \quad (n = x + y)$$

Abb. 16.2. Allgemeine Struktur- und Summenformel

PCDD   PCDF

Abb. 16.3. Strukturformeln von polychlorierten Dibenzodioxinen und Dibenzofuranen

16.2 Beurteilungsgrundlagen

16.2.1 Leichtflüchtige organische Kontaminanten

Schadstoff-Höchstmengenverordnung, SHmV, Liste B [1]: Verkehrsverbot für Lebensmittel, deren Gehalte an Tetrachlorethen (Perchlorethylen), Trichlorethen (Trichlorethylen) oder Trichlormethan (Chloroform) für einen dieser Stoffe 0,1 mg kg^{-1} oder insgesamt 0,2 mg kg^{-1} überschreiten, ausgenommen Olivenöle und Oliventresteröle entsprechend bestimmten EG-Regelungen [2].

EU-weite Höchstmengenregelungen für Extraktionslösungsmittel, die zur Herstellung von Lebensmitteln zugelassen sind, werden national in der THV – Technische Hilfsstoff-Verordnung – gebündelt (Tabellen 16.1–16.3) [3]:

Tabelle 16.1. Extraktionslösungsmittel, die unter Einhaltung der nach redlichem Herstellerbrauch für sämtliche Verwendungszwecke üblichen Verfahren verwendet werden dürfen [3]

Propan	Butan	Aceton	Ethylacetat
Ethanol	Kohlendioxid	Distickstoffmonoxid	

Grundlegende Daten zur Beurteilung lassen sich auch den Mitteilungen der Senatskommission zur Prüfung gesundheitsschädlicher Arbeitsstoffe (MAK-, BAT-Listen) entnehmen [4–6].

Tabelle 16.2. Extraktionslösungsmittel für die Herstellung von Aromen aus natürlichen Aromaträgern [3]

Stoff	Restgehalt im verzehrsfertigen aromatisierten Lebensmittel höchstens
Diethylether	2 mg kg^{-1}
Hexan, Methylacetat, Butan-1-ol, Butan-2-ol, Ethylmethylketon, n-Propanol, Propan-2-ol Cyclohexan	je 1 mg kg^{-1}
Dichlormethan	0,02 mg kg^{-1}
1,1,1,2-Tetrafluorethan	0,02 mg kg^{-1}
Methanol	5 mg kg^{-1}

Tabelle 16.3. Beschränkt verwendbare Extraktionslösungsmittel [3]

Stoff	verwendbar für	Restgehalt in extrahierten Lebensmitteln höchstens
Hexan	Herstellung und Fraktionierung von Fetten und Ölen und Herstellung von Kakaobutter	1 mg kg^{-1} im Fett oder Öl oder in der Kakaobutter
	Herstellung von entfetteten Proteinerzeugnissen und entfettetem Mehl	10 mg kg^{-1} im Lebensmittel, das die entfetteten Proteinerzeugnisse und das entfettete Mehl enthält
		30 mg kg^{-1} in entfetteten Sojaerzeugnissen, wie sie an den Endverbraucher verkauft werden
	Herstellung von entfetteten Getreidekeimen	5 mg kg^{-1} in entfetteten Getreidekeimen
Methylacetat	Extraktion von Koffein, Reizstoffen und Bitterstoffen aus Kaffee und Tee	20 mg kg^{-1} in Kaffee oder Tee
	Herstellung von Zucker aus Melasse	1 mg kg^{-1} in Zucker
Ethylmethylketon	Fraktionierung von Fetten und Ölen	5 mg kg^{-1} in Fett und Öl
	Extraktion von Koffein, Reizstoffen und Bitterstoffen aus Kaffee und Tee	20 mg kg^{-1} in Kaffee oder Tee
Dichlormethan	Extraktion von Koffein, Reizstoffen und Bitterstoffen aus Kaffee und Tee	2 mg kg^{-1} in geröstetem Kaffee und 5 mg kg^{-1} in Tee
Methanol	Lebensmittel allgemein	10 mg kg^{-1}
Propan-2-ol	Lebensmittel allgemein	10 mg kg^{-1}

16.2.2
Polyzyklische aromatische Kohlenwasserstoffe

Aufgrund der anfänglichen analytischen Bestimmungsschwierigkeiten und der ungenügenden Datenlage zu Vorkommen, Verteilung und Toxizität wurde zunächst Benzo(a)pyren (3,4-Benzpyren) als eine Art Leitsubstanz zur Beurteilung herangezogen, obwohl sein Massenanteil am Gesamtgehalt von PAKs einer Probe i. d. R. unter einem Prozent liegt und nicht in konstantem Verhältnis zu anderen PAK-Kongeneren beobachtet wird [7]. Auch die neuen, EU-weit festgelegten Höchstmengen (s. Tabelle 16.4) sind zunächst nur für Benzo(a)pyren festgeschrieben. Für 14 weitere kanzerogene PAK-Kongenere und zusätzlich Benzo(c)fluoren (15+1 PAK) fordert die EU bzw. die JECFA Gehaltsbestimmungen, um auf breiter Datenbasis ab 2007 weitere Höchstmengenregelungen zu treffen [8]. Auf der Grundlage von annähernd 10 000 Datensätzen zu PAK in Lebensmitteln erfolgte 2008 eine Neubewertung des Gefährdungspotentials durch die EFSA. Benz(a)pyren konnte zwar in 50% aller Proben nachgewiesen werden. In 30% der Proben aber wurden andere genotoxische und kanzerogene PAK detektiert, obwohl Benz(a)pyren nicht nachweisbar war. Die EFSA stellte daraufhin fest, dass Benz(a)pyren alleine keinen geeigneten Marker für PAK in Lebensmitteln darstellt [9].

Tabelle 16.4. Zulässige Höchstmengen (HM) für PAK in Lebensmitteln [20]

Erzeugnis	Höchstmenge Benz(a)pyren [$\mu g\,kg^{-1}$ Frischgewicht]
Öle und Fette*	2,0
Säuglings- und Kleinkindernahrung*	1,0
Diätetische Lebensmittel für Säuglinge*	1,0
Geräuchertes Fleisch und geräucherte Fleischerzeugnisse	5,0
Muskelfleisch von geräucherten Fischen geräucherte Fischereierzeugnisse*	5,0
Muskelfleisch von anderen als geräucherten Fischen*	2,0
Krebstiere und Kopffüßler, nicht geräuchert	5,0
Muscheln	10,0

*: Spezifizierung s. jeweils aktuelle Version der KontaminantenVO (EG) 1881/2006 [20]
Direktes Räuchern wird zunehmend durch den Einsatz von Raucharomen verdrängt. Deren Herstellung, der Anwendungsprozess für Lebensmittel und seine Dokumentation sind EU-weit detailliert geregelt [10, 11]. So dürfen u. a. die Primärprodukte zur Raucharomenherstellung nur bis zu 10 $\mu g\,kg^{-1}$ Benzo(a)pyren, 20 $\mu g\,kg^{-1}$ Benzo(a)anthracen enthalten.

Somit gewinnt die Bestimmung von Einzelkomponenten zunehmend an Bedeutung. Im Trinkwasser dürfen vier PAKs (Benzo(b)fluoranthen, Benzo(k)fluoranthen, Benzo(ghi)perylen und Indeno(1,2,3-cd)pyren) in der Summe den Grenzwert von 0,1 $\mu g\,l^{-1}$ nicht überschreiten [12]. Für Benz(a)pyren ist eine Höchstmenge von 0,01 $\mu g\,l^{-1}$ in Trinkwasser festgelegt. Die Amerikanische Umweltbehörde (EPA) forderte bereits 1975 die Bestimmung von 16 PAK. Die Speisefett produzierende Industrie hat sich selbst Summen-Höchstgehalte gesetzt von insgesamt 25 $\mu g\,kg^{-1}$ PAK (Phenanthren, Anthracen, Pyren, Benzo(a)-anthracen, Chrysen, Benzo(a)pyren, Benzo(e)pyren, Perylen, Athanthren, Benzo(ghi)-perylen, Dibenzo(a,h)anthracen, Coronen; Summe „schwerer PAK" (fünf und mehr Ringe) < 5 $\mu g\,kg^{-1}$) [14]. Diese sind für raffinierte Speisefette nach Stand der Technik als Produktionsstandard erreichbar.

16.2.3
Polychlorbiphenyle

Für Lebensmittel tierischen Ursprungs sind in der EG-harmonisierten SHmV [1] Höchstmengen (Hm) für jedes der sechs PCB-Leitkongenere (s. Tabelle 16.12, Kap. 16.3.3) festgelegt. Die Leitkongene sind in zwei Gruppen eingeteilt, wobei für alle Kongeneren einer Gruppe auch jeweils die gleichen Höchstmengen gelten:

Tabelle 16.5. PCB-Höchstmengen in Lebensmittel tierischen Ursprungs mg kg^{-1} Lebensmittel

Lebensmittel	Gruppe I*	Gruppe II
Fleisch und Fleischerzeugnisse*	0,008/0,08	0,01/0,1
Eier/Eiprodukte*	0,02	0,02
Milch/Milcherzeugnisse*	0,04	0,05
Dorschleber	0,4	0,6
Seefische*	0,08	0,1
Süßwasserfische*	0,2	0,3
Krebs- und Weichtiere*	0,08	0,1

*: Einschränkungen s. SHmV

Nationale Richtwerte für PCB-Kongenere liegen bei einer Tagesaufnahme des Säuglings von 250–850 ml Muttermilch bei 8,1–1,9 mg kg^{-1} Milchfett [15] (s. auch Kap. 14.3.5). Weitere Hinweise zur Bewertung s. [16], zu Anwendungsverboten [17, 18].

Neben den Indikator-PCB gewinnen zunehmend die sogenannten dioxinähnlichen (bzw. dioxin like) „dl PCB" für die Lebensmittelbeurteilung an Bedeutung. Hierzu zählt man die Kongeneren ohne Chlorsubstitution in ortho-Position („non-ortho PCB", „coplanare PCB") sowie die Kongenere mit nur einer Chlorsubstitution in ortho-Position („mono-ortho PCB"). Diese Kongenere können die Ebenen ihrer Phenylringe coplanar ausrichten oder weitgehend annähern. Einige von ihnen haben in toxikologischen Untersuchungen dioxinähnliche Wirkung gezeigt [19]. Daher hat ein Expertengremium der WHO für vier non-ortho PCB und für acht mono-ortho-PCB Toxizitäsäquivalenzfaktoren (TEF) vorgeschlagen, mit denen die ermittelten Gehalte in Dioxinäquivalente umgerechnet werden können. Die Kommission hat diese als WHO-PCB-TEF bereits in die KontaminantenVO mit aufgenommen. Seit 2006 sind Höchstmengen für die Summe aus Dioxinen und dioxinähnlichen PCB in Lebensmitteln festgelegt [20] (s. Kap. 16.2.4).

16.2.4
Polychlorierte Dibenzodioxine und -furane

Aufgrund der deutlich höheren Toxizität des 2,3,7,8-TCDD (TCDD) werden die ermittelten Gehalte der 16 übrigen 2,3,7,8-Kongeneren bezogen auf TCDD gewichtet, ehe sie in eine Angabe zur Gesamtbelastung einfließen. Hierbei wird die Fähigkeit der einzelnen PCDD- und PCDF-Kongeneren, bestimmte Enzyme zu induzieren, mit der des TCDD in Beziehung gesetzt, um sogenannte Relative Toxizitäten oder Wirkfaktoren (TEF = toxicity equivalent factor) zu erhalten. Da bei strukturähnlichen (dioxin like) Polychlorierten Biphenylen (s. dl PCB Kap. 16.2.3) vergleichbare Wirkung nachgewiesen worden sind, werden die Gehalte dieser dioxinähnlichen PCB in die Risikobetrachtung mit einbezogen (s. Tabelle 16.6) [20].

Tabelle 16.6. TCDD-Toxizitäts-Äquivalent-Faktoren (TEF) von PCDD, PCDF und dioxinähnlichen PCB

PCDD/PCDF-Kongenere	WHO-PCDD/F-TEF	dl PCB-Kongenere	WHO-PCB-TEF
		Non-ortho-PCB	
2,3,7,8-TCDD	1	PCB-77	0,0001
1,2,3,7,8-PeCDD	1	PCB-81	0,0001
1,2,3,4,7,8-HxCDD	0,1	PCB-126	0,1
1,2,3,6,7,8-HxCDD	0,1	PCB-169	0,01
1,2,3,7,8,9-HxCDD	0,1		
1,2,3,4,6,7,8-HpCDD	0,01	Mono-ortho-PCB	
OCDD	0,0001	PCB-105	0,0001
2,3,7,8-TCDF	0,1	PCB-114	0,0005
1,2,3,7,8-PeCDF	0,05	PCB-118	0,0001
2,3,4,7,8-PeCDF	0,5	PCB-123	0,0001
1,2,3,4,7,8-HxCDF	0,1	PCB-156	0,0005
1,2,3,6,7,8-HxCDF	0,1	PCB-157	0,0005
1,2,3,7,8,9-HxCDF	0,1	PCB-167	0,00001
2,3,4,6,7,8-HxCDF	0,1	PCB-189	0,0001
1,2,3,4,6,7,8-HpCDF	0,01		
1,2,3,4,7,8,9-HpCDF	0,01		
OCDF	0,0001		

T: Tetra, Pe: Penta, Hx: Hexa, Hp: Hepta, O: Octa [20]

Mit diesen Faktoren werden jeweils die analytisch bestimmten einzelnen 2,3,7,8-Kongenerengehalte einer Probe multipliziert. Als Kontamination der Probe wird die Produktsumme errechnet und als „Toxische Äquivalente 2,3,7,8-TCDD", in der Regel in Picogramm WHO-PCDD/F-TEQ pro Gramm Lebensmittel bzw. Fett, angegeben.

Da die Induktion von Enzymen, die eine metabolische Oxidation katalysieren, nicht in ausschließlichen Zusammenhang mit speziellen toxischen Effekten gebracht werden kann, ist die Angabe von Toxizitätsäquivalenten wissenschaftlich nicht eindeutig. Sie gilt jedoch allgemein als Kompromiss zum Zweck einer rascheren Vergleichbarkeit und ersten Bewertung von Analysenergebnissen [19]. Zur umfassenden Analysenbeurteilung sollten die Gehalte aller bestimmten Kongeneren herangezogen werden, deren Verteilung in einer Probe Hinweise auf mögliche Kontaminationsquellen liefern kann; zudem sind die relativen Kongenerenverhältnisse grundlegend für die Vergleichbarkeit verschiedener Untersuchungen [21–24].

Übereinstimmend sehen nationale und internationale Gremien im Sinn einer Gesundheitsvorsorge eine monatliche Belastung des Menschen mit 2,3,7,8-TCDD in der Größenordnung von 70 Picogramm pro Kilogramm Körpergewicht bzw. einen TWI von 14 pg (SCF) oder einen TDI von 1–4 pg (JECFA) WHO-TEQ pro Kilogramm Körpergewicht als tolerierbar an [13, 25, 26]. Zur weiteren Reduzierung der Dioxine in Lebensmitteln werden EU-weit seit 2001 gesetzliche Höchstmengen und Auslösewerte fest- und fortgeschrieben (s. Tabelle 16.7). Seit 2006 sind in der KontaminantenVO neben den Höchstmengen für Dioxine auch Höchstmengen für die Summe von Dioxinen und dioxinähnli-

Tabelle 16.7. Höchstmengen für Dioxine in Lebensmitteln in der EU [20]

Erzeugnis	Höchstwerte [pg WHO-PCDD/F-TEQ/g]	Höchstwerte [pg WHO-PCDD/F-PCB-TEQ/g]	Auslösewerte** [pg WHO-PCDD/F-TEQ/g]
Fleisch und Fleischerzeugnisse von			
– Schweinen	1 pg g^{-1} Fett	1,5 pg g^{-1} Fett	0,6 pg g^{-1} Fett
– Geflügel	2 pg g^{-1} Fett	4,0 pg g^{-1} Fett	1,5 pg g^{-1} Fett
– Rinder, Schafe	3 pg g^{-1} Fett	4,5 pg g^{-1} Fett	1,5 pg g^{-1} Fett
Leber und Verarbeitungserzeugnisse	6 pg g^{-1} Fett	12 pg g^{-1} Fett	4 pg g^{-1} Fett
Rohmilch und Milcherzeugnisse	3 pg g^{-1} Fett	6 pg g^{-1} Fett	2 pg g^{-1} Fett
Hühnereier und Produkte*	3 pg g^{-1} Fett	6 pg g^{-1} Fett	2 pg g^{-1} Fett
Tierisches Fett			
– von Schweinen	1 pg g^{-1} Fett	1,5 pg g^{-1} Fett	0,6 pg g^{-1} Fett
– von Geflügel	2 pg g^{-1} Fett	4 pg g^{-1} Fett	1,5 pg g^{-1} Fett
– von Rindern, Schafen	3 pg g^{-1} Fett	4,5 pg g^{-1} Fett	1,5 pg g^{-1} Fett
– gemischte tierische Fette	2 pg g^{-1} Fett	3 pg g^{-1} Fett	1,5 pg g^{-1} Fett
Pflanzliche Öle und Fette	0,75 pg g^{-1} Fett	1,5 pg g^{-1} Fett	0,5 pg g^{-1} Fett
Öle von Meerestieren	2 pg g^{-1} Fett	10 pg g^{-1} Fett	1,5 pg g^{-1} Fett
Muskelfleisch von Fisch und Fischerzeugnissen sowie ihre Verarbeitungserzeugnisse	4 pg g^{-1} Frischgewicht	4 pg g^{-1} Frischgewicht	3 pg g^{-1} Frischgewicht
Muskelfleisch vom europäischen Flussaal und Erzeugnisse	4 pg g^{-1} Frischgewicht	12 pg g^{-1} Frischgewicht	3 pg g^{-1} Frischgewicht
Fischleber und Verarbeitungserzeugnisse	–	25 pg g^{-1} Frischgewicht	–

* ab 01. Januar 2005 gilt dieser Höchstwert auch für Eier aus Freilandhaltung
** Auslösewerte auch für dioxinähnliche PCB festgelegt, bis Ende 2008 Zielvorgaben für die Summe aus Dioxinen und dioxinähnlichen PCB geplant

chen PCB festgelegt. Während einer Übergangsfrist müssen beide Grenzwerte in Lebensmitteln eingehalten werden. 2008 soll aufgrund von Monitoringprojekten eine Neubewertung der Höchstmengen durchgeführt werden, und es soll geprüft werden, ob die Höchstmengen nur für Dioxine gestrichen werden. Bereits bei Überschreitung der Auslösewerte sind amtliche Maßnahmen zur Ermittlung der Kontaminationsquellen einzuleiten [27]. Zudem haben sich die Mitgliedstaaten auf ein Dioxin-Monitoring für Lebens- und Futtermittel verpflichtet [92].

16.2.5
Radionuklide

Zur rechtlichen Beurteilung innerhalb des EU-Raums verkehrsfähiger Lebensmittel liegen vor:

Verordnung (EWG) Nr. 737/90 über die Einfuhrbedingungen für landwirtschaftliche Erzeugnisse mit Ursprung in Drittländern nach dem Unfall im Kernkraftwerk Tschernobyl [28], worin Höchstwerte festgelegt sind für die kumulierte Radioaktivität von Cs-134 und Cs-137 mit 370 Becquerel pro Kilogramm (Bq/kg) in Milch und Milcherzeugnissen sowie Lebensmitteln für Kleinkinder (bis sechs Monate), sowie mit 600 Bq/kg für weitere landwirtschaftliche Erzeugnisse und Verarbeitungserzeugnisse, die für die menschliche Ernährung bestimmt sind. Die Geltungsdauer dieser Verordnung wurde durch die Verordnung (EG) Nr. 616/2000 [29] bis zum 31.03.2010 verlängert. In Übereinstimmung mit der laufenden Rechtsprechung werden die hier festgelegten Höchstwerte auch zur Beurteilung von Erzeugnissen mit Ursprung in der EU angewendet.

Für den Fall eines nuklearen Unfalls oder einer anderen radiologischen Notstandssituation werden in der Verordnung (EURATOM) Nr. 3954/87 [30] vom 22.12.1987, ergänzt durch die Verordnungen (EURATOM) Nr. 944/89 [31] vom 12.04.1989 und (EURATOM) Nr. 770/90 der Kommission vom 29.03.1990 [32] Grenzwerte auf Zeit geregelt. Die in Tabelle 16.8 aufgeführten Höchstwerte gelten dann für den Verkehr mit Lebens- und Futtermitteln innerhalb der EU sowie für den Außenhandel mit Drittländern bis maximal drei Monate nach offizieller Mitteilung eines nuklearen Unfalls an die EU-Kommission.

Weitere Hinweise zur Beurteilung können gegebenenfalls aus der Strahlenschutzverordnung [33] gezogen werden, die den Umgang mit radioaktiven Stoffen regelt. Dort sind neben einer Reihe von Begriffen u. a. Freigrenzen und abgeleitete Grenzwerte der Jahres-Aktivitätszufuhr für Inhalation und Ingestion sowie Grenzwerte der Körperdosis für beruflich strahlenexponierte Personen festgelegt. Das Strahlenschutzvorsorgegesetz (StrVG) [34] soll u. a. gewährleisten, die Strahlenexposition der Bevölkerung möglichst niedrig zu halten. Es liefert die Grundlage für ein bundesweites Untersuchungsprogramm, innerhalb dessen die Länder regelmäßig die Radioaktivität auch in Lebensmitteln, Tabakerzeugnissen und Arzneimitteln ermitteln (StrVG § 3).

Das BMU gibt regelmäßige Berichte zur Strahlenexposition der Bevölkerung auch durch Lebensmittel und Trinkwasser heraus [35].

Tabelle 16.8. Höchstwerte für Nahrungsmittel und Futtermittel (Bq/kg) im Fall eines nuklearen Unfalls oder einer anderen radiologischen Notstandssituation [30, 32]

	Nahrungsmittel[a]				Futtermittel[b, h]
	Nahrungsmittel für Säuglinge[c]	Milcherzeugnisse[d]	Andere Nahrungsmittel außer Nahrungsmittel von geringer Bedeutung[e]	Flüssige Nahrungsmittel[f]	
Strontiumisotope, insbesondere Sr-90	75	125	750	125	
Iodisotope, insbesondere I-131	150	500	2000	500	
Alphateilchen emittierende Plutoniumisotope und Trans-Plutoniumelemente, insbesondere Pu-239, Am-241	1	20	80	20	
Alle übrigen Nuklide mit einer Halbwertszeit von mehr als 10 Tagen, insbesondere Cs-134, Cs-137[g]	400	1000	1250	1000	
Cs-134, Cs-137			Schwein		1250
			Geflügel, Lamm, Kalb		2500
			Sonstige		5000

[a] Die für konzentrierte und getrocknete Erzeugnisse geltende Höchstgrenze wird anhand des zum unmittelbaren Verzehr bestimmten rekonstruierten Erzeugnisses errechnet. Die Mitgliedstaaten können Empfehlungen hinsichtlich der Verdünnungsbedingungen aussprechen, um die Einhaltung der in dieser Verordnung festgelegten Höchstmengen zu gewährleisten.
[b] Mit diesen Werten soll zur Einhaltung der zulässigen Höchstwerte für Nahrungsmittel beigetragen werden; sie allein gewährleisten jedoch keinesfalls eine Einhaltung der Höchstwerte und berühren auch nicht die Verpflichtung, die Radioaktivitätswerte in Erzeugnissen tierischen Ursprungs, die für den menschlichen Verzehr bestimmt sind, zu kontrollieren.
[c] Als Nahrungsmittel für Säuglinge gelten Lebensmittel für die Ernährung speziell von Säuglingen während der ersten vier bis sechs Lebensmonate, die für sich genommen den Nahrungsbedarf dieses Personenkreises decken und in Packungen für den Einzelhandel dargeboten werden, die eindeutig als „Zubereitung für Säuglinge" gekennzeichnet und etikettiert sind.
[d] Als Milcherzeugnisse gelten die Erzeugnisse folgender Codenummern der Kombinierten Nomenklatur einschließlich späterer Anpassungen: 0401, 0402 (außer 0402 29 11).
[e] Nahrungsmittel von geringer Bedeutung und die auf diese Nahrungsmittel anzuwendenden Höchstgrenzen werden gemäß Artikel 7 noch festgelegt.
[f] Flüssige Nahrungsmittel gemäß Code 2009 und Kap. 22 der Kombinierten Nomenklatur. Die Werte werden unter Berücksichtigung des Verbrauchs von Leitungswasser berechnet; für die Trinkwasserversorgungssysteme sollten nach dem Ermessen der zuständigen Behörden der Mitgliedstaaten identische Werte gelten.
[g] Diese Gruppe umfasst nicht Kohlenstoff C14, Tritium und Kalium 40.
[h] Diese Werte gelten für zum unmittelbaren Verbrauch bestimmte Futtermittel.

Tabelle 16.9. Radiologische Einheiten

Phys. Größe	SI-Einheit	alte Einheit	Beziehung
Aktivität	Becquerel (Bq) $1\,Bq = 1\,s^{-1}$	Curie (Ci)	$1\,Ci = 3{,}7 \times 10^{10}\,Bq$ $1\,Bq = 2{,}7 \times 10^{-11}\,Ci$ $= 27\,pCi$
Energiedosis	Gray (Gy) $1\,Gy = 1\,J\,kg^{-1}$	Rad (rd)	$1\,rd = 0{,}01\,Gy$ $1\,Gy = 100\,rd$
Äquivalentdosis	Sievert (Sv) $1\,Sv = 1\,J\,kg^{-1}$	Rem (rem)	$1\,rem = 0{,}01\,Sv$ $1\,Sv = 100\,rem$
Ionendosis	Coulomb durch Kilogramm ($C\,kg^{-1}$)	Röntgen (R)	$1\,R = 2{,}58 \times 10^{-4}\,C\,kg^{-1}$ $= 0{,}258\,m\,C\,kg^{-1}$ $1\,C\,kg^{-1} = 3876\,R$
Energiedosisleistung	Gray durch Sekunde ($Gy\,s^{-1}$)	Rad durch Sekunde ($rd\,s^{-1}$)	$1\,rd\,s^{-1} = 0{,}01\,Gy\,s^{-1}$ $1\,Gy\,s^{-1} = 100\,rd\,s^{-1}$
Ionendosisleistung	Coulomb durch Kilogramm und Sekunde ($C\,kg^{-1}\,s^{-1}$)	Röntgen durch Sekunde ($R\,s^{-1}$)	$1\,R\,s^{-1} = 2{,}58 \times 10^{-4}\,C\,kg^{-1}\,s^{-1}$ $1\,C\,kg^{-1}\,s^{-1} = 3876\,R\,s^{-1}$

Dimensionen und Größenordnungen

Während die Aktivität das Ereignis beschreibt (Anzahl der zerfallenen Nuklide einer Isotopenart pro Zeiteinheit), beziehen sich die Dosis-Einheiten auf unterschiedliche physikalische und biologische Folgen des Zerfalls:

Ionendosis: Entstandene Ladung pro Masseneinheit,

(Energie-)Dosis: Aufgenommene Energie pro Masseneinheit,

Äquivalentdosis: Produkt aus der Energiedosis und dem dimensionslosen Bewertungsfaktor q, ($q = Q \times N$) [33], der die verschiedenen Strahlenqualitäten (z. B. $Q_{beta,gamma} = 1$, $Q_n = 10$, $Q_{alpha} = 20$) und mit N weitere modifizierende Faktoren [36] sowie die Abhängigkeit der Wirkung [37] von der Dosisleistung und den Eigenschaften der einzelnen Organe und Gewebe berücksichtigt.

Effektive Äquivalentdosis: Summe der gewichteten mittleren Äquivalentdosen für die einzelnen Organe und Gewebe; zu Situationsbeurteilungen häufig gebrauchte Größe. So lauten Angaben des BMU [35] exemplarisch für die effektive (Äquivalent-)Dosis in der Bundesrepublik im Jahre 2002:

Tabelle 16.10. Mittlere effektive Dosis der Bevölkerung der Bundesrepublik Deutschland im Jahr 2002 [35]

	mSv
aus natürlichen Quellen (Schwankungsbreite, je nach Wohnort)	ca. 2,1 2–3)
durch Anwendung radioaktiver Stoffe und ionisierender Strahlen in der Medizin	ca. 2
Strahlenexposition durch den Unfall im Atomkraftwerk Tschernobyl	< 0,015

16.2.6
Schwermetalle

Seit 01.03.2007 hat die VO (EG) Nr. 1881/2006 die VO (EG) Nr. 466/2001 zu Höchstgehalten für die Elemente Blei, Cadmium, Quecksilber und anorganisches Zinn abgelöst [20] – Tabelle 16.20 in Kap. 16.3.6 zeigt eine Auswahl der festgelegten Höchstmengen.

Für Trinkwasser [12] und Wein (incl. Traubenmost, Likörwein, weinhaltige Getränke) [38] sind in den jeweiligen Verordnungen Höchstmengen für verschiedene Elemente festgelegt (s. Kap. 36.2.3 und Tabelle 28.8).

Seine Richtwerte für eine Reihe von Lebensmitteln hat das BGVV im Jahre 2000 zurückgezogen [39], weil sie nicht mehr die aktuelle Kontaminationssituation der Lebensmittel repräsentierten und sie die ihnen ursprünglich zugedachte Funktion im vorbeugenden Verbraucherschutz nicht mehr erfüllen konnten.

Als weitere Beurteilungsgrundlagen sollten die Ergebnisse des bundesweiten Lebensmittel-Monitorings [40,41], ADI-, BAT- und MAK-Werte [4–6] sowie warenkundliche Erfahrungswerte herangezogen werden.

16.3
Warenkunde

16.3.1
Leichtflüchtige organische Kontaminanten

Bei Lebensmittelbelastungen durch leichtflüchtige organische Verbindungen handelt es sich überwiegend um Lösungsmittelkontaminationen. Abgesehen von der Umgebungsbelastung ist hier auch die Rückstandsbildung von zur Lebensmittelbehandlung zugelassenen Lösungsmitteln zu beachten. Auch der Übergang von Lösungsmitteln (und Monomeren) aus Verpackungsmaterialien, Etiketten- und Stempelfarbe ist ein häufiger Kontaminationsweg. Die Abluft technischer Anlagen (Chemische Reinigungen) kann Kontaminationen auch von nicht unmittelbar benachbarten Auslagen bewirken.

Leichtflüchtigkeit und Lipophilie der Verbindungsgruppe können nur bei fetthaltigen Lebensmitteln (auch Schokolade, Softeis, Buttergebäck) zu beachtenswerten Kontaminationen führen. Verursacht durch die Abluft Chemischer Reinigungen wurden häufig Gehalte von mehreren Milligramm pro Kilogramm Lebensmittel festgestellt, z. B. können noch Belastungen von 5 mg Tetrachlorethen pro Kubikmeter Raumluft bei stark fetthaltigen Produkten zu Kontaminationen von mehr als 1 mg kg^{-1} führen [42]. Hierbei hat die Abluftführung entscheidenden Einfluss (Supermärkte). In Ballungsräumen werden Gehalte bis zu 50 µg kg^{-1} Lebensmittel i. d. R. noch als Hintergrundbelastung betrachtet.

Nach diesen Untersuchungen [42] sind Kontaminationen über den Luftweg abhängig von der Stoffkonzentration in der Luft und damit partiell reversibel. Messungen der Umgebungsluft sind daher zur Belastungsabschätzung aussagekräftiger als die Untersuchung einzelner Lebensmittelproben.

16.3.2
Polyzyklische aromatische Kohlenwasserstoffe

Die PAKs (englisch: Polycyclic Aromatic Hydrocarbons – PAH) (s. Abb. 16.1, Kap. 16.1) entstehen u. a. bei unvollständiger Verbrennung (insbes. fossiler Brennstoffe, 650–850 °C). Wegen ihres z. T. hohen kanzerogenen und genotoxischen Potentials verdienen polyzyklische aromatische Kohlenwasserstoffe als Kontaminanten besondere Beachtung [7,9,43]. Außer durch Umweltbelastung (Industrie- und Autoabgase, Klärschlamm- und Hafenschlickdüngung) kann es zur Lebensmittelkontamination beim Trocknen (Getreide, Ölsaaten, Futtermittelzusätze) und Räuchern (Fisch- und Fleischprodukte, Räuchersalz) kommen.

Im Gegensatz zu strukturverwandten persistenten Verbindungen, wie PCB, PCDD/F oder Organochlor-Pestiziden (Abb. 16.2 und 16.3 in Kap. 16.1), können PAK nach Eintritt in den lebenden Organismus metabolisiert werden [44, 45], sodass ihre Anreicherung durch die Nahrungskette nicht beobachtet wird. Eine Ausnahme bilden u. a. Muscheln, die PAK (ebenso wie Schwermetalle, Organochlorverbindungen und Algentoxine) unmittelbar aus ihrem Umgebungswasser ausfiltern und daher seit langem als Bioindikatoren von Gewässerbelastungen eingesetzt werden.

Eine vergleichende Untersuchung [46] von achtzehn PAK-Kongeneren ergab in Elbbrassen und Muscheln (frisch, geräuchert und in Dosen, Nachweisgrenze von 0,1 Mikrogramm pro Kilogramm verzehrbarer Anteil (μg/kg FS) je PAK-Kongener) im Flussfisch nur Spuren (Benzo(a)pyren < 0,1 μg/kg FS).

In frischen und in Dosenmuscheln fanden sich Gehalte von 5–20 μg/kg FS einzelner Kongenere (B(a)P um 1 μg/kg FS), die von geräucherten Dosenmuscheln (B(a)P um 10 μg/kg FS) und insbesondere deren Aufgussöl (B(a)P um 75 μg/kg FS) noch deutlich überschritten wurden. Jüngere Daten von geräuchertem Fisch in Öl liegen in gleicher Größenordnung 0,37–23,3 μg/kg B(a)P) [47].

Beim Raffinieren von Speiseölen und Fetten werden durch Desodorierung (leichte PAK) und Aktivkohlebehandlung eventuelle PAK-Kontaminationen beseitigt [7]. In naturbelassenen pflanzlichen Ölen sind sie jedoch zu beobachten [48], wobei ein unverhältnismäßig niedriger Anteil der leichten PAKs im Kongenerenmuster als Hinweis auf eine (bei nativem Olivenöl unzulässige) Behandlung dienen kann. In Einzelfällen kann ein bedeutender Nahrungspfad der PAK zum Menschen über immissionsbelastetes Gemüse und Obst bzw. direkt getrocknetes Getreide führen (s. Tabelle 16.11) [7, 9, 48, 49].

Die PAK-Aufnahme von Wurzelgemüse aus dem Boden ist vergleichsweise sekundär einzuschätzen, wobei der Hauptanteil der aufgenommenen Kongenere in den äußeren Schichten dieser Gemüse zu beobachten ist [50,51] und demzufolge durch Schälen bzw. Schaben vor dem Verzehr beseitigt werden kann. Aus der EFSA-Studie zur Neubewertung von PAK in Lebensmitteln geht hervor, dass Getreide und Getreideprodukte sowie Meeresfrüchte und Erzeugnisse daraus den höchsten Beitrag zur Aufnahmen von PAK durch den Verzehr von Lebensmitteln liefern. Dabei wurde nicht nur die Aufnahme von Benz(a)pyren berücksichtigt, da dieses sich als alleinige Leitsubstanz für das Vorhandensein von PAK in Lebensmitteln nicht eignet, sondern auch die Summen von Benz(a)pyren und Chrysen (PAK 2), PAK 4 (PAK 2 und Benz(a)anthracen sowie Benzo(b)fluoranthen) sowie PAK 8 (PAK 4 einschließlich Benzo(k)fluoranthen, Benzo(g,h,i)perylen, Dibenzo(a,h)anthracen sowie Indeno(1,2,3-cd)pyren). Insbesondere PAK 8 einzeln oder in Summe stellen nach Meinung des CONTAM-Panel den einzig möglichen Indikator für das kanzerogene Potential von PAK in Lebensmitteln

Tabelle 16.11. Benzo(a)pyren-Gehalte und tägliche Aufnahme [9], weitere Beispiele zu Gehalten in Umwelt und Lebensmitteln [49]

Lebensmittel	Verzehrmenge Median $g\,d^{-1}$	BaP* $ng\,d^{-1}$	Aufnahme PAK 2 $ng\,d^{-1}$	PAK 4 $ng\,d^{-1}$	PAK 8 $ng\,d^{-1}$
Getreide und Erzeugnisse	257	67	129	257	393
Süßwaren incl. Schokolade	43	5	13	25	39
Fette (tierisch und pflanzlich)	38	26	112	177	239
Gemüse, Nüsse, Hülsenfrüchte	194	50	124	221	378
Früchte	153	5	40	75	87
Kaffee, Tee, Kakao (als Getränk)	601	21	55	106	156
Alkoholische Getränke	413	4	12	25	74
Fleisch, Fleischprodukte	132	42	107	195	279
Meeresfrüchte, Erzeugnisse	27	36	140	289	421
Fisch und Fischereierzeugnisse	41	21	84	170	210
Käse	42	6	12	20	30

* BaP: Benz(a)pyren

dar. Dies soll auch bei der Festsetzung von neuen Höchstmengen für PAK in Lebensmitteln berücksichtigt werden. Tabelle 16.11 gibt einen Überblick über die PAK-Aufnahme durch den Verzehr von Lebensmitteln [9].

16.3.3
Polychlorbiphenyle

International hat sich für die PCB-Kongenere die systematische Bezeichnung und Nummerierung (PCB-, IUPAC-, Ballschmitter-, BZ-Nummern) nach Ballschmitter und Zech [52] durchgesetzt.

Technische Gemische, die wegen ihrer Langzeitstabilität und dielektrischen Eigenschaften seit 60 Jahren breite Anwendung gefunden haben, enthalten ca. 120 Komponenten (detaillierte Informationen zu Vorkommen, Verteilung, Analytik, Bewertung und Toxikologie in [16,53]). Als Indikatoren der Lebensmittel- und Humanbelastung wurden vom BGA sechs Kongenere (Indikator-PCB) ausgewählt (s. Tabelle 16.12). Die Handelsprodukte werden je nach Chlorierungsgrad unterschieden und dürfen seit 1978 nicht mehr zur offenen Anwendung kommen [17,18]. Nach Richtlinie (EG) Nr. 59/96 müssen bis Ende 2010 alle Geräte, welche PCB enthalten, entweder dekontaminiert oder beseitigt werden [100].

Die Persistenz und Lipophilie der Polychlorbiphenyle führen zur Anreicherung in der Nahrungskette, in deren Verlauf sich die Kongenerenverhältnisse im Vergleich zu den technischen Ausgangsprodukten zugunsten einzelner Komponenten verschieben.

Tabelle 16.12. Systematische Namen der sechs PCB-Leitkongenere

Gruppe I PCB Nr.	Name	Gruppe II PCB Nr.	Name
28	2,4,4'-Trichlorbiphenyl	138	2,2',3,4,4',5'-Hexachlorbiphenyl
52	2,2',5,5'-Tetrachlorbiphenyl	153	2,2',4,4',5,5'-Hexachlorbiphenyl
101	2,2',4,5,5'-Pentachlorbiphenyl		
180	2,2',3,4,4',5,5'-Heptachlorbiphenyl		

Als Indikatoren der Lebensmittel- und Humanbelastung wurden vom BGA sechs Kongenere ausgewählt, auf die hin auch die Überwachung ausgerichtet ist [1, 16]:

Allein die Gehalte an PCB Nr. 138, 153, 180 repräsentieren 54% der beobachteten PCB-Gesamtbelastung von Butterfett bzw. 63% der von Muttermilch.

Während Gemüse und Getreide als unbelastet gelten, ist bei Fisch (ausgenommen Zucht- und Farmfische) [54] mit den relativ höchsten Kontaminationen zu rechnen.

Tabelle 16.13 gibt einen Hinweis auf herkunftsabhängige Belastungsbilder (weitere Übersichten [55, 57]).

Tabelle 16.13. Mittlere PCB-Gehalte in Seefisch und Aalen [54] [mg kg^{-1} Filetgewicht]

Seefisch	PCB Nr:	28	52	101	138	153	180	Summe
Herkunft	n							
Nord-Atlantik	38	0,001	0,001	0,0047	0,0117	0,0121	0,0039	0,123
Nordsee	8	0,001	0,001	0,0059	0,0090	0,0096	0,001	0,098
Ostsee	14	0,001	0,001	0,0119	0,0335	0,0332	0,007	0,338
Aal, Herkunft: Nordelbe/Cuxhaven (I), Rhein und Nebenflüsse (II)								
I:	41	0,006	0,015	0,026	0,157	0,170	0,036	1,73
II:	59	0,024	0,134	0,138	0,382	0,384	0,281	3,91

Bei Milch und anderen Lebensmitteln tierischen Ursprungs lassen sich die seltenen Überschreitungen der vergleichsweise niedrigen Höchstmengen gewöhnlich auf konkrete PCB-Kontaminationen in der Umgebung der Tiere zurückführen: Siloanstriche, Bindegarn, Altöl, Futtermittel.

16.3.4
Polychlorierte Dibenzodioxine und -furane

Die Verbindungen, als Sammelbegriff auch Dioxine oder Dioxin-Kongenere genannt, entstehen in geringen Mengen als Begleitprodukte bei thermischen sowie verfahrenstechnischen Prozessen in Anwesenheit von Chlor (Müllverbrennung, Autoabgase bei halogenierten Zusätzen (scavenger) von verbleitem Treibstoff, Chlorbleiche von Zellulose) oder bei Synthese und Verarbeitung bestimmter Chemikalien (PCP-, 2,4-D-, 2,4,5-T-, HCH-, PCB-, Mg-, Chloranil-Produktion [21, 23].

Tabelle 16.14. PCDD/PCDF-Konzentrationsbereiche in der Umwelt [22, 24, 25]

Bereiche	Vorkommen
$g\,kg^{-1}$ (1/1000)	Rückstände aus PCP-, 2,4,5-TCP- 2,4-D, 2,4,5-T-, HCB-Produktion, die zur Deponierung und Verbrennung gelangen; Pyrolyse von PCB
$mg\,kg^{-1}$ (ppm)	Chemikalien wie Chlorphenole, Chlorphenoxyessigsäure-Derivate, Hexachlorophen, Hexachlorbenzol, PCB, Chlordiphenylether, Chlornaphtaline, Chloranile; Asche von Müllverbrennung
$\mu g\,kg^{-1}$ (ppb)	Unfälle: Kontamination von Böden, Gebäuden, Lebensmitteln, Pflanzen, Tieren, Menschen; PVC-Kabelverbrennung; Sickeröl aus Mülldeponien; Chemikalien
$ng\,kg^{-1}$ (ppt)	Holzverbrennung, Tabakrauch, Autoabgase, Reingas von Müllverbrennung, Abwasser; ubiquitäre Belastung von Sedimenten, Boden, Straßenstaub, Tieren, Menschen
$pg\,kg^{-1}$ (ppq)	Stadtluft, Oberflächenwasser
$fg\,kg^{-1}$ (ppqt)	Landluft (1,3 kg Luft entsprechen ca. 1 m^3)

Für 2,3,7,8-Tetrachlordibenzodioxin (2,3,7,8-TCDD, Seveso-Dioxin, nachfolgend TCDD genannt) ist eine cancerogene Wirkung bei Ratten und Mäusen nachgewiesen worden, seit 1997 wird es von der WHO auch als humancancerogen bewertet. Seine akute Toxizität für den Menschen wird deutlich geringer eingeschätzt als die für verschiedene Säugetier-Spezies: LD50 von 1–2 µg/kg Körpergewicht (Maus bzw. Meerschwein) bis 5 000 µg/kg Körpergewicht (Hamster) [19, 22, 23, 58, 59].

Die 2,3,7,8-substituierten Kongenere haben sich als besonders persistent erwiesen: stabil gegen Säuren und Laugen, beständig bis 700 °C, biologisch schwer abbaubar. Somit reichert sich diese Verbindungsgruppe auf dem Weg durch die Nahrungskette im menschlichen Fettgewebe an und muss insbesondere aufgrund der Toxizität des TCDD bei der Überwachung von Lebensmittelbelastungen besondere Beachtung erfahren.

Seit Ende der 80er Jahre haben weitreichende rechtliche Maßnahmen zur Abgas- und Abfallbehandlung zur massiven Absenkung des Dioxineintrags in die Umwelt geführt, was sich auch in einer Absenkung der durchschnittlichen Lebensmittelbelastung widerspiegelt. Seit Anfang der 80er Jahre sind die Gehalte um mehr als die Hälfte gesunken [21, 23]. Exemplarisch für diese europaweite

Tabelle 16.15. Mittlere PCDD/F-Gehalte in Lebensmitteln [60]

Lebensmittelgruppe	1982 [pg/g]	1992 [pg/g]	1997 [pg/g]
Fleisch	3,16	1,15	0,80
Geflügel	5,89	1,85	1,01
Milch	5,21	2,38	0,83
Eier	8,93	1,97	0,77
Fisch	5,83	3,14	2,40

Entwicklung ist in Tabelle 16.15 eine englische Belastungsstudie zitiert [60], wobei die Gehalte in Deutschland häufig tiefer liegen [61–63].
Dieser Trend spiegelt sich ebenfalls im deutlichen Rückgang von Dioxingehalten in Frauenmilch. So zeigen umfangreiche Untersuchungen aus Norddeutschland von 1986 bis 2003 eine Abnahme der durchschnittlichen Gehalte von 35 auf 7 pg WHO – TEQ/g Fett [61].

Wegen der guten Fettlöslichkeit der Verbindungen und ihrer Anreicherung in der Nahrungskette erfolgt die Dioxinaufnahme des Menschen über Lebensmittel tierischer Herkunft. Die Beiträge von pflanzlichen Lebensmitteln sowie der Atemluft sind als gering einzuschätzen.

Tabelle 16.16. Durchschnittliche Tagesaufnahme von TCDD-Äquivalenten durch Lebensmittelverzehr [21]

Lebensmittel Gruppe	Tägliche Aufnahme von Fett [g/d]	Tägl.Aufnahme von TCDD-Äquivalenten [pg WHO-PCDD/F-TEQ/d]	
		1989	1995
Fleisch/-produkte/Eier	27,6	41,7	26,7
Milch/Milchprodukte	37,1	39,0	26,8
Fisch/Fischprodukte	1,0	33,9	6,8
Pflanzliche Lebensmittel	28,0	6,3	5,3
Brot/Backwaren	6,0	5,5	3,1
Fertiggerichte	0,9	0,9	0,9
Total	100,6	127,3	69,6

Die ubiquitäre Verteilung zeigt sich in Milch als Hintergrundbelastungen mittlerweile deutlich unter 0,1 pg TEQ pro g Milchfett [61, 63], wobei es bei besonderen Kontaminationsquellen lokal zu höheren Belastungen kommen kann.

Bei Fisch, insbesondere Flussfisch als Endglied der aquatischen Nahrungskette, ist von deutlich höheren Belastungen auszugehen, die stark von Fischart, Alter und Fettgehalt sowie der jeweiligen Gewässer- bzw. Futterbelastung abhängig sind:

Die Auswertung von Untersuchungen an Elbfischen von 1996 bis 2003 zeigte Dioxingehalte (jeweils in pg WHO-PCDD/F-TEQ / g Frischgewicht) bei Aalen von 0,6–22, bei Zander und Brassen 0,37–18, während Plattfische aus dem Mündungsgebiet um 0,5 aufwiesen [64, 65]. Auch Heringe der östlichen Ostsee können höhere Belastungen aufweisen [66]. So ist es in Schweden und Finnland bis zum 31.12.2011 gestattet, bestimmte Fische aus dem Ostseegebiet, die in ihrem Hoheitsgebiet zum Verzehr bestimmt sind und höhere Dioxingehalte aufweisen, zu vermarkten, sofern sichergestellt ist, dass die Verbraucher umfassend darüber informiert werden [20].

Trotz sinkender Hintergrundbelastung tragen einzelne Quellen insbesondere über Futtermittel immer wieder zu erheblichen Lebensmittelbelastungen bei (z. B. rauchgetrocknete Zitrusmelasse, altölbelastetes Schweinefutter, Eierbelastungen freilaufender Hühner, Außendeichsbeweidung nach Hochwasser [67]. Um die Beseitigung solcher Quellen durchzusetzen, hat die EU neben Höchstmengen auch Aktionswerte festgeschrieben (s. Tabelle 16.7, Kap. 16.2.4) [27].

Fallbeispiel 16.1: Dioxine in Fleisch
Die durchschnittliche Belastung von Lebensmitteln mit Dioxinen konnte durch weitreichende rechtliche Maßnahmen (z. B. Verbot des Einsatzes von PCB, Regelungen zu Abgas- und Abfallbehandlung) massiv gesenkt werden (vgl. Kap. 16.3.4). Unterstützt wird dies durch weitere EU-Maßnahmen wie die Empfehlung zur Reduzierung von Dioxinen und dioxinähnlichen PCB in Lebensmitteln, insbesondere der Etablierung von Warn- bzw. Auslösewerten, sowie der Verpflichtung zum Monitoring von Dioxingehalten in Lebens- und Futtermitteln. Trotz dieser Bemühungen gelangen immer wieder mit Dioxinen belastete Lebensmittel in den Verkehr.

Im Dezember 2008 wurden in Schweinefleisch aus Irland bei Routineuntersuchungen der dortigen amtlichen Lebensmittelüberwachung ungewöhnlich hohe und nicht akzeptable Gehalte der Indikator-PCB (PCB 28, 52, 101, 138, 153, 180) festgestellt. Die höchsten im Schnellwarnsystem gemeldeten Gehalte lagen dabei im Bereich von 300 µg/kg für die Summe der Indikator-PCB. Da diese gemessenen PCB-Konzentrationen einen Hinweis auf eine nicht akzeptable Dioxin-Kontamination darstellten, wurden weitere Untersuchungen, unter anderem die Bestimmung von Dioxinen und dioxinähnlichen PCB, eingeleitet. Es stellte sich heraus, dass die Höchstmenge von 1 pg/g Fett für Dioxine bzw. von 1,5 pg/g Fett für die Summe aus Dioxinen und dioxinähnlichen PCB um das 100-fache überschritten waren. Als Quelle für die Dioxinkontamination konnte belastetes Futtermittel identifiziert werden. Der Futtermittelhersteller hatte für die Herstellung dieses Futtermittels Brot- und Teigabfälle aus Bäckereien einem direkten Trocknungsprozess unterzogen, bei welchem die zur Trocknung verwendeten Verbrennungsgase direkt mit dem zu trocknendem Material in Kontakt gelangten.

Das kontaminierte Futtermittel wurde an insgesamt 10 Schweine- und 28 Rindermastbetriebe geliefert. Letztere waren jedoch weniger betroffen, da die Verfütterung von Brot in der Rinderzucht eine untergeordnete Rolle spielt. Hier lagen zwar die gemessenen Werte für die Indikator-PCB auch noch um den Faktor 2–3 über akzeptablen Gehalten im Fleisch, dies implizierte aber eine deutlich geringere Belastung mit Dioxinen als beim Schweinefleisch. Vorsorglich wurden diese Betriebe jedoch gesperrt bis verlässliche Werte zur tatsächlichen Dixonbelastung vorlagen. Die 10 betroffenen Schweinemastbetriebe produzieren 6–7% des Schweinefleisches in Irland. Nach der Schlachtung wurde das Fleisch an weiterverarbeitende Betriebe geliefert, die wiederum 80% des Gesamtvolumens an Schweinefleisch und Schweinefleischprodukten Irlands herstellen. Auf Grund der hohen Dioxingehalte im Fleisch und der Tatsache, dass die Rückverfolgbarkeit nicht mehr gegeben war, wurde alles Fleisch und alle Fleischprodukte von Tieren ab einem bestimmten Schlachtdatum zurückgerufen. Dabei konnte der Zeitpunkt der Verfütterung des kontaminierten Futtermittels anhand des festgestellten Kongenerenmusters eingegrenzt und ein Kontaminationszeitfenster festgelegt werden.

Dieser Vorfall hat gezeigt, dass die Indikator-PCB einen ersten Hinweis auf eine mögliche Kontamination von Lebensmitteln mit Dioxinen liefern können. Es besteht aber nur eine geringe Korrelation zwischen den Gehalten der Indikator-PCB und den Gehalten von Dioxinen und dioxinähnlichen PCB. Dies bedeutet, dass für die Kontrolle der Einhaltung von EU-Höchstmengen bezüglich der Dioxine zusätzlich die aufwändige, isomerenspezifische Bestimmung dieser Substanzen erforderlich ist.

Die Europäische Lebensmittelsicherheitsbehörde EFSA stellte schließlich fest, dass, obwohl der TWI-Wert von 14 pg/WHO – TEQ/kg Körpergewicht beim Verzehr des irischen Schweinefleischs um das 6–25-fache überschritten wäre, keine nachteiligen gesundheitlichen Effekte zu befürchten sind[1].

---

[1] Statement of EFSA on the risks for public health due to the presence of dioxins in pork from Ireland, The EFSA Journal 911 (2008), 1–15.

**16.3.5
Radionuklide**

Für die Überwachung von Lebensmittelbelastungen sind die anthropogenen Radionuklide (zivilisatorische Radioaktivität) wesentlich, die durch Kernwaffenexplosionen oder durch Kernkraftwerksprozesse entstehen; s. Tabelle 16.17. Von besonderer Bedeutung sind dabei die so genannten Leitisotope [68] Iod-131 (beta-, gamma-Strahler, Leitisotop für kurzlebige Spaltprodukte) und Cäsium-137 (beta-, gamma-Strahler, Leitisotop für langlebige Spaltprodukte). Des Weiteren müssen je nach Anlass Strontium-90 (beta-Strahler) wegen seiner physiolo-

Tabelle 16.17. Spaltnuklide durch Atombomben [69]

Nuklid	Halbwertszeit (HWZ)	Aktivität (10^{12} Bq kt^{-1} Sprengkraft)
Sr-89	50,5 d	590
Sr-90	28,5 a	4
Zr-95	64 d	920
Ru-103	39,4 d	1500
Ru-106	368 d	78
I-131	8 d	4200
Cs-137	30,2 a	6
Ce-141	32,5 d	1600
Ce-144	285 d	190

a Jahre; d Tage

gischen Relevanz als Kalziumanaloges sowie alpha-Strahler wie Plutonium-238 (HWZ 86 Jahre) wegen ihrer hohen biologischen Wirksamkeit bei Inkorporation Beachtung finden.

Die so genannte natürliche Radioaktivität [70, 71] ist im Hinblick auf eine Lebensmittelkontamination in der Regel bedeutungslos, liefert aber den wesentlichen Beitrag zur Dosisberechnung, d. h. der Berechnung der Belastung des Menschen durch Radioaktivität (Dimensionen s. u.). Sie resultiert aus der Strahlung einer Vielzahl natürlicher Stoffe regional unterschiedlicher Konzentration in der Erdrinde, die überwiegend einer der drei Zerfallsreihen der folgenden Ausgangsnuklide entstammen: Uran-238 (Halbwertszeit $4,5 \times 10^9$ Jahre), Uran-Radium-Reihe, Uran-235 (Halbwertszeit $0,7 \times 10^9$ Jahre), Uran-Actinium-Reihe, Thorium-232 (Halbwertszeit 14×10^9 Jahre), Thorium-Reihe. Neben diesen ca. 50 Radionukliden gibt es eine Anzahl so genannter primordialer (uranfänglicher) Radionuklide mit überwiegend mittlerer Massenzahl und z. T. extrem langen Halbwertszeiten; s. Tabelle 16.18.

Tabelle 16.18. Natürliche primordiale Radionuklide außerhalb von Zerfallsreihen [70]

Nuklid	Halbwertszeit (Jahre)	Nuklid	Halbwertszeit (Jahre)
K-40	$1,3 \times 10^9$	Sm-148	$7,0 \times 10^{15}$
Rb-87	$4,8 \times 10^{10}$	Gd-152	$1,1 \times 10^{14}$
In-115	$4,0 \times 10^{14}$	Lu-176	$3,6 \times 10^{10}$
Te-123	$1,2 \times 10^{13}$	Hf-174	$2,0 \times 10^{15}$
Te-128	$1,5 \times 10^{24}$	Ta-180	$1,0 \times 10^{13}$
Te-130	$1,0 \times 10^{21}$	Re-187	$5,0 \times 10^{10}$
La-138	$1,4 \times 10^{11}$	Os-186	$2,0 \times 10^{15}$
Nd-144	$2,1 \times 10^{15}$	Pt-190	$6,1 \times 10^{11}$
Sm-147	$1,1 \times 10^{11}$	Pb-204	$1,4 \times 10^{17}$

Hieraus ist das Kalium-40 (HWZ $1{,}3 \times 10^9$ Jahre) im Hinblick auf die Strahlenexposition des Menschen hervorzuheben [70]: Der Isotopenanteil von K-40 in Kalium beträgt 0,0119%, damit liegt die durchschnittliche K-40 Aktivität in einem Menschen von 70 kg Körpergewicht um 4 000 Becquerel.

Zur Abschätzung der Belastung des Menschen durch zivilisatorische Radioaktivität über die Lebensmittel werden seit Anfang der Sechzigerjahre kontinuierlich Milch und Gesamtnahrung (Tagesportionen von Kantinenessen für eine 70 kg-Person) auf Radio-Cäsium und -Strontium untersucht [72,73]; s. Abb. 16.4. Das Diagramm zeigt bis Mitte der Sechzigerjahre hohe Belastungen durch den „Fall-Out" der oberirdischen Atomwaffentests. Eine ähnlich hohe Belastungsspitze bei Radio-Cäsium – nicht aber beim Strontium-90 – trat nach der Katastrophe von Tschernobyl im Jahre 1986 auf. Aktuell liegt die typische Belastung von Milch mit Radio-Cäsium deutlich unter 0,2 Bq/l, der Strontium-90-Wert liegt unter 0,05 Bq/l.

Bei der Gesamtnahrung liegen die Werte für Radio-Cäsium und Strontium-90 aktuell jeweils weit unter 20 Bequerel pro Jahr und Kilogramm Körpergewicht [72,74]. Zufuhrberechnungen aufgrund der Gesamtnahrungsmessungen stimmen mit Ganzkörpermessungen gut überein [73,74].

Die relevanten anthropogenen Radionuklide (wie Cs-137, Sr-90) werden in huminösen oberen Erdschichten komplex gebunden; Freilandpilze können aufgrund ihrer Akkumulationsfähigkeit von Schwermetallen an belasteten Standorten diese in ihrem Fruchtkörper stark anreichern. Durch Trocknung der Pilze

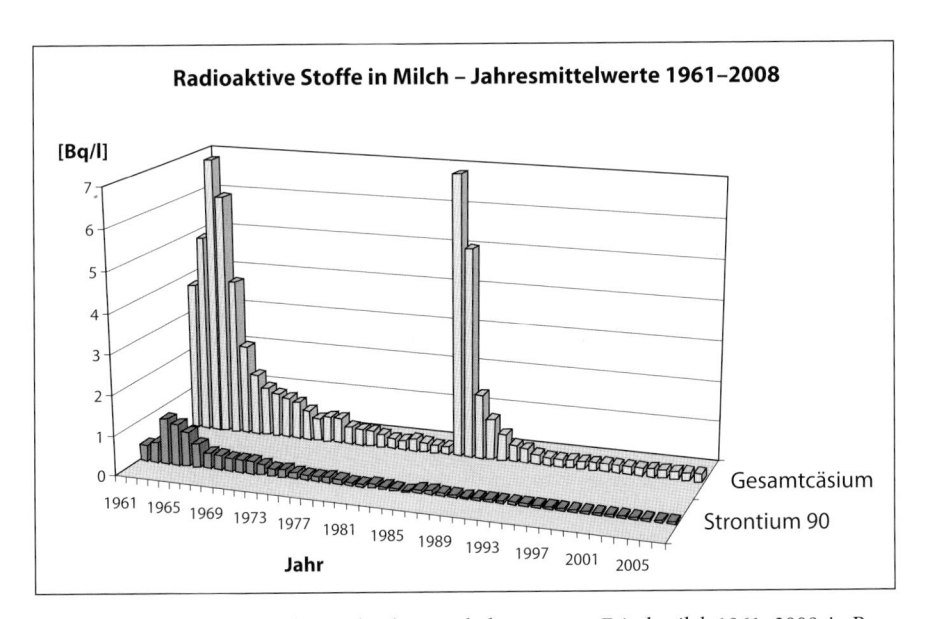

Abb. 16.4. Jahresmittelwerte bei Radioaktivitätsbelastung von Frischmilch 1961–2008, in Becquerel pro Liter [72]

vervielfacht sich die relative Belastung auf das 25-fache. Daher werden noch immer Trockenpilzimporte aus Osteuropa an den EU-Grenzen regelmäßig kontrolliert. Generell sind bei der Risikoabschätzung im Ereignisfall insbesondere die Anreicherungsschritte in der Nahrungskette bzw. der Futtermittelherstellung besonders zu beachten (Fisch, Muscheln).

16.3.6
Schwermetalle

Unter dem Begriff *Schwermetalle* werden hier nicht nur Metalle oberhalb einer bestimmten Dichte (in der Literatur finden sich Angaben zwischen 3,5 und 6 g cm^{-3}) gefasst, sondern auch Metalloide wie Arsen, Bor und Selen. Gemeint sind sowohl biologisch essentielle Elemente wie Cobalt (Co), Kupfer (Cu), Chrom (Cr), Mangan (Mn) und Zink (Zn), als auch nicht-essentielle Elemente wie Cadmium (Cd), Blei (Pb) und Quecksilber (Hg). Toxisch für Menschen, Tiere und Pflanzen sind beide Gruppen, wenn auch auf unterschiedlichem Konzentrationsniveau.

Entsprechend ihrer Verteilung in der Erdkruste [75] finden sich Schwermetalle in verschiedenen Bindungsformen aufgrund natürlicher Transportvorgänge in allen pflanzlichen und tierischen Nahrungsmitteln.

Etliche Schwermetalle (Fe, Cu, Zn, Mn, Co, Mo, Cr, Se, Ni, V, Sn, Si, As, Pb) [76] sind mittlerweile als essentiell erkannt und müssen dem menschlichen Organismus in hinreichender Menge biologisch verfügbar sein (optimale Bedarfsdeckung, s. Tabelle 16.19). Bei einer minimalen Versorgung werden Mangelerscheinungen gerade noch vermieden, der dazwischen liegende Bereich wird suboptimal, der darüber liegende subtoxisch bzw. toxisch genannt. Dabei ist davon auszugehen, dass eine im Lebensmittel analytisch festgestellte Menge eines Elements generell nur zum Teil vom Organismus aufgenommen und verwendet werden kann. Einige Element-Höchstmengen der EG-KontaminantenVO zeigt Tabelle 16.20.

Auf dem Weg durch die Nahrungskette können Schwermetalle sowohl angereichert wie abgereichert werden [77–79]. Die Quellen der Lebensmittelkontamination sind überwiegend anthropogen (Industrie- und Verkehrsemissionen, Abfallbeseitigung, Deponien, Spülfeldanbau, Pflanzenschutz, Lebensmittelver-

Tabelle 16.19. Empfohlene mittlere Tagesaufnahme für Erwachsene [85]

Element	(mg d^{-1})	Element	(mg d^{-1})
Eisen	10–15	Molybdän	0,005–0,1
Zink	7–10	Chrom	0,03–0,1
Kupfer	1–1,5	Selen	0,03–0,07
Mangan	2–5		

Tabelle 16.20. Einige Element-Höchstmengen nach EG-Verordnung 1881/2006 [20]

Schadstoff	Höchstgehalt[a] (mg kg^{-1} Frischgewicht)	Lebensmittel (Auswahl)
Blei	0,02	Milch und Säuglingsnahrung
	0,1	Fleisch (Rind, Schwein, Schaf, Geflügel), Gemüse (außer Kohl, Blattgemüse, Kräuter, Pilze)
	0,5	Schlachtnebenerzeugnisse
	1,5	Muscheln
Cadmium	0,05	Fleisch (Rind, Schwein, Schaf, Geflügel), Fisch
	0,05–0,2	Gemüse, Obst, Getreide
	0,5–1	Innereien
	1	Muscheln
Quecksilber	0,5–1	Fischereierzeugnisse
Zinn	200	Lebensmittelkonserven
	100	Dosengetränke
	50	div. Säuglings- und Kleinkindernahrung

[a] Die angegebenen Höchstmengen beziehen sich auf das Frischgewicht der essbaren Teile der Lebensmittel

arbeitung etc., s. auch [80–83]. Zum Löslichkeitsverhalten von Schwermetallen in Böden und der damit verbundenen Bioverfügbarkeit siehe [84].

Das Datenmaterial zu Nahrungsmittelbelastung durch Schwermetalle stammte früher überwiegend aus der amtlichen Lebensmittelüberwachung. Zur Gewinnung aussagekräftiger Daten zur repräsentativen Beschreibung des Vorkommens von unerwünschten Stoffen in Lebensmitteln sowie zur frühzeitigen Erkennung etwaiger Gefährdungspotentiale für die Bundesrepublik Deutschland wird seit 1995 auf der Grundlage des LMBG und fortgeschrieben im LFGB ein flächendeckendes Lebensmittel-Monitoring durchgeführt. Es wird koordiniert durch das Bundesamt für Verbraucherschutz und Lebensmittelsicherheit. Bestimmt werden u. a. As, Cd, Cu, Hg und Pb [40, 41]. Von 1995 bis 2002 wurden über 31000 Proben von rund 130 Lebensmitteln untersucht. Die arithmetischen Mittelwerte einer statistischen Auswertung der Monitoringdaten sind in den Tabellen 16.21 und 16.22 beispielhaft angegeben.
Weitere detaillierte Übersichten zu Schwermetallgehalten in Lebensmitteln incl. Schwankungsbreiten s. a. [86–88].

Bei Lebensmitteln tierischen Ursprungs sind ausgeprägte Schwermetallanreicherungen durch die Nahrungskette bei Weichtieren (As, Pb, Cd, Cu), Leber (Pb, Cd, Cu), Niere (Pb, Cd, Cu) und Fisch (As, Hg) zu beobachten, zu Fleisch und Milch hin findet eher eine Abnahme statt.

Bei Lebensmitteln pflanzlichen Ursprungs fallen Gewürze (As, Pb, Cu), Reis (As, Cu), Schalenobst (Pb, Cd), Hülsenfrüchte (Pb, Cu), Ölsamen (Pb, Cd, Cu) sowie Schokolade (As, Pb, Cd, Cu) durch erhöhte Schwermetallgehalte auf.

Tabelle 16.21. Mittlere Schwermetallgehalte in Lebensmitteln tierischen Ursprungs (Auswahl). Lebensmittel-Monitoring[a] 1995–2002 [40]. Angabe der arithmetischen Mittelwerte unter Berücksichtigung der Proben ohne bestimmbare Gehalte, in mg kg^{-1} Frischsubstanz

Lebensmittel	As	Pb	Cd	Hg	Cu
Weichtiere	1,6656	0,2238	0,1987	0,0256	2,0655
Fleisch	0,0164	0,0177	0,0028	k. A.	1,1319
Milch	k. A.	0,0108	k. A.	k. A.	0,3177
Leber	0,0241	0,0548	0,0544	0,0070	49,869
Niere	0,0209	0,0757	0,2134	0,0079	5,1424
Geflügel	0,0139	0,0192	0,0028	0,0046	1,1787
Süßwasserfische	0,5846	0,0192	0,0023	0,0302	0,4839
Seefisch	3,2303	0,0206	0,0047	0,1508	0,3832

[a] Weitere Angaben zu Probenzahl und Anteil Proben mit bestimmbaren Gehalten s. [40].
k. A.: keine Angaben

Tabelle 16.22. Mittlere Schwermetallgehalte in pflanzlichen Lebensmitteln (Auswahl). Lebensmittel-Monitoring 1995–2002 [40]. Angabe der arithmetischen Mittelwerte unter Berücksichtigung der Proben ohne bestimmbare Gehalte, in mg kg^{-1} Frischsubstanz

Lebensmittel	As	Pb	Cd	Hg	Cu
Reis	0,1914	0,0476	0,0243	0,0059	2,1189
Roggen	k. A.	0,0585	0,0103	k. A.	k. A.
Weizen	k. A.	0,0518	0,0400	k. A.	k. A.
Kartoffeln	k. A.	0,0164	0,0177	k. A.	0,8857
Hülsenfrüchte	0,0221	0,0571	0,0078	0,0062	8,3056
Ölsamen	0,0172	0,0645	0,3402	0,0044	15,3412
Blattgemüse	0,0104	0,0401	0,0199	0,0021	0,5358
Wurzelgemüse	0,0132	0,0375	0,0486	k. A.	0,7299
Schalenobst	k. A.	0,0749	0,0968	k. A.	k. A.
Kernobst	0,0114	0,0175	0,0032	k. A.	0,7331
Steinobst	0,0065	0,0160	0,0026	k. A.	0,8763

[a] Weitere Angaben zu Probenzahl und Anteil Proben mit bestimmbaren Gehalten s. [40].
k. A.: keine Angaben

Insgesamt liegen die Mittelwerte überwiegend sehr deutlich unter den vorhandenen Höchstmengen, lediglich beim Schalenobst übersteigt der Cd-Mittelwert die Höchstmenge um den Faktor 2.

Im Lebensmittel-Monitoring 2007 zeigte sich bei Wild eine häufige Bleikontamination durch Geschossteile. Bei den übrigen untersuchten Lebensmitteln waren die Elementgehalte unauffällig und auf gleichbleibend niedrigem, z. T. (insbesondere beim Arsen und Blei) auch abnehmenden Niveau. Höchstmengenüberschreitungen kamen 2007 nur in Einzelfällen vor [41].

Einflussfaktoren für erhöhte Elementgehalte sind große Oberflächen (z. B. Freilandsalat), lange Standzeiten (z. B. Grünkohl), besondere Akkumulationsfähigkeit (z. B. Sellerie, Pilze, Paranüsse) sowie Anbaubedingungen (z. B. Weizen auf Spülfeldern, Immissionen) [80].

16.4
Qualitätssicherung

Probenahme

Bei amtlichen spurenanalytischen Kontrollanalysen von Lebensmitteln wird die Repräsentativität der Probenahme eine wesentliche Grundlage für die Beurteilung. Um für alle am Warenverkehr beteiligte Seiten verlässliche Grundlagen zu schaffen, wird die Vorgehensweise zur Probenahme zunehmend durch rechtliche Konventionen geregelt. Das in der ASU L 00.00-7 (EG) festgelegte Probenahmeverfahren zur Kontrolle der Einhaltung der zulässigen Höchstwerte (Maximum Residue Levels – MRLS) für Pestizidrückstände in und auf Erzeugnissen pflanzlichen und tierischen Ursprungs' [89] ist gleichzeitig Anhang der Richtlinie der Kommission vom 11. Juli 2002 zur Festlegung gemeinschaftlicher Probenahmemethoden zur amtlichen Kontrolle von Pestizidrückständen in und auf Erzeugnissen pflanzlichen und tierischen Ursprungs. Sie definiert und beschreibt die Vorgehensweise zur Entnahme von Teilproben in Art und Umfang zur Herstellung einer repräsentativen Laborprobe. Die hier für Rückstandsuntersuchungen festgelegte Anzahl und Größe der Teilproben in Abhängigkeit von Art und Umfang der zu beurteilenden Lebensmittelmenge (s. Tabellen 16.23 und 16.24) sind europaweit auch zur Beprobung bei Untersuchungen auf Kontaminanten zugrunde gelegt (s. u. PAK, PCB und Dioxine) und sind nachstehend aufgeführt.

Tabelle 16.23. Mindestanzahl von Teilproben in Abhängigkeit von der Warenmenge

Gewicht einer Partie (in kg oder Liter)	Mindestanzahl Einzelproben
< 50	3
50–500	5
> 500	10

Tabelle 16.24. Mindestanzahl von Teilproben in Abhängigkeit von der Packungsanzahl

Anzahl Packungen bzw. Einheiten einer Partie	Zahl der zu entnehmenden Packungen oder Einheiten
1–25	1
26–100	etwa 5%, mindestens 2
> 100	etwa 5%, höchstens 10

In den VO (EG) 1883/2006 und 333/2007 sind zudem Qualitäts- und Leistungsmerkmale zu Bestimmungsmethoden für die jeweiligen Kontaminanten vorgeschrieben [98, 99].

16.4.1
Leichtflüchtige organische Kontaminanten

Die Leichtflüchtigkeit der Verbindungen ist bei der Probenahme und auch bei der weiteren Bearbeitung zu beachten (gasdichte Gefäße, Proben kühl lagern und nicht tieffrieren), da hierbei die Risiken der Kreuzkontamination oder auch der partiellen Dekontamination besonders hoch sind; weiteres zu Probenahme s. a. [15].
Analytische Verfahren: Wegen der Leichtflüchtigkeit werden gaschromatographische Methoden [90] angewendet, denen Extraktions- oder Anreicherungsschritte (purge and trap, Adsorbtion/Desorbtion) vorgeschaltet sind. Auch durch Übertreiben der flüchtigen Kontaminanten mit Schlepper (z. B. i-Oktan) in einer Clevenger-Destillation mit anschließender GC/ECD-Analyse können nebeneinander auch gemischthalogenierte Verbindungen bestimmt werden. Bei homogenen Lebensmitteln (Pflanzenöle) bietet sich Headspace-GC an [91].

16.4.2
Polyzyklische aromatische Kohlenwasserstoffe

Zur Sicherung der Aussagefähigkeit und Vergleichbarkeit von Untersuchungen auf PAK ist die amtliche Probenahme europaweit detailreich geregelt [99]; hier sind auch die hohen Anforderungen an einzusetzende Analyseverfahren festgeschrieben. Die Einhaltung dieser Vorgehensweisen bei der repräsentativen Probenahme sowie die Erfüllung der methodischen Anforderungen sind für amtliche Untersuchungen maßgeblich. Gleiches gilt für die Anerkennung von Untersuchungszertifikaten von Handel und Importwirtschaft, aus denen jeweils die Erfüllung dieser Probenahme- und Untersuchungsanforderungen zweifelsfrei hervorgehen muss; so ist z. B. ein Analysenergebnis mit Angabe der Detektionsmethode allein nicht hinreichend, auch wenn die Warensendung und das untersuchende Labor im Zertifikat eindeutig erkennbar sind.
Analytische Verfahren: Die Bestimmung von B(a)P als Leitsubstanz in Lebensmitteln erfolgt üblicherweise durch HPLC mit Fluoreszenz-Detektion (ASU [93]). Hierbei wird bei fetthaltigen Lebensmitteln nach Verseifen mit Cyclohexan und Dimethylformamid extrahiert, nach Rückextraktion mit Cyclohexan anschließend an Kieselgelsäulen gereinigt und nach HPLC mittels Fluoreszensmessung quantifiziert.
Zur Gehaltsbestimmung mehrerer Kongenere nebeneinander müssen HPLC (Fluoreszensdetektor mit variabler Wellenlänge) oder GC/MS-Methoden (deuterierte PAKs als Interne Standards) eingesetzt werden (z. B. [56, 94–97]

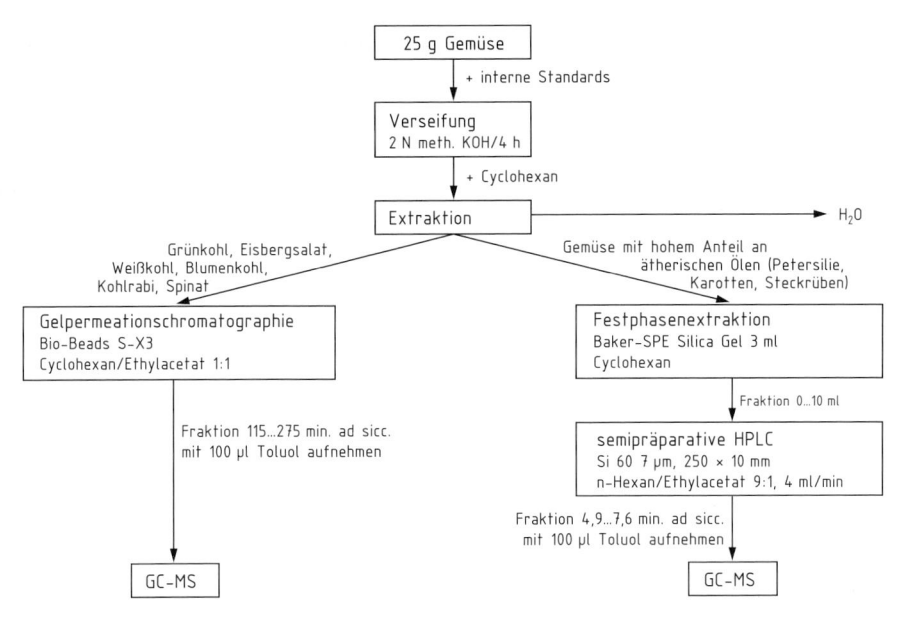

```
                    ┌─────────────────┐
                    │  25 g Gemüse    │
                    └────────┬────────┘
                             │ + interne Standards
                    ┌────────▼────────┐
                    │  Verseifung     │
                    │ 2 N meth. KOH/4 h│
                    └────────┬────────┘
                             │ + Cyclohexan
                    ┌────────▼────────┐
                    │   Extraktion    │──────────► H₂O
                    └────────┬────────┘
              ┌──────────────┴──────────────┐
  Grünkohl, Eisbergsalat,          Gemüse mit hohem Anteil an
  Weißkohl, Blumenkohl,            ätherischen Ölen (Petersilie,
  Kohlrabi, Spinat                 Karotten, Steckrüben)
┌────────────────────────┐      ┌─────────────────────────┐
│Gelpermeationschromatographie│ │ Festphasenextraktion    │
│ Bio-Beads S-X3         │      │ Baker-SPE Silica Gel 3 ml│
│ Cyclohexan/Ethylacetat 1:1│   │ Cyclohexan              │
└───────────┬────────────┘      └────────────┬────────────┘
                                              │ Fraktion 0...10 ml
┌───────────▼────────────┐      ┌────────────▼────────────┐
│ Fraktion 115...275 min. ad sicc.│ │ semipräparative HPLC │
│ mit 100 μl Toluol aufnehmen│  │ Si 60 7 μm, 250 × 10 mm │
│                        │      │ n-Hexan/Ethylacetat 9:1, 4 ml/min│
└───────────┬────────────┘      └────────────┬────────────┘
                                  Fraktion 4,9...7,6 min. ad sicc.
                                  mit 100 μl Toluol aufnehmen
       ┌────▼────┐                       ┌────▼────┐
       │  GC-MS  │                       │  GC-MS  │
       └─────────┘                       └─────────┘
```

Abb. 16.5. PAK-Bestimmung in pflanzlichen Lebensmitteln [50]

Auch hier spielen LC/MS-Methoden zunehmend eine Rolle; Methoden-Übersicht [21]. Der Aufwand der Probenaufreinigung ist substratabhängig. Als Beispiel ist ein Bearbeitungsschema für Gemüse gezeigt (Abb. 16.5).

16.4.3
Polychlorbiphenyle

Während die Probenahme für Untersuchung auf Leitkongenere anlog der Pestizidanalytik erfolgt (s. o.), sind für die dl-PCB-Untersuchungen gleichartig aufwändige Vorschriften wie für die Dioxinanalytik festgelegt [98, 101] (s. Kap. 16.4.4). Analytische Verfahren: Da sich die PCB in analytischer Hinsicht ähnlich wie die persistenten Organochlor-Pestizide verhalten, können sie bei deren Bestimmung simultan miterfasst werden [102, 103], wobei für fettreiche Lebensmittel zusätzliche chromatographische Reinigungsschritte eingesetzt werden [104]. Die Bestimmung erfolgt über Kapillar-GC mit ECD (Elektroneneinfangdetektor).

16.4.4
Polychlorierte Dibenzodioxine und -furane

Zur Gewährleistung der Vergleichbarkeit von Ergebnissen bezüglich Repräsentativität und Methodik sind bereits für die Probenahme EU-weit detaillierte Verfahren festgeschrieben [98, 101], die alle ebenfalls die Untersuchung auf dl-PCB mit berücksichtigen. Die Untersuchung von Lebensmitteln auf PCDD und

PCDF ist Ultraspurenanalytik und stellt dementsprechend hohe Anforderungen an Analytiker und Ausrüstung [98, 101, 105, 106]. Daher gewinnen zunehmend Screening-Methoden (Bioassays, GC-MS(MS)) an Bedeutung. Insbesondere Höchstmengenüberschreitungen sind jedoch durch das Bestätigungsverfahren (Hochauflösende Massenspektrometrie, HRGC/HRMS) abzusichern. Die Untersuchung auf dioxin-ähnliche PCB kann auch in diese Methode mit integriert werden. Dieses Verfahren wird in Kapitel analytische Methoden exemplarisch beschrieben.

16.4.5
Radionuklide

Als Entscheidungshilfe für eine sinnvolle Wahl der Probenart sowie weiterer Maßnahmen sollten die Hauptbelastungspfade der zu bestimmenden Isotope durch die Nahrungskette zum Menschen herangezogen werden; s. Abb. 16.6. Vom BMU herausgegebene Messanleitungen [107] für die Überwachung der Radioaktivität in der Umwelt sind Bestandteil der ASU und enthalten weitere Literaturhinweise. Hier sind auch Probenahme und Probenvorbereitung beschrieben.

Überwiegend werden Lebensmittelproben trocken verascht und müssen dann für die exakte Bestimmung einzelner Radionuklide selektiv aufgearbeitet werden.

In der Gamma-Spektrometrie können bei Vorliegen erhöhter Aktivitäten auch Direktmessungen von zerkleinertem Material (nur essbarer Anteil von Lebensmitteln!) ohne Probenaufarbeitung erfolgen. Sie eignet sich besonders zur Kontrolle von Radionuklidemission bei Störfällen sowie zur Überwachung der Umweltradioaktivität. Direktmessungen werden in Ringschalen definierter Geome-

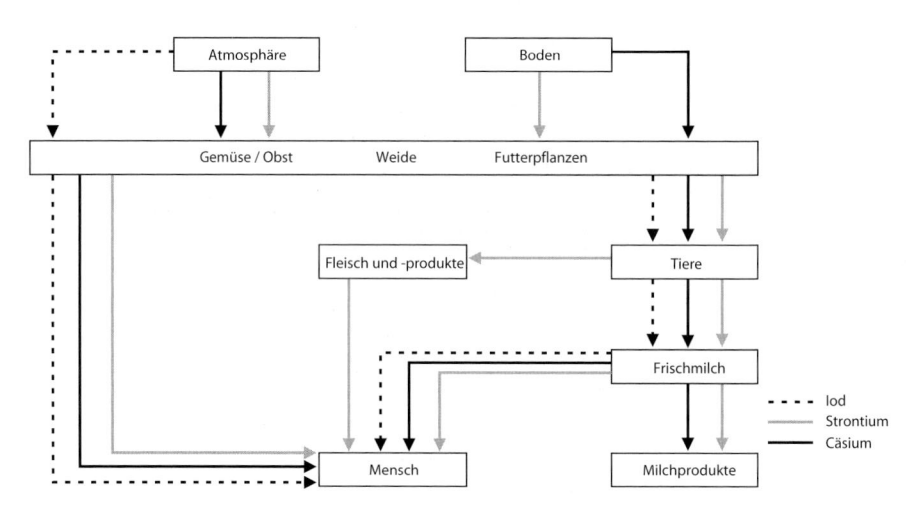

Abb. 16.6. Kontaminationspfade von Jod, Cäsium und Strontium

trie (Marinellibechern) im bleiabgeschirmten Gamma-Spektrometer (Ge(Li)- bzw. Reinstgermanium-Halbleiterdetektor, Vielkanalanalysator) durchgeführt, wobei Identifizierung und Bestimmung über die charakteristisch abgestrahlten Energien und deren relativen Intensitäten erfolgen [108]. Die Leitisotope (s. o.) I-131 und Cs-137 sowie Cs-134 werden jeweils über ihre Gamma-Strahlung bestimmt. Nach der Direktmessung sind Gefriertrocknung bzw. Veraschung bei 400 °C (nur für Cäsium) erste Anreicherungsschritte. Cäsium kann durch Aufarbeitung aus dem Strontiumtrennungsgang als Ammoniumphosphomolybdat-Präparat weiter angereichert werden; s. Abb. 16.7.

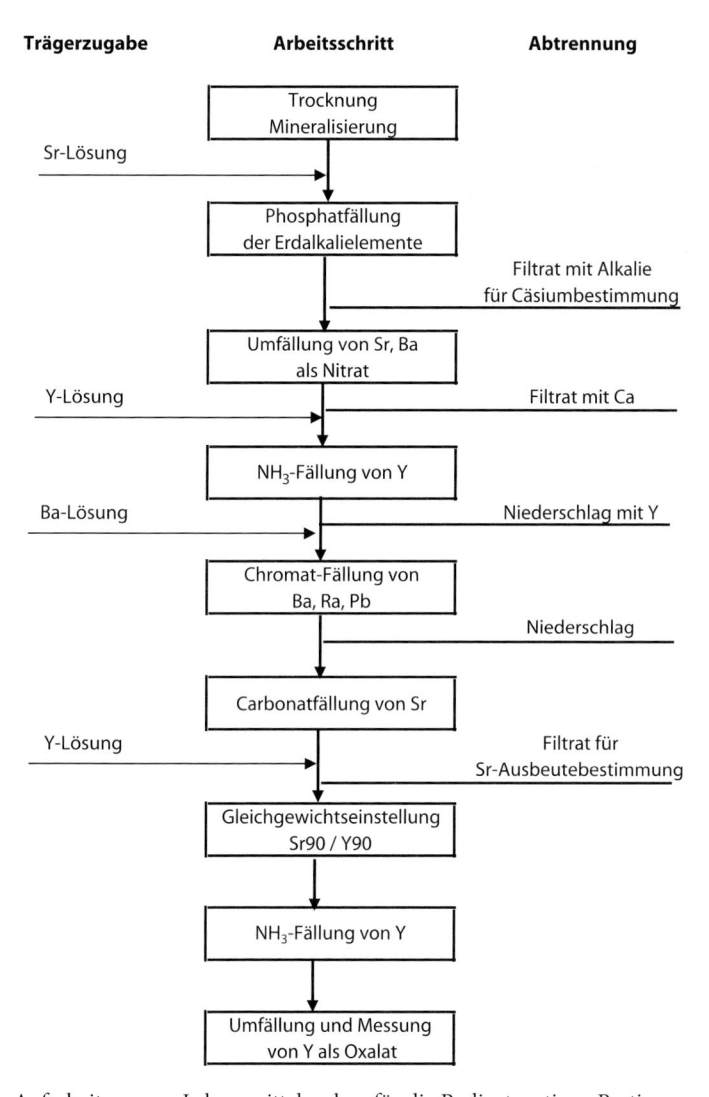

Trägerzugabe	Arbeitsschritt	Abtrennung
Sr-Lösung	Trocknung Mineralisierung	
	Phosphatfällung der Erdalkalielemente	Filtrat mit Alkalie für Cäsiumbestimmung
Y-Lösung	Umfällung von Sr, Ba als Nitrat	Filtrat mit Ca
Ba-Lösung	NH$_3$-Fällung von Y	Niederschlag mit Y
	Chromat-Fällung von Ba, Ra, Pb	Niederschlag
Y-Lösung	Carbonatfällung von Sr	Filtrat für Sr-Ausbeutebestimmung
	Gleichgewichtseinstellung Sr90 / Y90	
	NH$_3$-Fällung von Y	
	Umfällung und Messung von Y als Oxalat	

Abb. 16.7. Aufarbeitung von Lebensmittelproben für die Radiostrontium-Bestimmung

Charakteristische Gamma-Quanten in keV, (Auftreten je Zerfall): I-131:364 (80%); Cs-137: 662 (82%); Cs-134: 604/796 (90/93%). Zur Bestimmung des Radiostrontiums muss nach Veraschung und Extraktion ein aufwändiger Trennungsgang folgen (s. Abb. 16.7), da sowohl Sr-89 als auch Sr-90 mit dem instabilen Tochternuklid Y-90 reine β-Strahler sind. Dabei wird das enthaltene Radiostrontium isoliert und ein $SrCO_3$-Präparat im Low-Level-β-Messplatz (Durchflusszählrohr mit Abschirmzählrohr in Antikoinzidenzschaltung) vermessen. Anfänglicher Zusatz von Sr-Trägerlösung dient abschließend zur Verlustbestimmung. Da Y-90 bei 64 Stunden Halbwertszeit ein vierfach stärkeres beta-Energiemaximum abstrahlt als das Mutternuklid Sr-90, wird die Strontium-Aktivität über die Y-90-Messung nach Gleichgewichtseinstellungen indirekt ermittelt. Dazu wird am Ende der Aufreinigung alles vorhandene Yttrium als Hydroxid abgetrennt. In der Regel kann 14 Tage später die Aktivität des neu gebildeten Y-90 als Oxalatpräparat im β-Zählrohr gemessen werden. Die Sr-89-Aktivität ergibt sich dann aus der Differenz zwischen der Aktivität des $SrCO_3$-Niederschlags und der Summe der Aktivitäten von Sr-90 und Y-90 zum Zeitpunkt der Abtrennung.

Gesamt-Alpha-Aktivitätsmessungen werden mit veraschtem evtl. auch mit nur pulverisiertem Material im Methandurchflusszähler durchgeführt. Als unspezifische Übersichtswerte können sie als Entscheidungsgrundlage für die Durchführung nuklidspezifischer Untersuchungen dienen. Dazu muss nach Aufschluss die Asche selektiv extrahiert werden. Nach der elektrolytischen Abscheidung der Elemente (z. B. Pu, U, Am, Cm) aus den jeweils angereicherten Lösungen auf ein Edelmetallplättchen werden die alpha-Strahlen dieses Präparats mit einer geeigneten Messordnung (Oberflächensperrschichtdetektor, Vielkanalanalysator) nach ihren Energien aufgelöst und die Zahl der alpha-Teilchen bestimmt.

16.4.6
Schwermetalle

Außer den analytischen apparativen Methoden haben Probenahme, Probenvorbereitung und Vergleichsmaterialien entscheidenden Einfluss auf die Aussagekraft der Analysenergebnisse [109]. Voraussetzung für Bewertung und Vergleich von Befunden ist die vollständige Kenntnis der jeweiligen Untersuchungsgeschichte. Es werden dafür zunehmend Regelungen und Normen erarbeitet [110–119, 170–173] und z. T. für die amtliche Lebensmittelüberwachung verpflichtend eingeführt. EN- und DIN-Normen [120] sowie die Methoden der ASU [121] sind beim Beuth-Verlag kostenpflichtig im Internet erhältlich.

In aller Regel werden Schwermetallgehalte von Lebensmittelproben nach küchenmäßiger Vorbereitung (waschen und putzen) bestimmt und auf den verzehrfähigen Anteil bezogen angegeben.

Die Elemente befinden sich in vielfältigen Verbindungsformen in den Lebensmitteln und müssen durch Mineralisierung der organischen Bestandteile für die Messung freigesetzt werden. Zur Messung und Bestimmung erfordert jedes Element und jede Matrix ein angepasstes Bearbeitungsprogramm sowie Vergleichs-

Standardmaterial, das in Struktur und Elementverhältnissen und -gehalten möglichst ähnlich sein muss.

Zur Erfassung der niedrigen Spurenelementgehalte in Lebensmitteln wird wegen ihrer Empfindlichkeit die Atomabsorptions-Spektrometrie (AAS), insbesondere die Graphitrohr-AAS [122, 128], (Tabelle 16.25) eingesetzt. Dabei werden auch konstruktive Veränderungen am Graphitrohr [137] sowie eine Direktaufgabe der Proben [138, 139] vorgeschlagen.

Im Regelfall wird die Lebensmittelprobe aber nach Veraschung oder direkt mit konzentrierten Mineralsäuren (HNO_3) zum Druckaufschluss in ein Teflongefäß eingewogen und nach vollständigem Aufschluss und angepasster Verdünnung elementspezifisch und entsprechend ihrer Gehalte mit Flammen-AAS (z. B. Cu, Fe, Zn), Graphitrohr-AAS (z. B. Pb, Cd, Mn) oder Hydrid/Kaltdampf-AAS (z. B. As, Se, Sn/Hg) vermessen werden [122–127, 140, 141]. Aufschluss- und Messverfahren für Quecksilber, Blei, Cadmium, Chrom, Molybdän, Selen und Gesamtarsen in Lebensmitteln sind in ASU [111, 112, 114, 118, 119] beschrieben. Da die Schwermetalle in Lebensmitteln in der Regel inhomogen verteilt sind, muss besonderes Augenmerk auf die Homogenisierung der Probe gelegt werden [142]. Einen Überblick über aktuelle Probenvorbereitungsverfahren gibt [143].

Je nach Problemstellung und zur gleichzeitigen Erfassung mehrerer Elemente sind auch die induktiv gekoppelte Plasma-Atomemissionsspektrometrie (ICP-AES, auch als ICP-OES bezeichnet) [122, 128–131, 144–147] und wegen ihrer Empfindlichkeit zunehmend die induktiv gekoppelte Plasma-Massenspektrometrie (ICP-MS) [122, 128, 131–134, 148–151] von Bedeutung. Interferenzen durch

Tabelle 16.25. Nachweisgrenzen ausgewählter Elemente beim Einsatz atomspektrometrischer Methoden (X_{NG} in µg l^{-1}) [122]

Element	AAS Flammen-Technik	AAS Graphitrohr-Technik	AAS Hydrid-/Kaltdampf-Technik	ICP-OES	ICP-MS
Ag	1	0,01	–	–	–
Al	30	0,02	–	0,05	0,2
As	20	0,6	0,02	20	0,05
Cd	0,5	0,06	–	0,2	0,05
Co	6	0,04	–	0,5	–
Cr	2	0,02	–	0,5	0,005
Cu	1	0,04	–	1	0,01
Fe	5	0,04	–	0,5	–
Hg	200	–	0,001	0,2	0,02
Ni	4	0,04	–	0,5	0,005
Pb	10	–	–	2	0,05
Sn	20	0,2	0,5	30	–
Tl	10	0,2	–	2	0,01
Zn	1	0,002	–	0,13	0,2

auftretende Polyionen lassen sich entweder durch Einsatz hochauflösender Sektorfeld-Massenspektrometer [152, 153] oder durch Verwendung der Kollisionszellentechnik [154–157] beherrschen. Zur Speziierung – der Unterscheidung von Elementen wie Arsen und Quecksilber nach ihrer Oxidationsstufe und/oder Bindungsform – werden zunehmend Kopplungen von HPLC und ICP-MS eingesetzt [158–160]. Einen Überblick über die ICP-MS und ihre Kopplungstechniken geben [161] und [162]. Auf europäischer Ebene laufen derzeit beim Europäischen Komitee für Normung (CEN) verschiedene Vorhaben zur Validierung und Normung dieser Methoden. Für spezielle Fragestellungen bezüglich metallorganischer Verbindungen kommt die Gaschromatographie mit Mikrowellenplasma-Atomemissionsdetektor (GC-AED) zum Einsatz [135, 136]. Eine interessante Anwendung moderner Multielementmethoden ist die Bestimmung der Herkunft von Lebensmitteln durch Vergleich ihrer „Fingerabdrücke" (Elementprofile) [163, 164]. Angewendet wird dieses Verfahren z. B. auf Wein [165, 166], Knoblauch [167], Zwiebeln [168] und Tomaten [169].

16.5
Literatur

1. SHmV, s. Abkürzungsverzeichnis 46.2
2. VO (EWG) des Rates Nr 2568/91 vom 11.07.91 über die Merkmale von Olivenölen und Oliventresterölen sowie die Verfahren zu ihrer Bestimmung. ABL Nr L 248:1; geändert durch VO (EG) 640/2008 der Kommission ABL 178:11
3. THV, s. Abkürzungsverzeichnis 46.2
4. Ausschuss für Gefahrstoffe, Technische Regeln für Gefahrstoffe TRGS 903 Biologische Arbeitsplatztoleranzwerte, Ausgabe Dezember 2006; BArbBl (2006) 12:167
5. Ausschuss für Gefahrstoffe, Technische Regeln für Gefahrstoffe TRGS 900, Arbeitsplatzgrenzwerte Januar (2006) BArBl 1:41, zuletzt geändert und ergänzt: BArBl (2008) 6:558
6. Ausschuss für Gefahrstoffe, Technische Regeln für Gefahrstoffe TRGS 901 Begründungen und Erläuterungen zu Grenzwerten in der Luft am Arbeitsplatz April 1997, zuletzt geändert BArbBl (2006) 1:38
7. Grimmer G (1988) Polyaromatische Kohlenwasserstoffe (PAH), in Rat von Sachverständigen für Umweltfragen, Derzeitige Situation und Trends der Belastung der Lebensmittel durch Fremdstoffe, Kohlhammer, Karlsruhe S. 151
8. Empfehlung 2005/108/EG über die genauere Ermittlung der Mengen polyzyklischer aromatischer Kohlenwasserstoffe in bestimmten Lebensmitteln, ABL 34:43
9. Polycyclic Aromatic Hydrocarbons in Food Scientific Opinion of the Panel on Contaminants in the Food Chain, The EFSA Journal (2008) 724, 1–114
10. VO (EG) 2065/2003 (v. 10.11.03) über Raucharomen zur tatsächlichen oder beabsichtigten Verwendung in oder auf Lebensmitteln, ABL 309:1
11. Council of Europe Publishing (1998) Health Aspects of Using Smoke Flavors as Food Ingredients, ISBN 92-871-2189-3
12. Trinkwasserverordnung – TrinkwV vom 21. Mai 2001, zuletzt geändert am 31.10.2006, BGBl. I, S. 2407
13. OPINION OF THE SCIENTIFIC COMMITTEE ON FOOD ON THE RISK ASSESSMENT OF DIOXINS AND DIOXIN-LIKE PCBS IN FOOD vom 30. Mai 2001
14. Wendt H H R H (1981) Fette, Seifen, Anstrichmittel 83:514

15. Deutsche Forschungsgesellschaft (DFG) (1984) Rückstände und Verunreinigungen in Frauenmilch, Mitteilung XII der Kommission zur Prüfung von Rückständen in Lebensmitteln, Verlag Chemie, Weinheim, S. 43
16. Deutsche Forschungsgesellschaft (1988) Polychlorierte Biphenyle, Mitteilung XII der Senatskommission zur Prüfung von Rückständen in Lebensmitteln, VCH Weinheim
17. 10. V zur Durchführung des Bundes-Immissionsschutzgesetzes (10. BImSchV) (1978) BGBl. I:1138
18. V über Verbote und Beschränkungen des Inverkehrbringens gefährlicher Stoffe, Zubereitungen und Erzeugnisse nach dem Chemikaliengesetz (Chemikalien-Verbotsverordnung – ChemVerbotsV) vom 13. Juni 2003. Zuletzt geändert am 21.7.2008 (BGBl. I S. 1328)
19. Safe S (1990) Polychlorinated Biphenyls (PCBs, Dibenzo-p-Dioxins (PCDDs), Dibenzofuranes (PCDFs), and Related Compounds: Environmental und Mechanistic Considerations, Which Support the Development of Toxic Equivalency Factors (TEFs), Critical Reviews in Toxicology, 21:51
20. VO (EG) Nr. 1881/2006 der Kommission vom 19.12.2006 zur Festsetzung der Höchstgehalte für bestimmte Kontaminanten in Lebensmitteln
21. Oehme M (1998) Handbuch Dioxine, Quellen, Vorkommen, Analytik, Spektrum Akad. Verlag, Heidelberg
22. Ballschmitter K, Bacher R (1996) Dioxine, Chemie, Analytik, Vorkommen, Umweltverhalten und Toxikologie der halogenierten Dibenzo-p-dioxine und Dibenzofurane, VCH, Weinheim
23. Schecter A, Gasiewicz T A (eds) (2003) Dioxins and Health, 2nd edn, John Wiley & Sons, Hoboken New Jersey
24. Umweltbundesamt/Bundesgesundheitsamt (1985) Sachstand Dioxine, Berichte 5/85 des UBA, Erich Schmidt, Berlin.
25. FAO/WHO-Expertenkommitee für Lebensmittelzusatzstoffe, 56. Sitzung 5.–14. Juni 2001, Rom
26. Bundesminister für Umwelt, Naturschutz und Reaktorsicherheit (1990) Dioxinsymposium und Anhörung in Karlsruhe vom 15.–18.1.90, Erster Sachstandsbericht und Maßnahmenkatalog des BGA und UBA
27. Empfehlung (EG) Nr. 88/2006 der Kommission zur Reduzierung des Anteils von Dioxinen und Furanen und dioxinähnlichen PCB in Lebensmitteln
28. VO (EWG) Nr. 737/90 des Rates vom 22. März 1990 über die Einfuhrbedingungen für landwirtschaftliche Erzeugnisse mit Ursprung in Drittländern nach dem Unfall im Kernkraftwerk Tschernobyl – gültig bis 31.03.2010, ABL L82:1, zuletzt geändert durch VO (EG) Nr. 806/2003 des Rates vom 14. April 2003, ABL L122:1
29. VO (EG) Nr. 616/2000 des Rates vom 20. März 2000 zur Änderung der Verordnung (EWG) Nr. 737/90 über die Einfuhrbedingungen für landwirtschaftliche Erzeugnisse mit Ursprung in Drittländern nach dem Unfall im Kernkraftwerk Tschernobyl
30. VO (EURATOM) Nr. 3954/87 des Rates zur Festlegung von Höchstwerten an Radioaktivität in Nahrungsmitteln und Futtermitteln im Falle eines nuklearen Unfalls oder einer anderen radiologischen Notfallsituation, ABL L371:11, geändert durch VO (EURATOM) Nr. 2218/89 des Rates vom 18.07.1989, ABL L211:1
31. VO (EURATOM) Nr. 944/89 der Kommission vom 12. April 1989 zur Festlegung von Höchstwerten an Radioaktivität in Nahrungsmitteln von geringerer Bedeutung im Falle eines nuklearen Unfalls oder einer anderen radiologischen Notstandssituation
32. VO (EURATOM) Nr. 770/90 der Kommission vom 29.03.1990 zur Festlegung von Höchstwerten an Radioaktivität in Futtermitteln im Fall eines nuklearen Unfalls oder einer anderen radiologischen Notstandssituation, ABl L83:78

33. V über den Schutz vor Schäden durch ionisierende Strahlen (Strahlenschutzverordnung StrlSchV 2001) vom 20.7.2001, BGBl I 2001:1714 (2002:1459), geändert durch Art. 2 V. v. 18.6.2002 BGBl I 2002:1869
34. G zum vorsorgenden Schutz der Bevölkerung gegen Strahlenbelastung (Strahlenschutzvorsorgegesetz – StrVG) vom 19.12.1986, BGBl I 1986:2610, zuletzt geändert durch Verordnung vom 08.04.2008, BGBl. I:686
35. Bundesministerium für Umwelt, Naturschutz und Reaktorsicherheit (2008), Umweltradioaktivität und Strahlenbelastung im Jahr 2007, Bericht an den Deutschen Bundestag und den Bundesrat über die Entwicklung der Radioaktivität in der Umwelt http://www.bfs.de/bfs/druck/uus/pb_archiv.html
36. Köhnlein W, Traut H, Fischer M (Hrsg) (1989) Die Wirkung niedriger Strahlendosen (Biologische und medizinische Aspekte). Springer, Berlin Heidelberg
37. ISH-Hefte, Forschungsberichte des Instituts für Strahlenhygiene des Bundesgesundheitsamtes, Neuherberg: Dosisfaktoren für Inhalation oder Ingestion von Radionuklidverbindungen (1985): Heft 63 (Erwachsene), Heft 78–81 (Altersklassen 1–15 Jahre)
38. WeinV Neufassung vom 14. Mai 2002 BGBl. I:1583, zuletzt geändert durch die 8. Verordnung zur Änderung weinrechtlicher Bestimmungen vom 7. November 2008, BGBl I:2166
39. Bekanntmachung des Bundesinstitutes für gesundheitlichen Verbraucherschutz und Veterinärmedizin: Richtwerte für Schadstoffe in Lebensmitteln werden vom BgVV zurückgezogen (2000), Bundesgesundheitsblatt – Gesundheitsforschung – Gesundheitsschutz 43:1020
40. Bundesamt für Verbraucherschutz und Lebensmittelsicherheit (2004) Lebensmittel-Monitoring 1995–2002, Berlin
41. Bundesamt für Verbraucherschutz und Lebensmittelsicherheit (2008) Berichte zur Lebensmittelsicherheit 2007 Lebensmittel-Monitoring, Berlin
42. Vieths S, Blaas W, Fischer M, Klee T, Krause C, Matissek R, Ullrich D, Weber R (1988) DLR 84:381
43. Wissenschaftlicher Lebensmittelausschuss (1993) Bericht über Raucharoma, 34. Reihe:1
44. Jacob J, Grimmer G (1983) Metabolism of polycyclic aromatic hydrocarbons, in Grimmer G (ed) Environmental carcinogens, CRC Press, Boca Raton
45. Dipple A (1983) Formation, Metabolism, and Mechanism of Action of Polycyclic Aromatic Hydrocarbons, Cancer Research 43:2422s
46. Speer K, Steeg E, Horstmann P, Kühn Th, Montag A (1990) Determination and Distribution of Polycyclic Aromatic Hydrocarbons in Native Vegetable Oils, Smoked Fishproducts, Mussles and Oysters, and Breams from the River Elbe, J High Resol Chrom 13:104.
47. Lebensmittel- und Veterinäruntersuchungsamt des Landes Mecklenburg-Vorpommern (2004) Jahresbericht 2003 des LVUA, Rostock
48. Speer K, Montag A (1988) Polycyclische Aromatische Kohlenwasserstoffe in nativen pflanzlichen Ölen, Fat Sci Technol 90:163
49. Clasen HG, Elias PS, Hammes WP (1987) Toxikologisch-hygienische Beurteilung von Lebensmittelinhalts- und -zusatzstoffen sowie bedenklicher Verunreinigungen, Pareys Studienbriefe 54, Parey, Berlin Hamburg
50. Speer K (1990) Zur Analytik von Polycyclen in Gemüseproben, Lebensmittelchem gerichtl Chem 44:958
51. Linne C, Martens R (1978) Überprüfung des Kontaminationsrisikos durch polycyclische aromatische Kohlenwasserstoffe im Erntegut von Möhren und Pilzen bei Anwendung von Mülkompost, Z Pflanzenernähr Bodenk 141:265.

52. Ballschmitter K, Zech M (1980) Analyses of Polychlorinated Biphenyls (PCB) by Glass Capillary Gas Chromatography – Composition of Technical Aroclor- and Chlophen-PCB-mixtures, Fresenius Z Anal Chem 302:20
53. Ballschmitter K (1988) Polychlorbiphenyle: Chemie, Analytik und Umweltchemie in: Fresenius W et al. (ed) (1988) Analytiker-Taschenbuch Band 7, Springer Berlin Heidelberg New York
54. Kruse R, Krüger K-E (1989) Kongenere polychlorierte Biphenyle (PCBs) und chlorierte Kohlenwasserstoffe (CKWs) in Fischen, Krusten-, Schalen- und Weichtieren und daraus hergestellten Erzeugnissen aus Nordatlantik, Nordsee, Ostsee und deutschen Binnengewässern, Archiv für Lebensmhy 40:97
55. Karl H, Lehmann I (1999) Lipophile organische Rückstände im Nahrungsmittel Fisch, Eine aktuelle Bestandsaufnahme, Inf. Fischwirtsch. Fischereiforsch 46:45
56. Atuma SS, Linder CE, Wicklund-Glynn A, Anderson Ö, Larsson L (1996) Chemosphere 33:791
57. Oehlenschläger J, Karl H (1992) Zur Belastung von Ostseefischen und anderen Meerestieren mit anorganischen und organischen Rückständen, Dtsch Lebensmittel-Rundsch 88:115
58. Gilpin RK, Wagel DJ, Solch JG (2003) Production, Distribution, and Fate of Polychlorinated Dibenzo-p-Dioxins, Dibenzofuranes, and Related Organohalogens in the Environment in Schecter A, Gasiewicz TA (eds) s. [23]
59. International Agency for Research on Cancer (1997) IARC Monographs on the Evaluation of Cancerogenic Risks to Humans Vol 69, Polychlorinated Dibenzo-para-Dioxins and Polychlorinated Dibenzofurans, IARC, Lyon
60. Food Standards Agency (2000) Dioxins and PCBs in the UK Diet, Food surveyance Information Sheet 71, MAAF, London
61. Niedersächsisches Landesamt für Verbraucherschutz und Lebensmittelsicherheit (2004) Jahresbericht 2003, Oldenburg
62. Chemisches und Veterinäruntersuchungsamt des Landes Baden-Württemberg (2004) Jahresbericht 2003, Freiburg
63. Bayrisches Landesamt für Gesundheit und Lebensmittelsicherheit (2004) Jahresbericht 2003, Erlangen.
64. Stachel B, Christoph EH, Götz R, Herrmann T, Kühn T, Krüger F, Lay J, Löffler J, Päpke O, Reincke H, Schröter-Kermani C, Steeg E, Stehr D, Schwartz R, Uhlig S, Umlauf G (2006) Polychlorinated Dibenzo-p-dioxins, Polychlorinated Dibenzofurans (PCDD/Fs), Dioxin-like Polychlorinated Biphenyls (DL-PCBs) in Fish of the River Elbe including the Influences of the River flood in August 2002, Chemosphere, eingereicht
65. Institut für Hygiene und Umwelt (2000) Jahresbericht 1999, Hamburg.
66. Karl H, Blüthgen A, Ruoff U (2000) Polychlorierte Dibenzodioxine und -furane in Fisch und Fischerzeugnissen, Teilbericht III eines Forschungsprojekts des Bundesministeriums für Ernährung. Landwirtschaft und Forsten zur Bestimmung der Dioxinkontamination der Lebensmittel in der Bundesrepublik Deutschland, Hamburg und Kiel
67. Stachel B, Christoph EH, Götz R, Herrmann T, Kühn T, Krüger F, Lay J, Löffler J, Päpke O, Reincke H, Schröter-Kermani C, Steeg E, Stehr D, Schwartz R, Uhlig S, Umlauf G (2006) Feedingstuffs and Foodstuffs mit Polychlorinated Dibenzo-p-dioxins, Polychlorinated Dibenzofurans (PCDD/Fs), Dioxin-like Polychlorinated Biphenyls (DL-PCBs) and Mercury, Chemosphere, eingereicht.
68. Pschyrembel Wörterbuch (1987) Radioaktivität Strahlenwirkung Strahlenschutz. de Gruyter, Berlin New York
69. Kiefer H, Koelzer W (1992) Strahlen und Strahlenschutz (Vom verantwortungsbewussten Umgang mit dem Unsichtbaren). Springer, Berlin Heidelberg New York

70. Aurand K, Brücker H, Hug O, Jacobi W, Kaul A, Muth H, Pohlit W, Stahlofen W (Hrsg) (1974) Die natürliche Strahlenexposition des Menschen (Grundlage zur Beurteilung des Strahlenrisikos). Thieme, Stuttgart
71. Eder H, Kiefer J, Luggen-Hölscher J, Rase S (1986) Grundzüge der Strahlenkunde für Naturwissenschaftler und Veterinärmediziner. Paul Parey, Berlin Hamburg
72. Institut für Hygiene und Umwelt (2008), Jahresbericht 2007, Amtliche Lebensmitteluntersuchung, Hamburg
73. Boek K (1987) Die Radioaktivität in Lebensmitteln nach dem Reaktorunfall von Tschernobyl im Vergleich mit Messungen der letzten 25 Jahre, Lebensm gerichtl Chem 41:133
74. LandesGesundheitsAmt Baden-Württemberg (2007), Inkorporationsmessungen zur Belastung mit Cäsium-137. Bericht über die Untersuchungen von 2005, ISSN 1616–2358
75. Wedepohl KH (1984) Die Zusammensetzung der oberen Erdkruste und der natürliche Kreislauf ausgewählter Metalle, in [80] S. 1
76. Kirchgessner M, Reichlmayr-Lais AM (1983) Bedarf und Verwertung von Spurenelementen, in [80] S. 25
77. Kieffer F (1984) Metalle als lebensnotwendige Spurenelemente für Pflanzen, Tiere und Menschen, in [80], S. 117
78. Moiseenko TI, Kudryavtseva LP (2001) Trace metal accumulation and fish pathologies in areas affected by mining and metallurgical enterprises in the Kola region, Russia, Environmental Pollution 114(2):285
79. Tüzen M (2003) Determination of heavy metals in soil, mushroom and plant samples by atomic absorption spectrometry, Microchemical Journal 74(3):289
80. Merian E (Hrsg) (1984) Metalle in der Umwelt, Chemie, Weinheim
81. Der Rat der Sachverständigen für Umweltfragen (2004) Umweltgutachten 2004, Nomos Verlagsgesellschaft, Baden-Baden
82. Umweltbundesamt (Hrsg) (2004) Jahresbericht 2003, Berlin
83. Brill V, Kerndorf H, Schleyer R, Arneth JD, Milde G, Friesel P (1986) Fallbeispiele für die Erfassung grundwassergefährdender Altablagerungen aus der Bundesrepublik Deutschland, WaBoLu Heft 6/1986, BGA, Berlin
84. Bolan NS, Adriano DC, Naidu R (2003) Role of Phosphorus in (Im)mobilization and Bioavailability of Heavy Metals in the Soil-Plant System, Rev Environ Contam Toxicol 177:1
85. Deutsche Gesellschaft für Ernährung eV (2001) Die Referenzwerte für die Nährstoffzufuhr, Umschau/Braus, Neustadt an der Weinstraße, korrigierter Nachdruck 2008
86. Weigert P (1989) Umweltkontaminanten In: Grossklaus D, Rückstände in von Tieren stammenden Lebensmitteln, Paul Parey, Berlin Hamburg, S. 119
87. Ewers U, Merian E (1984) Schutzvorschriften und Richtlinien betreffend Metalle und Metallverbindungen, in [80] S. 283
88. Hapke H-J (1984) Metallbelastung von Futter- und Lebensmitteln, Akkumulation in der Nahrungskette, in [80]
89. ASU (2002) L 00.00-7(EG)
90. MSS (1989) S. 333.
91. ASU (2006) L 13.04-1. Übernahme der Methode DIN EN ISO 16035 (November 2005)
92. Empfehlung der Kommission (EG) Nr. 794/2006 für das Monitoring der Hintergrundbelastung von Lebensmitteln mit Dioxinen, dioxinähnlichen PCB und nicht dioxinähnlichen PCB
93. ASU (2004) L 07.00-40.
94. Deutsche Forschungsgesellschaft (2002) DFG-Einheitsmethoden, Bestimmung von polyzyklischen aromatischen Kohlenwasserstoffen in Ölen und Fetten, Entwurf 4, C-III 17a

95. Larsson, B K; Pyysalo, H; Sauri, M (1988) Class separation of mutagenic polycyclic organic material in grilled and smoked foods, Z Lebensm Unters Forsch 187:546
96. Vaessen, H A M G; Wagstaffe, P J; Lindsey, A S (1988) Reference materials for PAHs in foodstuffs: results of a preliminary intercomparison of methods in experienced laboratories, Fresenius Z Anal Chem 332:325
97. Uthe JF, Musial ChJ (1988) Intercomparative Study on the Determination of Polynuclear Aromatic Hydrocarbons in Marine Fish Tissue, J Assoc Off Anal Chem 71:363
98. VO (EG) Nr. 1883/2006 der Kommission zur Festlegung der Probenahme- und Untersuchungsverfahren für die amtliche Kontrolle von Dioxinen sowie zur Bestimmung von dioxinähnlichen PCB in Lebensmitteln
99. VO (EG) Nr. 333/2007 der Kommission vom 28. März 2007 zur Festlegung der Probenahmeverfahren und Analysemethoden für die amtliche Kontrolle des Gehalts an Blei, Cadmium, Quecksilber, anorganischem Zinn, 3-MCPD und Benzo(a)pyren in Lebensmitteln
100. Richtlinie (EG) Nr. 59/96 des Rates vom 16. September 1996 über die Beseitigung polychlorierter Biphenyle und polychlorierter Terphenyle (PCB/PCT)
101. Entscheidung der Kommission vom 14. August 2002 zur Umsetzung der RL 96/23/EG betreffend die Durchführung von Analysenmethoden und die Auswertung von Ergebnissen; ABL Nr. L221 vom 17.08.2002, S. 8
102. ASU (1993) L 00.00-12 Untersuchung von PCB in Lebensmitteln
103. ASU (1999) L 00.00-34 Modulare Multimethode zur Bestimmung von Pflanzenschutzmittelrückständen in Lebensmitteln
104. ASU (1998) L00.00-38/1-4
105. Telliard WA (1994) Method 1613 Rev. B: Tetra- through Octa-chlorinated Dioxins and Furans by Isotope Dilution HRGC-HRMS, US Environmental Protection Agencys EPA Office of Water Engineering and Analysis Division, Washington D.C.
106. Telliard WA (1999) Method 1668 Rev. A: Chlorinated Biphenyl Congeners in Water, Soil, Sediment, and Tissue by HRGC-HRMS, US Environmental Protection Agencys EPA Office of Water Engineering and Analysis Division, Washington D.C.
107. Bundesministerium für Umwelt, Naturschutz und Reaktorsicherheit (Hrsg) Messanleitungen für die Überwachung der Radioaktivität in der Umwelt, Georg Fischer Verlag, Stuttgart New York
108. Debertin K (1980) Meßanleitung für die Bestimmung von Gammastrahlen-Emissionsraten mit Germaniumdetektoren; Bericht PTB-Ra-12, Physikalisch-Technische Bundesanstalt, Braunschweig
109. Weigert P (1988) Schwermetalle, in Der Rat von Sachverständigen für Umweltfragen (1988) Derzeitige Situation und Trends der Belastung der Lebensmittel durch Fremdstoffe, Kohlhammer GmbH, Stuttgart Mainz
110. DIN EN 13804:2002 Lebensmittel – Bestimmung von Elementspuren – Leistungskriterien, allgemeine Festlegungen und Probenvorbereitung (2002), Beuth-Verlag, Berlin, übernommen als ASU – Methode LMBG L 00.00-19/E:2003-12
111. DIN EN 13805:2002 Lebensmittel – Bestimmung von Elementspuren – Druckaufschluss (2002), Beuth-Verlag, Berlin, übernommen als ASU – Methode LMBG L 00.00-19/1:2003-12
112. DIN EN 13806:2002 Lebensmittel – Bestimmung von Elementspuren – Bestimmung von Quecksilber mit Atomabsorptionsspektrometrie (AAS)-Kaltdampftechnik nach Druckaufschluss (2002), Beuth-Verlag, Berlin, übernommen als ASU – Methode LMBG L 00.00-19/4:2003-12

113. DIN EN 14082:2003 Lebensmittel – Bestimmung von Elementspuren – Bestimmung von Blei, Cadmium, Zink, Kupfer, Eisen und Chrom mit Atomabsorptionsspektrometrie (AAS) nach Trockenveraschung (2003), Beuth-Verlag, Berlin
114. DIN EN 14083:2003 Lebensmittel – Bestimmung von Elementspuren – Bestimmung von Blei, Cadmium, Chrom und Molybdän mit Graphitofen-Atomabsorptionsspektrometrie (GFAAS) nach Druckaufschluss (2003), Beuth-Verlag, Berlin, übernommen als ASU – Methode LMBG L 00.00-19/3:2004-07
115. DIN EN 14084:2003 Lebensmittel – Bestimmung von Elementspuren – Bestimmung von Blei, Cadmium, Zink, Kupfer und Eisen mit Atomabsorptionsspektrometrie (AAS) nach Mikrowellenaufschluss (2003), Beuth-Verlag, Berlin
116. DIN EN 14546:2002 Lebensmittel – Bestimmung von Elementspuren – Bestimmung von Gesamtarsen mit Atomabsorptionsspektrometrie-Hydridtechnik (HGAAS) nach Trockenveraschung
117. DIN EN 14627:2003 Lebensmittel – Bestimmung von Elementspuren – Bestimmung von Gesamtarsen und Selen mit Atomabsorptionsspektrometrie Hydridtechnik (HGAAS) nach Druckaufschluss
118. LMBG L 00.00-19/5 (2001) Untersuchung von Lebensmitteln – Bestimmung von Spurenelementen in Lebensmitteln – Teil 5: Bestimmung von Selen mit der Atomabsorptionsspektrometrie (AAS)-Hydridtechnik, Beuth-Verlag, Berlin
119. LMBG L 00.00-19/6 (2001) Untersuchung von Lebensmitteln – Bestimmung von Spurenelementen in Lebensmitteln – Teil 6: Bestimmung von Gesamtarsen mit der Atomabsorptionsspektrometrie (AAS)-Hydridtechnik, Beuth-Verlag, Berlin
120. http://www.beuth.de
121. http://www.methodensammlung-lmbg.de
122. Cammann K (Hrsg) (2001) Instrumentelle analytische Chemie: Verfahren, Anwendungen und Qualitätssicherung, Spektrum akademischer Verlag, Heidelberg Berlin 4-47 und 4-69
123. Welz B, Sperling M (1997) Atomabsorptionsspektrometrie, Wiley-VCH, Weinheim
124. Tüzen M (2003) Determination of heavy metals in fish samples of the middle Black Sea (Turkey) by graphite furnace atomic absorption spectrometry, Food Chemistry 80:119
125. Jorhem L, Engman J (2000) Determination of lead, cadmium, zinc, copper and iron in foods by atomic absorption spectrometry after microwave digestion, Journal of AOAC International 83:1189
126. Meeravali N-N, Jai-Kumar S (2000) Comparison of open microwave digestion and digestion by conventional heating fort he determination of Cd, Cr, Cu and Pb in algae using traverse heated electrothermal atomic absorption spectrometry, Fresenius Journal of Analytical Chemistry 366:313
127. Stoeppler M, Nürnberg HW (1984) Analytik von Metallen und ihren Verbindungen, in [80]
128. Rose M, Knaggs M, Owen L, Baxter M (2001) A review of analytical methods for lead, cadmium, mercury, arsenic and tin determination used in proficiency testing, J. Anal. At. Spectrom. 16:1101
129. Schneider R, Meyberg F, Dannecker W (1987) Multielementbestimmung in umweltrelevanten Proben mittels ICP-AES: Anwendung am Beispiel von Lebensmittelproben, in Welz B (Hrsg) 4. Colloquium Atomspektrometrische Spurenanalytik, Perkin Elmer, Überlingen, S. 443
130. Dolan SP, Capar SG (2002) Multi-element analysis of food by microwave digestion and inductively coupled plasma – atomic emission spectrometry, Journal of Food Composition and Analysis 15:593

131. Perrring L, Alonso MI, Andrey D, Bourqui B, Zbinden P (2001) An evaluation of analytical techniques for determination of lead, cadmium, chromium, and mercury in food-packaging materials, Fresenius Journal of Analytical Chemistry 370:76
132. Noel L, Leblanc JC, Guerin T (2003) Determination of several elements in duplicate meals from catering establishments using closed vessel microwave digestion with inductively coupled plasma mass spectrometry detection: estimation of daily dietary intake, Food Additives and Contaminants 20:44
133. Brisbin JA, Caruso JA (2002) Comparison of extraction procedures for the determination of arsenic and other elements in lobster tissue by inductively coupled plasma mass spectrometry, Analyst 127:921
134. Cubadda F, Raggi A, Testoni A, Zanasi F (2002) Multielement Analysis of food and agricultural matrixes by inductively coupled plasma mass spectrometry, Journal of AOAC International 85:113
135. Dietz C, Landaluze JS, Ximinez-Embun P, Madrid-Albarran Y, Camara C (2004) SPME-multicapillary GC coupled to different detection systems and applied to volatile organo-selenium speciation in yeast, J. Anal. At. Spectrom. 19:260
136. Rodil R, Carro AM, Lorenzo RA, Abuin N, Cela R (2002) Methylmercury determination in biological samples by derivatization, solid-phase-microextraction and gas chromatography with microwave-induced plasma atomic emission spectrometry, Journal of Chromatography A 963:313
137. Katskov DA (2007) Graphite filter atomizer in atomic absorption spectrometry, Spectrochimica Acta Part B: Atomic Spectroscopy 9:897
138. Damin ICF, Silva MM, Vale MGR, Welz B (2007) Feasibility of using direct determination of cadmium and lead in fresh meat by electrothermal atomic absorption spectrometry for screening purposes, Spectrochimica Acta Part B: Atomic Spectroscopy 9:1037
139. Ajtony Z, Szoboszlai N, Suskó EK, Mezei P, György K, Bencs L (2008) Direct sample introduction of wines in graphite furnace atomic absorption spectrometry for the simultaneous determination of arsenic, cadmium, copper and lead content, Talanta 76:627
140. Ghaedi M, Shokrollahi A, Kianfar AH, Mirsadeghi AS, Pourfarokhi A, Soylak M (2008), The determination of some heavy metals in food samples by flame atomic absorption spectrometry after their separation-preconcentration on bis salicyl aldehyde, 1,3 propan diimine (BSPDI) loaded on activated carbon (2008) J Hazardous Materials 154:128
141. Demirel S, Tuzen M, Saracoglu S, Soylak M (2008) Evaluation of various digestion procedures for trace element contents of some food materials, J Hazardous Materials 152:1020
142. Krejŏváa A, Pouzara M, Černohorskýa T, Pešková K (2008) The cryogenic grinding as the important homogenization step in analysis of inconsistent food samples, Food Chemistry 109(4):848
143. Andrade Korn MG, Boa Morte ES, Batista dos Santos DCM, Castro JT, Pereira Barbosa JT, Teixeira AP, Fernandes AP, Welz B, Carvalho dos Santos WP, Nunes dos Santos EBG (2008) Applied Spectroscopy Reviews 43:67
144. Cindric IJ, Zeiner M, Steffan I (2007) Trace elemental characterization of edible oils by ICP-AES and GFAAS, Microchemical Journal 85:136
145. Kira CS, Maihara VA (2007) Determination of major and minor elements in dairy products through inductively coupled plasma optical emission spectrometry after wet partial digestion and neutron activation analysis, Food Chemistry 100:390
146. Da Silva JC, Cadore S, Nobrega JA, Baccan N (2007) Dilute-and-shoot procedure for the determination of mineral constituents in vinegar samples by axially viewed inductively coupled plasma optical emission spectrometry (ICP OES), Food Addit Contam 24:130

147. Welna M, Klimpel M, Zyrnicki W (2008) Investigation of major and trace elements and their distributions between lipid and non-lipid fractions in Brazil nuts by inductively coupled plasma atomic optical spectrometry, Food Chemistry 111:1012
148. Noël L, Dufailly V, Lemahieu N, Vastel C, Guérin T (2005) Simultaneous analysis of cadmium, lead, mercury, and arsenic content in foodstuffs of animal origin by inductively coupled plasma/mass spectrometry after closed vessel microwave digestion: method validation, JAOAC 88:1811
149. Chan KC, Yip YC, Chu HS, Sham WC (2006) High-throughput determination of seven trace elements in food samples by inductively coupled plasma-mass spectrometry, JAOAC 89:469
150. Weeks CA, Croasdale M, Osborne MA, Hewitt L, Miller PF, Robb P, Baxter MJ, Warriss PD, Knowles TG (2006) Multi-element survey of wild edible fungi and blackberries in the UK, Food Addit Contam 23:140
151. Şahan Y, Basoglu F, Gücer S (2007) ICP-MS analysis of a series of metals (Namely: Mg, Cr, Co, Ni, Fe, Cu, Zn, Sn, Cd and Pb) in black and green olive samples from Bursa, Turkey, Food Chemistry 105:395
152. Frazzoli C, D'Ilio S, Bocca B (2007) Determination of Cd and Pb in honey by SF-ICP-MS: validation figures and uncertainty of results, Analytical Letters 40:1992
153. Frazzoli C, Cammarone R (2007) Investigation of palladium and platinum levels in food by sector field inductively coupled plasma mass spectrometry, Food Addit Contam 24:546
154. Dufailly V, Noël L, Guérin T (2006) Determination of chromium, iron and selenium in foodstuffs of animal origin by collision cell technology, inductively coupled plasma mass spectrometry (ICP-MS), after closed vessel microwave digestion, Anal Chim Acta 565:214
155. ZuLiang C, Megharaja M, Naidu R (2007), Removal of interferences in the speciation of chromium using an octopole reaction system in ion chromatography with inductively coupled plasma mass spectrometry (2007), Talanta 73:948
156. ZuLiang C, Khana NI, Owen G, Naidu R (2007), Elimination of chloride interference on arsenic speciation in ion chromatography inductively coupled mass spectrometry using an octopole collision/reaction system, Microchemical Journal 87:87
157. Dufailly V, Noël L, Guérin T. (2008), Optimisation and critical evaluation of a collision cell technology ICP-MS system for the determination of arsenic in foodstuffs of animal origin, Anal Chim Acta 611:134
158. Dufailly V, Noël L, Frémy JM, Beauchemin D, Guérin T (2007), Optimisation by experimental design of an IEC/ICP-MS speciation method for arsenic in seafood following microwave assisted extraction, J Anal At Spectrom 22:1168
159. Dufailly V, Guérin T, Noël L, Frémy JM, Beauchemin D (2008), A simple method fort he speciation analysis of bio-accessible arsenic in seafood using on-line continuous leaching and ion exchange chromatography coupled to inductively coupled plasma mass spectrometry, J Anal At Spectrom 23:1263
160. Lin LY, Chang LF, Jiang SJ (2008), Speciation analysis of mercury in cereals by liquid chromatography chemical vapor generation inductively coupled plasma-mass spectrometry, J Agric Food Chem 56:6868
161. Thomas R (2008), Practical Guide to ICP-MS: A Tutorial for Beginners, Second Edition, CRC Press
162. Ammann AA (2007), Inductively coupled plasma mass spectrometry (ICP MS): a versatile tool, J Mass Spectrom 42:419

163. Kelly S, Heaton K, Hoogewerff J (2005), Tracing the geographical origin of food: The application of multi-element and multi-isotope analysis, Trends in Food Science & Technology 16:555
164. Luykx DMAM, van Ruth SM (2007) An overview of analytical methods for determining the geographical origin of food products, Food Chemistry 107:897
165. Coetzee PP, Steffens FE, Eiselen RJ, Augustyn OP, Balcaen L, Vanhaecke F (2005), Multi-element analysis of South African wines by ICP-MS and their classification according to geographical origin, J Agric Food Chem. 53:5060
166. Gonzálvez A, Llorens A, Cervera ML, Armenta S, de la Guardia M (2009), Elemental fingerprint of wines from the protected designation of origin Valencia, Food Chemistry 112:26
167. Smith RG (2005), Determination of the country of origin of garlic (Allium sativum) using trace metal profiling, J Agric Food Chem 53:4041
168. Ariyama K, Aoyama Y, Mochizuki A, Homura Y, Kadokura M, Yasui A (2007), Determination of the geographic origin of onions between three main production areas in Japan and other countries by mineral composition, J Agric Food Chem 55:347
169. Paredes E, Prats MS, Maestre SE, Todolí JL (2008), Rapid analytical method for the determination of organic and inorganic species in tomato samples through HPLC–ICP-AES coupling, Food Chemistry 111:469
170. DIN EN 15517 (Entwurf), Lebensmittel – Bestimmung von Elementspuren - Bestimmung von anorganischem Arsen in Meeresalgen mit Atomabsorptionsspektrometrie-Hydridtechnik (HGAAS) nach Säureextraktion
171. DIN EN 15763 (Entwurf), Lebensmittel – Bestimmung von Elementspuren – Bestimmung von Arsen, Cadmium, Quecksilber und Blei mit induktiv gekoppelter Plasma-Massenspektrometrie (ICP-MS) nach Druckaufschluss
172. DIN EN 15764 (Entwurf), Lebensmittel – Bestimmung von Zinn mit Flammen- und Graphitofen-Atomabsorptionsspektrometrie (FAAS und GFAAS) nach Druckaufschluss
173. DIN EN 15765 (), Lebensmittel – Bestimmung von Zinn mit Massenspektrometrie mit induktiv gekoppeltem Plasma (ICP-MS) nach Druckaufschluss

Kapitel 17

Biotoxine und herstellungsbedingte Kontaminanten

Horst St. Klaffke

Bundesinstitut für Risikobewertung, Thielallee 88–92, 14195 Berlin
horst.klaffke@bfr.bund.de

17.1	Stoffgruppen	449
17.2	Beurteilungsgrundlagen	450
17.2.1	Definitionen	450
17.2.2	Europäische Regelungen	451
17.2.3	Nationale Regelungen	452
17.3	Warenkunde	453
17.3.1	Mykotoxine	453
17.3.2	Marine Biotoxine	466
17.3.3	Phytotoxine	474
17.3.4	Herstellungsbedingte Toxine (Prozesskontaminanten)	477
17.4	Qualitätssicherung	481
17.4.1	Betriebskontrollen	481
17.4.2	Analytik von Mykotoxinen	482
17.4.3	Analytik von marinen Biotoxinen	485
17.4.4	Analytik von herstellungsbedingten Toxinen	486
17.5	Literatur	487

17.1
Stoffgruppen

Kontaminanten sind in Lebensmitteln grundsätzlich unerwünscht; in vielen Fällen jedoch nicht völlig zu vermeiden. Viele dieser gesundheitlich bedenklichen Stoffe werden nicht als Rückstände durch die herstellende Industrie in Lebensmittel eingebracht, sondern gelangen aus natürlichen Quellen als Biotoxine in das Lebensmittel oder werden bei Zubereitung z. B. durch Erhitzen im Lebensmittel gebildet.

Im vorliegenden Kapitel sollen folgende Stoffgruppen der Kontaminanten in Lebens- und Futtermitteln eingehender betrachtet werden:

– Mykotoxine
– Marine Biotoxine

- Phytotoxine
- Herstellungsbedingte Toxine (Prozesskontaminanten).

17.2
Beurteilungsgrundlagen

Von allen Kontaminanten geht eine potentielle Gefährdung der Gesundheit für den Verbraucher aus, so dass der Gesetzgeber (die Europäische Union als auch national) angehalten ist, durch geeignete Höchstgehalte und weitere rechtliche Regelungen die Gesundheit des Verbrauchers zu schützen.

Bei der Frage des Risikomanagements fließen die Bewertungen durch die für die Risikobewertung verantwortlichen Stellen ebenso wie auch sozialökonomische Faktoren ein, die dann im Rahmen einer Risiko-Nutzenanalyse zu einer entsprechenden Höchstmengenregelung führen. In Fragestellungen, bei denen auf Grund einer fehlenden Risikobewertung durch Fehlen von toxikologischen Daten oder Belastungsdaten (Exposition) eine abschließende Risikomanagementmaßnahme nicht möglich ist, wird oft das Prinzip der zielgerichteten Minimierung, auch als ALARA-Prinzip (**A**s **l**ow **a**s **r**easonable **a**chievable) bekannt, durch das Risikomanagement und die Risikobewertung angestrebt, d. h. es werden Aktionswerte bzw. Minimierungskonzepte angewendet, die aber keine rechtsverbindliche Funktion haben. Eine Umsetzung solcher Konzepte erfolgt auf freiwilliger Selbstverpflichtung aller am Problem Beteiligter (zu ALARA s. auch Kap. 14.2.3).

17.2.1
Definitionen

Im Codex Alimentarius [1] werden Kontaminanten definiert als jeder Stoff, der dem Lebensmittel nicht absichtlich hinzugefügt wird, jedoch als Rückstand der Gewinnung (einschließlich der Behandlungsmethoden im Ackerbau, Viehzucht und Veterinärmedizin), Umwandlung, Zubereitung, Verarbeitung, Verpackung, Beförderung oder Lagerung des betreffenden Lebensmittels vorhanden ist. Der Begriff umfasst hierbei nicht die Überreste von Insekten, Haare von Nagern und andere Fremdstoffe.

Auf der gesetzlichen Ebene der Europäischen Union wurde der Begriff „Kontaminanten" nach Art. 1 Abs. 1 der VO (EWG) 315/93 [2] zur Festlegung von gemeinschaftlichen Verfahren zur Kontrolle von Kontaminanten in Lebensmitteln ähnlich wie folgt definiert: „Als Kontaminant gilt jeder Stoff, der dem Lebensmittel nicht absichtlich hinzugefügt wird, jedoch als Rückstand der Gewinnung (einschließlich der Behandlungsmethoden in Ackerbau, Viehzucht und Veterinärmedizin), Fertigung, Verarbeitung, Zubereitung, Behandlung, Aufmachung, Verpackung, Beförderung oder Lagerung des betreffenden Lebensmittels oder infolge einer Verunreinigung durch die Umwelt im Lebensmittel vorhanden ist".

In der VO (EG) Nr. 852/2004 [3] (LMH-VO-852) wird hingegen die Kontamination definiert als das Vorhandensein oder das Hereinbringen einer (gesundheitlichen) Gefahr. Als Gefahr bezeichnet man nach Art. 3 Nr. 14 der Basis-VO ein biologisches, chemisches oder physikalisches Agens (Wirkstoff) in einem Lebensmittel oder Futtermittel oder einen Zustand eines Lebensmittels oder Futtermittels, der eine Gesundheitsbeeinträchtigung verursachen kann. So kann durchaus ein Rückstand bei Gehalten oberhalb der Höchstgehaltsregelungen (s. dazu Kap. 14.2.3 und 15.2.3) nach der LMH-VO-852 als Kontaminant betrachtet werden, wenn von ihm eine Gefahr ausgehen kann.

Allgemein formuliert kann auch gesagt werden, dass im Unterschied zu den Rückstanden Kontaminanten eher als unerwünschte Stoffe anzusehen sind. Zu den Kontaminanten gehören Umweltgifte oder anthropogene Schadstoffe (siehe Kap. 16 „Umweltrelevante Kontaminanten") wie Schwermetalle (Blei, Cadmium und Quecksilber), Dioxine und Furane, Polychlorierte Biphenyle (PCB), Polyzyklische aromatische Kohlenwasserstoffe (PAK), Biotoxine wie Mykotoxine, Marine Biotoxine (Phycotoxine), Pflanzengifte (Phytotoxine), herstellungsbedingte Toxine wie Acrylamid als auch andere Substanzen aus Verpackungen, sowie Rückstände, von denen eine Gefahr ausgeht (s. o.).

**17.2.2
Europäische Regelungen**

Neben den oben schon erwähnten gemeinschaftsrechtlichen Verordnungen VO (EWG) Nr. 315/93, LMH-VO-852 und Basis-VO sind weitere europäische Regelungen für Biotoxine und herstellungsbedingte Kontaminanten in Lebensmitteln:

- VO (EG) Nr. 1881/2006 [4] regelt Gehalte von Nitrat, Mykotoxinen, Metallen, 3-MCPD, Dioxine und PCB, PAKs und hat die VO (EG) Nr. 466/2001 [5] abgelöst.
- VO (EG) Nr. 401/2006 [6] zur Festlegung der Probenahmeverfahren und Analysemethoden für die amtliche Kontrolle des Mykotoxingehalts von Lebensmitteln.
- Für die Marinen Biotoxine hat die Europäische Kommission zum Schutz des Verbrauchers in der VO (EG) Nr. 853/2004 [7] (Hygiene-VO-853) Höchstmengen für die einzelnen Marinen Biotoxine festgelegt.
- In der VO (EG) Nr. 2074/2005 [8] ist festgelegt, welche Testmethoden zum Nachweis der Marinen Biotoxine verwendet werden dürfen.

Für Herstellungsbedingte Toxine bestehen derzeitig nur vereinzelte Regelungen auf europäischer Ebene. So ist in der VO (EG) Nr. 1881/2006 [4] nur für die Prozesskontaminante 3-MCPD eine entsprechende Höchstmengenregelung vorgesehen. Andere Prozesskontaminanten sind nur in bestimmten Produkten geregelt wie z. B. das Benz(a)pyren in der Aromaverordnung. Prozesskontaminanten wie Furan und Acrylamid unterliegen keiner speziellen rechtlichen Regelung, sondern sollen durch Minimierungsstrategien und „Vorgaben zur guten Herstellungspraxis" reduziert werden.

Mykotoxine als auch andere Kontaminanten wie Phytotoxine sind futtermittelrechtlich als unerwünschte Stoffe geregelt, die in oder auf Futtermitteln enthalten sind und die Gesundheit von Tieren, die Leistung von Nutztieren oder als Rückstände die Qualität der von Nutztieren gewonnenen Erzeugnisse, insbesondere im Hinblick auf ihre Unbedenklichkeit für die menschliche Gesundheit, nachteilig beeinflussen können.

Auch hier wurden basierend auf der Basis-VO entsprechende Verordnungen erlassen, wobei die Regelungen durch Definition der Mykotoxine als unerwünschte Stoffe im Futtermittel sowohl in der Verordnung für Zusatzstoffe in der Tierernährung (EG) 1831/2003 [9], als auch in der Verordnung zur Futtermittelhygiene 183/2005 [10] und nicht zuletzt in der Richtlinie 2002/32 (EG) [11] über unerwünschte Stoffe in der Tierernährung niedergelegt sind. Analog den Lebensmitteln soll in einer weiteren Verordnung für amtliche Analysenmethoden in der Futtermittelanalytik auch die Vergleichbarkeit der amtlichen Futtermittelüberwachung erzielt werden. In der geltenden Futtermittelverordnung sind in der Anlage 5 allerdings nur Höchstmengen von Aflatoxin B_1 in verschiedenen Futtermitteln aufgeführt. Für Deoxynivalenol, Zearalenon, Ochratoxin A und Fumonisine hat die EG Richtwerte empfohlen (Empfehlung 2006/576/EG [12]). Die Werte für Getreide und Getreideerzeugnisse wurden für die Tierarten mit der größten Toleranz festgelegt und sind daher als obere Richtwerte anzusehen.

Für Phytotoxine besteht meist die Regelung durch Nennung der Pflanzen, die diese Substanzen enthalten könnten und somit als unerwünscht einzustufen sind [11].

17.2.3
Nationale Regelungen

In Deutschland gelten zur Verringerung der Kontaminanten in Lebensmitteln und Futtermitteln zum einem die auf EU-Ebene existierenden Verordnungen zum anderen wurde durch das BMELV von dem im § 13 LFGB unter „Ermächtigungen zum Schutz der Gesundheit und vor Täuschung" verankerten Recht gebraucht gemacht, über die EG-Verordnung hinausgehende bzw. ergänzende Rechtsvorschriften zu erlassen.

So gilt bereits seit 1976 in der AflatoxinV eine Höchstmengenregelung für Aflatoxine in Lebensmitteln, die 1999 in die Mykotoxinhöchstmengenverordnung (MHmV) [13] überging und seit 2004 auch Regelungen für Ochratoxin A, Fumonisine, Deoxynivalenol und Zearalenon in verschiedenen Lebensmitteln enthält. Nach Inkrafttreten der VO (EG) 1881/2006 wurden einzelne Höchstmengenregelungen dieser nationalen Regelung aufgehoben. Für bestimmte auf EU-Ebene ungeregelte Lebensmittel hat sie aber weiterhin Bestand.

Durch eine Novellierung wird auch die MHmV ebenso wie alle anderen nationalen Regelungen für andere Kontaminanten durch eine nationale Kontaminanten-Verordnung ersetzt werden, die dann zusätzlich zu den Vorgaben der EG-Verordnung notwendige Regelungen aus nationaler Sicht für vereinzelte Lebensmittel und Mykotoxine enthalten wird.

Weiter Bestand haben die zum Schutz von Kleinkindern und Spezialverzehrern in der DiätV festgelegten Höchstmengen für Mykotoxine, wobei auch hier eine Novellierung angestrebt wird.

Für Futtermittel ist es gemäß § 17 Lebensmittel- und Futtermittelgesetzbuch (LFGB) verboten, diese derart herzustellen, zu behandeln, in den Verkehr zu bringen oder zu verfüttern, dass sie bei bestimmungsgemäßer und sachgerechter Verfütterung geeignet sind, die Qualität der von Nutztieren gewonnenen Erzeugnisse zu beeinträchtigen, die Umwelt zu belasten oder die Gesundheit der Tiere und des Menschen zu schädigen. Auf nationaler Ebene soll diese Struktur durch Novellierung der Futtermittelgesetzgebung durch eine Futtermittel-Verordnung und eine Futtermittel-Probenahme und Futtermittelanalyse-Verordnung erreicht werden.

17.3
Warenkunde

Es ist grundsätzlich die Forderung des gesundheitlichen Verbraucherschutzes, Kontaminanten so weit wie möglich zu minimieren (Minimierungsgebot). Der Verbraucher kann aber auch durch sein Verhalten die Aufnahme von Kontaminanten zusätzlich reduzieren.

17.3.1
Mykotoxine

Mykotoxine sind natürliche, so genannte sekundäre Stoffwechselprodukte von Schimmelpilzen. Im Gegensatz zu den Produkten des Primärstoffwechsels sind diese Substanzen nicht bei allen Organismen zu finden, sondern sind charakteristisch für ihren Produzenten (wie z. B. Farbstoffe, Aromastoffe oder Antibiotika).

Die Funktion der Mykotoxinbildung im Stoffwechsel der Pilze ist bisher nicht bekannt. Diskutiert werden metabolische Kontrollfunktionen sowie eine ökologische Rolle bei Interaktionen mit anderen Organismen (z. B. Abwehren von Fressfeinden oder Nahrungskonkurrenten).

Die von Schimmelpilzen gebildeten Sekundärmetaboliten können eine toxische Wirkung vor allem gegenüber Tieren und Menschen haben bzw. eine Mykotoxikose verursachen. Sie stellen neben den Antibiotika die zweitgrößte von Mikroorganismen synthetisierte Wirkstoffgruppe dar. Nicht zu den Mykotoxinen gezählt werden die Giftstoffe, die in bestimmten höheren Pilzen (z. B. Knollenblätterpilz) enthalten sind.

Bisher sind mehr als 650 verschiedene Mykotoxine bekannt, die etwa 25 Strukturtypen zugeordnet werden können und oft nur unter besonderen Umweltbedingungen (Temperatur- und Feuchtigkeitsbedingungen, Nährstoffangebot) und in spezifischen Entwicklungsphasen von den Schimmelpilzen gebildet werden. Oft wird durch den Schimmelpilz nicht nur ein Mykotoxin, sondern eine ganze Familie chemisch verwandter Verbindungen gebildet.

Die Bedeutung der Mykotoxine für die tierische als auch menschliche Ernährung, wird in einer Studie der UN Food and Agriculture Organisation (FAO) besonders deutlich. So wurde festgestellt, dass 25% aller weltweit eingesetzten pflanzlichen Rohstoffe zur Herstellung von Lebensmitteln mit den unterschiedlichsten Mykotoxinen kontaminiert sind und 20% der Getreideernte der EU messbare Mengen an Mykotoxinen enthalten [14].

Im Gegensatz zu den meisten Bakterientoxinen führen Mykotoxine wegen ihres niedrigen Molekulargewichts zu keiner Antikörperbildung und damit nicht zu einer echten Immunabwehr.

Die toxische Wirkung der Mykotoxine kann, abhängig von der Toxinart, akut und chronisch sein. Mykotoxine sind entweder selbst toxisch, wie z. B. Fumonisine oder werden vom Fremdstoffwechsel in Biotransformationsprodukte umgewandelt, wie z. B. Aflatoxin B_1, und entfalten erst so ihre Wirkung auf den betroffenen Organismus. Mykotoxine wirken ausgesprochen organotrop.

Die akute Toxizität umfasst die schädigenden Wirkungen, die innerhalb eines bestimmten Zeitraums (sofort oder gewöhnlich binnen 14 Tagen) nach Verabreichung einer Einzeldosis auftreten. Solche Wirkungen sind primär für Tiere, insbesondere Nutztiere wie Schweine, Kühe usw., bei hohen Mykotoxindosen beschrieben. Die Symptome einer akuten Vergiftung mit Mykotoxinen bei Tieren und auch Menschen können z. B. Leber- und Nierenschädigung, Schädigungen des zentralen Nervensystem, Haut- und Schleimhautschäden, Beeinträchtigung des Immunsystems als auch hormonähnliche Effekte sein. Sehr hohe Mykotoxinmengen können aber auch den Tod zur Folge haben. Solche Fälle sind immer wieder einzeln in der Geschichte der Menschheit belegt worden.

Die chronische Toxizität bezeichnet die Giftigkeit eines Stoffes bei wiederholter Aufnahme über längere Zeit. Sie wird ebenfalls in mg/kg Körpergewicht angegeben und ist meist um ein Vielfaches kleiner als die akute Toxizität. Die hier beobachteten Symptome treten erst nach mehrfacher bzw. dauerhafter Exposition eines Organismus gegenüber einer Substanz auf, in der Regel nach mehr als sechs Monaten, wobei sowohl substanzkumulative als auch effektkumulative Symptome beobachtet werden können. Als Spätfolgen einer chronischen Aufnahme bei Mykotoxine sind kanzerogene Wirkungen (Krebs verursachend), mutagene Wirkungen (Erbschäden bewirkend) als auch teratogene Wirkungen (Missbildungen beim Embryo) beschrieben.

Mykotoxine werden von Schimmelpilzen oft während des Wachstums gebildet. Ein üppiges Schimmelpilzwachstum muss aber nicht gleichzeitig mit einer starken Toxinbildung verbunden sein, umgekehrt kann aber auch ein schwaches Schimmelpilzwachstum eine starke Toxinbildung zur Folge haben.

Die Schimmelpilze wachsen nicht nur an der Oberfläche, sondern dringen tief in das Ernteprodukt oder Lebensmittel ein. Mykotoxine werden entweder in das Substrat, auf dem die Schimmelpilze wachsen ausgeschieden, oder in den Zellen eingelagert und dann freigesetzt, wenn das Myzel (Zellverbund der Pilzfäden) zerstört wird.

Das Wachstum der Schimmelpilze und deren Mykotoxinproduktion kann entweder bereits auf dem Feld erfolgen, in diesem Fall spricht man von Feldkontamination, als auch erst nach der Ernte bei der Lagerung oder dem Transport. In diesem Fall wird oft von einer Lagerkontamination gesprochen.

Da Mykotoxine chemisch sehr stabile Verbindungen sind und es nur wenige und beschränkt wirksame Methoden zu ihrer Detoxifizierung gibt, ist die entscheidende Präventivmaßnahme die Verhinderung der Verschimmelung von Futter- und Lebensmitteln. In der Praxis kann dies nur durch Reduktion von Schimmelpilzinfektionen stattfinden.

Wichtige Voraussetzungen liegen hierfür im agrartechnischen Bereich durch Auswahl der Fruchtfolge, Anbau standortgerechter Sorten, schonenden Ernteverfahren und im Bereich der sachgemäßen Lagerung, Verarbeitung und Konservierung von Futter- und Lebensmitteln.

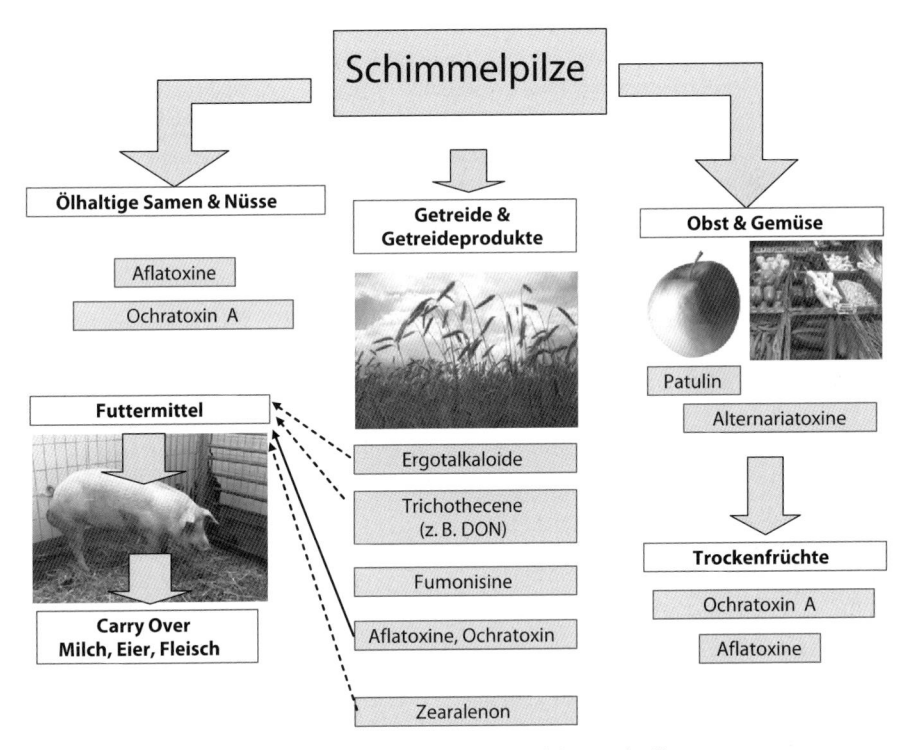

Abb. 17.1. Kontaminationswege bei Mykotoxinen (in Anlehnung [15])

Tabelle 17.1. Übersicht zu Mykotoxinen in Lebensmitteln (in Anlehnung an [17])

Mykotoxine	Produzierende Mikroorganismen	Hauptsächlich betroffene Lebensmittel	Toxische Wirkungen/Effekte
Aflatoxine	*Aspergillus flavus*, *Aspergillus parasiticus*	Nüsse, Erdnüsse, Pistazien, Getreide, Hirse, Milch	Leberschädigend, mutagen, kanzerogen, teratogen
Citrinin	*Penicillium citrinum*	Gerste, Hafer, Mais, Reis, Walnüsse	Nierenschädigend, mutagen, kanzerogen (?)
Cyclopiazonsäure	*Aspergillus flavus*, *Penicillium cyclopium*	Erdnüsse, Mais, Käse	Neurotoxin
Deoxynivalenol (Vomitoxin)	*Fusarium graminearum*, *F. culmorum*	Weizen, Gerste, Mais, Roggen	Neurotoxin, immunotoxisch, kanzerogen (?)
Ergot Alkaloide (Mutterkornalkaloide)	*Claviceps purpurea*	Roggen, Weizen, Hafer	Neurotoxin, Durchblutungsstörungen, kanzerogen
Fumonisine	*Fusarium verticolloides*	Mais und maishaltige Produkte	Neurotoxin, leberschädigend, lungenschädigend, kanzerogen (?)
Moniliformin	*Fusarium verticolloides (moniliforme)*	Mais und maishaltige Produkte, Weizen (Getreide)	Herzschädigend, leberschädigend, nierenschädigend
Ochratoxin A	*Aspergillus ochraceus*, *Penicillium verrucosum*	Getreide, Bohnen, grüne Kaffeebohnen	Kanzerogen, teratogen, neurotoxisch, nierenschädigend
Patulin	*Penicillium patulum*, *Aspergillus clavatus*	Apfel, Birnen, Bohnen, Weizen	mutagen, leberschädigend
Penicillinsäure	*Penicillium puberulum*, *Aspergillus ochraceus*	Mais, Gerste, Bohnen	Neurotoxisch
Sterigmatocystin	*Aspergillus versicolor*, *Aspergillus nidulans*	Getreide, grüne Kaffeebohnen, Käse	Teratogen, hautreizend, kanzerogen (?)
T-2 Toxin/ HT-2 Toxin	*Fusarium sporotrichioides, F. poae*	Mais, Gerste, Hafer, Hirse	starkes Neurotoxin, hautreizend, kanzerogen
Zearalenon	*Fusarium graminearum*	Getreide	Schleimhautreizend, Östrogen, Unfruchtbarkeit verursachend, kanzerogen (?)

Tabelle 17.2. Übersicht zu Mykotoxinen in Futtermitteln (in Anlehnung an [17])

Mykotoxine	Produzierende Mikrorganismen	Hauptsächlich betroffene Futtermittel	Toxische Wirkungen/Effekte
Aflatoxine	*Aspergillus flavus*, *Aspergillus parasiticus*	Gerste, Mais, Maiskleber, Reis, Hirse, Kokosnusspulver, Baumwollsaatflocken, Sojamehl	Leberschädigend, mutagen, kanzerogen, teratogen
Roquefortin	*Penicillium roquefortii*	Gras-, Luzerne-, Maissilage	Neurotoxin, d. h. kann zu Muskelkrämpfen führen
Satratoxin	*Stachybotys chartarum*	Heu und Stroh	Neurotoxin ?, Schädigung von Geweben
Deoxynivalenol (Vomitoxin)	*Fusarium graminearum, F. culmorum*	Weizen, Gerste, Mais, Maiskleber, Stroh, Grassilage	Neurotoxin, immunotoxisch, kanzerogen (?)
Ergot Alkaloide (Mutterkornalkaloide)	*Claviceps purpurea*	Roggen, Weizen, Hafer, Grassilage	Neurotoxin, Durchblutungsstörungen, kanzerogen
Fumonisine	*Fusarium verticolloides*	Mais, Maiskleber	Neurotoxin, leberschädigend, lungenschädigend, kanzerogen (?)
Citrinin	*Penicillium citrinum*	Gerste, Hafer, Weizen, Erdnussschrot	Nierenschädigend, mutagen, kanzerogen (?)
Ochratoxin A	*Aspergillus ochraceus*, *Penicillium verrucosum*	Gerste, Hafer, Roggen, Weizen, Kleie, Ernussschrot, Leguminosen	Kanzerogen, teratogen, neurotoxisch, nierenschädigend
Patulin	*Penicillium patulum*, *Aspergillus clavatus*	Gras-, Luzerne- und Maissilagen	mutagen, leberschädigend
Alternariatoxine/ Tenuazonsäure	*Alternaria alternata*, *Aspergillus nomius*	Baumwollschrot	hämatologischen Erkrankung
Sterigmatocystin	*Aspergillus versicolor*, *Aspergillus nidulans*	Reis	Teratogen, hautreizend, kanzerogen
T-2 Toxin/ HT-2 Toxin	*Fusarium sporotrichioides, F. poae*	Gerste, Hafer	starkes Neurotoxin, hautreizend, kanzerogen
Zearalenon	*Fusarium graminearum*	Getreide, Erdnussschrot, Gras-, Luzerne- und Maissilage, Heu/Gras	Schleimhautreizend, Östrogen, Unfruchtbarkeit verursachend, kanzerogen (?)

Des Weiteren besteht auch die Möglichkeit, dass es zu einem Übergang, dem so genannten Carry-Over, der Mykotoxine aus kontaminierten Futtermitteln in die Leber, Nieren, Milch oder auch Eier von Nutztieren kommen kann. Auch durch solche indirekt kontaminierte Produkte besteht eine Gefährdung des Verbrauchers.

In Abb. 17.1 sind die im Weiteren eingehender beschriebenen Mykotoxine und Ihre Kontaminationswege in einer Übersicht dargestellt.

Weiterhin sind die bisher für die menschliche Ernährung als auch für die Gesundheit der Nutztiere von Bedeutung stehenden Mykotoxine in den nachfolgenden Tabellen 17.1 und 17.2 mit ihren Produzenten als auch ihren hauptsächlichen Wirkungen und den primär belasteten Lebensmitteln bzw. Futtermitteln [16, 17] zusammengefasst worden.

Aflatoxine

Mit der Entdeckung der Aflatoxine in den 60er Jahren begann die Entwicklung der Mykotoxinforschung. Aflatoxine werden ausschließlich von bestimmten Stämmen von *Aspergillus flavus* und *A. parasiticus* gebildet. Für Deutschland sind sie „importierte" Toxine. Da *A. flavus* und *A. parasiticus* zur Bildung der Giftstoffe Temperaturen von 25–40 °C brauchen, sind diese Toxine trotz des weltweiten Vorkommens der toxinbildenden Pilze vor allem in subtropischen und tropischen Gebieten und weniger in Anbaugebieten der gemäßigten Klimazonen bedeutsam.

Betroffen sind insbesondere die Maisproduktion in den USA und in tropischen Ländern, wo der Pilz schon auf dem Feld die Körner befällt, sowie vor allem ölhaltige Samen und Nüsse, wie Erdnüsse, Haselnüsse, Paranüsse, Mandeln oder Pistazien, Mohn, Sesam, aber auch Reis, Hirse, Ackerbohnen und getrocknete Früchten, vor allem Feigen.

Von den bekannten Aflatoxinen ist das Aflatoxin B_1 am gefährlichsten. Es besitzt eine hohe akute Toxizität, d. h. kleinste Mengen führen bereits zu Leberschädigungen. Darüber hinaus kann es Schäden am Erbgut bewirken und ist vor allem eine der stärksten bekannten krebsauslösenden Substanzen.

Während in Industrieländern wie Deutschland durch optimierte Lagerbedingungen (Temperatur, Feuchtigkeit) für Mais nur geringe bis gar keine Aflatoxine gebildet werden, können diese in tropischen Ländern auch bei der Lagerung durch erhöhte Luftfeuchtigkeit und Temperaturen oder unsachgemäße Einlagerungsbedingungen, wenn z. B. die Körner nicht genügend getrocknet wurden, gebildet werden.

Chemisch sind Aflatoxine fluoreszierende, heterozyklische Verbindungen, bestehend aus einer Dihydro- oder Tetrahydrofuranofuraneinheit, die mit einem substituierten Cumarinring verbunden ist. Die Gruppe der Aflatoxine umfasst mehr als 20 verschiedene Toxine, doch treten als Kontaminanten von pflanzlichen Lebensmitteln vor allem Aflatoxin B_1, B_2, G_1, und G_2 auf (Abb. 17.2). Als Folgeprodukt einer Entgiftungsreaktion bzw. Hydroxylierungsreaktion entsteht

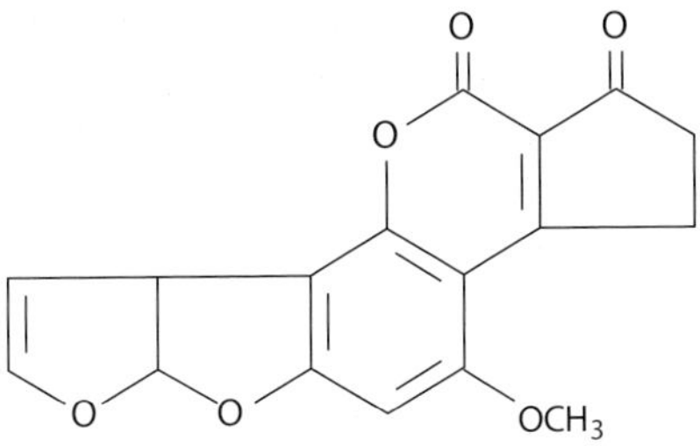

Aflatoxin B$_1$

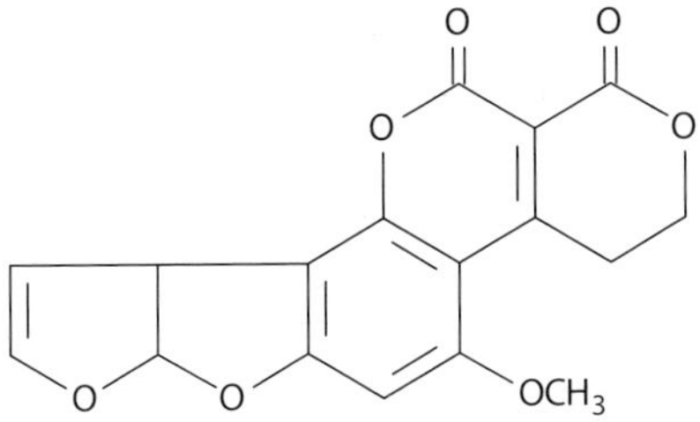

Aflatoxin G$_1$

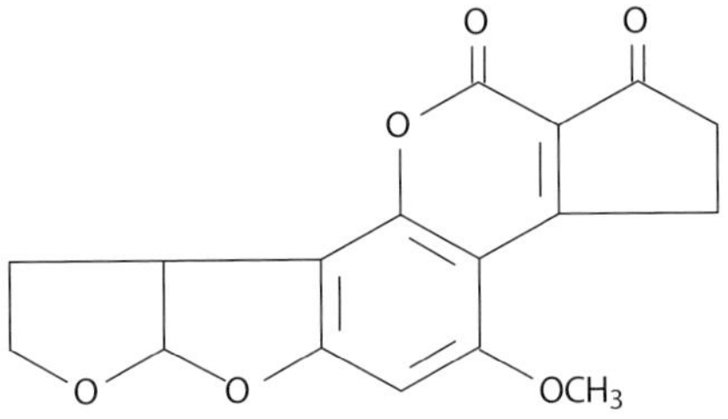

Aflatoxin B$_2$

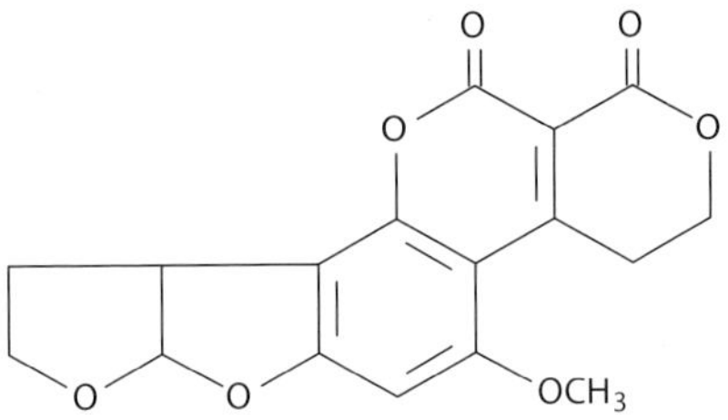

Aflatoxin G$_2$

Abb. 17.2. Strukturen der prominentesten Aflatoxine in Lebens- und Futtermitteln

Aflatoxin M$_1$, das bei laktierenden Tieren einschließlich dem Menschen in die Milch gelangt, wenn diese mit Aflatoxin B$_1$ kontaminierte Nahrungs- bzw. Futtermittel zu sich genommen haben [18].

Ochratoxin A

Wie die Aflatoxine werden auch die Ochratoxine von typischen Lagerpilzen gebildet. Sie sind weltweit in Ernteprodukten wie Mais, Hafer, Gerste, Weizen, Roggen, Buchweizen, Reis, Hirse, Sojabohnen, Erdnüssen, Paranüssen, Pfeffer zu finden und wurden in jüngster Zeit z. B. auch in Kaffee, Bier und Wein nachgewiesen. Auch beim Verderb von Lebensmitteln im Haushalt können diese Toxine entstehen. Das häufigste Ochratoxin ist Ochratoxin A (abgekürzt als OTA, Abb. 17.3). Es entsteht in wärmeren Regionen der Erde hauptsächlich durch *Aspergillus ochraceus*, von dem es auch seinen Namen hat. In den gemäßigten Breiten ist *Penicillium verrucosum* der wichtigste Produzent von Ochratoxin A.

Ochratoxin A wirkt nieren- und leberschädigend und wird wegen seiner krebserzeugenden Wirkung bei Versuchstieren als eine für den Menschen möglicherweise krebserzeugende Substanz und genotoxisch eingestuft.

Die häufige Kontamination von menschlichen Blutseren in Deutschland und der Nachweis des Toxins in menschlichen Nieren und in Muttermilch beweisen eine kontinuierliche Exposition des Menschen durch pflanzliche und tierische Nahrung. Die akute Toxizität von OTA ist sehr hoch, die LD$_{50}$-Werte liegen je

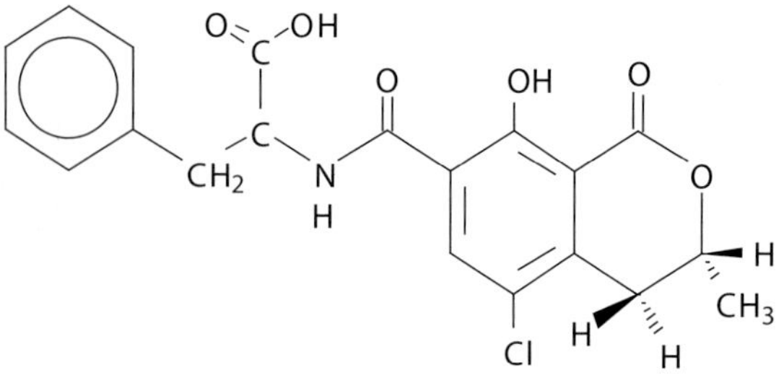

Abb. 17.3. Struktur des Ochratoxin A

nach untersuchter Tierart zwischen 2 und 20 mg/kg Körpergewicht. Bedeutender ist somit die chronische Toxizität des OTA. So wird OTA als Ursache für eine am Balkan beheimatete menschliche Nierenerkrankung diskutiert, die so genannte Endemische Balkan-Nephropathie, die mit einer erhöhten Krebsrate assoziiert ist.

Die im Auftrag des Wissenschaftlichen Lebensmittelausschusses der Europäischen Union (SCF) durchgeführten Berechnungen ergaben für verschiedene europäische Länder unterschiedliche Gesamtaufnahmen zwischen 0,7 Nanogramm pro Kilogramm Körpergewicht und Tag (ng/kg KG/d) und 4,6 ng/kg KG/d. Für Deutschland betrug der Wert 0,9 ng/kg KG/d.

Nach Ansicht des SCF bzw. der EFSA sollte die Exposition gegenüber Ochratoxin A soweit wie möglich gesenkt werden, um sicherzustellen, dass die tägliche Aufnahme unterhalb von 5 ng pro kg Körpergewicht liegt [19].

Trichothecene

Trichothecene sind zyklische Sesquiterpene mit einem Epoxydring. Auf Grund der sehr unterschiedlichen chemischen Strukturen werden die Trichothecene in vier Untergruppen (Typ A, B, C, D) unterteilt, von denen die im Lebensmittel am häufigsten vorkommenden die Typ A und Typ B Trichothecene sind. Die Typ A Trichothecene sind charakterisiert durch eine Nicht-Ketogruppe am Kohlenstoffatom 8. Sie umfassen Toxine wie Mono- und Diacetoxyscirpenol, HT-2 Toxin, T-2 Toxin oder Neosolaniol. Zu den Typ B Trichothecenen, die durch eine Ketogruppe am Kohlenstoffatom 8 gekennzeichnet sind, zählen Deoxynivalenol und Nivalenol und deren jeweilige Vorstufen der Biosynthese 3- bzw. 15-Acetyldeoxynivalenol und Fusarenon X.

Die zum Beispiel von *Fusarium sporotrichioides* gebildeten Typ A Trichothecene wie T-2 Toxin und Neosolaniol waren Ursache der sog. Alimentären Toxischen Aleukie (ATA), einer Erkrankung die durch fusarienbefallenes überwintertes Getreide verursacht wurde.

Typ A Trichothecene können bei Getreide vorkommen, zum Beispiel T-2 und HT-2 Toxin in Hafer, aber auch bei Kartoffeln und Bananen. Die Erreger der Trockenfäule von Kartoffeln *F. solani* und *F. sambucinum* sind potente Bildner von Diacetoxyscirpenol, das dann in Faulstellen enthalten sein kann.

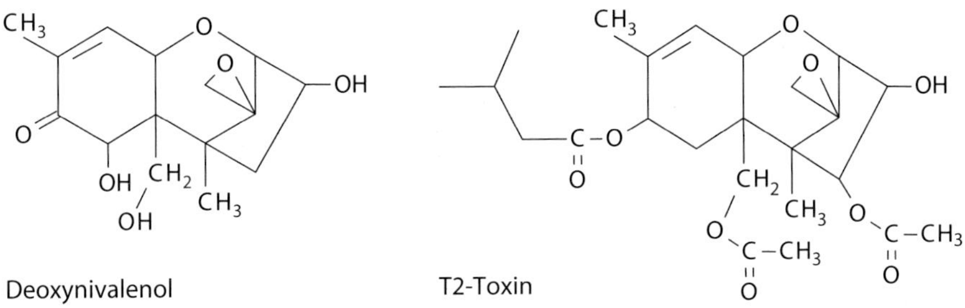

Abb. 17.4. Struktur der wichtigsten Typ A (Deoxynivalenol) und Typ B Trichothecene (T2-Toxin)

Die bedeutendsten Mykotoxine im Getreideanbau sind heute Deoxynivalenol und Nivalenol aus der Gruppe der Typ B Trichothecene, wobei Deoxynivalenol das am häufigsten vorkommende Fusariumtoxin insgesamt in Nahrungs- und Futtermitteln ist. Beide Toxine werden vor allem durch *F. graminearum*, daneben auch durch *F. culmorum* und *F. crookwellense* gebildet. Von *F. graminearum* scheinen in Nord- und Südamerika, Europa und Asien die Deoxynivalenol bildenden Stämme zu dominieren, in Japan und Australien die Nivalenol-Bildner. Nivalenol kommt weniger häufig in Getreide vor als Deoxynivalenol und über die Toxizität von Nivalenol ist sehr viel weniger bekannt.

Trichothecene sind starke Hemmstoffe der Proteinsynthese. Allgemein wirken Trichothecene daher zellschädigend. Sie sind nicht erbgutschädigend und die häufigsten Substanzen wie Nivalenol, Deoxynivalenol sind durch die International Agency for Research on Cancer (IARC) als nicht krebserzeugend eingestuft worden. Einige Trichothecene sind hauttoxisch und greifen zunächst den Verdauungstrakt an, aber auch das Nervensystem und die Blutbildung werden beeinträchtigt, außerdem stören sie das Immunsystem und führen dadurch zu erhöhter Anfälligkeit gegenüber Infektionskrankheiten. Beim Menschen sind Erbrechen, Durchfall und Hautreaktionen die häufigsten Beschwerden bei Trichothecenaufnahme durch die Nahrung.

Die durch den wissenschaftlichen Lebensmittelausschuss der Europäischen Union (SCF) durchgeführten Risikobewertungen für die Trichothecene T-2 Toxin, HT-2 Toxin, Deoxynivalenol und Nivalenol ergaben für das bisher am besten untersuchte Deoxynivalenol eine temporäre tolerierbare tägliche Aufnahme (tTDI = temporary tolerable daily intake) von 1 µg pro Kilogramm Körpergewicht (TDI-Wert). Für Nivalenol wurden 0,7 µg pro Kilogramm Körpergewicht und für die Summe von T-2 und HT-2 Toxin wurden 0,06 µg pro Kilogramm Körpergewicht als vorläufige Werte für die tolerierbare tägliche Aufnahme festgelegt [19].

Fumonisine

Fumonisine sind stark polare Mykotoxine, die durch *Fusarium verticolloides*, *F. proliferatum* und *F. anthophilum* gebildet werden. Seit ihrer Entdeckung in

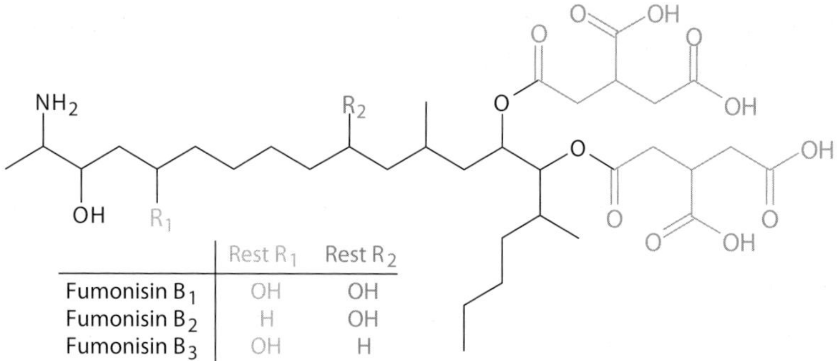

	Rest R_1	Rest R_2
Fumonisin B_1	OH	OH
Fumonisin B_2	H	OH
Fumonisin B_3	OH	H
Fumonisin B_4	H	H

Abb. 17.5. Strukturen der Fumonisine

einer Kultur von *Fusarium verticolloides* (früher fälschlicherweise als *F. moniliforme* bezeichnet) im Jahre 1988, werden sie wegen ihrer Giftigkeit und ihres weltweiten Vorkommens intensiv untersucht.

Die Fumonisine werden in fünf Untergruppen A, B, C, P und H eingeteilt, wobei vor allem die Fumonisine der B-Gruppe (FB_1, FB_2, FB_3 und FB_4, Abb. 17.5) im Lebens- und Futtermittel auftreten. Auf Grund ihrer strukturellen Ähnlichkeit greifen sie in die Biosynthese von Sphingosin ein, einem Baustein von Lipoiden, der in allen Zellen vorhanden ist. Die Kontamination mit Fumonisinen ist als Ursache einer tödlichen Gehirnerkrankung der Pferde (Equine Leukoenzephalomalazie) und einer Schweinekrankheit bekannt, die zu Lungenwasser führt. Bei Ratten können Fumonisine Leberkrebs auslösen. Außerdem werden hohe Fumonisinkonzentrationen in Mais als Ursache für Speiseröhrenkrebs in Teilgebieten Südafrikas, Chinas und möglicherweise auch Italiens diskutiert.

Von der IARC wurde FB_1 als möglicherweise karzinogen für Menschen eingestuft (Gruppe 2B). Für Fumonisin B_1 allein sowie für die Summe aus Fumonisin B_1, B_2 und B_3 wurde durch den SCF eine tolerierbare tägliche Aufnahme (TDI) von 2 µg/kg KG und Tag festgelegt.

Primär weisen Mais und Maisprodukte eine erhöhte Fumonisinkonzentration auf, wobei seit einigen Jahren auch in Spargel mit deutlichem Schimmelbefall an den Schnittstellen, in Reis, in Hirse aber auch Mungobohnen Fumonisine nachgewiesen werden konnten. In Produkten, zu deren Herstellung nixtamalisierte Maismehle (mit Kalziumhydroxid behandelter Mais) verwendet werden, als auch teilweise bei Cornflakes konnte ein „Abbau" der Fumonisine beobachtet werden, d. h. die Gehalte an Fumonisinen konnte z. T. bis zu 80% reduziert werden. Eine genauere Untersuchung zeigte aber, dass es durch die Laugenbehandlung zu einer Hydrolyse der Fumonisine kam, in deren Verlauf die Carbonsäureketten vom Molekül abgespalten wurden. Der verbleibende Grundkörper, die so genannten hydrolysierten Fumonisine, insbesondere das Hydrolysat des Fumonisin B_1, zeigte ebenso wie die Ausgangssubstanz eine vergleichbare, in einigen Tests sogar stärkere krebserzeugende Wirkung im Tierversuch. Es kann deshalb bei der Laugenbehandlung im Fall der Fumonisine nicht von einer Detoxifikation gesprochen werden [19].

Zearalenon

Zearalenon (ZEA) wird durch eine Reihe verschiedener Fusarien gebildet; Hauptbildner sind dieselben Pilze, die auch für die Deoxynivalenol-Bildung verantwortlich sind. Die Substanz besitzt auf Grund ihrer räumlichen chemischen Struktur eine ausgeprägte östrogene Wirksamkeit und wirkt anabolisch, hat aber nur eine sehr geringe akute Toxizität. ZEA wurde auf Grund einer Langzeitstudie mit Mäusen von der IARC als „möglicherweise krebserzeugend" eingestuft. Zearalenon zeigt besonders bei Schweinen (und möglicherweise auch beim Menschen) seine größte Wirkung beginnend mit Schwellungen der weiblichen Genitalien über typische Zeichen zu hoher Östrogenaufnahme (Hyperöstrogenismus) bis hin zu Unfruchtbarkeit oder Scheinschwangerschaft. Zearalenon kann im Stoffwechsel in alpha-Zearalenol umgewandelt werden, das eine höhere östrogene Wirksamkeit hat als Zearalenon. Vom SCF wurde für Zearalenon bisher nur eine vorläufig tolerierbare tägliche Aufnahmemenge (tTDI-Wert) von 0,2 µg/kg Körpergewicht pro Tag festgelegt [20].

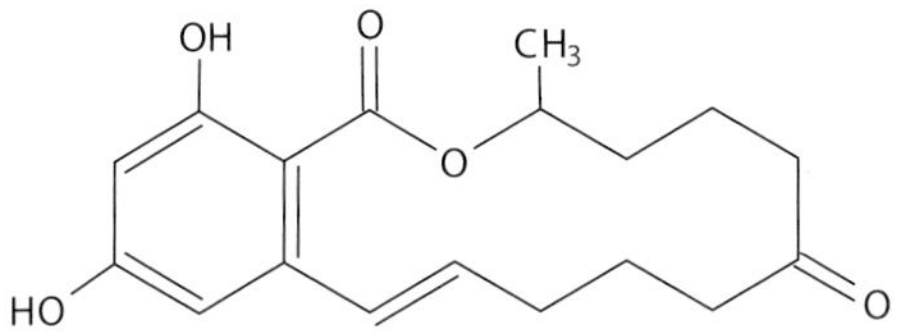

Abb. 17.6. Struktur des Zearalenon

Patulin

Chemisch ist das Mykotoxin Patulin (Abb. 17.7) ein fünfgliedriges ungesättigtes Lacton.

Es wird von gewissen *Penicillium*-, *Aspergillus*- und *Byssochlamis*-Arten, vor allem von *Penicillium expansum* gebildet. Patulin hat antibiotische Eigenschaften und wurde als genotoxisch eingestuft, nicht jedoch als karzinogen.

P. expansum ist die Hauptursache der Fäulnis von Äpfeln und vielen anderen Früchten und Gemüse. Daher wird Patulin meist in Obst und Gemüse gefunden, wobei besonders braunfaule Äpfel dieses Toxin enthalten können. Aber auch andere Lebensmittel, wie Brot und Fleischprodukte bieten diesen Pilzen gute Wachstumsbedingungen und können daher Patulin enthalten.

In etwa 40% der braunfaulen Stellen von Äpfeln ist Patulin nachweisbar. Die Patulin-Gehalte in den befallenen Stellen von Äpfeln können bis zu über

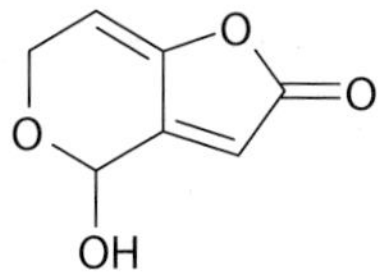

Abb. 17.7. Struktur des Patulin

80 mg/kg enthalten, so dass geringe Mengen verschimmelter Äpfel ausreichen, um eine große Menge Apfelsaft auf Werte bis oder über 50 µg/kg zu kontaminieren. Eine Diffusion des Toxins in gesundes Gewebe wurde bisher bei Tomaten, Birnen und Pfirsichen nachgewiesen. Dagegen ist das Mykotoxin bei Äpfeln in einem Abstand von mehr als 2 cm von der befallenen Stelle nicht mehr eindeutig nachweisbar.

Bei der Vergärung von Fruchtsäften unter Zusatz von Hefen (*Saccharomyces cerevisiae*) werden 99% der Toxinmenge abgebaut, was auch bei der Cidre-Herstellung beobachtet werden kann.

Patulin ist gegenüber Hitze relativ beständig und im pH-Bereich von 3,0 bis 6,5 stabil, bei höheren pH-Werten geht die toxische Wirkung verloren.

Beruhend auf Fütterungsversuchen wurde ein NOAEL (No-observed adverse effect level; Konzentration bei der keine Symptome bei den Versuchstieren beobachtet wurden) von 43 µg/kg Körpergewicht und Tag und eine vorläufige maximale tägliche Aufnahmemenge für den Menschen von 0,4 µg/kg Körpergewicht abgeleitet. Hierauf beruhend empfiehlt die Weltgesundheitsorganisation (WHO), dass Lebensmittel mit Patulingehalten über 0,05 mg/kg nicht mehr direkt in den Handel gelangen sollten [21].

Mutterkorn/Ergotalkaloide

Das Mutterkorn (*Secale cornutum*) ist die Überwinterungsform des Schimmelpilzes (*Claviceps purpurea*), der auf Roggen und einigen andere Getreidearten (Triticale, Weizen, seltener Gerste oder Hafer) und Gräsern wächst. Mutterkörner enthalten unter anderem auch Alkaloide (Ergotalkaloide), die bei Aufnahme zu Krämpfen und zum Absterben von Gliedmaßen aufgrund von Durchblutungsstörungen führen, aber auch Halluzinationen hervorrufen können.

Ergotalkaloide bzw. Mutterkorn werden seit Alters her auch in der Volksmedizin eingesetzt, worauf auch schon die Namensgebung „Mutterkorn" hinweist, denn bestimmte Inhaltsstoffe des Mutterkorns (insbesondere Ergometrin) regen die Wehenfunktion bei der Geburt an. Aus diesem Grund wurde der Pilz früher missbräuchlich auch für Abtreibungen verwendet. In aufgereinigter Form werden die Alkaloide in der Pharmazie zu therapeutischen Zwecken eingesetzt, beispielsweise zum Blutstillen nach der Geburt, bei Bluthochdruck oder Migräne. Aus den Ergotalkaloiden kann zudem Lysergsäure gewonnen werden, auf der die Droge LSD basiert.

Bedingt durch veränderte Agrartechnologien und Umweltbedingungen hat die Belastung von Getreide in den letzten Jahren nachweislich wieder zugenommen, so dass es erforderlich ist, die Mutterkorn-Forschung und -Kontrolle wieder zu verstärken, um eine potentielle Gefährdung des Verbrauchers aber auch der Tiere insbesondere von Nutztiere weiterhin zu verhindern.

Mutterkorn enthält bis zu 0,5% Ergot-Alkaloide, im Mittel 0,23%, die sich in einfache Amide der Lysergsäure und in Ergopeptine unterteilen lassen. Von den einfachen Amiden der Lysergsäure kommt nur Ergometrin im Mutterkorn vor. Den Hauptanteil der Ergot-Alkaloide stellen die Ergopeptine dar, deren therapeutisch bedeutendster Vertreter das Ergotamin ist. Mengenmäßig spielen zudem Ergocornin, Ergocristin und Ergocryptin eine große Rolle (Abb. 17.8).

Lysersäure-Amid: Ergotamin

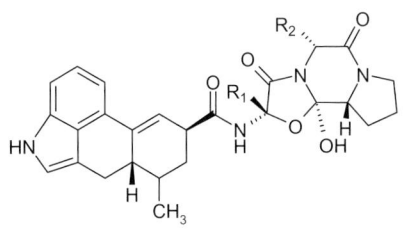

Grundstruktur der Ergopeptine

$R_1 = CH_3$	$R_2 = CH_2CH(CH_2)_3$	Ergosin
$R_1 = CH_3$	$R_2 = CH_2C_6H_5$	Ergotamin
$R_1 = C_2H_5$	$R_2 = CH_2C_6H_5$	Ergostin
$R_1 = CH(CH_3)_2$	$R_2 = CH(CH_3)_2$	Ergocornin
$R_1 = CH(CH_3)_2$	$R_2 = CH_2CH(CH_3)_2$	alpha-Ergocryptin
$R_1 = CH(CH_3)_2$	$R_2 = CH_2(CH_3)C_2H_5$	beta-Ergocryptin
$R_1 = CH(CH_3)_2$	$R_2 = CH_2C_6H_5$	Ergocristin

Abb. 17.8. Strukturen der Ergotalkloide

Die toxische Wirkung der Mutterkornalkaloide ist besonders gut belegt, da es im Mittelalter zu epidemisch auftretenden Vergiftungen (Kriebelkrankheit, Krampfseuche, konvulsischer Ergotismus) kam. Durch auftretende Krämpfe verblieben die Gliedmaßen oft in abnormer Stellung. Bei einer anderen Form (St.-Antonius-Feuer, Brandseuche, Gangränöser Ergotismus) wurden die peripheren Blutgefäße geschädigt und die betroffenen, blau-schwarz mumifizierten Körperteile starben ab. Aber auch Todesfälle sind bei dem Verzehr von Mutterkorn beschrieben, da bereits 5 bis 10 g Mutterkorn für einen Erwachsenen tödlich sein können.

Der letzte akute Vergiftungsfall für Ergotismus war 1978 in Äthiopien, bei dem 93 Personen erkrankten und hiervon 47 im Verlauf der Vergiftung verstarben [22].

Werden die Ergotalkaloide allerdings Hitze, Luft und Licht ausgesetzt, so wandeln sie sich in die toxisch weniger relevante Form der Isolysergsäure – die „Inine" – um (Abb. 17.9).

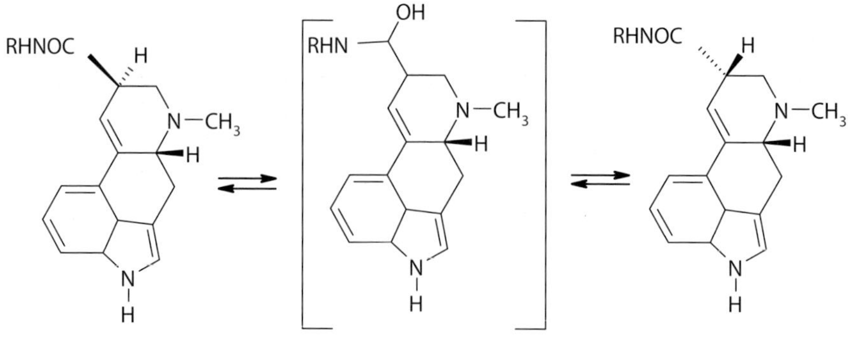

D-Lysergsäure-Typ (In-form) ⇌ **Enol-form** ⇌ **D-Iso-Lysergsäure-Typ (Inin-form)**

Abb. 17.9. Umlagerung der D-Lysergsäure-Typ Alkaloide in den toxisch weniger aktive D-Isolysergsäure-Typ

So konnten in Backware, zu deren Herstellung mit Ergotalkaloid belastete Mehle eingesetzt wurden, nur 50% bzw. weniger als Lysersersäure-Typ im fertigen Produkt wiedergefunden werden. Im Verlauf der Bierherstellung konnte sogar eine noch deutlichere Umwandlung beobachtet, so dass im Endprodukt nur noch Spuren (< 10 µg/L) nachweisbar waren [22].

Weitere Mykotoxine

Wie aus den Tabellen 17.1 und 17.2 zu entnehmen, sind noch weitere Mykotoxine wie die Alternaria-Toxine (Altenuen, ATX, Tenuazonsäure), das Moniliformin, die Cyclopiazonsäure, die Penicillinsäure, das Citrinin, das Satratoxin als auch das Roquefortin für die Sicherheit von Lebens- bzw. Futtermitteln von Interesse. Bei diesen Mykotoxinen besteht noch ein erhöhter Forschungsbedarf, so dass nach derzeitigem Kenntnisstand weder eine Höchstmengenregulierung noch eine Risikobewertung erfolgen kann. Für weitere Informationen zu diesen Substanzen sei auf die aufgeführte wissenschaftliche Literatur verwiesen [14, 16, 17, 23].

**17.3.2
Marine Biotoxine**

Unter dem Begriff der Marine Biotoxine als auch Phycotoxine werden alle Algen-, Muschel- und Fischgifte zusammengefasst. Diese heterogene Gruppe setzt sich

Tabelle 17.3. Die Stoffgruppen der marinen Biotoxine (nach [24])

Gruppe	Wichtigster Vertreter/Gruppen	Vorkommen
Paralytic Shellfish poisons (PSP)	Saxitoxin, Gonyautoxine (> 20)	Meeres-Muscheln, Seeschnecken
Diarrhoiec Shellfish poisons (DSP)	Okadasäure, Pectonotoxine, Yessotoxine (> 6)	Meeres-Muscheln, Seeschnecken
Neurotoxic Shellfish poisons (NSP)	Brevetoxine (> 10)	Meeres-Muscheln, Seeschnecken
Amnesie Shellfish poisons (ASP)	Domoinsäure (3)	Meeres-Muscheln, Seeschnecken
Azaspiacid Shellfish poisons (AZP)	Azaspirosäure (5)	Meeres-Muscheln, Seeschnecken
Ciguatera fish poisoning (CFP)	Ciguatoxine (> 10) Maitotoxine	Korallenrifffische wie Barakuda
Tetrododoxin	Tetrodotoxin	Kugelfisch
Cyanobakterientoxine	Microcystine	Süßwasser

somit aus den unterschiedlichsten Klassen an Verbindungen zusammen. Zur besseren Kategorisierung werden die Verbindungen nach ihrer Wirkung bzw. ihrer Struktur in weitere Untergruppen (Tabelle 17.3) unterteilt.

Paralytisch wirkende Muschelgifte (PSP)

Bei den paralytisch wirkenden marinen Biotoxinen werden 17 verschiedene Verbindungen zusammengefasst. Zu den Hauptvertretern dieser Gruppe gehören das Saxitoxin (Abb. 17.10), Neosaxitoxin und das Gonyautoxin.

Diese Verbindungen wirken in Mensch und Tier als Neurotoxin durch Blockade der Natrium-Kanäle der Zellen. Als Folgen einer akuten Vergiftung werden beim Menschen Ataxie, Schwindel, Exantheme, Fieber und in schweren Fällen Atemlähmung beobachtet, die in 10% der Fälle innerhalb von 24 h zum To-

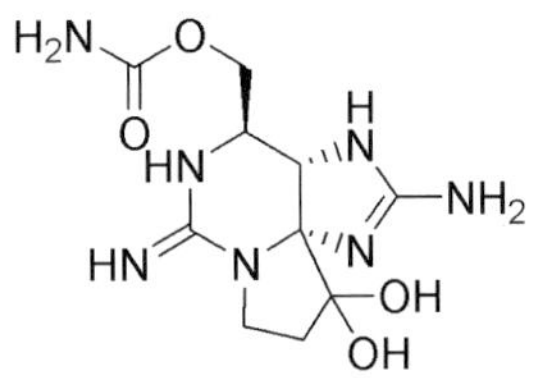

Abb. 17.10. Struktur von Saxitoxin (STX)

de führen. Erste Symptome einer Vergiftung sind 30 Minuten nach Aufnahme Kribbeln, Brennen, Taubheit der Lippen und Fingerspitzen. Alle zur Gruppe der PSP-Toxine gezählten Verbindungen sind weitgehend hitzestabil, so dass auch ein Nachweis dieser in Muschelkonserven möglich ist [25].

Diarrhöisch wirkende Muschelgifte (DSP)

Okadasäure (OA) und ihre Analoga (Abb. 17.11), die Dinophysistoxine (DTX1, DTX2 und DTX3), bilden zusammen die Gruppe der OA-Toxine. Diese Toxine sind lipophil und hitzestabil, werden von Dinoflagellaten (Algen) gebildet und können in verschiedenen Schalentierarten gefunden werden, hauptsächlich in zweischaligen Weichtieren, die ihre Nahrung durch Filtration zu sich nehmen, wie etwa Austern, Miesmuscheln, Jakobsmuscheln und Herzmuscheln.

Die Toxine der OA-Gruppe verursachen Symptome wie Durchfall, Übelkeit, Erbrechen und Bauchschmerzen. Diese Symptome treten beim Menschen kurz nach dem Verzehr von kontaminierten zweischaligen Weichtieren wie Miesmuscheln, Jakobsmuscheln, Austern oder Herzmuscheln auf. Es wird angenommen, dass die Wirkungsweise der OA-Gruppen-Toxine auf einer Hemmung der Serin/Threonin-Phosphoprotein-Phosphatasen beruht.

Pectenotoxine (Abb. 17.12) treten häufig zusammen mit den Toxinen der OA-Gruppe auf, und zum gegenwärtigen Zeitpunkt, werden sie in den Grenzwert der OA-Gruppen-Toxine mit einbezogen, obgleich sie nicht denselben Wirkungsmechanismus wie diese haben.

Es wurden zwar bisher keine Langzeit-Toxizitäts-/Kanzerogenitäts-Experimente mit den OA-Gruppen-Toxinen durchgeführt, aber OA wurde als Tumorpromotor bei Nagetieren identifiziert. Die Daten über chronische Effekte von OA bei Tieren oder Menschen sind nicht ausreichend, um eine tolerierbare tägliche Aufnahme (TDI) zu definieren. Angesichts der akuten Toxizität der OA-

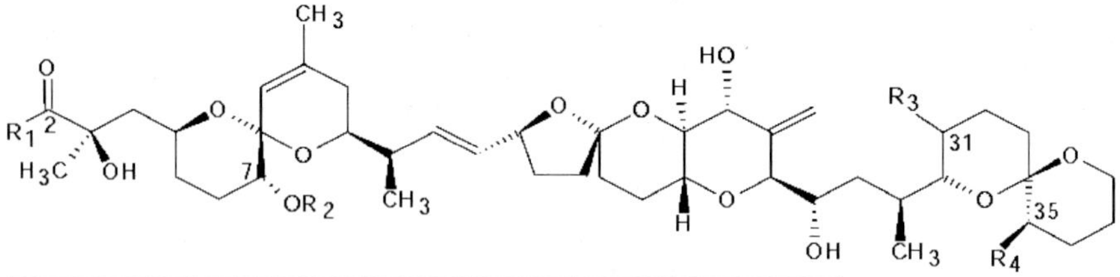

Name	R_1	R_2	R_3	R_4
Okadasäure (OA)	OH	H	CH_3	H
Dinophysistoxin 2 (DTX2)	OH	H	H	CH_3
Dinophysistoxin 1 (DTX1)	OH	H	CH_3	CH_3
Dinophysistoxin 3 (DTX3)	OH	Acyl	H	CH_3

Abb. 17.11. Chemische Struktur von Okadasäure und Dinophysistoxinen (entnommen aus [26])

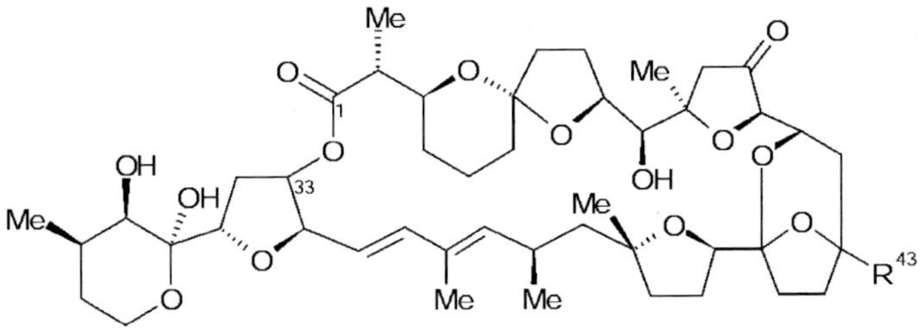

Name	R	C1-C33
Pectenotoxin-1 (PTX1)	CH$_2$OH	-O-
Pectenotoxin-2 (PTX2)	CH$_3$	-O-
Pectenotoxin-3 (PTX3)	CHO	-O-
Pectenotoxin-6 (PTX6)	COOH	-O-
Pectenotoxin-2 seco acid (PTX2sa)	CH$_3$	-OH HO-

Abb. 17.12. Chemische Struktur von Pectenotoxinen (entnommen aus [26])

Gruppen-Toxine ist es sinnvoll, eine akute Referenzdosis (ARfD) auf der Grundlage der verfügbaren Humandaten festzulegen. In Anbetracht der Ungewissheiten im Zusammenhang mit der geschätzten Exposition in den verschiedenen Fallberichten von Menschen wurde ein so genannter „lowest-observed-adverse-effect-level" (LOAEL) für Erkrankungen von Menschen im Bereich von 50 µg OA Äquivalenten/Person bestimmt, was etwa 0,8 µg OA Äquivalenten/kg Körpergewicht bei Erwachsenen entspricht. Unter Berücksichtigung von Sicherheitsfaktoren wurde einer ARfD von 0,3 µg OA Äquivalenten/kg Körpergewicht festgelegt [26, 27].

Neurotoxisch wirkende Muschelgifte (NSP)

Brevetoxine sind neurotoxische Algengifte des Dinoflagellaten *Karenia brevis* (früher *Gymnodinium breve*). Karenia brevis ist eine marine Alge tropischer Regionen und wird regelmäßig in der Karibik und insbesondere im Golf von Mexiko beobachtet. Hier tritt sie als einer der Verursacher von „red tides", so genannten „Roten Tiden", die sich durch massenhafte Vermehrung dieser Algen bilden, auf.

Das hitzestabile Brevetoxin (Abb. 17.13) aktiviert wie das Ciguateratoxin Natrium-Kanäle in Nerven wie Muskeln. Das Syndrom ist charakterisiert durch gastrointestinale Symptome (Durchfall, Bauchschmerzen, rektales Brennen), vergesellschaftet mit neurologischen Beschwerden (Parästhesien, Umkehr von Kälte-Wärme-Empfinden, Myalgien, muskuläre Schwäche, Schwindel, erweiterte Pupillen, Zittern). Weiter werden Pulserniedrigung und Verkrampfung des Zwerchfels beobachtet. Eine muskuläre Paralyse tritt hingegen nicht auf. Die Inkubationszeit nach Einnahme von kontaminierten Muscheln ist 15 Minuten bis 18 Stunden, die Beschwerden sind gewöhnlich leichtgradig und dauern bis zu 72 Stunden.

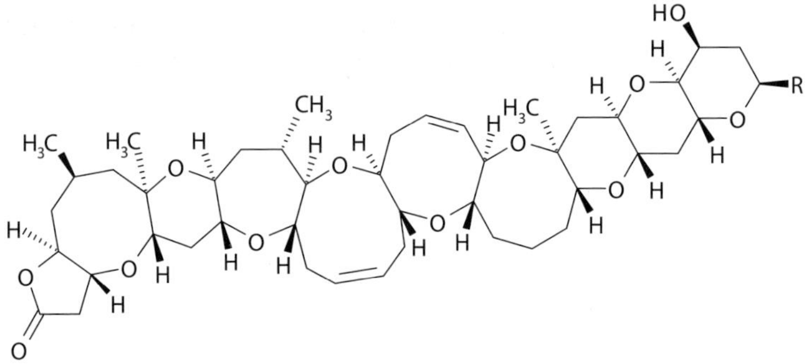

Abb. 17.13. Chemische Struktur von Brevetoxinen A (entnommen aus [28])

Innerhalb der Nahrungskette kann es zu einer Anreicherung dieser Toxine kommen. Dies führt dazu, dass toxinbelastete Fische, Muscheln, Krebse ihren Weg zum Menschen als Endglied solcher Nahrungsketten finden [25, 27].

Amnesie bewirkende Muschelgifte (ASP)

Domoinsäure (Abb. 17.14) ist ein strukturelles Analogon der Glutamin- und Kaininsäure und wird von der Kieselalge *Nitzschia pungens* produziert. Domoinsäure bindet wahrscheinlich an Glutamatrezeptoren und führt zur Neuroexzitation. Bis jetzt trat erst eine humane Epidemie auf, Intoxikationen von Vögeln und Meeressäugern sind aber bekannt. Die Symptome betreffen den Gastrointestinaltrakt (Erbrechen, Krämpfe, Durchfall) oder das Nervensystem (Gedächtnisverlust, Koma). Weiter kann es zu Blutdruckabfall und Herzrhythmusstörungen kommen. Die Symptome entwickeln sich 15 Minuten bis 38 Stunden nach Einnahme von kontaminierten Muscheln. Etwa 10% der Vergiftungsopfer erholen sich nur unvollständig mit permanentem Gedächtnisdefizit [27, 29].

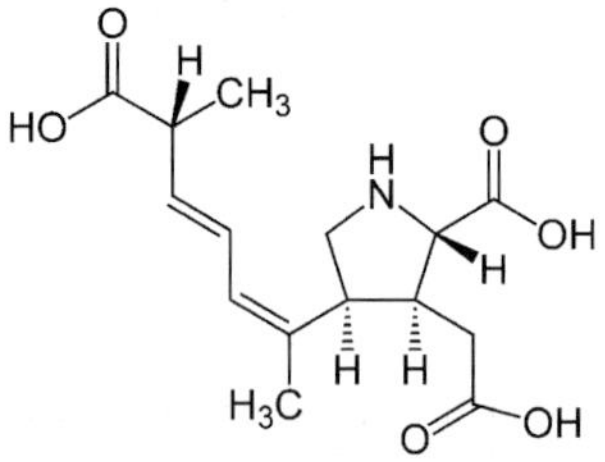

Abb. 17.14. Chemische Struktur von Domoinsäure

Ciguatoxine (Ciguateratoxin)

Das hitzestabile und geschmacksneutrale Ciguatoxin, das aus dem Dinoflagellaten *Gambierdiscus toxicus* stammt, wird in über 300 Fischarten (u. a. Barrakuda,

Wolfbarsch, Schnapperfisch, Barsche) gefunden. Für den Menschen gefährlich werden die Toxine durch die Akkumulation in Raubfischen am Ende der Nahrungskette.

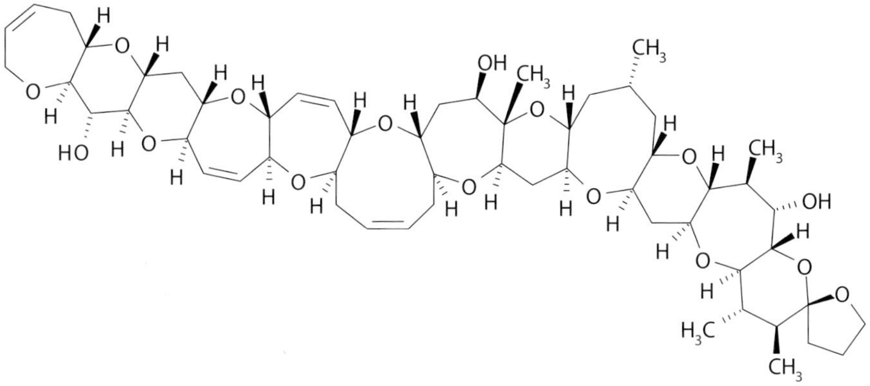

Abb. 17.15. Chemische Struktur von Ciguateratoxinen

Die Wirkung der Ciguatoxine (Abb. 17.15) beruht auf der Aktivierung der Natrium-Kanäle der Nerven. Die verschiedenen Ciguatoxine erklären die Variabilität der Symptome. Nach Genuss von gekochtem (frischem oder zuvor tiefgefrorenem) Fisch kommt es innerhalb von 2–6 Stunden, aber zum Teil auch erst nach 30 Stunden, zu Kribbeln in Lippen, Zunge, Kehle gefolgt von Gefühllosigkeit. Weiter werden metallischer Geschmack, schmerzhafte Zähne, umgekehrte Warm-Kalt-Wahrnehmung, Schwitzen, gastrointestinale Symptome (Erbrechen, Bauchschmerzen und Durchfall), Kopfschmerzen, Muskelschwäche u. a. beschrieben. Kardiovaskuläre Symptome wie rasender Puls können auftreten. Die gastrointestinalen Symptome verschwinden nach 24–48 h, die kardiovaskulären wie neurologischen Beschwerden dauern jedoch einige Tage bis Wochen an [27].

Microcystine

Als zyklische Heptapeptide bzw. Oligopeptide (als Zyanopeptide bezeichnet) mit unterschiedlicher Aminosäurensequenz können Microcystine zu den eiweißähnlichen Verbindungen gezählt werden. Bis heute sind über 60 Microcystin-Kongenere bekannt (Abb. 17.16). Sie enthalten die ungewöhnliche Aminosäure ADDA (3-amino-9-methoxy-2,6,8-trimethyl-10-phenyldeca-4,6-dienoic acid). MeAsp steht für Erythro-β-methylaspartat, Mdha für N-Methyl-dehydroalanin, X und Z sind variable Aminosäuren, siehe Tabelle 17.4. Das Molekulargewicht der Microcystine liegt zwischen 800–1100 Da. Die meisten Kongenere sind hydrophil und haben eine jeweils unterschiedliche toxische Wirkung.

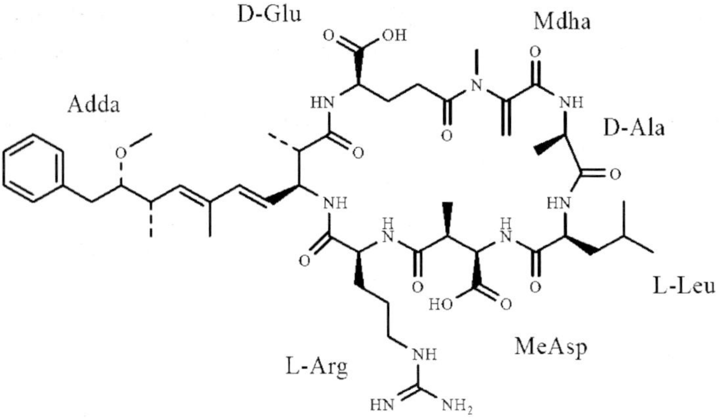

Abb. 17.16. Chemische Struktur von Microcystin LR (entnommen aus [30])

Tabelle 17.4. Zusammensetzung der variablen Aminosäuren bei den Microcystinen (entnommen aus [30])

Microcystin-Kongener	Aminosäure X	Aminosäure Z
-LA	l-Leucin	l-Alanin
-LR	l-Leucin	l-Arginin
-RR	l-Aginin	l-Arginin
-YA	l-Tyrosin	l-Alanin
-YM	l-Tyrosin	l-Metionin
-YR	l-Tyrosin	l-Arginin

Microcystine binden im Cytosol der Leber über N-Methyl-dehydroalanin (Mdha) kovalent an die Enzyme Proteinphosphatasen 1 und 2. Diese Proteinphosphatasen sind unter anderem für die Dephosphorylierung anderer Proteine zuständig. Durch diese Hyperphosphorylierung kommt es zu einem Abbau des Zytoskeletts der Zellen, die sich Infolge abrunden und absterben. Die Aufnahme von Microcystine mit dem verseuchten Trinkwasser kann zu einem Viehsterben führen. Solche Fälle sind auch für Hunde beschrieben, die Microcystine aus verseuchten Pfützen aufnahmen und anschließend erkrankten.

In geringeren Dosen können beim Menschen Schleimhautreizungen und pseudoallergische Entzündungsreaktionen hervorgerufen werden. Bei höheren Dosen an Mycocystinen kann es zu Durchfall und Erbrechen, im schlimmsten Fall zum Tod kommen. Als Zeichen einer chronischen Vergiftung kann sich ein lebertoxischer Effekt zeigen.

Microcystine können von vielen Cyanobakterienarten gebildet werden, wobei am häufigsten diese Toxine bei den Gattungen *Microcystis aeruginosa* und *Planktothrix* gefunden werden. Nach dem Absterben der Bakterien werden diese

Toxine in der Umwelt freigesetzt und können so Oberflächengewässer und auch das Trinkwasser erreichen und diese ungenießbar machen. Als Nebenprodukte können Microcystine auch in Algenprodukten enthalten sein, die aus Cyanobakterien hergestellt werden und als Nahrungsergänzungsmittel auf dem Markt verfügbar sind. Die Weltgesundheitsorganisation (WHO) hat 1998 einen vorläufigen Leitwert von 1 µg/l für eine der Strukturvarianten, das Microcystin-LR, angegeben. Dieser Gehalt wird vielfach als Orientierungswert für die anderen Strukturvarianten oder die Summe aller Microcystine in einem Lebensmittel verwendet [24, 30].

Tetrodotoxin

Verschiedene Salz- und Süßwasserfische (u. a. Pufferfische), aber auch einige Salamander- und Octopusarten sowie Schnecken oder Krabben können das hitzestabile Tetrodotoxin (Abb. 17.17) enthalten, das wahrscheinlich bakteriellen Ursprungs ist. In Japan wird der Pufferfisch Fugu gegessen, der durch besonders geschultes Personal zubereitet werden muss, um die Organe mit dem höchsten Toxingehalt (Haut, Ovarien, Fischeier, Leber, Darm) zu entfernen und damit eine wohldosierte Vergiftung zu erzeugen. Tetrodotoxin verursacht eine Paralyse des ZNS wie auch der peripheren Nerven durch Blockierung der spannungsabhängigen Natrium-Kanäle. Dies verursacht das gewünschte prickelnde Gefühl beim Essen des Fugu, verursacht aber in höheren Dosen, wenn der Fisch nicht ordnungsgemäß zubereitet wurde, eine Paralyse mit Atemstillstand, Lähmungen, Durchfall und Erbrechen. Die Symptome erscheinen 10–45 min nach Einnahme, aber eine Latenzzeit von einigen Stunden wurde auch beobachtet [25].

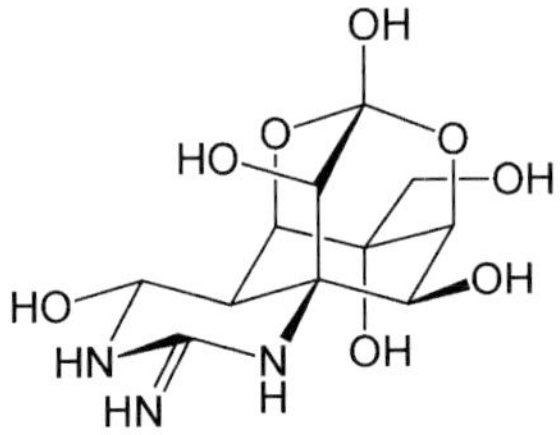

Abb. 17.17. Chemische Struktur von Tetrodotoxin

Scombroid-Vergiftung

Das Scombroid gehört weltweit zu den häufigsten Fischvergiftungen. Es wird durch bakterielle Kontamination von Meeresfischen verursacht, welche zu einer Anreicherung großer Mengen des biogenen Amins Histamin führt. Dieses Phänomen tritt vor allem bei dunkelfleischigen Meeresfischen der Familie Scombroideae auf, deren Hauptvertreter der Thunfisch und die Makrele sind. Durch bakterielle Kontamination wird im Muskelfleisch vorhandenes Histidin zu Histamin decarboxyliert.

Das biogene Amin wirkt in größeren Mengen als Toxin, das weder durch Erhitzen noch durch Einfrieren zerstört werden kann. Der Genuss solch kontaminierter Fische führt bei Betroffenen nach einer kurzen Latenz von etwa einer Stunde zum Scombroid mit den typischen Symptomen eines sich rasch ausweitenden Erythems, Schwindel, Kopfschmerzen und gastrointestinalen Beschwerden. Die Erkrankung zeigt einen selbstlimitierenden Verlauf. Häufig wird sie als Nahrungsmittelallergie verkannt. Der Histamingehalt im Fisch kann bestimmt werden, wobei ein Histamingehalt über 100 mg/100 g Fisch diagnostisch beweisend für eine Intoxikation ist. Bezüglich Prävention ist eine konsequente Kühlung des Fisches unmittelbar nach dem Fang, bei der Verarbeitung sowie während des Transportes von entscheidender Bedeutung [25].

17.3.3
Phytotoxine

Ein Teil der Toxine des pflanzlichen Sekundärstoffwechsels dient wahrscheinlich als Schutz vor phyto-pathogenen Organismen. Vergiftungsfälle treten bei Mensch und Tier auf, wenn bestimmte Pflanzen unreif genossen, unsachgemäß gelagert oder falsch zubereitet werden. Anderenfalls gelangen auch Phytotoxine als Inhaltsstoffe versehentlich in Lebensmittel, wenn toxinhaltige Pflanzen zwischen Nahrungspflanzen gelangen oder deren Inhaltsstoffe durch Futtermittel in tierische Lebensmittel wie Milch und Honig übergehen [31].

Etherische Öle

Etherische Öle sind flüchtige Pflanzeninhaltsstoffe, die auch den Geruch einer Pflanze prägen. Sie sind meist flüssig, schwer wasserlöslich und haben eine ölige Beschaffenheit, besitzen jedoch keine „fettigen" Eigenschaften, und können mit Wasserdampf aus Pflanzenextrakten destilliert werden. Beim größten Teil der etherischen Öle handelt es sich um Isoprenoide. Isoprenoide sind Verbindungen, deren Kohlenstoff-Gerüst sich formal in zwei (bei Monoterpenen) oder mehr (drei bei Sesqui-, vier bei Di- und sechs bei Triterpenen) Isopren-Einheiten zerlegen lässt, wobei die Di- und Triterpene allerdings kaum flüchtig sind.

Ein Beispiel für eine Kontaminante im weiteren Sinn aus der Vielzahl der etherischen Öle ist das Thujon. In der Wermutpflanze (*Artemisia absinthium*) kommt Thujon als Gemisch der beiden Stereoisomere α- und β-Thujon vor. Bei der Herstellung von Absinth wird Thujon als Nebeneffekt aus den Blättern des Wermutkrauts (Folia absinthii) oder der ganzen Pflanze (Herba absinthii) extrahiert. Thujon findet sich daneben auch in vielen anderen Artemisien und z. B. auch mit einem Anteil von bis zu 60% in den etherischen Ölen des Echten Salbeis (*Salvia officinalis*).

Thujon ist ein Nervengift, das in höherer Dosierung Verwirrtheit und epileptische Krämpfe (Konvulsionen) hervorrufen kann. Auch andere Symptome, wie z. B. Schwindel, Halluzinationen und Wahnvorstellungen, die nach Einnahme thujonhaltiger alkoholischer Getränke beobachtet werden konnten, wurden diesem Wirkstoff zugeschrieben. Ebenso werden diese Getränke, insbesondere der Absinth, wegen einer angeblichen euphorisierenden und aphrodisierenden Wirkung beworben. Da der zulässige Thujongehalt in alkoholischen Getränken auf maximal 35 mg je Liter begrenzt wurde, kann die Mehrzahl der Effekte des Absinthkonsums jedoch eher dem Alkohol als dem Thujon zugeschrieben werden [32].

Ein anderer Inhaltsstoff der etherischen Öle, der in letzter Zeit als Kontaminante eine Bedeutung erhalten hat ist das Cumarin. Cumarin ist ein natürlicher Aromastoff, der in vielen Pflanzen enthalten ist (beispielsweise Waldmeister, Steinklee, Tonka-Bohnen). Insbesondere kommt er in bestimmten Zimtarten in höheren Konzentrationen vor. Cumarin wird auch als Duftstoff in kosmetischen Mitteln und als Wirkstoff in Arzneimitteln verwendet. Seit wenigen Jahren werden zudem zimthaltige Nahrungsergänzungsmittel angeboten, die angeblich den Blutzuckerspiegel sowie die Blutfettwerte bei Diabetikern senken sollen. Wegen der gesundheitsschädlichen Wirkung größerer Mengen – Cumarin kann Leberschäden verursachen – darf Cumarin im Lebensmittelbereich nur als Bestandteil von Aromen und sonstigen Lebensmittelzutaten mit Aromaeigenschaften verwendet werden. Lange bekannt ist zudem, dass Cumarin im Tierexperiment die Bildung von Tumoren auslösen kann. Neuere wissenschaftliche Ergebnisse deuten darauf hin, dass hierbei kein genotoxischer Wirkmechanismus vorliegt, wie lange Zeit vermutet wurde [33].

Alkaloide

Die Alkaloide stellen die wichtigste Klasse von giftigen Pflanzeninhaltsstoffen dar. Es handelt sich um kompliziert gebaute Verbindungen mit basischem Charakter, die dadurch gekennzeichnet sind, dass sie Stickstoff enthalten. Der Stickstoff ist so im Molekül gebunden, dass er mit Säuren Salze bilden kann. Bei vielen Alkaloiden ist als Grundbaustein eine bestimmte Aminosäure zu erkennen (z. B. Histidin, Phenylalanin). In vielen Pflanzen kommen gleichzeitig mehrere Alkaloide vor; das mengenmäßig am häufigsten vorliegende Alkaloid ist das Hauptalkaloid, die anderen jeweils Nebenalkaloide. Die Namen der Alkaloide werden vom Gattungs- oder Artnamen der Pflanze abgeleitet, so z. B. Theobromin aus *Theobroma cacao* oder Nikotin aus *Nicotiana* [31].

Pyrrolizidinalkaloide

Vergiftungen mit Pyrrolizidinen sind unter der Therapie mit kontaminierten Phytopharmaka, aber auch Tees und Kräutermischungen zweifelhafter Herkunft bekannt geworden. Es wurden mehrere hundert Pyrrolizidine in Pflanzen nachgewiesen, u. a. in *Heliotropium* (Sonnenwende), *Senecio*-Arten (Greiskraut), *Crotalaria* und *Symphytum officinale* (Beinwell). Viele dieser Alkaloide sind hepatotoxisch. Chronische Einnahme kann zur venookklusiven Krankheit führen. Eine akute Vergiftung durch eine große Einnahmemenge mit Leberzellnekrosen ist ebenfalls möglich.

So wurde durch das BfR berichtet, dass in einer abgepackten Salatmischung aus Radicchio-, Frisee- und Feldsalat Teile anderer Pflanzen nachgewiesen wurden. Die amtliche Lebensmitteluntersuchung der verunreinigten Salatmischung ergab, dass es sich dabei um Blüten und Blätter des Gemeinen Greiskrautes (*Senecio vulgaris* L.) handelte, einem in gemäßigten Klimazonen weit verbreiteten, wild wachsenden gelbblütigen Ackerkraut mit bitterem Geschmack.

Das BfR kam in einer ersten Einschätzung zu dem Ergebnis, dass akute bis mittelfristige Leberschäden infolge des Verzehrs der mit Gemeinem Greiskraut verunreinigten Salatmischung nicht ausgeschlossen werden könnten. Ein 60 Kilogramm schwerer Erwachsener würde bei dauerhaftem Verzehr schätzungsweise 220 bis 349 Mikrogramm (µg) ungesättigte Pyrrolizidinalkaloide pro Tag zu sich nehmen und somit die für Arzneimittel ohne anerkanntes Anwendungsgebiet tolerierte Expositionsdosis von 0,1 µg ungesättigte Pyrrolizidinalkaloide pro Tag um ein Vielfaches überschreiten [34].

Im Gegensatz zu Alkaloiden leiten sich die Pseudoalkaloide nicht von Aminosäuren ab. Der Stickstoff im Gerüst der Pseudoalkaloide ist daher anders an Kohlenstoff gebunden, beispielsweise an Isoprenoid-Kohlenstoffe. Die sich daraus ergebende Untergruppe der Pseudoalkaloide werden als Terpen-Alkaloide bezeichnet, zu denen auch die Solanine gezählt werden.

Solanin wird in Solanumgewächsen wie Kartoffeln und Tomaten gefunden. Hohe Konzentrationen treten in beschädigten oder keimenden Kartoffeln auf. Der Solaningehalt der roten Tomate ist gering, höher aber in den unreifen grünen Früchten. Solanin ist hitzestabil, kann also durch Kochen nicht entfernt werden. Solanin inhibiert in vitro die Cholinesterase, in vivo werden aber keine cholinergen Symptome beobachtet. Solanin wirkt zytotoxisch, hämolytisch und verursacht eine Inhibition der hepatischen mikrosomalen Enzyme. 2–24 Stunden nach Einnahme treten neben Erbrechen, Durchfall und abdominalen Schmerzen auch Halluzinationen, Delirium und Koma auf. Die Symptome klingen zum Teil erst nach einigen Tagen wieder ab.

Glycoside, Zyanogene Glykoside

Zyanogene Glykoside sind im Pflanzenreich weit verbreitet. Typische pflanzliche Zyanidquellen sind zum Beispiel die Leinsamen sowie die Kerne von den Prunus-Arten Aprikose, Pfirsich, Kirsche und Bittermandel. In tropischen Regionen ist das Maniok (Cassava) als Grundnahrungsmittel eine wichtige Quelle zyanogener Glykoside. Die Knolle kann zu akuter oder chronischer Zyanidvergiftung führen und ist erst nach mehrfachem Wässern genießbar. Schwere akute

Vergiftungen werden wegen der langsamen Freisetzung des Zyanids im Organismus bei effizientem Entgiftungsmechanismus nur sehr selten beobachtet. In leichten Fällen werden Erbrechen, Schwindel und Kopfschmerzen beobachtet. Eine schwere akute Zyanidintoxikation äußert sich u. a. in einer metabolischen Azidose und Koma oder Konvulsionen. Folge der chronischen Zyanidvergiftung ist die tropische ataktische Neuropathie (TAN), der endemische Kropf und Kretinismus.

Peptide, Lektine

Lektine sind Glykoproteine mit hoher biologischer Affinität zu Mono- oder Oligosaccharid-Resten an Biomolekülen. Eine wichtige Quelle von giftigen Lektinen in Nahrungsmitteln ist das Phythämagglutinin (Phasin) der Gartenbohne (*Phaseolus vulgaris*). Da dieses Lektin hitzelabil (20 Min. bei 100 °C) ist, führt nur der Verzehr ungenügend gekochter, lektinhaltiger Speisebohnen zu akuten Symptomen (schwere Gastroenteritis).

Phytoestrogene

Unter den Phytoestrogene (Phytoöstrogenen) werden Pflanzeninhaltsstoffe verstanden, die im menschlichen Organismus eine dem Sexualhormon Östrogen ähnliche Wirkung haben. Im Blickpunkt der Forschung stehen vor allem Isoflavonoide aus Soja, Lignane aus Getreide und Cumestane aus Sprossen, da sie möglicherweise einen vorbeugenden Effekt auf die Entstehung hormonabhängiger Tumore wie z. B. Brust- oder Prostatakrebs besitzen [35]. Das BfR weist jedoch in einer seiner Stellungnahmen zu Isoflavonen auch hin, dass diese in isolierter oder angereicherter Form bzw. hoher Dosierung die Funktion der Schilddrüse beeinträchtigen und das Brustdrüsengewebe verändern können. Dabei ist nicht auszuschließen, dass diese als östrogenähnlich anzusehenden Effekte auch die Entwicklung von Brustkrebs fördern könnten [36].

17.3.4
Herstellungsbedingte Toxine (Prozesskontaminanten)

Als herstellungsbedingte Toxine (engl. Food-borne Toxins) oder auch Prozesskontaminanten werden alle Substanzen und Verbindungen bezeichnet, denen im Tierversuch eine toxische Wirkungen nachgewiesen werden konnte und die aus Lebensmittelinhaltstoffen während der Herstellung oder der Vor- und Zubereitung eines Lebensmittels entstehen.

Zu dieser Gruppe zählen die in Tabelle 17.5 aufgeführten Verbindungen bzw. Verbindungsgruppen. Weiterhin sind die durch diese Verbindungen potentiell belasteten Lebensmittelgruppen mit aufgeführt.

Tabelle 17.5. Herstellungsbedingte Toxine und die potentiell belasteten Lebensmittelgruppen

Food-borne Toxin	Potentiell belastete Lebensmittelgruppe
Acrylamid	Kohlenhydratreichen/Asparagin-haltige LM, z. B. Kartoffelprodukte, Backwaren, Kaffee, Kakao
Chlorpropanole (3-MCPD)	Hydrolyseprodukte (z. B. Suppenwürze, Sojasoße), Käse, Backwaren
Heterozyklische Aromatische Amine	Gebratene Fleischprodukte
Furan	Kohlenhydratreiche Lebensmittel, z. B. Gemüsesäfte, Sojaprodukte, Gemüsekonserven, Kaffee
PAK	Gegrillte/geräucherte stark fetthaltige Fleischwaren, z. B. gegrilltes Fleisch, Räucherfisch
Nitrosamine	Nitrat-/nitrithaltige Lebensmittel, z. B. Fleisch und Fleischprodukte, Eier, Gemüse (Sojabohnen, Mais), Käse, Fischprodukte
Lysinalanine	Milch- und Eierprodukte, Eiweißhydrolysate
Trans-Fettsäuren und Acrolein	Bestrahlte Lebensmittel (Mikrowellenerhitzung), frittierte Produkte (z. B. Pommes Frites)
Ethylcarbamat	Fermentierte Lebensmittel oder durch alkoholische Gärung hergestellte z. B. Wein, Destillate, Spirituosen
Benzol	Benzoesäure-haltige Lebensmittel wie Fruchtsäfte und Limonaden

Acrylamid

Acrylamid entsteht unter Einwirkung von trockener Hitze, wenn die Stärke oder reduzierende Zucker wie Glucose und Fruktose mit Aminosäuren wie Asparaginsäure reagieren. Die Reaktion beginnt bei etwa 120 °C und überschreitet bei ca. 180 °C ihr Maximum. Acrylamid kann aber auch bei starker Erhitzung von kohlenhydratreichen Lebensmitteln, vor allem Kartoffeln und Getreide, entstehen. Der Stoff wird beim Backen, Rösten und Braten als Nebenprodukt der so genannten Bräunungsreaktion (Maillard-Reaktion) gebildet. Acrylamid kann über die Nahrung, über die Haut oder über die Atmung in den Körper gelangen. Es wird schnell aufgenommen, im ganzen Körper verteilt und verstoffwechselt. Sowohl Acrylamid als auch die Stoffwechselprodukte (Glycidamid) können die Plazenta passieren und in die Muttermilch übergehen. Erfahrungen über gesundheitsschädliche Wirkungen von Acrylamid liegen aus dem Bereich des Arbeitsschutzes vor. So kann die Substanz bei Kontakt Augen und Haut reizen und die Haut für andere Stoffe sensibilisieren. In Mengen, die der Verbraucher über Lebensmittel bei weitem nicht aufnimmt, kann Acrylamid auch Nervenschäden verursachen.

Andere Wirkungen, die für den Verbraucher größere Bedeutung haben, sind nur im Tierversuch nachgewiesen: Dort hat sich u. a. gezeigt, dass Acrylamid das Erbgut verändern und Krebs erzeugen kann. Ein Schwellenwert für diese Wirkungen ist nicht bekannt, d. h., dass theoretisch jede Dosis eine solche Wirkung hervorrufen kann. Wie viel Acrylamid der Mensch über Lebensmittel aufnimmt, hängt von den Ernährungsgewohnheiten des Einzelnen ab und variiert deshalb innerhalb der Bevölkerung stark. Vom Bundesinstitut für Risikobewertung wurde geschätzt, dass der durchschnittliche Bundesbürger durch den Verzehr von Lebensmitteln, die viel Acrylamid enthalten, täglich ungefähr 0,5 Mikrogramm Acrylamid je Kilogramm Körpergewicht aufnimmt. Dieser groben Abschätzung lagen Daten aus der Nationalen Verzehrsstudie zugrunde und Daten über Acrylamidgehalte von Lebensmitteln, die das Bundesamt für Verbraucherschutz und Lebensmittelsicherheit (BVL) zur Verfügung gestellt hatte. Im Vergleich hierzu ist zu berücksichtigen, dass Raucher täglich mit 0,5 bis 2 Mikrogramm Acrylamid pro Kilogramm Körpergewicht zusätzlich belastet werden [37].

Chlorpropanole und Chlorpropanolester

3-Chlor-1,2-propandiol (3-MCPD) und 1,3-Dichlor-2-propanol (1,3-DCP) sind Verbindungen der Gruppe der Chlorpropanole, die in Europa durch das Scientific Comittee of Food, als genotoxische, karzinogene Substanzen eingestuft wurden.

Freies 3-Monochlorpropandiol ist seit langem als Kontaminante in verschiedenen Lebensmitteln wie Würzsaucen oder hoch erhitzten Backwaren bekannt. Die Substanz entsteht, wenn fett- und salzhaltige Lebensmittel im Herstellungsprozess mit hohen Temperaturen behandelt werden. 3-MCPD hat im Tierversuch zu einer Zunahme der Zellzahl (Hyperplasie) in den Nierentubuli geführt und in höheren Mengen gutartige Tumoren ausgelöst. Eine erbgutschädigende Wirkung wurde nicht nachgewiesen. Damit ist davon auszugehen, dass die in der Langzeit-Tierstudie beobachteten (vorwiegend gutartigen) Tumoren erst oberhalb eines Schwellenwertes auftreten. Erkenntnisse aus Humanstudien liegen nicht vor. Das Krankheitsbild einer Hyperplasie der Nierentubuli ist beim Menschen nicht beschrieben. In neuesten Untersuchungen der amtlichen Lebensmittelüberwachung wurden nun erstmals hohe Mengen an 3-MCPD-Fettsäureestern in raffinierten Speisefetten wie Margarine und Ölen sowie in fetthaltigen Lebensmitteln, darunter auch Säuglingsanfangs- und Folgenahrung, nachgewiesen. 3-MCPD-Ester sind Verbindungen aus 3-MCPD und verschiedenen Fettsäuren, die bei hohen Temperaturen unter Wasserabspaltung durch eine Reaktion von Fetten und Chlorid-Ionen gebildet werden.

Das BfR hat die von der Überwachung vorgelegten Daten dahingehend bewertet, dass nach dem derzeitigen Stand des Wissens insbesondere Säuglinge über Anfangs- und Folgenahrung Mengen an 3-MCPD-Estern aufnehmen können, bei denen im ungünstigsten Fall der Sicherheitsabstand zu den im Tierversuch beobachteten Wirkungen als zu gering angesehen wird [37] (s. auch Kap. 24.4.4).

Furan

Im Mai 2004 berichtete die amerikanische Lebensmittel- und Arzneimittelbehörde (FDA) über ein weiteres herstellungsbedingtes Toxin: das Furan.

Bei der Untersuchung einer begrenzten Anzahl von Lebensmitteln hatte die FDA bis zu 125 Mikrogramm Furan je Kilogramm Lebensmittel nachgewiesen. Gemüse- und Fleischkonserven, Snackartikeln, Kaffee und Brot, aber auch in Kleinkindernahrung (Gläschennahrung) enthielten Furan. Darüber hinaus konnte es in gekochtem und gebratenem Fleisch von Huhn, Rind und Fisch nachgewiesen werden und auch in gerösteten Haselnüssen oder Räucherwaren.

Furan bildet sich beim Erhitzen von Lebensmitteln durch thermische Veränderung von Inhaltsstoffen wie Kohlenhydrate und mehrfach ungesättigten Fettsäuren. Die Bildungsmechanismen sind aber noch nicht eindeutig geklärt (siehe Abb. 17.18).

Furan ist eine farblose und leicht flüchtige Substanz. Wie Acrylamid ist auch Furan als krebserregend und erbgutschädigend eingestuft.

Einen Schwellenwert, bei dem ein Gesundheitsrisiko ausgeschlossen werden kann, gibt es auch für Furan nicht [37].

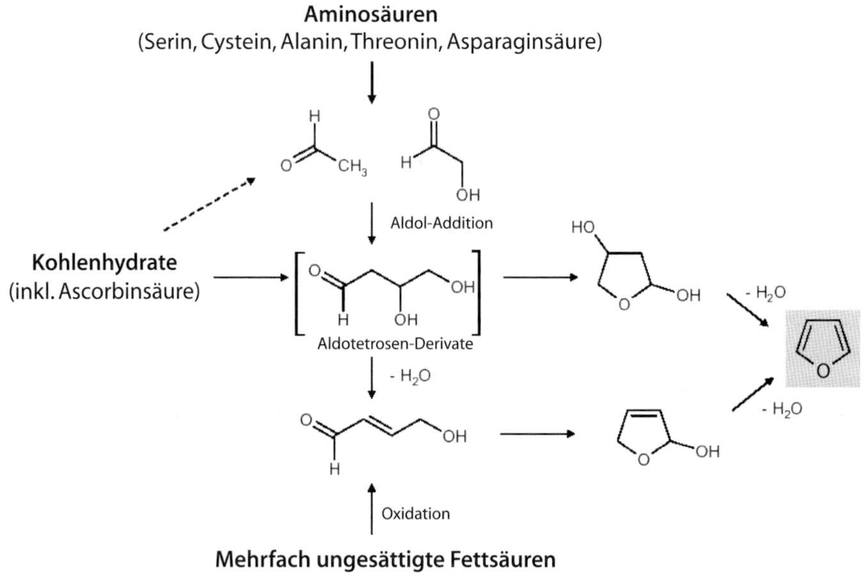

Abb. 17.18. Bildungsmechanismen von Furan in Lebensmitteln (nach [38])

Benzol

Benzol ist ein Umweltschadstoff, den Verbraucher vor allem über die Atemluft aufnehmen. Er kann aber auch als Verunreinigung in Trinkwasser und Lebensmitteln vorkommen. Der Stoff wirkt krebserzeugend und teratogen. Nach dem gegenwärtigen Stand der Kenntnis kann keine Menge angegeben werden, die als unbedenklich gilt. Wie für alle kanzerogenen Stoffe sollte auch die Benzolaufnahme im Sinne des vorbeugenden Verbraucherschutzes nach Möglichkeit minimiert bzw. vermieden werden.

Benzol kommt in Lebensmitteln normalerweise nicht vor. Untersuchungen von Erfrischungsgetränken und Fruchtsaftgetränken, die unterschiedliche Gehalte an Benzoesäure und Ascorbinsäure enthielten, deuten darauf hin, dass sich Benzol möglicherweise in geringen Mengen bilden könnte. Laborversuche belegen, dass unter bestimmten Reaktionsbedingungen aus Benzoesäure Benzol entsteht. Dabei spielen verschiedene Faktoren eine Rolle wie die Konzentrationen der beiden Zusatzstoffe, die Existenz bestimmter Mineralstoffe wie Kupfer- oder Eisensulfat, die als Katalysatoren bei der Bildung von Benzol wirken, der pH-Wert des Getränks, die Lagerungstemperatur und die Einwirkung von UV-Licht. Ob und in welchem Ausmaß in entsprechenden Lebensmitteln tatsächlich Benzol gebildet wird, lässt sich anhand der vorliegenden Daten allerdings nicht sicher beurteilen.

Von 42 Proben, die sowohl unter Verwendung von Ascorbinsäure als auch von Benzoesäure hergestellt waren, enthielten 28 keine messbaren Benzolmengen (< 0,5 µg/l). Der höchste ermittelte Gehalt in den anderen 14 Proben betrug 8,0 µg/l [37].

17.4
Qualitätssicherung

Auch die Qualität eines Lebensmittels wird durch die Anwesenheit von Kontaminanten bestimmt, so dass es Zielsetzung jeder Qualitätssicherungsmaßnahme ist, den Gehalt von Kontaminanten durch sachgerechte Auswahl von Rohstoffen, durch ordnungsgemäße Lagerung und eine zielorientierte Prozessführung bei der Herstellung und Abpackung zu gewährleisten.

Hierzu werden im Rahmen des Qualitätsmanagement kritische Prozesspunkte ebenso durch interne regelmäßige Kontrollen überwacht wie auch durch Betriebskontrollen durch externe Gutachter der Lebensmittelkontrolle. Um nun die Anwesenheit von Kontaminanten zu kontrollieren werden hierfür eine Reihe biochemischer Schnelltests genauso eingesetzt wie auch aufwändigere physikalisch-chemisch Analysen.

17.4.1
Betriebskontrollen

Im Rahmen von internen und externen Kontrollen wird innerhalb des Produktionsprozesses das Auftreten von Kontaminanten kontrolliert. Die internen Kontrollen erfolgen hierbei gemäß den Vorgaben der ISO 9001:2008 und den allgemeinen Hygienerichtlinien einschließlich HACCP, wobei mögliche kritische Prozessstufen einschließlich Rohwarenbeschaffung untersucht werden. Im Rahmen der amtlichen Betriebskontrolle werden diese kritischen Prozessstufen kontrolliert und im Einklang mit der LMH-VO-852 und der VO (EWG) Nr. 1881/2006 bewertet.

Eine besondere Form der Betriebskontrolle stellt die amtliche Überwachung von Muschelbänken da. Hierbei werden nicht nur die Produkte selbst kontrolliert sondern bereits im Vorfeld in regelmäßigen Abständen das Meerwasser auf eine möglichen Anstieg an marinen Biotoxinen produzierenden Algen (Überwachung des Phytoplanktons). Sollte ein erhöhtes Maß an Algen und den damit verbundenen marinen Biotoxinen festgestellt werden, wird das entsprechende Gebiet der Muschelbänke vorsorglich gesperrt.

17.4.2
Analytik von Mykotoxinen

Bei der Bestimmung von Mykotoxine kommen sowohl chromatographische Verfahren (DC, HPLC, GC) mit unterschiedlichen Detektionen, spektroskopische (UV-Vis-Spektroskopie, Fluoreszenzspektroskopie) als auch biochemische Methoden und Kombinationen dieser Techniken miteinander zum Einsatz. Eine umfassende Literatur zu diesem Thema ist seit Jahren verfügbar. In der Tabelle 17.6 sind die üblichen Verfahren mit ihren Vor- und Nachteilen zusammengefasst [39–42].

Zum schnellen Nachweis auf dem Feld oder in der Lebensmittelanlieferung werden qualitative und halbquantitative Testverfahren oder Screeningverfahren eingesetzt, wobei die Analyten zumeist nach Extraktion mittels immunochemischer Verfahren als Schnelltests oder ELISA analysiert werden.

Bei vielen dieser Tests (Dippsticks, Komperatorentest, Immunocards) ist das erhaltene Ergebnis qualitativ bzw. nur zur großzügigen Einordnung der untersuchten Probe in belastete und unbelastete Chargen möglich. Weiterhin können mit einigen Tests auch halbquantitative Aussagen über die ungefähre Belastungssituation wiedergegeben werden. Quantitative Ergebnisse können nach derzeitigem Kenntnisstand nur mit so genannten ELISA-Systemen (Enzyme Linked Immuno Assay) erzielt werden. Diese Systeme sind schnell und kostengünstig, bedürfen aber in der Auswertung einiger Erfahrungen. So konnte gezeigt werden, dass auch ELISA – trotz der z. T. durch monoklonale Antikörper bedingten hohen Selektivität und Spezifität – zu Überfunden bei Lebensmitteln führen können.

Als Standard- bzw. Bestätigungsverfahren werden bei den Mykotoxinen vielfach HPLC und GC mit herkömmlichen Detektoren eingesetzt, wobei in der HPLC UV-Vis-Absorption und Fluoreszensdetektion mit und ohne Derivatisierung (sowohl pre- als auch postcolum-Derivatisierung) zum Einsatz kommen, während bei der GC meist aufwändige Derivatisierungen durchgeführt werden müssen um die Mykotoxine hinreichend flüchtig für die GC zu machen.

Tabelle 17.6. Zusammenfassung der in der Mykotoxinanalytik gebräuchlichen Bestimmungsmethoden (in Anlehnung an [17])

Methode	Vorteile	Nachteile
Dünnschichtchromatographie (DC)	– Einfach, preiswert, schnell, viele Mykotoxine können detektiert werden – Parallel-Bestimmung mehrerer Proben	– Bestätigung der Banden muss mittels anderer Verfahren erfolgen – Zu unempfindlich bei einigen Mykotoxinen – In einigen Fällen zu geringe Trennung (daher 2D-Technik) – Geringe Wiederholbarkeit
Hochleistungsdünnschichtchromatographie (HPTLC)	– Quantitativ mittels Densidometrie – Parallel-Bestimmung mehrerer Proben	– Zu unempfindlich bei einigen Mykotoxinen
Hochleistungsflüssigchromatographie (HPLC)	– Sensitive und selektive Methode, einfach zu automatisieren	– Detektierte Mykotoxine müssen eine UV-VIS-Absorption, Fluoreszens aufweisen oder pre- oder postcolumn derivatisiert werden
HPLC-MS oder HPLC-MS/MS	– Ermöglicht die höchste Selektivität – Multi-Mykotoxin-Detektion? – Sehr empfindlich	– Sehr teuer in der Anschaffung – Der Betrieb bedarf eines Spezialisten
Gaschromatographie (GC) und GC-MS	– Ermöglicht eine hohe Selektivität – GC-MS ist auch sehr empfindlich	– Mykotoxine müssen eine gewisse Verdampfbarkeit aufweisen oder zuvor geeignet derivatisiert werden – Einfache GC-Systeme mit herkömmlichen Detektoren sind meist zu unempfindlich – Sehr teuer in der Anschaffung – Der Betrieb bedarf eines Spezialisten
Kapillarzonenelektrophorese (CE)	– Geringe Probenvolumina nötig – Alternative Trenntechnik – Schnelle Methode	– Sehr instabile und unreproduzierbare Trennungen – Schwer validierbar
Enzymimmuno-Test (ELISA)	– Sensitive und selektive Methode, einfach zu automatisieren	– Ergebnisverfälschung durch Matrixbestandteile – Empfindlich gegenüber zu hohen Konzentration organischer Lösungsmittel – Kreuzreaktivität der Antikörper

Allen diese Verfahren sind Aufkonzentrierung bzw. Aufreinigungsverfahren vorgeschaltet, wobei sich in den letzten Jahren die Verwendung von so genannten Immunoaffinitätssäulen (kurz IAC) besonders bewährt hat. Diese IAC-HPLC-Verfahren konnten soweit validiert werden, dass die meisten heutigen Normverfahren der CEN und ISO auf dieser Technik beruhen.

Als Alternative oder auch Referenzverfahren werden seit wenigen Jahren in der Mykotoxinanalytik die HPLC-MS und vermehrt auch die HPLC-MS/MS eingesetzt. Auf Grund der hohen Selektivität und Spezifität ist bei den meisten HPLC-MS und HPLC-MS/MS-Verfahren nur eine geringe Aufreinigung notwendig und zum Teil können die vom Lebensmittel mit geeigneten Lösungsmitteln gewonnenen Extrakte direkt ohne zugvoriges Cleanup verwendet werden. In Tabelle 17.7 ist ein Vergleich der gebräuchlichen Standardverfahren, Normverfahren und HPLC-MS bzw. HPLC-MS/MS-Verfahren dargestellt.

Ausgehend von den Bemühungen sehr viele Mykotoxine mittels HPLC-MS/MS zu erfassen, werden vermehrt auch wieder Bestrebungen aufgenommen, vergleichbar der Entwicklung in der Pestizidanalytik so genannte Multi-Mykotoxin-Analysenmethoden zu entwickeln. Erste Veröffentlichungen zu dem Thema zeigen, dass hierbei das Problem nicht bei der Trennung und Detektion der verschiedenen Mykotoxine liegt, sondern in der reproduzierbaren als auch hinreichenden Extraktion/Aufreinigung mittels eines einfach handhabbaren Systems aus verschiedenen Lebensmittelmatrizes. Das Problem der Aufreinigung soll ent-

Tabelle 17.7. Vergleich der gebräuchlichen chemisch-analytischen Standardverfahren, Normverfahren und HPLC-MS bzw. HPLC-MS/MS in der Mykotoxinanalytik

Mykotoxingruppe	Mykotoxine	Standardverfahren	CEN/ISO	HPLC-MS od. HPLC-MS/MS
Alternarien	Alternariol	SPE – HPLC-UV	–	(–) ES/MS
	AAL Toxins	SPE – HPLC-FLD	–	(+) ES-MS/MS
	Tenuazonsäure	SPE – HPLC-UV	–	(–) ES/MS
Aflatoxine	G_1, G_2, B_1, B_2	IAC-HPLC-FLD	IAC-HPLC-FLD	(+) ES-MS
	M_1, M_2	IAC-HPLC-FLD	–	–
Ochratoxine	OTA, OTB	IAC-HPLC-FLD	SPE od. IAC-HPLC-FLD	(+) ES-MS/MS
Fumonisine	B_1, B_2, B_3, (B_4)	IAC-HPLC-FLD	IAC-HPLC-FLD	(+) ES-MS/MS
Patulin	PAT	LLE-HPLC-UV	LLE-HPLC-UV	(–) ES-MS/MS
Citrinin		SPE-HPLC-FLD	–	(–) ES/MS
Trichothecene	DON	IAC-HPLC-UV	IAC-HPLC-UV	(–, +) ES-MS/MS
	DON, NIV	SPE-HPLC-FLD	–	(–, +) ES-MS/MS
	A, B	IAC, SPE-GC/ECD od. GC/MS	–	(–, +) ES-MS/MS
Zearalenon	ZEA, ZAN...	IAC-HPLC-FLD	IAC-HPLC-FLD	(–, +) ES-MS/MS

weder durch Verwendung unspezifischer Aufreinigungssysteme oder durch Einsatz von Multi-Mykotoxin-IACs erfolgen [43,44]. (Zur Bestimmung von Deoxynivalenol s. auch Kap. 10.3.1.)

17.4.3
Analytik von marinen Biotoxinen

Für Erfassung der DSP, PSP und ASP werden heutzutage vielfach so genannte Maus-Bioassays eingesetzt, wobei Algenextrakte bzw. Extrakte der zu untersuchenden Muschelprobe direkt der Maus injiziert bzw. oral appliziert werden. Es werden dann über einen bestimmten Zeitraum die Reaktionen der Versuchstiere

Tabelle 17.8. Bioassay und physikalisch-chemisch Methoden für marine Biotoxine im Vergleich [27]

	PSP	NSP	DSP	ASP	AZP	CFP
Charakterist. Toxine	Saxitoxin	Brevetoxin	Okadasäure, Dinophysistoxin	Domoinsäure	Azaspirosäure	Ciguatoxin
Bioassay	Maus	Maus	Maus, Phosphataseinhibitionstest	Maus	Cytoxizitätstest	Maus, Neuroblastentest
Bioassay Nachweisgrenze	20 µg STX eq/ 100 g	20 µg STX eq/ 100 g	20 µg STX eq/ 100 g; PPIH: 20 µg STX eq/ 100 g	unbekannt	unbekannt	Neuroblast.: 10 ng/mL
Chemischanalyt. Verfahren	LC-MS, HPLC, ELISA, Dippstick	LC-MS, HPLC	LC-MS, HPLC, ELISA, Dippstick	LC-MS, HPLC, ELISA, Dippstick	LC-MS	LC-MS, HPLC, Serumimmunoassay
Nachweisgrenzen	LC-MS: 0,5 ng ELISA: 0,03 ng/mL	LC-MS: 2 ng/g	LC-MS: 0,5 pg ELISA: 7 ng/mL RIA: 0,2 pmol	LC-MS: 5 ng/mL ELISA: 0,15 ng/mL	LC-MS: ???	LC-MS: 0,1 ng/mL SIA: 0,05 ng/mL

(Abkürzungen: PSP (Paralytisch wirkende Muschelgifte), NSP (Neurotoxisch wirkende Muschelgifte), DSP (Diarrhöisch wirkende Muschelgifte), ASP (Amnesie bewirkende Muschelgifte), AZP (Azaspiro-Muschelgifte), CFP (Ciguatoxine), STX (Saxitoxin), PPIH (Phosphataseinhibitionstest), RIA (Radioimmunoassay), SIA (Serumimmunoassay)) beobachtet und deren Reaktionen protokolliert. So wird z. B. bei PSP die Sterblichkeitsrate der Tiere aufgezeichnet und daraus z. B. die Muschel-Belastung berechnet. Es ist klar nachvollziehbar, dass diese Testsysteme bedingt durch ihre geringe Spezifität (denn es werden die Gruppen z. B. PSP in Summe erfasst und können nicht von begleitenden anderen Gruppen wie ASP oder DSP differenziert werden) und durch ihre geringe Empfindlichkeit in die Diskussion geraten sind. Hinzu kommt, dass diese Bioassays einen nach heutiger Sicht unnötigen Tierversuch darstellen, da alternative biochemische als auch chemische Methoden zur Verfügung stehen. So werden zur Analyse der in der Tabelle aufgeführten Gruppen neben ELISA-Verfahren vor allem HPLC-Systeme mit UV-Detektion oder Fluoreszenzdetektion bzw. seit einigen Jahren verstärkt LC-MS oder LC-MS/MS eingesetzt. Mit diesen Verfahren ist es möglich toxinspezifisch die Proben zu untersuchen und somit eine differenzierte Aussage über die Belastung treffen zu können [27, 45].

17.4.4
Analytik von herstellungsbedingten Toxinen

Die für diese Verbindungen eingesetzten Verfahren sind sehr verschieden, beruhen aber meist auf einer chromatographischen Trennung mittels HPLC oder GC und einer spezifischen Detektion mittels Selektivdetektoren (im Falle der Nitrosamine mittels Thermo-Energie-Detektor) oder der Massenspektrometrie. In der Tabelle 17.9 sind die derzeitig eingesetzten Analysenverfahren für herstellungsbedingte Toxine zusammengeführt.

Die Problematik dieser vielen verschiedenen Verbindungen ist seit Jahren in der Wissenschaft bekannt, wurde aber nie unter der Gesamtheit der herstellungsbedingten Toxine zusammengefasst. Diese Zusammenführung ist erst seit der Acrylamidproblematik erfolgt.

Tabelle 17.9. Herstellungsbedingte Toxine – Analysenverfahren

Herstellungsbedingtes Toxin	Methode	Nachweisgrenze	Literaturstelle
Acrylamid	HPLC-MS/MS	30 µg/kg	[46]
	GC-MS	10 µg/kg	
	GC-MS/MS	5 µg/kg	[47]
Chlorpropanol (3-MCPD)	HFBI-Derivatisierung/ GC-MS	10 µg/kg	[48]
Heterozyklische Aromatische Amine (MeIQ)	HPLC-MS/ HPLC-MS/MS	5 pg bei 25 µL Injektion	[49]
Furan	Headspace-GC-MS	1 µg/kg	[50]
Nitrosamine	GC-TEA		[51]

17.5
Literatur

1. Codex General Standard for Contaminants and Toxins in Foods – CODEX STAN 193-1995 (4. Revision 2004)
2. VO (EWG) Nr. 315/93 des Rates vom 8. Februar 1993 zur Festlegung von gemeinschaftlichen Verfahren zur Kontrolle von Kontaminanten in Lebensmitteln (ABl. Nr. L 37 vom 13.2.1993 S. 1; zuletzt geändert durch VO (EG) 1882/2003 – ABl. Nr. L 284 vom: 31.10.2003 S. 1)
3. LMH-VO-852, s. Abkürzungsverzeichnis 46.2
4. VO (EG) Nr. 1881/2006 der Kommission vom 19. Dezember 2006 zur Festsetzung der Höchstgehalte für bestimmte Kontaminanten in Lebensmitteln (ABl. Nr. L 364 vom 20.12.2006 S. 5; zuletzt geändert durch VO (EG) Nr. 629/2008 – ABl. Nr. L 173 vom 3.7.2008 S. 6)
5. VO (EG) Nr. 466/2001 der Kommission vom 8. März 2001 zur Festsetzung der Höchstgehalte für bestimmte Kontaminanten in Lebensmitteln (ABl. Nr. L 77 vom 16.3. 2001 S. 1, aufgehoben/ersetzt gemäß Art. 10 VO (EG) 1881/2006)
6. VO (EG) Nr. 401/2006 der Kommission vom 23. Februar 2006 zur Festlegung der Probenahmeverfahren und Analysemethoden für die amtliche Kontrolle des Mykotoxingehalts von Lebensmitteln (ABl. Nr. L 70 vom 9.03.2006 S. 12)
7. Hygiene-VO-853, s. Abkürzungsverzeichnis 46.2
8. VO (EG) Nr. 2074/2005 der Kommission vom 5. Dezember 2005 zur Festlegung von Durchführungsvorschriften für bestimmte unter die VO (EG) Nr. 853/2004 des EP und des Rates fallende Erzeugnisse und für die in den VO (EG) Nr. 854/2004 des EP und des Rates und (EG) Nr. 882/2004 des EP und des Rates vorgesehenen amtlichen Kontrollen, zur Abweichung von der VO (EG) Nr. 852/2004 des EP und des Rates und zur Änderung der VO (EG) Nr. 853/2004 und (EG) Nr. 854/2004 (ABl. Nr. L 338 vom 22.12.2005 S. 27; zuletzt geändert durch VO (EG) Nr. 1250/2008 – ABl. Nr. L 337 vom 16.12.2008 S. 31)
9. VO (EG) Nr. 1831/2003 des EP und des Rates vom 22. September 2003 über Zusatzstoffe zur Verwendung in der Tierernährung (ABl. Nr. L 268 vom 18.10.2003 S. 29; ber. 2004 L 192 S. 34); zuletzt geändert durch VO (EG) Nr. 378/2005 – (ABl. Nr. L 59 vom: 5.3.2005 S. 8)
10. VO (EG) Nr. 183/2005 des EP und des Rates vom 12. Januar 2005 mit Vorschriften für die Futtermittelhygiene (ABl. Nr. L 35 vom 8.2.2005 S. 1, ber., ABl. Nr. L 50 vom: 23.02.2008 S. 71; zuletzt geändert VO (EG) 219/2009 – ABl. Nr. L 87 vom: 31.3.2009 S. 109)
11. RL 2002/32/EG des EP und des Rates vom 7. Mai 2002 über unerwünschte Stoffe in der Tierernährung (ABl. Nr. L 140 vom 30.05.2002 S.10; geändert durch 2003/57/EG – ABl. Nr. L 151 vom 19.6.2003 S. 38; zuletzt geändert durch VO (EG) 219/2009 – ABl. Nr. L 87 vom: 31.3.2009 S. 109)
12. Empfehlung 2006/576/EG der Kommission vom 17. August 2006 betreffend das Vorhandensein von Deoxynivalenol, Zearalenon, Ochratoxin A, T-2- und HT-2-Toxin sowie von Fumonisinen in zur Verfütterung an Tiere bestimmten Erzeugnissen (ABl. Nr. L 229 vom 23.08.2006 S. 7)
13. MHmV, s. Abkürzungsverzeichnis 46.2
14. K. Scudamore, Mycotoxins, S. 134–172 in J. Gilbert und H. Senyuva (Hrsg.) Bioactive Compounds in Foods: Natural and Man-made Components, Wiley & Sons, Chichester (2008)
15. G. Engelhardt, Bayerisches Staatsministerium für Umwelt, Gesundheit und Verbraucherschutz (2008) URL: www.vis.bayern.de/ernaehrung/fachinformationen/verbraucherschutz/unerwuenschte_stoffe/mykotoxine.htm (Stand 19.04.2009)

16. K. Sinha, D. Bhatnagar (Hrgs.), „Mycotoxins in Agriculture and Food Safety", New York, Marcel Dekker (1998)
17. D. Diaz, The Mycotoxin Blue Book, Nottingham, Nottingham Unsiversity Press (2005)
18. Hamed K. Abbas, Aflatoxin and Food Safety, Boca Raton, CRC Press (2005)
19. WHO Food Additives Series No. 47, Safety evaluation of certain mycotoxins in food, Genf, WHO (2001)
20. A. J. Alldrick, Zearalenone, S. 352–366 in N. Magan, M. Olsen (Edit.), Mycotoxins in food, Cambridge, Woodhead Publishing (2004)
21. G. Speijers, Patulin, S. 339–352 in N. Magan, M. Olsen (Edit.), Mycotoxins in food, Cambridge, Woodhead Publishing (2004)
22. V. Křen, L. Cvak, Ergot: the genus Claviceps, Boca Raton, CRC Press (1999)
23. R. Lawley, L. Curtis, J. Davis, Food Safety Hazard Guidebook, Cambridge, RSC-Publishing (2009)
24. J. W. Leftley, F. Hanna, Phycotoxins in Seafood, S. 52–97 in J. Gilbert und H. Senyuva (Hrsg.) Bioactive Compounds in Foods: Natural and Man-made Components, Wiley & Sons, Chichester: 2008
25. Y. H. Hui, D. Kitts, P. Stanfield, Foodborne Disease Handbook – Volume 4: Seafood and enviromental toxins, New York Marcel Dekker (2001)
26. EFSA, Marine biotoxins in shellfish – okadaic acid and analogues – Scientific Opinion of the Panel on Contaminants in the Food chain, EFSA-Q-2006-065A, The EFSA Journal 589, 1–62 (2008)
27. L. M. Botana, Seafood and freshwater toxins: pharmacology, physiology, and detection, Boca Raton, CRC Press (2008)
28. Y. Shimizu, H.-N. Chou, H. Bando, G. Van Duyne, J. C. Clardy, J. Am. Chem. Soc. 108, 514 (1986)
29. G. Egli, B. Federspiel, A. Meier-Abt, H. Kupferschmidt, Akute Nahrungsmittelvergiftungen, Schweiz Med Forum 5:494–499 (2005)
30. B. Engli, SKLM-Stellungnahme „Microcystine in Algenprodukten zur Nahrungsergänzung" vom 28. September 2005 (URL: www.dfg.de/aktuelles_presse/reden_stellungnahmen/2006/download/sklm_microcystine_annex_28092005.pdf (Stand 19.04.2009)
31. P. Tonu, Principles of Food Toxicology, Boca Raton, CRC Press (2008)
32. Olsen, R. W.: Absinthe and γ-aminobutyric acid receptors. In: Proc. Natl. Acad. Sci. USA Bd. 97, S. 4417–4418 (2000)
33. Gesundheitliche Bewertung des BfR Nr. 043/2006 vom 16. Juni 2006; Verbraucher, die viel Zimt verzehren, sind derzeit zu hoch mit Cumarin belastet; Url: www.bfr.bund.de/cm/208/verbraucher_die_viel_zimt_verzehren_sind_derzeit_zu_hoch_mit_cumarin_belastet.pdf (Stand: 19.04.2009)
34. Stellungnahme Nr. 028/2007 des BfR vom 10. Januar 2007, Salatmischung mit Pyrrolizidinalkaloid-haltigem Greiskraut verunreinigt, URL: www.bfr.bund.de/cm/208/salatmischung_mit_pyrrolizidinalkaloid_haltigem_geiskraut_verunreinigt.pdf (Stand: 19.04.2009)
35. M. Metkam, Phytoestrogene, Phytogestagene und Phytoandrogene, Journal für Menopause 8 (4), 12–18 (2001)
36. Aktualisierte Stellungnahme Nr. 039/2007 des BfR vom 3. April 2007, Isolierte Isoflavone sind nicht ohne Risiko, URL: www.bfr.bund.de/cm/208/isolierte_isoflavone_sind_nicht_ohne_risiko.pdf (Stand: 19.04.2009)
37. R. H. Stadler, D. R. Lineback (Hrsg.), Process-Induced Food Toxicants – Occurrence, Formation, Mitigation, and Health Risks, Hoboken, Wiley & Sons (2009)
38. C. P. Locas, V. A. Yaylayan, Origin and Mechanistic Pathways of Formation of the Parent FuranA Food Toxicant, J. Agric. Food Chem. 52 (22), 6830–6836 (2004)

39. M. Miraglia, F. Debegnach, C. Brera, „Mycotoxins: Detection and Control", in D. Watson (ed.), „Pestizide, veterinary and other residues in food", Boca Raton, CRC-Press (2004)
40. N. Magan, M. Olson (Hrsg.), „Mycotoxins in Food – Detection and Control", Boca Raton, CRC Press (2004)
41. V. Betina, „Chromatography of Mycotoxins – Techniques and Applications", Amsterdam, Elsevier (1993)
42. M. Trucksess, A. Pohland (Hrsg.), „Mycotoxin Protocols", Totowa, Humana Press (2001)
43. S. Biselli S, H. Wegner, C. A. Hummert, Multicomponent method for Fusarium toxins in cereal based food and feed samples using HPLC-MS/MS. Mycotoxin Research 1, 18–22 (2005)
44. J.-Y. Pierard, Ch. Depasse, A. Delafortie, J.-C. Motte, Multi-mycotoxin determination methodology, in Barug D., van Egmond H., Lopez-Garcia R., van Osenbruggen and Visconti A.; Meeting the mycotoxin menace, Den Haag, Wageningen Academic Publishers, 255–268 (2004)
45. B. Lukas, Vorkommen und Analytik von Algentoxinen, in Günzler H (Hrsg.) Analytiker-Taschenbuch, Band 20, Berlin: Springer-Verlag, 215–247 (1999)
46. T. Wenzl, M. Beatriz de la Calle, E. Anklam, Analytical methods for the determination of acrylamide in food products: a review. Food Additives and Contaminants 10, 885–902 (2003)
47. K. Hoenicke, R. Gatermann, W. Harder, L. Hartig, Analysis of acrylamide in different foodstuffs using liquid chromatography–tandem mass spectrometry and gas chromatography–tandem mass spectrometry. Analytica Chimica Acta 520, 207–215 (2004)
48. C. G. Hamlet, P. A. Sadd, C. Crews, Occurrence of 3-chloro-propane-1,2-diol (3-MCPD) andrelated compounds in foods: a review, Food Additives and Contaminants 19 (7), 619–631 (2002)
49. E. Barceló-Barrachina, E. Moyano, L. Puignou, M. T. Galceran, Evaluation of reversed-phase columns for the analysis of heterocyclic aromatic amines by liquid chromatography–electrospray mass spectrometry, Journal of Chromatography B 802, 45–59 (2004)
50. A. Becalski, St. Seaman, Furan Precursors in Food: A model study and development of a simple headspace method for determination of Furan, Journal of AOAC International 88(1), 102–106 (2005)
51. R. Preussmann (Hrsg.), DFG. Das Nitrosamin-Problem. Weinheim, VCH (1983)

Weiterführende Informationen und Veröffentlichungen

- R. Lawley, L. Curtis, J. Davis, Food Safety Hazard Guidebook, Cambridge, RSC-Publishing (2009)
- J. Gilbert und H. Senyuva (Hrsg.) Bioactive Compounds in Foods: Natural and Man-made Components, Wiley & Sons, Chichester (2008)
- H. Dunkelberg, T. Gebel, A. Hartwig (Hrsg.), Handbuch der Lebensmitteltoxikologie, 5 Bde.: Belastungen, Wirkungen, Lebensmittelsicherheit, Hygiene: Weinheim, Wiley-VCH (2006)
- H. R. Riemann, D. O. Oliver (Hrsg.) Foodborne Infections and Intoxications: Third edition Amsterdam, Elsevier (2006)

Kapitel 18

Lebensmittelbestrahlung

CLAUS WIEZOREK

Chemisches und Veterinäruntersuchungsamt Münsterland-Emscher-Lippe
PF 1980, 48007 Münster, claus.wiezorek@cvua-mel.de

18.1	Lebensmittelwarengruppen	491
18.2	Beurteilungsgrundlagen	491
18.3	Warenkunde	494
18.3.1	Bestrahlungszulassungen	494
18.3.2	Bestrahlungsziele und erforderliche Bestrahlungsdosen	494
18.3.3	Technik und Wirkung der Bestrahlung	498
18.3.4	Nebenwirkungen der Bestrahlung und deren toxikologische Aspekte	500
18.3.5	Bestrahlungspraxis	502
18.4	Qualitätssicherung	504
18.4.1	Maßnahmen in Bestrahlungsbetrieben	504
18.4.2	Nachweisverfahren einer Bestrahlung	505
18.5	Literatur	506

18.1
Lebensmittelwarengruppen

Obst, Gemüse, Gewürze, Geflügel, Kartoffeln, Getreide, Fische, Muscheln, Garnelen, Pilze, Knoblauch, Zwiebeln u. a. m.

18.2
Beurteilungsgrundlagen

- Richtlinie 1999/2/EG (Rahmenrichtlinie) [1]
- Richtlinie 1999/3/EG (Durchführungsrichtlinie) [2]
- Richtlinie 2000/13/EG (Etikettierung, Aufmachung, Werbung) [3]
- Leitfaden zur Überprüfung von Bestrahlungsanlagen [4]
- LMBestrV [5]
- Allgemeinverfügung gemäß § 54 LFGB über das Verbringen und Inverkehrbringen von tiefgefrorenen mit ionisierenden Strahlen behandelten Froschschenkeln [6]

- Verfahrensleitsätze der Codex-Alimentarius-Kommission [7]
- LMH-VO-852 (Lebensmittelhygiene) [26].

Die Lebensmittelbestrahlung wird weltweit durch nationales Recht geregelt. Dieses schließt die Bestrahlungsvorgaben (Art des Lebensmittels, Bestrahlungszweck, maximale Dosis) sowie die Überwachung von Bestrahlungsanlagen ein.

In der Europäischen Union sind zwei Richtlinien [1,2] maßgebend, welche der Angleichung der Rechtsvorschriften der Mitgliedstaaten über mit ionisierenden Strahlen behandelte Lebensmittel und Lebensmittelbestandteile bzw. der Festlegung einer Gemeinschaftsliste von mit ionisierenden Strahlen behandelten Lebensmitteln und Lebensmittelbestandteilen dienen. In der Rahmenrichtlinie [1] wird betont, dass Bestrahlung kein Ersatz für gute Herstellungspraxis sein darf und dass Lebensmittel nur dann mit ionisierenden Strahlen behandelt werden dürfen, wenn es aus hygienischen Gründen erforderlich ist oder damit ein technischer Vorteil oder ein Nutzen für den Verbraucher verbunden ist.

Eine stufenweise zu erstellende Positivliste soll die zu behandelnden Lebensmittel sowie die zur Erreichung des gewünschten Bestrahlungszieles zugelassenen Höchstdosen festlegen.

Die Richtlinie stellt den Mitgliedstaaten frei, nationale Beschränkungen zu erlassen, wenn mit der Bestrahlung ein Gesundheitsrisiko verbunden wäre. Sie gibt die Etikettierung von bestrahlten Lebensmitteln sowie von bestrahlten Bestandteilen (selbst wenn diese weniger als 25% Anteil darstellen) vor und legt die Zulassungsanforderungen für Bestrahlungsanlagen sowie die Vorgaben für die Bestrahlungstechnik und die Dosimetrie fest. Über alle Behandlungen ist in den Bestrahlungsanlagen ein Register zu führen, in dem die wesentlichen Angaben zu den jeweiligen Produkten und Bestrahlungsparametern dokumentiert werden.

Die Durchführungsrichtlinie [2] enthält eine erste Liste der Lebensmittel, die in allen Mitgliedstaaten bestrahlt und in Verkehr gebracht werden dürfen. Hier sind derzeit lediglich getrocknete aromatische Kräuter und Gewürze für eine Bestrahlung mit einer maximalen durchschnittlich absorbierten Gesamtdosis von 10 kGy aufgeführt. Darüber hinaus können die Mitgliedstaaten an ihrer bisherigen Bestrahlungspraxis bis zur Fertigstellung der stufenweise ergänzten Positivliste festhalten.

Daneben werden gemäß der Richtlinie Verzeichnisse der für die Behandlung von Lebensmitteln zugelassenen Bestrahlungsanlagen sowohl innerhalb als auch außerhalb der Europäischen Gemeinschaften geführt. Nur in einer der dort genannten Anlagen behandelte bestrahlte Lebensmittel dürfen im gemeinsamen Markt in Verkehr gebracht werden. In der EU sind dem gemäß zurzeit in Belgien, Dänemark, Deutschland, Frankreich, Niederlande, Polen und dem Vereinigten Königreich Anlagen für die Anwendung auf Lebensmittel zugelassen.

Die Zulassung der Bestrahlungsanlagen erfolgt auf der Grundlage der Anforderungen der RL 1999/2/EG [1], welche in einem Leitfaden für die zuständigen Behörden [4] praktisch umgesetzt wurde. Hierin werden neben Angaben zur Bestrahlungsanlage und deren qualifiziertem Personal Informationen zu der verwendeten Strahlenquelle, über die Anlagen-, Lagerungs- und Prozessparameter sowie über die Dosimetrie abgefragt. Eine lückenlose Dokumentation muss den gesamten Bestrahlungsprozess nachvollziehbar darstellen.

Die RL 2000/13/EG [3] regelt unter anderem in Artikel 5, Satz 3 für bestrahlte Lebensmittel im Zusammenhang mit der Verkehrsbezeichnung den erforderlichen Hinweis „bestrahlt" oder „mit ionisierender Strahlung behandelt" in den verschiedenen Landessprachen.

In Deutschland wurde die Rahmenrichtlinie [1], die Durchführungsrichtlinie [2] und Bestimmungen der RL 2000/13/EG [3] am 14. Dezember 2000 durch die Verordnung über die Behandlung von Lebensmitteln mit Elektronen-, Gamma- und Röntgenstrahlen, Neutronen oder ultravioletten Strahlen (Lebensmittelbestrahlungsverordnung – LMBestrV) [5] in deutsches Recht umgesetzt. Nach § 1 ist die Bestrahlung von getrockneten aromatischen Kräutern und Gewürzen zugelassen, wenn die maximale durchschnittliche Gesamtdosis nicht mehr als 10 kGy beträgt, die Bestrahlung nicht in Verbindung mit einer chemischen Behandlung mit gleichem Ziel angewandt wird und die Vorgaben zur Dosimetrie eingehalten werden. Das bei der Bestrahlung verwendete Verpackungsmaterial muss für diesen Zweck geeignet sein. Die Kennzeichnung muss mit den Worten „bestrahlt" oder „mit ionisierenden Strahlen behandelt" erfolgen. Eine Allgemeinverfügung vom 15. Juni 2006 erlaubt zudem, tiefgefrorene Froschschenkel, die mit einer maximalen durchschnittlichen Gesamtdosis von 5 kGy bestrahlt wurden und sich in einem europäischen Mitgliedstaat rechtmäßig im Verkehr befinden, in der Bundesrepublik Deutschland in Verkehr zu bringen [6].

Bestrahlungsanlagen müssen durch die nach Landesrecht zuständigen Behörden für diesen Zweck zugelassen sein. Voraussetzung dafür ist, dass die Anlage den Anforderungen der empfohlenen internationalen Verfahrensleitsätze der Codex-Alimentarius-Kommission für das Betreiben von Bestrahlungseinrichtungen für die Behandlung von Lebensmitteln (FAO/WHO/CAC/Vol XV Ausgabe 1) [7] entspricht und dass eine für die Einhaltung der Bestrahlungsbedingungen der Anlage verantwortliche Person benannt wurde.

Generell zugelassen ist die UV-Bestrahlung von Trinkwasser und von Oberflächen von bestimmten Lebensmitteln zur Entkeimung. Bei den Lebensmitteln handelt es sich um Obst- und Gemüseerzeugnisse sowie um Hartkäse bei der Lagerung. Auch die indirekte UV-Strahlenexposition von anderen Lebensmitteln durch Entkeimung der Luft ist zugelassen.

Fallbeispiel 18.1: Bestrahlte getrocknete Pilze

Getrocknete Mu-err-Pilze wurden im Handel in einer Fertigpackung angeboten. Auf dem Etikett befand sich die Hinweise „Bestrahlt" und „Zu verwenden wie ein Gewürz". Die Pilze wurden in einem amtlichen Labor mittels Thermolumineszenz auf Bestrahlung untersucht. Das Ergebnis bestätigte, die Pilze wurden bestrahlt.

Nach der Lebensmittel-Bestrahlungsverordnung ist eine Bestrahlung jedoch nur für getrocknete, aromatische Kräuter und Gewürze zugelassen. Pilze und Pilzerzeugnisse dürften allenfalls nur dann bestrahlt werden, wenn sie in erster Linie als Gewürz dienen. Darauf zielte wohl der auf dem Etikett gegebene Hinweis „Zu verwenden wie ein Gewürz" ab.

Das Deutsche Lebensmittelbuch enthält Leitsätze für Gewürze und andere würzende Mittel. Der Begriff „Gewürze" schließt Kräuter sowie solche Pilze ein, die wegen ihrer Geschmack und/oder Geruch gebenden Eigenschaften verwendet werden. Mu-err-Pilzen fehlen aber diese Eigenschaften. Sie werden als Speisepilze definiert. Daran ändert auch der Hinweis „Zu verwenden wie ein Gewürz" nichts. Die Bestrahlung war deshalb nicht zulässig.

18.3
Warenkunde

18.3.1
Bestrahlungszulassungen

Tabelle 18.1 zeigt die gem. Artikel 4 Absatz 6 der RL 1999/2/EG [1] für eine Bestrahlung zugelassenen Produkte (Stand 05/2006).

18.3.2
Bestrahlungsziele und erforderliche Bestrahlungsdosen

Die Ziele der Lebensmittelbestrahlung reichen von einer Reifungsverzögerung (z. B. von Zwiebeln oder exotischen Früchten) über die Verhinderung des vorzeitigen Verderbs (z. B. durch Schimmelpilzbefall) bis hin zur Abtötung von pathogenen Mikroorganismen (z. B. Salmonellen). Die Wirkung basiert auf der Hemmung des Wachstums von proliferierendem Gewebe oder der Reduzierung von Mikroorganismen durch ionisierende Strahlung. Das jeweilige Bestrahlungsziel ist entscheidend für die Bestrahlungsdosis, welche, um unerwünschte Nebeneffekte zu minimieren, so niedrig wie möglich sein sollte.

Grundsätzlich muss eine Strahlenbehandlung technologisch notwendig, gesundheitlich unbedenklich und für den Verbraucher nützlich sein. Die Vorgaben dazu werden durch Rechtsvorschriften geregelt.

Tabelle 18.2 zeigt die Anwendungen ionisierender Strahlung, üblicherweise geordnet nach den Dosisbereichen in der Einheit kGy (1 Gray (Gy) = 1 Joule/Kilogramm), im Überblick. Im Folgenden wird auf die einzelnen Anwendungsbereiche eingegangen.

Keimungshemmung und Reifungsverzögerung

Pflanzliche Lebensmittel (z. B. exotische Früchte), die bis zum Verbrauch lange Transportwege zurücklegen oder unter ungünstigen Bedingungen gelagert wer-

Tabelle 18.1. In der EU für eine Bestrahlung zugelassene Produkte

Produkt	\multicolumn{6}{c}{Mitgliedstaaten zugelassene max. Dosis [kGy]}					
	BE	FR	IT	NL	PL	UK
Tiefgefrorene Gewürzkräuter	10	10				
Kartoffeln	0,15		0,15		0,1	0,2
Süßkartoffeln						0,2
Zwiebeln	0,15	0,075	0,15		0,06	0,2
Knoblauch	0,15	0,075	0,15		0,15	0,2
Schalotten	0,15	0,075				0,2
Gemüse, einschl. Hülsenfrüchte	1					1
Hülsenfrüchte			1			
Obst (einschl. Pilze, Tomaten, Rhabarber)	2					2
Erdbeeren	2					
Getrocknete Gemüse und Früchte	1	1		1		
Getreide	1					1
Getreideflocken und -keime für Milchprodukte	10	10				
Getreideflocken			1			
Reismehl	4	4				
Gummiarabikum	3	3		3		
Hühnerfleisch				7		
Geflügel	5	5				
Geflügel (Hausgeflügel, Gänse, Enten, Perlhühner, Tauben, Wachteln und Truthähne)	7					7
Mechanisch gewonnenes Hühnerfleisch	5	5				
Innereien von Hühnern	5	5				
Tiefgefrorene Froschschenkel	5	5		5		
Dehydriertes Blut, Plasma, Koagulate	10	10				
Fische und Muscheln (einschl. Aale, Krustentiere und Weichtiere)	3					3
Tiefgefrorene geschälte Garnelen	5	5				
Garnelen				3		
Eiklar	3	3		3		
Kasein, Kaseinate	6	6				

den müssen, sind von Verlustraten von bis zu 40% oder beträchtlichen Qualitätsverlusten betroffen.

Die Reifung nach der Ernte und damit verbundener Verlust der Festigkeit bei Obst und Fruchtgemüse können durch eine Bestrahlung mit einer Energiedosis von 0,1 bis 1 kGy verzögert werden [8]. Dieses beruht auf der Reduzierung der Synthese von Amino-Carboxy-Cyclopropan, welches als Vorstufe des Reifungsstoffes Ethylen gilt. Bei Früchten, die reif geerntet werden müssen (z. B. Erdbeeren), bewirkt Bestrahlung durch Verminderung der Pektinaseaktivität eine längere Haltbarkeit [9].

Tabelle 18.2. Übersicht über die Anwendungen der Bestrahlung

Dosisbereich [kGy]	Bestrahlungsziel	Produkte
0,04–0,15	Keimungshemmung	Kartoffeln, Zwiebeln, Knoblauch
0,15–0,75	Bekämpfung von Parasiten und Schadinsekten	Getreide, Früchte, Schweinefleisch, Fisch
0,25–1	Reifungsverzögerung	Früchte, Champignons
1–10	Reduzierung verderbnis- oder krankheitserregender Mikroorganismen	Gewürze, Geflügel, Froschschenkel, Meeresfrüchte, Eiprodukte
10–50	Dekontamination von Zutaten	Gewürze, Enzympräparate, Gummiarabikum
30–75	Sterilisation	Krankenhausdiäten, Kosmonautennahrung

Da biologisches Gewebe während des Wachstums besonders strahlenempfindlich ist, wird die Keimung von Kartoffeln, Zwiebeln und Knoblauch bereits durch Bestrahlungsdosen zwischen 0,04 kGy und 0,15 kGy unterdrückt. So kann bestrahlter Knoblauch nach 240 Tagen noch vermarktet werden, während sich der brauchbare Anteil bei dem unbestrahlten Produkt in diesem Zeitraum auf 19% reduziert [10]. In Kartoffeln wird als Nebeneffekt die Bildung von Zucker bei der alternativen Kühllagerung vermindert. Die optimale Lagertemperatur bestrahlter Produkte liegt im Bereich zwischen 14 °C und 16 °C. Ein Kostenvergleich zwischen der Kombination einer Bestrahlung mit anschließender sechsmonatiger Lagerung bei 16 °C und einer gleichlangen Kühllagerung zeigte für das Bestrahlungsmodell eine Ersparnis von 50% [11].

Bei der für Kühllagerung ungeeigneten Yamswurzel, als wichtigem Nahrungsmittel in tropischen Ländern, bewirkt eine Bestrahlung mit 0,075 bis 0,127 kGy eine Verlängerung der Haltbarkeit auf bis zu 6 Monate [12]. Zuchtchampignons, die mit 1 kGy bestrahlt wurden, öffnen ihren Pilzhut bei 10 °C erst nach einer Woche (unbestrahlt nach einem Tag) [13].

Bekämpfung von Parasiten und Schadinsekten

In den relativ niedrigen Dosisbereich bis 1 kGy fällt auch die Bekämpfung von Parasiten und Insekten.

Gesundheitsgefährdende Parasiten in Fleisch sind bei weltweit uneinheitlicher Überwachungspraxis ein wichtiges Thema des Verbraucherschutzes.

Als Beispiel für Protozoen kann der Erreger der Toxoplasmose, Toxoplasma gondii, durch welchen der menschliche Fötus bei Infektion der Mutter lebensbedrohlich erkranken kann, schon durch eine Bestrahlung des keimtragenden Fleisches mit 0,5 kGy wirksam abgetötet werden [14].

Bandwurmzysten in Rindfleisch und Trichinen in Schweinefleisch, welche bei unzureichender Erwärmung – Bandwurmzysten überstehen auch eine Temperatur von 100 °C – den Konsumenten infizieren können, werden schon durch 0,5 kGy soweit geschädigt, dass ihre Entwicklung verhindert wird und sie so inaktiviert werden [15].

Schadinsekten in Lebensmitteln führen zu erheblichen Produktionsverlusten und stellen ein Hygieneproblem dar. Die Strahlenempfindlichkeit von Insekten hängt stark von dem Entwicklungsstadium ab. Während zum Absterben ausgewachsener Tiere innerhalb weniger Tage Bestrahlungsdosen von 1–3 kGy erforderlich sind, reichen für die Inaktivierung von Insekteneiern weniger als 0,1 kGy aus. Da empfindliche Pflanzenprodukte bei 1 kGy bereits geschädigt werden, begnügt man sich mit der Sterilisierung der ausgewachsenen Insekten durch eine Bestrahlung mit 0,3 kGy, wodurch diese nach etwa drei Wochen absterben [16, 17].

Reduzierung von Mikroorganismen

Ein häufiges Ziel der Lebensmittelbestrahlung ist die Keimreduzierung pathogener oder verderbnisfördernder Bakterien, Hefen und Schimmelpilze, welche trotz vielseitiger Hygienemaßnahmen bei Produktion und Verarbeitung ein dauerhaftes Problem darstellen. Von der WHO wird die Bestrahlung hygienisch unsicherer Lebensmittel befürwortet. Dazu gehören entbeintes Geflügelfleisch, Froschschenkel, Rohmilchprodukte sowie Krusten- und Schalentiere. Freilandgemüse und Gewürze können durch Bodenbakterien oder Ausscheidungen von Vögeln verunreinigt sein. Sie gehören daher auch in diese Kategorie.

Die Strahlenempfindlichkeit der Mikroorganismen hängt jeweils stark von ihrer immanenten Fähigkeit ab, Strahlenschäden zu kompensieren. Diese ändert sich zudem gravierend mit den einzelnen Entwicklungsstadien. Nicht nur verschiedene Arten sondern auch die einzelnen Stämme derselben Art können unterschiedlich strahlenempfindlich sein. Weitere Einflussfaktoren werden durch die Wachstumsbedingungen, z. B. pH-Wert, Temperatur oder Wassergehalt, vorgegeben.

Tabelle 18.3 zeigt die Spannweiten der für eine Keimreduzierung um einen Faktor 10^6 erforderlichen Bestrahlungsdosen. *Salmonella* und andere nicht sporenbildende Bakterien, wie *Campylobacter*, *Shigella*, *Listeria* werden durch 10 kGy hinreichend abgetötet. Für Sporenbildner gilt dieses nur im vegetativen Zustand. In der Sporenform sind für eine hinreichende Reduzierung Bestrahlungsdosen teilweise weit oberhalb von 10 kGy erforderlich. Ebenso sind Viren nur durch Dosen oberhalb von 30 kGy zu bekämpfen.

Daher werden zum Zweck einer Strahlensterilisierung von Nahrungsmitteln für besonders gefährdete Personen oder bei besonderen hygienischen Anforderungen aus anderen Gründen (z. B. bei immunsupprimierten Patienten) Energiedosen von 25–45 kGy angewendet.

Tabelle 18.3. Keimreduktionsdosen von Bakterien, Hefen, Pilzen und Viren

Mikroorganismen	Dosis (kGy), Reduktionsfaktor 10^6
Salmonellen (Enteritis erregend)	2–5
Staphylococcus aureus	< 0,5–20
Bacillus u. *Clostridium* Sporen	10–30
Saccharomyces sp.	5–10
Candida sp.	7,5–20
Penicillium sp.	0,5–2
Aspergillus sp.	1,5–5
Viren	>30

Ausschließlich die Keimreduktion ist ebenso Ziel der UV-Bestrahlung. Auch hier bestehen große Unterschiede in der Empfindlichkeit der Mikroorganismen. So werden *Clostridien*, Pseudomaden, *Streptococcen* und *E. coli* Bakterien bereits durch eine UV-Dosis von ca. 5 mJ/cm^2, Hepatitis Viren und Sporen von *Bacillus subtilis* jedoch erst bei der doppelten Dosis zu 90% abgetötet. Für die gleiche Reduzierung von *Legionella pneumophilla* in Trinkwasser werden nur ca. 2 mJ/cm^2 benötigt.

18.3.3
Technik und Wirkung der Bestrahlung

Um die zuvor genannten Ziele zu erreichen, verwendet man in der Praxis ionisierende Strahlung mit hoher Eindringtiefe. Dazu gehören hochenergetische Elektronen, Röntgen- und Gammastrahlung. Die Dosis wird in Einheiten von Gray (Gy) gemessen, welche die Energieaufnahme von einem Joule pro Kilogramm (J/Kg) bedeutet.

Wegen ihrer extrem geringen Eindringtiefe wird die Dosis der UV-Bestrahlung als Energie pro Fläche in Einheiten mJ/cm^2 angegeben.

Bestrahlungstechniken

Hochenergetische Elektronenstrahlen werden mit Beschleunigeranlagen erzeugt. Man verwendet sie mit einer Energie von bis zu 10 MeV (Energie eines Elektrons nach Durchlaufen eines elektrischen Beschleunigungsfeldes mit einer Spannung von 10 Millionen Volt). Der gebündelt austretende Elektronenstrahl wird linear aufgefächert und auf das auf einem Fließband vorbeigeführte Bestrahlungsgut gelenkt.

Die relativ hohe Dosisleistung dieser Elektronenstrahlung fällt im Medium Wasser bereits in einer Schichttiefe von ca. 4 cm auf die Hälfte des Wertes an der Oberfläche ab. Die Elektronen werden dabei abgebremst und dringen nur ca. 5,5 cm ein.

Gammastrahlung des radioaktiven Kobalt-60 mit einer Energie von 1,2 und 1,3 MeV verliert bei exponentieller Intensitätsabnahme in Wasser erst in 9 cm Schichttiefe 50% der Dosisleistung und deponiert in 18 cm noch 25% der Energie. Man kann damit also Produkte mit größeren Abmessungen relativ homogen durchstrahlen, indem man diese aus mehreren Richtungen bestrahlt. Die Halbwertszeit von Kobalt-60 beträgt 5,3 Jahre. Aus Gründen der Wirtschaftlichkeit verbleiben die Strahlenquellen ca. 4 Halbwertszeiten in einer Bestrahlungsanlage. Danach werden die Quellen ausgetauscht.

Eine größere Eindringtiefe erreicht man auch mit hochenergetischer Röntgenstrahlung, die man durch Abbremsen beschleunigter Elektronen erzeugen kann. Allerdings ist das ein weniger effektives Verfahren, da nur ein Teil der Elektronenenergie in diese nutzbare Bremsstrahlung umgewandelt wird.

Die erforderliche Dosis wird durch die Aufenthaltsdauer des Bestrahlungsgutes im Strahlenfeld, in der Praxis durch die Transportgeschwindigkeit des Förderbandes, geregelt.

Zur Behandlung mit UV-Strahlen verwendet man Gasentladungslampen aus Quarzglas, welche geringe Mengen Quecksilber enthalten. Diese Quecksilberatome werden im Plasma zur Emission der benötigten UV-C-Strahlung mit einer Wellenlänge zwischen 180 nm und 280 nm angeregt. Aufgrund der hohen Absorption dieser Strahlung ist die Anwendung auf die Oberfläche von Lebensmitteln und auf Trinkwasser beschränkt. Die Eindringtiefe bei organischem Gewebe liegt je nach Beschaffenheit der Oberfläche in der Größenordnung von 10 μm.

Physikalisch-chemisch-biologische Wirkungen

Wenn ionisierende Strahlung in Materie eindringt, laufen innerhalb der ersten 10^{-13} Sekunden physikalische Energieübertragungsvorgänge ab. Bei Röntgen- und Gammastrahlung reagieren die Strahlungsquanten in Streu- und Absorptionsprozessen mit den Atomen, wobei Ionen und freie Elektronen mit hoher Bewegungsenergie entstehen. Diese können durch Stoßprozesse im Folgenden Sekundärelektronen aus der Bindung an Atome und Moleküle befreien. Bei Elektronenstrahlen wird deren Bewegungsenergie in Form von Streuprozessen bis zur vollständigen Abbremsung der Elektronen ebenso auf Sekundärelektronen übertragen. Diese bewirken Anregung und Ionisation von Molekülen.

In der sich anschließenden physikalisch-chemischen Phase, die etwa 10^{-10} Sekunden dauert, finden in den ionisierten Molekülen Energieumlagerungen statt, die schließlich zu sehr reaktiven Radikalen (z. B. OH- und H-Radikale) führen können. Da diese Vorgänge unmittelbar in jeder Art von Materie ablaufen, spricht man von Primärschäden.

Diese Radikale können in wasserhaltiger Materie in der chemischen Phase (ca. 10^{-6} s) diffusionskontrolliert mit umgebenden Biomolekülen Oxidations- und Reduktionsreaktionen eingehen und diese irreversibel schädigen. Man nennt diese mittelbar entstehenden Veränderungen Sekundärschäden.

Bei der Inaktivierung von Zellen lebender Organismen handelt es sich um Strangbrüche der DNA, deren Funktion für die Vitalität entscheidend ist.

Die Strahlenempfindlichkeit (Änderung der Überlebensrate bei geringer Erhöhung der Dosis) von Organismen, das gilt sowohl für Pro- als auch für Eukarionten, ist von der Dosis abhängig.

Während manche Populationen (z. B. Salmonellen) bereits bei kleinen Dosen eine hohe Strahlenempfindlichkeit aufweisen, zeigen andere (z. B. die Hefe *Trichosporon cutaneum*) erst oberhalb von 3 kGy eine signifikante Reaktion, da sie Strahlenschäden unterhalb dieser Dosis noch kompensieren können. Durch „Erschöpfung" dieser Fähigkeit zeigen diese Populationen dann bei höheren Dosen eine ähnlich hohe Strahlenempfindlichkeit wie die Populationen der ersten Art. Im Bereich hoher Strahlenempfindlichkeit bewirkt die Verdopplung der Bestrahlungsdosis in der Regel eine zehnfach höhere Abtötung.

Dieser zelluläre Schutz vor bleibenden Strahlenschäden reicht von Radikalfänger-Substanzen (reduziertes Glutathion, Cystein) bis hin zu komplexen enzymatischen Reparatursystemen, welche die geschädigte DNA restituieren können. Anwesender Sauerstoff konkurriert mit diesen Schutzmechanismen, indem irreversibel Peroxide gebildet werden und erhöht somit die Strahlenempfindlichkeit.

Da diese Schutzfunktionen in der Zelle temperaturabhängig sind, beobachtet man häufig, dass sich die Empfindlichkeit bei Bestrahlung unter sehr niedrigen oder sehr hohen Temperaturen erhöht.

In der Bestrahlungspraxis kann dieser Effekt dazu dienen, die Selektivität der Strahlenschädigung von Mikroorganismen gegenüber der des Lebensmittels zu erhöhen.

Diese für ionisierende Strahlung beschriebenen Wirkungen gelten prinzipiell auch für UV-Strahlung, wobei die Reaktionskette erst bei der physikalisch-chemischen Phase beginnt. Die DNA wird besonders durch UV-Strahlung mit einer Wellenlänge im Bereich von 260 nm geschädigt.

18.3.4
Nebenwirkungen der Bestrahlung und deren toxikologische Aspekte

Die von den Verbrauchern oft befürchtete Entstehung von radioaktiven Stoffen in Lebensmitteln durch Bestrahlung ist unterhalb 10 MeV Elektronen- oder Röntgenstrahlungsenergie vernachlässigbar, bei Verwendung von Co-60-Gammastrahlung auszuschließen.

Die Primärschäden an Molekülen und die hohe Reaktivität der bei der Strahlungsabsorption entstehenden Radikale führen jedoch zu chemischen Veränderungen der bestrahlten Produkte. Da sowohl die Verluste von wichtigen Lebensmittelbestandteilen als auch die Entstehung toxikologisch nicht unbedenklicher Stoffe von der Zusammensetzung des Lebensmittels (z. B. der Anwesenheit von Schutzstoffen) abhängen, mit verschiedenen Faktoren, wie Wassergehalt, Sauerstoffkontakt und Temperatur positiv korrelieren sowie durch die Lagerungsbedingungen nach einer Bestrahlung beeinflusst werden [8], sind hier nur grobe Aussagen möglich.

Bei Proteinen findet man als Folge der Bestrahlung die klassischen Anzeichen einer Denaturierung wie Spaltung von Peptidbindungen, Bildung von Säureamidgruppen, Desaminierung und Bildung von Karbonylverbindungen. Besonders empfindlich sind die SH-Gruppen, wodurch es zu Disulfidbrücken und Veränderungen der Tertiärstrukturen kommen kann. Als Folge verändern sich Viskosität, Löslichkeit, Bindungsfähigkeit für Salze und Farbstoffe, aber auch die immunbiologischen Eigenschaften (Verminderung des allergenen Potenzials). Die Zerstörung essentieller Aminosäuren, insbesondere von Tryptophan, liegt jedoch bei realistischen Bestrahlungsdosen unter 10%. Die durch Decarboxylierung entstehenden Amine sind andererseits toxikologisch nicht unbedeutend.

Andere entstehende Substanzen wie Ammoniak und Schwefelverbindungen verändern die organoleptischen Eigenschaften der Lebensmittel derart, dass nur moderate Bestrahlungsdosen tolerierbar sind.

Ähnlich verhält es sich mit Fetten, bei denen eine Bestrahlung eine Lawine von Prozessen, von Decarboxylierungen über Spaltungen der Kohlenwasserstoffketten und Rekombinationen der Fragmente bis hin zu Bildung von Peroxiden und Einleitung von Autoxidation, auslöst.

Die damit einhergehende deutliche Erhöhung der Peroxidzahl und Entstehung von Carbonylverbindungen kann zu inakzeptablen organoleptischen und ernährungsphysiologischen Veränderungen führen.

Polysaccharide (Dextrine, Amylose, Amylopektin, Stärke) werden durch Bestrahlung hydrolysiert, was zu einer Abnahme der Viskosität und einer allgemeinen Erweichung des Lebensmittels führen kann.

Als relativ strahlenempfindlich vor allem in Zusammenwirken mit der Zubereitung durch Kochen gelten die fettlöslichen Vitamine E und A bzw. dessen Vorstufen (Carotinoide), Vitamin D sowie Vitamin K. Bei den wasserlöslichen sind es die Vitamine B_1, B_2 sowie Vitamin B_6.

Die Verluste durch praktische Bestrahlungsdosen können je nach Lebensmittel im Bereich von wenigen Prozent bis 60% liegen.

Die ungünstigen Nebenwirkungen der Bestrahlung werden oft als vergleichbar mit denen einer klassischen Hitze-Konservierung beschrieben.

Da auch bei extensiver Anwendung der Lebensmittelbestrahlung nur ein geringer Teil des Warenkorbes betroffen wäre, dürfte durch die genannten Verluste an wertgebenden Bestandteilen keine Minderversorgung des Verbrauchers zu befürchten sein.

Betrachtet man die gesamte Palette der strahleninduzierten Substanzen so kann man bei einer Bestrahlungsdosis von 1 kGy von der Bildung im Konzentrationsbereich von $1-100$ mg $\cdot$ kg^{-1} Lebensmittel ausgehen. Bei dem überwiegenden Teil handelt es sich um Verbindungen, die auch natürlich in Lebensmitteln vorhanden sind. Daneben wurden in sehr viel geringerer Konzentration zahlreiche Substanzen gefunden, die durch Bestrahlung entstehen und toxikologisch als kritisch eingestuft wurden. So z. B. das 2-Alkylcyclobutanon, welches bei der Radiolyse von Triglyceriden entsteht. Im Tierversuch hat es sich als genotoxisch [18] bzw. Krebs-Promotor [19] herausgestellt.

Demgegenüber haben zahlreiche Fütterungsversuche an Tieren [8] belegt, dass generell bei Ernährung mit konventionell bestrahlten Produkten von keiner signifikanten Gefährdung auszugehen ist. Die teilweise unter extremen Versuchsbedingungen erhaltenen Ergebnisse lieferten manchen Hinweis auf negative Einflüsse, konnten jedoch zum großen Teil nicht reproduziert werden oder waren nicht auf die reale Bestrahlungspraxis übertragbar. Auch die Ernährungsstudien mit großen Gruppen von Probanden konnten keine Hinweise auf eine Gesundheitsgefährdung durch bestrahlte Lebensmittel erbringen. Oberste nationale und internationale Bewertungskomitees [20–24] kamen daher bereits 1981 zu dem Schluss, dass die Bestrahlung von Lebensmitteln in bestimmten Fällen hygienisch sinnvoll und gesundheitlich unbedenklich sei.

18.3.5
Bestrahlungspraxis

Die tatsächlichen Mengen weltweit bestrahlter Lebensmittel können nur abgeschätzt werden, da hierüber keine amtlichen Statistiken geführt werden. In ca. 50 Ländern ist die Bestrahlung für bestimmte Lebensmittel zugelassen, wovon aus Gründen der Rentabilität und der Verbraucherakzeptanz jedoch nur in ca. 30 Staaten Gebrauch gemacht wird. In den übrigen Staaten wird meist nur zu Test- und Forschungszwecken bestrahlt.

Die gesamte Menge bestrahlter Lebensmittel dürfte jährlich etwa 200 000 t betragen. Etwa ein Viertel davon entfällt auf Gewürze. In den USA wird die Bestrahlung von Gewürzen und Trockenzwiebeln (geschätzte Menge 25 000 t pro Jahr) in großem Maßstab durchgeführt. In Florida werden Erdbeeren vor dem Transport in andere Bundesstaaten bestrahlt. Vorverpackte Geflügelteile werden zur Unterdrückung von Salmonellenwachstum bestrahlt. In Südafrika werden jährlich etwa 25 000 t Lebensmittel – hauptsächlich Gewürze – einer Strahlenbehandlung unterzogen. In Japan werden ca. 20 000 t Kartoffeln pro Jahr zur Keimungshemmung bestrahlt. In Osteuropa werden neben gefrorenem Geflügel auch Pilze, Weintrauben, Kirschen, Birnen und rote Johannisbeeren strahlenbehandelt.

Nach den Gewürzen gehören Kartoffeln, Zwiebeln, Knoblauch, getrocknetes Gemüse, Krabben, Froschschenkel, Geflügelfleisch, Sojaprodukte, Erdbeeren sowie Südfrüchte zu den häufig bestrahlten Produkten.

Einen konkreteren Eindruck von der Bestrahlungssituation in den Europäischen Gemeinschaften vermitteln die durch die Rahmenrichtlinie vorgeschriebenen jährlichen EU-Berichte, obwohl auch hier die gesamte Menge von bestrahlten Lebensmitteln nicht bekannt ist, da die Berichterstattung der Mitgliedstaaten unvollständig ist. Tabelle 18.4 fasst die in den einzelnen Mitgliedstaaten bestrahlten Mengen sowie die Anzahl der auf Bestrahlung untersuchten Proben für das Berichtjahr 2005 [25] zusammen. Es handelte sich um etwa 15 000 t, wo-

Tabelle 18.4. In den Mitgliedstaaten der EU im Jahr 2005 durchgeführte Lebensmittelbestrahlungen und Untersuchungen auf Bestrahlung [25]

Mitgliedstaat	Menge (t)	Untersuchte Proben gesamt	davon bestrahlt, nicht ordnungsgemäß gekennzeichnet
Belgien	7 279	148	0
Deutschland	472	3 945	141 (3,6%)
Frankreich	3 111	86	6 (7%)
Niederlande	3 299	792	31 (4%)
Polen	687	120	4 (3%)
Tschechische Republik	85	78	8
Finnland	–	274	13 (5%)
Griechenland	–	54	0
Irland	–	459	20 (4 %)
Italien	–	112	5 (5%)
Litauen	–	40	0
Luxemburg	–	40	0
Österreich	–	115	0
Schweden	–	6	0
Slowakische Republik	–	40	0
Slowenien	–	10	0
Ungarn	–	141	3 (2%)
Vereinigtes Königreich	–	657	42 (6%)

bei ein nicht bekannter Teil davon zur Ausfuhr aus dem Binnenmarkt bestrahlt wurde.

Die Schwerpunkte der Bestrahlung im Berichtsjahr 2005 bildeten in Belgien Froschschenkel (3 226 t), Geflügel und Wild (884 t), Eier (665 t) sowie Kräuter und Gewürze (218 t). In Deutschland wurden vor allem Gewürze und getrocknete aromatische Kräuter bestrahlt (169 t). In Frankreich wurden Geflügel (1 849 t), Froschschenkel (940 t) sowie Gewürze und aromatische Kräuter (134 t) behandelt. Die Hauptprodukte in den Niederlanden waren Gewürze und Kräuter (1 141 t), dehydriertes Gemüse (880 t) sowie Froschteile (124 t). In Polen wurden ebenso wie in der Tschechischen Republik hauptsächlich Gewürze und getrocknetes Gemüse mit Strahlen behandelt (584 t bzw. 85 t). Im zeitlichen Verlauf ist seit 2002 mit Ausnahme der Froschschenkel generell ein leichter Rückgang zu verzeichnen.

Bei den über 6 724 Kontrolluntersuchungen auf Bestrahlung waren ca. 4% illegal bestrahlt und/oder nicht ordnungsgemäß gekennzeichnet. Nur 6 der als bestrahlt erkannten 287 Proben waren legal bestrahlt und korrekt gekennzeichnet.

In der Gruppe der Nahrungsergänzungsmittel waren 13% unrechtmäßig bestrahlt und/oder nicht ordnungsgemäß gekennzeichnet. Diese Zahl ist gegenüber einem früheren Berichtszeitraum (September 2000 bis Dezember 2001) festgestellten Anteil von 42% deutlich zurückgegangen, was sicher nicht zuletzt in der verstärkten Überwachung begründet ist.

Gefolgt wurden diese Produkte – jedoch mit einem weit geringeren Anteil an bestrahlten Proben von durchschnittlich 1,8% – von Gewürzen und aromatischen Kräutern, zusammengesetzten Lebensmitteln (mit Kräutern oder Gewürzen), Froschschenkeln und Schalentieren, sowie von getrockneten Pilzen und Tee.

Die Situation der Beanstandungen aufgrund unrechtmäßiger Bestrahlung hat sich in den letzten Jahren allgemein kaum verändert und man kommt zu dem Schluss, dass die Bestimmungen der Rahmenrichtlinie im Allgemeinen eingehalten werden, insbesondere die Anforderungen an die Kennzeichnung.

18.4
Qualitätssicherung

18.4.1
Maßnahmen in Bestrahlungsbetrieben

In den Bestrahlungsanlagen muss sichergestellt sein, dass die Produkte zum Zeitpunkt der Behandlung mit ionisierender Strahlung die entsprechenden Genusstauglichkeitsbedingungen erfüllen, indem entsprechende Umgebungsbedingungen (z. B. Temperatur, Luftfeuchtigkeit) sowie die allgemeinen Grundsätze der Lebensmittelhygiene und des HACCP-Konzeptes, die in der LMH-VO-852 [26] niedergelegt sind, eingehalten werden.

Die Anlage muss so ausgelegt sein, dass nicht behandelte von behandelten Produkten während des gesamten Aufenthalts getrennt sind.

Alle für die Qualität der Bestrahlung maßgeblichen Prozessparameter (z. B. Quellstärke der radioaktiven Bestrahlungsquelle bzw. Leistungsdaten des Beschleunigers) sind zuverlässig zu erfassen, aufzuzeichnen und den bestrahlten Produkten jeweils eindeutig zuzuordnen.

Besonderes Gewicht wird auf die Dosimetrie gelegt, welche validiert und auf internationale Standards rückführbar sein muss. Die Dosimeter müssen in ausreichender Anzahl an Positionen angebracht sein, die für das bestrahlte Produkt repräsentativ sind und gemäß Anlage III Nr. 2.1 RL 1999/2/EG [1] eine zuverlässige Berechnung der erhaltenen maximalen durchschnittlichen Gesamtdosis ermöglichen.

Eine lückenlose Dokumentation über Art, Menge und Zustand (z. B. Temperatur) der Lebensmittel bei Eingang, über den gesamten Behandlungsprozess sowie über den Zustand bei Verlassen der Anlage muss geführt und fünf Jahre aufbewahrt werden.

18.4.2
Nachweisverfahren einer Bestrahlung

Die Lebensmittelbestrahlung wird von den Administrationen der Staaten generell restriktiv gehandhabt. Die Genehmigungen beschränken sich auf wenige sinnvolle Anwendungen. Der Nachweis einer nicht erlaubten Bestrahlung ist daher notwendig. Die möglicherweise weit reichenden wirtschaftlichen Folgen eines Bestrahlungsnachweises erfordern sehr zuverlässige Untersuchungsergebnisse und stellen hohe Ansprüche an die Spezifität der Methodik.

Zum Nachweis einer Bestrahlung stehen für verschiedene Lebensmittelgruppen geeignete Methoden [27] zur Verfügung:

Lebensmittel, die mit kleinsten Mengen von mineralischem Staub oder Sand behaftet sind (z. B. Gewürze, Kräuter, Gemüse, Früchte oder Krabben mit sandhaltigem Darm) werden mit der Thermolumineszenz (TL) oder der Photonenstimulierten Lumineszenz (PSL) gemessen. Im Kristallgitter der Mineralien werden Ladungsträger durch die Bestrahlung in angeregte metastabile Zustände versetzt, aus denen sie bei der Analyse durch Zuführung geringer thermischer Energie (Aufheizen auf ca. 400 °C) oder durch Absorption von Infrarotphotonen befreit werden. Die bei Rückkehr in den Grundzustand freigesetzte Anregungsenergie wird in Form von kurzwelligen Lichtquanten abgeben. Die Messung der Lichtquanten erfolgt während des Aufheizprozesses mit Hilfe hochempfindlicher Einzelphotonen-Detektoren. Um zu entscheiden, ob ein negatives Ergebnis darauf beruht, dass das Produkt nicht bestrahlt wurde oder ob es nicht genügend Mineralienstaub aufwies, wird nach der ersten Messung eine Testbestrahlung mit einer Dosis von 1 kGy durchgeführt, nach der eine deutliche Leuchtreaktion bei der zweiten Messung auf hinreichende Mineralienmengen hinweist. Die Menge der isolierbaren Mineralien ist entscheidend für die Nachweisgrenze, welche unter 0,1 kGy liegen kann. Da die bestrahlungsspezifische Veränderung der Mineralien unter normalen Temperaturen sehr lange erhalten bleibt (sie dient auch der archäologischen Altersbestimmung von Tonwaren), kann die Methode auch nach langen Lagerzeiten noch erfolgreich angewandt werden.

In Knochen, Gräten, Chitin von Krustentieren und zellulosehaltigen Pflanzenteilen (z. B. Nussschalen, Gewürze, Kerne oder Steine von Früchten) entstehen durch Bestrahlung langlebige Radikale (Hydroxyapatit- bzw. Zelluloseradikale). Diese werden mit der Elektronenspinresonanz-Messung (ESR) identifiziert. Hydroxyapatit-Radikale in Geflügelknochen sind auch nach einem Kochvorgang noch detektierbar. Die Signale von Zelluloseradikalen sind häufig von unspezifischen Resonanzlinien überlagert, so dass eine Entscheidung über eine vermeintliche Bestrahlung erschwert wird. Bei Knochenmaterial sind Bestrahlungen auch unter 0,1 kGy nachweisbar. Generell bleiben einige strahleninduzierte Radikale in trockenen Lebensmittelbestandteilen selbst nach jahrelanger Lagerung erhalten.

In bestrahlten fetthaltigen Lebensmitteln (z. B. Eigelb, Camembert, fetthaltiges Fleisch) können mit der Gaschromatographie nach Extraktion mit geeigneten Lösungsmitteln bestrahlungstypische zyklische Verbindungen (Dodecylcyclobutanon) oder flüchtige Kohlenwasserstoffe (Hexadecadien, Heptadecan, Tetradecan) bis zu einer Mindestbestrahlungsdosis von ca. 0,1 kGy nachgewiesen werden. Auch diese Bestrahlungsprodukte sind relativ stabil und können nach längerer Lagerung noch festgestellt werden.

Daneben gibt es noch weitere Methoden [8], die zum Teil zumindest für Screening-Zwecke geeignet sind und bei Verdacht auf Bestrahlung durch eine der zuvor genannten Methoden bestätigt werden müssen. Hierbei werden z. B. die strahleninduzierten Veränderungen der DNA mit Hilfe der Elektrophorese (DNA-Comet-Assay) betrachtet oder durch spezielle Färbetechniken das Verhältnis der vitalen Fraktion von Mikroorganismen zur Gesamtmenge (vital oder abgestorben) bestimmt. Bei stärkehaltigen Lebensmitteln kann die Veränderung der Viskosität der natürlichen Polymere herangezogen werden. Auch ungewöhnliche Veränderungen des Reifungsprozesses bei Früchten oder Champignons können als Hinweis auf eine Bestrahlung dienen.

18.5
Literatur

1. RL 1999/2/EG des EP und des Rates vom 22. Februar 1999 zur Angleichung der Rechtsvorschriften der Mitgliedstaaten über mit ionisierenden Strahlen behandelte Lebensmittel und Lebensmittelbestandteile
2. RL 1999/3/EG des EP und des Rates vom 21. Februar 1999 über die Festlegung einer Gemeinschaftsliste von mit ionisierenden Strahlen behandelte Lebensmittel und Lebensmittelbestandteile
3. RL 2000/13/EG des EP und des Rates vom 20. März 2000 zur Angleichung der Rechtsvorschriften der Mitgliedstaaten über die Etikettierung und Aufmachung sowie die Werbung hierfür
4. Leitfaden für die zuständigen Behörden zur Überprüfung von Bestrahlungsanlagen nach RL 1999/2/EG, SANCO/10537/2002
5. LMBestrV (s. Abkürzungsverzeichnis 46.2)
6. Bekanntmachung einer Allgemeinverfügung gemäß § 54 des Lebensmittel- und Futtermittelgesetzbuchs (LFGB) über das Verbringen und Inverkehrbringen von tiefgefrorenen mit ionisierenden Strahlen behandelten Froschschenkeln (BVL 06/01/022) Bundesanzeiger Nr. 116, Jg. 58 vom 24.6.2006, S. 4665
7. Verfahrensleitsätze der Codex-Alimentarius-Kommission für das Betreiben von Bestrahlungseinrichtungen für die Behandlung von Lebensmitteln (FAO/WHO/CAC/Vol XV Ausgabe 1), UNO-Verlag, Am Hofgarten 10, D-53113 Bonn
8. Diehl, J.F. (1995): Safety of Irradiated Foods. Marcel Dekker Inc.
9. Xu Z., Cai, D., He, F., Zhao, D. (1993): Radiation Preservation and Test Marketing of Fuits and Vegetables, Radiat. Phys. Chem. 42, 253–257
10. Curzio, O.A., Croci, C.A. (1988): Radioinhibition process in Argentinian garlic and onion bulbs, Radiat. Phys. Chem. 31, 203–206
11. Kahn, I., Wahid, M. (1978): Feasibility of radiation preservation of potatoes, onions and garlic in Pakistan, Food Preservation by Irradiation, Vol. 1 Proc. Ser. IAEA, Wien, 63–69

12. Adesuyi, S.A.; Mackenzie, J.A. (1973): The Inhibition of Sprouting in Stored Yams, Dioscorea rotunda Poir, by Gamma Radiation and Chemicals. Radiation Preservation of Food Proc. Ser. IAEA, Wien 1973, 127–136
13. Thomas, P. (1986): CRC Radiation Preservation of Foods of Plant Origin. VI, Crit. Rev. Fd. Sci. Nutr. 26, 313–358
14. Dubey, J.P. (1990): Status of Toxoplasmosis in the United States, J. Am. Vet. Med. Assoc. 196, 270–274
15. Roberts, T., Murrell, K.D. (1993): Economic Losses Caused by Food-Borne Parasitic Diseases, in: Cost-Benefit Aspects of Food Irradiation Processing, IAEA, Wien, 51–75
16. Cornwell, P.B. (1966): The Entomology of Radiation Disinfestation of Grain, Pergamon Press, Elmsford, NY
17. IAEA (1991): Insect Disinfestation of Food and Agricultural Products by Irradiation, Conference Proceedings, IAEA Wien
18. Delincee, H., Pool-Zobel, B.-L. (1998): Genotoxic properties of 2-dodecylcyclobutanone, a compound formed on irradiation of food contianing fat, Radiat. Phys. Chem. 52, 39–42
19. Raul, F., Gosse, F., Delincee, H., Hartwig, A., Marchioni, E., Miesch, M., Werner, D., Burnouf, D. (2002): Food-borne radiolytic compounds (2-alkylcyclobutanones) may promote experimental colon Carcinogenesis. Nutr. Cancer 44(2), 189–191
20. FAO/WHO (1981): Wholesomeness of Irradiated Food, WHO Technical Report 659, London
21. FAO/WHO (1983): Codex Alimentarius Vol. XV, Ed. 1, Codex Standard 106, WHO
22. ACINF (1986): Report on the safety and wholesomeness of irradiated foods, HMSO
23. FDA (1986): Irradiation in the production, processing and handling of food, Final rule 21 CFR, part 179, Fed. Regist. 51 (75), 13 376
24. CEC (1987): Report on the Wholesomeness of Foods Irradiated by suitable procedures, CEC, Brussels, ISBN 92-825-6983-7
25. Kommission der Europäischen Gemeinschaften, KOM(2004) 69 vom 2.2.2004: Bericht der Kommission über die Bestrahlung von Lebensmitteln für das Jahr 2005
26. VO (EG) Nr. 852/2004 (LMH-VO-852, s. Abkürzungsverzeichnis 46.2)
27. Johnston, D.E., Stevenson, M.H. (ed.) (1990): Food Irradiation and the Chemist, The Proceedings of an International Symposium Organized by the Food Chemistry Group of The Royal Society of Chemistry as Part of the Annual Chemical Congress 1990, Royal Society of Chemistry, ISBN 0-85186-857-6

Kapitel 19

Lebensmittelmikrobiologie

JOHANNES KRÄMER

Universität Bonn, Lebensmittel-Mikrobiologie und Hygiene,
Meckenheimer Allee 168, 53115 Bonn
kraemer@uni-bonn.de

19.1	Grundlagen...	509
19.2	Beeinflussung der mikrobiellen Vermehrung im Lebensmittel	512
19.3	Lebensmittelvergiftungen	513
19.4	Untersuchungsverfahren	515
19.4.1	Nationale und internationale Empfehlungen und Vorschriften	515
19.4.2	Kultureller Nachweis der Mikroorganismen und ihrer Stoffwechselprodukte	516
19.4.3	Mikrobieller Hemmstofftest	518
19.5	Bewertung der Untersuchungsergebnisse	518
19.6	Festlegung von mikrobiologischen Kriterien	519
19.7	Gesetzliche Kriterien und Empfehlungen	522
19.8	Mikrobiologisch-hygienische Aufgaben des Lebensmittelchemikers	524
19.9	Literatur..	525

19.1
Grundlagen

Die Untersuchung von Lebensmitteln, Bedarfsgegenständen und Kosmetika auf Bakterien, Pilze und Hefen gehört mit zu den amtlichen Aufgaben des Lebensmittelchemikers. Die Untersuchungen können den Nachweis einer überhöhten Anzahl an Verderbniserregern oder beim Vorliegen einer entsprechenden Genehmigung die Prüfung auf pathogene Erreger oder ihrer toxischen Stoffwechselprodukte zum Ziel haben.

Bakterien haben keine Zellkernmembran und gehören deshalb zu den Prokaryonten. Sie vermehren sich durch Zweiteilung. Ihre einfachen morphologischen Formen lassen sich auf die Kugel (Coccus) und auf das Stäbchen zurückführen (Abb. 19.1). Aerobe Bakterien benötigen für ihre Vermehrung und Wachstum den Sauerstoff der Luft. Viele dieser Bakterien sind mikroaerophil, d. h. sie benötigen ebenfalls den Sauerstoff zum Wachstum, tolerieren aber nur eine redu-

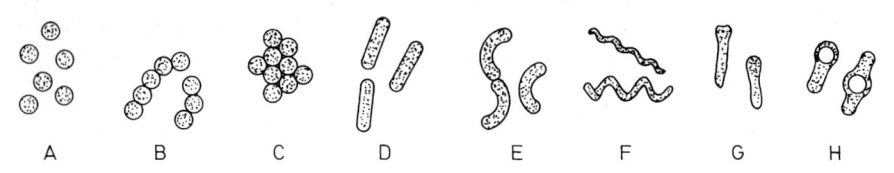

Abb. 19.1. Grundformen der Bakterien
A Einzelkokken, B Streptokokken, C Staphylokokken, D Stäbchen, E Vibrionen, F Spirillen, G Coryneforme Bakterien, H Endosporen

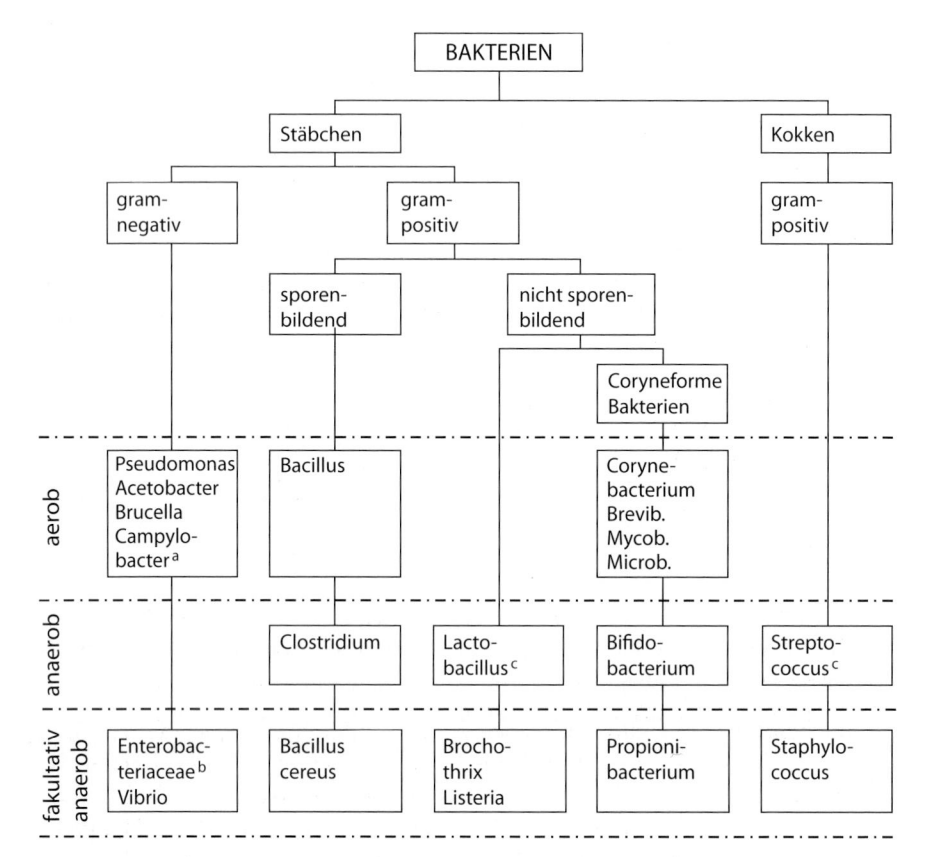

		Stäbchen			Kokken
	gram-negativ	gram-positiv			gram-positiv
		sporen-bildend	nicht sporen-bildend		
				Coryneforme Bakterien	
aerob	Pseudomonas Acetobacter Brucella Campylobacter[a]	Bacillus		Coryne-bacterium Brevib. Mycob. Microb.	
anaerob		Clostridium	Lacto-bacillus[c]	Bifido-bacterium	Strepto-coccus[c]
fakultativ anaerob	Enterobac-teriaceae[b] Vibrio	Bacillus cereus	Brocho-thrix Listeria	Propioni-bacterium	Staphylo-coccus

Abb. 19.2. Häufig in Lebensmitteln vorkommende Bakterien
[a] Mikroaerophil, [b] (z. B. *E. coli, Klebsiella, Yersinia, Salmonella, Shigella*), [c] aerotolerante Milchsäurebakterien

zierte Sauerstoffkonzentration. Strikt anaerobe Bakterien haben ausschließlich einen Gärungsstoffwechsel und werden in Gegenwart von Luftsauerstoff abgetötet. Aerotolerante Anaerobier sind ebenfalls obligate Gärer, die den Luftsauerstoff jedoch tolerieren. Fakultativ anaerobe Bakterien können sich sowohl aerob als auch anaerob vermehren (Abb. 19.2).

Mikroskopisch können Bakterien mit einem Durchmesser von etwa 1 μm (= 10^{-3} mm) bereits anhand der Größe von den Hefen und Schimmelpilzen mit einem Durchmesser von 5–10 μm unterschieden werden. Die geringe Größe der Bakterien bedingt ein großes Oberflächen/Volumenverhältnis. Sie haben deswegen eine wesentlich höhere Wachstums- und Vermehrungsgeschwindigkeit als Hefen und Schimmelpilze. *Escherichia coli* teilt sich z. B. unter optimalen Bedingungen alle 20–30 Minuten [1–3].

Pilze sind Aerobier und wachsen deshalb bevorzugt auf der Oberfläche der befallenen Substrate. Ihr Vegetationskörper (Myzel) besteht aus verzweigten Fäden, den Hyphen. Die Vermehrung der Schimmelpilze erfolgt vorwiegend durch die Ausbildung von ungeschlechtlichen Sporen, die in morphologisch erkennbaren Fruchtformen im Inneren von Sporangien (Sporangiosporen) gebildet oder nach außen als Konidiosporen abgeschnürt werden. Typische konidienbildende Pilzgattungen sind *Penicillium* und *Aspergillus* (Abb. 19.3).

Hefen wachsen überwiegend einzellig und benötigen wie die Pilze Sauerstoff zum Wachstum. Sie können aber ihren Stoffwechsel unter anaeroben Bedingungen auf Gärung umstellen und bei stark oder vollständig gehemmtem Wachstum Ethanol und Kohlendioxid produzieren. Die Vermehrung erfolgt durch Abgliederung von Tochterzellen aus der Mutterzelle (Sprossung) oder durch sexuell gebildete Ascosporen, die eine erhöhte Widerstandsfähigkeit gegenüber Desinfektionsmitteln besitzen können (Abb. 19.3).

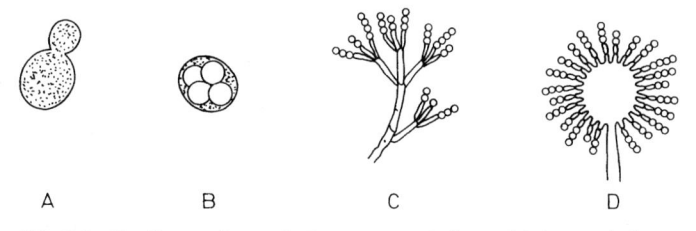

Abb. 19.3. Häufiger auftretende Formen von Hefen und Schimmelpilzen. A Hefezelle mit Tochterzelle, B Ascosporen in einer Hefezelle, C Konidienträger von *Penicillium*, D Konidienträger von *Aspergillus*

Hitzeresistenz. Vegetative Bakterien, Hefen und Schimmelpilze (einschließlich der Schimmelpilzsporen) sowie die Viren werden bereits durch Temperaturen bis 100 °C abgetötet. Wesentlich hitzeresistenter sind bakterielle Endosporen der Gattungen *Bacillus* und *Clostridium*, die in der Regel erst durch Temperaturen über 100 °C inaktiviert werden können. Bestimmte Schimmelpilzsporen mit verstärkten Außenwänden (z. B. die Arthrosporen von *Byssochlamys*-Arten) können ebenfalls eine erhöhte Hitzeresistenz aufweisen.

19.2
Beeinflussung der mikrobiellen Vermehrung im Lebensmittel

Gasatmosphäre. Als Folge der unterschiedlichen Wachstumsansprüche wird der Umfang und die Art der mikrobiellen Vermehrung im Lebensmittel ganz wesentlich durch die Art der Gasatmosphäre beeinflusst. Unter Vakuum oder einer Schutzgasatmosphäre ohne Sauerstoff (z. B. 100% CO_2 oder einem CO_2-N_2-Gemisch) können sich nur anaerobe und fakultativ anaerobe Bakterien, nicht aber aerobe Bakterien oder Pilze vermehren. Kohlendioxyd hat darüber hinaus auch eine direkte hemmende Wirkung auf zahlreiche Mikroorganismen.

a_w-Wert und pH-Wert. Die meisten Bakterien benötigen zum Wachstum einen relativ hohen Wassergehalt (a_w-Minimum ~0.91–0.95) und hohen pH-Wert (pH-Minimum ~4.0–4.5). Pilze und Hefen sind wesentlich toleranter gegenüber niedrigen a_w- und pH-Werten als Bakterien (s. Tabellen 19.1, 44.2, 44.3).

Temperatur. Die überwiegende Anzahl lebensmittelverderbender und lebensmittelvergiftender Mikroorganismen wächst im mesophilen Bereich mit einer Minimaltemperatur zwischen +5 und +15 °C und einer Optimaltemperatur zwischen 30 und 40 °C (Bakterien) bzw. 25 °C (Hefen und Schimmelpilze). Übliche Bebrütungstemperaturen bei Lebensmitteluntersuchungen sind deshalb 30 °C (bakterielle Verderbniserreger und Lebensmittelvergifter), 37 °C (Lebensmittelvergifter) bzw. 25 °C (Hefen und Schimmelpilze).

Tabelle 19.1. Minimale a_w- und pH-Werte für das Wachstum von Mikroorganismen

Mikroorganismen	Minimaler a_w-Wert	Minimaler pH-Wert
Bakterien	0,91–0,95	4,5–4,0
Clostridium botulinum Typ E	0,96	5,2–5,0
Bacillus cereus	0,95	4,9
Clostridium botulinum A, B	0,95	4,5
Salmonella	0,95	4,5–4,0
Lactobacillus	0,94	4,4–3,8
Listeria monocytogenes	0,93	5,6
Staphylococcus aureus	0,86	4,0 (4,8[a])
Hefen	0,94–0,87	4,0–3,0
Osmotolerante Hefen	0,65–0,60	4,0–3,0
Schimmelpilze	0,93–0,80	4,0–2,0
Xerotolerante Schimmelpilze	0,78–0,60	4,0–2,0

[a] Toxinbildung

Zwischen 0 °C und +5 °C vermehren sich neben lebensmittelverderbenden psychrotoleranten gramnegativen Stäbchenbakterien und wenigen psychrotoleranten bakteriellen Lebensmittelvergiftern (*Listeria monocytogenes, Yersinia enterocolltica* und nichtproteolytische Stämme von *Clostridium botulinum*) vor allem zahlreiche Hefen und Schimmelpilze. Hefen haben nur als Lebensmittelverderber eine Bedeutung, während Schimmelpilze ein Lebensmittel sowohl verderben als auch vergiften können (Mykotoxinbildung). Ein Beispiel eines Lebensmittelverderbs durch Schimmelpilze ist die Ansiedlung von Pilzen der Gattungen *Penicillium*, *Mucor*, *Rhizopus*, und *Aspergillus* auf der Oberfläche von Käse. Besonders gefürchtet ist der Verderb von Camembert und Brie durch *Mucor* (Köpfchenschimmel), der aufgrund der Färbung seiner Konidiosporen zu einer Schwarzfärbung des Käses führt. Unterhalb von 0 °C wachsen nur wenige psychrotolerante bakterielle Verderbniserreger (z. B. Pseudomonaden) sowie bestimmte Stämme psychrotoleranter Hefen und Schimmelpilze. Die Wachstums- und Vermehrungsgeschwindigkeiten sind allerdings bei derartig niedrigen Temperaturen stark herabgesetzt.

Nur wenige lebensmittelverderbende Mikroorganismen sind thermophil. Zu dieser Gruppe, deren minimale Wachstumstemperatur zwischen 40 und 45 °C liegt, gehören z. B. bestimmte *Bacillus*- und *Clostridium*-Arten, die äußerst hitzeresistente Endosporen bilden und als Verderbniserreger von Tropenkonserven eine wichtige Rolle spielen [4–9].

19.3
Lebensmittelvergiftungen

Erreger. Mikrobiologische Lebensmittelvergiftungen können durch Bakterien, Pilze, Viren und Parasiten hervorgerufen werden. Zu den häufigsten *bakteriellen Erregern* gehören die Enteritis erregenden Salmonellen, *Campylobacter jejuni* und *Staphylococcus aureus* (Tabelle 19.2). Zu den *Viren*, die durch fäkal verunreinigte Lebensmittel übertragen werden können, zählen vor allem die sehr umweltresistenten Enteroviren (z. B. Hepatitis-A-Viren) und die Noroviren, die Brechdurchfälle verursachen. Bestimmte *Schimmelpilzarten*, überwiegend aus den Gattungen *Aspergillus*, *Penicillium* und *Fusarium*, bilden während des Wachstums auf Lebensmitteln hochtoxische Mykotoxine. So können z. B. in Erdnüssen Aflatoxine (*Aspergillus*-Arten), in den Faulstellen von Obst Patulin (*Penicillium*- und *Aspergillus*-Arten) oder im Getreide Ochratoxin A (OTA) (*Penicillium*- und *Aspergillus*-Arten) oder Trichothecene und Zearalenon (*Fusarium*-Arten) gebildet werden (s. auch Kap. 17.3.1).

Eine Gefährdung des Verbrauchers durch *Parasiten* besteht vor allem bei dem Verzehr von rohen Lebensmitteln, bei denen Erreger wie *Sarcocystis*-Arten und *Trichinella spiralis* (rohes Fleisch), *Anisakis*-Arten (rohe und halbrohe Heringe) oder larvenartige Eier des Spulwurmes *Ascaris lumbricoides* (abwassergedüngtes Gemüse) übertragen werden können.

Gefährdete Lebensmittel. Am stärksten gefährdet sind Fleisch, Geflügel und Fleischerzeugnisse wie Hackfleisch und Wurstwaren. Eine zweite besonders gefährdete Lebensmittelgruppe umfasst die Milch- und Eiprodukte einschließlich Speiseeis und Süßspeisen, sowie Cremes und cremegefüllte Backwaren, die mit Milch oder Eiern hergestellt werden. Weniger häufig sind Vergiftungen durch

Tabelle 19.2. Häufige lebensmittelvergiftende Bakterien

Erreger	Erreger-reservoir	Toxine	Infektion (Inkubationszeit)	Diagnose, Nachweis der
Enteritis erreg. Salmonellen	Nutztiere, Nager, Insekten	Endotoxin, Enterotoxin	lokal (6–48 h)	Erreger
Salmonella typhi S. paratryphi	Mensch (F)	(Endotoxin)	generalisiert (1–3 W)	Erreger, Antikörper
pathogene E. coli	Mensch (F)	Enterotoxine, z. T. Cytotoxine	lokal (6–36 h)	Erreger Toxine
Campylobacter jejuni	Geflügel, Rinder, Schweine, Haustiere, Mensch	Exotoxine	lokal oder generalisiert (2–11 d)	Erreger Antikörper
Shigella	Mensch (F)	Endotoxin Exotoxine	lokal (12 h–18 d)	Erreger
Yersinia	Schweine u. a. Tiere	(Enterotoxin)	lokal oder generalisiert (3–10 d)	Erreger
Listeria monocytogenes	Erdboden, Pflanzen, Gerätschaften	–	lokal oder generalisiert (unterschiedlich)	Erreger
Clostridium botulinum	Erdboden; Gewässersediment	Neurotoxin [a]	–	Toxine
Clostridium perfringens	Mensch (F), Erdboden	Enterotoxin	lokal (8–24 h)	Erreger ($> 10^6$/g LM)
Bacillus cereus	Erdboden, Gewürze	Enterotoxine	lokal (6–24 h)	Erreger ($> 10^6$/g LM)
Brucella	Tier	–	generalisiert (1–3 W)	Erreger Antikörper
Staphylococcus aureus	Mensch (Wunden, Haare, Haut, F)	Enterotoxin	lokal (1–6 h)	Erreger ($> 10^6$/g LM) Toxine
Enterobacteriaceae u. a.	unterschiedlich	Biogene Amine (Histamin u. a.)	–	Erreger (erhöhte Zahl), Amine

LM Lebensmittel, F Fäkalien, [a] = Inkubationszeit: 2 h–6 d

Feinkostsalate, Fische, Krusten- und Schalentiere, pflanzliche Lebensmittel oder Trinkwasser.

Pathogenitätsfaktoren. Die krankmachende Wirkung der Mikroorganismen beruht auf ihrer Fähigkeit, Toxine zu produzieren (Lebensmittel-Intoxikationen) oder sich im Menschen vermehren zu können (Lebensmittel-Infektionen). Häufig treten bei den Bakterien beide Pathogenitätsformen kombiniert auf (Toxi-Infektionen).

Die Toxine werden von der Mikroorganismenzelle nach außen abgegeben (Exotoxine) oder als Bestandteil der Bakterienzellwand (Lipopolysaccharide) gebildet (Endotoxine). Exotoxine, die primär auf den Magen-Darmtrakt einwirken und akute Brechdurchfälle verursachen, werden als Enterotoxine bezeichnet. Neurotoxine sind Exotoxine, die auf das Nervensystem wirken. Die Exotoxine der Bakterien sind Proteine und mit Ausnahme der *Staphylococcus aureus*-Enterotoxine relativ hitzelabil. Die zu unterschiedlichen Stoffklassen gehörenden Exotoxine der Schimmelpilze (Mykotoxine) sind ähnlich den bakteriellen Endotoxinen sehr hitzestabil.

Lebensmittelinfektionserreger können sich in den Lebensmitteln vermehren (z. B. *Listeria monocytogenes*, *Salmonella typhi*) oder die Lebensmittel nur als Überträger nutzen (z. B. *Campylobacter jejuni*, Viren, Parasiten). Nach Übertragung auf den Menschen können diese Erreger lokale Infektionen im Darmbereich auslösen oder sich im gesamten Körper verbreiten und bestimmte Organe befallen (generalisierte Infektionen) [5].

19.4
Untersuchungsverfahren

19.4.1
Nationale und internationale Empfehlungen und Vorschriften

Die für mikrobiologische Lebensmitteluntersuchungen in der Industrie eingesetzten Methoden und Beurteilungskriterien sind sehr uneinheitlich. Voraussetzung für die vergleichende Beurteilung mikrobiologischer Untersuchungsergebnisse ist jedoch die Anwendung standardisierter Methoden. In Produktverordnungen und Gesetzen, die Anforderungen an die mikrobiologische Beschaffenheit enthalten, sind deshalb die anzuwendenden mikrobiologischen Untersuchungsmethoden verbindlich festgelegt. In der amtlichen Methodensammlung nach § 64 LFGB (ASU) sind darüber hinaus einheitliche Verfahren für den qualitativen und quantitativen Nachweis bestimmter Mikroorganismen in Milch, Milchprodukten, Käse, Speiseeis, Fleisch und Fleischerzeugnissen aufgeführt, die in Einzelfällen verbindlich vorgeschrieben werden. Weitere standardisierte Methoden sind vom Deutschen Institut für Normung e.V. (DIN-Vorschriften, Deutsche Einheitsverfahren), von der Deutschen Landwirtschaftsgesellschaft (DLG) und von verschiedenen Industrieverbänden veröffentlicht worden. Auf internationaler Ebene wird insbesondere von der ISO versucht, eine Vereinheitlichung der mikrobiologischen Untersuchungs- und Probenahmeverfahren zu erreichen. In der Schweiz sind verbindliche Methoden im Kapitel „Mikrobiologie" des Schweizerischen Lebensmittelbuches (SLMB) festgelegt.

19.4.2
Kultureller Nachweis der Mikroorganismen und ihrer Stoffwechselprodukte

Kulturelle Untersuchungen. Einen ersten Hinweis auf die Art des mikrobiologischen Verderbs kann bereits die pH-Wert-Messung (Ansäuerung durch das mikrobiologische Wachstum) und die direkte mikrobiologische Untersuchung des Lebensmittels mit eingeschlossener färberischer Differenzierung (Gram-Färbung) geben. Bei der Untersuchung auf pathogene Mikroorganismen, wird in der Regel eine bestimmte Menge des Lebensmittels kulturell auf Abwesenheit oder Anwesenheit dieser Organismen geprüft. Für den Nachweis von Indikatorbakterien, die eine fäkale Verunreinigung anzeigen (*E. coli*, coliforme Keime, Enterokokken), wird ebenfalls ein Abwesenheits-Anwesenheitstest oder nach Anlegen einer Verdünnungsreihe eine kulturelle Keimzahlbestimmung durchgeführt. Der Nachweis von *E. coli* ist ein sicheres Indiz für eine fäkale Verunreinigung. Die Abwesenheit von *E. coli* bedeutet jedoch nicht immer das Fehlen einer derartigen Verunreinigung, da die Keime relativ empfindlich gegen extreme Lagerbedingungen sind. Enterokokken sind wesentlich umweltresistenter, können jedoch gelegentlich auch außerhalb des Darmbereiches in der Umwelt gefunden werden. Der Nachweis von coliformen Keimen als Indikator für eine fäkale Verunreinigung ist nur mit Einschränkungen zu verwenden, da zahlreiche dieser Keime auch außerhalb des Darmbereiches nachweisbar sind. Viele coliformen Keime – z. B. Vertreter der lactosepositiven Gattungen *Klebsiella* und *Enterobacter* – gehören zur natürlichen Flora der Blattoberfläche oder der Rhizosphäre von Pflanzen und finden sich in diesen Bereichen unabhängig von der Art der Düngung. Sie sind dementsprechend auch ohne fäkale Kontamination in pflanzlichen Lebensmitteln und im Erdboden anzutreffen [10–12].

Limulustest. Eine Möglichkeit auch in erhitzten Lebensmitteln (Milch, Milch- und Eiprodukte u. a.) die Vorbelastung mit gramnegativen Stäbchenbakterien abzuschätzen, bietet der Limulustest. Der Test beruht auf der Beobachtung, dass die Lipopolysaccharide (LPS) der Zellwand gramnegativer Bakterien bereits in sehr geringer Konzentration die lysierten Amöbocyten des amerikanischen Pfeilschwanzkrebses (*Limulus polyphemus*) zur Gerinnung bringt. Die Empfindlichkeit der kommerziell erhältlichen LAL- (Limulus-Amöbocyten-Lysat) Testsysteme liegt bei 0,05 ng LPS/ml oder darunter. Dieser Konzentration entsprechen etwa 10^2 bis 10^3 gramnegativen Bakterien/ml. In nationalen und internationalen rechtlichen Bestimmungen wird der LPS-Gehalt in der Regel in EU („Endotoxin Units") angegeben, 1 ng LPS des Referenzstandards EC-5 der USP entspricht 10 EU bzw. 1 EU = 0,1 ng EC-5 Referenzstandard.

Nachweis mikrobieller Toxine. Lebensmittelintoxikationen können durch Schimmelpilze oder Bakterien ausgelöst werden. Die Toxizität beruht auf der Bildung von Exo- oder Endotoxinen. Endotoxine sind hitzestabile Lipopolysaccharide (LPS), die natürliche Komponenten der Zellwand gramnegativer Bakterien sind (z. B. *Salmonella*). Beim Absterben der Zellen werden sie freigesetzt. Sie bewirken bereits in sehr geringer Konzentration Diarrhöen, Fieber, Blutdruckabfall und andere Effekte.

Die häufigsten bakteriellen Toxine und alle Mykotoxine werden als Exotoxine aus der Zelle ausgeschieden. Während die Mykotoxine zu sehr unterschiedlichen Stoffklassen gehören, handelt es sich bei den bakteriellen Toxinen um vorwiegend hitzelabile, seltener um hitzestabile (z. B. *Staphylococcus aureus*-Enterotoxin) Proteine. Je nach Wirkungsweise werden die bakteriellen Exotoxine als Enterotoxine (Wirkung auf den Darmbereich) oder Neurotoxine (Wirkung auf das Nervensystem) bezeichnet. Der überwiegende Teil der bakteriellen Exotoxine wird bereits im Lebensmittel, seltener im Menschen selbst (Choleratoxin, Enterotoxin von *Clostridium perfringens*) gebildet.

Hinsichtlich der zahlreichen bakteriellen Toxine wird in den gesetzlichen Vorgaben nur allgemein gefordert, dass sie nicht in einer Konzentration vorhanden sein dürfen, die die menschliche Gesundheit beeinträchtigt. Konkret werden in den geltenden und im Entwurf vorliegenden Verordnungen lediglich die Toxine der Verotoxin bildenden *E. coli* sowie die Enterotoxine von *Staphylococcus aureus* in Milchprodukten hervorgehoben (Verordnung über mikrobiologische Kriterien für Lebensmittel – VO (EG) Nr. 2073/2005).

Auf Grund der Hitzestabilität der *Staphylococcus aureus-Enterotoxine* kann ein hitzebehandeltes Lebensmittel frei von vegetativen Zellen sein, aber noch krankheitserregende Konzentrationen des Enterotoxins enthalten. Der direkte Nachweis des Toxins im Lebensmittel z. B. mit Hilfe des sehr empfindlichen Sandwich-ELISA oder der Latex-Agglutination (Nachweisgrenze 0,5–2 ng/ml) ergibt damit die sicherste diagnostische Aussage. Die häufig anstelle dieser serologischen Toxintests durchgeführte Bestimmung der thermostabilen Nuclease (Thermonuclease) hat den Nachteil, dass alle Enterotoxinbildner Thermonuclease, jedoch nicht alle Thermonuclease-Bildner Enterotoxin produzieren. In der Schweiz dürfen entsprechend der geltenden Hygiene-Verordnung in Lebensmitteln mit dem ELISA-Test keine Staphylokokkenenterotoxine nachweisbar sein.

Zur Zeit sind etwa 300 verschiedene Mykotoxine mit z. T. sehr unterschiedlichen Strukturen bekannt. Die gesetzlichen Regelungen und damit der Nachweis beschränkt sich deshalb auf wenige gesundheitlich besonders risikoreiche Toxine. Dazu gehört die Gruppe der Aflatoxine (Bildner *Aspergillus flavus* und *A. parasiticus*), Ochratoxin A (Bildner *Aspergillus* ochraceus, *Penicillium verrucosum* und andere Pilzspezies), Patulin (verschiedene *Penicillium*- und *Aspergillus*-Arten) sowie die große Gruppe der *Fusarium*-Toxine wie Zearalenon, die Fumonisine und die Trichothecene wie das DON (Deoxynivalenol). Der Nachweis kann mit Hilfe chromatographischer (DC, HPLC, GC) oder immunchemischer Methoden erfolgen. Gesetzliche Vorgaben hinsichtlich der Höchstmenge für Aflatoxine, Ochratoxin A, Deoxynivalenol, Zearalenon und Patulin in Lebensmitteln sind in der VO (EG) Nr. 1881/2006 zur Festsetzung der Höchstgehalte für bestimmte Lebensmittel und in der Kontaminanten-Höchstmengenverordnung sowie in der Diätverordnung festgelegt.

19.4.3
Mikrobieller Hemmstofftest

Milch muss bei Anlieferung in der Molkerei entsprechend der Milchgüte-Verordnung und Fleisch (Muskulatur, Niere) in Schlachtbetrieben mikrobiologisch auf Hemmstoffe (Antibiotika, Desinfektionsmittel, Konservierungsstoffe) untersucht werden. Diese angewendeten Tests können nur als grobes Screening-Verfahren angesehen werden, da viele der möglichen antibiotisch wirksamen Substanzen nicht erfasst werden.

Ein einfacher Test Hemmstoffe nachzuweisen, ist der Plättchentest (Plattendiffusionstest). Ein Filter-Plättchen, das mit dem zu untersuchenden Lebensmittelhomogenisat bzw. flüssigen Lebensmittel getränkt wurde, wird auf einem mit *Geobacillus stearothermophilus var. calidolactis* beimpften Nährboden gelegt. Nach der 48 Stunden langen Inkubation bei 55–64 °C gibt sich die Anwesenheit von Hemmstoffen durch eine klare Hemmzone um das Plättchen zu erkennen. Nach einem ähnlichen Verfahren wird bei Fleischuntersuchungen ein ausgestanztes Fleischstück auf einen mit *Bacillus subtilis* BGA beimpften Nähragar gelegt, 18 bis 24 Stunden lang bei 30 °C bebrütet und auf Ausbildung einer Hemmzone um das Fleischstück untersucht. Auch die Hemmung der Redoxwerterniedrigung in einem mit Indikatorbakterien beimpften Nährboden gibt einen Hinweis auf eine hemmstoffhaltige Lebensmittelprobe (Brilliant-Schwarz-Reduktionstest – § 64 LFGB – L 01.01-05). Die Nachweisgrenze für derartige Tests liegt z. B. in der Milch für Penicillin bei 0,004 I.E./ml (Penicillin G-Na), für Chloramphenicol bei 2 µg/ml und für Sulfonamide bei 0,05 µg/ml (Sulfathiazol) bis 0,50 µg/ml (Sulfadimidin-Na).

19.5
Bewertung der Untersuchungsergebnisse

Mikrobiologische Befunde können nur vergleichend beurteilt werden, wenn für die Untersuchung einheitliche Parameter vereinbart und die Analytik von Laboratorien mit einer guten Laborpraxis durchgeführt wurde. Wichtige Qualitätsparameter zur Beurteilung eines Laboratoriums sind die Ergebnisse von Ringanalysen im Vergleich mit anderen Laboratorien [25]. Auf Grundlage der Analysenergebnisse müssen einheitliche Beurteilungskriterien, z. B. für die Zurückweisung einer Partie oder für die amtliche Beanstandung einer Probe, festgelegt werden.

Zu den wichtigsten Parametern, die für ein Beurteilungsschema festzulegen sind, gehören:

- Art der Mikroorganismen, auf die untersucht werden soll (pathogene Keime, Fäkalindikatoren, GMP/Hygieneindikatoren),
- Art des zu untersuchenden Lebensmittels und Produktstatus des Lebensmittels (Zeitpunkt der Untersuchung, Bearbeitungsstufe),
- Validiertes Untersuchungsverfahren (ISO-Methoden),
- Stichprobenplan,

- Mikrobiologische Kriterien und
- Maßnahmen bei Nichterfüllung der Kriterien.

Stichprobenpläne. Die mikrobiologische Qualität eines Lebensmittels ist durch die alleinige Kontrolle der Endprodukte nicht zu gewährleisten. Erst bei sehr großen Stichprobenumfängen, die in der Praxis häufig nicht zu realisieren sind, ist eine akzeptable statistische Sicherung der Befunde gewährleistet [18]. Eine gute Übersicht über Anforderungen an Stichprobenpläne für mikrobiologische Untersuchungen gibt die ICFMH (Sampling for microbiological analysis: Principles and specific applications) [19]. Grundlage für allgemein akzeptierte Probenahmepläne können die relevanten Standards der ISO (International Organisation for Standardization) sowie die Empfehlungen der Codex Alimentarius Kommission sein.

Ein Problem bei der Ziehung einer repräsentativen Stichprobenmenge ist die häufig zu beobachtende Nesterbildung in festeren Lebensmitteln. Insbesondere die Untersuchung auf Schimmelpilze und deren Mykotoxine wird dadurch sehr erschwert. Nähere Ausführungsbestimmungen für die Probenahme und Analysenverfahren für Mykotoxine sind detailliert in der VO (EG) Nr. 401/2006 geregelt. Erfasst werden dabei die Aflatoxine, Ochratoxin-A und Patulin. Danach beträgt z. B. die Menge einer Einzelprobe für die Untersuchung von Pistazien auf Aflatoxine bei einer Partiegröße von 100 t jeweils 300 g wobei 100 Proben (d. h. insgesamt 30 kg) untersucht werden müssen.

Ausgehend von europäischen Verordnungen hat sich als Stichprobenplan und Beurteilungsschema für amtliche Untersuchungen insbesondere der 3-Klassen-Plan durchgesetzt. Der Plan verlangt die Untersuchung von n Proben einer Charge (in der Regel ist $n = 5$) und setzt für ein bestimmtes Lebensmittel die mikrobiologischen Kriterien m und M fest. In der Regel ist $M = 10 x m$. Das Ergebnis gilt als zufrieden stellend, wenn keine der n Proben die Keimzahl m übersteigt (erste Kontaminationsklasse: Keimzahl 0 bis m). Die Keimzahl M ist ein Höchstwert, der von keiner der n Proben überschritten werden darf (zweite Kontaminationsklasse: Keimzahl $> M$). Neben m und M wird die Anzahl der n Proben (c), deren Keimzahl in den Bereich zwischen m und M fallen dürfen, ohne dass die Charge beanstandet wird, festgelegt (dritte Kontaminationsklasse: Keimzahl zwischen m und M). Zum Beispiel ist in der VO (EG) Nr. 2073/2005 für *Staphylococcus aureus* in Käse (aus wärmebehandelter Milch) festgelegt: $m = 10^2$ /g; $M = 10^3$ /g; $n = 5$ und $c = 2$. Das heisst, dass das Ergebnis nicht beanstandet wird, wenn von den 5 untersuchten Proben maximal 2 Proben Keimzahlen zwischen m und M aufweisen und die Keimzahlen der anderen 3 Proben $< m$ sind.

19.6
Festlegung von mikrobiologischen Kriterien

Risikobewertung. Grundlagen für eine einheitliche Festlegung von mikrobiologischen Kriterien sind die Empfehlung der Codex Alimentarius Kommission („Guidelines for the application of microbiological criteria for foods") [14]. Der erste Schritt bei der Festlegung von Werten muss eine Risikobewertung sein. Ob ein über Lebensmittel übertragbarer Mikroorganismus eine Erkrankung verursacht, ist von vielen Faktoren abhängig. Dazu gehört die Fähigkeit im Lebensmittel infektiös zu bleiben oder sich im Lebensmittel vermehren zu können, die Anwesenheit bestimmter spezifischer Pathogenitätsfaktoren wie die Fähigkeit zur Bildung von Toxinen (Toxizität) und/oder die Fähigkeit zur Ausbreitung im Gewebe (Invasivität) sowie eine ausreichende Infektionsdosis. Beeinflusst wird die Erkrankung auch von der Art des Lebensmittels. Für Salmonellen gilt z. B. eine hohe Infektionsdosis von 10^5 bis 10^6 Erreger, die in der Regel nur nach einer längeren Vermehrung im Lebensmittel zwischen 7 °C und 48 °C erreicht wird. In Lebensmitteln wie der Schokolade, Speiseeis oder Eiprodukte bilden die Inhaltsstoffe (vor allem Fett und Eiweiß) um die Salmonellen ein Schutzkolloid, das die Erreger vor der Einwirkung der Säfte des Verdauungstraktes (Magensäure, Galle) schützt und die Infektionsdosis dramatisch erniedrigt. Es sind *Salmonella*-Ausbrüche mit derartigen Lebensmitteln bekannt, bei denen nur wenige Erreger zur Auslösung einer akuten Erkrankung ausreichten.

Signifikant erniedrigt werden kann die Infektionsdosis auch durch die veränderbare Resistenzlage der Erreger gegenüber Umwelteinflüsse. Erreger wie die Salmonellen aktivieren unter Stressbedingungen (z. B. Austrocknung) ihre zahlreichen Schutzfaktoren. Das führt dazu, dass auch diese Erreger u. a. der bakteriziden Einwirkung der Verdauungssäfte wesentlich besser widerstehen können. Die gehäuften *Salmonella*-Erkrankungen von Säuglingen durch Tees (Fenchel, Kamille) wurden durch derartige Resistenz erhöhte Erreger ausgelöst. Rechnungen ergaben, dass nur ein bis wenige Erreger von den erkrankten Kindern aufgenommen wurden.

Ein weiterer wichtiger Einfluss auf das Krankheitsgeschehen ist die momentane Resistenzlage des Verbrauchers. Dieser Faktor sollte nicht unterschätzt werden. Die für Erkrankungen besonders empfängliche Verbrauchergruppe wird auch unter dem Begriff „YOPI" zusammengefasst: „Y" für „young" (junge Kinder unter 6 Jahren), „O" für „old" (ältere Personen über 60 Jahre), „P" für „pregnant" (schwangere Frauen/Embryonen) und „I" für „immunocompromised" (Personen, deren Immunsystem durch eine Erkrankung oder Therapie reduziert ist). Diese YOPI-Gruppe umfasst bereits etwa 30% der deutschen Bevölkerung – auf Grund der Alterspyramide mit steigender Tendenz.

Als Grundlage für die Festlegung von mikrobiologischen Kriterien auf europäischer Ebene VO (EG) Nr. 2073/2005 wurden entsprechend den dargelegten Einflussfaktoren auf das Krankheitsgeschehen umfangreiche Risikobewertungen („Opinions") einzelner Erreger durchgeführt. Dazu gehören verotoxinogene E.coli, Staphylokokken-Enterotoxine, Salmonella, Listeria monocytogenes, Vibrio vulnificus und V. parahaemolyticus sowie Norovirus [16].

Ein Beispiel für die Notwendigkeit einer sorgfältigen Risikobewertung ist der Weg, der zur Festlegung gesetzlich verbindlicher mikrobiologischer Kriterien für *Listeria monocytogenes* geführt hat. Listerien sind in der Umwelt weit verbreitet. Sie sind primär Erdbewohner. Besonders reich an Listerien ist die Oberfläche von Brachflächen. Sie lassen sich jedoch auch im Schlamm, auf Pflanzen, im Stuhl gesunder und erkrankter Tiere und zu einem geringen Umfang auch im Stuhl gesunder Menschen nachweisen. Entsprechend ihrer ubiquitären Verbreitung können die Listerien in allen rohen Lebensmitteln (Fleisch, Geflügel, Gemüse, Milch, Meerestiere), im Erdboden und in Oberflächenwasser vorkommen. *Listeria monocytogenes* kann beim Menschen sehr unterschiedliche akute und chronisch septische Erkrankungen verursachen. Die Erreger rufen Eiterungen oder Abszesse bzw. tuberkuloseähnliche Granulome im Gehirn, in Leber, Milz und anderen Organen hervor. In der Schwangerschaft kann die intrauterine Infektion des Fetus zu Fehl- und Frühgeburten sowie zu neonatalen Erkrankungen des Neugeborenen führen.

Das ubiquitäre Vorkommen von *L. monocytogenes* lässt zur Bewertung mikrobiologischer Befunde nur eine differenzierte Betrachtungsweise zu, die die nachgewiesene Anzahl an Erregern im Lebensmittel und die Art des Lebensmittels sowie seine weitere Verwendung berücksichtigt. Von besonderer Bedeutung ist deshalb die Frage, ob sich die Listerien unter den vorgegebenen Bedingungen bis zum Erreichen des Mindesthaltbarkeitsdatums (MHD) im Lebensmittel noch auf Konzentrationen vermehren können, die zur Auslösung einer Erkrankung ausreichen (minimale Infektionsdosis). In der neuen EG-Verordnung über mikrobiologische Kriterien in Lebensmitteln werden deshalb die Lebensmittelgruppen (tischfertige Lebensmittel, in denen sich *L. monocytogenes* vermehren kann) besonders kritisch betrachtet. Grundsätzlich wird für diese Lebensmittel bei der Herstellung eine Nulltoleranz gefordert: Auf Ebene der Herstellung dürfen in 25 g dieser Produkte keine *L. monocytogenes* nachgewiesen werden.

Problematischer ist die Frage, welche Konzentrationen für den Verbraucher noch akzeptabel sind. Da Daten zur wissenschaftlichen Berechnung von Dosis-Wirkungsbeziehungen bei *L. monocytogenes* bisher fehlen, ist die minimale Infektionsdosis (MID) für Personen, die keiner bekannten Risikogruppe angehören, nur schwer abzuschätzen. Epidemiologische Analysen weisen darauf hin, dass die MID in einem Bereich von 10.000 *L. monocytogenes* liegt. Diese Abschätzung korreliert mit dem Befund, dass die mikrobielle Kontamination von Lebensmitteln, die als Ursache von Listeriose-Ausbrüchen identifiziert wurden, in einem Bereich zwischen 100 und 10^6 *L. monocytogenes*/g lag. Auf Basis dieser Daten wird angenommen, dass die Aufnahme von *L. monocytogenes* bis zu einer Konzentration von 100 Erregern/g Lebensmittel kein Gesundheitsrisiko für die oben genannte Personengruppe darstellt. Auf europäischer Ebene wird deshalb für im Handel befindliche tischfertige Lebensmittel, die eine Vermehrung von *L. monocytogenes* zulassen, ein Höchstwert von 100 KBE *L. monocytogenes*/g Lebensmittel gefordert, der bis zum Erreichen des MHDs nicht überschritten werden darf. Für empfindliche Verbraucher wie Säuglinge und Kleinkinder wird bis zum Erreichen des MHDs eine Nulltoleranz (nicht nachweisbar in 25 g Produkt) gefordert.

Definitionen. Gesetzlich festgelegte mikrobiologische Grenzwerte (Standards, Warnwerte, verbindliche Kriterien) dürfen nicht überschritten werden. Sie schreiben z. B. die Abwesenheit von pathogenen Mikroorganismen oder von Indikator-Organismen in einer bestimmten Menge eines Lebensmittels vor. Zum Beispiel müssen 25 g eines Eiproduktes frei von Salmonellen (VO (EG) Nr. 2073/2005) und 100 ml Trinkwasser frei von *E. coli* sein (Trinkwasser-Verordnung). Als Grenzwerte gelten auch die in der Mykotoxin-Höchstmengenverordnung genannten Höchstmengen an Aflatoxinen in Lebensmitteln. In diesem Sinne ist auch der in den 3-Klasse-Plänen aufgeführte Wert „M" als Grenzwert zu verstehen. Mikrobiologische Richtwerte (Toleranzwerte, „guidelines") sind allgemeingültige Keimzahlen mit empfehlendem Charakter, die nicht überschritten werden sollen. Sie dienen z. B. der innerbetrieblichen Kontrolle von Roh-, Zwischen- und Endprodukten. Ein gesetzlich festgelegter Richtwert ist z. B. die Gesamtzahl von 100 aeroben Keimen, die in 1 ml Trinkwasser nicht überschritten werden soll und der in den 3-Klassen-Plänen aufgeführte Wert „m". Mikrobiologische Spezifikationen sind Richtwerte mit einem beschränkten Geltungsbereich. Sie werden z. B. zwischen Abnehmer und Lieferanten festgelegt und können Inhalt von Lieferverträgen sein.

19.7
Gesetzliche Kriterien und Empfehlungen

Deutschland/Europäische Union. Gesetzlich festgeschriebene Normen liegen in Deutschland und in Europa vor allem für Lebensmittel tierischen Ursprungs (Milch und Milchprodukte, Hackfleisch, gekochte Krusten- und Schalentiere, Eiprodukte) sowie für Mineralwasser, Quell- und Tafelwasser sowie für diätetische Lebensmittel unter Verwendung von Milch- und Milcherzeugnissen vor. Die in produktspezifischen gesetzlichen Regelungen aufgeführten mikrobiologischen Kriterien wurden durch Werte ersetzt werden, die in der Europäischen Verordnung „Mikrobiologische Kriterien für Lebensmittel" veröffentlicht wurden [15, 16]. In dieser europaweit geltenden Verordnung werden nur noch folgende Mikroorganismen bzw. Mikroorganismengruppen berücksichtigt:

- Aerobe Gesamtkeimzahl,
- Präsumptive *Bacillus cereus*
- Salmonella,
- Koagulase-positive Staphylokken,
- *E. coli*,
- Enterobacteriaceae,
- *Listeria monocytogenes*,
- Staphylokokken-Enterotoxine und
- Histamin.

Die Verordnung konzentriert sich dabei nur auf besonders gefährdete Lebensmittelgruppen:

- Tischfertige Lebensmittel für Säuglinge und Kleinkinder mit besonderem medizinischen Zweck,

- alle übrigen tischfertigen Lebensmittel mit besonderem medizinischen Zweck,
- tischfertige Lebensmittel, die rohes Ei enthalten,
- alle übrigen tischfertigen Lebensmittel,
- Hackfleisch/Faschiertes,
- Fleischzubereitungen,
- Geflügelfleischerzeugnisse, die keinem Salmonella abtötenden Verfahren unterzogen wurden,
- Frische fermentierte Wurstwaren,
- Gelatine und Kollagen,
- Milch und bearbeitete Milcherzeugnisse,
- Eiererzeugnisse,
- Lebende Muscheln, Stachelhäuter, Manteltiere und Schnecken,
- Gekochte Krebs- und Weichtiere,
- Übrige Fischereierzeugnisse,
- Keimlinge,
- Nicht pasteurisierte Obst- und Gemüsesäfte,
- Vorgeschnittenes Obst und Gemüse,
- Schlachtkörper und
- Innereien.

Schweiz. In der Schweiz sind in der „Verordnung über die hygienisch- mikrobiologischen Anforderungen an Lebensmitteln" (Hygieneverordnung) mikrobiologische Toleranz- und Grenzwerte für zahlreiche Lebensmittel und Mikroorganismen festgelegt. Hinsichtlich pathogener Mikroorganismen in genussfertigen Lebensmitteln gelten folgende Toleranzwerte [24]:

Bacillus cereus	10^4 /g	Lebensmittel
Clostridium perfringens	10^4 /g	Lebensmittel
Koagulase-positive Staphylokokken	10^4 /g	Lebensmittel
Listeria monocytogenes	n.n. /25g	Lebensmittel
Salmonella	n.n. /25g	Lebensmittel
Campylobacter	n.n. /25g	Lebensmittel

Mikrobiologische Richt- und Warnwerte der Deutschen Gesellschaft für Hygiene und Mikrobiologie (DGHM). Verschiedene Expertengruppen haben Empfehlungen zur Beurteilung des mikrobiologischen Status von Lebensmitteln erarbeitet [20–23]. Die Arbeitsgruppe „Mikrobiologische Richt- und Warnwerte für Lebensmittel" der Fachgruppe Lebensmittelmikrobiologie und -hygiene der DGHM veröffentlicht seit 1988 für verschiedene Lebensmittelgruppen mikrobiologische Richt- und Warnwerte zur Beurteilung von Lebensmitteln. Sie sollen als objektivierte Grundlage zur Beurteilung des mikrobiologisch-hygienischen Status eines Lebensmittels oder einer Lebensmittelgruppe zu verstehen sein und werden durch Arbeitsgruppenmitglieder aus Wirtschaft, Wissenschaft und der amtlichen Überwachung in gemeinsamer Beratung unter Berücksichtigung geltender nationaler und europäischer Gesetzgebung erarbeitet. Die Werte sind rechtlich nicht bindend, geben aber sowohl den Herstellern und Inverkehrbringern als auch der amtlichen Lebensmittelüberwachung Anhaltspunkte hinsichtlich der Zuordnung zu allgemeinen rechtlichen (Hygiene-) Anforderungen. Grundlage der Richt- und Warnwerte sind die Art und die Anzahl bestimmter Mikroorganismen, die für den gesundheitlichen Verbraucherschutz und für die Beurteilung der spezifischen Beschaffenheit eines Produktes relevant sind. Die Empfehlungen gelten für Angebotsformen mit der Zielgruppe Endverbraucher; Roh- und Zwischenerzeugnisse bleiben in der Regel unberücksichtigt [17].

19.8
Mikrobiologisch-hygienische Aufgaben des Lebensmittelchemikers

Zu den mikrobiologischen Aufgaben eines Lebensmittelchemikers in der amtlichen Lebensmittelüberwachung oder in der Ernährungsindustrie kann neben der Untersuchung auf Verderbniserreger auch der Nachweis von Hygieneindikatoren wie *Escherichia* coli, der Test auf toxische mikrobielle Stoffwechselprodukte oder die Untersuchung auf pathogene Mikroorganismen gehören. Für das Arbeiten mit pathogenen Mikroorganismen (Risikogruppe 2) bedarf es entsprechend § 44 Infektionsschutzgesetz (IfSG) einer Erlaubnis. Voraussetzung für die Erteilung der Erlaubnis durch die prüfende Behörde (z. B. das Gesundheitsamt) ist der Nachweis der Sachkenntnis des Antragstellers und der erforderlichen Ausstattung und Lage des Labors. Die Sachkenntnis wird durch Studium der Lebensmittelchemie und einer zusätzlichen mindestens zweijährigen hauptberuflichen Tätigkeit mit Krankheitserregern unter Aufsicht einer Person, die diese Erlaubnis bereits besitzt, nachgewiesen (§ 47 IfSG). Insbesondere für den industriellen Bereich ist wichtig, dass nach § 45 IfSG das Arbeiten mit bestimmten Mikroorganismen der Risikogruppe 2 von der Erlaubnis freigestellt werden kann, wenn sich die Untersuchung auf die primäre Anzucht auf Selektivmedien beschränkt. Grundlage für die Bewertung der Laboratorien können für die prüfende Behörde DIN-Vorschriften (DIN 58 956: Medizinisch-mikrobiologische Laboratorien), Forderungen und rechtliche Regelungen im Arbeitsschutzbereich (Arbeitsschutzgesetz; Biostoffverordnung; Technische Regeln für biologische Arbeitsstoffe – TRBA 100: Schutzmaßnahmen für gezielte und nicht gezielte Tätigkeiten mit biologischen Arbeitsstoffen in Laboratorien; Forderungen der Berufsgenossenschaft) sein.

Die mikrobiologisch-hygienische Aufgabe in der Lebensmittelindustrie umfasst vor allem die Gewährleistung einer „Good Manufacturing Practice". Die nur stichprobenartig durchführbaren Endproduktkontrollen stellen dabei lediglich ein Glied in einer Kette von verschiedenartigen Maßnahmen dar, die nur in ihrer Gesamtheit die angestrebte mikrobiologische Qualität des Lebensmittels gewährleisten können. Wichtige Bereiche dieser Qualitätssicherung sind die Überwachung der Personalhygiene, der Rohwaren- und Zwischenproduktspezifikationen und der Reinigung und Desinfektion sowie die Festlegung besonders kritischer Punkte im spezifischen Herstellungsprozess („Hazard Analyses and

Critical Control Point": HACCP-Konzept) und deren besondere Überwachung („Monitoring"). Als äußerer Rahmen können bei der Aufstellung von Qualitätssicherungsplänen ISO-Normen dienen.

Das HACCP-Konzept ist eingebettet in ein Qualitätsmanagement-System, dass entsprechend den Forderungen der DIN EN ISO 9001:2008 (Qualitätsmanagementsysteme - Forderungen), des „Internationale Food Standards" (IFS: www.food-care.de) oder des „British Retail Consortium Global Standard Food" (BRC: www.brc.org.uk) aufgebaut sein können. In der Regel wird auch die Pflege derartiger Managementsysteme mit zu dem Aufgabenbereich eines Lebensmittelchemikers, insbesondere in Betrieben des Mittelstandes, gehören.

19.9 Literatur

Allgemeine Mikrobiologie

1. Hahn, H., D. Falke und S.H.E. Kaufmann, Hrsg. (2004) Medizinische Mikrobiologie und Infektiologie. Springer-Verlag Berlin, Heidelberg
2. Madigan, M.T., J.M. Martinko und J. Parker (2006) Brock-Mikrobiologie. Spektrum Akademischer Verlag, Heidelberg
3. Fuchs, G., Hrsg. (2007) Allgemeine Mikrobiologie. Thieme-Verlag, Stuttgart, New York

Lebensmittelmikrobiologie

4. Holzapfel, W., Hrsg. (2004) Lexikon Lebensmittel-Mikrobiologie und -Hygiene. Behr's Verlag, Hamburg
5. Krämer, J. (2007) Lebensmittel-Mikrobiologie. Verlag Eugen Ulmer, Stuttgart
6. Weber H. (2008) Mikrobiologie der Lebensmittel: Lebensmittel pflanzlicher Herkunft. Behr's Verlag, Hamburg
7. Weber, H., Hrsg., (2008) Mikrobiologie der Lebensmittel: Grundlagen. Behr's Verlag, Hamburg
8. Weber, H., Hrsg. (2006) Mikrobiologie der Lebensmittel: Milch und Milchprodukte. Behr's Verlag, Hamburg
9. Weber, H., Hrsg. (2003) Mikrobiologie der Lebensmittel: Fleisch – Fisch Feinkost. Behr's Verlag, Hamburg

Mikrobiologische Arbeitsmethoden

10. Bast, E. (2001) Mikrobiologische Methoden. Eine Einführung in die grundlegenden Arbeitstechniken. Spektrum Akademischer Verlag, Heidelberg und Berlin
11. Baumgart, J., und B. Becker, Hrsg. (lose Blattsammlung) Mikrobiologische Untersuchungen von Lebensmitteln. Behr's Verlag, Hamburg
12. Pichardt, K. (1998) Lebensmittel-Mikrobiologie. Springer-Verlag, Berlin, Heidelberg

Mikrobiologische Richt- und Warnwerte

13. CODEX Alimentarius Commission der WHO/FAO (1981) General principles for the establishment and application of microbiological criteria for foods. Alinorm 81/13. www.codexalimentarius.net

14. Codex Alimentarius Commission (1999) Draft principles and guidelines for the conduct of microbiological risk assessment. Washington DC: Codex Committee on food Hygiene 32 session. www.fao.org/es/esn/codex/reports.htm
15. Deutschland
    - Lebensmittelhygiene-Verordnung (LMHV)
    - Tierische Lebensmittelhygiene-Verordnung (Tier-LMHV)
    - Trinkwasserverordnung (TrinkwV 2001)
    - Mineral- und Tafelwasser-Verordnung
16. Europäische Union
    - Verordnung mikrobiologischer Kriterien für Lebensmittel (VO (EG) Nr. 2073/2005).
    - Lebensmittelhygiene-Verordnung (LMH-VO-852; VO (EG) Nr. 852/2004)
    - Hygienevorschriften für Lebensmittel tierischen Ursprungs (Hygiene-VO-853; VO (EG) Nr. 853/2004
17. DGHM Mikrobiologische Richt- und Warnwerte. www.dghm.de
18. Hildebrandt, G., Probenahme- und Prüfpläne. In: (Baumgart J.): Mikrobiologische Untersuchung von Lebensmitteln, Behr's Verlag (lose Blattsammlung)
19. ICMSF (2002) Microorganisms in foods 7: Sampling for microbiological analysis: Principles and specific applications. www.iemsf.iit.eau
20. Landesuntersuchungsanstalt für das Gesundheits- und Veterinärwesen des Freistaates Sachsen. Sammlung Mikrobiologischer Grenz-, Richt- und Warnwerte zur Beurteilung von Lebensmitteln und Bedarfsgegenständen. www.lua.sachsen.de
21. Mahler C., I. Babbel und A. Stolle (2004) Mikrobiologische und sensorische Untersuchungen über die Qualität von marinierten Fleischzubereitungen zur Feststellung des Mindesthaltbarkeitsdatums. Der Lebensmittelbrief 1 /2, 19–21
22. PHLS Advisory Committee for Food and Dairy Products (2000) Guidelines for the microbiological quality of some ready-to-eat foods sampled at the point of sale. Communicable Disease and Public Health 3, 163–167
23. van Schothorst, M. (1999) Use and misuse of microbiological criteria. ZLR 1, 79–82
24. Schweiz: Verordnung des EDI über die hygienischen und mikrobiologischen Anforderungen an Lebensmittel, Gebrauchsgegenstände, Räume, Einrichtungen und Personal (Hygieneverordnung, HyV)

Mikrobiologische Ringversuche

25. Laborvergleichsuntersuchungen/Referenzmaterial: Firmen Transia GmbH (www.transia.de) und Oxoid GmbH (www.oxoid.com) u. a.

Kapitel 20

Milch, Milchprodukte, Analoge und Speiseeis

Ursula Coors

Institut für Hygiene und Umwelt, Marckmannstr. 129a, 20539 Hamburg
ursula.coors@hu.hamburg.de

20.1	Lebensmittelwarengruppen	527
20.2	Beurteilungsgrundlagen	528
20.2.1	Milchrechtliche produktübergreifende Regelungen	528
20.2.2	Produktspezifische Regelungen für Milch und Milcherzeugnisse	529
20.2.3	Milch- und Milcherzeugnis-Analoge und Imitate	531
20.2.4	Speiseeis	531
20.3	Warenkunde	532
20.3.1	Milch	532
20.3.2	Milcherzeugnisse	536
20.3.3	Butter	538
20.3.4	Käse	539
20.3.5	Milch- und Milcherzeugnis-Analoge und Imitate	543
20.3.6	Speiseeis	543
20.4	Qualitätssicherung	544
20.4.1	Betriebsinspektionen	544
20.4.2	Probenahme	545
20.4.3	Untersuchungsverfahren	545
20.5	Literatur	546

20.1
Lebensmittelwarengruppen

Die Produktpalette Milch und Erzeugnisse aus Milch beinhaltet Konsummilch, die aus Milch oder Bestandteilen der Milch hergestellten Milcherzeugnisse wie Sauermilch-, Joghurt-, Kefir-, Buttermilch-, Sahne-, Kondensmilch-, Trockenmilch-und Molkenerzeugnisse, Milchmisch- und Molkenmischprodukte (Produkte mit beigegebenen Lebensmitteln), Milchzucker, Milcheiweißerzeugnisse, Milchfette und Käse.

Miterfasst werden in diesem Kapitel die mit Milch und Milcherzeugnissen verwechselbaren Produkte (Imitate, Analoge) und Speiseeis.

20.2
Beurteilungsgrundlagen

Für die Beurteilung von Milch und Erzeugnissen aus Milch gelten neben den europäischen und nationalen horizontalen Vorschriften des Lebensmittelrechts wie Basis-VO [1], LFGB [2], LMH-VO-852 [3], und LMHV [4] spezielle Vorschriften für Erzeugnisse tierischen Ursprungs sowie produktspezifische nationale Verordnungen mit Vorschriften zur Herstellung, Zusammensetzung und Kennzeichnung.

Werden die Produkte mit nährwert- und/oder gesundheitsbezogenen Angaben, als diätetische Lebensmittel oder als „BIO"-Erzeugnisse angeboten, sind die Bestimmungen der NKV [5], der VO (EG) Nr. 1924/2006 (Health-Claims-VO) [6], der DiätV [7] und der Öko-Basis-VO [8] zu berücksichtigen. Für die früher in den einzelnen Produktverordnungen aufgeführten technologisch wirksamen Zusatzstoffe gilt die ZZulV [9]. Die Bestimmungen der LMKV [10] finden aufgrund eigenständiger Regelungen in den Produktverordnungen keine unmittelbare Anwendung. Sie gelten nur, soweit die Verordnungen sie für anwendbar erklären (Art und Weise der Kennzeichnung, Quid-Regelung).

Hinsichtlich der rechtlichen Regelungen zu Rückständen und Kontaminanten siehe Kap. 14–18, zu mikrobiologischen Kriterien siehe Kap. 19.4.1 und 19.7.

20.2.1
Milchrechtliche produktübergreifende Regelungen

1. VO (EG) Nr. 1234/2007 über eine gemeinsame Organisation der Agrarmärkte mit Sondervorschriften für bestimmte landwirtschaftliche Erzeugnisse (VO über die einheitliche GMO) v. 22.10.2007 mit marktrechtlichen Regelungen und Übernahme der VO (EG) Nr. 1898/87 zum Bezeichnungsschutz (Anhang XII), der VO 2597/97 v. 18.12.1997 mit ergänzenden Vorschriften hinsichtlich Konsummilch (Anhang XIII) und der VO (EG) Nr. 2991/94 (Streichfettnormen, Anhang XV) [11],
2. VO (EG) Nr. 853/2004 mit spezifischen Hygienevorschriften für Lebensmittel tierischen Ursprungs v. 29.4.2004 (Hygiene-VO-853) mit speziellen Vorschriften im Anhang III, Abschnitt IX für die Erzeugung von Rohmilch und Kolostrum, Betriebs- und Personalhygiene, Kriterien für Rohmilch (Keimzahl, somatische Zellen), Vorschriften für Temperaturen, Wärmebehandlungsverfahren, Verpackung und Etikettierung [12],
3. VO (EG) Nr. 510/2006 zum Schutz von geographischen Angaben und Ursprungsbezeichnungen für Agrarerzeugnisse und Lebensmittel v. 20.3.2006 [14],
4. VO (EG) Nr. 1107/96 [15] und VO (EG) Nr. 2400/96 [16] zur Eintragung geographischer Angaben und Ursprungsbezeichnungen mit der Auflistung geschützter Sorten Käse, Rahm, Butter u. a. Lebensmittel. Eine aktuelle Über-

sicht der laufend ergänzten Listen ist auf der Internetseite der EU [17] einzusehen,
5. VO (EG) Nr. 509/2006 über die garantiert traditionellen Spezialitäten (GTS) bei Agrarerzeugnissen und Lebensmitteln v. 20.3.2006 [18],
6. VO (EG) Nr. 1204/2008 zur Eintragung bestimmter Namen der GTS v. 3.12.2008 [19],
7. G über Milch, Milcherzeugnisse, Margarineerzeugnisse und ähnliche Erzeugnisse (MilchMarG) v. 25.07.1990 mit Begriffsbestimmungen, Ermächtigungen zur Schaffung einheitlicher Sorten mit Anforderungen an die Herstellung, Beschaffenheit und Kennzeichnung, Zulassung von Ausnahmen [20],
8. V über Anforderungen an die Hygiene beim Herstellen, Behandeln und Inverkehrbringen von bestimmten Lebensmitteln tierischen Ursprungs (Tier-LMHV) v. 8.8.2007 mit Anforderungen an das Herstellen und Behandeln der Produkte im Einzelhandel, Abgabe von Rohmilch und Rohrahm an Verbraucher, Anforderungen an das Gewinnen, Behandeln und Inverkehrbringen von Vorzugsmilch, Kennzeichnungspflicht von aus Rohmilch hergestellten Lebensmitteln und Festlegung von Temperatur- und Zeitbereichen für die Pasteurisierung und Ultrahocherhitzung [21].

Im Rahmen der marktrechtlichen Regelungen können auch die VO (EG) Nr. 1898/2005 mit Durchführungsbestimmungen zur VO (EG) Nr. 1255/1999 betreffend Maßnahmen zum Absatz von Rahm, Butter und Butterfett auf dem Gemeinschaftsmarkt v. 9.11.2005 [22] und die VO (EG) Nr. 273/2008 v. 5.3.2008 mit Durchführungsbestimmungen zu VO (EG) Nr. 1255/1999 hinsichtlich der Methoden für die Analyse und Qualitätsbewertung von Milch und Milcherzeugnissen [23] zu berücksichtigen sein, wenn Erzeugnisse aus Interventionsbeständen vorliegen. Diese werden als Weiterverarbeitungsprodukte in der Lebensmittelindustrie eingesetzt wie z. B. Butterfett, Butter und Rahm zur Herstellung von Backwaren, Speiseeis und anderen Lebensmitteln, können aber auch direkt abgegeben werden z. B. als „Billigbutter" für gemeinnützige Einrichtungen.

Für den internationalen Warenverkehr ist auch das Regelwerk des Codex Alimentarius [24] zu beachten, insbesondere hier die Entscheidungen des Codex Kommitee für Milch und Milcherzeugnisse (CCMMP) zur Standardisierung von Milchprodukten (Herstellung, Zusammensetzung, Zusatzstoffe).

20.2.2
Produktspezifische Regelungen für Milch und Milcherzeugnisse

Milch
1. Anhang XIII der VO (EG) Nr. 1234/2007 über die einheitliche GMO mit Anforderung zur Zusammensetzung und Kennzeichnung von Konsummilch [11],
2. Tier-LMH mit Regelungen zur Vorzugsmilch [21],

3. VO (EG) Nr. 2074/2005 zur Festlegung von Durchführungsbestimmungen für bestimmte unter die VO (EG) Nr. 853/2004 fallende Erzeugnisse mit Referenzverfahren für die Bestimmung der Keimzahl, somatischen Zellen und der alkalischen Phosphatase für Rohmilch und wärmebehandelten Milch [13],
4. Konsummilch-KennzeichnungsV v. 19.6.1974 mit weiteren Kennzeichnungsbestimmungen für Milch, lose und in Fertigpackungen [25].

Milcherzeugnisse
1. MilchErzV v. 15.7.70 mit allgemeinen Anforderungen an die Herstellung von Milcherzeugnissen i. S. der MilchErzV, Vorschriften zu Verpackung, Kennzeichnung und Zusammensetzung der verschiedenen Milcherzeugnisse [26],
2. Richtlinien des BLL für Fruchtzubereitungen zur Herstellung von Milchprodukten und Bezeichnungen von Fruchtjoghurterzeugnissen v. 1979 [27],
3. Leitfaden des Milchindustrie-Verbandes: Mengenkennzeichnung bei Milchprodukten [28].

Butter
1. Anhang XV der VO (EG) Nr. 1234/2007 über die einheitliche GMO, Vermarktungsnormen für Streichfette mit Begriffsbestimmungen für Milchfette, Beschreibung der Erzeugnisse und Etikettierungsvorschriften [11],
2. VO (EG) Nr. 445/2007 (Streichfett-DurchführungsVO mit Durchführungsbestimmungen zur VO 2991/94 mit Regelungen zur Angabe des Fettgehaltes und zur Verwendung der Bezeichnung „Butter" für zusammengesetzte Erzeugnisse, die als wesentlichen Bestandteil Butter enthalten [29],
3. V über Butter und andere Milchstreichfette v. 3.2.97 (ButterV) mit ergänzenden Vorschriften zur Herstellung, Kennzeichnung, Handelsklasseneinteilung und Verpackung [30].

Käse
1. KäseV v. 14.4.1986 mit Begriffsbestimmungen, Anforderung an die Herstellung, Festlegung von Fettgehaltsbereichen, Käsegruppen, Standardsorten, geschützten Bezeichnungen, Kennzeichnungsvorschriften [31].

Für Milchprodukte, die nicht den Herstellungsvorschriften der Produktverordnungen entsprechen, können nach § 8 MilchMarG Ausnahmen erlassen werden. Ausnahmen liegen z. B. vor für Frischkäsezubereitungen mit Zusatz von Inulin und Zitrusfasern [32], nur Inulin [33] und für die Verwendung von Lactase zur Herstellung von Speisequark und anderen Milcherzeugnissen [33]. Die Ausnahmegenehmigungen werden im Bundesanzeiger veröffentlicht. Eine Ausnahmeregelung nach § 68 LFGB stellt die Anreicherung einer Frischkäsezubereitung mit Vitamin D dar [34].

20.2.3
Milch- und Milcherzeugnis-Analoge und Imitate

Milch- und Milcherzeugnis-Analoge und -Imitate sind Erzeugnisse, die der Zusammensetzung nach nicht den Begriffsbestimmungen für Milch und Milcherzeugnisse entsprechen, wegen übereinstimmender charakteristischen Eigenschaften mit diesen aber verwechselt werden können.

Sie stellen Lebensmittel eigener Art dar, die den Bestimmungen der Basis-VO, dem LFGB und den weiteren horizontalen Vorschriften des Lebensmittelrechts unterliegen. Die Kennzeichnung und Aufmachung dieser Produkte müssen jedoch, um eine Verwechselbarkeit mit Milch und Milcherzeugnissen auszuschließen, den Anforderungen des Anhangs XII der VO über einheitliche GMO zum Schutz der Bezeichnung von Milch und Milcherzeugnissen bei ihrer Vermarktung [1] entsprechen. Danach sind sowohl der Begriff „Milch" sowie weitere Bezeichnungen wie Molke, Rahm, Butter, Buttermilch, Käse, Joghurt, Kefir geschützt und ausschließlich Milch und den aus Milch hergestellten Produkten vorbehalten (s. auch EuGH-Urteil zu „Diät"käse [35]). Die geschützten Bezeichnungen dürfen, wenn Milchprodukte für die Herstellung von verwechselbaren Erzeugnisse mitverwendet werden, nur zur Beschreibung von Ausgangsrohstoffen und zur Aufführung der Bestandteile verwendet werden.

Ausnahmen sind die in einer Entscheidung der EG [36] genannten traditionellen Begriffe wie Kokosmilch, Kakao- und Erdnussbutter. Sojaerzeugnisse fallen nicht unter diese Ausnahmeregelungen.

20.2.4
Speiseeis

Für die Beurteilung der Zusammensetzung und Kennzeichnung von Speiseeis sind neben den horizontalen Vorschriften des Lebensmittelrechts auch die Leitsätze der deutschen Lebensmittelbuchkommission für Speiseeis und Speiseeishalberzeugnisse v. 19.10.1993, zuletzt geändert am 27.11.2002 [37] mit Beurteilungsmerkmalen und Begriffsbestimmungen für die verschiedenen Speiseeissorten zu berücksichtigen. Auf europäischer Ebene wurde von EUROGLACES ein Codex für Speiseeis (Industrienorm [38]) mit Begriffsbestimmungen und Anforderungen zur guten Herstellungs- und Kühlkettenpraxis erstellt.

Bei Speiseeis, das unter Verwendung von Rahm, Butter und Butterfett aus Interventionsbeständen hergestellt wird, ist speziell für diese Zutaten auch die VO (EG) Nr. 1898/2005 [22] zu berücksichtigen, da diesen Produkten je nach Verwendungszweck Indikatoren wie Vanillin, Oenanthsäuretriglycerid, Stigmasterin, Sitosterin und Beta-Apo-8'-Karotinsäureethylester in bestimmten Mengen zugesetzt werden müssen und diese dann im Speiseeis nachweisbar sind.

Die Herstellung und der Verkehr mit Speiseeis müssen u. a. den Lebensmittelsicherheits- und Prozesshygienekriterien der VO (EG) Nr. 2073/2005 [71] entsprechen. Für Speiseeis, das lose an den Verbraucher abgegeben wird, hat die

Deutsche Gesellschaft für Hygiene und Mikrobiologie 2007 Empfehlungen (Richt- und Warnwerte) veröffentlicht [39].

20.3 Warenkunde

20.3.1 Milch

Milch ist definiert als das durch ein- oder mehrmaliges Melken gewonnene Erzeugnis der normalen Eutersekretion von Kühen und anderen Tierarten wie Ziege, Schaf, Büffel, Stute. Zu unterscheiden ist zwischen der Werkmilch als Ausgangsprodukt für die Herstellung der verschiedenen Milcherzeugnisse und der im Handel angebotenen Konsummilch.

Nährstoffgehalte der Milch:
In Tabelle 20.1 sind die mittleren Nährstoffgehalte unbehandelter Milch der verschiedenen Tierarten dargestellt.

Tabelle 20.1. Inhaltsstoffe der Milch verschiedener Tierarten (mittlere Gehalte, in g/100 g) [40]

	Kuh	Ziege	Schaf	Büffel	Kamel	Stute
Trockenmasse	12,8	13,4	17,3	18,9	14,6	10,3
Eiweiß	3,3	3,7	5,3	4,0	5,1	2,2
Fett	3,8	3,9	6,3	8,0	4,1	1,5
Kohlenhydrate	4,7	4,2	4,7	4,9	4,8	6,2
Organische Säuren	0,2	0,1	0,1	0,2	–	0,1
Mineralstoffe	0,7	0,8	0,9	0,7	0,6	0,4

Die Menge der Inhaltsstoffe und die Zusammensetzung der einzelnen Stoffgruppen können, abhängig u. a. von genetischen Einflüssen (Rasse) und Art des Futters, deutliche Unterschiede aufweisen. Veränderungen werden auch durch die Behandlungsverfahren verursacht. Die hier mit aufgeführte Kamelmilch ist in Deutschland nicht im Handel.

Übersicht über die Zusammensetzung der einzelnen Stoffgruppen (Kuhmilch):

Eiweiß:
Das Milcheiweiß besteht im Mittel zu 80% aus *Caseinen* (α_{S1}-, α_{S2}-, β-, κ-*Casein*) und 20% *Molkenproteinen* (*α-Lactalbumin, Serumalbumin, β-Lactglobuline, Immunoglobuline*). Der Gehalt an *essentiellen Aminosäuren* ist relativ hoch (biologische Wertigkeit von 91 gegenüber Vollei = 100). Der *Nichtproteinstickstoffgehalt* (NPN) beträgt etwa 0,03% (u. a. *Harnstoff, Creatin, Creatinin, freie Aminosäuren*). Zwischen Caseinen und Molkenproteinen bestehen einige signifikante

Unterschiede im Aminosäurespektrum, die zur Bestimmung des Molkenproteinanteils in Milchprodukten herangezogen werden können [41, 42].

Fett:
Das Milchfett besteht zu 96–99% aus *Triglyceriden*, 0,1–1% *Mono-* und *Diglyceriden* und 0,1–1% *Phospholipiden*. Charakteristischer Bestandteil des Unverseifbaren ist das Cholesterin (0,2–0,4 g/100 g Fett).

Der Gehalt an den Hauptfettsäuren und deren prozentuale Verteilung in Kuh-, Schaf-, Ziegen- und Büffelmilchfett ist in Tabelle 20.2 dargestellt.

Die prozentualen Anteile der niederen Fettsäuren und das Verhältnis bestimmter Fettsäuren zeigen z. T. signifikante Unterschiede und sind insbesondere bei Käse neben der Eiweißidentifizierung als weiterer Parameter zur Tierartenbestimmung geeignet [43]. So ist z. B. ein als „Schafskäse" angebotener Salzlakenkäse aus reiner Kuhmilch u. a. über das $C_{14:1}/C_{15:0}$-Verhältnis leicht erkennbar.

Daneben enthält das Kuhmilchfett und das Fett der anderen für Milch und Milcherzeugnisse verwendeten Tierarten Minorfettsäuren, bestehend aus einfach und mehrfach verzweigten, gesättigten und ungesättigten ungradzahligen sowie cyclischen Fettsäuren; näheres s. Renner 1982 und [44–46].

Kohlenhydrate:
Das Hauptkohlenhydrat der Milch, *Lactose*, liegt in zwei im Gleichgewicht stehenden Modifikationen vor, α- und β-Lactosehydrat. Daneben sind geringe Mengen (< 0,01%) *Glucose*, *Galaktose* und *Oligosaccharide* enthalten. In lactasebehandelter Milch („Lactosefreie Milch") beträgt der Restlactosegehalt < 0,1%, der Gehalt an Glucose und Galactose je ca. 2,3%. Eine derart behandelte Milch sollte nach einem Positionspapier der Lebensmittelchemischen Gesellschaft zu den Angaben „lactosefrei" und „lactosearm" [47] nicht als „lactosefrei" sondern als „streng lactosearm" bezeichnet werden. Zur Verwendung der Bezeichnung „lactosefrei" siehe auch Erwägungsgrund 22 der Health-Claims VO [6].

Mineralstoffe:
Die wesentlichen Mineralstoffe und deren mittlere Gehalte sind:
Kalium: 1,5 g/l, *Calcium*: 1,2 g/l, *Chlorid*: 1 g/l, *Phosphor*: 0,9 g/l und *Natrium*: 0,5 g/l.

Je 20% des Calcium und Phosphor sind an das Casein gebunden, je 30% liegen gelöst in anorganischer Form vor, 50% kolloidal als $Ca_3(PO_4)_2$.

Von ernährungsphysiologischer Bedeutung ist insbesondere der hohe und gut resorbiere Gehalt an Calcium; mit 1 l Milch können im Mittel 150% der empfohlenen täglichen Aufnahme gedeckt werden.

Organische Säuren:
Hauptbestandteil mit über 90% ist die *Citronensäure* mit Gehalten von 0,2–0,3 g/100 ml. Weiter sind in geringen Konzentrationen auch *Butter-*, *Propion-*, *Essig-*, *Ameisen-* und *Brenztraubensäure* nachweisbar.

Tabelle 20.2. Fettsäuren im Milchfett verschiedener Tierarten [40]

		Kuh		Schaf		Ziege		Büffel	
		mg/100 g Lebensmittel	% der Fettsäuren	mg/100 g Lebensmittel	% der Fettsäuren	mg/100 g Lebensmittel	% der Fettsäuren	mg/100 g Lebensmittel	% der Fettsäuren
Buttersäure	C 4:0	148	4,3	202	4,3	90	2,6	320	4,6
Capronsäure	C 6:0	84	2,5	143	3,0	87	2,5	170	2,4
Caprylsäure	C 8:0	48	1,4	112	2,3	98	2,8	80	1,1
Caprinsäure	C 10:0	103	3,0	323	6,8	337	9,6	160	2,3
Laurinsäure	C 12:0	130	3,8	177	3,7	156	4,5	190	2,7
Myristinsäure	C 14:0	396	11,7	519	11,0	369	10,5	810	11,6
Myristoleinsäure	C 14:1	39	1,2	11	0,2	6	0,2	50	0,7
Pentadecansäure	C 15:0	45	1,3	85	1,8	37	1,1	100	1,4
Palmitinsäure	C 16:0	1021	30,2	1387	29,3	995	28,4	2310	33,0
Heptadecansäure	C 17:0	24	0,7	44	0,9	28	0,8	40	0,6
Stearinsäure	C 18:0	338	10,0	565	11,9	373	10,7	790	11,2
Ölsäure	C 18:1	719	21,2	969	20,5	792	22,6	1810	25,9
Linolsäure	C 18:2	44	1,3	91	1,9	106	3,0	80	1,1
Linolensäure	C 18:3	24	0,7	104	2,2	26	0,7	90	1,3
Verhältnis C 14:1/C 15:0			0,9		0,1		0,2		0,5

Vitamine:
Milch enthält alle Vitamine, jedoch in sehr unterschiedlichen Gehalten, u. a. abhängig von der Fütterung, vom Fettgehalt und von der Art der Wärmebehandlung (Verluste von insbesondere B_1, B_{12} und C). Gemessen am Vitaminbedarf eines Erwachsenen wird mit 1 l Vollmilch im Mittel folgender prozentualer Anteil am durchschnittlichen Tagesbedarf [48] gedeckt:

- D, E, K und Nicotinamid: < 10%;
- A, B_1, B_6, C, Pantothensäure, Folsäure: 30–50%;
- B_2, B_{12}: > 100%.

Enzyme:
Das Enzymsystem der rohen Milch besteht aus *Lipasen, Proteasen, Katalasen, Oxidasen, Phosphatasen* u. a. Sie werden bei der Erhitzung der Milch in unterschiedlichem Ausmaß inaktiviert. Die Aktivitätsbestimmung der alkalischen Phosphatase ist zur Überprüfung der Pasteurisierung nach Hygiene-VO-853 [12] und Tier-LMHV [21] vorgeschrieben.

Lipasen und Proteasen können die Haltbarkeit der Milch beeinflussen und bewirken unerwünschte Veränderungen wie Fettspaltung und Gerinnung.

Als **Konsummilch** sind folgende Milchsorten möglich:

1. Vorzugsmilch (unbehandelte Rohmilch) und
2. wärmebehandelte Milch.

Rohmilch darf keiner Wärmebehandlung unterzogen werden, es dürfen keine Zusätze enthalten sein, der Fettgehalt ist nicht verändert. Eine Abgabe an Einrichtungen zur Gemeinschaftsverpflegung ist nicht zulässig. Die direkte Abgabe von Rohmilch aus Erzeugerbetrieben ist anzeigepflichtig.

Wärmebehandelte Milch (Frischmilch, H-Milch) wird abhängig vom Fettgehalt mit folgenden Verkehrsbezeichnungen in den Handel gebracht:

- entrahmte Milch, *max. 0,5% Fett*
- fettarme Milch, *1,5–1,8% Fett*
- Vollmilch, *3,5% Fett* (eingestellt) oder *mind. 3,5% Fett* (natürlicher Fettgehalt).

Auch Milch, deren Fettgehalte nicht diesen Bereichen entspricht, ist als Konsummilch verkehrsfähig, die o. g. Verkehrsbezeichnungen sind für diese Milch jedoch nicht zulässig. Die Wärmebehandlung sollte nach LMH-VO-852 internationalen Normen entsprechen. Für die Pasteurisierung und Ultrahocherhitzung sind bestimmte Temperaturbereiche und Erhitzungszeiten vorgeschrieben. Einen besonderen Fall der pasteurisierten Milch stellt die ESL-Milch (= Extended Shelf Life) dar. Bei dieser Milch wird durch verschiedene physikalische Verfahren wie Mikro- und Tiefenfiltration, direkte und indirekte Erhitzungsverfahren und Kombinationen daraus [49–51] eine Keimreduzierung und damit eine längere Haltbarkeit von derzeit bis zu 3 Wochen erzielt. Zur Kennzeichnung dieser

Milch besteht zzt. eine freiwillige Selbstverpflichtung der Wirtschaft [52]. ESL-Milch wird mit dem Hinweis „länger haltbar" versehen, die klassische pasteurisierte Milch mit dem Hinweis „traditionell". Wärmebehandelter Konsummilch können unter Kenntlichmachung Milcheiweiß, Mineralstoffe, Vitamine und das Enzym Lactase zugesetzt werden. Die Verwendung von technologischen Zusatzstoffen zu Milch ist begrenzt auf Phosphate als Stabilisator für UHT- und Sterilmilch und Natriumcitrat speziell für UHT-Ziegenmilch.

Die verschiedenen Wärmebehandlungsverfahren führen neben der Inaktivierung von Enzymen auch zu Veränderungen der Milchinhaltsstoffe wie Isomerisierung der Lactose zu Lactulose, Maillard-Reaktionen, Verlust an verfügbarem Lysin, Bildung von ε-Lactolysil-Lysin, (bestimmbar nach Säurehydrolyse als Furosin), Denaturierung insbesondere der thermolabilen Molkenproteine, Freiwerden von Sulfhydrylgruppen u. a., zu Art und Nachweisverfahren siehe [53].

Sensorisch erkennbare Veränderungen wie Säuerung, Gerinnung, Bittergeschmack u. a. sind in der Regel durch mikrobielle Kontamination verursacht [54, 55].

20.3.2
Milcherzeugnisse

Unter dem Begriff „Milcherzeugnisse" werden die aus Milch oder Bestandteilen der Milch hergestellten Erzeugnisse verstanden, denen auch andere Stoffe zugesetzt werden können, sofern diese nicht verwendet werden, um einen Milchbestandteil vollständig oder teilweise zu ersetzen. Rechtlich zu unterscheiden ist zwischen Milcherzeugnissen i. S. der MilchErzV (einschließlich Milchfetterzeugnissen) und Käse und Milchstreichfetten (Butter) mit eigenen Produktverordnungen.

Die Gruppe der Milcherzeugnisse i. S. derMilchErzV wird unterteilt in

a) Gruppenerzeugnisse mit allgemeinen Herstellungsvorschriften und
b) Standarderzeugnisse mit zusätzlichen Anforderungen an die Herstellung und Zusammensetzung.

Mit Ausnahme von ungezuckerten Kondensmilcherzeugnissen ist die Wärmebehandlung nicht mehr verpflichtend.

Im Folgenden eine Übersicht über die einzelnen Gruppen und standardisierten Erzeugnisse, näheres ist der Anlage 1 der MilchErzV zu entnehmen:

Fermentierte Milcherzeugnisse: hergestellt aus Sahne oder Milch unter Zusatz spezieller Säuerungskulturen (mesophile und spezifische thermophile Reifungskulturen), Standardsorten (ohne Wärmebehandlung nach der Fermentation) sind:

- Sauermilch, Dickmilch, Saure Sahne, Creme fraiche, Joghurt und Kefir.

Buttermilcherzeugnisse: die bei der Verbutterung von Milch oder Sahne anfallenden flüssigen Erzeugnisse, auch sauer oder nachträglich mit Milchsäurebakterienkulturen gesäuert, mit und ohne Magermilch- oder Wasserzusatz bei der Butterung:
- reine Buttermilch (ohne Wasser-, Magermilchzusatz), Buttermilch.

Sahneerzeugnisse: hergestellt aus Milch durch Abtrennung von Magermilch oder Einstellung des Fettgehaltes auf mind. 10%:
- Kaffeesahne, Schlagsahne.

Kondensmilcherzeugnisse: eingedickte Produkte aus Milch oder Sahne.
- Kondensmilch (durch Wärmebehandlung keimfrei),
- gezuckerte Kondensmilch (durch Saccharosezusatz haltbar).

Trockenmilcherzeugnisse: durch Sprüh-, Walzen- und Gefriertrocknung hergestellte pulverförmige Milcherzeugnisse (s. auch Kap. 44.3.2b):
- Milch-, Sahne-, Joghurt-, Kefirpulver mit verschiedenen Fettgehalten, Buttermilchpulver.

Molkenerzeugnisse und Milcheiweißerzeugnisse: durch Abscheiden des Eiweißes aus Milch, entrahmter Milch, Molke oder Buttermilch hergestellt, flüssig und als Pulver:
- Molkensahne, Süß-, Sauermolke, auch teilentzuckert, entsalzt oder eiweißangereichert,
- Milcheiweiß, auch wasserlöslich, Säurekasein, Labnährkasein, Kaseinat, Molkeneiweiß.

Milchfetterzeugnisse: aus Milch, Sahne oder Butter durch Abtrennung von Buttermilch oder Wasser hergestellte flüssige oder teilkristallisierte Milchfettkonzentrate mit einem Fettgehalt von mehr als 90%, bei Milchfetten mit einem Fettgehalt von < 90% handelt es sich um Streichfette mit gesonderten rechtlichen Regelungen (s. Kapitel 20.3.3/24.2.4 und 24.3.5):
- Butterreinfett (Butterschmalz) und fraktioniertes Butterfett, Fett mind. 99,8%, Wasser max. 0,1%,
- Butterfett (Butteröl), mind. 96% Fett, Wasser max. 0,2%.

Milchmischerzeugnisse und Molkenmischerzeugnisse: aus Milch oder Milcherzeugnissen der MilchErzV unter Zusatz beigegebener Lebensmittel, die eine bestimmte Geschmacksrichtung erzielen wie z. B. Früchte, Kakao, Nüsse hergestellt. Die Menge des Zusatzes ist bei Milchmischerzeugnissen auf 30% begrenzt, bei Molkenmischerzeugnissen muss der Anteil an Molkenerzeugnis > 50% betragen.

Milchmischprodukte mit einem höheren Anteil an anderen Lebensmitteln, milch- und milcherzeugnishaltige Cremes, Soßen und Suppen, Milchreis und Speiseeis stellen keine Milcherzeugnisse i. S. der MilchErzV dar.

Milcherzeugnissen können bei der Herstellung bestimmte Zusatzstoffe der ZZulV wie Farbstoffe, Stabilisatoren, Dickungsmittel (keine Konservierungsstoffe, Ausnahme Sorbinsäure zu dickgelegter Milch) sowie eingeschränkt Stärke, Speisegelatine, Lactase und die Vitamine, die keine Zusatzstoffe sind, zugesetzt werden. Kondensmilcherzeugnisse, Milchpulver, Milchmisch- und Molkenmischerzeugnisse können mit Vitaminen und Mineralstoffen nach der Health-Claims VO [6] angereichert werden.

20.3.3
Butter

Butter, Dreiviertelfettbutter, Halbfettbutter und andere Milchstreichfette sind nach den Vermarktungsnormen für Streichfette (Anhang XV der VO über einheitliche GMO) Erzeugnisse in Form einer festen plastischen Emulsion, ausschließlich bestehend aus Milch und/oder bestimmten Milcherzeugnissen mit Fett als wesentlichem Wertbestandteil. Sie müssen nach den Normen folgende Zusammensetzung aufweisen und entsprechend bezeichnet werden (Verkehrsbezeichnungen):

- **Butter:** mind. 80 und weniger als 90% Fett, Wassergehalt max. 16% und fettfreie Milchtrockenmasse max. 2%.
- **Dreiviertelfettbutter:** Milchfettgehalt mind. 60 und höchstens 62%.
- **Halbfettbutter:** Milchfettgehalt mind. 39 und höchstens 41%.
- **Milchstreichfett x % Fett:** Milchfettgehalt a) x = weniger als 39%, b) x = mehr als 41% und weniger als 60% oder c) x = mehr als 62% und weniger als 80%.

Bei zusammengesetzten Erzeugnissen, die Butter als wesentlichen Bestandteil enthalten, wird unterschieden in Produkte mit a) mind. 75% Milchfett („Butter" plus Angabe der Zusätze) und b) Produkte mit mind. 62% und weniger als 75% Fett („Butterzubereitung" plus Angabe der Zusätze, Ausnahme „Kräuterbutter").

Marken- und Molkereibutter sind Handelsklassenbezeichnungen für Butter mit besonderen Herstellungs- und Qualitätsvorgaben, die ergänzend zu den Vermarktungsnormen folgende, nach ButterV geregelten Anforderungen erfüllen müssen:

1. *Herstellung*:
   nur in einer Molkerei, aus pasteurisierter Kuhmilch oder daraus gewonnener Sahne (Markenbutter), nur Zusatz von Wasser, Speisesalz (auch jodiert) und den nach ZZulV für Butter zugelassenen, kennzeichnungspflichtigen Zusatzstoffen (Farbstoff Carotine, für Sauerrahmbutter auch Phosphate und Natriumcarbonat); die Verwendung der Bezeichnung Markenbutter ist außerdem genehmigungspflichtig. Butter mit einer Handelsklassenbezeichnung muss einer der folgenden Buttesorten entsprechen:
   Sauerrahmbutter: aus mikrobiell gesäuerter Milch oder Sahne, pH-Wert im Serum $\leq 5,1$,

Süßrahmbutter: aus nicht gesäuerter Milch oder Sahne, pH-Wert im Serum ≥ 6,4,
Mild gesäuerte Butter: aus nicht gesäuerter Milch/Sahne, Säuerung des Butterkorns mit spezifischen Milchsäurekulturen und Milchsäurekonzentrat, diese Butter kann sowohl einen leichten Süßrahm- als auch einen deutlichen Sauerrahmcharakter aufweisen, pH-Wert im Serum < 6,4.

Sauerrahm- und mild gesäuerter Butter können über die Gehalte an D- und L-Milchsäure, Citronensäure und Ribonucleosiden unterschieden werden [56, 57].

2. *Qualität:*
Die Qualitätseinstufung der Butter wird durch sensorische und physikalische Prüfung von Aussehen, Geruch, Geschmack, Textur, Wasserfeinverteilung und Streichfähigkeit nach einem 5-Punkte-Schema (DIN 10455 [70]) durchgeführt. **Markenbutter** muss in allen Kriterien mind. 4 Punkte, **Molkereibutter** mind. 3 Punkte erzielen.

Auch die Herstellung von Butter aus Rohmilch ist allgemein möglich. Zur Säuerung des Rahms müssen ausschließlich spezifische Milchsäurebakterien verwendet werden. Die früher übliche Bezeichnung „Landbutter" ist aufgehoben.

Bei der Kennzeichnung von Butter und den anderen Milchstreichfetten ist zu beachten, dass nach den Vermarktungsnormen neben der Verkehrsbezeichnung der Fettgehalt und, falls gesalzen, auch der Salzgehalt kenntlich gemacht werden müssen. Die Normen regeln auch die Hinweise „traditionell", „fettreduziert", „fettarm" und „leicht". Die weiteren Kennzeichnungselemente sowie die Zulassung des Gelatinezusatzes zu Milchstreichfetten (außer Butter) sind dagegen in der ButterV geregelt.

20.3.4
Käse

Käse sind frische oder in verschiedenen Graden der Reife befindliche Erzeugnisse, die aus dickgelegter Käsereimilch hergestellt werden. Die Käsereimilch kann sein: Kuhmilch, Schaf-, Ziegen-, Büffelmilch, auch in Gemischen, auch Molke, Buttermilch und Sahne. Die Dicklegung der Milch erfolgt durch Labzusatz und/oder eine Säuregerinnung (Zusatz von Milchsäurekulturen oder organische Säuren wie z. B. Citronensäure).

Abhängig von der Art der Käsereimilch und der Eiweißfällung, vom Zusatz spezieller Bakterien- und Schimmelpilzkulturen, der Käsebruchbearbeitung, Rindenbehandlung (salzen, schmieren, paraffinieren), Reifungsart (nicht gereift, „Natur"- oder Folienreifung), Reifezeit und den Lagerbedingungen entstehen die unterschiedlichsten Käsesorten mit ihren charakteristischen Eigenschaften. Näheres siehe Mair-Waldburg, Handbuch der Käse 1974 und Fox 1987, mit umfassenden Darstellungen der speziellen Herstellungsverfahren bestimmter Käsetypen und -sorten und den organoleptischen Eigenschaften.

Durch den Reifungsprozess werden primär Fett- und Eiweiß verändert. Es entstehen charakteristische Inhaltsstoffe wie freie Fettsäuren, Peptide, freie Aminosäueren, bei bestimmten Käsesorten wie z. B. Sauermilchkäse und lang gereiftem Emmentaler auch biogene Amine.

Eine Klassifizierung der Käsesorten kann nach den verschiedensten Kriterien vorgenommen werden (Milchart, Alter, Reifungskulturen u. a.).

Nach den Bestimmungen der KäseV wird unterschieden nach 1. Fettgehaltsstufen, 2. Wassergehalt in der fettfreien Käsemasse (Wff-Gehalt = Käsegruppen), 3. Standardsorten und 4. geschützten Herkunftsbezeichnungen.

1. **Fettgehaltsstufen** (Fett i. Tr., für alle Käsesorten):
   Magerstufe: < 10%, *Viertelfettstufe*: mind. 10%, *Halbfettstufe*: mind. 20%, *Dreiviertelfettstufe*: mind. 30%, *Fettstufe*: mind. 40%, *Vollfettstufe*: mind. 45%, *Rahmstufe*: mind. 50% und *Doppelrahmstufe*: mind. 60%, max. 85%.
2. **Käsegruppen** (Wff-Gehalt):
   Hartkäse: ≤ 56%, *Schnittkäse*: > 54 bis 63%, *halbfester Schnittkäse*: > 61 bis 69%, *Sauermilchkäse*: > 60 bis 73%, *Weichkäse*: > 67%, *Frischkäse*: > 73%, Ausnahmen:
   Molkenkäse (Eindicken von Molke), Molkeneiweißkäse (aus Molke durch Hitzefällung des Eiweißes), Käse in Flüssigkeit wie Salzlake, Molke oder Öl und Pasta filata Käse (Brüh- oder Knetkäse).
3. **Standardsorten**
   Käsegruppenerzeugnisse mit besonderen Anforderungen an die Herstellung und Beschaffenheit (Mindesttrockenmassen (Ausnahme Sauermilchkäse und Schichtkäse)), nur bestimmte Fettgehaltsstufen, Mindesteiweißgehalt (Speisequark), sensorische Eigenschaften, bei gereiften Käse auch Mindestalter und Herstellungsgewichte, siehe Anlage 1A, B und C KäseV.
4. **geschützte Herkunftsbezeichnungen (g. U.) und geschützte geographische Angaben (g. g. A.).**

Käsesorten mit den unter 4. genannten Bezeichnungen/Angaben sind nach der VO (EG) Nr. 510/2006 [14] auf europäischer Ebene geschützt und dürfen für andere Käsesorten nicht verwendet werden.

Die zur Eintragung vorgesehenen Sorten müssen mit einer genauer Spezifikation angemeldet und genehmigt werden. Bei Käsesorten mit geschützten Ursprungsbezeichnungen muss die Herstellung und Bearbeitung in einem bestimmten geographischen Gebiet nach einem festgelegten Verfahren erfolgen, bei Käse mit geschützten geographischen Angaben muss eine Verbindung zwischen Erzeugung, Verarbeitung oder Herstellung und dem Herkunftsgebiet vorliegen. Die geschützten deutschen Käsesorten sind auch in Anl. 1b der KäseV aufgeführt.

Die Festlegung von Käsesorten als geschützte Bezeichnungen ist bei einigen Käsesorten strittig gewesen und erst durch EuGH-Urteile entschieden. Dieses betrifft die Bezeichnung „Parmesan", die nach dem EuGH-Urteil vom 26.2.2008 (C-132/05) nur für Käse mit der geschützten Ursprungsbezeichnung „Parmigiano Reggiano" verwendet werden darf [58]. Der griechische „Feta" Käse wurde 1999 aus der Liste der geschützten Ursprungsbezeichnungen gestrichen [59] und 2002 mit der VO (EG) Nr. 1829/02 [60] wieder aufgenommen. Die Einpsrüche gegen die Wiederaufnahme (Rechtssache C-465/02 und C 466/02) wurden mit der Entscheidung des EuGH vom 25.10.2005 abgelehnt [61]. Damit kann nach Ablauf der fünfjährigen Übergangsfrist seit Oktober 2007 die Bezeichnung „Feta" nur noch für den aus bestimmten Gegenden Griechenlands stammenden und aus Schafsmilch unter Zusatz bis zu 30% Ziegenmilch hergestellten Salzlakenkäse verwendet werden.

Weitere für die Beurteilung der Bezeichnung von Käsesorten relevante Urteile: Herkunftstäuschung bei in Deutschland hergestelltem Mozzarella (OLG Frankfurt [62]), Verbot der innerstaatlichen Vorschriften bei Käse, der in einem anderen Mitgliedsstaat rechtmäßig hergestellt wurde, hier rindenloser Emmentaler (EuGH [63]), Verbot der Verwendung der geschützten Bezeichnung „Grana Padano" für nicht im Herstellungsgebiet geschnittenen und geriebenen Grana Padano-Käse (EuGH [64]).

Tabelle 20.3 enthält eine Auflistung verschiedener Käsesorten und deren Zuordnung, die entscheidend ist für die vorgeschriebene Angabe der Verkehrsbezeichnung.

Der Begriff „Markenkäse" ist ein sortenunabhängiger, national geregelter Qualitätshinweis, der nur unter bestimmten Voraussetzungen verwendet werden darf. Für die Herstellung ist eine Genehmigung erforderlich, der Käse muss mind. 40% Fett i. T. aufweisen und in seinen sensorischen Eigenschaften bestimmte Anforderungen erfüllen (mind. 4 Punkte bei der Bewertung von Aussehen, Konsistenz, Geruch und Geschmack nach einem 5-Punkte-Schema, vergleichbar den Bestimmungen für Markenbutter). **Erzeugnisse aus Käse** sind Produkte, die aus Käse unter Zusatz anderer Milcherzeugnisse oder beigegebener Lebensmittel hergestellt werden. Sie werden unterteilt in:

- *Schmelzkäse*: zu mindestens 50%, bezogen auf die Trockenmasse, aus Käse, auch unter Zusatz anderer Milcherzeugnisse, durch Schmelzen, auch unter Zusatz von Schmelzsalzen,
- *Schmelzkäsezubereitungen*: aus Käse oder Schmelzkäse unter Zusatz anderer Milcherzeugnisse oder beigegebener Lebensmittel, durch Schmelzen, auch unter Verwendung von Schmelzsalzen,
- *Käsezubereitungen*: aus Käse unter Zusatz anderer Milcherzeugnisse oder beigegebener Lebensmittel, der Anteil an Käse muss mindestens 50% betragen,
- *Käsekompositionen*: Mischungen aus zwei oder mehr Sorten Käse, Schmelzkäse oder -zubereitungen.

Als beigegebene Lebensmittel werden nur Lebensmittel verstanden, die einen besonderen Geschmack bewirken wie z. B. Frucht- oder Gemüseerzeugnisse. Die üblichen Zusammensetzungen und Bezeichnungen von Fruchtzubereitungen, die Milch- und Käseerzeugnissen zugesetzt werden, sind in einer Richtlinie des BLL [27] beschrieben. Stoffe wie z. B. Inulin oder Pflanzenfasern stellen keine

Tabelle 20.3. Einteilung von Käsesorten (Beispiele)

Käsegruppe	Freie Sorten	Standardsorten nach KäseV	Geschützte Ursprungsbezeichnungen (g. U.) geschützte geographische Angaben (g. g. A.) nach Anhang 1 der VO (EG) Nr. 1107/96 [15]
Hartkäse	Viereck-Hartkäse, Greyerzer	Emmentaler, Bergkäse, Cheddar, Pecorino	Allgäuer Emmentaler, Allgäuer/Tiroler/ Vorarlberger Bergkäse, Emmental de Savoie, Grana Padano, Parmigiano Reggiano, Pecorino Romano
Schnittkäse	Leerdamer, Pyrenäenkäse, Appenzeller, Danbo, Jarlsberg, Vacherin, Fontal, Mimolette, Raclette, Havarti	Tilsiter, Gouda, Edamer, Wilstermarsch	Esrom, Noord-Hollandse Edamer und Gouda, Morbier, Vacherin Mont d'Or
Halbfeste Schnittkäse	Bonbel, Mondseer, Ridder, Gaperon	Butterkäse, Steinbuscher Edelpilzkäse, Weißlacker	Bel paese, Tomme de Savoie, Taleggio, Roquefort, Gorgonzola, Blue Stilton, Danablu
Weichkäse	Bavaria Blu, Saint-Albray, Chaumes, Weinkäse, Winzerkäse	Camembert, Brie, Romadur, Limburger, Münsterkäse	Altenburger Ziegenkäse, Munster, Brie de Meaux, Camembert de Normandie, Chaource, Comté
Frischkäse	Hüttenkäse, Mascarpone, Demi-Sel, Petit Suisse	Speisequark, Schichtkäse, Rahm- und Doppelrahmfrischkäse	Rabiola di Roccaverano
Pasta filata Käse	Kaskaval, Halloumi	Mozzarella, Provolone, schnittfester Mozzarella	Mozzarella di bufala Campana, Provolone Valpadano

beigegebenen Lebensmittel i. S. der KäseV dar. Hier sind wie bei den Milcherzeugnissen Ausnahmen nach § 8 MilchMargG möglich.

Hinsichtlich der für die Herstellung von Käse zugelassenen Zusatzstoffe wird auf die Bestimmungen der ZZulV [9] verwiesen. Zu Qualitätsveränderungen bei Käse durch mikrobiologische und technologische Faktoren siehe [65].

20.3.5
Milch- und Milcherzeugnis-Analoge und Imitate

Diese Produktgruppe beinhaltet die aus/mit Milch und/oder Milcherzeugnissen unter Zusatz von milchfremden Fett oder Eiweiß hergestellte Produkte (Imitate), aber auch rein pflanzliche Erzeugnisse auf Sojabasis (Analoge). Beispiele für mit Milch- und Milcherzeugnissen verwechselbare Produkte, die statt Milchfett pflanzliches Fett/Öl enthalten, sind z. B. frischkäseähnliche Brotaufstriche aller Art, schlagfähige Cremes, sauercremeähnliche Produkte, Kaffeeweißer, feta- und schnittkäseartige Erzeugnisse (z. B. aus Kuh-Magermilch und Kokosfett). In zunehmendem Umfang werden schnittkäseähnliche Erzeugnisse, auch in geriebener Form anstelle von Käse als Pizzabeläge oder für pikante Backwaren (Käsestangen, -brötchen) eingesetzt. Bei Tzazikis, die nicht ausschließlich aus Frischkäse oder Joghurt sondern unter Zusatz von Pflanzenöl (traditionell Olivenöl) hergestellt werden, handelt es sich, abhängig von der Zusammensetzung, um emulgierte Soßen oder Feinkostsalate.

Zu den „klassischen" Analogen gehören die mit Milch und Milchmischgetränken verwechselbaren flüssigen Sojabohnenerzeugnisse (Sojadrinks) sowie der mit Käse verwechselbare Tofu. Hier dürfen die Begriffe „Milch" und „Käse" oder „Quark" nicht verwendet werden.

Eine weitere, nicht zu den Imitaten zählende, neue Produktgruppe sind die auf der Basis von Milch und Milcherzeugnissen hergestellten milch-, joghurt- und käseartige Erzeugnisse mit Zusatz der nach VO (EG) Nr. 258/97 [66] als neuartige Lebensmittelzutaten zugelassenen Phytosterine, -stanole und -ester (s. auch Kap. 24.3.5).

20.3.6
Speiseeis

Speiseeis ist nach den allgemeinen Begriffsbestimmungen der Leitsätze eine durch den Gefrierprozess bei der Herstellung in einen festen oder pastenartigen Zustand gebrachte Zubereitung, die dazu bestimmt ist, in diesem Zustand verzehrt zu werden.

Speiseeishalberzeugnisse (Speiseeispulver, -konserven) sind Zubereitungen, die zur Herstellung von Speiseeis, nicht jedoch zum unmittelbaren Verzehr bestimmt sind.

Bei den für Speiseeis üblichen Zutaten handelt es sich um Milch (Vollmilch), Milcherzeugnisse, Ei, Zuckerarten, Honig, Trinkwasser, Früchte, Butter, Pflanzenfette, Aromen und/oder färbende Lebensmittel. An Zusatzstoffen können nach den Bestimmungen der ZZulV Farbstoffe, Zuckeraustauschstoffe und Süßstoffe (für brennwertverminderte oder ohne Zuckerzusatz hergestelltes Speiseeis), Emulgatoren, Stabilisatoren, Dickungsmittel u. a. technologisch notwendige Stoffe, z. T. mit Mengenbegrenzungen zugesetzt werden [67].

Die industrielle Herstellung beinhaltet ein Mischen und Homogenisieren der Zutaten (Premix), Pasteurisierung, Gefrieren der Masse unter gleichzeitiger Lufteinarbeitung, Formen und Tiefgefrieren. Softeis wird aus fertigen Eismixen in Eismaschinen direkt am Verkaufsort bei ca. −5 °C mit einem sehr hohen Aufschlagvolumen hergestellt.

Speiseeissorten mit Mindestanforderungen nach den Leitsätzen:

- Kremeis (Eiercremeeis): mind. 50% Milch, mind. 270 g Vollei oder 90 g Eigelb auf 1 l Milch,
- Rahmeis (Sahneeis, Fürst-Pückler-Eis): mind. 10% Milchfett,
- Milcheis: mind. 70% Milch,
- Eiscreme: mind. 10% Milchfett,
- Fruchteis: mind. 20% Fruchtanteil, bei Fruchteis aus Zitrusfrüchten und anderen sauren Früchten mit mind. 2,5% Säure mind. 10% Frucht,
- Fruchteiscreme: mind. 8% Milchfett und deutlich wahrnehmbaren Fruchtgeschmack,
- Sorbet: mind. 25% Frucht, keine Milch oder Milchbestandteile, bei Sorbet aus Zitrusfrüchten oder anderen sauren Früchten mit mindestens 2,5% Säure mind. 10% Frucht,
- Wassereis: mind. 12% Trockenmasse (von süßenden und/oder weiteren geschmackgebenden Zutaten) und Fettgehalt < 3%.

Üblich sind inzwischen auch Speiseeissorten, die anstelle von Milch oder Rahm fermentierte Milcherzeugnisse wie z. B. Joghurt enthalten. Die Menge muss so bemessen sein, dass der Gehalt an Milchfett und fettfreier Trockenmasse dem Gehalt an Vollmilch entspricht.

Die Leitsätze sind zum Zeitpunkt der Drucklegung in einer Überarbeitung.

20.4
Qualitätssicherung

20.4.1
Betriebsinspektionen

Betriebe, die Milch und Milcherzeugnisse be-, verarbeiten und abgeben, unterliegen wie alle Lebensmittelunternehmer den Bestimmungen der LMH-VO-852. Sie müssen die allgemeinen und spezifischen Hygienevorschriften einhalten, ein HACCP-System einrichten, durchführen und aufrechterhalten. Die Verantwortlichen müssen eine entsprechende Sachkunde (Milch-SachkundeV [68]) aufweisen, die beschäftigten Personen unterliegen den Vorschriften des Infektionsschutzgesetzes [69].

Das HACCP-Konzept muss die kritischen Kontrollpunkte definieren, Grenzwerte und Verfahren zur Überwachung festlegen.

Es müssen Reinigungs- und Desinfektionspläne vorhanden sein. Geprüft werden muss auf Stoffe mit pharmakologischer und hormonaler Wirkung, Antibiotika, Pestizide, Reinigungsmittel und andere schädliche Stoffe einschließlich Stoffe, die die organoleptische Eigenschaften verschlechtern können oder sich beim Verzehr als gefährlich oder schädlich für die menschliche Gesundheit erweisen können (Mykotoxine, Fremdkörper wie Glassplitter u. a.). Die Kontrollergebnisse sind aufzubewahren und auf Verlangen vorzulegen. Als besondere kritische Kontrollpunkte sind u. a. die Erhitzeranlagen, die bei Störungen zu unzureichender Keimabtötung (einschließlich pathogener Keime) führen können sowie Produktionsschritte und -stellen hervorzuheben, die die Gefahr einer Rekontamination beinhalten und zu einem vorzeitiger Verderb der Produkte führen können.

Als Leitlinien für eine gute Hygienepraxis können DIN-Normen des Normenausschusses Lebensmittel und landwirtschaftliche Produkte, Fachbereich Lebensmittelhygiene und Lebensmittelsicherheit mit Untergremien zur Erstellung von Normen für z. B. Personalhygiene, Reinigung und Desinfektion, Anforderungen an die maschinelle Reinigung, Hygieneschleusen u. a. herangezogen werden [70] (s. allgemein auch Kap. 5.4.1 und 8.3).

20.4.2
Probenahme

Die Probenahme für die Untersuchung von Milch und Milchprodukten einschließlich Speiseeis ist standardisiert (Leitfaden zur Probenahme ISO 707/IDF 50, europäische Norm DIN EN ISO 707:2008 [70]). Der gemeinsam vom Internationalen Milchverband (IDF) und der Internationalen Standardorganisation (ISO) erarbeitete Leitfaden enthält Verfahren zur Probenahme von Produkten aus Silos, Großgebinden und Verkaufspackungen für die physikalische, chemische, mikrobiologische und sensorische Überprüfung. Beschrieben wird die Art der Probenahme einschließlich der dafür notwendigen Geräte, Mindestprobenmengen sowie Möglichkeiten der Probenkonservierung, Lagertemperaturen und des Probentransportes.

Zu amtlichen (EG) Probenahmevorschriften für bestimmte bakteriologische und chemische Untersuchungen von Rohmilch, wärmebehandelter Milch und Dauermilcherzeugnissen (eingedickte Milch und Trockenmilch) siehe ASU L 01.00-42 bis 52 (EG), L 01.02-3 bis 10 (EG) und L 02.06-9 bis 11 (EG).

20.4.3
Untersuchungsverfahren

Für die wesentlichen Untersuchungskriterien zur Überprüfung der Qualität und Zusammensetzung von Milch und Milchprodukten bestehen genormte Verfahren, die national im Rahmen des DIN und des § 64 LFGB, international von

ISO/IDF erarbeitet wurden [70]. Die nationalen Methoden werden zunehmend durch ISO/IDF-Verfahren im Zuge der europäischen Normung (CEN/TC 302, Technisches Komitee für Milch und Milchprodukte) ersetzt und als amtliche Verfahren in die ASU (DIN EN ISO-Normen) übernommen.

Aktuell liegen z. B. genormte Verfahren vor für (siehe auch ASU):
mikrobiologische Kriterien: Keimgehalt, coliforme Keime, E. coli, Streptokokken, Bac. cereus, Salmonellen, Hefen und Schimmel,
chemische Untersuchungen: pH-Wert, Trockenmasse, Fett, Stickstoff, Asche, Kohlenhydrate, Molkenprotein und Casein, Chlorid, Phosphat; Nitrat, Sorbinsäure, Süßstoffe, Fremdfette (Triglyceride), Tierartennachweis, Enzymaktivitäten, spezielle Rückstände und Kontaminanten wie Hemmstoffe, Antiinfekta, Antibiotika, Sulfonamide, niedrig siedende Kohlenwasserstoffe, Aflatoxin M_1,
physikalische Untersuchungen: Dichte, Gefrierpunkt, Härte von Butter,
sensorische Prüfung: Milch und Butter.

Produktübergreifende Verfahren (Mikrobiologische Bestimmungen, gentechnische Veränderungen, Pestizide, Schwermetalle, Vitamine, Süßstoffe, Allergene, Biotoxine, Prozesskontaminanten u. a.) werden auf europäischer Ebene durch CEN/TC 275 (Technisches Komitee Lebensmittel – horizontale Verfahren) bearbeitet und können ebenfalls als DIN EN-Normen in die amtl. Sammlung übernommen werden.

Weitere spezifische Verfahren für Milch und Milcherzeugnisse werden auch vom Verband der deutschen landwirtschaftlichen Versuchs- und Forschungsanstalten herausgegeben (VDLUFA-Methodenbuch, Band VI).

20.5
Literatur

1. VO (EG) Nr. 178/2002, (BasisVO), siehe Abkürzungsverzeichnis 46.2
2. LFGB, siehe Abkürzungsverzeichnis 46.2
3. VO (EG) Nr 852/2004, (LMH-VO-852), siehe Abkürzungsverzeichnis 46.2
4. LMHV, siehe Abkürzungsverzeichnis 46.2
5. NKV, siehe Abkürzungsverzeichnis 46.2
6. VO (EG) Nr. 1924/2006, (Health-Claims-VO), siehe Abkürzungsverzeichnis 46.2
7. DiätV, siehe Abkürzungsverzeichnis 46.2
8. Öko-Basis-VO, siehe Abkürzungsverzeichnis 46.2
9. ZZulV, siehe Abkürzungsverzeichnis 46.2
10. LMKV, siehe Abkürzungsverzeichnis 46.2
11. VO (EG) Nr. 1234/2007 v. 22.10.2007 über eine gemeinsame Organisation der Agrarmärkte mit Sondervorschriften für bestimmte landwirtschaftliche Erzeugnisse (ABl. 2007 L 299/1) i. d. F. v. 6.3.2009 (ABl. 2009 L 63/9)
12. VO (EG) Nr. 853/2004, (Hygiene-VO-853), siehe Abkürzungsverzeichnis 46.2
13. VO (EG) Nr. 2074/2005 v. 5.12.2005 zur Festlegung von Durchführungsbestimmungen für bestimmte unter die VO (EG) 853/2004 fallende Erzeugnisse (ABl. 2005 L 338/27) i. d. F. v. 12.12.2008 (ABl. 2008 L 337/31)

14. VO (EG) Nr. 510/2006 v. 20.3.2006 zum Schutz von geographischen Angaben und Ursprungsbezeichnungen für Agrarerzeugnisse und Lebensmittel (ABl. 2006 L 93/12) i. d. F. v. 8.5.2008 (ABl. 2008 L 125/27)
15. VO (EG) Nr. 1107/96 v. 12.6.1996 zur Eintragung geogaphischer Angaben und Ursprungsbezeichnungen (ABl. 1996 L 148/1) i. d. F. v. 16.4.2003 (ABl. 2003 L 236/359)
16. VO (EG) Nr. 2400/96 v. 17.12.1996 zur Eintragung bestimmter Bezeichnungen in das Verzeichnis der geschützten geografischen Angaben für Agrarerzeugnisse und Lebensmittel (ABl. 1996 L 327/11) i. d. F. v. 10.3.2006 (ABl. 2006 L 72/8)
17. http://ec.europa.eu/agriculture/quality/door/browse.htm
18. VO (EG) Nr. 509/2006 v. 20.3.2006 über die garantiert traditionellen Spezialitäten bei Agrarerzeugnissen und Lebensmitteln (ABl. 2006 L 93/1)
19. VO (EG) Nr. 1204/2008 v. 3.12.2008 zur Eintragung bestimmter Namen in das Register der garantiert traditionellen Spezialitäten (ABl. 2008 L 326/7)
20. Gesetz über Milch, Milcherzeugnisse, Margarineerzeugnisse und ähnliche Erzeugnisse v. 25.7.1990 (BGBl. I S. 1471) i. d. F. v. 31.10.2006 (BGBl. I S. 2407)
21. Tier-LMHV, siehe Abkürzungsverzeichnis 46.2
22. VO (EG) Nr. 1898/2005 v. 9.11.2005 mit Durchführungsbestimmungen zur VO (EG) Nr. 1255/1999 betreffend Maßnahmen zum Absatz von Rahm, Butter und Butterfett auf dem Gemeinschaftsmarkt (ABl. 2005 L 308/1)
23. VO (EG) Nr. 273/2008 v. 5.3.2008 mit Durchführungsbestimmungen zu VO (EG) Nr. 1255/1999 hinsichtlich der Methoden für die Analyse und Qualitätsbewertung von Milch und Milcherzeugnissen (ABl. 2008 L 88/1)
24. Codex Alimentarius, Loseblattsammlung, Behr's Verlag, Hamburg, offizielle Berichte: www.codexalimentarius.net oder ftp://ftp.fao.org/codex/publications/booklets/milk/milk_2007_EN.pdf
25. V über die Kennzeichnung wärmebehandelter Konsummilch v. 19.6.1974 (BGBl. I S. 1301) i. d. F v. 8.8.2007 (BGBl. I S. 1816)
26. V über Milcherzeugnisse v. 15.7.1970 (BGBl. I S. 1150) i. d. F. v. 21.12.2007 (BGBl. I S. 3282)
27. Schriftenreihe des Bundes für Lebensmittelrecht und Lebensmittelkunde e. V., Heft 91 (1979) Behr's Verlag, Hamburg
28. Werner G (2003) Archiv für Lebensmittelhygiene 54:20
29. VO (EG) Nr. 445/2007 v. 23.4.2007 mit bestimmten Durchführungsbestimmungen zur VO (EG) Nr. 2991/94 (ABl. 2007 L 106/24)
30. V über Butter und andere Milchstreichfette v. 3.2.1997 (BGBl. I S. 144) i. d. F v. 8.8.2007 (BGBl. I S. 1816)
31. KäseV v. 1.4.1986 (BGBl. I S. 412) i. d. F. v. 13.12.2007 (BGBl. I S. 2930)
32. BAnz Nr. 220 v. 23.11.2006
33. BAnz Nr. 4 v. 9.1.2008
34. GMBL 2008, Nr. 39, S. 809
35. EuGH C-101/98 v. 16.12.99, in ZLR 1/2000, S. 30
36. Entscheidung der Kommission v. 28.10.88 (ABl. 1988 L 310/32)
37. GMBL 1995, S. 362, Änderung GMBl 2002, S. 150
38. www.euroglaces.eu
39. http://www.lm-mibi.uni-bonn.de/DGHM.html
40. Souci/Fachmann/Kraut (2000) Nährwerttabellen, 6. rev. und ergänzte Auflage Medpharm, Stuttgart
41. Meisel H, Carstens J (1989) Milchwissenschaft 44:271
42. Meisel H (1995) Milchwisssenschaft 50:247
43. Matter L (1986) Labor Praxis, S. 28

44. Antila V, Kankare V (1983) Milchwissenschaft 38:478
45. Hadorn H, Zürcher K (1970) Deutsche Lebensmittelrundschau 66:249
46. Lund P, Jensen F (1983) Milchwissenschaft 38:193
47. GDCH AG „Fragen der Ernährung" (2005) Lebensmittelchemie 59:45
48. DACH/DGE/ÖGD Referenzwerte für die Nährstoffzufuhr (2000), Umschau Verlag
49. Hülsen U (2006) Deutsche Milchwirtschaft 57:894
50. Schwermann S, Schwenzow S (2008) Deutsche Milchwirtschaft 59:384, 428, 462
51. Kaufmann V, Scherer S, Kulozik U (2009) Deutsche Milchwirtschaft 60:262
52. http://www.milchindustrie.de
53. Schlimme E, Clawin-Rädecker I, Einhoff K, Wiesner C, Lorenzen P, Martin D, Meisel H, Molkentin J, Precht (1996) Kieler Milchwirtsch. Forschungsberichte 48, S. 5–36
54. Riemelt I (2003) Deutsche Milchwirtschaft 54:824
55. Duong H-A (2000) Deutsche Milchwirtschaft 51:144
56. Schlimme E, Lorenzen P Chr, Martin D, Meisel H, Thormählen K (1997) Kieler Milchwirtsch. Forschungsberichte 49:135
57. Kelnhofer F, Klostermeyer H (1984) Deutsche Milchwirtschaft 27:1049
58. Capelli F, Klaus B (2008) Deutsche Lebensmittelrundschau 104:81
59. Schauff M, Werner G (1999) Deutsche Milchwirtschaft 50:281, 376
60. VO (EG) Nr. 1829/2002 v. 14.10.2002 zur Änderung des Anhangs der VO (EG) Nr. 1107/96 in Bezug auf die Bezeichnung „Feta" (ABl. 2002 L 277/10)
61. EuGH C-465/02 und C-466/02, in Deutsche Lebensmittelrundschau 102:74 (2006)
62. OLG Frankfurt 6 U 185/99, in ZLR 3/2001, S. 450
63. EuGH C-448/98 v. 5.12.00, in ZLR 1/2001, S. 120
64. EuGH C-469/00 v. 20.5.03, in ZLR 5/2003, S. 558
65. Hüfner J (1999) Deutsche Milchwirtschaft 50:884, 931,1016, 1083 (Teil 1-4)
66. VO (EG) Nr. 258/97 v. 27.1.1997 über neuartige Lebensmittel und neuartige Lebensmittelzutaten (ABl. 1997 L 43/1) i. d. F. v. 29.9.2003 (ABl. 2003 L 284/1)
67. Umland P (1998) ZLR 5/98, S. 20
68. V über die Sachkunde zum Betrieb eines Unternehmens der Be- oder Verarbeitung von Milch und eines Milchhandelsunternehmens v. 22.12.1972 (BGBl. I S. 2555), i.d. F. v. 8.8.2007 (BGBl. I S. 1816)
69. G zur Verhütung und Bekämpfung von Infektionskrankheiten beim Menschen (InfektionsschutzG) v. 20.7.2007 (BGBl. I S. 1045) i. d. F. v. 17.12.2008 (BGBl. I S. 2586)
70. Bezugsquelle Beuth Verlag, Berlin, Übersichten unter www.fil-idf.org und www.nal.din.de
71. VO (EG) Nr. 2073/2005 v. 15.11.2005 über mikrobiologische Kriterien für Lebensmittel (ABl. 2005 L 338/1) i. d. F. v. 5.12.2007 (ABl. 2007 L 322/12)

Weiterführende Literatur

Hetzner E (Hrsg) Handbuch Milch, Loseblatt-Sammlung, Behr's Verlag, Hamburg
Töpel A (2004) Chemie und Physik der Milch, Behr's Verlag, Hamburg
Tetra Pak Processing GmbH (2003), Handbuch der Milch- und Molkereitechnologie, Verlag Th. Mann, Gelsenkirchen
Kiermeyer, F, Lechner E (1973) Milch und Milcherzeugnisse, Bd. 15 der Reihe Grundlagen und Fortschritte der Lebensmitteluntersuchung, Parey, Berlin, Hamburg
Timm F (1985) Speiseeis, Bd. 19 der Reihe Grundlagen und Fortschritte der Lebensmitteluntersuchung, Parey, Berlin Hamburg

Gravert HO (Hrsg) (1983) Die Milch, Erzeugung, Gewinnung, Qualität, Ulmer Verlag, Stuttgart

Kielwein G (1985) Leitfaden der Milchkunde und Milchhygiene (Pareys Studientexte 11) Parey, Berlin Hamburg

Weber H (Hrsg) (1996) Mikrobiologie der Lebensmittel, Milch und Milchprodukte, Behr's Verlag, Hamburg

Renner E (1982) Milch und Milchprodukte in der Ernährung des Menschen, Volkswirtschaflicher Verlag, München

Riemelt I, Bartel B, Malzan M (2003) Milchwirtschaftliche Mikrobiologie Behr's Verlag, Hamburg

Renner E (Hrsg) (1988) Lexikon der Milch, VV-GmbH Volkswirtschaftlicher Verlag, München

Schlimme E, Buchheimer W (1995), Milch und ihre Inhaltsstoffe – Chemische und physikalische Grundlagen, Verlag Th. Mann, Gelsenkirchen

Fox PF (Hrsg) (1987) Cheese, Chemistry, Physics and Microbiology Vol 1: General Aspects Vol 2: Major Cheese Groups, Elsevier Applied Science, London New York

Mair-Waldburg H (Hrsg) (1974) Handbuch der Käse, Volkswirtschaftlicher Verlag, Kempten

Sinell HJ, Meyer H (1996) HACCP in der Praxis, Lebensmittelsicherheit, Behr's Verlag, Hamburg

Handbuch der landwirtschaftlichen Versuchs- und Untersuchungsmethoden, Methodenbuch Band VI, Chemische, physikalische und mikrobiologische Untersuchungsverfahren für Milch, Milchprodukte und Molkereihilfsstoffe, VDLUFA-Verlag, Darmstadt (Loseblatt-Sammlung)

Sienkiewicz T, Kirst A (2006) Analytik von Milch und Milcherzeugnissen, Behr's Verlag, Hamburg

Kapitel 21

Eier und Eiprodukte

WOLF-RÜDIGER STENZEL

Institut für Lebensmittelhygiene, FB Veterinärmedizin, Freie Universität Berlin
Königsweg 69, 14163 Berlin
stenzel@vetmed.fu-berlin.de

21.1	Lebensmittelwarengruppen	551
21.2	Beurteilungsgrundlagen	551
21.3	Warenkunde	553
21.3.1	Aufbau des Hühnereies	555
21.3.2	Eiprodukte	557
21.4	Qualitätssicherung	557
21.4.1	Morphologische Einflüsse	559
21.4.2	Chemisch-physikalische Einflüsse	559
21.4.3	Mikrobiologisch-hygienische Einflüsse	560
21.4.4	Untersuchungsverfahren	561
21.5	Literatur	561

21.1 Lebensmittelwarengruppen

Von wirtschaftlicher Bedeutung sind Hühnereier, während die Eier anderer Geflügelarten wie Enten, Gänse, Trut- und Perlhühner, Wachteln sowie Kiebitze nur eine untergeordnete Rolle spielen. Weiterhin werden Eiklar, Eigelb und Eiprodukte behandelt.

21.2 Beurteilungsgrundlagen

Mit der Bekanntmachung der VO (EG) Nr. 852/2004 [1] sowie VO (EG) Nr. 853/2004 [2] werden die grundsätzlichen Anforderungen und Definitionen für „Eier und Eiprodukte" im Bereich der Europäischen Gemeinschaft festgelegt. Unter „Eiern" werden die Farmgeflügeleier in der Schale – ausgenommen angeschlagene Eier, bebrütete Eier und gekochte Eier –, die zum unmittelbaren menschlichen Verzehr oder zur Herstellung von Eiprodukten geeignet sind, verstanden.

Davon ausgenommen sind ausdrücklich die Eier der Laufvögel [2]. Durch die VO zur Durchführung von Vorschriften des gemeinschaftlichen Lebensmittelrechtes hier insbesondere Art. 2 von 2007 [3] sowie durch die Eier- und Eiprodukte VO von 1993 [4] werden diese Rechtsnormen national ausgefüllt. Mit der Neuordnung einer gemeinsamen Organisation der Agrarmärkte werden in der VO (EG) Nr. 1234/2007 dem sektoralen Einteilungsprinzip folgend, die „Eier" aufgeführt [5] und in der VO (EG) Nr. 589/2008 spezifiziert [6]. Es werden in Abhängigkeit von Qualitätsmerkmalen die Eier der Art *Gallus gallus* in die Güteklassen „A" und „B" eingeteilt. Weitere Kriterien für die Einordnung sind das Aussehen der Schale und Kutikula, Höhe der Luftkammer, Aussehen und Lage des Eidotters, Beschaffenheit des Eiweißes, der Größe der Keimscheibe, ohne Flecken und/oder Fremdkörpern sowie frei von Fremdgerüchen. Eier der Klasse „A" müssen im Aussehen sauber und unbeschädigt sein sowie eine normale Form aufweisen. Die Luftkammer darf 6 mm nicht überschreiten, wobei für Eier mit der Bezeichnung „extra" nur maximal 4 mm zulässig sind.

Hühnereier, die diese qualitativen Anforderungen nicht erfüllen sind in die Klasse „B" einzustufen. Die Verpackungen für Eier der Klasse „B" müssen neben der Nummer der Packstelle, der Bezeichnung der Güteklasse „B", das Verpackungsdatum aufweisen und unterliegen weiteren länderspezifischen Anforderungen.

Eier der Klasse „A" dürfen weder vor noch nach der Sortierung gewaschen oder anderweitig gereinigt werden und sind unter definierten Temperaturbedingungen zu transportieren und zu lagern. Hinsichtlich des Waschens von Eiern sind jedoch einzelstaatliche Ausnahmen zulässig.

Für das Kennzeichnen und Verpacken ist eine Frist von zehn Tagen einzuhalten. Weiterhin werden Hühnereier der Klasse „A" nach Gewichtsklassen sortiert:

XL – sehr groß: 73 g und mehr
L   – groß: 63 g bis unter 73 g
M – mittel: 53 g bis unter 63 g
S   – klein: unter 53 g.

Für die technische Ausstattung von Packstellen gelten bestimmte Anforderungen, um eine ordnungsgemäße Behandlung der Eier zu gewährleisten. Grundsätzlich sind die an Packstellen angelieferten Eier einer vorherigen mikrobiologischen Untersuchung zu unterziehen, deren Ergebnis negativ sein muss [2]. Hinsichtlich der Kennzeichnung und Rückverfolgbarkeit sind bei Eiern der Güteklasse „A" sowie auf den Verkaufsverpackungen folgende Angaben verpflichtend:

Angaben auf dem Ei:

- Haltungsform (codiert als Ziffer): 0: Ökologische Haltung, 1: Freiland-, 2: Boden-, 3: Käfighaltung
- Herkunftsland (uncodiert): z. B. DE: Deutschland, BE: Belgien, AT: Österreich
- Legebetrieb/Stall (codiert als Buchstaben/Ziffern).

Angaben auf der Verpackung:
- Nummer, Name oder Firmenbezeichnung der Packstelle
- Güteklasse „A", Gewichtsklasse, Anzahl der Eier
- Mindesthaltbarkeitsdatum, festgelegt auf höchstens 28 Tage nach Legedatum, mit Aufbewahrungshinweisen, ab dem 18. Tag nach Legedatum bei 5–8 °C zu lagern bzw., zu befördern
- Inverkehrbringer.

Fakultativ ist die Angabe der Art der Legehennenfütterung möglich, wobei bestimmte Mindestanforderungen in der Futterzusammensetzung zu erfüllen sind.

Hinweise auf der Verpackung wie „frisch" oder „extra frisch" sind nur bis zum neunten Tag nach dem Legedatum zulässig. Werden Eier direkt zur Verarbeitung an die Lebensmittelindustrie geliefert, können auf Antrag bei der zuständigen nationalen Behörde Freistellungen von Kennzeichnungselementen erfolgen [7]. Die Möglichkeit einer Freistellung von bestimmten Kennzeichnungselementen besteht nach einzelstaatlicher Maßgabe auch für Kleinerzeuger, die ihre Produkte direkt vermarkten [5].

Besonderen Anforderungen hinsichtlich der Kennzeichnung unterliegen Industrieeier. Die Verpackungen sind mit einem roten Etikett oder roten Banderole deutlich sichtbar zu kennzeichnen und müssen bei einer vorgegebenen Schriftgröße die Angabe „Industrieeier" tragen, mit dem ausdrücklichen Hinweis „ungenießbar".

Eier, die nach den Kriterien des ökologischen Landbaues produziert werden, haben die Anforderungen der Öko-Basis-VO [8] und der Durchführungsverordnung VO (EG) 889/2008 [9] zu erfüllen.

Unter Eiprodukten werden Erzeugnisse verstanden, die aus den verschiedenen Bestandteilen oder deren Mischungen aus den Eiern von Farmgeflügel hergestellt sind und denen auch Lebensmittel und/oder Zusatzstoffe beigemischt werden dürfen. Bei der Herstellung von Eiprodukten dürfen Zusatzstoffe gemäß Zusatzstoff-ZulassungsVO von 1998 [26] eingesetzt werden. Die Produkte können je nach technologischer Verarbeitung als flüssiges, konzentriertes, getrocknetes und gefrorenes/tiefgefrorenes Erzeugnis vorliegen. Eier, die nicht von Hühnern, Puten oder Perlhühnern stammen sind getrennt zu- und verarbeiten, um das Vermischen mit Eiern/Eibestandteilen der verschiedenen Arten auszuschließen [2]. Besondere Anforderungen gelten Enteneiern, die für den menschlichen Verzehr vorgesehen sind. Eine Unterscheidung zu Hühnereiern ist durch die spezifische Anfärbung der Eischale möglich [15]. An Betriebe, die Eiprodukte herstellen sowie Einrichtungen, die roheihaltige Lebensmittel verarbeiten, werden weitreichende hygienische und technologische Anforderungen gestellt [3, 4].

21.3
Warenkunde

Wesentlich für die vielseitige Verwendung von Eiern ist deren ernährungsphysiologischer Wert, Schmackhaftigkeit und Bekömmlichkeit. Bei disponierten

Personen können Eiproteine unerwünschte allergische Reaktionen hervorrufen [10].

Seit Jahren ist die Verzehrsmenge von Hühnereiern relativ konstant und der jährliche pro-Kopf-Verbrauch beträgt 13,1 kg oder 210 Eier. Die Jahresproduktion liegt in Deutschland bei ca. 12 Mrd. Stück, was einer Legeleistung von 274 Stück je Henne entspricht [11, 12]. Neben einer haushaltsüblichen Verwendung als Frischei wird ein erheblicher Anteil gewerbsmäßig zu Eiprodukten verarbeitet und in den verschiedenen Bereichen der Lebensmittelproduktion eingesetzt. Hierbei werden die vielfältigen funktionellen Eigenschaften wie Denaturierungs-, Schaumbildungs-, Emulsions- und Farbvermögen genutzt.

In der Tabelle 21.1 sind die Mittelwerte ausgewählter Bestandteile von Hühner-, Enten- und Wachteleiern zusammengefasst. Im Nährwertgehalt unterscheiden sich Hühner- (646 kJ/155 kcal), Enten- (766 kJ/184 kcal) und Wachteleier (653 kJ/156 kcal) nur geringfügig voneinander. [13, 14].

Tabelle 21.1. Mittelwerte ausgewählter Eibestandteile in 100 g essbarer Anteil – ohne Eischale – von Hühner-, Enten- und Wachtelei [13, 14]

Bestandteil	Maßeinheit	Hühnerei (Vollei)	Hühnereigelb	Hühnereiweiß	Entenei (Vollei)	Wachtelei (Vollei)
Wasser	g	74,4	50,0	87,3	70,9	
Eiweiß ($N \times 6{,}25$)	g	12,8	16,1	11,1	13,0	13,9
Fett	g	11,3	31,9	0,2	14,4	11,5
– gesättigte Fettsäuren	g	4,0	12,0	0,1		
– mehrfach unges. Fettsäuren	g	2,2	6,4	Spuren		
Kohlenhydrate	g	0,7	0,3	0,7	0,7	
– Glucose	g	0,34	0,21	0,41		
Mineralstoffe	g	1,0	1,7	0,7	1,0	1,0
Natrium	mg	144	51	170		
Kalium	mg	147	138	154		
Calcium	mg	54	140	11		
Eisen	mg	2	7,2	0,2		
Phosphor	mg	214	590	21		
Vitamin A (Retinol)	µg	270	881	Spuren		
Vitamin D	µg	2,9	5,6			
Gesamt-Tocopherole	µg	2300	6,5			
Vitamin K	µg	8,9				
Folsäure	µg	67,0	53	9,2		
Vitamin B_{12}	µg	1,9	159	0.1		
Vitamin B_1	µg	100	290	0,02		
Vitamin B_2	µg	408	400	320		
Cholesterol	g	0,396	1,26			2,1
Gesamtphospholipide	g	3,510	10,3			3,83

21.3.1
Aufbau des Hühnereies

Das Ei lässt sich morphologisch in Schale, Eiklar und Dotter (Eigelb) unterteilen. Die Eibildung erfolgt bei den Legehennen periodisch. Ausgehend vom Eierstock werden nach dem Eisprung in den einzelnen Abschnitten des Legedarmes die Eiklarschichten um das Dotter angelagert und nach Ausbildung der Kalkschale das Ei über die Vagina ausgeschieden. Die Passage der präformierten Eizelle nach dem Eisprung bis zum vollständig ausgebildeten Ei dauert ca. 25 Stunden. Das Gewicht eines Hühnereies liegt zwischen 30 bis 80 g. Dabei entfallen ca. 57% auf das Eiweiß, 33% das Dotter und 10% auf die Schale. In der Abb. 21.1 ist der Aufbau eines Hühnereies schematisch dargestellt [15].

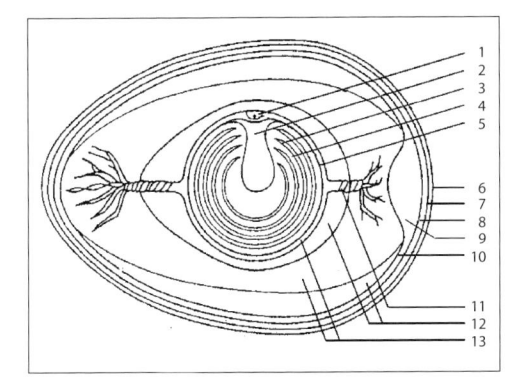

Dotter
1 Keimscheibe mit Keimbläschen
2 Bildungsdotter
3 weißer (heller) Dotter
4 gelber (dunkler) Dotter
5 Dottermembran

Schale
6 Deckschicht (Kutikula/Tegmentum)
7 Kalkschale mit Poren
8 Schalenhaut
9 Luftkammer
10 Schalenmembran

Eiklar
11 Hagelschnur (Chalacen)
12 dünnflüssiges Eiklar
13 dickflüssiges Eiklar

Abb. 21.1. Schematischer Aufbau eines Hühnereies [15]

Eischale

Die Eischale ist schichtförmig aufgebaut und schützt den Eiinhalt vor nachteiligen Beeinflussungen wie Schmutz und/oder Mikroorganismen. Die ca. 10 μm dicke Deckschicht (wasserabweisende Glycoproteine) erscheint als matt-glänzender Überzug, die die Poren der Kalkschale verschließt. Im Verlauf der Lagerung zersetzt sich diese Schicht und ist im abgetrockneten Zustand rissig. Durch Waschen kann sie beschädigt werden und damit eine Penetration unerwünschter Keime in das Innere des Eies erfolgen. Die porös-kristalline Kalkschale besteht überwiegend aus Calciumcarbonat und -phosphat sowie in geringen Anteilen Magnesiumcarbonat (Entenei), die in eine Matrix aus organischem Material eingelagert sind. Die Poren dienen dem Gasaustausch zwischen der ca. 5 mm großen Luftkammer und der Umwelt. Die Schalendicke beträgt bei Hühnereiern zwischen 0,2–0,4 mm, wobei Werte unter 0,32 mm als „dünnschalig" anzusehen sind [15]. Die Schalenstabilität wird wesentlich durch die Fütterung (Kalkmangel), die Haltungsbedingungen (Umgebungstemperatur), den Gesundheitsstatus und das Alter der Tiere beeinflusst. Die Pigmentierung der Eierschale ist rasseabhängig und wird durch Pyrrol-Derivate hervorgerufen. Hühnereier sind weiß, gelb bis braun und Enteneier weiß oder grünlich gefärbt.

Eiklar

Ausgewählte Eigenschaften des Eiklars sind in der Tabelle 21.2 zusammengefasst. Der pH-Wert bei Frischei liegt im Bereich von 7,6 bis 7,9.

Eigelb

Das Eigelb stellt eine Öl-in-Wasser-Emulsion dar. Der pH-Wert liegt bei 6,0 und steigt bei der Lagerung auf 6,4–6,9 an. Die Trockenmasse setzt sich zu etwa 2/3

Tabelle 21.2. Ausgewählte Parameter von Proteinen des Eiklars [14, 16, 17]

Protein	Anteil %	MW (10^3)	i. P.	Struktur und Eigenschaften
Ovalbuminin	54,0	45,0	4,6–4,8	Glycophosphoprotein; bei Lagerung erfolgt Umwandlung in hitzestabiles S-Ovalbumin, denaturiert beim Aufschlagen
Conalbumin (Ovotransferrin)	13,0	76,0	6,1–6,6	Glycoprotein; bildet mit 2- und 3-wertigen Metallionen hitzestabile Komplexe, Fe kann zu unerwünschten Rotverfärbungen führen, in freier Form hitzelabil; antimikrobiell wirksam
Ovomucoid	11,0	28,0	3,9–6,6	Glycoprotein; hitzestabil, hemmt Trypsin vom Rind jedoch nicht beim Menschen
G_1 Lysozym (G_1 Globulin)	3,5	14,3	11,0	Sialoprotein; N-Acetylmuraminidase, antibakteriell wirksam, Verhinderung der Spätblähung bei Hart-/Schnittkäse
G_2 Globulin	4,0	40,0	5,5	Schaumbildner
G_3 Globulin	4,0	58,0	4,8	Schaumbildner
Ovomucuin	1,5	83,0	4,5–5,0	Glycoprotein; bildet Mikrofibrillen, die Viskosität des nativen dickflüssigen Eiklars beeinflussen, hitzestabil, bildet mit Lysozym wasserunlöslichen Komplex
Flavoprotein	0,8	32,0	4,0	Glycoprotein; bindet Riboflavin
Avidin	0,05	66,0	9,5–10,0	Glycoprotein; bindet Biotin und hemmt das Wachstum biotinabhängiger Mikroorganismen; Wachteleier weisen gegenüber Hühnereiern eine erhöhte Avidinaktivität auf

aus Lipiden und 1/3 Proteinen zusammen. Das Fett von Eigelb wird als „Eieröl" bezeichnet und durch Abpressen oder Extraktion gewonnen [14]. Die Lipide bestehen zu ca. 65% aus Triacylglyceriden, 21–28% Phospholipiden, – überwiegend Lecithin – sowie 1,5–2,2% Mono- und Diacylglyceriden. In Spuren liegen weiterhin freie Fettsäuren, Kohlenwasserstoffe und Carotinoide vor. Der Gehalt an Cholesterol/Cholesterolestern beträgt etwa 6%. Das Fettsäuremuster dominiert mit ca. 45% Ölsäure, gefolgt von Stearin- und Palmitinsäure mit ca. 10 und 29%. Der Anteil der mehrfach ungesättigten Fettsäuren ist durch die Fütterung beeinflussbar, wobei Linolsäure überwiegt. Die typische Farbe des Dotters wird durch Lutein und Zeaxanthin sowie deren Ester hervorgerufen. Sie werden über das Futter vom Tier aufgenommen und abgelagert. Das Dotter ist von einer Vitellinmembranschicht umgeben, die gleichzeitig eine Barriere gegen Mikroorganismen bildet. Die Proteine lassen sich in Plasma- (66%) und Granulaproteine (18,6%), Livetin (11%) und Phosvitin (4,6%) unterteilen, denen wiederum verschiedene Subfraktionen zuzuordnen sind [13, 16].

21.3.2
Eiprodukte

Zur Gewinnung von Eiprodukten dürfen nur saubere, trockene und hygienisch einwandfreie Eier verwendet werden. Kontaminationen sind durch Abtrennung von anderen Arbeitsgängen während und nach der Be- und Verarbeitung zu vermeiden [2, 3]. In der Abb. 21.2 ist die Herstellung von Eiprodukten schematisch dargestellt. Zur Eliminierung pathogener Keime sowie Verderbniserregern erfolgt die Pasteurisation, die als CCP aufzufassen ist. Die Parameter Temperatur/Heißhaltezeit sind so zu wählen, dass die funktionellen Eigenschaften erhalten bleiben, gleichzeitig ein sicherer Pasteurisationseffekt erzielt wird. In der Tabelle 21.3 sind ausgewählte Pasteurisationsbedingungen zusammengefasst. Das Pasteurisieren und Abkühlen erfolgen üblicherweise in Plattenapparaten an die bestimmte Anforderungen gestellt werden [2]. Die Erzeugnisse sind anschließend unter definierten Bedingungen zu lagern [4]. Um die Bildung unerwünschter Maillard-Produkte bei der Wärmebehandlung auszuschließen, erfolgt vor der Trocknung durch enzymatische oder mikrobiologische Verfahren [16] eine „Fermentation" oder „Entzuckerung". Das Gefrieren von Eigelb und Vollei führt zu irreversiblen Viskositätserhöhungen, die durch eine Vorbehandlung mit proteolytischen Enzymen verringert oder Zugabe von Salz oder Saccharose unterbunden werden können. Die älteren Verfahren wie das Einölen mit Pflanzenölen, Paraffinen oder Wachsen, sowie Tauchen in $Ca(OH)_2$- oder Natrium-/Kaliumsilikatlösungen haben an Bedeutung verloren.

21.4
Qualitätssicherung

Die Eiqualität wird vor dem Legen durch Faktoren wie Tiergesundheit, Haltungsbedingungen, Besatzdichte und Fütterung sowie nach der Eiablage durch das

Ausgangs-produkte	Schaleneier		

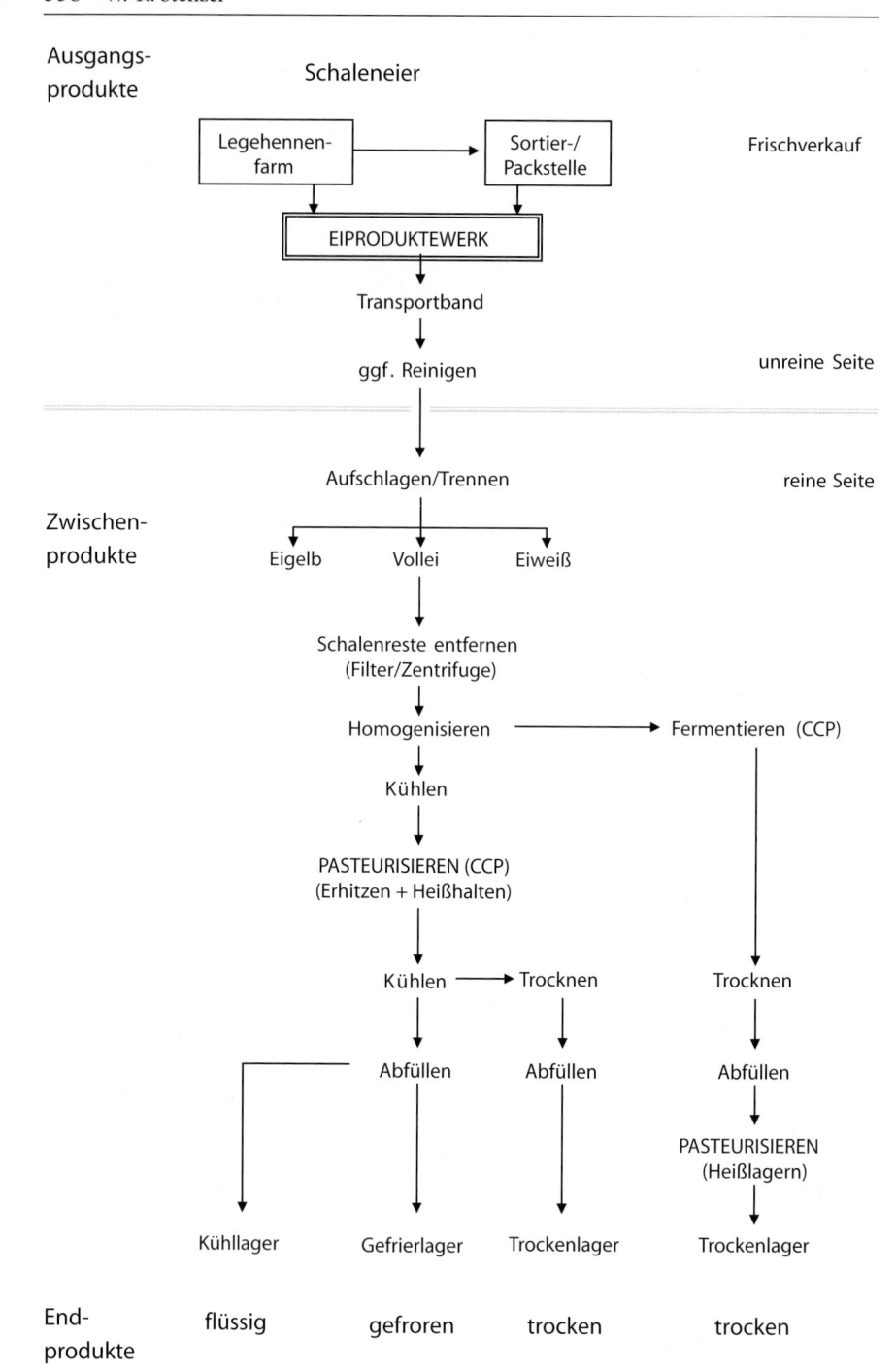

```
Ausgangs-            Schaleneier
produkte
              ┌──────────────┐      ┌──────────────┐
              │ Legehennen-  │─────▶│  Sortier-/   │      Frischverkauf
              │    farm      │      │  Packstelle  │
              └──────┬───────┘      └──────┬───────┘
                     │                     │
                     ▼                     ▼
                  ╔══════════════════════════╗
                  ║     EIPRODUKTEWERK       ║
                  ╚════════════╦═════════════╝
                               ▼
                         Transportband
                               │
                               ▼
                         ggf. Reinigen                    unreine Seite
              ─────────────────┼──────────────────────────────────────
                               ▼
                         Aufschlagen/Trennen              reine Seite
Zwischen-              ┌───────┼────────┐
produkte               ▼       ▼        ▼
                     Eigelb  Vollei  Eiweiß
                               │
                               ▼
                       Schalenreste entfernen
                       (Filter/Zentrifuge)
                               │
                               ▼
                         Homogenisieren ─────────▶ Fermentieren (CCP)
                               │                         │
                               ▼                         │
                            Kühlen                       │
                               │                         │
                               ▼                         │
                       PASTEURISIEREN (CCP)              │
                       (Erhitzen + Heißhalten)           │
                               │                         │
                               ▼                         ▼
                            Kühlen ──▶ Trocknen       Trocknen
                               │          │              │
                               ▼          ▼              ▼
                            Abfüllen   Abfüllen       Abfüllen
                               │                         │
                               │                         ▼
                               │                   PASTEURISIEREN
                               │                   (Heißlagern)
                  ┌────────────┤                         │
                  ▼            ▼          ▼              ▼
               Kühllager   Gefrierlager  Trockenlager  Trockenlager

End-          flüssig      gefroren     trocken       trocken
produkte
```

Abb. 21.2. Schematische Darstellung zur Herstellung von Eiprodukten [27]

Tabelle 21.3. Ausgewählte Temperatur-Heißhaltezeit Kombinationen beim Pasteurisieren [16, 28]

Produkt	Pasteurisationstemperatur	Heißhaltezeit
Vollei	65,0–66,0 °C	3,0 min
	64,5 °C	6,0 min
	60,0 °C	3,5 min
Eigelb	65,0–66,0 °C	3,0 min
	62,0 °C	6,0 min
	61,1 °C	3.5 min
	60,0 °C	6,2 min
mit Zucker	63,0 °C	3,75 min
mit Salz	73,0 °C	3,75 min
Eiklar	52,0 °C	7,0 min
Eiweiß pH: 7	60,0 °C	3,5 min
Eiweiß pH: 9	56,0 °C	3,0 min
	56,7 °C	3,5 min

Stallklima, Intervalle der Eiersammelung, Transport und Lagerung beeinflusst. Für den Verbraucher steht die „Frische" des Eies im Vordergrund, die durch geeignete Untersuchungsmethoden, einschließlich der Sensorik beschrieben wird. Kriterien sind Aussehen, Geruch, Gewicht und Schalenqualität.

21.4.1
Morphologische Einflüsse

Abweichungen von der typischen Beschaffenheit sind am frischen Ei erkennbar oder bilden sich erst im Verlauf der Lagerung heraus. Fließ- oder Windeier haben eine fehlende oder mangelhaft ausgebildete Kalkschale. Eier, mit beschädigter aber vollständiger Kalkschale und unversehrter Schalenhaut, werden als Knickeier bezeichnet. Lichtsprungeier zeigen feine Schalenrisse, die sich unter Druck erweitern. Die unversehrte Schalenhaut ist beim Durchleuchten erkennbar. Als „Läufer" oder „Schwimmer" werden Eier bezeichnet, bei denen die Luftkammer zwischen Eiklar und Schalenmembran frei beweglich ist. Im Dotter sind vereinzelt neben Blut- oder Fleischflecken auch Fremdkörpereinlagerungen nachweisbar, die bereits überwiegend im Eierstock ausgebildet wurden. Fütterungsfehler und eine unsachgemäße Lagerung können farbliche Veränderungen sowie Geruchs- und Geschmacksabweichungen des Eiinhaltes hervorrufen. Verschmutzungen der Schalenoberfläche lassen auf ein unzureichendes Hygienemanagement im Legebetrieb schließen.

21.4.2
Chemisch-physikalische Einflüsse

Während der Lagerung von Eiern kommt es zu intensiven Austauschprozessen zwischen Eigelb und Eiklar. Dabei erhöht sich die Trockenmasse des Eigelbs durch Einstrom von Wasser, weiterhin verändern sich die Gefrierpunkte und Brechungsindizies. Durch die Schale entweichen Wasser und Kohlendioxid, was zu einer Erhöhung des pH-Wertes im Eiklars bis 9,5 führt. Damit verändern sich das Eigewicht und die Größe der Luftkammer. Die Viskosität des zähflüssigen Eiklaranteiles wird verändert und die Dottermembran verliert an Elastizität, wodurch sich der Dotterindex verkleinert. (Dotterindex = Dotterhöhe/Durchmesser, in %.) Diese Veränderungen sind wesentlich von den Lagerbedingungen (Temperatur/rel. Luftfeuchtigkeit/Gaszusammensetzung) abhängig.

21.4.3
Mikrobiologisch-hygienische Einflüsse

Der Umfang und die Intensität eines mikrobiell verursachten Verderbs werden von Art und Anzahl der Keime sowie den Lagerbedingungen beeinflusst. Typische Vertreter hierfür sind *Proteus-, Serratia-, Bacillusspezies, Enterobacteriaceae, Pseudomonadaceae, Alcaligenes, Aeromonas, Acinetobacter, Micrococcus* aber auch verschiedene *Schimmelpilzspezies* [15].

Von den pathogenen Keimen haben die Salmonellen die größte Bedeutung. Im Jahr 2006 waren bei Konsumeiern 0,59% der untersuchten Proben positiv, wobei sowohl die Schale (0,39%) als auch das Eidotter (0,06%) betroffen waren [12]. Bei den Salmonella-Serovaren dominiert *S. enteriditis*, während *S. thyphimurium* nur eine untergeordnete Rolle spielt. Das unterstreicht die Notwendigkeit eines sachgerechten Umganges mit rohen Eiern. So ist z. B. beim Aufschlagen von Eiern, eine mögliche Übertragung von Salmonellen von der Schale auf den Eiinhalt zu vermeiden. Das ist von besonderer Bedeutung bei der Herstellung und dem Verkehr roheihaltiger Lebensmittel. In Gaststätten und Einrichtungen zur Gemeinschaftsverpflegung dürfen nicht ausreichend erhitzte eihaltige Speisen nur innerhalb von 2 Stunden nach der Herstellung serviert werden, oder sie müssen innerhalb dieser Zeit auf 7 °C abgekühlt und bei dieser Temperatur höchstens 24 Stunden gelagert werden. Dieses gilt für alle Lebensmittel, die unter Verwendung von rohen Bestandteilen von Hühnereiern hergestellt und nicht erhitzt wurden und schließen somit auch Backwaren, Cremespeisen usw. ein. Grundsätzlich sollten Konsumeier nach dem Kauf beim Endverbraucher im Kühlschrank gelagert werden. Außerdem ist weiterhin zu empfehlen, dass in ihrer Immunabwehr geschwächte Personen, aber auch Kleinkinder und Senioren, Eier niemals roh verzehren sollten, sondern nur nach vollständiger Durcherhitzung, d. h., wenn Eiweiß und Eigelb fest sind [12].

Zum Schutz gegen bestimmte Salmonellenspezies besteht für Betriebe, die Junghennen bis zur Legereife halten eine Impfpflicht, verbunden mit der Forderung nach amtlicher Untersuchung und Eigenkontrollen [18, 19].

21.4.4
Untersuchungsverfahren

Zur analytischen Untersuchung der Standardparameter wie Fett- und Eiweißgehalt von Eiern eignen sich die validierten Methoden, die in den ASU nach § 64 LFGB festgeschrieben sind. Die Ermittlung des Eianteiles in Lebensmittelzubereitungen erfolgt über die Bestimmung des Cholesterins. Aus toxikologischer Sicht sind die Cholesteroloxide zu beachten, die sich durch technologische und mikrobielle Prozessen bilden können [21, 22]. Der Nachweis einer Behandlung von Eiprodukten mit ionisierenden Strahlen ist mit physikalischen, chemischen und mikrobiologischen Verfahren möglich. Bei Frischei spielt die visuell-sensorische Betrachtung (Aussehen, Geruch, Unversehrtheit der Schale) die entscheidende Rolle. Weitere Methoden sind das Durchleuchten, die Schwimmprobe, Aufschlagen (Haugh Unit-Messung) und die NMR-Spektroskopie [20].

Die hygienischen Anforderungen (Lebensmittelsicherheits-/Prozesshygienekriterien) an Eier und eihaltige Lebensmittel sind in der VO (EG) 2073/2005 festgeschrieben [29]. In Eiprodukten charakterisieren Bernstein- und Milchsäure den hygienischen Zustand und 3-Hydroxybuttersäure als ein Indikator zum Nachweis der Verarbeitung befruchteter Eier. Schalenreste geben Hinweise auf die Qualität des Eiaufschlages [2, 3].

Die Rückstandssituation ist bei Hühnereiern grundsätzlich als günstig zu bewerten, wobei mit abnehmender Tendenz sehr vereinzelt Höchstmengenüberschreitungen für Dioxine und polychlorierten Kohlenwasserstoffe ermittelt werden [12, 23]. Die positive Einschätzung gilt auch für pharmakologisch wirksame Stoffe unter Berücksichtigung der VO (EG) 2377/90 [12, 24]. Es ist jedoch der vereinzelte Nachweis von Lasalocid, das zur Gruppe der Kokzidistatika zählt und deren Anwendung bei Legehennen untersagt ist, beschrieben [12].

21.5
Literatur

1. VO (EG) Nr. 852/2004; LMH-VO-852 s. Abkürzungsverzeichnis 46.2
2. VO (EG) Nr. 853/2004; Hygiene-VO-853 s. Abkürzungsverzeichnis 46.2
3. V zur Durchführung von Vorschriften des gemeinschaftlichen Lebensmittelrechtes vom 8. August 2007 BGBl 2007 Teil I Nr. 39 S. 1816
4. V über die hygienischen Anforderungen an Eier, Eiprodukte und roheihaltige Lebensmittel (Eier und EiprodukteV) vom 17. Dezember 1993
5. VO (EG) Nr. 1234/2007 vom 22. Oktober 2007 über eine gemeinsame Organisation der Agrarmärkte und mit Sondervorschriften für bestimmte landwirtschaftliche Erzeugnisse (VO über die einheitliche GMO)
6. VO (EG) Nr. 589/2008 der Kommission vom 23. Juni 2008 mit Durchführungsbestimmungen zur VO (EG) Nr. 1234/2007 des Rates hinsichtlich der Vermarktungsnormen für Eier

7. VO (EG) Nr. 598/2008 der Kommission vom 24. Juni 2008 zur Änderung der VO (EG) Nr. 589/2008 mit Durchführungsbestimmungen zur VO (EG) Nr. 1234/2007 des Rates hinsichtlich der Vermarktungsnormen für Eier
8. VO (EG) 834/2007; Öko-Basis-VO s. Abkürzungsverzeichnis 46.2
9. VO (EG) 889/2008 der Kommission vom 5. September 2008 mit Durchführungsvorschriften zur VO (EG) Nr. 834/2007 des Rates über die ökologische/biologische Produktion und die Kennzeichnung von ökologischen/biologischen Erzeugnissen hinsichtlich der ökologischen/biologischen Produktion Kennzeichnung und Kontrolle
10. Meister K (2002) The role of eggs in diet: update, American council on science and health, New York
11. Statistisches Jahrbuch über Ernährung Landwirtschaft und Forsten 2008 (2008) (Hrsg.) BMVEL, 52. Jahrgang, Wirtschaftsverlag NW GmbH, Bremerhaven
12. Ernährungsbericht 2008 (2008) (Hrsg.) Deutsche Gesellschaft für Ernährung e. V., Bonn
13. Souci SW, Fachmann W, Kraut H (2000) Die Zusammensetzung der Lebensmittel, 6. Aufl. medpharm Scientific Publishers Stuttgart CRC press, Boca Raton London New York
14. Täufel A, Ternes W, Tunger L, Zobel M (1993) Lebensmittel-Lexikon, 3. neubearb. u. aktual. Ausgabe Behrs Verlag, Hamburg
15. Fehlhaber K, Janetschke P (1992) Veterinärmedizinische Lebensmittelhygiene, Gustav-Fischer-Verlag, Jena Stuttgart
16. Ternes W, Acker L, Scholtyssek S (1994) Ei und Eiprodukte, Verlag Paul Parey, Berlin Hamburg
17. Eisenbrand G, Schreier P (1995) Römpp-Lexikon-Lebensmittelchemie, Thieme-Verlag, Stuttgart New York
18. V zum Schutz gegen bestimmte Salmonelleninfektionen beim Haushuhn (Hühner-SalmonellenV) i. d. Neufass. 11.04.2006
19. VO (EG) Nr. 1237/2007 der Kommission vom 23. Oktober 2007 zur Änderung der VO (EG) Nr. 2160/2003 des Europäischen Parlaments und des Rates sowie der Entscheidung 2006/696/EG hinsichtlich des Inverkehrbringens von Eiern aus mit Salmonellen infizierten Legehennenherden
20. Schwägele F, Poser R, Kröckel L (2001) Fleischforschung 81:103
21. Stenzel WR (1994) Arch Lebensmittelhygiene 46:103
22. Bösinger S, Luf W, Brandl E (1993) Int Dairy J 3:1
23. VO (EG) Nr. 1881/2006 der Kommission vom 19. Dezember 2006 zur Festsetzung der Höchstgehalte für bestimmte Kontaminanten in Lebensmitteln
24. VO (EWG) Nr. 2377/1990 des Rates vom 26. Juni 1990 zur Schaffung eines Gemeinschaftsverfahrens für die Festsetzung von Höchstmengen von Tierarzneimittelrückständen in Nahrungsmitteln tierischen Ursprungs
25. Annual Report 2006 – The Rapid Alert System for Food and Feed (RASFF), (Hrsg.) European Communities, 2008
26. VO über die Zulassung von Zusatzstoffen zu Lebensmitteln zu technologischen Zwecken vom 29. Januar 1998
27. Ruppert M (1993) Rundschau Fleischhygiene Lebensmittelüberwachung 45:266
28. Schützle U (2001) Inaugural-Dissertation FU Berlin, FB Veterinärmedizin
29. VO (EG) Nr. 2073/2005 der Kommission vom 15. November 2005 über mikrobiologische Kriterien für Lebensmittel

Kapitel 22
Fleisch und Erzeugnisse aus Fleisch

Jürgen Glatz

CVUA Freiburg, PF 100462, 79123 Freiburg
juergen.glatz@cvuafr.bwl.de

22.1	Lebensmittelwarengruppen	563
22.2	Beurteilungsgrundlagen	564
22.2.1	International	564
22.2.2	National	565
22.2.3	Definitionen	567
22.3	Warenkunde	568
22.3.1	Rohfleisch	568
22.3.2	Fleischerzeugnisse	571
22.3.3	Zutaten für die Fleischwarenherstellung	574
22.4	Qualitätssicherung	579
22.4.1	Eigenkontrollmaßnahmen	579
22.4.2	Analytische Verfahren	581
22.4.3	QUID bei Fleischerzeugnissen	584
22.5	Literatur	585

22.1
Lebensmittelwarengruppen

Diese Gruppe umfasst Fleisch und Fleischerzeugnisse wie

- Rohes Fleisch
- Rohpökelwaren
- Kochpökelwaren
- Rohwürste
- Kochwürste
- Brühwürste

22.2
Beurteilungsgrundlagen

Für die Beurteilung von Fleisch und Erzeugnissen aus Fleisch sind außer den diversen horizontalen internationalen und nationale harmonisierten Bestimmungen wie der EG Basis-VO (s. auch Kapitel 1.6 und 2.4.1), dem Lebensmittel- und Futtermittelgesetzbuch (LFGB) (s. auch Kapitel 3.2), der Lebensmittel-KennzeichnungsV (LMKV) (s. auch Kapitel 3.4.2) und der Zusatzstoff-ZulassungsV (ZZulV) nachfolgende Gesetze, Verordnungen und Normen von Bedeutung:

22.2.1
International

- Verordnung (EG) Nr. 852/2004, (LMH-VO-852)
- Verordnung (EG) Nr. 853/2004, (Hygiene-VO-853)
- Verordnung (EG) Nr. 854/2004, (Hygiene-VO-854)
- VO (EG) Nr. 2073/2005 der Kommission über mikrobiologische Kriterien für Lebensmittel
- VO (EG) Nr. 509/2006 über die garantiert traditionellen Spezialitäten bei Agrarerzeugnissen und Lebensmitteln
- VO (EG) 510/2006 zum Schutz vor geografischen Angaben und Ursprungsbezeichnungen für Agrarerzeugnisse und Lebensmittel
- VO (EG) Nr. 1881/2006 zur Festsetzung der Höchstgehalte für bestimmte Kontaminanten in Lebensmitteln (im Hinblick auf polyzyklische aromatische Kohlenwasserstoffe)
- VO (EG) Nr. 2065/2003 des EP und Rates über Raucharomen zur tatsächlichen oder beabsichtigten Verwendung in oder auf Lebensmitteln
- VO (EG) Nr. 999/2001 mit Vorschriften zur Verhütung, Kontrolle und Tilgung bestimmter transmissibler spongiformen Enzephalopathien
- VO (EG) Nr. 470/2009 des EP und des Rates vom 6. Mai 2009 über die Schaffung eines Gemeinschaftsverfahrens für die Festsetzung von Höchstmengen für Rückstände pharmakologisch wirksamer Stoffe in Lebensmitteln tierischen Ursprungs hat die VO (EWG) Nr. 2377/90 abgelöst (s. dazu Kap. 15.2.3).

EG-Hygienevorschriften

Die oben genannten äußerst umfangreichen VO (EG) Nr. 852–854/2004 bilden zusammen das „EG-Hygienepaket". Hier werden hygienische Anforderungen für Erzeugnisse tierischen Ursprungs festgelegt. Geregelt wird u. a. die Behandlung von Fleisch in den verschiedenen Stufen von der Gewinnung bis zur Vermarktung. Genaue Vorschriften zur Schlachttieruntersuchung, hygienische Mindestanforderungen an Räume und Personal, Reinigung, Schlachtung, Zerlegung, Verarbeitung, Verpackung und Kennzeichnung werden festgelegt.

Geschützte geografische Angaben und Ursprungsbezeichnungen

Nach der VO (EG) Nr. 510/2006 besteht die Möglichkeit die geografischen Angaben bestimmter Lebensmittel schützen zu lassen (s. auch Kap. 2.4.6). Hierbei sind zwei Angaben zu unterscheiden:

- Bei der geschützten geografischen Angabe („g. g. A.") besteht eine Verbindung zwischen mindestens einer der Produktionsstufen, der Erzeugung, Verarbeitung oder Herstellung und dem Herkunftsgebiet oder es kann sich um ein Erzeugnis mit besonderem Renommee handeln.
- Die geschützte Ursprungsbezeichnung („g. U.") besagt, dass Erzeugung, Verarbeitung und Herstellung eines Erzeugnisses in einem bestimmten geographischen Gebiet nach einem anerkannten und festgelegten Verfahren erfolgen müssen.

Ein Antrag auf eine Eintragung einer „g. g. A." oder „g. U." kann von Unternehmensgemeinschaften aller Art gestellt werden. Der jeweilige Mitgliedstaat auf dessen Hoheitsgebiet das geografische Gebiet liegt, hat den Antrag zu prüfen. Voraussetzung für das Führen einer Bezeichnung nach „g. g. A." oder „g. U." sind:

- für das Erzeugnis muss eine Verkehrsbezeichnung festgelegt sein,
- eine Produktspezifikation muss erstellt werden,
- das geografische Gebiet ist abzugrenzen,
- das Herstellungsverfahren ist zu erläutern,
- ortsspezifische Faktoren sind darzulegen,
- Kontrollstellen sind zu benennen,
- die Etikettierung und eventuell zu erfüllende Anforderungen sind aufzuführen.

In Deutschland unterliegen schon einige Fleischerzeugnisse dem Schutz nach der VO (EG) Nr. 510/2006 (z. B. Schwarzwälder Schinken (g. g. A.), Ammerländer Schinken (g. g. A.), Nürnberger Bratwurst (g. g. A.) und Thüringer Rostbratwurst (g. g. A.)).

Die Bezeichnung ist auch gegen jeweilige Anspielung (wie z. B. „nach Art, Typ, Facon von", etc.) geschützt.

Ein Erzeugnis mit einer geschützten Ursprungsbezeichnung ist z. B. der Parmaschinken.

22.2.2
National

- Fleischverordnung
- Verordnung über Anforderungen an die Hygiene beim Herstellen, Behandeln und Inverkehrbringen von bestimmten Lebensmitteln tierischen Ursprungs
- Rindfleischetikettierungsgesetz und -verordnung

- Leitsätze für Fleisch und Fleischerzeugnisse
- Beurteilungskriterien für Fleischerzeugnisse.

Fleischverordnung

In der Fleischverordnung sind die zur Herstellung von Fleischerzeugnissen zugelassenen Zutaten aufgeführt. Ferner wird die Kenntlichmachung von Zutaten und produktspezifischen Kennzeichnungsvorschriften geregelt. Besonders hervorzuheben sind folgende Regelungen:

- Zulassung von Zusätzen wie Milcheiweiß, Bluteiweiß etc., die unter Kenntlichmachung und bestimmten Verarbeitungs- und Herstellungsbedingungen für die Fabrikation von Fleischerzeugnissen verwendet werden dürfen.

Leitsätze für Fleisch und Fleischerzeugnisse

In den Leitsätzen für Fleisch und Fleischerzeugnisse des Deutschen Lebensmittelbuches (Leitsätze) wird die allgemeine Verkehrsauffassung und Herstellerüblichkeit von Fleischerzeugnissen dargestellt. Die Leitsätze enthalten allgemeine Begriffsbestimmungen und Beurteilungsmerkmale, sowie Ausführungen zur Bezeichnung von Fleischerzeugnissen. Wichtig sind vor allen Dingen die Beurteilungsmerkmale für die einzelnen Wurstarten. Folgende Produktgruppen werden in den Leitsätzen erfasst:

- **Rohwürste**
  schnittfeste Rohwürste (z. B. Salami, Cervelatwurst, Pfefferbeißer)
  streichfähige Rohwürste (z. B. Mettwurst, Teewurst)
- **Brühwürste**
  Brühwürstchen (z. B. Wiener Würstchen, Rote, Frankfurter Würstchen)
  Brühwürste feinzerkleinert (z. B. Lyoner, Fleischwurst, Fleischkäse)
  Grobe Brühwurst (z. B. Jagdwurst, grobe Schinkenwurst, Bierwurst)
  Brühwürste mit Einlagen (z. B. Bierschinken, Presskopf)
- **Gegarte Pökelfleischerzeugnisse**
  (z. B. Hinterschinken, Vorderschinken, Kasseler, Eisbein)
- **Rohe Pökelfleischerzeugnisse**
  (z. B. Knochenschinken, Spaltschinken, Nussschinken, Lachsschinken)
- **Spezielle Fleischerzeugnisse und spezielle Fleischgerichte**
  (z. B. Filet, Roastbeef, Rumpsteak, Kotelett, Steak)
- **Erzeugnisse aus gewolftem oder ähnlich zerkleinertem Fleisch**
  (z. B. Hacksteak, Hamburger, Döner Kebap).

Das wichtigste Beurteilungsmerkmal in den Leitsätzen für Fleischerzeugnisse ist der Gehalt an bindegewebseiweißfreiem Fleischeiweiß (BEFFE-Wert) und dessen relativer Anteil im Gesamtfleischeiweiß (BEFFE im Fleischeiweiß). Die bei den jeweiligen Fleischerzeugnissen angegebenen BEFFE- und BEFFE im FE-

Werte stellen die Mindestanforderungen an diese Fleischerzeugnisse dar, die nicht unterschritten werden sollten. Durch die Festlegung der Mindestgehalte an BEFFE werden auch die Gehalte an Fett und Wasser limitiert. Da z. B. bei rohen Pökelfleischerzeugnissen der Austrocknungsgrad das entscheidende Qualitätsmerkmal darstellt, ist bei diesen Erzeugnissen der maximale absolute Wassergehalt als Kriterium aufgeführt. Unterschreitet ein Fleischerzeugnis, welches eine in den Leitsätzen aufgeführte Verkehrsbezeichnung trägt, die dort aufgeführten Kriterien, so ist dies als Abweichung von der allgemeinen Verkehrsauffassung anzusehen und stellt eine nicht unerhebliche Wertminderung dar.

Beurteilungskriterien

Die Leitsätze für Fleisch und Fleischerzeugnisse des Deutschen Lebensmittelbuchs beschreibt die Mindestgehalte an bindegewebseiweißfreiem Fleischeiweiß (BEFFE) und dessen prozentualem Anteil im Fleischeiweiß (BEFFE i. FE) für nach redlichem Handels- und Gewerbebrauch hergestellte Wurstwaren. Im Vorwort zu Abschnitt II der Leitsätze wird aber auch dargestellt, dass bei ausreichendem Gehalt an bindegewebseiweißfreiem Fleischeiweiß sowohl das Fett/Fleischeiweiß- als auch das Wasser/Fleischeiweiß-Verhältnis nicht über das „herkömmliche Maß" hinausgehen solle. Heute wird ein Großteil der in Deutschland produzierten Fleischerzeugnisse nicht mehr nur in den regional eng begrenzten Herstellungsgebieten vermarktet, sondern deren Vertrieb erstreckt sich teilweise über das gesamte Bundesgebiet. Folglich sind bundesweit einheitliche Beurteilungskriterien, welche das oben erwähnte „herkömmliche Maß" beschreiben, für Fleischerzeugnisse mit größerer Marktbedeutung erforderlich. Die AG Fleischwaren der Lebensmittelchemischen Gesellschaft der GDCh hat erstmals 1984 derartige Beurteilungskriterien veröffentlicht. Diese wurden umfassend überarbeitet und neu gefasst. Sie werden fortwährend aktualisiert und die aufgeführten Eigenschaften auf ihre Plausibilität hin überprüft.

22.2.3 Definitionen

Fleisch

In Deutschland sind zwei Definitionen für den Begriff „Fleisch" in Rechtsvorschriften verankert.

- Nach der VO (EG) Nr. 853/2004 umfasst „Fleisch" alle Teile von den dort aufgeführten Tieren (Huftiere, Geflügel, Hasentiere, freilebendes Wild, Farmwild, Kleinwild, Großwild). Bei den jeweiligen Tiergattungen sind weiterführende Einschränkungen die Tierarten betreffend aufgeführt.
- Eine weitere Definition für „Fleisch" findet sich der Anlage 1 zu § 6 der LMKV. Hiernach ist „ . . . fleisch" die Skelettmuskulatur von Tieren der Ar-

ten „Säugetiere" und „Vögel", die als für den menschlichen Verzehr geeignet gelten, mitsamt dem wesensgemäß darin eingebetteten oder damit verbundenen Gewebe, deren Gesamtanteil an Fett und Bindegewebe bestimmte Höchstwerte nicht überschreitet [11]. Die Höchstwerte sind dort nachfolgend aufgeführt.

Die hygienerechtliche Definition findet ausschließlich auf die Einordnung zur Genusstauglichkeit von Fleisch Anwendung, wohingegen die Definition in der LMKV ausschließlich zu Zwecken der Mengenkennzeichnung der Zutat „ ... -fleisch" bei Fleischerzeugnissen in Fertigpackungen angewandt wird.

„Fleisch" ist auch in den Leitsätzen definiert. Diese ist jedoch gleichlautend mit der Definition der LMKV.

Fleischerzeugnisse

Die VO (EG) Nr. 853/2004 unterscheidet zwischen „frischem Fleisch" und sog. „Verarbeitungserzeugnissen". Danach ist „Frisches Fleisch" Fleisch, das zur Haltbarmachung ausschließlich gekühlt, gefroren oder schnellgefroren wurde, einschließlich vakuumverpacktes oder in kontrollierter Atmosphäre umhülltes Fleisch. „Fleischerzeugnisse" hingegen sind verarbeitete Erzeugnisse, die aus der Verarbeitung von Fleisch oder der Weiterverarbeitung solcher verarbeiteter Erzeugnisse so gewonnen werden, dass bei einem Schnitt durch den Kern die Schnittfläche die Feststellung erlaubt, dass die Merkmale von frischem Fleisch nicht mehr vorhanden sind.

22.3
Warenkunde

22.3.1
Rohfleisch

Schieres Skelettmuskelfleisch (d. h. von sichtbarem Fett, Sehnen und Knochen befreites Fleisch) besteht aus Wasser (ca. 74%), Stickstoffsubstanz (ca. 20%), Fett (ca. 4%), Mineralstoffe (ca. 1%) und Kohlenhydrate (ca. 1%).

Die Zusammensetzung schwankt sehr von Teilstück zu Teilstück. Ein Schweinefilet weist einen Fettgehalt von ca. 2% und einen Eiweißgehalt von ca. 22% auf, Schweinebauch dagegen weist einen Fettgehalt von 50% und einen Eiweißgehalt von ca. 10% auf. Diese unterschiedliche Zusammensetzung ist mitentscheidend für den Gebrauch des Fleisches [1, 7].

Der ernährungsphysiologisch wichtigste Bestandteil des Fleisches ist das Fleischeiweiß, das sich aus dem hochwertigen Skelettmuskeleiweiß und dem geringerwertigen Bindegewebseiweiß zusammensetzt. Der Gehalt an hochwertigem Skelettmuskelfleisch in einem Fleischerzeugnis, wie z. B. Rohwurst oder

Brühwurst ist entscheidend für die ernährungsphysiologische Bedeutung dieses Produkts.

Das Skelettmuskeleiweiß besteht aus der Muskelfaser, dem Actomyosin, einem fibrillären, nichtwasserlöslichen Protein und dem Fleischsaft, dem Sarkoplasma, der aus den wasserlöslichen Globulinen und Albuminen besteht. Zu den Albuminen gehört der Muskelfarbstoff Myoglobin, der dem Fleisch seine rote Farbe verleiht. Der Blutfarbstoff Hämoglobin spielt für die rote Farbe des Fleisches eine untergeordnete Rolle, da die Tiere nach dem Schlachten ausbluten.

Neben den Proteinen enthält der Fleischsaft noch andere freie Aminosäuren, Peptide und Nichtproteinstickstoffverbindungen wie Kreatin und Harnstoff. Ein weiterer Bestandteil des Muskeleiweißes ist das Bindegewebseiweiß, das aus gerüstbildenden Proteinen wie Collagen und Elastin besteht. Dieses Bindegewebe kommt hauptsächlich in den Sehnen, Bändern, Schwarten und der Haut vor.

Neben dem ernährungsphysiologisch wertvollen Eiweiß ist das Fett der wichtigste Energielieferant des Fleisches. Das tierische Fettgewebe besteht aus Bindegewebszellen, die mit Triglyceriden und Fettbegleitstoffen aufgefüllt sind. Die Fettbeschaffenheit und der Fettzustand werden im Wesentlichen von Fütterung, Rasse, Geschlecht, Mastart und Mastzeit beeinflusst.

Die Fettbeschaffenheit bzw. der Fettzustand sind auch für die weitere Verarbeitung des Fettgewebes entscheidend:

- ein kerniger, trockener, schnittfester Speck wird zu Rohwürsten verarbeitet werden, die ein klares Schnittbild aufweisen sollen;
- ein schmalziger, weicher Speck wird zu streichfähigen Rohwürsten verarbeitet werden.

Die Verteilung der Fettsäuren ist sehr unterschiedlich und schwankt nicht nur von Tierart zu Tierart, sondern auch innerhalb der unterschiedlichen Fettgewebe eines Tieres. Das Verhältnis von gesättigten zu ungesättigten Fettsäuren ist ca. 1:1, bei den ungesättigten Fettsäuren überwiegt der Gehalt an Ölsäure.

Die Fettsäurezusammensetzung hat auch einen Einfluss auf die geschmacklichen Eigenschaften der Fette.

Hirn, Innereien und fettreiches Fleisch enthalten Cholesterin. Cholesterin ist für den Menschen eine wichtige Substanz, da aus Cholesterin in der Haut des Menschen unter Einwirkung von ultravioletter Strahlung das Vitamin D gebildet wird. Durchschnittliche Cholesteringehaltes sind ca. 2 000 mg/kg in Hirn, in magerem Rind- und Schweinefleisch ca. 45–65 mg/kg und ca. 300 mg/kg in Leber.

Der Anteil an Kohlenhydraten ist im Fleisch relativ gering. Er dient in geringem Maße als Energiereserve, die im Glykogen gespeichert ist, was im Fleisch zu ca. 1% und in der Leber bis zu ca. 5% vorkommt. Die Veränderung des Fleisches nach dem Schlachten wird entscheidend durch den Gehalt an Glykogen beeinflusst, da das Glykogen teilweise rasch (z. B. in Stresssituationen) abgebaut werden kann. Durch vorzeitigen anaeroben Abbau des Glykogens vor dem Schlachten wird Milchsäure gebildet, die aus dem Muskel in das Blut abgegeben wird.

Dadurch sind nach der Schlachtung keine oder nur noch geringe Glykogenvorräte im Muskelfleisch vorhanden, so dass keine oder nur wenig Milchsäure gebildet wird und die gewünschte Fleischsäuerung mangelhaft ist. Das so entstandene „DFD-Fleisch" (*d*ark = dunkel, *f*irm = fest, *d*ry = trocken) weist durch seinen hohen pH-Wert ein sehr hohes Safthaltevermögen und eine geringe Haltbarkeit auf.

Das sogenannte „PSE-Fleisch" (*p*ale = blass, *s*oft = weich, *e*xsudative = wässrig) entsteht, wenn das Muskelfleisch nach dem Schlachten zu schnell absäuert. Dies geschieht, wenn der stressbedingte Glykogenabbau, begünstigt durch hohe Körpertemperaturen, während oder kurz nach der Schlachtung erfolgt. Somit kann die gebildete Milchsäure postmortem nicht mehr an das Blut abgegeben werden. Dies führt auch zu einer Teildenaturierung des Eiweißes. Das „PSE-Fleisch" weist durch seinen tiefen pH-Wert ein geringes Safthaltevermögen, eine weiche und wasserlässige Konsistenz und eine blasse Farbe auf.

Fleisch weist einen hohen Gehalt an Mineralstoffen auf. Wichtig ist vor allen Dingen der Gehalt an Eisen, das im Gegensatz zu dem in Pflanzen vorkommenden Eisen sehr viel leichter zu resorbieren ist. Fleisch enthält auch von Natur aus wenig Natrium und reichlich Kalium.

Fleisch ist ein relativ vitaminreiches Lebensmittel. Hervorzuheben ist vor allen Dingen der Gehalt an wasserlöslichen Vitaminen des B-Komplexes.

Fallbeispiel 22.1: Rote Fleischfarbe gleich frisches Fleisch?

Von Verbrauchern wurde in den letzten Jahren vermehrt Frischfleisch in Fertigpackungen gekauft, das häufig in Schutzatmosphärenpackungen zum Verkauf angeboten wird. Bei Schutzatmosphärenpackungen wird die Umgebungsluft durch ein anderes Gas ersetzt, welches die Haltbarkeit des verpackten Erzeugnisses verlängern soll. Bei Frischfleisch wird als Schutzgas gerne reiner Sauerstoff verwendet, der in hohen Konzentrationen Mikroorganismen abtötet. Sauerstoff hat bei Frischfleisch aber noch einen erwünschten Nebeneffekt. Durch den Austausch der Atmosphäre wird der Sauerstoffpartialdruck erhöht und somit die Bildung von Metmyoglobin (graubraune Farbe) zugunsten von Oximyoglobin (kirschrote Farbe) stark verzögert. Das Frischfleisch in der reinen Sauerstoffatmospäre der Schutzgas-Packung weist über längere Zeit eine ansprechende, homogene rote Färbung auf.

Mittlerweile wird auch unverpacktes Frischfleisch über einige Stunden hinweg bei mehreren Bar einer Sauerstoffatmosphäre ausgesetzt. Durch diese Behandlung wird der Sauerstoff regelrecht in das Fleisch hineingedrückt. Derartig behandeltes Fleisch weist in unverpacktem Zustand über mehrere Tage hinweg eine homogene rote Farbe auf. Es treten aber auch Geschmacksveränderungen durch die hohe Oxidationsanfälligkeit des im Fleisch befindlichen Fettes auf.

Diese Druckbehandlung von Frischfleisch mit Sauerstoff oder Luft ist ein zulässiges Behandlungsverfahren, welches jedoch gekennzeichnet werden muss.

Bovine Spongiforme Enzephalopathie (BSE)

Bei (BSE) handelt es sich um eine Rinderkrankheit, die mit zentralnervösen Störungen einhergeht und immer tödlich endet. Die deutsche Übersetzung (schwammartige Hirnkrankheit des Rindes) erläutert die Auswirkungen auf das Gehirn der erkrankten Tiere. Auf Grund der Übertragbarkeit über Speziesgrenzen hinweg einerseits und der sehr spezifischen Veränderungen im Gehirn andererseits rechnet man BSE zu den Transmissiblen Spongiformen Enzephalopathien (TSE). Hierzu zählen auch Erkrankungen des Menschen, wie z. B. die Creutzfeldt-Jakob-Krankheit (CJK). Nach der sogenannten Prion-Hypothese wird BSE durch die infektiöse, fehlerhafte Form eines körpereigenen Proteins, das Prion-Protein, verursacht.

Bis es zu einer Infektion beim Menschen kommt, müssen entscheidende Barrieren überwunden werden. Dazu gehören die Artenschranke – vom Tier auf den Menschen – und der Magen-Darm-Trakt sowie eine mögliche genetische Veranlagung. Man kann davon ausgehen, dass eine Infektion durch wenige Erreger kaum möglich ist.

Nach heutigem Kenntnisstand ist das Risiko einer Infektion über Muskelfleisch unwahrscheinlich. Ein sehr hohes Risiko geht allerdings von Nerven- oder Lymphgewebe aus. Dieses sogenannte „spezifizierte Risikomaterial (SRM)" muss seit dem 01. Oktober 2000 in Deutschland entfernt und beseitigt werden. Weiterführende Informationen sind auf der Webseite des Bundesministeriums für Risikobewertung (BfR) unter dem Themenkomplex „BSE" zu finden.

22.3.2
Fleischerzeugnisse

Die Fleischteile, die beim Zerlegen von Schlachttieren anfallen, sind in ihrer Nutzbarkeit sehr verschieden. Nicht jedes Fleisch kann zur Herstellung von rohen Pökelfleischerzeugnissen oder zur Herstellung von Kochpökelwaren verwendet werden. Die Sortierung des Fleisches geschieht normalerweise in drei Gruppen:

- Verkaufsfleisch (Filet, Braten),
- Bearbeitungsfleisch (Fleisch, das zur Herstellung von Roh- bzw. Kochpökelwaren wie Rohschinken und Kochschinken geeignet ist) und
- Verarbeitungsfleisch (Fleisch, das zur Herstellung von Wurstwaren verwendet wird).

Rohpökelwaren

Nach Ziffer 2.40 der Leitsätze sind rohe Pökelfleischerzeugnisse oder Rohpökelwaren:

- Rohschinken,
- Rauchfleisch,

- Dörrfleisch,
- Speck.

Rohpökelwaren sind geräucherte, durch Pökeln (Salzen mit Kochsalz oder Nitritpökelsalz und/oder Kaliumnitrat) haltbar gemachte, rohe, abgetrocknete, geräucherte oder ungeräucherte unzerkleinerte Fleischstücke von stabiler Farbe, typischem Aroma, von einer Konsistenz, die das Anfertigen dünner Scheiben ermöglicht. Sie sind üblicherweise ohne Kühlung lagerfähig und werden in der Regel roh verzehrt.

Bei der Herstellung dieser Erzeugnisse spielt die Hygiene der Rohmaterialgewinnung und -behandlung eine außerordentlich wichtige Rolle. Zum Beispiel ist ein gut durchgekühltes Fleisch für die Vermeidung von Fehlprodukten bei der Reifung wichtig. Eine wichtige Rolle spielt der pH-Wert des Ausgangsfleisches. Der pH-Wert der Fleischstücke, die zur Herstellung von Rohpökelwaren verwendet werden, sollte unter 6,0 liegen. Fleischstücke mit hohem pH-Wert besitzen eine sehr schlechte Fähigkeit zur Salzaufnahme, weshalb die Pökelung unvollständig verlaufen wird. „DFD-Fleisch" (pH-Wert 24 Stunden nach der Schlachtung: über 6,2) ist ungeeignet zur Rohpökelwarenherstellung. „PSE-Fleisch" (pH-Wert eine Stunde nach dem Schlachten: < 5,8) wäre prinzipiell geeignet, aber meist weisen diese Erzeugnisse eine strohige, trockene Konsistenz und eine blasse Farbe auf.

Kochpökelwaren

Nach Ziffer 2.30 der Leitsätze sind „Kochpökelwaren" umgerötete (d. h. mit Nitritpökelsalz hergestellte), gegarte, meist geräucherte Fleischerzeugnisse, denen kein Brät (im Sinne von Ziffer 2.22 Abs. 2 der Leitsätze) zugesetzt ist, soweit dieses nicht unbedingt zur Bindung großer Fleischteile dient. Zu diesen Fleischerzeugnissen gehören z. B.:

- gekochter Hinterschinken,
- gekochter Vorderschinken,
- gekochte, gepökelte Rindfleischerzeugnisse,
- gekochte, gepökelte Geflügelfleischerzeugnisse.

Das zur Herstellung verwendete Fleisch sollte nach dem Schlachten einen normalen pH-Verlauf aufweisen. Der pH-Wert kann bei Kochpökelwaren zwischen 5,8 und 6,4 liegen. Die Fleischstücke werden meist im Spritzverfahren gepökelt (die Pökellake wird über ein Spritzensystem in das Muskelfleisch injiziert), dann getumbelt/gepoltert (mechanische Bearbeitung der Fleischstücke in rotierenden Trommeln, um eine Auflockerung der Muskulatur und eine höhere Saftbildung zu erreichen) und anschließend gegart. Dabei werden die Fleischstücke entweder im Wasserbad oder im Heißdampf gegart. Eine weitere Möglichkeit ist die Heißräucherung. Die Kerntemperatur und die Zeit der Hitzeeinwirkung auf das Erzeugnis sollte so gewählt werden, dass einerseits eine ausreichend sichere Abtötung von Mikroorganismen gewährleistet werden kann, aber andererseits das Erzeugnis beim Garen nicht zu viel an Feuchtigkeit verliert und saftig bleibt.

Rohwürste

Nach Ziffer 2.21 der Leitsätze sind „Rohwürste" umgerötete, ungekühlt (über +10 °C) lagerfähige, in der Regel roh zum Verzehr gelangende Wurstwaren, die streichfähig oder nach einer mit Austrocknung verbundenen Reifung schnittfest geworden sind. Rohwürste werden aus mehr oder weniger zerkleinertem Fleisch unter Zusatz von Kochsalz bzw. Nitritpökelsalz (bei länger reifenden Rohwürsten auch unter Mitverwendung von Kaliumnitrat), Zucker, Starterkulturen und Pökelhilfsmittel hergestellt. Wichtig ist der sich anschließende, mit einer Trocknung verbunden Reifungsprozess. Durch die pH-Wert-Absenkung und die Austrocknung (Senkung der Wasseraktivität – a_w-Wert) werden die Erzeugnisse haltbar, da verderbende bzw. humanpathogene Mikroorganismen bei derart niedrigen pH-Werten und a_w-Werten sich nicht mehr vermehren können (s. auch Tabellen 19.1, 44.2 und 44.3). Verbunden mit diesem Konservierungseffekt ist auch die Schnittfestigkeit der Erzeugnisse.

Im Gegensatz zu den schnittfesten Rohwürsten stehen die streichfähigen Rohwürste, die weniger abgetrocknet sind und normalerweise höhere Fettanteile aufweisen.

Kochwürste

Nach Ziffer 2.23 der Leitsätze sind „Kochwürste" hitzebehandelte Wurstwaren, die vorwiegend aus gekochtem Ausgangsmaterial hergestellt werden. Kochwürste sind in der Regel nur im erkalteten Zustand schnittfähig, Kochstreichwürste sind Kochwürste, deren Konsistenz in erkaltetem Zustand von erstarrtem Fett oder zusammenhängend koaguliertem Lebereiweiß bestimmt ist. Sofern Kochstreichwürste über 10% Leber enthalten, handelt es sich um Leberwürste. Blutwürste sind Kochwürste, deren Schnittfähigkeit in erkaltetem Zustand auf mit Blut versetzter, erstarrter Gallertmasse („Schwartenbrei") oder auf zusammenhängende Koagulation von Bluteiweiß beruht. Sülzwürste sind Kochwürste, deren Schnittfähigkeit in erkaltetem Zustand durch erstarrte Gallertmasse (Aspik oder „Schwartenbrei") zustande kommt.

Hauptsächliches Ausgangsmaterial ist Schweinefleisch, Fett und Fettgewebe, Kalbfleisch, Leber und andere Innereien, Blut, Schwarten und Aspik. Bei Sülzwürsten wird oft auch Gemüse wie Karotten, Champignons etc. verarbeitet. Als Zusatzstoffe und Zugaben werden hauptsächlich Kochsalz, Nitritpökelsalz, Ascorbinsäure/Ascorbate und Emulgatoren verwendet.

Wurstwaren, in deren Verkehrsbezeichnung der Begriff „Kalb-" enthalten ist, bestehen nach den Leitsätzen mindestens 15% des Fleischanteiles aus Kalbfleisch und/oder Jungrindfleisch.

Bei der Herstellung von Kochwürsten müssen Fett, Fleischeiweiß und fleischeigenes Wasser bzw. Kesselbrühe, die zum Ausgleich des Kochverlustes zugesetzt wurde, so miteinander gemischt werden, dass auch bei höheren Temperaturen die Emulsion nicht bricht. Wichtig ist dabei die Emulgierung von Fett und Wasser. Die Rolle des Emulgators übernimmt im Normalfall die Leber: bei der Zerkleinerung der rohen Leber in Gegenwart von Salz gehen Eiweißstoffe in Lösung; diese Eiweißstoffe stabilisieren so das Gemenge aus geschmolzenem Fett, Stücke des vorerhitzten Gewebes und Wasser.

Brühwürste

Nach Ziffer 2.22 der Leitsätze sind „Brühwürste" durch Brühen, Backen, Braten oder auf andere Weise hitzebehandelte Wurstwaren, bei denen zerkleinertes rohes Fleisch mit Kochsalz/Nitritpökelsalz und ggf. anderen Kuttersalzen meist unter Zusatz von Trinkwasser in Form von Kuttereis ganz oder teilweise aufgeschlossen wurde und deren Muskeleiweiß bei der Hitzebehandlung mehr oder weniger zusammenhängend koaguliert ist, so dass die Erzeugnisse bei erneutem Erhitzen schnittfest bleiben.

Brühwürste werden aus feinzerkleinertem Schweine- oder Rindfleisch (auch Geflügelfleisch), Fettgewebe, Wasser, Kochsalz/Nitritpökelsalz, Gewürzen und verschiedenen Zusatzstoffen wie Kutterhilfsmittel, Umrötehilfsmittel (Ascorbate/Ascorbinsäure und Glucono-delta-lacton) und Emulgatoren hergestellt.

Ähnlich wie bei den Kochwürsten müssen auch bei den Brühwürsten die nicht miteinander mischbaren Phasen Fett-Wasser-Eiweiß zu einer homogenen Masse verarbeitet werden. Beim Zerkleinern (Kuttern) müssen die in den Zellen befindlichen Eiweißstoffe wie Actin, Myosin bzw. Actomyosin herausgelöst werden. Es muss sich ein Wasser-Eiweiß-Gel bilden. In dieses Gel wird dann der Speckanteil gegeben. Das Eiweiß fungiert auch hier als Emulgator, in dem es sich um die Fettpartikel lagert und ein Zusammenfließen dieser Fettpartikel verhindert. Wichtig für das Inlösungbringen fibrillären Eiweißes ist die Salzkonzentration. Je höher die Salzkonzentration ist, desto besser ist das Wasserbindungsvermögen des Fleisches. Jedoch werden aus geschmacklichen Gründen üblicherweise nur ca. 2 bis 3% Kochsalz verarbeitet.

Der Zusatz von Wasser (in Form von Kuttereis) zu Brühwursterzeugnissen ist technologisch notwendig, da das Wasser zum einen als Lösungsmittel für die Eiweißstoffe und das Salz dient. Zum anderen führt das Wasser bzw. das zugesetzte Kuttereis die beim Zerkleinern des Fleisches an den schnell rotierenden Messern entstehende Wärme ab. Die entstehende Wärme könnte zu einer Denaturierung der Eiweißstoffe führen, die dabei ihr Wasserbindungsvermögen und damit ihre strukturgebenden Eigenschaften verlieren würden.

22.3.3
Zutaten für die Fleischwarenherstellung

Stoffe mit stabilisierenden Funktionen

Kochsalz, Kalium-/Natriumnitrit, Kalium-/Natriumnitrat
Eine der ältesten Methoden zur Haltbarmachung von Fleischerzeugnissen ist das Salzen, auch Pökeln genannt. Bei diesem Vorgang wird dem Fleisch durch Zu-

gabe von hohen Salzkonzentrationen das Wasser entzogen. Durch das Eindringen von Salz wird der a_w-Wert des Erzeugnisses gesenkt. Der a_w-Wert (Wasseraktivität) ist eine Maßzahl für das frei verfügbare Wasser in einem Lebensmittel. Frei verfügbares Wasser ist für das Überleben und die Vermehrung von Mikroorganismen unabdingbar. Je mehr frei verfügbares Wasser ein Fleischerzeugnis enthält, desto anfälliger ist es für den Verderb. Durch die Zugabe von Salz wird die Wasseraktivität erniedrigt. Je mehr Ionen im freien Wasser gelöst sind, desto niedriger ist der a_w-Wert und desto weniger anfällig ist das Fleischerzeugnis für den mikrobiellen Verderb.

Das am häufigsten verwendete Pökelverfahren ist der Zusatz von Nitriten und Nitraten. Nitrite dürfen in Deutschland nur indirekt in Form von Nitritpökelsalz zugesetzt werden, Nitrate hingegen direkt. Bei Verwendung von Nitraten müssen diese erst mikrobiell zu Nitriten reduziert werden, da für die nachfolgend beschriebenen Wirkungen ausschließlich das Nitrit (resp. das aus dem Nitrit durch chemische Reduktion entstandene Stickstoffmonoxid) verantwortlich ist.

Die Höchstmengen und Verwendungsbedingungen für Nitrite und Nitrate sind in der ZZulV geregelt.

Die Wirkung von Nitriten und Nitraten in Fleischerzeugnissen ist vielseitig. Sie wirken konservierend, farbgebend, aromatisierend und antioxidativ.

Welche der technologischen Wirkungen von Nitriten und Nitraten im Vordergrund steht, war lange unklar, bis der ständige Lebensmittelausschuss der EU verdeutlicht hat, dass Nitrite und Nitrate ausschließlich zu konservierenden Zwecken den Fleischerzeugnissen zugesetzt werden dürfen und somit als „Konservierungsstoff" zu Kennzeichen oder Kenntlichzumachen sind. Alle anderen Wirkungen sind zwar gewollt, aber vernachlässigbar.

Eine der durchaus gewollten Nebenwirkungen von Nitriten und Nitraten ist die Ausbildung eines stabilen roten Pökelfarbstoffes. Dieser Farbstoff entsteht aus der Reaktion von Nitrit mit dem Muskelfarbstoff Myoglobin.

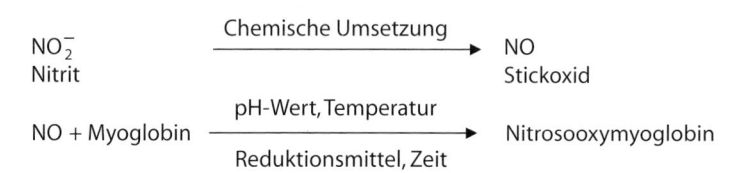

$$NO_2^- \xrightarrow{\text{Chemische Umsetzung}} NO$$
Nitrit → Stickoxid

$$NO + \text{Myoglobin} \xrightarrow[\text{Reduktionsmittel, Zeit}]{\text{pH-Wert, Temperatur}} \text{Nitrosooxymyoglobin}$$

Abb. 22.1. Reaktionsmechanismus von Nitrit mit Myoglobin

Andere Konservierungsstoffe

In Deutschland sind zur Oberflächenbehandlung von getrockneten Fleischerzeugnissen u. a. Sorbate, Benzoate und p-Hydroxibenzoate zugelassen. Diese sollen die Oberflächen frei von Schimmelpilzen halten. Bei der Austrocknung diffundiert Wasser durch die Wursthülle nach außen, d. h. die Hülle hat eine relativ feuchte Oberfläche, auf der sich Schimmelpilze und Bakterien unerwünscht vermehren können. Dies kann zu äußerlich sichtbaren, unerwünschten Verschimmelungen und zu Farbfehlern in der Randzone von Wurstware führen. Cellulosedärme können durch die hohe Oberflächenverkeimung aufgelöst werden.

Natamycin ist ein Konservierungsstoff, der von Mikroorganismen gebildet wird. Natamycin wirkt gegen Schimmelpilze und Hefen, wobei es gegen Bakterien keine Wirkung besitzt. Zur Oberflächenbehandlung bei getrockneten und gepökelten Würsten darf das Natamycin in Konzentrationen von 1 mg/dm^2 eingesetzt werden. Die Substanz darf 5 mm unterhalb der Oberfläche nicht mehr nachweisbar sein.

Ascorbinsäure/Ascorbate

Ascorbinsäure und Ascorbate werden bei der Herstellung von Fleischerzeugnissen vorwiegend als Antioxidationsmittel eingesetzt. Das heißt sie schützen vor den schädlichen Einwirkungen des Luftsauerstoffes. Bei Pökelprozessen bewirken sie eine schnellere Umrötung und eine bessere Farbstabilität. Diese Wirkung beruht auf der starken Reduktionswirkung der Ascorbinsäure in saurer Lösung, die aus dem Nitrit verstärkt Stickoxid bildet. Dadurch kann verstärkt Stickoxid und hieraus Stickstoffmyoglobin gebildet werden.

$$C_6H_8O_6 \quad + 2\,HNO_2 \quad \rightarrow \quad C_6H_6O_6 \quad + 2\,NO \quad + 2\,H_2O$$

Ascorbinsäure   Dehydroascorbinsäure   Stickoxid

Abb. 22.2. Reaktionsmechanismus von Acorbinsäure mit Nitrit

Eine Höchstmenge ist in Deutschland nicht festgelegt. Eine Überdosierung jedoch kann zu Farb- (Vergrünungen) und Geschmacksabweichungen führen.

Rauch

Das Räuchern ist neben dem Trocknen und dem Salzen das älteste Behandlungsverfahren zum Haltbarmachen von Fleischerzeugnissen. Lebensmittelrechtlich ist Rauch ein Zusatzstoff und wird in der Aromenverordnung definiert. Rauch ist frisch entwickelter Rauch aus naturbelassenen Hölzern und Zweigen, Heidekraut und Nadelholzsamenständen, auch unter Mitverwendung von Gewürzen [10]. Circa 60% der Fleischerzeugnisse in Deutschland werden geräuchert. Es gibt heute auch die Möglichkeit Flüssigrauch zu verwenden. Bei der Herstellung von Flüssigrauch wird aus unbehandelten Sägespänen unter kontrollierten Bedingungen Räucherrauch erzeugt. Der Rauch wird mit Wasser auskondensiert und anschließend von unerwünschten Stoffen wie Asche und Teer weitestgehend befreit. Für die Verwendung von Flüssigrauch muss das verwendete Raucharoma in eine Liste nach der VO (EG) Nr. 2065/2003 aufgeführt sein.

Das Räuchern diente früher in erster Linie zur Haltbarmachung. Der Rauch beinhaltet antimikrobiell (Aldehyde, Phenole, Säuren z. B. Essigsäure, Ameisensäure) und antioxidativ wirksame Rauchinhaltsstoffe (Phenole, Phenolaldehyde und -säuren). Durch die heute ausreichenden und guten Kühl-, sowie anderen hochwirksamen Konservierungsmöglichkeiten ist der Haltbarmachungszweck des Räucherns eher in den Hintergrund getreten. Heute dient das Räuchern hauptsächlich der Aromatisierung (durch Phenole, Carbonyle, Lactone) und der Farbbildung (durch Carbonyle und Phenolaldehyde).

Eine unerwünschte Begleiterscheinung beim Räuchern ist die Bildung von polyzyklischen aromatischen Kohlenwasserstoffen, den sog. PAK's.

Einige dieser Verbindungen besitzen kanzerogene Eigenschaften, wobei Benz-(a)pyren als analytische Leitsubstanz herangezogen wird.

Diese unerwünschten Rauchinhaltsstoffe entstehen bei jeglicher Verbrennung von organischem Material. Um die Belastung des menschlichen Organismus mit derartigen Substanzen zu minimieren, gilt in Europa nach der VO (EG) Nr. 208/2005 für Fleischerzeugnisse ein Höchstgehalt von 5 µg/kg Benz(a)pyren. Diese Höchstmenge kann relativ problemlos eingehalten werden, wenn bei der Räucherung gewisse Bedingungen eingehalten werden (z. B. kurze Räucherzeiten, Vermeidung von Ruß- und Teerbelägen auf dem Produkt, möglichst niedrige Rauchentstehungstemperaturen < 600 °C).

Emulgatoren

Emulgatoren sind Stoffe, die helfen die einheitliche Dispersion zweier oder mehrerer nicht mischbarer Phasen in einem Lebensmittel herzustellen oder zu erhalten. Bei Emulgatoren, wie sie üblicherweise bei der Herstellung von Fleischwaren eingesetzt werden, handelt es sich um Mono- und Diglyceride von Speisefettsäuren, sowie deren Ester mit Milch- oder Zitronensäure. Sie besitzen einen amphiphilen Molekülaufbau, d. h. im Molekül sind hydrophile und lipophile Gruppen. Durch die Grenzflächen- und Oberflächenaktivität von Emulgatoren wird die Grenzflächenspannung der nicht mischbaren Phasen (z. B. Öl und Wasser) herabgesetzt. Dadurch wird die Grenzflächenarbeit erleichtert und das Zusammenfließen der dispergierten Teilchen durch Ausbildung sterischer oder elektrischer Barrieren verhindert. Die dispergierten Teilchen stoßen sich durch Ladungseffekte gegenseitig ab oder bilden eine feste, hochviskose Schutzschicht. Die Effekte können sich überlagern.

Für Mono- und Diglycedriden von Speisefettsäuren und deren Ester mit Milch- und Zitronensäure ist in Deutschland keine Höchstmenge festgelegt.

Hydrokolloide

Hydrokolloide (z. B. Guar, Xanthan, Carrageenan) sind ihrer chemischen Struktur nach meist Polysaccharide. Sie werden als Dickungs- und Geliermittel eingesetzt. Die verdickende und/oder gelierende Wirkung beruht auf ihrem Quellvermögen in Wasser. Bei der Ausbildung des Gels lagert sich erst Wasser an die Polysaccharidmoleküle an. Durch die Zusammenlagerung einzelner Bereiche dieser Makromoleküle wird ein dreidimensionales Netzwerk gebildet. Die Konzentration der Hydrokolloide für die Ausbildung eines optimalen Netzwerkes ist entscheidend, da die Gelstabilität bei zu wenig Verknüpfungsbereichen abnimmt.

Durch die Verwendung von Carrageenan kann bei Kochpökelwaren die Schnittfestigkeit und Wasserbindung erhöht und der Kochverlust gesenkt werden. Ferner wird bei kurzgereiften streichfähigen Rohwürsten wie z. B. frischer Mettwurst durch die Verwendung von Carrageenan, Guar oder Xanthan die Streichfähigkeit verbessert.

Stoffe mit sensorischen Funktionen

Geschmacksverstärker

Glutaminsäure, Natrium- und Kaliumglutamat, Guanylate und Inosinate werden als Geschmacksverstärker eingesetzt. Die geschmacksverstärkende Wirkung beruht wahrscheinlich darauf, dass die Empfindlichkeit der Geschmacksknospen auf der Zunge gesteigert wird und der Speichelfluss im Mund erhöht wird. Sie besitzen selbst keinen auffälligen und im Lebensmittel besonders hervortretenden Geschmack.

In Deutschland ist der Gehalt an Glutaminsäure, Natriumglutamat bzw. Kaliumglutamat auf 10 g/kg und für Guanylate und Inosinate auf 500 mg/kg beschränkt.

Zuckerstoffe

Zuckerstoffe (z. B. Dextrose, Maltodextrin) werden fast allen Fleischerzeugnissen in geringen Mengen zur Abrundung des Geschmacks zugesetzt. Zuckerstoffe haben auch einen günstigen Einfluss auf die Umrötung. Bei Rohwürsten kann der pH-Wert durch den Zusatz von Zuckerstoffen gesteuert werden. Bei diesen Erzeugnissen werden die Zuckerstoffe von den Starterkulturen zu organischen Säuren metabolisiert.

Verarbeitungshilfen/Handhabungshilfen

Starter- und Schutzkulturen

Mikroorganismen spielen bei der Rohwurstherstellung eine außerordentlich wichtige Rolle für die Qualität (Aromabildung, Farbstabilität) und Sicherheit (pH-Wert-Absenkung, Haltbarkeit) der Produkte. Die Steuerung der mikrobiologischen Aktivität während der Fermentation durch Einsatz von Starterkulturen ermöglicht es, Fehlprodukte zu vermeiden, eine gleichbleibende sensorische Qualität zu erreichen und die hygienische Sicherheit zu gewährleisten.

Hauptsächlich werden Laktobazillen eingesetzt, die die pH-Wert-Absenkung durch den Abbau von Kohlehydraten zu Milchsäure bewirken. Ferner werden Actinobakter- und Staphylokokken-Kulturen zur Nitratreduktion (enthalten mikroorganismeneigene Nitratreduktasen) eingesetzt. Zur Aromabildung werden Hefen und Schimmelpilzkulturen verwendet.

Diverse Mikroorganismen werden als Schutzkulturen gegen das Wachstum pathogener oder toxinogener Erreger bei Fleischerzeugnissen in Fertigpackungen genutzt. Diese Schutzkulturen werden kurz vor dem Verpacken auf das Wurstgut aufgebracht. Die Schutzwirkung beruht auf der Bildung von bakterioziden Substanzen sowie der Verdrängungswirkung.

Mikroorganismen-Kulturen sind in Deutschland nicht zulassungsbedürftige Zusatzstoffe, deren Verwendung bei Fleischerzeugnissen in Fertigpackungen gekennzeichnet werden muss.

Kutterhilfsmittel

Früher wurde zur Wurstwarenherstellung schlachtwarmes Fleisch verwendet. Die Totenstarre (Actin und Myosin sind noch getrennt) hat bei diesem Fleisch noch nicht eingesetzt und der pH-Wert ist noch nicht gesunken. Ferner ist noch reichlich Adenosintriphosphat (ATP) vorhanden. Dadurch besitzt das Fleisch ein sehr gutes Wasserbindungsvermögen. Heutzutage wird hauptsächlich „Kaltfleisch" verwendet. Dieses Fleisch ist bereits abgesäuert (pH-Wert um ca. 5,6). Dadurch ist das Wasserbindungsvermögen stark herabgesetzt und es kann im Endprodukt zu starkem Fett- und Geleeabsatz kommen.

Dies kann durch die Verwendung von sogenannten Kutterhilfsmitteln ausgeglichen werden. In Deutschland werden Diphosphate und die sauren und neutralen Salze der organischen Genusssäuren (Citrate, Lactate, Tartrate und Acetate) verwendet. Die Diphosphate wirken ähnlich wie das ATP in schlachtwarmem Fleisch; sie erleichtern die Quellung der fibrillären Proteine Actin und Myosin. Die Salze der Genusssäuren bewirken eine Erhöhung der Ionenstärke (ähnlich der Wirkung von Kochsalz).

Glucono-delta-lacton

Bei Rohwürsten kann es durch ungeeignete Mikroorganismen zur Bildung von Ameisensäure, Essigsäure, etc. kommen, die unerwünschte Geruchs- und Geschmacksabweichungen bewirken können. Durch den Einsatz von Glucono-delta-Lacton (GdL) kann dem in gewissen Maßen entgegengewirkt werden. GdL ist ein inneres Anhydrid der Gluconsäure. GdL schmeckt anfänglich leicht süßlich, dann zunehmend säuerlich, da sich in wässrigem Milieu ein Gleichgewicht zwischen der Gluconsäure und ihrem Lacton einstellt. Die Entstehung der Gluconsäure ist für die pH-Wert-Absenkung verantwortlich.

Durch die schnelle pH-Wert Absenkung werden Fäulniserreger in ihrem Wachstum gehemmt. Eine Höchstmenge ist in Deutschland nicht vorgesehen, die Zusatzmenge sollte nach allgemeiner Erfahrung bei ca. 1% liegen, da es sonst zu Geschmacksabweichungen kommen kann.

22.4
Qualitätssicherung

22.4.1
Eigenkontrollmaßnahmen

Einer der bedeutensten Grundsätze des EG-Lebensmittelrechts ist:
Lebensmittel, die nicht sicher sind, dürfen nicht in den Verkehr gebracht werden.

Verantwortlich für die Sicherheit der Lebensmittel sind die Lebensmittelunternehmen.

Eigenkontrollmaßnahmen, die auf den Grundsätzen des HACCP-Konzeptes beruhen, sind das Instrument, das den Lebensmittelunternehmen hilft, einen hohen Sicherheitsstandard zu garantieren.

Ein HACCP-Konzept muss betriebsspezifisch erstellt werden. Ein allgemeines Grundkonzept kann als Basis dienen, jedoch kommt nicht umhin, dieses Konzept an die jeweiligen spezifischen Prozesse und Produkte des Betriebes anzupassen.

Die Erstellung eines HACCP-Konzeptes wird in Kapitel 8 ausreichend dargelegt. Es wird nachfolgend auf Besonderheiten bei der Erstellung und der Durchführung eines HACCP-Konzeptes bei Fleischerzeugnissen eingegangen. Nach ausführlicher Beschreibung des Lebensmittels und seiner betriebstypischen Herstellung (Fließdiagramm) erfolgt die Gefahrenanalyse und die Bewertung.

Die Gefahrenanalyse stellt den zentralen Punkt des HACCP-Konzeptes dar. Die jeweiligen Gefahren für das Produkt sollten so genau wie möglich darlegt und benannt werden. Eine grobe Einteilung in physikalische, chemische und biologische Gefahren reicht nicht aus.

Nicht alle identifizierten Gefahren führen dazu, dass kritische Kontrollpunkte (CCP) festgelegt werden müssen. Die meisten Gefahren werden schon im Vorfeld durch einfache Maßnahmen auf ein akzeptables Maß herabgesenkt. So kann z. B. die physikalische Gefahr „Glassplitter" durch bauliche Maßnahmen (zusätzliche Kunststoff und/oder Gitterabdeckungen von Lampen, Splitterschutzfolie für Glasscheiben) auf ein Minimum reduziert werden.

Bei Fleischerzeugnissen ist den biologischen Gefahren die größte Aufmerksamkeit zu widmen, da das Fleisch mit verschiedensten humanpathogenen Mikroorganismen (z. B. Salmonellen, *Staphylococcus aureus*, *Listeria monocytogenes*, etc.) kontaminiert sein könnte. Wie legt man bei der Herstellung von Fleischerzeugnissen einen CCP fest?

Ein CCP muss 4 Voraussetzungen erfüllen. Er muss:

- die festgestellte Gefahr spezifisch ansprechen,
- die zur Beherrschung der Gefahr durchzuführenden Maßnahmen sollen die Gefahr ausschalten oder zumindest auf ein akzeptables Maß reduzieren,
- die Ausschaltung bzw. Reduktion der Gefahr muss durch ein geeignetes Überwachungssystem unter Zuhilfenahme von Grenzwerten kontinuierlich zu prüfen sein,
- es muss geeignete durchführbare Korrekturmaßnahmen geben.

Bei Fleischerzeugnissen, die während der Herstellung erhitzt werden (z. B. Brühwürste, Kochpökelwaren) ist der wichtigste CCP die Erhitzungstemperatur, da alle relevanten vegetativen pathogenen Mikroorganismen durch Hitze abgetötet werden. Erst wenn das Erzeugnis eine festgelegte Kerntemperatur erreicht hat (bei Brühwürsten z. B. +70 °C bis +72 °C), kann es als sicher angesehen werden.

Wird die Temperatur bei der ersten Erhitzung nicht erreicht, so wird bis zum Erreichen der festgelegten Temperatur nacherhitzt.

Kann kein Messfühler für die Kerntemperaturmessung in das Wurstgut eingebracht werden (z. B. bei Konserven), so kann eine F-Wert-Erhitzung durchgeführt werden.

Der F-Wert ist eine Zahl, die angibt, welche Hitzebehandlung eine Konserve erfahren hat und welche Haltbarkeit daraus resultiert. Der F-Wert berechnet sich aus der Garzeit und der Gartemperatur.

Bei Fleischerzeugnissen, die während der Herstellung nicht erhitzt werden (z. B. Rohwürste und Rohpökelwaren), ist ein sinnvoller CCP die Abtrocknung. Damit Mikroorganismen lebensfähig sind und sich vermehren können, brauchen sie frei verfügbares Wasser. Je weniger frei verfügbares Wasser vorhanden ist, also je mehr das Fleischerzeugnis abtrocknet, desto schlechter sind die Lebensbedingungen für Mikroorganismen. Der Abtrocknungsgrad kann ganz einfach durch die Differenzwägung zwischen Frischgewicht und Endgewicht des jeweiligen Fleischerzeugnisses ermittelt werden. Zweckmäßig ist es, die Erzeugnisse chargenweise und nicht einzeln zu wiegen.

Eine weitere Möglichkeit, eine Abtrocknung zu bestimmen ist die a_w-Wert-Messung. Nachteil dieser Methode ist, dass ein Erzeugnis für die Messung zerkleinert werden muss. Auch sind die Messgeräte, die ein schnelles Ergebnis liefern noch relativ teuer. Bei billigeren Messgeräten ist die Messung sehr zeitintensiv und vergleichsweise ungenau.

Zur Dokumentation eignen sich Checklisten, welche schnell erstellt und einfach ausgefüllt werden können.

Die Erstellung eines HACCP-Konzeptes für die produzierten Produkte, ist nach der VO (EG) Nr. 852/2004 gesetzlich vorgeschrieben. Jedoch werden von verschiedenen Seiten bestimmte Anforderungen und Erwartungen an das Lebensmittelunternehmen gestellt. Mit einem Qualitätsmanagementsystem nach der DIN ISO 9000:2000, QS und dem IFS (International Food Standard) sind hier nur einige genannt. Gefahr hierbei ist, dass man relativ schnell den Überblick verlieren kann.

Soll ein neues System im Betrieb etabliert werden, so sollte unbedingt geprüft werden, was von vorhandenem Material zu nutzen ist. Meist sind die Fragestellungen und Dokumentations- oder Kontrollpflichten, die von den verschienen Systemen vorausgesetzt werden, in vielen Fällen nahezu deckungsgleich, so dass Synergieeffekte sinnvoll und effizient nutzbar sind.

22.4.2
Analytische Verfahren

Die wichtigsten Analysenmethoden sind in den Kapiteln L.06.00–L.08.00 in der Amtlichen Sammlung von Untersuchungsverfahren nach § 64 LFGB aufgenommen.

Probenvorbereitung (L.06.00-1)

Für die chemische Analyse werden die Erzeugnisse so fein wie möglich zerkleinert, um ein einigermaßen homogenes Ausgangsmaterial für nachfolgende Untersuchungen zu erhalten. Ein aliquoter Teil des zerkleinerten Materials wird zur Analyse verwendet. Für eine vollständige Untersuchung werden ca. 200–250 g Erzeugnis benötigt. Für eine präparativ-gravimetrische Untersuchung (z. B. Bestimmung des Magerfleischanteils im Bierschinken, Sülzen etc.) ist nach den Leitsätzen eine Mindestprobenmenge von 600 g notwendig.

Bestimmung der Trockenmasse (L.06.00-3)

Ein aliquoter Teil der zerkleinerten Probe wird zur Vergrößerung der Oberfläche (ermöglicht eine bessere Verdampfung des Wassers) mit Seesand verrieben. Danach wird die Masse im Trockenschrank bei 103 ± 2 °C mehrere Stunden getrocknet.

Bestimmung des Gesamtfettgehaltes (L.06.00-6)

Ein aliquoter Teil der zerkleinerten Probe wird mit Salzsäure aufgeschlossen und die Aufschlussflüssigkeit durch ein Faltenfilter filtriert. Der Filterrückstand wird getrocknet und mit Petrolether oder n-Hexan extrahiert. Nach Abdestillieren des Lösungsmittels wird der Rückstand bei 103 ± 2 °C bis zur Gewichtskonstanz getrocknet und gewogen. Der Fettgehalt aus der Differenz zwischen Ein- und Auswaage errechnet.

Bestimmung des Rohproteingehaltes in Fleisch und Fleischerzeugnissen (L.06.00-7)

Der Rohproteingehalt als wertbestimmender Anteil des Fleischerzeugnisses wird über den Gehalt an Stickstoff analysiert. Die Methode erlaubt keine Differenzierung zwischen Eiweiß, das aus dem Skelettmuskelfleisch stammt und solchem aus Bindegewebe, fleischfremden Eiweißen und Nicht-Eiweiß-Stickstoff-Verbindungen. Die Letzteren weisen teilweise höhere Stickstoffgehalte als die nativen Eiweiße im Skelettmuskelfleisch auf, sie täuschen im Erzeugnis einen höheren Fleischeiweißgehalt vor, dadurch kann ein höherer Anteil an Wasser verarbeitet werden.

Der in einem aliquoten Teil der zerkleinerten Probe vorhandene organisch gebundene Stickstoff wird nach Aufschluss der Substanz mit konzentrierter Schwefelsäure in Ammoniumsulfat überführt. Nach Versetzen mit Lauge im Überschuss wird durch Destillation das Ammoniak übergetrieben, in gesättigter Borsäurelösung aufgefangen und anschließend titriert.

Bestimmung des Hydroxiprolingehaltes in Fleisch und Fleischerzeugnissen (L.06.00-8)

Der Anteil des Bindegewebes am Fleischeiweiß wird durch die Bestimmung der Aminosäure Hydroxiprolin erfasst. Der Anteil dieser Aminosäure im Aminosäurespektrum des Bindegewebseiweißes beträgt ziemlich konstant 12,5%. Im Gegensatz dazu kommt die Aminosäure Hydroxiprolin in schierem Skelettmuskelfleisch praktisch nicht vor.

Bei der chemischen Bestimmung des Hydroxiprolins wird ein aliquoter Teil der zerkleinerten Probe mit Salzsäure hydrolisiert. Das freigesetzte Hydroxiprolin wird oxidiert. Das Oxidationsprodukt wird mit einem Reagenz zu einem rot-violetten Farbstoff umgesetzt, dessen Farbintensität photometrisch bestimmt wird.

Neben diesen Routineuntersuchungen sind mittlerweile in den „Amtlichen Untersuchungsverfahren nach § 64 LFBG" noch viele weitere Untersuchungsmethoden auf den Gehalt an speziellen Inhaltsstoffen und Kontaminanten aufgenommen worden.

NIR-Spektroskopie

Um einen schnellen Überblick über die Gesamtzusammensetzung (z. B. Rohprotein, Fett Wasser, Salz) von Fleischerzeugnissen zu bekommen, eignet sich die Nahinfrarot(NIR)-Spektroskopie. Hier bekommt man innerhalb kürzester Zeit (oft weniger als 1 min) durch eine zerstörungsfreie Messung des lediglich zerkleinerten Materials eine gute Aussage über Zusammensetzung des Erzeugnisses. Wichtig hierbei ist weniger die Ausstattung des NIR-Gerätes sondern der Umfang und die Genauigkeit der zugrundeliegenden Kalibrationen.

Zurzeit der Drucklegung hat diese Methode noch keinen Einzug in die Analysemethoden nach § 64 LFGB gefunden. Jedoch stellt sie bei hohem Probeaufkommen eine elegante und wirkungsvolle Möglichkeit dar, im Screeningverfahren auffällige Proben zu ermitteln und nur bei diesen Proben die Werte mit den klassischen Methoden nach § 64 LFGB zu bestätigen.

Weitere Analytik

Sowohl bei Fleisch als auch bei Fleischerzeugnissen können zahlreiche weitere Analysen durchgeführt werden. Zu erwähnen wären hier die Tierartdifferenzierung, die Untersuchung auf pharmakologisch wirksame Stoffe (s. auch Kapitel 15.4), Pestizidrückstände, Dioxine; etc.

BSE/TSE

Zum Nachweis von BSE wird Hirngewebe histologisch pathologisch untersucht. Ferner werden u. a. Schnelltests durchgeführt, die in der VO (EG) Nr. 999/2001 genannt sind (z. B. Immunblotting Test auf der Grundlage eines Western-Blotting-Verfahrens oder Chemolumineszens-ELISA-Test) (s. auch Kap. 10.3.1).

Ein Test am lebenden Tier ist zurzeit der Drucklegung noch nicht entwickelt worden.

22.4.3
QUID bei Fleischerzeugnissen

Es war lange unklar, ob Fleischerzeugnisse in Fertigpackungen unter die QUID-Regelung (**Qu**antitative **I**ngredients **D**eclaration siehe § 8 der LMKV) fallen. Grundsätzlich unterliegen Fleischerzeugnisse in Fertigpackungen generell dem § 8 der LMKV. Jedoch ist das nur für solche Fleischerzeugnisse sinnvoll, die außer Fleisch (nach der Definition in der Anlage 1 zu § 6 der LMKV) nur technologisch und/oder geschmacklich notwendige Zutaten enthalten. Diese Zutaten sind z. B. Zusatzstoffe wie Natriumnitrit (in Form von Nitritpökelsalz), Ascorbinsäure/Ascorbat, Natriumglutamat, etc., aber auch Lebensmittel wie Wasser (jedoch nicht mehr als 5% zugesetztes Wasser).

Nach den Vorgaben des § 8 der LMKV müssen die Mengen der Zutaten zum Zeitpunkt der Verwendung bei der Herstellung des Lebensmittels angegeben werden. Um die Mengenangaben bei Wurstwaren vergleichbar zu machen, musste hier der „Zeitpunkt der Verwendung" einheitlich definiert werden. Hier wird das „Mixing Bowl"-Prinzip angewandt.

$Fleisch_{fettfrei}$:	$(BEFFE + BE_{max}) \times Wasser\text{-}Faktor$
BE_{max}:	$BEFFE \times BG\text{-}Faktor$
	wenn $(BEFFE \times BG\text{-}Faktor) > BE_{abs.}$, dann ist $BE_{max} = BE_{abs}$
$Fett_{max}$:	$Fleisch_{fettfrei} \times Fett\text{-}Faktor$
	wenn $(Fleisch_{fettfrei} \times Fett\text{-}Faktor) > Fett_{abs}$, dann ist $Fett_{max} = Fett_{abs}$
Fleischanteil:	$Fleisch_{fettfrei} + Fett_{max}$
BEFFE	– bindegewebseiweißfreies Fleischeiweiß
BE_{max}	– maximal zum Fleisch zurechenbarer Bindegewebseiweißgehalt
BE_{abs}	– analytisch ermittelter absoluter Bindegewebseiweißgehalt
$Fett_{max}$	– maximal zum Fleisch zurechenbarer Fettgehalt
$Fett_{abs}$	– analytisch ermittelter absoluter Fettgehalt

Tierart	$Fett_{max}$	Fett-Faktor	BE_{max}	BG-Faktor	Wasser/Eiweiß-Quotient (⌀)	Wasser-Faktor
Schweinefleisch	30	3/7	25	1/3	3,6	4,6
Rindfleisch und Mischungen	25	1/3	25	1/3	3,6	4,6
Geflügel-Brustfleisch	15	3/17	10	1/9	3,4	4,4
Geflügel-Beinfleisch	15	3/17	10	1/9	4,0	5,0

Abb. 22.3. Formeln für die Berechnung des Fleischanteils aus den Analysedaten [6]

Bei diesem Prinzip wird der „Zeitpunkt der Verwendung" auf den Punkt bei der Herstellung bezogen, bei dem alle Zutaten des Fleischerzeugnisses zusammengemischt und zerkleinert worden sind (Kutterschüssel). Die Definition für Fleisch wird somit auf das Fleischbrät angewandt.

Normalerweise wird der Fleischanteil aus der Rezeptur bestimmt.

Jedoch kann man auch mit einfachen Berechnungen aus den Analysedaten des Fleischerzeugnisses recht genau den Fleischanteil bestimmen und überprüfen.

22.5
Literatur

1. Handbuch der Lebensmitteltechnologie, Prändl, Fischer, Schmidhofer, Sinell. Fleisch, Technologie und Hygiene der Gewinnung und Verarbeitung, Eugen Ulmer Verlag, 1988
2. Handbuch Fleisch und Fleischwaren, Technologie – Marketing und Betriebswirtschaft – Recht, Herausgegeben von Wirth, Barciaga, Krell. Behr's Verlag, Stand Oktober 2008
3. Mikrobiologie der Lebensmittel, Fleisch – Fisch, Feinkost, Herbert Weber. Behr's Verlag, 1. Auflage 2003
4. Information des Bundesinstitutes für Risikobewertung, Fragen und Antworten zum Hazard Analysis and Critical Control Point (HACCP)-Konzept, Fassung 2005 http://www.bfr.bund.de/cm/234/fragen_und_antworten_zum_hazard_analysis_and_critical_control_point__haccp__konzept.pdf
5. Baden-Württembergische Leitlinie für eine gute Hygiene-Praxis in Schlacht-, Zerlegungs- und Fleischverarbeitungsbetrieben, Version 1 Stand 01.04.2004
6. Lebensmittelchemie, Zeitschrift der Lebensmittelchemischen Gesellschaft, Fachgruppe in der Gesellschaft Deutscher Chemiker, Fleischwaren, Bericht des Obmannes, Vol. 58 Nr. 3/2004
7. Kulmbacher Reihe
Band 2 Beiträge zu Chemie und Physik des Fleisches
Band 4 Technologie der Brühwurst
Band 5 Mikrobiologie und Qualität von Rohwurst und Rohschinken
Band 6 Chemisch-physikalische Merkmale der Fleischqualität
Band 8 Technologie der Kochwurst und Kochpökelwaren
Bearbeitet von Wissenschaftlern des Max Rubner-Institut, Institut für Sicherheit und Qualität bei Fleisch, Standort Kulmbach
8. Fleischverordnung vom 21.01.1982 (BGBl. I, S. 89), Zuletzt geändert durch Art. 6 Lebensmittelhygienerecht-DurchführungsVO vom 08.08.2007 (BGBl. I S. 1816)
9. Beurteilungskriterien für Fleischerzeugnisse mit größerer Marktbedeutung für das gesamte Bundesgebiet, zusammengestellt von der Lebensmittelchemischen Gesellschaft, Fachgruppe der Gesellschaft Deutscher Chemiker, Arbeitsgruppe Fleischwaren http://www.gdch.de/strukturen/fg/lm/ag/fleisch/beurteilungskriterien.htm
10. Aromenverordnung in der Fassung der Bekanntmachung vom 02.05.2006 zuletzt geändert durch Art. 4 2. VO zur Änd. der Zusatzstoff-Zulassungs-VO und and. lebensmittelrechtl. VO vom 30.01.2008 (BGBl. I, S. 132)
11. LMKV, siehe Abkürzungsverzeichnis 46.2
12. Lexikon Lebensmittelzusatzstoffe, E. Lück, P. Kuhnert. 2. Auflage, Behr's Verlag
13. Lehrbuch der Lebensmittelchemie, Belitz, Grosch. Springer Verlag

Kapitel 23

Fische und Fischerzeugnisse

JÖRG OEHLENSCHLÄGER

ehem. Max Rubner-Institut, Bundesforschungsinstitut für Ernährung und Lebensmittel, Institut für Sicherheit und Qualität bei Milch und Fisch, Palmaille 9, 22767 Hamburg

Sandstraße 11a, 21244 Buchholz i. d. N, J.Oehlenschlaeger@gmx.net

23.1	Lebensmittelwarengruppen	587
23.2	Beurteilungsgrundlagen	588
23.2.1	Nationale Rechtssetzungen und Bekanntmachungen	588
23.2.2	Europäische Rechtssetzung	588
23.2.3	Sonstige Normen und Standards	592
23.3	Warenkunde	592
23.3.1	Einführung	592
23.3.2	Typische Erzeugnisse und Herstellung	593
23.3.3	Zusammensetzung	595
23.3.4	Risiken	598
23.4	Qualitätssicherung	599
23.5	Literatur	603

23.1
Lebensmittelwarengruppen

Fische und Fischerzeugnisse lassen sich gemäß den „Leitsätzen für Fische, Krebs- und Weichtiere und Erzeugnisse daraus" des Deutschen Lebensmittelbuches einteilen. Tiefgefrorene Fische werden von den „Leitsätzen für tiefgefrorene Fische, Krebs- und Weichtiere und Erzeugnisse daraus" und Salate mit Fleisch von Fischen, Krebs- und/oder Weichtieren durch Abschnitt II.B. der „Leitsätze für Feinkostsalate" abgedeckt. Zu nennen sind: Frischfische, Getrocknete Fische, Räucherfische, Gesalzene Fische, Erzeugnisse aus gesalzenen Fischen, Anchosen, Marinaden, Bratfischwaren, Kochfischwaren, Fischerzeugnisse in Gelee, Pasteurisierte Fischerzeugnisse, Fischdauerkonserven, Erzeugnisse aus Surimi, Krebstiere und Krebstiererzeugnisse, Weichtiere und Weichtiererzeugnisse und tiefgekühlte Fischereierzeugnisse.

23.2
Beurteilungsgrundlagen

Im Folgenden sind nur die wichtigsten europäischen und nationalen speziellen Rechtssetzungen aufgeführt, die für Fische und Fischereierzeugnisse gelten. Natürlich gelten auch für Fischerzeugnisse alle anderen Rechtssetzungen wie Lebensmittel- und Futtermittelgesetzbuch (LFGB), Basis-VO, LMKV, ZZulV, EG-RHM-VO, NKV, NLV, RHmV, SHmV, Hygiene-VO-853 und 854 u. a.

23.2.1
Nationale Rechtssetzungen und Bekanntmachungen

– Gesetz zur Durchführung der Rechtsakte der Europäischen Gemeinschaft über die Etikettierung von Fischen und Fischereierzeugnissen (Fischetikettierungsgesetz – FischEtikettG) vom 1. August 2002 (BGBl. I S. 2980).
– Verordnung zur Durchführung des Fischetikettierungsgesetzes (Fischetikettierungsverordnung – FischEtikettV) vom 15. August 2002 (BGBl. I S. 3363). Die Kennzeichnung der Handelsbezeichnungen, der Produktionsmethode und der Fanggebiete werden geregelt. Die Bundesanstalt für Landwirtschaft und Ernährung (BLE) ist zuständig für die Aufstellung eines Verzeichnisses der Handelsbezeichnungen der Fischarten (Verzeichnis), einschließlich der Änderung des Verzeichnisses, sowie für die Festlegung vorläufiger Handelsbezeichnungen.
– Deutsches Lebensmittelbuch – Leitsätze für Fische, Krebs- und Weichtiere und Erzeugnisse daraus
– Deutsches Lebensmittelbuch – Leitsätze für tiefgefrorene Fische, Krebs- und Weichtiere und Erzeugnisse daraus
– Deutsches Lebensmittelbuch – Leitsätze für Feinkostsalate
– Erste Bekanntmachung der Bundesanstalt für Landwirtschaft und Ernährung über Handelsbezeichnungen für Erzeugnisse der Fischerei und der Aquakultur vom 28. August 2002 (BAnz. S. 21131). Wird laufend geändert (2–3 Änderungen/Jahr).

23.2.2
Europäische Rechtssetzung

EG-Hygienerecht-2004 (s. auch Kap. 1.6 und 2.4.2)

– Verordnung (EG) Nr. 852/2004, (LMH-VO-852)
– Verordnung (EG) Nr. 853/2004, (Hygiene-VO-853)
– Verordnung (EG) Nr. 854/2004, (Hygiene-VO-854)
– Verordnung (EG) Nr. 2074/2005 der Kommission zur Festlegung von Durchführungsvorschriften für bestimmte unter die Verordnung (EG) Nr. 853/2004 des Europäischen Parlaments und des Rates fallende Erzeugnisse. Anhang II

regelt u. a. die Sichtkontrolle zum Nachweis von Parasiten, die Grenzwerte für flüchtige Basenstickstoffe, die Methode zur TVB-N Bestimmung und anerkannte Testmethoden zum Nachweis mariner Biotoxine.

Gemeinsame Merkmale der Vorschriften des „Hygienepakets" sind:

Anpassung der Hygienevorschriften an die Grundsätze und Begriffe der Basisverordnung Lebensmittel 178/2002/EG (BasisVO) durch Einbindung der gesamten Lebensmittelkette, einschließlich der Primärproduktion in das neue Hygienekonzept, Eigenkontrolle durch die Wirtschaft (Stufenverantwortung) und objektive Risikobewertung auf wissenschaftlicher Grundlage.

Überwachungsverfahren nach den HACCP-Prinzipien für alle Lebensmittelunternehmen: Die Dokumentation der HACCP-Maßnahmen wird verpflichtend. Aufhebung der derzeit geltenden 16 spezifischen Hygienerichtlinien, die in die neuen Verordnungen integriert werden.

Praktische Hilfestellung durch Hygieneleitlinien, Registrierung/Zulassung aller Lebensmittelunternehmen, Vereinheitlichung der Genusstauglichkeitskennzeichnung, Bewahrung von Flexibilität durch Sonderregelungen für abgelegene Regionen und traditionelle Herstellungsmethoden, Funktionswandel der Lebensmittelüberwachung (von der Endkontrolle hin zur vorbeugenden Kontrolle), Durchführungsverordnungen mit mikrobiologischen Kriterien und Temperaturen sollen folgen. Bei Lebensmitteln tierischer Herkunft erfolgen Betriebszulassungen, Kontrollen, Identitätskennzeichnung und Drittlandsregelungen nach einheitlichen Grundsätzen. Das System der Veterinärkontrollen wird moderner und flexibler gestaltet. Differenzierungen zwischen gewerblichen und industriellen Betrieben werden aufgegeben.

EG-Verordnungen
- VO (EWG) Nr. 2136/89 des Rates vom 21. Juni 1989 über gemeinsame Vermarktungsnormen für Sardinenkonserven.
Vorgeschrieben ist unter anderem, dass die Erzeugnisse ausschließlich aus Fischen der Art „*Sardina pilchardus* Walbaum" zubereitet, mit geeigneten Aufgussflüssigkeiten in luftdicht verschlossene Behältnisse abgefüllt und mittels einer angemessenen Behandlung sterilisiert werden müssen. Außerdem ist die ordnungsgemäße Zubereitung der Sardinen vorgeschrieben – Entfernen von Kopf, Kiemen usw. zuletzt geändert durch: VO (EG) Nr. 1345/2008 der Kommission vom 23. Dezember 2008 zur Änderung der VO (EWG) Nr. 2136/89 des Rates über gemeinsame Vermarktungsnormen für Sardinenkonserven sowie Handelsbezeichnungen für Sardinenkonserven und sardinenartige Erzeugnisse in Konserven.
- VO (EWG) Nr. 1536/92 des Rates vom 9. Juni 1992 über gemeinsame Vermarktungsnormen für Thunfisch- und Bonitokonserven.
- VO (EG) Nr. 2406/96 des Rates vom 26. November 1996 über gemeinsame Vermarktungsnormen für bestimmte Fischereierzeugnisse, zuletzt geändert

durch: VO (EG) Nr. 790/2005 der Kommission vom 25. Mai 2005. Diese Verordnung regelt die Vermarktung von 39 Fischarten, 3 Krebstierarten, jeweils 1 Kopffüßer, 1 Muschel und 1 Schneckenart hinsichtlich der Frischklassen (E (Extra), A und B) sowie der Größenklassen.
- VO (EG) Nr. 104/2000 des Rates vom 17. Dezember 1999 über die gemeinsame Marktorganisation für Erzeugnisse der Fischerei und der Aquakultur.
Diese Verordnung ersetzt die VO (EWG) Nr. 3759/92 über die gemeinsame Marktorganisation für Fischereierzeugnisse und umfasst eine Preis- und Handelsregelung sowie gemeinsame Wettbewerbsregeln. Sie enthält insbesondere Vorschriften über Vermarktungsnormen und Verbraucherinformationen.
- VO (EG) Nr. 80/2001 der Kommission vom 16. Januar 2001 mit Durchführungsbestimmungen zu der VO (EG) Nr. 104/2000 des Rates in Bezug auf die Mitteilungen zur Anerkennung von Erzeugerorganisationen, zur Festsetzung der Preise und zu den Interventionen im Rahmen der gemeinsamen Marktorganisation für Erzeugnisse der Fischerei und der Aquakultur.
- VO (EG) Nr. 466/2001 der Kommission vom 8. März 2001 zur Festsetzung der Höchstgehalte für bestimmte Kontaminanten in Lebensmitteln, zuletzt geändert durch: VO (EG) Nr. 78/2005 der Kommission vom 19. Januar 2005 zur Änderung der VO (EG) Nr. 466/2001 hinsichtlich Schwermetallen. Festgesetzt werden insbesondere die Höchstgehalte an Schwermetallen: Blei, Kadmium und Quecksilber in Fischereierzeugnissen. Die Probenahme- und Analysemethoden sind in der RL 2001/22/EG festgelegt.

EG-Richtlinien
- RL 2001/22/EG der Kommission vom 8. März 2001 zur Festlegung von Probenahmeverfahren und Analysemethoden für die amtliche Kontrolle auf Einhaltung der Höchstgehalte für Blei, Cadmium, Quecksilber und 3-MCPD in Lebensmitteln.
- RL 2003/7/EG der Kommission vom 24. Januar 2003 zur Änderung der Bedingungen für die Zulassung von Canthaxanthin in Futtermitteln gemäß der RL 70/524/EWG des Rates. Für den ausschließlich zur indirekten Farbgebung bei Zuchtlachsen eingesetzten Zusatzstoff sind die zulässigen Gehalte auf maximal 25 Milligramm pro Kilogramm (mg/kg) Futtermittel (bei Salmoniden) gesenkt worden.

EG-Entscheidungen
- 93/25/EWG: Entscheidung der Kommission vom 11. Dezember 1992 zur Genehmigung bestimmter Verfahren zur Hemmung der Entwicklung pathogener Mikroorganismen in Muscheln und Meeresschnecken.
- 93/51/EWG: Entscheidung der Kommission vom 15. Dezember 1992 über mikrobiologische Normen für gekochte Krebs- und Weichtiere.
Festgelegt werden die mikrobiologischen Normen, die bei der Herstellung gekochter Krebs- und Weichtiere einzuhalten sind. Es geht um die Kontaminie-

rung mit gesundheitsschädlichen pathogenen Keimen (*Salmonella spp.*) oder Toxinen sowie Organismen, die auf mangelnde Hygiene schließen lassen.
- 93/383/EWG: Entscheidung des Rates vom 14. Juni 1993 über die Referenzlaboratorien für die Kontrolle mariner Biotoxine.

Im Anhang aufgeführt sind alle nationalen Laboratorien für die Kontrollen mariner Biotoxine und als gemeinschaftliches Referenzlaboratorium ist das „Laboratorio de biotoxinas marinas del Area de Sanidad" in Vigo (Spanien) bestimmt.
- 94/356/EG: Entscheidung der Kommission vom 20. Mai 1994 mit Durchführungsvorschriften zu der RL 91/493/EWG betreffend die Eigenkontrollen bei Fischereierzeugnissen.

Die Entscheidung besagt, dass Eigenkontrollen durchgeführt werden müssen, um zu gewährleisten und nachzuweisen, dass ein Fischereierzeugnis die Anforderungen der RL 91/493/EWG erfüllt.
- 96/77/EG: Entscheidung der Kommission vom 18. Januar 1996 zur Festlegung der Ernte- und Verarbeitungsbedingungen für Muscheln aus Gebieten, in denen die Werte für Lähmungen hervorrufende Toxine den in der RL 91/492/EWG des Rates festgelegten Gehalt überschreiten.

Diese Entscheidung betrifft nur die Muschelart *Acanthocardia tuberculatum*. Spanien kann unter bestimmten Bedingungen die Ernte von Muscheln dieser Art in Gebieten zulassen, in denen der Gehalt des Toxins PSP die in der RL 91/492/EWG festgesetzten Werte übersteigt.
- 1999/313/EG: Entscheidung des Rates vom 29. April 1999 über die Referenzlaboratorien für die Kontrolle bakterieller und viraler Muschelkontamination.

Jeder Mitgliedstaat muss ein nationales Referenzlaboratorium für die Kontrolle bakterieller und viraler Muschelkontamination benennen. Das „Centre for Environment, Fisheries and Aquaculture Science" in Weymouth (VK) wird als gemeinschaftliches Referenzlaboratorium benannt.
- 2000/766/EG: Entscheidung des Rates vom 4. Dezember 2000 über Schutzmaßnahmen in Bezug auf die transmissiblen spongiformen Enzephalopathien und die Verfütterung von tierischem Protein.

Nach Maßgabe dieser Entscheidung untersagen die Mitgliedstaaten die Verfütterung von verarbeiteten tierischen Proteinen an Nutztiere, die zur Nahrungsmittelproduktion gehalten, gemästet oder gezüchtet werden.
- 2001/9/EG: Entscheidung der Kommission vom 29. Dezember 2000 über Kontrollmaßnahmen zur Umsetzung der Entscheidung 2000/766/EG des Rates über Schutzmaßnahmen in Bezug auf die transmissiblen spongiformen Enzephalopathien und die Verfütterung von tierischem Protein.

Die Mitgliedstaaten lassen die Verfütterung von Fischmehl an Nichtwiederkäuer nur zu, wenn die in Anhang I festgelegten Bedingungen eingehalten werden.
- VO (EG) Nr. 811/2003 der Kommission vom 12. Mai 2003 zur Durchführung der VO (EG) Nr. 1774/2002 des Europäischen Parlaments und des Rates hin-

sichtlich des Verbots der Rückführung innerhalb derselben Tierart in Bezug auf Fisch sowie hinsichtlich des Verbrennens und Vergrabens tierischer Nebenprodukte und bestimmter Übergangsmaßnahmen.

23.2.3
Sonstige Normen und Standards

Neben den aufgeführten Rechtssetzungen haben noch die Warenstandards und Codices of Practice der Codex Alimentarius Kommission eine erhebliche Bedeutung, da sie durch die WTO als Minimalstandards anerkannt sind. Diese Standards sind im Internet unter www.codexalimentarius.org zu finden und können kostenfrei heruntergeladen werden.

23.3
Warenkunde

23.3.1
Einführung

Fische bilden mit über 20 000 bekannten Arten die größte der für tierische Lebensmittel genutzten Wirbeltierklasse. Von diesen Arten gehören etwa 650 zu den hauptsächlich kommerziell genutzten und befischten Fischarten, deren Fangmenge durch die Welternährungsorganisation (FAO) registriert wird. Als Lebensmittel werden außerdem noch weit über 110 Krebstier- und 100 Weichtierarten (Muscheln, Schnecken, Tintenfische) genutzt. Fisch und andere Meerestiere haben für die Deckung des menschlichen Eiweißbedarfes eine große Bedeutung: etwa ein Viertel des Weltbedarfs an tierischem Eiweiß wird durch Meerestiere abgedeckt [20]. Der Weltfischfang nahm bis etwa 1995 ständig zu, stagniert seitdem aber bei etwa 100 Millionen Tonnen gefangener Fisch mit der Tendenz zu leichtem Rückgang. Zahlreiche Bestände sind heute überfischt oder in kritischen Zustand. Der Zusammenbruch der Kabeljaufischerei vor Kanadas Ostküste ist ein drastisches Beispiel für verantwortungslose Überfischung. Überfischung und zurückgehende Bestände besagen nicht, dass kommerziell gefangene Fischarten aussterben werden, sie sind aber ggf. nur noch in Konzentrationen vorhanden, die einen ökonomisch sinnvollen Fang nicht mehr zulassen, und gelangen nicht mehr auf den Markt. Prognosen zufolge wird das Volumen an gefangenen Fischen in den nächsten Jahrzehnten kaum abnehmen, zumal Schutzmaßnahmen zur Schonung der gefährdeten Bestände zunehmend greifen und die gesamte Branche sich ihrer Verantwortung heute bewusst ist [38]. Um wirksame Bestandsschonung und nachhaltigen Befischung zu gewährleisten werden heute in zunehmendem Maße weltweit Fischereien überwacht und die nachgewiesen nachhaltige Fischerei auf einige Fischarten wird heute durch Zertifizierung der daraus produzierten Erzeugnisse kenntlich gemacht. Zertifizierer sind z. B. das

MSC (Marine Stewardship Council) oder für ökologisch erzeugte Produkte der Aquakultur Naturland.

Stark gewachsen ist der Anteil an Fischen aus der Aquakultur. Seit 1990 nimmt dieser Anteil an der Weltfischproduktion ständig zu und beträgt heute etwa 40%. Zwischen 1991 und 1996 wuchs die Aquakulturproduktion weltweit um bis zu 25%/Jahr, seit 1997 aber nur noch 5%–10%/Jahr [29]. Man kann deshalb von einem moderaten Anstieg der Weltfischproduktion von 5%/Jahr verursacht durch weiteres Wachsen der Aquakultur, ausgehen. Von den 140 Millionen Tonnen der Weltfischproduktion werden etwa 80% für die menschliche Ernährung verwendet, 20% für andere Zwecke.

Zunehmend werden auch andere Aspekte wichtig und treten in den Vordergrund wie das tierschutzgerechte Halten und Schlachten von Fischen. Für einzelne Fischarten wie Aal wurden bereits Methoden entwickeln, die eine effektive Betäubung und schmerzlose Tötung der Fische sicherstellen [7, 27], für andere Fischarten befinden sie sich noch im Stadium der Erforschung.

Gentechnisch modifizierte Fische wie transgene Fische sind zwar in einigen nichteuropäischen Ländern (China, Kuba, Kanada) erzeugt worden, befinden sich aber nicht auf dem Weltmarkt.

Im Jahre 2006 wurden in Deutschland 1,278 Millionen Tonnen Fischereierzeugnisse verbraucht. Das entspricht einem Verbrauch pro Kopf von 15,5 kg Fanggewicht. Der Anteil der Eigenfänge (durch deutsche Fischer) betrug 14,5%. 71,1% der verbrauchten Fische entfielen auf Seefische, 20,3% auf Süßwasserfische und 8,6% auf Krebs- und Weichtiere. Mit 25,9% wurde Alaska-Seelachs am meisten verzehrt, gefolgt von Hering (17,5%), Lachs (11,3%), Thunfisch und Bonito (10,7%), Köhler (4,0%), Rotbarsch (3,8%), Seehecht (3,3%) und Kabeljau (2,8%). Die übrigen Fischarten machen zusammen 12% aus.

23.3.2
Typische Erzeugnisse und Herstellung

Frischfische Fische, die nach dem Fang unbehandelt bleiben oder nur gereinigt, ausgenommen, zerteilt oder so gekühlt werden, dass das Fischgewebe nicht gefriert.

Getrocknete Fische Fische, die in freier Luft oder in Anlagen getrocknet und dadurch haltbar gemacht worden sind. Dazu gehören: Stockfisch, der aus ausgenommenem, nicht gesalzenem Kabeljau, Schellfisch und anderen Gadiden (Kabeljauartigen) hergestellt wird und Klippfisch, der aus geköpftem, ausgenommenem Kabeljau, Schellfisch und anderen Gadiden durch Nass- oder Trockensalzung mit anschließender Trocknung haltbar gemacht wurde.

Räucherfische Erzeugnisse aus verschieden vorbereiteten Frischfischen, tiefgefrorenen Fischen oder Fischteilen, die gesalzen oder vorgesalzen wurden und durch Behandeln mit frisch entwickeltem Rauch hergestellt werden. Es werden heißgeräucherte Fische mit einer Wärmeeinwirkung von über 60 °C im Kern und kaltgeräucherte Fische mit einer Wärmeeinwirkung von unter 30 °C hergestellt. Typische Erzeugnisse der Heißräucherung sind: Bückling (aus Hering), geräucherte Sprotten (Kieler Sprotten), geräucherte Makrele, Räucheraal, geräucherte Forelle, Stremellachs. Das wichtigste kaltgeräucherte Erzeugnis ist heute der Räucherlachs.

Gesalzene Fische Erzeugnisse, die durch Salzen von Frischfisch, tiefgefrorenen oder gefrorenen Fischen oder Fischteilen salzgar und/oder zeitlich begrenzt haltbar gemacht worden sind. Dabei spricht man von hartgesalzen, wenn im Fischgewebewasser mehr als 20 g Salz pro 100 g vorhanden ist, von mildgesalzen, wenn im Fischgewebewasser mindestens 6 g, höchstens jedoch 20 g Salz pro 100 g vorhanden sind und von vorgesalzen, wenn der Salzgehalt unter 6 g in 100 g Fischgewebewasser liegt. Typische Erzeugnisse sind: Salzhering, Matjeshering, Salzsardellen, Salzfisch.

Erzeugnisse aus gesalzenen Fischen Hier sind zu nennen: Sardellenfilet, -ringe und -paste, Anchovispaste, Sardellenbutter, Seelachsscheiben in Öl [Lachsersatz], Seelachsschnitzel in Öl [Lachsersatz], Seelachspaste [Lachsersatz], Echter Kaviar, Lachskaviar, Deutscher Kaviar.

Anchosen Erzeugnisse aus frischen oder tiefgefrorenen Sprotten, Heringen oder anderen Fischen, die unter Verwendung von Zucker und mit Kochsalz biologisch gereift und auf verschiedene Weise schmackhaft, z. B. süß-sauer zubereitet sind. Wichtige Vertreter dieser Gruppe sind: Kräutersprotten, Appetitsild, Kräuterhering, Gabelbissen, Matjesfilet nach nordischer Art, Gravad Lachs.

Marinaden Erzeugnisse aus Frischfisch oder tiefgefrorenen Fischen, die ohne Wärmeeinwirkung durch Behandlung mit Essig, Genusssäuren und Salz auch unter Zufügen sonstiger Zutaten zum Würzen gar (vollständige Denaturierung des Proteins) gemacht sind. Wichtige Erzeugnisse sind: Marinierte Heringe, Delikatessheringe, Kronsild, Bismarckheringe, Rollmops, Heringsstip.

Bratfischwaren Erzeugnisse aus verschieden vorbereiteten Frischfischen oder tiefgefrorenen Fischen, die mit oder ohne Panierung durch Braten, Backen, Rösten, oder Grillen gar gemacht wurden. In diese Gruppe fallen: Brathering, Bratrollmops, Heringsröllchen.

Kochfischwaren, Fischerzeugnisse in Gelee Erzeugnisse aus verschieden vorbereiteten Frischfischen oder tiefgefrorenen Fischen, die durch Kochen oder Dämpfen gar gemacht werden, auch unter Mitverwendung von Essig, Genusssäuren, Salz und Konservierungsstoffen. Sie sind vollständig von Gelee umschlossen oder mit Aufguss versehen. Hierunter fallen z. B.: Hering in Gelee, Rollmops in Gelee, Seeaal in Gelee.

Pasteurisierte Fischerzeugnisse Erzeugnisse aus Frischfischen oder tiefgefrorenen Fischen, deren Haltbarkeit ohne besondere Kühlhaltung für mindestens 6 Monate durch ausreichende Hitzebehandlung bei Temperaturen unter 100 °C, jedoch mindestens 60 °C Kerntemperatur, in gasdicht verschlossenen Packungen oder Behältnissen erreicht wird. Sie sind vor der Erhitzung mit Säuren und/oder Salz zubereitet.

Fischdauerkonserven Erzeugnisse aus Frischfischen oder tiefgefrorenen Fischen, deren Haltbarkeit ohne besondere Kühlhaltung für mindestens 1 Jahr durch ausreichende Hitzebehandlung in gasdicht verschlossenen Packungen oder Behältnissen erreicht wird. Typische Erzeugnisse sind beispielsweise: Hering oder Makrele in Tomatensoße, Ölsardinen, Thunfisch in Öl oder eigenem Saft.

Erzeugnisse aus Surimi Aus Surimi (zerkleinertes, mit Wasser gewaschenes Fischmuskelfleisch ohne Faserstruktur) werden unter Verwendung von Bindemitteln, Zucker, Aromastoffen usw. nach Formung oder faseriger Strukturierung Imitate von vorwiegend Krebs- und Weichtiererzeugnissen hergestellt.

Krebstiere und Krebstiererzeugnisse wie Hummer, Langusten, Krebse, Krabben, Garnelen, Kaisergranat.

Weichtiere und Weichtiererzeugnisse wie Schnecken, Tintenfische, Muscheln. Hierunter fallen auch lebende Weichtiere wie Miesmuscheln und Austern.

Salate wie Thunfischsalat, Lachssalat, Makrelensalat, Heringssalat, Matjessalat, Krabbensalat.

23.3.3
Zusammensetzung

Fische und damit auch Fischereierzeugnisse enthalten wie andere tierische Erzeugnisse Wasser, Proteine und andere stickstoffhaltige Verbindungen, Fette, Kohlenhydrate, Mineralstoffe und Vitamine. Die chemische Zusammensetzung von Fischen variiert allerdings beträchtlich zwischen den Arten und Individuen einer Art in Abhängigkeit von Alter, Geschlecht, Jahreszeit und Umweltbedingungen [23, 32].

Proteine und Lipide sind neben Wasser die Hauptinhaltsstoffe, Kohlenhydrate werden bis auf wenige Ausnahmen wie einige Muschelarten nur in kleineren Mengen (< 0,5%) gefunden. Die Gehalte an Vitaminen sind mit denen von Säugetieren vergleichbar mit der Ausnahme von Vitamin A und D, die in großen Mengen im Fleisch von Fettfischen, besonders aber in der Leber von Kabeljau und Weißem Heilbutt gefunden werden. An Mineralstoffen ist Fischfleisch reich an Calcium und Phosphor, aber auch an Eisen, Kupfer, Zink und Selen. Besonders reich an Zink sind Austern [12]. Meeresfische weisen zusätzlich noch hohe

Gehalte an Jod auf. An Spurenelementen sind Molybdän, Vanadium, Beryllium und andere vorhanden.

Nach ihrem Fettgehalt, der zwischen 0,2% bei ausgesprochenen Magerfischen wie Schellfisch und über 30% bei Fettfischen wie Makrele und Aal liegen kann, können Fische in Magerfische, mittelfette und fette Fische unterteilt werden. Sich am Boden aufhaltende Grundfische wie Kabeljau, Seelachs, Schellfisch und Seehecht sind bekannte Magerfische. Kleine Schwarmfische wie Hering, Makrele, Sardinen und Sprotte bilden die meisten Fettfische. Einige Fischarten lagern ihre Lipide nur in einigen bestimmten Körperkompartimenten ab oder in kleineren Mengen als typische Fettfische und werden mittelfette Fische genannt (Barrakuda, Meeräsche, Rotbarsch, Haie).

Die Fischlipide unterscheiden sich dadurch beträchtlich von den Lipiden der Säugetiere, dass sie bis zu 40% der Fettsäuren in der Form von langkettigen hochungesättigten Fettsäuren, die 5 oder 6 Doppelbindungen enthalten, enthalten. Diese Unterschiede tragen zu den gesundheitlichen Vorteilen (z. B. antithrombotische Aktivität und Schutz vor Koronarerkrankungen durch hochungesättigte Fettsäuren) aber auch zu technologischen Problemen (schnelle Bildung von Ranzigkeit) bei. Fische enthalten sehr geringe Mengen an Cholesterol (etwa 30 mg/100 g), Krebs- und Weichtiere und Fischeier (Kaviar) sind dagegen reich an Cholesterol (bis über 200 mg/100 g) (s. auch Kap. 24.3.1 und 42.4).

Proteine bilden die zweitwichtigste Gruppe der Fischbestandteile. Sie bestehen aus Strukturproteinen (wie Aktin, Myosin, Tropomyosin), sarkoplasmatischen Proteinen (wie Myoalbumin, Globulin und Enzyme) und Bindegewebsproteine (Kollagen). Wegen des geringen Gehaltes an Kollagen (ca. 3%) ist Fischfleisch so leicht verdaulich. Fischproteine enthalten alle essentiellen Aminosäuren und haben einen hohen biologischen Wert ähnlich wie Milch, Eier und Säugetierproteine. Zusätzlich sind Fischproteine noch eine ausgezeichnete Quelle für Lysin, Methionin und Cystein und können den Wert von auf Zerealien basierenden Diäten, die arm an diesen essentiellen Aminosäuren sind, verbessern und erhöhen.

Fisch enthält auch zahlreiche Nicht-Protein-Stickstoff-Verbindungen (NPN-Non-Protein-Nitrogen), die aus wasserlöslichen, stickstoffhaltigen, niedermolekularen Verbindungen bestehen. Diese NPN Fraktion macht 9 bis 18% des Gesamtstickstoffs in Knochenfischen aus. Zu ihr gehören Trimethylaminoxid (TMAO), freie Aminosäuren, Kreatin und Karnosin. Trotz ihres niedrigen Gehaltes spielen die NPN Verbindungen eine gewichtige Rolle für die Fischqualität und den Fischverderb.

Ausführliche Angaben über die Zusammensetzung von Fischen und anderen Meeresfrüchten finden sich in Nährwerttabellen [24,25]. Tabelle 23.1 enthält Angaben über die drei wichtigsten essentiellen Bestandteile in Fischen, Jod, Selen und hochungesättigte Fettsäuren.

Tabelle 23.1. Gehalte an Jod, Selen und hochungesättigten Fettsäuren (Summe von Eicosapentaensäure (EPA) und Docosahexaensäure (DHA)) im essbaren Anteil von Meeresfrüchten. Angaben bezogen auf 100 g Frischgewicht. Die Angaben sind aus Literaturdaten ermittelte Mittelwerte und können je nach Jahreszeit, Reifezyklus, Geschlecht und anderen Faktoren erheblich schwanken

Tierart Dt. Handelsbezeichnung	Tierart Lat. Bezeichnung	Jod [µg/100 g]	Selen [µg/100 g]	Summe DHA+EPA [g/100 g]
Aal	*Anguilla anguilla*	4	30	0,83
Alaska Seelachs	*Theragra chalcogramma*	88	20	
Angler, Seeteufel	*Lophius piscatorius*	27		0,26
Atlantischer Hering	*Clupea harengus*	47	43	2,7
Auster	*Ostrea edulis*	58	28	0,181
Blauer Wittling	*Micromesistius poutassou*	12		
Brassen	*Abramis brama*		45	1,32
Buttermakrele	*Gempylidae*	161		
Doggerscharbe	*Hippoglossoides platessoides*	19		
Dornhai	*Squalus acanthias*			2,4
Europäischer Seehecht	*Merluccius merluccius*	13	36	0,68
Flügelbutt	*Lepidorhombus whiffiagonis*	17		
Flunder	*Plathichthys flesus*	26	35	0,11
Flussbarsch	*Perca fluviatilis*	4	27	0,18
Forelle	*Salmo trutta*	3,5	25	0,62
Goldbrasse	*Sparus aurata*	24		
Hecht	*Esox lucius*		20	0,24
Hummer	*Homarus homarus*	100	130	0,52
Kabeljau	*Gadus morhua*	229	28	0.27
Karpfen	*Cyprinus carpio*	1,7		0,3
Katfisch	*Anarhichas spp*	44		0,4
Sandaal	*Ammodytes spp.*	42		
Kliesche	*Limanda limanda*	33	55	
Knurrhahn	*Trigla spp.*	35		
Köhler	*Pollachius spp.*	119	31	0,44
Atlantischer Lachs	*Salmo salar*	34	29	2,61
Leng	*Molva molva*	30	36	
Limande	*Microstomus kitt*	79	60	0,22
Lodde	*Mallotus villosus*	23		
Lumb	*Brosme brosme*	24		
Makrele	*Scomber scombrus*	50	39	1,75
Meeräsche	*Mugil cephalus*	330	51	0,39
Miesmuschel	*Mytilus edulis*	150	56	0,24
Nordseegarnele	*Crangon crangon*	91	50	0,37
Ostseehering	*Clupea harengus*	50	18	1,93
Polardorsch	*Boreogadus saida*	21		
Rochen	*Raja spp.*	15		
Rotbarsch	*Sebastes spp.*	35	44	0,41
Rotzunge	*Glyptocephalus cynoglossus*	39	59	0,33
Sandklaffmuschel	*Pecten spp.*	120	51	

Tabelle 23.1. (Fortsetzung)

Tierart Dt. Handels- bezeichnung	Tierart Lat. Bezeichnung	Jod [µg/100 g]	Selen [µg/100 g]	Summe DHA+EPA [g/100 g]
Sardelle	Engraulis encrasicolus			0,5
Sardine	Sardina pilchardus	32	60	1,39
Schellfisch	Melanogrammus aeglefinus	135	29	0,22
Scholle	Pleuronectes platessa	53	33	0,44
Schwarzer Heilbutt	Rheinhardtius hippoglossoides	22		0,64
Seezunge	Solea solea	24	24	0,2
Sprotte	Sprattus sprattus		10	3,22
Steinbutt	Psetta maximus	16		
Stöcker	Trachurus trachurus	48	47	0,46
Thunfisch	Thunnus spp.	50	82	3,47
Weißer Heilbutt	Hippoglossus hippoglossus	37		0,51
Wittling	Merlangius merlangus	513		
Zander	Stizostedion lucioperca		24	0,19
Fischereierzeugnis				
Brathering		100		
Bückling		72		1,93
Deutscher Kaviar		117		
Geräucherte Makrele		26		2,92
Geräucherter Aal		4,5		
Geräucherter Rotbarsch		20		0,63
Geräucherter Schwarzer Heilbutt		52		1,12
Hering in Gelee		82		
Lachsersatz		77		
Marinierter Hering		91		2,44
Ölsardinen		96	13	2,44
Schillerlocken		122		4,84
Thunfisch in Öl		149	12	

23.3.4
Risiken

Wie bei allen Lebensmittel gibt es auch bei Fischen und Fischereierzeugnissen einige Risiken [5, 14], die bekannt sind und durch die damit betrauten Institutionen ständig überwacht werden. Die wichtigsten sind:

– Schwermetalle (Cadmium in Tintenfischen und Quecksilber in großen, alten Tieren) [12]
– Zinnorganische Verbindungen (mit hormonellen Wirkungen z. B. bei Mollusken)

- PCBs (in Fettfischen) [10]
- Halogenierte organische Verbindungen (in Fettfischen)
- Dioxine und dioxinähnliche PCBs (in Fettfischen) [19]
- Toxine in giftigen Fischen (Tetraodontidae, Diodontidae, Molidae, Canthigasteridae)
- Algentoxine (DSP, PSP, ASP, NSP) in Muscheln
- Biogene Amine wie Histamin (Makrelen, Thunfische und andere)
- Rückstände von Medikamenten und Hormonen (Garnelen aus der Aquakultur)
- Parasiten (Nematoden, Cestoden u. a.)
- Technologisch bedingte Rückstände (PAHs, Nitrosamine, Acrylamid)
- Allergene
- Mikroorganismen wie Listerien, *Chlostridium botulinum*, Salmonellen (in kaltgeräucherten Erzeugnissen und Salaten). (Siehe auch in den Kap. 16.3 und 17.3)

Generell kann aber festgestellt werden, dass die gesundheitlichen Vorteile, die ein regelmäßiger Fischverzehr mit sich bringt, etwaige Risiken durch Aufnahme von Schadstoffen bei weitem überwiegen. Es gilt deshalb nach wie vor die Empfehlung, nach Möglichkeit zweimal die Woche eine Fischmahlzeit (abwechselnd aus Fett- und Magerfisch) zu verzehren [35].

23.4 Qualitätssicherung

Die traditionelle Qualitätskontrolle und -sicherung in der Fischindustrie beruhte auf der Einhaltung von Guter Hygiene und Guter Herstellungspraxis, der regelmäßigen Inspektion von Verarbeitungsstätten, -maschinen und Prozessen sowie in der Überwachung und Kontrolle der Enderzeugnisse [8, 9, 16, 17, 18].

Heute findet ein integriertes Qualitätssicherungssystem statt, bei dem auf allen Stufen des Verarbeitungsprozesses von der Urproduktion (Fang/Ernte) bis zum Enderzeugnis eine begleitende Qualitätskontrolle stattfindet. Das Qualitätssicherungssystem in der Fischindustrie stützt sich auf folgende Methoden um Qualität und Sicherheit sicherzustellen [4], die in Kap. 8 ausführlich beschrieben werden, wie:

- **Gute Hygienepraxis**
- **Gute Herstellungspraxis**
- **Standardisierte Reinigungs- und Desinfizierverfahren und vorgelagerte Schritte.**

HACCP Konzept [3, 28, 36, 37]   Beispiele für Kritische Kontrollpunkte sind PAKs bei Räucherfischen, Acrylamid bei panierten vorgebratenen Fischerzeugnissen, Listerien bei kaltgeräucherten Fischerzeugnissen, Sterilisationstemperatur und -zeit bei Fischdauerkonserven.

Qualitätskontrolle

Qualitätssicherung/Qualitätsmanagement/ISO Standards

Qualitätssysteme Als Beispiel für ein komplexes Qualitätssicherungssystem in der fischverarbeitenden Industrie ist der Herstellungsprozess von panierten Fischerzeugnissen (wie Fischstäbchen) in Abb. 23.1 dargestellt.

Abbildung 23.1 enthält ein Fließschema für einen technologischen Herstellungsprozess eines Fischereierzeugnisses (panierte Fischstäbchen). An diesem Beispiel, das nur exemplarisch ist, und eine spezifische auf den jeweiligen Betrieb abgestellte Analyse nicht ersetzen kann, wird erläutert, wo ggf. CCPs auftreten können und wo besondere Qualitätssicherungsmaßnahmen ergriffen werden müssen.

In Abb. 23.1 entsprechen die Kästchen den entsprechenden Kapiteln im „FAO/WHO Code of Practice for Fish and Fishery Products", in denen die einzelnen möglichen Kritischen Kontrollpunkte, die qualitätsrelevanten Fehlerursachen und technologische Hinweise ausführlich beschrieben werden.

Als Beispiel sei das Kästchen Nass- und Trockenpanade (hier: Trocken Panieren) beschrieben:
Mögliche Kritische Kontrollpunkte: mikrobielle Verunreinigungen.
Mögliche qualitative Fehlerquellen: Unzureichende oder überschüssige Panade.
Technologische Hinweise:

- Die Trockenpanade muss das gesamte Produkt bedecken und muss gut auf der Feuchtpanade haften
- Überschüssige Panade wird durch Abblasen mit sauberer Luft und/oder durch Vibration des Fließbandes entfernt in einer sauberen und hygienischen Art und Weise, wenn weiterer Gebrauch vorgesehen ist
- Der Fluss der Trockenpanade aus den Applikationsdüsen muss frei, ebenmäßig und kontinuierlich erfolgen
- Panadefehler müssen überwacht werden und ggf. in Übereinstimmung mit dem Codex Standard für TK Fischstäbchen sein
- Das Verhältnis von Panade und Fischkern muss in Übereinstimmung mit den Codex Standard für TK Fischstäbchen sein.

Die strikte Befolgung und genaue Abarbeitung der betriebsspezifischen CCPs und anderen Kontrollpunkte garantiert die Produktion eines sicheren und qualitativ hochstehenden Erzeugnisses.

Gesamtqualitätsmanagement Das Gesamtqualitätsmanagement ist ein vom Management der Organisation ausgehender Ansatz, der sich auf die Qualität konzentriert und auf der Mitwirkung aller Beteiligten beruht, mit dem Ziel langfristigen Erfolg am Markt zu haben, seine Kunden zufrieden zustellen und der Gesellschaft zu nützen.

23 Fische und Fischerzeugnisse   601

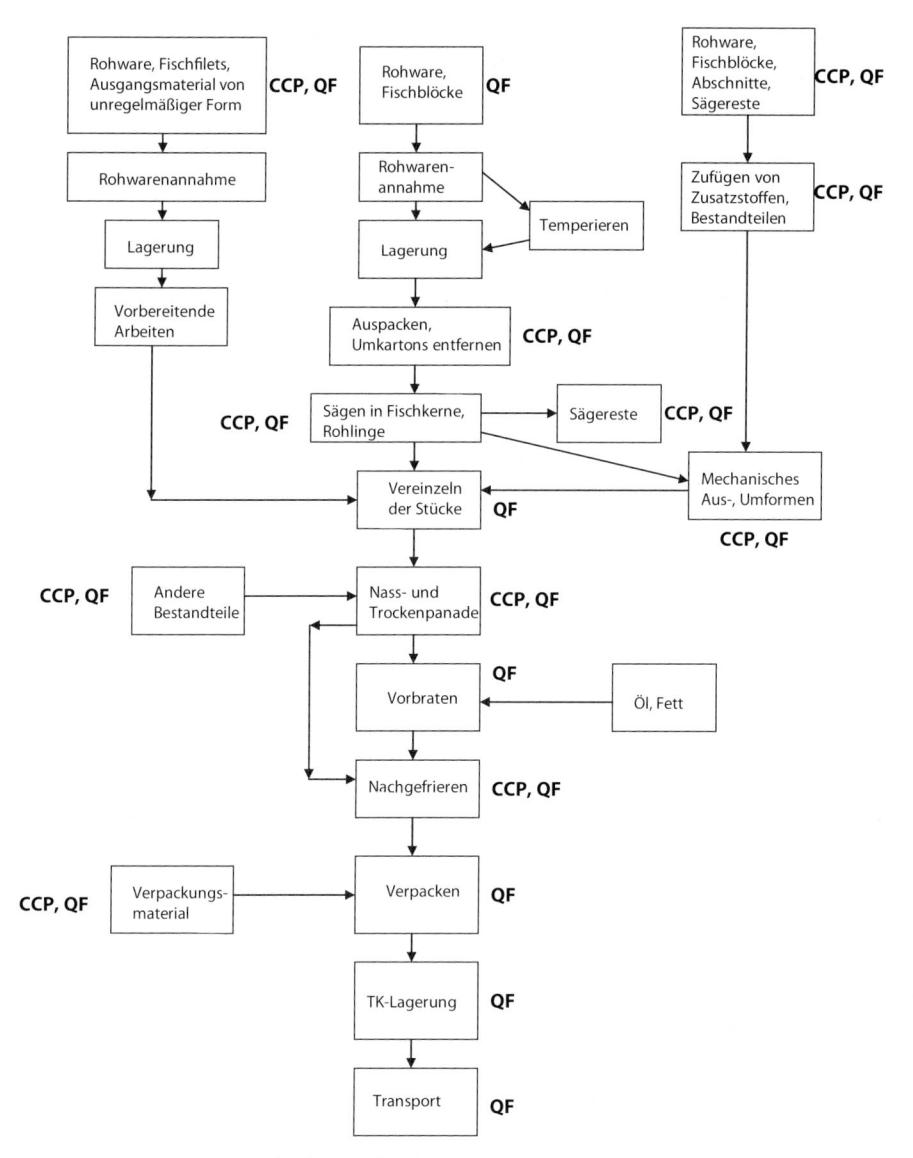

Abb. 23.1. Beispiel eines Fließschemas für die Verarbeitung von panierten Fischerzeugnissen, modifiziert nach FAO/WHO CODE OF PRACTICE FOR FISH AND FISHERY PRODUCTS (CAC/RCP 52-2003). CCP: mögliches Auftreten Kritischer Kontrollpunkte, QF: Mögliches Auftreten qualitativer Fehler

Besondere Probleme bei der Qualitätssicherung bringt die kurze Haltbarkeit von einigen Fischen und Fischerzeugnissen bei Kühllagerung. Fische [11, 15] haben aber eine maximale Haltbarkeit (bis zum Erreichen der Grenze der Genussfähigkeit) von 14–20 Tagen, wenn sie sachgerecht in schmelzendem Wassereis gelagert werden. Fischerzeugnisse wie Räucherfische weisen bei Kühllagerung (+2 bis +4 °C) eine Haltbarkeit von etwa der gleichen Zeitspanne auf.

In der Fischindustrie wird zur Qualitätskontrolle und Qualitätssicherung bei Fisch und Fischereierzeugnissen neben anderen Methoden [1, 2, 6] hauptsächlich die Sensorik eingesetzt. Die Sensorik ist trotz aller Anstrengungen zur Entwicklung von instrumentellen Methoden zur Messung der Frische und Qualität die beste Methode zur Ermittlung von Frische, Verderb und Qualität. Zahlreiche sensorische Methoden werden für die Qualitätssicherung eingesetzt [21, 22, 40].

Für die Bestimmung der Frische in Qualitätsklassen ist innerhalb der EU die Einstufung nach VO (EG) Nr. 2406/96 bindend. Diese auf eine äußere Inspektion der Augen, Farbe, Haut, Kiemen und Geruch der Leibeshöhle basierende sensorische Methode hat viele Nachteile und lässt nur eine grobe Klassifizierung in drei Qualitätsklassen zu (E, A und B) wobei E (Extra) die höchste und B die niedrigste Qualitätsklasse ist. Diese Art von Klassifizierung ist für den europäischen Markt, der von steigenden Preisen für Fische und wachsendes Qualitätsbewusstsein des Kunden bestimmt wird, nicht mehr ausreichend. Es wurde deshalb eine Methode entwickelt, die als Basis für eine richtige Beurteilung geeignet ist und die es gestattet die Frische von Fisch (bezogen auf Tage in Eis) genau zu bestimmen und mit der auch die verbleibende Haltbarkeit (als Tage in Eis) ermittelt werden kann. Es handelt sich um die Qualitäts-Index-Methode (QIM). Diese Methode beruht auf der Bewertung von äußeren Merkmalen, die in Vorversuchen ermittelt wurden, mit einem Punktesystem. Jedes Merkmal wird bewertet und die resultierenden Punkte werden addiert. Die Summe ergibt eine sog. Qualitätszahl, die direkt mit Tagen in Eis korreliert. Zur korrekten Anwendung von QIM bedarf es einer Schulung. Bislang wurden etwa 20 QIM Schemata für Fischarten entwickelt, zahlreiche andere befinden sich in der Entwicklung [13, 21, 22].

Weiter wichtige Themen im Rahmen der Qualitätssicherung sind Rückverfolgbarkeit und Authentizität von Fischereierzeugnissen. Durch geltendes Recht (BasisVO), Artikel 18, Rückverfolgbarkeit, wird heute schon von allen Marktbeteiligten gefordert, dass sie nachweisen können müssen, woher ihre Ware kommt und wohin sie geht. Fernziel einer lückenlosen Rückverfolgbarkeit im Fischsektor ist, den Fisch vom Fang bis zum Endverbraucher verfolgen zu können. Dies kann bei Rückrufaktionen erforderlich sein, ist aber auch bei der Einführung einer nachhaltigen Fischerei und bei Kontrolle der Einhaltung von Quoten und fischereilichen Restriktionen erforderlich. Informationen über Rückverfolgbarkeit finden sich bei: www.fishtracenet.org.

Der Prüfung auf Authentizität der Fischart dient die Fischartenbestimmung mit unterschiedlichen Methoden. Eine Authentizitätsprüfung kann erforderlich sein, wenn Verdacht auf Betrug vorliegt (bewusste Falschdeklaration der Fischart), bei der Ermittlung des richtigen Zolltarifs, bei Verdacht auf Handel mit geschützten Fischarten oder Produkten daraus (z. B. Kaviar) oder bei verfälschten Produkten (Thunfischkonserven mit Bestandteilen minderwertiger Arten). Bei frischen Fischen und bearbeiteten Erzeugnissen können einfache Methoden, die auf der Trennung der Proteine beruhen, eingesetzt werden, bei stärker oder vollständig denaturierten Erzeugnissen (Dauerkonserven) kommen komplizierte, teilweise zeitaufwendige Methoden, die auf der DNA beruhen, zum Einsatz [30, 31, 40].

23.5
Literatur

1. Botta JR (1995) Evaluation of seafood freshness quality. VCH, Weinheim
2. Connell JJ (1990) Control of fish quality. Fishing News Books, Oxford
3. Dillon M, Derrick S (2004) A guide to traceability within the fish industry. SIPPO/EUROFISH
4. Huss HH, Ababouch L, Gram L (2004) Assessment and management of seafood safety and quality. FAO, Rom
5. Karl H, Lehmann I, Oehlenschläger J (2000) Schadstoffe in Fischen: heute noch ein Thema? Forschungsreport Ernährung Landwirtschaft Forsten. 2/2000:32
6. Kramer DE, Liston J (1987) Seafood quality determination. Elsevier, Amsterdam
7. Lambooij E, van de Vis JW, Kuhlmann H, Münkner W, Oehlenschläger J, Klosterboer RJ, Pieterse C (2002) A feasible method for humane slaughter of eel (*Anguilla anguilla* L.): electrical stunning in fresh water prior to gutting. Aquaculture Res. 33:643
8. Luten JB, Börresen T, Oehlenschläger J (1997) Seafood from producer to consumer, integrated approach to quality. Elsevier, Amsterdam
9. Luten JB, Oehlenschläger J, Olafsdottir G (2003) Quality of fish from catch to consumer – labelling, monitoring and traceability. Wageningen Academic Publishers, Wageningen
10. Marcotrigiano GO, Storelli MM (2003) Vet Res Comm 27 Suppl 1:183
11. Oehlenschläger J (1989) Seefisch – ein wertvolles Nahrungsmittel. AID Verbraucherdienst 34:113
12. Oehlenschläger J (2002) Identifying heavy metals in fish. In: Bremner HA (ed) Safety and quality issues in fish processing. Woodhead Publishing Ltd, Cambridge, p. 95
13. Oehlenschläger J (2004) Sensorische Bewertung der Frische von Fisch. Martinsdottir E, Luten J, Schelvis-Smit R, Hyldig G (eds) QIM Eurofish, Reykjavik, Island
14. Oehlenschläger J, Karl H (2002) Schadstoffe in Meeresprodukten. In: Warnsignale aus Nordsee und Wattenmeer: Eine aktuelle Umweltbilanz. Lozan JL, Rachor E, Reise K, Sündermann J, v Westernhagen H (eds), Wissenschaftliche Auswertungen, Hamburg, 313
15. Oehlenschläger, J (1997) Was ist eigentlich Frischfisch? Aid Verbraucherdienst 42:184
16. Olafsdottir G, Luten J, Dalgaard P, Careche M, Verrez-Bagnis V, Martinsdottir E, Heia K (1998) Methods to determine the freshness of fish in research and industry. International Institute of Refrigeration, Paris
17. Olafsdottir G, Martinsdottir E, Oehlenschläger J, Dalgaard P, Jensen B, Undeland I, Mackie IM, Henehan G, Nielsen J, Nilsen H (1997) Methods to evaluate freshness in research and industry. Trends Food Sci Technol. 8:258
18. Olafsdottir G, Nesvadba P, Di Natale C, Careche M, Oehlenschläger J, Tryggvadottir SV, Schubring R, Kroeger M, Heia K, Esaiassen M, Macagnano A, Jörgensen BM (2004) Multisensor for fish quality determination. Trends Food Science Technol. 15:86
19. Pompa G, Caloni F, Fracciolla ML (2003) Vet Res Comm 27 Suppl 1:159
20. Rehbein H, Oehlenschläger J (1996) Fische und Fischerzeugnisse, Krebs- und Weichtiere. In: Franzke C (ed) Allgemeines Lehrbuch der Lebensmittelchemie. Behrs Verlag, Hamburg, p. 395

21. Schubring R, Oehlenschläger J (2006) Fische und Fischerzeugnisse. In: Praxishandbuch Sensorik in der Produktentwicklung und Qualitätssicherung, Mechthild Busch-Stockfisch (ed), Behr's Verlag, Hamburg, 1–95
22. Schubring R, Oehlenschläger J (2006) Krebs- und Weichtiere. in: Praxishandbuch Sensorik in der Produktentwicklung und Qualitätssicherung, Mechthild Busch-Stockfisch (ed), Behr's Verlag, Hamburg, 1–61
23. Shaidi F, Botta JR (1994) Seafoods: Chemistry, processing and quality. Blackie Academic & Professional, London
24. Sidwell VD (1981) Chemical and nutritional composition of finfishes, whales, crustaceans, mollusks, and their products. NOAA Technical Memorandum NMFS F/SEC-11, US Department of Commerce
25. Souci SW, Fachmann W, Kraut H (2008) Die Zusammensetzung der Lebensmittel Nährwert-Tabellen. Wissenschaftliche Verlagsgesellschaft, Stuttgart, 475
26. Valfre F, Caprino F, Turchini GM (2003) Vet Res Comm 27 Suppl 1:507
27. van de Vis H, Kestin S, Robb D, Oehlenschläger J, Lambooij B, Münkner W, Kuhlmann H, Kloosterboer H, Tejada M, Huidobro A, Otteraa H, Roth B, Sörensen NK, Akse L, Byrne H, Nesvadba P (2003) Is humane slaughter of fish possible for industry? Aquaculture Res. 34:211
28. Ward DR (2002) HACCP in the fisheries industry. In: Bremner HA (ed) Safety and quality issues in fish processing. Woodhead Publishing Ltd, Cambridge, p. 5
29. Wijkstrom UN (2003) Vet Res Comm 27 Suppl 1:461
30. Sotelo CG, Perez-Martin RI (2002) Species identification in processed seafoods. In: Bremner HA (ed) Safety and quality issues in fish processing. Woodhead Publishing Ltd, Cambridge, p. 450
31. Martinez I, James D, Loreal H (2005) Application of modern analytical techniques to ensure seafood safety and authenticity. FAO Fisheries Technical Paper No 455, Rom, FAO
32. Love RM (1988) The food fishes – their intrinsic variation and practical implications. Farrand Press, London
33. Luten JB, Jacobsen C, Bekaert K, Sæbø A, Oehlenschläger J (2006) Seafood research from fish to dish – Quality, safety and processing of wild and farmed fish. Wageningen Academic Publishers
34. Børresen T (2008) Improving seafood products for the consumer. Woodhead Publishing, Cambridge
35. Nesheim MC, Yaktine AL (2007) Seafood choices – Balancing benefits and risks. The National Academies Press, Washington, D.C.
36. Dillon M, Griffith C (1996) How to HACCP – An illustrated guide, 2nd Ed. M.D. Associates, Grimsby
37. Anon. (2003) CODE OF PRACTICE FOR FISH AND FISHERY PRODUCTS (CAC/RCP 52-2003). FAO/WHO, Rom
38. Oehlenschläger J, Schneider B (2008) Aquakultur und Nachhaltigkeit – Aktuelle Entwicklungen im Seafood-Sektor. In: Profil durch Verantwortung. Die neue Rolle der Lebensmittelhersteller, DLG Verlag, Frankfurt, 131–148
39. Keller M (2008) Handbuch Fisch, Krebs- und Weichtiere, Behr's Verlag, Hamburg, Loseblattsammlung
40. Rehbein H, Oehlenschläger J (2009) Fishery Products – Quality, safety and authenticity. Wiley – Blackwell, Oxford

Kapitel 24

Fette

Hans-Jochen Fiebig · Bertrand Matthäus

Max Rubner-Institut – Bundesforschungsinstitut für Ernährung und Lebensmittel
Abteilung für Lipidforschung, Piusallee 68/76, 48147 Münster
hans-jochen.fiebig@mri.bund.de
bertrand.matthaus@mri.bund.de

24.1	Lebensmittelwarengruppen	606
24.2	Beurteilungsgrundlagen	606
24.2.1	Erukasäure-Verordnung *nicht in 1881/2006 aufgenommen*	606
24.2.2	Olivenöl-Verordnung	606
24.2.3	Vermarktungsvorschriften für Olivenöle	607
24.2.4	Normen für Streichfette – MargMFV	608
24.2.5	Lebensmittelhygiene-Verordnung	608
24.2.6	Technische-Hilfsstoff-Verordnung	609
24.2.7	Kontaminanten und Rückstände	609
24.2.8	Vitamin-Verordnung	610
24.2.9	Diät-Verordnung	610
24.2.10	Zusatzstoffe	611
24.2.11	Kennzeichnung und Etikettierung	611
24.2.12	Leitsätze des Deutschen Lebensmittelbuches	612
24.2.13	Codex Alimentarius	613
24.3	Warenkunde	613
24.3.1	Fette in der Ernährung	614
24.3.2	Pflanzliche Fette und Öle	616
24.3.3	Tierische Fette	620
24.3.4	Frittierfette	621
24.3.5	Streichfette	623
24.4	Qualitätssicherung	624
24.4.1	HACCP-Konzept	624
24.4.2	Sensorische Prüfungen	625
24.4.3	Chemisch-physikalische Prüfungen	626
24.4.4	3-Monochlorpropan-1,2-diol-Fettsäureester in Speisefetten und -ölen	627
24.5	Literatur	629

W. Frede (Hrsg.), *Handbuch für Lebensmittelchemiker*
ISBN 978-3-642-01684-4 © Springer 2010

24.1
Lebensmittelwarengruppen

In diesem Kapitel werden folgende Warengruppen besprochen:

- Pflanzliche Speisefette und Speiseöle: Arganöl, Babassuöl, Baumwollsaatöl, Erdnussöl, Haselnussöl, Kakaobutter, Kokosfett, Kürbiskernöl, Leindotteröl, Leinöl, Maiskeimöl, Mandelöl, Mohnöl, Olivenöl, Palm- und Palmkernöl, Rapsöl, Senföl, Safloröl/Distelöl, Sesamöl, Sojaöl, Sonnenblumenöl, Traubenkernöl, Walnussöl, Weizenkeimöl.
- Tierische Speisefette: Rindertalg, Schweine- und Gänseschmalz.
- Frittierfette sowie Streichfette: Margarinen und Mischfette.

24.2
Beurteilungsgrundlagen

Für die Beurteilung von Lebensmitteln dieser Warengruppe finden sich im nationalen und europäischen Lebensmittelrecht nur wenige produktbezogene (vertikale) Vorschriften, jedoch sind eine Vielzahl an horizontalen Vorschriften zu beachten. Spezielle Rechtsnormen zur Begriffsbestimmung, Herstellung und Zusammensetzung von Fetten fehlen, Empfehlungen sind in den Leitsätzen des Deutschen Lebensmittelbuches zu finden. Weltweite Lebensmittelstandards finden sich im Codex Alimentarius. Darüber hinaus können Empfehlungen von wissenschaftlichen Organisationen (z. B. Deutsche Ges. für Fettwissenschaft e.V.) und Stellungnahmen des ALS (Arbeitskreis lebensmittelchemischer Sachverständiger) herangezogen werden.

24.2.1
Erukasäure-Verordnung

← gibt es nicht mehr, jetzt in 1881/2006 aufgenommen

Die *Erukasäure-Verordnung* [1] – Umsetzung der *RL 1976/621/EWG des Rates vom 20. Juli 1976 zur Festsetzung des Höchstgehalts an Erukasäure in Speiseölen und -fetten sowie in Lebensmitteln mit Öl- und Fettzusätzen* – beschränkt wegen möglicher Kardiopathie den Gehalt an Erukasäure in fetthaltigen Lebensmitteln mit einem Gesamtfettgehalt von mehr als 5% sowie in Speisefetten und Speiseölen auf 5%.

24.2.2
Olivenöl-Verordnung

Die *VO (EWG) Nr. 2568/91 der Kommission über die Merkmale von Olivenölen und Olivtresterölen sowie die Verfahren zu ihrer Bestimmung* [2, 3] ist direkt bindend in den Mitgliedstaaten und sichert die Reinheit und Qualität der unterschiedlichen Oliven- und Oliventresteröle. Sie legt die physikalischen, chemischen und organoleptischen Merkmale der acht verschiedenen Olivenölkategorien sowie die Grenzwerte und die dazugehörigen Analysenverfahren fest. Der Gehalt an halogenierten Lösungsmitteln und Kontaminanten ist in Artikel 7 geregelt. Die verbindlichen Bezeichnungen und Begriffsbestimmungen für Olivenöl und Oliventresteröl sind in *Anhang XVI zu Artikel 118 der VO (EG) Nr. 1234/2007* [4] festgeschrieben. Nur Olivenöle gemäß Anhang XVI Nummer 1 Buchstaben a (natives Olivenöl extra) und b (natives Olivenöl), Nummer 3 (Olivenöl) und Nummer 6 (Oliventresteröl) dürfen im Einzelhandel vermarktet werden.

24.2.3
Vermarktungsvorschriften für Olivenöle

Die *VO (EG) Nr. 1019/2002 mit Vermarktungsvorschriften für Olivenöl* [5–8] enthält in Ergänzung zur *Etikettierungsrichtlinie 2000/13/EG* weitergehende Etikettierungsvorschriften für die Vermarktung von Olivenölen. Seit dem 01. November 2003 dürfen dem Endverbraucher die Olivenöle der Qualitätsstufen nativ extra, nativ, Olivenöl und Oliventresteröl nur noch vorverpackt in Verpackungen von höchstens 5 Litern angeboten werden. Die Verpackungen müssen mit einem nicht wieder verwendbaren Verschluss und einem Etikett versehen sein. Der Verkauf von losem Olivenöl ist nicht mehr gestattet, was auch der EUGH in 2006 bestätigt hat [9]. Artikel 3 schreibt die Angabe der Verkehrsbezeichnung wie folgt verbindlich vor:

- Natives Olivenöl extra: erste Güteklasse – direkt aus Oliven ausschließlich mit mechanischen Verfahren gewonnen.
- Natives Olivenöl: direkt aus Oliven, ausschließlich mit mechanischen Verfahren gewonnen.
- Olivenöl – bestehend aus raffiniertem Olivenöl und nativem Olivenöl: enthält ausschließlich raffiniertes Olivenöl und direkt aus Oliven gewonnenes Öl.
- Oliventresteröl: enthält ausschließlich Öl aus der Behandlung von Rückständen der Olivenölgewinnung und direkt aus Oliven gewonnenes Öl oder enthält ausschließlich Öl aus der Behandlung von Oliventrester und direkt aus Oliven gewonnenes Öl.

Regionale Ursprungsangaben in der Etikettierung sind nur bei nativem Olivenöl extra und nativem Olivenöl zulässig. Eine Ursprungsangabe im Sinne dieser Verordnung und der VO (EG) Nr. 510/2006 [10] ist dabei jede Angabe eines geografischen Namens auf der Verpackung oder im Etikett des Öls. Auch die Angabe eines Mitgliedstaates oder der Europäischen Union oder eines Drittlandes bedeuten immer eine Ursprungsangabe. Eine regionale Ursprungsangabe bei nativen Olivenölen, die eine geschützte Ursprungsbezeichnung (g. U. – z. B. Terra di Bari) oder eine geschützte geografische Angabe (g. g. A. – z. B. Toscano) tragen, ist danach also zulässig. Die strengsten Anforderungen gelten dabei für Erzeugnisse mit geschützter Ursprungsbezeichnung (g. U.). Das Produkt muss in einem bestimmten geografischen Gebiet (z. B. Name einer Gegend, eines bestimmten Ortes oder in Ausnahmefällen eines Landes, der zur Bezeichnung des Olivenöles dient) nach einem anerkannten und festgelegten Verfahren erzeugt, verarbeitet und hergestellt worden sein. Bei Lebensmitteln mit geschützter geografischer Angabe (g. g. A.) ist es dagegen schon ausreichend, wenn eine der drei Produktionsstufen (Erzeugung – Verarbeitung – Herstellung) in einem bestimmten Herkunftsgebiet stattgefunden hat. Nicht zulässig ist die Ursprungsangabe bei den anderen Olivenöl-Kategorien. Die Angabe mehrerer Länder auf dem Etikett ist nicht erlaubt.

Zusätzlich regelt diese Verordnung (Art. 5) unter welchen Bedingungen die Angabe *erste Kaltpressung/erste Kaltextraktion* sowie Angaben zu den sensorischen Eigenschaften des Öles und zum Säuregehalt möglich sind.

24.2.4
Normen für Streichfette – MargMFV

Der Bereich der emulgierten Fette und Öle (Butter/Margarinen/Mischfette) wird durch die *Vermarktungsnormen für Streichfette gem. Artikel 115 und Anhang XV der VO (EG) Nr. 1234/2007* geregelt (siehe auch 20.2.2). Sie enthalten die Definitionen und Zusammensetzungen und legen die Verkehrsbezeichnungen für die verschiedenen Fettgehaltsstufen fest. Ergänzt werden die Vermarktungsnormen durch die Durchführungsbestimmungen, die in der *VO (EG) Nr. 445/2007* [11] festgelegt sind. Der Anhang I dieser Verordnung listet einige traditionelle, nationale Produkte auf, die weiterhin abweichend produziert und etikettiert werden dürfen. In Anhang II wird zusätzlich geregelt, wie der angegebene Fettgehalt zu kontrollieren ist und welche Abweichungen zulässig sind. National werden die Normen für Streichfette durch die *V über Margarine und Mischfett-Erzeugnisse* [12], die sich ausschließlich mit Margarine- und Mischfettschmalz (min. 99% Fett) befasst, ergänzt.

24.2.5
Lebensmittelhygiene-Verordnung

Gemäß § 7 der *Verordnung über Anforderungen an die Hygiene beim Herstellen, Behandeln und Inverkehrbringen von Lebensmitteln (Lebensmittelhygiene-Verordnung – LMHV)* [13] dürfen flüssige Öle und Fette, die als Lebensmittel bestimmt sind, abweichend von Anhang II Kapitel IV Nr. 4 der VO (EG) Nr. 852/2004 [14] als Massengut in Seeschiffen in nicht ausschließlich für die Beförderung von Lebensmitteln bestimmten Behältern befördert werden, wenn die Vorschriften der Anlage 4 eingehalten werden. Neben den Anforderungen an die Transportbehälter und Tanks enthält Anlage 4 zu § 7 eine Liste mit erlaubten Vorladungen. Ein Nachweis über die letzten drei Vorladungen und erfolgte Reinigungsmassnahmen ist zu führen.

24.2.6
Technische-Hilfsstoff-Verordnung

Für Speiseöle, die durch Extraktion mittels Extraktionslösungsmitteln gewonnen wurden, gilt die *Verordnung über die Verwendung von Extraktionslösungsmitteln und anderen technischen Hilfsstoffen bei der Herstellung von Lebensmitteln (THV)* [15]. In Anlage 2 werden die als Extraktionslösungsmittel zugelassenen Stoffe aufgelistet; Anlage 3 legt die im extrahierten Lebensmittel zugelassenen Höchstmengen für Restgehalte fest. Die vorgeschriebenen Restgehalte in den extrahierten Fetten und Ölen liegen z. B. für Hexan, das am häufigsten verwendete Extraktionslösungsmittel, bei 1 mg/kg Fett oder Öl. Eine Kenntlichmachung der Restgehalte der als Extraktionslösungsmittel zugelassenen Zusatzstoffe ist aber nicht erforderlich.

24.2.7
Kontaminanten und Rückstände

Für die Beurteilung von Kontaminanten und Rückständen (Pestizide etc.) liegen in verschiedenen Verordnungen entsprechende Grenzwerte vor. Die *Rückstandshöchstmengen-Verordnung – RHmV* [16] regelt dabei die Rückstände von Pflanzenschutz- und Schädlingsbekämpfungsmitteln. Höchstmengen für die Lösungsmittel Tetrachlorethen, Trichlorethen und Trichlormethan sind in der Anlage (Liste B) der *V über Höchstmengen an Schadstoffen in Lebensmitteln – SHmV* [17] festgelegt (Höchstmenge für Einzelstoffe 0,1 mg/kg und für die Summe aller chlorierten Lösungsmittel 0,2 mg/kg). Für Olivenöle und Oliventresteröle sind die Höchstmengen an halogenierten Lösungsmitteln durch die *VO (EWG) Nr. 2568/91* geregelt.

Die europäische Kommission hat durch die *VO (EG) Nr. 1881/2006 zur Festsetzung der Höchstgehalte für bestimmte Kontaminanten in Lebensmitteln* [18] den Gehalt an Benzo(a)pyren in Speisefetten und Ölen auf 2,0 µg/kg begrenzt. PAKs lassen sich aus Fetten und Ölen durch Raffination und Bleichung nicht vollständig entfernen. Dies gelingt nur durch eine Behandlung der Öle mit Aktivkohle und anschließender Deodorisierung [19]. Auch für Rückstände von einkernigen Aromaten wie Benzol, Toluol, Xylol oder Styrol – kurz auch BTXe – die als Umweltkontaminanten in das Speiseöl gelangen können, sind bisher keine gesetzlichen Vorschriften erlassen worden. Es liegen lediglich unveröffentlichte Richtwerte des Arbeitskreises Lebensmittelchemischer Sachverständiger (ALS) vor. Da diese bisher nicht notifiziert wurden, haben sie nach EG-Recht keine Gültigkeit.

24.2.8
Vitamin-Verordnung

Vitamine kommen in Speisefetten und -ölen in Form der Tocopherole (Vitamin E) vor. Zusätzlich werden einige Vitamine Lebensmitteln aber auch aus technologischen Gründen (Antioxidantien, Carotinoide als Farbstoffe) zugesetzt. Gemäß § 1a der *V über vitaminisierte Lebensmittel* ist die Vitaminisierung von Lebensmitteln allgemein mit den dort aufgeführten Vitaminen zugelassen, wobei nähere Einzelheiten in der ZZulV geregelt sind. Die Verwendung von Vitamin A und D ist zur Vermeidung möglicher Hypervitaminosen nur beschränkt zugelassen. Margarinen und Mischfetterzeugnisse können mit bis zu 10 mg/kg Vitamin A-Acetat oder A-Palmitat und mit bis zu 25 µg Vitamin D vitaminisiert werden. Eine Vitaminisierung von Speisefetten und Ölen mit diesen beiden Vitaminen ist dagegen nicht erlaubt, es sei denn, der Hersteller hat eine Ausnahmegenehmigung nach § 54 LFGB erhalten.

24.2.9
Diät-Verordnung

Die *V über diätetische Lebensmittel (DiätV)* regelt die Zusammensetzung von Lebensmitteln, die für eine besondere Ernährung bestimmt sind. Die Zusammensetzung von Diätmargarinen und Diätmischfetten (Margarinen mit Hinweisen auf eine besondere Zusammensetzung) wird geregelt in der *Richtlinie zur Beurteilung von Margarine und Halbfettmargarine als diätetisches Lebensmittel* [20]. Demnach kann Margarine und Halbfettmargarine als diätetisches Lebensmittel in den Verkehr gebracht werden, wenn sie den Anforderungen von § 1 Diätverordnung entspricht. Dazu gehören insbesondere die Eignung für einen besonderen Ernährungszweck aufgrund einer gleich bleibenden Zusammensetzung in allen für den besonderen Ernährungszweck bedeutsamen Bestandteilen sowie deren Kenntlichmachung (s. auch Kap. 34.2.2).

Eine ähnliche Definition beinhaltet die *Richtlinie des Diätverbandes zur Beurteilung eines Öles als diätetisches Lebensmittel* [21]. In Betracht kommen insbesondere Erzeugnisse mit Blutfett senkender Wirkung, mit reduziertem Fettgehalt (Halbfettmargarine), sowie zur Beeinflussung von Fettresorptions- und Fett-Transportstörungen. Allerdings dürfen Aussagen über den Einsatz von Margarine mit hohem Gehalt an mehrfach ungesättigten Fettsäuren nicht so formuliert sein, dass sie zu einem Mehrverzehr an Fett anregen können. Ein Distelöl mit einem Gehalt von mehr als 50 Prozent Linolsäure ist kein diätetisches Lebensmittel, da es in den Leitsätzen, die die allgemeine Verkehrsauffassung darstellen, beschrieben ist. Eine besondere Beschaffenheit gegenüber Lebensmitteln vergleichbarer Art hinsichtlich der Zusammensetzung ist dadurch nicht gegeben.

Die Verträglichkeit eines diätetischen Öles für den angegebenen Verwendungszweck muss durch ein schonendes Herstellungsverfahren sichergestellt werden (z. B. geringer Gehalt an Oxidations- und Polymerisationsprodukten).

Es werden nur pflanzliche Rohstoffe verwendet. Der Gehalt an C22-Fettsäuren und höheren Homologen im Fettanteil des Endproduktes beträgt weniger als 5%. Der Gehalt an mehrfach ungesättigten Fettsäuren beträgt mindestens 60% der Gesamtfettsäuren. Der Gehalt an freien Fettsäuren beträgt höchstens 2%. Die Peroxidzahl beträgt höchstens 3,5 meq O_2/kg bei der Abfüllung. Der Tocopherolgehalt steht in Relation zum Gehalt an mehrfach ungesättigten Fettsäuren; auf 1 g mehrfach ungesättigte Fettsäuren ist mindestens 1 mg Tocopherol enthalten. Erzeugnisse, die zur Beeinflussung von Fettresorptions- und Fett-Transportstörungen bestimmt sind, enthalten mindestens 95% der Gesamtfettsäuren als mittelkettige Fettsäuren.

24.2.10
Zusatzstoffe

Für Speisefette und Speiseöle sind nur relativ wenige Zusatzstoffe zugelassen, hier vor allem Farbstoffe, Antioxidantien und ihre Synergisten sowie Antischaummittel für Frittierfette (*ZZulV*). Nativen und nicht raffinierten Speiseölen dürfen keine Zusatzstoffe zugesetzt werden. Emulgierte Fette und Öle wie Margarinen und Mischfette können wesentlich mehr Zusatzstoffe enthalten. Zu nennen sind hier Farbstoffe, Aromen, Emulgatoren, Konservierungsmittel, Dickungsmittel, Stabilisatoren, Säureregulatoren, Antioxidantien und Synergisten, Antischaummittel sowie Geschmacksverstärker.

24.2.11
Kennzeichnung und Etikettierung

Die *Etikettierungsrichtlinie 2000/13/EG* und die *LMKV* regeln die Kennzeichnung von Lebensmitteln in Fertigpackungen. Gemäß Anl./Anh. 1 können bestimmte Zutaten mit ihrem Klassennamen angegeben werden, wenn sie Zutat eines anderen Lebensmittels sind:

Zutat	*Klassenname*
Raffinierte Öle/Fette	*Öl/Fett, ergänzt durch die Angabe*
	1. pflanzlich oder tierisch
	2. der spezifischen pflanzlichen/tierischen Herkunft

Auf ein gehärtetes Öl oder gehärtetes Fett muss mit der Angabe „*gehärtet*" hingewiesen werden. Diese Regelung gilt aber nicht für Olivenöle.

Darüber hinaus kann neben dem Verzeichnis der Zutaten unter bestimmten Umständen auch die mengenmäßige Angabe von Zutaten oder Zutatenklassen erfolgen (QUID-Regelung). Für den Bereich der Speisefette und Speiseöle ist eine mengenmäßige Angabe aber nicht erforderlich.

24.2.12
Leitsätze des Deutschen Lebensmittelbuches

In den *Leitsätzen für Speisefette und -öle der Deutschen Lebensmittelbuchkommission* [22] ist die Gute Herstellungspraxis für Speisefette und -öle durch Vertreter aus Industrie, Wissenschaft, Lebensmittelüberwachung und Verbraucherschutz dargelegt und definiert worden. Dabei wird zurzeit zwischen *nativen Ölen, nicht raffinierten Ölen* und *raffinierten Ölen* unterschieden. So dürfen *native Öle* nur aus nicht vorgewärmter Rohware durch Pressen ohne Wärmezufuhr oder durch andere schonende mechanische Verfahren gewonnen werden. Als weitere Behandlungsschritte sind Waschen, Filtrieren oder Zentrifugieren der Öle erlaubt, während Schritte der Raffination, wie Entsäuern, Bleichen oder Desodorieren ausdrücklich ausgeschlossen sind. Die Bezeichnung „*kaltgepresst*" oder „*aus erster Pressung*" beschreibt eine höhere Qualität der *nativen Öle* und kann als Hinweis auf eine besondere Herstellungsweise angefügt werden, wenn die Speiseöle mit besonderer Sorgfalt bei der Auswahl der Rohstoffe durch Pressen ohne Wärmezufuhr unter möglichst schonenden Bedingungen gewonnen wurden. Eine Temperaturgrenze für die Presstemperatur oder Auslauftemperatur gibt es nicht. Dennoch sollte die Temperatur so gewählt werden, dass für das Öl keine Qualitätsverschlechterung feststellbar ist.

Im Unterschied dazu ist es bei den *nicht raffinierten Speiseölen* erlaubt, eine Wasserdampfbehandlung durchzuführen, soweit dies zur Verbesserung der Haltbarkeit notwendig ist. Durch die Wasserdampfbehandlung werden einerseits Fett spaltende Enzyme deaktiviert und somit die Haltbarkeit der Öle verlängert, andererseits sind eine Reihe von durch Pressen gewonnenen Speiseölen ohne eine Wasserdampfbehandlung (bei 3 Torr bis 5 Torr und 100 °C bis 120 °C) nicht genusstauglich. Wird die Wasserdampfbehandlung unter diesen Bedingungen kurzzeitig durchgeführt, so sind Veränderungen an den mehrfach ungesättigten Fettsäuren nicht zu erkennen. Auch *nicht raffinierte*, also dampfbehandelte Öle dürfen die Bezeichnung „*kaltgepresst*" tragen, wenn sie entsprechend sorgfältig hergestellt worden sind. In der Regel werden die Bezeichnungen „*kaltgepresst*", „*nativ*", aber auch „*aus erster Pressung*" vom Verbraucher synonym verstanden und auch verwendet. Auf dem Markt sind aber auch Produkte mit der Bezeichnung „*aus erster Pressung*" anzutreffen, bei denen das Öl zwar mittels Pressung aus der Saat gewonnen, anschließend aber einer Raffination unterworfen wurde. Hier liegt eine Irreführung des Verbrauchers vor. Bei den *raffinierten Speiseölen* dürfen ohne Einschränkungen alle Raffinationsschritte durchgeführt werden.

Der sensorische Befund (Geruch und Geschmack) wird als wichtigstes Kriterium zur Beschreibung der Beschaffenheit eines Speiseöls herangezogen, wobei zur Objektivierung dieses Befundes Grenzwerte für die chemischen Parameter Säurezahl, Peroxidzahl, bei 105 °C flüchtige Bestandteile, petroletherunlösliche Verunreinigungen, sowie für den Erukasäuregehalt festgelegt worden sind.

Es ist möglich, Hinweise auf eine besondere Zusammensetzung der Speiseöle anzugeben. Bei der Gewinnung und Herstellung von raffinierten Speiseölen können verschiedene Zusatzstoffe wie β-Carotin und Palmöl verwendet werden, soweit dadurch keine stärkere Färbung hervorgerufen wird als die des nicht raffinierten Speiseöls. Auch Tocopherole, Palmitinsäureester, Mono- und Diglyceride sowie Lecithine sind erlaubt. Native und nicht raffinierte Speiseöle enthalten keine Zutaten.

24.2.13
Codex Alimentarius

Die *Codex Alimentarius Standards* [23] enthalten weitergehende Kriterien für die Zusammensetzung und Kennzeichnung, Empfehlungen für Lebensmittel-Hygiene, Zusatzstoffe und Rückstände sowie Methodenangaben für Analysen und Probenahme. Den Codex-Standards kommt durch die Vorgaben der Welthandelsorganisation (WTO) eine wachsende Bedeutung zu, da sie in Handelsstreitigkeiten als Bezugsnormen herangezogen werden können. Die nachfolgend aufgeführten Codex Standards definieren die jeweiligen Produkte, legen Qualitäts- und Beschaffenheitskriterien fest und zitieren die benötigten Analysenmethoden:

- *Codex Standard for Named Vegetable Oils [CODEX-STAN 210 (Amended 2003, 2005)]*
- *Codex Standard for Named Animal Fats [CODEX STAN 211-1999]*
- *Codex Standard for Olive Oils and Olive Pomace [CODEX STAN 33-1981 (Rev. 2-2003)]*
- *Codex Standard for Edible Fats and Oils not Covered by Individual Standards [CODEX STAN 19-1981 (Rev. 2-1999)]*
- *Standard for Fat Spreads and Blended Spreads [CODEX STAN 256-2007]*
- *Recommended International Code of Practice for the Storage and Transportation of Edible Fats and Oils in Bulk [CAC/RCP 36-1987 (Rev. 1-1999, Rev. 2-2001, Rev. 3-2005)].*

24.3
Warenkunde

Als Fett oder Öl wird die Fraktion unpolarer Verbindungen (Neutrallipide/Glyceride) bezeichnet, die durch Extraktion mit organischen Lösungsmitteln und/oder durch Abpressen bzw. Ausschmelzen aus pflanzlichen und tierischen Rohstoffen gewonnen wird (Abb. 24.1). Sie enthält Minorbestandteile wie freie Fettsäuren, Phospholipide, Sterine, Kohlenwasserstoffe, Pigmente, Wachse und Vitamine. Je nachdem ob sie bei Raumtemperatur fest oder flüssig ist, wird sie als Fett (fest) oder Öl (flüssig) bezeichnet.

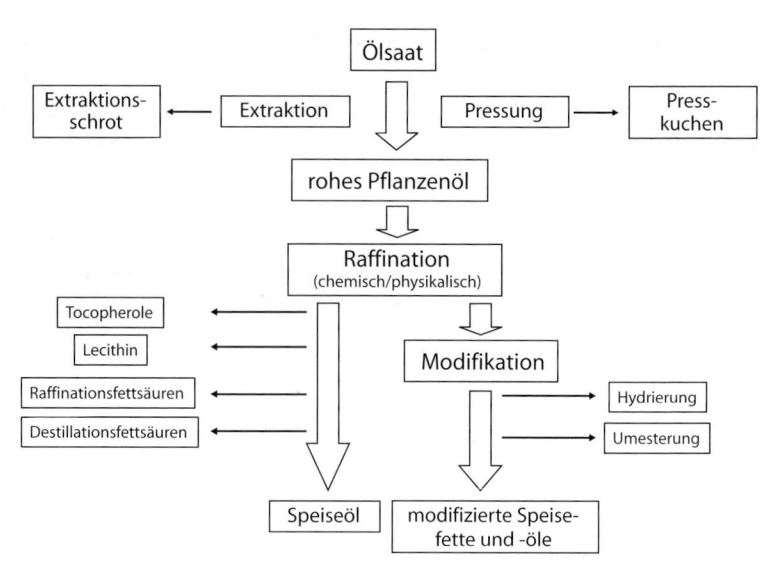

```
                    Ölsaat
Extraktions-  ← Extraktion  ⇓  Pressung  →  Press-
  schrot                                      kuchen
              rohes Pflanzenöl
                    ⇓
              Raffination
         (chemisch/physikalisch)
Tocopherole ←        ⇓
Lecithin    ←    Modifikation
Raffinationsfettsäuren ←              → Hydrierung
Destillationsfettsäuren ←             → Umesterung
              ⇓         ⇓
           Speiseöl  modifizierte Speise-
                      fette und -öle
```

Abb. 24.1. Speiseölgewinnung

24.3.1
Fette in der Ernährung

Fette und Öle spielen eine wichtige Rolle in der menschlichen Ernährung [24] (siehe auch 42.4). Sie stellen den wichtigsten Energielieferanten dar, da sie mit 39 kJ/g mehr als doppelt soviel Energie enthalten wie Kohlenhydrate oder Eiweiße. Daneben erfüllen sie auch andere wichtige Aufgaben in der Ernährung des Menschen. Sie enthalten mehrfach ungesättigte „*essentielle*" Fettsäuren der ω6- und ω3-Reihen (Linol-, α-Linolensäure), die im Organismus zu physiologisch aktiven Eicosanoiden mit unterschiedlichen Funktionen metabolisiert werden. Ferner sind Fette und Öle Träger der fettlöslichen Vitamine A, D, E und K sowie des Provitamins A (β-Carotin). Letztendlich beeinflussen Fette und Öle in nicht unerheblichem Maße auch Aussehen, Geschmack und Konsistenz von Lebensmitteln.

Hinsichtlich der ernährungsphysiologischen Eigenschaften besteht zwischen *nativen* oder *nicht raffinierten* und *raffinierten* Fetten und Ölen kein großer Unterschied. Die Fettsäurezusammensetzung wird durch den Prozess der Raffination nur geringfügig verändert. Der Anteil an Tocopherolen nimmt während der Raffination um 20 bis 40% ab und der Anteil an *trans*-Fettsäuren im Öl steigt geringfügig an, wobei dieser Anstieg unter einem Prozent der Gesamtfettsäuren liegt. Die Ernährungsgesellschaften Österreichs, Deutschlands und der Schweiz empfehlen in ihren aktuellen Richtlinien, dass maximal 1% der täglichen Energie aus *trans*-Fettsäuren stammen soll, so dass der Anteil der *trans*-Fettsäuren, der während der Raffination entsteht, ernährungsphysiologisch nicht relevant ist.

Aus ernährungsphysiologischer Sicht ist die Verwendung von Pflanzenölen dem Einsatz von Pflanzenfetten oder tierischen Fetten vorzuziehen, da der Anteil an gesättigten Fettsäuren in den Fetten deutlich höher liegt und hier bis zu 80% der Gesamtfettsäuren ausmachen kann. Die Aufnahme von gesättigten Fettsäuren mit der Nahrung führt zu einer Erhöhung des Serumcholesterinspiegels, wodurch das Risiko von Herz-Kreislauf-Erkrankungen zunimmt.

Der durchschnittliche Fettverzehr liegt nach der Nationalen Verzehrsstudie II [25] bei durchschnittlich 68 g/Tag bei weiblichen und etwa 92 g/Tag bei männlichen Erwachsenen. Demnach werden über 35% der aufgenommenen Energie durch Fette gedeckt. Nach Auffassung der Deutschen Gesellschaft für Ernährung (DGE) sollten lediglich 30% bis 35% der Gesamtenergieaufnahme durch Fette erfolgen [26]. Zudem sollte der Anteil an den gesättigten Fettsäuren Myristin-, Laurin- und Palmitinsäure (z. B. tierische Fette, siehe auch 24.3.3 und 24.3.4) gesenkt werden, da es Anhaltspunkte dafür gibt, dass diese Fettsäuren das Verhältnis LDL/HDL (atherogener Index) im Blut erhöhen. Niedrige HDL- und hohe LDL-Cholesterin-Konzentrationen werden mit der Entstehung von Herz-/Kreislauferkrankungen in Verbindung gebracht. Stearinsäure scheint den Cholesterinspiegel nicht zu beeinflussen.

Hohe Anteile an einfach ungesättigten Fettsäuren in der Nahrung (z. B. Ölsäure) scheinen den Anteil an LDL-Cholesterin im Blut in ähnlicher Weise senken zu können wie mehrfach ungesättigte Fettsäuren, der Anteil an HDL-Cholesterin bleibt dabei aber nahezu unverändert. Eine Erhöhung des Ölsäure-Anteils auf Kosten der mehrfach ungesättigten Fettsäuren wird empfohlen und hat auch den Vorteil, dass die Oxidationsstabilität der Fette zunimmt. Da Monoensäuren verstärkt in LDL-Partikel eingebaut werden, sind diese weniger anfällig für oxidative Veränderungen, was sich positiv auf die durch oxidiertes LDL-Cholesterin begünstigte Entstehung von Arteriosklerose auswirkt. Die erhöhte Oxidationsneigung höher ungesättigter Fettsäuren führt dazu, dass Fresszellen oxidiertes LDL aufnehmen und sich in Form von Schaumzellen in den Arterien ablagern, wodurch die Grundlage für Arteriosklerose gelegt wird. Außerdem spielen Oxidationsprodukte der mehrfach ungesättigten Fettsäuren auch bei Alterungsprozessen oder Tumorentstehungen eine Rolle, was ebenfalls durch die Aufnahme von Monoenfettsäuren wie Ölsäure günstig beeinflusst wird.

Die Zufuhr von mehrfach ungesättigten *cis*-Fettsäuren der ω6- und ω3-Reihen ist essentiell für den Menschen. Die DGE empfiehlt die Aufnahme von wenigstens 2,5% der Energie als ω6-Fettsäuren (ca. 10 g Linolsäure/Tag) und 0,5% der Energie als ω3-Fettsäuren (ca. 1,5 g α-Linolensäure/Tag). Höhere Mengen sind unerwünscht, da mehrfach ungesättigte Fettsäuren einer erheblich höheren Oxidationsrate (Ranzigwerden) unterliegen. Mehrfach ungesättigte Fettsäuren mit *cis*- und *trans*-Doppelbindungen, die u. a. bei der partiellen Hydrierung entstehen, sollten in größeren Mengen nicht in der Nahrung vorkommen. *trans*-Fettsäuren stehen im Verdacht, den atherogenen Index im Blut zu steigern.

Im Körper kann maximal 10% der aufgenommenen α-Linolensäure in die längerkettigen ω-3-Fettsäuren Eicosapentaen- bzw. Docosahexaensäure umgewandelt werden. Diese Umwandlungsrate wird allerdings noch einmal halbiert, wenn die mit der Nahrung aufgenommenen Fettsäuren reich an ω-6-Fettsäuren, also Linolsäure sind, da beide Fettsäuren um die gleichen Enzymsysteme konkurrieren. Daraus ergibt sich, dass es günstig ist, die Fettsäuren der ω-6- bzw. ω-3-Reihe in einem ausgewogenen Verhältnis aufzunehmen. Nach den heutigen Empfehlungen der DGE sollte dieses Verhältnis zwischen 5:1 und 4:1 liegen [26], tatsächlich liegt es aber zurzeit noch bei 10:1 oder höher.

Mit tierischen Fetten wird zusätzlich Cholesterin aufgenommen. Der Cholesterinspiegel einzelner Menschen reagiert hierauf jedoch sehr unterschiedlich. Da erhöhte Konzentrationen an Cholesterin im Blutplasma als Risikofaktoren für die Entstehung von Herz- und Kreislauferkrankungen gelten, empfehlen amerikanische und europäische Organisationen die Zufuhr auf max. 300 mg Cholesterin pro Tag zu beschränken. Ein Mehrverzehr an Cholesterin führt aber nicht zwangsläufig zu einem Anstieg im Blutplasma. Unzweifelhaft steigt aber mit erhöhtem Cholesterinspiegel das Risiko von Arteriosklerose und koronaren Herzerkrankungen.

Die fettlöslichen Vitamine A, D, E, K und das Provitamin A (β-Carotin) sind in vielen Fetten und Ölen enthalten. Die Versorgung der deutschen Bevölkerung gilt derzeit als gesichert. Vor allem Vitamin E (α-Tocopherol) und β-Carotin wirken im menschlichen Organismus als natürliche Antioxidantien und verringern die Bildung der freien Radikale und Fettsäurehydroperoxide. Die DGE empfiehlt, dass mindestens 12 mg Vitamin E pro Tag, bei erhöhter Zufuhr von mehrfach ungesättigten Fettsäuren deutlich mehr, mit der Nahrung zugeführt wird.

24.3.2
Pflanzliche Fette und Öle

Die Zusammensetzung der Fettsäuren, Sterine und Tocopherole der nachfolgend aufgeführten Fette und Öle kann den *Leitsätzen für Speisefette und Speiseöle* sowie den entsprechenden Codex Standards entnommen werden. Zu den englisch-französischen Namen der Rohwaren und Öle siehe ISO 5507.

Arganöl wird aus den Samen (etwa 50% Öl) des Arganbaumes (*Argania spinosa*), der in einem eng begrenzten Gebiet in Marokko wächst, mechanisch durch Pressen oder durch Kneten mit Wasserzusatz gewonnen. Die von einer harten Schale und Fruchtfleisch umgebenen mandelförmigen Samen werden entweder direkt verarbeitet (Kosmetiköl) oder vor der Ölgewinnung geröstet (Speiseöl). Das Öl enthält 20% gesättigte Fettsäuren, 45% Ölsäure und 34% Linolsäure, 60 mg/100 g Vitamin-E, davon 80% γ-Tocopherol sowie 1 300–2 000 mg/kg Phytosterine mit Schottenol (500–800 mg/kg) und Spinasterol (600–900 mg/kg).

Babassufett wird aus den Samen der Steinfrüchte (bis 67% Fett) verschiedener Palmen der Spezies *Orbignya spp.* durch Pressen gewonnen und anschließend gereinigt. Wasserhelles, nussartig riechendes Speisefett, das auch zur Margarineherstellung genutzt wird und lange haltbar ist. Als laurisches Fett (40–55% C12:0) ähnelt es sehr dem Kokos- und Palmkernfett.

Baumwollsaatöl wird aus den geschälten Samen (16–25% Öl) der Spezies *Gossypium spp.* gepresst und ist ein Nebenprodukt der Baumwollherstellung. Es ist durch das giftige phenolische Dialdehyd Gossypol dunkel gefärbt, welches aber wie die beiden Cyclopropenfettsäuren Sterculia- und Malvaliasäure (Halphen-Test) durch Raffination entfernt wird. Wird wegen des hohen Linolsäure-Gehaltes (47–58%) auch für die Margarineherstellung verwendet.

Erdnussöl wird durch Pressung und Extraktion der enthülsten und von der Samenschale befreiten Samen (ca. 50% Öl) von *Arachis hypogaea* L. gewonnen. Das gereinigte, hellgelbe Öl zeigt eine gute oxidative Stabilität und findet Verwendung als Salat-, Brat-, Backöl und zur Margarineherstellung (35–67% C18:1, 13–47% C18:2). Durch Hydrierung wird ein streichfähiges Fett erhalten. Auch ölsäurereiche Sorten.

Haselnussöl wird durch Pressen der von der Schale befreiten Kerne (55–65% Öl) der Nüsse von *Corylus avellana* L. gewonnen und liefert ein Salat- und Backöl, welches aber leicht ranzig wird (66–83% C18:1, 8–25% C18:2).

Kakaobutter wird aus den Samen (50–58% Fett) des Kakaobaumes (*Theobroma cacao* L.) bei der Gewinnung von Kakaopulver abgepresst. Kakaobutter besitzt aufgrund des Triglyceridmusters einen weiten Schmelzbereich (23–36 °C) und ist im festen Zustand ein weißliches Fett (24–29% C16:0, 32–37% C18:0, 31–37% C18:1). Verwendung für Süßwaren und in der pharmazeutischen bzw. kosmetischen Industrie. Preiswertere Alternativen sind Kakaobutter-Ersatzfette (Sheabutter, Illipéfett etc.) (s. auch Kap. 31 Tabelle 31.1).

Kokosfett wird durch Pressung und Extraktion des getrockneten Fruchtfleisches (Kopra mit 63–70% Fett) der Steinfrüchte von *Cocos nucifera* L. gewonnen. Nach Raffination und Desodorierung findet das bei 20 °C feste, weiße Speisefett als laurisches Fett (45–53% C12:0) vielfältige Verwendung in der Lebensmittelindustrie, auch zur Herstellung von MCT-Ölen mit überwiegend mittelkettigen Fettsäuren.

Kürbiskernöl wird aus den geschälten oder ungeschälten, meist gerösteten Samen (ca. 50% Öl) von *Cucurbita pepo* L. kalt gepresst. Das dunkle, grünliche Öl- und Linolsäure reiche Speiseöl (34 und 46%) wird hauptsächlich in Österreich und Ungarn als Speiseöl genutzt.

Leindotteröl wird durch Pressung, seltener durch Extraktion der Samen (27–35% Öl) von *Camelina sativa* gewonnen. Das Öl weist einen vergleichsweise hohen Gehalt an α-Linolensäure (33–41%) auf. Daneben 5–8% C16:0, 2–4% C18:0, 13–15% C18:1, 14–17% 18:2, 14–18% C20:1 und 2–3% C22:1. Tocopherolgehalt 74–120 mg/100 g, mit mehr als 90% γ-Tocopherol, relativ hoher Cholesteringehalt mit 450 mg/kg. Das native Öl weist einen erbsartigen Geschmack auf. Verwendung als Speiseöl, aber auch in industriellen Anwendungen.

Leinöl wird durch Pressung der gemahlenen Samen (30–48% Öl) von *Linum usitatissimum* L. gewonnen. Aufgrund des hohen Gehaltes an α-Linolensäure (56–71%) wird das Speiseöl sehr leicht ranzig. Vor allem industrielle Verwendung (Farben, Lacke etc.). Als Linola-Öl (Australien) enthält es dagegen viel Linolsäure und wenig α-Linolensäure. Während der Lagerung wird Leinöl aufgrund der Oxidation eines zyklischen Polypeptides (Cyclolinopeptid E) innerhalb weniger Tage bitter.

Maiskeimöl wird aus den bei der Stärkefabrikation entfernten Samenkeimen (Embryonen) von *Zea mays* L. (33–36% Öl) durch Pressung und/oder Extraktion gewonnen. Das hellgelbe ungesättigte Öl (20–42% C18:1, 34–66% C18:2) ist aufgrund eines hohen Tocopherol Gehaltes (bis 3 700 mg/kg) sehr stabil. Ölsäurereiche Sorten sind in der Entwicklung.

Mandelöl wird aus den getrockneten, schalenfreien Mandeln (Steinfrucht mit 54% Öl) von *Prunus dulcis* [Mill.] D.A. Webb. gepresst. Das gelbe Ölsäure reiche Öl (64–82%) riecht charakteristisch nach ätherischem Mandelöl. Verwendung findet es für Süßwaren und Hautpflegemittel.

Mohnöl wird durch Auspressen der reifen, gereinigten Mohnsamen (40–55% Öl) von *Papaver somniferum* L. gewonnen. Das hellgelbe Öl ist reich an Linolsäure (70%), dient als Speiseöl und zur Herstellung von Farben.

Olivenöl/Oliventresteröl wird durch Pressung/Extraktion aus dem Fruchtfleisch (ca. 50% Öl) und den Kernen (ca. 2–4%) von *Olea europaea* L. gewonnen (55–83% C18:1). Man unterscheidet die acht nachfolgenden Olivenöl-Kategorien:

1. *Natives Olivenöl extra*
2. *Natives Olivenöl*
3. *Lampantöl*
4. *Raffiniertes Olivenöl*
5. *Olivenöl – bestehend aus raffiniertem Olivenöl und nativem Olivenöl*
6. *Rohes Oliventresteröl*
7. *Raffiniertes Oliventresteröl*
8. *Oliventresteröl*

Die Kategorien 1–2 werden ausschließlich durch Pressung oder Zentrifugation (Kaltpressung, Kaltextraktion) ohne übermäßige Temperatureinwirkung hergestellt. Kategorie 3 ist ein *natives Olivenöl*, das aber zum Verzehr nicht mehr geeignet ist, da Grenzwerte nicht eingehalten werden. Es wird raffiniert und es entsteht das *Olivenöl* der Kategorie 4, das keinen typischen Olivenölgeschmack mehr aufweist. Bei der Kategorie 5 handelt es sich um eine beliebige Mischung von raffiniertem Olivenöl (4) mit nativem Olivenöl (1 oder 2). Hierdurch erhält das *Olivenöl* zumindest teilweise wieder den typischen Olivenölgeschmack zurück. Ein bestimmtes Mischungsverhältnis ist nicht vorgeschrieben.

Rohes Oliventresteröl (6) wird nicht mehr ausschließlich durch Lösungsmittelextraktion, sondern auch durch eine zweite Zentrifugation des mit Wasser versetzten Tresters gewonnen. Diese Öle aus der zweiten Zentrifugation entsprechen häufig eher Lampantölen und sind von diesen nur schwer abzugrenzen. Das *rohe Oliventresteröl* (6) ist nicht zum Verzehr geeignet, sondern wird raffiniert zum *raffinierten Oliventresteröl* (7). Da auch dieses Öl nicht mehr nach Olivenöl schmeckt, wird es wiederum mit beliebigen Anteilen von nativem Olivenöl (1 oder 2) zum *Oliventresteröl* gemischt. Auf der Einzelhandelsstufe dürfen nur die Kategorien 1, 2, 5 und 8 vermarktet werden.

Palmöl/Palmkernöl wird aus dem Fruchtfleisch (50–70% Öl) bzw. den Samen (40–52% Fett) der Ölpalme *Elaeis guineensis* Jacq. und *Elaeis oleifera* (Kunth) Cortés gepresst bzw. mit Lösungsmitteln extrahiert. Das rohe Palmöl (39–48% C16:0, 36–44% C18:1) ist durch natürlich vorkommende Carotinoide orangerot gefärbt. Nach Bleichung wird ein weißliches Speiseöl erhalten, welches bevorzugt für die Margarineherstellung verwendet wird. Durch Fraktionierung wird Palmolein (40–46% C18:1), Palm-Superolein (43–50% C18:1 und Iodzahl min. 60) und Palmstearin (48–74% C16:0) gewonnen. Diese Fraktionen unterscheiden sich im Schmelzverhalten. Nebenprodukte sind Carotinoide, Tocopherole und Tocotrienole (Vitamin E). Das Palmkernfett ähnelt als laurisches Fett (45–55% C12:0) dem Kokosfett. Verwendung findet es zum Kochen, Braten, in der Margarineherstellung, aber auch im Non food Bereich.

Raps-/Rüböl wird aus den Samen (40–50% Öl) von *Brassica napus* L. und *Brassica rapa* L. durch Pressung und/oder Extraktion gewonnen. Das dunkel- bis hellgelbe Öl der Erukasäure armen Sorten (0–2% C22:1, 51–70% C18:1, 15–30% C18:2, 3–12% C18:3) kommt nativ und als Vollraffinat in den Handel und findet sowohl in der Küche als auch zur Margarineherstellung Verwendung. Canola-Öl (Kanada) entspricht den europäischen Erukasäure und Glucosinolat armen 00-Sorten. Laurisches Canola-Öl wird in Kanada durch GVO erzeugt und enthält hohe Gehalte an Öl- und Laurinsäure. Erukasäure reiches Rapsöl, welches nicht als Speiseöl verwendet werden darf, wird als Biodiesel, Schmieröl, zur Seifenherstellung bzw. Rohstoff in der oleochemischen Industrie verwendet.

Senföl wird aus den Samen (40–50% Öl) von *Brassica nigra* (L.) W.D.J. Koch durch Pressung und/oder Extraktion gewonnen. Das dunkelgelbe Öl (8–23% C18:1, 10–24% C18:2) ist aufgrund des hohen Gehaltes an Erukasäure (22–50%) nicht für Speisezwecke zugelassen. Schmieröl und Seifenherstellung bzw. Rohstoff in der oleochemischen Industrie.

Saflor-/Distelöl wird aus den Samen (ca. 50% Öl) von *Carthamus tinctorius* L. durch Pressung/Extraktion erhalten. Das goldgelbe bis rötliche Speiseöl (68–83% C18:2) wird auch in der Lackindustrie verwendet. Ölsäurereiche Sorten enthalten 70–83% Ölsäure.

Sesamöl wird aus den Samen (40–60% Öl) von *Sesamum indicum* L. durch Pressung und Extraktion erhalten als hellgelbes Öl (36–43% C18:1, 39–48% C18:2) und ist aufgrund des antioxidativen Sesamols und anderer natürlicher Antioxidantien ein sehr haltbares Speiseöl, das auch zur Margarineherstellung verwendet wird. Außerdem wird es zur Verbesserung der Haltbarkeit anderen Speiseölen zugesetzt (Good-fry oil®).

Sojaöl wird aus den Bohnen (18–20%) von *Glycine max* (L.) Merr. durch Pressung/Extraktion gewonnen. Das raffinierte Öl (17–30% C18:1, 48–59% C18:2) ist schwachgelb und findet vielfältige Verwendung, auch nach partieller Hydrierung, als Speiseöl und Margarinerohstoff. Bei der Raffination werden Sojalecithin (ca. 3%), Tocopherole und Phytosterine gewonnen. Durch GVO soll der Gehalt an gesättigten Fettsäuren und Linolensäure reduziert oder der Gehalt an Stearinsäure erhöht werden.

Sonnenblumenöl wird aus den Samen (36–57% Öl) von *Helianthus annuus* L. durch Pressung/Extraktion erhalten und wegen des leicht bitteren Geschmackes deodorisiert. Findet Verwendung als Speiseöl und zur Herstellung von Margarinen und Shortenings. Konventionelles Sonnenblumenöl enthält bis zu 40% Ölsäure und 48–75% Linolsäure, Neuzüchtungen dagegen 40–70% (mid oleic acid) bzw. 75–90% (high oleic acid) Ölsäure (Sunola, Highsun, Nusun).

Traubenkernöl wird durch Pressen aus den Samen (ca. 10% Öl) von *Vitis vinifera* L., die bei der Weinherstellung anfallen, erhalten (12–28% C18:1, 58–78% C18:2). Bedingt durch die Trocknung der Traubenkerne mit Rauchgasen ist es vermehrt zu Belastungen mit PAKs gekommen. Im Vergleich zum Presskuchen ist der Gehalt an oligomeren Procyanidinen (OPC) im Öl gering.

Walnussöl wird durch Pressen der von der Schale befreiten Embryonen (ca. 60% Öl) der Steinfrüchte von *Juglans regia* L. gewonnen und gibt ein hellgelbes bis grünlichgelbes Speiseöl (14–21% C18:1, 54–65% C18:2, 9–15% C18:3) mit nussartigem Geschmack. Häufig werden die Nüsse vor der Ölgewinnung geröstet, was zu einem typischen Geschmack führt. Walnussöl ist reich an Tocopherolen und zeigt hohe Vitamin E-Aktivität.

Weizenkeimöl wird aus den Samenkeimen (Embryonen) von *Triticum aestivum* L. (7–11% Öl) durch Pressung und/oder Extraktion gewonnen. Das hellgelbe Öl (13–21% C18:1, 55–60% C18:2, 4–10% C18:3) ist reich an Vitamin E (bis 2 800 mg/kg) und sehr stabil.

Spezialitätenöle oder **Gourmetöle** werden in relativ kleinen Mengen produziert. Hierzu gehören z. B. ölsäurereiches Mandel-, Aprikosenkern-, Avocado-, Haselnuss-, Macadamia-Nussöl sowie höher ungesättigtes Traubenkern-, Sesam-, Walnuss- und Weizenkeimöl.

24.3.3
Tierische Fette

Tierische Fette werden nach der Tierart bezeichnet, aus der sie gewonnen wurden. Zur Fettgewinnung wird das vom Tier stammende Fettgewebe auf 80 bis 100 °C über einen Zeitraum von 15–20 Minuten erhitzt und das Fett so ausgeschmolzen. Bereits 1986 wurde das Raffinationsverbot für tierische Fette aufgehoben.

Speise- bzw. Rindertalg (Premier jus) wird aus dem beim Schlachten gewonnenen Nierenfettgewebe (Nierenstollen) und aus dem beim Zerlegen des Schlachtkörpers nach dem Auskühlen anfallenden Fettgewebe (Zerlegefett) gewonnen und enthält ca. 45–68% gesättigte Fettsäuren, 28–49% einfach ungesättigte und 3–7% mehrfach ungesättigte Fettsäuren. Daneben sind noch bis zu 4% verzweigtkettige und ungeradzahlige Fettsäuren vorhanden. Etwa 6–10% der ungesättigten Fettsäuren liegen in der *trans*-Form vor. Trotz einer hinsichtlich der oxidativen Stabilität günstigen Fettsäurezusammensetzung sind Speisetalg und daraus hergestellte Produkte im Vergleich zu vielen pflanzlichen Fetten und Ölen deutlich empfindlicher gegenüber oxidativem Abbau, da natürliche Antioxidantien wie Tocopherole fehlen. Vor allem der noch von Zellgewebe durchzogene Rohtalg zeigt eine erhöhte Empfindlichkeit gegenüber Autoxidationsreaktionen, höchstwahrscheinlich bedingt durch Spuren von Hämoglobin und oder anderen Verbindungen, die Metallspuren enthalten. Ein weiterer Grund dürfte in diesem Zusammenhang die erhöhte Temperaturbelastung während des Herstellungsprozesses sein, da der Talg hierbei je nach Verfahren bereits mit Temperaturen von 90–120 °C belastet wird. Die Haltbarkeit von raffiniertem Speisetalg ist deutlich verbessert. Der Codex Alimentarius Standard für tierische Fette erlaubt den Zusatz von Antioxidantien.

Schweineschmalz wird aus dem beim Schlachten erhaltenen Nierenfettgewebe (Flomen) sowie aus dem beim Zerlegen des Schlachttierkörpers nach dem Auskühlen anfallenden Rückenspeck, Deckelspeck (Hinterbacken), den Schwarten und weiterem Fettgewebe (Zerlegefett) gewonnen.

Gänseschmalz wird aus dem Fettgewebe von Gänsen gewonnen und ist aufgrund der Fettsäurezusammensetzung von fast öliger bis salbenartiger Beschaffenheit.

Seetier- oder Fischöle werden aus allen Teilen von verschiedenen Fischen gewonnen und zeichnen sich durch hohe Gehalte an hochungesättigten Fettsäuren (C20:5 bzw. C20:6) aus, die sehr leicht oxidieren.

24.3.4
Frittierfette

Der Verzehr von frittierten Lebensmitteln erfreut sich in Deutschland großer Beliebtheit, wofür insbesondere das hervorragende Aroma und die angenehme Textur des Frittiergutes verantwortlich sind.

Frittieren ist in erster Linie ein Dehydratisierungsprozess, bei dem Wasser und wasserlösliche Inhaltsstoffe aus dem Frittiergut in das Frittierfett übergehen bzw. als Wasserdampf das Fett wieder verlassen. Dabei bildet sich eine dünne Dampfschicht zwischen Fett und Lebensmittel aus, die als Isolator dient. Aufgrund dessen wird die Oberfläche des Frittierguts „gekühlt" und ein Verkohlen oder Anbrennen verhindert, so lange Wasser das Lebensmittel verlässt. Gleichzeitig dringt Fett in die durch den Wasserverlust freigewordenen Hohlräume ein und der innere Teil des Frittierguts wird gegart.

An der Oberfläche des Frittierguts kommt es während des Frittiervorgangs aufgrund des Wasserverlustes und der Wärmezufuhr zur Maillard-Reaktion zwischen Aminosäuren und Zuckern, die zur Braunfärbung des Lebensmittels führt. Das Lebensmittel erhält dadurch sein angenehmes Aroma.

Feuchtigkeit aus dem Frittiergut, Sauerstoff sowie die hohen Temperaturen führen mit fortschreitender Frittierdauer zu einem drastischen Abbau der Triglyceride. Dabei kommt es zur Autoxidation, Isomerisierung, Polymerisation und Hydrolyse, in deren Verlauf freie Fettsäuren, Mono- und Diglyceride sowie Glycerin, aber auch oxidierte Monomere, Di- sowie Polymere entstehen. Des Weiteren werden nicht polare Di- und Polymere, sowie vor allem flüchtige Verbindungen gebildet. Eine Vielzahl dieser beim Abbau des Frittierfettes entstehenden Verbindungen sind erwünscht und tragen beträchtlich zu dem typischen und angenehmen Frittieraroma bei. Andererseits entstehen aber im Verlaufe des Abbaus auch Verbindungen, die dazu führen, dass das Frittierfett und damit das Produkt ungenießbar wird. Während des Frittierens machen sich diese Veränderungen durch eine verstärkte Rauchentwicklung, Farbvertiefung, zunehmendes Schäumen, zunehmende Viskosität sowie insbesondere durch kratzige und ranzige Aromakomponenten bemerkbar. Infolge der Bildung oberflächenaktiver Substanzen nimmt die Dauer des direkten Kontaktes zwischen Frittiergut und Frittierfett zu, so dass die Produkte schneller gebräunt werden.

Aufgrund der geringen Temperatur von maximal 100 °C im Lebensmittel während des Frittiervorgangs sowie der vergleichsweise kurzen Verweildauer des Frittierguts im Frittierfett ist der Abbau temperaturlabiler Vitamine geringer als bei anderen Zubereitungsarten. Die größten Verluste an Vitaminen treten bei der Vorbereitung der Lebensmittel für das Frittieren auf [28].

Die während des Frittierens entstehenden Abbauprodukte der Triglyceride können toxisch wirken. Als genusstauglich eingestufte Frittierfette enthalten solche Substanzen, die in hohen Dosen bei Ratten toxische Effekte hervorrufen aber nur in sehr kleinen Mengen, so dass sie bei normaler Ernährung keine Bedeutung haben. Ein Anstieg der Viskosität, Veränderungen der Farbe und des Geruchs sowie Bildung von Rauch bei einem unbrauchbaren Frittierfett gehen einem nachweisbaren biologischen Effekt voraus, so dass der Verzehr von toxikologisch bedenklichen Frittierfetten nahezu auszuschließen ist.

In der Bundesrepublik Deutschland gibt es für die Beurteilung von Frittierfetten keine gesetzlichen Regelungen. Es gibt Empfehlungen, die im Rahmen von vier Symposien der Deutschen Gesellschaft für Fettwissenschaften e. V. (DGF) erarbeitet wurden. Diese sind in eine Stellungnahme des Arbeitskreises Lebensmittelchemischer Sachverständiger (ALS) [29] übernommen worden. Danach ist die sensorische Prüfung das wichtigste Mittel zur Beurteilung der Verzehrsfähigkeit von Frittierfetten. Dieser Befund kann durch verschiedene chemische Kennzahlen objektiviert werden. Hierbei ist insbesondere der Gehalt an oligomeren Triglyceriden (max. 12%) und der Gehalt an polaren Anteilen (max. 24%) von Bedeutung, während die Aussagekraft des Gehaltes an freien Fettsäuren (max. 2%) bzw. des Rauchpunktes (min. 170 °C) eher gering ist. Bei Überschreitung dieser Kennzahlen sind Frittierfette nicht zum menschlichen Verzehr geeignet und zu beanstanden.

Bei der häuslichen Zubereitung von Frittierprodukten, aber auch bei der Zubereitung im Gastronomiebereich, bietet insbesondere die Reinigung der Friteuse sowie die Reinigung des Fettes von Bestandteilen des Frittiergutes durch Filtration eine gute Möglichkeit die Lebensdauer der verwendeten Fette und Öle zu verlängern. Auch sollte darauf geachtet werden, dass eine Frittiertemperatur von 175 °C nicht überschritten wird. Zum einen gilt, je höher die Frittiertemperatur eingestellt ist, desto schneller kommt es zum Abbau der Frittierfette und zum anderen ist die Bildung von Acrylamid in kohlenhydratreichen Produkten wie Kartoffeln oder Chips bei niedrigeren Temperaturen geringer [30]. Im häuslichen Bereich sollten Frittierfette häufig gewechselt werden, da in den gebrauchten Frittierfetten bei der Lagerung zwischen den Zubereitungen Autoxidationsreaktionen ablaufen, die zur Bildung von Aromakomponenten führen und somit das Fett ungenießbar machen. Bei kontinuierlich arbeitenden Friteusen wird das mit dem Frittiergut ausgetragene Öl immer wieder ergänzt, wodurch es zu einem ständigen Austausch von gebrauchtem durch frisches Fett kommt.

24.3.5
Streichfette

Unter dem Begriff Streichfette werden alle bei 20 °C festbleibenden und streichfähigen Zubereitungen von Speisefetten und -ölen, die mit Trinkwasser emulgiert und zum Verzehr bestimmt sind zusammengefasst. Je nach Fettgehalt handelt es sich hierbei um z. B. Wasser-in-Öl-Emulsionen (W/Ö) mit 40–80% Fett, Wasser-in-Öl-in-Wasser-Emulsionen (W/Ö/W) mit 40% Fett, Öl-in-Wasser-in-Öl-Emulsionen (Ö/W/Ö) mit 20–25% Fett. Die Festigkeit der Produkte wird durch die Fettkristalle und die Emulsion erreicht. Bei Fettgehalten von < 40% ist die Stabilisierung der Emulsion nur noch durch Gelatine und Stabilisatoren sicherzustellen. Streichfette können weitere Zusatzstoffe wie Aromastoffe, Farbstoffe, Säureregulatoren, Vitamine und Konservierungsstoffe enthalten. In der Anlage XV zu Artikel 115 *der VO (EG) Nr. 1234/2007* mit den Normen für Streichfette sind die Verkehrsbezeichnungen und Zusammensetzungen wie folgt beschrieben:

A) Milchfette:

1. Butter	80%–90% Milchfett, höchstens 16% Wasser und höchstens 2% fettfreie Milchtrockenmasse
2. Dreiviertelfettbutter	60%–62% Milchfett
3. Halbfettbutter	39%–41% Milchfett
4. Milchstreichfett x%	mit folgenden Milchfettgehalten – weniger als 39% – mehr als 41% und weniger als 60% – mehr als 62% und weniger als 80%

B) Fette aus pflanzlichen und/oder tierischen Fetten:

1. Margarine	80%–90% Fett
2. Dreiviertelfettmargarine	60%–62% Fett
3. Halbfettmargarine	39%–41% Fett
4. Streichfett x%	mit folgenden Fettgehalten – weniger als 39% – mehr als 41% und weniger als 60% – mehr als 62% und weniger als 80%

C) Mischfette aus pflanzlichen und/oder tierischen Fetten mit 10%–80% Milchfett am Gesamtfettgehalt:

1. Mischfett　　　　　　　　80%–90% Fett
2. Dreiviertelmischfett　　　 60%–62% Fett
3. Halbmischfett　　　　　　39%–41% Fett
4. Mischstreichfett x%　　 mit folgenden Fettgehalten
　　　　　　　　　　　　　　– weniger als 39% Fett
　　　　　　　　　　　　　　– mehr als 41% und weniger als 60%
　　　　　　　　　　　　　　– mehr als 62% und weniger als 80%

Als ergänzende Bezeichnungen sind vorgesehen

– *„fettreduziert"*　　　　　　　für einen Fettgehalt von 41%–62%
– *„fettarm", „light", „leicht"*　 für max. 41% Fett

Streichfette mit einem hohem Anteil an Phytosterinen (bis zu 8%) zur Senkung des Plasmacholesteringehaltes gelten als neuartige Lebensmittel im Sinne der *VO (EG) Nr. 258/97* und sind entsprechend der *VO (EG) Nr. 608/2004 über die Etikettierung von Lebensmitteln und Lebensmittelzutaten mit Phytosterin-, Phytosterinester-, Phytostanol- und/oder Phytostanolesterzusatz* [31] zu kennzeichnen. Die Phytosterine ersetzen das Wasser im Produkt, ansonsten ergeben sich keine Veränderungen in der Zusammensetzung gegenüber normalen Streichfetten. Das Serumcholesterin kann durch Blockierung der Cholesterinabsorption um bis zu 10–15% herabgesetzt werden, ebenso das LDL-Cholesterin. HDL-Cholesterin und Triglyceride werden nicht beeinflusst. Allerdings ist die Aufnahme von mehr als 3 g/Tag an zugesetzten Pflanzensterinen zu vermeiden. Phytosterolester werden vom Darm nicht resorbiert, sondern es erfolgt eine Hydrolyse.

24.4
Qualitätssicherung

Von entscheidender Wichtigkeit und grundlegender Bedeutung für das gewerbsmäßige Herstellen, Behandeln und Inverkehrbringen von Lebensmitteln ist das neue EG-Hygienepaket [32–34]. Ziel dieses Verordnungspaketes ist es, Lebensmittel auf ihrem zum Teil sehr langen Weg von der Herstellung bis hin zum Verbraucher möglichst vor gesundheitlich bedenklichen und unerwünschten Einflüssen zu bewahren.

Für die Bestimmung der Identität und der Qualität von Fetten werden sowohl sensorische als auch chemisch-physikalische Analyseverfahren herangezogen.

24.4.1
HACCP-Konzept

Kernstück der Lebensmittelhygiene [35, 36] ist die Einführung von Grundsätzen des international anerkannten HACCP (**H**azard **A**nalysis and **C**ritical **C**ontrol

Point)-Konzepts und die Verpflichtung zur Mitarbeiterschulung. Die Verordnung gilt für Lebensmittelbetriebe jeglicher Art, also für den Kiosk an der Ecke und für gastronomische Betriebe genauso wie für weltweit agierende, industrielle Nahrungsmittelhersteller. Kernpunkt ist die Einführung betriebseigener Maßnahmen und Eigenkontrollen im Bereich der Lebensmittelhygiene: Dies umfasst sowohl die Betriebsstätten und Räume, die Beförderung von Lebensmitteln, gerätespezifische Anforderungen, die Wasserversorgung sowie Anforderungen an die Personalhygiene. Ein weiterer wichtiger Punkt ist die Vermeidung von Fremdkontaminationen durch Schmutz, toxische Stoffe oder auch Schimmel und Krankheitserreger. Dabei ist insbesondere das Personal von Bedeutung, das ein hohes Maß an persönlicher Sauberkeit halten und angemessene, saubere Kleidung bzw. Schutzkleidung tragen muss. Für das Personal müssen geeignete sanitäre Einrichtungen, Toiletten und Handwaschbecken zur Verfügung stehen, die zur Produktion hin abgetrennt sind. Rauchverbot und Schutz bei Wunden sind selbstverständlich. Für den Bereich der Fette und Öle gehört neben dem Herstellungsbereich z. B. auch die richtige Anwendung der Produkte zum HACCP-Konzept. Dies bedeutet im Falle von Friteusen die Einhaltung einer Frittiertemperatur von < 175 °C, regelmäßige Kontrolle des Frittierfettes und frühzeitiger Ersatz zur Vermeidung gesundheitlicher Schäden beim Verbraucher (s. auch Kap. 8.3).

Gemäß VO (EG) Nr. 178/2002 [37] Artikel 3 sind als Lebensmittelunternehmen definiert „alle Unternehmen, ... , die eine mit der Produktion, der Verarbeitung und dem Vertrieb von Lebensmitteln zusammenhängende Tätigkeit ausführen". Dies bedeutet, dass auch bei der Ernte oder Lagerung von Ölsaaten sichergestellt werden muss, dass Primärerzeugnisse im Hinblick auf eine spätere Verarbeitung vor Kontaminationen geschützt werden [33]. Betriebe, die Pflanzenerzeugnisse für die Herstellung von Lebensmitteln erzeugen oder ernten, müssen die jeweils angemessenen Maßnahmen treffen, um erforderlichenfalls hygienische Produktions-, Transport- und Lagerbedingungen für die Pflanzenerzeugnisse sowie deren Sauberkeit sicherzustellen. Nicht nur die Ölerzeuger stehen hier in der Verantwortung, sondern auch die Betriebe der vorangehenden Produktionsstufen (Ernte und Lagerung) sind in der Pflicht, für die entsprechenden hygienischen Rahmenbedingungen zu sorgen.

24.4.2
Sensorische Prüfungen

Bei der Beurteilung der Qualität von Speisefetten und -ölen steht vor allem der sensorische Eindruck im Vordergrund. Er stellt gemäß den Leitsätzen für Speisefette und -öle das wichtigste Kriterium für die Bewertung dar, da die äußere Beschaffenheit und der sensorische Eindruck in unmittelbarem Zusammenhang mit dem Genusswert des Lebensmittels stehen und daher letztendlich für den Erfolg oder Misserfolg des Produktes verantwortlich sind. Beurteilt wird im Rahmen einer sensorischen Prüfung die Farbe, die Konsistenz und vor allem der Geschmack und Geruch [38].

Dabei sollten raffinierte Fette und Öle geschmacks- und geruchsneutral sein, während native Fette und Öle einen arteigenen Geruch und Geschmack aufweisen, der für die jeweilige Fett- oder Ölart typisch ist. So gehören saatige und nussige Geruchs- und Geschmackseindrücke zu den positiven Attributen von nativen Rapsspeiseölen, während Attribute wie ranzig, strohig, röstig, verbrannt, modrig oder stichig zu den typischen Fehlaromen gehören, die als flüchtige Abbauprodukte während einer fehlerhaften Lagerung der Saat oder des Öles sowie während der Herstellung des Öles entstehen. Im Gegensatz zu nativen Rapsölen weisen frische Leinöle einen nussigen, brotigen oder malzigen Geruch und Geschmack auf, der eine leichte Bitternote zeigt. Während der Lagerung verstärkt sich dieser bittere Eindruck sehr rasch. Abhängig von der Verarbeitung und Lagerungsdauer kann das Öl auch sehr stark bitter und kratzend werden. Frische Traubenkernöle haben hingegen einen weinartigen und fruchtigen Geruch und Geschmack, der auch an Rosinen bzw. Brot erinnern kann. Werden Traubenkernöle allerdings unsachgemäß hergestellt, z. B. durch Verarbeitung von Kernen, die nach dem Mosten nicht schnell genug getrocknet wurden, oder lagern Traubenkernöle nach der Pressung zu lange auf den Trubstoffen, so kommt es durch enzymatischen oder mikrobiellen Abbau zur Bildung von Ethanol, Essigsäure und Essigester, die das Öl ungenießbar machen und hinsichtlich Geruch und Geschmack an Klebstoff erinnern.

Die sensorische Untersuchung von nativem Olivenöl erfolgt gem. Anhang XII der VO (EWG) Nr. 2568/91.

24.4.3
Chemisch-physikalische Prüfungen

Für die chemisch-physikalischen Untersuchungen sind standardisierte und evaluierte Verfahren zu verwenden. Die *Amtliche Sammlung von Untersuchungsverfahren (ASU)* enthält in der Abteilung *13.00 Fette, Öle* neben DGF-Einheitsmethoden [39] mittlerweile vor allem DIN EN ISO Methoden, die vorrangig anzuwenden sind. Darüber hinaus sollten ISO- bzw. EN ISO-Methoden [40] herangezogen werden. Für die Untersuchung von Olivenölen sind die Verfahren der VO (EWG) Nr. 2568/91 zu verwenden.

Die Prüfung auf Verdorbenheit ist eine wesentliche Grundlage der Fettanalytik. Der Fettverderb ist auf Autoxidation und enzymatische Vorgänge zurückzuführen. Hierbei entstehen vorwiegend Peroxide, Aldehyde, Ketone, Säuren sowie andere flüchtige niedermolekulare Stoffe. Thermisch katalysierte Oxidationsvorgänge führen zu inter- und intramolekularen Reaktionen und zur Bildung von di- und oligomeren Triglyceriden und Fettsäuren. Zur Bestimmung des Fettverderbs werden die Kennzahlen *Peroxidzahl (POZ)*, *Anisidinzahl (AnZ)* und *Säurezahl (SZ)* nach DGF oder ISO herangezogen.

POZ (DGF C-VI 6a oder EN ISO 3960): Das Verfahren nach Wheeler mit Isooctan-Eisessig als Lösungsmittel bestimmt die Menge an aktivem Sauerstoff in meq/kg Fett. Bei der Beurteilung der Ergebnisse ist zu beachten, dass die POZ mit fortschreitender Oxidation wieder abnimmt. Eine generelle Beziehung zwischen der Höhe der POZ und der sensorisch nachweisbaren Ranzigkeit besteht nicht. Das Ergebnis der Bestimmung ist von der gewählten Einwaage abhängig. Da es ein empirisches Verfahren ist, sollte nicht von der Methodenvorschrift abgewichen werden.

AnZ (DGF C-VI 6e oder EN ISO 6885): Anisidin ergibt mit konjugierten Dialdehyden, die während der Oxidation gebildet werden, einen gelben Komplex, dessen Absorption bei 350 nm gemessen wird. Ein gutes Öl übersteigt eine AnZ von 10 nicht. Für die Beurteilung der Haltbarkeit von Fetten ist es von Bedeutung, dass die AnZ im Gegensatz zur POZ auch während der Raffination ansteigt. Dadurch lassen sich während der Herstellung oxidativ geschädigte Öle auch nach der Raffination noch erkennen.

Aus den beiden Kennzahlen kann die Totox-Zahl (*Totox = AnZ + 2 × POZ*) berechnet werden. Sie ist ein Maß für die Gesamtoxidation und sollte für Raffinate bei < 10 liegen. Bei einer Totox-Zahl > 30 müssen die Fette als ungenießbar beurteilt werden.

SZ (DGF C-V 2 oder EN ISO 660): gibt die Menge an KOH an, die notwendig ist, um die in 1 g Fett enthaltenen Säuren (alle organischen und Mineralsäuren) zu neutralisieren. Freie Fettsäuren entstehen durch hydrolytische Spaltungen. Durch steigende Gehalte an freien Fettsäuren im Öl nimmt die Oxidationsstabilität der Öle ab, da die freien Fettsäuren weniger oxidationsstabil sind als wenn sie im Triglycerid gebunden sind.

Für die Identitätsprüfung (Nachweis von Vermischungen und Verfälschungen) eines Fettes wird die Bestimmung der Fettsäure-, Sterin- und Tocopherolzusammensetzung herangezogen (ISO 5508/5509 – ISO 12228 – ISO 9936). Bei der Fettsäurezusammensetzung wird auch die Erukasäure mit erfasst.

Die Bestimmung der polaren Anteile [EN ISO 8420/DGF C-III 3b (06)] und polymerisierten Triglyceride [EN ISO 16931/DGF C-III 3c (02)] wird für die Beurteilung von Frittierfetten herangezogen.

Empirische Methoden (Schaaltest, Swift Test, OSI, Rancimat) stehen zur Verfügung um die Oxidationsstabilität von Fetten (shelf life) vorherzusagen. Diese Tests werden bei erhöhten Temperaturen durchgeführt und korrelieren nicht unbedingt mit der sensorischen Stabilität bei Raumtemperatur.

Methoden zur Bestimmung des Fettgehaltes, Wassers und Kochsalzgehaltes in Margarinen und Halbfettmargarinen finden sich ebenfalls in der ASU.

24.4.4
3-Monochlorpropan-1,2-diol-Fettsäureester in Speisefetten und -ölen

Im Herbst 2007 veröffentlichte das Chemische und Veterinär-Untersuchungsamt (CVUA) in Stuttgart Ergebnisse über den Fund von 3-Monochlor-propan-1,2-

diol-Fettsäureestern (3-MCPD-FE) in verschiedenen Speisefetten und -ölen sowie daraus hergestellten Produkten [41]. Während in nativen Pflanzenölen und tierischen Fetten nur Gehalte um 0,1 mg/kg gefunden wurden, lagen die Gehalte in raffinierten Ölen, Margarinen und Frittierfetten zwischen 0,5 und 26,5 mg/kg. Insbesondere raffinierte Palmöle und daraus hergestellte Produkte hatten hohe Gehalte. Weitere Untersuchungen zeigten, dass neben 3-MCPD-FE noch eine weitere Verbindung gebildet wird, die bei der Probenaufarbeitung mit NaCl [42] zum Aussalzen zu 3-MCPD umgesetzt, in der GC-MS als 3-MCPD mit erfasst und dann als 3-MCPD-FE berechnet wird. Hierbei handelt es sich wahrscheinlich um Glycidol-Fettsäureester [43]. Auf dem Weg zu 3-MCPD-FE bleibt die Reaktion möglicherweise auf der Stufe der Glycidol-FE stehen, wenn die Öle einen Überschuss an Mono- und Diacylgliceriden im Vergleich zu Chlorid-Ionen aufweisen. Daher kommt es insbesondere bei der Raffination von Palmölen zu hohen 3-MCPD-FE-Gehalten, die zu einem großen Teil aus Glycidol-FE bestehen. Dahingegen wird in anderen raffinierten Pflanzenölen wie Rapsöl tatsächlich 3-MCPD-FE bestimmt.

Da zu 3-MCPD-FE keine toxikologischen Daten vorliegen, geht das Bundesinstitut für Risikobewertung (BfR) in einer ersten Stellungnahme vom 11. Dezember 2007 davon aus, dass sie im menschlichen Körper zu 100% zu freiem 3-MCPD gespalten werden und somit die Bewertung für freies 3-MCPD übernommen werden muss [44]. Die European Food Safety Authority (EFSA) hat diese Annahme in ihrer Stellungnahme ebenfalls unterstützt [45]. Die Aufnahme von freiem 3-MCPD mit der Nahrung wird als kritisch angesehen, da in Langzeitstudien an Ratten gezeigt werden konnte, dass diese Verbindung zu Nierenschäden führt und bei höheren Dosierungen wurden auch gutartige Tumore gefunden [46]. Für freies 3-MCPD in Sojasoßen und hydrolysiertem Sojaprotein ist in der VO (EG) Nr. 1881/2006 ein Grenzwert von maximal 20 µg/kg definiert worden [47]. Außerdem hat der Wissenschaftliche Lebensmittelausschuss der EU-Kommission (SCF) bzw. das gemeinsame Komitee der FAO/WHO (JECFA) eine tolerierbare tägliche Aufnahmemenge (TDI) von 2 µg freies 3-MCPD/kg Körpergewicht festgelegt [48]. Für Glycidol-Fettsäureester liegt ebenfalls keine toxikologische Bewertung vor.

Untersuchungen des Max Rubner-Institutes, Standort Münster, konnten in Zusammenarbeit mit dem CVUA Stuttgart zeigen, dass die Bildung von 3-MCPD-FE im letzten Schritt der Raffination, der Desodorierung stattfindet. Inwieweit die anderen Schritte der Raffination zur Bildung beitragen, ohne dass dort selbst 3-MCPD-FE gebildet werden, ist noch nicht geklärt. Die Bildung von 3-MCPD-FE in Fetten und Ölen stellt ein vielschichtiges Problem dar, bei dem das Vorhandensein von Chlorid-Ionen, entsprechende Vorstufen wie Triacylglyceride, Mono- und Diacylglyceride, Phospholipide oder Glycerin sowie Temperatur und Zeit eine wichtige Rolle spielen [49]. Eine Reduzierung der Gehalte in Speisefetten und -ölen durch Änderung der Raffinationsbedingungen ist allerdings schwierig, da der Prozess hinsichtlich der Produktqualität, wie sensorische Qualität, Eigenschaften, Stabilität und Abwesenheit von Kontaminanten optimiert ist. Dies bedeutet, dass bei den Bemühungen um eine Reduzierung der Gehalte die Produktqualität nicht aus den Augen verloren werden darf (s. dazu auch Kap. 17.3.4).

24.5
Literatur

1. Verordnung über den Höchstgehalt an Erukasäure in Lebensmitteln (ErukasäureV) vom 24. Mai 1977 i. d. F. der Verordnung vom 26.10.1982, BGBl. I S. 1446
2. VO (EWG) Nr. 2568/91 der Kommission vom 11. Juli 1991 über die Merkmale von Olivenölen und Oliventresterölen sowie die Verfahren zu ihrer Bestimmung, ABL Nr. L 248/1 vom 5.9.91
3. VO (EG) Nr. 640/2008 der Kommission vom 4. Juli 2008 zur Änderung der VO (EWG) Nr. 2568/91 über die Merkmale von Olivenölen und Oliventresterölen sowie die Verfahren zu ihrer Bestimmung, ABL Nr. L 178/11 vom 5.7.2008
4. VO (EG) Nr. 1234/2007 des Rates vom 22. Oktober 2007 über eine gemeinsame Organisation der Agrarmärkte und mit Sondervorschriften für bestimmte landwirtschaftliche Erzeugnisse (Verordnung über die einheitliche GMO), ABL Nr. L299/1 vom 16.11.2007
5. Fiebig H.-J., Qualität und Vermarktung von Olivenölen in der Europäischen Union, Stand September 2008, http://www.dgfett.de/material/index.htm
6. VO (EG) Nr. 1019/02 der Kommission vom 13. Juni 2002 über Vermarktungsvorschriften für Olivenöl, ABL Nr. L 155/27 vom 14.6.2002
7. VO (EG) Nr. 632/2008 der Kommission vom 2. Juli 2008 zur Änderung der VO (EG) Nr. 1019/02 der Kommission vom 13. Juni 2002 mit Vermarktungsvorschriften für Olivenöl, ABL Nr. L 173/16 vom 3.7.2008
8. VO (EG) Nr. 1183/2008 der Kommission vom 28. November 2008 zur Änderung der VO (EG) Nr. 1019/02 der Kommission vom 13. Juni 2002 mit Vermarktungsvorschriften für Olivenöl, ABL Nr. L 319/51 vom 29.11.2008
9. http://eur-lex.europa.eu/LexUriServ/LexUriServ.do?uri=CELEX:62004J0489:DE:HTML
10. VO (EG) Nr. 510/2006 des Rates vom 20. März 2006 zum Schutz von geografischen Angaben und Ursprungsbezeichnungen für Agrarerzeugnisse und Lebensmittel, Amtsblatt der Europäischen Union Nr. L 93/12 vom 31.3.2006
11. VO (EG) Nr. 445/2007 der Kommission vom 23. April 2007 mit bestimmten Durchführungsbestimmungen zur VO (EG) Nr. 2991/94 des Rates mit Normen für Streichfette und zur VO (EWG) Nr. 1898/87 des Rates über den Schutz der Bezeichnung der Milch und Milcherzeugnisse bei ihrer Vermarktung, ABL Nr. L 106/24 vom 23.4.2007
12. MargMFV (s. Abkürzungsverzeichnis 46.2)
13. LMHV (s. Abkürzungsverzeichnis 46.2)
14. LMH-VO-852 (s. Abkürzungsverzeichnis 46.2)
15. THV (s. Abkürzungsverzeichnis 46.2)
16. RHmV (s. Abkürzungsverzeichnis 46.2)
17. SHmV (s. Abkürzungsverzeichnis 46.2)
18. VO (EG) Nr. 1881/2006 der Kommission vom 19. Dezember 2006 zur Festsetzung der Höchstgehalte für bestimmte Kontaminanten in Lebensmitteln, ABL Nr. L 364/5 vom 20.12.2006
19. Sachverständigengutachten im Auftrag des OLG Karlsruhe 2001 und Urteil vom 15. März 2001 – 19 U 164/00 – rechtskräftig
20. Diätverband e.V., Richtlinie zur Beurteilung von Margarine und Halbfettmargarine als diätetisches Lebensmittel i. d. F. vom 8.3.1983

21. Diätverband e.V., Richtlinie zur Beurteilung eines Öles als diätetisches Lebensmittel i. d. F. vom 14.4.1978
22. Deutsches Lebensmittel, Leitsätze 2002, Leitsätze für Speisefette und Speiseöle, Bundesanzeiger 2002
23. Liste der Codex Standards, http://www.codexalimentarius.net/web/standard_list.do?lang=en, Reports of the sessions of the Codex Committee on fats and Oils, http://www.codexalimentarius.net/web/archives.jsp?lang=en
24. Fette in der Ernährung, Schriftenreihe des Bundesministeriums für Ernährung, Landwirtschaft und Forsten, Reihe A: Angewandte Wissenschaft Heft 464, Bonn 1997
25. Nationale Verzehrsstudie II, Ergebnisbericht Teil 2, Max Rubner-Institut, Bundesforschungsinstitut für Ernährung und Lebensmittel, 2008
26. DACH-Referenzwerte für die Nährstoffzufuhr, www.dge.de
27. Oguntona T. E. und Bender A. E., Loss of thiamin from potatoes, J. Food. Technol. 11 (1976) 347
28. Bundesgesundheitsblatt 34 (1991) 69
29. Matthäus B., Vosmann K., Haase N. U., Pommes frites: Einflussmöglichkeiten auf den Acrylamidgehalt, Ernährung im Fokus 3 (2003) 235–239
30. VO (EG) Nr. 608/2004 der Kommission vom 31. März 2004 über die Etikettierung von Lebensmitteln und Lebensmittelzutaten mit Phytosterin-, Phytosterinester-, Phytostanol- und/oder Phytostanolesterzusatz, ABL Nr. L 97/44
31. LMH-VO-852 (s. Abkürzungsverzeichnis 46.2)
32. Hygiene-VO-853 (s. Abkürzungsverzeichnis 46.2)
33. Hygiene-VO 854 (s. Abkürzungsverzeichnis 46.2)
34. Handbuch-Lebensmittelhygiene, Loseblattsammlung, Behr's Verlag
35. Bertling L., Die Lebensmittelhygiene-Verordnung (LMHV), Verbraucherdienst 43-2 (1998) 360–361
36. Basis-VO (s. Abkürzungsverzeichnis 46.2)
37. DGF-Einheitsmethode C-II 1 (07)
38. DGF-Einheitsmethoden 2. Auflage – 13. Erg.-Lfg., Wissenschaftliche Verlagsges., Stuttgart 2008
39. Beuth Verlag, Berlin, www.beuth.de
40. http://www.cvuas.de/pub/beitrag.asp?subid=1&Thema_ID=2&ID=717: 3-MCPD-Ester in raffinierten Speisefetten und Speiseölen – ein neu erkanntes, weltweites Problem 2007
41. DGF-Einheitsmethode C-III 18 (09)
42. Weisshaar, R., Overview of the 3-MCPD esters occurrence, exposure estimates: review of published data. In: 3-MCPD Esters in food Products. ILSI Europe Workshop in association with the European Commission (EC), 5–6 Februar 2009, Brüssel, Belgien
43. Stellungnahme Nr. 047/2007 des BfR vom 11. Dezember 2007: Säuglingsanfangs- und Folgenahrung kann gesundheitlich bedenkliche 3-MCPD-Fettsäureester enthalten
44. European Food Safety Authority: Statement of the Scientific Panel on Contaminants in the Food chain (CONTAM) on a request from the European Commission related to 3-MCPD esters (Question No EFSA-Q-2008-258) Adopted by written procedure on 28 March 2008
45. Lynch, B. S., Bryant, D. W., Hook, G. J., Nestmann, E. R., Munro, I. C., Carcinogenicity of monochloro-1,2-propanediol (α-chlorohydrin, 3-MCPD). Intern J Toxicol 17 (1998) 47–76
46. VO (EG) Nr. 1881/2006 der Kommission vom 19. Dezember 2006 zur Festsetzung der Höchstgehalte für bestimmte Kontaminanten in Lebensmitteln. ABl. L 364 S. 5, zuletzt geändert am 2. Juli 2008, ABl. EG L 173 S. 6
47. Scientific Committee on Food: Opinion on 3-Monochloro-Propane-1,2-Diol (3-MCPD) updating the SCF opinion of 1994 adopted on 30. May 2001

48. Davidek, J., Velisek, J., Kubelka, V., Janicek, G., New Chlorinecontaining Compounds in Protein Hydrolysates. Recent developments in food analysis Proceedings of Euro Food Chem I. Ed. W. Baltes, P. B. Czedik-Eysenberg, and W. Pfannhauser. (1982) 322-325
49. Velisek, J., Calta, P., Crews, C., Hasnip, S., Dolezal, M., 3-Chloropropane-1,2-diol in models simulating processed foods: precursors and agents causing its decomposition. Czech Journal of Food Sciences. 21 (2003) 153-161

Weiterführende Literatur

- Bailey's Industrial Oil and Fat Products, Fifth edition, Edible Fats and Oils, Volumes 1–5, John Wiley and Sons Inc., New York 1996
- Bockisch M., Nahrungsfette und -öle, Verlag Eugen Ulmer, Stuttgart 1993
- Franke W., Nutzpflanzenkunde, G. Thieme Verlag, Stuttgart 1997
- Frankel E.N., Lipid Oxidation, The Oily Press, Dundee 1998
- Karleskind A. (Coord.), Manuel des Corps Gras, Lavoisier TEC&DOC, Paris 1992
- Meilgaard M., Civille G.V., Carr Th.C., Sensory evaluation techniques, 3rd edition, CRC Press, London 1999
- Pardun H., Analyse der Nahrungsfette, Paul Parey Verlag, Berlin 1976
- Roth L. und Kormann K., Ölpflanzen – Pflanzenöle, Fette Wachse Fettsäuren, ecomed Verlagsgesellschaft AG & Co. KG, Landsberg 2000
- Rossel J.B. (editor), Frying – Improving quality, Woodhead Publishing Limited, Cambridge 2001
- World Olive Oil Encyclopaedia, International Olive Oil Council, Madrid 1996

Kapitel 25

Getreide, Brot und Feine Backwaren

Hans-Uwe von Grabowski[1] · Birgit Rolfe[2]

[1] Zellbergstraße 5a, 38527 Meine, von.grabowski@t-online.de
[2] LAVES, Lebensmittelinstitut Oldenburg, Martin-Niemöller-Straße 2, 26133 Oldenburg, birgit.rolfe@laves.niedersachsen.de

25.1	Lebensmittelwarengruppen	634
25.2	Beurteilungsgrundlagen	634
25.3	Warenkunde	636
25.3.1	Allgemeines (Getreide, Brot und Feine Backwaren)	636
25.3.2	Getreidearten	637
25.3.3	Pflanzen, die wie Getreide verwendet werden	640
25.3.4	Trocknung, Lagerung, Reinigung	641
25.3.5	Getreideverarbeitung und primäre Getreideerzeugnisse	643
25.3.6	Weiter verarbeitete Getreideerzeugnisse	645
25.3.7	Brot	646
25.3.8	Kleingebäck	647
25.3.9	Feine Backwaren	648
25.3.10	Convenienceprodukte (Fertigmehle, tiefgekühlte Teiglinge)	648
25.3.11	Diätetische Backwaren	649
25.3.12	Öko-Backwaren	649
25.3.13	Inhaltsstoffe	649
25.3.14	Kontaminanten und Rückstände	652
25.4	Qualitätssicherung	654
25.4.1	QM-Systeme und Hygiene	654
25.4.2	Entnahme von Proben	656
25.4.3	Analytische Verfahren	657
25.5	Literatur	660

25.1
Lebensmittelwarengruppen

Es werden folgende Produkte behandelt:

Getreidearten (Gramineae)	**primäre Getreideprodukte**
Weizen	Schrot
Dinkel, Grünkern	Grieß
Roggen	Dunst
Triticale	Mehl
Gerste	Graupen
Hafer	Grützen
Mais	Flocken
Reis	
Hirse	
Kamut	

Pflanzen, die wie Getreide verwendet werden	**weiter verarbeitete Getreideprodukte**
Buchweizen (Polygonaceae)	Extrusionsprodukte
Amaranth (Amaranthaceae)	Stärke
Quinoa (Chenopodiaceae)	Malz
	Teigwaren

Brot einschließlich Kleingebäck	**Feine Backwaren**
Weizenbrote	Feinteige mit Hefe
Weizenmischbrote	Feinteige ohne Hefe
Roggenmischbrote	Massen mit Aufschlag
Roggenbrote	Massen ohne Aufschlag
Spezialbrote	

25.2
Beurteilungsgrundlagen

Getreide und Getreideerzeugnisse sind ebenso wie Brot und Feine Backwaren nach dem Lebensmittel- und Futtermittel-Gesetzbuch (LFGB) [1] Lebensmittel im Sinne des Artikels 2 der VO (EG) Nr. 178/2002 (BasisVO) (s. auch Kap. 1.6/2.4.1/3.2). Gesetzlich festgelegte Begriffsbestimmungen gibt es für diese Lebensmittel nicht. Man muss sich daher allgemeiner Verkehrsauffassungen bedienen, wie sie von der Deutschen Lebensmittelbuch-Kommission in Form von Leitsätzen erarbeitet und veröffentlicht wurden [2]. Der Gesundheitsschutz und der Schutz des Verbrauchers vor Täuschung sind in der Basis-VO und dem LFGB geregelt. Als weitere Beurteilungsgrundlagen sind vor allem folgende horizontale nationale Verordnungen zu nennen:

- Die Lebensmittel-Kennzeichnungsverordnung (LMKV) [3], welche die Kennzeichnung von Lebensmitteln in Fertigpackungen regelt.
- Die Zusatzstoffzulassungsverordnung (ZZulV) [4], in der neben einigen ergänzenden Kennzeichnungsvorschriften festgelegt ist, welche Zusatzstoffe in den verschiedenen Lebensmitteln enthalten sein dürfen und in welcher Menge. Beispielsweise ist in Stärke eine Höchstmenge an Schwefeldioxid und Sulfit (berechnet als SO_2) von 50 mg/kg zulässig. In abgepacktem und geschnittenem Brot gilt für den Konservierungsstoff Sorbinsäure eine Höchstmenge von 2 000 mg/kg. Mit Inkrafttreten der VO (EG) Nr. 1333/2008 (FIAP-VO-1333) wird die nationale Verordnung gegenstandslos.
- Die Nährwertkennzeichnungsverordnung (NKV) [5], in der die Art und Weise der Nährwertkennzeichnung vorgeschrieben ist.
- Die Diätverordnung (DiätV) [6], die den Verkehr mit diätetischen Lebensmitteln, zu denen auch die Säuglingsnahrung zählt, regelt (s. auch Kap. 34.2.2).

Begriffsbestimmungen für Getreide, Brot und Feine Backwaren findet man in den Leitsätzen für Brot und Kleingebäck [2] bzw. in den Leitsätzen für Feine Backwaren sowie im DLG-Backwarenkatalog. Hier finden sich auch Angaben über Mindestmengen an wertbestimmenden Zutaten. Dabei ist zu beachten, dass sich die Mindestmengen bei Brot und Feinen Backwaren teilweise unterscheiden. So müssen z. B. bei einem Milchbrot 50 Liter Milch/100 kg Mahlerzeugnis verwendet werden, bei einem Milchstuten als Feiner Backware aus Hefeteig dagegen nur 40 Liter und bei einem Milchkeks aus Nichthefeteig nur 20 Liter. Bei der Anwendung von Leitsatzregelungen ist zu beachten, dass es sich bei Leitsätzen nicht um verbindliche Rechtsnormen handelt. Sie haben vielmehr den Charakter objektivierter Sachverständigengutachten und bringen u. a. die nach allgemeiner Verkehrsauffassung übliche Verkehrsbezeichnung im Sinne der LMKV zum Ausdruck. In diesem Zusammenhang sei auf das Urteil des OLG Köln vom 18.01.2008, 6 U 144/07 hingewiesen, in dem sinngemäß festgestellt wird, dass die Leitsätze konkrete Feststellungen zur Verkehrsauffassung nicht ersetzen können.

Eine weitere horizontale Rechtsvorschrift ist die VO (EG) Nr. 396/2005 (EG-RHM-VO), die seit dem 1. September 2008 EU-weit gilt und die nationalen Regelungen ablöst. In ihr werden Höchstmengen an Pestiziden für pflanzliche Lebensmittel wie Obst, Gemüse und Getreide aber auch für tierische Erzeugnisse und Futtermittel festgelegt (s. auch Kap. 14.2.3). Für z. B. Säuglingsnahrung und Getreidebeikost finden sich spezielle Regelungen in der Anlage 23 der DiätV [6].

Für die Beurteilung von Mykotoxinen in Lebensmitteln sind verschiedene Rechtsgrundlagen maßgebend. Auf EU-Ebene gibt die [7] VO (EG) 1881/2006 Höchstmengen für die Mykotoxine Ochratoxin A, Deoxynivalenol, Zearalenon, Fumonisine, T-2- und HT-2-Toxin und die Aflatoxine für die verschiedenen Getreidearten und Getreideerzeugnisse an. Die nationale Mykotoxinhöchstmengenverordnung (MHmV) [8] regelt nur noch einige Besonderheiten. Nationale Höchstmengen für Mykotoxine in Lebensmitteln für Säuglinge und Kleinkinder sind in der DiätV [6] festgelegt (s. auch Kap. 34.2.2 und 17.2).

Die VO (EG) 687/2008 [9] Anhang 1 gibt vor, dass Konsumgetreide einen Gehalt an Mutterkorn von 0,05% nicht überschreiten darf, dies entspricht laut BfR einem Gesamtalkaloidgehalt von 1 000 µg/kg. EU-einheitliche Richt- bzw. Höchstwerte für den Gesamtalkaloidgehalt bzw. für toxikologisch relevante Einzelalkaloide des Mutterkorns existieren noch nicht.

Die früher im Getreidegesetz festgelegte Einhaltung von Mehltypen für die Brotgetreidearten Roggen, Weizen, Durumweizen und Dinkel besteht heute nur noch als DIN 10355 [10].

Die allgemeine Verkehrsauffassung von Teigwaren geben die Leitsätze für Teigwaren [11] wieder.

Neben einer Begriffsbestimmung enthalten diese Leitsätze u. a. Anforderung an den Mindesteigehalt von trockenen Eierteigwaren sowie Höchstgehalte an Natriumchlorid und Wasser.

25.3
Warenkunde

25.3.1
Allgemeines (Getreide, Brot und Feine Backwaren)

Mit einer jährlichen Gesamtproduktion von weltweit über zwei Milliarden Tonnen nehmen die Getreidearten eine eindeutige Spitzenposition unter allen Nahrungsmitteln pflanzlicher Herkunft ein. Die meistangebaute Getreideart ist Mais mit einer Jahreserntemenge 2007 von 791 Millionen Tonnen, die jedoch hauptsächlich für Futtermittel verwendet werden. Aber auch für die Erzeugung von Bioethanol gewinnt Mais an Bedeutung. Die für die unmittelbare menschliche Ernährung wichtigste Getreideart ist der Weizen mit einer Jahreserntemenge 2007 von 606 Millionen Tonnen, wovon 119 Millionen Tonnen aus der EU stammen, gefolgt von Reis mit 427 Millionen Tonnen [12].

Die Getreidepflanzen gehören botanisch betrachtet in die Gruppe der Kryptosamen (Bedecktsamer), die Klasse der Monokotyledonen (einkeimblättrige Pflanzen) und die Familie der Poaceae (Gramineae – Gräser).

Bedeutung für die Verwendung als Lebensmittel haben fast ausschließlich die Samenkörner der Pflanzen.

In Deutschland wird Getreide zu 65% als Futtermittel und zu 23% als Lebensmittel verwendet. Der Rest dient als Industriegetreide und Saatgut.

Wesentliche Bedeutung für die Ernährung von Mensch und Tier, aber auch für technische Zwecke, erhalten Getreidekörner durch ihren hohen Gehalt an Kohlenhydraten. Ernährungsphysiologisch sind darüber hinaus die Gehalte an Proteinen, Ballaststoffen, Mineralstoffen und Vitaminen (B-Gruppe, E) von Interesse. Eher als Nebenprodukt sind die aus den Getreidekeimlingen gewonnenen Öle anzusehen.

Getreide und die daraus gewonnenen Mahlerzeugnisse sind Grundlage für über 300 Brotsorten. Mit einer solchen Vielfalt steht Deutschland weltweit einzigartig da. Zwar gibt es nur vier Brot-Grundsorten, aber die Kreativität der Bäcker in Handwerks- und Großbäckereien führt durch Kombination von Mahlerzeugnissen verschiedener Getreidearten, die Art der Teigführung, die Verwendung weiterer Zutaten in unterschiedlicher Zahl und Menge und nicht zuletzt die Nutzung unterschiedlicher Backvorgänge zu dieser Bandbreite. Brot ist ein unverzichtbarer Bestandteil in der täglichen Ernährung. So werden z. B. zurzeit 86 kg Brot/Kopf/Jahr in Deutschland verzehrt. Der Anteil Brot deckt

- 21% des Energiebedarfs,
- 33% des Ballaststoffbedarfs,
- 30% des Eiweißbedarfs.

25.3.2
Getreidearten

Weizen (*Triticum*)
Weltweit von größter Bedeutung unter den Brotgetreidearten ist der Weizen. Man unterscheidet prinzipiell Sorten der diploiden Einkornreihe, der tetraploiden Emmerreihe und der hexaploiden Dinkelreihe. In jeder Reihe gibt es Wildformen, Spelzweizen, bei denen sich das Korn nur schwer von den Spelzen trennen lässt und Nacktweizen, die leicht dreschbar sind. Wirtschaftlich gesehen sind nur die Nacktweizen der Emmerreihe (z. B. der Durum-Weizen) und der Dinkelreihe (z. B. der Saatweizen) von Interesse.

Hinsichtlich der aus dem Korn gemahlenen Mehle trifft man in der Praxis eine Einteilung in Weich- und in Hartweizen. Die Mehrzahl der europäischen Weizen gehört in die erstgenannte Gruppe. Sie werden in erster Linie zur Brotherstellung und als Futtermittel verwendet. Hart- oder Durum-Weizen weist verglichen mit dem Weichweizen etwas schlechtere Backeigenschaften auf und hat in Europa seine größte Bedeutung als Ausgangsstoff für die Teigwarenherstellung. Er besitzt einen höheren Carotinoidgehalt als der Weichweizen und verleiht dem Mehl bzw. dem Grieß einen kräftig gelben Farbton.

Weizen weist mit dem Klebereiweiß eine Besonderheit auf, die ihm unter den übrigen Getreidearten die herausragenden Backeigenschaften verleiht. Nach dem Anteigen von Weizenmehl oder -schrot mit Wasser lässt sich durch das Auswaschen der Stärke und der Schalenbestandteile der elastische Kleber isolieren. Er besteht zu 90% aus Proteinen (Gliadin und Glutenin). Insbesondere aufgrund der darin enthaltenen Schwefelverbindungen und der daraus resultierenden Anzahl an Schwefelbrückenbindungen hat der Kleber eine wesentliche Bedeutung für die Hydratisierungs- und Gashalteeigenschaften des Brotteiges.

Dinkel (*Triticum spelta*), Grünkern
Dinkel ist ein bespelzter Weizen von geringerer wirtschaftlicher Bedeutung. Er lässt sich beim einfachen Dreschvorgang nur schwer von den Spelzen trennen. Deshalb müssen vor dem Vermahlen in der Mühle die Körner mit Hilfe eines

speziellen Schälvorgangs aus dem Spelz gelöst werden. Diesen Vorgang nennt man Gerben. Da Dinkel wie der Weizen Kleber enthält, kann er ebenfalls zum Backen eingesetzt werden. Die unreife Form des Dinkels nimmt beim Darren eine grüne Färbung an und wird dann als „Grünkern" bezeichnet. Er findet Verwendung als Nährmittel zur Zubereitung von Suppen und Klößen. Grünkern kann im Gegensatz zum reifen Dinkel allein nicht verbacken werden.

Besondere Wertschätzung genießt Dinkel bei den Anhängern von Reform- und Biokost. Dies ist zum einen auf seine ernährungsphysiologischen Werte, zum anderen auf seine Genügsamkeit und Robustheit zurückzuführen. Letztgenannte Eigenschaften bedingen, dass Dinkel kaum Dünger benötigt, da er darauf nur schlecht anspricht und dass kaum Pflanzenschutzmittel eingesetzt werden müssen, da er weitgehend resistent gegen Pilze und Schadinsekten ist. Zudem bilden die erst beim Gerben entfernten Spelzen einen natürlichen Schutz vor Kontaminationen.

Kamut (*Triticum turgidum polonicum*)
Kamut wird auch als Urweizen bezeichnet. Er gehört wie der Durum-Weizen zu der tetraploiden Reihe. Kamut hat ein süßliches, an Butter erinnerndes Aroma. Der Protein- und Fettgehalt liegt im Vergleich zum Weizen etwas höher, der Kohlenhydratanteil ist dafür niedriger.

Roggen (*Secale cereale*)
Als Hauptgrundstoff für die Brotherstellung wird insbesondere in Nordeuropa neben dem Weizen noch Roggen [13] angebaut.

Anders als beim Weizen erhält Roggen seine Backfähigkeit nicht durch Kleberproteine, sondern aufgrund von quellfähigen Pentosanen und Glycoproteinen, die sehr stark, insbesondere in saurem Milieu, Wasser binden können. Verarbeitet wird Roggenmehl daher überwiegend im Sauerteig. Häufig wird bei der Herstellung von Brot eine Mischung von Weizen- und Roggenmehl verwendet.

Triticale (*Triticosecale*)
Eine Kreuzung zwischen Weizen und Roggen, welcher der Wunsch zugrunde liegt, die geringeren Ansprüche des Roggens an den Boden mit den technologisch günstigeren Backeigenschaften des Weizens zu kombinieren, ist Triticale.

Hinsichtlich der Backfähigkeit sind die Eigenschaften beider Getreidearten in abgeschwächter Form erkennbar. Für helle Backwaren ist Triticalemehl aufgrund seiner Färbung nicht einsetzbar. Auf die Verwendung von Sauerteig kann beim Backen nicht verzichtet werden.

Gerste (*Hordeum vulgare*)
Bei der Gerste unterscheidet man je nach der Lage der Körner in der Ähre zwei-, vier- und sechszeilige Formen. Während die zweizeilige Gerste vorwiegend der Erzeugung von Braumalz dient, werden die vier- und sechszeiligen Formen als

Futter- und Industriegerste und in geringem Umfang auch zur Herstellung von Nährmitteln (Graupen, Grütze) eingesetzt.

Hafer (*Avena sativa*)

Die meist verbreitete Form des Hafers ist sehr spelzenreich und besitzt behaarte Körner. Hafer dient vor allem als Tierfutter für Pferde und Geflügel, aber auch zur Herstellung von Haferflocken. Hafer weist einen vergleichsweise hohen Fettgehalt auf (s. Tabelle 25.5).

Mais (*Zea mays*)

Botanisch gesehen weicht Mais von allen Getreidesorten durch einhäusige Getrenntgeschlechtigkeit ab. Der Halm wird 2,5 m hoch und bis 5 cm dick. Terminal endet er in einer männlichen Rispe. Die weiblichen Blütenstände entspringen den Blattachseln als Seitentriebe.

Mais hat eine relativ kurze Vegetationszeit von ca. 160 Tagen. Das Maiskorn unterscheidet sich durch Form und Größe wesentlich von anderen Getreidearten. Der Ölgehalt des ganzen Kornes ist mit durchschnittlich 3,8% im Vergleich zu den Brotgetreidearten Weizen und Roggen sehr hoch (siehe Tabelle 25.5).

Neben der wichtigen Rolle, die Mais als Futtermittel spielt, dient er als Rohstoff für die Stärkeproduktion und in Form von Maismehl oder -grieß (Polenta, Tortilla) als Ausgangsstoff für eine Vielzahl von Lebensmitteln. Als Zuckermais wird eine Sorte bezeichnet, die eine weichere Samenschale besitzt und deshalb nach dem Kochen den Verzehr als Gemüse erlaubt.

Reis (*Oryza sativa*)

Reis [14] ist das wichtigste Getreide der subtropischen und tropischen Regionen.

Reis wird im Unterschied zu anderen Getreidearten bis zur Reifezeit, d. h. 3–5 Monate, in seichtem Wasser stehend gehalten. In günstigen Klimalagen sind 3–4 Ernten im Jahr möglich.

Im rohen Korn (Paddy-Reis) sind die Vitamine vorwiegend im Silberhäutchen enthalten. Dies wird beim Polieren abgetrennt, so dass damit ein Großteil der Vitamine verloren geht. Beim Parboiling-Verfahren wird ungeschälter Reis unter Überdruck mit Wasserdampf behandelt. Dabei wandert ein Teil der Vitamine und der Mineralstoffe in innere Schichten und geht damit nach dem Trocknen und Schleifen nicht mehr verloren. Gleichzeitig verbessern sich die Kocheigenschaften. Im Handel unterscheidet man je nach Länge der Körner Lang- und Rundkornsorten.

Wildreis bzw. Wasserreis (*Zizania palustris*)

Wildreis ist botanisch kein Reis, sondern eine Wasserpflanze. Er wächst an kanadischen Seeufern und im Mississippi-Delta und muss von Kanus aus geerntet werden. Mit Stöcken werden die Halme des Rispengrases in das Kanu gezogen und die Körner aus den Ähren geschlagen.

Hirse

Unter der Bezeichnung Hirse wird eine Reihe von Getreidearten zusammengefasst, die verschiedenen Pflanzengattungen angehören und in ihren Wuchsformen, Eigenschaften und ihrer Verbreitung zum Teil erheblich voneinander abweichen. Es handelt sich botanisch beispielsweise um Rispenhirse (*Panicum miliaceum*), Kolbenhirse (*Setaria italica*) oder Mohrenhirse (*Sorghum bicolor*).

Die Mohrenhirse ist am weitesten verbreitet, besonders in Afrika und Amerika (Milo), als Brei-, Futter- und Industriepflanze.

25.3.3
Pflanzen, die wie Getreide verwendet werden

Hierbei handelt es sich um Arten, die botanisch gesehen nicht zu den Getreidearten zählen, die aber wegen gewisser Eigenschaften in ähnlicher Form verwendet werden.

Buchweizen (*Fagopyrum esculentum*)

Buchweizen [15] trägt seinen Namen streng genommen zu Unrecht, da er zu den Knöterichgewächsen gehört. Hinsichtlich der Hauptinhaltsstoffe ist eine gewisse Ähnlichkeit mit dem Weizen aber vorhanden. Die dreieckigen Körner des Buchweizens werden für Suppen, Grütze oder Pfannkuchen verwendet. Da das Mehl glutenfrei ist, kann es zur Ernährung bei Zoeliakie verwendet werden.

Amaranth (Amaranthaceae)

Es gibt neunhundert verschiedene Amaranth-Arten, die weltweit verbreitet sind. Die Samen der bereits seit Jahrtausenden bei den Indios Mittel- und Südamerikas kultivierten Pflanze werden wie Reis gekocht oder geröstet. Als Mehl vermahlen, dienen sie zur Herstellung von Fladenbrot. Blätter und Sprossachse können als Gemüse verzehrt werden. Das Eiweiß der Samen ist sehr lysinreich und dadurch biologisch sehr wertvoll. Amaranth ist in Deutschland bereits erfolgreich auf der Schwäbischen Alb angebaut worden.

Quinoa (Chenopodiaceae)

Quinoa ist eine anspruchslose Pflanze, die sowohl Frost als auch Dürre verträgt. Dies ist wohl auch der Grund, weshalb sie auch noch in Höhenlagen oberhalb 3500 NN wächst. Die Früchte enthalten bitter schmeckende Saponine, die vor dem Verzehr ausgewaschen werden müssen. Es gibt jedoch auch bitterstofffreie Varianten. Sie werden zur Herstellung von Suppe und Brei verwendet. Für die Herstellung von Brot ist Quinoamehl nur in Mischung mit Weizen geeignet. Die Blätter werden als Gemüse verzehrt.

25.3.4
Trocknung, Lagerung, Reinigung

Trocknung

Getreide als unser wichtigstes Lebensmittel muss stets in ausreichender Menge zu jeder Jahreszeit verfügbar sein. Hierzu bedarf es einer geeigneten Lagerhaltung damit die Qualität während der Lagerung erhalten bleibt. Wesentliches Kriterium für die Lagerfähigkeit des Getreides nach der Ernte ist der Wassergehalt, der nicht mehr als 14–16% betragen darf. Wird dieser Wert überschritten besteht eine erhöhte Gefahr der Bildung von Schimmelpilzen und deren möglicherweise gesundheitsgefährdenden Stoffwechselprodukten. Aber auch eine zu weit gehende Trocknung unter einen Wert von 9% sowie übermäßige Erhitzung führen zu Qualitätseinbußen des Korns, weil z. B. der Keimling abstirbt.

Es bedarf also einer ausgeklügelten Trocknungstechnik um zum einen die vorgenannten Schädigungen des Getreides zu vermeiden und zum anderen die Kosten der Trocknung so gering wie möglich zu halten.

Weltweit bewährt hat sich nach vorangehender Grobreinigung die Trocknung mit Warmluft in Dächerschachttrocknern, in denen Mengen von 5 bis 100 t pro Stunde kontinuierlich getrocknet werden können. Hierbei ist ein vertikal angeordneter Trocknerschacht mit waagerecht liegenden Strömungskanälen – den Zu- und Abluftdächern – ausgerüstet. Durch sie wird das Getreide, das den Trockner von oben nach unten durchläuft, gleichmäßig von erhitzter Luft durchströmt.

Getreidelagerung

Durch Trocknen, Kühlen und Reinigen kann feuchtes Getreide für eine längere Lagerung geeignet gemacht werden. Unter deutschen Klimaverhältnissen gilt Getreide als lagerfest mit einem Wassergehalt unter 14%, lagerfähig mit einem Gehalt von 14–16%, nicht oder bedingt lagerfähig mit einem Wassergehalt über 16%.

Zusätzlich muss das Getreide frei von Schädlingen sein. Zu den ärgsten Getreideschädlingen zählen Kornkäfer (*Sitophilus granarius*), Reismehlkäfer (*Tribolium*) und Motten (*Ephestia*) [16]. Um einem Befall vorzubeugen bzw. ihn bekämpfen zu können, muss der Lagerraum vor einer Neueinlagerung gereinigt und entseucht werden. Für die Schädlingsbekämpfung (Entwesen) z. B. mit Dibrommethan (Methylbromid) oder nach dessen Verbot ab März 2010 einem Ersatzstoff wie z. B. Sulfurylfluorid müssen gasdicht schließende Kammern vorhanden sein.

Boden und Wände müssen isoliert sein, um größere Schwankungen der Außentemperatur in ihrer Wirkung auf das Getreide zu vermindern.

Das Abkühlen des Getreides erfolgt, soweit klimatisch möglich, durch Belüften mit kühler Luft während der Nachtstunden.

Die Lagerung des Getreides erfolgt in Hallen mit glatten, fugenlosen Böden, mehrstöckigen Boden- oder Rieselspeichern oder in schachtartigen Silozellen.

Auf flachen Böden wird das Getreide lose geschüttet bis zu einer Höhe, die von seinem Feuchtigkeitsgehalt abhängig ist und bei gesundem Getreide bis 2 m betragen kann. Gesundes, lagerfestes Getreide kann im Silo bis zu mehrere Jahre lang gelagert werden.

In ein Lagerhaus gehören neben Einrichtungen zum Entwesen auch Möglichkeiten zum Reinigen, Belüften und Trocknen. Auf flachen Lagerböden erfolgt das Belüften durch Umlagern oder Herabrieseln (Rieselspeicher), oder der Boden wird mit einem netzartig verzweigten Röhrensystem zum Einpumpen und Verteilen von Luft ausgelegt. Die Silozellen werden unter Ausnutzen des kürzesten Weges vorwiegend in der Querrichtung belüftet.

Jeder Speicher muss aus Sicherheitsgründen auch mit Entstaubungsanlagen ausgerüstet sein.

„Kühl und trocken" ist eine Grundregel für jede Getreidelagerung. Da alle unerwünschten Veränderungen (wie Atmung, Schimmelbildung, Schädlingsentwicklung) mit einem allgemeinen oder lokal begrenzten Temperaturanstieg verbunden sind, ist eine ständige Kontrolle der Temperatur des Lagers an vielen Stellen wichtig. Moderne Speicher und Silos sind mit Fernthermometern ausgerüstet. Eine lokale Erhöhung der Temperatur um 3 °C gegenüber der Umgebung gilt als akutes Warnzeichen.

Zusätzliche Kontrollmaßnahmen sind: gelegentliche Probenahmen an verteilten Stellen, um Aussehen, Geruch und Feuchtigkeit zu prüfen, sowie Prüfung des Kohlendioxidgehaltes der Luft zwischen den Körnern.

Getreidereinigung

Das üblicherweise im Mähdruschverfahren geerntete Getreide enthält oft noch zahlreiche vom Feld stammende Verunreinigungen wie z. B. Erdklumpen, Steine, Metallteile, Unkrautsamen und Mutterkornsklerotien sowie verkümmerte Körner. Vor einer Verarbeitung zu Mahlprodukten muss das Getreide daher aufgereinigt werden. Dies kann sowohl trocken als auch nass geschehen, wobei das Trockenreinigungsverfahren am häufigsten angewendet wird. Ferner wird zwischen der Schwarz- und der Weißreinigung unterschieden. Unter der Schwarzreinigung wird die Entfernung von Verunreinigungen aller Art verstanden. Als Weißreinigung bezeichnet man das Entfernen von Keimling und Bestandteilen der äußeren Samenhülle.

Die für die Reinigung verwendeten Verfahren machen sich unterschiedliche physikalische Eigenschaften von Getreidekörnern und deren Verunreinigungen zunutze. Diese Unterschiede liegen in der Partikelgrösse und -form, genutzt beim Sieben und beim Auslesen von Unkrautsamen und verkümmerten sowie zerbrochenen Körnern im Gesämeausleser (Trieur), im unterschiedlichen spezifischen Gewicht, genutzt beim Ausblasen von Staub und Stroh mittels eines Aspirateurs und des unterschiedlichen Rollverhaltens von Getreidekörnern und z. B. Mutterkorn. Neuere Verfahren machen sich auch optische Eigenschaften des zu reinigenden Gutes zu Eigen, wie z. B. Farbunterschiede, die auf photoelektronischem

Wege durch Ansteuerung von Luftdüsen für ein Herausschießen der als Verunreinigung erkannten Bestandteile aus dem Getreidestrom sorgen.

Bei der Nassreinigung wird das Getreide gewaschen und anschließend wieder getrocknet.

25.3.5
Getreideverarbeitung und primäre Getreideerzeugnisse

Getreidekonditionierung (müllerische Vorbereitung)
Vor der Verarbeitung zu Mahlerzeugnissen bedarf das Getreide auf Grund der je nach Sorte, Herkunft und Vorgeschichte unterschiedlichen Voraussetzungen für den Vermahlungsprozess einer müllerischen Vorbereitung. Zweck dieser als Konditionierung bezeichneten Vorbereitung ist, durch Anwendung von Feuchtigkeit und Wärme innerhalb begrenzter Zeit das Korngefüge und damit die Mahl- und Backeigenschaften zu verbessern.

Vermahlung
Der Mahlprozess hat nicht nur die Zerkleinerung des Kornes zum Ziel, sondern auch eine Trennung der Kornschichten. Hierbei fallen Kornteile verschiedener Größe, Konsistenz und Zusammensetzung an. Circa 80% bilden die hellen Anteile des Endosperms, die sich zu einem Mehl mit unterschiedlicher Teilchengröße zerkleinern lassen; ca. 20% bilden die dunkel gefärbten Anteile der Randschichten (Aleuronschicht, Samen und Fruchtschale). Den geringsten Anteil (unter 1%) bilden Keimlingsteile. Durch ihren hohen Gehalt an Fett und fettspaltenden Enzymen setzen die Keimlinge die Haltbarkeit der Mahlprodukte herab, so dass sie – ausgenommen bei Vollkornprodukten – abgetrennt werden.

Der Aufbau des Getreidekornes mit seiner tiefen Einkerbung (Bauchfurche) erlaubt nicht, auf einfachem Wege den Mehlkern von den Randschichten 100%ig abzutrennen. Das technische Vermahlungsprinzip beruht vielmehr darauf, das Korn in viele grobe Stücke zu zerschneiden und von diesen Stücken nach und nach die Mehlteile durch Reibung und Druck abzulösen, bis die leeren Schalen übrig bleiben. Dabei lässt sich nicht vermeiden, dass im Mehl Schalenteilchen in Form feiner Splitter (Stippen) und in der Kleie Mehlreste bleiben.

Die Müllereitechnik führt die Zerkleinerung des Kornes im laufenden Strom zwischen rotierenden Kegeln, Steinen und großtechnisch insbesondere Walzen durch (Walzenstühle). Das anfallende Mahlgut wird durch mechanische Siebung im Plansichter fraktioniert.

In Abhängigkeit vom Teilchendurchmesser unterscheidet man [17]:

- Schrot (> 500 µm): grob und ungleich zerkleinerte Teile des ganzen Kornes
- Grieß (200–500 µm): sandkorngroße Teile des Mehlkernes
- Dunst (120–200 µm): körniges Mehl
- Mehl (14–120 µm): pulverfein.

Durch mehrfaches Wiederholen des Mahlens und Siebens werden mehlfeine Produkte unterschiedlicher Farbe und Zusammensetzung gewonnen (Passagen).

Schrot, Grieß, Dunst, Mehl

Schrote sind nur grob zerkleinerte Körner. Eine Siebung und damit eine Abtrennung von Schalenbestandteilen findet hier noch nicht statt. Die Zusammensetzung entspricht damit weitgehend der des ganzen Kornes. Bei der Herstellung von Grieß, Dunst oder Mehl findet dagegen eine Siebung statt, welche die stoffliche Zusammensetzung gegenüber dem Ausgangsgetreide verändert.

Je höher der Ausmahlungsgrad (Menge des Mahlproduktes bezogen auf die Menge des eingesetzten Getreides) ist, umso größer ist der Anteil an Schalenbestandteilen im Mehl. Dies spiegelt sich in der zunehmend dunkleren Farbe des Mehles wider. In den Randschichten des Getreidekornes ist der Mineralstoff- und damit der Aschegehalt am höchsten. Deshalb besteht ein Zusammenhang zwischen dem Ausmahlungsgrad und dem Aschegehalt, der sich in der Bezeichnung der Mehltype wieder findet. Ein Mehl mit der Typenbezeichnung „550" hat einen mittleren Aschegehalt von 550 g in 100 kg Trockensubstanz (siehe Tabelle 25.1).

Von der Teilchengröße eines Mehles hängen wichtige Eigenschaften ab; vor allem die Geschwindigkeit der Wasserbindung, Quellung und Gärung. Eine Teilchengröße von 75–125 µm ist backtechnisch günstig, unter 50 µm unerwünscht.

Tabelle 25.1. Klassifizierung von Mehltypen [10]

Mehlart	Type	Mineralstoffgehalt (in g/100 g TM)
Weizenmehl	405	max. 0,50
	550	0,51–0,63
	812	0,64–0,90
	1 050	0,91–1,20
	1 600	1,21–1,80
Roggenmehl	815	max. 0,90
	997	0,91–1,10
	1 150	1,11–1,30
	1 370	1,31–1,60
	1 740	1,61–1,80

Graupen

Graupen werden aus Gerste durch Schälen und Polieren gewonnen. Eine Vermahlung findet dabei nicht statt. Für den Handel erfolgt eine Größensortierung.

Grützen

Grützen werden aus Gerste und aus Hafer gewonnen. Nach dem Schälen werden die Körner geschnitten. Beim fettreichen Hafer erfolgt zur Inaktivierung von Enzymen (Peroxidasen und Tyrosinasen) eine Hitzebehandlung.

Flocken

Durch Schälen, Darren und Walzen von Haferkörnern erhält man Haferflocken. Zwecks besserer Verdaubarkeit werden die Körner zu Beginn der Verarbeitung gedämpft, wobei ein teilweiser Aufschluss der Stärke erfolgt. Von geringerer Bedeutung sind Flocken anderer Getreidearten.

Cornflakes

Cornflakes werden aus Maisgrieß hergestellt. Man kocht das Rohmaterial mit Malzsirup, trocknet, dämpft und walzt. Abschließend erfolgt eine Röstung.

25.3.6
Weiter verarbeitete Getreideerzeugnisse

Extrusionsprodukte

Beim Extrudieren werden mit Wasser und verschiedenen Zusätzen angeteigte Getreidemehle bei hohen Temperaturen bis zu 180 °C in Schraubenpressen verdichtet und durch eine je nach Produkt unterschiedlich geformte Düse gedrückt. Bei dem dabei entstehenden Druckabfall bläht sich die Substanz auf und man erhält ein Produkt, das nach dem Trocknen, Schneiden und Rösten eine luftig-lockere Konsistenz aufweist. Zu den bekanntesten Vertretern dieser Produktgattung zählen Snacks wie z. B. Erdnussflips. Diese sind aus Maisgrieß hergestellt und mit Erdnusserzeugnissen aromatisiert. Aber auch knäckebrotartige Trockenflachbrote und einige Frühstückscerealien werden im Extrusionsverfahren hergestellt.

Stärke

Wegen des hohen Anteils an Stärke [18] eignen sich fast alle Getreide gut zur Herstellung von Stärkemehlen. Die Isolierung erfolgt bei Weizen durch das Auswaschen aus den Mehlen und eine anschließende fraktionierte Zentrifugation. Bei Mais und bei Reis ist eine Quellung der Körner in warmem schwefeldioxidhaltigem Wasser bzw. in sehr verdünnter Natronlauge erforderlich, um bei Mais die Stärke von den übrigen Kornbestandteilen leichter abtrennen zu können bzw. bei Reis das Eiweiß herauszulösen. Roggenstärke ist wegen des Anteils an quellfähigen Pentosanen nur schwer isolierbar.

Außer aus Getreide wird Stärke auch aus Kartoffeln, Maniok, Tapioka und Sago gewonnen. Allgemein sind reine Stärken Produkte mit 83–87% Kohlenhydraten und 12–16% Wasser.

Malz
Beim Mälzen lässt man Getreide ankeimen und unterwirft es für bestimmte Zwecke einer Wärme- bzw. Hitzebehandlung [19]. Dabei kommt es zur enzymatischen Verzuckerung der Stärke zu Maltose und Dextrinen sowie zu Eiweißveränderungen. Beides führt zur Bildung von Aromastoffen.

Malz wird in großen Mengen zum Bierbrauen, darüber hinaus aber auch für Produkte wie Malzbonbons, Ersatzkaffeeerzeugnisse oder als Zusatz zu Backwaren verwendet.

Teigwaren
Teigwaren sind kochfertige Getreideerzeugnisse und werden aus Weizenmahlprodukten, Wasser, Salz und eventuell Frisch- bzw. Trockenei hergestellt. Eingesetzt werden können Mehle, Dunst oder Grieß aus Hart- aber auch aus Weichweizen.

Die Leitsätze für Teigwaren unterscheiden Eier-Teigwaren und eifreie Teigwaren einerseits sowie Grieß- und Mehlteigwaren andererseits. Darüber hinaus werden Teigwaren besonderer Art definiert. Der Ausmahlungsgrad der verwendeten Mehle darf 70% nicht überschreiten. Bei eihaltigen Erzeugnissen ist ein Mindesteigehalt einzuhalten. Eierteigwaren weisen eine stärkere Gelbfärbung auf als eifreie Erzeugnisse und dürfen zum Schutz vor Täuschung nicht gefärbt oder mit Lecithin versetzt werden.

Sonstige
Weitere Produkte, die u. a. aus Getreide hergestellt werden, sind außer den nachfolgend beschriebenen Gruppen Brot, Kleingebäck und Feine Backwaren noch Bier und Spirituosen (s. auch Kap. 27.3 und Tabelle 29.3).

25.3.7
Brot

Brot wird ganz oder teilweise aus Getreide und/oder Getreideerzeugnissen in gemahlener und/oder geschroteter und/oder gequetschter Form durch Bereiten eines Teiges, Formen, Lockern und Backen (einschließlich Fritieren, Heißextrudieren usw.) hergestellt. Zur Herstellung von Brot können außerdem Trinkwasser, Lockerungsmittel, Speisesalz sowie des Weiteren Fettstoffe (Lipide), Zuckerarten, Milch und/oder Milchprodukte, Leguminosenerzeugnisse, Kartoffelerzeugnisse, Gewürze, Rosinen/Sultaninen, Ölsamen, Getreidekeime, Speisekleien, Restbrot (bei Brot mit überwiegendem Weizenanteil bis zu 6 Prozent, bei überwiegendem Roggenanteil bis zu 20 Prozent, jewels berechnet als Frischbrot) und Stärken aus den Getreidearten, auch in Form von Backmitteln, verwendet werden [2, 20].

Der Gehalt an Fettstoffen und/oder Zuckerarten beträgt weniger als 10 Teile auf 90 Teile Getreideerzeugnisse mit einem mittleren Feuchtigkeitsgehalt von

15%. Die in der Milch oder den Milchprodukten enthaltenen und/oder dem Brot anhaftenden Fettstoffe und/oder Zuckerarten werden mitgerechnet. Dieser Wert entspricht einer Zusatzhöhe von ca. 11%, berechnet auf die Getreideerzeugnisse.

In Tabelle 25.2 wurde die Gruppeneinteilung der Brote zusammengestellt. Innerhalb jeder Gruppe gibt es mindestens ein Mehlbrot, Mehlbrot mit Schrotanteilen, Schrotbrot und Vollkornbrot. Bei den Weizenbroten sind vor allem die Toastbrote bekannt.

Tabelle 25.2. Einteilung der Brote

Weizenbrote	mind. 90% Weizen
Weizenmischbrote	50–89% Weizen
Roggenmischbrote	50–89% Roggen
Roggenbrote	mind. 90% Roggen

Tabelle 25.3 zeigt die Einteilung der Spezialbrote.

Tabelle 25.3. Einteilung der Spezialbrote

Mit besonderen Getreidearten (z. B. Dreikornbrot)
Mit besonderen Zutaten pflanzlichen Ursprungs (z. B. Weizenkeimbrot, Möhrenbrot)
Mit besonderen Zutaten tierischen Ursprungs (z. B. Milchbrot)
Mit besonderen Teigführungen (z. B. Sauerteigbrot)
Mit besonderen Backverfahren (z. B. Holzofenbrot)

So werden z. B. bei den Spezialbroten mit besonderen Zutaten pflanzlichen Ursprungs inzwischen fast 20 verschiedene Ölsamen eingesetzt. Verstärkt werden jetzt auch Pseudocerealien, wie Amaranth und Quinoa, verwendet.

25.3.8
Kleingebäck

Kleingebäck ist eine Backware entsprechend der Definition für Brot. Kleingebäck unterscheidet sich von Brot in der Regel nicht durch seine Bestandteile, sondern durch Größe, Form und Gewicht. Das Gewicht für Kleingebäck beträgt maximal 250 g [2, 20].

Kleingebäck wird in der Hauptsache als Weißbackware angeboten, bei der mindestens 90% der verwendeten Getreidemahlerzeugnisse aus Weizen stammen. Daneben gibt es auch viele Kleingebäcksorten, die aus Mischungen von Weizen- und Roggenerzeugnissen hergestellt werden. Seit einigen Jahren werden auch verstärkt Vollkorn-Kleingebäcke angeboten. Für die Verkehrsbezeichnungen gelten die gleichen Begriffsbestimmungen wie bei Brot (z. B. Vollkornbrötchen, Weizenmischbrötchen). Nur bei Roggenbrötchen besteht eine Ausnahme. Hier reicht zurzeit noch ein Mindestanteil von 50% Roggen aus [2, 20].

25.3.9
Feine Backwaren

Feine Backwaren werden durch Backen, Rösten, Trocknen, Heißextrusion oder andere technologische Verfahren aus hierzu geeigneten Rohstoffen hergestellt. Sie unterscheiden sich von Brot und Kleingebäck dadurch, dass ihr Gehalt an rezepturmäßig zugesetzten Fettstoffen und/oder Zuckerarten in der Regel mindestens 10 Teile auf 90 Teile Getreideerzeugnissen und/oder Stärke beträgt. An Rezepturbestandteilen werden außer Getreideerzeugnissen Salz, Hefe, Backtriebmittel, Gewürze, Aromen und Backmittel, Stärke, Ölsamen, Trockenfrüchte, Fettstoffe, Zuckerarten, Milcherzeugnisse, Eier, Ölsamenfüllungen, Obstfüllungen usw. verwendet [2, 20]. Die Einteilung der Feinen Backwaren geschieht nicht, wie bei Brot, aufgrund der verwendeten Getreiderohstoffe, sondern nach verfahrenstechnischen Prinzipien. In Tabelle 25.4 wird diese grundsätzliche Unterteilung in Feine Backwaren aus Teigen und Feine Backwaren aus Massen wiedergegeben. Feine Backwaren mit nicht durcherhitzter Füllung sind besonders mikrobiologisch gefährdet. Für diese Produktgruppe hat die DGHM eigene mikrobiologische Richt- und Warnwerte [21] veröffentlicht (s. auch Kap. 19.7).

Tabelle 25.4. Einteilung der Feinen Backwaren

Feinteige mit Hefe	Stuten, Stollen, Zwieback
Feinteige ohne Hefe	Kekse, Lebkuchen, Blätterteig
Massen mit Aufschlag	Baumkuchen, Biskuit, Sandkuchen
Massen ohne Aufschlag	Waffeln, Windbeutel

25.3.10
Convenienceprodukte (Fertigmehle, tiefgekühlte Teiglinge)

Brot und Feine Backwaren werden zu einem gewissen Prozentsatz (3,5–5% der Mehlproduktion) bereits aus Convenienceprodukten (so z. B. Fertigmehlen) hergestellt. Diese Fertigmehle enthalten z. B. sämtliche haltbaren Rezepturbestandteile in einer Mischung. Zu den nicht haltbaren Rezepturbestandteilen zählen u. a. Hefe, Butter und Sahne. Die Convenienceprodukte helfen mit, dass der Backbetrieb ein sehr umfangreiches Backwarensortiment mit guter Qualität anbieten kann, vor allem bei den Sorten, deren Umsatz relativ niedrig liegt.

In großem Umfang werden zusätzlich gefrostete Teiglinge und zum Teil vorgebackene Brötchen und Brote angeboten. Dies ermöglicht die laufend frische Herstellung von Backwaren z. B. in Filialen.

Bei tiefgekühlten Backwaren werden üblicherweise vier Convenience-Stufen unterschieden:

Stufe 1: ungegarter Teigling, tiefgekühlt nach dem Formen des Teiges
Stufe 2: vorgegarter Teigling, tiefgekühlt nach dem Gärprozess

Stufe 3: Halbback-Produkt, tiefgekühlt nach dem Vorbacken
Stufe 4: Fertigback-Produkt, tiefgekühlt nach dem Ausbacken.

25.3.11
Diätetische Backwaren

Bei der Herstellung dieser Backwaren müssen die Vorschriften der Diät-Verordnung [6] beachtet werden (s. auch Kap. 34.2.2). Diätetische Backwaren sind Lebensmittel, die bestimmt sind, einem besonderen Ernährungszweck zu dienen. Im Einzelnen unterscheidet man:

- eiweißarme Backwaren (diese Gebäcke werden aus eiweißarmen Stärken und Bindemitteln hergestellt),
- glutenfreie (gliadinfreie) Backwaren (zu ihrer Herstellung dürfen keine Erzeugnisse aus Weizen, Roggen, Gerste und Hafer verwendet werden),
- Diabetiker-Backwaren (zur Herstellung dieser Produktgruppe darf kein Zucker in Form von Saccharose, Traubenzucker, Invertzucker, Malzzucker und Milchzucker verwendet werden. Es können Zuckeraustauschstoffe wie Fructose, Sorbit, Xylit, Maltit, Mannit und Isomalt eingesetzt werden),
- Natriumarme Backwaren (bei natriumarmen Backwaren darf der Natriumgehalt die Menge von 120 mg Na/100 g Backware nicht überschreiten; bei streng natriumarmen Backwaren liegt der Grenzwert bei 40 mg Na/100 g Backware).

25.3.12
Öko-Backwaren

Seit den 80er Jahren steigt der Öko-Landbau ständig an und hat Ende 2007 in Deutschland eine Fläche von 865 336 Hektar (also über 8 600 qkm) erreicht. Das entspricht einem Anteil der Öko-Landwirtschaft von ca. 5% an der Gesamtfläche aller landwirtschaftlichen Betriebe [22]. Somit gibt es auch einen langsam ansteigenden Öko-Backwarenmarkt, der inzwischen einen Anteil von 2–3%, bezogen auf dem gesamten Backwarenmarkt, erreicht hat [23, 24]. Bei der Herstellung und Vermarktung müssen die Vorschriften der EG-Öko-Basisverordnung beachtet werden [25]. Mehrjährige Vergleichsversuche haben gezeigt, dass sich Öko-Backwaren nur in der Prozessqualität, jedoch nicht in der Produktqualität (sensorische Qualität, Nährwert, Schadstoffgehalt usw.) von konventionellen Backwaren unterscheiden [23, 24].

25.3.13
Inhaltsstoffe

Allgemeine Informationen über die Inhaltsstoffe von Getreide und Pseudogetreide sind der Tabelle 25.5 zu entnehmen. Tabelle 25.6 beinhaltet Angaben über die Vitamingehalte von Getreide und Buchweizen.

Tabelle 25.5. Inhaltsstoffe von Getreide sowie Buchweizen, Amaranth und Quinoa (g/100 g) [26]

	Wasser	Protein $N \times 5{,}8$	Fett	Mineralstoffe	Kohlenhydrate (Differenz-) berechnung	Ballaststoffe
Weizen	12,7	10,6	1,8	1,7	59,5	13,3
Grünkern (Dinkel)	12,5	10,8	2,7	2,0	63,2	8,8
Roggen	13,7	8,8	1,7	1,9	60,7	13,2
Triticale	12,3	12,3	2,5	1,9	63,7	6,7
Gerste	12,7	10,4	2,1	2,3	63,3	9,8
Hafer	13,0	9,9	7,1	2,9	55,7	9,7
Mais	11,2	8,0	3,8	1,3	64,2	9,7
Reis, unpoliert	13,1	7,2	2,2	1,2	74,1	2,2
Reis, poliert	13,0	6,8	0,6	0,5	77,7	1,4
Hirse	12,1	9,8	3,9	1,6	68,8	3,8
Buchweizen	12,8	9,1	1,7	1,7	71,0	3,7
Amaranth	11,1	14,6	8,8	3,3	56,8	k. a.
Quinoa	12,7	13,8	5,0	3,3	58,5	6,6

k. a. = keine Angabe

Tabelle 25.6. Vitamine in Getreide sowie in Buchweizen (in µg/100 g) [26]

Vitamin	B_1	B_2	B_6	E (Gesamttocopherolgehalt)	Nicotinamid
Weizen	455	94	269	4 000	5 100
Roggen	368	170	233	4 000	1 810
Gerste	430	180	560	2 200	4 800
Hafer, entspelzt	674	170	960	1 800	2 400
Mais	360	200	400	6 600	1 500
Reis, unpoliert	410	91	275	1 900	5 200
Reis, poliert	60	32	150	800	1 300
Hirse (Rispenhirse)	433	109	519	4 000	1 800
Buchweizen	240	150	k. a.	6 500	2 900

k. a. = keine Angabe

In Tabelle 25.7 sind die Inhaltsstoffe von Mehlen aufgeführt.

Die gesetzlichen Grundlagen für Nährwertangaben befinden sich in der NKV [5] (s. auch Kap. 3.4.3). Bei der Berechnung der Kohlenhydrate werden die Gesamtballaststoffe in Abzug gebracht. In Tabelle 25.8 wird ein Überblick über die wichtigsten Nährstoffe und Brennwerte von Brot, in Abhängigkeit von den verschiedenen Sorten, gegeben [26].

Tabelle 25.7. Inhaltsstoffe von Mehlen (%) [26]

	Wasser	Protein $N \times 5{,}8$	Fett	Mineralstoffe	Verfügbare Kohlenhydrate	Ballaststoffe
Weizenmehl						
Type 405	13,9	9,8	1,0	0,35	70,9	4,0
Type 1700	12,6	11,2	2,1	1,49	60,9	11,7
Roggenmehl						
Type 815	14,3	6,4	1,0	0,70	71,0	6,5
Type 1800	14,3	10,0	1,5	1,54	59,0	14,1
Dinkelvollkornmehl	9,8	13,2	2,6	1,89	64,0	8,4

Tabelle 25.8. Nährstoffe und Brennwert von Brot (Angaben in g/100 g)

	Feuchtigkeit	Fett	Protein ($N \times 5{,}8$)	Kohlenhydrate	Ballaststoffe	Brennwert kJ	kcal
Roggenknäckebrot	6,4	2,8	10,2	64,5	14,1	1 376	324
Roggenschrot- und -vollkornbrot	43,8	1,2	6,3	39,9	7,9	831	196
Roggen(mehl)brot	42,2	0,9	4,7	43,0	6,1	845	199
Mischbrot	40,5	1,2	6,5	47,2	4,6	959	226
Weizen(mehl)brot	36,2	1,8	8,3	49,6	3,2	1 053	248
Weizentoastbrot	35,0	3,9	8,0	47,8	2,9	1 097	258
Weizenschrot- und -vollkornbrot	43,4	1,2	6,7	41,5	5,9	865	204
Weizenbrötchen	34,0	1,0	7,7	49,3	3,4	1 007	237
Vollkornbrötchen	34,0	1,4	7,8	46,2	10,6	971	229

Es ist deutlich, dass eine direkte Beziehung zwischen Feuchtigkeits- und Ballaststoffgehalt auf der einen Seite und dem Brennwert auf der anderen Seite besteht. Die höchsten Gesamtballaststoffgehalte haben die Vollkornbrote, den höchsten Brennwert das Knäckebrot aufgrund des niedrigen Feuchtigkeitsgehaltes.

Tabelle 25.9 enthält Angaben über Mineralstoffe und Vitamine bei den verschiedenen Brotsorten. Die wichtigsten Mineralstoffe sind Natrium und Kalium, die wichtigsten Vitamine B_1 und B_2.

Über die Nährstoffe und den Brennwert von Feinen Backwaren gibt es sehr widersprüchliche Informationen [28]. Im Allgemeinen werden Feine Backwaren als energiereich bezeichnet. In Tabelle 25.10 wurden daher einige typische Feine Backwaren ausgesucht und mit ihren Nährstoffgehalten und dem Brennwert angegeben. Neben fettreichen Feinen Backwaren, die dann auch einen ho-

Tabelle 25.9. Vitamine und Mineralstoffe von Brot (mittlerer Gehalt in 100 g)

	Mineralstoffe					Vitamine		
	Natrium mg	Kalium mg	Calcium mg	Phosphor mg	Eisen mg	B_1 µg	B_2 µg	Niacin mg
Knäckebrot	463	436	55	380	5,0	200	180	1,1
Roggenschrot- und -vollkornbrot	424	291	56	153	3,0	180	150	1,0
Roggen(mehl)brot	520	230	20	134	1,9	160	120	1,1
Roggenmischbrot	400	230	23	167	2,3	180	80	1,0
Weizenmischbrot	400	210	26	110	1,7	140	70	1,2
Weizen(mehl)brot	385	130	25	90	0,9	90	60	1,0
Weizentoastbrot	380	130	25	90	0,9	80	50	1,0
Weizenschrot- und -vollkornbrot	430	210	95	265	2,0	230	150	3,3
Weizenbrötchen	485	115	25	110	0,6	100	50	1,0

Tabelle 25.10. Nährstoffe und Brennwert von Feinen Backwaren (Angaben in g/100 g)

	Feuchtigkeit	Fett	Protein ($N \times 5,8$)	Kohlenhydrate	Ballaststoffe	Brennwert kJ	kcal
Butter-Streuselkuchen	17,2	18,1	5,8	57,5	0,7	1 766	417
Zwieback	4,2	10,4	10,6	67,6	5,2	1 736	409
Dresdner Stollen	21,0	13,5	4,7	57,8	1,7	1 576	372
Berliner Pfannkuchen	25,3	14,2	6,8	50,9	1,6	1 520	359
Bienenstich	42,6	14,6	4,5	34,2	3,0	1 213	286
Apfelkuchen	50,9	5,9	2,6	37,8	2,2	917	215
Pflaumenkuchen	61,6	3,3	3,1	26,4	4,9	627	148

hen Brennwert haben, gibt es aber auch energiearme Feine Backwaren, wie z. B. Apfel- und Pflaumenkuchen.

25.3.14
Kontaminanten und Rückstände

Mykotoxine
Getreide ist dem Befall von Schimmelpilzen, die Mykotoxine [29] bilden, permanent ausgesetzt. Insbesondere Spezies der Gattungen *Aspergillus*, *Penicillium* und *Fusarium* bilden solche giftigen Stoffwechselprodukte.

Dem entsprechend finden sich auf Getreide hauptsächlich die Mykotoxine Aflatoxine, Zearalenon, Ochratoxin A sowie Fumonisine und Deoxynivalenol (DON).

Als Mutterkorn wird die Dauerform des parasitären Pilzes *Claviceps purpurea* bezeichnet, der verstärkt in feuchten Jahren auf Getreideähren, vor allem bei Hybrid-Roggen und Triticale, vorkommen kann. Es handelt sich um äußerlich schwarz gefärbte Sklerotien, die sich an den Getreide-Ähren statt der Körner entwickeln. Sie enthalten durchschnittlich 0,2% Alkaloide, die die menschliche Gesundheit schwer schädigen können, wegen ihrer Wirkungen aber auch in der Medizin eingesetzt werden. Eine Aufnahme von 5–10 g frischem Mutterkorn kann für Erwachsene tödlich sein (s. auch Kap. 17.3.1 mit Tabelle 17.1).

Pestizide

Bei konventionell angebautem Getreide ist der Einsatz von bestimmten Pflanzenschutzmitteln gestattet. Die Anwendungen erfolgen in der Regel sehr gezielt, so dass Höchstmengenüberschreitungen äußerst selten vorkommen [30]. Öko-Getreide muss nach den Vorgaben der VO (EG) Nr. 834/2007 (EG-Öko-BasisVO) [25] hergestellt werden und darf nur in Ausnahmefällen mit Pestiziden behandelt werden. Siehe hierzu auch VO (EG) Nr. 889/2008 mit Durchführungsvorschriften [42].

Schwermetalle

Langjährige Untersuchungen haben gezeigt, dass es nur selten Höchstmengenüberschreitungen bei Cadmium und Blei gibt. Der Grund dafür ist, dass mit Ausnahme einiger Schwemmlandböden im Vorharzgebiet die Gehalte der Böden in der Regel so gering sind, dass die Höchstmenge von 0,2 mg Blei/kg Getreide-Frischgewicht und 0,1 mg Cadmium/kg Getreide außer Kleie, Keime, Weizen und Reis (für die ein Höchstgehalt von 0,2 mg/kg gilt) nicht erreicht wird [7].

Weitere Schadstoffe

Acrylamid und 3-MCPD

Acrylamid entsteht als Reaktion von reduzierenden Zuckern (Glucose, Fructose) und der Aminosäure Asparagin. Diese Bausteine befinden sich insbesondere in Getreide und Kartoffeln. Es entsteht insbesondere bei der Erhitzung über 120 °C. Die Bildung ist abhängig von der Erhitzungsdauer und vom Wassergehalt des Lebensmittels [31]. Acrylamid wirkt im Tierversuch krebserzeugend und erbgutverändernd. Mit Hilfe von Minimierungsprogrammen wurden die Gehalte bei besonders gefährdeten Backwaren erheblich gesenkt. Das BVL veröffentlicht im Internet Signalwerte für bestimmte Lebensmittelgruppen, die jährlich aktualisiert werden.

Ähnliches gilt für 3-MCPD (3-Chlor-1,2-Propandiol) im Brot. Auf den Verzehr von dunklen Krusten und verbrannten Stellen sollte verzichtet werden.

Cumarin

In der Diskussion steht aufgrund seiner Lebertoxizität der insbesondere in Cassia-Zimt und damit auch in zimthaltigen Lebensmitteln (z. B. Zimtsternen) enthaltene Aromastoff Cumarin. Das BfR stellt fest, dass bei Verbrauchern, die viel Zimt verzehren, aufgrund der überwiegenden Verwendung von Cassia-Zimt, eine schädigende Wirkung nicht ausgeschlossen werden kann [32]. Unbelastet ist der seltener zu findende Ceylon-Zimt.

Für Cumarin in Zimt ist derzeit kein Höchstgehalt festgelegt. Das BfR hält jedoch die Festlegung von Cumarin-Höchstgehalten für Zimt für sinnvoll.

In FIAP-VO-1334 Anhang 3, Teil B werden Höchstmengen für Lebensmittel festgelegt, denen Zimt zugesetzt wird (nicht aber für Zimt selbst!). Die VO gilt ab dem 20.01.2011. Zurzeit läuft eine Anfrage beim ALS, die voraussichtlich zum Ergebnis haben wird, dass die Bundesländer diese Höchstmengen im Vorgriff auf das Inkrafttreten der VO bundeseinheitlich anwenden werden.

Morphin

Ein weiterer unerwünschter Stoff ist Morphin in Mohn. Nach den bisherigen Erkenntnissen scheint der Morphingehalt in Speisemohn vor allem von der Mohnsorte und dem jeweiligen Ernteverfahren abhängig zu sein. Durch entsprechende Verarbeitungsschritte vor der Verarbeitung zu Mohnkuchen etc. wie Waschen, Mahlen oder Erhitzen konnten die Morphingehalte auf unbedenkliche Werte gesenkt werden [33].

25.4
Qualitätssicherung

25.4.1
QM-Systeme und Hygiene

Grundlage für Hygiene und betriebseigene Kontrollen und Maßnahmen ist die Verordnung (EG) Nr. 852/2004 (LMH-VO-852) [34]. Sie gilt für alle Produktions-, Verarbeitungs- und Vertriebsstufen von Lebensmitteln und für Ausfuhren sowie unbeschadet spezifischerer Vorschriften für die Hygiene von Lebensmitteln.

Danach haben – aufbauend auf allgemeine Hygieneanforderungen – die Lebensmittelunternehmer ein oder mehrere ständige Verfahren, die auf den HACCP-Grundsätzen beruhen, einzurichten, durchzuführen und aufrechtzuerhalten.

Um diese Forderung in Getreide- und Getreideerzeugnisse verarbeitenden bzw. herstellenden Betrieben praxisgerecht umsetzen zu können, haben Interessenverbände wie z. B. die Arbeitsgemeinschaft deutscher Handelsmühlen und der Zentralverband des Deutschen Bäckerhandwerks e.V., Leitlinien herausgegeben. Diese enthalten u. a. Hinweise über die Beschaffenheit und die Lage von Betriebsgebäuden und Fertigungsanlagen, die Hygiene in verschiedenen Produktionsstufen sowie Ausführungen zur Transport- und Personalhygiene [35]. Des Weiteren beinhalten sie grundsätzliche Überlegungen zur Einrichtung betriebseigener Maßnahmen und Kontrollen (BMK) nach dem HACCP System.

Grundsätzliche Maßnahmen zur Lenkung gesundheitlicher Gefahren bei Getreide und Getreideerzeugnissen sind:

- Bei biologischen Gefahren: Einhaltung bestimmter Temperatur- und Feuchtigkeitslimits
- Bei chemischen Gefahren: gründliches Belüften nach Begasung; Durchführung von Analysen zur Produktfreigabe
- Bei physikalischen Gefahren: Sieben, Verlesen, Einsatz von Metalldetektoren.

Speziell im Backwarenbereich sind folgende Kontrollen durchzuführen:

- Rohstoffe: Fremdkörper, Sensorik (Geruch, Geschmack),
- Teig-/Massenherstellung und -aufarbeitung: Fremdkörper, Betriebshygiene,
- Kühleinrichtungen: Temperatur < 7 °C,
- Tiefkühleinrichtungen: Temperatur −18 °C (±3 °C).

Bei Abweichungen von der vorgegebenen Norm sind entsprechende Korrekturmaßnahmen vorzunehmen.

Generell ist der am schwierigsten zu erreichende Punkt im Bereich der Herstellung und des Vertriebs von Lebensmitteln die Schaffung eines ausgeprägten Hygienebewusstseins der Mitarbeiter und das dementsprechende Verhalten. Ein wichtiger und zwingend notwendiger Beitrag um dieses Ziel zu erreichen und zu halten sind intensive, regelmäßig durchgeführte Hygieneschulungen.

Vom Handel wird immer häufiger eine über das Maß der gesetzlichen Anforderungen hinausgehende Produktsicherheit in Form eines international anerkannten Zertifikats gefordert. Deshalb sind insbesondere Großbetriebe, die Eigenmarkenartikel des Handels herstellen, dazu übergegangen, sich nach den Regeln des International Food Standards (IFS Version 5, gültig seit 01.01.2008) zertifizieren zu lassen. IFS integriert Qualitätsmanagementnormen (ISO 9001), Umweltmanagementnormen (ISO 14001) und Normen des Arbeitsschutzes (OHSAS 18001). Kern des Regelwerks ist aber auch hier ein umfassender HACCP-Plan (s. auch Kap. 8.3.1).

Hinzu kommt seit 2006 der IFS Logistic. Er ist sowohl für Lebensmittel als auch für Non-Food Produkte geeignet und umfasst alle logistischen Aktivitäten wie z. B. Be- und Entladen, Transport, Abwicklung und weiterer Vertrieb. Der Standard ist für alle Arten des Transports anwendbar: LKW, Zug, Schiff, Flugzeug oder jede andere Art von Transport (temperaturgesteuert oder bei Raumluft).

Der IFS Logistic umfasst logistische Aktivitäten, innerhalb derer Unternehmen Kontakt zu bereits verpackten Produkten haben (Transport, Verpackung von bereits vorverpackter Ware, Lagerung und/oder Vertrieb, Transport und Lagerung von Paletten). Er umfasst auch unverpackte Ware (z. B.: Öl, Getreide).

25.4.2
Entnahme von Proben

Die Aussagekraft einer Analyse hängt nicht nur von der Leistungsfähigkeit der Analysenmethoden und der dabei eingesetzten Geräte sowie der Erfahrung und dem Können der Ausführenden ab sondern in hohem Maße von der repräsentativen, sachgerechten und zielorientierten Probenahme (s. Kap. 5.4.2, 10.2.1 und 14.4.1). Somit ist die Probenahme bereits ein analytischer Vorgang. Der Wichtigkeit dieses Vorgangs entsprechend gibt es eine Vielzahl von Vorschriften, welche die Probenahme für unterschiedliche Lebensmittel und Untersuchungsziele regeln.

Für Getreide und Mahlprodukte hat die Internationale Gesellschaft für Getreidewissenschaft und -Technologie (ICC) geprüfte und abgesicherte Vorschriften verabschiedet und als folgende ICC-Standardmethoden [36] herausgegeben:

- ICC-Standard Nr. 101/1 (Musternahme bei Getreide)
- ICC-Standard Nr. 120 (Mechanische Musternahme bei Getreide)
- ICC-Standard Nr. 130 (Musternahme von Mahlprodukten – Grieße, Mehle, agglomerierte Mehle und Nachprodukte)
- ICC-Standard Nr. 138 (Mechanische Musternahme bei Mahlprodukten).

Rechtlich bindende Vorschriften zur Festlegung der Probenahmeverfahren und Analysemethoden für die amtliche Kontrolle des Mykotoxingehalts von Lebensmitteln beinhaltet die VO (EG) Nr. 401/2006 [37]. Diese Verordnung schließt die Inhalte der RL 2002/26/EG und 98/53/EG ein, die deshalb aufgehoben werden können.

Beispielsweise muss nach der RL 2002/63/EG zur Festlegung gemeinschaftlicher Probenahmemethoden zur amtlichen Kontrolle von Pestizidrückständen die Probenahme für die Rückstandsuntersuchung entsprechend folgender Tabelle erfolgen:

Gewicht der Partie in kg	Mindestzahl Primärproben, die aus einer Partie zu entnehmen sind:
< 50	3
50–500	5
> 500	10

Eine Laborprobe muss mindestens 1 kg umfassen.

Weiterhin sind von der Bundesanstalt für Landwirtschaft und Ernährung (BLE) Richtlinien zur Durchführung der Intervention von Getreide für das Wirtschaftsjahr 2004/2005 herausgegeben worden, die u. a. auf der VO (EG) Nr. 824/2000 [38] über das Verfahren und die Bedingungen für die Übernahme von Getreide durch die Interventionsstellen sowie die Analysenmethoden für die Bestimmung der Qualität beruhen. Diese Richtlinien beinhalten in der Anlage 4 auch detaillierte Probenahmebestimmungen. Danach hat die Probenahme grundsätzlich je Partie zu erfolgen, wobei als Partie die ab Lager zu übernehmende Menge gilt. Die Probenahme erfolgt mittels eines Saugrohres. Als Probe zu verwerten ist das beim Herausziehen des angeschlossenen Saugrohres aus der Lagerung ab der Bodenlage entnommene Material.

Bei so genannten Destinationspartien aus Fahrzeugen ist aus dem lose fließenden Getreide je angefangene 5 t eine Einzelprobe zu entnehmen. Ist dies aus dem fließenden Gut nicht möglich, sind den Fahrzeugen je nach Umfang der Ladung mittels Probenstecher, dem wichtigsten Instrument bei manuellen Probenahmen, 5 bis 11 Einzelproben zu entnehmen. Aus den Einzelproben wird nach gründlicher Durchmischung eine Sammelprobe erstellt, die dann nach vorgegebenem Teilungsschema für die Erstellung von Untersuchungsmustern wieder aufgeteilt wird.

Vorschriften für die Probenahmeverfahren und die Analysemethoden für die amtliche Kontrolle des Gehalts an Blei, Cadmium, Quecksilber, anorganischem Zinn, 3-MCPD und Benzo(a)pyren in Lebensmitteln enthält die VO (EG) Nr. 333/2007 [39].

25.4.3
Analytische Verfahren

Die Analytik von Getreide, Brot und Feinen Backwaren wird in der Regel nach den Vorschriften der amtlichen Sammlung von Untersuchungsverfahren (ASU) nach § 64 LFGB sowie nach den Normen der Internationalen Gesellschaft für Getreidewissenschaft und -technologie (ICC) durchgeführt.

Folgende Untersuchungsverfahren sind für die Beurteilung von Getreide, Brot und Feinen Backwaren von Bedeutung.

Mikroskopische Unterscheidung von Getreidearten
In Mehlen ist eine Identifizierung der verwendeten Getreidearten vor allem über die Form der nativen Stärkekörner und der anhängenden Gewebereste möglich.

Allgemeine Analytik

Besatzanalyse von Getreide
Durch Sieben und Auslesen von Hand werden die Bestandteile eines Getreides aussortiert, die nicht einwandfreies Grundgetreide sind [36]. Man unterteilt in Kornbesatz (Bruchkorn, Schmachtgetreide, Fremdgetreide, Auswuchs, Schädlingsfraß, frostgeschädigte Körner und Körner mit Keimverfärbungen) und Schwarzbesatz (Unkrautsamen, Mutterkorn, verdorbene Körner, Brandbutten, Verunreinigungen und Spelzen) [40]. Darüber hinaus wird auf tierischen Befall geprüft, wobei man Insektenfragmente oder ganze Käfer auszählt.

Wasserbestimmung von Getreide

Die Wasserbestimmung erfolgt durch Trocknung bei 130 °C. Ganze Körner müssen vorher geschrotet werden [36].

Protein

Eiweiß wird als Rohprotein nach dem Kjeldahlverfahren bestimmt [36].

Asche

Die Veraschung erfolgt bei 900 °C [36]. Man nimmt dabei Verluste an flüchtigen Mineralstoffen zugunsten einer kurzen Analysendauer in Kauf. Der Wert wird auf die Trockensubstanz bezogen.

Konservierungsstoffe

Konservierungsstoffe wie z. B. Sorbinsäure werden aus fettarmen Lebensmitteln wie Brot extrahiert und nach Abtrennung von Begleitstoffen durch Fällung und Filterung mittels HPLC und UV-Detektion bestimmt (L 00.00-9) [41].

Aus fettreichen Lebensmitteln wie Feinen Backwaren werden die Konservierungsstoffe wie z. B. Benzoesäure, Sorbinsäure, pHB-Ester mit einer Mischung aus Dichlormethan und Diethylether extrahiert. Die Bestimmung der im Extrakt enthaltenen Konservierungsstoffe erfolgt ebenfalls mittels HPLC und UV-Detektion (L 00.00-10) [41].

Spezielle Getreide-Analytik

Feuchtkleber

Der für die Teigeigenschaften von Weizenmehl bedeutende Gehalt an plastisch-elastischem Kleber wird durch maschinelles Auswaschen von 10 g eines angeteigten Mehles mit einer gepufferten Kochsalzlösung isoliert [36]. Die Quantifizierung erfolgt durch Wägung des durch Zentrifugation von anhaftender Feuchtigkeit befreiten Rückstandes.

Fallzahl

Die Alpha-Amylase hat durch die stärkespaltende Wirkung einen Einfluss auf die Backeigenschaften eines Mehles. Ihre Aktivität kann in speziellen Rührviskosimetern bestimmt [36] und in Form der Fallzahl nach Hagberg angegeben werden. Sie wird bei Roggen und bei Weizen ermittelt und gibt Hinweise auf Auswuchsschädigungen, die zu schlechten Volumenausbeuten bei Teigen führen.

Sedimentationstest

Eine orientierende Bestimmung der Backqualität erfolgt bei Weizen durch die Bestimmung des Sedimentationstestwertes nach Zeleny [36]. Man misst unter definierten Bedingungen das Sedimentationsvolumen einer Suspension des Mehles in einer Milchsäurelösung. Dabei spielt die Quellfähigkeit des Klebers eine entscheidende Rolle.

Pestizide

Die meisten Pestizide werden analytisch mit Multi-Methoden (GC, HPLC) erfasst (s. Kap. 14.4.5 – Pflanzenschutzmittel).

Mykotoxine

Für die Mykotoxin-Analytik werden überwiegend verschiedene HPLC Methoden eingesetzt. Sie sind z. B. in der amtlichen Sammlung von Untersuchungsverfahren nach § 64 LFGB und in DIN/EN Methoden aufgeführt. In jüngster Zeit werden mehr und mehr Multimethoden mittels HPLC-MSMS angewendet (s. auch Kap. 10.3.1 und 17.4.2 mit Tabelle 17.6).

Spezielle Analytik von Brot und Feinen Backwaren

Gesamtballaststoffe (löslich, unlöslich)

Die Bestimmung erfolgt nach enzymatischem Stärkeabbau gravimetrisch (L 00.00-18). Die aus zwei Ansätzen bestimmten Protein- und Mineralstoffgehalte müssen in Abzug gebracht werden [41].

Gesamtfettgehalt in Brot, Kleingebäck und Feinen Backwaren

Die Bestimmung des Gesamtfettgehaltes erfolgt aus der vorgetrockneten Probe nach Salzsäureaufschluss und Filtrierung (L 17.00-4). Anschließend wird der Filterrückstand mit Petroleumbenzin extrahiert. Der nach abdestillieren des Lösungsmittels erhaltene Rückstand wird unter Berücksichtigung des Trocknungsverlustes aus der Differenz zwischen Ein- und Auswaage errechnet [41].

Buttergehalt in Brot, Kleingebäck und Feinen Backwaren

Zur Berechnung des Butteranteils wird aus dem s. o. gewonnenen Fett der Gehalt an Buttersäuremethylester gaschromatographisch (GC) bestimmt (L 17.00-12) [41].

Stärkegehalt in Brot, Kleingebäck und Feinen Backwaren

Das ASU-Verfahren L 17.00-5 basiert auf einer doppelten polarimetrischen Bestimmung. In einem Hauptversuch wird die Stärke in Salzsäure gelöst und nach Enteiweißen der Drehungswinkel ermittelt. In einem Blindversuch wird nach Entfernen der Stärke sowie des Eiweißes der Drehungswinkel der übrigen optisch aktiven Stoffe ermittelt. Aus der Differenz beider Drehungswinkel wird der Stärkegehalt errechnet [41].

Cholesteringehalt in stärkehaltigen Lebensmitteln

Mit Hilfe der Cholesterinbestimmung (L 18.00-17) lässt sich der Eigehalt in eihaltigen Backwaren, wie z. B. Biskuit, berechnen. Die Bestimmung erfolgt nach Silylierung des gereinigten Extrakts gaschromatographisch [41].

25.5
Literatur

1. LFGB und Basis-VO (s. Abkürzungsverzeichnis 46.2)
2. Leitsätze für Brot und Kleingebäck vom 19.10.1993 (GMBl. Nr. 10, S. 346 vom 24.03.1994), zuletzt geändert am 19.09.2005 (GMBl. Nr. 55, S. 1125) und für Feine Backwaren vom 17./18. 09.1991, GMBl. Nr. 17, S. 325 vom 08.05.1992, zuletzt geändert am 27.11.2002 GMBl. Nr. 8–10, S. 220 vom 20.02.2003
3. LMKV (s. Abkürzungsverzeichnis 46.2)
4. ZZulV (s. Abkürzungsverzeichnis 46.2)
5. NKV (s. Abkürzungsverzeichnis 46.2)
6. DiätV (s. Abkürzungsverzeichnis 46.2)
7. VO (EG) Nr. 1881/2006 der Kommission vom 19.12.2006 zur Festsetzung der Höchstgehalte für bestimmte Kontaminanten in Lebensmitteln
8. MHmV (s. Abkürzungsverzeichnis 46.2)
9. VO (EG) Nr. 687/2008 der Kommission vom 18. Juli 2008 über das Verfahren und die Bedingungen für die Übernahme von Getreide durch die Zahlstellen oder Interventionsstellen sowie die Analysemethoden zur Bestimmung der Qualität
10. DIN 10355 Mahlerzeugnisse aus Getreide; Anforderungen, Typen, Prüfung; Dezember 1991
11. Leitsätze für Teigwaren vom 02.12.1998 (GMBl. Nr. 11, S. 231 vom 26.04.1999)
12. USDA
13. Seibel W. (1988) Roggen, Behr's Verlag, Hamburg
14. Netzhammer M., Reis – Korn des Lebens, Ernährung im Fokus *4* (2004)
15. Müller A., Schiebel-Schlosser G. (1998) Buchweizen, Wissenschaftliche Verlagsgesellschaft mbH, Stuttgart
16. Sellenschlo U., Schädlingsbekämpfung in der Lebensmittelproduktion, Der Lebensmittelbrief *15* (2004), S. 244 ff.
17. Belitz H.D., Grosch W. (1992) Lehrbuch der Lebensmittelchemie, Springer-Verlag, Berlin 4. Auflage
18. Tegge G., Stärke und Stärkederivate, Behr's Verlag, Hamburg, 1984
19. Reineke D., Malzextrakt – Natur pur; Getreidetechnologie *58* (2004) S. 39 ff.
20. Seibel W., Brümmer J.-M., Brack G. (1994) Brot und Feine Backwaren. Eine Systematik der Backwaren in der Bundesrepublik Deutschland, 3. Aufl., Edition Food Tec. Deutscher Fachverlag, Frankfurt
21. www.lm-mibi.uni-bonn.de/dghm.html
22. www.oekolandbau.de
23. Seibel W., Botterbrodt S. (2002) Getreide Mehl und Brot 56:23
24. Seibel W. (2005) Bio-Lebensmittel aus Getreide. 2. Aufl. Behr's Verlag, Hamburg
25. VO (EG) Nr. 834/2007 des Rates vom 28. Juni 2007 über die ökologische/biologische Produktion und die Kennzeichnung von ökologischen/biologischen Erzeugnissen und zur Aufhebung der Verordnung (EWG) Nr. 2092/91
26. Souci S.W., Fachmann W., Kraut H. (1994) Die Zusammensetzung der Lebensmittel – Nährwerttabellen, medpharm Stuttgart, 5. Auflage (und SOUCI-FACHMANN-KRAUT Die Zusammensetzung der Lebensmittel, Nährwert-Tabellen Medpharm Online Datenbank, basierend auf der 6. Auflage 2000)
27. Rabe E., Seibel W. (1981) Getreide Mehl und Brot 35:129
28. Rabe E. (1989) Getreide Mehl und Brot 43:370
29. Mücke W., Lemmen C. (1999) Schimmelpilze – Vorkommen, Gesundheitsgefahren, Schutzmaßnahmen, ecomed Landsbergen

30. Lindhauer M.G. (2003) Grundlagen Weizenmahlerzeugnisse in Freund, W. (Eds.) Handbuch Backwaren-Technologie. Behr's Verlag, Hamburg Losebl.
31. www.bvl.bund.de
32. DLR, 103. Jahrgang, Heft 10, 2007, S. 486
33. General J., Kniel B., Reduzierung von Morphin, Neues aus dem Backmittelinstitut, Ausgabe 3 Dezember 2006, www.backmittelinstitut.de/files/06_bmi_akturell_03.pdf
34. LMH-VO-852, VO (EG) Nr. 852/2004 (s. Abkürzungsverzeichnis 46.2)
35. Hygiene-Leitlinien für Getreidemühlen, Arbeitsgemeinschaft deutscher Handelsmühlen e. V. 1997
36. Internationale Gesellschaft für Getreidechemie (ICC), ICC Standards, Standardverfahren, Verlag Moritz Schäfer, Detmold
37. VO (EG) Nr. 401/2006 der Komission vom 23.2.2006 zur Festlegung der Probenahmeverfahren und Analysemethoden für die amtliche Kontrolle des Mykotoxingehalts von Lebensmitteln
38. VO (EG) Nr. 824/2000 der Kommission vom 19. April 2000 über das Verfahren und die Bedingungen für die Übernahme von Getreide durch die Interventionsstellen sowie die Analysemethoden für die Bestimmung der Qualität
39. VO (EG) Nr. 333/2007 der Kommission vom 28. März 2007 zur Festlegung der Probenahmeverfahren und Analysemethoden für die amtliche Kontrolle des Gehalts an Blei, Cadmium, Quecksilber, anorganischem Zinn, 3-MCPD und Benzo(a)pyren in Lebensmitteln
40. Münzing K., Vorbeugender Verbraucherschutz bei Getreide durch Besatzauslese, Getreidetechnologie *58* (2004) S. 39 ff
41. Amtliche Sammlung von Untersuchungsverfahren nach § 64 LFGB, Beuth Verlag, Berlin, Wien, Zürich, Losebl.
42. VO (EG) Nr. 889/2008 der Kommission vom 5.9.2008 mit Durchführungsvorschriften zur VO (EG) Nr. 834/2007 der Rates über die ökologische/biologische Produktion und die Kennzeichnung von ökologischen/biologischen Erzeugnissen hinsichtlich der ökologischen/biologischen Produktion, Kennzeichnung und Kontrolle

Kapitel 26

Obst, Gemüse und deren Dauerwaren und Erzeugnisse

TORBEN KÜCHLER

Eurofins Analytik GmbH | Wiertz-Eggert-Jörissen, Neuländer Kamp 1, 21079 Hamburg
t.kuechler@web.de

26.1	Lebensmittelwarengruppen	663
26.2	Beurteilungsgrundlagen	663
26.3	Warenkunde	664
26.3.1	Allgemeine Definitionen von Obst und Gemüse	664
26.3.2	Inhaltsstoffe	666
26.3.3	Markt und Verbrauch	673
26.3.4	Dauerwaren	673
26.3.5	Erzeugnisse	676
26.4	Qualitätssicherung	678
26.4.1	Analytische Verfahren	678
26.4.2	Kontrollmaßnahmen	679
26.5	Literatur	679

26.1
Lebensmittelwarengruppen

In diesem Beitrag werden behandelt:

- frisches Obst und Gemüse
- Obst- und Gemüsedauerwaren (Nasskonserven, tiefgefrorene Produkte, Trockenprodukte, Sauergemüse)
- unter Verwendung von Obst hergestellte Erzeugnisse (Fruchtsäfte, Fruchtnektare, Konfitüren, Marmeladen).

26.2
Beurteilungsgrundlagen

Die meisten Regelungen über Obst, Gemüse und deren Erzeugnisse stellen Vermarktungs- und Qualitätsnormen auf europäischer Ebene sowie Leitsätze dar, z. B.:

- Handelsklassengesetz
- Leitsätze des Deutschen Lebensmittelbuches (z. B. für verarbeitetes Obst)
- EG-Normen zur Marktorganisation.

Allgemein gelten die Regelungen der Basis-VO, des LFGB und der LMH-VO-852. Wichtige rechtliche Vorgaben für Obsterzeugnisse finden sich in der KonfitürenV [1] und in der FruchtsaftV [2] (s. auch 26.3.5 und Kap. 3.4.4) sowie in der LMKV. Zubereitungen für Säuglinge und Kleinkinder müssen auch den Regeln der DiätV (s. Kap. 34.2.2) entsprechen. Für neue exotische Lebensmittel ist die NF-VO-258 (s. auch Kap. 35) zu beachten. Weiter wird auf die RHmV und die EG-RHM-VO (s. auch Kap. 14) hingewiesen. Für einige Kontaminanten sind in VO (EG) Nr. 1881/2006 zur Festsetzung der Höchstgehalte für bestimmte Kontaminanten Höchstgehalte festgelegt, bei deren Überschreiten die entsprechenden Produkte nicht mehr in Verkehr gebracht werden dürfen. Hierzu zählen Nitrat in Salat und Spinat, Aflatoxine und Ochratoxin A in Trockenfrüchten, Patulin in Fruchtsaft und einige Schwermetalle [3].

Für Trockenobst (s. auch 26.3.4) ist der Zusatz von Schwefeldioxid (SO_2) erlaubt. Die Höchstmengen hierfür sind in der ZZulV geregelt und in Tabelle 26.1 dargestellt.

Tabelle 26.1. Höchstmengen für Schwefeldioxid (SO_2) in getrocknetem Obst und Gemüse nach ZZulV (Anlage 5 Teil B)

Trockenobst	SO_2 [mg/kg]
Aprikosen, Pfirsiche, Trauben, Pflaumen oder Feigen	2 000
Bananen	1 000
Äpfel oder Birnen	600
Andere (einschließlich Nüsse mit Schale)	500
Getrockneter Ingwer	150
Getrocknete Kokosnüsse	50

26.3
Warenkunde

26.3.1
Allgemeine Definitionen von Obst und Gemüse

Die warenkundliche Abgrenzung von Obst zu Gemüse folgt nicht konsequent den strengen botanisch-wissenschaftlichen Kriterien. So gilt allgemein, dass Obst ein Sammelbegriff für Früchte und Samen von mehrjährigen Bäumen und Sträuchern ist, die für die menschliche Ernährung geeignet sind und zum größten

Teil roh verzehrt werden. Gemüse wiederum stellt einen Sammelbegriff für verschiedene Pflanzenteile (Blätter, Knospen, Wurzeln, Stängel, Zwiebeln, Früchte, Samen) von meist einjährigen Pflanzen dar, die überwiegend für den Verzehr zubereitet werden, aber auch roh und konserviert der menschlichen Ernährung dienen.

Im Grenzbereich dieser Definition liegt beispielsweise Rhabarber, der nach obiger Definition ein Stängelgemüse darstellt, oft aber als Obst bezeichnet wird. Einige Beispiele für die Einteilung von Obst und Gemüse sind in den Tabellen 26.2 und 26.3 genannt. Hülsenfrüchte und Schalenobst weichen von den Inhaltsstoffen her stark von Obst und Gemüse ab und sind daher gesondert dargestellt.

Die Hülsenfrüchtler (*Fabaceae* oder *Leguminosae*) sind eine der artenreichsten Pflanzenfamilien. Sie umfasst drei Unterfamilien (Johannisbrotgewächse, Mimosengewächse und Schmetterlingsblütler), die oft auch als eigene Familien behandelt werden. Sie haben ihren Namen von der „Hülse", einem Fruchttyp, der in allen Unterfamilien und nur hier vorkommt. Gemeinsamkeiten bestehen auch im vegetativen Bau der Pflanzen.

Beispiele für Hülsenfrüchte sind die trockenen Samen von Erbsen, Bohnen und Linsen.

Unter *Schalenobst* versteht man alle Obstarten, deren Fruchtkerne von einer harten, meist holzigen Schale umgeben sind. Das den Kern umgebende Fruchtfleisch ist nicht genießbar. Im Handel werden die Kerne zum Teil auch als Nüsse bezeichnet.

Tabelle 26.2. Beispiele für die Einteilung von Obst

Kernobst	Apfel	**Schalenobst**	Cashewnuss
	Birne		Erdnuss
	Hagebutte		Esskastanie
	Quitte		Haselnuss
Steinobst	Aprikose		Kokosnuss
	Kirsche		Macadamia
	Pflaume		Mandel
	Mirabelle		Paranuss
	Zwetschge		Pecannuss
	Pfirsich		Pistazie
	Nektarine		Walnuss
Beerenobst	Brombeere	**Südfrüchte**	Ananas
	Himbeere		Banane
	Erdbeere		Kiwi
	Sanddorn		Mango
	Johannisbeere		Orange
	Stachelbeere		Pampelmuse
	Weintraube		Papaya
	Heidelbeere		Zitrone

Tabelle 26.3. Beispiele für die Verwendung von Pflanzenteilen meist einjähriger Pflanzen als Gemüse

Verwendeter Pflanzenteil	Gemüse	Verwendeter Pflanzenteil	Gemüse
Wurzel	Karotte	**Zwiebel**	Gemüsezwiebel
	Schwarzwurzel		Perlzwiebel
	Sellerie		Porree
Knolle	Kartoffel		Schalotte
	Kohlrabi	**Frucht**	Aubergine
	Radieschen		Gemüsepaprika
Stängel	Spargel		Gurke
	Stangensellerie		Tomate
Blüten	Artischocke	**Blatt**	Feldsalat
	Blumenkohl		Rosenkohl
	Broccoli		Spinat
	Romanesco		

26.3.2 Inhaltsstoffe

Obst und Gemüse enthalten hauptsächlich Kohlenhydrate, Ballaststoffe, organische Säuren und Pflanzenphenole sowie bestimmte Mineralstoffe und Vitamine. Je nach Frucht, Lage, Witterung und Lagerung kann sich die Zusammensetzung stark unterscheiden. Der Wassergehalt liegt je nach Art bei 75–90%. Der Gehalt an Proteinen und Lipiden kann bis auf einige Ausnahmen vernachlässigt werden. Eine Übersicht wichtiger Inhaltsstoffe in einigen ausgewählten Obst- und Gemüsearten findet sich in den Tabellen 26.5 und 26.6.

Hülsenfrüchte haben einen Wassergehalt von 10–12%, einen Proteingehalt von 19–23% und einen Gehalt an verfügbaren Kohlenhydraten von 30–45%. Die Sojabohne enthält zudem bis zu 18% Fett, sie hat als Lieferant für ein relativ hochwertiges Protein und Pflanzenöl weltwirtschaftlich hohe Bedeutung im Lebens- und Futtermittelbereich erlangt. Anhänger von alternativen Ernährungsformen nutzen Sojaprodukte, um tierische Lebensmittel im Speiseplan zu ersetzen. Schalenobst enthält 60–70% Fett, hauptsächlich mit langkettigen, ungesättigten Fettsäuren. Weitere Inhaltsstoffe sind Proteine, Mineralstoffe und Vitamine – vor allem Vitamin E [4].

Kohlenhydrate

Die Summe an verwertbaren Kohlenhydraten liegt im Obst bei 5–15% und im Gemüse bei 1–12%. Bis auf wenige Ausnahmen liegt der größte Teil als Glucose und Fructose im ungefähren Verhältnis von 1:1 vor, der Rest als Saccharose sowie Spuren von Xylose, Sorbit und Xylit. Der Anteil an Ballaststoffen beträgt allgemein bis zu 8% bei Obst und Gemüse. Ballaststoffe bestehen aus Kohlenhydraten, die gegenüber der Verdauung und Absorption im menschlichen Dünndarm resistent sind und im Dickdarm teilweise oder vollständig abgebaut werden. Ballaststoffe beinhalten Polysaccharide, Oligosaccharide, Lignine und assoziierte Pflanzensubstanzen.

Ein Teil der Kohlenhydrate liegt in der Pflanze an Stoffwechselprodukte des Sekundärmetabolismus glycosidisch gebunden vor, z. B. das Quercetin-Glycosid Rutin, bei dem in 3-O-Stellung ein Disaccharid aus Glucose und Rhamnose gebunden ist.

Organische Säuren

Bei den in Obst und Gemüse vorkommenden organischen Säuren handelt es sich meistens um Citronen- und Äpfelsäure. Der Gehalt beträgt bei den meisten Obstarten bis zu 1%, Ausnahmen sind die Sauerkirsche (1,8% Äpfelsäure), die Zitrone (4,9% Citronensäure) und die Weintraube (bis 0,7% Weinsäure). Bei der in Tabelle 26.5 angegebenen Menge an organischen Säuren handelt sich um die Summe jener Hydroxycarbonsäuren, welche vom menschlichen Organismus energetisch verwertet werden (Citronen- und Apfelsäure). Beim Gemüse verhält es sich ähnlich, auch hier kommen hauptsächlich Citronen- und Äpfelsäure vor. In Rhabarber, Spinat, Mangold und Roten Rüben kann außerdem die ernährungsphysiologisch ungünstige Oxalsäure in Mengen bis 0,6% vorkommen. Neben diesen kurzkettigen hydroxylierten aliphatischen Carbonsäuren kommen in geringeren Konzentrationen organische Säuren mit hydroxyliertem aromatischem Grundkörper („Phenolsäuren") vor. Diese zählen zu den Pflanzenphenolen.

Mineralstoffe

Obst und Gemüse sind wichtige Lieferanten für Mineralstoffe. Besonders zu nennen ist hier das Kalium, das in Mengen von 0,1%–0,4% in Obst und von 0,1%–0,5% in Gemüse vorkommt. Dagegen kommt Natrium in den meisten Obst- und Gemüsearten nur in Spuren vor. Der Tagesbedarf an Kalium kann beispielsweise schon mit 300 g Spinat gedeckt werden, allerdings ist zu beachten, dass Kalium beim Zubereiten leicht ausgeschwemmt werden kann. Ebenso sind grüne Blattgemüse und Hülsenfrüchte gute Quellen für Eisen, hier muss jedoch beachtet werden, dass andere Inhaltsstoffe die Resorptionsrate vermindern können. Eine gleichzeitige Zufuhr von Ascorbinsäure verbessert die Resorption von Eisen. Calcium und Magnesium sind in den meisten Obst- und Gemüsearten in Spuren vorhanden.

Als ernährungsphysiologisch ungünstig gilt das Nitrat, das in Salat, grünem Blattgemüse und Roten Rüben in beachtlichen Mengen vorkommen kann. Hierzu sind die unter 26.2 erwähnten Höchstmengen zu beachten, sowie die strengen Höchstmengenregelungen bei Lebensmitteln für Säuglinge und Kleinkinder. Nitrat kann nach der Reduktion zu Nitrit durch Bakterien in der Mundhöhle oder im Dickdarm mit sekundären Aminen zu Nitrosaminen reagieren. Der Nitratgehalt kann je nach Art des Anbaus und der Düngung bis zu 0,7% betragen.

Aromastoffe

Ein Qualitätskriterium für Obst ist das Aroma, das durch die erwähnten Zucker und Säuren, aber auch durch eine Vielzahl von Verbindungen des Pflanzenstoffwechsels gebildet wird. Hierzu zählen u. a. verschiedene Terpene, Kohlenwasserstoffe, Heterocyclen, Alkohole, Aldehyde, Ketone, Acetale, Ester, Phenole, Phenolether, Sulfide, Thiole, die größtenteils enzymatisch während der Reifung aus Aromavorstufen und anderen Pflanzeninhaltsstoffen gebildet werden. Das Aromaprofil ist meistens eine komplexe Mischung aus verschiedensten chemischen Verbindungen, das nicht nur zwischen den verschiedenen Obstarten große individuelle Unterschiede zeigen kann, sondern auch nach Sorte, Anbau, Klima, Erntezeitpunkt, etc. große Unterschiede aufweisen kann. Außerdem kann der Schwellenwert für einzelne Verbindungen stark variieren. Als Schwellenwert bezeichnet man die Konzentration eines Aromastoffes, die gerade noch durch Riechen bzw. Schmecken wahrnehmbar ist. Während beispielsweise Furfural, Hexanol und Benzaldehyd Schwellenwerte von etwa 10^{-4} g/l Wasser (20 °C) aufweisen, zeigt das 1-p-Menthen-8-thiol, ein Aromabestandteil der Grapefruit, einen Schwellenwert von 10^{-13} g/l Wasser (20 °C). Weitere charakteristische Geschmacksstoffe sind in Kap. 33, Tabelle 33.2 aufgeführt.

Die Aromaprofile der meisten Lebensmittel sind mittlerweile durch moderne analytische Verfahren wie die Gaschromatographie mit massenspektrometrischer Detektion aufgeklärt. Meistens befinden sich unter der Vielzahl der Verbindungen, die ein Aroma ausmachen, sog. Schlüsselaromastoffe („character impact compounds"). Diese Schlüsselaromen dominieren das Aroma und bilden mit den Nebenkomponenten, deren Konzentration meist unter dem Schwellenwert liegt, durch synergistische Effekte das Gesamtaroma.

In Gemüse ist eine solche große Vielfalt an Aromakomponenten nicht vorhanden, die Aromaprofile sind weitgehend ähnlich. Typische Vertreter sind die 2-Methoxy-3-alkylpyrazine, das (E,Z)-2,6-Nonadienal sowie Dimethylsulfid.

In den meisten Pflanzenteilen, die von Pflanzen der Familie der Kreuzblütler stammen (alle Kohlarten, Radieschen, Rettich, Meerrettich), kommt die Verbindungsklasse der Glucosinolate vor. Diese Glucosinolate bilden durch enzymatischen Abbau beim Zerstören der Zellstruktur sowie durch thermischen Abbau eine Vielzahl von Stoffen, die den typischen Geruch und Geschmack dieser Gemüse ausmacht.

Vitamine und Pflanzenphenole

Obst und Gemüse sind in der menschlichen Ernährung eine wesentliche Quelle für einige Vitamine sowie Pflanzenphenole. Besonders bei den Pflanzenphenolen ist die Rolle im Stoffwechsel noch nicht ausreichend geklärt, jedoch zeigen verschiedene Laborstudien, dass die meisten Pflanzenphenole ein hohes antioxidatives Potential haben. Obst und Gemüse leisten einen nennenswerten Beitrag zur Versorgung mit Vitamin C, Folsäure, Vitamin K und dem Provitamin β-Carotin. Die Vitamin C-Gehalte ausgewählter Obst- und Gemüsearten sind in den Tabellen 26.5 und 26.6 dargestellt. Wichtige Quellen für Folsäure sind grüne Blattgemüse wie Spinat und Mangold, aber auch andere grüne Gemüse. Vitamin K befindet sich in diversen Kohlarten; um den Tagesbedarf zu decken, genügen beispielsweise bereits 25 g Rosenkohl.

In roten und gelben Obst- und Gemüsearten befindet sich eine Vielzahl von Carotinoiden. Neben der Funktion einiger Carotinoide als Provitamin A zu wirken, spielt diese Stoffgruppe als Antioxidans im Zellstoffwechsel eine Rolle. Die Resorption hängt stark von der Zusammensetzung der Nahrung ab, da die Carotinoide nur zusammen mit anderen Lipiden im Dünndarm resorbiert werden können. Für die Bedarfsdeckung reichen 50–100 g Grünkohl, Spinat, Möhren oder rote Paprika. Der Bedarf an anderen Vitaminen wird durch Obst und Gemüse kaum gedeckt. So trägt der Gehalt an Vitamin B_1 und B_2 nur etwa bis zu 10% zur Bedarfsdeckung bei. Für die Bedarfsdeckung wurden die Referenzwerte der DGE für die Nährstoffzufuhr [5] für eine erwachsene Person im Alter von 25 bis unter 51 Jahre herangezogen und die durchschnittliche Verzehrsmenge (s. auch 26.3.3) zugrunde gelegt.

Die Pflanzenphenole sind Produkte des Sekundärstoffwechsels der Pflanze. Mittlerweile hat man tausende von diesen Substanzen in verschiedensten Pflanzen – u. a. auch in Obst und Gemüse – so wie deren Syntheseweg identifiziert, die Rolle in der menschlichen Ernährung ist jedoch immer noch strittig (s. auch 42.12). Unter Pflanzenphenolen versteht man sowohl Phenolsäuren, als auch Flavonoide. Unter Phenolsäuren versteht man aromatische Carbonsäuren mit ei-

Tabelle 26.4. Die Einteilung der Pflanzenphenole mit wichtigen Vertretern

Gruppe	Wichtige Vertreter der Gruppe
	Phenolsäuren
Hydroxybenzoesäuren	Ellagsäure, Gallussäure, Syringasäure, Vanillinsäure
Hydroxyzimtsäuren	Kaffeesäure, Ferulasäure, *p*-Cumarsäure, Sinapinsäure, Cichoriumsäure
	Flavonoide
Flavonole	Quercetin, Rutin, Kaempferol, Myricetin, Isorhamnetin
Flavone	Luteolin, Apigenin
Flavanone	Hesperetin, Naringenin, Eriodictyol
Flavan-3-ole	Catechin, Gallocatechin, Epicatechin, Epigallocatechin, Theaflavin, Thearubigin
Anthocyane	Cyanidin, Delphinidin, Malvidin, Pelargonidin, Peonidin, Petunidin

Tabelle 26.5. Inhaltsstoffe ausgewählter Obstarten nach Souci-Fachmann-Kraut, die Zusammensetzung der Lebensmittel, Nährwert-Tabellen, alle Angaben bezogen auf 100 g Frischgewicht [9]

	Wasser [g]	Verwertbare Kohlenhydrate [g]	Ballaststoffe [g]	Mineralstoffe [g]	Glucose [g]	Fructose [g]	Saccharose [g]	organische Säuren [g]	Vitamin C [mg]
Apfel	84,9	11,4	2,0	0,32	2,0	5,7	2,5	0,46	12
Aprikose	85,3	8,5	1,5	0,66	1,7	0,9	5,1	1,40	9,4
Birne	82,9	12,4	3,3	0,33	1,7	6,7	1,8	0,31	4,6
Brombeere	84,7	6,2	3,2	0,51	3,0	3,1	0,2	1,73	17
Erdbeere	89,5	5,5	1,6	0,50	2,2	2,3	1,0	1,05	63
Heidelbeere	84,6	5,0	4,9	0,30	2,5	3,3	0,2	1,37	22
Himbeere	84,5	4,8	4,7	0,51	1,8	2,1	1,0	2,12	25
Johannisbeere (rot)	84,7	4,8	3,5	0,63	2,0	2,5	0,3	2,37	36
Johannisbeere (schwarz)	81,3	6,1	6,8	0,80	2,3	3,1	0,7	2,63	177
Pfirsich	87,3	8,9	1,9	0,45	1,0	1,2	5,7	0,57	9,5
Pflaume	83,7	10,2	1,6	0,49	3,4	2,0	3,4	1,25	5,4
Sauerkirsche	84,8	9,9	1,0	0,50	5,2	4,3	0,4	1,80	12
Süßkirsche	82,8	13,3	1,3	0,49	6,9	6,1	0,2	0,95	15
Weintraube	81,1	15,2	1,5	0,48	7,2	7,4	0,4	0,35	4,2

Tabelle 26.6. Inhaltsstoffe ausgewählter Gemüsearten nach Souci-Fachmann-Kraut, die Zusammensetzung der Lebensmittel, Nährwert-Tabellen, alle Angaben bezogen auf 100 g Frischgewicht [9]

	Wasser [g]	Verwertbare Kohlenhydrate [g]	Ballaststoffe [g]	Mineralstoffe [g]	Stärke [mg]	Nitrat [mg]	Vitamin C [mg]	Gesamtcarotinoide [µg]	Folsäure [µg]
Blumenkohl	91,0	2,3	2,9	0,78	290	42	64	10	88
Bohne, grün	89,5	5,1	1,9	0,65	2400	25	19	379	70
Broccoli	88,5	2,7	3,0	1,10	–	71	94	876	114
Erbse, grün	75,2	12,3	4,3	0,92	11,0	3,0	25	441	159
Gurke	96,0	1,8	0,5	0,60	–	19	8,0	372	15
Karotte	88,2	4,8	3,6	0,86	–	50	7,0	11000	26
Paprika	94,1	2,9	3,6	0,50	130	12	117	1600	57
Sellerie	88,6	2,3	4,2	0,94	440	98	8,3	15	76
Spargel	93,1	2,0	1,3	0,57	–	66	20	533	108
Spinat	91,2	0,6	2,6	1,69	144	166	51	4800	145
Tomate	94,2	2,6	1,0	0,61	80	5	19	592	22
Zwiebel	91,3	4,9	1,8	0,5	–	20	7,4	6,9	11

nem Grundgerüst, das sich vom Phenol ableitet. Die Flavonoide sind ebenfalls aromatische Verbindungen mit verschiedenen Grundkörpern. Beide lassen sich noch in weitere Untergruppen unterteilen, die in Tabelle 26.4 dargestellt sind (s. auch Tabellen 12.11 und 12.12).

Die Vielfalt der Flavonoide kommt dadurch zustande, dass die Hydroxylgruppen an den Grundkörpern in Anzahl und Position verschieden sein können und außerdem andere Stoffe an diese Hydroxylgruppen gebunden sein können. Typische Bindungspartner sind verschiedene Mono- und Oligosaccharide, organische Säuren, Phenolsäuren oder andere Flavonoide [6].

Spezielle Inhaltsstoffe

Zur großen Gruppe der sekundären Inhaltsstoffe Obst und Gemüse gehören neben den bereits erwähnten Verbindungen noch weitere bedeutende Inhaltsstoffe. Bei *cyanogenen Glycosiden* handelt es sich um verschiedene Inhaltsstoffe (z. B. Amygdalin und Linamarin), die bei Zerstörung des Zellgewebes die toxische Blausäure freisetzen. In Bittermandeln kann der Gehalt bis zu 250 mg gebundener Blausäure pro 100 g betragen, in den Samen von Aprikose und Kirsche 40–400 mg/100 g und in den essbaren Anteilen von Erbse und Gartenbohne 2 mg/100 g. Da die cyanogenen Glycoside gut wasserlöslich sind bzw. die gebildete Blausäure sehr flüchtig ist, gehen die toxischen Inhaltsstoffe beim Kochen in das Kochwasser bzw. in die Luft über [7] (s. auch Kap. 17.3.3).

In der Familie der Nachtschattengewächse (*Solanaceae*) kommt die Stoffgruppe der Alkaloide vor. Von den über 8000 bekannten Alkaloiden spielen im Obst und Gemüse nur die Steroidalkaloide in Gemüse der Pflanzengattung Nachtschatten (*Solanum*) eine Rolle, wie das Solanin und seine Abkömmlinge in Kartoffeln, Tomaten und Auberginen. Allerdings werden diese Alkaloide während der Fruchtreifung fast vollständig durch die Pflanze abgebaut, nur in unreifen Früchten bzw. gekeimten oder kranken Kartoffeln findet man toxikologisch relevante Mengen. Weiterhin kommt das Capsaicin bei Paprikagemüse vor und ist hier insbesondere bei Chillies für die Schärfe verantwortlich.

Auf der Oberfläche der meisten Früchte findet man die Kutikula, eine wasserundurchlässige Wachsschicht, die die Früchte vor Austrocknung schützt. Die Kutikula setzt sich zusammen aus Wachsestern, Kohlenwasserstoffen, freien Fettsäuren und Alkoholen, Ketonen und Aldehyden. Die Verbindungen sind größtenteils langkettig (bis zu 26 Kohlenstoffatome) und komplex gemischt; über Bildungswege ist heute erst wenig bekannt.

In den verschiedenen Obstarten kommen eine Reihe von freien Aminosäuren vor, die etwa 50% der löslichen Stickstoffverbindungen in der Frucht ausmachen. Das Profil ist für jede Obstart charakteristisch und ist ein Parameter, der zur Authentifizierung von Fruchtsäften herangezogen werden kann.

26.3.3
Markt und Verbrauch

In den letzten zehn Jahren bewegte sich der Marktverbrauch je Kopf in kg von Obst in Deutschland auf einem Niveau zwischen 92 kg und 119 kg (in den Jahren 1992–2003). Dagegen ist der Verbrauch von Gemüse kontinuierlich gestiegen. Während der Marktverbrauch je Kopf in kg im Jahr 1993 noch ca. 71 kg betrug, lag er im Jahr 2003 mit ca. 84 kg um etwa 18% höher. Hierbei liegt das unverarbeitete, frische Obst und Gemüse vor den Dauerwaren (s. auch 26.3.4). So lagen nach einer repräsentativen Haushaltsbefragung im Jahr 2004 die Anteile an der Einkaufsmenge von frischem Obst und Gemüse bei 81,6%, für tiefgefrorenes Obst und Gemüse bei 3,1% und für Obst-, Gemüse- und Sauerkonserven bei 15,3%.

Bei einigen Obst- und Gemüsearten bevorzugt der Verbraucher jedoch eindeutig Dauerwaren. So lag im Jahr 2004 der Anteil der tiefgefrorenen Produkte relativ hoch beim Spinat (93,2%), bei Himbeeren (33,9%) und bei Grünkohl (24,1%). Bei Konserven hatten Sauerkirschen (97,6%), Mais (90,4%), Bohnen (72,2%) und Rotkohl (67,2%) hohe Marktanteile [8]. Der jährliche Pro-Kopf-Verbrauch in Deutschland beträgt vierzig Liter Fruchtsaft, jener von Smoothies hingegen nur einen halben Liter.

26.3.4
Dauerwaren

Unverarbeitetes Obst und Gemüse ist – je nach Art – nach der Ernte nur eine relativ kurze Zeit lagerfähig. Mit der Lagerdauer steigen die Einbußen an sensorischen und ernährungsphysiologischen Parametern (Geschmack, Geruch, Textur, Vitamingehalt, Aromastoffe). Außerdem kann es bei der Lagerung von unverarbeitetem Obst und Gemüse zu Lagerschäden kommen. Hier unterscheidet man allg. nichtparasitäre Lagerschäden (z. B. Kaltlagerschäden oder Nährstoffmangelschäden) und parasitäre Lagerschäden (z. B. Fäule, Schimmel und Insektenbefall). Um Obst und Gemüse zu konservieren, sind industrielle Verfahren wie das Nasskonservieren und das Tiefgefrieren von großer Bedeutung. Eine untergeordnete Rolle spielen das Trocknen, Kandieren und Einsäuern. Die so hergestellten Dauerwaren sind erheblich länger haltbar als unverarbeitetes Obst und Gemüse. Für das Konservieren werden ausschließlich erntefrische Produkte eingesetzt, dies ist u. a. in den Leitsätzen für verarbeitetes bzw. tiefgefrorenes Obst und Gemüse festgelegt.

Nasskonserven

Nasskonserven sind durch Wärmebehandlung haltbar gemachte Erzeugnisse in hermetisch abschließenden Packungen (Weißblechdosen, Aluminiumdosen oder Gläser).

Obst und Gemüse werden zunächst im Luftstrom von anderen Pflanzenteilen getrennt („Trockenreinigung"). Danach wird das Gemüse gewaschen, wobei gröbere Verunreinigungen mit anderer Dichte sowie Erde und Staub entfernt werden. Oft schließt sich hier eine Kalibrierung an, das Produkt wird dabei nach Größe sortiert. Nach dem Blanchieren bei 85 °C wird das Gemüse in die Dosen bzw. Gläser gefüllt. Hierbei gibt es zwei Verfahren: Die volumetrische Abfüllung bei kleinem Gemüse (z. B. Erbsen) und die Abfüllung durch Vibration bei länglichem Gemüse (z. B. grüne Bohnen, Möhren, Schwarzwurzeln). Das Volumen wird mit einem Aufguss bei 85 °C aufgefüllt. Dieser Aufguss kann je nach Produkt Salz, Zucker, Gewürze, Ascorbinsäure und/oder Citronensäure enthalten.

Nachdem die Gebinde luftdicht verschlossen sind, schließt sich eine Sterilisation bei erhöhtem Druck an, je nach Produkt liegt die Temperatur bei 115–140 °C. Durch die Aufgussflüssigkeit wird in diesem Prozess über den gesamten Inhalt der Konserve eine gleichmäßige Wärmeverteilung erzielt.

Bei Obstkonserven wird je nach Zuckerkonzentration der Gehalt an zugesetztem Zucker gekennzeichnet (Tabelle 26.7). Die für die Zuckerkonzentration angegebenen Werte beziehen sich auf das Fertigerzeugnis, gemessen nach vollständigem Konzentrationsausgleich bei 20 °C refraktometrisch, ohne Korrektur. Verkehrsüblich sind folgende Zuckerkonzentrationsstufen, die in Verbindung mit der Verkehrsbezeichnung angegeben werden:

Tabelle 26.7. Zuckerkonzentrationsstufen von Obstkonserven [9]

Zuckerkonzentrationsstufe	Zuckergehalt
„sehr leicht gezuckert"	9%–14%
„leicht gezuckert"	14%–17%
„gezuckert"	17%–20%
„stark gezuckert"	über 20%

Erzeugnisse, die als Aufgussflüssigkeit einen Fruchtsaft enthalten, der der Definition der FruchtsaftV entspricht, werden mit den Verkehrsbezeichnungen der Frucht und des jeweiligen Saftes bezeichnet; wenn es sich um die gleiche Fruchtart handelt, auch mit der Angabe „im eigenen Saft".

Tiefgefrorenes Obst und Gemüse

Tiefgefrorenes Obst und Gemüse sind Produkte, die nach einem kurzen Blanchierschritt schockgefrostet werden und über Monate tiefgefroren gelagert werden können. Typische Lagertemperaturen sind –18 °C beim Verbraucher und im Handel bzw. –28 °C in der Industrielagerung. Obst und Gemüse werden erntefrisch nach Größe sortiert und nass gereinigt. Hiernach werden sie je nach Produkt geschnitten und für wenige Minuten bei 95–100 °C blanchiert, um die Aktivität von Enzymen zu unterbinden. Das blanchierte Produkt wird sofort auf eine Temperatur von −40 °C abgekühlt, hierbei wird technologisch das Wirbelschichtgefrieren angewendet. Wenn andere technologische Verfahren zum Einsatz kommen, muss beachtet werden, dass sich keine größeren Aggregate aus mehreren Produkteinheiten bilden. Das schnelle Gefrieren ist wichtig, da sich bei einem zu langsamen Abkühlen des Produkts große Eiskristalle in den Zellen bilden, so dass die Textur nach dem Auftauen deutliche Qualitätseinbußen erleidet.

Trockenobst (Dörrobst)

Trockenobst, auch Dörrobst genannt, sind Lebensmittel, die aus reifem Obst durch langsames Trocknen an der Luft oder durch Wärme hergestellt werden. Das bekannteste Trockenobst sind Rosinen (getrocknete Weintrauben). Auch Apfelringe, Aprikosen, Datteln, Feigen, Pflaumen und Birnen werden als Trockenobst angeboten. Durch das Dörren verlieren die Früchte an Wasser und ihr Zuckergehalt steigt an, was sie längere Zeit haltbar macht. Sie haben je nach Obstart einen Wassergehalt zwischen 10% und 30%. Während des Trocknens verlieren die Früchte Vitamine und Aromastoffe. Durch die Behandlung mit Schwefeldioxid wird die oxidative Bräunung, sowie ein Befall von Insekten verhindert.

Aufgrund der Umweltbedingungen bei der Ernte und der Verfahren bei der Herstellung kann Trockenobst aus einigen Ländern hygienische Mängel aufweisen. Am häufigsten tritt der Befall mit Maden auf, aber auch auf Verunreinigungen anderer Herkunft (Insekten, Säugetierkot, Besatz) muss geachtet werden [11].

Kandierte Früchte

Bei kandierten Früchten handelt es sich um Obst, dessen Zuckergehalt durch Austausch des Wassers in den Früchten durch konzentrierte Zuckerlösung auf bis zu 70% erhöht wird. Dazu werden die Früchte mehrfach in konzentrierte Zuckerlösungen (500 g/l) eingelegt. Durch den Osmoseprozess wird der Frucht Wasser entzogen. Der relative Zuckergehalt in der Frucht erhöht sich. Zusätzlich können die Früchte perforiert werden, um das Eindringen der Zuckerlösung zu erleichtern.

Sauergemüse

Sauergemüse ist der Sammelbegriff für Gemüse, das durch Milchsäuregärung oder Essiglake haltbar gemacht wird. Bei der Herstellung von Gärungsgemüse wird eine spontane Milchsäuregärung induziert. Das Gemüse wird zerkleinert und gesalzen, unter Luftabschluss wird durch die Mikroorganismenflora Glucose zu Milch- und Essigsäure abgebaut. Hierdurch sinkt der pH-Wert auf einen Wert von ca. 4 ab. Das Gemüse wird somit sowohl vor Verderb durch andere Mikroorganismen geschützt, als auch ein Erhalt von Vitamin C erreicht. Das bekannteste Sauergemüse in Deutschland ist das Sauerkraut, das aus Weißkohl hergestellt wird, aber auch Gurken, Bohnen und Rettich werden mit diesem Verfahren konserviert. Das Sauergemüse wird nach Abschluss der Gärung in Konservendosen oder Kunststoffbeutel verpackt und sterilisiert. Essiggemüse wird in einem abgekochten Sud aus Essigwasser mit Salz, Gewürzen und Kräutern eingelegt. Solange das Gemüse von der Luft abgeschlossen ist, ist das Produkt konserviert, ohne dass eine Gärung erfolgen muss. Typische Essiggemüse sind Gewürzgurken und Mixed Pickles. Anders als die Gärungsgemüse dienen sie nicht vorwiegend als Grundnahrungsmittel, sondern vor allem als Beilagen (s. auch Kap. 44.3.2c).

26.3.5
Erzeugnisse
Konfitüre, Marmelade und ähnliche Erzeugnisse

Bei Konfitüre und Marmelade handelt es sich um Erzeugnisse, deren Zutaten im offenen oder im geschlossenen Kessel bei Unterdruck gekocht und gerührt werden. Hauptzutaten sind Zucker und Früchte. Anschließend wird das Produkt heiß in Gläser abgefüllt, so dass Keime abgetötet werden und sich nach dem Abkühlen im Kopfraum ein Vakuum bildet. Im Sinne der Harmonisierung von Produktbezeichnungen im europäischen Binnenmarkt definiert die KonfitürenV [1] folgende Begriffe: *Konfitüre* ist die streichfähige Zubereitung aus Zuckerarten, Pülpe oder Fruchtmark einer oder mehrerer Fruchtarten und Wasser. *Marmelade* ist die streichfähige Zubereitung aus Wasser, Zuckerarten und einem oder mehreren der nachstehenden, aus Zitrusfrüchten hergestellten Erzeugnisse: Pülpe, Fruchtmark, Saft, wässriger Auszug, Schale. Weiterhin gibt es hier detaillierte Angaben für den Mindestgehalt an Frucht im fertigen Produkt, der je nach Frucht und Qualitätsstufe (Zusatz „extra") individuell verschieden ist. Geregelt werden außerdem Gelee, Gelee-Marmelade und Maronenkrem. Als Geliermittel wird Pektin zugegeben, das aus Apfeltrester oder Schalen von Zitrusfrüchten gewonnen wird. Zur Regulierung des pH-Wertes können Milchsäure, Citronensäure oder Weinsäure bzw. deren Natrium- und Calciumsalze zugegeben werden.

Historisch kommt das Wort Konfitüre aus dem Französischen und bedeutete ursprünglich Eingemachtes. Das Wort Marmelade stammt aus dem Portugiesischen, wo sie ursprünglich Quittenmus bedeutete. Die Bezeichnung Konfitüre hat sich im alltäglichen Sprachgebrauch in Deutschland – insbesondere im südlichen Teil – und Österreich nicht durchgesetzt. Der Begriff Marmelade wird hier immer noch als Synonym für Konfitüre benutzt. Daher darf seit der Änderung der Konfitürenrichtlinie 2001/113/EG Mitte 2004 als Ausnahme auf lokalen Märkten in Deutschland und Österreich auch traditionsgemäß Konfitüre unter der Bezeichnung Marmelade verkauft werden. In der Schweiz ist wiederum nur der Begriff Konfitüre für beide Erzeugnisse üblich.

Fruchtsäfte

Eine Reihe von Getränken wird aus Obst und Gemüse hergestellt. Einen bedeutenden Anteil am Markt haben Getränke aus Obst. Der Gesetzgeber gibt für diese Getränke genaue Kriterien in der FruchtsaftV vor. *Fruchtsaft* wird durch mechanische Extraktionsverfahren und bei einigen Obstarten zusätzlich durch behandeln mit pektolytischen, proteolytischen und amylolytischen Enzymen gewonnen. *Fruchtsaft aus Fruchtsaftkonzentrat* ist das Erzeugnis, das gewonnen wird, indem das dem Saft bei der Konzentrierung entzogene Wasser dem Fruchtsaftkonzentrat wieder hinzugefügt wird und die dem Saft verloren gegangenen Aromastoffe sowie gegebenenfalls Fruchtfleisch und Zellen, die beim Prozess der Herstellung des betreffenden Fruchtsaftes oder von Fruchtsaft derselben Art zurückgewonnen wurden, zugesetzt werden. Ein *Fruchtnektar* setzt sich aus Fruchtsaft und zugesetztem Wasser, Zucker und/oder Honig zusammen, wobei der Gehalt an zugesetztem Zucker 20% des Gesamtgewichts nicht übersteigen darf. Der Mindestgehalt an Fruchtsaft ist für die meisten Obstarten in den Anlagen der FruchtsaftV individuell geregelt. *Konzentrierter Fruchtsaft oder Fruchtsaftkonzentrat* ist das Erzeugnis, das aus dem Saft einer oder mehrerer Fruchtarten durch physikalischen Entzug eines bestimmten Teils des natürlich enthaltenen Wassers gewonnen wird.

Ganzfruchtgetränke („Smoothies")

In den letzten Jahren findet man im Markt zunehmend eine neue Art von Obsterzeugnissen, die sich als Ganzfruchtgetränke bezeichnen lassen. Im Markt und in der Branche hat sich der Begriff Smoothie etabliert. Als Bezeichnung für ein Obsterzeugnis wurde der Begriff Smoothie erstmals Mitte der 1970er Jahre in den USA von der Firma California Smoothie Company of Paramus verwendet [12]. Der Begriff ist weder als Marke geschützt, noch gibt es rechtliche Vorgaben über die Beschaffenheit. In der Regel besteht ein Smoothie aus Fruchtmark bzw. Fruchtpürree und Direktsaft. Als Grundlage enthalten fast alle Smoothies Bananenmark, welches die typische Textur ausmacht (smooth = „fein, gleichmäßig, cremig").

> **Fallbeispiel 26.1: Ganzfruchtgetränke, Sortenangabe**
>
> Ein Hersteller von Ganzfruchtgetränken brachte ein Produkt der Sorte „Erdbeer-Orange" auf den Markt. In der Zutatenliste wurde für die beiden genannten Fruchtarten ein Anteil von 35% ausgewiesen. Ein Mitbewerber klagte, da der Verbraucher in die Irre geführt werde und erwarte, dass das Produkt zum überwiegenden Teil aus den genannten Früchten bestehe. Der Hersteller hielt dagegen, dass es sich nur um eine Geschmacksangabe handele und der Verbraucher den tatsächlichen Gehalt der Zutatenliste entnehmen könne.

Das OLG Köln (Urteil vom 18.1.2008; Az.: 6 U 144/07) folgte der Auffassung des Klägers. Nach Meinung des Gerichts erwartet der Verbraucher, dass die in Wort und Bild deutlich hervorgehobenen Früchte auch die Hauptbestandteile des Produktes seien und dass eine nicht unerhebliche Anzahl an Verbrauchern erwarte, dass neben den genannten Fruchtarten keine weiteren Fruchtarten bzw. andere Fruchtarten nur im geringen Anteil zugesetzt werden.

Fallbeispiel 26.2: Konfitüre Extra mit Konservierungsstoff

Ein österreichischer Hersteller von Konfitüre verkaufte in Deutschland an die Gastronomie eine Konfitüre Extra mit Kaliumsorbat als Konservierungsstoff. Der Hersteller argumentierte, dass der Einsatz von Kaliumsorbat bei zuckerarmer Konfitüre erlaubt sei, im vorliegenden Produkt sei der Zuckergehalt von 60% auf 58% reduziert worden.

Vor dem LG München (Urteil vom 25.09.2007; Az.: 9 HK 0 7105/03) wurde das Inverkehrbringen dieses Produkts in Deutschland untersagt. Die Reduzierung des Zuckergehalts von 60% auf 58% rechtfertige nicht die Einstufung als zuckerarm, üblich sei eine Reduzierung um mindestens 30%.

Die Konfitüre sei in dieser Form auch in Österreich nicht verkehrsfähig.

26.4 Qualitätssicherung

26.4.1 Analytische Verfahren

Zur Bestimmung einzelner wichtiger Inhaltsstoffe von Obst und Gemüse sowie den verarbeiteten Produkten steht eine Reihe von Methoden aus der Amtlichen Sammlung von Untersuchungsverfahren nach § 64 LFGB (ASU) sowie die Analysenmethoden der Internationalen Fruchtsaftunion (IFU) zur Verfügung. In der Forschung werden Aromakomponenten hauptsächlich mittels Gaschromatographie (GC), Vitamine und sekundäre Pflanzeninhaltsstoffe meistens mittels Hochleistungsflüssigchromatographie (HPLC) untersucht (s. auch Kap. 33.4).

Um die Qualität und Authentizität von Fruchtsäften zu ermitteln, hat der Verband der deutschen Fruchtsaft-Industrie e.V. (VdF) seit 1975 eine Vielzahl von chemischen Parametern in einer Datenbank zusammengefasst, die authentische Fruchtsäfte aller Provenienzen (weltweit) beschreiben. Diese RSK-Werte („Richtwerte und Schwankungsbreiten bestimmter Kennzahlen") sind seit 1993 von der ‚Association of the Industry of Juices and Nectars from Fruits and Vegetables of the European Union' übernommen worden. In einem auf Basis der RSK-Werte geschaffenen „Code of Practice" für die Beurteilung von Fruchtsäften und Gemüsesäften sind diese Richtwerte und Kennzahlen auch über die Europäische Union hinaus anerkannt, um Qualität und Authentizität festzustellen [13]. Eine neue Methode zur Qualitäts- und Authentizitätskontrolle fruchthaltiger Produkte befindet sich zurzeit in der Entwicklung. Hierbei werden die polymeren Bestandteile der Zellwand von anderen löslichen Bestandteilen abgetrennt und in einzelne Polysaccharid-Fraktionen aufgeteilt. Von diesen Fraktionen wird nach Hydrolyse das Neutralzuckerprofil bestimmt. Über das Polysaccharid-Muster bzw. das Neutralzucker-Muster der einzelnen Fraktionen kann so für Erdbeeren und Kirschen eine sichere Qualitäts- und Authentizitätskontrolle durchgeführt werden. Die Anwendung auf weitere Früchte ist geplant [14].

26.4.2
Kontrollmaßnahmen

Im Mittelpunkt der betrieblichen Qualitätssicherung steht die LMH-VO-852 (Artikel 5). Hervorzuheben ist, dass die Lebensmittelunternehmer nach den Grundsätzen des HACCP-Systems zu arbeiten haben. So werden beispielsweise zur Vermeidung physikalischer Gefahren Metalldetektoren oder Magnete benutzt, um durch Ernte oder industriellen Prozess eingetragene Metallgegenstände zu finden und zu entfernen (s. auch Kap. 8.3.1).

26.5
Literatur

1. Verordnung über Konfitüren und einige ähnliche Erzeugnisse (Konfitürenverordnung) vom 23.10.2003 (BGBl. I S. 2151) i. d. F. vom 30.09.2008 (BGBl. I S. 1911)
2. Verordnung über Fruchtsaft, einige ähnliche Erzeugnisse und Fruchtnektar (Fruchtsaftverordnung) vom 24.05.2004 (BGBl. I S. 1016) i. d. F. vom 09.10.2006 (BGBl. I S. 2260)
3. Verordnung (EG) Nr. 1881/2006 der Kommission vom 19.12.2006 zur Festsetzung der Höchstgehalte für bestimmte Kontaminanten in Lebensmitteln (ABl. L 364/5) i. d. F. vom 02.07.2008 (ABl. L 173/6)
4. Franke W, Lieberei R, Reisdorff C (2007) Nutzpflanzenkunde. Thieme, Stuttgart
5. Die Referenzwerte für die Nährstoffzufuhr, D-A-CH Referenzwerte der DGE, ÖGE, SGE/SVE, www.dge.de, Stand: Juli 2005
6. Kroll J, Rohn S, Rawel H (2003) Sekundäre Inhaltsstoffe als funktionelle Bestandteile pflanzlicher Lebensmittel. Dtsch. Lebensmittel-Rundschau 99:259–270
7. Zöllner H, Giebelmann R (2007) Cyanogene Glykoside in Lebensmitteln – Kulturhistorische Betrachtungen. Dtsch. Lebensmittel-Rundschau 103:71–77
8. ZMP Zentrale Markt- und Preisberichtstelle (2004) Obst & Gemüse 2004 Deutschland/Europäische Union/Weltmarkt – Marktbilanz
9. Scherz H, Senser F (2000) Souci-Fachmann-Kraut, die Zusammensetzung der Lebensmittel, Nährwert-Tabellen. Medpharm Scientific Publishers, Stuttgart
10. Leitsätze für Obsterzeugnisse vom 08.01.2008 (GMBl Nr. 23–25, S. 451 ff. vom 19.06.2008)
11. Ciner M, Kiermeier F (1987) Zur Qualität von Trockenobst, insbesondere Feigen, nach Ergebnissen der Lebensmittelüberwachung und eigenen Untersuchungen. Z Lebensm Unters Forsch 185:123–129

12. Titus D (2000) Smoothies! The Original Smoothie Book. Juice Gallery, Chino Hills
13. Association of the Industry of Juices and Nectars from Fruits and Vegetables of the European Union, Code of practice, www.aijn.org, Stand: Dezember 2008
14. Kurz C, Schieber A, Carle R (2007) Ein innovatives Verfahren zur Bestimmung des Fruchtgehaltes und der Fruchtauthentizität in Fruchtzubereitungen und Fruchtjoghurts, Deutsche Milchwirtschaft 58:350–353

Weiterführende Literatur:

- Belitz H-D, Grosch W, Schieberle A (2007) Lehrbuch der Lebensmittelchemie. Springer, Berlin
- Böttcher H, Belker N (1996) Frischhaltung und Lagerung von Gemüse. Ulmer, Stuttgart
- Diemair S (Hrsg.) (1990) Lebensmittelqualität, Ein Handbuch für die Praxis. Wissenschaftliche Verlagsgesellschaft, Stuttgart
- Heiss R, Eichner K (2002) Haltbarmachen von Lebensmitteln. Springer, Berlin
- Herrmann K (1987) Exotische Lebensmittel, Inhaltsstoffe und Verwendung. Springer, Berlin Heidelberg New York
- Herrmann K (2001) Inhaltsstoffe von Obst und Gemüse. Ulmer, Stuttgart

Bier und Braustoffe

Hasan Taschan[1] · Reiner Uhlig[2]

[1] Landesbetrieb Hessisches Landeslabor, Druseltalstraße 67, 34131 Kassel
hasan.taschan@lhl.hessen.de
[2] ehem. Landesuntersuchungsamt für das Gesundheitswesen Südbayern,
Außenstelle Augsburg, Hochfeldstraße 12, 89438 Holzheim-Weisingen
ruhlig@bndlg.de

27.1	Lebensmittelwarengruppen	681
27.2	Beurteilungsgrundlagen	681
27.3	Warenkunde	683
27.3.1	Wirtschaftliche Bedeutung	683
27.3.2	Rohstoffe	684
27.3.3	Bierbereitung	688
27.3.4	Biergattungen, Biertypen, Biersorten	689
27.4	Qualitätssicherung	694
27.4.1	Analytische Methoden	694
27.4.2	Rückverfolgbarkeit und Eigenkontrollen	696
27.5	Literatur	697

27.1
Lebensmittelwarengruppen

In diesem Kapitel werden die zur Bierherstellung notwendigen Rohstoffe (Brauwasser, Malz, Malzersatzstoffe, Hopfen und Hopfenprodukte, Hefe), die Bierbereitung sowie wesentliche Merkmale der verschiedenen Biersorten (z. B. Pils-, Märzen-, Weizen-, Alt-, Diät-Biere) sowie Biermischgetränke behandelt.

27.2
Beurteilungsgrundlagen

Bier entsteht durch alkoholische Gärung aus fermentiertem stärke- bzw. zuckerhaltigem Material, hauptsächlich aus Getreide, unter Zusatz von Hopfen oder/und Hopfenprodukten.

Bier unterliegt als Lebensmittel des allgemeinen Verzehrs sämtlichen Bestimmungen des einschlägigen EG-Rechts (Basis-VO, LMH-VO-852, Health-Claims-VO u. a.) sowie des LFGB und der in seinem Rahmen erlassenen allgemein gültigen Verordnungen. Soweit es in Fertigpackungen in den Verkehr gebracht wird, finden auch die Vorschriften der LMKV, der LKV, der ZZulV, der Fertigpackungsv, des Eichgesetzes sowie ggf. der NKV und der DiätV Anwendung. Nach der Health-Claims-VO sind allerdings bei Getränken mit einem Alkoholgehalt mehr als 1,2 Vol% nur nährwertbezogene Angaben zulässig, die sich auf einen geringen oder reduzierten Alkoholgehalt bzw. Brennwert beziehen. Bei derartigen Getränken sind gesundheitsbezogene Angaben nicht erlaubt.

Als vertikale Bestimmungen für Bier und Braustoffe gelten das Vorläufige Biergesetz (VorlBierG), die Verordnung zur Durchführung des Vorläufigen Biergesetzes (VorlBierG-DV) und die Bierverordnung (BierV).

Bis 1993 befanden sich sowohl die Regelungen über die Biersteuer als auch die lebensmittelrechtlichen Bestimmungen im Biersteuergesetz. Nach Aufhebung dieses Gesetzes blieb der lebensmittelrechtliche Teil mit einigen Änderungen unter der Bezeichnung „Vorläufiges Biergesetz" (VorlBierG) bestehen. Darin wird die Zubereitung des Bieres geregelt. In der Durchführungsverordnung (VorlBierG-DV) werden Begriffe wie Braustoffe, Zucker, Stammwürzegehalt, Wasser, obergäriges bzw. untergäriges Bier definiert und die Verwendung von Zucker geregelt. Die Bierverordnung (BierV) regelt unter Berücksichtigung des Urteils des EuGH den Schutz der Bezeichnung „Bier", die Kenntlichmachung der Biergattungen (Bier mit niedrigem Stammwürzegehalt, Schankbier, Starkbier).

Von besonderer Bedeutung – nicht nur aus historischer Sicht – war der Erlass des „Reinheitsgebotes" unter dem bayerischen Herzog Wilhelm IV. im Jahre 1516. Danach durfte bei Androhung von Strafe „zu kainem Pier merer stückh dan allain Gersten/Hopffen un wasser genomen un gepraucht..." werden. Auch nach dem heute noch gültigen Recht (VorlBierG) darf in Deutschland zur Bereitung von untergärigem Bier ausschließlich Gerstenmalz, Hopfen, Hefe und Wasser verwendet werden. Zur Bereitung von obergärigem Bier dürfen Malz, auch aus anderem Getreide als Gerste (ausgenommen Reis, Mais und Dari bzw. Hirse), sowie bestimmte Zucker und daraus hergestellte Farbmittel (Zuckerkulör) verwendet werden.

Das „Reinheitsgebot" ist somit sinngemäß die älteste noch geltende lebensmittelrechtliche Vorschrift. Bis 1987 durften auch ausländische Biere in Deutschland nur dann in den Verkehr gebracht werden, wenn sie nach dem deutschen „Reinheitsgebot" hergestellt waren. Nach dem EuGH-Urteil von 1987 gilt das nicht mehr. Seitdem dürfen in Deutschland aus anderen EU-Mitgliedstaaten importierte Biere nur unter Kenntlichmachung auch dann in den Verkehr gebracht werden, wenn sie – soweit dies nach den jeweiligen nationalen Herstellungsvorschriften zulässig ist – abweichend vom „Reinheitsgebot", z. B. unter Mitverwendung von Malzersatzstoffen (z. B. Rohfrucht, Zucker, Glukosesirup) und/oder bestimmten Zusatzstoffen (z. B. Ascorbinsäure als Antioxidans, Milchsäure als Säureregulator), hergestellt sind. Das deutsche „Reinheitsgebot" ist jedoch als Qualitätsgarant und Werbeargument für den guten Ruf der deutschen Biere in aller Welt bislang weiterhin von Bedeutung.

Auf Bier (ausgenommen alkoholfreie Biere) wird eine Verbrauchsteuer erhoben (Biersteuergesetz). Die Höhe der Biersteuer richtet sich nach der „Stärke" des Bieres, d. h. nach seinem Stammwürzegehalt. Der Stammwürzegehalt eines Bieres ist der Gehalt der ungegorenen Anstellwürze an gelösten Stoffen (Extrakt) in Gewichtsprozenten. Eine evtl. nachträgliche Verminderung des Alkoholgehaltes bleibt dabei unberücksichtigt (VorlBierG-DV).

Auch in lebensmittelrechtlicher Hinsicht erfolgt die Einteilung der Biere nach dem Stammwürzegehalt:

Stammwürzegehalt (Gew%)	Biergattung
< 7%	Bier mit niedrigem Stammwürzegehalt
7% bis < 11%	Schankbier
11% bis < 16%	Vollbier
16% oder mehr	Starkbier

Die Angabe des Stammwürzegehaltes auf Fertigpackungen erfolgt freiwillig. Biere mit niedrigem Stammwürzegehalt (frühere Bezeichnung: „Einfachbier") und Schankbiere müssen jedoch als solche deutlich sichtbar gekennzeichnet sein. Bier darf unter der Bezeichnung „Starkbier", „Bockbier" oder einer sonstigen Bezeichnung, die den Anschein erweckt, als ob das Bier besonders stark eingebraut sei, gewerbsmäßig nur in den Verkehr gebracht werden, wenn der Stammwürzegehalt mindestens 16% beträgt (BierV).

Im VorlBierG ist auch die Verwendung von Klärmitteln bzw. Stabilisatoren für Würze und Bier geregelt. Danach dürfen nur solche Mittel verwendet werden, die lediglich mechanisch oder absorbierend wirken und die bis auf gesundheitlich, geruchlich und geschmacklich unbedenkliche, technisch unvermeidbare Anteile wieder ausgeschieden werden. Zulässige Filterhilfs- und Stabilisierungsmittel sind z. B. Kieselgur, Bentonite, Polyvinylpolypyrrolidon (PVPP) und Polyamide, nicht dagegen z. B. Tannin und proteolytische Enzyme wie z. B. Papain.

27.3
Warenkunde

27.3.1
Wirtschaftliche Bedeutung

Die Geschichte des Bieres bzw. seiner Vorläufer beginnt in Mesopotamien (Sumerer) nachweislich bereits im 3. Jahrtausend v. Chr. In der uns vertrauten „hopfigen" Geschmacksrichtung ist Bier etwa seit dem 9. Jahrhundert n. Chr. bekannt, als man in Mitteleuropa Hopfen anzubauen begann. Fortan wurde die Bierbraukunst vor allem von den Mönchen in den Klöstern gepflegt und weiterentwickelt. Adel und Klöster besaßen das Braurecht aufgrund ihrer Privilegien, Bürgern wurde es verliehen. Die gewerbliche und industrielle Herstellung von Bier stellt heute in vielen Ländern der Welt einen bedeutenden Wirtschaftsfaktor dar. Bier ist nach dem Bohnenkaffee das in Deutschland am meisten konsumierte Getränk. Die Anzahl und Strukturierung der Braustätten ist von Land zu Land sehr unterschiedlich. Während es in Deutschland zurzeit noch knapp 1 300 Brauereien gibt, ist die Konzentration z. B. in den USA, in Japan oder Australien bereits sehr weit fortgeschritten und nimmt im Zuge der Globalisierung weiter zu. Im Gegenzug ist in Mittel- und Westeuropa eine wachsende Zahl an handwerklichen Kleinbrauereien, sog. Gasthausbrauereien, zu beobachten, wo der Gast die Bierherstellung, soweit technisch-hygienisch möglich, mit eigenen Augen verfolgen kann.

27.3.2
Rohstoffe

Entsprechend dem „Reinheitsgebot" benötigt der Brauer zur Herstellung von Bier im Grunde nur vier Rohstoffe:

Wasser – der „Körper" des Bieres   (= Lösungsmittel)
Malz – die „Seele" des Bieres   (= Extraktträger, vergärbares Substrat)
Hopfen – das „Blut" des Bieres   (= Bitterstoffe, Aromaträger, Konservierung)
Hefe – der „Geist" des Bieres   (= Mikroorganismenkultur, Gärungsenzyme).

Wasser

Das Wasser macht nicht nur mengenmäßig den größten Anteil am Bier aus; seine Beschaffenheit, insbesondere seine Härte, seine Alkalität und somit das Kalk-Kohlensäure-Gleichgewicht sowie sein Gehalt an unerwünschten Stoffen (z. B. Eisen, Nitrat, Chlor) beeinflussen maßgeblich den Biertyp und die Bierqualität. So waren früher die Eigenschaften des Brauwassers an bestimmten Standorten prägend für den besonderen Charakter der dort gebrauten Biere und deren guten Ruf (z. B. Pilsener, Kulmbacher Biere). Dank der modernen Verfahren der Trinkwasseraufbereitung (z. B. Entcarbonisierung mit gesättigtem Kalkwasser, Zusatz von Gips oder Calciumchlorid, Ionenaustausch, Osmose, Enteisenung durch Belüftung, Denitrifikation, Entkeimung) lässt sich das Brauwasser heute an jedem beliebigen Ort und für jeden gewünschten Biertyp „maßgeschneidert" aufbereiten. Grundsätzlich muss auch Brauwasser den sensorischen, hygienischen und chemischen Anforderungen an Trinkwasser entsprechen.

Malz

Der wichtigste Rohstoff, quasi die „Seele" des Bieres, ist das Malz. Unter Malz wird alles künstlich zum Keimen gebrachte Getreide verstanden. Überwiegend kommen dazu spezielle, braugeeignete Gersten- und Weizensorten zum Einsatz, seltener auch Dinkel und Roggen. Am besten eignet sich dafür die zweizeilige, nickende Sommergerste (Hordeum distichum nutans) wegen ihres hohen Stärke- (60–65%), aber relativ niedrigen Eiweißgehaltes (normal 9.0–11,5% i. d. Trockensubstanz). Mehrzeilige Wintergersten sind dagegen brautechnisch weniger gut geeignet und eher dem Futtergetreide zuzurechnen. Das brautechnisch wichtigste Qualitätsmerkmal der Braugerste ist ihre Keimfähigkeit. Diese darf nicht unter 96% liegen. Nicht keimende Körner („Ausbleiber") bleiben auch beim Mälzungsvorgang „Rohfrucht". Erntegeschädigte oder zu feucht gelagerte und infolgedessen erheblich verschimmelte Partien sind nicht zur Verarbeitung geeignet. Bestimmte Fusarien-Arten können z. B. zu Gushing-Problemen (= „Wildwerden", spontanes Überschäumen des fertigen Bieres in der Flasche) führen. Auch andere pflanzliche Verunreinigungen (z. B. Besatz aus Unkrautsamen, Brandpilze, Mutterkorn) sowie tierische Vorratsschädlinge (Kornkäfer, Kornmotten, Milben, Nagetiere) sind qualitätsschädigend und müssen aussortiert bzw. rechtzeitig und regelmäßig bekämpft werden. Die zur Schädlingsbekämpfung in Räumen bzw. Silos eingesetzten Begasungsmittel dürfen das Getreide nicht kontaminieren.

Nach dem maschinellen Reinigen und Sortieren werden die Gerstenkörner in einer Weiche mit Wasser eingeweicht. Dort quellen sie im Verlaufe von ein bis zwei Tagen und beginnen zu keimen, zu „spitzen", äußerlich erkennbar an der hervortretenden Keimspitze. Dieses Keimgut kommt nun auf die Tenne oder in große Kästen, wo die Keimung fortgesetzt wird. Da das keimende Korn atmet, muss für ausreichende Luftzufuhr gesorgt werden. Durch die Atmung wird Wärme erzeugt. Die Temperatur steigt im Keimgut und würde ohne die Kontrolle des Mälzers die optimale Höhe überschreiten. Beide Bedingungen, nämlich Luftzufuhr und Temperaturkontrolle, stellt der Mälzer dadurch ein, dass er den „Haufen" umschaufelt und die Schichtdicke ändert. Das Keimen der Gerste dauert rund sieben Tage; dann ist aus ihr „Grünmalz" geworden. Die enzymatische Umwandlung von Stärke in wasserlösliche Maltose, Voraussetzung für den Brauprozess, ist damit eingeleitet. Der Hauptzweck des Mälzens ist somit eigentlich die natürliche Gewinnung von amylolytischen, cytolytischen und proteolytischen Enzymen. Künstliche Zusätze von Keimungsbeschleunigern (z. B. Gibberellinsäure in Mengen von 0,01–0,25 mg/kg Gerste) dienen der Verbesserung schwerlöslicher Gersten bzw. einer Verkürzung der Keimzeit, sind aber in Deutschland nicht zugelassen.

Durch das anschließende Trocknen und Darren wird aus dem „Grünmalz" das „Darrmalz". Je nach Art des gewünschten Biertyps (hell, mittelfarbig, dunkel) werden unterschiedliche Darrtemperaturen angewandt. Helles Malz wird bei mind. 80 °C abgedarrt, dunkles Malz bei 100–105 °C. Dabei bilden sich nicht nur die für die dunkle Farbe verantwortlichen Maillardprodukte, sondern auch die für das angenehme Röst- und Dunkelmalzaroma typischen sog. Melanoidine. Zur Herstellung von Farbmalz, das vorzugsweise bei dunklen Bieren in Mengen von 1–2% zur Farbvertiefung eingesetzt wird, wendet man noch höhere Darrtemperaturen (200–220 °C) an. Weitere Spezialmalze sind z. B. Caramelmalz (zur Betonung der Vollmundigkeit und des malzigen Charakters des Bieres), Spitzmalz (zur Verbesserung des Schaumes), Brühmalz (für besonders charaktervolle dunkle Biere) und Sauermalz (zur pH-Absenkung der Würze).

Rohfrucht und andere Malzersatzstoffe

Während das Wasser, der Hopfen und die Hefe beim Bierbrauen nicht ersetzbar sind, lassen sich – außer natürlich bei „Reinheitsgebots"-Bieren – anstelle von Malz auch unvermälzte Gerste (Rohgerste) sowie andere nicht vermälzte Getreidearten (Mais, Reis, Hirse) zumindest anteilig mitverwenden. Das gilt auch für Zucker selbst sowie für andere raffinierte Produkte (Maissirup, Glukose-, Invertzuckersirup), bei denen der Stärkeanteil bereits mehr oder weniger weitgehend verzuckert ist. Der Brauer bezeichnet diese Ersatzstoffe pauschal als „Rohfrucht", im angelsächsischen Sprachbereich als „substitutes" bzw. „adjuncts". Die teilweise Substituierung von Malz durch „Rohfrucht" bzw. „adjuncts" ist in den einzelnen Ländern unterschiedlich geregelt. Der Anteil an der gesamten Malzschüttung kann 5–40% betragen. Je nachdem ist dann i. d. R. auch ein künstlicher Zusatz von weiteren, bierfremden Enzympräparaten (z. B. Proteasen, Amylasen, Hemicellulasen, β-Glucanasen aus Schimmelpilz- oder Bakterienkulturen) erforderlich, weil der natürliche Enzymgehalt des anteilig verwendeten Braumalzes nicht ausreicht, um die hochmolekularen Inhaltsstoffe in dem notwendigen Umfang aufzuschließen und in lösliche, vergärbare Substrate umzuwandeln. Zusätze von β-Glucanase bewirken eine Senkung der Viskosität und damit eine bessere Filtrierbarkeit der Würze.

Hopfen und Hopfenprodukte

Für den uns heute vertrauten Biergeschmack ist der Hopfen ein unverzichtbarer Geschmacks- und Aromaträger. Er verleiht dem Bier die feine, herbe Bittere und auch die sog. „Hopfenblume" (Hopfenaroma, Hopfenölbestandteile). Selbst in brautechnischer Hinsicht ist der Hopfenzusatz zur Bierwürze von Vorteil: er fördert infolge seines Gerbstoffgehaltes die Klärung durch Eiweißausfällung, verbessert die Schaumhaltigkeit des Bieres und hat mikrobizide, konservierende Eigenschaften. Pharmakologisch werden den Humulonen und Lupulonen des Hopfens auch sedative und antibiotische Wirkungen zugeschrieben.

Die mehrjährige, zweihäusige Hopfenpflanze (Humulus lupulus) gedeiht besonders gut in gemäßigten Klimazonen auf tiefgründigen Böden. Hauptanbaugebiete sind die USA, Deutschland (Hallertau, Tettnang, Hersbruck, Jura, Spalt, Thüringen), China, Australien, Tschechien (Saaz), Slowenien, Kroatien, England, Belgien, Frankreich, Polen, Russland. Das weltweit größte zusammenhängende Hopfenanbaugebiet ist die Hallertau; von da kommen etwa 85% der gesamten deutschen Hopfenerzeugung. Den Brauer interessieren vom Hopfen nur die

Dolden (Zapfen), d. h. die unbefruchteten Blütenstände der *weiblichen* Hopfenpflanze. Die männlichen Pflanzen werden in den Hopfengärten und deren Umgebung ausgerottet. Auf der Innenseite der Vor- und Deckblätter der Dolden sitzen grüngelbe, becherförmige Lupulin-Drüsen. Diese enthalten ein klebriges, intensiv aromatisch riechendes Sekret mit den begehrten Hopfenbitterstoffen (Humulone = α-Säuren, Lupulone = β-Säuren) und den Hopfenölen (überwiegend Terpen-Kohlenwasserstoffe, Hauptbestandteil: Myrcen) sowie einen Teil der Hopfengerbstoffe (Polyphenole). Je nachdem welche Komponenten überwiegen, unterscheidet man zwischen Aromahopfen, Bitterstoffhopfen und sonstigem Hopfen.

Hopfengärten sind Monokulturen, folglich sind sie anfällig gegen tierische Schädlinge (Rote Spinnmilbe, Hopfenblattlaus, Erdflohkäfer) und pilzliche Pflanzenkrankheiten (echter und falscher Mehltau = Peronospora, Hopfenrußtau). Sie werden deshalb in beachtlichem Maße mit chemischen Pflanzenschutzmitteln behandelt. Glücklicherweise werden diese Spritzmittelrückstände teils mit den Hopfentrebern, teils beim Kochen der Bierwürze, teils mit dem Trub nahezu vollständig wieder ausgeschieden, so dass man im fertigen Bier kaum noch Reste davon nachweisen kann.

Der frisch geerntete Hopfen muss zur Werterhaltung möglichst schnell getrocknet werden. Dies geschieht auf eigenen Hopfendarren unter Anwendung künstlicher Wärme (30–50 °C), häufig auch unter Verbrennen von Schwefel, bis auf eine Restfeuchte von max. 10–12%. Der Schwefeldioxid-Gehalt kann ggf. bis zu mehreren Gramm/kg betragen. Der Doldenhopfen wird entweder in gepresster Form in sog. Ballots zu 100 oder 150 kg gehandelt oder zu länger lagerfähigen Hopfenprodukten (normale und angereicherte Hopfenpulver, Pellets, Hopfenextrakt) veredelt. Die Extraktion der brautechnisch wichtigen Bitter- und Aromastoffe erfolgte früher mit Methylenchlorid, heute jedoch praktisch nur noch mit überkritischem Kohlendioxid oder Ethanol. Hopfen ist außerordentlich oxidationsempfindlich und muss trocken, kühl und möglichst unter Inertgas oder in Vakuumpackungen gelagert werden. Sein „Brauwert" bemisst sich nach den sensorisch signifikanten Aromaeigenschaften und dem Bitterwert, entsprechend seinem Gehalt an α-Säuren. Hopfen bringt in Bier mehr ein als α-Säuren. Bitterharze des Hopfens tragen wohl zur Bitter bei, runden diese aber auch ab. Im Weiteren vermögen Polyphenole zum Körper, zur Bittere sowie zur Verbesserung der Geschmackstabilität des Bieres beizutragen.

Hefe

Als in Bayern 1516 das „Reinheitsgebot" erlassen wurde, war noch nicht bekannt, dass bestimmte Mikroorganismen, nämlich die Hefen, Verursacher der alkoholischen Gärung und damit Voraussetzung für die Bierbereitung sind. Aus diesem Grunde fehlt dieser vierte Rohstoff im eingangs im Originaltext zitierten „Reinheitsgebot". Die Entdeckung der Gärungsmikroorganismen blieb erst L. Pasteur (1822–1895) vorbehalten.

Die Hefe ist ein einzelliger Organismus. Sie gehört zur Gruppe der Sprosspilze. Durch Hefe wird der Malzzucker hauptsächlich in Alkohol und Kohlensäure umgewandelt. Der Brauer unterscheidet zwischen *obergärigen* (*Saccharomyces cerevisiae*) und *untergärigen* Hefen (*Saccharomyces carlsbergensis*). Die obergärigen Hefen bilden zusammenhängende Sprossverbände (Trauben) und werden aufgrund dessen während der Gärung mit den CO_2-Gasbläschen nach oben in die „Kräusen"-Decke getragen. Ihr Stoffwechseloptimum liegt im oberen Temperaturbereich bei 28 °C. Tatsächlich hält man die Gärtemperatur aber bei etwa 18 bis 22 °C, um drohende Infektionen zu vermeiden.

Die untergärigen Hefen dagegen bilden keine Sprossverbände, sondern zerfallen alsbald nach der Abtrennung der Tochterzelle in Einzelzellen, so dass die CO_2-Bläschen ungehindert nach oben steigen können, während die Hefen sich allmählich am Boden des Gärgefäßes, also unten absetzen. Auch die Gärung verläuft im unteren Temperaturbereich bei 5 bis 10 °C am besten. Dafür dauert sie entsprechend länger (6 bis 10 Tage je nach Biertyp und Gärführung).

Die biochemische Ausstattung der einzelnen Heferassen ist genetisch festgelegt. Es ist deshalb nicht möglich, etwa eine untergärige Hefe durch Einstellung von äußeren Gärbedingungen, die der obergärigen Hefe entsprechen, in eine obergärige umzuwandeln.

Eine wesentliche Voraussetzung, typengerechte und biologisch einwandfreie Biere herzustellen, ist die Reinzucht der Hefekultur, z. B. durch Anlegen einer „Tröpfchenkultur" aus einer einzigen Hefezelle. Viele Brauereien beziehen ihre Kultur jedoch von einer Hefebank und setzen jeweils nach spätestens 8 bis 10 „Führungen" (= Wiedergewinnung der Hefe aus dem Gärgefäß und Wiedereinsatz) wieder eine frische Reinzuchthefe ein. Die sachgemäße Aufbewahrung der Hefe erfolgt im Hefekeller in besonderen, mikrobiologisch einwandfreien, abgedeckten Hefewannen unter guter Kühlung (0 bis −2 °C). Infizierte Hefe kann mit ca. 1%iger Schwefel- oder Phosphorsäure „gewaschen" werden. Die Säure muss jedoch durch gründliches Nachspülen mit keimfreiem Trinkwasser bis auf technisch unvermeidbare Reste wieder entfernt werden.

27.3.3
Bierbereitung

Vor dem Brauen wird das Malz gereinigt und geschrotet, anschließend mit Wasser eingemaischt und im Maische-Bottich nach einem genau festgelegten Temperatur- und Zeitprogramm solange gehalten, bis die Inhaltstoffe des Getreidekorns so weit wie gewünscht aufgeschlossen bzw. verzuckert sind. Danach folgt die Abtrennung der unlöslichen Feststoffe („Treber") im Läuterbottich und nach Klärung der flüssigen „Würze" deren Überführung in die Sudpfanne. Dort wird die Bierwürze mit Hopfen versetzt und solange gekocht (ca. 60 bis 90 min), bis die dem gewünschten Biertyp entsprechende Stammwürze erreicht und die Hauptmenge an koagulierbaren Stickstoff- und Gerbstoffkomplexen ausgeschieden ist.

Gleichzeitig werden die beim Maischprozess aktivierten Enzyme desaktiviert sowie die α-Säuren (Humulone) des Hopfens größtenteils in die entsprechenden Iso-Verbindungen (Iso-α-Säuren bzw. Isohumulone) übergeführt (isomerisiert).

Nach dem Abscheiden des Heißtrubs wird die Würze abgekühlt und ist nun bereit für den Gärprozess („Anstellwürze"). Zu diesem Zweck wird sie in den Gärkeller gepumpt und dort mit der Hefekultur geimpft. An die Hauptgärung im Gärkeller („Jungbier") schließt sich die Nachgärung im Lagerkeller an, die bei untergärigen Bieren 10 Wochen und länger dauern kann. Obergärige Weizenbiere (Weißbiere) werden meist mit frischer Hefe und einem nochmaligen Zusatz an vergärbarem Extrakt („Speise") auf Flaschen gefüllt und machen dort nochmals eine „Flaschengärung" durch; dadurch enthalten sie besonders viel Kohlensäure und sind besonders spritzig und rezent.

Nach der Ausreifung und Filtration wird das Bier unter CO_2-Druck und möglichst unter Vermeidung von Luftzutritt (Bier ist sehr sauerstoffempfindlich!) auf Fässer, Kegs (zylindrische Metallfässer), Container, Flaschen oder Dosen abgefüllt. Der Anteil an Flaschen- und Dosenbier beträgt zur Zeit etwa 70–75%. Der Anteil an Dosenbieren ist infolge der DosenpfandV rückläufig. Biere für den Export oder mit weit gestreuter Distribution werden zur Verbesserung der Haltbarkeit vor der Abfüllung kurzzeiterhitzt oder im Gebinde pasteurisiert.

27.3.4
Biergattungen, Biertypen, Biersorten

Die Unterscheidung der Biere nach ihrem Stammwürzegehalt (Biergattungen) hat nicht nur steuerliche, sondern auch lebensmittelrechtliche Bedeutung. Der Stammwürzegehalt ist ein Maß für die „Stärke" eines Bieres (nicht zu verwechseln mit dessen Alkoholgehalt!), somit auch ein wesentliches Qualitätskriterium und außerdem ein Kostenfaktor. Aus der Stammwürze entstehen durch Vergärung je zu etwa 1 Drittel Alkohol, Kohlensäure und Restextrakt. Beispielsweise enthält ein mit 12 Gew% Stammwürze normal vergorenes Vollbier ca. 4 Gew% (= ca. 5 Vol%) Alkohol und ca. 4 Gew% Extrakt; der Rest ist Kohlensäure und hat sich zum größeren Teil verflüchtigt. Je höher der Vergärungsgrad, umso höher der Alkoholgehalt und umso geringer der verbleibende Extraktgehalt.

Unabhängig davon lassen sich die Biertypen auch noch nach anderen Unterscheidungskriterien definieren, z. B. nach dem angewandten Gärverfahren (unter- oder obergärig), nach der Farbe (hell, mittelfarbig, dunkel) oder nach bestimmten geschmacklichen bzw. technologisch und rohstoffbedingten Merkmalen. Nachstehend einige der wichtigsten Biersorten, die auf dem deutschen Markt allgemeine Verbreitung erlangt haben:

Pilsbiere (Pilsener) sind hellfarbige, untergärige Vollbiere, bei denen der Hopfencharakter (Hopfenbittere, Hopfenblume) besonders stark betont ist. Die ursprüngliche Herkunftsbezeichnung (Bier aus Pilsen) hat sich zur Gattungsbezeichnung gewandelt. Nur das originale „Pilsener Urquell" wird tatsächlich noch

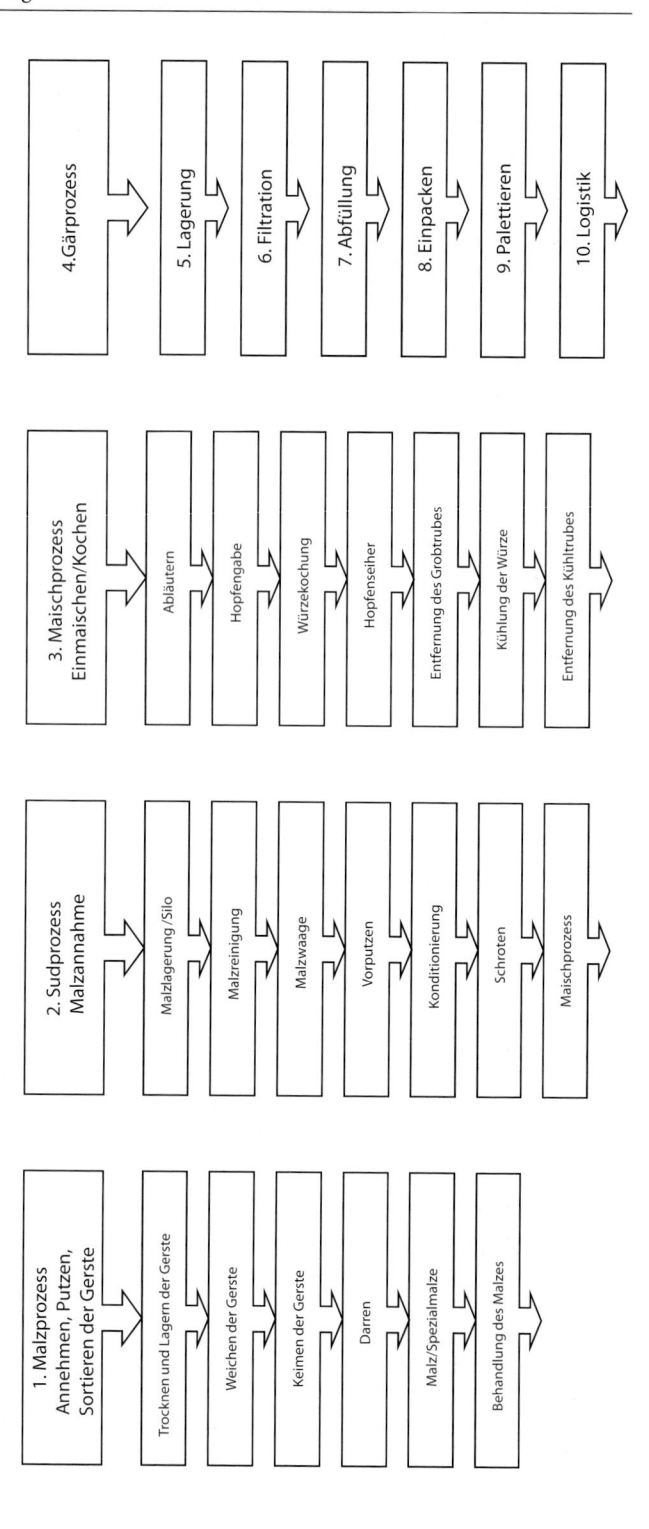

BIER-HERSTELLUNG

1. Malzprozess — Annehmen, Putzen, Sortieren der Gerste
- Trocknen und Lagern der Gerste
- Weichen der Gerste
- Keimen der Gerste
- Darren
- Malz/Spezialmalze
- Behandlung des Malzes

2. Sudprozess — Malzannahme
- Malzlagerung/Silo
- Malzreinigung
- Malzwaage
- Vorputzen
- Konditionierung
- Schroten
- Maischprozess

3. Maischprozess — Einmaischen/Kochen
- Abläutern
- Hopfengabe
- Würzekochung
- Hopfenseiher
- Entfernung des Grobtrubes
- Kühlung der Würze
- Entfernung des Kühltrubes

4. Gärprozess

5. Lagerung

6. Filtration

7. Abfüllung

8. Einpacken

9. Palettieren

10. Logistik

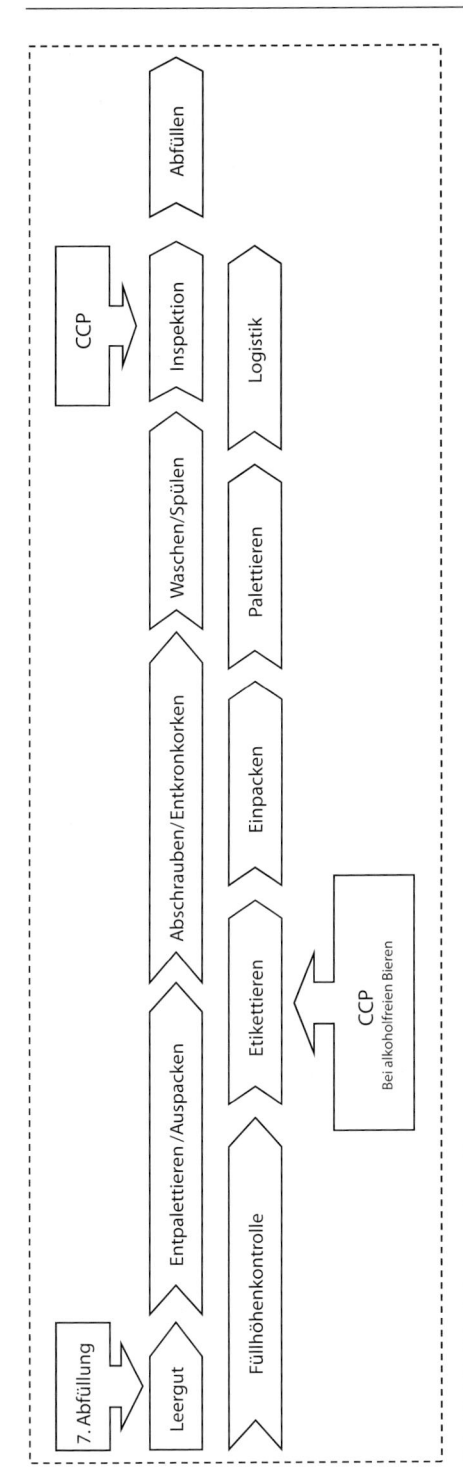

Abb. 27.1 (S. 690–691). Bier-Herstellung

7. Abfüllung: Leergut → Entpalettieren/Auspacken → Abschrauben/Entkronkorken → Waschen/Spülen → Inspektion (CCP) → Abfüllen

Füllhöhenkontrolle → Etikettieren → Einpacken → Palettieren → Logistik

CCP: Bei alkoholfreien Bieren

in Pilsen/Tschechien gebraut. Die Bittereinheiten (BE = ein Maß für die Hopfenbetonung) der Pilsbiere unterliegen sowohl regional als auch überregional großen Schwankungen. Nach der derzeit geltenden allgemeinen Verkehrsauffassung sollen Pilsbiere mind. 25 BE aufweisen. Norddeutsche Pilsbiere sind mit bis zu 35 BE oft besonders herb und bitter.

Märzenbiere sind meist mittelfarbig (bernsteinfarben) und schmecken betont malzaromatisch bis leicht karamelig. Sie haben einen Stammwürzegehalt von mind. 13,0%, ebenso die **Festbiere**, die zu besonderen Anlässen gebraut und z. B. auf Volksfesten offen ausgeschenkt werden. Die Münchener Oktoberfestbiere müssen sogar mind. 13,5% Stammwürze aufweisen.

Exportbiere sind aus Gerstenmalz hergestellte, untergärige Vollbiere mit einem Stammwürzegehalt von mind. 12,0%. Sie sind meist geringer gehopft als Pilsbiere und haben einen Bitterstoffgehalt von 15–20 BE. Hierher gehören auch die relativ hochvergorenen, hellen Biere vom **Dortmunder** Typ.

Lager ist ein aus Gerstenmalz hergestelltes, untergäriges Bier mit einem Stammwürzegehalt von mind. 11,0%.

Farbebier ist ein regelrecht nach dem „Reinheitsgebot" hergestelltes, vergorenes Bier aus Gerstenmalz (davon etwa zur Hälfte Farbmalz), Hopfen, Hefe und Wasser, das wegen seiner intensiv dunklen, fast schwarzen Farbe vom Brauer zum nachträglichen Zu- oder Umfärben von Würze und Bier verwendet wird.

Dunkel ist ein aus Gerstenmalz (davon überwiegender Anteil Dunkelmalz) hergestelltes, untergäriges Bier mit einem Stammwürzegehalt von mind. 11,0% und einer Farbtiefe von 35 und mehr EBC-Farbeinheiten. Aus hellem Malz hergestellten, mittels Farbebier von hell auf dunkel umgefärbten sog. „Dunkel"-Bieren fehlt das charakteristische Dunkelmalzaroma; sie gelten folglich als nachgemacht und sind nur bei ausreichender Kenntlichmachung verkehrsfähig.

Zu den typischen obergärigen Bieren zählen die **Weizenbiere („Weißbiere")**, die teils mitsamt dem Hefetrub („naturtrüb"), teils blank filtriert („Kristall-Weizen") hell oder mittelfarbig, vermehrt auch als „Dunkel" angeboten werden. Weizenbiere sind meist als Vollbiere oder Schankbiere („Leichtes Weizen", „Weizen light"), vereinzelt aber auch als Starkbiere im Verkehr. Mindestens 50% der Malzschüttung muss hier Weizenmalz sein. Weizenbiere sind wegen des hohen Vergärungsgrades sehr spritzig und manchmal leicht säuerlich (milchsauer), aber nur schwach gehopft (10–15 BE).

Demgegenüber sind die am Niederrhein beheimateten obergärigen **Altbiere** ausgesprochen hopfenbitter und meist dunkel bernsteinfarben bis tief kupferbraun, regional auch hell. Weizenmalz wird hier nur in geringem Umfang mitverwendet. Der Stammwürzegehalt beträgt mind. 11,0%.

Kölsch ist ein aus Gerstenmalz hergestelltes, hochvergorenes, obergäriges, hell-goldfarbenes, blankes Bier mit einem Stammwürzegehalt von mind. 11,0%.

Berliner Weiße ist ein aus Gersten- und Weizenmalz hergestelltes, obergärig und milchsauer vergorenes helles Bier mit einem Stammwürzegehalt von 7–8% (Schankbier). Sie ist pur so kräftig milchsauer, dass sie üblicherweise nur „mit Schuss" (gesüßt mit Waldmeister- oder Himbeersirup) getrunken wird.

Malzbiere, Malztrunke sind obergärige Vollbiere, durchwegs sehr dunkle, extraktreiche, malzig und süß schmeckende Getränke aus Dunkelmalz und Zucker (ca. 1:1), zugefärbt mit Farbmalz, Zuckerkulör und/oder Farbebier und höchstens schwach vergoren, so dass sie praktisch „alkoholfrei" und damit auch für Kinder geeignet sind. Wegen des Zuckerzusatzes dürfen sie in Bayern und Baden-Württemberg nicht als „ ... bier" bezeichnet werden; sie heißen dort „Malztrunk".

Starkbiere, Bockbiere sind besonders stark eingebraut (mind. 16,0% Stammwürze). Als „*Doppelbock*" oder mit der Endsilbe „*...-ator*" (z. B. Salvator, Kulminator, Operator) bezeichnet, enthalten sie nach allgemeiner Verkehrsauffassung sogar mind. 18,0% Stammwürze. Starkbiere sind sowohl als dunkle wie auch als helle Biere im Verkehr und werden oft regional nur zu bestimmten Jahreszeiten (z. B. Maibock) ausgeschenkt. Eine besondere Spezialität ist der „*Eisbock*" mit 25 bis 28% Stammwürze, der nach der Vergärung durch Ausfrieren von Wasser und Abschöpfen der Eiskristalle extra aufkonzentriert wird.

Die sog. „*Leichtbiere*" (engl. „*light*"), die dem Trend nach kalorien- und alkoholärmeren Bieren entgegenkommen, werden meist als Schankbiere eingebraut und als „leicht" deklariert. In Einzelfällen werden sie als Vollbier gebraut, dem nachträglich ein Teil des Alkohols entzogen wird. Auf einen verminderten Nährstoffgehalt darf nur hingewiesen werden, wenn gegenüber vergleichbaren Produkten eine Verminderung um mindestens 30% eingetreten ist.

Biere mit max. 0,5% Alkohol gelten als „*alkoholfrei*", solche mit max. 1,5% Alkohol als „*alkoholarm*". Sie werden entweder durch Auswahl schwach vergärender Hefestämme oder mit gestoppter Gärung oder durch nachträglichen Entzug von Alkohol mittels Vakuumdestillation oder Umkehrosmose hergestellt.

Diätbiere sind extrem hochvergoren und deshalb besonders kohlenhydratarm, daher für Diabetiker geeignet. Der Unterschied zwischen Diätbieren und anderen Bieren liegt in den verwertbaren Kohlenhydraten. Nach der DiätV dürfen Diätbiere nicht mehr als 0,75% belastende Kohlenhydrate aufweisen. Der Alkoholgehalt solcher Biere darf nicht höher sein als der eines vergleichbaren Bieres des allgemeinen Verzehrs. Daher werden Diätbiere „endvergoren" und anschließend teilweise entalkoholisiert (s. auch Kap. 34.3.2)

Biermischgetränke können unter Verwendung aller Biersorten hergestellt werden. Sie bestehen üblicherweise aus einer Mischung von Bier und Limonade im Verhältnis 1:1 und haben traditionell regional unterschiedliche Namen, z. B. „Radler", „Alsterwasser" (Helles Bier mit Zitronenlimonade), „Russ'n" (Weizenbier mit Zitronenlimonade), „Diesel" (Bier mit Cola). Im Trend sind neuerdings auch Biermischgetränke mit weiteren anregenden und/oder aromatisierenden Zusätzen wie Koffein, Taurin, Glucuronolacton, Inosit, Fruchtsaft oder Fruchtaromen. Sie werden unter Phantasiebezeichnungen wie „New-Age-Radler", „Sport-Radler", „Energy-Radler", „Aroma-Radler" in den Verkehr gebracht.

27.4 Qualitätssicherung

27.4.1 Analytische Methoden

Die Untersuchung von Bier kann ganz verschiedene Zielsetzungen haben, je nachdem ob die Qualitätskontrolle (z. B. Einhaltung des vorgeschriebenen Stammwürzegehaltes, Erkennung von etwaigen Herstellungsfehlern, infektions- oder lagerungsbedingte Wertminderung, Haltbarkeitsprüfung), der Nachweis der verwendeten Roh- und Zusatzstoffe (z. B. Einhaltung des „Reinheitsgebotes") oder die Überprüfung auf etwaige Kontaminanten, Rückstände von Pestiziden, Reinigungs- oder Desinfektionsmitteln bzw. technischen Hilfsstoffen im Vordergrund steht. Die folgende Tabelle gibt einen Überblick über wichtige Parameter der Bieranalyse.

Qualitätskontrolle	„Reinheitsgebot"	Kontaminanten/Rückstände
Sensorik	Rohfrucht	Pestizide
Mikrobiologie	Antioxidantien	Schwermetalle
Alkohol	Konservierungsstoffe	Desinfektionsmittel
Extrakt	Süßstoffe	Reinigungsmittel
Stammwürze	Stabilisatoren	Extraktionsmittel
Vergärungsgrad	Färbemittel	Nitrosamine
CO_2-Gehalt	Entschäumer	Nitrat
Schaumstabilität	Schaumverbesserer	Nitrit
Bitterwert	Säureregulatoren	Mykotoxine
Gärungsnebenprodukte	Bierfremde Enzyme	Chlorierte Kohlenwasserstoffe
Fremdkörper	Keimungsbeschleuniger	
Mindesthaltbarkeit		
Etikettierung		

Zur Analytik der Bierinhaltsstoffe und Qualitätskontrolle der Rohstoffe, Hilfsstoffe und Zwischenprodukte der Bierbereitung wird auf die in Deutschland bzw. international üblichen Methodensammlungen und die Spezialliteratur verwiesen. Nachfolgend sind nur einige bierspezifische Untersuchungsmethoden zusammengefasst.

Für die sensorische Prüfung der Biere – etwa im Zusammenhang mit dem Mindesthaltbarkeitsdatum oder zur Erkennung und Beurteilung herstellungsbedingter Bierfehler – sind die ASU-Methoden verbindlich, insbesondere die Methode Nr. L 00.90-5 (Bewertende Prüfung mit Skale, identisch mit DIN 10 952 Teil 2/1983). Diese entspricht im wesentlichen dem 5-Punkte-Schema der DLG. Jedes Prüfmerkmal wird einzeln bewertet. Weniger als 3 Punkte (= deutliche oder starke Fehler) führen zur Abwertung bzw. zur Beanstandung.

Die Ermittlung des Stammwürzegehaltes erfolgt im fertigen Bier ebenfalls nach den ASU-Methoden (Destillations- bzw. Refraktometer-Methode) durch Rückrechnung aus dem vorhandenen Alkohol- und dem unvergorenen Extrakt-Gehalt nach der für ober- und untergärige Biere einheitlichen Balling-Formel

$$\text{Stammwürzegehalt} = \frac{100\,(\text{Extraktgehalt} + 2{,}0665 \times \text{Alkoholgehalt})}{100 + 1{,}0665 \times \text{Alkoholgehalt}}.$$

Bei differierenden Ergebnissen oder in Rechtbehelfverfahren ist die Destillations-Methode maßgebend. Im Falle einer nachträglichen Alkoholverminderung ist die Balling-Formel nicht anwendbar. Es kann dann nur über bestimmte konzentrationsabhängige, aber nicht vergärbare Malzinhaltsstoffe (Kalium, Phosphat, Stickstoff, Prolin) – ähnlich den RSK-Werten in der Fruchtsaftanalytik – näherungsweise auf den ursprünglichen Stammwürzegehalt zurückgerechnet werden (Methode Weber). Darüber hinaus gibt es für die Bestimmung des Alkoholgehaltes alkoholfreier Biere und des Schwefeldioxidgehaltes der Biere enzymatische Methoden.

Der Nachweis einer „Rohfrucht"-Verwendung (z. B. Mais, Reis, Hirse) gelingt mittels immunologischer Methoden (z. B. durch Geldiffusion nach Ouchterlony, Gegenstrom-Elektrophorese, Immun-Elektrophorese nach Grabar-Williams, ELISA). Siehe ASU-Methoden Nr. L 36.00-1, 36.00-7. Im Weiteren können die „Rohfrüchte" mittels PCR nachgewiesen werden.

Die Bestimmung der Bitterstoffe (BE) erfolgt photometrisch nach MEBAK (Bd. 2, S. 318), wobei hauptsächlich Iso-α-Säuren (Humulone) erfasst werden. Eine differenzierte Bestimmung der α- und β-Säuren gelingt mittels HPLC (MEBAK Bd. 2, S. 321).

Die Prüfung auf menschenpathogene Keime spielt bei der Qualitätskontrolle von Bier keine Rolle, weil solche Mikroorganismen in diesem Medium erfahrungsgemäß nicht vorkommen. Die biologische Qualitätskontrolle konzentriert sich deshalb in der Regel auf obligat bierschädliche Mikroorganismen wie z. B. Laktobazillen, Pediokokken (Sarcina), Megasphaera, Pectinatus, „wilde" Hefen, ggf. auch auf coliforme Keime, Escherichia coli, Essigsäurebakterien und Schimmelpilze. Zum Nachweis verwendet man mikroskopische Techniken sowie kulturelle Anzucht- und Anreicherungsverfahren, wie sie auch bei anderen Lebensmitteln üblich sind, jedoch mit entsprechenden würze- und bierspezifischen Nährmedien. Da die kulturellen Anzucht- und Anreicherungsverfahren eine gewisse Zeit benötigen, kann der Nachweis von Mikroorganismen schneller mittels PCR durchgeführt werden.

Biere verlassen die Brauereien in der Regel in hygienisch einwandfreiem Zustand. Häufig erfolgt eine Infektion erst beim offenen Ausschank des Bieres infolge unsachgemäßer Behandlung bzw. unzureichender Reinigung der Getränkeschankanlagen. Für die Beurteilung der hygienischen Beschaffenheit der Schankbiere werden als Hygieneindikatoren aerobe Gesamtkeimzahl, *E. coli* und coliforme Keime herangezogen.

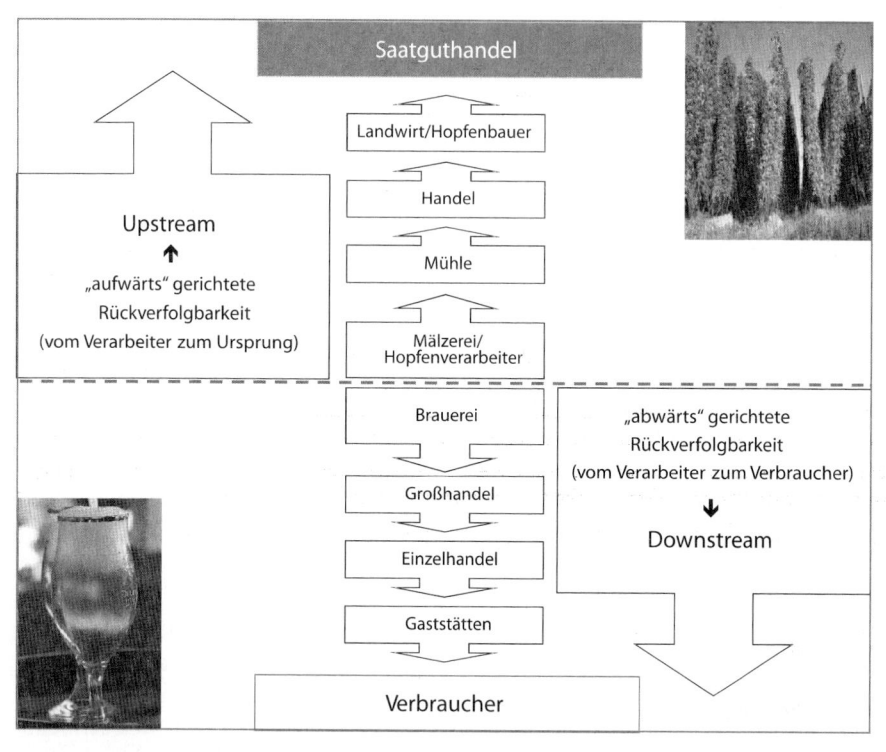

27.4.2
Rückverfolgbarkeit und Eigenkontrollen

Ein wesentlicher Aspekt der Lebensmittelsicherheit ist die Rückverfolgbarkeit des Lebensmittels und seiner Zutaten auf allen Stufen der Verarbeitungskette. Die BasisVO enthält Regelungen zur Rückverfolgbarkeit von Lebensmitteln und Zutaten sowie ein Verfahren zum Erlass von Bestimmungen zur Anwendung dieser Grundsätze auf bestimmte Sektoren (s. auch Kap. 2.4.1 und 8.3.5)

In der Brauerei sind Aufzeichnungen zu führen über die Wareneingänge (**vom wem? wann? was?**) und über die Warenausgänge der Fertigprodukte (**wem? wann? welches?**), damit festgestellt werden kann, wo ein ggf. auftauchendes Problem seinen Ursprung hat. Die Rückverfolgbarkeit in der Brauerei ist in folgendem Schema dargestellt.

Abb. 27.2. Rückverfolgbarkeit

Grundsätzlich müssen Lebensmittelhersteller alle notwendigen Handlungen mittels betrieblicher Eigenkontrollen im Sinne der Hygieneverordnung (LMH-VO-852, Artikel 5) durch vorgegebene Grundsätze des international anerkannten HACCP-Systems durchführen, um einwandfreie, gesundheitlich unbedenkliche

Lebensmittel herzustellen. Das gilt auch für Brauereien. Nach Artikel 7 LMH-VO-852 fördern die Mitgliedstaaten die Ausarbeitung von einzelstaatlichen Leitlinien für eine Gute Hygienepraxis und für die Anwendung der HACCP-Grundsätze. Diesbezüglich wird auf den Leitfaden des Deutschen Brauer Bundes (DBB) verwiesen, in dem die Umfeld-, Bau- und Produkthygiene sowie das HACCP-Konzept umfangreich und detailliert dargestellt werden. Die kritischen Kontrollpunkte (CCP) in der Brauerei sind in folgender Liste kurz zusammengefasst.

Kritische Kontrollpunkte (CCP) in der Brauerei

- Endprüfung der Anlagen auf Reinigungs- und Desinfektionsmittelrückstände
- Keg-Kontrollen auf Rückstände vor der Abfüllung (in manipulierten Kegs)
- Leerflaschenkontrollen (z. B. Lauge, Glasbruch) vor dem Abfüllen
- Temperaturkontrolle bei der Pasteurisation (z. B. bei Bieren mit hohem Restextrakt)
- Überprüfung des Alkoholgehaltes bei „alkoholfreien" Bieren
- Überprüfung des Alkohol- und Kohlenhydratgehaltes bei Diätbieren.

Hier ist besonders zu betonen, dass sich das HACCP-Konzept *nur* auf *gesundheitlich* relevante Risiken beschränkt. Darüber hinaus ist aber auch die Einhaltung der allgemeinen Hygieneanforderungen erforderlich. HACCP ist somit nur als *ein*, wenngleich wesentlicher Bestandteil der guten Hygienepraxis bzw. des Qualitätssicherungs-Systems anzusehen.

Von großer praktischer Bedeutung – auch im Sinne des HACCP-Konzeptes – ist die lückenlose Leerflaschenkontrolle bei der Abfüllung, insbesondere weil dort sog. „Laugenflaschen" in den Verkehr gelangen können, die anstelle von Bier Reinigungslauge oder ein Bier-Laugengemisch enthalten, welche bei irrtümlichen Verzehr gefährliche Verätzungen hervorrufen können. Je nach Betriebsgröße bzw. Durchsatzleistung der Abfüllmaschinen erfolgt die Leerflaschenkontrolle im einfachsten Fall visuell-manuell an Ausleuchtschirmen, überwiegend aber elektronisch-maschinell mit sog. Bottle-Inspektoren oder mit vollautomatischen Ganzflaschen-Inspektionsmaschinen.

27.5
Literatur

Beurteilungsgrundlagen

1. VO (EG) Nr. 178/2002 (Basis-VO), s. Abkürzungsverzeichnis 46.2
2. Lebensmittel- und Futtermittelgesetzbuch (LFGB), s. Abkürzungsverzeichnis 46.2
3. LMR
4. Vorläufiges Biergesetz i. d. F. vom 29.08.1993 (BGBl. I 1399)
5. Verordnung zur Durchführung des Vorläufigen Biergesetzes i. d. F. vom 29.08.1993 (BGBl. I 1422)
6. Bierverordnung i. d. F. vom 23.11.1993 (BGBl. I 1912)

7. Zipfel W, Künstler L (1957) Die Bierbezeichnung in Recht und Wirtschaft. Heymanns, Berlin Köln
8. EuGH, Urteil v. 12.03.87 („Reinheitsgebot") – Rs 178/84 ZLR 3/87:326-359
9. Klinke U (1987) Bier in der Bundesrepublik. ZLR 3/87:289–317
10. Mayer J K (1990) Das Reinheitsgebot für Bier. Brauwelt 130:562–566
11. Hackel-Stehr K (1987) Entstehung und Entwicklung des Reinheitsgebotes. Inaug.-Dissertation TU Berlin

Warenkunde

12. Schuster K, Weinfurtner F, Narziß L (1992/1999) Die Bierbrauerei. (Bd. 1–3) Wiley-VCH, Weinheim New York Chichester Brisbane Singapore Toronto
13. Narziß L, Back W (2004) Abriss der Bierbrauerei. Wiley-VCH, Weinheim New York Chichester Brisbane Singapore Toronto
14. Jackson M (2001) Bierlexikon. Coventgarden, Starnberg
15. Heyse K-U (1995) Handbuch der Brauerei-Praxis. Carl, Nürnberg
16. Heyse K-U (1996) Katechismus der Brauerei-Praxis. Carl, Nürnberg
17. Kunze W (2007) Technologie Brauer und Mälzer. VLB, Berlin
18. Kunze W (2004) Technology Brewing and Malting. VLB, Berlin
19. Pollock J R A (1979/1981) Brewing Science (Vol 1 and 2). Academic Press, London New York Toronto Sydney San Francisco
20. Knorr F, Kremkow C (1972) Chemie und Technologie des Hopfens. Carl, Nürnberg
21. Kohlmann H, Kastner A (1975) Der Hopfen. Hopfen-Verlag; Wolnzach
22. Engan S (1990) Fehlaromen im Bier. Brauwelt 130:581–588
23. Taschan H (1990) Nitrat- und Nitritgehalte deutscher und ausländischer Biere. Brauwelt 130:1368–1372
24. Taschan H, Lenz B, Muskat E (1991) Schwefeldioxid in Bieren. Brauwelt 131:1744–1760
25. Taschan H (1992) Leichtbiere im Vergleich zu Voll- und Starkbieren. Brauwelt 132:642–645
26. Uhlig R, Gerstenberg H (1993) Über den Milchsäuregehalt infizierter Biere. Brauwelt 133:280–284

Qualitätssicherung

27. ASU
28. Analytica-EBC (1987) Internationale Methoden der European Brewery Convention. Brauerei- und Getränke-Rundschau, Zürich
29. Back W (1994) Farbatlas und Handbuch der Getränkebiologie. Carl, Nürnberg
30. Drawert F (1987) Brautechnische Analysenmethoden; Bd. 2–4; MEBAK-Verlag, Freising-Weihenstephan
31. DBB (1996) Gute Hygienepraxis und HACCP; Schriftenreihe der Wissenschaftsförderung der Deutschen Brauwirtschaft e. V.; Band 3
32. Kneissl A (1981) Flaschenkontrolle in Abfüllbetrieben. Brauindustrie 66:799–804
33. Koch J, Dürr P (1987) Getränkebeurteilung. Ulmer, Stuttgart
34. Krüger E, Bielig H J (1976) Betriebs- und Qualitätskontrolle in Brauerei und alkoholfreier Getränkeindustrie. Parey, Berlin Hamburg
35. Krüger E, Allmann R (1987) Vergleichsdaten zur Betriebs- und Qualitätskontrolle. ALFA-LAVAL, Hamburg

36. Linskens H F, Jackson J F (1988) Beer Analysis. Springer, Berlin Heidelberg New York London Paris Tokyo
37. Nielebock C, Basarová G (1989) Analysenmethoden für die Brau- und Malzindustrie. VEB Fachbuchverlag, Leipzig
38. Scheufele H, Uhlig R (1987) Leerflaschenkontrolle in Getränkebetrieben. Getränketechnik 1:4–5
39. Taschan H (1996) Mikrobiologische Untersuchung von Bieren aus Schankanlagen in der Gastronomie. Brauwelt 136:1014–1017
40. Taschan H (1998) Mykotoxine und das HACCP-Konzept. Brauwelt 138:1820–1826
41. Taschan H (2004) Rückverfolgbarkeit in der Brauerei. Brauwelt 144:154–155
42. Weber O (1984) Annähernde Berechnung des Stammwürzegehaltes alkoholreduzierter Diätbiere. Brauwissenschaft 37:173–175
43. DIN-Norm 6650-6; Deutsches Institut für Normung e.V. (DIN), Beuth Verlag Berlin (2006)
44. Fries O, Lohre G, Steinl G, Taschan H et al. (2008): Getränkeschankanlagen, Praxishandbuch und DIN-Normen, Beuth Verlag
45. Taschan, H (2008) Mikrobiologische Beschaffenheit und lebensmittelrechtliche Beurteilung der Schankbiere. Brauwelt 148:1392–1396

Wein

Klaus Mahlmeister

Bayerisches Landesamt für Gesundheit und Lebensmittelsicherheit LGL,
Luitpoldstraße 1, 97082 Würzburg
klaus.mahlmeister@lgl.bayern.de

28.1	Lebensmittelwarengruppe	701
28.2	Beurteilungsgrundlagen	701
28.2.1	Rechtsvorschriften international	702
28.2.2	Rechtsvorschriften national	703
28.2.3	Begriffsbestimmung Wein	703
28.3	Warenkunde	703
28.3.1	Erzeugnisse des Weinrechts	703
28.3.2	Chemische Zusammensetzung	707
28.3.3	Alkoholfreier, alkoholreduzierter Wein	714
28.4	Qualitätssicherung	715
28.4.1	Präventives Qualitätsmanagement im Weinsektor	715
28.4.2	Sensorische Analyse	715
28.4.3	Chemische und physikalische Analysenmethoden	715
28.5	Literatur	717

28.1
Lebensmittelwarengruppe

Dieses Kapitel behandelt die verschiedenen Weinarten (Weiß-, Rot-, Roséwein) sowie die wichtigsten aus Wein hergestellten Erzeugnisse (Perlwein, Schaumwein, Likörwein, aromatisierte Getränke auf Weinbasis, Brennwein, entalkoholisierter Wein).

28.2
Beurteilungsgrundlagen

Der Rat der europäischen Gemeinschaften hat für Wein und bestimmte Erzeugnisse aus Wein eine gemeinsame Marktorganisation geschaffen (s. auch Kap. 2.4.10). Diese umfasst u. a. Regeln für die Erzeugung, für önologische Verfahren und Behandlungen, für das Inverkehrbringen sowie für die Bezeichnung und Aufmachung von Weinen und bestimmter aus Wein hergestellter Erzeugnisse.

Die Verordnungen der Weinmarktorganisation gelten nach Artikel 249 des EG-Vertrages unmittelbar in jedem Mitgliedstaat. Nationales Recht, das den gleichen Gegenstand regelt, wird mit ihrem Inkrafttreten unanwendbar.

Für Weine sind verschiedene gemeinschaftliche Regeln für die Erzeugung vorgegeben, den einzelnen Mitgliedstaaten verbleibt aber noch hinreichend Handlungsfreiheit für nationale Regelungen.

Um den herkömmlichen Produktionsbedingungen gerecht zu werden, hat die Bundesrepublik Kompetenzen zum Erlassen von Verordnungen an die Bundesländer übertragen. Dies betrifft z. B. Festsetzungen hinsichtlich der natürlichen Mindestalkoholgehalte (Mostgewichte), Aufstellung von Rebsortenverzeichnissen, Festlegen der maximalen Hektarerträge und Anbaumethoden.

28.2.1
Rechtsvorschriften international

In dem nachstehenden Verzeichnis der EG-Verordnungen, die im Amtsblatt der Europäischen Gemeinschaft veröffentlicht werden, sind nur die wichtigsten aufgenommen. Hierbei ist zu berücksichtigen, dass diese laufend ergänzt bzw. geändert werden. So ist z. B. geplant, die EG-Verordnung über die gemeinsame Marktorganisation für Wein im Verlauf des Jahres 2009 in die EG-Verordnung über eine gemeinsame Organisation der Agrarmärkte zu integrieren. Im Folgenden sind beide Verordnungen aufgeführt:

- VO (EG) Nr. 479/2008 des Rates vom 29. April 2008 über die gemeinsame Marktorganisation für Wein.
- VO (EG) Nr. 1234/2007 über eine gemeinsame Organisation der Agrarmärkte.
- VO (EG) Nr. 423/2008 des Rates vom 8. Mai 2008 (önologische Verfahren und Behandlungen).
- VO (EG) Nr. 753/2002 der Kommission vom 29. April 2002 (Beschreibung, Bezeichnung, Aufmachung und Schutz bestimmter Weinbauerzeugnisse). Anmerkung: Es ist geplant diese Verordnung Ende des Jahres 2009 zu ersetzen. Von der neuen Verordnung existiert weder ein autorisierter Entwurf noch die Verordnungsnummer.
- VO (EWG) Nr. 1601/91 des Rates vom 10. Juni 1991 zur Festlegung der allgemeinen Regeln für die Begriffsbestimmung, Bezeichnung und Aufmachung aromatisierter weinhaltiger Getränke und aromatisierter weinhaltiger Cocktails.
- VO (EWG) Nr. 2676/90 der Kommission vom 17. September 1990 zur Festlegung gemeinsamer Analysenmethoden für den Weinsektor.

28.2.2
Rechtsvorschriften national

- Weingesetz in der Fassung der Bekanntmachung vom 16. Mai 2001. Aufgrund der Neuordnung des Lebensmittel- und Futtermittelrechts (Gesetz vom 01.09.2005) wurde das WeinG hinsichtlich der Vorschriften über Rückstände von Pflanzenschutz- und sonstigen Mitteln an die für Lebensmittel geltenden Vorschriften angeglichen.
- WeinV in der Fassung der Bekanntmachung vom 14. Mai 2002.
- Wein-ÜberwachungsV in der Fassung der Bekanntmachung vom 14. Mai 2002.
- Verordnung über Fertigpackungen (FertigpackungsV).
- Verordnung über die Zulassung von Zusatzstoffen zu Lebensmitteln zu technologischen Zwecken (Zusatzstoff-ZulassungsV).
- Verordnung über Höchstmengen an Rückständen von Pflanzenschutz- und Schädlingsbekämpfungsmitteln ... (Rückstands-HöchstmengenV) (s. auch EG-RHM-VO in Kap. 14.2.3)
- AromenV.

28.2.3
Begriffsbestimmung Wein

Wein ist das Erzeugnis, das ausschließlich durch vollständige oder teilweise alkoholische Gärung der frischen, auch eingemaischten Weintrauben oder des Traubenmostes gewonnen wird (Definition gemäß Anhang IV der VO (EG) Nr. 479/2008).

Neben dem Einfluss von Boden, geographischer Herkunft, Klima und Kellerbehandlung wird die Vielfalt der Weine vor allem durch die verschiedenen Rebsorten bestimmt.

28.3
Warenkunde

28.3.1
Erzeugnisse des Weinrechts

Die folgende Übersicht (s. Tabelle 28.1) zeigt die Verteilung der wichtigsten Rebsorten sowie die bestockten Flächen in Deutschland im Vergleich der letzten 30 Jahre. Auffallend ist hier vor allen die Zunahme roter Sorten zu Lasten der Weißweine.

Tabelle 28.1. Entwicklung der Rebsortenverteilung in Deutschland

I. Weiße Rebsorten	2007 (ha)	2007 (%)	1975 (%)
Riesling	21 722	21,3	20,9
Müller-Thurgau	13 824	13,5	27,5
Silvaner	5 261	5,2	16,1
Grauburgunder (Ruländer)	4 413	4,3	3,7
Kerner	3 848	3,8	2,4
Weißburgunder	3 589	3,5	0,9
Bacchus	2 061	2,0	1,3
Scheurebe	1 702	1,7	2,9
Weiße Sorten gesamt	64 466	63,2	87,6

II. Rote Rebsorten	2007 (ha)	2007 (%)	1975 (%)
Spätburgunder	11 820	11,6	3,5
Dornfelder	8 185	8,0	0,0
Portugieser	4 551	4,5	4,6
Trollinger	2 504	2,5	2,1
Schwarzriesling	2 397	2,3	1,5
Lemberger	1 702	1,7	0,4
Rote Sorten gesamt	37 560	36,8	12,4

Eine Übersicht über die Wein- und Schaumweinbereitung enthalten die Fließschemata 28.1 und 28.2.

Bei der Herstellung von Rotweinen wird vom Schema der Weißweinbereitung insofern abgewichen, als entweder die Vergärung vor dem Abtrennen der Trester geschieht („Maischegärung") oder die Traubenmaische (= gemahlene bzw. gequetschte Trauben) vor dem Keltern erhitzt wird („Maischeerhitzung"). Beide Vorgehensweisen dienen der Extraktion der vor allem in der Traubenschale befindlichen Rotweinfarbstoffe.

Nähere Einzelheiten zur Technologie der Wein- und Schaumweinbereitung siehe [40].

Der Wein wird im Vollzug der EG-Weinmarktordnung in folgende Weinkategorien bzw. Güteklassen eingeteilt:

a) Wein ohne geographische Angabe
   Unterkategorie 1: Wein
   Unterkategorie 2: Wein mit Angabe von Rebsorte und/oder Jahrgang
b) Wein mit geographischer Angabe
   Unterkategorie 1: Wein mit geschützter geographischer Angabe (Wein g. g. A.)
   Unterkategorie 2: Wein mit geschützter Ursprungsbezeichnung (Wein g. U.).

Darüber hinaus sind als sog. „traditionelle Begriffe" die Bezeichnungen „Qualitätswein", „Prädikatswein" sowie die Prädikate „Kabinett", „Spätlese", „Auslese", „Beerenauslese", „Trockenbeerenauslese" und „Eiswein" zulässig.

Weißweinbereitung

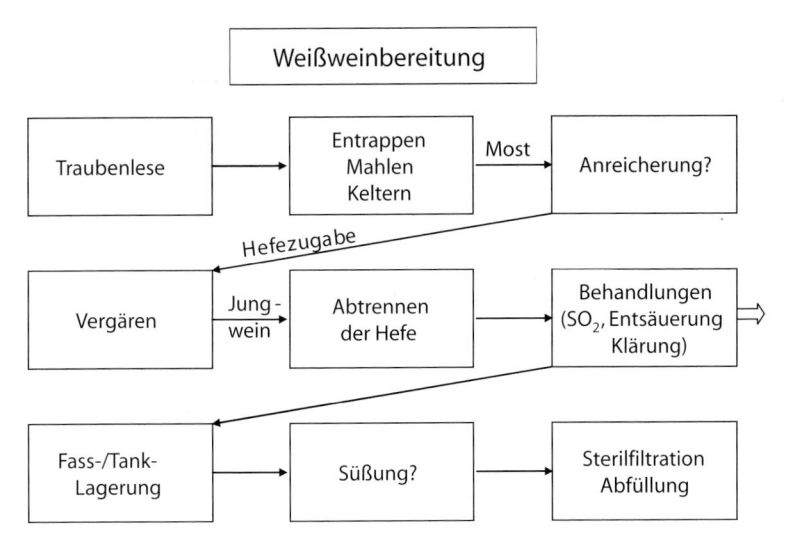

Traubenlese → Entrappen Mahlen Keltern →(Most)→ Anreicherung?

Hefezugabe

Vergären →(Jungwein)→ Abtrennen der Hefe → Behandlungen (SO$_2$, Entsäuerung Klärung) ⇒

Fass-/Tank-Lagerung → Süßung? → Sterilfiltration Abfüllung

Schema 28.1.

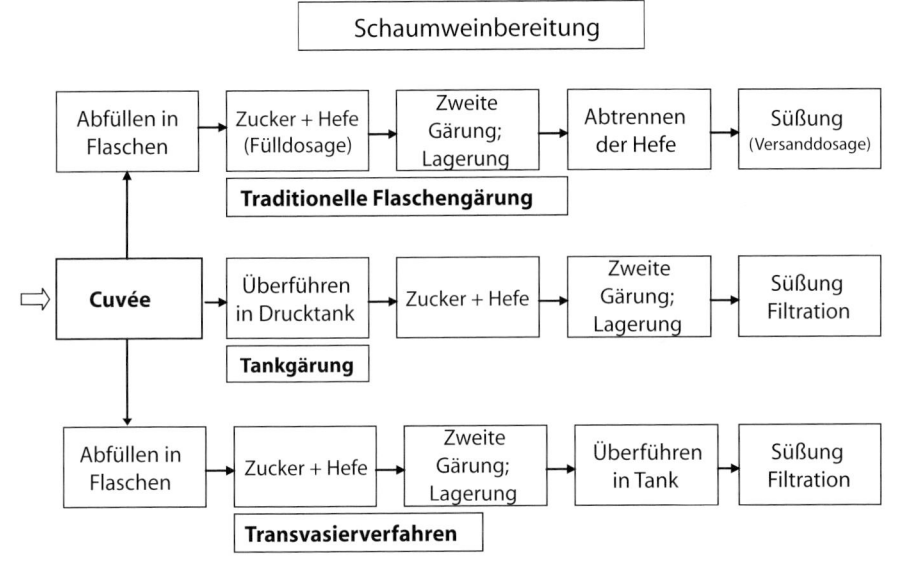

Schaumweinbereitung

Abfüllen in Flaschen → Zucker + Hefe (Fülldosage) → Zweite Gärung; Lagerung → Abtrennen der Hefe → Süßung (Versanddosage)

Traditionelle Flaschengärung

⇒ **Cuvée** → Überführen in Drucktank → Zucker + Hefe → Zweite Gärung; Lagerung → Süßung Filtration

Tankgärung

Abfüllen in Flaschen → Zucker + Hefe → Zweite Gärung; Lagerung → Überführen in Tank → Süßung Filtration

Transvasierverfahren

Schema 28.2.

Als Bezeichnungen für Weinarten dürfen bei inländischem Wein folgende Angaben verwendet werden:

Weißwein   für einen ausschließlich aus Weißweintrauben hergestellten Wein

Rotwein   für einen ausschließlich aus Rotweintrauben hergestellten Wein

Roséwein	für einen ausschließlich aus Rotweintrauben hergestellten Wein von blass- bis hellroter Farbe
Weißherbst	für einen aus einer einzigen roten Rebsorte hergestellten Qualitätswein, mindestens aus 95% hell gekeltertem Most hergestellt
Rotling	für einen inländischen Wein, von blass- bis hellroter Farbe, durch Verschneiden von Weißwein-Trauben bzw. -Maische mit Rotwein-Trauben bzw. -Maische hergestellt
Schillerwein	für einen Rotling, dessen Weintrauben ausschließlich in dem bestimmten Anbaugebiet Württemberg geerntet worden sind
Badisch Rotgold	mit dem Zusatz „Grauburgunder und Spätburgunder" für einen Rotling, dessen Weintrauben ausschließlich in dem bestimmten Anbaugebiet Baden geerntet worden sind.

Die wichtigsten Erzeugnisse aus Wein, ihre prinzipielle Herstellung und gewisse Mindestanforderungen sind in Tabelle 28.2 zusammengefasst.

Eine umfassende Übersicht über die wichtigsten Weine, Weinbauregionen und Weinerzeuger der Welt sind in dem Standardwerk „Der große Johnson", er-

Tabelle 28.2. Erzeugnisse aus Wein

Perlwein	Kohlensäureüberdruck: 1–2,5 bar; Kohlensäureüberdruck kann aus (erster oder zweiter) Gärung stammen oder zugesetzt werden („Perlwein mit zugesetzter Kohlensäure")
Schaumwein	Kohlensäureüberdruck mind. 3 bar; Kohlensäureüberdruck kann aus (erster oder zweiter) Gärung stammen oder zugesetzt werden („Schaumwein mit zugesetzter Kohlensäure")
Likörwein	Vorhandener Alkohol 15%–22% vol; aus Wein und/oder (konzentriertem) Traubenmost unter Zusatz von Alkohol hergestellt
Brennwein	Mit Weindestillat auf 18%–24% vol aufgestärkter Wein; Verarbeitungswein zur Herstellung von Weindestillat und damit von Branntwein aus Wein
Alkoholfreier Wein	Erzeugnis, das aus Wein unter Alkoholentzug hergestellt wurde und das weniger als 0,5% vol Alkohol enthält
Aromatisierte weinhaltige Getränke	Aus Erzeugnissen des Weinrechts hergestellte Getränke, denen Aromen bzw. geschmackgebende Lebensmittel zugesetzt wurden (z. B. Wermutwein, Sangria, Kalte Ente, Glühwein, Maiwein)

schienen im Hallwag-Verlag zu finden [1]. Weitere Übersichtsliteratur zum Thema Wein: [2, 3].

Eine steigende Bedeutung erfährt die Gruppe der nach ökologischen Prinzipien erzeugten Weine. Spezielle Informationen hierzu enthält das Buch „Ökologischer Weinbau" (Ulmer-Verlag) [4].

28.3.2
Chemische Zusammensetzung

Wein setzt sich aus einer Vielzahl chemischer Verbindungen und Elemente zusammen, die folgenden Stoffgruppen zugeordnet werden können (für jede Stoffgruppe werden die wichtigsten Vertreter benannt) [5–17]:

Alkohole	ein- und mehrwertige: Methanol, Ethanol, Glycerin, 2,3-Butandiol
	Zuckeralkohole: Sorbit, Mannit, Inosit
Kohlenhydrate	Mono- und Oligosaccharide: Glucose, Fructose, Arabinose, Raffinose, β-1,3-Glucan
Säuren	Wein-, Äpfel-, Milch-, Zitronen-, Bernstein-, Essig-, Shikimi-, Kaffee-, China-, Gluconsäure
Mineralstoffe	Kalium, Natrium, Magnesium, Calcium, Phosphat, Chlorid, Sulfat, Nitrat
Stickstoffverbindungen	Aminosäuren, Amine, Eiweißverbindungen
Polyphenole	Anthocyane, Catechine, Flavone, Phenolcarbonsäuren
Aromastoffe	Höhere Alkohole, Aldehyde, Ketone, Ester, Terpene, Lactone
in vielen Weininhaltsstoffen	Stabile Isotope (z. B.: ^{2}H, ^{18}O, ^{13}C)

Die Zusammensetzung eines Weines bzw. der Gehalt bestimmter Inhaltsstoffe wird durch folgende Faktoren beeinflusst:

Rebsorte, geographische Herkunft, Lage und Bodenformation der Rebfläche, Jahrgang (Klima, Witterungsverlauf), Ertragsmenge, Reifegrad der Trauben, Kellerbehandlungen (z. B. Entsäuerungen, Anreicherung, Gärführung, Verwendung von Reinzuchthefen, Spontangärung, biologischer Säureabbau (malolaktische Gärung, Umwandlung von Äpfelsäure in Milchsäure)).

In Weinen kommen auch biogene Amine vor. Sie sind Stoffwechselprodukte von Mikroorganismen (z. B. bestimmter Milchsäurebakterien) und entstehen beim biologischen Säureabbau durch Decarboxylierung der entsprechenden Aminosäuren, sind aber teilweise schon im Traubenmost nachweisbar. Die Amingehalte in Weinen unterliegen starken Schwankungen. Hierbei liegen die Histamin- und Putrescinwerte in Rotweinen meist höher als in Weißweinen.

Nach Literaturangaben können sich die Amingehalte von Weinen in folgenden Bereichen bewegen [14–16]:

Tabelle 28.3. Biogene Amine in Wein

	Rotwein mg l^{-1}	Weißwein mg l^{-1}
Histamin	0,1–37	0,1–1
Putrescin	2–38	0,8–4
Tyramin	0,1–36	0–2
Cadaverin	0–7	0–0,2
Phenylethylamin	0,1–10	0–7

Histamingehalte, die über den Werten der Tabelle 28.3 liegen, weisen auf einen fehlerhaften biologischen Säureabbau hin, eine Zunahme wurde auch beim Verderben von Weinen festgestellt. Zusammenhänge zwischen gesundheitlichen Beschwerden nach Weinkonsum und diesen erhöhten Gehalten an biogenen Aminen werden immer wieder postuliert, sind aber nicht eindeutig nachgewiesen.

In Tabelle 28.4 sind typische Analysendaten von Weinen am Beispiel fränkischer Erzeugnisse dargestellt.

Mit steigendem Reifegrad der Trauben erfolgt neben der Erhöhung des Zuckergehaltes auch eine Zunahme von Nichtzuckerstoffen in der Beere. Dies führt neben erhöhten Gesamtalkoholwerten auch zu steigenden Gehalten an Mineral- und Extraktstoffen in Erzeugnissen höherer Qualitäten.

Insbesondere zeigen Auslesen, Beeren- und Trockenbeerenauslesen im Vergleich zu normalreifen Weinen eine deutliche Anreicherung bestimmter Mineral- und Extraktstoffe (Kalium, Magnesium, Asche, Restextrakt). Die hohen Glyceringehalte dieser Erzeugnisse setzen sich aus Gärungs- und Mostglycerin zusammen, das in edelfaulen Beeren durch den Pilz *Botrytis cinerea* gebildet wird. In solchen Weinen ist auch der Gluconsäuregehalt deutlich erhöht (s. Tabelle 28.5) [17].

In Tabelle 28.6 sind beispielhaft die Gehalte an höheren Alkoholen in- und ausländischer Weiß- und Rotweine aufgeführt.

Nachstehend wird auf die Bildung sowie die natürlichen Gehalte von Methanol in Weinen näher eingegangen.

Methanol entsteht im Verlauf der Gärung durch Abspaltung der Methoxygruppen von Pektinen, die sich in den Schalen, vor allem aber in den Rappen der Weintrauben befinden. Dies hat zur Folge, dass sich der Methanolgehalt durch längere Standzeiten des Lesegutes im vermaischten Zustand, vor allem aber durch Vergären auf der Maische erhöht. Rotweine weisen daher in der Regel höhere Methanolgehalte auf, als Weißweine.

In fränkischen Weiß- und Rotweinen wurden die in Tabelle 28.7 aufgeführten Methanolwerte ermittelt (Die Methanolgehalte von Erzeugnisses anderer deutscher Anbaugebiete bewegen sich in den gleichen Größenordnungen) [7].

Tabelle 28.4. Analysendaten ausgewählter fränkischer Qualitäts-, Kabinett- und Spätleseweine (Teil 1)

Rebsorte Qualitätsstufe	vorhandener Alkohol g l^{-1}	Gesamtalkohol g l^{-1}	Gesamtextrakt g l^{-1}	Restextrakt g l^{-1}	reduzierende Zucker g l^{-1}	Glycerin g l^{-1}	gesamte SO$_2$ mg l^{-1}	Asche g l^{-1}
Müller-Thurgau	83,6	90,8	36,9	8,6	16,5	8,3	202	2,1
Silvaner	94,2	97,4	28,8	10,4	7,8	5,6	142	2,3
Spätburgunder	99,2	99,5	25,8	13,4	1,6	8,0	52	2,4
Müller-Thurgau Kabinett	84,3	91,1	34,6	8,5	15,7	6,2	110	2,1
Silvaner Kabinett	89,4	89,9	22,6	10,1	2,2	6,0	96	2,2
Riesling Kabinett	97,0	100,6	29,6	9,6	8,8	6,6	97	2,3
Spätburgunder Kabinett	97,0	99,1	30,4	14,1	5,6	80,3	80	2,8
Müller-Thurgau Spätlese	94,2	105,3	50,1	13,1	25,0	8,5	142	2,8
Silvaner Spätlese	96,3	100,4	34,3	12,0	9,7	8,6	170	2,6
Riesling Spätlese	97,6	103,2	40,2	14,3	13,1	7,4	150	2,3
Spätburgunder Spätlese	103,4	103,8	27,1	15,5	1,9	7,5	157	3,1

Tabelle 28.4. Analysendaten fränkischer Qualitäts-, Kabinett- und Spätleseweine (Teil 2)

Rebsorte Qualitätsstufe	Kalium mg l⁻¹	Magnesium mg l⁻¹	Gesamtsäure (als Weinsäure) g l⁻¹	Weinsäure g l⁻¹	Äpfelsäure g l⁻¹	Milchsäure g l⁻¹	Zitronensäure g l⁻¹	flüchtige Säuren g l⁻¹
Müller-Thurgau	937	69	5,8	1,7	2,8	0,5	0,09	0,42
Silvaner	948	70	6,2	1,7	3,9	n.n.	0,10	0,38
Spätburgunder	1115	74	4,6	2,1	n.n.	3,1	0,17	0,57
Müller-Thurgau Kabinett	941	75	5,8	1,8	3,1	0,1	0,32	0,37
Silvaner Kabinett	878	79	6,3	2,2	4,0	0,1	0,34	0,38
Riesling Kabinett	972	81	6,2	1,6	3,6	0,1	0,42	0,41
Spätburgunder Kabinett	1344	87	4,2	1,7	0,1	3,5	0,04	0,57
Müller-Thurgau Spätlese	1030	80	5,4	1,2	3,3	0,4	0,13	0,49
Silvaner Spätlese	1111	82	6,1	1,6	3,4	0,7	0,29	0,39
Riesling Spätlese	1003	86	6,8	2,0	3,0	2,8	0,60	0,47
Spätburgunder Spätlese	1506	89	3,9	1,2	0,2	3,7	0,01	0,74

Tabelle 28.5. Analysenwerte von Auslesen, Beeren- und Trockenbeerenauslesen am Beispiel fränkischer Erzeugnisse (Teil 1)

Qualitätsstufe Rebsorte	vorhandener Alkohol g l^{-1}	Gesamt-alkohol g l^{-1}	Glycerin g l^{-1}	2,3-Butandiol g l^{-1}	Gesamte SO$_2$ mg l^{-1}	Prolin mg l^{-1}	Restextrakt g l^{-1}
Auslesen							
Kerner	100,9	115,7	10,5	0,94	194	643	15,4
Riesling	94,7	110,9	16,6	0,67	256	450	19,2
Ruländer	98,1	118,3	20,0	0,97	279	580	17,6
Beerenauslesen							
Müller-Thurgau	100,9	140,4	18,1	1,10	242	497	33,4
Bacchus	91,2	131,1	18,5	1,28	319	450	21,8
Ortega	109,9	131,9	21,4	1,09	264	654	22,7
Riesling	110,7	146,4	20,8	1,24	200	435	21,6
Trockenbeeren-auslesen							
Silvaner	94,7	175,6	24,3	1,60	280	289	31,8
Müller-Thurgau	49,5	212,4	25,0	1,05	280	310	28,4
Bacchus	48,9	212,4	25,0	1,15	298	320	24,9

Tabelle 28.5. Analysenwerte von Auslesen, Beeren- und Trockenbeerenauslesen am Beispiel fränkischer Erzeugnisse (Teil 2)

Qualitätsstufe Rebsorte	Asche g l^{-1}	Kalium mg l^{-1}	Magnesium mg l^{-1}	Phosphat mg l^{-1}	Gesamtsäure g l^{-1}	Gluconsäure g l^{-1}	Bernsteinsäure g l^{-1}
Auslesen							
Kerner	2,98	1300	109	298	6,7	1,9	0,54
Riesling	4,73	2300	130	135	8,1	1,8	–
Ruländer	4,50	2015	137	334	7,7	1,3	0,52
Beerenauslesen							
Müller-Thurgau	4,73	2320	144	440	8,2	3,6	0,70
Bacchus	7,28	3370	135	770	7,3	1,1	0,67
Ortega	6,42	2795	184	838	10,5	3,7	0,53
Riesling	4,52	2055	168	256	9,4	2,8	0,63
Trockenbeeren- auslesen							
Silvaner	5,69	2880	184	497	9,8	3,8	0,73
Müller-Thurgau	6,06	3000	211	446	10,7	2,2	0,52
Bacchus	7,12	3400	217	544	11,8	2,2	0,51

Tabelle 28.6. Gehalte an höheren Alkoholen ausgewählter in- und ausländischer Weine (mg/100 ml r. A.)

	1	2	3	4	5	6	7	8	9	10
Methanol	40,3	45,2	30,2	42,2	34,2	63,4	100,1	98,3	124,5	122,0
n-Propanol	39,4	17,6	46,6	20,1	29,1	22,9	21,8	20,1	28,4	29,2
Butanol-2	–	–	–	–	–	0,4	–	–	–	–
Isobutanol	54,7	34,2	84,3	89,4	46,4	56,5	62,2	–	43,0	49,4
Butanol-1	–	–	0,6	0,7	–	0,9	0,6	–	1,9	–
2-Methylbutanol-1	22,6	43,6	26,1	48,7	24,5	37,4	42,9	41,7	39,3	31,7
3-Methylbutanol-1	112,0	208,3	127,7	195,1	137,7	175,2	140,0	163,3	155,3	126,7
Hexanol	1,0	2,3	1,0	0,9	1,2	1,1	1,3	1,0	2,8	1,3
2-Phenylethanol	35,2	69,6	29,3	34,0	19,5	38,5	33,4	70,0	43,5	49,9

Nr. 1–3: inländische Weißweine; Nr. 4–6: ausländische Weißweine; Nr. 7: inländischer Rotwein; Nr. 8–10: ausländische Rotweine

Tabelle 28.7. Methanolgehalte fränkischer Weiß- und Rotweine

	Probenzahl	Mittelwert mg/100 ml r. A.	Streubereich mg/100 ml r. A.
Weißweine	98	39	16–97
Weißweine (Spätlesen und Auslesen)	40	34	21–71
Rotweine (bis einschließlich Spätlesen)	35	103	50–220

Tabelle 28.8. Spurenelemente und Schwermetalle in Wein

	Höchstgehalte gemäß Weinverordnung $mg\,l^{-1}$	Normalgehalte in Weinen $mg\,l^{-1}$ von		bis
Aluminium	8,00	0,5	–	2,0
Arsen	0,10	0,003	–	0,02
Blei	0,25	0,001	–	0,1
Bor ber. als Borsäure	80,00	11	–	28
Brom	1,00	0,01	–	0,07
Fluor	1,00	0,05	–	0,5
Cadmium	0,01	0,001	–	0,005
Kupfer	2,00	ca. 0,5 (meist weniger)		
Zink	5,00	0,5	–	3,5
Zinn	1,00	0,01	–	0,7
Mangan		0,25	–	5
Chrom		0,002	–	0,014
Nickel		0,0006	–	0,001

Das deutsche Weinrecht legt keine Grenzwerte für den Methanolgehalt von Weinen und Erzeugnissen aus Wein fest. Auch in der gemeinsamen Marktorganisation der EU für Wein (VO (EG) Nr. 479/2008) wird die Verkehrsfähigkeit von Weinen bezüglich des Methanolgehaltes nicht durch Höchstwerte geregelt. Allerdings bestehen – rechtlich noch nicht bindende – Grenzwerte der internationalen Organisation für Rebe und Wein OIV (Organisation internationale de la vigne et du vin). Die Höchstwerte betragen 250 $mg\,l^{-1}$ für Weiß- und Roséweine sowie 400 $mg\,l^{-1}$ für Rotweine. Die relativ hohen Grenzwerte sollen die Anwendung des Methanol bildenden Zusatzstoffes Dimethyldicarbonat („Velcorin"; verhindert Nachgärungen) ermöglichen.

Die Normalgehalte bestimmter Spurenelemente in Weinen [10] und die gemäß Anlage 7 der deutschen Weinverordnung in der Fassung der Bekanntmachung vom 14. Mai 2002 zulässigen Höchstwerte sind in Tabelle 28.8 zusammengefasst.

Weiterhin sind in den Anlagen 7 und 7a der Weinverordnung Grenzwerte für chlorierte Kohlenwasserstoffe und für Pestizide geregelt.

28.3.3
Alkoholfreier, alkoholreduzierter Wein

Wein darf als „alkoholfreier Wein" bezeichnet werden, wenn er weniger als 0,5 Volumenprozent Alkohol enthält, er darf als „alkoholreduzierter Wein" bezeichnet werden, wenn der Alkoholgehalt mindestens 0,5 Volumenprozent und weniger als 4 Volumenprozent beträgt (§ 47 WeinV).

28.4
Qualitätssicherung

28.4.1
Präventives Qualitätsmanagement im Weinsektor

In die Risikobewertung des § 7 der Allgemeinen Verwaltungsvorschrift über Grundsätze zur Durchführung der amtlichen Überwachung lebensmittelrechtlicher und weinrechtlicher Vorschriften (AVV-RÜB, s. auch Kap. 5.2.4) werden auch die Betriebe der Weinwirtschaft einbezogen. Danach werden für Weinbaubetriebe eigene Kontrollhäufigkeiten festgelegt. Außerdem sind in den von den maßgebenden Verbänden der Weinwirtschaft (u. a. Deutscher Weinbauverband) erstellten „Leitlinien für eine gute Hygienepraxis in der Weinwirtschaft" die Forderungen der Lebensmittel-Hygieneverordnung (LMH-VO-852) eingearbeitet. Kritische Punkte im Prozess der Weinbereitung sind hierbei:

Lesegut: Gesund, wenig Fäulnis, Pestizidrückstände
Traubenmost: Rasche Verarbeitung, keine mikrobiellen Infektionen
Gärung: Reinzuchthefen, temperaturkontrollierte Gärführung
Lagerung: Weitgehend keimreduziert, kein Sauerstoffeintrag,
                Reinigungs- und desinfektionsmittelfreie Behältnisse
Abfüllung: Sterile, saubere Gerätschaften und Flaschen.

28.4.2
Sensorische Analyse

Sie ermöglicht das Erfassen und Bewerten der sensorischen Qualität durch Prüfung von Farbe, Klarheit, Geruch und Geschmack eines Weines sowie das Erkennen der zahlreichen qualitätsbestimmenden bzw. auch der qualitätsmindernden Eigenschaften des jeweiligen Erzeugnisses (s. allgemein Kap. 11).
Nähere Informationen zum Thema Weinsensorik siehe [18, 19].

28.4.3
Chemische und physikalische Analysenmethoden

In Art. 31 der VO (EG) Nr. 479/2008 ist geregelt, dass zur Untersuchung von Weinen die von der OIV empfohlenen und veröffentlichten Methoden und Regeln anzuwenden sind.
In der Praxis baut sich die chemisch-physikalische Analyse eines Weines im Allgemeinen auf die sog. „kleine Handelsanalyse" auf, die auch die in Anlage 10 WeinV vorgeschriebenen Kennzahlen für den Untersuchungsbefund im Rahmen der amtlichen Qualitätsweinprüfung enthält.

Sie umfasst im Wesentlichen folgende Parameter:
Relative Dichte d 20/20 °C, vorhandener Alkohol, vergärbare Zucker, Gesamtalkohol, Gesamtextrakt, zuckerfreier/Rest-Extrakt, Gesamtsäure, freie und gesamte schweflige Säure.

Zur Prüfung auf nicht zugelassene önologische Verfahren, zum Nachweis von Manipulationen bzw. zur Beurteilung von mikrobiell bedingten Veränderungen eines Weines werden diese Prüfungen meist ergänzt [22, 23]. Zu diesen ergänzenden Parametern zählen u. a. Kalium, Natrium, Magnesium, Calcium, Glucose, Fructose, Phosphat, Sulfat, Chlorid, Asche, Glycerin, Acetaldehyd, Prolin, Catechin, Konservierungsmittel (Sorbinsäure, Ascorbinsäure), Wein- Äpfel-, Milch-, Zitronensäure und flüchtige Säuren [24–31]. Zur Rebsortenüberprüfung v. a. bei Rotweinen dient die Bestimmung des Anthocyanspektrums [32] und der Shikimisäure [33]. Vor allem Burgundersorten können hiermit von anderen Rebsorten unterschieden werden. Um den Zusatz von synthetischem Glycerin nachzuweisen, wird auf Spuren von Glycerinbegleitstoffen (cyklische Diglycerine, 3-Methoxy-1,2-propandiol) geprüft [34]. Klassische „Weinpanschereien", wie Wässerungen und „Zuckerungen" (unzulässige Zugabe von Saccharose) mussten früher mittels umfangreicher statistischer Erhebungen durch die Erniedrigung gewisser Qualitätsparameter (z. B. Mineralstoff-, Restextraktgehalte) nachgewiesen werden [35]. Sie werden heute vor allem mit den Mitteln der Stabilisotopenanalytik aufgedeckt (s. auch Kap. 10.3.4). Hierzu zählen vor allem die Bestimmungen der stabilen Isotope Deuterium (^{2}H) und ^{13}C im Weinalkohol mittels Kernresonanzspektrometrie sowie von ^{18}O im Wasseranteil des Weines mittels Isotopenmassenspektrometrie [36].

Fallbeispiel 28.1: Authentizität von Weinen

Die Frage ob ein Wein authentisch ist, d. h. ob alle Angaben auf dem Etikett, wie Herkunft, Jahrgang oder Qualitätsstufe zutreffend sind und ob mit Wasser oder Zucker gepanscht wurde, kann mit klassischen Analysenverfahren in der Regel nur eingeschränkt überprüft werden.

So ist das ursprüngliche Wasser im Wein oder der aus dem Zucker der Trauben gebildete Alkohol mit klassischen Analysenverfahren nicht von Wasser aus der Wasserleitung oder vom Alkohol aus Rüben- und Rohrzucker zu unterscheiden. Dies gelingt nur über die Messung der stabilen Isotope der Elemente Wasserstoff, Sauerstoff und Kohlenstoff, die im Weinalkohol und Weinwasser natürlicherweise in sehr geringen Mengen vorkommen.

Diese Isotope bzw. Isotopenverhältnisse sind wie ein Fingerabdruck, da sie durch das Klima und die geografische Herkunft des Anbaugebietes und des Lesejahres in ganz charakteristischer Weise geprägt werden. Mit Hilfe dieser Isotopenanalytik mussten z. B. im Jahre 2008 in Weinen eines südeuropäischen Landes 14% der gezielt entnommenen Proben als gefälscht beurteilt werden.

Große Bedeutung besitzt auch die Analytik von Aromastoffen. Durch qualitative und quantitative Aromaanalyse mittels GC-MS sowie durch die Bestimmung der Enantiomerenverhältnisse chiraler Aromastoffe können z. B. „weineigene" von synthetisch hergestellten Aromen unterschieden werden [37].

Von Interesse sind außerdem andere flüchtige Weininhaltsstoffe wie Methanol, n-Propanol, n-Butanol, Butanol-2, 2-Methylpropandiol-1, 2-Methylbutanol-1, 3-Methylbutanol-1, Hexanol, Essigsäureethylester, Isoamylacetat, die Ethylester von Milchsäure, Capron-, Capryl-, Caprin- und Laurinsäure, Bernsteinsäurediethylester und 2-Phenylethanol. Sie dienen u. a. zum Erkennen von mikrobiellen Veränderungen und Fehlgärungen der Weine. Darüber hinaus werden auch Ethylenglykol, Diethylenglykol, die Isomeren des 2,3-Butandiols sowie Monostyrol (aus Kunststofftanks) gaschromatographisch erfasst [38].

Auch die FTIR-Spektroskopie gewinnt in der Weinanalytik immer größere Bedeutung. Sie wird insbesondere für die Erstellung von Analysenbefunden im Rahmen der amtlichen Qualitätsweinprüfung und zu Screening-Messungen eingesetzt [39].

Fallbeispiel 28.2: Wein, Glycerinzusatz

In jedem Wein ist Glycerin als Nebenprodukt der alkoholischen Gärung vorhanden. Dieser Polyalkohol führt wegen seiner viskosen Natur zu einem runden, fülligen Geschmackseindruck bei Weinen (gutes „mouthfeeling"). Diesen positiven Eigenschaften ist es zuzuschreiben, dass immer wieder synthetisches Glycerin Weinen verbotswidrig zugesetzt wird.

Ein Nachweis dieser Verfälschung ist möglich, da in synthetischem Glycerin immer Verunreinigungen vorhanden sind. Das sind die „cyclischen Diglycerine" bei Glycerin aus der Petrochemie und 3-Methoxy-1,2-Propandiol (3-MPD) bei Glycerin, das aus der Verseifung von Fetten und Ölen gewonnen wird.

Diese Stoffe können gut mittels GC-MS Methoden nachgewiesen werden und dienen damit zum indirekten Nachweis eines Glycerinzusatzes.

Gehalte ab 0,1 mg/l 3-MPD bzw. 0,5 mg/l cyclische Diglycerine sind ein sicherer Nachweis für zugesetztes Glycerin. Praktisch jährlich werden – überwiegend in Auslandsweinen – solche Verfälschungen nachgewiesen.

28.5 Literatur

1. Johnson H, Brook S (2004) Der große Johnson; Hallwag Verlag, Bern
2. Der Brockhaus – Wein (2005) F. A. Brockhaus-Verlag, Leipzig Mannheim
3. Robinson J (2003) Das Oxford Weinlexikon, 2. Auflage. Gräfe und Unzer-Verlag, München
4. Hofmann U, Köpfer P, Werner A (1995) Ökologischer Weinbau; Eugen Ulmer Verlag

5. Mahlmeister K, Wagner K (1986) Rebe und Wein 39:462
6. Eschnauer H (1974) Spurenelemente im Wein und anderen Getränken. Verlag Chemie, Weinheim/Bergstraße
7. Wagner K, Kreutzer P (1977) Die Weinwirtschaft 10:272
8. Sponholz WR, Dittrich HH (1985) Vitis 24:97
9. Radler F (1975) Deutsche Lebensmittelrundschau 61:239
10. Rapp A (1988) Modern Methods of Plant Analysis; New Series, Volume 6, Wine Analysis. Springer, Berlin Heidelberg
11. Bergner KG, Haller HE (1969) Mitt Klosterneuburg 19:264
12. Rebelein H (1965) Deutsche Lebensmittelrundschau 61:239
13. Postel W, Drawert F, Adam L (1972) Chem Mikrobiol Technol Lebensm 1:224
14. Desser H, Bandion F, Kläring W (1981) Mitt Klosterneuburg 31:231
15. Mayer K, Pause G (1987) Schweiz Zeitschrift für Obst und Weinbau 123:303
16. Pfeiffer R, Greulich H-G, Erbersdobler H (1986) Lebensmittelchem Gerichtl Chem 40:105
17. Würdig G, Woller R (1989) Chemie des Weines, Ulmer, Stuttgart
18. Ambrosi H, Swoboda J (1995) Wein richtig genießen lernen – Einführung in die Weinsensorik, Falken, Stuttgart
19. Peynaud E (1984) Die hohe Schule für Weinkenner; Albert Müller, Rüschlikon-Zürich, Stuttgart, Wien
20. Allgemeine Verwaltungsvorschrift für die Untersuchung von Wein und ähnlichen alkoholischen Erzeugnissen sowie von Fruchtsäften. Bundesanzeiger Nr 86 vom 05.05.1960 und Nr 171 vom 16.09.1969
21. Franck R, Junge Ch (1983) Weinanalytik, Heymann, Köln Berlin Bonn München
22. Wittkowski R (1992) Weinwirtschaft Technik 8:19
23. Wittkowski R (1992) Weinwirtschaft Technik 9:26
24. Boehringer Mannheim (1989) Methoden der biochemischen Analytik und Lebensmittelanalytik
25. Rebelein H (1965) Deutsche Lebensmittelrundschau 61:182
26. Rebelein H (1967) Deutsche Lebensmittelrundschau 63:235
27. Rebelein H (1970) Deutsche Lebensmittelrundschau 66:6
28. Rebelein H (1973) Chem Mikrobiol Techn 2:97; 2:112
29. Wallrauch S (1976) Flüssiges Obst 43:430
30. Wallrauch S (1978) Ind Obst- und Gemüseverwertung 63:488
31. Würdig G, Müller Th (1989) Die Weinwissenschaft 43:29
32. Holbach B (1998) Der Deutsche Weinbau 10:60
33. Gesellschaft Deutscher Chemiker Jahresbericht 2003
34. Lampe U, Kreisel A, Burkard A, Bebiolka H, Brzezina T, Dunkel K (1997) Deutsche Lebensmittel-Rundschau 93:103
35. Mahlmeister K (1999) Der Deutsche Weinbau 3:50
36. Christoph N, Rossmann A, Voerkelius S (2003) Mitt Klosterneuburg 53:23
37. Mosandl A, Hener U, Fuchs S (1999) ATB, Band 21, Springer, Berlin Heidelberg New York
38. Rapp A, Engel B, Ullemeyer H (1986) Z Lebensmittelunters Forsch 182:498
39. Wachter H (2002) Der Deutsche Weinbau 13:14
40. Troost G (1988) Technologie des Weines, Ulmer Verlag, Stuttgart

Kapitel 29

Spirituosen und spirituosenhaltige Getränke

CLAUDIA BAUER-CHRISTOPH

Bayerisches Landesamt für Gesundheit und Lebensmittelsicherheit,
Luitpoldstraße 1, 97082 Würzburg
claudia.bauer-christoph@lgl.bayern.de

29.1	Lebensmittelwarengruppen	719
29.2	Beurteilungsgrundlagen	720
29.3	Warenkunde	725
29.3.1	Übersicht	725
29.3.2	Brände, Destillate	725
29.3.3	Liköre	727
29.3.4	Spirituosenhaltige Mischgetränke	727
29.4	Qualitätssicherung	728
29.4.1	Qualitätssicherung im Herstellerbetrieb	728
29.4.2	Betriebsbegehungen und Probenahme	729
29.4.3	Analytische Verfahren zur Untersuchung von Spirituosen	730
29.5	Literatur	733

29.1
Lebensmittelwarengruppen

Die Produktpalette der Spirituosen und spirituosenhaltigen Getränke lässt sich, trotz ihrer Vielfalt, in die folgenden Untergruppen einteilen:

- Destillate aus vergorenen, zuckerhaltigen Stoffen (z. B. Rum, Branntwein, Weinbrand, Tresterbrand, Obstbrand)
- Destillate aus Stoffen, die Polysaccharide enthalten (z. B. Whisky, Getreidebrand, Brand aus Kartoffeln oder Topinambur)
- Spirituosen aus Ethylalkohol landwirtschaftlichen Ursprungs, aromatisiert mit verschiedenen Gewürzen, Kräutern oder Aromastoffen (z. B. Spirituose mit Wacholder, Kümmel, Anis, Bitter, Wodka)
- Liköre (z. B. Frucht-, Kräuter-, Emulsions-, Eierliköre)
- Spirituosenhaltige Mischgetränke (z. B. Biermischgetränke mit Spirituosen, Premixes für die Gastronomie)

29.2
Beurteilungsgrundlagen

Spirituosen sind Lebensmittel, die zum menschlichen Genuss bestimmt sind. Der wichtigste, Wert bestimmende Inhaltsstoff ist der mittels Destillation aus vergorenen zuckerhaltigen oder in Zucker verwandelten Rohstoffen gewonnene Ethylalkohol (im Folgenden Alkohol genannt). Der Mindestalkoholgehalt von Spirituosen beträgt 15% vol (Ausnahme: Eierlikör 14% vol) [14]. Der Wert und die Qualität dieser Warengruppe zeichnet sich durch besondere sensorische Eigenschaften wie z. B. das Aroma der Alkoholrohstoffe, die Gärungsbegleitstoffe, das besondere Herstellungsverfahren oder die verwendeten Zutaten und Zusatzstoffe aus. Die Anforderungen an die einzelnen Ausgangsstoffe und Herstellungsverfahren, die Zulässigkeit von Zusatz- und Hilfsstoffen sowie die Bezeichnung der verschiedenen Spirituosenkategorien waren bislang in der VO (EWG) Nr. 1576/89 [2] festgelegt. Ergänzung fanden diese europäischen Begriffsbestimmungen durch die ständig aktualisierte VO (EWG) Nr. 1014/90 [3]. Die aufgrund des Beitritts zahlreicher Mitgliedstaaten neu gefasste VO (EG) Nr. 110/2008 [1] ist übersichtlicher strukturiert und bietet einen besseren Bezeichnungs-, Verbraucher- und Bestandsschutz für die verschiedenen Spirituosenkategorien. Neben dieser EG-weiten Regelung existieren jedoch auch weiterhin in den einzelnen Mitgliedstaaten nationale Gesetze, Verordnungen und Dekrete; diese betreffen insbesondere die in Anhang III der VO (EG) Nr. 110/2008 [1] aufgeführten traditionellen Spirituosen mit geografischen Herkunftsbezeichnungen. In Deutschland ist dies die VO über bestimmte alkoholhaltige Getränke (AGeV) [4], zuletzt geändert im Mai 2008. Sie enthält neben Vorschriften für Weinbrand und Deutschen Weinbrand Regelungen für die Zulässigkeit und Höchstmenge eines Zuckerzusatzes u. a. bei Obstbrand, Geist, Trester, Topinambur und Hefebrand. Weiterhin enthält sie spezielle Herstellungsbedingungen für Korn und Kornbrand, die mit Inkrafttreten der VO (EG) Nr. 110/2008 [1] als geografisch geschützte Erzeugnisse gelten.

Die Begriffsbestimmungen für Spirituosen [5] aus dem Jahr 1971 sollen teilweise in eine AblöseV der AGeV eingegliedert werden. Tabelle 29.1 zeigt den aktuellen Stand der für Spirituosen geltenden Beurteilungsgrundlagen und deren wesentliche Inhalte.

Weiterhin sind für die Beurteilungspraxis als Hilfsnormen ALS-Beschlüsse sowie Gerichtsurteile heranzuziehen. Veröffentlichte ALS-Beschlüsse [24] beziehen sich auf die einheitliche Durchführung der Untersuchung von Weinbrand, Brennwein und Rohbrand [25], die Beurteilung von Ausgangsstoffen für die Herstellung von Branntwein aus Wein und die Abschöpfung von Eieröl bei der Herstellung von Eierlikör. Weitere vom ALS veröffentlichte Stellungnahmen behandeln die Abgrenzung Lebensmittel - Arzneimittel [26] sowie die Problematik spirituosenhaltiger Mischgetränke mit Koffein und koffeinhaltigen Zutaten [27, 28].

Tabelle 29.1. Geltende Beurteilungsgrundlagen mit wesentlichen Beurteilungsinhalten – Stand: März 2009

Beurteilungsgrundlage	Beurteilungsinhalt
LFGB [6] Basis-VO Lebensmittel [7]	Rechtsnormen zum Schutz des Verbrauchers vor Gesundheitsgefahren, Irreführung und Täuschung; Begriffsbestimmungen, Rückverfolgbarkeit etc. (s. auch Kap. 2.4.1 und 3.2)
LMKV [8]	Kennzeichnung von Spirituosen in Fertigpackungen
FPV [9]	Nennfüllmengen, Schriftgrößen
ZZulV [10]	Verwendung und Kennzeichnung von Zusatzstoffen (neben Spirituosen sind auch „Erzeugnisse bzw. Spirituosen mit einem Alkoholgehalt von weniger als 15% vol" geregelt, worunter neben Eierlikör auch alle spirituosenhaltigen Mischgetränke zu verstehen sind)
AromenV [12] Aromen-Richtlinie 88/388/EWG [13] VO (EG) Nr. 1334/2008 [14]	Verwendung von Aromastoffen, Regelungen von unzulässigen und beschränkt zugelassenen Aromastoffen
AGeV [4]	Zusatzstoffe für Weinbrand, Vorschriften für die Erteilung einer Prüfungs-Nr. bei Deutschem Weinbrand, Mindestalkoholgehalte bestimmter geografisch geschützter Spirituosen, Zuckerung bestimmter Spirituosen, Anforderungen an Korn/Kornbrand
LMH-VO-852 [15]	HACCP-Konzept, Dokumentation und Unterrichtung im Spirituosen herstellenden Betrieb
AVVRüb [16]	Anforderungen an die Überwachung, an amtliche Prüflaboratorien, amtliche Probenahme und -untersuchung (s. auch Kap. 5.2.3/4 und 5.4)
Begr.Best. [5]	Zusammensetzung, Herstellung, Mindestalkoholgehalt, Qualitätskriterien
VO (EG) Nr. 110/2008 [1] VO (EWG) Nr. 1576/89 [2] VO (EWG) Nr. 1014/90 [3]	Begriffsbestimmungen, Kennzeichnung, Zusatzstoffe, Mindestalkoholgehalte, Anforderungen an Ethylalkohol landwirtschaftlichen Ursprungs, Schutz von Produkten mit geografischen Herkunftsbezeichnungen
VO (EWG) Nr. 315/93 [11]	Allgemeine Regelung von Kontaminanten (z. B. Ethylcarbamat EC)
RL 2000/13/EG [17]	Etikettierung und Aufmachung von Lebensmitteln sowie die Werbung hierfür
RL 2002/67/EG [18]	Etikettierung und Aufmachung chinin- und koffeinhaltiger Lebensmittel
Allgemeine LL für die Umsetzung des Grundsatzes von QUID [19]	Geltungsbereich und Ausnahmeregelungen von der QUID-Regelung; ausgenommen sind Malt Whiskey/Whisky, Liköre und Obstschnäpse
RL 94/35/EG [20] RL 94/36/EG [21] RL 95/2/EG [22] VO (EG) Nr. 1333/2008	Richtlinien für Süßungsmittel, Farbstoffe und andere Lebensmittelzusatzstoffe als Farbstoffe und Süßungsmittel abgelöst durch VO über Lebensmittelzusatzstoffe

Die lebensmittelrechtliche Beurteilung von Spirituosen umfasst folgende Aufgaben:

- Prüfung auf Gesundheitsgefährdung und Lebensmittelsicherheit: z. B. Nachweis von Fremdkörpern bzw. Fremdflüssigkeit, Kontaminationen
- Authentizitätsprüfung: Rohstoff- und Sortenreinheit, Herkunfts- und Altersangaben, unzulässige Herstellungsverfahren, z. B. Maischezuckerung zur Ausbeuteerhöhung, Verschnitt mit artfremdem Alkohol, Zusatz von Aromastoffen bei Obstbränden
- Sensorische Eigenschaften: Sorten- bzw. Rohstoff-typisches Aroma, sensorische Fehler, Aromaveränderungen
- Prüfung der Kennzeichnung und Aufmachung: z. B. irreführende, gesundheitsbezogene oder nährwertbezogene Aussagen
- Prüfung auf Zusätze/Gehalte bestimmter, mengenmäßig beschränkter oder unzulässiger Aroma- bzw. Zusatzstoffe
- Prüfung des Herstellungsverfahrens im Rahmen von Betriebskontrollen: Überprüfung der Einhaltung von Hygienevorschriften sowie Prüfung der Effektivität der Eigenkontrollsysteme im Rahmen der AVVRüb (s. auch Kap. 5.2.4).

In Tabelle 29.2 sind toxikologisch relevante Inhaltsstoffe bei Spirituosen sowie ihre derzeit gesetzlich festgelegten Höchstmengen zusammengestellt.

Die Rechtsprechung beschäftigte sich in der Vergangenheit immer wieder mit der Zulässigkeit von gesundheitlich relevanten bzw. die Alkoholwirkung verharmlosenden Aussagen. Mehrere Entscheidungen [29, 30] hatten u. a. die Angabe „bekömmlich" für zulässig erklärt. Mit Inkrafttreten der Health-Claims-VO [31], die gesundheitsbezogene Angaben bei Getränken mit einem Alkoholge-

Tabelle 29.2. Toxikologisch relevante Inhaltsstoffe bei Spirituosen und ihre zulässigen Höchstmengen (Stand März 2009)

Inhaltsstoff	Höchstmenge	Rechtsgrundlage	Vorkommen
β-Asaron	1 mg/kg 1 mg/kg	AromenV [12] VO (EG) Nr. 1334/2008 [14]	Kräuter-/Bitterspirituosen mit Kalmus
Cumarin	10 mg/kg kein Grenzwert[a]	AromenV [12] VO (EG) Nr. 1334/2008 [14]	Kräuter-/Bitterspirituosen mit Waldmeister
Pulegon	250 bzw. 350 mg/kg[b] 100 mg/kg	AromenV [12] VO (EG) Nr. 1334/2008 [14]	Kräuter-/Bitterspirituosen mit Minze/Pfefferminze
Quassin	50 mg/kg 1,5 mg/kg	AromenV [12] VO (EG) Nr. 1334/2008 [14]	Kräuter-/Bitterspirituosen mit Bitterholzgewächs

Tabelle 29.2. (Fortsetzung)

Inhaltsstoff	Höchstmenge	Rechtsgrundlage	Vorkommen
Safrol/ Isosafrol	2, 5 bzw. 15 mg/kg[b] kein Grenzwert[a]	AromenV [12] VO (EG) Nr. 1334/2008 [14]	Kräuter-/Bitterspirituosen mit Sternanis, Fenchel, Campheröl, Muskat
Santonin	0,1 bzw.1 mg/kg[b] kein Grenzwert[a]	AromenV [12] VO (EG) Nr. 1334/2008 [14]	Kräuter-/Bitterspirituosen mit Zitwer
α-/β- Thujon	5, 10, 25 bzw. 35 mg/kg[b] 10 bzw. 35 mg/kg	AromenV [12] VO (EG) Nr. 1334/2008 [14]	Kräuter-/Bitterspirituosen mit Salbei, Wermut
Chinin	300 mg/kg kein Grenzwert[a]	AromenV [12] VO (EG) Nr. 1334/2008 [14]	Kräuter-/Bitterspirituosen mit Chinarinde
Blausäure (Cyanid)	7 g/hl r. A. 35 mg/kg	VO (EG) Nr. 110/2008 [1] VO (EG) Nr. 1334/2008 [14]	Steinobstbrände, Steinobsttresterbrände
Methanol	200 g/hl r. A.[c] 1 000 g/hl r. A.[d] 1 200 g/hl r. A.[e] 1 350 g/hl r. A.[f] 1 500 g/hl r. A.[g]	VO (EG) 110/2008 [1]	Obstbrände, Weinbrände, Tresterbrände, Branntwein, Brände aus Apfel- oder Birnenwein Brand aus Obsttrester
EC	möglichst n. n.[h]	Kontaminanten-KontrollV [11] Basis-VO [7]	Steinobstbrände Steinobsttresterbrände

[a] sog. „active principles", mengenmäßige Regelung nur für solche Lebensmittel, die einen maßgeblichen Beitrag zur Nahrungsaufnahme leisten
[b] in Abhängigkeit vom Alkoholgehalt der Spirituose bzw. der zu ihrer Herstellung verwendeten Grundstoffe
[c] Branntwein, Weinbrand/Brandy
[d] Tresterbrand, Obstbrand, Brand aus Apfel- oder Birnenwein
[e] Obstbrand aus Pflaume, Mirabelle, Zwetschge, Apfel, Birne, Himbeere, Brombeere, Aprikose/Marille, Pfirsich
[f] Obstbrand aus Williams-Birne, Roter und Schwarzer Johannisbeere, Vogelbeere, Holunder, Quitte, Wacholderbeere
[g] Brand aus Obsttrester
[h] Technischer Richtwert für EC = 0,8 mg/L; bei Überschreitung Beurteilung als nicht sicheres Lebensmittel i. S. von Art. 14 Abs. 1 Nr. 2b in Verbindung mit Abs. 4a und 5 VO (EG) Nr. 178/2002; vermeidbare Kontaminante

halt von mehr als 1,2 Volumenprozent verbietet, werden auch Angaben wie „appetitanregend", „verdauungsfördernd", „wohltuend" und „bekömmlich" in einer Stellungnahme des ALS [32] neu bewertet. Aufgrund der neuen Rechtslage sind hier evtl. Präzedenzfälle zu erwarten.

In naher Zukunft zu erwartende Änderungen im Spirituosenrecht:

- EG-weit einheitliche Festlegung zulässiger Höchstwerte für eine Süßung von Bränden der Kategorien 1 bis 14 des Anhangs II der VO (EG) Nr. 110/2008 [1]
- Erarbeitung einer AblöseV der AGeV [4] mit neuen Begriffsdefinitionen, z. B. für Weinlikör und Absinth sowie Aufnahme bestimmter Regelungen der Begriffsbestimmungen für Spirituosen [5] in die AGeV [4]
- Erstellen technischer Unterlagen für geografisch geschützte Erzeugnisse des Anhangs III der VO (EG) Nr. 110/2008 [1]
- Schutz sonstiger geografischer Bezeichnungen außer den in Anhang III der VO (EG) Nr. 110/2008 [1] festgelegten
- Einführung eines Grenzwertes für Ethylcarbamat
- Verpflichtende Angabe eines Zutatenverzeichnisses für Getränke mit Alkoholgehalten >1,2% vol, voraussichtlich mit Sonderregelungen für die Spirituosenbranche (z. B. hinsichtlich der Deklaration des zur Einstellung auf Trinkstärke verwendeten Wassers).

Fallbeispiel 29.1: Fallbeispiel zur Ethylcarbamatbeurteilung
In einem Kirschwasser wurde mittels gaschromatographisch-massenspektrometrischer Untersuchung ein Ethylcarbamatgehalt (EC) von 6,2 mg/L festgestellt. Dieser Wert überschreitet den technischen Richtwert, der vom Bundesinstitut für gesundheitlichen Verbraucherschutz und Veterinärmedizin (BgVV) auf 0,8 mg/L festgelegt wurde, um ein Vielfaches und entspricht damit nicht den Anforderungen, die nach derzeitigem Stand brennereitechnischer Maßnahmen an einen Steinobstbrand zu stellen sind. Nach Art. 2 Abs. 2 der VO (EWG) Nr. 315/93 [11] sind Kontaminanten auf so niedrige Werte zu begrenzen, wie sie durch gute Praxis auf allen Herstellungsstufen erreicht werden können. EC wird darüber hinaus in der Fachliteratur als kritischer Lenkungspunkt i. S. des nach Art. 5 Abs. 1 der LMH-VO-852 [15] zu erstellenden betriebseigenen Sicherheitskonzeptes (HACCP) eingestuft. Durch die vermeidbare Kontamination mit EC wird das Kirschwasser für den Verzehr durch den Menschen i. S. von Art. 14 Abs. 5 der Basis-VO [7] inakzeptabel; es ist als ein für den Verzehr durch den Menschen ungeeignetes Lebensmittel nach Art. 14 Abs. 2b der Basis-VO [7] zu beurteilen und gilt als nicht sicher. Ein Inverkehrbringen derartiger Ware widerspricht den Bestimmungen des Art. 14 Abs. 1 derselben VO.

29.3
Warenkunde

29.3.1
Übersicht

Analytisch und sensorisch erfassbare Unterschiede zwischen einzelnen Spirituosen sind auf die jeweiligen Ausgangsstoffe sowie unterschiedliche Herstellungs- und Destillationsverfahren, spezielle Zutaten, Lagerbedingungen und die unterschiedliche Konzentration des Alkohols zurückzuführen. Tabelle 29.3 zeigt eine Übersicht über die wichtigsten Spirituosenkategorien, die jeweils vorgeschriebenen Rohstoffe sowie einige qualitätsbestimmende Eigenschaften [1–5, 33–35].

29.3.2
Brände, Destillate

Extraktfreie bzw. -arme Brände und Destillate weisen je nach Kategorie Mindestalkoholgehalte zwischen 32 und 40% vol auf. Sie enthalten außer dem durch Gärung und Destillation gewonnenen Ethylalkohol typische flüchtige Gärungsnebenprodukte aus dem Stoffwechsel von Hefen und anderen Mikroorganismen sowie charakteristische, aus den verwendeten Rohstoffen stammende Aromastoffe. Über die qualitative und quantitative Verteilung dieser Komponenten ist eine Differenzierung der Arten bzw. Sorten von Rohstoffen möglich; auch Rückschlüsse auf technologische Besonderheiten im Gärungsverlauf bzw. bei der Destillation können dadurch gezogen werden [34–36, 70].

Destillate aus mehligen Stoffen (Whisky, Getreidespirituosen) [37–40], Branntwein und Weinbrand [41–44], Destillate aus Fruchtweinen (z. B. Calvados) [45] und Rum [46] zeichnen sich beispielsweise durch relativ niedrige Methanol- und Butanol-1-Gehalte aus. Im Gegensatz hierzu weisen Brände aus vergorenen Fruchtmaischen deutlich höhere Methanol-Gehalte auf, die aus dem enzymatischen Pektinabbau stammen [47, 48]. Steinobstbrände enthalten meist mehr oder weniger große Mengen an Benzaldehyd und Benzylalkohol [49], in Kernobstbränden tragen u. a. die Komponenten Hexanol-1 und cis-3-Hexen-1-ol zum charakteristischen Gesamteindruck bei. Williams-Christ-Birnenbrände sind gut aufgrund ihres Gehaltes an isomeren Decadiensäureestern zu identifizieren [50–52]; Kirschbrände unterscheiden sich von anderen Steinobstbränden durch ihren wesentlich geringeren Gehalt an Butanol-1 [36, 53, 54]. Tabelle 29.4 enthält die Mittelwerte einiger ausgewählter flüchtiger Inhaltsstoffe von untersuchten handelsüblichen und authentischen Destillaten aus verschiedenen Rohstoffen.

In Geisten überwiegen aufgrund ihres Herstellungsverfahrens (Mazeration von Beeren oder anderen Rohstoffen in Ethylalkohol landwirtschaftlichen Ursprungs und anschließende Destillation) vor allem Aromastoffe, die primär aus dem Ausgangsmaterial stammen [55]. Ein Zuckerzusatz zur Abrundung war bei Bränden bisher einzelstaatlich unterschiedlich geregelt (für deutsche Erzeugnisse

Tabelle 29.3. Übersicht über die wichtigsten Spirituosenkategorien, ihre Ausgangsstoffe und einige Qualitätsmerkmale

Spirituosenkategorie	Rohstoffe, Anforderungen, Qualitätskriterien
Rum	Rohrzucker; typisches Rum-Aroma
Whisky/Whiskey	Getreide, Mais, Gerstenmalz; Mindestlagerzeit 3 Jahre; typisches Aroma; ausschließlich einfache Zuckerkulör zur Färbung
Getreidebrand/ Getreidespirituose	Roggen, Weizen, Gerste, Hafer, Buchweizen; volles Korn mit allen Bestandteilen (keine Getreideabfälle); Maischeverfahren (nicht Würzeverfahren)
Branntwein	Wein, Brennwein, Zucker, Zuckerkulör, Typagestoffe
Weinbrand/Brandy	Branntwein, Weindestillat, Zucker, Zuckerkulör; Typagestoffe, Mindestlagerzeit 6 bzw. 12 Monate (in Abhängigkeit von der Fassgröße)
Deutscher Weinbrand	Branntwein, Weindestillat, Zucker, Typagestoffe; sensorische Prüfverfahren
Trester, Grappa, Marc	Traubentrester, Hefetrub (maximal 25% der Trestermenge), spezielle Destillationstechnik
Weinhefebrand	Weinhefetrub
Obstbrand/ Gemüsebrand	frische, gemischte oder sortenreine Früchte oder Most der Früchte, Beeren oder Gemüse, typisches Aroma der Ausgangsstoffe, Zucker zur Abrundung bei Erzeugnissen ohne geografische Herkunftsangabe
Geist	bestimmte, nicht vergorene Früchte und Beeren, Gemüse, Nüsse oder andere pflanzliche Stoffe wie Kräuter oder Rosenblätter, Ethylalkohol landwirtschaftlichen Ursprungs
Wurzel- und Knollenbrände (Enzian, Bärwurz, Topinambur)	Maische/Mazerat der Rohstoffe, Gärung, Destillation
Spirituosen mit Wacholder, Kümmel, Anis, Spirituose mit bitterem Geschmack	Aromatisierung von Ethylalkohol landwirtschaftlichen Ursprungs mit Gewürzen, Kräutern bzw. Pflanzenteilen; Aromastoffe und -extrakte, Zucker
Wodka	Ethylalkohol landwirtschaftlichen Ursprungs (Korn-, Kartoffelfeindestillat), Rektifikation bzw. Filtration über Aktivkohle; Deklaration anderer Ausgangsstoffe als Kartoffel oder Getreide; z. T. Aromastoffe
Likör	Ethylalkohol landwirtschaftlichen Ursprungs, Destillat oder Spirituose, Zucker, Rahm, Milch, Milcherzeugnisse, Obst, Wein, Aromastoffe[a]
Eierlikör Likör mit Eizusatz	Ethylalkohol landwirtschaftlichen Ursprungs, Destillat, und/oder Brand, Zucker oder Honig, Eigelb, Eiweiß

[a] Zur Herstellung von Likören aus Ananas, schwarzen Johannisbeeren, Kirschen, Himbeeren, Maulbeeren, Heidelbeeren, Zitrusfrüchten, Moltebeeren, Amerikanischen Taubeeren, Moosbeeren, Preißelbeeren, Sanddorn, Minze, Enzian, Anis, Gletscher-Edelraute und Wundklee sind nur natürliche Aromastoffe zugelassen.

Tabelle 29.4. Mittelwerte einiger ausgewählter flüchtiger Komponenten in handelsüblichen und authentischen Destillaten aus verschiedenen Rohstoffen in mg/100 ml r. A. [54, 89]

Komponente	Apfel	Williams	Zwetschge	Kirsche	Mirabelle	Scotch Whisky
Methanol	674	774	659	304	617	4,7
Isobutanol	115	84	86	75	48	61
Propanol-1	39	43	148	251	74	63
Butanol-1	16	23	5,6	1,2	21	0,8
Isoamylalkohole	261	217	212	167	148	73
Hexanol-1	21	15	2,5	4,3	4,5	0,2
Benzylalkohol	0,1	< 0,1	0,5	0,8	0,6	< 0,1
Benzaldehyd	0,5	0,1	2,3	0,9	2,1	< 0,1

in der AGeV [4]). Künftig werden für Brände der Kategorien 1 bis 14 des Anhangs II der VO (EG) Nr. 110/2008 [1] gemeinschaftliche Zuckerungshöchstmengen festgelegt.

29.3.3
Liköre

Bei dieser Spirituosengruppe sind neben Ethylalkohol (mindestens 14% vol bei Eierlikör, mindestens 15% vol bei allen anderen Likören) und Zucker (mindestens 100 g/L) andere Lebensmittel und Grundstoffe wie Fruchtsaft, Kräuter, Gewürze, Kakao, Eier, Sahne, Schokolade, Honig, Wein sowie Aromen Wert bestimmend und Namen gebend.

29.3.4
Spirituosenhaltige Mischgetränke

Seit Einführung der sog. „Alkopopsteuer" am 1. Juli 2004 ist der Marktanteil spirituosenhaltiger Mischgetränke drastisch zurückgegangen. Sie besitzen praktisch kaum noch Bedeutung; teilweise wurden sie durch Bier- bzw. Weinhaltige Mischgetränke ersetzt.

Mit dem Inkrafttreten der VO (EG) Nr. 110/2008 [1] wurde auf den Bezeichnungsschutz von Spirituosen größerer Wert gelegt. So regelt Art. 10 Abs. 1 dieser VO, dass Begriffe der Kategorien 1 bis 46 des Anhangs II sowie geografische Angaben des Anhangs III in zusammengesetzten Begriffen bei Lebensmitteln nur verwendet werden dürfen, wenn der betreffende Alkohol ausschließlich von der/den Spirituose(n) stammt, auf die Bezug genommen wird. Dies gilt auch für jegliche Anspielung auf einen dieser Begriffe (z. B. Wodka-Bier; Tequila-Bier, da Tequila durch ein gegenseitiges Anerkennungsverfahren den geografisch geschützten Erzeugnissen des Anhangs III praktisch gleichgestellt ist).

29.4
Qualitätssicherung

29.4.1
Qualitätssicherung im Herstellerbetrieb

Die ab dem 1. Januar 2006 geltende LMH-VO-852 [15] legt grundsätzliche Anforderungen für Betriebe fest, die gewerbsmäßig Lebensmittel herstellen, behandeln und in den Verkehr bringen. Dabei finden diese Vorschriften nicht nur für solche Lebensmittel Anwendung, die hygienisch sehr sensibel, sondern auch für solche, die – wie Spirituosen – vergleichsweise unempfindlich sind. Neben genau beschriebenen Anforderungen an bauliche und räumliche Gegebenheiten im Herstellerbetrieb sowie an Gerätschaften, die mit dem Lebensmittel im Verlauf des Herstellungsprozesses in Berührung kommen, wird auch auf die persönliche Hygiene der Personen, die mit Lebensmitteln umgehen, eingegangen. Die Hygienevorschriften werden durch Ausarbeitung von Leitlinien der jeweiligen Lebensmittelbranche auf das gesundheitliche Gefährdungspotential des jeweils hergestellten Erzeugnisses abgestimmt [56]. Unter dem Begriff „Gefährdungspotential" ist hierbei nicht nur der Gesichtspunkt einer konkreten Gefahr i. S. des Art. 14 Abs. 2a der VO (EG) Nr. 178/2002 [7] bzw. des § 5 Nr. 1 LFGB [6], sondern auch derjenige des vorbeugenden Verbraucherschutzes zu sehen. Ein betriebsinternes HACCP-Konzept muss daher nicht nur konkrete Gefahren abwehren, sondern auch Vorsorgemaßnahmen treffen, die sich auf langfristige, chronisch wirkende Kontaminanten (toxikologisch bedenkliche Stoffe) beziehen (s. auch Kap. 8.3). (Anmerkung: Der Begriff Kontamination wird in der LMH-VO-852 Art. 2(1)f definiert; s. dazu auch Kap. 17.2.1.)

Beispielsweise sind bei der Herstellung von Eierlikör, insbesondere in kleingewerblicher Fertigung, Salmonellen bei frisch aufgeschlagenen Eiern als kritischer Gefahrenpunkt zu nennen. Dieser Gefahrenquelle kann durch die Verwendung von pasteurisiertem Ei, einem Alkoholgehalt von mehr als 20% vol im Endprodukt bzw. durch eine mindestens 2- bis 3-tägige Lagerung des Fertigproduktes bei Raumtemperatur vor dem Verkauf entgegengewirkt werden [57,58]. Bei der Verwendung von Pflanzendrogen zur Produktion von Kräuter- und Bitterspirituosen obliegt es der Sorgfaltspflicht des Herstellers des Endproduktes, sich über Zertifikate des Lieferanten der Grundstoffe (Kräuter- bzw. Aromamischungen) dahingehend abzusichern, dass keine toxikologisch bedenklichen Drogen wie Sennes, Faulbaumrinde o. ä. in der Mischung vorhanden sind.

In Brennereien, in denen Steinobst (Kirschen, Mirabellen, Zwetschgen, Schlehen) zu Destillaten verarbeitet wird, ist Ethylcarbamat (EC) eine weitere Gefahrenquelle. Wie aus zahlreichen Veröffentlichungen zu dieser Problematik zu entnehmen ist [59–69], wird EC aus der Vorstufe Cyanid unter Lichteinwirkung gebildet. Die Lenkungsmaßnahmen zur Vermeidung bzw. Reduzierung des EC-Gehaltes im fertigen Destillat bestehen deshalb darin, den Cyanidgehalt zu reduzieren, vorhandenes Cyanid zu binden bzw. bereits gebildetes EC zu entfernen. In der modernen Brennerei existieren zahlreiche Möglichkeiten, dieses Ziel zu erreichen, u. a. durch den Einsatz von Katalysatoren oder Kupfersalzen. Aufschluss über den Cyanidgehalt der Maische, des Raubrandes bzw. des Feinbrandes erhält der Brennereibesitzer mit Hilfe einfach durchzuführender Farbtests [59–69]. Des Weiteren liegt auch bei Spirituosenherstellern, wie bei allen Betrieben, die ihre Produkte in Flaschen abfüllen, ein Gefahrpunkt darin, dass sich Fremdkörper und/oder Splitter in der Flasche befinden können bzw. dass bei der Wiederverwendung von Flaschen Laugenreste aus dem Reinigungsprozess vorhanden sind [57].

Unabhängig von der Befolgung der Vorschriften, die die LMH-VO-852 [15] enthält und von der Erstellung entsprechender betriebsinterner HACCP-Konzepte, ist jeder Spirituosenhersteller verpflichtet, während des gesamten Fertigungsprozesses entsprechende Sorgfalt walten zu lassen. Dies beginnt z. B. bei Obstbränden mit der Auswahl der Rohstoffe (ausschließliche Verwendung sauberer, gesunder Früchte zur Maischeherstellung) und der Wahl geeigneter Behälter zur Lagerung von Maischen und hochprozentigen Destillaten. Schließlich erfordern einzelne Verarbeitungsschritte wie die Zerkleinerung der Früchte, die Gärung, die anschließende Lagerung, die Destillation, die Lagerung des Destillates, die Einstellung auf Trinkstärke sowie die Verpackung ein umsichtiges Vorgehen [40, 74, 75].

29.4.2
Betriebsbegehungen und Probenahme

In der AVV RÜb [16] sind sowohl Anforderungen an die Kontrolle von Lebensmittel herstellenden Betrieben als auch an die Prüflaboratorien für amtliche Untersuchungen enthalten; des Weiteren sind hier Regelungen zur Einstufung von Betrieben in Risikokategorien, zur Durchführung von Betriebsüberprüfungen sowie Grundsätze der amtlichen Probenahme niedergelegt; hierdurch soll ein einheitliches Vorgehen bei der Betriebskontrolle, der Probenahme sowie der Untersuchung amtlicher Proben gewährleistet werden.

Bei der Kontrolle von Betrieben, die Spirituosen herstellen, ist seitens der Lebensmittelüberwachung ein besonderes Verständnis erforderlich, da es sich häufig um kleine und kleinste Betriebe handelt, die die Herstellung von Spirituosen im Nebenerwerb betreiben. Durch die Verarbeitung von Streuobst und die gleichzeitige Pflege der Streuobstwiesen leisten diese Betriebe jedoch einen nicht unerheblichen ökologischen Beitrag zur Erhaltung der Kulturlandschaft. Dennoch ist eine Nutzung der Brennräume bzw. Räume zur Maischelagerung außerhalb der Brennsaison für andere Zwecke als zur Herstellung von Lebensmitteln unter hygienischen Gesichtspunkten nicht zu tolerieren.

Im Rahmen von Betriebsbegehungen ist nicht nur die Entnahme des Enderzeugnisses, sondern im Verdachtsfall aller bei der Produktion der Ware verwendeten Roh-, Grund- und Zusatzstoffe von Bedeutung. Zudem ist es im Rahmen der Rückverfolgbarkeit manchmal unumgänglich, Einblick in Unterlagen wie

Lieferscheine, Brennbücher und Informationen über Bezugsquellen von Rohstoffen, Zwischenerzeugnissen und zugekaufter Ware zu erhalten [15].

29.4.3
Analytische Verfahren zur Untersuchung von Spirituosen

Je nach Spirituosenkategorie sind unterschiedliche Analysenverfahren zur Qualitäts- und Authentizitätsprüfung anzuwenden. Bei der lebensmittelrechtlichen Beurteilung von Destillaten wie Weinbrand, Rum, Whisky oder Obstbrand spielt neben dem sensorischen Befund insbesondere die mit Gaschromatographie (GC) ermittelte Zusammensetzung der flüchtigen Bestandteile eine bedeutende Rolle. Beispielsweise besteht ein Zusammenhang zwischen typischen, sensorisch erkennbaren Fehlern – bedingt durch nachteilige technologische oder mikrobiologische Einflüsse – und erhöhten Gehalten an bestimmten flüchtigen Komponenten, z. B. Ethylacetat, Propanol-1, Butanol-2 oder Acrolein und Allylalkohol in einem Destillat [47, 48, 65, 70]. Aufgrund der hohen Empfindlichkeit der gaschromatographischen Analytik können diese Inhaltsstoffe ohne aufwändige Anreicherungsverfahren mit Nachweisempfindlichkeiten in der Größenordnung von 0,1 mg/100 ml r. A. ermittelt werden [45, 72]. Zur Beurteilung von Likören ist meist eine noch komplexere Analytik erforderlich, mit der u. a. die Authentizität und die Gehalte der Namen gebenden Bestandteile (z. B. Fruchtsaft, Ei, Sahne, Honig, Aroma) bestimmt werden oder mit der auf Zusatzstoffe geprüft wird.

Tabelle 29.5 zeigt eine Übersicht über die wichtigsten, bei Spirituosen angewandten analytischen Verfahren und die hierfür erforderlichen Messsysteme.

Zur Authentizitätsprüfung von Bränden und Alkoholen ist vor allem die Stabilisotopenanalytik mittels Deuterium-Kernresonanzspektroskopie (^{2}H-NMR) und Kohlenstoff-Isotopenverhältnismassenspektrometrie (^{13}C-IRMS) sehr gut geeignet. Über die mit diesen Methoden bestimmten Deuterium/Wasserstoff-Verhältnisse (D/H-Werte) und ^{13}C/^{12}C-Kohlenstoffisotopenverhältnisse (δ^{13}C-Werte) des Alkohols können Aussagen über die Art, Sortenreinheit und Herkunft der Alkoholrohstoffe getroffen werden. Das Prinzip der Stabilisotopenanalytik beruht auf der Tatsache, dass die schweren Isotope Deuterium und ^{13}C-Kohlenstoff im Zucker oder der Stärke von Pflanzen in geringen, aber dennoch messbar unterschiedlichen Konzentrationen vorliegen, welche nach Vergärung auch im Alkohol wieder zu finden sind. Diese Unterschiede können durch die geografische Herkunft, das Klima, vor allem aber durch die Pflanzenart bedingt sein. So kann man über die Stabilisotopenverhältnisse vor allem Alkohol aus Rübenzucker von demjenigen aus Obststoffen oder Korn sehr gut unterscheiden bzw. unzulässige Ausbeuteerhöhungen nachweisen. Sehr gut ist auch Alkohol aus sog. C_4-Pflanzen (Mais, Rohrzucker, Agave) zu erkennen.

Bezieht man neben diesen Daten auch die Gehalte an bestimmten flüchtigen Inhaltsstoffen ein, so können über statistische Verfahren sehr gute Abgrenzungen zwischen einzelnen Obstarten erreicht werden [54, 88]. Über Rückverfolgung im Herstellerbetrieb [16] kann dann ggf. geprüft werden, ob das betreffende

Tabelle 29.5. Wichtige Analysenverfahren zur Untersuchung von Spirituosen

Analysenparameter Inhaltsstoff	Messprinzip	Methode/Literatur
Farbe und Aussehen, Geruch, Geschmack	Sensorik	Beschreibende bzw. vergleichende Prüfung [65]
Weinigkeit, Ausgiebigkeit	Destillation nach Micko, Ausgiebigkeitsprüfung nach Wüstenfeld	AVV [25]
Dichte, Alkohol	Pyknometrie, Biegeschwinger	ASU [73], EG-Methode [74], CTB [75], AVV [25]
Extrakt	Pyknometrie, Gravimetrie	ASU [73], EG-Methode [74], AVV [25]
Zucker vor/nach Inversion	Titration	AVV [25], Tanner [70]
pH-Wert, Gesamtsäure	Elektrode	ASU [73], AVV [25], Tanner [70]
Flüchtige Gärungsnebenprodukte, EC, rohstoffeigene Aromastoffe	GC, MDGC, GC-MS	[65]
Cyanid frei und Gesamt	Photometrie, Farbtest	[65], EU-Methode [74]
Fruchtsaftanteil (Fruchtsäuren, Mineralstoffe, Aminosäuren)	Enzymatik, AAS, Elektrode	RSK-Werte [76], AVV [25]
Eigelbgehalt	Enzymatik, Photometrie	EU-Methode [74], ASU [73]
Milchfettanteil	Titration, GC	ASU [73], [78]
Deuteriumgehalt	^{2}H-NMR	[79, 80], EU-Methode [81]
δ^{13}C-Verhältnis	^{13}C-IRMS	[82–86], EU-Methode [87]

Produkt irreführend aufgemacht ist. Über das Verhältnis bestimmter Isotopen können auch geografische Herkunftsangaben (z. B. „Spanischer Brandy", „Cognac", „Schwarzwälder Obstbrände") überprüft werden. Die Stabilisotopenanalytik kann darüber hinaus bei bestimmten Aromastoffen wie Vanillin und Benzaldehyd zur Authentizitätsprüfung herangezogen werden. Hierdurch lässt sich feststellen, ob die betreffende Substanz natürlichen Ursprungs ist oder ggf. eine Aromatisierung mit synthetisch hergestellten Komponenten erfolgte.

In der folgenden Tabelle sind die Mittelwerte und Standardabweichungen des $(D/H)_I$-, des $(D/H)_{II}$- und des $^{13}C/^{12}C$-Verhältnisses von handelsüblichen und authentischen Destillaten aus verschiedenen Rohstoffen dargestellt. Dabei sind Jahrgangs- und regionale Schwankungen enthalten. Die Werte zeigen, dass sich Destillate aus C_4-Pflanzen wie Mais, Zuckerrohr, Agave [82–87] und Destillate aus Kartoffeln und Rübe (C_3-Pflanzen) deutlich unterscheiden lassen.

Tabelle 29.6. Mittelwerte und Standardabweichungen von Stabilisotopendaten bei handelsüblichen und authentischen Destillaten verschiedener Rohstoffe [65]

Rohstoff	$(D/H)_I$ ppm Mittelwert	Std.abw. $(D/H)_I$	$(D/H)_{II}$ ppm Mittelwert	$\delta^{13}C$ [‰] V-PDB	Std. abw. $\delta^{13}C$
Apfel	97	2	125	−27	1
Birne	97	2	126	−28	1
Kirsche	99	2	128	−26	1
Mirabelle	100	2	128	−27	1
Williams-Birne	98	2	126	−27	1
Zwetschge	100	2	128	−27	1
Kartoffel	93	1	124	−28,5	1
Korn	98	1	123	−26,5	1
Zuckerrübe	92,5	0,5	122	−28	0,5
Mais, Agave Zuckerrohr	110	2	123	−12	1
Synthesealkohol	123	2	138	−32 bis −25	

Ein Beispiel für die Authentizitätsprüfung von Korn zeigt Abb. 29.1. Es ist deutlich zu erkennen, dass drei als „Korn" bezeichnete Spirituosen aufgrund der ermittelten Stabilisotopendaten nicht bzw. nicht ausschließlich aus Getreide, son-

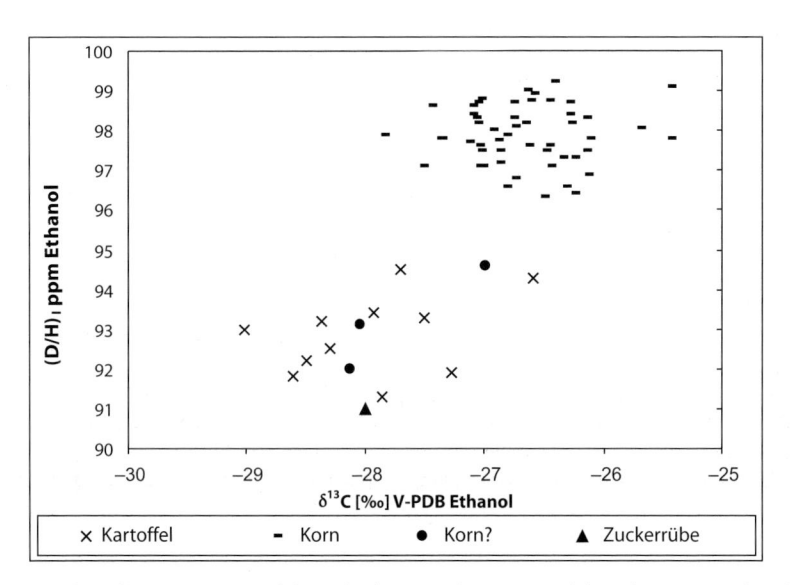

Abb. 29.1. Identifizierung von irreführend gekennzeichneten Handelsproben Korn anhand des Vergleichs des $(D/H)_I$- und des $(D/H)_{II}$-Verhältnisses von Ethanol mit authentischem Referenzmaterial

dern unter (Mit-)Verwendung von Alkohol aus Kartoffeln und/oder Zuckerrüben hergestellt worden waren. Diese Produkte waren als irreführend aufgemacht sowie entgegen den Vorschriften der VO (EWG) Nr. 1576/89 [2] hergestellt.

29.5
Literatur

1. VO (EG) Nr. 110/2008 des Europäischen Parlaments und des Rates vom 15. Januar 2008 zur Begriffsbestimmung, Bezeichnung, Aufmachung und Etikettierung von Spirituosen sowie zum Schutz geografischer Angaben für Spirituosen und zur Aufhebung der VO (EWG) Nr. 1576/89 (ABl. Nr. L 39 S. 16)
2. VO (EWG) Nr. 1576/89 des Rates vom 29. Mai 1989 zur Festlegung der allgemeinen Regeln für die Begriffsbestimmung, Bezeichnung und Aufmachung von Spirituosen (ABl. Nr. L 160 S. 1) EU-Dok.-Nr. 3 1989 R 1576
3. VO (EWG) Nr. 1014/90 der Kommission vom 24. April 1990 mit Durchführungsbestimmungen für die Begriffsbestimmung, Bezeichnung und Aufmachung von Spirituosen (ABl. Nr. L 105 S. 9) EU-Dok.-Nr. 3 1990 L 1014
4. Alkoholhaltige GetränkeV, AGeV (s. Abkürzungsverzeichnis 46.2)
5. Begriffsbestimmungen für Spirituosen aus dem Jahr 1971 B. Behr's Verlag GmbH, Hamburg
6. LFGB (s. Abkürzungsverzeichnis 46.2)
7. Basis-VO Lebensmittel (s. Abkürzungsverzeichnis 46.2)
8. LMKV (s. Abkürzungsverzeichnis 46.2)
9. Verordnung über Fertigpackungen (FertigpackungsV) in der Fassung der Bekanntmachung vom 8. März 1994 (BGBl. I S. 451, ber. S. 1307) BGBl. III/FNA 7141-6-1-6
10. ZZulV (s. Abkürzungsverzeichnis 46.2)
11. VO (EWG) Nr. 315/93 des Rates vom 8. Februar 1993 zur Festlegung von gemeinschaftlichen Verfahren zur Kontrolle von Kontaminanten in Lebensmitteln (ABl. Nr. L 37 S. 1) EU-Dok.-Nr. 3 1993 R 0315
12. AromenV vom 22. Dezember 1981 (BGBl. I S. 1625) BGBl. III/FNA 2125-40-27
13. RL 88/388/EWG des Rates vom 22. Juni 1988 zur Angleichung der Rechtsvorschriften der Mitgliedstaaten über Aromen zur Verwendung in Lebensmitteln und über Ausgangsstoffe für ihre Herstellung (ABl. Nr. L 184 S. 61)
14. VO (EG) Nr. 1334/2008; FIAP-VO-1334 (s. Abkürzungsverzeichnis 46.2)
15. LMH-VO-852 (s. Abkürzungsverzeichnis 46.2)
16. AVVRüb vom 21. Dezember 2004 (GMBl. 55:1169)
17. RL 2000/13/EG des Europäischen Parlaments und des Rates vom 20. März 2000 zur Angleichung der Rechtsvorschriften der Mitgliedstaaten über die Etikettierung und Aufmachung von Lebensmitteln sowie die Werbung hierfür (ABl. Nr. L 109 S. 29)
18. RL 2002/67/EG der Kommission vom 18. Juli 2002 über die Etikettierung von chininhaltigen und von koffeinhaltigen Lebensmitteln (ABl. Nr. L 191 S. 20)
19. Allgemeine Leitlinien für die Umsetzung des Grundsatzes der mengenmäßigen Angabe der Lebensmittelzutaten (QUID) – Artikel 7 der RL 79/112/EWG in der Fassung der Richtlinie 97/4/EG (BAnz. Nr. 221 S. 19183)
20. RL 94/35/EG des Europäischen Parlaments und des Rates vom 30. Juni 1994 über Süßungsmittel, die in Lebensmitteln verwendet werden dürfen (ABl. Nr. L 237 S. 3, ber. ABl. 2002 Nr. L 325 S. 51)
21. RL 94/36/EG des Europäischen Parlaments und des Rates vom 30. Juni 1994 über Farbstoffe, die in Lebensmitteln verwendet werden dürfen (ABl. Nr. L 237 S. 13)

22. RL Nr. 95/2/EG des Europäischen Parlaments und des Rates vom 20. Februar 1995 über andere Lebensmittelzusatzstoffe als Farbstoffe und Süßungsmittel (ABl. Nr. L 61 S. 1)
23. VO (EG) Nr. 1333/2008; FIAP-VO-1333 (s. Abkürzungsverzeichnis 46.2)
24. Arbeitskreis Lebensmittelchemischer Sachverständiger der Länder und des BgVV (1998) Bundesgesundheitsblatt 4:157
25. Allgemeine Verwaltungsvorschrift zur Änderung und Ergänzung der Allgemeinen Verwaltungsvorschrift für die Untersuchung von Wein und ähnlichen alkoholischen Erzeugnissen sowie von Fruchtsäften (1969) Bundesanzeiger Nr. 171 vom 16. September 1969
26. Streit H (2001) Internistische Praxis 41:449
27. Stellungnahme des Bundesinstitutes für Risikoforschung vom 19.08.2003 zu alkoholhaltigen Mischgetränken mit Koffein und koffeinhaltigen Zutaten
28. BfR 2008: http://www.bfr.bund.de/cm/208/neue_humandaten_zur_bewertung_von_energydrinks.pdf
29. Urteil des Verwaltungsgerichts München vom 20.01.1994 LRE 30:314
30. Urteil des Amtsgerichts Tiergarten LRE 31:314 ff
31. VO (EG) Nr. 1924/2006, Health-Claims-VO (s. Abkürzungsverzeichnis 46.2)
32. Stellungnahme des ALS über Bekömmlichkeitswerbung bei Spirituosen, Journal für Verbraucherschutz und Lebensmittelsicherheit 4(2009):94
33. Beckmann R (Hrsg) (2002) Brennerei- und Spirituosen Jahrbuch 2001/2002, 1. Aufl., Zimmermann Druck + Verlag, Balve
34. Pieper HJ, Bruchmann EE, Kolb E (Hrsg) (1977) Technologie der Obstbrennerei, 1. Aufl., Eugen Ulmer Verlag, Stuttgart
35. Kolb E (Hrsg), Fauth R, Frank W, Simson I, Ströhmer G (2002) Spirituosen-Technologie, 6. Aufl., Behr's Verlag, Hamburg
36. Berger RG (Hrsg) (2007) Flavours and Fragrances mit: Christoph N, Bauer-Christoph C: Flavours of Spirit Drinks, Raw Materials, Fermentation, Distillation, and Ageing, Springer-Verlag, Berlin, 219–239
37. Reinhard C (1977) DLR 73:124
38. Postel W, Adam L (1977) Branntweinwirtschaft 117:229
39. Postel W, Adam L (1978) Branntweinwirtschaft 118:404
40. Postel W, Adam L (1982) Alkohol-Industrie 95:339
41. Postel W, Adam L (1979) Branntweinwirtschaft 119:404
42. Postel W, Adam L (1980) Branntweinwirtschaft 120:154
43. Postel W, Adam L (1987) Branntweinwirtschaft 127:366
44. Postel W, Adam L (1988) Branntweinwirtschaft 128:82
45. Postel W, Adam L, Jäger KH (1983) Branntweinwirtschaft 123:414
46. Postel W, Adam L (1982) Alkoholindustrie 95:361
47. Hildenbrand K (1982) Branntweinwirtschaft 122:2
48. Frank WD (1983) Branntweinwirtschaft 123:278
49. Ziegler H (Hrsg) (2007) Flavourings – Production, Composition, Application, Regulations, 2. Aufl., Wiley-VCH Verlag GmbH & Co KGaA, Weinheim
50. Woidich H, Pfannhauser W, Eberhardt R (1978) Mitt. Klosterneuburg 28:112
51. Nosko S (1974) DLR 70:442
52. Christoph N (1989) unveröffentlichte Werte
53. Bindler F, Laugel P (1985) Dtsch Lebensm Rundsch 81:350
54. Bauer-Christoph C, Wachter H, Christoph N, Roßmann A, Adam L (1997) Z Lebensm Unters Forsch A 204:445
55. Postel W, Adam L (1983) Dtsch Lebensm Rundsch 79:117
56. Forum der Deutschen Weinwirtschaft (2001) Der Dtsch Weinbau 24:1

57. Rothenbücher L (2001) Vortrag anlässlich des 7. Spirituosen-Forums des Behr's Verlag am 15./16. März in Bad Honnef
58. Greuel E, Cortez de Jäckel S, Krämer J (1995) Archiv für Lebensmittelhygiene 46:76
59. Christoph N, Schmitt A, Hildenbrand K (1986) Alkohol-Industrie 99:347
60. Christoph N, Schmitt A, Hildenbrand K (1988) Die Kleinbrennerei 40:154
61. Christoph N, Schmitt A, Hildenbrand K (1988) Die Kleinbrennerei 40:169
62. Adam L, Postel W (1992) Die Kleinbrennerei 44:30
63. Pieper HJ, Seibold R, Luz E, Jung O (1992) Die Kleinbrennerei 44:125
64. Pieper HJ, Seibold R, Luz E, Jung O (1992) Die Kleinbrennerei 44:158
65. Bauer-Christoph C, Christoph N, Rupp M, Schäfer N (2009) Spirituosenanalytik Stichworte und Methoden von A–Z, 1. Auflage, Behr's Verlag, Hamburg
66. Christoph N, Bauer-Christoph C (1998) Die Kleinbrennerei 50 (11):9
67. Christoph N, Bauer-Christoph C (1998) Die Kleinbrennerei 51 (1):5
68. Stetzer J (1999) Die Kleinbrennerei 51 (4):4
69. Bauer-Christoph C, Christoph N (2008) in: Eckert F (Hrsg.) Alkohol-Jahrbuch 2008, Zimmermann Druck + Verlag GmbH, Balve
70. Tanner H, Brunner HR (2007) Obstbrennerei heute, 6. Aufl., Verlag Heller, Schwäbisch Hall
71. Bartels W (1998) Von der Frucht zum Destillat, 1. Aufl., Heller Verlag, Schwäbisch Hall
72. Postel W, Adam L (1985) in: Berger R, Nitz S, Schreier P (eds) Topics in flavour research, Eichhorn, Marzling-Hangenham S. 79
73. Amtliche Sammlung von Untersuchungsverfahren nach § 64 LFGB ASU
74. VO (EG) Nr. 2870/2000 der Kommission vom 19. Dezember 2000 mit gemeinschaftlichen Analysenmethoden für Spirituosen (ABl. Nr. L 333 S. 20)
75. Bundesmonopolverwaltung für Branntwein (Hrsg) Chemisch-Technische Bestimmungen, Bundesdruckerei Neu-Isenburg
76. Verband der deutschen Fruchtsaftindustrie e.V. Bonn (1987) RSK-Werte Die Gesamtdarstellung Verlag Flüssiges Obst, Schönborn
77. VO (EG) Nr. 2091/2002 der Kommission vom 26. November 2002 zur Änderung der VO (EG) Nr. 2870 /2000 mit gemeinschaftlichen Referenzanalysenmethoden für Spirituosen (ABl. Nr. L 322 S. 11)
78. Matissek R, Steiner G, Fischer M (2009) Lebensmittelanalytik, 4. Aufl., Springer Verlag, Berlin
79. Martin GJ, Martin ML, Michon MJ (1982) Anal Chem 54:2380
80. Martin GJ, Benbernou M, Lantier F (1985) J Inst Brew 91:242
81. VO (EWG) Nr. 2676/90 der Kommission vom 17. September 1990 zur Festlegung gemeinsamer Analysenmethoden für den Weinsektor (ABl. Nr. L 272 S. 64)
82. Rauschenbach P, Simon H, Stichler W, Moser H (1979) Z Naturforsch 34C:1
83. Winkler FJ, Schmidt HL (1980) Z Lebensm Unters Forsch 171:85
84. Misselhorn K, Brückner H, Müßig-Zufika M, Grafahrend W (1983) Branntweinwirtschaft 123:162
85. Roßmann A, Schmidt HL (1989) Z Lebensm Unters Forsch 188:434
86. Misselhorn K, Grafahrend W (1980) Branntweinwirtschaft 130:70
87. VO (EWG) Nr. 440/2003 der Kommission vom 10. März 2003 zur Änderung der VO (EWG) Nr. 2676/90 zur Festlegung gemeinsamer Analysenmethoden für den Weinsektor (ABl. Nr. L 66 S. 15)
88. Hermann A, Endres O (1993) Lebensmittelchem Gerichtl Chem 47:78
89. Bauer-Christoph C (2004) unveröffentlichte Werte

Kapitel 30

Gewürze, Kräuter und Pilze

Arne Mohring[1] · Hans-Helmut Poppendieck[2]

[1] Institut für Hygiene und Umwelt Hamburg, Marckmannstraße 129a, 20539 Hamburg
[2] Bio-Zentrum Klein Flottbek, Ohnhorststraße 18, 22069 Hamburg
hhpoppendieck@botanik.uni-hamburg.de

30.1	Lebensmittel-Warengruppen	737
30.2	Beurteilungsgrundlagen	737
30.3	Warenkunde	739
30.3.1	Herkunft, Bearbeitung, Angebotsformen	739
30.3.2	Risiken	752
30.4	Qualitätssicherung	753
30.4.1	Betriebskontrollen bei Import und Verarbeitungsbetrieben	755
30.4.2	Untersuchungen	756
30.5	Literatur	758

30.1 Lebensmittel-Warengruppen

In diesem Kapitel werden Gewürze, Kräuter und Pilze mit ihren deutschen und wissenschaftlichen Namen behandelt.

30.2 Beurteilungsgrundlagen

Rechtliche Regelungen zur Qualität von Gewürzen gehören mit zu den ältesten lebensmittelrechtlichen Dokumenten. Schon in der Antike wurde die Qualität besonders wertvoller Produkte wie Safran oder Pfeffer hoheitlich überwacht. Für das Bearbeiten, den Handel und das Inverkehrbringen von Gewürzen, Kräutern und Pilzen sind heute u. a. folgende lebensmittelrechtliche und weitere Beurteilungsgrundlagen zu beachten:

- Lebensmittel- und Futtermittelgesetzbuch (LFGB) und Basis-VO
- Lebensmittel-Kennzeichnungs-Verordnung (LMKV)
- Zusatzstoff-Zulassungs-Verordnung (ZZulV)

- Lebensmittel-Bestrahlungs-Verordnung (LMBestrV)
- Rückstands-Höchstmengen-Verordnung (RHmV und EG-RHM-VO)
- Kontaminanten-Höchstgehalt-Verordnung (VO (EG) Nr. 466/2001)
- Tschernobyl-Drittländer-Verordnung (VO (EG) Nr. 737/90)
- Lebensmittelhygiene-VO (LMH-VO-852)
- Leitsätze für Gewürze und andere würzende Zutaten (DLB)
- Leitsätze für Pilze und Pilzerzeugnisse (DLB)
- Empfehlung der Deutschen Gesellschaft für Hygiene und Mikrobiologie (DGHM) für Mikrobiologische Richt- und Warnwerte (s. dazu 30.4.2).

Gentechnisch veränderte Pflanzen: Freisetzungsversuche und Zulassungen von gentechnisch veränderten Gewürzen und Kräutern gibt es bislang nur in geringem Umfang. Bisher bekannt sind Freisetzungsversuche bzw. Zulassungen für Paprika, Pfeffer, Senf und Zwiebeln. Wenn es sich um gentechnisch veränderte Produkte handelt, müssen die entsprechenden EG-Regelungen beachtet werden (s. auch Kap. 35.2).

Werden die Gewürze mit anderem Verwendungszweck eingesetzt, wie z. B. Knoblauch als Arzneimittel, sind die dafür vorgesehenen arzneimittelrechtlichen Regelungen zur Beurteilung heranzuziehen (s. auch Kap. 37).

Für Gewürze und Kräuter bis hin zu Mischungen und Soßen sind Begriffsbestimmungen und mögliche Verkehrsbezeichnungen in den *Leitsätzen für Gewürze und andere würzende Zutaten (DLB)* festgelegt. Der Begriff „Gewürze" schließt nach dem Leitgedanken der Leitsätze Kräuter sowie solche Pilze ein, die wegen ihrer geschmack- und/oder geruchgebenden Eigenschaften verwendet werden. Für die gängigen Gewürze und Kräuter sind in diesen Leitsätzen die deutschen und wissenschaftlichen Namen der Pflanzen, aus denen diese gewonnen werden, aufgeführt (siehe Tabelle 30.1).

Als Beurteilungskriterien sind zu beachten: Geruch, Geschmack, Aussehen, Gehalt an etherischem Öl (ohne festgelegte Werte), Gehalt an säureunlöslicher Asche (mit festgelegten Werten) und der Wassergehalt, der nicht höher als 12% sein darf.

Für Pilze sind in den *Leitsätzen für Pilze und Pilzerzeugnisse (DLB)* Beurteilungsmerkmale festgelegt für Speisepilze, unverarbeitete, also frische Pilze sowie für Pilzerzeugnisse wie Pilzkonserven, getrocknete Pilze, Essigpilze, milchsäurevergorene Pilze, eingesalzene Pilze, tiefgefrorene Pilze, Pilzextrakte, Pilzkonzentrate und -trockenkonzentrate.

Die einzelnen Speisepilze sind in den Leitsätzen mit ihrer Verkehrsbezeichnung und der wissenschaftlichen Bezeichnung aufgeführt. Außerdem ist dort vermerkt, ob es sich um einen Zucht- oder Wildpilz handelt.

Beurteilungskriterien für Pilze sind: Sensorik, Anteil der gestochenen Teile, Sandgehalt und Wassergehalt. Als gestochene Teile gelten nur solche, die – grobsinnlich wahrnehmbar – vier oder mehr Einstiche aufweisen.

Allgemein gilt für Leitsätze, dass sie als Auslegungshilfe dienen, aber keine Rechtsgrundlage darstellen.

30.3
Warenkunde

Gewürze und Kräuter werden seit Urzeiten eingesetzt, um die Nahrung – ob herzhaft oder süß – schmackhafter zu machen. In früheren Zeiten dienten Gewürze auch der Konservierung. Als wirksame Bestandteile enthalten Gewürze hauptsächlich etherische Öle, aber auch andere Inhaltsstoffe wie z. B. Mineralstoffe, Vitamine, Flavonoide. Neben der geschmacklichen Verfeinerung fördern bestimmte Gewürze durch ihre Inhaltsstoffe die Verdauung und machen Speisen so etwas bekömmlicher. Dank dieser Wirkung sind Gewürze wie Zimt, Nelken, Kardamom oder verschiedene Kräuter auch weit verbreitete Bestandteile von Kräuterspirituosen (s. auch Tabelle 29.2).

In Tabelle 30.2 sind die gängigsten Gewürze und Kräuter mit ihrer deutschen und englischen Bezeichnung, ihrem wissenschaftlichen Namen und der Angabe der Pflanzenfamilie aufgeführt. Weiter werden genannt die verwendeten Pflanzenteile, Anbauzonen und Herkunft, wichtige Inhaltsstoffe und die Verwendung der Gewürze und Kräuter.

30.3.1
Herkunft, Bearbeitung, Angebotsformen

Herkunft

Viele Kräuter und einige Gewürze werden im gemäßigten Klima angebaut, z. B. Petersilie, Kerbel oder Dill. Bei Gewürzen aus Deutschland, Europa und vergleichbaren Wirtschaftsräumen gibt es mittlerweile auch größere Produzenten, die z. B. im Rahmen einer Gemüseproduktion auch Gewürze und Kräuter anbauen.

Andere Gewürze liefernde Pflanzen benötigen tropisches oder subtropisches Klima, z. B. Pfeffer, Muskat, Lorbeer oder Vanille. Die Gewürze aus diesen Gebieten waren in früheren Jahrhunderten wegen der langen, beschwerlichen und gefahrvollen Handelswege sehr teuer. In den tropischen Regionen werden Gewürze immer noch von unzähligen kleinbäuerlichen Betrieben erzeugt. So hatte ein europäischer Aufkäufer für fair gehandelten Pfeffer bei etwa 1 500 indischen Kleinbauern Ware gekauft, um auf eine Gesamtmenge von 40 t zu kommen, d. h. ein Bauer lieferte im Durchschnitt weniger als 30 kg.

Die Lieferländer, aus denen die Gewürze bevorzugt bezogen werden, können relativ kurzfristig wechseln. Bei Gewürzen, die nur aus einer sehr eng begrenzten Anbauregion bezogen werden – so kommt fast die Hälfte der weltweiten Vanille-Ernte aus Madagaskar –, können Umweltkatastrophen oder politische Unruhen schnell zu einem Mangel auf dem Weltmarkt führen. Als Folge eines Mangels sind immer wieder Täuschungsversuche zu beobachten. Diese reichen von der einfachen Erhöhung des Wasser- oder Sandgehaltes bis hin zur Streckung mit anderen Pflanzenteilen.

Klimazonen und Kontinente der Herkünfte sind in der Tabelle 30.2 angegeben.

Tabelle 30.1.

Begriffsbestimmungen	Beschaffenheitsmerkmale	Verkehrsbezeichnung
Gewürze und Kräuter	Pflanzenteile, die wegen ihres Gehaltes an natürlichen Inhaltsstoffen als geschmack- und/oder geruchgebende Zutaten zu Lebensmitteln bestimmt sind Gewürze sind Blüten, Früchte, Knospen, Samen, Rinden, Wurzeln, Wurzelstöcke, Zwiebeln oder Teile davon, meist in getrockneter Form Kräuter sind frische oder getrocknete Blätter, Blüten, Sprosse oder Teile davon	nach ihrer Art z. B. *Pfeffer, Basilikum*; der Zerkleinerunggrad kann angegeben werden
Gewürzmischungen	Mischungen aus Gewürzen/Kräutern	nach ihrer Art z. B. *italienische Kräuter*, nach ihrem Verwendungszweck z. B. *Suppengewürz*, unter Eigennamen z. B. *Curry*
Gewürzzubereitungen, Gewürzpräparate	Mischungen von einem oder mehreren Gewürzen/Kräutern (mind. 60%) mit anderen geschmacksbeeinflußenden Zutaten, auch mit technologisch notwendigen Stoffen; Gewürzaromen können verwendet werden	nach ihrer Art z. B. *Zwiebel-Pfeffer-Gewürzzubereitung* oder nach ihrem Verwendungszweck z. B. *Gewürzzubereitung für Brathähnchen*
Gewürzsalze	Mischungen von Speisesalz (> 40%) mit einem oder mehreren Gewürzen/Kräutern (mind. 15%) und/oder Gewürz/Kräuterzubereitungen, -präparaten, auch unter Verwendung von Würze	nach ihrer Art z. B. *Kräutersalz* oder nach ihrem Verwendungszweck z. B. *Gewürzsalz für Brathähnchen*
Präparate mit würzenden Zutaten	Mischungen von technologisch wirksamen Stoffen mit einem oder mehreren Gewürzen/Kräutern, anderen geschmacksgebenden Zutaten und/oder Gewürz/Kräuterzubereitungen, -präparaten	nach ihrem Verwendungszweck z. B. *Präparat zur Reifung und Würzung von Rohwurst*

Tabelle 30.1. (Fortsetzung)

Begriffsbestimmungen	Beschaffenheitsmerkmale	Verkehrsbezeichnung
Gewürzaromazubereitung	Gewürz-, Kräuterzubereitungen, bei denen die Gewürze/Kräuter teilweise oder vollständig durch Aromen ersetzt sind	nach ihrem Verwendungszweck z. B. *Gewürzaromazubereitung/-präparat für Brathähnchen*; oder *Gewürzextraktzubereitung, -präparat*, wenn die Aromen aus Gewürzextrakten stammen
Gewürzaromasalze	Gewürzsalze, bei denen die Gewürze/Kräuter teilweise oder ganz durch Aromen ersetzt sind	nach ihrer Art z. B. *Kräuteraromasalz* oder nach ihrem Verwendungszweck z. B. *Gewürzaromasalz für Brathähnchen*
Würzen	flüssige, pastenförmige oder trockene Erzeugnisse, die den Geschmack/Geruch von Suppen, Fleischbrühen und anderen Lebensmittel beeinflussen. Hergestellt durch Hydrolyse von eiweißreichen Stoffen	*Würze, Speisewürze, Suppenwürze, Sojasoße*
Würzmischungen	feste oder flüssige Erzeugnisse, die überwiegend aus Geschmacksverstärkern, Speisesalz, Zuckerarten oder anderen Trägerstoffen bestehen; sie können auch Würzen, Hefe, Gemüse, Pilze, Gewürze, Kräuter und/oder Extrakte daraus enthalten.	nach ihrer Art z. B. *Curry-Würzer* oder nach ihrem Verwendungszweck z. B. *Würzmischung für Spaghetti*
Würzsoßen	fließfähige oder pastenförmige Zubereitungen mit würzendem Geschmack aus zerkleinerten und/oder flüssigen Zutaten	nach ihrer Art z. B. *Currysoße* oder nach ihrem Verwendungszweck z. B. *Grillsoße*

Tabelle 30.2. Teil 1

Bezeichnung deutsch	englisch	wissenschaftlicher Name	Familie	verwendeter Pflanzenteil	Herkunft, G, S, T*
Anis, Anissamen	anise	*Pimpinella anisum* L.	Apiaceae (Umbelliferae)	Frucht	G, S, T, weltweit
Bärlauch	ramsons, wild garlic	*Allium ursinum* L.	Liliaceae (Alliaceae)	Kraut	G, wild gesammelt oder Kleinanbau
Basilikum, Königskraut	basil	*Ocimum basilicum* L.	Lamiaceae (Labiatae)	Kraut	G, S, T, Europa, Nordafrika, Asien
Beifuß	mugwort	*Artemisia vulgaris* L.	Asteraceae (Compositae)	Zweigspitzen mit Blütenknospen	G, S, Europa, Asien, Amerika
Bockshornklee	fenugreek	*Trigonella foenum-graecum* L.	Fabaceae (Papilionaceae)	Frucht	G, S, weltweit
Bohnenkraut, Garten-	garden savory	*Satureja hortensis* L.	Lamiaceae (Labiatae)	Kraut	G, S, Europa, Südafrika, Asien, Amerika
Chilli, Cayenne Pfeffer	chilli	*Capsicum frutescens* L. oder *Capsicum annuum* L.	Solanaceae	Frucht	S, T, Asien, Amerika, Afrika
Cumin, Kreuzkümmel	cumin	*Cuminum cyminum* L.	Apiaceae (Umbelliferae)	Frucht	S, T, Europa, Asien, Amerika
Curry	curry	–	–	–	–
Dill, Gurkenkraut	dill	*Anethum graveolens* L.	Apiaceae (Umbelliferae)	Blatt, Kraut, Frucht	G, S, T, Europa, Asien, Amerika
Estragon, Dragon	tarragon	*Artemisia dracunculus* L.	Asteraceae (Compositae)	Blatt, Kraut	G, S, Europa, Asien, Nordamerika
Fenchel, Gewürzfenchel	fennel	*Foeniculum vulgare* Mill.	Apiaceae (Umbelliferae)	Frucht	G, S, T, weltweit

* G = gemäßigtes Klima, S = subtropisches Klima, T = tropisches Klima

Tabelle 30.2. (Fortsetzung Teil 1)

Bezeichnung deutsch	englisch	wissenschaftlicher Name	Familie	verwendeter Pflanzenteil	Herkunft, G, S, T*
Ingwer	ginger	*Zingiber officinale* Rosc.	Zingiberaceae	Rhizom	S, T, Asien
Kapern	capers	*Capparis spinosa* L.	Capparidaceae	Blütenknospen	S, Europa, Asien, Nordafrika
Kardamom, Kardamomsaat	cardamom	*Elettaria cardamomum* (L.) Maton	Zingiberaceae	Samen + Fruchtkapsel; Samen	T, Asien, Südamerika
Kerbel	chervil	*Anthriscus cerefolium* (L.) Hoffm.	Apiaceae (Umbelliferae)	Blatt, Kraut	G, S, weltweit
Knoblauch	garlic	*Allium sativum* L.	Liliaceae (Alliaceae)	Zwiebel	G, S, T, weltweit
Koriander, Cilantro	coriander	*Coriandrum sativum* L.	Apiaceae (Umbelliferae)	Frucht, Blätter	G, S, T, weltweit
Kümmel	caraway	*Carum carvi* L.	Apiaceae (Umbelliferae)	Frucht	G, S, T, weltweit
Kurkuma, Gelbwurz	turmeric	*Curcuma longa* L. = *Curcuma domestica* Val.	Zingiberaceae	Rhizom	T, Asien
Lemongras, Zitronengras	lemon grass	*Cymbopogon citratus* (DC. ex Nees) Stapf	Poaceae (Gramineae)	Kraut (basaler Teil)	T, Malaysia
Liebstöckel, Maggikraut	lovage leaf, – root	*Levisticum officinale* W. D. J. Koch	Apiaceae (Umbelliferae)	Kraut, Wurzel	G, Europa, Nordamerika
Lorbeer	bay leaf, laurel leaf	*Laurus nobilis* L.	Lauraceae	Blatt	S, T, Europa, Asien, Nordamerika
Macis	mace	*Myristica fragrans* Houtt.	Myristicaceae	Arillus (Samenmantel)	T, Asien

* G = gemäßigtes Klima, S = subtropisches Klima, T = tropisches Klima

Tabelle 30.2. (Fortsetzung Teil 1)

Bezeichnung deutsch	englisch	wissenschaftlicher Name	Familie	verwendeter Pflanzenteil	Herkunft, G, S, T*
Majoran	marjoram	*Origanum majorana* L. (= *Majorana hortensis* Moench)	Lamiaceae (Labiatae)	Kraut	G, S, Europa, Nordafrika, Amerika
Muskatnuss	nutmeg	*Myristica fragrans* Houtt.	Myristicaceae	geschälter Samen	T, Asien
Nelke, Gewürznelke	clove	*Syzygium aromaticum* (L.) Merr.	Myrtaceae	Blütenknospen	T, Asien, Südamerika
Oregano, Wilder Majoran	oregano	*Origanum vulgare* L. oder *Origanum onites* L.	Lamiaceae (Labiatae)	Kraut	G, S, Europa, Asien, Nordamerika
Paprika	paprica	*Capsicum annuum* L.	Solanaceae	Frucht	G, S, T, weltweit
Petersilie	parsley	*Petroselinum crispum* (Mill.) Nym. ex A. W. Hill. = *P. hortense* auct., *P. sativum* Hoffm.	Apiaceae (Umbelliferae)	Blatt, Kraut	G, S, T, Europa, Asien, Amerika
Pfeffer, grüner, schwarzer, weißer	green, black, white pepper	*Piper nigrum* L.	Piperaceae	Frucht unterschiedlicher Reife	T, Asien
Piment, Nelkenpfeffer	allspice	*Pimenta dioica* (L.) Merr.	Myrtaceae	Frucht	T, Südamerika
Rosa Beeren, Rosa Pfeffer	pink pepper	*Schinus molle* L., *Schinus terebinthifolius* Raddi und andere *Schinus*-C3Arten	Anacardiaceae	Frucht	T, Südamerika
Rosmarin	rosemary	*Rosmarinus officinalis* L.	Lamiaceae (Labiatae)	Blatt	S, Europa, Amerika
Safran	saffron	*Crocus sativus* L.	Iridaceae	Narbenschenkel	G, S, Europa, Asien
Salbei	sage	*Salvia officinalis* L. oder *Salvia fruticosa* Mill.	Lamiaceae (Labiatae)	Kraut, Blatt	G, S, Europa, Asien, Nordamerika

* G = gemäßigtes Klima, S = subtropisches Klima, T = tropisches Klima

Tabelle 30.2. (Fortsetzung Teil 1)

Bezeichnung deutsch	englisch	wissenschaftlicher Name	Familie	verwendeter Pflanzenteil	Herkunft, G, S, T*
Schnittlauch	chives	*Allium schoenoprasum* L.	Liliaceae (Alliaceae)	Blatt	G, S, T, weltweit
Schwarzkümmel, Nigella Saat	nigella seed	*Nigella sativa* L.	Ranunculaceae	Samen	G, S, Europa, Asien
Sellerieblätter	celery	*Apium graveolens* L.	Apiaceae (Umbelliferae)	Blatt	G, S, weltweit
Senf, Brauner, Sareptasenf	brown mustard	*Brassica juncea* (L.) Czern.	Brassicaceae (Cruciferae)	Samen	G, S, T, Europa, Asien
Senf, Schwarzer	black mustard	*Brassica nigra* (L.) W. D. J. Koch	Brassicaceae (Cruciferae)	Samen	G, S, T, weltweit
Senf, Weißer	white mustard	*Sinapis alba* L.	Brassicaceae (Cruciferae)	Samen	G, S, T, weltweit
Sternanis	star anise	*Illicium verum* Hook.f.	Illiciaceae	Frucht mit Samen	T, Asien
Thymian	thyme	*Thymus vulgaris* L. oder *Thymus zygis* L.	Lamiaceae (Labiatae)	Kraut	G, S, Europa, Nordamerika
Vanille	vanilla	*Vanilla planifolia* Andr.	Orchidaceae	Frucht (fermentiert)	T, Madagaskar, Südamerika, Asien
Wacholderbeere	juniper berry	*Juniperus communis* L.	Cupressaceae	Beerenzapfen	G, S, T, weltweit
Zimt, Ceylon-, Canehl	ceylon cinnamon	*Cinnamomum zeylanicum* Bl.	Lauraceae	Rinde	T, Asien, Madagaskar
Zimt, -Padang	padang cinnamon	*Cinnamomum burmannii* (Nees) Bl.	Lauraceae	Rinde	T, Asien

* G = gemäßigtes Klima, S = subtropisches Klima, T = tropisches Klima

Tabelle 30.2. (Fortsetzung Teil 1)

Bezeichnung deutsch	englisch	wissenschaftlicher Name	Familie	verwendeter Pflanzenteil	Herkunft, G, S, T*
Zimt, Chinesischer, Cassia	cassia	*Cinnamomum aromaticum* Nees (= *Cinnamomum cassia* Bl.) oder *Cinnamomum loureroi* Nees	Lauraceae	Rinde	T, Asien
Zitronatzitrone	citron	*Citrus medica* L. var. *medica*	Rutaceae	kandierte Fruchtschale	S, Europa, Nord-Amerika, Westindien
Zwiebel	onion	*Allium cepa* L. oder *Allium fistulosum* L.	Liliaceae (Alliaceae)	Zwiebel	G, S, T, weltweit

* G = gemäßigtes Klima, S = subtropisches Klima, T = tropisches Klima

Tabelle 30.2. Teil 2

Bezeichnung deutsch	Inhaltsstoffe	Verwendung, Bemerkungen
Anis, Anissamen	etherisches Öl, Anethol, Methylchavicol; Phenolische Substanzen	Brot- Backwaren, Spirituosen (Pastis), Verdauungstees, Fischgerichte
Bärlauch	etherisches Öl, Alline, flüchtige Lauchöle; Flavonoide	Salate, Saucen, Pasta, Risotto, als Gemüse oder Brotaufstrich
Basilikum, Königskraut	etherisches Öl; Linalool, Estragol, Geraniol, Neral; Gerbstoffe	Salate, Gemüse (Tomaten), Saucen (Pesto)
Beifuß	etherisches Öl, Thujol, Linalool; Flavonylglycoside; Harze; Gerbstoffe	Fleisch- und Fischgerichte, Salate, macht fette Speisen bekömmlicher
Bockshornklee	etherisches Öl; Coffearin; Saponine	Curries, Chutneys, Fisch, Fleisch, Gemüse, Kräuterkäse

Tabelle 30.2. (Fortsetzung Teil 2)

Bezeichnung deutsch	Inhaltsstoffe	Verwendung, Bemerkungen
Bohnenkraut, Garten-	etherisches Öl, Carvacrol, Terpinen; Gerbstoffe	Gemüse (Hülsenfrüchte), Fleisch- und Fischgerichte, Bestandteil von Kräuter der Provence
Chilli, Cayenne Pfeffer	Scharfstoffe, Capsaicinoide; Carotinoide; Ascorbinsäure	für scharfe pikante Gerichte, Saucen, medizinische Anwendung
Cumin, Kreuzkümmel	etherisches Öl, Terpinen, Pinen, Cuminaldehyd, Mentha-1,3-dien-7-al, Cymen; Harze	scharfe Gerichte, indische und mexikanische Gerichte, verdauungsfördernd
Curry	–	Zubereitung unter anderem aus Kurkuma, Bockshornkleesamen, Cumin, Fenchel, Koriander, Pfeffer, Paprika, Chillies, Ingwer, Kardamom, Macis, Nelken, Piment
Dill, Gurkenkraut	etherisches Öl, Carvon, Limonen	Gurken, Salate, Saucen, Fischgerichte (beruhigend, verdauungsfördernd)
Estragon, Dragon	etherisches Öl, Estragol, Limonen, Ocimene; Cumarine; Bitterstoffe; Gerbstoffe	Salate, Saucen, Geflügel; Bestandteil von Fines Herbes; Deutscher Estragon wird gegenüber Russ. Estragon bevorzugt
Fenchel, Gewürzfenchel	etherisches Öl, Anethol, Fenchon; organische Säuren	Backwaren, Fleisch-, Gemüsegerichte
Ingwer	etherisches Öl, Zingiberen; fettes Öl; Stärke; Harze; Protein	Backwaren, Süßspeisen, Currygerichte, asiatische Küche, auch eingelegt und kandiert
Kapern	Senfölglycoside; Mineralstoffe; Vitamine, Rutin	Fleischgerichte, Eierspeisen; gehandelt meist in Salzlake oder Salzessig eingelegt
Kardamom; Kardamomsaat	etherisches Öl, Cineol, Terpinylacetat; Stärke	Backwaren, Süßspeisen, Getränke, indische Gerichte, verdauungsfördernd
Kerbel	etherisches Öl, Methylchavicol; Bitterstoffe; Glycoside; Flavonoide	Salate, Fischgerichte, Suppen, Bestandteil von Fines Herbes

Tabelle 30.2. (Fortsetzung Teil 2)

Bezeichnung deutsch	Inhaltsstoffe	Verwendung, Bemerkungen
Knoblauch	etherisches Öl, Diallylsulfid; schwefelhaltige Verbindungen; Flavonoide	Fleischgerichte, Gemüse
Koriander, Cilantro	etherisches Öl, Linalool; Gerbstoffe	Samen: Currygerichte, Chutneys; Blätter: Salate, Suppen
Kümmel	etherisches Öl, Carvon, Limonen	Brot-, Backwaren, Salate, fette Fleischgerichte, Gemüse (Kartoffel, Kohl); verdauungsfördernd
Kurkuma, Gelbwurz	Farbstoffe Curcumine; etherisches Öl, Tumeron, Zingiberen; Polyphenole; Bitterstoffe; Harze	indische Gerichte, Senf, färbender Bestandteil von Curry-Pulver
Lemongras, Zitronengras	etherisches Öl; Citral (Geranial, Neral)	Limonen; ostasiatische Gerichte: Fisch, Huhn, Eintöpfe
Liebstöckel, Maggikraut	etherisches Öl; Bitterstoffe; Gerbstoffe; Harze	Salate, Gemüsegerichte
Lorbeer	etherisches Öl, Cineol; Gerbstoffe; Bitterstoffe, Flavonolglycoside	Fleisch- und Fischgerichte, Suppen
Macis	etherisches Öl; fettes Öl; Harze; Farbstoff	Backwaren, Süßspeisen, Suppen, Fleischgerichte
Majoran	etherisches Öl, Carvacrol; Gerbstoffe	Pizza, Salate, Suppen, Gemüse, Nudeln, Fleisch, Bestandteil von Kräuter der Provence
Muskatnuß	etherisches Öl, Pinen, Sabinen; Myristicin; Harze	Backwaren, Süßspeisen, Gemüse (Spinat, Kartoffeln), gehaltvolle Gerichte; verdauungsfördernd; Myristicin in größeren Mengen toxisch (halluzinogen)
Nelke, Gewürznelke	etherisches Öl, Eugenol, Caryophyllen; Gerbstoffe	Backwaren, Getränke, Schmorgerichte, medizinische Anwendung
Oregano, Wilder Majoran	etherisches Öl, Thymol, Carvacrol; Gerbstoffe	Pizza, Salate, Suppen, Gemüse, Nudeln, Fleisch, Bestandteil von Kräuter der Provence

Tabelle 30.2. (Fortsetzung Teil 2)

Bezeichnung deutsch	Inhaltsstoffe	Verwendung, Bemerkungen
Paprika	Carotinoide, Capsanthin; Scharfstoffe, Capsaicin; Fett; Kohlenhydrate; Vitamine	Fleisch-, Fisch- Gemüsegerichte; formenreiche Art mit unterschiedlich scharfen Früchten (scharf z. B. Rosen-Paprika)
Petersilie	etherisches Öl, Myristicin, Apiol; Vitamine; Mineralstoffe	Salate, Saucen, Gemüse, Fisch
Pfeffer, grüner, schwarzer, weißer	etherisches Öl; Scharfstoff Piperin	universell einsetzbar; Schwarzer P. = unreif geerntete ganze Frucht, Grüner P. = Frucht unreif geerntet und eingelegt oder gefriergetrocknet, Weißer P. = reif geerntete geschälte Frucht
Piment, Nelkenpfeffer	etherisches Öl, Eugenol; Gerbstoffe	universell einsetzbar
Rosa Beeren, Rosa Pfeffer	Caren, Pinen, Phellandren, Limonen, Zucker	in Mischungen einsetzbar
Rosmarin	etherisches Öl, Cineol, Terpene; Harze; Bitterstoffe; Gerbstoffe; antioxydative Stoffe	Fleisch-, Gemüsegerichte, Pizza, Bestandteil von Kräuter der Provence
Safran	Farbstoffe, Carthamin; etherisches Öl	Fischgerichte (Paella), Gebäck, Spirituoseningredienz (Kräuterliköre), Schwedentinktur
Salbei	etherisches Öl, Thujon, Cineol, Campher; Bitterstoffe; Gerbstoffe; Harze	Fleischgerichte, Tee, pharmazeutischer Rohstoff
Schnittlauch	Schwefelverbindungen; etherisches Öl; Vitamin C	Salate, Saucen, Eiergerichte, Bestandteil von Fines Herbes
Schwarzkümmel, Nigella Saat	etherisches Öl	Brot, indische Gerichte
Sellerieblätter	etherisches Öl, Limonen; Bitterstoffe	Gemüsegerichte, Salate
Senf, Brauner, Sareptasenf	Schleimstoffe; etherisches Öl; schwefelhaltige Verbindungen	eingelegte Produkte, Bestandteil von Senf
Senf, Schwarzer	Schleimstoffe; etherisches Öl; schwefelhaltige Verbindungen	eingelegte Produkte, Bestandteil von Senf
Senf, Weißer	– " –	– " –

Tabelle 30.2. (Fortsetzung Teil 2)

Bezeichnung deutsch	Inhaltsstoffe	Verwendung, Bemerkungen
Sternanis	etherisches Öl, Anethol	Backwaren, Getränke, asiatische Gerichte, anregend
Thymian	etherisches Öl, Cymen, Thymol; Gerbstoffe; Bitterstoffe; Harze	Fleisch-, Gemüsegerichte, Kräuter der Provence, verdauungsfördernd, Tee, pharmazeutischer Rohstoff
Vanille	Vanillin; Schleimstoffe; Harze	Back-, Süßspeisen, Süßwaren, Milchprodukte, Getränke
Wacholderbeere	etherisches Öl, Terpene; Harze	Fleisch-, Wildgerichte, Kohlgemüse, alkoholische Getränke (Gin)
Zimt, Ceylon-, Canehl	etherisches Öl, Zimtaldehyd; Gerbstoffe; Schleimstoffe	Süßspeisen, Backwaren, Fleisch, Gemüse
Zimt, -Padang	„ –	„ –
Zimt, Chinesischer, Cassia	„ –	„ –, vor allem für gemahlenen Zimt
Zitronatzitrone	etherisches Öl	Backwaren, Würzsoßen
Zwiebel	Schwefelverbindungen; etherisches Öl	universell einsetzbar für pikante Gerichte

Bearbeitung
Die Bearbeitung hat das Ziel, aus den Rohstoffen Kräuter und Gewürze herzustellen, die als Lebensmittel bzw. Genussmittel „zum Verzehr geeignet" sind und als solche in Verkehr gebracht werden können. Für die Herstellung der Gewürze werden unterschiedliche Pflanzenteile verwendet:

Blatt, Kraut (= Blätter mit Stängel), Frucht oder Samen, seltener Blütenstände oder Blüten (auch Blütenknospen) oder Teile davon.

Nach der Ernte werden die Produkte im Ursprungsland gewaschen, getrocknet und ganz oder in zerkleinerter Form an die Gewürzhändler/Importeure geliefert, die die Produkte dann weiterbearbeiten.

Im Allgemeinen erfolgt als erstes eine Reinigung und Sortierung, wobei unerwünschte Bestandteile wie z. B. Sand oder andere Fremdkörper entfernt werden. Die Produkte müssen häufig mit physikalischen Methoden keimreduzierend behandelt werden, um die Anwesenheit von pathogenen Mikroorganismen zu verhindern.

Eine Hitzebehandlung zur Keimreduzierung ist bei vielen Gewürzen nur schwer möglich. Um die Qualität der Gewürze nicht zu beeinträchtigen, werden zur Keimreduzierung oftmals verschiedene Möglichkeiten kombiniert, um so eine möglichst schonende Behandlung zu erreichen. Meistens handelt es sich um Kombinationen von möglichst niedriger Temperatur und erhöhtem Druck, vergleichbar einer schonenden Autoklavenbehandlung. Auch bei den weiteren Bearbeitungsschritten muss darauf geachtet werden, die Hitzeeinwirkung wegen der empfindlichen etherischen Öle so gering wie möglich zu halten.

Wegen der wenigen einsetzbaren klassischen Entkeimungsverfahren ist für Gewürze auch die Bestrahlung zur Keimreduktion zulässig. Hierbei bleiben die sensorischen Eigenschaften der Gewürze erhalten. Die Bestrahlung ist allerdings kenntlich zu machen (siehe auch Kap. 18.2 und 18.3.5).

Die Ware wird außerdem zerkleinert, gemahlen und gesiebt, je nachdem, wie das Fertigprodukt aussehen soll.

Für bestimmte Verwendungszwecke z. B. Lebkuchengewürz, Currypulver oder produktspezifische Würzmischungen für die Industrie werden auch Mischungen von Gewürzen und Kräutern hergestellt.

Angebotsformen
Gewürze sind meistens in getrockneter Form auf dem Markt, Kräuter in frischer, gefriergetrockneter, luftgetrockneter oder tiefgekühlter Form. Das bei weitem wichtigste Produkt sind Gewürzpräparate für die Fleischindustrie. In jüngster Zeit ist wieder eine Zunahme von Angeboten an loser Ware zu beobachten. Diese Ware wird überwiegend auf Märkten, aber auch im gehobenen Preissegment angeboten. Die Ware wird in allen Größen von kleinsten Portionen, z. B. wenige Gramm Safran und einzelnen Vanilleschoten, bis hin zu mehreren hundert Kilo Big Bags abgepackt und gehandelt.

Wichtig für die Lagerfähigkeit der Gewürze und Kräuter ist die Art der Verpackung. Sie soll luftdicht sein und die Ware vor Licht schützen, damit das Aroma und das Aussehen so gut wie möglich erhalten bleiben.

Überwiegend frisch durch den Gemüsehandel angebotene Kräuter wie Borretsch, Brunnen- und Gartenkresse, Melisse, Pimpinelle usw. wurden nicht in die Tabellen aufgenommen.

30.3.2
Risiken

Kräuter und Gewürze werden seit jeher nicht nur in der Küche sondern stets auch zu Heil- und Genusszwecken angewendet. Schon bei den klassischen Arzneipflanzen gibt es einige Überschneidungen, die für den unerfahrenen Verbraucher erhebliche Risiken darstellen können.

Unter dem Deckmantel von Kräutern und Gewürzen können Pflanzen mit oft sehr ausgeprägten pharmakologischen Wirkungen mit nur geringem Aufwand vermarktet werden. Im Vergleich zu Arzneidrogen werden an die Produkte nur wenige Anforderungen gestellt und die amtlichen Kontrollen sind eher gering.

Besonders die traditionelle chinesische Medizin (TCM), die in Europa immer mehr Verbreitung findet, ist reich an unbekannten Kräutern und gewürzähnlichen Präparaten. Ihre sichere Anwendung ist nur mit umfangreicher Erfahrung möglich. Leider kommen immer wieder solche Arzneipflanzen als vermeintliche Lebensmittel in den Handel. Immer strengere Kontrollen und Auflagen der zuständigen Arzneimittelüberwachungsbehörden führen zudem zu einem hohen Angebot an Rohwaren, die den gestiegenen pharmazeutischen Anforderungen nicht mehr entsprechen. Die Händler der Rohware geraten daher in Versuchung, ihre Ware über die Lebensmittelschiene zu vermarkten.

Durch die unsachgemäße Vermarktung einzelner Pflanzen als Nahrungsergänzungsmittel oder einfach als moderne kreative Gewürzinnovation ergeben sich weitere Risiken.

Hier einige Beispiele:

Gefahr der Verwechslung mit traditionellen Gewürzen:
Küchen- oder Heilsalbei (*Salvia officinalis*) gehört zu den traditionellen Gewürzen.

- Zaubersalbei (*Salvia divinorum*) hingegen besitzt ein potentes Halluzinogen,
- Pflanzen und Pflanzenteile des Zaubersalbeis sind in Anlage I des Betäubungsmittelgesetzes (BtMG) als nicht verkehrsfähige, nicht-verschreibungsfähige Betäubungsmittel) aufgenommen worden und
- der Besitz und Konsum von *Salvia divinorum* ist komplett verboten.

Die Verwechslung der beiden Salbeisorten birgt neben einem Gesundheitsrisiko auch das Risiko strafrechtlicher Konsequenzen.

Gefahr der Irreführung und Täuschung:

- Basilikum, die bekannteste Art ist *Ocimum basilicum* und der Indische Basilikum (*Ocimum tenuiflorum*, syn. *O. sanctum*), auch Tulsi bzw. Heiliges Basilikum genannt, sind hinsichtlich ihrer Inhaltsstoffe fast identisch.
- Beide Pflanzen sind bei normalem Konsum unkritisch.
- Tulsi werden aber oftmals besondere Eigenschaften unterstellt, da es im Hinduismus als traditionelle Opfergabe dient.

Durch geschicktes Marketing kann mit *Heiligem Basilikum* mehr Geld verdient werden als mit herkömmlichem Basilikum. Die Grenze zu lebensmittelrechtlicher Irreführung und Täuschung ist nur sehr dünn. Ein höheres gesundheitliches Risiko ist jedoch nicht bekannt.

Neubewertung von Inhaltsstoffen:

- Viele Kräuter und Gewürze enthalten Substanzen, die für sich alleine genommen, als Reinstoff ein Gesundheitsrisiko darstellen können.
- Basilikumarten enthalten z. B. das in höherer Dosis krebserzeugende und erbgutschädigende Estragol.
- Die über Basilikum als Gewürz üblicherweise verzehrte Menge Estragol reicht jedoch nach derzeitigem Stand der Wissenschaft nicht aus, um alleine eine Schädigung der Gesundheit zu bewirken.
- Wie bei anderen Substanzen auch muss hier die gesamte aufgenommene Menge des Stoffes betrachtet werden. Neben den Gewürzen wird Estragol beispielsweise durch die zulässige Verwendung in Aroma- und Duftmischungen anderer Lebensmittel bzw. Kosmetika in den menschlichen Körper aufgenommen.

Hier gilt es, neben der industriellen Eigenkontrolle (Qualität und Lebensmittelhygiene) von Anbau, Ernte und Transport der Gewürzpflanzen auch die Vermarktung und Bewerbung besonders amtlich zu überwachen, um auf der Seite der Wirtschaft zu einem überlegten und schonenden Umgang mit Aromasubstanzen zu gelangen.

30.4 Qualitätssicherung

Die Qualitätssicherung fängt beim Anbau an und endet beim Fertigprodukt für den Endverbraucher. Zur Qualitätssicherung gehören planmäßiger Anbau und Ernte, genau beschriebene Verarbeitungsschritte, Vermeidung von kritischen Punkten während der Verarbeitung und die Qualitätskontrolle. Hinsichtlich von Art und Umfang der zu fordernden Eigenkontrollmaßnahmen des Herstellers gilt der Grundsatz: „Je schwieriger die Einführung von QS-Systemen im Ursprungsland und beim Transport ist, umso umfangreicher müssen die Qualitätskontrollen beim Abnehmer der Ware sein."

Um von Anfang an die gewünschte Qualität der Rohwaren zu erhalten, wird schon mit den Anbauern vor Ort besprochen, was während des Anbaus zu beachten ist, wie der Ablauf der Ernte sein sollte und wie kritische Punkte während des Anbaus, der Ernte und der ersten Bearbeitung z. B. dem Trocknen vermieden werden können. Diese Vereinbarungen werden möglichst schriftlich festgelegt. Die Auswirkungen, die das Klima auf die Qualität hat, sind nicht zu vernachlässigen, aber auch nicht zu beeinflussen.

Für die weitere Bearbeitung und Veredelung beim Importeur bzw. Weiterverarbeiter werden die einzelnen Bearbeitungsschritte (z. B. Zerkleinerung und Keimreduktion) genau festgelegt und beschrieben, wobei die Grundsätze eines HACCP Konzeptes (Hazard Analysis Critical Control Points) beachtet werden müssen und demzufolge die entsprechenden Qualitäts-Management-Maßnahmen angewendet werden müssen (s. auch Kap. 8.3).

Fallbeispiel 30.1: Bärlauchblätter, Verwechslung

Der wegen seiner frischen an Knoblauch erinnernden Aromen beliebte Bärlauch (*Allium ursinum*) wurde auf einem Wochenmarkt als frisches Kraut aus Wildsammlung angeboten.

Eine Verbraucherin stellte bei der Zubereitung fest, dass einige Blätter beim Kosten ein schmerzhaftes Brennen verursachten. Mit dem Verdacht auf Pestizide oder eine sonstige chemische Behandlung beschwerte sie sich bei der Lebensmittelüberwachung.

Aufgrund ihrer Sachkenntnis schlossen die Lebensmittelchemiker chemische Pflanzenbehandlungsmittel als Ursache aus. Weiter wurde festgestellt, dass es sich nicht um reinen Bärlauch handeln konnte, da sehr unterschiedlich strukturierte Blätter vorlagen. Botaniker identifizierten die fremden Blätter als Aronstab.

Da die Pflücker bei der Wildsammlung nach Leistung (Erntemenge) bezahlt werden, hatten diese offenbar alle Blätter mitgepflückt, die dem Bärlauch ähnlich sehen.

Die vorgefundene Ware wurde als nicht sicheres Lebensmittel beurteilt. Wegen der unmittelbaren Gesundheitsgefahr wurde die noch vorhandene Ware des betroffenen Händlers durch die Vollzugsbehörden beschlagnahmt und über die Medien vor der Verwechslungsgefahr gewarnt. Wie üblich in solchen Fällen wurde auch eine Warnung über das Europäische Schnellwarnsystem an alle Mitgliedstaaten gesendet.

Für Ernte und Verarbeitung hat die Lebensmittelindustrie in der Folge begonnen, Maßnahmen zu erarbeiten, um das erkannte Problem der Verwechslung von Bärlauch mit anderen teils hochgiftigen Pflanzen wie Maiglöckchen, Herbstzeitlose oder Aronstab in den Griff zu bekommen.

30.4.1
Betriebskontrollen bei Import und Verarbeitungsbetrieben

Betriebskontrollen sind allgemein hinreichend in Kap. 5.4.1 dargestellt. Aus der Praxis der Gewürzherstellung und des Handels lässt sich aber einiges ergänzen. Gewürze begegnen der amtlichen Lebensmittelkontrolle überwiegend als Zutat für andere Lebensmittel. Lediglich in Kommunen mit Importanbindungen (z. B. Seehäfen, EU-Außengrenzen, Flughäfen) oder mit Gewürzhändlern und Gewürzmühlen hat die amtliche Kontrolle Zugriff auf die Rohwaren, wie sie aus den Erzeugerländern angeliefert werden. Viele Gewürze werden in eher kleinbäuerlichen Betrieben und mit vielen Zwischenhandelsstationen erzeugt und verschifft. Dies ist eine Besonderheit im Gewürzhandel und auch bei vielen weiteren ehemaligen Kolonialwaren. Gegenüber den meisten sonst weltweit vertriebenen Lebensmittelrohstoffen ist der direkte Ansprechpartner im Erzeugerland meistens selbst nur ein Zwischenhändler der seine Ware über mehrere Zwischenhandelsstationen vom eigentlichen Erzeuger bezieht.

Auf all diesen vielen Handelsstationen ist ein ausreichendes Qualitätsmanagementsystem nur schwer sicherzustellen. Erkenntnisse über Mängel ergeben sich aber oft erst aufgrund von Kontrollen im Rahmen des Hygienerechts.

Der Importeur bzw. Erstverarbeiter der Roh-Gewürze trägt aufgrund der wenigen Kontrollmöglichkeiten im Ursprungsland eine besondere Verantwortung, vor allem hinsichtlich der Rückverfolgbarkeit der Produkte. Es gibt für Gewürze relativ wenige Erstverwerter (ca. 70 Firmen in Deutschland), die ihre weiterverarbeiteten Produkte über Landesgrenzen hinweg vertreiben.

Zur Standardisierung der Produkte werden Rohstoffe unterschiedlichster Herkünfte mit einander vermischt, so dass bei einer Rückrufaktion aufgrund mangelhafter Rohwaren nicht nur eine genau bestimmbare Charge oder Losnummer sondern diverse Produkte und Chargen bei unterschiedlichsten Abnehmern betroffen sind.

Was zusätzlich erschwerend hinzukommt ist nicht unbedingt ein Spezifikum des Gewürzhandels:

- Begleitdokumente sind nicht immer vollständig auf Englisch oder Deutsch vorhanden.
- Angaben zu Chargen und Kontrollmaßnahmen sind vielfach nur in Landessprache oder unvollständig angegeben.
- Die Zuordnung von Analysenberichten zu den jeweiligen Rohstoffchargen ist problematisch.

Ein oft genutztes Mittel zur durchgängigen Identifikation des Produktes ist aber die Containernummer der Lieferung. Diese ist ab dem Ausgangshafen durchgängig angegeben. Zusätzlich lassen sich über diese Nummer bei Bedarf Standzeiten der Ware in Häfen ermitteln oder andere Produkte, die mit einem Gewürz in einem Container transportiert wurden.

Da Gewürze in der Regel trocken gelagert werden, spielt eine Kühlkette fast keine Rolle. Bei einer Betriebskontrolle sind natürlich weiter zu prüfen die

- Dokumentation nach dem HACCP-System,
- Maßnahmen zur Verhinderung von Kreuzkontaminationen (z. B. zwischen konventioneller und Bio-Ware oder zwischen entkeimten und nicht entkeimten Partien),
- Verfahren zur Abtrennung von Fremdkörpern,
- Maßnahmen zur Vermeidung von negativen Einflüssen durch Verpackungsmaterial oder Verarbeitungsmaschinen,
- Methoden und Kontrollpläne zur Schädlingsbekämpfung.

Im Allgemeinen ist das Vermischen von nicht verkehrsfähiger mit guter Ware, um z. B. einen Grenzwert einzuhalten, unzulässig. Daher sollte bei einer Betriebskontrolle auch immer das Verfahren zur Lenkung von nicht sicherer Ware geprüft werden.

30.4.2
Untersuchungen

Die chemischen, physikalischen und biologischen Analysen erfolgen vor Ort beim Verarbeiter und/oder durch den Importeur bzw. Weiterverarbeiter im Rahmen der Wareneingangskontrolle, der sogenannten Improzesskontrolle und der Endkontrolle. Sie kann folgende Punkte beinhalten:

- Mikroskopische Untersuchung
- Makroskopische Untersuchung/Sensorik
- Chemische Untersuchung
- Mikrobiologische Untersuchung.

Im Vordergrund der Lebensmitteluntersuchung stehen bestimmte Kontaminationen, z. B. Prüfung auf Azofarbstoffe und Schwermetalle, Begasungen oder Käfer, Bestrahlung oder Mikroorganismen. Qualitätsparameter wie Sand, Feuchtigkeit und Gehalt an ätherischem Öl sind angebracht, wenn ein Verdacht besteht, dass wertgeminderte oder verschnittene Ware in den Verkehr gebracht wird, ohne dieses ausreichend kenntlich gemacht zu haben.

Mikroskopische Untersuchung

Gewürze und Kräuter können mikroskopisch bestimmt werden. Es gibt für jede Pflanze charakteristische botanische Merkmale, die mikroskopisch zu erkennen sind und dann zugeordnet werden können. Die Auswertung erfolgt in der Regel qualitativ und kann für Gewürz- oder Kräuter-Mischungen auch halbquantitativ genutzt werden.

Die mikroskopische Untersuchung ist heute immer noch eine der schnellsten und effektivsten Methoden. Sie wird für die Ermittlung der Reinheit eingesetzt und um ggf. Verfälschungen erkennen zu können.

Makroskopische Untersuchung/Sensorik

Die Beschreibung von Aussehen, Geschmack und Geruch wird im Allgemeinen zur Beurteilung der Identität und Qualität des Produktes herangezogen.

Chemische Untersuchung

Bei der chemischen Analyse geht es im Wesentlichen um

- die Bestimmung der wertbestimmenden Bestandteile wie z. B. etherisches Öl oder Scharfstoffe (z. B. Capsaicin);
- die Kontrolle weiterer natürlicher Inhaltsstoffe (z. B. Cumarin in Zimt);
- die Einhaltung der vorgegebenen Werte wie z. B. der Gehalt an Feuchtigkeit, Sand oder Asche;
- die Feststellung möglicher Kontaminanten wie z. B. Pestizide, Aflatoxine oder Schwermetalle.

Neben den im Lebensmittelbereich festgelegten Kriterien können vielfach auch Monographien aus aktuellen oder älteren Arzneibüchern (z. B. findet sich eine der wenigen Monographien für Asant im DAB 6 von 1910) genutzt werden. Dort finden sich oftmals spezifischere Angaben zur Reinheit, Gehaltsbestimmung und zu Verfälschungen.

Mikrobiologische Untersuchung

Die mikrobiologische Analyse ist notwendig, um nachweisen zu können, dass das Produkt mikrobiologisch in Ordnung und damit „zum Verzehr geeignet" ist. Die Deutsche Gesellschaft für Hygiene und Mikrobiologie veröffentlicht regelmäßig mikrobiologische Richt- und Warnwerte zur Beurteilung von Lebensmitteln. Im Rahmen dieser Veröffentlichung gibt es unter anderem Werte für Gewürze, siehe folgende Übersicht. Diese Werte werden im Allgemeinen auch für Kräuter herangezogen (Entwurf einer Empfehlung, Stand 29.11.07).

Die Qualitätssicherung muss also all diese Punkte wie Vereinbarungen mit den Anbauern, festgelegte Bearbeitungsbeschreibungen, Vermeidung kritischer Punkte während der gesamten Verarbeitung und eine abschließende Qualitätskontrolle umfassen, damit ein „zum Verzehr geeignetes" Genussmittel in Verkehr

	Richtwert (KBE*/g)	Warnwert (KBE*/g)
Salmonellen	–	Nicht nachweisbar in 25 g
Bacillus cereus	1×10^3	1×10^4
Escherichia coli	1×10^3	–
Sulfit reduzierende Clostridien	1×10^3	1×10^4
Schimmelpilze	1×10^3	

*KBE = Kolonie bildende Einheiten

gebracht wird und die Qualität der Gewürze und Kräuter, die dem Endverbraucher zur Verfügung stehen, abgesichert wird.

30.5
Literatur

1. Eschrich, W.: Pulveratlas der Drogen der deutschsprachigen Arzneibücher. 8. Auflage. Deutscher Apotheker Verlag, Stuttgart. 2003
2. Gassner, G., Hohmann, B.: Mikroskopische Untersuchung pflanzlicher Lebensmittel und Futtermittel. 6. Auflage. Behr's Verlag, Hamburg. 2006
3. Salzer, U.-J., Siewek, F. (Hrsg.): Handbuch Aromen und Gewürze. Loseblattsammlung. Behr's Verlag, Hamburg. 2005
4. Hanelt, P. (Hrsg.): Mansfeld's encyclopedia of agricultural and horticultural crops (except ornamentals). 4 vols. Springer, Berlin. 2001
5. Katzer, G., Fansa, J.: picantisimo. Das Gewürzhandbuch. Verlag die Werkstatt, Göttingen. 2007. http://www.uni-graz.at/~katzer/germ/index.html
6. Lambert Ortiz, E.: Kräuter, Gewürze & Essenzen. Das Handbuch für die Küche. 288 S. Christian Verlag, München. 2001
7. Lieberei, R., Reisdorff, C.: Nutzpflanzenkunde. 7. Auflage. Thieme, Stuttgart, New York. 2007
8. Meyer, Alfred H. (Hrsg.): Lebensmittelrecht. Bundesgesetze und -verordnungen sowie EG-Recht über Lebensmittel (einschliesslich Wein), Tabakerzeugnisse, kosmetische Mittel und Bedarfsgegenstände. Loseblatt-Textsammlung mit Anmerkungen und Sachverzeichnis. C.H. Beck, München
9. Qualitätsstandards in der mikrobiologisch-infektiologischen Diagnostik // Expertengremium Mikrobiologische-Infektiologische Qualitätsstandards (MiQ); Fachgruppe „Diagnostische Verfahren in der Mikrobiologie" der Deutschen Gesellschaft für Hygiene und Mikrobiologie (DGHM). Hrsg. von H. Mauch Stuttgart [u. a.]: Fischer. 1997
10. Schultze-Motel, J. (Hrsg.): Rudolf Mansfeld Verzeichnis landwirtschaftlicher und gärtnerischer Kulturpflanzen (ohne Zierpflanzen). 4 Bände. Springer, Berlin. 1986
11. Teuscher, E.: Gewürzdrogen. Wissenschaftliche Verlagsgesellschaft, Stuttgart. 2002
12. Wichtl, M. (Hrsg): Teedrogen und Phytopharmaka. 5. Auflage. Wissenschaftliche Verlagsgesellschaft, Stuttgart. 2009
13. Zander: Handwörterbuch der Pflanzennamen. 17. Aufl., Hrsg. von Ehrhardt, W. et al. 990 S. Ulmer, Stuttgart. 2002

Kapitel 31

Süßwaren und Honig

Reinhard Matissek[1] · Hans Günter Burkhardt[2] · Katrin Janssen[1]

[1] Lebensmittelchemisches Institut des Bundesverbandes der Deutschen Süßwarenindustrie e.V., Adamsstraße 52–54, 51063 Köln, reinhard.matissek@lci-koeln.de
[2] Institut für Qualitätsförderung in der Süßwarenwirtschaft e.V., Adamsstraße 52–54, 51063 Köln, iq-koeln@iq-koeln.de

31.1	Lebensmittelwarengruppen	759
31.2	Beurteilungsgrundlagen	759
31.2.1	Zuckerwaren	760
31.2.2	Schokoladen und Schokoladenerzeugnisse	761
31.2.3	Honig	762
31.3	Warenkunde	763
31.3.1	Zuckerwaren, Übersicht	763
31.3.2	Zusammensetzungen/Besonderheiten	768
31.3.3	Schokoladen und Schokoladenerzeugnisse, Übersicht	771
31.3.4	Zusammensetzungen/Besonderheiten	774
31.3.5	Honig, Übersicht	778
31.3.6	Zusammensetzung/Besonderheiten	779
31.4	Qualitätssicherung	780
31.4.1	Betriebliche Eigenkontrolle	780
31.4.2	Probenahme	782
31.4.3	Analytische Verfahren	782
31.5	Literatur	784

31.1
Lebensmittelwarengruppen

In diesem Beitrag werden behandelt:

- Zuckerwaren,
- Schokoladen und Schokoladenerzeugnisse,
- Honig.

31.2
Beurteilungsgrundlagen

Süßwaren und Honig unterliegen neben allgemeinen lebensmittelrechtlichen Vorschriften (z. B. Basis-VO, LFGB) zusätzlichen Vorschriften wie z. B. den Kenn-

W. Frede (Hrsg.), *Handbuch für Lebensmittelchemiker*
ISBN 978-3-642-01684-4 © Springer 2010

zeichnungsvorschriften der LMKV, sofern sie in Fertigpackungen im Sinne des § 6 Abs. 1 Eichgesetz an den Verbraucher abgegeben werden, wonach neben der Verkehrsbezeichnung, der Herstellerangabe und der Nennfüllmenge auch die Zutatenliste, ggf. unter Angabe einer mengenmäßigen Deklaration bestimmter Zutaten (QUID) und die Angabe des Mindesthaltbarkeitsdatums vorgeschrieben sind. Weiterhin sind die Vorschriften der Zusatzstoff-Zulassungsverordnung (ZZulV) zu beachten. Werden Süßwaren als diätetische Lebensmittel in den Verkehr gebracht, gelten hierfür vorrangig die Vorschriften der Diätverordnung (s. Kap. 34.2.2).

31.2.1
Zuckerwaren

Für Zuckerwaren existiert keine spezielle Rechtsvorschrift. Zur Auslegung der Bezeichnungen ist daher die allgemeine Verkehrsauffassung unter Berücksichtigung wissenschaftlich anerkannter Begriffe zu beachten. Zur Beurteilung werden die „Leitsätze für Ölsamen und daraus hergestellte Massen und Süßwaren" [1], die „Richtlinie für Zuckerwaren" [2] und die „Richtlinie für Invertzuckercreme" [3] herangezogen. In Verbindung mit [1], [2] und [3] sind u. a. noch folgende Verordnungen (V) relevant: Aromen-V (z. B. Regelung des Ammoniumchloridgehalts in Lakritzwaren sowie des Blausäuregehaltes in Marzipan und Persipan), Kakao-V, Milcherzeugnis-V, Zuckerarten-V, Honig-V. Eine ausführliche und weitergehende Besprechung der aufgeführten Verordnungen, Leitsätze und Richtlinien findet sich u. a. bei „Zipfel/Rathke" [4] und in „Recht der Süßwarenwirtschaft" [5].

Leitsätze für Ölsamen und daraus hergestellte Massen und Süßwaren

In diesen Leitsätzen [1] sind die Beurteilungsmerkmale für folgende Lebensmittel vorgegeben:

- bearbeitete Ölsamen
- Rohmassen aus bearbeiteten Ölsamen
- Süßwaren aus angewirkten Rohmassen
- Nugatmassen
- Süßwaren aus angewirkten Nugatmassen
- Nugatkrem.

Richtlinie für Zuckerwaren

Hierin wird a) eine allgemeine Definition der Zuckerwaren gegeben, b) die Abgrenzungen der Zuckerwaren zu Feinen Backwaren, Kakaoerzeugnissen und Arzneimitteln beschrieben, c) die Zutaten von Zuckerwaren definiert und insbesondere die Mindestanforderungen bezüglich geschmackgebender und/oder wertbestimmender Bestandteile und Zutaten und die Begriffsbestimmungen für die einzelnen Zuckerwaren festgelegt und d) die Anforderungen an die übliche Zusammensetzung und Beschaffenheit aufgeführt [2].

31.2.2
Schokoladen und Schokoladenerzeugnisse

Zur lebensmittelrechtlichen Beurteilung dieser Lebensmittelwarengruppe ist in erster Linie die Kakao-V [6] heranzuziehen. Mit dieser vom 15.12.2003 datierten Verordnung wurde die EG-Kakao-Richtlinie 2000/36 [7] in nationales Recht umgesetzt. Eine ausführliche und weiterreichende Besprechung sowie aktuelle Kommentierung findet sich in „Recht der Süßwarenwirtschaft" [5] und in „Zipfel/Rathke" [4]. Für Füllungen von Pralinen und gefüllten Schokoladen, welche in der Regel Zuckerwaren sind, sind die im Kap. 31.2.1 „Zuckerwaren" aufgeführten Leitsätze und Richtlinien zu beachten.

Kakao-Verordnung

Die Kakao-V [6] enthält in § 1 in Verbindung mit der Anlage 1 die Bezeichnungen und Begriffsbestimmungen für Kakao- und Schokoladenerzeugnisse, die zur Abgabe an den Endverbraucher bestimmt sind (Kakaobutter, Kakaopulver, Kakao, Schokolade, Milchschokolade, Haushaltsmilchschokolade, Weiße Schokolade, Gefüllte Schokolade bzw. Schokolade mit ... füllung, Chocolate a la taza, Chocolate familiar a la taza und Pralinen). Die Rohstoffe und Halbfertigerzeugnisse Kakaobohnen, Kakaokerne, Kakaogrus, Kakaomasse, Kakaopresskuchen, fettarme oder magere/stark entölte Kakaopresskuchen, Expellerkakaopresskuchen und Kakaofett werden nicht mehr geregelt. Die Begriffe können jedoch weiterhin verwendet werden. In § 2 der Kakao-V ist eine abschließende Regelung der erlaubten Zutaten enthalten. Hier ist auch die Verwendung von Aromen geregelt. Die Aromen dürfen den Geschmack von Schokolade oder Milchfett nicht nachahmen. Als eine weitere wesentliche Neuerung eröffnet die Kakao-V nun die Möglichkeit, andere pflanzliche Fette als Kakaobutter bis zu einem Gehalt von maximal 5% einzusetzen, wobei eine besondere Kennzeichnung erforderlich ist. Bei der Berechnung des Pflanzenfettanteils ist zu berücksichtigen, dass die pflanzlichen Fette zum „reinen Schokoladenanteil" hinzuzurechnen sind. Der Anteil pflanzlicher Fette berechnet sich nach der unten angegebenen Formel. Anlage 2 der Kakao-V enthält die Bezeichnungen der zulässigen anderen pflanzlichen Fette außer Kakaobutter, die einzeln oder als Mischung verwendet werden dürfen (s. Tabelle 31.1). Hier ist ferner geregelt, dass eine mögliche Verwendung von Kokosnussöl in Schokoladenarten auf die Herstellung von Eiskrem und ähnlichen gefrorenen Erzeugnissen beschränkt ist. Die Regelungen der ZZulV sind auf die Erzeugnisse der Kakao-V anzuwenden.

Tabelle 31.1. Bezeichnung der Pflanzenfette, die neben Kakaobutter in Schokoladen verwendet werden dürfen (nach [6])

Bezeichnung der pflanzlichen Fette	Botanische Bezeichnung der Pflanzen, aus denen die Fette gewonnen werden
Illipe, Borneo-Talg oder Tenkawang	*Shorea spp.*
Palmöl	*Elaeis guineensis, Elaeis olifera*
Sal	*Shorea robusta*
Shea	*Butyrospermum parkii*
Kokum gurgi	*Garcinia indica*
Mangokern	*Mangifera indica*

Anteil pflanzlicher Fette in Schokolade

$$c_{PF} = \frac{m_{PF} \times 100}{m_{GKTM} + m_{Zu} + m_{MTM} + m_{PF} + m_W}$$

c	Konzentration (in %, d. h. g/100 g)
m	Masse (in g)
m_{GKTM}	$= m_{CB} + m_{FFKTM}$
GKTM	Gesamtkakaotrockenmasse
CB	Kakaobutter
FFKTM	Fettfreie Kakaotrockenmasse
Zu	Zuckerarten
MTM	Milchtrockenmasse
PF	Pflanzenfett (außer CB)
W	Wasser (aus Milch-/Kakaobestandteilen)

Bei der Berechnung des Pflanzenfettanteils in milchfreier Schokolade entfällt der Term der Milchtrockenmasse m_{MTM} in der Formel.

31.2.3
Honig

Honig ist ein Lebensmittel und unterliegt daher uneingeschränkt dem allgemeinen Lebensmittelrecht und im Besonderen der Honig-V [8]. Die Honig-V gibt die Verkehrsbezeichnungen, Begriffsbestimmungen und Beschaffenheitsanforderungen für Honig vor. Honig kann kein diätetisches Lebensmittel sein. Gemäß § 27 Diät-V bleibt die Honig-V von der Diät-V unberührt. Dem Honig dürfen auch dann keine Stoffe zugesetzt werden, wenn dies diätetischen Zwecken dienen soll. Zusatzstoffe dürfen Honig ebenfalls nicht zugesetzt werden. Eine ausführliche und weiterreichende Besprechung der Honig-V findet sich bei „Zipfel/Rathke" [4]. Zur weiteren Beurteilung sind die „Leitsätze für Honig" [9], in denen Merkmale für bestimmte qualitätshervorhebende Angaben beschrieben sind, heranzuziehen.

31.3 Warenkunde

31.3.1 Zuckerwaren, Übersicht

Die nachfolgende Einteilung der Zuckerwaren richtet sich nach [2] Abschn. D, mit Ausnahme der am Ende der Übersicht aufgeführten Invertzuckercreme. Eine weitere Übersicht findet sich bei [10].

Hart- und Weichkaramellen (Bonbons)
Hartkaramellen: z. B. Drops, Rocks, Seidenkissen etc.; Weichkaramellen: z. B. Toffees, Kaubonbons etc.
Die Unterscheidung erfolgt in erster Linie aufgrund der Konsistenz. Weichkaramellen sind von kaubarer Konsistenz, erzielt durch ein im Vergleich zu Hartkaramellen (Restwasser ca. 1–4%) geringeres Auskochen des Wassers bei der Herstellung auf ca. 6–10% und durch höhere Zusätze von Glucosesirup, aber auch von Bestandteilen wie z. B. Milch, Fetten, Gelatine etc. Beide Sorten gibt es jeweils gefüllt, ungefüllt oder überzogen. Da jede technologisch mögliche Form in nahezu jeder gewünschten Geschmacksrichtung hergestellt werden kann, gibt es eine große Vielfalt von Bonbonsorten. Wird bei gefüllten Karamellen der Füllungsanteil werblich besonders hervorgehoben, z. B. „hochgefüllt", so wird ein Gewichtsanteil von ca. 25% erwartet.

Fondant, Fondanterzeugnisse, Knickebein-Füllungen
Aus Fondantmasse geformte, teils kandierte, glasierte, ausgestochene, gefüllte, ganz oder teilweise (z. B. mit Schokolade) überzogene Erzeugnisse: z. B. Fondantkonfekt, Pfefferminzplätzchen, Morsellen, Kokosflocken etc. Fondantmasse (Fondant) ist eine plastische, fein kristalline Zubereitung aus Saccharose mit Glucosesirup und/oder Invertzuckercreme. Auf die Verwendung und den Zusatz anderer Zuckerarten und/oder Zuckeralkohole wird hingewiesen. Üblich ist auch der Zusatz von geruch- und geschmackgebenden, färbenden und/oder die Beschaffenheit beeinflussenden Stoffen. Knickebein-Füllung ist eine alkoholhaltige Zuckerware, die je zur Hälfte gemischt oder unvermischt aus eierlikörhaltiger und rötlicher, fruchtsaftlikörhaltiger Fondantkrem besteht.

Gelee-Erzeugnisse, Gummibonbons und Fruchtpasten
Gelee-Erzeugnisse Erzeugnisse mit charakteristischer Gelierung (in der Regel durch Agar-Agar oder Pektin) und elastisch-weicher, abbeißbar-kurzer Kon-

sistenz: z. B. Gelee-Früchte, Gelee-Ringe etc. Zur Verminderung des Zusammenklebens sind Gelee-Artikel häufig bezuckert; durch Zusatz von Fruchtsäuren werden saure Geschmacksnoten erzielt.

Gummibonbons und Fruchtgummis Mehr oder minder zäh elastische Erzeugnisse, deren charakteristische halbfeste Konsistenz durch die Mitverwendung von z. B. Agar-Agar, Gelatine, Gummi arabicum und/oder Spezialstärken erzielt wird: z. B. Gummibärchen, Weingummi etc. Der Wassergehalt ist niedriger als bei Gelee-Erzeugnissen.

Fruchtpasten Erzeugnisse mit plastisch weicher bis pastöser Konsistenz. Diese enthalten als charakteristische Zutat in wertbestimmender Menge Fruchtbestandteile und/oder natürliche Aromen.

Schaumzuckerwaren

Aufgeschlagene und daher besonders leichte, lockere Erzeugnisse; hergestellt unter Mitverwendung schaumbildender Stoffe (z. B. Eialbumin, modifizierte Caseinate, Pflanzenproteine, Gelatine etc.); häufig mit Waffelunterlagen versehen und/oder mit Schokoladenarten, kakaohaltiger Fettglasur oder Zuckerglasur überzogen: z. B. Schaumküsse. Marshmallows, Hamburger Speck etc. sind im Mogul-Verfahren hergestellte Schaumzuckerwaren mit halbfester bis plastischer Konsistenz.

Lakritzwaren

Lakritzen sind dunkelbraune bis tiefschwarze Erzeugnisse mit je nach Rezeptur weich elastischer bis hart spröder Konsistenz, die unter Mitverwendung von z. B. Mehl, Stärke (auch modifiziert), Gelatine und/oder anderen die Beschaffenheit beeinflussenden Stoffen wie Gelier- und Verdickungsmitteln sowie als charakteristischem Bestandteil mit mind. 3% Süßholzsaft (*Succus liquiritiae*, in der handelsüblichen Trockenform) hergestellt werden. Der Glycyrrhizingehalt ist auf max. 0,2 g/100 g begrenzt. Diese Mengenbegrenzung wurde festgelegt, da bei hohen Glycyrrhizinkonzentrationen eine mineralcorticoide Wirkung, die zu Bluthochdruck führen kann, möglich ist. Bei Gehalten von mehr als 2 g Ammoniumchlorid/100 g ist ein Warnhinweis auf der Verpackung erforderlich. Lakritzwaren sind z. B. Lakritzkonfekt, -schnecken, -stangen, -pastillen etc.

Starklakritzen sind Produkte eigener Art. In den Mindestanforderungen entsprechen sie Lakritzen, doch darf durch einen höheren Süßholzsaftanteil der Glycyrrhizingehalt über 0,2 g/100 g liegen.

Cachou (Kaschou) sind Lakritzwaren in Faden- oder Nadelform, bei denen es sich um gepresste Mischungen aus wenig Zucker, Süßholzsaft, Anisöl und Ammoniumchlorid handelt. Sie werden bevorzugt als Lakritzbestandteil in zusammengesetzten Zuckerwaren eingebracht. Andere lakritzhaltige Zuckerwaren sind z. B. Lakritzbonbons, Lakritzkonfekt, Lakritzstäbchen (dragiert) etc.

Dragées

Dragées sind Erzeugnisse, die aus einer im Dragierverfahren hergestellten glatten oder gekrausten Decke aus Zuckerarten und/oder Zuckeralkoholen, Schokoladenarten oder anderen Glasuren, die einen flüssigen, weichen oder festen Kern umhüllen, bestehen. Folgende Dragéearten werden unterschieden: Nonpareille (Streukügelchen), Liebesperlen (kleine, kugelige Dragées), Dragéeperlen, Streusel (harte Zuckerstreusel; weiche Konsumstreusel, meist mit Kakaobestandteilen), Schokolade-Dragées, gebrannte Mandeln und ähnliche Erzeugnisse, Wiener Mandeln, Pariser Mandeln und Sansibar Nüsse. Nach der Härte der Dragéedecke wird ferner zwischen Hartdragées mit ca. 2–4% und Weichdragées mit ca. 7–10% Restwasser in der Dragéedecke unterschieden.

Komprimate/Pastillen

Komprimate sind Zuckerwaren, die im Tablettierverfahren kalt zu bonbon- oder tablettenförmigen Stücken ausgeformt werden. Pastillen werden aus den gleichen Zutaten wie Komprimate hergestellt, jedoch meist im Pudderguss- oder Extrudierverfahren.

Marzipan-, Persipan- und Nugaterzeugnisse

Marzipan Marzipan ist eine Mischung aus Marzipanrohmasse (= aus geschälten Mandeln hergestellte Masse mit max. 35% zugesetztem Zucker und mind. 28% Mandelöl, jeweils bezogen auf den zulässigen max. Feuchtigkeitsgehalt von 17%) und höchstens der gleichen Gewichtsmenge Zucker. Der Zucker kann teilweise durch Glucosesirup und/oder Sorbit ersetzt werden. Die Verwendung von hochwertigen geschmackgebenden Zusätzen, wie z. B. Spirituosen, Trockenfrüchten, Fruchtzubereitungen, Butter, Kaffee etc. ist üblich und wird kenntlich gemacht. Edelmarzipan enthält mind. 70 Teile Marzipanrohmasse und max. 30 Teile zugesetzten Zucker. Die Herstellung von Marzipan wird beispielhaft in Abb. 31.1 dargestellt.

Marzipankrem Marzipankrem ist eine kremige Zubereitung u. a. aus Marzipanrohmasse oder Marzipan mit einem Mindestgehalt von 10% Mandel-Trockensubstanz. Die Mitverwendung anderer Fette ist üblich.

Persipan Persipan ist eine Mischung aus Persipanrohmasse (= aus geschälten, in der Regel entbitterten bitteren Mandeln, Aprikosen- oder Pfirsichkernen hergestellte Masse mit max. 35% zugesetztem Zucker und 0,5% Stärke als Indikator; beides bezogen auf einen max. Feuchtigkeitsgehalt von 20%) und höchstens der 1,5fachen Gewichtsmenge Zucker. Der Zucker kann teilweise durch Glucosesirup und/oder Sorbit ersetzt werden.

Die analytische Unterscheidung zwischen Marzipan und Persipan kann über das Tocopherolspektrum erfolgen. Mandeln, auch bittere, enthalten 96–100% α-Tocopherol, Aprikosenkerne hingegen 94–98% γ-Tocopherol.

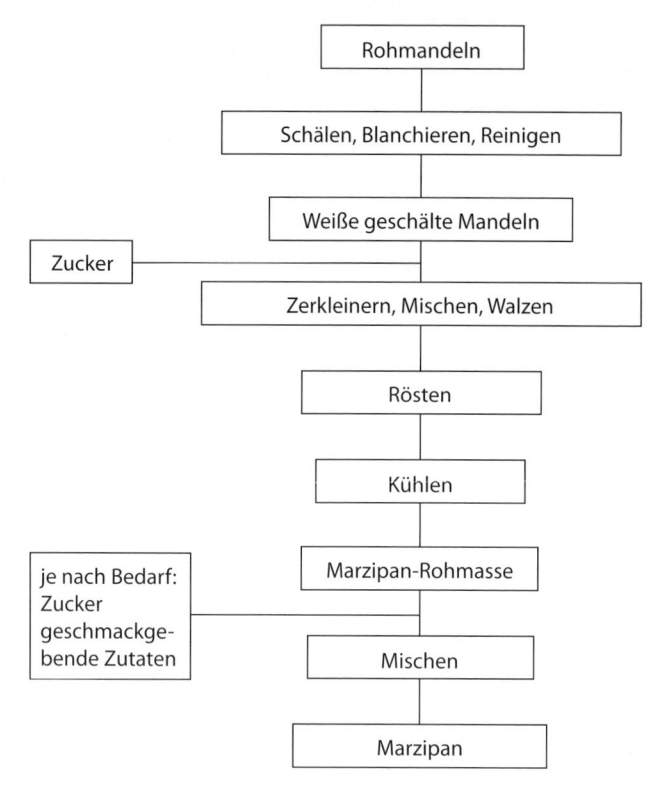

```
                    ┌─────────────────┐
                    │    Rohmandeln   │
                    └────────┬────────┘
                             │
                ┌────────────┴──────────────┐
                │ Schälen, Blanchieren, Reinigen │
                └────────────┬──────────────┘
                             │
                  ┌──────────┴──────────┐
                  │ Weiße geschälte Mandeln │
                  └──────────┬──────────┘
   ┌────────┐                │
   │ Zucker ├────────┐       │
   └────────┘        │       │
                ┌────┴───────┴─────────────┐
                │ Zerkleinern, Mischen, Walzen │
                └────────────┬─────────────┘
                             │
                       ┌─────┴─────┐
                       │   Rösten  │
                       └─────┬─────┘
                             │
                       ┌─────┴─────┐
                       │   Kühlen  │
                       └─────┬─────┘
                             │
                    ┌────────┴─────────┐
                    │ Marzipan-Rohmasse │
                    └────────┬─────────┘
  ┌──────────────┐           │
  │ je nach Bedarf:│          │
  │ Zucker        ├──────────┤
  │ geschmackge-  │          │
  │ bende Zutaten │    ┌─────┴─────┐
  └──────────────┘    │  Mischen  │
                      └─────┬─────┘
                            │
                      ┌─────┴─────┐
                      │  Marzipan │
                      └───────────┘
```

Abb. 31.1. Schematische Darstellung der Herstellung von Marzipan

Nugat Nugat ist eine Mischung aus einer Nugatmasse (Nussnugatmasse: max. 50% Zucker, mind. 30% Fett, max. 2% Feuchtigkeit; Mandelnugatmasse: max. 50% Zucker, mind. 28% Fett, max. 2% Feuchtigkeit oder Mandelnussnugatmasse: max. 50% Zucker, mind. 28% Fett, max. 2% Feuchtigkeit) und höchstens der halben Gewichtsmenge Zucker. Ein Teil des Zuckers kann durch Sahne- oder Milchpulver ersetzt werden. Sahnenugat enthält mind. 5,5% Milchfett aus Sahnepulver oder Sahne, Milchnugat mind. 3,2% Milchfett und 9,3% fettfreie Milchtrockenmasse.

Nugatkrem Nugatkrem enthält als wertgebenden Bestandteil mind. 10% enthäutete Haselnusskerne, blanchierte/geschälte Mandeln oder blanchierte/entbitterte Mandeln. Der Zuckeranteil beträgt max. 67% und der Feuchtigkeitsgehalt max. 2%. An Fetten werden nur Speisefette und -öle pflanzlicher Herkunft eingesetzt.

Trüffel
Erzeugnisse aus Trüffelmassen (= schokoladenartige Zubereitungen von besonderer Güte) in bissengroßen Ausformungen.

Eiskonfekt

Nicht figürliche, massive, kühlschmeckende Erzeugnisse, deren charakteristisch kühlender Effekt beim Verzehr durch die Verwendung von überwiegend ungehärtetem Kokosfett und/oder anderen Fetten mit hoher Schmelzwärme erzielt wird und der durch den Zusatz von z. B. Glucose oder Menthol noch gesteigert werden kann.

Krokant

Erzeugnisse aus mind. 20% grob bis fein zerkleinerten Mandeln, Haselnüssen und/oder Walnusskernen und karamelisierten Zuckerarten und/oder Zuckeralkoholen. Die Verwendung von geschmack- und geruchgebenden Zutaten, wie z. B. Sahnepulver, Honig etc. ist üblich. Nach Konsistenz und Struktur werden Hart-, Weich- und Blätterkrokant unterschieden.

Weißer Nugat und verwandte Erzeugnisse

Weißer Nugat, Türkischer Nugat, orientalischer Nugat, holländischer Nugat, französischer Nugat (auch Nugat Montélimar genannt), Turrone (Torrone) sind helle, leicht aufgeschlagene Erzeugnisse zäher Konsistenz, hergestellt unter Mitverwendung von Gelatine, aufgeschlagenem Eiweiß, meist mit kandierten Früchten, Mandeln, Nüssen oder Pistazien versetzt.

Kandierte Früchte und andere kandierte Pflanzenteile

Kandierte Früchte (Kanditen, Dickzuckerfrüchte) sind Erzeugnisse, die aus Früchten, Fruchtteilen, Blüten und anderen Pflanzenteilen durch Anreicherung mit Zuckerarten und/oder Zuckeralkoholen hergestellt werden. Kandierte Fruchtschalen (z. B. Citronat, Orangeat) zählen nicht zu diesen Erzeugnissen. Kandierte Früchte werden entweder in Sirup oder abgetropft und dann mit Kristallzucker bestreut oder glasiert in den Verkehr gebracht.

Sonstige Zuckerwaren

Zu den Zuckerwaren zählen ferner:

- Brausepulver zum Essen und brausepulverhaltige Zuckerwaren (z. B. Brausebonbons, Brauselutscher, Schleckbrause)
- Getränkepulver
- Limonadenpulver und -tabletten
- Brausepulver und -tabletten
- Trockenfondant
- Makronenmasse (Nussmakronenmasse, Persipanmakronenmasse)
- Glasur-, Füllungs- und Konfektmassen
- Praline-Krem.

Invertzuckercreme

Invertzuckercreme (früher „Kunsthonig") ist ein aus überwiegend invertierter Saccharose mit oder ohne Verwendung von Glucosesirup und anderen Stärkeverzuckerungserzeugnissen, mit oder ohne Honig hergestelltes, aromatisiertes, auch gefärbtes Erzeugnis, das von seiner Herstellung her organische Nicht-Zuckerstoffe und anorganische Stoffe enthalten kann [3].

Invertzuckercreme ist je nach Art ihrer Herstellung und/oder Lagerung eine zähflüssige bis feste Masse und kristallisiert häufig bei längerem Lagern.

Invertzuckercreme entspricht in der Zusammensetzung den folgenden Anforderungen:

- Invertzucker mind. 50,0% i. Tr.
- Saccharose max. 38,5% i. Tr.
- Stärkeverzuckerungserzeugnisse max. 38,5% i. Tr.
- Asche max. 0,5% i. Tr.
- Wasser max. 22,0% i. Fertigerzeugnis
- pH-Wert nicht unter 2,5 (bei Verdünnung auf das doppelte Gewicht).

Zur Herstellung von Invertzuckercreme werden farbgebende Stoffe, Genusssäuren, vorwiegend Milchsäure, Weinsäure und Citronensäure und andere geschmackgebende Stoffe verwendet. Wird Invertzuckercreme unter Verwendung eines Zusatzes von Honig hergestellt, so wird auf diesen Zusatz nur hingewiesen, wenn der Anteil an Honig im fertigen Erzeugnis mind. 10% beträgt. Der Hinweis erfolgt nur in unmittelbarem Zusammenhang mit der Produktbezeichnung durch Angabe des Honiganteiles in von Hundertteilen.

31.3.2
Zusammensetzungen/Besonderheiten

Die Zusammensetzungen der oben aufgeführten Zuckerwaren können mit Ausnahme der Marzipan-, Persipan- und Nugaterzeugnisse, deren mögliche Zusammensetzungen nach den in [1] festgelegten Anforderungen relativ eng gefasst sind, in sehr weiten Bereichen schwanken. Die Zusammensetzungen von Zuckerwaren werden nur insoweit geregelt, als sich Anforderungen gemäß [2] Abschn. C bzw. D ergeben. Die wichtigsten dieser Mindestanforderungen sind in Tabelle 31.2 zusammengestellt.

Tabelle 31.3 enthält Orientierungswerte für die Zusammensetzungen von Marzipan- und Persipanrohmassen sowie daraus hergestellten Fertigerzeugnissen.

Glycyrrhizin

Glycyrrhizin (Synonym: Glycyrrhizinsäure), ein β,β'-Glucuronidoglucuronid der Glycyrrhetinsäure, ist der wichtigste Inhaltsstoff der Wurzeln von Süßholz (*Glycyrrhiza glabra*), aus denen der für Lakritzwaren wertgebende Bestandteil Süßholzextrakt (in Form von Blocklakritz, Lakritzpaste oder Lakritzpulver) gewonnen wird. Glycyrrhizin schmeckt lakritzartig und süß [11].

Tabelle 31.2. Geschmackgebende und/oder wertbestimmende Bestandteile und Zutaten bei Zuckerwaren (gemäß [2])

Hinweis in der Bezeichnung[a] auf	Anforderungen Anteil in %		Bestandteile in der Zuckerware
Magermilch/Magermilchjoghurt	mind.	5	fettfreie Milch- bzw. Joghurttrockenmasse
Milch/Vollmilch/Joghurt	mind.	2,5	Milchfett sowie die diesem Mindestmilchfettanteil entsprechende Menge fettfreier Milch- bzw. Joghurttrockenmasse
Sahne(Rahm)/Sahnejoghurt	mind.	4	Milchfett sowie die diesem Mindestmilchfettanteil entsprechende Menge fettfreier Milchtrockenmasse in Sahne oder Sahnedauerware
Butter	mind.	4	Milchfett aus Butter, Butterreinfett oder Butterfett
Honig	mind.	5	Honig
Malz	mind.	5	Malz oder
	mind.	4	Malzextrakttrockenmasse
Lakritz	mind.	3	Süßholzsaft in der handelsüblichen Trockenform
Mandel, Pistazie, Haselnuss, Walnuss, Erdnuss, etc.	mind.	5	der namengebenden Sorte
Kokosnuss/Kokos	mind.	5	Kokosraspeln, jedoch
	mind.	25	Kokosraspeln bei Fondantartikeln, wie z. B. Kokosflocken, Kokoswürfeln
Kakao, Schokolade, Schoko, u. ä.[b]	mind.	5	Kakaobestandteile, jedoch
	mind.	4	fettfreie Kakaotrockenmasse
Cola	mind.	5	Colanuss oder entsprechende Menge Extrakt mit
	mind.	0,15	Coffein, jedoch max. 0,25%, aus Colanuss oder Auszügen daraus
Guarana	mind.	0,3	Coffein, jedoch max. 0,5% Coffein aus *Semen Paullina cupana* oder Auszügen daraus
Traubenzucker (Dextrose, D-Glucose)	mind.	40	D-Glucose bei Traubenzucker-Zuckerwaren, jedoch nur bei Angaben wie: „mit Traubenzucker" oder „traubenzuckerhaltig" keine mengenmäßigen Mindestanforderungen.
Karamel, Kaffee, Mokka Brause Weine, Spirituosen Früchte		–	Erforderlich ist „geschmacklich deutlich wahrnehmbare" Menge der betreffenden Zutat. Details s. [2]
Vitamine		–	Dosierung erfolgt so, dass die Vitaminmengen in diesen Zuckerwaren in einem physiologisch vertretbaren Verhältnis zu der durchschnittlich verzehrten Tagesmenge liegen.

[a] Bei Doppelbezeichnungen (z. B. „Honig-Malz", „Butter-Karamel" etc.) ist die Einhaltung der beiden jeweiligen Mindestanforderungen in einem Artikel notwendig.
[b] Bei Hinweis auf Schokolade-Überzug oder -Füllung werden ausschließlich Schokoladearten nach der Kakao-V verwendet

Tabelle 31.3. Zusammensetzungen (%) von Marzipan- und Persipanrohmassen und angewirktem Marzipan und Persipan[a] (modifiziert nach [5])

		Marzipan-rohmasse	Marzipan 1:1	Persipan-rohmasse	Persipan 1:1,5
Wasser	⌀	14–16	7–8	17–19	7–8
	max.	17,0	8,5	20,0	8,0
Mineralstoffe		1,4–1,6	0,7–0,8	1,4–1,6	0,6
Fett aus Ölsamen	⌀	29–33	14–16	23–30	9–12
	mind.	28,0	14,0	~22	~8
Mandelkerntrockenmasse	⌀	50–55	25–27	–	–
	mind.	48	24	–	–
Aprikosenkerntrockenmasse	⌀	–	–	50–55	20–22
	mind.	–	–	48	19
Zugesetzter Zucker (Saccharose + Invertzuckersirup)	max.	35,0	67,5	35,0	74,0
Zugesetzter Glukosesirup	max.	–	3,5	–	5,0
Zugesetzter Sorbit	max.	–	5,0	–	5,0
Zugesetzter Gesamtzucker (Saccharose + Invertzucker, umgerechnet auf Saccharose + Glucosesirup[b] + Sorbit)	max.	–	67,5	–	74,0
Zugesetzte Kartoffelstärke (Indikator)		–	–	0,5	0,2

⌀ durchschnittliche Gehalte
[a] bezogen auf maximal zulässige Anwirkverhältnisse Ölsamen:Zucker bzw. Rohmasse:Zucker (s. [1]).
[b] inkl. sirupeigenem Wasseranteil.
Die angegebenen Mindestgehalte sowie die maximalen Zuckergehalte beziehen sich jeweils auf ein Erzeugnis mit dem aufgeführten max. Wassergehalt.

Amygdalin/Blausäure/Benzaldehyd

Blausäure kommt in Aprikosen-, Pfirsichkernen und bitteren Mandeln (den Rohstoffen für Persipan) gebunden in Form von Amygdalin (β-Gentiobiosid des L-Mandelsäurenitrils) vor. Bei der enzymatischen Aufspaltung des Amygdalins, das in den o. g. Samenkernen zu ca. 2–4% enthalten ist, entstehen 2 Mol Glucose, 1 Mol Benzaldehyd und 1 Mol Blausäure. Die Hauptmengen an Blausäure bzw. Cyanid und Benzaldehyd werden in den einzelnen Stufen der Persipanherstellung weitestgehend entfernt. Die Cyanid-Restmengen liegen in Persipanrohmassen in der Regel unter 50 mg/kg bzw. in Marzipan unter 10 mg/kg. Die zulässigen Höchstwerte für Blausäure sind in der Aromen-V festgelegt.

Ammoniumchlorid

Ammoniumchlorid wird in Mengen bis zu 2% einigen speziellen Lakritzartikeln (z. B. Salmiakpastillen) zugesetzt, um einen typisch scharfen Geschmack zu erzielen. In hohen Dosen kann Ammoniumchlorid zur Übersäuerung des Blutes und zu Magen-Darm-Beschwerden führen. In anderen europäischen Ländern sind Zusätze von bis zu 10% zulässig. Für diese Produkte wurde in Allgemeinverfügungen eine abgestufte Kenntlichmachung vorgeschrieben. Für inländische Produkte wurden Ausnahmegenehmigungen erteilt [12].

Invertase

Ein Enzympräparat (Hauptkomponente ist eine β-Fructosidase), das Marzipan, Fondant und Pralinenfüllungen zugesetzt werden kann, um im Produkt langsam einen bestimmten Anteil an Saccharose in Invertzucker zu spalten. Hierdurch werden oder bleiben die entsprechenden Erzeugnisse weich und geschmeidig und neigen weniger zum Austrocknen.

Besondere Angebotsformen

- Zuckerwaren auf Gummi arabicum-Basis (kalorienreduzierte Produkte)
- Zuckerwaren auf Basis von Zuckeraustauschstoffen, wie Sorbit, Xylit, Mannit, Lactit, Maltit, Isomalt, Maltitsirup und Polydextrose, Inulin etc. (zahnschonende Produkte; kalorienreduzierte Produkte)
- Für Diabetiker geeignete Süßwaren auf Basis von Fructose und/oder Zuckeraustauschstoffen, z. B. Diabetikermarzipan, -nugat, mit Fruchtzucker kandierte Früchte etc. (s. auch Kap. 34.3.2).

31.3.3
Schokoladen und Schokoladenerzeugnisse, Übersicht

Die Einteilung der Schokoladen und Schokoladenerzeugnisse in die aufgeführten Warengruppen orientiert sich an den Bezeichnungen und Begriffsbestimmungen der Anlage 1 zur Kakao-V [6].

Schokolade

Der Begriff Schokolade ist rechtlich genau festgelegt, auch wenn im allgemeinen Sprachgebrauch unter dem Oberbegriff Schokolade alle Schokoladen zusammengefasst werden. Die Bezeichnung Schokolade kann ergänzt werden durch Streusel, Flocken, Kuvertüren und Gianduja (Anlage 1 Nr. 3). Diese Erzeugnisse werden aus Kakaobutter, Kakaomasse, Kakaopulver, fettarmem oder magerem Kakaopulver und Zuckerarten hergestellt, jedoch mit unterschiedlichen Mindestanforderungen bezüglich der einzelnen Kakaobestandteile (s. Tabelle 31.5). Alle Produkte können Zusätze von anderen Lebensmitteln, Aromen, Zusatzstoffen gemäß ZZulV sowie Zusätze an anderen pflanzlichen Fetten, die in Anlage 2 aufgeführt sind, und Oberflächenverzierungen enthalten. Die Berechnung der vorgeschriebenen Mindestkakaobestandteile erfolgt jeweils nach Abzug der aufgeführten möglichen Zusätze. Durch evtl. zugesetztes Pflanzenfett werden dabei die Mindestgehalte an Kakaobutter und Gesamtkakaotrockenmasse nicht reduziert. Die Bezeichnungen „halbbitter/zartbitter" und „bitter" sind Geschmacks-

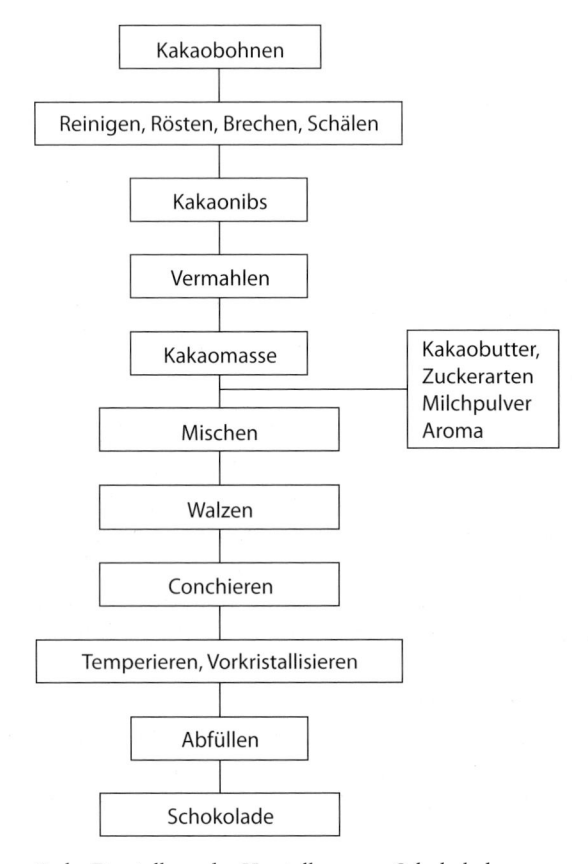

```
                    Kakaobohnen
                         │
          Reinigen, Rösten, Brechen, Schälen
                         │
                     Kakaonibs
                         │
                     Vermahlen
                         │
                     Kakaomasse ─────┐    Kakaobutter,
                         │            │    Zuckerarten
                      Mischen ────────┤    Milchpulver
                         │                 Aroma
                      Walzen
                         │
                    Conchieren
                         │
              Temperieren, Vorkristallisieren
                         │
                      Abfüllen
                         │
                    Schokolade
```

Abb. 31.2. Schematische Darstellung der Herstellung von Schokolade

bezeichnungen und erfordern einen Mindestkakaoanteil von 50% bzw. 60% in der Schokolade [5]. Abbildung 31.2 zeigt schematisch den Herstellungsprozess von Schokolade.

Milchschokolade, Haushaltsmilchschokolade

Die Bezeichnung Milchschokolade kann ergänzt werden durch die Ausdrücke Streusel, Flocken, Kuvertüre, Gianduja. Milchschokolade (Anlage 1 Nr. 4) und Haushaltsmilchschokolade (Anlage 1 Nr. 5) sind Erzeugnisse, zu deren Herstellung neben den bei Schokolade aufgeführten Kakaoerzeugnissen und Zuckerarten noch Milch oder Milcherzeugnisse eingesetzt werden. Sie unterscheiden sich bezüglich ihrer Mindestanforderungen an die erforderlichen Anteile an Gesamtkakao- und fettfreie Kakaotrockenmasse, Gesamtmilchtrockenmasse sowie Milch- und Gesamtfett. Bezüglich möglicher weiterer Zusätze sowie der Berechnung der festgesetzten Mindestgehalte gilt das gleiche wie bei Schokolade. Vollmilchschokolade ist eine Milchschokolade von besonderer Qualität im Sinne von § 3 Abs. 3 Kakao-V mit erhöhten Mindestanforderungen bezüglich einzelner Bestandteile (s. Tabelle 31.5).

Weiße Schokolade

Erzeugnis, das aus Kakaobutter, Zuckerarten und Milch oder Milcherzeugnissen hergestellt wird und frei von Farbstoffen ist (Anlage 1 Nr. 6). Mindestanforderungen bestehen für Kakaobutter, Milchtrockenmasse und Milchfett. Bezüglich weiterer Zusätze gilt die gleiche Regelung wie bei Schokolade.

Gefüllte Schokolade, Schokolade mit ... füllung

Unbeschadet der Bestimmungen für das als Füllung verwendete Erzeugnis handelt es sich bei gefüllter Schokolade um ein Erzeugnis, dessen Außenschicht aus Schokolade besteht und mind. 25%, bezogen auf das Gesamtgewicht des Erzeugnisses, ausmacht (Anlage 1 Nr. 7). Der Schokoladenanteil kann aus jeder Schokoladenart bestehen. Für die Füllungen besteht grundsätzlich Rezepturfreiheit. In der Regel handelt es sich bei den Füllungen um Zuckerwaren. Besteht die Füllung aus Backwaren, Feinen Backwaren oder Speiseeis, so sind dies keine gefüllten Schokoladen im Sinne der Kakao-V. Die Abgrenzung von gefüllter Schokolade zu schokoladeüberzogenen Erzeugnissen erfolgt im Einzelfall. Tritt die als Füllung verwendete Feine Backware u. a. nach Aussehen und Geschmack hinter den Schokoladencharakter zurück, handelt es sich um eine gefüllte Schokolade [5].

Chocolate a la taza, Chocolate familiar a la taza

Erzeugnisse aus Kakaoerzeugnissen, Zuckerarten und Mehl oder Weizen-, Reis- oder Maisstärke mit unterschiedlichen Mindestanforderungen (Anlage 1 Nr. 8 + 9). Diese speziellen Erzeugnisse des spanischen Marktes haben in Deutschland keine Bedeutung.

Pralinen
Pralinen (Anlage 1 Nr. 10) sind Erzeugnisse in mundgerechter Größe, die aus: a) gefüllter Schokolade oder b) einer Schokoladenart, zusammengesetzten Schichten oder einer Mischung von Schokolade und anderen Lebensmitteln, sofern der Schokoladenanteil mindestens 25% des Gesamtgewichtes des Erzeugnisses entspricht, bestehen können [5, 6].

31.3.4
Zusammensetzungen/Besonderheiten

Eine orientierende Übersicht über die durchschnittlichen Zusammensetzungen einiger milchfreier und milchhaltiger Schokoladensorten am Beispiel von „Halbbitter"- und „Bitter"-, „Sahne"- und „Vollmilch"-Schokolade sowie „weißer Schokolade" gibt Tabelle 31.4.

Tabelle 31.5 zeigt zusammengefasst die wesentlichen Mindestanforderungen, die sich aus der Kakao-V für die wichtigen Schokoladen der Anlage 1 ergeben.

Bei der Berechnung des Pflanzenfettanteils in milchfreier Schokolade entfällt der Term der Milchtrockenmasse m_{MTM} in der Formel.

Theobromin/Coffein
Das Alkaloid Theobromin (3,7-Dimethylxanthin) ist für die anregende Wirkung des Kakaos bedeutungsvoll. In fermentierten, luftgetrockneten Kakaokernen liegt der Gehalt im Mittel bei ca. 1,2% ([14] S. 316). Der Theobromingehalt in der fettfreien Kakaotrockenmasse beträgt etwa 1,7–3,8% [15]. Neben Theobromin kommt in Kakao auch das Alkaloid Coffein (1,3,7-Trimethylxanthin) vor – allerdings in wesentlich geringerer Menge (mittlerer Gehalt in luftgetrockneten Kakaokernen etwa 0,2%) ([14] S. 316). Bezogen auf die fettfreie Kakaokerntrockenmasse beträgt der Coffeingehalt etwa 0–1,4% [15]. Das Verhältnis Theobromin:Coffein kann bei den verschiedenen Kakaosorten innerhalb weiter Grenzen schwanken. Auch die Summen der beiden Methylxanthine zeigen deutliche geographische Unterschiede (vgl. [16]). Über durchschnittliche summarische Theobromin- und Coffeingehalte einiger Schokoladenarten vgl. Tabelle 31.4. Aus den Gehalten an Theobromin und Coffein kann der Gehalt an Gesamtkakaotrockenmasse abgeschätzt werden. Dabei ist zu beachten, dass evtl. zugesetztes Pflanzenfett die Mindesgehalte an Kakaobutter und Gesamtkakaotrockenmasse nicht reduzieren darf. Alle anderen zugesetzten Zutaten werden vor der Berechnung abgezogen.

Berechnung der Gesamtkakaotrockenmasse in Schokolade

$$c_{GKTM} = \frac{m_{GKTM} \times 100}{m_{GKTM} + m_{Zu} + m_{MTM} + m_{PF} + m_{W}}$$

mit

Tabelle 31.4. Beispiele für Rezepturen und die sich daraus ergebenden durchschnittlichen Zusammensetzungen (%) einiger wichtiger Schokoladenarten

	Milchfreie Schokolade		Milchhaltige Schokoladen		
	Schokolade „halbbitter"	Schokolade „bitter"	Sahneschokolade	Vollmilchschokolade	Weiße Schokolade
Rezeptur					
Kakaomasse	45	60	20	15	–
Kakaobutter	5	–	13	18	26
Zuckerarten	50	40	41	47	45
Vollmilchtrockenmasse	–	–	6	20	23
Lactose und/oder Molkenpulver	–	–	–	–	5
Sahnetrockenmasse (42% Fett)	–	–	20	–	–
Emulgatoren (z. B. Phosphatide)	0,4	0,4	0,4	0,4	0,4
Zusammensetzung					
Wasser	0,9	1,2	1,5	1,2	1,0
Kakaobutter	30	33	24	26	26
Milchfett	–	–	10	5,4	6
Zuckerarten	50	40	41	47	45
Lactose	–	–	8,5	7,9	14
Eiweiß (Milch- u. Kakaoeiweiß)	5,3	7,1	8,2	7	6,3
Stärke (kakaoeigene)	2,8	3,7	1,1	0,9	–
Ballaststoffe[a]	9	11	4	3	–
Theobromin + Coffein	0,7	0,8	0,3	0,2	< 0,01
Mineralstoffe	1,2	1,6	1,8	1,5	1,6
Emulgatoren (z. B. Phosphatide)	0,4	0,4	0,4	0,4	0,4

[a] ber. aus dem durchschnittlichen Gesamtballaststoffgehalt von Kakaokernen

c	Konzentration (in %, d. h. g/100 g)
m	Masse (in g)
m_{GKTM}	$= m_{CB} + m_{FFKTM}$
GKTM	Gesamtkakaotrockenmasse
CB	Kakaobutter
FFKTM	Fettfreie Kakaotrockenmasse
Zu	Zuckerarten
MTM	Milchtrockenmasse
PF	Pflanzenfett (außer CB)
W	Wasser (aus Milch-/Kakaobestandteilen)

Tabelle 31.5. Zusammenstellung (%) wichtiger Anforderungen der Kakao-V an einzelne Schokoladearten (modifiziert nach [6])

Bestandteile	Schokolade ohne Qualitätshinweis	Schokolade mit Qualitätshinweis	Schokoladenstreusel/-flocken	Schokoladenkuvertüre ohne Qualitätshinweis	Schokoladenkuvertüre mit Qualitätshinweis	Milchschokolade ohne Qualitätshinweis	Milchschokolade mit Qualitätshinweis	Haushaltsmilchschokolade	Milchschokoladenstreusel/-flocken	Milchschokoladenkuvertüre	Weiße Schokolade	Magermilchschokolade	Sahne-/Rahmschokolade	Gianduja-Haselnuss-Schokolade	Gianduja-Haselnuss-Milchschokolade
Gesamtkakao-TM	≥35	≥43	≥32	≥35	≥35	≥25	≥30	≥20	≥20	≥25		≥25	≥25	≥32	≥25
Fettfreie Kakao-TM	≥14	≥14	≥14	≥2,5	≥16	≥2,5	≥2,5	≥2,5		≥2,5		≥2,5		≥8	≥2,5
Kakaobutter	≥18	≥26	≥12	≥31	≥31						≥20				
Haselnüsse*														20–40[a] / ≤60[a] / ≤5[a]	15–40[a] / ≤60[a] / ≥10[a]
Gesamtmilch-TM						≥14	≥18	≥20	≥12	≥14	≥14	≥14	≥14		
Milchfett						≥3,5	≥4,5	≥5	≥3,5	≥3,5	≥3,5	≤1	≥5,5		≥3,5
Gesamtfett						≥25	≥25	≥25	≥12	≥31		≥25	≥25		
Zusatz von Aromen und Zusatzstoffen	zulässig														
Zusatz anderer Lebensmittel	zulässig														
Anmerkung zur Berechnungsweise der Bestandteile	Die angegebenen Mindestwerte (Gewichts-%) beziehen sich auf den Schokoladenanteil und werden berechnet nach Abzug etwaiger Zusätze an Zusatzstoffen und anderen Lebensmitteln und Verzierungen an der Oberfläche														

[a] Bezogen auf das Gesamterzeugnis

TM = Trockenmasse; * als feinvermahlener Zusatz oder in der Summe feinvermahlener und stückiger Zusatz

Phenolische Verbindungen

Phenolische Verbindungen sind sowohl für die Farbe als auch den Geschmack der Kakaobohne und die daraus hergestellten Kakaoerzeugnisse (Ausnahme: Kakaobutter) von Bedeutung ([14] S. 296 ff., [17, 18]), s. dazu auch Kap. 42.12. Es können drei Gruppen von Phenolen unterschieden werden. Diese verteilen sich wie folgt:

- Catechine (ca. 37%): (−)-Epicatechin, (+)-Catechin, (+)-Gallocatechin, (−)-Epigallocatechin
- Anthocyane (ca. 4%): z. B. Cyanidin-3-α-L-arabinosid, Cyanidin-3-β-D-galactosid)
- Leukoanthocyane (ca. 58%): z. B. monomere Flavan-3,4-diole [19] S. 812.

Geruchs- und Geschmacksstoffe

Im Röstkakao sind derzeit mehr als 520 flüchtige Stoffe bekannt, die mehr oder weniger für das Gesamtaroma bedeutungsvoll sind. Aromavorläufer sind die Reaktionsprodukte insbesondere von Aminosäuren und Zuckern aus der anaeroben Fermentation (Maillard-Reaktion, Strecker-Reaktion sowie Folgereaktionen) [19] S. 812.

Die wichtigsten Aromastoffe von Kakao gehören zu den Aldehyden, heterocyclischen Verbindungen, Säuren und Terpenen. Beispiele: 5-Methyl-2-phenylhex-2-enal: „schokoladenartige" Aromanote; 2-Acetylpyridin: „Röstnote" [19, S. 951], [20].

Emulgatoren

Zur Verbesserung des Fließverhaltens (Herabsetzung der Viskosität) werden bei der Herstellung von Schokoladen in der Regel Emulgatoren zugesetzt. Zugelassen sind u. a. Lecithine (E 322), also pflanzliche Phosphatide, z. B. in Form von Sonnenblumen-, Sojalecithin, Polyglycerin-Polyricinoleat (PGPR, E 476) sowie die Ammoniumsalze von Phosphatidsäuren (E 442) (sog. „Emulgator YN").

Besondere Angebotsformen

Massive Schokoladen

Tafeln, Täfelchen, Riegel, Reliefs (= massive Schokoladenfiguren, wie z. B. Katzenzungen, Taler, Kringel, Phantasieformen); mit oder ohne stückige Zusätze (z. B. Haselnüsse, Rosinen, Crisp, Puffreis etc.).

Gefüllte Schokoladen

Schokolade mit gießbaren flüssigen (z. B. alkoholischen) bzw. pastösen (z. B. fetthaltigen, fondantartigen) oder festen Füllungen; auch in Riegelform.

Hohlfiguren

Baumbehang, Weihnachtsmänner, Osterhasen, Eier, Zigarren etc.; auch gefüllt.

Borkenschokolade
Zu borkenähnlichen Gebilden zusammengeschobener welliger Schokoladenfilm, erhalten durch Abstreifen einer verhältnismäßig fettarmen, vorkristallisierten Schokoladenmasse bestimmter Viskosität (vgl. [14] S. 239).

Schaum-, Luftporen-, („Aero"-)Schokolade
Schokolade mit schaumartiger Struktur, die durch Einarbeiten und Feinverteilung kleiner Luftblasen erhalten wird (vgl. [14] S. 239).

Wärmefeste bzw. hitzeresistente Schokolade, „Tropenschokolade"
Schokolade mit verändertem Schmelzverhalten durch Änderung der Gefügeart: Gefügeaufbau durch Verkettung der Nichtfettstoffe, vor allem durch Verklebung der Zuckerteilchen (vgl. [14] S. 252).

Diabetikerschokolade
Schokoladen, bei denen Saccharose vollständig durch Fructose oder durch einen bzw. mehrere der anderen in § 12 Diät-V in Verbindung mit Anlage 2 der ZZulV aufgeführten Süßungsmittel ausgetauscht ist (s. auch Kap. 34.3.2). In allen übrigen Anforderungen entsprechen sie der Kakao-V.

31.3.5
Honig, Übersicht

Honig ist der natursüße Stoff, der von Honigbienen erzeugt wird, indem die Bienen Nektar von Pflanzen oder Sekrete lebender Pflanzenteile oder sich auf den lebenden Pflanzenteilen befindende Exkrete von an Pflanzen saugenden Insekten aufnehmen, durch Kombination mit eigenen spezifischen Stoffen umwandeln, einlagern, dehydratisieren und in den Waben des Bienenstocks speichern und reifen lassen. Honig besteht im Wesentlichen aus verschiedenen Zuckerarten, insbesondere aus Fructose und Glucose, sowie aus organischen Säuren, Enzymen und beim Nektarsammeln aufgenommenen festen Partikeln. Die Farbe des Honigs reicht von nahezu farblos bis dunkelbraun. Er kann von flüssiger, dickflüssiger oder teilweise bis durchgehend kristalliner Beschaffenheit sein. Die Unterschiede in Geschmack und Aroma werden von der jeweiligen botanischen Herkunft bestimmt [8]. Da Honig als Naturprodukt nicht frei von Bakterien und Keimen ist, wird empfohlen, für Säuglinge bis 1 Jahr keinen Honig als Nahrungsmittel oder zum Süßen von Tees einzusetzen. Der Säuglingsdarm kann evtl. vorhandene Krankheitserreger nicht verarbeiten (Säuglingsbotulismus).

Die einzelnen Honigarten werden gemäß Honig-V [8] unterschieden nach den Ausgangsstoffen in:

Blütenhonig oder Nektarhonig
Vollständig oder überwiegend aus Blütennektar stammender Honig z. B. Linden-, Klee-, Raps-, Akazien-, Obstblüten-, Lavendelhonig usw.

Honigtauhonig

Honig, der vollständig oder überwiegend aus auf lebenden Pflanzenteilen befindlichen Exkreten von an Pflanzen saugenden Insekten oder aus Sekreten lebender Pflanzenteile stammt; z. B. Tannen-, Fichten-, Waldhonig.

Nach der Art der Gewinnung oder Zusammensetzung werden gemäß Honig-V [8] unterschieden:

Wabenhonig oder Scheibenhonig

Honig, der sich noch in den verdeckelten, brutfreien Zellen der von Bienen selbst frisch gebauten, ganzen oder geteilten Waben befindet.

Honig mit Wabenteilen oder Wabenstücke in Honig

Honig, der ein oder mehrere Stücke Wabenhonig enthält.

Tropfhonig

Durch Austropfen der entdeckelten, brutfreien Waben gewonnener Honig.

Schleuderhonig

Durch Schleudern der entdeckelten, brutfreien Waben gewonnener Honig.

Presshonig

Durch Pressen der brutfreien Waben ohne oder mit Erwärmung auf höchstens 45 °C gewonnener Honig.

Gefilterter Honig

Honig, der gewonnen wird, in dem anorganische oder organische Fremdstoffe so entzogen werden, dass Pollen in erheblichem Maße entfernt werden.

Backhonig

Honig, der für individuelle Zwecke oder als Zutat für andere Lebensmittel, die anschließend verarbeitet werden, geeignet ist.

31.3.6
Zusammensetzung/Besonderheiten

Tabelle 31.6 gibt die Schwankungsbreiten der wichtigsten Honigbestandteile an. Die Analysenwerte stammen von Honigen aus den USA.

Für die lebensmittelrechtliche Beurteilung der Beschaffenheit von Honigen sind die Grenzwerte nach Anlage 2 zu §§ 2 und 4 der Honig-V zu beachten. Daneben enthalten alle Honigarten noch eine sehr komplexe Mischung verschiedener anderer Kohlenhydrate sowie Enzyme, Aminosäuren, organische Säuren, Mineralstoffe, Aromastoffe, Pigmente, Wachse, Pollenkörner usw.

Tabelle 31.6. Zusammensetzung von Honig (%) [19]

	Mittelwert	Schwankungsbreite[a]
Wasser	17,2	13,4 –22,9
Fructose	38,2	27,3 –44,3
Glucose	31,3	22,0 –40,8
Saccharose	1,3	0,3 – 7,6
Maltose	5,0	2,7 –16,0
Höhere Zucker	1,5	0,1 – 8,5
Sonstige	3,1	0 –13,2
Stickstoff	0,04	0 – 0,13
Mineralstoffe	0,17	0,02– 1,03
Freie Säure[b]	22	6,8 –47,2
Lactone[b]	7,1	0 –18,8
Gesamtsäure[b]	29,1	8,7 –59,5
pH-Wert	3,9	3,4 – 6,1
Diastasezahl	20,8	2,1 –61,2

[a] Die Analysenwerte stammen aus Honigen aus den USA. Die Beschaffenheitsanforderungen der Honig-V sind zu beachten.
[b] mVal/kg

Enzyme

Die wichtigsten Enzyme im Honig sind α-Glucosidasen (Invertase, Saccharase), α- und β-Amylasen (Diastase), Glucoseoxidase, Katalase und saure Phosphatase. Die Saccharase- und Diastase-Aktivitäten haben zusammen mit dem Hydroxymethylfurfuralgehalt Bedeutung für die Abschätzung der thermischen Belastung, die ein Honig erfahren hat, erlangt [19] S. 873.

Aminosäuren

Honig enthält, abhängig von Sorte und Herkunft, ca. 30–200 mg/100 g freie Aminosäuren, wovon der überwiegende Anteil (50–85%) auf Prolin entfällt.

Säuren

Als Hauptsäure tritt im Honig Gluconsäure, gebildet durch das Enzym Glucoseoxidase, die im Gleichgewicht mit Gluconolacton vorliegt, auf.

31.4 Qualitätssicherung

31.4.1 Betriebliche Eigenkontrolle

Bei der Herstellung von Süßwaren jeglicher Art ist grundsätzlich auf die Einhaltung der „Guten Herstellungspraxis" (GMP, Good Manufacturing Practice) zu achten. Das bedeutet, dass bei der Herstellung von Lebensmitteln nur Stoffe und Verfahren angewendet werden, die gesundheitlich unbedenklich und den vorgegebenen Qualitätsanforderungen entsprechen. In den folgenden Unterkapiteln werden Beispiele für HACCP-Konzepte für die Herstellung von Zuckerwaren, Schokoladen und Honig aufgeführt. Diese sind allgemein gehalten und sind bei der Anwendung entsprechend auf jedes einzelne Produkt spezifisch abzustimmen. Die Honig-V sieht in § 5 vor, dass Honig auf Rückstände verbotener oder nicht zugelassener Stoffe oder sonstige Rückstände oder Gehalte von Stoffen, die festgesetzte Höchstmengen oder Werte überschreiten, die nach wissenschaftlichen Erkenntnissen gesundheitlich unbedenklich sind, nach Vorgaben des nationalen Rückstandskontrollplans zu untersuchen ist.

Zuckerwaren

Bei der Herstellung von Zuckerwaren sind kritische Kontroll- bzw. Lenkungspunkte (CCP's) für mikrobiologische, chemische und physikalische Gefahren zu berücksichtigen. Als CCP's können bei der Zuckerwarenherstellung die Prozessschritte Filtern, spätere Zugabe von Zutaten, Kochen und Metalldetektion angesehen werden. Beim Filtern können eventuell Fremdkörper nicht abgefangen werden. Werden nach dem Filtern oder nach dem Kochen noch Zutaten zugefügt, muss eine Gefahr durch Fremdkörper, z. B. Metallfremdkörper oder mikrobiologische Belastungen ermittelt werden und entsprechende Maßnahmen festgelegt werden. Das Kochen selber ist als CCP anzusehen, da durch das eingestellte Temperatur-Zeit-Profil möglicherweise nicht alle Mikroorganismen abgetötet werden können. Beim Metalldetektor besteht die Möglichkeit, dass metallische Fremdkörper nicht komplett erkannt und aussortiert werden.

Schokoladen und Schokoladenerzeugnisse

Bei der Beschreibung der betrieblichen Eigenkontrolle bei der Herstellung von Schokoladen und Schokoladenerzeugnissen wird auf den Rohstoff Kakao näher eingegangen. Bei der Herstellung von Kakaomasse, einem Kakaohalberzeugnis, ist auf eine Differenzierung zwischen „schmutzigen" und „sauberen" Bereichen zu achten. Für Wareneingang, Lagerung und Vorreinigung der Kakaobohnen liegen keine CCP's vor, da eine konsequente Trennung der beiden o. g. Bereiche eine ausreichende Kontrollmaßnahme ist. Als CCP bleibt das Rösten der Kakaokerne, da hier durch fehlerhafte Temperatur-Zeit-Profile nicht alle Mikroorganismen abgetötet werden können.

Honig

Bei der Herstellung von Honig sind physikalische und mikrobiologische Gefahren zu beachten. Als physikalische Gefahren können Absplitterungen von Lack- oder Metallteilchen von der Honigschleuder oder vom Sieb auftreten. Als mikrobiologische Gefahren sind Toxine durch Mikroorganismen zu nennen. Die

Festlegung der Lenkungspunkte umfasst die Kontrolle möglicher Abriebstoffe und der ausreichenden Trocknung der Blütenpollen, um eine Vermehrung der Mikroorganismen zu vermeiden und dadurch die Toxinbildung zu unterbinden [21].

31.4.2
Probenahme

Für Süßwaren existieren keine speziellen Probenahmepläne. Es ist jedoch grundsätzlich auf eine repräsentative und homogene Probenahme zu achten (siehe auch Kap. 10.2.1). Für Kaugummi, der hier nicht behandelt wird, und Schokolade existieren Stichprobenanweisungen mit Annahmezahlen für Losumfänge von bis zu 150 000 Stück (Bundeswehr TL) [22].

31.4.3
Analytische Verfahren

Zuckerwaren

Zur Ermittlung der Gesamtzusammensetzung sowie der Kontrolle der Einhaltung von Mindestanforderungen ist die quantitative Analyse u. a. der eingesetzten Zuckerarten, Sirupe und/oder Zuckeraustauschstoffe, des Gesamtfettgehaltes, des Stickstoffgehaltes und des Wassergehaltes von Interesse. Weiterhin können eingesetzte Zusatzstoffe, wie synthetische Farbstoffe, Konservierungsstoffe oder auch Süßstoffe analysiert werden. Die Analyse spezieller produkttypischer Inhaltsstoffe ist auf einige wenige Zuckerwaren beschränkt. Dazu zählen z. B. die Bestimmung der Gehalte an Genusssäuren, Glycyrrhizin, Ammoniumchlorid, Blausäure oder auch Benzaldehyd. Die analytischen Verfahren werden in Tabelle 31.7 zusammengefasst.

Schokoladen und Schokoladenerzeugnisse

Die Zusammensetzung von Schokoladen und Schokoladenerzeugnissen wird über die Kakao-V [6] vorgeschrieben. Zur Überprüfung der vorgegebenen Mindest- und Höchstgehalte und zur Berechnung der Zusammensetzung sind rezepturabhängig folgende Bestandteile zu untersuchen: Wasser, Glührückstand, Fett, Fettsäureverteilung, Triglyceridzusammensetzung, Buttersäure, Sterine, Zuckerarten, Zuckeralkohole, Stickstoff, Milcheiweiß, Theobromin, Coffein. Als weiterer Parameter kann der Kakaoschalengehalt ermittelt werden. Tabelle 31.8 stellt die zu untersuchenden Parameter zusammen.

Honig

Für die Beurteilung von Honig sind die Bestimmungen folgender Bestandteile und Kennzahlen von Bedeutung: Summe der Gehalte an Fructose und Glu-

Tabelle 31.7. Analytische Verfahren für Zuckerwaren

Parameter	Prinzip	Literatur
Zucker/Zuckeralkohole/ Polysaccharide	Enzymatik, HRGC HPLC	[23], [24] [26]: L00.00-59, L00.00-72
Gesamtfett	Weibull-Stoldt Koagulations-Aufschluss	[23] [27]
Gesamtstickstoff	Kjeldahl	[23]
Trocknungsverlust	Trockenschrank, Vakuumtrockenschrank	[23]
Wasser	Karl-Fischer Titration	[29], [30]
Synthetische Farbstoffe	HPLC	[31], [32]
Konservierungsstoffe	HPLC	[26]: L00.00-9, L00.00-10
Süßstoffe	HPLC	[26]: L00.00-28, L00.00-29
Tocopherole	HPLC	[26]: L13.03/04-1
Genusssäuren (Äpfelsäure, Citronensäure, Milchsäure, Weinsäure)	Enzymatik, HPLC	[24], [33]: S. 161
Glycyrrhizin	HPLC	[26]: L43.08-1, [34]
Ammoniumchlorid	Enzymatik, Titration	[24], [26]: L43.08-2, [35]
Blausäure (HCN)	Titration	[36]

Tabelle 31.8. Analytische Verfahren für Schokoladen und Schokoladenerzeugnisse

Parameter	Prinzip	Literatur
Probenvorbereitung		[26]: L44.00-2
Trocknungsverlust	Trockenschrank	[25]: 3-D/1952, [26]: L44.00-3
Wasser	Karl Fischer Titration	[25]: 105-1988, [33]: S. 4
Asche	Veraschung bei 600 °C	[25]: 4a-D/1973
Gesamtfett	Weibull-Stoldt	[25]: 8a-D/1972, [26]: L44.00-4
Fettsäureverteilung	HRGC	[25]: 17a-D/1973, 17b-D/1973
Triglyceridzusammensetzung	HRGC HPLC	[37–43] [44–46], [28]: C VI 13a-c
Buttersäure	HRGC	[28]: C III 8, [47], [48]
Sterine	DC-Vortrennung, HRGC	[25]: 14-D/1970, [50]: 994.10
Zucker	DC	[26]: L44.00-5
Saccharose	Polarimetrie	[25]: 7b-D/1960
Lactose	Enzymatik	[26]: L44.00-6
Gesamtstickstoff	Kjeldahl	[25]: 6a-D/1972
Milcheiweiß	Abtrennung des Casein, Kjeldahl	[50]: 939.02, [25]: 17-D/1973
Proteine (Soja, Haselnuss, Erdnuss, Mandel)	ELISA	[26]: L00.00-69, L44.00-7
Theobromin, Coffein	Photometrie HPLC	[25]: 107-1980 [50]: 980.14, [33]: S.197, [26]: L45.00-1
Kakaoschalen	HPLC	[51]

Tabelle 31.9. Analytische Verfahren für Honig

Parameter	Prinzip	Literatur
Zucker	HPLC	[26]: L40.00-7
Wasser	Refraktometrie	[26]: L40.00-2
Elektrische Leitfähigkeit	Konduktometrie	[26]: L40.00-5
Freie Säuren	Titrimetrie	[26]: L40.00-6
Hydroxymethylfurfural	Photometrie	[26]: L40.00-10/1-3
Diastase-Zahl nach Schade		[26]: L40.00-1
Saccharase-Zahl		[26]: L40.00-8/1-2
Herkunftsbestimmung	Mikroskopie	[57]

cose, Gehalt an Saccharose, Wasser, wasserunlöslichen Stoffen, elektrische Leitfähigkeit, Gehalt an freien Säuren, Hydroxymethylfurfural (HMF), Diastase-Zahl nach Schade und Saccharase-Zahl. Analysenvorschriften hierzu finden sich in [50, 52–55]. Die Bestimmung der verschiedenen Zucker einschließlich der Trennung von Melizitose und Erlose sowie der Erfassung höherer Oligosaccharide erfolgt bevorzugt gaschromatographisch [56].

Die mikroskopische Untersuchung der Honige lässt Aussagen über die Ausgangsstoffe und ihre Herkunft zu. Sie verlangt jedoch grundlegende Kenntnisse und Erfahrungen auf diesem Spezialgebiet. Hier ist auf die spezielle Fachliteratur zu verweisen ([57] S. 396). Die analytischen Verfahren sind in Tabelle 31.9 zusammengefasst.

31.5 Literatur

Zitierte Literatur

1. Leitsätze für Ölsamen und daraus hergestellte Massen und Süßwaren in der Fassung vom 10.10.1997 (BAnz Nr 239a)
2. Richtlinie für Zuckerwaren (1995) Schriftenreihe des Bund für Lebensmittelrecht und Lebensmittelkunde e. V. (BLL), Heft 123
3. Richtlinie für Invertzuckercreme (1979) Schriftenreihe des Bund für Lebensmittelrecht und Lebensmittelkunde e. V. (BLL), Heft 91
4. Zipfel/Rathke, Bd. I bis V
5. Recht der Süßwarenwirtschaft, Kommentar, Bundesverband der Deutschen Süßwarenindustrie (Hrsg). Behr's Verlag, Hamburg (Stand: Oktober 2004)
6. Verordnung über Kakao und Kakaoerzeugnisse (Kakao-Verordnung) vom 15.12.2003 (BGBl I, S. 2738)
7. Richtlinie 2000/36/EG des Europäischen Parlaments und des Rates vom 23. Juni 2000 über Kakao- und Schokoladeerzeugnisse für die menschliche Ernährung (ABl. Nr. L 197 S. 19)
8. Honigverordnung vom 16.01.2004 (BGBl I, S. 92)

9. Leitsätze für Honig in der Fassung vom 31.3.1977 (BAnz Nr. 67)
10. Andersen G (1996) Süsswaren (7/8):31; (9):30; (10):75; (11):40
11. Matissek R, Spröer P (1996) Deut Lebensm Rundsch 92:381
12. Ausnahmegenehmigungen werden veröffentlicht in: Deut Lebensm Rundsch
13. SFK, S 1114, 1115
14. Fincke A, Lange H, Kleinert J (Hrsg) (1965) Fincke H – Handbuch der Kakaoerzeugnisse. Springer-Verlag, Berlin Heidelberg New York
15. Fincke A (1989) Lebensmittelchem Gerichtl Chem 43:49
16. Matissek R (1997) Z Lebensm Unters Forsch A 205:175
17. Wollgast J, Anklam E (2000) Food Research International 33:423
18. Kris-Etherton PM, Keen CL (2002) Current Opinion in Lipidology 13:41
19. Belitz HD, Grosch W, Schieberle P (2008) Lehrbuch der Lebensmittelchemie, 6. vollst. überarb. Auflage, Springer-Verlag, Berlin Heidelberg New York Tokyo
20. Parliment TH, Ho CT, Schieberle P (Ed.) (2000) ACS Symposium Series: Caffeinated beverages. American Chemical Society, Washington. p. 262ff
21. Bundesministerium für Gesundheit und Frauen, Österreich, Leitlinie für Imkereien
22. Bestimmung z. Durchführung d. Überwachung d. Verkehrs m. Lebensmitteln sowie d. Lebensmittel-Qualitätskontrolle i. d. Bundeswehr, Ministerbl. d. Bundesmin. d. Verteidigg. v. 1.4.1987, Nr. 5, S. 65–76
23. Hoffmann H, Mauch W, Untze W (2002) Zucker und Zuckerwaren. 2. Auflage, Behr's Verlag GmbH & Co., Hamburg
24. Methoden der biochemischen Analytik und Lebensmittelanalytik (1989). Boehringer Mannheim GmbH (Hrsg)
25. IOCCC
26. ASU
27. Stoldt W (1939) Z Unters Lebensm 77:142
28. DGF
29. Scholz E (1984) Karl-Fischer-Titration. Springer-Verlag, Berlin Heidelberg New York Tokyo
30. Hydranal®-Praktikum – Wasserreagenzien nach Eugen Scholz für die Karl-Fischer-Titration (1987). Riedel-de Haen AG, Seelze (Hrsg)
31. Lehmann G, Eich H (Hrsg) (1980) Anleitung zur Abtrennung und Identifizierung von Farbstoffen in gefärbten Lebensmitteln. Farbstoff Kommission der Deutschen Forschungsgemeinschaft (DGF), Mitteilung XIX
32. Neier S, Matissek R (1998) Deut Lebensm Rundsch 94:374
33. MSS
34. Vora PS (1982) J Assoc Offic Anal Chemists 65:572
35. HLMC, Bd 2/II, S. 168ff
36. Hanssen E, Sturm W (1967) Z Lebensm Unters Forsch 134:69
37. Eiberger T, Matissek R (1994) Lebensmittelchemie 48: 50, 133; (1995) 49:57
38. Buchgraber M, Anklam E (2003) Validated Method. Method description fort he detection of cocoa butter equivalents in cocoa butter and plain chocolate. EUR 20742 EN. www.irmm.jrc.be/cocalnews.html
39. Fincke A (1980) Deut Lebensm Rundsch 76:162, 187, 304; (1982) Deut Lebensm Rundsch 78:389
40. Padley FB, Timms RE (1980) J Am Oil Chem Soc 57:286
41. Fincke A, Padley FB (1981) Fette Seifen Anstrich 83:461
42. Young CC (1984) J Am Oil Chem Soc 61:576

43. Matissek R (2000) Lebensmittelchemie 54:25
44. Schulte E (1981) Fette Seifen Anstrichm 83:289
45. Geeraert E, De Schepper D (1983) J HRC & CC 6:123
46. Podlaha O, Toregard B, Puschl B (1984) Lebensm Wiss und Technol 17:77
47. Arens M, Gertz C (1990) Fat Sci Technol 92:61
48. Hadorn H, Zürcher K (1970) Deut Lebensm Rundsch 66:70
49. Homberg E, Bielefeld B (1987) Fat Sci Techno189:255
50. AOAC
51. Janßen K, Matissek R (2002) Eur Food Res Technol 214:259
52. SLMB, Bd 2/II, Kap 23A (1995)
53. HLMC, Bd V/1, S. 491ff
54. Hadorn H, Zürcher K (1966) Deut Lebensm Rundsch 62:195
55. Bogdanov S, Lüllmann C et al. (1999) Mitt Lebensm Hyg 90:108
56. Deifel A (1985) Deut Lebensm Rundsch 81:185
57. Gassner G, Hohmann B, Deutschmann F (1989) Mikroskopische Untersuchung pflanzlicher Lebensmittel. Gustav Fischer Verlag, Stuttgart New York

Weiterführende Spezialliteratur zu Zuckerwaren, Schokoladen und Schokoladenerzeugnissen (Auswahl)

Bücher

Beckett ST (Ed) (2008) Industrial Chocolate Manufacture and Use, 4th edition. Blacki & Son Ltd, London
Beckett ST (Ed) (1990) Moderne Schokoladentechnologie. Behr's Verlag, Hamburg
Birch GG, Lindley MG (1987) Low-calorie Products. Elsevier Applied Science, London New York
Cook LR (revised by E Meursing) (1982) Chocolate Production and Use. Harcourt Brace Jovanovitch, New York
Fincke A, Lange H, Kleinert J (Hrsg) (1965) Fincke H – Handbuch der Kakaoerzeugnisse. Springer-Verlag, Berlin Heidelberg New York
Hoffmann H, Mauch W, Untze W (2002) Zucker und Zuckerwaren. Behr's Verlag GmbH & Co., Hamburg
Knight I (Ed) (1999) Chocolate & Cocoa Health and Nutrition. Blackwell Science LTD, Oxford London
Lees R, Jackson EB (1985) Sugar Confectionery and Chocolate Manufacture. Thomson Litho Ltd, East Kilbride, Scotland
Meiners A, Kreiten K, Joike H (1983) Silesia Confiserie Manual No 3, Bd 1 + 2. Silesia-Essenzfabrik G Hanke KG, Abt Fachbücherei, D-4040 Neuss 21 (Norf)
Minifie BW (1989) Chocolate, Cocoa and Confectionery, 3rd edition. AVI Publishing Company, Inc. New York
Pontillon J (Ed) (1998) Cacao et Chocolat: production, utilisation, caractéristiques. Lavoisier Technique & Documentation, Paris Londres New York
Schwartz ME (1974) Confections and Candy Technology. Noyes Data Corporation, London Wood GAR
Stiftung der Deutschen Kakao- und Schokoladenwirtschaft, Cocoa atlas edition 2003
Lass RA (1987) Cocoa. Longman House, Harlow

Periodika

Süßwaren, Verlag stm, Katharinenstr. 30A, 20457 Hamburg
MC – The Manufacturing Confectioner. The MC Publishing Company, 175 Rock Road, Glen Rock, NJ 07452 USA
Confectionery Production. Specialised Publications Limited, 5 Grove Road, Surbiton, Surrey KT 6 4 BT, UK
Café, Cacao, Thé. IRCC, 42 rue Scheffer, F-75116 Paris

Weiterführende Spezialliteratur zu Honig (Auswahl)

Bücher

Deifel A (1989) Die Chemie des Honigs. Chemie in unserer Zeit 23:25
Heitkamp K, Busch-Stockfisch M (1986) Pro und Kontra Honig – Sind Aussagen zur Wirkung des Honigs „wissenschaftlich hinreichend gesichert?" Z Lebensm Unters Forsch 182:279
Horn H, Lüllmann C (1992) Das große Honigbuch. Ehrenwirth, München
Lipp L (1995) Der Honig. Verlag Eugen Ulmer, Stuttgart
Vorwohl G (1975) Grundzüge der Honiguntersuchung und -beurteilung. In: Handbuch der Bienenkunde, Bd 6 (Der Honig). Eugen Ulmer Verlag, Stuttgart
White JW (1978) Honey. Adv Food Res 24:287

Genussmittel

Ulrich H. Engelhardt[1] · Hans Gerhard Maier[2]

[1] Institut für Lebensmittelchemie, TU Braunschweig, Schleinitzstr. 20, 38106 Braunschweig, u.engelhardt@tu-bs.de
[2] H.-Rautmann-Straße 7, 38116 Braunschweig

32.1	Lebensmittelwarengruppen	789
32.2	Beurteilungsgrundlagen	790
32.2.1	Kaffeeprodukte	790
32.2.2	Teeprodukte	791
32.2.3	Teeähnliche Getränke	792
32.3	Warenkunde	792
32.3.1	Kaffeeprodukte, Angebotsformen und Bezeichnungen	792
32.3.2	Chemische Zusammensetzungen und besondere Bestandteile	794
32.3.3	Teeprodukte, Angebotsformen und Bezeichnungen	796
32.3.4	Chemische Zusammensetzungen und besondere Bestandteile	798
32.3.5	Teeähnliche Getränke	801
32.4	Qualitätssicherung	801
32.4.1	Betriebliche Eigenkontrollen und Probenahme	801
32.4.2	Analytische Verfahren	802
32.4.3	Sensorik	805
32.5	Literatur	806

32.1
Lebensmittelwarengruppen

In diesem Kapitel werden folgende Produkte behandelt:
Kaffee und Kaffeeprodukte wie Rohkaffee (= grüner Kaffee), Röstkaffee (= Kaffee), Kaffee-Extrakt (= löslicher Kaffee, Instant-Kaffee) und Kaffee-Extrakt enthaltende Getränkepulver (Instant-Spezialitäten), Getränke auf Kaffeebasis für Automaten und in Dosen, Zichorie, Kaffee-Ersatz (= Kaffeesurrogat), Kaffeezusatz und deren Extrakte.

Tee und Teeprodukte wie grüner Tee, Oolong Tee, schwarzer Tee, Tee-Extrakt, aromatisierter Tee/Tee-Extrakt, entcoffeinierte Produkte, teeähnliche Erzeugnisse sowie Zubereitungen von Lebensmitteln mit Tee-Extrakten.

Teeähnliche Erzeugnisse sind eine große Vielzahl an pflanzlichen Produkten, die aus Blättern, Blüten, Wurzeln oder Früchten durch Trocknen und möglicherweise andere Behandlungsverfahren hergestellt werden.

32.2
Beurteilungsgrundlagen

32.2.1
Kaffeeprodukte

Allgemeine Einführung

In erster Linie ist die Verordnung über Kaffee, Kaffee- und Zichorienextrakte (KaffeeV) sowie die ZZulV heranzuziehen. Eine ausführliche und weitergehende Besprechung der alten KaffeeV von 1981 findet sich bei Zipfel/Rathke [1]. Vorschriften über die Kennzeichnung finden sich in der KaffeeV [1] und in der LMKV. Insbesondere bei der Beurteilung von importiertem Rohkaffee, Röstkaffee und Kaffee-Extrakt sind international gültige Lieferbedingungen, die in DIN- und ISO-Normen sowie bei [2], Band 6, nachgelesen werden können, mit zu berücksichtigen. Richtlinien für die Beurteilung und Analyse, mit Grenzwerten, bringt auch [3].

Kaffeeverordnung

Sie gibt Definitionen (Bezeichnungen und Begriffsbestimmungen) sowie Vorschriften für die Kennzeichnung der Ausgangsstoffe, aus denen Getränke hergestellt werden (bezüglich der Getränke vgl. Zipfel/Rathke [1]). Die wichtigsten Vorschriften sind folgende:

- Der Wassergehalt in Röstkaffee beträgt höchstens 50 g/kg.
- Die Kaffee- oder Zichorien-Extrakttrockenmasse muss bei trockenen Extrakten mindestens 950 g/kg betragen, bei Pasten zwischen 700 und 850 g/kg und bei flüssigen Extrakten zwischen 150 und 550 g/kg liegen. Trockener und pastenförmiger Zichorien-Extrakt dürfen bis zu 10 g/kg Trockenmasse, die nicht aus Zichorie entstammt, enthalten.
- Als „Konzentriert" dürfen flüssiger Kaffee-Extrakt erst über 250 g/kg, flüssiger Zichorien-Extrakt über 450 g/kg Trockenmasse bezeichnet werden.
- Als „Entcoffeiniert" dürfen Roh- und Röstkaffee bezeichnet werden, wenn sie höchstens 1 g/kg i. Tr. Coffein enthalten, Kaffee-Extrakte höchstens 3 g/kg i. Tr.

An Zusatzstoffen sind zugelassen

- Zuckerarten, auch Honig, zum Überziehen von Röstkaffee (Kenntlichmachung „kandiert")
- Zuckerarten, auch karamellisiert, bei flüssigem Kaffee- und Zichorien-Extrakt (Kenntlichmachung).

ZZulV

An Zusatzstoffen sind zugelassen:

- Bienenwachs, Candelillawachs, Carnaubawachs und Schellack als Überzugsmittel bei Kaffeebohnen,
- Zuckerester von Speisefettsäuren und Zuckerglyceride bei flüssigem, abgepacktem Kaffee (Höchstmenge 1 g/L),
- Polyphosphate für Getränke auf Kaffeebasis für Automaten (Höchstmenge).

Weitere Vorschriften werden unter 32.3.1 erwähnt.

ISO-Standards

Interessant sind vor allem: Vokabular (ISO/DIS 3509:2005), Fehlbohnen (ISO 10470:2004), Olfaktorische und visuelle Prüfung sowie Bestimmung von Fremdstoffen (ISO/FDIS 4149:2005) Leitfaden für Lagerung und Transport von Rohkaffee (ISO/DIS 8455:1986), Technische Lieferbedingungen von Rohkaffee (ISO/DIS 9116:2004) sowie Siebanalyse (ISO/CD 4150:1991, ISO/AWI 24116-2003).

32.2.2
Teeprodukte

Da es keine Teeverordnung gibt, sind die Leitsätze des Deutschen Lebensmittelbuches [4] sowie DIN- und ISO-Normen zur Beurteilung heranzuziehen, sowie die allgemeinen Grundsätze des Lebensmittel- und Futtermittelgesetzbuchs (LFGB) §§ 6, 7 und 11. Zusätzlich wird auf die allgemeingültigen rechtlichen Regelungen in den Kapiteln 1.6, 2.4 und 3 verwiesen.

Die Leitsätze geben Begriffsbestimmungen für eine Reihe von Produkten, eine Liste üblicher Zutaten sowie Beschaffenheitsmerkmale an. Einige wichtige Angaben: Bei Tee sind Zusatzstoffe, auch allgemein zugelassene, nicht üblich. Bei aromatisierten Tees werden Pflanzenteile bis zu 5 g/100 g Tee, natürliche/naturidentische Aromen, Fruchtsäfte bis 15 g/100 g Tee sowie Trinkbranntweine (Rum, Arrak, Whisky) eingesetzt. Bei der Herstellung von Tee-Extrakten können zur Verbesserung der Kaltwasserlöslichkeit KOH bzw. NaOH (bis 10 g/100 g) sowie Stoffe zur Neutralisation (Genusssäuren) eingesetzt werden. Zur Erhaltung der Rieselfähigkeit ist die Zugabe von Maltodextrin gestattet. Als Beschaffenheitsmerkmale werden die Freiheit von Schimmel für alle erfassten Produkte angegeben. Der Massenverlust bei der Trocknung soll 6% (Tee) bzw. 10% (aromatisierter Tee) nicht überschreiten, der Extraktgehalt soll mindestens 32% (russische und türkische Tees 26%), der Coffeingehalt minimal 1,5%, die Gesamtasche 4–8%, die salzsäureunlösliche Asche < 1%, die wasserlösliche Asche >45% und der Rohfasergehalt <16,5% betragen.

Für Tee-Extrakt (auch für aromatisierten) ist ein maximaler Wassergehalt von 6% und ein maximaler Aschegehalt von 20% in den Leitsätzen festgelegt. Zubereitungen mit Tee-Extrakten (z. B. Zitronenteegetränke) müssen im fertigen Getränk mindestens 0,12 g/100 ml Tee-Extrakt enthalten. Der Mindestgehalt an Tee-Extrakt in trinkfertigen Getränken („ready-to-drink beverages") ist weder in den Leitsätzen für Tee noch in den Leitsätzen für Erfrischungsgetränke klar geregelt. Das European Tea Committee spezifiziert in einem „Code of Practice" einen Minimalgehalt von 1 g/L [5].

32.2.3
Teeähnliche Getränke

Auch im Falle der Kräuter- und Früchtetees gelten die allgemeinen Regelungen sowie die der Leitsätze. In den letzten Jahren sind neben den „klassischen" Produkten (Pfefferminze, Kamille, Fenchel, Hagebutte, Hibiscus) zahlreiche weitere (wieder) auf den Markt gelangt, von denen z. B. Rooibos hohe Marktanteile erreichte. Die Anforderungen der Leitsätze an teeähnliche Getränke gleichen im Wesentlichen denen für Tee. Definitionen bzw. besondere Beurteilungsmerkmale geben die Leitsätze für Brennnessel, Fenchel, Hagebutten, Hibiskus, Kamille, Krauseminze, Lemongras, Lindenblüten, Mate, Melisse, Orangenblätter, Orangenblüten, Pfefferminze und Verbena an. Zahlreiche weitere Produkte nennt eine Inventarliste der WKF (Wirtschaftsvereinigung Kräuter- und Früchtetees) und des ALS [6, 7]. Als weitere Referenz kann die Schweizerische LMV herangezogen werden (Art. 320–327).

Eine besondere Problematik sind Bestandteile von Kräuter- und Früchtetees, die aus nicht-EG-Ländern in zunehmendem Maße importiert werden und bei denen die Abgrenzung Arzneimittel/Lebensmittel Schwierigkeiten bereitet [8]. Hier ist zunächst die Frage zu entscheiden, ob das Produkt als Lebensmittel, „Novel Food" oder als nicht zugelassen einzustufen ist. Hierbei können die erwähnten Inventarlisten herangezogen werden [6, 7] (s. auch Kap. 37.2.3).

32.3
Warenkunde

32.3.1
Kaffeeprodukte, Angebotsformen und Bezeichnungen

Besondere Angebotsformen

Ausschusskaffee, Triage. Kaffee, der mehr als 2 g/kg kaffeefremde Bestandteile oder minderwertige Kaffeebohnen enthält.

Bruchkaffee. Kaffee aus zerbrochenen Kaffeebohnen.

Entcoffeinierter Kaffee. Rohkaffee oder Röstkaffee, der höchstens 1 g Coffein in 1 kg Kaffeetrockenmasse enthalten darf, Kaffee-Extrakt höchstens 3 g/kg.

Die Entcoffeinierung erfolgt vor der Röstung durch Extraktion mit Lösungsmitteln (Dichlormethan, Ethylacetat), mittels überkritischem CO_2 oder mittels eines coffeinfreien Extrakts aus Rohkaffee, der lediglich das Coffein entfernt und nach Adsorption des letzteren an speziell behandelte Aktivkohle wieder verwendet werden kann.

Kaffee-Ersatz ist ein Erzeugnis aus gereinigten gerösteten Pflanzenteilen (außer Kaffee und Zichorie), das nach Ausziehen mit Wasser ein kaffeeähnliches Getränk ergibt. Kaffee-Ersatz einheitlicher Herkunft darf nach dieser Herkunft, z. B. als „Malzkaffee", „Feigenkaffee" bezeichnet werden.

Kaffee-Ersatzextrakt (= Kaffeesurrogatextrakt) und Kaffeezusatzextrakt werden entsprechend hergestellt wie Kaffee-Extrakt.

Kaffee-Ersatz-Mischungen. Sie enthalten meist Malz-, Gersten-, Roggenkaffee, Zichorie, gelegentlich Weizen- und Feigenkaffee. Näheres bei [2], Vol. 5.

Kaffee-Extrakt (löslicher Kaffee-Extrakt, löslicher Kaffee, Instant-Kaffee). Dies ist ein festes Erzeugnis in Form von Pulver, Körnern, Flocken, Tabletten oder anderer fester Form, das mindestens 950 g Kaffee-Extrakttrockenmasse in einem kg enthält. Die KaffeeV definiert auch Kaffee-Extrakt in Pastenform und flüssigen Kaffee-Extrakt. Diese Erzeugnisse werden durch Ausziehen von Röstkaffee unter ausschließlicher Verwendung von Wasser als Extraktionsmittel gewonnen und durch den Entzug von Wasser konzentriert. Sie müssen außer den Aromastoffen des Kaffees auch seine sonstigen löslichen Bestandteile enthalten. Sie dürfen dem Kaffee entstammende Öle sowie Spuren anderer unlöslicher Bestandteile des Kaffees und Spuren unlöslicher Bestandteile anderer Herkunft enthalten.

Kaffee-Extrakt enthaltende Getränkepulver (Instant-Spezialitäten). Mischungen von Kaffee-Extrakt (Anteil meist zwischen 10 und 20%) und z. B. Zucker, Milchpulver oder Pflanzenfett/Magermilchpulver, Stabilisator. 2003 wurde vor allem Capuccino-Pulver verkauft, gefolgt in großem Abstand von Eiskaffee und Wiener Melange.

Kaffeegetränk. Unterschiedlich sind vor allem die Aufgussstärken. Hierzu vgl. Zipfel/Rathke [1].

Kaffeemischungen. Als solche kommt Röstkaffee normalerweise in den Handel. In der Bundesrepublik bestehen sie überwiegend aus verschiedenen Arabica-Handelssorten.

Kaffeemittel. Oberbegriff, der Kaffee-Ersatz und Kaffeezusatz umfasst.

Kaffeezusätze sind gereinigte Pflanzenteile, Zuckerarten oder Mischungen dieser Stoffe in geröstetem Zustand, die als Zusatz zu Kaffee, Zichorie oder Kaffee-Ersatz verwendet werden.

Kandierter Kaffee. Röstkaffee, der mit karamellisierten Zuckerarten überzogen ist.

Maragogype. Besonders große Kaffeebohnen, qualitativ nicht besser als andere.

Mokka. Während früher lt. KaffeeV (bis 1963) Mokka als „arabischer" Kaffee definiert war, wird heute hiermit ein Kaffeegetränk mit besonders kräftiger Geschmacksnote bezeichnet.

Perlbohnen. Kaffee aus einsamig entwickelten Kaffeefrüchten. Sie sollen sich gleichmäßiger rösten lassen.

Rohkaffee. Es handelt sich um Samen von Pflanzen der Gattung *Coffea*. Die wichtigsten Kaffeearten sind *C. arabica* (Arabica-Kaffee, rund 60% der Welterzeugung) und *C. canephora var. Robusta* (Robusta-Kaffee, rund 40% der Welterzeugung). Im Handel werden sie benannt nach der Kaffeeart und dem Erzeugerland oder Verschiffungshafen, z. B. Togo Robusta, Santos Arabica.

Schonkaffee. Der Begriff ist nicht eindeutig definiert. Man versteht darunter Kaffee, der durch Behandlung (z. B. Dämpfen des Rohkaffees, Entcoffeinieren) besser bekömmlich gemacht wurde, aber auch Kaffee aus milden, gut bekömmlichen Kaffeesorten (naturmilder Kaffee).

Zichorie ist ein körniges oder pulverförmiges Erzeugnis aus gereinigten gerösteten Wurzeln von *Cichorium intybus* L. Zichorienextrakt ist ähnlich definiert wie Kaffee-Extrakt.

32.3.2
Chemische Zusammensetzungen und besondere Bestandteile

Zur groben Information sind die Grenzwerte für die Hauptbestandteile nachfolgend zusammengestellt (in g/100 g, außer Wasser i. Tr.).

	Rohkaffee	Röstkaffee	Kaffee-extrakt	Röst-zichorie	Malzkaffee
Wasser	5–13	2–5	2–5	5–13	2–12
Mineralstoffe	3–5	3–6	8–15	3–8	1–4
Kohlenhydrate	37–59	24–43	26–43	74–84	45–84
„Proteine"	8–16	5–15	1–15	4–9	8–15
Rohfett	7–18	7–20	0–2	1–5	2–3
Organ. Säuren	5–15	2–9	10–16	2–4	1–2

Die „Proteine" liegen in den Röstprodukten größtenteils stark verändert, z. T. als Aminosäure- und Peptidreste in den Maillard-Produkten vor.

Besondere Bestandteile

Acrylamid. Beim Menschen konnte, im Gegensatz zu Tieren, eine cancerogene Wirkung noch nicht nachgewiesen werden. Der Beitrag von Kaffee zur Gesamtaufnahme von Erwachsenen liegt bei ungefähr 15%. Relativ hohe Werte finden sich nach kurzer Röstung bei hoher Temperatur und Robustas. Als Signalwert (Wert, unterhalb dessen sich 90% der Gehalte befinden sollen) gelten für Röstkaffee 277 µg/kg, für Kaffee-Ersatz 801 µg/kg [9]. Die aktuellen Werte finden sich unter [9]. Siehe auch Kap. 17.3.4.

β-Carboline. Norharman und Harman entstehen vor allem und zunehmend beim Rösten [10]. Als Mittelwerte für unterschiedliche Röstgrade wurden bei Arabicas 3,1 (Norharman) bzw. 0,6 mg/kg, bei Robustas 7,8 bzw. 1,9 mg/kg gefunden [11].

Carbonsäure-5-hydroxytryptamide. Sie finden sich zu 500–2 500 mg/kg im Kaffeewachs [12] und wirken antioxidativ. Ihre Eignung zum Nachweis einer Behandlung des Kaffees ist umstritten.

Chlorogensäuren. Man fasst unter diesem Namen alle Caffeoyl-, Feruloyl- und Cumaroylchinasäuren zusammen. Ihre Summe macht im Rohkaffee ungefähr 6,5 g/100 g (Arabica) bzw. 8 g/100 g (Robusta) aus, in der Darrzichorie 0,2 g/100 g. Es überwiegt die 5-Caffeoylchinasäure (früher als 3-Caffeoylchinasäure bezeichnet). Beim Rösten wird der größte Teil (30–70%) zerstört. Dabei entstehen u. a. Chlorogensäurelactone, Chinasäure und deren Lactone sowie Aromastoffe [13]. Die Chlorogensäuren und ihre im Körper entstehenden Abbauprodukte sind wichtige Antioxidantien. Ob sie darüber hinaus eine wesentliche physiologische Wirkung haben ist umstritten.

Coffein. Die Gehalte liegen im Arabica-Rohkaffee meist zwischen 0,9 und 1,4 g/100 g i. Tr., in Extremfällen zwischen 0,6 und 1,9 g/100 g, bei Robusta-Kaffee zwischen 1,5 und 2,6 g/100 g (Extreme 1,2–4,0 g/100 g), im Röstkaffee wenig höher [12]. Zichorie und Kaffee-Ersatz enthalten kein Coffein, auch einige seltene Coffea-Arten nicht.

Gefärbte Stoffe. Bei den Röstprodukten sind dies Maillard-Produkte [13]. Sie sind die stärksten Antioxidantien im Röstkaffee.

Furan. Es ist karzinogen im Tierversuch. Rohkaffee enthält nahezu kein Furan, Röstkaffee (Handel) 3–6 mg/kg. Die Gehalte nehmen beim Mahlen, Bereiten und Stehen lassen des Getränks sowie bei der Herstellung von Kaffee-Extrakten stark ab, so dass sich in gemahlenem Röstkaffee 1–3 mg/kg, in löslichem Kaffee 0,2–2,2 mg/kg finden. Die Gehalte in Kaffee-Aufgüssen sind je nach Zubereitungsart sehr unterschiedlich, der Verbleib wurde zwischen 4 und 91% ermittelt, bei löslichem Kaffee zwischen 60 und 100%. Auch Kaffee-Ersatz enthält Furan in etwa derselben Größenordnung [14].

Geruchsstoffe. Im Röstkaffee finden sich je nach Berücksichtigung etwa 850 flüchtige Stoffe [15], die zahlreichen Stoffklassen angehören. Nur etwa 40 von ihnen tragen wesentlich zum sensorisch wahrnehmbaren Geruch bei [16, 17]. Es überwiegen Maillard-Produkte. Ähnliches dürfte für die übrigen Röstprodukte gelten, doch ist hier wenig bekannt.

Geschmacksstoffe. Coffein trägt nur zu 10–30% zur Gesamtbitterkeit des Röstkaffees bei. Den größten Beitrag liefern Chlorogensäurelactone, bei starker Röstung auch die aus diesen entstehenden Hydroxyphenylindane [18, 19], bei Espresso vielleicht auch Diketopiperazine, die beim Rösten aus Proteinen entstehen [20]. Der saure Geschmack beruht auf einem Teil der zahlreichen Säuren [21, 22]. Nach Untersuchungen an einer Röstkaffee-Mischung sind dies vor allem Essig-, Citronen-, Chlorogen-, Ameisen-, Apfel-, Pyrrolidoncarbon-, China-, Hydroxyessig- und Phosphorsäure [23]. Ein nach ungleichmäßiger oder sehr heller Röstung auftretender adstringierender Geschmack wird auf die Chlorogensäuren zurückgeführt.

Ochratoxin A (OTA). Im Gegensatz zu anderen Mykotoxinen kommt dieses auch in solchen Rohkaffeeproben vor, die nicht sichtbar schimmlig sind. Beim industriellen Rösten wird es zu 69–96% zerstört, zunehmend mit dem Röstgrad. Für Röstkaffee wurde 1995–1999 ein Medianwert von 0,57 µg/kg, für Kaffee-Extrakt von 0,71 µg/kg angegeben. Die Werte werden zunehmend geringer, weil die Erzeuger darauf achten, dass Reste von Pergamenthüllen, die die Hauptinfektionsquelle darstellen, sorgfältiger vom Rohkaffee ferngehalten werden und dass die Aufbereitung möglichst schnell, bei niedriger Temperatur und niedrigem a_w-Wert erfolgt. Siehe auch Kap. 17.3.1.

Polycyclische aromatische Kohlenwasserstoffe (PAK). Für 5 Verbindungen dieser Gruppe gibt es ausreichende Beweise einer kanzerogenen Wirkung im Tierversuch. Als Leitsubstanz dient das Benzo[a]pyren (B(a)P), für die anderen Verbindungen dürfte Ähnliches gelten. Im Röstkaffee finden sich normalerweise 0,0 bis 1,2 µg/kg B(a)P (Mittel etwa 0,25 µg/kg), in den Aufguss geht nur ein Bruchteil [24]. Schätzungsweise steht einer Aufnahme von 0,0045 µg B(a)P mit 10 Tassen Kaffee die durchschnittliche Gesamtaufnahme an B(a)P mit der Nahrung von 0,16 bis 3,3 µg/Tag gegenüber [25].

Trigonellin. Das zweitwichtigste Alkaloid findet sich in Arabica-Rohkaffee zu 0,6 bis 1,3 g/100 g (Mittel 0,9), in Robustas zu 0,3 bis 1,1 g/100 g (Mittel 0,8), in Röstkaffee-Mischungen des Handels zu etwa 0,5 bis 0,7 g/100 g. Es hat keine wesentliche physiologische Wirkung, doch entsteht beim Rösten u. a. Nicotinsäure, die Vitaminwirkung besitzt [12]. In Röstkaffees finden sich davon 30–100 mg/kg, bei starker Röstung wesentlich mehr.

32.3.3
Teeprodukte, Angebotsformen und Bezeichnungen

Definitionen

Grüner Tee: aus Blättern, Knospen und Stielen des Teestrauches (*Camellia sinensis* L.O. Kuntze) hergestelltes „unfermentiertes" Erzeugnis.

Oolong Tee: „Halbfermentierter" Tee, d. h. geringere Belüftungsdauer („Fermentationszeit").

Schwarzer Tee: wird durch Welken (Trocknen), Rollen, Belüften (Fermentieren), ggf. Zerkleinern hergestellt. Die ISO benutzt in der neuen Definition nicht mehr den Begriff „fermentation", welcher durchaus missverstanden wurde, sondern „aeration" [26]. *Besonderes Verfahren* CTC (curling tearing crushing) ergibt nur broken-Tees (s. u.).

Tee-Extrakt: wässrige Tee-Auszüge, denen Wasser entzogen worden ist.

Aromatisierter Tee/Tee-Extrakt: Tee mit Zusatz von Aromastoffen, z. B. Fruchtsäfte, Pflanzen- oder Pflanzenteile, Aromen.

Entcoffeinierte Produkte: Tee mit bis zu 0,4% Coffein i. Tr.; Tee-Extrakt bis 1,2% Coffein i. Tr. Die Entcoffeinierung erfolgt durch Lösungsmittel oder mit überkritischem CO_2.

Teeähnliche Erzeugnisse: Produkte, die wie Tee verwendet werden, aber nicht vom Teestrauch stammen, z. B. Fenchel, Kamille, Hagebutten.

Zubereitungen von Lebensmitteln mit Tee-Extrakten (z. B. Zitronenteegetränk).

Weitere Produkte:

Weißer Tee (wird in den Leitsätzen noch nicht definiert) kommt traditionell aus der chinesischen Provinz „Fujian". Es werden nur die ungeöffneten Blattknospen des Teestrauchs gepflückt, luftgetrocknet, kurz erhitzt und noch einmal an der Luft getrocknet.

In der Literatur findet sich weißer Tee als „fermentierter" und als „nicht fermentierter". Es existiert keine allgemein akzeptierte Definition [27]. Eine solche müsste, folgte man den bisherigen Ansätzen der ISO, auf der Manufaktur basieren und nicht auf der geographischen Herkunft.

Pu-Errh Tee ist ein nachfermentierter Tee, der vor allem in der chinesischen Provinz Yunnan hergestellt wird. Diesem Tee hat man zwischenzeitlich besondere gesundheitliche Wirkungen nachgesagt, was wissenschaftlich nicht begründet ist.

Die Bezeichnung von Tee geschieht u. a. nach Ursprungsland/Anbaugebiet. Geographische Hinweise dürfen nur gegeben werden, wenn der Tee ausschließlich aus dem angegebenen Gebiet stammt. Beträgt in einer Mischung der Anteil eines bestimmten Anbaugebietes mehr als 50% und bestimmt dieser den Charakter der Mischung, so ist ein geographischer Hinweis unter der Bezeichnung -mischung gestattet. Wichtige Anbauländer und -gebiete:

Indien: Darjeeling (Hochlage, Himalayagebiet), Assam (Nordindien), Dooars, Nilgiri (Südindien).

Sri Lanka: Uva, Dimbula (beides Hochlagen), Nuwara Eliya.

Indonesien: Java, Sumatra.

Kenia: Kericho, Nandi.

China: Yünnan, Szechuan, Anhui (Keemun).

Weitere Anbaugebiete liegen auf dem Gebiet der ehemaligen UdSSR (z. B. Georgien), in der Türkei und verschiedenen südamerikanischen (z. B. Argentinien) und afrikanischen Ländern (z. B. Malawi).

Bei Tee ist eine Abhängigkeit der Qualität (sensorisch ermittelt) vom Pflückdatum gegeben. Besondere Tees sind die zarten „first flush" Darjeelings, die Anfang März geerntet werden. Kräftiger sind hier die „second flushs" (Mai–Mitte Juni). Südindische Tees sind qualitativ im Januar am besten. Indonesien liefert relativ gleichmäßige Qualitäten über das ganze Jahr. In Sri Lanka gibt es für Uva die besten Tees im Juni–September, für Dimbula November (Februar)–März.

Ein weiteres Kennzeichnungselement ist die Blattgradierung. Tees kommen als Blatt- oder als Broken-Tees in den Handel. Folgende Begriffe werden häufig verwendet. Sie sind jedoch sehr länderspezifisch im Gebrauch. Eine internationale Vergleichbarkeit ist nicht gegeben. Es gibt einen ISO-Standard, der die Tees durch Siebanalyse charakterisiert.

Blatt-Tees: geordnet nach Teilchengröße (abnehmend)
Flowery Orange Pekoe (FOP): Golden Flowery Orange Pekoe (GFOP) beinhaltet einen Hinweis auf die „tips"; ebenso Tippy Golden Flowery Orange Pekoe (TGFOP). Dünnes, drahtiges Blatt mit Blattspitzen („tips"), die als hellbraune (silber/golden) Partikel erscheinen. Hoher Anteil an „tips" ist ein Zeichen für die Verwendung junger Teeblätter, stellt aber kein besonderes Qualitätsmerkmal dar.
Orange Pekoe: langes Blatt.
Pekoe: gedrehtes, gröberes Blatt als Orange Pekoe; in Sri Lanka eine Bezeichnung für einen groben Broken-Tee.

Broken-Tees:
Flowery Broken Orange Pekoes (FBOP) auch als GFBOP und TGFBOP (vgl. Blatt-Tees).
Broken Orange Pekoe (BOP) enthält weniger „tips" als FBOP. Daneben gibt es auch ein BOP 1. In Indien ist dieser BOP 1 eine andere Bezeichnung für FBOP, in Sri Lanka eine Bezeichnung für einen Halb-Blatt-Tee (zwischen OP und BOP).
Broken Pekoe (BP) ist, wenn er nach klassischer Technologie hergestellt ist, ein Tee mit vielen Blattrippen, was einen dünnen Aufguss bedingt. Wird der BP durch das CTC-Verfahren hergestellt, ergibt er einen kräftigen Aufguss.
Fannings (Pekoe Fannings): kleine Blattpartikel ohne Stängel und Stiele. Aufgrund der geringen Partikelgröße sind Fannings gut extrahierbar. Sie werden hauptsächlich im Teebeutel-Bereich eingesetzt. *Dust* ist die Bezeichnung für die feinste Absiebung. Auch Dust wird hauptsächlich im Teebeutelbereich verwendet. Es gibt eine Reihe weiterer Begriffe, die gelegentlich benutzt werden.
Besondere Angebotsformen: Tee in Teebeuteln. Ziegeltee, d. h. gepresster Dust. Besondere Trendprodukte sind z. B. Weißtees oder spezielle Mischungen – manche auch unter Mitverwendung von teeähnlichen Getränken. Im Bereich der Nahrungsergänzungsmittel sind Extrakte mit erhöhten Gehalten an Polyphenolen im Handel oder Präparate, die L-Theanin enthalten. Ein Beispiel ist der Chai-Tee, welcher eine Mischung aus Schwarztee und Gewürzen wie Kardamom, Ingwer, Zimt, Nelken, Fenchel und Anis enthält. Dieser Tee wird (meist) mit einer Mischung aus Wasser und Milch zubereitet und erfreut sich nicht nur bei Anhängern der ayurvedischen Gesundheitslehre einer zunehmenden Beliebtheit.

32.3.4
Chemische Zusammensetzungen und besondere Bestandteile

Chemische Zusammensetzungen von grünem und schwarzem Tee sind nachfolgend zusammengestellt (nach [28, 29] verändert).

	Grüner Tee	Schwarzer Tee
Gesamtphenole	10–24%	8–22%
Flavanole (Catechine)	8–21%	0,5–10%
Flavonole u. -glykoside	0,5–2%	0,5–2%
Chlorogensäuren	0,2–0,9%	0,2–0,9%
Gallussäure	0,01–0,19%	0,16–0,60%
Theogallin	0,1–1,4%	0,1–1,0%
Theaflavine	n. n.	0,3–2,5%
Proanthocyanidine	0,13–1,89%	0,10–0,98%
Bisflavonole	0,01–0,11%	0,33–0,81%
Thearubigine	Spuren	bis 15%
Polysaccharide	14%	14%
Protein	15%	15%
Coffein	1,5–5,2%	2,0–5,4%
Aminosäuren/Peptide	4%	5%
Theanin	0,1–1,5%	0,1–1,5% (3,6%)
Zucker	4%	4%
Organische Säuren	0,5%	0,5%
Mineralstoffe	5%	5%
Aromastoffe	0,01%	0,02%

Der Übergang der Stoffe in das Getränk hängt von der Blattgröße, der Ziehzeit und der Wassertemperatur ab. Für einen 2-Minuten-Aufguss (Teebeutel) liegen die Übergangsraten für Coffein, Chlorogensäuren, Theogallin und Gallussäure nahe 100%, für Flavonol- und Flavonglycoside bei etwa 70%, für Theaflavine bei etwa 40% und für die Catechine bei etwa 50% [30]. Die Zucker, Mineralstoffe und Peptide werden ebenso fast vollständig extrahiert.

Besondere Bestandteile

Polyphenole: Frische Teetriebe enthalten eine Reihe von Flavanolen (Catechinen). Mengenmäßig dominieren Epigallocatechingallat (9–13% d. Tr.), Epicatechingallat und Epigallocatechin (je 3–6%) sowie Epicatechin (1–3%) und andere (Catechin, Gallocatechin, 1–2%, nach anderen Angaben auch höhere Werte). Flavonolglykoside (Quercetin-, Kaempferol- und Myricetinglykoside, 14 Verbindungen) sind in der Summe zu etwa 1–2% vorhanden. Diese Flavonoide sollen für die besonderen Wirkungen und den Geschmack des (grünen) Tees verantwortlich sein (s. auch Kap. 42.12). Flavon-C-glycoside sind in einer deutlich geringeren Menge verglichen mit den Flavonolglykosiden vorhanden (etwa Faktor 10 geringer). Aufgrund ihrer Stabilität überstehen letztere die Behandlungsverfahren bei der Extraktherstellung und könnten so als analytisches Kriterium für die Verwendung von Tee dienen, allerdings ist die Bestimmung relativ aufwändig.

Proanthocyanidine/Bisflavanole: es sind 14 verschiedene Proanthocyanidine (Mono-, Di- und Trimere) bekannt, die in der Summe im grünen Tee etwa 0,8%, in schwarzem Tee etwa 0,5% ausmachen. Die Gehalte an Bisflavanolen sind in grünem Tee gering (ca. 0,05%), während in schwarzem Tee etwa 0,65% vorhanden sind.

Bei der Herstellung von schwarzem Tee entstehen aus einem Teil der Flavanole die Theaflavine und die Thearubigine. Beide Gruppen tragen zur Farbe des Aufgusses bei und sind bisher nur im schwarzen Tee beschrieben. Es gibt 4 Hauptkomponenten, die etwa 90% des Gehaltes an Theaflavinen und ähnlichen Verbindungen ausmachen. Die Gehalte der Theaflavine liegen bei etwa 1–2,5%; die Gehalte in Darjeelingtees oft deutlich darunter. Thearubigine sind eine chemisch heterogene Gruppe von Pigmenten, die unterschiedliche Molekulargewichte aufweisen. Die Gehaltsangaben der Literatur beruhen lediglich auf Differenzbestimmungen [30]. Bisher sind keine konkreten Thearubigine strukturell bekannt.

Depside: Caffeoyl- und Cumaroylchinasäuren (6 Verbindungen, Summe etwa 0,2–0,7%) vorhanden, ebenso Theogallin (3-Galloylchinasäure). Letzteres kommt nur im Tee vor. Die Gehalte liegen meist bei 0,2–1%.

Coffein: 1,5–5,5%, meist zwischen 2 und 4%. Die Gehalte in weißen Tees liegen an der oberen Grenze.

Theobromin: 0,05–0,4%

Theophyllin: sehr geringe Gehalte

L-*Theanin:* (5-N-Ethyl-Glutamin) macht die Hauptmenge der freien Aminosäuren des Tees aus. Theanin wurde bislang, außer in *C. sinensis*, nur noch in einem Pilz (Maronen-Röhrling) nachgewiesen. Die Gehalte liegen meist zwischen 0,1 und 1,5%.

Aromastoffe: Es gibt keine „aroma impact compound". Bislang sind etwa 500 verschiedene flüchtige Komponenten im Tee beschrieben [31]. Relevante Aromastoffe werden z. B. aus Glycosiden als Precursoren enzymatisch gebildet, wobei insbesondere bei Oolong und schwarzem Tee das Enzym β-Primoveridase eine wichtige Rolle spielt [32].

Mineralstoffe: Etwa 50% der Asche bestehen aus Kalium. Weiterhin sind die Fluoridgehalte vergleichsweise hoch (100–600 mg/kg i. Tr.).

Pestizidrückstände: Die Pestizidrückstände im Tee lagen fast immer unter der Höchstmenge. Einzelne Überschreitungen, speziell bei Grüntees, traten gelegentlich auf, lagen aber in der gleichen Größenordnung wie bei anderen pflanzlichen Produkten, siehe auch unter 32.4.1.

Die Zahl der Publikationen über protektive Wirkungen von Tee-Inhaltsstoffen, insbesondere der o. a. phenolischen, ist gewaltig. Einige Reviews fassen verschiedene Aspekte zusammen, z. B. [33–36].

32.3.5
Teeähnliche Getränke

Allgemeines

Aufgrund der Vielzahl der Produkte ist eine zusammenfassende Beschreibung nicht möglich. Für einige Produkte findet man kurze Beschreibungen in den Leitsätzen oder in den EHIA-Publikationen [4, 37]. Ergänzend können als Anhaltspunkte für einige Produkte die Spezifikationen aus dem pharmazeutischen Bereich zum Vergleich herangezogen werden, z. B. [38], wobei allerdings deutlich zwischen Lebensmittel- und Arzneitees zu unterscheiden ist. Ein gewisser „Graubereich" sind Produkte, die für sich funktionelle Eigenschaften reklamieren.

Ein Beispiel für die Problematik ist Süßkraut (*Stevia rebaudiana*), das in der EU als Lebensmittel oder -bestandteil nicht zugelassen ist [6,7,39], was durchaus nicht unumstritten ist (s. dazu Kap. 35.3.1).

Besondere Bestandteile

Anregend wirkende Alkaloide sind in Mate (Yerba, Paraguaytee) zu etwa 0,5–1,5% (Coffein) bzw. 0,3–0,5% (Theobromin) und in Guarana (ca. 4% Coffein) enthalten.

Ein mögliches Problem ist eine gelegentlich auftretende Kontamination mit Salmonellen, die u. a. zu der Empfehlung führt, die Produkte mit kochendem Wasser aufzugießen [40]. Seitens der EHIA wurden in 2008 Empfehlungen für Mindestanforderungen an die mikrobiologische Beschaffenheit der Produkte publiziert [41].

Für Fencheltees ist als besonderer Bestandteil das Estragol (1-Allyl-4-methoxybenzol) zu nennen, das seitens des SCF aufgrund von Tierexperimenten als genotoxisch und cancerogen eingestuft wurde [42]. Eine weitere Stellungnahme liegt seitens der EMEA [43] und einer Schweizer Arbeitsgruppe vor [44], in der das Risiko für den Menschen als relativ gering bzw. vernachlässigbar beurteilt wird. Seitens der Hersteller wurde eine Selbstverpflichtung zur Minimierung publiziert [45]. Die Informationen hinsichtlich der Zusammensetzung von Kräuter- und Früchtetees sind bei zahlreichen Produkten weiterhin lückenhaft.

32.4
Qualitätssicherung

32.4.1
Betriebliche Eigenkontrollen und Probenahme

Kaffee und Kaffeeprodukte

Die wichtigste Eigenkontrolle ist die Sensorik, siehe unter 32.4.3. Öfters werden auch Farbe (Geräte im Handel), pH-Wert und Säuregrad, Trockenmasse und bei entcoffeiniertem Kaffee der Coffeingehalt im Betrieb bestimmt. Wird der Röstkaffee unter Schutzgas-Begasung in flexible Packungen abgefüllt, so sollten diese gelegentlich durch Evakuieren in einer Vakuumkammer auf Dichtigkeit geprüft werden. Außerdem sollte der Restsauerstoff-Gehalt bei Stichproben gemessen werden (Geräte im Handel). Er sollte unter 0,5% liegen. Die Vermeidung der Kontamination mit Ochratoxin A ist ein wichtiger Punkt. Wie unter 32.3.2 erwähnt, wird versucht, durch eine Trennung der Pergamenthülle vom Rohkaffee die Hauptkontaminationsquelle auszuschalten, was bereits zu einer Verminderung der Gehalte geführt hat.

Der Gehalt an Acrylamid nimmt mit zunehmendem Röstgrad ab. Bei jedem Röstgrad wird unabhängig von Rösttemperatur und -zeit ein Maximum durchlaufen. Da der Röstgrad ein wesentlicher Qualitätsparameter ist, bestehen nur geringe Möglichkeiten, den Acrylamid-Gehalt zu reduzieren [46].

Die Art der Probenahme von Kaffee ist normalerweise in den Analysenvorschriften festgelegt. Allerdings fehlen manchmal noch Vereinbarungen. Für die Entnahme von Proben aus Säcken (Kaffeebohrer) existiert die ISO-Norm 6666, für diejenige von löslichem Kaffee aus Behältern die ISO-Norm 6670.

Tee und Teeprodukte

In den Ursprungsländern beginnt sich ein Monitoring-System für Pestizid-Rückstände zu etablieren. Höchstmengenüberschreitungen traten vor allem bei chinesischen Grüntees auf, was aufgrund der Vielzahl der Produzenten nicht verwundert. Die Überschreitungen traten meist bei solchen Pestiziden auf, bei denen die Höchstmenge in Europa geändert wurde. In den Importländern haben neben der amtlichen Überwachung die Importeure bzw. deren Organisationen (Deutscher Teeverband, ETC) eigene Monitoring-Systeme etabliert.

Teeähnliche Getränke

Kräuter- und Früchtetees werden z. T. durch Wildsammlung erhalten, z. T. aus Anbau. Wie bereits erwähnt, ist ein „häusliches HACCP-Konzept" durch entsprechend heißes Wasser eine wichtige Vorsorgemaßnahme. Weitere Probleme sind bei einigen Produkten die Kontamination mit Ochratoxin A sowie Kontaminanten (Pestizide, Schwermetalle).

32.4.2
Analytische Verfahren

Kaffee und Kaffeeprodukte

Acrylamid. Die Bestimmung kann mittels GC- oder HPLC-MS erfolgen [47]. Ein horizontales LC-MS-Verfahren wurde auf europäischer Ebene auch für Kaffee validiert [48] (s. auch Kap. 10.3.4).

Asche. Außer der Bestimmung der normalen Asche ist die Bestimmung der Sulfatasche gebräuchlich [13].
Chlorogensäuren. Referenzmethode für alle Kaffee-Produkte: [49] L 46.00-2.
Coffein. [49] L 46.00-3 (HPLC).
Furan. Eine Referenzmethode existiert nicht. Die Bestimmung kann durch Headspace-GC-MS erfolgen [14].
Kohlenhydrate (freie und Gesamt-) in Kaffee-Extrakt: [49] L 46.03-7. Dient vor allem zum Nachweis von Verfälschungen (Holz, Pergamenthüllen, Kaffeemittel).
16-O-Methylcafestol in Röstkaffee: [49] L 46.02-4. Die Eignung von 16-OMC zur Bestimmung von Robusta-Anteilen in Kaffeeproben wird neuerdings kontrovers diskutiert.
Ochratoxin A in Röstkaffee: [49] L 46.02-5 (Durchführung nach L 15.03-1).
pH-Wert, Säuregrad. Referenzmethode (pH-Elektrode, Titration) für Röstkaffee: [49] L 46.02-3, für Kaffee-Extrakt: [49] L 46.03-4.
Unlöslicher Anteil von Kaffee-Extrakt: [49] L 46.03-6 (Filtrieren durch Spezialfilterscheibe, Wiegen des zurückbleibenden Anteils).
Wasser, Feuchtigkeit, Massenverlust, Trockenmasse. Man nimmt an, dass mit der Karl-Fischer-Titration der Wassergehalt ziemlich genau erfasst wird. Darauf beruhen die Referenzmethoden für Röstkaffee [49] L 46.02-1 (nach Extraktion mit Methanol), für Kaffee-Extrakt [49] L 46.03-5 und für Rohkaffee DIN 10766 (nach Destillation mit Dioxan). Die Trockenmasse wird über die Feuchtigkeit oft durch Erhitzen im Trockenschrank (ISO/DIS 1446 in gemahlenem Rohkaffee bzw. ISO/DIS 6673 (L 46.01-3) für ganzen Rohkaffee, [49] L 46.02-6 für Röstkaffee) oder Vakuumtrockenschrank ([49] L 46.03-2 (EG) für Kaffee-Extrakt) ermittelt.
Wasserlöslicher Extraktanteil. Referenzmethoden: [49] L 46.02-2 für Röstkaffee, DIN 10775/2 (L 46.01-2) für Rohkaffee.
Alle in [49] gesammelten Referenzmethoden liegen auch als DIN-Normen vor, die entsprechenden Nummern finden sich dort.

Tee und Teeprodukte

Eine besondere Rolle bei der Qualitätsbeurteilung von Tee spielt die Sensorik, die durch professionelle Tea-Taster vorgenommen wird. Auch die Authentizität der Proben (Herkunft) wird häufig durch Tea-Taster beurteilt, siehe auch 32.4.3.
Trockenmasse: Durch 6-stündiges Trocknen bei 103 °C [49] L 47.00-1. Probenvorbereitung: Zerkleinern, Sieben und Homogenisieren [49] L 47.00-2.
Asche: Neben der Gesamtasche [49] L 47.00-3 ist die Bestimmung der salzsäureunlöslichen Asche L 47.00-5, der wasserlöslichen und wasserunlöslichen Asche L 47.00-8 spezifiziert. Wasser-Extrakt: [49] L 47.00-4.
Coffeingehalt: die Referenzmethode ist die Bestimmung mittels RP-HPLC L 47.00-6 nach Aufschluss mit MgO.
Drei Verfahren gibt es zur Bestimmung von Coffein und Theobromin: eines für festen Tee-Extrakt und Zubereitungen mit Tee-Extrakt (L 47.05-1, RP-HPLC

nach Reinigung an einem Ionenaustauscher), eines zur Bestimmung in flüssigen Teegetränken (L 47.08-1/1, Prinzip wie vorstehend) und eines für flüssige Teegetränke mit geringem Theobromingehalt (47.08-1/2, SPE, Ionenaustausch und RP-HPLC).

Herstellung eines Aufgusses zur sensorischen Prüfung von Tee: Aufguss (2 g/150 ml) mit Wasser geringer Härte in Spezialtassen [49] L 47.00-7 bereiten. Zur mikroskopischen Untersuchung von Tee vgl. [50, 51]. Das Schweizerische Lebensmittelbuch [3] enthält Vorschriften zur Bestimmung des Wassers (Trockenschrankmethode), des wässrigen Extraktes (pyknometrisch), der Gerbstoffe (Kupferfällung, iodometrische Bestimmung; entspricht der zurückgezogenen DIN 10806:1986), von Coffein (photometrisch nach Säulenchromatographie), Asche, von Begasungsmitteln sowie zur mikroskopischen Analyse.

Fluorid wird nach [49] L 47.03-1 potentiometrisch bestimmt.

Alle in [49] angegebenen Methoden liegen auch als DIN-Normen vor, die entsprechenden Nummern finden sich dort. Seitens der ISO (inzwischen vom DIN übernommen) wurde eine Methode zur Gesamtphenolbestimmung mittels Folin-Ciocalteu-Test als Standardmethode international überprüft und veröffentlicht [52]. In dieser Methode wird als Referenzsubstanz Gallussäure-Monohydrat eingesetzt und die Ergebnisse werden als Gallussäureäquivalente angegeben. Weiterhin wurde eine RP-HPLC-Methode zur Bestimmung der wichtigsten Flavanole (Catechine, konkret: Epigallocatechingallat, Epicatechingallat, Epigallocatechin, Epicatechin und Catechin) zusammen mit Gallussäure und Coffein genormt für grünen Tee als ISO-Standard herausgegeben [53]. Grundsätzlich sind mit dieser Methode die Verbindungen auch in schwarzem Tee bestimmbar. Weiterhin können auch die Gehalte an Theogallin, Gallocatechin und -gallat sowie Theobromin bestimmt werden [53], allerdings wurden hier die Präzisionsdaten noch nicht ermittelt. Um die Methode unabhängig von teuren und manchmal nicht ausreichend reinen Catechin-Standards durchführen zu können, wurde sie so ausgelegt, dass man auch mit Coffein kalibrieren und mittels (in internationalen Ringversuchen ermittelten) relativen Response-Faktoren die entsprechenden Gehalte berechnen kann. Die ISO Arbeitsgruppe hat mit diesen Methoden eine Datenbank erstellt, mit dem Ziel, durch das Verhältnis Catechine/Gesamtpolyphenole ein analytisches Unterscheidungskriterium für grüne und schwarze Tees definieren zu können. Mit der Veröffentlichung ist noch 2009 zu rechnen.

Theanin kann nach wässriger Extraktion nach einer geeigneten Derivatisierung mittels RP-HPLC und Fluoreszenzdetektion (oder UV-Detektion) bestimmt werden [54]. Geeignete Derivatisierungen sind z. B. die Umsetzung mit FMOC (9-Fluorenylmethyloxycarbonylchlorid) oder OPA. Die wichtigsten Carotinoide und Chlorophylle können mittels RP-HPLC-DAD bestimmt werden [55].

Zur Testung der antioxidativen Aktivität von Aufgüssen gibt es keine Standardmethode. In einigen Untersuchungen wurde hierzu der TEAC-Test (Trolox Equivalent Antioxidant Capacity) mit ABTS (2,2′-Azino-bis(3-ethylbenzothiazolin-6-sulfonsäure) als Radikal nach [56] eingesetzt.

Teeähnliche Getränke

Für den Lebensmittelbereich gibt es praktisch keine Standardverfahren. Aufgrund der Vielzahl der Produkte ist es auch relativ unwahrscheinlich, dass für einzelne Produkte genormte Verfahren erstellt werden. In einigen Fällen (z. B. Bestimmung der Gesamtphenolgehalte) können Standardverfahren aus dem Teebereich adaptiert werden. Das SLMB Kap. 57 enthält einige mögliche Bewertungskriterien und Untersuchungsmethoden z. B für Mate. Hier finden sich auch Monographien über Brennnessel, Brombeerblätter, Eisenkraut, Fenchel, Hagebutten, Hanf, Hibiscus, Kamille, Lindenblüten, Melisse, Pfefferminz, Orangenblätter, Orangenblüten und Zitronengras.

Für die Bestimmung der Mykotoxine (Aflatoxine, Ochratoxin und Fumonisine) gibt es keine speziell für Kräuter- und Früchtetees ausgearbeitete Methoden. Hier müssen die üblichen Methoden der Bestimmung an die Matrix adaptiert werden.

Die Bestimmung der Cannabinoide in hanfhaltigen Produkten kann z. B. mittels Headspace-SPME-GC-MS erfolgen [57] oder mittels GC-MS nach Extraktion [49] L 47.00-9. Estragol im Teeaufguss wird nach Extraktion mittels tert.-Butyl-methylether (tBME) ebenso mit GC/MS bestimmt [49] L 47.08-2.

**32.4.3
Sensorik**

Kaffee- und Kaffeeprodukte

Die sensorische Beurteilung von Kaffee und Kaffeeprodukten erfordert gründliche Erfahrung und ständige Übung. In den Betrieben wird sie von professionellen Testern und eingearbeiteten Teams ausgeführt. Für ungeübte Personen ist sie schwierig. Eine Standardvorschrift für das Rösten, Mahlen und Aufgießen im Hinblick auf die sensorische Prüfung stellt ISO 6668 dar. Eine entsprechende DIN-Norm konnte nicht erstellt werden, weil die Gepflogenheiten in den deutschen Kaffeefirmen zu unterschiedlich sind. Der Deutsche Kaffee-Verband hat ein Test-Panel eingerichtet, das sich aus erfahrenen Kaffee-Probierern mit langjähriger Praxis zusammensetzt und von dem einzelne Kaffeeproben beurteilt werden können.

Für den Aufguss empfiehlt die ISO-Norm ein Röstkaffee/Wasser-Verhältnis von 7:100. In Deutschland ist ein Verhältnis von 5:100 üblich.

Der Kaffeeaufguss kann nach folgenden Kriterien bewertet werden [58–61]:

- nach der Kaffee-Art: Robusta, Brasil, Mild (= anderer Arabica),
- nach dem Gesamteindruck: z. B. als frisch, neutral, wässrig/dünn, derb/breit, sanft/mild, weich/süß, kratzig/rau, hart, bitter
- nach dem Körper/der Tassenfülle, z. B. leer, voll
- nach der Acidität: z. B. feine Säure, spitze Säure

- nach dem Geruch/Aroma (das retronasal wahrgenommen wird und häufig als „Geschmack" bezeichnet wird): z. B. Röstgeschmack, Getreide, karamellartig/malzig, Schokolade, rauchig/verbrannt, erdig, alt, ranzig, Hydrolysatgeschmack
- nach Defekten: z. B. sauer, säuerlich, fruchtig, grün (unreife Bohnen), überfermentiert, muffig, Stinker [58–61].

Ein international viel verwendetes Vokabular ist von der ICO (International Coffee Organization) [59] veröffentlicht worden.

Tee und Teeprodukte

Die Sensorik ist ein sehr wichtiges Kriterium für den Handel, da der Tee-Einkauf auf dieser Basis funktioniert. Beim Deutschen Teeverband existiert ein Tea-Taster Panel, bei dem Teeproben neutralisiert ohne Firmen- oder Einsenderangaben auf Antrag von Lebensmittelüberwachungsbehörden, wissenschaftlichen Institutionen und der Wirtschaft überprüft werden können. Die Prüfungen beinhalten sensorische, warenkundliche und fachliche Prüfungen, weiterhin können Ursprungsangaben und Qualitätsbezeichnungen geprüft werden.

Teeähnliche Getränke

Aufgrund der Vielzahl der Produkte ist die Beschreibung hier schwierig. Die Sensorik spielt auch hier eine bedeutende Rolle, insbesondere bei der Zusammenstellung von Mischungen.

32.5
Literatur

1. Zipfel/Rathke, KaffeeV – Verordnung über Kaffee, Kaffee- und Zichorien-Extrakte vom 15. November 2001 (BGBl. I Nr. 60 vom 23.11.2001 S. 3107; 20.12.2002 S. 4695; 22.02.2006 S. 444)
2. Clarke RJ, Macrae R (1985–1988) Coffee. Vol. 1–6. London New York: Elsevier
3. SLMB, Kap. 35 (Kaffee)
4. DLB Leitsätze für Tee, teeähnliche Erzeugnisse, deren Extrakte und Zubereitungen
5. ETC (European Tea Committee) (1999) Code of Practice for Tea Drinks, Paris
6. DLR (2000) 96(5):172–176
7. DLR (2002) 98(2):35–39
8. Bundesgesundheitsbl. – Gesundheitsforsch – Gesundheitsschutz (1999) 42:360–361
9. http://www.bvl.bund.de/acrylamid
10. Pfau W, Skog K (2004) J. Chromatogr. B 802:115–126
11. Gomes A, Casal S, Alves R, Oliveira MBPP (2006) Colloq. Sci. Int. Café [ASIC] 21:CD-ROM
12. Maier HG (1981) Kaffee. Berlin Hamburg: Parey
13. Homma S (2001) Non-volatile Compounds, Part II. In: Clarke RJ, Vitzthum OG (eds) Coffee. Recent Developments. Oxford: Blackwell Science, pp 50–67

14. Kuballa T, Stier S, Strichnow N (2006) Dtsch. Lebensm. Rdsch. 101:229–235
15. Flament I, Bessière-Thomas Y (2002) Coffee Flavor Chemistry. Chichester: Wiley & Sons
16. Schenker S, Heinemann C, Huber M, Pompizzi R, Perren R, Escher F (2002) J. Food Sci. 67:60–66
17. Sanz C, Czerny M, Cid C, Schieberle P (2002) Eur. Food Res. Technol. 214:299–302
18. Frank O, Zehentbauer G, Hofmann T (2006) Dev. Food Sci. 43:165–168
19. Frank O, Blumberg S, Kunert C, Zehentbauer G, Hofmann T (2007) J. Agric. Food Chem. 55:1945–1954
20. Ginz M, Engelhardt UH (2001) Colloq. Sci. Int. Café [ASIC] 19:CD-ROM
21. Balzer HH (2001) Acids in coffee. In: Clarke RJ, Vitzthum OG (eds) Coffee. Recent Developments. Oxford: Blackwell Science, pp 18–32
22. Barlianto H, Maier HG (1995) Z. Lebensm. Unters. Forsch. 201:375–377
23. Maier HG (1999) Dtsch. Lebensm. Rdsch. 95:487–495
24. Maier HG (1991) Dtsch. Lebensm. Rdsch. 87:69–75
25. Klein H, Speer K, Schmidt EHF (1993) Bundesgesundhbl. (3) 98–100
26. ISO 3720 – Black tea definition (wird derzeit überarbeitet)
27. Hilal Y, Engelhardt UH (2007) J. Consum. Prot. Food Saf. 2:414–421
28. Millin DJ (1987) in Herschdoerfer SM (ed) Quality Control in the Food Industry Bd. 4. Academic Press, pp 127–160
29. Engelhardt UH, Lakenbrink C, Lapczynski S (1999) ACS Symp. Ser. 754:111–118
30. Lakenbrink C, Lapczynski S, Maiwald B, Engelhardt UH (2000) J. Agric. Food Chem. 48(7):2848–2852
31. Schreier P (1988) in Linskens HF, Jackson JF (eds) Analysis of nonalcoholic beverages. Berlin: Springer, pp 296–320
32. Ma SJ, Mizutani M, Hiratake J, Hayashi K, Yagi K, Watanabe N, Sakata K (2001) Biosci. Biotechnol. Biochem. 65(12):2719–2729
33. Crespy V, Williamson G (2004) J. Nutr. 134:3431S–3440S
34. Rietveld A, Wiseman S (2003) J. Nutr. 133(10):3285S–3292S
35. Yang CS, Lambert JD, Ju J, Lu G, Sang S (2007) Tox. Appl. Pharm. 224:265–273
36. Jochmann N, Baumann G, Stangl V (2008) Curr. Opin. Clin. Nutr. Metab. Care 11(6):758–765
37. http://www.ehia-online.org/documents/Compendium_of_EHIA_ Guidelines-Foodstuff_specifications_for_herbal_infusions_products-rev.version_ 28th_November_2000.pdf
38. Wichtl M (2002) Teedrogen und Phytopharmaka. Stuttgart: Wissenschaftliche Verlagsgesellschaft
39. ABL L61 (2002), S. 14
40. Epidemiologisches Bulletin des RKI, 31 (2004)
41. http://www.ehia-online.org/documents/microbiological_status_untreated_herbal_ materials.pdf
42. http://europa.eu.int/comm/food/fs/sc/scf/out104_en.pdf
43. http://www.emea.europa.eu/pdfs/human/hmpc/033803_en.pdf
44. Iten F, Saller R (2004) Forsch. Komplementärmed. Klass. Naturheilkd. 11(2):104–108
45. DLR (2002), 98 (9):354
46. Guenther H, Anklam E, Wenzl T, Stadler RH (2007) Food Addit. Contam. 24 Suppl 1:60–70
47. Delatour T, Perisset A, Goldmann T, Riediker S, Stadler RH (2004) J. Agric. Food Chem. 52:4625–4631
48. http://irmm.jrc.ec.europa.eu/html/activities/acrylamide/eur_23403_en_aa_coffee_ validation_study_final_report.pdf

49. ASU
50. Wurziger J (1970) in Schormüller, J (ed) Handbuch der Lebensmittelchemie Bd VI. Berlin: Springer, pp 139–175
51. Gassner G, Hofmann B, Deutschmann B (1989) Mikroskopische Untersuchung pflanzlicher Lebensmittel. Stuttgart: Gustav Fischer, pp 242–246
52. ISO 14502 (2005) Part 1 + Corrigendum 1:2006
53. ISO 14502 (2005) Part 2 + Corrigendum 1:2006
54. Desai MJ, Armstrong DW (2004) Rapid Commun. Mass Spectrom. 18(3):251–256
55. Suzuki Y, Shioi Y (2003) J. Agric. Food Chem. 51(18):5307–5314
56. Re R, Pellegrini N, Proteggente A, Pannala A, Yang M, Rice-Evans C (1999) Free Radic. Biol. Med. 26 (9–10):1231–1237
57. Lachenmeier DW, Kroener L, Musshoff F, Madea B (2004) Anal. Bioanal. Chem. 378(1):183–189
58. Illy A, Viani R (eds) (2005) Espresso Coffee. 2nd Edition. Amsterdam: Elsevier, pp 116–134
59. ICO (International Coffee Organisation) (1991) Sensory evaluation of coffee. London: ICO
60. ISO 10470 (2004) Green coffee – Defect reference chart
61. ISO/FDIS 4149 (2004) Green Coffee – Olfactory and visual examination and determination of foreign matters and defects

Aromen

Uwe-Jens Salzer[1] · Gerhard Krammer[2]

[1] Carl-Diem-Weg 34, 37574 Einbeck, uwe-jens.salzer@web.de
[2] Symrise GmbH + Co KG, Mühlenfeldstr. 1, 37605 Holzminden, gerhard.krammer@symrise.com

33.1	Lebensmittelwarengruppe	809
33.2	Beurteilungsgrundlagen	809
33.2.1	Rechtliche Grundlagen und Leitsätze	809
33.2.2	Erläuterungen zu den Begriffsbestimmungen	810
33.3	Warenkunde	811
33.3.1	Herstellung von Aromastoffen und Aromen	811
33.3.2	Aromastoffe in Lebensmitteln/Anwendung	811
33.4	Qualitätssicherung	814
33.4.1	Einleitung	814
33.4.2	Sensorik	815
33.4.3	Probenvorbereitung	815
33.4.4	Chromatographie	815
33.4.5	Detektion und Identifizierung von Aromastoffen	819
33.4.6	Authentizitätsprüfung	819
33.5	Literatur	823

33.1
Lebensmittelwarengruppe

Aromen sind Zubereitungen/Mischungen aus Aromastoffen und/oder Aromaextrakten. Weiterhin gibt es Rauch- und Reaktionsaromen. Alle Einzelbestandteile können auch als Aroma bezeichnet werden, z. B. der Aromastoff Vanillin.

33.2
Beurteilungsgrundlagen

33.2.1
Rechtliche Grundlagen und Leitsätze

Aromen sind Produkte, die in oder auf Lebensmitteln verwendet werden, um ihnen einen besonderen Geruch und/oder Geschmack zu verleihen. Für Aromen und ihre Anwendungen gelten die folgenden Vorschriften:

– Die deutsche AromenV (AV) vom 22.12.1981 in der gültigen Fassung [1], in ihr sind die Regelungen der EG-Aromen-RL (EGAR) vom 22.06.1988 [2] in nationales Recht umgesetzt worden. AV und EGAR werden abgelöst von der VO (EG) Nr.1334/2008 über Aromen und bestimmte Lebensmittelzutaten mit Aromaeigenschaften vom 16.12.2008 [3]. Diese VO gilt ab dem 20.01.2011, bestimmte Anhänge ab dem 20.01.2009, im übrigen bleiben jedoch [1] und [2] vorerst in Kraft. Laut Artikel 10 der VO [3] dürfen in der EG nur noch Aromastoffe verwendet werden, die in einer Gemeinschaftsliste enthalten sind. Die Aromastoffe werden zzt. von der European Food Safety Authority/ Europäische Behörde für Lebensmittelsicherheit bewertet; die EU-Kommission wird die Liste bis spätestens 31.12.2010 erstellen. Mit Inkrafttreten der Gemeinschaftsliste wird die bisherige Unterscheidung der synthetischen Aromastoffe in naturidentisch (in der natur vorkommend) und künstlich (nicht in der Natur vorkommend) entfallen. Es gibt dann nur noch Aromastoffe und natürliche Aromastoffe.
– VO(EG) über Raucharomen [4] vom 10.11.2003 regelt Aromen mit Rauchgeschmack und verlangt die Zulassung der sog. Primärprodukte = Rauchkondensate mit entsprechenden analytischen und toxikologischen Unterlagen.
– Die RL über andere Zusatzstoffe als Farbstoffe und Süßungsmittel [5] enthält gemäß Artikel 6 der EGAR ein Verzeichnis der Stoffe, die für die Auflösung, Verdünnung (Lösungsmittel, Trägerstoffe und Emulgatoren), Lagerung (Konservierungsstoffe und Antioxidantien) und Verwendung (Geschmacksverstärker, Säuerungsmittel etc.) von Aromen in Lebensmitteln benötigt werden, umgesetzt in die deutsche ZZULV. Diese RL bzw. V wird von der VO(EG) Nr. 1333/2008 [6] über Lebensmittelzusatzstoffe vom 16.12.2008 ab 20.01.2010 abgelöst. Da sie jedoch noch keine Zusatzstofflisten enthält, gelten auch hier [5] und ihre Umsetzung in nationales Recht vorerst weiter.
– Die Kennzeichnung von Aromen und ihre Bezeichnung in der Zutatenliste des verzehrsfertigen Lebensmittels werden in der LMKV geregelt.
– Als weitere gesetzliche Regelungen für Aromen sind die THV [7], die zugelassene Extraktionslösungsmittel enthält, und die
– EG-RHM-VO [8] über Höchstgehalte an Pestizidrückständen in oder auf Lebens- und Futtermitteln zu erwähnen. Außerdem zu nennen
– Leitsätze des Deutschen Lebensmittelbuches, z. B. die Leitsätze für Gewürze und andere würzende Zutaten [9], in denen u. a. die Gewürzaromen = Gewürzextrakte in einer Fußnote definiert sind.

33.2.2
Erläuterungen zu den Begriffsbestimmungen

Die Bestandteile von Aromen sind entweder einheitliche Aromastoffe oder Gemische. Zu den Aromaextrakten zählen alle traditionell mit physikalischen Methoden aus natürlichen Ausgangsstoffen gewonnenen Produkte wie etherische

Öle, Absolues (auf kaltem Wege gewonnene Essenzen aus Blüten oder anderen Pflanzenteilen), Extrakte (= Oleoresine), Tinkturen und Konzentrate. Einige toxikologisch bedenkliche Produkte sind verboten, z. B. Bittersüßstängel, und einige natürlich vorkommende Aromastoffe dürfen nur als Bestandteil von Aromaextrakten verwendet werden und sind höchstmengenbegrenzt, z. B. Cumarin, Thujon u. a. Die natürlichen und naturidentischen Aromastoffe, die Aromaextrakte und die Reaktionsaromen zählen zu den Lebensmitteln, während die künstlichen Aromastoffe und die Raucharomen Zusatzstoffe sind. Die ersteren sind in Anlage 5 Nr. 1 zu § 3 der AVO zugelassen, die Zulassung der letzteren ist in der VO über Raucharomen [6] geregelt.

33.3
Warenkunde

33.3.1
Herstellung von Aromastoffen und Aromen

Natürliche Aromastoffe und **Aromaextrakte** werden durch enzymatische oder mikrobiologische Verfahren gewonnen, d. h. durch biotechnologische Prozesse unter Einsatz von Mikroorganismen oder aus ihnen isolierten Enzymen, Einzelheiten in [10a]. Ausgangsstoffe für die Synthese **anderer Aromastoffe** sind Chemikalien oder Naturstoffe, z. B. Lignin für die Vanillinsynthese. **Reaktionsaromen** werden mit Hilfe der Maillard-Reaktion aus Zuckern und aminogruppenhaltigen Verbindungen hergestellt, ausführlich beschrieben z. B. in [10b]. Die Herstellung von **Raucharomen** beginnt mit dem Kondensieren oder Auffangen des Rauches in einer Flüssigkeit, aus diesen „Primärprodukten" wird das endgültige flüssige oder trockene Raucharoma zubereitet, siehe z. B. [10c].

Aus den genannten Komponenten wird zusammen mit Lösungsmitteln (Alkohol/Wassermischungen, Propylenglykol, Triacetin u. a.) oder Trägerstoffen (Salz, Maltodextrin, Zucker etc.) das **fertige Aroma** gemischt, dieses kann flüssig, trocken oder pastös sein. Die von den Flavouristen erarbeiteten Aromarezepturen enthalten die Zusammensetzung, die Rohstoffe und deren Mengen, die vom Milligrammbereich bis zum Tonnenmaßstab reichen können. Der Mischbetrieb einer Aromenfirma arbeitet in der Regel – computergesteuert – vollautomatisch, nur bestimmte (Vor-)Mischungen werden von Hand verwogen, Einzelheiten z. B. bei [10d].

33.3.2
Aromastoffe in Lebensmitteln/Anwendung

Aromastoffe haben eine große Bedeutung bei der geruchlichen und geschmacklichen Wahrnehmung eines Lebensmittels, denn dieses enthält eine hohe Anzahl von Aromastoffen (Banane z. B. etwa 220 [11]) in geringen Konzentrationen,

Tabelle 33.1. Aromastoffgehalte

Lebensmittel	Gehalte in mg/kg
Banane	12–18
Brot	6–10
Erdbeere	2–8
Fleisch	30–40
Haselnuß	6–13
Himbeere	2–5
Kakao	ca. 100
Kaffee	ca. 2 000
Passionsfrucht	30–40
Tomate	3–5

s. Tabelle 33.1. In diesem Konzentrationsbereich werden auch Aromen eingesetzt: mittlerer Dosierungsbereich mg/kg bis mg/t [12].

Ein Teil der Lebensmittel enthält Aromastoffe, die das charakteristische Aroma dieses Produktes besonders prägen. Diese Verbindungen werden als Schlüsselsubstanzen (engl. *Character Impact Compounds*) bezeichnet, s. Tabelle 33.2. Die Konzentration der Schlüsselsubstanzen kann im unteren µg/kg-Bereich liegen und trotzdem eine eindeutige Typisierung des Lebensmittels bewirken. Ausschlaggebend ist der geringe Schwellenwert dieser Verbindungen, z. B. beträgt er für α-Ionon 0,4 µg/kg in Wasser. Dasselbe gilt aber auch für Substanzen, die Fehlnoten hervorrufen können.

Nahrungsmittel müssen schmackhaft, über einen längeren Zeitraum in ausreichender Menge und in entsprechender Vielfalt verfügbar sein, um akzeptiert zu werden. Die Akzeptanz eines Lebensmittels wird durch sein Aroma bestimmt, damit erhöht sich der effektive Nährwert der Kost. Aromastoffe sind daher wichtige Elemente in der menschlichen Ernährung. Dazu kommt, dass Aromastoffe die Fähigkeit haben, die Absonderung der Verdauungssäfte zu stimulieren und somit die Verdauungstätigkeit zu verstärken. Für die industrielle Herstellung von Nahrungsmitteln werden entsprechend gefertigte Aromen benötigt. Die technischen Funktionen von Aromen in verarbeiteten Lebensmitteln können wie folgt unterschieden werden:

- Den Aromaverlust während des Herstellprozesses zu kompensieren.
- Die Stabilität des Geschmacksprofils im Endprodukt zu gewährleisten.
- Spezifische Geschmacksnoten besser hervorzuheben, z. B. in Erfrischungsgetränken mit Citrusnoten.
- Unerwünschte Geschmacksnoten zu überdecken, z. B. in nährwertreduzierten Nahrungsmitteln.
- Vollkommen neue Produkte zu kreieren, z. B. funktionelle Lebensmittel.

Tabelle 33.2. Charakteristische Geschmacksstoffe

Ananas	Furaneol
Ananas	Allylcapronat
Anis	Anethol
Apfel	2E-Hexenal
Birne (Williams)	2E-4Z-Ethyldecadienoat
Birne	Hexylacetat
Bittermandel	Benzaldehyd
Buccoblätter	8-Mercaptomenthanon
Butter	Diacetyl
Dill	Dillether
Erbse	2-Methoxy-3-isobutylpyrazin
Eukalyptus	1,8-Cineol
Estragon	Estragol
Fleisch	2-Methyl-3-thiolfuran
Grapefruit	Nootkaton
Gurke	2E-6Z-Nonadienal
Haselnuss	Filberton
Himbeere	Himbeerketon
Himbeere	α-Ionon
Kartoffelchips	Methional
Knoblauch	Diallyldisulfid
Kokosnuss	δ-Octalacton
Krauseminz	L-Carvon
Kümmel	D-Carvon
Mandarine	Methyl-N-methylanthranilat
Nelke	Eugenol
Passionsfrucht	3-Methylthiohexanol
Pfefferminz	L-Menthol
Pfirsich	γ-Decalacton
Pilze	1-Octen-3-ol
Rote Beete	Geosmin
Sellerie	Isobutylidendihydrophthalid
Spargel	Dimethylsulfid
Thymian	Thymol
Vanille	Vanillin
Zimt	Zimtaldehyd
Zitrone	Citral

In der Bundesrepublik werden ca. 15% aller Lebensmittel aromatisiert. Etwa 60% der dafür eingesetzten Aromen sind natürlich. Beispiele für den Einsatz von Aromen in Lebensmittelgruppen zeigt Tabelle 33.3. Bei der Aromatisierung sind die geltenden Vorschriften, Leitsätze des Deutschen Lebensmittelbuches und Richtlinien der Lebensmittelwirtschaft zu berücksichtigen, s. 33.2.1. Eine ausführliche „Aromatisierungsdokumentation", d. h. Tableaus mit Hinweisen zur Aromatisierung findet man in [13].

Tabelle 33.3. Einsatz der Aromen in Lebensmittelgruppen mit Beispielen

Lebensmittelgruppe	Beispiele	Prozentualer Anteil an allen aromatisierten Produkten (ca. %)
Nichtalkoholische Getränke	Von Cola bis Limonade	38
Süßwaren	Von Hartbonbons bis Schokoladenprodukten	14
Würzig-salzige Lebensmittel inkl. Knabberartikel	Von Instant-Suppen und Fertiggerichten bis Kartoffelchips und extrudierten Snacks	14
Backwaren	Von Crackern bis Kuchen	7
Milchprodukte	Von Joghurt bis Käse	6
Dessertspeisen	Desserts und Puddinge	5
Speiseeis	Eiscreme auf Milch- und Wasserbasis	4
Alkoholische Getränke	Von Bier- und Wein-Coolern bis Spirituosen	4
Sonstige	Fleischprodukte, Frühstückscerealien u. a.	8

33.4 Qualitätssicherung

33.4.1 Einleitung

Bei der Qualitätssicherung von Aromen spielt die Sensorik eine wichtige Rolle, denn wenn ein Aroma nicht den richtigen Geschmack aufweist, erübrigen sich alle weiteren Untersuchungen.

Für die Beschreibung der geruchlichen und geschmacklichen Eigenschaften von Lebensmitteln müssen Geschmacks- und Aromastoffe analysiert werden. Prinzipiell sind die flüchtigen Verbindungen für den Geruch verantwortlich, während die nichtflüchtigen Komponenten den Geschmackseindruck bestimmen. Trigeminale Effekte können von flüchtigen als auch nichtflüchtigen Verbindungen ausgelöst werden. Es gibt eine Vielzahl verschiedener analytischer Verfahren, die für die Charakterisierung von Aromen eingesetzt werden. Allerdings kann erst die richtige Kombination der verschiedenen Techniken aussagekräftige Ergebnisse liefern. Die Aromenanalytik ist zum einen für die Kreation von neuen Aromen wertvoll, zum anderen findet die Analytik von Aromen eine breite Anwendung im Umfeld der Qualitäts- und Authentizitätsbewertung von Lebensmitteln.

33.4.2
Sensorik

Bei der Entwicklung der modernen Sensorik hat die Aromenindustrie eine maßgebliche Rolle gespielt. Sensorik-Seminare wurden nicht nur zum Trainieren eigener Sensorik-Panels abgehalten, sondern vor allem für die „Kunden", d. h. die Lebensmittel- und Getränkeindustrie. Des Weiteren wird auf Kapitel 11 und hier auf den Teil 11.3 „Analytische Testmethoden" verwiesen, denn es gibt keine eigene „Aromen-Sensorik".

33.4.3
Probenvorbereitung

Das Spektrum von aromaaktiven Verbindungen reicht von hochpolar bis lipophil und von leicht flüchtig bis unverdampfbar. Die Gesamtkonzentration der Aromastoffe im Lebensmittel bewegt sich typischerweise im unteren ppm (mg/kg)-Bereich. Einzelne Spurenkomponenten können dabei sogar im μg/kg- bis ng/kg-Bereich einen wichtigen Beitrag zur Aromenqualität leisten. Erschwerend kommt hinzu, dass die jeweilige Lebensmittelmatrix den Aromastoffen sehr ähnliche physikalische Eigenschaften (Polarität, Siedepunkt/Dampfdruck) aufweisen kann. Tabelle 33.4 gibt eine Übersicht zu den verfügbaren Isolierungs- und Trennverfahren, die im Rahmen der Probenaufarbeitung eingesetzt werden [14].

Zur Bestimmung von *flüchtigen* Aromastoffen wird hauptsächlich die Kopplung Gaschromatographie-Massenspektrometrie (GC/MS) herangezogen. Während flüssige Aromakonzentrate bzw. etherische Öle oftmals direkt in GC/MS-System injiziert werden können, ist bei formulierten Aromen (Trockenaromen) sowie in Lebensmittel applizierten Aromen eine Probenvorbereitung notwendig. Eine neuere Methode für die Quantifizierung von Aromastoffen basiert auf der Verwendung von isotopenmarkierten Verbindungen als internen Standard. Diese „Isotope Dilution Analyses" (IDA) ermöglicht eine genaue Quantifizierung auch im Spurenbereich.

33.4.4
Chromatographie

Auf der Seite der nicht flüchtigen polaren Verbindungen hat sich die *Countercurrent Chromatographie (CCC)* einen festen Platz gesichert. Als Verfahren basierend auf der flüssig-flüssig Verteilungschromatographie können hoch polare Stoffgemische verlustfrei in analytischem und präparativem Maßstab getrennt werden. Verschiedene Systeme wie z. B. die Multilayer Coil Countercurrent Chromatography (MLCCC) sowie das FCPC-System (Fast Centrifugation Partition Chromatography) sind im Einsatz.

Die wichtigsten Trenntechniken in der Praxis sind die Flüssigkeits- und Gaschromatographie. Hoch siedende, temperaturempfindliche und nicht verdampf-

Tabelle 33.4. Übersicht zu Probenaufarbeitungsmethoden in Abhängigkeit von Probenmatrix und Aufgabenstellung

Name und Prinzip	Vorteile	Nachteile	Applikation
Flüssig-Flüssig Extr. (LLE) Extr. der Analyten aus wäßriger Phase mittels organischem Lösungsmittel (Verteilungskoeffizient)	Einfache und robuste Methode; Abtrennung von hochpolaren Matrixbestandteilen (z. B. Wasser, Ethanol, 1,2-Propandiol, Zucker)	Koextr. von lipophilen Matrixanteilen (Fett, Emulgatoren); geringe Wiederfindung von polaren Analyten, Verlust von Leichtflüchtern bei Abdest. von LM	Getränke Aromen in polarer Matrix
Simultane Destillation/Extr. (SDE) Kombination von Wasserdampfdest. und Flüssig-Flüssig-Extraktion	Einfache, robuste, universelle Methode, speziell geeignet bei komplexen Matrices; gute Wiederfindungsraten für mittel- und unpolare Analyten	Geringe Wiederfindung für polare Verbindungen; starke therm. Belastung, ggf. Bildung von Artefakten aus Matrix; Verlust von Leichtflücht. bei Abdest. von LM	Lebensmittel allgemein Gewürze und Extrakte
Solvent Assisted Flavor Evaporation (SAFE) Hochvakuumdest. unterstützt durch Lösungsmittel	Gut geeignet zur Abtrennung flüchtiger Bestandteile aus komplex. Matrices (Fett, Eiweiß, Kohlenhydrate); keine bis geringe therm. Belastung	Betreuungsintensiv; geringe Wiederfindung höhersiedender Subst.; keine Abtrennung von Wasser; Verlust von Leichtflüchtern bei Abdest. von LM	Lebensmittel allgemein
Festphasenextraktion (SPE) Adsorption der Analyten aufgrund Interaktion von funktionellen Gruppen mit Adsorbens	Routinefähige und gut reproduzierbare Methode für abgestimmte Kombination von Analytengrupppe und Adsorbens	Selektive Adsorption von chemischen Klassen; kann in der Regel kein vollständiges Aroma anreichern	Getränke Aromen in polarer Matrix
Statische Headspace Trennung und Anreicherung der Analyten aufgrund Siedepunkt bzw. Dampfdruck	Simple und automatisierbare Probenvorbereitung; empfindliche Nachweismethode für leichtflüchtige Verbindungen	Geringe bzw. schlechte Wiederfindung von mittel- und schwerflüchtigen Verbindungen	Sondermethode für leichtflüchtige Analyten
Headspace Solid Phase Micro Extr. (SPME) Trennung und Anreicherung der Analyten aufgrund von Siedepunkt bzw. Dampfdruck und Adsorptionseffekten	Simple und automatisierbare Probenvorbereitung; speziell geeignet für vergleichende Analytik bei Serien; gute Nachweisempfindlichkeit für leicht- bis mittelflüchtige Subst.	Generelle Diskriminierung schwerflüchtiger Substanzen; selektive Methode, Wiederfindung in Abhängigkeit von Siedepunkt, Polarität und Adsorptionseffekten	Sonder- und Screening methode für leicht- und mittelflüchtigen Analyten

Tabelle 33.4. (Fortsetzung)

Name und Prinzip	Vorteile	Nachteile	Applikation
Thermodesorption Isolierung der Analyten nach dem Prinzip der dynamischen Headspace	Vielseitig einsetzbare Methode; simple Probenvorbereitung; hohe Nachweisempfindlichkeit	Ggf. thermisch induzierte Artefaktbildung bei Desorption; Matrix kann Desorptionsverhalten beeinflussen	Proben aller Art (möglichst geringer Wasseranteil)
Stir-Bar Sorptive Extr. (SBSE) Trennung und Anreicherung der Analyten aufgrund von Adsorptionseffekten	Vielseitig einsetzbare Methode; hohe Nachweisempfindlichkeiten erreichbar; simple Probenvorbereitung	Ggf. Artefaktbildung bei Desorption; Diskriminierung von polaren und semipol. Analyten; erfordert Thermodesorptionseinheit	Proben aller Art (in Wasser löslich bzw. dispergierbar)
Fest-Flüssig-Extr. Extr. der Festprobe durch flüssiges Extr.-mittel (Soxhlet, ASE, SFE, Mikrowellenextr.)	Robuste Methoden; Extraktionseigenschaften der LM können applikationsspezifisch variiert werden	Wenig geeignet für Proben mit lipophilen Matrixanteilen	Gewürze und Pflanzenteile

bare Stoffe werden im analytischen und präparativen Maßstab mit den vielfältigen Varianten der Flüssigchromatographie getrennt. Die Trennung von leicht flüchtigen, unzersetzt verdampfbaren Stoffen erfolgt vornehmlich mit Hilfe der Gaschromatographie. Superkritische Flüssigchromatographie und Elektrophorese, speziell die Kapillarelektrophorese sind weitere relevante Trennmethoden in der analytischen Praxis. Weiterhin finden Dünnschicht- und Papierchromatographie vereinzelt Anwendung [15].

In der Flüssigchromatographie [16] wird heute vorzugsweise die moderne HPLC (engl. high pressure liquid chromatography) eingesetzt. Typische Gruppen und Vertreter von aromarelevanten, nichtflüchtigen Verbindungen sind:

- Zuckerarten (z. B. Fructose, Glucose, Saccharose, Maltose)
- Süßstoffe (z. B. Saccharin, Cyclamat, Aspartam, Acesulfam)
- Bitterstoffe (Coffein, Naringin, Chinin)
- Genusssäuren (z. B. Citronen-, Milch-, Äpfel-, Oxal-, Weinsäure)
- Mineralien (z. B. Natrium, Kalium, Magnesium, Calcium, Chlorid, Phosphat)
- Aminosäuren (z. B. Glutamin) und Ribonukleotide (z. B. IMP, GMP, UMP).

Die Kapillarzonenelektrophorese wird zur Bestimmung von ionischen Verbindungen (Mineralien, Säuren) herangezogen.

Die Ionenaustauschchromatographie oder Ionenchromatographie basiert auf dem Austauschgleichgewicht zwischen Ionen in der mobilen Phase und gleichartigen Ionen in der unlöslichen, hochmolekularen stationären Phase. Der Anwendungsbereich liegt insbesondere im Bereich der Analyse anorganischer Ionen.

Bei der Ausschlusschromatographie erfolgt eine Trennung von Molekülen unterschiedlicher Größe. Wichtige Anwendungen liegen im Umfeld hochmolekularer Spezies, wie Proteine oder Polymere. Es werden die komplementären Techniken der Gelfiltration- und Gelpermeationschromatographie unterschieden. Gelfiltration erfolgt mit wässrigen Lösungsmittel an hydrophilen Packungen. Gelpermeationschromatographie erfolgt mit unpolaren organischen Lösungsmitteln und hydrophoben Packungen.

Im Bereich der kaltgepressten Citusöle leistet die HPLC mit Diodenarray Detection hervorragende Dienste für die Charakterisierung von Cumarin und Psoralen Gehalten sowie für den Nachweis von Ethyl-4-dimethylaminobenzoat (EDMAB), einer Verbindung, die zum Markieren von unerlaubten Zusätzen von destillierten Ölen in kaltgepresste Citrusöle zugesetzt wird.

Neu- und Weiterentwicklungen für schwerflüchtige Verbindungen wie beispielsweise die Hydrophilic Interaction Chromatography (HILIC), die Hochtemperatur-HPLC und die Ultrahigh-Pressure LC [17] sind für die Lösung von speziellen Aufgabenstellungen sehr willkommen.

Die Gaschromatographie [18] repräsentiert eines der wichtigsten Werkzeuge zur Identifizierung und Quantifizierung von komplexen Aromastoffgemischen. Neben der analytischen Zielrichtung wird die Gaschromatographie auch im präparativen Bereich, beispielsweise zur Anreicherung von Spurenkomponenten aus komplexen Gemischen, eingesetzt. Die Anwendung der chiralen Gaschromatographie für die Analyse von chiralen Naturstoffen bei der Authentizitätskontrolle von Aromen, Getränken und etherischen Ölen ist mittlerweile als Routineverfahren etabliert.

Die Neuentwicklungen der Gaschromatographie zielen entweder auf die Ausweitung des Anwendungsbereiches oder die Steigerung des Durchsatzes. Folgende Techniken wurden u. a. in letzter Zeit kommerzialisiert:
a) Bei der Fast-GC [19] wird eine Analysenzeitverkürzung, bei vergleichbarer Trennleistung, durch Erhöhung der Heizrate, beispielsweise durch widerstandsbeheizte Kapillaren und/oder durch Miniaturisierung der stationären Phase, erzielt. Anwendungen liegen im Bereich der Analytik von hoch siedenden Gemischen wie z. B. Bienenwachs, Carnaubawachs oder sogar Rindertalg.
b) Bei der „Comprehensive-GC", oder GCxGC-Technik, wird das Eluat nach einer ersten Trennung in kleinen Fraktionen auf einer kurzen, engen zweiten Trennsäule ein zweites Mal aufgelöst. Die Trennleistung kann, durch Verwendung von Säulen unterschiedlicher Selektivitäten, deutlich erhöht werden. Zudem bietet das erhaltene zweidimensionale Chromatogramm eine systematische Anordnung der Probenkomponenten. Verbindungen ähnlicher Natur werden gruppiert und können als solche identifiziert werden. Moderne Systeme nutzen die GCxGC-Technik in Kombination mit TOFMS-Systemen (TOFMS = Time of Flight Massenspektrometrie) und stellen mit diesem Aufbau sehr große Datenmengen zur Verfügung, die nur mit Hilfe moderner Methoden der Datenverarbeitung (z. B. Dekonvolution) ausgewertet werden können. Interessante Beispiele aus dem Bereich der Allergenanalytik sowie aus der Petrochemie und der Ana-

lyse von etherischen Ölen lassen weitere zukünftige Anwendungsmöglichkeiten erahnen.

Für die Trennung von ionischen Verbindungen können elektrophoretische Verfahren eingesetzt werden. Der Einsatzbereich der Kapillarelektrophorese reicht von der Trennung von Metall-Kationen bis hin zur Trennung geladener Makromoleküle. Ausführliche Informationen zu den vielfältigen Trennmethoden können den einschlägigen Fachbüchern entnommen werden [20–22].

33.4.5
Detektion und Identifizierung von Aromastoffen

Nach Extraktion und Trennung bzw. Isolierung von Geschmacks- und Aromastoffen werden die Verbindungen mit Hilfe spektroskopischer Techniken identifiziert.

Für die Ermittlung der Strukturformeln unbekannter Verbindungen und Identifizierung von Substanzen in komplexen Mischungen stehen heute eine Reihe von Analysemethoden zur Verfügung. Zusätzlich zu diesen einzelnen Methoden wie z. B. Ultraviolett- oder Infrarot-Spektroskopie werden heute eine Vielzahl von Trenntechniken online vorgeschaltet zu sogenannten gekoppelten Analysenmethoden. Dies reduziert den präparativen Aufwand zur Isolierung von Komponenten vor jeder Messung, so dass die Strukturformeln einzelner Verbindungen direkt in einem Analysenschritt aufgeklärt oder gegen Referenzdaten bestätigt werden können.

Im Bereich der Gaschromatographie hat insbesondere die Kopplung mit der Massenspektrometrie einen festen Platz unter den Routinemethoden erhalten.

Zur Übersicht über die verschiedenen Verfahren wird auf ein entsprechendes ausführliches Fachbuchkapitel verwiesen [10e].

33.4.6
Authentizitätsprüfung

Im Bereich der Lebensmittel- und Aromen-Analytik spielt die Bestimmung der Herkunft von Einzelstoffen und Stoffgemischen eine zentrale Rolle [23, 24]. Neben der Frage nach der Herkunft von Rohstoffen aus natürlichen Quellen oder synthetischer Herstellung, werden durch den Gesetzgeber auch bestimmte Be- oder Verarbeitungsverfahren festgelegt. So dürfen natürliche Aromastoffe durch physikalische, mikrobiologische (fermentative) oder enzymatische Prozesse aus Lebensmitteln oder Rohstoffen pflanzlicher oder tierischer Herkunft gewonnen werden. Die verschiedenen Bezeichnungen lassen sich am Beispiel des Vanille-Aromas demonstrieren (Tabelle 33.5).

Für die Analytik natürlicher Aromastoffe rückt daher neben der Rohstoffquelle auch das angewendete Be- oder Verarbeitungsverfahren in den Mittelpunkt des Interesses. Neben der Differenzierung von chemisch einheitlichen Verbin-

Tabelle 33.5. Erläuterung der einzelnen Definitionen für Aromastoffe am Beispiel Vanille

Bezeichnung	Herkunft
Natürlicher Vanille-Extrakt	Vanille-Schoten
Natürliches Vanillin	Fermentation von natürlicher Ferulasäure etc.
Naturidentisches Vanillin	Synthese aus Lignin etc.
Künstlicher Aromastoff Ethylvanillin	Synthese aus Vanillin

dungen, muss bei komplexen Gemischen wie etherischen Ölen oder Aromaextrakten die Standardisierung mit naturidentischen Stoffen überprüft werden. So ist die Gaschromatographie seit vielen Jahren die für Prüfung von naturidentischem Zimtaldehyd in natürlichen Zimtölen die Methode der Wahl [23]. Häufig wird bei der Herkunftsanalyse auf das Vorkommen von Markerverbindungen wie z. B. von n-Hexyl-5-methyl-3(2H)-furanon in Zwiebelöl geprüft [26]. Auch für den Nachweis von rektifiziertem Citral aus *Litsea cubeba* und Lemongrasöl in Zitronenölen *Citrus limon* (L.) Burman über das Spektrum der Isocitrale leistet die Gaschromatographie gute Dienste. Ein weiteres wichtiges Thema für die Authentizitätskontrolle von Citrus Ölen ist die analytische Prüfung auf sogenannte UV-Verstärker. Verbindungen wie Menthyl- und Homomenthylsalicylate, Methylanthranilat, 4'-Methoxychalcone und *p*-Dimethylaminobenzoat sowie Destillationsrückstände anderer Zitrusöle lassen sich via HPLC gut nachweisen [27]. Die Kombination aus verschiedenen Detektionsmethoden wie UV und Fluoreszenz sowie mit der Massenspektrometrie (LC/MS) hat für die Fingerprint-Analyse von nichtflüchtigen Verbindungen wie Tangeretin, Heptamethoxyflavon, Nobiletin und verwandten Flavonoiden wesentliche Fortschritte gebracht [28].

Tabelle 33.6 gibt eine Übersicht der analytischen Verfahren, die zur Authentizitätsbestimmung von Aromen herangezogen werden.

Um die Herkunft eines Aromas zu prüfen, wird gewöhnlich zunächst eine GC- und GC/MS-Analytik durchgeführt, um die Zusammensetzung des Aromas zu ermitteln. Unter bestimmten Umständen kann es erforderlich sein, zusätzlich eine HPLC- oder LC/MS-Untersuchung durchzuführen, um das Aroma auf die Anwesenheit bestimmter nichtflüchtiger Verbindungen zu testen.

Im weiteren Verlauf der Analyse werden die Enantiomerenverhältnisse von chiralen Verbindungen bestimmt. Aufgrund der hohen Enantioselektivität der pflanzlichen Biosynthese liegen einzelne Enantiomere von manchen chiralen Aromastoffen in großer Anreicherung vor. Dies gilt beispielsweise für γ- und δ-Lactone, Terpene, 2-Alkylcarbonsäureester, Schwefelverbindungen wie z. B. 3-Mercaptohexanol und α-Ionon. Im Falle von Fruchtaromen und etherischen Ölen sind die Enantiomerenverhältnisse gut in der Literatur dokumentiert [29] (vgl. 33.4.3 Chromatographie).

Tabelle 33.6. Methoden der Authentizitätsanalytik

Methode	Beschreibung
Qualitative Analyse (HPLC, GC, GC/MS, LC/MS)	Nachweis von künstlichen Aromastoffen
Quantitative Analyse (HPLC, GC, LC)	Bildung von Verhältniszahlen verschiedener Verbindungen zum Nachweis von naturidentischen Aromenzusätzen
Enantiomeren-Analytik (MDGC)	Ermittlung von Enantiomerenverhältnissen zum Nachweis von naturidentischen oder biosynthetischen Aromen
Isotopenanalyse (IRMS, ^{2}H-NMR)	Ermittlung von Verhältniszahlen δ^{13}C, δ^{18}O und δ^2H sowie Bestimmung der ^{2}H-Verteilung innerhalb eines Moleküls

Auf der Basis von GC- oder HPLC-Daten wurde für die Beurteilung von komplexen Gemischen wie z. B. Mintölen [32] Verhältniszahlen von ausgewählten Leitsubstanzen entwickelt, die Hinweise auf Zusätze von naturidentischen Stoffen oder anderen Mischungspartnern geben können.

Für die Beurteilung von ethanolisch-wässrigen Vanille-Extrakten werden via HPLC die sogenannten Verhältniszahlen zwischen den Verbindungen Vanillin, 4-Hydroxybenzaldehyd, 4-Hydroxybenzoesäure und Vanillinsäure gebildet. Tabelle 33.7 gibt eine Übersicht der typischen Wertebereiche für Verhältniszahlen authentischer Vanille-Schoten-Extrakte. Es ist zu beachten, dass die Verhältniszahlen je nach Herkunftsort, Spezies und Erntejahr natürlichen Schwankungen unterliegen und nicht immer alle Chargen einer Ernte in den angegebenen Intervallen liegen [33]. Darüber hinaus führen andere Extraktionsverfahren wie zum Beispiel die Extraktgewinnung mit überkritischem Kohlendioxid zu einem veränderten Wertespektrum [34].

Die zurzeit innovativste Methode der Authentizitätsanalytik ist die Isotopenanalytik, die zum einem die „Isotope Ratio Mass Spectrometry" (IRMS) und zum anderen die quantitative Deuterium-NMR (^{2}H-NMR) umfasst [33]. Im Fall der Deuterium NMR wird auch von „Site Specific Nuclear Isotope Fractionation

Tabelle 33.7. Verhältniszahlen in Vanille-Schoten-Extrakten; Bestimmung via HPLC [34]

	Verhältniszahlen
Vanillin/4-Hydroxybenzaldehyd	10–20
Vanillin/4-Hydroxybenzoesäure	40–110
Vanillin/Vanillinsäure	12–29
Vanillinsäure/4-Hydroxybenzaldehyd	0,53–1,50
4-Hydroxybenzoesäure/4-Hydroxybenzaldehyd	0,15–0,35

NMR" (SNIF-NMR®) gesprochen. Gelegentlich wird zusätzlich die quantitative ^{13}C-NMR zur Authentizitätsbestimmung herangezogen. Je nach Ursprung eines Moleküls variiert der Anteil der stabilen Isotope in dem Molekül. Vanillin, das z. B. aus Ferulasäure hergestellt wurde, besitzt einen niedrigeren Anteil an ^{13}C als Vanillin, das aus einer Vanilleschote extrahiert wurde. Zudem gibt es bei Pflanzen unterschiedliche Photosynthesewege (C_3-, C_4- und CAM-Pflanzen), so dass anhand des ^{13}C-Gehaltes der Glucose entschieden werden kann, ob beispielsweise Zuckerrohr oder Zuckerrübe die Quelle der Glucose ist.

Bei der IRMS-Technik werden die zu analysierenden Substanzen zunächst mittels Pyrolyse in geeignete Gase überführt (CO, CO_2, H_2, N_2). Anschließend wird von den Gasen das Verhältnis der verschiedenen stabilen Isotope zueinander mittels Massenspektrometrie analysiert. Die Verhältniszahlen zwischen den Isotopen werden gegen international einheitliche Standards verglichen und als δ-Werte bezeichnet:

$$\delta^{13}C\ [‰] = \left(\frac{[^{13}C_{Probe}]/[^{12}C_{Probe}]}{[^{13}C_{Standard}]/[^{12}C_{Standard}]} - 1 \right) \cdot 1\,000$$

Die Pyrolyse von Verbindungen kann durch neue Pyrolyse-Reaktoren mittlerweile „online" erfolgen, was sich insbesondere im Aromenbereich bewährt hat.

Werden bei einer Substanz mehrere Isotopenverhältnisse bestimmt, so wird von einer Multi-Element-Analyse gesprochen. Abbildung 33.1 zeigt den einfachen Fall eines 2-dimensionalen Datenraums für Vanillin, bei dem δ^2H und δ^{13}C-Werte analysiert wurden. Aus der Abbildung wird deutlich, wie die verschiedenen Ursprünge des Vanillins voneinander zu unterscheiden sind.

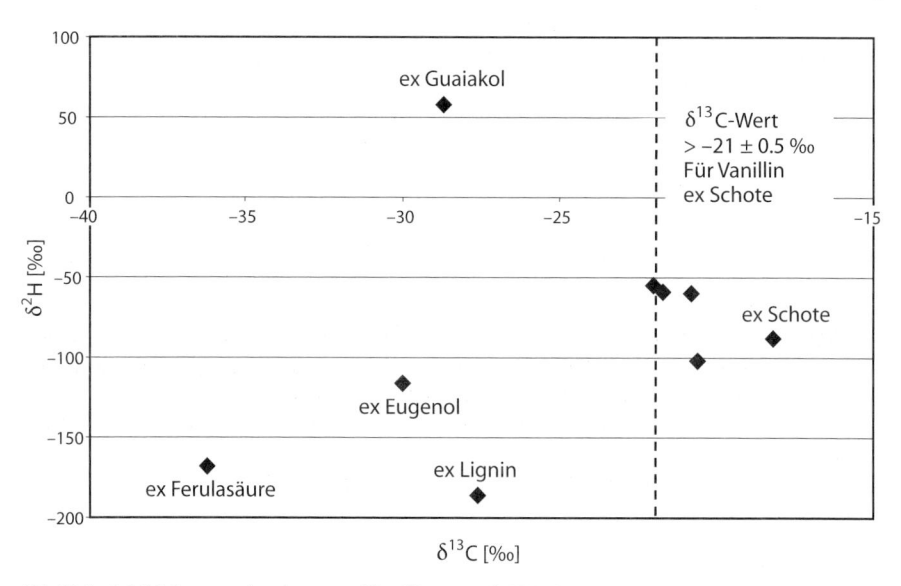

Abb. 33.1. Multielement-Analyse von Vanillin mittels IRMS

Einen noch detaillierteren Einblick in die Isotopenzusammensetzung eines Moleküls erlaubt die NMR-Spektroskopie (Nuclear Magnetic Resonance Spectroscopy). Die quantitative ^{2}H-NMR-Spektroskopie erlaubt es festzustellen, an welchen Positionen eines Moleküls sich wie viel Deuterium bzw. Wasserstoff befindet. Ein Nachteil gegenüber der IRMS-Technik liegt allerdings in der geringen Empfindlichkeit der Methode. Zudem können nur Reinstoffe analysiert werden. Somit sind vor einer ^{2}H-NMR-Analyse Aufreinigungsschritte zwingend notwendig.

Im Bereich der etherischen Öle werden häufig neben der IRMS-Analytik weitere Methoden wie chirale GC und Fingerprint-Analyse eingesetzt, um das Prüfungsergebnis auf eine breite Basis zu stellen [35]. Neben den diskutierten Techniken der Authentizitätsanalytik werden noch weitere Techniken verwendet. In diesem Zusammenhang wird auf die Literatur über die Analytik von Spurenelementen, Immunoassays, PCR-Techniken und die ^{14}C-Analytik verwiesen.

33.5
Literatur

1. AromenV vom 22. Dezember 1981 (BGBl. I, S. 1625) mit späteren Änderungen
2. RL des Rates vom 22.06.88 zur Angleichung der Rechtsvorschriften der Mitgliedstaaten über Aromen zur Verwendung in Lebensmitteln und über Ausgangsstoffe für ihre Herstellung 88/388/EWG (ABl 184 vom 15.07.88, S. 61–66) mit späteren Berichtigungen und Ergänzungen
3. VO(EG) Nr. 1334/2008 des Europäischen Parlaments und des Rates vom 16.12.2008 über Aromen und bestimmte Lebensmittelzutaten mit Aromaeigenschaften zur Verwendung in und auf Lebensmitteln (ABL 354 vom 31.12.2008, S. 34–50)
4. VO (EG) Nr.2065/2003 vom 10.11.2003 über Raucharomen zur tatsächlichen oder beabsichtigten Verwendung in oder auf Lebensmitteln (ABl 309 vom 26.11.2003)
5. RL Nr. 95/2/EG des EP und des Rates vom 20.02.1995 über andere Lebensmittelzusatzstoffe als Farbstoffe und Süßungsmittel (ABl 61 vom 18.06.1996, S. 1ff.), geändert durch Richtlinie 2003/114/EG des Europäischen Parlaments und des Rates vom 22.12.03 (ABl 24 vom 29.01.04, S. 58–64). Umgesetzt in deutsche ZZulV (BGBl I Nr. 5 vom 25.01.2005, S. 128–136)
6. VO (EG) Nr. 1333/2008 (FIAP-VO-1333; s. Abkürzungsverzeichnis 46.2)
7. VO über die Verwendung von Extraktionslösungsmitteln und anderen technischen Hilfsstoffen bei der Herstellung von Lebensmitteln (Technische Hilfsstoff-VO – THV) (BGBl. I, S. 2100) mit späteren Änderungen und Ergänzungen
8. VO (EG) Nr. 396/2005 vom 14.02.05 des Europäischen Parlaments und des Rates über Höchstgehalte an Pestizidrückständen in oder auf Lebens- und Futtermitteln pflanzlichen und tierischen Ursprungs (ABl L 70 vom 16.03.2005, S. 1–16)
9. Leitsätze für Gewürze und andere würzende Zutaten (Neufassung) vom 27.05.1998 (BAnz Nr. 183a vom 30.09.1998)
10. a Salzer/Siewek (Hrsg.) (seit 10/1999) Handbuch Aromen und Gewürze. Behr's- Verlag, Hamburg. Kapitel 3B.1.7
    b dto. Kapitel 3B.1.8
    c dto. Kapitel 3B.1.9

d dto. Kapitel 3B.1.11
e dto. Kapitel 1.7 (mit Tabelle 1.7-1)
11. Maarse H, Vischer CA (1989) Volatile Compounds in Food – Qualitative and Quantitative Data. TNO-CIVO Food Analysis Institute
12. Emberger R (1988) Branntweinwirtschaft 262–267
13. Kuhnert P, Muermann B, Salzer U-J (Hrsg.) (seit 12/1990) Handbuch Lebensmittelzusatzstoffe. Behr's-Verlag, Hamburg. Kapitel B III 11.7
14. Sherma J (2004) Anal. Chem. 76:3251
15. LaCourse WR (2002) Anal. Chem. 74:2813
16. Mellors JS, Jorgenson JW (2004) Anal. Chem. 76:5441
17. Eiceman GA, Gardea-Torresdey J, Overton E, Carney K, Dorman F (2002) Anal. Chem. 74:2771
18. Mondello L, Quinto Tranchida P, Casilli A, Favoino O, Dugo P, Dugo D (2004) J. Sep. Sci. 27:1149
19. Ettre LS (1993) IUPAC International Union of Pure and Applied Chemistry; Pure Appl Chem 65:819
20. Henke H (1999) Flüssigchromatographie, Vogel Verlag, ISBN 3-8023-1757-2
21. Skoog DA, Leary JL (1996) Instrumentelle Analytik, Springer, ISBN 3-540-60450-2
22. Mosandl A (1999) Analytical authentication of genuine flavor compounds. In: Flavor Chemistry – Thirty years of progress. R Teranishi, EL Wick, I Hornstein (Hrsg.), Kluwer Academic/plenum Publishers, London, UK, 31–41
23. Seidemann (2001) J. Deutsche Lebensmittel-Rundschau 97:1
24. Zuercher K, Hadorn H, Strack C (1974) Mitteilungen aus dem Gebiet der Lebensmitteluntersuchung und Hygiene 65 (4):440
25. Lösing G (1999) Deutsche Lebensmittelrundschau 95(6):1
26. McHale D (2002) Adulteration of citrus oils. In: Citrus – the genus citrus. Giovanni Dugo und Angelo Di Giacomo (Hrsg.) Taylor & Francis, London, UK, 498–517
27. Robards K, Li X, Antolovich M, Boyd S (1997) J. Sci Food Agric 75:87
28. Mosandl A (1998) Enantioselective Analysis. In: Flavourings Herta Ziegler (Hrsg.), Wiley-VCH 664–703
29. Lawrence BM, Shu C-K (1989) Perfumer & Flavorist 14:21
30. I.O.F.I. Information letter No. 775
31. I.O.F.I. Information letter No. 1271
32. Ehlers D, Pfister M (1994) Z Lebensm Unters Forsch 199:38
33. Scharrer A, Mosandl A (2001) Deutsche Lebensmittelrundschau 449
34. Schmidt, H-L, Roßmann A, Werner R (1998) Stable Isotope Ratio Analysis in Quality Control of Flavorings. In: Flavourings Herta Ziegler (Hrsg.), Wiley-VCH, 602–663
35. Hammerschmidt FJ, Krammer GE, Meier L, Stöckigt D, Brennecke S, Herbrand K, Lückhoff A, Schäfer U, Schmidt CO, Bertram H-J (2007) Authentication of essential oils. in press

Kapitel 34

Lebensmittel für eine besondere Ernährung und Nahrungsergänzungsmittel

FRIEDRICH GRÜNDIG · KARIN JUFFA

Landesuntersuchungsanstalt für das Gesundheits- und Veterinärwesen Sachsen,
Standort Dresden, Jägerstraße 8/10, 01099 Dresden
friedrich.gruendig@lua.sms.sachsen.de
familie.juffa@t-online.de

34.1	Lebensmittelwarengruppen	826
34.2	Beurteilungsgrundlagen	826
34.2.1	Gemeinschaftsrecht	826
34.2.2	Diät-Verordnung	828
34.2.3	Nahrungsergänzungsmittel-Verordnung (NemV)	834
34.2.4	Zusatzstoff-Zulassungsverordnung, alte Fassung	835
34.2.5	Sonstige Beurteilungshilfen, Standards und Stellungnahmen	835
34.3	Warenkunde	837
34.3.1	Allgemeines	837
34.3.2	Diätetische Lebensmittel für Diabetiker	838
34.3.3	Lebensmittel für Menschen mit einer Glutenunverträglichkeit	842
34.3.4	Natriumarme Lebensmittel und Diätsalze	844
34.3.5	Lebensmittel für kalorienarme Ernährung zur Gewichtsverringerung (Reduktionskost)	845
34.3.6	Lebensmittel für besondere medizinische Zwecke (bilanzierte Diäten)	847
34.3.7	Lebensmittel für intensive Muskelanstrengungen, vor allem für Sportler	849
34.3.8	Säuglings- und Kleinkindernahrung	853
34.3.9	Sonstige diätetische Lebensmittel	857
34.3.10	Nahrungsergänzungsmittel	857
34.3.11	Jodiertes (fluoridiertes, mit Folsäure angereichertes) Speisesalz	863
34.4	Qualitätssicherung	865
34.5	Literatur	866

W. Frede (Hrsg.), *Handbuch für Lebensmittelchemiker*
ISBN 978-3-642-01684-4 © Springer 2010

34.1
Lebensmittelwarengruppen

In diesem Kapitel werden die nachfolgend aufgeführten Lebensmittelgruppen behandelt:

- Säuglings- und Kleinkindernahrung
- Lebensmittel für Personen, die unter einer Störung des Glukosestoffwechsels leiden (Diabetiker-Lebensmittel)
- Lebensmittel mit niedrigem oder reduziertem Brennwert zur Gewichtsüberwachung
- Lebensmittel für intensive Muskelanstrengungen, vor allem für Sportler
- Lebensmittel für Menschen mit einer Glutenunverträglichkeit
- Natriumarme Lebensmittel einschließlich Diätsalze
- Lebensmittel für besondere medizinische Zwecke (bilanzierte Diäten)
- Sonstige Lebensmittel für eine besondere Ernährung
- Nahrungsergänzungsmittel, Nährstoffkonzentrate
- Jodiertes, (fluoridiertes, mit Folsäure angereichertes) Kochsalz.

34.2
Beurteilungsgrundlagen

Die Rechtsvorschriften für die in diesem Kapitel beschriebenen Lebensmittel sind in der Europäischen Gemeinschaft weitestgehend harmonisiert. Der europäische Gesetzgeber nutzt dabei das Instrument der Richtlinien (vereinzelt auch das der Verordnungen).

Als Beurteilungshilfen dienen daneben auch diverse Standards des Codex Alimentarius, einige nationale Richtlinien sowie Stellungnahmen der GDCh, des ALS und des BfR.

34.2.1
Gemeinschaftsrecht

Lebensmittel für eine besondere Ernährung
Die RL 2009/39/EG des Europäischen Parlaments und des Rates vom 06. Mai 2009 über Lebensmittel, die für eine besondere Ernährung bestimmt sind, regelt als Rahmenrichtlinie grundlegende Sachverhalte für die Gruppe der „diätetischen" Lebensmittel und ist die Basis für weitergehende spezifische Vorschriften.

Gemäß Art. 4 dieser Richtlinie ist vorgesehen, für sechs im Anhang I aufgeführte Lebensmittelgruppen Einzelrichtlinien mit spezifischen Anforderungen zu erlassen.

Vier davon sind bisher verabschiedet; sie sind nachfolgend aufgeführt.

- **Richtlinie 96/8/EG der Kommission vom 26. Februar 1996 über Lebensmittel für kalorienarme Ernährung zur Gewichtsverringerung**
- **Richtlinie 1999/21/EG der Kommission vom 25. März 1999 über diätetische Lebensmittel für besondere medizinische Zwecke (Bilanzierte Diäten)**
- **Richtlinie 2006/41/EG der Kommission vom 22. Dezember 2006 über Säuglingsanfangs- und Folgenahrung und zur Änderung der Richtlinie 1999/21/EG**
- **Richtlinie 2006/125/EG der Kommission vom 05. Dezember 2006 über Getreidebeikost und andere Beikost für Säuglinge und Kleinkinder.**

Noch offen sind die beiden ebenfalls vorgesehenen Einzelrichtlinien zu Lebensmitteln für intensive Muskelanstrengungen, vor allem für Sportler sowie zu Lebensmitteln für Personen, die unter einer Störung des Glukosestoffwechsels leiden (Diabetiker). Während für die erstgenannte Richtlinie ein Entwurf vorliegt, gibt es über die Notwendigkeit der Erarbeitung einer Einzelrichtlinie für Diabetiker-Lebensmittel unterschiedliche Auffassungen; es ist durchaus möglich, dass dieses Vorhaben nicht realisiert wird.

Von großer Bedeutung für die Rechtsharmonisierung ist die **Richtlinie 2001/15/EG der Kommission vom 15. Februar 2001 über Stoffe, die Lebensmitteln, die für eine besondere Ernährung bestimmt sind, zu besonderen Ernährungszwecken zugesetzt werden dürfen.**

In dieser Vorschrift werden abschließend alle Vitamin- und Mineralstoffverbindungen, die Aminosäuren und deren Salze sowie ausgewählte sonstige Stoffe bzw. Stoffgruppen (Carnitin, Taurin, Cholin, Inositol, Nucleotide) aufgelistet, die diätetischen Lebensmitteln zu Ernährungszwecken (nicht zu technologischen Zwecken!) zugesetzt werden dürfen.

Alle genannten Richtlinien sind durch die DiätV in deutsches Recht umgesetzt worden (siehe Kapitel 34.2.2).

Mit der **VO (EG) Nr. 41/2009 der Kommission vom 20. Januar 2009 zur Zusammensetzung und Kennzeichnung von Lebensmitteln, die für Menschen mit einer Glutenunverträglichkeit geeignet sind** wurde eine europarechtliche Regelung für „Glutenfreie Lebensmittel" erlassen, die im nationalen Recht (siehe 34.2.2 und 34.3.3) zu den diätetischen Lebensmitteln gezählt werden. Diese Glutenunverträglichkeit wird in der Medizin als „Zöliakie" bezeichnet.

Der Name der Verordnung ist etwas irreführend, gilt sie doch für alle Lebensmittel mit Ausnahme von Säuglingsanfangs- und Folgenahrung.

Gluten im Sinne dieser Verordnung ist eine Proteinfraktion von Weizen, Roggen, Gerste, Hafer oder ihren Kreuzungen und Derivaten, die manche Menschen nicht vertragen und die in Wasser und in 0,5 molarer Natriumchloridlösung nicht löslich ist. Die Verordnung unterscheidet in Abhängigkeit vom Glutengehalt zwei Gruppen von Lebensmitteln, die für den genannten Verbraucherkreis geeignet sind und entsprechend bezeichnet werden müssen (im Falle der speziell für den Bestimmungszweck hergestellten Lebensmittel) oder dürfen (für alle anderen nachstehend genannten Lebensmittel).

Gruppe 1: Glutengehalt maximal 20 mg/kg – Bezeichnung „glutenfrei"
Dazu zählen:

- speziell für den Bestimmungszweck hergestellte Lebensmittel, welche die genannten Getreidearten enthalten und die zur Reduzierung des Glutengehaltes in spezieller Weise verarbeitet worden sind
- speziell für den Bestimmungszweck hergestellte Lebensmittel, in denen die genannten Getreidearten ersetzt worden sind
- nicht speziell für den Bestimmungszweck hergestellte sonstige diätetische Lebensmittel
- Lebensmittel des Normalsortiments.

Gruppe 2: Glutengehalt maximal 100 mg/kg – Bezeichnung „sehr geringer Glutengehalt"
Dazu zählen:

- speziell für den Bestimmungszweck hergestellte Lebensmittel, welche die genannten Getreidearten enthalten und die zur Reduzierung des Glutengehaltes in spezieller Weise verarbeitet worden sind (aber den niedrigeren Höchstwert von 20 mg/kg nicht einhalten).

Die Bezeichnung „sehr geringer Glutengehalt" darf für nicht speziell für den Bestimmungszweck hergestellte sonstige diätetische Lebensmittel und für Lebensmittel des Normalsortiments nicht verwendet werden.

Nahrungsergänzungen
Die **Richtlinie 2002/46/EG des Europäischen Parlaments und des Rates vom 10. Juni 2002 zur Angleichung der Rechtsvorschriften der Mitgliedstaaten über Nahrungsergänzungsmittel** ist durch die NemV in nationales Recht umgesetzt worden (siehe Kapitel 34.2.3).

34.2.2
Diät-Verordnung

Die DiätV ist die wichtigste Grundlage für die Beurteilung der Lebensmittel für eine besondere Ernährung. Hier sind alle relevanten gemeinschaftsrechtlichen Regelungen gebündelt. Sie enthält Begriffsbestimmungen, besondere zusatzstoffrechtliche Regelungen, Anforderungen an die Zusammensetzung und besondere Kennzeichnung der betreffenden Lebensmittel, Regularien zur Einschränkung der Werbung für Säuglingsanfangs- und Folgenahrung sowie Straf- und Bußgeldvorschriften.

Unabhängig davon gelten für diätetische Lebensmittel die allgemeinen lebensmittelrechtlichen Bestimmungen wie das LFGB und die relevanten darauf gestützten nationalen Verordnungen. **Hinweis:** Der nationale Gesetzgeber plant, die Regelungen zu Diabetiker-Lebensmitteln in der DiätV zu streichen.

Allgemeine Vorschriften
Begriffsbestimmungen Lebensmittel sind für eine besondere Ernährung bestimmt, wenn sie

- den besonderen Ernährungserfordernissen bestimmter Verbrauchergruppen entsprechen; als derartige Verbrauchergruppen sind genannt:
  - Personen mit gestörtem Verdauungs- oder Resorptionsprozess bzw. mit Stoffwechselstörungen
  - Personen in besonderen physiologischen Umständen
  - Säuglinge und Kleinkinder
- sich für den angegebenen Ernährungszweck eignen und mit einem Hinweis darauf in den Verkehr gebracht werden
- sich auf Grund ihrer besonderen Zusammensetzung oder des besonderen Verfahrens ihrer Herstellung deutlich von Lebensmitteln des allgemeinen Verzehrs unterscheiden.

Dieser allgemeinen Definition entsprechen die in Anlage 8 aufgelisteten Lebensmittelgruppen.

Diese Liste ist keineswegs abschließend; es können durchaus auch Lebensmittel, die keiner dieser Gruppen angehören, als diätetische Lebensmittel in den Verkehr gebracht werden. In diesem Fall hat der Gesetzgeber jedoch eine Anzeige- und Prüfpflicht nach § 4a vorgesehen, in deren Verlauf die Diäteignung des Erzeugnisses nachgewiesen werden muss. Zuständige Behörde für diese Prüfung ist das BVL.

Weitere Begriffsbestimmungen in der DiätV betreffen Säuglingsanfangs- und Folgenahrung, Beikost, Getreidebeikost, Lebensmittel für eine kalorienarme Ernährung und bilanzierte Diäten (siehe Kapitel 34.3). Auch was unter einem „Säugling" bzw. einem „Kleinkind" zu verstehen ist, wird hier definiert. Hinsichtlich der Begriffe „nährwertbezogene Angabe", „gesundheitsbezogene Angabe" und „Angabe bezüglich der Reduzierung eines Krankheitsrisikos" wird auf die Definitionen in der HealthClaims-VO (siehe Kapitel 2.4.4) verwiesen.

Allgemeine Anforderungen Lebensmittel des allgemeinen Verzehrs dürfen im Verkehr weder mit dem Wort „diätetisch" beworben werden noch durch andere Angaben den Anschein eines diätetischen Lebensmittels erwecken. Hervorzuheben sind folgende Anforderungen:

- Die Angabe von Broteinheiten ist bei Lebensmitteln des allgemeinen Verzehrs nach § 2(3) zulässig, wenn ihnen nicht mehr als zwei Prozent schnell resorbierbare Zucker (Glukose, Invertzucker, Glukosesirup, Disaccharide, Maltodextrine) zugesetzt worden sind.

- Spirituosen und vergleichbare Getränke mit einem Alkoholgehalt unter 15% vol dürfen nach § 2(4) weder als diätetische Lebensmittel noch mit einem Hinweis auf einen besonderen Ernährungszweck in den Verkehr gebracht werden.
- Diätetische Lebensmittel dürfen nach § 4 grundsätzlich nur in Fertigpackungen an den Verbraucher abgegeben werden, ausgenommen z. B. diätetische Fleischerzeugnisse, diätetischer Käse und frische Backwaren für Diabetiker.
- Die lose Abgabe diätetischer Lebensmittel zum Verzehr an Ort und Stelle ist zulässig.
- Diätetische Lebensmittel sind von dem im LFGB festgeschriebenen generellen Verbot der krankheitsbezogenen Werbung ausgenommen.
- Erwähnt werden soll an dieser Stelle auch, dass bei diätetischen Lebensmitteln nährwert- und gesundheitsbezogene Angaben vorrangig durch die DiätV geregelt werden; andere Rechtsbestimmungen (z. B. die NKV oder die HealthClaims-VO) stehen hinter der DiätV zurück.

Zusatzstoffregelungen

- Für Zusatzstoffe, die Lebensmitteln für eine besondere Ernährung zu technologischen Zwecken zugesetzt werden, gilt die ZZulV.
- Stoffe, die diesen Lebensmitteln zu ernährungsphysiologischen oder diätetischen Zwecken zugesetzt werden dürfen, sind in den Anlagen 9 (Säuglingsanfangs- und Folgenahrung sowie Beikost) und 2 (sonstige diätetische Lebensmittel) abschließend aufgeführt. Dabei muss gewährleistet sein, dass diese Stoffe nur so zugesetzt werden, dass sie die spezifischen Ernährungserfordernisse der jeweiligen Zielgruppe erfüllen; ein anderweitiger Zusatz der gelisteten Stoffe ist unzulässig.
- Zur Verwendung als Kochsalzersatz (Diätsalz) sind die in Anlage 3 aufgeführten Verbindungen zugelassen.

Sondervorschriften
Zusammensetzung und Kennzeichnung Bei diätetischen Lebensmitteln sind nach § 19 die besonderen ernährungsbezogenen Eigenschaften bzw. der besondere Ernährungszweck sowie die Besonderheiten in der Zusammensetzung (ggf. auch in der Herstellung) anzugeben. Außerdem ist die Angabe des Gehaltes an verwertbaren Kohlenhydraten, Fett und Eiweiß sowie des Brennwertes z. T. portionsbezogen obligatorisch. Bestimmte spezielle Anforderungen für einige Gruppen von diätetischen Lebensmitteln werden nachfolgend skizziert:

a) Diabetiker-Lebensmittel
Besondere Regelungen sind in den §§ 12, 20 und 20a aufgeführt. Hier einige Beispiele (s. dazu auch 34.3.2):
- Glukose, Invertzucker, Disaccharide, Maltodextrine und Glukosesirup dürfen nicht zugesetzt werden, da sie auf Grund der leichten Resorbierbarkeit den Blutzuckerspiegel in kurzer Zeit drastisch erhöhen können. Ausgenommen davon sind unter bestimmten Bedingungen nur Laktose und

Maltodextrine als Trägerstoff sowie Glukose bis zu 5% als technologisch unvermeidbarer Restbestandteil von Fruktosesirup.
- Sie dürfen außerdem gegenüber vergleichbaren Lebensmitteln des Normalsortiments keinen erhöhten Gehalt an Fett und Alkohol aufweisen.
- Der Brennwert von Brot für Diabetiker darf maximal 200 kcal je 100 g betragen; der Kohlenhydratgehalt von Bier für Diabetiker maximal 0,75 g je 100 ml.
- Die Angabe der Menge eines Lebensmittels, die einer Broteinheit entspricht, ist möglich.
- Bei Diabetiker-Bier muss in Verbindung mit der Angabe des Alkoholgehaltes der Hinweis „nur nach Befragen des Arztes" deklariert sein.
- Liegt der Gehalt an Zuckeraustauschstoffen (Sorbit, Xylit, Maltit, Lactit, Mannit, Isomalt) höher als 10 g je 100 g, ist der Hinweis „kann bei übermäßigem Verzehr abführend wirken" anzubringen (vgl. auch ZZulV).

b) Diätetische Lebensmittel für Natriumempfindliche und Kochsalzersatz
Besondere Regelungen sind in den §§ 9, 13, 23 und 24 aufgeführt. Hier einige Beispiele:
- Begrenzungen der Natrium-Gehalte gibt es bei Getränken – ausgenommen natürliches Mineralwasser – und sonstigen Lebensmitteln.
- Bezeichnung „natriumarm": der Natriumgehalt darf den Wert von 120 mg je 100 g Lebensmittel nicht überschreiten.
- Bezeichnung „streng natriumarm": der Gehalt an Natrium liegt unterhalb von 40 mg je 100 g Erzeugnis (s. weiter 34.3.4).
- Verkehrsbezeichnungen für Kochsalzersatz sind „Kochsalzersatz" bzw. „jodierter Kochsalzersatz".
- Bei Verwendung von kaliumhaltigem Kochsalzersatz ist der Kalium-Gehalt und der Warnhinweis „bei Störungen des Kaliumhaushalts, insbesondere bei Niereninsuffizienz, nur nach ärztlicher Beratung verwenden" anzugeben.

c) Lebensmittel für kalorienarme Ernährung zur Gewichtsverringerung
Die Anforderungen sind sehr konkret in den §§ 14a und 21a sowie in Anlage 17 aufgelistet (siehe Kapitel 34.3.5). Hier einige Beispiele:
- Erzeugnisse, die zum Ersatz einer Tagesration – also nicht nur einer einzelnen Mahlzeit – bestimmt sind, dürfen nur in Fertigpackungen in den Verkehr gebracht werden, die alle Bestandteile der Tagesration enthalten.
- Die Verkehrsbezeichnung lautet „Tagesration für gewichtskontrollierende Ernährung" bzw. „Mahlzeit für eine gewichtskontrollierende Ernährung". Bei ersterer ist der Warnhinweis „Ohne ärztlichen Rat nicht länger als 3 Wochen verwenden." anzubringen.
- Angaben zur Zubereitung der Mahlzeit bzw. Mahlzeiten, für eine ausreichende Flüssigkeitszufuhr, zur Anwendung und möglichen Anwendungsdauer.
- Angaben zur erforderlichen Zeit oder zur Höhe einer Gewichtsabnahme sowie diesbezügliche Bewerbungen sind nicht zulässig. Sonstige gesund-

heitsbezogene Angaben, wie z. B. Hinweise auf die Verringerung des Hungergefühls oder auf ein verstärktes Sättigungsgefühl, unterliegen den Bestimmungen des Artikels 13 der HealthClaims-VO.
- Zusätzlich zu den Nähr- und Brennwerten die Angaben der Vitamine und Mineralstoffe und deren prozentualer Anteil an der Tagesdosis.

d) Bilanzierte Diäten
Die Anforderungen sind in den §§ 14b und 21 sowie in Anlage 6 aufgelistet. Hier einige Beispiele:
- Die Verkehrsbezeichnung lautet „Diätetisches Lebensmittel für besondere medizinische Zwecke (Bilanzierte Diät)".
- Bilanzierte Diäten müssen so zusammengesetzt sein, dass sie den besonderen Ernährungserfordernissen der Personen (Patienten), für die sie bestimmt sind, entsprechen. Da diese Ernährungserfordernisse je nach medizinischer Indikation äußerst unterschiedlich sein können, sind allgemeine Anforderungen an die Zusammensetzung bilanzierter Diäten nicht zu formulieren.
- In Anlage 6 sind nur Mindest- und Höchstmengen für Vitamine, Mineralstoffe und Spurenelemente festgelegt. Von den dort geregelten Gehalten kann aber abgewichen werden, wenn dies ernährungsmedizinisch begründet ist.
- Wegen der Spezifität von bilanzierten Diäten sowie deren gesundheitlicher Relevanz für die Diätbedürftigen sind derartige Erzeugnisse vor dem erstmaligen Inverkehrbringen nach § 4a dem BVL anzuzeigen. Eine Prüfung des angezeigten Erzeugnisses auf seine Eignung für den angegebenen Ernährungszweck ist damit jedoch nicht verbunden.
- Zusätzlich zu den Nährstoffen und zum Brennwert sind die Gehalte der Vitamine, Mineralstoffe und Spurenelemente anzugeben.
- Eine Auswahl zusätzlicher obligatorischer Hinweise:
  • vollständige oder ergänzende bilanzierte Diät
  • Angabe der Krankheit oder Störung, für die das Lebensmittel bestimmt ist
  • Eigenschaften und Merkmale, die für die Zweckbestimmung maßgebend sind
  • Verwendung unter ärztlicher Aufsicht
  • ggf. zusätzliche Warnhinweise und Gebrauchsanweisungen.

e) Säuglings- und Kleinkindnahrung
Säuglinge und Kleinkinder sind eine sehr sensible Verbrauchergruppe, für deren Schutz sehr differenzierte und konkrete Festlegungen getroffen wurden. Dies betrifft sowohl die Deckung des ernährungsphysiologischen Nährstoffbedarfes als auch die restriktive Begrenzung von Rückständen und Kontaminanten.
Die Anforderungen sind sehr konkret in den §§ 14, 14c, 14d, 22, 22a, 22b sowie in den Anlagen 9 bis 12, 15, 16 sowie 18 bis 24 aufgelistet. Hier einige Beispiele:

- Maximaler Rückstandsgehalt an Pflanzenschutzmitteln von 0,01 mg je kg; für einige Wirkstoffe liegt die Rückstandshöchstmenge noch niedriger, siehe dazu Kap. 14.2.2.
- Der Nitratgehalt darf den Wert von 250 mg je kg nicht übersteigen.
- Der Aflatoxingehalt ist auf 0,05 µg je kg (Aflatoxine B_1, B_2, G_1, G_2) bzw. 0,01 µg je kg (Aflatoxin M_1) begrenzt.
- Bei milchhaltigen Erzeugnissen dürfen keine Bakterienhemmstoffe nachweisbar sein; außerdem sind für diese Produkte mikrobiologische Höchstwerte (Gesamtkeimzahl, Coliforme, aerobe Sporenbildner) festgelegt.
- Bei Getreide und Getreideerzeugnissen, die zur Herstellung von Säuglings- und Kleinkindernahrungen verwendet werden, dürfen Höchstwerte für verschiedene Mykotoxine (Zearalenon, Deoxynivalenol, Fumonisine) nicht überschritten werden.
- Die stofflichen Zusammensetzungen ergeben sich aus den Anlagen 10 bis 12, 18 bis 20 und 24.
- In der Kennzeichnung ist die stoffliche Zusammensetzung einschließlich aller in den Anlagen 10 und 11 bzw. 19 und 20 aufgeführten Mineralstoffe und Vitamine anzugeben.
- Als Verkehrsbezeichnungen kommen in Frage: „Säuglingsanfangsnahrung" oder „Säuglingsmilchnahrung" (bei ausschließlicher Verwendung von Kuhmilchproteinen), „Folgenahrung" oder „Folgemilch" (bei ausschließlicher Verwendung von Kuhmilchproteinen).
- Bei Säuglingsanfangsnahrung ist außerdem ein als „wichtig" bezeichneter Hinweis auf die Überlegenheit des Stillens erforderlich. Angaben, die vom Stillen abhalten und Abbildungen von Säuglingen auf den Verpackungen sind nicht erlaubt.
- Bei Folgenahrung ist ein warnender Hinweis anzubringen, dass sich das Erzeugnis nur für die Ernährung von Säuglingen ab einem Alter von mindestens sechs Monaten eignet und nur Teil einer Mischkost sein soll. Weiterhin ist anzugeben, dass über die Verwendung von Beikost schon vor Ablauf des 6. Lebensmonats nur in Absprache mit kompetentem Fachpersonal entschieden werden soll.
- Notwendig sind Angaben zur bestimmungsgemäßen Verwendung und richtigen Zubereitung; bei Beikost ist außerdem die jeweilige Altersangabe, ab der das Erzeugnis gefüttert werden darf, erforderlich.
- Beikost für Säuglinge unter 6 Monaten muss einen Hinweis auf den Glutengehalt oder die Glutenfreiheit enthalten. Dieser Hinweis dient der sachgerechten Verwendung der Produkte im Rahmen der Ernährung von Säuglingen, die an Zöliakie leiden.

Um das Stillen als natürliche Form der Ernährung von Säuglingen in den ersten Lebensmonaten zu fördern, hat der Gesetzgeber die Werbung für industriell hergestellte Säuglingsanfangs- und Folgenahrung sehr restriktiv geregelt. Es ist strikt verboten, Werbung zu betreiben, die darauf gerichtet ist, vom Stillen abzuhalten oder die Verwendung von Flaschennahrung dadurch zu för-

dern, indem diese als der Muttermilch gleichwertig oder gar überlegen dargestellt wird.
So dürfen in der Werbung für Säuglingsnahrung nur zutreffende und wissenschaftlich gesicherte Sachinformationen verwendet werden. Begriffe wie „humanisiert", „maternisiert" und „adaptiert" sind sowohl in der Kennzeichnung als auch in der Werbung verboten. Eine Idealisierung von Flaschennahrung – sei es durch Text oder Bild – ist nicht erlaubt. In Materialien zur Säuglingsernährung, die für Schwangere und junge Mütter bestimmt sind, ist grundsätzlich auf den Nutzen und die Vorzüge des Stillens sowie auf mögliche negative Auswirkungen der zusätzlichen Gabe von Flaschennahrung auf die Stillfähigkeit hinzuweisen. Die Abgabe von kostenlosen oder im Preis geminderten Erzeugnissen oder die Schaffung anderer Kaufanreize ist ebenso verboten wie die kostenlose Verteilung sonstiger Gegenstände, die unmittelbar der Werbung für Säuglingsanfangs- und Folgenahrung dienen.

f) Sportler-Lebensmittel
Spezielle Lebensmittel für Leistungs- bzw. Hochleistungssportler zählen zu den diätetischen Lebensmitteln. Gegenwärtig gibt es jedoch weder im Gemeinschaftsrecht noch im nationalen Recht – auch nicht in der Diätverordnung – verbindliche Festlegungen zur Zusammensetzung und Kennzeichnung dieser Erzeugnisse. Ein Arbeitsdokument zum EG-Richtlinien-Entwurf liegt vor (Kommissions-Direktive vom 20.04.2004 – SANCO D4/HL/mm/D440182 [47]). Dieses Dokument wird jedoch in den Mitgliedsländern noch diskutiert.
Gegenwärtig dienen als Orientierungshilfen auf nationaler Ebene verschiedene Stellungnahmen von Sachverständigen [7, 13, 26, 27] und diverse Fachbücher [28–30].

34.2.3
Nahrungsergänzungsmittel-Verordnung (NemV)

Unter NEM werden Lebensmittel verstanden, die dazu bestimmt sind, die allgemeine Ernährung zu ergänzen. Dabei handelt es sich um Konzentrate von Nährstoffen (= Vitamine und Mineralstoffe einschl. Spurenelemente) oder sonstigen Stoffen mit ernährungsspezifischer oder physiologischer Wirkung, die in dosierter Form zur Aufnahme in abgemessenen kleinen Mengen (z. B. Kapseln, Tabletten, Ampullen) in den Verkehr gebracht werden. Die Abgabe darf nur in Fertigpackungen erfolgen.

Für die Herstellung dürfen nur die in Anlage 1 genannten Vitamine und Mineralstoffe – und nur in Form der in Anlage 2 genannten chemischen Verbindungen – verwendet werden.

NEM sind anzeigepflichtig. Spätestens beim ersten Inverkehrbringen ist die Anzeige beim BVL unter Vorlage eines Etikettenmusters vorzunehmen. Dies gilt auch für NEM aus anderen Mitgliedstaaten oder Drittländern, wenn diese in Deutschland angeboten werden sollen.

Zusätzlich zu den allgemeinen lebensmittelrechtlichen Regelungen gelten folgende Kennzeichnungsvorschriften:
Die Verkehrsbezeichnung lautet „Nahrungsergänzungsmittel". Anzugeben sind die Nährstoffe oder sonstigen Stoffe, die für das Erzeugnis maßgebend sind sowie die empfohlene tägliche Verzehrsmenge des NEM. Für diese charakteristischen Stoffe ist auch eine quantitative Angabe unter Zugrundelegung der empfohlenen Verzehrsmenge vorgeschrieben. Außerdem sind die in dem NEM enthaltenen Vitamine und Mineralstoffe nach Maßgabe der Anlage 1 der NKV anzugeben.

Als obligatorischer Warnhinweis ist zu kennzeichnen, dass die angegebene empfohlene tägliche Verzehrsmenge nicht überschritten werden darf. Weitere verbindliche Hinweise betreffen die Aufbewahrung außerhalb der Reichweite von Kindern sowie die Tatsache, dass NEM nicht als Ersatz für eine ausgewogene und abwechslungsreiche Ernährung verwendet werden sollten.

34.2.4
Zusatzstoff-Zulassungsverordnung, alte Fassung

Die alte Zusatzstoff-Zulassungsverordnung vom 22.12.1981 (BGBl. I S. 1633) i. d. F. vom 08.03.1996 (BGBl. I S. 460) wurde 1998 durch die VO zur Neuordnung lebensmittelrechtlicher Vorschriften über Zusatzstoffe vom 29.1.1998 (BGBl. I S. 230) abgelöst. In Artikel 25 dieser VO wurde zur übergangsweisen Weitergeltung der bisherigen Regelungen die VO über den Übergang auf das neue Zusatzstoffrecht verkündet. Mit der Ersten Verordnung zur Änderung der Verordnung über das neue Zusatzstoffrecht vom 16.10.1998 (BGBl. I S. 3175) wurde festgelegt: „Bis zum Erlass anderweitiger bundesrechtlicher Vorschriften dürfen abweichend von Satz 1 Lebensmittel mit Zusatzstoffen, die zu anderen als technologischen Zwecken bestimmt sind, nach den Vorschriften hergestellt, behandelt, gekennzeichnet und in den Verkehr gebracht werden, die am 5. Februar 1998 gegolten haben". Demnach wird der Zusatz von Zusatzstoffen zu ernährungsphysiologischen Zwecken bei Lebensmitteln, für die keine speziellen Verordnungen existieren (diätetische Lebensmittel und Nahrungsergänzungsmittel ausgenommen), gegenwärtig noch durch die Festlegungen der alten Zusatzstoff-Zulassungsverordnung geregelt!

Dies trifft beispielsweise für die Jodanreicherung von Speisesalz zu (siehe Kapitel 34.3.11).

34.2.5
Sonstige Beurteilungshilfen, Standards und Stellungnahmen

Codex-Materialien
Diese Unterlagen dienen nur der Orientierung. In den meisten Fällen sind die Inhalte durch Rechtsbestimmungen (siehe Kapitel 34.2.1 und 34.2.2) verbindlich geregelt.

- Codex Stan 53-1981   Diätetische Lebensmittel mit niedrigem Natriumgehalt (zuletzt geändert 1983)
- Codex Stan 72-1981   Kleinkindernahrung (Aktuelle Fassung 2007)
- Codex Stan 73-1981   Säuglingsnahrung – Konserven (zuletzt geändert 1989)
- Codex Stan 74-1981   Lebensmittel auf Getreidebasis für Säuglinge und Kleinkinder (Aktuelle Fassung 2006)
- Codex Stan 118-1981   Glutenfreie Lebensmittel (Aktuelle Fassung 2008)
- Codex Stan 146-1985   Kennzeichnung und Aufmachung für diätetische Lebensmittel in Fertigpackungen
- Codex Stan 156-1987   Folgenahrungen (zuletzt geändert 1989)
- Codex Stan 180-1991   Kennzeichnung und Aufmachung für Bilanzierte Diäten
- Codex Stan 181-1991   Formelnahrungen für gewichtskontrollierte Ernährung
- Codex Stan 203-1995   Formelnahrungen für energiearme Diäten zur Gewichtsreduktion
- Codex Guideline 08   Formulierte Ergänzungsnahrungen für ältere Säuglinge und Kleinkinder (1991)
- Codex Guideline 09   Grundprinzipien für den Zusatz von essentiellen Nährstoffen zu Lebensmitteln
- Codex Guideline 10   Liste von Vitamin- und Mineralstoffverbindungen für die Herstellung von Säuglingsnahrung (Aktuelle Fassung 2008)
- Codex Guideline 23   Richtlinien für die Verwendung von nährwert- und gesundheitsbezogenen Angaben
- Codex Guideline 55   Richtlinien für Vitamine und Mineralstoffe in Nahrungsergänzungen
- Codex RCP 66   Code of Hygienic Practice für Säuglings- und Kleinkindernahrung (2008)

Veröffentlichte ALS-Stellungnahmen
- Beurteilung von ergänzenden bilanzierten Diäten [1]
- Nahrungsergänzungsmittel – Definition und Abgrenzung zu anderen Lebensmitteln und Arzneimitteln [2]
- Vitamine in Lebensmitteln [3]
- Kleie – kein diätetisches Lebensmittel [3]
- Berechnung des physiologischen Brennwertes bei Diabetiker-Schaumwein [3]
- Angabe der Broteinheiten für Diabetiker bei Lebensmitteln [3]
- Anforderungen an wissenschaftlich hinreichend gesicherte Auslobungen und Werbebehauptungen [3]

- Gelatine zur Nahrungsergänzung [3]
- Lebensmittel oder Arzneimittel? Leitlinien für eine Abgrenzung [4]
- Beurteilung von Extrakten [4]
- Einstufung von Produkten mit Zusatz von Glukosamin und Chondroitin [5]
- Verkehrsbezeichnung für Ballaststoffe [5]
- Gelee Royale [6].

Stellungnahmen der GDCh
- Stellungnahme zu Sportlerernährung [7]
- Novellierung der Stellungnahme zu Ballaststoffen aus dem Jahre 1989 [8]
- Stellungnahme zu Fructooligosacchariden und Inulin [9]
- Leitlinien zur Beurteilung von ergänzenden bilanzierten Diäten [10]
- Leitfaden zur Beurteilung von Pflanzenextrakten in Lebensmitteln am Beispiel Sekundärer Pflanzeninhaltsstoffe [11]
- Sind die Begriffe „Ernährung" und „Nährstoff" im Wandel? [12]

Stellungnahmen des BfR (BGA, BgVV)
- Anforderungen an Sportlernahrung aus der Sicht des Bundesgesundheitsamtes [13]
- BfR-Wissenschaft 03/2004: Verwendung von Vitaminen in Lebensmitteln, Toxikologische und ernährungsphysiologische Aspekte, Teil I [14]
- BfR-Wissenschaft 04/2004: Verwendung von Mineralstoffen in Lebensmitteln, Toxikologische und ernährungsphysiologische Aspekte, Teil II [15]
- BfR-Stellungnahme 039/2007 „Isolierte Isoflavone sind nicht ohne Risiko" [16]
- BfR-Stellungnahme 032/2007 „Verwendung von Glukosamin und dessen Verbindungen in Nahrungsergänzungsmitteln" [17].

34.3
Warenkunde

34.3.1
Allgemeines

Die besonderen warenkundlichen Aspekte bei diätetischen Lebensmitteln basieren auf den spezifischen, medizinisch bedingten Nährstoffbedürfnissen, die sich aus Verdauungs-, Resorptions- sowie Stoffwechselstörungen oder aus besonderen physiologischen Umständen der Personen, für die diese Lebensmittel bestimmt sind, ergeben. Dabei sind einerseits die speziellen Anforderungen an die Zusammensetzung, die in den o. g. gesetzlichen Regelungen festgeschrieben sind, einzuhalten und andererseits auch Empfehlungen ernährungsmedizinischer Sachverständiger zu berücksichtigen [18, 19] (s. auch 42.10).

Weitere warenkundliche Informationen ergeben sich aus den produktspezifischen Kapiteln dieses Handbuches.

34.3.2
Diätetische Lebensmittel für Diabetiker

a) Anforderungen an die Zusammensetzung

Aufgrund des gestörten Glucose-Stoffwechsels bei der Krankheit *Diabetes mellitus* muss die Nahrung kohlenhydratbegrenzt sein und der Energiegehalt sollte im Interesse der Erhaltung des Optimalgewichtes relativ niedrig gehalten werden (siehe Kapitel 42.9).

Die gesetzlichen Festlegungen zur Beschaffenheit von Diabetiker-Lebensmitteln sind in Kapitel 34.2.2 wiedergegeben.

b) Zur Süßung geeignete Stoffe

Anstelle der „belastenden Zucker" können zur Süßung die in Tabelle 34.1 aufgeführten Stoffe eingesetzt werden.

Zuckeralkohole – Erythrit ausgenommen – liefern ebenso wie Zucker bei der Verstoffwechselung Energie; der Brennwert ist allerdings geringer – 10 kJ bzw.

Tabelle 34.1. Zur Süßung geeignete Stoffe [21]

Stoffklasse	Stoffe	Charakterisierung und Anmerkungen
Zuckerart	Fructose (Fruchtzucker)	Fructose ist ein natürlich vorkommendes Monosaccharid (in Früchten, Beeren und verschiedenen Gemüsen), das insulinunabhängig verstoffwechselt wird. Die Süßkraft ist im Vergleich zu Saccharose (Haushaltszucker) etwas höher – Faktor 1,2.
Zuckeraustauschstoffe	Sorbit (E 420) Mannit (E 421) Isomalt (E 953) Maltit (E 965) Lactit (E 966) Xylit (E 967) Erythrit (E 968)	Diese Zuckeralkohole werden ebenfalls insulinunabhängig metabolisiert. Sie besitzen eine geringere Süßkraft als Haushaltzucker – Faktor ca. 0,5 mit Ausnahme von Xylit, das in der Süße etwa dem Weißzucker entspricht.
Süßstoffe	Acesulfam-K (E 950) Aspartam (E 951) Cyclamat (E 952) Saccharin (E 954) Sucralose (E 955) Thaumatin (E 957) Neohesperidin DC (E 959) Aspartam-Acesulfamsalz (E 962)	Süßstoffe besitzen ein Vielfaches der Süßkraft von normalem Haushaltzucker (Saccharose) [22]: Cyclamat – 35 bis 40 mal süßer; Aspartam und Acesulfam K – 200 mal süßer; Aspartam-Acesulfamsalz – 350 mal süßer; Saccharin – 400 mal süßer Sucralose – 500 bis 600 mal süßer; Thaumatin – 2 000 bis 3 000 mal süßer; Neohesperidin DC – 400 bis 600 mal süßer.

2,4 kcal pro Gramm (Zucker: 17 kJ bzw. 4 kcal pro Gramm). Sie sind bei der Berechnung der Broteinheiten anzurechnen (1 BE entspricht 12 g verwertbare Kohlenhydrate einschließlich Zuckeraustauschstoffe).

Zuckeralkohole – Erythrit ausgenommen – können osmotisch bedingte Durchfälle hervorrufen. Deshalb ist bei diätetischen Lebensmitteln mit Gehalten von mehr als 10% der Warnhinweis „Kann bei übermäßigem Verzehr abführend wirken." erforderlich. Erythrit besitzt gegenüber den anderen Zuckeralkoholen eine besonders hohe digestive Toleranz, da es nicht über den Darm ausgeschieden, sondern schon im Magen bzw. Zwölffingerdarm resorbiert wird.

Süßstoffe sind stark süß schmeckende Substanzen ohne kalorischen Wert.

Aufgrund der relativ geringen Süßkraft von Cyclamat wird dieses meist in Kombination mit Saccharin im Verhältnis 10:1 verwendet.

Aspartam ist zum Kochen und Backen nicht geeignet, weil es bei längerer und höherer Erhitzung an Süßkraft verliert. Da die Aminosäure Phenylalanin ein Bestandteil von Aspartam ist, muss bei Verwendung dieses Süßstoffes in der Kennzeichnung des Fertigproduktes der Warnhinweis „enthält eine Phenylalaninquelle" angebracht werden. Dies dient der Information von Patienten, die an der Stoffwechselerkrankung Phenylketonurie (PKU) leiden.

Neohesperidin DC hat als Einzelsüßstoff einen anhaltenden Nachgeschmack, der an Lakritze oder Menthol erinnert. In Kombination mit anderen Süßstoffen zeigt es jedoch sehr gute Geschmackseigenschaften.

Zuckeraustauschstoffe und Süßstoffe sind Zusatzstoffe. Sie werden unter dem Oberbegriff **„Süßungsmittel"** zusammengefasst; ihr Zusatz zu Lebensmitteln ist in der Zusatzstoff-Zulassungsverordnung geregelt.

Der Zusatz der Süßungsmittel ist kenntlich zu machen. Sowohl bei lose abzugebenden Lebensmitteln als auch bei Lebensmitteln in Fertigpackungen muss in Verbindung mit der Verkehrsbezeichnung angegeben werden:

- „mit Süßungsmittel(n)" bei Verwendung von Zuckeraustauschstoffen und/oder Süßstoffen;
- „mit einer Zuckerart und Süßungsmitteln" bei Verwendung von Fruchtzucker sowie Zuckeraustauschstoffen und/oder Süßstoffen.

c) Warensortiment

Diabetiker-Bier

Der für Diabetiker-Bier geforderte maximale Gehalt an belastenden Kohlenhydraten (0,75 g pro 100 ml) wird bei Einhaltung des nach Bierverordnung festgelegten Stammwürze-Gehaltes für Pilsner (ca. 11,5%) nur durch starke Vergärung erreicht, was allerdings zu einem erhöhten Alkoholgehalt gegenüber einem vergleichbaren Bier des Normalsortiments führt. Da wiederum die Diätverordnung fordert, dass Diabetiker-Lebensmittel keinen höheren Gehalt an Alkohol aufweisen dürfen als Lebensmittel des allgemeinen Verzehrs (Pilsner ca. 4,9% vol), muss dem Diabetiker-Bier wieder Alkohol entzogen werden (teilweise Entalkoholisierung des Bieres). Eine andere Möglichkeit der Herstellung ist das Verschneiden eines hoch vergorenen Biers mit einem niedriger vergorenen Bier.

Diabetiker-Mahlzeiten
müssen den Anforderungen an „Mahlzeiten für eine gewichtskontrollierende Ernährung" nach § 14a DiätV entsprechen (siehe Kapitel 34.3.5), ausgenommen Speisen, die nach ärztlicher Anweisung hergestellt und im Rahmen einer Verpflegung in Krankenhäusern unter ärztlicher Kontrolle verabreicht werden (Verpflegungskatalog des Krankenhauses).

Tafelsüßen für Diabetiker
sind zum Süßen geeignete Zubereitungen aus Süßstoffen und/oder Zuckeraustauschstoffen.

Süßstoffmischungen werden meist in Form von kleinen, dosierbaren *Tabletten* oder als *Flüssigsüße* (mit Sorbinsäure chemisch konserviert) angeboten. Eine Süßstoff-Tablette entspricht in der Regel der Süßkraft von einem Stück Würfelzucker. Ein Teelöffel Flüssigsüße süßt so intensiv wie vier gehäufte Esslöffel Zucker.

Streusüßen, wie z. B. kristallines Sorbit mit einem geringen Gehalt an Saccharin (Diabetiker-Süße: 99,89 g Sorbit + 0,11 g Saccharin), besitzen die volle Süßkraft von normalem Haushaltzucker und sind zum Süßen aller Speisen und Getränke einsetzbar.

Kristalliner *Fruchtzucker* (Fructose) hat gegenüber den Streusüßen auf Basis von Zuckeralkoholen den Vorteil, nicht laxierend zu wirken.

d) Kennzeichnung

Die speziellen Anforderungen an die Kennzeichnung von Diabetiker-Lebensmitteln werden durch § 19 und § 20 der DiätV geregelt (siehe Kapitel 34.2.2).

Die geforderten Kennzeichnungselemente sind nachfolgend am Beispiel eines „Diabetiker-Christstollens" dargestellt:

1) *Erzeugnisbezeichnung* (Verkehrsbezeichnung)
   - in Verbindung mit dem Wort „Diät" oder „Diabetiker",
   - in Verbindung mit dem Hinweis „mit Süßungsmittel(n)" bei Verwendung von Zuckeraustauschstoffen und/oder Süßstoffen,
   - in Verbindung mit dem Hinweis „mit einer Zuckerart und Süßungsmittel(n)" bei Verwendung von Fruchtzucker und Zuckeraustauschstoffen und/oder Süßstoffen

   Diät-Christstollen mit einer Zuckerart und Süßungsmitteln;
2) *besonderer Ernährungszweck*
   geeignet zur besonderen Ernährung bei Diabetes mellitus im Rahmen eines Diätplanes;
3) *Besonderheiten in der qualitativen und quantitativen Zusammensetzung*, aus der sich die Eignung für Diabetiker ergibt;

Tabelle 34.2. Weitere Diabetiker-Lebensmittel (siehe auch [20])

Warengruppe	Ersatz von Zucker durch			Bemerkungen
	Fruct.	ZA	Süßstoff	
Fein- und Dauerbackwaren Teige	++	++	+	im Verkehr verzehrfertige Backwaren (BW) oder trockene Fertigmischungen zur Herstellung von BW nach Zubereitungsvorschrift
Frucht- und Cremefüllungen oder -belege	–	–	++	
Diät-Brot und -Brötchen	–	–	–	geringer Brennwert: max. 840 kJ bzw. 200 kcal/100 g; erhöhter Ballaststoffgehalt durch Verarbeitung von Vollkornmehlen, Schrot- und Kleieerzeugnissen
Schokoladen- und Kakaoerzeugnisse sowie Süßwaren	++	++	+	Verarbeitung von Fructose oder Zuckeraustauschstoffen, wie Sorbit, Isomalt und Lactit
Fruchtnektare und alkoholfreie Getränke	+	–	++	Einsatz von Süßstoff-Gemischen, z. B. Saccharin/Cyclamat oder Aspartam/Acesulfam-K oder eine Mischung aus allen vier Süßstoffen; sind auch als kalorien- bzw. energiereduzierte Getränke im Verkehr; zur Abrundung des Geschmacks mitunter auch Zusatz eines geringen Anteils an Fructose
Obst- und Gemüseerzeugnisse Sterilkonserven: diverse Obstkompotte oder süß-saure Gemüseerzeugnisse.	–	–	++	Die Aufgussflüssigkeit wird mit Süßstoffen gesüßt.
Konfitüren, Gelees, Marmeladen	++ Fructosesirup	++ Sorbit	+	bei brennwertverminderten Erzeugn. Anteil des Fruchtzuckers bzw. des Sorbits um ca. 40 bis 50% reduziert, Erreichen der üblichen Süße durch zusätzlichen Zusatz von Süßstoffen, Konservierung mit Benzoesäure (E 210) und/oder Sorbinsäure (E 200)
Milcherzeugnisse, Süßspeisen und Süßspeisenpulver, Speiseeis und Speiseeis-Halberzeugnisse	++	+	++	Sortiment: Milchmischgetränke, Joghurtzubereitungen, Quarkspeisen, Pudding und Puddingpulver, Milchreis- und Milchgrieß-Erzeugn., Speieeis und Speiseeispulver

++ größtenteils eingesetzt; + weniger eingesetzt; – nicht eingesetzt

Besonderheiten in der qualitativen Zusammensetzung können sich bereits aus Nr. 1 ergeben.
Besonderheiten in der quantitativen Zusammensetzung können auch unter Nr. 4 angegeben werden.

4) *Gehaltsangaben*
   100 g enthalten durchschnittlich:

Brennwert:	1773 kJ/424 kcal
Eiweiß:	9,7 g
Kohlenhydrate:	44,9 g
davon	
Fructose	13,3 g
Sorbit	0,9 g
Isomalt	1,0 g
Fett:	23,2 g

5) *Angabe der Broteinheiten*
   Die Angabe der „Broteinheiten" ist keine Pflichtangabe.
   Bei freiwilliger Kennzeichnung sollte diejenige Menge des Lebensmittels angegeben werden, die 1 Broteinheit entspricht.
   1 BE = 27 g

6) *Hinweis: „kann bei übermäßigem Verzehr abführend wirken"*, wenn in dem Lebensmittel mehr als 10% Zuckeraustauschstoffe (Zuckeralkohole) enthalten sind.
   entfällt bei diesem Erzeugnis

7) *Hinweis: „enthält eine Phenylalaninquelle"*, wenn der Süßstoff Aspartam zugesetzt ist.
   entfällt bei diesem Erzeugnis, da die Süßstoffe Saccharin und Cyclamat verwendet wurden.

Nicht nur bei Erzeugnissen in Fertigpackungen, sondern auch bei loser Abgabe von Diabetiker-Backwaren, z. B. in Bäckereien der handwerklichen Produktion, sind gemäß § 25 Abs. 3 DiätV die speziellen diätetischen Kennzeichnungselemente auf Schildern neben der Ware oder auf Aushängen im Verkaufsraum deutlich sichtbar anzubringen.

Anmerkung: Diese ausführliche Darstellung der Kennzeichnung einer Diabetiker-Feinbackware soll beispielhaft die gemäß § 19 DiätV geforderten allgemeinen Kennzeichnungselemente auch für alle anderen diätetische Lebensmittel demonstrieren.

34.3.3
Lebensmittel für Menschen mit einer Glutenunverträglichkeit

a) Zusammensetzung

Glutenfreie Lebensmittel sind für Personen bestimmt, die an Zöliakie (Sprue) leiden. Zöliakie ist eine durch Getreideeiweiße ausgelöste Erkrankung der Dünndarmschleimhaut.

Es liegt eine Schädigung der für die Nährstoffaufnahme verantwortlichen Darmzotten der Dünndarmschleimhaut vor, wodurch sich ein hochgradiges Malabsorptionsyndrom herausbildet. Symptome sind Diarrhoe, Gewichtsabnahme, abdominelle Beschwerden, Blähungen, Mangelerscheinungen und Gedeihstörungen als Folge des Malabsorptionssyndroms. Unverträglich sind insbesondere die Gluten enthaltenden Getreidearten Weizen (d. h. alle Triticum-Arten wie z. B. Hartweizen, Dinkel und Kamut), Roggen und Gerste. Hafer kann bei den meisten Menschen mit Glutenunverträglichkeit in deren Ernährung einbezogen werden (hierzu werden derzeit noch wissenschaftliche Untersuchungen durchgeführt), doch da in der Praxis bei der Gewinnung, Lagerung und Verarbeitung eine Kontamination von Hafer mit Weizen, Roggen oder Gerste nicht ausgeschlossen werden kann, wird auch Hafer als Risikofaktor angesehen.

Die einzige Möglichkeit der Behandlung dieser Krankheit besteht in einer Ernährung, die frei von Gluten ist.

Glutenfreie Lebensmittel werden deshalb unter Verwendung von nicht zöliakieauslösenden Getreidearten, wie Mais, Reis, Hirse, Buchweizen oder gereinigten, eiweißfreien Getreidestärkeprodukten sowie Kartoffelstärke hergestellt. Inzwischen ist es technologisch möglich, hochgradig reine Getreidestärkeprodukte herzustellen, die als „glutenfrei" anzusehen sind, so dass sie auch für die Herstellung glutenfreier Lebensmittel verwendet werden können.

Laut VO (EG) Nr. 41/2009 wird zwischen „glutenfreien" Erzeugnissen (Glutengehalt < 20 mg/kg) und Produkten mit „sehr geringem Glutengehalt" (Glutengehalt < 100 mg/kg) unterschieden (s. Kapitel 34.2.1).

b) Warensortiment

Als spezielle diätetische Lebensmittel zur Ernährung von Menschen mit einer Glutenunverträglichkeit (siehe auch [20]) befinden sich im Handel:
- *Mehlmischungen* für die Selbstherstellung von glutenfreiem Brot und Brötchen sowie von glutenfreien Sand-, Rühr- und Hefekuchen sowie Pizza;
- *Teigwaren* in den verschiedensten Variationen (z. B. Spaghetti, Makkaroni und Nudeln);
- *Brot* als Weißbrot und Vollkornbrot in Form von Ganzbrot oder Schnittbrot;
- *Fein- und Dauerbackwaren* in verschiedenen Sorten;
- *Müsli*.

Als stärkehaltige Rohstoffe werden verwendet: „glutenfreie" Getreidestärke oder Getreidestärke mit „sehr geringem Glutengehalt", Kartoffelstärke, Maisstärke, Maismehl, Vollmais, Vollreis, Reismehl, (Voll)Sojamehl, Buchweizen- und Hirse-Erzeugnisse.

Als Ballaststoff-Komponenten werden Zuckerrübenballaststoff, Kartoffelrohfaser und Apfelrohfaser eingesetzt.

Guarkernmehl und Johannisbrotkernmehl dienen als Backhilfsmittel.

34.3.4
Natriumarme Lebensmittel und Diätsalze

a) Zusammensetzung

Diätetische Lebensmittel mit einem niedrigen Natriumgehalt sind insbesondere im Rahmen der Ernährung bei Herz-Kreislauf-Erkrankungen, chronischen Nierenerkrankungen und Hauterkrankungen erforderlich. Je nach Schwere der Erkrankung wird unterschieden zwischen

- natriumarmer bzw. kochsalzarmer Diät (Kochsalzaufnahme: max. 2 g Kochsalz pro Tag) oder
- streng natriumarmer Diät (Kochsalzaufnahme: max. 1 g Kochsalz pro Tag).

Dementsprechend werden verschiedene diätetische Lebensmittel für Natriumempfindliche hergestellt. Dabei wird entweder der Zusatz von Speisesalz (Kochsalz, Natriumchlorid) drastisch reduziert und/oder anstelle von Kochsalz werden Kochsalzersatz bzw. natriumarme Würzmittel verwendet. Zum Natriumgehalt der Lebensmittel für Natriumempfindliche siehe auch Kapitel 34.2.2.

Neben „natriumarmen" und „streng natriumarmen" Lebensmitteln gibt es noch eine dritte Kategorie von Lebensmitteln mit verringertem Natriumgehalt, die „natriumreduzierten" bzw. „kochsalzreduzierten" Lebensmittel. Diese fallen nicht in den Geltungsbereich der DiätV; sie sind also keine diätetischen Lebensmittel. Sie unterliegen den Bestimmungen der Nährwert-Kennzeichnungsverordnung (NKV). Nach § 6 Abs. 2 Nr. 3 NKV darf bei den in Anlage 2 aufgeführten Lebensmitteln auf eine Kochsalz- oder Natriumverminderung hingewiesen werden, wenn die dort festgesetzten Höchstwerte für den Natriumgehalt nicht überschritten sind.

b) Warensortiment

„Natriumarme" oder „streng natriumarme" Lebensmittel sind in den verschiedensten Warengruppen vertreten. Es gibt beispielsweise Teigwaren; Weißbrote, Waffel- und Knäckebrote; Suppen, Brühen, Soßen; diverse Käsesorten; Fleischerzeugnisse, insbesondere Wurst; Fischerzeugnisse; Brotaufstriche; Würzmittel und Diät-Salz als Kochsalzersatz (siehe auch [20]).

Natriumarmes oder streng natriumarmes Diät-Salz besteht aus einer natriumfreien Mischung salzähnlich schmeckender und würzender Stoffe. Es dürfen nur die in Anlage 3 der DiätV aufgeführten Zusatzstoffe verwendet werden.

Kochsalzersatz dient zum Würzen von Speisen bei natriumarmen Kostformen anstelle von Speisesalz; er wird außerdem als geschmacksgebende Zutat bei der Herstellung natriumarmer Lebensmittel verwendet.

34.3.5
Lebensmittel für kalorienarme Ernährung zur Gewichtsverringerung (Reduktionskost)

a) Charakterisierung und Zusammensetzung

Diese diätetischen Lebensmittel sind zur Gewichtsreduktion bei zu hohem Körpergewicht bestimmt. Ihr Energiegehalt ist gegenüber Mahlzeiten des normalen Verzehrs verringert. Der Nährstoffgehalt ist genau definiert. Dadurch wird gewährleistet, dass die zur Aufrechterhaltung der körperlichen Leistungsfähigkeit erforderlichen essentiellen Nährstoffe dem Körper zugeführt werden und keine Mangelerscheinungen auftreten.

Man unterscheidet zwischen Erzeugnissen, die

- als Ersatz für eine ganze Tagesration oder
- als Ersatz für eine oder mehrere Mahlzeiten im Rahmen der Tagesration

bestimmt sind.

Die Zusammensetzung ist in § 14a in Verbindung mit Anlage 2 und Anlage 17 der DiätV festgeschrieben.

Gehalte an Proteinen
- Die Reduktionskost muss hochwertiges Protein enthalten, welches alle essentiellen Aminosäuren in einem vorgeschriebenen Mengenverhältnis aufweist (Referenzprotein).
- Mindestens 25% und maximal 50% des Brennwertes entfallen auf das Protein.
- Eine Tagesration darf nicht mehr als 125 g Protein enthalten.

Gehalte an Fetten
- Der Brennwert des Fettes darf 30% des gesamten Brennwertes nicht übersteigen.

Energie- und weitere Nährstoffgehalte sind der Tabelle 34.3 zu entnehmen.

Die Anforderungen der Anlage 17 der DiätV gelten nicht für diätetische Lebensmittel, die zur Verwendung als Tagesration oder als Mahlzeit bestimmt sind, wenn sie nach ärztlicher Anweisung im Einzelfall hergestellt und im Rahmen einer Verpflegung in Krankenhäusern oder vergleichbaren Einrichtungen unter ärztlicher Kontrolle verabreicht werden, sofern die abweichende Zusammensetzung aufgrund medizinischer Indikationen geboten ist.

b) Warensortiment

Die Erzeugnisse werden in zwei prinzipiell verschiedenen Formen angeboten:
- als Pulvernahrung zur Zubereitung kalorienarmer Drinks, Suppen und Cremes sowie als kompakte Riegel in verschiedenen Geschmacksrichtungen oder

Tabelle 34.3. Anforderungen an eine Mahlzeit und eine Tagesration für gewichtskontrollierende Ernährung

	Anforderungen an eine Mahlzeit	Anforderungen an eine Tagesration
Brennwert:		
kJ	min. 840 / max. 1 680	min. 3 360 / max. 5 040
kcal	min. 200 / max. 400	min. 800 / max. 1 200
Fette	min. 1 g Linolsäure	min. 4,5 g Linolsäure
Ballaststoffe	keine Festlegung	min. 10 g / max. 30 g
Vitamine auszugsweise:		
Vitamin A	min. 210 µg	min. 700 µg
	max. 900 µg	max. 1 800 µg
Vitamin D	min. 1,5 µg	min. 5 µg
	max. 1,6 µg	max. 5 µg
Vitamin E*	3 mg	10 mg
Vitamin C*	13,5 mg	45 mg
Mineralstoffe auszugsweise:		
Calcium*	210 mg	700 mg
Magnesium*	45 mg	150 mg
Phosphor*	165 mg	550 mg
Kalium*	500 mg	3 100 mg
Spurenelemente auszugsweise:		
Eisen*	4,8 mg	16 mg
Zink*	2,9 mg	9,5 mg
Jod	min. 39 µg	min. 130 µg
		max. 300 µg
Selen*	16,5 µg	55 µg

* Mindestgehalte

- als Fertigmenüs (traditionelle Fertiggerichte mit ausgewählten Rohstoffen und Vitamin- und Mineralstoffzusätzen).

Pulvernahrungen sind in der Regel Instant-Trockenprodukte. Eine genau vorgeschriebene Pulvermenge (Messlöffel oder Portionsbeutel) wird mit Wasser oder fettarmer Trinkmilch zubereitet. Pulvernahrungen, die zum Ersatz einer Tagesration bestimmt sind, müssen bereits alle Nährstoff-Bestandteile in der Fertigpackung enthalten, so dass für die Zubereitung nur noch der Zusatz von Wasser erforderlich ist.

Es gibt Pulvernahrungen, aus denen süße Drinks oder Cremes hergestellt werden können (Geschmacksrichtungen: Vanille, Schoko, Erdbeere, Banane, Ananas u. a.). Zur Süßung werden meistens Fruchtzucker und Süßstoffe verwendet, so dass diese kalorienarmen Zubereitungen auch für Diabetiker zum Verzehr geeignet sind (vgl. Kapitel 34.3.2). Als Proteinquellen dienen in der Regel Magermilchpulver, Milcheiweiß, Molkenpulver und Sojaeiweiß. Zur Gewährleistung des festgelegten Gehaltes an essentiellen Fettsäuren werden pflanzliche Öle zugesetzt, die reich an mehrfach ungesättigten Fettsäuren sind.

Außerdem befinden sich Pulvernahrungen in herzhaften Geschmacksrichtungen im Angebot: Kartoffelsuppe, Tomatensuppe, Gulaschsuppe, Erbsensuppe, Gemüsecremsuppe u. a. Dadurch ist es möglich, den Speiseplan für die gewichtskontrollierende Ernährung abwechslungsreich zu gestalten.

Eine wertvolle Bereicherung des diesbezüglichen Sortiments stellen auch die Mahlzeitenersatzriegel dar. Hierbei handelt es sich um verzehrsfertige, meist süß schmeckende Nährstoffkomprimate (Geschmacksrichtungen: Schoko, Cappuccino, Vanille, Joghurt, Frucht), die im Rahmen eines Diätprogramms zum Ersatz einer oder mehrerer Mahlzeiten bestimmt sind (siehe auch [20]).

34.3.6
Lebensmittel für besondere medizinische Zwecke (bilanzierte Diäten)

a) Charakterisierung und Zusammensetzung

Bilanzierte Diäten dienen durch eine definierte, standardisierte und kontrollierte Zusammensetzung einem besonderen Ernährungszweck, indem sie dazu beitragen, im Rahmen eines Diätplanes unter ärztlicher Aufsicht

- physiologische Stoffwechselsituationen aufrechtzuerhalten,
- eine pathophysiologische Situation zu korrigieren oder
- einem spezifischen Nährstoffbedarf gerecht zu werden.

Sie ersetzen oder ergänzen konventionelle Lebensmittel in Fällen, in denen mit diesen eine adäquate Ernährung schwierig bzw. unmöglich ist oder sie decken einen besonderen, medizinisch bedingten Nährstoffbedarf ab. Es wird unterschieden zwischen

- *ernährungsmäßig vollständigen (nutritionally complete)* und
- *ernährungsmäßig unvollständigen (nutritionally incomplete)* Erzeugnissen.

Die „vollständigen bilanzierten Diäten" sollen das gesamte Spektrum des Nährstoffbedarfs abdecken; sie enthalten alle Makro- und Mikronährstoffe und sind als einzige Nahrungsquelle für ausgewählte Patientengruppen bestimmt. Sie sind gegebenenfalls auch zur Langzeitanwendung geeignet.

Die „ergänzenden bilanzierten Diäten" eignen sich nicht für die Verwendung als einzige Nahrungsquelle. Die Makro- und/oder Mikronährstoffe sind nur unvollständig vorhanden. Sie dienen bei bestimmten Krankheiten, Störungen oder Beschwerden dem Ausgleich eines *medizinisch bedingten Nährstoffbedarfs*, beispielsweise eines möglichen Energie- oder Nährstoffdefizits, der Abdeckung eines krankheitsbedingten Mehrbedarfs oder eines angepassten Nährstoffbedarfs.

Bei „ergänzenden bilanzierten Diäten", die Stoffe der Anlage 6 der DiätV enthalten, dürfen in der Regel die dort aufgeführten Höchstmengen nicht überschritten werden. Da „ergänzende bilanzierte Diäten" nicht grundsätzlich eine nennenswerte Energiemenge enthalten, ist die Höhe der Tageszufuhr für die einzelnen Nährstoffe auf den durchschnittlichen Energiebedarf eines Erwachsenen pro Tag von ca. 2 000 kcal (8 374 kJ) zu beziehen.

b) Warensortiment

Bei dieser Erzeugnisgruppe bilden den Hauptanteil die „vollständigen bilanzierten Diäten" und die „ergänzenden bilanzierten Diäten" in Form von Trink- und Sondennahrungen im Rahmen der enteralen Ernährung von Patienten [23] insbesondere in Krankenhäusern und Pflegeeinrichtungen.

Als mögliche Indikationen für eine bedarfsdeckende ausschließliche oder ergänzende Ernährung mit diesen Produkten seien beispielhaft aufgeführt (siehe auch Kapitel 42.9 und [20]):

- *Störungen der Nahrungsaufnahme infolge von Beiß-, Kau- und Schluckstörungen* oder *Rekonvaleszenz und Aufbau*
  Diese Produkte dienen der Langzeiternährung von Patienten ohne Nährstoffverwertungsstörungen, wobei noch unterschieden wird zwischen hohem und niedrigem Energiebedarf.
  Die Flüssignahrungen enthalten als Kohlenhydrate vor allem Maltodextrin, Stärke, Traubenzucker, Fruchtzucker und Haushaltzucker.
  Als Proteinquellen dienen vorzugsweise Milcheiweiße, Sojaeiweiß und Eiklarprotein.
  Pflanzliche Öle sorgen für die Zufuhr essentieller Fettsäuren.
  Durch Zusatz standardisierter Vitamin-, Mineralstoff- und Spurenelementmischungen wird der Bedarf an diesen Nährstoffen abgedeckt.
  Durch geeignete Emulgatoren und geschmacksgebende Komponenten werden insbesondere die Trinknahrungen verbraucherfreundlich zubereitet.
- *Erkrankungen des Magen-Darm-Traktes, des Pankreas und der Galle als deren Folge Störungen der Verdauungsfunktion (Maldigestion) oder der Resorption von Nährstoffen (Malabsorption) auftreten.*
  In diesen Fällen muss die Zusammensetzung der Trink- bzw. Sondennahrungen den veränderten Verdauungs- und Resorptionsbedingungen angepasst werden.
  In der Auswahl der Rohstoffe wird auf nicht tolerierte Nahrungsmittelbestandteile verzichtet (z. B. auf Milcheiweiß bei Kuhmilch- und/oder Laktoseintoleranz oder auf Gluten bei Zöliakie). Außerdem können mit diesen Nahrungen primär resorptionsfähige bzw. leicht verwertbare Nahrungsbestandteile angeboten werden
  (z. B. Aminosäuren, Proteinhydrolysate, mittelkettige Triglyceride).
- *Störungen des Aminosäurenstoffwechsels – Phenylketonurie (PKU)*
  Bei dieser Stoffwechselstörung kann ein Eiweißbaustein, die Aminosäure Phenylalanin, nicht oder kaum abgebaut werden. Nur durch streng phenylalaninarme Kost kann eine normale körperliche und geistige Entwicklung garantiert werden.

Vor allem für Säuglinge, Klein- und Schulkinder werden ganz spezielle Trinknahrungen angeboten. Sie enthalten eine phenylalaninfreie Aminosäurenmischung oder phenylalaninfreies Caseinhydrolysat, Maltodextrin, Stärke, angereichert mit Vitaminen, Mineralstoffen und Spurenelementen.

Seit Erlass der Richtlinie 1999/21/EG und deren Umsetzung in deutsches Recht 2001 befindet sich auf dem Markt eine neue Palette „ergänzender bilanzierter Diäten" in arzneimitteltypischer Verabreichungsform. Dabei ist festzustellen, dass viele dieser Erzeugnisse nicht der Begriffsbestimmung gemäß § 1 Abs. 4a DiätV entsprechen [1, 10].

Eindeutig umrissene Krankheiten, Störungen oder Beschwerden mit einem medizinisch bedingten Nährstoffbedarf sind z. B. Rheuma, Osteoporose oder erhöhter Homocysteinspiegel. Erzeugnisse mit diesen diätetischen Indikationen erfüllen die Begriffsbestimmung für „ergänzende bilanzierte Diäten" [24].

34.3.7
Lebensmittel für intensive Muskelanstrengungen, vor allem für Sportler

a) Charakterisierung und Zusammensetzung

Bei den diätetischen Lebensmitteln für intensive Muskelanstrengungen sind nicht die Erzeugnisse gemeint, die im Rahmen der allgemeinen sportlichen Aktivitäten (Breitensport) angeboten werden [25], sondern die Produkte, die in ihrer Zusammensetzung auf die speziellen Ernährungserfordernisse von Leistungs- bzw. Hochleistungssportlern abgestimmt sind.

Der spezifische Nährstoffbedarf dieser Sportler ist abhängig vom jeweiligen Ernährungszustand sowie von der Art, Häufigkeit, Dauer und Intensität der sportlichen Aktivitäten.

Besondere Schwerpunkte des Nährstoffbedarfs beim Leistungssportler sind:

1. *Energie*
   Der Energieverbrauch ist erheblich gesteigert, im Durchschnitt um etwa 50%, im Einzelfall über 100%. Das erfordert spezielle energiereiche Lebensmittel. Die Zweckbestimmung dieser Produkte besteht in einer raschen Restitution entleerter Glykogenspeicher bzw. in einer Schonung der Glykogen-Reserven. Dies kann durch Zufuhr rasch verfügbarer Kohlenhydrate sowohl vor dem Wettkampf (9–10 g Kohlenhydrate/kg Körpermasse) als auch nach dem Wettkampf erreicht werden.
2. *Proteine*
   Bei Kraftsportlern ist der Eiweißbedarf in der Phase des Muskelaufbaus erhöht. Gleiches gilt für Ausdauersportler mit hohem Belastungsumfang und hoher Belastungsintensität (z. B. Marathon-Läufer).
   Der Bedarf liegt bei ca. 1–1,6 g/kg Körpergewicht; die Gesamtzufuhr sollte 2 g Protein pro kg Körpergewicht und pro Tag nicht überschreiten.

3. *Mikronärstoffe (Mineralstoffe, Vitamine, Spurenelemente)*
   Bei optimalem Ernährungszustand des Leistungssportlers kann eine verstärkte Zufuhr von Mikronährstoffen die sportliche Leistungsfähigkeit nicht steigern. Umgekehrt kann es bei Mangelzuständen zu Leistungseinbußen kommen. Deshalb sind alle trainings- und wettkampfbedingten Verluste unverzüglich zu kompensieren.
4. *Flüssigkeit*
   Die physische Aktivität des Sportlers kann zu beträchtlichen Flüssigkeitsverlusten führen. Um die dadurch bedingte Dehydrierung auszugleichen, ist unbedingt eine entsprechende Flüssigkeitssubstitution erforderlich. Als besonders günstig haben sich Kohlenhydrat-Elektrolyt-Lösungen erwiesen.

b) Warensortiment

Je nach Art und Zweckbestimmung unterscheidet man die in Tabelle 34.4 aufgeführten Produktgruppen.

Die Palette der angebotenen Erzeugnisse ist für den Verbraucher aufgrund der Vielfalt kaum noch überschaubar; allein die Anzahl der in den Fitness-Studios erhältlichen Produkte ist verwirrend; extreme Formen hat inzwischen auch der Internethandel mit Sportlernahrung angenommen.

Gerade bei den über das Internet vertriebenen Erzeugnissen ist Vorsicht geboten, da sie manche Stoffe enthalten, die in Lebensmitteln nicht verwendet werden dürfen (verschreibungspflichtige Arzneimittel; Stoffe, die auf der Verbotsliste der Welt-Anti-Doping-Agentur WADA stehen). Oftmals werden solche Präparate nicht als „Sportlerlebensmittel" sondern als „Nahrungsergänzungsmittel mit sportlicher Ausrichtung zur Leistungssteigerung" angeboten.

Als „diätetische Lebensmittel für intensive Muskelanstrengungen" sind definitionsgemäß nur solche Erzeugnisse verkehrsfähig, für die bei Leistungssportlern ein ernährungsphysiologischer Bedarf besteht und bei denen der Nutzen bzw. die Wirksamkeit wissenschaftlich gesichert ist [31, 32].

c) Kennzeichnung

Neben den Kennzeichnungselementen des § 19 Diätverordnung sollten noch folgende zusätzliche Angaben aufgeführt werden:

- Informationen über die richtige Verwendung des Erzeugnisses (z. B. Zubereitungsvorschrift, Gebrauchsinformation, Dosierung u. a.);
- bei Proteinpräparaten Angaben über die Art des Proteins und/oder Proteinhydrolysates (Das Aminosäuren-Muster, bezogen auf 100 g Eiweiß kann angegeben werden.);
- bei Zusatz von Vitaminen und Mineralstoffen Angaben über den Gehalt in der verzehrfertigen Zubereitung sowie deren Anteil am empfohlenen Tagesbedarf in Prozent;
- bei einer Osmolarität von 270 mOsmol/kg Wasser bis 330 mOsmol/kg Wasser kann ein Getränk als „isotonisch" bezeichnet werden.

Tabelle 34.4. Produktgruppen von Sportlernahrungen je nach Zweckbestimmung

Produktgruppe	Erzeugnisse	Anforderungen lt. BGA [13] (* Anforderungen laut Kommissions-Direktive vom 20.04.2004 [47])	Rohstoffe
1. Erzeugnisse zur Energiebereitstellung	Kohlenhydratkonzentrate in flüssiger oder fester Form	Energiequelle: mind. 80% aus Kohlenhydraten (KH)*, davon max. 50% aus Sacch.; 75 kcal/100 ml oder 350 kcal/100 g Trockenmasse; 0,2 mg Vit. B_1 pro 100 g KH (* mind. 75% der Energie aus KH)	Glucose, Fruktose, Sacharose, Maltose, Maltodextrin, Stärke
	Energiereiche Erzeugnisse in fester Form	Energiequelle: mind. 50% aus KH, max. 30% aus Fett; 0,5 mg Vitamin B_1 und 0,6 mg Vitamin B_2 pro 1 000 kcal	
	Energieliefernde Getränke	mind. 40 kcal/100 ml*; Energiequelle: mind. 50% aus KH, max. 30% aus Fett; 0,5 mg Vitamin B_1 und 0,6 mg Vitamin B_2 pro 1 000 kcal (* für Kohlenhydrat-Elektrolyt-Lösungen: mind. 8 kcal/100 ml und max. 35 kcal/100 ml; Energiequelle: mind. 75% aus KH)	
2. Protein- und Aminosäuren-Präparate	Pulver zum Anrühren mit Flüssigkeit	mind. 50% der Trockenmasse (TM) entfallen auf Protein (* unterscheidet zwischen: • Protein-Konzentrate: mind. 70% Protein in der TM, • proteinangereicherte Lebensmittel: mind. 25% der Energie entfallen auf Protein)	Proteine müssen von hoher biologischer Wertigkeit sein, z. B. Milcheiweiße: Casein, Molkenprotein und/oder Sojaeiweiß-Isolate
	Fertigprodukte z. B. Riegel	mind. 20% Protein	
	Getränke	mind. 6% Protein	
	Protein-Hydrolysate und/oder Gemische freier Aminosäuren (AS)	mind. 25% des Gesamt-Proteingehaltes sind teilweise oder vollständig hydrolysiert bzw. liegen in Form freier AS vor; der Zusatz essentieller AS zur Verbesserung der biologischen Wertigkeit ist möglich; max. 30% der Energie entfallen auf den Fettanteil	Hydrolysate von Casein, Molkenprotein, kollagenem Eiweiß, Sojaeiweiß sowie Aminosäuren

Tabelle 34.4. Fortsetzung Produktgruppen von Sportlernahrungen je nach Zweckbestimmung

Produktgruppe	Erzeugnisse	Anforderungen lt. BGA [13] (* Anforderungen laut Kommissions-Direktive vom 20.04.2004 [47])	Rohstoffe
3. Produkte mit Mikronährstoffen	**Getränke mit Vitaminen und Mineralstoffen**	Orientierung am sportbedingten Verlust; isolierte Zufuhr einzelner Stoffe ist ungünstiger als kombinierte Zufuhr verschiedener Mikronährstoffe; durstlöschende Getränke mit einer Osmolarität von 270–330 mOsmol/kg sind isoton.	aromatisierte Getränke auf Wasserbasis und Getränke auf Fruchtsaftbasis mit Stoffen der Anlage 2 zu §7 Abs. 1 DiätV
	Nahrungsergänzungsmittel	Präparate mit Vitaminen und/oder Mineralstoffen	Stoffe der NemV, Anlage 2
4. Kombinationspräparate	**Kombination der Produktgruppen 1.–3.**	siehe oben 1.–3.	siehe oben 1.–3.
5. Kreatin	**Monopräparat oder Zusatz zu 1.–4.**	* Aufnahme von Kreatin: nicht mehr als 3 g pro Tag	Kreatin-Monohydrat

34.3.8
Säuglings- und Kleinkindernahrung

Säuglinge (Kinder bis zur Vollendung des 12. Lebensmonats, s. § 1 Abs. 6 Nr. 1 DiätV)) und Kleinkinder (Kinder ab dem 13. Lebensmonat bis zur Vollendung des 3. Lebensjahres, s. § 1 Abs. 6 Nr. 2 DiätV) sind auf ganz besondere Nahrung angewiesen. Einerseits ist deren Stoffwechsel und Verdauungsapparat noch nicht voll ausgebildet, andererseits erfordert der heranwachsende Organismus aber die Bereitstellung einer besonders hochwertigen Kost, die alle essentiellen Nährstoffe enthält.

a) Säuglingsanfangsnahrung und Folgenahrung

Unter Säuglingsanfangsnahrung sind definitionsgemäß die Lebensmittel zu verstehen, die für die besondere Ernährung von Säuglingen während der ersten Lebensmonate bestimmt sind und für sich allein den Ernährungserfordernissen dieser Säuglinge bis zur Einführung angemessener Beikost entsprechen (s. § 1 Abs. 6 Nr. 3 DiätV). Säuglingsanfangsnahrung wird in der Regel während der ersten 6 Monate verabreicht.

Tabelle 34.5. Anforderungen an die Zusammensetzung von Säuglingsanfangs- und Folgenahrung (auszugsweise)

Parameter	Säuglingsanfangsnahrung	Folgenahrung
Physiologischer Brennwert	250 kJ–255 kJ/100 ml 60 kcal–70 kcal/100 ml	250 kJ–295 kJ/100 ml 60 kcal–70 kcal/100 ml
Eiweiß		
auf Basis von Kuhmilchproteinen	0,45 g–0,7 g/100 kJ 1,80 g–3,0 g/100 kcal	0,45 g–0,8 g/100 kJ 1,80 g–3,5 g/100 kcal
auf Basis von Sojaproteinisolaten	0,56 g–0,7 g/100 kJ 2,25 g–3,0 g/100 kcal	0,56 g–0,8 g/100 kJ 2,25 g–3,5 g/100 kcal
auf Basis von Proteinhydrolysaten	0,45 g–0,7 g/100 kJ 1,80 g–3,0 g/100 kcal	0,56 g–0,8 g/100 kJ 2,25 g–3,5 g/100 kcal
Fett	1,05 g–1,4 g/100 kJ 4,40 g–6,0 g/100 kcal	0,96 g–1,4 g/100 kJ 4,0 g–6,0 g/100 kcal
davon Linolsäure (als Glycerid)	70 mg–285 mg/100 kJ 300 mg–1 200 mg/100 kcal	70 mg–285 mg/100 kJ 300 mg–1 200 mg/100 kcal
Kohlenhydrate	2,2 g–3,4 g/100 kJ 9,0 g–14,0 g/100 kcal	2,2 g–3,4 g/100 kJ 9,0 g–14,0 g/100 kcal
davon z. B. Lactose	min. 1,1 g/100 kJ min. 4,5 g/100 kcal	min. 1,1 g/100 kJ min. 4,5 g/100 kcal
Mineralstoffe	siehe Anlage 10 DiätV	siehe Anlage 11 DiätV
Vitamine	siehe Anlage 10 DiätV	siehe Anlage 11 DiätV

Als Folgenahrung bezeichnet man die Lebensmittel, die für die besondere Ernährung von Säuglingen ab Einführung einer angemessenen Beikost bestimmt sind und den größten flüssigen Anteil einer nach und nach abwechslungsreichen Kost für diese Säuglinge darstellen (s. § 1 Abs. 6 Nr. 4 DiätV). Die Einführung von Folgenahrung erfolgt nach dem 6. Monat.

Zusammensetzung

Die Anforderungen sind in § 14c sowie in den Anlagen 9–12 und 24 der DiätV detailliert festgelegt. Auszugsweise sind sie in Tabelle 34.5 wiedergegeben.

Um einer Gefährdung der Säuglinge infolge einer Glutenunverträglichkeit vorzubeugen, sind Säuglingsanfangs- und Folgenahrungen grundsätzlich glutenfrei.

Wie wichtig die Einhaltung der in der DiätV vorgeschriebenen Nährstoff-Gehalte ist, verdeutlichen folgende Beispiele:

Fallbeispiel 34.1: Säuglingsnahrung, Vitamin B_1

Aufgrund der fehlerhaften Zusammensetzung einer in Deutschland hergestellten Säuglingsnahrung auf Sojaprotein-Basis starben im Jahr 2003 in Israel 2 Säuglinge; mindestens 7 weitere Babys erkrankten teilweise schwer. Die Ermittlungen ergaben, dass dem Erzeugnis bei der Herstellung kein Vitamin B_1 zugesetzt worden war und somit bei den betroffenen Säuglingen ein chronischer Vitamin B_1-Mangel mit typischen Krankheitssymptomen ausgelöst wurde. – Anstatt des deklarierten Vitamin B_1-Gehaltes von 385 µm pro 100 g Fertignahrung enthielt das betreffende Produkt nur 29 bis 37 Mikrogramm pro 100 g. – Zurückzuführen war die fehlende Vitamin B_1-Zugabe auf menschliches Versagen in der Produktentwicklung und in der Qualitätskontrolle. Daraufhin wurden von der Staatsanwaltschaft mehrere Mitarbeiter des Babynahrungsherstellers wegen des Verdachts der fahrlässigen Tötung und des Verstoßes gegen das Lebensmittelrecht angeklagt. Der Betrieb kündigte vier Mitarbeitern fristlos. – Das betreffende Erzeugnis wurde ausschließlich in Israel vertrieben; trotzdem veranlasste die zuständige oberste Landesbehörde aus Vorsorgegründen, vergleichbare Erzeugnisse für den deutschen Markt auf ihre einwandfreie Beschaffenheit hin zu untersuchen. Es waren bundesweit keine Mängel festzustellen. (Quellen: [33].)

Fallbeispiel 34.2: Säuglingsnahrung, Melamin

Ein skandalöser Vorfall ereignete sich im Jahr 2008 in China. Hier war Säuglingsanfangsnahrung mit der Chemikalie „Melamin" versetzt worden. Presseberichten zufolge wurde das Melamin dem Säuglingsmilchpulver absichtlich zugesetzt, um einen höheren Proteingehalt des Erzeugnisses vorzutäuschen. Da Ermittlungen ergaben, dass seit längerer Zeit auch ein vorsätzlicher Melamin-Zusatz zu Rohmilch erfolgte, bestand außerdem die Möglichkeit, dass neben der in Rede stehenden Säuglingsnahrung auch kontaminierte Milch und Milchprodukte verzehrt wurden. – Nach dem Verzehr derart kontaminierter Säuglingsanfangsnahrung sind in China mindestens vier Säuglinge verstorben und Tausende Säuglinge mussten wegen Nierenerkrankungen medizinisch behandelt werden, davon etwa 13 000 stationär. – Kontrollen auf dem deutschen Binnenmarkt ergaben, dass keine Säuglingsnahrung aus China im Verkehr war. Allerdings wurden im normalen Lebensmittelsortiment verschiedene milchhaltige Produkte aus dem asiatischem Raum vorgefunden, die mit Melamin kontaminiert waren. (Quellen: [34].)

Warensortiment

Säuglingsanfangs- und Folgenahrungen werden größtenteils in Form von Trockenpulvern angeboten, die nach der vom Hersteller angegebenen Zubereitungsvorschrift nur noch in Wasser aufgelöst werden müssen. Es sind jedoch auch flüssige, sterilisierte Trinknahrungen im Angebot.

Je nach Zweckbestimmung gibt es die verschiedensten Erzeugnisse (siehe auch [20]).

Als *Säuglingsanfangsnahrung* (bestimmt für die Ernährung während der ersten sechs Lebensmonate) werden beispielsweise angeboten:

- Säuglingsmilchnahrung (Proteinquellen: Vollmilch, entrahmte Milch, Süßmolke, Magermilchpulver, Molkenpulver);
- Säuglingsanfangsnahrung auf Proteinhydrolysatbasis (Proteinquellen: hydrolysiertes Molkenprotein, Caseinhydrolysat, Aminosäuren);
- Säuglingsanfangsnahrung aus Sojaprotein in einer Mischung mit Kuhmilchprotein (Proteinquellen: Sojaprotein, Magermilchpulver, Molkenpulver);
- Säuglingsanfangsnahrung nur aus Sojaprotein (Proteinquellen: Sojaprotein, Aminosäuren).

Analog dazu gibt es als *Folgenahrungen* (bestimmt für die anteilige Ernährung von Säuglingen über sechs Monate):

- Folgemilch;
- Folgenahrungen auf Proteinhydrolysatbasis;
- Folgenahrungen auf Sojaproteinbasis.

b) Beikost

Für ältere Säuglinge (älter als 6 Monate) und Kleinkinder (Kinder zwischen einem Jahr und drei Jahren) reicht Milchnahrung allein nicht mehr aus, sie benötigen zusätzlich Beikost, wie z. B. Getreidebreie, Gemüse- und Obstzubereitungen sowie Babymenüs.

Zusammensetzung

Die Anforderungen sind in § 14d in Verbindung mit Anlagen 9, 18–20 der DiätV festgelegt. Der Gesetzgeber unterscheidet zwischen *Getreidebeikost* und *sonstiger Beikost*. Bei *Getreidebeikost* gibt es 4 Produktgruppen, für deren Zusammensetzung unterschiedliche Vorgaben existieren.

1. Getreidebreie ohne Milch, die erst mit Milch oder einer anderen nahrhaften Flüssigkeit zubereitet werden müssen oder bereits verzehrfertig sind;
2. Getreidebreie mit einem zugesetzten proteinreichen Lebensmittel
   a) mit Wasser zuzubereiten
   b) verzehrfertig;
3. Teigwaren;
4. Zwiebacke und Kekse.

Die für diese einzelnen Produktgruppen geforderten Zusammensetzungsparameter sind in Anlage 19 der DiätV aufgeführt und auszugsweise in Tabelle 34.6 wiedergegeben.

Die Anforderungen an die Zusammensetzung von *sonstiger Beikost* (andere Beikost als Getreidebeikost) richten sich nach der Art des Erzeugnisses und den verwendeten Rohstoffen. Details sind der Anlage 20 der DiätV zu entnehmen.

Werden Beikost-Erzeugnissen (Getreidebeikost und sonstige Beikost) Vitamine, Mineralstoffe und/oder Spurenelemente zugesetzt, dürfen die in Anlage 19 der DiätV festgelegten Höchstwerte nicht überschritten werden.

Tabelle 34.6. Anforderungen an die Zusammensetzung von Getreidebeikost, bezogen auf die verzehrfertige Zubereitung (auszugsweise)

Parameter	Getreidebeikost mit Milch oder mit anderem Protein	Getreidebeikost ohne Milch	Kekse
Getreideanteil	min. 25% der Trockenmasse (TM)	min. 25% der TM	min. 25% der TM
Protein-Gehalt	min. 0,48 g/100 kJ max. 1,3 g/100 kJ	–	min. 0,36 g/100 kJ max. 1,3 g/100 kJ
Zuckergehalt (zugesetzte Saccharose, Fruct., Gluc.)	max. 1,2 g/100 kJ bei Fructose: max. 0,6 g/100 kJ	max. 1,8 g/100 kJ bei Fructose: max. 0,9 g/100 kJ	max. 1,8 g/100 kJ bei Fructose: max. 0,9 g/100 kJ
Fett-Gehalt	max. 1,1 g/100 kJ	max. 0,8 g/100 kJ	max. 0,8 g/100 kJ
Natrium-Gehalt	max. 25 mg/100 kJ	max. 25 mg/100 kJ	max. 25 mg/100 kJ
Calcium-Gehalt	min. 20 mg/100 kJ	–	min. 12 mg/100 kJ
Vit. B_1-Gehalt	min. 25 µg/100 kJ	min. 25 µg/100 kJ	min. 25 µg/100 kJ
Vit. A-Gehalt	min. 14 µg/100 kJ max. 43 µg/100 kJ	–	–
Vit. D-Gehalt	min. 0,25 µg/100 kJ max. 0,75 µg/100 kJ	–	–

Warensortiment

Die Vielfalt der *Getreidebeikost* ist groß (siehe auch [20]). Es gibt glutenfreie oder glutenhaltige Getreidebreie, die entweder mit Wasser oder mit Milch und gegebenenfalls noch mit anderen Zutaten, wie z. B. Speiseöl, zubereitet werden. Sie können zudem noch geschmacksgebende Zutaten, wie Vanille, diverse Fruchtpulver, Kakao u. a., enthalten. Aber auch verzehrfertige Zubereitungen dieser Art befinden sich im Handel (Getreidebreie im Gläschen).

Die Palette der *sonstigen Beikost* umfasst folgende Erzeugnisgruppen (siehe auch [20]):

1. Beikost auf Obst- und/oder Gemüsebasis für Säuglinge und Kleinkinder
2. Komplettmahlzeiten (Menüs) für Säuglinge und Kleinkinder
3. Teeerzeugnisse und Tee mit Saft für Säuglinge und Kleinkinder
4. Desserts, Puddings und Süßspeisen mit Milcherzeugnissen für Säuglinge und Kleinkinder.

34.3.9
Sonstige diätetische Lebensmittel

Hierzu zählen alle die diätetischen Lebensmittel, die nicht in Anlage 8 der DiätV aufgeführt sind und für die in der Gemeinschaft keine Einzelrichtlinien vorgesehen sind (s. dazu 34.2.2).

Beispielhaft seien genannt die diätetischen Lebensmittel zur fettmodifizierten Ernährung bei Hyperlipoproteinämien (siehe auch [20]). Hierbei handelt es sich um Stoffwechselstörungen, die mit erhöhten Serumkonzentrationen einzelner oder mehrerer Lipide bzw. Lipoproteine einhergehen, z. B. erhöhter Triglyceridspiegel sowie erhöhter Cholesterinspiegel.

Zur diätetischen Behandlung dieser Stoffwechselstörungen eignen sich

– pflanzliche Öle und Streichfette mit einem besonders hohen Gehalt an mehrfach ungesättigten Fettsäuren (Diät-Speiseöl, Diät-Margarine);
– Wurstwaren und Erzeugnisse auf Milchbasis mit ausgetauschter Fettkomponente (linolsäurereiches Pflanzenfett);
– Streichfette und Milcherzeugnisse mit Zusatz von Phytosterinen (senken nachweislich den Cholesterinspiegel, s. auch Kapitel 24.3.5).

34.3.10
Nahrungsergänzungsmittel [35, 36]

a) Charakterisierung und Zusammensetzung

Nahrungsergänzungsmittel (NEM) sind den Lebensmitteln des allgemeinen Verzehrs zuzuordnen. Die bestehenden rechtlichen Regelungen – die RL 2002/46/EG sowie die NemV vom 24.05.2004 – enthalten bisher nur wenige Details zur Zusammensetzung von NEM (siehe auch Kapitel 34.2.1 und 34.2.3). Sie weisen lediglich eine Positivliste von Vitaminen und Mineralstoffen sowie deren Verbindungen, die zur Herstellung von NEM verwendet werden dürfen, auf. Die Festsetzung von Mindest- und Höchstmengen für Vitamine und Mineralstoffe einschließlich Spurenelemente ist vorgesehen, es liegen jedoch derzeit noch keine EU-einheitlichen Werte vor. Ebenso gibt es noch keine Vorschriften für andere Nährstoffe (z. B. essentielle Fettsäuren, Aminosäuren, Ballaststoffe) oder sonstige Stoffe mit Ernährungsfunktion oder physiologischer Wirkung (z. B. Pflanzenextrakte mit sekundären Pflanzenstoffen oder physiologische Substanzen, wie Coenzym Q 10, Carnitin, Cholin, Inosit, Pyruvat, Glucosamin, Chondroitin). Die Verwendung dieser Substanzen wird zunächst weiterhin durch die nationalen Vorschriften der einzelnen Mitgliedstaaten geregelt, was derzeit zwangsläufig zu Diskrepanzen und Handelshemmnissen zwischen den Ländern führt. Hier besteht dringender Regelungsbedarf [37, 38]!

Art und Menge der Nährstoffe und der sonstigen Stoffe in der empfohlenen täglichen Verzehrsmenge eines Nahrungsergänzungsmittels müssen einerseits erwiesenermaßen gesundheitlich unbedenklich sein (sicher im Sinne von Art. 14 der Basis-VO) und andererseits für den Verbraucher einen nachweislichen Nutzen haben.

Die natürliche Herkunft von pflanzlichen Inhaltsstoffen ist dabei allein keine Garantie für ihre gesundheitliche Unbedenklichkeit [39–41].

Bei der Dosierung von Vitaminen, Mineralstoffen und Spurenelementen in der Tagesverzehrsmenge eines Nahrungsergänzungsmittels sollte der physiologische Dosisbereich dieser Stoffe nicht wesentlich überschritten werden.

Das Bundesinstitut für Risikobewertung (BfR) hat auf der Grundlage wissenschaftlicher Erkenntnisse für die tägliche Vitamin-, Mineralstoff- und Spurenelementaufnahme über Nahrungsergänzungsmittel Höchstwerte vorgeschlagen (s. Tabelle 34.7) [14, 15], die bis zur Festlegung von Höchstmengen im Rahmen der RL 2002/46/EG als Orientierungshilfen dienen. Bei der Erarbeitung der Höchstwerte wurden seitens des BfR die ernährungsmedizinischen Erfordernisse und die Vorgaben toxikologischer Sicherheitserwägungen berücksichtigt; es wurde davon ausgegangen, dass diese Mikronährstoffe dem Körper auch noch mit der normalen Nahrung zugeführt werden. – Diese Hilfsnormen werden in Fachkreisen heftig diskutiert [37, 38].

Um für den Verbraucher nutzbringend zu sein, muss ein Nahrungsergänzungsmittel in der angegebenen Tagesverzehrsempfehlung aber auch eine signifikante Menge eines Stoffes enthalten. Bis zu einer gesetzlichen Regelung gelten in Anlehnung an die NKV mindestens 15 Prozent der empfohlenen Tagesdosis (Recommended Daily Allowance = RDA) als signifikant.

b) Warensortiment

Nahrungsergänzungsmittel werden in dosierter Form in den Verkehr gebracht, insbesondere in Form von Kapseln, Dragees, Pastillen, Tabletten, Brausetabletten

Tabelle 34.7. Obergrenzen für die Tageszufuhr von Vitaminen, Mineralstoffen und Spurenelementen mit NEM [2, 14, 15]

Vitamine			Mineralstoffe/Spurenelemente		
Stoff	Höchstmenge	Bemerkung	Stoff	Höchstmenge	Bemerkung
Vitamin A	400 µg	nur für Erwachsene	Calcium	500 mg	
	200 µg	für Kinder zwischen 4 und 10 J.	Phosphor	250 mg (als Phosphat)	
β-Carotin	2 mg		Magnesium	250 mg	ggf. auf 2 Einzeldosen aufteilen
Vitamin D	5 µg		Kalium	500 mg	
	10 µg	für Personen > 65 Jahre	Eisen	0 mg	
Vitamin E	15 mg		Jod	100 µg	
Vitamin K	80 µg		Fluorid	0 µg	
Vitamin B_1	4 mg		Zink	2,25 mg	0 bei Kind. ≤ 17 J.
Vitamin B_2	4,5 mg		Selen	25–30 µg	
Vitamin B_6	5,4 mg		Kupfer	0 µg	
Niacin	17 mg	keine Verwendung von Nicotinsäure als Folsäure	Molybdän	80 µg	0 bei Kind. ≤ 10 J.
Folat-Äquiv.	400 µg		Mangan	0	
Pantothensäure	18 mg		Chrom	60 µg	
Biotin	180 µg		Natrium	0 mg	
Vitamin B_{12}	3–9 µg		Chlorid	0 mg	
Vitamin C	225 mg				

und anderen Darreichungsformen, die ebenfalls die Aufnahme in abgemessenen kleinen Mengen ermöglichen, wie z. B. Pulverbeutel, Flüssigampullen, Fläschchen sowie Pulver und Granulate mit beigefügten Messbechern bzw. Dosierlöffeln.

Nahrungsergänzungsmittel dürfen nur in entsprechend gekennzeichneten Fertigpackungen (s. Kapitel 34.2.3 und 34.3.10c) abgegeben werden; eine lose Abgabe an den Verbraucher ist nicht zulässig.

Die Palette der angebotenen Produkte ist kaum noch überschaubar. Nachfolgende Sortimente sind häufig anzutreffen:

- Vitaminpräparate (Einzelpräparate, aber auch Multivitaminpräparate);
- Mineralstoffpräparate (mit einem oder mehreren Mineralstoffen);
- Kombinationspräparate mit Vitaminen und Mineralstoffen;
- Präparate mit essentiellen Fettsäuren (z. B. Lachsöl-Kapseln, Nachtkerzenöl-Kapseln, Schwarzkümmelöl-Kapseln; Lecithin-Präparate);

- Präparate mit speziellen Fettsäuren (z. B. CLA-Präparate);
- Ballaststoff-Konzentrate (als Pulver oder in Tablettenform);
- Eiweiß- und Aminosäurenpräparate, auch Gelatinepräparate (als Pulver oder in Kapsel- bzw. Tablettenform);
- Hefepräparate (als Pulver oder in Tablettenform);
- Algenpräparate aus Mikroalgen (*Spirulina*, *Chlorella*) und Meeresalgen (als Pulver oder in Kapsel- bzw. Tablettenform);
- Präparate aus Bienenprodukten (Gelee-Royal-Präparate, Blütenpollen-Präparate);
- Präparate mit Pflanzenextrakten, enthalten sekundäre Pflanzenstoffe (z. B. Sojaisoflavon-Extrakte, Grüntee-Extrakte);
- Coenzym Q 10-Präparat;
- carnitinhaltige NEM;
- NEM mit Pyruvat (Brenztraubensäure);
- Enzympräparate.

Diese Aufzählung der im Verkehr befindlichen Nahrungsergänzungsmittel sagt jedoch nichts darüber aus, ob die Produkte den lebensmittelrechlichen Bestimmungen entsprechen, d. h. ob sie rechtmäßig im Verkehr sind. Hierüber ist im Einzelfall zu entscheiden. Dabei sind u. a. zu berücksichtigen:

- die Zweckbestimmung durch den Hersteller und/oder nach allgemeiner Verkehrsauffassung,
- die Eignung des Erzeugnisses für den beworbenen Zweck aus wissenschaftlicher Sicht,
- die Zusammensetzung und
- die Bewerbung des betreffenden Produktes

(s. dazu auch Kapitel 2, 13, 14, 15, 16, 18, 34.3.10, 35 sowie Kapitel 37.3).

Bezüglich der verwendeten Zutaten ist vor allem zu prüfen, ob es sich um eine charakteristische Lebensmittelzutat, einen zulassungspflichtigen Zusatzstoff im Sinne des § 2 Abs. 3 LFGB, einen (für Lebensmittel nicht zugelassenen) Arzneistoff [42,43] oder um eine neuartige Lebensmittelzutat gemäß Verordnung (EG) Nr. 258/97 handelt.

In diesem Zusammenhang sind insbesondere im Internethandel als Nahrungsergänzungsmittel angebotene „Schlankheitsmittel" zu erwähnen [44]. Diese Produkte enthalten teilweise verschreibungspflichtige Arzneistoffe und sind damit als Arzneimittel einzustufen, für die eine Arzneimittelzulassung erforderlich ist (vgl. hierzu Kapitel 37). Bei diesen Präparaten besteht für den Verbraucher ein besonderes Risiko, da sie ohne pharmazeutische Überwachung, ohne ärztliche Kontrolle und ohne Aufklärung des Verbrauchers über die Risiken und Nebenwirkungen eingenommen werden.

Wie das nachfolgende Beispiel zeigt, beinhalten Nahrungsergänzungsmittel mitunter nicht zugelassene neuartige Lebensmittelzutaten (s. dazu auch Kapitel 35).

Fallbeispiel 34.3: Nahrungsergänzung, Nanosilicium Kapseln

Eine im Rahmen der amtlichen Lebensmittelüberwachung entnommene Nahrungsergänzungsmittel-Probe **NANOSILICIUM-KAPSELN** aus Österreich enthielt laut Zutatenverzeichnis eine „Nanosilicea Mischung", bestehend aus Naturzeolith, Calciumcarbonat, Magnesiumcarbonat und Silizium Sol, die in der Bewerbung als „patentierte Nanopartikelzubereitung" mit „Radikalfängerwirkung" bezeichnet wurde. Daraus war zu schlussfolgern, dass der Inhalt der Kapseln einem nanotechnologischen Verfahren unterzogen worden war, wodurch die Mineralstoffe hochgradig zerkleinert wurden (Partikelgröße < 100 nm). – Nanomineralien, die als Zutaten in Lebensmitteln verwendet werden sollen, unterliegen der Verordnung (EG) Nr. 258/97 (Novel Food Verordnung). (Quellen: [45].) – Gemäß Artikel 1 Abs. 2 f) findet diese VO auch Anwendung auf „Lebensmittel und Lebensmittelzutaten, bei deren Herstellung *ein nicht übliches Verfahren angewandt worden ist* (wie im vorliegenden Fall die Nanotechnologie) *und bei denen dieses Verfahren eine bedeutende Veränderung ihrer Zusammensetzung oder der Struktur der Lebensmittel oder der Lebensmittelzutaten bewirkt hat, was sich auf* ihren Nährwert, *ihren Stoffwechsel* oder ... *auswirkt.*" Neuartige Lebensmittel bzw. Lebensmittelzutaten unterliegen einem Zulassungsverfahren, einschließlich einer Sicherheitsbewertung, und dürfen nach § 3 Abs. 1 der Neuartigen Lebensmittel- und Lebensmittelzutaten-Verordnung von demjenigen, der für das Inverkehrbringen verantwortlich ist, nicht ohne erteilte Genehmigung in den Verkehr gebracht werden. – Da eine diesbezügliche Genehmigung für die Zutat „Nanosilicea Mischung" bzw. für das Erzeugnis **NANOSILICIUM-KAPSELN** nicht vorlag, war die Probe als **nicht verkehrsfähig** zu beurteilen. – In diesem Zusammenhang sei darauf verwiesen, dass es im Jahr 2006 zu analogen Produkten, die vom Deutschen Sportbund zusammen mit einem deutschen Anbieter von Nahrungsergänzungsmitteln „für leistungsorientierte und gesundheitsbewusste Menschen" empfohlen wurden, in den Medien eine öffentliche Diskussion bezüglich der Verkehrsfähigkeit und der irreführenden Bewerbung gab. (Quellen: [46])

Wie notwendig bei der Prüfung der Verkehrsfähigkeit von Nahrungsergänzungsmitteln auch die Kontrolle allgemeiner Sicherheitsparameter, die für alle Lebensmittel gelten, notwendig ist, verdeutlicht das nachfolgende Beispiel (s. dazu auch Kapitel 16).

Fallbeispiel 34.4: Mikro-Algen-Tabletten, Cadmium

Eine im Rahmen der amtlichen Lebensmittelüberwachung entnommene Nahrungsergänzungsmittel-Probe **SPIRULINA Mikro-Algen-Tabletten** aus

Deutschland wurde routinemäßig auf ihren Gehalt an Schwermetallen untersucht. Dabei wurde mit 21,8 mg/kg ein extrem hoher Cadmium-Gehalt bestimmt. – Cadmium besitzt bekanntlich ein krebserzeugendes Potential. Für die toxikologische Beurteilung des ermittelten Gehaltes wurde der vom Joint FAO/WHO Expert Committee on Food Additives (JECFA FAO/WHO) 2003 festgelegte PTWI-Wert (Provisional Tolerable Weekly Intake) herangezogen. Dieser beträgt 7 µg Cadmium/kg Körpergewicht/Woche. Auf der Grundlage dieses Wertes errechnet sich für einen Erwachsenen mit 70 kg Körpergewicht eine tolerierbare tägliche Aufnahmemenge von 70 µg. Dieser Wert wird bei der empfohlenen Tagesverzehrsmenge von bis zu 12 **SPIRULINA Mikro-Algen-Tabletten** (12 × 0,46 g = 5,52 g) erheblich überschritten; es werden **120 µg Cadmium/Tag** aufgenommen! Unter Berücksichtigung der Tatsache, dass es sich bei der errechneten Cadmium-Aufnahme nicht um eine einmalige Überschreitung des PTWI-Wertes handelt, sondern dass – entsprechend der Verzehrempfehlung – ein regelmäßiger Verzehr des Erzeugnisses über einen längeren Zeitraum vorgesehen ist, wurde das in Rede stehende Erzeugnis als **geeignet, die Gesundheit zu schädigen**, beurteilt. Deshalb wurde dieser Sachverhalt im Rahmen des Schnellwarnsystems der EU bekannt gemacht und sämtliche Warenbestände wurden bundesweit unverzüglich aus dem Verkehr gezogen (Quelle: LUA Sachsen, Jahresbericht 2005). Dieser Vorfall gab den Anstoß dazu, auch Nahrungsergänzungsmittel in das Monitoring-Untersuchungsprogramm „Schwermetalle in Lebensmitteln" aufzunehmen. Auf der Grundlage europaweiter Untersuchungsergebnisse wurden nunmehr mit der Verordnung (EG) Nr. 629/2008 der Kommission vom 02.07.2008 zur Änderung der Verordnung (EG) Nr. 1881/2006 zur Festsetzung der Höchstgehalte für bestimmte Kontaminanten in Lebensmitteln Höchstgehalte für Blei, Cadmium und Quecksilber in Nahrungsergänzungsmitteln festgelegt; Nahrungsergänzungsmittel (ausgenommen NEM aus getrocknetem Seetang bzw. -erzeugnissen) dürfen maximal 1,0 mg Cadmium/kg enthalten.

c) Kennzeichnung

Neben den allgemeinen Kennzeichnungsvorschriften der LMKV und der NKV gelten insbesondere die Bestimmungen des § 4 der NemV (s. auch Kapitel 34.2.3).

Daneben werden in der Aufmachung und Bewerbung der Nahrungsergänzungsmittel häufig Wirkungsbehauptungen aufgestellt und positive Einflüsse auf Gesundheit und Wohlbefinden versprochen, die wissenschaftlich nicht hinreichend gesichert und damit irreführend für den Verbraucher sind [3]. Oftmals, insbesondere bei ausländischen Produkten, werden den Nahrungsergänzungsmitteln auch Eigenschaften zugeschrieben, die der Verhütung, Behandlung oder Heilung einer Krankheit dienen.

Diesbezügliche Aussagen sind gemäß §§ 11 und 12 LFGB verboten.

Mit dem Erlass der Verordnung (EG) Nr. 1924/2006 (Health-Claims-VO) wird nunmehr in der Europäischen Union erstmals die Verwendung von Werbeaussagen, mit denen einem Lebensmittel besondere Eigenschaften im Hinblick auf dessen Nährwert oder dessen Wert für die Gesundheit oder Ernährung zugesprochen werden, umfassend geregelt. Die Verordnung bezieht sich dabei ausschließlich auf nährwert- oder gesundheitsbezogene Angaben, die der Hersteller in der Kennzeichnung und Aufmachung von bzw. in der Werbung für Lebensmittel machen darf (s. dazu auch Kapitel 2.4.4).

Bei Nahrungsergänzungsmitteln spielen vor allem gesundheitsbezogene Aussagen eine Rolle, wobei zu unterscheiden ist zwischen gesundheitsbezogenen Angaben nach Art. 13 (Beispiel: „Calcium ist wichtig für gesunde Knochen") und Angaben über die Reduzierung eines Krankheitsrisikos nach Art. 14. Bei den letztgenannten Angaben handelt es sich um Aussagen, die zum Ausdruck bringen, dass der Verzehr eines Lebensmittels einen Risikofaktor für die Entwicklung einer Krankheit deutlich senkt (Beispiel: „Ausreichende Calcium-Zufuhr kann zur Verringerung des Osteoporose-Risikos beitragen").

Gesundheitsbezogene Angaben werden zukünftig nur dann zulässig sein, wenn sie in Gemeinschaftslisten aufgenommen worden sind.

34.3.11
Jodiertes (fluoridiertes, mit Folsäure angereichertes) Speisesalz

Das Spurenelement Jod ist ein essentieller Nährstoff. Es ist ein wichtiger Bestandteil der Schilddrüsenhormone, die ohne Jod in der Nahrung nicht gebildet werden können. Die Schilddrüsenhormone steuern viele Stoffwechselprozesse im Körper und beeinflussen somit Wachstum, Entwicklung des Gehirns sowie den Energiestoffwechsel. Jodmangel kann deshalb zu zahlreichen Krankheitserscheinungen führen, wie z. B. zu einer vergrößerten Schilddrüse (Struma/Kropf), die mit krankhaften Gewebsveränderungen einhergehen kann.

Die empfohlene Nahrungsjodmenge beträgt in Abhängigkeit vom Alter bei Säuglingen 40–80 µg/Tag und steigt bis auf 200 µg/Tag bei Jugendlichen und Erwachsenen an [48]. Der Jodbedarf von schwangeren und stillenden Frauen liegt noch höher.

Wegen der ungünstigen geochemischen Bedingungen in Deutschland reicht der Jodgehalt der heimischen Agrarprodukte nicht aus, um eine ausreichende Jodversorgung zu garantieren. Deutschland ist bekanntermaßen ein Jodmangelgebiet. Zur Verbesserung der Jodversorgungslage in Deutschland, zur Beseitigung und Prophylaxe von Jodmangelkrankheiten wird jodiertes Speisesalz hergestellt. Dieses Erzeugnis wird aber nicht (wie früher) den diätetischen Lebensmitteln im Sinne von § 1 DiätV zugeordnet, sondern es handelt sich um ein Lebensmittel des allgemeinen Verzehrs, da es auch für Normalverbraucher bestimmt ist. Weiterhin wird Jodsalz auch als Zutat bei der Herstellung herkömmlicher Lebensmittel, wie Brot, Wurstwaren (auch in Form von jodiertem Nitritpökelsalz), Gemeinschaftsverpflegung, verwendet [49].

Um eine Überdosierung von Jod sicher zu verhindern, ist in der alten Zusatzstoff-Zulassungsverordnung, die gegenwärtig für den Zusatz von Zusatzstoffen zu ernährungsphysiologischen Zwecken noch gültig ist (siehe Kapitel 34.2.4), für die Jodanreicherung von Speisesalz eine Höchstmenge festgelegt. Die zugesetzte Jodmenge soll mindestens 15 mg/kg Salz und höchstens 25 mg/kg Salz betragen. Zulässige Jodverbindungen sind Natriumjodat und/oder Kaliumjodat.

Hinsichtlich der Kenntlichmachung der Verwendung von jodiertem Speisesalz gibt es keine besonderen Vorschriften:

- Bei verpackten Lebensmitteln reicht ein Hinweis im Zutatenverzeichnis aus, „jodiertes Speisesalz" oder „Jodsalz", „jodiertes Nitritpökelsalz";
- bei lose verkauften Lebensmitteln (z. B. Back- und Fleischwaren) sowie in der Gemeinschaftsverpflegung ist eine Kenntlichmachung nicht erforderlich; freiwillige Angaben sind erlaubt.

Auch Jodsalz mit Fluor befindet sich im Handel. Der Fluorid-Zusatz dient der Karies-Prophylaxe. Fluorid-Ionen härten den Zahnschmelz und machen ihn so gegen Karies widerstandsfähiger. Die Herstellung von fluoridiertem Jodsalz sowie die Herstellung von Lebensmitteln mit diesem Speisesalz sind nach § 68 LFGB genehmigungspflichtig!

Als Fluoridquellen sind erlaubt: Kaliumfluorid oder Natriumfluorid. Der Fluorid-Gehalt, einschließlich des natürlichen Gehalts, beträgt 250 mg ± 15% je Kilogramm Speisesalz (212,5–287,5 mg/kg).

Auf der Verpackung sind deutlich sichtbar die Worte „mit Zusatz von Fluorid" anzubringen!

Seit einigen Jahren wird auch jodiertes, fluoridiertes Speisesalz mit Folsäure-Zusatz angeboten. Die Anreicherung von Speisesalz mit Folsäure soll zur Verbesserung der Grundversorgung mit diesem B-Vitamin beitragen.

Nach Einschätzung von Ernährungsfachleuten ist die Versorgung der deutschen Bevölkerung mit Folsäure nach wie vor mangelhaft [50, 51]. Der tägliche Bedarf an Folsäure (Folate) beträgt bei Erwachsenen 400 µg [48]. Bei der in Deutschland üblichen Ernährung werden aber durchschnittlich nur ca. 200 µg Folat aufgenommen. Eine permanente Folsäure-Unterversorgung stellt jedoch einen Risikofaktor für die Entstehung verschiedener Krankheiten dar, wie z. B. Herz-Kreislauf-Erkrankungen (Arteriosklerose), bestimmte Krebsarten, Neuralrohrdefekte bei Neugeborenen (*Spina bifida*, offener Rücken). Deshalb ist die Folat-Anreicherung von Speisesalz als sinnvolle prophylaktische Maßnahme anzusehen.

Das auf dem Markt befindliche Speisesalz mit Folsäure deckt mit 2 Gramm – das ist die Menge, die üblicherweise täglich pro Person im Haushalt verwendet wird – die Hälfte des empfohlenen Tagesbedarfs [52].

Aus der Kennzeichnung des Erzeugnisses muss der Folsäure-Zusatz deutlich hervorgehen (z. B. „ … + Folsäure").

34.4 Qualitätssicherung

Prinzipiell treffen für die diätetischen Lebensmittel die gleichen Qualitätssicherungsmaßnahmen zu, wie sie in den entsprechenden vorangegangenen Warengruppenkapiteln dargestellt wurden. Deshalb soll an dieser Stelle nur auf einige Schwerpunkte eingegangen werden.

- Wareneingangskontrolle – Überprüfung der Qualität der angelieferten Rohstoffe
  - Sensorische Prüfung
  Bei nicht zertifizierter Rohware sind im Rahmen der Eigenkontrolle entsprechende Laboruntersuchungen durchzuführen, z. B.
  - mikrobiologische Beschaffenheit,
  - Untersuchung auf PSM- und/oder Tierarzneimittel-Rückstände, Kontaminanten (z. B. Nitrat bei Gemüse für Säuglings- und Kleinkindernahrung), Mykotoxine (z. B. bei Getreideerzeugnissen für Getreidebeikost) u. a.,
  - Bestimmung bestimmter Nährstoff-Gehalte;
  - Prüfung auf Einhaltung der Zusatzstoff-Regelungen (z. B. Süßstoff- und Konservierungsstoff-Gehalte).
- sachgerechte Lagerung der Rohware
  - Einhaltung der Lagerklimate (Temperatur, rel. Luftfeuchtigkeit u. a.),
  - übersichtliche und ggf. separate Lagerung der Rohstoffe zur Vermeidung von Verwechslungen.
- korrekte herstellungsvorbereitende Maßnahmen
  - rezepturentsprechende Bereitstellung der Zutaten (z. B. genaues Abwiegen bzw. Abmessen, richtiges Dosieren)
- Kontrolle der geräte- und anlagenspezifischen Risikopunkte (z. B. Temperatur, Druck u. a.)
  - ggf. Entnahme von Proben während des Herstellungsprozesses für Laboruntersuchungen im Rahmen der Eigenkontrolle
- Abfüllen, Verpacken, Etikettieren
  - Kontrolle der Reinigung der Verpackungsbehältnisse (z. B. Flaschen, Gläser),
  - Überprüfung der Abfülltemperatur,
  - Funktionstüchtigkeit der Schutzgas-Atmosphäre,
  - korrekte Angabe des Mindesthaltbarkeitsdatums und des Loses (zum Zwecke der Rückverfolgbarkeit),
  - Entnahme von Rückstellproben, ggf. Endkontrolle im Labor (Die analytischen Schwerpunkte der Laboruntersuchungen ergeben sich aus den gesetzlich vorgeschriebenen Anforderungen an die Zusammensetzung (vgl. Kapitel 34.3).
- Einhaltung des Reinigungs- und Desinfektionsplanes für Lager- und Produktionsräume, Geräte und Anlagen.

Angesichts der Tatsache, dass es sich bei den Diätbedürftigen um eine besonders sensible Verbrauchergruppe handelt, deren Gesundheitszustand vor allem von der spezifischen *Zusammensetzung* der diätetischen Lebensmittel abhängt, gebührt der *Einhaltung der Rezepturen* oberste Priorität. Dies soll an 3 Beispielen erläutert werden:

1. Diabetiker-Feinbackwaren (vgl. Kapitel 34.3.2)
   Bei der Herstellung von Diabetiker-Feinbackwaren in Handwerksbetrieben aus industriell vorgefertigten Backmischungen sind die angegebenen Rezeptur- und Zubereitungsvorschriften genau einzuhalten, wenn die mitgelieferte Nährwert-Kennzeichnung, bezogen auf 100 g Fertigerzeugnis, übernommen wird. Denn anhand dieser Daten berechnet der Diabetiker seine Verzehrsmenge.
2. Lebensmittel für Menschen mit einer Glutenunverträglichkeit (vgl. Kapitel 34.3.3)
   Die Herstellung glutenfreier Erzeugnisse erfordert die strikte Abwesenheit glutenhaltiger Rohstoffe, wie z. B. Weizen- oder Roggenmehl. Aus diesem Grunde sollten glutenfreie Lebensmittel in separaten Produktionsräumen hergestellt werden!
3. Reduktionskost, Säuglings- und Kleinkindernahrungen – Pulvernahrungen (vgl. Kapitel 34.3.5 und 34.3.8)
   Die pulverförmigen Erzeugnisse werden aus den verschiedensten Rohstoffen hergestellt. Von besonderer Bedeutung ist dabei die korrekte Dosierung der Mikronährstoffe, der Vitamine und Mineralstoffe. Da deren mengenmäßiger Anteil an der Gesamtmasse sehr gering ist, kommt es vor allem auf eine gute Durchmischung sämtlicher Komponenten an, denn jede Portion der aus dem Pulver zubereiteten Nahrung soll sämtliche Nährstoffe in der geforderten Menge enthalten.

Analytische Untersuchungsverfahren

Hierzu wird auf die analytischen Verfahren der einzelnen warenkundlichen Kapitel verwiesen. In der Amtlichen Sammlung von Untersuchungsverfahren (ASU, Herausgeber: BVL) sind außerdem spezielle Bestimmungsmethoden für „Diätetische Lebensmittel" unter den Methodennummern L 48.xx-xx und L 49.xx-xx aufgeführt.

34.5
Literatur

1. JVL 1 (2006) Heft 1
2. JVL 1 (2006) Heft 2
3. JVL 1 (2006) Heft 4
4. JVL 2 (2007) Heft 2
5. JVL 2 (2007) Heft 4

6. JVL 3 (2008) Heft 4
7. Lebensmittelchemie 45 (1991), S. 20–22
8. Lebensmittelchemie 56 (2002), S. 66–68
9. Lebensmittelchemie 57 (2003), S. 74–75
10. Lebensmittelchemie 57 (2003), S. 126–127
11. Lebensmittelchemie 59 (2005), S. 107–109
12. Lebensmittelchemie 62 (2008), S. 159–161
13. Bundesgesundhbl. 06/1994, S. 269ff
14. BfR-Wissenschaft 03/2004: Verwendung von Vitaminen in Lebensmitteln, Toxikologische und ernährungsphysiologische Aspekte, Teil I; http://www.bfr.bund.de
15. BfR-Wissenschaft 04/2004: Verwendung von Mineralstoffen in Lebensmitteln, Toxikologische und ernährungsphysiologische Aspekte, Teil II; http://www.bfr.bund.de
16. http://www.bfr.bund.de
17. http://www.bfr.bund.de
18. BIESALSKI, H. K. u. a.: Ernährungsmedizin, 3. überarb. und erw. Aufl., Georg Thieme Verlag Stuttgart – New York, 2004
19. KLUTE, R. u. a.: Das Rationalisierungsschema 2004, Aktuel Ernähr Med 29, 245–253, 2004
20. DIÄTVERBAND (Bundesverband der Hersteller von Lebensmitteln für besondere Ernährungszwecke e.V.): „prodiät" – http://www.prodiaet-server.de
21. ROSENPLENTER, K.; U. NÖHLE: Handbuch Süßungsmittel, Eigenschaften und Anwendung. 2. Auflage, Behr's Verlag, 2007
22. GRASHOFF, K.: Süßstoffe, Ernährungs-Umschau 52 (2), B 5–B 7 (2005)
23. Aktuel Ernähr Med 28, Supplement 1 (2003)
24. HAHN, A.: Bilanzierte Diäten, ZLR 5/2002, S. 543ff
25. http://www.dge.de: DGE-Beratungsstandards, Trinkempfehlungen für Breitensportler; Proteine in der Ernährung von Breitensportlern; Kohlenhydrate in der Ernährung von Breitensportlern
26. DGE-info 8/1999, S. 117–118 und DGE-info 12/1999, S. 180–182
27. http://www.dge.de: DGE-Beratungsstandards; Koffein, Kreatin, Antioxidantien, L-Carnitin und Taurin in der Sporternährung
28. GEIß, K.-G. und M. HAMM: Handbuch der Sportler-Ernährung, Behr's Verlag Hamburg, 2000
29. KONOPKA, P.: Sporternährung, Leistungsförderung durch vollwertige und bedarfsangepasste Ernährung, BLV Verlagsgesellschaft mbH, 2000
30. FRIEDRICH, W.: Optimale Sporternährung, Grundlagen für Leistung und Fitness im Sport, Spitta Verlag, Balingen, 2006
31. LÖBELL-BEHRENDS, S. et al.: Sportlernahrungsmittel, Internethandel von als „hormonell-aktiv" beworbenen Produkten, DLR 104, 415–422 (2008)
32. DUBBELS, W.: Leistungsfördernde Produkte für Sportler, Pharm Ztg 149, 20–27 (2004)
33. http://www.spiegel.de/wirtschaft/0,1518,2733429,00.html; http://www.spiegel.de/wirtschaft/0,1518,273554,00.html; http://www.tagesschau.de/inland/meldung260908.html; http://handelsblatt.com/unternehmen/industrie/humana-kuendigt-vier-mitarbeitern-fristlos;690822
34. Newsmeldungen der EU-Kommission zu „Melamin in Säuglingsanfangsnahrung aus China", News 2008/08-459, 08-463, 08-464, 08-468 und 08-469; http://www.n24.de/newsitem_3823066.html; http://www.who.int/foodsafety/fs_management/infosan_events/en/index.html; http://www.efsa.europa.eu/EFSA/efsa_locale-1178620753824_1211902098433.htm

35. HAHN, A. u. a.: Nahrungsergänzungsmittel und ergänzende bilanzierte Diäten, völlig neu bearb. Aufl., Wissenschaftliche Verlagsgesellschaft (WVG)mbH Stuttgart, 2006
36. KÜGEL, J. W. u. a.: Nahrungsergänzungsmittelverordnung (NemV), Kommentar, 1. Aufl., C. H. Beck Juristischer Verlag München, 2007
37. HAGENMEYER, M.; A. HAHN: Die Nahrungsergänzungsmittelverordnung (NemV): neue Regelungen, alte Probleme – und Höchstmengenempfehlungen, ZLR 4/2003, S. 417–447
38. HAGENMEYER, M.; A. HAHN: Im SumV der NemV, Trittbretter zur Zusammensetzung, Kennzeichnung und Bewerbung von Nahrungsergänzungsmitteln, Wettbewerb in Recht und Praxis (WPR) 12/2004, S. 1445–1456
39. PRZYREMBEL, H.: Arzneipflanzen in Nahrungsergänzungsmitteln, Bundesgesundgbl. 12, 2003, 1074–1079
40. Deutsche Forschungsgemeinschaft (DFG): Functional Food – Safety Aspects, Hrsg. Senatskommission für Lebensmittelsicherheit (SKLM), Wiley-VCH Verlag, 2004
41. Council of Europe, Guidelines on the quality, safety an marketing of plant based food supplements vom 24.06.2005
42. Bundesgesundheitsbl.-Gesundheitsforsch-Gesundheitsschutz 09/2004, S. 820ff
43. GRÜNDIG, F.; H. HEY: Inventarliste Lebensmitteldrogen, Deutsche Lebensmittel-Rundschau (DLR) 98 (2), 2002, S. 35–39
44. LÖBELL-BEHRENDS, S. u. a.: Kontrolle des Internethandels mit Anti-Aging- und Schlankheitsmitteln, DLR 104 (6), 265–270 (2008)
45. HOFFBAUER, J.: Verwendung von Nanopartikeln in Lebensmitteln und Kosmetika – Statusbericht; JVL 3 (2008), S. 290–293;
    REINHARD, A.: Rechtliche Implikationen zur Verwendung von Nanopartikeln in Lebensmitteln und Kosmetika; JVL 3 (2008), S. 294–301;
    Übersicht aller Präsentationen zum sechsten BfR-Forum Verbraucherschutz „Nanotechnologie im Fokus des gesundheitlichen Verbraucherschutzes", http://www.bfr.bund.de/cd/27611;
    Stellungnahme Nr. 001/2009 des BfR vom 03.07.2008: Die Datenlage der Anwendung der Nanotechnologie in Lebensmitteln und Lebensmittelbedarfsgegenständen ist derzeit noch unzureichend., http://www.bfr.bund.de
46. arznei-telegramm 2005, Jg. 36, Nr. 12, S. 113, http://www.arzneitelegramm.de/register/0512113.pdf; NDR-Sendung „Panorama" Nr. 665 vom 09.03.2006; „Dunkle Wolken über Neosino.", ARD-Beitrag vom 31.03.2006, http://www.boerse.ard.de; http://www.gutepillen-schlechtepillen.de/Nanomineralien.16.0.html
47. http://www.fsai.ie/uploadedFiles/Legislation/Consultations/Draft_Proposal_200404.pdf
48. DACH-Referenzwerte für die Nährstoffzufuhr, 1. Auflage, Umschau Braus GmbH, Verlagsgesellschaft, Frankfurt/Main, 2000
49. Auswertungs- und Informationsdienst für Ernährung, Landwirtschaft und Forsten (aid) e.V.: Jod, Kleine Mengen – große Wirkung
50. BGVV-Pressedienst 10/2000 vom 08.06.2000; http://www.bfr.bund.de
51. DGE-aktuell 17/2006 vom 07.11.2006; http://www.dge.de
52. Ökotest vom 17.01.2003: Folsäure im Salz ist sinnvoll; http://www.presseportal.de

Neuartige und gentechnisch veränderte Lebensmittel

Manuela Schulze

Niedersächsisches Landesamt für Verbraucherschutz und Lebensmittelsicherheit
Lebensmittelinstitut Braunschweig, Dresdenstraße 2 + 6, 38124 Braunschweig
manuela.schulze@laves.niedersachsen.de

35.1	Lebensmittelwarengruppen	870
35.2	Beurteilungsgrundlagen	870
35.2.1	Neuartige Lebensmittel und neuartige Lebensmittelzutaten	870
35.2.2	Anwendungsbereiche der Novel Foods Verordnung	871
35.2.3	Kennzeichnung von Novel Foods	872
35.2.4	Gentechnisch veränderte Lebensmittel	873
35.2.5	Zulassungen nach dem Gentechnikrecht vor Inkrafttreten der Novel Foods Verordnung	874
35.2.6	Notifizierungen und Zulassungen vor Inkrafttreten der Verordnung 1829/2003	875
35.2.7	Verordnung 1829/2003	875
35.2.8	Kennzeichnung	875
35.2.9	Schwellenwerte	878
35.2.10	Spezifischer Erkennungsmarker	878
35.3	Warenkunde	878
35.3.1	Produkte – neuartig oder nicht?	878
35.3.2	Lebensmittel oder Lebensmittelzutaten mit oder aus Nanopartikeln	879
35.3.3	Anmeldeverfahren für Novel Foods	880
35.3.4	Genehmigungsverfahren für neuartige Lebensmittel	881
35.3.5	Gentechnisch veränderte Organismen in der Lebensmittelherstellung	883
35.3.6	Beispiel gentechnisch veränderte Papaya	884
35.3.7	Importe von nicht zugelassenem gentechnisch veränderten Bt 10-Mais, LL 601 Reis und Bt 63-Reis	884
35.4	Qualitätssicherung	886
35.4.1	Neuartige Lebensmittel und neuartige Lebensmittelzutaten	886
35.4.2	Paranuss-Gene in der Sojabohne, Qualitätssicherung bei der Produktentwicklung	886

35.4.3	Probenahme/Nachweisverfahren für gentechnisch veränderte Lebensmittel	887
35.4.4	Rückverfolgbarkeit nach Verordnung 1830/2003	888
35.5	**Literatur**	888

35.1
Lebensmittelwarengruppen

In dieses Kapitel fallen:

- neuartige und nicht neuartige Lebensmittel und Zutaten: z. B. *Stevia rebaudiana*, Noni, Olestra, Algenöl und Kiwi sowie Lebensmittel mit Nanopartikeln.
- gentechnisch veränderte Lebensmittel: z. B. Roundup Ready™ Sojabohne, Mais Bt 176, Mais Bt 10, gentechnisch veränderte (gv) Papaya, gv Lachs, gv Hefe, gv Reis und gv Kartoffel.

35.2
Beurteilungsgrundlagen

35.2.1
Neuartige Lebensmittel und neuartige Lebensmittelzutaten

- VO für das Inverkehrbringen von neuartigen Lebensmitteln und Lebensmittelzutaten (EG) Nr. 258/97 [1]. Diese Verordnung (auch „Novel Foods Verordnung" genannt) enthält keine Durchführungsbestimmungen.
- VO (EG) Nr. 1852/2001 der Kommission vom 20. September 2001 mit Durchführungsbestimmungen gemäß der VO (EG) Nr. 258/97 [2]
- Verordnung zur Durchführung gemeinschaftsrechtlicher Vorschriften über neuartige Lebensmittel und Lebensmittelzutaten (Neuartige Lebensmittel- und Lebensmittelzutaten-Verordnung – NLV) [3].

Definition

Als „neuartig" sind Lebensmittel oder Lebensmittelzutaten anzusehen, die vor dem 15. Mai 1997, dem Tag des Inkrafttretens der Novel Foods Verordnung, in der Europäischen Union noch nicht in nennenswertem Umfang für den menschlichen Verzehr verwendet wurden und zu einer der in der derzeitig geltenden Novel Food Verordnung genannten Fallgruppe gehören. Erzeugnisse, die in mindestens einem Mitgliedstaat bereits vor dem 15. Mai 1997 in nennenswertem Umfang für den menschlichen Verzehr verwendet wurden, gelten nicht als neuartig im Sinne der Verordnung. Für die im Rahmen der Erweiterung der Europäischen Union hinzugekommenen EU-Mitgliedstaaten wird der Zeitpunkt des Beitritts als Bezugszeitpunkt angesehen [4].

Erwähnt sei des Weiteren, dass Erzeugnisse, die in der Bundesrepublik Deutschland als Arzneimittel auf dem Markt sind, in anderen Mitgliedstaaten aber bereits als Lebensmittel in nennenswertem Umfang verzehrt worden sind, nicht als neuartig im Sinne der VO (EG) Nr. 258/97 betrachtet werden. Über die Diskussion, ob bestimmte Lebensmittel oder Zutaten neuartig sind, im Expertenkomitee „Neuartige Lebensmittel" informiert der Novel Foods Katalog [5] der Kommission (siehe auch 35.3.1).

35.2.2
Anwendungsbereiche der Novel Foods Verordnung

In ihrer ursprünglichen Form enthielt die VO (EG) Nr. 258/97 über neuartige Lebensmittel und neuartige Lebensmittelzutaten 6 Anwendungsbereiche (Artikel 1, Absatz 2a) bis f)). Mit Wirkung vom 7. November 2003 sind zwei Anwendungsbereiche entfallen. Diese umfassen die Lebensmittel und Lebensmittelzutaten aus gentechnisch veränderten Organismen (GVO) (ehemaliger Anwendungsbereich a)) und die, die aus oder mit GVO hergestellt worden sind (ehemaliger Anwendungsbereich b)). Derartige Produkte fallen nunmehr unter die VO (EG) Nr. 1829/2003 über genetisch veränderte Lebensmittel und Futtermittel vom 22. September 2003 [4]. Auf Letztere wird später in diesem Kapitel ausführlicher eingegangen.

Zu den neuartigen Lebensmitteln und Lebensmittelzutaten gehören gemäß Artikel 1 der VO 258/97 zur Zeit die folgenden vier Anwendungsbereiche:
Lebensmittel und Lebensmittelzutaten

- mit neuer oder gezielt modifizierter primärer Molekularstruktur (z. B. der in den USA zugelassene synthetisch hergestellte Fettersatzstoff Olestra);
- die aus Mikroorganismen, Pilzen oder Algen bestehen oder aus diesen isoliert worden sind (z. B. das Pilzprodukt Quorn™ oder Algenöl);
- die aus Pflanzen bestehen oder aus Pflanzen isoliert worden sind, und aus Tieren isolierte Lebensmittelzutaten, außer Lebensmittel und Lebensmittelzutaten, die mit herkömmlichen Vermehrungs- und Zuchtmethoden gewonnen wurden und die erfahrungsgemäß als unbedenkliche Lebensmittel gelten können (z. B. die Pflanze Stevia rebaudiana und ihre getrockneten Blätter, Noni-Säfte oder Phytosterine);
- bei deren Herstellung ein nicht übliches Verfahren angewandt worden ist und bei denen dieses Verfahren eine bedeutende Veränderung ihrer Zusammensetzung oder der Struktur der Lebensmittel und der Lebensmittelzutaten bewirkt hat, was sich auf ihren Nährwert, ihren Stoffwechsel oder auf die Menge unerwünschter Stoffe im Lebensmittel auswirkt (z. B. Hochdruckpasteurisierung von Fruchtzubereitungen oder bestimmte enzymatisch hergestellte Saccharide).

Von dem Anwendungsbereich ausgenommen und daher nicht als neuartige Lebensmittel/-zutaten anzusehen sind Lebensmittelzusatzstoffe, Aromen zur Verwendung in Lebensmitteln und Extraktionslösungsmittel, die anderen Gemeinschaftsvorschriften unterliegen, soweit diese dem in der Novel Foods Verordnung festgelegten Sicherheitsniveau entsprechen. Denn bevor die neuartigen Produkte als Lebensmittel oder Lebensmittelzutat in der Europäischen Union vermarktet werden dürfen, ist eine Sicherheitsprüfung erforderlich. Diese beinhaltet unter anderem die Bestätigung der Unschädlichkeit des Produktes für den Konsumenten, nicht aber der Nachweis gesundheitlicher Wirksamkeit.

Ausblick: Die aktuelle Überarbeitung der Novel Foods Verordnung [7] betrifft auch den Anwendungsbereich der VO [8]. So soll die derzeit erforderliche Zuordnung zu einer der oben genannten Fallgruppen weitgehend entfallen. Entscheidend wird zukünftig hauptsächlich sein, ob ein Lebensmittel vor dem 15. Mai 1997 in der Europäischen Union im nennenswerten Umfang verzehrt worden ist. Des Weiteren ist vorgesehen, die Nanotechnologie als Beispiel für ein neuartiges Verfahren zukünftig ausdrücklich zu nennen [9]. Auch Fleisch und Milch von geklonten Tieren werden voraussichtlich als neuartige Lebensmittel gelten, während Lebensmittel von Nachkommen geklonter Tiere möglicherweise nicht in den Anwendungsbereich der VO fallen sollen.

35.2.3
Kennzeichnung von Novel Foods

Die VO (EG) Nr. 258/97 legt in Artikel 8 zusätzliche Etikettierungsanforderungen für neuartige Lebensmittel/Lebensmittelzutaten fest. Danach ist der Endverbraucher über wesentliche Änderungen in den Merkmalen oder Ernährungseigenschaften gegenüber bestehenden Lebensmitteln oder Stoffe zu informieren, die in herkömmlichen Lebensmitteln nicht vorhanden sind und

- die Gesundheit bestimmter Bevölkerungsgruppen beeinflussen können oder
- gegen die ethische Vorbehalte bestehen.

Im Rahmen des Genehmigungsverfahrens wird vom Antragsteller ein „angemessener Vorschlag für die Aufmachung und Etikettierung des Lebensmittels oder der Lebensmittelzutat" (Artikel 6 [1]) erwartet.

Ausblick: Nach Artikel 14 der VO Nr. 258/97 war die Kommission verpflichtet, dem Rat und Europäischen Parlament spätestens 5 Jahre nach Inkrafttreten der Novel Foods Verordnung einen Erfahrungsbericht über die Anwendung dieser Verordnung, gegebenenfalls zusammen mit geeigneten Änderungsvorschlägen zu erstellen. Dieser Vorgabe kam die Kommission mit der Veröffentlichung des Diskussionspapiers zur Durchführung der VO Nr. 258/97 im Juli 2002 nach, das intensiv diskutiert wurde [10]. Inzwischen hat die Kommission einen Vorschlag [7] zur Revision der Novel Foods Verordnung vorgelegt, der derzeit hinsichtlich einiger Details noch beraten wird [8, 11].

35.2.4
Gentechnisch veränderte Lebensmittel

- RL 90/219/EWG [12], System-Richtlinie.
- RL 2001/18/EG [13], Freisetzungsrichtlinie.
- VO 1829/2003 [6], Kennzeichnung nach Herkunft für gv Lebensmittel und gv Futtermittel.
- VO 1830/2003 [14], Rückverfolgbarkeit von GVO.
- VO (EG) Nr. 65/2004 [15], Erkennungsmarker.
- VO (EG) Nr. 641/2004 [16], Durchführungsbestimmungen zur VO 1829/2003.
- Gesetz zur Durchführung von Verordnungen der Europäischen Gemeinschaft auf dem Gebiet der Gentechnik (EG-Gentechnik-Durchführungsgesetz – EG-GenDurchfG) [17].
- Entscheidung 2005/317/EG [18], betrifft Bt10-Mais.
- Entscheidung 2008/162/EG [19], in der EU nicht zugelassener Reis LL 601.
- Entscheidung 2008/289/EG [20], in der EU nicht zugelassener Reis Bt 63.

Die RL 2001/18/EG (ehemals Richtlinie 90/220/EWG) gilt nur für Organismen und nicht für nicht lebensfähige Produkte, die aus genetisch veränderten Organismen hergestellt wurden.

Besondere Kennzeichnungsvorschriften für GVO in oder als Lebensmittel/Lebensmittelzutat sind bereits 1997 mit Verabschiedung der Novel Foods Verordnung [1] in Kraft getreten. Erneute Aktualität im Lebensmittelsektor haben Produkte aus gentechnisch veränderte Organismen durch die Verabschiedung von zwei EU-Verordnungen im September 2003 erlangt. Die VO 1829/2003 [6] erweiterte die bisherigen Kennzeichnungsverpflichtungen für Lebensmittel auch auf Futtermittel, und gilt auch für Produkte, wenn gentechnisch veränderte Organismen bei deren Herstellung eingesetzt worden sind. Waren nach Novel Foods und damaliger Neuartiger Lebensmittel-/Lebensmittelzutatenverordnung nur Produkte kennzeichnungspflichtig, wenn ein analytischer Nachweis von GVO-spezifischen Stoffen im Produkt geführt werden konnte (Nachweisprinzip), fordert VO 1829/2003 eine Kennzeichnungspflicht aufgrund der Herkunft der Produkte (Herkunftsprinzip), unabhängig vom analytischen Nachweis. Praktische Auswirkungen hatte dies z. B. für raffinierte Öle aus gentechnisch veränderten (z. B. herbizidresistenten) Pflanzen, die sich von Ölen aus konventionell gezüchteten Pflanzen analytisch nicht unterscheiden lassen (früher/VO 258/97: nicht kennzeichnungspflichtig; jetzt/VO 1829/2003: kennzeichnungspflichtig).

In der Praxis hat sich im Lebensmittelhandel jedoch nicht viel geändert. Da der größte Teil der deutschen Verbraucher nach theoretischen Umfragen eine ablehnende Haltung gegenüber der Anwendung von gentechnisch veränderten Organismen im Lebensmittelsektor hat, versuchten viele Anbieter von Lebensmitteln bisher auf alternative Rohstoffquellen auszuweichen. Letzteres dürfte für einige Rohstoffe jedoch in Zukunft immer aufwändiger werden.

Definition des Begriffes „gentechnisch verändert"

Lebensmittel können nicht „gentechnisch verändert" werden. Der Ansatzpunkt einer gentechnischen Veränderung ist das Erbmaterial eines Organismus. Mit Hilfe gentechnischer Verfahren können zusätzliche Erbinformationen in einen Organismus eingefügt oder die vorhandenen Informationen verändert werden. Dadurch erhält der Organismus zusätzliche oder veränderte Eigenschaften.

In den Gesetzesvorschriften findet sich anstelle „gentechnisch" der Begriff „genetisch" verändert. Diese Begriffe sind im wissenschaftlichen Sinne nicht synonym. Genetische Veränderungen treten auch natürlicherweise auf (z. B. durch natürliche Rekombinationen oder Mutationen) und bilden eine Grundlage der Evolution. Für die Interpretation der Gesetzestexte in der Europäischen Union ist die Definition eines gentechnisch veränderten Organismus aus RL 2001/18/EG [13] zu berücksichtigen. Danach ist ein „genetisch veränderter Organismus (GVO) ein Organismus mit Ausnahme des Menschen, dessen genetisches Material so verändert worden ist, wie es auf natürliche Weise durch Kreuzen und/oder natürliche Rekombination nicht möglich ist" [13]. Im Anhang der RL 2001/18/EG sind einige Verfahren aufgeführt, die zu einer genetischen Veränderung im Sinne der Richtlinie führen und welche nicht als solche betrachtet werden.

35.2.5
Zulassungen nach dem Gentechnikrecht vor Inkrafttreten der Novel Foods Verordnung

Für den Umgang mit GVO und das Inverkehrbringen von GVO wurden mit den RL 90/219/EWG [12] und 2001/18/EG [13] spezifische Regelungen in der Europäischen Gemeinschaft geschaffen. Richtlinie 90/219/EWG, allgemein auch als System-Richtlinie bezeichnet, bildet die Grundlage für die Anforderungen, die einzuhalten sind, wenn mit GVO in geschlossenen Systemen (Laboren, Fermentern, Gewächshäusern usw.) gearbeitet wird. Regelungen zum Inverkehrbringen von GVO wurden durch die Freisetzungsrichtlinie 90/220/EWG festgeschrieben, die inzwischen durch RL 2001/18/EG [13] ersetzt wurde. Basierend auf dem Verfahren der Freisetzungsrichtlinie wurde das Inverkehrbringen von zwei gentechnisch veränderten Pflanzen, die „Roundup Ready™" Sojabohne [21] und der „Mais Bt 176" [22] zugelassen, von denen die Produkte der Roundup Ready Sojabohne noch heute im Lebensmittelsektor Verwendung finden können. Die Zulassung von Bt 176 und daraus gewonnenen Erzeugnissen ist ausgelaufen. Die Kommission hat eine Übergangszeit von 5 Jahren festgelegt, innerhalb derer Lebensmittel und Futtermittel solches Material weiterhin (bis maximal 0,9%) enthalten dürfen, ohne gegen VO 1829/2003 zu verstoßen, sofern dieses Vorhandensein zufällig und technisch nicht vermeidbar ist [23].

35.2.6
Notifizierungen und Zulassungen vor Inkrafttreten der Verordnung 1829/2003

Am 15. Mai 1997 trat die Verordnung über neuartige Lebensmittel und neuartige Lebensmittelzutaten [1] in Kraft, die in ihrer ursprünglichen Form auch spezielle Regelungen für Lebensmittel und Lebensmittelzutaten enthielt, die aus GVO bestanden, GVO enthielten oder aus GVO hergestellt wurden. Nach der Novel Foods Verordnung wurden einige gentechnisch veränderten Organismen bzw. Produkte aus diesen für die Verwendung im Lebensmittelsektor zugelassen, für die später spezifische Übergangsvorschriften festgelegt wurden, um ihre Zulassung an die Vorgaben der VO 1829/2003 anzupassen.

35.2.7
Verordnung 1829/2003

Die VO 1829/2003 [6] ist seit 18. April 2004 anzuwenden. Nur Produkte, deren Herstellungsprozess vor dem Anwendbarkeitsdatum begonnen wurde, unterliegen noch den davor geltenden gesetzlichen Vorschriften. Die gemäß der Novel Foods Verordnung oder der Richtlinie 90/220/EWG rechtmäßig in den Verkehr gebrachten gentechnisch veränderten Lebensmittel und Lebensmittelzutaten sind weiterhin verkehrsfähig geblieben, sofern die verantwortlichen Unternehmen der Kommission bis zum 18. Oktober 2004 das Datum mitgeteilt hatten, an dem die Produkte erstmals in den Verkehr gebracht wurden und Informationen zur Sicherheitsbewertung und Kennzeichnung sowie ein zum Nachweis des Produkts geeignetes Verfahren übermittelt haben. In diesem Zusammenhang sei auf VO (EG) Nr. 641/2004 [16] verwiesen, die Durchführungsbestimmungen zur VO (EG) Nr. 1829/2003 enthält.

Gemäß Artikel 8 der VO (EG) Nr. 1829/2003 sind am 18.04.2005 die bereits zugelassenen Erzeugnisse in dem Register der Gemeinschaft eingetragen worden [24]. Der Bericht der Kommission an den Rat und das Europäische Parlament über die Umsetzung der VO (EG) Nr. 1829/2003 ist unter der Internetadresse [25] abrufbar.

Verstöße gegen die VO (EG) Nr. 1829/2003 sind in der Bundesrepublik Deutschland nach dem Gesetz zur Durchführung von Verordnungen der Europäischen Gemeinschaft auf dem Gebiet der Gentechnik (EG-Gentechnik-Durchführungsgesetz – EGGenDurchfG) [17] zu ahnden.

35.2.8
Kennzeichnung

Gesetzlich vorgeschriebene Kennzeichnung

Die VO (EG) Nr. 1829/2003 verlangt den Hinweis „genetisch verändert" oder „aus genetisch verändertem (z. B. Soja oder Mais) hergestellt" auf dem Etikett für alle aus GVO hergestellten Produkte.

Tabelle 35.1. Gegenüberstellung der rechtlichen Änderungen für Lebensmittel, bei deren Herstellung GVO genutzt worden sind, durch Verabschiedung der Verordnung für gentechnisch veränderte Futter- und Lebensmittel

	Novel Food Verordnung	VO (EG) Nr. 1829/2003
Antragsverfahren	Anmeldungsverfahren oder Genehmigungsverfahren	Genehmigungsverfahren
Wissenschaftliche Bewertung der Sicherheit erfolgt durch	Nationale Behörde der Mitgliedstaaten	Europäische Behörde für Lebensmittelsicherheit (EFSA)
Anwendungsbereich	Zusatzstoffe, Aromen und Lösungsmittel nicht erfasst	Zusatzstoffe und Aromen in Hinblick auf Sicherheitsprüfung erfasst
Grundlage der Kennzeichnungspflicht	Analytischer Nachweis	Herkunftsprinzip
Schwellenwert für nicht zugelassene, aber positiv bewertete GVO	0	0 (0,5 % bis 18.04.2007)
Schwellenwert für technisch unvermeidbare oder zufällig ins Produkt gelangte Bestandteile von GVO	0 (1 % Schwellenwert galt nur für Produkte, die unter VO (EG) Nr. 1139/98 fielen)	0,9 % bezogen auf die jeweilige Zutat
Nachweisverfahren	Keine Angabe	Antragsteller ist verpflichtet, validiertes quantitatives event-spezifisches Nachweisverfahren offenzulegen
GVO-Material	Keine Angabe	Antragsteller ist verpflichtet, GVO-Vergleichsmaterial an das CRL (Europäisches Referenzlabor für gentechnisch veränderte Lebens- und Futtermittel) zu liefern
Genehmigung	Im Allgemeinen zeitlich nicht befristet	Zeitlich befristet auf 10 Jahre
Nationale Durchführungsvorschrift	NLV [3]	EGGenDurchfG [17]

Während die Novel Foods Verordnung als Entscheidungskriterium für die Kennzeichnung die Nachweisbarkeit eines für den gentechnisch veränderten Organismus charakteristischen Stoffes hatte, wurde mit Verabschiedung der VO (EG) Nr. 1829/2003 [6] und 1830/2003 [14] das Herkunftsprinzip eingeführt. Danach sind alle Lebensmittel und Lebensmittelzutaten zu kennzeichnen, die aus gentechnisch veränderten Organismen hergestellt sind, unabhängig davon, ob ein Nachweis der gentechnischen Veränderung im Produkt möglich ist. Von der Kennzeichnungspflicht ausgenommen sind lediglich technisch unvermeidbare oder zufällige Verunreinigungen mit in der EU zugelassenen gv Produkten bis maximal 0,9% (bezogen auf die jeweilige Zutat) sowie Lebensmittel wie Fleisch, Milch und Eier von Tieren, die gentechnisch veränderte Futtermittel erhalten haben.

Gesetzlich erlaubte Auslobung „Ohne Gentechnik"
Bereits Erwägungsgrund (10) der Novel Foods Verordnung erlaubte den Lieferanten, den Verbraucher durch eine entsprechende Etikettierung darauf hinzuweisen, dass das betreffende Produkt kein neuartiges Lebensmittel im Sinn der Verordnung ist oder dass bei der Herstellung des Produkts die in der Verordnung angegebenen neuartigen Verfahren nicht angewandt wurden. Basierend auf dieser Option wurden in der „alten" im Oktober 1998 in Kraft getretenen NLV national geltende Kennzeichnungsvorschriften für Lebensmittel festgelegt, die ohne Anwendung der Gentechnik hergestellt werden. Mit Wirkung vom 1. Mai 2008 sind die gesetzlichen Regelungen für die „ohne Gentechnik" Kennzeichnung bei Lebensmitteln neu gefasst und in das EG-Gentechnik-Durchführungsgesetz [17] integriert worden.

Innerhalb der Bundesrepublik Deutschland ist gesetzlich vorgeschrieben, dass ausschließlich die Angabe „ohne Gentechnik" verwendet werden darf [17]. Andere Formulierungen sind nicht erlaubt und dürfen nicht verwendet werden. Produkte „ohne Gentechnik" dürfen nicht aus einem gentechnisch veränderten Organismus bestehen oder aus einem GVO hergestellt worden sein.

Mit der Angabe „ohne Gentechnik" darf ein Lebensmittel auch dann nicht gekennzeichnet werden, wenn Bestandteile aus der gentechnischen Veränderung unbeabsichtigt oder in unvermeidbaren Spuren in das Lebensmittel gelangt sind und diese Unvermeidbarkeit oder Unabsichtlichkeit belegt werden kann. Damit ist das EGGenTDurchfG hier noch strenger als die VO (EG) Nr. 834/2007 [26], die in Artikel 9 Abs. 2 einen Anteil von bis zu 0,9% für zufällige oder technisch unvermeidbare GVO-Bestandteile zulässt, ohne dass der Hinweis auf die Herkunft des Produktes aus dem Ökolandbau unzulässig würde [27]. Nur Zusatzstoffe aus GVO, die nach der EG-Öko-Verordnung zugelassen sind und für die es keine Alternativprodukte gibt, die ohne Gentechnik hergestellt wurden, dürfen ausnahmsweise auch bei einer „ohne Gentechnik"-Kennzeichnung eingesetzt werden.

Bei Lebensmitteln tierischer Herkunft, d. h. Fleisch, Eiern und Milch beschränkt sich das Verwendungsverbot von Produkten aus GVO auf ein Fütterungsverbot von gentechnisch veränderten Futtermitteln auf festgelegte Zeiträume vor Gewinnung der Lebensmittel. Die Verwendung von Futtermittelzusatzstoffen oder Arzneimitteln aus GVO steht einer „Ohne Gentechnik"-Kennzeichnung seit 01.05.2008 nicht entgegen.

Die Kennzeichnung „ohne Gentechnik" setzt voraus, dass entsprechende Produkte verfügbar sind, die unter Anwendung von Produkten aus gentechnischen Organismen hergestellt wurden.

35.2.9
Schwellenwerte

Der Schwellenwert von 0,9% bezieht sich bei Lebensmitteln, die aus mehreren Zutaten zusammengesetzt sind, auf die einzelne Zutat. Dieser Schwellenwert gilt nur für Bestandteile aus GVO, die nach der VO (EG) Nr. 1829/2003 zugelassen worden sind.

35.2.10
Spezifischer Erkennungsmarker

Bei dem Umgang mit gentechnisch veränderten Organismen ist des Weiteren die VO (EG) Nr. 65/2004 [15] zu berücksichtigen. Produkte mit oder aus lebensfähigen gentechnisch veränderten Organismen müssen zusätzlich zu anderen Kennzeichnungselementen einen spezifischen Erkennungsmarker aufweisen. Dieser spezifische Erkennungsmarker besteht insgesamt aus 9 alphanumerischen Zeichen, die Informationen zum Antragsteller/Inhaber der Zustimmung und dem Transformationsereignis (d. h. der spezifischen gentechnischen Veränderung) enthalten. Im Internet sind die spezifischen Erkennungsmarker der nach der VO (EG) Nr. 1829/2003 gemeldeten und genehmigten GVO in dem Register der Gemeinschaft geführt [24]; eine Abfrage nach dem Code für einen bestimmten GVO ist unter [28] möglich.

35.3
Warenkunde

35.3.1
Produkte – neuartig oder nicht?

Die Verordnung für das Inverkehrbringen von neuartigen Lebensmitteln und Lebensmittelzutaten VO (EG) Nr. 258/97 [1] wurde im Jahr 1997 nach jahrelangen Diskussionen erlassen. Die Verordnung wird nach ihrem englischen Namen auch häufig als „Novel Foods Verordnung" bezeichnet. Ergänzt wurde die Novel Foods VO durch die VO 1852/2001 [2]. Diese VO legen die Verfahren fest, die einzuhalten sind, bevor neuartige Lebensmittel oder neuartige Lebensmittelzutaten in der Europäischen Union erstmalig in den Verkehr gebracht werden können.

Als Beispiel zur Veranschaulichung des Begriffes neuartig wird oft die Kiwifrucht angeführt. Hätte man die Kiwi erst nach dem gemäß VO (EG) 258/97 geltenden Stichtag, 15. Mai 1997, erstmalig in der Europäischen Union als Lebensmittel vermarkten wollen, hätte zuvor ein entsprechender Zulassungsantrag nach den Verordnungen für das Inverkehrbringen von neuartigen Lebensmitteln und Lebensmittelzutaten [1,2] gestellt werden müssen. Unter anderem hätte dargelegt werden müssen, dass ihr Verzehr keine Gefahr für den Verbraucher darstellt. Letzteres war nicht erforderlich, da die Kiwi bereits vor dem 15. Mai 1997 in nennenswertem Umfang in Mitgliedstaaten der Europäischen Union verzehrt worden war. Dass die Auslegung des Begriffes „in nennenswertem Umfang" nicht immer unumstritten ist, belegt das Verfahren um den Vertrieb von Lebensmitteln, die Luo Han Guo-Fruchtextrakt (Fruchtextrakt, der fast 300mal so süß ist wie Zucker) enthalten [29].

Für die als Süßungsmittel zur Vermarktung vorgesehenen Teilen der Pflanze *Stevia rebaudiana*, aus Eigelb gewonnenen Phospholipiden, Nangai-Nüssen oder den aus der Nonifrucht gewonnenen Säften und einer Reihe weiterer Produkte [30, 31] musste der Inverkehrbringer Verfahren nach den Verordnungen für neuartige Lebensmittel und neuartige Lebensmittelzutaten einhalten, da diese Produkte vor dem 15. Mai 1997 noch nicht in nennenswertem Umfang in der Europäischen Union für den menschlichen Verzehr verwendet worden waren. Die getroffenen Entscheidungen sind ebenfalls unter [30] zusammengestellt. Ebenfalls auf der Internetseite der Kommission verfügbar ist der so genannte Novel Food Katalog [5]. Im Novel Food Katalog sind die Ergebnisse der Diskussionen der Arbeitsgruppe „Neuartige Lebensmittel" der Europäischen Kommission zu Fragen der Einstufung bestimmter Stoffe und Zutaten als neuartig im Sinne der VO 258/97 gesammelt.

Ausblick: Die Revision der VO 258/97 sieht ein vereinfachtes Verfahren für traditionelle Lebensmittel aus einem Drittland vor, sofern die EFSA keine ernsthaften Bedenken im Rahmen ihrer Sicherheitsbewertung äußert und keine begründeten Einwände der Mitgliedstaaten vorliegen [8, 32]. Bei der Sicherheitsbewertung können dabei nicht nur die Lebensmittel selbst, sondern auch die Vor- oder Zubereitung von entscheidender Bedeutung sein [32].

35.3.2
Lebensmittel oder Lebensmittelzutaten mit oder aus Nanopartikeln

Auch für Lebensmittel mit Nanopartikeln gilt bereits die jetzige Novel Foods Verordnung, wenn

– die Produkte noch nicht vor dem 15. Mai 1997 in der EU in nennenswertem Umfang als Lebensmittel verzehrt worden sind und
– sie Lebensmittel oder Lebensmittelzutaten darstellen mit neuer oder gezielt modifizierter primärer Molekularstruktur oder
– bei ihrer Herstellung ein nicht übliches Verfahren angewandt worden ist und bei denen dieses Verfahren eine bedeutende Veränderung ihrer Zusammensetzung oder der Struktur bewirkt, die sich auf den Nährwert, den Stoffwechsel oder die Menge unerwünschter Stoffe im Lebensmittel auswirkt.

Des Weiteren gilt natürlich das europäische (insbesondere VO (EG) Nr. 178/2002) und bundesdeutsche Lebensmittelrecht (LFGB) einschließlich der Zulassungspflicht für Zusatzstoffe auch für Lebensmittel/zutaten mit oder aus Nanopartikeln [9].

Ausblick: Nach dem derzeitigen Überarbeitungsentwurf der Novel Foods Verordnung soll die Nanotechnologie explizit als Beispiel im Anwendungsbereich genannt werden.

35.3.3
Anmeldeverfahren für Novel Foods

Für neuartige Lebensmittel/-zutaten, die bestehenden Lebensmittel/-zutaten im Wesentlichen gleichwertig sind, besteht die Möglichkeit eines vereinfachten Verfahrens nach Artikel 5 der VO (EG) Nr. 258/97, das auch als Anmelde- oder Notifizierungsverfahren bezeichnet wird. Die Kriterien für die wesentliche Gleichwertigkeit beziehen sich dabei auf Zusammensetzung, Nährwert, Stoffwechsel, Verwendungszweck und Gehalt an unerwünschten Stoffen gegenüber bestehenden Lebensmitteln bzw. Lebensmittelzutaten (s. auch [32]). Das heißt, dass die Verordnung an dieser Stelle ein variables Element enthält, da sich das Spektrum der Lebensmittel und Lebensmittelzutaten, mit denen das neuartige Produkt verglichen werden kann, fortlaufend ändert.

Ein vereinfachtes Verfahren ist nicht möglich für neuartige Lebensmittel und neuartige Lebensmittelzutaten, deren primäre Molekularstruktur neu oder gezielt verändert ist oder bei deren Herstellung ein neuartiges Verfahren angewandt wurde.

Im Notifizierungsverfahren unterrichtet der Inverkehrbringer unter Vorlage der erforderlichen Unterlagen die Europäische Kommission über das Inverkehrbringen des Erzeugnisses. Dabei hat der Antragssteller die wesentliche Gleichwertigkeit des Lebensmittels/der Lebensmittelzutat nachzuweisen. Dieser Nachweis kann an Hand allgemein anerkannter wissenschaftlicher Befunde oder mit der Stellungnahme einer zuständigen nationalen Behörde erfolgen. In der Bundesrepublik Deutschland ist das Bundesamt für Verbraucherschutz und Lebensmittelsicherheit (BVL) zusammen mit dem Bundesinstitut für Risikobewertung (BfR) zuständig [3] für das Erstellen der Stellungnahmen über die Frage der wesentlichen Gleichwertigkeit von Erzeugnissen im Sinne des Artikels 3 Abs. 4 der VO (EG) Nr. 258/97.

Die Kommission informiert die Mitgliedstaaten innerhalb von 60 Tagen. In Deutschland ist das Bundesamt für Verbraucherschutz und Lebensmittelsicherheit die zuständige Behörde, die diese Mitteilungen an die für die Lebensmittelüberwachung zuständigen obersten Landesbehörden der Bundesländer weitergibt.

Die Mitteilungen, die im Rahmen von Notifizierungsverfahren bei der Kommission eingehen, werden einmal jährlich im Amtsblatt der Europäischen Gemeinschaften, Teil C veröffentlicht. Im Internet ist die Liste der notifizierten Produkte unter der Adresse [31] zu finden. Im Rahmen der Novellierung der Novel Foods VO wird ein vereinfachtes Verfahren für traditionelle Lebensmittel aus Drittländern diskutiert [8, 32].

35.3.4
Genehmigungsverfahren für neuartige Lebensmittel

Das Genehmigungsverfahren nach VO Nr. 258/97 Artikel 4 und 6ff ist in Abbildung 35.1 schematisch dargestellt.

In der Bundesrepublik Deutschland ist das Bundesamt für Verbraucherschutz und Lebensmittelsicherheit die zuständige Behörde für die Entgegennahme, Bearbeitung und Weiterleitung der Anträge sowie die zuständige Behörde zur Übermittlung von Bemerkungen oder zur Erhebung von begründeten Einwänden [3]. Des Weiteren ist in Deutschland das Bundesamt für Verbraucherschutz und Lebensmittelsicherheit als Lebensmittelprüfstelle gemäß Artikel 4 Absatz 3 der VO (EG) Nr. 258/97 benannt [3].

Der Antrag auf Erteilung einer Genehmigung sollte der Empfehlung 97/618/EG der Kommission vom 29. Juli 1997 [33] entsprechen. Der Anhang dieser Empfehlung gliedert sich in die folgenden 3 Teile:

- Teil I: Empfehlungen zu den wissenschaftlichen Aspekten der für die Bewertung von Anträgen auf Genehmigung des Inverkehrbringens neuartiger Lebensmittel und Lebensmittelzutaten erforderlichen Informationen, zu denen u. a. toxikologische Anforderungen und Angaben zum allergenen Potenzial gehören. Dieser Teil enthält auch die wissenschaftliche Klassifikation der neuartigen Lebensmittel/-zutaten für die Verträglichkeitsprüfung und darauf aufbauend die Festlegung der erforderlichen Informationen und als Entscheidungsbäume anschaulich dargestellte Bewertungsschemata.
- Teil II: Empfehlungen zu den wissenschaftlichen Aspekten der Darbietung der Informationen, die für einen Antrag auf Genehmigung des Inverkehrbringens neuartiger Lebensmittel und Lebensmittelzutaten erforderlich sind.
- Teil III: Empfehlungen zu den wissenschaftlichen Aspekten der Erstellung der Berichte über die Erstprüfung von Anträgen auf Genehmigung des Inverkehrbringens neuartiger Lebensmittel und Lebensmittelzutaten.

Die Entscheidungen über die Anträge werden im Amtsblatt der Europäischen Gemeinschaften veröffentlicht. Eine Übersicht über die bisherigen Anträge und Genehmigungen wird unter der Internetadresse [30] geführt.

Bis Ende Dezember 2007 wurden in der EU 86 Anträge zur Verwendung von neuartigen Lebensmitteln gestellt und 22 Autorisierungen erlassen.

Ausblick: Die Revision der Novel Foods Verordnung sieht ein zentralisiertes Zulassungssystem vor. Danach sollen alle Anträge auf Zulassung eines neuartigen Lebensmittels an die Kommission gerichtet und die EFSA soll für die Risikoabschätzung und die Sicherheitsbewertung der Anträge zuständig werden. Während nach dem derzeitigen Entwurf „herkömmliche" Lebensmittel aus einem Drittland über ein erleichtertes Meldeverfahren in Verkehr gebracht werden könnten, sollen andere neuartige Lebensmittel, ebenso wie zukünftig Zusatzstoffe, Aromen oder Enzyme, über das einheitliche Zulassungsverfahren der FIAP-VO-1331 in eine Gemeinschaftsliste aufgenommen werden.

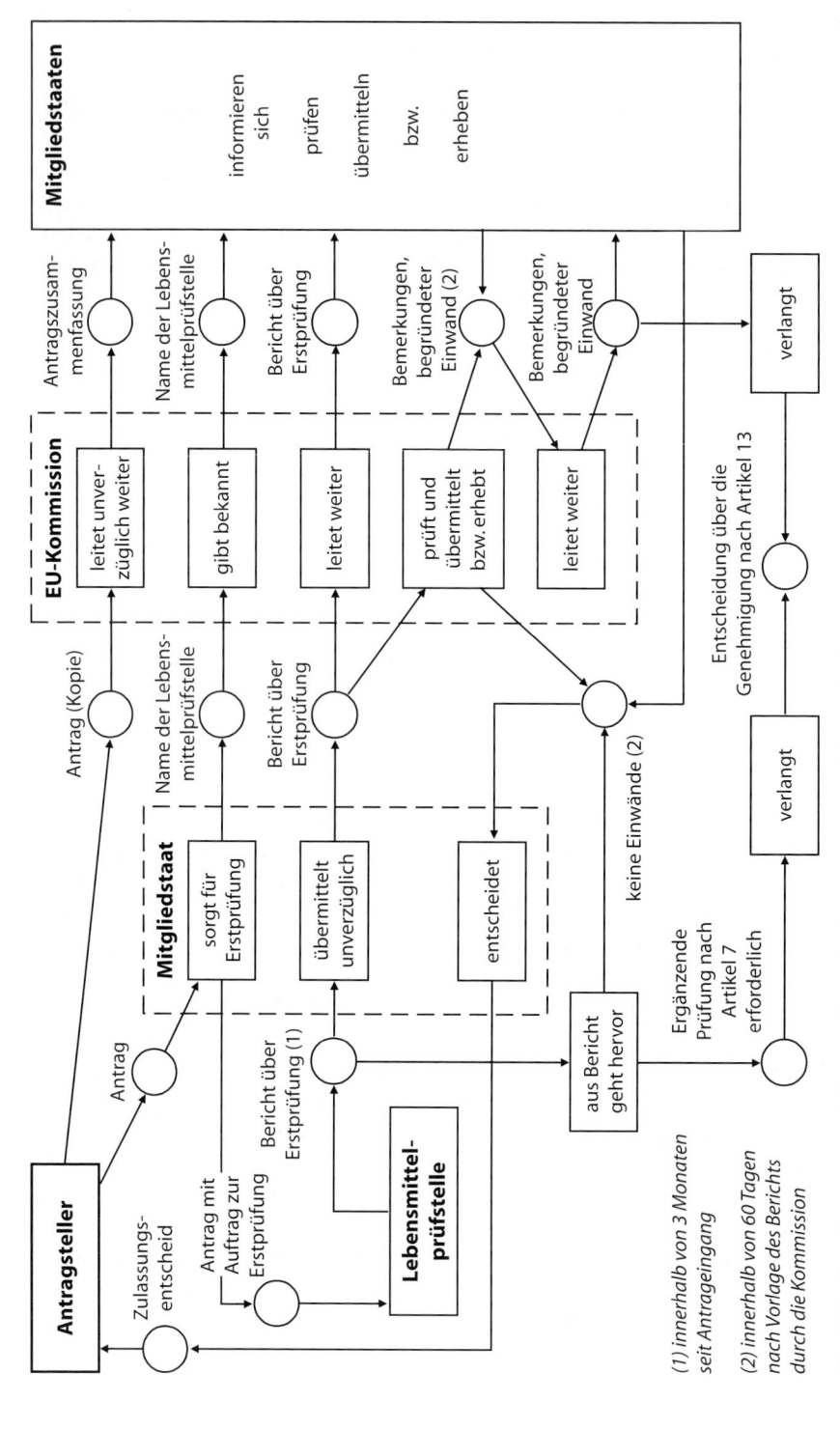

Abb. 35.1. Genehmigungsverfahren nach VO (EG) Nr. 258/97 Artikel 4 und 6ff

(1) innerhalb von 3 Monaten seit Antrageingang

(2) innerhalb von 60 Tagen nach Vorlage des Berichts durch die Kommission

35.3.5
Gentechnisch veränderte Organismen in der Lebensmittelherstellung

Weltweit nimmt die Bedeutung gentechnisch veränderter Organismen (GVO) fortlaufend zu. Fast Dreiviertel (72%) aller weltweit produzierten Sojabohnen wurden im Jahr 2008 mit gentechnisch veränderten Pflanzen gewonnen. Für Mais beträgt der Anteil gentechnisch veränderter Sorten 23%, für den Rapsanbau 21% [34, 35].

Es gibt sehr unterschiedliche Möglichkeiten, gentechnisch veränderte Organismen (GVO) in der Lebensmittelproduktion zu nutzen:

- Gentechnisch veränderte Tiere:
  Gentechnisch veränderte Tiere könnten direkt als Lebensmittel verzehrt werden. Derzeit sind weltweit keine gentechnisch veränderten Tiere für den Lebensmittelbereich zugelassen. Am weitesten fortgeschritten ist die Entwicklung im Bereich gentechnisch veränderter Fische. Bisher sind 35 verschiedene Fischarten, vor allem in den USA, Kanada, Großbritannien, Norwegen und Japan, gentechnisch verändert worden. Von besonderem Interesse sind dabei aus ökonomischen Gründen Lachs, Forelle und Karpfen. Der erste Antrag für das Inverkehrbringen von gentechnisch veränderten Fischen als Lebensmittel ist in den USA gestellt worden. Das Zulassungsverfahren läuft bereits seit Jahren. Mit Hilfe gentechnischer Verfahren wurde in den Lachsen der Firma Aqua Bounty Farms ein Gen eingefügt, das dazu führt, dass die Lachse wesentlich schneller wachsen und damit das in der Anzucht gewünschte Gewicht in einem kürzeren Zeitraum erreichen.
- Gentechnisch veränderte Pflanzen (GVP):
  GVP können direkt als Lebensmittel verzehrt werden. Im Jahr 2008 wurden weltweit bereits auf mindestens 125 Millionen Hektar gentechnisch veränderte Pflanzen kommerziell angebaut [34]. Zahlreiche Pflanzenarten sind gentechnisch verändert worden. Einen guten Überblick über die auf die jeweilige Pflanzenart bezogene Anbau- und Zulassungssituation gibt die Datenbank unter [35].
- Gentechnisch modifizierte Mikroorganismen (GMM):
  Auch GMM könnten z. B. in Form von Starterkulturen bei der Joghurt- oder Rohwurstproduktion oder Backwarenherstellung im Lebensmittel verbleiben und mit diesem verzehrt werden. Im Großbritannien sind seit Jahren zwei gentechnisch veränderte Hefen zugelassen; diese sollen jedoch kommerziell nicht eingesetzt werden.
- Produkte aus gentechnisch veränderten Organismen oder mit Hilfe von GVO hergestellt:
  Seit Jahren wird die größte praktische Relevanz von GVO diesem Bereich zugeschrieben. Insbesondere Enzyme, die in der Lebensmittelherstellung eingesetzt werden, dürften heutzutage hauptsächlich mit GMM gewonnen werden. Meist werden die Produkte von den GMM abgetrennt und vor ihrem

Einsatz in der Lebensmittelherstellung aufgereinigt. Der gentechnisch veränderte Organismus wird dann nicht als Bestandteil der Nahrung aufgenommen.

Einsatz und Anwendung gentechnisch veränderter Organismen unterliegen gesetzlichen Anforderungen.

35.3.6
Beispiel gentechnisch veränderte Papaya

Gentechnisch veränderten Papayas (so genannte Linien 55-1 und 63-1) sind in den USA zugelassen und werden seit 1998 auf Hawaii angebaut, im Jahr 2007 auf ca. 400 Hektar [35]. Diese Linien weisen eine Resistenz gegen das Papaya Ringspotvirus auf, das bei Befall der Plantagen zu massiven Ertragseinbußen führt. Obwohl in Europa nicht zugelassen, wurden gentechnisch veränderte Papayas 2004 in die Europäische Union importiert [36]. Der Importeur führte dieses auf eine unbeabsichtigte Verwechselung der Früchte zurück. In der Bundesrepublik Deutschland wurden entsprechende Vorführpflichten für Papaya bei den Zollkontrollstellen eingeführt.

35.3.7
Importe von nicht zugelassenem gentechnisch veränderten Bt 10-Mais, LL 601 Reis und Bt 63 Reis

Im März 2005 wurde die Europäische Kommission darüber informiert, das den amerikanischen Behörden von der Firma Syngenta mitgeteilt worden ist, dass versehentlich seit 2001 nicht zugelassenes gentechnisch verändertes Material in Verkehr gebracht worden sei. Abgesehen von zugelassenem Mais der gentechnisch veränderten Linie Bt 11 sei nicht auszuschließen, dass auch Material der gentechnisch veränderten Mais Linie Bt 10, für die keine Zulassung beantragt worden war, angebaut, in den Verkehr und auch in die Mitgliedstaaten der Europäischen Union verbracht worden sei. Diese beiden gentechnisch veränderten Maislinien enthalten größtenteils gleiche gentechnisch veränderte Gensequenzen. Zusätzlich zu dem gemeinsamen GVO-Konstrukt weist die Maislinie Bt 10 Gensequenzen eines Antibiotika-Resistenzgens auf. Die Firma erklärte ihr Versehen damit, dass man bei der Analyse der Produkte nur auf die Ausprägung des GVO-Konstrukts, d. h. auf das dadurch neu produzierte Protein getestet habe. Erst die Umstellung auf molekularbiologische Testmethoden habe zu dieser Entdeckung geführt. In der Europäischen Union sind aufgrund dieser Mitteilung Importauflagen erlassen worden. Nach der Entscheidung der Kommission 2005/317/EG [18] durften bestimmte Maisgluten-Futtermittel und Treber mit oder aus Mais aus den Vereinigten Staaten von Amerika nur dann in die EU eingeführt werden, wenn sie frei von Bt 10-Mais waren. Dies musste durch einen entsprechenden Analysebericht eines akkreditierten Labors gemäß international anerkannten Standards belegt werden. Die Mitgliedstaaten wurden verpflichtet, an den Grenzen entsprechende Zertifikate zu verlangen und Stichprobenuntersuchungen durchzuführen. In Deutschland war die Entscheidung 2005/317/EG durch die Verordnung über Beschränkungen für das Inverkehrbringen bestimmter Erzeugnisse aus Mais [37] umgesetzt worden. Positive Funde von Mais Bt 10 Produkten gab es in der Europäischen Union nicht.

Demgegenüber erwies sich die Information vom August 2006, dass Reisimporte aus den USA in die EU nicht zugelassene Produkte der gentechnisch veränderten Reislinie LL601 enthalten können, als begründet. Bei mehreren Reisimporten, aber auch in Produkten aus dem Lebensmittelhandel konnten Spuren dieser gentechnisch veränderten Reislinie analytisch nachgewiesen werden. Für nicht zugelassene GVO und deren Produkte gilt in der EU die Nulltoleranz. Das bedeutet, dass Chargen, in denen nicht zugelassene Reisprodukte nachgewiesen werden, nicht in die EU verbracht oder in dieser vermarktet werden dürfen. Dabei ist es unerheblich, wie hoch der Gehalt an gentechnisch verändertem Material ist. Die bereits am 23. August 2006 erlassenen, am 5. September 2006 ergänzten Dringlichkeitsmaßnahmen der Europäischen Kommission sind inzwischen durch die Entscheidung 2008/162 der Kommission vom 26. Februar 2008 [19] angepasst worden. Danach dürfen Reisimporte ohne zwingende analytische Kontrolle durch die Mitgliedstaaten auf den EU-Markt verbracht werden, wenn für die Sendungen bescheinigt wird, dass sie dem Plan des amerikanischen Reisanbauverbandes zur Beseitigung von LL Reis 601 unterworfen worden sind und sie von einem Analysenbericht einschließlich einem amtlichen Papier der GIPSA begleitet werden.

Nahezu zeitgleich zu den ersten analytischen Nachweisen von LL 601 Reis in Produkten in der EU, d. h. im September 2006 wurden im Vereinigten Königreich, in Frankreich und Deutschland Reiserzeugnisse mit Ursprung in China entdeckt, in der die nicht zugelassene gentechnisch veränderten Reissorte Bt 63 enthalten waren und über das Schnellwarnsystem für Lebensmittel und Futtermittel (RASFF) gemeldet. Auch in diesem Fall hat die Kommission eine Entscheidung über Sofortmaßnahmen erlassen [20], in der für entsprechende Importe ein von chinesischen Behörden bestätigtes Analysenzertifikat verlangt wird.

Im Februar 2008 kündigte die Firma Dow AgroSciences LLC eine freiwillige Rückrufaktion von Maissaatgut an, da dieses möglicherweise mit der gentechnisch veränderten Maislinie DAS-59132-8 (auch Event 32 genannt) kontaminiert sein könnte, die in der Europäischen Union keine Zulassung besitzt. Die Europäische Kommission hat die Firma um Bereitstellung von gentechnisch veränderten Kontrollproben und eines Nachweisverfahrens gebeten. Das Europäische Referenzlabor hat gemäß VO Nr. 1829/2003 [6] Artikel 32 das Nachweisverfahren überprüft, der Bericht ist im Internet [38] verfügbar.

Ausblick: In den geschilderten Fällen Mais Bt 10, Reis LL 601 und Reis Bt 63 handelte sich jeweils um GVO, für die auch in ihren „Herkunftsländern" keine Zulassung beantragt worden war. Es bleibt spannend, welche nächsten GVO-Produkte unerwartet auf dem europäischen Markt erscheinen.

35.4
Qualitätssicherung

35.4.1
Neuartige Lebensmittel und neuartige Lebensmittelzutaten

Neuartige Lebensmittel können zu den unterschiedlichsten Warengruppen gehören. Daher sei an dieser Stelle grundsätzlich auf die entsprechenden Kapitel der anderen Warengruppen verwiesen. In Abhängigkeit von dem Typ der Neuartigkeit (z. B. neuartiges Produktionsverfahren oder neuartige Zusammensetzung) sind natürlich unterschiedliche Schwerpunkte im Rahmen der guten Herstellungspraxis, der Qualitätssicherung bzw. in Rahmen von HACCP-Konzepten zu setzen (s. dazu auch Fallbeispiel 35.1). Gleiches gilt für die einzusetzenden analytischen Verfahren zur Prozesskontrolle oder zum Nachweis des neuartigen Produktes.

Ausblick: Im Revisionsvorschlag der Novel Foods VO [7] ist ein Artikel zur Marktüberwachung durch den Inverkehrbringer nach Inverkehrbringen des neuartigen Lebensmittels vorgesehen. Dass auch die Vor- und Zubereitung eines „traditionell als sicher geltenden" Lebensmittels von Bedeutung ist, zeigen herkömmliche pflanzliche Lebensmittel wie Kartoffel oder Bohnen und wird in [32] erörtert.

Fallbeispiel 35.1: Der Tryptophan-Fall, Qualitätssicherung in der Aufarbeitung

Die Qualitätssicherung bei der Produktion mit gentechnisch veränderten Organismen ist insbesondere durch den Tryptophan-Fall zu einem kritisch diskutierten Thema geworden. 1989/90 erkrankten etwa 1 500 Personen, vor allem in den USA, einige davon mit tödlichen Folgen („EMS-Syndrom"). Sie hatten ein Tryptophan-Präparat als Nahrungsergänzungs- und Beruhigungsmittel zu sich genommen, dessen Tryptophan-Komponente mit gentechnisch veränderten Organismen produziert worden war. Der betroffene Hersteller in Japan hatte sein Produktionsverfahren für Tryptophan auf gentechnisch veränderte Mikroorganismen umgestellt und gleichzeitig auch das Aufreinigungsverfahren für das Tryptophan geändert. Das für den Menschen schädliche Nebenprodukt wurde vom Tryptophan nicht abgetrennt und führte zu den Erkrankungen und Todesfällen. Bis heute differieren die Meinungen über die Ursache dieser Katastrophe. Einige führen diese auf den Einsatz der gentechnisch veränderten Organismen zurück, während andere die unzureichende Aufreinigung des Tryptophan-Präparates als Ursache ansehen.

35.4.2
Paranuss-Gene in der Sojabohne, Qualitätssicherung bei der Produktentwicklung

Als weiteres Beispiel seien die Arbeiten genannt, mit denen vor einigen Jahren in Sojabohnen mit Hilfe gentechnischer Verfahren der Anteil an der essentiellen Aminosäure Methionin erhöht werden sollte. Zu diesem Zweck wurde das Gen für ein Methioninreiches Speicherprotein aus der Paranuss in das Erbmaterial einer Sojabohne eingefügt. Das Paranuss-Gen war auch in der Sojabohne aktiv und die gentechnisch veränderten Sojabohnen enthielten mehr Methionin als die nicht gentechnisch modifizierten Sojabohnen. Da die Paranuss als starkes potenzielles Allergen bekannt ist, untersuchte man, ob durch die Übertragung des Gens für das Speicherproteins ein potenzielles Allergen übertragen worden war. Es bestätigte sich, dass das Speicherprotein eines der potenziellen Paranuss-Allergene darstellt, und die gentechnisch veränderte Sojabohne ein Paranuss-Allergen enthielt. Weitere Entwicklungen mit dieser Sojabohne wurden daher eingestellt.

Anzumerken ist hierbei allerdings, dass das Erkennen des allergenen Potenzials nur möglich war, weil geeignete Testverfahren (Blutseren von Paranuss-Allergikern) zur Verfügung standen.

35.4.3
Probenahme/Nachweisverfahren für gentechnisch veränderte Lebensmittel

Die Empfehlung 2004/787 der Kommission [39] beinhaltet sowohl Abschnitte, die sich auf die Probenahme beziehen als auch Hinweise zu den für den analytischen Nachweis einzusetzenden Verfahren. Unter Berücksichtigung der Empfehlung 2004/787 und der Technischen Spezifikation DIN CEN/TS 15568 zur Probenahme bei gentechnisch veränderten Lebensmitteln wurde vom ALS 2007 ein Probenahmeschema [40] veröffentlicht, das im Hinblick auf die Untersuchung auf Bestandteile nicht zugelassener gentechnisch veränderter Organismen 2008 ergänzt worden ist [41]. Zu den Nachweismethoden, die im Rahmen des Genehmigungsverfahrens nach VO 1829/2003 eingereicht und vom Europäischen Referenzlabor in Validierungsstudien getestet wurden, gelangt man über die Internetseite [42].

Bei den Nachweisverfahren unterscheidet man zunächst zwischen proteinbasierten und molekularbiologischen Analysen. Letztere setzen am gentechnisch veränderten Erbmaterial an und sind insbesondere bei verarbeiteten Produkten die weltweit allgemein anerkannte Methode der Wahl. Auf molekularbiologischer Ebene wird des Weiteren zwischen

- Screeningverfahren,
- konstruktspezifischen und
- event-spezifischen Verfahren

unterschieden.

Screeningverfahren haben den Vorteil, eine Vielzahl verschiedener GVO und deren Produkte erfassen zu können, aber den Nachteil, dass sie auf ubiquitär oder in mehreren GVO vorkommenden Gensequenzen beruhen und daher eine weitere spezifische analytische Absicherung erfordern. Mit konstruktspezifischen

Verfahren werden im Allgemeinen GVO-spezifische Kombinationen von Erbgutsequenzen im Erbmaterial detektiert. Ein Konstrukt kann jedoch in verschiedene Pflanzenarten eingebracht werden, so gibt es z. B. eine gentechnisch veränderte Rapslinie mit dem gleichen Konstrukt wie es eine gentechnisch veränderte Maislinie enthält. Event-spezifische Methoden haben den Vorteil, ganz speziell für den Nachweis eines einzigen gentechnisch veränderten Organismus entwickelt worden zu sein. Jeder event-spezifische Nachweis erfordert eine getrennte Analyse, wodurch sich der analytische Aufwand bei der Untersuchung auf potentielle Bestandteile aus gentechnisch veränderten Organismen entsprechend erhöht. Hinsichtlich einer ausführlicheren Darstellung der Nachweismöglichkeiten sei auf [43], den Reviewartikel [44] und [45] verwiesen.

35.4.4
Rückverfolgbarkeit nach Verordnung 1830/2003

Spezifische Maßnahmen zur Rückverfolgbarkeit von GVO und von aus GVO hergestellten Lebens- und Futtermittel sind in VO (EG) Nr. 1830/2003 festgelegt. Diese sollen die Kennzeichnungspflicht gemäß VO 1829/2003 und, falls erforderlich, die Rücknahme vom Markt erleichtern. Die am Inverkehrbringen Beteiligten müssen Systeme etablieren, um die Angaben zu den GVO über einen Zeitraum von fünf Jahren zu dokumentieren. In diesem Zusammenhang sei erneut auf die VO Nr. 65/2004 verwiesen, die die Zuweisung spezifischer Erkennungsmarker für genetisch veränderte Organismen festlegt. Der Bericht der Kommission an den Rat und das Europäische Parlament über die Umsetzung der VO 1829/2003 ist unter der Internetadresse [25] abrufbar.

35.5
Literatur

1. VO (EG) Nr. 258/97 des Europäischen Parlaments und des Rates vom 27. Januar 1997 über neuartige Lebensmittel und neuartige Lebensmittelzutaten, ABl. EG Nr. L 43/1, 14.02.1997, zuletzt geändert durch VO (EG) Nr. 1332/2008 vom 16.12.2008, ABl. 2008 Nr. L 354/7
2. VO (EG) Nr. 1852/2001 der Kommission vom 20. September 2001 mit Durchführungsbestimmungen gemäß der VO (EG) Nr. 258/97 des Europäischen Parlaments und des Rates für die Information der Öffentlichkeit und zum Schutz der übermittelten Informationen
3. Neuartige Lebensmittel- und Lebensmittelzutaten-Verordnung – s. Abkürzungsverzeichnis (NLV)
4. Gerstberger, I. (2005) Die Novel Food Verordnung vor der Reform, Wettbewerb in Recht und Praxis 5:584–594
5. http://ec.europa.eu/food/food/biotechnology/novelfood/nfnetweb/index.cfm
6. VO (EG) Nr. 1829/2003 des Europäischen Parlaments und des Rates vom 22. September 2003 über genetisch veränderte Lebensmittel und Futtermittel, ABl. EG Nr. L 268/1, 18.10.2003

7. Vorschlag einer VO des Europäischen Parlamentes und der Kommission zur Revision der Novel Foods Verordnung, http://ec.europa.eu/food/food/biotechnology/novelfood/COM8
8. Meyer, A. H. (2009) Novel Food – Die Riskantheit des Risikos, ErnährungsUmschau 3:168–171
9. Reinhart, A. (2008) Rechtliche Implikationen zur Verwendung von Nanopartikeln in Lebensmitteln und Kosmetika, J. Verbr. Lebensm. 3:294–301
10. http://ec.europa.eu/food/food/biotechnology/novel_food/initiatives_en.print.htm
11. Gerstberger, I. (2008) Was lange währt, wird endlich gut? ZLR 2:175-218
12. Richtlinie 90/219/EWG des Rates vom 23. April 1990 über die Anwendung gentechnisch veränderter Mikroorganismen in geschlossenen Systemen, ABl. EG Nr. L 17/1, 08.05.1990, geändert durch Richtlinie 98/81/EG des Rates vom 26.10.1998, ABl. EG Nr. L 330/34, 05.12.1998
13. Richtlinie 2001/18/EG des Europäischen Parlaments und des Rates vom 12. März 2001 über die absichtliche Freisetzung genetisch veränderter Organismen in die Umwelt und zur Aufhebung der Richtlinie 90/220/EWG des Rates, ABl. EG Nr. L 106/1, 17.4.2001, zuletzt geändert durch VO (EG) Nr. 1830/2003
14. VO (EG) Nr. 1830/2003 des Europäischen Parlaments und des Rates vom 22. September 2003 über die Rückverfolgbarkeit und Kennzeichnung von genetisch veränderten Organismen und über die Rückverfolgbarkeit von aus genetisch veränderten Organismen hergestellten Lebensmitteln und Futtermitteln sowie zur Änderung der Richtlinie 2001/18/EG, ABl. EG Nr. L 268/24, 18.10.2003
15. VO (EG) Nr. 65/2004 der Kommission vom 14. Januar 2004 über ein System für die Entwicklung und Zuweisung spezifischer Erkennungsmarker für genetisch veränderte Organismen, ABl. EG Nr. L 10/5, 16.01.2004
16. VO (EG) Nr. 641/2004 der Kommission vom 6. April 2004 mit Durchführungsbestimmungen zur VO (EG) Nr. 1829/2003 des Europäischen Parlaments und des Rates hinsichtlich des Antrags auf Zulassung neuer genetisch veränderter Lebensmittel und Futtermittel, der Meldung bestehender Erzeugnisse und des zufälligen oder technisch unvermeidbaren Vorhandenseins genetisch veränderten Materials, zu dem die Risikobewertung befürwortend ausgefallen ist, ABl. EG Nr. L 102/14, 07.04.2004
17. Gesetz zur Durchführung der Verordnungen der Europäischen Gemeinschaft auf dem Gebiet der Gentechnik und über die Kennzeichnung ohne Anwendung gentechnischer Verfahren hergestellter Lebensmittel (EG-Gentechnik-Durchführungsgesetz – EGGenDurchfG) vom 22. Juni 2004, BGBl. I 1244, zuletzt geändert durch Bek. v. 27.05.2008 I 919
18. Entscheidung 2005/317/EG der Kommission vom 18. April 2005 über Dringlichkeitsmaßnahmen hinsichtlich des nicht zugelassenen, genetisch veränderten Organismus „Bt 10" in Maiserzeugnissen, ABl EG Nr. L 101/14, 21.04.2005
19. Entscheidung 2008/162/EG der Kommission vom 26. Februar 2008 zur Änderung der Entscheidung 2006/601/EG über Dringlichkeitsmaßnahmen hinsichtlich des nicht zugelassenen gentechnisch veränderten Organismus „LL Reis 601" in Reiserzeugnissen, ABl EG Nr. L 52/25, 27.02.2008
20. Entscheidung 2008/289/EG der Kommission vom 3. April 2008 über Sofortmaßnahmen hinsichtlich des nicht zugelassenen genetisch veränderten Organismus „Bt 63" in Reiserzeugnissen, ABl EG Nr. L 96/29, 09.04.2008
21. Entscheidung 96/281/EG der Kommission vom 3. April 1996 über das Inverkehrbringen genetisch veränderter Sojabohnen (Glycin max. L.) mit erhöhter Verträglichkeit des Herbizids Glyphosat nach der Richtlinie 90/220/EWG des Rates, ABl. EG Nr. L 107/10, 30.04.1996

22. Entscheidung 97/98/EG der Kommission vom 23. Januar 1997 über das Inverkehrbringen von genetisch verändertem Mais (Zea Mays L.) mit der kombinierten Veränderung der Insektizidwirkung des BT-Endotoxin-Gens und erhöhter Toleranz gegenüber dem Herbizid Glufosinatammonium gemäß der Richtlinie 90/220/EWG des Rates, ABl. EG Nr. L 31/69, 01.02.1997
23. Entscheidung 2007/304/EG der Kommission vom 25. April 2007 über die Rücknahme von Bt 176 (SYN-EV176-9)-Mais und daraus gewonnenen Erzeugnissen vom Markt, ABl. EG Nr. L 17/14, 05.05.2007
24. http://ec.europa.eu/food/dyna/gm_register/index_en.cfm
25. http://www.transgen.de/pdf/recht/EU_Kommssion_Durchfuehrung_1829_2003.pdf
26. VO (EG) Nr. 834/2007 des Rates vom 28. Juni 2007 über die ökologische/biologische Produktion und die Kennzeichnung von ökologischen/biologischen Erzeugnissen und zur Aufhebung der VO (EWG) 2092/91, ABl. EG Nr. L 189/1 vom 20.07.2007 s. Abkürzungsverzeichnis
27. Schröder, M. und Vandersanden, M. (2008) „ohne Gentechnik" – Neues zur Kennzeichnung von Lebensmitteln, ZLR 5:543–558
28. „http://bch.cbd.int/database/organisms/uniqueidentifiers/"
29. Urteil I ZR 77/05 BGH vom 22.11.2007
30. http://ec.europa.eu/food/food/biotechnology/novelfood/app_list_en.pdf
31. http://ec.europa.eu/food/food/biotechnology/novelfood/notif_list_en.pdf
32. Constable, A. et al. (2007) History of safe use as applied to the safety assessment of novel foods and foods derived from genetically modified organisms, Food and Chemical Toxicology 45:2513–2525
33. Empfehlung 97/618/EG der Kommission vom 29. Juli 1997 zu den wissenschaftlichen Aspekten und zur Darbietung der für Anträge auf Genehmigung des Inverkehrbringens neuartiger Lebensmittel und Lebensmittelzutaten erforderlichen Informationen sowie zur Erstellung der Berichte über die Erstprüfung gemäß der VO (EG) Nr. 258/97 des Europäischen Parlaments und des Rates, ABl. EG Nr. L 253/1, 16.09.1997
34. James C. (2008) Global Status of Commercialized Biotech/GM Crops: 2008, ISAAA Brief No. 39, ISAAA: Ithaca, NY
35. http://transgen.de/anbau/eu_international/531.doku.html
36. Busch, U., Pecoraro, S., Posthoff, K., Estendorfer-Rinner, S. (2004) Erster Nachweis einer gentechnisch veränderten Papaya in Europa – Beanstandung eines in der EU nicht zugelassenen gentechnischen veränderten Organismus, Deut. Lebensm.-Rundsch. 10:377–380
37. VO über Beschränkungen für das Inverkehrbringen bestimmter Erzeugnisse aus Mais vom 22. April 2005, Bundesanzeiger Nr. 79, 27.04.2005, 6755
38. http://gmo-crl.jrc.ec.europa.eu/E32update.htm
39. Empfehlung 2004/787/EG der Kommission vom 4. Oktober 2004 für eine technische Anleitung für Probenahme und Nachweis von gentechnisch veränderten Organismen und von aus gentechnisch veränderten Organismen hergestelltem Material als Produkte oder in Produkten im Kontext der VO (EG) Nr. 1830/2003, ABl. EG Nr. L 348/18 vom 24.11.2004
40. Probenahmeschema Gentechnik (ALS Stellungnahme 2007/42) (2007) J. Verbr. Lebensm. 2:439–444
41. Probenahmeschema Gentechnik – nicht zugelassene GVO (ALS Stellungnahme 2008/49) (2008) J. Verbr. Lebensm. 3:233–235
42. http://gmo-crl.jrc.ec.europa.eu/statusofdoss.htm
43. Schulze, M. (1999) Nachweis gentechnisch behandelter Lebensmittel. In: Günzler, H., Bahadir, A. M., Danzer, K., Engewald, W., Fresenius, W., Galensa, R., Huber, W., Lin-

scheid, M., Schwedt, G., Tölg, G. (eds) Analytiker Taschenbuch Bd. 20. Springer, Berlin Heidelberg New York, 191–213
44. Anklam, E., Gadani, F., Heinze, P., Pijenburg, H., Van Den Eede, G. (2002) Analytical methods for detection and determination of genetically modified organisms in agricultural crops and plant-derived food products, Eur Food Res Technol 214:3–26
45. Waiblinger, H.-U. et al. (2008) Praktische Anwendung für die Routineanalyse – Screening-Tabelle für den Nachweis zugelassener und nicht zugelassener gentechnisch veränderter Pflanzen, DLR 6:261–264

Wasser

CLAUS SCHLETT

Westfälische Wasser- und Umweltanalytik GmbH,
Willy-Brandt-Allee 26, 45891 Gelsenkirchen
c.schlett@onlinehome.de

36.1	**Lebensmittelwarengruppen**	893
36.2	**Beurteilungsgrundlagen**	893
36.2.1	Wasser	893
36.2.2	Zuständigkeiten	894
36.2.3	Qualitätsanforderungen	895
36.3	**Warenkunde**	899
36.3.1	Inhaltsstoffe	899
36.3.2	Wasservorkommen und Wasserverbrauch	901
36.3.3	Aufbereitung	902
36.4	**Qualitätssicherung**	904
36.4.1	Analytik	904
36.4.2	Akkreditierung	904
36.4.3	Besondere Probenahme für Metalle	905
36.4.4	HACCP in der Wasserversorgung	905
36.5	**Literatur**	906

36.1
Lebensmittelwarengruppen

- Trinkwasser
- Tafel-, Quell- und Mineralwasser
- Heilwasser

36.2
Beurteilungsgrundlagen

36.2.1
Wasser

Trinkwasser
Unter Trinkwasser versteht man Wasser, das in seinem natürlichen Zustand oder nach Aufbereitung zum Trinken, zum Kochen und zur Zubereitung von Spei-

sen und Getränken verwendet wird. Gleichzusetzen ist es mit Wasser, das anderen häuslichen Zwecken, wie z. B. der Körperpflege, der Reinigung von Gegenständen, die bestimmungsgemäß mit Lebensmitteln in Berührung kommen und der Reinigung von Gegenständen, die bestimmungsgemäß nicht nur vorübergehend mit dem menschlichen Körper in Kontakt kommen, dient. Die gesetzlichen Anforderungen sind in der Verordnung über die Qualität für Wasser für den menschlichen Gebrauch (TrinkwV) vom 21. Mai 2001 festgelegt [1, 2].

Natürliches Mineralwasser, Quell- und Tafelwasser
Die gesetzlichen Anforderungen (auch in Abgrenzung zum Trinkwasser) sind in der Mineral- und Tafelwasserverordnung geregelt [3].

Natürliches Mineralwasser hat seinen Ursprung in unterirdischen, vor Verunreinigungen geschützten Quellen und ist von ursprünglicher Reinheit. Seine Zusammensetzung, seine Temperatur und seine übrigen wesentlichen Merkmale bleiben im Rahmen natürlicher Schwankungen konstant. Natürliches Mineralwasser benötigt eine amtliche Anerkennung (Salzgehalt bzw. physiologische Wirkung), bevor es auf den Markt gebracht werden darf. Es muss direkt am Quellort in die für den Endverbraucher bestimmten Flaschen abgefüllt werden.

Quellwasser stammt aus unterirdischen Wasservorkommen (eine oder mehrere Quellen). Es benötigt keine amtliche Anerkennung. In seiner Zusammensetzung und Qualität hat Quellwasser allen Kriterien zu genügen, die auch für Trinkwasser vorgeschrieben sind.

Tafelwasser ist ein künstlich hergestelltes Produkt, das meist aus Trinkwasser und ggf. weiteren Zutaten besteht, zum Beispiel Meerwasser, Sole, Mineralstoffen und Kohlensäure. Anders als Mineralwasser muss Tafelwasser in der Gastronomie nicht in der Originalverpackung serviert werden. Es darf auch in Kanistern, Fässern oder Schläuchen gelagert werden.

Heilwasser
Heilwasser ist definitionsgemäß ein Arzneistoff, und kein Lebensmittel. Natürliches Heilwasser stammt aus unterirdischen, vor Verunreinigungen geschützten Wasservorkommen und ist von ursprünglicher Reinheit. Heilwasser muss direkt an der Quelle abgefüllt werden. Auf Grund seiner lebenswichtigen Mineralstoffe und Spurenelemente besitzt Heilwasser heilende, lindernde und vorbeugende Wirkung. Die Wirksamkeit ist jeweils wissenschaftlich nachgewiesen und wird durch die amtliche Zulassung bestätigt. Die rechtlichen Regelungen sind im Arzneimittelgesetz niedergelegt [4].

36.2.2
Zuständigkeiten

Behördliche Zuständigkeiten
In den einzelnen Bundesländern sind die jeweiligen Landesbehörden für das Grundwasser (als mögliche Vorstufe eines Trinkwassers) zuständig, in sehr vielen Fällen die Umweltbehörden.

Zuständig für die Durchführung der Trinkwasser-Verordnung sind die Gesundheitsämter. Die zuständige Behörde ist im Landesorganisationsrecht geregelt.

Die Kontrolle des Mineral-, Tafel- und Quellwassers unterliegt dem jeweiligen Ordnungsamt.

Verantwortlichkeiten für Trinkwasser

Die Trinkwasserverordnung definiert, was als „Wasserversorgungsanlage" zu verstehen ist. Das Wasserversorgungsunternehmen muss in seinem Zuständigkeitsbereich die Anforderungen der TrinkwV bis zur Übergabestelle (in der Regel der Wasserzähler) garantieren. Für die Hausinstallation (als „Wasserversorgungsanlage") ist der Hauseigentümer verantwortlich, dies gilt besonders, wenn Wasser für die Öffentlichkeit (z. B. Kindergärten, Krankenhäuser, Altenheime) bereitgestellt wird.

36.2.3
Qualitätsanforderungen

Trinkwasser

Die TrinkwV ist eine Umsetzung der novellierten EG-Trinkwasserrichtlinie (RL 98/83 EG des Rates über die Qualität von Wasser für den menschlichen Gebrauch [5], und basiert im Wesentlichen auf den Ermächtigungen des Infektionsschutzgesetzes vom 20. Juli 2000 [6]. Neben den Bestimmungen an die Beschaffenheit des Trinkwassers und des Wassers für Lebensmittelbetriebe enthält sie Vorgaben an die Trinkwasseraufbereitung. Sie bestimmt die zugelassenen Verfahren, Art und Menge der Aufbereitungschemikalien, die Mindestanforderungen und die zulässigen Gehalte an die Reaktionsprodukte. Sie regelt zudem die (hygienische) Überwachung durch die Gesundheitsbehörden.

Bei der Planung, beim Bau und dem Betrieb der Aufbereitungsanlagen fordert sie ausdrücklich die Anwendung und Einhaltung der allgemein anerkannten Regeln der Technik als Grundlage der Erfüllung der TrinkwV. Diese Regeln sind im Wesentlichen niedergelegt in den Normen des Normenausschuss Wasser bzw. dem Regelwerk des DVGW [Auswahl: [7–11] bzw. [12]].

Die Trinkwasserverordnung hat Grenzwerte für mikrobiologische (TrinkwV, Anlage 1) und chemische Parameter (TrinkwV, Anlagen 2–3) festgelegt. Die mi-

Tabelle 36.1. Mikrobiologische Anforderungen an Trinkwasser (TrinkwV, Anlage 1)

Parameter	Grenzwert (Anzahl/100 ml)
Escherichia coli (*E. coli*)	0
Enterokokken	0
Coliforme Bakterien	0

Tabelle 36.2. Chemische Parameter, deren Konzentration sich im Verteilungsnetz einschließlich der Hausinstallation in der Regel nicht mehr erhöht (TrinkwV, Anlage 2, Teil 1)

Parameter	Grenzwert (mg/l)
Acrylamid	0,0001
Benzol	0,001
Bor	1
Bromat	0,01
Chrom	0,05
Cyanid	0,05
1,2-Dichlorethan	0,003
Fluorid	1,5
Nitrat	50
Pflanzenschutzmittel und Biozidprodukte	0,0001
Pflanzenschutzmittel und Biozidprodukte insgesamt	0,0005
Quecksilber	0,001
Selen	0,01
Tetrachlorethen und Trichlorethen	0,01

Tabelle 36.3. Chemische Parameter, deren Konzentration im Verteilungsnetz einschließlich der Hausinstallation ansteigen kann (TrinkwV, Anlage 2, Teil 2)

Parameter	Grenzwert (mg/l)
Antimon	0,005
Arsen	0,01
Benzo-(a)-pyren	0,00001
Blei	0,01
Cadmium	0,005
Epichlorhydrin	0,0001
Kupfer	2
Nickel	0,02
Nitrit	0,5
Polyzyklische aromatische Kohlenwasserstoffe	0,0001
Trihalogenmethane	0,05
Vinylchlorid	0,0005

krobiologischen Grenzwerte für Trinkwasser aus dem Zapfhahn und aus abgefüllten Flaschen sind dabei nicht einheitlich. Bei den chemischen Parametern wird dabei unterschieden in Parameter, deren Konzentration sich im Verteilungsnetz (einschließlich der Hausinstallation) nicht erhöht (TrinkwV, Anlage 2, Teil 1) bzw. ansteigen kann (TrinkwV, Anlage 2, Teil 2). Zudem sind in der TrinkwV, Anlage 3 Indikatorparameter genannt, die zur Überwachung der sensorischen und mikrobiologischen Trinkwasserqualität, sowie der Wirksamkeit der Aufbereitung (bes. Desinfektion) dienen. Der Grenzwert für Vinylchlorid beruht auf möglichen Einträgen des Restmonomeren aus PVC-Rohren, wobei es auch durch einen mikrobiellen Abbau von ungesättigten halogenierten Lösemitteln entstehen kann. Acrylamid kann über eine Flockung eingetragen werden. Für einige Parameter differenziert man den Ort der Einhaltung (Ausgang Wasserwerk bzw. Hausinstallation). Für die Parameter Tritium und Gesamtrichtdosis von Radionukliden ist bislang nicht geregelt, wie die Einhaltung kontrolliert werden soll. Zudem ist nicht definiert, was unter den „relevanten Metaboliten" von Pflanzenschutzmitteln zu verstehen ist.

Für weitere Inhaltsstoffe, empfiehlt das UBA in Abstimmung mit der Trinkwasserkommission für die Überwachungsbehörden einen pragmatischen gesundheitlichen Orientierungswert (GOW, Konzentrationsobergrenze) von 0,1 µg/l. Dies gilt für Stoffe,

- deren humantoxikologisch bewertbare Datenbasis nicht ausreichend ist, oder
- deren mögliche Anwesenheit nicht durch einen Grenzwert geregelt ist oder von denen eine Gesundheitsgefährdung ausgehen könnte. Beim Vorliegen

Tabelle 36.4. Indikatorparameter der TrinkwV, Anlage 3

Parameter	Einheit, als	Grenzwert/Anforderung
Aluminium	mg/l	0,2
Ammonium	mg/l	0,5
Chlorid	mg/l	250
Clostridium perfringens (einschließlich Sporen)	Anzahl/100 ml	0
Eisen	mg/l	0,2
Färbung	m^{-1}	0,5
Geruchsschwellenwert		2 bei 12 °C
		3 bei 25 °C
Geschmack		für den Verbraucher annehmbar und ohne anormale Veränderung
Koloniezahl bei 22 °C		ohne anormale Veränderung
Koloniezahl bei 36 °C		ohne anormale Veränderung
Elektrische Leitfähigkeit	µS/cm	2500 bei 20 °C
Mangan	mg/l	0,05
Natrium	mg/l	200
Organisch gebundener Kohlenstoff (TOC)		ohne anormale Veränderung
Oxidierbarkeit	mg/l O_2	5
Sulfat	mg/l	240
Tritium	Bq/l	100
Gesamtrichtdosis	mSv/Jahr	0,1

einer verbesserten Datenlage kann es zu einem Leitwert (LW) führen. So hat das UBA z. B. einen Leitwert für Uran von 10 µg/l empfohlen. Für organische Substanzen aus der Reihe der Perfluorierten Tenside, Komplexbildner, Arzneistoffe, Flammschutzmittel und PSM-Metabolite sprach es ebenfalls Leit- und/oder Orientierungswerte aus [13, 14].

Mineralwasser-, Quell- und Tafelwasser

Die Mineralwasserverordnung definiert Grenzwerte für chemische und mikrobiologische Parameter, die sich z. T. von denen der TrinkwV unterscheiden. Zudem existieren mikrobiologische Richtwerte.

Beim Tafelwasser wird Bezug genommen auf Anlage 2 der TrinkV. Für Mineralwasser und abgepacktes Wasser mit dem Hinweis „geeignet für die Zubereitung von Säuglingsnahrung" ist seit dem 01. Dezember 2006 zusätzlich ein Grenzwert von Uran von 0,002 mg/l U festgelegt. Zudem darf die Aktivitätskonzentration an natürlichen Nukliden bei Radium-226 den Wert von 125 mBq/l und bei Radium-228 den Wert von 20 mBq/l nicht überschreiten [15].

Tabelle 36.5. Chemische Grenzwerte der Mineralwasser-Verordnung

Stoff	Dimension	Grenzwert	Berechnet als
Arsen	mg/l	0,05	As
Cadmium	mg/l	0,005	Cd
Chrom, gesamtes	mg/l	0,05	Cr
Quecksilber	mg/l	0,001	Hg
Nickel	mg/l	0,05	Ni
Blei	mg/l	0,01	Pb
Antimon	mg/l	0,01	Sb
Selen, gesamtes	mg/l	0,01	Se
Borat	mg/l	30	BO_3
Barium	mg/l	1	Ba

Tabelle 36.6. Mikrobiologische Grenz- und Richtwerte in der Mineralwasser-Verordnung

Parameter	Grenzwert	Richtwert
E. Coli	< 1/250 ml	
Coliforme Keime	< 1/250 ml	
Fäkalstreptokokken	< 1/250 ml	
Pseudomonas aeruginosa	< 1/250 ml	
Sulfitreduzierende, sporenbildende Anaerobier	< 1/50 ml	
Koloniezahl 20 °C ± 2 °C	< 100/ml (Abfüllung)	< 20/ml (Quellaustritt)
Koloniezahl 37 °C ± 1 °C	< 20/ml (Abfüllung)	< 5/ml (Quellaustritt)

36.3 Warenkunde

36.3.1 Inhaltsstoffe

Trinkwasser
Die natürlichen Wasserinhaltsstoffe lassen sich hinsichtlich ihrer Größe und typischer Konzentrationen in definierte Gruppen einteilen [16].

Tabelle 36.7. Inhaltsstoffe und Größe von natürlichen Inhaltsstoffen

Größenklassen Teilchendurchmesser	Lösungen 10^{-4}–10^{-6} m (1–100 Å)			Kolloide 10^{-10}–10^{-8} m (0,01–1 µm)	Suspensionen $> 10^{-6}$ m (> 1 µm)
Unterklassen	Elektrolyte Kationen	Anionen	Nichtelektrolyte		
Hauptinhaltsstoffe (> 10 mg/l)	Na^+ K^+ Mg^{2+} Ca^{2+}	Cl^- NO_3^- HCO_3^- CO_3^{2-} SO_4^{2-}	O_2 N_2 CO_2 SiO_2	Silikate Huminstoffe	Tone, Feinsand Algen, Detritus
Begleitstoffe (0,1–10 mg/l)	Sr^{2+} Fe^{2+} Mn^{2+} NH_4^+	F^- Br^- NO_2^- PO_4^{3-} Huminstoffe	H_3BO_3 CH_4 NH_3 H_2S	Metallhydroxide Silikate Huminstoffe	Metallhydroxide Algen
Spurenstoffe ($< 0,1$ mg/l)	Li^+ Ba^{2+} Cu^{2+} Ni^{2+} Zn^{2+}	As(V) Se(VI)	As(III) Rn		

Die mineralischen Hauptbestandteile bestimmen entscheidend die Eigenschaft eines Trinkwassers. Calcium und Magnesium (als die wichtigsten Inhaltsstoffe) sind verantwortlich für die Gesamthärte eines Wassers. Nach einer Definition entsprechen 0,178 mmol/l Erdkaliionen (Calcium und Magnesium) einer Härte von 1 Grad deutscher Härte, was einem Gehalt von 10 mg/l Calciumoxid (CaO) gleichzusetzen ist.

Die Härte eines Wassers wird gemäß DIN 38409-6 [17] auf Grund des Calciumgehaltes in folgende Bereiche unterteilt (Tabelle 36.8).

In 2007 wurde die Einteilung der Härtebereiche für Trinkwasser neu geregelt (Tabelle 36.9) [20].

Tabelle 36.8. Einteilung der Gesamthärte von Wässern

Gesamthärte mmol/l	Entsprechend °dH	Gerundet °dH	Beurteilung
0–1	0–5,6	0–6	sehr weich
1–2	5,6–11,2	6–11	weich
2–3	11,2–16,8	11–17	mittelhart
3–4	16,8–22,4	17–22	hart
> 4	> 22,4	22	sehr hart

Tabelle 36.9. Härtebereiche nach dem deutschen Wasch- und Reinigungsmittelgesetz

Härtebereich	Calciumcarbonat in mmol/l	°dH
weich	< 1,5	8,4
mittel	1,5–2,5	8,4–14
hart	> 2,5	> 14

Durch die Weiterentwicklung der apparativen Analytik, besonders der LC-MS wurden Untersuchungen auf organische Spurenstoffe im Spurenbereich ermöglicht. Dabei wurden in einigen Fällen folgende Komponenten und Substanzgruppen nachgewiesen:

- Metabolite und Wirkstoffe von Pflanzenbehandlungs- und Schädlingsbekämpfungsmitteln (PSM)
- Flammschutzmittel
- Synthetische Komplexbildner (z. B. EDTA, NTA)
- Perfluorierte Tenside (z. B. PFOA, PFOS)
- Sulfonierte Aromate
- Industriechemikalien (z. B. TOSU)
- Arzneistoffe, Röntgenkontrastmittel und Haushaltschemikalien.

Diese Stoffe kommen in anthropogen unbelasteten Gewässern nicht vor. Sie können in Einzelfällen sogar im Trinkwasser nachgewiesen werden. Für einige Komponenten liegen Bewertungskriterien als Leit- (LW) bzw. gesundheitliche Orientierungswerte (GOW) des UBA vor. In Analogie zu § 6 (3) der TrinkwV gilt aus trinkwasserhygienischer Sicht für „im Trinkwasser nutzlose Stoffe als langfristiger Zielwert ein Vorsorgewert von je 0,1 µg/l".

Mineral-, Quell- und Tafelwasser

Der Mineralstoffgehalt in den einzelnen Mineralwässern ist sehr unterschiedlich. Bei einem Wasser mit z. B. weniger als 500 mg/l Mineralstoffgehalt wird er als „gering" bezeichnet. Auf Grund der mineralischen Inhaltsstoffe, existieren typische Wässer (auch in Mischformen) wie z. B. „Chlorid-", „Sulfat-" oder „Hydrogenkarbonat"-Wässer.

Die Inhaltsstoffe eines Quellwassers sind (wie beim Mineralwasser) abhängig von den geologischen Verhältnissen im Einzugsgebiet.

Die Inhaltsstoffe eines Tafelwassers hängen davon ab, welche und in welchem Umfang der Grundlage „Trinkwasser" Mineralsalze, Natursolen, Meerwasser, Mineralwasser oder Kohlensäure beigegeben wurden.

Heilwässern
Auf Grund der zur Anerkennung notwendigen, physiologischen Wirkung können Mineralsalze auch in höheren Gehalten auftreten, um der medizinischen Indikation gerecht zu werden. Die Gehalte können dabei über den zulässigen Gehalten der TrinkwV liegen.

36.3.2
Wasservorkommen und Wasserverbrauch

Die Gesamtmenge an Wasser ist auf verschiedene Aggregatzustände und Wasserarten verteilt und befindet sich im Kreislauf. Es wird somit nicht verbraucht, sondern nur gebraucht [19, 20].

Damit ist nur ein sehr geringer Anteil der Wasserreserven der Erde für den menschlichen Verzehr geeignet. Man schätzt, dass z. B. nur 0,02% des Grundwassers für die Ernährung genutzt werden kann.

Die durchschnittliche globale Niederschlags- und Verdunstungshöhe beträgt 980 mm Wassersäule pro Jahr.

Der durchschnittliche Tagesverbrauch an Trinkwasser ist in den letzten Jahren stark rückläufig und betrug in den letzten Jahren in Deutschland ca. 128 l pro Person/Tag [21].

Der Pro-Kopf-Verbrauch an Mineral- und Heilwasser pro Jahr betrug in 2003 163,9 l. Davon entfielen auf Mineral- und Heilwasser 128,0 l und Erfrischungsgetränke 35,9 l. Der Anteil des Heilwassers betrug 2,3% [21].

Tabelle 36.10. Wassermengen der Erde

		Wassermenge [km^3]	Anteil [%]	
Gesamt		1 384 120 000	100,00	
Salzwasser (Meer)		1 348 000 000	97,39	
Süßwasser (gesamt)		36 020 000	100	2,61
Süßwasser	Wasser in Polareis, Meereis, Gletschern	27 820 000	77,23	2,01
	Grundwasser, Bodenfeuchte	8 062 000	22,38	0,58
	Wasser in Flüssen und Seen	225 000	0,62	0,02
	Wasser in der Atmosphäre	13 000	0,04	0,001

Tabelle 36.11. Mittlere Verweilzeit von Wasser

Wasserart	Mittlere Verweilzeit t_0
verdunstendes Regenwasser	Sekunden bis Minuten
biologisches Wasser	einige Stunden
Atmosphäre	9,5 d
Flusswasser	16 d
Bodenfeuchte	1 a
„Sumpfwasser"	5 a
Seewasser	17 a
Oberflächengrundwasser	1 400 a
außerpolare Gletscher	1 600 a
Weltmeere	2 500 a
polare Eiskappe	9 700 a
Tiefengrundwasser	10 000 a
Eis im Permafrost	10 000 a

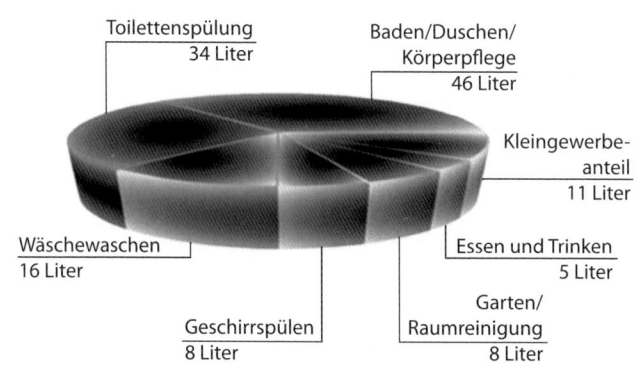

Toilettenspülung 34 Liter
Baden/Duschen/Körperpflege 46 Liter
Kleingewerbeanteil 11 Liter
Wäschewaschen 16 Liter
Essen und Trinken 5 Liter
Geschirrspülen 8 Liter
Garten/Raumreinigung 8 Liter

Abb. 36.1. Trinkwasserverwendung im Haushalt

36.3.3
Aufbereitung

Trinkwasser
Die Art, Umfang und Notwendigkeit einer Aufbereitung orientiert sich nach der Qualität und der Herkunft des Rohwassers. Unter Rohwasser wird dabei die letzte Qualitätsstufe vor der Aufbereitung verstanden (z. B. Grundwasser, Oberflächenwasser). Die Aufbereitungsmaßnahmen und die dazu zulässigen Stoffe sind in der Trinkwasser-Verordnung festgelegt. Grundsätzlich sind folgende Verfahrensschritte möglich [23].

In der TrinkwV §§ 11 sind die Art und der Umfang einer Aufbereitung, insbesondere die zulässigen Desinfektionsmaßnahmen unter Nennung der Maximalgehalte an Reaktionsprodukten beschrieben [24]. Die Nanofiltration, als eines der Verfahren der Membrantechnologie gewinnt zunehmend an Bedeutung, vor

Tabelle 36.12. Typische Verfahrensschritte in der Trinkwasseraufbereitung

Aufbereitungsziel	Aufbereitungsverfahren
Entkeimung	Langsamsandfiltration, Untergrundpassage, Desinfektion mit Chlor, Chlordioxid, UV-Bestrahlung, Membrantechnik
Enteisenung, Entmanganung	Oxidation, Filtration, unterirdische Entfernung
Entsäuerung	Belüftung, Marmor-/Jura-/Dolomitfilter, Natronlauge-/Kalkmilch-/Sodadosierung
Oxidation	Belüftung, Sauerstoffzugabe, Ozon, Wasserstoffperoxyd, Kaliumpermanganat
Entfernung von flüchtigen Stoffen	Belüften (Strippung), Aktivkohlefilter, Membrantechnologie
Entfernen von organischen Stoffen	Flockung, Aktivkohle, Membrantechnologie
Enthärten/Entsalzen	Ionenaustauscher, Umkehrosmose, Nanofiltration
Entcarbonisierung	Langsam-, Schnell-, physikalische Entcarbonisierung
Trübung	Flockung, Filtration, Untergrundpassage
Schwebstoffe	Sedimentation, Filtration
Entfernung von Metallionen (z. B. Uran)	Ionenaustauscher
Nitratentfernung	Ionenaustauscher, Umkehrosmose, biologische Denitrifikation, unterirdische Entfernung
Desinfektion	Desinfektion mit Chlor, Chlordioxid, Ozon bzw. durch Anwendung von UV-Strahlung oder anodische Oxidation, Membrantechnologie

allem wenn neben organischen Inhaltsstoffen auch Härtebildner/Salze entfernt werden sollen.

Mineral-, Quell- und Tafelwasser

Für natürliches Mineralwasser sind vor einer Abfüllung lediglich drei Aufbereitungsschritte zugelassen: die Abtrennung natürlicher, aber instabiler Inhaltsstoffe wie Eisen, Mangan oder Schwefelverbindungen, der Entzug und das (Wieder)Versetzen mit Kohlensäure. Es ist dabei zu gewährleisten, dass dabei die wesentlichen Bestandteile nicht verändert werden. Die jeweiligen Behandlungsverfahren sind zu kennzeichnen.

Quellwasser wird direkt vor Ort ohne weitere Aufbereitung abgefüllt. Da Tafelwasser aus Trink- und/oder Mineralwasser besteht, sind als Aufbereitungsschritte die Möglichkeiten des jeweiligen „Rohwassers" anzusetzen.

Heilwasser

Heilwässer werden direkt an der Quelle getrunken, oder auch in Flaschen abgefüllt. Es darf nicht weiter aufbereitet, bzw. lediglich Kohlensäure entzogen oder zugesetzt werden. Bestimmte Inhaltsstoffe (z. B. Eisen, Schwefel) dürfen durch Filtration oder Dekantieren entfernt werden. Die wertbestimmenden Inhaltsstoffe müssen dabei erhalten bleiben.

36.4 Qualitätssicherung

36.4.1 Analytik

Die Verfahren zur mikrobiologischen Analytik sind sowohl in der Trinkwasserverordnung, als auch in der Verordnung über natürliches Mineralwasser, Quellwasser und Tafelwasser festgelegt. Sie sind jedoch nicht identisch.

Die Prüfverfahren für die chemischen Untersuchungen sind in den deutschen Einheitsverfahren veröffentlicht [17]. Es kann davon abgewichen werden, wenn die Gleichwertigkeit des Alternativverfahrens geprüft und dokumentiert ist.

Für die chemischen Parameter sind in der Trinkwasserverordnung erstmals Mindestanforderungen hinsichtlich der Nachweisgrenzen und der Genauigkeit (Präzision und Richtigkeit) formuliert. Diese müssen bei Untersuchungen mit amtlichem Charakter eingehalten werden. Die Vorgaben zur Messgenauigkeit sind unterschiedlich (in Abhängigkeit von den analytischen Schwierigkeiten und Messmethoden) und hängen vom zu bestimmenden Parameter ab. Bei den organischen Komponenten z. B. sind sie niedriger als bei den Metallen.

Die Mindestanzahl von Trink- bzw. Rohwasserproben ist z. T. gesetzlich in der Trinkwasserverordnung bzw. Ländergesetzen geregelt. Beim Trinkwasser hängt sie von der Menge des geförderten und verteilten Wassers ab.

36.4.2 Akkreditierung

Erstmals wird zudem zwingend gefordert, dass die analytische Kompetenz für behördliche Analysen eines Laboratoriums durch eine Akkreditierung belegt sein muss. Grundlage ist die ISO/IEC 17025, die detailliert die Anforderungen an z. B. das Qualitätsmanagement, die Dokumentation von Zuständigkeiten und Verantwortlichkeiten sowie an die Validierung und die Qualitätssicherung der Prüfverfahren stellt [25]. Da die Probenahme Teil der Laboruntersuchungen ist, muss diese auch akkreditiert sein. Alle Probenehmer sind Bestandteil des jeweiligen Qualitätsmanagementsystems und werden entsprechend auch bei Auditierung durch die Akkreditierungsstelle begutachtet [26, 27].

36.4.3
Besondere Probenahme für Metalle

Zur Prüfung der Einhaltung der Grenzwerte für die Metalle Blei, Nickel und Kupfer auf der Grundlage einer durchschnittlichen wöchentlichen Wasseraufnahme, die für den Verbraucher repräsentativ sein soll, hat das Umweltbundesamt die sogenannte „gestaffelte Stagnation" als Probenahmeverfahren festgelegt [28].

Tabelle 36.13. Probenahme entsprechend der UBA-Empfehlung zur Kontrolle des Grenzwertes von Kupfer, Nickel und Zink (gestaffelte Stagnationsprobe)

Probe	Bearbeitung	Prüfung
Spülung	Wasserentnahme, z. B. bis zur Temperaturkonstanz	
S0-Probe	Probenahme nach dem Spülen	Kontrolle der angelieferten Wasserqualität
Stagnation	Stagnation, mindestens 2 h bis 4 h	
S1-Probe	1. Probe nach Stagnation von 1 l	Einfluss der Hausinstallation, einschließlich der Entnahme-Apparatur
S2-Probe	2. Probe nach Stagnation von 1 l	Einfluss der Hausinstallation

Mit diesem Verfahren werden sowohl das vom Wasserversorgungsunternehmen gelieferte Wasser, als auch Stoffübergänge von Materialien der Hausinstallation und Sanitärinstallationen geprüft und differenziert. Zur Durchführung und Bewertung werden sowohl Proben nach einer Standzeit in der Hausinstallation von 2–4 Stunden, als auch nach einer entsprechenden Spülzeit entnommen. Auf Grund der bisherigen korrosionschemischen Erfahrungen werden die Befunde der Stagnationsproben auf eine Reaktionszeit von 4 h normiert. Die jeweils zu entnehmenden Wassermengen sind festgelegt.

Die Untersuchung von Stichproben („Zufallsstichprobe") ohne einen vorherigen Spülvorgang hat nur Monitoringcharakter.

36.4.4
HACCP in der Wasserversorgung

Die HACCP (Hazard Analysis and Critical Point) ist ein Konzept zur Erkennung und Beherrschung von Risiken, um den Verbraucher vor gesundheitlichen Schäden zu bewahren. Es ist eine systematische und dokumentierte Methode zur Erkennung von Gefahren, Abschätzung von Risiken, Erfassung von kritischen Produktionspunkten und zur Festlegung von Vorbeuge- und Korrekturmaßnahmen. Die Inhalte der HACCP sind in die „Water Safety Plans", die Leitlinien für Trinkwasserqualität der Weltgesundheitsorganisation (WHO) eingeflossen.

Dieser Ansatz einer produktorientierten Kontrolle durch eine verstärkte Kontrolle der Prozesse ist seit Jahren in der deutschen Trinkwasserversorgung bereits eingeführt. Grundlage sind die erarbeiteten anerkannten Regeln der Technik (DIN-Normen, DVGW-Regelwerk) und das technische Sicherheitsmanagement, die den Anforderungen und Regelungen des Water Safety Plans und der WHO entsprechen.

36.5
Literatur

1. Trinkwasserverordnung – s. Abkürzungsverzeichnis (TrinkwV)
2. Grohmann, A., Hässelbarth, U., Schwerdtfeger, W. (2003): Die Trinkwasserverordnung, Erich-Schmidt Verlag, Berlin
3. Verordnung über natürliches Mineralwasser, Quellwasser und Tafelwasser (Mineral- und Tafelwasser-Verordnung) vom 01.08.1994 geändert durch Zweite ÄndVO (BGBl. I 2003, S. 352
4. Heilwasserverordnung in Arzneimittelgesetz, BGBl. I 2003 S. 2190ff
5. RL 98/83/EG des Rates vom 3. November 1998 über die Qualität von Wasser für den menschlichen Gebrauch, Amtsblatt der Europäischen Gemeinschaft L 330/32
6. Gesetz zur Verhütung und Bekämpfung von Infektionskrankheiten beim Menschen (Infektionsschutzgesetz – IfSG) vom 20. Juli 2000 BGBl. I 2000, Nr. 33. S. 1045
7. DVGW Regelwerk, WVGW-Verlag
8. Technische Regeln des DVGW: DIN 2000 Zentrale Trinkwasserversorgung – Leitsätze für Anforderungen an Trinkwasser, Planung, Bau, Betrieb und Instandhaltung der Versorgungsanlagen, Beuth Verlag Oktober 2000
9. DIN 50930 Blatt 1 Korrosion der Metalle: Korrosion metallischer Werkstoffe im Innern von Rohrleitungen, Behältern und Apparate bei Korrosionsbelastungen durch Wässer, Beuth Verlag Februar 1993
10. DIN 50930 Blatt 6 Korrosion der Metalle: Korrosion metallischer Werkstoffe im Innern von Rohrleitungen, Behältern und Apparaten bei Korrosionsbelastung durch Wasser, Beuth Verlag, August 2001
11. DVGW Arbeitsblatt W 151 Trinkwassererwärmungs- und Trinkwasserleitungsanlagen; Technische Maßnahmen zur Verminderung des Legionellenwachstums; Planung, Errichtung, Betrieb und Sanierung von Trinkwasser-Installationen, Technische Regel, WVGW-Verlag, April 2004
12. Normenausschuss Wasserwesen (NAW) im DIN Deutsches Institut für Normung e.V., 60. Lieferung 2004
13. Empfehlung des Umweltbundesamtes nach Anhörung der Trinkwasserkommission beim Umweltbundesamt: Bewertung der Anwesenheit teil- und nicht bewertbarer Stoffe im Trinkwasser aus gesundheitlicher Sicht, Bundesgesundheitsbl – Gesundheitsforsch – Gesundheitsschutz 2003, 46: 249–251
14. Umweltbundesamt: Uran im Trinkwasser: Kurzbegründung der aktuell diskutierten Höchstwerte, aktualisiert 25. September 2008
15. 2. Verordnung zur Änderung der Mineral- und Tafelwasserverordnung
16. Haberer, K. (1969) in: Handbuch der Lebensmittelchemie, Wasser und Luft, Bd. VIII/1 und VIII/2, Springerverlag Berlin
17. Deutsche Einheitsverfahren zur Wasser-, Abwasser- und Schlamm-Untersuchung, Beuth Verlag 60. Lieferung (2004)

18. Gesetz über die Umweltverträglichkeit von Wasch- und Reinigungsmitteln – WRMG; BGBl. 2003, Teil I, S. 875
19. Marcinek, J., Rosenkranz, E. (1989): Das Wasser der Erde. Eine geographische Meeres- und Gewässerkunde. – 2. Aufl., Perthes, Gotha
20. Baumgartner, A., Liebscher, H.-J. (1996): Allgemeine Hydrobiologie – Quantitative Hydrobiologie in: Lehrbuch der Hydrobiologie, Bd. 1, 2. Aufl., Gebr. Borntraeger, Berlin
21. Publikation des Forum Trinkwasser unter www.forum-trinkwasser.de
22. Quelle: Verband Deutscher Mineralbrunnen e.V. Bonn vom 22.04.2004
23. DVGW (2004): Wasseraufbereitung – Grundlagen und Verfahren, Lehr- und Handbuch Wasserversorgung Bd. 6, Oldenburg Industrieverlag München
24. Bekanntmachung des Bundesministeriums für Gesundheit und Soziale Sicherung: 2. Änderungsmitteilung zur Liste der Aufbereitungsstoffe und Desinfektionsverfahren gemäß § 11 Trinkwasserverordnung 2001 in Verbindung mit [1], Bundesgesetzbl-Gesundheitsforsch-Gesundheitsschutz (2004), Nr. 5, S. 494–498
25. Normenausschuss Qualitätsmanagement, Statistik und Zertifizierungsgrundlagen (NQSZ) im DIN (2000): Allgemeine Anforderungen an die Kompetenz von Prüf- und Kalibrierlaboratorien, Ref. Nr. DIN EN ISO/IEC 17025: 2000-04
26. DVGW (2004): Hinweis W 261 Leitfaden für die Akkreditierung von Trinkwasserlaboratorien, WVGW-Verlag
27. Staatliche Akkreditierungsstelle Hannover, AKS (2004): Erläuterungen zur Probenahme von Wasser für den menschlichen Gebrauch, Vers. 3
28. Empfehlung des Umweltbundesamtes (2004): Beurteilung der Trinkwasserqualität hinsichtlich der Parameter Blei, Kupfer und Nickel, Bundesgesetzbl-Gesundheitsforsch-Gesundheitsschutz, Nr. 3, S. 269–299

[Kapitel 37]

Abgrenzung Lebensmittel – Arzneimittel

HELMUT STREIT

Landesuntersuchungsamt ILCA Mainz, Emy-Röder-Straße 1, 55129 Mainz
H.Streit@lebensmittel.org

37.1	Warengruppen	909
37.2	Beurteilungsgrundlagen	909
37.2.1	Einführung	909
37.2.2	Rechtliche Regelungen	911
37.2.3	Amtliche Stellungnahmen	912
37.2.4	Gerichtsentscheidungen	912
37.2.5	Begriffsbestimmungen	918
37.3	Abgrenzung Lebensmittel – Arzneimittel	924
37.3.1	Grundsätze	924
37.3.2	Abgrenzungskriterien	925
37.3.3	Beispiele einer Abgrenzung	927
37.4	Ausblick	931
37.5	Literatur	932

37.1 Warengruppen

Angereicherte Lebensmittel (ALM), Arzneimittel (AM), Diätetische Lebensmittel (DLM), Ergänzende bilanzierte Diäten (EbD), Funktionelle Lebensmittel (FF), Lebensmittel (LM), Medizinprodukte (MP), Nahrungsergänzungsmittel (NEM), Neuartige Lebensmittel (NF).

37.2 Beurteilungsgrundlagen

37.2.1 Einführung

Lebensmittel dienen überwiegend der Ernährung und/oder dem Genuss, Arzneimittel dagegen der Verhütung, Linderung und Heilung von Krankheiten sowie der Beeinflussung von Körperfunktionen. Diese im Wesentlichen klare und logische Unterscheidung war fast 30 Jahre lang eine solide Grundlage zur Unterscheidung und Abgrenzung der Lebensmittel von den Arzneimitteln. Seit Erlass des Lebensmittel- und Bedarfsgegenständegesetzes (LMBG [1]) und des Arzneimittelgesetzes (AMG [1]) haben sich Definitionen und Rechtsgrundlagen fortentwickelt: Der Begriff „Ernährung" ist im Wandel, „moderne" Lebensmittel sollen nicht nur satt machen und den Verbraucher mit lebenswichtigen und damit essentiellen Nährstoffen versorgen, sie sollen mehr leisten. Neuentdeckte „Vitalstoffe" wie „sekundäre Pflanzenstoffe" und damit angereicherte „funktionelle" Lebensmittel sollen die Gesundheit fördern und das Leben verlängern, das Altern hinauszögern (anti-aging), schön, schlank und fit machen und nicht zuletzt für „Wellness" und „Fun" sorgen. Einhergehend mit diesem Wandel hat sich auch die Rechtslage erheblich geändert: Im Zuge der Harmonisierung des europäischen Lebensmittelrechts durch die „Basisverordnung Lebensmittel", VO (EG) Nr. 178/2002 [1], wurde der Lebensmittelbegriff erheblich erweitert und weniger klar. Mit dem Lebensmittel-, Bedarfsgegenstände- und Futtermittelgesetzbuch (LFGB) wurde diese „Lebensmittel"-Definition in das Deutsche Recht übertragen, das LMBG insoweit abgelöst [1]. Nahrungsergänzungen sollen nicht nur ernährungsphysiologischen, sondern auch (nicht näher erläuterten) anderen physiologischen Zwecken dienen, angereicherte Lebensmittel nicht nur Lücken der Ernährung schließen, bilanzierte und ergänzende bilanzierte Diäten sogar zur (diätetischen) Behandlung von Krankheiten verzehrt werden. Gleichzeitig ist der Arzneimittelmarkt in Bewegung geraten, denn im Zuge der Nachzulassung verlieren zahlreiche Arzneimittel ihren Status, weil ihre Wirksamkeit nicht nachgewiesen werden kann oder nicht nachgewiesen wird. Ausweg für manche Hersteller ist der „Switch" vom Arzneimittel zum Lebensmittel: So tauchte ein standardisierter Thymusextrakt, der noch in der Roten Liste 2003 [2] unter „Immunmodulatoren" aufgeführt war, im Jahre 2004 in gleicher Form als Nahrungsergänzungsmittel zur Immunstärkung wieder auf.

Es ist also eine stetig wachsende Grauzone entstanden mit zahlreichen Erzeugnissen, deren Einstufung als Lebensmittel oder Arzneimittel nicht eindeutig ist. Eine solche Einstufung ist aber wegen der grundsätzlich unterschiedlichen Anforderungen an diese beiden Produktgruppen nötig.

Arzneimittel dienen im Wesentlichen der Verhütung, Linderung oder Heilung von Krankheiten und müssen ausdrücklich zugelassen werden. Die Anforderungen an eine solche Zulassung sind hoch, insbesondere hinsichtlich des Nachweises einer Wirkung und der Prüfung auf Nebenwirkungen. Lebensmittel bedürfen hingegen in aller Regel – ausgenommen z. B. neuartige Lebensmittel (Novel food) – keiner Zulassung, denn sie gelten a priori als unbedenklich, da sie ohne Nebenwirkungen sind. Dies erklärt, warum manche Hersteller Erzeugnisse, die im Grunde Arzneimittel sind, als Lebensmittel – z. B. als Nahrungsergänzungen – in den Verkehr bringen. Sie wollen aufwendige, teure und möglicherweise auch aussichtslose Zulassungsverfahren vermeiden. Der Verbraucher ist angesichts der Unzahl solcher Produkte und der Vielzahl der Einsatzgebiete sicherlich überfordert, aber auch Fachleuten in Überwachung, Wissenschaft,

Wirtschaft, Apotheken und freien Handelslabors fällt es zunehmend schwerer, klare Trennlinien zwischen Lebensmitteln und Arzneimitteln zu ziehen. Hinzu kommt, dass die zahlreichen gerichtlichen Entscheidungen der vergangenen Jahre oft genug widersprüchlich sind und daher nicht immer zur Erhellung der Situation beigetragen haben. Dieses Kapitel soll im Wesentlichen zwei Dinge enthalten: Das Rüstzeug, das für die Lösung der Abgrenzungsfragen nötig ist und Leitlinien zur systematischen Abgrenzung. Der Lebensmittelchemiker oder der Apotheker wird hiermit nicht immer alleine Abgrenzungsfragen lösen können. Für diese Fälle ist interdisziplinäre Zusammenarbeit zwischen lebensmittelchemischen, pharmazeutischen und/oder medizinischen Sachverständigen unerlässlich. Diesem Team wird es dann möglich sein, mit dem nötigen Rüstzeug die Abgrenzungsfragen umfassend zu bearbeiten und Antworten zu erarbeiten.

37.2.2
Rechtliche Regelungen

- Lebensmittel [1]:
  (1) **EU-Recht:**
  VO (EG) Nr. 178/2002 (Basis-VO)
  Richtlinien (RL) 89/107/EWG (Zusatzstoff-Rahmen-RL),
  RL 89/398/EWG (RL für diätetische Lebensmittel),
  VO (EG) Nr. 258/97 (VO über neuartige Lebensmittel und neuartige Lebensmittelzutaten), (NF-VO-258)
  RL 2002/46/EG (Nahrungsergänzungsmittel-RL), VO (EG) Nr. 1925/2006 (VO über angereicherte Lebensmittel)
  (2) **Deutsches Recht [1]:**
  Lebensmittel- und Bedarfsgegenständegesetz (LMBG),
  Lebensmittel- und Futtermittelgesetzbuch (LFGB),
  Zusatzstoff-Zulassungs-VO (ZZulV- 1981 u. 1998),
  DiätV,
  NemV, s. Abkürzungsverzeichnis 46.2
- Arzneimittel [1]:
  (1) EU-Recht:
  RL 65/65/EWG (RL zur Angleichung der Rechts- und Verwaltungsvorschriften für Arzneimittel),
  RL 2001/83/EG (RL zur Schaffung eines Gemeinschaftskodexes für Humanarzneimittel),
  RL 2004/27/EG (RL zur Änderung der RL 2001/83/EG)
  (2) Deutsches Recht:
  Arzneimittelgesetz (AMG)
- Medizinprodukte [1]:
  Deutsches Recht: Medizinprodukte-Gesetz (MPG).

37.2.3
Amtliche Stellungnahmen

(1) ALS zur Abgrenzung Lebensmittel/Arzneimittel [3]:
Der Arbeitskreis lebensmittelchemischer Sachverständiger der Länder und des Bundesamtes für Verbraucherschutz und Lebensmittelsicherheit hat Regeln sowie einen Fragen-Antworten-Katalog entwickelt, der hier um die „Zweifelsfallregelung" des Art. 2 Abs. 2 RL/EG/27/2004 erweitert wird.

(2) ALS zu Nahrungsergänzungsmitteln [4, 5]:
Diese sollen heute nicht nur ernährungsphysiologischen, sondern auch anderen, bisher nicht näher definierten physiologischen Zwecken dienen. Eine Großzahl derartiger Produkte bewegt sich in der Grauzone zwischen Lebensmitteln und Arzneimitteln.

(3) ALS zu ergänzenden bilanzierten Diäten [6]:
Diese dienen der diätetischen Behandlung von Patienten, deren manifeste Krankheiten, Störungen oder Beschwerden ausdrücklich zu nennen sind. Der spezielle Nährstoffbedarf muss ernährungsmedizinisch bedingt, die Verwendung für den Patienten sicher, nutzbringend und wirksam sein. Die ausgelobte Wirkung gilt dann wissenschaftlich gesichert, wenn sie nach anhand allgemein anerkannter wissenschaftlicher Standards im Sinne einer „Evidence Based Medicine" nachgewiesen und fachlich allgemein anerkannt wurde.

(4) ALS zur Inventarliste Lebensmitteldrogen [7]: Der Wirtschaftsverband Kräuter- und Früchtetee hat eine Liste von fast 400 Pflanzendrogen veröffentlicht, die sämtlich als Lebensmittel verkehrsfähig sein sollen. Der ALS hat hierzu aber festgestellt, dass eine ganze Reihe dieser Pflanzendrogen tatsächlich nur arzneilich verwendet werden und eine Wandlung der Verkehrsauffassung zum Lebensmittel nicht denkbar ist. Hierzu gehören z. B. Drogen von Baldrian, Eibisch, Frauenmantel, Ginkgo, Ginseng, Hamamelis, Johanniskraut, Kawa-Kawa, Mistel, Myrrhe, Odermennig, Queckenwurzel, Sarsaparilla, Sonnenhut und Weißdorn (s. auch Kap. 32.2.3). Diese Stellungnahme wird derzeit (2009) im Hinblick auf eine aktualisierte Inventarliste des WKF überarbeitet.

37.2.4
Gerichtsentscheidungen

(1) EuGH:
   a) Zum Präsentations- und zum Funktionsarzneimittel [8]:
      Anlass der „Delattre-Entscheidung" war eine Strafanzeige gegen einen Importeur verschiedener Mittel zum Schlankwerden, zur Anregung des Blutkreislaufs, zur Bekämpfung von Juckreiz und Müdigkeit, für Gelenke und zum Abgewöhnen des Rauchens. Der Beschuldigte hatte diese Produkte aus Belgien, wo sie als Lebensmittel im Verkehr waren, nach

Frankreich importiert. Der EuGH führte u. a. aus: „Damit gibt diese Richtlinie (65/65/EWG, d. Verfassung) 2 Definitionen des Arzneimittels: Eine „nach der Bezeichnung" als Arzneimittel und eine „nach der Funktion" als Arzneimittel. Ein Erzeugnis ist dann ein Arzneimittel, wenn es entweder unter die eine oder unter die andere dieser Definitionen fällt ... Auf jeden Fall kann der Umstand, dass ein Erzeugnis in einem anderen Mitgliedstaat als Lebensmittel qualifiziert wird, es nicht verbieten, dass ihm in dem betreffenden Staat dann die Eigenschaft eines Arzneimittels zuerkannt wird, wenn es dessen Merkmale aufweist."

b) Zum Präsentationsarzneimittel ohne Wirkung [9]:
„Ein Erzeugnis, das als Mittel zur Heilung oder zur Verhütung von Krankheiten empfohlen oder beschrieben wird, ist selbst dann ein Arzneimittel im Sinne von Art. 1 Abs. 1 Unterabsatz 1 der RL 65/65/EWG ..., wenn es im Allgemeinen als Lebensmittel angesehen wird und nach dem Stand der wissenschaftlichen Kenntnis keine heilende Wirkung hat ...".

c) Zur „Dreifach-Regelung" bei Vitaminen [10]:
Beklagt war die Bundesrepublik Deutschland wegen einer „Verwaltungspraxis", wonach Nahrungsergänzungsmittel mit Vitamingehalten über dem Dreifachen des täglichen Bedarfs automatisch als Arzneimittel eingestuft würden. Tatsächlich hatte der ALS in einer Stellungnahme zur Vitaminisierung von Lebensmitteln festgestellt, dass Dosierungen über dem Dreifachen des täglichen Bedarfs keinen ernährungsphysiologischen Nutzen bringen [11]. Diese Stellungnahme ist von **einzelnen** Behörden tatsächlich (aber zu Unrecht) zur Eingruppierung hochdosierter Vitaminpräparate als Arzneimittel benutzt worden und fand auch in einer Entscheidung des OLG München [12] Niederschlag. Dieses entschied, dass Vitaminpräparate mit dem Vierfachen des Tagesbedarfs und mehr nicht Lebensmittel, sondern Arzneimittel sind.
Der EuGH entschied hingegen, dass die Bundesrepublik Deutschland wegen o.g. „Verwaltungspraxis", Erzeugnisse, die in anderen Mitgliedstaaten verkehrsfähig sind, zu beanstanden, gegen Art. 28 (vormals Art. 30) EG-Vertrag verstoßen hat. Das Gericht beanstandete insbesondere die „Durchgängigkeit dieser Praxis" und ließ die Möglichkeit von Einzelfallentscheidungen durchaus zu: „Eine weniger beschränkende Maßnahme bestünde darin, für jedes Vitamin oder jede Vitamingruppe nach Maßgabe ihrer jeweiligen pharmakologischen Eigenschaften einen Grenzwert festzulegen, bei dessen Überschreitung die Präparate, die eines dieser Vitamine enthalten, in der innerstaatlichen Rechtsordnung dem Arzneimittelrecht unterlägen ...".

d) Zur Abgrenzung der Lebensmittel von den Arzneimitteln [13]:
Auf Anfrage des OVG Nordrhein-Westfalen hat der EuGH u. a. folgende Grundsätze für die Abgrenzung der Lebensmittel von den Arzneimitteln aufgestellt:

- Die Einstufung eines Erzeugnisses als Arzneimittel oder als Lebensmittel muss unter Berücksichtigung aller Merkmale vorgenommen werden, die das Erzeugnis sowohl in seinem ursprünglichen Zustand als auch dann aufweist, wenn es gemäß Gebrauchsanweisung in Wasser oder Jogurt verrührt worden ist.
- Auf ein Erzeugnis, das sowohl die Voraussetzungen eines Lebensmittels als auch diejenigen eines Arzneimittels erfüllt, sind nur die speziell für Arzneimittel geltenden Bestimmungen der Gemeinschaft anzuwenden. Diese Auslegung wird durch die Richtlinie 2004/27/EG gestützt, auch wenn die Frist zu deren Umsetzung erst am 30. Oktober 2005 abläuft. Auf die „Zweifelsfallbestimmung" des Art. 2 (2) dieser Richtlinie wird ausdrücklich hingewiesen.
- Zum Begriff „pharmakologische Wirkung" verweist der Gerichtshof auf seine bisherigen Entscheidungen, in denen der Ausdruck „pharmakologische Eigenschaften" verwendet wird.
- Es gibt nach der Richtlinie 2001/83/EG zwei Definitionen des Arzneimittels, eine „nach der Bezeichnung" und eine weitere „nach der Funktion". Ein Erzeugnis ist ein Arzneimittel, wenn es unter die eine oder die andere dieser beiden Definitionen fällt.
Die Rechtssprechung zur Definition des Arzneimittels in der Richtlinie 65/65/EWG kann auf die Definition in der Richtlinie 2001/83 übertragen werden.
- Beim gegenwärtigen Stand des Gemeinschaftsrechts ist es möglich, dass bei der Einstufung von Erzeugnissen als Arzneimittel oder als Lebensmittel noch Unterschiede zwischen den Mitgliedstaaten bestehen.

e) Die RL 2001/83 ist nicht auf ein Produkt anwendbar, dessen Arzneimitteleigenschaft im Sinne des Art. 1.2b dieser Richtlinie nicht nachgewiesen ist, d. h. ein Produkt, dessen Eignung physiologische Funktionen durch eine pharmakologische, immunologische oder metabolische Wirkung wieder herzustellen, zu korrigieren oder zu beeinflussen oder eine medizinische Diagnose zu erstellen, nicht wissenschaftlich festgestellt wurde. Demnach ist ein Erzeugnis, das eine physiologisch wirksame Substanz enthält nicht systematisch als Funktionsarzneimittel einzustufen, „ ... ohne dass die zuständigen Behörden von Fall zu Fall jedes Produkt mit der erforderlichen Sorgfalt prüfen und dabei insbesondere seine pharmakologischen, immunologischen oder metabolischen Eigenschaften berücksichtigen, wie sie sich beim jeweiligen Stand der Wissenschaft feststellen lassen ... " [14].
Das Gericht beurteilte das Erzeugnis „Red Rice" nicht als Arzneimittel, sondern als Lebensmittel, weil sein Wirkstoffgehalt (Monacolin) in Mengen vorlag, für die eine pharmakologische Wirksamkeit nicht nachweisbar war.

(2) BGH:
a) „Penatenurteil" zur Wandlung der Verkehrsauffassung [15]:
Fencheltee war bis Ende der sechziger Jahre ausschließlich als Arzneimittel im Verkehr. Er wurde z. B. Säuglingen und Kleinkindern bei Blähungen gegeben. Dies änderte sich, als ein Hersteller einen solchen Tee unter der Marke „Penaten" als „Durstlöscher" für die gleiche Verbrauchergruppen anbot. Der BGH entschied, dass sich die Verkehrsauffassung wandeln kann und in dem speziellen Fall auch gewandelt hat, so dass je nach Zweckbestimmung ein Arzneimittel oder ein Lebensmittel vorliegen kann. Damit war der Weg für „ambivalente" Erzeugnisse offen, weitere „Arzneitees" wie Kamillentee und Melissentee wurden nun auch als Lebensmittel angeboten.
b) Zur Vitamindosierung [16]:
Vorausgegangen war eine Entscheidung des LG Bad Kreuznach zu aus England nach Deutschland verbrachten Vitaminpräparaten, die ein Vielfaches des Tagesbedarfs an Vitaminen enthielten. Das Gericht entschied, dass es sich allein aufgrund der Dosierung, die erheblich über der „Dreifachdosis" lag, um Arzneimittel handele. Der BGH hob diese Entscheidung auf, denn alleine die Überschreitung einer bestimmten Dosierung begründe nicht die Eigenschaft eines Arzneimittels. Es müsse vielmehr geprüft werden, ob solche Mengen tatsächlich auch pharmakologische Wirkungen haben können. In der erneuten Verhandlung stellte das LG Bad Kreuznach [17] fest, dass die betreffenden Vitamindosen nicht nur weit außerhalb des ernährungsphysiologischen Bereichs lagen und mit der Zufuhr üblicher vitaminhaltiger Lebensmittel nicht zu erreichen waren. Sie bewegten sich im Bereich von Vitaminpräparaten, die als Arzneimittel zur **Therapie** bestimmter Krankheiten zugelassen sind. Das Gericht sah damit Bestimmung und Eignung zu pharmakologischen Zwecken als gegeben an und verurteilte die Beklagten. Eine beantragte Revision wurde vom BGH wegen „Aussichtslosigkeit" nicht zugelassen.
c) „Sportlernahrung I" [18]:
Diese Revisionsentscheidung betraf ein Urteil des Kammergerichts, mit dem diverse Zutaten zu Sportlernahrung – z. B. Vanadyl-Sulfat, Hydroxy-Methyl-Butyrat (HMβ), Hydroxycitronensäure (HCA) – wegen ihrer anabolen (muskelaufbauenden) Zweckbestimmung als Arzneimittel eingestuft wurden. Der BGH forderte den Nachweis einer pharmakologischen Wirkung für diese Stoffe. Aus den Leitsätzen des Urteils ergibt sich insbesondere: „Ein verständiger Durchschnittsverbraucher wird im Allgemeinen nicht annehmen, dass ein als Nahrungsergänzungsmittel angebotenes Produkt tatsächlich ein Arzneimittel ist, wenn es in der empfohlenen Dosierung keine pharmakologischen Wirkungen hat ... Bezeichnung, Darreichungsform oder Vertriebsweg über Apotheken sind für sich allein nicht geeignet für eine Einstufung als Lebens- oder Arzneimittel ... ".

Tabelle 37.1. Weitere Gerichtsentscheidungen aus Deutschland

Nr.	Gericht, Urteil vom, Az.	Fundstelle	Thema	Ergebnis
1	KG 14.02.57, 1Ss 405/56	LRE 1: 354	Alcorpin (Coramin, Pyramidon, Euphyllin), Mittel zur Vermeidung von Alkohol-Schäden	AM
2	BverwG 18.08.64, BverwG I C 6.61	LRE 4: 21	Hustenbonbons	LM
3	SchlHOLG 01.12.66, 2Ss 438/66	LRE 5: 235	Underberg	LM
4	BGH 11.12.75, 4StR 462/75	LRE 10: 22	Vital-Aufbau-Tonikum	AM
5	Hess. VGH 19.03.87, 8TG2651/86	LRE 26: 293	Superbiomin Steinmehl	AM
6	OVG Rheinland-Pfalz 23.12.87, 6B 57/87	LRE 22: 393	Seaton Forte, Extrakt der Grünlippigen Meeresmuschel	AM
7	OLG München 23.02.89, 29U 3913/87	LRE 24: 103	Blütenpollen	LM
8	OVG Hamburg 04.02.92, OVG Bf VI 99/90	ZLR 27 S. 387	Propolis-Kapseln	AM
9	OVG Lüneburg 18.02.92, 10L 225/89	ZLR 20: 517	Ringelblumenblüten in Schwarztee	ZSt
10	KG 30.09.93, 25U 1781/93	LRE 29: 218	TOP-Slender Schlankheitsmittel mit Glucomannanen	AM
11	BGH 19.01.95, I ZR 209/92	LRE 31:193	Knoblauchkapseln	AM
12	OVG Berlin 09.02.95, 5B 1592		Lachsölkapsel mit Omega-3-Fettsäuren	LM
13	VGH BW 14.05.96, 10S 256/96	ZLR 23: 582	Frischzellen-Kapseln	AM
14	OVG Hamburg 29.05.96, OVG BsV 34/96	ZLR 24: 72	Melatonin	AM
15	OLG München 13.06.96, 6U 2393/96	ZLR 23: 545	Vitaminpräparate mit vierfacher Tagesdosis u. mehr	AM
16	OLG München 13.02.97, 29U 3370/96	ZLR 34: 370	Carocaps mit 50 mg β-Carotin als Sonnenschutz	AM
17	Bay. VGH 13.05.97, 2Cs 96.3855 M	LRE 34: 450	HaiFit, Haiknorpelpulver	LM
18	BGH 10.02.00, I ZR 97/98	ZLR 27: 375	Sportlernahrungsergänzung mit 500 mg L-Carnitin	AM?

Tabelle 37.1. (Fortsetzung)

Nr.	Gericht, Urteil vom, Az.	Fundstelle	Thema	Ergebnis
19	BGH 07.12.00, I ZR 1587	ZLR 28: 417	Franzbranntwein, Verkehrsauffassung bei AM	AM
20	Hans. OLG 31.05.01, 3 U 013/01	ZLR 29: 75	Sojaisoflavone, NEM bei Wechseljahrbeschwerden	LM
21	OVG NRW 22.08.01, 13A 817/01	LRE 41: 316	136 mg Vitamin E als AM	AM
22	OLG Köln 03.01.03, 6U 140/02	ZLR 31: 94	Glucosaminsulfat 750 mg	AM
23	OLG Hamm 27.03.03, 4 U 143/97		Sportlernahrungsergänzung mit 500 mg L-Carnitin (s. BGH Nr. 18)	AM
24	BGH 06.05.04, I ZR 275/01	ZLR 31: 618	„Sportlernahrung II" (Hydroxy-Methyl-Butyrat, Conjungierte Linolsäuren (CLA), Creatin, Vanadyl-Sulfat, Hydroxycitronensäure (HCA), u. a.)	LM?
25	OLG Köln 26.05.04, 6 U 136/02		Glucosaminsulfat 600 mg	LM
26	OLG Hamm 25.11.04, 4 U 129/04		Vitamin E-Kapseln 900 Verkehrsauffassung	AM
27	OLG Köln 21.12.2007; 6 U 64/06		Carpe diem Ginkgo	LM
28	OLG Hamm 05.06.2008; 1–4 U 1/08		NEM mit *Angelica sinensis* und Frauenmantelpulver	LM aber ZSt
29	Hans. OLG 29.01.2009; 3 U 54/08	ZLR 36: 246	Ginkgo-Kapseln	offen
30	Hans. OLG 11.06.2009; 3 U 125/08		Glucosamin	nicht charakteristisch

(3) BVerwG

a) „OPC"-Urteil zur Abgrenzung der Lebensmittel von den Arzneimitteln und zum Begriff „charakteristische Lebensmittelzutat" [19]: Als maßgebliches Kriterium für die Einstufung eines Erzeugnisses als Arzneimittel wird seine nachgewiesene pharmakologische Wirkung gefordert, was bei den streitigen „OPC-Kapseln" verneint wird.

Gleichzeitig werden die in den als „Nahrungsergänzungsmittel" bezeichneten Erzeugnisse enthaltenen oligomeren (Pro) Anthocyanidine als „charakteristische Lebensmittelzutaten" im Sinne des § 2 Abs. 3 Ziff. 1 LFGB eingestuft, die damit nicht den Zusatzstoffen gleichzustellen sind.

Begründet wird die Entscheidung mit der namentlichen Hervorhebung und der mengenmäßigen Bedeutung der OPC für dieses „Nahrungsergänzungsmittel".

b) Vitamin E als Arzneimittel [20]: Auch hier werden die pharmakologischen Eigenschaften eines Erzeugnisses als maßgeblich für seine Beurteilung als Arzneimittel hervorgehoben. Das streitige Erzeugnis, das 400 I.E. Vitamin E enthält, wird unstreitig in den Niederlanden mit Billigung der dortigen Behörden als Nahrungsergänzungsmittel in Verkehr gebracht. Es handelt sich aber dennoch nicht um ein Lebensmittel im Sinne des § 54 Abs. 1 Ziff. 1 LFGB, da die Prüfung ergeben hat, dass es sich um ein Funktionsarzneimittel handelt. Der wissenschaftliche Nachweis hierfür ergibt sich aus einer im Jahre 1993 erstellten Aufbereitungsmonographie des Bundesgesundheitsamtes.

Diese Aufbereitungsmonographie beurteilt das Gericht als „eine belastbare wissenschaftliche Grundlage für die bevorstehenden Erkenntnisse. Sie ist auf gesetzlicher Grundlage von einem kompetenten Expertengremium erstellt und vom damaligen Bundesgesundheitsamt anerkannt und veröffentlicht worden. Irgendwelche Hinweise, dass die getroffenen Aussagen inzwischen überholt sein könnten, sind dem angefochtenen Urteil nicht zu entnehmen..." [20].

(4) Weitere Entscheidungen sind in Tabelle 37.1 zusammengefasst.

37.2.5
Begriffsbestimmungen

Lebensmittel

Nach § 1 LMBG waren dies alle Stoffe, die überwiegend dazu bestimmt sind, der Ernährung oder dem Genuss zu dienen. Nach Art. 2 der „Basis-VO" (und § 2 (2) LFGB) sind dies nun alle Stoffe, die dazu bestimmt sind oder von denen vernünftigerweise erwartet werden kann, vom Menschen aufgenommen zu werden. Wer „bestimmt" und was „Vernunft" ist, bedarf noch der Interpretation. Hinsichtlich der „Aufnahme" besteht Übereinstimmung, dass sie über den Verdauungstrakt erfolgen soll. Unter „Stoffen" sind nicht nur chemisch definierte Elemente und deren Verbindungen zu verstehen, sondern auch Stoffgruppen, Pflanzen (nach dem Ernten!), Extrakte aus Pflanzen und Tieren und sogar lebende Tiere wie die Auster (nach dem Öffnen!) (s. auch Kap. 2.4.1). Ausgenommen vom Lebensmittelbegriff sind u. a. Arzneimittel im Sinne der RL 65/65/EWG. Die Medizinprodukte sind unter den Ausnahmen nicht aufgeführt, sodass sich die Frage stellt: Sind es, wenn sie „aufgenommen" werden sollen, Lebensmittel nach europäischem oder Medizinprodukte nach deutschem Recht? Bislang wurde die Frage in Deutschland „pragmatisch" beantwortet: Zum Verzehr („Aufnahme") bestimmte Medizinprodukte werden nicht als Lebensmittel beurteilt.

Diätetische Lebensmittel

Sie dienen besonderen Ernährungserfordernissen, die aufgrund von Krankheiten, Mangelerscheinungen aber auch besonderen physiologischen Umständen wie Schwangerschaft und Stillzeit sowie intensiver körperlicher Betätigung (z. B. Sport) entstanden sind. Die Indikationen müssen bereits vorliegen, der „Prophylaxe" dienen diätetische Lebensmittel nicht. Weiterhin unterscheiden sie sich von den Lebensmitteln des allgemeinen Verkehrs durch ihre besondere Zusammensetzung oder Herstellungsweise (s. auch Kap. 34.2.2).

Ergänzende bilanzierte Diäten

Hierunter versteht man diätetische Lebensmittel für besondere medizinische Zwecke. Sie decken einen besonderen Nährstoffbedarf von Patienten, der durch Krankheit oder krankhafte Beschwerden entstanden ist und durch andere diätetische Lebensmittel, Lebensmittel des allgemeinen Verzehrs (z. B. Nahrungsergänzungsmittel) oder Kombinationen daraus nicht gedeckt werden kann.

Nahrungsergänzungsmittel

Diese sind konzentrierte Zubereitungen von Nährstoffen und auf andere Weise physiologisch wirksamen Stoffen in (bislang nur) für Arzneimittel typischer Form (Kapseln, Dragees, Tropfen etc.). Gesetzlich geregelt sind bisher nur Vitamine, Mineralstoffe, Spurenelemente und deren Verbindungen und diese nur qualitativ, Mengenbegrenzungen sind noch zu erlassen (s. auch Kap. 34.2.3).

Angereicherte Lebensmittel

Die VALM sieht 3 Gründe für die Anreicherung eines Lebensmittels mit Vitaminen und Mineralien vor:

a) Die „Wiederherstellung" des Nährwertes, der z. B. durch Verarbeitung, Lagerung oder Handhabung des Lebensmittels gesunken war.
b) Eine „ernährungsgemäße Gleichwertigkeit" hinsichtlich Bioverfügbarkeit und Menge von Vitaminen und Mineralien und
c) zur Herstellung eines „Lebensmittelersatzes".

Darüber hinaus ist die Anreicherung „mit bestimmten anderen Stoffen" vorgesehen, die möglicherweise so zu sehen sind, wie die „sonstigen Stoffe" in der Nahrungsergänzungsmittel-Richtlinie.

Solche Stoffe können in Liste III des Anhangs in unterschiedliche Kategorien eingeteilt werden:

A: Gesundheitsschädlich und grundsätzlich nicht erlaubt.
B: Unter bestimmten Umständen gesundheitsschädlich und deshalb nur unter bestimmten Einschränkungen (z. B. mengenmäßig) verwendbar.
C: Stoffe für die das Gefahrenpotential unbekannt ist. Diese sind nach gewisser Zeit erneut zu prüfen und entweder in Liste A oder B einzuordnen oder aus Liste III zu streichen.

Funktionelle Lebensmittel (Functional Food)

Gesetzliche Regelungen fehlen auch für diese Gruppe noch. Nach einem im Rahmen einer EU-Initiative erarbeiteten „Consensus Document" [21] kann ein Lebensmittel als „funktionell" angesehen werden, wenn es über adäquate ernährungsphysiologische Effekte hinaus einen nachweisbaren positiven Effekt auf eine oder mehrere Zielfunktionen im Körper ausübt, so dass ein verbesserter Gesundheitsstatus oder gesteigertes Wohlbefinden und/oder eine Reduktion von Krankheitsrisiken erzielt wird. Funktionelle Lebensmittel werden ausschließlich in Form üblicher Lebensmittel angeboten und nicht wie Nahrungsergänzungsmittel in arzneimittelähnlichen Darreichungsformen. Sie sollen integraler Bestandteil der normalen Ernährung sein und ihre Wirkungen bei üblichen Verzehrsmengen entfalten. Ein funktionelles Lebensmittel kann ein natürliches Lebensmittel sein oder ein Lebensmittel, bei dem ein Bestandteil angereichert bzw. hinzugefügt oder abgereichert bzw. entfernt worden ist. Es kann außerdem ein Lebensmittel sein, in dem die natürliche Struktur einer oder mehrerer Komponenten modifiziert oder deren Bioverfügbarkeit verändert wurde. Ein funktionelles Lebensmittel kann für alle oder für definierte Bevölkerungsgruppen funktionell sein, z. B. definiert nach Alter oder genetischer Konstitution (s. auch Kap. 42.14).

Neuartige Lebensmittel (Novel Food)

Es handelt sich hierbei nach Artikel 1 der NF-VO-258 [1] um Lebensmittel oder Lebensmittelzutaten, die in der EU noch nicht oder nicht in nennenswertem Umfang im Verkehr waren und in eine der in dieser RL aufgeführten Rubriken fallen. Unter „nennenswert" wird nicht der Umsatz in Kilogramm, Tonnen oder Euro verstanden, sondern die allgemeine Verfügbarkeit vor dem „Stichtag", dem 15.05.1997. Lebensmittel, die aus gentechnisch veränderten Organismen hergestellt werden, sind jetzt in der VO (EG) Nr. 1829/2003 geregelt (s. auch Kap. 35.2). Die Verordnung (EG) Nr. 258/1997 wird derzeit novelliert (Frühjahr 2009).

Zusatzstoffe

Solche sind nach der europäischen RL 89/107/EWG [1] Stoffe, die Lebensmitteln zu technologischen Zwecken zugesetzt werden wie Konservierungsstoffe, Süßstoffe, Farbstoffe, Emulgatoren etc. Nach § 2 (1) LMBG waren es hingegen **alle** Stoffe, die Lebensmittel aus irgendwelchen Gründen zugesetzt werden. Ausgenommen waren nur solche, die natürlicher Herkunft oder den natürlichen chemisch gleich sind **und** nach allgemeiner Verkehrsauffassung überwiegend wegen ihres Nähr-, Geruchs- oder Geschmackswertes oder/und als Genussmittel verzehrt werden. Zudem wurden aus Gründen des vorsorglichen Gesundheitsschutzes die Vitamine A und D, Mineralstoffe (außer Kochsalz) und Spurenelemente sowie Aminosäuren den Zusatzstoffen gleichgestellt. Mit der Angleichung des LMBG an die Basis-VO durch das LFGB hat der deutsche Gesetzgeber die europäische Definition der Zusatzstoffe übernommen, in § 2 (3) LFGB aber alle Stoffe, die anderen als technologischen Zwecken dienen, den Zusatzstoffen gleichgestellt. Die Ausnahmen des § 2 LMBG vom Zusatzstoffbegriff wurden übernommen, aber ein (scheinbar) weiterer Ausnahmetatbestand, die „charakteristische Lebensmittelzutat" hinzugefügt (dieser Begriff stammt aus der Zusatzstoff-Rahmenrichtlinie) und soll vermeiden, dass Lebensmittel, die im Einzelfall technologische Wirkungen haben, wie Mehl als Binde- oder Paprika als Färbemittel, als Zusatzstoffe gelten. Die Vitamine, Mineralstoffe, Spurenelemente und Aminosäuren blieben gleichgestellt. Dies bedeutet, dass es in der Gemeinschaft weiterhin unterschiedliche Regelungen für die Stoffe gibt, die anderen als technologischen Zwecken dienen. So zählten zu den (in Deutschland nicht zugelassenen) Zusatzstoffen isolierte Carotinoide wie Lutein und Lycopin, Bioflavonoide wie Rutin und Quercetin, Isoflavone wie Daidzein und Genistein, aber auch Arzneidrogen, die Lebensmitteln zugesetzt werden wie Ginseng, Johanniskraut oder *Ginkgo biloba* und schließlich viele Extrakte aus Pflanzen und Tieren, in denen bestimmte Stoffgruppen einseitig angereichert wurden. Die einer Notifizierung bedürftigen Teile des LFGB (darunter § 2) wurden der Kommission im März 2004 vorgelegt und im Oktober 2004 notifiziert. Die Entscheidung des BVerwG zu OPC [19] hat zu einer erheblichen Veränderung der Situation geführt: Wurde „charakteristisch" bislang überwiegend mit „herkömmlich" oder „althergebracht" übersetzt, so wird es nun von Vielen im Sinne von „produktprägend" interpretiert, wozu bereits Werbung und/oder bedeutende Menge gehören können. Die „OPC"-Entscheidung des BVerwG hat also zumindest zu einer großen Unsicherheit in der Interpretation des Zusatzstoffbegriffes geführt. Nicht betroffen ist nach Auffassung insbesondere der Überwachung die Gleichstellung bestimmter Vitamine, der Mineralstoffe, Spurenelemente und Aminosäuren mit den Zusatzstoffen, da hierzu – wie bereits im LMBG – keine Ausnahmetatbestände genannt sind.

Arzneimittel

(1) Nach Art. 1 Nr. 2 der RL 65/65 sind
„Arzneimittel: alle Stoffe oder Stoffzusammensetzungen, die als Mittel zur Heilung oder zur Verhütung menschlicher oder tierischer Erkrankungen bezeichnet werden; alle Stoffe oder Stoffzusammensetzungen, die dazu bestimmt sind, in oder am menschlichen Körper zur Erstellung einer ärztlichen Diagnose oder zur Wiederherstellung, Besserung oder Beeinflussung der menschlichen oder tierischen Körperfunktion angewandt zu werden". Der Gesetzgeber unterscheidet also zwischen „Bezeichnungs-Arzneimitteln" bzw. „Präsentationsarzneimitteln" und „Funktionsarzneimitteln". Unter „Bezeichnung" ist nicht alleine die Verkehrsbezeichnung zu verstehen, es gehören Aufmachung, Darreichungsform, begleitende Informationen etc. dazu.
(2) Die RL 2001/83/EG hat diese Definitionen wörtlich fortgeschrieben.
(3) Die Richtlinie 2004/27/EG zur Änderung der RL 2001/83/EG definiert den Arzneimittelbegriff mit Art. 1 neu: „Arzneimittel:

a) Alle Stoffe oder Stoffzusammensetzungen, die als Mittel mit Eigenschaften zur Heilung oder zur Verhütung menschlicher Krankheiten bestimmt sind, oder

b) alle Stoffe oder Stoffzusammensetzungen, die im oder am menschlichen Körper verwendet oder einem Menschen verabreicht werden können, um entweder die menschlichen physiologischen Funktionen durch eine pharmakologische, immunologische oder metabolische Wirkung wieder herzustellen, zu korrigieren oder zu beeinflussen oder eine medizinische Diagnose zu erstellen."

Auch wenn das Wort „bezeichnet" durch „bestimmt" ersetzt wurde, kann nach der Differenzierung des Arzneimittelbegriffes auch in der aktuellen Richtlinie davon ausgegangen werden, dass es weiterhin „Präsentationsarzneimittel" und „Funktionsarzneimittel" gibt. Der EuGH hat dies mit seiner Entscheidung vom 09.06.2005 ausdrücklich bestätigt [13]. Diese Richtlinie enthält zudem in Art. 2 eine neue, sehr wichtige Regelung zur Abgrenzung der Lebensmittel zu den Arzneimitteln:

„In Zweifelsfällen, in denen ein Erzeugnis unter Berücksichtigung aller seiner Eigenschaften sowohl unter die Definition von „Arzneimittel" als auch unter die Definition eines Erzeugnisses fallen kann, das durch andere gemeinschaftsrechtliche Rechtsvorschriften geregelt ist, gilt diese Richtlinie."

Das bedeutet vereinfacht: Im Zweifelsfall handelt es sich um ein Arzneimittel! Diese Regelung soll – so die Erwägungsgründe – für „Grenzprodukte" Rechtssicherheit schaffen.

(4) Mit dem 1976 erlassenen deutschen AMG wurde die Definition des Funktionsarzneimittels der RL 65/65/EWG übernommen, Arzneimittel nach Bezeichnung sind dort nicht geregelt. Das Arzneimittelgesetz wird derzeit (Frühjahr 2009) dem europäischen Recht angepasst.

Medizinprodukte

Nach § 3 MPG handelt es sich um „Instrumente, Apparate, Vorrichtungen, Stoffe und Zubereitungen oder andere Gegenstände ... ", die am oder im Menschen zu diagnostischen Zwecken, Empfängnisverhütung, aber auch zur Veränderung physiologischer Vorgänge u. a. m. eingesetzt werden. Vom Arzneimittel unterscheiden sie sich insbesondere dadurch, dass „ ... deren bestimmungsgemäße Hauptwirkung am menschlichen Körper weder durch pharmakologisch oder immunologisch wirkende Mittel noch durch Metabolismus erreicht wird ... ".

Zu den oral aufgenommenen Medizinprodukten zählen z. B. Quellstoffe, die den Magen füllen, ein Sättigungsgefühl erzeugen und damit Hunger unterdrücken sollen, oder Chitosan, das Fett aus der Nahrung „absorbieren" und damit der „Verwertung" entziehen soll.

Verkehrsauffassung

Dieser in §§ 2 und 17 LMBG und nun auch in §§ 2 und 11 LFGB genannter Rechtsbegriff wird allgemein definiert als die Auffassung aller am Verkehr beteiligten Kreise, nämlich der Verbraucher, Wirtschaft, Wissenschaft und Überwachung. Die Verkehrsauffassung kann sich wandeln: So hat der BGH in seinem „Penaten-Urteil" [15] festgestellt, dass dasselbe Erzeugnis je nach Zweckbestimmung Arzneimittel oder Lebensmittel sein kann: Fencheltee zur Linderung von Blähungen ist Arzneimittel, als „Durstlöscher" hingegen Lebensmittel. Weitere Beispiele „ambivalenter" Stoffe sind Kamille, Melisse, Brennessel, Lein- und Flohsamen. In der Rechtsprechung zu Arzneimitteln wird der Begriff der Verkehrsauffassung ähnlich verstanden [22, 23].

Ernährungsphysiologische Wirkungen

Eine „klassische" Definition für Ernährung ist: „Zufuhr aller Stoffe, die nötig sind, um die lebenswichtigen Körperfunktionen aufrecht zu erhalten". Hierzu gehören Wasser, Fett, Eiweiß, Kohlenhydrate, Vitamine, Mineralstoffe und Spurenelemente. All diese Stoffe garantieren aber nur das „Überleben". In den beiden letzten Jahrzehnten ist das Wissen um die Bedeutung weiterer Stoffe gewachsen, die gesundheitlich positive Wirkungen haben können. Hierzu gehören insbesondere sekundäre Pflanzenstoffe wie Anthocyane, Carotinoide, Flavonoide, Glucosinolate, Isothiocyanate, Phenolcarbonsäuren, Phytosterine, Sulfide, Terpene, Ubichinone, u. a. m. Stoffen aus diesen Gruppen werden zumindest dann positive Wirkungen zugeschrieben, wenn sie „in ernährungsphysiologischer" Dosierung, also als Bestandteile üblicher Lebensmittel (mit)verzehrt werden. Hinsichtlich ihrer Wirkungen und Nebenwirkungen in Form von Isolaten und Konzentraten besteht noch erheblicher Forschungsbedarf (s. auch Kap. 42).

Eine „moderne" Definition von Ernährung, die solche sekundären Pflanzenstoffe nach deren Wirkungsnachweis einbezieht, könnte lauten: „Zufuhr aller Stoffe, die zur Erhaltung der Körperfunktionen auf optimale Weise nötig sind".

Andere physiologische Wirkungen

Sie werden in Erwägungsgrund 8 der RL 46/2002/EG über Nahrungsergänzungen genannt, ohne definiert zu werden. Übereinstimmung in Fachkreisen besteht nur dahingehend, dass diese „anderen" Wirkungen einerseits nicht ernährungsphysiologisch, andererseits aber auch nicht pharmakologisch sind. Es bestehen daher berechtigte Zweifel an Klarheit und Aussagekraft dieser Regelung.

Pharmakologische Wirkungen

Diese sind ebenfalls noch in der Diskussion: „Puristen" verstehen hierunter nur den Effekt, der durch Kopplung eines Wirkstoffes mit einem Rezeptor im Körper ausgelöst wird. Wesentlich weiter gefasst hat das OLG Hamm [24] diesen Begriff in seinem „Carnitin-Urteil": In diesem Fall wurde bereits die durch eine hohe Carnitin-Dosis verursachte Verschiebung des Gleichgewichts Carnitin/Acetyl-

Carnitin als „pharmakologisch" eingestuft. Nicht nur Hahn und Hagenmeyer [25] halten den mehrdeutigen Begriff „pharmakologische Wirkung" daher kaum geeignet für die Abgrenzung der Lebensmittel von den Arzneimitteln. Gleichwohl wird er in der jüngeren Rechtsprechung immer mehr zu einem entscheidenden Abgrenzungskriterium.

37.3
Abgrenzung Lebensmittel – Arzneimittel

37.3.1
Grundsätze

(1) Lebensmittel sind Erzeugnisse im Sinne des Art. 2 (1) der Basis-VO und des § 2 (2) LFGB.

(2) Arzneimittel sind alle Erzeugnisse im Sinne des Art. 1 der RL 65/65 (EWG) bzw. des Art. 1 Nr. 2 der RL 2001/83/EG bzw. der Artikel 1 und 2 der RL 2004/27/EG und des § 2 (1) AMG.

(3) Nach dem AMG können Lebensmittel keine Arzneimittel sein. Dementsprechend erfolgte bisher i. d. R. zunächst eine Prüfung, ob ein Lebensmittel vorliegt, erst nach Verneinen wurde die „Arzneimittel-Frage" gestellt. Die Ausgangslage hat sich mit Art. 2 Basis-VO verändert: Arzneimittel können keine Lebensmittel sein. Dies kann aber nicht bedeuten, dass nun alle Lebensmittel dieser Prüfung unterzogen werden müssen. Sie sollte nur im Zweifelsfall und dann möglichst „integriert", also durch Sachverständige beider Fachrichtungen, durchgeführt werden.

(4) Nach Art. 1 der RL 65/65/EWG und der Rechtssprechung hierzu [9] können in der Gemeinschaft Lebensmittel auch dann als Arzneimittel beurteilt werden, wenn sie keine Heilwirkung haben und nur als Arzneimittel bezeichnet sind.

(5) Ein Erzeugnis, das in einem Mitgliedstaat nach der allgemeinen Verkehrsauffassung Lebensmittel ist, kann im anderen Mitgliedstaat als Arzneimittel beurteilt werden. Innerhalb desselben Landes sollte eine unterschiedliche Beurteilung gleichartiger Erzeugnisse mit derselben Zweckbestimmung nicht möglich sein.

(6) Insbesondere zu prüfen und zu berücksichtigen sind:
- die Zweckbestimmung durch den Hersteller,
- die Eignung des Erzeugnisses aus wissenschaftlicher Sicht,
- die allgemeine Verkehrsauffassung bzw. bestehende Handelsbräuche.

(7) Ein Erzeugnis, das objektiv Arzneimittel ist, kann nicht durch den Willen des Inverkehrbringers alleine (z. B. durch die Angabe „kein Arzneimittel") zum Lebensmittel werden.

(8) Die Verkehrsauffassung kann sich wandeln. So kann z. B. Fencheltee je nach Zweckbestimmung als Lebensmittel („Durstlöscher") getrunken oder als Arzneimittel (gegen Blähungen) eingenommen werden [15].

(9) Lebensmitteln zugesetzte Stoffe können sein:
- Lebensmittelzutaten
- Zugelassene oder nicht zugelassene Zusatzstoffe
- Novel food.
(10) Nur in „eindeutigen" Fällen, z. B. wenn ein Erzeugnis als Lebensmittel eindeutig und unmissverständlich gesetzlich geregelt oder als Arzneimittel zugelassen ist, kann die Beurteilung durch einen einzelnen Sachverständigen erfolgen. In Zweifelsfällen ist die Zusammenarbeit lebensmittelchemischer und pharmazeutischer und/oder medizinischer Sachverständiger unerlässlich.
(11) Es gilt das „Mosaik-Prinzip", denn meist reicht die Beantwortung einer einzelnen Frage nicht aus, um das ganze Bild zu erkennen.
(12) Bestehen nach sorgfältiger Prüfung berechtigte Zweifel, ob ein Erzeugnis Lebensmittel oder Arzneimittel ist, fällt es nach Art. 2 (2) RL 2004/27/EG unter den Begriff „Arzneimittel".
(13) Ist ein Erzeugnis nach sorgfältiger Prüfung kein Arzneimittel und ist auch eine Verwendung als Lebensmittel zweifelhaft, kann es sich um ein Medizinprodukt handeln. Trifft dies nicht zu, wird es i. d. R. entsprechend der „weiten" Definition des Lebensmittel-Begriffs als Lebensmittel einzustufen sein. Es ist dann aber zu prüfen, ob ein „Novel Food" oder ein nicht zugelassener Zusatzstoff vorliegt.

37.3.2
Abgrenzungskriterien

Tabelle 37.2. Fragen-Antworten-Katalog

Nr.	Fragen	Antworten und Schlussfolgerungen („spricht für Einstufung als ... ")
1	Welche Bezeichnung bzw. Verkehrsbezeichnung liegt vor? (für AM ggf. DIMDI*-Abfrage)	**LM:** Nach Rechtsnorm unter Leitsätzen definierte und zutreffende Verkehrsbezeichnung; **AM:** Zulassung oder Registrierung.
2	Welche Stoffe sind enthalten?	**LM:** Nährstoffe, Geschmacksstoffe, Aromen; **NF:** Neuartige im Sinne der Novel-Food-VO [1]; **AM:** Überwiegend arzneilich verwendete Pflanzendrogen und Extrakte aus Pflanzen und Tieren, chemisch definierte Arzneistoffe.
3	In welchen Mengen sollen sie aufgenommen werden?	**LM:** Nährstoffe in ernährungsphysiologisch relevanter Menge; **AM:** Pharmakologisch bzw. therapeutisch wirksame Dosen.

Tabelle 37.2. (Fortsetzung)

Nr.	Fragen	Antworten und Schlussfolgerungen („spricht für Einstufung als … ")
4	Welche Zweckbestimmung gibt der Hersteller an?	**LM:** Ernährung, Genuss, Erfrischung, besondere Ernährungszwecke (Hochleistungssportler, Schwangere, Stillende), diätetische Behandlung von Krankheiten und Beschwerden; **AM:** Schutz vor Infektionen, Senken des Blutzuckerspiegels, Bräunung der Haut, Antidepressivum. Manche Erzeugnisse sind „ambivalent", sie können je nach Zweckbestimmung Lebensmittel oder Arzneimittel sein (z. B. Fencheltee); **MP:** „Physikalische" Wirkungen im Körper wie Erhöhung des Magendrucks oder Absorption von Fett aus dem Nahrungsbrei.
5	Gibt es eine Verkehrsauffassung für das Produkt oder seine Bestandteile?	**LM:** Ja als Lebensmittel; **AM:** Ja als Arzneimittel.
6	Wie lautet die Gebrauchsanweisung?	**LM:** Verzehren, Essen, Trinken, Genießen; **AM:** Einnehmen, Anwenden, Kuren.
7	Welche Verpackung/ Aufmachung liegt vor?	**LM:** Auch Nahrungsergänzungsmittel werden mittlerweile häufig in für Lebensmittel untypischer Form angeboten (Dragees, Tabletten, Kapseln, Ampullen); **AM:** Bildliche Darstellung von Körperteilen, z. B. Organe wie Herz, Skelette und Gelenke.
8	Was sagen begleitende Informationen/Werbung/ Presse-Mitteilungen?	**LM:** Zur Ernährung, Bedarfsdeckung, zum Nähr- und/oder Genusswert, Nahrungsergänzung; **AM:** Hinweise auf Arzt, Apotheker, Heilpraktiker, Dankschreiben, Kuren, Heilung, Vorbeugung von Gesundheitsschäden, Verzögerung von Alterungsprozessen.
9	Welcher Vertriebsweg liegt vor?	**LM:** Überall erhältlich; **AM:** Exklusive Abgabe über Apotheken, Arztpraxen, Heilpraktiker.

*Datenbank des Bundesinstitutes für Arzneimittel und Medizinprodukte

37.3.3
Beispiele einer Abgrenzung

Tabelle 37.3. Präsentationsarzneimittel

Nr.	Fragen	Antworten und Schlussfolgerungen (Ergebnis: „spricht für die Einstufung als … ")
1	Welche Bezeichnung bzw. Verkehrsbezeichnung liegt vor? (für AM ggf. DIMDI-Abfrage)	**Antwort:** MACA Nahrungsergänzungsmittel zur sexuellen Leistungssteigerung für Mann und Frau; Viagra der Indios **Ergebnis:** Nahrungsergänzung wäre LM, Viagra der Indios und sexuelle Leistungssteigerung sprechen für ein Arzneimittel **Fazit:** Eher AM
2	Welche Stoffe sind enthalten?	**Antwort:** Pulver aus der Wurzel einer in Peru als Nahrungsmittel kultivierten Pflanze mit Eiweiß, Fett, Kohlenhydraten und Ballaststoffen **Ergebnis:** Eher LM, möglicherweise NF **Fazit:** LM, evtl. NF
3	In welchen Mengen sollen sie aufgenommen werden?	**Antwort:** 3 Kapseln mit je 500 mg Pulver pro Tag **Ergebnis:** Für die menschliche Ernährung unbedeutend, Hinweise auf pharmakologische Wirkungen sind nicht erkennbar **Fazit:** (ungeeignetes) LM, evtl. NF
4	Welche Zweckbestimmung gibt der Hersteller an?	**Antwort:** „Zur sexuellen Leistungssteigerung für Mann und Frau" **Ergebnis:** Dies ist ein arzneilicher Zweck **Fazit:** AM
5	Gibt es eine Verkehrsauffassung für das Produkt oder seine Bestandteile?	**Antwort:** Nur in Peru, in Deutschland nicht **Ergebnis:** Unklar **Fazit:** Unentschieden
6	Wie lautet die Gebrauchsanweisung?	**Antwort:** 3 Kapseln pro Tag mit Flüssigkeit einnehmen, bei besonderem Bedarf kann die Einnahme auf 3 × 3 Kapseln gesteigert werden **Ergebnis:** Eine Erhöhung der Dosierung bei „besonderem Bedarf" ist eher arzneilich **Fazit:** Eher AM
7	Welche Verpackung/Aufmachung liegt vor?	**Antwort:** Kapseln in Blistern **Ergebnis:** Für AM wie für NEM typisch **Fazit:** Unentschieden
8	Was sagen begleitende Informationen/Werbung/Presse-Mitteilungen?	**Antwort:** Das Geheimnis der außergewöhnlichen sexuellen Potenz der Inkafürsten ist wieder entdeckt **Ergebnis:** Das Erzeugnis wird eindeutig als Aphrodisiakum, also als Arzneimittel beschrieben **Fazit:** AM

Tabelle 37.3. (Fortsetzung)

Nr.	Fragen	Antworten und Schlussfolgerungen (Ergebnis: „spricht für die Einstufung als ... ")
9	Welcher Vertriebsweg liegt vor?	**Antwort:** Vorwiegend über Internet, Versandhandel **Ergebnis:** Nicht eindeutig **Fazit:** Unentschieden

Gesamtwertung:
Das Erzeugnis ist neu auf dem deutschen Markt erschienen und zwar zunächst über das Internet, später auch über landesinternen Versandhandel. Dem Verbraucher war das Produkt vorher nicht bekannt. Die Informationen im ersten Jahr klassifizierten es eindeutig als Aphrodisiakum („Viagra der Indios") und als Potenzmittel. Damit musste beim Verbraucher trotz der begleitenden Bezeichnung „Nahrungsergänzung" der Eindruck entstehen, als handele es sich um ein Mittel zur Beeinflussung bestimmter Körperfunktionen („Potenz") und damit um ein Arzneimittel. Das Erzeugnis ist daher als Präsentationsarzneimittel zu beurteilen.

Tabelle 37.4. Funktionsarzneimittel

Nr.	Fragen	Antworten und Schlussfolgerungen (Ergebnis: „spricht für die Einstufung als ... ")
1	Welche Bezeichnung bzw. Verkehrsbezeichnung liegt vor? (für AM ggf. DIMDI-Abfrage)	**Antwort:** ECA Thermojetic Nahrungsergänzung zur „Gewichtsregulierung" **Ergebnis:** Nahrungsergänzung spricht für LM; Thermojetic ist untypisch, Gewichtsregulierung ist Aufgabe von Reduktionsdiäten oder AM **Fazit:** Unentschieden
2	Welche Stoffe sind enthalten?	**Antwort:** Ephedrin, Coffein, Salicin, jeweils aus Pflanzenextrakten **Ergebnis:** Ephedrin und Salicin sind arzneilich wirksam, Coffein ist ambivalent, in dieser Form aber eher kein LM **Fazit:** AM
3	In welchen Mengen sollen sie aufgenommen werden?	**Antwort:** Pro Tag 100 mg Ephedrin, 200 mg Coffein, 500 mg Salicin **Ergebnis:** Es handelt sich um pharmakologisch wirksame Mengen **Fazit:** AM
4	Welche Zweckbestimmung gibt der Hersteller an?	**Antwort:** Nahrungsergänzung, Erhöhung der Körpertemperatur ohne körperliche Betätigung durch beschleunigte Fettverbrennung und hierdurch Gewichtsabnahme bzw. Gewichtserhaltung **Ergebnis:** Dies sind keine Aufgaben eines Nahrungsergänzungsmittels, sondern eines Arzneimittels **Fazit:** AM

Tabelle 37.4. (Fortsetzung)

Nr.	Fragen	Antworten und Schlussfolgerungen (Ergebnis: „spricht für die Einstufung als … ")
5	Gibt es eine Verkehrsauffassung für das Produkt oder seine Bestandteile?	**Antwort:** Nein **Ergebnis:** Unklar **Fazit:** Unentschieden
6	Wie lautet die Gebrauchsanweisung?	**Antwort:** Während der Trainingsphase täglich 2 Kapseln mit Flüssigkeit einnehmen, während des Wettkampfes pausieren **Ergebnis:** Für ein Lebensmittel untypisch, eher für ein Arzneimittel typisch **Fazit:** Eher AM
7	Welche Verpackung/ Aufmachung liegt vor?	**Antwort:** Kapseln in Blistern **Ergebnis:** Für AM wie für NEM typisch **Fazit:** Unentschieden
8	Was sagen begleitende Informationen/Werbung/ Presse-Mitteilungen?	**Antwort:** ECA trägt zur idealen Definition bei. Hierzu ist eine Reduzierung des Unterhaut-Fettgewebes nötig **Ergebnis:** Dies ist kein Lebensmittelzweck **Fazit:** AM
9	Welcher Vertriebsweg liegt vor?	**Antwort:** Bodybuildershops, Internet **Ergebnis:** Für LM üblich, weniger für AM **Fazit:** Eher LM

Gesamtwertung:
Es gelten die gleichen Regeln wie bei Erzeugnis 1.
Das Erzeugnis enthält pharmakologisch wirksame Substanzen in pharmakologisch wirksamer Dosierung und ist auch zur Beeinflussung von Körperfunktionen, nämlich Steigerung des Grundumsatzes und dadurch „Verbrennung" von Fett bestimmt. Auch Werbung und Verzehrsempfehlungen sind nicht für ein Lebensmittel, sondern für ein Arzneimittel typisch. Es handelt sich insgesamt um ein Funktionsarzneimittel.

Tabelle 37.5. Zweifelsfallentscheidung

Nr.	Fragen	Antworten und Schlussfolgerungen (Ergebnis: „spricht für die Einstufung als … ")
1	Bezeichnung	**Antwort:** Arthro-Stop, Nahrung für Gelenkschmiere und Knorpel **Ergebnis:** Für LM spricht „Nahrung", die gibt es aber für Gelenkschmiere und Knorpel nicht. „Arthro-Stop" weist auf die Krankheit Arthrose und ihre Hemmung hin. **Fazit:** Eher AM

Tabelle 37.5. (Fortsetzung)

Nr.	Fragen	Antworten und Schlussfolgerungen (Ergebnis: „spricht für die Einstufung als … ")
2	Welche Stoffe sind enthalten?	**Antwort:** Extrakt der grünlippigen Meeresmuschel, Methylsulfonylmethan, Chondroitinsulfat, Glucosaminsulfat, Vitamin E, Vitamin C **Ergebnis:** Extrakte der grünlippigen Meeresmuschel wurden schon vor Jahrzehnten in nicht zugelassenen Arzneimitteln zur Besserung der Gelenkschmiere eingesetzt. Glucosaminsulfat, Chondroitinsulfat und Methylsulfonylmethan werden zu ähnlichen Zwecken verwendet, Nährstoffe sind es nicht. Die Vitamine können sowohl LM als auch AM sein. **Fazit:** Eher ein AM
3	In welchen Mengen sollen sie aufgenommen werden?	**Antwort:** Glucosaminsulfat 200 mg/d, Chondroitinsulfat 100 mg/d, Vitamin C 50 mg/g, Vitamin E 15 mg/d, im Übrigen unbekannt **Ergebnis:** Die Vitamine liegen in ernährungsphysiologischer Dosierung vor. Glucosamin- und Chondroitinsulfat sind geringer dosiert als in handelsüblichen Arzneimitteln **Fazit:** Unentschieden
4	Welche Zweckbestimmung gibt der Hersteller an?	**Antwort:** Ernährung der Gelenke **Ergebnis:** Gelenke kann man nicht gezielt „ernähren". Allerdings ist dieser Hinweis auch nicht arzneilich. **Fazit:** Unentschieden
5	Gibt es eine Verkehrsauffassung für das Produkt oder seine Bestandteile?	**Antwort:** Für Extrakte aus der grünlippigen Meeresmuschel, Glucosaminsulfat und Chondroitinsulfat ist nur eine Verkehrsauffassung als AM bekannt, ist kein Lebensmittel, Vitamine C und E sind in dieser Dosierung LM **Ergebnis:** Teils Arzneistoffe, teils Nährstoffe **Fazit:** Unentschieden
6	Wie lautet die Gebrauchsanweisung?	**Antwort:** 1 Kapsel pro Tag schlucken; bei besonderer Belastung in Training und Wettkampf mehrere Kapseln pro Tag **Ergebnis:** Nicht eindeutig **Fazit:** Unentschieden
7	Welche Verpackung/ Aufmachung liegt vor?	**Antwort:** Kapseln in Blistern **Ergebnis:** Für AM wie für NEM typisch **Fazit:** Unentschieden

Tabelle 37.5. (Fortsetzung)

Nr.	Fragen	Antworten und Schlussfolgerungen (Ergebnis: „spricht für die Einstufung als ... ")
8	Was sagen begleitende Informationen/Werbung/Presse-Mitteilungen?	**Antwort:** Insbesondere im Kraftsport kommt es zu einer erheblichen Belastung und Abnutzung der Gelenke mit den bekannten Folgen. Mangel an Gelenkschmiere führt zu Reibungen und Abnutzerscheinungen des Knorpels. Arthro-Stop sorgt für ausreichende Ernährung der Gelenkschmiere und schützt die Gelenke vor frühzeitiger Degeneration. Die Vitamine C und E tragen als Antioxidantien zum Gelenkschutz bei. **Ergebnis:** Die Werbung zielt auf Vorbeugung von Krankheiten (insbesondere Arthrose) ab. **Fazit:** Eher AM
9	Welcher Vertriebsweg liegt vor?	**Antwort:** Vorwiegend über Messen, Versandhandel, Internet **Ergebnis:** Nicht eindeutig **Fazit:** Unentschieden

Gesamtwertung:
Es gelten die gleichen Regeln wie zu Erzeugnis 1.
Das Erzeugnis enthält vorwiegend Zutaten, die arzneilich verwendet werden und für die eine Verkehrsauffassung als Lebensmittelzutat nicht besteht. Zweckbestimmung und begleitende Informationen widersprechen sich: Zum einen soll das Erzeugnis der „Ernährung" dienen, andererseits werden in der Produktbezeichnung und im Begleitmaterial eindeutig medizinische Zweckbestimmungen hervorgehoben. An Nährstoffen liegen nur Vitamin E und C vor. Die Dosierung der arzneilich verwendeten Zutaten ist aber – soweit bekannt – geringer als bei vergleichbaren (zugelassenen) Arzneimitteln. Der Gesamteindruck spricht für eine Einstufung als Arzneimittel. Angesichts der Lebensmittelzutaten der Vitamine C und E und der Zweckbestimmung zur „Ernährung" (auch wenn diese wissenschaftlich nicht haltbar ist), kann jedoch eine Beurteilung als Lebensmittel nicht mit Sicherheit ausgeschlossen werden.
(Als solches wäre das Erzeugnis allerdings nicht verkehrsfähig, denn die Zutaten – ausgenommen die Vitamine – gelten in einem Lebensmittel als nicht zugelassene Zusatzstoffe). Für den vorliegenden Fall sieht Art. 2 (2) der RL 2004/27/EG [1] die Einstufung des Erzeugnisses als Arzneimittel vor.
Das Landgericht Stuttgart hat ein gleichartiges Produkt auf Basis von Glucosaminsulfat, Chondroitinsulfat, Weihrauchextrakt und Bromelain mit Zusatz von Selen und Vitamin E folgerichtig unter Anwendung der „Zweifelsfall-Regelung" als Arzneimittel eingestuft [27].

37.4
Ausblick

Die aktuelle Rechtsprechung hat die „Hürden" zur Beurteilung eines Erzeugnisses als Arzneimittel hochgesetzt. Gleichzeitig ist durch die Entscheidung des BVerwG zu OPC eine Gleichstellung von „sonstigen Stoffen" wie von Arzneistoffen mit den Zusatzstoffen zumindest erheblich erschwert. Dies hat dazu geführt, dass Stoffe, die man üblicherweise als Arzneistoffe kennt, in Dosierungen unterhalb der bekannten pharmakologischen „Wirkungsdosis" in Lebensmitteln verwendet werden, ohne dass möglicherweise vorhandene Risiken – wenn sie doch noch in irgend einer Weise „wirken" – untersucht sind. Es bleibt abzuwarten, welche Rolle die Stofflisten in Anhang III der Verordnung über angereicherte Lebensmittel hier künftig spielen werden. Derzeit sind die Listen A, B und C noch leer. Unklar ist auch noch, ob die nach Artikel 13 und 14 der Health Claim-Verordnung erforderliche Reglementierung von gesundheitsbezogenen Angaben bei Lebensmitteln zur Reglementierung der Werbung für derartige Stoffe beiträgt. Eine Veröffentlichung der eingereichten Claims ist allerdings nicht vor 2010 zu erwarten.

Vermehrte Bedeutung kommt aber der toxikologischen Wertung der „sonstigen Stoffe" zu, ebenso der wissenschaftlichen Sicherung der zugehörigen Werbeaussagen.

Ein wesentlicher Schritt zur Aufhellung könnte aber die „Health-Claim"-VO der EG sein [26]. Sie sieht u. a. vor, dass gesundheitsbezogene Angaben bei einem Lebensmittel der ausdrücklichen Zulassung bedürfen. Ausreichend begründete Anträge müssen hierzu von der europäischen Lebensmittelbehörde (EFSA) geprüft und anschließend von der Kommission bewilligt werden. Damit wäre dubiosen Erzeugnissen mit ebenso dubioser Werbung der Boden entzogen. Ebenso wichtig wären Positivlisten für andere Stoffe als Mineralstoffe, Spurenelemente und Vitamine in den Bestimmungen über Nahrungsergänzungsmittel, angereicherte und diätetische Lebensmittel. Gleichwohl wird es auch künftig nötig sein, „Einzelfallbetrachtungen" anzustellen.

37.5
Literatur

1. z. B. Beck'sche Textsammlung Lebensmittelrecht, Verlag C. H. Beck München; Zipfel/Rathke, Lebensmittelrecht, Verlag C. H. Beck, München; Kloesel-Cyran
2. Rote Liste 2003, Arzneimittelverzeichnis für Deutschland Editio Cantor Verlag Aulendorf
3. ALS (1999) zur Abgrenzung Lebensmittel/Arzneimittel, Bundesgesundheitsblatt **42**: 360
4. ALS (1999) zur Definition Nahrungsergänzungsmittel, Bundesgesundheitsblatt **42**: 601
5. ALS (2006) zur Definition Nahrungsergänzungsmittel, Journal für Verbraucherschutz und Lebensmittelsicherheit, Band 1, Heft 2, S. 167
6. ALS (2006) Beurteilung von ergänzenden bilanzierten Diäten, Journal für Verbraucherschutz und Lebensmittelsicherheit, Band 1, Heft 1, S. 60
7. ALS (2002) Inventarliste Lebensmittel, Deutsche Lebensmittelrundschau **98**: 35
8. EuGH zur unterschiedlichen Bewertung in verschiedenen Mitgliedstaaten v. 21.03.1991 Az: Rs C 369/88, Sammlung lebensmittelrechtlicher Entscheidungen (LRE) **28**: 3
9. EuGH zu Präsentations-AM ohne Wirkung v. 28.10.92, C 219/92; ABl. der EG 310/2 v. 27.11.92
10. EuGH (2004) zur „Dreifachregelung" bei Vitaminen, ZLR **31**: 464
11. ALS (1998) zur Anreicherung von LM mit Vitaminen, Bundesgesundheitsblatt **41**: 132
12. OLG München (1996) zur „Vierfach-Dosis" als AM, ZLR **23**: 545

13. EuGH v. 09.06.2005 zur Abgrenzung der Lebensmittel von den Arzneimitteln, Rechtssachen C-211/03, C-299/03 und C-316/03 – C-318/03
14. EUGH vom 15.01.2009 zu Red Rice C-140/07
15. BGH (1976) „Penatenurteil" zur Wandlung der Verkehrsauffassung, IZR 125/74; LRE **10**: 1
16. BGH v. 25.04. 2001 Z StR 374/00; LRE Bd. 41 S. 81
17. LG Bad Kreuznach v. 07.04.2003 1008 Js 30094/95
18. BGH (1999) Sportlernahrung I, ZLR **29**: 660
19. BVerwG v. 25.07.2007 zu OPC, BverwG 3 C 21.06
20. BVerwG v. 25.07.2007 zu Vit E 400, BverwG 3 C 22.06
21. Diplock et al. (1998) Scientific Concepts of Functional Foods in Europe: Consensus Document British Journal of Nutrition **81**: 1
22. BGH (2001) zu Franzbranntwein-Gel, ZLR **28**: 417
23. OLG Hamm v. 25.11.2004 zu Vitamin E 900 I.E. Az.: 4 U 129/04
24. OLG Hamm v. 27.03.2003 zu L-Carnitin als AM, Az.: 4 U 143/97 OLG Hamm
25. A. Hahn, M. Hagenmeyer (2003), untaugliches Abgrenzungskriterium, ZLR **30**: 707
26. Health-Claims-VO, s. Abkürzungsverzeichnis 46.2
27. LG Stuttgart v. 04.05.2005 zu „Chondron" 37 O 186/03 KfH

Kapitel 38

Lebensmittelbedarfsgegenstände

Beate Brauer[1] · Ramona Schuster[2] · Rüdiger Baunemann[3]

[1] Chemisches und Veterinäruntersuchungsamt Münsterland-Emscher-Lippe,
Joseph-König-Straße 40, 48147 Münster
beate.brauer@cvua-mel.de
[2] Umweltbundesamt Dienstgebäude Bad Elster,
Heinrich-Heine-Straße 12, 08645 Bad Elster
ramona.schuster@uba.de
[3] PlasticsEurope Deutschland e.V.,
Mainzer Landstraße 55, 60329 Frankfurt
ruediger.baunemann@plasticseurope.org

38.1	Warengruppen	936
38.2	Beurteilungsgrundlagen	936
38.2.1	Chemische Inertheit	936
38.2.2	Hygienische Inertheit	938
38.2.3	Verpflichtungen zur Konformitätsarbeit	939
38.2.4	Weitere Anforderungen	939
38.2.5	Nationale Beurteilungsgrundlagen	939
38.3	Warenkunde	940
38.3.1	Kunststoffe	940
38.3.2	Coatings (Beschichtungen)	953
38.3.3	Kautschuk und Elastomere	958
38.3.4	Papier, Karton und Pappe	965
38.3.5	Klebstoffe	971
38.3.6	Druckfarben	975
38.3.7	Metalle	979
38.3.8	Silikatische Werkstoffe	984
38.3.9	Aktive und intelligente Bedarfsgegenstände	988
38.3.10	Nanomaterialien	992
38.4	Qualitätssicherung	994
38.4.1	Rechtsvorschriften für die hygienische Sicherheit	994
38.4.2	Anforderungen an Deklaration und Dokumentation im Hinblick auf die chemische Sicherheit	995
38.4.3	Untersuchung von Lebensmittelbedarfsgegenständen	996
38.5	Literatur	1001

W. Frede (Hrsg.), *Handbuch für Lebensmittelchemiker*
ISBN 978-3-642-01684-4 © Springer 2010

38.1
Warengruppen

In diesem Kapitel werden Bedarfsgegenstände beschrieben, die bestimmungsgemäß oder vorhersehbar mit Lebensmitteln in Berührung kommen oder ihre Bestandteile auf Lebensmittel abgeben (Lebensmittelbedarfsgegenstände). Dazu gehören Gegenstände, die gewerbsmäßig bei der Verarbeitung von Lebensmitteln verwendet werden (z. B. lebensmittelverarbeitende Maschinen, Förderbänder, Verpackungsmittel) sowie Gegenstände, die gewerbsmäßig in den Verkehr gebracht werden (Abgabe im Einzelhandel an den Endverbraucher). Wegen der großen Vielfalt an Produkten wird im Folgenden nicht nach Produktgruppen sondern nach Werkstoffen gegliedert.

38.2
Beurteilungsgrundlagen

Die Eignung für den Kontakt mit Lebensmitteln ist bei Bedarfsgegenständen auf Basis aller Materialien grundsätzlich sowohl aus „gesundheitlicher" als auch aus „technischer" Sicht zu prüfen. Beide Anforderungskategorien sind miteinander eng verknüpft. Die technische Eignung umfasst die mechanische und thermische Stabilität aber ebenso auch die chemische und hygienische Inertheit der Bedarfsgegenstände gegenüber den Lebensmitteln, welche die Grundlage der gesundheitlichen Unbedenklichkeit des Gegenstandes darstellt. Darüber hinaus sind die Gas- und Aromenundurchlässigkeit ein Kriterium für die Eignung des Bedarfsgegenstandes.

38.2.1
Chemische Inertheit

Der Inertheitsgrundsatz hinsichtlich eines Übergangs von chemischen Stoffen auf das in Kontakt kommende Lebensmittel (Migration) ist die zentrale, materialunabhängige Anforderung an Lebensmittelbedarfsgegenstände, welche in der sog. RahmenVO (EG) Nr. 1935/2004 [1] festgelegt ist. Diese Verordnung ist in allen EU-Mitgliedsstaaten unmittelbar gültiges Recht. Nach Art. 3 der Verordnung sind Lebensmittelkontaktmaterialien

„… nach guter Herstellungspraxis so herzustellen, dass sie unter den normalen oder vorhersehbaren Verwendungsbedingungen keine Bestandteile auf Lebensmittel in Mengen abgeben, die geeignet sind,

a) die menschliche Gesundheit zu gefährden oder
b) eine unvertretbare Veränderung der Zusammensetzung der Lebensmittel herbeizuführen oder
c) eine Beeinträchtigung der organoleptischen Eigenschaften der Lebensmittel herbeizuführen."

Von diesem Inertheitsprinzip dürfen unter den in Art. 4 der RahmenVO genannten Bedingungen nur „aktive Materialien und Gegenstände" abweichen (vgl. Kap. 2.4.11 und 38.3.9). Um die allgemeine Anforderung nach Inertheit in konkrete Handlungsanweisungen umzusetzen, ist gemäß Art. 5 der Rahmen-VO vorgesehen worden, dass seitens der Europäischen Kommission Einzelmaßnahmen zu den in Anhang I aufgeführten Materialien und Gegenständen sowie Recyclaten erlassen werden können. Davon hat die Kommission bis zum jetzigen Zeitpunkt im Hinblick auf Kunststoffe, Kunststoffrecyclate, Keramik, Zellglas, BADGE-basierte Beschichtungen (Bisphenol-A-diglycidylether) sowie aktive und intelligente Systeme Gebrauch gemacht. Die aktuellen Fassungen der Maßnahmen sind auf der Webseite der Europäischen Kommission zu finden [7].

Zur Beurteilung der Stoffe, Materialien oder Gegenstände, welche noch keinen europäischen Regelungen unterliegen, können weitere Anforderungen herangezogen werden, die nicht rechtsverbindlich sind, wie BfR-Empfehlungen, Europarats-Resolutionen oder Normen. Auf sie wird noch in den einzelnen Kapiteln der Warenklassen eingegangen, die folgende Tabelle zeigt die Anforderungen im Überblick:

Tabelle 38.1. Materialspezifische Anforderungen an Lebensmittelbedarfsgegenstände

Kunststoffe	Bedarfsgegenständeverordnung [2]
	diverse BfR-Empfehlungen [3]
Coatings	Bedarfsgegenständeverordnung
	VO (EG) Nr. 1895/2005 [9]
	Europarats-Resolution AP (96)5 und (2004)1 [4]
Kautschuk und Elastomere	BfR-Empfehlung XXI [3]
	Bedarfsgegenständeverordnung
Papier, Karton und Pappe	BfR-Empfehlung XXXVI [3]
	Europarats-Resolution AP (2002)1 [4]
Metallische Werkstoffe	Guideline des Europarats [5]
Silikatische Werkstoffe	Bedarfsgegenständeverordnung
	DIN 51032 [6]

Die von der Europäischen Kommission etablierten Einzelmaßnahmen „über Materialien und Gegenstände, die dazu bestimmt sind, mit Lebensmitteln in Berührung zu kommen", wurden z. T. in Form von Richtlinien und in jüngerer Zeit in Form von Verordnungen erlassen. Verordnungen sind in allen europäischen Mitgliedstaaten unmittelbar geltendes Recht. Richtlinien müssen von den Mitgliedstaaten innerhalb einer vorgegebenen Frist in nationales Recht umgesetzt werden. In Deutschland erfolgt die Umsetzung in die Bedarfsgegenständeverordnung [2].

In Art. 5 der RahmenVO ist dargelegt, welche Regelungsinhalte Einzelmaßnahmen umfassen können. So ist z. B. vorgesehen, dass Verzeichnisse (Positivlisten) mit Stoffen enthalten sein können, die für die Verwendung bei der

Herstellung von Materialien und Gegenständen im Lebensmittelkontakt zuzulassen sind. In Art. 8–13 der VO werden die Formalitäten des für die Zulassung notwendigen Antragsverfahrens beschrieben. Der Antrag umfasst die Sicherheitsbewertung des Stoffes mit umfangreichen Daten, z. B. zur Charakterisierung der Substanz, zur Migration und Toxikologie gemäß einer von der Europäischen Behörde für Lebensmittelsicherheit (EFSA) veröffentlichten Leitlinie, dem sog. „Note for Guidance" [8]. Die EFSA nimmt dann die gesundheitliche Bewertung des Stoffes vor.

Weitere Regelungsinhalte hinsichtlich der chemischen Inertheit können z. B. spezifische Migrationsgrenzwerte sein, die auf der Basis von toxikologischen Bewertungen bemessen werden, Reinheitskriterien für die zugelassenen Stoffe oder ein Gesamtmigrationsgrenzwert.

Das BfR hat seit dem Jahre 1957 zahlreiche materialspezifische Empfehlungen und Beurteilungsgrundlagen herausgegeben, die zur gesundheitlichen Bewertung von Lebensmittelbedarfsgegenständen bestimmt sind. Diese Empfehlungen sind nicht rechtsverbindlich, sondern sie sind als vorausgestellte Sachverständigengutachten über die Bedingungen aufzufassen, unter denen Materialien für den Lebensmittelkontakt den Anforderungen von Art. 3 RahmenVO entsprechen. Im Gegensatz zu den Richtlinien basieren die Anforderungen in den Empfehlungen überwiegend auf Beschränkungen der Einsatzmengen im Polymer. Auch die Aufnahme eines Stoffes in eine Empfehlungsliste setzt das in [8] beschriebene Zulassungsverfahren mit toxikologischer Evaluierung voraus. Bei Einhaltung der Empfehlungen kann davon ausgegangen werden, dass das entsprechende Lebensmittelkontaktmaterial ausreichend inert i. S. des Art. 3 der RahmenVO ist. Der Umkehrschluss darf hingegen nicht gezogen werden. Bei Nichteinhaltung der Empfehlung kann ein Verstoß nur durch Migrationsuntersuchungen bewiesen werden. Lediglich eine Überschreitung von Migrationsrichtwerten kann ggf. direkt zur Beurteilung i. S. von Art. 3 der RahmenVO herangezogen werden.

Neben den deutschen Empfehlungen gibt es auch europäische Empfehlungen, die sog. Europaratsresolutionen, welche vom Expertenkomitee des Europarates für Lebensmittelkontaktmaterialien erarbeitet wurden. Derzeit werden die Arbeiten an den Resolutionen vom European Directorate for the Quality of Medicines & HealthCare (EDQM) weitergeführt [4]. Die Resolutionen müssen von den Mitgliedstaaten nicht umgesetzt werden. Sie können nach Bedarf verwendet werden. Nachteilig ist, dass der Europarat kein Toxikologengremium besitzt, sodass Stoffe bei der Aufnahme in eine Resolution toxikologisch nicht evaluiert sind, sofern sie nicht bereits anderweitig ein Antragsverfahren durchlaufen haben. Daher enthalten Europaratsresolutionen zzt. lediglich Inventarlisten, welche nicht zur Interpretation von Art. 3 der RahmenVO dienen können.

38.2.2
Hygienische Inertheit

Die hygienische Inertheit hinsichtlich einer mikrobiologischen Beeinflussung von Lebensmitteln durch den Kontakt mit Bedarfsgegenständen sowie die physikalische Beeinträchtigung durch Fremdkörper wird durch die Verordnung (EG) Nr. 852/2004 über Lebensmittelhygiene (LMH-VO-852) sowie die Lebensmittelhygieneverordnung (LMHV) geregelt (vgl. Kap. 38.4 Qualitätssicherung). Diese Maßnahmen gelten nur für gewerbsmäßig verwendete Lebensmittelbedarfsgegenstände.

38.2.3
Verpflichtungen zur Konformitätsarbeit

Aufgrund von Art. 16 Abs. 1 der RahmenVO wurde in den bis zum jetzigen Zeitpunkt vorhandenen Einzelmaßnahmen geregelt, dass den der Maßnahme unterliegenden Materialien und Gegenständen eine Konformitätserklärung beizufügen ist, aus der hervorgeht, dass sie den für sie geltenden Vorschriften entsprechen. Zudem müssen unternehmensinterne geeignete Unterlagen bereit gehalten werden, mit denen die Einhaltung der Vorschriften belegt wird. Weiterhin ist am 1. August 2008 die VO (EG) Nr. 2023/2006 (GMP-VO) [10] wirksam geworden. Sie stellt eine Ausführungsbestimmung zu Art. 3 der RahmenVO dar und verpflichtet die Unternehmen, Fertigungsverfahren nach den allgemeinen und den in der Anlage der GMP-VO genannten Regeln für GMP durchzuführen. Auch diese Maßnahme dient dazu, die Unternehmen zu verpflichten, die Konformität der Produkte mit den geltenden Rechtsvorschriften zu gewährleisten und zu belegen (vgl. Kap. 38.4).

38.2.4
Weitere Anforderungen

Mit der RahmenVO ist der Täuschungsschutz für Lebensmittelbedarfsgegenstände eingeführt werden. So heißt es in Art. 3 (2): „Kennzeichnung, Werbung und Aufmachung der Materialien und Gegenstände dürfen den Verbraucher nicht irreführen".

Zudem sind gemäß der RahmenVO neben der Herstellerangabe, dem Lebensmittelkontaktzeichen und den erforderlichenfalls besonderen Hinweisen für eine sichere und sachgemäße Verwendung weitere Kennzeichnungselemente obligat. Dazu gehören einschlägige Informationen zu „aktiven" Bedarfsgegenständen (vgl. Kap. 38.3.9) sowie eine angemessene Kennzeichnung oder Identifikation, die eine Rückverfolgbarkeit des Materials oder Gegenstands erlaubt (z. B. Chiffre).

38.2.5
Nationale Beurteilungsgrundlagen

Lebensmittelbedarfsgegenstände unterliegen den Bestimmungen des LFGB, worin sie als Materialien und Gegenstände im Sinne des Art. 1, Abs. 2 der RahmenVO definiert sind (§ 2, Abs. 6, Satz 1 Nr. 1 LFGB).

In Abschnitt 5 sind die Regelungen beim Verkehr mit Lebensmittelbedarfsgegenständen enthalten.

Hier greift § 31 LFGB die für das Herstellen derartiger Gegenstände in Art. 3, Abs. 1 der RahmenVO formulierten Anforderungen hinsichtlich der chemischen Inertheit auf und verbietet das Inverkehrbringen oder gewerbsmäßige Verwenden der nicht konformen Gegenstände. § 33 LFGB enthält das Verbot des Inverkehrbringens bzw. des Verkehrs mit solchen Bedarfsgegenständen, welche den in der RahmenVO erlassenen Vorschriften zum Schutz vor Täuschung nicht entsprechen.

§ 30, Nr. 1 und 2 LFGB beinhaltet die Verbote zum Schutz vor konkreten und unmittelbaren Gesundheitsgefahren infolge von toxikologisch wirksamen Stoffen oder Verunreinigungen. Diese Regelung gilt zwar für alle in § 2, Abs. 6 LFGB definierten Bedarfsgegenstände, aus der amtlichen Lebensmittelüberwachung ist jedoch derzeit kein Beispiel für einen Lebensmittelbedarfsgegenstand bekannt, auf welchen dieser Tatbestand zuträfe.

Schließlich berücksichtigt § 30, Nr. 3 LFGB auch den Aspekt der konkreten Gesundheitsgefahr aufgrund mechanischer Beeinträchtigungen beim gewerbsmäßigen Verwenden von Lebensmittelbedarfsgegenständen (Bsp.: splitternde Schaschlikspieße).

38.3
Warenkunde

38.3.1
Kunststoffe

Kunststoffe sind hoch entwickelte Werkstoffe mit großer Bedeutung für viele Wirtschaftszweige und auch für den Verbraucher. Weltweit wurden in 2007 ca. 260 Mio. t Kunststoffe verwendet. In Deutschland macht die Kunststoffindustrie – Rohstoffe, Fertigung und Maschinen – mit insgesamt ca. 335 000 Beschäftigten in ca. 3 700 Unternehmen, einer Produktionsmenge von 20,5 Mio. t Kunststoffen und etwa 74 Mrd. € Jahresumsatz in 2007 – einen bedeutenden Teil des gesamten Industriespektrums aus [11].

Zusammensetzung, Struktur und Eigenschaften von Kunststoffen

Kunststoffe sind vorwiegend organische Stoffe, die sich aus Makromolekülen aufbauen [12]. Makromoleküle sind Molekülketten, die eine große Zahl chemisch analoger Grundeinheiten (Monomere) enthalten.

Die einfachsten Polymere enthalten lauter gleichartige Grundeinheiten („Homopolymere"). Sind die Makromoleküle aus verschiedenen Grundeinheiten aufgebaut, spricht man von „Copolymeren".

Kunststoffe haben zum Teil stark unterschiedliche Eigenschaften. Gemeinsame Merkmale der meisten Kunststoffe sind:

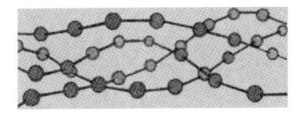

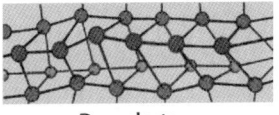

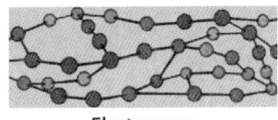

| Thermoplaste | Duroplaste | Elastomere |

Abb. 38.1. Struktur der Makromoleküle verschiedener Kunststoffsorten

- geringe Dichte und Wärmeleitfähigkeit,
- große Zugfestigkeit, geringer Elastizitätsmodul,
- große Temperaturdehnung,
- große Diffusionsdichtigkeit und chemische Beständigkeit,
- großes elektrisches Isolationsvermögen,
- ausgeprägte Temperaturabhängigkeit des mechanischen Verhaltens, Brennbarkeit. Nur wenige Kunststoffe sind unbrennbar, viele jedoch schwer entflammbar,
- gute Einfärbbarkeit,
- im Vergleich zu metallischen oder mineralischen Werkstoffen niedrige zulässige Gebrauchstemperatur.

Diese verschiedenen Eigenschaften der Kunststoffe basieren auf ihrem unterschiedlichen molekularen Aufbau (Konstitution), d. h. Typ und Verknüpfungsart der Atome in der Grundmolekülkette, Art der Endgruppen und Substituenten, Art und Länge der Verzweigungen, Einbau von Fremdmolekülen.

Die Makromoleküle haben entweder

- lineare,
- strauch- bzw. kammartig verzweigte oder
- vernetzte (dicht oder locker vernetzt)

Strukturen. Aufgrunddessen unterscheidet man zwischen den drei großen Kunststoff-Kategorien: Thermoplaste, Duroplaste und Elastomere.

Thermoplaste

In Thermoplasten liegen die linearen oder verzweigten Makromoleküle hauptsächlich nebeneinander bzw. ineinander verknäuelt vor. Wird ein solcher Kunststoff erwärmt, können die Moleküle aneinander entlanggleiten und der Gegenstand verformt sich. Beim Abkühlen erhärtet der Kunststoff zu der neu gegebenen Form (Glasübergangstemperatur).

Duroplaste

Die Duroplaste sind aus Makromolekülen aufgebaut, die engmaschig miteinander vernetzt sind. Dabei entstehen zwischen den Molekülen feste Bindungen, sodass die Moleküle beim Erhitzen nicht aneinander vorbeigleiten können, d. h. sie werden weder plastisch verformbar noch flüssig. Bei Zugbelastung können Duroplaste sich spröde oder elastisch verhalten.

Elastomere

Elastomere bestehen aus weitmaschig vernetzten Makromolekülen. Sie werden in Kap. 38.3.3 beschrieben.

Zusammenhang zwischen molekularer Struktur und Eigenschaften von Kunststoffen

Thermoplaste lassen sich nach ihrer inneren Struktur in zwei große Gruppen einteilen.

- Teilkristalline Thermoplaste. Diese Polymere kristallisieren in Teilbereichen, den sog. „Kristalliten" und bilden ein gemischt-kristallin-amorphes Zweiphasensystem überwiegend mit hoher Schlagzähigkeit. Da Licht an den Kristalliten gestreut wird, sind teilkristalline Thermoplaste opak. Folien aus teilkristallinen Thermoplasten knistern hörbar. Beispiele sind High Density Polyethylene (HDPE), Polypropylen (PP), Polyethylenterephthalat (PET) oder Polyamid (PA).
- Amorphe Thermoplaste. Diese Thermoplaste besitzen relativ sperrige Substituenten an der Molekülkette und erstarren glasartig, das heißt, ihre Moleküle bleiben regellos verteilt wie in einer Flüssigkeit, auch wenn sie nach außen hin wie ein Feststoff erscheinen. Sie sind transparent bis zur glasklaren Durchsichtigkeit und bei niedrigen Temperaturen spröde. Beispiele sind Polystyrol (PS), Polyvinylchlorid (PVC), Polymethylmethacrylat (PMMA) und Polycarbonat (PC).

Die innere Struktur von *Duroplasten* (engmaschig) und *Elastomeren* (weitmaschig) ist durch die Quervernetzungen zwischen den Ketten festgelegt. Duroplaste zeichnen sich häufig durch hohe Festigkeit und Wärmebeständigkeit aus. Elastomere sind bei der Verwendungstemperatur gummielastisch.

Herstellung

Von der Veredelung von Naturstoffen abgesehen, stehen 3 Verfahren zur Herstellung synthetischer Kunststoffe zur Verfügung:

- Polymerisation
- Polykondensation
- Polyaddition.

Polymerisation

Ausgangsstoffe für die Polymerisation sind ungesättigte Moleküle, z. B. Ethylen, Styrol, Acrylnitril oder aber ringförmige Verbindungen wie Caprolactam. Bei der Polymerisation werden die Doppelbindung oder der Ring aufgespalten. Die frei werdenden Valenzen ermöglichen die gegenseitige Verbindung mit Einzelbausteinen zu einer Polymerkette. So einfach diese Reaktionen aussehen, so schwierig ist es, sie großtechnisch zu beherrschen. Der Einsatz spezieller Katalysatoren und eine ausgefeilte Prozesstechnik sind der Schlüssel zur industriellen Polymerisation. Nach dem Polymerisationsverfahren werden wichtige „Massenkunststoffe" wie Polyethylen, Polypropylen, Polyvinylchlorid oder Polystyrol erzeugt.

Polykondensation
Unter Polykondensation ist eine Stufenreaktion zu verstehen, bei der einfache Moleküle (z. B. Wasser) abgespalten (kondensiert) werden. Je nach Ausgangsstoff entstehen lineare oder vernetzte Polykondensate. Die Reaktion wird über die Einstellung des Gleichgewichts der Reaktionspartner und Produkte gesteuert. Beispiele für Polykondensate sind Polyamide, Polyethylenterephthalat (PET), Polycarbonat (PC), vernetzte ungesättigte Polyesterharze, Phenoplaste und Aminoplaste.

Polyaddition
Auch die Polyaddition ist eine Stufenreaktion. Im Gegensatz zur Polykondensation werden keine niedermolekularen Verbindungen abgespalten, sondern die Makromoleküle entstehen durch Umlagerungen entlang der Kette. Wichtige Produkte der Polyaddition sind Polyurethane und Epoxidharze.

Die wichtigsten Kunststoffklassen und ihre Lebensmittelkontakt-Anwendungen

Polyethylen (PE)

Low Density Polyethylene (LDPE) und Linear Low Density Polyethylene (LLDPE) Die wesentlichen Eigenschaften sind: wenig durchlässig für Wasserdampf, verhältnismäßig durchlässig für O_2, CO_2 und Aromastoffe; beständig gegen Säuren und Basen, quillt ein wenig beim längeren Kontakt mit Fetten und Ölen; transparent, gut schweißbar. Während LDPE bedingt durch den radikalischen Hochdruck-Polymerisationsprozess eine höhere Anzahl von Verzweigungen und eine breite Molgewichtsverteilung aufweist, hat LLDPE aus dem Metallocen-Prozess – z. B. in Form von Ethylen/Hexen-Copolymeren – eine enge Molgewichtsverteilung und eine homogene Comonomer-Verteilung in der Kette. Daraus resultieren eine besondere Zähigkeit, Reiß- und Durchstoßfestigkeit, hohe Transparenz und Glanz und Verschweißbarkeit. Die maßgeblichen Anwendungsgebiete beider PE's sind Folien, Beutel, Tuben, Netze zur Verpackung von Fleisch, Milch, Gemüse, Obst, Süßwaren, Gebäck, Brot, Zucker; kurzzeitig für Sauerkraut, Gurken etc.

Außerdem dienen sie als „Siegelschicht" bei der Herstellung von Verbundmaterialien mit Karton (Einwegverpackungen, z. B. für Milch und Milcherzeugnisse und Fruchtsaftgetränke aller Art sowie Wein, stilles Mineralwasser, Fertigdesserts und -soßen), sowie in verklebten („kaschierten") oder coextrudierten Verbundfolien mit Aluminium, PA, PET für Langzeit-lagerfähige Verpackungen von Käse, Wurstwaren und Schinken, Kaffee, Snacks etc.

Je nach den Eigenschaften des aufbewahrten Lebensmittels werden komplexe Verbunde mit bis zu sieben Schichten, u. a. auch auch Ethylenvinylalkohol-Copolymer (EVOH) als Gas-Barriereschicht, erzeugt.

Weiterhin wird zweiseitig „gerecktes" LDPE oder LLDPE als Schrumpffolie für Frischfleisch und Geflügel eingesetzt.

High Density Polyethylene (HDPE) HDPE ist im Vergleich zu LDPE und LLDPE zäher und kältebeständiger; hat eine höhere Undurchlässigkeit für Wasserdampf und Gase; ist beständiger gegenüber Chemikalien und höheren Temperaturen. Es dient zur Herstellung von Flaschen, Behältern und Verschlüssen für Milch und Essig, von Transportverpackungen in Form von Kästen für Fleisch, Bier und Wein.

Polypropylen (PP)
PP hat eine hohe mechanische Festigkeit, geringe Durchlässigkeit für Gase, Wasserdampf und Aromastoffe, ist beständig gegen höhere Temperaturen (140 °C kurzzeitig) und daher geeignet zur Heißabfüllung von Lebensmitteln, eventuelle Sterilisierung in der Verpackung; außerdem besitzt es eine gute Schweißbarkeit.

Die Verwendungen umfassen Kochbeutel, Folien für Gebäck, Müllereiprodukte und Brot, Mikrowellengeschirr, Trinkbecher sowie vorgeformte Verpackungen (z. B. Behälter mit Deckel für Molkereiprodukte, glasklare Schraubverschluss-Flaschen für Heißabfüllgetränke, wie Tee, Fruchtsäfte oder Milch sowie Verpackungsmittel für Milchpulver, Nüsse, getrocknete Früchte, Sojasauce, Essig etc.).

Außerdem wird PP eingesetzt für hochtransparente, dünne Folien in Form des „Biaxial-orientierten PPs" (BOPP) für die Verpackung von Fleischwaren und Käse.

Polyvinylchlorid (PVC)
Unter den PVC-Eigenschaften sind besonders hervorzuheben: hohe chemische Beständigkeit gegenüber Säuren, Basen, Fetten und Ölen; geringe Durchlässigkeit für Wasserdampf und Gase; hohe Undurchlässigkeit für UV-Strahlen; gute Aromadichtigkeit sowie niedrige Wärmebeständigkeit (70–75 °C). Daher ist kein Sterilisieren in der Verpackung möglich.

Die Anwendungen von Hart-PVC sind u. a. Folien für portionierte Verpackungen sowie vorgeformte Verpackungen (Flaschen für Mineralwasser, Essig, Speiseöl, Wein, Bier; Schalen für Milch- und Molkereiprodukte, Mayonnaise, Fette, Salate usw. und schließlich Einlagen für Pralinenschachteln) als auch Trinkwasserrohre.

Weich- oder Halbhart-PVC (also mit unterschiedlichen Weichmacheranteilen) wird zur Herstellung von Schrumpffolie zum Verpacken von Lebensmittelprodukten verwendet. Da das hier eingesetzte PVC dampf- und sauerstoffdurchlässig ist, hält es Lebensmittel wie Fleisch frisch; außerdem wird Weich-PVC für Getränkeschläuche sowie als Dichtungsmaterial für Schraubdeckel und Kronkorken eingesetzt.

Polyvinylidenchlorid (PVDC)
Neben PVC wird auch PVDC zur Herstellung von Folien und Verpackungsverbunden mit verschiedenen Trägermaterialien (Papier, Kunststoff- und Aluminiumfolien) mit sehr guten Barriereeigenschaften gegenüber Gasen, Aromen, Wasser, Wasserdampf, Ölen und Fetten für die Verpackung von Lebensmitteln (Geflügel, Fleisch, Wurst, Käse) eingesetzt.

Polystyrol (PS)
PS ist einer der ältesten Kunststoffe. Zu seinen Eigenschaften zählt die hohe Durchlässigkeit für Wasserdampf und Gase. Heißabfüllung ist beschränkt möglich. Der besondere Nachteil von PS, dass es spröde und schlagempfindlich ist, kann durch Zusatz von Polybutadien-Kautschuk oder in Form des Styrol-Butadien-Blockcopolymers (SB) kompensiert werden, auf diese Weise wird schlagzähes Polystyrol (High impact-PS, HIPS) produziert.

Aus PS werden u. a. dünnwandige Einweg-Eis- und Trinkbecher sowie Einmalbestecke hergestellt. Für die Verpackung von Milch und Milchprodukten, Schmelzkäse, Konserven, Honig, Butter, Kaffeesahne (Portionsverpackungen), Süßwaren, Gebäck u. v. a. werden Becher und andere Behälter aus HIPS verwendet.

Schaumpolystyrol dient als Verpackung für gekühlte Getränke, zum Verpacken von Eiern etc. Aus ungefärbtem, transparentem PS werden diverse Haushaltsgeräte und Kühlbehälter erzeugt. HIPS kommt auch zum Einsatz für die Herstellung von Kühlschrankinnenbehältern und Türverkleidungen, die direkt mit PUR hinterschäumt werden. Aus dem transparenten SB werden wasserdampf- und gasdurchlässige Dünnfolien für Gemüse und Schnittsalate erzeugt.

Polyamid (PA)
Die wesentlichen Eigenschaften von PA sind hohe mechanische Festigkeit und Zähigkeit, Transparenz, Wärmeformbeständigkeit bis über 100 °C. Damit ist PA sterilisierbar. Es ist für Gase und Aromastoffe wenig, für Wasserdampf gut durchlässig; gegen Chemikalien, Fette und Öle ist es besonders beständig. Daher wird es als kochfeste Folie verwendet sowie vor allem in Kombination mit PE als tiefziehfähige Verbundfolie zur Vakuumverpackung bzw. Verpackung in inerter Gasatmosphäre von Käse, Wurst- und Fleischwaren, Speck und Fischen.

Wegen seiner hohen Temperaturbeständigkeit hat es auch Nischenanwendungen als Pfannenwender sowie als Bratfolie.

Polyester
Am bekanntesten ist Polyethylenterephthalat (PET), mit den Eigenschaften: hohe mechanische Festigkeit, Transparenz, Wärmeformbeständigkeit, wodurch es sterilisierbar ist; sehr geringe Durchlässigkeit für O_2, CO_2 und Aromastoffe. Es widersteht gut chemischen Einflüssen, ist allerdings schwer schweißbar. Bei der Verwendung in Verbundfolien mit PE als Siegelschicht wird es eingesetzt zur

Verpackung von Brot, Käse, Geflügel, Fertigspeisen, Kaffee – auch in Form von Vakuumverpackungen, sowie als Kochbeutel.

PET wird in großem Umfang eingesetzt bei Ein- und Mehrwegflaschen für kohlensäurehaltige Getränke und Mineralwasser, sowie auch für Speiseöle, Soßen, Senf, Sirup und Salatdressings. Weiter dient es als Material für Schalen und „Boil in Bag"-Folien, in denen vorgekochte Gerichte in der Mikrowelle oder im Ofen erwärmt werden.

Polycarbonat (PC)
PC hat besonders hohe mechanische Festigkeit und Zähigkeit sowie Wärmeformbeständigkeit, es ist transparent, weitgehend chemikalienbeständig und gut zu reinigen und zu sterilisieren. Daher wird es für Mehrweg-Milchflaschen in USA, Deutschland und Holland verwendet. Eine weitere Anwendung ist die 20 l-Mehrwegflasche für Trink- und Tafelwasser, insbesondere in Ländern mit Hygiene-Problemen in den öffentlichen Trinkwassernetzen. Außerdem werden viele Funktionsteile in Küchenmaschinen, höherwertiges Essgeschirr sowie Babytrinkflaschen aus PC gefertigt.

Styrol-Acrylnitril-Copolymer (SAN)
Das hochtransparente SAN wird für Salatschüsseln, Mixer, Aufbewahrungsdosen für Lebensmittel, Geschirr, Isolierkannengehäuse und für Einbauteile von Kühlschränken eingesetzt.

Biokunststoffe
Neben den herkömmlichen Kunststoffen auf Basis von Erdöl und Gas werden auch biobasierte Kunststoffe aus nachwachsenden Rohstoffen hergestellt. Daneben zählen auch bioabbaubare Kunststoffe zu den so genannten Biokunststoffen. Beispielsweise werden Obst und Gemüse in wasserdampfdurchlässigen Folien aus Polyactid (PLA) verpackt. PLA wird aus Milchsäure hergestellt, welche z. B. aus Maisstärke gewonnen wird. Ein weiteres Beispiel sind biologisch abbaubare Müllbeutel für organischen Abfall, damit die Beutel samt Inhalt kompostiert werden können. In Deutschland werden etwa 4 000 t Verpackungen aus Biokunststoffen produziert, was etwa 0,1% aller in Deutschland hergestellten Kunststoffverpackungen entspricht [77].

Duroplaste
Von den Duroplasten werden Epoxidharze wegen ihrer guten Haftfähigkeit auf metallischem Untergrund für Konservendosen-Innenlacke eingesetzt. Geschäumtes Polyurethan dient unter anderem zur Wärmeisolierung von Kühlschränken. UP-Harze mit Glasfaserverstärkung werden für die Fertigung von großvolumigen Lagertanks, u. a. für Wein, eingesetzt.

Verarbeitungsverfahren

Aus den Kunststoff-Rohstoffen (überwiegend Granulat) werden bei der Verarbeitung Werkstücke oder ganze Produkte geformt. Die wichtigsten Verarbeitungsverfahren sind:

- Extrudieren oder Strangpressen
- Spritzgießen
- Pressen
- Kalandrieren
- Schäumen.

Der *Extruder* ist das grundlegende Instrument für die Verarbeitung von Kunststoffen zu Rohren, Planen, Folien oder Formkörpern. Kunststoffgranulat wird kontinuierlich zugeführt, in dem beheizten Zylinder plastifiziert und durch eine Schnecke nach vorne transportiert. Gleichzeitig erfolgt die homogene Durchmischung, sodass ein Extruder auch dazu benutzt werden kann, Kunststoff mit Farbstoffen oder anderen Zusatzstoffen zu versehen. An der Austrittsöffnung des Extruders entsteht ein endloser Kunststoffstrang.

Extruder lassen sich in Paaren zusammenschalten. Dann entstehen in der „Koextrusion" z. B. zwei Schichten aus unterschiedlichen Kunststoffen.

Der Extruder muss mit einem Werkzeug verbunden werden, wenn ein Profil oder Bauteil aus Kunststoff entstehen soll. Beim *Strangpressen* wird der aus dem Extruder austretende Kunststoffstrang durch eine Düse zu Stangen und Rohren oder auch komplizierten Profilen geformt.

Beim *Spritzgießen* besteht das Werkzeug aus einer Hohlform, der sogenannten Schließeinheit. Sie besteht mindestens aus zwei außerordentlich präzise zusammenpassenden Teilen, sodass sie geöffnet und geschlossen werden kann. Im ersten Schritt wird das Werkzeug geschlossen und mittels einer Vorwärtsbewegung der Schnecke des Extruders mit Kunststoff-Schmelze gefüllt. Unter Nachdruck kühlt im zweiten Schritt der Kunststoff in der Form ab und erstarrt. Danach wird im dritten Schritt das Werkzeug geöffnet und das Werkstück ausgeworfen.

Bei einigen Verarbeitungsverfahren können Kombinationen von Werkzeugen eingesetzt werden. Sowohl beim *Folienblasen* als auch beim *Blasformen* folgt dem Strangpressen zu einem Kunststoffschlauch ein zweiter Verarbeitungsschritt. Im ersten Fall wird der Schlauch aufgeblasen, bis seine Wand nur noch aus einer dünnen Schicht Kunststoff von oft wenigen μm Dicke besteht. Im zweiten Fall wird ein Stück des Schlauchs mit einem Werkzeug abgequetscht, das gleichzeitig eine Hohlform ist. Danach wird das Schlauchstück aufgeblasen, bis es die Hohlform ausfüllt. So entstehen Flaschen und andere Hohlkörper.

Das *Kalandrier-Verfahren* hat seine größte Bedeutung bei der Herstellung von Folien aus PVC und beschichteten Geweben. Zudem dient es zur Herstellung von „Halbzeug" in Form von Folien oder Platten, welche noch weiter verarbeitet werden.

Für die Erzeugung von *geschäumten Formteilen* gibt es unterschiedliche „Treibverfahren". Als physikalische Treibmittel dienen Wasser, CO_2 und Stickstoff, die auch durch chemische Zersetzung entstehen können sowie Alkane. Als chemisches Treibmittel wird u. a. Bicarbonat eingesetzt. Es lassen sich fast alle Kunststoffe in viskoser Einstellung (Thermoplaste in der Schmelze, Duroplaste als Harz-Vorkomponente) verschäumen, wie z. B.: Polystyrol (Styropor), Polyurethan (Hart- und Weichschaum) PE, PVC, ABS sowie Phenol- und Harnstoff-Formaldehydharz.

Additive

Durch Zusatzstoffe werden aus Polymeren überhaupt erst technisch einsetzbare Kunststoffe! Die wichtigsten Additive sind hier zusammengestellt: Antioxidantien, Lichtschutzmittel, Gleitmittel, Weichmacher, Füllstoffe sowie weitere Zusatzstoffe wie z. B. Farbmittel.

Antioxidantien

Antioxidantien werden eingesetzt, um Polymere vor oxidativem Abbau zu schützen; sie wirken in zwei unterschiedlichen Mechanismen:

- als Radikalfänger (Kettenreaktionsabbrechende oder primäre Antioxidantien)
  Beispiele: 2,6-Di-*tert*-butyl-*p*-kresol und 3,5-Di-*tert*-butyl-4-hydroxyhydrozimtsäureester zur Stabilisierung von PE oder PP und N,N'-Bis(1,4-dimethylpentyl-*p*-phenylendiamin) bei ungesättigten Elastomeren.
- oder als Hydroperoxidzersetzer (sekundäre Antioxidantien)
  Beispiele: Ester der Thiodipropionsäure und Phosphite (u. a. Tris(2,4-di-*tert*-butylphenyl)phosphit), meist abgemischt mit sterisch gehinderten Phenolen zur Stabilisierung von Polyolefinen, ABS und schlagzähem Polystyrol.

Lichtschutzmittel

Durch Licht und Luftsauerstoff werden in Polymerwerkstoffen Abbauvorgänge initiiert (bei der Freibewitterung ausgelöst durch den Strahlungsanteil des Sonnenlichts im Wellenlängenbereich zwischen 295 und 400 nm (Ultraviolett)). Die dagegen eingesetzten Lichtschutzmittel funktionieren als

- „UV-Absorber", z. B. 2-Hydroxy-benzophenon, Benztriazole
- „Quencher" – durch Desaktivierung von angeregten Zuständen von Chromophoren, Beispiel: N-dibutyl-dithiocarbamat
- „Hydroperoxidzersetzer" (s. o. sekundäre Antioxidantien)
- „Radikalfänger" (s. o. primäre Antioxidantien)
- „Sterisch gehinderte Amine (HALS)".

Gleitmittel

Gleitmittel dienen als Verarbeitungshilfsmittel. Sie werden eingesetzt, um die Fließfähigkeit von Thermoplastschmelzen zu verbessern.

- Gleitwirksam sind aliphatische Ketten ab etwa 12 Kohlenstoffatomen.
- Polare Gruppen erhöhen die Verträglichkeit in polaren Polymeren.
- Carbonsäuren und ihre Derivate benetzen Metalle und sind dadurch trennwirksam.
- Amide verleihen Fertigteilen ausgeprägte Slipeigenschaften.
- Fluorpolymere ergeben Antiadhäsivbeschichtungen an Werkzeugoberflächen.

Weichmacher

Weichmacher werden eingesetzt, um die Flexibilität (Weichheit), Verarbeitbarkeit und Dehnbarkeit von Polymerwerkstoffen zu verbessern. Sie funktionieren durch Aufweitung der intermolekularen Abstände und durch Reduzieren von zwischenmolekularen Kräften, wie Dipol- und Dispersionskräfte und Wasserstoffbrückenbindungen. Damit werden Elastizitätsmodul, Glastemperatur und Schmelzviskosität erniedrigt. Man unterscheidet zwischen der

- äußeren Weichmachung: Weichmacher liegen „gelöst" im Polymeren vor, sie sind nicht kovalent gebunden. Der Nachteil besteht vor allem in der Weichmacher-Migration und der
- inneren Weichmachung: Copolymere aus Monomeren, deren Homopolymere unterschiedliche Glastemperaturen besitzen. Der Vorteil besteht in kovalent gebundenen, weichmachend wirkenden Molekülsegmenten, die nicht migrieren können.

Beispiele für äußere Weichmacher, verwendet vorrangig für PVC, zum Teil für Cellulosederivate, und für Polyacrylate:

- Phthalsäurediester
- Aliphatische Dicarbonsäureester: vorwiegend Adipinsäureester
- Polymere Weichmacher: Polyester der Adipin-, Sebazin- und Azelainsäure mit Molmassen: 850–3 500 g/mol, oder auch Acrylnitril-Butadien-Elastomere und Ethylen-Vinylacetat-Copolymere (EVA)
- Acetyltributylcitrat, epoxidiertes Sojabohnenöl, Glykolate
- Sulfonamide: Spezialweichmacher für Polyamide; Toluolsulfonamid.

Füllstoffe

Bei den Füllstoffen ist zu unterscheiden zwischen

- Inaktiven Füllstoffen; sie „verdünnen" die Kunststoffkosten, ohne die sonstigen Eigenschaften zu verbessern und den
- Aktiven Füllstoffen; diese verbessern die mechanischen und physikalischen Eigenschaften deutlich, daher spricht man auch von „verstärkenden" Füllstoffen. Diese wirken durch Bindungen zwischen Füllstoffen und polymerer Matrix.

Calciumcarbonate (z. B. Kreide) sind die am häufigsten eingesetzten (inaktiven) Füllstoffe für Thermoplaste. Danach folgen Glasfasern, Aluminiumhydroxid, Kaolin, Talkum, Glaskugeln, Glimmer.
Am häufigsten wird PA gefüllt, danach PP, PBT/PET und PC.

Antistatika
Sie wirken der elektrostatischen Aufladung von Polymeren und damit der Adhäsion von Staub entgegen. Verwendet werden hydrophile Substanzen wie Polyglykole, Fettalkoholpolyglykolether, Fettsäurepolyglykolester, hydroxyalkylsubstituierte Amine, Alkylsulfonate.

Emulgatoren
Als Emulgatoren dienen Salze von höheren und dimeren Fettsäuren, Sulfonate, Glykole, Natriumalginat, Alkalisalze von Polyacrylsäuren.

Schutzkolloide
Bei der Kunststoffherstellung werden vor allem Stärke, Tragant, Gelatine, Casein, abgewandelte Naturprodukte wie Hydroxyethylstärke oder Carboxymethylcellulose und Polyvinylpyrrolidon eingesetzt.

Fungizide
Die wichtigsten Wirkstoffe sind Sorbinsäure, Benzoesäure, Ascorbylpalmitat, Natriumacetessigester.

Farbmittel zur Einfärbung von Kunststoffen
Die sehr große Vielfalt der anorganischen und organischen Pigmente und der organischen Farbstoffe, die zur Kunststoffeinfärbung verwendet werden können, ist in der Broschüre „Farbmittel für Lebensmittelbedarfsgegenstände und -Verpackungen aus Kunststoffen", herausgegeben von der Ecological and Toxicological Association of Dyes and Organic Pigments Manufacturers (ETAD) und dem Verband der Mineralfarbenindustrie (VdMi) mit vielen Erläuterungen zur Verwendbarkeit der Farbmittel in Kunststoffen für den Lebensmittelkontakt, sowie den wesentlichen physikalischen und toxikologischen Stoffdaten dargelegt [16].

Rechtliche Beurteilung von Kunststoffmaterialien im Lebensmittelkontakt
Für den Bereich der Thermoplaste und Duroplaste mit Ausnahme der Verbundsysteme, bei welchen eine Schicht nicht aus Kunststoff besteht (sondern z. B. aus Papier oder Metall), legt die Bedarfsgegenständeverordnung die Eignungskriterien weitgehend fest. Lediglich für einzelne Einsatzstoffe (z. B. Katalysatoren) sind auch noch die BfR-Empfehlungen heranzuziehen. Grundlage der Bedarfgegenständeverordnung ist ein laufend aktualisiertes EU-Regelwerk (Kunststoffrichtlinie) [7].

Die wesentlichen Elemente sind:

- Positivlisten der zulässig verwendbaren Monomere und derzeit noch unvollständige Listen der Additive. Die Richtlinie 2008/39/EG der Kommission zur Änderung der Richtlinie 2002/72/EG über Materialien und Gegenstände aus Kunststoff, die dazu bestimmt sind, mit Lebensmitteln in Berührung zu kommen (5. Änderungsrichtlinie) wurde am 7. März 2008 im Amtsblatt veröffentlicht.
Hauptgegenstand ist die Änderung des Anhangs III, dem Gemeinschaftsverzeichnis der Zusatzstoffe, das in ein abschließendes Verzeichnis überführt wird (Positivliste). Ab 1. Januar 2010 dürfen zur Herstellung von Materialien und Gegenständen aus Kunststoff für den Lebensmittelkontakt nur noch solche Zusatzstoffe verwendet werden, die im Gemeinschaftsverzeichnis gelistet sind. Ein weiteres, vorläufiges Verzeichnis der Zusatzstoffe, die weiterhin noch auf der Basis nationaler Regelungen verwendet werden dürfen, wird von der Kommission auf einem aktuellen Stand gehalten und ist unter folgender Webseite veröffentlicht: http://ec.europa.eu/food/food/chemicalsafety/foodcontact/documents_en.htm.
- die Begrenzung des „Gesamtmigrats".
- Begrenzungen für gelistete Monomere und Additive, wenn toxikologisch begründet, durch „spezifische Migrationslimits" (SML) bezogen auf Lebensmittel oder durch maximale Restgehalte (QM) im Kunststoff.
- Konventionelle Expositionsannahmen zur Festlegungen von SML-Werten: der Verbraucher mit einem durchschnittlichen Körpergewicht von 60 kg verzehrt sein Leben lang durchschnittlich 1 kg in Kunststoffen verpackte Lebensmittel pro Tag, und diese Menge ist im Kontakt mit 6 dm^2 Kunststoffoberfläche. (Dieses Verhältnis von Oberfläche zu Lebensmittelmenge = 6 dm^2/1 kg ist abgeleitet aus dem Verpackungsbereich, wo 1 kg bzw. 1 Liter Lebensmittel mit der Dichte 1 umhüllt ist von $6 \times 10 \times 10$ cm^2 Verpackungsmaterial.) Außerdem enthält dieser Kunststoff das zu kontrollierende Monomer oder Additiv in einer maximalen Menge bis zur Ausschöpfung des SML's.
- Abgestufte Anforderungen an toxikologische Stoffdaten für die Bewertung aller gelisteten Stoffe und damit auch für die Beantragung neuer Monomere und Additive zur Aufnahme in Positivlisten, in Abhängigkeit von der Höhe der Migration, im Einzelnen dargestellt in der „Note for Guidance", vgl. [8].
- Für Lebensmittelbedarfsgegenstände aus Kunststoff gibt es seit 1997 die rechtliche Anforderung, in schriftlicher Form Informationen über die Einhaltung der Migrationsgrenzwerte und Anforderungen nach Maßgabe der geltenden Vorschriften sowie Angaben über Hersteller bzw. Einführer bereitzustellen (Konformitätserklärungen, vgl. Kap. 38.4.2).
Neben diesen Verpflichtungen sind Teilnehmer der Wertschöpfungskette auch verpflichtet, die Rückverfolgbarkeit von Lebensmittelbedarfsgegenständen sicherzustellen. Die umfasst auch die Kenntnis der unmittelbaren (Vor-)Lieferanten und gewerblichen Abnehmer.

Nach dem neuen Konzept der EU-Kommission sollen in einer Konsolidierung (Recast) die bisherigen Einzelrichtlinien für Kunststoffe gebündelt und ergänzt werden.

Es handelt sich dabei um die Richtlinien 78/142/EWG, 80/766/EWG, 81/432/EWG, 82/711/EWG, 85/572/EWG und 2002/72/EG. Einige dieser Richtlinien sind mehrfach in wesentlichen Punkten geändert worden.

Geplant ist zudem eine Neugestaltung des Testregimes, d. h. dass die Festlegung von Simulanzlösungen als auch von Testbedingungen nicht länger einer gesetzlichen Grundlage bedarf, sondern künftig ggf. in Form von Leitlinien erfolgt.

Fallbeispiel 38.1: Pfannenwender aus Polyamid

Gemäß der Bedarfsgegenständeverordnung dürfen primäre aromatische Amine (PAA) von Lebensmittelbedarfsgegenständen aus Kunststoff, die unter Verwendung aromatischer Isocyanate oder durch Diazokupplung gewonnener Farbstoffe hergestellt wurden, nicht in einer nachweisbaren Menge abgeben werden. Da es sich um cancerogene Stoffe handelt, ist die Nachweisgrenze mit 10 µg/kg Lebensmittel oder Simulanz festgelegt worden. Bei einem schwarzen Pfannenwender aus Polyamid wurden in der dritten Gebrauchslösung (3%ige Essigsäure, 30 Minuten Rückfluss) beträchtliche Übergänge von 4,4′-Diaminodiphenylmethan (4,4′MDA, 190 µg/l) und Anilin (1 280 µg/l) festgestellt. 4,4′MDA kann durch Hydrolyse aus dem entsprechenden, für Polyamid zugelassenen Isocyanat entstehen. Anilin stellt eine Verunreinigung aus dem verwendeten Farbstoff Anilinschwarz dar. Im Jahr 2006 war dieser Befund von Übergängen an PAA aus importierten Küchenutensilien kein Einzelfall. Die Europäische Kommission reagierte auf diese Importe mit Besuchen im Erzeugerland, um die Sensibilität der Verantwortlichen vor Ort zu erhöhen.

Rezyklateinsatz für Kunststoffbedarfsgegenstände

Neben der Abfallvermeidung kommt der Abfallverwertung heute eine große Bedeutung zu. Mit der zunehmenden Verwendung von Kunststoffverpackungen stellt sich somit die Frage des Recyclings dieser Materialien. Während in der Vergangenheit ein Recycling von Lebensmittelverpackungen aus Kunststoff zu neuen Lebensmittelverpackungen nicht möglich schien, werden zunehmend Technologien eingeführt, die diesen Schritt Realität werden lassen [17]. Schlüssel zu einem Einsatz rezyklierter Kunststoffe ist eine genaue Einzelfallbetrachtung und Bewertung der Stoffströme, Materialien, Reinigungsprozesse und Qualitätssicherungssysteme. Am weitesten entwickelt ist das Recycling von PET-Flaschen.

Der Einsatz von Kunststoffrezyklaten für Lebensmittelverpackungen wird mit der Verordnung (EG) Nr. 282/2008 [13] gesetzlich geregelt. Die Verordnung schreibt Anforderungen an Materialien und Gegenstände aus recyceltem Kunststoff sowie ein europaweit einheitliches Procedere für die Zulassung und Qualitätsüberwachung von Recyclingbetrieben vor, die als Lieferanten für den Bereich Lebensmittelverpackungen zugelassen werden. Die Europäische Behörde für Lebensmittelsicherheit (EFSA) hat einen Leitfaden für die Antragstellung zur Zulassung eines Recyclingverfahrens veröffentlicht.

Für die Übergangszeit bis zum vollständigen Inkrafttreten der Recycling-Verordnung bleiben die in den Mitgliedstaaten geltenden nationalen Bestimmungen in Kraft.

In Deutschland gibt es bisher eine Stellungnahme der Kunststoffkommission zur Verwendung von Kunststofferzeugnissen für Mehrweganwendungen und von Kunststoff-Rezyklaten für die Herstellung von Lebensmittelbedarfsgegenständen [14]. Eine nachfolgende Stellungnahme umfasst Leitlinien zur Verwendung von werkstofflich rezykliertem PET-Kunststoff für die Herstellung von Bedarfsgegenständen [15].

38.3.2
Coatings (Beschichtungen)

Beschichtungen sind definiert als Gesamtheit der Schichten aus Beschichtungsstoffen, die auf einem Untergrund aufgetragen wurden.

Beschichtungssysteme können folgende Aufgaben besitzen:
- eine dekorative Funktion,
- die Funktion des dauerhaften Schutzes und/oder
- andere Spezialfunktionen.

Eine wichtige Rolle spielt der dauerhafte Schutz – vor allem der Korrosionsschutz – bei Metallen (vgl. Kap. 38.3.7 Metalle).

Aufbau der Beschichtungssysteme

Beim Aufbau von Beschichtungssystemen wird zwischen Einschicht- und mehrlagigen Beschichtungssystemen unterschieden [18].

Während Einschichtlacke direkt sehr dünn auf den Untergrund appliziert werden, kann der Aufbau bei mehrschichtigen Systemen komplex sein:
Als erste Schicht des Lackaufbaus wird die Haftgrundierung, auch Primer genannt, benötigt. Sie muss eine ausreichende Haftung zwischen Untergrund und den folgenden Schichten gewährleisten. Um große Unebenheiten des Untergrundes auszugleichen, werden Spachtel verwendet, dies sind z. B. ungesättigte Polyesterharze mit einem großen Füllstoffanteil. Für den Ausgleich kleiner Unebenheiten kommen sog. Füller zum Einsatz. Die Deckschichten beeinflussen die Oberflächenbeschaffenheit dergestalt, dass sie sowohl einen mechanischen wie auch einen chemischen Schutz (z. B. Korrosionsschutz) der unteren Schichten gewährleisten.

Zusammensetzung der Beschichtungssysteme

Beschichtungen können die folgenden Bestandteile enthalten [19]:
- Bindemittel (Harze und ggf. Härter)
- Lösemittel
- Additive
- Pigmente und Füllstoffe.

Neben Lacksystemen, die sämtliche o. g. Bestandteile enthalten, werden auch Systeme ohne Lösungsmittel (Pulverlacke) oder ohne Farbmittel (Klarlacke) verwendet.

Das *Bindemittel* ist die wichtigste Komponente der Beschichtung. Es bildet einen dünnen, gleichmäßigen Film aus, hält die Lackbestandteile (z. B. Pigmente) zusammen und gewährleistet die Haftung auf dem Untergrund. Es besteht entweder aus gelösten makromolekularen organischen Verbindungen oder aus niedermolekularen Stoffen, welche im Verlauf der Lackhärtung polymerisieren (Harze). Bei Einsatz von Härtern findet eine dreidimensionale Vernetzung statt.

Lösemittel haben die Aufgabe, Bindemittelkomponenten aufzulösen und in eine verarbeitbare, verfließbare Form zu überführen. Sie sind flüchtig und verdampfen bei der Filmbildung. Ihre Verwendung ist insofern problematisch, als beim Umgang mit lösemittelhaltigen Lacken die Emissionen in die Umwelt und Vorschriften zum Arbeitsschutz, wie ausreichende Belüftung, Schutzkleidung usw., zu beachten sind. Zudem handelt es sich bei Lösemitteln um migrierfähige Komponenten, welche in das in Kontakt kommende Lebensmittel übergehen können. Es werden überwiegend aliphatische und aromatische Kohlenwasserstoffe eingesetzt aber auch Ester und Ketone sowie Alkohole und Glykolether.

Mit Hilfe von *Additiven* wird eine Reihe von technologischen Anforderungen realisiert, obwohl diese in nur sehr geringen Mengen (0,2–2%) in der Beschichtung enthalten sind. Wichtige Additive sind z. B. Weichmacher, Emulgatoren, Verlaufsmittel, Entschäumer, Thixotropierungsmittel, Lichtschutzmittel.

Pigmente und Füllstoffe dienen der mechanischen Stabilisierung der Beschichtung und der Farbgebung.

Füllstoffe erhöhen die Schutzfunktion. Durch den Aufbau einer strukturviskosen Konsistenz des Beschichtungsstoffes verbessern sie die Verarbeitungsfähigkeit. Gebräuchliche Füllstoffe sind z. B. Quarzmehl, Kaolin, Talkum, Bariumsulfat und Calciumcarbonat.

Pigmente sind in Lösemitteln oder Bindemitteln unlösliche, organische oder anorganische Farbmittel. Im Kapitel 38.3.1 (Kunststoffe) und in [20] wird die Thematik der Additive, Pigmente und Füllstoffe beschrieben.

Struktur und Wirkungsweise der Bindemittel

Bei der Filmbildung unterscheidet man grundsätzlich zwei Mechanismen:
- die physikalische Trocknung und
- die chemische Vernetzung.

Bei der physikalischen Trocknung sind die makromolekularen Bindemittelmoleküle in einem Lösemittel gelöst. Durch Abdunsten des Lösemittels erfolgt die Filmbildung.

Bei der chemischen Vernetzung werden (ggf. neben der Abdunstung des Lösemittels) durch Polykondensation, Polyaddition oder Polymerisation (vgl. Kap. 38.3.1 Kunststoffe) die zu niedrigviskosen Oligomeren vorvernetzten Bindemittel (Harze) zu einem Polymer verfestigt. Durch Zusatz von bifunktionellen Substanzen (Härtern) kann ein dreidimensionales, duroplastisches Netzwerk ausgebildet werden (2-Komponenten-Systeme).

In der Abbildung 38.2 ist der Vorgang der Filmbildung durch chemische Vernetzung schematisch dargestellt.

Wichtige **Bindemittel**gruppen sind:

- Polyester
- Alkydharze
- Acrylate
- Phenolharze
- Harnstoff- und Melaminharze
- Polyisocyanate
- Epoxidharze.

Die Epoxidharze stellen mengenmäßig eine besonders bedeutende Bindemittelgruppe dar. Sie werden in vielfältigen Sektoren eingesetzt (im Lebensmittelkontakt, im schweren Korrosionsschutz [21], bei Überzügen für Fußböden, zum Abdichten von Mauerwerk, als Bindemittel für Elektrotauchlackierung und als Pulverlacke für die Beschichtung von Bauteilen in der Wasserversorgung). Sie werden u. a. in 2-Komponenten-Systemen mit den folgenden Härtern zusammen verarbeitet:

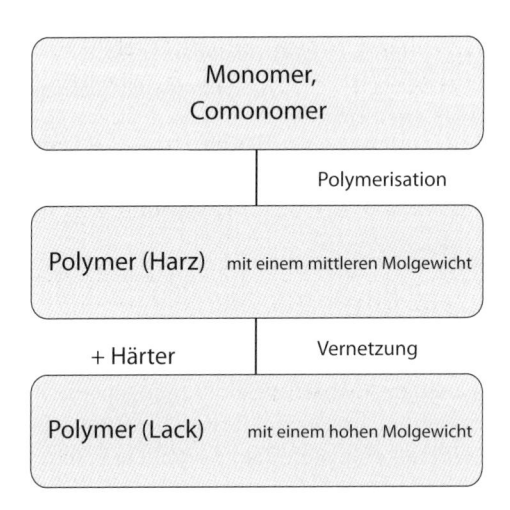

Abb. 38.2. Filmbildung durch chemische Vernetzung

- aliphatische, cycloaliphatische, aromatische Amine
- Polyaminoamide (hergest. aus Aminen und Fettsäuren) und
- Mannichbasenhärter (hergest. aus Phenolen, Polyaminen und Formaldehyd).

Herstellung und Anwendung von Beschichtungssystemen

Der Prozessablauf der Lackherstellung [18] in der Fabrik umfasst die folgenden Schritte: In der Ansetzerei werden alle Stoffe in die flüssige Phase eingearbeitet. Bei der Dispergierung oder Mahlung werden die Pigmente und Füllstoffe auf die entsprechende Korngröße gemahlen. Beim Komplettieren werden die noch fehlenden Rezepturbestandteile eingearbeitet. Dieser Arbeitsschritt ist entscheidend für die Einstellung der Eigenschaften der Harze, wie Viskosität oder der Grad der Vernetzung. Das Einstellen eines bestimmten Farbtones wird Nuancieren genannt.

Um ein Beschichtungssystem haltbar aufzubringen, muss der Beschichtungsuntergrund vorbehandelt werden. Diese Vorbehandlung ist materialabhängig und kann diverse Reinigungsschritte (Metalle, Kunststoffe), die Vergrößerung der zu beschichtenden Oberfläche oder eine Hydrophobierung (z. B. Behandeln mineralischer Untergründe mit Tiefgrund) umfassen. Die Techniken sind in [18] erläutert.

Die Applikation von Beschichtungsstoffen kann sowohl handwerklich als auch industriell erfolgen. Die einzelnen Techniken werden in Tabelle 38.2 aufgeführt, wobei die Vor- und Nachteile unter [18] beschrieben sind.

Tabelle 38.2. Beschichtungen – Übersicht über die Applikationstechniken

Handwerkliche Applikationstechniken	Streichen, Rollen, Spritzen (Warm- und Heißspritzverfahren), Spritzen mit Druckluft, Spritzen mit Flüssigdruck (Airless-Spritzen), elektrostatisches Spritzen
Industrielle Applikationstechniken	Tauchen, Fluten, Elektrotauchlackierung, Trommeln und Zentrifugieren, Walzen, Gießen, elektrostatische Applikationsverfahren

Nach dem Auftrag der Beschichtungsstoffe erfolgt die Trocknung oder Härtung.

Zur Trocknung oder Härtung muss den Werkstücken Wärme, z. B. mittels Einbrennöfen, zugeführt werden. Auf der Baustelle bei handwerklichen Applikationen müssen die genauen Aushärtungsbedingungen wie Aushärtungszeit und Temperatur beachtet werden. Erst wenn die Beschichtung vollständig ausgehärtet ist, darf sie z. B. mit einem Lebensmittel in Kontakt gebracht werden.

Verwendung und Beurteilung von Beschichtungssystemen

Beschichtungen werden im Lebensmittelkontakt häufig angewendet. Als Beispiele sind zu nennen: Konserven- und Getränkedosen mit Innenlackierung, Aluminium-Leichtverpackungen, Aluminiumdeckel von Joghurtportionspackungen, Lagertanks sowie temperaturbeständige Beschichtungen von Koch- und Backgeschirrteilen. Auch Geräte und Maschinen zur Lebensmittelherstellung enthalten häufig lackierte Metallkomponenten. Beschichtungen finden auch Verwendung in der Wasserverteilung (Trinkwasserbehälter, Rohre).

Epoxidharze sind die im Lebensmittelkontakt am häufigsten eingesetzten Lacksysteme. Es handelt sich um Vernetzungsprodukte auf Basis von Epichlorhydrin und aromatischen Dihydroxyverbindungen, wie z. B. Bisphenol A. Das daraus entstehende monomere bifunktionelle Agens ist der Bisphenol A-diglycidylether (BADGE). BADGE dient beispielsweise als Ausgangsstoff zur Herstellung von Epoxyphenolharz-Lacken, die zur Beschichtung tiefgezogener Dosenunterteile (Fischkonserven) verwendet werden. BADGE kam in der Vergangenheit in die Schlagzeilen, weil es in hohen Mengen in Fischkonserven nachgewiesen wurde. Die Ursache war der Einsatz von niedermolekularem Epoxidharz (mit überwiegendem Anteil an freiem BADGE) als migrierfähiges, weichmachendes Additiv zur Herstellung von PVC-Dispersionslacken (Organosolen). Organosole werden zur Beschichtung von Dosenteilen verwendet, bei welchen an die Flexibilität des Lackes hohe Anforderungen gestellt werden, wie z. B. bei Deckeln mit Ring-Pull-Verschlüssen [22–24] sowie auch als Haftlacke zur Innenbeschichtung von Schraubdeckeln, um die Haftung des Dichtungsmaterials auf dem Metall zu ermöglichen. Mittlerweile wurden die Organosole so modifiziert, dass die Migration von BADGE nicht mehr in relevanten Mengen erfolgt.

Bei der Betrachtung des Beschichtungssystems muss unterschieden werden zwischen dem ausgehärteten Lack, der mit dem Lebensmittel in Kontakt kommt, und den Halbfabrikaten, die an den Hersteller der Beschichtung geliefert werden. Hier spielt die genaue Einhaltung der vom Lackhersteller empfohlenen Applikationsvorschrift, die sowohl Reaktionszeit (Topfzeit) wie auch Aushärtungsbedingungen beschreibt, die entscheidende Rolle. Ein gut rezeptierter Lack kann bei falscher Anwendung zu Problemen führen, da nicht vollständig vernetzte Bausteine in das Lebensmittel migrieren können.

Grundsätzlich gelten für Beschichtungssysteme, welche mit Lebensmitteln in Kontakt kommen, die allgemeinen Anforderungen des Art. 3 der Rahmen-VO [1]. Zur Interpretation dieser Anforderung kann die Monomerenpositivliste der Kunststoffdirektive (2002/72/EG mit deren Änderungen [7]) herangezogen werden, welche in die BedarfsgegenständeVO [2] umgesetzt wurde. Allerdings gilt diese Liste für Beschichtungssysteme nicht als Positivliste, d. h. die gelisteten Monomere sind zur Herstellung von Beschichtungen zulässig, zusätzlich dürfen aber auch noch weitere Ausgangsstoffe verwendet werden (§ 4 Abs. 2 der BedarfsgegenständeVO). Zudem sind in der VO (EG) Nr. 1895/2005 [9] Migrationsbeschränkungen für BADGE und dessen Hydrolyse- und Chlorhydrinprodukte festgelegt worden. Für BFDGE (Bisphenol-F-diglycidylether) und NOGE (Novolakdiglycidylether) wurde die Verwendung auf große Behälter beschränkt. Aufgrund des hohen Volumen-Oberflächenverhältnisses, der mehrfachen Verwendung während der langen Lebensdauer solcher Lagertanks, wodurch die Migration verringert wird, sowie der Tatsache, dass der Kontakt normalerweise bei Umgebungstemperatur stattfindet, wurde auf die Festlegung von Migrationsbeschränkungen verzichtet.

Eine Gesamtliste der zur Herstellung von Beschichtungen verwendeten Ausgangsstoffe ist in der Europaratsresolution „AP (96) 5 on surface coatings intended to come into contact with foodstuffs" [4] erstellt worden.

Die Bewertung von Beschichtungen hinsichtlich der Migration von Stoffen ist komplizierter, als das bei Kunststoffen der Fall ist. Das hängt damit zusammen, dass als Ausgangsstoffe für Beschichtungen meist nicht die gelisteten Monomere dienen, sondern die bereits teilvernetzten oligomeren Harze. Insofern erhebt sich die Frage, was als Ausgangsstoff zu betrachten ist, die Monomere oder das Harz. Auch die Zwischenprodukte des Harzes können toxikologisch relevant sein, zumal Moleküle mit einer Molmasse von weniger als 1 000 Dalton als migrierfähig anzusehen sind und in der Regel bei oraler Aufnahme verstoffwechselt werden können.

Für Beschichtungen, die mit Trinkwasser in Berührung kommen, hat das Umweltbundesamt eine Leitlinie zur hygienischen Beurteilung von organischen Beschichtungen in Kontakt mit Trinkwasser [25] als Empfehlung auf der Grundlage des § 17 Abs. 1 der TrinkwasserVO veröffentlicht. Die Anlage 1 der Leitlinie enthält eine Positivliste mit den in Harzen oder Härtern zulässigen Ausgangsstoffen sowie Lösemitteln, Additiven und Hilfsstoffen. Zudem werden Reaktionszwischenprodukte mit ihren zugrundeliegenden Ausgangsstoffen aufgeführt. Die Aufnahme von Stoffen in diese Empfehlung setzt ein Antragsverfahren mit toxikologischer Evaluierung i. S. des „Note for Guidance" [8] voraus.

38.3.3
Kautschuk und Elastomere

Der Begriff „Kautschuk" leitet sich von dem indianischen „ca-o-chu" (weinender Baum) ab und bezeichnete ursprünglich den aus Pflanzensäften gewonnenen Naturkautschuk [26]. Heute bezeichnet man alle plastischen oder kautschukelastischen, makromolekularen Stoffe, die sich infolge einer weitmaschigen Vernetzbarkeit sowie weiterer spezieller Eigenschaften in einen gummielastischen Zustand überführen lassen, als Kautschuk. Dazu gehören auch die zahlreichen Synthesekautschukarten, welche bereits ab Beginn des 20. Jahrhunderts entwickelt wurden.

Strukturell unterscheidet man die sog. *Dienkautschuke* (oder R-Kautschuke = Rubber, z. B. N*R*, s. u.), welche Doppelbindungen in der Hauptkette enthalten und die Methylenkautschuke (M-Kautschuke, z. B. EP*M*, s. u.) mit gesättigten Strukturen. Zu den R-Kautschuken gehören u. a. Naturkautschuk (NR), Polybutadien (BR), Polychloropren (CR) und Styrol-Butadien-Kautschuk (SBR).

Dienkautschuke: $[-(CH_2-C(R)=CH-CH_2)_x-(Z-)_y-]_n$

z. B. $R = CH_3$,   Z entfällt: Naturkautschuk, Polyisopren

$R = Cl$,   Z entfällt: Polychloropren

$R = H$,   Z = Styrol: Styrol-Butadien-Kautschuk

Methylenkautschuke sind beispielsweise die Mischpolymerisate aus Ethylen und Propylen (EPM) oder aus Ethylen und Vinylacetat (EVM).

Durch weitmaschige Vernetzung der Kautschuke erhält man hochelastische Endprodukte, die Elastomere genannt werden (Definition nach DIN 7724:1993). Die als Gummielastizität bezeichnete Eigenschaft beruht auf der dreidimensionalen Vernetzung der Makromoleküle, welche ein Abgleiten der Polymerketten verhindert. Die Polymerketten, welche eine irreguläre, geknäuelte Form besitzen, werden nach einer Verformung des Elastomers durch äußere Kräfte gezwungen, sich in Streckrichtung anzuordnen. Nach Loslassen der Kräfte kehrt das Elastomer wieder in den thermodynamisch günstigeren, ungeordneten Zustand zurück (Entropieelastizität).

Die beschriebenen elastischen Eigenschaften besitzen Elastomere bei Raumtemperatur. Durch Abkühlung auf sehr niedrige Temperaturen (unter 0 °C) erreichen sie ihre Glasübergangstemperatur, welche von der Struktur des jeweiligen Makromoleküls abhängig ist. Sie erstarren und werden dann hart und spröde wie Glas. Bei höheren Temperaturen setzt eine vorzeitige Alterung ein. Durch weitere Temperaturerhöhung wird keine Plastifizierung des Materials erreicht, wie dies bei Thermoplasten der Fall ist, sondern es tritt Zersetzung ein. Ausführliche Informationen hinsichtlich der Verarbeitung von Kautschuken, der Herstellung von Elastomeren sowie deren Prüfungen befinden sich in [27, 28, 76].

Vulkanisation

Unter Vulkanisation versteht man die Überführung von plastischen, kautschukartigen Polymeren in den gummielastischen Zustand infolge einer weitmaschigen Vernetzung, in der Regel durch bifunktionelle Agenzien. Durch diesen Vorgang werden die Nachteile des Kautschuks, nämlich die Erweichung bzw. das Klebrigwerden in der Wärme und die Verhärtung und Brüchigkeit in der Kälte, eliminiert. Das entstandene Elastomer hat gegenüber dem Kautschuk eine höhere Reißfestigkeit und Beständigkeit. Ursprünglich ist Vulkanisation die Bezeichnung für die von dem Amerikaner Goodyear im Jahr 1839 entwickelte Methode zur dreidimensionalen Vernetzung von Naturkautschuk unter Einwirkung von Schwefel und Hitze.

Alle Dienkautschuke lassen sich grundsätzlich mit Schwefel vernetzen, da die Doppelbindungen als Angriffspunkte dienen. Es entstehen inter- und intramolekulare Vernetzungsstrukturen mit einer unbestimmten Anzahl von Schwefelatomen (wahrscheinlich S_{1-5} pro Brücke).

Zur Steuerung der Vulkanisationsgeschwindigkeit werden sog. Vulkanisationshilfsmittel verwendet, welche als Beschleuniger oder Vulkanisationsverzögerer fungieren. Den Vulkanisationsbeschleunigern werden Metalloxide, meist Zinkoxid, zugesetzt, wodurch ihre Wirksamkeit gesteigert wird. Vulkanisationsverzögerer (z. B. Phthalsäureanhydrid) schieben das Einsetzen des Vernetzungsvorgangs hinaus. Die wichtigsten Beschleunigerklassen sind in der Tabelle 38.3 dargestellt.

Tabelle 38.3. Beschleunigerklassen für die Vulkanisation mit Schwefel

Beschleunigerklasse	Beispiel	Wirkung
Dithiocarbamate	Zinkdialkyldithiocarbamate	Ultrabeschleuniger
Thiurame	Tetramethylthiuramdisulfid	Ultrabeschleuniger
Thiazole	Mercaptobenzothiazol (MBT)	Halbultrabeschleuniger
basische Beschleuniger	Guanidine	langsame Beschleuniger

Die Konsistenz der Vulkanisate kann u. a. über die Schwefel-Menge beeinflusst werden, denn die Elastizität des entstandenen Elastomers ist abhängig von der Anzahl der Schwefelbrücken (Hartgummi oder Weichgummi). Je mehr Schwefelbrücken vorhanden sind, umso härter und unelastischer ist der Gummi.

Bei einigen Synthesekautschuken werden Schwefel-freie Vernetzer als Vulkanisationsmittel verwendet, z. B. organische Peroxide bei gesättigten Elastomeren (M-Kautschuke). Manche Kautschuke (z. B. Butadien/Styrol, SBR) können auch rein thermisch vulkanisiert werden.

Zusatzstoffe, Fabrikationshilfsmittel

Kautschukmischungen sind Vielstoffgemische aus Polymeren und verschiedenen Chemikalien, wie z. B. Vulkanisationshilfsmitteln (s. o.), Füllstoffen und Weichmachern. Diese Chemikalien werden entweder zugesetzt, um dem Elastomerprodukt spezielle Eigenschaften zu verleihen oder um die Verarbeitbarkeit der Mischung zu erleichtern.

Die für Bedarfsgegenstände mit Lebensmittelkontakt zulässigen Kautschukchemikalien sind in der Empfehlung XXI des BfR (Bedarfsgegenstände auf Basis von Natur- und Synthesekautschuk) [3] gelistet.

Im Folgenden werden einige wichtige Kautschukchemikalien beschrieben.

- Füllstoffe (Einsatzmengen: 20–60%):
  Man unterscheidet zwischen aktiven und inaktiven Füllstoffen. Inaktive Füllstoffe (Kreide) bewirken keine Verbesserung der elastischen Eigenschaften. Als Streckungsmittel verbilligen sie das Produkt.
  Aktive Füllstoffe (Ruße, Kieselsäuren) versteifen die Mischungen, d. h. die Viskosität der Rohmischungen nimmt zu, die Elastizität des Vulkanisats ab. Aktive Füllstoffe wirken „verstärkend". Darunter versteht man eine innige Haftung zwischen Kautschukketten und Füllstoffteilchen. Beim Bruch einer Kette wird die Belastung infolge dieser Haftung auf eine größere Zahl weiterer Kautschukketten übertragen. Dadurch kommt es – ähnlich wie beim Vorgang der Kristallisation – zu einer Erhöhung der Zugfestigkeit und des Weiterreiß-Widerstandes.
- Weichmacher (Einsatzmengen: ca. 10–30%):
  Auch hier unterscheidet man zwischen „unechten" bzw. „Verarbeitungsweichmachern" (Mineralöle, Faktis) sowie den „echten" oder „elastifizierenden" Weichmachern (Phthalate, Adipate) (vgl. Kap. 38.3.1 Kunststoffe).
- Alterungsschutzmittel (Einsatzmengen: 1–2%):
  Elastomererzeugnisse sind anfällig gegenüber Alterungsvorgängen. Insbesondere die Dienkautschuke sind betroffen, da die enthaltenen Doppelbindungen durch Luftsauerstoff autoxidiert und durch Ozon gespalten werden können. Diese Vorgänge machen sich entweder in Form einer Erweichung oder Verhärtung/Versprödung des Materials bemerkbar. Beschleunigt werden die Alterungsvorgänge u. a. durch dynamische Beanspruchung des Elastomers (z. B. bei Zitzenbechern) und durch Hitzeeinwirkung (Einkochringe).
  Die Beständigkeit eines Elastomers kann in geringem Umfang durch Alterungsschutzmittel erhöht werden. Es gibt zahlreiche Handelsprodukte, welche Schutz vor Sauerstoff und Ozon gewähren.
  Als Antioxidantien werden alkylierte oder arylierte Phenole eingesetzt, die aber nur eine geringe Wirkung gegen Ozon aufweisen.
  Den besten Schutz vor Ozon und „Ermüdungserscheinungen" infolge dynamischer Beanspruchung gewährleisten N-substituierte Arylamine.

Naturkautschuk (NR)

Naturkautschuk [29] wird aus dem Milchsaft des Kautschukbaumes (*Hevea brasiliensis*) gewonnen, der ursprünglich in Brasilien beheimatet war. Heute sind die wichtigsten Produzentenländer Thailand, Indonesien und Malaysia.

Der Milchsaft (Latex) ist in den Milchsaftröhren der ganzen Pflanze enthalten. Die Gefäße sind am zahlreichsten in der Nähe des Cambiums. Er wird durch Einschneiden der Baumrinde in Form einer halben Spirale gewonnen, wobei der Saft für 2–5 Stunden austritt und gesammelt werden kann, bevor der Fluss infolge der Koagulation des Saftes versiegt.

Der Milchsaft (Latex) enthält etwa 30% an NR, welcher aus linear angeordnetem *cis*-1,4-Polyisopren besteht. Ein kleiner Teil des Saftes wird durch Eindampfen, Zentrifugieren oder Aufrahmen zu flüssigen Konzentraten verarbeitet und beispielsweise zur Imprägnierung von Textilien verwendet. Der größere Teil wird durch Koagulation und Trocknung des Latex zu Festkautschuk verarbeitet. Aus Latex werden zumeist dünnwandige Erzeugnisse geformt, die durch Schwefelvernetzung vulkanisiert werden.

Da Naturkautschuk meist eine zähe, nervige Konsistenz hat, die eine gleichmäßige Mischung mit den Kautschukchemikalien unmöglich macht, müssen die Kautschukmoleküle vor der Verarbeitung zerkleinert werden. Dieser Vorgang wird Mastikation genannt. Die Mastikation kann mechanisch auf Walzwerken bzw. in Knetern erfolgen oder chemisch, beispielsweise mit Pentachlorthiophenol durchgeführt werden. Anschließend kann die Herstellung des Erzeugnisses erfolgen durch:

- Mischung mit den Kautschukchemikalien,
- Formgebung durch Pressen, Kalandrieren, Spritzgießen
- und Vulkanisation des geformten Artikels durch Erhitzen.

Synthesekautschuke (SR)

Aus Gründen der Verfügbarkeit und dem Wunsch nach Verbesserung der Eigenschaften von Naturkautschuk wurden mit Beginn der Automobil- bzw. Reifenindustrie Versuche unternommen, diesen durch Kautschuke auf synthetischer Basis zu ersetzen. Dabei kamen zunächst neben dem Isopren weitere 1,3-Diene als Ausgangsstoffe zum Einsatz. Synthesekautschuke können aber auch durch Copolymerisation zweier oder Terpolymerisation dreier verschiedener Monomere entstehen.

Im Folgenden werden aus der Vielzahl der Synthesekautschuke nur einige wenige herausgegriffen und genannt [29, S. 329 ff.], insbesondere diejenigen, welche auch im Lebensmittelsektor eingesetzt werden.

- Butadienkautschuk (BR)
  Das Polymerisat von Butadien unter Natrium-Katalyse ist ursprünglich unter dem Handelsnamen „Buna" bekannt geworden. BR wird in der Regel im Verschnitt mit anderen Dienkautschuken, wie z. B. mit Naturkautschuk oder SBR eingesetzt. Es wird auch zur Erhöhung der Schlagzähigkeit von Thermoplasten verwendet. Der größte Verbraucher von BR ist die Reifenindustrie.
- Styrol-Butadien-Kautschuk (SBR)
  Das Copolymerisat aus Butadien und Styrol ist ein universell anwendbarer Kautschuktyp, dessen Hauptanwendung aufgrund seiner guten Abriebfestigkeit in der Produktion von PKW-Reifen liegt. Es dient u. a. zur Herstellung einer Vielzahl von Lebensmittelbedarfsgegenständen und benötigt ein gegenüber Naturkautschuk erhöhtes Maß an Weichmachung. Dazu werden meist Paraffinöle verwendet. SBR dient auch als Grundmasse für Kaugummi.

- Nitrilkautschuk (Acrylnitril-Butadien-Kautschuk, NBR)
  Nitrilkautschuk besitzt neben seiner guten Hitzestabilität eine ausgezeichnete Quellbeständigkeit gegen unpolare Fette und Öle, welche von dem Anteil an polarem Acrylnitril im Polymer abhängt. Diese Eigenschaften machen es besonders geeignet für den Lebensmittelkontakt bei höheren Temperaturen (Dichtungsringe, Ventile).
- Chloropren-Kautschuk (CR)
  Die Polymerisation von 2-Chlorbutadien ergibt einen Kautschuk, der für seine Ozon- und Hitzebeständigkeit bekannt ist.
- Ethylen-Propylen-Kautschuk (EP(D)M)
  Copolymere aus Ethylen und Propylen besitzen eine gesättigte Molekülkette. Sie werden mit Peroxiden vernetzt und zeichnen sich aufgrund des Fehlens von Doppelbindungen durch eine hohe Alterungsbeständigkeit aus.
  Terpolymere aus Ethylen, Propylen und einer nichtkonjugierten Dienkomponente (EPDM) können aufgrund der vereinzelten Doppelbindungen mit Schwefel vulkanisiert werden.
- Silikon-Kautschuk (Q)
  Die Kettenstruktur von Silikonkautschuk besteht nicht aus Kohlenstoff- sondern aus Silizium- und Sauerstoffatomen. Die meisten Silikonkautschuk-Typen sind überwiegend aus Polydimethylsiloxan (MQ) aufgebaut, die Siliziumatome können jedoch auch durch andere Seitenketten substituiert sein (Phenyl, Vinyl). MQ besitzt keine ungesättigten Strukturen und wird daher peroxidisch vernetzt. Die positiven Eigenschaften von Silikonkautschuk sind die Hitzebeständigkeit und die gute Beständigkeit gegen Ozon und Alterung. Es eignet sich daher für den Kontakt mit Lebensmitteln in der Hitze (Dichtungen). Es ist auch für medizinische Zwecke wertvoll, da es keine migrierfähigen Zusätze (Weichmacher, Alterungsschutzmittel) enthält. Schlechter sind dagegen seine Festigkeitseigenschaften. Das macht den Einsatz von aktiven Füllstoffen (Kieselsäure) erforderlich. Der geringe Weiterreißwiderstand ist auch bei seinem Einsatz als Material für Sauger problematisch. Silikonkautschuk hat zudem den Nachteil, dass seine Dichtwirkung gegen Gase und Flüssigkeiten nicht so gut ist wie die von anderen Kautschuken (z. B. Butyl). Somit wird der Anwender sein Elastomerprodukt immer nach dem geforderten Einsatzfall aussuchen müssen.

Thermoplastische Elastomere (TPE)

Bei thermoplastischen Elastomeren [30] sind die Verarbeitbarkeit von Thermoplasten und Gebrauchseignung von Elastomeren miteinander verbunden. Dies wird erreicht, indem in den Werkstoffen elastomere Phasen (als weiche Komponente) und thermoplastische Phasen (als harte Komponente) miteinander kombiniert sind. Die thermoplastischen Phasen bilden bei Raumtemperatur physikalische Vernetzungen aus, die bei Temperaturerhöhung schmelzen. Das Material wird plastisch verformbar und ist wie ein Thermoplast verarbeitbar. Bei Temperaturrückgang unter die Glasübergangstemperatur des Thermoplasten erhält das TPE wieder seine ursprüngliche Elastizität, sodass es im Hinblick auf sein Werkstoffprofil einem Elastomer gleicht.

Man unterscheidet zwischen:

- Block-Copolymeren, bei denen die Makromoleküle aus Sequenzen unterschiedlicher Monomere bestehen. Aufgrund der Unverträglichkeit der einzelnen Sequenzen einer Kette bilden sich im Kunststoff Agglomerate oder physikalische Netzwerke der einzelnen Bausteine.
- Polyblends mit nicht mischbaren Phasen: Dabei bilden die Thermoplasten eine harte, kristalline Netzstruktur als kontinuierliche Phase, deren Zwischenräume von den elastomeren Komponenten ausgefüllt wird.

Hinsichtlich ihrer chemischen Struktur sind die TPE sehr vielfältig. Man unterscheidet Polyester-Block-Amide (TPE-A), Copolyester (TPE-E), Polyolefine (TPE-O, TPE-V), Styrolcopolymere (TPE-S) und Polyurethane (TPE-U). Die Styrol-Block-Copolymeren repräsentieren das größte Volumen an TPE am Markt. Sie sind überwiegend aus drei Blöcken, nämlich Styrol-Kautschuk-Styrol aufgebaut. Dabei kann der zentrale Kautschuk-Block aus Butadien- oder Isopren-Sequenzen sowie aus Sequenzen von hydriertem Butadien bestehen.

Verwendung und Beurteilung von Elastomeren im Lebensmittelkontakt

Die Mehrzahl der für den Lebensmittelkontakt bestimmten Bedarfsgegenstände aus Elastomeren kommt mit Lebensmitteln nicht vollflächig und über längere Zeit in Kontakt, sondern – im Gegensatz zu der überwiegenden Anzahl an Bedarfsgegenständen aus Kunststoff – zumeist nur mit einem Teil der Fläche und/oder auch nur begrenzte Zeit. Diese besonderen Verwendungsbedingungen sind bei der Beurteilung zu berücksichtigen.

Als spezielle Beurteilungsgrundlage im Hinblick auf die Übereinstimmung mit den Grundsätzen des Art. 3 der VO (EG) Nr. 1935/2004 dient die Empfehlung XXI des BfR (Bedarfsgegenstände auf Basis von Natur- und Synthesekautschuk) [3]. In dieser Empfehlung sind Positivlisten für Ausgangsstoffe und Zusatzstoffe sowie Fabrikationshilfsmittel, die zur Herstellung von Festkautschuken und Latices verwendet werden dürfen und Anforderungen an die Fertigerzeugnisse hinsichtlich ihrer migrierfähigen Komponenten enthalten (z. B. N-Nitrosamine, sek. aliphatische Amine, prim. aromatische Amine, allergene Proteine).

Gemäß Empfehlung XXI werden Lebensmittelbedarfsgegenstände aus Elastomeren entsprechend ihren Verwendungsbedingungen in vier Kategorien und eine Sonderkategorie (für Gegenstände mit Mundschleimhautkontakt) eingeteilt (s. Tabelle 38.4). In diesen Kategorien sind die Bedingungen (Zeit, Temperatur) zur Ermittlung der Migration festgelegt. Einige Gruppen von Bedarfsgegenständen lassen sich nicht in diesem Raster unterbringen. Bei ihnen sind die Migra-

Tabelle 38.4. Beispiele für Lebensmittelbedarfsgegenstände aus Elastomeren

Verwendung	Elastomer	Kontaktbedingungen
Einkochringe, Saftkappen	NR	Langzeitkontakt
Dichtungen f. Flaschenverschlüsse	NR, TPE	Mittlere Kontaktzeit
Dichtungen f. Dampfdrucktöpfe	Q, NBR	Mittlere Kontaktzeit
Schläuche f. Kaffeemaschinen	Q	Mittlere Kontaktzeit
Schläuche z. Förderung von LMn	NBR, NR, EPDM, Q	Mittlere Kontaktzeit
Bratennetze (Netzfäden)	NR, Polyisopren	Nicht definiert
Backformen, hitzebeständige Pinsel	Q	Nicht definiert
Teigschaber	SBR	Kurzzeitkontakt
Zitzengummis	NBR, NBR/SBR	Kurzzeitkontakt
Melkmaschinenschläuche	Q, TPE (Innenschicht)	Kurzzeitkontakt
Fördergurte	SBR, NBR, CR	Kurzzeitkontakt
Handschuhe, Schürzen, die bei der Verarbeitung v. LMn getragen werden	NR, NBR	Kurzzeitkontakt
Saug- und Druckleitungen	Q, NBR	unbedeut. Kontakt
Dichtungen f. Rohrleitungen, Pumpen, Hähne f. flüssige LM	NBR, NBR/SBR, NR, EPDM, NR/BR	unbedeut. Kontakt
Sauger	NR, Q	Sonderkategorie

LM = Lebensmittel
Langzeitkontakt: Kontaktzeit länger als 24 Stunden bis zu mehreren Monaten
Mittlere Kontaktzeit: Kontaktzeit bis höchstens 24 Stunden
Kurzzeitkontakt: Kontaktzeit höchstens 10 Minuten
unbedeut. Kontakt: Mit einem Übergang ist nicht zu rechnen.

tionsbedingungen an den Bedingungen bei der praktischen Verwendung zu orientieren.

In Tabelle 38.4 sind einige Anwendungsbeispiele für Elastomere im Lebensmittelkontakt dargestellt.

Als weitere Beurteilungshilfen gibt es für Bedarfsgegenstände aus Elastomeren eine Europaratsresolution (2004) „on rubber products intended to come into contact with foodstuffs" sowie eine Resolution AP (2004) für Silikone [4].

38.3.4
Papier, Karton und Pappe

Lebensmittelkontaktmaterialien aus Papier, Karton und Pappe bestehen aus Fasern meist pflanzlicher Herkunft, welche durch Entwässerung einer Fasersuspension auf einem Sieb ein filzartiges Flächengefüge bilden. Zur Erzielung bestimmter Eigenschaften werden noch Füllstoffe, Fabrikationshilfsmittel und Papierveredelungsstoffe zugesetzt. Die Begriffe für diese Lebensmittelkontaktmaterialien werden in der DIN 6730:2006-05 definiert, wobei als Kriterien für die Definitionen die Flächengewichte und Eigenschaften dienen:

- Papier ist ein zu einem Blatt verarbeitetes Fasergefüge mit einer flächenbezogenen Masse von $\leq$ 225 g/m^2.
- Unter Echt Pergament versteht man ein Zellstoffpapier, welches sich durch hohe Fettdichtigkeit und Nassfestigkeit auszeichnet. Diese Eigenschaften erzielt man durch Eintauchen des Rohpapiers in die Pergamentierflüssigkeit (Schwefelsäure), wobei die Oberfläche der Fasern zunächst aufquillt und dann beim Trocknen zu einer hornähnlichen Bahn schrumpft.
- Pergamentersatz ist ein ähnlich fettdichtes Zellstoffpapier wie Echt Pergament. Diese Eigenschaft erhält es durch intensives Mahlen (s. u.) der Fasern und/oder durch Zugabe chemischer Hilfsmittel.
- Pergamin ist ein Pergamentersatz, welcher seine hohe Transparenz durch scharfes Satinieren (Verdichtung unter Walzen) erhält.
- Karton liegt in seinem Flächengewicht (150–600 g/m^2) zwischen Papier und Pappe. Es gibt einlagigen oder mehrlagigen Karton, der geklebt oder gegautscht sein kann. Beim Gautschen werden mehrere, nicht unbedingt gleichartige, noch feuchte Faserschichten zusammengepresst, sodass sie sich beim Trocknen miteinander verbinden. Die Benennung Karton ist nur im deutschen Sprachgebrauch üblich.
- Pappe: Oberbegriff für Vollpappe oder Wellpappe.
- Vollpappe unterscheidet sich prinzipiell durch ihr größeres Flächengewicht von Karton (> 225 g/m^2 nach DIN 6730).
- Wellpappe besteht aus einer oder mehreren Lagen eines gewellten Papiers, welches ein- oder beidseitig mit einer glatten Papierbahn oder einer anderen Pappe beklebt ist.

Faserrohstoffe

Faserrohstoffe [31] sind für die Herstellung von Papier, Karton und Pappe die wichtigste stoffliche Komponente. Ihr Gewichtsanteil beträgt je nach Papiersorte 60–95%. Während Fasern aus Einjahrespflanzen, wie Stroh, Bambus und Bagasse (ausgelaugtes Zuckerrohr) noch in Südeuropa und außereuropäischen Staaten als Rohstoffe für die Zellstoffindustrie Bedeutung haben, werden in Deutschland Holzfasern zur Herstellung von Lebensmittelkontaktpapieren verwendet. Dabei kommen sowohl Primärfasern (Holzstoff, Zellstoff) als auch Sekundärfasern, bei denen Altpapier die Rohstoffquelle ist, zum Einsatz:

- Holzstoff (Holzschliff oder Refinerstoff) wird durch mechanisches Zerfasern von Holz hergestellt. Hierbei werden entrindete Holzstämme unter Zugabe von Wasser an rotierende Schleifsteine gepresst oder Holzschnitzel (Chips) ggf. nach Vordämpfung in Refinern zerfasert. Papier aus Holzstoff enthält noch alle Holzbestandteile (Lignin) und kann daher vergilben.

- Zellstoff ist das auf chemischem Weg durch Kochen von Holz gewonnene Fasermaterial, wobei Lignin herausgelöst wurde. Man unterscheidet zwischen dem alkalischen Sulfataufschluss, welcher sich zur Verarbeitung aller cellulosehaltigen Rohstoffe, also auch der langfaserigen und harzhaltigen Nadelhölzer eignet und dem sauren Sulfitaufschluss. In Deutschland wird sowohl Sulfitzellstoff als auch Sulfatzellstoff aus Laubbaum- und Nadelholz hergestellt.
- Altpapier ist im dicht besiedelten, mit engmaschigem Sammelsystem ausgestatteten Deutschland zum wichtigsten Faserrohstoff geworden. Der Prozess der Fasergewinnung findet im sog. Pulper oder in einer Auflösetrommel statt, wo das Papier aufgelöst und zerfasert – sowie Unrat abgetrennt wird. Zum Entfernen von Druckfarben kann noch ein Deinkingprozess angeschlossen werden.

Füllstoffe, Fabrikationshilfsmittel und Papierveredelungsstoffe

Im Folgenden wird ein Überblick über die wichtigsten Papierhilfsmittel gegeben [32]:

- Füllstoffe und Pigmente dienen dazu, die Zwischenräume zwischen den Fasern im Papierblatt auszufüllen, sie verbessern die Glätte und Bedruckbarkeit des Papiers. Der Gehalt kann bis zu 35% ausmachen. In der Regel werden Mineralstoffe, wie Kaolin oder Calciumcarbonat (Kreide) eingesetzt.
- Leimstoffe bewirken eine leichte Hydrophobierung des Papiers und wirken so den hygroskopischen Eigenschaften (Löschpapiereffekt) entgegen. Sie verbessern die Bedruckbarkeit. Sie können der Faseraufschlämmung vor der Blattbildung zugesetzt (Masseleimung) – oder durch Oberflächenbehandlung (Oberflächenleimung) angewandt werden. Eingesetzt werden beispielsweise Kolophoniumprodukte, Stärke und deren Derivate, Dialkyldiketene oder wasserlösliche Polyurethane.
- Retentionsmittel und Entwässerungsbeschleuniger verbessern die Adsorption feiner Partikel auf den negativ geladenen Cellulosefasern (Papierausbeute) und erhöhen die Entwässerungsgeschwindigkeit auf dem Sieb. Verwendet werden wasserlösliche, hochmolekulare Polymere, die vorzugsweise positive Ladungen tragen, wie z. B. kationische Polyacrylamide und Polyamid-Epichlorhydrinharze.
- Fällungs- und Fixiermittel dienen dazu, lösliche Stoffe an die Fasern zu binden. So ziehen beispielsweise anionische Farbstoffe mittels kationischer Fixiermittel und kationische Farbstoffe mittels anionischer Fixiermittel unter Bildung von Komplexen auf die Faser auf. Dadurch wird ein Ausbluten verhindert. Gebräuchliche Mittel sind Aluminiumsulfat oder Harnstoff-Formaldehyd-Kondensationsprodukte.
- Schaumverhütungsmittel vermeiden und zerstören Oberflächenschaum, der sich bei hohen Geschwindigkeiten der Papiermaschine infolge der im Wasser gelösten oberflächenaktiven Stoffe bilden kann. Eingesetzt werden beispielsweise höhere Alkohole.

- Schleimverhinderungsmittel sollen das Wachstum von schleimproduzierenden Mikroorganismen unterbinden, welche in dem von der Faseraufschlämmung auf der Siebpartie abtropfenden und mit löslichen Stoffen angereicherten Wasser ideale Wachstumsbedingungen vorfinden. Diese Maßnahme dient zum Vermeiden von Produktionsstörungen. Es sind eine Reihe von konservierend wirkenden Stoffen (z. B. Isothiazolinone) zulässig, welche alternierend angewendet werden, um Resistenzbildung zu vermeiden.
- Konservierungsstoffe dienen zur Konservierung von Rohstoffen und Additiven.
- Nassverfestigungsmittel verbessern die mechanische Festigkeit von nassen Papieren und Kartonagen. Sie werden u. a. in Heißfilterpapieren oder Küchenkrepp eingesetzt, um ein Reißen des nassen Papiers zu vermeiden. Zur Anwendung kommen z. B. Polyamid-Epichlorhydrin-Harze.
- Hydrophobiermittel: Zur Herstellung wasserabweisender Papiere werden meist Paraffindispersionen auf die Oberfläche aufgetragen.
- Oleophobiermittel: Fett- und öldichte Papiere und Kartons können mittels Perfluorverbindungen hergestellt werden.

Papierherstellung

Die zentrale Anlage zur Herstellung von Papier ist die Papiermaschine [33]. Sie ist je nach herzustellender Papiersorte aus variablen Aggregaten zusammengesetzt, wobei prinzipiell dieselben Verfahrensschritte durchlaufen werden, wie bei der handwerklichen Herstellung (Schöpfen, Pressen, Trocknen, Leimen, Glätten). Abbildung 38.3 zeigt den schematischen Aufbau einer Papiermaschine.

- In der Stoffzentrale werden die meist trocken angelieferten Faserstoffe in einem Stofflöser (Pulper) in einer großen Menge Wasser suspendiert (Stoffdichte etwa 5%) und anschließend einem Reinigungsprozess unterworfen. Optional werden die Fasern in einem Refiner einem Mahlprozess unterworfen, um ihre spezifische Oberfläche zu vergrößern. In einer Mischbütte kann die Suspension mit weiteren Fasern und Papierhilfsmitteln vermischt werden. Nach

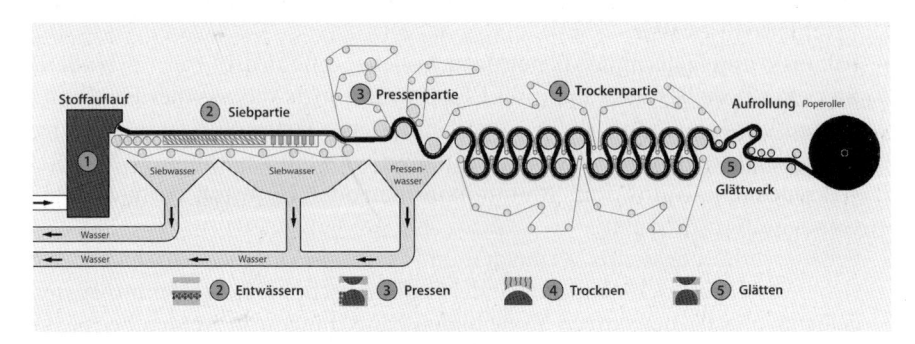

Abb. 38.3. Schematischer Aufbau einer Papiermaschine

einem weiteren Verdünnungsschritt gelangt die Suspension über den Stoffauflauf auf die Siebpartie.
- Die Siebpartie entspricht dem Prozess des Schöpfens. Hier wird durch Abfiltrieren des Wassers aus der Fasersuspension auf einem umlaufenden Siebband ein endloses Faservlies (Bahn) gebildet.
- Die anschließende Pressenpartie entwässert und verdichtet die Papierbahn auf mechanischem Weg. Dazu wird die Bahn auf einem Filzband durch gegenläufige Walzenpaare mit zunehmendem Pressdruck geleitet.
- In der Trockenpartie wird das Wasser thermisch, z. B. mittels dampfbeheizter Zylinder, Konvektions- und Infrarottrocknung aus der Papierbahn entfernt. Wenn das Wasser entfernt ist (ab Trockengehalten von 80%) verbinden sich die Fasern über Wasserstoffbrücken zum Blatt.
- Mit der Leimpresse werden Stärke, Leimungsmittel oder Pigmente in bzw. auf die Papierbahn übertragen, wodurch sich ihre Festigkeit erhöht und die Oberflächeneigenschaften, z. B. die Bedruckbarkeit, verbessert werden.
- Mit dem Glättwerk (beheizte Presswalzen) wird eine möglichst ebene Papieroberfläche erzeugt.

Im Anschluss an den Durchlauf durch die Papiermaschine kann die Bahn noch gestrichen (Auftrag einer aus Pigmenten und Bindemitteln bestehenden Suspension auf die Papieroberfläche) und satiniert (Glättung mittels Walzen) werden.

Verwendung und Beurteilung von Papier, Karton und Pappe im Lebensmittelkontakt

Papiere und Kartonagen sind Materialien, welche häufig im Kontakt mit Lebensmitteln eingesetzt werden. Die Mehrzahl dieser für den Lebensmittelkontakt bestimmten Bedarfsgegenstände dient als Verpackungsmaterial für trockene Lebensmittel. Daneben werden Papiere und Kartonagen jedoch auch für den Kontakt mit feuchten, flüssigen oder fettenden Lebensmitteln verwendet oder sogar hohen Temperaturen ausgesetzt. Diese Verwendungsbedingungen sind bei der Beurteilung zu berücksichtigen.

Als Interpretationshilfen für die allgemeinen Anforderungen des Art. 3 der VO (EG) Nr. 1935/2004 [1] hinsichtlich des Übergangs von Stoffen auf Lebensmittel dienen die Empfehlungen XXXVI des BfR [3]. In diesen Empfehlungen werden die Rohstoffe, Fabrikationshilfsmittel und Papierveredelungsstoffe entsprechend den beabsichtigten Einsatzbedingungen nach technologischen und toxikologischen Kriterien zugelassen und in ihren Einsatzmengen begrenzt. Zudem werden in Form von Migrationsrichtwerten Anforderungen an das Fertigprodukt gestellt. Zu derartigen Migrationsanforderungen gehören beispielsweise:

- Die Begrenzung von Schwermetallionen im Papierextrakt
- Die Einschränkung des Übergangs von Formaldehyd, Glyoxal und von Hydrolyseprodukten des Epichlorhydrin infolge der Verwendung von Nassverfestigungsmitteln

- Verbot des Übergangs von Farbstoffen und optischen Aufhellern
- Verbot einer konservierenden Wirkung auf das in Kontakt gekommene Lebensmittel z. B. durch Verwendung von Schleimverhinderungsmitteln oder Konservierungsstoffen
- Verbot des Übergangs primärer aromatischer Amine z. B. infolge einer Verwendung polyurethanhaltiger Leimungsmittel
- Zudem beabsichtigt das BfR, Anforderungen an Papierrecyclate im Hinblick auf deren Konformität mit Art. 3 der VO (EG) Nr. 1935/2004 in Empfehlung XXXVI aufzunehmen. Hintergrund waren im Jahr 2007 z. T. hohe Befunde an der Kontaminante Diisobutylphthalat (DiBP) im Verpackungsmittel sowie relevante Übergänge über die Gasphase insbesondere auf feinkörnige Lebensmittel, wie Mehl, Puderzucker, Reis oder Haferflocken. Basierend auf der Erkenntnis, dass derartige, hydrophobe Kontaminanten infolge der Waschvorgänge beim Recyclingvorgang nicht reduziert werden können, sondern im Fall, dass sie bekannt sind, nur durch die sorgfältige Auswahl der Altpapierqualitäten zu minimieren sind, hebt BfR in seiner Empfehlung auf eine besondere Sorgfalt bei der Kontrolle des Endproduktes ab. Die zentrale Anforderung hinsichtlich des Papierrecyclings stellt eine Tabelle mit entsprechend dem gegenwärtigen Stand des Wissens bekannten Substanzen (z. B. Phthalate, Diisopropylnaphthalin, Benzophenon, Michlers Keton) dar, die über das Recycling eingetragen werden können. Die Beschränkungen hinsichtlich ihres Gehaltes im Papier oder des Übergangs auf Lebensmittel sind einzuhalten.

Im Folgenden wird ein Überblick über die Papierempfehlungen gegeben:

- XXXVI   Papiere, Kartons und Pappen für den Lebensmittelkontakt:
  In den Geltungsbereich dieser Empfehlung gehören Papiere und Kartonagen für den Kontakt mit trockenen, feuchten oder fettenden Lebensmitteln. Dazu sind z. B. Verpackungsmittel für Zucker, Kakao, Mehl oder Müsli (Kontakt mit trockenen Lebensmitteln) zu rechnen. Im Kontakt mit feuchten, fettenden Lebensmitteln stehen beispielsweise Tortenspitzen, Imbissschalen, Pizzakartons, Bäckerseiden oder Sahneabdeckpapiere.
- XXXVI/1   Koch und Heißfilterpapiere und Filterschichten:
  An Tee- und Kaffeefilterpapiere werden besondere Anforderungen hinsichtlich der Reinheit der Faserrohstoffe gestellt.
- XXXVI/2   Papiere, Kartons und Pappen für Backzwecke:
  Backpapiere werden in der Regel mit einer Silikonbeschichtung ausgestattet, um das Ablösen des Backgutes zu erleichtern. Die Papiere müssen hohen Temperaturen (220 °C) standhalten.
- XXXVI/3   Saugeinlagen auf Basis von Cellulosefasern:
  Saugeinlagen dienen zum Aufsaugen von freiwerdendem Wasser in verpackten Lebensmitteln, wie Fleisch, Fisch und Geflügel. Saugeinlagen, welche Superabsorber (Acrylate) enthalten, sind nicht Teil dieser Empfehlung (s. Empfehlung LIII).

Zur Beurteilung von Papieren und Kartonagen im Lebensmittelkontakt gibt es zudem eine Europaratsresolution (2002) „on paper and board materials and articles intended to come into contact with foodstuffs" [4]. Diese enthält u. a. eine Leitlinie zur Herstellung von Papier und Kartonagen aus recyclierten Fasern und definiert die gute Herstellungspraxis für Papiere und Kartonagen im Lebensmittelkontakt.

38.3.5
Klebstoffe

Die weitaus meisten Gebrauchsgegenstände, die wir täglich verwenden, bestehen aus einer Kombination verschiedener Komponenten und Materialien. Von den vielen Möglichkeiten, diese Kombinationen herzustellen, hat sich in den letzten Jahren das Kleben als Fügeverfahren [78] in immer mehr Industriezweigen durchgesetzt. Dies gilt auch für Bedarfsgegenstände, die in direktem Kontakt zu Lebensmitteln stehen. Das Kleben hat sich besonders dort bewährt, wo Artikel in großen Mengen hergestellt werden, wie bei Verpackungen, da sich das Fügen mit Hilfe von Klebstoffen leicht automatisieren lässt und so eine kostengünstige Produktion möglich ist. Die Entwicklungen der Klebstoffe für Bedarfsgegenstände spiegeln die steigenden Anforderungen an die Substrate und die Maschinenausrüstung wider, die für die Herstellung von Bedarfsgegenständen gebraucht werden. Heute gibt es maßgeschneiderte Klebstoffe für alle Arten von Anwendungen und Leistungsansprüchen. Entscheidend für die Auswahl der Klebstoffe sind besonders die Oberflächeneigenschaften der Materialien, aus denen die Bedarfsgegenstände bestehen. Hochwertige Beschichtungen und Bedruckungen vieler Bedarfsgegenstände erfordern dabei technisch besonders anspruchsvolle Klebstoffe, um deren häufig schwieriger zu klebende Oberflächen sicher kleben zu können. Zu dieser anspruchsvollen Herausforderung nach Produkten mit verbesserter Adhäsion kommt die stetige Nachfrage nach Klebstoffen hinzu, die den immer schnelleren Produktionsgeschwindigkeiten gerecht werden.

Die wichtigsten Klebstoffe im Bereich der Herstellung von Bedarfsgegenständen sind mengenmäßig Klebstoffe für die Herstellung und Weiterverarbeitung von Packstoffen und Verpackungen [79]. Hier haben sich im Laufe der letzten Jahrzehnte folgende Produktklassen durchgesetzt:

Wasserbasierende Klebstoffsysteme

Bei wasserbasierenden Klebstoffen liegen die den späteren Klebstofffilm bildenden Substanzen (Polymere und Hilfsstoffe) in Wasser gelöst oder dispergiert vor. Der Auftrag erfolgt als Flüssigkeit. Nach dem Fügen binden solche Systeme physikalisch durch Trocknen ab (Aufbau der Kohäsion). Dieses Trocknen kann in der vorhandenen Umgebung erfolgen, es können aber auch zusätzliche Maßnahmen ergriffen werden, um das Trocknen zu beschleunigen, wie z. B. durch Temperaturerhöhung, IR-Strahlen oder Luftzufuhr. Durch das „künstliche" Trocknen kann das Abbinden deutlich beschleunigt werden. Das Trocknen wird bei porösen oder saugfähigen Substraten wie Papier, Pappe oder Holz noch durch das „Wegschlagen" der Flüssigkeit in das Substrat beschleunigt. Bei den wasserbasierenden Klebstoffen unterscheidet man Systeme, in denen die Polymere kolloidal gelöst vorliegen (molekulardisperse Lösungen), oder im Wasser dispergiert sind. Polymere, die über sehr viele hydrophile Gruppen verfügen z. B. Zellulose, Stärke oder Proteine, sowie einige synthetisch hergestellte Polymere, z. B. Polyvinylalkohol, lassen sich unter bestimmten Voraussetzungen in Wasser kolloidal lösen. Bei einem Kolloid (griechisch: kolla = Leim und eidos = Form, Aussehen) handelt es sich um ein System aus Clustern (Teilchen mit bis zu 50 000 Atomen) oder um kleine Festkörper (Teilchen mit > 50 000 Atomen), die innerhalb eines Mediums fein verteilt vorliegen. Die Teilchen dieser so genannten kolloiddispersen Phase weisen in der Regel Größenordnungen von 1 bis 1 000 nm in mindestens einer Dimension auf. Da das Wasser aufgrund des hydrophilen Charakters der Polymere relativ fest gebunden ist, wird es in der Klebefuge nur langsam wieder abgegeben. Klebstoffe, die in Form von wässrigen kolloidalen Systemen vorliegen, binden daher relativ langsam ab, was zu langen Abbindeprozessen führen kann.

Bei Dispersionsklebstoffen handelt es sich um binäre Systeme (Zweiphasensysteme), bei denen das weitgehend wasserunlösliche Polymer in fein verteilter, dispergierter Form vorliegt, wobei Wasser als Dispersionsmittel (äußere Phase) vorliegt. Die einzelnen Teilchen der Polymerdispersion bestehen dabei aus einer großen Zahl von relativ großen Molekülen, die aus unterschiedlichen Monomeren aufgebaut sein können. Eine Vielzahl einzelner Polymermoleküle bilden dann die dispergierten Teilchen, die durch Schutzkolloide oder Emulgatoren voneinander getrennt und in Wasser verteilt sind. Der Dispersionscharakter bedingt trotz hoher Festkörpergehalte (bis zu ca. 70%) dennoch relativ geringe Viskositäten. Der älteste und größte Hersteller von Polymerdispersionen ist die Natur. Ein Beispiel für die wirtschaftliche Nutzung dieser Naturprodukte, die für Klebstoffe eingesetzt werden, ist die Kautschukmilch (Latex). Ende der 1930er Jahre kamen mit den Polyvinylacetat-Dispersionen die ersten Dispersionen auf Basis synthetischer Polymere auf den Markt. Nach 1950 erschienen dann copolymere Polyvinylacetat-Dispersionen auf dem Markt. Als Co-Monomere wurden Vinyllaurat, verschiedene Maleinsäureester und Ethylen eingesetzt. Dispersionen auf Basis von Acrylatpolymeren sind ebenfalls seit Anfang der 1950er Jahre auf dem Markt. Sie werden hauptsächlich für selbstklebende Produkte (Etiketten, Klebebänder) eingesetzt, von denen entweder hohe Alterungsbeständigkeit gefordert wurde oder bei denen die Beschaffenheit des Trägermaterials Einfluss auf die Klebeeigenschaften nehmen kann.

Schmelzklebstoffe

Der Fortschritt der Kunststofftechnik nach dem 2. Weltkrieg ermöglichte es, in den 1950er Jahren die ersten Schmelzklebstoffe auf den Markt zu bringen.

Schmelzklebstoffe zählen, wie die wasserbasierenden Klebstoffe, zu den physikalisch abbindenden Klebstoffen. Sie liegen bei Raumtemperatur im festen, hochmolekularen Zustand vor und enthalten keine Lösemittel. Diese Klebstoffe werden zunächst geschmolzen und dann aufgetragen. Dies geschieht bei Temperaturen ab 80 °C, kann aber, wie z. B. bei Schmelzklebstoffen auf Basis von Polyamiden, auch bei Temperaturen von über 220 °C geschehen. Der flüssige Schmelzklebstoff wird über beheizte Düsen, im Kontakt oder kontaktlos, oder mit Walzen bzw. Segmenten auf das Substrat aufgebracht, wobei die Viskosität des Klebstoffes über die Verarbeitungstemperatur so gesteuert wird, dass eine ausreichende Benetzung der Materialoberfläche gewährleistet ist. Die Schmelze wird in der Regel nur auf die Oberfläche eines der Fügeteile aufgetragen, kann in speziellen Fällen aber auch auf die Oberflächen beider Fügepartner aufgetragen werden. Dort beginnt sie sofort abzukühlen und die Viskosität steigt an. Nach Auftrag müssen daher die Teile innerhalb einer bestimmten, im Allgemeinen kurzen Zeitspanne zusammengefügt werden („Offene Zeit"), um eine ausreichende Benetzung auch des zweiten Substrates zu gewährleisten. In der Regel ist ein geringer Anpressdruck ausreichend, damit der flüssige Klebstoff noch das zweite Substrat benetzen kann. Sofort nach der Abkühlung unterhalb des Erstarrungspunktes wird eine dauerhafte Verbindung der Substrate hergestellt, die in der Lage ist, Kräfte zu übertragen. Das Arbeitsprinzip der Schmelzklebstoffe besteht also in einem zweifachen Wechsel des Aggregatzustandes, ohne dass damit eine chemische Veränderung des Klebstoffs verbunden ist. Da nur Energie, jedoch keine Materie (Wasser, Lösemittel), aus der Klebfuge entfernt werden muss, ist der Abbindeprozess sehr schnell. Es lassen sich Abbindezeiten im Sekundenbereich realisieren. Das Aufschmelzen bedingt einen gewissen apparativen Aufwand, der jedoch durch die hohen Maschinenlaufleistungen und damit rationellen Produktionen mehr als ausgeglichen wird.

Das schnelle Abbinden dieser Systeme machten sie besonders für die Produktion von Bedarfsgegenständen interessant, die in großer Stückzahl (Massenartikeln wie Verpackungen) gefertigt werden. Daher sind bis heute eine große Zahl von unterschiedlichsten Schmelzklebstoffen für diese Anwendungen entwickelt worden. Auch für die Verarbeitung von Bedarfsgegenständen stehen viele, hochspezialisierte Schmelzklebstoffe zur Verfügung, z. B. für das Verschließen und das Etikettieren von Primärverpackungen.

Im Bereich der Bedarfsgegenstände aus Papier, Pappe, Holz oder Kunststoff werden hauptsächlich Schmelzklebstoffe auf Basis von Ethylenvinylacetat Copolymeren (EVA), Polyolefinen (PO), amorphen Poly-α-olefinen (APAO), synthetischen Kautschuken (SBS/SIS,SEBS) und Polyamiden (PA) verwendet.

Reaktive Klebstoffe

Auch im Bereich der Bedarfsgegenstände gehören reaktive Klebstoffe bei hochwertigen Anwendungen zum Stand der Technik. Bei reaktiven Systemen besteht der auf das Substrat aufgetragene Klebstoff aus relativ kleinen Molekülen, die eine gute Adhäsion ermöglichen. Nach dem Fügen erfolgt in der Klebfuge eine chemische Reaktion, die zu hochmolekularen Systemen führt, die die Kohäsion des Klebstofffilms erhöhen. Innerhalb einer für jedes System typischen Zeitspanne wird durch die chemische Reaktion die Endfestigkeit der Klebung aufgebaut. Das Aushärten aller chemisch reagierenden Klebstoffe wird dabei stark von äußeren Einflüssen, besonders der Temperatur, beeinflusst. Temperaturerhöhung führt zu einer schnelleren Reaktion und meist auch einer höheren Festigkeit. Je nach Art des Klebstoffes können drei verschiedene Klassen von Polyreaktionen erfolgen (Polymerisation, Polykondensation oder Polyaddition). Wichtig ist, dass der Klebstoff tatsächlich auch erst in der Klebfuge aushärtet. Daher sind Verarbeitungsverfahren entwickelt worden, die die chemische Reaktion zum festen Klebstoff so lange blockieren oder unterbinden, bis der Klebstoff an seinem letztendlichen Bestimmungsort, in der Klebfuge, angelangt ist. Grundsätzlich unterscheidet man bei den Reaktionsklebstoffen zwischen 1-komponentigen Systemen und 2- (oder mehr-)komponentigen Systemen.

Im Bereich der Herstellung von Bedarfsgegenständen werden reaktive Systeme beispielsweise bei der Herstellung von Verbundfolien für flexible Verpackungen eingesetzt. Eine wichtige Gruppe der Kaschierklebstoffe sind dabei die Polyurethan-Klebstoffe (PUR-Kaschierklebstoffe), die entweder auf aromatischen oder aliphatischen Isocyanaten basieren.

Einkomponentige Systeme, hergestellt als NCO-terminierte Polyether- bzw. Polyester-Prepolymere, sind auf vorhandene oder zugeführte Feuchtigkeit angewiesen, um zu einem Polyharnstoff-Polyurethan zu vernetzen. Diese Systeme werden vorzugsweise nur noch für Papierverbunde eingesetzt, z. B. aus gerecktem Polypropylen gegen Papier. Um diesen Limitierungen der feuchtigkeitsvernetzenden Einkomponenten-Systeme zu entgehen, wurden Zweikomponenten-Systeme entwickelt. In diesen Systemen sind beide Komponenten bei Raumtemperatur flüssig und können kalt, vorzugsweise zwischen 25 und 45 °C, verarbeitet werden. In den letzten Jahren gab es weitere Entwicklungen von Systemen, die zwischen 40 °C bis 70 °C zu verarbeiten sind. Diese neue Generation lösemittelfreier Kaschierklebstoffe verbindet die Vorteile der Anfangshaftung eines High-Solid-Systems mit der leichten Verarbeitbarkeit einer lösemittelfreien Flüssigphase. Die Prepolymere werden so synthetisiert, dass eine schnelle Aushärtung mit dem Härter in Stufen erfolgt, beginnend mit der gewünschten und vollständigen Abreaktion der Monomere.

Für viele Anwendungen wurden in den letzten Jahren reaktive Polyurethan-Schmelzklebstoffe entwickelt, bei denen das schnelle Abbinden der Schmelzklebstoffe mit der hohen Kohäsion reaktiver Systeme kombiniert wird.

Rechtliche Beurteilung

Für Klebstoffe wurde bislang keine Einzelmaßnahme im Sinne von Art. 5 der VO(EG) Nr. 1935/2004 verabschiedet. Es gelten lediglich die allgemeinen Vorschriften von Art.3 dieser Verordnung. Ferner sind bei der Herstellung und der

Verwendung von Klebstoffen die Regeln für die Gute Herstellungspraxis im Sinne der VO (EG) Nr. 2023/2004 zu berücksichtigen.

Nach § 4 Abs. 2 der Bedarfsgegenständeverordnung sind die für Kunststoffe geltenden Verzeichnisse der Anlage 3 mit den darin enthaltenen Beschränkungen auch für Klebstoffe heranzuziehen, wenngleich sie für diese Materialien keine Positivlisten darstellen. Zudem müssen Klebstoffe auf der Basis aromatischer Isocyanate ausreichend ausgehärtet sein, um die Anforderung von Abschnitt 5 Teil A der Anlage 3 im Hinblick auf die Abgabe bestimmter aromatischer Amine einzuhalten. Aromatische Amine sind die Hydrolyseprodukte aromatischer Isocyanate, welche aus den entsprechenden Restmonomeren mit Feuchtigkeit aus der Umgebung entstehen.

Auch die relevanten BfR-Empfehlungen können zur Beurteilung von Klebstoffen herangezogen werden, z. B. Empfehlung XIV für Kunststoff-Dispersionen. Andere Beurteilungsgrundlagen sind die FDA (US-Food and Drug Administration)-Vorschriften.

Bei Bedarfsgegenständen, die mit der Hilfe von Klebstoffen gefertigt werden, gibt es nur wenige Anwendungen, bei denen bestimmungsgemäß ein Lebensmittel mit Klebstoff unmittelbar in Kontakt kommt (z. B. Etikettierung von Obst oder Fleisch). Vielmehr liegt in der Regel eine Materialschicht zwischen Klebstoff und Lebensmittel mit den materialeigenen Barriereeigenschaften. Dies ist bei der Beurteilung zu berücksichtigen.

Der Industrieverband Klebstoffe e. V. hat ein Merkblatt zur Thematik „Lebensmittelrechtlicher Status von Kleb- und Klebrohstoffen" erarbeitet, erhältlich unter www.klebstoffe.com.

38.3.6
Druckfarben

Druckfarben sind Zubereitungen aus Farbmittel, Bindemittel, Lösemittel, Additiven und Füllstoffen. Als Farbmittel werden in der Regel Pigmente verwendet, die (im Unterschied zu Farbstoffen) im Anwendungsmedium unlöslich sind. Das Bindemittel hat die Aufgabe, das Pigment vollständig zu benetzen und nach der Trocknung einen homogenen gut haftenden Film mit der benötigten mechanischen Beständigkeit auf dem Bedruckstoff zu bilden. Bindemittel bestehen aus Lösungen polymerer Harze in Flüssigkomponenten oder Lösemitteln. Mit Additiven und Füllstoffen können spezifische Eigenschaften eingestellt werden. Insbesondere den Additiven kommt eine zentrale Bedeutung bei der Einstellung der vielfältigen am Markt geforderten Eigenschaften von Druckfarben zu. Drucklacke können als nichtpigmentierte Druckfarben betrachtet werden und werden hier mit abgehandelt.

Für die unterschiedlichen Druckverfahren stehen hochspezialisierte Druckfarbensysteme zur Verfügung. Im Folgenden wird nur auf die für den Verpackungsdruck relevanten Druckverfahren eingegangen, nicht auf Druckverfahren für den Akzidenz- und Publikationsdruck (Drucksachen, Zeitschriften, Zeitun-

Tabelle 38.5. Aufbau von Druckfarben – typische Beispiele

	typische Druckverfahren	Bindemittel	Lösemittel (Flüssigkomponenten)	Additive
Lösemittelbasierte Flüssigfarben	Tief- und Flexodruck	Celluloseharze wie Nitrocellulose und Ethylcellulose; Vinylharze wie PVB, PVC, PVA; Polyamide, Polyurethane, etc.	meist Ethanol, Ethylacetat, n-Propanol, Isopropanol	Weichmacher, Haftvermittler, Verzögerer, etc.
Wasserbasierte Flüssigfarben	Flexodruck	Polymerdispersion (meist Styrol/Acrylat-Copolymere)	Wasser, Glykole, Glykolether	Netzmittel, Entschäumer, Verzögerer, etc.
Ölbasierte Bogenoffsetfarben	Bogenoffsetdruck	Kolophoniumharze, modifiziert mit Phenol, Maleinsäure, Fettsäuren etc.; Kohlenwasserstoffharze; Alkydharze	nicht flüchtige Lösemittel: Mineralöle und/oder pflanzliche Öle wie Leinöl oder Sojaöl	Trockenstoffe, Antioxidantien, etc.
UV- oder elektronenstrahl (=EB)-härtende Druckfarben	alle Druckverfahren	UV- oder EB-reaktive Präpolymere (meist acrylsäuremodifizierte Polyester oder Epoxidharze)	UV- oder EB-reaktive Monomere (meist acrylsäuremodifizierte Polyole)	Photoinitiatoren (entfallen bei EB-Härtung)

gen etc.). Die Druckfarbensysteme für die einzelnen Druckverfahren sind aufgrund der Art der Trocknung und der maschinentechnischen Anforderungen unterschiedlich aufgebaut.

Speziell formulierte lösemittel-, wasser- oder ölbasierte sowie UV- oder EB-härtende Druckfarben werden ferner im Blech-, Sieb- oder Tampondruck zur Bedruckung von Weißblech, Aluminium und harten Kunststoffen eingesetzt.

Zentraler Schritt bei der Herstellung von Druckfarben ist die feine, homogene Dispergierung der Pigmentpartikel in einem spezifischen Anreibebindemittel.

Als Farbmittel werden aufgrund der sog. Echtheitsanforderungen an den fertigen Druck (Echtheit = Beständigkeit gegen Ausbluten) praktisch ausschließlich Pigmente verwendet, die sich definitionsgemäß im Anwendungsmedium nicht lösen. Neben einer Vielzahl synthetischer organischer Pigmente werden auch anorganische Pigmente eingesetzt. Beispiele für organische Pigmente: Azopigmente (Skalen-Gelb und -Magenta), Phthalocyanin-Pigmente (Skalen-Blau), für anorganische Pigmente: Pigmentruß (Schwarz), Titandioxid (Weiß).

Tabelle 38.6. Eigenschaften typischer Druckfarbsysteme

	Art der Trocknung	Viskosität	typische Bedruckstoffe	typische Auftragsmenge
lösemittelbasierte Flüssigfarben	verdunstend	flüssig, niedrigviskos	flexible Kunststoffe	6 g/m² nass 2 g/m² trocken
wasserbasierte Flüssigfarben und Lacke	verdunstend	flüssig, niedrigviskos	Papier und Karton, flexible Kunststoffe	6 g/m² nass 2 g/m² trocken
ölbasierte Bogenoffsetfarben	wegschlagend und/oder oxidativ trocknend	pastös, höherviskos	Papier und Karton, Kunststoffe	1,5 g/m²
UV- oder EB-härtende Druckfarben und Lacke	UV- oder EB-härtend	pastös, niedrig- oder höherviskos	alle Bedruckstofftypen	1,5 g/m² (Farben) 4–10 g/m² (Lacke)

Die Trocknung von Druckfarben erfolgt durch physikalische oder chemische Verfahren, oder aus einer Kombination von beiden.
Physikalische Trocknungsverfahren:

- Verdunstung: die nach forciertem Entfernen des flüchtigen Lösemittels aus der gedruckten Schicht verbleibenden festen Bindemittelbestandteile bilden einen festen Film.
- Wegschlagen (nur bei saugenden Bedruckstoffen möglich): Die Flüssigkomponenten werden vom saugenden Bedruckstoff absorbiert, die an der Oberfläche verbleibenden festen Bindemittelbestandteile bilden einen festen Film.

Chemische Trocknungsverfahren:

- Oxidative Trocknung: die in den Alkydharzen und pflanzlichen Ölen vorhandenen ungesättigten Fettsäurereste polymerisieren mit Luftsauerstoff durch Trockenstoffe katalysiert zu einem hochpolymeren, festen Film.
- UV-Härtung: die reaktiven Bindemittelmoleküle polymerisieren katalysiert durch Photoinitiatoren, die wiederum durch UV-Strahlung aktiviert werden, zu einem hochpolymeren, festen Film.
- Elektronenstrahlhärtung: die reaktiven Bindemittelmoleküle polymerisieren durch den Einfluss eines Elektronenstrahls – ohne weitere Katalyse – zu einem hochpolymeren, festen Film.

Aufgrund der Vielzahl der in der Praxis geforderten Eigenschaftsprofile ist in der Druckfarbenindustrie eine große Zahl unterschiedlicher Rohstoffe im Einsatz.

- Beispiele für Eigenschaften, die für die Verarbeitung einer Druckfarbe in der Druckerei wichtig sind: Viskosität, Wiederanlösbarkeit, Trocknungsgeschwindigkeit, Wegschlaggeschwindigkeit, Übertragungsverhalten, Farb-Wasser-Balance Offset, Nebeln, Spritzen, Schäumen, etc.
- Beispiele für Eigenschaften des getrockneten Druckfarbenfilms: Farbstärke, Farbort, Scheuerfestigkeit, Haftung, Glanz, Überlackierbarkeit, Gleitfähigkeit, Lichtechtheit, Füllgutechtheiten, Geruch, Sterilisierfestigkeit, Tiefkühlbeständigkeit, etc.

Rechtliche Beurteilung

Druckfarben für Lebensmittelverpackungen sind im Anhang I der VO (EG) Nr. 1935/2004 (Verzeichnis von Materialien und Gegenstände, für die Einzelmaßnahmen erlassen werden können) genannt, jedoch darüber hinaus bisher nicht in einer speziellen Rechtsvorschrift geregelt. Insofern gelten nur die allgemeinen Anforderungen von Art. 3 der Verordnung.

Die GMP-Verordnung (EG) Nr. 2023/2006 schreibt vor, dass Druckfarben zur Bedruckung der dem Lebensmittel abgewandten Seite von Lebensmittelverpackungen nach Guter Herstellungspraxis (GMP) hergestellt werden müssen und dass die Farben so formuliert und/oder aufgebracht werden müssen, dass kein Übergang von Stoffen oberhalb erlaubter Grenzwerte stattfinden kann.

Nach § 4 Abs. 2 der Bedarfsgegenständeverordnung sind die für Kunststoffe geltenden Verzeichnisse der Anlage 3 mit den darin enthaltenen Beschränkungen auch für Druckfarben heranzuziehen, wenngleich sie für diese Materialien keine Positivlisten darstellen.

Mitgliedsunternehmen des europäischen Druckfarbenverbands EuPIA, die mehr als 90% des Umsatzes der europäischen Druckfarbenindustrie repräsentieren, haben sich zur Einhaltung der „EuPIA-Leitlinie für Druckfarben zur Verwendung auf der vom Lebensmittel abgewandten Oberfläche von Lebensmittelverpackungen und Gegenständen" verpflichtet. Herzstück dieser Leitlinie ist das Auswahlschema für Rohstoffe.

Demgemäß können folgende Stoffe als Rohstoffe eingesetzt werden:
- Stoffe, die für den direkten Lebensmittelkontakt bewertet sind (einschlägige nationale, europäische oder internationale Regelungen),
- Farbmittel, die die Reinheitsanforderungen der Europarat-Resolution AP (89) 1 erfüllen,
- Stoffe mit Molekulargewicht > 1 000 Dalton (Da),
- Stoffe < 1 000 Da, die bezogen auf die fertige Verpackung und ihr spezifisches Füllgut nachweislich nicht oder nur unterhalb festgelegter Grenzwerte migrieren.

Folgende Rohstoffe können nicht verwendet werden:
- Stoffe, die unter bestimmte Ausschlusskriterien fallen, z. B. giftige und sehr giftige Rohstoffe, als krebserregend, erbgutverändernd oder fortpflanzungsge-

fährdend bekannte Rohstoffe, Rohstoffe auf Basis der toxischen Schwermetalle Blei, Cadmium, Quecksilber und Chrom(VI),
- nicht bewertete Stoffe < 1 000 Da, falls Migration oberhalb bestimmter Migrationsgrenzen nachweisbar.

Weitere Informationen zu Inhaltsstoffen von Druckfarben für Lebensmittelverpackungen finden sich unter www.eupia.org.

Übergänge von Stoffen aus der Druckfarben- und Lackschicht, welche sich auf der dem Lebensmittel abgewandten Seite befinden, auf das Füllgut sind durch folgende Vorgänge möglich:
- Migration durch den Bedruckstoff (Permeation), kann durch Einsatz einer Barriereschicht verhindert werden. PE und PP sind keine spezifischen Barrieren gegen migrierende Stoffe aus Druckfarben.
- Abklatschmigration (invisible set-off), z. B. bei etikettierten, ineinanderstehenden Kunststoffgebinden (Joghurtbecher).
- Migration durch die Gasphase (vapour-phase migration), z. B. bei Kartons mit Innenbeutel aus Papier.

Für spezielle Nischenanwendungen gibt es Druckfarben für den Lebensmitteldirektkontakt, die ausschließlich aus für den Lebensmittelkontakt bewerteten Inhaltsstoffen bestehen. Sie spielen jedoch mengenmäßig am Markt eine sehr geringe Rolle.

38.3.7
Metalle

Werkstoffe aus Metallen sind für Bedarfsgegenstände weit verbreitet. Ihre Verwendung wird von den physikalischen Eigenschaften des Metalls (z. B. elektrische und thermische Leitfähigkeit) sowie von der chemischen Resistenz gegenüber Lebensmittelinhaltsstoffen bestimmt.

Nachteil der metallischen Werkstoffe ist ihre mögliche Korrosion, die bei Vorhandensein von Feuchtigkeit, von Elektrolyten und Sauerstoff abläuft. Unedle Metalle unterliegen einer elektrochemischen Reaktion, die letztendlich zur Abscheidung von Oxiden auf der Oberfläche der Werkstoffe führt. Die gebildeten Oxide können als feste Schutzschicht auf der Metalloberfläche verbleiben und das Metall dauerhaft schützen (Passivierung). Ein typisches Beispiel ist Chrom, welches einen korrosionsbeständigen, passiven Film bildet. Im Gegensatz dazu ist Rost (Eisenoxid) leicht zu entfernen und bietet daher keinen Schutz.

Bei ablaufenden Korrosionsvorgängen können erhebliche Mengen an Metallionen auf das Lebensmittel übergehen. Dies führt auch zu Schäden an den metallischen Gegenständen (*corrodere* (lat.) = anfressen).

Aluminium

Aluminium ist das häufigste Metall der Erdkruste. Es ist ein Leichtmetall, unedel und reaktionsfreudig. Aluminium bildet an der Luft sehr schnell eine Oxidschicht aus, die es vor weiteren Reaktionen schützt. Mit Hilfe des Eloxal-Verfahrens, einer anodischen Oxidation, kann die Oxidschicht verstärkt werden. So behandelte Bedarfsgegenstände sind gegenüber Lebensmitteln in einem pH-Bereich von 4,5 bis 8,5 weitestgehend inert. Allerdings kann die Schutzschicht beschädigt werden durch:

- chemische Einflüsse wie Säuren, Laugen, Salze,
- mechanische Einflüsse wie ungeeignete Reinigung des Metalls,
- Lokalelementbildung durch edlere Metalle.

So verbietet sich wegen seiner Unbeständigkeit gegenüber Laugen beispielsweise der Einsatz von Aluminium als Tauchmedium bei der Herstellung von Laugengebäck. Lokalelementbildung, die beim Kontakt von Speisen auf Edelstahlplatten mit Aluminiumfolie auftreten kann, führt zu Lochfraß und einem schnellen Auflösen der Folie. Auf diese Sachlage sollten Verbraucher auf der Verpackung der Aluminiumfolie hingewiesen werden [80].

Aluminium findet Verwendung für Ess-, Trink-, Kochgeschirr, Campingartikel, Dosen, Tuben, Folien und Schalen zur Aufbewahrung und Verpackung von Speisen sowie für Bierfässer. Im Kontakt mit Lebensmitteln wird es entweder in reiner Form oder in Legierungen mit geringen Mengen an Magnesium, Mangan, Eisen, Kupfer und Zink angewandt. Neben seiner Leichtigkeit liegen die Vorteile von Aluminium vor allem in der Stoff- und Lichtundurchlässigkeit. Diese Eigenschaften machen es geeignet als Barriereschicht bei der Anwendung von Aluminium-Kunststoff-Verbundfolien und Aluminium-Karton-Verbünden als Verpackungsmittel für den Lebensmittelsektor und von Verbundrohren aus vernetztem Polyethylen für Rohre in der Trinkwasser-Hausinstallation [34].

Vor allem in sauren Lebensmitteln sind hohe Übergänge an Aluminium zu erwarten [35]. Deshalb werden Getränkedosen aus Aluminium innen lackiert. Auch bei der Lagerung von Fruchtsäften sind lackierte Aluminiumtanks zu empfehlen. So wurden 2008 aufgrund unsachgemäßer Lagerung von Fruchtsäften in unlackierten Aluminiumtanks Aluminiumgehalte bis zu 87 mg/l Fruchtsaft gemessen [81]. Bei der Verwendung von Aluminiumfolien und -schalen liegen die ermittelten Gehalte je nach Lebensmittel bei maximal 1–2 mg/kg, bei Kochgeschirr wurden Werte unter 1 mg/kg Lebensmittel gefunden [35, 36]. Unverarbeitete Lebensmittel können zwischen 0,1 und 20 mg/kg an Aluminium enthalten. Diese natürlichen Gehalte sind die Hauptquelle der Aluminiumaufnahme.

Aluminium und seine Verbindungen gelten als wenig toxisch. Der Hauptanteil an Aluminium wird über die Nieren ausgeschieden. Einschränkungen bestehen allerdings für Personen mit Nierenfunktionsstörungen oder -insuffizienz. Die WHO hat 1997 festgestellt, dass Aluminium nicht die Ursache der Alzheimer-Krankheit darstellt [5, 41].

Das BfR hat in einer Stellungnahme von 2007 bestätigt, dass es keinen wissenschaftlich belegten Zusammenhang zwischen der erhöhten Aluminiumaufnahme über Lebensmittel und der Alzheimer Erkrankung gibt. Jedoch sollte bei bestimmten Lebensmitteln (z. B. Fruchtsäfte, Rhabarber, Salzhering), die eine erhöhte Löslichkeit von Aluminium durch Säuren und Salze bedingt, auf den direkten Kontakt mit aluminiumhaltigen Bedarfsgegenständen verzichtet werden [83].

Weißblech

Weißblech wird aus dünn ausgewalztem Stahlblech hergestellt. Um die Oberfläche vor Korrosion zu schützen, wird das Blech mit einem Zinnüberzug versehen. Die gängigste Verzinnungsmethode ist das galvanische Verfahren. Dabei benutzt man eine Elektrode aus reinem Zinn als Anode und eine Badmischung als Elektrolyt, die u. a. eine Zinnverbindung enthält. Das Blech stellt die Kathode dar, worauf sich zunächst eine Eisen-Zinn-Schicht ($FeSn_2$) und darüber die Zinnschicht ausbilden. Die üblichen Zinnauflagen betragen bei Konservendosen 1,5–5,6 g/m^2, bei Getränkedosen 1,0–2,8 g/m^2. Da das Reinzinn leicht oxidiert und das Oxid eine schlechte Haftung für Lacke zeigt, wird die Oberfläche mit Öl passiviert. Das Blech kann auch mittels Chrom passiviert werden. Infolge der elektrolytischen Abscheidung entsteht eine Chrom-Chromoxidschicht von 50–100 mg/m^2 [37].

Um eine Wechselwirkung zwischen dem Lebensmittel und dem Weißblech zu unterbinden, werden dünne Schutzlacke (3–15 g/m^2) aufgebracht. Häufig verwendete Beschichtungen sind die Epoxidharzsysteme (vgl. Kap. 38.3.2 Beschichtungen). Lediglich bei Korrosionsvorgängen oder fehlerhaften Stellen des Schutzlacks kann eine unerwünschte Migration des Metalls auf das Lebensmittel erfolgen. Der mögliche Aufbau von Dosen ist in [38] dargestellt.

Nichtrostende Stähle (Edelstahl)

Nichtrostende Stähle [39] sind im Lebensmittelkontakt weit verbreitet. Sie werden verwendet zur Herstellung von Koch- und Tafelgeschirr, Besteck und Haushaltgeräten (Wasserkocher) sowie Geschirrspülern und Spülen.

Stahl ist eine Legierung von Eisen und Kohlenstoff (unter 2%). Zur Verbesserung der Korrosionsbeständigkeit werden weitere Elemente zugesetzt (z. B. Nickel, Chrom, Molybdän). Rostfreie Stähle besitzen mindestens einen Chromgehalt von 10,5%. In der Praxis enthalten jedoch die meisten rostfreien Stähle, welche im Lebensmittelkontakt verwendet werden, einen Anteil an Chrom von etwa 16–18%, da diese Zusammensetzung die optimale Beständigkeit gegen Lebensmittel und Getränke aufweist.

Nichtrostende Stähle werden durch das mit der Legierung und dem Herstellungsverfahren erreichte Gefüge differenziert (s. Tabelle 38.7). Je nach Gefüge unterscheiden sich die Eigenschaften der Legierungen, wie z. B. Zähigkeit, Wärmeleitfähigkeit, Magnetisierbarkeit etc. [5, 40].

Die verschiedenen Stahlsorten werden zudem durch „Kurznamen" oder Werkstoffnummern gekennzeichnet und in der Norm DIN EN 10088-1:2005 charakterisiert. Die Bedeutung der Werkstoffnummern wird in [39] erläutert.

Tabelle 38.7. Rostfreier Stahl – Gefüge und Zusammensetzung

Gefüge	Legierungsbestandteile
Ferritisch	mindestens 10,5% Chrom, 0–1% Nickel, 0–4% Molybdän und Aluminium
Martensitisch	10,5–17% Chrom, 0–2% oder 4–6% Nickel, 0–1,3% Molybdän, 0–0,2% Vanadium, gering an Kohlenstoff
Austenitisch	mindestens 16% Chrom, mindestens 6% Nickel, Molybdän
Austenitisch-ferritisch	21–28% Chrom, 3,5–8% Nickel, 0–4,5% Molybdän (höhere Chrom- und niedrigere Nickelgehalte als bei den austenitischen Stählen), 0,05–0,3% Stickstoff, 0–1% Wolfram

Ein wichtiger Vertreter im Lebensmittelkontakt ist der austenitische Chrom-Nickel-Stahl mit dem Kurznamen X5CrNi1810 und der Werkstoffnummer 1.4301. Der Kurzname bedeutet, dass es sich um einen Stahl handelt (gekennzeichnet durch X); die nächste Ziffer, also 5, multipliziert mit 0,01 ergibt den maximalen, prozentualen Kohlenstoffgehalt (< 0,05% C), Chrom und Nickel sind die Legierungszusätze, Chrom ist im Mittel mit 18 und Nickel mit 10% ausgewiesen. Bereits seit 1926 wird dieser Stahl, der 1912 von der Firma Krupp entwickelt wurde, zur Herstellung von Bedarfsgegenständen verwendet.

Rechtliche Beurteilung von metallischen Werkstoffen

Eine konkrete Beurteilungsgrundlage ist mit der Festlegung von Grenzwerten für anorganisches Zinn in Lebensmittelkonserven geschaffen worden. Mit der VO (EG) Nr. 1881/2006 zur Festsetzung der Höchstgehalte für bestimmte Kontaminanten in Lebensmitteln erfolgte die Festschreibung von Höchstgehalten für Lebensmittelkonserven (200 mg/kg), Dosengetränke (100 mg/kg) und bestimmten Lebensmittelkonserven für Säuglinge und Kleinkinder (50 mg/kg).

Eine umfassende Beurteilungsgrundlage für metallische Bedarfsgegenstände zur Interpretation des Art. 3 der VO (EG) Nr. 1935/2004 beinhalten die „Guidelines on Metals and Alloys" des Europarates [5], die sich derzeit in Überarbeitung befinden. In diesen Guidelines werden neben der gesundheitlichen Bewertung für jedes Element Informationen über sein Vorkommen, die Verwendung, Technologie und mögliche Stoffübergänge geliefert. Bei Metallen spricht man nicht von einer Migration, da hier andere Prozesse (Passivierung, Korrosion) zu berücksichtigen sind. Das Verhalten der Metalle und Legierungen mit den in Kontakt kommenden Lebensmitteln ist nicht mit Kunststoffen vergleichbar. Aus diesem Grund sollten die Begrenzungen von Übergängen der Metall-Ionen in Lebensmittel nicht mit „SML" bezeichnet werden.

Die Tabelle 38.8 gibt einen Überblick über die derzeitigen Bewertungsmaßstäbe für Übergänge von Metallen. Auf der Basis toxikologischer Bewertungen

Tabelle 38.8. Toxikologische Bewertungen für Metalle

Element	PMTDI/PTWI/TDI	WHO (Trinkwasser)
Aluminium	1 mg/kg KG Woche	0,2 mg/l
Kupfer	–	2 mg/l
Eisen	0,8 mg/kg KG Tag	–
Mangan	0,06 mg/kg KG Tag	0,4 mg/l
Nickel	0,012 mg/kg KG Tag	0,7 mg/l
Silber	–	0,005 mg/l
Zinn	14 mg/kg KG Woche	Anorg. Sn keine Festlegung
Zink	1 mg/kg KG Tag	Keine Festlegung
Chrom	–	0,05 mg/l
Vanadium	–	–
Molybdän	–	–
Cobalt	–	–

Die folgenden Elemente sind als Verunreinigungen zu berücksichtigen:

Cadmium	0,007 mg/kg KG Woche	0,003 mg/l
Blei	0,025 mg/kg KG Woche	0,01 mg/l
Arsen	0,015 mg/kg KG Woche	0,01 mg/l
Barium	7,3 mg/l (NOAEL in humans)	0,7 g/l
Beryllium		
Quecksilber	0,002 mg/kg KG Tag (anorg.)	0,006 mg/l
Antimon	0,006 mg/kg KG Tag	0,02 mg/l

KG = Körpergewicht

werden für Metalle TDI-Werte (tolerable daily intake), PMTDI- (provisional maximum tolerably daily intake) oder PTWI-Werte (provisional tolerable weekly intake) festgelegt (Spalte 2). Da sich bei den Metallen die Exposition nicht ausschließlich auf eine Aufnahme infolge von Übergängen aus Bedarfsgegenständen beschränkt, sollten spätere Begrenzungen für Übergänge nicht in vollem Maße die tolerierbaren Aufnahmewerte ausschöpfen. Vielmehr ist den metallenen Bedarfsgegenständen nur eine anteilige Exposition zuzubilligen. Über die Höhe dieser Allokationsfaktoren wird zur Zeit diskutiert. Die dritte Spalte umfasst die von der WHO in Trinkwasser tolerierten Gehalte [41], welche unter der Voraussetzung festgelegt wurden, dass täglich 2 l Trinkwasser aufgenommen werden und über das Trinkwasser nur 10% der Gesamtbelastung ausgeschöpft werden sollte.

38.3.8
Silikatische Werkstoffe

Einleitung

Unter Silikaten sind Salze und Ester der ortho-Kieselsäure und deren Kondensationsprodukte zu verstehen [26]. Sie sind die artenreichste Klasse der Mineralien. Über 80% der Erdkruste bestehen aus Silikaten.

Die Struktur der silikatischen Werkstoffe, ausgehend von der Kieselsäure, hat ein einfaches Bauprinzip: In regelmäßigen Tetraedern befinden sich in der Mitte die Siliciumatome, von denen jedes von vier Sauerstoffatomen umgeben ist. Die verschiedenartige Verknüpfung der SiO_4-Einheiten (Polykondensation) führt zu unterschiedlichen Silikat-Klassen (z. B. mit Blatt- oder Bandstruktur). Glas, Porzellan, Keramik und Email zählen zu den wichtigen Produkten, die in den folgenden Kapiteln beschrieben werden.

Glas

Gläser sind amorphe, nichtkristalline erstarrte Schmelzen. Der Glaszustand als physikalisch-chemische Eigenschaft kann als eingefrorene unterkühlte Flüssigkeit bzw. Schmelze unabhängig von ihrer chemischen Zusammensetzung betrachtet werden [26]. Es existieren zahlreiche Glassorten, deren chemische Zusammensetzung sehr unterschiedlich sein kann. Mengenmäßig am bedeutendsten sind die Kalk-Natron-Silikat-Gläser zur Herstellung von Artikeln aus Flachglas (Fensterscheiben) und Hohlglas (Behälterglas). Sie bestehen aus einer Mischung von Siliciumdioxid, Calciumoxid und Natriumoxid sowie weiteren Oxiden. Die eigentlichen Glasbildner sind Silicium-, Bor- und Phosphoroxide. Alkalioxide dienen als Flussmittel, durch Erdalkalioxide wird die Stabilität erzielt.

Die Farbgebung von Gläsern wird durch geringe Anteile von verschiedenen Metalloxiden bzw.-Ionen erzielt, die aus [26] zu entnehmen sind.

Bleikristallglas setzt sich aus 60% Siliciumdioxid, 1% Boroxid, 24% Bleioxid, 1% Bariumoxid, 1% Natriumoxid und 13% Kaliumoxid zusammen. Das Bleioxid erhöht den Brechungsindex und erzeugt einen Glanz, der das Bleikristallglas besonders geeignet für den Schliff macht. Um den Übergang von Blei auf das Lebensmittel zu minimieren, werden die Oberflächen mit einem Schwefelsäure/Flusssäuregemisch nachbehandelt. Dies führt zur Verarmung von Bleioxid auf der Glasoberfläche.

Ein wichtiger Rohstoff ist das Altglas, welches durch die flächendeckenden Systeme von Altglassammelstellen in hohen Recyclingraten (ca. 83,6% im Jahre 2006 [42]) anfällt. Hier wird ein erheblicher Beitrag zur Schonung von Rohstoffreserven, zur Entlastung der Umwelt bei der Müllentsorgung, aber auch zur Einsparung von Energie und Reduzierung der Emissionen geleistet. Aufgrund immer höherer Anforderungen wurden Verfahren zur Verbesserung der Reinheit von Altglas entwickelt. So werden die Verunreinigungen vor der Aufbereitung bereits entfernt: z. B. mit dem Magnetabscheider die Eisenteile, mit elektronischen Metallseparatoren Aluminium und Blei. Bei der Herstellung von Weißglas stören allerdings bereits geringe Mengen von farbigem Glas.

Lebensmittel werden häufig in Materialien aus Glas verpackt, z. B. Flaschen, Glaskonserven, Verpackungsgläser und Glasbehälter. Die Hauptanwendungen liegen bei den Getränken, der Baby- und Kleinkindernahrung, der Feinkost und den Brotaufstrichen. Die Vorteile der glasverpackten Lebensmittel bestehen zum einen in der Undurchlässigkeit für alle Stoffe, in der Inertheit gegenüber dem Lebensmittel sowie der hohen Oberflächengüte in der wiederholten Verwendung (Mehrweg). Durch die Braun- bzw. Grünfärbung wird der Schutz für lichtempfindliche Lebensmittel erzielt, z. B. durch den Zusatz von Eisenoxid.

Nachteile des Materials Glas liegen in der Zerbrechlichkeit, im hohen Gewicht und hoher Sprödigkeit. Daher werden die Gläser oberflächenbehandelt, um mögliche Risse an den Oberflächen, die einen Bruch verursachen könnten, zu verhindern. Zur Härtung wird die Außenfläche bei 500–600 °C mit Zinn- und Titanchlorid behandelt (Heißhärtung). Anschließend erfolgt zur Erhöhung der Gleitfähigkeit ein Aufsprühen von wässrigen Dispersionen aus Wachsen und Kunststoffen bei 80–150 °C (Kalthärtung). Als weitere Schutzfunktion können Kunststoffüberzüge auf Flaschen aufgebracht werden.

Bedarfsgegenstände aus Glas können mit Kronkorken, Schraub-, Twist-Off-, Andrückverschlüssen aus Metall mit Dichtungsmassen oder mit Schraub- und Schnappverschlüssen aus Kunststoff mit eingelegter Dichtmembran verschlossen werden [37].

Häufig wird Geschirr, wie Trinkgläser, Teeservice u. a., mit Dekoren oder Bemalung zur Verschönerung versehen. Es gibt verschiedene Möglichkeiten für die Dekorierung, z. B. das Gravieren, das Ätzen mit Säure, Kaltfärben, Lackieren und Emaillieren [43].

Keramische Werkstoffe

Keramische Erzeugnisse bestehen definitionsgemäß aus nichtmetallischen, anorganischen Stoffen, die nach Vorbehandlungen, wie Formgebung der nach Wasserzusatz plastifizierten Masse und anschließendem Trocknen, in einem Sinterungsprozess verfestigt werden. Dadurch erhalten sie ihre charakteristischen Eigenschaften, wie z. B. hohe Temperaturbeständigkeit, Resistenz gegen Säuren, Laugen, Salzlösungen, hohe Druckbelastbarkeit etc. Wichtigste Rohstoffe sind die Tonminerale Ton und Kaolin, die infolge ihrer Schichtstruktur Wasser aufnehmen können und die Bildung einer knetbaren Masse ermöglichen. Quarz, gemahlener gebrannter Ton und Sand als Magerungsmittel dienen zur Verringerung der Schwindung (Masse- und Volumenverlust bei dem Brand). Zur Senkung der Sintertemperatur werden Flussmittel wie Feldspat benötigt.

Der erste Brennvorgang, der sog. Rohbrand, führt bei Brenntemperaturen zwischen 900 und ca. 1 300 °C unter Abspaltung von Wasser und Bildung neuer kristalliner Silikate und Silikatgläser zu einem harten „Scherben". Zur Herstellung von Bedarfsgegenständen werden sog. feinkeramische Werkstoffe verwendet. Als Grobkeramik bezeichnet man dagegen ein Gefüge, wie es z. B. bei Ziegelsteinen zu finden ist.

Unterscheidungsmerkmale für feinkeramische Werkstoffe sind die Porosität und die Farbe. Als Tongut (Irdenware) bezeichnet man einen Scherben, der sich durch eine hohe Porosität und damit ein hohes Wasseraufnahmevermögen auszeichnet.

Tonzeug (Sinterware) sintert infolge der gegenüber Tongut höheren Brenntemperatur zu einem harten, porenfreien Scherben.

Tabelle 38.9. Unterscheidungsmerkmale feinkeramischer Werkstoffe

Tongut (Irdenware): offenporig		Tonzeug (Sinterware): dicht	
1 000–1 200 °C Steingut: weiß (Steingutgeschirr)	900–1 100 °C Irdengut: farbig (Römertopf, Majolikaprodukte)	1 200–1 400 °C Porzellan: weiß, durchscheinend	1 200 °C Steinzeug: farbig, dichtgebrannt (Geschirr, Bierkrüge, Getränkeflaschen)

Die keramischen Materialien werden mit sehr harten, glasartigen, schützenden und dekorativen Glasuren versehen, wodurch sie für Flüssigkeiten und Gase undurchlässig werden. Die Bestandteile der Glasuren sind Quarz, Tonerde, Alkalien, Erdalkalien und niedrig schmelzende Oxide. Wasserlösliche Glasurbestandteile müssen zusammen mit den glasurbildenden Bestandteilen vorher gebrannt und damit in einen unlöslichen Zustand überführt werden. Diese sog. Fritten werden fein zermahlen und mit den übrigen Glasurbestandteilen in Wasser dispergiert. Nach Aufbringen der Glasur auf die Gegenstände erfolgt der Glatt- oder Garbrand bei Temperaturen von 1 225 bis 1450 °C für die Dauer von 24 bis zu 40 Stunden. Farbige Glasuren werden durch Zusätze von Metalloxiden erzielt.

Wird das Erzeugnis mit einem Dekor versehen, ist im Allgemeinen ein weiterer Brennvorgang, der Dekorbrand, erforderlich. Für Dekors werden entweder temperaturbeständige, anorganische Pigmente verwendet oder Fritten. Zur Farbgebung verwendet man neben den reinen Metalloxiden häufig Mischkristalle verschiedener Elemente (Spinelle), um unterschiedliche Farbtöne zu erhalten. Das Auftragen der Verzierung erfolgte früher durch Bemalen mit der Hand. Heute werden verschiedene Druck- oder Spritzverfahren angewandt. Im Dekorbrand verschmilzt der Dekor mit der Glasur.

Beim Auftragen des Dekors unterscheidet man die folgenden Techniken:

- Aufglasurdekors werden auf die bereits glasierte Oberfläche eingebrannt. Die Oberfläche ist nicht spülmaschinenfest.

- Inglasurdekors liefern spülmaschinenfeste Oberflächen. Beim Brennen schmilzt die Glasur, die Metalloxide sinken in den Schmelzfluss ein und liegen mit weichen Konturen in der Glasur.
- Unterglasurdekors werden direkt auf den keramischen Scherben aufgetragen. Das Farbdekor ist dadurch unempfindlich gegen Gebrauchsbeanspruchung.

Email

Emails sind glasartig erstarrte Schmelzgemische überwiegend oxidischer Zusammensetzung. Glasbildende Oxide sind u. a. SiO_2, B_2O_3, Na_2O, K_2O und Al_2O_3. Die Vorteile der Email-Beschichtung liegen in der hohen chemischen, thermischen sowie mechanischen Widerstandsfähigkeit. Nachteilig ist die Sprödigkeit, die zu Stoß- und Schlagempfindlichkeit führt.

Der Emailliervorgang besteht aus zwei Stufen: dem Aufschmelzen des Grundemails und dem Aufbrennen der Deckemails. Das Grundemail stellt die Verbindungsschicht zwischen Untergrund, meist metallischem Träger, und der Emailschicht dar. Es enthält Haftsubstanzen, wie z. B. Cobaltoxid oder Nickeloxid. Die Deckschicht realisiert die beabsichtigten Eigenschaften der Beschichtung, wie ein schönes Dekor, eine glatte Oberfläche und die Korrosionsbeständigkeit. Für die Färbung werden im Deckemail färbende Schwermetalloxide eingeschmolzen [44]. Um den Metallgrundkörper zu überdecken, werden Zinn-, Antimon-, Cer- oder Titanoxide als sog. Trübungsmittel zugegeben.

Für den Emailauftrag wurden moderne Applikationsverfahren wie der nasselektrostatische Auftrag von Emailschlickern (ESTA), der elektrostatische Emailpulverauftrag (PUESTA) sowie die Elektrotauch-Emaillierung (ETE) entwickelt, welche unter [45–49] beschrieben sind. Die Entwicklung geht zu immer dünneren Schichten, zum Senken der benötigten Einbrenntemperaturen und gleichzeitigem Einbrennen von Grund- und Deckemail (2-Schicht-1-Brand-Verfahren), um nur einige Aspekte aus [50] zu nennen.

Da das Email auch bei höherer Temperaturbelastung einen guten Oberflächenschutz liefert, werden emaillierte Gegenstände gern als Bedarfsgegenstände in diesem Temperaturbereich angewandt. So wird zum Beispiel Stahlblech für leichte Gegenstände wie Haushaltsgeschirr, Backofenauskleidungen und Gusseisen für schwere Gegenstände wie Pfannen und Kessel verwendet.

Rechtliche Beurteilung

Aus silikatischen Materialien können durch saure Lebensmittelinhaltsstoffe (Zitronensäure, Essigsäure) Bestandteile herausgelöst werden und auf Lebensmittel übergehen. Als Prüfverfahren wird für alle Materialien der Test mit 4%iger Essigsäure (24 Stunden bei Raumtemperatur) herangezogen. Neben der üblichen Prüfung der Innenflächen von Gegenständen mit silikatischen Oberflächen ist bei Trinkgefäßen auch die Ermittlung der Schadstoffabgabe aus dem Trinkrandbereich (2 cm vom oberen Rand) von Bedeutung, da das Getränk über die Lippen auch mit dem häufig im Trinkrandbereich aufgebrachten Dekor in Kontakt kommt. Lediglich für die Parameter Cadmium und Blei existieren europäische Grenzwerte in der Keramikrichtlinie (84/500/EWG und 2005/31/EC [7]), welche in die Bedarfsgegenstände-Verordnung umgesetzt wurden. Die DIN 51032 (1986) enthält Grenzwerte für Gegenstände aus Glas und Email sowie für die Trinkrandzone. International gelten entsprechende ISO-Normen [83].

Das BfR weist daraufhin, dass bei Ausschöpfung der Grenzwerte für die Abgabe von Blei und Cadmium aus Keramik-Gegenständen Überschreitungen der aus gesundheitlicher Sicht tolerierbaren Aufnahmemengen (PTWI) für Blei und Cadmium zu erwarten sind [84, 85].

38.3.9
Aktive und intelligente Bedarfsgegenstände

Aktive und intelligente Bedarfsgegenstände sind eine Gruppe von Lebensmittelkontaktsystemen, welche auf den Märkten in den USA, Japan und Australien seit Jahren etabliert sind. In Europa werden zurzeit gemeinschaftsrechtliche Vorschriften erarbeitet, um sie zu legitimieren. Ihre Verbreitung in Europa befindet sich daher noch in einem Anfangsstadium. Einen Überblick über die verschiedenen Systeme dieser neuen Verpackungstechnologie und ihrer Anwendungen gibt [17].

Aktive Bedarfsgegenstände

Aktive Lebensmittelkontakt-Materialien und -Gegenstände sind gemäß der Rahmen-VO (VO (EG) Nr. 1935/2004) [1] so definiert, dass sie gezielt Stoffe an das verpackte Lebensmittel oder die das Lebensmittel umgebende Atmosphäre abgeben (Releasersysteme) bzw. diesen entziehen (Adsorbersysteme). Diese Wechselwirkungen sollen dazu dienen, die Haltbarkeit verpackter Lebensmittel zu verlängern oder ihren Zustand zu erhalten bzw. zu verbessern.

So gibt es beispielsweise Adsorbermaterialien, welche Sauerstoff oder Ethylen binden und Releasersysteme, die Aromen, Konservierungsstoffe oder Antioxidantien auf das Lebensmittel übertragen sollen. Die der Wechselwirkung zugrunde liegenden aktiven Stoffe können sich innerhalb von Beuteln oder Säckchen im Verpackungsraum befinden, oder sie werden direkt in die Polymer-Matrix des Verpackungsmittels eingebunden bzw. von der Folienoberfläche durch Besprühen, Eintauchen oder Beschichten absorbiert. Einige Beispiele für aktive Lebensmittelbedarfsgegenstände sind in Tabelle 38.10 dargestellt, weitere Beispiele sind [17] zu entnehmen.

Von aktiven Bedarfsgegenständen sind trotz möglicher ähnlicher Wirkung zu unterscheiden:

Tabelle 38.10. Aktive Lebensmittelbedarfsgegenstände – Beispiele [51–54]

Releaser-/Adsorbersysteme	Wirkung	Anwendung
Mikroverkapseltes Ethanol	Antimikrobieller Effekt	Backwaren
Nisin (Lactococcus lactis)	Antimikrobieller Effekt	Vakuumverpackte LM
Vitamin E	Antioxidans	Trockene, fetthaltige LM
Ascorbinsäure/Eisencarbonat	Sauerstoffabsorber	Trockene LM (Kartoffelchips)
Palladium/Aktivkohle	Ethylenabsorber	Früchte, Gemüse
Polyacrylate	Wasserabsorber	Fleisch, Geflügel

LM = Lebensmittel

- Materialien und Gegenstände, die üblicherweise dazu verwendet werden, im Verlaufe des Herstellungsprozesses ihre natürlichen Bestandteile an bestimmte Arten von Lebensmitteln abzugeben. Diese Unterscheidung hat man getroffen, um Holzfässer oder -materialien, welche traditionell zur Lagerung von Wein oder Bränden verwendet werden, wobei der Übergang phenolischer Holzinhaltsstoffe durchaus erwünscht ist, nicht einem Zulassungsverfahren unterziehen zu müssen.
- Multifunktionelle Additive, worunter solche Stoffe zu verstehen sind, welche sowohl als Zusatzstoffe oder Aromen in Lebensmitteln als auch als Additive für Kunststoffe zulässig sind. Diese Stoffe können aufgrund ihrer Eigenschaften einen unbeabsichtigten technologischen Effekt auf Lebensmittel ausüben. Die gemäß der BedarfsgegenständeVO für Lebensmittelbedarfsgegenstände aus Kunststoff geltende Regelung besagt, dass diese Stoffe aufgrund der übergehenden Anteile in Lebensmitteln entweder keinen technologischen Effekt ausüben dürfen oder dass die für das Kontaktmaterial geltenden SML-Werte eingehalten werden müssen, je nachdem welche Regelung strenger ist.
  Die Regelung der multifunktionellen Substanzen ist derzeit nur für Lebensmittelkontaktmaterialien aus Kunststoff erfolgt. Dieselbe Problematik der unbeabsichtigten Wechselwirkung mit dem Lebensmittel existiert jedoch auch bei anderen Materialien, bei welchen z. B. die Verwendung von Konservierungsstoffen zur Produktkonservierung zulässig ist oder ein erhöhter Restmonomerengehalt zu einer keimhemmenden Wirkung auf das Lebensmittel führen kann (s. Tabelle 38.11).
- Als weitere Gruppe von Substanzen, welche nicht als „aktiv" anzusehen sind, sollen „Substanzen mit antimikrobieller Wirkung auf der Oberfläche von Lebensmittelbedarfsgegenständen" innerhalb der Kunststoffdirektive eingeführt werden. Als Beispiele für derartige Systeme werden Silberverbindungen und Triclosan diskutiert. Unklar ist, wie diese Systeme von den Releasersystemen unterschieden werden können.

Tabelle 38.11. Lebensmittelkontaktmaterialien mit möglicher, unbeabsichtigter Wirkung auf das Füllgut

Material	Zugelassene Stoffe/Stoffgruppen (nach Empfehlungen des BfR bzw. Bedarfsgegenstände VO)
Papier	Konservierungsstoffe Schleimverhinderungsmittel
Dispersionen	Mittel zum Schutz vor Fäulnis
Gummi	Stabilisatoren für Naturlatex Fäulnisschutzmittel
Kunstdärme	Konservierungsstoffe für Cellulosehydrat
Zellglas	Melamin-Formaldehyd-Kondensationsprodukte (Verankerungsmittel)

Intelligente Bedarfsgegenstände

Als intelligente Bedarfsgegenstände werden Indikatorsysteme bezeichnet, welche die Frische bzw. den Haltbarkeitszustand eines verpackten Lebensmittels dokumentieren sollen. Es gibt beispielsweise Temperaturindikatoren, welche die Überschreitung einer kritischen Temperatur anzeigen und somit dazu dienen, eine ununterbrochene Kühlkette zu dokumentieren oder Zeit-Temperatur-Indikatorsysteme, die den kumulativen Effekt von Temperatureinflüssen über die gesamte Lebensdauer eines Lebensmittels darstellen. Sie können in Form von Labels außen an der Verpackung angebracht werden, die ihre Form oder Farbe verändern. In der Literatur sind Systeme auf der Basis von Enzym- bzw. Polymerisationsreaktionen, der Schmelzpunktstemperatur verschiedener Substanzen und von Flüssigkristallen beschrieben [52]. Um keine falschen Aussagen zu treffen, müssen diese Systeme sehr genau auf die Haltbarkeitskurven eines jeden speziellen Lebensmittels abgestimmt sein.

Weiterhin gibt es Sauerstoffindikatoren, die innerhalb einer Verpackung in Form von Labels oder auch laminiert in eine Mehrschichtfolie angewandt werden. Sie haben z. B. die Funktion, ein mögliches Leck in der Verpackung von Lebensmitteln, die unter modifizierter Atmosphäre abgefüllt wurden, durch Farbwechsel anzuzeigen. Oder sie werden zusammen mit Sauerstoff-Adsorbersystemen eingesetzt, wobei sie dokumentieren, wann der Sauerstoff aus dem Dampfraum des Lebensmittels verschwunden ist.

Rechtliche Bestimmungen

Aktive und intelligente Systeme unterliegen den Rechtsvorschriften der Rahmen-VO (EG) Nr. 1935/2004 und der Verordnung (EG) Nr. 450/2009 [92]. In der

Rahmen-VO sind die nachfolgend genannten, grundlegenden Anforderungen festgelegt worden:

- Als aktive Releasersysteme dürfen ausschließlich derartige Substanzen gezielt verwendet werden, welche für Lebensmittel als Zusatzstoffe oder Aromen zulässig sind. Sie müssen auch hinsichtlich der übergehenden Menge den für Lebensmittel geltenden Vorschriften entsprechen.
- Aktive und intelligente Bedarfsgegenstände unterliegen den allgemeinen Anforderungen für Materialien im Lebensmittelkontakt. Lediglich für aktive Releasersysteme gilt die Ausnahme vom Inertheitsprinzip des Art. 3 der Rahmen-VO.
- Die Deklaration auf aktiven Verpackungssystemen muss dergestalt sein, dass die Verwender die einschlägigen, für das spezielle Füllgut geltenden lebensmittelrechtlichen Anforderungen einhalten können.
- Für aktive und intelligente Bedarfsgegenstände gelten einige spezielle Maßnahmen zum Täuschungsschutz, wie z. B. das Verbot der Verwendung aktiver Adsorbersysteme gegen verderbsrelevante Gerüche (Amine in Fisch) oder das Verbot der Verwechselbarkeit beigefügter Säckchen oder Beutel mit aktiven oder intelligenten Stoffen mit Lebensmitteln.

Die VO (EG) Nr. 450/2009 wurde als Einzelmaßnahme für aktive und intelligente Systeme etabliert und enthält weitere, spezielle Regelungen:

- Aktive und intelligente Systeme unterliegen einer Zulassung der Komponenten, welche die aktive oder intelligente Funktion bewirken (Einzelsubstanzen, Substanzgemische, ggf. auch Reaktionsprodukte). Die Zulassung erfolgt auf der Basis einer Sicherheitsbewertung in einer Positivliste.
- Nicht in die Positivliste einbezogen werden:
  - aktive Releaser, die bereits im Lebensmittelsektor – z. B. als Zusatzstoffe – zugelassen sind
  - Komponenten, die nicht in direkten Kontakt mit dem Lebensmittel oder seiner Umgebung kommen und die durch eine funktionelle Barriere vom Lebensmittel getrennt sind – vorausgesetzt
    – die Migration nicht autorisierter Substanzen beträgt weniger als 10 µg/kg Lebensmittel, SetOff inbegriffen
    – die Migranten sind keine cmr-Stoffe und sind nicht nanoskalig dimensioniert.
- Aktive und intelligente Systeme müssen geeignet und wirksam sein.
- Intelligente Systeme können sich auf der Außenseite einer Verpackung befinden oder vom Lebensmittel durch eine funktionelle Barriere getrennt sein. Im letzteren Fall gelten die Regelungen für eine funktionelle Barriere, d. h. die Migration (incl. SetOff) nicht autorisierter Substanzen beträgt weniger als 10 µg/kg Lebensmittel und es handelt sich nicht um cmr-Stoffe.
- Bei aktiven Releasern wird die Migration der aktiven Komponenten nicht in den Gesamtmigrationsgrenzwert einbezogen.

- Nicht essbare Teile (Säckchen, Beutel) müssen mit einem Symbol gekennzeichnet werden, um einer Verwechslung mit einem Lebensmittel vorzubeugen.

Um die in Europa ggf. bereits existierenden aktiven und intelligenten Systeme möglichst störungsfrei in die Regelung der Positivliste überzuleiten, ist eine 18-monatige Initialphase zum Einreichen von Anträgen bei der EFSA für die Aufnahme in die Positivliste anberaumt worden. Während dieser Phase sollen Anträge für bereits existierende und für neue Systeme eingereicht werden. Aus Wettbewerbsgründen erfolgt die Autorisierung aller während der 18 Monate eingereichten Systeme in der Positivliste in einem Schritt.

Fallbeispiel 38.2: Schwefeldioxidpads für Tafeltrauben

Häufig werden Stiegen von Tafeltrauben auf dem Transportweg, insbesondere für den Transport aus Übersee, mit einer Auflage aus Schwefeldioxid-Pads versehen, um sie vor Pilzbefall zu schützen. Diese Pads enthalten Natriummetabisulfit, welches durch die Feuchtigkeit der Trauben Schwefeldioxid freisetzt. Derartige Pads sind als aktive Lebensmittelbedarfsgegenstände i. S. des Art. 2 Abs. 2 der Rahmen-VO aufzufassen. Unter der Voraussetzung, dass sie sachgerecht gehandhabt und rechtzeitig vor Abgabe an den Endverbraucher entfernt werden, ist gegen ihre Verwendung nichts einzuwenden. Nach ZZulV ist die Behandlung von Tafeltrauben mit Schwefeldioxid zulässig, sofern der Gehalt in den Trauben bei Abgabe an den Endverbraucher 10 mg/kg nicht überschreitet. Wie durch eine Verbraucherbeschwerde bekannt wurde, können im Einzelfall auch in Verbraucherverpackungen derartige Pads enthalten sein. Bei der in Rede stehenden Beschwerdeprobe war der Gehalt an Schwefeldioxid in den Trauben überhöht. Zudem fehlte die notwendige, gefahrstoffrechtliche Kennzeichnung für Natriummetabisulfit. Seitens der amtlichen Bedarfsgegenständeüberwachung werden in Tafeltrauben als Folge einer nicht sachgerechten Behandlung mit Schwefeldioxid Gehalte von 20 bis ca. 100 mg/kg festgestellt.

38.3.10
Nanomaterialien

Die Nanotechnologie gilt als wichtige Zukunftstechnologie. Es handelt sich um Querschnittstechnologien, die ihr Innovationspotenzial auf unterschiedlichen Wegen entwickeln können. Das Wissen, neue Materialien und Verfahren zu gestalten und Forschung schnell und nachhaltig in Produkte umzusetzen, wird weltweit zu einem wichtigen Wettbewerbsfaktor [87]. Als Nanomaterialien werden künstlich hergestellte Materialien verstanden, die vor allem durch das veränderte Oberflächen/Volumen/Verhältnis häufig neuartige Eigenschaften entfalten. Konkret geht es um Strukturen und Materialien, die in mindestens einer Dimension kleiner als 100 Nanometer (nm) sind. Zu Nanomaterialien werden punktförmige Strukturen (Nanopartikel, Nanokapseln, Cluster oder Moleküle), linienförmige Strukturen (Nanofasern, Nanoröhren, Nanogräben) und extrem dünne Schichten gezählt. Aber auch inverse Strukturen (Poren) gehören zur Nanotechnologie.

Beispiele und Gründe für Anwendungen im Lebensmittelkontakt sind u. a. [86]:

- antimikrobielle Oberflächenbeschichtung
- spezifische Adsorption von Gasen
- UV-Schutz bei transparenten Materialien
- aktive und intelligente Materialien
- verbesserte mechanische und technische Eigenschaften
- verbesserte Barrierewirkung gegenüber Gasen.

Für die rechtliche Beurteilung von Nanomaterialien im Lebensmittelkontakt gelten die allgemeinen Bestimmungen des Art. 3 der VO (EG) Nr. 1935/2004. Bei spezifisch geregelten Materialien, wie z. B. im Kunststoffsektor, ist die Voraussetzung für den rechtmäßigen Einsatz eines nanoskaligen Stoffes eine toxikologische Bewertung und Aufnahme des derart dimensionierten Stoffes in die entsprechende Positivliste.

Das gesundheitliche Risiko durch Nanostrukturen ist von der Art der möglichen Aufnahme (oral, inhalativ) und von der Einbindung in die Umgebung abhängig. Insbesondere freie Nanopartikel, Nanoröhrchen oder Nanofasern könnten durch ihre geringe Größe, ihre Form, ihre hohe Mobilität und höhere Reaktivität ggf. gesundheitliche Risiken hervorrufen. Daher stellen sich Hersteller von Lebensmittelkontaktmaterialien im Rahmen ihrer Sorgfaltspflicht die folgenden Fragen:

- liegen freie Nanopartikel vor?
- sind die Nanopartikel an Oberflächen gebunden?
- liegen die Nanopartikel in einer Matrix gebunden vor?

Nanoprodukte bestehen bislang meist aus Strukturen, in denen Nanopartikel fest in eine Matrix eingebettet sind. Toxische Wirkungen von Nanopartikeln, die auf ihrer geringen Größe und höheren Reaktivität beruhen, sind dann nicht mehr zu erwarten. Den möglichen Vorteilen von Nanomaterialien stehen jedoch derzeit noch offene Fragen hinsichtlich möglicher Risiken für Mensch und Umwelt gegenüber. Behörden und Wirtschaft arbeiten intensiv daran, Wissenslücken zu identifizieren und notwendige Forschungsarbeiten zu initiieren. Zu klären sind insbesondere toxikologische Risiken, Fragen der Exposition von Verbraucherinnen und Verbrauchern sowie analytische Teststrategien.

38.4
Qualitätssicherung

Wer Lebensmittelbedarfsgegenstände herstellt oder gewerblich verwendet, muss die Qualität der Erzeugnisse und deren Eignung für die beabsichtigten Verwendungszwecke sicherstellen, damit die relevanten Rechtsvorschriften im Hinblick auf eine nachteilige hygienische Beeinflussung von Lebensmitteln sowie auf stoffliche Übergänge eingehalten werden.

38.4.1
Rechtsvorschriften für die hygienische Sicherheit

An Rechtsvorschriften für die hygienische Sicherheit von Bedarfsgegenständen sind die VO (EG) Nr. 852/2004 und die Lebensmittelhygiene-VO (LMHV) einschlägig. Die Vorschriften für Lebensmittelhygiene umfassen Anforderungen an Verpackungsmittel, an Bedarfsgegenstände zur gewerblichen Herstellung und Behandlung von Lebensmitteln sowie an Räume, in welchen Lebensmittel hergestellt oder gelagert werden. Sie richten sich ausschließlich an die Verwender der Bedarfsgegenstände (z. B. Verpacker von Lebensmitteln), nicht an die Hersteller der Bedarfsgegenstände (z. B. Kunststoff-Verarbeiter).

Nach § 3 der LMHV dürfen Lebensmittel nur so hergestellt, behandelt oder in den Verkehr gebracht werden, dass sie – auch im Kontakt mit Bedarfsgegenständen – einer nachteiligen Beeinflussung nicht ausgesetzt sind. Unter nachteiliger Beeinflussung ist dabei z. B. eine ekelerregende Beeinträchtigung der einwandfreien hygienischen Beschaffenheit von Lebensmitteln, wie durch Mikroorganismen, Verunreinigungen, Reinigungs- oder Desinfektionsmittel zu verstehen. Oberflächen in Betriebsstätten sowie auch Gegenstände und Ausrüstungen, die mit Lebensmitteln in Berührung kommen, müssen sauber und instand gehalten werden, damit von ihnen keine nachteilige Beeinflussung der Lebensmittel ausgeht.

Diese Regelung dient zur Beurteilung von Tatbeständen, wie sie von der amtlichen Lebensmittelüberwachung nicht selten festgestellt werden, nämlich:

- mit Gespinsten und Schmutz behaftete Brötchendielen in Bäckereien,
- verdreckte Töpfe und Utensilien in Imbissbuden,
- Übergänge von Schmierstoffen aus Pumpen auf Lebensmittel in Lebensmittel verarbeitenden Betrieben,
- unvollständig gereinigte Mehrwegflaschen mit Resten von Reinigungsmitteln, welche sich sensorisch im Füllgut bemerkbar machen.

In Anhang II Kapitel X der VO (EG) Nr. 852/2004 sind die Vorschriften für das Umhüllen und Verpacken von Lebensmitteln dargelegt worden:

- Material, das der Umhüllung oder Verpackung dient, darf keine Kontaminationsquelle für Lebensmittel darstellen.

- Umhüllungen müssen so gelagert werden, dass sie nicht kontaminiert werden können.
- Die Umhüllung und Verpackung der Erzeugnisse muss so erfolgen, dass diese nicht kontaminiert werden. Insbesondere wenn Metall- oder Glasbehältnisse verwendet werden, ist erforderlichenfalls sicherzustellen, dass das betreffende Behältnis sauber und nicht beschädigt ist.

Daraus geht hervor, dass auch Maßnahmen zur Vermeidung physikalischer Beeinträchtigungen durch unerwünschte und gefährliche Fremdkörper, welche über die Bedarfsgegenstände in Lebensmittel gelangen können, wie z. B. ein Übergang von Glassplittern in Lebensmittel, in diese Regelung involviert sind.

38.4.2
Anforderungen an Deklaration und Dokumentation im Hinblick auf die chemische Sicherheit

Gegenstände mit Lebensmittelkontakt müssen in einer Weise hergestellt werden, dass die grundlegenden Anforderungen nach Art. 3 der Rahmen-VO (EG) Nr. 1935/2004 sowie die spezifischen Vorschriften eingehalten werden. Die Einhaltung der Vorschriften muss von den Unternehmern deklariert und dokumentiert werden.

- Artikel 16 der Rahmen-VO verlangt für spezifisch geregelte Bedarfsgegenstände, dass sie von einer schriftlichen Konformitätserklärung begleitet sind, welche die Erfüllung aller relevanten gesetzlichen Anforderungen bestätigt. Spezifisch geregelte Bedarfsgegenstände sind solche aus Kunststoff, Zellglas, Keramik, rezykliertem Kunststoff und bestimmten Epoxyverbindungen sowie aktive und intelligente Materialien und Gegenstände. Zudem müssen intern geeignete Unterlagen bereitgehalten werden, mit denen die Einhaltung der Vorschriften bewiesen wird.
- Die Verordnung (EG) Nr. 2023/2006 (GMP-Verordnung) [10] konkretisiert die Forderungen in Art. 3 der Rahmen-VO, wonach Lebensmittelkontaktmaterialien derart gemäß Guter Herstellungspraxis (GMP) hergestellt werden müssen, dass sie den grundlegenden Minimierungsanforderungen hinsichtlich der Migration von Stoffen genügen. Zum GMP-konformen Arbeiten müssen z. B. die Ausgangsmaterialien spezifiziert sein. Außerdem muss die Konformität des Erzeugnisses aus der GMP-Dokumentation hervorgehen.

Beide Maßnahmen verpflichten die Unternehmer dazu, Prozesse der Konformitätsarbeit durchzuführen, welche dazu dienen, die Einhaltung der Anforderungen zu gewährleisten. Die Konformitätsarbeit wird abgebildet durch:

- die produktbegleitende Deklaration, wie z. B. die Konformitätserklärung oder eine Spezifikation zu einem Produkt, damit der Kunde gemäß GMP arbeiten kann

- und die interne Dokumentation, welche z. B. aus den Erläuterungen zur Konformitätserklärung (Migrationsuntersuchungsergebnisse, Migrationsabschätzungen etc.) besteht und der GMP-Dokumentation. Die interne Dokumentation muss nur den zuständigen Behörden zugänglich gemacht werden.

Da nur die zuständigen Behörden berechtigt sind, Einblick in alle Details der Konformitätsarbeit zu nehmen, wird in den o. g. Regelungen der amtlichen Überwachung eine besondere Rolle beigemessen. Eine intensive Kontrolle durch die Behörde bewirkt, dass sich Vertrauen in die Konformitätserklärungen bilden kann. Andererseits haben die Behörden ihrerseits Interesse an der Durchführung der genannten Regelungen, da die Überprüfung der Rechtskonformität von Lebensmittelbedarfsgegenständen allein durch die analytische Kontrolle des Endproduktes, wie es der derzeit gängigen Überwachungspraxis entspricht, praktisch kaum realisierbar ist. Daher wurde im Rahmen der Arbeitsgruppe „Bedarfsgegenstände" des ALS ein Interpretationspapier verfasst, in welchem die aus Sicht der Überwachung grundlegenden Prinzipien der Gesetzestexte, die zum Teil nur implizit vorhanden sind und sich aus der Logik des Systems ergeben, herausgearbeitet wurden [88]. Zu den folgenden Punkten nimmt das Papier Stellung:

- Definition für Konformitätsarbeit als Kombination der Anforderungen aus den rechtlichen Bestimmungen zu Konformitätserklärungen und GMP
- Umfang der in den Einzelmaßnahmen auch hinsichtlich der grundsätzlichen Anforderungen unterschiedlich geregelten Konformitätserklärungen (Kunststoffrichtlinie als Orientierungshilfe)
- Umfang der GMP-Dokumentation im Hinblick auf die Beachtung aller konformitätsrelevanten Aspekte (verwendete Substanzen, Verunreinigungen, Reaktionsprodukte)
- Verantwortung der Stufen (z. B. bei nicht erfolgter Nennung eines migrierfähigen Stoffes in der Konformitätserklärung)
- Rechtliche Konsequenzen bei nicht vorhandener oder nicht vollständiger Konformitätsarbeit.

38.4.3
Untersuchung von Lebensmittelbedarfsgegenständen

Infolge der allgemeinen und zentralen Anforderungen des Art. 3 der VO (EG) Nr. 1935/2004 sowie der einschlägigen materialbezogenen Anforderungen (vgl. Kap. 38.2 Beurteilungsgrundlagen) im Hinblick auf die chemischen Wechselwirkungen zwischen Bedarfsgegenständen und Lebensmitteln (Migration) sowie auf mögliche sensorische Beeinträchtigungen stellt die typische Untersuchung eines Lebensmittelbedarfsgegenstandes eine Analyse der Migrationslösung dar. Die Analytik von Lebensmittelbedarfsgegenständen wird – auch im Hinblick auf die verschiedenen Materialien – ausführlich in [89] beschrieben.

Identifizierung der Matrix

Eine Identifizierung des Bedarfsgegenständematerials ist zunächst notwendig, um festzustellen, welche spezifischen Rechtsvorschriften für den fraglichen Gegenstand anzuwenden sind. Im Falle von hochpolymeren Werkstoffen (Kunststoffe, Elastomere) können orientierend zunächst relativ einfache Vorproben, wie Löslichkeitstest, Brand- und Geruchsprobe sowie Beilsteintest und chemische Schnelltests durchgeführt werden. Zur Identifizierung dienen dann letztlich Verfahren, wie ATR (Abgeschwächte Totalreflektion) -FTIR oder die aufwendigere Mikroskopie-FTIR für Mehrschichtsysteme. Die Zusammensetzung von Werkstoffen aus Copolymeren oder Polyblends kann mit Hilfe der Pyrolyse-GC-MS festgestellt werden [55].

Durchführung der Migration

Die Migration kann im realen Lebensmittel, welches mit dem Bedarfsgegenstand bereits in Kontakt ist oder bestimmungsgemäß in Kontakt kommt oder der Einfachheit halber in Lebensmittelsimulanzien bestimmt werden. Die Migration von Stoffen aus dem Bedarfsgegenstand in das Kontaktmedium ist u. a. abhängig von

- der Kontaktzeit,
- der Temperatur,
- der Art des verwendeten Kontaktmediums und
- dem Verhältnis zwischen Kontaktfläche und dem Volumen an Kontaktmedium.

Um auch bei der Anwendung von Simulanzien zu reproduzierbaren Migrationsergebnissen zu kommen, müssen diese Bedingungen also immer festgelegt werden. Dies geschieht durch Konventionen, die aber der Regel gehorchen, dass sich die Bedingungen für die Migration immer an den ungünstigsten realen Kontaktbedingungen orientieren sollen. Im Folgenden wird ein Überblick über die gängigen Migrationsbedingungen gegeben:

- *Kunststoffe*: In der ASU-Methode B 80.30-1 sind die Grundregeln für die Ermittlung der Migration festgelegt. Derzeit fünf Simulanzlösemittel werden den entsprechenden Lebensmittelkategorien (wässrige, saure, alkoholische, fettige Lebensmittel sowie Milch und Milchprodukte) zugeordnet. Wenn aus technischen Gründen Olivenöl als Fettsimulanz nicht anwendbar ist, dürfen Ersatzmedien eingesetzt werden, um die Konformität mit den einschlägigen Bestimmungen zu beweisen. Eine Zeit-Temperatur-Tabelle legt mit zahlreichen Feinabstufungen die Worst-Case-Rahmenbedingungen (Kurz- und Langzeitkontakt, Verwendungstemperatur) fest. Gemäß der ASU-Methode B 80.30-2 werden in einer umfangreichen Liste Lebensmittel kategorisiert und damit eine Zuordnung zu den passenden Simulanzlösemitteln getroffen. Die Liste mit der Auswahl an Simulanzien befindet sich zurzeit in Überarbeitung.

- *Coatings*: Bei Konserven bietet es sich an, als Migrationsmedium das verpackte Lebensmittel selbst zu benutzen, um eine Kontamination durch mögliche Außenlackierungen zu vermeiden. Ansonsten können dieselben Regeln herangezogen werden wie für Kunststoffe.
- *Kautschuk und Elastomere*: Die Migrationsregeln sind in Empfehlung XXI des BfR in Form von vier Zeitkategorien festgelegt worden. Als Simulanzien werden die für die Kunststoffanalytik üblichen Medien herangezogen, soweit sie geeignet sind. Dabei ist zu berücksichtigen, dass Olivenöl als Fettsimulanz sowie 50%ige Ethanollösung als Simulanz für Milch und Milchprodukte bei Elastomeren zu einer Quellung der Matrix führt, welche mit dem Lebensmittel selbst nicht stattfindet. Es erfolgt dann keine Migration sondern eine Extraktion. Die Befunde werden unverhältnismäßig hoch und sind nicht beurteilungsrelevant.
- *Papier, Karton und Pappe*: In der Regel sind bei diesen Materialien Migrationsuntersuchungen nicht möglich, da sie Wasser aufsaugen. Nach Empfehlung XXXVI des BfR wird daher der Kaltwasserextrakt [56] als Standardbedingung für den Kontakt mit feuchten, fettenden Lebensmitteln angesehen. Gemäß Empfehlung XXXVI/1 dient der Heißwasserextrakt [57] zur Bestimmung migrierfähiger Komponenten aus Heißfilterpapieren (Kaffee-, Teefilter), und nach Empfehlung XXXVI/2 müssen Backpapiere einer Temperatur von 220 °C standhalten. Zur Simulation dieses Stoffaustausches über die Gasphase dient das feste Adsorbermaterial Polyphenylenoxid (Tenax) [58]. Dieselbe „Tenaxmigration" stellt auch die adäquate Bedingung für den Kontakt mit trockenen Lebensmitteln dar.
- *Silikatische Werkstoffe*: Für Keramik (ASU B 80.03-1), Glas und Email (DIN EN 1388:1995) gelten gleiche Standardbedingungen (4 vol.% Essigsäure, 22 °C, 24 Stunden).
- *Metallische Werkstoffe*: Für metallische Werkstoffe sind keine speziellen Prüfbedingungen festgelegt worden. Je nach realen Anwendungsbedingungen kann daher analog zu den silikatischen Werkstoffen verfahren werden (Salatbesteck [59]). Bei Gegenständen, die für den Kurzzeitkontakt oder für spezielle Anwendungen (Tauchsieder, Wasserkocher [60]) bestimmt sind, muss der Analytiker worst-case-Bedingungen frei definieren.
- *Aktive und intelligente Bedarfsgegenstände*: Mit aktiven oder intelligenten Eigenschaften können Gegenstände aus diversen Materialien versehen sein. Hier sind die materialspezifischen Anforderungen heranzuziehen. Als Beweis für den Übergang konservierender Systeme in technologisch wirksamen Mengen dient derzeit der mikrobiologische Hemmhoftest [61].

Analytik in Migrationslösungen

Da meist nur geringe Anteile der migrierfähigen Substanzen aus den Bedarfsgegenständen in die Kontaktmedien übergehen, ist die Analytik in Migrationslösungen Spurenanalytik. Die zu bestimmenden Stoffe müssen entweder angereichert werden, oder das Bestimmungsverfahren muss sehr empfindlich sein.

Die migrierfähigen Substanzen können entweder Ausgangsstoffe der polymeren oder anorganischen Matrix sein (Restmonomere, Additive, Ionen), Hydrolyseprodukte von Ausgangsstoffen oder Kontaminanten. Wegen der Vielzahl der möglichen Analyten soll hier nur in Kürze auf diejenigen eingegangen werden, welchen in den letzten Jahren besondere Aufmerksamkeit zuteil wurde.

- Bisphenol A (BpA) wird als monomerer Bestandteil in Polycarbonaten (Babyflaschen, Geschirrteile), in Epoxyphenolharzen (Konserveninnenbeschichtungen) sowie als Farbentwickler in thermosensitiven Papieren (Sekundärfaserrohstoff für Verpackungsmittel) eingesetzt. Es wurde von der EFSA im Jahr 2006 reevaluiert. Sein SML-Wert wurde auf 0,6 mg/kg festgelegt. Die Bestimmung kann mittels HPLC nach Anreicherung erfolgen [62, 63].
- Epoxidiertes Sojabohnenöl (ESBO) dient als Weichmacher wie auch als HCl-Fänger bei der Herstellung von Weich-PVC. Bei Verwendung in Dichtungsmaterial von Schraubdeckeln kann es in erheblichem Maße in fettreiche Kost übergehen [65]. Die Analyse von ESBO wird nach Extraktion aus dem Lebensmittel und Methanolyse mittels GC-MS vorgenommen [66].
- Isopropylthioxanthon (ITX) wurde als Photoinitiator in UV-härtenden Durchfarben, die zum Bedrucken der Außenseite von Lebensmittelverpackungen dienen, eingesetzt. Ende des Jahres 2005 gab es zahlreiche Medienberichte und europäische Schnellwarnungen über Befunde dieser Chemikalie vor allem in Milchgetränken und trüben Fruchtsäften, die in Verbundsystemen verpackt waren. Die Übergänge erfolgten vor allem über den SetOff-Effekt bei der Lagerung des bedruckten Kartons auf Rollen. Die Analytik erfolgt mittels GC-MSD eines Homogenisates mit Ethanol und Internem Standard [64] oder mittels HPLC mit DAD oder Fluoreszenzdetektion [90]. Ab 2006 wurde ITX durch andere Photoinitiatoren substituiert.
- Seit 2007 ist bekannt, dass Lebensmittelverpackungen, welche aus Papierrecyclat hergestellt wurden, mit Diisobutylphthalat (DiBP) kontaminiert sein können. DiBP wird als Weichmacher in Dispersionsklebern für Papiere und Verpackungen eingesetzt, z. B. in Wellpappe oder in Kleberücken von Zeitschriften oder Büchern, und gelangt durch deren Recycling in Papier- und Kartonverpackungen. In Einzelfällen wurden DiBP-haltige Kleber auch zum Verkleben der für den Lebensmittelkontakt bestimmten Papiere verwendet. DiBP wird mit dem Verfahren der Accelerated Solvent Extraktion (ASE) unter Zusatz eines Inneren Standards aus dem Papier bzw. dem Lebensmittel extrahiert und mittels GC-MS nachgewiesen und bestimmt [91].
- N-Nitrosamine sind Kontaminanten auf Bedarfsgegenständen aus Gummi. Sie entstehen durch Nitrosierung ihrer Vorläufer, der sekundären aliphatischen Amine, welche aus bestimmten Vulkanisationsbeschleunigern abgespalten werden können (Dialkyldithiocarbamate, Thiurame). Sie werden aus dem Migrat nach Clean-Up mittels GC-TEA-Detektion bestimmt [67, 68].

- Phthalate und andere Weichmacher werden u. a. in Lebensmittelverpackungen aus PVC, wie z. B. Dichtungsringen, eingesetzt. Die Bestimmung von Weichmachern in Lebensmitteln wird mittels GC-MS nach Extraktion und Aufreinigung [69] oder mittels Thermodesorption des Fettextraktes vorgenommen. Eine einfachere analytische Variante besteht in der Migration in ein alternatives Lebensmittelsimulanz, nämlich Isooctan [70]. Mit der Richtlinie 2007/19/EG wurde mittlerweile ein Verbot von bestimmten Phthalaten bei der Herstellung von Lebensmittelkontaktgegenständen aus Kunststoff erlassen.
- Primäre aromatische Amine (PAA) können als Hydrolyseprodukte aus Isocyanaten entstehen, welche z. B. als Restmonomere in Polyurethanen oder Polyamiden enthalten sind. Polyurethane werden u. a. als Leimstoffe in Bedarfsgegenständen aus Papier sowie als Kaschierkleber für Laminatverpackungen eingesetzt. Für Bedarfsgegenstände aus Kunststoff oder Papier wird auch eine Freisetzung aus Azofarbstoffen diskutiert. In Bedarfsgegenständen aus Gummi werden PAA's (meistens Anilin) aus aminischen Ozonschutzmitteln sowie aus Guanidinbeschleunigern gebildet. Zur Bestimmung in Lebensmittelsimulanzien dienen eine photometrische Summenmethode (ASU L 00.00-6) sowie eine spezifische HPLC-Methode [71].

Analytik durch Gehaltsbestimmungen in Lebensmittelbedarfsgegenständen

Falls die Wahl besteht, die Analytik in der Matrix des Bedarfsgegenstandes oder im Migrat durchzuführen, so ist der Einfachheit halber ersteres vorzuziehen. Diese Möglichkeit besteht in einigen Fällen bei Lebensmittelkontaktmaterialien aus Kunststoff:

So sind in der einschlägigen Positivliste für Monomere für einige Substanzen sowohl Grenzwerte für den Restgehalt im Polymer (QM) als auch spezifische Migrationsgrenzwerte (SML) festgelegt worden. Wird von einem Monomer der Restgehaltsgrenzwert in der Polymermatrix eingehalten, dann gilt auch der SML-Wert als eingehalten und muss nicht kontrolliert werden. Beispiele sind monomeres Vinylchlorid (ASU B 80.32-1 (EG)) und Butadien [73].

Bei flexiblen Verpackungen (Folien) oder Beschichtungen kann die Einhaltung der Migrationsbeschränkungen in den meisten Fällen durch vollständige Extraktion ermittelt werden [74], da aufgrund der geringen Schichtdicke auch unter diesen Bedingungen die Migrationsgrenzwerte noch nicht überschritten werden. Es gilt die Regel, dass die Konformität mit Migrationsgrenzwerten auch mit strengeren Verfahren überprüft werden darf. Die Nichtkonformität muss dagegen mit herkömmlichen Migrationsuntersuchungen festgestellt werden.

Dasselbe gilt für Migrationsabschätzungen. Da gemäß dem 2. Fick'schen Gesetz eine Korrelation zwischen dem Gehalt eines Stoffes im Polymer und seiner Migration besteht, kann bei bekanntem Gehalt im Bedarfsgegenstand sowie bekannter Diffusionskonstante die Migration unter worst-case Annahmen mit Hilfe eines mathematischen Modells abgeschätzt werden [75, 7 Annex 1].

38.5 Literatur

1. VERORDNUNG (EG) Nr. 1935/2004 DES EUROPÄISCHEN PARLAMENTS UND DES RATES vom 27. Oktober 2004 über Materialien und Gegenstände, die dazu bestimmt sind, mit Lebensmitteln in Berührung zu kommen und zur Aufhebung der Richtlinien 80/590/EWG und 89/109/EWG, Amtsblatt der Europäischen Union vom 13.11.2004, L 338, S. 4–17
2. Bedarfsgegenständeverordnung i. d. F. d. Bek. vom 23.12.1997 (BGBl. 1998 I S. 5), zuletzt geändert durch Artikel 1 der Verordnung vom 16. Juni 2008 (BGBl. I S. 1107)
3. Kunststoffempfehlungen des BfR: http://bfr.zadi.de/kse/
4. www.edqm.eu
5. Technical Document, Guidelines on metals and alloys used as food contact materials (13.02.2002) auf der Website des Europarats: www.coe.int/T/E/Social_Cohesion/socsp/Public_Health/Food_contact/default.asp#TopOfPage/Council of Europe's Policy Statements concerning materials and articles intended to come into contact with foodstuffs (Seite derzeit nicht verfügbar)
6. DIN 51032 (1986-02) Keramik, Glas, Glaskeramik, Email; Grenzwerte für die Abgabe von Blei und Cadmium aus Bedarfsgegenständen
7. „Food Contact Materials – EU Legislation" auf der Webseite der Europäischen Kommission: http://ec.europa.eu/food/food/chemicalsafety/foodcontact/eu_legisl_en.htm
8. NOTE FOR GUIDANCE FOR PETITIONERS PRESENTING AN APPLICATION FOR THE SAFETY ASSESSMENT OF A SUBSTANCE TO BE USED IN FOOD CONTACT MATERIALS PRIOR TO ITS AUTHORISATION (Updated on 08.06.2006), http://www.efsa.eu.int/science/afc/afc_guidance/722_de.html
9. VO (EG) Nr. 1895/2005 der Kommission vom 18. November 2005 über die Beschränkung der Verwendung bestimmter Epoxyderivate in Materialien und Gegenständen, die dazu bestimmt sind, mit Lebensmitteln in Berührung zu kommen, ABl. L 302 vom 19.11.2005, S. 28–32
10. VO (EG) Nr. 2023/2006 der Kommission vom 22. Dezember 2006 über gute Herstellungspraxis für Materialien und Gegenstände, die dazu bestimmt sind, mit Lebensmitteln in Berührung zu kommen, ABl. L 384 vom 29.12.2006; S. 75, geändert durch die VO (EG) Nr. 282/2008 der Kommission vom 27. März 2008 über Materialien und Gegenstände aus recyceltem Kunststoff, ABl. L 86 vom 28.03.2008 S. 9
11. PlasticsEurope Deutschland/amtliche Statistik
12. Saechtling, Kunststoff-Taschenbuch, 30. Auflage, Carl Hanser Verlag; München, Wien
13. VO (EG) Nr. 282/2008 der Kommission vom 27. März 2008 über Materialien und Gegenstände aus recyceltem Kunststoff, die dazu bestimmt sind, mit Lebensmitteln in Berührung zu kommen und zur Änderung der VO (EG) Nr. 2023/2006, ABl. L 86 vom 28.3.2008, S. 9–18
14. Stellungnahme der Kunststoffkommission zur Verwendung von Kunststofferzeugnissen für Mehrweganwendungen und von Kunststoff-Rezyklaten für die Herstellung von Lebensmittelbedarfsgegenständen (1995), Bundesgesundheitsblatt 38:73
15. Bundesinstitut für gesundheitlichen Verbraucherschutz und Veterinärmedizin (jetzt BfR): Verwendung von werkstofflich recycliertem Kunststoff aus PET für die Herstellung von Lebensmittelbedarfsgegenständen (2000), Bundesgesundheitsblatt 43:826–828
16. Farbmittel für Lebensmittelbedarfsgegenstände und Lebensmittelverpackungen aus Kunststoffen (herausgebende Verbände: ETAD, VdMi), www.vdmi.de
17. Ahvenainen R (2003) Novel food packaging techniques, Woodhead Publishing Limited, CRC-Press, Cambridge
18. Nanetti P (2002) Lack für Einsteiger, Curt R. Vincentz Verlag, Hannover

19. Nanetti P (2002) Lackrohstoffkunde, 2. Auflage, Curt R. Vincentz Verlag, Hannover
20. Biewleman J (1998) Lackadditive, Wiley-VCH, Weinheim New York Chichester Brisbane Singapore Toronto
21. Gütegemeinschaft Schwerer Korrosionsschutz (2004) 3R international 43:671
22. Cottier S, Feigenbaum A, Mortreuil P, Reynier A, Dole P, Riquiet M (1998) J. Agric. Food Chem. 46:5254
23. Nitsch (1997) Mitteilungsblatt BAFF 36:56
24. Grob K, Spinner C, Brunner M, Etter R (1999) Food Additives Contam 16:579
25. UBA (2007, 2008) Bundesgesundhbl. Gesundheitsforsch Gesundheitsschutz 50:1152–1176 und 51:689–690 oder http://www.umweltbundesamt.de/wasser/themen/trinkwasser/beschichtungsleitlinie.htm
26. CD Römpp Chemie Lexikon – Version 3.3 (2008) Georg Thieme Verlag, Stuttgart/New York
27. Röthemeyer F, Sommer F (2006) Kautschuktechnologie, Werkstoffe, Verarbeitung, Produkte, Hanser Technikbücher
28. Abts G (2007) Einführung in die Kautschuktechnologie, Hanser Verlag
29. Ullmann's Encyclopedia of Industrial Chemistry (1993) Vol A 23, VCH Publishers, Inc., S. 225–237
30. Hofmann W (1987) GAK 12, 650–659
31. Göttsching L (1990) Papier in unserer Welt, Ein Handbuch. ECON Verlag, Düsseldorf, Wien, New York
32. Ullmann's Encyclopedia of Industrial Chemistry (1993) Vol A 18, VCH Publishers, Inc., S. 545 ff.
33. Göttsching L, Katz C (1999) Papier Lexikon, Gernsbach Deutscher Betriebswirte Verlag
34. DVGW: (2002) Twin Werkstoffe in der Trinkwasser-Installation www.dvgw.de/fileadmin/dvgw/wasser/installation/twin9_02.pdf
35. Schmidt EHF, Grunow W (1991) BundesgesundheitsBl:557
36. BgVV: Stellungnahme: Grillfisch in Aluminiumfolie www.bfr.bund.de/cm/216/grillfisch.pdf
37. Piringer O (1993) Verpackungen für Lebensmittel, Eignung, Wechselwirkungen, Sicherheit, VCH-Verlag, Weinheim
38. Klein H, Lange H-J (1978) ZEBS-Berichte, Dietrich Reimer Verlag
39. Montag A (1997) Bedarfsgegenstände, Recht, Technologie, Chemie, Wechselwirkungen, Behr's Verlag, Hamburg
40. www.edelstahl-rostfrei.de: Merkblatt 821
41. WHO (2004) Guideline for drinking water Quality, third edition, Volume 1, Recommendations, and first addendum to third edition (2006) and second addendum to third edition (2008): www.who.int/water_sanitation_health/dwq/gdwq3rev/en/
42. Umweltbundesamt (2006) Umweltdaten Deutschland Online http://www.umweltbundesamt-umwelt-deutschland.de/umweltdaten/public
43. Encarta Online Encyclopedia (2004) http://encarta.msn.com
44. Imhof E (1991) 3R international 30:454
45. Thielmann C (2000) JOT + Oberfläche 40:36
46. Podesta W (2000) JOT + Oberfläche 40:38
47. Heim K-O (2004) Informationsschriften des DEV (Deutscher Emailverband): Elektrotauch-Emaillierung nun auch für Hohlkörper
48. Thielmann C (2003) JOT + Oberfläche 43:34
49. Thielmann C (2002) Jahrbuch Oberflächentechnik 58:201
50. Böttcher G, Thielmann C (2004) Informationsschriften des DEV (Deutscher Emailverband): Von der Emaille zum Email

51. Active and Intelligent Food Packaging, A Nordic report on the legislative aspects, TemaNord 2000:584
52. Ahvenainen R, Hurme E, Smolander M (1999) Verpackungsrundschau 99:36
53. de Kruijf N et al. (2002) Food Additives Contam 19:144
54. Frank I, Wijama E, Bouma K (2002) Food Additives Contam 19:314
55. van Lieshout M, Janssen H-G, Cramers CA (1996) High Resol. Chromatogr. 19:193
56. DIN EN 645 (1994–01) Papier und Pappe, vorgesehen für den Kontakt mit Lebensmitteln: Herstellung eines Kaltwasserextraktes
57. DIN EN 647 (1994–01) Papier und Pappe, vorgesehen für den Kontakt mit Lebensmitteln: Herstellung eines Heißwasserextraktes
58. Piringer O, Wolff E, Pfaff K (1993) Food Additives Contam 10:621
59. Hausch M (1996) Dtsch Lebensm-Rundsch 92:69
60. Hellmers E (1998) Dtsch Lebensm-Rundsch 94:50
61. (Norm-Entwurf) DIN EN 1104 (2003–09) Papier und Pappe vorgesehen für den Kontakt mit Lebensmitteln – Bestimmung des Übergangs antimikrobieller Bestandteile
62. Brauer B, Funke T (1992) Dtsch Lebensm-Rundsch 88:243; (1995) Dtsch Lebensm-Rundsch 91:146
63. Mountfort KA et al. (1997) Food Additives Contam 14:737
64. Papilloud S, Baudraz D (2002) Food Additives Contam 19:168–175
65. Hammarling L et al. (1998) Food Additives Contam 15:203
66. Castle L et al. (1988) J Assoc Off Anal Chem 71:1183
67. Bekanntmachung des BGA (1994) 53. Mitteilung: Bestimmung des Überganges von N-Nitrosaminen aus Bedarfsgegenständen in Prüflebensmittel. BGesundhBl. 37:232–234
68. DIN EN 12868 (1999–12) Artikel für Säuglinge und Kleinkinder – Verfahren zur Bestimmung der Abgabe von N-Nitrosaminen und N-nitrosierbaren Stoffen aus Flaschen- und Beruhigungssaugern aus Elastomeren oder Gummi
69. Petersen JH, Breindahl T (2000) Food Additives Contam 17:133
70. Petersen JH, Breindahl T (1998) Food Additives Contam 15:600
71. Brauer B, Funke T (2002) Dtsch Lebensm-Rundsch 98:405
72. Leitner A et al. (2001) J Chromatog A 939:49
73. DIN EN 13130-4 (2004–08) Werkstoffe und Gegenstände in Kontakt mit Lebensmitteln – Substanzen in Kunststoffen, die Beschränkungen unterliegen – Teil 4: Bestimmung von 1,3-Butadien in Kunststoffen
74. DIN EN 1186-15 (2002–12) Werkstoffe und Gegenstände in Kontakt mit Lebensmitteln – Kunststoffe – Teil 15: Alternative Prüfverfahren zur Bestimmung der Migration in fettige Prüflebensmittel durch Schnellextraktion in Iso-Octan und/oder 95%iges Ethanol
75. Franz R, Huber M, Piringer O (1997) Food Additives Contam 14:627
76. Nagdi K (2004) Gummi-Werkstoffe – Ein Ratgeber für Anwender, Dr. Gupta Verlag
77. Verpacken mit Kunststoff – Natürlich, Messe-Broschüre zur Interpack 2008, BKV, IK PlasticsEurope Deutschland
78. Onusseit H (2008) Praxiswissen Klebtechnik, Hüthing Jehle Rehm GmbH, Heidelberg, München Landsberg, Berlin
79. Brockmann W, Geiß PL, Klingen J, Schröder B (2005) Klebtechnik, Kapitel 8.5: Kleben in der Papier- und Verpackungsindustrie, WILEY-VCH, Weinheim
80. BfR (2002) Erhöhte Gehalte von Aluminium in Laugengebäck: www.bfr.bund.de/cm/208/erhoehte_gehalte_von_aluminium_in_laugengebaeck.pdf
81. BfR (2008) Aluminium in Apfelsaft: Lagerung von Fruchtsäften nicht in Aluminiumtanks: www.bfr.bund.de/cm/208/aluminium_in_apfelsaeften_nicht_in_aluminiumtanks.pdf

82. BfR (2007) Keine Alzheimer Gefahr durch Aluminium aus Bedarfsgegenständen: www.bfr.bund.de/cm/216/keine_gefahr_durch_aluminium_aus_bedarfsgegenstaenden.pdf
83. International Organization for Standardization (ISO): ISO 4531-2, ISO 6486-1, ISO 6486-2, ISO 7086-1, ISO 7086-2, ISO 8391-1, ISO 8391-2, www.beuth.de
84. BfR (2005) Schwermetalle aus Keramikglasuren können die Gesundheit gefährden: www.bfr.bund.de/cd/6134
85. BfR (2005) Blei und Cadmium aus Keramik: www.bfr.bund.de/cm/216/blei_und_cadmium_aus_keramik.pdf
86. Pfaff/Tentschert, Nanomaterialien in Lebensmittelverpackungen, Vortrag anl. des 6. BfR-Forums „Verbraucherschutz" am 11.11.2008
87. Verantwortlicher Umgang mit Nanotechnologien, Bericht und Empfehlungen der Nano-Kommission der deutschen Bundesregierung 2008
88. Zur Veröffentlichung eingereicht bei J. Verbr. Lebensm.
89. Kroh LW (2007) Analytik von Bedarfsgegenständen, Behr's Verlag, Hamburg
90. Sanches-Silva A, Pastorelli S, Cruz JM, Simoneau C, Castanheira I, Paseiro-Losada (2008) Journal of Agricultural and Food Chemistry 56:2722–2726
91. Brauer B, Funke T (2008) Dtsch Lebensm-Rundsch 104:330–335
92. VO (EG) Nr. 450/2009 der Kommission vom 29. Mai 2009 über aktive und intelligente Materialien und Gegenstände, die dazu bestimmt sind, mit Lebensmitteln in Berührung zu kommen, ABl. L 135 vom 30.05.2009 S. 3–11

Weiterführende Literatur

Das Buch „Analytik von Bedarfsgegenständen" [89] gibt einen detaillierten Überblick über die Analytik der unterschiedlichen Lebensmittelkontaktmaterialien, verbunden mit einem kurzen Abriss über technologische Hintergründe, relevante migrierfähige Stoffe und rechtliche Aspekte. Des Weiteren sind in der Zeitschrift „Food, Additives and Contaminants" zahlreiche Veröffentlichungen zum Thema Lebensmittelbedarfsgegenstände und Migrationsuntersuchungen enthalten.

Analysenvorschriften über Stoffe in Lebensmittelkontaktmaterialien aus Kunststoff, welche mit Grenzwerten versehen sind, werden im CEN erarbeitet. In der Normenreihe EN 13130 werden spezifische Methoden (Migrations- sowie Gehaltsbestimmungen) veröffentlicht, die Serie EN 1186 beschreibt Globalmigrationsmethoden.

Eine umfangreiche Methodensammlung ist zusammen mit den Empfehlungen des BfR für Lebensmittelkontaktmaterialien aus Papieren, Kartons und Pappen von dem Technisch-Wissenschaftlichen Arbeitskreis des Ausschusses Lebensmittelverpackung vom VDP (Verband Deutscher Papierfabriken e. V., Bonn) zusammengestellt worden. Auf diese Methoden wird offiziell, nämlich in der amtlichen Sammlung von Untersuchungsverfahren nach § 64 LFGB verwiesen. Diese Methodensammlung befindet sich unter Federführung des BfR in Überarbeitung.

Für die Unterstützung bei Erstellung der jeweiligen Fachkapitel danken wir an dieser Stelle:
Herrn Dr. Onusseit, Industrieverband Klebstoffe/Fa. Henkel
Herrn Dr. Kanert, Verband der deutschen Lack- und Druckfarbenindustrie
Frau Dr. Liewald, Verband der Mineralfarbenindustrie
Frau Dr. Höfelmann, Industrievereinigung Kunststoffverpackungen
Herrn Dr. Thiel, Verband deutscher Papierfabriken
Herrn V. Krings, Wirtschaftsverband der deutschen Kautschukindustrie

> # Kapitel 39
Sonstige Bedarfsgegenstände

HELMUT BLOCK · RALF MEYER

Landeslabor Schleswig-Holstein
(Lebensmittel-, Veterinär- und Umweltuntersuchungsamt)
Max-Eyth-Straße 5, 24537 Neumünster
helmut.block@lvua-sh.de
ralf.meyer@lvua-sh.de

39.1	Warengruppen	1005
39.2	Beurteilungsgrundlagen	1006
39.2.1	Allgemeine Rechtsvorschriften	1006
39.2.2	Spielwaren und Scherzartikel	1008
39.2.3	Reinigungs- und Pflegemittel, Haushaltschemikalien	1012
39.3	Warenkunde	1017
39.3.1	Gegenstände mit Schleimhautkontakt	1017
39.3.2	Gegenstände zur Körperpflege	1018
39.3.3	Spielwaren und Scherzartikel	1019
39.3.4	Gegenstände mit Körperkontakt	1028
39.3.5	Reinigungs- und Pflegemittel, Haushaltschemikalien	1031
39.4	Qualitätssicherung	1039
39.4.1	Allgemeines, Probenahme	1039
39.4.2	Untersuchungsverfahren zu Spielwaren und Scherzartikel	1039
39.4.3	Untersuchungsverfahren zu Reinigungs- und Pflegemittel, Haushaltschemikalien	1043
39.5	Literatur	1045

39.1
Warengruppen

In diesem Kapitel werden die Bedarfsgegenstände behandelt, die nicht im direkten Kontakt zu Lebensmitteln (Lebensmittelbedarfsgegenstände siehe Kapitel 38) und kosmetischen Mitteln stehen. Als solche können gem. § 2(6) Nr. 3 bis 9 LFGB bezeichnet werden: Gegenstände mit Schleimhaut- oder Körperkontakt, Gegenstände zur Körperpflege, Spielwaren und Scherzartikel, Reinigungs- und Pflegemittel, Haushaltschemikalien.

Bedarfsgegenstände in direktem Kontakt zu kosmetischen Mitteln unterscheiden sich hinsichtlich der verwendeten *Werkstoffe* nicht wesentlich von den Lebensmittelbedarfsgegenständen. Informationen zu den Werkstoffen können dem Kapitel 38 entnommen werden.

39.2
Beurteilungsgrundlagen

39.2.1
Allgemeine Rechtsvorschriften

Bedarfsgegenstände sind im § 2(6) des Lebensmittel- und Futtermittelgesetzbuches (LFGB) definiert. Nach § 30 dieser Rechtsvorgabe dürfen Bedarfsgegenstände nicht derart hergestellt und behandelt werden, dass sie bei bestimmungsgemäßem oder vorauszusehendem Gebrauch geeignet sind, die Gesundheit durch ihre Zusammensetzung zu schädigen.

Neben dem LFGB stehen allgemein zur Beurteilung u. a. folgende Rechtsnormen in den jeweils zzt. gültigen Fassungen zur Verfügung:

– Bedarfsgegenständeverordnung (BedGgstV) i. d. F. der Bek. vom 23.12.1997 [2],
– Geräte- und Produktsicherheitsgesetz (GPSG) vom 06.01.2004 [36],
– Zweite Verordnung zum Gerätesicherheitsgesetz (Verordnung über die Sicherheit von Spielzeug – 2. GPSGV) [4],
– Gefahrstoffverordnung (GefStoffV) vom 23.12.2004 [3],
– Chemikaliengesetz (ChemG) in der Neufassung der Bek. vom 22.07.2008 [29],
– Chemikalien-Verbotsverordnung (Chem-VerbotsV) vom 13.06.2003 [30],
– Wasch- und Reinigungsmittelgesetz (WRMG) vom 29.04.2007 [31],
– RL des Rates zur Angleichung der Rechtsvorschriften der Mitgliedstaaten über die Sicherheit von Spielzeug (88/378/EWG) bzw. (2009/48/EG) [5,6],
– RL des Rates über die allgemeine Produktsicherheit (92/59/EWG) [7],
– RL des Rates zur Angleichung der Rechts- und Verwaltungsvorschriften für die Einstufung, Verpackung und Kennzeichnung gefährlicher Stoffe (67/548/EWG) [32],
– RL des EP und des Rates zur Angleichung der Rechts- und Verwaltungsvorschriften für die Einstufung, Verpackung und Kennzeichnung gefährlicher Zubereitungen (1999/45/EG) [33],
– RL des EP und des Rates über das Inverkehrbringen von Biozid-Produkten (98/8/EG) [34].

Im Internet kann z. B. unter http://www.bundesrecht.juris.de eine weitergehende Übersicht zu nationalen Rechtsvorgaben und deren Wortlaut in aktueller Fassung abgerufen werden. Die entsprechenden Rechtsvorgaben auf EU-Ebene sind u. a. über Euro-Lex, dem Portal zum Recht der Europäischen Union, verfügbar (http://eur-lex.europa.eu/de/index.htm/).

Fallbeispiel 39.1: Scherzzigarette

Im Dezember 2007 kaufte ein 10-jähriger Junge bei einer bundesweit operierenden „Handelskette für Nichtlebensmittel" eine Packung mit 2 Scherzartikel-Zigaretten. Der Scherzartikel war wie folgt gekennzeichnet:

Qualmende Zigarette
Täuschend echt aussehende Zigaretten
Durch Pusten (nicht saugen!) wird echter Rauch vorgetäuscht!
Jederzeit mit Mehl oder Puderzucker nachfüllbar
Warnung: Nicht anzünden!
Achtung: Scherzartikel, kein Kinderspielzeug

Die Scherzzigaretten bestehen aus einer Papierhülle, die in Größe, Form und Farbe einer echten Zigarette mit Filter nachempfunden ist; am vorderen Ende wird die Zigarettenglut mit rot glänzender Aluminiumfolie vorgetäuscht. Statt Tabak enthalten die Scherzzigaretten zwei Wattepfropfen zwischen denen sich ein feines weißes Pulver aus silikatischem Material (Mischung aus Talkum und Stärke) befindet, das durch Pusten am vorderen Ende der Scherzzigarette als vermeintlicher Rauch austreten kann.

Es gehört allerdings zur vorhersehbaren Fehlanwendung, dass nicht nur bestimmungsgemäß „gepustet" sondern auch gesogen/inhaliert wird, was im Falle des 10-jährigen Jungen einen ununterbrochenen Hustenreiz auslöste, einhergehend mit Engegefühl in der Brust und schwerer Atemnot. Es erfolgte eine stationären Behandlung mit Kortison und auf Empfehlung der Giftnotzentrale eine Bronchoskopie unter Vollnarkose. Da auch nach mehrstündiger Beschwerdefreiheit eine plötzliche Verschlechterung bis hin zum Atemstillstand zu befürchten war, musste der 10-jährige Junge mehrere Tage im Krankenhaus verbringen. Eine Aussage über mögliche Spätfolgeschäden ist nicht bekannt.

Die einzelnen Bestandteile der Scherzzigarette, nämlich Papierhülle, Wattepfropfen und weißes, silikatisches Pulver (Talkum-Stärke-Mischung) sind für sich betrachtet jeweils als relativ ungefährlich einzustufen. Erst das physikalisch-mechanische Zusammenspiel der einzelnen Komponenten mit der vorgegebenen Anwendung (Pusten) und mit der vorhersehbaren Fehlanwendung (Saugen/Inhalieren) lassen das Produkt als unsicher im Sinne des § 4 Absatz 2 des Gesetzes über technische Arbeitsmittel und Verbraucherprodukte (Geräte- und Produktsicherheitsgesetz – GPSG) erscheinen und rechtfertigen darüber hinaus eine Beanstandung im Sinne des § 30 Lebensmittel- und Futtermittelgesetzbuch.

Anmerkung: Das Produkt war in dieser Form bereits seit den Sechziger Jahren des letzten Jahrhunderts im Verkehr – erst durch den Unfall des 10-jährigen Jungen wurde man der Gefahr, die von dem Produkt ausgeht gewahr. Es erfolgten europaweite Rückrufaktionen.

39.2.2
Spielwaren und Scherzartikel

Die nationalen Rechtsvorschriften gelten für die gesamte Produktpalette und schließen Spiele für Erwachsene mit ein; die EG-RL 88/378/EWG bzw. EG-RL 2009/48/EG beziehen sich nur auf Spielwaren für Kinder bis zu 14 Jahren. In diesen Regelungen finden sich umfangreiche Anforderungen an die Zusammensetzung und Gestaltung von Spielwaren, es fehlen aber vielfach rechtlich verbindliche Regelungen für einzelne Spielwaren-Gruppen. Die Empfehlung XLVII der Kunststoff-Kommission des BfR (Spielzeug aus Kunststoffen und anderen Polymeren sowie aus Papier, Karton und Pappe) führt zahlreiche Anforderungen an die Zusammensetzung auf, bei deren Einhaltung davon auszugehen ist, dass ein Spielzeug bei bestimmungsgemäßer oder vorhersehbarer Verwendung als gesundheitlich unbedenklich angesehen werden kann. Die Empfehlung dient dem vorbeugenden Verbraucherschutz. Sie ist keine rechtsverbindliche Norm.

Bedarfsgegenstände-Verordnung [2]

Mit der BedGgstV wurden eine Reihe von Einzelverordnungen für den gesamten Bereich der Bedarfsgegenstände zu einer Verordnung zusammengefasst und zahlreiche EG-Verordnungen in nationales Recht umgesetzt. Die für Spielwaren und Scherzartikel geltenden Regelungen sind folgende:

§ 3: Stoffe, die beim Herstellen und Behandeln nicht verwendet werden dürfen
- Pulver aus einigen alkaloidhaltigen Pflanzen, Holzstaub, Benzidin und o-Nitrobenzaldehyd zur Herstellung von Niespulver
- Ammoniumsulfid-Verbindungen zur Herstellung von Stinkbomben
- flüchtige Ester der Bromessigsäure zur Herstellung von Tränengas
- drei Flammschutzmittel für Textilien zur Herstellung von Spieltieren und Puppen
- flüssige Stoffe und Zubereitungen, die nach der Gefahrstoff-Verordnung als gefährlich oder krebserregend eingestuft sind, zur Herstellung von Scherzspielen
- Azofarbstoffe, die durch reduktive Spaltung bestimmte Amine freisetzen können, zur Herstellung von Textil- und Lederspielwaren bzw. Spielwaren mit Textil- oder Lederbekleidung
- bestimmte Phthalsäureester zur Herstellung von Spielzeug und Babyartikel bzw. Spielzeug und Babyartikel, die von Kindern in den Mund genommen werden können

§ 5: Verfahren, die beim Herstellen nicht verwendet werden dürfen
- Verfahren, die bewirken, dass in den Lederspielwaren Chrom (VI) nachweisbar ist

§ 6: Festsetzung von Höchstmengen
- max. 1 mg monomeres Vinylchlorid/kg für Spielwaren aus Vinylchloridpolymerisaten (PVC u. a.)

- max. 5 mg frei verfügbares Benzol je Kilogramm des Gewichts der Spielware oder der benzolhaltigen Teile von Spielwaren
- max. 0,05 mg N-Nitrosamine bzw. 1,0 mg in N-Nitrosamine umsetzbare Stoffe je Klogramm Luftballon bei Luftballons aus Natur- oder Synthesekautschuk

§ 11: Untersuchungsverfahren
- Bestimmung des Vinylchloridgehaltes bei Bedarfsgegenständen aus Vinylchloridpolymerisaten [9]
- Bestimmung der Abgabe von N-Nitrosaminen bzw. in N-Nitrosamine umwandelbare Stoffe [45]
- Nachweis der Verwendung verbotener Azofarbstoffe [35]
- Bestimmung von Chrom (VI) in Lederwaren [46].

Geräte- und Produktsicherheitsgesetz [36]

Dieses Gesetz gilt für technische Arbeitsmittel und Verbraucherprodukte. Während die Regelung des LFGB zum Schutz der Gesundheit sich auf Gefährdungen bezieht, die durch die stoffliche Zusammensetzung der Produkte verursacht werden, müssen technische Arbeitsmittel und Verbraucherprodukte so beschaffen sein, dass Benutzer oder Dritte bei der bestimmungsgemäßen Verwendung (oder vorhersehbaren Fehlanwendung) gegen Gefahren aller Art für Leben und Gesundheit geschützt sind.

Verordnung über die Sicherheit von Spielzeug [4]

Diese Verordnung regelt das Inverkehrbringen von neuem Spielzeug, welches von Kindern im Alter bis zu 14 Jahren zum Spielen verwendet wird. Danach muss Spielzeug den wesentlichen Sicherheitsanforderungen der EG Spielzeug-Richtlinie [5, 6] entsprechen. Als äußeres Zeichen, dass Spielzeug diese Sicherheitsanforderungen erfüllt, muss das EG-Zeichen in Form der Buchstaben CE durch den Hersteller angebracht werden.

Empfehlung XLVII der Kunststoff-Kommission des BfR „Spielzeug aus Kunststoffen und anderen Polymeren sowie aus Papier, Karton und Pappe"

Diese Empfehlung gilt sowohl für Spielwaren, die dazu bestimmt sind, in den Mund genommen zu werden, als auch für Spielwaren, die von Kleinkindern erfahrungsgemäß oder vorhersehbar in den Mund genommen werden. Die Empfehlung dient dem vorbeugenden Verbraucherschutz. Sie ist keine rechtsverbindliche Norm, bildet aber den Stand der Technik nach „Guter Herstellungspraxis" ab.

- An Materialien für die Herstellung von Spielzeug werden in der Regel die gleichen Anforderungen gestellt wie an Bedarfsgegenstände mit Lebensmittelkontakt.

- Restgehalte an flüchtigen Stoffen, wie Lösungsmitteln, sind soweit wie möglich aus den Spielwaren zu entfernen.
- Von Spielwaren aus Papier, Karton und Pappe darf bei vorauszusehendem Gebrauch kein Farbstoff oder optischer Aufheller in den Mund, auf die Schleimhäute oder auf die Haut übergehen.
- Bestimmte Azofarbstoffe, die durch reduktive Spaltung eines oder mehrerer der im Anhang der Empfehlung benannten Amine abspalten können, dürfen nicht zum Einfärben und/oder Dekorieren verwendet werden.
- Organozinn-Verbindungen dürfen bei der Herstellung von Spielzeug aus weichmacherhaltigem Polyvinylchlorid (PVC) nicht verwendet werden.

Weichmacherhaltige Kunststoffe können zur Herstellung von Spielwaren verwendet werden; es dürfen aber nur bestimmte Weichmacher eingesetzt werden. Dabei ist darauf zu achten, dass die Spielwaren als Ganzes nicht verschluckt werden können und außerdem so fest sind, dass ein Abbeißen oder Abreißen kleinerer, verschluckbarer Teile unmöglich ist.

Freiwillige Vereinbarung für Fingermalfarben [8]

Mit der DIN EN 71 – Sicherheit von Spielzeug Teil 7: Fingermalfarben – Anforderungen und Prüfverfahren (November 2002) erübrigt sich die Freiwillige Vereinbarung für Fingermalfarben aus dem Jahr 1987. Die wesentlichen Punkte der Freiwilligen Vereinbarung wurden in die DIN EN 71 Teil 7 übernommen (siehe Kap. 39.4.2).

EG Spielzeug Richtlinie [5, 6]

Die bei Spielwaren durch zahlreiche öffentliche Rückrufaktionen deutlich gewordenen Sicherheitslücken haben die EU-Kommission veranlasst, die Spielzeug-RL 88/378/EWG zu überarbeiten; am 18.06.2009 wurde von der Kommission die neue Richtlinie des Europäischen Parlaments und des Rates über die Sicherheit von Spielzeug vorgelegt [6], die bis spätestens 20.01.2011 in nationales Recht umgesetz sein muss.

Insbesondere für chemische Stoffe sollen neue wesentliche Sicherheitsanforderungen gelten – so z. B. Regelungen zu CMR-Stoffen (CMR = *Cancerogen, Mutagen, Reproduktionstoxisch*) und allergenen Duftstoffen. Das bisherige Konzept der Konformitätsbewertung anhand von harmonisierten Normen soll durch die Einführung einer Sicherheitsbewertung und durch die Festschreibung bestimmter Kompetenzen für die Überwachungsbehörden erweitert werden.

In Kapitel I – Allgemeine Bestimmungen werden Gegenstand und Geltungsbereich sowie Begriffsbestimmungen definiert:

Diese Richtlinie findet Anwendung auf Produkte, die offensichtlich dazu bestimmt oder gestaltet sind, von Kindern unter 14 Jahren zum Spielen verwendet zu werden.

Die im Anhang I genannte Liste von Produkten, die im Sinne der neuen Richtlinie nicht als Spielzeug gelten, wird präzisiert:
Beispielsweise wird der Begriff „Christbaumschmuck" zu „Dekorative Gegenstände für festliche Anlässe und Feierlichkeiten"; die „Produkte für erwachsene Sammler" werden genauer umschrieben. Neu aufgenommen werden „elektronische Geräte wie Personalcomputer und Spielekonsolen" sowie „interaktive Software für Freizeit und Unterhaltung wie Computerspiel und ihre Speichermedien (etwa CDs)".

In Kapitel II – Pflichten der Wirtschaftsakteure werden die Pflichten der Hersteller, ihrer Bevollmächtigten, die Pflichten der Importeure, die Pflichten der Händler sowie Fälle, in denen die Pflichten des Herstellers auch für Importeure und Händler gelten dargelegt. Es ist ein System und Verfahren zur Identifikation der Wirtschaftsakteure gefordert.

So müssen Spielwaren zusätzlich zu den bisherigen Kennzeichnungselementen mit einer Typen-, Chargen-, Modell- oder Seriennummer oder einem anderen Kennzeichen zu ihrer Identifikation versehen sein.

In Kapitel III – Konformität des Spielzeugs werden die wesentlichen Sicherheitsanforderungen (Anhang II), vorgesehene Warnhinweise und die Allgemeinen Grundsätze der CE-Kennzeichnung abgehandelt.

Die in Anhang II benannten besonderen Sicherheitsanforderungen beinhalten wie bisher die physikalischen und mechanischen Eigenschaften, die Entzündbarkeit, die chemischen Eigenschaften, die elektrischen Eigenschaften, die Hygiene und die Radioaktivität, wobei insbesondere die chemischen Merkmale ergänzt und erweitert wurden.

So z. B. ist in Spielzeugen die Verwendung von Stoffen verboten, die gemäß RL 67/548/EWG als krebserregend, erbgutverändernd oder fortpflanzungsgefährdend eingestuft wurden; auch die Verbote gemäß der VO (EG) Nr. 1907/2006 (REACH) sind zu beachten. Ferner dürfen keine der im Anhang benannten allergenen Duftstoffe enthalten sein. Bei der Migration bestimmter Elemente wurde das bisherige Elementspektrum, nämlich Antimon, Arsen, Barium, Cadmium, Chrom, Blei, Quecksilber und Selen um die Elemente Aluminium, Bor, Chrom III/Chrom VI, Cobalt, Kupfer, Mangan, Nickel, Strontium, Zinn/Organozinn und Zink erweitert.

In Kapitel IV – Konformitätsbewertung werden Sicherheitsbewertung, Anzuwendende Konformitätsverfahren, EG-Baumusterprüfung und der Umgang mit technischen Unterlagen abgehandelt.

In Kapitel V – Notifizierung von Konformitätsbewertungsstellen werden abgehandelt: Notifizierung, die notifizierende Behörde, die Anforderung an die notifizierenden Behörden, die Informationspflichten der notifizierenden Behörden, Anforderungen an die notifizierte Stelle, Konformitätsvermutung, Zweigstellen von notifizierten Stellen und Vergabe von Unteraufträgen, Anträge auf Notifizierung, das Notifizierungsverfahren, Kennnummern und Verzeichnis notifizierter Stellen, Änderungen der Notifizierung, Anfechtung der Kompetenz notifizierter Stellen, Verpflichtungen der notifizierten Stelle in Bezug auf ihre Arbeit, Meldepflichten der notifizierten Stellen, Erfahrungsaustausch und Koordinierung der notifizierten Stellen.

In Kapitel VI – Marktüberwachung wird zunächst die Allgemeine Verpflichtung zur Organisation der Marktüberwachung und deren Rechtsgrundlage benannt. Die Befugnisse der Marktüberwachungsbehörden beinhaltet auch die Möglichkeiten von Anweisungen an die notifizierte Stelle. Bei der Zusammenarbeit bei der Marktüberwachung gewährleisten die Mitgliedstaaten eine effiziente Zusammenarbeit bei allen Fragen, die von Spielzeug ausgehende Fragen betreffen.

Im Schutzklauselverfahren wird ein Verfahren auf nationaler Ebene zur Behandlung von Spielzeug, von dem Gefahr ausgeht und ein Schutzklauselverfahren der Gemeinschaft, sowie Voraussetzung für eine RAPEX-Meldung bzw. die Formale Nichtkonformität beschrieben.

In Kapitel VII – Ausschussverfahren ist die Ermächtigung der Kommission zur Änderung dieser Richtlinie zwecks Anpassung an den technischen Fortschritt beschrieben.

In Kapitel VIII – Besondere Verwaltungsvorschriften sind Berichtspflichten, Transparenz und Vertraulichkeit sowie die Verpflichtung, Maßnahmen ausführlich zu begründen dargelegt; bei Sanktionen wird hervorgehoben, dass Sanktionen wirksam, verhältnismäßig und abschreckend sein müssen.

In Kapitel IX – Schluss- und Übergangsbestimmungen werden Übergangsfrist, Umsetzung, Aufhebung, Adressat und Inkrafttreten geregelt.

39.2.3
Reinigungs- und Pflegemittel, Haushaltschemikalien

Eine umfassende Rechtsvorgabe, wie z. B. bei Kosmetika mit der Kosmetik-V [1] gibt es für diesen Bereich nicht. Deshalb muss zur Beurteilung häufig auf Nebengesetze und -verordnungen, Vereinbarungen, Empfehlungen und sonstige Regelungen zurückgegriffen werden.

Als wichtige Beurteilungsgrundlagen sind anzuführen:

Lebensmittel- und Futtermittelgesetzbuch (LFGB)

Das LFGB [1] nennt im Sinne des Verbraucherschutzes zwei wichtige Vorgaben. Auch diese Erzeugnisse dürfen mit Lebensmittel durch den Verbraucher, insbesondere durch Kinder oder ältere Mitbürger, nicht verwechselbar sein (§ 5(2) Nr. 2 LFBG) und damit eine Gefährdung der Gesundheit hervorrufen. So ist es verboten, z. B. Geschirrspülmittel dergestalt anzubieten, dass Kleinkinder Gefahr laufen können, das Produkt mit Zitronenlimonade zu verwechseln.

Die eigentlich wichtige, allumfassende Rechtsvorgabe für Bedarfsgegenstände, § 30 LFGB, ist auch hier anzuführen: Haushaltschemikalien, Reinigungs- und Pflegemittel der hier beschriebenen Art dürfen bei bestimmungsgemäßem oder vorhersehbarem Gebrauch nicht geeignet sein, die Gesundheit durch ihre stoffliche Zusammensetzung, insbesondere durch toxikologisch wirksame Stoffe zu schädigen.

Die Frage der Gesundheitsschädlichkeit ist nach diesem Wortlaut vor allem aufgrund der chemischen Zusammensetzung zu beurteilen. Interpretierend können hier die Gefahrstoffverordnung wie auch Empfehlungen, Vereinbarungen und sonstige Regelungen von Industrie und Herstellern herangezogen werden (s. u.).

Bedarfsgegenständeverordnung (BedGgstV)

Die BedGgstV [2] berücksichtigt diesen Bereich bis auf eine Ausnahme nicht: Für Imprägnierungsmittel in Aerosolpackungen bei Leder- und Textilerzeugnisse, die für den häuslichen Bedarf bestimmt sind, ausgenommen solche, die Schäume erzeugen, wird in Anlage 7 zu § 9 dieser VO ein ausführlicher Warnhinweis als Produktkennzeichnung mit vorgeschrieben. Dieser Warnhinweis signalisiert u. a., das Erzeugnis nur im Freien oder bei guter Belüftung für nur wenige Sekunden anzuwenden und es von Kinder fernzuhalten. In der Vergangenheit war es aus nicht eindeutig geklärten Gründen bei dieser Erzeugnisgruppe zu Gesundheitsschäden durch Einatmen gekommen (Lungenschädigung, vermutlich bedingt durch siliconhaltige, hydrophobe Filmbildner).

Gefahrstoffverordnung (GefStoffV)

Die auf dem Chemikaliengesetz basierende Gefahrstoffverordnung [3] ist ursprünglich für den Gewerbe- und Industriebereich gedacht gewesen (darum auch der seinerzeitige Name „Verordnung über gefährliche Arbeitsstoffe"). Heute sind hier auch Bestimmungen und Vorgaben zum Schutze des Privatverbrauchers integriert. Nicht in allen Fällen bisher befriedigend gelöst ist die Abbildung des jeweils unterschiedlich anzusetzenden Sicherheitsniveaus bei gefährlichen Stoffen und Zubereitungen für den Bereich der Gewerbetreibenden (Sachkenntnis, Unterrichtungspflicht etc. voraussetzbar) auf der einen Seite und andererseits für den Privatbereich.

Mit der derzeit gültigen Gefahrstoffverordnung (GefStoffV) werden auch die entsprechenden Rechtsvorgaben der EU – wie z. B. die Richtlinien über Einstufung, Verpackung und Kennzeichnung von gefährlichen Stoffen (RL 67/548/EWG) [32] und gefährlichen Zubereitungen (RL 1999/45/EG) [33] – in bundesrepublikanisches Recht umgesetzt. Textfassungen dieser seitens GefStoffV ‚in Bezug genommenen' Rechtsvorgaben sind in jeweils aktualisierter Form im Internet z. B. unter den im Kapitel 39.2.1 angeführten Adressen verfügbar.

Im Wesentlichen enthält die Gefahrstoffverordnung im hier interessierenden Sinne Vorgaben für die Einstufung, Kennzeichnung und Verpackung gefährlicher Stoffe und Zubereitungen neben Vorgaben für den Umgang im gewerblichen Bereich sowie Herstellungs- und Verwendungsverboten für bestimmte Stoffe und

Substanzklassen wie z. B. Asbest, Arsen, Cadmium, Pentachlorphenol und deren Verbindungen etc.

Wer als Hersteller oder Einführer gefährliche Stoffe oder Zubereitungen in den Verkehr bringt, hat diese zuvor einzustufen und entsprechend der Einstufung zu verpacken und zu kennzeichnen (§ 5 GefStoffV). Auf der Verpackung solcher Erzeugnisse müssen – abhängig von Konzentration und Füllmenge – u. a. angegeben sein: die chemische Bezeichnung des/der enthaltenen gefährlichen Stoffe/s, Gefahrensymbole mit den zugehörigen Gefahrenbezeichnungen, Hinweise auf besondere Gefahren (R-Sätze) und Sicherheitsratschläge (S-Sätze) etc. Von der Ausführung her muss die Kennzeichnung u. a. deutlich erkennbar, haltbar und in deutscher Sprache gestaltet sein sowie das/die Gefahrensymbol/e in Schwarz auf orangefarbenem Untergrund in einer Größe von mindestens 1 cm^2 aufweisen.

Grundsätzlich müssen Verpackungen von gefährlichen Stoffen und Zubereitungen ausreichend stabil beschaffen sein und Verschlüsse von Erzeugnissen zur wiederholten Anwendung sich mehrfach neu verschließen lassen, ohne dass der Inhalt entweichen kann. Des Weiteren dürfen solche Packungen, die im Einzelhandel angeboten werden und für jedermann erhältlich sind, u. a. weder eine Form und/oder eine graphische Dekoration aufweisen, die die aktive Neugierde von Kindern wecken oder fördern oder die Verbraucher irreführen können, noch eine Aufmachung und/oder Bezeichnung aufweisen, die für Lebensmittel, Futtermittel, Arzneimittel oder Kosmetika verwendet werden.

Behälter, die einen mit T+, T oder C gekennzeichneten Stoff oder Zubereitung enthalten (sehr giftig, giftig oder ätzend), müssen ungeachtet ihres Fassungsvermögens mit kindergesicherten Verschlüssen und einem tastbaren Warnzeichen (gleichschenkeliges Dreieck bestimmter Größe) versehen sein, wobei die Vorrichtungen den technischen Anforderungen von Anhang IX Teil A und B der RL 67/548/EWG zu entsprechen haben.

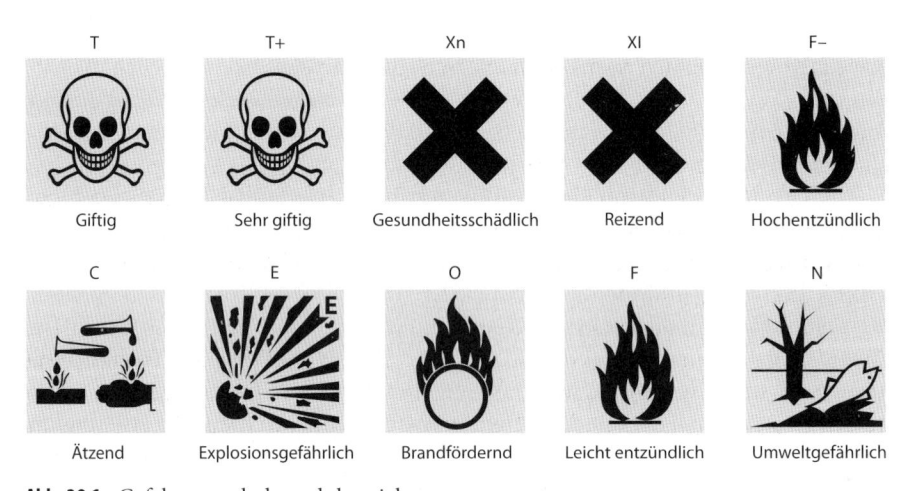

Abb. 39.1. Gefahrensymbole und -bezeichnungen

Zur Überprüfung, ob ein Verschlusssystem als kindersicher anzusehen ist, wird der so genannte „Kindertest" mit Kindern im Alter von 42 bis 51 Monaten herangezogen. Für wiederverschließbare Behälter ist dieser Test verbindlich in der Norm ISO 8317 –, für ‚nicht wiederverschließbare' Packungen in der Norm EN 862 beschrieben.

Empfehlungen, Freiwillige Vereinbarungen

Um Rechtsunsicherheiten hinsichtlich der Interpretation einer möglichen Gesundheitsgefährdung durch bestimmte Erzeugnisse/Haushaltschemikalien vermeiden zu helfen, bestehen vor allem seitens des Industrieverbandes Körperpflege- und Waschmittel e.V. (IKW) mit Sitz in Frankfurt/Main Empfehlungen und freiwillige Vereinbarungen [37], welchen Vorgaben diese Erzeugnisse genügen sollen. Soweit produktbezogen, wird bei dem jeweiligen Erzeugnis auf diese Vorgaben näher eingegangen. Von übergeordneter Bedeutung sind vor allem anzuführen:

Freiwillige Vereinbarung über die Verwendung kindergesicherter Packungen

Nach dieser Vereinbarung sind Erzeugnisse, die die hier genannten Bedingungen für giftig und ätzend erfüllen, in Packungen mit kindersicheren Verschlusssystemen anzubieten unter zusätzlicher Kennzeichnung mit dem Warnhinweis „Von Kindern fernhalten". Als ätzend gelten dabei Erzeugnisse mit einem pH unter 1,5 oder über 12,0. Diese Vorgabe entspricht der in RL 67/548 EWG [32], Anhang VI formulierten Auffassung, wonach bei der Einstufung eines Stoffes bzw. einer Zubereitung bezüglich der Gefahreneigenschaften diese Grenzen als „aus Erfahrung ätzend" ebenfalls genannt werden.

Freiwillige Vereinbarung über hypochlorithaltige Haushaltsreiniger

Vor allem in Verbindung mit sauren Sanitärreinigern waren hypochlorithaltige Reinigungsmittel – bedingt durch missbräuchliche Anwendung – in der Vergangenheit an Unglücksfällen im Haushalt beteiligt (Chlorgasabspaltung). Um weitere Unglücksfälle vermeiden zu helfen, wurde von Herstellerseite eine diesbezügliche Vereinbarung getroffen. Danach ist für hypochlorithaltige Haushaltsreiniger mit einem Gehalt von mehr als 10 g/kg Hypochlorit, berechnet als Aktivchlor, u. a. Folgendes festgelegt:

Kein Anwendungshinweis zur Reinigung von Toilettenbecken etc. Deutlicher Warnhinweis, das Erzeugnis nie mit anderen, sauren Reinigern zu verwenden mit der Angabe „Es können gefährliche Dämpfe (Chlor) entstehen". Beschränkung des Aktivchlorgehaltes auf max. 5 Gew.% bei vorgegebener Alkalireserve. Zudem müssen diese Erzeugnisse in kindersicheren Packungen mit dem Hinweis, sie von Kinderhänden fernzuhalten, vertrieben werden.

WRMG nebst zugehörigen Rechtsvorgaben
Das Gesetz über die Umweltverträglichkeit von Wasch- und Reinigungsmitteln (WRMG) [31] basiert auf dem Wasserhaushaltsgesetz und verfolgt primär Ziele des Umweltschutzes (Minimierung der Gewässerverschmutzung). Demselben Anliegen dienen zwei Ausführungsverordnungen hierzu: „Verordnung über die Abbaubarkeit anionischer und nichtionischer grenzflächenaktiver Stoffe" (TensidV) und die „Phosphathöchstmengenverordnung", in der Vorgaben für den zulässigen Gehalt an Phosphat in Waschmitteln u. a. genannt sind. Unter humantoxikologischen Gesichtspunkten sind diese Rechtsvorschriften wenig relevant. Erwähnt sei noch eine Empfehlung der EG-Kommission über die Kennzeichnung von Wasch- und Reinigungsmitteln, die Vorgaben für die Angabe der enthaltenen Inhaltsstoffe nennt. Neben dem aufklärenden Effekt zum Zwecke eines umweltbewussten Verhaltens können diese Angaben für überempfindliche Personen als ein Hinweis zum vorsichtigen Umgang mit dem jeweiligen Erzeugnis dienen.

Blick in die Zukunft
Auf dem Markt noch kaum bemerkbar, befindet sich das Gefahrstoffrecht in einem deutlichen Veränderungsprozess. Mit als ein Grund hierfür ist die zunehmende Globalisierung der Märkte anzuführen, die eine weltweite Harmonisierung der Gefahrenkomunikation erforderlich macht.

So ist seit Anfang 2009 aufgrund der Verordnung EG 1336/2008 [47] als unmittelbar geltendes Recht in der EU der bis dahin geltende Begriff „Zubereitung" durch „Gemisch" ersetzt worden. Gemäß VO (EG) 1272/2008 vom 16. Dezember 2008 über die Einstufung, Kennzeichnung und Verpackung von Stoffen und Gemischen [48] müssen Stoffgebinde den dort genannten Vorgaben für Einstufung, Kennzeichnung und Verpackung bis zum 01.12.2010 -, Gemische bis zum 01.06.2015 -, entsprechen und damit den dann weltweit geltenden GHS-Vorgaben (**G**lobal **H**armonized **S**ystem of Classifikation and Labelling of Chemicals). Während der Übergangsfristen kann die Aufmachung eines Produktes wahlweise entweder nach noch geltendem oder schon neuem Gefahrstoffrecht vorgenommen werden.

Damit einhergehend werden sich Kennzeichnung und Aufmachung von Bedarfsgegenständen wie Reinigungsmitteln und Haushaltschemikalien nachhaltig verändern. In Abbildung 39.2 sind die nach GHS geltenden neuen Gefahrensymbole und Bezeichnungen dargestellt:

Es ist ersichtlich, dass eine direkte Überführung alter und neuer Gefahrensymbole nicht in allen Fällen möglich ist. Unter anderem wird es das Gefahrensymbol für die Kennbuchstaben Xn oder Xi (Andreaskreuz – s. a. Abb. 39.1) nicht mehr geben und je nach Einstufung durch die GHS-Piktogramme für „Ätzwirkung", „Gesundheitsgefahr" oder/und „Ausrufezeichen" zu ersetzen sein.

Ein Leitfaden zur Anwendung des neuen Gefahrstoffrechts steht u. a. auf den Internetseiten des Umweltbundesamtes als herunterladbare Information bereit

Die neuen GHS-Piktogramme

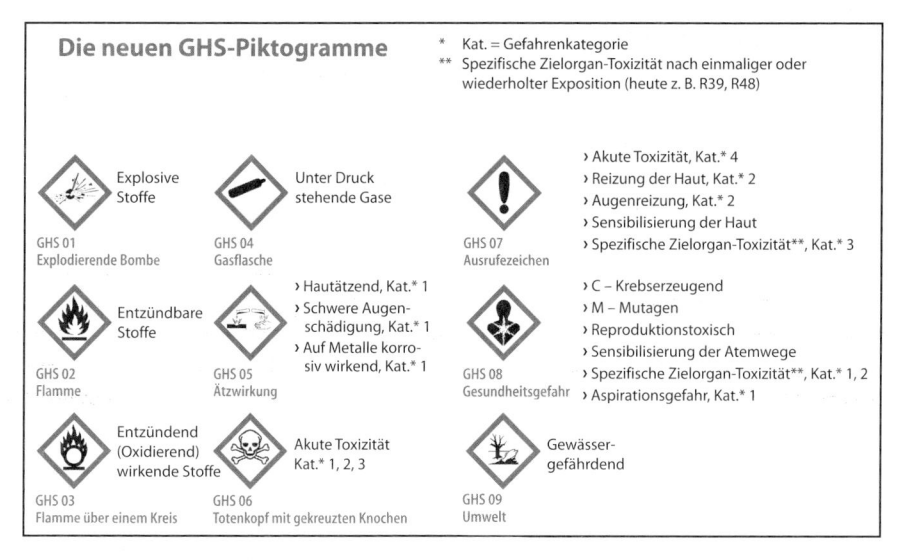

* Kat. = Gefahrenkategorie
** Spezifische Zielorgan-Toxizität nach einmaliger oder wiederholter Exposition (heute z. B. R39, R48)

Piktogramm	Bedeutung
GHS 01	Explosive Stoffe – Explodierende Bombe
GHS 02	Entzündbare Stoffe – Flamme
GHS 03	Entzündend (Oxidierend) wirkende Stoffe – Flamme über einem Kreis
GHS 04	Unter Druck stehende Gase – Gasflasche
GHS 05	› Hautätzend, Kat.* 1 › Schwere Augenschädigung, Kat.* 1 › Auf Metalle korrosiv wirkend, Kat.* 1 – Ätzwirkung
GHS 06	Akute Toxizität Kat.* 1, 2, 3 – Totenkopf mit gekreuzten Knochen
GHS 07	› Akute Toxizität, Kat.* 4 › Reizung der Haut, Kat.* 2 › Augenreizung, Kat.* 2 › Sensibilisierung der Haut › Spezifische Zielorgan-Toxizität**, Kat.* 3 – Ausrufezeichen
GHS 08	› C – Krebserzeugend › M – Mutagen › Reproduktionstoxisch › Sensibilisierung der Atemwege › Spezifische Zielorgan-Toxizität**, Kat.* 1, 2 › Aspirationsgefahr, Kat.* 1 – Gesundheitsgefahr
GHS 09	Gewässergefährdend – Umwelt

Abb. 39.2. Die neuen Gefahrensymbole nach GHS

(www.umweltbundesamt.de/chemikalien/index.htm). Informationen in gut aufbereiteter Form sind auch auf den Seiten der Berufsgenossenschaft Chemie im Internet unter www.gischem.de/ghs/information/htm abrufbar.

39.3 Warenkunde

39.3.1 Gegenstände mit Schleimhautkontakt

Gegenstände, die dazu bestimmt sind, mit den Schleimhäuten des Mundes in Berührung zu kommen, sind vom Gesetzgeber ausdrücklich und gesondert als Bedarfsgegenstände definiert (§ 2(6) Nr. 3 LFGB). Sie bedürfen hinsichtlich der stofflichen Zusammensetzung wegen des in der Regel intensiven Kontaktes mit den Schleimhäuten – verbunden mit der ständigen Anwesenheit von Speichelflüssigkeit – einer besonderen Beachtung. Als Beispiele seien angeführt:

- Beruhigungs- und Flaschensauger für Kleinstkinder,
- Luftballons (Spielware),
- Mundstücke von Musikinstrumenten etc.,
- Zigarettenspitzen und Zigarrenmundstücke etc.

Auch Erzeugnisse wie Zahnstocher und -bürsten etc. zur Mundhygiene sind diesem Bereich i. d. R. zuzuordnen. Ärztliche Instrumente, wie zahnärztliches Gerät, Fieberthermometer etc. zählen allerdings nicht zu dieser Gruppe, ebenso wenig wie den Arzneimitteln gleichgestellte Erzeugnisse (Zahnprothesen, Haftpulver und -cremes zum Festhalten derselben).

Die genannten Beispiele zeigen, dass von der jeweiligen Matrix her die unterschiedlichsten Materialien und Hauptkomponenten zu erwarten sind, zumal hier auch der Bereich der Babyspielwaren etc. zu berücksichtigen ist. Wichtig sind bei letztgenannten Gegenständen die Erzeugnisse aus Kautschuk-Elastomeren. Vermehrt wird für den Bereich der Babygreifware auch wieder Holz, meist farbig bemalt und lasiert, eingesetzt. In den Grenzbereich zu Spielwaren lassen sich Babyrasseln und sonstiges Klappergerät einstufen, teilweise auch aus Metall gefertigt.

Weitergehende Informationen zu den einzelnen Werkstoffen sind u. a. im Kapitel 39.3.3 „Spielwaren und Scherzartikel" zu finden. Die rechtliche Situation ist ähnlich gelagert und im Kapitel 39.2.2 ausführlich kommentiert.

Beispiele

Beißringe, Beruhigungs- und Flaschensauger aus Kautschuk-Elastomeren
Je nach Produktionsbedingungen können in diesen Erzeugnissen migrierfähige, nitrosierfähige Stoffe enthalten sein. Gemäß BedGgstV [2] dürfen bei diesen Erzeugnissen nach dort festgelegten Test- und Analysenbedingungen N-Nitrosamine nicht nachweisbar sein (Anl. 4 in Verbindung mit Anl. 10 zu § 5 BedGgstV).

Holzspielzeug für Babies („Grabbelware")
Da auch diese Gegenstände gerne zum Mund geführt und gelutscht werden, ist es besonders wichtig, hier die Schweiß- und Speichelechtheit als ein Kriterium für den potentiellen Übergang von Stoffen zu überprüfen. Die Untersuchung erfolgt gemäß der amtlichen Sammlung von Prüfungsverfahren nach § 64 LFGB (ASU) Nr. B 82.10-1 und entspricht der Prüfung nach DIN 53160.

Babyrasseln etc., teilweise aus Metall
Bei diesen Erzeugnissen ist wegen der Gefahr des In-den-Mund-Nehmens auf besonders gute Metallverarbeitung zu achten. Auf das Geräte- und Produktsicherheitsgesetz (GPSG) [36] (s. Spielwaren-Kapitel) wird hingewiesen. Desgleichen ist auch hier die Schweiß- und Speichelechtheitsprüfung von Bedeutung.

39.3.2
Gegenstände zur Körperpflege

Neben dem reichhaltigen Angebot an kosmetischen Mitteln zur Körperpflege werden noch zahlreiche Gegenstände im Handel angeboten, die ebenfalls zur Körperpflege benutzt werden. Während die Körperpflegemittel, die bei der Anwendung auch substantiell verbraucht werden, den Regelungen der Kosmetik-Verordnung unterliegen (s. Kap. 40), werden die Gegenstände zur Körperpflege im § 2(6) 4 LFBG den Bedarfsgegenständen zugeordnet. Zu diesem Bereich der Bedarfsgegenstände zählen z. B. die Produkte:

- Kämme, Haar- und Bartbürsten
- Badeschwämme
- Schmink- und Rasierpinsel
- Gegenstände für die Maniküre wie z. B. Nagelfeile, Nagelschere, Hornhauthobel
- Lockenwickler
- Massagebänder, Massagehandschuhe
- Papiertücher
- Hygieneartikel wie z. B. Toilettenpapier, Watte, Binden und Tampons.

Gegenstände zur Zahn- und Mundpflege, wie z. B. Zahnbürsten oder Zahnstocher sind ebenfalls Bedarfsgegenstände, sie werden aber den Bedarfsgegenständen mit Schleimhautkontakt zugeordnet.

Die allgemeine Forderung des § 30 LFBG zum Schutz der Gesundheit der Verbraucher ist auch auf die Gegenstände zur Körperpflege anzuwenden. Beanstandungen dieser Produkte nach § 30 LFBG sind selten. Bei Pinseln oder Bürsten aus Naturhaaren oder -borsten kann es zu Verbraucherklagen kommen, wenn diese Produkte zur Konservierung während des Transports mit Naphthalin behandelt werden. Naphthalin wurde früher als Hauptkomponente von Mottenpulver eingesetzt und ist auch heute noch vielen Verbrauchern als typischer „Mottenkugel-Geruch" bekannt. Da es leicht flüchtig und sehr geruchsintensiv ist, werden schon Spuren von Naphthalin geruchlich wahrgenommen. Im Jahr 1999 hat das damalige Bundesinstitut für gesundheitlichen Verbraucherschutz und Veterinärmedizin (BgVV) die Abgabe von Naphthalin aus den Borsten von Zahnbürsten, Rasierpinseln und anderen Bedarfsgegenständen aus Naturborsten gesundheitlich bewertet und empfohlen, im Falle von Naphthalinabgaben, die den Wert von 5 µg/g überschreiten, die Hersteller der betroffenen Bedarfsgegenständen auf die Grundsätze des vorsorglichen Verbraucherschutzes hinzuweisen mit dem Ziel, die Kontamination unter den genannten, offensichtlich technisch erreichbaren Wert zu senken.

Für den analytischen Nachweis und die quantitative Bestimmung des Naphthalins ist daher die spezifische Migration in Wasser (1 g Borsten auf 100 ml dest. Wasser /37 °C/1 h) erforderlich; die quantitative Bestimmung erfolgt dann mit Hilfe der Gaschromatographie (Headspace GC-FID mit Tetrahydronaphthalin als internen Standard).

39.3.3
Spielwaren und Scherzartikel

Spielwaren und Scherzartikel zählen in Deutschland laut Definition zu den Bedarfsgegenständen (§ 2(6) 5 LFBG). Zu den Spielwaren zählen alle Erzeugnisse, die als solche zum Zweck der Unterhaltung und Belustigung nicht nur allgemein handelsüblich sind, sondern vom Hersteller oder Verkäufer zu diesem Zweck bestimmt sind. Ein belehrender Zweck neben dem rein spielerischen ändert den Charakter nicht [10]. Auch Radiergummis aus weichmacherhaltigen Kunststoffen in Form von Süßwaren oder Lippenstiften mit starkem Fruchtaroma zählen zu den Spielwaren, weil ihre Zweckbestimmung aufgrund ihrer Aufmachung, Farbe und ihres Fruchtaromas mehr in der Belustigung, im Spiel und der Unterhaltung als im Radieren liegt [11].

Zu den Scherzartikeln zählen Gegenstände oder Mittel, deren Verwendung Heiterkeit und Vergnügen bereiten soll, auch wenn ihr Aussehen, Geruch und ihre Eigenschaften im Gegensatz zu ihrer Verwendungseigenschaft steht, wie z. B. mit Essig oder Pfeffer gefüllte Scherzpralinen, Bierpulver, Imitationen von brennenden Zigaretten, Zauberzucker, aber auch Juck- und Niespulver, Stinkbomben und Tränengas.

Spielwaren und Scherzartikel bestehen nicht nur aus einem Werkstoff, sondern sie werden im Allgemeinen aus mehreren Werkstoffen gefertigt. Scherzartikel können auch Mittel sein, die Lebensmittel-Zusatzstoffe enthalten. Weitergehende Angaben sind auch der Schriftenreihe Lebensmittelchemie zu entnehmen [12]. Unterteilt man Spielwaren nach dem Hauptwerkstoff, aus denen sie zusammengesetzt sind, so kann man unterscheiden zwischen Spielwaren aus:

- Kunststoff,
- Holz,
- Papier, Pappe, Karton
- Metall und -legierungen,
- Keramische Massen, Emaille, Glas,
- Textilien, Pelze, Leder.

Je nach Art und Zusammensetzung der Spielware kann es z. B. bei unsachgemäßem Gebrauch zu einer akuten oder chronischen Gefährdung der Gesundheit kommen. Hierbei ist infolge Verschluckens, Einatmens oder Berührung mit der Haut der Übergang von gesundheitlich relevanten Stoffen auf den spielenden Menschen zu betrachten. Dabei kann es sich um Risiken einer plötzlichen oder chronischen Vergiftung, einer ätzenden oder reizenden Wirkung sowie krebsfördernden oder erbgutverändernden Eigenschaften von Bestandteilen der Spielwaren handeln. Nachfolgend soll eine Übersicht über wichtige Inhaltsstoffe gegeben werden.

Kunststoffe

Kunststoffe lassen sich fast unbegrenzt formen und färben; daher eignen sie sich hervorragend zur Herstellung für manche Spielsachen. Hauptsächlich werden so genannte Massenkunststoffe eingesetzt. Von großer Bedeutung sind Thermoplaste wie Polyvinylchlorid, Polyethylen, Polypropylen, Polystyrol oder Celluloseester und Elastomere wie Isoprenkautschuk, Styrol-Butadienkautschuk und Butadienkautschuk. Übergänge von Monomeren und Additiven aus Kunststoffen können nicht ausgeschlossen werden.

Für Kunststoffe, die für den Kontakt mit Lebensmitteln bestimmt sind, bieten die Richtlinie 2002/72 und die Empfehlungen des Bundesinstitutes für Risikobewertung einen Anhaltspunkt für die Art und Menge der eingesetzten Monomere und Additive; für Kunststoffe, die für die Herstellung von Spielwaren vorgesehen sind, ist die Variabilität hinsichtlich Qualität, Art und Menge der eingesetzten Monomere und Additive um ein Vielfaches größer.

Zusatz- und Hilfsstoffe für Thermoplaste

Weichmacher vermindern bei den Polymerketten die Nebenvalenzkräfte des starren Molekülgefüges. Die für Spielwaren verbotenen Weichmacher – Diisononylphthalat (DINP), Di-(2-ethylhexyl)phthalat (DEHP), Dibutylphthalat (DBP), Diisodecylphthalat (DIDP), Di-n-octylphthalat (DNOP) und Benzylbutylphthalat (BBP) wurden weitgehend durch Weichmacher wie Diisononylcyclohexan-1,2-dicarboxylat (DINCH – Hexamoll®), Alkylsulfonsäureester des Phenols (ASE-Mesamoll®) oder Trimellitsäure-tris(2-ethylhexyl)ester (TETM) ersetzt.

Stabilisatoren sollen gegen Wärme und Licht schützen bzw. dem Kettenabbau des Kunststoffes entgegenwirken.

Gleitmittel dienen dem Erniedrigen der inneren und äußeren Reibung von Kunststoffschmelzen.

Zum Einfärben von Kunststoffen werden meist unlösliche anorganische *Farbpigmente*, die im Allgemeinen keine hohe Farbstärke haben, dafür aber sehr deckfähig sind, benutzt. Aber es werden auch lösliche organische Pigmente verwendet.

Füllstoffe dienen nicht nur dazu, Kunststoffe durch Gewichts- und Volumenvergrößerung zu strecken und zu verbilligen, sondern mit Füllstoffen lassen sich auch die mechanischen Eigenschaften verbessern.

Antistatika erniedrigen den elektrischen Oberflächenwiderstand von Kunststoffen und leiten die Reibungselektrizität schneller ab. Es werden u. a. Polyethylenglykol und Fettsäurepolyglykolester eingesetzt. Das sind chemische Verbindungen, die aus den Kunststoffen an die Oberfläche wandern und aus der Luft Feuchtigkeit aufnehmen. Der Feuchtigkeitsfilm verhindert dann eine elektrische Auflading durch Elektrizitätsableitung.

Bei den *flammhemmenden Zusätzen* zeigen Halogenverbindungen des Chlors und des Broms eine derartige Wirkung. Daneben werden auch Phosphorverbindungen und Aluminiumhydroxid sowie als synergistische Verstärkung zu den Halogenverbindungen Antimontrioxid verwendet.

Organische Peroxide setzt man ein, um lineare Kettenmoleküle zu vernetzen. Ein häufig benutztes Peroxid ist das Benzoylperoxid.

Zusatz- und Hilfsstoffe für Elastomere

Rohkautschukmassen haben im thermoplastischen Zustand sehr hohe Viskositäten. Zur Erniedrigung setzt man als *Mastiziermittel* sauerstoffaktivierende Chemikalien zu, die aus kompliziert aufgebauten organischen Metallkomplexverbindungen bestehen.

Für die Kautschukvernetzung ist der Schwefel verantwortlich. Er bildet die Brücken zwischen den Polymerketten. Dabei werden auch schwefelhaltige *Vernetzungsmittel* wie Thiuramsulfide, die bei den Vulkanisationstemperaturen den Schwefel freisetzen, eingesetzt. Da Schwefel im Kautschuk sehr träge reagiert und Gummiprodukte mit weniger guten Eigenschaften entstehen lassen würde, werden immer *Vulkanisationsbeschleuniger* verwendet, z. B. Dithiokarbamate, Thiazole, Xanthogenate und Thioharnstoffe.

Als *Weichmacher* kommen Mineralöle, tierische und pflanzliche Fette, Öle und Harze, ebenso Phthalsäureester und Polymerester zum Einsatz.

Der Abbau der Makromoleküle findet unter Beteiligung des Luftsauerstoffs, energiereichem UV-Licht und auch durch die Kautschukgifte Kupfer und Mangan statt. Die bekanntesten antioxidativ wirkenden *Alterungsschutzmittel* sind Phenol- und Hydrochinon-Derivate. Zinkstearat eignet sich besonders gut als *Trennmittel*.

Um die Produkte vor Fäulnisbakterien oder Schimmelpilze zu schützen, werden *Fungizide* zugesetzt. Man verwendet die bekannten Konservierungsstoffe Benzoesäure und Sorbinsäure, aber auch Dichlorcyanursäure, Natriumacetessigester oder (verbotenerweise) Pentachlorphenol.

Holz

Holzspielwaren (Bauklötze aus Holz, Holzkonstruktionsmaterial, Holztiere, Holzperlen) stellt man aus Nadelhölzern (Tanne, Kiefer) und Laubhölzern (Buche, Pappel, Linde, Ulme) her. Zur Verschönerung der Oberfläche werden diese Hölzer einer chemischen Oberflächenbehandlung unterworfen. Dieses Verfahren schließt mehrere Arbeitsgänge ein, die je nach Holzart auch nur einzeln zur Anwendung gelangen können.

Welche chemischen Stoffe dabei hauptsächlich eine Rolle spielen, soll nachfolgend aufgeführt werden.

Zum *Entharzen und Entfetten* benutzt man Lösungsmittel und verseifbare Stoffe, zum Kitten, Gluten- oder Caseinleime, sowie Celluloseester, zum Bleichen und Entflecken Wasserstoffperoxid, Natriumsulfit und Chlorlaugen. Vielfältig sind auch die beim *Beizen und Färben* eingesetzten Produkte. Chemische Holzbeizen werden mit Ammoniumhydroxid, Kaliumbichromat, Kupfer- und Nickelsalzen durchgeführt. Bei den *Farbstoff-Holzbeizen* kann es sich um Farbstofflösungen in Wasser, Alkohol oder Terpentinöl-Firnis und bei den *Pigment-Holzbeizen* um Abreibungen feiner, unlöslicher Pigmente in Terpentin- oder Leinöl oder Leimlösungen handeln. *Grundieren* wird mit wässrigen Leimlösungen oder Nitrocelluloselacken vorgenommen.

Für Spielwaren ist oft eine höheren Ansprüchen genügende Ausstattung erforderlich. Das geschieht mit Lacken, die geschlossene und harte Filme bilden. Lacke gelangen sowohl als Klarlack als auch in gefärbter Form zur Anwendung. Die wichtigsten Stoffe werden im Folgenden genannt:

Nitrocellulose-Lacke mit Lösungen von Cellulosenitraten, meist kombiniert mit Harzen und Weichmachern, *Lacke aus Celluloseestern organischer Säuren* als Celluloseacetat-Typen mit 38% Acetylgruppen, *Alkydharzlacke* als Reaktionsprodukte aus mehrwertigen Alkoholen, Glycerin, mehrbasischen Säuren wie Phthal- oder Adipinsäure, vorwiegend mit Fettsäuren aus Lein- und Rizinusöl, *ungesättigte Polyesterharz-Lacke* aus Dialkoholen wie z. B. Ethylenharzglykolen und ungesättigten Dicarbonsäuren und *Epoxidharz-Lacke*, vernetzt mit Polyamiden oder -aminen.

Für Lacke verwendete Komponenten lassen sich in *flüchtige Bestandteile* Lösemittel (Ester, Ketone, Glykole, Benzin, Alkohole), und *nichtflüchtige Bestandteile* Filmbildner (Nitrocellulose, ungesättigte Polyesterharze, Epoxidharze), Harze (Alkydharz, Acrylharz, Weichmacher), Hilfsstoffe (Trockenstoffe, Beschleuniger, Verlaufmittel, Mattierungsmittel) und Pigmente für Buntfarben Bleichromat, -antimonat (gelb-rot), Kobaltoxidfarben (blau) und Scheeles Grün, Schweinfurther Grün (grün) einteilen.

Papier, Pappe

Für die Papierherstellung werden *Faserstoffe, Füllstoffe, Fabrikationshilfsmittel* und *Papierveredelungsmittel* eingesetzt.

- Faserstoffe sind natürliche und synthetische Fasern auf Cellulosebasis, Fasern aus Hochpolymeren, Holzschliff sowie Fasern aus Altpapier.
- Als Füllstoffe werden z. B. Calcium-, Magnesiumcarbonat, Siliciumdioxid, Calciumsulfat, Bariumsulfat (frei von lösl. Bariumverbindungen) und Titandioxid verwendet.
- Als Fabrikationshilfsmittel werden Leimstoffe (z. B. Casein- und Tierleim, Stärke, Alginate, Paraffin- und Kunststoffdispersionen), Fällungs- und Fixiermittel (z. B. Aluminiumsulfat, Tannin, Kondensationsprodukte von Harnstoff und Melamin mit Formaldehyd), Dispergiermittel (z. B. Polyvinylpyrrolidon, Polyphosphat) und Schleimbekämpfungsmittel (Natriumchlorit, Natriumperoxid und -hydrogensulfit) verwendet.
- Als Papierveredelungsstoffe werden Nassverfestigungsmittel (z. B. Harnstoff-Formaldehydharze und -Melaminharze), Feuchthaltemittel (z. B. Glycerin, Polyethylenglykol, Harnstoff, Sorbit, Natriumchlorid), optische Aufheller (z. B. sulfonierte Stilbenderivate) und Beschichtungsstoffe (z. B. Kunststoffe wie Folien, Schmelzen, Lacke, Dispersionen) verwendet.

Bei Karton und Pappe unterscheidet man zwischen durchgearbeiteten und mehrlagigen Materialien. Die durchgearbeiteten Sorten bestehen aus einer Fasersorte, z. B. aus Zellstoff, die mehrlagigen aus mehreren zusammengegautschten Lagen mit oft unterschiedlichen Faserstoffmischungen aus Zellstoff, Holzschliff und Altpapier.

Metall und -legierungen

Eisenmetalle und Nichteisenmetalle sind Werkstoffe für Spielwaren. Bei *unlegiertem Stahl* handelt es sich um eine Eisen-Kohlenstoff-Legierung mit 1,7% Kohlenstoff und Begleiter wie Silicium, Mangan, Phosphor und Schwefel; *hochlegierter Stahl* mit mindestens 12% Chrom ist rost- und säurebeständig.

Verzinkter Stahl ist gewöhnlich eine Zinkauflage auf Feinblech; *Hartchromüberzug* auf Stahl, Gusseisen oder Zink. „Zinnsoldaten", die oft bis zu 40% Blei enthalten, können aus einer Zinn-Bleilegierung bestehen.

Keramische Massen, Emaille, Glas

Bei keramischen Massen unterscheidet man zwischen Unterglas- und Aufglasdekor. Unterglasdekore können keine giftigen Schwermetalle abgeben, denn auf das mit Farbmitteln bemalte Geschirr wird hinterher eine farblose Glasur aufgebracht, die unlöslich ist. Anders ist es bei Aufglasdekor. Hier werden die Farbpigmente in die Glasur mit Flussmitteln (überwiegend bleihaltig) eingeschmolzen. Die Wahl des Flussmittels ist abhängig von den einzelnen Farbstoffoxiden, nicht jedes ist dafür geeignet. Die Erfahrung hat gezeigt, dass Aufglasdekore mit den Farben grün, orange und rot bedenklich sind, weil sie eine erhöhte Blei- und Cadmiumlässigkeit aufweisen können.

Grundstoffe für *keramische Massen* sind Ton (Kaolin), Mennige und Sand. Bei *Emaille* wird Metall, besonders Eisen und Gusseisen, mit einer Glasur versehen. Es handelt sich um nicht völlig klar geschmolzene Gläser auf der Basis von Quarz, Feldspat und Borax, denen Metalloxide wie Titan-, Nickel-, Kobalt- und Zinnoxide zugesetzt sind. *Glas* wird aus einem Gemisch von Glasbildnern, Flussmitteln und Stabilisatoren erschmolzen. Neben Quarzsand sind die weiteren Glasbildner Boroxid und Phosphorentoxid zu nennen.

Textilien, Pelze, Leder

Für Spielwaren verwendete Textilien, Pelze und Leder können pflanzlicher, tierischer und synthetischer Herkunft sein. *Textile Faserstoffe* (Naturfaserstoffe wie Baumwolle aus Cellulosefasern, tierische Fasern aus Kamel-, Mohair- und Schafwolle) und cellulosehaltige Web- und Wirkware werden meist mit Ausrüstungsmitteln behandelt. Unter diesen Begriff fallen beispielsweise Bügelfrei-, Knitterfrei- und Wash-and-Wear-Ausrüstungen. Wichtige Vernetzer sind N-Hydroxymenthyl- (Fachjargon N-Methylol-) und N-Methoxymethyl-Verbindungen. Diese werden durch Reaktion von Verbindungen, die primäre oder sekundäre Aminogruppen enthalten, mit Formaldehyd hergestellt.

Synthetische Polymere, z. B. Polypropylenfasern, werden als *Chemiefaserstoffe* eingesetzt. Pelze werden mit oxidablen Fetten, z. B. Tran oder mit Chromsalzen nachgegerbt. Auch die Formaldehydgerbung ist üblich. *Pelzfarbstoffe* sind

Oxidationsfarbstoffe, z. B. *p*-Phenylendiamin, Brenzkatechin, Aminophenol, Dispersionsfarben wie Azo- und Anthrachinonfarbstoffe, oder Metallkomplex-Farbstoffe. *Synthetische Pelze* bestehen vornehmlich aus Polyamid- und Polyacrylnitrilfasern.

Die Herstellung von *Leder* beansprucht die Arbeitsgänge Gerben, Imprägnieren, Fetten und Färben. Gerben wird mit pflanzlichen Gerbstoffen, Alaun, Kochsalz und Chromsalzen praktiziert. Imprägnieren ist Tauchen in Lösungen von synthetischen Harzen. Das Fetten geschieht durch Abölen mit Tran; gefärbt wird mit basischen Farbstoffen, die an der Oberfläche fixieren oder anionischen Farbstoffen, die durchfärben. Kunstleder besteht aus Polyvinylchlorid oder aus Lederabfällen, denen Kunstharze zugesetzt sind.

Ausgewählte Beispiele

Einen aktuellen Überblick über Bedarfsgegenstände und Spielwaren, die nicht mit gesetzlichen Bestimmungen konform sind, erhält man auf der Internetseite der Europäischen Union unter http://ec.europa.eu/consumers/dyna/rapex/rapex_archives_en.cfm.

Die Europäische Union veröffentlicht hier mit RAPEX, dem Rapid Alert System for Non-Food Products wöchentlich alle Non-Food Produkte (ausgenommen Medizinprodukte), die für den Verbraucher bestimmt sind und als unsicher im Sinne der RL 2001/95/EG [36] angesehen werden.

Scoubidou-Bänder

Scoubidou-Bänder sind ca. 60 cm bis 200 cm lange (∅ ca. 1–2 mm) Kunststoffschnüre, aus denen sich Schlüsselanhänger und andere Accessoires flechten lassen.

Sie bestehen aus weichmacherhaltigem Polyvinylchlorid. Diese Erzeugnisse sind in der Vergangenheit häufig durch einen anhaftenden Geruch, der auch nach intensivem Belüften nicht verschwindet, auffällig geworden; qualitativ wurden u. a. folgende Lösemittel nachgewiesen: Di-*n*-butylether, Propansäurebutylester, *p*-Xylol, 2-Ethylhexanol, Benzoesäurebutylester, 2-Ethylhexansäure, Phenol.

In seiner Stellungnahme vom 13. September 2004 hält das BfR aus Gründen der Vorsorge Scoubidou-Bänder, die durch Lösemittelgeruch auffallen, nicht als Spielzeug und Bastelmaterial für Kinder und Jugendliche geeignet.

Hüpfknete

Hüpfknete ist ein Elastomer auf Silikonbasis, das sich wie Knete verformen lässt, sich sonst aber ähnlich wie ein Springball verhält.

Dieses Erzeugnis ist in der Vergangenheit durch einen sehr hohen Gehalt an Borsäure (bis zu 9 g/100 g) auffällig geworden. In der Europäischen Union existiert derzeit kein Grenzwert für Borsäure in Spielwaren. Allerdings werden in einer Studie der kanadischen Gesundheitsbehörden [38] für Borsäure Aussagen zu NOAEL (no observed adverse effect level), LOAEL (lowest observed adverse effect level), MAC in Spielwaren (maximum allowable concentration) und MTD (maximum tolerated dose) gegeben.

Für Borsäure in Spielwaren wird hier eine maximal zulässige Konzentration (MAC) von 9,1 Milligramm Borsäure pro Gramm Spielware ($\cong$ 0,91 g/100 g) benannt.

Knetmassen

Knetmassen sind entweder auf Polymerbasis oder auf Stärkebasis mit Pflanzenöl aufgebaut und enthalten Lebensmittelfarben oder anorganische Pigmente, Konservierungsstoffe und Bitterstoffe.

Lebensmittelimitat

Käsescheibe aus Kunststoff als Scherzartikel. Die Käsescheibe bestand aus weichmacherhaltigem Polyvinylchlorid. Die Gefährlichkeit eines derartigen Scherzartikels ergibt sich aus folgender rechtsmedizinischer Fallbeschreibung: Während einer Betriebsfeier wurde Herrn L. ein Brötchen angeboten, das an Stelle einer echten Käsescheibe mit eben besagtem Lebensmittelimitat aus Weich-PVC belegt war. Herr L. wollte sich nicht als derjenige zu erkennen geben dem dieser „Scherz" mitgespielt wurde und hat die Scheibe Kunststoffkäse hinuntergeschlungen. Nach 7 Wochen verspürte Herr L. derartige Schmerzen, dass ein klinischer Aufenthalt erforderlich wurde. Trotz Operation, bei der mehrere glasharte Fremdkörper aus dem Darm entfernt wurden, trat ca. 2,5 Wochen später der Tod ein [39–42].

Radiergummi

Weichgemachtes Polyvinylchlorid, Dibutylphthalat, Di-2-ethylhexylphthalat, Trikresylphosphat, Weichmacher 30–50%.

Figürlich gestaltete, größtenteils fruchtig aromatisierte Radiergummis aus Südostasien, z. B. in Form von Stileis, Schokoladenriegeln, Tierfiguren oder Lippenstiften werden von Kindern als Spielwaren benutzt. Besonders Kleinkinder können diese mit im Handel befindlichen Süßwarenkomprimaten verwechseln und damit verleitet werden, die Figuren in den Mund zu nehmen, daran zu lutschen und darauf zu kauen. Das Gefährdungspotential wird hier genau so hoch eingestuft wie im Falle der Kunststoffkäsescheibe.

Leuchtfiguren

Polyvinylchlorid. 6–10%, Di-2-ethylhexylphthalat, und/oder Diisononylphthalat. Enthalten keine phosphoreszierenden Leuchtstoffe; Nachleuchten durch sog. Lenard-Phosphore, das sind zur Lumineszenz befähigte Stoffe wie lichtempfindliches Zinksulfid sowie Spuren von Kupfer als Aktivator.

Wegen des niedrigen Weichmacheranteils ist es allgemein unmöglich, kleinere Stücke abzubeißen oder abzubrechen und zu verschlucken.

Holzspielwaren
Zweikomponentenlacke: Ungesättigtes Polyesterharz, Epoxidharz, Buntpigmente: Eisenoxid, Chromoxid, Bleichromat, Erdalkalichromate, Cadmiumsulfid.

Bemalte und buntlackierte Holzspielwaren dürfen nach dem Prüfverfahren zur Beurteilung der Sicherheit von Spielwaren (DIN EN 71 Teil 3) bestimmte Grenzwerte für die gesundheitlich bedenklichen Elemente Antimon, Arsen, Barium, Cadmium, Chrom, Blei und Quecksilber nicht überschreiten (siehe Kapitel 39.4.3). Bei Holzspielwaren stellt die Formaldehydausgasung ein wichtiges Kriterium dar, wobei als Formaldehydquelle sowohl Holzleim als auch Holzlack identifiziert wurden. Die Bestimmung erfolgt in der Regel durch das am Fraunhoferinstitut für Holzforschung – Wilhelm-Klauditz-Institut entwickelte Prüfverfahren (WKI-Flaschenmethode) bei einer 24-stündigen Prüfdauer und einer Temperatur von 40 °C.

Scherzpralinen und Scherzbonbons
Pralinen oder Bonbons gefüllt mit Senf, Pfeffer oder Knoblauch. Der Hohlkörper besteht manchmal aus Paraffin (mit Kakaoüberzug), und sollte die Anforderungen für „Paraffin Solidum" (Erstarrungstemperatur 50–62 °C) nach DAB erfüllen. Im Paraffin wurden vereinzelt alkalisch oder sauer reagierende Verunreinigungen festgestellt.

Zauberzucker
Zuckerstück (handelsübliches Würfelzucker-Format) mit Einschlussfiguren.

Die Figuren bestehen aus dem Kunststoff Polyethylen und schwimmen infolge niedriger Dichte auf allen Getränken. Sie sind nur wenige Milligramm schwer und tauchen in die Oberfläche der Flüssigkeit fast ein. Dabei schwimmen sie „gleitend" und können durch die geringen Luftbewegungen, die beim Trinken entstehen, sehr leicht in den Mund gelangen, so dass die Gefahr des versehentlichen Verschluckens besteht.

Bierpulver
Natriumcarbonat, Weinsäure, Eiweißpulver, gelber Farbstoff E 110

Vom gesundheitlichen Standpunkt bestehen keine Bedenken, wenn die Inhaltsstoffe den Reinheitsanforderungen von Lebensmittelzusatzstoffen entsprechen. Die Deklaration der wichtigsten Zutaten ist für den Verbraucher wünschenswert.

Niespulver
Pulver aus Panamarinde, Schwarzer Grüner und Weißer Nieswurz, Holzstaub, Benzidin, o-Dianisidin, o-Nitrobenzaldehyd, Pfeffer. Alle mit Ausnahme von Pfeffer aufgeführten Stoffe sind krebserregend und verboten (siehe § 3 in Verbindung mit Anlage 1 Bedarfsgegenständeverordnung).

39.3.4
Gegenstände mit Körperkontakt

Als Gegenstände, die dazu bestimmt sind, nicht nur vorübergehend mit dem menschlichen Körper in Berührung zu kommen und die daher als Bedarfsgegenstände im Sinne des § 2(6) Nr. 6 LFGB anzusprechen sind, können beispielhaft angeführt werden:
Bekleidungsgegenstände, Bettwäsche, Masken, Perücken, Armbänder, Brillengestelle.

Der zwar zweckbestimmte, aber nur flüchtige Körperkontakt ist hier demnach ebenso wenig gemeint, wie die nur indirekte Berührungsmöglichkeit. Eine so gewählte Definition lässt im Grenzbereich viel Interpretationsspielraum zu (z. B. Geldbörse, Autopolster, Tischdecken), der im Zweifelsfall daran ausgerichtet sein sollte, ob von dem fraglichen Gegenstand bei einer unzweckmäßigen stofflichen Beschaffenheit gesundheitlich bedenkliche Stoffe auf den Menschen einwirken.

Im Hinblick auf die große Vielfalt der in diese Gruppe fallenden Bedarfsgegenstände, die zudem häufig aus verschiedenen Materialien mit und ohne Kunststoffanteilen zusammengesetzt sind, wird eine Einteilung nach den wichtigen Werkstofftypen vorgenommen und auf die hierzu im Kapitel 39.3.3 (Spielwaren) vorhandenen Ausführungen hingewiesen.

Gegenstände aus Textilfasern

Beispiele: Bekleidung, Bettwäsche, Masken
Die eigentlichen Faserstoffe, das Rohmaterial für die Textilien, lassen sich einteilen in natürliche:

- pflanzliche (z. B. Baumwolle, Bast)
- tierische (z. B. Schafswolle, Kamelhaar, Angorakaninchenhaar)
- mineralische (Asbest)

künstliche (Chemiefaser):

- Zellulosebasis (z. B. Viskose-, Azetatfaser)
- mineralische Basis (z. B. Glasfaser, Metallfäden)
- synthetisch (z. B. Polyamid-, Polyester-Faser etc.)

Wichtige natürliche Fasern

Wolle muss nach der Schur (Rohwolle) von Verunreinigungen, wie Wollfett, -schweiß, Schmutz und Feuchtigkeit befreit werden. Die eigentliche Wolle ist eine Proteinfaser und besteht aus α-Keratin (α-Helix-Struktur) – im Gegensatz zur Seide (β-Keratin), die eine Faltblatt-Struktur besitzt.

Baumwolle besteht zu 80 bis 90% aus Zellulose, bis zu 5% aus Hemizellulose, Pektinen, Wachs, Fett etc. Pflanzenphysiologisch stellen Baumwollhaare überdimensional in die Länge gewachsene Zellen dar, deren Wandstärke mit dem

Longitudinalwachstum ebenfalls zunimmt – jeweils umgeben von einem gummiartigen Häutchen (Cuticula), das dem Haar Festigkeit gibt.

Wichtige Chemiefasern
Je nach Länge werden die Chemiefasern als „Spinnfaser" (Fäden begrenzter Länge) oder auch als Filamente (Fäden unbegrenzter Länge) bezeichnet.

Viskosefasern entstehen durch Lösen in Natronlauge, Umsetzen mit Schwefelkohlenstoff zu Zellulosexanthogenat (Viskose) und Verspinnen des erneut Gelösten.

Azetatfaser entsteht nach partieller Veresterung der Zellulose mit Essigsäure und Verspinnen nach zuvorigem Lösen (z. B. *für* Oberbekleidung).

Synthetisch hergestellte Fasern bestehen in der Regel aus einem durch Polykondensation oder durch Polymerisation erzeugtem Polymer, welches sich aus der Schmelze verspinnen lässt. Beispielhaft werden angeführt:
- Polyamid (PA): Polykondensation von Dicarbonsäure und Diamin (Nylon, Perlon etc.); Verwendung: Sportbekl., Strümpfe etc.
- Polyester (PES): Polykondensation von Terephthalsäure mit zweiwertigen Alkoholen (Diole) (Trevira, Dralon, etc.); Verwendung: Gardinen, Kleider etc.
- Polyacryl (PAC): erzeugt durch Polymerisation von Acryl-Nitril.

Textilhilfsmittel, Textilveredelung
Eine wichtige Rolle bei der Weiterbearbeitung zu Textilien, insbesondere aus Naturfasern, kommt den sogenannten Textilhilfsmitteln zu, durch die beim Fertigerzeugnis bestimmte positive Eigenschaften erreicht werden sollen. Wichtig ist, ob die Ausrüstung auf das Textilgut permanent, semi-permanent oder nicht-permanent aufgebracht ist. Bei letzterer Form wird sie schon nach einmaligem Waschen vollständig entfernt. Alle Ausrüstungsvarianten kommen vor.

Bei den folgenden Beispielen für wichtige *Textilhilfsmittel* wird auf den Bereich der Textilfärbemittel hier nicht näher eingegangen und auf das zur Warenkunde bei Spielwaren Gesagte hingewiesen.
- *Bügelfrei- sowie Antiknitterausrüstung* (siehe auch Kapitel 39.3.3): Wichtig zu wissen ist, dass bei einem diesbezüglich fehlgeleiteten oder nicht richtig dimensionierten Textilveredlungsprozess im Nachhinein es zur Abgabe von erhöhten Mengen an freiem Formaldehyd kommen kann. Die Bedarfsgegenständeverordnung [2] nennt in Anlage 9 zu § 10 als auslösende Menge 1 500 mg/kg an freiem Formaldehyd für eine Kennzeichnungspflicht bei Textilien, die beim vorbestimmten Gebrauch mit der Haut in Berührung kommen und mit einer Ausrüstung versehen sind. Zur Bestimmung des freien Formaldehyd in dieser Matrix dient das nach § 64 LFGB festgelegte Verfahren Nr. B 82.02-1. Nach allgemeiner Erfahrung wird der vorgenannte Grenzwert von den in der Bundesrepublik gehandelten Textil-Bedarfsgegenständen eingehalten [16].

- *Antimikrobielle Ausrüstung* zur Wachstumsverhinderung schädigender Mikroorganismen: z. B. Salicylsäure, Irgasan DP 300, *p*-Chlor-*m*-Kresol etc. (Waschechtheit wird durch Fixierung mit filmbildenden Substanzen auf der Faser erreicht.) Im Bereich der Wollfaser steht dies der Eulanisierung gleich, wobei dort Fraßschutzgifte – z. B. auf Basis von Sulfonamiden – dauerhaft auf die Faser aufgebracht werden (z. B. 3,4-Dichlorbenzol-*N*-methylsulfonamid – auch als „Eulan BL" bekannt).
- Als *Flammschutzmittelausrüstung* kommen z. B. *N*-Methylolverbindungen von Dialkylphosphorsäureamiden zum Einsatz. Flammenfest ausgerüstete Textilien dürfen nur verkohlen und nicht oder nur kurz nachglimmen. Gemäß Anlage 1 zu § 3 Bedarfsgegenständeverordnung sind bestimmte Verbindungen, die früher für diesen Zweck genutzt wurden, inzwischen für Bedarfsgegenstände-Textilien, ausgenommen Schutzkleidung, nicht mehr erlaubt (TRIS, TEPA, PBB).

Abschließend sei bemerkt, dass der Bereich der Textilien es sicherlich verdient, angesichts des rasanten Technologie-Fortschrittes und der Tendenz, Wettbewerbsvorteile durch Importware zu erzielen, auch in Zukunft genauer beobachtet zu werden. In diesem Sinne ist seit 1992 bei dem BGA – jetzt BfR im Rahmen der ‚Arbeitsgruppe Textilien' der Arbeitskreis ‚Gesundheitliche Bewertung' eingerichtet worden u. a. unter Beteiligung des zuständigen Bundesministeriums, der Überwachung, Forschung und Industrie. Auf regelmäßige Sitzungsprotokolle dieses Arbeitskreises – veröffentlicht u. a. im Internet unter http://www.bfr.bund.de/cd/310 – wird hingewiesen.

Gegenstände aus Leder

Beispiele: Bekleidung, Schmuck, Schuhwerk etc.

Leder wird durch Verwerten der Haut von Tieren, wie Rind, Kalb, Schaf, Hirsch, Pferd, Schwein, Reptilien etc. gewonnen. In einem ersten Arbeitsgang werden hierbei Haare, Wolle und Borsten ebenso wie die Ober- und Unterhaut entfernt. Die verbleibende Lederhaut wird auch als Blöße bezeichnet. Sie besteht im Wesentlichen aus Kollagen und Mucinen (Glykoproteiden) mit einer typischen Strukturierung faserigen Charakters. Der Stickstoffgehalt schwankt von Tierart zu Tierart und bewegt sich in der Regel zwischen 17 und 18%. Die so präparierte Lederhaut wird durch Gerben haltbar gemacht und durch weitergehende Verfahren und Hilfsmittel auf bestimmte Materialeigenschaften hin ausgerichtet. Die *antimikrobielle Ausrüstung* ist dabei als wichtigstes Verfahren zu nennen. Phenolische und chlorphenolische Verbindungen kommen u. a. zum Einsatz. Auch Pentachlorphenol (PCP) – mittlerweilen verboten (s. u.) – wird dabei in wenigen Ländern der Welt noch genutzt.

Weiterhin wird Leder *gewachst* bzw. *gefettet* zur Erhöhung der Hydrophobie und Geschmeidigkeit. Zudem können sich je nach Bedarf die verschiedensten *Oberflächenbehandlungen* anschließen: z. B. zur Erhöhung der Reißfestigkeit,

Verringerung der Anschmutzbarkeit, Verbesserung von Aussehen und Griff etc. Als Hilfsmittel werden hierzu nicht selten Verbindungen aus dem Kunststoffsektor (Polyacrylate, -urethane, Weichmacher etc.) eingesetzt.
PCP kann über die Haut aufgenommen werden und gilt als cancerogen [19]. Dieses Problem ist noch immer nicht gänzlich gelöst: So mag es über Importware aus Ländern, in denen PCP noch verwendet wird, zu Verschleppungseffekten bzw. zur Einfuhr belasteter Ware kommen.

Gegenstände aus Metall

Beispiele: Schmuck, Brillen
Auf die Warenkunde von Metall und Metallerzeugnissen soll hier nicht näher eingegangen werden (siehe dazu Kap. 38.3.7 und 39.3.3).

Ein Problem stellt die seit den 70er Jahren vermehrt auftretende Nickelallergie bei breiten Bevölkerungsschichten dar. Vor allem Erzeugnisse, die – durch Verletzungen oder sonst wie bedingt – mit der Blutbahn des Menschen direkten Kontakt haben und Nickel an diese abgeben, sind in diesem Sinne kritisch zu beurteilen, da die Gefahr, so eine u. U. lebenslang verbleibende Nickelsensibilisierung zu erwerben, nicht unterschätzt werden darf.

Gemäß Bedarfsgegenständeverordnung [2] gelten daher für Teile in stabähnlicher Form, die in durchstochene Körperteile, wie Ohrläppchen eingeführt werden (Piercingschmuck etc.) verschärfte Bedingungen (tolerable Abgabe an Nickel: 0,2 µg/cm^2/Woche). Alle übrigen Bedarfsgegenstände, wie Schmuck etc., die von den mit dem Körper in Berührung kommenden nickelhaltigen Teilen mehr als 0,5 µg/cm^2 und Woche Nickel abgeben, sind laut Anlage 5a zu § 6 BedGgstV [2] nicht verkehrsfähig.

39.3.5
Reinigungs- und Pflegemittel, Haushaltschemikalien

Allgemeines

Zum Bereich der Reinigungs- und Pflegemittel, Haushaltschemikalien i. S. Lebensmittel- und Futtermittelgesetzbuch (LFGB) [1] zählen viele und hinsichtlich Zusammensetzung und Anwendungsgebiet z. T. sehr unterschiedliche Erzeugnisse. Das LFGB unterteilt hier gem. § 2(6) Nr. 7–9 in:

– Reinigungs- und Pflegemittel sowie Imprägnierungs- und sonstige Ausrüstmittel für Textilien wie Bekleidung, Bettwäsche etc. für den häuslichen Bereich (z. B. Textilwaschmittel, Fleckenwasser, Sanitärreiniger, Weichspüler, Lederimprägnierspray, Entkalker);
– in Reinigungs- und Pflegemittel für Lebensmittelbedarfsgegenstände allgemein (z. B. Geschirr- u. Maschinengeschirrspülmittel);

– in Mittel und Gegenstände zur Geruchsverbesserung o. ä. in Aufenthaltsräumen von Menschen (z. B. Raumspray, Duftsticks etc.).

Alle in den Bereich der Haushaltschemikalien, Wasch-, Reinigungs- und Pflegemittel fallende Erzeugnisse behandeln zu wollen, würde den Rahmen des Kapitels sprengen. Hier wird auf weiterführende Literatur verwiesen [20]. Näher eingegangen werden soll neben einigen Spezialitäten auf den Bereich der Reinigungs-, Pflege- und Waschmittel als umsatzstärkste, relevante Gruppe. Vom Anwendungsbereich her kann diese Gruppe wiederum unterteilt werden in Erzeugnisse für textile, faserartige Oberflächen und solche für „harte" Oberflächen, wie Glas, Keramik, Metall etc.:

Tabelle 39.1. Allesreiniger

Typ der Oberfläche	Produktbeispiele
hart	Allesreiniger
	Geschirrspülmittel
	Bodenreinigungs- u. Pflegemittel
	Sanitärreiniger
	Rohrreiniger
	Scheuermittel
	Entkalker
textil, faserartig	Waschmittel (Voll-, Fein-WM etc.)
	Weichspüler
	Fleckenwasser
	Teppichreinigungsmittel

Je nach Reinigungsaufgabe sind Wasch- und Reinigungsmittel wesentlich an der Effektivität des Reinigungsprozesses beteiligt oder machen diesen überhaupt erst möglich. Das Ziel beim Reinigen ist, den in Frage stehenden Gegenstand von einer Anschmutzung fester (Pigmentschmutz), fettiger oder farbstoffhaltiger Art (Obst-, Blutflecke etc.) zu befreien. Waschen ist eine spezielle Art der Reinigung. Allerdings gehört zum Waschen immer eine wässrige Waschflotte.

Wirk- und Hilfsstoffe

Für Haushaltschemikalien, Wasch- und Reinigungsmittel sind die in Tabelle 39.2 und Tabelle 39.3 angeführten Wirk- und Hilfsstoffe von allgemeiner Bedeutung.

Die Wirkstoffe in der rechten Spalte von Tabelle 39.2 sind weitgehend nur bei Reinigungsmitteln für harte Oberflächen wichtig. Weitergehende spezielle Wirkstoffe werden bei den einzelnen Fallbeispielen genannt.

Neben den Hilfsstoffen der linken Spalte von Tabelle 39.3 haben die rechts aufgeführten vornehmlich bei Waschmitteln Bedeutung.

Tabelle 39.2. Wirkstoffe

Tenside	
Komplexbildner	Säuren
Bleichmittel	Putzkörper
optische Aufheller	Basen

Tabelle 39.3. Hilfsstoffe

Enzyme	Vergrauungsinhibitoren
Hydrotrope	Korrosionsinhibitoren
Stellmittel	Schauminhibitoren
Farbstoffe	Stabilisatoren
Parfümöle	Aktivatoren

Tenside

Die reinigende Wirkung von Wasch- und Reinigungsmitteln basiert zu einem wichtigen Teil auf dem Dispergiervermögen enthaltener grenzflächenaktiver Substanzen (Tenside bzw. Detergentien). Diese zum Teil sehr unterschiedlich aufgebauten Verbindungen besitzen alle einen amphipatischen Charakter. Auf Wasser als Lösungsmittel bezogen heißt das, dass sie hydro- und lipophile Eigenschaften verbinden. Durch ihre Eigenschaft, die Oberflächenspannung von Wasser herabzusetzen, bewirken die Tenside zudem eine intensive Benetzung und Durchdringung des zu reinigenden Gegenstandes mit der eigentlichen Waschflotte, dem flüssigen Medium.

Einteilen lassen sich die Tenside nach der Art der hydrophilen Gruppe in:

- anionische Tenside (AT) (z. B. Alkylbenzolsulfonat – LAS)
- nichtionische Tenside (NT) (z. B. Fettalkoholethoxylate, Alkylphenolethoxylate – APEO)
- kationische Tenside (KT) (z. B. quartinäre Ammoniumverbindungen)
- ampholytische Tenside (Amphotenside, Zwittercharakter: im Alkalischen entsprechend AT, im Sauren entspr. KT).

Komplexbildner

Als Komplexbildner, Builder oder auch Gerüststoffe bezeichnet werden z. B. Polyphosphate (Pentanatriumtriphosphat) zur Bindung von Härtebildnern des Wassers sowie von Eisen-, Mangan- und Schwermetallionen. Dabei entstehen wasserlösliche stabile Komplexverbindungen, die den weiteren Wasch- und Reinigungsprozess nicht stören. Die Komplexbildner haben gleichzeitig auch in Reinigungsmittel eine schmutzlösende und dispergierende Funktion, indem sie z. B. Schmutzverbände auflockern durch Herauslösen/Komplexieren von Schwermetallionen (Kupfer etc.). Heute sind die Polyphosphate in Waschmitteln aus Gründen des Umweltschutzes (Stichwort Eutrophierung) weitgehend durch Ersatzstoffkombinationen substituiert worden. Bei Pulverwaschmitteln übernimmt diese Aufgabe häufig Natrium-Aluminium-Silikat (Sasil, Zeolithe). In flüssigen Reinigungsmitteln wie auch entsprechenden Waschmitteln kann alternativ Na-Zitrat, Na-Gluconat oder lösliches, oligomeres Polyacrylat diese Funktion übernehmen.

Bleichmittel
Als Bleichmittel wird üblicherweise in Waschmitteln Na-Perborat eingesetzt, das temperaturabhängig über 60 °C zunehmend Aktivsauerstoff freisetzt.

In den USA – und auch in manchen südeuropäischen Ländern – wird zur Wäschebleichung übrigens auch eine verdünnte Hypochloritlösung eingesetzt. Dies leitet zu den Reinigungsmitteln über, bei denen teilweise auch Hypochlorit als Oxidationsmittel vorkommt. Bleichmittel haben die Aufgabe, zum einen oxidativ entfärbend zu wirken (Obstflecken etc.) wie auch keimtötend mikrobizid. Auch Natriumpercarbonat hat als Zudosierbleiche seine Berechtigung und wird als solches, wie auch als Fleckensalz direkt gehandelt. Die letztgenannten Bleichmittel besitzen allerdings keine gute Lagerstabilität.

Lösungsmittel
Organische Lösungsmittel haben in Reinigungsmittelerzeugnissen i. d. R. eine schmutzlösende Funktion (z. B. Fleckenwasser). Fette, Wachse, Harze, Farbstoffe etc. lassen sich so zumindest unterstützend anlösen. Als geeignete Lösungsmittel werden eingesetzt: Alkohole, Glykole, vereinzelt auch Benzin-KW. Flüssigwaschmittel-Produkte enthalten auch z. B. Alkohole als Lösungsmittel, hier allerdings, um die Produktlöslichkeit zu garantieren.

Säuren, Alkalien
Diese Komponenten finden typischerweise in Reinigungsmitteln Einsatz. Anorganische Säuren, wie Phosphorsäure, Schwefelsäure, Amidosulfonsäure etc. werden gern z. B. zur Entfernung von Kalkstein und Metalloxiden eingesetzt. Auch organische Säuren (Zitronen-, Bernstein-, Ameisensäure etc.) kommen vermehrt zum Einsatz.

Als Alkalien werden KOH, NaOH und als schwache Basen Alkanolamine eingesetzt. Sie bewirken in Sanitär-, Fliesen- und Edelstahlreinigern ein verbessertes Schmutzabstoßverhalten der jeweiligen Oberfläche, da bei solchen Oberflächen (oxidisch oder metallisch) durch Erhöhung der Alkalität die negative Oberflächenladung ebenfalls erhöht wird.

Des Weiteren haben Alkalien in Reinigern zur Beseitigung von Fettverkrustungen etc. eine verseifende Wirkung, was den Reinigungsprozess zudem unterstützt.

Abrasivstoffe

Abrasivstoffe werden in flüssigen und festen Scheuermitteln als Polierkörper eingesetzt. Sie sollen durch mechanische Wirkung (Abrieb) in Reinigungsmitteln für i. d. R. harte Oberflächen auch hartnäckigen Schmutz beseitigen helfen. Je nach Oberfläche werden so genannte „weiche" (z. B. $CaCO_3$) und „harte" (z. B. SiO_2) Putzkörper eingesetzt.

Enzyme

In Waschmitteln werden Enzyme zur Unterstützung der reinigenden Wirkung vor allem von Proteinanschmutzungen bei niedrigen Waschtemperaturen eingesetzt. Es gibt Versuche, sie auch für Rohr- und WC-Reiniger vorzusehen. Zum Einsatz kommen i. d. R. Proteasen und Amylasen.

Stellmittel

Stellmittel dienen i. d. R. zur Dosierungserleichterung und sollen ein Verklumpen des Pulvererzeugnisses verhindern (meist Natriumsulfat, vereinzelt auch Chlorid).

Farbstoffe, Parfümöle

Diese Verbindungen finden sich sowohl in Wasch-, als auch in Reinigungsmitteln an. Sie sollen einen produkttypischen Duft verbreiten, evtl. üble Gerüche überdecken – das Produkt erkennbar machen.

Auf weiterführende Literatur – speziell zu den zahlreich bei Waschmitteln eingesetzten Hilfsstoffen und Additiven wird verwiesen (s. Kap. 39.5).

Beispiele Textilwaschmittel

In Tabelle 39.4 ist die Zusammensetzung von einem typischen Querschnitts-Pulverwaschmittel und einem entsprechenden Flüssigwaschmittel wiedergegeben, wie von Huber veröffentlicht [21].

Ein besonderes Gefahrenrisiko für den Verbraucher durch den Umgang mit Waschmitteln ist i. d. R. nicht gegeben.

Tabelle 39.4.

Wirkstoffgruppe	Pulverwaschmittel %	Flüssigwaschmittel %
Aniontenside	6,9	12
Niotenside	3,2	13,5
Schauminhibitoren	1,7	22,1
Komplexbildner	7,2	
Zeolith	21,6	
Bleichmittel	19,3	

Tabelle 39.4. (Fortsetzung)

Wirkstoffgruppe	Pulverwaschmittel %	Flüssigwaschmittel %
Bleichaktivator	1,3	
Stabilisator	4,3	
Vergrauungsinhib.	2,1	
Enzyme	0,2	0,4
opt. Aufheller	0,2	0,2
Korrosionsinhib.	4,3	
Stellmittel	18,8	
Duft/Farbstoffe	0,1	0,3

Allesreiniger, flüssig

So genannte Allesreiniger sind für einen breiten Anwendungsbereich ausgelegt. Häufig werden sie als Reinigungsmittelzusatz für die Nassreinigung von harten, glatten Fußböden genutzt. Als Anwendungsvariante sind Schaumreiniger zu nennen, die mittels Aerosoldose oder Pumpsystemen appliziert werden. Sie eignen sich zum Säubern auch schwer zugänglicher, senkrechter Flächen, da der Reinigungsschaum eine gewisse Zeit an der Fläche haften bleibt (Armaturen etc.). Die Grundzusammensetzung kann z. B., wie folgt, aussehen:

Tabelle 39.5. Allesreiniger

wasserlösl. Lösungsmittel (z. B. Alkohole, Glykole)	0–25%
Tenside	2–10%
Lösungsvermittler	0–8%
Phosphate	0–10%
Konservierungsmittel, Parfüm, Wasser	ad 100%

Der pH-Wert ist bei diesen Reinigern leicht alkalisch eingestellt und bewegt sich zwischen 8–10,5.

Fensterreinigungsmittel

Hier gibt es hauptsächlich zwei Angebotsformen: Den gebrauchsfertigen Glasreiniger in Flaschen zum Aussprizten und das Konzentrat, das zur gebrauchsfertigen Lösung zuvor mit Wasser verdünnt werden muss. Beispiele für die Zusammensetzung gibt Tabelle 39.6 wieder.

Entkalker

Als Entkalkungsmittel für z. B. Kaffeemaschinen, Heißwasserbereiter etc. befinden sich sowohl flüssige Erzeugnisse als auch feste auf dem Markt, letztere häufig zum Verbrauch der ganzen Packung bei einer Anwendung. Diese Erzeugnisse be-

Tabelle 39.6. Fenster-/Glasreiniger

Gebrauchsfertiger Reiniger	%
Lösungsmittel (z. B. Ethanol, Isopropanol)	0–30
Tenside	bis 1
Ammoniak	0–1
Wasser	ad 100
pH-Wert 10–11	
Konzentrate:	%
Tenside	2–6
Ammoniak	0–1
Parfüm, Farbe, Wasser	ad 100
pH-Wert 9–11	

sitzen meist einen stark sauren pH-Wert (ca. 1) und enthalten neben der eigentlichen Säure (Ameisensäure, Amidosulfonsäure, Phosphorsäure etc.), häufig einen Indikatorfarbstoff, der die entkalkende Wirkung durch Farbumschlag signalisiert.

Diese Erzeugnisse müssen auf Grund ihres Gefahrenpotentials (pH-Wert < 1,5) mit kindersicheren Verschlusssystemen ausgerüstet sein und je nach Inhaltsstoff die entsprechenden Warn- und Sicherheitshinweise aufweisen.

WC-Reiniger

Auf die Problematik der bis ca. 1986 angebotenen, als Importware vereinzelt aber auch heute noch anzutreffenden hypochlorithaltigen WC-Reiniger ist unter Kapitel 39.2.3 bereits eingegangen worden.

Seit langem eingeführt haben sich die sauer eingestellten WC-Reiniger in Granulatform. Durch den stark sauren Charakter sollen diese Produkte Kalk- und Rostablagerungen im WC-Becken chemisch beseitigen helfen. Die festen Produkte enthalten neben den stark sauren Salzen bzw. Säuren Natriumcarbonat. Dadurch kommt es bei der Anwendung in Verbindung mit Wasser zu einem Aufschäumen, so dass die Reinigungswirkstoffe auch oberhalb des Wasserspiegels auf Kalk- und Schmutzablagerungen im WC-Becken einwirken können.

Entsprechend dem diesen Zubereitungen innewohnenden Gefahrenmoment dürfen sie nur in kindersicheren Packungen mit den erforderlichen Warnhinweisen und Sicherheitsratschlägen gehandelt werden. Auch der Hinweis, das Erzeugnis nicht in Kinderhand gelangen zu lassen, gehört deutlich gekennzeichnet.

Verstärkt wird als Säurekomponente bei der letztaufgeführten Gruppe auch Zitronensäure eingesetzt. Hier liegt der pH-Wert meist zwischen 1,5 und 2.

Rohrreiniger

Rohrreiniger sind üblicherweise stark alkalisch eingestellte Erzeugnisse und haben die Aufgabe, Ablagerungen, wie Haare, fettige Rückstände, Essensreste sowie durch Mikroorganismen aufgebaute Gallerte in Abflüssen und Geruchsver-

Tabelle 39.7. WC-Reiniger

Pulverförmige WC-Reiniger	%
Na-Hydrogensulfat	20–100
Soda/Hydrogencarbonat	0–40
Natriumchlorid	0–30
Parfümstoffe, Farbe	0–2
pH-Wert (10%ig) < 1,5	

Flüssige WC-Reiniger	%
Säuren (Ameisen-, Salz-, Phosphorsäure etc.)	5–50
Tenside	0–100
Parfümstoffe, Farbe, Wasser	ad 100
Verdickungsmittel	
pH-Wert < 1,5	

schlüssen von Badewannen, Waschbecken etc. zu entfernen. Besonders wirksam sind die pulverförmigen Reiniger, bei deren Anwendung Wärme entwickelt wird.

Durch das enthaltene Aluminium entwickelt sich im Zusammenwirken mit den Ätzalkalien Wasserstoff. Die dabei freiwerdende Reaktionswärme unterstützt die Wirkung der Inhaltsstoffe zur Beseitigung der Ablagerungen und Verstopfung. Damit es nicht bei fortwährender Wasserstoffentwicklung im Rohr zu einer Verpuffung kommt, enthalten diese Erzeugnisse größere Mengen Nitrat zur Bindung und Weiterreaktion des entstehenden Wasserstoffes (Bildung von Ammoniak).

Backofen- und Grillreiniger
Hier handelt es sich um lösungsmittelhaltige, stark alkalische Erzeugnisse. Je nach Verschmutzungsgrad lässt man die Produkte einige Stunden einwirken und schaltet dabei evtl. auch den Grill- bzw. Backofen ein, um die Einwirktemperatur zu erhöhen. Auch diese Erzeugnisse enthalten Verdickungsmittel, damit die senkrechten Flächen – soweit sie eingesprüht sind – längere Zeit der Einwirkung von Reinigungswirkstoffen ausgesetzt sind.

Tabelle 39.8. Rohrreiniger

feste, streufähige Rohrreiniger	%
Ätzalkalien	25–100
Aluminiumgranulat	0–5
Na-Nitrat	0–40
Natriumchlorid	0–30
pH-Wert (10%ig) 13	

Tabelle 39.9. Backofen-/Grillreiniger

Beispielzusammensetzung	%
Alkalien (z. B. KOH oder Ethanolamine)	1–10
Tenside	1–10
Glykole oder Glykolether	5–20
Verdickungsmittel, Farbe, Parfüm	ad 100
ggf. Treibgas	
pH-Wert 12–13	

Auch für diese Erzeugnisse sind i. d. R. kindersichere Packungen mit den zugehörigen Warn- und Sicherheitshinweisen vorzusehen.

39.4
Qualitätssicherung

39.4.1
Allgemeines, Probenahme

Ein einheitliches Rahmenkonzept zur Qualitätssicherung – wie z. B. das HACCP-System im Lebensmittelbereich – gibt es für die sehr heterogene Gruppe der in diesem Kapitel behandelten Bedarfsgegenstände nicht. Qualitätskriterien werden hier – soweit nicht durch einschlägige Rechtsvorgaben des Gesetzgebers vorgegeben (s. a. Kap. 39.2) i. d. R. weitgehend frei und zweck- bzw. zielorientiert durch den Hersteller, Importeur, Vertreiber etc. vorgegeben (oder auch nicht).

Im Sinne des LFGB gilt dabei als oberste Prämisse, dass das Erzeugnis bei vorhersehbarem Gebrauch zu keinen Gesundheitsschäden führen darf.

Auch die Probenahme ist bei Bedarfsgegenständen mit der bei Lebensmittelmatrizes wenig vergleichbar. Allgemeine Regeln sind bei dieser Produktgruppe wenig hilfreich, da es sich hier in der Regel um ganzheitliche, komplex zusammengesetzte Erzeugnisse handelt. Üblicherweise wird daher die Probennahme entsprechend der aktuellen Fragestellung nach unterschiedlichen Gesichtspunkten auszurichten sein.

Soweit möglich, wird dabei i. d. R. der ganze Gegenstand als Probe gezogen und entsprechend der jeweiligen Fragestellung ein Analysenplan aufzustellen sein. Je nach Prüfkriterien sind aber auch z. B. im Rahmen einer Betriebsbesichtigung Probenahmen als Stufenkontrolle zur Überprüfung von herstellungsprozessbedingten Fehlabweichungen o. ä. denkbar.

39.4.2
Untersuchungsverfahren zu Spielwaren und Scherzartikel

Wegen der Vielfalt der möglichen Gegenstände und Werkstoffe wird hier allgemein auf die amtliche Sammlung von Analyseverfahren (§ 64 LFGB) hingewiesen. Unter http://www.methodensammlung-lmbg.de/ kann via Internet eine aktuelle Zusammenstellung abgerufen werden.

Kurzhinweise zur Analytik der angesprochenen Erzeugnisse finden sich z. T. auch bei den jeweiligen Beurteilungsgrundlagen (Kap. 39.2) wie auch bei der Behandlung warenkundlicher Aspekte (Kap. 39.3) an.

ASU 80.32-1. Bestimmung des Gehalts an Vinylchlorid-Monomer in Bedarfsgegenständen

Der Gehalt an Vinylchlorid-Monomer wird mittels Headspace-Gaschromatographie nach Auflösung oder Suspensierung der Probe in N,N-Dimethylacetamid bestimmt.

ASU 82.10.-1 (1985-06) Prüfung von bunten Kinderspielwaren auf Speichel- und Schweißechtheit (gleichlautend mit DIN 53 160)

Das Verfahren dient der Prüfung, ob von bunten Kinderspielwaren bei vorauszusehendem Gebrauch Farbmittel in den Mund, auf die Schleimhäute oder auf die Haut übergehen kann. Es ist auf bunte Kinderspielwaren anzuwenden, die dazu bestimmt sind, in den Mund genommen zu werden, wie z. B. Flöten, Trompeten und Mundharmonikas, aber auch auf Spielwaren, die erfahrungsgemäß von Kleinkindern in den Mund genommen werden, wie z. B. Bauklötze und Puppen.

Auf die Spielware werden Filterpapierstreifen gelegt, die mit einer Speichel- oder Schweißsimulanz-Lösung getränkt sind. Nach einer zweistündigen Lagerung bei 40 °C werden die Filterpapierstreifen auf Abfärbungen untersucht.

ASU 82.02-2 bzw. 4 (2004–06) Verfahren für die Bestimmung bestimmter aromatischer Amine aus Azofarbstoffen in Textilien

Das Verfahren dient der Prüfung, ob Textilien verbotene Azofarbstoffe im Sinne des § 3 in Verbindung mit Anlage 1 Nr. 7 der Bedarfsgegenständeverordnung enthalten; Hier werden explizit Textil- und Lederspielwaren und Spielwaren mit Textil- oder Lederbekleidung benannt. Für Leder gibt es mit ASU 82.02-3(V) (2004–06) „*Bestimmung bestimmter Azofarbstoffe in gefärbten Ledern*" die Übernahme der gleichnamigen Vornorm DIN ISO/TS 17234 als Ersatz für die bisherige amtliche Methode B 82.02-3, Ausgabe März 1997.

ASU 82.02-11 Nachweis von Chrom (VI) in Bedarfsgegenständen aus Leder

Das Verfahren dient der Überprüfung, ob bei Bedarfsgegenständen aus Leder Verfahren, die bewirken, dass im Leder Chrom (VI) nachweisbar ist, angewendet wurden; die Nachweisgrenze wird hier mit 3 mg Cr (VI)/kg angegeben. In § 5 in Verbindung mit Anlage 4 der BedGgstV werden Lederspielwaren explizit benannt.

DIN EN 71

Diese Norm wurde vom Europäischen Komitee für Normung (CEN) in Zusammenarbeit mit den nationalen Normungsinstituten erstellt und dient der Standardisierung von Prüfverfahren für Spielzeug in Hinblick auf den europäischen Binnenmarkt. Die nationalen Normungsinstitute sind gehalten, der europäischen Norm ohne jede Änderung den Status einer nationalen Norm zu geben. Die DIN EN 71 gliedert sich zzt. in neun Teile, die zum Teil mehrfach revidiert wurden. Titel und Bezugsdaten der harmonisierten Norm werden regelmäßig im Amtsblatt der Europäischen Union veröffentlicht – z. B. Amtsblatt Nr. C 087 vom 16.04.2009 S. 0002–0004.

Teil 1: Mechanische und physikalische Eigenschaften
- Anforderungen an Werkstoffe und an die Konstruktion des Spielzeugs: So dürfen z. B. Kleinspielzeug und lösbare Bestandteile von Spielzeug für Kinder unter 3 Jahren nicht verschluckbar sein.
- Prüfverfahren und Regelungen für die Kennzeichnung und Gebrauchsanweisungen bei Spielzeug.

Teil 2: Entflammbarkeit von Spielzeug
- Anforderungen an die Entflammbarkeit von bestimmten Arten von Spielzeug bei Berührung mit einer kleinen Zündflamme.
- Prüfverfahren zur Bestimmung des Brennverhaltens unter den besonderen Prüfbedingungen.

Teil 3: Migration bestimmter Elemente
- Anforderungen und Prüfverfahren für die Migration der Elemente Antimon, Arsen, Barium, Cadmium, Chrom, Blei, Quecksilber und Selen. Es wird der lösliche Anteil dieser Elemente unter den Bedingungen bestimmt, die einem Verbleib von Stoffen im Verdauungstrakt von 4 Stunden nach dem Verschlucken entsprechen.

Teil 4: Experimentierkästen für chemische und ähnliche Versuche
- Anforderungen für die Höchstmengen bestimmter chemischer Stoffe und Zubereitungen in Experimentierkästen für chemische und ähnliche Versuche.
- Anforderungen an die Kennzeichnung, an den Inhalt der Gebrauchsanleitungen und an die Geräte, die zur Ausführung der Versuche bestimmt sind.

Teil 5: Chemisches Spielzeug (Sets) ausgenommen Experimentierkästen
- Anforderungen für die Höchstmengen bestimmter chemischer Stoffe und Zubereitungen in chemischen Spielzeugen, ausgenommen Experimentierkästen.
- Anforderungen an die Kennzeichnung, die Warnhinweise, den Inhalt der Gebrauchsanweisung und an Erste-Hilfe-Informationen.

Teil 6: Graphisches Symbol zur Kennzeichnung mit einem altersgruppenbezogenen Warnhinweis

- Anforderungen an Verwendung und Gestaltung eines graphischen Symbols als Warnhinweis für die Kennzeichnung von Spielzeug, das nicht für Kinder der Altersgruppe unter drei Jahren geeignet ist.

Teil 7: Fingermalfarben – Anforderungen und Prüfverfahren
- Anforderung an Kennzeichnung, Inhaltsstoffe und Materialien die für Fingermalfarben verwendet werden; so z. B. ist der Zusatz von Bitterstoffen vorgesehen, um ein Verschlucken merklicher Mengen zu verhindern.

Teil 8: Schaukeln, Rutschen und ähnliches Aktivitätsspielzeug für den häuslichen Gebrauch (Innen- und Außenbereich)
- Anforderungen an Werkstoffe und an die Konstruktion.

Den in Vorbereitung befindlichen Teilen 9 und 10 wurde zwischenzeitlich das Mandat entzogen; eine Veröffentlichung im Amtsblatt der EU ist vorläufig nicht vorgesehen.

Teil 9: Organisch-chemische Verbindungen – Anforderungen
- Anforderungen an die Migration von bzw. den Gehalt an bestimmten gefährlichen organisch-chemischen Verbindungen aus/in Spielzeug und Spielzeugmaterialien.

Teil 10: Organisch-chemische Verbindungen – Probenvorbereitung und Extraktion
- Anforderungen an Verfahren für die Probenvorbereitung und Extraktion um die Freisetzung von organischen Verbindungen aus denjenigen Spielzeugen, für die in Teil 9 Anforderungen bestehen.

Weitere Untersuchungsverfahren

Weitere Untersuchungsverfahren sind auch der Schriftenreihe Lebensmittelchemie zu entnehmen [28].

Sensibilisierende Farbstoffe: DC und Absicherung mit HPLC/MS [43, 44]

Fasermalstifte: Benzol und andere Lösemittel: Headspace SPME-GC/MS

Fingermalfarben: organische lösliche Farbstoffe: Absorptionsspektrum, DC
anorganische Pigmente (Titandioxid, Eisenoxidpigmente, Ultramarin, Chromoxidpigmente):
nasschemische Nachweise der Kationen
Bitterstoffe: Sensorisch, DC, GC, HPLC
primäre aromatische Amine: Fotometrie

Niespulver: Benzidin und seine Derivate, o-Nitrobenzaldehyd: DC, GC
Pflanzenpulver: Mikroskopie, DC, GC, HPLC

Tränengas: flüchtige Ester der Bromessigsäure: Headspace-GC, HPLC

Stinkbomben: Ammoniumsulfid-Verbindungen: nasschemisch auf Ammonium und Sulfid.

39.4.3
Untersuchungsverfahren zu Reinigungs- und Pflegemittel, Haushaltschemikalien

Ein einheitlicher Analysengang lässt sich für die besprochenen Erzeugnisse wegen der innewohnenden Vielfalt an Matrix und Erscheinungsform nicht postulieren. Beispielhaft sei für die Untersuchung aus lebensmittelrechtlicher Sicht ein gemeinsames Vorgehen für den Bereich der WC-Reiniger, Rohrreiniger und Entkalker sowie weiterhin für Fensterreinigungsmittel kurz skizziert.

Untersuchungsgang bei Rohr-, WC-Reinigern, Entkalkern
Nach Bestimmung von Gruppenparametern, wie pH-Wert, Alkalität bzw. Acidität, Trockenmasse etc. erfolgt je nach Bedarf die Analyse der Matrixbestandteile. Bei festen Rohrreiniger-Erzeugnissen kann nach der pH-Wert-Prüfung die Bestimmung der Alkalität, Nitrat und Aluminium vorgenommen werden. Alkalisch reagierende, flüssige Rohrreiniger werden nach dem Ansäuern auf einen möglichen Chlorgeruch hin überprüft. Tritt ein solcher auf, enthält das Erzeugnis Hypochlorit (Bestimmung durch jodometrische Titration etc.). Bei Bedarf kann sich eine Prüfung auf Tenside anschließen gegebenenfalls nach Isolierung durch Ausblasen und anschließender quantitativer Bestimmung der einzelnen Tensidgruppen. Auf die Tensidanalytik wird weiter unten gesondert eingegangen.

Sauer reagierende feste und flüssige Reiniger sowie die Entkalker bzw. Kesselsteinentferner werden nach Feststellung der Acidität einer Analyse auf relevante Anionen unterzogen. Bei den Entkalkern erfolgt die Bestimmung der entsprechenden Säure (Vortest, DC, HPLC). Bei den festen schäumenden WC-Reinigern kann eine Kohlendioxid-Bestimmung vorgenommen werden (z. B. Austreiben unter Schutzgas und Bestimmung durch Titration des absorbierten CO_2). Gegebenenfalls kann sich wiederum die Tensidanalytik sowie eine evtl. Kationenanalyse anschließen.

Untersuchungsgang bei Fensterreinigungsmitteln
Als Beispiel für einen weiteren Analysengang sei die Analyse von Glasreinigern bzw. Fensterreinigungsmitteln kurz dargelegt. Der pH-Wert kann hier direkt aus der Probe mittels pH-Meter oder nach entsprechender Verdünnung der Probe bestimmt werden. Die Bestimmung des Trockenrückstandes kann weiterhin dazu dienen, die schwerflüchtigen Glykole aus dem Rückstand dünnschichtchromatographisch zu bestimmen [17]. Zur Bestimmung der Lösungsmittel (EtOH, Isopropanol etc.) kann z. B. die Dampfraum-Gaschromatographie auch in Verbindung mit Festphasenmikroextraktion (SPME) herangezogen werden, die hier gleichzeitig die leichtflüchtigen Glykolether erfasst.

Treibgasbestimmung
Die Probennahme zur Bestimmung des Treibgases mittels IR erfolgt nach Methode K 84.00-2 (EG) der amtlichen Sammlung von Untersuchungsverfahren nach § 64 LFGB. Das entnommene Treibgas wird direkt in eine IR-Gasküvette geleitet

und vermessen. Ein Vergleich mit Referenzspektren entsprechender Gasgemische gibt Aufschluss über die Art des verwandten Treibgases.

Konservierungsstoffe
Enthält ein Erzeugnis Konservierungsstoffe, so können diese aus dem Alkohol-Extrakt des Trockenrückstandes meist mittels DC oder HPLC bestimmt werden [17].

Tensidanalytik
Es ist wenig sinnvoll, bei den sehr verschieden zusammengesetzten Haushaltschemikalien für die oberflächenaktiven Inhaltsstoffe ein allgemeingültiges Untersuchungsverfahren anzugeben. Zum einen ist diese Stoffgruppe von ihrer chemischen Struktur her sehr unterschiedlich, zum anderen wären diverse Matrixbeeinflussungen zu berücksichtigen, die ein generell gültiges Analysenverfahren unpraktikabel und für den Einzelfall unnötig aufwendig gestalten würden. Dies gilt auch für die quantitative Erfassung.

In der Routineanalytik werden die Tenside gruppenspezifisch als anionische, nichtionische und kationische Tenside nachgewiesen. Die zu den AT zählenden Fettsäureseifen nehmen eine Sonderstellung ein.

Im Folgenden ist die Tensidanalytik in dem hier interessierenden Rahmen kurz skizziert.

Isolierung Soweit es die Matrix erfordert, kann die Tensidfraktion durch Ausblasen der wässrigen, mit NaCl versetzten Probenlösung isoliert werden. Dabei wird der Effekt ausgenutzt, dass Tenside an der Grenzfläche flüssig/gasförmig adsorbiert werden.

Dazu wird durch die mit Essigsäureethylester überschichtete Probenlösung ca. 30 min lang ein Gasstrom derart durch das Phasensystem geleitet, dass sich die Tenside in der HAcET-Phase anreichern können. Eine weitere Auftrennung in die einzelnen Gruppen kann über Ionenaustauscher erfolgen [22].

Qualitativer Gruppennachweis Neben verschiedenen Farbreaktionen ist vor allem die Dünnschichtchromatographie zum schnellen Nachweis geeignet [17,23]. Zur weiteren Strukturaufklärung kann die kombinierte Auswertung unterschiedlicher DC-Systeme wertvolle Hinweise geben [24] ebenso wie die HPLC [25].

Quantitative Analyse von Tensidgruppen Die quantitative Analyse von Tensiden kann je nach Matrix, Problemstellung und Genauigkeitsanforderungen zum Beispiel photometrisch, maßanalytisch oder gravimetrisch durch fraktionierte Ionentauscherelution erfolgen. Während letztere Methodik eher zu Plusfehlern führen mag und relativ zeitaufwendig ist, werden bei den anderen Verfahren aus strukturspezifischen Gründen nicht immer alle Vertreter der jeweiligen Gruppe erfasst.

Je nach Matrix, Problemstellung und Genauigkeitsanforderung wird unter den verschiedenen Bestimmungsmethoden die passende Kombination zu wählen sein.

a) Anionische Tenside, Kationische Tenside   Photometrisch lassen sich AT wie auch KT über sich bildende Farbkomplexe mit zum Beispiel Methylenblau (AT) und Disulfinblau (KT) nachweisen. Die Bestimmung der AT gemäß Tensid-VO erfolgt zum Beispiel nach diesem Prinzip bei der Überprüfung der biologischen Abbaubarkeit.

Auch im Handel erhältliche Test-Kits zur Schnellbestimmung arbeiten so, wobei zum Beispiel ein Komparator zur semiquantitativen Gehaltsbestimmung benutzt wird. Mittels Titration kann die Bestimmung der anionischen bzw. kationischen Tenside nach DIN ISO/2271 durch direkte Zweiphasentitration bzw. nach DIN/ISO/2871 durch indirekte Zweiphasentitration erfolgen.

b) Nichtionische Tenside   Nichtionische Tenside (meist Ethoxylate) werden mit modifiziertem Dragendorffs-Reagenz als $Ba(BiJ_4)_2$-Komplex gefällt. Nach Auflösen in Tartratlösung wird der für die Auswertung relevante Bismutgehalt photometrisch oder maßanalytisch mittels EDTA oder auch mit Carbamat-Lösung bestimmt. Dieses Verfahren ist Grundlage bei der Bestimmung der biologischen Abbaubarkeit von NT gemäß Tensid-VO. Alternativ hat sich in der Praxis in vielen Fällen auch die vorteilhaft automatisierbare Bestimmung durch Titration mit ionenselektiven Elektroden (ISE) bewährt.

39.5
Literatur

1. LMR
2. Bedarfsgegenständeverordnung (BedGgstV, s. Abkürzungsverzeichnis 46.2)
3. Gefahrstoffverordnung (GefStoffV) vom 23.12.2004 (BGBl. 2004, I S. 3758, 3759) in der zzt. gültigen Fassung
4. Zweite Verordnung zum Geräte- und Produktsicherheitsgesetz (Verordnung über die Sicherheit von Spielzeug) 2. GPSGV vom 21.12.1989 (BGBl, I S. 2541) in der zzt. gültigen Fassung
5. RL des Rates zur Angleichung der Rechtsvorschriften der Mitgliedstaaten über die Sicherheit von Spielzeug (88/378/EWG)
6. Richtlinie des Europäischen Parlaments und des Rates über die Sicherheit von Spielzeug (2009/48/EG)
7. RL des Rates über die allgemeine Produktsicherheit (92/59/EWG) vom 29.02.1992
8. Freiwillige Vereinbarung über die Herstellung und das Inverkehrbringen von Fingermalfarben von 1987; Verband der Mineralfarbenindustrie und weiterer Industrieverbände
9. ASU B 80.32-1
10. Zipfel/Rathke Kommentar zum Lebensmittelrecht C 102 § 2 Rdn. 142
11. BayObLG 24.04.1985; ZLR 4/86, 425–435
12. Ertelt J (1989) Zusammensetzung von Spielwaren und Scherzartikeln. In: Band 17 der Schriftenreihe Lebensmittelchemie, Lebensmittelqualität, Behr, Hamburg
13. Bundesgesundhbl. 22 Nr. 15, 20.07.1979: Zur Schädigung des Verdauungstraktes beim Minischwein durch Scherzartikel aus Weich-PVC
14. Ertelt J (1989) Lösemittel in Spielwaren. In: Band 17 der Schriftenreihe Lebensmittelchemie, Lebensmittelqualität, Behr, Hamburg
15. LG Coburg 16.02.1979; LRE 12/81 Nr. 17, 69–77

16. Schneider G (1989) Beitrag zur Bestimmung und Beurteilung von Formaldehyd in hochveredelten textilen Bedarfsgegenständen. DLR 85:210
17. Bedarfsgegenstände: Zusammensetzung und Analytik von Reinigungs- und Pflegemitteln für den Haushalt und von textilen Bedarfsgegenständen. In: Band 9 der Schriftenreihe Lebensmittelchemie, Lebensmittelqualität. Herausgeber: Fachgruppe Lebensmittelchemische Gesellschaft – Arbeitsgruppe Bedarfsgegenstände (Red. Rüdt U, Stuttgart) Behr, Hamburg
18. Pentachlorphenolverbotsverordnung (PCP-V) vom 12.12.1989 (BGBl. I, S. 2235)
19. U.S. Department of Health and Human Services, Public Health Service, National Institutes of Health (1989) „Toxicology and Carcinogenesis of two Pentachlorophenol Technical-Grade Mixtures"; NTP TR 349, März 1989
20. Velvart J (1989) Toxikologie der Haushaltsprodukte. Huber, Bern Stuttgart Wien
21. Huber L (1989) Zusammensetzung von Textilwaschmitteln und Abwasserbelastungen. SöFW 115:377
22. Wickboldt R (1976) Die Analytik der Tenside. Firmenschrift der Hüls-Werke, Marl
23. Matissek R (1979) Tenside in Shampoos, Schaumbädern und Seifen. MvP-Berichte 3/79, Dietrich Reimer, Berlin
24. Matissek R (1988) Dünnschichtchromatographische Untersuchung zur Identifizierung von Tensiden in Schampoos, Schaumbadepräparaten und Seifen. Tenside Detergents 19:57
25. Senden WA, Riemersma R (1990) Analyse von Alkylarylsulfonaten mit Hilfe der HPLC. Tenside Detergents 27:46
26. Meßverfahren zur Bestimmung der biologischen Abbaubarkeit von anionischen und nichtionischen synthetischen Tensiden in Wasch- und Reinigungsmitteln. BGBl. I (1977) 245
27. Verfahren zur Bestimmung des Phosphatgehaltes in Wasch- und Reinigungsmitteln. GM Bl. (1981) 107
28. Spielwaren und Scherzartikel (1989) Band 17 der Schriftenreihe Lebensmittelchemie, Lebensmittelqualität, Behr, Hamburg
29. Chemikaliengesetz (ChemG) i. d. Neufassung der Bekanntmachung vom 02.07.2008 (BGBl. 2008, I S. 1146)
30. Chemikalien-Verbotsverordnung (ChemVerbotsV) i. d. F. der Bekanntmachung vom 13.06.2003 (BGBl. 2003 I S. 867) in der zzt. gültigen Fassung
31. Wasch- und Reinigungsmittelgesetz (WRMG, s. Abkürzungsverzeichnis 46.2)
32. RL des Rates zur Angleichung der Rechts- und Verwaltungsvorschriften für die Einstufung, Verpackung und Kennzeichnung gefährlicher Stoffe (67/548/EWG)
33. RL des EP und des Rates zur Angleichung der Rechts- und Verwaltungsvorschriften für die Einstufung, Verpackung und Kennzeichnung gefährlicher Zubereitungen (1999/45/EG)
34. RL des EP und des Rates über das Inverkehrbringen von Biozid-Produkten (98/8/EG)
35. ASU B 82.02
36. Gesetz über technische Arbeitsmittel und Verbraucherprodukte (Geräte- und Produktsicherheitsgesetz – GPSG) vom 06.01.2004, BGBl. 2004 I, S. 2 in der zzt. gültigen Fassung
37. RL des EP und des Rates vom 03.12.2001 über die allgemeine Produktsicherheit (ABl. EG Nr. L 11 S. 4 vom 15.01.2002)
38. Craan AG, Myres AW, Green DW (1997) Hazard Assessment of Boric Acid in Toys, Regulatory Toxicology and Pharmacology 26:271–80
39. Greiner H (1974) Veränderung von Weich-PVC-Kunststoff bei der Magen-Darm-Passage, Z. Rechtsmedizin 74:75–79

40. Rüdt U (1976) Die lebensmittelrechtliche Beurteilung von Scherzartikeln aus Weich-Polyvinylchlorid, Bundesgsundheitsbl. 19 Nr. 19 vom 17.09.1976, S. 297–299
41. Rüdt U, Zeller M (1977) Zur Frage der Gesundheitsgefährdung durch Weich-Polyvinylchlorid nach einer per os-Aufnahme, Z. Rechtsmedizin 79:109–114
42. Altmann H-J et al. (1979) Zur Schädigung des Verdauungstraktes bei Minischweinen durch Scherzartikel aus Weich-PVC, Bundesgsundheitsbl. 22 Nr. 15 vom 20.07.1979, S. 269–274
43. CAMAG Applikationsvorschrift A-79-1: Nachweis allergieauslösender Dispersionsfarbstoffe in Textilien (AMD), CAMAG Muttenz (Stand Mai 1999)
44. ASU B 82.02-10
45. Analysenmethode, die in den Anhängen I und II der Richtlinie 93/11/EWG der Kommission vom 15. März 1993 über die Freisetzung von N-Nitrosaminen und N-nitrosierbaren Stoffen (ABl. EG Nr. L 93 S. 37) genannt ist
46. ASU B 82.02.11
47. VO (EG) Nr. 1336/2008 des Europäischen Parlaments und des Rates vom 16. Dezember 2008 zur Änderung der VO (EG) Nr. 648/2004 zu ihrer Anpassung an die VO (EG) Nr. 1272/2008 über die Einstufung, Kennzeichnung und Verpackung von Stoffen und Gemischen ABl. Nr. L 354 vom 31/12/2008, S. 0060–0061
48. VO (EG) Nr. 1272/2008 des Europäischen Parlaments und des Rates vom 16. Dezember 2008 über die Einstufung, Kennzeichnung und Verpackung von Stoffen und Gemischen, zur Änderung und Aufhebung der RL 67/548/EWG und 1999/45/EG und zur Änderung der VO (EG) Nr. 1907/2006 (Text von Bedeutung für den EWR) ABl. Nr. L 353 vom 31/12/2008, S. 0001–1355

Weiterführende Literatur

49. Ullmanns Enzyklopädie der technischen Chemie, VCH, Weinheim (1978–1984)
50. Schwarz/Ebeling (2007) Kunststoffkunde. 9. Auflage, Vogel, Würzburg
51. TVI (Hrsg): „Wissen kleidet"; Informationsbroschüre des Gesamtverbandes der deutschen Textilveredlungsindustrie – TVI-Verband, Frankfurt/M
52. Majerus P, Ottender H (1991) Nitrosamine in Bedarfsgegenständen aus Natur- und Synthesekautschuk. DLR 171
53. Agster A (1983) Färberei- und textilchemische Untersuchungen. 10. Auflage Springer, Berlin Heidelberg
54. Falbe J, Hasserodt U (1978) Katalysatoren, Tenside und Mineralöladditive. Thieme, Stuttgart
55. Fachgruppe Wasserchemie der GDCh Deutsche Einheitsverfahren zur Wasser-, Abwasser- und Schlammuntersuchung. VCH, Weinheim
56. Wieczorek H (1985) Zusammensetzung und Analytik von Imprägniersprays, SöFW 111:115
57. Rechtssammlung. Herausgegeben vom Industrieverband Körperpflege- und Waschmittel e.V., Frankfurt/M
58. Stache H (1990) Tensid-Taschenbuch. Hanser, München
59. Weiß J (1986) Ionen-Chromatographie – Eine neue analytische Methode zur Bestimmung ionogener Waschmittelinhaltsstoffe. Tenside Detergents 23:237
60. Schmahl H-J, Hieke E (1980) Trennung und Identifizierung versch. auch in Kosmetika verwendeter antimikrobieller Stoffe mittels Dc. ZLUF 304:398
61. Mühlendahl, K-E v. (1995) Vergiftungen im Kindesalter. Enke, Stuttgart
62. Ludewig, R (1999) Akute Vergiftungen. Wiss.-Verl.-Ges., Jena
63. Weiß, J (1991) Ionenchromatographie. VCH Verl.-Ges., Weinheim

Kapitel 40

Kosmetika

Jürgen Hild

Chemisches Untersuchungsamt, Pappelstr. 1, 58099 Hagen
hild@cua-hagen.de

40.1	Warengruppen	1049
40.2	Beurteilungsgrundlagen	1050
40.2.1	Lebensmittel- und Futtermittel-Gesetzbuch (LFGB)	1050
40.2.2	Verordnung über kosmetische Mittel (KosmetikV)	1052
40.2.3	Verordnung über Mittel zum Tätowieren einschließlich bestimmter vergleichbarer Stoffe und Zubereitungen aus Stoffen (Tätowiermittel-Verordnung)	1053
40.2.4	Empfehlungen, Vereinbarungen, Mitteilungen	1054
40.2.5	Naturkosmetik	1054
40.2.6	Kosmetik-Herstellung in der Apotheke	1055
40.2.7	Tierversuche	1055
40.3	Warenkunde	1055
40.3.1	Mittel zur Hautreinigung	1056
40.3.2	Mittel zur Hautpflege	1058
40.3.3	Mittel zur speziellen Hautpflege und mit Hautschutzwirkung, Sonnenschutz	1062
40.3.4	Mittel zur Beeinflussung des Aussehens der Haut, dekorative Kosmetik	1067
40.3.5	Mittel zur Haarreinigung, Haarpflege und Haarbehandlung	1072
40.3.6	Mittel zur Beeinflussung des Körpergeruchs	1078
40.3.7	Mittel zur Reinigung und Pflege von Mund, Zähnen und Zahnersatz	1080
40.4	Qualitätssicherung	1083
40.5	Literatur	1084

40.1
Warengruppen

Die gesetzliche Definition für kosmetische Mittel nennt den **Ort der Anwendung** und die **Zweckbestimmung**. Hiernach werden diese Produkte äußerlich am Körper des Menschen und in seiner Mundhöhle angewendet. **Anwendungsgebiete** sind:

- Haut,
- Haar und
- Mundhöhle.

Zweckbestimmung (ausschließlich oder überwiegend):

- zur Reinigung
- zum Schutz
- zur Erhaltung eines guten Zustandes
- zur Parfümierung
- zur Veränderung des Aussehens
- zur Beeinflussung des Körpergeruchs.

Behandelt werden daher die nachfolgenden **Warengruppen**:

- Mittel zur Hautreinigung
- Mittel zur Hautpflege
- Mittel zur speziellen Hautpflege und mit Hautschutzwirkung
- Mittel zur Beeinflussung des Aussehens der Haut
- Mittel zur Haarreinigung, Haarpflege und Haarbehandlung
- Mittel zur Beeinflussung des Körpergeruchs
- Mittel zur Reinigung und Pflege von Mund, Zähnen und Zahnersatz.

40.2
Beurteilungsgrundlagen

40.2.1
Lebensmittel- und Futtermittel-Gesetzbuch (LFGB)

Die kosmetischen Mittel unterliegen den Rechtsvorschriften des nationalen Lebensmittel- und Futtermittel-Gesetzbuches (LFGB) [1].
Zweck des Gesetzes nach § 1 ist es:

1. bei kosmetischen Mitteln den Schutz der Verbraucherinnen und Verbraucher durch Vorbeugung gegen eine oder Abwehr einer Gefahr für die menschliche Gesundheit sicher zu stellen,
2. vor Täuschung beim Verkehr mit kosmetischen Mitteln zu schützen,
3. die Unterrichtung der Verbraucherinnen und Verbraucher beim Verkehr mit kosmetischen Mitteln sicher zu stellen.

Die Begriffsbestimmung für kosmetische Mittel findet sich in § 2 Abs. 5 LFGB:
Kosmetische Mittel sind Stoffe oder Zubereitungen aus Stoffen, die ausschließlich oder überwiegend dazu bestimmt sind, äußerlich am Körper des Menschen oder in seiner Mundhöhle zur Reinigung, zum Schutz, zur Erhaltung eines gu-

ten Zustandes, zur Parfümierung, zur Veränderung des Aussehens oder dazu angewendet zu werden, den Körpergeruch zu beeinflussen. Als kosmetische Mittel gelten nicht Stoffe oder Zubereitungen aus Stoffen, die zur Beeinflussung der Körperformen bestimmt sind.

Die Vorschriften für kosmetische Mittel gelten nach § 4 Abs. 1 Nr. 3 LFGB auch für Mittel zum Tätowieren einschließlich vergleichbarer Stoffe und Zubereitungen aus Stoffen, die dazu bestimmt sind, zur Beeinflussung des Aussehens in oder unter die menschliche Haut eingebracht zu werden und dort, auch vorübergehend, zu verbleiben.

Gesundheitsschutz

Wegen des regelmäßigen Gebrauchs kosmetischer Produkte zur täglichen Reinigung und Pflege muss sichergestellt sein, dass von diesen Erzeugnissen keine Gesundheitsgefährdung ausgeht; dies gilt für den bestimmungsgemäßen und den vorauszusehenden Gebrauch (z. B.: Zahncreme: bestimmungsgemäß = Zahnpflege, vorauszusehend = Verschlucken).

Zum Schutz der Gesundheit ist nach § 26 LFGB verboten,

1. kosmetische Mittel für andere derart herzustellen oder zu behandeln, dass sie bei bestimmungsgemäßem oder vorauszusehendem Gebrauch geeignet sind, die Gesundheit zu schädigen;
2. Stoffe oder Zubereitungen aus Stoffen, die bei bestimmungsgemäßem oder vorauszusehendem Gebrauch geeignet sind, die Gesundheit zu schädigen, als kosmetische Mittel in den Verkehr zu bringen.

Der bestimmungsgemäße oder vorauszusehende Gebrauch beurteilt sich insbesondere unter Heranziehung der Aufmachung der in Satz 1 genannten Mittel, Stoffe und Zubereitungen aus Stoffen, ihrer Kennzeichnung, soweit erforderlich, der Hinweise für ihre Verwendung und der Anweisungen für ihre Entfernung sowie aller sonstigen, die Mittel, die Stoffe oder die Zubereitungen aus Stoffen begleitenden Angaben oder Informationen seitens des Herstellers oder des für das Inverkehrbringen der kosmetischen Mittel Verantwortlichen.

Der Verkehr von mit Lebensmittel verwechselbaren Produkten, die insbesondere von Kindern mit Lebensmitteln verwechselt werden und deshalb zum Munde geführt, gelutscht oder geschluckt werden können, ist nach § 5 Abs. 2 Nr. 2 LFGB verboten.

Täuschungsschutz

Der Schutz des Verbrauchers vor Täuschung, der in § 27 LFGB geregelt ist, bezieht sich vor allem auf die für die Kaufentscheidung des Verbrauchers bedeutsame Bezeichnung, Angabe und Aufmachung der kosmetischen Produkte.

§ 27 Abs. 1 LFGB lautet verkürzt: „Es ist verboten, kosmetische Mittel unter irreführender Bezeichnung, Angabe oder Aufmachung gewerbsmäßig in den Verkehr zu bringen oder für kosmetische Mittel allgemein oder im Einzelfall mit irreführenden Darstellungen oder sonstigen Aussagen zu werben ... " Hierbei ist u. a. von Bedeutung, dass kosmetischen Mitteln keine Wirkungen beigelegt werden dürfen, die nicht hinreichend wissenschaftlich gesichert sind.

Die Ermächtigungen zum Schutz der Gesundheit in § 28 LFGB bilden die rechtliche Grundlage für die nationale Kosmetik-Verordnung. Weiterhin regeln sie Mitteilungspflichten an das Bundesamt für Verbraucherschutz und Lebensmittelsicherheit (Zusammenarbeit mit den Informations- und Behandlungszentren für Vergiftungen). Die Ermächtigungen nach § 29 LFGB dienen weitgehend zur Regelung der Überwachungspraxis.

40.2.2
Verordnung über kosmetische Mittel (KosmetikV)

Mit der nationalen KosmetikV [2] wurde die RL 76/768/EWG [3] in nationales Recht umgesetzt. Entsprechend den Änderungen der EG-Richtlinie wird auch die nationale KosmetikV laufend angepasst bzw. grundlegend geändert. Neben dem reinen Paragraphentext besteht die KosmetikV überwiegend aus umfangreichen Anlagen.

§ 1 verbietet die Verwendung der in Anlage 1 aufgeführten „allgemein verbotenen Stoffe" (Negativliste); derzeit sind ca. 1 300 Stoffe gelistet, wobei Ausnahmen (Verwendung als Hilfsstoffe) unter bestimmten Bedingungen möglich sind.

Die eingeschränkt zugelassenen Stoffe nach § 2 sind in Anlage 2 aufgeführt. Sie unterliegen unterschiedlichen Einschränkungen hinsichtlich der Anwendungsgebiete und/oder Verwendung. Es gelten zulässige Höchstkonzentrationen in kosmetischen Fertigerzeugnissen, es können weitere Einschränkungen und Anforderungen gelten, auch werden obligatorische Angaben der Anwendungsbedingungen und Warnhinweise auf der Etikettierung vorgeschrieben.

In § 3 wird die Verwendung der Farbstoffe (Anlage 3), in § 3a die der Konservierungsstoffe (Anlage 6) und in § 3b die der Ultraviolett-Filter (Anlage 7) geregelt.

Auch hier handelt es sich um Stoffe, die nur unter bestimmten Bedingungen, wie zulässige Höchstkonzentrationen, Einschränkungen und Anforderungen, z. T. auch unter Angabe der Anwendungsbedingungen und Warnhinweise auf der Etikettierung verwendet werden dürfen. Für die Farbstoffe gibt es zusätzliche Einschränkungen und Anforderungen im Hinblick auf den jeweiligen Anwendungsbereich, auf Reinheit und Höchstgehalte.

Angaben zum Schutz der Gesundheit werden nach § 4 für kosmetische Mittel gefordert, entsprechend den in den jeweiligen Anlagen aufgelisteten Verpflichtungen und, sofern sonstige Anwendungsbedingungen und Warnhinweise bei bestimmten kosmetischen Mitteln erforderlich sind, um eine Gefährdung der Gesundheit zu verhüten.

Weitere Kennzeichnungselemente werden gemäß § 5 gefordert; so auch die Angabe zur Mindesthaltbarkeit der Erzeugnisse. Ist ein Produkt weniger als 30 Monate haltbar, so muss das Mindesthaltbarkeitsdatum angegeben werden. Für Produkte mit einer längeren Haltbarkeit muss nunmehr – nach Ablauf von

Übergangsfristen – das Symbol (Anlage 8a, geöffneter Tiegel) mit Angabe der Haltbarkeit nach dem ersten Öffnen angebracht werden.

Zusätzlich muss jedes kosmetische Mittel EU-weit auf Verpackung bzw. Behältnis die Angabe der Bestandteile (Ingredients) tragen; diese sind gemäß INCI (International Nomenclature of Cosmetic Ingredients) anzugeben. Falls hierfür nicht genügend Platz vorhanden ist, muss der Verbraucher durch ein entsprechendes Symbol (Anlage 8, Hand in geöffnetem Buch) auf die Liste der Bestandteile am Verkaufsstand oder dem Beipackzettel hingewiesen werden.

Zur Einsicht der zuständigen Behörde müssen für alle kosmetischen Mittel bestimmte Unterlagen (§ 5b) bereit gehalten werden: Rezeptur, Unterlagen zu Produktbestandteilen, zur Sicherheitsbewertung, zur Mikrobiologie, zum Nachweis der ausgelobten Wirkung. Von großer Bedeutung ist die Dokumentation zu GMP (**G**ood **M**anufacturing **P**ractice, gute Herstellungspraxis). Meldepflichten ergänzen das Regelwerk.

Hinweis: die europäische Kommission hat einen Entwurf für eine Kosmetik-Verordnung vorgelegt, der in Kürze verabschiedet werden soll. Danach werden die nationalen Kosmetik-Verordnungen der Mitgliedstaaten abgelöst und das Kosmetikrecht EU-weit harmonisiert. Die Anlagen der bestehenden EU-Richtlinien werden weitgehend übernommen. Der Sicherheitsbewertung kosmetischer Produkte wird sehr große Bedeutung beigemessen.

Informationen hierzu finden sich auf der Internetseite der Europäischen Kommission [4]; dort sind auch die wissenschaftlichen Dokumentationen des Scientific Committee for Consumer Safety (SCCS früher SCCP) einzusehen.

40.2.3
Verordnung über Mittel zum Tätowieren einschließlich bestimmter vergleichbarer Stoffe und Zubereitungen aus Stoffen (Tätowiermittel-Verordnung)

Die Tätowiermittel-Verordnung [5] regelt die Verwendung bzw. das Verbot bestimmter Stoffe; sie verlangt entsprechende Kennzeichnungen und Mitteilungspflichten.

Erlaubt sind alle Kosmetik-Farbstoffe aus Anlage 3 Kosmetik-VO mit der Fußnote 1. Verboten sind Azofarbstoffe, bei deren reduktiver Spaltung die in der Anlage gelisteten Amine entstehen können. Es gibt eine weitere Verbotsliste für Farbstoffe und ein Verbot für die Verwendung von p-Phenylendiamin sowie sein Hydrochlorid oder Sulfat.

Eine gesetzliche Regelung war erforderlich, da bei der Anwendung von Mitteln zum Tätowieren Unverträglichkeitsreaktionen (ekzematöse-, phototoxische und Kontakt-Dermatitiden) auftraten. Zudem können diese Produkte gesundheitlich bedenkliche Stoffe (z. B. p-Phenylendiamin oder Azofarbstoffe, die cancerogene Amine abspalten können) enthalten.

Henna ist kein zugelassener Farbstoff für kosmetische Mittel, es darf für Tatoos nicht verwendet werden. Die Einstichtiefe in die Dermis beträgt bei Tatoos ca. 1 bis 1,5 mm. Somit besteht die Gefahr, dass diese Stoffe durch Einbringen in die unterliegenden Schichten verstoffwechselt werden und in die Blutbahn gelangen.

Die Einstichtiefe bei Permanent Make up (eingesetzt bei Augenbrauen, Lidstrich und Lippenkontur) ist geringer als bei Tatoos.

Probleme bereitet das Entfernen von Tatoos, da durch die Laser-Technik die Pigment-Farbstoffe verändert werden; die resultierenden Stoffe sind meist nicht bekannt. Eine laserinduzierte Amin-Bildung wurde inzwischen nachgewiesen. Weitere Folgen der Behandlung können Narben, Pigmentstörungen und Entzündungen sein.

40.2.4
Empfehlungen, Vereinbarungen, Mitteilungen

Neben den Rechtsvorschriften des LFGB und der KosmetikV werden noch zahlreiche andere Gesetze und Verordnungen tangiert: Eichgesetz, FertigpackungsV, Wasch- und Reinigungsmittelgesetz usw.

Das Bundesinstitut für Risikomangement (BfR) – früher BGVV bzw. BGA – gibt Mitteilungen zu „technisch vermeidbaren Gehalten an Schwermetallen in kosmetischen Erzeugnissen" oder zu „technisch vermeidbaren Gehalten an Schwermetallen in Zahnpasten" usw. heraus [6]. Weiterhin veröffentlicht das BfR regelmäßig Pressemitteilungen über die Ergebnisse der Kosmetik-Kommission. Darüber hinaus gibt es höchstrichterliche Entscheidungen zu dem Gesamtkomplex der rechtlichen Beurteilung kosmetischer Mittel [8, 9]. Auch gibt es zusätzliche Empfehlungen des Industrieverbandes Körperpflege und Waschmittel (IKW) [7], zur „Vermeidung von Nitrosaminen in kosmetischen Mitteln, Gebrauchshinweise für Antitranspirantien, Kennzeichnung von Kunststoffverpackungen" usw.

40.2.5
Naturkosmetik

Eine gesetzliche Definition des Begriffes „Naturkosmetik" gibt es weder national noch europaweit. Es gibt aber formulierte Kriterien [6,7], welche Anforderungen an derartige Produkte zu stellen sind.

Naturkosmetika sind demnach ausschließlich aus Naturstoffen herzustellen.

Naturstoffe sind Substanzen pflanzlichen, tierischen und mineralischen Ursprungs, sowie deren Gemische und Reaktionsprodukte. Es werden nur bestimmte physikalische Verfahren zur Gewinnung und Herstellung zugelassen.

Auch gelten Einschränkungen für den Einsatz von Konservierungsstoffen (naturidentisch) der Anlage 6 KosmetikV ebenso für bestimmte Emulgatoren.

Einige Verbände haben für Naturkosmetik eigene Vorschläge und Kriterien entwickelt. So hat der IKW mit seinen Mitgliedsfirmen ein Naturkosmetik-Label zur Zertifizierung freigegeben, das unter der Bezeichnung „NaTure-Label" mit einem, zwei oder drei Sternen vergeben wird [10]. Der BDIH hat ein Label entworfen, das an die Firmen vergeben wird, deren Produkte und Herstellungsverfahren der Richtlinie „Kontrollierte Natur-Kosmetik" entsprechen [11]. Auch der europäische Industrieverband COLIPA hat sich hierzu geäußert [12].

40.2.6
Kosmetik-Herstellung in der Apotheke

Die in der KosmetikV genannten Vorgaben gelten selbstverständlich auch für die Herstellung kosmetischer Mittel in der Apotheke. Der Apotheker hat somit die Verpflichtungen für Hersteller zu erfüllen; dies bedeutet: Bereithaltung von Unterlagen, Sicherheitsbewertung, Gute Herstellungspraxis und Sachkenntnis, Mitteilungs- und Berichtspflichten. Auch unterliegen die Kosmetik herstellenden Apotheken der amtlichen Überwachung (Betriebskontrollen, Probenahme).

40.2.7
Tierversuche

In der Bundesrepublik Deutschland sind Tierversuche zur Entwicklung kosmetischer Produkte verboten. Seit 1989 verzichten die Hersteller auf derartige Tests für Fertigprodukte.

Dennoch sind auf Grund anderer gesetzlicher Regelungen zum Schutz der Gesundheit des Verbrauchers toxikologische Prüfungen vorgeschrieben, unabhängig davon, ob diese Produkte überhaupt in kosmetischen Mitteln eingesetzt werden. Hierbei muss auf Tierversuche zurückgegriffen werden. Der Gesetzgeber wie auch die Industrie forcieren bereits seit Jahren die Entwicklung und den Einsatz von validierten (in-vitro) Alternativ-Methoden. Das aktuelle europäische Kosmetikrecht hat einen genauen Zeitplan zur Beendigung der Tierversuche vorgegeben; dieser ist allerdings an die erfolgreiche Entwicklung von Alternativmethoden gekoppelt. In-vitro-Methoden zur Prüfung der Phototoxizität, der Prüfung auf Ätzwirkung, der Hautreizung und Penetration sind entwickelt und teilweise anerkannt worden.

40.3
Warenkunde

Allgemeines

Der Umsatz an Körperpflegemitteln und anderen kosmetischen Produkten auf dem deutschen Markt betrug im Jahr 2008 ca. 12,6 Milliarden €; dies bedeutet eine pro Kopf-Ausgabe von 153 €.

Das Volumen verteilte sich 2008 (Angaben IKW) wie folgt auf die wichtigsten Produkte der Körperpflegemittel:

- 24,1% auf die Haarpflege   = 3,04 Mrd. €
- 23,2% auf Hautpflegemittel   = 2,93 Mrd. €
- 10,6% auf dekorative Kosmetik   = 1,33 Mrd. €

- 10,5% auf Zahn- und Mundpflege   = 1,32 Mrd. €
- 7,7% auf Damenparfüms, Düfte   = 0,97 Mrd. €
- 7,0% auf Herren-Kosmetik   = 0,88 Mrd. €
- 6,7% auf Bade-, Duschzusätze   = 0,84 Mrd. €
- 5,4% auf Deodorantien   = 0,68 Mrd. €
- 1,7% auf Seifen, Syndets   = 0,21 Mrd. €
- 3,1% auf sonstige Körperpflegemittel = 0,39 Mrd. €

40.3.1
Mittel zur Hautreinigung

Seifen, Syndets

Zur Reinigung der Haut wird eine Vielzahl kosmetischer Produkte angeboten. Die Seifen in verschiedensten Formen (fest, pastös, flüssig) werden in ihrem Marktanteil zunehmend von synthetischen Detergentien (Syndets) verdrängt. Das Prinzip des Waschens ist für klassische Seifen wie für synthetische Detergentien gleich. Die Oberflächenspannung des Wassers wird erniedrigt und somit der Schmutz besser benetzbar.

Die Seifen sind die Alkalisalze der Fettsäuren, sie werden technisch allerdings durch Alkalibehandlung der freien Fettsäuren hergestellt. Als Ausgangsprodukte dienen Palmöl, Kokosöl, Rindertalg. In Abhängigkeit von der Kettenlänge können Seifen mit mehr oder weniger Schaumbildung hergestellt werden. Zur Vermeidung der Autoxidation der ungesättigten Fettsäuren (Ölsäure, Linolsäure) werden Antioxidantien (Ascorbylpalmitat) beigefügt. Die Seifen selbst sind typische Anionentenside.

Das Angebot von Seifen reicht von der Toilettenseife, Transparentseife, Cremeseife bis zur speziellen Babyseife. Bei Babyseifen ist die Parfümierung stark reduziert, dafür überwiegen pflegende und milde Zusätze wie Kamillenbestandteile sowie spezielle Rückfetter.

Deoseifen werden durch Zumischen von antibakteriell wirkenden Stoffen hergestellt. Medizinische Seifen enthalten meist desinfizierende Wirkstoffe.

Flüssigseifen werden vielfach über Dosierspender in Wasch- und Toilettenräumen angeboten. Sie bestehen aus Kaliseifenlösungen, Glycerin und Rückfettern (z. B. Fettsäurealkanolamide, Fettsäure-Eiweiß-Kondensate).

Gegenüber den stark alkalisch reagierenden Seifen (pH 9–11) sind Syndets annähernd pH-neutral. Sie sind für die Haut wesentlich verträglicher, der Säureschutzmantel der Haut mit einem pH von etwa 5,5 wird bei der Behandlung mit Syndets nicht angegriffen.

Für synthetische Flüssigseifen werden Alkylsulfate (Natriumlaurylsulfat), Sulfosuccinate und ähnliche Tenside eingesetzt. Mit Farb- und Duftstoffen, auch mit hautpflegenden Komponenten werden die Produkte abgestimmt.

Handreinigungscremes, Handwaschpasten und ähnliche Produkte enthalten neben den Tensiden vor allem Scheuermittel wie Quarzmehle, Bimssteinmehl, darüber hinaus auch Feuchthaltemittel, teilweise auch organische Lösungsmittel.

Bade- und Duschzusätze

Ursprünglich wurden *Badesalze und Badetabletten* eingesetzt, die das Wasser enthärten, färben und parfümieren sollten. Sie werden nur noch in geringem Umfang verwendet. Neue Badezusatzmittel bieten weit mehr. Sie werden beworben mit angenehmem Duft, enthalten Kräuteröle, besitzen einen weichen Schaum und dienen der Entspannung. Für verschiedenste Hauttypen werden hier Schaumbäder, Cremeschaumbäder und Ölbäder angeboten.

Schaumbäder sind Tensidmischungen, die wegen ihres hohen Anteils an waschaktiven Substanzen sehr stark schäumen. Rückfettende Substanzen verhindern das übermäßige Austrocknen der Haut wegen der hohen Tensidgehalte.

Cremebäder besitzen größere Mengen an Rückfettungsmitteln, die meist in Emulsionsform eingearbeitet sind. Diese Produkte schäumen nicht sonderlich stark und sind daher für normale Haut zu empfehlen.

Ölbäder sind speziell hautpflegende Produkte mit hohen Gehalten an pflegenden Ölen, derartige Produkte schäumen nicht. Die Öle ziehen auf die Haut auf, weshalb diese Produkte vor allem zur Anwendung bei trockener und rissiger Haut geeignet sind.

Bäder mit medizinischen Zusätzen und ätherischen Ölen dienen zumeist zur Anregung der Durchblutung oder werden als Erkältungsbäder angeboten.

Das Duschen wird zunehmend dem ausgiebigen Wannenbad vorgezogen. Deswegen ist auch der Marktanteil an *Duschbädern*, an flüssigen Tensidzubereitungen, die direkt auf die Haut gegeben werden, sehr groß. Diese Erzeugnisse haben niedrige Tensidgehalte aber höhere Anteile an rückfettenden Substanzen. Zur besseren Verteilung auf der Haut wird die Viskosität durch geeignete Verdickungsmittel (Alginate, Methylcellulose) eingestellt.

Tabelle 40.1. Duschbad: Rezepturbeispiel nach [28]

C12-14-Fettalkoholsulfat, ethoxyliert	8,0%
C12-14-Fettalkoholsulfosuccinat	4,0%
Kokosamidbetain	2,0%
Kokosfettsäuremonoglycerid, ethoxyliert	3,0%
Glycerinmonolaurat	2,0%
Eiweißhydrolysat	1,0%
Ethylenglycoldistearat	1,0%
Parfümöl	1,0%
Konservierungsstoffe, Farbstoffe	q.s.
pH-Korrigens	q.s.
Sonstige Zusätze, Wasser	ad 100,0

Reinigungswässer

Die Hautreinigung kann auch mit alkoholisch-wässrigen Lösungen erfolgen. Diesen Gesichtswässern werden neben dem Alkohol noch Tenside sowie Pflanzenextrakte zugesetzt. Hamamelis und Kamillezusätze werden verwendet, auch werden die adstringierenden Eigenschaften von Aluminiumverbindungen und Phenolsulfonaten genutzt.

Weitere Reinigungsmittel

Reinigungsmittel auf Ölbasis werden dort eingesetzt, wo Schminken, Make up und dekorative Kosmetik entfernt werden sollen. Hierzu werden Öle und Fette, auch dünnflüssige Emulsionen, verwendet. Mineralöle, Vaseline, Polyethylenglykole bilden die Grundlage für derartige Präparate. Das Spektrum wird ergänzt durch Hautreinigungsöle, Emulsionen und Gesichtswaschcremes.

Reinigende Kleie-Präparate dienen als Abrasivum. Diese Produkte bestehen aus Mandelmehl, Tensiden, z. T. auch aus Stärke und Talkum, gelegentlich auch aus Seesand. Sie werden in der Hand mit Wasser angeteigt und dann auf der Haut verrieben, schließlich abgespült.

Feuchttücher

Diese dienen zur schnellen hygienischen Reinigung vor allem der Hände und des Gesichts. Es handelt sich hierbei um textile Gewebe, Vliestücher, die mit einer Lösung aus Alkohol oder anderen Lösungsmitteln sowie mit geeigneten Wirkstoffen getränkt sind.

Auf alkoholischer Basis werden vor allem parfümierte, erfrischende Tücher hergestellt. Sie können auch milde pflegende Stoffe enthalten, zumeist sind diese Produkte konserviert. Feuchthaltemittel sorgen dafür, dass die Tücher auch wenn sie gut verschlossen gehalten werden, nicht zu schnell austrocknen.

Zur Entfernung von Make up oder Resten dekorativer Kosmetik werden auch Pads auf Baumwollbasis angeboten, die mit öligen Zubereitungen (Mineralöl, Paraffin u. a.) getränkt sind.

Babypflegetücher sind vielfach mit Waschlotionen getränkte Vliesstreifen; sie sollten möglichst alkoholfrei und unparfümiert sein. Besonders praktisch sind sie für die schnelle Pflege, auch unterwegs.

40.3.2
Mittel zur Hautpflege

Cremes, Lotionen, Öle, Gele, Masken

Die Pflege der Haut ist aus verschiedensten Gründen notwendig. Durch Alterung verliert sie ihre Elastizität, verbunden mit einem reduzierten Wasserbindungsvermögen. Durch die Reinigung der Haut werden Hautbestandteile entfernt, die für die Funktion der Dermis von großer Bedeutung sind. Sie müssen nachträglich durch pflegende Mittel der Haut wieder zugeführt werden. Hierbei steht die Pflege der Gesichtshaut und der Hände im Vordergrund.

Als *Basisformulierungen* dienen O/W- bzw. W/O-Emulsionen. Hierüber können die Wirkstoffe als wasserlösliche bzw. fettlösliche Komponenten auf ideale Weise auf die Haut gebracht werden. Entsprechend dem Hauttyp werden geeignete Emulsionen eingesetzt. Fetthaltige Emulsionen bei trockener Haut, bei Mischhaut werden meist fettärmere Produkte bevorzugt. Typische Vertreter sind Bodylotions (O/W-Emulsion) bzw. Fettcremes (W/O-Emulsion).

Basisstoffe dieser Zubereitungen sind pflegende Öle, Wachse und Emulgatoren. Vorteilhaft sind Lotionen und Emulsionen, die schnell in die Haut eindringen.

Fettcremes werden aus Wachsen und Ölen sowie aus Emulgatoren hergestellt. Sie enthalten nur sehr wenig Wasser. Zur Pflege können Wollwachsalkohole, Fettalkohole, Glycerinmonostearate, gelegentlich auch fette Öle z.B. Mandelöl oder Olivenöl zugesetzt werden. In einigen Präparaten finden sich auch Vitaminzusätze.

Glyceringele werden vor allem als Handpflegemittel angeboten, sie enthalten bis zu 20% Glycerin, dienen der Glättung der Haut und verhindern ein Austrocknen der Hornschicht.

Liposomen werden als Wirkstoffträger vermehrt eingesetzt; da sie aus Phospholipiden bestehen, besitzen sie zugleich auch gute pflegende Eigenschaften.

Bei Gesichtsmasken handelt es sich zumeist um pastöse Massen, die auf das Gesicht aufgetragen werden, um dort einige Zeit auf die Haut einzuwirken. Bewirkt werden soll eine Entfettung der Haut, ein Aufbringen von Feuchtigkeit und zugleich eine Stärkung der Elastizität.

Tabelle 40.2. Basisrezepturen: Rezepturbeispiele für O/W- und W/O-Emulsionen

O/W – Basisformulierung	
Glycerinmonostearat	2,0%
Cetylalkohol	3,0%
Paraffin	15,0%
Vaseline	3,0%
Isopropylpalmitat	4,0%
Natriumcetylstearylsulfat	2,5%
Glycerin	3,0%
Parfümöl, Konservierungsstoffe	q.s.
Wasser	ad 100,0%
W/O – Basisformulierung	
Rizinusöl	4,0%
Wollwachsalkohol	1,5%
Bienenwachs	4,0%
Vaseline	9,0%
Paraffinöl	7,0%
Glycerin	6,0%
Parfümöl, Konservierungsstoffe	q.s.
Wasser	ad 100,0%

Creme-Masken bleiben als weiche Masken auf der Haut und können nach der Behandlung mit Wasser vorsichtig abgenommen werden. Fest aufziehende Masken müssen mit Wasser abgewaschen werden. Schaummasken können nach Verwendung einmassiert werden.

Wirkstoffe

Die Palette der Wirkstoffe in Pflegemitteln ist sehr umfangreich. Häufig eingesetzt werden pflegende Zutaten wie Allantoin und Panthenol. Die Kamilleninhaltsstoffe Azulen und Bisabolol werden wegen ihrer entzündungshemmenden Eigenschaften oft verwendet. Darüber hinaus sind Pflanzenauszüge – wässrig wie ölig – in den Rezepturen zu finden. Aloe-Extrakte, Jojobaöl sowie weitere Pflanzenöle werden zunehmend eingesetzt. Zusätze von Honigextrakt und Milcheiweiß werden mit speziellen Auslobungen angeboten. Die Vitamine E und A und auch Q10 sind Bestandteil vieler neuer Pflegeprodukte.

Auch werden Präparate wie Elastin, Collagen und Hyaluronsäure in hydrolysierter Form eingesetzt. Neu ist auch die Verwendung von Tetra- und Hexapeptiden, denen durchaus pharmakologische Eigenschaften zugesprochen werden können. Werden Wirkstoffe besonders ausgelobt, so müssen sie in Abhängigkeit der Einsatzmenge auch die ausgelobte Wirkung besitzen.

AHA-Produkte

Seit einigen Jahren sind Hautpflegeprodukte auf dem Markt, die als Wirkstoffe alpha-Hydroxysäuren (AHA) enthalten. Es handelt sich hierbei um Verbindungen wie Glycolsäure, Milchsäure, Äpfelsäure, Weinsäure, Citronensäure. Diese haben bei entsprechender Konzentration einen stark adstringierenden Effekt, der über die eigentliche Hautpflege hinaus geht. Sie reduzieren bestehende Falten und verbessern damit die Oberflächenstruktur der Haut.

Die Wirksamkeit der Hydroxysäuren steht in direkter Abhängigkeit von Konzentration und eingestelltem pH-Wert; je niedriger der pH-Wert umso intensiver die Wirkung auf die Haut. Die Empfehlung der europäischen Kosmetik-Industrie zum Einsatz von AHA-Säuren ist in der IKW-Rechtssammlung [7] abgedruckt. Darüber hinaus gibt es ein Positionspapier des SCCNFP [4] vom 28. Juni 2000.

Puder

Auch Puder dienen der Hautpflege. Sie bestehen im Wesentlichen aus Talkum, Kaolin, Magnesium- und Aluminiumsilikaten, Bolus alba und anderen Grundstoffen. Die Haftfähigkeit der Puder wird durch Stearate gefördert. In Kinderpudern wird häufig auch Stärke eingesetzt. Die Puder werden meistens nur schwach parfümiert und können je nach Anwendung mit bestimmten Zusätzen versehen werden. So enthalten Fußpuder zumeist bakterizide Wirkstoffe; desodorierende

Puder werden mit antimikrobiellen Wirkstoffen versetzt. Besondere Zusammensetzungen finden sich bei Babypudern, die im Wesentlichen feuchtigkeitsbindende Eigenschaften haben müssen.

Fußpflege

Die Zusammensetzung von Fußpflegeprodukten entspricht weitgehend den Hautpflegemitteln. Es werden Fußbäder, Cremes und Lotionen, Puder und Sprays zur Behandlung von Schweiß und Fußgeruch, von Hornhautbildung und Fußpilz angeboten. Fußsprays werden eingesetzt gegen Fußgeruch; sie bestehen aus alkoholischen Wirkstofflösungen mit desodorierenden und adstringierenden Stoffen. Fußpuder auf Basis von Talkum sollen den Schweiß absorbieren; auch hier werden desodorierende und adstringierende Wirkstoffe zugefügt.

Fußbäder dienen der Reinigung, Hornhauterweichung und Erfrischung müder Füße, Fußcremes und -balsame sollen ebenfalls erfrischen und die Fußhaut geschmeidig machen.

Rasiermittel

Diese Produkte werden unterschieden nach dem Rasurverfahren. Mittel für die *Nassrasur* sind vor allem Rasierseifen und Rasiercremes, die schäumend bzw. nicht schäumend hergestellt werden. Präparate für die trockene Rasur sind meist alkoholisch-wässrige Lösungen.

Durch Behandlung mit Wasser und Rasierschaum wird die Haut erweicht, die Rasierklinge kann das Haar besser schneiden. Rückfettende Stoffe und Glycerin als Feuchthaltemittel mildern die starke Hautreizung während der Nassrasur. Hergestellt werden diese Produkte aus Kaliseifen, sie können auch durch Zusätze von Stearinsäure und Rückfettern angereichert werden.

Für die *Trockenrasur* werden Pre-shave-Lotionen als hochprozentige alkoholische Lösungen verwendet. Sie bewirken die Straffung der Haut, sie entfernen Fettanteile und Schweiß, zugesetzte Pilomotorika richten durch Kontraktion der Haarbalgmuskeln die Barthaare auf.

Nach der Rasur werden After-shave-Produkte eingesetzt. Sie sollen die strapazierte Haut durch verschiedene Zusätze pflegen. Der desinfizierende Effekt (40–60% Alkohol werden zugesetzt) ist vorrangig. Zugleich werden aber adstringierende Zusätze (Aluminiumsalze) wie auch bakterizide Wirkstoffe verwendet. Ergänzt wird das Spektrum der pflegenden Stoffe durch Rückfetter oder Pflanzenextrakte. Das Gefühl der Frische verstärken Menthol und Campher.

Haarentfernungsmittel

Die Entfernung von Haaren erfolgt meist aus ästhetischen Gründen. Es werden chemische Verfahren (Depilierung) eingesetzt aber auch elektrophysikalische

Verfahren (Epilierung); letztere sollte jedoch nur von fachkundigen Personen ausgeführt werden.

Die mechanische Entfernung kann durch Rasieren, Ausreißen oder Abschleifen erfolgen.

Durchgesetzt haben sich chemische Verfahren zur Enthaarung. Die Depilierungsmittel werden mit einem Holz- oder Plastikspatel auf die Haut aufgetragen. Die Haare werden relativ schnell in ihrer Struktur zerstört und können dann problemlos entfernt werden. Da der Angriff auf das Keratin erfolgt, werden Haare und Haut gleichermaßen betroffen. Derartige Mittel sollten vor der Anwendung unbedingt auf Verträglichkeit geprüft werden; sie dürfen nicht in Kontakt mit Schleimhäuten kommen und sollten nicht auf verletzter Haut angewendet werden.

Oxidierende Mittel enthalten eine alkalische Wasserstoffperoxid-Lösung. Reduzierende Mittel enthalten 2–4% Thioglycolsäure in stark alkalischer Lösung. Nach Behandlung kann die Haut stark gerötet sein.

40.3.3
Mittel zur speziellen Hautpflege und mit Hautschutzwirkung, Sonnenschutz

Lichtschutzmittel

Sonnenschutzpräparate sollen die Haut vor den UV-Strahlen des Sonnenlichtes schützen. War es vor ca. 100 Jahren noch „vornehm", eine helle und blasse Haut zu haben, so gilt heute die Bräune als Attribut für gesund, aktiv, sportlich und fit.

Zum einen ist eine deutliche Bräunung der Haut erwünscht, andererseits müssen aber Sonnenbrand und die negativen Folgen der vorzeitigen Hautalterung vermieden werden. Um diese Balance bei sehr unterschiedlichen Hauttypen und individuellen Vorstellungen von Hautbräune zu erreichen, wurden zahlreiche UV-Filter-Wirkstoffe entwickelt.

Zum Verständnis der Wirkung von UV-Filtern dienen einige physikalische Grundlagen:

das Sonnenlicht umfasst einen für das Auge erkennbaren Bereich von 400 bis 800 nm – das sichtbare Licht. Licht kleinerer Wellenlänge – also unter 400 nm – wird als ultraviolettes Licht bezeichnet und ist für das menschliche Auge nicht mehr wahrnehmbar. Die UV-Strahlung wird wegen der unterschiedlichen Wirkung auf die Haut in drei Kategorien eingeteilt.

Die *UV-C-Strahlung* besitzt keine kosmetische Wirkung.

Die *UV-B-Strahlung* hat einen positiven Einfluss auf das Wohlbefinden, die Leistungsfähigkeit, die Förderung der Vitamin-D-Synthese; die durch UV-B induzierte Bildung des Melanins (Pigmentierung/Hautbräunung) und die Hornhautverdickung (Lichtschwiele) dienen dem Eigenschutz der Haut.

Wird der Körper übermäßig der UV-B-Strahlung ausgesetzt, so führt dies über den Sonnenbrand hinaus zu Hautschädigungen (Verbrennung, Bildung von Hautkrebs).

Tabelle 40.3. UV-Strahlung und ihre Wirkung auf die menschliche Haut

Strahlung	Wellenlängen	Wirkung
UV-C	200–280 nm	keine kosmetische Wirkung, von der Ozonschicht absorbiert
UV-B	280–320 nm	Sonnenbrand, indirekte Hautbräunung
UV-A	320–400 nm	direkte Hautbräunung

Die *UV-A-Strahlung* hingegen bewirkt eine direkte Pigmentierung/Hautbräunung. UV-A-Strahlen sind energieärmer, so dass die Gefahr eines Sonnenbrandes durch diese Strahlung alleine kaum auftritt. Allerdings kann sie als längerwellige Strahlung bis tief in das Bindegewebe eindringen und dort phototoxische und andere schädliche Effekte bewirken.

Auch die bisher unter Hautschutzaspekten als harmlos betrachtete IR-Strahlung wird neuerdings für photobiologische Reaktionen und damit verbundene Hautschäden verantwortlich gemacht.

Die Pigmentierungsvorgänge beruhen auf komplizierten chemischen Reaktionsmechanismen in der Haut (s. Abbildung 40.1).

Die UV-Filter absorbieren die energiereiche UV-Strahlung und wandeln sie nach chemisch-physikalischen Prozessen in längerwellige, energieärmere Strahlung um. In Abhängigkeit ihres Absorptionsspektrums werden sie als UV-A- oder UV-B-Filtersubstanz eingestuft. Gute UV-Filtersubstanzen können bis zu 98% der Strahlung absorbieren.

Der Einsatz der UV-Filter wird durch § 3b (Anlage 7) der KosmetikV geregelt.

In Lichtschutzpräparaten können ein oder mehrere UV-Filter kombiniert werden, wobei vor allem Kombinationen von UV-A und UV-B-Filtern zum Einsatz kommen.

Mineralische Pigmente wie mikronisiertes Titandioxid oder Zinkoxid (Partikelgröße von 10–50 nm) werden ebenfalls zum UV-Schutz eingesetzt; ihre Wirkung beruht auf Streuung, Reflektion und Lichtbrechung, sie sind physikalisch betrachtet keine UV-Filter.

Entscheidend für die Auswahl und den Einsatz des Lichtschutzfilters ist das Löslichkeitsverhalten. Die Mehrzahl der gelisteten Filtersubstanzen ist öllöslich, nur wenige sind wasserlöslich.

Durch eine geeignete Rezeptur kann der zu erreichende Lichtschutzfaktor beeinflusst werden. Die Verteilung des Filters in der Öl- oder Wasserphase, hoher oder niedriger Wassergehalt der Emulsion, Eindringtiefe in die Haut sind entscheidende Kriterien.

Tocopherole und Vitamin C-Produkte sind geeignet, die als Folge der UV-Strahlung entstandenen „Reaktiven Sauerstoff Spezies" (ROS) abzufangen.

Als Zubereitungen werden Öle, O/W-Emulsionen, W/O-Emulsionen, Gele, Stifte, Sprays und andere Produkte angeboten. Sonnenöle bestehen aus Mischun-

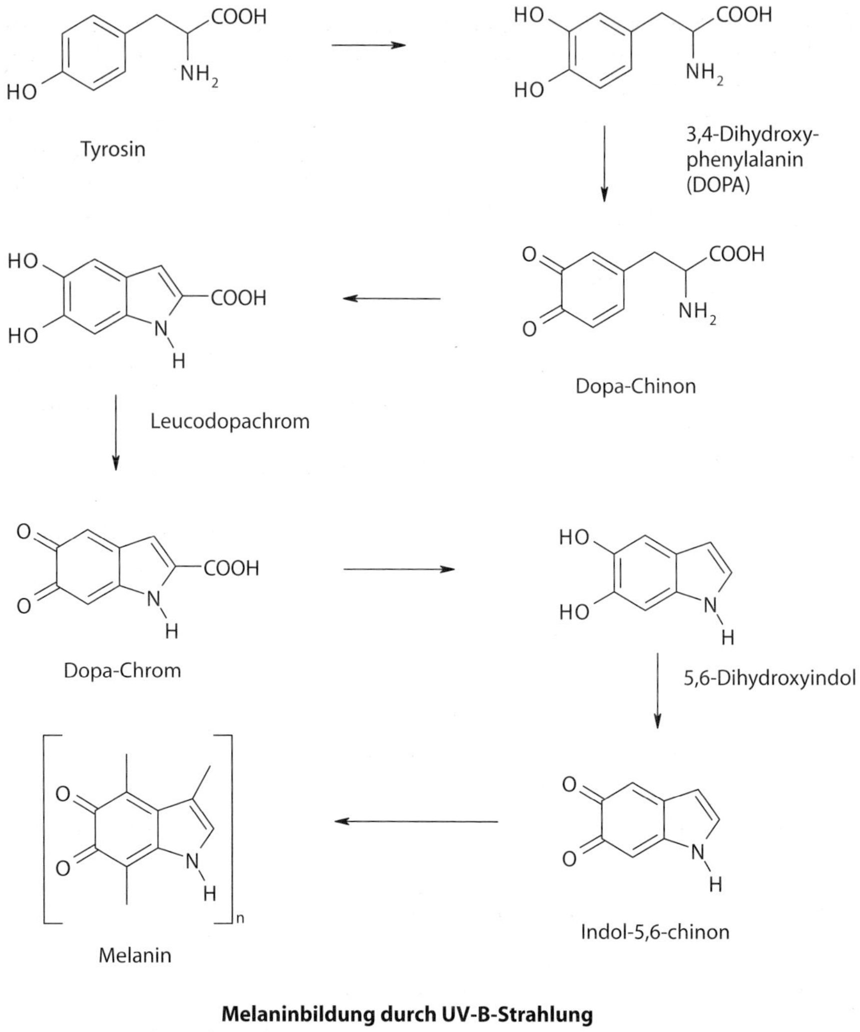

Abb. 40.1. Melaninbildung durch UV-B-Strahlung

gen von Mineralölen, Erdnuss-, Sesam-, Avocadoöl sowie von fettenden Komponenten wie Silikonölen. Sie sind leicht klebrig und fettig und hemmen die Schweißabdunstung. Zur Produktsicherung werden vielfach Antioxidantien eingesetzt.

Besser geeignet ist die Sonnenmilch, die sich als dünnflüssige Emulsion leicht auf der Haut verteilen lässt und die schnell einzieht. Hier werden insbesondere Öl/Wasser-Emulsionen bevorzugt, die einen Fettanteil bis zu 30% besitzen. Auch W/O-Emulsionen werden angeboten.

Als Pflegemittel nach dem Sonnenbad werden sogenannte Après-Sun-Produkte hergestellt. Sie enthalten keine UV-Filter sondern sollen die Haut nach dem

Sonnenbad kühlen, Feuchtigkeit zuführen, pflegen und einen beginnenden Sonnenbrand lindern. Hierfür werden Zusätze von Panthenol, Allantoin, Bisabolol und andere Wirkstoffe eingesetzt.

Der **Lichtschutzfaktor** (LSF) oder Sun Protection Factor (SPF) wird als das Verhältnis der Erythemschwellendosis (MED = minimum erythemal dose) von durch Lichtschutzmittel geschützter Haut zu ungeschützter Haut definiert. Er gilt nur für UV-B-Strahlung.

$$LSF = \frac{MED \text{ geschützte Haut}}{MED \text{ ungeschützte Haut}}.$$

Einfach formuliert: der LSF gibt an, wie viel mal länger man die durch Lichtschutzmittel geschützte Haut der Sonne aussetzen kann ohne dass ein Sonnenbrand auftritt; d. h., je niedriger der Lichtschutzfaktor, um so schwächer der UV-Schutz, bzw. ein hoher Lichtschutzfaktor führt zu einem besseren Schutz vor UV-Strahlung.

Der LSF ist der Mittelwert aus den individuellen Schutzfaktoren einer definierten Anzahl von Testpersonen und bezieht sich ausschließlich auf die Folgen der UV-B-Strahlung.

Die Bestimmungsmethode ist inzwischen europaweit standardisiert und international anerkannt.

Die europäische Kosmetik-Industrie hat Empfehlungen zur Auslobung von Lichtschutzfaktoren herausgegeben (IKW [7], Colipa [12]).

Diese erleichtern den Umgang mit dem SPF. Die gleichzeitige Einführung der optionalen Angabe von 4 leicht verständlichen Schutzklassen bedeutet eine bessere Transparenz für den Konsumenten bei der Wahl eines geeigneten Produktes.

Tabelle 40.4. Neue Schutzklassen für UV-Produkte

Produktkategorie (Schutzklasse)	Lichtschutzfaktor (SPF) (Angaben auf den Packungen)
Basis	6, 10
Mittel	15, 20, 25
Hoch	30, 50
Sehr hoch	50+

Die Auswahl des geeigneten LSF hängt in hohem Maße vom Hauttyp (Hauttypen I bis IV), der Strahlungsintensität, der Bestrahlungszeit und der Vorbräunung ab.

Der Verbraucher sollte aber auch über die Schutzleistung des UV-A-Filters informiert werden. Die Bestimmung des UV-A-Schutzes (PPD = Persistent Pigment Darkening-Factor) wird durch Messung der UV-A-Transmission als in-vitro-Methode durchgeführt. Dieses Verfahren ist seit 2007 europaweit anerkannt und wird von der Industrie eingesetzt. Parallel hierzu soll ein UV-A-Schutz nur dann ausgelobt werden, wenn der ermittelte UV-A-Faktor mindestens 1/3 des ausgewiesenen LSF beträgt. Dies kann durch ein hierfür vorgesehenes Symbol auf dem Produkt dargestellt werden [6, 7].

Nanotechnologie und Lichtschutzfilter

Nanomaterialien finden auch in kosmetischen Mitteln Verwendung; dies gilt insbesondere für die physikalischen UV-Filter-Pigmente TiO_2 und ZnO, die mit Partikeldurchmesser von weniger als 100 nm eingesetzt werden, um wirksam sein zu können. Mit Testformulierungen konnte festgestellt werden, dass TiO_2 und ZnO die Haut nicht penetrierten und systemisch nicht verfügbar waren [4]. Insgesamt hängt die potentielle Toxizität eines Stoffes vorrangig von seiner chemischen Struktur und nicht von seinen Dimensionen ab. Inhalative Probleme ergeben sich bei dieser Applikation nicht. Weitere Literatur [4, 6, 7, 12, 29].

Hautbräunungsmittel

Um auch ohne UV-Strahlung der Sonne eine Bräunung der Haut zu erreichen, werden Wirkstoffe eingesetzt, die mit den Aminosäuren der Haut oder den freien Aminogruppen des Keratins chemische Reaktionen eingehen, d. h. die Haut durch Bildung von Melanoiden färben.

Nach einer Einwirkungszeit von ca. 3–5 Stunden auf der gründlich gereinigten Haut ist die gewünschte Bräunung erreicht, die je nach Behandlung bis zu einer Woche halten kann. Durch Regeneration der Hornhaut geht die Färbung verloren. Um eine gleichmäßige Bräunung zu erreichen, ist auf eine sehr sorgfältige Verteilung des Produktes auf der Haut zu achten.

Diese Präparate besitzen keinen Sonnenschutz.

Der am häufigste verwendete Wirkstoff ist das Dihydroxyaceton. Als Selbstbräunungspräparate werden meist flüssige O/W-Emulsionen angeboten. Die Produkte müssen zur Stabilisierung des Dihydroxyacetons im pH-Bereich von 4–6 gepuffert werden. Üblicherweise enthalten derartige Produkte 3–6% Dihydroxyaceton.

Bräunungsmittel für Solarien

Die Nutzung der künstlichen Bestrahlung der Haut in Solarien hat in den letzten Jahren enorm zugenommen. Sonnenstudios verfügen über geeignete Geräte, die ausschließlich UV-A-Licht aussenden. Da UV-B-Strahlen fehlen, kommt es nicht zur Entwicklung von Sonnenbränden selbst bei längerer Einwirkungszeit. So ist es möglich bei maßvoller Nutzung und korrekter Handhabung eine intensive Grundbräunung der Haut zu erreichen. Geeignete Besonnungsanlagen können eine pigmentierungswirksame Bestrahlungsstärke erreichen.

Die schon nach kurzer Zeit festzustellende Bräunungswirkung beruht auf der Aktivierung der vorhanden Melaninvorstufen sowie der Neubildung von Melaninen. Kosmetische Präparate, die vor der Besonnung eingesetzt werden, enthalten zumeist Acetyltyrosin, Carotinoide und andere Vorstufen der Melaninsynthese. Bei der Bestrahlung intensivieren sie die Bräunung.

40.3.4
Mittel zur Beeinflussung des Aussehens der Haut, dekorative Kosmetik

Hierzu zählen Kosmetika, die das Aussehen der Haut in vielfältiger Weise beeinflussen können. Das äußere Erscheinungsbild des Menschen wird vor allem geprägt von modischen Einflüssen, was historisch leicht belegt werden kann. Die Schönheitsideale haben sich im Laufe der Jahrhunderte sehr oft geändert. Geblieben ist die Tatsache, dass in dekorativen Kosmetika große Anteile von Farbstoffen eingesetzt werden, um Lippen, Gesicht und Augenbereich farblich zu verändern. Neben der farbgebenden Komponente werden auch pflegende und schützende Wirkstoffe eingearbeitet.

Farbstoffe dürfen nur nach Maßgabe der geltenden KosmetikV eingesetzt werden. Insgesamt teilt man die Farbstoffe ein in:

- Organische und anorganische Pigmente z. B. Phthalocyanine, Weißpigmente, farbige Pigmente, Glimmer, Perlglanz
- Lösliche natürliche Farbstoffe z. B. Carmin
- Lösliche synthetische Farbstoffe z. B. Azo-Farbstoffe.

Make up

Diese Produkte werden mit Farbstoffen so abgestimmt, dass sie der Gesichtshaut ein möglichst natürliches und gesundes Aussehen verleihen. Angeboten werden Puder (lose, gepresst), Pudercremes, Tagescremes, Flüssig-Creme-Make up und spezielle Rouge-Präparate.

Die Gesichtspuder bestehen aus Pudergrundstoffen wie Magnesiumsilikat, Kaolin, Talkum, Zinkoxid, Titandioxid (den Weißpigmenten), die eine gute Haftung und Abdeckung sowie ein gutes Auftragen ermöglichen. Diesen Grundstoffen werden die Farbpigmente – vor allem Eisenoxide – zugefügt. Diese Produkte werden dann mit dezenten Parfümnoten abgestimmt.

Zur Herstellung gepresster Gesichtspuder werden Isopropylstearyl-Verbindungen, Lanolinalkohole sowie Paraffinöle als Bindemittel zugesetzt. Viele dieser Produkte enthalten zusätzlich noch Konservierungsstoffe und Antioxidationsmittel. Feuchtigkeitsbindende Stoffe wie Sorbit, Glycerin und Glycole werden benötigt, um die Verteilung auf der Haut zu verbessern.

Dekorative Tagescremes sind Öl/Wasser-Emulsionen, denen Verdickungsmittel (Xanthan, Carboxymethylcellulose) zugesetzt werden müssen, um eine Sedimentierung der Pigmente zu verhindern.

Die speziellen Rouge-Präparate enthalten hohe Gehalte an farbgebenden Komponenten, Pigmenten, Farblacken und Farbstoffen.

Augenpflegemittel – dekorative Augenkosmetik

Diese Mittel werden ausschließlich verwendet, um die Augenpartie dekorativ zu gestalten und sie farblich zu betonen. Hierzu werden vor allem Lidschattenpräparate, Wimperntuschen und Augenbrauenstifte eingesetzt. Da diese Kosmetika im Augenbereich Verwendung finden und mit den Schleimhäuten des Auges in Berührung kommen können, muss bei diesen Produkten besonders auf die Keimfreiheit und eine hohe Verträglichkeit der Inhaltsstoffe geachtet werden.

Lidschatten

Solche Produkte werden mit Applikatoren auf die Augenlider aufgetragen. Es handelt sich hierbei um Emulsionen, Fett- und Wachs-Schmelzen, aber auch um gepresste Puder. Die Farbpalette ist umfassend. Da im Augenbereich Perlglanzeffekte besonders beliebt sind, werden Glimmer und Perlglanzprodukte vermehrt eingesetzt.

Wimperntusche (Mascara)

Zur Färbung der Wimpern werden Cremes und Emulsionen hergestellt. Die Farbgebung ist meist auf schwarze und braune Töne ausgerichtet. Sog. Block-Mascara werden in kleinen Döschen mit zugehörigen Pinseln und Bürsten angeboten. Es sind gefärbte Mischungen aus Fett und Wachsen sowie Emulgatoren. Mit einer feuchten Bürste wird der Mascarablock überstrichen und die sich bildende Emulsion auf die Wimpern aufgetragen.

Flüssige Wimperntuschen haben inzwischen die Blockmascara weitgehend abgelöst. In geeigneten Schraubgefäßen mit einem Applikator, an dessen Spitze sich eine spiralige Bürste befindet, kann die flüssige Wimperntusche sehr gezielt aufgetragen werden. Isoparaffin als Lösungsmittel, Stearate als Emulgatoren, Wachse und Öle sind neben den Farbstoffen Hauptkomponenten dieser Produkte.

Eyeliner

Augenbrauenstifte, Kajalstifte ähneln Bleistiften. Diese Produkte bestehen aus Wachsen und Ölen, denen in der Schmelze Eisenpigmente zugesetzt werden. Die fertige Mischung wird homogenisiert, zu einer Mine ausgezogen und wie bei der Bleistiftfabrikation mit Zedernholz ummantelt. Auch flüssige Eyeliner werden angeboten.

Make up Entferner

Diese gibt es in Form von in Öl getränkten Pads wie auch als entsprechende Lotionen.

Lippenstifte – Lippenpflegemittel

Hierzu zählen pflegende und dekorative Produkte. Die Lippen haben nur eine sehr dünne Hornschicht, keine Schweißdrüsen und besitzen nur wenige Talgdrüsen. Sie sind sehr intensiv durchblutet und werden lediglich durch den Speichel feucht gehalten. Deswegen ist eine Lippenpflege notwendig, um die Lippenoberfläche vor zu starkem Austrocknen und Rissigwerden zu schützen. Mit dekorativen Lippenpräparaten kann man die Lippen anfärben, Glanz auftragen und die Konturen korrigieren.

Von der Zusammensetzung her ist die Basis aller Lippenstifte gleich; es handelt sich um Schmelzen von Wachsen, Ölen, denen pflegende bzw. färbende Stoffe beigemischt werden.

Die Auswahl der Grundstoffe beschränkt sich vor allem auf Bienenwachs, Carnaubawachs, Candillawachs, mikrokristalline Wachse, Rizinusöl und Paraffinöle. Diesen Stoffen kommt technologisch sehr große Bedeutung zu. Als Farbstoffe dürfen nur solche verwendet werden, die nach der KosmetikV für die Anwendung an Schleimhäuten erlaubt sind.

Die Herstellung derartiger Präparate erfolgt vereinfacht nach folgender Weise: bei Temperaturen von 70–80 °C werden die Grundstoffe geschmolzen und mit dem Farbstoffansatz homogenisiert. Parfümöle werden bei niedrigeren Temperaturen der homogenen Masse zugesetzt. Die Haltbarkeit wird durch Zusätze von Konservierungsstoffen und Antioxidantien erhöht. Der Anteil farbgebender Substanzen kann bis zu 10% betragen.

Pflegende Lippenstifte sind nicht unbedingt gefärbt, sie enthalten Zusätze von Vitamin A, Vitamin E, Panthenol und Kamille. Sie werden je nach Zweckbestimmung auch mit Lichtfiltersubstanzen versetzt.

Lipgloss-Produkte sollen einen deutlichen Glanz auf den Lippen bewirken.

Angeboten werden Lippenstifte in unterschiedlichen Farben in Drehhülsen, mit denen ein einwandfreies und sauberes Auftragen möglich ist.

Tabelle 40.5. Lippenstift: Rezepturbeispiel nach [18]

Candillawachs	2,0%
Carnaubawachs	2,5%
Ozokerit	2,0%
Bienenwachs	2,7%
Myristyllactat	6,0%
Lanolin	5,0%
Paraffinöl	2,0%
Isostearate	12,0%
Farbstoffe	12,0%
Glimmer/Titandioxid	8,0%
Konservierungsstoffe	q.s.
Parfümöl	0,5%
Ricinusöl	ad 100,0%

Mittel zur Nagelpflege

Diese Produktgruppe umfasst im Wesentlichen Nagellacke, Nagellackentferner, Nagelhärter sowie Nagelhautentferner; große Bedeutung haben inzwischen Nagelmodellageprodukte erlangt. Die Nagelkosmetik soll die Finger- und Fußnägel, die aus sehr widerstandsfähigem Keratin bestehen, pflegen, sie reinigen und ihnen Form und Farbe geben.

Nagellack

Der Grundstoff für Nagellack ist die filmbildende Nitrocellulose. Diese wird in verschiedenen Lösungsmitteln wie Butylacetat, Ethylacetat, Isopropanol usw. gelöst. Die Haftung und Haltbarkeit des Films auf dem Nagel bewirken Toluolsulfonamid-Formaldehyd-Harze sowie andere Kunstharze. Um einen elastischen Film auf dem Nagel zu erhalten, werden Weichmacher wie Dibutylphthalat oder Campher zugesetzt. Als Farbstoffe dienen Eisenoxide und organische Pigmente. Verstärkt werden auch Perl-Nagellacke angeboten, deren Perlglanzeffekt auf der Verwendung von Bismutoxychlorid und Glimmer beruht. Entscheidend ist, dass sich der Film so ausbildet, dass eine gleichmäßige Anfärbung möglich ist, er gut trocknet und haftet.

Angeboten werden Unterlacke oder Grundlacke, die sehr geringe Farbanteile enthalten und die Nagelplatte mit einem Schutzfilm überziehen. Cremelacke haben höhere Farbgehalte. Perllacke enthalten Perlglanzpigmente und Glimmer. Vor dem Auftragen sollte der Lack gut geschüttelt werden, um die Viskosität zu verbessern.

Wegen des hohen Anteils an Lösungsmitteln und der Nitrocellulose sind bei der Herstellung besondere Schutzmaßnahmen erforderlich.

Tabelle 40.6. Nagellack: Rezepturbeispiel nach [28]

Isopropanol	7,0%
Methylacetat	8,0%
Ethylacetat	8,0%
Propylacetat	14,0%
Butylacetat	34,0%
Nitrocellulose	15,0%
Toluosulfonamid-Formaldehyd-Harz	7,0%
Dibutylphthalat	4,5%
Campher	2,4%
Farbstoff	1,5%

Nagellackentferner

Diese enthalten die zur Herstellung des Lacks verwendeten Lösungsmittel wie Butylacetat, Ethylacetat allerdings vielfach auch Aceton und Glycole. Die Ausgangsstoffe werden gemischt, filtriert und konfektioniert. Den Nagellackentfernern werden häufig rückfettende Komponenten wie Rizinusöl, Wollwachs-Derivate oder Fettalkohole zugesetzt, die dem Entfetten durch die stark fettlösenden Lösungsmittel entgegenwirken.

Nagelhärter
Mit diesen Präparaten soll die Nagelplatte gestärkt und gefestigt werden, Risse und Sprödigkeit können behoben werden. Dies geschieht durch den Einsatz von Formaldehyd, der den farblosen Nagellacken zugesetzt werden kann. Um eine entsprechende Wirkung zu erreichen, werden mit Formaldehyd vernetzte Toluol-Sulfonamid-Harze eingesetzt. Die nach KosmetikV zulässige Höchstkonzentration für Formaldehyd beträgt hier 5%. Als obligatorischer Warnhinweis gilt *„die Nagelhaut mit einem Fettkörper schützen."* Vorsicht ist auch geboten im Bereich verletzter Haut.

Nagelhautentferner
Nagelhautentferner sind stark alkalisch reagierende viskose Lösungen mit hohen Gehalten an Kalium- und/oder Natriumhydroxid. Durch Auftragen dieser Lösung auf die Nagelhaut wird die Kuticula aufgeweicht bzw. so stark angelöst, dass sie mit einem Holzstäbchen leicht entfernt werden kann.

Nagelpflegemittel
Dies sind Öl-Wasser-Emulsionen, die auf Nägel und Nagelbett einmassiert werden. Sie enthalten Wachse, Öle und Emulgatoren und können durch Zusatz von Collagen und Elastin angereichert werden.

Nagelmodellage, Nail Design
Künstliche Nägel werden überwiegend als dekorative Kosmetik eingesetzt, in bestimmten Fällen aber auch zum Schutz der Nägel. Nagelmodellagesysteme sind in ihrer rechtlichen Einstufung umstritten. Es gibt ausreichend Gründe, einige Produkte und Zubereitungen als kosmetische Mittel (Klebermasse = Kosmetikum) andere als Bedarfsgegenstände einzustufen (Kunstnägel = Bedarfsgegenstand).

Diese Produkte werden nicht mehr nur für die gewerbliche sondern inzwischen auch verstärkt für die private Anwendung auf den Markt gebracht.

Hierbei muss darauf verwiesen werden, dass die Mehrzahl der verwendeten Inhaltsstoffe gesundheitlich als kritisch anzusehen ist. Daher werden zahlreiche Warnhinweise auf den Produkten angebracht und vielfach darauf hingewiesen, dass diese Behandlung nur durch geschultes Fachpersonal durchgeführt werden sollte.

Als Mittel zur Nagelmodellage werden u. a. die nachfolgenden Systeme eingesetzt:

1. UV-härtende Modellage-Gele auf Basis von Methacrylaten

2. Pulver/Flüssig-Systeme zur Nagelmodellage; diese enthalten Acrylatpulver und Zusätze u. a. von Benzoylperoxid oder Hydrochinon
3. Cyanacrylathaltige Modellage-Gele mit dem Vernetzungsmonomer Ethyl-2-cyanoacrylat; wegen der extrem hohen Klebekraft sind entsprechende Gefahrenhinweise unbedingt erforderlich.

40.3.5
Mittel zur Haarreinigung, Haarpflege und Haarbehandlung

Mittel zur Haarreinigung

Haarreinigung und -pflege gehören zur Körperpflege. Durch die Reinigung sollen Schmutz, Fett, Schuppen und Reste von Haarbehandlungsmitteln entfernt werden.

Bei der Auswahl von Haarpflegemitteln sollte auf den jeweiligen Haartyp geachtet werden.

Das *normale* Haar ist gesund, unbeschädigt und glänzend. Es benötigt allgemein nicht mehr als 2 Wäschen pro Woche.

Fettiges Haar ist klebrig, ölig, strähnig, leicht unansehnlich und erfordert wegen der hohen Talgproduktion eine häufigere Wäsche, wenn möglich mit speziellen Haarwaschmitteln.

Dem *trockenen* Haar fehlt die ausreichende Talgproduktion, es wirkt daher spröde, trocken und strohig. Ihm fehlt ebenfalls ein spezielles Waschmittel.

Das *strapazierte* Haar ist schlecht kämmbar, verfilzt, nicht mehr glänzend. Gründe hierfür sind falsche und zu häufige Behandlung und Pflegefehler.

Haarwaschmittel

Haarwaschmittel, Shampoos sind aus zahlreichen abgestimmten Einzelkomponenten zusammengesetzt. Wichtig ist eine gute Reinigungsleistung verbunden mit speziellen Wirkstoffen für verschiedene Haartypen. Es sind zumeist flüssige, klare oder trübe Zubereitungen. Hauptbestandteile sind Tenside. Aus der Gruppe der anionischen Tenside werden Alkylethersulfate eingesetzt ebenso Alkylbetaine, Fettsäure-Eiweiß-Kondensationsprodukte, Succinate u. a. Alkylpolyglucoside werden wegen ihrer guten Hautverträglichkeit verwendet, andere Tenside wegen ihrer geringen Schaumbildung.

Für milde Shampoos – nicht augenreizende Produkte für Kinder, Babys – werden nicht ionische Tenside und Eiweißhydrolysate verwendet. Den Kindershampoos werden zur Vermeidung des Verschluckens auch Bitterstoffe (Naringin) zugesetzt.

Zur Viskositätseinstellung werden Celluloseether, Alginate und anorganische Salze zugefügt. Konditioniermittel zur besseren Kämmbarkeit und Rückfettung gehören ebenfalls zu einem guten Shampoo. Eine Konservierung derartiger Produkte ist unbedingt erforderlich. Farbstoffe, Parfümöle ergänzen die Rezeptur.

Zur Auswahl stehen auch zahlreiche Spezialpräparate insbesondere Antischuppen-Shampoos, die als Wirkstoffe z. B. Zinkpyrithion, Octopirox oder Climbazol enthalten.

Trockenshampoos haben nur eine geringe Reinigungskraft. Sie bestehen aus Talkum, Aerosil u. a. Die Puder werden auf das Haar gestreut, mit den Fingerspitzen intensiv verteilt und wieder ausgekämmt. Sie können allenfalls Staub, Fett (Talg) absorbieren und entfernen helfen. Sie sind kein Ersatz für die Nasshaarwäsche.

Tabelle 40.7. Shampoo: Rezepturbeispiel nach [28]

Alkylethersulfat	40,0%
Amidopropylbetain	5,0%
Sulfosuccinatester	5,0%
Eiweißhydrolysat	3,0%
Diethylenglycolmonolaurylether	3,0%
Propylenglykol	1,0%
Konservierungsstoffe, Parfüm	
Hilfsstoffe, Wasser	ad 100,0%

Mittel zur Haarpflege

Haarpflegemittel werden danach unterschieden, ob sie im Haar verbleiben oder ausgespült werden. Sie dienen der Verbesserung der Haarqualität, zur Behebung mechanisch bedingter Schäden (Kämmen, Bürsten) und chemischer Behandlungsmittel (Dauerwelle, Färbung).

Die wichtigsten Produkte sind Konditioniermittel, Frisierhilfsmittel, Haarfestiger, Haarsprays und Haarwässer.

Konditioniermittel – Haarspülungen, Haarbalsam sind Zubereitungen, die als Hauptbestandteil quarternäre Ammoniumverbindungen als kationische Tenside enthalten sowie Fettalkohole, Emulgatoren und Wasser. Abgestimmt werden derartige Produkte durch Zusätze wie Pflanzenextrakte, Proteine und pflegende Komponenten.

Präparate ähnlicher Zusammensetzung werden zur Pflege des geschädigten Haares als Intensivhaarkur oder Kurpackung empfohlen. Durch die Behandlung werden die Haare von einem Film überzogen, sie werden elastisch, gut kämmbar und haben eine gute Fülle.

Frisiercremes werden direkt in das trockene Haar verteilt. Sie ergeben einen fetten, leicht feucht aussehenden Film. Diese Filme sind elastisch, stützen und festigen die Frisur. Angeboten werden Haaröle, Pomaden, Frisiergele (Wetgele) und Styling-Gele.

Haarsprays

Diese Produkte dienen zur Festigung der Frisur. Sie bestehen aus organischen Lösungsmitteln (Isopropanol oder Ethanol), in denen der Filmbildner (ca. 4–6%)

gelöst ist. Als Filmbildner werden Kunststoffe, vor allem Vinylpyrrolidon und Vinylacetat als Mischpolymerisate eingesetzt. Weichmacher bewirken die Elastizität des Films und sind wasserabstoßend. Lichtschutzfilter und Glanzpulver werden ebenfalls verwendet. Zur Erzielung eines gleichmäßigen und sehr feinen Films wird die Lösung als Spray aufgetragen. Die Haarsprays lassen sich problemlos wieder ausbürsten und auswaschen.

Haarwässer

Haarwässer sind alkoholisch-wässrige Lösungen, die vor allem desinfizierend, schuppenlösend und entfettend wirken können. Es sind einfache Mischungen mit etwa 40% Alkohol (Isopropanol, Ethanol) mit Zusätzen von Pflanzenextrakten (Birkenwasser), Rückfettern, Parfümölen und Farbstoffen.

Darüber hinaus werden auch spezielle Haarwässer zur Pflege des Haarbodens, zur Förderung der Durchblutung der Kopfhaut angeboten, auch Präparate mit Vitamin- und speziellen Wirkkomplexen sind erhältlich.

Mittel zur Haarverformung

Die Haarverformung basiert auf einer drastischen Strukturänderung des Haarkeratins. Das Keratin als Makromolekül besteht aus einer Vielzahl von Aminosäuren. Die Bindungskräfte der Polypeptide, Salzbrücken- und Wasserstoffbrückenbindungen sowie disulfidische Bindungen ergeben die typischen Haareigenschaften wie Form und Elastizität. Eingebaut in die Haarstruktur sind Keratinsubstanzen. Basisverbindung der Haarstrukturen ist die Aminosäure Cystein, die im Haarkeratin bis zu 10% in disulfidischer Verbindung, dem Cystin, vorliegt. In den eingelagerten Kittsubstanzen befinden sich als Hauptbestandteile auch Cystinmoleküle. Werden die Sulfid-Verbindungen gespalten, kann man das Haar verformen, wobei ein Anteil von ca. 20% an gespaltenen Sulfidbrücken für die Haarverformung als optimal gilt.

Haarverformung

Zunächst wird das Reduktionsmittel (Wellmittel) auf die Haare aufgetragen, um die Disulfidbindungen zu spalten, d. h. um das Haar verformen zu können. Ist die gewünschte Form eingelegt (Dauerwellwickel), so wird in einem zweiten Schritt die Oxidation (Fixiermittel) durchgeführt. Es wird die Haarform fixiert, indem die Disulfidbrücken in der eingelegten Form neu gebildet werden.

In der Praxis wird das feuchte Haar auf Wickler aufgedreht, dann für 10–40 Minuten mit dem Wellmittel befeuchtet, danach wird mit Wasser ausgespült und mit Fixiermittel für 5–10 Minuten nachbehandelt.

Kurzzeitige Formveränderungen der Haare sind schon durch Einwirkung von Wasser möglich. Es werden die Wasserstoff-Brückenbindungen gelöst, ebenso die Salzbindungen, so dass eine gewisse Formbarkeit besteht. Da die festen Disulfid-Verbindungen durch Wassereinwirkung selbst nicht ausreichend geöffnet werden können, hält eine „Wasserwelle" nur sehr kurz.

Alkalische Dauerwellmittel mit einem pH-Wert von ca. 9 bis 10 sind Präparate, die zwar eine hohe Wellwirksamkeit besitzen, die aber wegen des hohen Gehaltes an Thioglycolsäure und Ammoniak durch „Mildalkalische Dauerwellprodukte" abgelöst worden sind. Inzwischen werden auch neutrale Dauerwellpräparate angeboten.

Mild alkalische oder neutrale Dauerwellpräparate unterscheiden sich von der alkalischen Dauerwelle durch einen niedrigeren pH-Bereich, geringere Ammoniak-Gehalte, Einsatz von Puffersystemen; sie benötigen daher allerdings längere Einwirkungszeiten.

Dauerwellmittel enthalten sehr aggressive Wirkstoffe. Zum Schutz der Hände sollten Handschuhe getragen werden, die Kleidung muss entsprechend abgedeckt sein, die Haut am Haaransatz sollte geschützt werden (Wattetupfer). Probleme (z. B. Farbveränderungen) können entstehen, wenn in gefärbtes Haar eine Dauerwelle fixiert werden soll.

Als Reduktionsmittel sind Thioglykolsäure-Verbindungen im Einsatz. In alkalischen Wellmitteln wird die Thioglykolsäure mit Ammoniak neutralisiert und auf einen pH-Wert von ca. 8 bis 9 eingestellt. Eine höhere Alkalität würde das Haar und die Kopfhaut schädigen. Bei diesen Behandlungen quillt das Haar fast vollständig.

Außer den Reduktionsmitteln sind noch Tenside zur besseren Benetzung, Überfettungsmittel als Schutzstoffe sowie Parfümöle und Farbstoffe in den Produkten vorhanden. Diese stellen meist klare bis trübe Lösungen oder Emulsionen dar. Sie sind kühl aufzubewahren und sehr empfindlich gegen Sauerstoffeinfluss.

Fixiermittel enthalten in wässriger Lösung die Oxidationsmittel, die in dem geformten Haar neue Disulfid-Brücken ausbilden sollen. In den Produkten finden sich Wasserstoffperoxid-Lösungen oder Peroxid-Verbindungen mit Gehalten bis zu den maximal erlaubten 12% (Anlage 2 KosmetikV). Um Alkalireste aus den Wellmitteln zu entfernen, werden Fixiermittel leicht sauer eingestellt (pH-Wert ca. 3). Fixiermittel zur Nachbehandlung einer sauren Welle reagieren meist neutral.

$$R\text{-}S\text{-}S\text{-}R + 2H^+ + 2e^- \xrightarrow[\text{Reduktion}]{\text{Wellmittel}} \text{Reduktion } R\text{-}SH + R\text{-}SH$$

$$R\text{-}SH + HS\text{-}R - 2e^- - 2H^+ \xrightarrow[\text{Oxidation}]{\text{Fixiermittel}} \text{Oxidation } R\text{-}S\text{-}S\text{-}R$$

Als Handelspräparate sind dünnflüssige Emulsionen mit Zusätzen von waschaktiven Substanzen, Konditioniermittel und Wollwachsalkoholen als Überfettungsmittel im Handel.

Mittel zur Haarfärbung

Seit alters her sind Haarfärbemittel im Gebrauch, um die eigene Haarfarbe zu verändern, sie aufzufrischen oder aufzuhellen. Als Möglichkeiten der Farbveränderungen bieten sich das Blondieren, das Färben und das Tönen des Haares. In allen Fällen wird die Pigmentierung des Haares chemisch verändert.

Blondierung

Die einfachste Farbveränderung besteht im Blondieren bzw. Bleichen des Haares. Dies beruht auf einer oxidativen Zersetzung der Melaminpigmente des Haares. Als Reagenzien werden Wasserstoffperoxide, Peroxodisulfate oder Peroxide häufig in Verbindung mit Ammoniak eingesetzt. Diese Behandlung stellt eine sehr massive Einwirkung auf das Haar dar. Angeboten werden Wasserstoffperoxid-Lösungen bis zu 12%. Auch gibt es Peroxide in Tablettenform. Die Präparate werden mit Ammoniak gemischt und auf das Haar verteilt. Je nach Einwirkungsdauer (bis zu 20 min) wird eine Bleichung des Haares erreicht. Als Alternative zu H_2O_2-Lösungen werden auch Pflegelotionen mit Wasserstoffperoxid-Gehalten bis zu 3% angeboten, die im Haar verteilt, aber nicht ausgespült werden. Aufhellende Shampoos und Blondierungscremes sowie Blondieröle enthalten alle Wasserstoffperoxid bzw. peroxidische Verbindungen als bleichendes Agens.

Chemische Haarfärbung

Die zur Färbung eingesetzten Präparate werden je nach Haltbarkeit der Farbveränderung eingestuft in temporäre, semipermanente und permanente Mittel.

Temporäre, direktziehende Färbemittel

Diese Farbstoffe sind durch Waschen leicht zu entfernen, denn sie haften nur locker auf der Haaroberfläche. Eine vorübergehende Haltbarkeit wird durch Fixiermittel (Öle, Fette, Wachse) ermöglicht. Es ist keine intensive Färbung sondern nur eine Farbnuancierung möglich. Als Farbstoffe werden Azofarbstoffe, Anthrachinone und Triphenylmethan-Verbindungen eingesetzt. Als Handelspräparate sind Lotionen, Kurlotionen und Schaumaerosole im Gebrauch.

Semipermanente Färbemittel

Sie haften intensiver auf dem Haar und überstehen mehrere Waschvorgänge. Diese Farbstoffe haben eine deutliche Affinität zum Haarkeratin. Sie sind meist kationischer oder nichtionischer Art wie z. B. Nitroaminophenole oder Nitrophenylendiamine. Die Farbstoffe (bis zu 10 verschiedene Substanzen werden für eine Nuancierung benötigt) werden in Lösungsmitteln wie Glykolether oder Benzylalkohol gelöst und in üblichen Shampoo- oder Creme-Grundmassen eingesetzt. Die auf das feuchte Haar aufgetragenen Färbemittel werden nach max. 30 Minuten ausgespült.

Permanente Färbemittel

Eine beständige und widerstandsfähige Färbung erzielt man mit Permanentfärbemitteln. Hierbei werden die Farbstoffe nicht oberflächig aufgetragen sondern nach einer chemischen Reaktion in die Faserschicht des Haares eingelagert und dort fixiert. Dies erreicht man durch Oxidationshaarfärbemitteln.

Die eingesetzten Stoffe sind Farbstoffvorprodukte: Oxidationsbasen (Entwickler) und Nuancierer (Kuppler).

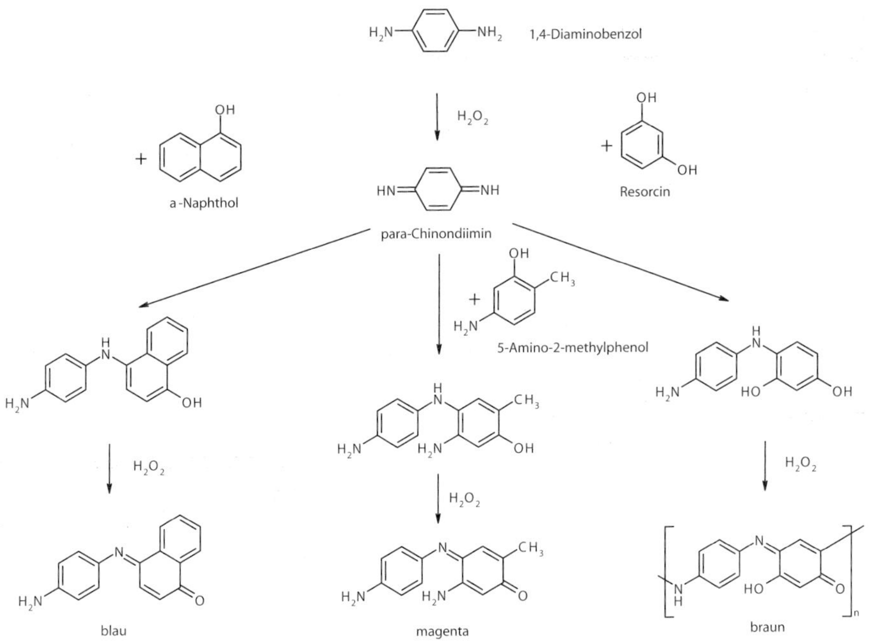

Mechanismus der Farbstoffbildung bei Oxidationshaarfarben

Abb. 40.2. Mechanismus der Farbstoffbildung bei Oxidationshaarfarben

Es handelt sich hierbei um aromatische Verbindungen, die leicht oxidierbar sind, so z. B. um o- und p-Phenylendiamine, o- und p-Aminophenole sowie o- und p-Toluylendiamine. Die Nuancierer sind ebenfalls phenolische Amine, die aber m-substituiert sind (m-Phenylendiamin, m-Aminophenol).

Zur eigentlichen Farbentwicklung werden noch Oxidationsmittel benötigt; dies sind wässrige Lösungen von Wasserstoffperoxid. Die Haarfärbung gelingt, wenn man sich exakt an die Gebrauchsanweisungen hält. Angeboten werden Cremehaarfarben, Haarfärbegele und Färbeshampoos.

Das durch Ammoniak aufgequollene Haar lagert die Farbkomplexe in der Faserschicht des Haares ab.

Durch geeignete Auswahl der einzelnen Oxidationsfärbemittel und Nuancierer können sehr verschiedenartige Färbungen entstehen.

Die Oxidationshaarfärbemittel können allergische Reaktionen hervorrufen. Deshalb sollten die Angaben der Gebrauchsanweisung genau befolgt werden.

Außerdem sollten diese Produkte nicht an die Schleimhäute gelangen und die Produkte immer fest verschlossen sein. Kleidungsstücke sind durch geeignete Plastiktücher zu schützen, desgleichen werden für die Hände entsprechende Plastikhandschuhe mitgeliefert.

Natürliche Haarfarben

Hier werden vor allem Pflanzenteile bzw. Pflanzenextrakte eingesetzt, von denen Henna (*Lawsonia inermis*) am bekanntesten ist. Die färbende Komponente, Lawson, ist ein Naphthochinon-Derivat.

Mischungen von Henna mit Indigo, mit Nussschalen und anderen Pflanzenteilen ermöglichen verschiedene zumeist rote bis rötliche Färbungen. Die entstehenden Färbungen sind wenig beständig, zudem hängt es von der Naturfarbe des Haares ab, welche Färbung letztlich gelingt. Kamillenauszüge geben dem Haar eine hellere, leicht gelbliche Farbtönung.

Die meisten Präparate werden als Pulvermischungen angeboten und müssen mit Wasser angerührt und entsprechend einer Gebrauchsanweisung aufgetragen werden.

40.3.6
Mittel zur Beeinflussung des Körpergeruchs

Jeder Mensch besitzt einen natürlichen, individuell sehr unterschiedlich ausgeprägten Körpergeruch. Dieser wird allgemein als unangenehm empfunden, verbunden mit der Vorstellung von unsauber und ungepflegt.

Körpergeruch entsteht durch Zersetzung von Schweiß. Die apokrinen Schweißdrüsen in Achselhöhle und im Genital-Analbereich bilden einen fett- und eiweißhaltigen Schweiß, der zunächst weitgehend geruchlos ist. Begünstigt durch Feuchtigkeit, Wärme, Luftabschluss (Tragen enger Bekleidung) können Mikroorganismen den Schweiß zersetzen, was zu einem unangenehmen Geruch führen kann. Verantwortlich für den Schweißabbau sind grampositive Bakterien, die wesentlicher Bestandteil der Hautflora sind. Körpergeruch tritt vornehmlich bei Erwachsenen auf, da die apokrine Sekretion durch Sexualhormone gesteuert wird.

Bestandteile des Körpergeruchs sind kurzkettige Fettsäuren (zwischen 4 bis 10 C-Atomen), Amine, Indole, Merkaptane unterschiedlichster Zusammensetzung. Zur Beeinflussung des Körpergeruchs dienen Deodorantien.

Es gibt prinzipiell drei Möglichkeiten, den Geruch zu entfernen (zu desodorieren):

1. die seit alters her gebräuchliche Art, den Körpergeruch durch Parfüm und durch andere „Düfte" zu überdecken, wird auch heute noch praktiziert. Hierbei kommt es darauf an, in abgestimmter Form eine Parfümierung zu wählen, die den körpereigenen Geruch mit der Duftnote der Parfümöle ideal verbindet.
2. die für den Körpergeruch verantwortlichen Stoffe können auch durch absorbierende Wirkstoffe in ihrem Partialdampfdruck so herabgesetzt werden, dass sie geruchlich kaum mehr wahrgenommen werden. Dies geschieht durch Einschlussverbindungen z. B. Rizinoleate.
3. durch Einsatz antibakterieller Stoffe kann der Körpergeruch stark reduziert bzw. verhindert werden. Diese Wirkstoffe zielen auf die für den Schweißab-

bau maßgeblichen Hautbakterien. Hierbei ist von Bedeutung, dass selektive Wirkstoffe eingesetzt werden, die zwar bakteriostatisch nicht aber bakterizid wirksam sind.

Stoffe mit antimikrobiellen Eigenschaften sind Chlorhexidin, Triclosan, Diglycerinmonocaprylat u. a. aber auch Parfümöle – sowie die Inhaltsstoffe einiger ätherischer Öle – z. B. Eugenol, Citral, Thymol, Menthol u. a. Der Einsatz letztgenannter Substanzen ist wegen ihres starken Eigengeruchs und möglicher Allergieeigenschaften begrenzt. Es gibt auch die Möglichkeiten, mit enzymhemmenden Stoffen die esterspaltenden Lipasen der Bakterien zu blockieren, ohne dass das Bakterium selbst angegriffen wird.

Deodorantien

Als Produkte werden angeboten Roller, Stifte, Aerosole (Sprays) und andere Präparate. Die Emulsionsroller sowie Gelroller beinhalten die viskose Wirkstofflösung, die bei Gebrauch über eine Kugel auf die Hautoberfläche übertragen wird. Deostifte bestehen aus der Schmelze der alkoholischen Lösung der Wirkstoffe mit Natriumstearat und Zusätzen von Glykolen. Die Anwendung erfolgt direkt auf der Körperhaut. Zur Herstellung von Deosprays werden meist alkoholische Wirkstofflösungen eingesetzt. Sie betragen ca. 20–60% Massenanteil am Gesamtaerosol. Als Treibgas werden überwiegend Mischungen aus Propan, Butan und Isobutan verwendet, gelegentlich wird auch Dimethylether eingesetzt. Die Verwendung von Fluorchlorkohlenwasserstoffen ist nicht mehr erlaubt.

Im Pumpspray werden wässrig-alkoholische Lösungen der Wirkstoffe verwendet. Bei hohen Wasseranteilen muss zur Fixierung der Parfümkomponenten ein Glykol zugesetzt werden.

Antitranspirantien

Diese Produkte sollen die Schweißbildung vermindern. Sie werden deshalb vor allem im Bereich vermehrter Schweißbildung eingesetzt. Hierzu dienen adstringierend wirkende Stoffe, die Eiweiß denaturieren und dadurch die Ausgänge der Schweißkanäle verengen. Je nach Wirkstoff und Einsatzkonzentration kann eine Schweißreduzierung bis zu 50% erzielt werden. Dies bedeutet, dass Antitranspirantien die Schweißbildung nicht gänzlich unterbinden. Wegen der sehr starken Wirkung dieser Produkte, sollten sie nur maximal einmal täglich angewendet werden.

Als geeignete Wirkstoffe gelten Aluminiumsalze, insbesondere schwach sauer reagierende Aluminiumhydroxichloride, es werden auch Zirkoniumverbindungen verwendet.

Zur Herstellung von Aerosolen wird der Wirkstoff mit etwas Parfümöl und einer öligen Trägerkomponente gemischt, in Pudersprays wird daneben auch Talkum verwendet. Werden Produkte auf neutraler Basis hergestellt, kann Aluminiumhydroxichlorid eingesetzt werden. Natriumstearatgele reagieren zu alkalisch, so dass hier Aluminiumsalze und Natriumlactat als Komplex verwendet werden.

Parfüm

In der Kosmetik haben Düfte seit alters her einen festen Platz; ihre unterschiedlichen geruchlichen Duftnoten wie anregend, beruhigend, harmonisch, aufregend, abstoßend werden in Parfüms, in Eau de Parfum, Eau de Toilette oder Eau de Cologne vielfältig eingesetzt.

Die Parfüme bzw. ätherischen Öle werden überwiegend aus Pflanzenbestandteilen teils durch Extraktion, Destillation, Auspressen oder Mazeration gewonnen.

Neben den ätherischen Ölen werden auch synthetische Duftstoffe eingesetzt. Die Parfümeure stellen daraus die entsprechenden Duftkompositionen zusammen. Um ein zu schnelles Verdunsten der vielen Einzelkomponenten zu verringern, werden Fixateure (Harze, Balsame, Resinoide) zugesetzt.

Aufgebaut sind Parfums aus der Basisnote (Fixateur), der Herznote und der Kopfnote. Die einzelnen Noten, die das Gesamtparfüm bilden, haben unterschiedliche Flüchtigkeiten, so dass man zunächst die Kopfnote wahrnimmt, nach deren Abdunsten bildet sich die Herznote heraus und schließlich bleibt die Basisnote als Parfümcharakter zurück. Das gesamte System muss sich gleichartig und harmonisch entwickeln.

Die Beschreibung der Düfte erfolgt über Noten, z. B. Grün-Note, Aldehyd-Note, Orientalische Note usw.

Entscheidend für ein gutes Parfüm ist die Auswahl und Güte der Duftstoffe, die gelungene Komposition, der Alkoholgehalt und die Wahl des geeigneten Fixateurs.

Einige Parfümkomponenten sind durch die Anlagen 1 und 2 der KosmetikV verboten, eingeschränkt bzw. unter Auflagen (Kenntlichmachung) zugelassen.

40.3.7
Mittel zur Reinigung und Pflege von Mund, Zähnen und Zahnersatz

Zur Pflege der Zähne wird eine umfassende Palette kosmetischer Produkte angeboten: Zahncremes, -gele, Mundwässer und andere Präparate.

Sie sollen prophylaktisch gegen Karies- und gegen Zahnsteinbildung wirken, sie werden eingesetzt bei empfindlichen Zähnen, sie werden angeboten mit und ohne Fluoridzusatz. Die Mundwässer gibt es als Konzentrate, als desinfizierende und einen frischen Atem gebende Produkte.

Durch tägliche und regelmäßige Zahnpflege soll möglichen Zahnerkrankungen vorgebeugt werden.

Zahncremes

Die wesentlichen Bestandteile der herkömmlichen Zahncremes sind Putzkörper, Tenside, Feuchthaltemittel, Süßstoffe und Aromabestandteile sowie je nach Bedarf Konservierungsstoffe und Farbstoffe. Spezielle Zahncremes enthalten Fluoride, Aromastoffe, zumeist Pfefferminzöle.

Putzkörper sind anorganische Verbindungen, die zur Unterstützung der mechanischen Reinigung mit der Zahnbürste aufgebracht werden. Sie werden nach der chemischen Herkunft, nach Härte und Korngröße so ausgewählt, dass sie den Putzeffekt erbringen, dabei aber den Zahnschmelz nicht angreifen. Eingesetzt werden Calciumcarbonat, Calcium- und Natriumhydrogenphosphat und -carbonat zudem auch Kieselsäureverbindungen.

Damit Zahncremes nicht austrocknen, müssen der Konsistenz wegen Feuchthaltemittel beigefügt werden. Hierfür eignen sich vor allem Glykole (Glycerin, Propylenglykol) und Polyalkohole (Sorbit, Xylit).

Schaummittel und Tenside werden eingesetzt, da sie durch Benetzung und emulgierende Wirkung für eine bessere Verteilung der Zahncreme sorgen und die Reinigung im Bereich der gesamten Mundhöhle unterstützen. Nur ausgewählte Tenside, die für den Kontakt mit der Schleimhaut geeignet sind, finden Verwendung, so z. B. Natriumlaurylsulfat, Fettalkoholsulfate, Sarkosinate. Als Süßstoff wird zumeist Saccharin verwendet.

Spezielle Wirkstoffe

Fluor-Verbindungen werden in den Zahncremes zur Kariesprophylaxe eingesetzt. Fluoride hemmen die Enzyme der kariogenen Bakterien im Zahnbelag (Plaque) und sorgen für einen teilweisen Austausch der Hydroxygruppe des Hydroxylapatits (im Zahn), was zu einer Härtung des Zahnschmelzes führt. Kombinationen verschiedener Fluoride führen zu einer deutlichen Remineralisierung. Am häufigsten werden Natriummonofluorphosphat und Natriumfluorid eingesetzt, die zulässige Höchstkonzentration für Fluoride beträgt 0,15% berechnet als Fluor.

Für Kinder unter sechs Jahren sollten Zahncremes mit einem Fluorgehalt bis zu 500 ppm (0,05% F) verwendet werden. Ältere Kinder können dann die handelsübliche fluorhaltige Zahncreme verwenden [6].

Tabelle 40.8. Zahncreme: Rezepturbeispiel nach [28]

Kreide	30,0%
Natriumlaurylsulfat	1,5%
Carboxymethylcellulose	0,8%
Kieselsäure, abrasiv	2,5%
Sorbit	12,0%
Glycerin	5,0%
Aromaöl	1,0%
Natriumsaccharinat	0,15%
Konservierungsstoffe	0,1%
Natriummonofluorphosphat	0,8%
Wasser	ad 100,0%

Neben den Mitteln zur Reinigung des Zahnes werden in den Zahncremes auch Substanzen eingesetzt, die zugleich das Zahnfleisch positiv beeinflussen sollen. Dies sind u. a. Pflanzeninhaltsstoffe wie Myrrhe, Salbei, Rathania, Kamille, Rosmarin und andere Produkte. Isolierte Wirkstoffe aus Pflanzen wie Azulen, Bisabolol aus Kamillenblüten werden ebenso eingesetzt wie Vitamin A und leicht adstringierend wirkende Aluminiumsalze. Die Anzahl eingesetzter und physiologisch wirksamer Stoffe ist sehr umfangreich.

Die Aromatisierung von Zahncremes ist für das Gefühl von Frische, Reinheit und gutem Atem von großer Bedeutung. Geschmacksgebende Komponenten sind vor allem ätherische Öle unterschiedlichster Herkunft, wobei Minzenöle vorrangig verwendet werden. Zusätzlich werden auch Eukalyptusöl und Nelkenöl eingesetzt.

Zahnbleichung

Zähne unterliegen trotz regelmäßiger Zahnpflege auch Farbveränderungen bedingt durch Alter, Ernährungsgewohnheiten, Rauchen, Medikamente usw. Eine Abhilfe verspricht die Zahnaufhellung, das Bleaching. Es werden wasserstoffperoxidhaltige Produkte eingesetzt, die auf den Zahn gebracht, eine vorübergehende Bleichung und damit eine Farbveränderung des Zahnes bewirken.

Für kosmetische Mittel ist der Gehalt an Wasserstoffperoxid in derartigen Produkten auf 0,1% begrenzt. Dieser Gehalt ist für den vorgesehenen Zweck zu gering.

Höher dosierte Produkte sollten unter Kontrolle des Zahnarztes eingesetzt werden.

Zahnersatz-Pflegemittel

Zahnprothesen müssen ebenso wie Zähne gründlich gereinigt und gepflegt werden. Mangelnde Pflege führt zu Mundgeruch und kann Zahnfleischerkrankungen begünstigen.

Die Pflegemittel, sog. Gebissreiniger, werden in Tablettenform oder als Granulat vertrieben, die zum Gebrauch lediglich in Wasser gelöst werden.

Alkalische Reiniger bestehen aus Soda und Tensiden teilweise mit Zusätzen von wasserlöslichen Polyphosphaten.

Saure Reiniger enthalten organische Säuren, die mit Natriumcarbonat gemischt im Wasser ein sprudelndes Bad ergeben.

Oxidationsmittel z. B. sauerstoffabspaltende Perborate dienen dem Abbau organischer Beläge und haben desodorierende Funktionen.

Auch mechanische Reinigungsmittel (Prothesenzahnbürsten) werden angeboten.

Mundwasser-Konzentrate, Zahn- und Mundspülungen

Mundwasser-Konzentrate werden verdünnt, Mundspülungen unverdünnt eingesetzt. Sie ergänzen die Reinigung und die Pflege der Mundhöhle und werden als wässrig-ethanolische Zubereitungen angeboten. Sie haben eine erfrischende angenehme Wirkung bedingt durch Anteile an Aromaölen. Neben den etherischen Ölen werden auch spezielle Wirkstoffe wie isolierte Aromakomponenten, geschmacklich neutrale Tenside sowie Fluoride zugefügt und die fertige Lösung eingefärbt. Antiseptische und desinfizierende Mundwässer werden zumeist als pharmazeutische Produkte vertrieben.

Mundspüllösungen sollten einen deutlichen Hinweis tragen, wenn die Produkte Alkohol enthalten sowie eine Angabe über die Höhe des Alkoholgehaltes [6].

40.4
Qualitätssicherung

Hersteller kosmetischer Mittel müssen im Rahmen ihrer Tätigkeiten die GMP-Vorgaben zwingend beachten und zur Sicherung der Qualität ihrer Erzeugnisse Untersuchungen in Auftrag geben oder selbst durchführen. Des Weiteren werden hohe Anforderungen an die Sicherheitsbewertung (§ 5b (1), Nr. 4 KosmetikV) für kosmetische Produkte gestellt; hierzu gibt es publizierte Mindestanforderungen einer DGK-Arbeitsgruppe [13]. Zur Erstellung von Sicherheitsbewertungen sind nach § 5c KosmetikV nur qualifizierte Verantwortliche mit Sachkompetenz befugt. Werden Wirkstoffe in Produkten mit spezieller Werbung ausgelobt, so müssen unter bestimmten Voraussetzungen Wirkungsnachweise vorgelegt werden (§ 5b (1), Nr. 7 KosmetikV).

Die amtliche Kosmetik-Überwachung wird neben der Betriebskontrolle grundsätzlich auf Basis der „risikoorientierten Probenahme" tätig. Hierbei werden Betriebs-, Produkt- und Verbraucher-relevante Kriterien zugrunde gelegt. Für die amtliche Kontrolle kann die analytische Fragestellung unterschiedlich ausgerichtet sein, z. B. auf die Überprüfung der Gesamtrezeptur oder auf den Nachweis und die Bestimmung ausgewählter Komponenten oder nur auf die Analyse der in der KosmetikV gelisteten Stoffe oder auf die In-Prozesskontrolle bei Problemfällen.

Im Rahmen der amtlichen Kontrolle sind die in der KosmetikV aufgeführten Stoffe qualitativ wie auch quantitativ zu überprüfen, darüber hinaus müssen bei Bedarf auch andere, weitergehende Untersuchungen durchgeführt werden, die für die rechtliche Beurteilung der Produkte erforderlich sind.

Der Nachweis und die Bestimmung der gelisteten Konservierungsstoffe, Farbstoffe und UV-Filter sowie weiterer in der Kosmetik-Verordnung aufgeführter Stoffe stellen eine hohe Anforderung an die Analytik dar. Weiterführende Literatur zu analytischen Verfahren findet sich in Fachzeitschriften und Methodensammlungen.

Neben der analytischen Tätigkeit nimmt die amtliche Überwachung im Rahmen der Betriebskontrollen direkten Einblick in die betrieblichen Unterlagen. Die Mindestanforderungen, die seitens der amtlichen Überwachung an die durch die Firmen vorgelegten Sicherheitsbewertungen gestellt werden, wurden bereits publiziert [15].

Nach § 5b Abs. 1 KosmetikV muss das Dossier u. a. enthalten:
Angaben zur qual. u. quant. Zusammensetzung des Erzeugnisses, zu physikalisch-chemischen und mikrobiologischen Spezifikationen der Ausgangsstoffe und Erzeugnisse, zur Herstellung nach GMP, zur Sicherheitsbewertung, Angaben zum für die Sicherheitsbewertung Verantwortlichen, Erkenntnisse über unerwünschte Nebenwirkungen, den Nachweis kosmetischer Wirkung sofern ausdrücklich darauf hingewiesen wird, Tierversuchs-Daten, falls erforderlich.

Dies erfordert einen hohen zeitlichen Aufwand, da das gesamte Dossier überprüft werden muss und sich die amtliche Kontrolle zudem von der GMP-Praxis des Betriebes überzeugen muss. Diese Aufgabe kann nur von geschulten Sachverständigen geleistet werden, die in der Lage sind, Sicherheitsbewertungen auch beurteilen zu können.

Dies bedeutet, dass durch Eigenkontrolle der Betriebe sowie durch die amtliche Überwachung ein System besteht, das ein hohes Maß an Verbraucherschutz gewährleistet.

Amtliche Verfahren zur Analytik kosmetischer Mittel

Die amtliche Sammlung von Untersuchungsverfahren nach § 64 LFGB umfasst auch den Bereich der kosmetischen Mittel (Band III/K). Die Sammlung wird laufend ergänzt; bislang sind 45 (EU-weit abgestimmte) Verfahren publiziert, die in folgende Bereiche unterteilt sind:

- Kosmetische Mittel (allgemein)
- Mittel zur Beeinflussung des Aussehens der Haut
- Haarreinigungs-, -pflege- und -behandlungsmittel
- Reinigungs- und Pflegemittel für Mund, Zähne und Zahnersatz
- Mittel zur Beeinflussung des Körpergeruchs und zur Vermittlung von Geruchseindrücken
- Farbstoffe für kosmetische Mittel mit Schleimhautkontakt.

Da nicht alle Stoffe durch die amtlichen Verfahren erfasst sind, müssen je nach Fragestellung zusätzlich spezielle Methoden zur Analytik derartiger Stoffe in kosmetischen Mitteln entwickelt werden.

40.5
Literatur

Das Literatur-Verzeichnis stellt eine Auswahl von Rechtsvorschriften, Fachbüchern und Fachzeitschriften vor. Insbesondere zur Analytik muss auf Publikationen in anderen fachverwandten Zeitschriften zurückgegriffen werden (z. T. auch auf pharmazeutisch-medizinische Fachliteratur).

Kosmetik-Recht

1. LFGB – s. Abkürzungsverzeichnis 46.2
2. Verordnung über Kosmetische Mittel (KosmetikV) vom 07.10.1997 (BGBl. I, S. 2410) in der Fassung vom 20.01.2009 (BGBl. I, S. 65)
3. Richtlinie des Rates vom 27.07.1976 zur Angleichung der Rechtsvorschriften der Mitgliedstaaten über kosmetische Mittel (76/768/EWG), veröffentlicht im Amtsblatt der EG Nr. L 262/169 vom 27.09.1976 in der Fassung vom 24.09.2003, EG-Amtsblatt L 238/23 vom 25.09.2003
4. EU-Kommission; Informationen zur Kosmetik-Gesetzgebung; wissenschaftliche Gremien (SCCS, früher SCCP bzw. SCCNFP) (http://ec.europa.eu/enterprise/cosmetics/index_en.htm)
5. Verordnung über Mittel zum Tätowieren einschließlich bestimmter vergleichbarer Stoffe und Zubereitungen aus Stoffen (Tätowiermittel-Verordnung) v. 13.11.2008 (BGBl. I, S. 2215)
6. Empfehlungen, Berichte, Richtwerte des BfR, Bundesinstitut für Risikobewertung (BfR) (www.bfr.bund.de)
7. IKW-Rechtssammlung, herausgegeben vom Industrieverband Körperpflege- und Waschmittel e.V., Frankfurt/Main
8. Zeitschrift für das gesamte Lebensmittelrecht (ZLR), Deutscher Fachverlag GmbH, Frankfurt am Main
9. Zipfel/Rathke, Lebensmittelrecht Kommentar, Band V, Teil 5, II kosmetische Mittel, Verlag C.H. Beck, München
10. IKW-Label, NaTrue, Industrieverband Körperpflege und Waschmittel e.V. (IKW), Mainzer Landstr. 55, 60329 Frankfurt/Main (www.natrue-label.de)
11. BDIH, Bundesverband deutscher Industrie- und Handelsunternehmen, L11, 20–22, D-68161 Mannheim, Richtlinie „Kontrollierte Natur-Kosmetik"
12. COLIPA European Cosmetic Toiletry and Perfumery Association, Brüssel (http://www.colipa.eu)
13. DGK-Arbeitsgruppe, Sicherheitsbewerter, SÖFW-Journal, 131, 8-2005, S. 41ff
14. Walther, C. et. al. DLR, 104, S.35ff, 2008
15. Mildau, G. et. al. SÖFW-Journal, 133, 6-2007 S. 16ff

Weiterführende Literatur (Fachbücher und -zeitschriften)

16. Nowak, G.A., Domsch, A. (1990) Die kosmetischen Präparate, Band I, II und III, 4. Auflage, Verlag für chemische Industrie, H. Ziolkowsky, Augsburg
17. Umbach, W. (1995) Kosmetik: Entwicklung, Herstellung und Anwendung kosmetischer Mittel, Georg Thieme Verlag, Stuttgart
18. Umbach, W. (2004) Kosmetik und Hygiene von Kopf bis Fuß, Wiley-VCH GmbH & Co. KgaA, Weinheim
19. Raab, W., Kindl, U. (1999) Pflegekosmetik – Ein Leitfaden, Wissenschaftliche Verlagsgesellschaft, Stuttgart
20. Kindl, G., Raab, W. (1988) Licht und Haut (2. Auflage), Govi-Verlag, Frankfurt/Main
21. Blue List – Cosmetic Ingredients (2000), Editio Cantor, Aulendorf
22. Cossma, Cosmetics, Spray Technology, Marketing, Health and Beauty, Business Media, Karlsruhe
23. Internationales Journal für angewandte Wissenschaft – Kosmetik-Haushalt-Spezialprodukte, SÖFW-Journal, Verlag für chemische Industrie H. Ziolkowsky GmbH, Augsburg

24. Fiedler, H.P. Lexikon der Hilfsstoffe für Pharmazie, Kosmetik und angrenzende Gebiete, Editio Cantor Verlag AG, Aulendorf
25. Eigener, U. et al. (1993): Mikrobiologische Qualität kosmetischer Mittel, Behrs Verlag, Hamburg
26. Raab, W. u. Kindl, U. (1999): Pflegekosmetik – Ein Leitfaden, 3. Auflage, Wissenschaftliche Verlagsgesellschaft, Stuttgart
27. Huber, B. (2003): Körperpflegemittel in der Reihe „Offener Unterricht", Klett-Verlag, Stuttgart
28. Kosmetik-Jahrbücher, jährlich herausgegeben von: Verlag für chemische Industrie, H. Ziolkowsky GmbH, Augsburg
29. Hoffbauer, J. J. Verbr. Lebensm. 3, 290 ff (2008)

Weiterführende Literatur (Analytik)

30. Amtliche Sammlung von Untersuchungsverfahren nach § 64 LFGB, allgemeiner Teil – Kosmetika (K), Teil 1; Beuth-Verlag, Berlin
31. Schmahl, H.J. (1979), Datensammlung antimikrobiell wirksamer Substanzen in Kosmetika, MvP-Berichte 2/1979 des Bundesgesundheitsamtes, Dietrich Reimer-Verlag, Berlin
32. Identifizierung von Farbstoffen in Kosmetika, Mitteilung XVII der Farbstoffkommission der DFG (Deutsche Forschungsgemeinschaft) (1986), VCH, Weinheim
33. Newsburger's Manual of Cosmetic Analysis, 2nd Edition (1977), AOAC-Inc. PO-Box 540, Benjamin Franklin Station, Washington DC 20044
34. Sonstige Literatur zur Analytik u. a. in den Fachzeitschriften, in [22, 23]

Wissenschaftliche Gremien

- Kosmetik-Kommission beim BfR (www.bfr.bund.de)
- Arbeitgruppe „Kosmetische Mittel" der Lebensmittelchemischen Gesellschaft (Fachgruppe der GDCH) (www.gdch.de bzw. www.lchg.de)
- DGK, Deutsche Gesellschaft für wissenschaftliche und angewandte Kosmetik e.V. (www.dgk-ev.de)

Futtermittel

Detmar Lehmann[1] · Thomas Beck[2] · Hartmut Horst[3]

[1] Landesbetrieb Hessisches Landeslabor Standort Kassel
Druseltalstraße 67, 34131 Kassel
detmar.lehmann@lhl.hessen.de
[2] Landesbetrieb Hessisches Landeslabor Standort Wiesbaden
Glarusstraße 6, 65203 Wiesbaden
thomas.beck@lhl.hessen.de
[3] Landesbetrieb Hessisches Landeslabor Standort Kassel
Am Versuchsfeld 13, 34128 Kassel
hartmut.horst@lhl.hessen.de

41.1	Warengruppen	1087
41.2	Beurteilungsgrundlagen	1088
41.2.1	Gemeinschaftsrecht	1088
41.2.2	Nationale Regelungen	1091
41.3	Warenkunde	1092
41.3.1	Einzelfuttermittel	1093
41.3.2	Mischfuttermittel	1093
41.3.3	Futtermittelzusatzstoffe	1094
41.4	Qualitätssicherung	1095
41.4.1	Eigenkontrolle	1095
41.4.2	Amtliche Futtermittelkontrolle	1096
41.4.3	Nationales Kontrollprogramm	1096
41.4.4	Laboruntersuchung	1098
41.5	Literatur	1099

41.1 Warengruppen

Die Produktpalette im Futtermittelbereich beinhaltet:

- Einzelfuttermittel
- Mischfuttermittel
- Futtermittelzusatzstoffe
- Vormischungen.

41.2
Beurteilungsgrundlagen

Die Europäische Union leitete mit der Basisverordnung (Basis-VO) eine Neuausrichtung der Lebensmittelgesetzgebung mit weitgehenden Auswirkungen auf futtermittelrechtliche Fragestellungen ein, die sich bereits im Weißbuch zur Lebensmittelsicherheit angedeutet hatte [11, 20]. Ausgehend von der Erkenntnis, dass Mängel auf dem Futtermittelsektor über die Zwischenstation Nutztier ursächlich mitverantwortlich für die nachteilige Beeinflussung von Lebensmitteln sein können, gilt diese Verordnung für alle Produktions-, Verarbeitungs- und Vertriebsstufen in der Lebensmittelkette, folgerichtig auch für Tiere, die der Lebensmittelgewinnung dienen, und deren Futter. Im Rahmen des Konzeptes „from stable to table" erfolgt auf diese Weise eine Verzahnung von Lebensmittel- und Futtermittelrecht u. a. mit der Zielsetzung der Sicherstellung der gesundheitlichen Unbedenklichkeit der Lebensmittel tierischer Herkunft für den Menschen.

41.2.1
Gemeinschaftsrecht

In Artikel 15 Basis-VO werden allgemeine Anforderungen an die Futtermittelsicherheit beschrieben. Artikel 18 und 20 regeln die Pflichten und Verantwortlichkeiten des Futtermittelunternehmers hinsichtlich der Rückverfolgbarkeit und des Krisenmanagements im Schadensfall [11]. So besteht für Futtermittelhersteller, Händler und Importeure die Verpflichtung zur Einrichtung umfassender Kontrollsysteme (Art. 17 Basis-VO [11]). In die Europäische Union eingeführte Futtermittel müssen mindestens vertraglich vereinbarten Standards entsprechen. Hersteller und Importeure sind verpflichtet, Futtermittel, die Anforderungen hinsichtlich der Futtermittelsicherheit nicht erfüllen, umgehend den Behörden anzuzeigen und bei der Rückholung aus der gesamten Vermarktungskette mitzuwirken (Art. 19 Basis-VO [11]). Nicht sichere Futtermittel sind definiert als solche, die die Gesundheit von Mensch oder Tier beeinträchtigen können oder die bewirken, dass die erzeugten tierischen Lebensmittel als nicht sicher für den Verzehr durch den Menschen anzusehen sind (Art. 15 Basis-VO [11]). Die verstärkten Bemühungen der Europäischen Union auf futtermittelrechtlichem Gebiet spiegeln sich auch in den unmittelbar geltenden Verordnungen zur BSE Problematik, zu gentechnisch veränderten Organismen, zur Futtermittelhygiene und zur amtlichen Kontrolltätigkeit wider [12, 13, 16–18].

Gemeinschaftliche Verordnungen sind neben der Basis-VO u. a.:

- Kontroll-VO, auf die Kontroll-VO wird in Kap. 5.2.2 näher eingegangen [18].
- VO (EG) Nr. 1829/2003 und VO (EG) Nr. 1830/2003, die die Kennzeichnung gentechnisch veränderter Futtermittel oder unter Verwendung gentechnisch veränderter Organismen hergestellter Futtermittel regeln [12, 13].

- VO (EG) Nr. 1831/2003 als Rechtsgrundlage für die Zulassung, das Herstellen, das Inverkehrbringen, die Verarbeitung und die Verwendung von Futtermittelzusatzstoffen auf EU-Ebene [24].
- VO (EG) Nr. 999/2001 über transmissible Spongiforme Enzephalopathien, deren Nachweisverfahren werden in Kap. 10.3.1 näher beschrieben werden [16].
- VO (EG) Nr. 1774/2002, die tierische Nebenprodukte in Risikogruppen einteilt und den Umgang mit diesen Materialien regelt [17].

Das Zulassungsverfahren der Zusatzstoffe hat sich ebenfalls auf die Gemeinschaftsebene verlagert. Die Zulassung wird zeitlich begrenzt, um wiederkehrende Prüfungen insbesondere zur Sicherheit der einzelnen Stoffe zu ermöglichen. Die Zulassungsanträge werden an die Kommission gestellt, die die Europäische Behörde für Lebensmittelsicherheit (EFSA) mit einer Stellungnahme beauftragt. Bei zugelassenen Zusatzstoffen soll auch die mengenmäßige Verwendung im Rahmen eines Systems zur Rückverfolgung erfasst werden. Als Antibiotika eingesetzte Wachstumsförderer sind seit dem 1. Januar 2006 vor allem aufgrund der Resistenzbildung von Mikroorganismen und dem damit verbundenen Wirksamkeitsverlust bei Anwendungen in der Human- und Tiermedizin nicht mehr zugelassen. In Zusammenarbeit mit der EFSA sollen Ersatzstoffe entwickelt werden. „Kokzidiostatika" und „Histomonostatika" sind von diesen Beschränkungen zunächst ausgenommen.

Eine zusammenfassende Darstellung der zugelassenen Stoffe kann dem vom Bundesamt für Verbraucherschutz und Lebensmittelsicherheit (BVL) ins Internet gestellten und ständig aktualisierten Verzeichnis der Futtermittelzusatzstoffe entnommen werden. Das BVL ist auch die zuständige nationale Behörde für die Erteilung von zeitlich befristeten Ausnahmegenehmigungen und für die Entgegennahme und Entscheidung über die Weiterleitung eines Antrages auf Zulassung eines Zusatzstoffes an die Europäische Kommission. Sofern Nutztiere betroffen sind, ist die Entscheidung im Benehmen mit dem Bundesinstitut für Risikobewertung (BfR) zu treffen (s. auch Kap. 4.3.1).

Unerwünschte Stoffe in Futtermitteln sind durch die Umsetzung der RL 2002/32/EG im nationalen Recht geregelt [19, 31]. Angaben zum Verschneidungsverbot finden sich ebenfalls in den nationalen Regelungen. Eine Ausnahme vom Verschneidungsverbot besteht für Mykotoxine wie Zearalenon, Deoxynivalenol, Ochratoxin A und Fumonisine. In den Empfehlungen der Kommission zur Prävention und Reduzierung von Fusarientoxinen in Getreide und Getreideprodukten und zum Vorkommen von Deoxynivalenol, Zearalenon, Ochratoxin A, T-2- und HT-2-Toxin sowie von Fumonisinen in Futtermitteln werden Richtwerte für diese Stoffe genannt [19, 22]. Mit der Festlegung dieser Richtwerte ist das Verschneiden von belasteten Futtermitteln möglich [23].

Die zunächst in verschiedenen Richtlinien behandelten Teilbereiche der Futtermittelhygiene wurden in der VO (EG) Nr. 1774/2002 zusammengefasst. Sie beinhaltet Anforderungen an die Futtermittelhygiene mit Vorgaben zur Einführung von HACCP-Systemen und einer Registrierungspflicht.

Fallbeispiel 41.1: Erhöhte Dioxingehalte in Milch (1998)

Bei Screening-Untersuchungen wurden in Baden-Württemberg auffällige Gehalte an Dioxinen in Rohmilch entdeckt. Als Ursache konnten schließlich als Futtermittel eingesetzte Zitruspellets aus Brasilien ermittelt werden. Allerdings erwiesen sich die zur Herstellung eingesetzten Zitrusanteile als unauffällig. Die zur Entsäuerung der im unverarbeiteten Zustand nicht zur Fütterung von Milchvieh geeigneten Zitrusabfälle eingesetzten urzeitlichen Kalkverbindungen konnten schließlich als Ursache des Dioxineintrags ausgemacht werden. Hierbei zeigte sich, dass auch in der Natur ohne Zutun des Menschen durch Verbrennungsvorgänge große Mengen an Dioxinen gebildet werden können. Nur eine lückenlose Kontrolle der Rohstoffe für Futtermittel kann derartige Einträge in die Lebensmittelproduktion verhindern (Quelle: Newsletter MUVA Kempten).

Fallbeispiel 41.2: Mit PCB und Dioxinen verseuchte Futtermittel in Belgien (1999)

Gebrauchte Schmieröle und die darin enthaltenen PCB und Dioxine gelangten über dubiose Entsorgungsfirmen in Vorprodukte für Tierfutter. Aufgefallen war ein plötzliches Sterben vieler Tiere in Geflügelzuchtbetrieben durch Überschreiten der letalen Dosis. PCB und Dioxine lagern sich im Fettgewebe der Tiere ab und gelangen so in die Nahrungskette des Menschen. Insbesondere unter den Dioxinen gibt es hochgiftige Einzelsubstanzen. Betroffen waren seinerzeit tausende von Bauernhöfen in Belgien, die das Tierfutter eingesetzt hatten (Quelle: Newsletter MUVA Kempten).

Fallbeispiel 41.3: Kartoffelschalen mit Dioxin verunreinigt (2004)

In einem Produktionsbetrieb für Pommes frites in den Niederlanden wurde Kaolin-Ton aus Deutschland als Trennhilfsmittel bei der Sortierung verwendet. Während die Pommes frites keine überhöhten Dioxin-Werte aufwiesen, waren die mit dem Ton vermischten Schalen und die aussortierten ungeschälten Kartoffeln deutlich mit Dioxin angereichert. Sie wurden als Futtermittel an landwirtschaftliche Betriebe abgegeben (Quelle: BMVEL-Pressemitteilung Nr. 302 vom 4. November 2004).

Fallbeispiel 41.4: Melamin in Tierfutter (2007)

Um einen höheren Stickstoffgehalt vorzutäuschen, wurde in China Weizengluten u. a. mit Melamin versetzt. Dieses Produkt wurde in die Vereinigten Staaten exportiert und dort vor allem als Zutat in Heimtiernahrung verwendet. Im März 2007 erhielt die FDA erstmals Hinweise, dass Hunde und Katzen nach dem Genuss der fraglichen Tiernahrung erkrankten und starben. Im Zug der daraufhin einsetzenden Ermittlungen wurde auch in Reisproteinkonzentrat Melamin und die verwandte Verbindung Cyanursäure gefunden (Quelle: EFSA-Stellungnahme vom 7. Juni 2007).

41.2.2
Nationale Regelungen

Auf nationaler Ebene erforderten die gemeinschaftlichen Rechtsetzungsakte in ihrer Gesamtheit grundsätzliche Anpassungen bisheriger Rechtsvorschriften, die sich in dem neuen Lebensmittel-, Bedarfsgegenstände- und Futtermittelgesetzbuch (LFGB) widerspiegeln [15]. Das Gesetzbuch beinhaltet im ersten Abschnitt Begriffsbestimmungen sowohl für Lebensmittel als auch für Futtermittel (§§ 1–4 LFGB [15]). In den folgenden Abschnitten sind Regelungen zum Schutz der Gesundheit von Mensch und Tier, Verbote zum Schutz vor Täuschung, das Verbot krankheitsbezogener Werbung und Vorgaben auf dem Gebiet der Verwendung und Zulassung von Zusatzstoffen enthalten (§§ 17, 19, 20, 23 LFGB [15]).

– Unerwünschte Stoffe in Futtermitteln stellen eine Gefahr für die Gesundheit der Tiere dar und können deren Leistung nachteilig beeinflussen. Sie können als Rückstände der von Nutztieren gewonnenen Erzeugnisse für die menschliche Ernährung oder in Exkrementen für den Naturhaushalt bedenklich sein (§ 3 LFGB [15]). Geregelt sind mit (s. u.) Höchstgehalten z. B. Arsen, Blei, Cadmium, Quecksilber, Fluorid, Nitrit, Aflatoxine, Chlordan, DDT und HCH (zu Mykotoxinen in Futtermitteln s. auch Tabelle 17.2).
– Als Mittelrückstände werden Rückstände an Pflanzenschutz-, Vorratsschutz- oder Schädlingsbekämpfungsmitteln bezeichnet (§ 3 LFGB [15]).
– Verbotene Stoffe sind nach der FMV unter anderem Abfälle, gebeiztes Saatgut oder Hausmüll (§ 25 FMV [14]).
– Als unzulässige Stoffe werden verbotene Stoffe nach Art. 7 VO EG Nr. 999/2001, Fette nach § 18 Abs. 1 LFGB, nicht bestimmungsgemäß verwendete zugelassene Zusatzstoffe und nicht mehr als Zusatzstoffe zugelassene Stoffe bezeichnet (s. auch Kap. 15.3) [15, 16, 30, 32].

Alle Erzeugnisse mit über den Grenzwerten liegenden Gehalten an unerwünschten Stoffen dürfen nicht in den Verkehr gebracht oder verwendet werden. Sie dürfen auch nicht zu Verdünnungszwecken mit gleichen oder anderen zur Tierernährung bestimmten Stoffen gemischt werden (Verschneidungsverbot) (§ 23

Tabelle 41.1. Kennzeichnungsbeispiel eines Mischfuttermittels (§§ 11–14 FMV [14])

Alleinfuttermittel für Mastschweine von etwa 35 kg an	
Zusammensetzung: Weizen 36%, Sojaextraktionsschrot, dampferhitzt 14%, ...	
Inhaltsstoffe:	Zusatzstoffe je kg:
Rohprotein 17,0%	Vitamin A 10 000 I. E.
Lysin 1,0%	Vitamin D_3 1 500 I. E.
Rohfett 3,5%	Vitamin E 60 mg
Rohfaser 4,5%	Kupfer 20 mg
Rohasche 5,0%	
Nettogewicht	
Verwendungszweck/Fütterungshinweis	
Mindesthaltbarkeitsdatum	
Angabe zur Haltbarkeit der Vitamine	
Bezugsnummer der Partie	
Name und Anschrift des für das Inverkehrbringen innerhalb der EG Verantwortlichen	

FMV [14]). Eine Ausnahme besteht für Futtermittel mit überhöhten Gehalten an Begasungsmitteln [§ 24b FMV]. Die Ursachen für Überschreitung der Höchstgehalte an unerwünschten Stoffen müssen ermittelt und beseitigt werden (möglicherweise durch Reinigung oder Dekontamination). Außerdem können Aktionsgrenzwerte als Auslöseschwelle für amtliche Maßnahmen festgelegt werden. Im Juli 2006 wurden solche Aktionsgrenzwerte für Dioxin und dioxinähnliche PCB in Futtermitteln eingeführt (§ 23a FMV [14]). Aktionsgrenzwerte sind Schwellenwerte unterhalb festgesetzter Höchstgehalte, bei deren Überschreiten die Futtermittelunternehmen gemeinsam mit den zuständigen Überwachungsbehörden eine Ursachenaufklärung mit dem Ziel einer Beseitigung der Ursachen betreiben müssen [27].

Die Kennzeichnung der Futtermittel erfolgt nach den rechtlichen Vorgaben der FMV [14]. Für jede Kategorie (z. B. Einzel-, Mischfuttermittel, Zusatzstoffe) gibt es neben den allgemeinen Anforderungen spezielle Regelungen. Bestimmte Futtermittel, Zusatzstoffe und Vormischungen für die Tierernährung dürfen nur von Betrieben hergestellt, behandelt oder in Verkehr gebracht werden, wenn diese Betriebe von den nach Landesrecht zuständigen Behörden anerkannt oder registriert sind. Das Verzeichnis der anerkannten und registrierten Betriebe auf dem Futtermittelsektor wird im Bundesanzeiger bekannt gemacht und auf den Internetseiten des BVL veröffentlicht.

41.3
Warenkunde

„Futtermittel sind im ernährungsphysiologischen Sinne Stoffe pflanzlicher, tierischer oder mineralischer Herkunft, die von Tieren verzehrt und im Stoffwechsel der Tiere verarbeitet werden. Sie enthalten Stoffe, die für das Tier wichtig oder nützlich sind, aber auch Stoffe, die den Tierkörper passieren, ohne eine Nährwirkung auszuüben." Dieses Zitat von Wöhlbier hat weiterhin seine Gültigkeit [1]. Futtermittel sind an die speziellen Bedarfsansprüche der verschiedenen Tierarten und deren Nutzung angepasst. Futtermittel für unterschiedliche Tierarten unterscheiden sich in der mengenmäßigen Zusammensetzung der Inhaltsstoffe erheblich. Dies gilt innerhalb der Tierarten je nach Alter der Tiere und/oder deren Nutzung. Im Sinne des LFGB sind Futtermittel Stoffe oder Erzeugnisse, auch Zusatzstoffe, verarbeitet, teilweise verarbeitet oder unverarbeitet, die zur oralen Tierfütterung bestimmt sind (§ 2 LFGB, Art. 3 Basis-VO [11, 15]). Auch Futtermittel für Tiere, die nicht der Lebensmittelgewinnung dienen, sind Futtermittel im Sinn des Gesetzes.

41.3.1
Einzelfuttermittel

Das sind einzelne Stoffe, wie z. B. Getreide, Samen, Früchte, aber auch Verarbeitungsprodukte wie Sojaextraktionsschrot, Mineralstoffe, Proteinerzeugnisse aus Mikroorganismen, Aminosäuren und ihre Salze und nichtproteinhaltige Stickstoffverbindungen. Den Einzelfuttermitteln stehen einzelne Stoffe gleich, die zur Verwendung als Trägerstoffe für Vormischungen bestimmt sind (§ 3 LFGB [15]).

41.3.2
Mischfuttermittel

Sie bestehen aus zwei oder mehreren Einzelfuttermitteln mit oder ohne Zusatzstoffe. Diese Futtermittel werden speziell für die Anforderungen der unterschiedlichen Tierarten oder Altersgruppen zusammengestellt (§3 LFGB [15]). Je nach Verwendungsart wird zwischen Allein- und Ergänzungsfuttermitteln differenziert.

Alleinfuttermittel sind Mischfuttermittel, die auch bei ausschließlicher Verwendung den Gesamtbedarf der jeweiligen Tierart decken (§ 1 FMV [14]).

Ergänzungsfuttermittel haben die Aufgabe, Einzel- oder Mischfuttermittel so zu ergänzen, dass insgesamt eine bedarfsgerechte Versorgung gewährleistet ist (§ 1 FMV [14]).

Diätfuttermittel sind Mischfuttermittel, die den besonderen Ernährungsbedarf der Tiere decken, bei denen insbesondere Verdauungs-, Resorptions- oder Stoffwechselstörungen vorliegen oder zu erwarten sind (§ 3 LFGB [15]).

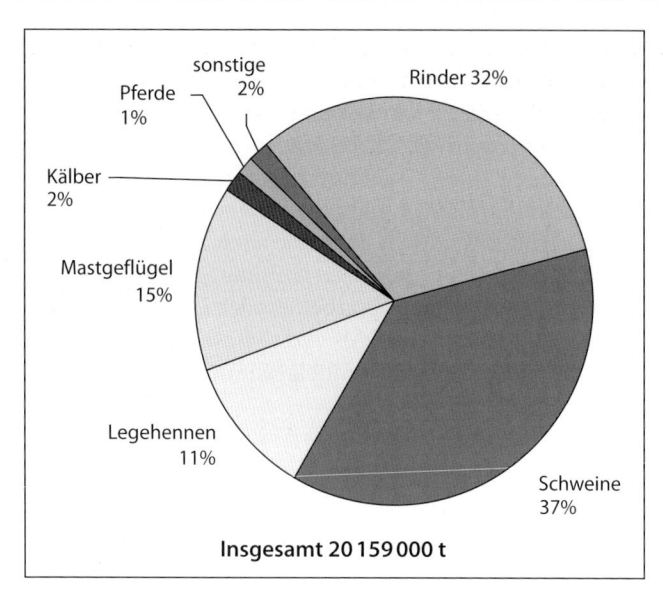

[Pie chart: Mischfuttermittelherstellung in Deutschland]
- Rinder 32%
- sonstige 2%
- Pferde 1%
- Kälber 2%
- Mastgeflügel 15%
- Legehennen 11%
- Schweine 37%
- Insgesamt 20 159 000 t

Abb. 41.1. Mischfuttermittelherstellung in Deutschland für einzelne Tierarten bzw. -kategorien [28]

41.3.3
Futtermittelzusatzstoffe

Hierzu zählen Stoffe, die einzeln oder in Form von Zubereitungen dazu bestimmt sind, Futtermitteln zugesetzt zu werden, um die Beschaffenheit der Futtermittel oder der tierischen Erzeugnisse zu beeinflussen, den Bedarf an bestimmten Nähr- oder Wirkstoffen oder bestimmte zeitweilige ernährungsphysiologische Bedürfnisse der Tiere zu decken oder besondere Ernährungszwecke zu erreichen [24].

Als Zusatzstoffe werden technologische Zusatzstoffe (Konservierungsmittel, Antioxidationsmittel, Emulgatoren, Stabilisatoren, Verdickungsmittel, Geliermittel, Bindemittel, Dekontaminationsstoffe, Trennmittel, Säureregulatoren, Silierzusatzstoffe und Vergällungsmittel), sensorische Zusatzstoffe (färbende Stoffe einschließlich Pigmenten und Aromastoffe), ernährungsphysiologische Zusatzstoffe (Verbindungen von Spurenelementen, Aminosäuren, Harnstoff und seine Derivate, Vitamine, Provitamine), zootechnische Zusatzstoffe (Verdaulichkeitsförderer, Darmflorastabilisatoren, Stoffe, die die Umwelt günstig beeinflussen, sonstige zootechnische Zusatzstoffe) verwendet. Verdaulichkeitsförderer sind Stoffe, die bei der Verfütterung an Tiere durch ihre Wirkung auf bestimmte Futtermittel-Ausgangserzeugnisse die Verdauung der Nahrung verbessern. Mikrobielle Zusatzstoffe zur Stabilisierung der Darmflora dienen der Erhaltung und Wiederherstellung eines ausgewogenen Gleichgewichtszustandes der Magen-Darm-Flora des Wirtsorganismus.

Vormischungen sind Mischungen von Zusatzstoffen mit Futtermittel-Ausgangserzeugnissen oder Wasser als Trägerstoffen oder von Zusatzstoffen untereinander, die nicht für die direkte Verfütterung an Tiere bestimmt sind (§ 3 LFGB [15], Art. 2 VO (EG) Nr. 1831/2003 [24]).

Tabelle 41.2. Prüfung auf unzulässig verwendete Zusatzstoffe in Futtermitteln nach [30]

nicht bestimmungsgemäß verwendete zugelassene Zusatzstoffe	nicht mehr als Zusatzstoffe zugelassene Stoffe	verbotene bzw. verschleppte pharmakologisch wirksame Stoffe[a]
Avilamycin	Amprolium	Amoxicillin
Decoquinat	Amprolium-Ethopabat	Ampicillin
Diclazuril	Aprinocid	Chlortetracyclin
Flavophospholipol	Avoparcin	Chloramphenicol
Halofuginon-Hydrobromid	Carbadox	Docycyclin
Lasalocid-A-Natrium	Dimetridazol	Erythromycin
Maduramycin-Ammonium-Alpha	Dinitolmid	Furazolidon
Monensin-Natrium	Ipronidazol	Lincomycin
Narasin	Metichlorpindol	Medroxyprogesteronacetat
Narasin-Nicarbazin	Metichlorpindol-Methylbenzoquat	Nitrofurantoin
Robenidin-Hydrochlorid	Nicarbazin	Nitrofurazon
Salinomycin-Natrium	Nifursol	Oxytetracyclin
Semduramycin-Natrium	Olaquindox	Penicillin
	Ronidazol	Sulfonamide
	Spiramycin	Tetracyclin
	Tetracyclin	Tiamulin
	Tylosinphosphat	Trimethoprim
	Virginiamycin	
	Zinkbacitracin	

[a] Die Auswahl erfolgte nach Auffälligkeiten im nationalen Kontrollprogramm, nach Meldungen im Rahmen des Schnellwarnsystems und nach Beanstandungen der amtlichen Futtermittelkontrolle. Berücksichtigung finden auch klassische Tierarzneimittel mit hohem Marktanteil (s. auch Kap. 15.2.2).

41.4 Qualitätssicherung

41.4.1 Eigenkontrolle

Bei der Erzeugung oder Herstellung von Futtermitteln ist auch bei größter Sorgfalt nicht auszuschließen, dass Schadstoffe in den Prozess gelangen können. Hier sind das Qualitätsmanagement des Herstellers (Landwirt ist auch Hersteller) und des Händlers gefordert, die Sicherheit der Futtermittel zu gewährleisten bzw. zu überprüfen. So hat im Dezember 2001 eine Normenkommission im Zentralausschuss der Deutschen Landwirtschaft (einem freiwilligen Zusammenschluss von Spitzenverbänden) eine Positivliste für Einzelfuttermittel vorgelegt, die laufend überarbeitet wird [33]. Die in den Datenblättern enthaltenen Futtermittel können sowohl als Einzelfuttermittel direkt als auch als Bestandteile von Mischfuttermitteln Verwendung finden. Die Liste gibt einen Überblick über gängige Einzelfuttermittel für Nutztiere und ihre Spezifikationen. Neuaufnahmen und Streichungen sind möglich. Wesentliche Vorgaben für eine Aufnahme sind dort niedergelegt. Das Qualitätsmanagement der Hersteller und Händler wird ebenso wie die Verwendung am Ort der Verfütterung durch die amtliche Kontrolle überprüft.

41.4.2
Amtliche Futtermittelkontrolle

Die Überwachungsmechanismen der amtlichen Futtermittelkontrolle greifen nicht nur bei bereits in Verkehr gebrachten Futtermitteln, sondern auch schon bei den auf dem Feld stehenden Früchten und den im Silo des Erzeugers lagernden landwirtschaftlichen Produkten.

Die Durchführung der Probenahme erfolgt ohne Anmeldung. Der amtlich bestellte und geschulte Probennehmer besichtigt Betriebe der Futtermittelhersteller, landwirtschaftliche Betriebe oder auch Lebensmittelketten, die Tierfutter anbieten, kontrolliert die Lagerung der Futtermittel auf Vorschriftsmäßigkeit und entnimmt Proben. In der Regel werden stichprobenartige Kontrollen und bei Verdacht Untersuchungen auf verbotene, unzulässige und unerwünschte Stoffe oder Pflanzenschutzmittelrückstände durchgeführt. In Deutschland obliegt die Futtermittelüberwachung der Hoheit der Länder. Die Kontrolle ist somit Aufgabe der Landesbehörden. Diese benennen akkreditierte Labore, in denen die entsprechenden Untersuchungen durchgeführt werden. Die verwendeten Methoden sind in der Regel amtliche Methoden. Für einen Stoff, für den es noch keine von der EU anerkannte Methode gibt, sind andere validierte Methoden einsetzbar.

41.4.3
Nationales Kontrollprogramm

Im Rahmen der Futtermittelüberwachung wird jährlich ein nationaler Kontrollplan von den Futtermittelreferenten der Länder erarbeitet. Dieser berücksichtigt sowohl die Vorgaben der entsprechenden EU-Gremien als auch die Auswertung der jeweiligen Vorjahresergebnisse [25]. Art und Anzahl der Stoffe, die in den einzelnen Futtermittelarten untersucht werden sollen, werden detailliert festgelegt. Stoffe, die im Rahmen der Überwachung auffällig geworden sind, werden vermehrt kontrolliert. Auch eine stichprobenartige Qualitätskontrolle auf de-

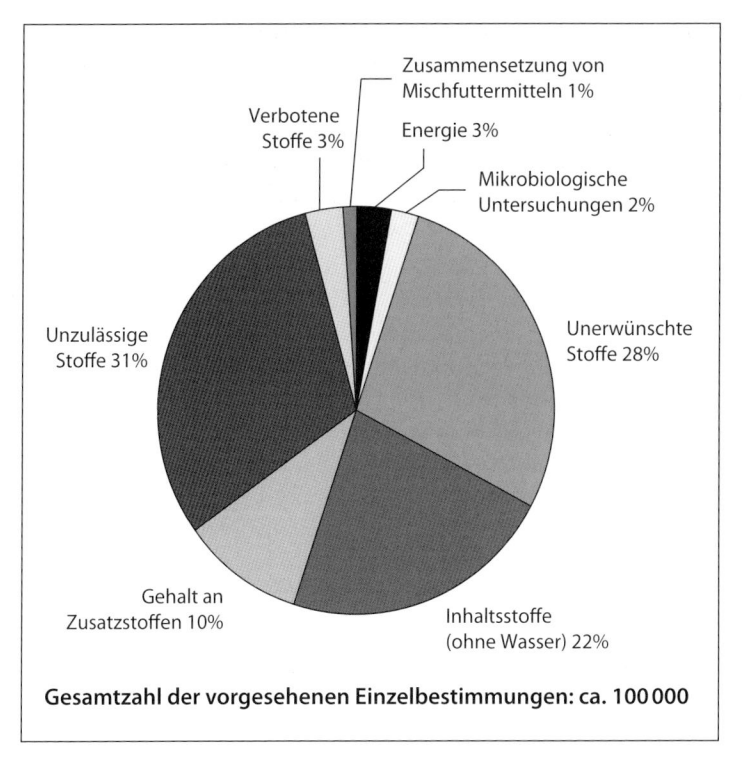

Abb. 41.2. Nationaler Kontrollplan Futtermittelsicherheit 2007 risikoorientierte Verteilung der Untersuchungen [30]

klarierte Inhaltsstoffe wird durchgeführt. Im Rahmen des nationalen Kontrollprogrammes Futtermittelsicherheit 2004 wurden 121 797 Einzelbestimmungen durchgeführt. Die Zahlen für 2007–2011 sollen sich in der gleichen Größenordnung bewegen. Die Gesamtzahl der jährlich vorgesehenen Einzelbestimmungen wird etwa bei 100 000 liegen.

Bei schwerwiegenden Verstößen gegen die Sicherheit der Futter- und Lebensmittel ist die Möglichkeit einer Warnung über das EU-weite Schnellwarnsystem gegeben. Die Meldung wird dem entsprechenden Futtermittelreferenten des Bundeslandes von der Überwachungsbehörde zeitnah zugestellt. Dieser informiert das BVL, das die Weitergabe der Daten an die entsprechende EU-Behörde veranlasst. Diese wiederum unterrichtet die zuständigen Stellen der Mitgliedstaaten (s. auch Kap. 1.6 mit Abb. 1.12).

Auffälligkeiten bei Futtermitteln im Europäischen Schnellwarnsystem (RASFF) [34] in der ersten Jahreshälfte 2009:

Aufgefallen sind überwiegen Einzelfuttermittel mit mikrobiologischer Verunreinigung durch Salmonellen und mit Schimmelpilzgiften (Aflatoxine). Die Futtermittel (pflanzliche und tierische) kamen überwiegend aus Drittländern. Auch ein erhöhter Gehalt an Schwermetallen (Blei, Cadmium) wurde bei einzelnen Mineralfuttermitteln festgestellt. Futtermittelzusatzstoffe waren bis auf eine Ausnahme (hoher Bleigehalt in Tonmineralien) nicht auffällig. Futtermittel aus Schwellenländern wiesen auch überhöhte Gehalte an Dioxinen und PCB auf, die insbesondere auf die niedrigen Umweltstandards bei erheblich ansteigender Industrieproduktion zurückzuführen sind.

41.4.4
Laboruntersuchung

Die zielgerichtete Bewertung qualitätsrelevanter Parameter einzelner Futtermittel erfordert im Vorfeld der eigentlichen Analytik im Untersuchungslabor eine repräsentative Probenahme und eine sich daran anschließende matrixspezifische Probenvorbereitung. Die Probenvorbereitung im Labor ist meistens mit einer Probenteilung verbunden. Die eingesandte Sammelprobe wird hierbei unter Beibehaltung der charakteristischen Zusammensetzung zu einer Analysenprobe aufbereitet [4, 9]. Die sich anschließende Laboruntersuchung umfasst neben chemischen, auch sensorische, mikroskopische, physikalische und mikrobiologische Analysenmethoden. Wesentliche Qualitätsparameter eines Futtermittels, wie Futterwert oder etwaige Kontaminationen, werden überwiegend im Rahmen der chemischen Analytik bestimmt, wobei die angewandten Analysenverfahren in drei Gruppen eingeteilt werden können.

- Die erste Gruppe beinhaltet die amtlichen Methoden. Hierbei handelt es sich um Analysenverfahren, die aufgrund von Richtlinien der Kommission der Europäischen Gemeinschaften in nationales Recht übernommen werden.
- Verbandsmethoden bilden die zweite Gruppe. Es sind Analysenmethoden des Verbandes Deutscher Landwirtschaftlicher Untersuchungs- und Forschungsanstalten (VDLUFA).
- Die dritte Gruppe schließlich umfasst alle sonstigen Methoden, die nicht den beiden oben genannten Gruppen zugeordnet werden können.

Eine Sammlung der gebräuchlichsten Untersuchungsverfahren einschließlich amtlicher Methoden, die auf dem Gebiet der Futtermittelanalytik angewandt werden, beinhalten die Methodenbücher des VDLUFA [5]. Diese Methodensammlungen sind in ihrer Zielsetzung mit der Amtlichen Sammlung von Untersuchungsverfahren (ASU) nach § 64 LFGB vergleichbar. Charakteristische Anwendungsmöglichkeiten einer sensorischen Prüfung sind neben der Identifizierung der Futtermittelart und -zusammensetzung, eine Kontrolle auf wahrnehmbare Kontaminationen (Giftpflanzenteile, Pilzbefall) sowie die Festlegung der Probenvorbereitungsart und ggf. der zu analysierenden Parameter [4]. Mikroskopische Untersuchungen der Futtermittel können u. a. Aufschluss über die Zusammensetzung, einen möglichen Schimmelpilzbefall oder einen Befall mit Vorratsschädlingen geben. In Verbindung mit chemischen Anfärbeverfahren oder mit Hilfe spezieller Filter ist der Nachweis von Zusatzstoffen, Mineralstoffen und anderen Futtermittelkomponenten möglich. Im Rahmen der BSE-Prävention ist zur Kontrolle der Futtermittel auf tierische Bestandteile eine mikroskopische Prüfung als offizielle Untersuchungsmethode vorgeschrieben [8, 10] (zu BSE s. auch Kap. 10.3.1). Zur Beurteilung der mikrobiologischen Qualität eines Futtermittels ist die mikrobiologische Analytik unabdingbar. Die Bestimmungen der Indikatorkeime erfolgen nach dem Kulturverfahren, wobei zwischen produkttypischen und verderbanzeigenden Mikroorganismen unterschieden wird. Eine Einteilung in verschiedene Keimgruppen, produkt- und keimspezifische Keimzahlstufen (Orientierungswerte) und daraus resultierende mikrobiologische Qualitätsstufen ermöglichen eine vergleichende Bewertung der Untersuchungsergebnisse [4,6] (Angaben zur Analytik von Mykotoxinen s. auch in Kap. 10.3.1 und Kap. 17.4.2).

Die Analytik der unterschiedlichen Inhaltsstoffe und Schadstoffe ist im Rahmen der EU im Begriff vereinheitlicht zu werden. Die Methodenentwicklung wird EU-weit durchgeführt. Spezielle Methoden zur Analyse von Futtermitteln, die nach hohem Standard vom VDLUFA [35] über eine Vielzahl von Enqueten abgesichert wurden und in Deutschland als amtliche Futtermittelmethoden gelten, befinden sich in der Anerkennung als EU-Methoden. Für Futtermitteluntersuchungen wurde vom zuständigen DIN-Ausschuss ein Spiegelgremium zur Mitarbeit beim CEN [36] etabliert.

41.5
Literatur

Weiterführende Literatur

1. Kling M, Wöhlbier W (1983) Handelsfuttermittel, Verlag Eugen Ulmer, Stuttgart
2. Jeroch H, Flachowsky G, Weißbach F (1993) Futtermittelkunde, Urban & Fischer Verlag, München
3. Weiß J, Papst W, Strack KE, Granz S (2000) Tierproduktion, 12. Auflage. Paul Parey Verlag, Stuttgart
4. von Lengerken J (2004) Qualität und Qualitätskontrolle bei Futtermitteln, 1. Auflage. Deutscher Fachverlag GmbH, Frankfurt am Main
5. Naumann C, Bassler R, Seibold R, Barth C (1997) Verband Deutscher Landwirtschaftlicher Untersuchungs-und Forschungsanstalten, Methodenbuch Band III, Die chemische Untersuchung von Futtermitteln, 4. Ergänzungslieferung. VDLUFA-Verlag, Darmstadt
6. Kamphues J, Coenen M, Kienzle E, Pallauf J, Simon O, Zentek J (2004) Supplemente zu Vorlesungen und Übungen in der Tierernährung, 10. Auflage. Verlag M. & H. Schaper, Alfeld-Hannover
7. Gassner G, Hohmann B, Deutschmann F (1989) Mikroskopische Untersuchung pflanzlicher Lebensmittel, 5. Auflage. Gustav Fischer Verlag, Stuttgart
8. Klein H, Marquard R (2003) Futtermittel-Mikroskopie, Atlas zur mikroskopischen Untersuchung pflanzlicher und tierischer Futtermittel, 1. Auflage. Agrimedia GmbH, Bergen/Dumme

Rechtliche Grundlagen

9. Verordnung über Probenahmeverfahren und Analysemethoden für die amtliche Futtermittelüberwachung (Futtermittel-Probenahme- und -Analyse-Verordnung) vom 15. März 2000 in der aktuellen Fassung

10. Leitlinien für den mikroskopischen Nachweis und die Schätzung von Bestandteilen L 318, S. 45–50)
11. Basis-VO (s. Abkürzungsverzeichnis 46.2)
12. VO (EG) Nr. 1829/2003 des EP und des Rates vom 22. September 2003 über gentechnisch veränderte Lebensmittel und Futtermittel in der aktuellen Fassung
13. VO (EG) Nr. 1830/2003 des EP und des Rates vom 22. September 2003 über die Rückverfolgbarkeit und Kennzeichnung von gentechnisch Veränderten Organismen und über die Rückverfolgbarkeit von aus gentechnisch veränderten Organismen hergestellten Lebensmitteln und Futtermitteln sowie zur Änderung der RL 2001/18/EG in der aktuellen Fassung
14. FMV (s. Abkürzungsverzeichnis 46.2)
15. LFGB (s. Abkürzungsverzeichnis 46.2)
16. VO (EG) Nr. 999/2001 des EP und des Rates vom 22.Mai 2001 mit Vorschriften zur Verhütung, Kontrolle und Tilgung bestimmter transmissibler spongiformer Enzephalopatien in der aktuellen Fassung
17. VO (EG) Nr. 1774/2002 des EP und des Rates vom 3. Oktober 2002 mit Hygienevorschriften für nicht für den menschlichen Verzehr bestimmte tierische Nebenprodukte in der aktuellen Fassung
18. Kontroll-VO (s. Abkürzungsverzeichnis 46.2)
19. RL 2003/32/EG des EP und des Rates vom 7. Mai 2002 über unerwünschte Stoffe in der Tierernährung (ABl EG Nr. L 140 vom 30.05.2002, S. 10) geändert durch RL 2008/76/EG der Kommission (ABl EG Nr. L 198, S. 37 vom 25. Juli 2008)
20. Kommission der Europäischen Gemeinschaften: Komm (1999) 719 endg., Weißbuch zur Lebensmittelsicherheit vom 12. Januar 2000
21. EG-RHM-VO (s. Abkürzungsverzeichnis 46.2)
22. Empfehlung der Kommission 2006/583/EG vom 17. August 2006 zur Prävention und Reduzierung von Fusarientoxinen in Getreide und Getreideprodukten (ABl EG Nr. L 234/37 vom 29.08.2006)
23. Empfehlung der Kommission 2006/576/EG vom 17. August 2006 betreffend das Vorhandensein von Deoxynivalenol, Zearalenon, Ochratoxin A, T-2- und HT-2-Toxin sowie von Fumonisinen in zur Verfütterung an Tiere bestimmten Erzeugnissen (ABl EG Nr. L 229/7 vom 23.08.2006)
24. VO (EG) Nr. 1831/2003 des EP und des Rates vom 22. September 2003 über Zusatzstoffe zur Verwendung in der Tierernährung in der aktuellen Fassung
25. RL 95/53/EG des Rates vom 25. Oktober 1995 mit Grundregeln für die Durchführung der amtlichen Futtermittelkontrollen
26. Empfehlung der Kommission vom 17. Februar 2004 zu dem koordinierten Kontrollprogramm für das Jahr 2004 im Bereich der Futtermittel nach der Richtlinie 95/53/EG des Rates

Sonstige Quellen

27. Jahresstatistik 2007 über die amtliche Futtermittelüberwachung in Deutschland mit Erläuterungen, Pressemitteilung des BMELV im Internet
28. Struktur der Mischfutterhersteller in Deutschland Wirtschaftsjahr 2003/04, Pressemitteilung des BMVEL im Internet
29. Nationales Kontrollprogramm Futtermittelsicherheit 2004, Pressemitteilung des BMVEL im Internet
30. Rahmenplan der Kontrollaktivitäten im Futtermittelsektor für die Jahre 2007 bis 2011 (Stand: 29. März 2007) Pressemitteilung des BMELV im Internet

31. Verbraucherpolitischer Bericht 2008, Herausgeber: Bundesministerium für Ernährung, Landwirtschaft und Verbraucherschutz, Bonn
32. Fusarien- und Fusarientoxin-Überwachungsprogramm Sachsen-Anhalt, Bericht 2005/2006, Teilbericht Futtermittel, Bearbeiter: Frau Dr. Peterhänsel, Landesanstalt für Landwirtschaft, Forsten und Gartenbau
33. Normenkommission für Einzelfuttermittel im Zentralausschuss der Deutschen Landwirtschaft, Positivliste für Einzelfuttermittel: http://www.futtermittel.net
34. Meldungen im Europäischen Schnellwarnsystem für Lebensmittel und Futtermittel, BVL: http://www.bvl.de
35. Verband Deutscher Landwirtschaftlicher Untersuchungs- und Forschungsanstalten: http://www.vdlufa.de
36. Europäisches Komitee für Normung: http://www.cen.eu

Links

37. Bundesanzeiger: www.bundesanzeiger.de
38. Bundesamt für Verbraucherschutz und Lebensmittelsicherheit: http://www.bvl.bund.de
39. kommerzielle Datenbank u. a. Gesetzestexte: http://www.chemlin.de/shop/uebersicht.htm
40. Europäische Union Rechtstexte: http://www.eur-lex.europa.eu./de/index.htm
41. Deutsche Landwirtschafts-Gesellschaft: http://www.dlg.org

Kapitel 42

Ernährungswissenschaften

Irmgard Bitsch[1] · Roland Bitsch[2]

[1] Justus-Liebig-Universität Gießen, FB 09, Waldbrunnenweg 16, 35396 Gießen
irmgard.m.bitsch@ernaehrung.uni-giessen.de
[2] Institut für Ernährungswissenschaften, Friedrich-Schiller-Universität,
Dornburgerstraße 29, 07749 Jena
roland.bitsch@uni-jena.de

42.1	Einleitung	1103
42.2	Nahrungsenergie	1104
42.3	Protein	1106
42.4	Essentielle Fettsäuren	1108
42.5	Ballaststoffe	1111
42.6	Vitamine, Mengen- und Spurenelemente	1112
42.7	Ermittlung des Ernährungszustandes	1114
42.8	Alkohol	1117
42.9	Diätetische Lebensmittel und Lebensmittel zur besonderen Ernährung	1119
42.10	Rationalisierungsschema der DGEM	1121
42.11	Lebensmittelallergien und Unverträglichkeiten	1123
42.12	Polyphenole	1124
42.13	Arzneimittelinteraktionen	1128
42.14	Funktionelle Lebensmittel	1128
42.15	Literatur	1129

42.1
Einleitung

Seit etlichen Jahren sind Grundlagen und Teilbereiche des Faches „Ernährungswissenschaften" in die Studienordnungen für Lebensmittelchemiker und -technologen aufgenommen worden. Hierzu hat man sich unter anderem deshalb entschlossen, weil ernährungsbezogene Aussagen im Verkehr mit Lebensmitteln und bei deren Beurteilung eine immer größere Bedeutung für die genannten Berufsgruppen gewinnen. Darüber hinaus liegen inzwischen immer mehr Erkenntnisse vor, wonach die Ernährungsweise einen wichtigen und gleichzeitig weitgehend vermeidbaren Risikofaktor für die Mortalität an chronischen Erkrankungen darstellt. Dies gilt z. B. für die häufigsten Todesursachen in Deutschland, die Herz-Kreislauferkrankungen und die bösartigen Tumore (Ernährungsbericht 2004). Im Folgenden wird daher ein kurzer Überblick über einige zentrale Aspekte dieser komplexen und zukunftsträchtigen Disziplin gegeben. Ziel dieser Fachrichtung, deren Wurzeln in Medizin, Natur- und Agrarwissenschaften liegen, ist die Erforschung von Nutzen und Risiken, die sich für den Menschen durch die von ihm praktizierte Ernährungsweise ergeben. Diese sollte hinsichtlich des Gehaltes an Energie und Nährstoffen, nach neuesten Erkenntnissen auch an bioaktiven Nichtnährstoffen, nicht nur ausreichend, sondern auch ausgewogen sein, um die Körperfunktionen und die individuelle Leistungsfähigkeit auf einen optimalen Stand zu bringen und der Entstehung ernährungsbedingter Erkrankungen vorzubeugen. Ein zunächst einfach erscheinendes Maß für die Qualität der Nahrung ist deren Nährstoffdichte. Sie ist definiert als Quotient aus Nährstoffgehalt und physiologischem Brennwert eines Lebensmittels. Die Nährstoffdichte ist ein unerlässlicher Parameter für die Gestaltung einer energiebegrenzten bzw. energieangepassten Ernährung, die jedoch reich an allen essentiellen Nährstoffen sein sollte. Weitere wichtige ernährungsphysiologische Aspekte, die zu berücksichtigen sind, finden sich in den folgenden Abschnitten. Für ergänzende und vertiefende Informationen sei auf die weiterführende Literatur verwiesen.

42.2
Nahrungsenergie

Die Nahrung des Menschen liefert die Energie für Wachstum und Entwicklung, Aufrechterhaltung physiologischer Funktionen, Muskelarbeit und Regeneration von Zellen und Geweben. SI-Einheit der Energie ist das Joule. Der Brennwert der Nahrung wird in kJ berechnet, daneben ist die Angabe in kcal üblich (1 kcal = 4,184 kJ; 1 kJ = 0,239 kcal). Kohlenhydrate, Fette und Proteine sind die Energieträger der Nahrung und als solche untereinander austauschbar (isodynamisch). Der physikalische Brennwert der Nährstoffe kann mittels Kalorimeterbombe bestimmt werden. Er entspricht bei Kohlenhydraten und Fetten in etwa der für den Körper verfügbaren Energie, da diese Nährstoffe im Organismus zu den gleichen Endprodukten (CO_2 und H_2O) abgebaut werden wie in vitro. Der physiologische Brennwert von Proteinen ist dagegen niedriger als der physikalische Brennwert, weil der Aminostickstoff im Organismus nicht vollständig oxidiert wird. Ein Teil der Proteinenergie geht durch Harnausscheidung des Stoffwechselendproduktes Harnstoff verloren.

Ähnlich den Proteinen werden auch die in der Nahrung enthaltenen Purine nicht vollständig abgebaut, sondern auf der Stufe der Harnsäure renal ausgeschieden.

Die in Tabelle 42.1 zusammengefassten Brennwerte der Hauptnährstoffe sind Durchschnittswerte. Für Kohlenhydrate, deren Hauptbestandteil in der Nahrung aus Stärke besteht, wurden die Energiegehalte der bei der Nahrungszubereitung entstehenden Dextrine zugrunde gelegt, für Fette und Proteine Mittelwerte aus verschiedenen pflanzlichen und tierischen Produkten. In der Praxis lassen sich mit diesen Brennwertangaben der Energiegehalt von Lebensmitteln und die Energieaufnahme mit der Nahrung mit ausreichender Genauigkeit errechnen. Der Energiebedarf des Menschen ergibt sich aus dem Gesamtenergieumsatz des Organismus innerhalb von 24 Stunden, wobei der Energieverlust durch nahrungsinduzierte Thermogenese (ca. 6% bei Ernährung mit Mischkost) und durch unvollständige Resorption zu berücksichtigen ist.

Tabelle 42.1a. Brennwerte der Nährstoffe

	Physikalischer Brennwert (kJ/g)	Physiologischer Brennwert (kJ/g)
Kohlenhydrate	17,4	16,9
Fette	39,4	37,4
Proteine	23,7	17,0

Tabelle 42.1b. Physiologische Brennwerte der Nährstoffe (kJ/g) (nach DiätV und NKV)

Verwertbares Fett	37
Verwertbares Protein	17
Verwertbare Kohlenhydrate	17
Ethylalkohol	29
Organische Säuren	13
Mehrwertige Alkohole (Sorbit, Xylit, Isomalt)	10

Richtwerte für die Energiezufuhr von normalgewichtigen Personen unterschiedlichen Alters und Geschlechts sind in den „Referenzwerte für die Nährstoffzufuhr", herausgegeben von der Deutschen Gesellschaft für Ernährung sowie den entsprechenden Fachgesellschaften in Österreich und der Schweiz, veröffentlicht. Bei Abweichungen vom Normbereich, insbesondere bei Übergewicht und bei geringer körperlicher Aktivität (*physical activity level*; PAL-Werte) sind Korrekturen der Richtwerte für die Energiezufuhr notwendig. In den drei genannten Ländern, Deutschland, Österreich und Schweiz, hat generell der Schutz vor einer energetischen Überversorgung mit ihren gesundheitlichen Risiken den Vorrang vor der Sorge um eine unzureichende Zufuhr [28].

Ein langfristiges Über- oder Unterschreiten der optimalen Energiezufuhr für das Individuum lässt sich durch Ermittlung des Körpergewichts abschätzen.

Durch Vergleich mit Normalwerten kann eine Bewertung erfolgen. Für Säuglinge und Kinder (bis zum Abschluss des Wachstumsalters) gibt es hierfür geeignete Somatogramme, in denen Normalwerte von Körpergewicht und -länge für jedes Lebensalter (in Jahren) zusammengestellt sind. Für den Erwachsenen benutzt man einfache Rechenformeln. Die gebräuchlichsten sind folgende:

- Normalgewicht nach Broca [kg] = Körperlänge [cm] − 100,
- Körpermasseindex (*Body-Mass-Index*, BMI) nach Quételet
  = Körpergewicht [kg] × (Körperlänge [m])$^{-2}$.

Ein hochgradiges Übergewicht liegt vor, wenn das Körpergewicht das Normalgewicht (Sollgewicht) nach Broca um 20–30% überschreitet, bzw. der Körpermasseindex größer als 30 ist. Von Untergewicht spricht man ab einem Körpergewicht von mehr als 15% unter dem Normalgewicht nach Broca, bzw. einem Körpermassenindex kleiner als 20 bei Männern und 19 bei Frauen.

42.3
Protein

Nahrungsprotein liefert die zum Aufbau körpereigener Proteine und zahlreicher Wirkstoffe benötigten Aminosäuren. Einige Aminosäuren sind für den Organismus nicht durch körpereigene Biosynthese zugänglich, sondern müssen in ausreichender Menge mit der Nahrung zugeführt werden.

Essentiell sind für den Menschen:

Isoleucin, Leucin, Lysin, Methionin, Phenylalanin, Threonin, Tryptophan, Valin; bedingt auch Arginin und Histidin.

Nicht essentiell sind:

Alanin, Asparagin, Aspartat, Cystein, Glutamin, Glutamat, Glycin, Prolin, Serin, Tyrosin.

Die biologische Wertigkeit der Nahrungsproteine hängt von dem Ausmaß ab, mit dem sie zum Aufbau körpereigener Proteine beitragen können und wird daher in erster Linie durch ihren Gehalt an essentiellen Aminosäuren bestimmt. Enthält ein Nahrungsprotein keine ausreichenden Mengen einer oder mehrerer essentieller Aminosäuren, so können bestimmte Aminosäuresequenzen körpereigener Proteine nicht synthetisiert werden. Somit sind auch die übrigen Aminosäuren des Nahrungsproteins nicht biosynthetisch verwertbar und fließen in den katabolen Stoffwechsel. Die in der geringsten Konzentration vorhandene essentielle Aminosäure limitiert daher die Wertigkeit eines Nahrungsproteins. Viele Pflanzenproteine haben einen niedrigen Gehalt an Lysin (z. B. alle Getreideproteine) und oft auch an Methionin (z. B. Weizen-, Roggen- und Haferproteine), manche tierischen Proteine sind arm an Methionin (z. B. Casein der Kuhmilch). Durch gezielte Kombination kann dann eine höhere Wertigkeit erreicht werden, wenn sich verschiedene Proteine in ihrer Aminosäurenzusammensetzung ergänzen. Gut gelingt dies z. B. mit dem Kartoffel- und dem Volleiprotein (Tabelle 42.2). Die Mischung aus beiden übertrifft die Wertigkeit der einzelnen Komponenten beträchtlich, so dass schon mit geringen Mengen eine ausgeglichene Stickstoffbilanz erzielt werden kann. Eine Kartoffel-Ei-Diät findet daher bei terminaler Niereninsuffizienz Anwendung [22].

Für die exogene Proteinzufuhr existiert – im Unterschied zu Fetten und Kohlenhydraten – ein Mindestbedarf. Dessen Abschätzung ist beim Menschen möglich durch Bestimmung der kleinsten Nahrungsproteinmenge, bei der Stickstoffaufnahme und Stickstoffausscheidung, (vor allem mit Harn und Faeces) im Gleichgewicht stehen. Unabdingbare Voraussetzung für derartige Stickstoffbilanzuntersuchungen ist die ausreichende Deckung des Energiebedarfs der Probanden mit Fett und Kohlenhydraten, da ansonsten Protein zur Energiegewinnung metabolisiert wird. Der so ermittelte durchschnittliche Mindestbedarf beträgt für Erwachsene etwa 54 mg N bzw. 0,34 g Protein (biologische Wertigkeit ca. 100) pro kg Körpergewicht und Tag. Durch einen Zuschlag von jeweils 30% zum Mindestbedarf werden einerseits mögliche Steigerungen des Eiweißumsatzes (z. B. durch Stress, Erkrankungen, Verletzungen, Hormone) und andererseits Unterschiede in der Bioverfügbarkeit (Absorptionsquote i. d. R. < 100%) berücksichtigt. Da bei einer gemischten Kost eine durchschnittliche Proteinwertigkeit von 70 zugrunde gelegt wird, muss ein weiterer Zuschlag in die Kalkulation einbezogen werden. Die daraus resultierende empfohlene Zufuhr (faktorielle Bilanzmethode) beträgt somit

- 0,8 g Protein pro kg Körpergewicht und Tag,
- bzw. 55 g Protein für die Standardperson von 70 kg.

Tabelle 42.2. Relative biologische Wertigkeit tierischer und pflanzlicher Proteine und Proteinkombinationen

Vollei	94–100
Milch	92–100
Rindfleisch	67–94
Fisch	94
Kartoffeln	71–79
Soja	86
Weizen	50–60
Reis	68–77
Mais	60
Bohnen	60
Vollei + Kartoffeln	136
Vollei + Soja	123
Vollei + Milch	122
Vollei + Reis	106
Milch + Weizen	110
Bohnen + Mais	100

Nach § 14a DiätV, Anlage 17 muss der Brennwert von Lebensmitteln für kalorienarme Ernährung zu mindestens 25% und zu höchstens 50% auf hochwertige Proteine entfallen (s. Kap. 34.3.5).

Proteinmangel während des Wachstums führt zu körperlicher, bei extremer Ausprägung auch zu geistiger Minderentwicklung. Schädigungen durch überhöhte Zufuhr sind bei gesunden Erwachsenen bisher nicht bekannt geworden. Allerdings ist zu bedenken, dass die renale Calciumausscheidung beim Menschen durch proteinreiche Ernährung stimuliert wird und somit durch langfristig überhöhte Proteinzufuhr eine negative Calciumbilanz resultieren kann. Weiterhin ist zu beachten, dass tierische Proteinträger auch Cholesterin und Purine enthalten (praktisch purinfrei sind nur Milch und Hühnereier), deren Zufuhr möglichst eingeschränkt werden sollte. Im Allgemeinen wird eine ausgewogene Mischung tierischer und pflanzlicher Proteine als optimal für die menschliche Ernährung angesehen. Eine ausschließliche Ernährung mit Proteinen pflanzlicher Herkunft ist möglich – abgesehen vom Säuglings- und Kleinkindalter – wenn eine besonders sorgfältige Lebensmittelauswahl getroffen und die Ergänzungswirkung verschiedener Proteine berücksichtigt wird.

42.4
Essentielle Fettsäuren

Mehrfach ungesättigte n-6- und n-3-Fettsäuren kann der menschliche Organismus wegen Fehlens entsprechender Enzymsysteme nicht synthetisieren. Sie müssen daher mit der Nahrung zugeführt werden. Ursprünglich bezeichnete man die Gruppe der essentiellen Fettsäuren als Vitamin F. Dieser Begriff gilt heute als obsolet, da essentielle Fettsäuren dem Organismus in höheren Konzentrationen zugeführt werden müssen als Vitamine. Weiterhin sind essentielle Fettsäuren integrale Bestandteile von Biomembranen, Vitamine dagegen sind definitionsgemäß keine Strukturelemente, sondern üben katalytische Funktionen im Stoffwechsel aus. Reiche Quellen für n-6-Fettsäuren sind pflanzliche Öle, n-3-Fettsäuren finden sich besonders im Fett von Kaltwasserfischen (s. auch Tabelle 23.1 zu Kap. 23.3). Die einfachsten Vertreter sind einerseits die Linolsäure (18:2 n-6), andererseits die α-Linolensäure (18:3 n-3), aus denen im Körper durch Kettenverlängerung und Einführung neuer Doppelbindungen zum Carboxylende hin höhermolekulare ungesättigte Fettsäuren synthetisiert werden. Dies sind in der n-6-Reihe hauptsächlich die Arachidonsäure (20:4 n-6) und in der n-3-Reihe die Eicosapentaensäure (20:5 n-3) und die Docosahexaensäure (22:6 n-3). Arachidon- und Eicosapentaensäure sind Vorstufen für die Bildung von Prostaglandinen, Prostazyklin, Thromboxanen und Leukotrienen (Eicosanoide).

Linolsäure, α-Linolensäure und deren längerkettige Derivate bilden mit ca. 16% einen wichtigen Bestandteil in der Fettfraktion der Muttermilch. Im Nervengewebe und in den Photorezeptoren der Netzhaut finden sich besonders hohe Konzentrationen an Docosahexaensäure (n-3).

Aufgrund der Konkurrenz um das gleiche Enzymsystem, sollte das Verhältnis von zugeführten n-6- zu n-3-Fettsäuren 5:1 betragen (Vermeidung von antagonistischen/negativen Stoffwechseleffekten). Der mittlere Bedarf für den jungen gesunden Erwachsenen an Linolsäure wird mit 6,5 g pro Tag angegeben. Unter Berücksichtigung eines entsprechenden Sicherheitszuschlags ergibt sich eine Zufuhrempfehlung von rund 2,5% der Gesamtenergie. Der Schätzwert für die n-3-Fettsäuren liegt dementsprechend bei rund 0,5% der Energiezufuhr. Zufuhrdaten für sämtliche Altersgruppen mit ausführlichen Erläuterungen sind mittlerweile in den „Referenzwerten für die Nährstoffzufuhr" zu finden [28].

Als Folge eines Defizits von Polyenfettsäuren der n-6-Reihe im Säuglings- und Kleinkindalter wurden Dermatosen und Wachstumsminderungen beschrieben, die durch eine Linolsäure-Applikation therapiert werden konnten. Über einen n-3-Fettsäuremangel beim Menschen mit klinischer Symptomatik wurde bisher nur vereinzelt berichtet. Es handelte sich jeweils um Patienten, die über längere Zeit eine parenterale oder Sondenernährung erhalten hatten. Wieweit in diesen Fällen ein spezifisches n-3-Fettsäuredefizit vorlag, ist bei der schweren Grunderkrankung der Patienten kaum abschätzbar. Ein Mangel an essentiellen Fettsäuren ist jedoch extrem selten, da ein gesunder und vollwertig ernährter Erwachsener, aufgrund der Speicherung im Fettgewebe, über Monate auf eine exogene Zufuhr verzichten kann.

[Nach § 14a DiätV, Anlage 17 müssen Erzeugnisse, die als Ersatz einer Tagesration bestimmt sind, mindestens 4,5 g Linolsäure, enthalten (s. Kap. 34.3.5)]

Zur ernährungsphysiologischen Beurteilung von Nahrungsfetten dient das Konzentrationsverhältnis aus mehrfach ungesättigten (*polyunsaturated*) zu gesättigten (*saturated*) Fettsäuren. Dieser sog. P/S-Quotient beträgt z. B. bei der Butter 0,1, beim Maiskeimöl 4,6. Angestrebt wird ein Quotient > 1 für die tägliche Kost, dieser liegt derzeit aber noch bei etwa 0,39 (Deutschland).

Eine weitergehende ernährungsphysiologische Beurteilung von Nahrungsfetten wird in der evidenzbasierten Leitlinie zum Thema „Fettkonsum und Prävention ausgewählter ernährungsmitbedingter Krankheiten" dargestellt. Diese wurde im Jahre 2006 von der Deutschen Gesellschaft für Ernährung (DGE) veröffentlicht. Grundlage war eine systematische Analyse und Bewertung der hierzu vorliegenden Literatur mit dem Ziel, allgemeine Empfehlungen zur primären Prävention gewinnen zu können. Bei einem erhöhten Konsum von Fetten mit unterschiedlichem Fettsäuremuster ergab sich, dass das Risiko für eine Dyslipoproteinämie, d. h. einem gestörten Verhältnis der Lipoproteinfraktionen im Blutserum, von der Art der im Nahrungsfett enthaltenen Fettsäuren abhängt. Fette mit gesättigten Fettsäuren oder mit trans-Fettsäuren steigern mit überzeugender Evidenz das Dyslipoproteinämierisiko, Fette mit einfach und mehrfach ungesättigten Fettsäuren dagegen vermindern dieses.

Bei der Prüfung auf mögliche Folgeerkrankungen der fettinduzierten Dyslipoproteinämien konnte eine überzeugende Risikominderung nur für Bluthochdruck und tödliche koronare Herzkrankung beim Verzehr langkettiger n-3-Fettsäuren nachgewiesen werden. Bei allen übrigen Prüfungen ließ sich der

Wirksamkeitnachweis nur als wahrscheinlich oder möglich, nicht aber als überzeugend einstufen.

Insgesamt beurteilen die Verfasser dieser Leitlinie die Datenlage als noch nicht umfassend genug, um gesicherte Erkenntnisse für eine umfassende Prävention ableiten zu können.

Konjugierte Linolsäuren (CLAs) sind Positions- und Stereoisomere der essentiellen Linolsäure mit einem Paar konjugierter Doppelbindungen. Sie entstehen im Pansen von Wiederkäuern durch die Linolsäureisomerase des Bakteriums *Butyrivibrio fibrisolvens* und finden sich dementsprechend im Wiederkäuerfleisch und in Milchprodukten, und zwar in einer Konzentration von etwa 0,4% beziehungsweise 1,0% des Gesamtlipidgehaltes. Obwohl nicht essentiell so wird doch ein gesundheitlich positiver Zusatznutzen beim Verzehr von CLAs vermutet. CLA-Supplementierungen bewirkten in zahlreichen Tierexperimenten eine Reduzierung des Gesamtkörperfettes und eine Zunahme der fettfreien Körpermasse, woraufhin sie zum Abbau von Übergewicht und Aufbau von Muskelmasse propagiert wurden. Zur gleichen Thematik durchgeführte Humanstudien wa-

Tabelle 42.3. Prozentualer Gehalt an n-6- und n-3-Fettsäuren in pflanzlichen und tierischen Fetten nach [2, 22, 24]

Produkte	n-6-Polyensäuren		n-3-Polyensäuren		
	Linolsäure	Arachidonsäure	α-Linolensäure	Eicosapentaensäure	Docosahexaensäure
Färberdistelöl (Saflor)	74–79	–	0,5	–	–
Maisöl	34–62	–	1	–	–
Sonnenblumenöl	20–75	–	0,3–1	–	–
Baumwollsaatöl	47–50	–	0,4–1	–	–
Erdnussöl	24–29	–	0–1,3	–	–
Leinöl	13–15	–	40–65	–	–
Weizenkeimöl	56	–	9	–	–
Sojaöl	51–53	–	7,6	–	–
Olivenöl	8	–	0,7–0,9	–	–
Kokosfett	1–2	–	–	–	–
Kakaobutter	1–3	–	0,2–0,4	–	–
Palmöl	8–10	–	0,3–0,5	–	–
Dorschleberöl	2	–	1	12	12
Lachsöl	1–2	0–1	1	7–15	5
Makrelenöl	1–2	1–2	1–2	10	16
Heringsöl	2	1	1	1,5–15	7,5
Forellenfett	5–10	2	6	5–7	–
Muttermilchfett	7–9,5	0,1–0,2	0,5–0,7	0,6	0,3
Kuhmilchfett	2	–	1–2	–	–
Eigelb	10–12	0,6–6	0,2–0,7	–	b. z. 0,2

ren allerdings weniger überzeugend. Vereinzelt wurden analoge Effekte auf die Körperzusammensetzung wie im Tierversuch festgestellt, teilweise waren die Befunde jedoch auch negativ, so dass derzeit keine evidenzbasierte Wirksamkeit der CLAs für den Menschen festgestellt werden kann.

42.5
Ballaststoffe

Ballaststoffe sind unverdauliche Bestandteile der Nahrung, die fast ausschließlich den pflanzlichen Zellwänden entstammen. Sie bestehen hauptsächlich aus den chemisch definierbaren Komponenten Cellulose, Hemicellulosen, Pektine und Lignin. Diese liegen je nach Verarbeitungsgrad des Lebensmittels in ursprünglicher Anordnung vor, oder sie sind mehr oder minder aus dem Verband der Zellwand- und Leitgefäßstrukturen freigesetzt. In geringem Umfang tragen auch nicht geordnete Pflanzeninhaltsstoffe, wie Gummen, Schleime, Alginate, Chitine, Silikate, Kutikularsubstanzen, Phytinsäure u. a. zum Ballaststoffkomplex bei.

Die ernährungsphysiologisch günstigen Eigenschaften ballaststoffreicher Lebensmittel beruhen primär auf dem Quellvermögen. Durch Wasserbindung an Ballaststoffe im Intestinaltrakt wird das Stuhlvolumen vergrößert und die Transitzeit des Nahrungsbreis vermindert. Ein besonders hohes Wasserbindungsvermögen besitzen die hemicellulosereichen Ballaststoffe der Getreide, deren Verzehr die chronische Obstipation mit ihren Folgeerkrankungen (Dickdarmdivertikulose, Hämorrhoiden) verhüten hilft. Ballaststoffe können weiterhin durch Adsorption Inhaltsstoffe des Nahrungsbreis der intestinalen Resorption entziehen. Günstig zu beurteilen ist dies bei Gallensäuren und toxischen Schwermetallen (Blei, Cadmium, Quecksilber), ungünstig bei den essentiellen Mengen- und Spurenelementen Calcium, Eisen und Zink, für welche eine Adsorption an Ballaststoffe nachgewiesen wurde.

Wieweit isolierte Ballaststoffe ernährungsphysiologisch den nativen Ballaststoffen gleichgesetzt werden können, hängt von einer schonenden Technologie ab. Je nach angewandten Prozessparametern bei der Isolierung werden Inhaltsstoffe und Strukturelemente verändert. So vermindert sich der Galakturonsäuregehalt und der Veresterungsgrad der Pektine durch Erhitzen und das biologisch gewachsene Kapillarsystem der Lignocellulose kann durch mechanische Bearbeitung zerstört werden. Gelbildungsvermögen und Wasserbindungskapazität werden dadurch verändert [32].

Für einige Ballaststoffe (Pektine, Zellulose, Alginate, Guar) wurde eine bakterielle Fermentation im Dickdarm nachgewiesen. Die entstehenden kurzkettigen Fettsäuren unterliegen der Rückresorption und somit der energetischen Nutzung. Ein mittlerer physiologischer Brennwert von 8–13 kJ (2–3 kcal) pro g Ballaststoff wird hierfür kalkuliert. Es muss jedoch erwähnt werden, dass das Ausmaß der Energiegewinnung aus Ballaststoffen im Dickdarm von verschiedenen Faktoren abhängt (wie z. B. dem Zustand und der Zusammensetzung der Bakterienflora) und dadurch im Einzelfall nur schwer berechenbar ist.

Die Deutsche Gesellschaft für Ernährung empfiehlt, ballaststoffreiche Lebensmittel – wie Vollkornprodukte, Gemüse, Kartoffeln, Obst – vermehrt zu verzehren und gibt als Richtwert für die Zufuhr von Ballaststoffen bei Erwachsenen eine Menge von mindestens 30 g pro Tag an.

42.6
Vitamine, Mengen- und Spurenelemente

Vitamine sowie essentielle Mengen- und Spurenelemente müssen dem menschlichen Organismus bedarfsentsprechend zugeführt werden, da sie als Biokatalysatoren, Osmoregulatoren und Strukturelemente wesentliche Funktionen im Körper erfüllen. Die Deckung des Mindestbedarfs ist bei gemischter, energetisch ausreichender Kost im Allgemeinen gewährleistet. Als „kritisch" gelten in Deutschland aufgrund umfangreicher Untersuchungen an definierten Bevölkerungsgruppen folgende Vitamine, Mengen- und Spurenelemente:

- Vitamin D (bei allen Altersgruppen, jedoch besonders bei Kindern und Jugendlichen)
- Folat (bei allen Altersgruppen, jedoch besonders bei Personen bis unter 25 Jahren)
- Calcium (bei allen Altersgruppen, jedoch besonders bei Kindern und Jugendlichen bis unter 19 Jahren)
- Eisen (insbesondere bei weiblichen Kindern und Jugendlichen im Alter zwischen 10 bis unter 15 Jahren, sowie bei jungen Frauen im Alter von 15 bis unter 25 Jahren)
- Jod (bei allen Altersgruppen, sowohl im Norden als auch im Süden Deutschlands).

Eine Beurteilung der Versorgungslage von Bevölkerungsgruppen kann durch Vergleich der Vitamin- und Mineralstoffzufuhr in der Nahrung mit den entsprechenden Empfehlungen offizieller Gremien, z. B. der Deutschen Gesellschaft für Ernährung, erfolgen. Die für die Ernährung der Gesamtbevölkerung *verfügbaren* Lebensmittel werden den Agrarstatistiken entnommen, die *verbrauchten* Lebensmittel den Einkommens- und Verbrauchsstichproben. Die neuesten, nach Geschlecht und Alter gegliederten Verbrauchsdaten für Lebensmittel in Deutschland (mittlerer täglicher Verzehr der wichtigsten Lebensmittelgruppen in g/Person/Tag) finden sich in den Ernährungsberichten [13]. Schließlich können durch Verzehrserhebungen die effektiv *verzehrten* Lebensmittelmengen erfasst werden. Der Vitamin-, Mengen- und Spurenelementgehalt in den verfügbaren, verbrauchten oder verzehrten Lebensmitteln kann aus Nährwerttabellen [36] oder Faktendatenbanken [9] entnommen werden. Verarbeitungs- und Zubereitungsverluste, wie z. B. an Thiamin (Vitamin B_1) oder Ascorbinsäure (Vitamin C), die diesbezüglich als besonders sensibel gelten, sollten berücksichtigt werden. Wegen seiner Hitzelabilität ist Thiamin ein guter Indikator für eine Qualitätsminderung von Lebensmitteln durch thermische Belastung. Die sauerstoffempfindliche Ascorbinsäure dementsprechend ein Indikator für eine Qualitätsminderung durch Oxidation.

Die Ermittlung der Versorgungslage mit Vitaminen sowie einigen Mengen- und Spurenelementen wird in Kap. 42.7 erläutert. Zur Interpretation der Analysendaten ist es üblich, sie folgenden Bereichen zuzuordnen, die eine Aussage über die Versorgungslage erlauben

– Bereich der optimalen Versorgung,
– Bereich der marginalen Bedarfsdeckung (latenter Mangel),
– Bereich des subklinischen Mangels,
– Bereich des klinischen (manifesten) Mangels (Frühstadium: Mangelsymptome teilweise unspezifisch und reversibel; Spätstadium: Mangelsymptome charakteristisch und irreversibel).

Der Übergang vom subklinischen zum klinischen Mangel wird auch als Grenzzustand bezeichnet.

Da die Normalwerte für Vitamine in Körperflüssigkeiten sehr großen individuellen Schwankungen unterliegen, gehen die einzelnen Bereiche selbstverständlich fließend ineinander über. In den „Referenzwerten für die Nährstoff-

Tabelle 42.4. DACH-Referenzwerte [28]

Vitamin A (Retinol)	1 mg-Äquiv./Tag
Vitamin D (Calciferol)	5 µg/Tag
Vitamin E (Tocopherol)	15 mg-Äquiv./Tag
Vitamin B_1 (Thiamin)	1,3 mg/Tag
Vitamin B_2 (Riboflavin)	1,5 mg/Tag
Niacin (Nicotinsäureamid, Nicotinsäure)	17 mg-Äquiv./Tag
Vitamin B_6 (Pyridoxin)	1,5 mg/Tag
Folsäure	400 µg-Äquiv./Tag
Vitamin B_{12} (Cobalamin)	3 µg/Tag
Vitamin C (Ascorbinsäure, Dehydroascorbinsäure)	100 mg/Tag
Kalium	2 g/Tag
Calcium	1 g/Tag
Phosphor	700 mg/Tag
Magnesium	400 mg/Tag
Eisen	10 mg/Tag
Jod	200 µg/Tag
Fluorid	3,8 mg/Tag
Zink	10 mg/Tag
Kupfer	1,0–1,5 mg/Tag
Mangan	2,0–5,0 mg/Tag

zufuhr" werden Empfehlungen, Schätzwerte und Richtwerte für die tägliche Zufuhr an Vitaminen, Mengen- und Spurenelementen für Säuglinge, Kinder, Jugendliche und Erwachsene, sowie Schwangere und Stillende angegeben. Für die Altersklasse der 19 bis unter 25jährigen Männer ergeben sich beispielsweise Werte, wie sie aus Tabelle 42.4 zu entnehmen sind.

42.7
Ermittlung des Ernährungszustandes

Der Ernährungszustand des Menschen wird bestimmt durch das Ausmaß einer bedarfsdeckenden Zufuhr an Energie liefernden Makronährstoffen wie auch an mehr funktionell wirksamen Mikronährstoffen. Er steht in enger Beziehung zu diversen Körper- und Stoffwechselfunktionen. Die Erfassung des Ernährungszustandes ist daher als Screeningmethode geeignet zur Diagnostik einer Malnutrition und entscheidendes Orientierungsmaß für den Verlauf schwerer Erkrankungen. Es gibt keinen „Goldstandard" für die Bestimmung des Ernährungszustandes, daher lässt sich nur aus einer Kombination klinischer und biochemischer Messgrößen eine bedarfsdeckende Nährstoffzufuhr und daraus eine Aussage über einen Überschuss an Nahrungsenergie wie auch einen Nährstoffmangel hinreichend ableiten.

Die Ernährungsanamnese erlaubt eine erste subjektive Abschätzung der Nährstoffzufuhr, die abhängig von der Fragestellung zu differenzierten Aussagen führt. Retrospektive oder recall Methoden erfassen die zurückliegende Lebensmittel- und Getränkeaufnahme in Form einer 24-Stunden Befragung oder eines 3 Tage Protokolls (Recall) oder auch die Verzehrshäufigkeit (Food frequency) von Lebensmitteln mittels Interview oder Fragebogen, gelegentlich auch durch Erstellung von Einkaufslisten. In prospektiven Erhebungen wird der Nahrungskonsum kontinuierlich aufgezeichnet in Form eines Ernährungsprotokolls oder Esstagebuchs, gelegentlich präzisiert durch Abwiegen der verzehrten Menge (Wiegemethode) oder auch durch fortgeführte Erfassung von Art und Menge der verzehrten Lebensmittel (Inventurmethode). Mit Hilfe einer Punktewertung (Score) kann in einem Fragebogen anhand der verzehrten Lebensmittel eine erster Anhaltspunkt für ungünstige Ernährungsgewohnheiten gewonnen werden.

Anthropometrische Methoden: Diese ermöglichen objektivierte Aussagen über die Körperzusammensetzung auf indirektem Wege und lassen Abweichungen von Referenzwerten erkennen. Aus der Kontrolle des Körpergewichts (KG) und daraus ermitteltem Körpermassenindex (body mass index = BMI) ergeben sich altersabhängige Hinweise über die Fettmasse, da eine enge Korrelation zwischen BMI und Fettmasse des Körpers besteht, ausgenommen bei extremer Athletik mit folgenden Körperbauveränderungen (Schwerathletik, Bodybuilding). Als normaler Körperfettanteil gelten für den erwachsenen Mann Werte von 12–20%, für die erwachsene Frau Werte von 20–30% des KG.

Für epidemiologische Untersuchungen geeignet ist die Methode der Hautfaltendickemessung (Kalipermethode) mittels eines Kalipers (Hautfaltenmesszange). Die Messung der abgehobenen Hautfaltendicke an verschiedenen Körperstellen wird als repräsentativ für die Verteilung subkutanen Fettgewebes angesehen, das ca. 60% des Körperfetts ausmacht und daher proportional zum Depotfett ist. Aus den Mittelwerten mehrmaliger Messungen kann die Fettmasse mittels Regressionsgleichungen berechnet oder aus Nomogrammen abgelesen werden. Speziell aus Trizeps-Hautfaltendicke und Oberarmumfang lassen sich auch die (Muskel) Proteinreserven abschätzen, da bei Malnutrition die Oberarmmuskeln schneller als andere Muskelgruppen abgebaut werden.

Das viszerale Fett (Bauchregion) gewinnt besondere Beachtung als Leitsymptom des Metabolischen Syndroms. Es wird erfasst durch Quotient aus Taillen- und Hüftumfang (W/H ratio = waist to hip ratio). Für Männer wird als Obergrenze eine W/H-ratio von 0,95, für Frauen von 0,85 angesehen.

Das Verfahren der Densitometrie beruht auf dem Archimedischen Prinzip, wonach der relative Anteil eines Zweikomponentengemischs bei jeweils bekannter Dichte der Einzelkomponenten durch eine Gesamtdichtemessung ermittelt werden kann. Unter Berücksichtigung eines konstanten Körperwassergehalts von 73% (Erwachsene) bei ebenso konstantem Protein- und Mineralanteil beträgt die spezifische Dichte des heterogenen fettfreien Gewebes (lean body mass = LBM) 1,1 g/ml, diejenige des Fettgewebes 0,9 g/ml. Durch Unterwasserwägung wird das Körpervolumen aus der Differenz Körpermasse (Luft) minus Körpermasse (Wasser) und dadurch die Gesamtkörperdichte aus dem Quotient von KG (Luft) und Körpervolumen abgeleitet. Mit Hilfe der bekannten Dichtewerte für Körperfett und LBM lässt sich mit dieser relativ aufwendigen Methode das Körperfett errechnen, wobei geringfügige Schwankungen des Körperwassers kaum ins Gewicht fallen. Die Densitometrie gilt als aussagekräftig und dient als Referenzmethode für die meisten Verfahren zur Körperfettbestimmung.

Die bioelektrische Impedanzanalyse (BIA) macht sich die unterschiedliche elektrische Leitfähigkeit von Fett- und Muskelgewebe (LBM) zu Nutze. Hoch leitfähiges Gewebe ist weitgehend fettfrei und enthält einen hohen Wasser- und Elektrolytanteil. Es entspricht dem LBM und hat demzufolge eine niedrige Impedanz (Scheinwiderstand) im Gegensatz zum Fettgewebe. Mittels eines hochfrequenten, aber schwachen Wechselstroms (800 µAmpere) wird im Körper durch Frequenzverschiebung der Ohm'sche Widerstand R (Resistanz) und der kapazitative Widerstand X_c (Reaktanz) gemessen. R ist reziprok proportional zum Gesamtkörperwasser und entspricht der extrazellulären Masse (ECM), X_c als Kondensatorwiderstand wird durch die kapazitativen Eigenschaften von Zellmembranen (body cell membranes = BCM) hervorgerufen. Zahlenwerte für die entsprechenden Körpergewebe werden aus statistischen Korrelationen abgeleitet. Die LBM entspricht der Summe BCM + ECM und der Fettanteil des Körpers der Differenz aus KG und LBM. Das Verfahren der BIA legt somit ein Dreikompartimentmodell der Körperzusammensetzung zugrunde. Ein Anstieg des ECM/BCM-quotienten signalisiert eine katabole Situation mit Ödembildung und ist mit Hilfe der BIA frühzeitig erkennbar, noch bevor KG-veränderungen sich zeigen. Das Prinzip der DEXA (dual energy X-ray absorptiometry) beruht auf der differenten Abschwächung zweier Röntgenstrahlen unterschiedlicher Energie (40 keV und 100 keV) beim Körperdurchgang. Der Abschwächungsgrad hängt von der Zusammensetzung des Gewebes ab und ermöglicht hierdurch eine Berechnung des Weichteilgewebes (LBM + Fettmasse) und der Knochenmasse. In ähnlicher Weise wird in der Computertomographie (CT) die Abschwächung von Röntgenstrahlung beim Gewebedurchgang in Abhängigkeit von der Gewebsdichte gemessen und daraus die Fettverteilung ermittelt. Nachteilig hierbei ist jedoch die erhebliche Strahlenbelastung im Gegensatz zur DEXA.

Die Kreatininausscheidung (Harn) steht in unmittelbarer Beziehung zur Körpermuskelmasse, da Kreatinin als Stoffwechselendprodukt des Muskelkreatins in relativ konstanter Rate im Harn ausgeschieden wird. Unter Berücksichtigung der individuellen Körperstatur kann ein Kreatiningrößenindex als Maßstab und die Referenzwerte als Funktion der Körpergröße festgelegt werden. Als Normwert wird für Männer eine 24-Stunden Ausscheidung von 23 mg/kg KG und für Frauen von 18 mg/kg KG angesehen, wobei 1 g Kreatinin/Tag ca. 18–20 kg Muskelgewebe entspricht. Einflussgrößen der Kreatininausscheidung sind Fieber, Nierenfunktion und stark erhöhte exogene Kreatinzufuhr durch Fleischverzehr. Der Kreatininspiegel im Serum erlaubt dagegen nur eingeschränkte Aussagen über den Muskelanteil.

Biochemische Marker: Serumproteine sind als Marker unabhängig von anthropometrischen Parametern. Aus den unterschiedlichen Umsatzraten (turnover) und Körperbeständen (Poolgrößen) lässt sich ablesen, ob der betreffende Marker schnell oder langsam auf Veränderungen des Ernährungszustandes reagiert.

Serumalbumine weisen eine geringe Umsatzrate (HWZ) in Verbindung mit einem großen Körperbestand auf, sind daher weniger empfindlich gegenüber Ernährungsdefiziten.

Marker mit kurzer HWZ und relativ geringem Körperbestand, wie das Eisen bindende Transferrin und das Retinol bindende Protein (RBP) sind dagegen sehr viel besser geeignet, kurzzeitige Defizite aufzuzeigen. Lediglich bei Lebererkrankungen werden ernährungsunabhängig diese Proteine in reduziertem Umfang gebildet, bei Nierenfunktionsstörungen erhöht sich deren Gehalt im Blut infolge Abbaustörung.

Der Status von Mikronährstoffen kann direkt aus dem Gehalt im Blut (Serum oder Erythrozyten) oder dem Ausscheidungsverhalten im Harn bestimmt werden. Bei lipidlöslichen Vitaminen (Vit. A, D, E, K) eignet sich der Serumgehalt als Zielgröße. Dies gilt auch für die meisten Spurenelemente, während für wasserlösliche Vitamine die Harnausscheidung charakteristischer ist infolge des oft geringen Serumgehalts (Ausnahmen: Folsäure, Vit. B_{12}, Biotin). Bei einigen wasserlöslichen Vitaminen (Vit. B_1, B_2, B_6) kann eine defizitäre Versorgung auch anhand von sensitiven Enzymaktivitäten in Erythrozyten frühzeitig erkannt werden.

Zur schnellen und frühzeitigen Diagnostik einer Mangelernährung, insbesondere bei älteren Menschen, wurden Screeningverfahren entwickelt, wie das Mini Nutritional Assessment (MNA) und das Subjective Global Assessment (SGA). Mit dem MNA werden Angaben zu Anthropometrie (BMI, Gewichtsverlust, Oberarm- und Wadenumfang), Allgemeinzustand (Appetit, Mobilität, akute Krankheit, psychische und soziale Situation) und Ernährungsgewohnheiten (Mahlzeitenfrequenz, Lebensmittelauswahl, Trinkmenge) erfasst und anhand einer Punkteskala bewertet. Als anamnestische Kriterien werden im SGA Gewichtsverlust, Veränderungen im Essverhalten, gastrointestinale Symptome, Leistungsfähigkeit und evtl. Konsequenzen der Erkrankung für den Nährstoffbedarf bei hospitalisierten Patienten subjektiv bewertet und in einer Checkliste eingeteilt nach Gruppe A = gut ernährt, Gruppe B = Verdacht auf Mangelernährung bzw. Gruppe C = schwere Mangelernährung.

42.8
Alkohol

Der Verbrauch an reinem Alkohol aus Bier, Wein und Spirituosen hatte sich in der Bundesrepublik Deutschland lange Jahre auf ein relativ konstantes Niveau zwischen 11 und 12 l pro Kopf und Jahr eingependelt. Mittlerweile ist ein leichter Rückgang zu verzeichnen. So gingen nach den aktuellen Angaben der Deutschen Hauptstelle für Suchtfragen im Jahr 2007 die Konsumzahlen aller untersuchten alkoholhaltigen Getränke mit Ausnahme der Spirituosen zurück. Es errechnete sich für das Jahr 2007 ein Pro-Kopf-Konsum an Alkohol von 9,9 Litern, der aus dem Verbrauch von 20,6 Litern Wein, 111,7 Litern Bier, 3,7 Litern Schaumwein und 5,6 Litern Spirituosen resultierte. Alkoholische Getränke tragen in nicht zu unterschätzender Weise zur Energiezufuhr bei. Der Anteil ist je nach Geschlecht und Alter unterschiedlich. Die höchsten Werte wurden für männliche Erwachsene im Alter von 51 bis unter 65 Jahren ermittelt und betrugen hier 7,0% bei Personen der alten Bundesländer und 7,3% bei solchen aus den neuen Bundesländern. Bei weiblichen Erwachsenen ergaben sich in der Altersgruppe von 25 bis unter 51 Jahren die höchsten Anteile des Alkohols an der Gesamtenergieaufnahme, mit 3,4% bei Personen aus den alten Bundesländern und 4,2% bei denen aus den neuen Bundesländern [13].

Zahl und Schweregrad alkoholbedingter Erkrankungen in einer Gesellschaft hängen von der durchschnittlich verbrauchten Alkoholmenge und der Empfindlichkeit ihrer Mitglieder ab. Dies gilt sowohl für die Risiken nach akuter Überdosierung (Arbeitsunfälle, Verkehrsunfälle, gewalttätiges Verhalten) als auch für die Risiken nach chronischem Alkoholmissbrauch (Organschädigungen, Abhängigkeit). Es gibt große individuelle Unterschiede in der Alkoholverträglichkeit. Ein allgemein gültiger Schwellenwert für risikofreien Alkoholkonsum ist schwer zu formulieren. Bis vor einigen Jahren wurde eine Menge von 80 g Alkohol pro Tag für die Leber des erwachsenen Menschen über Jahre als tolerierbar angesehen. Dies entspricht etwa der Hälfte der natürlichen Kapazität, die die menschliche Leber zum Alkoholabbau pro Tag besitzt. Für empfindliche Personengruppen liegt der Schwellenwert sicher niedriger [4]. So konnte in umfangreichen retrospektiven Studien, die in verschiedenen französischen Departements durchgeführt worden sind, erst unterhalb eines regelmäßigen Verbrauchs von 20 g Alkohol pro Tag bei keinem der untersuchten Patienten eine Leberzirrhose festgestellt werden [17]. Diese Befunde und auch die Ergebnisse anderer Untersuchungen führten dazu, dass mittlerweile deutlich niedrigere Schwellenwerte propagiert werden, unterhalb von denen gesunde erwachsene Personen, mit Ausnahme von Schwangeren und Stillenden, täglich Alkohol schadlos konsumieren können. So hat das englische Gesundheitsministerium 1995 in den *„sensible drinking guidelines"* bis zu 24 g pro Tag für Frauen und 32 g für Männer als tolerabel definiert. Die Deutsche Weinakademie gibt in ihren *„Leitlinien für verantwortungsvollen Weingenuss"* als unbedenklich für gesunde Erwachsene mit mittleren Körpermaßen tägliche Alkoholmengen von 20 g für die Frau und 30 g für den Mann an. Das entspricht etwa 0,2 bis 0,4 Liter Wein. Da etliche Personen auch größere Mengen vertragen können, wie allgemein bekannt, wird in der Alkoholforschung mittlerweile weltweit nach Methoden gesucht, um Personen mit erhöhter Prädisposition für Alkoholüberempfindlichkeit und mögliche Suchtgefährdung frühzeitig erkennen zu können, damit nicht für die gesamte Bevölkerung die gleichen niedrigen Toleranzwerte postuliert werden müssen. So widmete die *„Research Society on Alcoholism"* 2003 diesem Thema ein Symposium in Ft. Lauderdale, Florida. Hier wurden Daten vorgelegt, wonach sich die Menschen genetisch nicht nur in den Abbaugeschwindigkeiten des Alkohols und seines Metaboliten Acetaldehyd unterscheiden, wie schon länger bekannt, sondern auch in den neurologischen und psychologischen Effekten nach Alkoholkonsum. Daraus erklärt sich z. B., dass bei Personen nach dem Trinken entweder die stimulierenden oder die sedierenden Wirkungen des Alkohols zum Tragen kommen können und diese als positiv oder negativ empfundenen Effekte für ihr weiteres Trinkverhalten (Bevorzugung oder Ablehnung von Alkohol) bestimmend sind. Genetische Unterschiede dürften nach den aktuellen Erkenntnissen auch mit dafür verantwortlich sein, ob ein Mensch lebenslang ohne Probleme moderate Mengen alkoholischer Getränke zu sich nehmen kann oder ob er größere physische und/oder psychische Probleme mit dem Alkohol bekommt. Von der Aufklärung der molekularbiologischen Grundlagen, die das Ausmaß der Alkoholeffekte im Organismus bestimmen, werden effektive und spezifische Vorbeugungsmaßnahmen erwartet mit dem Ziel, individuell gültige Toleranzgrenzen zu ermitteln. Diese dienen dem Schutz der alkoholsensitiven Bevölkerung, gleichzeitig wird aber auch eine Stigmatisierung derjenigen Personen vermieden, die Alkohol besser vertragen und einen vernünftigen Umgang mit alkoholischen Getränken praktizieren können. Frauen vertragen insgesamt weniger Alkohol als Männer, was man auch stets mit unterschiedlichen Verträglichkeitsgrenzen berücksichtigt. Die geringere Verträglichkeit wird u. a. darauf zurückgeführt, dass sie einen niedrigeren Verteilungsraum für Alkohol besitzen als Männer. Die oft geäußerte Vermutung, dass weibliche Hormone den Alkoholabbau beeinflussen, konnte klar widerlegt werden [23].

Mäßige Alkoholmengen können nicht nur von weiten Kreisen der Bevölkerung problemlos konsumiert werden, die Ergebnisse zahlreicher epidemiologischer Studien liefern vielmehr Hinweise darauf, dass durch täglichen Konsum im maßvollen Bereich das Risiko für kardiovaskuläre Erkrankungen im Vergleich zur Abstinenz reduziert wird, und zwar in einer Größenordnung von 25%–30%. Nach Ansicht zahlreicher Autoren besteht sogar ein kausaler Zusammenhang zwischen moderatem Konsum und Schutzwirkung. Anscheinend ist auch die Getränkeart von Bedeutung für die Herzschutzwirkung. Zumindest ergab sich aus verschiedenen großen Studien eine Favoritenstellung des Weines, die vor allem auf verschiedene Inhaltsstoffe des Weines, insbesondere die Polyphenole zurückgeführt wird. Nach Weingenuß konnte dementsprechend eine Hemmung der Thrombozytenaggregation, eine Hemmung der Lipidperoxidation und eine Vasodilatation beobachtet werden. Diskutiert wird allerdings auch, dass Weintrinker einen anderen Lebensstil haben als Bier- und Spirituosentrinker, dass sie sich besser ernähren, den Wein im Allgemeinen zu den Mahlzeiten trinken und dass sie eher einen kultivierten Genuss praktizieren als die Konsumenten anderer alkoholischer Getränke, wie von der deutschen Weinakademie postuliert wird. Durch diese speziellen Trinkgewohnheiten wird die Gesamtmenge besser über den Tag verteilt und es kommt nicht zu einer Überlastung der metabolisierenden Enzymsysteme des Körpers.

In neuerer Zeit sind Alkopops, spirituosenhaltige Süßgetränke, in die Kritik geraten, weil sie bei Jugendlichen auf große Akzeptanz gestoßen sind. Durch den hohen Zuckergehalt der Getränke wird deren Alkoholgeschmack überdeckt und die Jugendlichen dadurch zu einem hohen Verzehr verleitet. Eine repräsentative Umfrage der Bundeszentrale für gesundheitliche Aufklärung zeigt, dass seit Einführung der Sondersteuer auf Alkopops im Jahr 2004 der Konsum unter Jugendlichen zurückgegangen ist (s. auch Kap. 29.3.4).

42.9
Diätetische Lebensmittel und Lebensmittel zur besonderen Ernährung

Die DiätV listet in § 3 eine Reihe von Erkrankungen auf, für die diätetische Lebensmittel zur besonderen Ernährung im Rahmen eines Diätplanes zugelassen sind (s. auch Kap. 34.2.2). Die wichtigsten finden sich in der folgenden Übersicht.

Dyspepsie des Säuglings
Am Ende der Therapie der akuten Durchfallerkrankung des Säuglings, d. h. nach Nahrungskarenz, Flüssigkeits- und Elektrolytsubstitution, sowie evtl. Chemotherapie folgt im Allgemeinen eine sog. Pausen- oder Heilnahrung. Diese sollte eiweiß- und mineralstoffreich, aber arm an Fett und Milchzucker sein. Ein Zusatz von Bananen- oder Apfeltrockenpulver kann durch den Gehalt an Ballaststoffen die Stuhlkonsistenz verbessern. Außerdem wird der Kaliumverlust ausgeglichen.

Leberzellinsuffizienz

Bei fortgeschrittener Leberzirrhose mit Ascites und Ödembildung und/oder Anstieg zentraltoxisch wirkender Substanzen im Serum und Veränderungen im Plasmaaminosäurespektrum ist einerseits eine natriumreduzierte Kost, andererseits eine der verbliebenen Restfunktionen der Leber angepasste eiweißreduzierte Ernährung indiziert.

Niereninsuffizienz

Je nach vorliegendem Stadium ist eine differenzierte Diätetik erforderlich, die im Prinzip auf einer bedarfsadaptierten Wasser- und Elektrolytzufuhr, sowie einer selektiven proteinarmen Ernährung beruht. Letzteres soll den Anstau von toxischen Metaboliten des Eiweißstoffwechsels minimieren.

Angeborene Stoffwechselstörungen

Angeborene Störungen des Aminosäure- und des Kohlenhydratstoffwechsels sind z. T. einer diätetischen Behandlung zugänglich. Eine eiweißarme Diät ist u. a. angezeigt bei: Ahorn-Sirup-Krankheit, Argininsukzinurie, Zitrullinämie, Hyperammonämie Typ I und II, Hyperargininämie.

Eine Diät mit Reduktion einer oder mehrerer Aminosäuren ist u. a. bei Phenylketonurie, Tyrosinose, Ahorn-Sirup-Krankheit (in der klassischen Form), Histidinämie und Homozystinurie angezeigt.

Eine Diät mit Reduktion bestimmter Kohlenhydrate ist u. a. bei Galaktosämie, Galaktokinasemangel, Fructoseintoleranz, Lactoseintoleranz und Glykogenosen angezeigt.

Maldigestion oder Malabsorption

Die Therapie ungenügender Aufnahme von Nahrungsbestandteilen aus dem Verdauungstrakt, infolge Störung der Verdauung (Maldigestion) oder der Resorption im engeren Sinne (Malabsorption) richtet sich nach der Primärerkrankung. Bei Unverträglichkeitsreaktionen gegenüber Nahrungsbestandteilen, müssen diese ausgeschaltet werden (z. B. Gluten bei Zöliakie). In bestimmten Fällen sind bilanzierte Diäten angezeigt, die z. B. bei Colitis ulcerosa und Morbus Crohn ballaststoffarm und nährstoffreich sein sollten.

Diabetes mellitus

Bei Typ-I-Diabetes (Insulinmangel) ist eine Ernährung erforderlich, die Art und Menge der Nahrungskohlenhydrate mit der Pharmakokinetik des injizierten Insulins abstimmt. Typ-II-Diabetiker (verminderte Insulinwirkung) sind oft übergewichtig, daher ist eine Verminderung der Energiezufuhr anzustreben.

Gicht

Eine Verminderung des Puringehalts der Nahrung gelingt durch Vermeidung von Innereien, Fleischextrakten, bestimmten Fischsorten und Hefepräparaten, sowie durch generelle Einschränkung des Verzehrs tierischer Lebensmittel, mit Ausnahme von Milch, Milchprodukten und Eier. Aber auch bestimmte Lebensmittel pflanzlichen Ursprungs, wie z. B. Sojabohnen und daraus hergestellte Produkte, sollten aufgrund ihres relativ hohen Puringehalts gemieden werden. Alkoholkarenz und Körpergewichtsreduktion tragen zur Senkung erhöhter Plasma-Harnsäurekonzentrationen bei.

42.10
Rationalisierungsschema der DGEM

Das Rationalisierungsschema der Deutschen Gesellschaft für Ernährungsmedizin (DGEM) bildet einen wichtigen Orientierungsrahmen für den klinischen Bereich. Es hat eine Vereinheitlichung der bis dato praktizierten Diätetik zum Ziel und beinhaltet nur solche Diätformen, deren therapeutischer Nutzen in kontrollierten Studien erwiesen wurde. Das Rationalisierungsschema wurde erstmals 1994 publiziert und letztmalig im Jahre 2000 überarbeitet und den neu herausgegebenen Referenzwerten für die Nährstoffzufuhr der DGE angeglichen.

Vollkost
Sie dient als Basisernährung im Krankenhaus und kann auch als Ernährungsform für die Allgemeinbevölkerung betrachtet werden. In ihrer Zusammensetzung ist sie üblichen Ernährungsgewohnheiten angepasst, soll den Bedarf an essenziellen Nährstoffen decken und eine ausgeglichene Energiezufuhr gewährleisten, die sich am Sollgewicht des Patienten orientiert. Darüber hinaus berücksichtigt sie ernährungsmedizinische Erkenntnisse, die zur Prävention wie auch für die Therapie unkomplizierter Erkrankungen bedeutsam sind. Unter Berücksichtigung der DGE-Referenzwerte sollte der Kohlenhydratanteil 50–55%, der Proteinanteil 15% der aufgenommenen Energie betragen und der Fettanteil auf 30% reduziert werden unter Berücksichtigung der Drittelparität, d. h. 10% gesättigte, 10% einfach ungesättigte und 7–10% mehrfach ungesättigte Fettsäuren. Hierbei wird die Relation n-6/n-3-Fettsäuren von maximal 5/1 angestrebt. Übrige Merkmale der Vollkost beziehen sich auf eine u. U. erhöhte Zufuhr an antioxidativ wirksamen sekundären Pflanzenstoffen sowie eine Ballaststoffzufuhr von wenigstens 30 g pro Tag.

In die Ernährungspraxis lassen sich diese Vorgaben umsetzen mit einem erhöhten Verzehr von Vollkornprodukten sowie Gemüse und Obst, tierische Fette sollten eingeschränkt und der Anteil pflanzlicher Öle angehoben werden. Weitere Maßgaben beziehen sich auf Einschränkungen im Verbrauch von Süßigkeiten, alkoholischen Getränken und Kochsalz. Eine abwechslungsreiche Ernährung wird als oberstes Prinzip angesehen.

Leichte Vollkost
Diese Kostform wird bei unkomplizierten gastroenterologischen Erkrankungen eingesetzt und unterscheidet sich in der Zusammensetzung von der Vollkost nur

dadurch, dass unspezifische Intoleranzen gegen bestimmte Speisen und Lebensmittel berücksichtigt werden, wie sie sich aus der klinischen Erfahrung ergeben haben. Im Nährstoffgehalt bestehen keine Unterschiede zur Vollkost.

Energiedefinierte Kostformen
Das gemeinsame Merkmal des Energiebezugs gilt für das Gros der eingesetzten Diätformen und hat Bedeutung für Stoffwechselerkrankungen wie Diabetes mellitus, Dyslipoproteinämien, Hypertonie, Hyperurikämie (Gicht) und nicht zuletzt auch für Adipositas. Hier zeichnet sich ein Trend zur Vereinheitlichung ab, nachdem man erkannt hatte, dass bei Übergewicht und Adipositas ein stark erhöhtes Erkrankungsrisiko besteht, Normalisierung des Körpergewichts andererseits das Erkrankungsausmaß entscheidend bessert. Häufig liegen die genannten Erkrankungen kombiniert als metabolisches Syndrom vor und werden als Risikofaktoren erster Ordnung für arteriosklerotische Erkrankungen angesehen. Eine Energiedefinition im Sinne einer Reduktion wird durch eine Mischkost angestrebt, deren Energiegehalt entsprechend § 14a DiätV ca. 500 kcal (2 090 kJ) unterhalb des täglichen Energiebedarfs liegt, eine Bedarfsdeckung an essenziellen Nährstoffen und ausreichende Sättigung dennoch gewährleistet.

Für Diabetiker wird weiterhin ein mäßiger Saccharoseverzehr bis zu 10% der Gesamtenergie toleriert. Bei notwendiger therapeutischer Behandlung ist die Mahlzeitenfrequenz besonders zu beachten.

Bei Vorliegen einer Hypertriglyzeridämie wirken sich außerdem Mono- und Disaccharide sowie Alkohol nachteilig aus. Zusätzliche Einschränkungen bei Hyperurikämie betreffen den Nahrungspuringehalt und Alkohoabusus, bei Hypertonikern die Kochsalzzufuhr.

Proteindefinierte Kostformen
Indikationen sind fortgeschrittene Leber- und Nierenerkrankungen, bei denen in erster Linie der Proteingehalt der Kost eingeschränkt werden muss unter Beachtung einer möglichst hohen Proteinwertigkeit, damit ein Proteinmangel vermieden wird. Ein Gemisch von 36% Vollei + 64% Kartoffeln besitzt die höchste bisher beobachtete biologische Wertigkeit beim Menschen. Unter Einsatz dieses Gemischs kann die Proteinzufuhr um ca. 60% reduziert werden gegenüber üblicher Ernährung, ohne dass ein Mangel befürchtet werden muss (s. Kap. 42.3). Vielfach muss bei Niereninsuffizienz auch die Kalium- und Phosphatzufuhr, bei Leberzirrhose mit Aszites die Natriumzufuhr bilanziert werden.

Sonderdiäten
Hierunter werden spezielle Kostformen zusammengefasst, die bei gastroenterologischen Erkrankungen Anwendung finden und häufig nur durch abgestimmte, bilanzierte Diäten therapierbar sind, wie z. B. Pankreasinsuffizienz, Kurzdarmsyndrom, glutensensitive Enteropathie, oder bei sehr selten auftretenden Enzymopathien wie Phenylketonurie, Fruktoseintoleranz u. a. m. die einzig mögliche Therapie darstellen.

42.11
Lebensmittelallergien und Unverträglichkeiten

Überempfindlichkeitsreaktionen nach Nahrungsaufnahme können bei prädisponierten Personen durch die natürlichen Inhaltsstoffe des Lebensmittels selbst, sowie durch Zusatzstoffe, Rückstände und Abbauprodukte ausgelöst werden. Je nachdem, ob ein immunologischer Auslösemechanismus zugrunde liegt oder nicht, unterscheidet man allergische oder pseudoallergische Reaktionen. Allergie provozierend sind Proteine von Kuhmilch, Fisch, Fleisch und Hühnerei, sowie vegetabile Allergene von Obst, Gemüse, Getreide, Kräutern, Gewürzen und Nüssen. Pseudoallergien können u. a. von salicylat-, benzoat- und farbstoffhaltigen Lebensmitteln ausgelöst werden. Lebensmittelallergien sind in der Bevölkerung relativ weit verbreitet, mit einer Prävalenz von 1 bis 2%. Für eine korrekte Diagnose muss geprüft werden, ob die Symptome, die nach Verzehr eines Lebensmittels auftreten, reproduzierbar sind und ob sie durch einen immunologischen Mechanismus ausgelöst werden. Meistens handelt es sich bei der Lebensmittelallergie um eine IgE-vermittelte immunologische Reaktion vom Soforttyp. IgE sind Immunoglobuline, die normalerweise im Serum des Menschen nur in Spuren vorkommen und deren Konzentration bei atopischen Erkrankungen (Überempfindlichkeitsreaktionen) sehr stark ansteigen kann. Die klinischen Symptome treten im Allgemeinen innerhalb von wenigen Minuten bis maximal nach 2 Stunden auf, in seltenen Fällen allerdings auch erst bis zu 48 Stunden nach dem Verzehr. Lebensmittelallergien manifestieren sich vor allem an der Haut (Urtikaria, Exantheme) und am Gastrointestinaltrakt (Übelkeit, Erbrechen, Leibschmerzen, Diarrhoe). Kommt es bereits in Mund und Rachen zu Juckreiz oder Ödemen, so spricht man vom oralen Allergiesyndrom, welches recht häufig zu beobachten ist. Weniger häufig sind Rhinitis und Asthmaanfälle, sowie Kreislaufreaktionen und anaphylaktischer Schock. Da es praktisch bis heute keine wirksamen Behandlungsmaßnahmen gibt, besteht die entscheidende therapeutische Maßnahme bei Lebensmittelallergien und -pseudoallergien in der Vermeidung des auslösenden Agens. Dieser Problematik hat der Gesetzgeber insofern Rechnung getragen, indem er in der LMKV und in der Richtlinie 2007/68/EG eine Verpflichtung zur Kennzeichnung solcher Lebensmittelzutaten vorschreibt, die allergische oder andere Unverträglichkeitsreaktionen auslösen können. Folgende 14 Lebensmittel bzw. Lebensmittelgruppen und daraus hergestellte Erzeugnisse sind betroffen.

a) Glutenhaltiges Getreide
b) Krebstiere
c) Eier
d) Fisch
e) Erdnüsse
f) Soja
g) Milch (einschließlich Lactose)

h) Schalenfrüchte
i) Sellerie
j) Senf
k) Sesamsamen
l) Schwefeldioxid und Sulfite in einer Konzentration von mehr als 10 mg/kg oder 10 mg/l
m) Lupine
n) Weichtiere

Nach VO (EG) Nr. 41/2009 werden als Kennzeichnung zugelassen:

- „sehr geringer Glutengehalt" nur für diätetische Lebensmittel bei < 100 mg/kg Gluten
- „glutenfrei" für Lebensmittel des allgemeinen Verzehrs bei < 20 mg/kg Gluten.

Bei Kindern ist Kuhmilch ein häufiges Allergen, da dieses in der Regel das erste Fremdeiweiß ist, welchem sie im Säuglings- oder Kleinkindalter ausgesetzt werden. Auch Eier und Erdnüsse lösen im Kindesalter öfters allergische Reaktionen aus, gefolgt von Nüssen und Fisch. Bei Erwachsenen kommen eher Früchte und Gemüse in Frage, während Eier und Milch deutlich besser vertragen werden. Erwachsene mit Lebensmittelallergien sind häufig gegen Pollen sensibilisiert, wenn Pollen- und Lebensmittelproteine strukturelle Gemeinsamkeiten aufweisen. Typisch für eine sog. Kreuzsensibilisierung ist z. B. das Sellerie-Beifuß-Karotten-Gewürzsyndrom.

42.12
Polyphenole

Farbe, Geruch und Geschmack vieler Lebensmittel werden u. a. von ihrem Gehalt an Polyphenolen bestimmt, die sowohl in monomerer als auch in polymerer Form vorliegen können. Sie finden sich in vielen Früchten und daraus hergestellten Getränken, in Gemüse, Tee, Kakao und Schokolade, sowie in Kaffee (s. auch Kap. 26.3.2 / 31.3.4 / 32.3.4). Ihre Funktion als Komponenten des sensorischen Profils von Lebensmitteln ist seit Jahrzehnten bekannt und in vielen Publikationen beschrieben worden. In neuerer Zeit mehren sich die Erkenntnisse, dass polyphenolreiche Lebensmittel darüber hinaus auch gesundheitlich positive Wirkungen im menschlichen Organismus entfalten können, wie es auch von anderen sekundären Pflanzeninhaltsstoffen, wie z. B. den Carotinoiden, Glucosinolaten, Phytoestrogenen, Phytosterinen und anderen vermutet oder bereits nachgewiesen wurde. Bei den Polyphenolen führt man ihre präventiven Wirkungen bisher vor allem darauf zurück, dass sie aufgrund ihrer chemischen Struktur in der Lage sind, Radikale zu inaktivieren, die ansonsten im Körper zu Schädigungen an Biomolekülen, wie DNA, Proteinen, Membranlipiden und anderen führen könnten. Die wichtigsten Polyphenole in dieser Hinsicht, die in pflanzlichen Lebensmitteln vorkommen und die bereits in einer Fülle von Studien auf

Gesundheitsprotektion untersucht worden sind, sind Flavonoide, Phenolcarbonsäuren und Stilbene.

Die durchschnittliche tägliche Zufuhr an Flavonoiden mit einer gemischten Kost beträgt – nach Erhebungen in den Niederlanden und in Deutschland – etwa 50–100 mg, an Phenolcarbonsäuren etwa 200–300 mg [13]. Stilbene sind hier nicht erfasst worden, da ihre aufgenommene Menge im Vergleich zu den anderen Polyphenolen sehr gering ist. In erstaunlich guter Übereinstimmung zu den oben angegebenen Zufuhrmengen liegen die Daten für Großbritannien: Eine Arbeitsgruppe ermittelte hier für Flavonoide eine Aufnahme von etwa 100 mg pro Tag. Bei Hydroxyzimtsäuren, die den Hauptanteil der Phenolcarbonsäuren in pflanzlichen Lebensmitteln ausmachen, fanden sie bei Frauen 176 mg, bei Männern 335 mg pro Tag. Die ebenfalls erfasste Stilbenaufnahmemenge betrug 9 mg pro Tag.

Von der Gesamtmenge werden nach vorliegenden Berechnungen etwa 5–10% im Dünndarm resorbiert. Der Rest, also 90–95%, gelangt in die unteren Darmabschnitte und unterliegt dort der mikrobiellen Fermentation. Wie viel hier von den Ausgangssubstanzen noch vorhanden ist und inwieweit von diesen und den mikrobiellen Abbauprodukten gewisse Anteile resorbiert werden können, darüber liegen bisher nur wenige Erkenntnisse vor.

Die erste Grundvoraussetzung zur Beurteilung der Frage, ob Polyphenole im menschlichen Organismus gesundheitliche Schutzwirkungen entfalten können, ist der Nachweis, dass sie nach oraler Zufuhr in ausreichender Konzentration an die Zielorgane gelangen können (Bioverfügbarkeit). Die Verteilung im Organismus erfolgt mit dem Blutstrom, der die Polyphenole der Nahrung nach ihrer Absorption im Darm zu den Geweben und Zellen transportiert. Eine Ausnahme hiervon bilden die Zellen des Intestinaltrakts selbst, die vorwiegend einem direkten Kontakt ausgesetzt sind.

Die zweite Grundvoraussetzung besteht in der Aufklärung der Struktur, in der die Polyphenole am Wirkort vorliegen. Da viele von ihnen, vor allem die Flavonoide und insbesondere die Resveratrole während und/oder nach der Absorption durch den First-Pass-Metabolismus stark modifiziert werden, erreichen die meisten von ihnen die periphere Zirkulation nur mit erheblich veränderter Molekülstruktur. Wie Analysen zeigen, finden sich im Plasma vorwiegend konjugierte Derivate, so vor allem Sulfate und Glucuronate. Teilweise werden aber auch Methylgruppen und/oder Wasserstoffatome in die Aglykone eingebaut, so dass insgesamt im Organismus eine mehr oder minder komplexe Mischung aus modifizierten und nichtmodifizierten Polyphenolen vorliegt, die aus den ursprünglich mit den Lebensmitteln aufgenommenen Substanzen entstanden ist. Von den unveränderten Polyphenolen finden sich im Plasma höchstens 5–10%. Dass derartige komplexe Mischungen modifizierter und nichtmodifizierter Polyphenole sich in ihrem Reaktionsvermögen von den Ausgangssubstanzen unterscheiden, ist nahe liegend. Dass sich dieses auch auf ihre Fähigkeiten auswirkt, Radikale zu inaktivieren, ebenfalls. Einer Strukturaufklärung der im Plasma nachweisbaren Polyphenole und deren Derivaten kommt daher eine Schlüsselfunktion für die

Aufklärung der Mechanismen zu, die einer Gesundheitsprotektion durch polyphenolreiche Lebensmittel zugrunde liegen könnten. Dies gilt gleichermaßen für die vor Ort erreichbaren Konzentrationen.

Die dritte Grundvoraussetzung besteht im Nachweis von physiologischen Wirkungen (Bioaktivität, Biodynamik) im Organismus von Versuchspersonen. Bisher hat man hierzu vor allem die Steigerung der antioxidativen Kapazität von Plasma und Urin nach Konsum polyphenolreicher Lebensmittel, wie Tee, Kakao, Wein, Fruchtsäften u. a. herangezogen und mit etwa 40 unterschiedlichen Testverfahren überprüft. Die Mechanismen dieser Tests beruhen entweder darauf, dass Radikale durch Transfer von H-Atomen oder durch Transfer von Elektronen inaktiviert werden. Zum ersteren gehören der häufig eingesetzte TRAP- und der ORAC-Test, zum zweiten der ebenfalls sehr gebräuchliche TEAC- und der FRAP-Test. Auch die sogenannte Gesamtphenolbestimmung nach Folin-Ciocalteu ist nach dieser Definition ein Test auf antioxidative Aktivität, da nicht nur Phenole, sondern alle unter den Versuchsbedingungen reduzierend wirkenden Substanzen erfasst werden. Alle Tests basieren auf dem Einsatz von Radikalen, und zwar solchen, die im Organismus vorkommen, wie beim TRAP-, ORAC- und dem PCL-Test, oder nicht vorkommen, wie beim TEAC-, FRAP- und Folin-Ciocalteu-Test. Schließlich unterscheiden sich die Tests noch im angewandten pH-Wert, der neutral (TEAC), sauer (FRAP) oder alkalisch (Folin-Ciocalteu) sein kann.

Die Aussagekraft der antioxidativen Tests zur Ermittlung der Bioaktivität polyphenolreicher Lebensmittel in Humanstudien wird derzeit von einigen Autoren angezweifelt. Wichtiges Argument in dieser Hinsicht ist der Befund, dass nach Verzehr polyphenolreicher Lebensmittel die Konzentrationen im Plasma an antioxidativ wirksamen Komponenten nur um 10 bis 40 nmol/l ansteigen, die der antioxidativen Aktivität dagegen um mehr als 20 µmol/l. Bei dieser Argumentation wird allerdings übersehen, dass im Plasma zahlreiche synergistisch wirksame Substanzen vorliegen, wie z. B. Aminosäuren, die eine antioxidative Aktivität durch Überwindung von Energiebarrieren erheblich zu steigern in der Lage sind. Wahrscheinlich wirkt auch Harnsäure synergistisch. Ein Anstieg ihrer plasmatischen Konzentration über den Ausgangswert hinaus konnte nach exorbitantem Apfelverzehr beobachtet werden [26] und wurde mit einer validierten Versuchsanordnung widerlegt [7]. Auf jeden Fall stellt der Anstieg der antioxidativen Kapazität von Plasma und anderen Körperflüssigkeiten nach Konsum polyphenolreicher Lebensmittel einen wichtigen Parameter für den Nachweis ihrer Bioaktivität dar. Bei sinnvoller Auswahl und Ausführung der Testsysteme ist die Gesamtheit des reduzierenden und kettenbrechenden Potentials ermittelbar, welches kurzfristig im Organismus verfügbar ist.

Nach neueren Befunden gibt es Anzeichen dafür, dass Polyphenole und polyphenolreiche Pflanzenextrakte auch unabhängig von ihren antioxidativen Eigenschaften vielversprechende präventive Agentien darstellen. Wie überzeugend nachgewiesen werden konnte, sind sie z. B. befähigt, durch Induktion zelleigener Schutzsysteme einschließlich der Phase I- und Phase II-Enzyme dem oxidativen

Stress in vivo entgegenzuwirken [24]. Mehrfach beschrieben wurden in Humanstudien auch positive Einflüsse auf die Thrombozytenaggregation, die Endothelfunktion und den Blutdruck [31].

Die Bewertung eines Lebensmittels auf gesundheitspräventive Wirkungen erfordert umfangreiche Untersuchungen. Während man bei der Entwicklung neuer Arzneimittel zunächst in vitro Voruntersuchungen durchführen muss, ehe man das Arzneimittel am Menschen testen darf, geht man bei der Beurteilung von Lebensmitteln oder Lebensmittelinhaltsstoffen den umgekehrten Weg. Hier prüft man zunächst auf in vivo Effekte nach Verzehr der Testprodukte und kann dann zur Aufklärung der Wirkungsmechanismen in vitro Studien anschließen [19]. Sinnvollerweise beginnt man zunächst mit Bioverfügbarkeitsstudien unter Einsatz von 10 bis 20 gesunden Probanden und erhält somit Aufschluss über Absorption und Metabolismus der im Lebensmittel enthaltenen Polyphenole und gegebenenfalls auch Hinweise auf biodynamische Effekte. Gut geeignet sind humane Zellkulturen zur Prüfung, ob die in vivo erzielbaren Konzentrationen der Polyphenole und ihrer Konjugate für einen Zellschutz ausreichen und wie gegebenenfalls der Wirkungsmechanismus erklärt werden kann. Leider wurde bisher bei den zahlreich durchgeführten in vitro Studien meistens mit isolierten Einzelphenolen gearbeitet, die in Konzentrationen eingesetzt wurden, die die in vivo erzielbaren um ein Vielfaches überschritten. Deutliche Warnungen, dass aus Untersuchungen mit derartigen Versuchsansätzen keinerlei Schlussfolgerungen für die in vivo Situationen abgeleitet werden dürfen, wurden kürzlich von mehreren Arbeitsgruppen veröffentlicht. Eine Autorengruppe forderte sogar ein Publikationsverbot, zumindest für eine sehr angesehene Zeitschrift.

Auch bei der Planung und Auswertung von Interventionsstudien mit polyphenolreicher Nahrung sollten Erkenntnisse, die in den Bioverfügbarkeitsstudien gewonnen wurden, Berücksichtigung finden. Hier sind es vor allem die biokinetischen und biodynamischen Daten, die für die Aufstellung von Versuchsplänen und Dosierungsschemata von Bedeutung sind und konkrete Hinweise über die Zeit und Dosisabhängigkeit zu erwartender Effekte liefern können [25]. Weiterhin empfiehlt es sich auch, zusätzlich auf Biomarker zu prüfen, die über das Ausmaß oxidativer Schädigungen an Biomolekülen, beziehungsweise über deren Verhütung durch Polyphenole Hinweise liefern können.

Noch relativ selten in der Literatur findet man Daten über Struktur und Konzentration der nicht resorbierten Polyphenole und ihrer Metaboliten im menschlichen Intestinaltrakt. Deren Gewinnung ist deshalb so essentiell, da der größte Teil der mit der Nahrung zugeführten Polyphenole nicht resorbiert wird und somit im Darm mit unveränderter oder veränderter Struktur wirksam werden kann. Zwar sind bereits sehr viele in vitro Studien durchgeführt worden, in denen die Effekte isolierter Substanzen u. a. auf Kolonkarzinomzellen geprüft wurden. Aber die in vivo erzielbaren Konzentrationsbereiche und die chemischen Strukturen, sowie eventuelle Matrixeffekte wurden nicht berücksichtigt und unzulässigerweise wurde von in vitro Befunden auf die antikarzinogene Wirksamkeit der Polyphenole in vivo geschlossen. Mittlerweile sind auch auf diesem Gebiet

Erkenntnisfortschritte zu verzeichnen und Analysenverfahren für die Matrices Ileostomieefflux und Faeceswasser entwickelt und eingesetzt worden [16, 20].

42.13
Arzneimittelinteraktionen

Seit etwa 20 Jahren ist bekannt, dass Grapefruitsaft die orale Bioverfügbarkeit von Arzneimitteln für den Menschen um ein Vielfaches steigern kann. Grapefruitsaft enthält Furocumarine wie Bergamottin und Dihydroxybergamottin sowie Flavonoide wie Naringin und Naringinin, die das Enzymsystem CYP3A in Leber und Darmepithel hemmen. Dieses Enzymsystem metabolisiert zahlreiche Arzneimittel, so dass bei seiner Blockierung – oft reicht hierzu bereits 1 Glas Grapefruitsaft aus – bestimmte Arzneimittel in erheblich größerer Menge resorbiert werden und in die systemische Zirkulation gelangen als ohne gleichzeitigen Grapefruitkonsum. Dies kann zu beträchtlichen Nebenwirkungen führen. Eine dementsprechende Erhöhung der Bioverfügbarkeit wurde z. B. nachgewiesen für Calciumantagonisten, Psychopharmaka (Benzodiazepame), Cholesterinsynthesehemmern und Proteaseinhibitoren. Warnhinweise in den Beipackzetteln weisen darauf hin. Arzneimittelinteraktionen sind häufige Probleme in der klinischen Praxis. Ihre Kenntnis und das Wissen um die zugrunde liegenden Mechanismen können zur Vermeidung dieser potenziell ernsten unerwünschten Wirkungen beitragen [27].

42.14
Funktionelle Lebensmittel

Lebensmittel, die über ihre Rolle als Lieferanten von Energie und Nährstoffen hinaus für den Konsumenten einen gesundheitlichen Zusatznutzen besitzen, werden als funktionelle Lebensmittel bezeichnet. Der Begriff ist bisher in der Europäischen Union nicht rechtlich geregelt, und einer entsprechenden Auslobung stehen in Deutschland bisher die §§ 11 und 12 LFGB und Art. 16 Basis-VO entgegen, wonach irreführende und gesundheitsbezogene Werbung für Lebensmittel verboten ist.

Bereits ab dem Jahre 1996 hat die EU in einer konzertierten Aktion der DG XII *Consensus Documents on Scientific Concepts of Functional Foods in Europe* erarbeiten lassen. Ziel war die Entwicklung und Etablierung solider wissenschaftlicher Konzepte für funktionelle Lebensmittel. Die gewonnenen Erkenntnisse wurden unter der Bezeichnung „*Functional Food Science in Europe*" (FUFOSE) im British Journal of Nutrition, Vol. 81, Suppl. 1, 1999 veröffentlicht. Zur Festlegung von Strategien und Instrumentarien zur Prüfung geplanter Auslobungen auf wissenschaftliche Evidenz wurde im Jahre 2001 eine weitere konzertierte Aktion gestartet. Unter der Bezeichnung *Process for the Assessment of Scientific Support for Claims on Food (PASSCLAIM)* sollen in verschiedenen thematischen Teilbereichen evidenzbasierte Werbeaussagen erarbeitet und der Einsatz von Markern geprüft und etabliert werden (s. auch Kap. 37.2.5). Folgende Teilbereiche wurden festgelegt:

1. Ernährungsbedingte kardiovaskuläre Erkrankungen
2. Knochengesundheit und Osteoporose
3. Physische Leistungsfähigkeit und Fitness
4. Regulation des Körpergewichts, Insulinsensitivität und Diabetesrisiko
5. Ernährungsabhängige Krebserkrankungen
6. Mentaler Zustand und mentale Leistung
7. Darmgesundheit und Immunität.

Die bisher erzielten Ergebnisse wurden im European Journal of Nutrition publiziert (Vol. 42, Suppl. 1, 2003, Vol. 43, Suppl. 2, 2004 und Vol. 44, Suppl. 1, 2005).

Um in der EU einheitliche Regelungen für gesundheitsbezogene Angaben bei Lebensmitteln (health claims) einzuführen, sind die Mitgliedstaaten aufgefordert worden lt. Artikel 13 Abs. 2 der VO (EG) Nr. 1924/2006 Listen von Lebensmitteln mit entsprechenden Angaben und deren wissenschaftlicher Absicherung anzufertigen und diese zur weiteren Bearbeitung an die EFSA weiterzuleiten. Zuständig für die Aufstellung der Deutschen Listen war das BVL, welches die Lebensmittelwirtschaft aufforderte, bis zum 31.1.2008 entsprechende Vorschläge einzureichen und diese einer lebensmittelrechtlichen und wissenschaftlichen Prüfung unter Mitarbeit von Sachverständigen der Länder, des BfR und des Max Rubner-Instituts unterzog. Alle zu prüfenden gesundheitsbezogenen Angaben wurden einer von 4 Empfehlungskategorien zugeordnet. Bei Kategorie II ergab das nationale Screening einzelne Hinderungsgründe, weshalb vor einer Aufnahme in die Gemeinschaftsliste eine umfassende Prüfung vorgeschlagen wurde. In diese Kategorie eingeordnet wurden Aminosäuren, Ballaststoffe, Carotinoide, bestimmte Einzelstoffe, Fettbestandteile, Lebensmittel, omega-3-Fettsäuren, Probiotika, Vitamine und Kohlenhydrate. Bei Kategorie III ergab das nationale Screening vorbehaltlich der Prüfung der EFSA keine Hinderungsgründe gegen die Aufnahme in die Gemeinschaftsliste. Hierzu zählen Ballaststoffe, Carotinoide, Lebensmittel, Mineralstoffe, omega-3-Fettsäuren, Probiotika, sonstige Fettbestandteile und Vitamine. Die vorgeschlagenen gesundheitsbezogenen Angaben für Kategorie II und III können unter www.bvl.bund.de nachgelesen werden.

42.15
Literatur

Weiterführende Literatur

1. Baltes W (2007) Lebensmittelchemie. 6. Auflage, Springer, Berlin Heidelberg New York
2. Belitz H-D, Grosch W, Schieberle P (2008) Lehrbuch der Lebensmittelchemie. 6. Auflage, Springer, Berlin Heidelberg New York

3. Biesalski HK, Köhrle J, Schümann K (2002) Vitamine, Spurenelemente und Mineralstoffe, Thieme Verlag, Stuttgart New York
4. Bitsch I (1983) Perspektiven der Alkoholforschung. Ernährungsumschau 30:132–135
5. Bitsch R, Kasper H (1986) Ernährung und Diät, Apotheker Verlag, Stuttgart
6. Bitsch R, Netzel M, Strass G, Frank T, Bitsch I (2004) Bioavailability and biokinetics of anthocyanins from red grape juice and red wine. J Biomed Biotechnol 5:293–298
7. Bitsch I, Netzel M, Netzel G, Ruhlig K, Ott U, Thielen Ch, Dietrich H, Bitsch R (2008) Consumption of apples, apple juice and apple juice extract rich in polyphenols on urate concentration in plasma and urine of human volunteers. Polyphenols Comm 2:675–676
8. Bowman BA, Russel RM (Eds.) (2001 und 2008) Present Knowledge in Nutrition, 8. und 9. Edition, ILSI Press, Washington, DC
9. Bundeslebensmittelschlüssel, Version II.3, Bundesforschungsanstalt für Ernährung und Lebensmittel, Karlsruhe
10. Caballero B, Trugo L, Finglas PM (Ed.) (2003) Encyclopedia of Food Sciences and Nutrition. 2nd Ed. Academic Press, Elsevier Science London
11. Elmadfa I (2009) Ernährungslehre. 2. Auflage, UTB, Stuttgart
12. Elmadfa I, Leitzmann C (2004) Ernährung des Menschen, 4. Auflage, UTB, Stuttgart
13. Ernährungsbericht (2004 und 2008) Deutsche Gesellschaft für Ernährung (DGE), DGE-Medien Service, Bonn
14. Fidanza F (Ed.) (1991) Nutritional Status Assessment: A Manual for Population Studies. Chapman and Hall, London
15. Götz ML, Rabast U (1999) Diättherapie: Lehrbuch mit Anwendungskonzepten, 2. neubearb. Aufl., Thieme Verlag, Stuttgart, New York
16. Grün CH, van Dorsten FA, Jacobs DM, Le Belleguic M, van Velzen EJ, Bingham MO, Janssen HG, van Duynhoven JP (2008) GC-MS methods for metabolic profiling of microbial fermentation products of dietary polyphenols in human and in vitro intervention studies. J Chromatogr B 871:212–219
17. Heepe F, Wigand M (2002) Lexikon Diätetische Indikationen, 4. Auflage, Springer, Berlin Heidelberg New York
18. Heseker B, Heseker H (2007) Nährstoffe in Lebensmitteln, 3. Auflage, Umschau Buchverlag, Neustadt/Weinstrasse
19. Holst B, Williamson G (2008) Nutrients and phytochemicals: from bioavailability to bioefficacy beyond antioxidants. Curr Opin Biotech 19:73–82
20. Kahle K, Huemmer W, Kempf M, Scheppach W, Erk T, Richling E (2007) Polyphenols are intensively metabolised in the human gastrointestinal tract after apple juice consumption. J Agric Food Chem 55:10605–10614
21. Kammerer D, Claus A, Carle R, Schieber A (2004) Polyphenol screening of pomace from red and white grape varieties (vitis vinifera) by HPLC-DAD-MS/MS. J Agric Food Chem 52:4360–4367
22. Kofranyi E, Jekat F (1964) Zur Bestimmung der biologischen Wertigkeit von Nahrungsproteinen. VII Bilanzversuche am Menschen. Hoppe-Seylers Z physiol Chem. 335:166–173
23. Kohlenberg-Müller K, Gips H, Bitsch I (1990) Die Pharmakokinetik des Alkohols und seiner Metaboliten bei jungen, gesunden Frauen. Med Welt: 41:472–476
24. Kluth D, Banning A, Paur I, Blomhoff R, Brigelius-Flohé R (2007) Modulation of pregnane X receptor- and electrophile responsive element-mediated gene expression by dietary polyphenolic compounds. Free Radic Biol Med 42:315–325
25. Kübler W (2002/2003) Praktikum der Nährstoff-Biokinetik (1–8). Ernährungsumschau 49:136–139, 194–196, 227–230, 271–273, 312–314, 353–356, 485–487. Ernährungsumschau 50:22–24

26. Lotito SB, Frei B (2006) Consumption of flavonoid-rich foods and increased plasma antioxidant capacity in humans: Cause, consequence, or epiphenomenon? Free Radic Biol Med 41:1727–1746
27. Péquignot G (1974) Les problèmes nutritionnels de la société industrielle. La vie médicale au Canada français 3:216–225
28. Referenzwerte für die Nährstoffzufuhr (2009) Deutsche Gesellschaft für Ernährung (DGE). 3. Auflage, Umschau Buchverlag, Neustadt/Weinstrasse
29. Rosskopf D, Kroemer HK, Siegmund W (2009) Pharmakokinetische Probleme in der Praxis-Rolle von Arzneimitteltransportern. Dtsch Med Wochenschr 134:345–356
30. Scalbert A, Morand C, Manach C, Rémésy C (2002) Absorption and metabolism of polyphenols in the gut and impact on health
31. Schewe T, Steffen Y, Sies H (2008) How do dietary flavanols improve vascular function? A position paper. Arch Biochem Biophys: 476:102–106
32. Schmandke H, Pfaff G, Bock W (1987) Einige ernährungswissenschaftliche Aspekte zum Lebensmittelkomplex Obst und Gemüse. Ernährungsforschung 32:33–36
33. Senser F, Scherz H, Kirchhoff E (2004) Der kleine „Souci-Fachmann-Kraut" – Lebensmitteltabelle für die Praxis, 3. Auflage Wissenschaftliche Verlagsgesellschaft, Stuttgart
34. Speitling A, Hüppe R, Kohlmeier M, Matiaske B, Stelte W, Thefeld W, Wetzel S (1992) Methodenhandbuch der Verbundstudie Ernährungserhebung und Risikofaktoren Analytik. Wiss. Fachverlag Fleck, Niederkleen
35. Schek A (2009) Ernährungslehre kompakt: Kompendium der Ernährungslehre für Studierende der Ernährungswissenschaft, Medizin und Naturwissenschaften und zur Ausbildung von Ernährungsfachkräften. 3. Auflage. Umschau Zeitschriftenverlag, Sulzbach im Taunus
36. Souci SW, Fachmann W, Kraut H (2008) Die Zusammensetzung der Lebensmittel, 7. Auflage, Medpharm Scientific Publishers, Stuttgart
37. Suter PM (2002) Checkliste Ernährung, Thieme Verlag, Stuttgart, New York

Lebensmittelphysik

LUDGER FIGURA

Fachhochschule Osnabrück, University of Applied Sciences
Oldenburger Landstraße 24, 49009 Osnabrück
l.figura@fh-osnabrueck.de

43.1	Qualität aus physikalischer Sicht	1133
43.2	Physikalische Größen	1134
43.3	Untersuchungsverfahren	1135
43.4	On-line-Verfahren	1139
43.5	Direkte und indirekte Bestimmungen	1141
43.6	Literatur	1143

43.1 Qualität aus physikalischer Sicht

Qualitätssicherung ist mehr als die Zusicherung von Produktfrische und die Abwesenheit von Schadstoffen. Hersteller und Verbraucher fordern Herkunftsnachweis, Authentizität und erwartungsgemäße, d. h. definierte Eigenschaften der Produkte. Während sich die Lebensmittelchemie und die Lebensmittelmikrobiologie mit der Bestimmung von Lebensmittelinhaltsstoffen, Mikroorganismen u. a. befasst, untersucht die Lebensmittelphysik die physikalischen Eigenschaften der Lebensmittel [1]. Einige Beispiele für physikalische Eigenschaften von Lebensmitteln und deren Beziehung zur Qualität von Lebensmitteln zeigt Tabelle 43.1.

Tabelle 43.1. Beziehung zwischen physikalischen Eigenschaften und der Qualität von Lebensmitteln (Beispiele)

Physikalische Eigenschaft	Bezug zur Qualität
Viskosität, Fließgrenze	Erscheinungsbild und Konsistenz von Soßen, Feinkost, Cremes
Farbe	Frische, Zustand von Obst und Gemüse, Fruchtzubereitungen, Säften, Getränken
Elastizität, Bruchkraft	Frische und Alter von Backwaren, Süßwaren, Gemüse
Brechzahl	Zuckergehalt, Trockensubstanzgehalt

43.2
Physikalische Größen

Zur physikalischen Charakterisierung von Lebensmitteln kann eine Reihe von Eigenschaften herangezogen werden. Tabelle 43.2 zeigt eine Übersicht zu Größen der Lebensmittelphysik. Sie lassen sich in mechanische, elektrische, magnetische, optische und nukleare Eigenschaften unterteilen, wobei die zur Mechanik gehörenden akustischen und rheologischen Eigenschaften oft als eigene Disziplinen hervorgehoben werden. Die rheologischen, d. h. die elastischen und die viskosen Eigenschaften der Lebensmittel spielen bei vielen Lebensmitteln eine besondere Rolle. Dies gilt insbesondere für Verbraucher-Wahrnehmungen der Konsistenz und Textur von fließenden und pastösen Produkten. Die Messung der Viskosität bzw. der Fließgrenze kann in derartigen Fällen zur Qualitätssicherung herange-

Tabelle 43.2. Physikalische Größen von Lebensmitteln (Beispiele)

Mechanische	Elektrische, magnetische
Masse, Dichte	Elektrische Leitfähigkeit/Impedanz
Länge, Partikelgröße, Sphärizität	Elektrische Permittivität/ dielektrischer Verlustfaktor
Härte, Bruchfestigkeit	Magnetische Permeabilität
Volumen, Porosität	
Reibungszahl	
Grenzflächenspannung	**Optische, elektromagnetische, nukleare**
Randwinkel	Brechzahl
	Farbe
	Emmissionsgrad
Akustische	vis-Absorption
Schallgeschwindigkeit	IR-Absorption
Akustische Impedanz	NIR-Absorption
	MW-Absorption
Rheologische	RÖNTGEN-Absorption
Elastizitätsmodul	NMR-Absorption
Schubmodul	Isotopenverhältnis
Kompressionsmodul	Radioaktivität
Viskosität	
Fließgrenze	**Stoffbezogene**
Böschungswinkel	Dampfdruck, Wasseraktivität
	Diffusionskoeffizient, Molmasse
Thermische	kritische Dichte, Druck, Temperatur
Temperatur	Aktivierungsenergie, Aktivierungsvolumen
Schmelztemperatur, Siedetemperatur	
Glasübergangstemperatur	
Therm. Ausdehnungskoeffizient	
Wärmeleitfähigkeit, Temperaturleitfähigkeit	
Wärmekapazität	
Reaktionsenthalpie, Schmelzenthalpie	
Verbrennungsenthalpie, Brennwert	

zogen werden. Die meisten Lebensmittel zeigen nicht-NEWTONsches Fließverhalten. Dies äußert sich z. B. darin, dass die Fließeigenschaften nicht konstant sind sondern von der Belastung der Probe abhängen. So zeigt beispielsweise ein Ketchup bei der langsamen Produktentnahme durch den Konsumenten eine andere Viskosität als bei der schnellen Strömung in einer Abfüllanlage. Derartige Komplikationen müssen bereits bei der Auswahl der geeigneten Messgröße und der passenden Messtechnik bedacht werden. Die elektromagnetischen und optischen Eigenschaften lassen sich besonders einfach mit on-line-Messverfahren aufnehmen. On-line-Verfahren zur Bestimmung von Fremdkörpern oder der Farbe von Produkten können gleichzeitig zur Steuerung einer automatisierten Produktion und zur Sicherung der Qualität dienen. Die thermischen Eigenschaften von Futtermitteln, Agrar- und Lebensmittelprodukten werden vielfach zur Planung von Prozessen und zur Auslegung von Apparaten benötigt. Zum Entwurf von Erhitzungs- oder Gefrierprozessen oder von Kühlräumen werden Daten zur Enthalpie von Reaktionen bzw. Phasenumwandlungen, zur Wärmekapazität oder Wärmeleitfähigkeit benötigt. Unter nuklearen Eigenschaften versteht man z. B. das unterschiedliche Verhalten von Atomkernen bei der Kernresonanz-Spektroskopie (Nuclear Magnetic Resonance, NMR), die Radioaktivität von Stoffen oder das Auftreten charakteristischer Isotopenverhältnisse, aus denen auf die Herkunft der Lebensmittel geschlossen werden kann [2]. Schließlich gibt es stoffbezogene physikalische bzw. physikalisch-chemische Größen wie den relativen Wasserdampfpartialdruck (welcher im Gleichgewichtsfall die so genannte Wasseraktivität kennzeichnet), kritische Temperatur, Diffusionskoeffizienten, Aktivierungsvolumen etc., die für die kinetische Vorausberechnung von Prozessen eine Rolle spielen können. Die Permeabilität von Verpackungsmaterialien ist ebenfalls eine derartige Größe, mit der in Kombination mit lebensmittelchemischen und -mikrobiologischen Daten z. B. die Haltbarkeit von verpackten Lebensmitteln rechnerisch abgeschätzt werden kann [3]. Physikalische Stoffdaten finden sich tabelliert z. B. in [4] oder elektronisch abrufbar, vgl. [27].

43.3
Untersuchungsverfahren

Um gleich bleibende Eigenschaften von Lebensmitteln, Rohstoffen und Zwischenstufen im Produktionsprozess zu sichern, werden Messpunkte festgelegt, an denen vorher festgelegte Produkteigenschaften überprüft werden. Der Vergleich des gemessenen Wertes mit einem vorgegebenen Qualitäts-Sollwert ermöglicht es, steuernd in den Prozess einzugreifen, z. B. indem Prozessparameter geändert oder Produkte ausgeschleust werden. Die Steuerung mit Hilfe von gemessenen Größen nennt man Regelung [5]. So wird aus dem Messpunkt ein Regelungspunkt, engl. control point (CP). Control points innerhalb der Verarbeitungs- und Verpackungsprozesse und in der Lebensmittellogistik haben somit die Funktion, vorher festgelegte Lebensmitteleigenschaften zu sichern. Dies betrifft gleichermaßen die chemische Zusammensetzung der Lebensmittel, den biologischen Zustand und physikalische Eigenschaften wie z. B. Viskosität und Farbe.

Ein analytisches Verfahren ist durch die festgelegte Abfolge von einzelnen Abläufen (operations, processes) gekennzeichnet. Es kann sich hierbei um logistische oder technische Abläufe, Kommunikationsprozesse, manuelle Handlungen o. a. handeln. Labor-Verfahren bestehen aus einem planmäßigen Ablauf von Probenahme, -transport, ggf. Probelagerung, -vorbereitung, Untersuchung der Probe im Labor sowie Auswertung und Dokumentation der Ergebnisse. Teile dieser Abläufe, insbesondere die eigentliche Untersuchung der Probe, sind durch standardisierte oder selbst verfasste Methoden festgelegt. Tabelle 43.4 zeigt beispielhaft, dass der Zeitbedarf zwischen Probenahme und Prozess-Steuerungsmaßnahme bei Verwendung klassischer Labormethoden leicht im Bereich von einigen Stunden liegen kann.

Liegen der Ort der Probenahme (control point) und der Ort der Lebensmitteluntersuchung räumlich auseinander, spricht man von off-line-Verfahren. Im Gegensatz dazu liefern on-line- und in-line-Verfahren – sog. Echtzeitverfahren – Messergebnisse bereits im Augenblick der Probenahme bzw. mit nur kurzer Verzögerung. Messverfahren, die in räumlicher Nähe zum control point durchgeführt werden, werden als at-line- oder near-line-Verfahren bezeichnet. Für diese sind analytische Schnellverfahren vorteilhaft, während für o. g. Echtzeitverfahren darüber hinaus spezielle on-line-Sensoren und in-line-Sensoren erforderlich sind. Tabelle 43.3 fasst die Terminologie der analytischen Verfahren nach zeitlich-räumlicher Distanz zwischen dem Ort der Probenahme und dem Ort der eigentlichen Messung zusammen.

Tabelle 43.3. Control points: Bezeichnung der analytischen Verfahren nach räumlich-zeitlicher Distanz

Bezeichnung	Charakteristikum
on-line	Messergebnis in Echtzeit
in-line	on-line-Sensor im Produktstrom
at-line / near-line	Schnellverfahren im Produktionsbereich
off-line	Untersuchung im betriebseigenen Labor (on-site) oder im externen Labor (off-site)

Der wesentliche Vorteil einer zeitnahen Charakterisierung der Lebensmittel bzw. Rohstoffe liegt in der Kombination von Sicherung der Qualität und der Verminderung von Ausschuss-Produktion. Auf größeren Abfüllanlagen mit Leistungen von z. B. 10 t/h kann jede Minute Zeitverzögerung zwischen der Messung und der Gegensteuerung zu 150 kg fehlerhaftem Produkt führen.

Zur Entwicklung von Schnellverfahren z. B. im Rahmen von betrieblichen Eigenkontrollen (HACCP self control, vgl. [6]) untersucht man den Zeitbedarf

Tabelle 43.4. Zeitbedarf für eine Fettbestimmung (Beispiel)

Schritt des analytischen Verfahrens	Zeitbedarf in min
Probenahme	20
Transport der Proben	30
Probevorbereitung (Zerkleinern, Trocknen, Soxhlet-Extraktion, Destillation)	160
Untersuchung (Wägung)	5
Rohdatenübermittlung und Auswertung	10
Ergebnisübermittlung	3

der Einzelschritte des analytischen Verfahrens (vgl. Beispiel in Tabelle 43.4) und versucht, einzelne Abläufe gegen schnellere Techniken auszutauschen (Substitutionstyp) oder den Zeitbedarf durch effektivere Organisation zu verkürzen (Organisationstyp) [7]. Die Probevorbereitung, d. h. die Abtrennung von Stoffen, welche die Untersuchung stören und ggfls. die Anreicherung des Analyten durch Aufkonzentrierung (Extraktion, Eindampfen etc.) oder Vermehrung (Mikrobiologie, PCR) sind oftmals die zeitaufwändigsten Schritte. Um diesen Zeitaufwand zu senken benötigt man also Messverfahren, die einerseits unempfindlich gegen Begleitstoffe und andererseits hoch empfindlich sind. Oftmals eignen sich spektroskopische Verfahren für derartige Anforderungen, bei einigen Stoffsystemen erfüllt beispielsweise die on-line-Refraktometrie beide Forderungen.

Hat man eine Möglichkeit zur Abkürzung oder Vermeidung der Probevorbereitung gefunden, lässt sich möglicherweise durch Verkürzung des Transports der Probe zum Untersuchungsort weitere Zeit gewinnen. Dies kann z. B. durch Umgestaltung des Untersuchungsverfahrens von einem Laborverfahren zu einem at-line-Verfahren (vgl. Tabelle 43.3) erfolgen. Im günstigsten Fall lässt sich ein in-line-Verfahren finden, wodurch Probenahme und -transport vollständig wegfallen (Beispiel: in-line-Refraktometer). Es gibt eine Reihe von physikalischen Größen, die als Basis für Schnellverfahren nach dem Substitutionstyp bzw. für Echtzeitverfahren in Frage kommen. Eine Auswahl ist in Tabelle 43.2 aufgelistet. Tabelle 43.5 zeigt Beispiele für physikalische Schnellverfahren. In Tabelle 43.6 sind einige Echtzeit-Sensoren und deren Einsatzgebiete dargestellt.

Gelegentlich lässt sich ein Untersuchungsverfahren durch organisatorische Maßnahmen derart umgestalten, dass die Messergebnisse zu einem früheren Zeitpunkt vorliegen. Dies ist z. B. der Fall, wenn die Probenahme und -untersuchung anstatt beim Wareneingang im eigenen Betrieb bereits im Herkunftsland z. B. vor dem Seetransport erfolgt. In Fällen einer deutlichen Zeitersparnis durch derartige Maßnahmen kann dies dazu führen, dass der Zeitbedarf für die analytischen Laborverfahren eine untergeordnete Rolle spielt bzw. Schnellverfahren lokal kaum benötigt werden [8].

Tabelle 43.5. Physikalische Größen als Basis für Schnellverfahren (Beispiele)

Größe	Bestimmung z. B. von
Mechanische Größen	
Länge	Partikelgröße, Charakterisierung von Pulvern, Emulsionen, Schäumen. Textur von Schokolade und Eiskrem
Volumen	Porosität, Schüttdichte von Pulvern
Dichte	Alkoholgehalt von Getränken, Trockensubstanzgehalt in Säften, Sirupen und Getränken, Wassergehalt von Milch [9], Luftgehalt in Butter (Schwebemethode [9]), Stärkegehalt von Kartoffeln (Unterwassergewicht) [10]
Bruchkraft, Härte	Textur [11]
Viskosität, Fließgrenze, Schubmodul	Konsistenz, Stabilität, Dosierbarkeit [11]
Elektrische Größen	
elektrische Leitfähigkeit	Wassergehalt in Getreide, Honig, Milch. Elektrolytgehalt in Milch (Mastitis) [9]. Partikelgröße (Coulter-Counter)
elektrische Impedanz	Keimwachstum in Milch [9] und Kulturbrühen (Impedimetrie, Gehalt an Mikroorganismen) [12]
elektrische Induktion	metallische Fremdkörper
elektrische Permittivität (DK)	Wassergehalt in Milchprodukten [9]
Akustische Größen	
akustische Impedanz	Wassergehalt in Getreide, Reife von Äpfeln
Schall-Emission	Textur von Backwaren
Ultraschall-Impedanz	Zusammensetzung von Fleisch und Fisch. Viskosität, Tropfengrößenverteilung in Emulsionen [14]
Optische Größen	
Refraktion	Wassergehalt, Zuckergehalt, Trockensubstanzgehalt in Getränken, Früchten, Säften, Sirupen, Steuerung von Eindampfanlagen
Farbmessung	Reife und Zustand von Obst, Gemüse, Kaffeebohnen
Polarisationswinkel	Zuckergehalt
NIR-Absorption	Zusammensetzung von Schüttgütern, Pulvern, Flüssigkeiten, Wasser-, Fett-, Proteingehalt von Milchprodukten [15]
Mikrowellen-Absorption	Wassergehalt und Zustand von Lebensmitteln
Röntgen-Absorption	nichtmetallische und metallische Fremdkörper, Fettgehalt
Thermische Größen	
Temperatur	Zustand von Lebensmitteln
Erstarrungstemperatur	Wassergehalt von Milch
Glasübergangstemperatur	Wassergehalt, Lagerstabilität
Schmelzverhalten	Identität und Reinheit von Stoffen
Atomare Größen	
LR-NMR	Fest-Flüssig-Verhältnis von Fetten (Methode L 13.00-9 gemäß §64 LFGB), Wasser- und Fett-Gehalt von Futtermitteln, Margarine, Ölsaaten, Emulsionen
Isotopen-Muster	Authentizität, Herkunft von Lebensmitteln [2]

Tabelle 43.6. Beispiele für on-line-Sensoren

... zur Bestimmung von	Messprinzip z. B.
Dichte	erzwungene Schwingung
Durchfluss	magnetisch-induktiv, CORIOLIS-Effekt
Viskosität	Schwingungsdämpfung, Druckverlust
Temperatur	IR-Emission
Druck	piezoresistiv, kapazitiv
Drehfrequenz	induktiv
Füllhöhe	Ultraschall- oder Radar-Abstandsmessung
Säuregrad, Konzentration	Leitfähigkeitsmessung, pH-Messung
Zucker, Trockensubstanz	Refraktion
Wasser	Messung von Permittivität (DK), Phasenwinkel
Wasser, Fett etc. (Zusammensetzung, Konzentration, Identität)	NIR-Absorption [15], FTIR-Spektrometrie [19], NMR [20]
Inhaltsstoffen, Markern	elektrische, mechanische, optische Eigenschaften von Chemo- und Biosensoren
metallischen Fremdkörpern	Induktionswirkung der Fremdkörper
Fremdkörper allgemein	RÖNTGEN-Absorption, NMR [21]
Fettanteil in Fleisch	RÖNTGEN-Absorption
Farbe	selektive Absorption von Licht

43.4
On-line-Verfahren

Bei den on-line-Verfahren zur Bestimmung von Lebensmitteleigenschaften unterscheidet man berührende oder nicht-berührende Sensoren, die sich im Produktstrom (in-line) oder in einer Nebenleitung befinden. Das Produkt kann nach der Messung in der Nebenleitung verworfen werden (bleeding line) oder in den Produktstrom zurückgeführt werden (bypass). Je nach Bauart ergeben sich unterschiedliche Hygiene- und Werkstoffanforderungen für die verwendeten Sensoren. Wünschenswert sind on-line-Sensoren, die keine Teile aufweisen, die in die Rohrströmung hineinragen [17]. Hierzu gehören magnetisch-induktive Sensoren für die Durchflussmessung (MID) und schwingende Rohre für die Durchfluss- und Dichtemessung (CORIOLIS-Sensoren). Das Messprinzip der MIDs basiert auf der LORENTZ-Kraft, die auf geladene Teilchen im Magnetfeld wirkt. Die Messgröße ist eine elektrische Spannung, die von der Geschwindigkeit der strömenden geladenen Teilchen abhängt. In schwingenden Rohrsystemen wirkt auf vorwärts fließende Masseteilchen die CORIOLIS-Kraft. Die Folge ist eine von der Strömungsgeschwindigkeit abhängige messtechnisch gut zu erfassende Deformation des Schwingers. Da die Resonanzfrequenz des schwingenden Rohres von der Masse des hindurch fließenden Lebensmittels abhängig ist, ist eine gleichzeitige Dichtebestimmung möglich. Weiterhin kann aus der Schwingungsdämpfung on-line auf die Viskosität des Produktes geschlossen werden. Tabelle 43.6 zeigt weitere Beispiele für on-line-Sensoren. Unter Chemosensoren und Biosensoren versteht man Halbleiterbauteile, deren Eigenschaften sich bei Kontakt mit dem Analyten reproduzierbar ändern. Hierzu gehören z. B. Metalloxidhalbleiter und Feldeffekttransistoren (FETs), deren Oberfläche z. B. mit biotechnologischen Mitteln für spezifische Lebensmittelinhaltsstoffe, Ionen, ATP, DNA etc. sensitiv gestaltet wurde (s. z. B. [18]). Da die eigentliche Messgröße ein elektrisches oder optisches (Glasfaser-) Signal ist, sind derartige Sensoren prinzipiell für on-line-Verfahren geeignet. Die Vorteile liegen in der hohen Spezifität derartiger Sensoren, Nachteile bestehen in der begrenzten thermischen, chemischen und mechanischen Robustheit.

On-line-Verfahren, welche die Probe an verschiedenen Punkten charakterisieren und die Messsignale zu einem „Bild der Probe" zusammensetzen, bezeichnet man als Bild gebende Verfahren. Als Messprinzip kommt vor allem die berührungslos und schnell zu messende Absorption oder Emission elektromagnetischer Strahlung in Frage. Tabelle 43.7 listet einige Frequenzbereiche und deren Anwendungsgebiete auf.

Mit Kameras im Bereich des sichtbaren Lichtes oder im Infrarot-Bereich (Thermografie) können Bilder von der Probenoberfläche erzeugt werden, die zur Inspektion z. B. auf Form, Lage und Orientierung von Produkten, in nicht zu dicken Schichten auch zur Fremdkörperdetektion genutzt werden können [22]. Elektromagnetische Wellen im RÖNTGEN-Bereich erlauben wegen ihrer größeren Eindringtiefe auch Bilder vom Inneren der Probe. RÖNTGEN-Scanner zeichnen die durch die Probe stattfindende Absorption von RÖNTGEN-Strahlen ortsaufgelöst auf. Auf den RÖNTGEN-Bildern lassen sich unterschiedliche Absorptionen mit Grautönen oder farblich darstellen. Oberhalb einer bestimmten Größe können nichtmetallische und metallische Fremdkörper aufgespürt und innerhalb des verpackten Lebensmittels lokalisiert werden. Gleichzeitig kann der In-

Tabelle 43.7. Anwendungsbereiche elektromagnetische Strahlung

Bezeichnung	Wellenlänge	Anwendungsbeispiele
sichtbares Licht	400 nm–800 nm	Prüfung auf Aussehen, Form, Farbe, Blasengröße, Dispersitätsgrad
NIR	800 nm–2 500 nm	Zusammensetzung (Wasser, Fett, Kohlenhydrate etc.)
IR	1 µm–15 µm	berührungslose Temperaturmessung, Thermografie
Mikrowellen	1 cm–10 cm	Wassergehalt, Fettgehalt, Schüttdichte
Radiowellen	1 m–10 m	Wassergehalt, NMR-Verfahren: Zusammensetzung, MRI-Verfahren: innere Struktur der Proben
weiche RÖNTGEN-Strahlen	100 pm–1 nm	Prüfung auf Fremdkörper

halt der Verpackungen z. B. auf Vollständigkeit geprüft werden. Nicht detektiert werden können Fremdkörper, die eine ähnliche Absorption zeigen wie das betreffende Lebensmittel selbst.

Die Darstellung von Bildern mit Hilfe von ortsaufgelösten Verfahren der Kernresonanz (NMR) wird als Magnetic Resonanz Imaging (MRI) bezeichnet [23, 24]. Ähnlich wie in der Medizintechnik können Schnittbilder aus dem Innern von Lebensmitteln erzeugt werden. Auf diese Art kann die innere Struktur von Rohstoffen sichtbar gemacht werden und z. B. der Gewebezustand von Agrarprodukten geprüft werden [25, 26].

Die wesentlichen Vorteile von Bild gebenden Verfahren liegen in der Möglichkeit der schnellen, berührungslosen und zeitgleichen Erfassung mehrerer Messgrößen und der ortsaufgelösten Inspektion von Produkten. Optionen der digitalen Auswertung oder Speicherung der Daten können die Rückverfolgbarkeit von betrieblichen Fehlfunktionen oder Produktbeanstandungen erleichtern.

43.5
Direkte und indirekte Bestimmungen

Physikalische Eigenschaften von Lebensmitteln können einerseits direkt zur Produktcharakterisierung verwendet werden (Beispiel: Messung der Viskosität), andererseits indirekt zur quantitativen Bestimmung von Inhaltsstoffen wie Wasser und Fett oder zur Abschätzung des mikrobiologischen Zustands eines Materials. Derartige indirekte Verfahren müssen mit geeigneten chemischen oder biologischen Referenzverfahren überprüft und validiert werden. So müssen z. B. NIR-Verfahren zur Bestimmung von Gehalten an Wasser, Kohlenhydraten, Fett, Protein, Mineralstoffen mit Messergebnissen aus jeweils zugehörigen Referenzverfahren sorgfältig kalibriert und anschließend regelmäßig validiert werden. Diese Vorbereitungsarbeit kann gelegentlich mehr Zeit erfordern als geplant, da physikalische Messverfahren andere Störungen zeigen können als man im klassischen chemischen und mikrobiologischen Laborbetrieb erwartet. So kann ein NIR-Spektrometer beispielsweise außer auf den Stärkegehalt auch auf die Partikelgröße oder die Wasseraktivität der Probe reagieren. Betrachtet man die Partikelgröße als eine Störgröße, so ist sie bei allen Messungen – einschließlich der Kalibrierungsmessungen – konstant zu halten. Betrachtet man die Partikelgröße hingegen als Einflussgröße oder gar als Messgröße, so ist sie mit geeigneten Referenzverfahren in die Kalibrierung einzubeziehen. Dieses Beispiel zeigt, dass nur eine Kenntnis aller Einflussgrößen und ein ausreichender Satz präziser Referenzdaten zu einer verlässlichen Beziehung zwischen Messgröße und dem betrachteten Qualitätsmerkmal führt, d. h. brauchbare Kalibrierungen liefert. Erst wenn Kalibrierung und Validierung erfolgreich gelungen sind, kann sich ein Nutzen für die Qualitätssicherung ergeben, der darin besteht, dass die Anzahl der klassischen Laboruntersuchungen zurückgeht und die Messergebnisse in kürzerer Zeit – im günstigsten Fall online – vorliegen.

Für physikalische Messverfahren gilt – wie für alle anderen Messverfahren –, dass sie eine spezifische Selektivität und begrenzte Sensitivität besitzen. Ein Messverfahren kann prinzipiell nur den Stoff anzeigen, für den es kalibriert und validiert wurde. Auch mit physikalischen oder elektrischen Sensoren kann es durch Störstoffe zu „falsch positiven" und zu „falsch negativen" Befunden kommen. So kann mit einem refraktometrischen Verfahren wohl zwischen einer 25,5%-igen und einer 25,6%-igen wässrigen Saccharose-Lösung unterschieden werden, nicht beispielsweise jedoch zwischen einer wässrigen 25,4%-igen Saccharose-Lösung und einer Lösung, die aus 32% Glycerin und 68% Wasser besteht, da bei Raumtemperatur beide Lösungen die gleiche Brechzahl haben. Wenn diesbezüglich ein analytisches Risiko besteht, schafft die Kombination mehrerer Messverfahren meistens Abhilfe.

Ein weiteres Beispiel ist die optische Bestimmung der Partikelgröße, bei der die Nachweisgrenze durch die Wellenlänge der verwendeten Strahlung begrenzt wird. Bei Verwendung von sichtbarem Licht können Partikel, die kleiner als 100 nm sind, nicht mehr nachgewiesen werden [27]. Will man auch diese so genannten Nanopartikel vollständig erfassen, ist die Anwendung von kleineren Wellenlängen notwendig, z. B. von Elektronenstrahlen (REM, TEM) oder RÖNTGEN-Strahlen.

Unter Nanopartikeln versteht man üblicherweise Partikel mit Durchmessern unter 100 nm. Nanopartikel besitzen andere physikalische Eigenschaften als größere Teilchen desselben Materials, z. B. höhere Löslichkeit und Reaktivität und veränderte optische Eigenschaften. Sie werden seit einiger Zeit in Kosmetika, Pharmaka, Textilien und Lacken eingesetzt und finden Anwendung in Bedarfsgegenständen, Verpackungen für Lebensmittel und Küchenutensilien. Tabelle 43.8 zeigt einige Anwendungsbeispiele.

Tabelle 43.8. Nanotechnologie, Anwendungsbeispiele [29–33]

Anwendung in	Zweck
Packstoffen, Verpackungen, technischen Werkstoffen für Dichtungen, Förderbänder, Küchenutensilien, Lacke und Beschichtungen, Textilien, Leder	verbesserte Oberflächeneigenschaften (mikrobizid, schmutzabweisend, hydrophob), veränderte Barriere-Eigenschaften (Wasserdampf, Sauerstoff, Licht), integrierte Indikator-Eigenschaften, verbesserte thermische und mechanische Eigenschaften
Lebensmitteln	nanoskalige Zusätze zur Verkapselung, Solubilisierung, als Rieselhilfsmittel

Nanopartikel haben nicht zwangsläufig Kugelgestalt (nano spheres), vielmehr lassen sich gezielt lineare Nanofasern (nano fibres, nano rods) und flächige Nanoschichten (nano plates) herstellen, nanoskalige Emulsionen sowie Nano-Mizellen aber auch hohle Strukturen wie Nanoporen (nano pores), Nanogräben, Nanoröhren (nano tubes) und maßgeschneiderte Käfige wie z. B. Fullerene als Nano-Kapseln. Bei der Einschätzung von technologischen Chancen und Risiken für den Verbraucher dürfte neben der Partikelgröße genau dies – die Form und Struktur der Nano-Partikel – eine entscheidende Rolle spielen (s. auch Hinweise zu Nanomaterialien in Kap. 38.3.10).

Die beschriebenen Beispiele zeigen, dass bei der Verwendung von physikalischen Größen für die indirekte Bestimmung von Lebensmittelinhaltsstoffen eine enge Zusammenarbeit zwischen Disziplinen wie Lebensmittelchemie, Lebensmittelmikrobiologie und Lebensmittelphysik erforderlich ist. Bei der physikalisch-technischen Bestimmung von Aroma- und Geschmacksprofilen mit technischen Sensoren (electronic noses, electronic tongue, s. z. B. [13, 16]) sowie von Textureigenschaften sind in analoger Weise Kalibrierungen mit Hilfe sensorischer Panels und diesbezüglichen Referenzverfahren erforderlich. Wenn physikalische Verfahren sich für die Qualitätsprüfung eignen, besitzen sie häufig den Vorteil einer hohen Geschwindigkeit und der Verfügbarkeit des Messsignals in elektrischer Form, so dass eine elektronische Weiterverarbeitung ohne manuelle Zwischenschritte erfolgen kann.

43.6
Literatur

1. Figura L, Teixeira A (2007) Food Physics, Springer, New York
2. Muccio Z Jackson GP (2009) Isotope ratio mass spectrometry, Analyst 134:213–222
3. Robertson GL (1993) Food Packaging, Marcel Dekker, New York
4. Shafiur Rahman (Hrsg) (1995) Food Properties Handbook CRC Press Inc Boca Raton, Florida
5. Deutsches Institut für Normung e.V. (Hrsg) (1994) DIN 19226-1/5 Leittechnik, Regelungstechnik und Steuerungstechnik; Begriffe, Beuth-Verlag Köln
6. Europäisches Amtsblatt Nr. L 165 vom 30.04.2004 S. 1–141 EU VO 882/2004
7. Matissek R, Schnepel F-M, Steiner G (2006) Lebensmittelanalytik, Springer, Berlin
8. Battaglia R (2000) Schnellmethoden in der Lebensmittelanalytik: Anwendungen und Bedürfnisse, Mitt Lebensm Hyg 91:648–658
9. Töpel A (2004) Chemie und Physik der Milch, Behr's, Hamburg
10. Europäisches Amtsblatt Nr. L 016 vom 24/01/1995 S. 0003–0015 VO 97/1995
11. Rosenthal AJ (1999) Food Texture, Perception and Measurement, Aspen, Gaithersburg
12. Gibson DM (2001) Conductance/Impedance Techniques for Microbial Assay, in [13] S. 484
13. Kress-Rogers E, Brimelow CJB (Hrsg) (2001) Instrumentation and Sensors for the Food Industry, CRC Press Boca Raton
14. Richter A, Voigt T, Ripperger S (2007) Ultrasonic attenuation spectroscopy of emulsions with droplet sizes greater than 10 µm, J Colloid Interface Sci. 315:482–492
15. Büning-Pfaue H (2004) NIR Spectroscopy, a Revolution in Analysis, New Food 7:41–47 und 19–24
16. Nitz S, Hanrieder D (2000) Möglichkeiten und Grenzen des Einsatzes von Gassensor-Arrays zur Qualitätsbeurteilung von Lebensmitteln. In: FEI – Forschungskreis der Ernährungsindustrie e.V. (Hrsg), Zukunftstechnologien für die Lebensmittelindustrie, Bonn, S. 38–60

17. Kurzhals HA (Hrsg) (2003) Lexikon der Lebensmitteltechnik, Behr's, Hamburg
18. Strasser A, Dietrich R, Märtlbauer E (2004) Microarray-System zum Nachweis von antimikrobiellen Rückständen in Milch, GIT Labor-Fachzeitschrift 9:831–834
19. Reh C (2001) In-line and off-line FTIR measurements, in [13] S. 211
20. Pedersen HT, Ablett S, Martin DR, Mallett MJD, Engelsen SB (2003) Application of the NMR-MOUSE to food emulsions, J Magn. Reson. 165:49–58
21. Hills BP (2004) NMR Imaging, in: Edwards M (Hrsg) Detecting Foreign Bodies in Food, Woodhead Publishing Ltd., Cambridge
22. Meinlschmidt P, Märgner V (2002) Detection of Foreign Substances in Food using Thermography, Intern Soc for Optical Eng (SPIE): Sensor Technology and Applications, Proc No 4710, S. 565
23. Ruan RR, Chen PL (2001) Nuclear magnetic resonance techniques and their application in food quality analysis, in: Gunaseharan (ed) Nondestructive Food Evaluation: Techniques to Analyze Properties and Quality. Marcel Dekker, New York
24. Mc Carthy MJ, Mc Carthy KL (1996) Applications of magnetic resonance imaging to food research. Magn. Reson. Imaging 14:799–802
25. Martinez I, Aursand M, Erikson U, Singstad TE, Veliyulin E, van der Zwaag C (2003) Destructive and non-destructive analytical techniques for authentication and composition analyses of foodstuffs. Trends in Food Science and Technology 14:489–498
26. Schmidt SJ (1999) Probing the Physical and Sensory Properties of Food Systems using NMR Spectroscopy. In: Belton PS (Hrsg) Advances in Magnetic Resonance in Food Science: Proc 4. Int Conf on Applications of Magnetic Resonance in Food Science, Norwich Sept. 1998, RSC Cambridge
27. Tiede K, Boxall ABA et al. (2008) „Detection and characterization of engineered nanoparticles in food and the environment." Food Addit. and Contam. 25(7):795–821
28. Nesvadba P, Houka M, Wolf W, Gekas V, Jarvis D, Sadd PA, Johns AI (2004) Database of physical properties of agro-food materials, J Food Eng 61:497–503
29. Stähle S, Haber B (2008) Nanotechnologie in Lebensmitteln, Deutsche Lebensmittel-Rundschau 104:8–15
30. Sozer N, Kokini JL (2009) Nanotechnology and its applications in the food sector, Trends Biotechnol. 27:82–89
31. Haslberger A, Schuster J, Gesche A (2007) Nanotechnologie und Lebensmittelproduktion, In: Gaszo A, Greßler S, Schiemer F (eds), Nano: Chancen und Risiken aktueller Technologien, Springer Austria, S. 131–147
32. Datta PS (2008) Nano-agrobiotechnology: A step towards food security, Current Sci. 94:22–23
33. Weiss J, Decker E, McClements D, Kristbergsson K, Helgason T, Awad T (2008), Solid lipid nanoparticles as delivery systems for bioactive food components. Food Biophysics 3:146–154

Kapitel 44

Lebensmitteltechnologie

ADRIAN PERCO

LVA GmbH, Blaasstraße 29, 1190 Wien, Österreich
adrianperco@lva.co.at

44.1	Historische Entwicklung und Definition	1145
44.2	Aufgaben der Lebensmitteltechnologie	1146
44.3	Lebensmitteltechnologische Verfahrensstufen	1148
44.3.1	Grundoperationen	1149
44.3.2	Lebensmittelkonservierung	1150
44.3.3	Grundprozesse	1159
44.4	Ausblick auf die Zukunft	1164
44.4.1	Nanotechnologie	1164
44.5	Literatur	1165

44.1
Historische Entwicklung und Definition

Der Terminus „Technologie" leitet sich aus dem Griechischen ab: $τέχνη$ (Geschicklichkeit, Kunstfertigkeit, Handwerk, Kunst; geistige Gewandtheit, Kunstgriff, List) und $λόγος$ (Wort, Rede, Erzählung; Lehre; Vernunft). Der von $τέχνη$ abgeleitet Begriff Technik umfasst jenes Handeln, durch welches der Mensch naturgegebene Stoffe und Energien intelligent so umformt, dass sie seinem Bedarf und Gebrauch dienen (technisches Tun); dieses Handeln führt zu einer ständig wachsenden Summe an Dingen und Verfahren (technische Gegenstände) [1].

Geprägt wurde der Begriff Technologie 1777 vom Göttinger Professor Johann Beckmann in seinem Werk „Anleitung zur Technologie oder zur Kenntnis der Handwerke, Fabriken und Manufacturen": „Technologie ist die Wissenschaft, ... welche die Kenntnis der Handwerke lehrt, ... und hierzu systematische Ordnung und gründliche Anleitung gibt; sie erklärt ordentlich und deutlich alle Arbeiten, ihre Folgen und Gründe, ... sie behandelt die Roh- und Hilfsstoffe als Materia technologica." Diese Definition ist zeitlos und gibt mit anderen Worten uns geläufige moderne Begriffe wie „Gute Herstellungspraxis", Prozessbeschreibung, Qualitätssicherung, Rohstoffe, Zusatzstoffe, technologische Hilfsstoffe, sichere Fertigware, um nur einige zu erwähnen, wieder.

Einige moderne Definitionen bzw. Beschreibungen: „Lebensmitteltechnik" ist jenes Handeln, durch das der Mensch naturgegebene Rohstoffe (Lebensmittel) intelligent so umformt, dass sie zu seiner Ernährung dienen; dieses Handeln führt zu einer ständig wachsenden Summe an Lebensmitteln und Verfahren zu ihrer Herstellung [2]. „Lebensmitteltechnologie" ist die Lehre von den Verfahren zur Behandlung, Erhaltung, Verarbeitung und Umwandlung von Lebensmitteln [3]. „Lebensmitteltechnologie" ist die Wissenschaft der Lebensmittelverarbeitung [4].

Die wohl umfassendste Beschreibung findet sich in Römpp Chemie Lexikon (Thieme Verlag) unter dem Stichwort „Lebensmitteltechnologie": „Zusammenfassende Bezeichnung für alle Maßnahmen, mit deren Hilfe Lebensmittel erzeugt, verarbeitet und für den Handel und Verkehr präpariert werden. Neben physikalischen (mechanischen) Verfahren wie Zerkleinern, Trocknen, Zentrifugieren, Filtrieren, Gefrieren, Verpacken etc. spielen chemische Verfahren wie Konservierung, die Raffination von Fetten und die Modifikation von Stärke eine entscheidende Rolle. Auch küchentechnische Zubereitungsverfahren wie Kochen, Backen und Braten gehören zu den lebensmitteltechnologischen Verfahren. Einen wichtigen Beitrag zur Lebensmitteltechnologie leisten biotechnologische Verfahren, in deren Verlauf Lebensmittel mit Hilfe von Mikroorganismen hergestellt oder verändert werden. Hier sei z. B. die alkoholische Gärung sowie die Herstellung von Käse oder Sauermilchprodukten erwähnt. Zu den Aufgaben der Lebensmitteltechnologie gehört weiterhin die Entwicklung neuer Lebensmittelzubereitungs- und Herstellungsverfahren, die Entwicklung neuer Lebensmittel und Lebensmittelzusatzstoffe sowie die Erschließung alternativer Rohstoffquellen."

44.2
Aufgaben der Lebensmitteltechnologie

Zahlreiche Gründe lassen den Verzehr unbehandelter tierischer und pflanzlicher Rohstoffe nur bedingt zu. Aus hygienischen Gründen ist bei Obst und Gemüse zumindest Waschen angeraten. Dabei handelt es sich bereits um ein einfaches lebensmitteltechnologisches Verfahren. Andrerseits sind die Nährstoffe von wichtigen pflanzlichen Nahrungsmitteln im Rohzustand kaum für den menschlichen Organismus verwertbar. Die native Stärke in naturbelassenem Getreide ist für uns nahezu unverdaulich. Der Mensch hat keine Enzyme, die die Gerüstsubstanzen pflanzlicher Lebensmittel (insbesondere die Cellulose) abzubauen imstande sind. Die in den Pflanzenzellen eingeschlossenen Nährstoffe sind daher schlecht resorbierbar. Getreide muss zerkleinert und in zumindest wässrigem Milieu gequollen werden. Damit werden die Cellulosewände zumindest teilweise aufgebrochen und es liegt besser verdauliche gequollene Stärke vor. Unsere Zähne schaffen die notwendige Zerkleinerung von Getreidekörnern nicht (der Mensch ist eben kein reiner Pflanzenfresser). Unbearbeitetes Getreide birgt ein weiteres Problem: Die Phytinsäure der Randschichten steht wegen ihrer Eigenschaft Chelate zu bilden in Verdacht, die Resorption von essentiellen zweiwertigen Metallionen (z. B. Ca^{2+}, Zn^{2+}, Fe^{2+}) zu behindern. Technologische Prozesse wie Teiggare und Erhitzen spalten Phytinsäure in myo-Inosit und Phosphat. Die Nährstoffausnutzbarkeit ist bei pflanzlichen Lebensmitteln generell geringer als bei tierischen. Bei tierischen Lebensmitteln ist zwischen rohem und verarbeitetem Produkt nur ein geringer Unterschied in der Verwertbarkeit. Auch rohes Fleisch ist für den Menschen bereits gut verdaulich. Eine Einschränkung gibt es bei kollagenreichen Fleischsorten: Bindegewebseiweiß in nativem Zustand ist schwer verdaulich. Hier bringt wiederum Quellen und Erhitzen eine klare Verbesserung.

Rohes Fleisch als hervorragender Nährboden für Mikroorganismen bedarf einer technologischen Behandlung, um in einen sicheren, haltbaren Zustand zu gelangen. Die meisten pflanzlichen Lebensmittel haben ohne technologische Eingriffe nur beschränkte Lebensdauer. Wasser ist vielerorts erst nach Aufbereitung zum Trinken geeignet.

Zahlreiche Rohwaren wären vom ernährungsphysiologischen oder organoleptischen Standpunkt sehr attraktiv, enthalten aber antinutritive oder gesundheitsgefährdende Inhaltsstoffe. Hülsenfrüchte enthalten Lectine (Phytohämagglutinine) und Proteaseinhibitoren. Sojabohnen aber auch größere Mengen roher Fisolen (Grüne Bohnen) führen beim Rohgenuss zu akuten Vergiftungen. Erhitzen inaktiviert diese Eiweißmoleküle. Nicht nur Bittermandeln enthalten Blausäure, sondern auch Bambussprossen, einige Hirsearten (z. B. *Sorghum saccharatum* Nees), manche Hülsenfrüchte (wie die Mond- oder Limabohne) und einige tropische Stärkelieferanten wie Maniok. Schwarzer Holunder (*Sambucus nigra*) ist wegen seines terpenhaltigen ätherischen Öls und des Sambunigrins (L-Mandelonitril-D-glucosid) roh ungenießbar.

Die Frage der Haltbarkeit ist mit Technologie verknüpft. Das Überleben des Urmenschen ist mit der Haltbarkeit von Lebensmitteln aufs Engste verbunden. Trocknen ist eines der ältesten Haltbarmachungsverfahren. Die dadurch erzielte Verschlechterung der Lebensbedingungen für Mikroorganismen und der langsamere Ablauf von enzymatischen Reaktionen auf Grund der Absenkung von frei verfügbarem Wasser erhöht die Lebensdauer der Lebensmittel. Zum Trocknen eignen sich nicht nur pflanzliche Rohstoffe sondern auch tierische Lebensmittel wie Fische und Fleisch (z. B. der Pemmikan der Indianer Nordamerikas: fein zerkleinertes Fleisch mit pflanzlichen Lebensmitteln vermengt und getrocknet). Die Menschheit lernte die Wirkung chemischer Konservierungsmittel wie Salz, Zucker (bzw. Honig), Fett, Alkohol, Säuren und Rauch kennen. Man stellte fest, dass Waren nach alkoholischer Gärung haltbarer waren als die Ausgangsstoffe. Gleiches gilt für Milchsäure fermentierte Waren. Ebenso stellte man fest, dass Feuer besser haltbare Lebensmittel erzeugt. Zusätzlich produzierten diese Verfahren Nahrungs- und Genussmittel mit neuen Eigenschaften. Technologie erhöht die Vielfalt des Lebensmittelangebots. Die Wissenschaft konnte die empirisch gefundenen Bearbeitungsschritte erklären und weiterentwickeln. Man konnte erklären, weshalb Hitzeinwirkung die Haltbarkeit von Lebensmitteln erhöht: zum einen durch Abtöten von Mikroorganismen, zum anderen durch Inaktivieren von schädigenden Enzymen. Wichtig auch die Nutzung der Kälte zur Haltbarkeitsoptimierung von Lebensmitteln.

Naturwissenschaftliche Erkenntnisse haben einen großen Innovationsschub in der Lebensmitteltechnologie gebracht; z. B. den Einsatz gesundheitlich unbedenklicher Lebensmittelzusatzstoffe. Gerade sie ermöglichen es, eine von Hast und Bequemlichkeit geprägte Lebensweise zu praktizieren. Für langwieriges Kochen bleibt im Alltag oft keine Zeit. Convenience und Fast Food sind im Vormarsch, begleitet von intensiver Bearbeitung der Rohstoffe. Dabei gehen Vitamine, Mineralstoffe, Spurenelemente und andere ernährungsphysiologisch positive Substanzen, aber auch Geruch und Geschmack in gewissem Ausmaß verloren. Lebensmitteltechnologie ermöglicht es, diese Stoffe zu rekonstituieren bzw. anzureichern, um gesunde essfertige Gerichte ohne viel Zeit- und Arbeitsaufwand auf den Tisch zu zaubern. Ohne die moderne Konzentrattechnologie wäre es undenkbar, die Vielfalt an Fruchtsäften überall und jederzeit genießen zu können. Fruchtsaftkonzentrate verringern die erforderliche Transportkapazität und liefern konstante Qualität der Fertigerzeugnisse. Lebensmitteltechnologie erlaubt es, Herstellungsprozesse so zu optimieren, dass Energie eingespart und Schadstoffe verringert werden.

Ernährung war im Laufe der Entwicklung der Menschheit von Anfang an von Lebensmitteltechnologie begleitet.

Somit zusammenfassend die wichtigsten Aufgaben der Lebensmitteltechnologie:

I. Mithilfe bei der Sicherstellung einer qualitativ und quantitativ ausreichenden Nahrungsmittelversorgung der Weltbevölkerung:
  1. Verbesserung der Haltbarkeit der Rohstoffe und Fertigwaren
  2. Bessere Nutzung der vorhandenen Rohstoffe
  3. Erschließung neuer Rohstoffquellen
  4. Entwicklung „angepasster Verfahren" an die Bedürfnisse der Menschen insbesondere in den Entwicklungsländern
II. Einsparung von Energie und Vermeidung von Emissionen bei der Erzeugung:
  1. Verbesserung bestehender und Entwicklung neuer Verfahren
  2. Verwendung alternativer Energien
III. Befriedigung neuer Bedürfnisse:
  1. Verbesserung des Nährwertes
  2. Verbesserung des Gebrauchswertes (bedarfsangepasste Lebensmittel)
  3. Verbesserung des Genusswertes (neue Lebensmittel).

44.3
Lebensmitteltechnologische Verfahrensstufen

Unter Grundoperationen versteht man technische Maßnahmen, die hauptsächlich physikalische Veränderungen der Lebensmittel(bestandteile) bezwecken.

Diese Operationen finden vor allem auf der ersten und dritten Verfahrensstufe statt. Die *erste Verfahrensstufe* sind insbesondere die Techniken zur Gewinnung, Vorbehandlung und Vorbereitung der Lebensmittel (z. B. das Reinigen, Schälen und Zerkleinern). Zur *dritten Verfahrensstufe* rechnet man u. a. Kühlen, Trocknen, Verpacken oder Lagern, also die Aufbereitung bzw. Nachbehandlung der verkaufsfertigen Lebensmittel. Grundprozesse sind die technischen Maßnahmen, die überwiegend chemische, biochemische bzw. enzymatische Umwandlungen in den Lebensmittel(bestandteilen) hervorrufen. Den Grundprozessen begegnen wir hauptsächlich in der *zweiten Verfahrensstufe*. Das sind die zentralen Schritte in der Lebensmittelerzeugung, bei denen es in erster Linie zu chemischen Umwandlungen kommt. Dazu zählen Vorgänge wie Garen (Kochen, Dämpfen, Braten, Grillen, etc.), Hydrolysieren oder Fermentieren. Diese prinzipiellen Operationen finden sich sowohl im Haushalt als auch in der Gastronomie, im Gewerbe und in der Industrie.

44.3.1
Grundoperationen

Einige wichtige Grundoperationen sind nachstehend tabellarisch angeführt:

Tabelle 44.1. Auswahl wichtiger Grundoperationen

Grundoperation	Anwendungsbeispiel
Flotieren (Schwimmaufbereiten)	Äpfel: Schmutzabtrennung im Schwemmkanal
Sichten	Getreide: Abtrennung von Erde, Spelzen, Stroh, Fremdsaat u. ä. in Transportluft
Sieben	Mehl: Abtrennung von Verunreinigungen
Filtrieren	Fruchtsaft, Wein: Entfernung von Trub und Schönungsmitteln
Sedimentieren	Wasseraufbereitung
Magnetabscheidung	fast universell einsetzbar: Abtrennung von metallischen Fremdkörpern
Zerkleinern: Schneiden, Brechen, Mahlen, Scheren, Prallzerkleinern	unterschiedlichste Lebensmittel; sowohl in der Vorbereitung als auch bei der Herstellung des Endproduktes: Obst, Gemüse, Gewürze, Getreide, Fleisch, ...

Zu den vorbereitenden Grundoperationen zählen auch Konservierungsverfahren, insbesondere die thermischen. Da Haltbarmachungsverfahren entlang der gesamten Herstellungskette von Bedeutung sind, ist diesem Bereich der folgende Abschnitt gewidmet.

44.3.2
Lebensmittelkonservierung

Unter Konservieren versteht man das Hinauszögern des Verderbs von Lebensmitteln, der durch Mikroorganismen bewirkt wird. Das Vermeiden der Verkürzung der Lebensdauer von Lebensmitteln durch die nachteilige Einwirkung von Sauerstoff hat im weiteren Sinn ebenfalls mit Konservierung zu tun, wird jedoch üblicherweise mit dem engeren Begriff antioxidative Maßnahmen bezeichnet.

Nicht nur Mikroorganismen und Sauerstoff wirken sich ungünstig auf die Haltbarkeit von Lebensmitteln aus, es sind auch andere Veränderungen, insbesondere hervorgerufen durch produkteigene Enzyme, die die Lagerfähigkeit verringern können. Kokosflocken, die beim Trocknen nicht ausreichend erhitzt wurden, werden innerhalb kurzer Zeit, insbesondere beim Vermengen mit Wasser zur Herstellung von Teigen oder Massen, seifig. Grund sind aktive Lipasen, die in Gegenwart höherer Mengen an Wasser das Kokosfett zum Teil hydrolysieren. Beim raschen Bräunen von geschnittenem Obst und Gemüse handelt es sich um einen Oxidationsprozess, der durch die pflanzeneigenen Enzyme vom Typ der Polyphenoloxidasen beschleunigt wird. Mittel dagegen ist die Anwendung von Antioxidantien (der Zitronensaft auf die Oberfläche eines angeschnitten Apfels geträufelt nutzt die antioxidierende Wirkung der L-Ascorbinsäure, synergistisch verstärkt durch die ebenfalls reichlich enthaltene Citronensäure). Bei Gemüse werden Polyphenoloxidasen zumeist durch Blanchieren (Anwendung von Wasserdampf) inaktiviert. Parallel dazu kommt es zu einer weitestgehenden Abtötung von Mikroorganismen, die vor allem auf der Oberfläche anzutreffen sind.

a) Mikroorganismen und ihre Wirkung auf die Lebensmittel

Grundsätzlich unterscheiden wir zwischen Bakterien (einzellige Lebewesen ohne echten Zellkern), Hefen und Schimmelpilzen (s. auch Kapitel 19.1).

In allen drei Gruppen von Mikroorganismen gibt es solche die sich negativ auf Lebensmittel auswirkend, indem sie deren Verderb bewirken oder gesundheitsschädlich sind. Andrerseits nutzt man Mikroorganismen zur Produktion einer Reihe von Lebensmitteln: z. B. Lactobacillen zur Gewinnung von Joghurt und ähnlichen Milchprodukten sowie von Sauergemüse, *Acetobacter* zur Essigherstellung, Hefen für alkoholische Getränke sowie Hefeteige, Schimmelpilze u. a. für Salamiwürste, Edelschimmelkäse und Sojasauce.

Einer der gefährlichsten Keime ist sporenbildendes *Clostridium botulinum*. Unter anaeroben Verhältnissen können die Sporen unter Bildung von Toxinen, insbesondere von Botulinustoxin A, auskeimen. Botulinustoxin A, ein Polypeptid mit Molekulargewicht 900 000 ist mit einer minimalen tödlichen Dosis bei einmaliger Aufnahme von 0,00003 µg pro kg Körpergewicht die Substanz mit der höchsten akuten Toxizität, die wir kennen (zum Vergleich: für das so genannte Ultragift TCDD (2,3,7,8-Tetrachlordibenzodioxin) beträgt dieser Wert 1 µg/kg KG). Zu den pathogene Keimen, die in Lebensmitteln anzutreffen sind, zählen u. a. Salmonellen (verursachen vor allem Darmerkrankungen, die zu hohen Wasserverlusten führen), *Listeria monocytogenes* (u. U. während der Schwangerschaft aufgenommen schädigend für den Fötus) und *Staphylokokkus aureus* (sein hitzestabiles Toxin verursacht, glücklicherweise rasch abklingende Durchfälle). *Escherichia-coli*-Stämme (ebenso wie Salmonellen aus der Gruppe der Enterobacteriaceae) sind einerseits Hygieneindikatoren, können aber auch pathogen wirken. Hefen und Schimmelpilze sind typische Verderbniserreger. Zahlreiche Schimmelpilze sind aber auch in der Lage Mykotoxine – vielfach leberschädigende oder cancerogen wirksame Substanzen – zu bilden. Zu diesen zählen die Aflatoxine, Ochratoxin A, Patulin, Zearalenone, Trichotecene u. a.

b) Physikalische Haltbarmachung

Trocknen

Eine der ältesten Technologien der Menschheit, die Nahrungsmittel besser haltbar zu machen, ist das Trocknen. Mikroorganismen brauchen zur Vermehrung bzw. zum Überleben Wasser. Nicht der absolute Wassergehalt eines Lebensmittels ist der ausschlaggebende sondern die Menge an frei verfügbarem Wasser, die Gleichgewichtsfeuchtigkeit bzw. der a_w-Wert (Wasseraktivität; Verhältnis Wasserdampfpartialdruck im Lebensmittel zum Sättigungsdampfdruck reinen Wassers bei derselben Temperatur) (s. auch Kap. 19.2).

In Tabelle 44.2 finden sich a_w-Werte für die ungefähren unteren Wachstumsgrenzen für einige wichtige Gruppen von Mikroorganismen (Bakterien, Hefen, Schimmelpilze).

Tabelle 44.2. a_w-Werte für die ungefähren unteren Wachstumsgrenzen für einige Gruppen von Mikroorganismen

Mikroorganismus	Untere Wachstumsgrenze a_w-Wert
Bakterien allgemein	0,90
Clostridien	0,95–0,98
Lactobacillen	0,91–0,95
Salmonellen	0,95
Stapylokokken	0,78
halophile Arten	0,86–0,91
Hefen allgemein	0,87
osmotolerante Hefen	0,60
Schimmelpilze allgemein	0,75
Aspergillus niger	0,87
Penicillium	0,90
Mucor, Botrytis, Rhizopus	0,93
Xeromyces u. a. xerophile Arten	0,60

Tabelle 44.3. Einige Beispiele für a_w-Werte von Lebensmitteln

Lebensmittel	a_w-Wert
Fleisch, Fisch, Milch	0,99
Obst, Gemüse, Frucht-/Gemüsesäfte, Eier	0,97
Schwarzbrot	0,96
Pumpernickel	0,86–0,89
Kuchen	0,80–0,90
Rohschinken	0,86–0,91
Salami	0,82–0,85
Speck	0,85
Camembert	0,96
Parmesan	0,80–0,88
Kondensmilch, gezuckert	0,82–0,94
Konfitüren, Marmeladen	0,82–0,94
Trockenpflaumen	0,72–0,80
Rosinen	0,60
Haselnusskerne	0,68–0,73
Orangensaftkonzentrat (65 °Brix)	0,80
Himbeersirup	0,80–0,85
Honig	0,75
Kochsalz (gesättigte Lösung)	0,75
Fructose (gesättigte Lösung)	0,63
Dauerbackwaren	0,1
Zerealien	0,1

Die Tabelle zeigt deutlich, wie mit abnehmendem Wassergehalt durch Trocknung oder entsprechende Verarbeitung die a_w-Werte sinken. Geringere Chance für Mikroorganismenwachstum bedeutet längere Haltbarkeit. Nicht nur Trocknen senkt das Verderbsrisiko, auch Zucker- oder Salzzugabe erhöhen die Haltbarkeit von Lebensmitteln.

Trocknen von Obst wurde ursprünglich durch die Wärme der Sonne bewirkt, was selbstverständlich in tropischen Ländern am besten funktioniert. Heutzutage dienen auch Trockenöfen für eine rasche und effiziente Produktion von Trockenobst.

Die Produktion von Kartoffelflocken erfolgt vor allem durch Walzentrocknung. Der Kartoffelbrei wird an von innen beheizten, sich drehenden Walzen getrocknet bis er als nahezu papierartiger trockener Film abgezogen und zu Flocken zerkleinert werden kann. Dieses Verfahren ist auch für die Herstellung von Milchpulver geeignet. Da bei dieser thermischen Belastung unter anderem die essentielle Aminosäure L-Lysin durch Maillard-Reaktionen teilweise inaktiviert wird, zieht man zur Milchpulverherstellung die Sprühtrocknung vor. Dabei wird das Trockengut einem heißen Luftstrom entgegengeblasen, was zu einer weit geringeren Hitzebelastung führt. Auch Kaffee-Extrakt (löslicher Kaffee) wird sprühgetrocknet. Für Kaffee-Extrakt ist aber ein noch schonenderes Verfahren im Einsatz: Die Gefriertrocknung. Das Trockengut wird tiefgefroren und danach das Wasser im Vacuum wegsublimiert. Bei der Trocknung von Dauerwürsten wird der Wasserentzug im Rauch vorgenommen, sodass die Verlängerung der Haltbarkeit nicht nur auf der Herabsetzung des a_w-Wertes sondern auch auf bestimmten konservierend wirkenden Rauchinhaltsstoffen wie phenolischen Substanzen beruht.

Kühlen und Tieffrieren
Ganz entscheidend für Lebens- und Vermehrungsfähigkeit von Mikroorganismen ist die Temperatur. Je nach optimalen Temperaturbedingungen für ihr Wachstum unterscheiden wir bei den Bakterien vier Gruppen (s. auch Kap. 19.2):

Psychrophile Bakterien sind diejenigen, die bei und sogar noch unter dem Gefrierpunkt des Wassers wachsen können. Oberhalb von 15 °C stellen sie ihr Wachstum weitgehend ein.

Psychotrophe Bakterien können sich sowohl herunter bis zu 0 °C aber auch bis zu ca. 35 °C vermehren. Zu dieser Gruppe zählen die meisten saprophytischen Bakterien, die daher auch die meisten Lebensmittelverderber einschließen. Auch die meisten Hefen und Schimmelpize sind in ihrem Wachstumsverhalten in bezug auf die Temperaturabhängigkeit als psychotroph zu bezeichnen.

Mesophile Bakterien wachsen bevorzugt im Temperaturbereich von 15 bis etwa 40 °C. Dazu zählen insbesondere auch pathogene Keime.

Thermophile Bakterien wachsen bevorzugt im Bereich 45 bis 60 °C. Dazu zählt *Bacillus stearothermophilus*, ein Lebensmittelverderber, der in den Tropen von Bedeutung ist. Daher ist bei der Produktion von tropentauglichen Konservendosen auf diese Bakteriengruppe bedacht zu nehmen.

Schimmelpilze können besonders kältetolerant sein. Spezialisten wie Thamnidium wachsen selbst noch bei −7 °C. Dass Temperaturen im Bereich von 3 bis 9 °C hervorragendes Schimmelpilzwachstum zulassen, hat so manchem schon ein Blick in seinen Kühlschrank bewiesen. Hefewachstum stoppt üblicherweise bei Unterschreiten des Gefrierpunktes des Wassers, es gibt aber auch psychrophile Hefen, für die erst eine Temperatur von weniger als −10 °C Wachstumsstillstand bedeutet.

In diesem Zusammenhang ist wichtig, dass der a_w-Wert des Wassers mit sinkender Temperatur abnimmt (1,0 bei 20 °C; 0,7 bei −30 °C). Im Kühlschrank ist das Wachstum der Mikroorganismen (wobei dies insbesondere bezüglich der Schimmelpilze mit Einschränkung gilt) lediglich verzögert. Entscheidende Haltbarkeitsverlängerung bringt nur Tieffrieren, das Lagern bei maximal −18 °C (ein kurzfristiger Temperaturanstieg auf −15 °C wird toleriert). Wichtig ist die Vermeidung der Bildung großer Eiskristalle, die insbesondere bei pflanzlichen Produkten eine Zerstörung der Zellwände verursacht, was zu einem Verlust der ursprünglichen Konsistenz der Produkte führt. Schockgefrieren (rasches Abkühlen auf −30 °C bis −60 °C) führt zur Bildung sehr kleiner Eiskristalle, die weitestgehende Konsistenzerhaltung gewährleisten.

Pasteurisieren, Sterilisieren

Es wird zwischen zwei grundlegenden Hitzebehandlungstechnologien zur Haltbarkeitsverlängerung unterschieden.

Von *Pasteurisierung* spricht man bei Anwendung von Temperaturen unter 100 °C. Hier wird bei Temperaturen von 60 °C aufwärts nur ein Teil der Keime abgetötet. Insbesondere Hefen, Essigsäure- und Milchsäurebakterien und pathogene Keime wie Salmonellen werden bei den gängigen Pasteurisierungsverfahren abgetötet. Sporen und Schimmelpilze können bei diesem Verfahren überleben. Das Pasteurisieren wird u. a. für Frischmilch (die trotz Kühlung trotzdem nur wenige Tage haltbar ist), Sauergemüsekonserven, Bier sowie Frucht- und Gemüsesäfte eingesetzt.

Sterilisieren hingegen nennt man das Erhitzen auf ca. 100 bis 130 °C. Dabei werden nicht nur die vegetativen Formen der Mikroorganismen sondern auch die Sporen abgetötet. Diese Form der physikalischen Konservierung ist nur für Waren geeignet, die unter diesen Bedingungen ihre Konsistenz sowie ihren Geruch und Geschmack weitgehend erhalten. Verluste bei den hitzelabilen Vitaminen werden in Kauf genommen. Große Vorteile dieser Art der Haltbarmachung sind die Haltbarkeit bis zu fünf Jahren und die energieunabhängige Lagerfähigkeit.

Man unterscheidet zwischen biologischer Sterilität als der Abwesenheit aller lebensfähiger Formen von Mikroorganismen sowie Inaktivierung aller Enzyme, bakteriologischer Sterilität als Abwesenheit aller lebensfähigen Formen von Mikroorganismen und praktischer Sterilität (commercial sterility) als Abwesenheit aller pathogenen und toxinbildenden Keime sowie der Abwesenheit von Mikroorganismen und Enzymen, die das Produkt verschlechtern würden.

Mikroorganismenabtötung durch Hitze verläuft im Sinne der Kinetik als Reaktion 1. Ordnung, d. h. pro Zeiteinheit wird jeweils derselbe Prozentsatz an Keimen gegenüber der Ausgangsanzahl abgetötet. Die Sterilisationsbedingungen für die praktischen Sterilität werden durch folgende Kennzahlen charakterisiert:

Der *D-Wert* ist die Dezimalreduktionszeit, auch Destruktionswert genannt. Der D-Wert ist die Zeit in Minuten, die erforderlich ist, um die Ausgangskeimzahl um eine Zehnerpotenz herabzusetzen (Abtötungsrate von 90%).

Der *F-Wert* gibt den erforderlichen Zeitraum in Minuten an, der notwendig ist, um bei einer Temperatur von 121,1 °C (= 250 F) alle in einer Suspension enthaltenen Sporen abzutöten.

Der Q_{10}-*Wert* zeigt an, in welchem Umfang sich die Reaktionskonstante der Abtötungsreaktion ändert, wenn die Temperatur um 10 °C ansteigt. Für die meisten chemischen und biologischen Reaktionen beträgt der Q_{10}-Wert ca. 2, für die Abtötung von Bakterien bei trockener Hitze liegt er bei 2,2 bis 4,6 und bei feuchter Hitze bei 10 bis 18; für *Clostridium botulinum* bei ca. 10.

Für das sichere Erreichen der praktischen Sterilität hat sich das 12 D-Konzept bewährt: Bedingungen, um die Reduktion der Keimzahl von *Clostridium botulinum* (inklusive der Sporen) um den Faktor 10^{12} zu erzielen.

Haltbarmachen mit ionisierenden Strahlen
Eine weiteres physikalisches Konservierungsverfahren ist die Anwendung ionisierender Strahlen. Diese Methode ist von der FAO/WHO bei entsprechender Einhaltung von mittleren Dosisbedingungen als toxikologisch unbedenklich eingestuft. In weiten Kreisen der Bevölkerung wird dieses Verfahren höchst skeptisch gesehen und vielfach abgelehnt (vermutlich durch die weitverbreitete Irrmeinung, wonach das behandelte Lebensmittel selbst „radioaktiv" wird). Für die Mitgliedstaaten der Europäischen Gemeinschaft sind die Bedingungen für dieses Haltbarmachungsverfahren in der Richtlinie 1999/2/EG geregelt. Die Richtlinie 1999/3/EG nennt die Lebensmittel, die mit ionisierenden Strahlen behandelt werden dürfen (getrocknete aromatische Kräuter und Gewürze) (s. auch Kap. 18.3).

Neuere physikalische Verfahren
Es gibt einige physikalische Verfahren, die für die Zukunft von Bedeutung sein könnten:

Die osmotische Trocknung: Durch Eintauchen von Lebensmitteln in eine hypertonische Lösung wird durch den höheren osmotischen Druck in dieser Umgebungsflüssigkeit Wasser aus den Zellen ausgeschleust.

Elektrische Hochspannungsimpulse (High Electric Field Pulse, HELP-Verfahren) sind geeignet, Zellen zu permeablisieren und Mikroorganismen zu inaktivieren.

Die konduktive Erwärmung von Lebensmitteln (Ohm'sche Erhitzung) erweitert das Spektrum der thermischen Behandlungsverfahren.

Reaktionen, die bei Erhöhung der Temperatur vonstatten gehen, können oftmals alternativ durch hohe Drücke ausgelöst werden. Durch Hochdruckbehandlung von Lebensmitteln (100 MPa–1 000 MPa) können z. B. Proteine verändert und Mikroorganismen inaktiviert werden (Hochdruckkonservierung, Pascalisation). Bei den Nebenreaktionen (z. B. Vitaminabbau, Bräunungsreaktionen) unterscheidet sich die Hochdruckbehandlung deutlich von thermischen Haltbarmachungsverfahren.

Bei allen neuartigen Verfahren ist jedoch im Vorfeld der Anwendung rechtlich abzuklären, in wie weit sie den Beschränkungen bzw. Anmeldeverfahren der Verordnung (EG) Nr. 258/97 des Europäischen Parlamentes und des Rates vom 27. Januar 1997 über neuartige Lebensmittel und Lebensmittelzutaten unterliegen.

c) Chemische Haltbarmachung

Salzen
Kochsalz ist hygroskopisch. Ein Gutteil der Wirkung ist wie beim Trocknen die Reduzierung des a_w-Wertes. Was beim Einsalzen zu bedenken gilt, ist die Tatsache, dass durch die Natriumchloridzugabe die organoleptischen, insbesondere

die geschmacklichen Merkmale der Ausgangwaren deutlich verändert werden. Die zum Einsatz kommenden Salzmengen sind so bemessen, dass eine NaCl-Konzentration zwischen ca. 5 bis 20% erzielt wird. In erster Linie eignen sich Gemüse (Salzspargel, Salzbohnen), Kapern, Fisch und Fleisch zum Einsalzen.

Pökeln
Eine Weiterentwicklung des Salzens stellt das Pökeln von Fleisch dar. Hier werden dem Salz noch Nitrat oder Nitrit zugesetzt (Pökelsalz, Nitritpökelsalz). Wirksames Agens ist in jedem Fall das Nitrition, entweder als solches zugesetzt oder durch enzymatische bzw. mikrobielle Reduktion aus Nitrat gebildet. Nitrit hat zwei hauptsächliche Wirkungen: Neben der Umrötung hemmt Nitrit das Wachstum von Clostridien und ist somit der beste Schutz vor Botulismus. Da Nitrit einerseits bei Säuglingen zur Blausucht führt, und andrerseits zur Bildung von oftmals cancerogenen Nitrosaminen (und Nirosamiden) führen kann, ist der Einsatz auf das sinnvolle Minimum zu beschränken. Die zulässigen Einsatzmengen und Einsatzbereiche sind in der RL 95/2/EG im Anhang III – Bedingt zugelassene Konservierungs- und Antioxidationsmittel, Teil C – Andere Konservierungsmittel geregelt. Die Zuordnung von Nitrit und Nitrat zu den Konservierungsmitteln im Sinne dieser Richtlinie ist insofern interessant, da Nitrit für sich genau genommen nicht haltbarkeitsverlängernd wirkt, sondern im Wesentlichen lediglich das Wachstum der äußerst gefährlichen Clostridien hemmt (s. weiter Kap. 22.3.3).

Säuern
Neben dem a_w-Wert ist der pH-Wert wesentlich für das Wachstum von Mikroorganismen. Wiederum zeigen Bakterien, Hefen und Schimmelpilze deutliche Unterschiede im Wachstumsverhalten in Abhängigkeit vom pH-Wert (s. Kap. 19.2 Tabelle 19.1).

Eine Rolle spielt auch die chemische Natur der Säure: So erreicht *Staphylokokkus aureus* die Hemmung für die Vermehrung in Gegenwart von Essigsäure bei pH 4,5 von Milchsäure bei 4,3, von Citronensäure bei 4,1 und von Weinsäure gar erst bei 3,9. Eine pH-Absenkung gegen Hefen und Schimmelpilze bringt weniger Effekt als gegen Bakterien. Allerdings liegt das Wachstumsoptimum für Hefen und Schimmelpilze im pH-Bereich von etwa 4 bis 5. Somit ist das Säuern von dazu geeigneten Lebensmitteln eine probate Methode, die Haltbarkeit zu verlängern. Dies kann dort, wo ein organoleptisch entsprechendes Produkt erzeugt wird durch Milchsäurefermentation bewerkstelligt werden. Geeignet sind dafür u. a. einerseits Milchprodukte (Joghurt, gereifte Käse) und andrerseits Gemüse (klassisches Beispiel ist das Sauerkraut). Wichtig ist der ausreichend tiefe pH-Wert (maximal 4,5) für Mayonnaise. Dadurch können insbesondere die möglicherweise aus dem Ei ins Produkt gelangenden Salmonellen in Zaum gehalten werden. Das Säuern ist heutzutage nur mehr unbewusst ein Haltbarmachungsverfahren, im Bewusstsein der Verbraucher steht der Zweck der Herstellung eines variantenreichen Nahrungsmittelangebotes sicher im Vordergrund.

Zuckern

Zucker wirkt wie Salz stark hygroskopisch. Zuckerkonzentrationen von 40% aufwärts bringen ansteigend haltbarkeitsverbessernde Effekte. Zuckern ist für Frischobst ein gutes Konservierungsverfahren. Je nach Vorbehandlung der Früchte sowie des Frucht-Zuckerverhälnisses erhält man u. a. folgende, in ihren Eigenschaften gegenüber der Rohware massiv veränderten Produkte: Obstmus, Konfitüre und Marmelade, kandierte Früchte, wenn man von den gereinigten, mehr oder minder zerkleinerten Früchten ausgeht oder Gelees und Sirupe bei Verwendung der Säfte.

Räuchern

Auch dies ist eine Technologie, deren ursprüngliche Bedeutung als Konservierungsschritt de facto aus dem Bewusstsein verschwunden ist (Näheres Kap. 22.3.3).

Einlegen in Alkohol

Ohne die gesundheitlichen Gefahren des Alkohols zu bagatellisieren, ist Ethanol in Konzentrationen über ca. 15 %vol ein wirksames Konservierungsmittel. Einerseits tötet Alkohol Mikroorganismen ab, andererseits senkt er wiederum den a_w-Wert ab. Einlegen in Alkohol ist in erster Linie für Obst geeignet, wobei auch hier wiederum gilt, die haltbarkeitsverlängernde Wirkung ist der positive Nebeneffekt zum (vermutlichen) Hauptzweck der Herstellung eines wohlschmeckenden Genussmittels.

Chemische Konservierungsmittel

Wie alle anderen Zusatzstoffe sind die chemischen Konservierungsmittel einer strengen Sicherheitsbewertung unterworfen. Die zugelassenen Substanzen sowie ihre Einsatzbedingungen finden sich in der Richtlinie 95/2/EG idgF (s. auch Kap. 13.2 und 13.3.2).

Von allgemeiner Bedeutung sind Sorbinsäure und Benzoesäure, deren Salze sowie Schwefeldioxid und die Sulfite. Die übrigen Konservierungsmittel haben nur sehr eingeschränkte Anwendungsbereiche. Sorbinsäure und Benzoesäure wirken vor allem gegen Hefen und Schimmelpilze im sauren Bereich, weniger gut gegen Bakterien, wobei diesbezüglich die Benzoesäure Vorteile gegenüber der Sorbinsäure zeigt. PHB-Ester wirken auch im neutralen Bereich. Schwefeldioxid und die Sulfite wirken besser gegen Bakterien als gegen Hefen und Schimmelpilze, sind aber vor allem als Antioxidationsmittel im Einsatz. Nachteil der Sulfite ist die Tatsache, wonach es Personen mit spezieller Empfindlichkeit darauf gibt. Dem hat man bei der RL 2003/89/EG zur Änderung der Etikettierungsrichtlinie (2000/13/EG) der Gemeinschaft Rücksicht genommen, wonach Schwefeldioxid und Sulfite (berechnet als SO_2), sobald der Gehalt 10 mg/kg oder 10 mg/l Lebensmittel beträgt, jedenfalls deklarationspflichtig sind.

d) Weitere Technologien zur Verbesserung der Haltbarkeit

Lagerung bei kontrollierter Atmosphäre

Speziell zur Lagerung von Obst (z. B. Äpfeln) eignet sich die Lagerung unter kontrollierter Atmosphäre (controlled atmosphere, CA) in Kombination mit Kühllagerung zur deutlichen Verlängerung der Frische des Produktes. Als günstig hat sich eine Atmosphäre aus überwiegend Stickstoff mit ca. 2,5% Sauerstoff und 2 bis 5% Kohlenstoffdioxid bei ca. 1 bis 3 °C herausgestellt.

Schutzgaspackung

Für oxidationsempfindliche Lebensmittel wie z. B. Nüsse, Müsli, Kartoffelflocken u. a. m. bewährt es sich, beim Abpacken den Luftsauerstoff durch ein inertes Gas wie Stickstoff oder Kohlenstoffdioxid zu verdrängen.

Bei Produkten wie vorgeschnittenem Salat hingegen haben Versuche ergeben, wonach eine Erhöhung der Sauerstoffkonzentration gegenüber der Luft sich von Vorteil für die Haltbarkeitsverlängerung auswirken. Andere Studien geben für derartige Produkte Haltbarkeitsverbesserungen bei Sauerstoffkonzentrationen zwischen 1 bis 5% bei gleichzeitigen Kohlenstoffdioxidwerten zwischen 1 und 10% an.

Kaltsterilfüllung

Überall dort, wo entweder das Füllgut besonders schonend gefüllt werden soll oder wo das Verpackungsmaterial (z. B. PET-Flaschen) keine Heißfüllung zulässt, hat sich in den letzten Jahren die Kaltsterilfüllung etabliert. Vor dem Füllen wird die Packung mit Wasserstoffperoxid steril gemacht, Reste von H_2O_2 mit Wasserdampf ausgeblasen und anschließend unter keimarmen Bedingungen gefüllt. Dieses Verfahren wird im Getränkebereich (Fruchtsaft, Milch) eingesetzt.

Reinraumtechnologie

Die Konsumenten fordern immer länger haltbare Produkte, und dies in Verbindung mit Frische und Natürlichkeit so wie einem hohen Nährwert und Vitamingehalt. Die Reinraumtechnologie bietet für die Lösung dieses Konsumentenparadoxons einen möglichen Ansatz, denn die Reinraumtechnologie grenzt sich von den anderen Technologien dadurch ab, dass das Produkt nicht zusätzlich behandelt wird. In Bereichen der Halbleiter- oder Chipproduktion, der Optik oder Mikroelektronik, aber auch in der Pharmaindustrie ist diese Technologie bereits seit mehreren Jahrzehnten etabliert, um die Produkte mit der geforderten Qualität und Sicherheit produzieren zu können.

Definition für Reinraum (modifiziert nach DIN 14644): Ein Reinraum ist ein Raum, in dem die Konzentration luftgetragener Partikel geregelt bzw. minimiert wird. Ein Partikel ist ein festes oder flüssiges Teilchen zwischen 0,1 und 5 µm groß. Es können Organismen, Tröpfchen oder Festkörper sein.

Die Schaffung einer reinen Umgebung beeinflussen folgende Faktoren:

Lüftungstechnik (Filter, Umluft-, Außenluftanlagen, Strömungsverhältnisse, erzielbare/erforderliche Temperatur & Luftfeuchtigkeit, Druckkonzept, etc.)
Bauliche Anforderungen (Decken, Wände, Böden, Türen, Fenster, etc.)
Schleusensysteme (für Produkt, Material, Personal)
Materialfluss (logischer Produktionsablauf, kreuzungsfrei)
Personalfluss (Produkt- & Personenschutz, keine Kreuz- bzw. Rekontamination)
Reinigung/Desinfektion (leicht zu reinigen und desinfizieren).

Die Überwachung und Kontrolle eines Reinraumes erfolgt insbesondere über: Partikelkonzentration, Luftkeimzahl, Oberflächenverkeimung und Keimbelastung des bedienenden Personals (der Mensch stellt im Reinraum durch rasche und unkontrollierte Bewegungen, sowie durch mangelnde Hygiene eine Hauptkontaminationsquelle und „Partikelschleuder" dar).

Einsatzmöglichkeit ist das Schneiden (Slicen) und Abpacken von Wurst und Käse, wo eine Verlängerung der Haltbarkeit um ca. 50% erzielt werden kann.

Die Reinraumtechnik bietet eine äußerst kostengünstige und produktschonende Haltbarmachung. Ganz allgemein ist die Reinraumtechnik insbesondere zielführend bei der Weiterverarbeitung von bereits haltbargemachten Produkten [5].

44.3.3
Grundprozesse

Im Zuge der Lebensmittelzubereitung kommt es sowohl zu erwünschten als auch zu unerwünschten Veränderungen der Rohwaren:

Bei Einwirkung *trockener Hitze* ($\geq 100\,°C$) auf Stärke wird diese unter Bildung leichter verdaulicher Dextrine abgebaut. In Gegenwart von Wasser quillt die Stärke zunächst um dann zu verkleistern. Verkleisterte Stärke wird von Amylasen besser abgebaut.

Bei Proteinen tritt bei Temperaturen über $50\,°C$ sogenannte *Denaturierung* ein. Es kommt überwiegend zu einer Änderung der Struktur der Eiweißmoleküle. Dadurch ergibt sich eine bessere Verdaulichkeit sowie die Inaktivierung unerwünschter Eigenschaften mancher Proteine. Insbesondere kommt es durch die Erhitzung zur Gelatinierung von Collagen, wodurch dieses überhaupt erst verdaulich wird.

Durch Erhitzen werden bei pflanzlichen Produkten die Zellgefüge lockerer und ermöglichen so einen besseren Zugang zu den Nährstoffen.

An unerwünschten Auswirkungen im Zuge der Lebensmitteltechnologie sind Vitaminverluste zu nennen. Diese können bis 90% betragen (Vitamin C und Folsäure können am meisten betroffen sein). Bei sehr hoher thermischer Belastung (über $190\,°C$) können Fette mit Sauerstoff reagieren, wobei einerseits organoleptisch negative Veränderungen auftreten und andrerseits auch gesundheitlich nicht unbedenkliche Substanzen gebildet werden. Wenn Fette überhitzt werden, entsteht auch Acrolein (durch Wasserabspaltung aus Glycerin), was man am stechenden Geruch erkennt (im alten Griechenland nannte man dies κνίση, der Opferduft, der bei Tieropfern zu den Göttern emporstieg). Acrolein ist nicht nur äußerst unangenehm im Geruch sondern auch toxisch. Seit etwa 2002 wird auch Acrylamid als mögliches Gesundheitsproblem diskutiert. Man hat festgestellt, dass beim Erhitzen über 120 °C von zumeist stärkereichen, asparaginhaltigen Lebensmitteln mit reduzierendem Zucker (vor allem Glucose) Acrylamid entstehen kann. Ob dadurch tatsächlich ein Gesundheitsrisiko besteht, ist noch nicht geklärt. Im Tierversuch hat sich Acrylamid – allerdings in wesentlich höheren Dosen als in Lebensmitteln üblich vorkommend – als cancerogen erwiesen. Daher wurde es als für den Menschen möglicherweise Krebs erregend, ohne allerdings dafür bisher Beweise zu haben, eingestuft. Wir können jedoch davon ausgehen, dass die Menschheit diese Substanz seit sie das Feuer zur Nahrungsmittelzubereitung zu nutzen gelernt hat, und das ist schon eine geraume Zeit her (die diesbezüglichen Angaben schwanken zwischen vor 780 000 bis 1,1 Millionen Jahre), zu sich nimmt.

Die wichtigsten Garverfahren
Wir unterscheiden im Wesentlichen zwischen feuchtem und trockenem Garen.
Schmoren bezeichnet eine Kombination von feuchtem und trockenem Garen. Zunächst wird Wärme (ca. 200 °C) durch Fett und Luft übertragen, anschließend ist das Medium Wasserdampf, somit die Temperatur ca. 100 °C.

Fermentationsprozesse
Viele Grundprozesse sind Fermentationsprozesse, also Verarbeitungsschritte, bei denen chemische Umwandlungen bestimmter Inhaltsstoffe mit Hilfe von Enzymen ablaufen. Fermentierte Lebensmittel sind solche, bei denen durch die Tätigkeit von Enzymen, die entweder rohstoffeigen sind oder von Mikroorganismen stammen (entweder mit Hilfe dieser Mikroorganismen oder lediglich unter Verwendung der aus diesen isolierten Enzyme), Inhaltsstoffe in für die Ernährung positiver Weise verändert, abgebaut oder synthetisiert werden.

Beispiele für Lebensmittel, die durch rohstoffeigene Enzymtätigkeit gebildet werden: gemälztes Getreide, Oolong und Schwarztee, Senf, Vanilleschoten, Getreide- oder Hülsenfruchtkeimlinge.

Die wichtigsten Mikroorganismengruppen, die gezielt zur Rohstoffveredelung genutzt werden, sind Milchsäurebakterien, Essigsäurebakterien, Hefen, Schimmelpilze sowie andere Bakterienarten, einzeln oder in Kombination. Lactobacillen dienen der Herstellung der diversen Milchprodukte (wie Sauerrahm, Joghurt, Sauermilch und verschiedene Käsesorten), von Sauergemüse wie Sauerkraut sowie von Oliven. An der Rohwurstherstellung sowie beim biologischen Säureabbau in der Weintechnologie sind ebenfalls Milchsäurebakterien im Spiel. Gleiches gilt auch für die Sauerteigführung zur Roggenbrotherstellung. In den letzten Jahren sind bestimmte Lactobacillen als probiotisch besonders popu-

Tabelle 44.4. Wichtigste feuchte Garverfahren

Verfahren	Prinzip	Wärmeübertragendes Medium, Temperatur	Anwendungsbeispiele
Kochen (Sieden)	Erhitzen in reichlich kochendem Wasser	Wasser ca. 100 °C	nahezu universell, insbes. Fleisch, Gemüse, Teigwaren
Druckkochen	Erhitzen in entlüfteten, verschlossenen Gefäßen bei Überdruck bis ca. 2,2 bar	Wasser > 100 °C	Fleisch, Gemüse; im Hochgebirge (niedriger Luftdruck → Siedepunkt des Wassers unter 100 °C)
Dämpfen	Garen im Wasserdampf	Wasserdampf ca. 100 °C	Gemüse, Fisch, zartes Fleisch
Druckdämpfen	analog Druckkochen	> 100 °C	
Dünsten	Erhitzen in wenig Flüssigkeit	Wasser, Wasserdampf ca. 100 °C	Gemüse, Obst, Fisch, zartes Fleisch, Reis
Druckdünsten	analog Druckkochen	> 100 °C	
Garziehen (Pochieren)	Erhitzen in Flüssigkeit unterhalb des Siedepunktes von Wasser	Wasser < 100 °C	Knödel, Eierspeisen, Cremen

lär geworden. Ihnen wird die Eigenschaft zugeschrieben, in überdurchschnittlichem Ausmaß das extrem saure Milieu des Magens zu überleben, um dann im Dünndarm die dort herrschende Darmflora gesundheitlich günstig zu beeinflussen.

Essigsäurebakterien dienen der Herstellung von Essig. Je nach Ausgangsmaterial unterscheidet man verschiedene Essige: Weinessig, Obst(wein)essige wie z. B. Apfelessig, Molkenessig, Bieressig und Weingeistessig/Branntweinessig.

Mit Essig eigentlich wenig gemein haben Aceto Balsamico Tradizionale di Modena und Aceto Balsamico Tradizionale di Reggio Emilia: Bei dieser Kategorie wird eingedickter Traubenmost (in erster Linie aus Trebbiano-, Sauvignon- oder auch Lambrusco-Trauben) über viele Jahre hinweg (zwischen 12 und 25) langsam hergestellt. Er lagert in Fässern aus unterschiedlichen Hölzern, wird von Zeit zu Zeit von einem Fasstyp zum anderen umgefüllt, gelegentlich mit eingekochtem Traubenmost ergänzt und das eben viele Jahre hinweg in der Hitze Italiens. Was dabei passiert ist vereinfacht ausgedrückt offenbar ein mehr oder minder paralleles Ablaufen einer alkoholischen Gärung und einer Essigsäurefermentation. Derartiger Balsamico Tradizionale ist mild in der Säure (kaum über 4%) und äußerst aromatisch. So genannter Balsamico Essig ist im Wesentlichen lediglich eine Mischung aus Rotweinessig (neuerdings auch aus Weißweinessig)

Tabelle 44.5. Wichtigste trockene Garverfahren

Verfahren	Prinzip	Wärme-übertragendes Medium, Temperatur	Anwendungsbeispiele
Braten	Erhitzen mit/ohne Fett im Backofen oder auf Kochstelle	Kontaktfläche, Fett, Heißluft 120 bis 250 °C	zumeist proteinreiche LM: Fleisch, Fisch, Kartoffel
Frittieren	Garen unter Bräunung, schwimmend in Fett	Fett 160 bis 200 °C max. 175 °C für Kartoffel (Acrylamid!)	(panierte) Fleischstücke, Kleingebäck, Kartoffel
Grillen (Grillieren)	Garen unter Bräunung durch Strahlungs- und Kontaktwärme	IR-Strahlung, Kontaktflächen 200 bis 400 °C	nahezu universell; Fleisch, Fisch, Gemüse, Obst
Backen	Garen unter Bräunung in heißer Luft	IR-Strahlung, Kontakt, Heißluft 170 bis 250 °C	stärkehältige Teige und Massen; Brot, Backerzeugnisse, Auflaufmassen
Rösten (Rissolieren)	Bräunen in direktem Kontakt zu beheizter Unterlage, ohne Fett- oder Wasserzugabe	IR-Strahlung, Kontakt, Heißluft 150 bis 350 °C	Kakaobohnen, Kaffeebohnen, Kaffee-Ersatz, -Zusatz (Feigen-, Zichorien-, Malzkaffee)
Heißextrusion	Druck mit anschließender rascher Entspannung	Kontakt- und Reibungswärme 100 bis 250 °C	stärkereiche Rohwaren
Mikrowelle (Hochfrequenz)	Erhitzen/Zubereiten durch Anregung kleiner, polarer Moleküle (insbes. Wasser) durch energiereiche elektromagnetische Wellen	Mikrowellen von 2 450 MHz $\lambda = 12{,}5$ cm kaum Anstieg der Temperatur im Garraum	nahezu universell

mit Traubensaft(konzentrat) mit oder sogar auch schon ohne Farbstoff Zuckercouleur. Der Tätigkeit von Hefen verdanken unterschiedlichste Lebensmittel ihre Entstehung: alkoholische Getränke wie Wein und Obstwein, Bier und Spirituosen sowie Backerzeugnisse aus Hefeteigen. Auch an der Erzeugung gereifter Rohwürste mit Belag (Salamiwürste) können neben Schimmelpilzen Hefen beteiligt sein.

Schimmelpilze dienen der Herstellung verschiedener Käsesorten (z. B. Camembert durch *Penicillium camemberti* oder Roquefort durch *Penicillium roqueforti*), von Salamiwürsten sowie fermentierter Sojaerzeugnisse. Andere als die schon genannten Bakterienarten sind z. B. Bifidus- und Acidophilusbakterien für die Erzeugung spezieller Sauermilcherzeugnisse.

Die Fermentation von Kakaobohnen ist im Prinzip ein zweistufiger Prozess: zunächst vergären Hefen die Zucker des Fruchtfleisches (die dabei entstehende Wärme tötet die Keimfähigkeit des Samens ab); dann geht die Gärung in eine Essigsäurefermentation über. In Kombination mit der anschließenden Röstung wird das typische Aroma gebildet.

In den letzten Jahren wurde der ursprünglich aus Südostasien stammende, kaum bis wenig Alkohol enthaltende Kombucha zum Mode- um nicht zu sagen Kultgetränk. Basis zur Herstellung ist gezuckerter Tee (ursprünglich wahrscheinlich Schwarztee, es eignen sich aber auch Früchte- und Kräutertees), der mit einer Mischflora, bestehend aus Hefen, Essigsäure- und auch Milchsäurebakterien fermentiert wird. Aus Russland stammt ein ähnliches, leicht alkoholisches Getränk: Kwaß (Brottrunk), durch eine Mischflora aus Hefen und Lactobacillen gebildet. Kefir und Kumyß (ursprünglich ausschließlich aus Stutenmilch erzeugt) werden durch spezielle Laktose vergärende Hefen, zumeist in Kombination mit Lactobacillen gewonnen. Diese Getränke können bis zu ca. 3 %vol Alkohol enthalten.

Eine sehr große Zahl an fermentierten Lebensmitteln gibt es außerhalb Europas, einige davon haben sich auch in Europa etablieren können. Es sind dies insbesondere Erzeugnisse auf Sojabasis, allen voran die Sojasauce (Shoyu). Hergestellt wird sie aus einer Mischung aus Sojabohnen und Weizen unter Salzzugabe. Die wichtigsten Mikroorganismen, die an der Fermentation beteiligt sind, sind Schimmelpilze (*Aspergillus oryzae*, *Aspergillus soyae* u. a.) und Hefen (*Hansenula*, *Saccharomyces*). Ein anderes, nur aus Soja hergestelltes festes Fermentationsprodukt ist Tempeh. Gebildet wird es mit Hilfe des Schimmelpilzes *Rhizopus oligosporus*. Aus Reis und Sojabohnen mit Hilfe von Schimmelpilzen (vor allem *Aspergillus oryzae* und *Aspergillus awamori*) wird Koji erzeugt. Ebenfalls aus Sojabohnen und Reis, unter Zugabe von Salz mit Hilfe von *Aspergillus oryzae* sowie diverser Hefen und Bakterien entsteht Miso. Wird Reis mit dem Schimmelpilz *Monascus purpureus* fermentiert, erhält man ein rotes, zum Färben von Lebensmitteln geeignetes Pulver namens Ang-kak. Die Europäische Behörde für Lebensmittelsicherheit (EFSA) hat allerdings auf Grund mangelnder Daten, die die Sicherheit dieses Erzeugnisses belegen, festgestellt, dass es sich dabei um einen nicht zugelassen Stoff handelt, sodass bis auf weiteres die Verwendung von Ang-kak in der Europäischen Union nicht zulässig ist. Aus Ecuador stammt Arroz requemado, hergestellt durch Fermentation von Reis unter Verwendung von Schimmelpilzen (*Aspergillus flavus* und *Aspergillus candidus*) und Bakterien (*Bacillus subtilis*).

Nicht nur Lebensmittel lassen sich mit Hilfe von Mikroorganismen herstellen sondern auch Lebensmittelzusatzstoffe. Citronensäure, die durch die Tätigkeit von Aspergillus niger aus Melasse und anderen zuckerreichen Ausgangsstoffen gebildet wird, ist eines der wichtigsten Beispiele.

Als typischer Einsatz isolierter Enzyme sei die Herstellung von Glucosesirup aus Stärke mit Hilfe von Glucoamylase genannt.

44.4
Ausblick auf die Zukunft

Wie weit sich die Gentechnik bei der Lebensmittelproduktion durchsetzen wird, bleibt abzuwarten. Trotz vielfacher Widerstände bei Konsumenten in insbesondere Europa ist das Rad der Zeit sicher nicht mehr zurückzudrehen. Die große Herausforderung in den Industrieländern wird die intelligente Antwort der Lebensmittelwirtschaft auf die derzeit groß aufkommende Ernährungsdebatte, insbesondere auf die steigende Anzahl Übergewichtiger und Fettleibiger. Die Aufgabe der Lebensmitteltechnologie wird es sein, gesunde, sichere Lebensmittel bereitzustellen, um dem Verbraucher das Gefühl zu geben, mit dem Verzehr der Nahrungsmittel das Optimum für seine Gesundheit getan zu haben.

44.4.1
Nanotechnologie

Große Hoffnung setzt die Lebensmittelindustrie für die Zukunft offenbar auf die Nanotechnologie. Unter Nanotechnologie ist die Technologie von Teilchen und Strukturen in der Größendimension von ca. 1 bis 100 nm (Nanometer) zu verstehen. Teilchen und Strukturen in diesem Größenbereich zeichnen sich dadurch aus, dass sie auf Grund der größeren Oberfläche im Vergleich zum Volumen andere Eigenschaften aufweisen, als die „Makroteilchen" derselben Spezies. Dies bezieht sich insbesondere sowohl auf physikalische als auch auf chemische Eigenschaften, wodurch das biochemische Verhalten im Organismus ebenfalls ein anderes sein kann.

In diesen Dimensionsbereich fallen zahlreiche natürliche Lebensmittelbestandteile wie Proteine, Fette, Polysaccharide, DNA u. a. m. Derartige Teilchendurchmesser weisen aber auch das schon seit langer Zeit verwendete und gemäß Zusatzstoffrichtlinie (RL (EG) 95/2) zugelassene Siliciumdioxid (E 551) und das gemäß Farbstoffrichtlinie (RL (EG) 94/36) zugelassene Titandioxid (E 171) auf. Somit unterliegen zumindest diese Stoffe nicht dem Regelungswerk der Verordnung über neuartige Lebensmittel (VO (EG) 258/97), während neue Nanomaterialien zumindest dahin gehend geprüft werden müssten, ob sie dieser Verordnung unterworfen sind (s. auch Kap. 35.2).

Nanotechnologie kann sowohl im Lebensmittel als auch in Kontaktmaterialien, insbesondere Verpackungsmaterialien zum Einsatz kommen (s. dazu auch Kap. 38.3.10).

Unter anderem folgende Einsatzmöglichkeiten in Lebensmitteln zeichnen sich ab: Verbesserung der Farbe und der Haltbarkeit von Lebensmitteln. Insbesondere die Haltbarkeit von zugesetzten Vitaminen und anderen bedingt stabilen ernährungsphysiologisch interessanten Substanzen kann durch Mikroverkapselung erhöht werden. Verbessert werden kann dadurch auch die biologische Verfügbarkeit. Es ist realistischerweise davon auszugehen, dass so manches Nahrungsergänzungsmittel bereits unter Zuhilfenahme von Nanotechnologie erzeugt wird (s. dazu auch Fallbeispiel 34.3 in Kap. 34.3.10).

Noch Zukunftsmusik ist wohl die „Pizza Tutti Gusti"; eine Fertigpizza, die je nach Zubereitungsart nach Thunfisch oder nach Salami oder nach Käse oder wonach sonst das Herz begehrt schmeckt.

Für Kontaktmaterialien kann die Nanotechnologie auch einiges bringen: Besseren Lichtschutz, Haltbarkeitsverlängerung durch Einlagerung aktiver Nanoteilchen, Anzeige der Unterbrechung der Kühlkette und Anzeige des Verderbs der Ware, um nur einige Beispiele zu nennen.

Noch ist hinsichtlich der Sicherheit für die menschliche Gesundheit vieles unklar und bedarf eingehender Forschungen. Noch ist, so man Verbraucherbefragungen trauen darf, die Haltung der Verbraucher gegenüber der Nanotechnologie eher positiv. Wird aber der verstärkte Einsatz der Nanotechnologie in Lebensmitteln dem Konsumenten nicht adäquat näher gebracht, so ist nicht auszuschließen, dass sich in kurzer Zeit ähnliche Ressentiments wie gegen die Gentechnik und die Behandlung mit ionisierenden Strahlen entwickeln [6–12].

44.5
Literatur

1. H. Storck, Einführung in die Philosophie der Technik. (Wiss. Verlagsbuchhandlung, Darmstadt, 1977)
2. E. Berghofer, ZFL 33 (1982) 156–172
3. Wolf und Sandu, Akt. Ernährungsmedizin 3 (1979) 154–157
4. Drawert, Chem. Mikrob. Technol. LM 6 (1982) 97–98
5. B. Redl, K. Aichinger, J. Drausinger, Ch. Mayr, Ernährung/Nutrition (2003), Vol. 27, 6, 265
6. European Commission, DG for Health & Consumers, SCENHIR, Risk Assessment of Products of Nanotechnologies, adopted 19 January 2009
7. Scientific Opinion of the Scientific Committee on a Request from the European Commission on the Potential Risks Arising from Nanoscience and Nanotechnologies on Food and feed Safety. The EFSA Journal (2009) 958, 1–39
8. Bundesinstitut für Risikobewertung: Die Datenlage zur Bewertung der Anwendung der nanotechnologie in lebensmitteln und Bedarfsgegenständen ist derzeit noch unzureichend; Stellungnahme Nr. 001/2009 des BfR vom 3. Juli 2008
9. Nanotechnologie im Bereich der Lebensmittel; TA-SWISS (Hrsg.) TA 53A/2009; ISBN 978-3-908174-34-9
10. BfR-Forum Verbraucherschutz, Berlin 10.–11.11.2008
11. H. Egger, J. Uhlemann, 1. Symposium Produktdesign in der Pharma- und Lebensmittelindustrie; Workshop: „Nanotechnologie in der Lebensmittelindustrie", Technische Fachhochschule Berlin, 23.01.2009-04-17
12. Brook Lyndhurst, An Evidence Review of Public Attitudes to Emerging Food Technologies; Social Science Research Unit, Food Standard Agency, March 2009

Weiterführende Literatur

- R. Heiss, Lebensmitteltechnologie, Springer
- H.-D. Belitz, W. Grosch, P. Schieberle (2001) Lehrbuch der Lebensmittelchemie, Springer
- R. Heiss, K. Eichner, Haltbarmachen von Lebensmitteln, Springer
- L. Gail, H.-P. Hortig, Reinraumtechnik, Springer
- R. Ebermann, I. Elmadfa, Lehrbuch Lebensmittelchemie und Ernährung

Große Hilfe beim Abfassen des Beitrages waren Vorlesungsmitschriften zu E. Berghofer und W. Kneifel, Universität für Bodenkultur, Wien, Österreich.

Kapitel 45

Lebensmitteltoxikologie

RAINER MACHOLZ

Prof. Dr. Macholz Umweltprojekte GmbH, Potsdamer Allee 66/68, 14532 Stahnsdorf
rainer.macholz@umweltprojekte.de

45.1	Aufgabengebiet	1167
45.2	Begriffsbestimmungen	1169
45.3	Resorption, Verteilung, Biotransformation, Ausscheidung von Stoffen	1171
45.4	Einflussfaktoren auf die Toxizität	1174
45.5	Toxizitätsprüfung	1175
45.6	Toxikologische Bewertung	1179
45.7	Literatur	1181

45.1
Aufgabengebiet

Die *Toxikologie* untersucht interdisziplinär mit biowissenschaftlichen, chemischen und medizinischen Arbeitsmethoden, schädigende (toxische) Wirkungen chemischer Stoffe auf Organismen und die Umwelt unter qualitativen und quantitativen Aspekten. Die Erkennung solcher chemischen Stoffe, die Ergründung und Beurteilung ihrer Wirkungen bilden die Grundlage für präventive Maßnahmen zur Vermeidung gesundheitsschädlicher Einflüsse. Die Lebensmitteltoxikologie (Synonym: *Ernährungstoxikologie*) bearbeitet dabei vorwiegend die chemischen Stoffen in der menschlichen Nahrung und berücksichtigt die verschiedenen Nahrungsketten, in denen der Mensch Endglied ist (Tabelle 45.1). Sie sichert, dass der Verbraucher über den Magen-Darm-Kanal, meist während der gesamten Lebensspanne, in allen Lebenssituationen (Jugend, Alter, Krankheit usw.) diese Stoffe ohne gesundheitliche Schäden aufnehmen kann, wenn festgelegte Grenzwerte unterschritten werden.

In den vergangenen Jahrzehnten ist neben einem verstärkt emotional begründeten Problembewusstsein die Bedeutung der Toxikologie objektiv gewachsen. Von den ca. 15 Mio. bekannten chemischen Stoffen hat nach Schätzungen der WHO der Mensch täglich mit ca. 63 000 Umgang; 5 000–7 000 kommen in der

Tabelle 45.1. Nahrungsinhaltsstoffe, die der toxikologischen Beurteilung bedürfen

native Schadstoffe	Sekundärprodukte	Kontaminanten Rückstände	Lebensmittelzusatzstoffe
Alkaloide	Erhitzungsprodukte	Agrochemikalien	*chemisch wirksame Stoffe*
Amine	Maillard-Produkte	Pesticide	Antioxydantien
Carbonsäuren	Pyrolyse-Produkte	Mittel zur biologischen Prozesskontrolle	Konservierungsmittel
Aminosäuren	Fermentationsprodukte		*physikalisch wirksame Stoffe*
Fettsäuren u. a.	Bestrahlungsprodukte		Dickungsmittel
Glycoside	Hydrolyseprodukte	Rückstände der Tierbehandlung	Geliermittel
Kohlenhydrate	Oxidationsprodukte		Stabilisatoren
Mineralstoffe	Nitrosierungsprodukte	Umwelt-(Industrie-) Chemikalien	Emulgatoren u. a.
Nukleinsäuren			
Östrogene	Mikrobentoxine	Mineralstoffe	
Peptide	Mykotoxine		*sensorisch wirksame Stoffe*
Proteine	Bakterientoxine	Verunreinigungen aus Bedarfsgegenständen	Süßstoffe
			Farbstoffe
Phenole	u. a.	u. a.	Aromastoffe u. a.
Phytoalexine			
Terpene			Hilfsstoffe
Ethanol			Enzyme
u. a.			u. a.

Nahrung vor und mit 5000–100000 wird täglich in Industrie, Gewerbe und Privathaushalten umgegangen. Anzahl und Menge chemischer Stoffe in unserer Umwelt steigen an, folglich auch deren Vielfalt und Menge in der Nahrung. Erfahrungen und wissenschaftliche Erkenntnisse fordern eine stärkere Behandlung dieser Problematik. Die moderne chemische Analytik ermöglicht, immer mehr Stoffe zu erkennen und bis in Spurenbereiche (mg/kg bzw. μg/kg und z. T. weit darunter) nachzuweisen. So sind auch biologisch nachweislich unwirksame Stoffmengen erfassbar, und die Frage nach Wirksamkeit größerer Mengen ist zu beantworten. Früher nicht oder wenig genutzte Rohstoffe, neue oder veränderte Technologien der Lebensmittelproduktion und Zusatzstoffanwendung sowie steigender Umfang der Be- und Verarbeitung von Lebensmitteln, auch eine sich regional unterschiedlich verändernde zuspitzende Belastung der Umwelt durch chemische Stoffe sind zu beachten. Gewachsenes Problembewusstsein und neue Erkenntnisse zum Umweltverhalten und zur Wirkung bestimmter Chemikalien erfordern tiefergehende Untersuchungen und Schlussfolgerungen für gesetzliche Regelungen. Neu hinzukommende Chemikalien sind durch strenge gesetzliche Regulierung ihrer Anwendung zumeist gut untersucht, damit ausreichend bewertbar, und stellen in Gegensatz zu vielen weniger untersuchten chemischen Stoffen (z. B. Naturstoffe oder sogenannte Altchemikalien) kaum Problemstoffe dar.

Die *Toxikokinetik* befasst sich mit quantitativen Beschreibungen, der Aufnahme, Verteilung und Speicherung bzw. Bindung, der Biotransformation im und Eliminierung der Stoffe aus dem Organismus. Die *Toxikodynamik* analysiert die Wirkungen des Stoffes auf biologische Systeme (z. B. Rezeptorverhalten, nicht rezeptorvermittelte Wirkungen).

45.2
Begriffsbestimmungen

Die Dosis ist die gewöhnlich auf die Körpermasse (KM) bezogene aufgenommene Menge des Stoffes. Unterschiedliche Aufnahmewege (oral, subcutan, inhalativ u. a.) können unterschiedliche Aufnahmeraten aufweisen und unterschiedliche Wirkungen hervorrufen. Oral aufgenommene Mengen können von der resorbierten Menge verschieden sein.

Jeder Stoff kann eine oder mehrere biologische Wirkung an einer oder mehreren Organen/Geweben im Organismus auslösen, die durch eine stoffspezifische Wirkungsqualität (Art) und Wirkungsstärke (Intensität) charakterisiert wird. Man unterscheidet Konzentrationsgifte und Summationsgifte. Im Zusammenwirken mit anderen Stoffen können Art und Intensität einer stoffspezifischen Wirkung z. T. erheblich modifiziert werden.

Alles-oder-Nichts-Reaktionen (Tod, Tumorbildung) sind ebenso möglich wie abgestufte Wirkungen (additiv, antagonistisch, synergistisch, potenzierend). Wirkungen können gesundheitsschädlich (toxisch) sein oder normale physiologische Reaktionen darstellen, lokal oder systemisch, reversibel oder irreversibel, akut oder chronisch, sofort oder nach einer Latenzperiode auftreten und verschiedenste Wirkmechanismen als Ursache haben.

Dosis-Wirkungs-Beziehungen beschreiben quantitative Zusammenhänge zwischen Dosis und Wirkung (dose-effect-curve) im Sinne von Wahrscheinlichkeitsaussagen. Aus der biologischen Streuung ergeben sich dabei bei der Betrachtung einer Gruppe von Individuen (zumeist asymmetrische) Häufigkeitsverteilungen.

Wirkungsschwellen können nicht für jeden Stoff postuliert werden; sie sind stoffspezifisch experimentell zu belegen.

Toxikologie

Der Begriff Gift wird unterschiedlich definiert. Kein Stoff hat a priori die Eigenschaft Gift zu sein. Vielmehr wird ein Stoff mit spezieller Molekülstruktur nur unter besonderen Bedingungen (Abbildung 45.1) zum Gift: bei genügend hoher Dosis, in einem empfindlichen Organismus, unter bestimmten Umweltbedingungen.

Kein Stoff wird deshalb allein durch Anwesenheit im Organismus zur gesundheitsschädlichen Substanz, sondern erst unter ungünstigen Randbedingungen.

Mit der Verwendung des Begriffs Gift verbindet sich meist ein Werturteil. Während Arzneimitteln nicht selten nur positive Wirkungen zugeordnet werden, erscheinen andere Stoffe als Gifte aus der Sicht des Individuum Mensch nur negativ. Gewissermaßen rhetorisch abgeschwächt wird dies bei Verwendung des Wortes Schadstoff. Es gibt Gifte, deren nachteilige Wirkungen der Mensch in aus seiner Sicht positiven Absicht bewusst nutzt. So ist z. B. die Blausäure als Pestizid nutzbar, andererseits in Mandeln wünschenswerter Aromastoff. Vielfach liegen jedoch nachteilige und wünschenswerte Wirkungen bedrohlich dicht beieinander, was z. B. der Begriff Biocid verdeutlicht. Ungeachtet des täglichen Sprachgebrauchs ist als Gift einzustufen, was gemäß der Giftgesetze bzw. Chemikaliengesetze formal als solches definiert ist.

Werturteilsfrei wird ein Stoff als *Xenobiotikum* bezeichnet, wenn es sich um einen für den Organismus (Pflanze, Tier, Mensch) nicht körpereigenen Stoff handelt. Dagegen wird der Begriff *Zusatzstoff (food additives)*, der den früheren Fremdstoffbegriff abgelöst hat, auf Lebensmittel bezogen verwendet. *Verunreinigungen (Kontaminanten)* und *Rückstände* sind emotional mit negativem Werturteil belastet. Gegenübergestellt werden die Kategorien *natürlich* bzw. naturidentisch und *synthetisch*, wobei nicht selten der unwissenschaftliche Gebrauch von natürlich im Sinne von unbedenklich, von synthetisch im Sinne von dringende Vorsicht oder Meidung erfordernd Platz greift. Identische chemische Stoffe wirken gleich, egal ob sie natürlichen oder künstlichen Ursprungs sind.

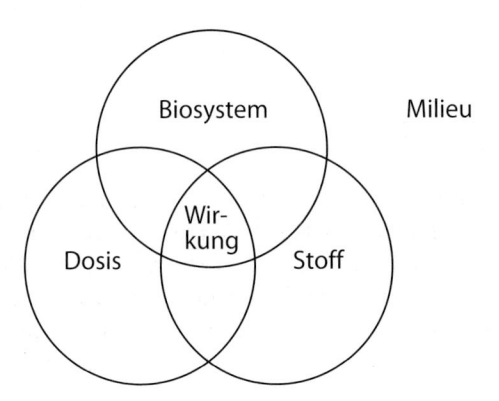

Abb. 45.1. Wirkungsbestimmende Faktoren (nach Scheler)

Essentielle Wirkungen und toxische Effekte schließen sich bei ein und derselben Substanz (man beachte die interessanten Befunde zum Selen, Chrom, usw.) nicht aus. Diese gegensätzlichen Effekte stellen lediglich verschiedene Bereiche der Dosis-Wirkungs-Beziehungen dar (Abbildung 45.2). Differente Stoffe weisen jedoch eine unterschiedliche Breite des Plateaus zwischen dem toxischen und essentiellen Dosisbereich auf. Von einigen Stoffen kennt man bisher keinen essentiellen Bereich (z. B. Quecksilber), oder es ist ein solcher nicht zu erwarten (z. B. nicht naturidentische Syntheseprodukte). Mitunter ist das Plateau dieser Kurve sehr breit (z. B. Manganverbindungen, Vitamine der B-Gruppe), bei anderen Stoffen (Selen, Vitamin A und D) relativ schmal.

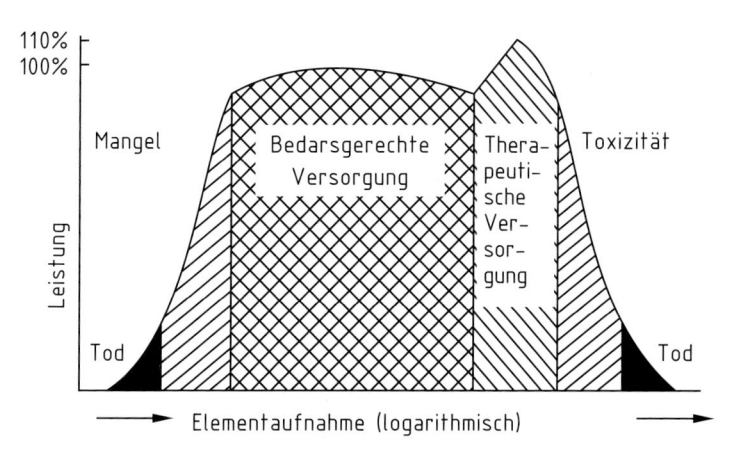

Abb. 45.2. Dosis-Wirkungs-Kurve für eine chemische Substanz mit essentiellen Wirkungen. Einige Stoffe (Vitamine, Spurenelemente u. a.) weisen pharmakologisch wirksame Dosis-Bereiche auf

Von einigen Stoffen kennt man bisher keinen essentiellen Bereich (z. B. Quecksilber), oder es ist ein solcher nicht zu erwarten (z. B. nicht naturidentische Syntheseprodukte).

45.3
Resorption, Verteilung, Biotransformation, Ausscheidung von Stoffen

Die für körpereigene Stoffe zutreffenden Mechanismen prägen auch den Stoffwechsel von Xenobiotika. Bei der *Resorption* dominiert als Transportmechanismus die passive Diffusion im Darm. Entsprechend den Diffusionsgesetzen werden lipidlösliche Stoffe in größerem Maße durch Biomembranen aufgenommen als hydrophile Stoffe. Sie kumulieren auch stärker in fettreichen Geweben. Ganz entscheidenden Einfluss auf diese Prozesse hat insbesondere bei Elementen und ionischen Verbindungen die *Angebotsform (Speciation)*. Während z. B. Chrom als Chromat und Alkylquecksilberverbindungen weitgehend resorbiert werden, ist dies bei Chrom-III und bestimmten anorganischen Quecksilberverbindungen nur mäßig der Fall. Die Angebotsformen von Substanzen und Elementen in der Nahrung sind allerdings nur selten gut bekannt.

In den Organismen erfolgt die *Verteilung* von Xenobiotika in der Regel nicht gleichmäßig in allen Geweben. Bestimmte chemische Stoffe erscheinen in speziellen Organen/Geweben (*Target*). Mit Hilfe isotopen-markierter Verbindungen und Techniken wie der Ganzkörperautoradiographie lassen sich Verteilungsverhältnisse beschreiben. Wirkungen sind vor allem (aber nicht nur) dort zu erwarten, wo die Substanz im Organismus wiedergefunden wird.

Die *Speicherung* (Kumulation) von Xenobiotika und/oder Metaboliten (z. T. über Jahre wie bei DDT, PCB führt zu erheblichen Bedenken gegen derartige Substanzen, bis zu Anwendungsverboten und ein umfangreiches Umweltmonitoring. Dies ist unabhängig davon, ob als Folge der Speicherung eindeutig nachgewiesene toxische Wirkungen bekannt sind oder dieser Zusammenhang bislang unbewiesen ist. In letzterem Fall entscheidet sich der Toxikologe dennoch im Sinne der Vorsorge zumeist gegen die Duldung der Substanzen in der Nahrung.

Die große Mehrzahl der Xenobiotika unterliegt im Organismus der *Biotransformation*. Die biotransformierenden Enzyme sind zu 85% in der Leber und ca. 9% im Dünndarm lokalisiert. Sie sind im Cytoplasma vorhanden und auch membrangebunden (besonders im endoplasmatischen Retikulum). An der Biotransformation von Xenobiotika sind diejenigen Enzyme beteiligt, die auch für den Stoffwechsel endogener Substrate (Fettsäure, Steroide u. a.) verantwortlich sind. Es gibt auch nichtenzymatische Stoffwandlungen (Hydrolyse, Glutathionkonjugation).

Die Biotransformation umfasst nicht nur Abbaureaktionen, sondern auch Syntheseleistungen (Tabelle 45.2) und kann zur *Giftung* (Toxifizierung; Bioaktivierung) oder *Entgiftung* (Detoxifizierung) führen, was für jeden einzelnen Biotransformationsprozess aufzuklären und zu bewerten ist.

Tabelle 45.2. Biotransformationsreaktionen des Organismus

Phase	Reaktion	Beispiele
Phase I (Entstehung funktioneller Gruppen)	Oxidationen	Benzenderivate → Phenolderivate (über Arenoxid) $P=S \rightarrow P=O$ (Parathion → Paraoxon)
	Reduktionen	$-NO_2$ (Quintozen) → NH_2
	Hydrolysen	Phosphorsäureester, Glycoside
Phase II (Konjugation)	Glutathionkonjugation	chlororganische Verbindungen, z. B. HCH
	Glucuronidierung	Phenole, Alkohole, Amine
	Sulfat-Bildung	Phenole, Alkohole, Amine
	Essigsäurekonjugation (Acetylierung)	Aminogruppen (Sulfonamide)
	Methylierung	Phenolderivate → Anisolderivate

Die Oxidationen in der *Phase I* werden vorrangig durch Cytochrom P-450-abhängige Monooxigenasen (mischfunktionelle Oxidasen, MFO) katalysiert. Als Intermediate können aus Doppelbindungssystemen die toxikologisch relevanten, weil sehr reaktionsfähigen und sich mit körpereigenen Strukturen (Proteine, Enzyme, DNA) umsetzenden Epoxide (aus aromatischen Systemen: Arenoxide) auftreten (Abbildung 45.3).

Dadurch können diese Biopolymeren derivatisiert und in ihrer biologischen Funktion negativ beeinträchtigt werden (Cancerogenität).

Die *Phase II* umfasst die Reaktion eines (evtl. in Phase I modifizierten) Grundkörpers des Xenobiotikums (*Exocon*) mit körpereigenen Verbindungen (*Endocon*). Das entstehende *Konjugat* (Abbildung 45.4) ist wasserlöslicher, damit ausscheidungsfähiger als das lipophilere *Exocon*. Konjugate gelten als entgiftete Stoffwechselprodukte, was im Einzelfall nicht immer experimentell bewiesen, teilweise auch für einzelne Konjugate widerlegt ist.

Als *Endocon* werden die physiologischen Verbindungen Glucuronsäure, Sulfat, Acetat und Methylgruppen über Nukleotide bzw. Cofaktoren aktiviert. Eine besonders bedeutsame Konjugationsreaktion ist die mit Glutathion (GSH). Sie wird durch Glutathion-S-transferasen vermittelt. GSH-Konjugate werden in weiteren intermediären Schritten schließlich zu gut wasserlöslichen Mercaptursäuren umgewandelt und mit dem Urin ausgeschieden. Bei Ausscheidung dieser Konjugate mit der Galle erfolgen unter dem Einfluss der intestinalen Mikroflora

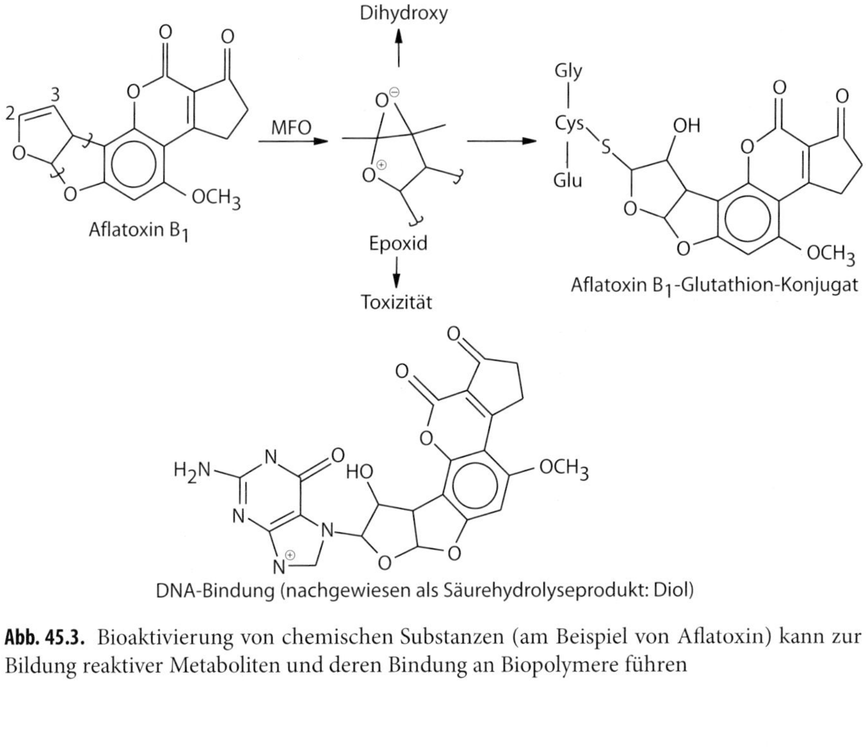

Abb. 45.3. Bioaktivierung von chemischen Substanzen (am Beispiel von Aflatoxin) kann zur Bildung reaktiver Metaboliten und deren Bindung an Biopolymere führen

```
                    ┌─────────────────────────────────┐
                    │           Toxizität             │
                    └─────────────────────────────────┘
                         ↑           ↑           ↑
                    Sauerstoff    Endocon
                         │           │           │
    Xenobiotikum ────→ ( reaktiver Metabolit ) ────── Konjugat
                                     │
                                    H₂O
                                     │
                    ┌─────────────────────────────────┐
                    │           Entgiftung            │
                    └─────────────────────────────────┘
```

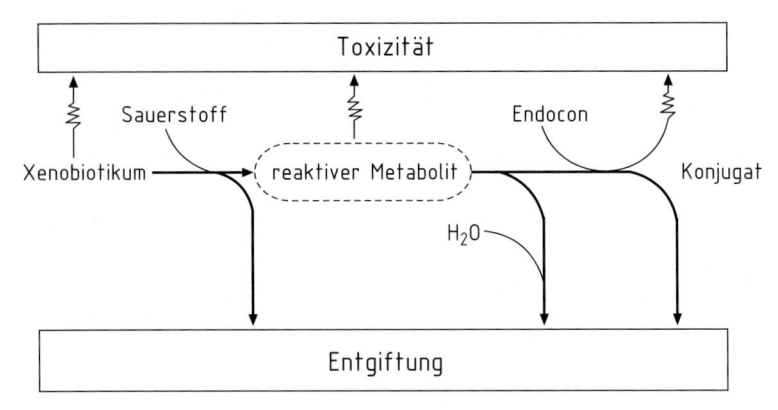

Abb. 45.4. Biotransformation von Xenobiotika führt in nicht wenigen Fällen zu toxischen Wirkungen (Toxifizierung), bei anderen Substanzen bzw. Stoffwechselschritten zur Entgiftung. Dargestellt ist der Spezialfall einer Oxidation (Phase I), der möglichen Hydrolyse eines reaktiven Metaboliten (z. B. Epoxid) oder von dessen Konjugation zum entgifteten Konjugat bzw. toxischen Folgeprodukt

weitere enzymatische Spaltungen (bedeutsam für enterohepatischen Kreislauf) und auch andere Stoffwandlungen.

GSH schützt als endogene Substanz vor solchen reaktiven Zwischenprodukten und somit toxischen Wirkungen von Xenobiotika. Konjugationsreaktionen erfordern die Bereitstellung des Endocons im Intermediärstoffwechsel. Dabei ist zu bedenken, dass der Sulfatpool beim Menschen relativ schnell erschöpft ist und für eine ausreichende endogene GSH-Synthese ausreichend schwefelhaltige Aminosäuren erforderlich sind. Anderenfalls kann sich z. B. bei Proteinmangel die Toxizität eines über diesen Weg biotransformierten Xenobiotikums (z. B. Fungizid Captan) erhöhen.

Von besonderer Relevanz kann die *Induktion* metabolisierender Enzyme sein, die nicht einfach als Anpassungsmechanismus zur Biotransformation zu bewerten ist und verschiedene nachteilige Wechselwirkungen zwischen Stoffklassen zur Folge haben kann (z. B. verstärkte Bildung von Arenoxiden aus Polyaromaten durch Induktion nach PCB-Exposition). Die Exkretion der unveränderten oder biotransformierten Xenobiotika erfolgt über die für die physiologischen Substanzen bekannten Wege nach gleichen Gesetzmäßigkeiten. Dabei ist zu beachten, dass die Elimination auch über die Muttermilch erfolgen kann, was im Falle von Arzneimitteln, Genussmitteln wie Alkohol und Nikotin und Umweltchemikalien Beachtung finden muss.

45.4
Einflussfaktoren auf die Toxizität

Die Wirkungen chemischer Stoffe auf Organismen werden durch viele Faktoren modifiziert (Abbildung 45.5). Nimmt man die orale Applikation als ge-

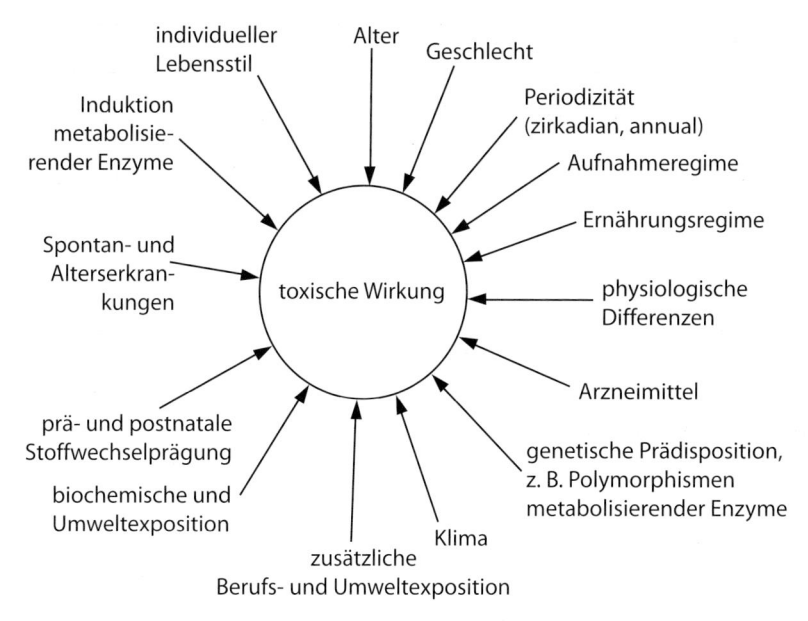

Abb. 45.5. Modifizierung der Toxizität chemischer Stoffe durch zahlreiche Einflussfaktoren

geben, so können Speziesdifferenzen recht erheblich sein. Metabolitenmuster, Biotransformationsraten, Eliminierungscharakteristika, Verteilung in Geweben, Besiedlung der intestinalen Mikroflora, Aktivitäten der MFO sowie die Kapazität von Konjugationsreaktionen u. a. können sich diesbezüglich erheblich unterscheiden. Mensch und Versuchstier stimmen deshalb nur begrenzt überein. Alter, Geschlecht und Gesundheitszustand (*Obesitas* und chronische Krankheiten: Verteilungsraum für lipophile Substanzen verändert), Enzymdefekte (Glucose-6-Phosphatdehydrogenase-Mangel mit Folge GSH-Mangel) und andere genetische Prädispositionen können entscheidend Wirkungen modulieren. Wechselwirkungen eines Xenobiotikums mit anderen Nahrungsbestandteilen (Antagonismus, Synergismus) wie Proteinen, Fetten (Stoffwechselbeeinflussung bei Cancerogenen), Ballaststoffen (Bindung von Schwermetallen), Vitaminen (Vitamin D hat protektive Wirkung bei Cadmium-Exposition; Zusammenwirken der Antioxydantien Vitamin E und Selen), mit Alkohol, Arzneimitteln und dem Rauchen (Lebensstil) sind zu beachten. Wechselwirkungen verschiedener chemischer Stoffe bedürfen verstärkt der Untersuchung.

45.5
Toxizitätsprüfung

Die Erkennung und Vermeidung toxischer Wirkungen von Stoffen kann nur auf der Grundlage gezielter Untersuchungen erfolgen, da theoretische Voraussagen nicht oder nur begrenzt sinnvoll sind sowie der Validierung im Experiment bedürfen. Epidemiologische Untersuchungen würden Ergebnisse erst nach Jahren zutage bringen, wenn Bevölkerungsgruppen bereits gesundheitlich geschädigt sind. Aus ethischen Gründen werden an Substanzen mit unbekannten biologischen Wirkungen Humanversuche generell abgelehnt. Nationale und internationale Empfehlungen zur Prüfung der Substanzwirkungen sehen deshalb Untersuchungen an Säugetieren vor, die in Modellversuchen gewissermaßen als Stellvertreter für den Menschen fungieren. Versuchstier und Mensch sollten in ihren Reaktionen auf den zu prüfenden Stoff weitgehend ähnlich reagieren.

Die zunehmend verstärkte Anwendung von in-vitro-Tests entspricht dem Gedanken des Tierschutzes und trägt zur Zeit- und Materialökonomie bei. Diese Tests sind bislang trotz ihrer Vielfalt in der Aussage begrenzt, ergänzen allerdings die nachfolgend dargestellten toxikologischen Untersuchungen oder sind zu Teilaspekten (Abschätzungen, Screening, Mutagenitäts- bzw. Cancerogenitätsprüfung, Aufklärung von Mechanismen) erfolgreich einsetzbar. Sie können aber den in-vivo-Versuch nur ergänzen und nicht ersetzen.

Als Versuchstiere werden definierte Stämme von Ratten, Mäusen, Meerschweinchen sowie Kaninchen, seltener Hunde und Katzen sowie für spezielle Fragestellungen Primaten eingesetzt. Die Entscheidung fällt zugunsten der Nagetiere aus, weil sie leicht in ausreichender Zahl und gegebenenfalls genetisch normiert zur Verfügung stehen (Minderung der individuellen Streuung), gezüchtet und mit relativ geringem Aufwand gehalten, leicht vermehrt werden können (Untersuchungen nachfolgender Generationen) und ein Alter erreichen, was notwendige Lebenszeituntersuchungen überschaubar gestaltet. Untersuchungen an einer zweiten Spezies und an beiden Geschlechtern sind erforderlich.

Die Gewährleistung der erforderlichen Voraussetzungen für Tierversuche sichert ein international akzeptiertes System der Qualitätssicherung (GLP – good laboratory practice regulations; OECD-Richtlinien). Darin werden Sachkunde der Experimentatoren sowie Randbedingungen für die Versuchsdurchführung z. B. hygienischer und genetischer Staus der Versuchstiere), aber auch die Erfassung, Auswertung und Berichterstattung der Prüfergebnisse vorgeschrieben. Ziel derartiger Reglementierungen ist eine Standardisierung der Versuchsbedingungen um Störgrößen (vgl. Abbildung 45.5) weitgehend zu eliminieren, Manipulationen an den Prüfergebnissen zu unterbinden, Reevaluierungen zu ermöglichen und so substanzspezifische Schadwirkung objektiver bewerten zu können.

Toxizitätsuntersuchungen setzen eine hinreichende Kenntnis der zur Prüfung anstehenden Substanz voraus. Die Forderung nach angemessener Charakterisierung der Identität und Reinheit (Spezifikation) ist nur bei rein isolierten Verbindungen und auch für Stoffgemische (z. B. komplexe Aromen) zu realisieren. Unabdingbar ist die gleichbleibende Zusammensetzung des Testmaterials, auch über Jahre andauernder Versuchsetappen. Die Identität von getesteter Substanz aus einer Versuchsproduktion und der später tatsächlich in Lebensmitteln eingesetzten Substanz aus der Großproduktionsanlage ist sicherzustellen.

Ernährungstoxikologische Prüfungen werden in einem Stufenprogramm realisiert (Tabelle 45.3). Auf der Grundlage der Ergebnisse der vorhergehenden Stufen wird jeweils über den Untersuchungsfortgang entschieden. Werden unvertretbare Wirkungen der Substanz erkannt, so wird die Prüfung frühestmöglich abgebrochen; die Substanz wird geächtet. Vorteilhaft hat sich erwiesen, dass Metabolismusuntersuchungen und Prüfungen auf Mutagenität zu den ersten Stufen gehören, da suspekte Substanzen so frühzeitig erkannt werden. Besonders in diesen frühen Untersuchungsetappen haben sich in-vitro-Methoden als Such- und Vorteste bewährt.

Eine Zulassung kann erst erwogen werden, wenn alle Prüfungsergebnisse vorliegen.

Zur Ermittlung der *akuten Toxizität* erhalten Gruppen von Versuchstieren einmalig abgestufte Dosierungen der Prüfsubstanz. Es wird dabei die Dosis (z. T. durch graphische Auswerteverfahren) ermittelt, bei der die Hälfte der behandelten Tiere einer Gruppe innerhalb des Beobachtungszeitraums von einer Woche sterben (letale Dosis für 50% der Tiere: LD_{50}). Die Aussagekraft kann auch bei Anwendung einer geringere Tierzahlen erfordernden Methodik gesichert und durch Erfassung weiterer Parameter (Analyse des Wirkortes und Hinweise zum Wirkmechanismus) u. a. deutlich gesteigert werden. Bei der Bestimmung der *subchronischen* und *chronischen* Toxizität erhält man die Dosis, die ohne beobachtbare nachteilige Wirkungen in der Versuchstiergruppe geblieben ist. Diese Dosis dient der Abschätzung der Wirkungsschwelle. Die Bezeichnung *no-observed-effect-level (NOEL)* schließt ein, dass selbst bei Anwendung der wissenschaftlich aktuellsten und empfindlichsten Prüfmethoden keine absolute Sicherheit für das Nichtvorhandensein von Wirkungen bestehen kann. Die Erfassung der tatsächlichen Wirkungsschwelle ist zur Vermeidung eines unvertretbaren Aufwandes entbehrlich, da man sich mit dem NOEL auf der „sicheren" Seite, nämlich unterhalb der Wirkungsschwelle befindet.

Prüfungen auf *Genotoxizität* (Mutagenität) decken erbliche Änderungen im genetischen Material auf. Eine Vielzahl von in-vitro-Verfahren (z. B. an Säugerzellkulturen, an der DNA unmittelbar, mit Bakterien mit und ohne biologische Aktivierung durch biotransformierende Enzympräparate) sowie in-vivo-Verfahren (z. B. cytogenetische Studien an Knochenmarkzellen, Mikrokern-Test, Dominant-Letal-Test, Tests an Keimzellen der Taufliege) kann genutzt werden. Die Übertragung an diesen Testmodellen erhaltener Befunde auf den Menschen ist durch Kenntniszuwachs zunehmend sicherer möglich.

Prüfungen auf Cancerogenität gehen im Mehrstufenmodell von den Prozessen Initiation, Promotion und Progression aus, wobei Kenntnisse der metabolischen Aktivierung der chemischen Stoffe wesentlich sind und genotoxische (NOEL nicht ableitbar) von epigenetischen (NOEL ableitbar) Wirkungen unterschieden werden.

Mutagene und cancerogene Effekte führen in jedem Fall vorsorglich zu Restriktionen für den Einsatz der Substanz in Lebensmitteln.

Tabelle 45.3. Stufenprogramm der toxikologischen Prüfungen

Untersuchung	Zeitdauer des Tierversuchs	Ziel der Prüfungen
Toxikokinetik-Metabolismus	wenige Wochen	Aufklärung der qualitativen und quantitativen Veränderungen des Stoffes im Organismus: Resorption, Verteilung, Anreicherung, Biotransformation, Bindungsformen, Ausscheidung
Akute Toxizität	1 Tag, Beobachtungszeit bis wenige Tage	Erfassung der Symptome und des zeitlichen Ablaufes der Vergiftung, Ermittlung der LD_{50}
Subchronische Toxizität	1–6 Monate (Nager) bes. 90-Tage-Test (Nager) 3–12 Monate (Hunde)	Erkennung toxischer Effekte, Auffindung von Zielorganen, Feststellung kumulativer Wirkungen, Ermittlung der höchsten unwirksamen Dosis (NOEL)
Chronische Toxizität	24 (bis 30) Monate	Erkennung chronisch-toxischer Effekte, Auffindung von Dosis-Wirkungs-Beziehungen, Ermittlung der höchsten unwirksamen Dosis (NOEL)
Pränataltoxikologie (Teratogenität)	pränatal ca. 22 Tage (Maus) postnatal ca. 30 Tage (Maus)	Erkennung embryotoxischer Wirkungen
Mutagenität (Genotoxizität)	Wochen bis Monate	Erkennung genetischer Veränderungen: Genmutationen, Chromosomenabberationen
Cancerogenität	24 Monate (Ratte)	Erfassung der Missbildungspotenz; Erkennung cancerogener Wirkungen; Erfassung von Tumoren nach Art, Häufigkeit u. a.
Reproduktionstoxikologie	z. B. 3 Generationen	Auffindung von Fertilitäts- und Laktationsstörungen sowie von Beeinträchtigungen der Nachkommenschaft
In-vitro-Tests	Tage bis Wochen	Nachweis spezieller Wirkprinzipien in kurzer Zeit, mit hoher Spezifität, kostensparend sowie dem Tierschutz Rechnung tragend
Zahlreiche Spezialprüfungen	Tage bis Wochen	z. B. Beeinflussung des Hormonhaushaltes, des Immunsystems, Beeinflussung des Verhaltens u. a.

Die Forderung nach „Nulltoleranzen" ist für Umweltchemikalien unrealistisch und nicht erfüllbar. Deshalb legt der Gesetzgeber in diesen Fällen kontrollierbare Grenzwerte fest, die nur bei Ausschöpfung aller technisch-ökonomischen Möglichkeiten unterboten werden können. Damit wird die Nutzung allen bekannten Wissens herausgefordert, und nur das unvermeidbare Risiko bleibt bestehen.

Reproduktionstests decken Beeinträchtigungen durch die Prüfsubstanz in den 12 Phasen eines Reproduktionszyklus auf. Pränatale Effekte (Substanzwirkung über den mütterlichen Organismus) oder postnatale Effekte (Substanzaufnahme während der Laktation) werden erkennbar. Im *Multigenerationstest* erfolgt die kontinuierliche Substanzgabe über mehrere Generationen (z. B. drei mit zweimaliger Paarung). Verabreicht werden Dosierungen im Mittel um den NOEL. Derartige Versuche laufen über einen Zeitraum von Jahren. *Pränataltoxikologische Prüfungen* studieren die Substanzwirkung in Phasen der Entwicklung des Ungeborenen nach Substanzverabreichung an das Muttertier. Die intrauterine Entwicklung kann in jeder Phase durch exogene Einflüsse nachteilig beeinflusst werden.

Weitergehende Spezialprüfungen, so auf Immuntoxizität, Neurotoxizität, Hormonhaushalt beeinflussende Wirkungen (z. B. Thyreotoxizität) u. a. Targets, können notwendig werden.

Durch Kohortenstudien und Fall-Kontroll-Studien sowie durch Biomonitoring der intakten Schadstoffe aber auch von Biotransformationsprodukten (DNA-Addukte, vgl. Abbildung 45.3) werden ergänzende Aussagen direkt am Menschen erhalten.

45.6
Toxikologische Bewertung

Das Nichtvorhandensein von Wirkungen kann man nur feststellen, wenn die Substanzwirkung bekannt ist. Dies ist Anlass, auch mit höheren Dosierungen zu arbeiten, die die Dosis-Wirkungs-Beziehungen erkennen lassen. Die Durchführung dieser Versuche erfordert den erfahrenen Experten, der nicht schematisch vorgeht, dennoch gebotene Regeln der Prüfmethodik einhält, stets den Vergleich mit Kontrollgruppen (die keine Substanz erhielten) führt und die Grundgesetze der Statistik für die begrenzte Anzahl eingesetzter Prüftiere beachtet. Als Grundlage für die Bewertung einer Substanz wird stets der geringste Zahlenwert des NOEL gewählt, d. h. die empfindlichste Reaktion des Organismus in der sensibelsten Spezies wird zugrunde gelegt.

Eine besondere Problematik ergibt sich aus der Notwendigkeit, zwischen normalen Reaktionen auf Stress oder innerhalb eines natürlichen Streubereiches zu differenzieren und schädliche (adverse) von nicht schädlichen (non adverse) Wirkungen abzugrenzen. Dafür sind sowohl international akzeptierte Kriterien heranzuziehen als auch hohe fachliche Kompetenz erforderlich.

Der am Versuchstier ermittelte NOEL kann nicht ohne weiteres auf den Menschen umgerechnet werden. Einzubeziehen sind Differenzen zwischen Mensch und seinem Stellvertreter Versuchstier, zwischen Lebensbedingungen und Variabilität der menschlichen Population und den hochstandardisierten Bedingungen des Tierversuchs, zwischen begrenzter Zahl der Tiere des Versuches und der ganz erheblich größeren Anzahl potentiell betroffener Menschen (auch seltene Ereignisse treten bei großen Menschengruppen tragisch in Erscheinung). Bei der Umrechnung auf eine für den Menschen ungefährliche Dosis hat sich die Einbeziehung eines Sicherheitsfaktors bewährt, der einen zusätzlichen wünschenswerten Abstand von der Wirkungsschwelle (die oberhalb des NOEL liegt) zu sichern. Dieser Faktor kommt einer Konvention unter Gruppen von Experten gleich und ist nicht bis in das Detail für die Einzelsubstanz wissenschaftlich belegt. Er schwankt für konkrete Einzelfälle zwischen 10 und etwa 1 000. Besondere Anerkennung und weitere Verwendung in nationalen Gesetzen finden diejenigen Sicherheitsfaktoren, die von Experten der WHO/FAO erarbeitet wurden. Daraus errechnet sich die „Annehmbare Tagesdosis" (acceptable daily intake, ADI), in der bundesdeutschen Gesetzgebung als *„Duldbare tägliche Aufnahme* (DTA)" bezeichnet wird:

$$\text{ADI (mg kg}^{-1} \text{ KM d}^{-1}) = \frac{\text{NOEL (mg kg}^{-1} \text{ KM)}}{\text{Sicherheitsfaktor}}.$$

Auf der Grundlage des ADI wird für jedes einzelne Lebensmittel die Höchstmenge (früher auch benannt als Toleranz, maximal zulässige Menge oder maximal zulässige Rückstandsmenge, MZR) berechnet:

$$\frac{\text{ADI (mg kg}^{-1} \text{ d}^{-1}) \times \text{KM (60 kg)}}{\text{food factor (kg)}}.$$

Der *food factor* entspricht dem Tagesverzehr (einschließlich sicherer oberer Abweichungen vom Durchschnitt) des betreffenden Lebensmittels. Zu beachten ist, dass bestimmte Stoffe in verschiedenen Lebensmitteln enthalten sein können und der ADI als Summe für den gesamten Warenkorb zu verstehen ist.

Vergleichbar mit dieser Berechnungsbasis sind Grenzwerte für Stoffe, die aus Verpackungsmaterialien und Bedarfsgegenständen in Lebensmitteln migrieren (specific migration limits), die auf Grundlage der aus 1 dm^2 Oberfläche migrierenden Stoffmenge abgeleitet werden.

Für bestimmte Stoffe wird auf die Begrenzung der Aufnahme verzichtet (ADI not specified, z. B. bei einigen Carotenoiden). Mitunter kann die Aufnahme von kumulierenden Stoffen (z. B. Schwermetallen in Pilzgerichten) von Tag zu Tag erheblich schwanken. In diesen Fällen hat sich die Verwendung eines dem ADI analog zu gebrauchenden provisional tolerable weekly intake (PTWI) bewährt. Für andere Chemikalien werden Werte für provisional maximum tolerable weekly intake (PMTDI) benannt. Für Substanzen, deren essentieller und toxischer Bereich dicht beieinander liegen, wird der maximum tolerable daily intake (MTDI) angegeben.

Für mutagene und cancerogene Substanzen werden keine ADI-Werte abgeleitet. Im Falle der Vermeidbarkeit werden solche Stoffe nicht angewendet; andere werden aus praktischen Erwägungen heraus auf die technisch unvermeidbare Mindestmenge begrenzt.

Die Höchstmengen sind in landesspezifischen Gesetzen und Verordnungen niedergelegt. Eine gute Praxis in der Landwirtschaft und bei der lebensmitteltechnischen Anwendung erlauben nicht selten eine deutliche Unterschreitung dieser Höchstmengen, weshalb der Gesetzgeber mitunter diese geringeren Zahlenwerte festlegt.

NOEL, ADI und Höchstmengen werden durch weitergehende und wiederholte Prüfungen bestätigt oder bei Erkenntnisfortschritt ggf. kurzfristig revidiert. Monographiereihen und periodische Publikationen der WHO, FAO, IARC u. a. Organisationen informieren über den aktuellen Stand der toxikologischen Bewertung von Substanzen.

45.7
Literatur

1. Kramer P-J, von Landberg F (2004) Prüfmethoden für Anmeldung und Zulassung – Regulatorische Toxikologie. In Marquardt H, Schäfer S: Lehrbuch der Toxikologie. Wissenschaftliche Verlagsgesellschaft mbH, Stuttgart
2. Fuhrmann F (2006) Toxikologie für Naturwissenschaftler: Einführung in die theoretische und spezielle Toxikologie. Teubner
3. Reichl F-X, Schwenk M (2004) Regulatorische Toxikologie: Gesundheitsschutz, Umweltschutz, Verbraucherschutz. Springer
4. Dunkelberg H, Gebel T, Hartwig A (2007) Handbuch der Lebensmitteltoxikologie: Belastungen, Wirkungen, Lebensmittelsicherheit, Hygiene 5 Bände. Wiley-VCH-Verlag
5. Nau H, Steinberg P, Kietzmannn M (2003) Lebensmitteltoxikologie. Rückstände und Kontaminanten: Risiken und Verbraucherschutz. Blackwell Parey, Berlin Wien
6. Dekan W, Vamvakas S (1994) Toxikologie für Chemiker und Biologen. Spektrum Akademischer Verlag, Heidelberg
7. Eisenbrand G, Metzler M (1994) Toxikologie für Chemiker. Thieme, Stuttgart
8. Macholz R, Lewerenz H-J (eds) (1989) Lebensmitteltoxikologie. Springer, Berlin Heidelberg New York London Paris Tokyo
9. Classen H-C, Elias PS, Hammes WP, Schmidt HF (eds) (1987) Toxikologisch-hygienische Beurteilung von Lebensmittelinhalts- und Zusatzstoffen sowie bedenklicher Verunreinigungen. Verlag Paul Parey, Berlin Hamburg
10. Internet: http://www.bfr.bund.de (Bundesinstitut für Risikobewertung), hier auch: Zentralstelle zur Erfassung und Bewertung von Ersatz- und Ergänzungsmethoden zum Tierversuch (ZEBET)
11. Internet: http://www.niehs.nih.gov/external/faq/alpha-f.htm (Environmental Health Information Service, USA)
12. Internet: http://www.inchem.org
    IPCS/JECFA. Environmental Health Criteria (EHC) Monographs (WHO, Genf)
    EHC 70 (1987). Principles for the safety assessment of food additives and contaminants in food
    EHC 104 (1990). Principles for the toxicological assessment of Pesticide residues in Food

EHC 237 (2006). Principles for Evaluating Health Risks in Children Associated with Exposure to Chemicals
EHC: aktuell 238 Bände zu chemischen Stoffen, anderen Noxen und Bewertungsprinzipien
13. Internet: http://www.who.int/foddsafety/chem/links/en/index.html
14. Internet: http://www.monographs.iarc.fr (aktuell 100 Bände zu chemischen Stoffen)

Abkürzungsverzeichnis

46.1
Allgemeine Abkürzungen

ABl	Amtsblatt der Europäischen Gemeinschaften
ADI	acceptable daily intake
AFFL	LAV Arbeitsgruppe der auf dem Gebiet der Lebensmittelhygiene und der vom Tier stammenden Lebensmittel tätigen Sachverständigen
AFNOR	L'Association française de normalisation
AGES	Österreichische Agentur für Gesundheit und Ernährungssicherheit
AKS	Staatliche Akkreditierungsstelle, Hannover
ALB	LAV Arbeitsgruppe Lebensmittel, Bedarfsgegenstände, Wein und Kosmetika
ALIAS	Amtliches Lebensmittel-Informations- und -Auswertesystem, Österreich
ALS	Arbeitskreis lebensmittelchemischer Sachverständiger der Länder und des BVL
ALTS	Arbeitskreis der auf dem Gebiet der Lebensmittelhygiene und der vom Tier stammenden Lebensmittel tätigen Sachverständigen
AM	Arzneimittel
AMA	Agrarmarkt Austria
AMK	Agrarministerkonferenz
AOAC	Association of Official Analytical Chemists
AOX	Adsorbierbare Organische Halogenverbindungen
ARfD	akute Referenzdosis
AStV	Ausschuss der Ständigen Vertreter der Mitgliedstaaten bei der Europäischen Union
ASU	Amtliche Sammlung von Untersuchungsverfahren nach § 64 LFGB
ATB	Analytiker-Taschenbuch Springer-Verlag, Berlin Heidelberg New York Tokyo
AVV	Allgemeine Verwaltungsvorschrift
B(a)P	Benz(a)pyren
BADGE	Bisphenol A-diglycidylether
BAG	Bundesamt für Gesundheit, Bern

BBA	Biologische Bundesanstalt für Land- und Forstwirtschaft, Braunschweig (jetzt JKI)
BCR	Community Bureau of Reference
BEUC	Bureau Européen des Unions de Consommateurs, Europäisches Büro der Verbraucherverbände, Brüssel
BFEL	Bundesforschungsanstalt für Ernährung und Lebensmittel, Karlsruhe (jetzt siehe MRI)
BfN	Bundesamt für Naturschutz, Bonn
BfR	Bundesinstitut für Risikobewertung, Berlin
BGBl. I	Bundesgesetzblatt Teil I
BGH	Bundesgerichtshof
BgVV	Bundesinstitut für gesundheitlichen Verbraucherschutz und Veterinärmedizin (bis 31.10.2002). Aufgabenübertragung u. a. an BVL und BfR
BLC	Bundesverband der Lebensmittelchemiker/-innen im öffentlichen Dienst e.V. (info@lebensmittel.org)
BLK	Bundeseinheit für die Lebensmittelkette (Schweiz)
BLL	Bund für Lebensmittelrecht und Lebensmittelkunde e.V., Bonn
BMELV	Bundesministerium für Ernährung, Landwirtschaft und Verbraucherschutz
BMG	Bundesministerium für Gesundheit (Wien)
BMI	Body-Mass-Index (Körpermasseindex nach Quételet)
BSE	Bovine Spongiforme Enzephalopathie
BÜP	Bundesweiter Überwachungsplan
BVL	Bundesamt für Verbraucherschutz und Lebensmittelsicherheit
CAC	Codex-Alimentarius-Kommission
CCP	Critical Control Point (Kritischer Lenkungspunkt)
CE	EG-Zeichen für die Übereinstimmung mit den Gemeinschaftsvorschriften
CEN	Comité Européen de Normalisation (Europäisches Komitee für Normung)
CITAC	The Cooperation on International Traceability in Analytical Chemistry
CKW	Chlorierte Kohlenwasserstoffe
CLA/CLS	Konjugierte Linolsäuren
CMA	Centrale Marketing-Gesellschaft der Deutschen Agrarwirtschaft
Codex	Codex Alimentarius
DAR	Deutscher Akkreditierungsrat
DGE	Deutsche Gesellschaft für Ernährung, Frankfurt
DGF	Deutsche Gesellschaft für Fettwissenschaften e.V., Münster
DGHM	Deutsche Gesellschaft für Hygiene und Mikrobiologie
DIN	Deutsches Institut für Normung e.V., Berlin
DLB	Deutsches Lebensmittelbuch
DLG	Deutschen Landwirtschafts-Gesellschaft, Frankfurt/Main

DLR	Deutsche Lebensmittel-Rundschau
DON	Desoxynivalenol
DQS	Deutsche Gesellschaft zur Zertifizierung von Qualitätssicherungs-Systemen
DVGW	Deutscher Verein des Gas- und Wasserfaches
EB	Ernährungsbericht der DGE
EBC	European Brewery Convention
EBLS	Europäische Behörde für Lebensmittelsicherheit (s. EFSA)
EC	Ethylcarbamat
EDTA	Ethylendiamintetraessigsäure
EEA	Einheitliche Europäische Akte
EFQM	European Foundation for Quality Management
EFSA	European Food Safety Authority (Europäische Behörde für Lebensmittelsicherheit)
EG	Europäische Gemeinschaft
EHIA	European Herbal Infusions Association
EI	Elektronenstossionisierung
ELISA	Festphasen-Enzymimmunoassay (Enzyme-Linked-Immuno-Sorbet-Assay)
EMEA	European Agency for the Evaluation of Medicinal Products (European Medicines Agency), Europäische Arzneimittel Agentur
EN	Europäische Norm
EP	Europäisches Parlament
ESBO	Epoxidized Soy Bean Oil
ESI	Electrospray Ionisierung
EU	Europäische Union
EuGH	Europäischer Gerichtshof
EWG	Europäische Wirtschaftsgemeinschaft
EWGV	EWG-Vertrag (siehe Abkürzungsverzeichnis 46.2)
EWR	Europäischer Wirtschaftsraum
EWSA	Europäische Wirtschafts- und Sozialausschuss
FAL	Bundesforschungsanstalt für Landwirtschaft, Braunschweig (jetzt siehe FLI)
FAO	Food and Agriculture Organization (UNO)
FDA	Food and Drug Administration (USA)
FLEP	Food Law Enforcement Practitioners
FLI	Friedrich-Löffler-Institut Bundesforschungsinstitut für Tiergesundheit, Standorte Insel Riems u. a.
FM	Futtermittel
FMEA	Failure Mode and Effects Analysis (Fehlermöglichkeits- und Einflussanalyse)
FVO	Lebensmittel- und Veterinäramt, Grange, Irland
G	Gesetz, z. B. WeinG
g. g. A.	Geschützte geographische Angabe

g. U.	Geschützte Ursprungsbezeichnung
GAP	Gute Agrarpraxis
GATT	General Agreement on Tariffs and Trade (Allgemeines Zoll- und Handelsabkommen)
GC	Gaschromatografie (Gas Chromatography)
GDCh	Gesellschaft Deutscher Chemiker, Frankfurt (Für Lebensmittelchemiker zuständig ist eine Fachgruppe in der GDCh, die „Lebensmittelchemische Gesellschaft")
GHS	Global Harmonized System of Classification and Labelling of Chemicals, s. a. GHS-VO (Abkürzungsverzeichnis 46.2)
GISP	Greenland Ice Sheet Precipitation
GLP	Good Laboratory Practice
GMBl	Gemeinsames Ministerialblatt, Herausgeber: Der Bundesminister des Innern
GMK	Gesundheitsministerkonferenz
GMM	Gentechnisch modifizierte Mikroorganismen
GVO	Gentechnisch veränderte Organismen
GVP	Gentechnisch veränderte Pflanzen
HACCP	Hazard Analysis and Critical Control Point
HDL	High density lipoprotein
HM	Höchstmengen
HPLC	Hochdruckflüssigkeitschromatografie (High Pressure Liquid Chromatography)
HRMS	Hochauflösende Massenspektrometrie
HS	Headspace
IAEA	International Atomic Energy Agency
ICC	Internationale Gesellschaft für Getreidewissenschaft und -technologie
ICH	International Conference on Harmonisation
IFS	International Food Standard
ILMU	Institut für Lebensmitteluntersuchung der AGES, Österreich
IRMS	Isotopenverhältnis-Massenspektrometrie
ISAA	International service for the acquisition of agri-biotech applications
ISO	International Organization for Standardization, Internationale Organisation für Normung
IUPAC	International Union of Pure and Applied Chemistry
JKI	Julius-Kühn-Institut Bundesforschungsinstitut für Kulturpflanzen, Standorte Quedlinburg u. a.; (früher BBA)
KL	Kantonale Laboratorien
KM	Kosmetische Mittel
KÜP	Koordiniertes Überwachungsprogramm (EG)
LAV	Länderarbeitsgemeinschaft Verbraucherschutz
LBK	Lebensmittelbuchkommission

LDL	Low density lipoprotein
LIMS	Labor-Informations und Management System
LL	Leitlinie
LM	Lebensmittel
LMR	Lebensmittelrecht (Textsammlung), C. H. Beck, München
LOAEL	lowest-observed-adverse-effect-level
LRE	Sammlung lebensmittelrechtlicher Entscheidungen. Benz H (Hrsg) Carl Heymanns, Berlin
LSD	Last significant difference (Test)
LUA	Lebensmitteluntersuchungsanstalt
LVA	Lebensmittel- und Veterinäramt der Europäischen Kommission
m/z	Masse-Ladungs-Verhältnis
MDGC	Multidimensionale Gaschromatographie
MEBAK	Mitteleuropäische Brautechnische Analysen-Kommission
MHD	Mindesthaltbarkeitsdatum
mmol	Millimol
MP	Medizinprodukte
MRI	Max-Rubner-Institut Bundesforschungsinstitut für Ernährung und Lebensmittel, Standorte Karlsruhe u. a.; (früher BFEL)
MRL	Maximum Residue Limit (Rückstandshöchstwert)
MRPL	Minimum required performance level
MS	Massenspektrometrie
MU	Measurement Uncertainty (Messunsicherheit)
MW	Molgewicht
NEM	Nahrungsergänzungsmittel
NF	Novel Food
NMR	Kernmagnetische Resonanz
NOEL	No-observed-effect-level
NPN	Nicht-Protein-Stickstoff-Verbindungen
NRKP	Nationaler Rückstandskontrollplan
OC	Organochlor-Verbindungen
OIV	Internationale Organisation für Rebe und Wein
ÖLMB	Österreichisches Lebensmittelbuch – Codex Alimentarius Austriacus
PAKs	Polyzyklische Aromatische Kohlenwasserstoffe
PAL	Physical activity level
PBDE	Polybromierter Diphenylether
PCBs	Polychlorierte Biphenyle
PCDD/Fs	Polychlorierte Dibenzo-p-dioxine und -furane
PCR	Polymerase Kettenreaktion
PEI	Paul-Ehrlich-Institut, Langen
PRPs	Prerequisite Programmes (Vorsorgeprogramme)
PSM	Pflanzenschutz- und Schädlingsbekämpfungsmittel
PTRMS	Protonentauschreaktions-Massenspektrometrie

QCP	Quality Control Point
QFD	Quality Function Deployment
QIM	Qualität-Index-Methode
QM	Qualitätsmanagement
qs	quantum satis
QS	Qualitätssicherung
QUID	Quantitative Ingregient Declaration
RAPEX	Rapid Alert System for non-food consumer products (Schnellwarnsystem der EU für alle gefährlichen Konsumgüter, mit Ausnahme von Nahrungs- und Arzneimitteln sowie medizinischen Geräten)
RASFF	Rapid Alert System for Food and Feed (Schnellwarnsystem für Lebens- und Futtermittel)
RGBl	Reichsgesetzblatt
RHG	Rückstandshöchstgehalte
RIA	Radio-Immuno-Assay
RKI	Robert-Koch-Institut, Berlin
RL	Europäische Richtlinie; Beispiel: RL 89/108/EWG (tiefgefrorene Lebensmittel)
RSK	Richtwerte und Schwankungsbreiten bestimmter Kennzahlen (für Fruchtsäfte)
SAL	Staatliche Anerkennungsstelle der Lebensmittelüberwachung, Wiesbaden
SCF	Scientific Committee on Food
SFK	Souci, Fachmann, Kraut: Die Zusammensetzung der Lebensmittel. Nährwert-Tabellen, 7. Aufl. Stuttgart 2008; Dt. Forschungsanstalt für Lebensmittelchemie (Hrsg.) Wissenschaftliche Verlagsgesellschaft Stuttgart
SIM	Selected ion monitoring, Einzelmassenregistrierung
SLAP	Standard Light Antartic Precipitation
SLMB	Schweizerisches Lebensmittelbuch
SPE	Fest-Phasen Extraktion
SRM	Selected reaction monitoring
StGBl	Staatsgesetzblatt
TFS	Transfettsäuren
TPM	Total Production Maintenance
TQM	Total Quality Management
TSE	Transmissible Spongiforme Enzephalopathie
UBA	Umweltbundesamt
V	Verordnung (national); Beispiel: KäseV, DiätV oder AromenV
VDLUFA	Verband Deutscher Landwirtschaftlicher Untersuchungs- und Forschungsanstalten
VKCS	Verband der Kantonschemiker der Schweiz
VLB	Versuchs- und Lehranstalt für Brauerei, Berlin

VMK	Verbraucherschutzministerkonferenz
VO	Verordnung (EG); Beispiel: VO (EG) Nr. 178/2002 oder Basis-VO
VOC	Volatile organic compounds
VSMOV	Vienna Standard Mean Ocean Water
WHO	World Health Organisation (Weltgesundheitsorganisation)
WKF	Wirtschaftvereinigung Kräuter- und Früchtetees
WTO	Welthandelsorganisation
ZEBS/ZERL	Überholte Kurzbezeichnungen für die Meldung von Daten u. a. aus dem Lebensmittelmonitoring und dem NRKP an die Meldestelle im BVL (s. auch Kap. 4.2)
Zipfel/Rathke	Zipfel, Rathke, Lebensmittelrecht, Loseblattkommentar der gesamten lebensmittel- und weinrechtlichen Vorschriften. C. H. Beck, München
ZKBS	Zentrale Kommission für die Biologische Sicherheit
ZLR	Zeitschrift für das gesamte Lebensmittelrecht, Herausgeber: Benz u. a., Deutscher Fachverlag, Frankfurt am Main

46.2 Abkürzungen rechtlicher Bestimmungen

AGeV	Verordnung über bestimmte alkoholhaltige Getränke (Alkoholhaltige Getränke-Verordnung) i. d. F. der Bekanntmachung vom 30.6.2003 (BGBl. I, S. 1255) i. d. F. vom 8.5.2008 (BGBl. I, S. 797)
AMG	Gesetz über den Verkehr mit Arzneimitteln (Arzneimittelgesetz) i. d. F. der Bekanntmachung vom 12.12.2005 (BGBl. I, S. 3394) i. d. F. vom 23.11.2007 (BGBl. I, S. 2631)
AVV LmH	AVV Lebensmittelhygiene (Allgemeine Verwaltungsvorschrift über die Durchführung der amtlichen Überwachung der Einhaltung von Hygienevorschriften für Lebensmittel tierischen Ursprungs und zum Verfahren zur Prüfung von Leitlinien für eine gute Verfahrenspraxis), vom 12.9.2007 (BAnz. Nr. 180a vom 25.09.2007 S. 1) i. d. F. vom 14.7.2009 (BAnz. Nr. 104 vom 17.7.2009 S. 2432)
AVV Rüb	AVV Rahmen-Überwachung (Allgemeine Verwaltungsvorschrift über Grundsätze zur Durchführung der amtlichen Überwachung der Einhaltung lebensmittelrechtlicher, weinrechtlicher und tabakrechtlicher Vorschriften vom 3. Juni 2008 (GMBl. Nr. 22 vom 11.06.2008 S. 426)
Basis-VO	„Basisverordnung Lebensmittel", Verordnung (EG) Nr. 178/2002 des Europäischen Parlaments und des Rates zur Festlegung der allgemeinen Grundsätze und Anforderungen des Lebensmittelrechts, zur Errichtung der Europäischen Behörde für Lebensmittelsicherheit und zur Festlegung von

	Verfahren zur Lebensmittelsicherheit vom 28. Januar 2002. (Abl. Nr. L 31/1), i. d. F. vom 7.4.2006 (Abl. Nr. L 100/3)
BedGgstV	Bedarfsgegenständeverordnung in der Fassung der Bekanntmachung vom 23. Dezember 1997 (BGBl. 1998 I, S. 5), zuletzt geändert durch Art. 1 der Verordnung vom 16. Juni 2008 (BGBl. I, S. 1107)
DiätV	Diätverordnung (Verordnung über diätetische Lebensmittel i. d. F. der Bekanntmachung vom 28.4.2005 (BGBl. I, S. 1161) i. d. F. vom 30.1.2008 (BGBl. I, S. 132))
EGGenTDurchfG	Gesetz zur Durchführung der Verordnungen der Europäischen Gemeinschaft auf dem Gebiet der Gentechnik und über die Kennzeichnung ohne Anwendung gentechnischer Verfahren hergestellter Lebensmittel i. d. F. der Bekanntmachung vom 22.6.2004 (BGBl. I, S. 1244) i. d. F. vom 27.5.2008 (BGBl. I, S. 919)
EG-RHM-VO	VERORDNUNG (EG) NR. 396/2005 DES EUROPÄISCHEN PARLAMENTS UND DES RATES vom 23. Februar 2005 über Höchstgehalte an Pestizidrückständen in oder auf Lebens- und Futtermitteln pflanzlichen und tierischen Ursprungs und zur Änderung der Richtlinie 91/414/EWG des Rates (ABl. L 70 vom 16.3.2005, S. 1–16), zuletzt geänd. durch Art. 1 ÄndVO (EG) 299/2008 vom 11.3.2008 (ABl. 2008 Nr. L 97, S. 67)
EWGV	Vertrag zur Gründung der Europäischen Wirtschaftsgemeinschaft vom 27.3.57 (EWG-Vertrag)
FIAP	Food improvement agents package:

1. FIAP-VO-1331 – VERORDNUNG (EG) NR. 1331/2008 DES EUROPÄISCHEN PARLAMENTS UND DES RATES vom 16. Dezember 2008 über ein einheitliches Zulassungsverfahren für Lebensmittelzusatzstoffe, -enzyme und -aromen ABl. 354 vom 31.12.2008, S. 1–6

2. FIAP-VO-1332 – VERORDNUNG (EG) NR. 1332/2008 DES EUROPÄISCHEN PARLAMENTS UND DES RATES vom 16. Dezember 2008 über Lebensmittelenzyme und zur Änderung der Richtlinie 83/417/EWG des Rates, der Verordnung (EG) Nr. 1493/1999 des Rates, der Richtlinie 2000/13/EG, der Richtlinie 2001/112/EG des Rates sowie der Verordnung (EG) Nr. 258/97 ABl. 354 vom 31.12.2008, S. 7–15

3. FIAP-VO-1333 – VERORDNUNG (EG) NR. 1333/2008 DES EUROPÄISCHEN PARLAMENTS UND DES RATES vom 16. Dezember 2008 über Lebensmittelzusatzstoffe ABl. 354 vom 31.12.2008, S. 16–33

4. FIAP-VO-1334 – VERORDNUNG (EG) NR. 1334/2008 DES EUROPÄISCHEN PARLAMENTS UND DES RATES vom 16. Dezember 2008 über Aromen und bestimmte Lebensmittelzutaten mit Aromaeigenschaften zur Verwendung in und auf Lebensmitteln sowie zur Änderung der Verordnung (EWG) Nr. 1601/91 des Rates, der Verordnungen (EG) Nr. 2232/96 und (EG) Nr. 110/2008 und der Richtlinie 2000/13/EG ABl. 354 vom 31.12.2008, S. 34–50

1.–4. Gestaffelte Gültigkeit des Pakets vom 20.1.2009 bis 20.1.2011

FMV	Futtermittelverordnung i. d. F. der Bekanntmachung vom 24. Mai 2007 (BGBl. I, S. 770) i. d. F. vom 30.5.2008 (BGBl. I, S. 964)
GHS-VO	Verordnung (EG) Nr. 1272/2008 des Europäischen Parlaments und des Rates vom 16. Dezember 2008 über die Einstufung, Kennzeichnung und Verpackung von Stoffen und Gemischen, zur Änderung und Aufhebung der Richtlinien 67/548/EWG und 1999/45/EG und zur Änderung der Verordnung (EG) Nr. 1907/2006; Übergangsbestimmungen (in Art. 61) 1.12.2010–1.6.2015 (ABl. Nr. L 353/1-1355 vom 31.12.2008)
Health-Claims-VO	Verordnung (EG) Nr. 1924/2006 des Europäischen Parlaments und des Rates vom 20. Dezember 2006 über nährwert- und gesundheitsbezogene Angaben über Lebensmittel (ABl. Nr. L 404/9, ber. ABl. Nr. L 2007 12/3) i. d. ber. F. vom 28.3.2008 (ABl. Nr. L 86/34)
HWG	Heilmittelwerbegesetz (Gesetz über die Werbung auf dem Gebiete des Heilwesens i. d. F. der Bekanntmachung vom 19.10.1994 (BGBl. I, S. 3068) i. d. F. vom 26.4.2006 (BGBl. I, S. 984))
Hygiene-VO-853	Verordnung (EG) Nr. 853/2004 des Europäischen Parlaments und des Rates mit spezifischen Hygienevorschriften für Lebensmittel tierischen Ursprungs vom 29.4.2004 (ABl. 2004 L 227/22), zuletzt geändert durch VO (EG) Nr. 219/2009 vom 11.3.2009 (ABl. Nr. L 87 S. 140).
Hygiene-VO-854	Verordnung (EG) Nr. 854/2004 des Europäischen Parlaments und des Rates mit besonderen Verfahrensvorschriften für die amtliche Überwachung von zum menschlichen Verzehr bestimmten Erzeugnissen tierischen Ursprungs vom 29.4.2004 (ABl. 2004 L 226/86), zuletzt geändert durch VO (EG) Nr. 219/2009 vom 11.3.2009 (ABl. Nr. L 87 S. 141).
Kontroll-VO	Verordnung (EG) Nr. 882/2004 des Europäischen Parlaments und des Rates vom 29.4.2004 über amtliche Kontrollen zur

	Überprüfung der Einhaltung des Lebensmittel- und Futtermittelrechts sowie der Bestimmung über Tiergesundheit und Tierschutz (ABl.Nr. L 191 vom 28.5.2004 S. 1–52) i. d. F. vom 17.3.2008 (ABl. Nr. L 97/85)
LFGB	Lebensmittel-, Bedarfsgegenstände- und Futtermittelgesetzbuch (**Lebensmittel- und Futtermittel-Gesetzbuch – LFGB**) i. d. F. der Bekanntmachung vom 26.4.2006 (BGBl. I, S. 945), i. d. F. vom 26.2.2008 (BGBl. I, S. 215). Neugefasst durch Bekanntmachung vom 24.7.2009 (BGBl. I S. 2205), zuletzt geändert durch die Erste Verordnung zur Änderung des LFGB (BGBl. I. S. 2630) vom 03. August 2009
LKonV	Lebensmittelkontrolleur-Verordnung (Verordnung über die fachlichen Anforderungen gemäß § 42 Abs. 1 Satz 2 Nr. 3 Buchstabe b des Lebensmittel- und Futtermittelgesetzbuches an die in der Überwachung tätigen Lebensmittelkontrolleure vom 17.8.2001 (BGBl. I, S. 2236) i. d. F. vom 8.8.2007 (BGBl. I, S. 1816))
LKV	Los-Kennzeichnungs-Verordnung vom 23. Juni 1993 (BGBl. I, S. 1022) i. d. F. vom 22.2.2006 (BGBl. I, S. 444)
LMBestrV	Verordnung über die Behandlung von Lebensmitteln mit Elektronen-, Gamma- und Röntgenstrahlen, Neutronen oder ultravioletten Strahlen (Lebensmittelbestrahlungsverordnung) vom 14.12.2000 (BGBl. I, S. 1730) i. d. F. vom 31.10.2006 (BGBl. I, S. 2407)
LMBG	Lebensmittel- und Bedarfsgegenständegesetz (Gesetz über den Verkehr mit Lebensmitteln, Tabakerzeugnissen, kosmetischen Mittel und sonstigen Bedarfsgegenständen i. d. F. der Bekanntmachung vom 9.9.1997 (BGBl. I, S. 2296) i. d. F. vom 21.6.2005 (BGBl. I, S. 1818))
LMG	a) Schweiz: Lebensmittelgesetz (Bundesgesetz vom 9.10.1992 über Lebensmittel und Gebrauchsgegenstände), (SR 817.0, LMG) b) Deutschland: altes Lebensmittelgesetz vom 5.7.1927
LMHV	Lebensmittelhygiene-Verordnung – LMHV (Verordnung über Anforderungen an die Hygiene beim Herstellen, Behandeln und Inverkehrbringen von Lebensmitteln vom 8.8.2007, BGBl. I, S. 1816)
LMH-VO-852	Verordnung (EG) Nr. 852/2004 des Europäischen Parlaments und des Rates über Lebensmittelhygiene vom 29.4.2004 (ABl. Nr. L 139, S. 1, ber. Abl. Nr. L 226, S. 3; ber. Abl. Nr. L 46, S. 51), geändert durch VO (EG) Nr. 219/2009 vom 11.3.2009 (ABl. Nr. L 87, S. 139).
LMKV	Lebensmittel-Kennzeichnungsverordnung – LMKV (Verordnung über die Kennzeichnung von Lebensmitteln i. d. F.

	der Bekanntmachung vom 15.12.1999 (BGBl. I, S. 2464) i. d. F. vom 18.12.2007 (BGBl. I, S. 3011))
LMSVG	Österreich: Bundesgesetz über Sicherheitsanforderungen und weitere Anforderungen an Lebensmittel, Gebrauchsgegenstände und kosmetische Mittel zum Schutz der Verbraucherinnen und Verbraucher vom 20. Jänner 2006 (Lebensmittelsicherheits- und Verbraucherschutzgesetz – LMSVG) BGBl. I, Nr. 13/2006
LSpG	Lebensmittelspezialitätengesetz (Gesetz zur Durchführung der Rechtsakte der Europäischen Gemeinschaften über Bescheinigungen besonderer Merkmale von Agrarerzeugnissen und Lebensmitteln vom 29.10.1993 (BGBl. I, S. 1814) i. d. F. vom 31.10.2006 (BGBl. I, S. 2407))
LSpV	Lebensmittelspezialitätenverordnung (Verordnung zur Durchführung des Lebensmittelspezialitätengesetzes vom 21.12.1993 (BGBl. I, S. 2428) i. d. F. vom 31.10.2006 (BGBl. I, S. 2407))
MargMFV	Margarine- und Mischfettverordnung (Verordnung über Margarine- und Mischfetterzeugnisse vom 31.8.1990 (BGBl. I, S. 1989) i. d. F. vom 8.5.2008 (BGBl. I, S. 797))
MHmV	Mykotoxin-Höchstmengenverordnung (Verordnung über die Höchstmengen an Mykotoxinen in Lebensmitteln vom 2.6.1999 (BGBl. I, S. 1248) i. d. F. vom 22.2.2006 (BGBl. I, S. 444))
MPG	Medizinproduktegesetz i. d. F. der Bekanntmachung vom 7.8.2002 (BGBl. I, S. 3146), i. d. F. vom 14.6.2007 (BGBl. I, S. 1066)
NemV	Verordnung über Nahrungsergänzungsmittel (Nahrungsergänzungsmittelverordnung) vom 24.5.2004 (BGBl. I, S. 1011) i. d. F. vom 17.1.2007 (BGBl. I, S. 46)
NKV	Nährwert-Kennzeichnungsverordnung (Verordnung über nährwertbezogene Angaben bei Lebensmitteln und die Nährwertkennzeichnung von Lebensmitteln vom 25.11.1994 (BGBl. I, S. 3526) i. d. F. vom 22.2.2006 (BGBl. I, S. 444))
NLV	Neuartige Lebensmittel- und Lebensmittelzutaten-Verordnung in der Fassung der Bekanntmachung vom 14. Februar 2000 (BGBl. I, S. 123), zuletzt geändert durch die Bekanntmachung vom 27. Mai 2008 (BGBl. I, S. 919)
NF-VO-258	Verordnung (EG) Nr. 258/97 des Europäischen Parlaments und des Rates über neuartige Lebensmittel und neuartige Lebensmittelzutaten vom 27.1.1997 (ABl. Nr. 43/1 i. d. F. vom 16.12.2008 (ABl. Nr. L 354, S. 7)
Öko-Basis-VO	Verordnung (EG) Nr.834/2007 des Rates vom 28. Juni 2007 über die ökologische/biologische Produktion und die Kenn-

	zeichnung von ökologischen/biologischen Erzeugnissen und zur Aufhebung der Verordnung (EWG) Nr. 2092/91 (ABl. L 189 vom 20.7.2007, S. 1-23), geändert durch VO (EG) Nr. 967/2008 vom 29.9.2008 (ABl. Nr. L 264/1)
RHmV	Rückstands-Höchstmengenverordnung (Verordnung über Höchstmengen an Rückständen von Pflanzenschutz- und Schädlingsbekämpfungsmitteln, Düngemitteln und sonstigen Mitteln in oder auf Lebensmitteln i. d. F. der Bekanntmachung vom 21.10.1999 (BGBl. I, S. 2082; ber. v. 14.2.2002, BGBl. I, S. 1004) i. d. F. vom 24.6.2008 (BGBl. I, S. 1109))
SHmV	Schadstoff-Höchstmengenverordnung (Verordnung über Höchstmengen an Schadstoffen in Lebensmitteln vom 18.7.2007 (BGBl. I, S. 1473))
StrVG	Strahlenschutzvorsorgegesetz (Gesetz zum vorsorgenden Schutz der Bevölkerung gegen Strahlenbelastung vom 19.12.1986 (BGBl. I, S. 2610) i. d. F. vom 8.4.2008 (BGBl. I, S. 686)
THV	Technische Hilfsstoff-Verordnung (Verordnung über die Verwendung von Extraktionslösungsmitteln und anderen technischen Hilfsstoffen bei der Herstellung von Lebensmitteln vom 8.11.1991 (BGBl. I, S. 2100) i. d. F. vom 30.1.2008 (BGBl. I, S. 132))
Tier-LMHV	Tierische Lebensmittel-Hygieneverordnung (Verordnung über Anforderungen an die Hygiene beim Herstellen, Behandeln und Inverkehrbringen von bestimmten Lebensmitteln tierischen Ursprungs vom 8.8.2007 (BGBl. I, S. 1816))
TrinkwV 2001	Trinkwasserverordnung (Verordnung über die Qualität von Wasser für den menschlichen Gebrauch vom 21.5.2001 (BGBl. I, S. 959) i. d. F. vom 31.10.2006 (BGBl. I, S. 2407))
VIG	Gesetz zur Verbesserung der gesundheitsbezogenen Verbraucherinformation (Verbraucherinformationsgesetz – VIG) vom 5.11.2007 (BGBl. I, S. 2558)
WRMG	Gesetz über die Umweltverträglichkeit von Wasch- und Reinigungsmitteln (Wasch- und Reinigungsmittelgesetz – WRMG) vom 29. April 2007 (BGBl. I, S. 600)
ZVerkV	Zusatzstoff-Verkehrsverordnung (Verordnung über Anforderungen an Zusatzstoffe und das Inverkehrbringen von Zusatzstoffen für technologische Zwecke vom 29.1.1998 (BGBl. I, S. 230, 269) i. d. F. vom 15.12.2008 (BGBl. I, S. 2522))
ZZulV	Zusatzstoff-Zulassungsverordnung (Verordnung über die Zulassung von Zusatzstoffen zu Lebensmitteln zu technologischen Zwecken vom 29.1.1998 (BGBl. I, S. 230) i. d. F. vom 30.9.2008 (BGBl. I, S. 1911))

Sachverzeichnis

Abgrenzung Lebensmittel – Arzneimittel
   792, 909
– Abgrenzung   924
– Abgrenzungskriterien   925
– amtliche Stellungnahmen   912
– Ausblick   931
– Begriffsbestimmungen   918
– Beispiele einer Abgrenzung   927
– Beurteilungsgrundlagen   909
– Einführung   909
– Gerichtsentscheidungen   912
– Grundsätze   924
– Lebensmittel   918
– rechtliche Regelungen   911
– weitere Gerichtsentscheidungen aus Deutschland   916
Abrasivstoffe   1035
Abtötung pathogener Mikroorganismen   494
Aceto Balsamico Tradizionale   1161
Acetobacter   1150
Acrolein   1160
Acrylamid   278, 478, 653, 794, 802, 1160
Actomyosin   569
Additive   954
ADI   1180
Aflatoxine   458
AflatoxinV   452
AGES   155
AGeV   720
AHA-Produkte   1060
Akarizide   356
Akkreditierung, Ablauf   225, 246
– Akkreditierung, Urkunde, Überwachung   249
– Antrag und Unterlageneinreichung   246
– Begutachtungsbericht   248
– Benennung der Begutachter und Auftrag   247
– Hauptbegehung   247
– Vorbewertung   247
– Votum zur Akkreditierung   249

Akkreditierung Prüflaboratorien   225
– Akkreditierungsstelle   228
– Allgemeine Aspekte der Akkreditierung   228
– Allgemeine Aspekte QM   225
– Anforderungen an das Management   230
– Definition Qualität   225
– Gründe zur Einführung von Managementsystemen   226
– Grundprinzip des unabhängigen Dritten   226
– interne Audits   236
– Kompetenz von Prüflaboratorien   229
– Messunsicherheit   242
– Probenahme   244
– Validierung von Untersuchungsverfahren   239
Akkreditierungspflicht   249
Akkreditierungsurkunde   229
Aktionsgrenzwerte für Dioxin   1092
aktive und intelligente Bedarfsgegenstände   988
aktive und intelligente Lebensmittelverpackungen   55
akute Referenzdosis   362
akute Toxizität   454, 1177
Akzeptanz eines Lebensmittels   812
Akzeptanzprüfungen   309
ALARA-Prinzip   361
ALIAS   162
Alkaloide   475, 672
Alkohol   707
alkoholfreier Wein   706, 714
Alkoholverträglichkeit   1117
Alkopops   1119
2-Alkylcyclobutanon   501
Alleinfuttermittel   1093
Allergene   258
allergene Zutaten   88
allergenes Potenzial   22

Allesreiniger 1032
Allgemeinverfügung 35, 77, 97
alpha-Hydroxysäuren 1060
ALS 912
Altbier 692
Alternativmethoden 254, 1055
Aluminium 979
Alzheimer-Krankheit 980
AMA 155
Amaranth 640
Aminosäuren 341
Ammoniumchlorid 771
amorphe Thermoplaste 942
amtliche Anerkennung 894
amtliche Futtermittelkontrolle 1096
Amtshandlungen 164
Analoge 531, 543
Analysendaten von Weinen 708
analytische „Fenster" 254
Anchosen 594
andere physiologische Wirkungen 923
Anforderungen an eine Tagesration 846
Anforderungen an Lebensmittelbedarfsgegenstände 937
Ang-kak 1163
angeborene Stoffwechselstörungen 1120
angereicherte Lebensmittel 919
angrenzende Rechtsgebiete 128
anthropogene Radionuklide 425
antimikrobielle Oberflächenbeschichtung 993
Antioxidantien 343, 948
Antistatika 950
Antitranspirantien 1079
Anwendungsbereiche NF 871
Apotheker 911
Aquakultur 593
Äquivalentdosis 416
Arabica 793
Arganöl 616
aromarelevante, nichtflüchtige Verbindungen 817
Aromastoffe 348, 668, 707, 800
aromatisierte weinhaltige Getränke 706
Aromen 809
– Aromastoffe in Lebensmitteln/Anwendung 811
– Aromastoffgehalte 812
– Authentizitätsprüfung 819
– Beurteilungsgrundlagen 809

– charakteristische Geschmacksstoffe 813
– Chromatographie 815
– Detektion und Identifizierung von Aromastoffen 819
– Erläuterungen zu den Begriffsbestimmungen 810
– Herstellung von Aromastoffen 811
– Herstellung von Aromen 811
– Probenvorbereitung 815
– Qualitätssicherung 814
– rechtliche Grundlagen und Leitsätze 809
– Sensorik 815
Aromen-V 760
Arteriosklerose 615
Arzneimittel 921
Arzneimittelgesetz 894
Ascorbinsäure 576
ASP 470
Aspergillus 511
ASU 136
ASU L 00.00-7 (EG) Probenahmeverfahren 431
at-line-Verfahren 1137
atherogener Index 615
Audits 200
Aufbau eines Hühnereies 555
Aufbereitungsmaßnahmen 902
Augenpflegemittel 1068
Ausnahmegenehmigung 97, 771
Auswertung 254
Authentifizierung von Fruchtsäften 672
Authentizität 730, 1133, 1138
Authentizität von Fischereierzeugnissen 602
Authentizitätsbestimmung, Verdickungsmittel 265
Authentizitätsbewertung, Aromen 814
Authentizitätskontrolle 820
Authentizitätskontrolle: Wein 281
Autoabgase 422
autonomer Nachvollzug 191
AVV LmH 130
AVV RÜb 134, 715
a_w-Wert 573, 1151, 1155

Babassufett 616
Babypuder 1061
Bacillus 511

Backofen- und Grillreiniger 1038
Backtriebmittel 351
Bade- und Duschzusätze 1057
BADGE 957
Balsamico Essig 1161
Barrierewirkung gegenüber Gasen 993
Basilikum 753
Basis-Hygiene 131
Basis-VO 14, 61, 202, 328, 1088
Basisernährung 1121
Baumwollsaatöl 617
Beanstandungsquote 144, 188
Beanstandungsrate 165, 166
Bedarfsgegenstände 67, 936
Bedarfsgegenstände, sonstige 1005
– Allesreiniger 1032
– allgemeine Rechtsvorschriften 1006
– Bedarfsgegenstände-Verordnung 1008
– BedGgstV 1013
– Beurteilungsgrundlagen 1006
– Definition Bedarfsgegenstand 1006
– DIN EN 71 1041
– EG Spielzeug Richtlinie 1010
– freiwillige Vereinbarung für Fingermalfarben 1010
– freiwillige Vereinbarungen 1015
– Gefahrstoffverordnung 1013
– Gegenstände mit Körperkontakt 1028
– Gegenstände mit Schleimhautkontakt 1017
– Gegenstände zur Körperpflege 1018
– Geräte- und Produktsicherheitsgesetz 1009
– Gesundheitsschädlichkeit 1013
– Hauptwerkstoff, Spielwaren 1020
– Hilfsstoffe 1033
– Lebensmittel- und Futtermittelgesetzbuch 1012
– neue Gefahrensymbole 1016
– neues Gefahrstoffrecht 1016
– Probenahme, Bedarfsgegenstände 1039
– Qualitätssicherung 1039
– Reinigungs- und Pflegemittel, Haushaltschemikalien 1012, 1031
– Spielwaren und Scherzartikel 1008, 1019
– Untersuchungsverfahren zu Spielwaren und Scherzartikeln 1039
– Verordnung über die Sicherheit von Spielzeug 1009
– Verwechselbarkeit mit Lebensmitteln 1012
– Wirkstoffe 1033

Bedürfnisbefriedigung 1148
BEFFE 566
Begasungsmittel 356
Begriffsbestimmungen für Honig 762
Begriffsbestimmungen im LFGB 67, 1050
Begriffsbestimmungen in der DiätV 829
Begriffsbestimmungen Kakao- und Schokoladenerzeugnisse 761
Beispiel QM (Salami) 210
Beispiele für Polyphenole 326
Beispiele Gemüse 666
Bekleidungsgegenstände 1028
Benzol 480
Berichtspflicht 121, 167
Berichtswesen 139
Berliner Weiße 692
Beschichtungssysteme 953
besondere Angebotsformen 777
Bestandsbuch 388
Bestätigungsverfahren 398
Bestimmung der Frische 602
Bestimmung von Pflanzenschutzmittelrückständen 379
Bestimmung von TFS 273
Bestimmungsgrenze 361
Bestrahlung
  siehe auch Lebensmittelbestrahlung
Bestrahlungsanlagen 492
Bestrahlungsverbot 70
Bestrahlungsvorgaben 492
Betretungsbefugnis 129
Betriebskontrollen (siehe auch unter Eigenkontrolle) 481
– AVV LmH 130
– AVV Rüb 79
– betriebliche Eigenkontrollen und Probenahme Kaffee, Tee 801
– betriebliche Eigenkontrollen, Süßwaren und Honig 780
– Betriebsbegehungen und Probenahme Spirituosen 729
– betriebseigene Maßnahmen 625
– Betriebsinspektionen 128
– Betriebskontrollen bei Import und Verarbeitungsbetrieben 755
– Kontrollen im Backwarenbereich 655
– kritische Kontrollpunkte Brauerei 697
– LFGB § 42 76, 117

- Maßnahmen in Bestrahlungsbetrieben 504
- Milch und Milcherzeugnisse 544
- Muschelbänke 482
- Rückverfolgbarkeit 41, 207
- Rückverfolgbarkeit und Eigenkontrollen Brauerei 696

Betriebsüberwachungen 117
Beurteilungskriterien 567
Bezeichnung „glutenfrei" 828
Bezeichnung „natriumarm" 831
Bezeichnung „sehr geringer Glutengehalt" 828
Bezeichnung „streng natriumarm" 831
BFDGE 958
BfR 103, 1054
BGH 915
Bier 309
Bier und Braustoffe 681
- analytische Methoden 694
- Beurteilungsgrundlagen 681
- Bier-Herstellung 691
- Einteilung der Biere 683
- Reinheitsgebot 682
- Rohstoffe 684
- Rückverfolgbarkeit 696
- wirtschaftliche Bedeutung 683

Biermischgetränk 693
Biersteuergesetz 683
BierV 682
big eight 91
big four 91
bilanzierte Diäten 832, 847
Bindemittel 954
Binnenmarkt 2
Bioaktivität 1126
Biodynamik 1126
biogene Amine in Wein 708
Bioindikatoren 419
Biokunststoffe 946
biologisch 330
Bioprodukte 187
Biotoxine/Prozesskontaminanten 448
- Acrylamid 478
- Aflatoxine 458
- Alkaloide 475
- Amnesie bewirkende Muschelgifte 470
- Analysenverfahren, Prozesskontaminanten 486
- Analytik von herstellungsbedingten Toxinen 486
- Analytik von marinen Biotoxinen 485
- Analytik von Mykotoxinen 482
- Benzol 480
- Betriebskontrollen 481
- Chlorpropanole und Chlorpropanolester 479
- Ciguatoxine 470
- Definitionen 450
- diarrhöisch wirkende Muschelgifte 468
- etherische Öle 474
- europäische Regelungen 451
- Fumonisine 461
- Furan 480
- Futtermittel 452
- herstellungsbedingte Toxine 478
- Kontaminationswege 455
- Lectine 477
- Marine Biotoxine 466
- Microcystine 471
- Mutterkorn/Ergotalkaloide 464
- Mykotoxinanalytik, Standardverfahren 484
- Mykotoxinanalytik, Zusammenfassung 483
- Mykotoxine 453
- Mykotoxine in Futtermitteln 457
- Mykotoxine in Lebensmitteln 456
- nationale Regelungen 452
- neurotoxisch wirkende Muschelgifte 469
- Ochratoxin A 459
- paralytisch wirkende Muschelgifte 467
- Patulin 463
- Phytoestrogene 477
- Phytotoxine 474
- Prozesskontaminanten 450, 477
- Pyrrolizidinalkaloide 475
- Qualitätssicherung 481
- Scombroid-Vergiftung 473
- Struktur Brevetoxinen A 470
- Struktur Ciguateratoxinen 471
- Struktur Deoxynivalenol 461
- Struktur Dinophysistoxinen 468
- Struktur Domoinsäure 470
- Struktur Microcystin LR 472
- Struktur Ochratoxin A 460

- Struktur Okadasäure 468
- Struktur Patulin 464
- Struktur Pectenotoxinen 469
- Struktur Saxitoxin (STX) 467
- Struktur T2-Toxin 461
- Struktur Tetrodotoxin 473
- Struktur Zearalenon 463
- Strukturen der Aflatoxine 459
- Strukturen der Ergotalkloide 465
- Strukturen der Fumonisine 462
- Tetrodotoxin 473
- Trichothecene 460
- Zearalenon 463
- zyanogene Glykoside 476
Biotransformation 1172
Bioverfügbarkeit 1107, 1125
Bisflavanole 800
Bisphenol A 957
Bitterstoffe 1072
Bittersüßstängel 811
Blatt-Tees 798
Blausäure 771
Bleichmittel 352
BLK 190
Blondierung 1076
Blütenhonig 778
BMI 1106
Bockbier 693
Borderline-Produkte 107
Botulinustoxin A 1150
Brandseuche 465
Bratfischwaren 594
Bräunungsmittel für Solarien 1066
Brauwasser 684
BRC 209
Brennwein 706
Brennwerte 1105
Brevetoxine 469
Brillengestelle 1028
Broca 1106
Broken-Tees 798
Brottrunk 1163
Brühwürste 566, 574
BSE 260, 571
BSE-Immunchemische Tests 261
BSE/TSE 583
BTXe 609
Buchweizen 640
Bundesamt 181
Bundesministerium 155

BÜP 134
Bußgeldverfahren 125
Buttermilcherzeugnisse 537
BVL 62, 384, 387

Cancerogenität 1177
Carotinoide 669
Cassis de Dijon 16
CCP-Entscheidungsbaum 133
CE-Kennzeichnung 1011
Chai-Tee 798
Chemikaliengesetzgebung 176
chemische Konservierungsmittel 1157
chemische Untersuchung 757
Chloramphenicol 275
Chlorpropanole 479
chronische Toxizität 454
Ciguatoxine 471
CJK 571
CLA 1110
Claviceps purpurea 464
Clostridien 511, 1156
CLS 272
Coccidiostatica 385
Codex Alimentarius 28, 131, 450, 529
Codex Alimentarius Standards 613
Coffein 795, 800
COLIPA 1055
CONSLEG 358
control points Tabelle 1136
Convenience-Stufen 648
Cornflakes 645
Cremebäder 1057
Cremes 1058
Cumarin 475, 654, 811
cyanogenen Glycosiden 672

D'arbo naturrein 34
D-Wert 1154
Darjeeling 797
Darrmalz 685
Dauerwellmittel 1075
Dauerwellwickel 1074
Definitionen „neuartig" 870
Definitionen für „Eier und Eiprodukte" 551
Definitionen von Gefahr und Risiko 202
Deming'sche Kettenreaktion 220
Deming-Kreis 201
Denaturierung 1159

Deodorantien 1079
Deoxynivalenol 262
Departement 181
Depilierung 1061
Deutsches Lebensmittelbuch 72
DFD-Fleisch 570
DGHM 523
Diabetes mellitus 1120
Diabetiker-Bier 839
Diabetiker-Lebensmittel 830, 838, 841
Diabetikermarzipan 771
Diabetikerschokolade 778
Diätbier 693
DiätV 92, 453, 517, 610, 828
Dihydroxyaceton 1066
DIN 10355 636
DIN 10455 539
DIN 10952 Teil 2/1983 694
DIN 10954 (1997) 304
DIN 10961 294
DIN 10962 298
DIN 10963 (1997) 304
DIN 10967-3 307
DIN 10967-20 307
DIN 10970 307
DIN 10971 (2003) 304
DIN 10972 (2003) 304
DIN 10973 (Entwurf 2004) 304
DIN 14644 1158
DIN 38409-6 899
DIN 53160 1018
DIN 553350 375
DIN 58956 524
DIN 6730:2006-05 966
DIN 7724:1993 959
DIN CEN/TS 15568 887
DIN EN 71 Teil 3 1027
DIN EN 71 Teil 7 1010
DIN EN ISO 8402:1995 195
DIN EN ISO 9000:2005 195, 200, 204
DIN EN ISO 9001:2000 525
DIN ISO 9000 bis 9004 207
DIN ISO 9000:2000 581
DIN ISO 9000:2000 ff 128
DIN ISO/4120 304
DIN-Normen 906
Dinkel 637
dioxinähnliche PCB 283, 412
Distelöl 610, 619
Diätetische Lebensmittel 919

Diätetische Lebensmittel für Natrium-
    empfindliche und Kochsalzersatz
    831
Diätfuttermittel 1093
Dokumentenkontrolle 161, 169
Dolden (Zapfen) 687
Dortmunder Typ 692
Dosis-Wirkungs-Beziehungen 1169,
    1171
Dragées 765
dreifache Tagesdosis 35
Dreiviertelfettbutter 538
Druckfarben 975
DSP 468
DTA 1180
Duftsticks 1032
Duftstoffe in Kosmetika 370
Düngemittel 177
Durchführung der Migration 997
Duroplaste 941, 946
Duschbäder 1057
DVGW-Regelwerk 906
Dyspepsie des Säuglings 1119

E-Nummer 88, 338
Echtzeit-Sensoren 1137
Echtzeitverfahren 1136
EFSA 47, 55, 96, 158, 337, 339
EFTA 2
EG-Entscheidungen 590
EG-Hygienepaket 564
EG-Hygienerecht-2004 588
EG-RHM-VO 358
EG-Richtlinien 590
EG-Verordnungen 589
EG-Vertrag 2
EGGenDurchfG 875
Eibestandteile, Mittelwerte 554
Eier und Eiprodukte 550
– Aufbau des Hühnereies 555
– Definitionen für „Eier und Eiprodukte"
    551
– Eigelb 556
– Eiklar 556
– Eiprodukte 557
– Eischale 555
– Qualitätssicherung, Einflüsse 557
– Untersuchungsverfahren 561
Eigelb 556
Eigenkontrolle 154, 579, 625

Eignungsprüfungssysteme 119
Eiklar 556
einfach beschreibende Prüfung 306
Einlegen in Alkohol 1157
Einstellung des Verbrauchers 307
Einstichtiefe 1054
Einteilung der Lipide 319
Einteilung der Proteine 318
Einteilung der Vitamine 323
Einteilung von Obst 665
Einzelfuttermittel 1093
Einzelprüfungen 160
Eiprodukte 557
Eischale 555
Eiskonfekt 767
Elastomere 942, 964
electronic noses 1143
electronic tongue 1143
elektrische Hochspannungsimpulse 1155
Elektronenspinresonanz-Messung (ESR) 505
Element-Höchstmengen 429
Elementprofile 438
ELISA 396
Emaille 987
EMEA 384
Empfehlung der Kunststoff-Kommission 1008
Empfehlung zur Akkreditierung 248
Emulgatoren 344, 577, 777, 950
EN 29000 bis 29004 207
EN 862 1015
Endocon 1173
Endotoxine 515
energiedefinierte Kostformen 1122
entcoffeinierter Kaffee 792
Entfernen von Tatoos 1054
Entwicklung des Qualitätsmanagements 219
Enzyme 349, 1160
Epilierung 1062
Erdnussöl 617
Ergebnisse Untersuchungen Deutschland 141
ergänzende bilanzierte Diäten 919
Ergänzungsfuttermittel 1093
erhitzte Backwaren 479
Ernährungswissenschaften 1102
– Alkohol 1117
– anthropometrische Methoden 1114
– Arzneimittelinteraktionen 1128
– Ballaststoffe 1111

– biochemische Marker 1116
– biologische Wertigkeit Proteine 1107
– Brennwerte 1105
– diätetische Lebensmittel 1119
– Energiebedarf 1105
– Ermittlung des Ernährungszustandes 1114
– essentielle Fettsäuren 1108
– funktionelle Lebensmittel 1128
– Nährstoffdichte 1104
– Nahrungsenergie 1104
– Polyenfettsäuren 1109
– Polyphenole 1124
– Protein 1106
– Rationalisierungsschema der DGEM 1121
– Referenzwerte 1113
– Vitamine, Mengen- und Spurenelemente 1112
Ernährungsanamnese 1114
ernährungsphysiologische Wirkungen 923
Erreger 513
Erzeugnisse 566
Erzeugnisse aus Surimi 595
Escherichia coli 511
ESL-Milch 536
essentielle Aminosäuren 1106
Estragol 801
etherische Öle 474, 823
Etikettierungsanforderungen 872
Etikettierungsrichtlinie 22
EU-Biosiegel 330
EuGH 912
Eulan BL 1030
EuPIA-Leitlinie für Druckfarben 978
Europäische Gemeinschaft 1
EWR 2
EWSA 8
Exocon 1173
Exotoxine 515
Exportbier 692
Extrusionsprodukte 645
Eyeliner 1068

F-Wert 1154
Fachbegutachter 249
Fallbeispiele
– FB 8.1 203
– FB 15.1 393

– FB 16.1   424
– FB 18.1   493
– FB 22.1   570
– FB 26.1   677
– FB 26.2   678
– FB 28.1   716
– FB 28.2   717
– FB 29.1   724
– FB 30.1   754
– FB 34.1   854
– FB 34.2   854
– FB 34.3   861
– FB 34.4   861
– FB 35.1   886
– FB 38.1   952
– FB 38.2   992
– FB 39.1   1007
– FB 41.1   1090
– FB 41.2   1090
– FB 41.3   1090
– FB 41.4   1091
Farbebier   692
Färbemittel   1076
Farbmittel zur Einfärbung von Kunststoffen   950
Farbstoffe   346, 1052
farm to fork   18
Faserrohstoffe   966
Feinkostsalate   543
Fermentationsprozesse   1160
fermentierte Milcherzeugnisse   536
Fette   605
– chemisch-physikalische Prüfungen   626
– Codex Alimentarius   613
– Diät-Verordnung   610
– EG-Hygienepaket   624
– Erukasäure-Verordnung   606
– Fette in der Ernährung   614
– Frittierfette   621
– HACCP-Konzept   624
– Kennzeichnung und Etikettierung   611
– Kontaminanten und Rückstände   609
– Lebensmittelhygiene-Verordnung   608
– Leitsätze des Deutschen Lebensmittelbuches   612
– 3-MCPD-FE   628
– Normen für Streichfette   608
– Olivenöl-Verordnung   606
– pflanzliche Fette und Öle   616
– Qualitätssicherung   624

– sensorische Prüfungen   625
– Speiseölgewinnung   614
– Streichfette   623
– Technische-Hilfsstoff-Verordnung   609
– tierische Fette   620
– Vermarktungsvorschriften für Olivenöle   607
– Vitamin-Verordnung   610
– Zusatzstoffe   611
Fettgehaltsstufen   540
Fettverderb   320
Feuchttücher   1058
FIAP   43, 335
– Lebensmittelaromen   45
– Lebensmittelenzyme   46
– Lebensmittelzusatzstoffe   44
– Zulassungsverfahren   47
Filmbildung durch chemische Vernetzung   955
Filterhilfsmittel   351
Fingermalfarben   1010
Fisch   309
Fischdauerkonserven   595
Fische und Fischerzeugnisse   586
– europäische Rechtssetzungen   588
– Fließschema panierter Fischerzeugnisse   601
– Gehalte an Jod, Selen und hochungesättigten Fettsäuren   597
– HACCP-Konzept   599
– nationale Rechtssetzungen   588
– Qualitätssicherung   599
– Qualitätssysteme   600
– Risiken   598
– typische Erzeugnisse und Herstellung   593
– Zusammensetzung   595
Fischlipide   596
Fischproteine   596
Flaschenhalsprinzip   127
Flaschensauger   1017
Fleisch, Fleischerzeugnisse   563
– analytische Verfahren   581
– Beurteilungsgrundlagen   564
– Bovine Spongiforme Enzephalopathie   571
– Brühwürste   574
– Definitionen Fleisch   567
– EG-Hygienevorschriften   564

- Eigenkontrollmaßnahmen 579
- Fleischerzeugnisse 568
- Fleischverordnung 566
- Fleischwarenherstellung 574
- geschützte geografische Angaben 565
- Kochpökelwaren 572
- Kochwürste 573
- Leitsätze für Fleisch und Fleischerzeugnisse 566
- QUID bei Fleischerzeugnissen 584
- Rohfleisch 568
- Rohpökelwaren 571
- Rohwürste 573
- Stoffe mit sensorischen Funktionen 578
- Stoffe mit stabilisierenden Funktionen 574
- Ursprungsbezeichnungen 565
- Verarbeitungshilfen/Handhabungshilfen 578

FLEP 191
Fließeigenschaften 1135
Fließverhalten 1135
Fließdiagramm Herstellung
- Bier 691
- Eiprodukte 558
- Marzipan 766
- panierte Fischerzeugnisse 601
- Salami-Aufschnitt 215
- Schaumwein 705
- Schokolade 772
- Speiseöl 614
- Weißwein 705

Flocken 645
Flüssigrauch 576
Fondanterzeugnisse 763
Food Improvement Agents Package 43
Fragen-Antworten-Katalog 925
frei von Pestiziden 377
freier Warenverkehr 110
Frischfische 593
from stable to table 1088
Fruchtsäfte 677
FruchtsaftV 677
Frühbeobachtung 101
Füllstoffe 342, 949
Fumigantien 356
Fumonisine 461
Functional Food 920
Fungizide 356, 950
funktionelle Lebensmittel 920

Funktionsarzneimittel 928
Furan 480, 795
Fußpflege 1061
Fußpuder 1060
Futtermittel 17, 177, 636, 1087
- amtliche Futtermittelkontrolle 1096
- Beurteilungsgrundlagen 1088
- Eigenkontrolle 1095
- Einzelfuttermittel 1093
- europäisches Schnellwarnsystem (RASFF) 1097
- Futtermittelzusatzstoffe 1094
- Gemeinschaftsrecht 1088
- Kennzeichnungsbeispiel Mischfuttermittel 1092
- Laboruntersuchung 1098
- Mischfuttermittel 1093
- Mittelrückstände 1091
- nationale Regelungen 1091
- nationales Kontrollprogramm 1096
- Qualitätssicherung 1095
- registrierte Betriebe 1092
- unzulässig verwendete Zusatzstoffe 1095

Futtermittelzusatzstoffe 1094
Futterwert 1098
FVO 25

Gabel/Glas-Symbol 55
Ganzfruchtgetränke 677
Garverfahren 1160
Gebrauchsgegenstände (Schweiz) 177
Gefahr der Irreführung 753
Gefahr der Verwechslung 752
gefährdete Lebensmittel 513
Gefährdungspotential 728
Gefahrenbewertung 184
Gefahrenbezeichnungen 1014
Gefahrenstufe 184
Gefahrensymbole 1014
Gefahrensymbole nach GHS 1017
gefüllte Schokoladen 773
Gegenstände aus Leder 1030
Gegenstände aus Metall 1031
Gegenstände aus Textilfasern 1028
Gegenüberstellung der rechtlichen Änderungen, GVO 876
Gele 1058
Gelee-Erzeugnisse 763
gemeinsamer Binnenmarkt 110

Gemeinschaftsliste 881
Gemeinschaftsrecht 1, 30, 61
- Anreicherungs-VO 51
- Anwendungsvorrang 32
- Basis-VO 17, 39
- Bedarfsgegenstände 55
- BfR 11
- BVL 11
- EFSA 9
- EG-Richtlinien 4
- EG-Verordnungen 4
- EG-Vertrag 4
- EMEA 10
- Empfehlungen 4
- Entscheidungen 4
- EuGH 3
- Europäische Kommission 7
- Europäischer Gerichtshof 8
- Europäisches Parlament 6
- FIAP-VO-1331 47
- FIAP-VO-1332 46
- FIAP-VO-1333 44
- FIAP-VO-1334 45
- gegenseitigen Anerkennung 34
- geographische Ursprungsbezeichnungen 51
- g. g. A. 52
- Grünbuch 5
- g. U. 52
- Health-Claims-VO 47
- horizontale Normen 36
- Hygienepaket 21
- Kennzeichnung 22
- Komitologieverfahren 12
- Krisenmanagement 21
- Lebensmittel 40
- Lebensmittelsicherheit 41
- Lebensmittelspezialitäten 52
- Lebensmittelunternehmen 40
- Lebensmittelunternehmer 41
- Marktorganisation 38
- Ministerrat 6
- Mitentscheidungsverfahren 12
- Nichtdiskriminierung 15
- Novel-Foods 53
- Öko-Lebensmittel 52
- Primärrecht 32
- RASFF 11
- Risikoanalyse 19
- Risikobewertung 18

- Rückverfolgbarkeit 19, 41
- Schnellwarnsystem 20
- sekundäres Gemeinschaftsrecht 32
- vertikale Normen 36
- Vorsorgeprinzip 18
- Weißbuch 5
Genehmigungsverfahren nach VO Nr. 258/97 881
General Audits 27
General Food Law 39
generalisierte Infektionen 515
genetisch 874
gentechnisch 874
gentechnisch veränderte Organismen 267
Genussmittel 789
- analytische Verfahren Kaffeeprodukte, Teeprodukte 802
- betriebliche Eigenkontrollen und Probenahme Kaffee, Tee 801
- Beurteilungsgrundlagen 790
- Bewertungskriterien 805
- chemische Zusammensetzungen und besondere Bestandteile 794
- chemische Zusammensetzungen von grünem und schwarzem Tee 798
- Definitionen 790, 796
- Hauptbestandteile Kaffee 794
- Kaffeeprodukte 790, 792
- Kaffeeverordnung 790
- Qualitätssicherung 801
- Sensorik, Kaffee-, Teeprodukte 805
- teeähnliche Getränke 792, 801
- Teeprodukte 791, 796
Gerste 638
Geruchs- und Geschmacksstoffe 777
gesalzene Fische 594
Gesamtfettgehalt 582
Gesamthärte von Wässern 900
Geschirrspülmittel 1031
Geschmacksprofile mit technischen Sensoren 1143
Geschmacksstoffe 347, 795
Geschmacksverstärker 578
gestaffelte Stagnationsprobe 905
gesundheitsbezogene Angaben 48
Gesundheitsgefahr 68
Getränke 282
Getränkeschankanlagen 695
Getreide, Brot, Feine Backwaren 632

Sachverzeichnis

- analytische Verfahren 657
- Beurteilungsgrundlagen 634
- Brot 634, 646
- Convenienceprodukte 648
- diätetische Backwaren 649
- Feine Backwaren 634, 648
- Getreidearten 634
- Getreideerzeugnisse 643
- Getreideprodukte 634
- Inhaltsstoffe von Getreide 650
- Kleingebäck 647
- Kontaminanten und Rückstände 652
- Kontrollen im Backwarenbereich 655
- Leitsätze 634
- Mehltypen 644
- Öko-Backwaren 649
- Probenahme Getreide 656
- Pseudogetreide 649
- QM-Systeme und Hygiene 654
- Trocknung, Lagerung, Reinigung 641

Getreide Gesamtproduktion 636
Getreidekonditionierung 643
Getreidelagerung 641
Getreidereinigung 642
Getreideschädlinge 641
getrocknete Fische 593
Gewerbeanmeldung 128
Gewichtsklassensortierung 552
Gewichtsreduktion 845
Gewürze, Bestrahlung 502
Gewürze, Kräuter und Pilze 736
- Angebotsformen 751
- Bearbeitung 751
- Betriebskontrollen bei Import und Verarbeitungsbetrieben 755
- Beurteilungsgrundlagen 737
- Beurteilungskriterien 738
- Herkunft 739
- Qualitätssicherung 753
- Risiken 752
- Untersuchungen 756

g. g. A. 540, 565, 607
GHS-Piktogramme 1016
Gicht 1120
Gift 1170
Gleitmittel 949
Gliadin und Glutenin 637
Glucono-delta-lacton 579
Gluten 258
glutenfreie Lebensmittel 842

Glycyrrhizin 768
GMP-Verordnung 995
Gossypol 617
Gourmetöle 620
Graupen 644
Grauzone 910
Grenztierärzte 160
grenztierärztlicher Dienst 157
Grenzwert von Uran 898
Grünbuch 5, 111
Grundformen der Bakterien 510
Grundwasser 364
grüner Tee 796
Grünkern 637
Grünmalz 685
Grützen 645
g. U. 540, 565, 607
Guar Gum 265
Guarana 801
Gummibonbons 764
Gutachten 137
Gütezeichen 330
GV Mais 267
GV Soja 267
GVO 53, 98, 105, 876
GVO Nachweis 268
GVO-Analysen 189

Haarentfernungsmittel 1061
Haarspray 1073
Haarverformung 1074
Haarwaschmittel 1072
Haarwässer 1074
HACCP 201
HACCP-Grundsätze 21, 132
HACCP-Konzept 130, 525, 580, 625, 697
HACCP-Plan 655
HACCP-System 655, 679
HACCP-Verfahren 42
Hafer 639
Halbfettbutter 538
Haltbarmachen mit ionisierenden Strahlen 1155
Haltbarmachungsverfahren 1147, 1149
Hämoglobin 569
Handelsklassen 38
harmonisiertes EU-Recht 176
Hart- und Weichkaramellen 763
Härtebereiche nach WRMG 900

Haselnussöl 617
Hautbräunungsmittel 1066
Hautkrebs 1062
Health-Claims-VO 47, 102
Hefe 687, 1150
Heilmittelgesetzgebung 178
Hemmstofftest 518
Henna 1053
Herbizide 356
Heringe 424
Herkunftsprinzip 873
Hintergrundbelastung 424
Hinweis „bestrahlt" 493
Hirse 640
Hochdruckkonservierung 1155
hoheitlicher Verwaltungsakt 228
Holzspielwaren 1022
Honig-V 760
Honigtauhonig 779
Hopfen und Hopfenprodukte 686
horizontale Verordnungen 83
hormonbehandeltes Fleisch 389
HPLC-MS/MS 274
Hydrokolloide 577
Hydroxiprolingehalt 583
Hygienebeanstandungen 170
Hygiene-Paket 41, 589
Hygienevorschriften 21
hygienische Mängel 675
hygienische Reinigung 1058

Identifikation 1011
Identifizierung der Matrix 997
IFS 209
IKW 1055
Imitate 531, 543, 595
Importkontrollen 164
in-line-Verfahren 1137
Industrieeier 553
Infektionsschutzgesetz (IfSG) 524, 895
Information der Öffentlichkeit 76, 167
Informationsaustausch 121, 127, 171
Inländerdiskriminierung 35
Insektizide 356
Integrität des Prüflaboratoriums 230
interdisziplinäre Zusammenarbeit 911
interne Audits 160, 236
Internet/Internethandel 106, 135, 146, 850, 1025
Inulin 530

Inventarliste der WFK 792
Invertzuckercreme 768
Ionisation von Molekülen 499
IR-MS 281
Irreführungsverbot 110
ISO 5495 (1983) 304
ISO 8317 1015
ISO 8587 (1988) 304
ISO 8588 303
ISO 9000 ff. 197, 207
ISO 9001 655
ISO 9001:2008 481
ISO 10470:2004 791
ISO 11036 307
ISO 14001 655
ISO 17025 375
ISO 22000 210
ISO-Norm 6666 802
ISO-Norm 6670 802
ISO-Standards (Kaffee) 791
ISO/AWI 24116-2003 791
ISO/CD 4150:1991 791
ISO/DIS 3509:2005 791
ISO/DIS 8455:1986 791
ISO/DIS 9116:2004 791
ISO/EN 17025 284
ISO/FDIS 4149:2005 791
ISO/IEC 17011 228
ISO/IEC 17025 229, 236, 246, 904
ISO/IEC 17025:2005 249

JKI 103
Johannisbrotkernmehl 265

Kaffee 309
Kaffee und Kaffeeprodukte 802
Kaffeemischungen 793
Kaffeeverordnung 790
Kakao-V 760
Kakaobutter 617
Kalium-40 427
Kalorimeterbombe 1104
kaltgepresst 612
Kaltsterilfüllung 1158
Kamut 638
kandierte Früchte 675, 767
Karton 965
Käsegruppen 540
Käsekompositionen 541
Käsezubereitungen 541

Kaumassen 349
Kennzeichnung 1123
Kennzeichnung von Diabetiker-
 Lebensmitteln 840
keramische Erzeugnisse 985
keramische Massen 1024
kindersichere Packungen 1015, 1037, 1038
Kindertest 1015
Kiwi 878
Klärhilfsmittel 350
Klebstoffe 971
Knickebein-Füllungen 763
Knickeier 559
Kochfischwaren 594
Kohlenhydrate 315, 666, 707
Kokosfett 617
Kölsch 692
Kombucha 1163
Komitologieverfahren 12, 43
Kompetenzbeweis 229
Kompetenzen Überwachungsbehörden
 1010
Kompetenzzentren 158
Komplexbildner 344
Kondensmilcherzeugnisse 537
Konfitüre, Marmelade 676
Konformitätserklärungen 55, 939, 951
konjugierte Linolsäuren 272, 1110
Konservierungsstoffe 343, 575, 1052
Konsumenteninformationsgesetz,
 Schweiz 176
Kontaminanten, umweltrelevante 404
– Benzo(a)pyren-Gehalte 420
– Höchstmengen für Dioxine 413
– Höchstmengenregelungen
  Extraktionslösungsmittel 408
– Höchstmengen PAK 410
– Kontaminationsweg 418
– Lebensmittel-Monitoring 418
– leichtflüchtige organische
  Kontaminanten 408
– PAK-Bestimmung 433
– PCB-Höchstmengen 411
– PCDD/PCDF-Konzentrationsbereiche 422
– Polychlorbiphenyle 411
– polychlorierte Dibenzodioxine und
  -furane 412
– polyzyklische aromatische
  Kohlenwasserstoffe 409
– Probenahme 431

– Radionuklide 414
– Schwermetalle 417
– Schwermetallgehalte in Lebensmitteln
  430
– Spaltnuklide durch Atombomben
  426
– Strukturformeln 407
– Umweltbelastung 419
Kontaminanten-Höchstmengen-
 verordnung 517
Kontaminationsquellen 328
Kontrollhäufigkeiten 120
Kontrollprogramme 164
Kontrollschwerpunkte 117
Kontrollstellen 53, 115
Kosmetika 1049
– amtliche Verfahren zur Analytik
  kosmetischer Mittel 1084
– Anwendungsgebiete 1050
– Beurteilungsgrundlagen 1050
– Gesundheitsschutz 1051
– Kosmetik-Herstellung in der Apotheke
  1055
– KosmetikV 1052
– kosmetische Mittel 1050
– Lebensmittel- und Futtermittel-
  Gesetzbuch 1050
– Mitteilungen 1054
– Mittel zur Beeinflussung des Aussehens
  der Haut, dekorative Kosmetik
  1067
– Mittel zur Beeinflussung des
  Körpergeruchs 1078
– Mittel zur Haarreinigung, Haarpflege
  und Haarbehandlung 1072
– Mittel zur Hautpflege 1058
– Mittel zur Hautreinigung 1056
– Mittel zur Reinigung und Pflege von
  Mund, Zähnen und Zahnersatz
  1080
– Mittel zur speziellen Hautpflege und mit
  Hautschutzwirkung, Sonnenschutz
  1062
– Nanotechnologie 1066
– Naturkosmetik 1054
– Qualitätssicherung 1083
– Rasiermittel 1061
– Tätowieren 1051
– Tierversuche 1055
– Tätowiermittel-Verordnung 1053

- Täuschungsschutz 1051
- Zweckbestimmung 1050
KosmetikV 1052
Kosmetiköl 616
Kräuterspirituosen 739
Krebstiere 595
Kreuzkontamination 432
Kreuzsensibilisierung 1124
Kriebelkrankheit 465
Krokant 767
Kühlen und Tieffrieren 1153
kulturelle Untersuchungen 516
Kundenbeschwerden 234
Kunststoffe 940
Kürbiskernöl 617
Kutterhilfsmittel 579

Labor-Verfahren 1136
laborinterner Validierungsansatz 400
Laborvergleiche 182
Lactobacillen 1150
Lager (Bier) 692
Lagerpilze 459
Lagerschäden 673
Lagerstabilität 321
Lagerung bei kontrollierter Atmosphäre 1158
Lagerung von Obst 1158
Lakritzwaren 764
Landeshauptmann 155
Laugenflasche 697
LAV 63
LBK 64
LC-MS/MS Bestätigungsmethode 276
Lebensmittel für eine besondere Ernährung und Nahrungsergänzungsmittel 826
- analytische Untersuchungsverfahren 866
- Begriffsbestimmungen 829
- Beurteilungsgrundlagen 826
- Codex-Materialien 835
- Diät-Verordnung 828
- Diätetische Lebensmittel für Diabetiker 838
- Gemeinschaftsrecht 826
- Jodiertes (fluoriertes, mit Folsäure angereichertes) Speisesalz 863
- Lebensmittel für besondere medizinische Zwecke (bilanzierte Diäten) 847

- Lebensmittel für intensive Muskelanstrengungen, vor allem für Sportler 849
- Lebensmittel für kalorienarme Ernährung zur Gewichtsverringerung (Reduktionskost) 845
- Lebensmittel für Menschen mit einer Glutenunverträglichkeit 842
- Nahrungsergänzungsmittel 857
- Nahrungsergänzungsmittel-Verordnung (NemV) 834
- natriumarme Lebensmittel und Diätsalze 844
- Produktgruppen von Sportlernahrungen je nach Zweckbestimmung 851
- Qualitätssicherung 865
- sonstige diätetische Lebensmittel 857
- Stellungnahmen der GDCh 837
- Stellungnahmen des BfR (BGA, BgVV) 837
- Säuglings- und Kleinkindernahrung 853
- veröffentliche ALS-Stellungnahmen 836
- Zusatzstoff-Zulassungsverordnung, alte Fassung 835
Lebensmittel für kalorienarme Ernährung zur Gewichtsverringerung 831
Lebensmittelaufsichtsbehörden 154
Lebensmittelaufsichtsorgane 162
Lebensmittelbedarfsgegenstände 935
- Additive 948
- aktive Bedarfsgegenstände 988
- aktive und intelligente Bedarfsgegenstände 988
- Anforderungen an Deklaration und Dokumentation im Hinblick auf die chemische Sicherheit 995
- Aufbau der Beschichtungssysteme 953
- Aufbau von Druckfarben 976
- Beschichtungen – Übersicht 956
- Beurteilungsgrundlagen 936
- chemische Inertheit 936
- Coatings (Beschichtungen) 953
- Druckfarben 975
- Eigenschaften typischer Druckfarbsysteme 977
- Email 987
- Fabrikationshilfsmittel 960

- Faserrohstoffe 966
- Glas 984
- Herstellung und Anwendung von Beschichtungssystemen 956
- Herstellung von Kunststoffen 942
- hygienische Inertheit 938
- intelligente Bedarfsgegenstände 990
- Kautschuk und Elastomere 958
- keramische Werkstoffe 985
- Klebstoffe 971
- Kunststoff-Verarbeitungsverfahren 947
- Kunststoffe 940
- Kunststoffklassen und Lebensmittelkontakt-Anwendungen 943
- Lebensmittelbedarfsgegenstände aus Elastomeren 965
- Metalle 979
- Nanomaterialien 992
- nationale Beurteilungsgrundlagen 939
- Naturkautschuk 961
- Papier, Karton und Pappe 965
- Papierherstellung 968
- Papierhilfsmittel 967
- Qualitätssicherung 994
- reaktive Klebstoffe 973
- rechtliche Bestimmungen 990
- rechtliche Beurteilung 974, 978, 987
- rechtliche Beurteilung von Kunststoffmaterialien 950
- Rechtsvorschriften für die hygienische Sicherheit 994
- Schmelzklebstoffe 972
- silikatische Werkstoffe 984
- Synthesekautschuke 962
- thermoplastische Elastomere 963
- Untersuchung von Lebensmittelbedarfsgegenständen 996
- Verwendung und Beurteilung von Beschichtungssystemen 957
- Verwendung und Beurteilung von Elastomeren im Lebensmittelkontakt 964
- Verwendung und Beurteilung von Papier, Karton und Pappe im Lebensmittelkontakt 969
- Vulkanisation 959
- wasserbasierende Klebstoffsysteme 971
- Zusammensetzung der Beschichtungssysteme 954
- Zusammensetzung, Struktur und Eigenschaften von Kunststoffen 940
- Zusatzstoffe 960

Lebensmittelbestrahlung 490
- Bestrahlungspraxis 502
- Bestrahlungstechniken 498
- Bestrahlungsziele 494
- Durchführungsrichtlinie 492
- Fütterungsversuche an Tieren 502
- Keimreduktionsdosen 498
- Lebensmittelbestrahlungsverordnung 493
- Maßnahmen in Bestrahlungsbetrieben 504
- Nachweisverfahren einer Bestrahlung 505
- Nebenwirkungen 500
- Parasiten 496
- physikalisch-chemisch-biologische Wirkungen 499
- Positivliste 492
- Rahmenrichtlinie 492
- Reifungsverzögerung 494
- Untersuchungen auf Bestrahlung 503
- zugelassene Produkte 495
- Zulassung der Bestrahlungsanlagen 492

Lebensmittelchemiker 115, 119, 183, 509, 524, 911, 1103
Lebensmittelfälschungen 110
Lebensmittelimitat 1026
Lebensmittelindustrie,
    Qualitätsmanagement 193
- Anweisungen 204
- Beispiel Japan 219
- Beispiel Qualitätsmanagement 210
- BRC und IFS 208
- Definition Qualität 195
- Definitionen Gefahr und Risiko 202
- Deming'sche Kettenreaktion 220
- Deming-Kreis 200
- Entwicklung im Non-Food-Bereich 221
- Geschichte des QM 217
- HACCP 201
- ISO 9000 196, 207
- Lebensmittelhygiene 202
- Lebensmittelsicherheit 194
- Lebensmittelskandale 194
- Loskennzeichnung 206
- normatives Qualitätsmanagement 197
- Normen/Zertifizierungen 207

- operatives Qualitätsmanagement 197
- PRP 203
- Prüfungen 205
- QM-Konzepte 196
- QM-Werkzeuge 201
- Qualitätslenkung 199
- Qualitätsmerkmale 195
- Qualitätsplanung 198
- Qualitätssicherung 199
- Qualitätsverbesserung 200
- Rückverfolgbarkeit 207
- Spezifikation 204
- St. Galler Konzept 197
- strategisches Qualitätsmanagement 197
- Was ist Qualität? 195
- Zertifikaten 204

Lebensmittelinformations-VO 45, 56, 90
Lebensmittelinhaltsstoffe 311
- Aroma- und Geschmacksstoffe 324
- Ballaststoffe 323
- einfache Kohlenhydrate 316
- Enzyme 325
- Kohlenhydrate 315
- komplexe Kohlenhydrate 317
- Kontaminanten 312, 328
- konventionell 331
- Lebensmittelklassifizierung 313
- Lebensmittelkreis 312
- Lebensmittelqualität 329
- Lebensmittelzusatzstoffe 327
- Lipide 319
- Mineralstoffe und Spurenelemente 321
- ökologisch 330
- Polyphenole 326
- primäre Inhaltsstoffe 311
- Proteine 317
- rechtliche Regelungen 314
- Rohstoff 311
- sekundäre Inhaltsstoffe 312
- Stoffe 311
- Stoffgemische 311
- Stoffgruppen 314
- Vitamine 322
- Wasser 320
- Ziel 313
- Zubereitung 311

Lebensmittelinspektoren 182
Lebensmittelkette 5, 154
Lebensmittelkontrollbehörden 190
Lebensmittelkontrolle 157

Lebensmittelkontrolle Deutschland 109
- Akkreditierung 126
- amtliche Kontrolle 113
- Ausbildung 114
- AVV DÜb 139
- AVV Lebensmittelhygiene 130
- AVV Rahmen-Überwachung 118
- Basis-VO 111
- Berichtswesen 139
- Betriebsüberwachung 128
- bundesweiter Überwachungsplan 134
- Einführung, historisch 109
- Entnahme von Proben 117
- Ergebnisse 141
- Gefahrenabwehr 118
- integriertes Untersuchungsamt 123
- Interessenkonflikt 115
- Kontroll-VO 112
- Kontrolldefizite 114
- Kontrolle der Eigenkontrollsysteme 128
- Krisenmanagement 139
- Lebensmittelkontrolleur-Verordnung 124
- Leitlinien Lebensmittelhygienepraxis 132
- LFGB 117
- Öffentlichkeit informieren 118
- Personal 114
- Probenentnahme 134
- Probenuntersuchung 134
- Qualitätsmanagement 125
- Qualitätsmanagementsystem 115
- Riskoanalyse 112
- Schnellwarnungen 139
- Standards 119
- Verbraucherinformationsgesetz 141
- Vollzug-Nachholbedarf 125
- vom Acker bis zum Teller 112
- Zusammenarbeit 126
- Zuständigkeiten 121

Lebensmittelkontrolle Österreich 149, 156
- AGES 152, 157
- amtliche Untersuchungslabors 152
- Ausbildung des Personals 158
- Betriebsrevisionen 170
- Codex Alimentarius Austriacus 153
- historischer Überblick 150
- Importkontrollen 162, 169

- Landeshauptmann 156
- Lebensmittelgesetz 1975 150
- LMSVG 152
- Marktämter 150
- Marktkommissärstagungen 150
- Nahrungsmittelgesetz 150
- Organisation 155
- österreichisches Lebensmittelbuch 153
- Pestizidrückstandsuntersuchungen 168
- Probenahme 163
- Qualitätsmanagement 159
- Salmonellenproblematik 167
- Schlachthygiene 168
- Verdachtsproben 164
- Vollzug 162

Lebensmittelkontrolle Schweiz 175
- Akkreditierungsstelle SAS 182
- Ausblick 190
- Basisanalytik 183
- Beanstandungen 179
- Beanstandungen Schweiz 188
- Bilanz der Lebensmittelsicherheit 186
- Bund 181
- Dreiländerkonferenz 183
- Genussmittel 177
- Gesundheitsschutz 178
- Inspektionen 184, 186
- Inspektionskampagnen 186
- internationale Austausch 191
- kantonale Kompetenz 176
- Kantone 182
- Konsumentenschutz, integraler 176
- Laboruntersuchungen 185, 187
- Lebensmittelgesetz 176
- Nahrungsmittel 177
- nationalen Vollzugsaufsicht 176
- Selbstkontrolle 178
- Task Force 190
- Täuschungsschutz 178
- Verordnungsrecht 180
- VKCS 183
- VKCS Konzept 184
- Vollzug 183
- Vollzugskompetenz 190
- Zusatzstoffe 178

Lebensmittelkontrolle, europäisch 22
- Analyseverfahren 23
- General Audits 27
- Inspektionsbesuche 25
- Kontroll-Verordnung 22

- Lebensmittel- und Veterinäramt 25
- Probenahme 23

Lebensmittelkontrolleure 119, 182
Lebensmittelkreis 312
Lebensmittelmikrobiologie 509, 519
- Bakterien 510
- festgeschriebene Normen 522
- HACCP-Konzept 525
- Hefe 511
- Hitzeresistenz 511
- lebensmittelvergiftende Bakterien 514
- mikrobiologische Lebensmitteluntersuchungen 515
- mikrobiologische Lebensmittelvergiftungen 513
- Pilze 511
- Qualitätsmanagement-System 525
- Richt- und Warnwerte 523
- Risikobewertung 519
- Schweiz 523
- Wachstum von Mikroorganismen 512

Lebensmittelmonitoring 77, 97
Lebensmittelphysik 1132
- Basis für Schnellverfahren 1138
- direkte und indirekte Bestimmungen 1141
- Frequenzbereiche und deren Anwendungsgebiete 1140
- Nanotechnologie, Anwendungsbeispiele 1142
- on-line-Verfahren 1139
- physikalische Größen 1134
- Qualität aus physikalischer Sicht 1133

Lebensmittelqualität 329
Lebensmittelrecht, deutsches 58 ff.
- Codex Alimentarius Commission 60
- Durchsetzung von EG-VO 86
- Fachgremien 63
- Fruchtsaftverordnung 93
- Konfitürenverordnung 93
- Lebensmittelinformations-VO 90
- Lebensmittel-Kennzeichnungsverordnung 84
- LFGB 61, 64
- Mindesthaltbarkeitsdatum 88
- Nährwert-Kennzeichnungsverordnung 91
- Produktverordnungen 86
- QUID 89
- Umsetzung von EG-Richtlinien 85

- Verbrauchsdatum 89
- Verkehrsbezeichnung 87
- Zutatenverzeichnis 88
Lebensmittelsicherheit 18, 96, 111
Lebensmittelskandale 185, 194
Lebensmitteltechnologen 1103
Lebensmitteltechnologie 1145
- Aufgaben der Lebensmitteltechnologie 1146
- Ausblick auf die Zukunft 1164
- chemische Haltbarmachung 1155
- Definition 1145
- Grundoperationen 1149
- Grundprozesse 1159
- historische Entwicklung 1145
- Lebensmittelkonservierung 1150
- lebensmitteltechnologische Verfahrensstufen 1148
- Mikroorganismen 1150
- Nanotechnologie 1164
- physikalische Haltbarmachung 1151
- weitere Technologien zur Verbesserung der Haltbarkeit 1158
Lebensmitteltoxikologie 1167
- Aufgabengebiet 1167
- Ausscheidung von Stoffen 1171
- Begriffsbestimmungen 1169
- Biotransformation 1171
- Einflussfaktoren auf die Toxizität 1174
- Resorption 1171
- Stufenprogramm Prüfungen 1178
- toxikologische Bewertung 1179
- Toxizitätsprüfung 1175
- Verteilung 1171
- wirkungsbestimmende Faktoren 1170
Lebensmittelüberwachung *siehe* Lebensmittelkontrolle
Lebensmitteluntersuchungsanstalten 155
Lebensmittelverderber 513
Lebensmittelzusatzstoffe 68, 333
- Akzeptanz 334
- Definitionen 334
- einheitliche Zulassungsverfahren 336
- Einleitung 333
- FIAP 336
- FIAP-VO-1331 336
- FIAP-VO-1332 336
- FIAP-VO-1333 336
- FIAP-VO-1334 336
- gesundheitliche Unbedenklichkeit 335

- Kennzeichnungsvorschriften 338
- mit nähr- und diätetischer Funktion 340
- mit sensorischer Wirkung 346
- mit stabilisierender Wirkung 342
- technologische Notwendigkeit 335
- Verarbeitungs- und Handhabungshilfen 349
- Zulassungen 334
- Zusatzstoffgruppen 339
Leberzellinsuffizienz 1120
Leichtbier 693
leichte Vollkost 1121
Leindotteröl 617
Leinöl 617
Leistungsförderer 389, 391
Leistungskriterien 24
Leitisotope 425, 435
Leitlinien 654
Leitsätze (DLB) 544, 563, 610
- für Brot und Kleingebäck 635
- für Feine Backwaren 635
- für Feinkostsalate 587
- für Fische, Krebs- und Weichtiere und Erzeugnisse daraus 588
- für Fleisch und Fleischerzeugnisse 566
- für Gewürze und andere würzende Zutaten 738, 810
- für Honig 763
- für Ölsamen und daraus hergestellte Massen und Süßwaren 760
- für Pilze und Pilzerzeugnisse 738
- für Speisefette und Speiseöle 612, 616
- für tiefgefrorene Fische, Krebs- und Weichtiere und Erzeugnisse daraus 587
- für verarbeitetes bzw. tiefgefrorenes Obst und Gemüse 673
- Tee, teeähnliche Getränke 792
- Teeprodukte 791
Leitsätze des Deutschen Lebensmittelbuches 791, 810
Lektine 477
letale Dosis 1177
LFGB 64; *siehe auch* Lebensmittelrecht, deutsches
- Arzneimittel 69
- ASU 78
- Basis-VO 64

Sachverzeichnis

- Bedarfsgegenstände 65, 67
- Begriffsbestimmungen 67, 1091
- Ermächtigungen 75
- Futtermittel 65
- Gegenstände mit Schleimhautkontakt 1017
- Gegenstände zur Körperpflege 1018
- Gesundheitsschutz 1051
- kosmetische Mittel 67, 1050
- Lebensmittelbedarfsgegenstände 939
- Lebensmittelrecht 64
- Lebensmittelsicherheit 64
- Lebensmittelzusatzstoffe 68
- Mittelrückstände 1091
- Monitoring 77
- Regelungsinhalte 66
- Straf- und Bußgeldvorschriften 78
- Tätowieren 1051
- Teeprodukte 791
- Täuschungsschutz 1051
- Überwachung 76
- Verbote 69
- Verwechselbarkeit mit Lebensmitteln 1012

LFGB § 1 40, 68, 1050, 1091
LFGB § 2 68, 917, 920, 923, 939, 940, 1005, 1017–1019, 1028, 1031, 1050, 1091
LFGB § 3 68, 69, 1091
LFGB § 4 1051, 1091
LFGB § 5 69, 77, 1012, 1051
LFGB § 6 70, 791
LFGB § 7 70, 791
LFGB § 8 71
LFGB § 9 71, 357
LFGB § 10 71, 387
LFGB § 11 71, 72, 791, 923, 1128
LFGB § 12 72, 1128
LFGB § 13 72, 452
LFGB § 14 72
LFGB § 15 72
LFGB § 16 72
LFGB § 17 73, 77, 453, 1091
LFGB § 18 1091
LFGB § 19 73, 1091
LFGB § 20 1091
LFGB § 23 1091
LFGB § 26 74, 77, 1051
LFGB § 27 74, 1051
LFGB § 28 1052
LFGB § 29 1052
LFGB § 30 74, 77, 940, 1012, 1019
LFGB § 31 74, 940
LFGB § 32 74
LFGB § 33 74, 940
LFGB § 34 75
LFGB § 35 75
LFGB § 36 75, 76
LFGB § 37 75
LFGB § 38 121
LFGB § 38 bis § 49 388
LFGB § 39 76, 138
LFGB § 40 77, 118
LFGB § 41 388
LFGB § 42 117
LFGB § 43 40, 77
LFGB § 44 117
LFGB § 50 77
LFGB § 51 77
LFGB § 54 35, 77, 102, 491, 610, 918
LFGB §§ 58 78
LFGB §§ 59 78
LFGB §§ 60 78
LFGB §§ 61 78
LFGB §§ 62 78
LFGB § 64 62, 78, 515, 518, 545, 561, 581, 657, 678, 1029, 1084, 1098
LFGB § 67 78
LFGB § 68 78, 101, 102, 530, 864
LFGB § 69 78
Lichtschutzfaktor (LSF) 1065
Lichtschutzfilter 1066
Lichtschutzmittel 948, 1062
Lidschatten 1068
Likörwein 706
Limulustest 516
Lippenpflegemittel 1069
Lippenstift: Rezepturbeispiel 1069
Listeria monocytogenes 521
LL Reis 601 885
LMBG § 2 (2) 920
LMG 151
LMG 1975 151
LMHV 608
LMKV 86
LMSVG 151
Lockenwickler 1019
Los-Kennzeichnung 206
Lösemittel 350, 954
Lösungsmittel 1034
Lotionen 1058

Luftballons (Spielware) 1017
Lysergsäure 464

Mais 639
Mais Linie Bt 10 884
Maiskeimöl 618
Make up 1067
Make up Entferner 1068
makroskopische Untersuchung/
  Sensorik 757
Malabsorption 1120
Maldigestion 1120
Malz 646, 684
Malzbier 692
Management-Handbuch (MH) 231
Managementbewertung 235
Mandelöl 618
Marinaden 594
Marine Biotoxine 466
Markenkäse 541
Marker für PAK 410
Marktforschung 291
Marktorganisationsrecht 54
Marktproben 165
Märzenbier 692
Marzipan 765
Mascara 1068
Masken 1058
Massagebänder 1019
Maßnahmen 163
Maximum Residue Limits 359
3-MCPD 653
3-MCPD-Estern 479
Mechanismus der Farbstoffbildung 1077
Medizinprodukte 922
Mehltypen 636, 644
Mehrfachrückstände 372
Melaninbildung UV-B-Strahlung 1064
Meldepflichten 128
mesophile Bakterien 1153
Messung 254
Messunsicherheit 241, 373, 375, 400
Metaboliten 364
Metalle 428
Metalloide 428
Methoden der Authentizitätsanalytik 821
Microcystine 471
mikrobielle Toxine 516
mikrobiologische Richtwerte 898
mikrobiologische Untersuchung 757

Mikroorganismen 350, 1151
mikroskopische Untersuchung 756
Milch/Milchprodukte, Analoge und
  Imitate 309, 527
– Analoge und Imitate 531
– Betriebsinspektionen 544
– Beurteilungsgrundlagen 528
– Butter 530
– DIN EN ISO 707:2008 545
– DIN-Normen 545
– HACCP-Konzept 545
– ISO 707/IDF 50 545
– Käse 530
– Käsesorten 542
– Konsummilch 535
– Leitfaden zur Probenahme 545
– Marken- und Molkereibutter 538
– Milch und Milcherzeugnisse 529, 544
– Nährstoffgehalte der Milch 532
– Probenahme 545
– Probenahmevorschriften ASU 545
– produktspezifische Regelungen 529
– produktübergreifende Regelungen
  528
– Speiseeis 531
– Untersuchungsverfahren 545
Milcheiweißerzeugnisse 537
Milcherzeugnis-V 760
Milchfetterzeugnisse 537
Milchsäurefermentation 1156
Milchschokolade 773
Mindestbedarf 1112
Mindestfruchtgehalt 94
Mindesthaltbarkeitsdatum 87, 207, 1052
Mineral- und Tafelwasserverordnung
  894
Mineralstoffe 341, 667, 707
Minimierungsgebot 453
Mischfuttermittel 1093
Mittel zur Haarfärbung 1075
Mittel zur Haarpflege 1073
Mittel zur Haarreinigung 1072
Mittel zur Haarverformung 1074
Mittel zur Nagelpflege 1070
Mittelbare Bundesverwaltung 156
Moderne analytische Verfahren 252
– allgemeine Richtlinien 254
– Auswertung 256
– Authentizitätsbestimmung 265
– Einleitung 253

- Gaschromatographie-Massenspektrometrie 278
- Gaschromatographische (GC) Verfahren 272
- Hochauflösende Massenspektrometrie 283
- HRMS 283
- immunologische Tests 257
- Isotopenverhältnis-Massenspektrometrie 281
- Massenspektroskopische Verfahren 274
- Messung 256
- Nanopartikel in Lebensmitteln 286
- pathogene Organismen 269
- PCR-gestützte Verfahren 264
- Probenaufarbeitung 255
- Probennahme 255
- Protonentauschreaktions-Massenspektrometrie 279
- Sandwich-ELISA 257

Mohnöl 618
Mokka 793
Molkenerzeugnisse 537
Molluskizide 356
Monitoringprogramm 164, 368
Morphin 654
Mottenkugel-Geruch 1019
MRL-Werten 359
Müllverbrennung 422
Multigenerationstest 1179
Multimethode ASU L 00.00-34 376
Multimethoden 254
Mundwasser-Konzentrate, Zahn- und Mundspülungen 1082
Muscheln 419
Mutagenität 1177
Mutterkorn 464, 636, 642
Muttermilch 284, 1108, 1174
Mykotoxin-Analytik 482, 659
Mykotoxinbildung 513
Mykotoxine 262, 453, 635, 652, 1089, 1151
Mykotoxinhöchstmengenverordnung 452
Myoglobin 569

Nachweisprinzip, GVO 873
Nagelhärter 1071
Nagelhautentferner 1071
Nagellack: Rezepturbeispiel 1070
Nagellackentferner 1070
Nagelmodellage, Nail Design 1071

Nagelpflegemittel 1071
Nährstoffausnutzbarkeit 1147
Nahrungsergänzungen 910
Nahrungsergänzungsmittel 503, 857, 919, 1165
Nahrungskette 369, 420, 1167
Nahrungsmittelchemiker 110
Nahrungsmittelgesetz 110
Nahrungsmittelversorgung 1148
Nahrungsprotein 1106
Nanomaterialien 993, 1066
Nanopartikel 286, 861, 879, 1142
Nanotechnologie 286, 872, 992, 1164
Nasskonserven 673
Natamycin 576
nationale Kontrollpläne 114
nationale Stillkommission 370
nationaler Kontrollplan Futtermittelsicherheit 1097
nationaler Rückstandskontrollplan 368, 386
native Öle 612
natives Olivenöl extra 607
natriumarme Lebensmittel 844
Natriumdampflampen 299
Naturkautschuk 961
Naturkosmetik 1054
natürliche Aromastoffe 45
natürliche Haarfarben 1078
natürliche Inhaltsstoffe, Wasser 899
Negativliste 1052
Nektarhonig 778
NEM 834
Nematizide 356
neuartige Lebensmittel 920
neuartige und gentechnisch veränderte Lebensmittel 869
- Anmeldeverfahren für Novel Foods 880
- Anwendungsbereiche der Novel Foods Verordnung 871
- Auslobung „Ohne Gentechnik" 877
- Beurteilungsgrundlagen 870
- Bt 10-Mais 884
- Bt 63 Reis 884
- Definition des Begriffes „gentechnisch verändert" 874
- Definitionen „neuartig" 870
- Genehmigungsverfahren für neuartige Lebensmittel 881

- Genehmigungsverfahren nach NF-VO-258   882
- gentechnisch veränderte Lebensmittel   873, 887
- gentechnisch veränderte Organismen in der Lebensmittelherstellung   883
- gentechnisch veränderte Papaya   884
- Kennzeichnung   875
- Kennzeichnung von Novel Foods   872
- Lebensmittel oder Lebensmittelzutaten mit oder aus Nanopartikeln   879
- LL 601 Reis   884
- neuartige Lebensmittel und neuartige Lebensmittelzutaten   870, 886
- Notifizierungen und Zulassungen vor Inkrafttreten der VO 1829/2003   875
- Paranuss-Gene in der Sojabohne   886
- Probenahme/Nachweisverfahren GVO   887
- Produkte – neuartig oder nicht?   878
- Qualitätssicherung   886
- Qualitätssicherung bei der Produktentwicklung   886
- Rückverfolgbarkeit nach VO 1830/2003   888
- spezifischer Erkennungsmarker   878

neuere physikalische Verfahren   1155
Nichtdiskriminierung   15
nichtrostende Stähle (Edelstahl)   981
Niereninsuffizienz   1120
Niespulver   1027
NIR-Spektroskopie   583
Nitrat   667
Nitritpökelsalz   573, 1156
Nitrosamine   1156
NKV   91
NOAEL   1026
NOEL   1177
Notfallpläne   115
Notifizierungspflicht   33
Novel Food   920
Novel Foods Katalog   871
NSP   469
Nugat   766
nukleare Eigenschaften   1135
Nulltoleranz-Wert   362
nährwertbezogene Aussagen   48
Nährwertkennzeichnung   91

O/W- und W/O-Emulsionen   1059

Obergrenze für die Tageszufuhr mit NEM   859
Obst, Gemüse u. a.   662
- analytische Verfahren Obst und Gemüse   678
- Dauerwaren   673
- Definitionen von Obst und Gemüse   664
- HM für Schwefeldioxid in getrocknetem Obst und Gemüse   664
- Inhaltsstoffe   666
- Inhaltsstoffe ausgewählter Gemüsearten   671
- Inhaltsstoffe ausgewählter Obstarten   670
Ochratoxin A   459, 796
off-line-Verfahren   1136
Öffentlichkeit   163
Ohm'sche Erhitzung   1155
ökologisch   330
Ölbäder   1057
Olivenöl   309, 618
on-line-Sensoren   1139
on-line-Verfahren   1135
Oolong Tee   796
Optimaltemperatur   512
optische Aufheller   1023
orale Bioverfügbarkeit   1128
Ordnungswidrigkeiten   139
organische Säuren   667
örtliche Zuständigkeit der Untersuchungslabors   159
osmotische Trocknung   1155
östrogene Wirksamkeit   463
OTA   459
Oxalsäure   667

P/S-Quotient   1109
Packgase   344
PAK Probenahme   432
PAKs   620, 796
PAL-Werte   1105
Palmöl   619
Panelschulung   297
Papier   965
Papiermaschine   968
Pappe   965
Paranuss-Gen   887
Parboiling-Verfahren   639
Parfüm   1080

Pasteurisieren, Sterilisieren 1154
pathogene Keime 1151
Pathogenitätsfaktoren 514
PBDE-Untersuchung 285
PCB-Leitkongenere 421
PCB-Untersuchungen 433
PCP 1031
Penicillium 511
Perlwein 706
Permeabilität Verpackungsmaterialien 1135
Persipan 765
Pestizidbelastung von Gemüse 168
Pestizidbelastung von Obst 169
Pestizide 653
Pestizidrückstände 800
Pferdepass 389
Pflanzenfettanteil 761
Pflanzenphenole mit wichtigen Vertretern 669
Pflanzenschutzdienst 128
Pflanzenschutzmittel 355
– Abbau 363
– analytische Anforderungen 373
– analytische Verfahren 376
– Anwendungsverordnung 357
– Definitionen 361
– diätetische Lebensmittel 358
– Formulierungen 363
– Fungizide 364
– Herbizide 365
– Höchstmengen 358
– Indikationszulassung 357
– Insektizide 364
– lebensmittelrechtliche Regelungen 357
– Messunsicherheit 375
– Monitoring von Rückständen 370
– Muttermilch 369
– Pestizid Wirkstoffgruppen 356
– Pflanzenschutzgesetz 357
– Pflanzenschutzmittel 364
– Pflanzenschutzmittelverzeichnis 357
– pflanzliche Lebensmittel 366
– Probenahme 372
– Probenahmerichtlinien 362
– Rückstände in Lebensmitteln 365
– tierische Lebensmittel 367
– Trinkwasser 368
Pflicht zur Selbstkontrolle 179
pharmakologische Wirkungen 923

phenolische Verbindungen 777
photonenstimulierten Lumineszenz (PSL) 505
Phycotoxine 466
physikalischen Eigenschaften und Qualität 1133
Phytoestrogene 477
Phytotoxine 474
Pigmente und Füllstoffe 954
Pilotprojekt 165
Pilsbiere 689
Planproben 134, 166
Pökelfleischerzeugnisse 566
Pökeln 1156
Polyaddition 943
Polyamid (PA) 945
Polycarbonat (PC) 946
Polyester 945
Polyethylen (PE) 943
Polykondensation 943
Polymerisation 942
Polyphenole 707, 799
Polypropylen (PP) 944
Polystyrol (PS) 945
Polyvinylchlorid (PVC) 944
Polyvinylidenchlorid (PVDC) 945
Positivliste für Einzelfuttermittel 1096
Positivlisten 951
Positivprinzip 181
Präferenzprüfungen 308
Pralinen 774
Präsentationsarzneimittel 927
Prionen 260
private Untersucher 152
Probeentnahmeverfahren 136
Probenahme 76, 117, 154, 244, 254, 263, 394, 431
– Bedarfsgegenstände 1039
– betriebliche Eigenkontrollen und Probenahme Kaffee, Tee 801
– Betriebsbegehungen und Probenahme Spirituosen 729
– Getreide 656
– Grundsätze 23
– LFGB § 43 76, 117
– Milch/Milchprodukte 545
– Pestizide 372
– Probenahme für Metalle 905
– Probenahme/Nachweisverfahren GVO 887

- Probenahmerichtlinien 362
- Probenentnahme 134
- Probenplanung 134
- Stichprobenpläne 519
- Verfahrensanweisung 244
Probenaufarbeitung 254
Probenaufarbeitungsmethoden Aromen 816
Probenklassifizierung 166
Probenplan 162
Probenvorbereitung 582
Produktentwicklung 291
Profilprüfungen 307
proteindefinierte Kostformen 1122
Proteinmangel 1108
Prozesskontaminanten 451, 477
Prozess-/Qualitätskontrolle 254
Prüfarten 160, 161
Prüfergenauigkeit 297
Prüferschulung 297
PSE-Fleisch 570
Pseudocerealien 647
PSP 467
psychotrophe Bakterien 1153
psychrophile Bakterien 1153
psychrophile Hefe 1153
PTR-MS 279
Pu-Errh Tee 797
Puder 1060
Pyrrolizidine 475

Qualifikation des Personals 111
Qualität aus physikalischer Sicht 1133
Qualität des Verbraucherschutzes 144
Qualitäts-Index-Methode 602
Qualitätskontrolle 291
Qualitätsmanagementsysteme 201, 297
Qualitätssicherung 199, 291
Qualitätssicherungskriterien 286
QUID 87
QUID-Regelung 584, 611
Quinoa 640
Quételet 1106
Q_{10}-Wert 1154

Radiergummi, figürlich 1026
radioaktives Kobalt-60 499
Radioaktivität Frischmilch 427
radiologische Einheiten 416
radiologische Notstandssituation 415
RAPEX 1025

RAPEX-Meldung 1012
Raps-/Rüböl 619
RASFF 20, 96, 365
RASFF Kontaktpunkt 161
Rauch 576
Räucherfische 593
Räuchern 419, 1157
Raumluft 418
real-time PCR 258
rechtliche Beurteilung von metallischen Werkstoffen 982
Rechtswege 180
reference point for action 386
Referenzlaboratorien 191
Regelungsausschuss 13
Regelungspunkt 1135
Reichsgesundheitsamt 110
Reifungsverzögerung 494
Reinheitsgebot für Bier 16, 35, 682
Reinigungswässer 1057
Reinraumtechnologie 1158
Reis 639
Reis Bt 63 885
Reproduktionstests 1179
repräsentative Laborprobe 431
Rezeptoren 293
Rezyklateinsatz für Kunststoffbedarfsgegenstände 952
RHmV 357
RIA 396
Richt- und Warnwerte 532, 648, 757
Richtwerte PCB-Kongenere 411
Ringanalysen 518
Ringversuche 181
Risikobewertung 18, 157
Risikoeinstufung 120
Risikoklassierung 186
Risikokommunikation 18
Risikomanagement 18
risikoorientierte Probenahme 1083
RL 1965/65/EWG 911
RL 1967/548 EWG 1015
RL 1967/548/EWG 1006, 1011, 1013, 1014
RL 1970/524/EWG 385, 590
RL 1976/621/EWG 606
RL 1976/768/EWG 1052
RL 1978/142/EWG 952
RL 1979/700/EWG 363
RL 1980/590/EWG 55

RL 1980/766/EWG	952	RL 2001/18/EG	54, 105, 873
RL 1981/432/EWG	952	RL 2001/22/EG	590
RL 1982/711/EWG	952	RL 2001/83/EG	911, 914
RL 1984/500/EWG	56	RL 2001/95/EG	1025
RL 1985/572/EWG	952	RL 2002/32/EG	452, 1089
RL 1985/591/EWG	24	RL 2002/46/EG	37, 40, 85, 337, 339, 828, 857, 858, 911
RL 1986/362/EWG	359		
RL 1986/363/EWG	359	RL 2002/63/EG	362
RL 1988/182/EWG	33	RL 2002/67/EG	85, 721
RL 1988/378/EWG	1006, 1008	RL 2002/70/EG	284
RL 1988/388/EWG	721	RL 2002/72/EG	56, 951, 952
RL 1989/107/EWG	68, 85, 335, 911	RL 2003/7/EG	590
RL 1989/108/EWG	37	RL 2003/89/EG	22, 37, 85, 335, 339, 1157
RL 1989/109/EWG	55		
RL 1989/397/EWG	33, 78, 110	RL 2004/27/EG	911, 924
RL 1989/398/EWG	37, 85, 911	RL 2004/77/EG	85
RL 1990/219/EWG	873, 874	RL 2005/31/EG	56
RL 1990/220/EWG	875	RL 2006/125/EG	827
RL 1990/496/EWG	37, 85	RL 2006/41/EG	827
RL 1990/642/EWG	359	RL 2007/42/EG	56
RL 1991/321/EWG	37, 85	RL 2007/68/EG	1123
RL 1991/414/EWG	104, 358, 360, 362	RL 2008/39/EG	951
RL 1992/59/EWG	41, 1006	RL 2009/39/EG	826
RL 1994/35/EG	85, 335, 721	RL 2009/48/EG	1006, 1008
RL 1994/36/EG	85, 335, 721, 1164	RL 397/87/EWG	40
RL 1995/2/EG	85, 335, 721, 1156, 1164	RL/EG/27/2004	912
RL 1995/31/EG	85, 335	Rodentizide	356
RL 1995/45/EG	85, 335	Roggen	638
RL 1996/21/EG	335	Rohfrucht und anderе Malzersatzstoffe 686	
RL 1996/22/EG	386		
RL 1996/23/EG	24, 386, 399	Rohkaffee	794
RL 1996/5/EG	37, 85	Rohmilch	535
RL 1996/77/EG	85, 335	Rohproteingehalt	582
RL 1996/8/EG	37, 85, 827	Rohrreiniger	1037
RL 1998/53/EG	24	Rohwürste	566
RL 1998/8/EG	1006	Roten Tiden	469
RL 1998/83 EG	895	Roundup Ready Sojabohne	874
RL 1999/2/EG	85, 491, 1155	RSK-Werte	678
RL 1999/21/EG	37, 85, 827	Rückstandshöchstwerte	359
RL 1999/3/EG	85, 491, 1155	Rückstandskontrollplan	97
RL 1999/4/EG	36	Rückverfolgbarkeit	41, 55, 106, 154, 199, 207, 552, 602, 951, 1089
RL 1999/41/EG	85		
RL 1999/45/EG	1006, 1013	Rückverfolgbarkeit von GVO	888
RL 2000/13/EG	22, 34, 37, 45, 71, 85, 335, 339, 491, 611, 721, 1157		
		Saccharomyces carlsbergensis	688
RL 2000/36/EG	36	*Saccharomyces cerevisiae*	688
RL 2001/111/EG	36	Sachverständige	129
RL 2001/112/EG	93	Sahneerzeugnisse	537
RL 2001/113/EG	36, 93, 676	Salat	595
RL 2001/15/EG	37, 85, 337, 827	Salmonellen	269

salzen 1155
Sandwich-ELISA 257, 517
Sandwich-ELISA Testkit 259
Sanitärreiniger 1031
Sarkoplasma 569
Sauergemüse 675
Säuern 1156
Sauerrahmbutter 538
Sauerteigführung 1160
Säuglings- und Kleinkindnahrung 832
Säuglingsanfangsnahrung 853
Säuglingsbotulismus 778
Säuren 707
Säuren, Alkalien 1034
Säureregulatoren 349
Schaumbäder 1057
Schaumverhüter 351
Schaumwein 706
Schaumzuckerwaren 764
Schema MS/MS Gerät 275
Schema PTR-MS 280
Schema Sandwich Immunoassays 257
Scherzartikel 1008, 1019
Scherzpralinen 1020, 1027
Schlüsselaromen 668
Schlüsselsubstanzen 812
Schmelzklebstoffe 972
Schmelzkäse 541
Schmelzkäsezubereitungen 541
Schmelzsalze 351
Schnelltests 254
Schnellwarnsystem 80, 156, 161, 163
Schokolade 772
Schonkaffee 794
Schrot, Grieß, Dunst, Mehl 644
Schulen der Sinne 296
Schutz der Gesundheit 1052
Schutzgasatmosphäre 512
Schutzgaspackung 1158
Schutzkolloide 950
schwarzer Tee 796
Schwefeldioxid 635, 664
Schweizerisches Lebensmittelbuch (SLMB) 515
Schweiß- und Speichelechtheitsprüfung 1018
Schwellenwert 668, 812
Schwermetallanreicherungen 429
Schwermetalle 428, 653
Scoubidou-Bänder 1025

Screening-Methoden 254
Secale cornutum 464
Seifen 1056
Sekundärmetaboliten 453
Senföl 619
Sensorik 602, 814
sensorische Analyse 715
Sensorische Methoden 291
– analytische Methoden 292
– analytisches Panel 296
– Anforderungen an Prüfpersonen 295
– Aufbau eines Panels 294
– beschreibende Prüfungen 306
– Diskriminierungsprüfungen 301
– Einrichtung Sensoriklabor 298
– Einteilung der Sinneseindrücke 294
– hedonische Prüfungen 307
– hedonischer Test 292
– Prüfplätze 300
– Prüfraum 299
– Schwellenprüfungen 301
– Sensorik 291
– sinnesphysiologische Grundlagen 292
– statistische Auswertung 302
– Testmethode 302
– Unterschiedsprüfungen 301
– Verbraucherpanel 296
sensorische Prüfung 622
Sesamöl 619
Seveso-Dioxin 422
SHmV 408
Sicherheit von Bedarfsgegenständen 994
Sicherheitsanforderungen 1009, 1011
Sicherheitsbewertung 1010
Sicherheitsratschläge 1014
Sinnesempfindungen 293
Sinnesorgane 293
Six Sigma-Konzept 222
Sojaöl 619
Sojasauce 1163
Sonderdiäten 1122
Sonnenblumenöl 620
specific migration limits 1180
Speiseöle 419
spezielle Fleischgerichte 566
spezielle Getreide-Analytik 658
Spielwaren 1008, 1010, 1019
Spirituosen und spirituosenhaltige Getränke 719

Sachverzeichnis 1221

- analytische Verfahren zur Untersuchung von Spirituosen 730
- Beurteilungsgrundlagen mit Beurteilungsinhalten 720
- Brände, Destillate 725
- Liköre 727
- Qualitätssicherung im Herstellerbetrieb 728
- spirituosenhaltige Mischgetränke 727
- toxikologisch relevante Inhaltsstoffe und Höchstmengen 722
- VO (EG) Nr. 110/2008 720
- VO (EWG) Nr. 1014/1990 720
- VO (EWG) Nr. 1576/1989 720

Sportlerlebensmittel 834, 850
SPS Agreement 28
Spurenelemente 341
Spurenelemente in Weinen 714
St.-Antonius-Feuer 465
Staatsanwaltschaft 157, 163
stabile Isotope 707
Stabilisatoren 345
Stabilisotopenanalytik 730
Stabilisotopenverhältnisse 282
Stammwürzegehalt 683
Standardsorten 540
Starkbier 693
Stärke 645
Starter- und Schutzkulturen 578
Stevia rebaudiana 801, 879
Stichprobenkontrollen 183
Stichprobenplan 518
Stickstoffverbindungen 707
Stinkbomben 1020
Strafbehörde 157
Strafbestimmungen 179
Straftat 139
Strahlenempfindlichkeit 500
Strahlenschutzverordnung 414
Strahlenschutzvorsorgegesetz 414
Struktur und Wirkungsweise der Bindemittel 954
Strukturformeln PAK 407
Struma/Kropf 863
Styrol-Acrylnitril-Copolymer (SAN) 946
Sun Protection Factor (SPF) 1065
Süßrahmbutter 539
Süßungsmittel 839
Süßwaren und Honig 759

- analytische Verfahren, Zuckerwaren, Schokolade, Honig 782
- Anforderungen der Kakao-V 776
- betriebliche Eigenkontrolle 780
- Beurteilungsgrundlagen 759
- Enzyme 780
- Herstellung von Marzipan 766
- Honig 762, 778
- Honig-V 762
- Kakao-Verordnung 761
- Leitsätze für Honig 763
- Leitsätze für Ölsamen und daraus hergestellte Massen und Süßwaren 760
- Qualitätssicherung 780
- Schokoladen und Schokoladenerzeugnisse 761
- Zuckerwaren 760
- Zuckerwaren, Übersicht 763
- Zusammensetzung/Besonderheiten 774, 779
- Zusammensetzung von Honig 780
- Zusammensetzung wichtiger Schokoladenarten 775

Switch 910
Syndets 1056
Syndets pH-neutral 1056
Synergisten 344
Synthesekautschuke 962
synthetische Detergentien 1056

Tafelsüßen für Diabetiker 840
Tagesration 92
Tampons 1019
Target 1172
Täuschungsschutz 68
Täuschungsversuche 739
Tea-Taster Panel 806
technisches Kompetenzprofil 246
Tee und Teeprodukte 803
Teigkonditioniermittel 352
Teigwaren 646
teilkristalline Thermoplaste 942
Tempeh 1163
Tetrodotoxin 473
textile Faserstoffe 1024
TFS Analytik 272
Theobromin/Coffein 774
Thermolumineszenz (TL) 505
thermophile Bakterien 1153

Thermoplaste 941
thermoplastische Elastomere 963
Thujon 474, 811
tiefgefrorenes Obst und Gemüse 674
Tierartenbestimmung 533
Tierärzte 115, 119
Tierbehandlungsmittel 382
- Anabolika 388
- Analytik – Tierbehandlungsmittel 396
- Antibiotika und Chemotherapeutika 391
- Antiparasitika 392
- Arzneimittelgesetz 384
- arzneimittelrechtliche Vorschriften 384
- Beruhigungsmittel 390
- Beta-Agonisten 389
- Beurteilungsgrundlagen 384
- futtermittelrechtliche Vorschriften 384
- Futtermittelzusatzstoffe 384
- Höchstmengenregelungen 385
- Malachitgrün 393
- nationaler Rückstandskontrollplan 386
- Rückstandssituation 401
- Stichprobengröße 394
- Therapienotstand 384
- Thyreostatika 390
- Untersuchungszahlen 401
Toleranzwerte 178
Total Quality Management 197
Toxikodynamik 1169
Toxikokinetik 1169
Toxikologie 1167
Toxizität Einflussfaktoren 1175
Toxizitätsprüfung 1175
TQM 197
Trägerstoffe 352
trans-Fettsäuren 272, 620, 1109
transgene Fische 593
Traubenkernöl 620
Treibgase 350
Trennmittel 351
Trichothecene 460
Trigonellin 796
Trinkwasser 410
TrinkwV 894, 902
Triphenylmethanfarbstoffe 393
Triticale 638
Trockenmasse 582
Trockenmilcherzeugnisse 537
Trockenobst 675
Trockenshampoos 1073

Trocknen 419, 641, 1151
TSE 260, 571

UBA 103
Überblick Anabolika 389
Überdruck im Prüfraum 300
Überempfindlichkeitsreaktionen 1123
Überwachung 76
Ultraviolett-Filter 1052
Umami-Geschmack 294, 325
Unabhängiger Verwaltungssenat 163
Unparteilichkeit 115
Untersuchungsbefunde 137
Untersuchungsmethoden (siehe auch unter Authentizität und Bestimmung)
- Analyse von Kaffeeröstgasen 280
- Analysenmethoden Wein 715
- Analysenverfahren, Prozesskontaminanten 486
- Analyseverfahren, VO(EG) 23
- Analytik – Tierbehandlungsmittel 396
- Analytik in Migrationslösungen 998
- Analytik leichtflüchtiger organischer Kontaminanten 432
- Analytik von Getreide, Brot und Feinen Backwaren 657
- Analytik von marinen Biotoxinen 485
- Analytik von Mykotoxinen 482
- Analytik Wasser 904
- analytische Anforderungen 373
- analytische Verfahren Kaffeeprodukte, Teeprodukte 802
- analytische Verfahren Obst und Gemüse 678
- analytische Verfahren zur Untersuchung von Spirituosen 730
- analytische Verfahren, Fleischerzeugnisse 581
- analytische Verfahren, Zuckerwaren, Schokolade, Honig 782
- Basis für Schnellverfahren 1138
- DIN EN 71 1041
- direkte und indirekte Bestimmungen 1141
- Fette 626
- Grundsätze 23
- Laboruntersuchung, Futtermittel 1098
- Leistungskriterien 24
- 3-MCPD-FE 628

Sachverzeichnis

- mikrobiologische Lebensmitteluntersuchungen 515
- Milch und Milcherzeugnisse 544
- Milch und Milchprodukte 545
- Nachweisverfahren einer Bestrahlung 505
- PAK 432
- Pestiziden 376
- Probenahme 431
- Probenahme (NRKP-BW) 394
- Probenahme/Nachweisverfahren GVO 887
- Prüfverfahren 254
- Radiostrontium-Bestimmung 435
- Schwermetalle 436
- Sensorik, Kaffee-, Teeprodukte 805
- TFS-Analytik 272
- Untersuchung von Bier 694
- Untersuchung von Lebensmittelbedarfsgegenständen 996
- Untersuchungsverfahren zu Reinigungs- und Pflegemitteln, Haushaltschemikalien 1043
- Untersuchungsverfahren zu Spielwaren und Scherzartikeln 1039
- Validierung 239, 399

Untersuchungsziele 137
Urweizen 638
UV-Filter-Pigmente 1066
UV-Schutz bei transparenten Materialien 993
UV-Strahlung 1063
UVS 163

validiertes Untersuchungsverfahren 518
Validierung 239, 399
Validierungs-Master-Plan (VMP) 240
Validierungszyklus 240
VDLUFA 1098
Verarbeitungshilfsstoffe 337
Verbote 70
Verbraucherakzeptanz 292
Verbraucherrisikos 376
Verbraucherschutz, Bundesebene 95
- Allgemeinverfügung 101
- Arbeitsschwerpunkte 98
- Aufgaben (BfR) 98
- Aufgaben (BVL) 97
- Aufgaben (MRI) 99
- Ausnahmegenehmigung 101
- Futtermittel 102
- Genehmigungsbehörde 98
- gentechnisch veränderte Organismen 105
- gesundheitlicher Verbraucherschutz 95
- gesundheitsbezogene Angaben 102
- Krisenmanagement 99
- Lebensmittelsicherheit 96
- nationale Kontaktstelle 97
- neuartige Lebensmittel 102
- Pflanzenschutzmittel 103
- Risikobewertung 96
- Risikokommunikation 96
- Risikomanagement 96
- Schnellwarnsysteme 101
- Tierarzneimittel 104
- Zulassungsverfahren 98

Verbrauchsdatum 87
Verdachtsproben 166
Verdickungsmittel 265, 345
Verkehrsauffassung 73, 923
Verkehrsbezeichnung 87
Vermahlung 643
Vermehrungsgeschwindigkeit 511
Verschneidungsverbot 1089, 1091
Versorgungslage 1113
Versuchstiere 1176
vertikale Verordnungen 83
Verwaltungsbehörde 163
Verwaltungsverfahren 125
Verwaltungsverfahrensgesetz 138
Verwaltungsvorschriften 62
Verwaltungsvorschriften, Bund 78
- AVV DÜb 139
- AVV Lebensmittelhygiene 130
- AVV Rüb 79, 118
- AVV SWS 80
- BVL 82
- Kontaktstelle 81
- Kontrollbehörden 79
- RASFF 100
- Regelungen zu Futtermitteln 83
- Schwerpunktlaboratorien 80
- Überwachungsprogramme 80
- Warnmeldung 81

Veterinär- und Lebensmittelüberwachung 388
Veterinärkontrolle 157
Vier-Augen-Prinzip 120
VIG 141

VIG-Verfahren 143
Viskosität 1134
Vitamine 322, 341, 1112
Vitamine und Pflanzenphenole 668
VKCS 184, 186
VMK 63
VO (EG) Nr. 41/2009 827, 1124
VO (EG) Nr. 65/2004 873
VO (EG) Nr. 78/2005 590
VO (EG) Nr. 80/2001 590
VO (EG) Nr. 104/2000 590
VO (EG) Nr. 178/2002 9, 13, 17, 39, 68, 80, 111, 154, 171, 207, 314, 589, 634, 879, 911
VO (EG) Nr. 183/2005 452
VO (EG) Nr. 253/2006 262
VO (EG) Nr. 258/1997 36, 53, 82, 86, 543, 624, 870, 878, 911, 1155, 1164
VO (EG) Nr. 260/2008 360
VO (EG) Nr. 273/2008 529
VO (EG) Nr. 282/2008 56, 952
VO (EG) Nr. 299/2008 358
VO (EG) Nr. 333/2007 432, 657
VO (EG) Nr. 396/2005 358, 635
VO (EG) Nr. 401/2006 451, 519, 656
VO (EG) Nr. 423/2008 702
VO (EG) Nr. 445/2007 530, 608
VO (EG) Nr. 450/2009 55, 56, 991
VO (EG) Nr. 466/2001 410, 417, 590, 738
VO (EG) Nr. 470/2009 385, 564
VO (EG) Nr. 479/2008 54, 702
VO (EG) Nr. 509/2006 52, 86, 529, 564
VO (EG) Nr. 510/2006 51, 528, 540, 564, 607
VO (EG) Nr. 589/2008 552
VO (EG) Nr. 608/2004 53, 624
VO (EG) Nr. 616/2000 82, 414
VO (EG) Nr. 641/2004 873
VO (EG) Nr. 687/2008 636
VO (EG) Nr. 737/1990 738
VO (EG) Nr. 753/2002 702
VO (EG) Nr. 765/2008 228
VO (EG) Nr. 790/2005 590
VO (EG) Nr. 811/2003 591
VO (EG) Nr. 834/2007 86, 313, 653, 877
VO (EG) Nr. 852/2004 21, 42, 202, 451, 551, 564, 588, 608, 654, 939
VO (EG) Nr. 853/2004 21, 42, 451, 528, 551, 564, 588
VO (EG) Nr. 854/2004 21, 43, 564, 588
VO (EG) Nr. 882/2004 23–25, 43, 78, 112, 125, 156, 159, 249, 386

VO (EG) Nr. 889/2008 553, 653
VO (EG) Nr. 999/2001 262, 564, 1089, 1091
VO (EG) Nr. 1019/2002 38, 607
VO (EG) Nr. 1107/1996 528
VO (EG) Nr. 1204/2008 529
VO (EG) Nr. 1234/2007 528, 552, 608, 623, 702
VO (EG) Nr. 1255/1999 529
VO (EG) Nr. 1272/2008 1016
VO (EG) Nr. 1333/2008 635, 721, 810
VO (EG) Nr. 1334/2008 721, 810
VO (EG) Nr. 1336/2008 1016
VO (EG) Nr. 1345/2008 589
VO (EG) Nr. 1493/1999 54
VO (EG) Nr. 1623/2000 54
VO (EG) Nr. 1774/2002 591, 1089
VO (EG) Nr. 1829/2003 37, 54, 82, 86, 105, 335, 339, 871, 873, 920, 1088
VO (EG) Nr. 1830/2003 37, 54, 86, 873, 1088
VO (EG) Nr. 1831/2003 452, 1089
VO (EG) Nr. 1852/2002 870
VO (EG) Nr. 1881/2006 417, 451, 517, 564, 609, 628, 635, 664, 982
VO (EG) Nr. 1883/2006 284, 432
VO (EG) Nr. 1895/2005 957
VO (EG) Nr. 1898/1987 528
VO (EG) Nr. 1898/2005 529, 531
VO (EG) Nr. 1907/2006 1011
VO (EG) Nr. 1924/2006 102, 528, 863, 1129
VO (EG) Nr. 1925/2006 51, 323, 337, 911
VO (EG) Nr. 1935/2004 55, 75, 77, 936, 964, 969
VO (EG) Nr. 1946/2003 86
VO (EG) Nr. 2023/2004 975
VO (EG) Nr. 2023/2005 56
VO (EG) Nr. 2023/2006 56, 939, 978, 995
VO (EG) Nr. 2065/2003 36, 564
VO (EG) Nr. 2073/2005 130, 517, 531, 561, 564
VO (EG) Nr. 2074/2005 451, 530, 588
VO (EG) Nr. 2232/1996 36, 45
VO (EG) Nr. 2377/1990 561
VO (EG) Nr. 2400/1996 528
VO (EG) Nr. 2406/1996 589, 602
VO (EG) Nr. 2568/1991 38
VO (EG) Nr. 2991/1994 36, 528
VO (EURATOM) Nr. 770/1990 414

VO (EURATOM) Nr. 944/1989   414
VO (EURATOM) Nr. 3954/1987   414
VO (EWG) Nr. 315/1993   450, 721
VO (EWG) Nr. 737/1990   82
VO (EWG) Nr. 1536/1992   589
VO (EWG) Nr. 1601/1991   702
VO (EWG) Nr. 1881/2006   482
VO (EWG) Nr. 1898/1987   38
VO (EWG) Nr. 1907/1990   38
VO (EWG) Nr. 2136/1989   589
VO (EWG) Nr. 2309/1993   10
VO (EWG) Nr. 2377/1990   386, 387
VO (EWG) Nr. 2568/1991   606, 609, 626
VO (EWG) Nr. 2597/1997   38, 528
VO (EWG) Nr. 2676/1990   702
VO (EWG) Nr. 3759/1992   590
Vollkost   1121
Vollzugsaufgaben   176
Vollzugsbehörden   118
vom Acker bis zum Teller   195
VorlBierG   682
VorlBierG-DV   682
Vorsorgewert   900

Wabenhonig   779
Wachstumsregulatoren   356
Wahrnehmungen vor Ort   164
Walnussöl   620
wärmebehandelte Milch   535
Warnhinweis   764, 1013, 1052, 1071
Warnhinweis „enthält eine Phenylalaninquelle"   839
Wartezeit   387
Wasch- und Reinigungsmittel (WRMG)   1016
Wasser   684, 893
– Akkreditierung   904
– Analytik Wasser   904
– Aufbereitung   902
– behördliche Zuständigkeiten   894
– Beurteilungsgrundlagen   893
– chemische Parameter   896
– Grenzwerte der Mineralwasser-Verordnung   898
– HACCP in der Wasserversorgung   905
– Heilwasser   894
– Indikatorparameter der TrinkwV   897
– Inhaltsstoffe   899
– natürliches Mineralwasser, Quell- und Tafelwasser   894
– Probenahme für Metalle   905
– Qualitätsanforderungen   895
– Qualitätssicherung   904
– Trinkwasser   893
– Trinkwasserverwendung im Haushalt   902
– Verantwortlichkeiten für Trinkwasser   895
– Verfahrensschritte in der Trinkwasseraufbereitung   903
– Wassermengen der Erde   901
– Wasservorkommen und Wasserverbrauch   901
Wassereinlagerung   390
Wasserschutzgebiete   357
Wasserversorgungsanlage   895
Wasserwelle   1074
WC-Reiniger   1037
Weichmacher   949, 1021
Weichtiere   595
Wein   54, 309, 700
– Analysenmethoden Wein   715
– Begriffsbestimmung Wein   703
– Beurteilungsgrundlagen   701
– chemische Zusammensetzung   707
– Erzeugnisse aus Wein   706
– Leitlinien für eine gute Hygienepraxis in der Weinwirtschaft   715
– Methanolgehalte fränkischer Weiß- und Rotweine   713
– präventives Qualitätsmanagement im Weinsektor   715
– Rebsortenverteilung in Deutschland   704
– Rechtsvorschriften international   702
– Rechtsvorschriften national   703
– Schaumweinbereitung   705
– Weißweinbereitung   705
Weinarten   705
Weingesetz   703
Wein-ÜberwachungsV   703
WeinV   703
Weißblech   981
Weißbuch   5, 34, 96, 111, 1088
Weiße Schokolade   773
weißer Tee   797
Weisungsbefugnisse   155
weitere Reinigungsmittel   1058
Weizen   637
Weizenbier   692

Weizenkeimöl 620
Weltfischfang 592
Werbeverbote 72
WHO-PCB-TEF 411
wichtige Bindemittelgruppen 955
wichtige Garverfahren 1161
wichtige Mikroorganismengruppen 1160
wichtige Werkstofftypen 1028
Wildreis 639
Wimperntusche 1068
Wirkstoffe Pflegemittel 1060
Wirkungsschwellen 1169
WTO-Recht 38
– Codex Alimentarius 38, 60
– SPS-Abkommen 60
– SPS-Übereinkommen 38
– TBT-Übereinkommen 38
Wurzelgemüse 419
Wurzelprobe 133
Würzsaucen 479

Xenobiotikum 1170

YOPI 520

Zahnbleichung 1082
Zahncreme: Rezepturbeispiel 1081
Zahncremes 1080
Zahnersatz-Pflegemittel 1082
Zaubersalbei 752
Zauberzucker 1027
Zearalenon (ZEA) 463
zentralisiertes Zulassungssystem 881
zerkleinertes Fleisch 566
Zertifikate des Lieferanten 728
Zimt 654
Zinnsoldaten 1024
Zöliakie 258, 827
Zollbehörden 160, 181
Zolldienststellen 127
Zolltarif 602
Zuckerarten-V 760
zuckern 1157
Zuckerstoffe 578
Zufallsstichprobe 905
Zulassungsbehörde 97
Zulassungsverfahren 101
Zulassungsverfahren Zusatzstoffe 1089
zur Süßung geeignete Stoffe 838
Zusammensetzung von Getreidebeikost 856
Zusammensetzung von Säuglingsanfangs- und Folgenahrung 853
Zusatzstoffe 920
Zusatzstoffgruppen 339
Zutatenverzeichnis 86
Zweckbestimmung 68
Zweifelsfallentscheidung 929
zyanogene Glykoside 476

Printing: Ten Brink, Meppel, The Netherlands
Binding: Stürtz, Würzburg, Germany